O. Neufang (Hrsg.)

**Lexikon
der
Elektronik**

LEXIKON DER ELEKTRONIK

Herausgeber: Prof. Dr. rer. nat. *O. Neufang*

Unter Mitarbeit von:

Prof. Dr. rer. nat. *B. Blum,* Rhein. Fachhochschule Köln

Dipl.-Ing. *W. Fleischhauer,* Rhein. Fachhochschule Köln

Prof. Dipl.-Ing. *U. Gerlach,* Fachhochschule Düsseldorf

Prof. Dr.-Ing. *P. Kühn,* Universität Stuttgart

Prof. Dr.-Ing. *U. Kunz,* Universität-GH-Siegen

Dipl.-Phys. *W. Link,* b.i.b. Paderborn

Prof. Dr. rer. nat. *H. Rühl,* Universität-GH-Siegen

Dipl.-Ing. *A. Thiel,* PTB Braunschweig

Dipl.-Ing. *P. Welzel,* b.i.b. Paderborn

O. NEUFANG (Hrsg.)

LEXIKON DER ELEKTRONIK

Mit 676 Abbildungen

Friedr. Vieweg & Sohn   Braunschweig / Wiesbaden

Verlagsredaktion: *Alfred Schubert*

Alle Rechte vorbehalten
© Friedr. Vieweg & Sohn Verlagsgesellschaft mbH, Braunschweig 1983

Die Vervielfältigung und Übertragung einzelner Textabschnitte, Zeichnungen oder Bilder, auch für Zwecke der Unterrichtsgestaltung, gestattet das Urheberrecht nur, wenn sie mit dem Verlag vorher vereinbart wurden. Im Einzelfall muß über die Zahlung einer Gebühr für die Nutzung fremden geistigen Eigentums entschieden werden. Das gilt für die Vervielfältigung durch alle Verfahren einschließlich Speicherung und jede Übertragung auf Papier, Transparente, Filme, Bänder, Platten und andere Medien.

Satz: Vieweg, Braunschweig
Druck: CW Niemeyer, Hameln
Buchbinderische Verarbeitung: Hunke & Schröder, Iserlohn
Printed in Germany

ISBN 3-528-04099-8

Vorwort

Mit Erfindung des Bipolartransistors am 24.12.1947 wurde eine neue Epoche der Elektronik eingeleitet, die zur Entwicklung von Halbleiterdioden, verbesserten Strukturen von Bipolartransistoren, Bauelementen mit Metall-Halbleiterübergängen, Feldeffekttransistoren, optoelektronischen Bauelementen, integrierten Strukturen u. a. m. führte. Heute ist man in der Lage, auf einem Halbleiterplättchen von wenigen Millimetern Kantenlänge mehr als 200 000 Einzelbauelemente unterzubringen. Die Entwicklungen der Zukunft streben noch höhere Integrationsdichten an. Insbesondere wird man jedoch bemüht sein, die Verzögerungszeiten einer Einzelstruktur in einer integrierten Schaltung zu verringern. Nachdem die minimale Verzögerungszeit seit nun über 10 Jahren bei etwa 1 ns liegt, wird es vielleicht schon Mitte der 80er Jahre kommerzielle Bausteine mit Verzögerungszeiten im Bereich 50 ps geben.

Ein Lexikon der Elektronik darf sich jedoch nicht nur der Halbleiterelektronik und ihren Bauelementen widmen. Es müssen auch deren Grundlagen behandelt werden. Hierzu gehört die Darstellung sowohl der elektrotechnischen Grundlagen (im weitesten Sinne) als auch der Halbleiterphysik.

Wenn man bedenkt, daß in den 70er Jahren mehr als 40 000 Zeitschriftenartikel auf dem Halbleitergebiet veröffentlicht wurden (im Jahre 1970 waren es 2700 und im Jahre 1979 5500 mit steigender Tendenz), kann ein einbändiges Lexikon der Elektronik nur die wichtigsten Begriffe, die zum verständnisvollen Lesen der Fachliteratur notwendig sind, abhandeln.

Das vorliegende Lexikon der Elektronik gliedert sich in folgende vier Abschnitte:
— Einen lexikographischen Teil, in dem die Fachgebiete Angewandte Elektronik, Digitalelektronik, Elektrische Energietechnik, Elektrische Filter, Elektrische Meßtechnik, Elektronische Bauelemente, Elektronische Datenverarbeitung, Elektrophysik, Feldtheorie, Halbleiterelektronik, Halbleiterphysik, Höchstfrequenztechnik, Informationsverarbeitung, Integrierte Schaltungen, Nachrichtentechnik, Nachrichtenübertragungstechnik, Nachrichtenvermittlung, Netzwerktheorie, Optoelektronik, Prozeßrechentechnik, Regelungstechnik behandelt werden.
— Ein Literaturverzeichnis, in dem aus Platzgründen ausschließlich Bücher aufgeführt sind.
— Ein englisch-deutsches Begriffslexikon, das für die größte Anzahl der im lexikographischen Teil abgehandelten deutschen Begriffe ein englisches Äquivalent enthält. Das Wörterbuch soll auch dazu dienen, beim Lesen englischsprachiger Literatur die Bedeutung unbekannter Begriffe nachlesen zu können.
— Einen Anhang mit englischsprachigen Abkürzungen, die sonst nur über Spezialliteratur ermittelt werden können.

Es wurde versucht, die Begriffe und Definitionen mit den Normen des DIN bzw. anderer Fachgesellschaften (z. B. NIG, IEEE) in Einklang zu bringen. Da sich die Terminologie technisch aktueller Gebiete ständig ändert, befinden sich an verschiedenen Stellen beschriebene Normen nicht immer in voller Übereinstimmung. Beim Zitieren von DIN-Normen wurde die manchmal schwerfällige sprachliche Formulierung übernommen.

Obwohl für viele angloamerikanischen Begriffe ein deutschsprachiges Äquivalent besteht, wurden die angloamerikanischen Begriffe — oft in den gewohnten Abkürzungen — aufgenommen, weil sie (bedauerlicherweise) in der deutschen Fachliteratur Eingang gefunden haben.

Der Herausgeber ist den Mitarbeitern — ein jeder Spezialist auf den von ihm bearbeiteten Gebieten — dieses Elektroniklexikons zu tiefem Dank verpflichtet, da jeder einzelne sehr viele Stunden seiner Freizeit geopfert hat. Dem Vieweg Verlag und insbesondere dem Lektor Herrn A. Schubert sei für den reibungslosen Ablauf bei der Entstehung dieses Lexikons gedankt.

Es ist dem Verlag und dem Herausgeber klar, daß bei der Breite der Gebiete und dem Umfang des Lexikons einzelne Wünsche offenbleiben müssen. Wir sind deshalb sehr dankbar, wenn aus dem Leserkreis Anregungen hinsichtlich Ergänzungen und Verbesserungen des Lexikons der Elektronik als einbändiges Werk an uns herangetragen werden.

O. Neufang

Im März 1983

Hinweise für den Benutzer

1. Die Stichworte sind alphabetisch aufgeführt.
2. Umlaute werden wie die Buchstaben a, o, u behandelt. Beispiel: „Flüssigkeit" steht zwischen „Flußdichte" und „Flußmesser".
3. Zusammengesetzte Stichworte sind unter dem Substantiv zu finden. Beispiel: „differentielle Permeabilität" wird unter „Permeabilität, differentielle" abgehandelt.
4. Wissenschaftliche Bezeichnungen, die mit dem Begriff „Photo" zusammenhängen, sind unter „Ph", nicht unter „F" aufgeführt.
5. Pfeile besagen, daß das mit Pfeil versehene Stichwort gesondert abgehandelt wird.
6. Geschützte Warenzeichen der Handelsnamen sind nicht besonders gekennzeichnet.
7. Abkürzungen werden in Anlehnung an den Duden verwendet.
8. Bei den im Literaturverzeichnis aufgeführten Jahreszahlen handelt es sich jeweils um das Erscheinungsjahr der letzten Auflage.

Sie finden:

Lexikographischer Teil	Seite 1
Literaturverzeichnis	Seite 649
Englisch-deutsches Begriffslexikon	Seite 707
Englischsprachige Abkürzungen	Seite 757

Verzeichnis der Mitarbeiter, ihre Kürzel sowie die von ihnen bearbeiteten Sachgebiete

Prof. Dr. rer. nat. B. Blum (Bl)	Halbleiterelektronik, Halbleiterphysik
Dipl.-Ing. W. Fleischhauer (Fl)	Angewandte Elektronik, Elektrische Meßtechnik
Prof. Dipl.-Ing. U. Gerlach (Ge)	Drahtlose Nachrichtenübertragungstechnik, Höchstfrequenztechnik, Passive Elektronische Bauelemente
Prof. Dr.-Ing. Kühn (Kü)	Nachrichtenvermittlung, Rechner- und Datenkommunikation
Prof. Dr.-Ing. U. Kunz (Ku)	Elektrische Energietechnik, Regelungstechnik
Dipl.-Phys. W. Link (Li)	Digitalelektronik, Elektronische Datenverarbeitung, Elektronische Schaltungstechnik, Informationsverarbeitung, Integrierte Schaltungen, Optoelektronik
Prof. Dr. rer. nat. O. Neufang (Ne)	Aktive Elektronische Bauelemente, Integrierte Schaltungen, Optoelektronik
Prof. Dr. rer. nat. H. Rühl (Rü)	Elektrische Filter, Elektrophysik, Feldtheorie, Grundlagen der Elektrotechnik, Netzwerktheorie, Nachrichtentechnik (allgemein),
Dipl.-Ing. A. Thiel (Th)	Drahtgebundene Nachrichtentechnik, Nachrichtenübertragungstechnik
Dipl.-Ing. P. Welzel (We)	Digitaltechnik, Elektronische Datenverarbeitung, Informationsverarbeitung, Prozeßrechentechnik

A

Abbau von Polen *(removal of poles).* → Polabspaltung. Rü

AB-Betriebsart *(class AB operation).* Der Arbeitspunkt des AB-Betriebes liegt im unteren Bereich der Arbeitskennlinie. Bei geringer Aussteuerung herrscht A-Betrieb (geringe Übernahmeverzerrungen bei Gegentaktschaltung). Die Betriebsart ist gebräuchlich für NF-Gegentaktverstärker und HF-Linearverstärker. Stromflußwinkel $\frac{\pi}{2} < \Theta < \pi$. [11], [13]. Th

A-Betriebsart *(class A operation).* Beim A-Betrieb liegt der Arbeitspunkt in der Mitte des aussteuerbaren Bereiches der Arbeitskennlinie. Stromflußwinkel: $\Theta = \pi$. Die A. wird hauptsächlich für die Kleinsignalverstärkung verwendet. Bei geringer Aussteuerung bleiben die nichtlinearen Verzerrungen ausreichend klein. [11], [13]. Th

Abbildungsfehler → Astigmatismus. Fl

Abbildungsgeräte, elektronenoptische *(electron optical image devices).* Elektronenoptische A. sind auf der Grundlage der Elektronenoptik arbeitende Geräte, die entweder unter Ausnutzung des Energieinhaltes der Elektronen eines Elektronenstrahls über einen Leuchtschirm elektrische Signale in optische Signale umwandeln oder mit Hilfe eines Elektronenstrahls optische Signale in elektrische umsetzen. Ein Elektronenstrahl läßt sich unter Einwirkung elektrischer und magnetischer Felder über rotationssymmetrische Anordnungen von Elektroden, ähnlich wie ein Lichtstrahl durch Linsensysteme, ablenken und fokussieren (Beispiele: elektronische Kameras, Elektronenmikroskop, Fernsehgeräte, Datensichtgeräte und Sichtanzeigesysteme). Spezielle elektronenoptische A. lassen über einen längeren Zeitraum Informationsspeicherungen zu (z.B. Speicheroszilloskop mit Speicherröhre). [4], [5], [6], [7], [12], [16]. Fl

Abdichtung, hermetische *(hermetic sealing).* Abdichtung von Bauelementen der Elektronik gegen Umwelteinflüsse. Die Abdichtung kann sich gegen Staub oder Feuchtigkeit richten (z.B. bei Keramikgehäuse), aber auch gegen elektromagnetische Felder durch eine Metallummantelung. Diese wird besonders bei elektromechanischen Komponenten angewendet, um eine Übertragung von Störspannungen zu verhindern. [4]. We

Aberration *(aberration).* Die A. ("Abirrung") kennzeichnet bestimmte Abbildungsfehler optischer oder elektronenoptischer Systeme. Außer der sphärischen A. ist die chromatische A. — der Abbildungsfehler, der durch verschieden starke Brechung bei verschiedenen Farben hervorgerufen wird — wichtig zur Kennzeichnung der Qualität eines optischen Systems. [5]. Rü

Aberration, sphärische *(spherical aberration).* Die sphärische A. ist ein Abbildungs(Öffnungs)-fehler eines optischen Systems. Die von einem Objektpunkt auf der Achse ausgehenden Strahlen werden nicht in einem Bildpunkt vereinigt. Die Größe der A. ist von der Brennweite und der Verteilung der Einzelbrechkräfte im System abhängig. Verminderung der A. bei einer Sammellinse durch bikonvexe Form. [5]. Rü

Abfallerregung *(drop power).* Die Amperewindungszahl der Relaisspule, bei der der Anker eines angezogenen Relais in die Ruhelage zurückkehrt. [4]. Ge

Abfallstrom *(drop current).* Der die Relaisspule durchfließende Strom, bei dem der Anker eines angezogenen Relais in die Ruhelage zurückkehrt. [4]. Ge

Abfallverzögerung *(release delay).* Verlängerung der natürlichen Abfallzeit eines Relais mittels Kurzschlußwicklung, Kurzschluß der Relaiswicklung im Moment des Abschaltens, Parallelschaltung eines Widerstandes, eines Kondensators oder einer Diode zur Relaisspule. [4]. Ge

Abfallzeit. 1. Relais *(release time):* a) Für die Arbeitskontakte ist die A. als die Zeit vom Moment des Abschaltens der Spule bis zum Öffnen des Kontaktes definiert. b) Für die Ruhekontakte ist die A. die Zeit vom Moment des Abschaltens der Spule bis zum Moment der Kontaktgabe (ohne Prellzeit). 2. Bipolartransistor *(fall time):* Zeit, in der der Kollektorstrom I_C von 90% auf 10% seines Maximalwertes absinkt. [4]. Ge/We

Abfangdiode *(clamping diode).* Die A. wird zur Verbesserung der Flankensteilheit in Impulsschaltungen verwendet. Die A. „schneidet" aus einer hohen Impulsamplitude ein kleines Stück heraus (Bilder 1 und 2). [10]. Th

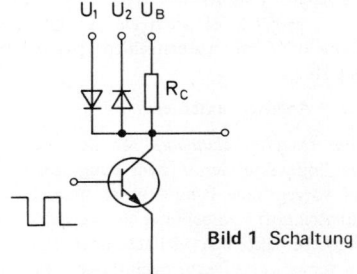

Bild 1 Schaltung

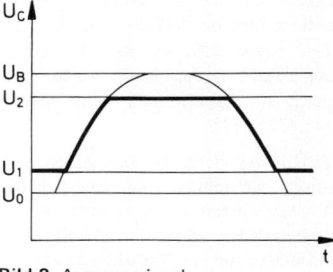

Bild 2 Ausgangssignal

Abfertigungsdisziplin *(service discipline)*. Reihenfolge der Bedienung von Anforderungen, z. B. Absuchen von Leitungen in sequentieller Reihenfolge, Bedienen wartender Anforderungen ·in Ankunftsreihenfolge FIFO *(first-in, first-out)*, Bedienen nach Prioritäten u.a.m. [19]. Kü

Abfrage *(request, inquiry)*. a) In der Datenfernübertragung die Aufforderung an ein angeschlossenes Terminal, Daten zu senden oder zu empfangen, worauf das Terminal reagieren oder melden kann, daß z.Z. keine Bereitschaft vorliegt. b) In Dialogsystemen das Abrufen bestimmter Informationen aufgrund von Abfragebegriffen, z.B. Namen oder Kontonummern. [1]. We

Abfragefrequenz *(sampling frequency)*. Abtastfolge. Folgefrequenz von Nadelimpulsen mit einer Anstiegszeit von etwa 0,3 ns zur stroboskopischen Beobachtung schnellster periodischer Vorgänge, z.B. bei Abtastoszilloskopen (→ Sampling-Verfahren). [9], [10], [12], [14], [18]. Fl

Abgleich *(balancing, adjustment, tuning)*, Trimmen, Anpassen, Angleichen. Ein Abstimmvorgang, der zur Einstellung festgelegter Parameter von Baugruppen, Bauteilen oder Gerätesystemen zur Erzielung einer optimalen Wirkungsweise dient. Z.B. läßt sich ein Verstärker mit geeigneten Schaltungsmaßnahmen (etwa Gegenkopplung) auf einen bestimmten Verstärkungsfaktor und Frequenzgang abgleichen. Der A. von Meßbrücken (Brückenabgleich) unterliegt bestimmten Bedingungen und dient der Verringerung der Meßunsicherheit. Ein A. von Dünnschicht- oder Dickschichtwiderständen auf den gewünschten Widerstandswert erfolgt im allgemeinen während der Herstellung nach mechanischen, elektromechanischen, thermischen oder elektrochemischen Verfahren. Möglich ist auch ein A. mit Hochspannungspulsen oder mit Laserstrahlen. [4], [6], [9], [12], [13], [14], [16]. Fl

Abgleich, äußerer → Abgleich, externer.

Abgleich, externer *(extern balancing)*. Mit dem externen A. lassen sich kompakte Geräte oder Baugruppen von außen so auf vorgegebene Parameter abstimmen, daß kein Schaltungseingriff vorgenommen werden muß. Bei Meßverstärkern läßt sich vielfach über einen externen A. der Verstärkungsfaktor beeinflussen, wodurch eine Übersteuerung verhindert wird. Einige Typen von integrierten Operationsverstärkern besitzen zusätzliche Anschlußstifte, an die ein Abgleichelement – meist ein Potentiometer von 10 kΩ – zur Kompensation der an den Signaleingängen auftretenden Fehlspannung angeschlossen werden kann, wodurch nach erfolgtem Abgleich am Signalausgang keine Spannung vorhanden ist. [4], [12], [13]. Fl

Abgleichelement *(balancing element)*. Das A. ist ein abstimmbares Bauteil, mit dem sich der Abgleich durchführen läßt. Abgleichwiderstände (Potentiometer) besitzen einen veränderlichen Abgriff (Schleifer), durch den der Gesamtwiderstand in Teilwiderstände aufgegliedert wird. Die Kapazitätswerte von Kondensatoren lassen sich durch Ändern der Plattenoberflächen (Drehkondensator) oder durch Ändern der Länge (Trimmerkondensator) beeinflussen. Neben den mechanisch abstimmbaren Bauteilen gibt es auch elektronisch veränderbare A.e, z.B. die Kapazitätsvariationsdiode, bei der eine Beeinflussung der Kapazität durch die Höhe der angelegten Rückwärtsspannung erfolgt. Bei Spulen kann eine Änderung der Induktivität 1. durch Verschieben z.B. eines Ferritkerns im Inneren der Spule (Variometer), 2. durch Verschieben einer beweglichen Spule innerhalb einer oder mehrerer fest angeordneter Spulen erfolgen oder 3. es befindet sich zwischen den Polen eines Weicheisenmagneten eine Spule mit Masse- bzw. Ferritkern. Zu beachten ist bei abgleichbaren Induktivitäten, daß mit einer Speisespannungsänderung auch die Empfindlichkeit beeinflußt wird. Bei abgleichbaren Transformatoren läßt sich die Sekundärspannung über Spulenanzapfungen verändern, oder man verschiebt den Kern und beeinflußt die Kopplung beider Spulen. [4], [8], [12], [13]. Fl

Abgleichmotor → Nullmotor. Fl

Abgleichwiderstand *(balancing resistor)*. Der A. ist ein als Abgleichelement eingesetzter Wirkwiderstand, dessen Widerstandswert veränderbar ist. Die Änderung kann wie beim Potentiometer durch Verschieben eines Schleifers oder wie beim Dehnmeßstreifen durch Krafteinwirkung erfolgen. Beim Photowiderstand wird durch Ausnutzung des inneren Photoeffektes der Widerstandsbetrag unter Lichteinwirkung geändert. [4], [5], [7], [9], [12], [13], [16]. Fl

Abklingkonstante *(damping decrement)*. Der Faktor D oder δ (DIN 1304) in der linearen homogenen Schwingungsdifferentialgleichung

$$\frac{d^2 z}{dt^2} + 2D\frac{dz}{dt} + \omega_0^2 z = 0.$$

(ω_0 Kreisfrequenz). Wenn $D > \omega_0$, liegt der aperiodische Fall vor. Für $D < \omega_0$ entsteht eine gedämpfte harmonische Schwingung mit der Eigenfrequenz $\omega = \sqrt{\omega_0^2 - D^2}$. Die Größe $\Lambda = D \cdot T$ mit $T = \frac{2\pi}{\omega}$ heißt logarithmisches Dekrement. [5]. Rü

Abklingvorgang *(decay)*. Zeitlicher Verlauf im Zustand eines Systems, das zur Zeit $t = t_0$ eine Erregung erfahren hat, wobei die Amplitude durch Dämpfung vermindert wird. [5]. Rü

Abklingzeit *(decay time)*. Allgemein: die Zeitspanne, in der ein Abklingvorgang festgestellt werden kann. Speziell: 1. Lagerzeit für radioaktive Substanzen, in der die Strahlung auf einen vorgegebenen Grenzwert abklingt. 2. Zeit, in der bei bestimmten Stoffen nach Aufhören der äußeren Lichtwirkung noch eine Phosphoreszenz wahrnehmbar ist. [5]. Rü

Abkühlzeitkonstante → Heißleiter, → Kaltleiter. Ge

Ablaufgraph → Graph. We

Ablaufsteuerung *(sequence control)*. Zyklischer Prozeßablauf, bei dem die Schrittfolge vom Eintreffen bestimmter Prozeßdaten abhängt. Typische Vertreter von A. sind Aufzüge, Fertigungsstraßen (→ auch Steuerung, numerische). [18]. Ku

Ableitung *(leakage)*. 1. Ein nicht isoliertes Leitermaterial in einer Blitzschutzanlage, das zwischen einer Auffangvorrichtung und der Erdung angebracht ist. 2. In der Leitungstheorie die Leitungskonstante G', die zur Beschreibung der Wirkverluste einer homogenen Leitung herangezogen wird. Ihr Betrag ist vom Wirkwiderstand des Leitermaterials, der Frequenz, dem Verlustfaktor $\tan\delta$ des zwischen den Leitern verwendeten Isoliermaterials und der Kapazität des Gebildes abhängig. 3. In der Elektrokardiographie (EKG) werden mit der EKG-A. zeitveränderliche Potentialdifferenzen zwischen zwei Punkten im oder am menschlichen — auch tierischen — Körper als elektrische Spannungen zwischen Elektroden gemessen und als Kurven auf Papier oder Sichtschirmen dargestellt. [3], [8], [12], [13], [14], [15]. Fl

Ableitungsbelag *(shunt conductance per unit length)* → Leitungskonstanten. Rü

Ablenkeinheit *(deflecting system)*. Die A. dient zur Ablenkung des Elektronenstrahls bei Bildröhren, die mit magnetischer Ablenkung arbeiten. Sie beinhaltet je ein Spulenpaar für die vertikale und horizontale Ablenkung sowie meistens Fokussier- und Korrekturmagnete zur Verbesserung der Ablenklinearität. Sie wird im allgemeinen auf dem Röhrenhals angeordnet. [12], [16]. Th

Ablenkelektrode *(deflecting electrode)*. Sie wird zur statischen Ablenkung elektrisch geladener Teilchen benutzt. Bekannteste Anwendung: Ablenkung eines Elektronenstrahls in einer Oszilloskopröhre. Ein Elektronenstrahl, der zwischen zwei sich gegenüberliegende plattenförmige Elektroden geleitet wird, ändert seine Richtung, wenn an den Elektroden eine Spannung liegt. Ablenkrichtung bzw. Ablenkfaktor sind von der Polarität der Elektroden bzw. der Spannung abhängig. [12]. Th

Ablenkempfindlichkeit *(deflection sensitivity)*. Die A. hängt bei der statischen Ablenkung von der geometrischen Anordnung der Ablenkelektroden ab. Je länger die Elektroden und je geringer ihr Abstand, desto größer wird die A. Bei der magnetischen Ablenkung ist die A. ebenfalls von der geometrischen Anordnung der Ablenkspulen abhängig. Je größer die aktive Spulenfläche, desto größer die A. Der Reziprokwert der A. wird häufig als Ablenkfaktor bezeichnet. [12]. Th

Ablenkplatte *(deflector plate)*. Bekannteste Anwendung der A. ist die Verwendung als Ablenkelektrode in Oszilloskopröhren. Durch entsprechende Formgebung der Platten wird eine gute Ablenklinearität erreicht. [12]. Th

Ablenkspule *(deflection coil)*. Die A. wird für die Erzeugung magnetischer Felder zur Ablenkung elektrisch geladener Teilchen verwendet. Anwendung: Teilchenbeschleuniger (Zyklotron, Linearbeschleuniger), Fusionsreaktor, Fernsehbildröhre, Elektronenmikroskop. [5], [12]. Th

Ablenkung *(deflection)*. Als A. wird allgemein die Auslenkung eines Zeigers, eines Licht-, Elektronen- oder Flüssigkeitsstrahls auf einer Skalenfläche, meist in horizontaler und vertikaler Richtung bezeichnet. In Geräten mit Katodenstrahlröhren wird ein Elektronenstrahl entweder unter Einfluß eines elektrostatischen Feldes oder unter Einfluß eines elektromagnetischen Feldes in zweidimensionalen Koordinaten verschoben (Fernsehbildröhre, Oszilloskop, Oszilloskopröhre). [4], [5], [9], [12]. Fl

Ablösearbeit → Abtrennarbeit. Bl

Ablöseregelung → Wechselregelung. Ku

Abnehmerleitung *(outgoing line, outgoing trunk)*. Leitung, über die von einer Koppeleinrichtung Verkehr abgeführt wird. Die zu einem Leitungsbündel gehörenden Abnehmerleitungen heißen auch Abnehmerbündel. [19]. Kü

Abrufen *(request)*. Vorgang, durch den eine Steuereinrichtung aufgrund eines Signals veranlaßt wird, Informationen auszuspeichern. [19]. Kü

Abschalten, thermisches *(thermal cutoff)*. Das automatische Öffnen eines Stromkreises bzw. Abschalten einer Spannung bei Überschreiten einer vorgegebenen Höchsttemperatur. Dazu werden temperaturabhängige Schalter (z.B. Bimetallschalter) bzw. temperaturabhängige elektronische Bauelemente in Verbindung mit Schwellwertschaltern verwendet. [6], [18]. Li

Abschaltthyristor *(turn-off thyristor)*. Thyristor, der durch Steuerimpulse geeigneter Polarität zwischen dem Steueranschluß und dem zugehörigen Hauptanschluß nicht nur vom Sperrzustand in den Durchlaßzustand, sondern auch umgekehrt vom Durchlaßzustand in den Sperrzustand umgeschaltet werden kann (DIN 41786). [4]. Ne

Abschaltverzögerung → Abfallverzögerung. Ge

Abschaltzeit → Abfallzeit. Ge

Abschirmung, elektrische *(electrostatic shield)*. Elektrostatische Abschirmung, elektrostatische Schirmung. Die elektrische A. ist eine Maßnahme, durch die elektrostatische Fremdfelder von einem Bauteil, einer Baugruppe oder einem Gerät bzw. einem Gerätesystem ferngehalten werden oder eine Abstrahlung von ihnen verhindert wird. Am günstigsten wirkt eine elektrische A., die wie ein Faradayscher Käfig aufgebaut ist: Eine leitende, metallische Umhüllung wird dicht um das gestörte Bauteil aufgebaut und wirkt in einem elektrostatischen Feld wie eine Äquipotentialfläche. Das Innere der Hülle bleibt feldfrei. Vielfach umgibt man zur elektrischen A. die Isoliermäntel eines Kabelsystems mit einer zusätzlichen metallischen Ummantelung (i.a. Kupfer oder Aluminium), um eine mögliche elektrostatische Verkopplung zwischen Kabeln zu verhindern oder sie gegen die Einwirkung elektrostatischer Fremdfelder zu schützen. Mit dieser Maßnahme wird auch eine

Abschirmung, elektrostatische

eigene Störstrahlung in die Umgebung reduziert. Wichtig ist eine sorgfältige Abschirmung in Meßschaltungen zur Messung hoch- und höchstohmiger Wirkwiderstände, weil hier durch Influenz störende Ladungen auftreten können. [3], [5], [7], [8], [9], [10], [11], [12], [13], [14], [18], [19], Fl

Abschirmung, elektrostatische → Abschirmung, elektrische. Fl

Abschirmung, magnetische *(magnetic shield)*. Die magnetische A. dient der Verringerung magnetischer Störbeeinflussungen, die unter der Einwirkung magnetischer Fremdfelder auf eine Baugruppe, ein Bauteil oder ein Gerätesystem entstehen oder die diese hervorrufen. Man umgibt zu diesem Zweck die Störquelle oder die abzuschirmenden Teile mit einer weichmagnetischen Ummantelung, wobei die Abschirmwirkung mit der Dicke des Mantelmaterials und dem Betrag der Permeabilität zunimmt. Von außen eintretende oder von innen austretende magnetische Feldlinien verlaufen fast vollständig innerhalb der Ummantelung. Eisenlose Meßinstrumente können zur Abschirmung astasiert werden, wobei die aktiven Elemente doppelt ausgeführt werden. Die beweglichen Teile des Meßwerks sitzen auf einer gemeinsamen Achse oder sind an gemeinsamen Spannbändern befestigt, so daß sich die von Fremdfeldern hervorgerufenen Drehmomente aufheben. Oszilloskopröhren sind mit einem Abschirmzylinder aus Mu-Metall umgeben, damit die Strahlablenkung möglichst wenig durch Fremdfelder beeinflußt wird. Bei der magnetischen A. ist es unerheblich, ob der Abschirmmantel mit einem festen Bezugspotential verbunden ist oder nicht. [4], [5], [8], [12], [13], [14], [19]. Fl

Abschirmfaktor *(shield factor)*, Schirmfaktor. Als A. bezeichnet man das Verhältnis der Störanteile bei eingefügter Abschirmung zu den Störanteilen bei fehlender Abschirmung. Störursache kann z.B. ein induzierter Strom oder eine induzierte Spannung sein, die aus der Umgebung des gestörten Bauteils oder Gerätes eingestreut wird und zu unzulässigen Funktionsbeeinflussungen führt. [5], [8], [9], [11], [12], [13], [14]. Fl

Abschlußscheinwiderstand am Eingang → Eingangsabschlußwiderstand. Fl

Abschlußwiderstand *(load, termination)*. → Leistungsanpassung, Wellenanpassung, Wechselleistungsanpassung. Li

Abschnittsteuerung *(sector control)* → Sektorsteuerung. Ku

Abschnürspannung *(pinchoff voltage)*. Diejenige Gate-Source-Spannung eines Verarmungsfeldeffekttransistors, bei der der Drainstrom auf einen vorgegebenen niedrigen Wert abgesunken ist (DIN 41858). [7]. Ne

Abschnürung *(pinchoff)*. Legt man an das Gate z.B. eines Sperrschichtfeldeffekttransistors eine solch hohe Sperrspannung an, daß sich die beiden PN-Übergänge berühren, wird der Drainstrom praktisch abgeschnitten. Es fließt jenseits der Abschnürspannung ein Drainstrom, der von der anliegenden Spannung unabhängig ist. [7]. Ne

Abschwächer *(attenuator)*. Dämpfungsglied, Dämpfungssteller. Als A. bezeichnet man ein einstellbares Übertragungssystem, mit dessen Hilfe die Amplitude einer Schwingung verringert werden kann, wobei keine nennenswerten Verzerrungen auftreten. Das Übertragungssystem kann aus einem passiven oder aktiven Netzwerk bestehen. Der Betrag der Abschwächung wird entweder als Spannungs-, Strom- oder logarithmisches Verhältnis (in Dezibel oder Neper) angegeben. [8], [12], [13], [14], [19]. Fl

Absinkinversion → Inversion. Ge

Absorber *(absorber)*. Absorptionsmittel, Absorptionselement, Absorptionsglied. Als A. bezeichnet man ein Material oder Bauelement, mit dessen Hilfe die Energie einer elektromagnetischen Welle in eine andere Energieform, z.B. in Wärmeenergie, umgesetzt wird. Es erhöht sich die Temperatur des Absorbers, die von einem eingebauten Temperaturfühler gemessen und als Leistung angezeigt wird (Absorptionsleistungsmesser). Die Messung wird nur genau, wenn alle thermischen Größen bekannt sind.
Spezielle Leistungs-A. sind so aufgebaut, daß die Dämpfung vom Anfang bis zum Ende stetig zunimmt. Entsprechend wird die Energie absorbiert und gleichzeitig die Reflexion gering gehalten. A. dieser Art sind keilförmig zugespitzt. Als Absorptionsstoffe verwendet man Ferritwerkstoffe und stark dämpfende dielektrische Materialien (Dielektrika). Neben den aus festen Materialien bestehenden A. sind auch flüssige A. (z.B. Wasser) bekannt. Die A. sind meist als Abschlußwiderstand in die Meßstrecke eingefügt. [5], [7], [8], [12], [13], [14]. Fl

Absorption *(absorption)*. Die A. ist die Schwächung von Strahlungen (elektromagnetische Wellen, Schall) beim Durchgang durch Gase, Flüssigkeiten oder feste Stoffe. Ein Teil der Strahlungsenergie wandelt sich bei A. in andere Energieformen um.
Die verminderte Intensität I bei einer Schichtdicke x berechnet sich zu

$$I(x) = I_0 e^{-\alpha x} \qquad \text{(Beersches Gesetz)}.$$

α heißt der Absorptionskoeffizient (Einheit: m^{-1}). Für die meisten absorbierenden Stoffe (Absorber) gilt für α ein Kosinusgesetz für die Abhängigkeit vom Einfallswinkel ϑ:

$$\alpha(\vartheta) = \frac{\alpha(0)}{\cos \vartheta}.$$

In der HF-Technik ist die Kenntnis des Absorptionsverhaltens vor allem für die Ausbreitungseigenschaften von Zentimeterwellen wichtig.
Die dielektrische A. von Kondensatoren spielt beim Aufbau genauer Integrierschaltungen eine Rolle. [5]. Rü

Absorptionsdynamometer *(absorption dynamometer)*, Bremsdynamometer. Das A. ist eine mechanische Meßeinrichtung, bei der über Drehmomentbestimmung Kraft- oder Nutzleistungsmessungen von Maschinen durchgeführt werden. Eine einfache Anordnung mit dem Pronyschen Zaum (Bild) besteht aus zwei mitein-

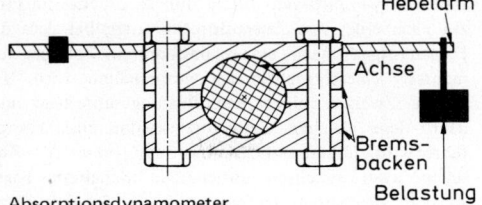
Absorptionsdynamometer

ander verschraubten Bremsbacken. Die Bremsbacken umschließen die Achse des Prüflings und sind gerade so fest verschraubt, daß sie nicht durch die Reibung an der Achse mitgenommen werden. Über einen seitlichen Hebelarm werden die Bremsbacken belastet, bis Momentengleichgewicht herrscht. [3], [5], [12]. Fl

Absorptionselement → Absorber. Fl

Absorptionsfläche *(effective aperture, effective area)*, Empfängerfläche, Wirkfläche. 1. Empfangsfall: Zur Ausbreitungsrichtung senkrechte Fläche, durch die bei einer einfallenden ungestörten ebenen Welle mit der Strahlungsdichte S die maximale Empfangsleistung $P_{e\,max}$ der Antenne hindurchtreten würde. $(A = P_{e\,max}/S)$. A. des Kugelstrahlers: $A_k = \lambda^2/4\pi$, A. des Hertzschen Dipols: $A_{Hz} = 1,5\,\lambda^2/4\pi$, A. des Halbwellendipols: $A_D = 1,64\,\lambda^2/4\pi$. 2. Sendefall: Fiktive, homogen belegte strahlende Fläche, deren Strahlstärke $\Phi_{H\,max}$ in Hauptstrahlrichtung gleich der Strahlstärke Φ_{max} der Sendeantenne im Strahlungsmaximum des Fernfeldes bei gleichen Strahlungsleistungen P_s ist. $(A = \Phi_{max} \cdot \lambda^2/P_s)$. Die Wirkfläche ist im Sende- und Empfangsfall gleich groß, sofern das Reziprozitätstheorem anwendbar ist. [14]. Ge

Absorptionsglied → Absorber. Fl

Absorptionsgrad *(coefficient of absorption)*. Das Verhältnis des absorbierten Strahlungsflusses Φ_a zum einfallenden Strahlungsfluß Φ

$$\alpha = \frac{\Phi_a}{\Phi}.$$

(speziell für Temperaturstrahlung: DIN 5496). In der Akustik definiert man den A. meist als Verhältnis der absorbierten Schallintensität I_a zur einfallenden Intensität I_e

$$\alpha = \frac{I_a}{I_e}. \quad [5]. \qquad Rü$$

Absorptionskoeffizient *(absorption coefficient)*, Absorptionsgrad. Beschreibt die Absorption einer Strahlung in Materie. Meist ist der A. eine sehr komplizierte Funktion der Frequenz. [5]. Rü

Absorptionskante *(absorption edge)*. Die A. kennzeichnet ein plötzliches Ansteigen der Absorption von Licht durch Festkörper, das auftritt, wenn die Energie W = hf (h Plancksches Wirkungsquantum, f Frequenz) der monochromatischen elektromagnetischen Strahlung ausreicht, um ein Elektron z.B. aus einem Valenzband in das Leitungsband zu heben. [7]. Bl

Absorptionsleistungsmesser *(absorption power meter)*, Endleistungsmesser. A. messen indirekt die vom Verbraucher aufgenommene Wirkleistung. Sie besitzen gegenüber Durchgangsleistungsmessern einen hohen Eigenbedarf. 1. Über eine Strom-Spannungs-Messung läßt sich z.B. durch Messung des Effektivwertes von Strom und Spannung die vom Verbraucher absorbierte Wirkleistung feststellen, wenn die Phasenverschiebung zwischen beiden elektrischen Größen einbezogen wird. 2. Bei Hochfrequenz genügt bei bekanntem und konstant bleibendem Wellenwiderstand Z_w häufig die Messung mit lose angekoppeltem HF-Spannungsmesser: $P = U^2/Z_w$. 3. HF-Leistungen bis etwa 1 kW können mit Glühlampen indirekt gemessen werden. Man vergleicht deren Helligkeit mit der Helligkeit, die ein durch die Lampen geschickter Gleichstrom bewirkt. 4. Weitere A. sind thermische Leistungsmesser. [8], [12], [13], [14]. Fl

Absorptionsmittel → Absorber. Fl

Absorptionsschwund → Schwund. Ge

Abspaltung von Polen *(removal of poles)* → Polabspaltung. Rü

Abstand der Codewörter *(signal distance, Hamming distance)*. Bei einem Code die Anzahl der Bitstellen, in denen die Bits zweier Codewörter nicht übereinstimmen. Der Abstand der Codewörter, der für die Erkennbarkeit von Fehlern wichtig ist (→ Hamming-Abstand), kann durch Hinzufügen weiterer, redundanter Bitstellen (→ Parität, → Redundanz) vergrößert werden. [13]. We

	Dualcode ohne Parität					Dualcode mit Parität (ungerade)				
	Bit									
Zahl	3	2	1	0	A	P	3	2	1	0	A
0	0	0	0	0	4	1	0	0	0	0	4
1	0	0	0	1	1	0	0	0	0	1	2
2	0	0	1	0	2	0	0	0	1	0	2
3	0	0	1	1	1	1	0	0	1	1	2
4	0	1	0	0	3	0	0	1	0	0	4
5	0	1	0	1	1	1	0	1	0	1	2
6	0	1	1	0	2	1	0	1	1	0	2
7	0	1	1	1	1	0	0	1	1	1	2
8	1	0	0	0	4	0	1	0	0	0	4
9	1	0	0	1	1	1	1	0	0	1	2
10	1	0	1	0	2	1	1	0	1	0	2
11	1	0	1	1	1	0	1	0	1	1	2
12	1	1	0	0	3	1	1	1	0	0	4
13	1	1	0	1	1	0	1	1	0	1	2
14	1	1	1	0	2	0	1	1	1	0	2
15	1	1	1	1	1	1	1	1	1	1	2

Vergrößerung des Abstandes der Codewörter durch Paritätsbit.
P Paritätsbit, A Abstand zum vorhergehenden Codewort.

Abstimmanzeige *(tuning indicator)*. Die A. dient als Abstimmhilfe in Empfängern. Sie zeigt bei optimaler Sendereinstellung einen Maximalwert. Ableitung der A. aus der Regelspannung bei AM-Empfängern (AM A̲m̲plitudenm̲odulation) oder aus der Diskriminatorspannung bzw. dem Begrenzerstrom bei FM-Empfängern (FM F̲requenzm̲odulation). A. werden heute oft als Zeigermeßgerät (früher bei Röhrenempfängern als magisches Auge) ausgeführt. Meistens Kombinationsfunktion als Empfangsfeldstärke-Meßgerät und A. [12], [13]. Th

Abstimmautomatik *(automatic frequency control)*, AFC. Die A. bewirkt eine automatische Feinabstimmung bei FM-Empfängern mit FM-Frequenzmodulation), abgeleitet aus der Diskriminatorspannung. Die Nachstimmspannung ist z.B. Null, wenn die Trägerfrequenz des eingestellten Senders in der Diskriminatormitte liegt. Die Drift des Empfänger-Oszillators hat eine Nachstimmspannung zur Folge, die den Oszillator auf die Nennfrequenz zurückzieht. [13]. Th

Abstimmdiode *(tuning diode)*. Die A. ist eine spezielle Halbleiterdiode, deren Sperrschichtkapazität durch eine Steuerspannung verändert werden kann. Die A. wird grundsätzlich in Sperrichtung betrieben. Niedrige Steuerspannung – hohe Kapazität; hohe Steuerspannung – niedrige Kapazität. Einsatz der A.: Abstimmbare Schwingkreise in Empfängern. Die A. ersetzt hierbei die mechanischen Drehkondensatoren. Spezielle A. als Pumpdioden in parametrischen Verstärkern. [4], [6], [13]. Th

Abstimmen *(tuning)*. Mit A. wird im allgemeinen das Verstellen der Resonanzfrequenz von Schwingkreisen bezeichnet, wie z.B. das A. eines Empfängers auf den gewünschten Sender oder auch das A. einer Antenne. [13]. Th

Abstimmungsregelung → Abstimmautomatik. Th

Abstimmung → Abstimmen. Th

Abstrahlung *(radiation)*. Vorgang der Ablösung geschlossener elektrischer und magnetischer Feldlinien von einer Antenne. Das elektromagnetische Feld um eine Antenne breitet sich mit Lichtgeschwindigkeit aus. Die Zustände in der unmittelbaren Nähe der Antenne werden daher nur verzögert in entfernteren Raumpunkten bemerkbar (→ Ausbreitungsvorgang). Die dort vorhandenen Feldlinien werden von den Veränderungen auf der Antenne nicht mehr eingeholt und machen sich selbständig. [14], [5]. Ge

AB-Stufe *(class AB-stage)*. Sie ist eine in der AB-Betriebsart arbeitende Verstärkerstufe. [11], [13]. Th

Absuchen *(hunting)*. Abprüfen mehrerer Leitungen oder Bedieneinheiten im Hinblick auf eine Belegung. Das A. kann nach unterschiedlichen Abfertigungsdisziplinen erfolgen wie z. B. sequentiell von Nullstellung ausgehend. [19]. Kü

Abtasten (im vermittlungstechnischen Sinne) *(scanning)*. Ermitteln des Funktionszustandes vermittlungstechnischer Einrichtungen in i. a. konstanten zeitlichen Abständen. [19]. Kü

Abtastdauer *(sampling time)*. Als A. wird die Zeitdauer bezeichnet, während der eine Abtastschaltung aus einem angebotenen Signalverlauf eine Probe entnimmt. Extrem schnelle Abtastschaltungen benötigen dazu nur wenige Pikosekunden. [10], [12], [13], [14]. Th

Abtaster → Scanner. Fl

Abtastfilter *(sampled-data filter)*. Ein A. arbeitet im Prinzip nach einer Art Zeitmultiplexbetrieb, bei dem das Eingangssignal nach einem bestimmten Zeitplan auf mehrere Übertragungszweige aufgespalten wird, auf diesen Zweigen einer Beeinflussung unterliegt und nach dem gleichen Zeitgesetz wieder zusammengeführt wird. Grundsätzliche Anordnung eines A.: Zwischen zwei synchron rotierenden Schaltern liegen so viele gleichartige Tiefpässe, wie die Schalter einander zugeordnete Kontaktpaare besitzen. [10], [14]. Th

Abtastfolge → Abfragefrequenz. Fl

Abtastfrequenz *(sampling rate)*. Mit der A. werden die Abtastschaltungen angesteuert. Die Abtastdauer kann jedoch durchaus kleiner als die Periodendauer der A. sein. Die A. kann nicht immer willkürlich gewählt werden, sondern ist über das Abtasttheorem mit der höchsten zu verarbeitenden Signalfrequenz verknüpft. [10], [14]. Th

Abtast-Halte-Glied *(sample-and-hold unit)*, Abtastglied. Das A. formt eine analoge Zeitfunktion $f(t)$ in eine diskrete Zeitfunktion $\bar{f}(t)$ um. Es setzt sich aus einem Abtaster (ABT) und einem Speicher (SP) zusammen (Bild). Die Abtastzeitpunkte sind in den meisten Fällen äquidistant. Dann ist das A. ein lineares Übertragungsglied. [18], [13]. Ku

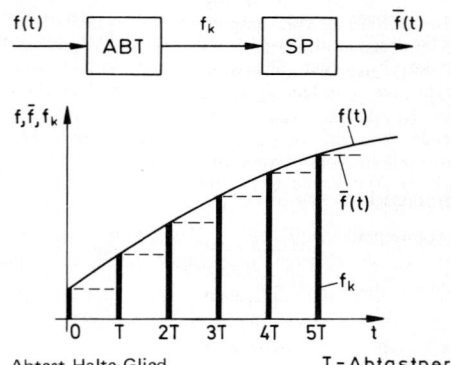

Abtast-Halte-Glied   T = Abtastperiode

Abtastintervall *(sampling interval)*. Jeder beliebig geformte Puls läßt sich nach der Gleichung

$$x(t) = \int_{-\infty}^{+\infty} x(\tau)\, \delta(t-\tau)\, d\tau$$

aus sogenannten Einheitspulsen aufbauen. Darin ist $\delta(t-\tau)$ die δ-Funktion oder Diracfunktion mit

$$\delta(t) = \begin{cases} \infty & \text{für } t = 0 \\ 0 & \text{für } t \neq 0 \end{cases}$$

Die Untersuchung in einem sehr kleinen Intervall $-\epsilon < t < +\epsilon$ ergibt, wenn man ϵ gegen Null streben läßt:

$$x(t) = \lim_{\epsilon \to 0} \int_{t-\epsilon}^{t+\epsilon} x(\tau)\, \delta(t-\tau)\, d\tau$$

Der Bereich $(t-\epsilon)$ bis $(t+\epsilon)$ wird als A. bezeichnet. Ist das Intervall hinreichend klein, werden sich die Werte $x(\tau)$ in ihm nur sehr wenig von $x(t)$ unterscheiden. [10].   Th

Abtastoszilloskop *(sampling oscilloscope).* Das A. ist für extrem schnelle Zeitvorgänge geeignet. Die Auflösung der Zeitbasis liegt im Pikosekundenbereich. Allerdings müssen die zu untersuchenden Signale periodischer Natur sein. Durch ein Abtastverfahren werden von aufeinanderfolgenden sehr schmalen Impulsen zu genau bestimmten Zeiten nach Beginn des ersten Impulses dem Meßsignal Spannungsproben entnommen. Die Abtastimpulse werden zeitlich gedehnt, so daß am Ausgang des Abtastkreises der Verlauf des Meßsignals in einem wesentlich gröberen Zeitmaßstab zur Verfügung steht. Die so gewonnene, langsamer veränderliche Spannung kann jetzt mit normalen Verstärkern weiter verstärkt werden.
Funktion: Ein Triggersignal, das dem eigentlichen Meßspannungssignal vorausgeht, löst über eine steuerbare Verzögerungsstufe einen Abtastimpuls von einigen Pikosekunden Dauer aus. Die Verzögerungszeit der Verzögerungsstufen wird dabei vom Zeitbasisgenerator des Oszilloskops so gesteuert, daß der Abtastimpuls bei zwei aufeinanderfolgenden Impulsen gerade um eine Zeit Δt in bezug auf den Beginn des ersten Impulses später auftritt. So wird das Meßsignal punktweise abgetastet. Die Anzahl der Abtastimpulse sollte für eine ausreichende Auflösung mindestens 100 betragen, wobei die vom 1. Abtastimpuls entnommene Probe auf dem Bildschirm links und die Probe des letzten Impulses eines Abtastzyklus rechts dargestellt wird. [12].   Th

Abtastperiode *(sampled-data period).* (Bild → Abtast-Halte-Glied). Zeitspanne (T) zwischen zwei diskreten Meßwertproben (T, 2T, 3T...). [18].   Ku

Abtastregler *(sampled-data controller).* A. sind meist digitale Regler, die ihre Regelalgorithmen in den durch Abtast-Halte-Glieder vorgegebenen Abtastperioden abarbeiten. Die A. bedienen häufig mehrere Regelkreise gleichzeitig und sind wesentlicher Bestandteil eines Prozeßrechner s. (→ auch Abtastregelung). [18].   Kü

Abtastregelung *(sampled-data control).* Eine A. liegt vor, wenn in einem Regelkreis ein Übertragungsglied vorhanden ist, das seine Eingangsgröße nur zu bestimmten, äquidistanten Zeitpunkten erfaßt (→ Abtast-Halte-Glied). A. ergibt sich, wenn aus meßtechnischen Gründen die Erfassung der Regelgröße einen Abtaster erfordert oder wenn als Regler ein Rechner eingesetzt wird, der naturgemäß wegen der zur Berechnung der Stellgröße notwendigen Zeit nur abtastend arbeiten kann. [18].   Ku

Abtastspektrum *(sampling spectrum).* Das Abtasten eines kontinuierlichen analogen Signals mit einem Rechteckpuls entspricht einer Amplitudenmodulation. Dabei entsteht ein Frequenzspektrum nach Fourier, das Vielfache der Abtastfrequenz moduliert mit der Frequenz des abgetasteten Signals enthält. Die Frequenz des abgetasteten Signals gruppiert sich als Seitenfrequenzen um die Vielfachen der Abtastfrequenz. [10], [12], [14].   Th

Abtasttechnik *(sampling technique).* Die A. bildet die Grundlage für die Digitalisierung analoger Daten. Hierbei werden dem analogen Signal zeitlich aufeinanderfolgende Proben entnommen, wobei jede Probe nur einen diskreten Analogwert enthält. Ein kontinuierliches Analogsignal wird somit in aufeinanderfolgende diskrete Analogwerte „zerlegt", die dann z.B. von einem Analog-Digital-Wandler verarbeitet werden können. [9], [10], [12], [14].   Th

Abtasttheorem *(sampling theorem).* Bei der Umwandlung eines zeitkontinuierlichen in ein zeitdiskretes Signal durch Abtastung ergibt sich die Frage, mit welcher Abtastperiode T das Signal mit der Zeitfunktion s(t) mindestens abgetastet werden muß, damit aus den abgetasteten Werten das zugehörige Signal wieder fehlerfrei interpoliert werden kann. Enthält das abzutastende Signal als höchsten Frequenzanteil die Frequenz f_{max}, dann muß gelten (Shannons Abtasttheorem):

$$T \leq 1/(2 f_{max})$$

Z.B. müßte die Abtastung eines Telefoniesignals mit der höchsten zu übertragenden Frequenz von f_{max} = 3400 Hz mindestens mit einer Abtastperiode T = 147 μs erfolgen; praktisch wählt man T = 125 μs. Gilt im A. das Gleichheitszeichen, dann nennt man T = $1/(2 f_{max})$ die Nyquistrate.
Aufgrund des Symmetrietheorems der Fourier-Transformation läßt sich das hier für den Zeitbereich angegebene A. auch für den Frequenzbereich formulieren. Jede Frequenzfunktion S(f) kann durch Abtastung mit äquidistanten Frequenzschritten im Abstand F abgetastet werden. Ein Zeitsignal s(t) kann durch Ausblenden mit der Zeitdauer 1/F fehlerfrei zurückgewonnen werden. [14].   Rü

Abtast- und Halteschaltung → Sample-and-Hold-Schaltung.   Ne

Abtastung *(scanning).* Der Begriff läßt sich den unterschiedlichsten Techniken zuordnen. Im englischen Sprachgebrauch werden zwei Begriffe unterschieden: 1. Sample: Probe entnehmen (Digitaltechnik), 2. Scanning: Absuchen (Radar) oder auch Abtasten (Videotechnik, Vermittlungstechnik). Deshalb wurde dem Begriff Abtasttechnik die Digitaltechnik zugeordnet. In der Radar-Technik wird ein bestimmter Raum auf das Vorhandensein von Zielen abgetastet (abgesucht). Die Videotechnik benutzt die A. zur Bildzerlegung in der Fernsehkamera. Die Vermittlungstechnik benutzt die A. zur Ermittlung des Funktionszustandes einer Einrichtung. [9], [10], [12], [13], [19].   Th

Abtastverfahren → Sampling-Verfahren.   Fl

Abtastvorgang *(scanning method).* Ein A. kann mit verschiedenen Techniken erfolgen, je nachdem, in welchem technischen Bereich er angewendet wird. In einer Fernsehkamera wird das Ladungsbild auf der Signalplatte von einem Elektronenstrahl abgetastet; in einem automatischen Empfänger wird ein bestimmter Frequenzbereich abgetastet und die Senderbelegung auf einem Bildschirm dargestellt. Weitere Anwendungen sind Radar- und Digitaltechnik. [10], [12], [13].   Th

Abtastzeit *(sampled-data-time)* → Abtastperiode.   Ku

Abtrennarbeit *(ionization energy)*, Ablösearbeit, Austrittsarbeit, Ionisierungsenergie. A. wird die Energie W genannt, die z.B. einem Elektron (aber auch einem Atom oder Molekül) in einem gegebenen Zustand mindestens zugeführt werden muß, um es aus einem Atomverband oder aus einem Festkörper freizusetzen, d.h. frei beweglich zu machen. Die A. kann dem abzutrennenden Elektron (oder auch anderen Ionen) durch elektromagnetische Strahlung oder thermische Energie zugeführt werden. [7]. Bl

AB-Verstärker *(class AB-amplifier)*. Dieser Verstärkertyp wird hauptsächlich als Leistungsverstärker eingesetzt. Vorteilhaft ist die der Aussteuerung angepaßte Leistungsbilanz. Ohne Aussteuerung geringer Ruhestrom, bei niedriger Aussteuerung annähernd A-Betrieb, bei wachsender Aussteuerung folgt die Ausgangsleistung dem Aussteuerungsgrad. Verwendung in Gegentaktschaltungen für HIFI-Leistungsstufen (HIFI: high fidelity), in Eintaktschaltung für Einseitenbandsenderendstufen. [11], [13]. Th

Abwärtsregelung *(reverse automatic gain control)*. A. wird in Transistorverstärkern mit automatischer Verstärkungsregelung – z.B. AM-ZF-Verstärker (AM: Amplitudenmodulation, ZF: Zwischenfrequenz) – angewendet. Hierbei wird mit steigender Regelspannung der Basisstrom der Transistoren vermindert. Der Arbeitspunkt verschiebt sich in ein flacher verlaufendes Gebiet der Steuerkennlinie. Die A. wird gern in batteriebetriebenen Geräten verwendet, da beim Herunterregeln auch die Stromaufnahme abnimmt. [13], [18]. Th

Abwärtszähler → Rückwärtszähler. We

Abweichung *(deviation)*. Allgemein die Differenz zwischen einem Istwert und einem Sollwert, z.B. bei Messungen zwischen dem wahren Wert und dem angezeigten Wert oder zwischen dem aktuellen Wert einer Größe in einem gesteuerten System und dem Wert, den die Steuerung als Sollwert ausgibt. [18]. We

Abweichung, mittlere quadratische *(standard deviation)*. → Varianz. Li

Abzweigschaltung *(ladder network)*. Vierpolschaltung besonderer Struktur, wobei die Impedanzen $\underline{Z}_1$, $\underline{Z}_3$, $\underline{Z}_5$ ... und die Admittanzen $\underline{Y}_2$, $\underline{Y}_4$, $\underline{Y}_5$ ... beliebige Werte

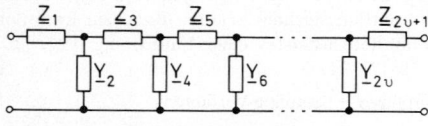

Allgemeine Abzweigschaltung

annehmen dürfen (Bild). Diese Schaltungsstruktur hat in der Nachrichtentechnik außerordentlich große Bedeutung. Eine A. aus nicht gekoppelten passiven Zweipolen ist immer ein Mindestphasenvierpol. [15]. Rü

Achtercharakteristik *(figure-eight pattern)*. Die A. ist ein Richtdiagramm, das in der betrachteten Ebene die Form der Ziffer Acht aufweist, z.B. Halbwellendipol in seiner E-Ebene, Rahmenantenne, Mikrophon. [14]. Ge

Achterfeld → Dipolwand. Ge

ACT-Plumbicon *(anti-comet-tail-plumbicon)*. Kameraröhren ohne ACT-System zeigen oft Zieheffekte bei bewegten Bildern und Kameraschwenks in Form eines Kometenschweifes. Röhren mit einem ACT-System haben die Fähigkeit, Überstrahlungseffekte zu unterdrücken, die durch Spitzlichter entstehen. Auf diese Weise lassen sich Spitzlichter bis zum 30fachen des normalen Bildweiß noch wiedergeben. [16]. Th

Adaption *(adaption)*. Anpassung einer Größe bzw. eines Systems an neue, bzw. ständig sich ändernde Gegebenheiten (z.B. Parameteränderungen). Typisches Beispiel in der Regelungstechnik ist die A. von Reglern an nichtlineare Regelstrecken (→ Regelung, adaptive). [18]. Ku

ADC *(analog-to-digital converter)* → Analog-Digital-Wandler. We

Adcock-Antenne *(Adcock antenna)*. Anordnung von zwei parallelen Vertikalantennen, die über Horizontalleitungen miteinander verbunden sind, in deren Mitte die Peilspannung abgenommen wird. Die A. besitzt eine ähnliche Achtercharakteristik wie die Rahmenantenne, spricht jedoch nicht auf horizontal-polarisierte Feldkomponenten an. Die A. wird als U- oder als H-Adcock-Antenne ausgeführt und ist drehbar. Um die mechanische Drehung der A. zu vermeiden, werden zwei A. senkrecht zueinander angeordnet und über ein Goniometer mit dem Empfänger verbunden. [14]. Ge

Addierer *(adder)*. 1. Schaltung zur Addition analoger oder digitaler Größen. Analoge A. beruhen auf dem Prinzip des Operationsverstärkers; sie dienen der Addition von Spannungen. Digitale A. dienen der Addition von Dualzahlen. Man unterscheidet Halbaddierer, die aus zwei einstelligen Dualzahlen eine Ergebnisstelle und einen Übertrag bilden sowie Volladdierer, die aus zwei einstelligen Dualzahlen und einem zugeführten Übertrag eine Ergebnisstelle und einen Übertrag bilden. Zur Addition mehrstelliger Zahlen werden Volladdierer zu Paralleladdierwerken zusammengeschaltet. [2], [4]. We

Wahrheitstabellen:

Halbaddierer				Volladdierer				
a	b	E	Ü	a	b	$Ü_{n-1}$	E	$Ü_n$
0	0	0	0	0	0	0	0	0
0	1	1	0	0	0	1	1	0
1	0	1	0	0	1	0	1	0
1	1	0	1	0	1	1	0	1
				1	0	0	1	0
				1	0	1	0	1
				1	1	0	0	1
				1	1	1	1	1

E Ergebnis, Ü Übertrag, $Ü_{n-1}$ Übertrag aus der vorangegangenen Addition

2. Addierer → Summierverstärker. Fl

Addierverstärker → Summierverstärker. Fl

Addierwerk *(adder)*. Funktionseinheit zur Ausführung der Addition, bestehend aus Verknüpfungsschaltung, Addierer sowie Registern für die Bereitstellung der Operanden und die Aufnahme des Ergebnisses. Sind Addierer für

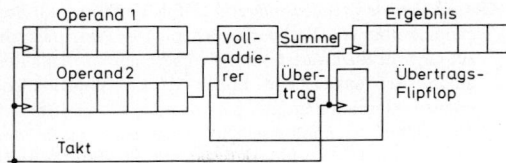

Aufbau eines seriellen Addierwerks

alle Stellen vorhanden, so handelt es sich um ein paralleles A., ist nur ein Volladdierer vorhanden, um ein serielles (Bild). Die Register müssen als Schieberegister ausgeführt sein, der Übertrag muß zwischengespeichert werden. [1]. We

Addition, logische *(logical addition)*. Bezeichnung für die ODER-Verknüpfung der → Booleschen Algebra. [9]. We

Additionszeit *(addition time, add time)*. Die Zeit, die zur Ausführung der Addition in einem Addierer erforderlich ist. Die A. enthält nicht die Zeit, die in einem Addierwerk zum Bereitstellen der Daten und Abspeichern des Ergebnisses notwendig ist. Bei paralleler Addition setzt sich die A. aus der Summe der bei der Addition des Übertrags entstehenden Verzögerungszeiten zusammen. Die A. kann durch sog. Carry-Look-Ahead-Schaltungen verkleinert werden. We

adiabatisch → isentrop. Bl

Adjunkt → Disjunktion. We

Admittanz *(admittance)*, komplexer Leitwert (genauer komplexer Scheinleitwert), Kehrwert der Impedanz. [15]. Rü

Adreßbus *(address bus)*. Bei Computern eine Mehrfachdatenleitung für Adressen, die mehrere Teile des Systems (z.B. Zentraleinheit und Speicher) miteinander verbindet. [1]. Ne

Adresse *(address)*. Bezeichnung dafür, an welcher Speicherstelle eine Information abgespeichert oder ausgelesen werden soll, oder welches Gerät bei einer Ein- und Ausgabe-Operation angesprochen wird (Geräte-Adresse) bzw. auf welchem Weg Daten von oder nach Ein-Ausgabe-Geräten übertragen werden (Kanal-Adresse). Die Informationsverarbeitung beruht weitgehend auf der Verwendung von Adressen. In den Anweisungen eines Programms, den Befehlen oder Statements, wird nicht angegeben, welche Zahlen oder Texte zu verarbeiten sind, sondern die Adressen, auf denen diese Zahlen oder Texte stehen. Da die Adressen innerhalb eines Programms verändert werden können, kann man mit wenigen Befehlen oder Statements große Datenmengen verarbeiten. Innerhalb eines Programms können die Adressen je nach Art der Programmiersprache als absolute Adressen, relativ zum Programmanfang (relative A.) oder mit symbolischen Bezeichnungen (symbolische A., Variablenname) niedergeschrieben werden. Während der Ausführung des Programms müssen sie als absolute A. vorliegen. [1]. We

Adresse, absolute *(absolute address)*. A. mit der der Prozessor auf die Speicherplätze zugreift. Die absolute A. liegt immer in Form einer Zahl vor. Absolute Adressen werden bei der Abarbeitung eines Objektprogramms verwendet. [1]. We

Adressenregister *(address register, address buffer)*. Register in einer Datenverarbeitungsanlage, von dem Adressen dem Speicher oder den Ein-Ausgabe-Schnittstellen zugeführt werden. Das A. wird aus dem Befehlszähler, dem Adreßteil des Befehlsregisters, dem Stackpointer oder anderen dafür bestimmten Registern geladen. [1]. We

Adreßfeld *(address field)*. Festgelegter Bereich innerhalb des Nachrichtenkopfes eines Nachrichtenblocks zum Eintrag von Ursprungs- und Zielinformation. [19]. Kü

Adressierung, direkte *(direct addressing mode)*. Bei der direkten A. wird derjenige Speicherplatz angewählt, der im Adreßteil eines Befehls angegeben wird. [9]. Ne

Adressierung, indirekte *(indirect addressing mode)*. Bildung von Adressen für Speicherplätze nicht direkt aus dem Adreßteil eines Befehls, sondern durch Hinweis aus dem Adreßteil auf eine in einem Speicherplatz oder Register gespeicherte Adresse, deren Inhalt bearbeitet werden soll.

Beispiel: Der Befehl lautet: „Lies indirekt aus Speicherzelle 100 in den Akkumulator."

A ← ⟪ 100 ⟫

Wenn der Inhalt der Speicherzelle 100 z.B. die Zahl 250 ist, so wird der Inhalt der Speicherzelle 250 in den Akkumulator gebracht.

[1]. We

Adreßmodifikation *(address modification)*. Veränderung von Adressen während eines Programmlaufes. Eine A. wird vom Programm gesteuert. Methoden der A. sind die indirekte Adressierung und die Verwendung von Indexregistern. Die A. gestattet es, mit Programmen durch fortlaufende Wiederholung (→ Schleifenbildung) große Mengen von Daten, die auf benachbarten Speicherplätzen stehen, zu verarbeiten. [1]. We

Adreßraum *(addressable storage)*. Bereich von der niedrigsten bis zur höchsten anwählbaren Adresse eines Computer-Speichers. [1]. Li

ADV-Anlage *(automatic data processing, ADP)*. Automatische Datenverarbeitungsanlage, elektronische Datenverarbeitungsanlage. Datenverarbeitungsanlage, die mit elektronischen Bauelementen ausgestattet ist, wobei die Peri-

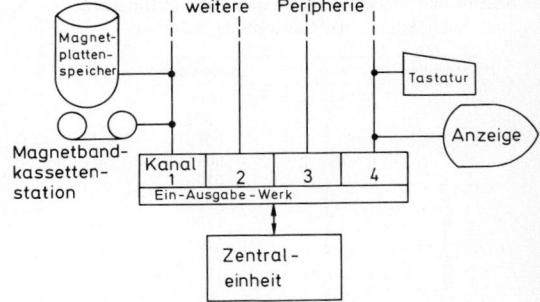

Aufbau einer ADV-Anlage

pherie (Eingabegeräte, Ausgabegeräte) auch mechanische oder elektromechanische Bauteile enthalten kann. Die A. setzt sich zusammen aus der Zentraleinheit, dem Ein-Ausgabe-Werk, das den Datenfluß zu den peripheren Geräten steuert, und den Peripheriegeräten. Bei modernen A. können programmierbare Prozessoren auch im Ein-Ausgabe-Werk vorhanden sein. Das Ein-Ausgabe-Werk wird in Kanäle unterteilt. ADV-Anlagen werden nach der Größe des Hauptspeichers und nach dem Durchsatz an Befehlen pro Zeiteinheit beurteilt. Zu unterscheiden sind ADV-Anlagen auch nach dem Verwendungszweck, z.B. Universalrechner, Prozeßrechner. Durch die Entwicklung hochintegrierter Bauelemente sind ADV-Anlagen kleineren Umfangs und Preises ermöglicht worden, z.B. Kompaktrechner, Minicomputer. [1]. We

AD-Wandler → Analog-Digital-Wandler. We

Advektionsinversion → Inversion. Ge

AFC (*automatic frequency control*) → Abstimmautomatik. Th

AGC (*automatic gain control*). AGC bedeutet: Automatische Verstärkungsregelung. Damit wird erreicht, daß eine Signalamplitude am Eingang eines Verstärkers eine Regelspannung derart erzeugt, daß bei einer Änderung der Signalamplitude am Eingang die Ausgangsamplitude innerhalb bestimmter Grenzen bleibt. Im Extremfall soll die Ausgangsamplitude konstant bleiben. Dies ist jedoch in der Praxis nicht erreichbar. [18]. Th

Aggregatzustand (*state of aggregation*). Materie kann drei deutlich unterschiedliche Aggregatzustände annehmen: fest, flüssig und gasförmig. Die gesamte Materie ist aus Atomen bzw. Molekülen aufgebaut. Im festen A. sind diese an sich periodisch wiederholende Gleichgewichtslagen gebunden, um die sie ungeordnete Schwingungen ausführen. Die Amplitude dieser Schwingungen hängt von der Temperatur ab. In seltenen Fällen (amorpher Aufbau) sind die atomaren Bausteine ungeordnet. Die Moleküle einer Flüssigkeit sind nicht an Gleichgewichtslagen gebunden; die anziehenden Kräfte zwischen den Molekülen geben Flüssigkeiten eine Oberflächenspannung. Die Dichten im festen und flüssigen A. sind von gleicher Größenordnung. Die Dichte von Gasen ist etwa um den Faktor 10^3 geringer als die von Flüssigkeiten. Die Gasteilchen führen ungeordnete Bewegungen aus und füllen jeden Raum aus. [7]. Bl

Aiken-Code (*Aiken code*). Symmetrischer Binärcode für Dezimalziffern mit der Gewichtung 2-4-2-1:

Dezimalziffer	Aiken-Code
0	0000
1	0001
2	0010
3	0011
4	0100
5	1011
6	1100
7	1101
8	1110
9	1111

[9]. Ne

AIM (*avalanche induced migration*). Ein Verfahren zur Programmierung von Festwertspeichern. Das Prinzip beruht auf einer in Rückwärtsrichtung vorgespannten Halbleiterdiode. Bei ausreichend hohen Rückwärtsspannungen können Aluminiumatome, die von einer am Emitter aufgebrachten Aluminiumschicht stammen, durch den Emitter zur Basis wandern, wodurch am Emitter-Basis-Übergang ein Kurzschluß entsteht (z.B. „1"-Zustand; Bild). Im „0"-Zustand fließt ein nur geringer Rückwärtsstrom durch die Halbleiterdiode. [4]. Ne

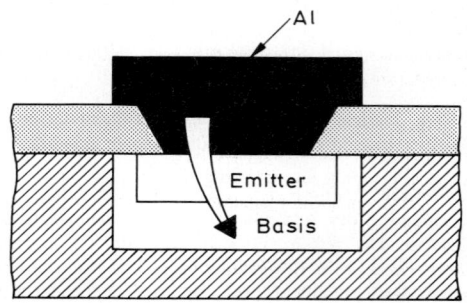

Struktur von AIM

Airborne-Magnetometer → Förstersonde. Fl

Akkumulator (*accumulator*). 1. Datenverarbeitung: Auch als A-Register bezeichnet. Register im Rechenwerk, das Daten enthält, die verknüpft werden, und das Ergebnis der von der Verknüpfungsschaltung ausgeführten logischen oder arithmetischen Operationen aufnimmt. Bei Einadreßmaschinen enthält der A. den zweiten Operanden. Bei vielen Prozessoren können Ein-Ausgabe-Operationen nur über den A. erfolgen. [1]. We
2. Elektrotechnik: Zur Speicherung elektrischer Energie geeignete elektrische Zelle mit positivem und negativem Pol. Bei Zufuhr elektrischer Arbeit wird der A. über eine chemische Reaktion geladen; beim Entladen wird durch die Umkehrreaktion die Energie wieder frei. Man unterscheidet zwei Typen von praktischer Bedeutung: den Blei-A. und den Nickel-Cadmium- oder Nickel-Eisen-A. [5]. Bl

Aktivierungsenergie (*activation energy*). Energie, die erforderlich ist, um ein Teilchen, insbesondere einen Ladungsträger im Halbleiter, aus einem bestimmten Energieniveau in ein höheres Energieniveau zu überführen, in dem das Teilchen eine vorher nicht gegebene „Aktivität", z.B. freie Beweglichkeit oder Reaktionsfähigkeit erhält. Z.B. Energie zum Überführen eines Elektrons aus dem Valenzband in das Leitungsband. (DIN 41 852). Somit stellt die A. einen Spezialfall von Anregungsenergie dar. [7]. Bl

Aktor (*actuator*). Aktoren sind Ausgabeelemente in Daten- und Informationsverarbeitungssystemen der Mikroelektronik, bei denen eine elektronische Verarbeitung z.B. nichtelektrischer Größen mit Meßketten durchgeführt wird und deren Fühlerelemente Produkte der Sensortechnik sind. Der A. ist in seiner Wirkungsweise an das elektronische System der Mikroelektronik-Meßkette angepaßt. Eingangssignale von Aktoren können z.B. TTL-

Pegel sein. Ausgabefunktionen können z.B. das Drukken von Meßdaten, das Auslösen elektrischer, optischer oder akustischer Signale oder das Schalten elektronischer bzw. elektromechanischer Schaltglieder sein. Ziel der technologischen Bemühungen ist es, neben Sensoren sämtliche Baugruppen der Informationsverarbeitung und die Aktoren auf einem gemeinsamen Halbleiterblock unterzubringen. Die Stromversorgung zur Aktivierung der Schaltung kann eine ebenfalls im Chip integrierte Anordnung von Solarzellen übernehmen. [1], [2], [4], [5], [6], [9], [12], [13], [16], [18]. Fl

Akzeptor *(acceptor)*. Störstelle (atomarer Gitterfehler oder Fremdatom), die durch das Aufnehmen eines Elektrons vom neutralen in den negativ geladenen (bzw. durch Abgeben eines Elektrons vom negativen in den neutralen) Zustand übergehen kann (DIN 41 852). Typische Akzeptoren für vierwertige Halbleiter sind die dreiwertigen chemischen Elemente Aluminium, Bor, Gallium und Indium. [7]. Bl

Akzeptoratom *(acceptor atom)*. Ein A. ist eine nicht in den regelmäßigen Aufbau eines Kristalls gehörende „Störstelle", zum Beispiel ein Indiumatom, das in einen Germaniumkristall eingebaut wurde. Dieses Fremdatom steht im Periodensystem im allgemeinen links neben dem Kristallelement; es fehlt im obigen Beispiel an der Störstelle ein Valenzelektron für die Bildung einer kovalenten Bindung des Germaniumkristalls. Das Indiumatom kann also leicht ein Elektron einfangen, d.h., es wirkt als Akzeptor. Das Energieniveau liegt nahe der Oberkante des Valenzbandes im verbotenen Band. Bei Indium beträgt der Energieabstand zum Valenzband 0,011 eV. [7]. Bl

Akzeptoratom, dissoziiertes → Akzeptorion. Bl

Akzeptorion *(acceptor ion)*, dissoziiertes Akzeptoratom. Akzeptoratom, an das sich wegen der niedrigeren Valenz ein Elektron angelagert hat. [7]. Bl

Akzeptorniveau *(acceptor level)*. Aus der Sicht des Bändermodells befindet sich das A. nur wenig oberhalb des Valenzbandes (z.B. 0,057 eV bei Aluminium). Es liegt in der verbotenen Zone, da die auf das A. befindlichen Elektronen nicht das Pauli-Prinzip verletzen. Bei 0 K ist das A. leer. Bei höheren Temperaturen hingegen reicht die thermische Energie aus, um das A. mit Elektronen zu füllen. [7]. Bl

Akzeptorterm → Akzeptorniveau. Bl

Akzeptorverteilungskoeffizient *(coefficient of acceptor distribution)*. Gibt die Verteilung der Akzeptoren im Halbleiter an. [7]. Bl

Akzeptorverunreinigung *(acceptor impurity)*. Einlagerung von Fremdatomen in einem Halbleiter (Dotieren), die wegen ihrer Energiebandstruktur aus dem Valenzband durch geringe Anregung Valenzelektronen aufnehmen kann. [7]. Bl

Alarmsignal *(alarm signal, alert)*. Signal, das eine Programmunterbrechung anfordert *(interrupt request)*. Die Bezeichnung wird besonders in der Prozeßdatenverarbeitung verwendet. [17]. We

ALC *(automatic level control)*. Automatische Pegelregelung. Das A. findet Anwendung z.B. bei Leistungsendstufen, um eine Übersteuerung und die damit verbundenen Verzerrungen zu vermeiden. [8], [11]. Li

Alexanderson-Antenne *(multiple tuned aerial)*. Mehrfach abgestimmte Antenne, Antenne für Längstwellen mit mehreren abgestimmten Niederführungen zur Verringerung der Erdverluste. Jeder der parallel geschalteten Strahler hat ein eigenes Erdnetz. Die Abstimmung wird so vorgenommen, daß die Ströme in allen n Niederführungen gleiche Amplitude und Phase aufweisen. Der Strom in jeder Niederführung ist dann nur 1/n des Gesamtstromes. Dadurch können die Erdverluste fast auf den nten Teil herabgedrückt werden. [14]. Ge

Algebra der Logik → Boolesche Algebra. Li

ALGOL *(algorithmic language)*. Problemorientierte, maschinenunabhängige Programmiersprache. Sie ist speziell geeignet für mathematisch-naturwissenschaftliche und technische Problemstellungen. Sie wurde 1960 von einem internationalen Gremium veröffentlicht. A. verwendet englische Befehlsbezeichnungen wie begin, end, do, read, print. Bei der Verwendung von A. ist ein Compiler erforderlich, der die Übersetzung in die jeweilige Maschinensprache vornimmt. [1]. Li

Algorithmus *(algorithm)*. Satz von Regeln, deren schematische Befolgung zur Lösung einer vorgegebenen Aufgabe führt, bzw. Gesamtheit der Verfahrensvorschriften zur Lösung eines Problems (z.B. Wurzelziehen oder Sinusberechnung). Die Verfahrensvorschriften werden in Form von Elementaroperationen, die nicht weiter zerlegt werden sollen, vorgegeben. Das Programmieren einer Datenverarbeitungsanlage bedeutet das Erstellen eines für die Problemlösung geeigneten A. Li

Alias-Effekt *(aliasing)*. Mit A. wird ein Störeffekt bezeichnet, der allen Verfahren anhaftet, die die regelmäßige Entnahme von Proben aus einem kontinuierlichen analogen Signal benutzen. Der A. tritt immer dann auf, wenn die höchste abgetastete Signalfrequenz größer als die Hälfte der Abtastfrequenz wird. Nach dem Abtasttheorem ergeben sich dann Doppeldeutigkeiten bei der Abtastung, weil im Abtastspektrum neue Seitenfrequenzen entstehen, die zu einer Verfälschung des Originals führen. [10], [14]. Th

Aliasing → Alias-Effekt. Th

Alkalielement → Alkalizelle. [7]. Bl

Alkalizelle *(alcaline photoelectrical cell)*. Alkalielement. Die A. ist eine Photozelle mit gutem Wirkungsgrad im Bereich des sichtbaren Lichts. Die lichtempfindliche Schicht des Katode besteht aus Alkalimetalloxid z.B. Cäsiumoxid. Die A. ist entweder luftleer gepumpt („Vakuumzelle") oder enthält eine geringe Menge eines Edelgases („Edelgaszelle"), was zur Steigerung der Anzahl der primären Photoelektronen führt. [7]. Bl

Allbandantenne → Mehrbandantenne. Ge

Allpaß *(all-pass filter)*. Vierpolschaltung, die die Amplituden eines (breiten) Frequenzbandes nicht beeinflußt, dafür aber die Phase in wohldefinierter Weise verändert. Die Betriebsdämpfung des A. ist Null oder konstant. Der Betriebsübertragungsfaktor eines A. hat immer die Form

$$\underline{A}_B = \pm \frac{h(-p)}{h(p)}; \quad h(p) \text{ Hurwitz-Polynom.}$$

Im PN-Plan liegen die Nullstellen der Übertragungsfaktoren in der rechten (komplexen) Halbebene immer spiegelbildlich zu den Polstellen in der linken Halbebene (Quadrantsymmetrie). Ist h(p) von n-tem Grade, dann ist der A. von n-ter Ordnung. Die über den ganzen Frequenzbereich erzielbare Phasenänderung beträgt:

$$\Delta \varphi = \pm n\pi.$$

Jede symmetrische X-Schaltung mit zueinander dualen Reaktanzzweitoren $\underline{R}_1$ und $\underline{R}_2$, die mit dem Wellenwiderstand $\underline{Z} = \sqrt{R_1 R_2}$ abgeschlossen ist, ist ein A. (Reaktanz-Allpaß, Bild). Ein A. läßt sich als passiver LC-Vierpol oder auch aktiv (RC-Schaltung mit Operationsverstärkern) realisieren. Er wird als Phasendreh- oder Laufzeitglied verwendet und dient zur Korrektur der Gruppenlaufzeit. [15]. Rü

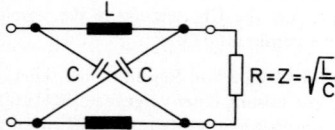

Beispiel eines Allpasses 1. Ordnung

Allpaßnetzwerk *(all-pass network)*. Ein aus einem oder mehreren Allpässen zusammengeschaltetes Netzwerk. Ein A. n-ter Ordnung kann aus Allpässen 1. und 2. Ordnung durch Kettenschaltung (→ Vierpolzusammenschaltungen) aufgebaut werden. [15]. Rü

Allverstärker *(universal amplifier)*. Ein A. ist ein Fernsprechleitungsverstärker, der für die Verstärkung und Entzerrung des zu übertragenden Sprachfrequenzbandes, zur Anpassung verschiedener Leitungsarten bzw. Amtseinrichtungen und zur Rufübertragung eingesetzt wird. Er enthält Bandpaß, Entzerrer, Verstärkungsregler, Vorübertrager, Verstärkerstufen, Nachübertrager, Gabelschaltung, Nachbildung, Rufsperrschaltung und Rufumsetzer. [13], [14]. Th

Alphabet *(alphabet)*. In der Datenverarbeitung ein Zeichenvorrat, der in vereinbarter Reihenfolge geordnet ist (DIN 44 300). [9]. We

Alphabet, endliches *(finite alphabet)*. A. das endlich viele Zeichen enthält. In informationsverarbeitenden Systemen werden stets endliche Alphabete verwendet. [13]. We

Alphabet, unendliches *(infinite alphabet)*. A. das grundsätzlich unendlich viele Zeichen enthalten kann. Ein unendliches A. kann in informationsverarbeitenden Anlagen nicht verwendet werden.

Betrachtet man die Wörter einer „lebenden" Sprache als Zeichen, die in einer vereinbarten Reihenfolge geordnet werden können, so stellt die Sprache ein unendliches A. dar. [9]. We

alphanumerisch *(alphanumeric)*. Ein Zeichenvorrat heißt a., wenn er aus den Buchstaben des Alphabets, den Dezimalziffern und den Sonderzeichen besteht. [1]. Li

Alphastrahlen *(α-rays)*. A. entstehen durch Ausstrahlung von Alphateilchen als Folge von Kernreaktionen bei natürlicher bzw. künstlicher Radioaktivität. Sie können auch in Teilchenbeschleunigern (z.B. Zyklotrons) durch Beschleunigung ionisierter Heliumkerne erzeugt werden (z.B. α-Katodenstrahlen). [7]. Bl

Alphateilchen *(α-particles)*. Doppelt ionisierte Heliumatome, d.h. Atomkerne von Heliumatomen. Sie bestehen aus zwei Protonen mit positiver Elementarladung und zwei neutralen Neutronen, die stark gebunden sind (Gesamtbindungsenergie etwa 28 MeV) und die Ruhemasse von etwa 4,0026 Kernmasseeinheiten haben. Spin und magnetisches Moment der A. sind Null, da die Protonen- und Neutronenschale abgeschlossen ist. [7]. Bl

Alphazeichen *(alphabetic character)*. Zeichen, das aus einem Buchstaben besteht. [1]. We

Alkalimetall *(alkali metal)*. Metalle der ersten Hauptgruppe des Periodensystems. Die Elemente der Alkaligruppe (Li, Na, K. Rb, Cs und Fr) zeigen metallische Bindung, geringe Dichte und niedrige Schmelzpunkte. Die Alkalimetalle sind sehr unendle Metalle, d.h., sie sind chemisch sehr reaktionsfähig. [7]. Bl

Alternativhypothese → Test-Verteilungen. Rü

Alterung *(aging)*. Veränderungen der Merkmale eines Bauelements oder eines Bauteils in Abhängigkeit von der Zeit. Die A. kann zu einem Ausfall führen oder zu einem Abweichen von den ursprünglich vorhandenen Merkmalen, z.B. einer Frequenzänderung bei einem Quarzoszillator. Die A. wird zahlenmäßig mit der Alterungszahl erfaßt (Langzeitdrift). [5]. We

Alterungsausfall → Ermüdungsausfall. Ge

Alterungszahl *(drift characteristic, aging rate)*. Relative Veränderung der Merkmale eines Bauelements oder eines Bauteils über eine bestimmte Zeit, z.B. $5 \cdot 10^{-6}$/Monat (5 ppm/Monat = 5 parts per million/month). [5]. We

Altgrad *(degree)*. Von den Babyloniern stammende Winkelteilung, bei der die Zahl 60 als Basis benutzt wird. Der Vollwinkel beträgt 360°, der rechte Winkel 90°. Ein Winkelgrad ist in 60 Minuten (60') unterteilt, eine Winkelminute in 60 Sekunden (60"). Fl

ALU *(arithmetic logic unit)*, arithmetisch-logische Einheit. Schaltung der Digitaltechnik zur Verknüpfung von Daten nach den Regeln der Arithmetik oder Logik. Die A. verfügt über Eingänge für zwei Datenworte, einen Übertragungseingang sowie Steuereingänge. Durch die Steuereingänge wird bestimmt, welche Verknüpfung ausgeführt werden soll. Sie verfügt über einen Datenausgang und einen Übertragungsausgang. Vorhanden sein können

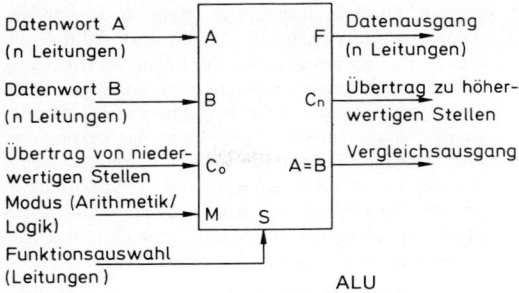

ALU

auch Ausgänge zur Beschleunigung der Übertragsbildung bei mehreren parallel arbeitenden ALUs. Sie finden Verwendung bei „Look-Ahead-Carry"-Generatoren. Außerdem können Ausgänge für Vergleichsergebnisse vorhanden sein.

ALUs werden als Einzelschaltungen angeboten, sind aber auch Bestandteile von Mikroprozessoren. Zur Erhöhung der Datenwortbreite können ALUs parallel geschaltet werden.
[2].   We

Aluminium *(aluminum)*. Metall, das sich durch hohe elektrische Leitfähigkeit sowie gute Wärmeleitfähigkeit auszeichnet. A. besitzt eine geringe Dichte sowie einen niedrigen Schmelzpunkt. Es läßt sich leicht im Vakuum verdampfen und durch Ätzen bearbeiten. In Form von Drähten, Litzen oder Bändern wird A. zur Fortleitung des elektrischen Stromes eingesetzt. Kabel für die Nachrichtentechnik aus Aluminiumlegierungen müssen zur Erhöhung der mechanischen Festigkeit mit einer Stahlseele ausgestattet sein. Durch Legieren wird im allgemeinen die mechanische Festigkeit erhöht und die elektrische Leitfähigkeit verringert. In der Mikroelektronik findet A. in dünnen Schichten oder feinsten Drähten zur Kontaktierung von Halbleiterbauelementen Anwendung. Weiter werden auch Kühlkörper und Reflektoren für elektromagnetische Wellen aus A. gefertigt. Einen ausgezeichneten Korrosionsschutz erhält A. durch elektrochemisch erzeugte Aluminiumoxidüberzüge. [5].   Ge

Aluminiumelektrolytkondensator → Elektrolytkondensator.
                                                                            Ge

A_L-Wert *(A_L value)*, Induktivitätsfaktor (magnetischer Leitwert). Der A_L-W. gibt den Induktivitätswert an, der sich bei einem bestimmten Kern mit einer einzigen Windung erzielen läßt (Einheit: $H \cdot (Wdg)^{-2}$). Für Ferrite wird in der Praxis A_L in $\mu H \cdot (Wdg)^{-2}$ oder meist in $nH \cdot (Wdg)^{-2}$ angegeben. Die erforderliche Windungszahl N für eine gewünschte Induktivität L berechnet sich zu

$$N = \sqrt{\frac{L}{A_L}}.$$

Früher war die Angabe eines Windungszahlfaktors c (auch K, α) üblich mit $N = c \sqrt{L}$. Im angelsächsischen Sprachraum wird A_L oft als Induktivitätswert bei 1000 Windungen angegeben (inductance mH for 1000 turns; turnsfaktor $\alpha = 1/\sqrt{A_L}$). [4].   Rü

Amberglimmer → Glimmer.   Ge

AM0 *(air mass zero, AM0)*. Unter AM0 versteht man die spektrale Verteilung der Sonnenstrahlung außerhalb der Erdatmosphäre. Sie entspricht der spektralen Verteilung eines schwarzen Körpers von 5800 K. Die Strahlungsleistung beträgt hier 1353 Wm^{-2} (Solarkonstante). Auf der Erdoberfläche bezeichnet man die Sonneneinstrahlung mit AMX, wobei $X = 1/\cos \Phi$. Bei AM1 ($\Phi = 90°$) beträgt die Strahlungsleistung 925 Wm^{-2} und bei Am2 ($\Phi = 60°$) 691 Wm^{-2}. [4].   Ne

AM1 → AM0.   Ne

AM2 → AM0.   Ne

Ampere *(ampere)*. SI-Basiseinheit der elektrischen Stromstärke (Zeichen A). *Definition:* Das A ist die Stärke eines zeitlich unveränderlichen elektrischen Stromes, der, durch zwei im Vakuum parallel im Abstand von 1 m voneinander angeordnete, geradlinige, unendliche lange Leiter von vernachlässigbar kleinem, kreisförmigen Querschnitt fließend, zwischen diesen Leitern je 1 m Leiterlänge die Kraft $2 \cdot 10^{-7}$ N hervorrufen würde (DIN 1301). Früher war 1 A der Strom, der in einer wäßrigen Lösung von Silbernitrat in der Sekunde 1,118 mg Silber ausscheidet.

1 A_{alt} = 0,99985 A_{neu}.
[5].   Rü

Amperemeter *(ammeter)*. Das A. ist ein elektrisches Meßinstrument, mit dem elektrische Stromstärken gemessen werden (Strommesser). Es wird in Reihe des zu messenden Stromkreises geschaltet und zeichnet sich durch einen geringen Innenwiderstand aus. [12].   Fl

Amperesekunde *(ampere-second)*. Einheit der elektrischen Ladung (Elektrizitätsmenge; Kurzzeichen As). 1 As = 1 A · 1 s = 1 C (C → Coulomb). [5].   Rü

Amperestunde *(ampere-hour)*. Einheit der elektrischen Ladung (Elektrizitätsmenge; Kurzzeichen Ah). 1 Ah = 1 A · 1 h = 3600 As = 3600 C (C → Coulomb; As → Amperesekunde). A. dient vorzugsweise zur Kennzeichnung des Speichervermögens von Akkumulatoren. [5].   Rü

Amperewindung *(ampere-turn)*. Da die magnetische Wirkung eines elektrischen Stromes sowohl von der Stromstärke I als auch von der Anzahl N der Leiterwindungen abhängt, faßt man diese beiden Größen meist zu einem Produkt zusammen:

Amperewindung(szahl) = I · N.
[5].   Rü

Amplitude *(amplitude)*. Der maximale Augenblickswert $\hat{x}$, der Scheitelwert einer Sinusschwingung (DIN 1311/1)

$$x = \hat{x} \cos (\omega t + \varphi_0).$$
[5].   Rü

Amplitude, komplexe. Eine zeitlich veränderliche harmonische Schwingung $x(t) = \hat{x} \sin (\omega t + \varphi_0)$ (DIN 1311/1) wird in der komplexen Rechnung dargestellt als komplexer Augenblickswert

$$\underline{x}(t) = \hat{x} e^{j(\omega t + \varphi_0)},$$

Amplitudenbedingungen

wobei $\hat{x}$ der Scheitelwert, $\omega = 2\pi f$ die Kreisfrequenz und φ_0 der Nullphasenwinkel ist. Durch Zerlegung von $\underline{x}(t)$ erhält man

$$\underline{x}(t) = \hat{x}\, e^{j\varphi_0}\, e^{j\omega t}.$$

Der komplexe Augenblickswert zur Zeit $t = 0$

$$\underline{\hat{x}} = \hat{x}\, e^{j\varphi_0}$$

ist die komplexe A. (Zeiger; DIN 5475). Damit wird

$$\underline{x}(t) = \underline{\hat{x}}\, e^{j\omega t}.$$

Für den physikalischen Augenblickswert gilt

$$x(t) = \operatorname{Re}\underline{x}(t) = \frac{1}{2}[\underline{x}(t) + \underline{x}^*(t)],$$

wobei $\underline{x}^*(t)$ der zu $\underline{x}(t)$ konjugiert komplexe Wert ist. [5]. Rü

Amplitudenbedingungen *(amplitude conditions)*. Die A. ist eine der Schwingungsbedingungen eines Oszillators. Die allgemeinen A. besagen, daß eine kontinuierliche Schwingung nur dann angeregt wird, wenn die Ausgangsspannung des aktiven Teils einer Oszillatorschaltung gleichphasig und mit mindestens der gleichgroßen Spannung, wie sie am Eingang des aktiven Teils herrscht, auf den Eingang des aktiven Teils zurückgekoppelt wird. [8], [12], [13]. Th

Amplitudenbegrenzer *(limiter)*. Ein A. wird in elektronischen Schaltungen verwendet, um die Amplitude einer Wechselspannung auf eine festgelegte Höhe zu begrenzen. Ein einfacher A. besteht aus zwei antiparallel geschalteten Dioden, die über einen Vorwiderstand mit der zu begrenzenden Wechselspannung beaufschlagt werden. Der Begrenzungseffekt tritt ein, wenn die angelegte Spannung die Diodenschwellspannung überschreitet und die Dioden somit leitend werden. [10], [13]. Th

Amplitudenfunktion *(amplitude spectrum)* → Fourier-Transformation. Rü

Amplitudengang *(frequency response)*, genauer Amplitudenfrequenzgang. Der A. ist die Abhängigkeit einer Amplitudengröße von der Frequenz. Aus dem A. ermittelt man die Breite des zu übertragenden Frequenzbandes (→ Bandbreite). In der grafischen Darstellung wird der Betrag der komplexen Amplitude linear oder logarithmisch (→ dB; → Np) über der Frequenz aufgetragen. [13]. Rü

Amplitudenhub *(amplitude swing)*. Der A. ist eine wichtige Größe der Amplitudenmodulation. Er bestimmt den Modulationsgrad m. Es sei U_T die Amplitude des unmodulierten Trägers und U_m die Amplitude des modulierenden Signals. so ergibt sich der A. aus der Beziehung

$$U_m = m \cdot U_T,$$

wobei m maximal den Wert 1 annehmen darf, wenn Übermodulation vermieden werden soll. [13]. Th

Amplitudenmessung, selektive *(selective amplitude measurement)*, frequenzselektive Spannungsmessung, trennscharfe Spannungsmessung. Bei selektiver A. sollen die in einem Frequenzgemisch enthaltenen Spannungsanteile erfaßt (→ Analysator) werden. Meßgeräte dieser Art besitzen zur Spannungsanzeige häufig analoge Instrumente mit vorgeschaltetem Effektivwert-, Mittelwert- oder Spitzenwertgleichrichter. Zur Frequenzbestimmung werden manuell verschiebbare, frequenzkalibrierte Skalen oder Digitalanzeigen eingesetzt. Ebenso sind Oszilloskopbildschirme möglich, auf denen das gesamte, zu untersuchende Spektrum — oft mit eingeblendeten Maßstäben — sichtbar gemacht wird (→ Spektrumanalysator). Vorwiegend bei Schallanalysen werden auch schreibende Meßgeräte eingesetzt. Zur selektiven A. gibt es verschiedene Verfahren:

1. Mit Korrelationsmeßverfahren lassen sich durch Rauschspannungen verdeckte, periodische Vorgänge selektiv untersuchen (→ Korrelator). 2. Die selektive A. wird auch zur Ermittlung des Klirrfaktors herangezogen. Hier wendet man das Resonanzverfahren an. Spezielle Meßgeräte, bzw. Meßeinrichtungen sind die Klirrfaktor-Meßbrücke oder der Klirrfaktormesser. 3. Selektive Spannungsmesser, die nach dem Sampling-Verfahren arbeiten, sind bis in den Mikrowellenbereich einsetzbar. Die Abtastimpulse werden durch eine Abtastschaltung erzeugt, die in einem Tastkopf untergebracht ist. Die Impulse schalten über eine Diodenbrücke den Sampling-Kondensator an die Meßspannung. Es entsteht am Kondensator eine Impulsfolge, deren Amplituden proportional den Momentanwerten der Meßspannung zu den Abtastzeiten sind. Die Impulse werden über Verstärker zu einer Impulsformerstufe geführt und über einen Mittelwertgleichrichter zu einer integrierenden Anzeige. 4. Das Suchtonverfahren läßt sich für weite Frequenzbereiche mit hohem Auflösungsvermögen einsetzen. Mit phasenselektiver Gleichrichtung werden Geräte dieser Art sehr frequenzgenau und auch geringe, im Rauschen untergegangene Wechselspannungen nachweisbar. 5. Selektive A. an Vierpolen im Hochfrequenzbereich werden mit trennscharfen Spannungsmessern (HF-Spannungsmesser), die nach dem Überlagerungsprinzip arbeiten, durchgeführt. 6. Man kennt auch Verstärker-Spannungsmesser mit phasenselektiver Gleichrichtung (ebenfalls im Suchtonverfahren). Meßgeräte dieser Art vergleichen die Meßspannung mit einem äußeren oder inneren Referenzsignal; der Effektivwert der Spannung wird über einen Thermoumformer gewonnen.

[12], [13], [14] Fl

Amplitudenmodulation *(amplitude modulation)*. Hierbei wird die Amplitude einer Trägerschwingung durch ein zugeführtes Signal verändert. Aus der Modulationsgleichung der A. ergibt sich die Entstehung der Seitenbänder. Bezeichnet Ω die Trägerfrequenz und ω die aufzumodulierende Signalfrequenz, so entsteht z.B. bei diskreten Frequenzen das Frequenzspektrum $\Omega \pm \omega$ sowie dessen Harmonische. Das gewünschte Spektrum $\Omega \pm \omega$ wird durch Filterschaltungen herausgesiebt. [13], [14]. Th

Amplitudensieb *(amplitude separator)*. Einrichtung in einem Fernsehempfänger, die die Synchronsignale aus dem ankommenden Signalgemisch ausfiltert. [8]. Rü

Amplitudenspektrum *(amplitude spectrum)*. Darstellung der Amplituden bei einer harmonischen Analyse, aufgetragen über der Frequenz (→ Frequenzspektrum, → Fourier-Transformation). [14]. Rü

Amplitudentastung *(amplitude shift keying, ASK)*. Die A. kann verwendet werden, um codierte Signale zu übertragen, wobei z.B. jedem Codewort eine bestimmte Amplitude zugeordnet wird. Eine typische Anwendung ist die Übertragung binärer Werte, wobei der logische Wert „1" als „Amplitude vorhanden" und der logische Wert „0" als „Amplitude nicht vorhanden" übertragen werden könnte. Ein weiterer Anwendungsfall ist die Wechselstromtelegraphie mit Morsezeichen. [13], [14].   Th

Amplitudenverzerrung *(amplitude distortion)* → Dämpfungsverzerrung.   Rü

Ampullendiffusion → Diffusionsverfahren.   Ne

analog *(analogue).* Unter a. versteht man die fortlaufende, kontinuierliche Verarbeitung, Darstellung oder Wiedergabe veränderlicher, aber stetig verlaufender physikalischer Größen. Eine analoge Darstellung ist dadurch gekennzeichnet, daß jeder beliebige Zwischenwert bei entsprechender Übung des Ablesenden ermittelt werden kann. So läßt sich z.B. mit einem analogen Spannungsmesser anhand der Zeigerstellung der Meßwert innerhalb des Meßbereichs auf der Skala kontinuierlich ablesen. Gegensatz zu a. ist digital. [12].   Fl

Analoganzeige *(analogue indication).* Bei der A. handelt es sich um eine fortlaufende, kontinuierliche Anzeige der Meßgröße. Eine A. wird z.B. bei analogen Meßinstrumenten durch einen Zeiger und einer Skala als Strecke oder Winkel ermöglicht. Die Lage des Meßwertes wird bei der A. innerhalb des Meßbereichs ununterbrochen dargestellt. Wichtige Skalenwerte oder -bereiche lassen sich hervorheben bzw. markieren, z.B. Arbeitsbereich und Gefahrenbereich. Damit wird die Lage und Bewegungstendenz des jeweiligen Meßwertes im Hinblick auf den Sollzustand leicht überschaubar. Mit feingeteilter Skala und Schätzung von Zwischenwerten können theoretisch sämtliche Meßwerte innerhalb des Meßbereichs ermittelt werden. Die Ableseunsicherheit ist von der Skalenlänge, ihrer Unterteilung, der Dicke des Zeigers, dem Blickwinkel des Beobachters und seiner Übung im Ablesen abhängig. Bei Präzisionsinstrumenten strebt man daher nach feingeteilten, langen, spiegelhinterlegten Skalen und langen, dünnen Zeigern. Da die meisten physikalischen Größen analoger Natur sind, entspricht die A. der technischen Darstellung der Meßgröße. [12], [18].   Fl

Analogcomputer → Analogrechner.   We

Analog-Digital-Wandler *(analogue-to-digital converter).* ADC, AD-Wandler. Funktionseinheit, die ein analoges Eingangssignal in ein digitales Ausgangssignal umsetzt (DIN 66201). A. werden für die digitale Meßtechnik sowie für die Verarbeitung von analogen Werten in Digitalrechnern

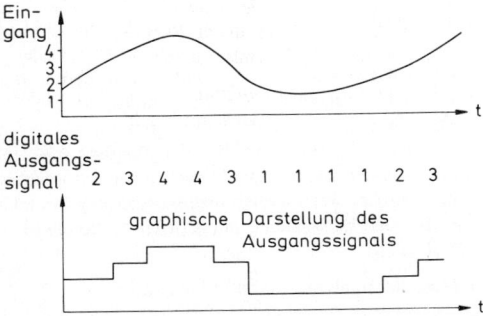

Analog-Digital-Wandler

benötigt. Da die digitale Ausgangsgröße nur endlich viele Werte annehmen kann, entsteht eine Quantelung des Eingangssignals. Für A. steht eine Reihe von Techniken zur Verfügung (z.B. → Dual-Slope-Verfahren, → Stufenverschlüßler, → Sägezahnmethode). Zu unterscheiden sind integrierende Verfahren, bei denen der Mittelwert der Eingangsgröße über einen bestimmten Zeitraum erfaßt wird, und Augenblickswertverfahren. [12], [17].We

Analogfilter *(analogue filter).* Alle elektrischen Filter, die ein in analoger Form vorliegendes Signal (kontinuierlich veränderliche Größe) durch frequenzabhängige Bauelemente beeinflussen. Gegensatz: Digitalfilter. [14].   Rü

Analogie *(analogy).* In Physik und Technik die formal mathematische Übereinstimmung verschiedenartiger Modelle. Der Vergleich gestattet die Ableitung analoger Eigenschaften. Zur Behandlung von Aufgaben der Elektroakustik ist die elektromechanische A. besonders wichtig. Es zeigt sich Übereinstimmung der mathematischen Formeln, wenn folgende Entsprechungen gelten:
1. bei Kraft-Spannungs-A. (A. 1. Art)

Spannung   – Kraft
Strom   – Geschwindigkeit (Schnelle)
Induktivität   – Masse
Kapazität   – Nachgiebigkeit
Widerstand   – mechanische Resistanz.

2. bei Kraft-Strom-A. (A. 2. Art)

Spannung   – Geschwindigkeit (Schnelle)
Strom   – Kraft
Induktivität   – Nachgiebigkeit
Kapazität   – Masse
Widerstand   – reziproke mechanische Resistanz
Leitwert   – mechanische Resistanz.

Die A. 1. Art erfordert eine Schaltungsumwandlung (Reihen-Parallelschaltung, duale Schaltung). Dagegen ist die A. 2. Art schaltungstechnisch konsequent und gibt die physikalischen Verhältnisse richtig wieder. Speziell für akustische Strömungsprobleme wird eine Schallflußstrom-A. verwendet. Eine weitere oft verwendete A. ist die Potentialanalogie der Netzwerktheorie, die auf der Übereinstimmung mit der Laplaceschen Differentialgleichung beruht. [5], [15].   Rü

Analogmultiplexer *(analogue multiplexer).* Bei der Verarbeitung analoger Signale durch einen Digitalrechner muß jedes Signal zuerst in einem Analog-Digital-Wandler digitalisiert werden. Da die einzelnen Signale vom Rechner nur sequentiell abgefragt und verarbeitet werden können, genügt ein einziger Analog-Digital-Wandler, der über einen elektronischen Schalter (→ Multiplexer) mit den Signalquellen verbunden ist (Bild). [6], [13].   Li

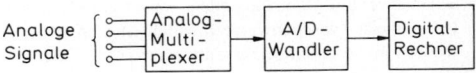

Anwendung eines Analogmultiplexers (Blockschaltbild)

Analogmultiplizierer *(analogue multiplier).* (Bild). Elektronische Schaltung, die eine Ausgangsgröße (Ausgangsspannung nach der Funktion $U_{Ausgang} = u_1 \cdot u_2$ bildet (u_1,

Analogrechner

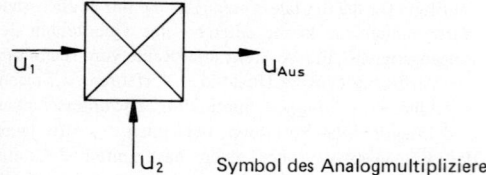

Symbol des Analogmultiplizierers

u_2 Eingangsspannungen). A. können elektromechanisch als Servo-Multiplizierer realisiert sein; heute benutzt man meist ein Zwei-Parabel-Verfahren, das mit Diodennetzwerken realisiert wird. [9]. We

Analogrechner *(analogue computer)*, Analogcomputer. Rechner, bei dem die zu verarbeitenden und die berechneten Variablen durch analoge (stetig veränderbare) Signale dargestellt werden. A. werden besonders für den technisch-wissenschaftlichen Bereich (Lösung von Differentialgleichungen) eingesetzt. Die Rechenvorschrift wird nicht durch ein in Schritten abzuarbeitendes Programm wie beim Digitalrechner eingegeben, sondern durch Verknüpfung von Analogbausteinen für Addition, Multiplikation usw. Die Speicherung von Variablen und logische Entscheidungen sind nur schwer realisierbar. Die Unsicherheit der Rechenoperationen liegt bei etwa 0,01 %. A. werden sehr oft als Komponenten von Hybridrechnern eingesetzt. [1]. We

Analogschaltkreis *(analogue circuit)*. Schaltkreis der Analogtechnik zur Verarbeitung von Analogsignalen. Die Analogschaltkreise sind meist als integrierte Schaltung oder als Hybridschaltung aufgebaut. Zu den Analogschaltkreisen zählt man neben den Operationsverstärkern auch z.B. Analogschalter und vielfach auch Analog-Digital-Wandler. [6]. We

Analogschaltung, integrierte *(linear integrated circuit)*. Analogschaltkreis. Die A. ist eine integrierte Schaltung, bei der die elektrischen Ausgangsgrößen stetige Funktionen der Eingangsgrößen sind. Sind dies lineare Funktionen, also graphisch durch eine Gerade darstellbar, spricht man von einer linearen integrierten Schaltung. Die integrierte A. unterscheidet sich von der diskret aufgebauten Schaltung durch das Fehlen von Koppelkondensatoren, deren Integration zuviel Chipfläche benötigen würde. Kondensatoren zur Kompensation des Frequenzganges müssen extern zugeschaltet werden. [6]. Li

Analogsignal *(analogue signal)*. Signal, das innerhalb bestimmter Grenzen jeden beliebigen Wert annehmen kann, wobei jedem Wert eine bestimmte Bedeutung zuzuordnen ist (Gegensatz: Digitalsignal). So läßt sich der Zahlenbereich zwischen 0 und 10 durch eine Spannung zwischen 0 V und 10 V darstellen, wobei grundsätzlich beliebig viele Zwischenwerte möglich sind. Analogsignale werden in der Analogelektronik verarbeitet. [13]. We

Analogspeicher *(analogue storage)*. Speicher zur Aufnahme analoger Signale. Die Speicherung erfolgt meist durch die Speicherung von Ladungen, weshalb Bauteile verwendet werden müssen, die keinen fortdauernden Stromfluß benötigen, z.B. MOS-Transistoren.

Magnetische Datenträger zur Speicherung analoger Daten, z.B. Magnetband (Tonband), werden i.a. nicht als A. bezeichnet. [9] We

Analogsystem *(analogue system)*, analoges System. Allgemein ein System zur Verarbeitung von Analogsignalen, vielfach als Bezeichnung für Analogrechner verwendet. [9]. We

Analogtechnik *(analogue technique)*. Die A. umfaßt alle Baugruppen, Geräte und Verfahren (z.B. Meßverfahren, analoge), vornehmlich in der Meßtechnik, mit deren Hilfe physikalische Größen analog verarbeitet, dargestellt, bzw. wiedergegeben werden. Geräte in A. lassen sich im Gegensatz zu Geräten der Digitaltechnik meist einfacher realisieren, jedoch ist die Verarbeitung analoger Größen mit höheren Unsicherheiten (z.B. Meßunsicherheit) behaftet. Speicherung und Weiterverarbeitung sind nur sehr schwer möglich; die Fernübertragung in A. ist sehr störanfällig. Ein großer Vorzug der A. ist im dynamischen Verhalten zu sehen: Sich schnell ändernde Größen lassen sich verhältnismäßig einfach erfassen. [12], [18]. Fl

Analysator *(analyzer)*. Als A. bezeichnet man im allgemeinen eine Geräte- oder Schaltungsanordnung, die dazu dient, umfangreiche und kompliziert verlaufende elektrotechnische Vorgänge so aufzulösen, daß die Komponenten, aus denen sich der Vorgang zusammensetzt, einzeln nachgewiesen werden können. Dies kann auch eine über ein Modell entwickelte elektrische Schaltung sein (Netzwerkanalysator). Mit dem Spektrumanalysator z.B. lassen sich aus einem Frequenzgemisch die Einzelfrequenzen mit ihren Amplituden als Linienspektrum nachweisen. Der Klirranalysator (Resonanzverfahren) zeigt den Anteil der Verzerrung einer elektrischen Schwingung mit Oberwellengehalt an. Das Oszilloskop registriert elektrische oder nichtelektrische Werte als Funktion der Zeit oder in Abhängigkeit anderer Größen. In der Rechnertechnik dient der A. oft zur Lösungsfindung von Differentialgleichungen (Differentialanalysator, Digital-Differentialanalysator). [12]. Fl

Analysator, logischer *(logical analyzer)*. Der logische A. ist ein Analogrechner, der zur Lösung von Differentialgleichungen herangezogen werden kann (Differentialanalysator, Digital-Differentialanalysator, Analysator). Der logische A. ist nicht mit dem Logikanalysator der Digitaltechnik zu verwechseln! [1], [17], [18]. Fl

Analyse *(analysis)*. Die A. dient in der Elektronik der Untersuchung von Schaltungssystemen, um festzustellen, ob die an das Gesamtsystem gestellten Anforderungen ausreichend, vollständig und mit größtmöglicher Sicherheit erfüllt werden. Sie umfaßt Projektierung, Aufbau und Erprobung eines Prototyps des Schaltungssystems, wobei schrittweise Überprüfungen bezüglich der Anforderungen durchgeführt werden. Besondere Bedeutung besitzt die A. bei der Entwicklung industrieller Steuerungen. [1], [12], [17]. Fl

Analyse, harmonische *(harmonical analysis)*, Fourier-Analyse, Fourier-Zerlegung. Mit der harmonischen A. soll eine periodische Funktion mit Oberschwingungsgehalt in eine Reihe von Sinus- und Cosinusfunktionen (Fourier-Reihe), deren Frequenzen ganzzahlige Vielfache der Grundfrequenz sind, zerlegt werden. Schwingungen, deren Frequenzen oberhalb der Grundschwingung liegen, heißen Oberschwingungen. Die Fourier-Reihe lautet:

$$f(x) = \frac{a_0}{2} + \sum_{n=1}^{n=\infty} (a_n \cos nx + b_n \sin nx)$$

$$= \frac{a_0}{2} + \sum_{n=1}^{n=\infty} c_n \cdot \sin(nx + \Theta_n),$$

wobei

$$a_n = \frac{1}{\pi} \int_0^{2\pi} f(x) \cos nx \, dx \quad \text{mit } n = 0, 1, 2, 3 \ldots$$

$$b_n = \frac{1}{\pi} \int_0^{2\pi} f(x) \sin nx \, dx$$

und $c_n = +(a_n^2 + b_n^2)^{1/2}$; $\Theta_n = \arctan \frac{a_n}{b_n}$.

($a_0/2$) ist der Gleichanteil der periodischen Funktion f(x) einer einfachen Periode. In der komplexen Schreibweise lautet die Fourier-Reihe:

$$a_n + jb_n = A_n \exp(j\varphi_n)$$

$$= \frac{1}{\pi} \int_0^{2\pi} f(\omega t) \exp(jn\omega t) \, d(\omega t)$$

mit n = 0, 1, 2, 3 ...
Nach erfolgter Berechnung ergibt sich a_n als Realteil, b_n als Imaginärteil, A_n als Betrag und φ_n als Phase. Der Grenzwert der Fourier-Reihe ist das Fourier-Integral, das eine beliebige, integrierbare Funktion als Summe unendlich vieler Sinusschwingungen mit unendlich kleinem Frequenzabstand bildet. Es wird zur Fourier-Transformation verwendet. Alle sich in der Fourier-Analyse ergebenden Schwingungen nennt man auch Frequenzspektrum. Meßtechnisch lassen sich die mathematisch berechneten Frequenzen mit einem Spektrumanalysator nachweisen (→ Amplitudenmessung, selektive). Bedeutung hat die harmonische A. z.B. bei der Auswertung verzerrter Schwingungen, Untersuchung der menschlichen Sprache und der tierischen Laute erlangt. [5], [12], [13], [14], [19]. Fl

Analyseverfahren *(bei Netzwerken)* → Netzwerkanalyse. Rü

AND-Verknüpfung → Konjunktion. Li

Anderson-Brücke *(Anderson bridge).* Als A. wird eine Meßbrücke bezeichnet, die aus sechs Zweigen besteht und zur Messung unbekannter Induktivitäten eingesetzt wird. Man findet die zu bestimmende Induktivität L durch Vergleich mit einer bekannten Kapazität C (Bild). Die dazu notwendigen Abgleichbedingungen lauten: $R_1 \cdot R_4 = R_2 \cdot R_3$ und $L = C \cdot [R_5(R_1 + R_2) + R_1 R_4]$. Wird mit R_5 abgeglichen, muß das Verhältnis L/C immer größer

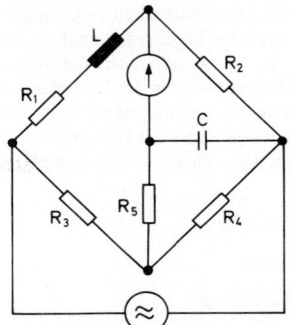

Andersonbrücke

als das Produkt $R_1 \cdot R_4$ sein, da der Ausdruck $R_5(R_1 + R_2)$ nicht negativ werden kann. Als Nullindikator läßt sich entweder ein Kopfhörer, ein Vibrationsgalvanometer oder ein Oszilloskop einsetzen. [12]. Fl

Änderung *(change).* Allgemein: Nichtübereinstimmung der Istzustände eines Merkmals zu verschiedenen Zeitpunkten. Speziell für meßbare Merkmale: Differenz zwischen dem Istwert eines Merkmals in einem Zeitpunkt und dem Istwert dieses Merkmals in einem früheren Zeitpunkt. [5]. Ge

Änderungsausfall *(partial failure),* Teilausfall. Ausfall eines Bauelements, verursacht durch eine sprunghafte oder allmähliche Änderung seiner Kenndaten, d.h., das Bauelement ist nicht mehr in der Lage, alle geforderten Aufgaben voll zu erfüllen, seine funktionsgemäße Verwendung ist jedoch noch bedingt möglich. [4]. Ge

Änderungsgeschwindigkeit → Anstiegsgeschwindigkeit. Li

Anemometer *(anemometer).* Gerät zur Messung der Windgeschwindigkeit. 1. Das Pendelanemometer mißt die Windstärke. Eine Platte mit horizontaler Pendelachse hängt über einer Bogenskala quer zur Windrichtung. Der Ausschlag der Platte gibt auf der in Beaufort kalibrierten Skala die Windstärke an (→ Laseranemometer). 2. Beim Schalenanemometer wird der Winddruck auf drei oder vier halbkugeligen Schalen gemessen. Die Schalen sitzen auf einer drehbar gelagerten Welle, die mit einem Zählwerk oder einem Wirbelstrom-Drehzahlmesser verbunden ist. Auf diese Weise wird die Windgeschwindigkeit in eine meßbare Drehzahl umgewandelt. [12]. Fl

Anfangsbedingung *(initial condition).* 1. Bei der Lösung von Differentialgleichungen können Konstanten oder Funktionen auftreten, die beliebig gewählt werden dürfen. Um hier Eindeutigkeit zu erzielen, werden zusätzliche Bedingungen, die sogenannten Anfangs- oder Randbedingungen (auch: Anfangswerte) vorgegeben. So ist bei der Differentialgleichung $y^{(n)} = f(x,y,y', \ldots, y^{(n-1)})$ mit Einschränkungen eine eindeutige Lösung möglich, wenn die Werte $y(a), y'(a), \ldots, y^{(n-1)}(a)$ an der Stelle x = a als A. vorgegeben werden. 2. In der Regelungstechnik bezeichnet man die Werte von Regelgrößen, die zu Beginn eines Regelvorgangs vorliegen, als A. [18]. Li

Anfangspermeabilität *(inital permeability),* auch Ringkernpermeabilität oder Werkstoffpermeabilität (Zeichen: μ_a).

Es ist die Permeabilität eines anfänglich nicht magnetisierten Ferromagnetikums bei der Erregung mit der magnetischen Feldstärke $H \to 0$. Sie entspricht der Steigung der Neukurve im Nullpunkt, wenn in der Hysteresekurve die magnetische Flußdichte und die magnetische Feldstärke aufgetragen sind. Die A. ist der Grenzwert der reversiblen Permeabilität, wenn die Gleichfeldstärke $H \to 0$. [5]. Rü

Anfangsphasenwinkel → Nullphase. Fl

Anfangsstufe → Eingangsstufe. Fl

Anfangswert → Anfangsbedingung. Li

Anfangszustand *(initial state)*. Zustand Z_1 eines Automaten, von dem aus der Automat seine Übergangs- und Ausgabefunktionen durchführt. Bei informationsverarbeitenden Systemen wird der A. meist durch ein Signal, das beim Anlegen der Betriebsspannung automatisch erzeugt wird, hervorgerufen („Einschaltlöschen"). Bei Mikroprozessoren wird der A. durch ein besonderes Signal (meist als „RESET" [Rücksetzen] bezeichnet), hervorgerufen. [9]. We

Anforderung *(request, call attempt)*, Anruf, Belegungsversuch. Auftrag an eine Bedieneinheit oder Versuch, eine vermittlungstechnische Einrichtung wie Leitung oder Register in Anspruch zu nehmen. Eine A. geht von einem Teilnehmer aus, wenn er eine Nachrichtenverbindung herstellen will; sie kann aber auch von einer Steuereinrichtung an eine andere Steuereinrichtung bzw. Bedieneinheit gerichtet werden. In Vermittlungssystemen wird ferner unterschieden zwischen anstehender, akzeptierter und abgewiesener A.; letztere kann zur Anrufwiederholung führen. Die zeitliche Aufeinanderfolge von Anforderungen heißt Anrufprozeß. [19]. Kü

Angebot *(offered traffic)* → Verkehrsangebot. Kü

Angleichen → Abgleich. Fl

Angström *(angstrom)*. Im atomaren Bereich bisher gebräuchliche Längeneinheit; $1 \text{ Å} = 10^{-10}$ m. Nach dem Gesetz über Einheiten im Meßwesen ist die Einheit Å nicht mehr zulässig. [5]. Bl

Anheizzeit *(warm-up period)*. Als A. bezeichnet man bei einem elektronischen Gerät die Zeit, die nach dem Einschalten bis zur vollständigen Betriebsbereitschaft vergeht. Bei einer Elektronenröhre ist die A. die erforderliche Zeit, die verstreichen muß, damit sich an der Katode besondere Betriebsbedingungen — etwa eine bestimmte Emission oder Emissionsänderungen — einstellen können. [4], [5], [12], [13]. Fl

Anion *(anion)*. Negativ geladenes Atom bzw. eine negativ geladene Atomgruppe. [5]. Bl

Anisotropie *(anisotropy)*. A. kennzeichnet das räumlich unterschiedliche Verhalten eines Stoffes (meist eines Festkörpers) in Bezug auf eine physikalische Größe (z.B. Struktur, optische Brechung). [5]. Bl

Anisotropie, magnetische *(magnetic anisotropy)*. A. liegt vor, wenn die magnetischen Eigenschaften eines Festkörpers (z.B. ein Kristall) richtungsabhängig und nicht in allen Raumrichtungen gleich sind. Die A. beruht auf der raumgitterförmigen Anordnung der Atome bzw. der durch äußere Einflüsse verursachten Änderung der ursprünglichen Ordnung. [5]. Bl

Anker *(armature)*. Der A. einer elektrischen Maschine trägt die Wicklung(en), in der die EMK induziert wird. Bei Gleichstrommaschinen ist der Rotor der A., hingegen bei Synchronmaschinen das Teil, das die Wechsel- bzw. Drehstromwicklung trägt. Bei Asynchronmaschinen sind Rotor und Stator definitionsgemäß A. Ferner wird bei elektromechanischen Schaltern (Relais, Schütz) das die Kontakte bewegende Teil als A. bezeichnet. [3]. Ku

Ankerumschaltung *(reversal of armature)*, (→ Bild Umkehrantrieb). Die A. ist die einfachste Art, einen Vierquadranten-Gleichstromantrieb zu realisieren. Der speisende Stromrichter (SR) muß eine vollgesteuerte Brücken- bzw. Mittelpunktschaltung sein, die je nach geforderter Momentenrichtung über entsprechende Schaltkontakte an den fremderregten Gleichstrommotor gelegt wird. Die Ansteuerung des Ankerumschalters übernimmt die sogenannte Ankerumschaltlogik (AUL), die den Schalter nur bei stromlosem Ankerkreis betätigt; dadurch können bei kleineren Antrieben einfache Wechselstromschütze eingesetzt werden. Die Umschaltzeiten liegen bedingt durch die mechanischen Kontakte zwischen 50 ms und 300 ms. [3]. Ku

Anlaßheißleiter → Heißleiter. Ge

Ankunftsprozeß *(arrival process)* → Anrufprozeß. Kü

Anlaufstrom 1. Elektronik *(residual current)*: Der A. ist der Strom, der in einer Röhre mit Glühkatode bereits auftritt, wenn die Anodenspannung 0 V ist. Er rührt von der thermischen Energie der Elektronen her, die nach Verlassen der Katode eine Maxwellsche Geschwindigkeitsverteilung haben. Der A. wird Null, wenn man — in Abhängigkeit von der Katodentemperatur — eine Gegenspannung bis zu -1 V an die Anode legt. [4], [5]. Li

2. Energietechnik *(starting current)*: Der A. ist der Strom, den ein Elektromotor im Stillstand bei beliebiger Stellung des Rotors aus dem speisenden Gleich-, Wechsel- oder Drehstromnetz höchstens aufnehmen darf. Er darf aus mechanischen und thermischen Gründen nicht überschritten werden. [3]. Ku

Annäherungsschalter *(proximity switch)*. Elektronisches Schaltelement, das anzeigt, ob sich Metallteile auf eine bestimmte Entfernung genähert haben. Induktive A. be-

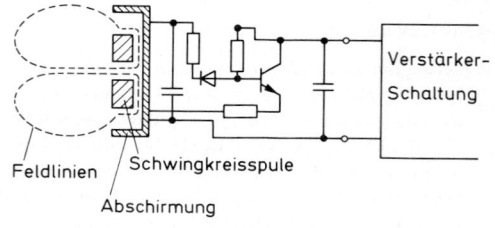

Aufbau eines Annäherungsschalters

stehen meist aus einem Oszillator, der die Primärseite eines Transformators mit Spannung versorgt. Die zu erfassenden Metallteile wirken als Sekundärseite. Bei Annäherung wird ein Wirbelstrom induziert; dies führt zu einem Anstieg des Primärstroms, der bei einer bestimmten Schwelle registriert wird. Dadurch kommt es zu einer Änderung des Ausgangssignals. Kapazitive A. sprechen bei Annäherung von nichtmetallischen Materialien an. [18]. We

Annahmegrenze *(acceptable quality level, AQL)*. Fehlerprozentsatz bei einer Lieferung von vielen Fertigungslosen, der über viele Fertigungslose garantiert wird, wobei der Fehlerprozentsatz wegen der statistischen Streuung bei einem einzelnen Fertigungslos geringfügig höher sein kann. [4]. We

Annahmekennlinie *(operating characteristic)*. A. einer Stichprobenvorschrift ist die grafische Darstellung des Zusammenhangs zwischen der Annahmewahrscheinlichkeit und dem Fehleranteil oder der Anzahl der fehlerhaften Stücke im Los. [4]. Ge

Annahmewahrscheinlichkeit *(acceptance probality)*. Wahrscheinlichkeit, daß ein Fertigungslos vom Besteller bei einer bestimmten Annahmegrenze angenommen wird. Die A. berechnet sich aus der Stichprobengröße des Herstellers und der Anzahl der ermittelten defekten Teile über eine Poisson-Verteilung. [4]. We

Annahmezahl *(acceptance number)*, Gutzahl. Höchste Anzahl von Fehlern oder fehlerhaften Stücken in den einzelnen Stichproben, bei der das Los zurückgewiesen wird. [4]. Ge

Anode *(anode)*. Die beim Ladungstransport durch Flüssigkeiten, Festkörper (Halbleiter), Gase und im Vakuum an den positiven Pol einer Spannungsquelle angeschlossene Elektrode. Bei der Elektronenröhre ist die Anode die Elektrode mit dem höchsten vorkommenden positiven Potential und gleichzeitig Ausgangselektrode. [5], [6]. Li

Anodenbasisschaltung *(cathode follower)*. Katodenfolger. In der A. ist die Anode die Bezugselektrode und liegt wechselstrommäßig auf 0 V oder „Masse". Das Eingangssignal gelangt an das Steuergitter, das Ausgangssignal wird von der Katode angenommen. Daher auch die Bezeichnung Katodenfolger. Die Spannungsverstärkung der A. ist stets kleiner als 1. Die A. wird gern als Impedanzwandler benutzt, um eine Spannungsquelle mit hohem Innenwiderstand von einer niederohmigen Last zu entkoppeln. [4]. Th

Anoden-B-Modulation *(anode-B-modulation)*. Die A. wird mit einem Modulationsverstärker durchgeführt, dessen Leistungsstufe im Gegentakt-B-Betrieb arbeitet. Der B-Betrieb ist die einzige Möglichkeit, um die bei der Anodenmodulation erforderliche hohe Modulationsleistung mit gutem Wirkungsgrad aufbringen zu können. Bei geringen Verzerrungen kann bis 100 % moduliert werden. Nachteilig ist die hohe Spannungsbeanspruchung der Senderöhre, die für die vierfache Anodengleichspannung ausgelegt sein muß. Moderne AM-Großsender arbeiten nahezu alle mit A. [11], [13], [14]. Th

Anodendrossel *(anode choke)* → Stromteilerdrossel. Ku

Anodenfall *(anode fall)* → Gasentladung. Rü

Anodenkennlinie *(plate voltage-plate current, characteristic curve, [$V_a - I_a$ curve])*. Genauer Anodenstrom-Anodenspannungskennlinie (I_a, U_a-Kennlinie bei Elektronenröhren). Sie zeigt die Abhängigkeit des Anodenstroms von der Anodenspannung (Diode). Bei Mehrgitterröhren ergibt sich eine Kennlinienschar, wobei die Gitterspannung (Steuerspannung) U_g als Parameter auftritt (Bild).

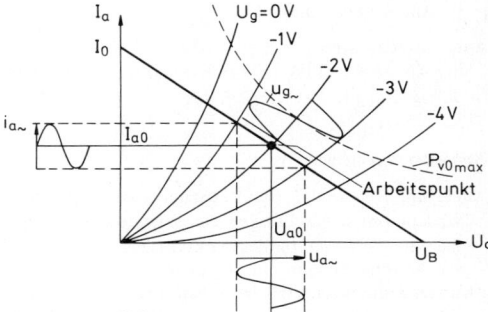

Anodenkennlinie

Bei Beschaltung mit einem (ohmschen) Lastwiderstand R_L und bei einer festen Batteriespannung U_B läßt sich eine Arbeitsgerade (Widerstandsgerade) in das Kennlinienfeld einzeichnen, wodurch der Arbeitspunkt durch den Wert von U_g festgelegt ist; seine Koordinaten sind der Anodenruhestrom I_{a0} und die Anodenruhespannung U_{a0}. Die Anodenverlustleistung ist $P_{v0} = I_{a0} U_{a0}$. Das Anbringen einer Signalquelle bewirkt eine Änderung der Gitterspannung $u_{g\sim}$ vom Arbeitspunkt aus. Die Projektionen der Gitterspannungsänderungen auf die Abszisse ergeben die Anodenwechselspannung $u_{a\sim}$, auf die Ordinate den Anodenwechselstrom $i_{a\sim}$. [5]. Rü

Anodenmodulation *(anode modulation)*. Bei der A. wird die Trägerspannung dem Steuergitter der Senderöhre zugeführt, während die Signalspannung der Anodengleichspannung überlagert wird. Die Senderöhre arbeitet im C-Betrieb. Die Schaltung muß so ausgelegt sein, daß die Röhre bis zur Grenzkennlinie durchgesteuert werden kann. Die Amplitude der Trägerspannung ist dann der Anodengleichspannung nahezu proportional, d.h. man kann mit der A. fast verzerrungsfrei bis nahezu 100 % modulieren. [11], [13], [14]. Th

Anodenruhespannung *(steady plate voltage)*. Anodenspannung, die bei abgeschalteter Signalquelle auftritt (→ Anodenkennlinie). [5]. Rü

Anodenruhestrom *(steady plate current)*. Anodenstrom, der bei abgeschalteter Signalquelle auftritt (→ Anodenkennlinie). [5]. Rü

Anodenspannung *(plate voltage)*. Spannung an der Anode einer Elektronenröhre (→ Anodenkennlinie). [5]. Rü

Anodenstrom *(plate current)*. Strom an der Anode einer Elektronenröhre (→ Anodenkennlinie). [5]. Rü

Anodenverlustleistung *(plate dissipation)*. Produkt aus Anodenruhestrom I_{a0} und Anodenruhespannung U_{a0}:

$$P_{v0} = I_{a0} \, U_{a0}.$$

Die maximal zulässige A. P_{vmax} ist ein Maß für die zulässige Belastung der Röhre; sie stellt in der → Anodenkennlinie eine Hyperbel dar (Verlusthyperbel), die beim Betrieb (auf Dauer) nicht überschritten werden darf. [5]. Rü

Anodenwechselspannung *(a.c. plate voltage)*. Wechselspannung an der Anode einer Elektronenröhre, die durch eine steuernde Signalquelle am Gitter hervorgerufen wird (→ Anodenkennlinie). [5]. Rü

Anodenwechselstrom *(a.c. plate current)*. Wechselstrom an der Anode einer Elektronenröhre, der durch eine steuernde Signalquelle am Gitter hervorgerufen wird (→ Anodenkennlinie). [5]. Rü

Anpassen → Abgleich Fl

Anpassung *(matching)*. Beim Zusammenschalten von Netzwerken treten Stroßstellen der Energieübertragung auf, die eine Verringerung des Wirkungsgrades bedingen. Unter A. versteht man eine Optimierung der Energieübertragung durch zusätzliche Schaltmittel. Die wichtigsten Anpassungsformen sind die Leistungsanpassung und die Wellenanpassung (→ Resonanzanpassung). [15]. Rü

Anpassungsdämpfung *(matching attenuation)*. Zusätzliche Dämpfung, die durch Einschaltung eines Anpassungsgliedes entsteht. Für eine praktisch häufig verwendete Realisierung als L-Halbglied (→ Anpassungsglied) gilt für den Betriebsdämpfungsfaktor D_B des Anpassungsgliedes für zwei verschiedene Widerstände Z_1 und Z_2:

a) bei $Z_1 > Z_2$: $D_B = \sqrt{\dfrac{Z_1}{Z_2}} \left[1 + \sqrt{1 - \dfrac{Z_2}{Z_1}} \right]$,

b) bei $Z_1 < Z_2$: $D_B = \sqrt{\dfrac{Z_2}{Z_1}} \left[1 + \sqrt{1 - \dfrac{Z_1}{Z_2}} \right]$.

Mitunter wird mit A. auch die Dämpfung bezeichnet, die durch Fehlanpassung entsteht (→ Fehlanpassungsdämpfung; → Reflexionsfaktor). [15]. Rü

Anpassungdämpfungsmaß → Fehlanpassungsdämpfung; → Reflexionsfaktor. Rü

Anpassungsfaktor *(inverse standing-wave ratio)*. Auf einer verlustlosen Leitung entstehen bei Abschluß mit einem reellen Verbraucherwiderstand R_2 längs der Leitung stehende Wellen mit Spannungsmaxima und -minima (U_{max}, U_{min}) sowie Strommaxima und -minima (I_{max}, I_{min}). Man definiert den A. zu

$$m = \frac{1}{s} = \frac{U_{min}}{U_{max}} = \frac{I_{min}}{I_{max}} = \frac{R_2}{Z_w} = \frac{1 - |r|}{1 + |r|}$$

mit $Z_w = \sqrt{L'/C'}$ als Wellenwiderstand der Leitng; $|r|$ Betrag des Reflexionsfaktors [DIN 47301/2]. Der Kehrwert s heißt Welligkeitsfaktor.
Wertbereiche: $0 \leq m \leq 1$; $1 \leq s \leq \infty$ (→ Reflexionsfaktor, → Leitungsdiagramme). [14]. Rü

Anpassungsglied *(matching section)*. Allgemein ein frequenzunabhängiger Vierpol, der eine Anpassung bewirkt. Spe-

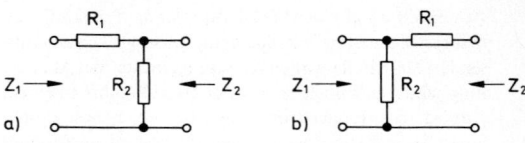

Einfache Anpassungsglieder

ziell versteht man darunter eine Anpassungsschaltung in der Form eines L-Halbglieds, mit der sich verschiedene Widerstände $Z_1 \neq Z_2$ anpassen lassen (→ L-Anpassung); (Bild). Bei gegebenen Werten von Z_1 und Z_2 gelten die Dimensionierungsregeln:

a) realisierbar, wenn $Z_2 < Z_1$:

$$R_1 = Z_1 \sqrt{1 - \frac{Z_2}{Z_1}} \qquad R_2 = \frac{Z_2}{\sqrt{1 - \dfrac{Z_2}{Z_1}}}$$

b) realisierbar, wenn $Z_2 > Z_1$:

$$R_1 = Z_2 \sqrt{1 - \frac{Z_1}{Z_2}} \qquad R_2 = \frac{Z_1}{\sqrt{1 - \dfrac{Z_1}{Z_2}}}$$

[15]. Rü

Anpassungsübertrager *(matching transformer)*. Ein idealer Übertrager, der eine Anpassung durch Transformation der Impedanzen vornimmt. Bei vorgegebenen Impedanzwerten wird die Anpassung durch geeignete Wahl des Übersetzungsverhältnisses ü bewirkt. [15]. Rü

Anregelzeit *(rise time)*. Die A. ist die Zeit, die vom Zeitpunkt einer sprungförmigen Verstellung der Führungsgröße w oder der Störgröße z eines Regelkreises bis zu dem Zeitpunkt verstreicht, bei dem die Regelgröße x erstmalig in einen vorgegebenen Toleranzbereich eintritt. Man unterscheidet deshalb zwischen Führungs-A. (Bild) und Stör-A. (→ Führungsverhalten, → Störverhalten) (DIN 19226). [13]. Ku

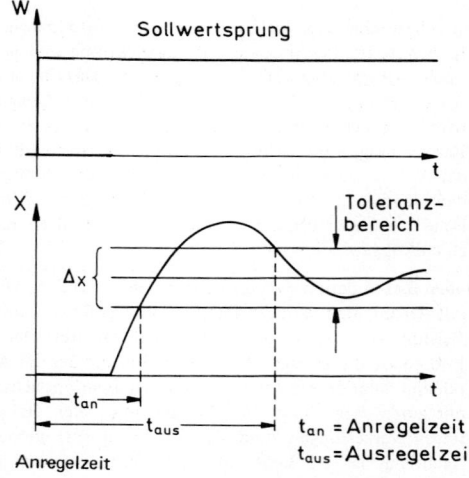

Anregelzeit

Anregung *(excitation, stimulation)*. Der Zustand minimaler Gesamtenergie wird in mikrophysikalischen Systemen

(d.h. Atomen und Molekülen) der Grundzustand genannt. Jeder Übergang aus diesem Grundzustand in einen Zustand höherer Gesamtenergie, wie auch jede Zustandsänderung, die zur Erhöhung der Gesamtenergie führt, wird A. genannt. Die notwendige Anregungsenergie kann z.B. durch elektromagnetische Strahlung oder Stoß zugeführt werden und nimmt, sofern keine Ionisation stattfindet, nur feste, für das System charakteristische Werte an. [7]
 Bl

Anregungsenergie *(excitation energy).* Da die möglichen Energiezustände im gebundenen atomaren oder molekularen System diskret sind, d.h. bei festen Energiewerten zu finden sind, ist für die Anregung eine bestimmte Energie erforderlich. So muß die A. für Elektronen der Atomhülle dem Unterschied der Bindungsenergien entsprechen. Dasselbe gilt für die Anregung von Gitterschwingungen usw., wobei hier die Erhaltungssätze für Energie und Impuls zu beachten sind. [7]
 Bl

Anreicherungs-Isolierschicht-Feldeffekttransistor *(enhancement-mode FET).* Isolierschicht-Feldeffekttransistor, der bei der Gatespannung Null praktisch keine Leitfähigkeit besitzt und der durch Anlegen einer Gatespannung geeigneter Polarität von einem Schwellenwert ab leitend wird (nur durch Anreicherungsbetrieb möglich; → MISFET) (DIN 41 855). [4].
 Ne

Anreicherungsrandschicht → Randschicht.
 Bl

Anreicherungsschicht *(enhancement zone),* Anreicherungszone. Bereich in einem Gitter, in dem vorwiegend eine Ladungsträgerart anzutreffen ist, also z.B. mehr Elektronen, als zum elektrisch neutralen Zustand (Hälfte der gesamten dort befindlichen Ladungsträger) nötig sind. [7].
 Bl

Anreicherungstyp *(enhancement type).* Der A. des Halbleiters gibt an, ob sich darin vorwiegend Donatoren, die freie, negative Ladungen erzeugen („N-Typ"), oder Akzeptoren, die überwiegend Defektelektronen verursachen („P-Typ") befinden. Bei gleichzeitiger Anwesenheit von Donatoren und Akzeptoren ist nur deren Differenz, d.h. die Anzahl der freien Ladungsträger mit positiver oder negativer elektrischer Ladung entscheidend. [7].
 Bl

Anreicherungszone → Anreicherungsschicht.
 Bl

Anruf *(call attempt)* → Anforderung.
 Kü

Anrufprozeß *(arrival process),* Ankunftsprozeß. Zeitliche Aufeinanderfolge von Anforderungen, die an eine Bedieneinheit oder Leitung gestellt werden. Der A. kann z.B. durch die Wahrscheinlichkeits-Verteilungsfunktion der Anrufabstände beschrieben werden. Die mittlere Anzahl eintreffender Anforderungen pro Zeiteinheit heiß Anrufrate λ. [19].
 Kü

Anrufwiederholung *(repeated call attempt).* Wiederholung eines Belegungsversuches (→ Anforderung), wenn ein bestimmter Verbindungswunsch im vorausgegangenen Belegungsversuch abgewiesen wurde, z.B. infolge Blockierung, Abbruch der Wahl u.ä.m. [19].
 Kü

Anschaltenetz *(access switching network).* Koppeleinrichtung, die der Anschaltung zentralisierter Steuereinrichtungen dient. Die Zeitspanne zwischen Anforderung auf Anschaltung und Vollzug der Anschaltung heißt Anschalteverzug. [19].
 Kü

Anschluß *(line).* Einrichtung zur Verbindung von einzelnen Teilnehmern bzw. Endstellen mit einer Vermittlungsstelle. Der Teilnehmeranschluß an einer Ortsvermittlungsstelle heißt Hauptanschluß, an einer Nebenstellenanlage Nebenanschluß. Bei analoger (digitaler) Übertragung der Nachricht zwischen Endstelle und Vermittlungsstelle spricht man von Analoganschluß (Digitalanschluß). [19].
 Kü

Anschlußkennung *(line identification).* Zeichenfolge zur Kennung des rufenden bzw. gerufenen Anschlusses. Kennzeichnet die Zeichenfolge einen bestimmten Teilnehmer bzw. eine bestimmte Endstelle, so spricht man von Teilnehmerkennung *(subscriber identification).* [19].
 Kü

Anschlußklasse *(user class of service)* → Benutzerklasse. Kü

Anschlußleitung *(subscriber line)* → Teilnehmerleitung. Kü

Anschnittsteuerung *(phase control)* → Phasenanschnittsteuerung.
 Ku

Anschwingstrom eines Oszillators *(preoscillation current).* Ein Oszillator kann nur dann anschwingen, wenn die Schwingungsbedingungen (Amplituden- und Phasenbedingungen) erfüllt sind und durch eine Störung eine anklingende Schwingung auf oder in der Nähe der Schwingfrequenz angefacht wird. Der A. ergibt sich z.B. in einer Schaltung mit einem Bipolartransistor aus dem Verhältnis des Kollektorwechselstroms im eingeschwungenen Zustand zum Kollektorwechselstrom beim Anschwingen, hervorgerufen durch eine Störung. Die Störung kann durch das Eigenrauschen des Transistors oder durch eine Speisespannungsschwankung entstehen. [8], [13].
 Th

ANSI *(American National Standard Institute)* → Normungsorganisationen in den USA.
 Ne

Ansprecherregung *(pull-in power),* Anzugerregung. Die zum sicheren Ansprechen eines Relais erforderlichen Amperewindungen. [4].
 Ge

Anprechspannung *(pull-in voltage),* Anzugsspannung. Kleinster Wert der Erregerspannung an der Relaisspule, die ein Relais zum Ansprechen bringt. Dabei sind Umgebungstemperatur und Eigenerwärmung der Relaisspule zu berücksichtigen. [4].
 Ge

Ansprechstrom *(pull-in current),* Anzugstrom. Der zum sicheren Ansprechen eines Relais erforderliche Spulenstrom. [4].
 Ge

Anprechwert *(pull-in data).* Wert von Strom oder Spannung, bei dessen Erreichen ein Relais sicher anzieht. [4].
 Ge

Ansprechzeit 1. Elektronik allgemein: a) Zeitspanne, die bei einer elektronischen Schaltung für die Änderung eines Ausgangsignals vergeht, nachdem am Eingang eine plötzliche Signaländerung stattgefunden hat. b) Zeitspanne, die vergeht, bis eine Änderung eines Signals innerhalb eines Instruments auf einer Anzeige verdeutlicht wird. [4].
 Ne

2. Relais *(pick-up time):* a) Für die Arbeitskontakte ist die A. definiert als die Zeit vom Moment des Einschaltens der Relaisspule bis zur ersten Kontaktgabe. b) Für die Ruhekontakte ist die A. die Zeit vom Moment des Einschaltens der Relaisspule bis zum Öffnen des Kontaktes. [4].   Ge

Ansteuerung, symmetrische *(symmetrical drive).* Bei symmetrischer A. eines elektrischen Bauelements oder einer Baugruppe, z.B. eines Verstärkers, wird die elektrische Eingangsgröße in zwei gleiche Teilgrößen aufgeteilt. Jede der Teilgrößen liegt symmetrisch zu einem Bezugspunkt (z.B. Erde oder Masse). Eine symmetrische A. wird z.B. am Eingang von Differenzverstärkern und Gegentaktverstärkern durchgeführt. [13].   Fl

Ansteuerung, unsymmetrische *(unsymmetrical drive).* Bei unsymmetrischer A. einer elektrischen Schaltung sind auf einen gemeinsamen Schaltungspunkt bezogene Eingangssignale voneinander verschieden. Häufig besitzen die Amplituden der Signale unterschiedliche Werte. [13].   Fl

Anstiegsgeschwindigkeit *(slew rate),* Änderungsgeschwindigkeit. Bei einem Spannungssprung am Eingang eines Operationsverstärkers steigt dessen Ausgangsspannung nur mit endlicher Steilheit an. Die A. ist dabei die Ausgangsspannungs-Änderung pro Zeiteinheit, also $\frac{\Delta U}{\Delta t}$, angegeben meist in V/µs. Diese A. bestimmt bei vorgegebener Ausgangsamplitude die vom Operationsverstärker maximal verarbeitbare Frequenz f_{max}. Für sinusförmige Signale gilt näherungsweise:

$$f_{max} \approx \frac{1}{2\pi} \cdot \frac{1}{U_s} \cdot \frac{\Delta U}{\Delta t}$$

(U_s Spitzenwert der Ausgangsspannung). [6].   Li

Anstiegszeit *(rise time),* Steigzeit. Zeit, in der z. B. der Kollektorstrom I_C von 10 % auf 90 % seines Endwertes ansteigt (Bild). [5].   We

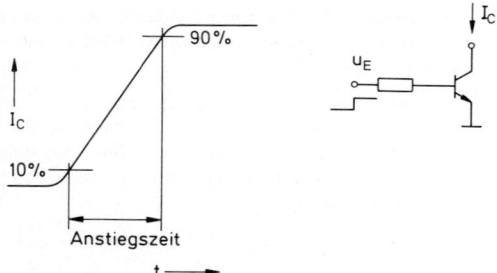

Anstiegszeit

Antenne *(aerial, antenna).* Einrichtung zur Abstrahlung oder zum Empfang elektromagnetischer Wellen. Sendeantennen formen leitungsgeführte Energie in Wellentypen um, die für eine Freiraumausbreitung geeignet sind. Empfangsantennen wandeln die aus dem Raum aufgenommene Energie in Leitungswellen zurück. Nach dem Reziprozitätstheorem sind Sende- und Empfangsantennen grundsätzlich austauschbar. Die Auswahl einer A. erfolgt nach Anwendungsfall und Frequenzbereich, wobei insbesondere Richtcharakteristik, Antennengewinn, Antennenwiderstand sowie die Frequenzabhängigkeit dieser Größen (Bandbreite) beachtet werden müssen. [14].   Ge

Antenne, aktive *(active antenna, integrated antenna),* elektronische Antenne. Die A. wird vorwiegend als Empfangsantenne eingesetzt. Bei ihr wird die Impedanz der Antennenanordnung in den Eingangskreis des Antennenverstärkers mit einbezogen. Ein optimales Verhalten bezüglich Bandbreite, kleinstmöglichen Abmessungen und Rauscharmut läßt sich erreichen, indem die Schaltungsmaßnahmen direkt am Antennenfußpunkt vorgenommen werden. Ausführung der A. meist als kurze Stab- oder Dipolantenne. [14].   Ge

Antenne, elektronische → Antenne, aktive.   Ge

Antenne, logarithmisch-periodische → Breitbandantenne. Ge

Antenne, mehrfach abgestimmte → Alexanderson-Antenne.
   Ge

Antenne, retrodirektive → Van-Atta-Antenne.   Ge

Antenne, symmetrische *(balanced antenna).* Vereinfachend gegenüber dem Gebrauch der allgemeinen Schaltungstheorie wird eine Antenne als symmetrisch bezeichnet, wenn die Ströme in beiden Hälften zwar gleich groß sind, jedoch in entgegengesetzter Richtung fließen. Die symmetrische A. muß über eine symmetrische Zuleitung erregt werden. Beim Übergang vom symmetrischen zum unsymmetrischen Betrieb und umgekehrt ist die Zwischenschaltung eines Symmetriergliedes (Balun) erforderlich. Beispiel für eine symmetrische A.: Dipolantenne. [14].   Ge

Antenne, unsymmetrische *(unbalanced antenna).* Vereinfachend gegenüber dem Gebrauch der allgemeinen Schaltungstechnik wird eine Antenne als unsymmetrisch bezeichnet, wenn die Ströme in beiden Hälften unterschiedlich groß sind. Eine Hälfte der Antenne kann auch geerdet sein. Die unsymmetrische A. muß über eine unsymmetrische Zuleitung erregt werden. Beim Übergang von unsymmetrischen zum symmetrischen Betrieb ist die Zwischenschaltung eines Symmetriergliedes (Balun) erforderlich. Beispiel für eine unsymmetrische A.: Vertikalantenne. [14].   Ge

Antennenanpassung *(matching).* Um einen möglichst hohen Wirkungsgrad bei der Leistungsübertragung zwischen Generator und Verbraucher (d.h. zwischen Senderausgang und Sendeantenne bzw. zwischen Empfangsantenne und Empfängereingang) zu erzielen, ist Anpassung erforderlich. Leistungsanpassung wird erreicht, wenn der Verbraucher den konjugierten komplexen Widerstand des Generators aufweist. Zusätzlich ist bei Verbindungsleitungen zwischen Generator und Verbraucher auf reflexionsfreie Anpassung, d.h. Abschluß der Leitung mit ihrem Wellenwiderstand, zu achten. Falls die geforderten Impedanzverhältnisse nicht bestehen, sind sie durch besondere Anpaßglieder (π-, T-Glieder, Leitungstransformator) herzustellen. Zur Bestimmung der A. dienen

das Stehwellenverhältnis sowie der Reflexionsfaktor. [14].
Ge

Antennencharakteristik → Richtcharakteristik.
Ge

Antennendiversity → Diversity.
Ge

Antenneneffekt *(antenna effect)*. 1. In der Funkpeilung das Vorhandensein von Signalen ohne Richtungsinformation. Der A. entsteht, da die Richtantenne wie eine einfache Antenne auch ungerichtete Strahlung aufnimmt. Er führt zu Verschiebung oder Aufweitung der Nullstellen. 2. Störeffekt durch die kapazitive Wirkung einer Rahmenantenne gegen Erde. [14].
Ge

Antennenentkopplung → Winkeldämpfung.
Ge

Antennenfeld → Dipolwand.
Ge

Antennengewinn *(antenna gain)*, Gewinn. Der A. ist ein Maß für die Verbesserung des Übertragungsfaktors, die mit einer Richtantenne gegenüber einer Bezugsantenne (Referenzantenne, Vergleichsantenne) erzielt werden kann. 1. Sende- und Empfangsfall: Produkt aus Richtfaktor D und Antennenwirkungsgrad η ($G = \eta \cdot D$). Der A. ist im Sende- und Empfangsfall gleich groß, sofern das Reziprozitätstheorem anwendbar ist. 2. Sendefall: a) Verhältnis der von einer Antenne in Hauptstrahlrichtung im Fernfeld erzeugten Strahlungsdichte S_{max} oder Strahlstärke Φ_{max} zu der vom Kugelstrahler in gleicher Entfernung erzeugten Strahlungsdichte S_k oder Strahlstärke Φ_k bei gleicher zugeführter Leistung für Antenne und Kugelstrahler ($G = S_{max}/S_k = \Phi_{max}/\Phi_k$). b) Verhältnis der zugeführten Leistung P_k des Kugelstrahlers zur zugeführten Leistung P_{s0} einer Antenne bei gleichen Strahlungsdichten S_k und S_{max} in Hauptstrahlrichtung und in gleicher Entfernung im Fernfeld $G = P_k/P_{s0}$). 3. Empfangsfall: Verhältnis der verfügbaren Empfangsleistung P_{e0max} einer bezüglich Richtcharakteristik und Polarisation optimal orientierten Antenne zur Empfangsleistung P_k des Kugelstrahlers im ebenen Wellenfeld (G = P_{e0max}/P_k). 4. A., bezogen auf den Hertzschen Dipol: Nimmt man bei der Definition des Antennengewinns als Bezugsantenne anstelle des Kugelstrahlers den angepaßten, bezüglich Richtcharakteristik und Polarisation optimal orientierten Hertzschen Dipol und bezieht sich auf dessen Fernfeld, so erhält man den Gewinn, bezogen auf den Hertzschen Dipol ($G_{Hz} = G/1,5$). 5. A. bezogen auf den Halbwellendipol: Wird wie unter 4. statt des Hertzschen Dipols der Halbwellendipol verwendet, so erhält man den Gewinn, bezogen auf den Halbwellendipol ($G_D = G/1,64$). 6. Praktischer A. einer Empfangsantenne: Verhältnis der von einer bezüglich Richtcharakteristik und Polarisation optimal orientierten Empfangsantenne an den Nennwiderstand abgegebenen praktischen Empfangsleistung P_{pmax} zur optimalen Empfangsleistung P_N einer optimal orientierten, angepaßten und verlustfreien Bezugsantenne im ebenen Wellenfeld. ($G_p = P_{pmax}/P_N$). (NTG 1301). [14].
Ge

Antennenhöhe, effektive → Antennenlänge, wirksame.
Ge

Antennenlänge, wirksame *(effectice length)*, effektive Antennenhöhe. 1. Empfangsfall: Die A. ergibt sich aus dem Verhältnis von Leerlaufspannung U der bezüglich Richtcharakteristik und Polarisation optimal orientierten Antenne zur Feldstärke E einer einfallenden ebenen Welle. ($l_w = U/E$). 2. Sendefall: Die A. ist bei linearer Polarisation gleich der Länge, die ein mit dem Strom im Bezugspunkt homogen belegter gerader Leiter haben müßte, der in seiner Hauptstrahlungsebene im Fernfeld die gleiche Feldstärke wie die Antenne erzeugt. (NTG 1301). [14].
Ge

Antennenrückdämpfung *(side lobe level)*. Nebenzipfeldämpfung im Winkelbereich zwischen 90° und 270 ° oder in einem anzugebenden Teil dieses Bereiches. (NTG 1301). [14].
Ge

Antennenverstärker *(antenna amplifier)*. In Empfangsantennenanlagen, die keinen überschüssigen Spannungsgewinn ergeben und ein umfangreiches Leitungsnetz speisen sollen, werden A. eingesetzt. Sie sind entweder für einen oder wenige Kanäle oder für ganze Wellenbereiche ausgelegt und zeichnen sich durch geringes Eigenrauschen sowie niedrige Störstrahlungsleistung aus. [14].
Ge

Antennenwiderstand *(antenna impedance)*. Der auf eine bestimmte Stelle auf der Antenne bezogene Scheinwiderstand ($\underline{Z}_A = R_A + jX_a$). 1. Antenneneingangswiderstand *(aerial (antenna) input impedance)*, Fußpunktwiderstand: Scheinwiderstand am Antennenanschluß. 2. Resonanzwiderstand. A. im Resonanzfall der Antenne. 3. Strahlungswiderstand *(radiation resistance)*. Der auf den Strom in einem bestimmten Antennenpunkt (z.B. Strommaximum) bezogene Strahlungswiderstand ist gleich der Strahlungsleistung, dividiert durch das Quadrat des Effektivwertes des Antennenstroms im Bezugspunkt ($R_s = P_s/I^2$). 4. Verlustwiderstand *(loss resistance)*: der nicht zur Strahlung beitragende Anteil des auf eine bestimmte Stelle bezogenen Wirkwiderstandes der Antenne. (NTG 1301). [17].
Ge

Antennenwirkungsgrad *(radiation efficiency)*. Verhältnis der abgestrahlten Leistung zur gesamten zugeführten Leistung. Bei Empfangsantennen: Verhältnis der praktischen Empfangsleistung zur Empfangsleistung der verlustfreien Antenne gleicher Strahlungseigenschaften bei jeweils angepaßtem Verbraucher. Für aktive Antennen gilt diese Beziehung nicht. (NTG 1301). [14].
Ge

Anti-Aliasing *(anti-aliasing)*. A. ist eine Methode zur Verhinderung des Aliasingeffektes. Wenn aus technischen Gründen die Abtastfrequenz nicht mindestens doppelt so groß gewählt werden kann wie die höchste vorkommende Signalfrequenz, muß vor der Abtastung mit einem Anti-Aliasing-Filter das Signalband soweit begrenzt werden, bis das Abtasttheorem erfüllt ist. Anti-Aliasing-Filter sind extrem steilflankig. Heute sind 120 dB/Oktave Flankensteilheit der Filter bei geringer Welligkeit erreichbar. [14].
Th

Antiferroelektrika *(antiferroelectric solids)*. A. verhalten sich gegenüber elektrischen Feldern so, wie Antiferromagnete (→ Antiferromagnetismus) gegenüber magnetischen Feldern. A. werden also von elektrischen Feldern abgestoßen. [5].
Bl

Antiferromagnetismus *(antiferromagnetism)*. A. ist die Eigenschaft, die einige Stoffe unterhalb der Néel-Temperatur zeigen. Sie beruht darauf, daß die magnetischen Eigenmomente (und Spins) innerhalb der Weißschen Bezirke einander paarweise entgegengesetzt gerichtet sind. Dieses Verhalten wird auch ferrimagnetisch genannt. [5].   Bl

Antikatode *(anticathode)*. (Veraltete Bezeichnung). Die Elektrode einer Röntgenröhre, die beim Aufprall stark beschleunigter Elektronen Röntgenstrahlen aussendet. [4].   Rü

Antikoinzidenzschaltung *(anticoincidence circuit)*. Eine Schaltung, die genau dann einen Impuls abgibt, wenn nur an einem ihrer beiden Eingänge ein Impuls auftritt. Bei gleichzeitigem Auftreten von zwei Eingangsimpulsen erscheint am Ausgang kein Impuls. Das Verhalten der Schaltung entspricht der Exklusiv- ODER-Verknüpfung der Booleschen Algebra. [2].   Li

Antilog-Verstärker *(antilog amplifier, antilogarithm amplifier)*; antilogarithmischer Verstärker, antilogarithmischer Funktionsumformer, Antilogarithmierschaltung. Der A. (antilog, englischer Begriff für delogarithmieren) ist eine z. B. aus Operationsverstärkern bestehende analoge Rechenschaltung mit nichtlinearer, antilogarithmischer Übertragungskennlinie. Werte des Ausgangssignals u_A verhalten sich im angegebenen Bereich proportional zum Antilogarithmus der Werte des Eingangssignals u_E.

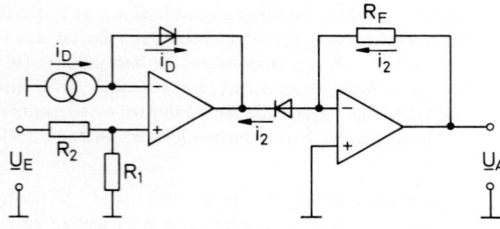

Antilog-Verstärker

Grundlage der Übertragungsfunktion der im Bild dargestellten Schaltung ist der natürliche Logarithmus. Bei vernachlässigbarer Offsetspannung und unendlich hohem Eingangswiderstand der Operationsverstärker gilt:

$$u_A = R_F \cdot i_D \cdot \ln^{-1}\left[-u_E\left(\frac{R_1}{R_1 + R_2}\frac{1}{c \cdot U_T}\right)\right]$$

(c Materialkonstante, U_T äquivalente Temperaturspannung der Halbleiterdiode). [6], [12], [18].   Fl

Antilogarithmierschaltung → Antilog-Verstärker.   Fl

Antiparallelschaltung *(anti-parallel-connection)*, Gegenparallelschaltung. Die A. ist eine Parallelschaltung von zwei gepolten elektrischen Bauteilen (z.B. Halbleiterventile, Stromrichter) derart, daß unterschiedliche Polaritäten miteinander verbunden werden. Praktische Beispiele sind kreisstromfreie Umkehrstromrichter und Drehstromsteller [5].   Ku

Antiresonanz *(antiresonance)*. In der Netzwerktheorie unterscheidet man häufig Resonanzstellen nach Resonanz und A. Streng genommen ist eine Resonanz diejenige Frequenzstelle, für die die Impedanz einer verlustfreien Schwingungsanordnung den Wert Null annimmt. Dagegen ist eine A. dann vorhanden, wenn die Impedanz den Wert unendlich erreicht. Die Resonanzstelle des verlustfreien Reihenschwingkreises ist demnach eine Resonanz, die Resonanzstelle des verlustfreien Parallelschwingkreises dagegen eine A. Der Begriff A. wird auch beim Quarz angewendet, der (im verlustfreien Fall) beide Resonanzformen aufweist. [15].   Rü

Antisättigungsdiode *(antisaturation diode)*. Wird ein Transistor übersteuert, geht er in den inversen Betrieb über, d.h., die Kollektor-Basis-Diode wird leitend. Im Schaltbetrieb hat dies eine Vergrößerung der Speicherzeit und damit eine Verringerung der Schaltgeschwindigkeit zur Folge. Um die Übersteuerung zu verhindern und die Schaltgeschwindigkeit zu erhöhen, verwendet man Antisättigungsdioden (Bild). [1].   Li

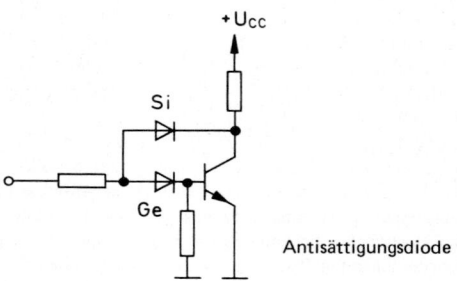

Antisättigungsdiode

Antiteilchen *(antiparticle)*. Zu jedem Elementarteilchen gibt es ein A., z.B. Proton p und Antiproton p̄. Teilchen und A. können miteinander zerstrahlen; umgekehrt können durch energiereiche elektromagnetische Strahlung (γ-Strahlen) Teilchen und Antiteilchen erzeugt werden (Paarerzeugung). Wegen der Ladungserhaltung können z.B. Positron ē und Elektron e nur zusammen erzeugt werden. [7].   Bl

Antivalenzschaltung *(exclusive or)*, Exklusiv-ODER-Schaltung, XOR-Schaltung. Logische Digitalschaltung, bei der das 1-Signal am Ausgang dann gebildet wird, wenn an den Eingängen unterschiedliche Signale anliegen.

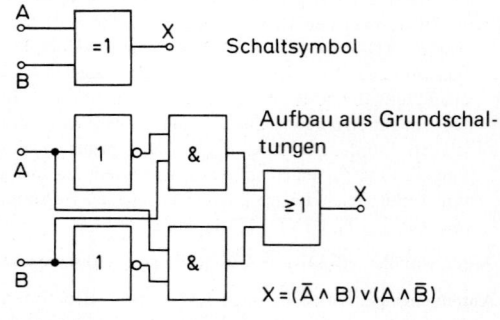

Antivalenzschaltung

Wahrheitstabelle:

Eingang		Ausgang
A	B	X
0	0	0
0	1	1
1	0	1
1	1	0

[2]. We

Antwort *(response)*. Die A. ist der Verlauf der Ausgangsgröße eines Übertragungssystems auf eine gezielte Anregung am Eingang. Gebräuchliche Anregungen sind die Testsignale. [13]. Ku

Antwortfunktion *(response)* → Antwort. Ku

Antwortzeit *(response time)*. Die Zeit, die zwischen dem Aussenden einer Nachricht und dem Quittieren dieser Nachricht vergeht. Bei den Prozeduren der Datenfernübertragung kann diese Zeit über Programme festgelegt werden. Wird die A. überschritten, führt dies zu einer Fehlermeldung (Time-out-Fehler) und evtl. zu einer Wiederholung des Sendevorgangs. [1], [14]. We

Anwärmeinfluß *(warm-up influence)*. Der A. zählt zu den Einflußgrößen bei elektrischen Meßgeräten und entsteht durch Erwärmung während des Betriebs. Er muß innerhalb festgelegter Fehlergrenzen liegen und wird aus der Anzeigeänderung bestimmt, die sich aus der Differenz nach 10 min und nach 60 min Einschaltdauer ergibt. Dabei soll der Meßwert der Meßgröße entweder bei 80 % des Meßbereichendwertes oder bei 80 % der Skalenlänge liegen. [12]. Fl

Anwenderprogramm *(user program)*. Programm, das für die spezifischen Bedürfnisse eines Anwenders von ihm selbst oder in seinem Auftrage entwickelt wurde. Gegensatz zu dem A. ist das Betriebssystem, das vom Hersteller der Datenverarbeitungsanlage entwickelt, dem System zugeordnet ist. [1]. We

Anzeige *(indication)*. Die A. einer Information kann optisch oder akustisch erfolgen; manchmal verknüpft man beide Möglichkeiten. Als Information kann ein Zustand (z.B. Betriebsbereitschaft) oder ein Meßwert dienen. Ein Meßinstrument zeigt Meßwert = Maßzahl x Maßeinheit optisch an. Die Maßzahl wird bei der Analoganzeige eines Anzeigeinstrumentes durch Zeiger- oder Markenstellung über einer bezifferten Strichskala dargestellt. Bei der digitalen Anzeige wird die Maßzahl entweder elektrisch durch Aufleuchten von Ziffern oder mechanisch z. B. durch Einblenden von gravierten Ziffern in ein Sichtfenster kenntlich gemacht. Eine optische A. kann auch auf einem Bildschirm (Oszilloskopröhre, Oszillogramm, Display) oder auf Registrierpapier (Schreiber) erfolgen. Eine akustische A. kann ein Warnton im Hörbereich sein, der beim Überschreiten eines Grenzwertes ausgelöst wird. Fügt man in Wechselstrom-Meßbrücken einen Kopfhörer ein, erhält man die Meßwerte als akustische A., ebenso beim Vergleich zweier Frequenzen über Schwebungsnull mit Kopfhörer. [12]. Fl

Anzeige, numerische → Ziffernanzeige. Li

Anzeigefehler *(indication error)*. Nach VDE 0410 bedeutet der A. die prozentuale Fehlerangabe eines Anzeigeinstruments (gilt nicht für elektronische Meßgeräte). Elektrische Meßgeräte erhalten ein Klassenzeichen (Güteklasse), dessen Betrag dem zulässigen, prozentualen A. und dem zulässigen Einfluß entspricht. Klassenzeichen 2,5 z.B. entspricht einem prozentualen Fehler von 2,5 % bezogen auf den Meßbereichsendwert. Die als zulässige A. angegebenen Fehlergrenzen dürfen innerhalb des Meßbereichs nicht überschritten werden. Sie beziehen sich auf Normalverhältnisse, z.B. auf eine Raumtemperatur von 25 °C ± 1 °C und der auf der Skala angegebenen Nennlage 1 %. Bei Wechselstrommessungen muß die Nennkurvenform und der Nennfrequenzbereich (z.B. 45 Hz bis 65 Hz) beachtet werden. Meßinstrumente mit den Güteklassen 0,1 bis 0,5 sind Präzisionsinstrumente; mit den Güteklassen 1 bis 5 sind Betriebsmeßinstrumente. [12]. Fl

Anzeigeinstrument *(indicating instrument)*. Anzeigeinstrumente werden grundsätzlich nach Darstellung des Meßwertes in analog und digital anzeigende Instrumente unterteilt; immer jedoch handelt es sich um ein Meßgerät, das die Meßgröße unmittelbar oder nach entsprechender Umformung in andere Größen dem Beobachter ablesbar darstellt. Bei einigen Meßverfahren ist die Darstellung des eigentlichen Meßwertes auf einem A. unbedeutend — es kommt nur auf eine Anzeige der Stromlosigkeit (Nullanzeige) im Abgleichfall an. Die hierzu geeigneten Anzeigeinstrumente werden Indikatoren genannt. Bei den analogen unterscheidet man z.B. Schalttafelinstrumente, tragbare Instrumente, vollständige Meßschaltungen in Meßkoffern, Betriebs- und Präzisionsinstrumente. Bei digitalen Anzeigeinstrumenten kennt man elektronische oder mechanische Anzeigen. Elektronische Anzeigen sind durch Ziffernanzeigeröhren, Lumineszenzdioden-, Flüssigkristallanzeige, Lämpchen und Mehrschichtplatten möglich. Eine Darstellung der Meßwerte über Oszilloskopbildschirme und Datensichtgeräte ist ebenfalls möglich. Beispiele zur mechanischen Anzeige sind: Zifferscheiben (z.B. beim Kurbelwiderstand) und Ziffernrollen beim Haushaltszähler (Wechselstromzähler). [12]. Fl

Anzeigeröhre *(indicator tube)*. Katodenstrahlröhre, in der der sichtbar gemachte Elektronenstrahl in Größe und Form vom Eingangssignal gesteuert wird. [16]. We

Anzeigeverstärker *(indication amplifier)*. Der A. dient als Meßverstärker entweder fest eingebaut in Meßgeräten oder als getrenntes Gerät einem Meßgerät vorgeschaltet der Erhöhung der Anzeigeempfindlichkeit. Kleine Meßsignale liegen am Eingang des Anzeigeverstärkers und werden auf eine dem Anzeigeinstrument entsprechende Ansprechempfindlichkeit verstärkt, so daß eine Anzeige erfolgen kann. Der A. besitzen vielfach eine logarithmische Ausgangscharakteristik, wodurch auf einem Meßbereich ein großer Signal-Spannungsbereich überstrichen wird. Selektiv arbeitende A. (→ Selektivverstärker) besitzen Filter, die entweder auf eine Meßfrequenz fest abgestimmt sind oder sich auf eine bestimmte Frequenz abstimmen lassen. Vielfach sind Skala und Verstärkungsfaktor beim A. nicht kalibriert (→ Kalibrieren). Wichtiger Anwendungsbereich sind z.B. Meßbrücken, bei denen die Empfindlichkeit des Nullabgleichs erhöht wird. [12]. Fl

Anzugserregung → Ansprecherregung. Ge

Anzugspannung → Ansprechspannung. Ge

Anzugstrom → Ansprechstrom. Ge

Anzugsverzögerungsrelais → Zeitrelais. Ge

Anzugzeit → Ansprechzeit. Ge

aperiodisch *(aperiodic)*, unperiodisch. Ein Vorgang, der sich nicht in gleichen Zeitabständen wiederholt. Aperiodischer Fall: Gedämpfte Schwingung, bei der die Amplitude während einer Periode völlig abklingt. [5]. Rü

Apertur *(aperture)*. Die A., kennzeichnet in der Optik (und allgemein bei der Ausbreitung gerichteter elektromagnetischer Strahlung) die Öffnung eines kegelförmigen Lichtbündels. Ist α der Winkel zwischen der optischen Achse und dem Randstrahl des Lichtkegels (A.-Winkel), dann ist die A.

$$A = \sin \alpha.$$

In der Antennentechnik kennzeichnet man die Wirkung eines flächenhaft ausgedehnten Antennenleiters durch eine Hüllfläche, die die Antenne vollständig umschließt. Der allein als strahlend angenommene Teil der Hüllfläche wird ebenfalls als A. bezeichnet. [5]. Rü/Li

Apertur, numerische *(numerical aperture)*. Das Produkt aus Apertur und Brechzahl n

$$NA = n \sin \alpha.$$

Die numerische A. ist die entscheidende Größe zur Kennzeichnung des Auflösungsvermögens (→ Auflösung) optischer Geräte. Bei Trockensystemen erreicht NA fast den Wert 1, bei Immersionssystemen kann NA bis zum Wert 1,45 gesteigert werden. [5]. Rü

Aperturbelegung → Flächenstrahler. Ge

Aperturfehler *(aperture distortion)*. Wegen des endlichen Durchmessers des Abtaststrahls bei Fernsehkameras werden mehrere Bildpunkte gleichzeitig erfaßt. Dies entspricht einer Dämpfung der hochfrequenten Anteile des Videosignals und führt zu schlechterer Wiedergabe von Bilddetails. [4], [13]. Li

Aperturstrahler → Flächenstrahler. Ge

APL *(a programming language)*. Höhere Programmiersprache zur eleganten Formulierung von Algorithmen, die im Dialogverkehr arbeitet. Da bei A. keine Vereinbarungen getroffen werden können, wird während der Programmausführung die Bedeutung der Namen interpretativ verfolgt. [9]. Ne

Approximation *(approximation)*. Allgemein: näherungsweise Berechnung einer unbekannten Größe. Speziell: Annäherung einer beliebigen Funktion durch ein Polynom. Nach dem Approximationssatz von Weierstraß läßt sich jede in einem endlichen Intervall stetige Funktion durch ein Polynom von entsprechend hohem Grad so approximieren, daß die Abweichung im Intervall kleiner als eine vorgegebene positive Zahl wird. Rü

Approximation des Dämpfungsverlaufs *(approximation of attenuation)*. Für den Entwurf von Filtern wird die ge-

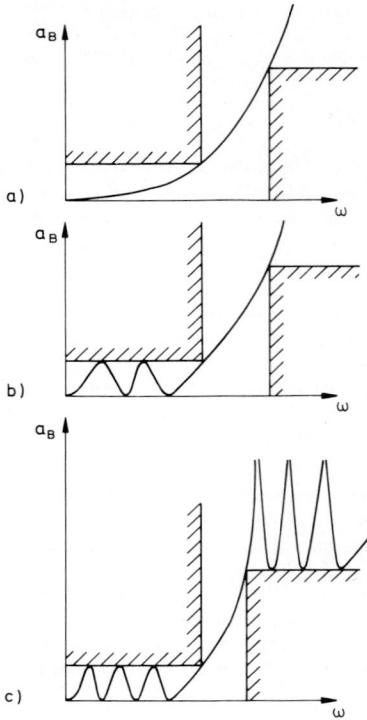

Approximationen des Dämpfungsverlaufs

wünschte Dämpfungscharakteristik durch ein Toleranzschema vorgegeben. Gesucht wird eine approximierende Funktion, die das Toleranzschema nicht verletzt und die außerdem die Realisierung durch eine Schaltung zuläßt. Die bei der Filtersynthese am häufigsten verwendeten Approximationen sind in den Bildern für einen Tiefpaß dargestellt. Bild a): Die einfachste A. durch eine Parabel führt zu Potenzfiltern (maximal-flache-Filter, Butterworth-Filter). Für eine andere A. mit monoton ansteigender Dämpfungskurve → Legendre-Filter. Bild b): Die A. des Durchlaßbereichs durch Tschebyscheff-Polynome, die im Toleranzschema bis zur Grenzfrequenz zwischen den vorgegebenen Grenzen schwanken und oberhalb der Grenzfrequenz monoton ansteigen, führt zu Tschebyscheff-Filtern. Bild c): Die gleichzeitige A. des Durchlaß- und Sperrbereichs im Tschebyscheffschen Sinne führt zu Cauer-Filtern. Durch Frequenztransformationen erhält man entsprechende A. für Hochpaß, Bandpaß und Bandsperre. [15]. Rü

Approximation des Phasenverlaufs *(approximation of phase)*. Besteht die Forderung, daß ein Filter ideal in Bezug auf Laufzeitverzerrungen ist, dann muß die Phasenlaufzeit (oder zumindest die → Gruppenlaufzeit) konstant sein. Das bedeutet linearen Anstieg der Phase mit der Frequenz (→ Verzerrung, lineare). Filter mit dieser Eigenschaft können nur näherungsweise realisiert werden. Exakt konstante Gruppenlaufzeit innerhalb des Durchlaßbereichs führen zum Gauß-Filter; maximalflachen Verlauf der Gruppenlaufzeit realisiert das Bessel-Filter. Weiterhin sind Approximationen des Phasenverlaufs im Tschebyscheffschen Sinne möglich. [15]. Rü

a priori-Information *(apriori information)*. Eine Information, die nicht aus der „Erfahrung", z.B. durch Messung gewonnen, sondern die aus Vernunftgründen für wahr angenommen wird. Z.B. wird die Wahrscheinlichkeit für eine der Zahlen 1 bis 6 als Ergebnis beim Würfeln zu 1/6 angenommen, ohne dies durch Würfelversuche zu ermitteln. We

AQL → Annahmegrenze. Ge

Äquipotentialfläche *(equipotential surface)*. Man versteht darunter in einem dreidimensionalen Feld die Raumflächen, deren Flächenpunkten der gleiche Wert des Potentials zugeordnet ist. Das Potential U(r) ist dabei eine skalare Feldgröße (z.B. Temperatur, elektrisches Potential). Im Falle eines elektrischen Potentials steht die elektrische Feldstärke senkrecht auf der Ä. [5]. Rü

Äquipotentiallinie *(equipotential line)*. In einem Feld die Kurven gleichen Potentials. In einem zweidimensionalen Feld sind die Äquipotentiallinien die Niveaulinien. [5]. Rü

Äquivalenz *(equivalence)*, Gleichwertigkeit, Entsprechung.
1. Ä. in der Physik: Ä. von Arbeit und Wärme, Ä. von Energie und Masse, Ä. von träger und schwerer Masse. [5]. Rü
2. Ä. bei elektronischen Schaltungen: Äquivalent heißen Schaltungen, die trotz verschiedenen Aufbaus an den Klemmen dasselbe elektrische Verhalten zeigen. Zum Nachweis der Ä. zweier Mehrtore genügt es, die Übereinstimmung einer entsprechenden Matrixform für beide Netzwerke zu zeigen. [15]. Rü
3. Ä. bei logischen Schaltungen: Äquivalent heißen logische Schaltungen, deren Ergebnis immer dann wahr ist, wenn die Wahrheitswerte der verknüpften Aussagen übereinstimmen. Es gilt die folgende Wahrheitstabelle:

A_1	A_2	$A_1 \equiv A_2$
f	f	w
f	w	f
w	f	f
w	w	w

[1], [2], [3]. Li

Äquivalenzkapazität → Ersatzkapazität. Fl

Äquivalenzpermeabilität → Permeabilität, effektive. Rü

Äquivalenzrelation *(equivalence relation)*. Eine Relation zwischen Elementen in einer Menge M, für die gilt:

aRa, reflexiv (1)
aRy ⇒ yRa, symmetrisch (2)
(xRy ∧ yRz) ⇒ xRz. transitiv (3)

Ein Beispiel aus der Arithmetik ist die Gleichheits-Relation; es gilt

a = a (1)
a = y ⇒ y = a (2)
(a = y ∧ a = z) ⇒ y = z (3)

In der Booleschen Algebra wird die Ä. durch die Verknüpfung der Äquivalenz verkörpert. [9]. We

Äquivalenzschaltung *(equivalence circuit)*. Schaltung, die die Äquivalenzfunktion realisiert (Bild). [2]. Li

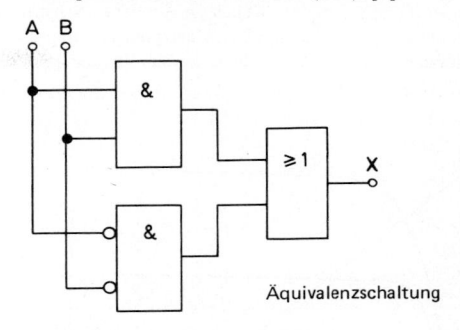

Äquivalenzschaltung

Äquivalenzwiderstand → Ersatzwiderstand. Fl

Äquivokation *(equivocation)*. Bei der Übertragung von Informationen ist die Ä. $H_{\ddot{A}}$ der Teil der Information, der auf dem Kanal vom Sender zum Empfänger verlorengeht. Ein Kanal arbeitet verlustfrei, wenn $H_{\ddot{A}} = 0$ ist. [13]. We

Arbeit *(work)*. Durch A. wird die Energie eines Systems erhöht: Von System I werde auf System B die Energie ΔW übertragen. Dann verrichtet das System I A. (ΔW wird für I negativ gezählt) und B nimmt die Energie auf (ΔW wird für B positiv gezählt). Die A. wird als das skalare Produkt der Kraft **F**, gegen die die A. verrichtet wird, und dem zurückgelegten Weg ds berechnet:

$$W = \int F \cdot ds.$$

Die Größe der A. ist — wie die der Energie — nur bezüglich eines Nullpunkts bestimmbar, d.h. vom Bezugssystem abhängig. [5]. Bl

Arbeitsbereich *(operating range)*. Der Bereich im I, U-Kennlinienfeld, in dem alle zulässigen Arbeitspunkte eines Halbleiterbauelements liegen. Bei Transistoren z.B. wird der A. im Ausgangskennlinienfeld durch den maximalen Kollektorstrom I_{Cmax}, die maximale Verlustleistung $P_{tot\,max}$ und die maximale Kollektor-Emitter-Spannung $U_{CE\,max}$ begrenzt (Bild). Wird dieser Bereich verlassen, wird der Transistor i.a. zerstört. [6]. Li

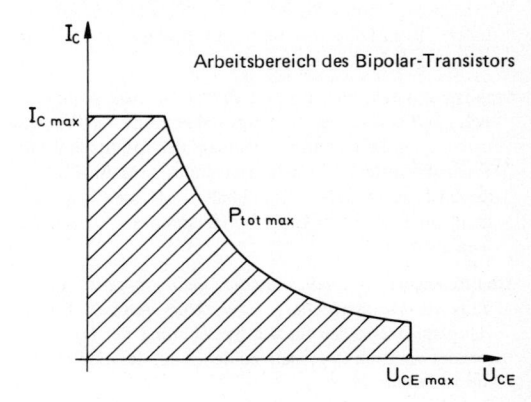

Arbeitsbereich des Bipolar-Transistors

Arbeitsgerade → Arbeitskennlinie. Li

Arbeitskennlinie *(operating characteristic)*. Die A. ist im Kennlinienfeld der geometrische Ort aller möglichen Strom- und Spannungswerte, die bei einem aktiven Bauelement (z.B. Transistor) in einer vorgegebenen Schaltung auftreten können. Ist der Lastwiderstand ein ohmscher Widerstand, so ist die A. eine Gerade (Arbeitsgerade; Bild). [6].. Li

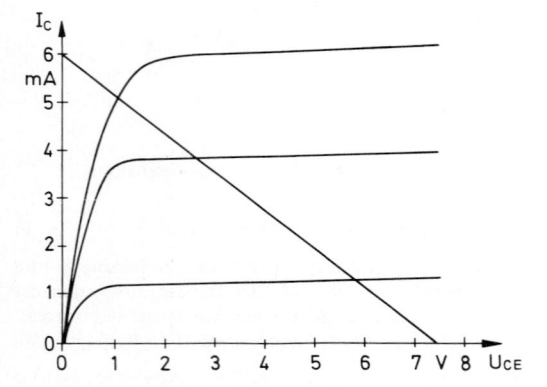

Arbeitsgerade im Ausgangskennlinienfeld eines Transistors

Arbeitskontakt *([normally] open contact)*, Schließer. Kontakt eines Relais, der im betätigten Zustand geschlossen und im unbetätigten geöffnet ist. [4]. Ge

Arbeitspunkt *(operating point)*. Ein Punkt in einem Kennlinienfeld eines aktiven Bauelementes (z.B. Transistor, Röhre), der eingenommen wird, wenn keine Signalspannung am Eingang der Schaltung anliegt. Er ist durch bestimmte Ströme und Spannungen am Ein- bzw. Ausgang der Schaltung gekennzeichnet. Der A. wird durch die Schaltungsdimensionierung festgelegt. Er bestimmt wesentlich die Übertragungs- bzw. Verstärkereigenschaften des Bauelements. [4], [6]. Li

Arbeitspunkteinstellung *(operating point adjustment)*. Die Einstellung des Arbeitspunktes eines Bauelements (z.B. Transistor, Röhre). Sie erfolgt durch variable Spannungsteiler – beim Transistor meist im Eingangskreis der Schaltung. [4], [6]. Li

Arbeitspunktstabilisierung *(stabilizing of bias point)*. Da sich bei Transistoren die Eingangskennlinie bei Temperaturänderungen verschiebt, wandert der Arbeitspunkt der Transistorstufe. Die schaltungstechnische Maßnahme, die dessen Lage weitgehend stabil hält – z.B. die Gegenkopplung mit Hilfe eines Emitterwiderstandes –, bezeichnet man als A. [6]. Li

Arbeitsspeicher. *1. (main memory, main storage)*. Bezeichnung für Hauptspeicher; *2. (working storage)*. Teil des Hauptspeichers, der für die Speicherung der Daten verwendet wird, im Gegensatz zu dem Teil, der die Programme aufnimmt. [1]. We

Arbeitssteilheit. *(dynamic mutual conductance)*. Die A. ist die Steilheit in der Umgebung des Arbeitspunktes. Li

Arbeitsstrombetrieb *(open-circuit operation, working)*. Betriebsform in der Telegraphentechnik, wobei im Ruhezustand über die Verbindung kein Strom fließt. Für die Dauer der Zeichengabe wird Strom auf die Leitung geschaltet (Gegensatz: Ruhestrombetrieb, Doppelstrombetrieb). [14]. Rü

Arbeitstemperatur → Löttemperatur. Ge

Arbeitswiderstand *(load resistor)*. Widerstand, an dem die Ausgangsspannung abgegriffen wird. Oft identisch mit dem Lastwiderstand. [6]. Li

Architektur eines Computers *(computer architecture)*, Rechnerarchitektur. In der Datenverarbeitung in zwei Bedeutungen verwendet: 1. Verhalten des Systems gegenüber dem Benutzer, seine Leistungsfähigkeit und die Art der Informationsverarbeitung, ohne Aussagen über den inneren Aufbau des Systems. Eine bestimmte A. kann auf verschiedene Weise realisiert werden. 2. Aufbau des Systems, Format der Daten- und Befehlsworte, Anordnung der Komponenten, Anzahl und Art der Register in der Zentraleinheit usw. Darstellung in Form eines Blockschaltbildes. [1]. We

Architekturmodell *(model of protocol layers)*. Hierarchisch gegliedertes Schichtenmodell für Protokolle, durch das einzelne Funktionsgruppen innerhalb eines Kommunikationssystems für Text und Daten angesprochen werden. Das A. der ISO (International Standardization Organization) befindet sich im Stadium internationaler Normung für „offene" Kommunikationssysteme. [19].Kü

A-Register → Akkumulator. We

Argonlaser → Laser. Bl

ARI. Die Abkürzung bedeutet: Autofahrer-Rundfunk-Information. ARI ist ein Informationsdienst der deutschen Rundfunksender im UKW-Bereich, bei dem in abgegrenzten Regionen jeweils nur ein Sender folgende Kennfrequenzen ausstrahlt: Senderkennung; Bereichskennung, regional gestaffelt (Kennbuchstaben A–F); Durchsagekennung, um auch bei Kassettenmusik oder Stummschaltung die Verkehrsdurchsagen hörbar zu machen. [14]. Th

Arithmetik im Dualsystem *(binary arithmetic)*. Es gelten folgende Rechenregeln für die Addition:

$0 + 0 = 0$
$0 + 1 = 1$
$1 + 0 = 1$
$1 + 1 = 0$; Übertrag 1

Alle anderen Rechenarten lassen sich auf die Addition zurückführen: Die Subtraktion auf die Addition des Komplements: z.B.

$$\left.\begin{array}{r} 1011 \\ -0111 \end{array}\right\} \equiv \begin{array}{r} 1011 \\ +1000 \\ \hline 10011 \\ \hookrightarrow 1 \\ \hline 100 \end{array} \text{(Einer-Komplement)},$$

die Multiplikation auf die fortgesetzte Addition mit Stellenverschiebung: z.B.

$$\frac{\begin{array}{r}110 \cdot 101\\ \hline 110\\ 000\\ 110\end{array}}{11110,}$$

die Division auf die fortgesetzte Subtraktion (bzw. Addition des Komplements); z.B.

$$\begin{array}{r}100111 : 101 = 111\\ \underline{101}\\ 1001\\ \underline{101}\\ 101.\end{array}$$

[1]. Li

ARL *(accepted reliability level, ARL)*. Anteil an nicht zuverlässigen Bauteilen aus einer größeren Menge, die noch als verträglich angesehen wird. Im Gegensatz zum AQL *(acceptable quality level)* setzt die Feststellung, ob bei einer Lieferung der ARL gegeben ist, eine längerfristige Überprüfung voraus. [4]. We

Aronschaltung *(Aron measuring circuit)*, Zwei-Leistungsmesser-Methode, Zwei-Wattmeter-Methode, Zwei-Wattmeter-Verfahren. Die A. beruht auf einem Leistungsmeßverfahren (Leistungsmessung), bei dem man zur Bestimmung der Wirkleistung im ungleich belasteten Dreileitersystem ohne Nulleiter mit zwei Leistungsmessern auskommt. Nach dem Bild der A. sind beide Wattmeter symmetrisch geschaltet. Die zeitliche Summe der drei Ströme i_R, i_S und i_T ist Null, so daß sich ein Strom durch die beiden anderen ausdrücken läßt, z. B. $i_T = -i_R - i_S$. Die Spannungspfade der Leistungsmesser liegen an den Dreieckspannungen u_{TR} und u_{TS}. Für die gesamte Drehstrom-Wirkleistung P_{ges} erhält man $P_{ges} = i_R \cdot u_{TR} + i_S \cdot u_{TS}$, also die Summe der Meßwerte beider Leistungsmesser P_1 und P_2. Bei symmetrischer Last kann mit der A. der Leistungsfaktor $\cos\varphi$ über die Beziehung

$$\tan\varphi = \sqrt{3}\,\frac{P_1 - P_2}{P_1 + P_2}$$

Aronschaltung

festgestellt werden. Die Blindleistung erhält man über die Differenz beider Meßwerte: $Q = \sqrt{3} \cdot (P_1 - P_2)$. [12].
Fl

A_R-**Wert** *(A_R-value)*. Der auf die Windungszahl N = 1 bezogene Gleichstromwiderstand R_{Cu} (in Analogie zum A_L-Wert)

$$A_R = \frac{R_{Cu}}{N^2}.$$

[4]. Rü

ASBC-Technik *(advanced standard-buried collector technology)* → SBC-Technik. Ne

ASCII-Code *(American Standard Code for Information Interchange)*. Amerikanischer Fernschreibcode. Der A. ist ein 8-Bit-Code, bei dem 7 Bit zur Codierung von max. 128 Zeichen dienen und das achte Bit als Prüfbit verwendet wird. Es wird auf geradzahlige Parität ergänzt. [1]. Li

8b Prüfung	8a Prüfung	7	6	5	4 Transport	3	2	1	Zeichen			
									a	b	c	d
					o				NL	SP	`	a
					o				SOM	!	A	a
					o				STX	"	B	b
					o				ETX	#	C	c
					o				EOT	S	D	d
					o				ENQ	%	E	e
					o				ACK	&	F	f
					o				BEL	'	G	g
					o				BS	(	H	h
					o				HT	)	I	i
					o				LF	*	J	j
					o				VT	+	K	k
					o				FF	,	L	l
					o				CR	-	M	m
					o				SO	.	N	n
					o				SI	/	O	o
					o				DLE	0	P	p
					o				DC1	1	Q	q
					o				DC2	2	R	r
					o				DC3	3	S	s
					o				DC4	4	T	t
					o				NAK	5	U	u
					o				SYN	6	V	v
					o				ETB	7	W	w
					o				CAN	8	X	x
					o				EM	9	Y	y
					o				SS	:	Z	z
					o				ESC	;	[	{
					o				FS	<	~	|
					o				GS	=	]	}
					o				RS	>	^	
					o				US	?	_	DEL

ASCII-Code

Assembler *(assembler)*. Programm, meist Teil des Betriebssystems, zur Übersetzung von in einer maschinenorientierten Programmiersprache (Assemblersprache) geschriebenen Programmen in die Maschinensprache. Der A. führt eine „1-zu-1"-Übersetzung durch, d.h. aus einem vom Programmierer geschriebenen Befehl wird ein Maschinenbefehl. Der A. wandelt den mnemonischen Code in den Maschinencode des Operationsteils um, außerdem setzt er symbolische Adressen in relative Adressen (oder auch direkt in absolute Adressen) um, die vom Lader später in absolute Adressen umgewandelt werden. Des weiteren führt der A. eine Überprüfung auf formale Richtigkeit des Programms durch.

Da die Arbeit des Assemblers, die Assemblierung, verglichen mit der Übersetzung eines Programms in eine problemorientierte Programmiersprache durch den Compiler, einfacher ist, benötigt der A. weniger Speicherplatz und Laufzeit als ein Compiler.
(Nach DIN 44 300 wurde der Begriff A. in Assemblierer eingedeutscht.) [1]. We

Assemblersprache *(assembler language).* Eine maschinenorientierte Programmiersprache, bei der der Operationscode in mnemotechnischer Form geschrieben wird. Die A. ist eine „1-zu-1"-Programmiersprache, in der ein vom Programmierer geschriebener Befehl einem Maschinenbefehl entspricht. [9]. Ne

Assemblierer → Assembler. We

Assoziativspeicher *(associative memory, content addressable memory, CAM).* Speicher, bei denen die Information nicht aufgrund einer Adresse, sondern aufgrund eines Teiles der Speicherinformation gefunden wird. Jede Speicherzelle enthält einen Abschnitt der Information, der mit dem Suchbegriff verglichen wird. Bei Übereinstimmung erfolgt das Auslesen der Information. Während der Aufbau von Assoziativspeichern mit Softwaremethoden immer möglich ist, sind nur mit Hardware aufgebaute A. sehr aufwendig, sie ermöglichen aber das sehr schnelle Auffinden von Informationen, deren Speicherplatz nicht bekannt ist. A. werden z.B. dazu verwendet, um innerhalb des virtuellen Speichers die virtuelle Adresse in die reale Adresse umzuwandeln. [1]. Li

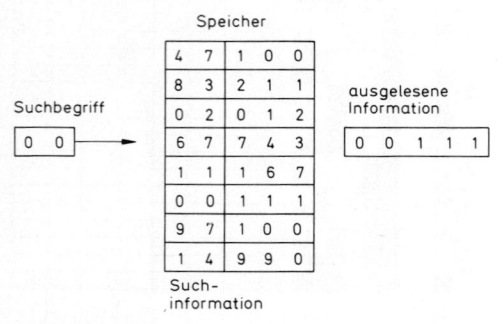

Assoziativspeicher

Astigmatismus *(astigmatism),* Abbildungsfehler. Der A. ist in der Elektronik ein Fehler der Fokussierung in einer Elektronenstrahlröhre, bei dem Elektronen aus verschiedenen axialen Flächen an unterschiedlichen Stellen fokussiert werden. A. tritt entweder bei unzureichender Rotationssymmetrie des elektronenoptischen Systems oder bei schräg durchlaufenden Elektronenstrahlen auf und äußert sich durch eine ovale oder strichförmige Abbildung des Leuchtpunktes auf dem Bildschirm. [5], [12]. Fl

Asymmetriefaktor *(asymmetry factor).* Maß für die widerstandsmäßige Unsymmetrie eines Vierpols. Ein widerstandsunsymmetrischer Vierpol habe am Eingangstor den Wellenwiderstand Z_{w1}, am Ausgangstor den Wellenwiderstand Z_{w2}; dann ist der A.:

$$s = \sqrt{\frac{Z_{w1}}{Z_{w2}}} = \sqrt{\frac{A_{11}}{A_{22}}},$$

wobei A_{ik} die Kettenparameter des Vierpols bedeuten. Die Bedingung für Widerstandssymmetrie eines Vierpols lautet s = 1 oder $A_{11} = A_{22}$. [15]. Rü

asynchron *(asynchronous).* Vorgänge werden in der Elektronik als a. bezeichnet, wenn sie nicht in einem festen Zeitraster stattfinden, d. h. wenn sie nicht durch einen zentralen Taktgeber ausgelöst werden, z.B. beim Asynchronzähler. Asynchronität kann auch entstehen, wenn ursprünglich synchron verlaufende Vorgänge sich durch Gangungenauigkeiten gegenseitig verschieben, wie es bei der Datenfernübertragung vorkommen kann. Die Verwendung asynchroner Schaltungen hat den Vorteil, daß die Schaltgeschwindigkeit ausgenutzt werden kann, da es möglich ist, die Arbeitsgeschwindigkeit jedem Einzelbauteil anzupassen. [2]. We

Asynchronmaschine *(asynchronous machine, induction motor),* Induktionsmaschine. Die A. zählt zu den Drehfeldmaschinen. Sowohl im Stator wie im Rotor ist i.a. eine dreiphasige Wicklung in Nuten untergebracht. Im einfachsten Fall besteht die Rotorwicklung aus Stäben, die an jeder Rotorseite miteinander kurzgeschlossen werden (Kurzschlußläufer). Bei bewickelten Rotoren werden die Wicklungsenden zu Steuerzwecken über Schleifringe herausgeführt (Schleifringläufer). Das Drehmoment M_i entsteht als Wechselwirkung zwischen dem Drehfeld und den Rotorströmen, die bei asynchroner Drehzahl (schlüpfendem Rotor) in den Rotorwicklungen induziert werden. Üblicherweise wird M_i über dem Schlupf s aufgetragen (Bild). Wird der Rotor entgegen dem Drehfeld angetrieben, arbeitet die A. als Gegenstrombremse (→ Gegenstrombremsung). Bei Drehzahlen über der synchronen Drehzahl befindet sich die A. im Generatorbetrieb (s.a. → Drehstromgenerator). [3]. Ku

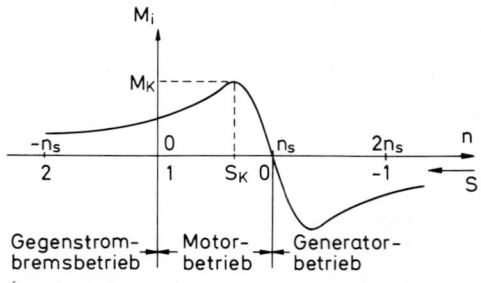

Momentenverlauf der Asynchronmaschine
M_K Kippmoment n_s synchrone Drehzahl
S_K Kippschlupf n Drehzahl

Asynchronzähler *(asynchronous counter),* asynchroner Zähler. Elektronischer Zähler, bei dem die Zustandsänderung einer Zählstufe als Taktung für eine andere Zählstufe dient. So bilden hintereinandergeschaltete Takt-Flipflops einen Zähler im Dualsystem. Die Umschaltung an

Asynchronzähler

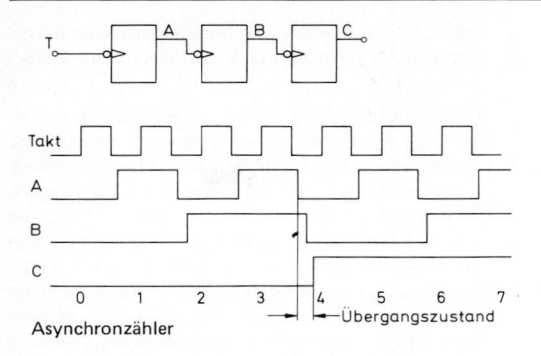

den einzelnen Zählstufen erfolgt nicht gleichzeitig, sondern durch die Schaltverzögerungszeit der einzelnen Stufen verzögert. Hierdurch kann es zu kurzfristigen Übergangszuständen kommen, die nicht dem verlangten Zählverhalten entsprechen. [2].   We

ATE-Verfahren *(automatic test equipment)*. ATE ist die englische Abkürzung für automatic test equipment, d.h. automatische Prüfeinrichtung: 1. für Computerprogramme, die bei der Vorbereitung, Analyse und Erhaltung der Prüfsoftware helfen; 2. für eine Computersprache, die zum Programmieren einer automatischen Prüfeinrichtung benutzt wird, bzw. zum Testen von Baugruppen unter Prüfbedingungen; 3. für die Software, die während des Durchlaufs eines Testprogramms benutzt wird, das die nicht vom Testprogramm erfaßten Operationen des ATE steuert. [1], [9].   Fl

ATMOS *(adjustable threshhold metal-oxide semiconductor)*. Speichertransistor in NMOS-Technologie, der in einer P^+-Epitaxieschicht auf N^+-Substrat hergestellt wird (Bild). Beim Programmieren diffundieren Elektronen von dem in Vorwärtsrichtung betriebenen N^+P-Übergang

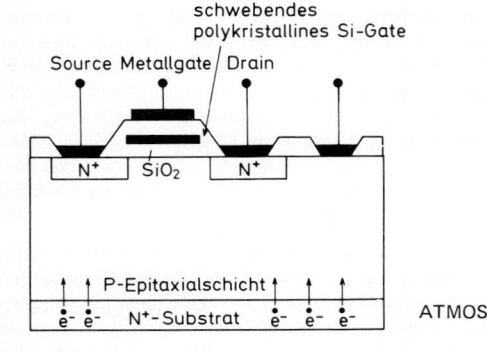

ATMOS

in den Verarmungsbereich, in dem sie so hoch beschleunigt werden, daß sie durch das Oxid zum schwebenden Gate gelangen können. Das Löschen geschieht durch Defektelektroneninjektion aus dem Lawinendurchbruch von Drain-Substrat- oder Source-Substrat-Übergang. [4].   Ne

Atmosphäre *(atmosphere)*. Die Lufthülle der Erde wird eingeteilt: 1. nach dem Temperaturprofil in Troposphäre, Stratosphäre, Mesosphäre und Thermosphäre, 2. nach der chemischen Zusammensetzung in Homosphäre und Heterosphäre und 3. nach dem Ionisierungszustand in Neutrosphäre und Ionosphäre. Die wesentlichen physikalischen Zustandsparameter sind Druck, Temperatur und Wasserdampfdruck. Für die Wellenausbreitung ist die Brechzahl n maßgebend, die eine Funktion dieser Parameter ist. [14].   Ge

Atom *(atom)*. Der kleinste Baustein, in den man ein chemisches Element zerlegen kann, ohne seine chemischen Eigenschaften zu verlieren. Das Atom besteht aus einem Atomkern, der von der „Elektronenhülle" umgeben ist. [7].   Bl

Atomabstand *(atomic distance)*. Dieser Abstand zwischen zwei Atomen in einem Kristallgitter ist durch die Gitterkonstante gegeben. Der A. wird durch Streuung von Röntgenstrahlen gemessen. Z. B. ist der Atomabstand der Kohlenstoffatome im Diamant $1{,}54 \cdot 10^{-10}$ m. [7].   Bl

Atomaufbau *(atomic structure)*. Atome sind aus dem Atomkern — bestehend aus Protonen und Neutronen — und der Elektronenhülle aufgebaut. Die Ordnungszahl im Periodensystem gibt die Anzahl der im Kern vorhandenen Protonen an und bestimmt die chemischen Eigenschaften (z.B. enthält jedes Sauerstoffatom 8 Protonen). Verschiedene Isotope unterscheiden sich in der Neutronenzahl (^{16}O besitzt 8 Protonen, 8 Neutronen; ^{18}O besitzt 8 Protonen und 10 Neutronen). Protonen und Neutronen bilden den Atomkern, der von der Elektronenhülle umgeben ist. Bei einem neutralen, elektrisch nicht geladenen Atom enthält die Elektronenhülle genauso viele Elektronen, wie der Kern Protonen. Sind weniger Elektronen vorhanden, so ist das Atom ionisiert. Die Einzelheiten des Atomaufbaues werden durch ein Atommodell beschrieben. [7].   Bl

Atomdurchmesser *(atomic diameter)*. Der A. kennzeichnet das vom Atom eingenommene Volumen. Er kann aus dem Kristallaufbau oder aus Atomstoßreaktionen bestimmt werden. Der A. steigt mit wachsender Ordnungszahl und zunehmender relativer Atommasse an, wobei jedoch starke Schwankungen auftreten (Atomradius). So ist der A. für He etwa $2{,}2 \cdot 10^{-10}$ m und für Ar etwa $3{,}6 \cdot 10^{-10}$ m. [7].   Bl

Atomfrequenz *(atomic frequency)*. Die Umlauffrequenz eines Elektrons, das in einem Atom mit der Kernladungszahl Z auf einer Bahn mit der Hauptquantenzahl n umläuft ist gegeben als

$$f_n = \frac{v_n}{2\pi r_n} = \frac{n \cdot h}{Z \cdot 4\pi^2 m_e}$$

(v_n Umlaufgeschwindigkeit, r_n Radius der klassischen Umlaufbahn, h das Plancksche Wirkungsquantum und m_e Ruhemasse des Elektrons). Setzt man die Konstanten ein, so erhält man

$$f_n = \frac{n}{Z} \cdot 6{,}55 \cdot 10^{15} \text{ Hz.}$$

[7].   Bl

Atomfrequenznormal → Atomuhr.   Fl

Atomgitter *(atomic lattice)*. Das A. ist ein Kristallgitter, dessen Gitterpunkte von elektrisch neutralen Atomen besetzt sind, die durch homöopolare Bindung (im Gegensatz zum Ionen- und Molekülgitter) zusammengehalten werden. A. trifft man bei den Halbleitern Germanium und Silizium und vielen Oxiden an. [7]. Bl

Atomkern *(atomic nucleus)*. Der A. ist aus Protonen und Neutronen aufgebaut, die sich durch die „starke Wechselwirkung" anziehen und so einen stabilen A. bilden. Die Energiezustände der Protonen und Neutronen ähneln denjenigen der Elektronen in der Atomhülle und lassen sich durch ein Schalenmodell beschreiben. Andererseits zeigen die Protonen und Neutronen in Kernen auch kollektive Eigenschaften, d.h., einige Experimente lassen sich nur beschreiben, wenn man den Atomkern als „Flüssigkeitstropfen" annimmt. [7]. Bl

Atommasse *(atomic mass)*. Die Masse von Atomen und Molekülen wird in Vielfachen von $1u = 1,66 \cdot 10^{-24}$ g angegeben. 1 u ist ein Zwölftel der Masse eines ^{12}C-Atoms. Die A. ist durch die relative Atommasse A_r gegeben als $m = A_r \cdot 1\,u$. Beispiele:

Substanz	relative Atommasse
^1H	1,007825
^4He	4,002603
^{12}C	12,000000 (Standard)
^{16}O	15,994915

[7]. Bl

Atommodell *(atomic model)*. Das A. gibt die Vorstellung vom Aufbau der Atome an. Alle Atommodelle teilen das Atom in den Atomkern und die Elektronenhülle auf. Auf Grundlage der klassischen Physik umkreisen im Bohrschen A. die Elektronen (wegen der Coulomb-Kraft) den entgegengesetzt geladenen Atomkern auf Kreisbahnen; der Bahnradius und die erlaubten Energiezustände W_n werden durch die Hauptquantenzahl n bestimmt:

$$W_n = -\frac{Z^2}{n^2} \cdot h \cdot R = \frac{2\pi^2\, m_e\, Z^2\, e_0^4}{h^2\, n^2}$$

(Z Ordnungszahl, R Rydberg-Frequenz, m Elektronenmasse, e_o Elementarladung, h Plancksches Wirkungsquantum). Dieses A. beschreibt die Spektren der Alkalimetalle und die Feinstruktur nicht. Sommerfeld erweiterte deshalb dieses Modell, ohne jedoch eine exakte Beschreibung zu erreichen. Dies wurde erst durch die Quantenmechanik möglich. Danach bewegt sich das Elektron im mittleren Feld des Atomkerns und der übrigen Elektronen, wobei nach der Schrödinger- bzw. Dirac-Gleichung nur bestimmte Energiewerte angenommen werden können. Die Energiezustände unterscheiden sich in ihren Quantenzahlen, die auch die verschiedenen Elektronenschalen kennzeichnen. Für eine exakte Beschreibung sind auch die Effekte der Quantenelektrodynamik, wie die Vakuumpolarisation, zu berücksichtigen. Die kennzeichnenden Größen sind: 1. Die Hauptquantenzahl n bestimmt in groben Zügen die Bindungsenergie und den mittleren Bahnradius. 2. Die Bahndrehimpulsquantenzahl (azimutale Quantenzahl) l bestimmt die Exzentrität der Bahnen mit gleichem n; l kann Werte 0; 1; 2; ...; n−1 annehmen. 3. Die Spinquantenzahl s bestimmt die Orientierung des Elektronendrehimpulses zum Bahndrehimpuls; s ist $\frac{1}{2}$ oder $-\frac{1}{2}$. 4. Die Operatoren des Bahndrehimpulses und des Spins werden in der Dirac-Gleichung zum Gesamtdrehimpulsoperator zusammengekoppelt, dessen Eigenwerte der Gesamtdrehimpulsquantenzahl $j = l \pm s$ proportional sind. Die z-Komponente m des Gesamtdrehimpulsoperators hat als Eigenwert $m \cdot h$. Alle Elektronen gleicher Hauptquantenzahl n faßt man zu einer Schale zusammen. Eine Schale der Hauptquantenzahl n enthält allgemein $2n^2$ mögliche Elektronenzustände, deren Energie nach der Dirac-Gleichung berechnet wird und von n und j abhängt. Die Besetzung der Elektronenzustände wird durch das Pauli-Prinzip beschrieben. 5. Die magnetische Quantenzahl m bestimmt die Orientierung der Bahnen im Raum; m kann (2j + 1) verschiedene Werte annehmen. [7]. Bl

Atomradius *(atomic radius)*. Kennzeichnet den mittleren Abstand der Elektronenhülle vom Atomkern. Er variiert von 0,05 nm bis etwa 0,2 nm. Der Radius der Atomkerne ist dagegen in der Größenordnung von 1 fm bis 5 fm ($1 \cdot 10^{-15}$ m bis $5 \cdot 10^{-15}$ m). Der A. wächst mit der Ordnungszahl, wobei innerhalb der einzelnen Atomschalen große Schwankungen zu beobachten sind. [7]. Bl

Atomschale *(atomic shell)*, Elektronenschale. Die Elektronen eines Atoms sind in „Schalen", auch Elektronenschalen oder Atomschalen genannt, angeordnet. Sie werden durch die Hauptquantenzahl n charakterisiert und zerfallen gemäß der Bahndrehimpulsquantenzahl l in mehrere Unterschalen. Die tiefste, dem Atomkern nächstliegende Schale ist die K-Schale mit 2 Elektronen und der Hauptquantenzahl n = 1. [7]. Bl

Atomspektrum *(atomic spectrum)*. Jede Zustandsänderung eines Elektrons der Elektronenhülle eines Atoms ist mit der Aufnahme bzw. Abgabe eines Energiebetrages, der Energiedifferenz zwischen End- und Ausgangsstand, verbunden. Wird bei der Zustandsänderung ein Photon absorbiert bzw. emittiert, so ist dessen Energie W der Frequenz f proportional: W = hf (h Plancksches Wirkungsquantum). Die Gesamtheit aller Frequenzen, die bei Zustandsänderungen von Elektronen in einem Atom auftreten können, ist für das Atom charakteristisch und wird A. genannt. Das A. des Wasserstoffatoms ist eingehend erforscht. [7]. Bl

Atomuhr *(atomic clock)*, Atomfrequenznormal. Die A. dient als Zeitnormal, für das weltweit die Definition der Sekunde auf der Basis der Hyperfeinstruktur-Übergangsfrequenz eines Atoms ^{133}Cs (Cäsium) festgelegt ist. Die Atomsekunde ist die Zeitspanne während der 9 192 631 770 Schwingungen ablaufen. Die relative Meßunsicherheit einer Cäsium-A. beträgt 10^{-11}. Die von der A. gelieferten Schwingungen können zum Erzeugen niedriger Frequenzen einem Frequenzuntersetzer zugeführt werden und steuern dann Quarzgeneratoren. Das Cäsium-Atomfrequenznormal zählt zu den primären Frequenznormalen. [8], [12], [13]. Fl

AT-Schnitt → Dickenschermode. Rü

Attributmerkmal *(attribute)*. Merkmal, dessen verschiedene Zustände nicht mit einer Skala gemessen werden können, sondern bei dem nur unterschieden wird, ob diese vorhanden oder nicht vorhanden sind. [4]. Ge

Attributprüfung *(attribute check)*. Prüfung eines bestimmten Attributs (Merkmals) eines Produkts, um festzustellen, ob dieses Attribut innerhalb der vorgegebenen Grenzen liegt. Bei Bauteilen sind meist viele Attributsprüfungen durchzuführen. We

Ätzen *(etching)*, Ätztechnik. Verfahren zur Herstellung elektronischer Baugruppen und -elemente, bei dem Werkstoffe durch flüssige oder gasförmige Ätzmittel chemisch bearbeitet werden. Die Ätzreaktion wird vom Ätzmittel, seiner Konzentration und Temperatur bestimmt. Weiter spielen die Dicke der Abdeckschicht, die Dicke der zu ätzenden Metallschicht sowie die Abmessungen der zu ätzenden Strukturen eine Rolle. Die Ätztechnik wird bei der Herstellung der Leiterbilder von Leiterplatten und Formteilen aus dünnen Blechen (Formteilätzung), bei der Fertigung von Halbleiterbauelementen, zur Erzeugung metallisch reiner Oberflächen eingesetzt. [4]. Ge

Ätztechnik *(etching technique)*. In der Silicium-Planartechnik gebräuchliches Verfahren zur Herstellung von Fenstern in einer Siliciumdioxidschicht auf einem Siliciumchip. Man bringt z.B. Positivlack auf die SiO_2-Schicht und deckt ihn mit einer Maske ab. Durch Belichten mit UV-Licht härten die unbelichteten Stellen aus, während die belichteten Stellen mit einem Entwickler entfernt werden können. An diesen „Fenstern" kann nun die darunterliegende SiO_2-Schicht mit Flußsäure weggeätzt werden. Nach Wegätzen der Photolackschicht (mit Aceton) hat die zurückbleibende SiO_2-Schicht die Struktur der Photomaske. [4]. Ne

Audion *(grid-leak detector; regenerative detector)*. Regenerativempfänger. Das A. stammt aus der Anfangszeit des Rundfunks und bezeichnet eine spezielle Ein-Röhren-Empfängerschaltung zum Empfang von AM-Sendern. Die Röhre arbeitet als Demodulator und NF-Verstärker. Beim rückgekoppelten Audion arbeitet die Röhre außerdem in einer Art Oszillatorschaltung mit variabler Rückkopplung. Vorteil: Durch die Rückkopplung wird der Eingangsschwingkreis entdämpft, Selektivität und Verstärkung der Schaltung nehmen zu. Bei Einstellung der Rückkopplung bis knapp vor den Schwingeinsatz werden die besten Ergebnisse erzielt. Die Schaltung ist auch mit Transistoren realisierbar. [13], [14]. Th

Audiovision *(audiovision)*. A. bezeichnet eine Information durch Bild und Ton, z.B. Tonfilm, Ton-Dia-Vortrag, Fernsehen. Anwendung beispielsweise in der Unterrichtsgestaltung, wobei mit Hilfe von Fernsehgeräten die Wirksamkeit des Unterrichts sowohl auf auditivem (hören) und visuellem (sehen) Wege erhöht werden kann. [9]. Th

Aufdampfverfahren *(deposition)*. Verfahren zur Herstellung dünner Schichten. Hierbei wird ein Material im Vakuum so weit erhitzt, daß es verdampfen kann. Die Atome bzw. Moleküle schlagen sich auf dem Substrat nieder und bilden Schichten von einigen Mikrometern Dicke. [4]. Ne

Aufwachsverfahren *(epitaxial growth)*. Aufbringen einer epitaxialen Silicium-Sicht auf ein Siliciumsubstrat. Bei Temperaturen von 1150 °C bis 1250 °C läßt man ein Gasgemisch aus $SiCl_4$ und H_2 über das Substrat strömen. Bei einer Zwischenreaktion entsteht $SiCl_2$, das von der Substratoberfläche absorbiert wird. Nun findet die Reaktion $2SiCl_2 \rightarrow Si+SiCl_4$ statt, wobei sich das elementare Silicium auf dem Siliciumsubstrat niederschlägt. Die epitaxiale Schicht hat die gleiche Kristallorientierung wie das Substrat. [4]. Ne

Aufenthaltswahrscheinlichkeit *(probability density)*, Wahrscheinlichkeitsdichte. Die A. $|\psi(x)|^2 = \psi^*\psi$ gibt im Sinne relativer Häufigkeit die Wahrscheinlichkeit an, mit der bei einer Ortsbestimmung ein atomares Teilchen am Orte x gefunden wird. Dabei wird vorausgesetzt, daß sich das Teilchen vor der Messung in einem definierten quantenmechanischen Zustand befand. [7]. Bl

Aufladung, elektrostatische *(charging)*. Aufbringung von Ladungen auf einen nichtleitenden Körper durch Reibung, Kontakt mit einem anderen geladenen Körper oder Funkenüberschlag. [5]. Li

Auflösung *(resolution)*. Die A. wird meist im Sinne von Auflösungsvermögen gebraucht; bei Meßgeräten und -einrichtungen oft auch als Empfindlichkeit benutzt. Bei digitalen Meßgeräten versteht man häufig unter A. den kleinsten noch unterscheidbaren Meßwert. [2], [12]. Fl

Auflösungsvermögen *(resolution)*. 1. In der Optik und Elektronenoptik: der kleinste Abstand d zweier Punkte, die noch getrennt wahrgenommen werden können. Bei Lichtmikroskopen ist d ≈ 0,3 μm, bei Elektronenmikroskopen erreicht man d ≈ 0,2 nm. 2. In der Fernsehtechnik: die Fähigkeit zur Unterscheidung zweier nahe beieinanderliegender Flächen gleicher Helligkeit. 3. In der Radartechnik *(discrimination)*: die kleinste Winkeldifferenz zweier Radarziele, die noch getrennt erfaßt werden können. [5], [8]. Rü

Aufnehmer *(transducer)*, Meßaufnehmer, Meßwertaufnehmer. Der A. ist eine als Baugruppe zusammengefaßte, in sich geschlossene Meßeinheit, der der Umwandlung einer physikalischen Größe, dem Meßsignal, dient. Er befindet sich direkt am Ort der Meßstelle und ist z.B. bei Meßeinrichtungen zum elektrischen Messen nichtelektrischer Größen die erste Baugruppe einer Meßkette. Im — häufig abgeschlossenen — Gehäuse des Aufnehmers befindet sich oft ein mechanisches Meßwerk, das die zu messende Größe auf einen Meßfühler leitet. Bei der Auswahl von Aufnehmern sind neben Verarbeitung und Art der Eingangs- und Ausgangsgröße Angaben zur Empfindlichkeit und des Meßbereiches von Bedeutung. [12], [18]. Fl

Aufschmelzlöten → Reflowlöten. Ge

Aufwärmzeit *(warm-up time)*. Zeitspanne, die ein Gerät nach dem Einschalten zur internen Stabilisierung benötigt. [4]. Ne

Auge, magisches *(cathode ray tuning indicator; magic eye)*. Das magische A. ist eine Art Katodenstrahlröhre, deren Leuchtbild sich durch Form oder Lage proportional der

Steuerspannung ändert. In der einfachsten Form enthält das magische A. ein Triodenverstärkersystem, dessen Anode gleichzeitig Ablenkplatte in einem Elektronenstrahlsystem ist. Anwendung: Abstimmanzeige in Röhrenempfängern. [12]. Th

Augenblicksleistung *(instantaneous power)*, Produkt der Augenblickswerte einer Spannung

$$u(t) = \hat{u} \cos(\omega t + \varphi_u)$$

und eines Stromes

$$i(t) = \hat{i} \cos(\omega t + \varphi_i)$$
$$p(t) = u(t) = \hat{u}\,\hat{i} \cos(\omega t + \varphi_u) \cos(\omega t + \varphi_i)$$
$$= \frac{\hat{u}\,\hat{i}}{2}[\cos(\varphi_u - \varphi_i) + \cos(2\omega t + \varphi_u + \varphi_i)]$$

(DIN 40110). (→ Wirkleistung, → Leistung, komplexe, → Effektivwert). [5]. Rü

Augenblickswert *(instantaneous value)*. Wert eines sich zeitlich verändernden Signals x zu einem bestimmten Zeitpunkt t. Zur Darstellung zeitlich veränderlicher Größen werden gebraucht (DIN 5483) x(t), s_t oder x ohne Zusatz. [5]. Rü

Auger-Effekt *(Auger effect)*. Nur ein Teil der ionisierten Atome kehrt durch Aussenden der entsprechenden elektromagnetischen Strahlung in den Grundzustand zurück; beim Rest wird der Übergang durch den A. erreicht. Ist z.B. ein Atom in der K-Schale ionisiert und wird das Defektelektron durch ein Elektron der L-Schale aufgefüllt, so wird im A. die freiwerdende Energie dazu benutzt, ein weiteres Elektron der L-Schale abzuspalten. Ist die Ionisierungsenergie der K-Schale W_K und die der L-Schale W_L, so ist die kinetische Energie des ausgesendeten „Auger-Elektrons"

$$W_{Kin} = W_K - 2W_L.$$

Das Atom ist nun in der L-Schale zweifach ionisiert. Beim Nachrücken aus dem M-Schale können durch den strahlungslosen Auger-Übergang zwei Elektronen ausgesendet werden usw. Bl

Auger-Elektronen *(Auger electrons)*. A. nennt man Elektronen, die durch den Auger-Effekt von einem ionisierten Atom ausgesendet werden. Bl

Ausbreitungskoeffizient → Fortpflanzungskonstante. Ge

Ausbreitungsgeschwindigkeit *(velocity of wave propagation)*. Die A. von elektromagnetischen Wellen wird aus der Permittivität ϵ und der Permeabilität μ des Mediums mit $v = 1/(\mu \cdot \epsilon)^{1/2}$ bestimmt. Mit $\epsilon = \epsilon_0 \epsilon_r$ und $\mu = \mu_0 \mu_r$ ist $v = c/(\mu \cdot \epsilon)^{1/2}$. $c = 1/(\mu_0 \epsilon_0)^{1/2}$ ist die Ausbreitungsgeschwindigkeit im freien Raum ($c = 3 \cdot 10^8$ m/s). Die A. im Medium ist immer kleiner als im freien Raum, da ϵ_r und μ_r immer größer als 1 sind (Ausnahme: Paramagnetismus). [14]. Ge

Ausbreitungskoeffizient → Fortpflanzungskonstante. Ge

Ausbreitungsvektor *(Poynting's s vector)*, Poynting-Vektor, Leistungsflußdichte. Der A. ist der Leistungsfluß durch die senkrecht zur Strahlungsrichtung stehende Flächeneinheit. Im Fernfeld einer Antenne gilt für den Betrag S des Ausbreitungsvektors: $|S| = E \cdot H$ (E in V/m, H in A/m, und S in W/m^2). [14]. Ge

Ausbreitungsvorgang *(wave propagation)*. Der A. einer elektromagnetischen Welle im homogenen Medium wird durch die Maxwellschen Feldgleichungen beschrieben. Bei der Ausbreitung der Funkfrequenzen wirken sich, je nach Frequenzbereich, u.a. Dämpfung, Reflexion, Beugung, Streuung, Interferenz aus (Wellenausbreitung). Der Schwingungszustand der mit der Kreisfrequenz $\omega = 2\pi f$ variierenden Feldvektoren **E** und **H** ist von Ort und Zeit abhängig. Ein zu einem bestimmten Zeitmoment in einem Raumpunkt bestehender Zustand wird zu späterer Zeit an anderer Stelle reproduziert. Die dabei auftretende Phasenverzögerung θ ist dem zurückgelegten Abstand l proportional. Mit der Ausbreitungsgeschwindigkeit v und der Ausbreitungskonstante β wird $\theta = \omega t = \omega l/v = \beta \cdot l$. [14]. Ge

Ausbreitungswiderstands-Temperatursensor → Spreading-Widerstand-Temperatursensor. Fl

Ausbreitungszahl → Fortpflanzungskonstante. Ge

Ausdehnungsstabregler → Stabregler. Fl

Ausdehnungsthermometer *(expansion thermometer)*. Das A. ist ein Temperaturmeßgerät, bei dem die Temperaturabhängigkeit des Volumens einer Flüssigkeit oder die Längenänderung eines festen Körpers unter Temperatureinwirkung zugrundegelegt wird. Beim Flüssigkeitsthermometer befindet sich eine Flüssigkeit (Alkohol, Quecksilber oder Pentan) in einem kleinen Vorratsbehälter, an den eine Kapillare angesetzt ist. Unter Temperatureinwirkung dehnt sich z.B. die Flüssigkeit aus und gelangt in die Kapillare, neben der sich eine Temperaturskala befindet. Das Prinzip der Längenänderung eines festen Körpers liegt z.B. dem Bimetallthermometer zugrunde. [12]. Fl

Ausdiffusion *(outdiffusion)*. Wird an einem Halbleiterkristall mit einer bestimmten Grunddotierung eine weitere Dotierung mit anderen Dotierungsatomen vorgenommen, diffundieren die Grunddotierungsatome wegen des Konzentrationsunterschieds zwischen Substrat und umgebendem Gasraum wieder aus dem Substrat heraus. Hierdurch können vor allem beim Aufwachsen einer Epixialschicht unerwünschte Dotierungsprofile in dieser Schicht entstehen. [4]. Ne

Ausfall *(failure)*. Die Verletzung von mindestens einem Ausfallkriterium bei einer Betrachtungseinheit. Nicht jeder Fehler führt zu einem A. Was als Ausfallkriterium betrachtet wird, richtet sich nach dem Verwendungszweck des Gerätes oder der Schaltung. Z.B. wird eine Verschlechterung der Druckqualität nicht zu einem A. führen, wenn der Drucker betriebsinterne Statistiken ausgibt. Die gleiche Verschlechterung kann bei einem Textautomaten zur Erstellung von Geschäftsbriefen als A. gewertet werden. Bei Zuverlässigkeitsbetrachtungen dürfen Ausfälle, die auf eine unzulässige Beanspruchung zurückzuführen sind, nicht mit in die Betrachtung einbezogen werden. [4]. We

Ausfall bei unzulässiger Beanspruchung *(misuse failure)*. A. infolge eines unzulässigen Verlaufs der Beanspruchung. Anmerkung: Solche Ausfälle werden bei Zuverlässigkeitsangaben nicht berücksichtigt. [4]. Ge

Ausfall durch anhaftende Mängel *(inherent weakness failure)*. Ausfall eines Bauelements durch anhaftende Mängel bei zulässigem Verlauf der Beanspruchung. [4]. Ge

Ausfall, systematischer *(systematic failure)*. Ist ein A., dessen Ausfallzeitpunkt sich auf Grund der Verschleiß- und Belastungsart mit einer großen Wahrscheinlichkeit voraussagen läßt, z.B. A. infolge der Abnutzung der Kohlebürsten bei einem Elektromotor. Systematische Ausfälle lassen sich durch vorbeugende Instandhaltung vermeiden. We

Ausfallabstand, mittlerer *(mean time between failures, MTBF)*. Kehrwert der Ausfallrate. Die Anwendung dieser Kenngröße ist nur bei konstanter Ausfallrate sinnvoll Für nichtinstandsetzbare Bauelemente ist der mittlere A. die mittlere Lebensdauer. Als Schätzwerte für den mittleren A. sind gebräuchlich: 1. Quotient aus der Summe der Betriebszeiten aller Bauelemente zur Anzahl der Ausfälle; 2. Quotient aus beobachteter Betriebszeit eines Bauelementes zur Gesamtzahl seiner Ausfälle im Beobachtungszeitraum *(mean time to failure MTTF)*; 3. mittlere Zeit bis zum ersten Ausfall eines Bauelementes *(mean time to first failure, MTTFF)*. [4]. Ge

Ausfalldauer → Ausfallzeit. Ge

Ausfallhäufigkeit *(failure rate)*. Bei mehreren Betrachtungseinheiten (z.B. Geräten) die Differenz der relativen Bestände am Anfang und am Ende des betrachteten Zeitintervalls.

$$a = \frac{B(t_i) - B(t_{i+1})}{B(t_0)}$$

a Ausfallhäufigkeit, $B(t_0)$ Bestand zum Beanspruchungsbeginn, $B(t_i)$ Anzahl der Betrachtungseinheiten, die zum Zeitpunkt t_i noch nicht ausgefallen sind. Dividiert man die A. durch das Zeitintervall, erhält man die Ausfallhäufigkeitsdichte *(failure density)*

$$d = \frac{a}{\Delta t_i}.$$

We

Ausfallkriterium *(failure criteria)*. Festgelegter Grenzwert für die nach Beanspruchungsbeginn infolge Änderung entstehenden Abweichungen von Merkmalswerten eines Bauelements (DIN 40041). Es kommen nur Änderungen von Merkmalen in Betracht, die zu einem Ausfall führen können. We

Ausfallquote *(failure rate)*. Der Quotient aus der temporären Ausfallhäufigkeit und dem betrachteten Zeitintervall. Dabei wird im Gegensatz zur Ausfallhäufigkeitsdichte (→ Ausfallhäufigkeit) nicht vom Bestand am Beanspruchungsbeginn, sondern vom Bestand am Beginn des Zeitintervalls ausgegangen. Die A. entspricht einem Schätzwert der Ausfallrate. Die Einheit ist $h^{-1} = 1/h$.

$$q = \frac{1}{\Delta t_i} \cdot \frac{B(t_i) - B(t_{i+1})}{B(t_i)}.$$

We

Ausfallrate *(failure rate)*. Negativer Wert der Ableitung der Bestandsfunktion bei einer Vielzahl von Betrachtungseinheiten, wobei die Bestandsfunktion *(survival function)* den Quotienten des aktuellen Bestandes zum Anfangsbestand als Funktion der Zeit darstellt. Bei einem exponentiellen Verlauf der Bestandsfunktion ist die Ausfallrate konstant. Die A. wird mit $\lambda(t)$ bezeichnet (Einheit: $h^{-1} = 1/h$). We

Ausfallsatz *(cumulative failure frequency)*. Ausfallsummenhäufigkeit. Summe von Ausfallhäufigkeiten vom Beanspruchungsbeginn bis zum Ende des betrachteten Zeitabschnittes. [4]. Ge

Ausfallzeit *(down time)*, Ausfalldauer. Zeitspanne vom Ausfallzeitpunkt eines Systems oder Gerätes bis zur Wiederherstellung der Einsatzbereitschaft. [4]. Ge

Ausfallzeitpunkt *(instant of failure)*. Zeitpunkt, an dem die Betrachtungseinheit ausfällt (DIN 40042). We

Ausführungszeit *(execution time)*. In einem Prozessor die Zeit für die Ausführung eines bestimmten Maschinenbefehls, angegeben in Mikrosekunden oder Maschinentakten. [1]. We

Ausgabedatum *(output date)*. Datum, das aus einem Datenverarbeitungssystem ausgegeben wird, z. B. über Drucker, Lochkartenstanzer oder Anzeigen. Soll das Datum unmittelbar für den Benutzer verwertbar sein, wie etwa bei Ausgabe über Drucker, so ist eine Umcodierung notwendig. Handelt es sich bei dem A. um eine Zahl, so wird diese für den Benutzer im Dezimalsystem ausgegeben. [1]. We

Ausgabeeinheit *(output unit)*. Teil eines Datenverarbeitungssystems zur Ausgabe von Daten, aufgebaut aus Ausgabegerät oder -geräten und der dazu gehörigen Steuerung. Nach DIN 44300 ist die A. eine Funktionseinheit innerhalb eines digitalen Rechensystems, mit der das System Daten, z.B. Rechenergebnisse nach außen abgibt. [1]. We

Ausgabegerät *(output device)*. Gerät für die Ausgabe von Daten aus Datenverarbeitungsanlagen: dabei können die Daten direkt in eine dem Menschen sichtbare und lesbare Form gebracht werden (z.B. über Anzeigen oder Drucker) oder sie können auf Datenträger aufgebracht werden, (z.B. Lochkartenstanzer). Das A. muß meist eine Umcodierung der Daten vornehmen, weiterhin eine Umsetzung der elektronischen Signale in mechanische Vorgänge, wie beim Drucker. Zur Anpassung an die gegenüber der Datenverarbeitungsanlage langsame Ausgabegeschwindigkeit kann das A. Puffer enthalten. [1]. We

Ausgang *(output)*. Der Anschluß einer Schaltung, an dem die gebildete Größe (Ausgangsspannung, Ausgangsstrom) abgegriffen wird, wobei grundsätzlich davon auszugehen ist, daß eine Belastung des Ausgangs stattfindet, die zu einer Beeinflussung der Ausgangsgröße führt. [6]. We

Ausgang, symmetrischer *(symmetrical output)*. Der symmetrische A., z.B. eines elektrischen Gerätes, besitzt zwei Anschlußklemmen, denen gegenüber einem gemeinsamen Bezugspunkt (häufig ebenfalls als Anschluß herausgeführt) zwei gleichartige elektrische Größen (Spannung oder Strom) mit gleichen Beträgen entnommen werden können. Besitzen beide Größen bei gleichen Beträgen entgegengesetzte Vorzeichen, heißt der symmetrische A. auch Gegentaktausgang. Die Bezugsklemme wird stromlos. Stimmen beide Ausgangsgrößen sowohl im Betrag als auch in ihrer Richtung überein, werden Gleichtaktsignale bereitgestellt. [6], [8], [12], [13], [14], [18]. Fl

Ausgang, unsymmetrischer *(unsymmetrical output)*. Ein unsymmetrischer A. von elektrischen Baugruppen oder Geräten stellt elektrische Größen (Spannung oder Strom) zur Verfügung, deren Beträge z.B. unsymmetrisch gegenüber einem gemeinsamen Bezugspunkt sind. Häufig dienen unsymmetrische Ausgänge zum Anschluß einseitig geerdeter Verbraucher. Typische Beispiele sind erdunsymmetrische Hochfrequenz-Meßsender mit einer Koaxialbuchse als Ausgangsanschluß. [6], [8], [12], [13], [14], [18]. Fl

Ausgangsadmittanz *(output admittance)*, Ausgangsleitwert. Kehrwert der Ausgangsimpedanz. [15]. Rü

Ausgangsalphabet *(output alphabet)*. Der Zeichenvorrat, der für die Ausgabe aus einem Datenverarbeitungssystem zugelassen ist. Er besteht bei vielen Anlagen aus Ziffern, Großbuchstaben und Sonderzeichen. [9]. We

Ausgangsbelastbarkeit *(output loading capability)*. Angabe über die Stromstärke, die der Ausgang einer digitalen Schaltung bei Einhaltung der logischen Pegel für diese Schaltung vorgegeben sind, abgeben kann. Nach DIN 41859 ist die A. auf den Eingangsstrom einer besonderen Schaltung zu beziehen, die als Bezugslast gewählt wird. Damit wird die A. zu einem Faktor. [2]. We

Ausgangsfächer → Ausgangslastfaktor. Fl

Ausgangsimpedanz *(output impedance)*, (Bild: → Vierpol) Impedanz an den Ausgangsklemmen (2,2') (Ausgangstor) eines Vierpols.

$$W_2 = -\frac{U_2}{I_2};$$

[„+" bei symmetrischen Zählpfeilen (→ Zählpfeilsysteme)]. W_2 ist eine Funktion der Vierpolparameter (→ Vierpolgleichungen) und der Impedanz Z_1, die am Eingangstor (1,1) angeschlossen ist. Wird der Vierpol z.B. durch seine Kettenparameter beschrieben, dann ist

$$W_2 = \frac{A_{22} Z_1 + A_{12}}{A_{21} Z_1 + A_{11}}.$$

Sonderfälle ergeben sich durch die Beschaltung des Eingangstors: 1. Kurzschlußausgangsimpedanz *(short-circuit output impedance)* (Kurzschlußausgangswiderstand). Die Eingangsklemmen sind kurzgeschlossen ($Z_1 = 0$); d.h.

$$W_{2K} = \frac{A_{12}}{A_{11}}.$$

2. Leerlaufausgangsimpedanz *(open-circuit output impedance)* (Leerlaufausgangswiderstand). Die Eingangsklemmen laufen leer ($Z_1 \to \infty$); d.h.

$$W_{2L} = \frac{A_{22}}{A_{21}}.$$

[15]. Rü

Ausgangskapazität *(output capacitance)*. Die A. ist die Kapazität, die an den Ausgangsklemmen eines Bauteils, einer elektrischen Schaltung oder eines elektrischen Gerätes nachweisbar ist. Der Ausgang wird frequenzabhängig und stellt in Verbindung mit einem Wirkwiderstand die Ausgangsimpedanz dar. Bei Schaltungen und Geräten setzt sie sich aus den vorhandenen Kondensatoren und der immer auftretenden Schaltkapazität, bedingt z.B. durch Schaltungsaufbau und Leiterbahnführung, zusammen. Man gibt dann die resultierende Ersatzkapazität an. Bei elektronischen Bauteilen sind in unterschiedlichen Frequenzbereichen häufig unterschiedlich wirksame Ausgangskapazitäten zu beachten. [2], [3], [4], [6], [8], [9], [11], [12], [13], [14], [18], [19]. Fl

Ausgangskennlinie *(output characteristic)*. Kennlinie zur Darstellung der Abhängigkeit des Ausgangssignals von der Ausgangsbelastung, meist in der Form der Abhängigkeit der Ausgangsspannung vom Ausgangsstrom bei einer definierten Beschaltung der Eingänge.

$$U_0 = f(I_0).$$

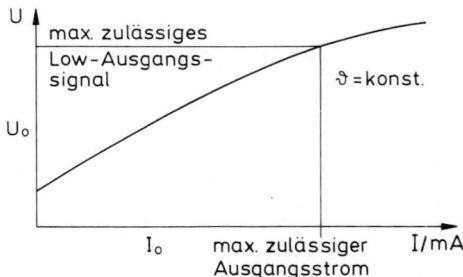

Ausgangskennlinie

Das Bild zeigt die Ausgangskennlinie einer Digitalschaltung bei Erzeugung des „Low"-Pegels. [6]. We

Ausgangslastfaktor *(fan out)*, Ausgangsfächer. Der A. gibt als statische Kenngröße integrierter Logikbausteine an, mit wieviel Lasteinheiten (bei gleicher Logikfamilie) der Ausgang eines Bausteins belastet werden darf. Der A. kann für H- und L-Zustände unterschiedlich sein. Bei Standard-TTL-Schaltungen z.B. geben die Hersteller den A. mit 10 an. [2], [6]. Fl

Ausgangsleistung *(output power)*. Die von einem Bauelement bzw. einer Baugruppe (z.B. Verstärker) an eine externe Last abgegebene Wirkleistung. Sie erreicht ihren Maximalwert bei Leistungsanpassung. [11]. Li

Ausgangsleitwert *(output admittance)*. Kehrwert des Ausgangswiderstandes (→ Ausgangsimpedanz). [15]. Rü

Ausgangssignal *(output signal)*. Vom Ausgang einer elektronischen Schaltung abgegebenes Signal. Es wird aufgrund der Eingangssignale oder der inneren Zustände der Schaltung gebildet. Eine Änderung des Ausgangssinals kann aufgrund einer Änderung der Eingangssignale mit einer zeitlichen Verzögerung erfolgen. Das A. kann durch einen Spannungs-oder Stromwert realisiert sein. Das

Signalverhalten wird grundsätzlich durch die Belastung des Ausgangs beeinflußt.

Bei Digitalschaltungen muß das unter den ungünstigsten Bedingungen gebildete A. vom nachfolgenden Signaleingang noch einwandfrei erkannt werden, wobei eine Überlagerung durch Störspannungen im begrenzten Maße zulässig ist. [6].   We

Ausgangsspannung *(output voltage)*. Die von einer Digital- oder Analogschaltung am Ausgang abgegebene Spannung. Die A. ist außer von den Eingangsspannungen meist von der Belastung des Ausgangs und von der vorhandenen Versorgungsspannung abhängig. [6].   We

Ausgangsspannungshub *(output voltage swing)*. Ober- und Untergrenze des Ausgangssignals bei einer signalverarbeitenden Schaltung. Bei einer Digitalschaltung entspricht der A. den Logikpegeln, bei Analogschaltungen, z.B. Operationsverstärkern, ist er von der Versorgungsspannung abhängig. Das Bild zeigt ein Beispiel. [6].   We

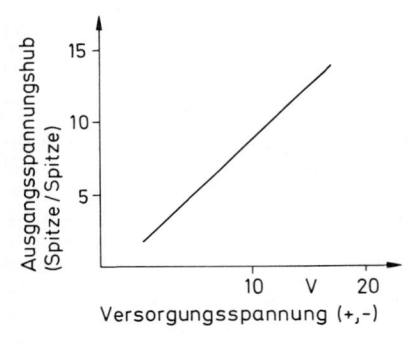

Ausgangsspannungshub

Ausgangstor *(output)* → Vierpol.   Rü

Ausgangswellenwiderstand *(output characteristic impedance)*. Wellenwiderstand Z_{w2} am Ausgangstor eines Vierpols. [15].   Rü

Ausgangswiderstand → Ausgangsimpedanz.   Rü

Ausgleichsleitung *(compensating lead)*, Thermoausgleichsleitung. Die A. ist eine Verbindungsleitung mit festgelegten elektrischen Werten, die man bei Temperaturmessungen mit Thermoelementen zur Überbrückung längerer Strecken einsetzt. Die A. verbindet die Anschlüsse des Thermopaares mit den Eingangs-Anschlüssen der Vergleichsstelle (Temperaturdifferenzmessung). Die beiden voneinander isolierten Adern der A. bestehen entweder aus gleichen Materialien wie das Thermopaar oder bei Messungen bis etwa +200 °C aus preisgünstigeren Sonderlegierungen mit gleichen thermoelektrischen Eigenschaften (Thermoelektrizität), wie sie das eingesetzte Thermopaar besitzt. Am farbig gekennzeichneten Mantel der A. erkennt man die Zuordnung: Z.B. ist Blau für Eisen-Konstantan-Thermoelemente geeignet. Die Polarität der Anschlüsse des Thermopaares muß mit derjenigen der Ausgleichsleitungsader übereinstimmen. Rot kennzeichnet den positiven Anschluß. [5]. [12].   Fl

Ausgleichsvorgang *(transient phenomenon)*. Unter einem A. versteht man die Differenz zwischen einem Übergangsvorgang und dem erzwungenen periodischen Vorgang, der sich für große Zeiten nach Beginn des Übergangsvorgangs einstellt. Allgemein ist der A. der Übergang eines Systems von einem stationären Zustand in einen anderen. [5].   Rü

Auslandsvermittlungsstelle → Fernvermittlungsstelle.   Kü

Auslieferungstoleranz *(delivery tolerance, tolerance prior to shipment)*. Die maximal zulässige Toleranz eines elektronischen Bauteils bei der Auslieferung. Die Auslieferungstoleranzen für Kohleschichtwiderstände sind in DIN 41400 festgelegt. [4].   We

Auslösen *(release)*. Überführung vom Belegtzustand (→ Belegen) in den Freizustand (Freischalten). Das A. kann in Richtung des Verbindungsaufbaus (Vorwärtsauslösen) oder in entgegengesetzter Richtung (Rückwärtsauslösen) erfolgen. Die Zeitspanne der Auslösephase vom Veranlassen des Auslösens bis zum Freiwerden aller an einer Verbindung beteiligten Einrichtungen heißt Auslöseverzug. [19].   Kü

Ausregelzeit *(settling time)*. (s. Bild Anregelzeit). Die A. ist die Zeit, die vom Zeitpunkt einer sprungförmigen Verstellung der Führungsgrößen w oder der Störgrößen z eines Regelkreises bis zum Zeitpunkt verstreicht, in dem die Regelgröße letztmalig in ein Toleranzband um die Führungsgröße eintritt (DIN 19226). [18].   Ku

Aussage *(statement, Boolean expression)*. Eine A. ist ein sprachliches Gebilde, dem eindeutig einer der beiden Wahrheitswerte „wahr" oder „falsch" zugeordnet werden kann — im Unterschied zu Wünschen, Befehlen oder Fragen, die keine Aussagen sind. [1], [2], [9].   Li

Aussageform *(open senctence)*. Die A. ist ein sprachliches Gebilde, bei dem, anstelle von konkreten Objekten oder Zahlen, Leerstellen, Platzhalter, Variablen oder symbolische Namen auftreten. Werden diese symbolischen Namen durch konkrete Objekte, z.B. Zahlen, ersetzt, geht die Aussageform in eine Aussage über (z.B. „x ist eine Quadratzahl"). Den Aussageformen entsprechen in der formalisierten Schreibweise von Naturwissenschaften und Technik die Formeln und arithmetischen Ausdrücke. [1], [9].   Li

Aussagefunktion *(propositional function)*. Verknüpft man Aussagen oder Aussageformen durch die Verknüpfungen UND (Konjunktion), ODER (Disjunktion) oder NICHT (Negation), so erhält man eine A. Sie kann nur die beiden Funktionswerte „wahr" und „falsch" annehmen. [1], [9].   Li

Aussagekalkül → Aussagenlogik.   Li

Aussagenlogik *(propositional calculus)*, Aussagekalkül. Die A. ist eine Form der Booleschen Algebra. Sie untersucht die Auswirkung des Wahrheitsgehaltes der Teilaussagen von verknüpften Aussagen (Aussagefunktion) auf das Ergebnis der Gesamtaussage. Dieser Zusammenhang wird mit Hilfe von Wahrheitstabellen beschrieben, z.B.: entweder A ODER B (Exklusiv-ODER).

Aussagevariable

A	B	A ≢ B
f	f	f
f	w	w
w	f	w
w	w	f

Ein Theorem der A. besagt, daß man mit Hilfe der drei Grundfunktionen Disjunktion, Konjunktion und Negation alle denkbaren aussagenlogischen Funktionen darstellen kann. [1], [9]. Li

Aussagevariable *(Boolean variable, propositional variable).* Eine Variable, die in formalisierter Schreibweise stellvertretend für eine Aussage steht. Aussagevariablen vereinfachen die Schreibweise von Aussagefunktionen; z.B. $Y = A \wedge B \vee C$, wobei A, B, C Aussagevariable sind. [1], [9]. Li

Aussagewahrscheinlichkeit *(confidence coefficient).* Wahrscheinlichkeit, daß eine statistische Aussage zutrifft. [4]. Ge

Ausschaltverhalten *(turn-off behavior).* Verhalten von Halbleiterbauelementen beim Übergang vom leitenden in den gesperrten Zustand. Kennzeichnend für das A. sind 1. bei der Diode: Speicherzeit, Abfallzeit und Sperrverzögerungszeit, 2. beim Transistor: Speicherzeit, Abfallzeit und Ausschaltzeit, 3. beim Thyristor: Sperrverzugszeit und Freiwerdezeit. [6]. Li

Ausschaltverlust *(breaking loss).* Verlust, der beim Ausschaltvorgang an einem Bauelement auftritt. 1. Beim Transistor abhängig von Abfallzeit, Kollektorstrom und vor allem von der Art der Last (ohmsch, kapazitiv oder induktiv). Bei induktiver Last können kurzzeitig Verlustleistungen auftreten, die die Grenzverlustleistung überschreiten. Meist ist jedoch der A. gegenüber dem Durchlaßverlust vernachlässigbar. 2. Beim Thyristor abhängig von Dauer und Größe des nach dem Ausschalt-Nulldurchgang auftretenden Rückstromes. Der A. kann bei 50-Hz-Betrieb gegenüber dem Durchlaßverlust vernachlässigt werden. [6], [11]. Li

Ausschaltvorgang → Ausschaltverhalten. Li

Ausschaltzeit *(switch-off time).* Die A. ist bei einem Transistor im Schaltbetrieb die Summe von Speicher- und Abfallzeit, also die Zeit, die nach Sperren der Basis-Emitter-Diode vergeht, bis der Kollektorstrom I_C von 90% auf 10% seines Maximalwertes abgeklungen ist. [6], [11]. Li

Ausschlagmethode *(deflection method).* Die A. ist die am häufigsten angewendete Meßmethode in der elektrischen und nichtelektrischen Meßtechnik. Der Meßwert wird hierbei z.B. durch den relativen Ausschlag eines Zeigers gegen eine Skala angezeigt. [12]. Fl

Ausschwingvorgang → Übergangsvorgang. Rü

Außenleiter *(outer conductor; outer casing).* 1. Im Drehstromnetz die drei Hauptleiter [Phasenleiter mit der Kennzeichnung L_1, L_2, L_3 (früher R, S, T)]. Hinzu kommt der Mittelpunktleiter (früher Mp), der in Netzen mit Nullung als Schutzmaßnahme als Nullleiter (N) gilt, aber nicht zu den Hauptleitern zählt. Die Spannung zwischen zwei Hauptleitern beträgt im Dreileitersystem $\sqrt{3} \cdot 220$ V = 380 V. Sind alle drei Hauptleiter symmetrisch belastet (gleiche Last) bleibt der Mittelpunktleiter stromlos. Bei unsymmetrischer Belastung fließt durch ihn ein wesentlich geringerer Ausgleichsstrom als durch die drei A. Deswegen darf er mit einem kleineren Querschnitt ausgeführt werden. 2. Beim Koaxialkabel die Ummantelung, die auf das Dielektrikum folgt, das die oder den Innenleiter umgibt. Als Ausführungsform sind bekannt: Der Folienaußenleiter, der aus glatter Metallfolie besteht und meist für Empfangskabel verwendet wird; der Geflechtaußenleiter, der aus geflochtenen feinen Metalldrähten zur Erhöhung der Flexibilität besteht, der Wellrohraußenleiter, der aus einem dünnwandigen Metallrohr besteht, das schraubenlinienförmig, längsnahtgeschweißt oder quergewellt das dielektrische Material des Koaxialkabels umgibt. Der A. dient beim Koaxialkabel auch als Schirmung; besondere Bedeutung hat hierbei der Geflechtaußenleiter. [3], [14]. Fl

Außenleiterstrom → Phasenstrom. Rü

Außenwiderstand *(load resistor)* → Lastwiderstand. Fl

Aussteuerbereich *(dynamic range, drive range).* Der Bereich, in dem die Eingangsspannung bei einem Vierpol liegen muß, um einen möglichst linearen Zusammenhang zwischen Ausgangs- und Eingangssignal zu erzielen. Wird dieser Bereich bei der Aussteuerung überschritten, spricht man von Übersteuerung. Dabei treten Verzerrungen (Klirrfaktor) auf. Beim Transistor ist der A. durch Sättigung oder Abschneiden begrenzt (Bild). [4], [6]. Li

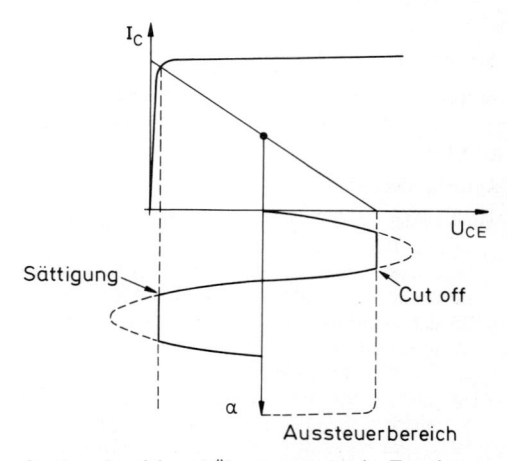

Aussteuerbereich und Übersteuerung beim Transistor

Aussteuerung *(drive).* Anlegen eines Signals an ein durch Strom bzw. Spannung steuerbares Bauelement — meist mit dem Ziel, ein proportionales Ausgangssignal zu erhalten. [4], [6]. Li

Aussteuerungsanzeige → NF-Pegelanzeige. Fl

Austastung *(blanking)*. Unter A. versteht man das Unterdrücken eines Signals mit Hilfe einer speziellen Anordnung. Anwendung: Störaustastung in Empfängern, Austastlücke im Fernsehsignal, Rücklaufaustastung des Elektronenstrahls einer Bildröhre. [10], [14]. Th

Austauschanisotropie *(exchange anisotropy)*. Die A. bezeichnet die Tatsache, daß sich in Elementarteilchensystemen mit Spin 1/2 die Wellenfunktion und somit einige Eigenschaften beim Austausch der ununterscheidbaren Teilchen verändern (→ Anisotropie). [7]. Bl

Austauschenergie *(exchange energy)*. Energieanteil, der zu Coulombschen Wechselwirkungsenergie der Elektronen in atomaren Systemen hinzukommt. Die A. beruht auf der Ununterscheidbarkeit gleicher Elementarteilchen. Hiernach ist nie feststellbar, welches Teilchen sich an welchem Ort und in welchem Quantenzustand befindet. Die A. hängt davon ab, ob die Teilchen der Fermi-Dirac-Statistik oder der Bose-Einstein-Statistik unterliegen (d.h. antisymmetrisch oder symmetrisch sind). [7]. Bl

Austauschkraft *(exchange force)*. Durch die Austauschwechselwirkung entstehende Kraft. [7]. Bl

Austauschprinzip *(exchange principle)*. Das A. ist bei der Behandlung identischer, mikrophysikalischer Elementarteilchen zu beachten. Hier können die Teilchen nicht unterschieden werden, d.h., es liegt eine „Austauschentartung" vor. Bei einem System zweier identischer Teilchen gibt es eine endliche Wahrscheinlichkeit, daß beide ihren Zustand tauschen. Dies ist besonders bei „Fermionen" wichtig, die der Fermi-Dirac-Statistik und somit dem Pauli-Prinzip unterliegen, da deren Wellenfunktionen antisymmetrisch sind und Austauschkräfte auftreten. [7]. Bl

Austauschwechselwirkung *(exchange force)*. Ein quantenmechanischer Effekt, der bei Systemen aus mehreren ununterscheidbaren Teilchen (z.B. Elektronen) auftritt. Die A. ist beim Paarungsmechanismus von Elektronen für die Absenkung der Gesamtenergie verantwortlich und führt zur kovalenten Bindung. [7]. Bl

Austrittsarbeit *(ionization energy)*, Abtrennarbeit, Ionisierungsenergie. Energie, die nötig ist, um ein freies Leitungselektron aus dem Inneren des Metalls an die Oberfläche zu bringen und dort freizusetzen. [7]. Bl

Austrittswahrscheinlichkeit *(ionization probability)*. Die A. gibt die Häufigkeit an, mit der Elektronen eines gegebenen Zustandes unter vorgegebenen Umständen aus einem Festkörper freigesetzt werden. [7]. Bl

Auswahlregel *(selection rule)*. Die A. gibt an, welche Übergänge zwischen den Energieniveaus eines Systems möglich sind. 1. Bei Übergängen von Elektronen der Atomhülle, mit denen der Absorption oder Emission eines Photons verbunden sind, muß sich die Bahndrehimpulsquantenzahl und die Hauptquantenzahl des Elektrons um den Wert 1 ändern. 2. Bei Schwingungen in Molekülen oder Gittern sind nur Übergänge erlaubt, bei denen sich eine Schwingungsquantenzahl um den Wert 1 ändert; ähnlich verhält es sich für Torsionsschwingungen. 3. In der Festkörperphysik unterliegen die Übergänge zwischen verschiedenen elektronischen Zuständen Regeln, die durch die Kristallsymmetrie gegeben sind. [7]. Bl

Autokorrelationsfunktion *(autocorrelation function)*. (Abk. AKF). Ein Maß zur Beschreibung stochastischer Prozesse. Die A. gibt eine Aussage über die Ähnlichkeit einer Zufallsgröße u(t) bei verschiedenen Zeitpunkten t und t + τ. Die A. ist definiert zu

$$\varphi_{uu}(\tau) = \lim_{T \to \infty} \frac{1}{2T} \int_{-\infty}^{+\infty} u(t)\, u(t+\tau)\, dt.$$

Die Bildung der A. zeigt starke Ähnlichkeit mit der Operation der Faltung. Deshalb ist es oft zweckmäßig, die Bestimmung der A. auf die Ermittlung eines Faltungsproduktes zurückzuführen (→ Kreuzkorrelationsfunktion). Die Anwendung der A. auf Signalfunktionen s(t) = u(t) liefert wichtige Aussagen über die Betrachtung von Signalen im Zeit- und Frequenzbereich (→ Zeitbereichsdarstellung). Wichtige Zusammenhänge ergeben sich bei der Definition der Leistungsspektralfunktion und dem Parsevalschen Theorem. [14]. Rü

Automat *(automatic machine)*. 1. Allgemein: Eine Einrichtung, die einen Vorgang selbsttätig ausführt, wobei sie auf Einflüsse von außen reagieren kann. Besonders wichtig sind dabei die programmgesteuerten Automaten, z.B. die Datenverarbeitungssysteme (auch als „Rechenautomaten" bezeichnet) oder die numerisch gesteuerten Werkzeugmaschinen. 2. Speziell eine Einrichtung, die über eine Menge von Zuständen Z verfügt sowie über ein Eingangsalphabet E. Der Automat wird definiert durch die Übergänge F, die sich bei einem bestimmten Zustand Z und einem bestimmten Eingangsalphabet E ergeben:

F : E × Z → Z.

Sind die Funktionen rechtseindeutig, d.h., führt ein bestimmtes E x Z immer auf ein bestimmtes Z, so nennt man den Automaten deterministisch. Gibt es nur endlich viele Zustände Z und ist das Eingangsalphabet E endlich, so handelt es sich um einen endlichen Automaten *(finite state automata)*. [9], [18]. We

Automat, abstrakter *(abstract automata)*. Mathematisches Objekt zur Beschreibung von Automaten. Der abstrakte A. ist ein Quintupel

A = [X, Y, Z, f, g],

wenn f bzw. g eine eindeutige Abbildung von X x Z in Z bzw. von X x Z in Y ist (Y Ausgangsalphabet, X Eingangsalphabet, Z Menge der Zustände des Automaten, f Übergangsfunktion, g Ausgabefunktion). Mit dem Verhalten der abstrakten A. befaßt sich die Automatentheorie. [9]. We

Automat, digitaler *(digital automata)*. A., der zur Verarbeitung digitaler Signale dient, ausschließlich digitale Zustände hat und ausschließlich digitale Signale ausgibt. Digitale Automaten sind endliche Automaten.

Alle abstrakten Automaten sind Beschreibungen von digitalen Automaten. [9]. We

Automatentheorie *(theory of automata, algebraic structure theory of automata).* Mathematische Theorie über das Verhalten der abstrakten Automaten. Für die innere Struktur der Automaten interessiert sich die A. nur insofern, als die Existenz einer Übergangs- und Ausgabefunktion festgestellt wird. Anwendungen der A. gibt es nicht nur in der Technik, sondern z.B. auch in Biologie, Pädagogik. [9]. We

Automatisierungstechnik *(automatization).* Die A. befaßt sich mit dem Automatisieren von Prozessen unter dem Einsatz von Prozeßrechnern, die nach vorgegebenen Programmen, abhängig vom Zustand des Prozesses, die zum selbsttätigen Prozeßablauf notwendigen Steuer- und Regelaufgaben durchführen. [5]. Ku

Autotransformator → Spartransformator. Fl

Avalanche-Diode → Lawinendiode. Ne

Avalanche-Durchbruch → Lawinendurchbruch. We

Avalanche-Effekt → Lawineneffekt. We

Avalanche-Photodiode → Lawinendiode. Ne

Avogadro-Konstante *(Avogadros' constant).* Die Menge atomarer oder molekularer Partikel, deren Anzahl $N_A = 6,023 \cdot 10^{23}$ mol^{-1} ist, heißt 1 Mol (Kurzzeichen: 1 mol); d.h. 1 mol sind so viele Teilchen, wie in 12,00 g ^{12}C enthalten sind. [7]. Bl

Avogadro-Zahl → Avogadro-Konstante. Bl

Ayrton-Nebenwiderstand → Stromteiler nach Ayrton. Fl

Azbet-Kaner-Effekt → Skin-Effekt, anomaler. Bl

Azimut → Funkortung. Ge

Azimutaldiagramm → Richtdiagramm. Ge

B

Backfire-Antenne *(backfire antenna)*. Die B. besteht aus einem Längsstrahler, meistens einer Yagi-Antenne, die auf eine Reflektorfläche gerichtet ist. Die vom Primärstrahler ausgehende Welle, durchläuft die Antennenstruktur zweifach. Die B. besitzt etwa die gleichen Kenndaten wie eine Yagi-Antenne doppelter Länge. Wegen der erforderlichen großen Abmessungen (10 λ) der Reflektorfläche wird die B. nur für hohe Frequenzen eingesetzt (→ Dezimeterwelle). [14]. Ge

Background-Programm → Hintergrundprogramm. We

Backward-Diode → Rückwärtsdiode. Ne

Badewannenkurve *(bathing-tub diagram)*. Kurve, die die Ausfallrate z.B. von elektronischen Bauelementen in Abhängigkeit von der Zeit zeigt. Die Kurve fällt zuerst ab (→ Frühausfälle), ist dann über ein Zeitintervall Δt konstant (→ Zufallsausfälle) und steigt dann wieder an (→ Verschleißausfälle). [4]. Ne

Bahndrehimpulsquantenzahl *(angular momentum quantum number)*. Sie kennzeichnet den Drehimpuls des Elektrons in der Elektronenhülle des Atoms aufgrund des „Bahnumlaufs" (→ Atommodell). [7]. Bl

Bahnlänge *(mean free path)*, mittlere freie Weglänge. Allgemein gibt die mittlere freie Weglänge oder B. den Weg an, den ein mikrophysikalsiches Objekt (etwa ein Atom) im Mittel zwischen zwei Zusammenstößen mit anderen Atomen eines Gases zurücklegt. Besitzt das Gas n Atome pro Volumeneinheit und betrachtet man die Atome als Kugeln vom Atomdurchmesser d, so ergibt sich als B. $L = 1/(n \cdot d^2 \cdot \pi)$. [7]. Bl

Bahnsteuerung *(continuous contour control)*. Die B. ist ein Begriff der numerischen Steuerung. Bei Werkzeugmaschinen beispielsweise werden die Antriebe der einzelnen Bewegungsachsen so gesteuert oder geregelt, daß das Werkzeug entlang einer vorgegebenen Bahnkurve mit höchster Genauigkeit geführt wird. [18]. Ku

Bahnwiderstand *(bulk resistance)*. Bei Halbleiterbauelementen der ohmsche Widerstand des benutzten Halbleitermaterials. Der B. macht sich i.a. nur bei großen Durchlaßströmen bemerkbar. [7]. We

Ballbonden → Nagelkopfschweißen. Ge

Ballonantenne *(balloon antenna)*. Ballonähnliche Parabolantenne. Zwei Kunststoffparaboloidhälften werden durch Überdruck in ihre Form gebracht und durch einen luftgefüllten Stützring zusammengehalten. Die Innenseite eines der Paraboloide ist mit einer Aluminiumschicht als Reflektor versehen. Die B. wird hauptsächlich als transportable militärische Radarantenne eingesetzt. [14]. Ge

Balmer-Serie *(Balmer series)*. Das Atomspektrum des Wasserstoffes enthält die Lyman-, Balmer- und Paschen-Serie. Die Balmer-S. besteht aus allen Elektronenübergängen in die K-Schale (Hauptquantenzahl 1) aus einem höherem Energieniveau. Die Wellenlängen und Frequenzen der abgestrahlten Photonen liegen im sichtbaren und ultravioletten Bereich. [7]. Bl

Balun → Antenne, unsymmetrische; → Antenne, symmetrische. Ge

Bananenstecker → Steckverbinder. Ge

Band, verbotenes *(forbidden band, energy gap)*, Energielücke. Das verbotene B. ist der Energiebereich zwischen zwei Energiebändern, der im störungsfreien Kristall keine von Elektronen stationär besetzbaren Energieniveaus enthält, insbesondere der Energiebereich zwischen der unteren Grenze des Leitungsbandes und der oberen Grenze des Valenzbandes. [7]. Bl

Bandabstand *(gap)*. Gibt den Energieunterschied zwischen der oberen Grenze eines Energiebandes und dem unteren Rand des nächsthöheren Energiebandes an. [7]. Bl

Bandbreite *(bandwidth)*. 1. Atomphysik: Der Energiebereich, über den die erlaubten Energiezustände eines Bandes aufgespalten sind. [7]. Bl
2. Elektrotechnik: Kennzeichnung des Übertragungsverhaltens einer Schaltung. Bei Filtern wird damit die Breite des Durchlaß- oder Sperrbereichs gekennzeichnet. Die (absolute) B. ist definiert zu

$$B = f_{go} - f_{gu},$$

wobei f_{go} die obere und f_{gu} die untere Grenzfrequenz eines Frequenzbandes ist (Bild). Die beiden Grenzfrequenzen geben die Frequenzstellen an, bei denen sich das Ausgangssignal gegenüber einem Maximal- oder Bezugswert um einen bestimmten Betrag geändert hat.

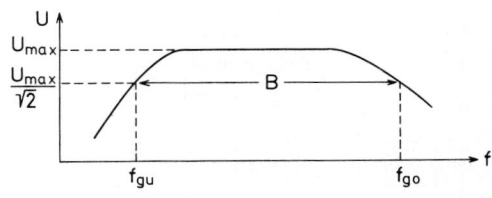

Zur Definition der Bandbreite

Gewöhnlich legt man die Hälfte der Ausgangsleistung gegenüber der Bezugsleistung fest; das entspricht einer Spannungsänderung um den Faktor $\frac{1}{\sqrt{2}} = 0{,}707$. Im logarithmischen Maßstab beträgt dieser Wert 3 dB ≙ 0,35 Np (3-dB-Bandbreite; s.a. Parallelschwingkreis, Reihenschwingkreis). In der Fernsehtechnik und bei der Filtersynthese sind andere Festlegungen der Grenzfrequenzen üblich. [14]. Rü

Bandbreite, relative *(relative bandwidth).* Eine relative B. (normierte Bandbreite) erhält man, wenn man die (absolute) Bandbreite B auf eine meist im Innern des betrachteten Frequenzbandes liegende willkürlich gewählte Bezugsfrequenz f_0 bezieht

$$b = \frac{B}{f_0} = \frac{f_{go} - f_{gu}}{f_o}.$$

Bei Bandfiltern wählt man für f_0 die Bandmittenfrequenz, bei Schwingkreisen ist f_0 die Resonanzfrequenz (→ Reihenschwingkreis, → Parallelschwingkreis). [14]. Rü

Bandbreitenprodukt Abk. für → Verstärkungs-Bandbreitenprodukt. Rü

Bändermodell *(energy band diagram),* Energiebändermodell. Im B. wird längs einer Kristallrichtung die Gesamtheit der Energiezustände eines Elektrons im Feld der Gitteratome eines idealen Kristalles unter Berücksichtigung der übrigen Elektronen dargestellt. Das B. läßt sich aus den Energieniveaus eines Elektrons im einzelnen Atom herleiten, indem man die Annäherung an weitere Atome rechnerisch beschreibt. Dabei spalten wegen des Pauli-Prinzips die Energiezustände auf. Greift man die Bandstruktur heraus, die sich für die Annäherung auf den Abstand der tatsächlichen Gitterkonstanten ergibt, so ist dies das B. An ihrer Bandstruktur im B. lassen sich Isolatoren (Bild a)), Halbleiter (Bilder b) und c)) und Metalle (Bilder d) und e)) erkennen. Die Energiebänder sind (bei 0 K) bis zur Fermi-Energie besetzt; zwischen zwei Energiebändern ist ein Bereich von Energiezuständen, die von den Elektronen nicht angenommen werden können; die Energielücke. Die thermische Besetzung der Energiezustände durch die Elektronen wird von der Fermi-Verteilung angegeben. Bl

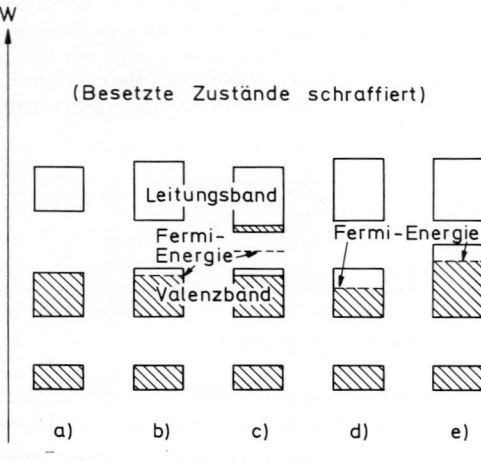

Bändermodell

Bandfilter *(band-pass filter).* Jedes elektrische Filter, das ein bestimmtes Frequenzband dämpfungsmäßig beeinflußt, ist ein B. Im allgemeinen Sprachgebrauch versteht man darunter ein Netzwerk, das häufig aus magnetisch oder kapazitiv gekoppelten, gegeneinander verstimmten Schwingkreisen besteht und in ZF-Verstärkern (ZF Zwischenfrequenz) eingesetzt wird. [15]. Rü

Bandfilterkopplung *(filter coupling).* Aufbau eines ZF-Verstärkers (ZF Zwischenfrequenz) für Rundfunk- und Fernsehanwendungen, wobei die einzelnen in Kette geschalteten Verstärkerstufen durch Bandfilter miteinander gekoppelt werden. Die gewünschte Durchlaßkurve erreicht man durch Verstimmung der einzelnen Bandfilter gegeneinander. [14]. Rü

Bandkante *(energy band edge).* 1. Wird im elektromagnetischen Spektrum der Rand einer Linienstruktur genannt, die z.B. auf Rotationsübergänge in Molekülen zurückzuführen sind. 2. Wird im Bändermodell der energetisch höchste, mögliche Zustand eines Energiebandes bezeichnet. [7]. Bl

Bandkern *(tape-wound core).* Magnetkern aus dünnem aufgewickeltem, oberflächenisoliertem, ferromagnetischem Band. Ausführung meistens als kreisförmiger oder ovaler Ringkern. Um das Aufbringen der Wicklungen zu erleichtern, ist der B. in geteilter Form auch als Schnittbandkern verfügbar. Der Luftspalt wird durch äußerst sorgfältige Bearbeitung der Schnittstellen unterdrückt. [4]. Ge

Bandleitung → Lecher-Leitung. Ge

Bandmittenfrequenz *(midband frequency).* Das geometrische Mittel aus der obersten (f_o) und untersten Frequenz (f_u) eines zu übertragenden Frequenzbandes

$$f_m = \sqrt{f_o \cdot f_u}.$$

Die B. eines Bandpasses oder einer Bandsperre (→ Filter) wird entsprechend aus oberer und unterer Grenzfrequenz berechnet.

$$f_m = \sqrt{f_{g2} \cdot f_{g1}}.$$

[14]. Rü

Bandpaß → Filter. Rü

Bandpaß, spulensparender *(band-pass with minimum number of coils).* Wenn ein Bandpaß durch Tiefpaß-Bandpaß-Transformation (→ Frequenztransformation) aus einem Cauer-Tiefpaß (→ Cauer-Filter) mit geradem Filtergrad hervorgegangen ist, dann kann durch eine geeignete Transformation eine kopplungsfreie Schaltung mit einer Minimalzahl von Spulen gewonnen werden (→ Zickzack-Filter). [15]. Rü

Bandspeicher *(tape unit)* → Magnetbandspeicher. We

Bandsperre → Filter. Rü

Bandstruktur *(energy band structure).* Gibt den Aufbau der Energiebänder eines idealen Kristalls nach dem Energiebändermodell an. Die B. läßt sich über den Wellenvektor **k** der Blochfunktionen aus der Schrödingergleichung ableiten und hängt von der Gitterstruktur ab. Dabei treten verschiedene "Energiebänder" und dazwischen energetisch verbotene Zonen („Energielücken") auf. Die Anzahl der möglichen Energiezustände im Band wird durch die Wigner-Seitz-Zellenzahl im Kristall bestimmt. Die Bänder unterteilt man in die (bei 0 K) völlig besetzten Valenzbänder und in die Bänder, die leer oder schwach besetzt sind, die Leitungsbänder. Zur Betrachtung der Eigenschaften, z.B. von Halbleitern, betrachtet man allgemein das energetisch höchste Valenz- und das niedrigste Leitungsband. Der Besetzungszustand wird durch die Fermi-Energie angegeben. Nach ihrer Bandstruktur unterscheidet man die Kristallarten der Isolatoren, Halbleiter und Metalle. [7]. Bl

Bandverbiegung *(band bending)*. Befinden sich z.B. ein Metall und ein Halbleiter im Kontakt, kommt es in der Darstellung des Bändermodells wegen der unterschiedlichen Austrittsarbeiten der beiden Werkstoffe zu einer B. im Halbleiter. Hierdurch treten ein inneres ortsunabhängiges Feld und als Folge eine Raumladung auf. Durch Anlegen einer Rückwärtsspannung kommt es zu stärkerer B.; dies führt schließlich innerhalb der Verarmungszone zu einer Ladungsträgerinversion. [7]. Bl

Barkhausen-Beziehung. Die B. stellt den allgemeingültigen Zusammenhang zwischen den Kenngrößen einer Elektronenröhre her:

$$S \cdot R_i \cdot D = 1,$$

wobei

$S = \left(\dfrac{\Delta I_a}{\Delta U_g}\right)_{U_a = \text{const.}}$ die Steilheit der Röhre

$R_i = \left(\dfrac{\Delta U_a}{\Delta I_a}\right)_{U_g = \text{const.}}$ den inneren Widerstand und

$D = \left(\dfrac{\Delta U_g}{\Delta U_a}\right)_{I_a = \text{const.}}$ den Durchgriff

bedeuten. U_a Anodenspannung, I_a Anodenstrom, U_g Gitterspannung. [4]. Rü

Barkhausen-Effekt *(Barkhausen effect (magnetic fluctuation noise))*. Wird ein von einer Spule umgebener Eisendraht magnetisiert, dann vergrößert das Umklappen jedes einzelnen Weissschen Bezirks die Feldstärke im Draht und erzeugt einen momentanen Induktionsstrom in der Spule, der durch Verstärker als Krachgeräusch oder (bei schneller Magnetisierung) als prasselndes Rauschen hörbar gemacht werden kann. [5]. Rü

Barretter *(barretter)*. Metalldrähte oder Metallfolien, deren Temperaturkoeffizient positiv (PTC-Widerstand) ist. B. werden als Fühlerelement z.B. in Bolometern zur Messung von Leistungen im Gigahertz-Bereich eingesetzt. Aufgrund der Wärmewirkung des Höchstfrequenzstroms ändert sich der elektrische Widerstand des Barretters. Diese Widerstandsänderung wird meist mit Hilfe einer Brückenschaltung zur Anzeige gebracht. Das Meßinstrument zeigt direkt die Größe der Höchstfrequenz-Leistung an. Zu beachten sind dabei Änderungen der Umgebungstemperatur, die zur Fehlanzeige führen; durch zusätzliche Gleichstrom-Vorbelastung kann der Nullpunkt nachgestellt werden. Mit B. sind Leistungen von einigen Mikrowatt nachweisbar. [8], [12], [13], [14]. Fl

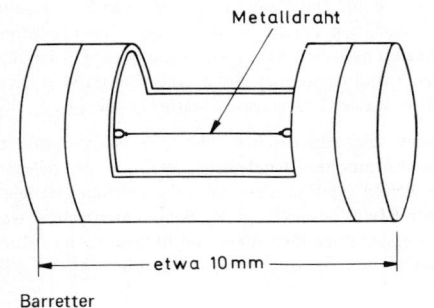

BARITT-Dioden *(barrier injected transit time diode)*. Mikrowellendioden mit ähnlich langen Driftbereichen wie die von IMPATT-Dioden. Die Ladungsträger, die die Driftbereiche durchqueren, werden durch Minoritätsladungsträgerinjektion eines in Durchlaßrichtung geschalteten PN-Überganges gebildet. Man kennt PNP-, PNIP-, PN-Metall- und Metall-N-Metall-Typen. BARITT-Dioden sind rauschärmer als IMPATT-Dioden. Das Rauschmaß beträgt zwischen 4 GHz und 8 GHz z.B. 15 dB. Sie haben jedoch nur geringe Ausgangsleistungen (50 mW bei 4,9 GHz; Wirkungsgrad 1,8 %). Anwendungen: Entdämpfen von Resonatoren, Aufbau von Verstärkern. [4]. Ne

Bartlettsches Theorem *(Bartlett's bisection theorem)* → Theorem von Bartlett. Rü

BAS-Signal → FBAS-Signal. Fl

BASIC *(beginners all purpose symbolic instructions code, BASIC)*. Eine problemorientierte Programmiersprache, die vor allem bei Kleincomputern auf Mikroprozessor-Basis sehr viel verwendet wird. Sie ist leicht erlernbar, weil sie einfache Befehle der englischen Umgangssprache verwendet (z.B.: READ, PRINT, IF ... THEN). B. ist jedoch nicht genormt, so daß sich die Wirkung einzelner Befehle und der Befehlsvorrat bei den einzelnen Computerherstellern unterscheiden. [9]. Li

Basis *(base)*. 1. Der Bereich, der bei einem Bipolartransistor zwischen Kollektor und Emitter eingebettet ist. In die B. werden bei in Vorwärtsrichtung gepoltem Emitter-Basis-Übergang Minoritätsladungsträger injiziert. [4]. 2. In polyadischen Zahlensystemen eine ganze Zahl, auf die sich alle Ziffern beziehen. Die am häufigsten verwendeten Zahlensysteme haben die B. 2, 8, 10 und 16 [9]. 3. Die Zahl, auf der ein logarithmisches System beruht (z.B. 10 oder e = 2,718). [4]. Ne

Basisband → Richtfunkverbindung. Ge

Basisbreitenmodulation → Early-Effekt. Ne

Basisdimension → Dimension. Rü

Basiseinheit → Einheit. Rü

Basiselektrode *(base electrode)*. Der äußere, durch Kontaktieren des Basisraumes erhaltene Anschluß eines Bipolartransistors. [4]. Ne

Basis-Emitter-Diode *(base-emitter diode)*. (Bild → Diode, integrierte). In der integrierten Schaltungstechnik werden Dioden meist aus NPN-Transistoren hergestellt. Wird die Diode aus dem Basis-Emitter-Übergang gebildet, spricht man von B. Nutzt man den Kollektor-Basis-Übergang, spricht man von Kollektor-Basis-Dioden. Welchen

Basisladung

Typ man bei der Integration berücksichtigt, hängt von der geforderten Durchlaßkennlinie, der Durchbruchspannung und der Schaltzeit ab. [4]. Ne

Basisladung *(base charge)*. Diejenige Ladung, die in dem Basisbereich eines Transistors durch Überschuß an Minoritätsladungsträgern auftritt. [4]. Ne

Basisschaltung *(common base circuit)*, Basistransistorschaltung. Transistorgrundschaltung, bei der die Basis gemeinsame Bezugselektrode für Eingang und Ausgang der Schaltung ist (Bild). Eigenschaften: hohe Spannungsverstärkung, Stromverstärkung kleiner 1, sehr kleiner Eingangswiderstand, großer Ausgangswiderstand, sehr hohe Grenzfrequenz. Sehr geringe kapazitive Rückwirkung vom Ausgang auf den Eingang, da die Basis wechselspannungsmäßig geerdet ist. Deshalb ist die B. besonders für HF-Verstärker geeignet. [6]. Li

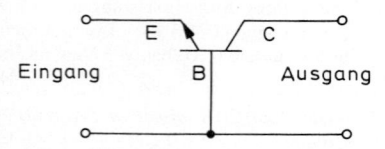

Transistor in Basisschaltung

Basisspannung *(base voltage)*. Die zwischen der Basis eines Transistors und der Bezugselektrode der Transistorschaltung liegende Spannung. Die B. ruft entsprechend der Eingangs-Kennlinie des Transistors einen Kollektorstrom hervor. [6]. Li

Basisspannungsteiler *(base potential divider)*. Spannungsteiler, der die Basisvorspannung aus der Versorgungsspannung erzeugt (Bild). [6]. Li

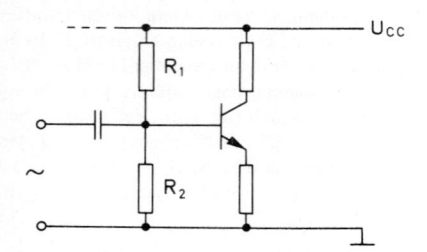

Die Widerstände R_1 und R_2 bilden den Basisspannungsteiler

Basisstrom *(base current)*. Der in die Basis hineinfließende (beim NPN-Transistor) bzw. aus ihr herausfließende (beim PNP-Transistor) Strom I_B. Er bewirkt einen weitgehend proportionalen Kollektorstrom I_C, wobei gilt: $I_C = B \cdot I_B$ (B Gleichstromverstärkung des Transistors). [6]. Li

Basistransistorschaltung → Basisschaltung. Li

Basisüberschußstrom *(base excess current)*. Wird ein Transistor im leitenden Zustand voll ausgesteuert, so fällt an ihm nur noch die Sättigungsspannung U_{CEsat} ab.

Wird nun der Basisstrom über den für diesen Arbeitspunkt benötigten Wert hinaus erhöht, spricht man von Übersteuerung. Der bei Übersteuerung zusätzlich fliessende Basisstrom wird als B. bezeichnet. Li

Basisvorspannung *(base bias)*. Da die Transistor-Eingangskennlinie nicht symmetrisch zum Nullpunkt verläuft, läßt sich der Transistor nicht direkt mit einer Wechselspannung ansteuern. Es muß erst ein Arbeitspunkt so gewählt werden, daß die Kollektor-Emitter-Spannung innerhalb des Aussteuerbereichs liegt, damit eine verzerrungsarme Verstärkung möglich wird. Die zu diesem Arbeitspunkt gehörende Spannung ist die B. [4], [6]. Li

Basiszeitfaktor → Basiszeitkonstante. Li

Basiszeitkonstante *(base time constant)*. Die resultierende Kapazität von C_{BE} und C_{BC} ergibt zusammen mit dem Basis-Bahnwiderstand die B. Sie ist für das Verhalten des Transistors als schneller Schalter oder als HF-Verstärker entscheidend. [4], [6]. Li

Batch-Processing → Stapelverarbeitung. We

Batterie *(battery, accumulator)*. Eine Zusammenstellung aus mehreren Elementen, Kondensatoren oder Akkumulatoren (Sammlern) wird B. genannt. Zur Vergrößerung der Spannungswerte werden die einzelnen Elemente hintereinandergeschaltet. Soll der Wert für die Stromstärke erhöht werden, so schaltet man sie parallel. Zur Erzeugung von Höchstspannungen wird die Kaskadenschaltung benutzt. [5]. Bl

Batwing-Antenne → Schmetterlingsantenne. Ge

Baud *(baud)*. Einheit der Schrittgeschwindigkeit. 1 Baud = $1/s = 1\ s^{-1}$ (DIN 44 302). [14]. We

Baudot-Code → CCITT-Code. Li

Bauelement, aktives *(active component, active device)*. Aktive Bauelemente sind Bauelemente, deren Impedanz von einer Steuergröße (Strom, Spannung, Licht, Magnetismus, Druck) abhängig ist. Aktive Bauelemente sind z.B.: Transistoren oder Elektronenröhren. [4], [6]. Li

Bauelement, elektromagnetisches *(electromagnetic component)*. Elektromechanisches B., das durch einen Elektromagneten betätigt wird, z.B. Relais. [4]. Ge

Bauelement, passives *(passive component)*. Das B. nimmt elektromagnetische Energie auf und setzt diese entweder in Joulesche Wärme oder in elektrische oder magnetische Feldenergie um. Das Verhalten der passiven Bauelemente wird vollständig durch die Beziehung zwischen Strom und Spannung an den Klemmen beschrieben. Passive Bauelemente sind: ohmscher Widerstand, Induktivität, Kondensator, idealer Übertrager, Gyrator, Diode. [4]. Ge

Bauelement, piezoelektrisches *(piezoelectric component)*. Ein elektronisches Bauelement, das den piezoelektrischen Effekt oder häufiger den umgekehrten piezoelektrischen Effekt ausnutzt. In der Nachrichtentechnik werden in erster Linie der Quarz und bestimmte piezokeramische Stoffe (→ Piezokeramik) eingesetzt. [4]. Rü

Bauelementendichte → Packungsdichte. Li

Baugruppe *(assembly)*. Durch mechanischen Zusammenbau entstandene Einheit, z.B. bestückte Leiterplatten oder komplette elektronische Aufbauten. We

Baum *(tree)*. Ein Teilgraph zur Berechnung von Netzwerken. Aus dem ursprünglichen Graph des Netzwerkes werden soviele Zweige entfernt, daß keine geschlossenen Schleifen mehr auftreten. Ein vollständiger B. ist ein System von Zweigen innerhalb eines Graphen, bei dem jeder Knotenpunkt mit jedem anderen Knotenpunkt direkt oder indirekt verbunden ist. Aus einem Graph läßt sich immer eine Vielzahl von vollständigen Bäumen bilden. Aus dem B. kann man die zur Netzwerkbeschreibung notwendige Minimalzahl N unabhängiger Gleichungen ermitteln. Ist k die Anzahl der Knoten und z die Anzahl der Zweige eines Graphen, dann ergeben sich für die Knotenanalyse $N_k = (k-1)$ Gleichungen, für die Schleifenanalyse $N_S = (z - k + 1)$ Gleichungen. [15]. Rü

Bausteine, digitale *(digital devices)*. Digitalschaltungen, die als integrierte Schaltungen oder als Module fertig angeboten werden. [2]. We

Bausteinfamilie *(family devices)*. Aufeinander abgestimmte Bausteine der Digitaltechnik (teilweise auch Bausteine der Analogtechnik), die z.B. einem bestimmten Mikroprozessor zugeordnet sind. Die Zuordnung bezieht sich nicht nur auf das elektrische Verhalten, sondern auch auf die logische Funktion der Ein- und Ausgangssignale und auf das zeitliche Verhalten. Damit können mit Bausteinfamilien ohne zusätzliche Anpassungsbausteine Systemkonfigurationen zusammengestellt werden.

Zur Bausteinfamilie gehören insbesondere Speicher und Schnittstellenbausteine für Ein-Ausgabe. Die einzelnen Bausteine der B. müssen nicht der gleichen Schaltungsfamilie angehören, müssen aber in den Signalpegeln untereinander kompatibel sein. [2]. We

Bayes-Schätzung *(Baye's estimation method)*. Schätzung darüber, ob bei Eintritt eines bestimmten Ereignisses eine bestimmte Ursache vorlag.

$$P(A|B) = \frac{P(A) \cdot P(B|A)}{P(B)},$$

wobei $P(A|B)$ die Wahrscheinlichkeit ist, daß dem Ereignis B das Ereignis A vorausging, $P(A)$ Wahrscheinlichkeit von A, $P(B|A)$ bedingte Wahrscheinlichkeit, daß A auf B folgt, $P(B)$ Wahrscheinlichkeit von B. We

BBD *(bucket brigade device)*. Bei BBD-Elementen werden Majoritätsladungsträger, die die zu verarbeitende Information darstellen, durch eine zyklische Reihenfolge von Taktsignalen von z.B. einer P-dotierten Insel zur nächsten P-dotierten Insel weitergeschoben, indem an die Taktleitungen ausreichend hohe negative Spannung gelegt wird (Bild). Dies ist mit einer Menschenkette vergleichbar, die gefüllte Wassereimer weiterreicht. Anwendung: Schieberegister, Verzögerungsleitungen (→ Ladungstransferelemente). Ne

B-Betrieb *(class B operation)*. Der Arbeitspunkt des B-Betriebes liegt am unteren Ende der Arbeitskennlinie. Es fließt kein Ruhestrom. Die Betriebsart ist z.B. für Sendeverstärker gebräuchlich. Stromflußwinkel:

$$\Theta = \frac{\pi}{2}.$$

[11]. Th

BCC *(block check character)* → Blocksicherung. We

BCCD → CCD. Ne

BCD-Code *(binary coded decimal code)* → Dezimalcode. We

BCD-Code, komplementärer *(complementary BCD-Code)*. Dezimalcode, bei dem zur Ausführung von Subtraktionen eine Komplementbildung durchgeführt wurde. Beim Aiken-Code z.B. wird durch Invertierung der Bits das Neuner-Komplement einer Zahl erhalten. We

BCD-Zähler → Dezimalzähler. We

BCH-Code *(BCH code)*, Bose-Chaudhuri-Hocquenghem-Code. Zyklischer Code, der Fehlererkennung und Fehlerkorrektur über Hardware ermöglicht. [9]. We

BDI-Technik *(base-diffusion-isolation technology, BDI)*. Isolationsverfahren für integrierte Halbleiterstrukturen. Gleichzeitig mit der Basisdiffusion werden seitlich P-Diffusionen vorgenommen (Bild). Werden sie gegenüber der Epitaxieschicht negativ vorgespannt, dehnen sich die entsprechenden Raumladungszonen bis zum P-dotierten Substrat aus und isolieren somit die Struktur. [4]. Ne

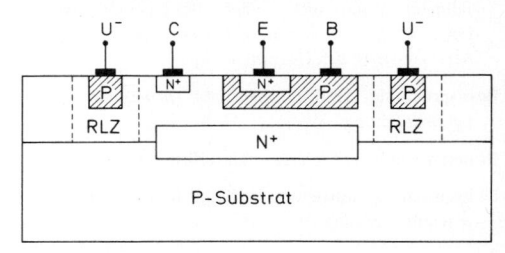

BDI-Technik

Beacon → Funkfeuer. Ge

Beam-Lead-Technik *(beam lead)*. In dieser Kontaktierungstechnik für Halbleiter und integrierte Schaltungen werden die Zuführungen zu den Kontaktflecken am Rande des Halbleiterplättchens stabil ausgebildet. Das Muster für diese elektrische Zuführungen *(beams)* wird bei dieser Technik unmittelbar auf der Oberfläche des Siliciumplättchens erzeugt. Die Stege *(beam leads)* ragen etwa 100 μm über den Rand des Plättchens hinaus (Bild). [4]. Ne

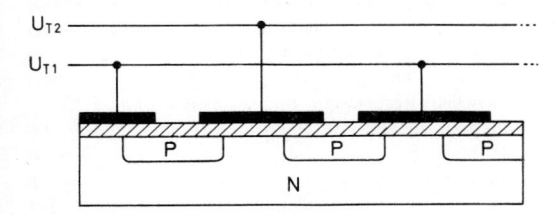

BBD-Struktur mit Feldeffekttransistoren

Siliciumplättchen
Gold
Stege
Beam-Lead-Technik

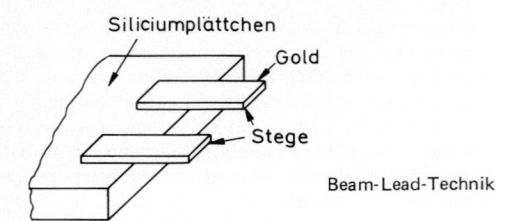

BEAMOS *(beam accessible MOS)*. Elektronenstrahlspeicher, der auf einem in eine Elektronenröhre eingebetteten Medium mit Hilfe eines Elektronenstrahls Informationen speichern und abrufen kann. Die Speicherung der Information erfolgt über eine elektrische Ladung in der Oxidschicht eines ebenen Plättchens der Schichtfolge Metall-SiO_2-Si. [4]. Ne

Beanspruchung *(stress)*. Belastung. Gesamtheit oder Teilgesamtheit der Einwirkungen, denen ein Bauelement in einem Zeitpunkt ausgesetzt ist (DIN 40042). Im Zusammenhang mit Zuverlässigkeitsangaben muß außer der Höhe auch die Beanspruchungsdauer und der Verlauf einer B. festgelegt sein. 1. Umgebungsbedingte B.: B., der ein Bauelement allein durch sein Vorhandensein in einer Umgebung ausgesetzt ist. 2. Funktionsbedingte B.: B., der ein Bauelement allein durch die Ausübung seiner Funktion ausgesetzt ist. Der funktionsbedingten B. ist stets die umgebungsbedingte B. überlagert. [4]. Ge

Beanspruchung, betriebsbedingte *(operation depending stress)*. Beanspruchung, der die Betrachtungseinheit nur im Betriebszustand ausgesetzt ist; i.a. gleich der funktionsbedingten Beanspruchung. [4]. We

Beanspruchung, erhöhte *(increased stress)*. Um Ausfallraten zu bestimmen, können zur Verkürzung der Prüfzeit Bauteile mit einer über die im Betrieb verwendeten Grenzdaten hinausgehenden Beanspruchung betrieben werden. Die Methode ist nur zulässig, wenn sich der Ausfallmechanismus nicht ändert. Bei Halbleiterbauelementen kann die erhöhte B. durch erhöhte Umgebungstemperaturen erfolgen (Burn-In). [4]. We

Beanspruchung, funktionsbedingte *(functional stress)* → Beanspruchung. We

Beanspruchung, reduzierte → Unterlastung. Ge

Beanspruchung, umgebungsbedingte *(environmental stress)* → Beanspruchung. We

Beanspruchungsdauer *(stress length)*. Zeit, die eine Betrachtungseinheit der Beanspruchung ausgesetzt ist. Die B. muß nicht gleich der Betriebszeit sein (→ Beanspruchung). [4]. We

Beanspruchungszyklus *(stress cycle)*. Eine wiederholbare Folge von Beanspruchungen (DIN 40042). Ein B. ist z.B. ein Schaltspiel bei einem Relais. [4]. We

Bedämpfung *(protective circuit)*. Unterdrückung systemstörender Größen wie Spannungsspitzen, hochfrequente Störsignale. Bedämpfungsglieder bestehen im einfachsten Fall aus RC-Gliedern, die parallel zu dem zu schützenden Anlagenteil (z.B. Trafowicklung, Thyristor) geschaltet werden. [3]. Ku

Bedienen *(serving)*. Bearbeiten einer Anforderung durch eine Bedieneinheit entsprechend einer zugrundegelegten Abfertigungsdisziplin. Das B. erfolgt durch Belegen einer Bedieneinheit. [19]. Kü

Bedieneinheit *(server)*. Allgemeine Bezeichnung für eine Übertragungs- oder Steuerungseinrichtung, die durch eine Anforderung zeitweise belegt wird (Belegung). Die Belegungsdauern werden durch den Bedienprozeß beschrieben. [19]. Kü

Bedienprozeß *(service process)*. Zeitlicher Ablauf der Belegung von Bedieneinheiten. Der B. kann durch die Wahrscheinlichkeits-Verteilungsfunktion der Belegungsdauern beschrieben werden. [19]. Kü

Bedienungstheorie → Nachrichtenverkehrtheorie. Kü

Beersches Gesetz → Absorption. Rü

Befehl *(instruction)*. Eine Anweisung, die sich in der benutzten Sprache nicht mehr in Teile zerlegen läßt, die selbst Anweisungen sind (DIN 44300). Ein B. ist eine elementare Arbeitsanweisung an einen Computer, die diesen zu einer genau definierten Operation veranlaßt. Er besteht auf der Maschinenebene aus einem Operationsteil und evtl. ein oder zwei Adressen, als Adreßteil bezeichnet. Die Länge des Befehls beträgt meist Vielfache eines Byte. [1]. Li

Befehl, arithmetischer *(arithmetic instruction)*. Ein Befehl, der die Durchführung einer der vier Grundrechenarten (Addition, Subtraktion, Multiplikation oder Division) bewirkt. [1]. Li

Befehlsabruf → Fetch. We

Befehlsregister *(instruction register)*. Register im Prozessor (dem Steuerwerk zugeteilt), das während der Fetch-Phase mit dem Befehl geladen wird. Aus dem Adreßteil des Befehls wird während der Befehlsausführung über eine Adreßdecodierung der Speicher angesprochen. Der Operationsteil dient über eine Decodierung zur Bildung von Steuergrössen.

Besonders in Prozessoren, deren Befehle ein variables Format haben, wird oft nur das Register zum Speichern des Operationsteils als B. bezeichnet.
[1]. We

Befehlsvorrat *(instruction set)*. Die Menge der zulässigen Befehle einer bestimmten maschinenorientierten Programmiersprache (DIN 44300). Der B. aller Computer läßt sich in verschiedene Gruppen einteilen: 1. Arithmetisch-logische Befehle (Grundrechenarten, logische Verknüpfungen: z.B. UND, ODER, Vergleichsoperationen: >, <, =). 2. Transportbefehle (zum Transport von Daten zwischen Rechenwerk und Registern bzw. Speicherplätzen). 3. Ein-Ausgabe-Befehle (zum Einlesen von Daten von externen Geräten oder Ausgabe von Daten an entsprechende Ausgabegeräte, wie Drucker). 4. Sprungbefehle, bedingt und unbedingt (zum automatischen Verzweigen und zu Rücksprüngen innerhalb eines Programmes). 5. Steuer-Befehle (Start, Stop). Jeder Computer-

oder Mikroprozessor-Hersteller liefert zu seinem Gerät eine Befehlsliste, die den gesamten B. enthält, wobei Befehlsaufbau und Funktion jedes Befehls detailliert beschrieben werden. [1].   Li

Befehlszähler *(program counter)*. Register in der Zentraleinheit einer Datenverarbeitungsanlage, das die Speicheradresse des laufenden Befehls oder seines Nachfolgers enthält. Der Inhalt des B. wird in der Abrufphase des Befehls auf die Adreßleitung geschaltet. Der Befehlszähler muß in Einerschritten weitergezählt (Inkrement-Bildung) werden können; für Sprungbefehle muß er mit einer neuen Adresse geladen werden können. In Systemen mit variablem Befehlsformat zählt der B. nicht Befehle, sondern die Befehlsbytes, wobei ein Befehl aus einem oder mehreren Bytes bestehen kann. [1].   We

Befehlszyklus *(instruction cycle)*. Zeitlicher Ablauf bei Abarbeitung eines Befehls durch den Prozessor. Die Befehlszyklen unterscheiden sich nach der Art der Befehle, bestehen aber grundsätzlich immer aus einer Bereitstellungsphase, in der der Befehl aus dem Hauptspeicher in den Prozessor übertragen, der Befehlszähler weitergezählt und der Befehl decodiert wird, sowie aus der Ausführungsphase, in der die für den Befehl typische Operation ausgeführt wird. Nach Abschluß des B. beginnt automatisch der nächste B. mit der Bereitstellungsphase. Die Ausführungszeit für den B. kann von Befehl zu Befehl verschieden sein; sie wird in Befehlslisten angegeben.

Zur Beschleunigung der Befehlsabarbeitung können Befehlszyklen in der Weise überlappt werden, daß zur Zeit der Ausführungsphase eines Befehls bereits die Bereitstellungsphase des nachfolgenden Befehls stattfindet.

[1].   We

Begrenzer *(limiter)*. Ein B. kann in mehrfacher Weise arbeiten: z.B. Amplitudenbegrenzer, Flankensteilheitsbegrenzer, Zeitbegrenzer. Der B. definiert in jedem Fall ein bestimmtes Intervall mit einer Anfangs- und Endgrenze. [6], [9], [13].   Th

Begrenzerdiode *(limiter diode)*, Begrenzungsdiode. Diode zur Begrenzung einer Gleichspannung oder der Amplitude einer Wechselspannung. Die Durchbruchspannung der B. — meist werden Z-Dioden verwendet — bestimmt die Spannung, auf die begrenzt wird. [4], [6].   Li

Begrenzerschaltung *(limiter circuit)*. Als B. wird eine elektronische Schaltung verstanden, die aus einem Signal ein bestimmtes Intervall „herausschneidet" (Amplitudenbegrenzer, Zeitbegrenzer) oder den zeitlichen Anstieg oder Abfall eines Signals verzögert (Steilheitsbegrenzer). [6], [14].   Th

Begrenzung *(limitation; limiting; restriction)*. In der Elektronik, Nachrichtentechnik und der Datenverarbeitung können dem Begriff vielseitige Bedeutungen zugeschrieben werden: 1. Elektronik: Amplitudenbegrenzung, Zeitbegrenzung, Steilheitsbegrenzung. 2. Nachrichtentechnik: B. der Übertragungsgeschwindigkeit, B. von Nachrichtenkanälen, B. der Übertragungsdauer. 3. Datenverarbeitung: B. des Speichervermögens eines Speichermediums, B. des Einsatzes von Software, B. der Anzahl der zu speichernden Daten, B. des Datenzugriffs auf bestimmte Benutzer, B. der Rechenzeit, B. der Datenübertragungsgeschwindigkeit. [1], [6], [9], [13].   Th

Begrenzungsdiode → Begrenzerdiode.   Li

Bel *(bel)*. Kurzzeichen „B", ein logarithmiertes Größenverhältnis von Energiegrößen, wobei der dekadische Logarithmus verwendet wird (DIN 5493). Praktisch gebräuchlich ist nur der zehnte Teil, das Dezibel (dB) (1 Bel = 10 Dezibel). Obgleich ein logarithmiertes Größenverhältnis ein reiner Zahlenwert ist, kennzeichnet man durch die Pseudoeinheit Bel (oder Dezibel) die verwendete Basis. (Für logarithmierte Größenverhältnisse von Feldgrößen ist die Bezeichnung Neper üblich). [14].   Rü

Belastbarkeit, thermische *(thermal rating)*. Die Wärmemenge, die in einem elektronischen Bauelement maximal auftreten darf, ohne zur Zerstörung des Bauelements zu führen. Sie hängt von der Wärmeabgabe des Bauelements bzw. dem Wärmewiderstand des umgebenden Mediums ab. Vor allem bei Impulsbetrieb kann es wegen der hohen Stromdichten zu lokaler Überhitzung kommen, die leicht zur Zerstörung des Bauelements führt.   Li

Belastung *(load)*. Der an den Klemmen einer Zweipolquelle (Ersatzschaltung) oder am Ausgangstor eines Vierpols angeschlossene Belastungswiderstand Z_2; häufig auch Verbraucherwiderstand genannt. Die Extremfälle der B. sind Leerlauf ($Z_2 = \infty$) und Kurzschluß ($Z_2 = 0$). [15]. Rü

Belastungsleitwert *(load admittance)*. Kehrwert des Belastungswiderstands (Belastung). [15].   Rü

Belastungswiderstand *(load impedance)* → Belastung.   Rü

Belegen *(seizing)*. Inanspruchnehmen einer vermittlungstechnischen Einrichtung, z.B. Leitung oder Steuereinrichtung. Mit dem B. geht die Einrichtung in den Belegtzustand oder Besetztzustand über. [19].   Kü

Belegleser *(document reader)*. Eingabegerät für ein Datenverarbeitungssystem, das vom Menschen aufgezeichnete Daten einliest, z.B. Klarschriftleser. [1].   We

Belegung *(occupation)*. Inanspruchnahme einerLeitung oder einer Steuereinrichtung. Die zeitliche Dauer einer B. heißt Belegungsdauer *(holding time)*, ihr Mittelwert wird mit h bezeichnet. [19].   Kü

Belegungsversuch → Anforderung.   Kü

Beleuchtungsmesser → Beleuchtungsstärkemesser.   Fl

Beleuchtungsstärke *(illumination)*. Eine physiologisch-photometrische Größe, die der physikalischen Größe der Intensität im elektromagnetischen Feld entspricht. Die B. ist das Verhältnis des auf eine Fläche auffallenden Lichtstroms zur Größe der Fläche (Einheit: Lux).

Die für die Arbeitsbeleuchtung erforderlichen Werte sind in DIN 5035 zusammengestellt.

[5].   Rü

Beleuchtungsstärkemesser *(luxmeter)*, Beleuchtungsmesser, Luxmeter. B. sind Meßgeräte, die der Messung der Beleuchtungsstärke dienen. Die Skala ist in Lux eingeteilt. Sie bestehen aus einem lichtelektrischen Empfänger —

meist ein Photoelement –, einem nachfolgenden Transistorverstärker und einem Galvanometer oder Drehspulmeßwerk mit Anzeigevorrichtung. Die Anzeige kann auch digital erfolgen und über einen Drucker ausgegeben werden. [12], [16].   Fl

Benchmark-Programm *(benchmark program)*. Programm zur Überprüfung der Leistungsfähigkeit von Datenverarbeitungsanlagen. Wegen der unterschiedlichen Anforderungen der Benutzer gibt es keine allgemeinverbindlichen Benchmark-Programme. [1]   We

Benchmark-Test *(benchmark test)*. Methode zur Überprüfung der Leistungsfähigkeit von Datenverarbeitungsanlagen. Er bestimmt die Zeitdauer für die Bearbeitung von einer oder mehreren Aufgaben, einschließlich der erforderlichen Ein-Ausgabevorgänge. Der B. liefert keine allgemeingültigen Zahlenangaben, da die Aufgaben auf die Anforderungen eines bestimmten Benutzers zugeschnitten sind. Er kann aber zum Leistungsvergleich mehrerer Systeme bei Bearbeitung gleicher Aufgaben herangezogen werden. [1].   We

Benedicks-Effekt *(Benedicks effect)*. 1. Kennzeichnet das Entstehen einer Thermospannung in einem reinen Einkristall, sofern an dessen Enden ein hohes Temperaturgefälle herrscht. 2. Besagt, daß auch in homogenen, stromdurchflossenen Leitern an Drosselstellen eine zur Stromstärke proportionale Erwärmung auftritt. [5], [7].   Bl

Benetzungstemperatur → Löttemperatur.   Ge

Benutzerklasse *(user class)*, Anschlußklasse. Teilnehmeranschlüsse mit gleichen Betriebsmerkmalen hinsichtlich Wählsignalen, Übertragungsgeschwindigkeit und Anschlußberechtigung (Inanspruchnahme besonderer Dienste oder Leistungsmerkmale). [19].   Kü

Benutzerstation *(user terminal)*. Eine Funktionseinheit innerhalb eines Datenverarbeitungssystems, das dem Benutzer den direkten Informationsaustausch mit dem Datenverarbeitungssystem gestattet (DIN 44300; Dialoggerät.). [1].   We

Beobachtbarkeit *(observability)*. Die B. wird bei einem System erfüllt, wenn dessen Zustandsgrößen mit Hilfe eines Beobachters aus den gemessenen Größen ermittelt werden können. Die B. läßt sich mathematisch bei linearen Systemen durch bestimmte Eigenschaften der systembeschreibenden Gleichungen ausdrücken. [18].   Ku

Beobachter *(observer)*. Der B. ist eine Einrichtung, mit deren Hilfe aus den gemessenen Größen eines Systems die Zustandsgrößen ermittelt werden können. [3].   Ku

Beobachtungsgröße → Meßgröße.   Fl

Bereich, aktiver *(active region)*. Arbeitsbereich des Bipolartransistors, bei dem die Emitterdiode leitend und die Kollektordiode gesperrt ist (im Bild rechts vom Sättigungs- und oberhalb des Sperrbereichs gelegen). In diesem Bereich ist eine Verstärkung erzielbar. Daher arbeiten die als Analogverstärker betriebenen Transistoren in diesem Bereich. [4], [6].   Li

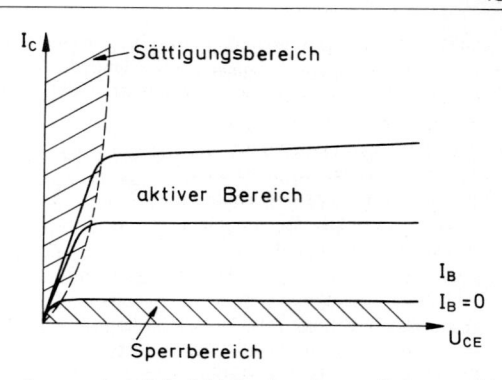

Ausgangskennlinienfeld des Transistors mit den verschiedenen Arbeitsbereichen

Bereich, inverser *(inverse region)*. Arbeitsbereich des Bipolartransistors, bei dem die Kollektordiode leitend (physikalisch als emittierender PN-Übergang arbeitend) und die Emitterdiode gesperrt ist (physikalisch als Kollektor arbeitender PN-Übergang). Im Ausgangskennlinienfeld würde dieser Bereich im dritten Quadranten liegen. Der inverse B. ist ein bei Analogschaltungen selten vorkommender, meist unerwünschter Bereich. [4], [6].   Li

Bereich, normaler → Bereich, aktiver.   Li

Berichtigung → Fehlerkorrektur.   Fl

Beruhigungszeit *(response time)*. Die B. zählt zu den Einflußgrößen der Meßgeräte. Sie ist definiert als die Zeit zwischen dem Einschalten und dem endgültigen Einschwingen in einem Bereich von ± 1,5 % der Skalenlänge um den Endwert. Die B. ist ein Maß für die Schnelligkeit, mit der ein Meßvorgang ablaufen kann. Mit einer zusätzlich eingefügten Schwingungsdämpfung läßt sie sich verkürzen. Im allgemeinen wird gefordert, daß beim Einschalten einer Meßgröße, deren Betrag bei 2/3 des Meßbereich-Endwertes liegt, die erste Überschwingung nicht mehr als 30 % der Skalenlänge betragen darf und die B. nicht länger als 4 s dauert. Beim Bimetallmeßwerk beträgt die Beruhigungszeit etwa 10 min. [12].   Fl

Berührungsschalter *(sensor switch)*, Sensorschalter. Elektrischer Schalter ohne mechanisch betätigte Teile, bei dem durch bloßes Berühren eines Tastfeldes die Schaltfunktion elektronisch ausgelöst wird. [4].   Ge

Berührungsspannung → Kontaktpotential.   Bl

Beschleunigungslinse *(accelerating electronic lens)*, Immersionslinse. Eine besondere Form der Elektronenlinse, bei der die Austrittgeschwindigkeit der Elektronen größer (Beschleunigungslinse) oder kleiner (Verzögerungslinse) als die Eintrittgeschwindigkeit ist. [5].   Rü

Beschreibungsfunktion *(describing function)*. Die B. dient zur näherungsweisen Stabilitätsprüfung von nichtlinearen Regelkreisen. Sie ist dann anwendbar, wenn sich der offene Regelkreis in einen linearen Teil (l. T.) und eine Nichtlinearität (NL) aufspalten läßt und die NL keine Energiespeicher enthält, d.h., daß deren Ausgangsgröße

nur vom momentanen Wert der Eingangsgröße und nicht von der Eingangsfrequenz abhängig ist. Das gilt für viele NL wie z.B. Zweipunktregler, Lose, Sättigung. Die B. wird ähnlich dem Frequenzgang bestimmt. Die Eingangsgröße der NL wird sinusförmig vorgegeben. Als Ausgangsgröße wird jedoch nur die Grundschwingung betrachtet und nach Amplitude und Phase ins Verhältnis zur Eingangsgröße gesetzt. Da die Oberschwingungen unberücksichtigt bleiben, muß der l. T. des Regelkreises Tiefpaßverhalten aufweisen. Die vorausgesetzten NL zeigen keine Abhängigkeit von der Frequenz sondern nur von der Eingangsamplitude. Mit Hilfe der Zweiortskurvenmethode kann mit der B. und der negativ inversen Ortskurve des l. T. die Stabilität überprüft werden. [13]. Ku

Besetzung, thermische *(thermic distribution)*. 1. Die thermische B. gibt die Verteilung der Elektronen über die erlaubten Zustände im Festkörper an. Diese Besetzung ist durch die Fermi-Verteilungsfunktion gegeben und hängt u.a. von der Temperatur ab. 2. (Besetzungszahl) Anzahl gleicher mikrophysikalischer Teilchen, die einen durch einen Satz von Quantenzahlen gekennzeichneten Zustand einnehmen. Bei Bosonen, die der Bose-Einstein-Statistik unterliegen, kann die thermische B. von Null an jeden Wert annehmen. Bei Fermionen, die dem Pauli-Prinzip unterliegen, kann die B. nur die Werte 0 und 1 haben. [7]. Bl

Bessel-Filter *(Bessel filter)*. Ein für praktische Anwendungen geeignetes Filter für die Approximation des Phasenverlaufs. Für eine Wirkungsfunktion

$$H(p) = e^{-pt_0} = e^{-P}$$

erhält man einen linear mit der Frequenz ansteigenden Phasenverlauf. Entwickelt man H(p) nicht in eine MacLaurin-Reihe, sondern führt eine spezielle Kettenbruchentwicklung durch, dann gelangt man bei dieser Approximation immer zu realisierbaren Schaltungen. Die approximierenden Polynome für H(p) bei den B. sind die Bessel-Polynome. B. haben ein schlechteres Dämpfungsverhalten als Potenzfilter. [15]. Rü

Bessel-Polynome *(Bessel polynominals)*. Polynome, die bei der Approximation der Besselfilter auftreten:

$B_0 = 1$
$B_1 = p + 1$
$B_2 = p^2 + 3p + 3$
$B_3 = p^3 + 6p^2 + 15p + 15$
.
.
.
$B_n = (2n-1) B_{n-1} + p^2 B_{n-2}$.
[15]. Rü

Bestand *(survivals)*. Anzahl von Bauelementen, die zu dem betrachteten Zeitpunkt noch nicht ausgefallen sind. Relativer B.: Quotient aus einem B. und dem B. zu Beanspruchungsbeginn [4]. Ge

Bestand, relativer → Bestand. Ge

Bestrahlungsstärke *(irradiance)*. Die Intensität, die auf eine Fläche fällt, die um den Winkel φ schräg zur Strahlungsrichtung steht. Ist die Intensität I, definiert man als B. die Größe: $I \cos\varphi$. Bei Temperaturstrahlung wird nach DIN 5496 die B. zu

$$E = \frac{d\Phi}{dA},$$

definiert, wobei Φ der Strahlungsfluß und A das bestrahlte Flächenelement bedeuten. Für die B. in der Akustik siehe Schallintensität. [5]. Rü

Beta-Grenzfrequenz *(β-cutoff)*. Die B. dient zur Kennzeichnung des Frequenzverhaltens von Transistoren. Es ist die Frequenz f_β, bei der der Betrag der Kurzschlußstromverstärkung (Betaverstärkung) $|\beta| = |h_{21}|$ in Emitterschaltung auf den $\sqrt{2}$-ten Teil des Gleichstromwertes β_0 abgesunken ist. Speziell als Transitfrequenz oder β_1-Grenzfrequenz bezeichnet man diejenige Frequenz f_T, bei der der Kurzschlußstromverstärkungsfaktor in Emitterschaltung den Wert Eins erreicht. [6]. Rü

Betastrahlen *(beta rays)*. Elektronenstrahlung (→ Betateilchen). [7]. Bl

Betateilchen *(beta particles)*. Elektronen, die nach Kernreaktionen (z.B. beim radioaktiven Zerfall) vom Atomkern ausgesendet werden. [7]. Bl

Betatron *(betatron)*. Das B. beschleunigt Elektronen auf sehr hohe Energien. Es arbeitet nach dem Prinzip des Transformators, wobei die Sekundärwicklung (um den Kern) durch ein evakuiertes Kreisrohr ersetzt ist, das sich zwischen den Polen eines Steuermagneten befindet. Mittels einer Glühkatode werden freie Elektronen in das Kreisrohr gebracht und darin durch die elektrische Feldstärke beschleunigt, die vom zeitlichen Anstieg des magnetischen Flusses im Inneren der (beinahe kreisförmigen) Elektronenbahn herrührt. Daher dient das magnetische Feld der Steuermagneten dazu, die Elektronen auf dem Sollkurs zu halten. Nach Erreichen der gewünschten Energie werden die Elektronen durch „Expansionsspulen" spiralig extrahiert, wobei sie auf eine Antikatode treffen und harte Röntgenstrahlung erzeugen. [7]. Bl

Betaverstärkung *(β-gain)*. Beim Transistor die Kurzschlußstromverstärkung

$$\beta = \frac{\partial I_C}{\partial I_B}\bigg|_{U_{CE} = \text{const.}}$$

I_C Kollektorstrom, I_B Basisstrom, U_{CE} Kollektor-Emitterspannung. Wird der Transistor durch die Transistorkenngrößen als Vierpol beschrieben, dann gilt

$$\beta = h_{21}$$

[6]. Rü

Betragsoptimum → Gütekriterium. Ku

Betragsresonanz *(absolute value resonance)*. Die Frequenzstelle, bei der der Betrag des komplexen Widerstands (oder Leitwerts) eines Zweipols einen Extremwert annimmt. [15]. Rü

Betriebsart *(operation mode).* 1. Datenverarbeitung: Nach DIN 44300 die Art, wie ein Datenverarbeitungssystem vom Anwender benutzt wird, z.B. Stapelverarbeitung, Real-Time-Betrieb. Die B. wird außer von der Hardware vom Betriebssystem bestimmt. Der Ausdruck B. wird auch bei einzelnen Komponenten von Datenverarbeitungssystemen verwendet, z.B. für programmierbare Schnittstellenbausteine in Mikroprozessor-Systemen, die den Eingabe-Ausgabeverkehr nach der einprogrammierten B. durchführen, z.B. Handshake-Methode, ungetastete Ein-Ausgabe, Zweiwege-Ein-Ausgabe. [1].   We
2. Elektronik: Je nach Einstellung des Arbeitspunkts bei einem Verstärker unterscheidet man verschiedene Betriebsarten: AB-Verstärker, B-Betrieb. [13].   Rü
3. Nähere Kennzeichnung des Steuerungsablaufs, z. B. serielle Abarbeitung von Anforderungen durch eine Funktionseinheit (serieller Betrieb), parallele Abarbeitung verschiedener Anforderungen durch mehrere Funktionseinheiten (paralleler Betrieb), Mikrosynchronbetrieb, Lastteilung, Funktionsteilung oder Multiplexbetrieb. [19].   Kü

Betriebsdämpfung *(effective attenuation constant).* Die B. beschreibt die Dämpfung eines Vierpols im Betrieb (→ Betriebsübertragungsfaktor). [15].   Rü

Betriebsdämpfungsfaktor *(effective attenuation ratio)* → Betriebsübertragungsfaktor.   Rü

Betriebsdämpfungsmaß *(effective attenuation constant)* → *Betriebsübertragungsfaktor.*   Rü

Betriebsdämpfungswinkel *(effective phase angle)* → Betriebsübertragungsfaktor.   Rü

Betriebskettenmatrix → Betriebsmatrizen.   Rü

Betriebslebensdauertest *(operation life test).* Lebensdauertest unter betriebsmäßig vorgesehener umgebungs- sowie funktionsbedingter Beanspruchung. [4].   Ge

Betriebsmatrizen (Bild: → Vierpolwellen). B. dienen zur Beschreibung der Übertragungseigenschaften eines beliebigen n-Tors unter Betriebsbedingungen. Speziell für ein Zweitor werden die Verhältnisse eines Vierpols im Betrieb erfaßt. B. entstehen, wenn man die Vierpolgleichungen anstelle der Spannungen und Ströme mit ein- und auslaufenden Vierpolwellen beschreibt. Es gelten folgende Umrechnungen

$$U_1 = \sqrt{Z_1}\ (V_{e1} + V_{a1});\quad U_2 = \sqrt{Z_2}\ (V_{a2} + V_{e2}),$$
$$I_1 = \frac{1}{\sqrt{Z_1}}\ (V_{e1} - V_{a1});\quad I_2 = \frac{1}{\sqrt{Z_2}}\ (V_{a2} - V_{e2}).$$

Damit gewinnt man einen neuen Satz von 6 Vierpolgleichungen (Betriebsgleichungen) mit den B. als Koeffizientenmatrizen. Die wichtigsten Betriebsgleichungen sind
1. Betriebs-Kettengleichungen

$$\begin{pmatrix} V_{a1} \\ V_{e1} \end{pmatrix} = \begin{pmatrix} B_{11} & B_{12} \\ B_{21} & B_{22} \end{pmatrix} \begin{pmatrix} V_{e2} \\ V_{a2} \end{pmatrix} = \mathbf{B}\begin{pmatrix} V_{e2} \\ V_{a2} \end{pmatrix}.$$

B ist die Betriebs-Kettenmatrix; sie entspricht bei U, I-Beschreibung der Kettenmatrix (Vierpolmatrizen).

2. Streugleichungen

$$\begin{pmatrix} V_{a1} \\ V_{a2} \end{pmatrix} = \begin{pmatrix} S_{11} & S_{12} \\ S_{21} & S_{22} \end{pmatrix} \begin{pmatrix} V_{e1} \\ V_{e2} \end{pmatrix} = \mathbf{S}\begin{pmatrix} V_{e1} \\ V_{e2} \end{pmatrix}.$$

S ist die Streumatrix *(scattering matrix);* sie entspricht bei (U, I)-Beschreibung der Reihenparallel-Matrix (Vierpolmatrizen). In der Streumatrix haben die Koeffizienten S_{ik} (Streuparameter *(scattering parameter)*) eine unmittelbar physikalische Bedeutung. Die Elemente der Hauptdiagonale sind die Reflexionsfaktoren ($S_{ii} = r_i$ ist der Reflexionsfaktor an Tor i.) Alle übrigen Streuparameter sind Betriebsübertragungsfaktoren. (S_{ik} (i ≠ k) = $\underline{A}_{Bki}$: Betriebsübertragungsfaktor vom Tor k zum Tor i.) Für ein beliebiges abgeschlossenes n-Tor lautet die Streumatrix **S**

$$\mathbf{S} = \begin{pmatrix} r_1 & A_{B21} & \cdots & A_{Bn1} \\ A_{B12} & r_2 & & \\ \vdots & & \ddots & \\ A_{B1n} & & & r_n \end{pmatrix}.$$

Die Streuparameter werden vorzugsweise in der Hochfrequenztechnik und bei der Messung von Halbleitern verwendet. [15].   Rü

Betriebsmeßtechnik. Neben der Steuer- und Regelungstechnik ist die B. Grundlage industrieller Automatisierungsverfahren. Sie dient der Ablaufsteuerung innerbetrieblicher Prozesse, wie betriebliche Qualitätskontrolle, Fertigungsablauf, Lagerbestandskontrolle, Sicherheitstechnik u.ä. Die dazu notwendigen Informationen werden mit Mitteln der Meßtechnik gewonnen. [12].   Fl

Betriebsreflexionsdämpfungsmaß → Fehlanpassungsdämpfung.   Rü

Betriebssystem *(operating system),* BS, OS. Die Programme eines Datenverarbeitungssystems, die zusammen mit den Eigenschaften des Datenverarbeitungssystems die Grundlage der möglichen Betriebsarten des Systems bilden und insbesondere die Abwicklung von Programmen steuern und überwachen (DIN 44300). Neben den erwähnten Steuerungsfunktionen (auch Steuerung der Ein-Ausgabe-Operationen) führt das B. Dienstleistungen für den Anwender durch, z.B. enthält es die Übersetzungsprogramme, kann aber auch z.B. Programme für Sortieren und Mischen enthalten. Außerdem führt das B. Protokoll über aufgetretene Störungen, Maschinenauslastung usw. Bei Multiprogramming muß das B. eine Betriebsmittelverwaltung durchführen, z.B. Speicherverwaltung, um eine optimale Auslastung aller Komponenten des Systems zu erreichen. Stehen mehrere Benutzer im Dialog mit dem System (→ Teilnehmerbetrieb, Teilhaberbetrieb), so ist eine Benutzerverwaltung durchzuführen, die das System unter Berücksichtigung von Prioritäten den einzelnen Benutzern zuteilt. Wegen der Vielzahl der Aufgaben sind Betriebssysteme oft so groß, daß die Hauptspeicherkapazität nicht zu ihrer Aufnahme ausreicht. Das B. wird dann in Module zergliedert. Ein Modul (Betriebssystemkern, Nukleus) befindet sich ständig im Hauptspeicher (hauptspeicherresident) und lädt bei Bedarf die erforderlichen Module des B. von Externspeichern in den Hauptspeicher. [1].   We

Betriebsübertragungsfaktor *(effective transmission factor)*. (Bild: → Vierpol im Betrieb). Der Betriebs-Übertragungsfaktor kennzeichnet die Leistungsübertragung bei einem Vierpol im Betrieb. Mit den dort angegebenen Größen gilt:

$$A_B = \frac{2U_2}{U_0}\sqrt{\frac{Z_1}{Z_2}} = \frac{2I_2}{I_k}\sqrt{\frac{Z_2}{Z_1}},$$

wobei U_0 die Leerlaufspannung und $I_k = \frac{U_0}{Z_1}$ der Kurzschlußstrom der Quelle ist. Mitunter definiert man einen Betriebs-Spannungsübertragungsfaktor

$$A_u = \frac{2U_2}{U_0}$$

und einen Betriebs-Stromübertragungsfaktor

$$A_i = \frac{2I_2}{I_k},$$

wodurch man erhält

$$A_B = \sqrt{A_u \cdot A_i}.$$

Der so definierte Betriebs-Übertragungsfaktor gilt für die übliche Richtung des Energieflusses von Tor 1 nach Tor 2:

$$A_B = A_{B12} \quad \text{(Betriebs-Übertragungsfaktor vorwärts)}.$$

Werden Quelle und Last Z_2 vertauscht, kann man analog einen B. angeben:

$$A_B = A_{B21} \quad \text{(Betriebs-Übertragungsfaktor rückwärts)}.$$

Mit der Determinante der Kettenmatrix besteht der Zusammenhang $A_{B21} = \det \mathbf{A} \cdot A_{B12}$. Wegen der allgemein gültigen Zusammenhänge zwischen Übertragungsfaktor, Dämpfungsfaktor, Übertragungs- und Dämpfungsmaß gelten hier entsprechende Aussagen mit dem Zusatz „Betriebs-"(Index B):

$$A_B = \frac{1}{D_B} = e^{-g_B} = e^{-(a_B + jb_B)}.$$

D_B ist der Betriebs-Dämpfungsfaktor *(effective attenuation ratio)*, g_B das (komplexe) Betriebs-Dämpfungsmaß *(effective attenuation constant)*, $-g_B$ das (komplexe) Betriebs-Übertragungsmaß *(effective transmission factor)*, $a_B = \ln |D_B|$ heißt Betriebs-Dämpfungsmaß und $b_B = \text{arc } D_B$ der Betriebs-Dämpfungswinkel *(effective phase angle)*.
Der Betriebs-Übertragungsfaktor läßt sich als Funktion der Vierpolparameter und der äußeren Beschaltung angeben. Sind die Kettenparameter des Vierpols gegeben, gilt:

$$A_B = \frac{2}{A_{11}\sqrt{\frac{Z_2}{Z_1}} + \frac{A_{12}}{\sqrt{Z_1 Z_2}} + A_{21}\sqrt{Z_1 Z_2} + A_{22}\sqrt{\frac{Z_1}{Z_2}}}$$

(DIN 40 148). [15]. Rü

Betriebs-Übertragungsmaß → Betriebsübertragungsfaktor Rü

Betriebszeit *(operating time)*. Jede Zeitspanne, während der ein Bauelement neben umgebungs- auch funktionsbedingter Beanspruchung unterliegt. Auch die Summe solcher Zeitspannen wird als B. bezeichnet. [4]. Ge

Betriebszeit, mittlere → Fehlerabstand, mittlerer. Fl

Betriebszuverlässigkeit *(operational reliability)*. Zuverlässigkeitsangabe für die Betriebszeit (→ Zuverlässigkeit). [4]. Ge

Beugung *(diffraction)*. Trifft eine ebene Welle auf einen Schirm mit einer Öffnung, die klein im Vergleich zur Wellenlänge ist, dann breitet sich hinter dem Schirm aufgrund des Huygens-Fresnelschen-Prinzips um die Öffnung eine Kugelwelle aus. Die Abweichung gegenüber der geradlinigen Ausbreitung beim Durchtritt der Welle durch die Öffnung bezeichnet man als B. [5]. Rü

Beugungsschwund → Schwund. Ge

Beverage-Antenne → Langdrahtantenne. Ge

Beweglichkeit → Ladungsträgerbeweglichkeit. Bl

Bezugsantenne → Antennengewinn, → Normalantenne. Ge

Bezugselektrode *(reference electrode)*, (Bild: → Meßelektrode). Die B. wird für Messungen in Meßlösungen, z.B. zur pH-Wert Bestimmung, gemeinsam mit einer Meßelektrode und einer galvanischen Zelle benötigt. Sie ist mit KCl (Kaliumchlorid) gefüllt und über eine Membran mit der zu untersuchenden Lösung verbunden. Das Potential der B. ist konstant und vom pH-Wert unabhängig. Eine innere Ableitelektrode besteht aus dem gleichen Material wie die der Meßelektrode. Sind Meßelektrode und B. in die Lösung getaucht, dient die B. dazu, das Potential, das auf der Außenseite der Membran der Meßelektrode liegt, der Messung zugänglich zu machen. [12]. Fl

Bezugserde *(reference earth)*. Als B. wird in einer Erdungsanlage der Bereich bezeichnet, der so weit von der Anlage entfernt ist, daß bei einem Stromdurchgang durch Erder zwischen beliebigen Punkten innerhalb dieses Bereichs kein meßbarer Spannungsabfall auftritt. Fl

Bezugsfrequenz *(reference frequency)*. Allgemein: Eine markante Frequenzstelle (Resonanzfrequenz, Grenzfrequenz), auf die man bei einer Normierung der Frequenzvariable bezieht. Speziell: Bei der Filtersynthese wird bei Tief- und Hochpaß die Grenzfrequenz f_g als B. gewählt, bei Bandpaß und Bandsperre ist die B. die Bandmittenfrequenz (→ Filter). In der Funktechnik ist die B. eine besonders festgelegte charakteristische Frequenz (eine Trägerfrequenz, oder eine besondere Frequenz in einem Seitenband). [14]. Rü

Bezugsmeßstelle → Vergleichsstelle. Fl

Bezugspegel *(reference level)*. Ein (meist willkürlich gewählter) Pegel auf den ein relatives (bei genormten Bezugsgrößen absolutes) Pegelmaß bezogen wird (→ Pegel, absoluter). [14]. Rü

Bezugspfeil. Der B. kennzeichnet die Richtungsfestlegung einer physikalischen Größe. Für Ströme und Spannungen in Netzwerken legt man ein Zählpfeilsystem fest (DIN 5489). Bei Linienintegralen gibt der B. einen Durchlaufungssinn (die Integrationsrichtung), bei Flächenintegralen den Orientierungspfeil der Fläche an. [15]. Rü

Bezugspotential *(reference potential)*. Ein Punkt, auf den alle anderen Potentiale einer Anordnung bezogen werden (häufig Erdpotential). In der Steuer- und Regelungstechnik werden alle Spannungen stets gegen ein B. (Bezeichnung M) gemessen. [15]. Rü

Bezugsspannung → Bezugspotential. Ne

Bezugstemperatur *(temperature of reference)*. Die B. ist die Temperatur, die z.B. als Temperaturnullpunkt gewählt wird. Bei der thermodynamischen Temperaturskala (Kelvin-Temperaturskala) wird der absolute Temperaturnullpunkt (der aus theoretischen Überlegungen bestimmt ist), bei der Celsius-Temperaturskala der Tripelpunkt von Wasser als Bezugspunkt gewählt. [5]. Bl

Bezugszuverlässigkeit *(nominal reliability)*, Nennzuverlässigkeit. Zuverlässigkeitsangabe zum Zweck der Klassifizierung für eine festgesetzte Beanspruchung und festgesetzte Ausfallkriterien (→ Zuverlässigkeit). [4]. Ge

BFO *(beat frequency oscillator)*. Mit BFO wird ein zusätzlicher Oszillator in Telegraphieempfängern bezeichnet, mit dem getastete Hochfrequenzsignale, z.B. Morsezeichen, hörbar gemacht werden können. Der BFO kann oft um einige Kilohertz von der Nenn-ZF (ZF Zwischenfrequenz) verstimmt werden. In einer Mischstufe wird das BFO-Signal mit dem ZF-Signal moduliert und die eine der sich ergebenden Mischfrequenzen, die im Niederfrequenzbereich liegt, ausgefiltert. Sind ZF- und BFO-Frequenz annähernd gleich, entsteht ein sehr niederfrequentes Signal von wenigen Hertz, das sich wie der Herzschlag anhört. Daher der Name „beat frequency". [8], [13], [14]. Th

Bias-Strom *(bias current)*. Hochfrequenter Wechselstrom, der zur Vormagnetisierung bei der Aufnahme auf Magnetband zwecks Minderung der Verzerrungen dem NF-Signal (NF Niederfrequenz) am Schreibkopf überlagert wird. [6], [13]. Li

Bibliothek → Programmbibliothek. We

bidirektional *(bidirectional, bilateral)*. Können Signale über einen Übertragungskanal oder über eine Busleitung von beiden Richtungen übertragen werden, spricht man von b. [1]. Ne

Biegeschwinger → Quarz. Ge

BIFET-Technik *(bipolar field-effect transistor technology)*. Integrationstechnik für die Herstellung von integrierten Analogschaltungen, bei denen gleichzeitig unipolare und bipolare Transistoren auf einem Chip integriert sind, um die Vorteile beider Transistorarten (hohe Eingangsimpedanz bzw. hohe Schaltgeschwindigkeit) zu kombinieren. Der Eingangsteil besteht aus einem Sperrschichtfeldeffekttransistor. Man erreicht hierdurch sehr kleine Eingangsströme bzw. sehr hohe Eingangsimpedanzen. Da jedoch in Rückwärtsrichtung vorgespannte PN-Übergänge stark temperaturabhängig sind, ist man dazu übergegangen, die Sperrschichtfeldeffekttransistoren durch MOSFETs (metal-oxide semiconductor FET) zu ersetzen (BIMOS-Technik, BIGMOS-Technik). [4]. Li/Ne

Bifilartechnik *(bifilar winding)*. Eine Drahtwicklung, die aus zwei nebeneinanderliegenden Drähten besteht und von gegenläufigem Strom durchflossen wird. Dies führt zu einer induktionsarmen Wicklung, die z.B. bei der Herstellung von Präzisionswiderständen angewendet wird. [4]. Ne

BIGFET *(bipolar insulated gate field-effect transistor)*. Integriertes Bauelement, das eingangsseitig einen MOS-Transistor (hohe Eingangsimpedanz) und ausgangsseitig einen bipolaren Transistor (hoher Ausgangsstrom) hat. [4]. Ne

BIGMOS-Technik → BIFET-Technik. Ne

Bildablenkgenerator → Vertikalablenkoszillator. Fl

Bildablenkoszillator → Vertikalablenkoszillator. Fl

Bildbereich *(complex variable domain)* → Bildfunktion. Ku

Bildfunk *(wireless picture transmission)*. Der B. wird als Verfahren zum Übertragen von Helligkeitswerten (Bildern) benutzt. Die z.Z. günstigste Methode für Bildübertragungen über Funkverbindungen ist die (niederfrequente) Frequenzmodulation eines Hilfsträgers mit den Bildspannungen. Beim Abtasten eines Bildes ergeben sich zunächst der jeweiligen Helligkeit entsprechende Bildspannungen, mit denen ein Träger von 1900 Hz mit einem Hub von ± 400 Hz so frequenzmoduliert wird, daß Weiß der Frequenz 1500 Hz und Schwarz der Frequenz 2300 Hz entspricht. In der Schnelligkeit der Bildschwankungen kommt die Bildfeinheit, in der Größe des Frequenzhubes die Tönung des Bildes zum Ausdruck. Mit diesem niederfrequenten Frequenzgemisch wird der HF-Sender (HF Hochfrequenz) moduliert. Die Modulation erfolgt entweder mit Amplituden- oder Frequenzmodulation. [9], [13], [14]. Th

Bildfunktion *(complex function)*. Durch die Laplace-Transformation wird einer Zeitfunktion f(t) umkehrbar eindeutig eine Funktion F(s) der komplexen Variablen s zugeordnet. F(s) wird B. genannt. Alle Bildfunktionen sind im Bildbereich gültig. In der Regelungstechnik werden Bildfunktionen statt Zeitfunktionen häufig angewendet, weil dadurch das dynamische Verhalten eines Übertragungsgliedes statt durch eine Differentialgleichung durch eine Übertragungsfunktion angegeben werden kann, die i.a. eine gebrochen rationale Funktion ist. [5]. Ku

Bildkipposzillator → Vertikalablenkoszillator. Fl

Bildmustergenerator *(pattern generator)*, Streifengenerator, Streifenmustergenerator, Testbildgenerator. Ein B. ist ein Meßgenerator, der elektronische Testbilder und Testtöne zur Prüfung von Fernsehempfangsgeräten erzeugt. Als umschaltbare Bildmuster liefert er z.B.: Gittermuster, Kreismuster, Grautreppen, Balkenmuster, niederfrequente Grausprünge. Viele Bildgeneratoren stellen auch Prüfbilder für Farbfernsehempfänger (z.B. Normfarbbalken) bereit. Man schließt den Ausgang des Bildmustergenerators in Abhängigkeit vom gewünschten Prüfverfahren entweder am Antennen-Eingang oder am Video-Gleichrichter des Fernsehempfängers an. Auf dem Bildschirm des Empfängers kann über das eingestellte Testbild z.B. dessen Funktion oder dessen Eingangs-

Empfindlichkeit überprüft werden. Anwendungen: z.B. zur Fehlerlokalisierung, Untersuchungen zur Synchronisation von Bild und Zeile, zur Frequenzgangbeurteilung. [12], [13], [14]. Fl

Bildröhre *(picture tube)*. Evakuierte Glasröhre mit eingebautem elektrischen Linsensystem und Bildschirm zur Bildwiedergabe. Die aus einer Glühkatode austretenden Elektronen durchlaufen ein Steuer-, Linsen- und Ablenksystem und treffen auf den Fluoreszenzschirm. Bildröhren mit elektrostatischer Strahlablenkung enthalten zur elektrischen Steuerung des Elektronenstrahls zwei Paar Ablenkelektroden für die X- und Y-Koordinaten, magnetische Elektronenstrahlröhren benutzen ein Joch mit Ablenkspulen und eine Fokussierspule. Durch den Strahlstrom der Katodenstrahlröhre findet im Inneren des Fluoreszenzschirmes eine Umwandlung von elektrischer in Lichtenergie statt, die den Bildschirm zum Aufleuchten bringt. [4], [5], [13], [14], [16]. Th

Bildschirmtext *(interactive videotex)*. Kommunikationsform zum interaktiven Zugriff auf Text und Daten. Die Informationen werden von einer Bildschirmtext-Zentrale über Fernmeldenetze (z.B. Datennetz und Fernsprechnetz) zum Teilnehmer übertragen und auf einem Bildschirm wiedergegeben. [19]. Kü

Bildsensor → Festkörperbildsensor. Fl

Bildsignal *(video signal)*. Es ist das vom Fernsehabtaster gelieferte Signal, dessen Amplituden den Helligkeitswerten der einzelnen Bildpunkte der zu übertragenden Szene entsprechen. Das B. ist von den Rücklaufflücken unterbrochen. Es wird vor der Mischung mit den Austast- und Synchronimpulsen durch eine Dunkelpunktsteuerung und eine Amplitudenregelung so umgeformt, daß der zur Verfügung stehende Spannungsbereich auch bei geringem Bildkontrast jeweils ganz ausgesteuert wird. [13], [14]. Th

Bildtelegraphie *(picture telegraphy)*. Telegraphische Übertragung von Schwarz-Weiß-Bildern durch Impulse und Impulspausen mit Hilfe photoelektrischer spiraliger Abtastung des auf einen Zylinder gespannten Bildes. Der Empfänger, dessen Walze sich synchron mit der Sendewalze dreht, zeichnet das Bild spiralig direkt oder photochemisch auf (Faksimile-Übertragung). [9], [13], [14]. Th

Bildwandler *(picture converter)*. Elektronenstrahlröhre für die Fernsehbildaufnahme. Sie kann auch eine Bildspeicherröhre sein. Wichtig ist, daß in der Radartechnik zur Darstellung von Funkmeßbildern die abgetasteten Raum- oder Flächensignale über einen B. dem Videoverstärker der Fernseh-Bildwiedergaberöhre zugeführt werden können. Das Radarbild wird dann in ein Fernsehbild umgewandelt. [4], [9], [13], [14], [16]. Th

Bimetallinstrument *(bimetallic instrument)*. Das B. ist ein thermisches Meßinstrument, das auf der vom Stromfluß entwickelten Jouleschen Wärme beruht. Das Meßwerk besteht aus zwei aufeinandergewalzten und zur Spirale gerollten Metallbändern mit unterschiedlichen Ausdehnungskoeffizienten. Das innere Spiralenende ist an einer

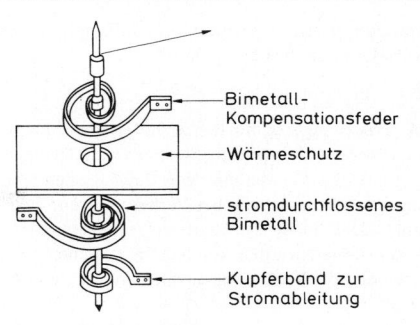

Bimetallinstrument

Achse befestigt, auf der senkrecht ein Zeiger steht. Durchfließt der Strom die Spirale, rollt sie sich auf und setzt die Achse mit dem Zeiger in Bewegung. Da der Zeigerausschlag nahezu proportional dem Quadrat des Stromes ist, kann sowohl Gleich- als auch Wechselstrom gemessen werden. Die Fehlergrenze liegt bei 2,5 %, die Einstellung auf den Meßwert kann bis zu 15 min betragen. Aus diesem Grunde erfolgt keine Anzeigeänderung bei kurzzeitigen Stromspitzen. Das B. besitzt eine hohe Überlastbarkeit. Wegen des großen Drehmoments lassen sich Bimetallinstrumente mit Schleppzeiger zur nachträglichen Ablesung des jeweils erreichten Höchstlastwertes ausrüsten. [12]. Fl

Bimetall-Meßwerk *(bimetallic measuring system)* → Bimetallinstrument → Meßinstrumente, thermische. Fl

Bimetallthermometer *(bimetallic thermometer)*, Metallausdehnungsthermometer. Temperaturmeßgerät, dessen Meßfühler aus zwei zusammengewalzten Blechstreifen mit unterschiedlicher Wärmeausdehnung besteht. Durch Erwärmung krümmt sich die Spirale und ein Zeiger bewegt sich auf einer Temperaturskala. Die hervorgerufenen Längenänderungen sind klein, besitzen aber große Kräfte. Das B. kann als Schalter, Regler oder Überlastungsschutz verwendet werden. [12]. Fl

BIMOS-Technik → BIFET-Technik. Ne

binär *(binary)*. Genau zweier Werte fähig. B. bezeichnet die Eigenschaft, eines von zwei Binärzeichen als Wert anzunehmen (DIN 44300). Beispiele: Schalter ein – aus, Licht an – aus, Aussage wahr – falsch. [1], [9]. Li

Binärcode *(binary code)*. 1. Darstellung einer Zahl, einer Ziffer, eines Zeichens in binärer Form, d.h. durch Stellen, die nur die Ziffern „1" oder „0" annehmen können. 2. der reine Binärcode *(pure binary code)* entspricht der Darstellung von Zahlen nach dem Dualzahlsystem. Die Stellen haben die Wertigkeiten

$$2^{-k}, 2^{-(k-1)} \ldots 2^0 \ldots 2^{n-1}, 2^n.$$

Der reine B. wird in Deutschland auch als Dualcode bezeichnet. [9]. We

Binärfolge *(binary sequence)*, Binärmuster, Bitmuster. Eine Kombination von Binärzeichen, die als Dualzahl betrachtet oder bei der jedem Bit eine bestimmte Funktion zugeordnet werden kann (funktionales Bit). [1], [9]. Li

Binärinformation *(binary information)*, Information, die nur aus Binärzeichen besteht. [1], [9]. Li

Binärmuster → Binärfolge. Li

Binärsignal *(binary signal)*, binäres Signal. Signal, das nur zwei verschiedene Werte annehmen kann (Gegensatz: Analogsignal). Die Verwendung von Binärsignalen bietet den Vorzug, daß die Signale bei Verfälschungen, die ein bestimmtes Maß nicht überschreiten, immer noch den Werten zugewiesen werden können. In logischen Schaltungen werden die beiden Signalwerte mit „1" und „0" bezeichnet. [9]. We

Binärsystem *(binary system)*. 1. System, das im Unterschied z.B. zum Analogsystem nur mit Binärsignalen arbeitet. 2. Häufig verwendete – nach DIN nicht korrekte – Bezeichnung für das Dualsystem. [1], [9]. Li

Binärzeichen *(binary element, binary digit)*. Jedes der Zeichen aus einem Zeichenvorrat von zwei Zeichen. Als Binärzeichen können beliebige Zeichen verwendet werden, z.B. O und L; wenn keine Verwechslung mit Ziffern zu befürchten ist, auch 0 und 1 (DIN 44300). Bei digitalen Schaltkreisen werden den Binärzeichen die logischen Zustände L und H zugeordnet. [1], [9]. Li

Binärziffer *(binary digit)*. 1. Binärzeichen. 2. Nach DIN 44300 nicht erlaubte Bezeichnung für Dualziffer, also eine der beiden Ziffern 0 oder L bzw. 0 oder 1 des Dualsystems. [1], [9]. Li

Binder *(linkage editor)*, Linkage-Editor. Programm als Bestandteil des Betriebssystems, das die Aufgabe hat, ein lauffähiges Programm (Objektprogramm) aus verschiedenen Bestandteilen zusammenzustellen. Die Bestandteile (Module) können entweder einzelne Programmteile, die einzeln übersetzt wurden, oder auch vom Anwender geschriebene Programmteile und Teile des Betriebssystems (z.B. Kanalprogramme für Ein-Ausgabe-Operationen) sein. Der B. arbeitet mit dem Lader zusammen. In einigen Systemen bilden beide einen Teil des Betriebs-Systems (Binder-Lader). [1]. We

Bindung, chemische *(chemical bond)*. Der durch verschiedenartige Bindungskräfte bewirkte Zusammenhalt von Atomen und Atomgruppen zu Molekülen. Beim Aufbau von Molekülen unterscheidet man die Bindungsarten: Ionenbindung, kovalente Bindung, van der Waals-Bindung, Metallbindung und Wasserstoffbrückenbindung. [7]. Bl

Bindung, heteropolare → Ionenbindung. Bl

Bindung, homöopolare → Bindung, kovalente. Bl

Bindung, kovalente *(covalent bond)*, homöopolare B. Von homöopolarer oder kovalenter B. spricht man dann, wenn sich zwei Atome Elektronen teilen. Hier treten gerichtete „Valenzkräfte" auf, wodurch die Bindung erzeugt wird. Die kovalente B. ist nicht so stark wie die Ionenbindung. Kovalente Verbindungen zeigen jedoch große Härte und sind bei tiefer Temperatur nicht leitfähig. [7]. Bl

Bindungselektron → Valenzelektron. Bl

Bindungsenergie *(binding energy)*. Der Energiebetrag, der beim Zusammenschluß z.B. zweier Atome zu einem Molekül – oder auch beim Einfang eines Elektrons durch ein Atom – frei wird. Man mißt die B. des Moleküls durch die Arbeit, die nötig ist, um es in seine einzelnen Atome zu zerlegen (Dissoziationsenergie). Das Gleiche gilt für die Elektronen eines Atoms. [7]. Bl

Binominal-Verteilung *(binominal distribution)*. Eine diskrete Verteilung zur Bestimmung der Wahrscheinlichkeit für das Eintreffen oder Nichteintreffen eines Ereignisses E. Die B. wird für Fragestellungen folgender Art verwendet: In einer Urne sei die Gesamtzahl von schwarzen und weißen Kugeln gleich N. Das Ziehen einer schwarzen Kugel mit der Wahrscheinlichkeit p sei das Ereignis E. Werden n Züge gemacht, soll E k-mal eintreten. Die B. lautet

$$f_n(k) = \binom{n}{k} p^k (1-p)^{n-k}.$$

Der Mittelwert μ beträgt

$$\mu = n p$$

und die Varianz

$$\sigma^2 = \sum_{k=0}^{k} (k - \mu)^2 f_n(k) = n p (1-p).$$

[5]. Rü

Biokybernetik *(biological cybernetics)*. Anwendung der Kybernetik auf biologische Regelvorgänge, z.B. das Konstanthalten der Körpertemperatur bei wechselnden Umwelteinflüssen oder die Bewegung einer Hand zu einem bestimmten Gegenstand unter Kontrolle der Augen. In der B. herrschen gleiche oder ähnliche Gesetze wie bei technischen Regelungsvorgängen. [9]. We

Bionik *(bionics)*. Wissenszweig, der sich damit beschäftigt, Strukturen und Prozesse sowie funktionelle Zusammenhänge in den Systemen der lebenden Materie auf technische Systeme zu übertragen. [13]. Ne

Bipolarschaltung *(bipolar circuit)*. Monolithisch integrierte Schaltung, bei der als Transistoren nur Bipolartransistoren verwendet werden. [6]. Li

Bipolarspeicher *(bipolar semiconductor memory)*. Halbleiterspeicher, der in integrierter Schaltung mit bipolaren Transistoren realisiert ist (Gegensatz: Speicherschaltungen mit Feldeffekt-Transistoren, MOS-Speicher). B. gestatten schnelle Zugriffszeiten, haben aber gegenüber MOS-Speichern i.a. geringere Integrationsdichte und höhere Leistungsaufnahme. B. können nicht als dynamische RAMs geschaltet sein. [2]. We

Bipolartechnik *(bipolar technology)*. Technik, in der bipolare Halbleiterbauelemente, d.h. Bauelemente, bei denen Elektronen und Defektelektronen zum Stromtransport beitragen, hergestellt werden. In der B. wendet man vielfach Verfahren der Planartechnik, speziell der Epitaxietechnik an. [4]. Ne

Bipolartransistor *(bipolar transistor)*. Der B. ist ein Halbleiterbauelement, das verstärkende Eigenschaften hat und bei dem sowohl Elektronen als auch Defektelektronen zum Stromfluß beitragen. Man unterscheidet beim B.

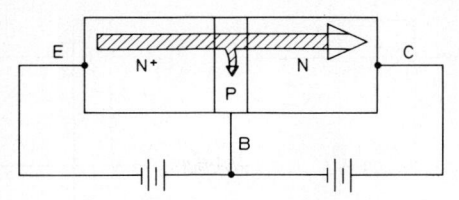

Grundstruktur eines Bipolartransistors

die Zonenfolgen N⁺PN bzw. P⁺NP, wobei der hochdotierte Bereich Emitter, der mittlere Bereich Basis und der schwach dotierte Bereich Kollektor genannt wird. Man kann sich den B. aus zwei PN-Übergängen zusammengesetzt denken, wobei der Basis-Emitter-Übergang in Vorwärtsrichtung (kleiner Widerstand) und der Kollektor-Basis-Übergang in Rückwärtsrichtung (großer Widerstand) vorgespannt ist (Bild). Majoritätsladungsträger im P^+-dotierten Bereich sind Defektelektronen. Durch die am P^+N-Übergang anliegende Vorwärtsspannung werden die Defektelektronen von P^+- in den N-dotierten Bereich injiziert. Dort sind sie aber Minoritätsladungsträger, die zu dem in Rückwärtsrichtung vorgespannten Kollektor-Basis-Übergang diffundieren und von dort in den Kollektorbereich gelangen. Damit nicht zu viele Defektelektronen im Basisbereich mit Elektronen rekombinieren, muß die Basisbreite klein gegen die Diffusionslänge der Defektelektronen sein. Aufgrund dieses Verhaltens kann ein am Basis-Emitter-Übergang eingespeistes Signal zu einem großen Ausgangssignal führen. Nach Art der Herstellung unterscheidet man z.B.: Spitzentransistoren, Legierungstransistoren, Mesatransistoren, Diffusionstransistoren, Planartransistoren. [4]. Ne

Biquinär-Code *(biquinary code)*. Gleichgewichteter Code zur Darstellung von Dezimalziffern. Jedes Codewort besteht aus 7 Bit, von denen zwei Bits auf „1" gesetzt sind (2-aus-7-Code). Die Bitstellen haben eine Wertigkeit. Der reflektierte B., der einen einschrittigen Code darstellt, hat keine Stellenwertigkeit. [9]. We

Bit	Biquinär-code 7 6 5 4 3 2 1	reflektierter Biquinärcode 7 6 5 4 3 2 1
Wertigkeit	5 0 4 3 2 1 0	
0	0 1 0 0 0 0 1	0 1 0 0 0 0 1
1	0 1 0 0 0 1 0	0 1 0 0 0 1 0
2	0 1 0 0 1 0 0	0 1 0 0 1 0 0
3	0 1 0 1 0 0 0	0 1 0 1 0 0 0
4	0 1 1 0 0 0 0	0 1 1 0 0 0 0
5	1 0 0 0 0 0 1	1 0 1 0 0 0 0
6	1 0 0 0 0 1 0	1 0 0 1 0 0 0
7	1 0 0 0 1 0 0	1 0 0 0 1 0 0
8	1 0 0 1 0 0 0	1 0 0 0 0 1 0
9	1 0 1 0 0 0 0	1 0 0 0 0 0 1

Biquinär-Code

Bit *(bit)*. 1. Abkürzung vom Englischen binary digit. Kurzform für Binärzeichen, auch für Dualziffer, wenn es auf den Unterschied nicht ankommt (DIN 44300). 2. Abkürzung vom Englischen basic indissoluble information unit. Einheit für den Informationsgehalt einer Nachricht. 3. Abkürzung für Built-in Test. [1], [9]. Li

Bit, funktionales *(functional bit, status bit)*. Werden die einzelnen Bits einer Binärfolge nicht als Stellen einer Dualzahl mit jeweils entsprechender Wertigkeit, sondern als Bits mit einer bestimmten Funktion betrachtet, so spricht man von funktionalen Bits. Die Funktion kann z.B. eine binäre Information über den Zustand eines Gerätes sein (Bild) oder ein Steuerimpuls. [1], [9]. Li

Bit 2	Bit 1	Bit 0
Drucker druckbereit	Farbband in Ordnung	Papier vorhanden

Funktionale Bits bei einem Drucker, die über die einzelnen Funktionen informieren.

Bitfehler *(bit error)*. Fehler durch Verfälschung eines Bit bei der Übertragung oder Speicherung von Informationen, wobei der Wert des Bits invertiert wird. Wieweit die Information durch einen B. verfälscht wird, hängt von der Wertigkeit des Bits ab. Durch Verwendung fehlerkorrigierender Codes können B. in einem bestimmten Umfang unwirksam gemacht werden. [9]. We

Bitfehlerhäufigkeit → Bitfehlerrate. We

Bitfehlerrate *(bit error rate)*, Bitfehlerhäufigkeit, Bitfehlerwahrscheinlichkeit. Verhältnis der fehlerhaften Bits zur Gesamtanzahl von Bits. Bei der Datenfernübertragung z.B. die Anzahl der fehlerhaft empfangenen Bits dividiert durch die Gesamtanzahl der gesendeten Bits. [14]. We

Bitfehlerwahrscheinlichkeit → Bitfehlerrate. We

Bitmuster → Binärfolge. Li

Bit-Slices *(bit slices)*. Halbleiter-Bauelemente, die aus ALU *(arithmetic logical unit)* und zugehörigen Registern von 2 oder 4 Bit Breite bestehen und sich parallelschalten lassen. Mit ihnen kann man in Verbindung mit zusätzlichen Bausteinen (z.B. Mikroprogramm-Steuerwerk, Mikroprogramm-Speicher und Sende-Empfänger zur Busansteuerung) Mikroprozessoren beliebiger Wortlänge aufbauen, die wesentlich schneller als gängige Mikroprozessoren sind. Sie werden mikroprogrammiert, so daß der Anwender seinen eigenen Befehlssatz in Assembler-Sprache entwickeln kann. [2]. Li

Bitübertragungsgeschwindigkeit *(bit transfer rate)*. Anzahl der in einer Zeiteinheit übertragenen Bits (Einheit: Bits pro Sekunde; BPS). Die B. wird meist bei serieller Übertragung angegeben: sie kann größer, gleich oder geringer als die Schrittgeschwindigkeit sein. [14]. We

Bivibrator → Multivibrator, astabiler. Li

B-Komplement → Komplement. Li

(B − 1)-Komplement → Komplement. Li

Black Box *(black box)*. Art der Betrachtung und Beschreibung von Bauteilen, Baugruppen, Geräten, Einrichtungen, Systemen usw. Die betreffende Einheit wird nur in ihrem von außen beobachtbaren Verhalten betrachtet, ohne zu untersuchen, wie dieses Verhalten zustande kommt. Nur die Reaktion der Ausgangssignale auf die Eingangssignale spielt eine Rolle.

Das Black-Box-Prinzip wird in vielen Zweigen der Technik, aber auch z.B. in Biologie, Sozialwissenschaften, Pädagogik angewendet. [1]. We

Blasenspeicher → Magnetblasenspeicher. We

Blattschreiber *(page printer, console typewriter)*. Ein-Ausgabegerät für die Konsole einer Datenverarbeitungsanlage, bestehend aus Tastatur und Drucker. Der B. wird vom Operateur bedient. Die Verwendung eines Blattschreibers gegenüber einer Bildschirmkonsole hat den Vorteil, daß alle Ereignisse protokolliert werden. [1]. We

Blauschriftspeicherröhre → Dunkelschriftröhre. Fl

Bleiakkumulator *(lead acid cell)*. Spezieller Typ eines Akkumulators. Der B. besteht in geladenem Zustand aus zwei in 20- bis 30 %ige Schwefelsäure eintauchende Elektrodenplatten, von denen die eine aus schwammförmigem Blei (Pb), die andere aus Bleioxid (PbO_2) besteht. Bei leitender äußerer Verbindung der beiden Elektrodenplatten fließt wegen der vorhandenen Potentialdifferenz von etwa 2 V ein Elektronenstrom von der Blei- zur Bleioxidplatte unter gleichzeitiger Bildung von Bleisulfat ($PbSO_4$). Es läuft folgender chemischer Gesamtvorgang ab:

$$Pb + PbO_2 + 2\,H_2SO_4 \underset{\text{Ladung}}{\overset{\text{Entladung}}{\rightleftharpoons}} 2\,PbSO_4 + 2\,H_2O + \text{Energie}.$$

Ladung und Entladung eines Bleiakkumulators können etwa 200mal wiederholt werden. Anwendung: Starterbatterie von Fahrzeugen, Notstrombatterie. [5]. Bl

Blindfaktor → Blindleistung. Rü

Blindleistung *(reactive power)*. Die B. ist in Wechselstromkreisen definiert (DIN 40110). Ihre Ursache sind Verbraucher, die bei sinusförmiger Speisespannung U eine Phasenverschiebung φ zwischen (sinusförmigem) Strom I_1 und Spannung U oder durch Oberschwingungen I_ν einen verzerrten Netzstrom I hervorrufen. Die B. ergibt sich aus der Scheinleistung $S = U \cdot I$ und der Wirkleistung $P = U \cdot I_1 \cdot \cos\varphi$ zu $Q = \sqrt{S^2 - P^2}$. Sie läßt sich in Grundschwingungs-B. $Q_1 = U \cdot I_1 \cdot \sin\varphi$ und Verzerrungsleistung

$$D = U \cdot \sqrt{\sum_{2}^{\infty} I_\nu^2}$$

gemäß $Q^2 = Q_1^2 + D^2$ aufspalten. Als Blindfaktor bezeichnet man $\sin\varphi$ und als Verschiebungsfaktor $\cos\varphi$ (→ Leistungsfaktor). In der Stromrichtertechnik wird Q_1 unterschieden in Steuer-B. (Phasenanschnittsteuerung) und Kommutierungs-B. Die B. kann nicht in Nutzenergie (z.B. Drehmoment) umgesetzt werden; sie geht aber voll in die Dimensionierung elektrischer Anlagen (Leiterquerschnitt, Spannungsfestigkeit) ein. Deshalb muß die B. in der elektrischen Energietechnik ggf. mit Hilfe von Kompensationsgliedern möglichst gering gehalten werden. [5]. Ku

Blindleistungsdiode *(reverse diode)* → Rückspeisedioden. Ku

Blindleistungsmesser *(reactive volt-ampere-meter, varmeter)*. Der B. ist ein elektrisches Meßgerät, das zur Messung der Blindleistung $Q = U \cdot I \cdot \sin\varphi$ dient. Hauptsächlich werden Meßgeräte mit elektrodynamischem Meßwerk eingesetzt, deren Strom in der drehbar angeordneten Meßspule gegenüber der zugehörigen Spannung um 90° verschoben wird. Zur Messung im Einphasen-Wechselstromnetz

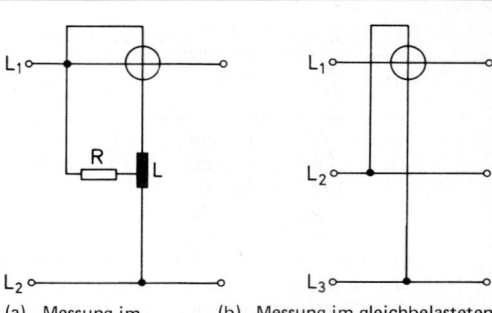

(a) Messung im Einphasen-Netz
(b) Messung im gleichbelasteten Dreileiter-Drehstromnetz

Blindleistungsmesser

wird hierzu in den Spannungspfad eine Induktivität gelegt (Bild a)), so daß der Strom im Spannungspfad um 90° nacheilt. Eine ähnlich wirkende Schaltung ist die Hummelschaltung. Im gleichbelasteten Drehstromnetz nutzt man die 90° Phasenverschiebung der Mittelpunktleiterspannungen (Bild b)) gegenüber entsprechenden Leiterspannungen aus, muß aber bei der Ablesung den Verkettungsfaktor ($\sqrt{3}$) berücksichtigen. [12]. Fl

Blindleitwert *(susceptance)*, Suszeptanz. Imaginärteil einer Admittanz (→ Impedanz). [15]. Rü

Blindröhre → Reaktanzröhrenschaltung. Fl

Blindspannung *(reactive voltage)*. Die B. ist der Spannungsabfall an Induktivitäten und Kapazitäten (Spulen, Kondensatoren). Nach DIN 40110 ist $U_b = \frac{|Q|}{I}$, mit Q Blindleistung und I Effektivwert des Stromes.

Über die teilweise verschiedenen üblichen Vorzeichen von U_b werden in DIN 40110 keine Festlegungen getroffen. [15]. Rü/Ku

Blindstrom *(reactive current)*. Der B. tritt in Wechselstromkreisen immer da auf, wo kapazitive oder induktive Verbraucher vorhanden sind oder Verzerrungen im Strom durch nichtlineares Verhalten des Verbrauchers hervorgerufen werden. Bei sinusförmiger Speisespannung und kapazitiver Belastung eilt der B. der (Blind-)Spannung um 90° voraus, bei induktiver Belastung um 90° nach. Nach DIN 40110 ist $I_b = \frac{|Q|}{U}$, mit Q Blindleistung und U Effektivwert der Spannung.

Über die teilweise verschiedenen üblichen Vorzeichen von I_b werden in DIN 40110 keine Festlegungen getroffen. [15]. Rü/Ku

Blindwiderstand *(reactance)*, Reaktanz (X). Ein Zweipol, bei dem zwischen anliegender sinusförmiger Wechselspannung U und hindurchfließendem Strom I eine Phasenverschiebung von ± 90° auftritt (U, I Effektivwerte). Blindwiderstände sind (verlustlos betrachtete) Induktivitäten und Kapazitäten. Die Blindleistung ist

$$Q = I^2\,X.$$

Der B. ist der Imaginärteil einer Impedanz. [15]. Rü

Blochwand *(Bloch wall)*. Die Grenzschichten oder Wände zwischen verschiedenen Weißschen Bezirken eines Ferromagneten. Sie zeigen bei Beschichtung durch eine Suspension kolloidialer ferromagnetischer Teilchen die sogenannten Bitter-Streifen. [7]. Bl

Block *(block)*. Zusammenfassung von Daten bei der Speicherung, dem Aus- und Einlesen auf magnetischen Datenträgern, z.B. bei der Datenfernübertragung. Physikalisch kann der Block nur im Ganzen behandelt werden, während für den Anwender eine Unterteilung in Sätze möglich ist. Der Block wird durch einen Blockvorspann (Header) eingeleitet und durch einen Nachspann abgeschlossen; diese dienen z.B. der Aufnahme von Steuerzeichen, Synchronisationszeichen, Paritätszeichen zur Abprüfung. Während die Blöcke bei Magnetplattenspeichern eine feste Länge haben, ist sie bei Magnetbandspeichern und i.a. auch bei der Datenfernübertragung frei wählbar. Zwischenräume zwischen den Blöcken können beim Magnetbandspeicher von Blocklücken-Detektoren *(gap detector)* erkannt werden. [1]. We

Blockcode *(block code)*. Bildung bestimmter Sicherungszeichen, die sich nicht auf ein bestimmtes Datenwort, sondern auf einen ganzen Block von Daten beziehen. Beispiele für einen B. sind zyklische Codes und die Kreuzprüfung (Bildung von vertikaler und horizontaler Parität), wie sie bei Magnetbandspeichern angewendet werden kann. [9]. We

Blockfehlerrate *(block error rate)*. Verhältnis der gestörten Blöcke zu der Gesamtanzahl der übertragenen Blöcke, wobei nicht berücksichtigt wird, ob ein Block einen oder mehrere Fehler enthält. [14]. We

Blockierspannung → Vorwärtsblockierspannung. Li

Blockierung *(blocking, congestion)*. Belegungszustand einer Koppeleinrichtung oder eines Leitungsbündels, in dem der Aufbau einer neuen Verbindung unmöglich ist. Ist kein geeigneter Weg zu den Abnehmerleitungen frei, so spricht man von innerer B. der Koppeleinrichtung; sind dagegen alle Abnehmerleitungen belegt, so liegt äußere B. vor. Der Blockierungszustand wird hinsichtlich der Länge und relativen Zeitanteil durch die Blockierungsdauer bzw. die Blockierungswahrscheinlichkeit beschrieben. [19]. Kü

Blockkondensator *(blocking capacitor, buffer capacitor)*. Kondensator zur Abriegelung des einer Wechselspannung überlagerten Gleichspannungsanteils und zur Weiterleitung der Wechselspannung. An den B. werden meist keine besonderen Anforderungen hinsichtlich Kapazitätskonstanz und Verlustfaktor gestellt. [4]. Ge

Blocklücke *(gap)*. Beim Magnetbandspeicher die Lücke zwischen den einzelnen, verschieden langen Datenblöcken. In der B. ist das Band nicht beschrieben, es ist auch keine Taktspur vorhanden. Die B. kann durch eine Schaltung *(gap detector)* erkannt werden. [1]. We

Blockschaltbild *(block diagram)*. Vereinfachende Darstellungsweise einer Schaltung oder eines Funktionsablaufs. Auf Details wird im Interesse besserer Übersichtlichkeit verzichtet. Die verwendeten Funktionsblöcke haben symbolischen Charakter, wobei zusätzliche Texte die Eigenschaften eindeutig ausweisen. Die Symbole sind fachspezifisch aufgeteilt und nach DIN genormt (z.B. digitale Verknüpfungsglieder DIN 40700). In regelungstechnischen Blockschaltbildern ist es auch üblich, die Sprungantwort als Symbol in die Funktionsblöcke einzutragen. [5]. Ku

Blocksicherung *(block parity check)*. Sicherung eines Blockes bei Speicherung oder Übertragung durch Prüfzeichen (BCC *block check character)*, die meist am Ende des Blockes gespeichert bzw. gesendet werden. Die Verfahren der B. sind meist so angelegt, daß sie bei Blöcken unterschiedlicher Länge angewendet werden können (Blockcode, zyklischer Code). [9]. We

Blocksynchronisation *(block synchronisation)*. Bei der seriellen Übertragung von Blöcken, z.B. bei der Datenfernübertragung, beim Verkehr zwischen Magnetplattenspeicher und Datenverarbeitungsanlage, bei denen kein eigenes Taktsignal mitgeführt wird, ist eine B. erforderlich. Diese erfolgt durch Synchronisationszeichen, die keine Information tragen. Diese bringen den Taktgenerator der Empfangseinrichtung zum Gleichlauf. Werden die Blöcke zu lang, so muß wegen der Frequenzabweichung zwischen Sende-und Empfangstaktgenerator eine Nachsynchronisation durchgeführt werden. [9]. We

Bode-Diagramm *(Bode diagram)* → Frequenzkennlinie. Ku

Bodenkonstanten *(earth constants)*. Die B. der Erdoberfläche bestimmen die Vorgänge der Reflexion und Dämpfung bei der Wellenausbreitung. Permittivitätszahl ϵ_r und Leitfähigkeit σ sind Funktionen der Bodenart, der Bodenschichtung, der Frequenz sowie der Temperatur und des Wassergehalts. Die Dielektrizitätskonstante liegt im Bereich von $\epsilon_r = 4$ für sehr trockenen und $\epsilon_r = 25$ für sehr feuchten Boden. Die Leitfähigkeit schwankt zwischen $\sigma = 10^{-4}\ \Omega^{-1}\ m^{-1}$ für sehr trockenen Wüstenboden und $10^{-1}\ \Omega^{-1}\ m^{-1}$ für feuchten Ackerboden. Die vertikale Schichtung führt zu effektiven Werten von ϵ_r und σ. Für die relative Permeabilität kann meistens $\mu_r = 1$ gesetzt werden. [14]. Ge

Bodenwelle *(surface wave, ground wave)*. Eine elektromagnetische Welle, die sich entlang der Erdoberfläche ausbreitet und durch die Eigenschaften des Bodens (Bodenkonstanten) und der Troposphäre beeinflußt wird. Die B. wird auf Grund der Veränderungen der Dielektrizitätskonstanten der Troposphäre gebeugt. Mit zunehmender Frequenz wird die Dämpfung der B. stärker, so daß ihre Reichweite geringer wird (Längstwelle, Langwelle, Mittelwelle, Kurzwelle). [14]. Ge

Bogenmaß *(radian)*. Darstellungsmöglichkeit einer Winkelgröße statt im Gradmaß in Radiant. Es entspricht:

$$360° \triangleq 2\pi.$$

Für die Umrechnung gilt:

$$\varphi° = \frac{360°}{2\pi}\varphi_{rad} = 57{,}296\ \varphi_{rad},$$
$$\varphi_{rad} = 0{,}0175\ \varphi°.$$

Das Einheitenzeichen „rad" bezieht sich auf die SI-Einheit Radiant (DIN 1315). [5]. Rü

Bohrsches Magneton *(Bohr's magneton)*. Als B., μ_B wird das magnetische Moment eines Elektrons durch die Umlaufbewegung auf der Grundbahn in Wasserstoff bezeichnet. Ein im Kreis vom Radius r mit der Winkelgeschwindigkeit ω umlaufendes Elektron (Ladung e_0, Masse m_e) besitzt das magnetische Moment $\frac{1}{2} e_0 \omega r^2$. Schreibt man dem kleinsten Drehimpuls ($m_e r^2 \omega$) den Wert $\hbar = h/2\pi$ (nach dem Bohrschen Atommodell) zu, ergibt sich für sein magnetisches Moment

$$\mu_B = \frac{1}{2} \hbar \frac{e_0}{m_e}.$$

Der Zahlenwert ist $\mu_B = 9{,}2732 \cdot 10^{-24}$ Am². Das magnetische Moment eines Elektrons aufgrund seines Spins ist $\mu_e = 1{,}00115961 \cdot \mu_B$. [7]. Bl

Bolometer *(bolometer)*. Allgemein sind B. Anordnungen, bei denen durch Erwärmung eine Widerstandsänderung erfolgt, die zur Anzeige gebracht wird. In der Hochfrequenz dienen B. der Messung kleiner Leistungen (10^{-6} W bis 10^{-3} W) bis in den GHz-Bereich. Man unterscheidet hier zwischen Barrettern und Thermistoren. Eines dieser nichtlinear temperaturabhängigen Elemente befindet sich in einer Brückenschaltung, die zur Vermeidung von Fehlanpassungen mit Gleich- oder niederfrequentem Wechselstrom vorbelastet und abgeglichen wird. Nach Anlegen der Hochfrequenz-Leistung wird die Vorbelastung bis zum erneuten Brückengleichgewicht verringert. Die Änderung der Vorbelastung entspricht der zugeführten HF-Leistung (HF Hochfrequenz) und wird angezeigt. Die B.-Elemente sind meist in Koaxial- oder Hohlleitermeßköpfen untergebracht. [8], [12], [13]. Fl

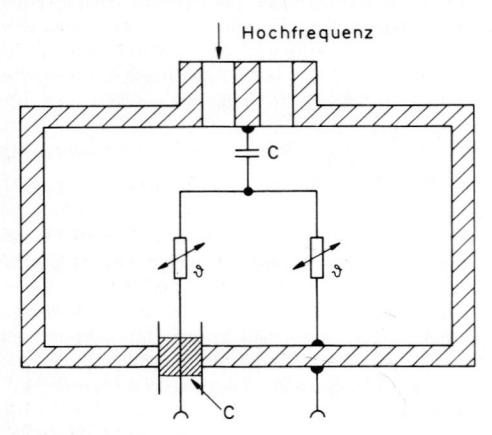

Bolometermeßkopf

Boltzmann-Beziehung *(Boltzmann relation)*. Verbindet die Entropie S eines thermodynamischen Systems mit der Wahrscheinlichkeit W über $S = k \cdot \ln W$, worin k die Boltzmann-Konstante ($k = 1{,}3804 \cdot 10^{-23}$ J/K) ist. [7].Bl

Boltzmann-Faktor *(Boltzmann factor)*. Der im Boltzmannschen Verteilungsgesetz auftretende Faktor $e^{-W/kT}$ (W Gesamtenergie eines Teilchens, K Boltzmann-Konstante, T absolute Temperatur) wird B. genannt. [7]. Bl

Boltzmann-Konstante *(Boltzmann's constant)*. Nach der kinetischen Gastheorie ist die kinetische Energie eines Mols Gas pro Translationsfreiheitsgrad 1/2 kT und somit der absoluten Temperatur proportional. Der Proportionalitätsfaktor $k = 1{,}3804 \cdot 10^{-23}$ J/K heißt B. [7]. Bl

Boltzmannsches Verteilungsgesetz *(Boltzmann law)*. Gibt für die Gesamtheit von n Teilchen, die bei der Temperatur T im thermischen Gleichgewicht stehen, die Verteilung im Phasenraum an. Die Anzahl der Teilchen dn im Volumenelement zwischen x und x+dx, y und y+dy, sowie z und z+dz beziehungsweise im Impulsbereich von p_x und p_x+dp_x, p_y und p_y+dp_y, sowie p_z und p_z+dp_z ist

$$dn = D\, e^{-\frac{W}{kT}}\, dp_x\, dp_y\, dp_z\, dx\, dy\, dz.$$

W Gesamtenergie, k Boltzmann-Konstante, D eine Normierungskonstante, die sicherstellt, daß die Integration über den Orts- und Impulsraum n ergibt. Beschreibt man diesen Satz nicht im Phasenraum, sondern durch Quantenzustände, so ist der Mittelwert der Besetzungszahl n_i des i-ten Energieniveaus (mit der Energie E_i) gegeben als

$$n_i = e^{\frac{\mu - E_i}{kT}}$$

(μ chemisches Potential, T absolute Temperatur). [7]. Bl

BOMOS-Technik *(buried oxide metal-oxide-Semiconductor technology, BOMOS)*. Eine Technik, bei der sich eine dicke Oxidschicht bis unterhalb der Drain- und Sourcebereiche der MOS-Struktur ausdehnt (Bild). Hierdurch werden nicht nur die N^+-dotierten Bereiche seitlich, sondern auch gegenüber dem Substrat isoliert. Parasitäre Drain- und Source-Kapazitäten zum Substrat werden klein gehalten. [4]. Ne

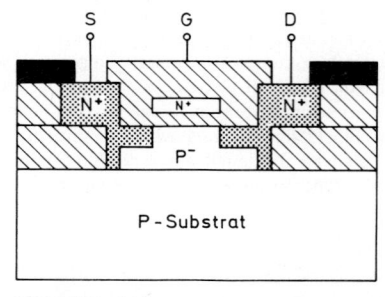

BOMOS-Technik

Bonden → Kontaktieren. Ge

Boolesche Algebra *(Boolean algebra)*, Algebra der Logik. Von George Boole (1815–1864) entwickelte Algebra binärer Variablen. Untersucht deren Grundverknüpfungen (Konjunktion, Disjunktion und Negation) und ihre Gesetzmäßigkeiten. Spezielle Boolesche Algebren sind: die Mengenlehre (2 Zustände: Element in der Menge enthalten/nicht enthalten), die Aussagenlogik (2 Möglichkeiten: wahr/falsch), die Ereignisalgebra bzw. Wahrscheinlichkeitstheorie (Ereignis tritt ein/tritt nicht ein) und die von Shannon aus der B. entwickelte Schaltalgebra (Schalter ein/aus), die für die Entwicklung und besonders Vereinfachung von Systemen der digitalen Nach-

richtenverarbeitung (speziell: Schaltnetze und Schaltwerke) von entscheidender Bedeutung ist. [1], [2], [9].
Li

Booster *(booster)*. 1. HF-Antennenverstärker (HF, Hochfrequenz) zur Vorverstärkung schwacher Empfangssignale. 2. Hochvakuumpumpe (Öldiffusionspumpe), die in ihrer Leistung (10^{-2} Pa bis 10^0 Pa) zwischen der Dampfstrahl- und der Diffusionspumpe liegt. [8].
Li

Booster-Diode *(damper)*. Diode mit hoher Sperrspannung, die in Horizontal-Ablenkstufen von Fernsehempfängern den Sägezahnstrom dämpft, einen Ausschwingvorgang beim Zeilenrücklauf verhindert und die Strahlablenkung linearisiert. Die entzogene, also rückgewonnene Energie kann in Form der Booster-Spannung an einem Kondensator abgegriffen und zur Versorgung einzelner Gerätestufen verwendet werden. [6], [13].
Li

Bootstrap-Schaltung → Miller-Integrator.
Ne

Bootstrap-Schaltung → Miller-Integrator.
Ne

Bootstrap Loader → Lader.
We

BORSCHT. Abkürzung für die Hauptfunktionen im Zusammenhang mit dem Digitalanschluß:

Battery	Gleichstromspeisung,
Overvoltage	Überspannungsschutz,
Ringing	Rufen der Endstelle,
Signalling	Signalisierung,
Coding	Codieren der Sprachsignale,
Hybrid	Zweidraht-Vierdrahtumsetzung,
Testing	Prüfen der Anschlußleitung und Endstelle.

[19].
Kü

Bose-Einstein-Statistik *(Bose-Einstein statistics)*. Beschreibt das Verhalten von Elementarteilchen mit ganzzahligem Spin, deren Wellenfunktionen gegen Vertauschung symmetrisch sind. Die Besetzungszahlen der Quantenzustände unterliegen hier keinen Beschränkungen und genügen der Bose-Einstein-Verteilung. [7].
Bl

Bose-Einstein-Verteilung *(Bose-Einstein distribution)*. Die B. gibt die mittlere Besetzungszahl n_i des i-ten Energiezustandes mit der Energie E_i für Teilchen ganzzahligen Spins zu

$$n_i = [e^{(E_i - \mu)/kT} - 1]^{-1}$$

an. Darin muß das chemische Potential μ stets negativ sein; T absolute Temperatur, k Boltzmann-Konstante. [7].
Bl

Bott-Duffin-Prozeß *(Bott-Duffin procedure)*. Ein Verfahren der Zweipolsynthese zur Realisierung von Zweipolfunktionen Z(p) durch RLC-Netzwerke. Statt der Funktion Z(p) wird hier die Funktion

$$R(p) = \frac{k\,Z(p) - p\,Z(k)}{k\,Z(k) - p\,Z(p)}$$

entwickelt, die ebenfalls Zweipolfunktion ist, wenn k positiv reell. Im Gegensatz zum → Brune-Prozeß führt der B. zu übertragerfreien Schaltungen, die allerdings nicht mehr kanonisch sind. Auch hier wird der Realisierungsprozeß solange hintereinander angewendet, bis die gegebene Zweipolfunktion reduziert ist; man nennt einen Realisierungsschritt einen Bott-Duffin-Zyklus. [15].
Rü

Bourdonfedermanometer *(Bourdon tube gauge)*, Röhrenfedermanometer. Druckmeßgerät, dessen aktives Element aus einer einseitig verschlossenen, kreis-, spiral- oder schneckenförmigen Röhre aus Stahl oder einer Kupfer-Zink-Legierung mit annähernd elliptischem Querschnitt besteht. Durch den eingeleiteten Druck bäumt sich das Federrohr auf und betätigt über eine Mechanik einen Zeiger. B. werden bis zu Drücken von $50 \cdot 10^3$ N/cm^2 eingesetzt. [12].
Fl

Box-Verfahren → Diffusionsverfahren.
Ne

Braunsche Röhre *(cathode ray tube, CRT)*. Elektronenstrahlröhre, nach F. Braun, der erstmals die Ablenkung von Elektronenstrahlen in einem Querfeld zur Messung schnell veränderlicher Spannungen verwendete. Heute in verfeinerter Form Grundelement jedes Elektronenstrahloszilloskops und jeder Fernsehbildröhre. [4].
Rü

Breakpoint *(breakpoint)*, Unterbrechungs-, Haltepunkt. Bei den meisten Mikroprozessor-Entwicklungs- bzw. -Testsystemen (und auch bei Großrechnern) kann man zu Testzwecken eine Befehlsadresse in einem Programm angeben — den B. —, bei der das System die Programmabarbeitung unterbricht und Abfragen bzw. Programm-Manipulationen über die Tastatur zuläßt. Durch wiederholtes Setzen von Breakpoints lassen sich Programmierfehler leicht lokalisieren und korrigieren. [1].
Li

Brechung *(refraction)*. Die B. ist die Richtungsänderung, die jeder Strahl einer Welle erfährt, wenn er aus einem Medium in ein anderes übertritt, sofern die Ausbreitungsgeschwindigkeiten in den beiden Stoffen verschieden groß sind. An der Grenzfläche entsteht eine Knickung der Fortpflanzungsrichtung des Strahls. B. tritt bei allen Wellenvorgängen (nicht nur bei elektromagnetischen) auf. Die größte praktische Bedeutung hat die B. in der Optik und der Elektronenoptik. [5].
Rü

Brechungsgesetz *(law of refraction)*. Das B. beschreibt (in der Optik) quantitativ die Brechung eines Strahls, der aus dem Vakuum (Medium 1) unter einem Winkel α_1 auf ein Medium 2 trifft, in dem sich die Welle mit einer anderen Ausbreitungsgeschwindigkeit fortpflanzt. Hat der Strahl im Medium 2 gegenüber dem Lot einen Winkel α_2, dann gilt das Snelliussche Brechungsgesetz

$$\frac{\sin\alpha_1}{\sin\alpha_2} = n.$$

n ist die Brechzahl des (optisch isotropen) Mediums. Tritt der Strahl nicht aus dem Vakuum, sondern aus einem Medium mit der Brechzahl n_1 in ein Medium mit n_2 über, gilt allgemeiner

$$\frac{\sin\alpha_1}{\sin\alpha_2} = \frac{n_2}{n_1} = \frac{c_1}{c_2}. \qquad (1)$$

Die Brechzahlen n_1 und n_2 zweier Medien verhalten sich umgekehrt wie die Ausbreitungsgeschwindigkeiten c_1 und c_2 der Welle. Ist das Medium 1 das Vakuum, dann ist dort $n_1 = 1$ und $c_1 = c_0$ die Lichtgeschwindigkeit im Vakuum, dann gilt nach Gl. (1)

$$n_2 = n = \frac{c_0}{c_2}.$$

Formal gilt das B. auch in der (geometrischen) Elektronenoptik. [5]. Rü

Brechungsgesetz, elektrisches. Ähnlich wie bei Wellenvorgängen erleiden elektrische (und magnetische) Feldlinien beim Übergang zwischen verschiedenen Medien eine Brechung. Wird das Medium 1 durch eine Permittivität ϵ_1 und das Medium 2 durch eine Permittivität ϵ_2 beschrieben, dann gehen die Tangentialkomponente der elektrischen Feldstärke **E** und die Normalkomponente der elektrischen Flußdichte **D** stetig durch die (ungeladene) Trennfläche. Sind α_1 und α_2 die Winkel der Feldlinien gegenüber der Lotrichtung, dann gilt folgende Abhängigkeit

$$\frac{\tan\alpha_1}{\tan\alpha_2} = \frac{\epsilon_1}{\epsilon_2}.$$

[5]. Rü

Brechungsgesetz, magnetisches. Es beschreibt die Brechung magnetischer Feldlinien in vollkommener Analogie zum elektrischen Brechungsgesetz. Haben die beiden Medien die Permeabilitäten μ_1 und μ_2, dann gilt:

$$\frac{\tan\alpha_1}{\tan\alpha_2} = \frac{\mu_1}{\mu_2}.$$

[5]. Rü

Brechungsindex → Brechzahl. Rü

Brechungskoeffizient → Brechzahl. Rü

Brechwert *(refractivity)*. Der B. N ergibt sich mit der Brechzahl n aus $N = (n-1) \cdot 10^6$. Modifizierter B.: $M = N + (h/r_E) \cdot 10^6$. Hierin ist h die Höhe über NN, $r_E = 6{,}370 \cdot 10^6$ m (mittlerer Erdradius). Mit dem modifizierten B. werden Ausbreitungsvorgänge über kugelförmiger Erde auf solche über ebener Erde zurückgeführt. [14]. Ge

Brechzahl *(refractive index)* (früher Brechungsindex oder Brechungskoeffizient, Zeichen n). Die B. n (λ) für monochromatische elektromagnetische Strahlung ist das Verhältnis der Ausbreitungsgeschwindigkeit c_0 im Vakuum zu der (wellenlängenabhängigen) Ausbreitungsgeschwindigkeit v (λ) in einem Medium

$$n(\lambda) = \frac{c_0}{v(\lambda)} \quad \text{(DIN 1349/1)}.$$

Für zwei verschiedene Medien mit den beiden Brechzahlen n_1 und n_2, gilt das Brechungsgesetz. Praktisch kann als Bezugsmedium anstelle des Vakuums immer Luft genommen werden, da hierfür unter Normalbedingungen gilt:

$n \approx 1{,}0003$.

[5]. Rü

Brechzahlprofil *(refractive index distribution)*. Der Verlauf der Brechzahl zwischen zwei beliebig weit voneinander entfernten Punkten, z.B. entlang des Durchmessers einer Glasfaser für optische Nachrichtenübertragung. Je nach der geometrischen Anordnung des Brechzahlprofils unterscheidet man Stufenindexfaser, Gradientenindexfaser und Monomode-Faser. [16]. Rü

Breitbandamplitudenmodulation *(high fidelity amplitude modulation; HIFAM)*. Die B. wird beim Drahtfunk angewendet, wobei die höchste Modulationsfrequenz mindestens 10 kHz beträgt. Zum Vergleich hierzu beträgt die NF-Bandbreite (NF, Niederfrequenz) der AM-Mittelwellensender durch die vorgegebene Kanalbreite von 9 kHz nur 4,5 kHz. [8], [13], [14]. Th

Breitbandantenne *(broadband antenna)*. Antenne, deren Eingangswiderstand und Strahlungseigenschaften in einem vorgegebenen Frequenzband nur wenig von vorgeschriebenen Werten abweichen. 1. Bei der vertikalen B. (→ Vertikalantenne) wird dies durch große Querabmessungen erreicht, z.B. bei der Zylinderantenne, der Kegelantenne und der Exponentialantenne. Bei dicken Zylinderantennen macht sich die Fußpunktkapazität störend bemerkbar. Dies kann durch kegelförmige Ausbildung des Fußteils gemildert werden. Zur Materialersparnis und zur Verringerung des Winddrucks werden Breitbandantennen oft in Form von Reusen aus Stäben oder Drähten ausgeführt (→ Reusenantenne). 2. Für Breitbanddipole gelten die gleichen Hinweise wie für vertikale Breitbandantennen, so daß auch die gleichen Antennenformen, jedoch in symmetrischer Ergänzung, Verwendung finden. 3. Logarithmisch-periodische Antennen: Antennen mit sehr großer Bandbreite, $f_{max}/f_{min} \approx 10$. Ihre geometrischen Abmessungen ändern sich in einem konstanten Verhältnis. Es sind nur die Antennenteile wirksam, die bei der abgestrahlten Wellenlänge in Resonanz kommen. Eine Vergrößerung der Bandbreite ergibt sich bei Gruppenstrahlern durch phasenverschobene Erregung der Antennenelemente (Drehkreuzantenne), durch Ausnutzung der Strahlungskopplung sowie bei Bedämpfung der Antenne mit Widerständen. [14]. Ge

Breitbanddipol → Breitbandantenne. Ge

Breitbandfilter *(wide bandpass filter)*. Ein Filter, das ein relativ breites Frequenzband hindurchläßt (oder sperrt), wobei im allgemeinen dessen Bandbreite größer als die untere Grenzfrequenz ist. Man kennzeichnet damit den Gegensatz zum Schmalbandfilter. [14]. Rü

Breitbandmodulation *(wide-band modulation)*. Die B. wird zum Umsetzen ganzer Frequenzbänder verwendet. Typische Anwendungen sind die Trägerfrequenztechnik in der Fernsprechtechnik und die Nachrichtenübertragung über Satelliten. [8], [13], [14]. Th

Breitbandrauschen *(wideband noise)*. Bezeichnung für ein Rauschsignal, dessen Frequenzbereich von 0 Hz bis zu einer definierten oberen Grenzfrequenz reicht. Ein Merkmal des Breitbandrauschens ist die konstante Leistungsdichte innerhalb der Bandgrenzen. Mathematisch ausgedrückt:

$$\text{Leistungsdichte } S(f) = \begin{cases} S & \text{für } 0 < |f| < f_{gr} \\ 0 & \text{für } f_{gr} < |f| < \infty \end{cases}$$

f_{gr} obere Grenzfrequenz. Es ergibt sich somit eine Rechteckfunktion der Leistungsdichte in Abhängigkeit von der Frequenz. Das B. wird häufig als Testsignal in der Korrelationstechnik eingesetzt. [13]. Th

Bremsdynamometer → Absorptionsdynamometer.   Gl

Bremsgitter *(decelerating grid)*. Das B. ist eine in Elektronenröhren (Pentoden) gebräuchliche Anordnung zur Unterdrückung von Sekundärelektronen, die den Anodenstrom herabsetzen könnten. Das B. bewirkt außerdem eine Verringerung des Anodendurchgriffs und damit eine Erhöhung der Steilheit der Elektronenröhre. Das B. liegt allgemein zwischen zwei positiven Elektroden und ist meist mit der Katode verbunden. [5].   Bl

Brennstoffelement *(fuel element)*. 1. Kleinstes, eigenständiges Teil eines Kernreaktors. Es enthält, meist in Form von Brennstäben, den Kernbrennstoff. 2. Generator für elektrischen Strom durch eine Brennstoffzelle. [5].   Bl

Brennstoffzelle *(hydrogen fuel cell)*. Die B. ist ein durch elektrochemische Oxidation („kalte Verbrennung") eines Brennstoffs (z.B. Wasserstoff mit Sauerstoff) arbeitender Energieerzeuger, in dem die chemische Energie direkt in elektrische Energie umgewandelt wird. Hierbei gibt zunächst jedes Wasserstoffatom H ein Elektron ab (Oxidation) und geht in H^+ über; jedes Sauerstoffatom O nimmt zwei dieser Elektronen auf und wird zu O^{2-} (Reduktion). Je zwei H^+ und ein O^{2-} bilden schließlich das Reaktionsprodukt Wasser (H_2O). Bei der Verbrennung in der Knallgasflamme geschieht der Elektronenaustausch intern (nach Art eines Kurzschlusses), wogegen in der Brennstoffzelle die Elektronen über einen äußeren Stromkreis (mit einem angeschlossenen Verbraucher) fließen. Dabei kann ein Großteil der chemischen Bindungsenergie als elektrische Energie genutzt werden. [5].   Bl

Bremsstrahlung *(continuous radiation)*. B. entsteht beim Abbremsen beschleunigter, geladener Teilchen durch elektrische Felder oder Atome. Dabei verliert das beschleunigte Teilchen Energie, die in Form von elektromagnetischer Strahlung ausgesandt wird. Angewendet wird dieses Prinzip z.B. in Röntgenröhren. [7].   Bl

Brewster-Winkel *(Brewster angle, polarizing angle)*. Fallen vertikalpolarisierte elektromagnetische Wellen auf die Erde ein, so existiert ein Erhebungswinkel φ_B ($\hat{=}$ B.), bei dem der Reflexionskoeffizient Null wird. Es gilt: $\sin\varphi_B = (\epsilon_r)^{-1/2}$. Bei komplexer Permittivitätszahl ϵ_r durchläuft die Reflexion nur ein Minimum. [14].   Ge

Brillouin-Zone *(Brillouin-zone)*. Bereich im dreidimensionalen, vom Wellenvektor **k** aufgespannten k-Raum, in dem die Energieeigenwerte der Elektronenzustände des Kristalls eine stetige Funktion ergeben. An den Grenzflächen der B. hat diese Funktion einen Sprung. [7].   Bl

Brownsche Molekularbewegung *(molecular movement)*. Als B. wird die regellose nach Geschwindigkeit und Richtung wechselnde (zitternde oder wimmelnde) Bewegung der Moleküle eines Gases genannt. [7].   Bl

Brücke → Brückenschaltung.   Fl

Brücke mit automatischem Nullabgleich → Brücke, selbstabgleichende.   Fl

Brücke, selbstabgleichende *(automatic balancing bridge)*, Brücke mit automatischen Nullabgleich. Selbstabgleichende Brücken sind Meßbrücken, bei denen der Brückenabgleich automatisch erfolgt. Sie sind häufig in Meßgeräten oder Meßeinrichtungen zu finden, bei denen auf der Grundlage von Brückenmeßverfahren eine elektrische Messung nichtelektrischer Größen durchgeführt wird. Auch Klirrfaktor-Meßbrücken und Wechselstrom-Meßbrücken (oft Verlustfaktor-Meßbrücken) sind zum schnellen und genauen Einstellen einer Spannung Null im Diagonalzweig selbstabgleichend ausgeführt. Der Abgleich kann über einen Stellmotor oder einen elektronischen Regelkreis durchgeführt werden.

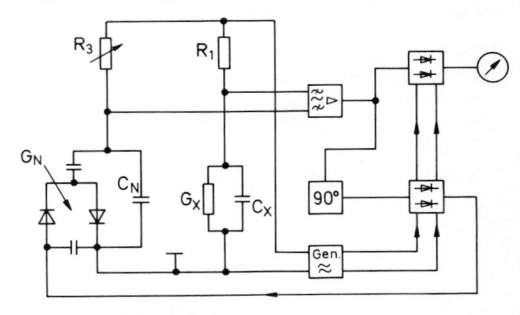

Selbstabgleichende Brüche

Die Arbeitsweise mit Motor ist folgende: Die Brückendiagonalspannung liegt am Eingang eines Verstärkers, dessen Ausgangssignal einen Motor antreibt, der so lange ein Schleifdraht-Potentiometer verstellt, bis Brückengleichgewicht erreicht ist. Aufwendigere Schaltungen bestehen aus einer Meßbrücke und einer Gegenbrücke. Über Verstärker und Abgleichmotor erfolgt ein Vergleich beider Brückendifferenzspannungen; verstellt wird ein Potentiometer der Gegenbrücke.

Das Bild zeigt eine automatische Kapazitäts-Meßbrücke mit Verlustfaktor-Abgleich. Ein phasenselektiver Gleichrichter gewinnt aus der um 90° gedrehten Diagonalspannung eine Regelspannung, die den dynamischen Widerstand von Dioden oder Feldeffekttransistoren verändert, um einen Abgleich zu ermöglichen. Die Ausgangsspannung eines weiteren selektiven Gleichrichters gibt die Richtung der Nachstellung des Kapazitäts-Abgleichreglers und der Nullspannung an. Nach erfolgtem Kapazitäts-Abgleich wird die Automatik abgeschaltet und der Verlustfaktor-Abgleich manuell durchgeführt.

[12].   Fl

Brückenabgleich *(bridge balance)*, Brückengleichgewicht, Brückenabgleichbedingung. Zur Bestimmung unbekannter Bauteilgrößen über eine Brückenschaltung muß bei der Meßbrücke ein Brückengleichgewicht hergestellt werden.

Zur Durchführung des Brückenabgleichs muß mindestens ein Brückenelement abgleichbar sein (z.B. Schleifdraht in der Schleifdraht-Meßbrücke). Die Abgleichbedingung einer Gleichstrom-Meßbrücke lautet dann: $R_1 : R_2 = R_3 : R_4$. Gleichheit der Verhältnisse wird durch die Anzeige Null eines im Diagonalzweig befindlichen Nullinstruments festgestellt. Will man auch den Verlustfaktor eines unbekannten passiven Zweipols über eine Wechselstrom-Meßbrücke miterfassen, muß neben der Bedingung $Z_1 \cdot Z_4 = Z_2 \cdot Z_3$ auch ein Phasenabgleich die Phasenbedingung $\varphi_1 + \varphi_4 = \varphi_2 + \varphi_3$ gewährleisten. Dies wird erreicht, wenn neben den Produkten gegenüberliegender Beträge auch

Brückenabgleichbedingung

deren Phasenwinkelsumme gleich gemacht werden können. Es müssen hierbei also zwei Elemente abstimmbar sein. Als Indikator kommen geeignete Wechselspannungs-Instrumente, aber auch Meßhörer oder Oszilloskope in Frage. Man gleicht auf Spannungsminimum und Phasengleichheit ab.
[12]. Fl

Brückenabgleichbedingung → Brückenabgleich. Fl

Brückenfilter *(lattice filter)*. Elektrisches Filter, als (symmetrisches X-Glied (X-Schaltung), oder in einer der dazu äquivalenten Formen realisiert. Die wesentlichen Anwendungsbereiche liegen bei den Allpässen und Quarzfiltern.
[14]. Rü

Brückengleichgewicht → Brückenabgleich. Fl

Brückengleichrichter *(bridge rectifier)*. Diodennetzwerk zur Erzeugung einer Gleichspannung U_d aus einer Wechselspannung U_N (Bild). Eine solche Anordnung wird je nach Anzahl der Halbleiterventile Wechselstrom- oder Drehstrombrückengleichrichter genannt. Im Bereich kleinerer Leistungen sind sie als Modul aufgebaut. [3].
Ku

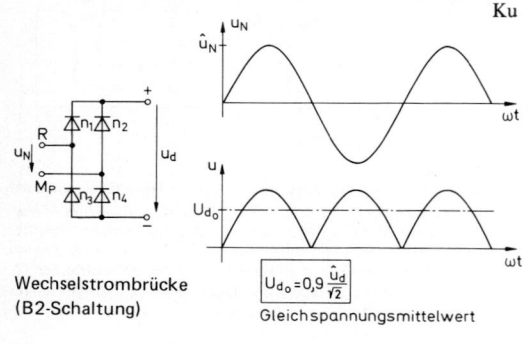

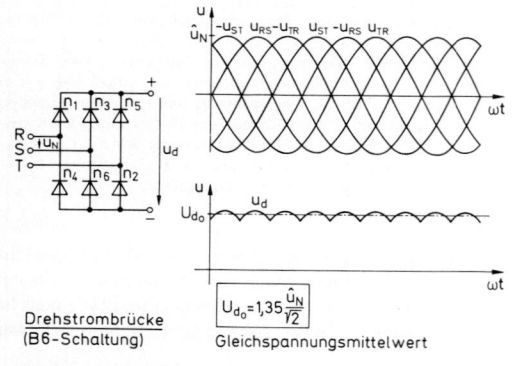

Wechselstrombrücke (B2-Schaltung)

$U_{d_o} = 0{,}9 \dfrac{\hat{U}_d}{\sqrt{2}}$

Gleichspannungsmittelwert

Drehstrombrücke (B6-Schaltung)

$U_{d_o} = 1{,}35 \dfrac{\hat{U}_N}{\sqrt{2}}$

Gleichspannungsmittelwert

Brückengleichrichter

Brückenmessung → Brückenmeßverfahren. Fl

Brückenmeßverfahren *(bridge measurement)*, Brückenmessung, Brückenverfahren. Das B. dient auf der Grundlage von Brückenschaltungen der präzisen Ermittlung unbekannter Wirkwiderstände, Impedanzen, bzw. durch Einfügen geeigneter Meßgeber in entsprechende Brückenzweige der elektrischen Messung nichtelektrischer Größen (z. B. Dehnmeßstreifen). Grundsätzlich unterscheidet man Gleichstrom-Meßbrücken und Wechselstrom-Meßbrücken, die als Ausschlagbrücken oder als Abgleichbrücken betrieben werden können.

Bei der Ausschlagbrücke wird einem definierten Ausschlag eines im Meßzweig befindlichen Anzeigeinstruments ein entsprechender Wert einer meist nichtelektrischen Größe zugeordnet. Die Verstimmung bewirkt ein geeigneter Meßgeber, der in die Brücke eingebaut ist. Kennzeichnend für die Abgleichbrücke ist, daß ein im Meßzweig angeschlossenes Nullinstrument nach erfolgtem Brückenabgleich stromlos wird und deswegen keiner Kalibrierung bedarf. Es sollte aber eine hohe Empfindlichkeit besitzen. Immer läuft die Brückenmessung auf einen Vergleich des Prüflings mit einem entsprechenden Normal oder dessen Nachbildung hinaus. Die geringste Meßunsicherheit erhält man bei Gleichheit aller Brückenelemente und dem Einsatz eng tolerierter, hochwertiger Bauteile.

[12]. Fl

Brückenmischer *(balanced mixer)*. Der B. wird in selbstschwingenden Mischschaltungen verwendet, in denen der Oszillator auch gleichzeitig als Mischer arbeitet. Bekannt sind die Oszillatorbrücke, bei der die Verkopplung zwischen Eingangs- und Oszillatorkreis durch die Brückenschaltung beseitigt wird und die ZF-Brücke (ZF Zwischenfrequenz). Zweck dieser Schaltung ist eine Entdämpfung des Anodenkreises in selbstschwingenden Triodenmischern und eine Kompensation der Gitter-Anoden-Kapazität. [8], [13], [14]. Th

Brückenmodulator *(bridge modulator)*. Der B. wird in der Videotechnik als Bildmodulator eingesetzt. Er kann aus der Zusammenschaltung zweier Röhren bestehen, deren Steuergitter parallel und deren Anoden im Gegentakt geschaltet sind. Das Trägersignal steht an den Steuergittern. Bei Verwendung von Pentoden liegt das Bremsgitter der einen Röhre auf einer festen Vorspannung und erhält das Modulationssignal, das Bremsgitter der anderen Röhre liegt zur Symmetrierung auf einer variablen Vorspannung. Es ist auch eine Schaltung mit Dual-Gate-MOSFETs denkbar. [8], [13], [14]. Th

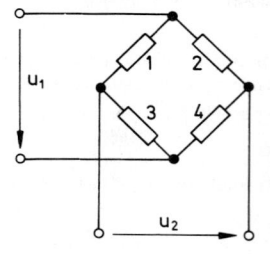

Brückenschaltung *(bridge connection)*. Als B. bezeichnet man eine Anordnung aus i.a. 4 Zweipolen, die im Viereck zusammengeschaltet sind und die vier Brückenzweige bilden. Eingangs- und Ausgangsspannung liegen jeweils an zwei gegenüberliegenden Verbindungspunkten (Diagonalspannungen (Bild)). Hauptanwendungsgebiete der B. sind die Meßtechnik und die Stromrichtertechnik. Die Stromrichter-B. enthält in den Brückenzweigen Stromrichterventile, wobei auch mehr als eine Eingangsspannung und damit auch mehr als 4 Brückenzweige möglich sind (Brückengleichrichter). Im Gegensatz zum Brücken-

Brückenschaltung
1, 2, 3, 4 Brückenzweige
u_1 Eingangsspannung
u_2 Ausgangsspannung

gleichrichter können hier die Dioden zur Hälfte oder vollständig durch Thyristoren ersetzt sein. Man spricht dann von einer halb- und vollgesteuerten B. (→ Einphasenbrückenschaltung). [5]. Ku

Brückenschaltungen, äquivalente *(lattice equivalent form).* Die durch Netzwerksynthese oder Anwendung des Theorems von Bartlett gewonnenen symmetrischen Brückenschaltungen sind für die praktische Ausführung oft ungünstig, weil sie keine durchgehende Masseverbindung haben und die Anzahl der Bauelemente groß ist. Man verwendet deshalb äquivalente Brücken-T oder Brücken-Π-Schaltungen, die ideale Übertrager benötigen (Bild). Diese äquivalenten B. heißen auch Differential-Brückenschaltungen. [15]. Rü

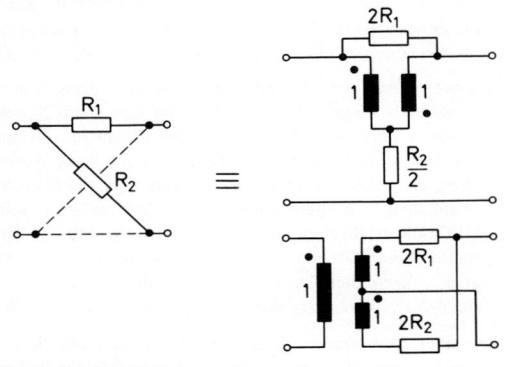

Äquivalente Brückenschaltungen des symmetrischen X-Gliedes

Brückenverfahren → Brückenmeßverfahren. Fl

Brückenverstärker *(bridge amplifier).* B. sind nach Gesichtspunkten von Meßverstärkern aufgebaute, hochwertige elektronische Verstärkerschaltungen. Sie besitzen eine Differenzstufe am Signal-Eingang und sind häufig als Operationsverstärker in Hybridschaltungen ausgeführt. Man benutzt sie z. B. zur Weiterverarbeitung schwach einfallender Signalspannungen, die im Diagonalzweig (Meßzweig) von Brückenschaltungen anliegen, oder als einfache Anzeigeverstärker zwischen dem Signal-Ausgang einer Meßbrücke und dem Anzeigegerät, um eine empfindliche Nullanzeige zu erhalten. Ein wichtiges Einsatzgebiet von Brückenverstärkern sind Trägerfrequenzbrücken, wo sie die vom Meßaufnehmer abgegebenen elektrischen Signale hoch verstärken. B. dieser Art sind in vielen Fällen als Selektivverstärker aufgebaut. [6], [12], [18]. Fl

Brummspannung *(hum).* Störspannung, die in netzgespeisten Niederfrequenzverstärkern neben der Nutzspannung wegen unzureichender Siebung oder Einstreuung an den Ausgangsklemmen der Stufe auftritt. Ihr Wert kann in Volt oder Millivolt angegeben werden, ist jedoch nur dann sinnvoll, wenn gleichzeitig die Nennausgangsspannung der Stufe bekannt ist. Es kann dann das Verhältnis der B. zu der Ausgangsspannung gebildet werden. Die Angabe erfolgt im linearen Maßstab als Verhältniszahl oder im logarithmischen Maß als Dezibel (dB). [13], [14]. Th

Brummunterdrückung *(hum rejection).* Brummeinstreuungen, z. B. im Verstärker, können durch Erdschleifen, induktive oder statische Einstreuung hervorgerufen werden. Die B. läßt sich in Röhrenverstärkern durch Heizungssymmetrierung erhöhen. B. entsteht auch durch unzureichende Siebung der Versorgungsspannung. Induktive Einstreuung ist durch magnetische Schirmung, z. B. mit Mu-Metall (Legierung aus 77 % Ni, 5 % Cu, 2 % Cr, Rest Fe), statische durch einfache Blechabschirmung oder Abschirmgeflecht zu vermindern. Unsymmetrische Verstärkereingänge symmetrieren (z.B. durch Übertrager oder Differenzverstärker). [12], [13]. Th

Brune-Netzwerk → Brune-Prozeß. Rü

Brune-Prozeß *(Brune procedure).* Ein Verfahren der Zweipolsynthese zur Realisierung jeder beliebigen passiven Zweipolfunktion Z(p) absolut minimaler Reaktanz als RLCü-Zweipol (R Ohmwiderstand; L Induktivität; C Kapazität; ü Übertrager). (Diese Zweipolfunktionen haben im PN-Plan auf der imaginären Achse weder Pole noch Nullstellen.) Es handelt sich um einen Abspaltprozeß, wobei nacheinander einzelne Bauelemente aus der gegebenen Zweipolfunktion eliminiert werden. Ein sog. Brune-Zyklus, der den Grad der Zweipolfunktion um zwei vermindert, beginnt mit der Abspaltung eines ohmschen Widerstandes r; anschließend werden bis zu vier Reaktanzen eliminiert (Bild). Ist die gegebene Zweipolfunktion von höherem als zweiten Grade, wird der B. solange wiederholt bis alle Bauelemente abgebaut sind. Die Schaltung, die man nach dem Durchlaufen eines Brune-Zyklus erhält, heißt Brune-Netzwerk; sie ist immer kanonisch. [15]. Rü

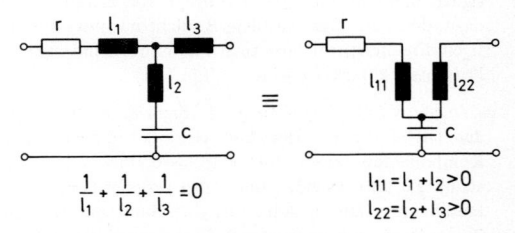

$$\frac{1}{l_1} + \frac{1}{l_2} + \frac{1}{l_3} = 0$$

$$l_{11} = l_1 + l_2 > 0$$
$$l_{22} = l_2 + l_3 > 0$$

Brune-Netzwerk (nach einem Zyklus)

Bubble-Speicher → Magnetblasenspeicher. We

Buchse *(jack).* Elektrisches Verbindungselement, das zum Anschluß eines Drahtes oder mehrerer Drähte einer Schaltung sowie zur Aufnahme eines geeigneten Steckers ausgelegt ist. [4]. Ge

Buffer → Puffer. We

Bumps *(bumps).* Als B. bezeichnet man die kugelförmig erhöhten Kontaktflecke für die Flip-Chip-Technik. [4]. Ne

Bündelung 1. → Richtstrahlung. Ge
2. *(grouping).* Zusammenfassung von vermittlungstech-

nischen Einrichtungen zu einer Gruppe, die gemeinsam derselben Verkehrsbeziehung dienen. Durch die B. wird eine hohe wirtschaftliche Verkehrsbelastung bei gleichbleibender Verkehrsgüte erzielt (Bündelungsgewinn). Das Prinzip der B. wird sowohl im Leitungsnetz (Leitungsbündel) als auch in der Steuerung (Zentralisierung) angewendet. [19].   Kü

Bürde *(burden (for measuring transformers))*. B. ist die sekundärseitige Last von Stromwandlern als Scheinwiderstand und von Spannungswandlern als Scheinleitwert. Die höchstzulässige B. wird als Nennbürde bezeichnet. Angegebene Fehlergrenzen gelten zwischen 1/4 und 1/1 Nennbürde bei einem sekundären Leistungsfaktor $\cos \varphi = 0{,}8$. B. wird auch die gesamte Ausgangslast – Leitungen und in Serie geschaltete Meßgeräte – von Meßumformern genannt. [12].   Fl

Bürdenwiderstand *(burden effective resistance)*. Der B. ist der ohmsche Anteil der Bürde. Vielfach wird auch der Abschlußwiderstand eines Meßverstärkers als B. bezeichnet. [12].   Fl

Buried Layer → Schicht, vergrabene.   Ne

Burn-in *(burn in)*. Betrieb von elektronischen Bauelementen bei Temperaturen, die oberhalb der Betriebstemperatur liegen. Hierdurch werden thermisch bedingte Frühausfälle von elektronischen Bauelementen vor der Auslieferung eliminiert. [4].   We

Burst *(burst)*. Begriff aus der Farbfernsehtechnik. Es handelt sich um den Farb-Synchronisier-Puls, der unmittelbar hinter dem Zeilensynchronimpuls erfolgt. Der B. umfaßt mindestens neun, höchstens elf Perioden des Farbträgers, der im übrigen unterdrückt ist, aber im Empfänger zur Demodulation des Farbartsignals (Chrominanzsignal) benötigt wird. Der Farbträger-Regenerator dient dazu, den Farbträger aus dem B. nicht nur mit der richtigen Frequenz, sondern auch mit hinreichend exakter Phasenlage zurückzugewinnen. [13], [14].   Th

Bus *(bus)*. Verbindungsleitung für Signale, besonders in der Digitaltechnik. Der Bus verbindet die einzelnen Komponenten eines informationsverarbeitenden Systems. Zu unterscheiden sind dabei Datenbus (zum Austausch von Daten), Adreßbus und Steuerbus (für die Steuer- und Quittungssignale). Der B. wird dadurch gekennzeichnet, daß alle Komponenten an den B. angeschlossen sind (Gegensatz: Punkt-zu-Punkt-Verbindung), daß die Leitungen i.a. bidirektional sind, d. h. Signale in mehreren Richtungen über den B. laufen, und daß sich mehrere aktive Elemente am B. befinden können, wobei jedes aktive Element einen Datenverkehr auslösen kann. Bussysteme bieten den Vorteil, daß sich Komponenten flexibel anschließen lassen. Sie haben den Nachteil, daß die Leistungsfähigkeit des Systems stark von ihrer Datenübertragungsgeschwindigkeit abhängt. Greifen mehrere aktive Elemente auf den B. zu, muß eine Prioritätensteuerung diesen Zugriff regeln. Wird der B. zu lang oder werden zu viele Komponenten angeschlossen, so müssen Bustreiber eingeschaltet werden; dies führt zu einer Laufzeitverzögerung. Zur Erhöhung der Datenübertragungsrate wird in einigen Systemen der B. in einen Speicher-Bus und in einen Ein-Ausgabe-Bus aufgeteilt (Gegensatz: Universal-Bus). Einige Bussysteme sind unabhängig von bestimmten Herstellern genormt, z. B. S-100-Bus, IEC-Bus. [1].   We

Buschbeck-Diagramm → Leitungsdiagramme.   Rü

Büschelstecker → Steckverbinder.   Ge

Busleitung *(bus)*. Ein- oder mehradriges System von Steuerleitungen, an das mehrere Einrichtungen oder Stationen innerhalb einer Vermittlungsstelle bzw. eines lokalen Netzes angeschlossen sind. Die Nachrichten oder Steuerinformationen werden im Multiplexbetrieb ausgetauscht. Strukturell sind Busleitungssysteme entweder als Linien- oder Ringnetz aufgebaut. Steuerungstechnisch kann die Sendeberechtigung durch Sendeaufruf oder Konkurrenzverfahren erteilt bzw. erreicht werden. [19].   Kü

Bussystem *(bus system)*. System der Busleitungen, wobei diese nach Anzahl und Funktion der einzelnen Leitungen definiert sind. Die Schnittstellenbedingungen für die anzuschließenden Geräte und Bauteile richten sich nach der Definition des Bussystems. Bussysteme können unabhängig von bestimmten Herstellern genormt sein (IEC-Bus, S100-Bus). Daneben bieten Hersteller informationsverarbeitender Systeme Bussysteme mit den anzuschließenden Geräten und Bauteilen an, aus denen flexibel Systeme aufgebaut werden können. [1].   We

Bustreiber *(bus driver)*. Schaltung der Digitaltechnik zur Verstärkung (Erhöhung der Ausgangsfächerung) von Signalen auf einem Bus. Der B. muß in der Lage sein, die Signale in beiden Richtungen durchzuschalten (bidirektional) sowie die Ausgänge in den logisch neutralen Zustand zu versetzen. B. werden als integrierte Schaltungen angeboten. [2].   We

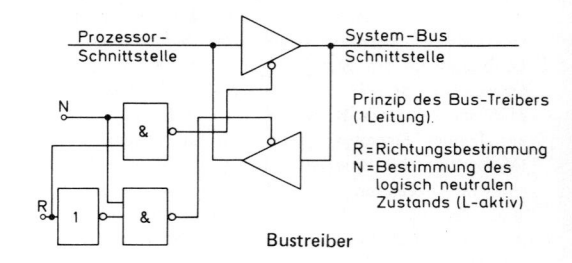

Prinzip des Bus-Treibers (1 Leitung).
R = Richtungsbestimmung
N = Bestimmung des logisch neutralen Zustands (L-aktiv)

Bustreiber

Butterworthfilter → Potenzfilter.   Rü

Butterworth-Polynome *(Butterworth polynominals)*. Polynome, die bei Approximation der Potenzfilter auftreten:

$$B_0 = 1$$
$$B_1 = p + 1$$
$$B_2 = p^2 + \sqrt{2}p + 1$$
$$B_3 = p^3 + 2p^2 + 2p + 1$$
$$\vdots$$
$$B_n = a_n p^n + a_{n-1} p^{n-1} + \ldots + a_1 p + a_0$$

$$\text{mit } a_0 = 1; \quad a_k = \frac{\cos\left[(k-1)\frac{\pi}{2n}\right]}{\sin\frac{k\pi}{2n}} a_{k-1}.$$

[15]. Rü

B-Wert *(d.c. amplification factor).* Die Gleichstromverstärkung B ist das Verhältnis von Kollektorstrom I_C zu Basisstrom I_B eines Bipolartransistors in einem bestimmten Arbeitspunkt bei $U_{CE} = 1$ V; also: $B = \frac{I_C}{I_B}$. Der B. wird, da es sich um ein Verhältnis von Gleichstromgrößen handelt, auch als statische Stromverstärkung bezeichnet. Er läßt sich aus der Stromsteuerkennlinie $I_C = f(I_B)$ bei U_{CE} = const. oder aus dem Ausgangskennlinienfeld $I_C = f(U_{CE})$ bei I_B = const. ermitteln. [4], [6].

Li

Bypass *(bypass).* In Maschinenbau, Elektrotechnik, Elektronik allgemein die Parallelschaltung einer Komponente, die nur unter bestimmten Bedingungen in Funktion ist, um die Hauptkomponente zu entlasten, z. B. Bypass-Kondensator oder die Verwendung eines Akkumulators parallel zum Netz zum Verhindern von Informationsverlust bei Netzausfällen in informationsverarbeitenden Anlagen. [6]. We

Bypasskondensator *(bypass capacitor).* Kondensator in elektronischen Schaltungen, der bei hohen Frequenzen eine niedrige Impedanz schafft, um die Schaltgeschwindigkeit zu erhöhen. Der B. wird mit ohmschen Widerständen, die im statischen Zustand die Verlustleistung begrenzen, parallel geschaltet. In Digitalschaltungen wird durch Bypasskondensatoren eine Verbesserung der Flankensteilheit erzielt; sie werden auch als Speed-Up-Kondensatoren bezeichnet. Das Bild zeigt den Einsatz von Bypasskondensatoren bei einem Flip-Flop (→ Funkentstörkondensator). [6]. We

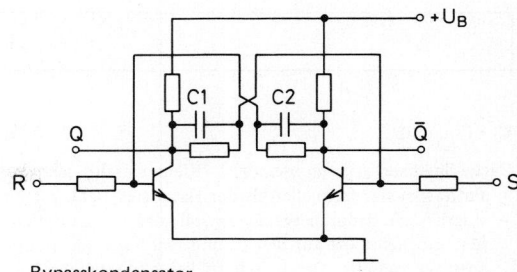

Bypasskondensator

Byte *(byte).* Von der Firma IBM eingeführter Ausdruck für eine Gruppe von 8 Datenbits, die als eine Einheit betrachtet werden, evtl. ergänzt durch 1 oder 2 Prüfbits zur Erkennung von Übertragungsfehlern. Mit 8 Bits lassen sich alle alphanumerischen Zeichen darstellen (theoretisch $2^8 = 256$ Zeichen) bzw. eine Dezimalziffer (entpackte Form) oder zwei Dezimalziffern (gepackte Form). [1], [9].

Li

C

C → Coulomb. Rü

Cache-Speicher *(cache memory)*. Kleiner, sehr schneller Pufferspeicher (schneller als der Hauptspeicher), der die Zugriffszeit dadurch verkürzen soll, daß die Zentraleinheit möglichst oft auf den C. und nicht auf den Hauptspeicher zugreift. Der C. schafft keine zusätzliche Speicherkapazität, sondern bildet einen Teil des Hauptspeicherinhalts ab. [1]. We

CAD 1. *(computer-aided design)*. Computer-unterstützter Entwurf von z. B. Schaltplänen oder Photomasken für Halbleiterherstellung. [1]. 2. *(controlled-avalanche diode)*. Schaltelemente aus zwei gegeneinander geschalteten Einzeldioden mit Lawinendurchbruch. Auf diese Weise können Thyristoren mit induktiver Last parallel geschaltet werden, um die beim Umschalten entstehenden Überspannungen abzubauen. [11]. We

Cadmiumsulfid *(cadmium sulfide, CdS)*. Eine halbleitende chemische Verbindung (Bandabstand: 2,4 eV), die zur Herstellung von Photoleitern verwendet wird. [4]. Ne

cal → Kalorie. Rü

CAM *(content-addressable memory)* → Assoziativspeicher. Li

Candela* *(candela)*. SI-Basiseinheit der Lichtstärke (Zeichen cd). Definition: Die Candela ist die Lichtstärke in senkrechter Richtung von einer $6 \cdot 10^{-5} \, m^2$ großen Oberfläche eines Schwarzen Strahlers bei der Temperatur des beim Druck $101\,325 \, N/m^2$ erstarrenden Platins (DIN 1301). [5]. Rü

* Die Betonung liegt auf dem „e".

Carry-Look-Ahead *(carry look ahead)*. Bei parallelen Rechenschaltungen (z. B. ALU) kann durch eine parallele Abfrage die Durchlaufzeit des Übertrages (Carry) der einzelnen Stellen abgekürzt werden. Für den C. werden „Look-Ahead-Carry"-Generatoren verwendet, die als integrierte Schaltungen verfügbar sind. [2]. We

Cassegrainantenne → Parabolantenne. Ge

Cauchy-Riemannsche-Differentialgleichung *(differential equation of Cauchy-Riemann)*. Jede reguläre Funktion f(z) einer komplexen Veränderlichen z

$$f(z) = U(x, y) + jV(x, y)$$

genügt den Cauchy-Riemannschen-Differentialgleichungen

$$\frac{\partial U}{\partial x} = \frac{\partial V}{\partial y}, \quad \frac{\partial U}{\partial y} = -\frac{\partial V}{\partial x}.$$

Durch Bildung der zweiten Ableitungen folgen daraus

$$\frac{\partial^2 U}{\partial x^2} + \frac{\partial^2 U}{\partial y^2} = 0 \quad \text{und} \quad \frac{\partial^2 V}{\partial x^2} + \frac{\partial^2 V}{\partial y^2} = 0.$$

Beide reelle Funktionen U und V sind damit Lösungen der Laplaceschen Differentialgleichung (Potentialgleichungen). Sie können deshalb mit Vorteil bei der Berechnung von Potentialverteilungen in zweidimensionalen Feldern benutzt werden (→ Potentialanalogie). Rü

Cauer-Filter *(Cauer filter)*. Die Approximation des Dämpfungsverlaufs im Tschebyscheffschen Sinne sowohl für Durchlaß- als auch für Sperrbereich wird durch die charakteristische Funktion

$$K(P) = \begin{cases} P \dfrac{P^2 + \Omega_2^2}{\Omega_2^2 \, P^2 + 1} \cdot \dfrac{P^2 + \Omega_4^2}{\Omega_4^2 \, P^2 + 1} \cdots \dfrac{P^2 + \Omega_{2n}^2}{\Omega_{2n}^2 \, P^2 + 1} & n \text{ ungerade} \\[1em] \dfrac{P^2 + \Omega_1^2}{\Omega_1^2 \, P^2 + 1} \cdot \dfrac{P^2 + \Omega_3^2}{\Omega_3^2 \, P^2 + 1} \cdots \dfrac{P^2 + \Omega_{2n-1}^2}{\Omega_{2n-1}^2 \, P^2 + 1} & n \text{ gerade} \end{cases}$$

erfüllt. Mit $P = j\Omega$ gilt: $K(j\Omega) = \dfrac{1}{K\left(\dfrac{1}{j\Omega}\right)}$.

Die Schaltungssynthese für ein C. ist sehr mühsam, weil die Nullstellenlagen durch Jakobi-elliptische Funktionen gegeben sind; deshalb geschieht die Dimensionierung praktisch meist durch Filterkataloge (Filtersynthese). Das C. nutzt das Toleranzschema optimal aus. deshalb wird hier im Vergleich zu Potenzfiltern und Tschebyscheff-Filtern die geringste Anzahl von Bauelementen (und damit der geringste Filtergrad n) benötigt. Der Frequenzgang der Dämpfung ist:

$$a(\Omega) = 10 \lg [1 + \epsilon^2 \, | \, K(j\Omega) \, |^2] \text{ in dB.} \quad [15]. \text{ Rü}$$

Cauer-Form → Kettenbruchschaltung. Rü

C-Betrieb *(class C operation)*. Der C. ist eine Arbeitspunkteinstellung, bei der das Verstärkerelement (Röhre oder Transistor) mit einer Vorspannung gesperrt wird, so daß *kein* Ruhestrom fließt. Nur die Spitzen der Steuerspannung steuern den Verstärker durch. Die Betriebsart ist für Senderverstärker und Frequenzvervielfacher gebräuchlich. Stromflußwinkel $\Theta < \dfrac{\pi}{2}$. [11]. Th

CCCL *(complementary constant current logic)*. Eine spezielle, platzsparende Dioden-Transistor-Logik mit Schott-

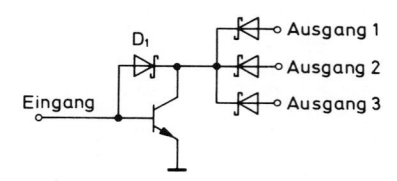

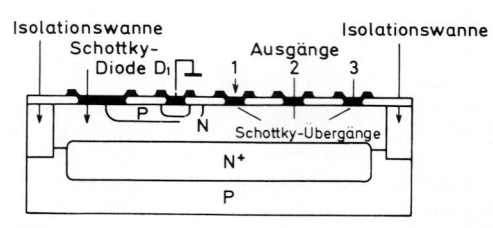

CCCL

ky-Dioden, die mit einer Isolationswanne für den Transistor und alle vorkommenden Schottky-Dioden auskommt. CCCL-Gatter unterscheiden sich von konventionellen Gattern dadurch, daß sie einen Eingang und mehrere (entkoppelte) Ausgänge besitzen. [4].　Ne

CCD *(charge coupled device).* CCDs sind im Prinzip Ladungsverschiebungsschaltungen (Schieberegister). Die Ladungen werden in MOS-ähnlichen Strukturen in Inversionsbereichen, sog. Potentialtöpfen, unter Elektroden gespeichert. Durch Anlegen von Taktimpulsen an diese Steuerelektroden lassen sich die Ladungspakete von einer Elektrode zur nächsten transportieren. Die Menge der in den Töpfen gespeicherten Ladungen kann über einen größeren Bereich variiert werden, so daß digitale und analoge Anwendungen dieses Bauelements möglich sind.
Wirkungsweise: Unter der ersten Elektrode befinde sich ein mit Ladung gefüllter Potentialtopf (Bild a). Wird an die benachbarte Elektrode eine erhöhte Spannung gelegt, entsteht ein zweiter Potentialtopf, der sich mit dem ersten überlapt. Die im ersten Topf befindliche Ladung verteilt sich auf beide Töpfe (Bild b). Erniedrigt man nun die Steuerspannung an der ersten Elektrode, verschwindet der erste Potentialtopf und die darin gebundene Ladung fließt ganz in den zweiten Topf ab. Damit ist die Ladung um eine Stelle nach rechts gewandert (Bild c).

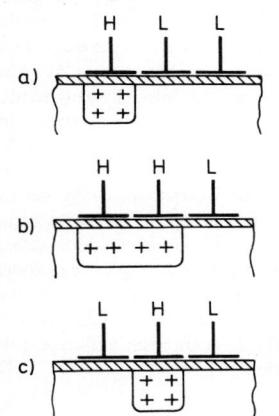

Prinzipieller Aufbau von CCD-Elementen und Ladungsschiebevorgang

Anwendungen: 1. Als analoge Bildsensoren; auf ein CCD-Scheibchen wird ein Bild fokussiert, wodurch in den über 100 000 als Bildpunkte dienenden CCD-Elementen Ladungen erzeugt werden, die dann nach dem zuvor beschriebenen Schiebeverfahren zeilenweise „ausgelesen" werden. 2. Als analoge oder digitale Verzögerungsleitungen, mit je nach Anzahl der Elemente und Taktfrequenz unterschiedlicher Verzögerungszeit. Hier werden die zu verschiebenden Ladungen durch spezielle eindiffundierte Inseln, die als Ein- bzw. Ausgabe-Elektroden dienen, ein- bzw. ausgegeben (Anwendung in zeitdiskreten Filtern). 3. Als Speicher zum Ersatz von Trommel- oder Plattenspeicher, wobei die Spuren und Sektoren durch CCD-Schieberegister entsprechender Kapazität ersetzt werden. Vorteile: wesentlich kürzere Zugriffszeit, geringer Raumbedarf, niedriger Leistungsverbrauch, Nachteil: CCD-Elemente sind flüchtige Speicher, müssen also gepuffert werden.
Man kennt neben den üblichen CCD-Elementen mit Oberflächenkanal CCD-Elemente mit vergrabenem Kanal *(BCCD = buried channel CCD)* und BBD-Elemente *(bucket brigade devices).* [1], [4], [6], [9].　Li

CCD-Speicher → CCD.　Li

CCIR *(International Radio Consultative Committee, Comité Consultatif International des Radiocommunications).* Der internationale beratende Ausschuß für das drahtlose Nachrichtenwesen.　Rü

CCITT *(Comité Consultatif International Télégraphique et Téléphonique),* früher CCIT *(Comité Consultatif International Télégraphique).* Beratender Ausschuß der Internationalen Fernmeldeunion (ITU) für den Telefon- und Telegraphendienst. Führte u.a. im Jahre 1932 den international verwendeten Fernschreibcode ein. Das CCITT erarbeitet Empfehlungen zur Standardisierung und zum Betrieb der Nachrichtennetze. [1], [14], [19].
　Li/Kü

CCITT-Code *(CCITT code),* Baudot-Code. Für die Nachrichtenübermittlung in den öffentlichen Fernschreibnetzen Europas wird der internationale Fernschreibcode CCIT Nr. 2 (CCITT) verwendet. Als 5-Bit-Code ermöglicht er zunächst nur die Codierung von $2^5 = 32$ Zeichen. Durch Doppelbelegung der Bitkombinationen und Verwendung von Umschaltzeichen (Buchstaben-

Zeichen-Nr. nach CCIT	Spur-Nr. 1	Spur-Nr. 2	Transportspur	Spur-Nr. 4	Spur-Nr. 5	1.Belegung (Bu)	2.Belegung (Zi)
1	●	●				A	−
2	●			●	●	B	?
3		●		●	●	C	:
4	●			●		D	✠
5	●					E	3
6	●			●	●	F	
7		●		●		G	
8				●		H	
9		●		●		I	8
10	●	●		●		J	🔔
11	●	●		●	●	K	(
12		●		●		L	)
13		●	●	●		M	
14		●	●			N	
15			●	●		O	9
16		●	●		●	P	0
17	●	●	●		●	Q	1
18		●	●			R	4
19	●		●			S	'
20					●	T	5
21	●	●	●			U	7
22		●	●	●	●	V	=
23	●	●			●	W	2
24	●		●		●	X	/
25	●		●		●	Y	6
26	●				●	Z	+
27				●	●		<
28			●				≡
29			●	●	●		Bu
30	●	●	●				Zi
31	●	●	●	●	●		#
32			●				⊖

Zeichenerklärung:
✠　Wer da?
🔔　Klingel
<; WR　Wagenrücklauf
≡; ZL　Zeilenvorschub
#; ZW　Zwischenraum
Bu; A...　Buchstabenumschaltung
Zi; 1...　Ziffernumschaltung
☐　frei für Sonderzeichen
⊖　nicht benutzt

CCITT-Code

Ziffernumschaltung) ergibt sich die doppelte Anzahl Codeworte. [1], [13], [14]. Li

CCS *(current-controlled source)* → Quellen, gesteuerte. Ne

CCSL *(compatible current-sinking logic)*. Eine integrierte Schaltkreisfamilie, deren Bausteine mit DTL-Schaltkreisen gleicher Funktion austauschbar sind. [2], [4]. Li

CCTL *(collector coupled transistor logic)* → DCTL. We

CDI *(collector diffusion insulation)* → Kollektordiffusionsisolation. Ne

Celsius-Temperatur *(Celsius, centigrade)*. A. Celsius (1701 bis 1744) führte die nach ihm benannte Temperaturskala ein. Als signifikante Punkte setzte er den Gefrier- und den Siedepunkt des Wassers ein und unterteilt den Abstand in 100 gleiche Teile (Nullpunkttemperatur). [12]. Fl

CERDIP *(ceramic dual-in-line package)*. Keramische Dual-in-Line-Gehäuse, die wegen ihrer hohen Zuverlässigkeit bei extremen Anforderungen eingesetzt werden (z. B. in der Militärelektronik). [4]. Ne

Cermet *(ceramic and metal, cermet)*. Werkstoffe aus einem Gemisch von pulverförmigen anorganischen (z. B. Oxiden des Aluminiums oder Magnesiums) und metallischen (z. B. Eisen, Nickel oder Chrom) Bestandteilen, die durch Pressen oder Sintern geformt werden. Anwendung: Herstellung von Widerständen und Kondensatoren, die hohen Temperaturen ausgesetzt werden. [4]. Ne

Cermetwiderstand *(cermet resistor)*. Widerstand, dessen Schicht aus Cermet besteht. Der C. findet in der Schichttechnik Anwendung und ermöglicht Flächenwiderstände bis 10 kΩ. Nach dem Brennen bei 1400 °C bis 1600 °C geht das Gemisch eine feste Verbindung mit dem Substrat ein. [4]. Ge

CGPM → SI-Einheiten. Rü

Chemolumineszenz *(chemoluminescence)*. Das Leuchten bzw. Nachleuchten einiger Substanzen aufgrund chemischer Reaktionen (meist Oxidationsprozessen) wird C. genannt. Hierbei werden Atome durch die chemische Reaktion in ein energetisch höheres Niveau versetzt, aus dem sie — eventuell über Zwischenzustände —, unter Aussendung elektromagnetischer Strahlung in den Grundzustand zurückkehren. Die Temperatur des Stoffes ist dabei wesentlich geringer, als sie bei Aussenden derselben Strahlung aufgrund von thermischer Anregung sein müßte (kaltes Leuchten). Bei C. gilt nicht das Kirchhoffsche Strahlungsgesetz, da sich das strahlende System nicht im thermodynamischen Gleichgewicht befindet. [7]. Bl

CHILL *(CCITT high level language)*. Problemorientierte Sprache zur Formulierung von Steuerungsaufgaben bei Vermittlungsprozessen. Die Sprache ist von CCITT (Comité Consultatif International Télégraphique et Téléphonique) ausgearbeitet und empfohlen worden. [19]. Kü

Chip *(chip)*, Halbleiterplättchen. Ein Siliciumplättchen von wenigen Millimetern Kantenlänge, das integrierte Schaltungen oder auch nur ein integriertes Bauelement enthält. [6]. Ne

Chip Enable → Chip Select. We

Chipfläche *(chip area)*. Oberfläche eines Halbleiterkristalls, in die die Bauelemente eines Chips eingearbeitet werden. Die unterschiedlichen Schaltungsfamilien benötigen unterschiedlichen Flächenbedarf:

Schaltungsfamilie	Flächenbedarfsverhältnis (bezogen auf P-MOS)
CMOS	3
P-MOS	1
I²L	0,6
N-MOS	0,6
TTL	3,5

[4]. We

Chipkondensator *(chip capacitor)*. Kondensator mit sehr kleinen Abmessungen, geeignet für die Mikroelektronik, insbesondere die Schichttechnik. Chipkondensatoren werden als keramische Scheiben- oder Vielschichtkondensatoren mit direkt auf den Keramikkörper aufgebrachten Kontaktflächen oder als Tantalkondensatoren ausgeführt. Anwendung z. B. als Kopplungs- oder Bypasskondensator. [4]. Ge

Chip Select *(chip select)*. Signaleinrichtung eines Chips, z. B. eines Halbleiterspeichers oder eines Ein-Ausgabe-Bausteins, der zur Auswahl dieses Bausteins dient. Liegt ein bestimmtes Signal an diesem Eingang, ist das Chip aktiviert. Die Signale für den Chip-Select-Eingang werden über einen Adreßdecodierer aus den höherwertigen Bits des Adreßbus abgeleitet. [2]. We
We

Chipwiderstand *(chip resistor)*. Widerstand, der in der hybriden Schichttechnik Anwendung findet. Dickschicht-Chipwiderstände werden im Siebdruckverfahren, Dünnschicht-Chipwiderstände durch Aufdampfen des Widerstandsmaterials im Vakuum auf Keramik- oder Glassubstrate hergestellt. Chipwiderstände können z. B. durch Sandstrahlen oder Lasertrimmen auf enge Toleranzen abgeglichen werden. [4]. Ge

Chi-Quadrat-Verteilung → Test-Verteilungen. Ne

Chopper *(chopper)*, Zerhacker, elektronischer Schalter. C. sind elektromechanisch oder elektronisch arbeitende Schaltungen, deren Signalausgang mit Hilfe eines getakteten Schaltelements entweder 1. auf einen gemeinsamen Bezugspunkt, z. B. auf Masse, gelegt wird; 2. den eigenen Eingang mit dem eigenen Ausgang verbindet; 3. mit dem Signaleingang einer weiteren Schaltung verbunden wird (→ Gleichstromsteller).

Vielfach wird der Schalttakt von einer rechteckförmigen, periodischen Steuerspannung bestimmt, die getrennt vom gesteuerten Kreis arbeitet. Als Schaltelement können elektromechanische Relais mit Schwingkontakten, elektronische Halbleiterschalter (z. B. Diode) oder Photowiderstände eingesetzt werden. Am Ausgang des Choppers liegt ein zerhacktes Eingangssignal, das einer multiplikativen Verknüpfung der Eingangsgröße mit der Steuergröße entspricht. Insofern lassen sich neben dem Ringmodulator auch Mischer als C. auffassen. Man

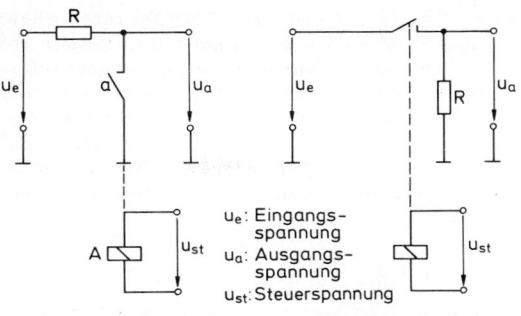

a) Kurzschlußzerhacker   b) Serienzerhacker

u_e: Eingangsspannung
u_a: Ausgangsspannung
u_{st}: Steuerspannung

Chopper kann auch Gleichgrößen zerhacken, die erhaltene Wechselgröße transformieren (Transformator) und durch Gleichrichtung auf einen neuen Wert bringen. Solche Baugruppen werden auch Zerhacker genannt. Prinzipielle Arbeitsweisen von Choppern sind dem Bild zu entnehmen. [9], [12], [13].   Fl

Choppermeßverstärker → Zerhackermeßverstärker.   Fl

Chopperverstärker *(chopper amplifier)*, Zerhackerverstärker. C. sind Gleichspannungsverstärker, bei denen Gleichspannungen zur Verringerung von Drifterscheinungen über eine Schalteranordnung (Chopper) in Wechselspannungen konstanter Frequenz umgewandelt werden. Die Wechselspannung durchläuft einen Wechselspannungsverstärker und wird am Ausgang phasenrichtig gleichgerichtet, um eine der Eingangsgröße entsprechende Ausgangsgröße zu erhalten. Vorteil: Drift und niederfrequente Störgrößen bleiben bei geeigneter Auslegung vernachlässigbar klein, die Bandbreite des Verstärkers läßt sich auf den Anwendungsfall beschränken. Chopperstabilisierte Operationsverstärker sind als integrierte Bausteine erhältlich. Signalanteile mit Umschaltfrequenz oder darüber werden bei einigen Chopperverstärkern über eine Frequenzweiche abgespalten und von einem weiteren Wechselspannungsverstärker verarbeitet. Über einen Summierungsverstärker führt man beide Anteile zum gemeinsamen Ausgang. [4], [12], [13].   Fl

Chrominanzsignal *(chrominance signal)*, Farbartsignal. Das C. ist bei der Farbfernsehtechnik das Ergebnis der Modulation des Farbträgers mit den Komponenten des Primär-Farbartsignals (z.B. mit den Farbdifferenzsignalen). Das C. ergibt sich für die beim NTSC- (National Television System Committee) und beim PAL- (phase alternation line) System verwendete Quadratur-Modulation als eine bezüglich Phase und Amplitude modulierte Wechselspannung. [14], [16].   Th

CIPM → SI-Einheiten.   Rü

Clamping-Diode → Klemmdiode.   We

Clampingschaltung → Klemmschaltung.   Li

Clapp-Oszillator *(Clapp oscillator)*. Bezeichnung für einen Colpitts-Oszillator mit Serienkreis-Abstimmung und Emitterrückkopplung. Dabei ist die Serienkreisinduktivität groß und die Serienkreiskapazität, meist gebildet durch den Abstimmkondensator, klein. Die Rückkopplung erfolgt über einen kapazitiven Spannungsteiler, wobei die Werte der Teilerkondensatoren sehr groß gegenüber dem Abstimmkondensator sind, so daß sich Änderungen der dynamischen Röhren- oder Transistorkapazitäten nur sehr gering auswirken. [8], [13].   Th

Closed-Loop *(closed loop)*. (Etwa: Arbeit in geschlossener Regelschleife; → Regelung) Arbeitsweise in der Prozeßdatenverarbeitung, bei der der Prozeßrechner ohne Eingreifen des Menschen den Prozeß regelt, indem er dem Prozeß Meßdaten entnimmt, mit vorgegebenen oder errechneten Sollwerten vergleicht, und die Abweichungen durch die Veränderung von Stellgrößen korrigiert (Gegensatz: Open-Loop). [17].   We

Closed-Shop-Betrieb *(closed shop)*. Organisationsform bei der Benutzung von Datenverarbeitungssystemen, bei der der Programmierer nicht selbst die Anlagen bedient und den Test der von ihm geschriebenen Programme durchführt. Diese Arbeit wird vom Personal des Rechenzentrums übernommen. Der Programmierer übergibt das Quellenprogramm auf einem Datenträger, z. B. Lochkarte. Nach durchgeführtem Test erhält er das Ergebnis mit einem Fehlerprotokoll zurück. (Gegensatz: Open-Shop-Betrieb). [1].   We

Cluster-Bildung *(clusting)*. (etwa: Häufigkeitsbildung). Eigenschaft von Programmen, bestimmte Adreßbereiche sehr häufig zu durchlaufen. Durch Schleifenbildung bewegen sich Befehlszählerinhalt und die Speicheradressen der Operanden in einem engen Adreßbereich. Die C. wird bei Organisationsformen ausgenutzt, die einen kleinen schnellen Speicher zur Verfügung stellen, der nicht ganze Programme aufnehmen kann, wegen der C. aber auch nicht häufig nachgeladen werden muß (→ Cache-Speicher, → Speicher, virtueller). [1].   We

CML *(current mode logic)* → Stromschaltertechnik.   Ne

CMOS *(complementary metal oxide semiconductor)*. Integriertes MOS-Transistorpaar, das sowohl N-Kanal- als auch P-Kanal-MOS-Transistoren vom Anreicherungstyp enthält. Sie zeichnen sich durch hohe Störsicherheit, geringe Verlustleistung, hohe Verarbeitungsgeschwindigkeiten und TTL-Kompatibilität (Betriebsspannung zwischen 3 V und 15 V) aus. Werden die jeden Transistor umgebenden Schutzringe durch Silicium-(II)-oxidstrukturen ersetzt, spricht man von oxidisoliertem CMOS (auch LOCMOS, *local oxidation CMOS*). Bei dieser Technik lassen sich gegenüber CMOS bis zu 35 % Chipfläche einsparen. [4].   Ne

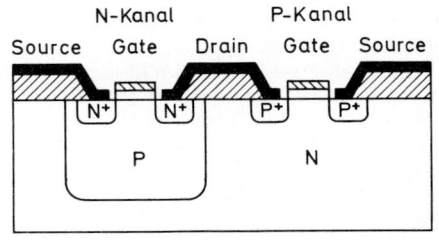

CMOS

CMOS-Speicher *(CMOS memory)*. Digitaler Halbleiterspeicher in CMOS-Technik. Es handelt sich um statische Lese-Schreibspeicher mit hoher Integrationsdichte. [2].　We

CNC-Steuerung *(computerized numerical control)* → Steuerung, numerische.　Ku

COBOL *(common business oriented language)*. Eine höhere, problemorientierte (also weitgehend maschinenunabhängige), standardisierte Programmiersprache (im Jahre 1961 in USA genormt). Vor allem für kaufmännische Probleme geeignet, die wenig rechenintensiv, aber sehr ein- und ausgabeintensiv sind und mit großen Datenbeständen (Dateien) arbeiten. Verwendet leicht zu erlernende englische Anweisungen. Alle C.-Programme gliedern sich in vier Teile: 1. Erkennungsteil *(identification division)*, 2. Maschinenteil *(environment division)*, 3. Datenteil *(data division)*, 4. Prozedurteil *(procedure division)*. Das C.-Programm muß durch einen Compiler in die Maschinensprache des jeweiligen Computers übersetzt werden. [1].　Li

Code *(code)*. Eine Vorschrift für die umkehrbar eindeutige Zuordnung (Codierung) der Zeichen eines Zeichenvorrats zu denjenigen eines anderen Zeichenvorrats (Bildmenge) (DIN 44 300). Vielfach werden auch die Codewörter, also die Elemente der Bildmenge, als C. bezeichnet. [1], [9], [13].　Li

Code, alphabetischer *(alphabetic code)*. C., bei dem die den Buchstaben entsprechenden Codezeichen, als Dualzeichen nach steigender Größe geordnet, die alphabetische Reihenfolge ergeben. Beispiele: ASCII- oder CCITT-Nr. 5-Code. [9].　We

Code, alphanumerischer *(alphanumerical code)*. C., der die Codierung eines alphanumerischen Zeichenvorrats ermöglicht. [9].　Li

Code, einschrittiger *(continuous progressive code, unit distance code)*. C., bei dem sich benachbarte Codewörter nur in einer Bitstelle unterscheiden. Beispiel: Gray-Code. [9].　We

Code, erweiterter *(extended code)*. C. der nicht nur Codewörter für die Ziffern und Buchstaben, sondern auch Sonderzeichen, z. B. für die Leerstelle (blank), oder Anweisungen für das Empfangsgerät, z. B. Wagenrücklauf, Zeilenvorschub enthält. [9].　We

Code, fehlererkennender *(error detecting code)*. C., der es aufgrund seines Aufbaus dem Empfangsgerät ermöglicht, bei der Daten-Übertragung durch Fehler verfälschte Codewörter zu erkennen. Beispielsweise müssen beim Zwei-aus-Fünf-Code oder beim Biquinärcode immer genau 2 Binärstellen der übertragenen Codeworts auf den Wert 1 gesetzt sein; mehr oder weniger Bitstellen mit „1"-Werten deuten auf einen Fehler hin. Solche Codes sind redundant. Ihr Hamming-Abstand muß mindestens 2 sein, wenn höchstens ein fehlerhaftes Bit pro Codewort (Einfach-Fehler) sicher erkannt werden soll. [1], [2], [9].　Li

Code, fehlerkorrigierender *(Error correcting code)*, selbstkorrigierender Code. C., der es dem Empfangsgerät ermöglicht, bei der Übertragung der Codewörter aufgetretene Fehler zu erkennen und selbst zu korrigieren. Der fehlerkorrigierende C. muß einen Hamming-Abstand von mindestens 3 haben, um ein fehlerhaftes Bit pro Codewort korrigieren zu können. Wegen der hohen Redundanz werden Codes dieser Art selten verwendet.

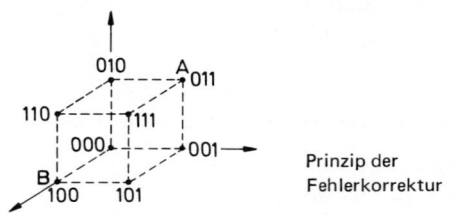

Prinzip der Fehlerkorrektur

Das Prinzip läßt sich anhand der räumlichen Darstellung eines Codes (Bild) erkennen. Die Nutzwörter A und B haben einen Hamming-Abstand von d = 3. Wird bei A ein Bit gestört, entsteht 111, 001 oder 010. Diese drei gestörten Wörter haben von A alle den Abstand 1 und von B den Abstand 2. Der Empfänger ersetzt sie daher durch das Wort A. [1], [2], [9].　Li

Code, gleichgewichteter *(constant ratio code)*. C., bei dessen Codewörtern stets m aus n Stellen mit dem Wert 1 belegt sind, die also alle das gleiche Gewicht haben. [1], [2], [9].　Li

Code, lexikographischer *(lexicographic code)*. C. zur Verschlüsselung von Alphazeichen, d.h. Texten, bei denen der alphabetischen Anordnung der Buchstaben eine fortlaufende Anordnung der Codewörter entspricht. Beispiel: der ASCII-Code (A = 41_{16}, B = 42_{16}). [9].　We

Code, mehrwertiger *(multivalid code)*. C., der mehr als zwei Signalparameter zur Darstellung der Codewörter verwendet. Beispielsweise ist der Morse-Code ein mehrwertiger C., da er die Signalparameter „lang", „kurz", „Pause" benötigt. [9].　We

Code, redundanzsparender → Optimalcode.　Li

Code, rekurrenter *(recurrent code)*. Eine Anordnung von N = 2^n Codewörtern in einer geschlossenen Kette von n Stellen. Die einzelnen Codewörter erhält man, wenn man ein „Ablesefenster" von n Stellen Länge schrittweise über die Kette wegschiebt. Beispiel: n = 3, d.h. N = 8. Kette: 10110001; Codewörter: 101, 011, 110, ..., 001. Dieser Code läßt sich mit Hilfe von Schieberegistern einfach realisieren. [13].　We

Code, selbstkorrigierender → Code, fehlerkorrigierender.　Li

Code, systematischer *(systematic code)*. Fehlerkorrigierender C., der dadurch erzeugt wird, daß nach einem bestimmten Verfahren (Restklassen modulo 2) in einen gegebenen Code Prüfstellen eingebaut werden. Mit Hilfe von Prüfgleichungen läßt sich im Empfänger ein Korrekturwert errechnen, der die im Codewort gestörte Stelle in binärer Form angibt. [1], [2], [9].　Li

Code, unipolarer *(unipolar code)*. C., bei dem sich die Signalparameter zur Darstellung der Zustände „0" und „1" nur durch ihre Größe, nicht aber ihre ihre (positive oder negative) Richtung unterscheiden. Der unipolare C. hat den Nachteil, daß bei Ausfall einer Komponente oder im Zustand des Nichtsendens ein fehlerhafter Signalparameter entstehen kann. [9]. We

Code, zyklischer *(cyclic code)*. Verfahren zur Fehlersicherung, das besonders in der Datenfernübertragung angewendet wird. In der sendenden Datenendeinrichtung wird aus der Nachricht das Prüfzeichen (CRC, *cyclic redundance check*) gebildet. Dieses Prüfzeichen wird am Ende der Nachricht gesendet. Die empfangende Datenendeinrichtung bildet mit der gleichen Schaltung aufgrund der empfangenen Nachricht das Prüfzeichen und vergleicht es mit dem empfangenen Prüfzeichen.
Die Realisierung des Verfahrens erfolgt mit einer Hardware-Einrichtung mit Hilfe eines bestimmten, durch Programm wählbaren Prüfpolynoms.
Die Bildung des CRC-Zeichens ist nicht an eine bestimmte Länge des Nachrichtenblocks gebunden. [9]. We

Codec *(Codec)*. Abkürzung für die Kombination <u>Co</u>dierer (coder) und <u>Dec</u>odierer (decoder). Der C. bildet die Schnittstelle zwischen analoger und digitaler Übertragung und umfaßt sowohl Analog-Digitalumsetzung als auch Kompandierung. [19]. Kü

Coderedundanz *(redundancy of code)*. Sie kann zum Zwecke der Sicherung vorhanden sein, aber auch wegen der Forderung nach einer festen Länge der Codewörter. Nach der Codierungstheorie sind z. B. zur Codierung der zehn Dezimalziffern 3,3 Bits erforderlich; bei vielen Dezimalcodes werden 4 Bits verwendet.
Die C. R wird in Bits angegeben. Sie errechnet sich zu

$$R = k - H_1$$

wobei k die Anzahl der Bits je Codewort und H_1 die Informationsentropie ist.

Bei Codierung der Dezimalziffern mit einem Vier-Bit-Code ergibt sich z. B. R = (4 − 3,3) Bit = 0,7 Bit.
[9]. We

Codescheibe *(encoder disk)*, Codierscheibe. Codescheiben werden zur Analog-Digital-Umsetzung von Winkelgrößen in einen Binärcode (meist Gray-Code) benutzt. Man teilt die Scheibe in mehrere Ringe ein. Die Anzahl der Ringe ist vom geforderten Auflösungsvermögen abhängig. Jeder Ring ist z. B. in durchsichtige und undurchsichtige Elemente unterteilt. Während eine Seite der Scheibe von einer Lichtquelle angestrahlt wird, befindet sich auf der gegenüberliegenden Seite über jedem Ring eine Photozelle. Bei Drehung der Scheibe werden die entstehenden Lichtimpulse über die Photozelle in elektrische Impulse umgewandelt; die Impulse stehen am Ausgang parallel an. [1], [8], [9], [12], [13], [18]. Fl

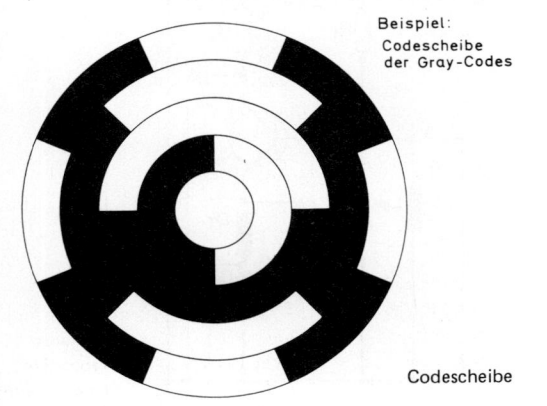

Codeumsetzer → Codewandler. Li

Codewandler *(code converter)*, Codeumsetzer. C. setzen Informationen ohne Informationsverlust von einem Code in einen anderen um. Für diese Umsetzung verwendet man Schaltnetze oder ROMs, bei denen die Wörter des Ausgangscodes die Adressen der Speicherplätze bilden, in denen die Codewörter des Zielcodes stehen. [1], [4], [9]. Li

Codewort *(code word)*. In der Informationstechnik eine Kombination von binären Zeichen (Bits), die einem Zeichen (Ziffer, Buchstabe oder Sonderzeichen) eindeutig zugeordnet werden können. Neben vielen Codewörtern mit einer festen Länge (Anzahl von Bits) gibt es auch Codewörter mit variabler Länge. In Datenverarbeitungssystemen werden meist Codes mit Codewörtern fester Länge verwendet. [1]. We

Codieren *(encode)*. Der Vorgang der Zuordnung von Zeichen aus einem Zeichenvorrat Z_1 zu Zeichen aus einem Zeichenvorrat Z_2. Die Zuordnungsvorschrift wird als Code bezeichnet. Den umgekehrten Vorgang nennt man Decodieren. In der Praxis handelt es sich beim C. meist um das Zuordnen eines alphanumerischen Zeichenvorrats zu einem aus Binärfolgen bestehenden Zeichenvorrat. 2. In der Rundfunktechnik bezeichnet man die Bildung des Multiplexsignals aus den beiden Stereosignalen mit Hilfe des Stereocoders als C. [1], [2], [9], [13]. Li

Codiermatrix *(coder network)*. Zuordner, bei dem die UND- bzw. ODER-Verknüpfung bewirkenden Bauelemente − im einfachsten Fall Dioden − in Gitterform (Matrix) angeordnet sind (Bild). Hierbei werden n Eingangssignalen entsprechend einem bestimmten Code n

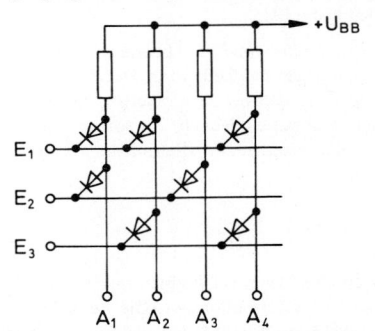

Beispiel:
Codescheibe
der Gray-Codes

Codescheibe

Codiermatrix mit 3 Zeilen und 4 Spalten
(E_1 bis E_3 Eingänge; A_1 bis A_4 Ausgänge)

Ausgangssignale zugeordnet. Je nachdem, ob es sich bei dem Vorgang um eine Codierung oder Decodierung handelt, spricht man von Codier- oder Decodiermatrix. [1], [2]. Li

Codierschalter *(decode switch)*, Decodierschalter. Schalter, die zur Eingabe von Ziffern in elektronische Geräte bzw. elektronische Datenverarbeitungsanlagen dienen und als Ausgangssignal einen beliebigen Binärcode liefern. Entsprechend der Anzahl der gewünschten Stellen lassen sich C. nebeneinander anordnen, wobei für jede Dekade ein Schalter erforderlich ist. Ausgangssignal der Schalter ist der eingestellte Code. [1], [9], [12]. Fl

Codierscheibe → Codescheibe. Fl

Codierung → Codieren. Li

Codierung, optimale *(optimal coding)*. C. unter Verwendung eines Optimalcodes. [1], [9]. Li

Codierung nach Fano *(Fano coding)*. Bedingung bei der Bildung eines Codes, die lautet, daß kein Wort des Codes der Anfang eines anderen Wortes des Codes sein darf. Die Bedingung ist besonders wichtig bei Codes mit variabler Wortlänge. Eine einfache Möglichkeit, die C. nach Fano durchzuführen, besteht darin, jedes Wort mit einer bestimmten Bitfolge (Trennzeichen) beginnen zu lassen. Die nach dieser Methode entwickelten Codes werden auch als Shannon-Fano-Codes bezeichnet. [9]. We

Codierung nach Huffman *(Huffman coding)*. Codierung unter Ausnutzung der verschiedenen Häufigkeit der Zeichen innerhalb der Sprache. Es werden die beiden seltensten Zeichen zu einem Zeichen zusammengefaßt codiert, wobei das letzte Bit die Unterscheidung liefert. Das zusammengefaßte Zeichen wird mit seiner summierten Häufigkeit in die Zeichenliste aufgenommen; anschließend wird wieder mit der Codierung der beiden seltensten Zeichen fortgefahren. Das Verfahren liefert einen redundanzsparenden Code. [9]. We

Codierung nach Shannon → Codierung nach Fano. We

Codierungstheorem *(theorem of coding)*. Feststellung, daß bei einem Übertragungskanal, dessen Kapazität über dem Informationsfluß liegt, durch geeignete Codierung der Informationsverlust (Äquivokation) beliebig klein gemacht werden kann. [9]. We

Codierungstheorie *(Coding theory)*. Theorie über die mathematischen Grundlagen der Codierung. Der Fundamentalsatz der C. sagt aus, daß bei der Codierung von Zeichen, die mit der Wahrscheinlichkeit p vorkommen, die durchschnittliche Bitzahl zur Übermittlung eines Zeichens den Wert

$$H_1 = \sum_{i=1}^{k} p_i \cdot \text{ld} \frac{1}{p_i}$$

nicht unterschreiten kann (ld Logarithmus zur Basis 2). H_1 wird auch als Informationsentropie bezeichnet; im Fall gleicher Wahrscheinlichkeit für alle Zeichen beträgt sie $H_1 = \text{ld } k$, wobei k die Anzahl der zu codierenden Zeichen ist.

Aus dem Fundamentalsatz der C. läßt sich ableiten, daß eine Nachricht mit der geringsten Anzahl Bits zu codieren ist, wenn variable Länge der Codeworte verwendet wird, wie dies bei Codierung nach Fano möglich ist. [9]. We

Collins-Filter *(Collins-filter)*. Eine LC-Schaltung, meist in Gestalt einer unsymmetrischen π-Schaltung, die als Antennentransformator verwendet wird. Es handelt sich um eine spezielle Form der Resonanzanpassung, die dazu dient, den relativ niederohmigen Antennenwiderstand R_a an den optimalen hochohmigen Widerstand R_{opt} der Senderstufe für die Senderfrequenz anzupassen (Bild). Dabei wird das Verhältnis der zu transformierenden Widerstände im wesentlichen durch das Quadrat des Kapazitätsverhältnisses bestimmt

$$\frac{R_{opt}}{R_a} \approx \left(\frac{C_2}{C_1}\right)^2.$$

Collins-Filter

Für veränderliche Sendefrequenzen (z. B. innerhalb eines Bandes) macht man das C. durch veränderbare Kapazitäten C_1 und C_2 abstimmbar. Neben der Hauptaufgabe der Anpassung werden durch den Tiefpaßcharakter des Collins-Filters die Oberschwingungen des Senders wirkungsvoll unterdrückt. Rü

Colpitts-Oszillator *(Colpitts oszillator)*. Als C. werden Oszillatorschaltungen bezeichnet, die in kapazitativer Dreipunktschaltung realisiert sind. Der Schwingkreis ist ein

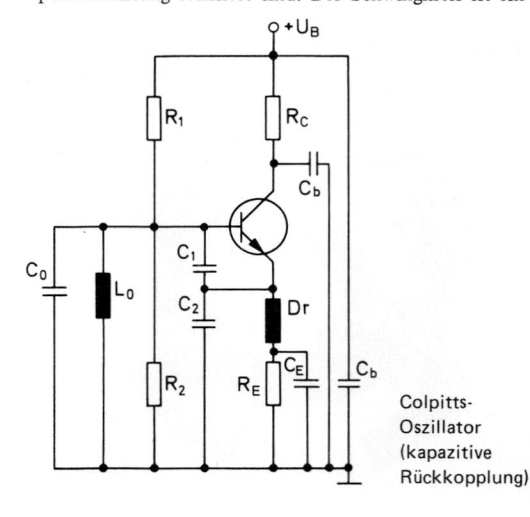

Colpitts-Oszillator (kapazitive Rückkopplung)

Parallelschwingkreis, dessen Kondensator aus zwei in Serie geschalteten Einzelkondensatoren unterschiedlicher Kapazität besteht. Der Verbindungspunkt der beiden Kondensatoren liegt an „Masse", ein Punkt des Parallelschwingkreises ist bei einer Transistorschaltung am Kollektor, der andere an die Basis angeschaltet. Das Verhältnis der Kondensatoren bestimmt den Rückkopplungsgrad. [8], [13]. Th

COM *(computer-output microfilm)* → Mikrofilm. Li

Comb-Filter *(comb-Filter)* → Kammfilter. Rü

Common-Mode-Bereich → Gleichtakt. We

Compiler *(compiler).* Ein Übersetzer, der in einer problemorientierten Programmiersprache abgefaßte Quellenanweisungen in Zielanweisungen einer maschinenorientierten Programmiersprache umwandelt (kompiliert; DIN 44 300). Solche C. sind bei allen problemorientierten Programmiersprachen erforderlich; sie werden vom Computerhersteller entwickelt und als Software bei der Datenverarbeitungsanlage auf Magnetplatte oder -band mitgeliefert. (Nach DIN 44 300 wurde der Begriff C. in Kompilierer eingedeutscht.) [1]. Li

Compilersprachen *(compiler-level language).* Höhere Programmiersprache wie BASIC, COBOL, FORTRAN, PASCAL, PL/1, ADA, die einen Übersetzer (Compiler) für die Umwandlung in das Objektprogramm benötigen. [9]. Ne

Computer *(computer).* Während vom Wortsinn her ein C. jede Maschine ist, die Rechnungen ausführt, werden i.a. nur programmgesteuerte elektronische Rechenanlagen als C. bezeichnet. [1]. We

Computergenerationen *(computer generation),* Rechnergenerationen. Einteilung der Datenverarbeitungssysteme nach ihrer technischen Entwicklung, wobei der Typ der verwendeten Bauelemente im Vordergrund steht, jedoch auch weitere Hardware- und Software-Aspekte berücksichtigt werden:
0. Generation: elektromechanische Bauelemente. 1. Generation: Röhren als Bauelemente, Maschinenprogrammierung, teilweise Verwendung von Magnettrommelspeicher als Hauptspeicher, keine oder sehr kleine Betriebssysteme. 2. Generation: Halbleiterbauelemente, problemorientierte Programmiersprache, Magnetkernspeicher als Hauptspeicher, größere Betriebssysteme. 3. Generation: integrierte Schaltungen, Betriebssysteme größer und teilweise auf Hintergrundspeichern gelagert. Seit Einführung der 3. Generation hat durch Anwendung von hochintegrierten Halbleiterspeichern, Mikroprozessoren, aber auch einem stärkeren Einsatz der Datenfernübertragung, Dezentralisierung der Intelligenz usw. eine Weiterentwicklung der Computer stattgefunden, es ist jedoch heute noch verfrüht von einer 4. Generation zu sprechen.
[1]. We

Comsat *(communications satellite corporation).* Private Betriebsgesellschaft innerhalb der Intelsat für die kommerzielle Nutzung von Fernmeldesatelliten. [14]. Ge

Confidence Level → Vertrauensbereich. Ge

Cooper-Paare *(Cooper pairs).* Eine Reihe von Festkörpern werden unterhalb einer für sie charakteristischen Temperatur T supraleitend. Dabei bilden zwei Elektronen mit entgegengesetztem Spin ein C. Die anziehende Wechselwirkung wird durch den Austausch eines „virtuellen" Phonons bewirkt, wodurch die Gesamtenergie gesenkt wird. [7]. Bl

Coprozessor *(coprocessor).* Ein Mikroprozessor, der in einem System bestimmte Aufgaben übernimmt, z. B. die Steuerung der Ein-Ausgabe (E-A-Prozessor). Der C. hat einen beschränkten Befehlsvorrat; er ist in seiner Architektur einem bestimmten Mikroprozessor zugeordnet. [1]. We

Cosφ-Messer → Leistungsfaktormesser. Fl

Cotton-Mouton-Effekt *(Cotton-Mouton effect).* Erzeugung einer erzwungenen (optischen) Doppelbrechung durch Ausrichtung magnetisch-polarer Moleküle in einem magnetischen Feld mit der Feldstärke **H** (Magnetooptik). Die Anzahl m der erzeugten Gangunterschiede mλ (λ Wellenlänge) in Luft beträgt

$$m = Cl \cdot H^2,$$

wobei C die Cotton-Mouton-Konstante (in $\frac{m}{A^2}$) und l die effektive Schichtdicke (in m) ist. [5]. Rü

Coulomb *(coulomb).* Abgeleitete SI-Einheit der elektrischen Ladung (Zeichen C) (DIN. 1301). 1 C = 1 As (As Amperesekunde). *Definition:* Das C ist gleich der Elektrizitätsmenge, die während der Zeit 1 s bei einem zeitlich unveränderlichen Strom der Stärke 1 A durch den Querschnitt eines Leiters fließt. [5]. Rü

Coulombkraft *(Coulomb force).* Die entsprechend dem Coulombschen Gesetz im Bereich eines Atoms wirksame, durch Ladung verursachte Kraft. Außer den Coulombkräften treten dort noch ladungsunabhängige Wechselwirkungskräfte auf. [5]. Rü

Coulombmeter *(coulometer),* Ladungsmengenmesser. Ein C. ist ein elektrisches Meßgerät, das Elektrizitätsmengen in Coulomb mißt. Der Meßvorgang beruht ähnlich wie bei den elektrostatischen Meßinstrumenten auf der Anziehungskraft zwischen parallelen Platten. Zur Messung werden die in sehr hochohmigen Schaltungen auftretenden Ladungsmengen im C. summiert. [12]. Fl

Coulombsches Gesetz *(Coulomb's law),* auch elektrostatisches Grundgesetz. Zwei elektrische Ladungen Q_1 und Q_2, die sich im Abstand r befinden, wirken in Richtung der Verbindungslinie mit einer Kraft

$$|F| = \frac{1}{4\pi\epsilon_0} \frac{Q_1 Q_2}{r^2}.$$

(ϵ_0 elektrische Feldkonstante). Die Einheit von **F** ist Newton, wenn Q in Coulomb und r in Meter eingesetzt wird. Ungleichnamige Ladungen ziehen sich an, gleichnamige stoßen sich ab. Rü

Coulombsches Potential *(electric potential).* Ein Potential, das das Feld einer Punktladung im Raum beschreibt

$$\varphi \sim \frac{Q}{r}.$$

(→ Potential, logarithmisches). [5]. Rü

CPU *(central processing unit)* → Zentraleinheit. We

Cremer-Leonhard-Michailow-Kriterium *(Cremer-Leonhard-Michailow-criterion)*. Graphische Methode zur Stabilitätsbetrachtung von Regelungssystemen. Die charakteristische Gleichung H(s) des geschlossenen Regelkreises wird als Ortskurve $H(j\omega) = 1 + F_0(j\omega)$ dargestellt (→ Regelkreis). Ist H(s) eine algebraische Gleichung n-ter Ordnung, dann muß bei Stabilität des geschlossenen Regelkreises die Ortskurve $H(j\omega)$ für $\omega = 0$ auf der positiven reellen Achse beginnen und für $\omega \to +\infty$ den Ursprung der komplexen Ebene im Gegenuhrzeigersinn umfahren und dabei n Quadranten durchlaufen. Das C. ist bei Systemen mit Totzeit nicht ohne weiteres anwendbar. [18]. Ku

Crestfaktor → Scheitelfaktor. Fl

Crimpen → Quetschverbindung. Ge

Crimpverbindung → Quetschverbindung. Ge

CrO₂-Band **(Chrom-(II)-oxid-Band)** *(Chrome dioxide-tape)*. Bezeichnung für ein 3,81 mm breites Magnetband in Kassetten für die Audioaufzeichnung. Das CrO₂-Band ist gegenüber dem „normalen" Eisenoxid-Band weiter in den höheren Frequenzen aussteuerbar und erlaubt dadurch eine höhere Grenzfrequenz. Der Geräuschspannungsabstand verbessert sich ebenfalls. [5], [13], [14]. Th

Cross-Assembler *(cross assembler)*. Assembler, der nicht auf der Datenverarbeitungsanlage läuft, für die das Maschinenprogramm erzeugt wird. C. werden besonders auf Großanlagen benutzt, um Maschinenprogramme für kleine Anlagen (z. B. Mikroprozessorsysteme, Kompaktrechner) zu erstellen, die wegen ihres geringen Speicherausbaus keinen Assembler verwenden können. [1]. We

Crossbar-Schalter → Koordinatenschalter. Fl

Crosspoint-Switch → Schaltmatrix. We

CSL *(current switch logic)* → Stromschaltertechnik. Ne

CSMA *(carrier sense multiple access, CSMA)*. Verfahren für den Vielfachzugriff auf eine Busleitung oder einen Funkkanal nach dem Konkurrenzverfahren. Hierbei überwacht jede Station den Status der Busleitung (carrier sensing); eine Nachricht wird nur im Freizustand übertragen. Durch eine weitere Kollisionserkennungseinrichtung *(collision detection)* kann ein evtl. auftretender Belegungszusammenstoß sofort erkannt werden; die Konkurrenzsituation wird durch unterschiedliche Sendeverzögerungen aufgelöst. [19]. Kü

CTL *(complementary transistor logic)*. Veraltete Schaltungseinrichtung für die mittlere Integrationstechnik, bei der sich die Logikbausteine aus Emitterfolgern mit PNP- und NPN-Transistoren zusammensetzen. Diese Technik wird bei LSI-Schaltungen unter der Bezeichnung EFL *(emitter follower logic)* verwendet. [4]. Ne

Cubical-Quad-Antenne → Quad-Antenne. Ge

Curie-Gesetz *(Curie law)*. Nach dem C. ist bei paramagnetischen Stoffen die magnetische Suszeptibilität κ der absoluten Temperatur (Einheit K) umgekehrt proportional, d. h.,

$$\kappa = \frac{C}{T} \text{ (C Konstante).}$$

Dies gilt, sofern T nicht zu klein ist. [5]. Bl

Curie-Punkt *(Curie point)* → Curie-Temperatur. Bl

Curie-Temperatur *(Curie temperature)*, Curie-Punkt. Man unterscheidet:
1. Ferroelektrische C: Temperatur, bei der durch Temperaturerhöhung der Ordnungszustand eines Ferroelektrikums verlorengeht. Oberhalb der Umwandlungstemperatur T ist die Dielektrizitätskonstante durch

$$\epsilon = \frac{C}{T - T_0}$$

gegeben, worin C eine Konstante (Curie-Konstante) ist. Die ferroelektrischen Curie-Temperaturen liegen zwischen 10 K bis zu einigen 100 K.
2. Ferromagnetische C.: Temperatur, ab der bei Ferromagneten die spontane Magnetisierung und die Ausrichtung verschwindet. Die C. ist stoffabhängig (Eisen 1043 K). Es zeigen bei der C. auch der elektrische Widerstand, sowie die spezifische Wärme und der Wärmeausdehnungskoeffizient Anomalien.
3. Paramagnetische C. Sie ist ebenfalls auf die Abhängigkeit der Suszeptibilität von der Temperatur bezogen; die paramagnetische C. T_0 liegt etwas über der ferromagnetischen C. (Beispiel: Eisen $T_0 = 1101$ K; T = 1043 K). [5]. Bl

Curie-Weiß-Gesetz *(Curie-Weiß law)*. Die magnetische Suszeptibilität κ ferromagnetischer Substanzen ist oberhalb des Curie-Punktes, d.h. bei Temperaturen $T > \delta$ gegeben als

$$\kappa = \frac{C}{T - \delta}.$$

Darin ist δ die Curie-Temperatur in K, T die absolute Temperatur des Stoffes in K und C eine Konstante, die Curie-Konstante. Diese Beziehung ist nicht so universell, wie das Curiesche Gesetz und gibt nur im Bereich nicht zu tiefer Temperaturen das Verhalten der Suszeptibilität richtig wieder. [5]. Bl

Current Hogging *(current hogging)*, Überstromaufnahme. Bei mehreren parallelgeschalteten Bausteinen nimmt ein Baustein mehr als den für ihn vorgesehenen Anteil des Gesamtstromes auf. Dies kann zu Fehlverhalten oder Zerstörung des Bausteins führen. Tritt vorwiegend bei parallelgeschalteten RTL-Gattern auf. [2], [4]. Li

Cursor *(cursor)*. Bei Displays Anzeige einer Position für Eingabe oder Verbesserung von Daten durch ein helles Rechteck auf der Eingabeposition. Da der C. nicht über den Bildwiederholspeicher des Displays gesteuert wird, können auf einer Position Zeichen und C. vorhanden sein. [1]. We

Custom-Design *(custom design)*. Kundenspezifischer Entwurf für integrierte Schaltungen. C. lohnt sich i.a. nur bei Abnahme großer Stückzahlen der gleichen Schaltung. [4]. We

Cutt off *(cutoff)*, Einsatzpunkt. Unterer Knick einer Kennlinie, z. B. cutoff frequency: Grenzfrequenz einer Filterschaltung, bei der der Übergang vom Durchlaß- zum Sperrbereich beginnt. [15]. Rü

CVD-Verfahren *(chemical vapor deposition, CVD)*. Verfahren zur Herstellung von Isolationsschichten (Silicium-(II)-oxid, SiO_2 oder Silicium-(IV)-nitrid, Si_3N_4) auf einem Halbleitersubstrat durch Pyrolyse. Man unterscheidet zwischen Niedertemperatur- und Hochtemperaturverfahren. Beim Niedertemperaturverfahren wird Silan in Gegenwart von Sauerstoff bei etwa 300 °C thermisch zersetzt: $SiH_4 + O_2 \rightleftharpoons SiO_2 + 2H_2O$. Beim Hochtemperaturverfahren zersetzt man zur Herstellung von Silicium-(II)-oxidschichten eine organische Silanverbindung ($Si(OC_2H_5)_4$, Tetraethylen-Oxisilan = TEOS) in Anwesenheit von Sauerstoff bei etwa 700 °C. Zur Herstellung von Siliciumnitridschichten läßt man Silan mit Ammoniak (NH_3) bei etwa 800 °C reagieren: $3SiH_4 + 4NH_3 \rightleftharpoons Si_3N_4 + 12H_2$. [4]. Ne

CVS *(current-controlled voltage source; CVS)*. Stromgesteuerte Spannungsquelle: → Quellen, gesteuerte. [15]. Rü

CW-Betrieb *(continuous wave)* → Halbleiterlaser. Ne

CW-Laser → Dauerstrich-Laserdiode. Ne

CW-Radar → Radar. Ge

Cycle Stealing *(cycle stealing)*. Methode in der Datenverarbeitung zur Durchführung von Ein-Ausgabe-Operationen, die nicht direkt vom Prozessor gesteuert werden. Die Ein-Ausgabe-Steuerung greift abwechselnd mit dem Prozessor auf den Speicher zu, wobei für einen Zyklus der Speicherzugriff für den Prozessor gesperrt ist. [1]. We

D

DAC *(digital-to-analogue converter)* → Digital-Analog-Wandler. We

Dachkapazität *(top load)*, Endkapazität. Um eine elektrisch kurze Antenne ($l \leq \lambda/8$) bei der Betriebswellenlänge λ in Resonanz zu bringen, kann die Antenne mit einer D. belastet werden, die z. B. als Horizontalteil einer L- oder T-Antenne oder als Schirmfläche ausgebildet sein kann. Die Wirkung der D. beruht auf einer scheinbaren Verlängerung des vertikalen Teils der Antenne. Dies ist besonders bei Mittel- und Langwellenantennen von Bedeutung. Durch den günstigeren Strombelag ist auch der Strahlungswiderstand erheblich höher als bei der unbelasteten Antenne. [14]. Ge

Dachschräge *(ramp-off)*. Mit D. wird der nichthorizontale Verlauf des Daches eines Rechteckimpulses bezeichnet. Eine derartige Verformung kann bei der Übertragung eines Rechteckpulses über eine Übertragungsstrecke mit nicht gradlinigem Frequenzgang auftreten. Mit einem Rechteckpuls läßt sich beispielsweise qualitativ der Frequenzgang eines Hi-Fi-Verstärkers beurteilen. [10]. Th

Dämmerungsschalter *(dimming switch, twilight switch)*. Lichtempfindlicher Schalter zum Ein- oder Ausschalten von Geräten oder Beleuchtungskörpern bei Unterschreiten einer bestimmten Helligkeit. Der D. besteht aus einem lichtempfindlichen Halbleiter-Bauelement und -Verstärker mit Hysterese und meist mit Verzögerungsglied, damit die Schaltung nicht auf kurzzeitige Helligkeitsschwankungen reagiert. [6], [16]. Li

Dämpfung *(damping)*. Die D. kennzeichnet die allgemeine physikalische Erscheinung der Abnahme von Amplituden bei Schwingungsvorgängen. In der mathematischen Darstellung einer gedämpften Schwingung

$$u(t) = \hat{u}\, e^{-\delta t} \sin \frac{2\pi}{T} t$$

nennt man δ den Dämpfungsfaktor, $T = \frac{2\pi}{\omega}$ die Periodendauer und $\vartheta = \delta t$ das (logarithmische) Dämpfungsdekrement. Zur Definition der Dämpfungseigenschaften bei beliebigen Signalübertragungssystemen → Dämpfungsfaktor. [5]. Rü

Dämpfungsbelag → Fortpflanzungskonstante. Rü

Dämpfungscharakteristik *(characteristic of attenuation)*, Dämpfungskurve. Allgemein die Abhängigkeit einer Dämpfungsgröße (Dämpfungsmaß) von der Frequenz f. Die D. bestimmt Durchlaßbereiche (DB) und Sperrbereiche (SB) mit den zugehörigen Dämpfungswerten (Bild). Speziell legt man in der D. die Dämpfungsforderungen an ein Filter fest, indem man ein Toleranzschema vorgibt. Durch eine geeignete Approximation sucht man eine Kurve, die das Toleranzschema nicht verletzt und zu einer realisierbaren Schaltung führt (Filtersynthese). [15]. Rü

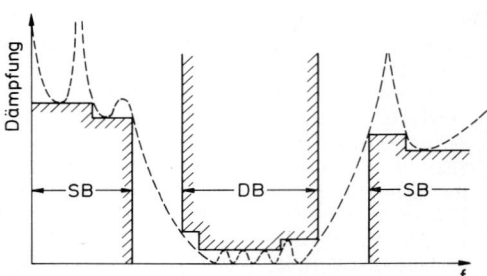

Beispiel für die Dämpfungscharakteristik eines Bandpasses

Dämpfungsempfindlichkeit → Empfindlichkeit. Rü

Dämpfungsentzerrer *(attenuation equalizer)*. Vielpolschaltung, die eine auf einem Übertragungsweg entstandene unerwünschte Dämpfungsverzerrung kompensiert. Bei Einfügung eines Dämpfungsentzerrers in eine Übertragungsstrecke besteht die Forderung, daß keine zusätzliche Reflexion auftritt, d.h., es muß Wellenanpassung vorliegen. Unabhängig davon kann ein gewünschter Dämpfungsverlauf realisiert werden können. Ein überbrücktes symmetrisches T-Glied (Bild) erfüllt die Bedingungen, wenn die Querimpedanz R_2 dual zu R_1 gemacht wird:

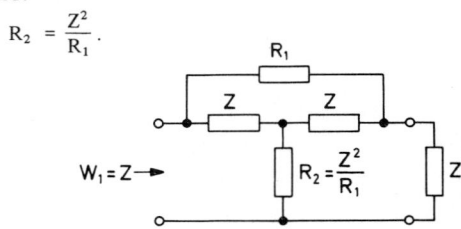

$$R_2 = \frac{Z^2}{R_1}.$$

Schaltung zur Dämpfungsentzerrung

Der Wellenwiderstand ist $Z_w = Z$ und der Spannungsübertragungsfaktor eines mit der Impedanz Z belasteten überbrückten T-Gliedes beträgt

$$A_u = \frac{1}{1 + \frac{R_1}{Z}}.$$

[15]. Rü

Dämpfungsfaktor *(attenuation ratio)*. Kehrwert des Übertragungsfaktors A (DIN 40148)

$$D = \frac{1}{A} = \frac{S_1}{S_2},$$

wobei S_1 eine Eingangs-, S_2 eine Ausgangsgröße eines beliebigen Signalübertragungssystems ist. Bei Gleichartigkeit von S_1 und S_2 kennzeichnet man den D. durch Zusätze: Spannungsdämpfungsfaktor, Stromdämpfungsfaktor, Leistungsdämpfungsfaktor, Betriebsdämpfungsfaktor usw. Soll die Frequenzabhängigkeit von D besonders hervorgehoben werden, dann spricht man von einer Dämpfungsfunktion. Speziell bei gedämpften Schwingungen wird der D. abweichend definiert (Dämpfung). [15]. Rü

Dämpfungsfunktion → Dämpfungsfaktor. Rü

Dämpfungsglied *(attenuator)*. Ein (meist) aus ohmschen Widerständen aufgebauter Spannungsteiler zur Erzeugung einer vorgegebenen Dämpfung und vorgegebenem Ein- und Ausgangswiderstand. Als Bauformen werden T- oder Π-Glieder sowie für quersymmetrische Schaltungen (struktursymmetrischer Vierpol) die H- oder Viereckschaltung benutzt. Besonders günstig ist die Verwendung eines überbrückten T-Gliedes in der Form wie beim Dämpfungsentzerrer (s. Bild dort). Dabei kann man die Forderungen nach einer Dämpfung von a (Np) und einem Ein- und Ausgangswiderstand Z getrennt realisieren, wenn der Widerstand R_2 dual zum Widerstand R_1 gemacht wird. Es ist

$$R_1 = Z(e^a - 1) \quad \text{und} \quad R_2 = \frac{Z^2}{R_1} = \frac{Z}{e^a - 1}.$$

[15]. Rü

Dämpfungskoeffizient → Fortpflanzungskonstante. Rü

Dämpfungskurve → Dämpfungscharakteristik. Rü

Dämpfungsmaß *(attenuation constant)*. Das (komplexe) Dämpfungsmaß g ist definiert als natürlicher Logarithmus des Dämpfungsfaktors D (DIN 40148):

$g = \ln D = a + jb; \quad (D = e^g).$

Der negative Wert von g ist das Übertragungsmaß. Der reelle Teil von g:

$a = \ln|D|$

heißt Dämpfungsmaß; der imaginäre Teil:

$b = \text{arc } D$

der Dämpfungswinkel. Ferner ist

$D = e^{a+jb} = e^a \cdot e^{jb} = |D|e^{jb}$

mit $|D| = e^a$. Wegen des Zusammenhangs mit dem Übertragungsfaktor:

$$D = \frac{1}{A}$$

gilt:

$a = -\ln|A|; \quad b = -\text{arc } A.$

Überlicherweise drückt man das Dämpfungsmaß (für Feldgrößen) $a = \ln|D|$ in Neper (Np) oder $a = 20 \lg|D|$ in Dezibel (dB) aus (DIN 5493). [14]. Rü

Dämpfungsmessung *(loss measurement, attenuation measurement)*. Mit der D. werden Strom- oder Spannungsverhältnisse längs eines Übertragungsweges als logarithmische Verhältnisse erfaßt und z. B. bei Leitungsmessungen in einem Pegeldiagramm dargestellt. Die Verhältnisse werden in Dezibel (dB) oder Neper (Np) angegeben. Dämpfungsmessungen werden meist nach dem Vergleichs- oder Substitutionsverfahren über eine Eichleitung (Eichteiler) durchgeführt (Bild). Mit Dämpfungs-

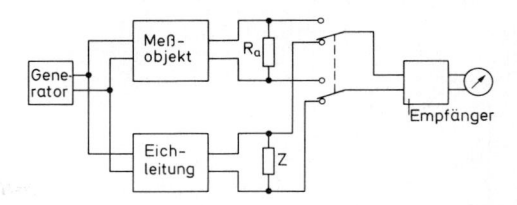

Dämpfungsmessung

messungen lassen sich z. B. das Übertragungsmaß, das Dämpfungsmaß, das Rauschmaß, die Übersprechdämpfung und die Unsymmetrie-Dämpfung ermitteln. [8], [12], [13], [14], [19]. Fl

Dämpfungsregler → Abschwächer. Fl

Dämpfungsverzerrung *(attenuation (frequency) distortion)*, Amplitudenverzerrung. Die D. beschreibt meist durch Angabe des Dämpfungsfaktors in Abhängigkeit von der Frequenz die Abweichung einer (realen) Signalübertragung gegenüber der idealen verzerrungsfreien Übertragung. [14]. Rü

Dämpfungswinkel → Dämpfungsmaß. Rü

Darlington-Differenzverstärker *(Darlington differential amplifier)*. Bei integrierten Operationsverstärkern verwendete Eingangsschaltung (Bild). Die Darlington-

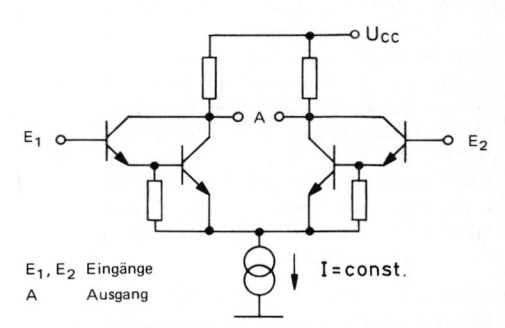

Prinzipschaltbild des Darlington-Differenzverstärkers

Schaltung an beiden Eingängen dient der Erhöhung des Eingangswiderstandes. [4], [6]. Li

Darlington-Paar *(Darlington pair)*. Ausgesuchtes Paar von Darlington-Transistoren gleicher elektrischer Kenngrößen für Leistungsverstärker-Endstufen. [4]. Li

Darlington-Phototransistor *(Darlington phototransistor)*. Phototransistor, der statt eines einfachen Transistors über eine Darlington-Stufe verfügt. Mit Darlington-Phototransistoren lassen sich – allerdings auf Kosten der Grenzfrequenz – Stromverstärkungen bis etwa 10 000 erzielen. [4]. Ne

Darlington-Schaltung *(Darlington circuit)*. Kettenschaltung zweier Emitterfolger (Bild). In integrierter Form als Darlington-Transistor erhältlich. Schaltung mit hoher Stromverstärkung (Produkt der Einzelstromverstärkun-

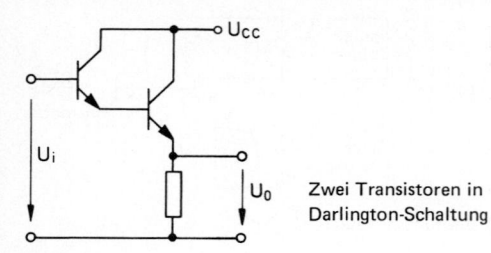

Darlington-Stufe

Zwei Transistoren in Darlington-Schaltung

gen der beiden Transistoren) und hohem Eingangswiderstand. [6], [11]. Li

Darlington-Stufe → Darlington-Schaltung. Li

Darlington-Transistor *(Darlington amplifier)*. Zwei Transistoren, die eine gemeinsame Umhüllung haben und die derart miteinander verbunden sind, daß der Kollektorstrom des ersten direkt den Basisstrom des zweiten liefert. Dadurch wird eine sehr hohe Gesamt-Stromverstärkung erreicht (DIN 41 855). [4]. Ne

Darlington-Verstärker → Darlington-Schaltung. Li

Datagramm *(datagram)*. Nachrichtenblock, der entsprechend der Zielinformation durch ein Datennetz mit Paketvermittlung übermittelt wird, ohne daß vorher eine virtuelle Nachrichtenverbindung hergestellt wurde. [19]. Kü

Datei *(data file)*. Zusammenfassung von Daten auf einem Datenträger oder in einem Speicher, die über einen Dateinamen angesprochen wird. Dateien können sowohl Programme wie zu verarbeitende Daten enthalten. Die Dateien verfügen über eine interne Struktur (Einteilung in Sätze). Entsprechend der Zugriffmethode auf einzelne Sätze werden verschiedene Organisationsformen von Dateien unterschieden (Random-Datei, indexsequentielle Datei, sequentielle Datei). Auf der Ebene der höheren Programmsprachen werden Ein-Ausgabe-Vorgänge über Dateien abgewickelt. [1]. We

Datel-Dienste *(abgeleitet von Data-Telecommunications)*. Dienstleistungen der Bundespost für die Datenfernübertragung; umfaßt die Datenübertragung in öffentlichen Netzen sowie das Überlassen von Stromwegen für die Datenübertragung in privaten Drahtfernmeldeanlagen. Öffentliche Netze sind das Fernsprechnetz, das Direktrufnetz (HfD). Zu den überlassenen Stromwegen gehören Telegraphenstromwege, Fernsprechstromwege und Breitbandstromwege. [14]. We

Daten *(data)*. Zeichen oder kontinuierliche Funktionen, die zum Zweck der Verarbeitung Information auf Grund bekannter oder unterstellter Abmachungen darstellen (DIN 44 300). Bei der Datenverarbeitung werden unter D. im allgemeinen nur die Informationen verstanden, die in Form von Zahlen oder Texten (alphanumerisch) vorliegen. Während in Analogrechnern die D. auch analog verarbeitet werden können, müssen sie bei Digitalrechnern digital vorliegen und bei analoger Erfassung in eine digitale Form umgewandelt werden.

Die Art der Datendarstellung richtet sich nach der Art des Datenträgers bzw. Datenspeichers, oftmals sind Umcodierungen der Daten notwendig. Im weiteren Sinne stellen auch Programme für die Datenverarbeitungsanlage oft D. dar, die bearbeitet werden müssen, z. B. bei Übersetzungen oder bei Interpretierungen (Interpreter).
[1], [9]. We

Datenbus *(data bus)*. Ein System von Signalleitungen zur Übertragung von Daten zwischen verschiedenen Funktionseinheiten in einem Computer. *Beispiel:* die Verbindung von Speicherbausteinen oder Ein-Ausgabeeinheiten mit einem Mikroprozessor. We

Dateneingangsbus → Datenbus. We

Datenendeinrichtung *(data terminal equipment, DTE)*. Allgemeiner Begriff für Datenquellen bzw. -senken wie Datenverarbeitungsanlagen, Datenkonzentratoren oder Datenendgeräte, von der aus eine Übermittlung gesteuert wird. Der D. (DEE) liegt netzseitig die Datenübertragungseinrichtung (DÜE) gegenüber. Die Schnittstelle zwischen DEE und DÜE ist für Start-Stop-Betrieb nach CCITT-Empfehlung X.20, für Synchronbetrieb nach Empfehlung X.21 definiert. [19]. Kü

Datenendgerät *(terminal)*. Gerät zur Ein-Ausgabe von Text und Daten für die Übermittlung. [19]. Kü

Datenerfassung *(data collection)*. Vorgang, bei dem Daten erstmals auf einen maschinell lesbaren Datenträger (z. B. Lochkarte, Diskette) übertragen werden oder direkt in den Speicher einer Datenverarbeitungsanlage eingegeben werden. Zur D. gehört nicht das Übertragen von einem Datenträger zum anderen oder das Einlesen von Daten von einem Datenträger in den Speicher. [1]. We

Datenerfassungssystem *(data collection system)*, Datensammelsystem. System zur Datenerfassung. Das D. besteht meist aus Tastatur und Display als peripherem Gerät. Die Erfassung erfolgt meist auf magnetischen Datenträgern. Sind mehrere Erfassungsgeräte an eine Zentraleinheit angeschlossen, bezeichnet man dies als Datensammelsystem. [1]. We

Datenfernübertragung *(data transmission)*. Das Senden von Daten innerhalb eines Netzwerkes nach vereinbarten Regeln. In der Bundesrepublik Deutschland unterliegt die Übertragung von Daten außerhalb der eigenen Grundstücksgrenzen dem Postmonopol. Als Übertragungswege stehen Telegraphenwege, Fernsprechwege und Breitbandwege zur Verfügung. Die Ankopplung der Datenendein-

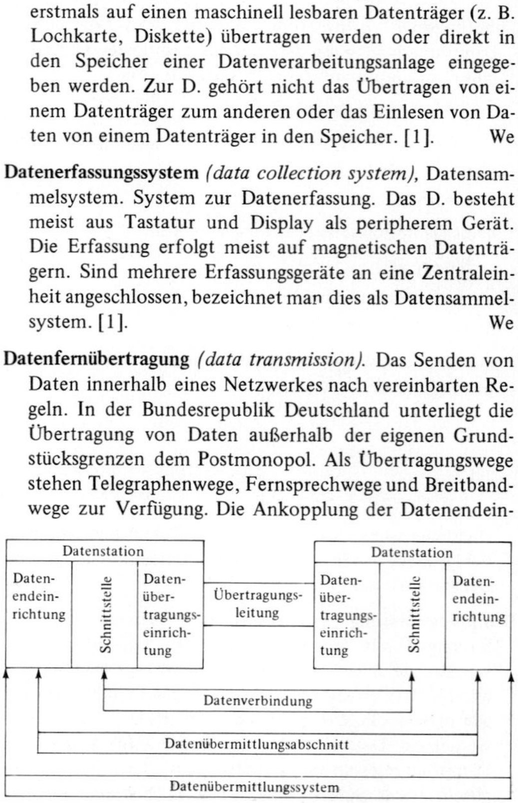

Datenstation					Datenstation	
Datenendeinrichtung	Schnittstelle	Datenübertragungseinrichtung	Übertragungsleitung	Datenübertragungseinrichtung	Schnittstelle	Datenendeinrichtung
			Datenverbindung			
		Datenübermittlungsabschnitt			
	Datenübermittlungssystem					

Prinzip eines Systems für Datenfernübertragung.

richtungen an das Übertragungsnetz erfolgt über Schnittstellen, die nach DIN bzw. CCITT genormt sind.

Die D. muß nach einer festgelegten Prozedur erfolgen. Für den Halbduplexbetrieb besonders geeignet ist die BISYNCH-Prozedur, bei der Datenblöcke sofort quittiert werden müssen. Für den Duplexbetrieb wird häufig die HDLC-Prozedur (high level data link control) verwendet.

[14]. We

Datenfernverarbeitung *(teleprocessing)*, Teleprocessing. Verarbeitung von Daten, die nicht an ihrem Entstehungsbzw. Erfassungsort erfolgt, sondern in davon räumlich getrennten Datenverarbeitungsanlagen, wobei die Daten an diese mittels der Datenfernübertragung übermittelt werden. Die D. dient dazu, große, teure Computersysteme auch räumlich entfernt Benutzern zur Verfügung zu stellen, den Aufbau von Informationssystemen bei größerer räumlicher Ausdehnung (z. B. bei Banken mit ihren Filialen) zu ermöglichen sowie den Lastausgleich zwischen mehreren Systemen zu erzielen. [1]. We

Datenflußplan *(data flowchart)*. Darstellung des Datenflusses in einem Datenverarbeitungssystem. Der D. besteht im wesentlichen aus Sinnbildern (genormt nach DIN 66 001) und orientierten Verbindungslinien (DIN 44 300). Der D. stellt im Gegensatz zum Programmablaufplan keine zeitliche Reihenfolge von Vorgängen her, sondern zeigt die Bewegung von Daten in einem Datenverarbeitungssystem, wobei die Bearbeitung nur in Ausnahmefällen (z. B. Mischen, Sortieren) angezeigt ist. Der D. dient als Vorbereitung für die Aufstellung des Programmablaufplans und der Programmerstellung. Das Bild zeigt ein einfaches Beispiel für einen D.

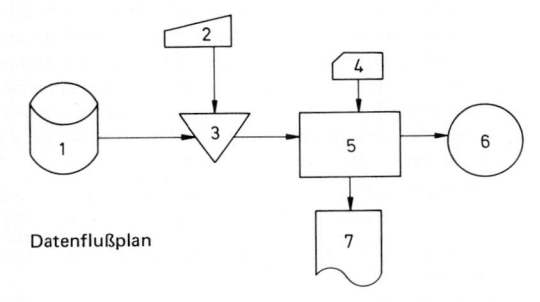

Datenflußplan

Bereits erfaßte Daten, die sich auf einem Plattenspeicher befinden (1), werden durch neue Daten, die mit der Hand eingegeben werden (2) ergänzt und zu einem neuen Datenbestand gemischt (3). Dieser wird auf Grund weiterer Informationen, die mit Lochkarten eingegeben werden (4), bearbeitet (5). Die Ergebnisse werden über Drucker (7) ausgegeben und auf Magnetband (6) übernommen.

[1]. We

Datenflußsteuerung *(data flow control)*. Regelmechanismus für einen geordneten Datenfluß zwischen zwei Endstellen in einem Datennetz mit Paketvermittlung. Die Datenflußsteuerung bedient sich dabei eines Fenstermechanismus: Die sendende Endstelle darf aufeinanderfolgende Datenpakete bereits aussenden, auch wenn die vorausgegangenen Datenpakete noch keine Quittierung erhalten haben; die maximale Anzahl ausgesendeter, nichtquittierter Datenpakete ist durch die Fenstergröße gegeben. Mit ihr läßt sich u.a. die Durchsatzklasse einstellen. [19].

Kü

Datenkanal *(data channel)*. Ein Informationspfad in einem nachrichtentechnischen System, in dem Daten übertragen werden. [13]. Ne

Datenmustergenerator → Wortgenerator. Fl

Datennetz *(data network)*. Gesamtheit der Einrichtungen, mit denen Datenverbindungen zwischen Datenendeinrichtungen hergestellt werden (DIN 44 302). Die Datenverbindungen können dabei über Vermittlungseinrichtungen geführt sein, wobei eine Zwischenspeicherung stattfinden kann. Die Datenendeinrichtungen können räumlich weit voneinander entfernt sein; sie müssen nicht vom gleichen Hersteller stammen; die Prozedur der Datenübertragung muß jedoch gleich sein. Datennetze dienen dem Informationsaustausch (Buchungssysteme, Auskunftsysteme, Unternehmens-Steuerung) sowie dem Lastausgleich (Bearbeitung von Programmen auf räumlich entfernten Anlagen). [1], [14]. We
Entsprechend der unterschiedlichen Dienste sind in der Vergangenheit spezielle Datennetze entstanden wie z. B. das Fernschreibnetz (Telexnetz), das Datexnetz oder Datennetze für die Rechnerkommunikation. Die verschiedenen Datennetzformen werden zukünftig mit dem digitalen Fernsprechnetz zu einem diensteintegrierten Digitalnetz (ISDN) zusammenwachsen. Datennetze können sowohl auf der Grundlage der Durchschaltevermittlung als auch der Speichervermittlung, insbesondere der Paketvermittlung, arbeiten. [19]. Kü

Datenpaket *(data packet)*. Nachrichtenblock für Paketvermittlung in Datennetzen. Das D. genügt einer Formatvorschrift; es enthält neben Nachrichtenkopf und Nachrichtenende eine begrenzte Anzahl von Bits oder Bitgruppen. [19]. Kü

Datenrate → Datenübertragungsgeschwindigkeit. We

Datenschutz *(data protection)*. Schutz von Persönlichkeitsrechten, die durch Mißbrauch oder Verfälschung personenbezogener Daten verletzt werden können. Der D. ist in der Bundesrepublik Deutschland durch das Bundesdatenschutzgesetz (BDSG) vom 27.1.1977 geregelt. Der D. bezieht sich nicht nur auf Daten, die der elektronischen Datenverarbeitung unterliegen. Das BDSG räumt dem Bürger das Recht auf Auskunft über die bezogen auf seine Person gespeicherten Daten sowie unter bestimmten Voraussetzungen Anspruch auf deren Berichtigung, Sperrung und Löschung ein. Für Betriebe, bei denen mindestens fünf Mitarbeiter personenbezogene Daten automatisiert verarbeiten, oder mindestens 20 Mitarbeiter solche Daten herkömmlich verarbeiten, ist ein Datenschutzbeauftragter zu bestellen. Darüber hinaus bestehen bei Bund und Ländern Datenschutzaufsichtsbehörden. [1]. We

Datensicherung *(data integrity)*. Alle Maßnahmen, die dazu dienen, Daten gegen Verlust, Beschädigung, Diebstahl usw. zu schützen, wobei es sich sowohl um technische wie auch um organisatorische Maßnahmen handeln kann.

Datensichtgerät   80

Die D. ist eine Voraussetzung für den Datenschutz. Zur D. gehören insbesondere Zugangs-, Abgangs-, Speicher-, Benutzer-, Übermittlungs-, Zugriffs-, Eingabe-, Auftrags- und Transportkontrolle. [1].
 We

Datensichtgerät → Display.
 We

Datensichtstation *(keyboard display)*. Gerät für den Dialogverkehr, bestehend aus Display und Eingabetastatur. Wenn sie dem Bediener für die Steuerung der Datenverarbeitungsanlage dient, wird sie als *„control unit display station"* bezeichnet. [1].
 We

Datensignal *(data signal)*. Nach DIN 44 302 ein Signal, das digitale Daten repräsentiert. In informationsverarbeitenden Systemen sind die eigentlichen Datensignale von den Steuersignalen und den Adreßsignalen zu unterscheiden. Die Übertragungseinrichtungen für die Datensignale werden als Datenbus oder Datenpfad bezeichnet. [1], [13].
 We

Datensignalgenerator → Wortgenerator.
 Fl

Datenspeicher *(data storage, data memory)*. Lese-Schreib-Speicher zur Speicherung digitaler Daten. Der D. ist meist Bestandteil des Hauptspeichers. Bei einigen Datenverarbeitungsanlagen ist neben dem Programmspeicher ein eigener Datenspeicher vorhanden. Bei anderen Datenverarbeitungsanlagen wird vom Programmierer eine Grenze zwischen D. und Programmspeicher definiert. [1].
 We

Datenstation *(terminal)*. Bei der Datenfernübertragung eine Einrichtung, die aus Datenendeinrichtung und Datenübertragungseinrichtung besteht und die mit anderen Datenstationen verkehren kann. Die D. kann eine Datenverarbeitungsanlage, aber auch nur ein Erfassungsgerät bzw. ein Ausgabegerät sein (DIN 44 302). [1], [14].
 We

Datentechnik, mittlere *(small business systems)*, MDT. Organisationsform der Datenverarbeitung, meist mit kleinen bis mittleren Anlagen realisiert. Eingabe der Daten erfolgt direkt durch den Anwender (tastaturorientiert), Ausgabe ohne Zwischenspeicherung über Drucker. Als Zwischenspeicher dient häufig die Magnetkontokarte. Dies bedeutet, daß Anlagen benötigt werden, die kleine Hauptspeicher und geringe Geschwindigkeit haben. Die Bezeichnung mittlere D. wird heute kaum noch verwendet. Organisationsprinzipien der mittleren D. haben sich bei Minicomputern, Kompaktrechnern, intelligenten Terminals usw. erhalten. [1].
 We

Datenträger *(data medium)*. Ein Mittel, auf dem Daten aufbewahrt werden können (DIN 44 300).

Unter D. werden nur die Medien verstanden, die von Datenverarbeitungsanlagen gelesen werden können, z. B. Magnetbänder, Lochkarten, maschinell lesbare Texte. Die Hauptspeicher der Datenverarbeitungsanlagen werden nicht den Datenträgern zugeordnet.

[1].
 We

Datenübertragung *(data transfer, data transmission)*. Nach DIN 44 302 das Übertragen von Daten zwischen Datenendeinrichtungen über Datenverbindungen, wobei die Datenstruktur an den Übergabeeinrichtungen der Datenendeinrichtungen identisch ist. Mit D. wird nicht der Datenverkehr innerhalb eines Datenverarbeitungssystems bezeichnet, sondern nur der Verkehr zwischen Systemen (s.a. → Datenfernübertragung). [1], [14].
 We

Datenübertragungseinrichtung DÜE *(data circuit terminal equipment, DCE)*. Schnittstelle zwischen Datenendeinrichtung DEE und Übertragungsweg; sie führt u.a. die Signalumsetzung durch. Die Schnittstelle zwischen DÜE und DEE ist nach CCITT-Empfehlungen definiert. [19].
 Kü

Datenübertragungsgeschwindigkeit *(data rate)*, Datenrate. Anzahl der pro Zeiteinheit übertragenen Daten, angegeben in Bytes pro Sekunde, Zeichen pro Sekunde, Bits pro Sekunde (Bitübertragungsgeschwindigkeit). Die D. wird sowohl für die Datenfernübertragung als auch für Lese- und Schreiboperationen bei Externspeichern bestimmt. [1].
 We

Datenverarbeitung *(data processing)*. Die Durchführung von Operationen an Daten zur Gewinnung neuer Daten. Hierzu gehören insbesondere das Erfassen, Ordnen, Umcodieren, Übermitteln, Rechnen, Ausgeben von Daten. Obwohl die D. auch rein manuell durchgeführt werden kann, versteht man unter D. besonders die automatische D. mit programmgesteuerten Maschinen, wobei die elektronische D., die mit elektronischen Datenverarbeitungsanlagen ausgeführt wird, im Vordergrund steht.

Man unterscheidet die numerische D., bei der die mathematischen Operationen im Vordergrund stehen, von der nichtnumerischen D., die sich z. B. mit der Informationsgewinnung aus Texten, Übersetzungen beschäftigt. Zur numerischen D. gehört auch die Prozeßdatenverarbeitung, die die Steuerung und Regelung technischer Prozesse aufgrund von aus dem Prozeß gewonnenen Meßwerten durchführt. Eine wichtige Aufgabe der D. ist das Speichern, Ordnen und Wiederauffinden großer Informationsmengen. Beim Aufbau großer, auch räumlich weit ausgedehnter Informationssysteme mit der D. sind neben den technischen Umständen besonders die Belange des Datenschutzes zu berücksichtigen.

Die D. führt alle auszuführenden Vorgänge auf einfache logische und mathematische Operationen zurück, die bei der elektronischen D. jedoch mit hoher Geschwindigkeit ausgeführt werden. Vergleiche mit der Denktätigkeit des Menschen sind daher nur sehr bedingt möglich.
 We

Datenverarbeitungsanlage *(computer)*, DVA, Rechenanlage. Die Gesamtheit der Baueinheiten, aus denen ein Datenverarbeitungssystem aufgebaut ist (DIN 44 300). Da eine Baueinheit ein abgrenzbares materielles Gebilde ist, zählen nur die Hardware-Einrichtungen zur D. Meist wird unter D. eine programmgesteuerte, mit elektronischen Bauteilen arbeitende Anlage verstanden. [1].
 We

Datenverarbeitungsanlage, digitale → Digitalrechner.
 We

Datenverarbeitungssystem *(data processing system)*, Rechensystem. Eine Funktionseinheit zur Verarbeitung von Daten, nämlich zur Durchführung mathematischer, umformender, übertragender und speichernder Operationen (DIN 44 300). Zum D. gehören nicht nur Hardware-, sondern auch Software-Bestandteile. I.a. wird unter einem D. ein programmgesteuertes, mit elektronischen Bauelementen arbeitendes System verstanden. [1]. We

Datenverarbeitungssystem, elektronisches → EDV-System.
We

Datenverkehr → Datenübertragung; → Datenfernübertragung, → Verkehr.
We

Datenverschlüsselung *(data encryption).* Verfahren, bei dem zu übertragende Daten vor der Übertragung so verändert werden, daß sie beim „Abhören" der Übertragung nur schwer zu entziffern sind. [1].
Ne

Datenwort *(data word).* Zusammenfassung von binären Informationen, die in einem Arbeitsgang durch die Datenverarbeitungsanlage bearbeitet werden. Ein D. enthält z. B. eine Zahl in einem bestimmten Format. Datenverarbeitungssysteme, bei denen in D. die Größe eines Speicherwortes hat, werden als Wortmaschinen bezeichnet. In vielen Systemen beträgt die Größe eines Datenwortes 2 Bytes. [1].
We

Datexnetz *(value added network).* Datennetze der Deutschen Bundespost für verschiedene Dienste der Daten- und Textübermittlung unter Einbeziehung der Protokoll-Anpassung. Es werden zwei Vermittlungsverfahren angeboten: Datex-L mit Durchschalte- oder Leitungsvermittlung mit Übertragungsgeschwindigkeiten von 200, 300, 2400, 4800 und 9600 bit/s sowie Datex-P mit Paketvermittlung. Die Datex-Infrastruktur ist ferner Basis für die weiteren Dienste Teletex und Bildschirmtext. [14], [19].
Kü/We

Datum *(date).* 1. Einzahl von Daten. 2. Angabe über den Tag. Das D. wird in vielen Datenverarbeitungssystemen gespeichert, weitergezählt und ausgewertet, um Protokolle, Abrechnungen, Überprüfung von Verfallfristen von Datenbeständen usw. zu erstellen. Innerhalb der Datenverarbeitungssysteme wird das D. meist fortlaufend innerhalb eines Jahres gezählt (Julianischer Tag). [1].
We

Dauerkennzeichen → Kennzeichen.
Kü

Dauermagnet → Magnet, permanenter.
Rü

Dauerstrich-Laserdiode *(continuous-wave laser),* CW-Laser. Ein Halbleiterlaser, bei dem ein kohärenter Lichtstrahl kontinuierlich erzeugt wird. Die mittlere Leistung von Dauerstrich-Laserdioden ist niedriger als bei einem impulsbetriebenen Laser. Anwendung: als Lichtquelle in der optischen Nachrichtentechnik. [4].
Ne

DA-Wandlung → Digital-Analog-Umsetzung.
We

dB *(dB)* → Dezibel.
Rü

DC-DC-Wandler → Gleichspannungswandler.
Li

DCL *(direct coupled logic)* → DCTL.
Li

DCTL *(direct coupled transistor logic).* Schaltkreisfamilie (Bild), die zur Realisierung von Gattern, Flipflops und Invertern nur Transistoren verwendet, die direkt − ohne Verwendung von Widerständen − gekoppelt werden. [2].
Li

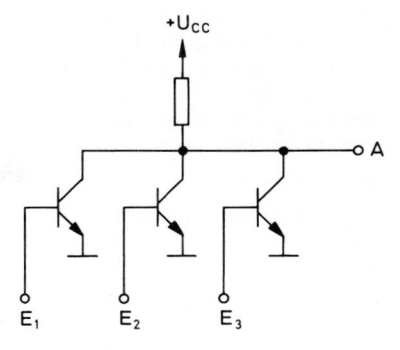

NOR-Gatter in DCTL-Technik (E_1 bis E_3: Eingänge; A: Ausgang)

DDA-Methode → Digital-Differential-Analysator-Methode.
Fl

DDC *(direct digital control),* Vielfachregelung. Unter einem direkten, digitalen Kontrollsystem versteht man einen Prozeßrechner, der neben dem Ausführen von Regelalgorithmen noch Kontroll- und Steueraufgaben übernimmt. Da der Rechner in der Regel sehr viele Regelkreise abtastend bearbeitet, sind der Dynamik solcher Systeme Grenzen gesetzt. [18].
Ku

DEAP *(diffused eutectic aluminium process, DEAP).* Ein Verfahren zur Programmierung von Festwertspeichern. Das Prinzip beruht auf einer in Rückwärtsrichtung vorgespannten Halbleiterdiode. Bei ausreichend hohen Rückwärtsspannungen beginnt durch Erwärmung bei der sog. eutektischen Temperatur die Grenzfläche Aluminium-Silicium zu schmelzen. Hierbei können Aluminiumatome vom Emitter zur Basis diffundieren und den PN-Übergang kurzschließen (z. B. „1"-Zustand; Bild). [4]. Ne

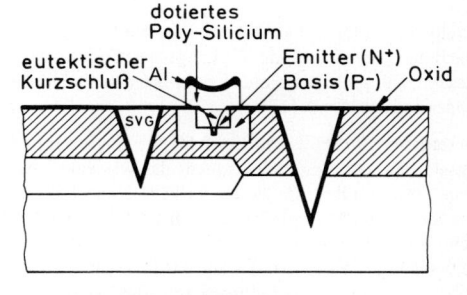

Struktur von DEAP

De Broglie Welle *(de Broglie wave).* Nach den Grundprinzipien der Quantenmechanik wird ein Teilchenstrom durch „ebene Wellen", die De Broglie Wellen, beschrieben. Ist der Teilchenimpuls p, dann gilt für die Wellenlänge λ der Materiewelle $\lambda = h/p$ (h Plancksche Konstante). So hat z. B. die Welle von Elektronen der Energie 1 eV die Wellenlänge $\lambda = 12 \cdot 10^{-10}$ m. [7].
Bl

Debugging *(debugging)*, (wörtlich: „Entlausung"). Entstörung einer technischen Anlage oder eines Programms. Für das D. von Programmen gibt es besondere Debug-Programme, die es ermöglichen, die Programme in Einzelschritten abzuarbeiten, Programmzustände zu protokollieren und den Programmablauf anzuzeigen. [1]. We

Debug-Programm → Debugging. We

Debye-Länge *(Debye length)*. Die D. gibt die Reichweite der Wechselwirkung von Teilchen in einem Plasma an. Sie ist durch

$$D = \sqrt{\frac{\epsilon_0 kT}{ne^2}}$$

(ϵ_0 Dielektrizitätskonstante des Vakuums, k Boltzmann-Konstante, T absolute Temperatur, n Anzahl der Teilchen; e Elementarladung) gegeben. [7]. Bl

Decca-Verahren → Funknavigation. Ge

Decoder → Decodierer. Li

Decodieren → Codieren. Li

Decodierer *(decoder)*, Decoder. Eine Schaltung, die die Decodierung (Codierung) einer Information bewirkt. Ein D. besteht in der Digitaltechnik aus einem aus Gattern aufgebauten Schaltnetz oder einem ROM. In Rundfunk-Geräten: Stereodecoder zur Rückgewinnung der beiden Stereo-Signale. In Farbfernsehern: Farbdecoder zur Rückgewinnung der Farbsignale. [2], [8], [13]. Li

Decodiermatrix → Codiermatrix. Li

Decodierung → Codieren. Li

Decodierungssatz *(decoding law)*. Bedingung, daß für eine Decodierung

$$\sum_{k=1}^{K} M^{-l_k} \leq 1$$

erfüllt sein muß, wobei M Anzahl der zur Codierung verwendeten Signalzustände, l_k Länge des Codewortes, K Gesamtzahl der verwendeten Codewörter ist. Bei binären Codes beträgt M = 2. [13]. We

Defektelektron *(hole)*, Loch. Ein fehlendes Elektron in der Gesamtheit der Valenzelektronen, das wie eine bewegliche positive Elementarladung wirkt (DIN 41 852). Aus der Sicht des Bändermodells entsteht ein D. beim Anheben eines Elektrons infolge Energiezufuhr aus dem Energiebereich des Valenzbandes auf das Energieniveau eines Akzeptors oder in das Leitungsband. Das Energieniveau des Defektelektrons liegt im Valenzband. Bl

Defektelektronenkonzentration *(hole concentration)*. Gibt die Konzentration der Defektelektronen − die Häufigkeit Defektelektronen zu finden − an. Die D. fällt exponentiell mit dem Verhältnis der Anregungsenergie W_a zur Temperatur T ab, d.h., die Defektelektronenanzahl n_d ist proportional zu $e^{-(W_a/kT)}$ (k Boltzmann-Konstante). [7]. Bl

Defektelektronenleitung *(hole conduction, P-type conduction)*, P-Leitung. Ladungsträgertransport in einem Halbleiter durch Defektelektronen. Der Buchstabe P weist auf die positive Ladung der den Leitungstyp bestimmenden Defektelektronen hin. [7]. Bl

Defektelektronenstrom *(hole current)*. Durch Defektleitung hervorgerufener elektrischer Strom. [7]. Bl

De Haas-van Alphen-Effekt *(de Haas-van Alphen effect)*. Dient zur Bestimmung der Fermiflächen, d.h. der Flächen gleicher Fermi-Energie. Die Energieniveaus der Elektronen im Festkörper spalten unter der Wirkung eines Magnetfeldes auf; es entstehen die „Landau-Niveaus". Die Anzahl dieser Landau-Niveaus hängt von der Stärke des Magnetfeldes ab. Erniedrigt man das Magnetfeld, so nimmt die Anzahl der Landau-Niveaus ab und einige Elektronen müssen höhere Energiezustände annehmen. Somit springt die Gesamtenergie bei einer Variation des Magnetfeldes. Da die magnetische Suszeptibilität die Ableitung der freien Energie nach dem magnetischen Feld ist, schwankt diese als Funktion des Magnetfeldes. Dieser Effekt wird de Haas-van Alphen-E. genannt. [5]. [7]. Bl

Dehnmeßstreifen *(strain gage, strain gauge)*, DMS, Dehnungsmeßstreifen. D. sind ohmsche Meßfühler, bei denen sich unter Einwirkung mechanischer Kräfte der elektrische Widerstand ändert. Man setzt sie zur elektrischen Messung aller mechanischen Größen ein, die sich auf eine proportionale Dehnung von elastischen Federkörpern zurückführen lassen. Das Widerstandsmaterial besteht aus einem langen, dünnen Draht. Es ist in vielfältigen geometrischen Formen erhältlich (Beispiele: Bild). Nach dem Material unterscheidet man: 1. → Metalldehnmeßstreifen; 2. → Halbleiterdehnmeßstreifen. Häufig ist das Widerstandsmaterial auf einen elektrisch nichtleitenden Trägerkörper aufgeklebt oder in Schichttechnik in ihn eingebettet. Der gesamte D. wird an der Meßstelle des Prüflings in besonderer Klebetechnik befestigt. Die D. besitzen einen genormten Grundwiderstand, den Nennwiderstand. Der Nennwiderstand wird in den meisten Anwendungsfällen in einer Widerstands-Meßbrücke durch Brückenabgleich eliminiert. Die Meßbrücke erfaßt als Ausschlagbrücke die unter Krafteinwirkung ent-

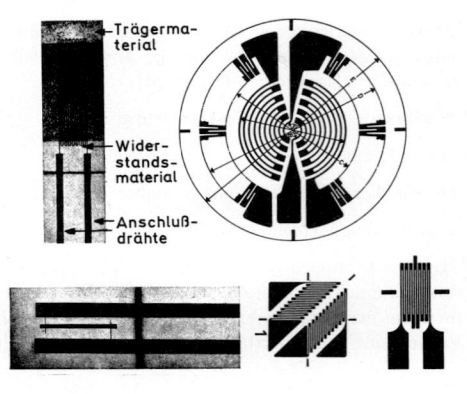

Dehnmeßstreifen

stehenden Widerstandsänderungen, die als Spannungsänderungen im Brückenmeßzweig auftreten. [12], [18].
Fl

Dehnmeßstreifen-Verstärker *(strain gage amplifier)*, DMS-Verstärker. D. sind Meßverstärker, die niedrige Brückendiagonalspannungen im Meßzweig einer Brückenschaltung mit Dehnungsmeßstreifen verstärken und am angeschlossenen Anzeigegerät nachweisbar machen. Sie sind meist universell für alle passiven Meßfühler einsetzbar. Man unterscheidet Gleichspannungs- und Wechselspannungsverstärker. Der Gleichspannungsverstärker wird häufig als Operationsverstärker ausgeführt, dessen Frequenzgang bis in den Kilohertz-Bereich reicht. Sie besitzen Eingangswiderstände von 20 MΩ bei Ausgangswiderständen von 1 Ω und eine Genauigkeitsklasse von 0,1. Die Nullpunktdrift liegt bei 1 µV/V bei Temperaturänderungen von 10 K. Meist liefert die Verstärkerbaugruppe gleichzeitig eine stabilisierte Brückenspeisespannung und besitzt entsprechende Abgleichelemente. [12].
Fl

Dehnungsmeßstreifen → Dehnmeßstreifen. Fl

Dekadenkondensator *(decade capacitance box)*. Eine Anordnung voneinander abgeschirmter Einzelkondensatoren, die sich meist in einem geschlossenen Gehäuse befinden und über Stufenschalter parallel geschaltet werden. Dekadenkondensatoren finden in der Meßtechnik Anwendung und zeichnen sich durch gute Langzeitkonstanz und geringe Verlustfaktoren aus. Als Dielektrikum finden vorwiegend Glimmer oder Styroflex Verwendung. [12].
Fl

Dekadenschalter *(thumbwheel switch)*. Durch eine über die Frontplatte herausragende Rändelscheibe betätigter Schalter mit 10 Schaltstellungen, oft in Verbindung mit Codiervorrichtungen, die entsprechend der Stellung des Dekadenschalters codierte Ausgänge besitzen. D. werden in einer Vielzahl von Ausführungen, auch als Bausteinsysteme zum Aufbau mehrstelliger D. hergestellt. [4].
Ge

Dekadenwiderstand *(decade resistor)*. In Dekadenstufen einstellbarer Widerstand für Meßzwecke. Bestehend aus einer Anzahl Präzisionswiderstände, die mit einem Schalter wahlweise an die Anschlußklemmen gelegt werden können. [4].
Ge

Dekameterwellen → Kurzwelle; → Funkfrequenz. Ge

Dekoderschalter → Codierschalter. Fl

Dekrement, logarithmisches *(logarithmic decrement)* → Dämpfung; → Abklingkonstante. Rü

Delay-time → Verzögerungszeit. Li

Delon-Schaltung *(Delon rectifier circuit)*. Die D. ist eine Zweiweg-Spannungsverdopplerschaltung, die in Hochfrequenz-Meßgeräten zur Messung des Spitze-Spitze-Wertes von sinusförmigen und nichtsinusförmigen Wechselspannungen Verwendung findet (Bild). Öffnet Diode 1, lädt sich der Kondensator C_1 z. B. auf den positiven Scheitelwert der Meßspannung auf. Öffnet Diode 2, wird der Kondensator C_2 auf den negativen Spitzenwert aufgela-

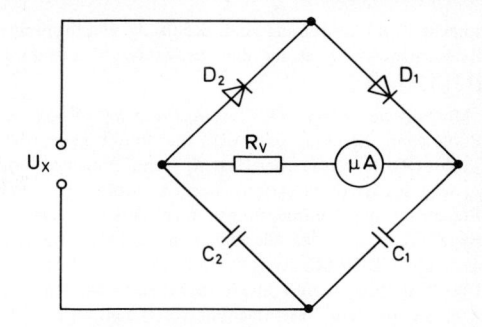

Delon-Schaltung

den. Ist der Verbraucherwiderstand R_V genügend hochohmig, liegt über ihm der doppelte Scheitelwert der Meßspannung. Dazu muß die Entladezeitkonstante

$$\tau = R_V \cdot \frac{C_1 \cdot C_2}{C_1 + C_2}$$

sehr groß gegenüber der Periodendauer T der Meßspannung sein. [6], [12].
Fl

Deltamodulation *(delta modulation)*. Die D. gehört zur Gruppe der Pulsmodulationsarten und ist aus der Pulsamplitudenmodulation abgeleitet. Bei der D. (oft: Δ-Modulation) wird die modulierende Spannung in kurzen Zeitabständen mit einem aus dieser Spannung erzeugten Treppensignal verglichen. Ist die Signalamplitude innerhalb des Vergleichsintervalls größer als die zugehörige Treppenspannung, wird ein Impuls übertragen, andernfalls nicht. [14].
Th

Dember-Effekt *(Dember effect)*. Wird ein Bereich eines photoleitenden Halbleiters beleuchtet, entstehen Elektronen-Defektelektronenpaare. Wird die eine Ladungsträgersorte als unbeweglich und die andere als beweglich angenommen, so entsteht eine Raumladung, mit der ein elektrisches Feld verknüpft ist. Dieses elektrische Feld bremst die beweglichen Ladungsträger ab. Unter stationären Bedingungen fließt kein Teilchenstrom mehr, d.h., innerhalb eines Bereiches eines Photoleiters baut sich eine Potentialdifferenz auf. [7].
Ne

Demodulation *(demodulation)*. Als D. wird allgemein die Rückgewinnung einer durch Modulation in ein anderes Frequenzband umgesetzten Nachricht verstanden. Beim Rundfunk wird z. B. die Hochfrequenzträger aufmodulierte Information (Sprache, Musik) im Empfänger mit einem Demodulator zurückgewonnen. [13], [14].
Th

Demodulator *(demodulator; detector)*. Der D. besteht aus einer elektronischen Schaltung, die dem jeweiligen Übertragungsverfahren angepaßt ist. *Beispiele:* AM-Demodulator (AM Amplitudenmodulation); FM-Demodulator (FM Frequenzmodulation). Er dient zur Demodulation der durch einen modulierten Träger übertragenen Nachricht und befindet sich im Empfänger. [13], [14].
Th

Demodulatorschaltung *(demodulator circuit)*. Die D. besteht aus einer dem jeweiligen Verwendungszweck entsprechenden Anordnung und Schaltung elektronischer Bauelemente. Sie ist für die Demodulation zuständig. [13], [14]. Th

De Morgansche Regel *(De Morgan theorem)*. Regel der Booleschen Algebra, daß sich die Funktionen UND sowie ODER vertauschen lassen, wenn Eingangs- und Ausgangsvariable invertiert werden, wobei sich die Ergebnisse der Verknüpfungen nicht ändern. Aus der Regel ergibt sich, daß alle logischen Funktionen entweder mit ODER-Schaltungen und Invertern oder mit UND-Schaltungen und Invertern realisiert werden können. Sie wird zur Vereinfachung von Schaltungen angewendet.

Darstellung der De Morganschen Regel:

$$A \wedge B = \overline{\overline{A} \vee \overline{B}}$$
$$A \vee B = \overline{\overline{A} \wedge \overline{B}}$$
$$\overline{A \wedge B} = \overline{A} \vee \overline{B}$$
$$\overline{A \vee B} = \overline{A} \wedge \overline{B}.$$

[2]. We

Demultiplexer *(demultiplexer)*. Einrichtung zur Rückwandlung von Kanälen im Zeitmultiplex in Raummultiplex; Gegenstück zum Multiplexer. [19]. Kü
Ein D. befindet sich am empfangsseitigen Ende eines Übertragungsweges, dessen sendeseitiges Ende mehrere Eingabekanäle mit Hilfe der Multiplextechnik in einen Übertragungskanal komprimiert. Der D. kann synchron mit dem sendeseitigen Multiplexer laufen, um die richtige empfangsseitige Kanalauftrennung zu bewerkstelligen. (Anwendung: PCM-Übertragungssystem, PCM Pulscodemodulation). [14]. Th

Denärcode → Dezimalcode. We

Denärziffer *(decimal digit)*, Zehnerziffer. Eine der Ziffern von 0 bis 9 des Dezimalsystems. [1], [9]. Li

Depaketierung → PAD. Kü

Derating → Unterlastung. Ge

DESC *(Defense Electronics Supply Center)* → Normungsorganisationen in den USA. Ne

Detektor *(detector)*. Mit D. wird ein Gerät bezeichnet, das dem Auffinden oder Aufspüren von Gegenständen oder der Sichtbarmachung bzw. Hörbarmachung von Vorgängen der verschiedensten Art dient. *Beispiele:* Metall-D., Infrarot-D., Teilchen-D., Hochfrequenz-D., Ultraschall-D. In der Rundfunktechnik ist der D.-Empfänger der Vorläufer des eigentlichen Radios. Der in diesen Empfängern eingesetzte D.-Kristall (meist Bleiglanzkristall) wirkt wie eine Diode und somit als AM-Demodulator (AM Amplitudenmodulation). [8], [13], [14]. Th

Dezibel *(dezibel)*. Kurzzeichen dB, zehnter Teil des Bel, ein logarithmiertes Größenverhältnis von Energiegrößen, wobei der dekadische Logarithmus verwendet wird (DIN 5493). Sind z. B. zwei Leistungen P_1 und P_2 gegeben, dann ist das logarithmierte Größenverhältnis

$$K_W = 10 \lg \frac{P_2}{P_1} \text{ in dB}.$$

Sollen logarithmierte Größenverhältnisse von Feldgrößen (z. B. Spannungen) gebildet werden, dann gilt mit

$$P_1 = \frac{U_1^2}{Z} \quad \text{und} \quad P_2 = \frac{U_2^2}{Z}$$

$$K_F = 20 \lg \frac{U_2}{U_1} \text{ dB}.$$

(Für ebenfalls in der Nachrichtentechnik verwendete logarithmierte Größenverhältnisse von Feldgrößen und die Umrechnungen → Neper.) Spezielle dB-Definitionen (dBm, dBr, dBmO u. a.) sind unter Pegelangaben erläutert. [14]. Rü

Dezimal-Binär-Code → Dezimalcode. We

Dezimalcode *(decimal code)*, Denär-Code. Code zur Codierung von Zahlen, bei dem nicht die gesamte Zahl codiert wird, sondern jede Dezimalziffer einzeln. Da für die 10 verschiedenen Dezimalziffern mindestens 4 Bit benötigt werden, sich aber mit 4 Bit 16 Kombinationen bilden lassen, entsteht eine Redundanz, die bei einem 4-Bit-Dezimalcode 0,7 beträgt. Die Bitkombinationen, die nicht einer Dezimalziffer entsprechen, werden als Pseudotetraden bezeichnet.

Die Anzahl der Möglichkeiten zur Bildung eines Dezimalcode ist auch bei begrenzter Länge der Codewörter hoch. So beträgt sie bei der minimalen Länge des Codewortes von 4 Bit $2,9 \cdot 10^{10}$. [13]. We

Dezimalsystem *(decimal system)*, dezimales Zahlensystem. Gebräuchlichstes Zahlensystem. Stellenwertsystem mit zehn Dezimal-Ziffern (0 bis 9). Die Wertigkeit der Stellen beträgt $10^{-n}, 10^{-(n-1)} \ldots 10^{-1}, 10^0, 10^1 .. 10^{m-1}, 10^m$. Das D. ist für die Datenverarbeitung nicht geeignet. Ein- und Ausgaben müssen aber im D. erfolgen, da dieses vom Menschen verwendet wird. Zur Darstellung von Dezimalzahlen mit Binärsignalen sind eine Reihe von Codes entwickelt worden. [9]. We

Dezimalzähler *(decimal counter)*, BCD-Zähler. Zähler für Dezimalstellen, der nach Erreichen des Codes für 9 wieder auf 0 zurückgeht. Beim Aufbau als elektronischer Zähler sind neben den Zählstufen (Flipflops) stets weitere logische Schaltungen erforderlich. Die Bilder zeigen D. im 8–4–2–1-Code. [2]. We

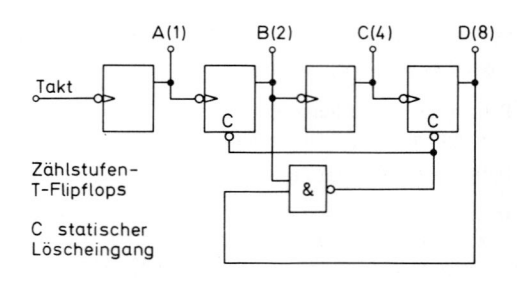

asynchroner Dezimalzähler

synchroner Dezimalzähler
Zählstufen-JK-Flipflops

Dezimalzähler

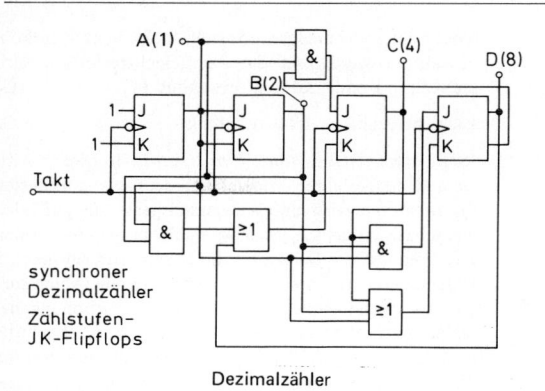

Dezimeterwelle *(ultra-high frequency, UHF)*. Teilbereich des elektromagnetischen Spektrums von 300 MHz bis 3000 MHz (Funkfrequenz). Die Ausbreitung ist durch Inhomogenitäten der Troposphäre gekennzeichnet, die Beugungs- und Brechungserscheinungen hervorrufen. Die Reichweite liegt normalerweise innerhalb des optischen Horizontes. Bei Auftreten von Inversionen ist Vergrößerung bis zu 400 km möglich; bei Ductbildung bis 1000 km. Durch Streustrahlung an der turbulenten Struktur der Troposphäre können Entfernungen bis 2000 km überbrückt werden. Frequenzzuweisungen: Rundfunk, Fernsehen, Funkortung, fester und beweglicher Funkdienst, Wetterdienst, Raumforschung, Satellitenfunk, Amateurfunk. [14]. Ge

D-Flipflop *(D-flip-flop, delay flip-flop)*. Ein Flipflop, bei dem die an seinem Dateneingang D im Taktzeitintervall n liegende Information um ein Zeitintervall verzögert am Ausgang erscheint:

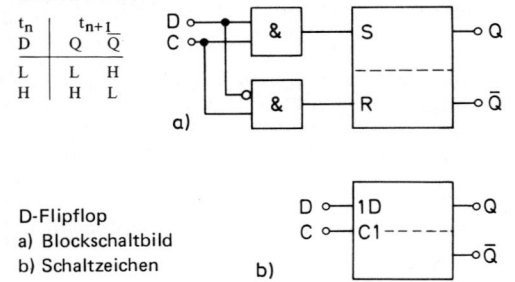

Taktzeit-Intervall:

t_n	t_{n+1}	
D	Q	$\bar{Q}$
L	L	H
H	H	L

D-Flipflop
a) Blockschaltbild
b) Schaltzeichen

Wie das Bild zeigt, ist das D-Flipflop auf der Basis eines einfachen RS-Flipflops (kreuzgekoppelte NOR- bzw. NAND-Gatter) aufgebaut. Durch die spezielle Beschaltung der Eingänge R und S tritt hier der beim RS-Flipflop undefinierte Zustand nicht auf; daher ist das Signal am Ausgang $\bar{Q}$ stets das invertierte Signal von Q. Je nach Verhalten des Steuereingangs C (Takteingang) und dem internen Aufbau mit einem oder zwei RS-Speicherzellen spricht man von taktzustandsgesteuerten, taktflankengesteuerten oder Master-Slave-D-Flipflops. [1], [2]. Li

Diac *(diode a.c. switch)* → Zweirichtungsthyristor. Ne

Dialogbetrieb *(conversational mode)*. Der Betrieb eines Datenverarbeitungssystems, bei dem zur Abwicklung einer Aufgabe Wechsel zwischen dem Stellen von Teilaufgaben und den Antworten darauf stattfinden können (DIN 44 300). Da beim D. eine direkte Kommunikation zwischen Mensch und Maschine stattfindet, sind besondere zeitliche Einschränkungen einzuhalten, da weder Mensch noch Maschine Wartezeiten verbringen sollen. Der D. wird daher mit Vordergrundprogrammen abgewickelt. Die Datenübertragung beim D. wird als Dialogverkehr bezeichnet. [1]. We

Dialoggerät *(conversational device, terminal)*. Gerät zur Ausübung des Dialogbetriebs durch den Benutzer, z. B. Tastatur und Bildschirmanzeige oder Spracheingabe- und Sprachausgabegerät. Dialoggeräte müssen die Daten in einer dem Menschen direkt verständlichen Form ausgeben und die direkte Eingabe von Daten durch den Menschen zulassen. [1]. We

Dialogverkehr → Dialogbetrieb. We

Diamagnetismus *(diamagnetism)*. Stoffe, deren magnetische Suszeptibilität $\kappa < 0$ ist, sind diamagnetisch, d.h., sie versuchen, einem Magnetfeld auszuweichen (κ ist sehr klein und stets temperaturabhängig). Im nicht magnetisierten Zustand kompensieren sich die magnetischen Momente der Elektronen. Der Diamagnetismus beruht auf dem Bahnumlauf der Elektronen in der Elektronenhülle. Beim Anlegen eines äußeren Magnetfeldes werden atomare Kreisströme induziert. Sie erzeugen ein dem äußeren Feld entgegengerichtetes Magnetfeld, was zur Abstoßung führt. [5]. Bl

Diamantgitter *(diamond lattice)*. Gitterbau des Kohlenstoffs in Diamantform und anderer kovalent gebundener Festkörper (z. B. Silicium, Germanium). Hierbei werden die 4 Valenzelektronen jedes Gitteratoms durch die 4 nächsten Nachbaratome zur abgeschlossenen Schale von 8 Elektronen ergänzt. Durch diese in hohem Maße gerichtete, kovalente Bindung wird ein tetraederförmiges Raumnetz gebildet, d.h. ein kubisches Gitter. Bl

Diamond-Code *(Diamond code)*. Der D. ist unbewertet, hat eine Länge des Codewortes von 8 und einen Hamming-Abstand von mindestens 3. Da der D. symmetrisch ist, läßt sich das Neuner-Komplement durch Invertierung der Bitstellen bilden. [13]. We

Ziffer	Bit							
	8	7	6	5	4	3	2	1
0	0	0	0	0	0	1	1	0
1	0	0	1	0	0	0	0	1
2	0	0	1	1	1	1	0	0
3	0	1	0	1	0	1	1	1
4	0	1	1	1	0	0	1	0
5	1	0	0	0	1	1	0	1
6	1	0	1	0	1	0	0	0
7	1	1	0	0	0	0	1	1
8	1	1	0	1	1	1	1	0
9	1	1	1	1	1	0	0	1

Symmetrie-Achse (zwischen Ziffer 4 und 5)

Diamond-Code

Dibit *(dibit)*. Zusammenfassung zweier Bits bei der Datenübertragung durch quaternäre Verschlüsselung (meist bei Phasendifferenzmodulation). Mit jedem Schritt wird eine der Kombinationen 00, 01, 10 oder 11 übertragen. Die Übertragungsgeschwindigkeit ist dabei doppelt so hoch wie die Schrittgeschwindigkeit (genormt nach CCITT V 26 B). [14]. We

Dichte *(density)*. 1. Die Ladungsdichte σ *(charge density)* ist gegeben als Verhältnis von Ladung e zum Volumen V:

$$\sigma = \frac{e}{V}.$$

2. Die Massendichte ρ *(mass density)* ist gegeben als das Verhältnis von Masse m zu Volumen V:

$$\rho = \frac{m}{V}.$$

[5]. Bl

Dichtefunktion *(probability density)*, Wahrscheinlichkeitsdichtefunktion. Die D. wird in der Quantenmechanik benutzt und ist mathematisch als das Betragsquadrat der (meist komplexwertigen) Wellenfunktion ψ (x, t) gegeben: $\rho = |\psi|^2$. Physikalisch gibt die D. an, mit welcher Wahrscheinlichkeit sich das durch die Wellenfunktion ψ beschriebene System zur Zeit t am Orte x befindet. D.h., durch die D. läßt sich angeben, in welchen Bereich sich die Elektronen eines Atomes bevorzugt aufhalten. [5], [7]. Bl

Dickenschermode *(thickness shear mode)*. Mechanische Schwingungsform eines Quarzes (Dickenscherungsschwinger) für einen besonderen Schnitt aus dem Rohkristall. Meist wird hierfür der sog. AT-Schnitt verwendet, bei dem die Quarzplatte gegenüber der xz-Ebene des Koordinatensystems um 35° gegen die z-Achse aus dem Rohkristall geschnitten wird. Für andere Schnitte gelangt man zu anderen Schwingungsformen der Quarzplatte: Flächenscherungsschwinger, Längsschwinger. Rü

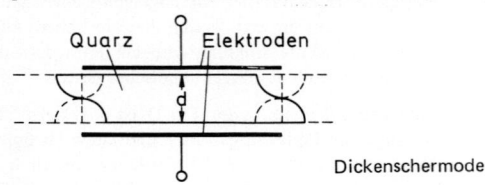

Dickenschermode

Dickenschwinger → Quarz. Ge

Dickschicht-Hybridschaltung *(thick film hybrid circuit)*. Schaltungsart, bei der sich die in Dickschichttechnik erstellten passiven Bauelemente mit diskreten aktiven Bauelementen oder integrierten Bausteinen auf der gleichen isolierenden Trägerplatte befinden. [4]. Ne

Dickschichtkondensator *(thick film capacitor)*. In Dickschichttechnik hergestellter Kondensator. Der Aufbau des Dickschichtkondensators entspricht dem eines keramischen Einschichtkondensators. Als Dielektrikum werden Pasten auf Bariumtitanat verwendet, womit sich Flächenkapazitäten bis etwa 20 nF cm^{-2} erreichen lassen. Gegen Feuchteeinfluß wird der D. mit einer Glas-schutzschicht überzogen. Anstelle der Dickschichtkondensatoren werden in der Dickschichttechnik jedoch meist Chip-Kondensatoren verwendet. [4]. Ge

Dickschichttechnik → Schichttechnik. Ge

Dickschichtwiderstand *(thick film resistor)*. In Dickschichttechnik hergestellter Widerstand. Je nach geforderten Eigenschaften wird eine Widerstandspaste, die auf Edelmetallbasis aufgebaut ist, ausgewählt und im Siebdruckverfahren auf das Substrat aufgedruckt. Der gewünschte Widerstandswert wird durch entsprechende Abmessungen der Widerstandsbahn erreicht. Zur Erhöhung der Stabilität werden die Widerstände mit einer Glasschutzschicht überzogen. Engtolerierte Widerstände werden durch Lasertrimmung auf den benötigten Wert eingestellt. Die Belastbarkeit der Dickschichtwiderstände beträgt etwa 0,5 W cm^{-2} Subtratfläche. [4]. Ge

Die *(die)* (auch Chip). Halbleiterplättchen, das aus einem Wafer herausgeschnitten wurde (Plural: dice). [4]. Ne

Dielektrium *(dielectric)*. Isolierender Stoff, in dem ein statisches elektrisches Feld ohne beständige Ladungszufuhr bestehen bleibt. Das D. dient z. B. zwischen den Platten eines Kondensators (Kapazität C$_0$ ohne Dielektrikum) zur Erhöhung auf eine Kapazität

$$C = \epsilon_r C_0,$$

wobei ϵ_r die Permittivitätszahl ist (s.a. → Kapazität). [5]. Rü

Dielektrizitätskonstante → Permittivität. Rü

Dielektrizitätskonstante, komplexe. Weist ein dielektrisches Medium dielektrische Verluste und elektrische Leitfähigkeit auf und sind die Feldvektoren der elektrischen Feldstärke und der elektrischen Flußdichte Sinusschwingungen mit der Kreisfrequenz ω, dann läßt sich eine komplexe D. definieren (DIN 1324):

$$\underline{\epsilon} = \epsilon' - j\epsilon''.$$

Die komplexe D. eignet sich zur Beschreibung der Vorgänge bei Kondensatoren mit Verlust (Analogie: komplexe Permeabilität). Für einen Verlustleitwert G parallel zur verlustfreien Kapazität C gilt für die Admittanz

$$\underline{Y} = j\omega C + G.$$

Ist C$_0$ die Kapazität ohne Dielektrikum, dann gilt

$$\underline{Y} = j\omega C_0 \underline{\epsilon} = j\omega C_0 (\epsilon' - j\epsilon'') \text{ oder}$$
$$C = \epsilon' C_0 \text{ und } G = \omega C_0 \epsilon''.$$

Der Verlustfaktor ist $\tan \delta = \frac{\epsilon''}{\epsilon'}$ (ϵ', ϵ'' frequenzabhängig). Es gilt: $\lim_{\omega \to 0} \epsilon' = \epsilon_r$. [5]. Rü

Dielektrizitätskonstante, relative → Permittivität. Rü

Dielektrizitätszahl → Permittivität. Rü

Dienste *(service categories)*. Zusammenfassung aller Kommunikationsformen für Text und Daten (Deutsche Bundespost: Dateldienste). Sie umfassen die Datenübertragung sowohl über vermittelnde Netze wie das Fernsprechnetz mit Hilfe von Modems, das Telexnetz, die Datexnetze (Datex-L, Datex-P) einschließlich Teletext und Bildschirmtext als auch über fest geschaltete Verbindungen HfD (Hauptanschluß für Direktruf). Die Abwicklung unterschiedlicher D. in einem Netz heißt Dienstintegration (ISDN). Merkmale der Leistungsfähigkeit (z. B. Übertragungszeit, Verbindungsaufbauzeit, Fehlerrate) werden als Dienstgüte bezeichnet. [19]. Kü

Differentialanalysator *(differential analyzer).* Der D. ist ein Analogrechner, der zur Lösung von Differentialgleichungen eingesetzt wird. [12]. Fl

Differential-Brückenschaltung *(differential bridge).* Die zur symmetrischen X-Schaltung äquivalenten Brückenschaltungen werden als D. bezeichnet. Sie bilden die Grundschaltungen für Differentialfilter, d.h. Filter für sehr schmale Frequenzbänder (z. B. in der Wechselstrom-Mehrfachtelegraphie). [15]. Rü

Differentialdrehkondensator → Kondensator, variabler. Ge

Differentialfeldplatte → Feldplatte. Ge

Differentialfilter → Differential-Brückenschaltung. Rü

Differentialglied *(differential term).* Das D. ist ein differenzierendes → Übertragungsglied. [18]. Ku

Differentialkondensator → Kondensator, variabler. Ge

Differentialmeßbrücke *(differential bridge).* Die D. ist eine Wechselstrom-Meßbrücke, bei der die Spannung des speisenden Generators durch einen präzise gewickelten Differentialtransformator geteilt wird. Mit der D. lassen sich Wirkleitwerte bis zu 10^{-10} S, Kondensatoren bis zu $2 \cdot 10^{-4}$ pF und Induktivitäten bis zu 1 mH mit einer Abweichung von 0,1 % messen. Die Meßfrequenz wird vom Differentialtransformator bestimmt; Messungen sind bis in das Hochfrequenzgebiet möglich. Die günstigen Werte lassen sich erreichen, weil der Nullzweig, der sich zwischen dem Wicklungsmittelpunkt des Übertragers und dem Verbindungspunkt der Meßimpedanz und der Normalimpedanz befindet, an dieser Stelle geerdet werden kann. Damit entfallen die in Wechselstrom-Meßbrücken enthaltenen Streukapazitäten. Der Einfluß magnetischer Kopplungen läßt sich durch bifilar geführte Leitungen eliminieren. [12]. Fl

Differentialmeßverstärker *(differential measuring amplifier).* Der D. ist ein hochgenauer, linear arbeitender Meßverstärker mit einer hochohmig wirkenden Differenzstufe am Eingang. Das Ausgangssignal ist im angegebenen Bereich proportional zur algebraischen Differenz der an zwei Eingangsanschlüssen liegenden Eingangs-Signalspannungen. Gleichspannungs-D. besitzen eine Nullpunktdrift, wodurch eine Spannung am Ausgang auftritt, obwohl keine Eingangssignalspannung vorhanden ist. Abhilfe schaffen z.T. aufwendige Kompensationsmaßnahmen oder Wechselspannungs-D. Als D. findet man oft integrierte Operationsverstärker. Man setzt D. z. B. dort ein, wo erdspannungsfreie Meßspannungen anliegen, zur Steigerung der Empfindlichkeit des Nullabgleichs in Brückenschaltungen und dort, wo die Belastung der Meßschaltung auf das Meßobjekt gering bleiben soll. [12]. Fl

Differentialphotowiderstand *(differential photoresistor).* Multiphotowiderstand. Anordnung von mehreren Photowiderständen auf einem Chip. [4]. Ge

Differenzdiskriminator *(differential discriminator).* Der D. wird als Demodulator in FM-Empfängern eingesetzt. Er setzt FM (Frequenzmodulation) in AM (Amplitudenmodulation) um und demoduliert diese. Nachteil des D. ist die mangelhafte Amplitudenbegrenzung. Vorteil ist die gute Linearität, die somit eine verzerrungsarme Demodulation gewährleistet. Der D. arbeitet auch als Phasendiskriminator. [13], [14]. Th

Differenzeingangsstufe → Differenzstufe. Fl

Differenzmeßverstärker *(difference measuring amplifier)* (s. Bild Differenzstufe). Der D. besitzt eine Signal-Eingangsstufe, die als Differenzstufe mit zwei Signaleingängen aufgebaut ist. Am Ausgang des Differenzverstärkers liegt eine Spannung an, die dem Unterschiedsbetrag beider Signal-Eingangsspannungen, multipliziert mit dem Verstärkungsfaktor der Stufe, entspricht. Sie können mit erdfreien Spannungen angesteuert werden, wie sie z. B. im Meßzweig von Brückenschaltungen vorliegen. *Anwendungsbeispiele:* Eingangsverstärker im Oszilloskop, als Vergleicher zum Vergleich zweier Meßspannungen. [12]. Fl

Differenzenverstärker → Differenzverstärker. Fl

Differenzierglied *(differentiator)* → Übertragungsglied. Ku

Differenzspannung *(differential-mode-voltage).* Als D. bezeichnet man die algebraische Differenz zweier Spannungen, die an zwei erdfreien Anschlüssen liegen. Da es i.a. nur auf den Unterschiedsbetrag ankommt, spielt die Höhe der daran beteiligten Spannungswerte keine Rolle. Eine D. liegt z. B. im Nullzweig einer nichtabgeglichenen Brückenschaltung vor. Liegen am invertierenden und am nichtinvertierenden Eingang eines Operationsverstärkers, Differenzmeßverstärkers oder Differenzverstärkers unterschiedliche Spannungen an, erscheint am Ausgang dieser Baugruppen ein um den Verstärkungsfaktor erhöhter Betrag der D. [6], [12]. Fl

Differenzspannungsmesser → Differenzvoltmeter. Fl

Differenzspannungsverstärkung → Differenzverstärkung. Fl

Differenzstufe *(difference stage),* Differenzeingangsstufe. Die D. findet man als Eingangsstufe von Operationsverstärkern. Sie ist symmetrisch aus paarweise gleichen Bauelementen zur Kompensation von Temperaturabhängigkeiten und Nichtlinearitäten aufgebaut. Die D. besitzt zwei Eingangsanschlüsse (Bild). Dort angelegte Spannungen rufen entgegengesetzte Wirkungen am ebenfalls symmetrisch aufgebauten Ausgang hervor. Als Signalspannungen lassen sich die Differenzspannung am Eingang, die Gleichtakt-Eingangsspannung, eine symmetrische Ausgangsspannung und evtl. eine unsymmetrische, gegen einen festen Bezugspunkt abgenommene Ausgangsspannung unterscheiden. (Letzteres ist immer bei integrierten Operationsverstärkern der Fall.) Die Verstärkung der Differenzeingangsspannung ist immer größer als die der Gleichtakt-Eingangsspannung, so daß diese

Differenzverstärker

Differenzstufe

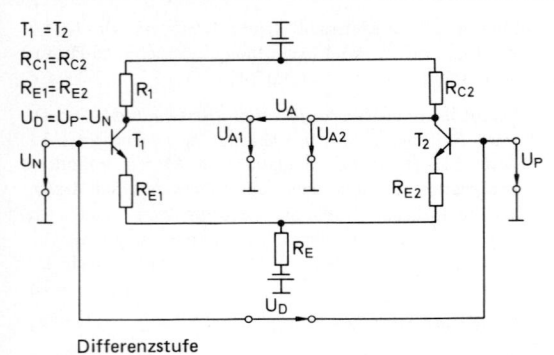

weitgehend unterdrückt wird. Als Einsatzgebiet der D. gelten die gleichen Kriterien wie beim Differenzmeßverstärker. [4], [6], [12].   Fl

Differenzverstärker *(difference amplifier)*. D. sind linear verstärkende Gleichspannungsverstärker, deren Signaleingang als Differenzstufe ausgeführt ist. Vielfach wird beim D jedem Eingang der Differenzstufe ein gleichartiger Verstärker vorgeschaltet, wobei einem der Vorverstärker eine Phasenumkehrstufe folgt. D. zeichnen sich durch hohe Gleichtaktunterdrückung aus. [4], [6], [12].   Fl

Differenzverstärkung *(differential-mode-voltage gain)*, Differenzspannungsverstärkung. Die D. eines Operationsverstärkers, eines Differenzmeßverstärkers bzw. eines Differenzverstärkers oder einer Differenzstufe gibt an, um welchen Faktor V die Ausgangsspannung U_A gegenüber der Eingangsspannungsdifferenz $U_D = U_N - U_I$ vergrößert wird.

$$V = \frac{U_A}{U_D} = \frac{U_A}{U_N - U_I} \quad \text{bei} \quad \begin{cases} -\dfrac{U_A}{U_I} & \text{für } U_N = 0V \\ +\dfrac{U_A}{U_N} & \text{für } U_I = 0V. \end{cases}$$

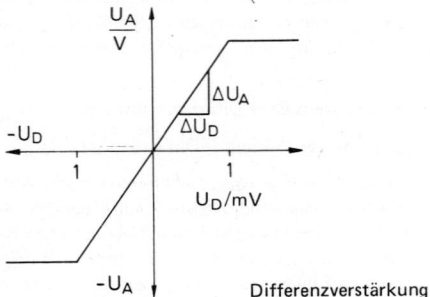

Die Ausgangsspannung steigt nur im linearen Teil der Übertragungskennlinie (Bild) proportional der Eingangsspannungsdifferenz U_D und bleibt im Bereich von Gleichspannungen bis zu niedrigen Frequenzen frequenzunabhängig. Bei höheren Frequenzen treten Phasenverschiebungen zwischen U_A und U_D auf. [4], [6].   Fl

Differenzvoltmeter *(difference voltmeter)*, Differenzspannungsmesser. D. dienen zur Überprüfung der Phasengleichheit von Spannungen in parallel geschalteten Versorgungsnetzen. Es handelt sich meist um Drehspulmeßgeräte mit vorgeschalteten Gleichrichterdioden, wodurch eine Effektivwertanzeige ermöglicht wird. Bei Spannungsabweichungen der zusammengeführten Netze zeigen D. die algebraische Spannungdifferenz der Effektivwerte an. [12].   Fl

Diffusion *(diffusion)*. Strömung von Teilchen, die ausschließlich durch ein Dichtegefälle verursacht wird. Bei Halbleitern wird D. hauptsächlich für zwei Fälle angewendet: 1. D. von Ladungsträgern, die durch ungleichmäßige Dichte der Ladungsträger bei konstanter Temperatur zustande kommt. 2. D. von Fremdatomen in einem Halbleiterkristall zur Herstellung von Halbleiterbauelementen, z. B. zur Erzeugung von PN-Übergängen (s. DIN 41 852). Die D. wird durch die Fickschen Gesetze beschrieben. [7].   Bl

Diffusionsgeschwindigkeit *(diffusion velocity)*. Die D. kennzeichnet die Ablaufgeschwindigkeit der Diffusion und hängt i.a. von der Beweglichkeit der Komponenten ab. Die D. v_d in Halbleitern wird ebenso wie bei chemischen Reaktionen als Funktion der Temperatur T durch eine Gleichung der Form

$$v_d = C\, e^{-[W/(kT)]}$$

gegeben, worin k die Boltzmann-Konstante, W die Energie in eV, T die absolute Temperatur in K und C eine Größe ist, deren Zahlenwert von der Anzahl der freien Zwischengitter- und Gitterplätze abhängt. [7].   Bl

Diffusionsgleichung *(equation of diffusion)*. Die D. stimmt mit dem zweiten Fickschen Gesetz überein und ist gegeben als

$$\frac{\partial c}{\partial t} = D\,\nabla c,$$

worin D die Diffusionskonstante und c die räumliche Funktion der Konzentration ist (∇ ist der Laplace-Operator). [7].   Bl

Diffusionskoeffizient *(diffusion coefficient)*. Quotient aus der Diffusionsstromdichte von Teilchen und deren Dichtegefälle. Für Ladungsträger ist dabei vorausgesetzt, daß keine elektrische und keine magnetische Feldstärke sowie kein Temperaturgefälle vorhanden ist. Der D. für Ladungsträger ist bei nichtentarteten Halbleitern gleich dem Produkt aus der Beweglichkeit und der Temperaturspannung der Ladungsträger (DIN 41 852). [7].   Bl

Diffusionskonstante → Diffusionskoeffizient.   Bl

Diffusionslänge *(diffusion length)*. Weglänge, nach deren Durchlaufen die Dichte eines stationären Diffusionsstromes auf 1/e infolge von Rekombinationen abgenommen hat. Dies bezieht sich auf ebene Trägerbewegungen unendlicher Ausdehnung und auf den Fall hinreichend kleiner Dichteänderungen. [7].   Bl

Diffusionsmaske *(mask)*. Eine dünne Platte aus Metall oder einem anderen Material, die Fenster enthält. Sie hat die Aufgabe, Stellen auf dem Halbleiter, die zum späteren Dotieren nicht weggeätzt werden sollen, während des Photolackverfahrens vor Lichteinstrahlung zu schützen. [4].   Ne

Diffusionspotential *(diffusion potential).* 1. D. wird teilweise synonym für Diffusionsspannung gebraucht. 2. Aufgrund der unterschiedlichen Beweglichkeit entsteht an der Phasengrenze zweier unterschiedlicher Elektrolytlösungen ein D. von einigen Millivolt bis 100 mV. Dabei bauen die schneller wandernden Ionen ein elektrisches Feld auf, das die langsameren so lange beschleunigt, bis das D. einen Gleichgewichtszustand erreicht und beide Ionenarten gleich schnell diffundieren. [5], [7].
Bl

Diffusionsspannung *(diffusion potential, contact potential),* Schleusenspannung, Kontaktpotential. Derjenige Unterschied des elektrostatischen Potentials zwischen zwei Halbleiterzonen verschiedener Ladungsträgerdichten bzw. verschiedener Störstellenarten und Störstellendichten, der im stromlosen Zustand durch eine Doppelschicht von räumlich festen, d.h. nicht beweglichen Ladungen entsteht (DIN 41 852). Die D. von Germanium beträgt etwa 0,3 V, von Silicium etwa 0,7 V.
Bl

Diffusionsstrom *(current due to the concentration gradient).* Wird durch die Fickschen Gesetze gegeben. Dort wird die Diffusionsstromdichte J, d.h. der durch eine Flächeneinheit hindurchtretende Teilchenstrom, gegeben als:

$J = D \text{ grad } c,$

worin D die Diffusionskonstante und c die Konzentration als Funktion des Ortes ist. Allgemein gibt der D. die in einer Zeiteinheit durch eine Fläche diffundierende Strommenge an.
Bl

Diffusionsstromdichte *(current density due to the concentration gradient).* Die D. ist durch die Fickschen Gesetze gegeben. Die D. kennzeichnet die in einer Zeiteinheit durch eine Flächeneinheit hindurchgehende Stoffmenge. [5].
Bl

Diffusionstransistor *(diffusion transistor).* Ein Bipolartransistor, in dem der Injektionsstrom durch die Basis ausschließlich durch Diffusion, d.h. ohne Vorhandensein eines elektrischen Feldes, fließt. Die Basiszone muß homogen dotiert sein. [4].
Ne

Diffusionsverfahren *(diffusion process).* Man kennt im wesentlichen: 1. Ampullendiffusion *(closed tube process),* bei der die zu dotierenden Halbleiterkristalle zusammen mit der Dotierungsquelle in eine Quarzampulle eingeschmolzen werden. Die Ampullendiffusion ist ein teures D., das man dann verwendet, wenn eine tiefe Eindiffusion (z. B. von Gallium bei der Thyristorherstellung) gefordert wird. 2. Durchström-Verfahren *(open tube process),* in dem ein mit Dotierungsatomen angereichertes Trägergas über die Kristallscheiben strömt und durch das offene Rohrende den Reaktionsraum verläßt. Dieses D. erlaubt eine homogene Dotierungsverteilung, maximale Stückzahlen pro Beschickung und unmittelbare Oxidation des Siliciums nach dem Dotierungsvorgang. 3. Box-Verfahren *(box process),* das eine Kombination aus 1. und 2. darstellt. An die Stelle der Ampulle tritt ein rechteckiges Gefäß aus Platin oder Quarz mit aufliegendem Deckel. 4. Film-Verfahren *(paint-on process).* bei dem das Dotierungsmaterial vor der Diffusion unmittelbar auf die Kristalloberfläche durch elektrolytische Abscheidung, Vakuumbedampfung, Aufsputtern oder Ausscheiden aus einer organischen Lösung aufgebracht wird. Mit diesem Verfahren lassen sich nur seichte Diffusionen ausführen. [4].
Ne

Diffusionszeit *(diffusion time).* Gibt die Zeitspanne an, während der sich zwei zunächst entmischte Substanzen, z. B. Gase homogen durch Diffusion vermischen. Sie läßt sich über die Fickschen Gesetze bestimmen. [5].
Bl

digital *(digital, discrete),* ziffernmäßig, zahlenmäßig quantifiziert. Jede Art von Zahlendarstellung ist d. In einer digitalen Darstellung sind immer nur endlich viele Werte darstellbar. Die kleinstmögliche Differenz zwischen zwei digitalen Größen wird als Auflösung bezeichnet. Datenverarbeitungssysteme, die mit digitalen Werten arbeiten, werden als Digitalrechner bezeichnet. [9].
We

Digital-Analog-Umsetzung *(digital-to-analogue conversion),* D/A-Wandlung. Umsetzung digitaler Größen in analoge Größen, z. B. in eine analoge Spannung. Die D. ist notwendig bei analoger Ausgabe aus Digitalrechnern, für die Ausführung bestimmter Digitalmeßverfahren, bei digital geführten Steuerungen. Da jede digitale Größe eine endliche Anzahl von möglichen Zuständen hat, kann auch die erzeugte analoge Größe nur eine endliche Anzahl von Zuständen annehmen. Hierdurch entsteht beim Hochzählen der digitalen Eingangsgröße eine treppenförmige Ausgangsgröße. [9].
We

Digital-Analog-Wandler *(digital-to-analogue converter),* DA-Wandler, DAC, Digital-Analog-Umsetzer. Schaltung zur Ausführung der Digital-Analog-Umsetzung, wobei die gebildete Analoggröße meist eine Spannung ist. D. bestehen aus einer Reihe von Schaltern, die von der digitalen Eingangsgröße geschaltet werden, und einem Widerstandsnetzwerk, wobei die Größe der Widerstände von der Wertigkeit der Bits der Eingangsgröße abhängig ist. [9].
We

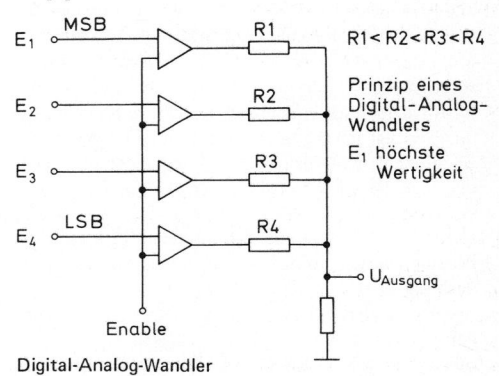

Prinzip eines Digital-Analog-Wandlers
E_1 höchste Wertigkeit
$R1 < R2 < R3 < R4$

Digital-Analog-Wandler

Digital-Analog-Wandler, unipolarer *(unipolar digital-to-analogue converter).* Digital-Analog-Wandler, der eine analoge Ausgangsspannung erzeugt, die nur eine Polarität hat, d.h., die digitale Eingangsgröße wird als positive Zahl interpretiert. [9].
We

Digitalanzeige *(digital display).* Anzeigen von z. B. Meßwerten, Rechenergebnissen in einer ziffernmäßigen Darstellung, i.a. im Dezimalzahlensystem. Für die D. müssen die Daten decodiert werden. Zur D. dienen z. B. Fluoreszenz-, LED (light emitting diode), Flüssigkristallanzeigen. [12]. We

Digital-Differential-Analysator-Methode *(digital differential analyzer method)*, DDA-Methode. Mit der D. lassen sich über eine Zifferintegrieranlage Lösungen von Differentialgleichungen finden. Die Anlage besteht aus einem Digitalrechner, der mehrere parallel arbeitende Rechenbausteine besitzt, so daß mit einem geeigneten Integrationscode über in kleinen Beträgen anwachsende Größen in ähnlicher Weise wie beim Analogrechner Lösungen von Differentialgleichungen programmiert werden können. [1], [17]. Fl

Digital-Digital-Wandler *(digital-to-digital converter, level converter)*. Wandler für ein Digitalsignal in ein anderes ohne Änderung der Information. D. sind meist für den Übergang von einer Schaltungsfamilie zu einer anderen notwendig. Durch Kompatibilität der Schaltungsfamilien wird die Verwendung der D. eingeschränkt. [2]. We

Digitaleingang *(digital input)*. Eingang einer Digitalschaltung, an dem Digitalsignale, meist Binärsignale, anliegen müssen. Die Schaltung muß in der Lage sein, das Signal innerhalb bestimmter festgelegter Grenzen, als ein bestimmtes Digitalsignal zu erkennen. Liegt der Signalparameter bei einem Wert, der nicht einem bestimmten Digitalsignal zugeordnet ist (verbotene Zone), so kann keine sichere Aussage getroffen werden, wie die Schaltung reagiert. [2]. We

Digitalfilter *(digital filter)*. Filter, bei dem — im Gegensatz zum Analogfilter — das Signal zeit- und wertdiskret verarbeitet und die Dämpfungscharakteristik durch einen Rechenprozeß gewonnen wird. Das analoge Signal x(t) wird mit einer bestimmten Taktfrequenz f_T abgetastet und der Amplitudenwert solange festgehalten (Sample-and-Hold-Schaltung; S + H), bis im Analog-Digital-Wandler (A/D) eine Codierung durchgeführt ist. Mit diesem Wert im Binärcode wird im Rechner eine vorgegebene Funktion, die der Übertragungsfunktion im Analogbereich entspricht, berechnet. Nach der Rechnung erfolgt im Digital-Analog-Wandler (D/A) die Rückwandlung in ein Analogsignal y(t); zur Bandbegrenzung und Signalregeneration sind noch analoge Tiefpässe (TP) notwendig (Bild). Man unterscheidet rekursive und nichtrekursive D., je nachdem, ob eine Rückführung von Ausgangswerten erfolgt, die in die Berechnung zeitlich nachfolgender Ausgangswerte eingeht oder nicht. Rekursive D. erfüllen eine vorgegebene Dämpfungscharakteristik mit geringerem Filtergrad, neigen aber mehr zur Instabilität. Die Vorteile der D. liegen in der Unempfindlichkeit gegenüber Bauelementetoleranzen und Umgebungseinflüssen, in der Variabilität und dem größeren Realisierungsspektrum, sowie in der Möglichkeit auch für niedrige Frequenzen (0,01 Hz bis 1 Hz) Filter herzustellen. Als Nachteile sind die Begrenzung des Einsatzbereichs bei etwa 50 MHz, der größere schaltungstechnische Aufwand und die Begrenzung des Dynamikbereichs zu nennen.
Eine besondere Klasse der D. sind die Wellendigitalfilter, die durch eine geeignete Transformation aus einem analogen RLC-Netzwerk gewonnen werden können. [14], [15]. Rü

Digitalmeßtechnik *(digital measuring technique)*. Die D. umfaßt alle Meßverfahren und -einrichtungen, bei denen die Meßwerte der zu bestimmenden physikalischen Größen ziffernmäßig auf einer Digitalanzeige dargestellt oder binär codiert zur Weiterverarbeitung ausgegeben werden. Die vorwiegend analog auftretenden Meßgrößen werden über Analog-Digital-Wandler in eine Anzahl von Meßquanten unterteilt und als Folge von Binärzeichen codiert. Man erhält dadurch eine große Störunempfindlichkeit und kann die umgewandelten Meßwerte beliebig lange speichern, bzw. über Ausgabekanäle weitere systemangepaßte Geräte betreiben (z. B. Meßautomat). Neben dem Quantisierungsfehler wird die Meßunsicherheit auch durch die Fehlergrenzen der Normale und der den Meßvorgang mitentscheidenden Bauelemente bestimmt. Sieht man vom u. U. ungünstigen dynamischen Verhalten digitaler Meßeinrichtungen gegenüber den analogen ab, sind weitere Vorteile gegenüber der Analogmeßtechnik: Entfallen von Drift, kaum nennenswertes Rauschen, Verringerung von Übertragungsfehlern durch Regenerieren der Binärzeichen. [9], [12]. Fl

Digitalmultimeter *(digital multimeter)*, DMM, Digitalvielfachmeßgerät. Das D. ist ein elektronisches Vielfachinstrument, mit dem elektrische Gleich- und Wechselgrößen, häufig auch Wirkwiderstände, gemessen werden. Der Meßwert ist als Ziffernfolge auf einer mehrstelligen Digitalanzeige sofort ablesbar. Viele D. besitzen eine Anzeige des Vorzeichens, des Überlaufs und der Stromart; das Komma wird mit dem gewählten Meßbereich selbsttätig verschoben. Häufig findet die Bereichsumschaltung automatisch statt. D. mit aufwendigen elektronischen Schaltungen besitzen zusätzlich einen binärcodierten Ausgang bzw. standardisierten Ausgang, um eine Weiterverarbeitung bzw. Speicherung der Meßwerte in digitaler Form zu ermöglichen. Zur Effektivwertmessung von Wechselgrößen muß man unterscheiden: 1. Einfache D.: Zur Erzielung eines geringen Meßfehlers können nur sinusförmige Signale gemessen werden. Ein Mittelwertgleichrichter vor dem Analog-Digital-Wandler bildet den Mittelwert der gleichgerichteten Wechselgröße. Zur Anzeige wird das gleichgerichtete Meßsignal intern mit dem Wert 1,11 multipliziert. 2. Aufwendige D.: Der Effektivwert wird z.B. durch Vergleich mit einer eingebauten präzisen Gleichspannungsquelle, bei einigen Anwendungen auch mit Thermoumformer, gewonnen.

Schema eines Digitalfilters

Die Spannungsversorgung der elektronischen Bauteile im D. kann z. B. durch eine Batterie oder ein eingebautes Netzteil erfolgen. [12]. Fl

Digitalnetz *(digital network)*. Nachrichtennetz, in dem die Übermittlung digital erfolgt. Zu analogen Endstellen bzw. zu Analognetzen besitzt es Schnittstellen, die die Umwandlung der Nachrichten- und Steuersignale von analoger in eine digitale Form vornehmen. Das Digitalnetz realisiert u.a. die Integration von Vermittlung und Übertragung durch die Zeitmultiplex-Technik und kann unterschiedliche Dienste abwickeln (ISDN). [19]. Kü

Digitaloszilloskop *(digital oscilloscope)*. Digitaloszilloskope sind Oszilloskope, deren Funktionen durch zusätzliche eingebaute digitale Schaltkreise erweitert sind. Diese Erweiterungen können sein: 1. Eine zusätzliche Digitalanzeige auf der Frontplatte, auf der sich das mehrstellige Ergebnis einer Zeitmessung der Meßgröße ablesen läßt. Ein eingebauter Mikrocomputer ermöglicht weiterhin: a) Eine digitale Verzögerungseinrichtung, mit deren Hilfe aus dem zu messenden Datenfluß ein bestimmtes Ereignis herausgefunden und auf dem Oszilloskopschirm dargestellt werden kann. b) Kennmarken lassen sich sichtbar in den Verlauf der Signalgröße auf dem Leuchtschirm einschieben. Der zeitliche Abstand zwischen den Markierungen wird als Zeitmeßwert oder umgerechnet als Frequenzmeßwert auf der Digitalanzeige dargestellt. c) Einige Bedienungsfehler werden erkannt und ausgewiesen. 2. Hochwertige Digitaloszilloskope besitzen einen Digitalspeicher, in dem nach Durchführung einer Analog-Digital-Umsetzung eine Vielzahl aufeinander folgender Meßwerte (häufig etwa 1000) gespeichert werden. Zur analogen Darstellung des Meßgrößenverlaufs auf dem Leuchtschirm werden die digitalen Werte wieder in analoge umgesetzt. Die Arbeitsweise der Speichereinrichtung entspricht der eines Transienten-Recorders. In einigen Anwendungen erfolgt mit Hilfe eines Mikroprozessors eine harmonische Analyse der gespeicherten Meßwerte. Das Ergebnis wird als Frequenzspektrum auf dem Bildschirm der Oszilloskopröhre abgebildet. [12]. Fl

Digitalrechner *(digital computer)*, digitale Rechenanlage, digitale Datenverarbeitungsanlage. Eine Datenverarbeitungsanlage, in der die Daten digital verarbeitet werden. Daten, die nicht in digitaler Form vorliegen, müssen vor der Verarbeitung einer Digital-Analog-Umsetzung unterzogen werden. Sollen die Ergebnisdaten analog ausgegeben werden, muß eine Digital-Analog-Umsetzung erfolgen. D. haben sich wegen ihrer Schnelligkeit, Zuverlässigkeit, Genauigkeit und ihrer über einen langen Zeitraum sinkenden Preise weite Anwendungsbereiche in Verwaltung und Technik erobert, während Analogrechner nur in sehr speziellen Anwendungsfällen verwendet werden. [1]. We

Digitalschaltung *(digital circuit)*. Schaltung zur Verarbeitung und Erzeugung von Digitalsignalen, meist in der Form, daß binäre Signale verarbeitet werden. Die Schaltung nimmt in den einzelnen Elementen nur zwei Zustände an. Zu den Digitalschaltungen gehören insbesondere die Verknüpfungsschaltungen (logische Schaltungen), die Multivibratorschaltungen, Stromschalter sowie Treiberschaltungen und Pegelumsetzer.

Für die D. sind eine Reihe von Schaltungsfamilien entwickelt worden, die bestimmte Eigenschaften (insbesondere Schaltgeschwindigkeit und Leistungsverbrauch) besitzen und untereinander kompatibel sind. Die Tendenz geht dahin, auch Digitalschaltungen verschiedener Schaltungsfamilien untereinander kompatibel zu machen. [2]. We

Digitalschaltungsarten → Schaltungsfamilie. We

Digitalsignal *(digital signal)*, digitales Signal. Ein Signal mit einer endlichen Anzahl von Wertebereichen des Signalparameters, wobei jedem Wertebereich als Ganzem eine bestimmte Information zugeordnet ist (DIN 44 300). Die in der Elektronik am häufigsten verwendeten Digitalsignale sind die Binärsignale, die sich durch zwei Zustände auszeichnen. Es sind auch Signale mit einer größeren Anzahl von Zuständen möglich (Tribit, Dibit). [13]. We

Digitalspannungsmesser → Digitalvoltmeter. Fl

Digitalspannungsmeßgerät → Digitalvoltmeter. Fl

Digitalspeicher *(digital storage)*. Speicher für digitale Informationen, wobei ein Speicherelement 1 Bit Information aufnehmen kann. Als D. haben sich neben den magnetischen Externspeichern besonders die Halbleiterspeicher und die Magnetkernspeicher durchgesetzt. [1]. We

Digitalsystem *(digital system)*. Ein System zur Informationsverarbeitung, das Digitalsignale, in der Elektronik (meist Binärsignale) verarbeitet, z. B. Digitalrechner. [9]. We

Digitaltechnik *(digital technique)*. Technik der Verarbeitung von Digitalsignalen. Die D. ist besonders in der Elektronik sehr verbreitet (Digitalrechner, Digitalmeßgeräte, Digitalaufzeichnung, digitale Steuerungstechnik usw.). Die D. bietet den Vorzug, daß Verfälschungen der Signale innerhalb bestimmter Grenzen nicht zu einer Verfälschung des Informationsgehaltes führen, da den Signalen die Werte noch eindeutig zuordnungsbar sind. Die D. dient besonders der Verarbeitung von Binärsignalen. Obwohl dabei den Signalen jeder Baugruppe nur zwei Zustände zugeordnet werden können, lassen sich durch Kombination mehrerer Schaltkreise genügend verschiedenartige Kombinationen zur Darstellung digitaler Werte bilden. In der D. arbeiten die elektronischen Bauelemente im Schalterbetrieb. Die Schaltungen der D. lassen sich auf der Grundlage der Booleschen Algebra beschreiben und entwerfen. [2]. We

Digitalübertragung *(digital transfer, digital transmission)*. Datenübertragung mit digitalen Signalen, die nicht moduliert werden. Aus technischen Gründen ist diese Übertragungsart nur für kurze und mittlere Entfernungen möglich. [14]. We

Digitaluhr *(digital watch)*. Zeituhren, deren Anzeige als Digitalanzeige ausgeführt ist, werden als Digitaluhren bezeichnet. Sie bestehen u.a. aus Taktgeber, meist einem Quarzoszillator, elektronischen Frequenzuntersetzern, Zählern, Decodierern für die Anzeige und den Anzeigeelementen, meist LEDs (LED light emitting diode) oder Flüssigkristallanzeigen. [2]. We

Digitalvielfachmeßgerät → Digitalmultimeter. Fl

Digitalvoltmeter *(digital voltmeter)*, Digitalspannungsmesser, Digitalspannungsmeßgerät. D. sind elektronische Spannungsmeßgeräte, die nach Verfahren der Digitalmeßtechnik arbeiten. Der Meßwert wird als Ziffernfolge mit oder ohne Gleitkommadarstellung, vielfach mit Polaritätsangabe dargestellt. Die Analog-Digital-Umsetzung erfolgt z. B. nach der Sägezahnmethode (Bild), mit automatisch geschalteter Vergleichsspannung (Kompensationsmethode) oder auch nach dem Dual-Slope-Verfahren. Viele D. besitzen eine automatische Meßbereichumschaltung. Häufig liegt der Meßwert an einem getrennten Ausgang binär verschlüsselt zur digitalen Weiterverarbeitung an. Effektivwertmessungen von Wechselspannungen sind mit erheblichem Schaltungsaufwand verbunden, wenn auch nichtsinusförmige Spannungsverläufe erfaßt werden sollen (z. B. mit Hilfe von Multiplizierer, Radizierer, Thermoumformer). D. besitzen neben den Vorteilen der Digitaltechnik außerordentlich hohe Eingangswiderstände. [12]. Fl

DIL-Gehäuse *(dual-in-line package, DIP)*. Eine bei integrierten Schaltungen viel verwendete Gehäuseform, bei der aus einem flachen Kunststoffgehäuse zwei Reihen rechtwinklig abgebogener Sockelstifte (Pins) herausragen, deren Abstand dem Rastermaß gedruckter Schaltungen entspricht. [2], [4]. Li

DIL-Schalter *(dual-in-line switch, DIL-switch)*. Schalter im DIL-Gehäuse in einer Vielzahl von Ausführungen und Kontaktanordnungen. Besonders geeignet zur Verwendung auf gedruckten Leiterplatten, meist als Codier- oder Prüfschalter eingesetzt. [4]. Ge

Dimension *(dimension)*. Man erhält die D. einer physikalischen Größe, indem man in ihrer Definitionsgleichung von deren Vektor- oder Tensoreigenschaft, allen numerischen Faktoren einschließlich des Vorzeichens und gegebenenfalls bestehenden Sachbezügen absieht. Die Darstellung einer D. erfolgt mit Hilfe des Zeichens „dim". *Beispiel:* dim U für die Dimension Spannung. Ein Dimensionensystem gründet sich auf einer endlichen Menge von Basisdimensionen (Länge, Masse, Zeit usw.). Sie müssen voneinander unabhängig sein und die Ableitung aller übrigen Dimensionen eines Systems zulassen (abgeleitete D.). Physikalische Größen, bei denen sich die D. heraushebt (z. B. bei Quotienten gleicher Größen), nennt man Größen der „Dimension 1" (oder mit dem „Dimensionsprodukt 1"). Die Bezeichnung „dimensionslose Größe" ist unzulässig. [5]. Rü

Dimension, abgeleitete → Dimension. Rü

Dimensionssystem → Dimension. Rü

Dimmer *(dimmer)*. D. sind Wechselstromsteller kleiner Leistung zur Helligkeitssteuerung von Lampen. [18]. Ku

DIN-Reihen → Normreihen. Rü

Diode *(diode)*. 1. Einfachste Elektronenröhre mit Anode und Katode als Elektroden. 2. → Halbleiterdiode. [4]. Ne

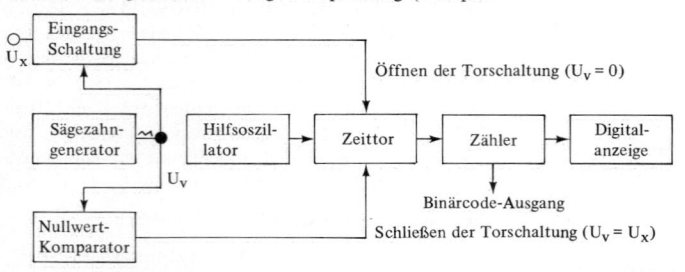

U_x Analoge Meßspannung;
U_v Vergleichsspannung

Blockschaltbild eines nach dem Sägezahnverfahren arbeitenden Digitalvoltmeters

Diode, integrierte *(integrated diode)*. Integrierte Dioden lassen sich aus einem NPN-Transistor ableiten, wenn man entweder zwei der Transistoranschlüsse kurzschließt oder einen Transistoranschluß offen läßt (Bild). Von den sich ergebenden 5 Varianten wird am häufigsten der Typ (a) verwendet, bei dem der Kollektor-Basis-Übergang kurzgeschlossen ist. [4]. Ne

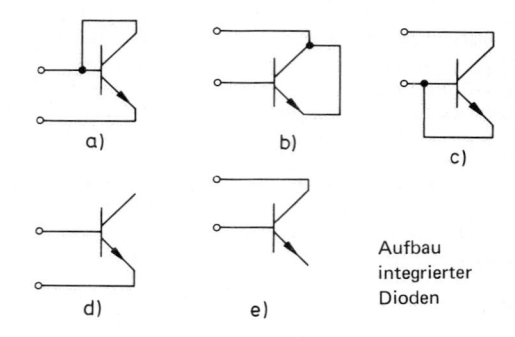

Aufbau integrierter Dioden

Diodenabstimmung *(diode tuning)*. Die D. wird heute überwiegend in UKW-Rundfunkempfängern (UKW Ultrakurzwelle) und Fernsehempfängern angewendet. Das Abstimmelement ist eine Abstimmdiode. Die D. ersetzt den früher erforderlichen Drehkondensator. [13]. Th

Diodengleichrichter *(diode rectifier)*. Gleichrichter, der Röhren- oder Halbleiterdioden verwendet. D. finden vorwiegend in Netzteilen und bei Drehstromgeneratoren von Kraftfahrzeugen oder als Demodulator in HF-Schaltungen Anwendung. [4], [6], [11]. Li

Diodengleichung → Halbleiterdiode. Ne

Diodenlogik *(diode logic)*. Schaltung der Digitaltechnik, die nur mit Dioden realisiert ist. Mit D. können nur Schaltnetze, nicht aber Schaltwerke aufgebaut werden. Die Anwendung der D. findet man in vielen Schaltungstechniken, z. B. bei DTL *(diode-transistor logic)*, bei Expansionsstufen, bei passiven Gattern. [2]. We

Diodenmatrix *(diode matrix)*. Digitales Schaltnetz zur Umsetzung einer Information, die als 1-aus-m-verschlüsselte Information vorliegt, in eine Information, bei der beliebige Kombinationen von „1" oder „0" gebildet werden können (Codierung). Das Bild zeigt die Anwendung einer D. zur Bildung des 8-4-2-1-Dezimalcodes, wobei die zu codierende Ziffer einen L-Pegel, alle anderen Ziffern einen H-Pegel annehmen müssen. [2]. We

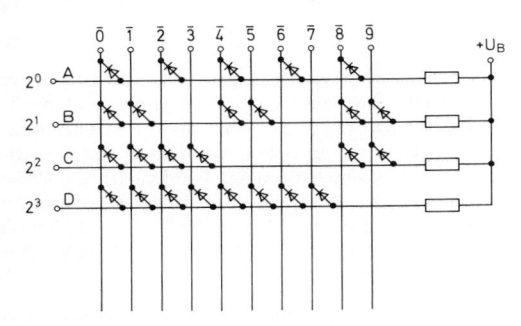

Diodenmatrix

Diodenmischer *(diode mixer)*. Eine Mischstufe, die eine Röhren- oder Halbleiterdiode zur Mischung verwendet. [6], [8], [13]. Li

Dioden-Transistor-Logik → DTL. We

Diodenvoltmeter → HF-Spannungsmesser. Fl

DIP *(dual-in-line package)* → DIL-Gehäuse. Li

Dipmeter *(dip meter, resonance frequency meter)*, Dipper, Resonanzfrequenzmesser, Wellenmesser. D. (to dip, eintauchen) bestehen aus einem abstimmbaren geeichten Parallelschwingkreis hoher Güte und einer lose angekoppelten Spitzenwertgleichrichterschaltung mit nachgeschaltetem Drehspulinstrument. Die Spule ist auswechselbar, so daß ein Bereich von etwa 100 kHz bis 300 MHz überstrichen wird. Als Schwingkreiskondensator wird z. B. ein Drehkondensator verwendet, dessen Skaleneinteilung in Frequenzen festgelegt ist. Dem Prüfkreis wird bei Messung in loser Kopplung vom D. Energie entzogen. Mit dem Drehkondensator läßt sich das D. auf Resonanz mit dem Prüfkreis abstimmen, wobei ein maximaler Zeigerausschlag entsteht; die Meßunsicherheit der D. liegt bei ± 1 %. [12]. Fl

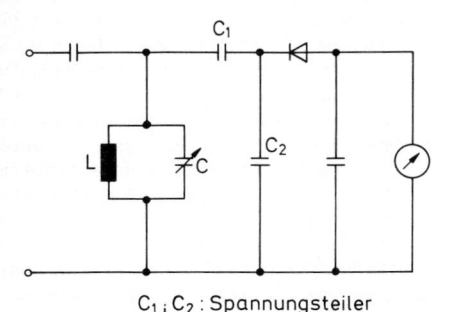

Dipol → Dipolantenne. Ge

Dipol, elektrischer → Dipolmoment, → Hertzscher Dipol. Ge

Dipol, magnetischer *(magnetic dipole)*. Der magnetische D. ist eine infinitesimale Stromschleife, deren elektrische Feldlinien konzentrische Kreise um die Dipolachse bilden, während die magnetischen Feldlinien den elektrischen Feldlinien des Hertzschen Dipols jedoch mit umgekehrtem Vorzeichen, entsprechen. [14]. Ge

Dipolantenne *(dipol antenna)*, Dipol. An den Enden offene Antenne, die im allgemeinen symmetrisch erregt wird. Die D. wird aus der leerlaufenden Doppelleitung hergeleitet, deren Enden rechtwinklig abgebogen werden. Der Strombelag auf der D. ist annähernd sinusförmig und bei mittiger Einspeisung symmetrisch zur Dipolmitte (Bild).

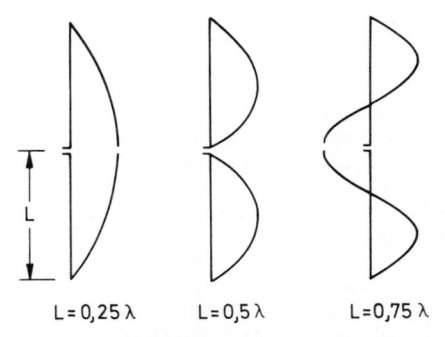

$L = 0{,}25\,\lambda$ $L = 0{,}5\,\lambda$ $L = 0{,}75\,\lambda$

Sinusförmiger Strombelag von Dipolantennen

Der Antennenwiderstand der D. hängt sehr stark von der Frequenz sowie vom Schlankheitsgrad ab. Die D. ist ein Querstrahler. Ihre Richtcharakteristik im freien Raum zeigt in der H-Ebene Rundstrahlung, in der E-Ebene eine Achtercharakteristik, die sich mit zunehmendem Verhältnis von Dipollänge zu Wellenlänge immer stärker auffächert (Bild). Befindet sich die D. über dem Erdboden, so muß die Reflexion berücksichtigt werden. Im Bild sind vertikale Richtdiagramme für den horizontal und vertikal orientierten Halbwellendipol in Abhängigkeit von der Höhe dargestellt. Der Halbwellendipol *(halfwave dipole aerial)*, Lambdahalbedipol, ist eine Dipolantenne, deren Gesamtlänge angenähert eine halbe Wellenlänge beträgt. Er wird in der Grundschwingung erregt. Der Grenzwellendipol *(fullwave dipole aerial)*, Lambdadipol, ist eine Dipolantenne, deren Gesamtlänge angenähert eine Wellenlänge beträgt. Er wird in der 2. Harmonischen erregt.

Aus der D. läßt sich eine Vielzahl von Antennenformen ableiten, die sich durch Länge und Ausführung der Dipolstäbe, die Einspeisung und ihre Orientierung in bezug auf die Erde unterscheiden. 1. Faltdipol *(folded dipole aerial)*, Schleifendipol. Antenne aus zwei in geringem Abstand parallel zueinander angeordneten Leitern, die

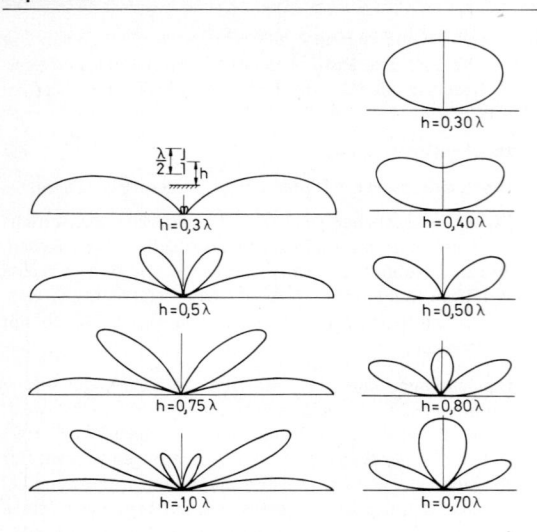

Vertikale Strahlungsdiagramme:
Vertikaler Halbwellendipol über der Erde

Horizontaler Halbwellendipol über der Erde

(h=0,3λ; h=0,30λ; h=0,5λ; h=0,40λ; h=0,75λ; h=0,50λ; h=1,0λ; h=0,80λ; h=0,70λ)

an ihren Enden verbunden sind und von denen der eine in der Mitte gespeist wird, der anderen in der Mitte kurzgeschlossen ist. 2. Halbwellenfaltdipol *(halve wave folded dipole)*, Faltdipol, dessen Gesamtlänge annähernd eine halbe Wellenlänge beträgt. Er zeichnet sich durch einen höheren Antennenwiderstand von etwa 240 Ω bis 300 Ω aus. 3. Koaxialdipol *(sleeve antenna)*, Vertikaldipol. Halbwellendipol mit rohrförmigen Antennenstäben. Das koaxiale 60-Ω-Speisekabel ist durch das untere Viertelwellenrohr zum Speisepunkt geführt, das in dieser Anordnung gleichzeitig als Sperrtopf zur Unterdrückung von Mantelwellen dient. 4. Mehrfachkoaxialdipol. Kollineare Anordnung von Koaxialdipolen. 5. Normaldipol. Normalantenne. 6. Spreizdipol *(triangular dipole)*. Ganzwellendipol mit dreieckflächenförmigen Stäben. Bandbreite und Antennenwiderstand werden vom Spreizwinkel bestimmt. 7. Vertikaldipol *(vertical dipole)*. Über der Erde senkrecht aufgestellte D., die sich durch einen kleinen Erhebungswinkel ihrer vertikalen Richtcharakteristik (Bild) auszeichnet. In der Horizontalebene besteht Rundstrahlung. 8. Windom-Antenne.

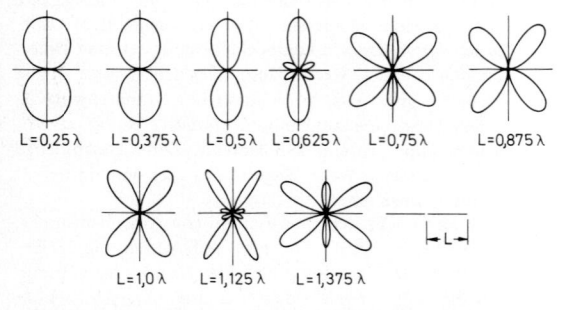

(L=0,25λ; L=0,375λ; L=0,5λ; L=0,625λ; L=0,75λ; L=0,875λ; L=1,0λ; L=1,125λ; L=1,375λ)

Strahlungsdiagramme mittig gespeister Dipole mit sinusförmigem Strombelag

Halbwellendipol mit Eindraht-Speiseleitung, die zur Wellenwiderstandsanpassung im Abstand von 0,18 λ vom Ende angeschlossen wird. Die so ausgelegte Windom-Antenne kann auch in Oberwellen betrieben werden. 9. Y-Dipole *(delta-matched dipole)*. Halbwellendipol, der über ein Delta-Anpassungsglied symmetrisch in Strahlermitte angeschlossen wird. Der Strahler braucht in der Mitte nicht aufgetrennt zu werden. 10. Zeppelin-Antenne *(zepp-antenna)*. Halbwellendipol, der von seinem Ende über eine abgestimmte Zweidrahtleitung gespeist wird. [14].
Ge

Dipolfeld → Dipolwand. Ge

Dipollinie *(array of collinear dipoles)*. Lineare Gruppe von Dipolantennen, deren Achsen in einer geraden Linie liegen. Die D. wird vornehmlich als Querstrahler eingesetzt. Die Sterba-Antenne *(Sterba-curtain array)* besteht aus zwei im Abstand von λ/2 angeordneten Dipollinien (Dipolwand), oft wird sie in Verbindung mit einer Reflektorwand betrieben. Damit alle Strahler gleichphasig gespeist werden, müssen die Verbindungsleitungen überkreuzt werden. [14]. Ge

Dipolmoment *(moment of a dipole)*. Das D. gibt das an einem elektrischen oder magnetischen Dipol in einem elektrischen bzw. magnetischen Feld angreifende Drehmoment an. So ist das D. für einen elektrischen Dipol (Ladung q, Abstand von negativer zur positiven Ladung **r**) im homogenen elektrischen Feld **E** durch $M_D = q\,(r \times E)$ gegeben, für einen magnetischen Dipol der Polstärke p und des Polabstandes **r** gilt im homogenen Magnetfeld **H** analog: $M_D = p\,(r \times H)$.
[5]. Bl

Dipolmoment, atomares *(dipol moment of atoms)*. Wegen der räumlichen Entfernung der negativen Elektronenwolke und des positiven Atomkerns entsteht in elektrischen Feldern ein elektrisches Dipolmoment. Ähnlich läßt sich durch die Bahndrehmomente der Elektronen und die Spins ein magnetisches Dipolmoment beobachten. [5], [7]. Bl

Dipolmoment, elektrisches → Dipolmoment. Rü

Dipolmoment, magnetisches → Dipolmoment. Rü

Dipolwand *(planar array)*, ebene Gruppe. Anordnung von Dipolantennen bzw. Dipollinien und Dipolzeilen. Bei gleichphasiger Speisung aller Einzelantennen wird die Richtcharakteristik sehr scharf gebündelt. Durch Variationen der Dipolabstände, der Stromamplituden in den Einzeldipolen und der Phasenverschiebung der Dipolströme gegeneinander kann die Richtcharakteristik der D. verändert werden. Auch eine elektronische Schwenkung der Hauptstrahlrichtung (Schielen) ist möglich. Zwei parallel im Abstand von λ/4 angeordnete und phasenverschoben erregte Dipolwände erzeugen eine einseitige Richtcharakteristik. Die gleiche Wirkung kann auch mit einer Reflektorwand erzielt werden. Die D. findet im Kurzwellenbereich als sog. Vorhang- *(curtain)* oder Tannenbaumantenne Anwendung. Im Dezimeterwellenbereich werden größere Antennenfelder aus Einheitsfeldern gebildet. Dies sind Dipolwände, die aus einer

Reflektorwand (Metall, Metallgitter, Metallstäbe) und davor angeordneten Grenzwellendipolen bestehen. Nach der Anzahl der entsprechenden Halbwellendipole bezeichnet man z. B. Viererfeld, Achterfeld. [14]. Ge

Dipolzeile *(array of parallel dipoles)*. Lineare Gruppe von Dipolantennen, deren Achsen senkrecht zu einer geraden Linie gerichtet sind. Die D. wird häufig als Querstrahler eingesetzt. Als spezielle Ausführungsform der D. ist die Fischbeinantenne *(fishbone antenna)*, Frischgrätenantenne, anzusehen, bei der die Dipolstäbe über Kondensatoren mit der Speiseleitung verbunden sind. Diese Antenne wirkt als Längsstrahler. Die Kammantenne *(comb antenna)* ist eine halbe, gegen Erde erregte Fischbeinantenne. [14]. Ge

Dipper → Dipmeter. Fl

DIP-Schalter *(DIP switch; DIP, dual-in-line package)*. Mehrere nebeneinander angeordnete Kippschalter, die sich in einem Gehäuse mit den Abmessungen des DIL-Gehäuses (DIL *dual-in-line*) befinden und deren Kontaktfahnen in der gleichen Weise herausgeführt sind. Werden oft als Codierschalter verwendet. [2], [4]. Li

Dirac-Gleichung *(Dirac equation)*. Gleichung aus der relativistischen Quantenmechanik, die das Verhalten von Elementarteilchen mit Spin 1/2 beschreibt. Die D. ist eine Matrizengleichung, deren Wellenfunktion ψ vektoriell als „Dirac-Spinor" im elektromagnetischen Viererpotential $A_\mu = \{A, i\varphi\}$ gegeben ist als

$$\left\{\sum_{\mu=1}^{4} \gamma\mu \frac{\partial}{\partial X\mu} - \frac{iq}{\hbar c} A\mu + \frac{mc}{\hbar}\right\} \psi = 0$$

(m Ruhemasse des Teilchens, q Ladung des Teilchens, $2\pi \hbar$ Plancksches Wirkungsquantum, c Lichtgeschwindigkeit, $i = \sqrt{-1}$ und $\gamma\mu$ Dirac-Matrizen, für die gilt $\gamma_\mu \gamma_\nu + \gamma_\nu \gamma_\mu = 2 \delta_{\mu\nu}$). [7]. Bl

Dirac-Stoß *(Dirac delta function)*. Dirac-Impuls, δ-Impuls. Ein mathematisches Modell eines unendlich schmalen Rechteckimpulses zur Approximation einer beliebigen Signalfunktion. Der D. eignet sich besonders zur Beschreibung aller Abtastvorgänge. Es gilt folgende Definition:

$$\delta(t) = \begin{cases} 0 & t \neq 0 \\ \frac{1}{\epsilon} & t = 0 \end{cases} \text{ für mit } \epsilon \to 0 \text{ und } -\frac{\epsilon}{2} < t < +\frac{\epsilon}{2},$$

sowie

$$\int_{-\infty}^{+\infty} \delta(t) \, dt = 1.$$

Diracstoß

Es handelt sich hierbei um eine Definition außerhalb der klassischen Analysis (Pseudofunktion, Distribution). Bildlich stellt man sich den D. als Rechteckimpuls der Breite Null und der Höhe Unendlich zur Zeit t = 0 vor (Bild). Mit der normierten Sprungfunktion $\epsilon(t)$ (Elementarsignale) gilt der Zusammenhang

$$\epsilon(t) = \int_{-\infty}^{t} \delta(\tau) \, d\tau$$

und die Laplace-Transformierte des D. ist

$$L[\delta(t)] = 1.$$

$\delta(t)$ heißt auch Dirac-Funktion 1. Ordnung (Diracsche Deltafunktion; → Faltung).
Für signaltheoretische Betrachtungen ist mitunter die Definition einer Dirac-Funktion 2. Ordnung $\delta'(t)$, auch Doppelstoß oder Diracstoß 2. Ordnung, zweckmäßig:

$$\delta'(t) = 0 \text{ für alle } t \neq 0 \text{ und } \int_{-\infty}^{t} \delta'(\tau) \, d\tau = \delta(t)$$

mit der Laplace-Transformierten $L[\delta'(t)] = p$ (p komplexe Frequenz). Die Dirac-Funktion 2. Ordnung kann man sich als D. mit seinem zusätzlichen Spiegelbild auf der negativen Achse vorstellen.
Sprungfunktion $\epsilon(t)$, Dirac-Funktion 1. Ordnung $\delta(t)$ und Dirac-Funktion 2. Ordnung $\delta'(t)$, sowie weitere durch Integration oder Differentition erhältliche Funktionen bezeichnet man auch als singuläre Signale. [14]. Rü

Directory *(directory)*. Bei einer Datei ein Verzeichnis von Schlüsselbegriffen und Verweisen, mit denen auf die Datensätze zugegriffen werden kann. [1]. We

Direktor *(director)*, Wellenrichter. Strahlungsgekoppeltes Antennenelement in der Hauptstrahlrichtung vor dem Primärstrahler, der die Strahlung in dieser Richtung verstärkt. Durch Verkürzung der Abmessung gegenüber dem Primärstrahler zur Erzielung eines induktiven Direktorstromes und entsprechende Wahl des Abstandes läßt sich die Richtcharakteristik variieren. [14]. Ge

Direktruf → HfD. Kü

Direktspeicherzugriff *(direct memory access)*, DMA. In Datenverarbeitungsanlagen der direkte Datenaustausch eines Peripheriegerätes, meist eines Externspeichers, mit dem Hauptspeicher unter Umgehung des Prozessors. D. dient der Beschleunigung des Datenverkehrs und der Entlastung des Prozessors. Für den D. sind Steuereinheiten notwendig (DMA-Controller), die für viele Mikroprozessoren-Systeme als integrierte Schaltung zur Verfügung stehen.

Der D. wird vom Prozessor eingeleitet, der dem DMA-Controller die Anfangs-Hauptspeicheradresse sowie die Länge des zu übertragenden Datenblocks übergibt und den D. startet. Der DMA-Controller steuert dann unabhängig vom Prozessor den D. Nach seiner Beendigung meldet er dies über eine Programmunterbrechung dem Prozessor. Wenn der D. das Bus-System gemeinsam mit dem Prozessor benutzt, so hat meist der D. die höhere Priorität.
[1]. We

Direktumrichter *(cycloconvertor)*. Der D. ist ein Stromrichter, der direkt, ohne einen Zwischenkreis, aus einem speisenden Wechsel- oder Drehstromnetz ein zweites Wechsel- oder Drehstromnetz mit variabler Spannung und Frequenz erzeugt (→ Umrichter). Der verbreitetste D. besteht aus einem oder drei netzgeführten Umkehrstromrichtern, die die Ausgangsfrequenz zwischen 0 und ungefähr der halben Frequenz des speisenden Netzes verstellen können. Sie werden vorwiegend zur Drehzahlverstellung langsam laufender Drehfeldmaschinen großer Leistung (z. B. bei Zementrohrmühlen) eingesetzt. [11].
   Ku

Direktwahlsystem → Steuerung, direkte.   Kü

Direktweg *(direct route)*. Unmittelbare Verbindung zweier Vermittlungsstellen mit einem Leitungsbündel. Bei Nachrichtennetzen mit Mehrwegeführung und alternativer Verkehrslenkung wird der Direktweg zuerst abgesucht. [19].   Kü

Direktzugriffsspeicher → RAM.   Li

Disjunktion *(disjunction)*, ODER-Verknüpfung. Grundverknüpfung der Booleschen Algebra. Die D. zweier oder mehrerer Variablen ist dann wahr, wenn mindestens eine Variable den Wahrheitswert wahr hat.

Wahrheitstabelle:

A	B	A ∨ B
f	f	f
f	w	w
w	f	w
w	w	w

Schaltzeichen für ODER-Gatter [DIN 40700]

(w wahr, f falsch). Bausteine, die diese Verknüpfung realisieren, werden als ODER-Gatter *(OR-gate)* bezeichnet. Wegen der letzten Zeile der Tabelle wird diese ODER-Verknüpfung auch als inklusives ODER bezeichnet. [2], [9].   Li

Disk, flexible → Diskette.   Th

Diskette *(diskette, flexible disk, floppy disk)*. Eine runde mit beidseitig magnetischer Beschichtung versehene Folie von 200 mm bzw. 130 mm Durchmesser, die in einer quadratischen Schutzhülle läuft. In der Schutzhülle befinden sich außer dem Loch in der Mitte nur einige schmale Bereiche, durch die die Disk-Oberflächen zugänglich sind (Magnetkopfschlitze, 1 Indexloch bzw. 2 Indexlöcher). Die Daten werden in konzentrischen Spuren (ein- oder zweiseitig) aufgezeichnet, die in Sektoren software- oder hardwaremäßig organisiert sind. Die 200-mm-flexible-D. besitzt 77 Spuren mit 26 Sektoren je Spur und speichert in der IBM-3740-Version 250 kByte je Seite. Die 130-mm-Version besitzt 35, 40 oder sogar 80 Spuren je Seite (laufwerkabhängig). Die Speicherkapazität einer 130-mm-flexible-D. mit 35 Spuren und 16 Sektoren je Spur mit einer Datenkapazität von 128 Byte je Sektor beträgt etwa 72 kByte je Seite. 200-mm-flexible-D. zweiseitig im MFM- *(modified frequency modulation)* oder M^2FM-Format beschrieben bieten etwa 1 MByte Speicherkapazität. 130-mm-flexible-D. mit 40 Spuren und 16 Sektoren je Spur zweiseitig im MFM- oder M^2FM-Verfahren beschrieben besitzen eine Speicherkapazität von etwa 315 kByte. Flexible D. eignen sich hervorragend als billige Massenspeicher für Mikrocomputer. [1].   Th

Diskettenlaufwerk *(diskette drive, Floppy-drive)*. Gerät zum Lesen und Schreiben von Daten von und auf die Diskette. Das D. besteht aus einem Antriebsmotor, einer Positionierung, meist als Schrittmotor ausgeführt, einem Lese-Schreib-Kopf (bei doppelseitig beschreibbaren Disketten zwei), einer Sektorerkennung, einer Lese-Schreib-Elektronik zur Verstärkung und Digitalisierung von Daten. Das D. wird von einer Steuereinheit (Floppy-Controller) gesteuert, wobei mehrere Diskettenlaufwerke von einer Steuereinheit gesteuert werden können. [1].   We

diskret *(discrete)*. 1. In der Elektronik werden einzelne Bauelemente, die nicht in einer integrierten Schaltung zusammengefaßt sind, als d. bezeichnet. Eine mit Einzelbauelementen aufgebaute Schaltung bezeichnet man als diskrete Schaltung. [6]. 2. In der Informationsverarbeitung werden voneinander getrennte Signale als d. bezeichnet. Die Eingruppierung analoger Informationen in bestimmte Gruppen (Quantelung) nennt man auch Diskretisierung. [13].   We

Diskriminator *(discriminator)*, Frequenzdiskriminator. Diskriminatoren sind Schaltungen, mit denen sich z. B. Schwingkreise elektronisch auf Mittenfrequenz abstimmen lassen. Die D.-Kurve im Bild läßt erkennen, daß bei Frequenzabweichungen von einer Sollfrequenz am Ausgang des Diskriminators positive oder negative Spannungen anstehen, mit denen schwingfähige Systeme nachgestimmt werden können. Weit verbreitet sind Diskriminatoren zur Demodulation winkelmodulierter Schwingungen, bei denen der Nachrichteninhalt in den Nulldurchgängen steckt. Hierbei wird die Frequenz- oder Phasenänderung der Trägerschwingung vom D. in eine Amplitudenänderung umgesetzt und danach ähnlich wie bei der Amplitudenmodulation zur Rückgewinnung der Nachricht gleichgerichtet. Zur Vermeidung von Amplitudenfehlern müssen den Diskriminatoren entweder Begrenzer vorgeschaltet werden oder der verwendete D.

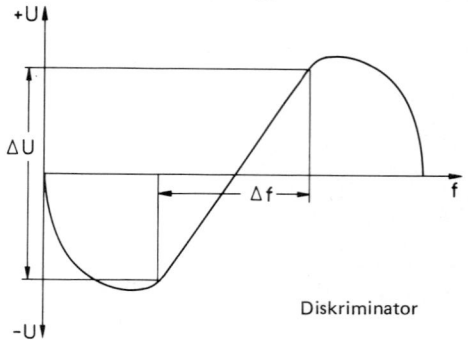

Diskriminator

besitzt selbst begrenzende Eigenschaften. Man unterscheidet: Differenzdiskriminator, Flankendiskriminator, Phasendiskriminator, Verhältnisdiskriminator oder PLL-Diskriminator (PLL, *phase-locked loop*). [12], [13], [14]. Fl

Dispersion *(dispersion)*. In der Physik allgemein die Abhängigkeit der Phasengeschwindigkeit v einer Welle von der Wellenlänge λ (und damit von der Frequenz f). D. tritt bei allen Wellenvorgängen auf. Die Maxwellsche Relation zwischen der Brechzahl n und der Permittivität ϵ : n = $\sqrt{\epsilon}$ (die nicht ohne Einschränkung gilt) erlaubt es, die Dispersionserscheinungen auf die Frequenzabhängigkeit von ϵ zurückzuführen. [5]. Rü

Dispersion, anormale. Bei bestimmten Stoffen wird — meist in der Nähe von Absorptionslinien — eine anormale D. beobachtet, d.h., der normalerweise beobachtete Zusammenhang der Phasengeschwindigkeit v mit der Wellenlänge wird dort umgekehrt. Im Ultrarot- und Ultraviolettbereich findet man bei allen Stoffen Gebiete mit anormaler D. Funk- und Radarwellen zeigen in der Ionosphäre wegen der dort vorhandenen freien Elektronen ebenfalls anormales Dispersionsverhalten. [5]. Rü

Dispersion, normale. Man spricht von einer normalen D., wenn die Phasengeschwindigkeit v einer Welle mit der Wellenlänge λ zunimmt. [5]. Rü

Dispersion, optische *(optical dispersion)*. Am bekanntesten ist die Dispersion des Lichts, die Zerlegung von weißem Licht in die Spektralfarben. Da für die Phasengeschwindigkeit $v = \frac{c_0}{n}$ gilt (c_0 Lichtgeschwindigkeit im Vakuum, n Brechzahl), gehört bei normaler Dispersion zu einer großen Wellenlänge λ (roter Bereich) eine große Phasengeschwindigkeit v und damit eine kleine Brechzahl n; das rote Licht wird durch ein Prisma am wenigsten gebrochen. Der Unterschied der Brechzahlen zwischen rotem und blauem Gebiet ist kleiner als 0,03. Auch in der Elektronenoptik finden sich Dispersionserscheinungen. [5]. Rü

Displacement *(displacement)*. → Offset. We

Display *(display)*, Datensichtgerät, Sichtgerät. Gerät zur Ausgabe von optisch sichtbaren Daten. Als D. werden auch Geräte bezeichnet, die eine Ausgabe von wenigen Bit Informationen über Lampen, LEDs *(light emitting diode)* usw. vornehmen. Meist wird unter D. aber ein Bildschirm zur Ausgabe mehrerer hundert Zeichen (z. B. 480 oder 960 Zeichen) verstanden. Auch die Zusammenstellung von Bildschirmausgabe und Tastatur wird als D. bezeichnet. Eingabe kann am Bildschirm direkt über einen Lichtstift oder durch Berührung bestimmter Zonen auf dem Bildschirm erfolgen. Zur Ausgabe von Daten über die D. werden diese in einen Speicher geschrieben, wobei für jede Bildschirmposition eine Speicherzelle vorgesehen ist (Bildwiederholspeicher). Eine eigene Steuerung ruft die Daten in regelmäßigen Abständen ab, decodiert sie und bildet daraus das Videosignal. Displays, die nicht nur zur Darstellung von Zeichen dienen, sondern durch eine feinere Auflösung die Ausgabe von Zeichnungen, evtl. farbig, gestatten, werden als graphische Displays *(graphic display)* bezeichnet. [1]. We

Dissoziation *(dissociation)*. In der physikalischen Chemie der Zerfall von Molekülen. Begünstigt wird die D. meist durch hohe Temperaturen und niedrigen Druck. Bei Veränderung der äußeren Bedingungen ist die D. rückläufig, es stellt sich ein Dissoziationsgleichgewicht ein. Der Prozentsatz dissoziierter Moleküle wird als Dissoziationsgrad angegeben. [5]. Rü

Dissoziation, elektrolytische *(electrolytic dissoziation)*. Die D. von Molekülen in Lösungen. Durch die elektrolytische D. treten z.T. elektrisch geladene Molekülbestandteile (Ionen) auf, die eine elektrische Leitfähigkeit und eine Erhöhung des osmotischen Drucks bewirken. [5]. Rü

Dissoziationsarbeit *(dissociation energy)*. Die bei der Dissoziation benötigte Energie. [5]. Rü

Diversity *(diversity)*. Verfahren zur Verbesserung der Güte von Übertragungsstrecken im Kurzwellen- und Mikrowellenbereich, bei dem durch Auswahl oder Kombination mehrerer nicht korrelierter Antennensignale Schwunderscheinungen vermindert werden. Nach der Art des Verfahrens werden unterschieden: 1. Antennendiversity *(space-diversity)*, Raumdiversity. Räumlich versetzte Anordnung mehrerer Antennen (Abstand etwa 10 λ). 2. Frequenzdiversity *(frequency diversity)*. Frequenzmäßige Trennung der Übertragungswege. 3. Winkeldiversity *(angle diversity)*. D. bei Streuausbreitung mit Kombinationen von scharf bündelnden Sende- und Empfangsantennen, deren Hauptkeulen jeweils um kleine Winkel gegeneinander versetzt sind und so die Verbindung über verschiedene Streuvolumina ermöglichen. 4. Polarisationsdiversity *(polarization diversity)*. Diversityempfang mit Antennen für verschieden polarisierte Wellen. [14]. Ge

Dividierer *(divider)*. 1. Frequenzdividierer. Schaltung, die eine Frequenz um ein bestimmtes Verhältnis herabsetzt. Der D. ist ein elektronischer Zähler, dessen Zählverhalten durch die Steuersignale bestimmt wird. Teilungsverhältnisse, die keine ganzen Zahlen sind, können durch Rückkopplungen und Ausnutzung von Laufzeiteffekten erreicht werden. [19]. 2. Analogdividierer, Dividierglied, Schaltung zur Division zweier analoger Spannungen, gebildet aus einem Multiplizierer. [4]. 3. Digitaldividierer. Eine Schaltung zur Ausführung der Division im Dualzahlensystem. Der D. wird nicht als reine Verknüpfungsschaltung ausgeführt, sondern die Division durch Ausführung eines rekursiven Algorithmus nach der Trial-and-Error-Methode, wozu eine Ablaufsteuerung und mehrere arithmetische Schaltungen notwendig sind (Bild). [9]. We

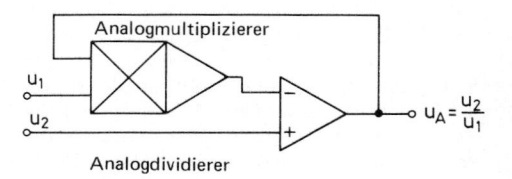

Analogdividierer

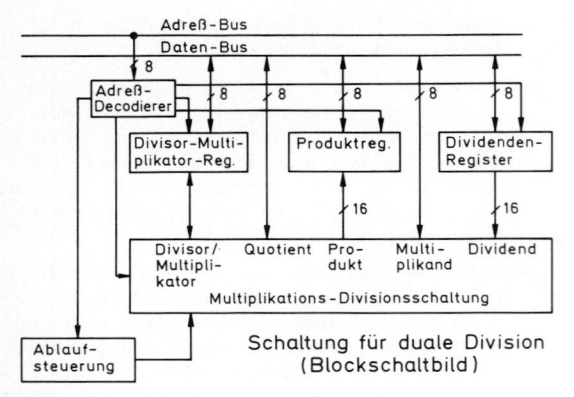

Schaltung für duale Division (Blockschaltbild)

Dividierer

Dividierglied → Dividierer. We

DMA *(direct memory access)* → Direktspeicherzugriff. We

DME-System *(distance-measuring equipment system)*. System zum Messen von Entfernungen, besonders in der Luftfahrt, auf RADAR beruhend. [12]. We

DMM → Digitalmultimeter. Fl

DMOS *(double diffused MOS)*. Herstellungsprozeß in MOS-Technik, bei dem eine zweistufige Diffusion von Dotierungsatomen mit Hilfe einer Photomaske vorgenommen wird. Der kurze Kanal entsteht durch die verschieden weit vordringende laterale Diffusion der Dotierungsatome (Bild). Da die Grenzfrequenz eines MOS-Bauelements durch die Kanallänge bestimmt ist, sind DMOS-Transistoren sehr schnell. [4]. Ne

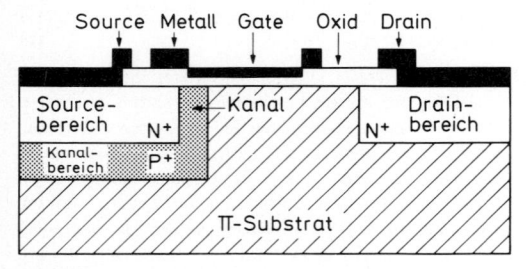

Struktur von DMOS

DMS → Dehnmeßstreifen. Fl

DMS-Verstärker → Dehnmeßstreifenverstärker. Fl

Dolby *(Dolby stretcher)*. Verfahren zur Verbesserung des Rauschabstandes bei Tonbandaufnahmen. Es ermöglicht es, bei Kassettenrecordern Hi-Fi-Qualität nach DIN 45 500 zu erreichen. Man unterscheidet Dolby A, ein aufwendiges System, das vorwiegend in der Studiotechnik Anwendung findet und Dolby B, das einfachere System, das vorwiegend bei Kassettenrecordern verwendet wird. Beide Systeme führen eine Kompandierung bei Aufnahme und Wiedergabe durch, d.h. eine amplitudenabhängige Regelung des Verstärkungsfaktors. Dabei werden schwache Signale — vorwiegend bei höheren Frequenzen — bei der Aufnahme stärker verstärkt. [13]. Li

Domäne *(domain)*. Ein in sich ferngeordneter Bereich in einem Kristall. Die zwischen verschiedenen Domänen eines Kristalls bestehenden Grenzflächen gehören zu den Kristallfehlern. Sie spielen bei der Untersuchung der Gleitvorgänge in Legierungen und metallischen Verbindungen eine große Rolle. [7]. Bl

Donator *(donor)*. Störstelle (atomarer Gitterfehler oder Fremdatom), die durch Abgabe eines Elektrons vom neutralen in den positiv geladenen (bzw. durch Aufnahme eines Elektrons von positiv geladenen in den neutralen) Zustand übergehen kann (DIN 41 852). Typische Donatoren für vierwertige Halbleiter sind die fünfwertigen chemischen Elemente Antimon, Arsen und Phosphor. [7]. Bl

DOPOS *(doped polysilicon diffusion)*. Spezielles Emitterdiffusionsverfahren, bei dem hochdotiertes polykristallines Silicium auf der Halbleiteroberfläche als Diffusionsquelle für die Emitterdiffusion dient. [4]. Ne

Doppelamplitudenmodulation *(double (dual) amplitude modulation)*. Um den Aufwand an Filtern in wirtschaftlich tragbarem Rahmen zu halten, wird bei Trägerfrequenzsystemen größerer Kanalzahl eine zwei- oder mehrstufige Umsetzung des niederfrequenten Gesprächsbandes in die endgültige Übertragungs-Frequenzlage vorgenommen. Anwendung findet diese Methode in der Fernsprechtechnik. [14]. Th

Doppelbasisdiode → Unijunction-Transistor. Ne

Doppelbasistransistor → Unijunction-Transistor. We

Doppelbrechung *(double refraction)*. Eigenschaft einiger nichtregulärer Kristalle (z. B. Kalkspat, $CaCO_3$) einen Lichtstrahl in zwei zueinander senkrecht polarisierte Teilstrahlen — den ordentlichen und den außerordentlichen Strahl — aufzuspalten. Nur der ordentliche Strahl folgt dem normalen Brechungsgesetz. Wegen der verschiedenen Brechungseigenschaften lassen sich ordentlicher und außerordentlicher Strahl in doppelbrechenden kristallinen Stoffen trennen; sie dienen der Erzeugung polarisierten Lichts. Bestimmte nichtkristalline Stoffe können durch mechanische Spannungen, durch elektrische (→ Kerr-Effekt) oder magnetische (→ Cotton-Mouton-Effekt) Felder doppelbrechend werden. [5]. Rü

Doppelbrücke → Thomson-Meßbrücke. Fl

Doppelgegentaktmodulator *(double-balanced modulator)*. Der D. hat sein Hauptanwendungsgebiet in der Einseitenbandübertragung. Der Vorteil dieses Modulators ist, daß am Ausgang nur die beiden Seitenbänder anstehen. Die Trägerfrequenz wird unterdrückt. Das gewünschte Seitenband wird entweder mit einem steilflankigen Filter oder nach der Phasenmethode selektiert. [13], [14]. Th

Doppelintegrationsverfahren *(double integration method)*. Verfahren zur Digitalmessung von Spannungen nach dem Prinzip des Dual-Slope-Verfahrens. Bei Verwendung des gleichen Taktgenerators zur Erzeugung der Integrationszeit und zur Messung der Entladezeit kann sich eine Frequenzänderung des Taktgenerators nicht als ein Meßfehler bemerkbar machen. [12]. We

Doppelintegrator → Zweifachintegrator. Fl

Doppelleiter *(twin wire)*. Ein Kabel, das aus zwei parallelliegenden gegeneinander isolierten Leitern mit gemeinsamer Umhüllung besteht. [14]. Rü

Doppelleitung *(two-wire line)*. Eine elektrische Leitung, die aus Hin- und Rückleiter besteht. Als wesentliche Bauformen kennt man in der symmetrischen Ausführung (ungeschirmt) die Freileitung, in der unsymmetrischen Ausführung die Koaxialleitung, deren Außenleiter gleichzeitig Rückleiter ist. Weiterhin gibt es die aus drei Leitern aufgebaute abgeschirmte D. [14]. Rü

Doppelmeßbrücke → Thomson-Meßbrücke. Fl

Doppelnormierung → Normierung. Rü

Doppelspulmeßwerk *(double coil mechanism)*. Das D. ist ein dynamometrisches Meßwerk (→ Dynamometer), bei dem eine Spule — die Richtspule — mit einer Drossel als frequenzabhängiges Bauelement zur Erzeugung einer Richtkraft überbrückt wird. In Abhängigkeit des Ausschlagwinkels der Drehspule wird in der Richtspule im homogenen Magnetfeld des Luftspaltes eine Spannung induziert. Der über Spule und Drossel fließende Strom bestimmt die Richtkraft. In Mittellage verschwindet die induzierte Spannung und damit auch das Drehmoment. In beiden Richtungen um die Mittellage besitzt das Drehmoment gleiche Beträge, weil die induzierte Spannung beim Durchlaufen der Mittellage einen Phasensprung von 180° durchführt, womit eine Umkehr der Wirkungsrichtung verbunden ist. Doppelspulmeßwerke werden als Zeigerfrequenzmesser und als Widerstandsmesser eingesetzt. [12]. Fl

Doppelsternschaltung *(double star connection)* → Saugdrosselschaltung. Ku

Doppel-T-Filter *(twin-T-filter)*, Notch-Filter. Ein Doppel-T-Glied in einer speziellen Beschaltung (Bild). Der Leerlaufübertragungsfaktor

$$A_{uL} = \frac{1 - \Omega^2}{(1 - \Omega^2) - 4j\Omega} \quad \text{mit } \Omega = \frac{\omega}{\omega_0} \text{ und}$$

$$\omega_0 = 2\pi f_0 = \frac{1}{RC}$$

Doppel-T-Filter

der Schaltung zeigt das Verhalten eines schmalbandigen Bandsperren-Filters, denn für die Frequenz

$f_0 = \frac{1}{2\pi RC}$ ($\Omega = 1$) wird $A_{uL} = 0$;

die Dämpfung also unendlich. Die an dieser Frequenzstelle auftretende scharfe „Dämpfungskerbe" wird oft bei Klirrfaktormeßbrücken zur Unterdrückung der Grundschwingung ausgenutzt. Weitere praktische Anwendungen des Doppel-T-Filters findet man als Koppelnetzwerk bei aktiven Filtern und in Oszillatorschaltungen. [15]. Rü

Doppel-T-Glied *(twin-T-network)*. Ein in der Nachrichtentechnik häufig verwendeter Vierpol, der durch Parallelschaltung von zwei T-Gliedern (→ Vierpolzusammenschaltung) entsteht (Bild). Eingesetzt wird meist die struktursymmetrische Form mit

$R_1 = R_3$; $R_1' = R_3'$.

[15]. Rü

Allgemeines Doppel-T-Glied

Doppelweggleichrichtung *(double-way rectifying)* → Zweiweggleichrichtung. Ku

Dopplereffekt *(Doppler effect)*. Bewegen sich eine Schallquelle und ein Beobachter relativ zueinander, so mißt der Beobachter eine veränderte Frequenz. Dies führt zu einer scheinbaren Frequenzüberhöhung bei Annäherung und zu einer scheinbaren Frequenzerniedrigung bei Entfernung der Schallquelle vom Beobachter. Dies gilt für alle Wellenarten. Bewegt sich z. B. der Beobachter von der Lichtquelle mit der Geschwindigkeit v weg, so wird die ausgesandte Frequenz f_0 geändert in $f_0 = f \cdot (1 - \frac{v}{c})$ worin c die Lichtgeschwindigkeit ist. [5]. Bl

Dopplerpeiler → Funkpeilung. Ge

Dopplerradar → Radar. Ge

Doppler-VOR-Verfahren → Funknavigation. Ge

DOS *(disk operating system)*, Plattenbetriebssystem. Betriebssystem, das auf Magnetplattenspeicher gespeichert ist. Nur der Kern des Betriebssystems ist im Hauptspeicher resident, andere Teile werden nur bei Bedarf in den Hauptspeicher geladen. DOS gestattet es, auch bei kleinem Hauptspeicher komfortable Betriebssysteme zu verwenden; durch die Ladevorgänge entsteht aber ein Zeitverlust.

Bei Verwendung von Disketten zur Speicherung des Betriebssystems wird dieses auch als FOS *(floppy operating system)* bezeichnet.
[1]. We

Dotieren *(doping)*. Hierunter versteht man den kontrollierten Einbau von Fremdatomen, d.h. Akzeptor- oder Donatoratome, in Halbleitern. Auch der Einbau von Phosphoratomen zur Lumineszenz wird als D. bezeichnet. [7]. Bl

Dotierung → Dotieren. Bl

Dotierungsprofil *(impurity concentration profile)*. Darstellung des Konzentrationsverlaufes (Atome/cm^3) in Abhängigkeit der örtlichen Verteilung (Dotierungsverlauf) in einem Halbleiter. [7]. Ne

Dotierungsverfahren *(doping technique)*. Beim Dotieren kennt man: 1. Das Diffusionsverfahren *(diffusion process)*, bei dem Dotierungsatome infolge ihrer thermischen Energie in den Halbleiterkristall eindringen. 2. Die Ionenimplantation *(ion implantation)*, bei der ionisierte Dotierungsatome in einem elektrischen Feld beschleunigt werden und mit hoher Energie in den Halbleiterkristall eindringen. Die Ionenimplantation läßt eine genaue und gleichmäßige Dotierung zu. Nachteil: Die Eindringtiefe der ionisierten Dotierungsatome ist gering. 3. Das Legierungsverfahren bei dem Dotierungsverfahren *(alloying)*, bei dem sich Dotierungselemente, die sich auf der Substratoberfläche befinden, durch Wärmeeinwirkung in dem Halbleiter auflösen. Hierbei werden die Dotierungsatome in das Halbleiterkristallgitter eingebaut (→ Bild Legierungstechnik). [7]. Ne

Dot-Matrix → Punktmatrix. Li

Double Density *(double density)*. Übersetzung: Doppelte Dichte. Es handelt sich um einen Begriff aus der Datenaufzeichnungstechnik auf flexible Disks. D. ist auch unter den Begriffen MFM und M^{2}FM bekannt. Das Aufzeichnungsverfahren ist selbsttaktend und hat den Vorteil, daß bei gleicher Aufzeichnungsdichte (Flußwechsel je Millimeter Spurlänge) wie beim Single Density (Einfache Dichte)-Verfahren die doppelte Speicherkapazität erreicht wird. Allerdings werden beim D.-Verfahren wesentlich höhere Anforderungen an das Disk-Laufwerk und die flexible Disk selbst gestellt, um die gleiche Betriebssicherheit wie beim Single Density-Verfahren zu erreichen. [1]. Th

Drahtdrehwiderstand → Drehwiderstand. Ge

Drahtpotentiometer → Drehwiderstand. Ge

Drahtschiebewiderstand → Schiebewiderstand. Ge

Drahtspeicher *(plated wire memory)*, Magnetdrahtspeicher. Nichtflüchtiger Speicher, dessen Speichermedium ein mit einer dünnen ferromagnetischen Schicht plattierter Kupfer-Beryllium-Draht von etwa 0,1 mm Durchmesser ist. Die magnetisierbaren Drähte (Bitdrähte) sind gitterförmig parallel angeordnet. Senkrecht dazu verlaufen die Wortdrähte, auf die jeweils der Schreib- und Leseimpuls für ein Wort gegeben wird. Die Speicherstellen befinden sich an den Kreuzungsstellen von Bit- und Wortdrähten. [1], [2]. Li

Drahtwickeltechnik *(wire wrap)*. Bedingt lösbare Verbindung, bei der die Verbindung durch Wickeln eines absolierten Massivdrahtes um einen vierkantigen Stift hergestellt wird. Das Wickeln erfolgt unter Zugspannung, wodurch sich der Draht an den vier Kanten des Stiftes durch Kaltfluß verformt. Zur Erzielung und Beibehaltung des Kontaktdruckes werden an die Eigenschaften der Werkstoffe von Stift und Draht bestimmte Anforderungen gestellt. Die D. kann von Hand, halb- oder vollautomatisch durchgeführt werden. Weiterhin stehen speziell für die D. geeignete Wickelbauelemente (Kontaktstifte, Steckverbinder, Sockel) zur Verfügung. Verbindungen in D. sind sowohl kostenmäßig als auch in bezug auf die Zuverlässigkeit Lötverbindungen überlegen. [4]. Ge

Drahtwiderstand *(wirewound resistor)*. Der D. besteht aus einem Tragkörper aus Keramikrohr, auf den meist einlagig Draht mit hohem spezifischem Widerstand gewickelt ist. Zum Schutz gegen mechanische Beschädigung kann der D. mit einer Emailleschicht überzogen werden. Im Betrieb wirkt sich die relativ große Eigeninduktivität in Verbindung mit der Wicklungskapazität ungünstig aus. Durch bifilare Wicklung kann die Eigeninduktivität verringert werden. Drahtwiderstände können für sehr hohe Belastungen (200 W) und mit engen Toleranzen gefertigt werden. Leistungs-Drahtwiderstände werden bis etwa 200 kΩ, Meßwiderstände bis 1 MΩ ausgeliefert. [4]. Ge

Drain *(drain)*. Häufig verwendete Abkürzung für „Drainanschluß", „Drainelektrode" oder „Drainzone". Das Wort „Drain" allein sollte als Abkürzung für diese Begriffe nur dann benutzt werden, wenn Mißverständnisse ausgeschlossen sind (DIN 41 858). [6]. Ne

Drain-Gate-Durchbruchspannung *(drain-gate breakdown voltage)*. Spannung zwischen Gate- und Drainanschluß (bei offenem Source-Anschluß), bei der es im Feldeffekttransistor zum Gate-Kanal-Durchbruch kommt. [6]. Ne

Drainschaltung *(common drain connection)*, Sourcefolger. Transistorgrundschaltung bei Feldeffekttransistoren (vergleichbar mit der Kollektorschaltung bei Bipolartransistoren), bei der die Drain-Elektrode gemeinsame Bezugselektrode für Ein- und Ausgang der Schaltung ist (Bild). Eigenschaften: Spannungsverstärkung ungefähr 1, sehr großer Eingangswiderstand (10^6 Ω bis 10^{16} Ω), kleiner Ausgangswiderstand (10^1 Ω bis 10^3 Ω). Anwendung: Impedanzwandler. [6]. Li

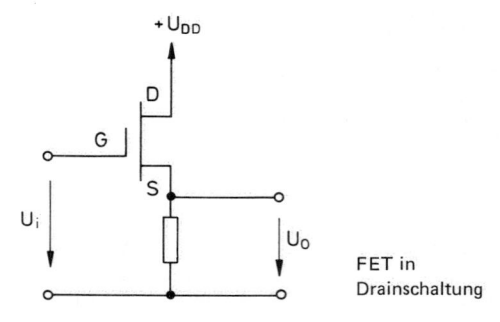

FET in Drainschaltung

Drain-Source-Durchbruchspannung *(drain-source-breakdown voltage)*. Spannung zwischen Drain- und Sourceanschluß (Gate-Sourceanschluß kurzgeschlossen), bei der es im Feldeffekttransistor zum Gate-Kanal-Durchbruch kommt. [6]. Ne

Drain-Source-Spannung *(drain-source voltage)*. Spannung zwischen Drainanschluß und Sourceanschluß (DIN 41858). [6]. Li

Drainstrom *(drain current)*. Strom, der über den Drainanschluß fließt (DIN 41 858). Li

D-Regler *(D-controller)* → Regler, elektronischer. Ku

Dreheiseninstrument *(moving-iron instrument)*, Weicheiseninstrument. Das D. beruht auf der abstoßenden Kraftwirkung zweier gleichsinnig magnetisierter Weicheisenbleche, die sich innerhalb einer vom Meßstrom durchflossenen Spule befinden (Bild). Während das feste Blech mit dem Spulenkörper verbunden ist, befindet sich in Spulenmitte das bewegliche Blech auf der Zeigerachse, an deren Ende der Zeiger und die Rückstellfeder befestigt sind. Das von der Meßgröße verursachte Drehmoment M wird bestimmt über

$$M = \frac{J^2}{2} \cdot \frac{dL}{d\gamma},$$

wobei L Induktivität der Feldspule, J Meßstrom in der Feldspule, γ Drehwinkel des beweglichen Organs ist.

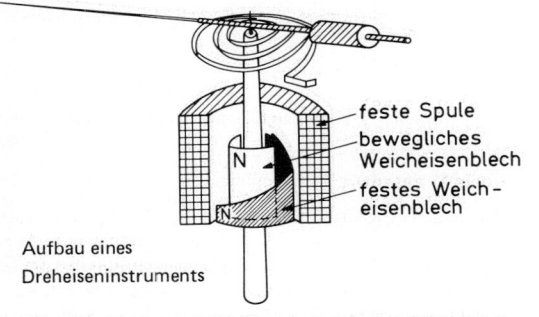

Aufbau eines Dreheiseninstruments

Da das Drehmoment quadratisch vom Meßstrom abhängt, zeigt das D. den Effektivwert direkt an. Der Skalenverlauf läßt sich durch geeignete Formgebung der Eisenbleche beeinflussen. Das D. wird als Flachspulinstrument und als Rundspulinstrument hergestellt. Gleich- und Wechselstrommessungen sind möglich. Abhängig von der Ausführungsform läßt es sich bis zum Kilohertz-Bereich einsetzen. [12]. Fl

Drehfederkonstante → Winkelrichtgröße. Fl

Drehfeld *(rotating field)*. Unter einem D. versteht man bei elektrischen Maschinen eine im Luftspalt zwischen Stator und Rotor entlang dem Umfang sinusförmig verteilte magnetische Induktion, die sich zeitlich gesehen entlang dem Umfang bewegt. Die Wellenlänge dieser Feldwelle geht ganzzahlig in der Länge des Umfanges auf (Polpaarzahl p). Am einfachsten läßt sich ein D. durch einen umlaufenden Dauer- oder Elektromagneten erzeugen (Polrad der Synchronmaschine). Es kann aber auch durch in räumlich gegeneinander versetzte Wicklungen (m > 1) erzeugt werden, in die m entsprechend phasenverschobene sinusförmige Ströme eingespeist werden. [3]. Ku

Drehfeld, elliptisches *(elliptical rotating field)*. Addiert man zwei gegensinnig umlaufende Drehfelder unterschiedlicher Amplitude, ergibt sich als resultierendes Magnetfeld ein Drehfeld, bei dem die Spitze des Feldvektors eine Ellipse beschreibt. Ku

Drehfeldmaschine *(polyphase machine)*, Drehstrommaschine. Man unterscheidet zwei Arten von Drehstrommaschinen, die Asynchronmaschine und die Synchronmaschine. [3]. Ku

Drehfeldsystem → Wechselstromdrehmelder. Fl

Drehimpuls *(angular momentum)*. Der D. ist in der klassischen Mechanik für ein Objekt im Abstand **r** mit dem Impuls **p** gegeben als **I** = (**r** × **p**). In der Quantenmechanik wird der D. durch einen Operator dargestellt. Man erhält als Eigenwert die D-Quantenzahl, z. B. für die Bahnbewegung der Elektronen die Bahndrehimpulsquantenzahl und für den Spin die Spinquantenzahl. [5]. Bl

Drehimpulserhaltungssatz → Impulserhaltung. Bl

Drehkondensator → Kondensator, variabler. Ge

Drehkreuzantenne *(turnstile)*, Drehkreuzstrahler, Kreuzdipol, Kreuzdipolantenne, Quirlantenne, Turnstile-Antenne. Die D. besteht aus zwei aufeinander senkrecht stehenden horizontalen Halbwellendipolen, die mit Strömen gleicher Amplitude und einer Phasendifferenz von 90° eingespeist sind. Die D. ermöglicht in der Horizontalebene horizontal polarisierte Rundstrahlung. In der Vertikalebene entsteht stark gebündelte, elliptisch polarisierte Strahlung. Werden anstelle der Halbwellendipole Schmetterlingsantennen zu einer D. zusammengeschaltet, erhält man die Super-Turnstile-Antenne *(super turnstile)*. In mehreren Stufen übereinander angeordnet, stellt die Super-Turnstile-Antenne eine sehr gebräuchliche Fernsehrundstrahlantenne dar. [14]. Ge

Drehkreuzstrahler → Drehkreuzantenne. Ge

Drehkupplung → Hohlleiterübergänge. Ge

Drehmagnetgalvanometer *(moving-magnet galvanometer)*, Drehmagnet-Vibrationsgalvanometer *(moving-magnet vibration galvanometer)*. D. sind nach dem Prinzip des Drehmagnetmeßwerks aufgebaut, arbeiten aber nur mit Wechselstromgrößen. Eine zwischen zwei Spannbändern aufgehängte Magnetnadel wird über eine Meßstromspule vom durchfließenden Wechselstrom zum Schwingen angeregt. Die Empfindlichkeit des Drehmagnetgalvanometers ist von der Eigenfrequenz der Magnetnadel und der Frequenz des Meßstroms abhängig. Die D. werden als empfindliche Nullanzeigegeräte für wechselstromgespeiste Meßbrücken und Kompensatoren eingesetzt. Meist läßt sich die Magnetnadel austauschen, so daß sich durch verschiedene Einsätze Resonanzfrequenzen von 15 Hz bis 1000 Hz überstreichen lassen (→ Vibrationsmeßwerk). D. sind mit einer Lichtzeigereinrichtung versehen, wodurch eine hohe Empfindlichkeit erhalten wird. [12]. Fl

Drehmagnetmeßwerk *(moving-magnet mechanism)*. Das D. als ältestes elektromagnetisches Meßwerk besitzt eine oder mehrere feststehende, vom Meßstrom durchflossene Spulen. Das System benötigt weder Richtkraftspiralfedern noch eine Stromzuführung zu beweglichen Teilen. Innerhalb der Spule liegt auf einer Achse, an der ein Zeiger befestigt ist, ein scheibenförmiger Drehmagnet. Außerhalb der Spule ist auf der Zeigerachse ein fester

Drehmagnetquotientenmesser

1 Feldspule
2 Drehmagnet
3 Luftdämpfung
4 Fremdfeldabschirmung
5 Richtmagnet
6 magnetischer Nebenschluß

Prinzip des Drehmagnetmeßwerks

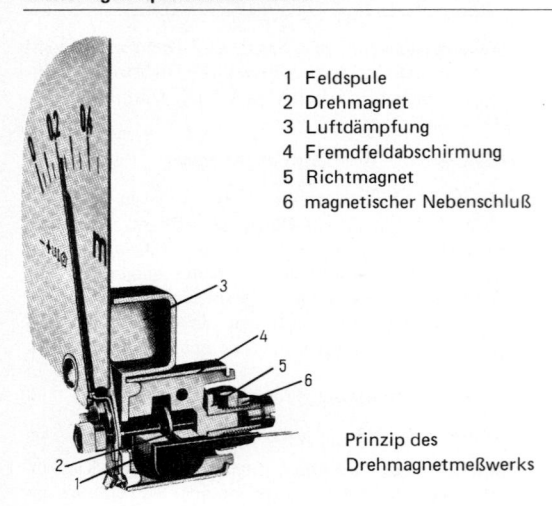

Magnet angebracht, der ein konstantes äußeres Feld erzeugt und damit eine Richtkraft bewirkt. Der Zeigerausschlag ist von der Stellung des Drehmagneten abhängig, die von der Richtung der Resultierenden aus dem Spulenfeld und des Richtmagneten bestimmt wird. Das D. ist nur für Gleichstrommessungen geeignet; es besitzt einen hohen Eigenverbrauch und wird vielfach als schnellschwingendes Registriermeßwerk über Verstärker angesteuert in registrierenden Meßgeräten eingesetzt. [12].
Fl

Drehmagnetquotientenmesser *(moving-magnet ratio meter)*. Der D. ist eine Sonderform des Drehmagnetmeßwerks. Beim D. wirken zwei Feldspulen auf einen Drehmagneten, weswegen sie sich als Quotientenmesser verwenden lassen. Aufgrund ihrer Robustheit werden sie in Fahrzeugen zur Fernanzeige eingesetzt. [12]. Fl

Drehmagnetvibrationsgalvanometer → Drehmagnetgalvanometer. Fl

Drehmelder *(synchro, resolver)*. D. dienen zur Messung und Übertragung von Winkeln und zur Koordinatentransformation von vektoriellen Größen. Sie ähneln in ihrem Aufbau kleinen Drehfeldmaschinen. Das Synchro (S.) ist ein D., der im Stator eine dreiphasige und im Rotor eine einphasige Wicklung trägt. Zur Winkelübertragung

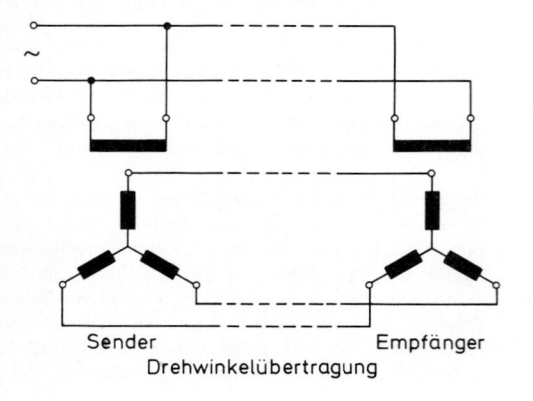

Sender   Empfänger
Drehwinkelübertragung

(Bild) werden zwei Synchros (Sender und Empfänger) wie im Bild angegeben verbunden, wobei die Rotoren (gegensinnig) an der gleichen Wechselspannung liegen. Bei Drehung des Senders folgt der Empfänger um den gleichen Drehwinkel. Bei Winkelmessungen werden die Spannungen des Senders verarbeitet, deren Werte von der Winkelstellung des Rotors abhängen. Der Resolver (R.) ist ein D., der im Stator und Rotor je zwei um 90° versetzte Wicklungen besitzt. Er kann wie ein S. verwendet werden, darüber hinaus auch bei Koordinatentransformationen, z. B. zur Umwandlung von Polar- in karthesische Koordinaten. [3]. Ku

Drehmoment *(torque)*, (Zeichen M). Das D. ist das Vektorprodukt aus dem Abstandsvektor **r** zu einer Drehachse 0 und der Kraft **F** in Bezug auf die Drehachse:

$$M = r \times F.$$

F ist die am Körper angreifende Kraft und **r** der kürzeste Abstandsvektor, der von der Drehachse zum Angriffspunkt der Kraft zeigt. In SI-Einheiten ist die Einheit des Drehmoments:

$$1 \text{ Nm} = 1 \text{ J} = 1 \frac{\text{kg m}^2}{\text{s}^2}$$

(N Newton, J Joule) und damit gleich der Einheit der Arbeit. [5]. Rü

Drehrahmenpeiler → Funkpeilung. Ge

Drehschalter *(rotary selector switch)*, Stufendrehschalter. Schalter, dessen Kontakte über eine Drehachse betätigt werden. Üblich sind Mehrebenenanordnungen in offener oder gekapselter Ausführung in einer Vielzahl von Kontaktanordnungen. Die Kontaktgabe kann nur in der durch die Drehung der Achse vorgegebenen Reihenfolge geschehen. [4]. Ge

Drehspulgalvanometer *(moving-coil galvanometer)*. (Bild → Drehspulmeßwerk). Das D. besitzt ein Drehspulmeßwerk höchster Empfindlichkeit, bei dem vielfach eine gesonderte Kalibrierung für den Einzelfall vorgenommen werden muß. Nach der Art der Ablesung lassen sich Zeiger-, Spiegel- und Lichtmarkengalvanometer unterscheiden. Beim D. befindet sich eine freigewickelte Drehspule im Felde eines Dauermagneten, die entweder spitzengelagert, spannbandgelagert oder bandgelagert ist; die Dämpfung erfolgt durch die Spule selbst. Beim bandgelagerten Typ hängt die Drehspule frei an einem Metallband, wodurch höchste Meßempfindlichkeit erzielt wird. Die Lage des Geräts muß genau einjustiert werden. Zur Vermeidung von Transportschäden muß die Drehspule arretiert werden. [12]. Fl

Drehspulgalvanometer, ballistisches *(ballistic moving-coil galvanometer)*, Stromstoßgalvanometer. Das ballistische D. ist wie ein Drehspulgalvanometer aufgebaut und zählt zu den ballistischen Meßgeräten. Es werden Strom- oder Spannungsstöße über die Elektrizitätsmenge $Q = \int i \cdot dt$ gemessen. Die Ladungsmenge des Stromimpulses wird zunächst in der Drehspule aufaddiert, d.h., erst nach abgeklungenem Impuls beginnt sich die Spule zu drehen. Die erste Schwingungsweite ist der ballistische Ausschlag ζ_b. Er ist über eine Gerätekonstante C_b proportional dem Arbeitsvermögen der Elektrizitätsmenge $Q = \int i \cdot dt = C_b \cdot \xi_b$. Zur kurvenformunabhängigen Messung muß der Impuls kurzzeitig sein. [12]. Fl

Drehspulmeßwerk *(moving-coil mechanism)*. Beim D. befindet sich im homogenen Feld eines Dauermagneten eine drehbar gelagerte Spule, die vom Meßstrom durchflossen wird. An der Drehspule ist ein Zeiger befestigt. Als Stromzuführung zur Spule dienen zwei das Richtmoment erzeugende Spiralfedern (Bild) Meist ist die Spule auf ein Aluminiumrähmchen gewickelt, in dem bei Drehung der Spule Wirbelströme entstehen, die eine Dämpfung des Zeigerausschlags bewirken. Auf die Drehspule wirkt ein Drehmoment M: $M = B \cdot I \cdot w \cdot A$, wobei **B** Luftspaltinduktion, I Meßstrom in der Spule, w Windungszahl der Spule, A Wirkfläche der Spule ist. Das D. ist zur Messung von Gleichströmen geeignet und besitzt bei geringem Eigenverbrauch die geringste Meßungenauigkeit, die sich mit analog anzeigenden Meßwerken erreichen läßt. Mit einem Kernmagnetmeßwerk, bei dem ein Dauermagnet im Inneren der Spule untergebracht ist, lassen sich besonders kompakte Anordnungen erzielen.

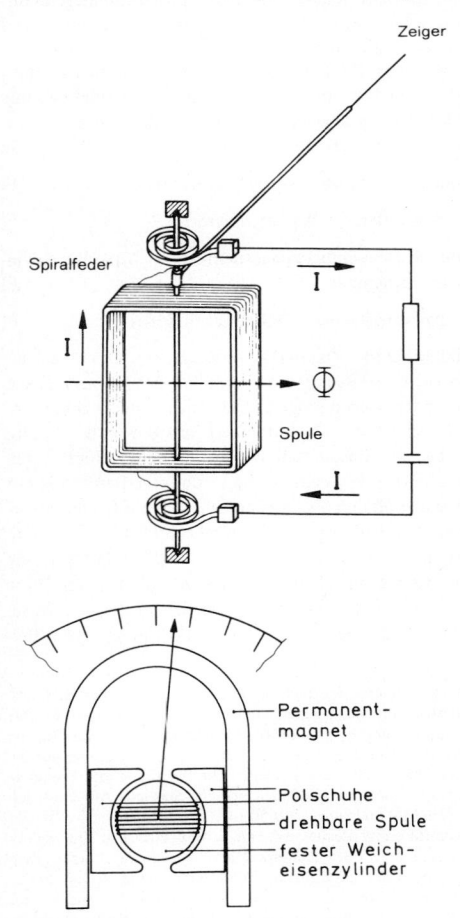

Prinzip eines Drehspulmeßwerks

Weitere Bauformen des Drehspulmeßwerkes sind Drehspulgalvanometer, Drehspulquotientenmesser. [12]. Fl

Drehspulquotientenmesser *(moving-coil ratiometer)*. Beim D. dreht sich im Luftspalt eines Drehspulmeßwerks eine Kreuzspule (→ Kreuzspulmeßwerk, → Quotientenmeßwerk), wodurch das Verhältnis zweier Ströme gemessen wird. Die Kreuzspule befindet sich im inhomogenen Magnetfeld, damit der Zeigerausschlag abhängig vom Drehmoment der Kreuzspule wird. Dies läßt sich entweder durch ein Kernmagnetmeßwerk oder durch Aufbau des Dauermagneten mit einer Polschuhberandung, die nicht kreiszylindrisch verläuft, erreichen. Eine der beiden Spulen dient als Meßspule, die andere als Rückstellspule. D. werden häufig als Widerstandsmesser und als Leistungsfaktormesser ausgeführt. [12]. Fl

Drehstrom *(three-phase current)*. D. kennzeichnet die Übertragung elektrischer Energie im symmetrischen Dreiphasensystem, dessen Phasenspannungen um 120° gegeneinander verschoben sind. Dafür sind statt 6 nur 3 Leiter erforderlich, da die drei Einzelströme sich in jedem Augenblick zu Null ergänzen. [3]. Ku

Drehstrombrückenschaltung *(three-phase bridge)*. (Bild → Brückengleichrichter). Die D. ist eine Brückenschaltung mit drei Ventilzweigpaaren. Durch den Einsatz steuerbarer Ventile (Thyristoren) kann die Ausgangsspannung U_d durch Phasenschnittsteuerung bei der halbgesteuerten D. (n_1, n_3, n_5 Thyristoren, n_2, n_4, n_6 Dioden) zwischen U_{do} und ≈ 0 und bei der vollgesteuerten D. (n_1 .... n_6 Thyristoren) zwischen $+ U_{do}$ und nahezu $- U_{do}$ über den Steuerwinkel α verstellt werden. Dabei gelten die Beziehungen $U_d = U_{do} \cos^2(\alpha/2)$ bei der halbgesteuerten D. und $U_d = U_{do} \cos \alpha$ bei der vollgesteuerten D. unter der Voraussetzung, daß der Strom im Gleichstromkreis nicht lückt (→ Lückbetrieb). [11]. Ku

Drehstromgenerator *(three-phase generator)*. Bei der Erzeugung von Drehstromsystemen kommen vorwiegend Drehstrom-Synchronmaschinen (insbesondere Turbogeneratoren, deren Polräder als Vollpolläufer ausgeführt sind) zum Einsatz. Synchrongeneratoren können neben Wirkleistung auch Blindleistung an das zu speisende Netz abgeben. Im Gegensatz dazu steht der Asynchrongenerator, der eine übersynchron (s < 0, → Schlupf) angetriebene Asynchronmaschine ist. Dieser D. kann ohne weitere Hilfsmittel nur in vorhandene Drehstromnetze einspeisen, die das zur Funktion notwendige Drehfeld in der Maschine erzeugen. [11]. Ku

Drehstromgleichrichter *(three-phase rectifier)*. Dreiphasiger Stromrichter mit ungesteuerten Stromrichterventilen (→ Brückengleichrichter). [11]. Ku

Drehstromleitung *(three-phase line)*. (Bild → Dreiphasensystem, symmetrisches). Drehstromleitungen dienen der Übertragung und Verteilung von Drehströmen. Man unterscheidet zwischen Freileitungen und Erdkabeln. Zur Energieübertragung sind i.a. nur drei Leiter erforderlich. [11]. Ku

Drehstrommaschine *(three-phase machine)* → Drehfeldmaschine. Ku

Drehstromnetz *(three-phase network)* → Dreiphasennetz. Ku

Drehstromschalter *(three-phase switch).* Mehrpoliger Schalter, der dem Zu- bzw. Abschalten von Verbrauchern dient, die aus einem Drehstromnetz gespeist werden (→ auch Leistungsschalter). [11]. Ku

Drehstromsteller *(three-phase a.c. controller).* Der D. ist ein dreiphasiger Wechselstromumrichter zum Anschluß an ein Drehstromsystem. Er dient zur stetigen Verstellung der abgegebenen dreiphasigen Wechselspannung, wobei die Frequenz der Ausgangsspannung (Grundschwingung) gleich der Eingangsfrequenz ist. Der D. besteht aus drei Wechselstromstellern, wobei die Steuerkennlinie auch noch davon abhängig ist, ob eine Sternpunktverbindung zwischen Last und Netz vorliegt oder nicht (Bild). Ku

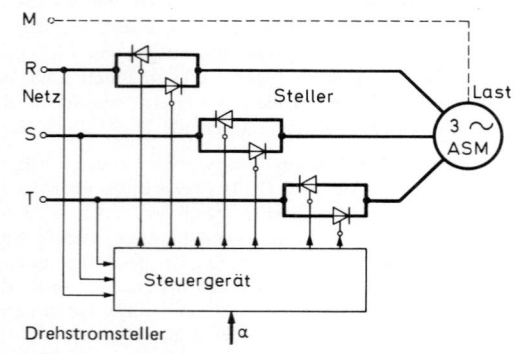

Drehstromtransformator *(three-phase-transformer)* → Transformator. Ku

Drehstromzähler *(three-phase current integrator).* Der D. ist ein Wechselstromzähler mit Induktionsmeßwerk, bei dem zwei oder drei Triebwerke auf ein bis drei Läuferscheiben gemeinsam wirken. Er ist so aufgebaut, daß sich die Drehmomente addieren und die gesamte Drehstromarbeit im Drehstromnetz angezeigt wird. [12]. Fl

Drehtransformator *(phase transformer).* Drehtransformatoren sind Drehfeldtransformatoren, die in ihrem Aufbau festgebremsten Asynchron-Schleifringläufermaschinen entsprechen. Die Statorklemmen sind der Eingang und die Schleifringe des Läufers der Ausgang des Drehtransformators. Legt man an den Eingang ein Drehstromsystem, so erhält man am Ausgang ebenfalls ein Drehstromsystem, dessen Phasenlage zum Eingangssystem von der Läuferstellung abhängig ist. Ein selbsthemmendes Getriebe sorgt dafür, daß beim Betrieb auftretende Drehmomente den Läufer nicht bewegen können, aber der Läufer von außen verstellt werden kann. Damit kann jede Phasenlage zwischen Primär- und Sekundärsystem eingestellt werden. [11]. Ku

Drehwiderstand *(rotatable resistor, variable resistor),* Potentiometer. Veränderbarer Widerstand, dessen Widerstandselement längs einer Kreisbahn auf einem Träger aus Hartpapier oder Keramik angeordnet ist. Mit der Drehachse kann die isolierte Schleiffeder auf dem Widerstandselement zum Abgriff von Zwischenwerten des Gesamtwiderstandes verschoben werden. Beliebige Widerstandsfunktionen in Abhängigkeit vom Drehwinkel, z. B. linear oder logarithmisch (linearer D., logarithmischer D.), sowie Anzapfungen sind möglich. Mehrere Drehwiderstände können gemeinsam von einer Achse oder auch getrennt durch konzentrische Achsen betätigt werden. Der elektrische Drehwinkel ist meist 270° bis 300° (eingängiges Potentiometer). Die angegebene Nennlast gilt für den Gesamtwiderstand. Beim Schichtdrehwiderstand (Schichtpotentiometer) besteht das Widerstandselement aus einem flachen Schichtwiderstand. Der Widerstandswert läßt sich kontinuierlich einstellen. Schichtdrehwiderstände werden mit Werten bis zu 20 MΩ und einer Belastbarkeit bis 2 W hergestellt. Beim Drahtdrehwiderstand (Drahtpotentiometer) wird der Träger mit Widerstandsdraht bewickelt. Die Widerstandsänderung erfolgt in Stufen, die der Zu- oder Abschaltung einer einzelnen Windung entsprechen. Drahtdrehwiderstände werden im allgemeinen mit Werten bis 100 kΩ und einer Belastbarkeit bis 100 W hergestellt. Für besonders hohe Einstellgenauigkeit werden mehrgänge Drehwiderstände (Wendelpotentiometer, Mehrgangspotentiometer, Mehrfachwendelpotentiometer, Helipot) hergestellt. Der drahtgewickelte Widerstand ist in Form einer Wendel im Innern eines Zylinders angeordnet. Der Schleifkontakt wird durch Drehung der Achse an der Wendel entlanggeführt. Häufig angewendet wird das Zehngangpotentiometer, bei dem der Drehwinkel 360° beträgt. [4]. Ge

Drehwinkelaufnehmer → Winkelwertgeber. Fl

Drehwinkelcodierer → Winkelcodierer. Fl

Drehwinkelgeschwindigkeitsaufnehmer → Winkelgeschwindigkeitsaufnehmer. Fl

Drehwinkelschrittgeber → Winkelschrittgeber. Fl

Drehzahlaufnehmer *(revolution transducer).* D. dienen der elektrischen Messung der Umdrehungszahl mechanisch rotierender Anordnungen. Die Anzahl der Umdrehungen U wird auf eine Zeiteinheit bezogen, z. B.: U/min, U/s. D. sind Bestandteil von Umdrehungszählern. Man unterscheidet Aufnehmer, die in direkter Berührung mit dem umlaufenden Teil stehen und ihm ein Drehmoment entnehmen und solche, die berührungslos, ohne Beeinflussung des Prüflings, mit elektronischen Mitteln eine Umwandlung in elektrische Werte durchführen. Eine Weiterverarbeitung der abgegebenen elektrischen Werte erfolgt bei den letztgenannten häufig inkremental. Beispiele sind:

1. Direkte Berührung: Eine Gummireibkupplung oder ein Gummi-Meßrad mit festgelegten, bekannten Abmessungen berührt den Umfang des zu messenden, rotierenden Teils. Das Rad ist mechanisch über eine Achse z. B. mit einem Tachogenerator gekoppelt, dessen abgegebene elektrische Spannung und Frequenz sich proportional zur Drehzahl verhält. Spezielle Ausführungen lassen Drehzahlmessungen bis $50 \cdot 10^3$ U/min zu.
2. Berührungslose Messung: a) Stroboskop: Auf dem Umfang der Welle sind eine oder mehrere Markierungen angebracht. Eine Blitzlampe mit einstellbarer Blitzfolgefrequenz f_{Blitz} strahlt kurzzeitig die Welle an. Es werden nur Augenblicksphasen der Umdrehungen sichtbar, der restliche Vorgang bleibt im Dunkeln. Infolge des Integrationsvermögens des menschlichen Auges entsteht dem Betrachter der Eindruck einer langsamen Drehbe-

wegung der Markierung. Wenn die Markierung stillzustehen scheint, gilt bei einer angebrachten Markierung: $f_x = n \cdot f_{Blitz}$ (n = 1, 2, 3, ...). Die Messung ist mehrdeutig. b) Induktive, aktive D.: Bei einer Ausführung wird die drehbare Welle mit einer Nut oder Aussparung versehen, häufig wird auch eine vorhandene Unwucht ausgenutzt. Die Drehung erfolgt im magnetischen Feld eines Dauermagneten, der von einer Spule umgeben ist. Während jeder Umdrehung ändert sich infolge der Unregelmäßigkeit die magnetische Flußdichte. In der Spule wird eine Induktionsspannung hervorgerufen, die bei jeder Umdrehung aus einem positiven und negativen Impuls besteht. Eine Folgeschaltung zählt die Impulse aus. c) Induktive, passive D.: Eine Nut oder Aussparung an der Welle ändert die Induktivität eines Zweiges in einer Trägerfrequenzbrücke. d) Magnetische D. mit Hallgenerator: An der Welle wird eine Scheibe konzentrisch befestigt. Am Umfang der Scheibe sind wechselweise magnetisierte Kuppen angebracht. Ihr gegenüber befindet sich eine weitere feststehende, ferromagnetische Scheibe, die einen magnetischen Rückschluß bildet. Die zweite Scheibe trägt einen Hallgenerator, dessen abgegebene Hallspannung sich proportional zum Produkt aus magnetischer Induktion und konstant gehaltenem Steuerstrom verhält. e) Photoelektrische D.: Eine Anwendung ist die Gabellichtschranke, bei der ein Lichtstrahl im Takte der Umläufe einer Lochscheibe (häufig besitzt sie 6 oder 60 Löcher) ständig unterbrochen wird. Am Signalausgang eines Photodetektors entsteht eine pulsförmige Signalfolge (Durchlichtverfahren). Beim Auflichtverfahren (auch Streulicht- oder Reflexionsverfahren) beleuchtet eine Lichtquelle abwechselnde Markierungen, z. B. Schwarz-Weiß-Felder, einer Scheibe auf der Welle, die reflektiert werden. Ein Photodetektor empfängt lichtmodulierte Reflexionsstrahlung im Takte der Drehzahl und abhängig von der Anzahl der Markierungen eines Umlaufs. Am Ausgang des Drehzahlaufnehmers werden elektrische Impulse abgegriffen. Besondere D. erfassen Drehzahldifferenzen.

[12], [18]. Fl

Drehzahlmesser → Umdrehungszähler. Fl

Drehzahlregler *(speed controller)*. D. beeinflussen durch Vergleich von Drehzahlsoll- und Drehzahlistwerten den Aussteuerungsgrad eines Stellgliedes und sorgen so innerhalb eines Regelkreises für die Einhaltung vorgegebener Drehzahlsollwerte bzw. -verläufe. Regelungstechnisch sind D. meistens PI- (Proportional, Integral) oder PID Regler (Proportional, Integral, Differential), die sowohl analog als auch digital aufgebaut sein können (→ auch Kaskadenregelung). [11]. Ku

Drei-dB-Breite → Halbwertsbreite. Ge

Drei-D-Speicher *(three-dimensional storage)*. Organisationsform des Magnetkernspeichers, gebildet aus Ebenen oder Matrizen. In jeder Ebene befindet sich für jede Speicherzelle ein Magnetkern. Es sind soviele Ebenen übereinander angeordnet, wie Bits in einem Speicherwort enthalten sind. Die Adressierung erfolgt über Zeilen- und Spaltendrähte, die alle Ebenen durchlaufen. Ist die Anordnung der Matrix quadratisch, so beträgt die Anzahl der Zeilen- und Spaltendrähte je $\sqrt{N}$, wenn N die Speicherkapazität ist. Jede Ebene wird von einem gesonderten Lesedraht und einem Inhibitdraht durchlaufen, dieser dient zum Eingeben der Schreibinformation. Beim D. mit Vierdrahtanordnung wird jeder Kern von vier Drähten durchzogen (Zeilendraht, Spaltendraht, Inhibitdraht, Lesedraht), beim D. mit Drei-Draht-Verfahren ist jeder Kern mit drei Drähten durchzogen, neben dem Zeilen- und Spaltendraht einem kombinierten Lese-Inhibitdraht. Aus Gründen der Störungsunterdrückung beste-

Vorgang	X-Draht	Y-Draht	Inhibit-Draht
Lesen	$-J/2$	$-J/2$	0
Schreiben einer „1" *	$+J/2$	$+J/2$	0
Schreiben einer „0" *	$+J/2$	$+J/2$	$-J/2$

* vor dem Einschreiben muß der Magnetkern auf 0 stehen.

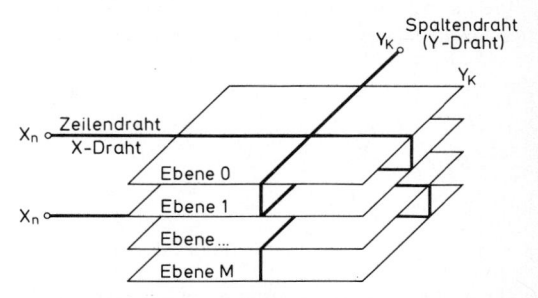

Drei-D-Speicher-Anordnung der Ebenen Zeilen- und Spaltendrähte

hen in jeder Ebene zwei Drähte für Lesen-Inhibit, die beim Lesevorgang in Reihe und beim Schreibvorgang parallel geschaltet werden. Das Bild zeigt den prinzipiellen Aufbau des Drei-D-Speichers und die Bestromung für einen D. mit Vierdrahtsystem. [1]. We

Dreieckantenne *(multiwire triatic (triangle) aerial (antenna))*. Die D. ist eine zwischen drei Masten aufgespannte Antenne in Dreieckform. Sie besteht aus drei Tragseilen mit dazwischengespannten Füllseilen. Anwendung findet dieser Antennentyp bei Langwellensendern. [8], [13]. Th

Dreieckflächenantenne → Vertikalantenne. Ge

Dreieckgenerator *(triangle generator)*. Der D. zählt zur Klasse der Funktionsgeneratoren. Er besteht aus einer elektronischen Integratorschaltung. Der Integrator wird aus einer Referenzspannungsquelle mit umschaltbarer Polarität gespeist. Erreicht die Integratorausgangsspannung den Wert der Referenzspannung, wird die Referenzspannung am Eingang auf die entgegengesetzte Polarität umgeschaltet und die Integratorausgangsspannung läuft in die entgegengesetzte Richtung. Dieses Wechselspiel wiederholt sich und ergibt eine dreieckförmige Ausgangsspannung. [10], [12]. Th

Dreieckimpuls *(triangle pulse)*. Impuls, bei dem Anstieg- und Abfallflanke betragsgleiche Steigung haben (Bild), also die Schenkel eines gleichschenkligen Dreiecks bilden (→ Elementarsignale). [10], [12]. Li

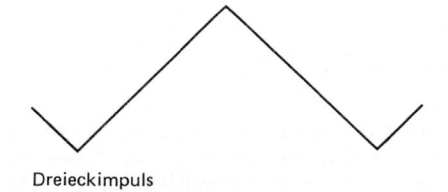

Dreieckimpuls

Dreieckrechteckgenerator *(triangle-square wave generator)*. Ein D. ist ein erweiterter Dreieckgenerator, bei dem das zur Erzeugung der Dreieckspannung notwendige Umschalten der Referenzspannung ausgenutzt wird. In jedem Umschaltpunkt wird die Polarität der Referenzspannung geändert. Es entsteht ein rechteckförmiger Spannungsverlauf, der nach entsprechender Aufbereitung am Generatorausgang ebenfalls zur Verfügung steht. [10], [12].
Th

Dreieckschaltung *(delta circuit (connection))*. Netzwerk aus drei Impedanzen, das zwischen drei Klemmen (1, 2, 3) in der Form eines Dreiecks angeordnet ist (Bild). [15].
Rü

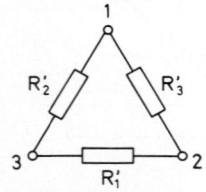

Dreieckschaltung

Dreiecksinusgenerator *(triangle-sine wave generator)*. Hier wird der von einem Dreieckgenerator erzeugte Spannungsverlauf in einen sinusförmigen umgewandelt. Die Umsetzung erfolgt mit einem Widerstands-Dioden-Netzwerk, wobei die gekrümmte Kennlinie der Halbleiterdioden — abnehmender Innenwiderstand bei zunehmendem Durchlaßstrom — ausgenutzt werden kann. [4], [6], [10], [12].
Th

Dreieckspannung. 1. *(delta voltage)*. Verkettete Spannung eines Drehstromnetzes (→ Dreiphasensystem, symmetrisches). 2. *(triangle wave voltage)*: Dreieckförmige Wechselspannung. [5].
Ku

Dreieck-Stern-Umwandlung *(delta-star transformation)* → Stern-Dreieck-Umwandlung.
Rü

Drei-Exzeß-Code → Exzeß-3-Code.
We

Dreifachdiffusion *(three-phase diffusion)*. Die D. ist ein Verfahren zur Herstellung integrierter Transistoren innerhalb eines Halbleiterkristalls. In einem schwach P-dotierten Substrat wird mit dem ersten Diffusionsschritt ein N-leitender Bereich hergestellt, der die Funktion des Kollektors übernimmt. Mit dem zweiten Diffusionsschritt wird das P-leitende Basisgebiet erzeugt und mit dem dritten der N-leitende Bereich des Emitters. Kollektor und Substrat bilden einen PN-Übergang, der in Sperrichtung vorgespannt wird und die gesamte Anordnung isoliert. [7].
Fl

Dreifingerregel *(right-hand rule)*, Rechtehandregel. Die D. gibt die räumliche Verknüpfung der Krafteinwirkung auf einen stromdurchflossenen Leiter im Magnetfeld an: Legt man den Daumen der rechten Hand in Richtung des Stroms und weist die Flußdichte **B** in Richtung des zum Daumen rechtwinklig abgespreizten Zeigefingers, so findet man die Kraft **F** in der Richtung des zu beiden senkrecht stehenden Mittelfingers. [5].
Fl

Dreikreisbandfilter *(three section filter)*. Weniger häufig verwendetes Bandfilter mit drei untereinander magnetisch oder kapazitiv gekoppelten Schwingkreisen. [14].
Rü

Dreileitersystem *(three-wire system)*. Bekanntestes D. ist das Dreileiter-Drehstromsystem (→ Dreiphasensystem, symmetrisches). [11].
Ku

Dreiphasendrehfeld *(three-phase rotating field)*. Praktische Bedeutung hat nur dieses Drehfeld mit drei symmetrisch über dem Umfang einer Drehfeldmaschine angeordneten Wicklungssystemen, die von drei entsprechend zeitlich phasenverschobenen sinusförmigen Strömen gespeist werden, erlangt, da es den Bau einfacher Drehstrom-Asynchronmotoren und Synchronmotoren ermöglicht (→ auch Drehfeld, Dreiphasensystem).
Ku

Dreiphasengenerator *(three-phase generator)*. Gebräuchlichere Bezeichnung ist Drehstromgenerator. [11].
Ku

Dreiphasengleichrichter *(three-phase rectifier)*. Man unterscheidet zwischen Drehstrombrückenschaltungen und dreiphasigen Mittelpunktschaltungen. [11].
Ku

Dreiphasennetz *(three-phase network)*, Drehstromnetz. Darunter versteht man i.a. das öffentliche Netz. Die Spannungen liegen zwische $3 \times 380 \cdot 10^3$ V (höchste Übertragungsspannung in Deutschland) und 3×380 V (übliche Verbraucherspannung) (→ auch Dreiphasensystem, symmetrisches). [11].
Ku

Dreiphasensystem, symmetrisches *(symmetrical three-phase system)*. Auch Drehstromsystem genannt. Die Sternspannungen u_R, u_S, u_T haben gleiche Amplituden $\hat{u}$ bzw. gleiche Effektivwerte $U_R = U_S = U_T = \hat{u}/\sqrt{2}$ und sind untereinander um $120°$ phasenverschoben. Dasselbe gilt für die verketteten Leiterspannungen u_{RS}, u_{ST}, u_{TR} (Bild). Typische Spannungswerte sind $U_R = 220$ V und $U_{RS} = 380$ V. [11].
Ku

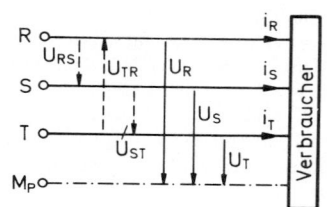

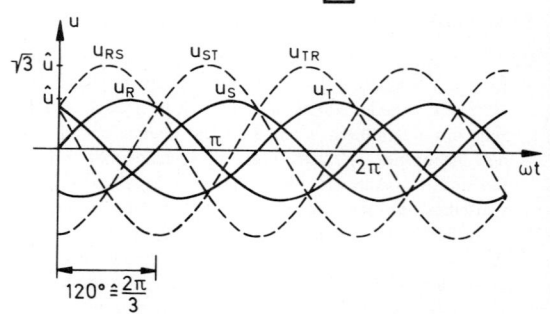

$$u_R = \hat{u} \sin \omega t$$
$$u_S = \hat{u} \sin (\omega t - \tfrac{2\pi}{3})$$
$$u_T = \hat{u} \sin (\omega t - \tfrac{4\pi}{3})$$
$$u_{RS} = \sqrt{3}\,\hat{u} \sin (\omega t + \tfrac{\pi}{6})$$
$$u_{ST} = \sqrt{3}\,\hat{u} \sin (\omega t - \tfrac{\pi}{2})$$
$$u_{TR} = \sqrt{3}\,\hat{u} \sin (\omega t - \tfrac{7\pi}{6})$$
$$\hat{u} = \sqrt{2}\,U_R$$

Dreiphasensystem

Dreiphasensystem, unsymmetrisches *(asymmetrical three-phase system)*. Die Sternspannungen haben im Gegensatz zu symmetrischen Systemen unterschiedliche Amplituden und Phasenverschiebungen. Das gleiche kann auch für die verketteten Spannungen gelten. Meist entstehen unsymmetrische Dreiphasensysteme durch unsymmetrische Belastungen symmetrischer Systeme. [11].   Ku

Dreiphasentransformator *(three-phase transformer)* → Transformator.   Ku

Dreipol *(three-pole network)*. (Bild → Vierpol). Allgemeines Schema zur Kennzeichnung einer elektrischen Schaltung, die durch drei Klemmen mit anderen Schaltungsteilen verbunden ist. Ein D. ist eine Schaltung, die aus einem Vierpol hervorgeht, wenn die beiden (negativen) Klemmen (1′, 2′) miteinander verbunden sind (durchgehende Masseverbindung) (Bild). Die in der Nachrichtentechnik praktisch verwendeten Vierpole sind in diesem Sinne fast immer Dreipole. In der Vierpoltheorie wird im allgemeinen nicht zwischen einem „Dreipol" und einem „Vierpol" unterschieden (→ auch Vierpol, echter). [15].   Rü

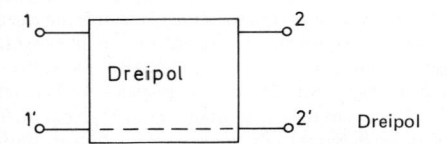

Dreipol

Dreipunktregler *(three-step controller)*. Regeleinrichtung, deren Ausgangsgröße in Abhängigkeit von einer Eingangsgröße (z. B. Regelabweichung) nur drei Zustände (z. B. + 1; 0; −1) annehmen kann. Meist sind D. als elektronische Regler aufgebaut. Ihr Einsatzgebiet sind Regelstrecken mit großen Zeitkonstanten, z. B. Temperaturregelkreise. [18].   Ku

Drei-σ-Grenze *(three-σ-limit)*. (Bild → Gaußverteilung), Drei-Sigma-Regel. Die D. ist ein Begriff aus der Statistik (Sigma: Zeichen für → Standardabweichung), der zur Kennzeichnung der statistischen Sicherheit bei der Normalverteilung angegeben wird. In der Meßtechnik wird die D. zur Beurteilung der Fehler von Meßwerten angegeben. Sie gibt an, daß bei einer Gauß-Verteilung von 1000 unabhängig gemessenen Einzelwerten mit dem Mittelwert $\bar{x}$ praktisch 3 außerhalb des Bereiches liegen: $\bar{x} = \pm 3\,\sigma$. Die statistische Sicherheit beträgt 99,73 %. Beispielsweise wird die Meßunsicherheit internationaler Konstanten zu $\pm 3\,\sigma$ angegeben (DIN 1319). [12].   Fl

Drei-Sigma-Regel → Drei-Sigma-Grenze.   Fl

Drift *(drift)*. 1. Allgemein wird mit D. eine langsame, einseitig gerichtete, zeitliche Veränderung einer physikalischen Größe bezeichnet. Die Änderung kann durch Temperatureinwirkung (Temperaturdrift) aber auch durch Alterung von Bauelementen erfolgen und einen Driftausfall verursachen, bei dem die Betriebstoleranzen eines noch betriebsfähigen Bauelementes in einem oder mehrere Kennwerte überschritten werden. 2. Bei hochwertigen Gleichspannungsverstärkern, z. B. Operationsverstärkern, ist mit D. eine im Laufe der Zeit unerwünschte Änderung der Ausgangsgröße gemeint, die weder auf eine Eingangsgröße, auf die Belastung noch auf den Einfluß der Umgebung zurückzuführen ist (→ auch Nullpunktdrift). 3. Die D. im Sinne von Driftbewegung der freien Elektronen im metallischen Leiter erfolgt unter Einwirkung eines elektrischen Feldes (Felddrift) und verursacht den Stromfluß. Hierbei wird aus einer ungeordneten Schwirrbewegung der freien Elektronen im Leitungsband des betrachteten Leiters unter Einwirkung des Feldstärkevektors eine zum positiven Potential hin gerichtete Bewegung verursacht, die mit steigender Temperatur abnimmt (im Halbleitermaterial: → Driftfeld). Drifterscheinungen werden entweder auf die auslösende Ursache bezogen, wie Temperaturdrift, Diffusionsdrift, oder nach der Wirkung auf eine Größe bezeichnet, z. B. Frequenzdrift, Spannungsdrift. [5], [7], [12].   Fl

Driftausfall *(degradation failure)*. Ausfall bei statistisch gesetzmäßigem Änderungsverhalten, so daß sich der Ausfallzeitpunkt vorhersehen läßt. Driftausfälle treten häufig gegen Ende der nützlichen Lebensdauer durch beginnende Ermüdungserscheinungen und während der Ermüdungsperiode auf. Dabei verändern sich ein oder mehrere Parameter während der Lebensdauer eines Bauelements so weit, daß sie bestimmte, für die einwandfreie Funktion notwendige Toleranzgrenzen verlassen. [4].   Ge

Driftfeld *(drift field)*. Das D. ist ein elektrisches Feld, das in der Basiszone von Drifttransistoren durch unterschiedliche Verteilung der P- (oder N-) Konzentration erzwungen wird. Die dadurch inhomogene P-Dotierung ist so geartet, daß innerhalb der Basis, vom Emitter ausgehend, eine Abnahme der Ladungsträger zum Kollektor hin auftritt. Die vom Emitter ausgesendeten Elektronen (Driftstrom) erfahren durch das intern aufgebaute Feld eine zusätzliche Drift, unter deren Einwirkung eine Verringerung ihrer Laufzeit erreicht wird, was sich durch eine Erhöhung der Betriebsfrequenz bemerkbar macht. [7].   Fl

Driftfeld, inneres *(internal drift-field)*. Elektrisches Feld in einem Halbleiter, das durch nichthomogene Dotierung mit Störstellenatomen oder durch starke Injektion von Minoritätsladungsträgern entsteht (DIN 41 852). [7].   Ne

Driftgeschwindigkeit *(drifting-velocity)*. Gibt die mittlere Geschwindigkeit von Ladungsträgern mit der Beweglichkeit μ in einem elektrischen Driftfeld E zu $v_d = \mu \cdot E$ an. Hierbei ist zu berücksichtigen, daß diese Aussage wegen der Stöße der Ladungsträger untereinander und mit Gitteratomen und wegen der thermischen Bewegung nur im Mittel richtig ist. [5], [7].   Bl

Driftkompensation *(drift compensation)*. Mit der D. sollen die Wirkungen von Drifterscheinungen auf Meßanordnungen beseitigt werden. Z. B. lassen sich Drifterscheinungen bei Operationsverstärkern durch streng symmetrischen Aufbau der Eingangsstufe, eine in die Schaltung einbezogene elektronische Temperaturstabilisierung oder durch die Verwendung einer Chopperschaltung verrin-

Driftspannung

gern bzw. verhindern. Häufig wird die D. so vorgenommen, daß eine veränderliche Größe gleicher Art in Betrag und Phase der driftenden Größe entgegengestellt wird, so daß man einen definierten Nullpunkt erhält. In bestimmten Zeitabständen muß der Abgleich wiederholt werden. [6], [12]. Fl

Driftspannung *(drift voltage).* Als D. wird die elektrische Spannung bei Drifttransistoren durch unterschiedliche Ladungsträgerdichte hervorgerufenen elektrischen Feldes bezeichnet. Sie bewirkt eine Verkürzung der Laufzeit der vom Emitter ausgesendeten Ladungsträger und ist eine Gleichspannung. [7]. Fl

Driftstrom *(drift current).* Der D. ist die gerichtete Bewegung der Ladungsträger im elektrischen Leiter oder Halbleiter unter dem Einfluß eines elektrischen Feldes. [5], [6], [7], [12]. Fl

Drifttransistor *(drift transistor).* Der D. ist ein bipolarer Hochfrequenztransistor, bei dem die Basiszone gezielt unterschiedlich stark dotiert ist. Man erzeugt in der Basis eine Störstellendichte, die am Emittergebiet eine höhere Konzentration als in der Nähe des Kollektorgebietes besitzt (Bild). Durch das Konzentrationsgefälle entsteht im Basisraum ein elektrisches Feld, das die durchlaufenden Ladungsträger beschleunigt und damit die Laufzeiten herabsetzt. Erwünschte Nebenwirkungen des Konzentrationsgefälles sind eine geringe Raumladungskapazität und ein niedriger Basiswiderstand gegenüber dem Diffusionstransistor. Durch dieses Verfahren erhöht sich die obere Grenzfrequenz des Drifttransistors gegenüber der des Diffusionstransistors. [7]. Fl

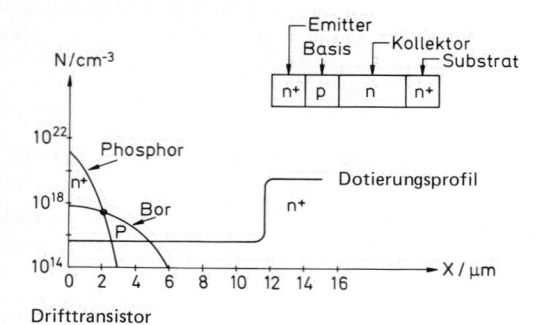

Drifttransistor

Drossel → Drosselspule. Ge

Drosselspule *(reactor).* Die D. ist eine Induktivität, die aus Windungen eines elektrischen Leiters besteht und deren Windungen mit dem eigenen magnetischen Feld verkettet sind. Drosselspulen können mit und ohne Eisenkern aufgebaut sein oder einen Eisenkern mit Luftspalt enthalten. Sie ähneln in ihrem Aufbau einem Transformator. [5]. Ku

Drosselung. Spezielle Bezeichnung der Dämpfungseigenschaft beidseitig beschalteter LC-Filter. Die D. ist in diesem Fall identisch mit der charakteristischen Funktion K(p) einer Filterschaltung für $p = j\omega$. Der Zusammenhang der Drosselung D mit dem Betriebs-Dämpfungsmaß a_B (→ Betriebsübertragungsfaktor) ist gegeben durch

$$D = \sqrt{e^{2a_B} - 1} \text{ oder } a_B = \frac{1}{2}\ln(1 + D^2).$$

[15]. Rü

Drucker *(printer).* Gerät zur Ausgabe von Klarschrift aus informationsverarbeitenden Systemen. Die D. werden eingeteilt in Impact-Drucker, die einen mechanischen Druckvorgang durchführen, und in Non-Impact-Drucker, z. B. Laser-Drucker. Nach der Anzahl Zeichen, die gleichzeitig erzeugt werden, unterscheidet man Paralleldrucker, die mehrere Zeichen gleichzeitig erzeugen, und Serialdrucker, die ein Zeichen oder einen Teil eines Zeichens zu einer Zeit erzeugen. Die Ausgabegeschwindigkeit der D. ist niedriger als die Verarbeitungsgeschwindigkeit des informationsverarbeitenden Systems. Die Geschwindigkeiten müssen durch Pufferspeicher oder organisatorische Maßnahmen, z. B. SPOOL, angeglichen werden. [1]. We

Druckmeßumformer *(pressure measuring transducer, pressure transducer).* Der D. wandelt als Meßumformer den zu messenden Druck in eine festgelegte vereinheitlichte Ausgangsgröße um, damit Anschlußwerte für systemgleiche Anzeige-, Schreib- und Regelgeräte vorbereitet sind und ein Austausch ermöglicht wird. Die vom Meßdruck erzeugte Kraft stellt entweder einen Ausgangsluftdruck von 0,2 bar bis 1 bar bereit oder wandelt den Meßdruck in einen Ausgangsgleichstrom z. B. von 0 mA bis zu 20 mA um. Man unterscheidet demnach zwischen pneumatischen und elektrischen Druckmeßumformern. [12], [18]. Fl

D-Schicht → Ionosphärenschicht. Ge

DTL *(diode transistor logic, DTL),* Dioden-Transistor-Logik. Schaltungsfamilie der Digitaltechnik, aufgebaut mit Dioden, Transistoren und Widerständen, meist als integrierte Schaltung. Die D. ist ein Vorläufer der Transistor-Transistor-Logik. [2]. We

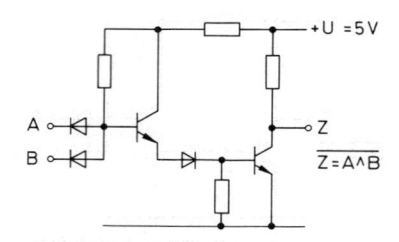

NAND-Stufe in DTL-Technik

DTZL *(diode transistor logic with Zener diode).* Schaltungsfamilie, ähnlich DTL, mit Verwendung einer Z-Diode. D. ist sehr störsicher, da die Z-Diode für einen hohen Störspannungsabstand und eine langsame Schaltgeschwindigkeit sorgt. D. wird in der Steuerungstechnik, nicht aber in der Informationsverarbeitung angewendet. [2]. We

H-Pegel = "1"
$F = \overline{A \wedge B}$

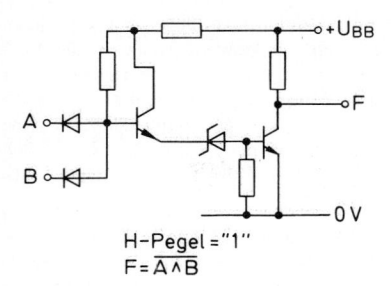

NAND-Stufe in DTLZ-Technik

Dual → Dualsystem. Li

Dualcode *(dual code)*. Code, der in seinem Aufbau völlig der dualen Zahlendarstellung entspricht, bei dem also jede Dezimalzahl durch die ihr entsprechende Dualzahl dargestellt wird; z. B. die Dezimalzahlen von 0 bis 255 durch 8-bit-Zahlen. Der D. wird auch als reiner Binärcode bezeichnet und ermöglicht die höchste Rechengeschwindigkeit. [1], [2], [9]. Li

Dual-in-Line-Gehäuse → DIL-Gehäuse. Li

Dualität *(duality)*. In der Mathematik die wechselseitige Zuordnung zweier Begriffe. Wenn diese gegenseitig vertauscht werden, gehen richtige Sätze wieder in richtige Sätze über. Anwendung in der Booleschen Algebra: Dualitätsprinzip. Rü

Dualitätsinvariante → Zweipol, dualer. Rü

Dualitätsprinzip *(principle of duality)*. In der Booleschen Algebra das Prinzip, daß es zu einer Aussage eine andere Aussage gibt, die dadurch entsteht, daß man die Operatoren ∧ (UND) und ∨ (ODER) und die Einselemente „0" und „1" vertauscht, z. B.

$A \wedge 1 = A \Rightarrow A \vee 0 = A$,

oder daß man die Operatoren ∧ und ∨ vertauscht und die Variablen invertiert (De Morgansche Regel). We

Dualitätswiderstand → Zweipol, dualer. Rü

Dual-Slope-Verfahren *(dual-slope method)*. Methode der Analog-Digital-Umsetzung, auch als Zwei-Rampen-Verfahren bezeichnet. Die zu digitalisierende Spannung wird in eine Zeit umgesetzt, die Spannungsmessungen werden zu Zeitmessungen reduziert. Mit der Meßspannung wird

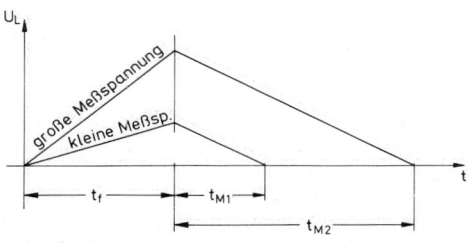

U_L Spannung am Ladungsspeicher

Dual-Slope-Verfahren

für eine feste Zeit t_f ein Ladungsspeicher mit linearem Ladeverhalten geladen. Dieser wird mit einer festen Bezugsspannung U_R entladen, die dafür benötigte Zeit ist das Maß für die Meßspannung.

$$U_M = U_R \cdot \frac{t_M}{t_f},$$

wobei U_R Bezugsspannung, t_M zu messende Zeit, U_M Meßspannung ist. Das D. bietet zwei Vorzüge: Die Meßspannung wird über die Zeit t_f integriert, Eine Störspannung, deren Periodendauer gleich t_f ist, wird vollständig unterdrückt. Da der Ladungsspeicher sowohl ge- wie auch entladen wird, beeinflussen Bauteiletoleranzen das Meßergebnis nicht. [12]. We

Dualsystem *(binary number system, binary notation)*. Zahlensystem (Stellenwertsystem), dessen Zeichenvorrat nur aus den beiden Zeichen „0" und „1" (manchmal O und L, um Verwechslungen mit den Ziffern des Dezimalsystems zu vermeiden) besteht, dessen Basis 2 und dessen Stellenwertigkeit, von rechts nach links gesehen, steigende Potenzen von 2 sind. *Beispiel*:

$1011 = 1 \cdot 2^3 + 0 \cdot 2^2 + 1 \cdot 2^1 + 1 \cdot 2^0$. [1], [9].
Li

Dualzahl *(dual number)*. Zahl des → Dualsystems. [1], [9]. Li

Dualzähler *(binary counter)*. Zähler (Schaltwerk), meist aus Flipflops aufgebaut, der die an seinem Eingang auftretenden Impulse als Dualzahl zählt. Jedem Flipflop ist eine bestimmte Wertigkeit einer Dualzahl zugeordnet, so daß mit n Flipflops bis maximal $2^n - 1$ gezählt werden kann. Man unterscheidet Vorwärts- und Rückwärtszähler. [2], [4]. Li

Duantenelektrometer *(duant electrometer)*. Das D. ist ein hochempfindliches elektrostatisches Meßwerk, das aus einem kleinen Platin- oder Aluminiumflügel besteht, der an einem dünnen Metallfaden aufgehängt ist. Der Flügel bewegt sich über die Trennfläche zweier geschliffener Metallplatten, an denen symmetrisch zum Erdpotential eine Hilfsspannung liegt. Änderungen der Flügellage erzeugen Kapazitätsänderungen zwischen dem Flügel und den Metallplatten. Mit dem D. lassen sich Spannungsempfindlichkeiten bis zu 7 mm/mV und Ladungsempfindlichkeiten von 200 mm/pC erreichen (→ Nadelelektrometer). [12]. Fl

Duct *(duct)*, Wellenleiter. 1. Atmosphärischer oder troposphärischer D. Durch bestimmte Verläufe der Brechzahl der Atmosphäre kommt es zu einer wellenleiterartigen Führung des Funkstrahls, wodurch Reichweiten bis zu 1000 km möglich werden. Durch die Dicke d des Ducts und seine Veränderung ΔM der Brechzahl ist seine Grenzwellenlänge $\lambda = 2{,}5 \cdot 10^{-3} \cdot d\sqrt{\Delta M}$ (λ und d in m) gegeben. Ausbreitung im troposphärischen D. ist i.a. auf $\lambda < 1$ m beschränkt. 2. Ionosphärischer D. Bei besonderem Verlauf der Ionisierung innerhalb einer Ionosphärenschicht ist eine Ductausbreitung über große Entfernungen für Frequenzen deutlich oberhalb der höchsten noch reflektierten Frequenz möglich. [14]. Ge

Dunkelschriftröhre *(dark-trace tube; skiatron)*, Skiatron, Blauschriftspeicherröhre. Die D. ist eine Katodenstrahlröhre mit einem hellen Bildschirm, auf dem die Leuchtspur als dunkler Kurvenverlauf erscheint. Der Schirm der D. besitzt eine mit Kaliumchlorid beschichtete Glimmerplatte. An Stellen auf die der Elektronenstrahl der Röhre auftrifft, verdunkelt sich die Kaliumchloridschicht. Der Signalverlauf der Meßgröße wird als dunkle Spur sichtbar. Bei einigen Anwendungen wird der Schirm von starken Lichtquellen angestrahlt. Man vergrößert das Bild mit optischen Linsensystemen und projiziert es auf eine großflächige Glasscheibe. Die Spur bleibt über einen längeren Zeitraum sichtbar. Durch Erwärmung der aktiven Schicht läßt sie sich löschen. Mit Dunkelschriftröhren können Signale mit Frequenzen bis etwa 10 kHz aufgezeichnet werden. Anwendungen: z. B. in älteren Speicheroszilloskopen mit optischer Vergrößerung; in älteren Anlagen zur Radarüberwachung. [5], [12], [13], [14]. Fl

Dunkelstrom *(dark current)*. Der Strom, der durch einen Photohalbleiter bei Fehlen jeglicher Belichtung fließt. [7]. Ne

Dunkelwiderstand *(dark resistance)*. Der Widerstandswert eines Photowiderstandes, der sich beim Fehlen jeglicher Belichtung einstellt. [7]. Ne

Dünnfilmspeicher → Dünnschichtspeicher. Li

Dünnfilmtechnik → Schichttechnik. Ge

Dünnfilmtransistor → Dünnschichtfeldeffekttransistor. Ne

Dünnschichtfeldeffekttransistor *(thin-film transistor)*, TFFET, Dünnfilmtransistor. Isolierschichtfeldeffekttransistor, dessen stromführender Kanal in einer sehr dünnen Halbleiterschicht auf isolierender Unterlage gebildet wird (DIN 41 855). [4]. Ne

Dünnschichtkondensator *(thin film capacitor)*. In Dünnschichttechnik hergestellter Kondensator. Ausführung als gepolter Tantalpentoxid-D. mit Grundelektrode aus Tantal, Dielektrikum aus Tantalpentoxid und Deckelektrode aus NiCr-Au (Nickelchrom-Gold). Kapazitätswerte von etwa 100 pF bis 100 nF. Beim Siliciumoxid-D. ist die Grundelektrode aus Aluminium, das Dielektrikum aus SiO_2 (Silicium-(II)-oxid) und die Deckelektrode wieder aus Aluminium. Dieser Typ von Dünnschichtkondensatoren ist ungepolt und wird mit Werten von etwa 10 pF bis 5 nF hergestellt. [4]. Ge

Dünnschichtspeicher *(thin film memory)*, Dünnfilmspeicher. Speicher, die aus einem Trägermaterial (z. B. Glas) bestehen, auf das in matrixartiger Anordnung Flecken magnetischen Materials aufgedampft werden. Zum Lesen und Schreiben der in den Flecken gespeicherten Information dienen zusätzliche, isoliert aufgebrachte Leitungen. [1], [2]. Li

Dünnschichttechnik → Schichttechnik. Ne

Dünnschichtwiderstand *(thin film resistor)*. In Dünnschichttechnik hergestellter Widerstand. Ausführung in Photoätztechnik mit Flächenwiderständen von 10 Ω bis 150 Ω und feinsten Widerstandsstrukturen aus Tantalnitrid. Abgleichbar durch Querschnittsverringerung infolge anodischer Oxidation. D. in Maskentechnik: Nickelchrom wird durch Masken auf das Substrat aufgedampft. Der Flächenwiderstand liegt bei 10 Ω bis 400 Ω. Der Abgleich auf bis zu ± 0,1 % erfolgt durch Mikrogravierung. Die Belastbarkeit der D. beträgt etwa 0,3 W/cm² Substratfläche. [4]. Ge

Duplexbetrieb *(duplex operation; full-duplex operation)*. Der für gleichzeitige Rede und Gegenrede in der Fernsprechtechnik übliche Gegensprechverkehr wird als D. bezeichnet. Ein D. ist meistens auch bei Computerterminals üblich, die dem direkten Verkehr mit dem Rechner dienen. Hier können während einer Datenausgabe auf dem Drucker oder Bildschirm mit der Eingabetastatur Befehle eingegeben werden. [1], [9]. Th/Kü

Durchbruch, elektrischer *(breakdown)*. Man unterscheidet ersten und zweiten D. Der erste D. *(first break-down)* ist eine Erscheinung, deren Beginn als Übergang von einem Zustand hohen differentiellen Widerstandes zu einem Zustand wesentlich niedrigerer differentiellen Widerstandes bei wachsender Größe des einen PN-Übergang in Rückwärtsrichtung durchfließenden Stromes beobachtet wird. Zu unterscheiden sind: Lawinendurchbruch und Zener-Durchbruch (DIN 41 852). Der zweite D. *(second breakdown)* ist die Abnahme der Spannung an einem PN-Übergang auf einen kleinen Wert bei einem bestimmten Strom in Rückwärtsrichtung im Gebiet des Lawinendurchbruchs. (Der zweite D. führt häufig zur Zerstörung des Bauelements.) (DIN 41 852). [4]. Ne

Durchbruch, thermischer *(thermal breakdown)*. Unbegrenztes Anwachsen der inneren Ersatztemperatur bzw. der Sperrschichttemperatur infolge Abhängigkeit der Verlustleistung von der Temperatur (DIN 41 862). [4]. Ne

Durchbruchspannung *(breakdown voltage)*. 1. PN-Übergang: Spannung, bei der der einen PN-Übergang in Rückwärtsrichtung durchfließende Strom (Sperrstrom) einen bestimmten Wert überschreitet (DIN 41 852). 2. Thyristor: In Rückwärtsrichtung die Sperrspannung, bei der der Sperrstrom größer wird als ein bestimmter Wert (DIN 41 786). [4]. Ne

Durchfluß *(flow)*, Durchflußstärke. Der D. (auch Durchflußstärke) strömender Gase, Dämpfe oder Flüssigkeiten wird als Durchflußmenge pro Zeiteinheit gemessen und als Strömungsmessung durchgeführt. Entsprechend unterscheidet man zwischen Volumendurchfluß (Einheit m³/h) und Massendurchfluß (Einheit t/h). Der D. wird indirekt durch den Druckabfall an einem in die Rohrleitung eingebauten Stauorgan oder motorgetrieben mit rotierenden, oszillierenden oder hin- und hergehenden Kolben festgestellt (Volumenmessung). [12]. Fl

Durchflußmeßumformer *(pressure transmitter)*. Der D. mißt in einer Meßeinrichtung als Meßumformer den Durchfluß von strömenden Flüssigkeiten, Gasen oder Dämpfen und wandelt das Meßergebnis zur Fernmessung in ein elektrisches oder pneumatisches Einheitssignal um. Zur Meßeinrichtung gehört ein dem D. in der Meßstrecke vorgeschalteter Wirkdruckgeber, der einen Druckabfall bewirkt. Der D. besteht aus einem Meßfühler, der den Durchfluß Q über die Wirkdruckdifferenz Δp mit einem mechanischen Organ (z. B. Faltenbalg, Membranzelle oder Metallmeßzelle) und einer elektromechanisch arbeitenden Vorrichtung in einen, dem Durchfluß proportionalen, elektrischen Strom umsetzt. Häufig eingesetzte Umsetzverfahren sind: Kraftvergleichsverfahren, Ausschlags- und Wegeverfahren und Dehnmeßstreifenverfahren. Ein eingebauter Meßverstärker steuert den Vorgang (beim Kraftvergleichsverfahren) oder erhöht die Empfindlichkeit und sorgt für die entsprechende Ausgangsleistung. Zur Stromversorgung benötigen die D. ein Netzgerät. [12], [18]. Fl

Durchflußstärke → Durchfluß. Fl

Durchflutung, elektrische *(electric flux)* (Zeichen Θ). Nach (DIN 1325) ist die elektrische D. definiert zu

$$\Theta = \int J \, dA = \oint H \, ds.$$

(J Stromdichte; H magnetische Feldstärke.) Das Flächenintegral erstreckt sich über eine Fläche A, deren Randkurve durch das Flächenelement ds gekennzeichnet ist. Die D. Θ ist gleich der Summe derjenigen Ströme, die mit irgend einem in sich geschlossenen Weg verkettet sind (Bild):

$$\Theta = I_1 + I_2 - I_3.$$

Elektrische Durchflutung

Die angegebene Definition der elektrischen D. ist nur dann eindeutig, wenn die Stromdichte **J** ein quellenfreies Vektorfeld ist. [5]. Rü

Durchflutungsgesetz *(law of magnetic flux)*. Das D. stellt die allgemeine Formulierung für den Zusammenhang der Stärke eines magnetischen Feldes **H** und dem erzeugenden Strom I dar und folgt unmittelbar aus der Definition der elektrischen Durchflutung

$$\oint H \, ds = \Sigma I.$$

Da die elektrische Durchflutung Θ = Σ I, ist das Linienintegral von **H** längs eines geschlossenen Weges s gleich der Summe aller Ströme, die durch die von diesem Weg umschlossene Fläche fließen. [5]. Rü

Durchführungskondensator → Funkentstörkondensator. Ge

Durchgangsleistungsmesser *(throughput power meter)*. D. sind Meßgeräte oder Meßanordnungen, die in elektrischen Anlagen zur Ermittlung von Wirkleistungen eingesetzt werden. Das zugrundegelegte Durchgangsleistungsmeßverfahren belastet nur geringfügig den Meßkreis, da zur

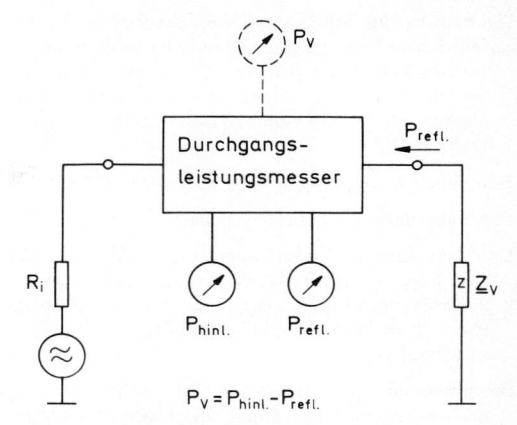

Prinzip eines Durchgangsleitungsmessers

Messung nur Bruchteile der Gesamtleistung als Eigenverbrauch benötigt werden (Gegensatz: Absorptionsleistungsmessung). In Anlagen der am Meßort von der hinlaufenden, hochfrequenten Welle entstehenden Leistung wird vielfach auch der bei etwaigen Fehlanpassungen von der reflektierten Welle auftretende Leistungsanteil getrennt angezeigt (Prinzip: Bild). Man benötigt dazu Meßanordnungen mit Richtkopplern oder mit Stromwandlern und kapaizitivem Spannungsteilerschaltungen. Als Anzeigegerät wird z. B. im HF-Wattmeter nach Buschbeck ein Kreuzzeigerinstrument eingesetzt. [12]. Fl

Durchgangsvermittlungsstelle *(transit exchange)*. Vermittlungsstelle, die nur Verkehr zwischen Vermittlungsstellen abwickelt. Durchgangsvermittlungsstellen treten in größeren Ortsnetzen auf (z. B. Gruppenvermittlungsstelle in der Bundesrepublik Deutschland); Fernvermittlungsstellen sind in der Regel Durchgangsvermittlungsstellen. [19]. Kü

Durchgreifeffekt *(punch through effect)*. Bei schwach dotierten PN-Übergängen dehnen sich bei Anlegen einer Rückwärtsspannung die beiden Raumladungszonen u.U. so weit aus, daß sie die Kontaktierungsstellen berühren. In diesem Fall kommt es zu einem Kurzschluß zwischen den beiden Berührungsstellen und zu einem derart hohen Stromfluß in dem PN-Übergang, daß das Bauelement zerstört wird. [7]. Ne

Durchgreifspannung *(punch-through voltage)*, Punch-Through-Spannung. Derjenige Wert der Gleichspannung zwischen Kollektor und Basis, bei dessen Überschreiten die Zunahme der Leerlaufgleichspannung zwischen Emitter und Basis nahezu linear mit der Kollektor-Basis-Spannung erfolgt. Bei dieser Spannung dehnt sich die Kollektorsperrschicht durch die Basiszone hindurch bis zur Emitter-Sperrschicht aus (DIN 41 854). [4]. Ne

Durchgriff *(punch-through)* → Barkhausen-Beziehung. Rü

Durchlaßbereich *(pass band)* → Filter. Rü

Durchlaßbreite *(band-width)*, Breite des Durchlaßbereichs (→ Filter). Rü

Durchlaßcharakteristik *(transmission characteristic)*. Charakteristik des Frequenzgangs eines elektrischen Filters im Durchlaßbereich. Speziell versteht man darunter die Art, wie die Dämpfungscharakteristik im Durchlaßbereich approximiert wird (→ Approximation des Dämpfungsverlaufs). [15]. Rü

Durchlaßdämpfung *(pass band attenuation)* → Filter. Rü

Durchlaßkennlinie → Vorwärtskennlinie. Ne

Durchlaßspannung *(forward voltage)*. Nicht mehr zugelassene Bezeichnung für eine Spannung zwischen den Anschlüssen einer Diode, wenn durch diese ein Vorwärtsstrom fließt (DIN 41 853; empfohlen wird Vorwärtsspannung). [4]. Ne

Durchlaßstrom *(forward current)*. Nicht mehr zugelassene Bezeichnung für einen durch eine Diode in Vorwärtsrichtung fließenden Strom (Vorwärtsstrom) (DIN 41 853). [4]. Ne

Durchlaßverlust *(forward loss)*. Verlustleistung, die an einem in Vorwärtsrichtung betriebenen Halbleiterbauelement auftritt. Der D. trägt hauptsächlich zur Erwärmung der Bauelemente bei. [4]. Ne

Durchlaßverlustleistung, mittlere *(mean conducting state power loss)*. Arithmetischer Mittelwert des Produktes der Augenblickswerte von Vorwärtsspannung und Vorwärtsstrom, genommen über eine volle Periode (DIN 41 781). [4]. Ne

Durchlaßverzögerungszeit *(forward recovery time)*. Die Zeit, die der Strom oder die Spannung benötigt, um einen bestimmten festgelegten Wert zu erreichen, wenn sprungförmig von der Spannung Null oder von einer bestimmten Sperrspannung auf eine bestimmte Vorwärtsspannung oder auf einen bestimmten Vorwärtsstrom umgeschaltet wird (DIN 41 781). [4]. Ne

Durchlaßwiderstand *(forward d.c. resistance)*. Gleichstromwiderstand vorwärts. Quotient von Vorwärtsspannung und zugehörigem Vorwärtsstrom (DIN 41 853). [4]. Ne

Durchlaufzeit *(throughput time)*. Die D. ist in einer Datenverarbeitungsanlage die Zeit zwischen dem Beginn der Aufgabe und deren Abschluß, z.B. den Start eines Anwenderprogramms und seiner Beendigung. Die D. ist nicht der Kehrwert des Durchsatzes, da Wartezeiten auftreten können, in der die Datenverarbeitungsanlage andere Programme bearbeitet (Multiprogramming). [1]. We

Durchsatz *(throughput)*. Allgemein ein Maß für die Produktionsgeschwindigkeit, z. B. Liter pro Stunde. Bei Datenverarbeitungssystemen ist der D. das Maß für die Abarbeitung der Programme im System. Die Angabe über die Menge der in der Zeiteinheit abgearbeiteten Befehle (gemessen in MIPS = 1 Million Befehle pro Sekunde) gibt keinen vollen Aufschluß über den D., da z. B. Wartezeiten oder Ein-Ausgabevorgänge nicht berücksichtigt sind. Durch organisatorische Maßnahmen wie Multiprogramming versucht man, den D. von Datenverarbeitungsanlagen zu steigern. [1]. We

Durchsatzklasse *(throughput class)*. Vom Benutzer für eine virtuelle Nachrichtenverbindung in einem Datennetz mit Paketvermittlung wählbare mittlere Datenrate (Anzahl Oktetts pro Zeiteinheit). [19]. Kü

Durchschaltenetz *(circuit switching network)*. Nachrichtennetz mit Durchschaltevermittlung, in dem die an einer Nachrichtenverbindung beteiligten Endstellen für die gesamte Dauer des Nachrichtenaustausches verbunden sind. [19]. Kü

Durchschaltevermittlung *(circuit switching, line switching)*. Vermittlungsverfahren, bei dem den Endstellen für die gesamte Dauer des Nachrichtenaustausches ein Kanal fester Bandbreite zugeteilt wird. [19]. Kü

Durchschaltfilter *(by-pass filter)*. Spezieller Bandpaß mit sehr steilen Flanken zum Durchschalten von Vorgruppen, Primärgruppen, Sekundärgruppen usw. von einem Trägerfrequenzsystem (→ Trägerfrequenztechnik) in ein anderes. Die Dämpfungscharakteristiken der D. werden vom CCITT festgelegt. [14]. Rü

Durchschaltzeit *(gate-controlled rise time)*. Schaltzeit beim Leitendwerden eines Thyristors, vergleichbar mit der Anstiegszeit (Bezeichnung t_{gr}). Zusammen mit der Zündverzugszeit *(delay time)* t_{gd} bildet die D. die Zündzeit *(total turn-on time)* t_{gt} des Thyristors (Bild). [4]. We

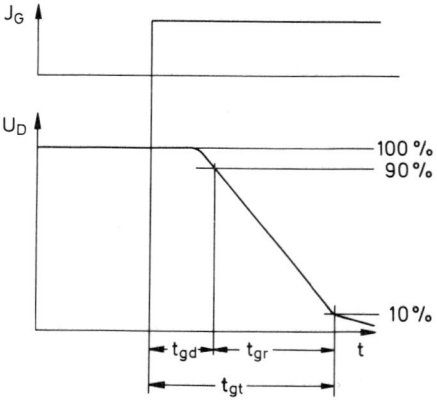

Durchschaltzeit

Durchström-Verfahren → Diffusionsverfahren. Ne

Durchwahl *(direct inward dialling)*. Herstellen von Nachrichtenverbindungen über Ortsvermittlungsstellen zu Nebenstellenanlagen ohne Mitwirken der Abfragestelle. Die Durchwahlrufnummer der Nebenstelle setzt sich aus der Rufnummer der Nebenstellenanlage und der Nebenstellennummer zusammen. [19]. Kü

Duroplast → Kunststoff. Ge

DVA. Abkürzung für → Datenverarbeitungsanlage. We

D-Verhalten *(d-characteristics)*. Übertragungsverhalten eines Differenziergliedes (→ Übertragungsglied). [18]. Ku

Dynamometer *(dynamometer)*, elektrodynamisches Meßinstrument, Elektrodynamometer. Das D. ist ein elektrisches Meßgerät mit einem elektrodynamischen Meßwerk, das vorwiegend zur Messung der Wirkleistung verwendet wird. Mit Hilfe der Hummelschaltung läßt sich mit dem D. auch die Blindleistung bestimmen. Man unterscheidet eisengeschlossene und eisenlose D. (→ Leistungsmesser). Das D. besteht aus einer waagerecht angeordneten Wicklung aus Kupferbändern, die vom Meßstrom durchflossen wird (feststehende Stromspule) und in deren magnetischem Feld sich eine drehbar gelagerte Spule befindet, die über zwei richtkrafterzeugende Spiralfedern an die Meßspannung gelegt wird (bewegliche Spannungsspule). Auf die Spannungsspule wirkt ein Drehmoment, das die Gegenkraft der Spiralfedern überwinden muß. Das D. eignet sich für Gleich- und Wechselgrößen, die Kurvenform ist ohne Einfluß. Als Kreuzspulmeßwerk ausgeführt, läßt es sich in Phasenmessern verwenden. [12]. Fl

Dynatroncharakteristik *(dynatron).* Allgemein nennt man eine I, U-Kennlinie eine Dynatronkennlinie, wenn in einem Bereich $I_1 < I < I_2$ ein fallender Kennlinienteil vorhanden ist, in dem der differentielle Widerstand $\frac{dU}{dI}$ negativ wird (Bild). Praktisch wird eine D. durch eine Dynode in einer Elektronenröhre hervorgerufen. [5]. Rü

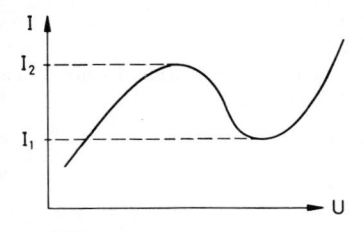

Dynatroncharakteristik

Dynatronschaltung *(dynatron oscillator).* Schaltung, die eine Dynatroncharakteristik zur Entdämpfung und zur Erzeugung von Schwingungen ausnutzt (→ Tunneldiodenoszillator). [5]. Rü

Dynistordiode *(dynistor diode).* Können die durch Lawinenvervielfachung erzeugten Ladungsträger den PN-Übergang nicht rasch genug durchdringen, entsteht über der Sperrschicht ein positiver Spannungsabfall, der (trotz angelegter negativer Spannung) den PN-Übergang in Vorwärtsrichtung vorspannt. Dies hat zur Folge, daß die Spannung auf einen kleinen Wert zusammenbricht; man erhält eine sog. hyperleitende Zone. Dieser Vorgang ist reversibel; er wird in der D. ausgenutzt. [4]. Ne

Dynode *(dynode).* Die D. ist eine Elektrode, aus der beim Elektronenaufprall Elektronen herausgeschlagen werden (Prallelektrode, Prallanode). Praktische Anwendung findet die D. in der Dynatronschaltung und bei Photovervielfachern. [13]. Rü

E

E/A *(I/O)*. Abkürzung für Ein-Ausgabe *(input-output)*, meist in Zusammensetzung verwendet, z. B. E/A-System für Ein-Ausgabe-System. [1]. We

Early-Effekt *(Early effect)*. Von Early beschriebener Effekt, bei dem es in einem Bipolartransistor zu einer Änderung der Basisbreite in Abhängigkeit von der Kollektor-Basisspannung U_{CB} kommt (Basisbreitenmodulation). Wenn z. B. in einem PNP-Transistor die Spannung U_{CB} negativer gemacht wird, dehnt sich die Raumladungszone des Kollektors in das Basisgebiet aus und verkleinert somit die Basisbreite. Der E. beeinflußt die Ausgangsadmittanz des Transistors. [7]. Bl

EAROM *(electrically alterable read only memory)*. EEPROM E^2 PROM. Festwertspeicher, der vom Anwender elektrisch programmiert, gelöscht und wiederprogrammiert werden kann. Er verwendet als Speicherelemente MNOS-Strukturen, in denen elektrische Ladungen über Jahre hinweg gespeichert werden können. Der Speichervorgang dauert einige Millisekunden. Der Vorteil des E. gegenüber dem EPROM ist, daß der Baustein zum Löschen in der Schaltung verbleiben kann. EAROMs dürften in Zukunft die Festwertspeicher (PROMs), nicht jedoch Lese-Schreib-Speicher ablösen, weil die Programmier- und Löschzeit der EAROMs relativ lang ist. [1], [2], [4]. Li

EBCDI-Code *(extended binary coded decimal interchange code)*. Auf 8 Bit (= 1 Byte) erweiterter BCD-Code mit 256 möglichen Codewörtern. Jede Ziffer und jedes Zeichen wird durch 1 Byte dargestellt. [1], [9]. Li

Ebers-Moll-Modell *(Ebers-Moll model)*. Mathematisches Modell zur Beschreibung eines Bipolartransistors unter verschiedenen Vorspannungsbedingungen. Das Bild zeigt das Ersatzschaltbild, aus dem sich für den Kollektorstrom I_C und den Emitterstrom I_E folgende Gleichungen ableiten lassen:

$$I_C = I_{CES}(e^{U_{BE}/U_T} - 1) - I_{CS}(e^{U_{BC}/U_T} - 1);$$

$$I_E = I_{ES}(e^{U_{BE}/U_T} - 1) + I_{ECS}(e^{U_{BC}/U_T} - 1),$$

wobei I_{ES} und I_{CS} die Sättigungsströme der Emitter-Basis- bzw. Kollektor-Basis-Diode, I_{CES} und I_{ECS} die Transfersättigungsströme, $U_T = kT/e = 0{,}26$ mA bei 300 K (k Boltzmann-Konstante, T absolute Temperatur, e Elementarladung), U_{BE} und U_{BC} die Basis-Emitter- bzw. Basis-Kollektor-Spannung sind. [7]. Ne

Ebnung des Wellenwiderstandes → Wellenparameterfilter. Rü

Echo, ionosphärisches → Reflexion an der Ionosphäre. Ge

Echodämpfung *((active) return loss)*. Die E. kennzeichnet bei einer Signalübertragung das Maß der Abweichung von der Wellenanpassung. Bei einem Vierpol im Betrieb werden für Ein- und Ausgangstor Echofaktoren (Echoübertragungsfaktor → Reflexionsfaktor) definiert (DIN 40 148):

$$r_{E1} = \frac{W_1 - Z_{w1}}{W_1 - Z_{w1}}, \quad r_{E2} = \frac{W_2 - Z_{w2}}{W_2 + Z_{w2}}.$$

W_1, W_2 sind die Ein- bzw. Ausgangsimpedanzen des Vierpols und Z_{w1}, Z_{w2} die Wellenwiderstände. Daraus folgen die (komplexen) Echodämpfungsmaße:

$$g_{E1} = \ln\frac{1}{r_{E1}}, \quad g_{E2} = \ln\frac{1}{r_{E2}}.$$

Für das Echodämpfungsmaß ist auch die Bezeichnung Rückflußdämpfungsmaß gebräuchlich. [14]. Rü

Echodämpfungsmaß → Echodämpfung. Rü

Echofaktor → Echodämpfung. Rü

Echolot *(sonic depth finder)*. Kombiniertes Sende-Empfangsgerät, das Entfernungen mißt. Hierbei werden vom Sender Schallimpulse ausgesendet, die von Schallreflektoren (in Wasser z. B. Schiffswracks, Felsen, Fischschwärme) reflektiert und vom Empfänger erfaßt werden. Die Zeitdifferenz zwischen Aussenden und Empfangen des Schallimpulses gibt Auskunft über die Entfernung des Objektes von der Schallquelle. Anwendung: Seefahrt, Werkstoffprüfung, medizinische Diagnostik. [12]. Ne

Echometer *(echo attenuation measuring set)*. Das E. ist eine Meßanordnung, mit deren Hilfe sich in Nachrichtenübertragungssystemen die Echodämpfung bestimmen läßt. [12]. Fl

Echophase → Reflexionsfaktor. Rü

Echoübertragungsfaktor auch kurz **Echofaktor** → Echodämpfung. Rü

Echowinkel → Reflexionsfaktor. Rü

Echtzeitbetrieb *(real time processing)*, Real-Time-Betrieb. Betrieb eines Datenverarbeitungssystems, bei dem Programme zur Verarbeitung anfallender Daten in der Weise betriebsbereit sind, daß die Ergebnisse innerhalb einer vorgegebenen Zeit verfügbar sind. Die Daten können je nach Anwendungsfall nach einer zeitlich zufälligen Verteilung oder zu vorbestimmten Zeitpunkten anfallen (DIN 44 300). R. muß besonders in der Prozeßdatenverarbeitung angewendet werden, um die Reaktionszeit zu begrenzen. [1]. We

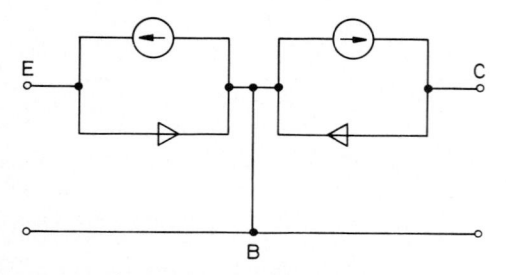

Ersatzschaltbild des Ebers-Moll-Modells

Echtzeitdarstellung *(real time)*, Realzeitdarstellung. 1. Zur E. wird eine quarzgesteuerte, elektronische Uhr eingesetzt, deren Zeitangabe beim Prozeßrechner in einem Register automatisch gespeichert werden kann. Während eines laufenden Programms kann das Register zu festen Zeiten oder auch nach relativen Zeitdauern abgefragt werden. Auf diese Weise lassen sich prozeßbezogene Abläufe einleiten. 2. Bezeichnung für die Darstellungsweise auf einem Echtzeitanalysator. [9], [17]. Fl

Eckfrequenz *(cutoff frequency)*, Knickfrequenz. Wird ein beliebiger Frequenzgang eines linearen Übertragungsgliedes in elementare Frequenzgänge aufgespalten und diese durch ihre Asymptoten im Bodediagramm (→ Frequenzkennlinien) approximiert, so entstehen Knickstellen. Die Frequenzwerte an den Knickstellen nennt man E. [11]. Ku

ECL *(emitter coupled logic)*, emittergekoppelte Transistorlogik, ECTL, EEL. Schaltungsfamilie der Digitaltechnik, die nach dem Differenzverstärkerprinzip arbeitet. Da die bipolaren Transistoren im aktiven Bereich (d.h. im nichtgesättigten Zustand) betrieben werden, nimmt die Schaltung eine große Leistung auf; die Schaltgeschwindigkeit ist jedoch sehr hoch (Schaltverzögerungszeiten 1 bis 2 ns). Wegen des geringen Spannungshubes zwischen H- und L-Zustand und den kleinen Schaltzeiten ist die E. sehr störspannungsempfindlich. [2]. We

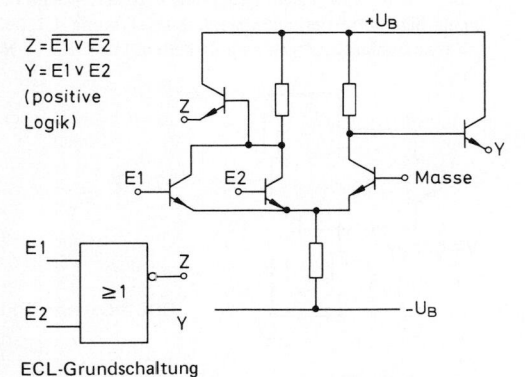

ECL-Grundschaltung

ECMA-Kassette *(ECMA data cassette)*. Datenkassette für digitale Datenaufzeichnung. Abmessungen wie Musikkassette, jedoch bessere mechanische Qualität und auf „drop out" geprüfte Bänder. Der Name stammt von der Normenorganisation ECMA (European Computer Manufacturer Organization). Die Kassette wurde erstmals im ECMA-Standard Nr. 34 genormt. Daher ist die Kassette auch als ECMA 34-Kassette bekannt. [1]. Th

ECTL *(emitter coupled transistor logic)* → ECL. [2]. We

E-Diagramm → Richtdiagramm. Ge

Editor *(editor)*. Teil des Betriebssystems; dient zur Erfassung und Änderung von Quellenprogrammen, die auf einen Datenträger übernommen werden. Der E. kann Funktionen wie Neueingabe, Einfügen (insert), Löschen (delete), Ändern (reformate), Suchen bestimmter Begriffe (search), Auflisten des gesamten Programms, Ausdrucken umfassen. [1]. We

EDV, Abkürzung für elektronische Datenverarbeitung (→ Datenverarbeitung). [1]. Li

EDV-System *(computer system)*, elektronisches Datenverarbeitungssystem. System zur Ausführung der Datenverarbeitung. Der Begriff wird in der Praxis nicht klar von der Datenverarbeitungsanlage getrennt. Zum E. gehört neben der Datenverarbeitungsanlage das Betriebssystem. In einem E. können mehrere Zentraleinheiten vorhanden sein (Multiprozessor-System). [1]. We

EEG-Gerät → Elektroenzephalograph. Fl

EEL *(emitter emitter logic)* → ECL. We

EEPROM *(electrically erasable programmable read-only memory)* → EAROM.

Effekt, elektroakustischer *(electro-acoustical effect)*. Dieser Effekt kennzeichnet die Eigenschaft einiger piezoelektrischer Kristalle, meist Quarze, sich beim Anlegen elektrischer (bzw. magnetischer) Felder auszudehnen oder zusammenzuziehen. Legt man an den Kristall ein hochfrequentes Wechselfeld an, erzeugt der Schwingquarz eine Schallwelle. [5]. Bl

Effekt, elektrooptischer *(electro-optical effect)*. Hierzu gehören alle Erscheinungen, die auf Beeinflussung der optischen Eigenschaften von Festkörpern durch elektrische Felder zurückzuführen sind. Elektrooptische Effekte sind: Der Stark-Effekt sowie die Elektroabsorption und Elektroreflexion, d.h. die Änderung der Absorptions- und Reflexionseigenschaften von Festkörpern beim Anliegen äußerer elektrischer Felder. [5]. Bl

Effekt, glühelektrischer → Richardson-Effekt. Bl

Effekt, gyromagnetischer *(gyromagnetic effect)*, Einstein-de Haas-Effekt. Wird die Magnetisierung eines drehbar gelagerten Ferromagneten geändert, so beginnt sich der Ferromagnet zu drehen. Deutung: Erklärt man die den Magnetisierungszustand verursachenden Kreisströme durch kreisende Elektronen, so besitzen diese auch einen Drehimpuls. Bei einer Änderung der Magnetisierung wird der Drehimpuls der Elektronen geändert und es muß nach dem Satz von der Erhaltung des gesamten Drehimpulses ein makroskopischer Drehimpuls auftreten. [5]. Bl

Effekt, lichtelektrischer → Photoeffekt. Bl

Effekt, magnetooptischer → Faraday-Effekt. Rü

Effekte, optische *(optical effects)*. Sammelbezeichnung für alle Effekte im Zusammenhang mit Licht (d.h. elektromagnetischen Wellen), z. B. Zeeman-Effekt, Kerr-Effekt. [5], [7]. Bl

Effekt, piezoelektrischer *(piezoelectric effect)*. Deformiert man einen Kristall, der eine polare Achse besitzt (etwa Quarz oder Turmalin), so wird er polarisiert und zeigt Aufladungen an seiner Oberfläche (Piezoelektrizität). Schneidet man aus einem solchen Kristall eine Platte und belegt sie an zwei gegenüberliegenden Seiten mit

Effekt, thermoelektrischer

elektrischen Kontakten, so wird ein transversaler piezoelektrischer E. (Richtung der Zugbeanspruchung senkrecht zur elektrischen Achse) und ein longitudinaler piezoelektrischer E. (beide Richtungen parallel) beobachtet. [5]. Bl

Effekt, thermoelektrischer → Richardson-Effekt. Bl

Effektivwert *(root-mean-square (rms))*. Ist u = u(t) eine zeitlich veränderliche Wechselspannung mit der Periodendauer T, der ein Gleichanteil überlagert sein kann (Mischspannung), dann gilt für den E. der Spannung

$$U = \sqrt{\frac{1}{T} \int_0^T u^2 \, dt}.$$

Analog erhält man für den E. des Stromes (Mischstrom)

$$I = \sqrt{\frac{1}{T} \int_0^T i^2 \, dt}.$$

(DIN 40110). Der E. stellt ein Maß für die physikalische Wirkung der nicht notwendig sinusförmigen Wechselgrößen dar. I (und U) kann als Gleichstrom (und -spannung) aufgefaßt werden, der während der Zeit T die gleiche Arbeit $W = I^2 RT$ verrichtet wie die betreffende Wechselgröße. [5]. Rü

Effektivwertgleichrichter *(root mean square rectifier)*, quadratischer Gleichrichter. Der E. ist eine Gleichrichterschaltung für Meßzwecke, mit der Effektivwerte von Wechselgrößen erfaßt werden. Man nutzt dazu den Bereich von Diodenkennlinien, in dem eine quadratische Beziehung zwischen Diodenstrom und -spannung vorliegt. Da dies nur bei kleinen Ansteuerungen der Kennlinie möglich ist, vergrößert man näherungsweise den quadratischen Zusammenhang über Parabelfunktionsnetzwerke. Im Bild findet für das Meßsignal zunächst eine Vollweggleichrichtung statt. Mit wachsender Meßspannung werden über vorgespannte Schaltdioden entsprechende Widerstände parallel zum Widerstand R_1 gelegt, und man erhält einen großen Bereich, in dem ein angenähert quadratischer Funktionszusammenhang vorliegt. [12]. Fl

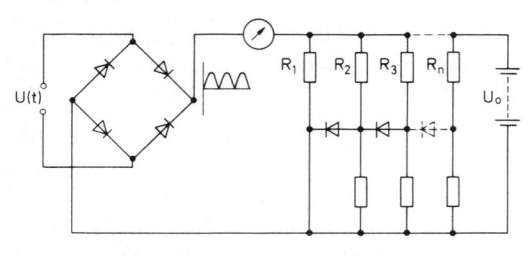

Effektivwertgleichrichter mit Parabelnetzwerk

Effektivwertmessung *(root-mean-square value measurement)*. Die E. erfaßt den Effektivwert sinus- und nichtsinusförmiger Wechselgrößen. Zur direkten, analogen Messung sind alle Meßgeräte mit quadratisch wirkenden Meßwerken geeignet (z. B. Dreheisenmeßgerät, Dynamometer, elektrostatische Meßinstrumente). Für Präzisionsmessungen lassen sich thermische Meßgeräte, insbesondere mit Thermoumformern, einsetzen. Indirekt läßt sich eine E. z. B. mit dem Drehspulmeßwerk über einen vorgeschalteten Meßgleichrichter durchführen. Die Skala ist in Effektivwerten sinusförmiger Größen kalibriert (→ Kalibrierung). Hochwertige, elektronisch arbeitende Effektivwert-Meßgeräte nutzen die multiplizierende Wirkung eines Analogmultiplizierers und bilden gemäß der Definition des Effektivwertes zunächst das Quadrat der Meßgröße. Ein nachfolgender Tiefpaß bildet den Mittelwert, der dann in einem Radizierer endgültig zum Effektivwert umgewandelt wird (Bild). Die E. ist kurvenformunabhängig. [12]. Fl

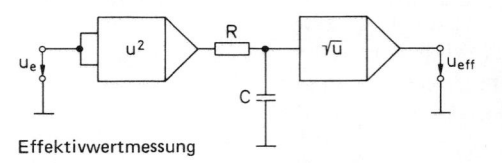

Effektivwertmessung

EFL *(emitter follower logic)*. Eine LSI-Schaltungstechnik, deren Grundbausteine sich aus Emitterfolgern mit PNP- und NPN-Transistoren zusammensetzen (Bild). Mit EFL lassen sich durch Anwendung der Dreifachdiffusionstechnik und durch Verwendung vertikaler PNP-Transistoren sehr hohe Packungsdichten erzielen. Nachteile: keine Signalinvertierung, Spannungsverstärkung < 1, keine allzu hohen Schaltgeschwindigkeiten. [4]. Ne

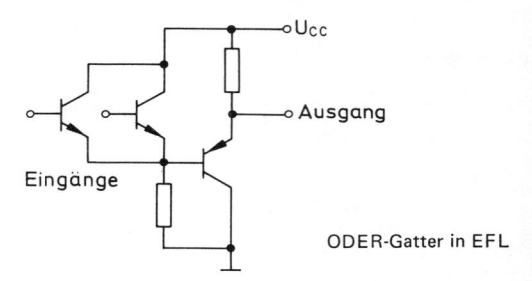

ODER-Gatter in EFL

EHF *(extremly high frequency)* → Millimeterwelle, → Funkfrequenzen. Ge

EHKP *(Einheitliche Höhere Kommunikationsprotokolle)*. Standardisierte, herstellerneutrale Protokolle für Anwendungen in der öffentlichen Verwaltung der Bundesrepublik Deutschland. [19]. Kü

EIA *(Electronic Industries Association)* → Normungsorganisationen in den USA. Ne

Eichen *(calibrating)*. Das E. von Meßgeräten oder Maßverkörperungen wird zur Überprüfung zulässiger Abweichungen (Eichfehlergrenzen) zwischen der Istanzeige und Sollanzeige im Vergleich mit Eichnormalen von der zuständigen Eichbehörde (oberste Behörde in der Bundesrepublik Deutschland: Physikalisch-Technische Bundesanstalt Braunschweig) nach genau festgelegten Eichvorschriften vorgenommen. Die Durchführung der Eichung wird mit einem Eichstempel beurkundet. Das E. darf nicht mit Kalibrieren oder Justieren verwechselt werden. [2]. Fl

Eichfrequenz *(standard frequency, reference frequency)*, Vergleichsfrequenz. Die E. wird im allgemeinen von einer hochgenauen Normalfrequenz als Bezugsnormal abgeleitet und dient der Erfassung von zulässigen Abweichungen zwischen dem Istwert und dem Sollwert der abgegebenen Frequenz eines Prüflings. Besondere Bedeutung besitzt der Vergleich eines sekundären Frequenznormals mit einem primären Frequenznormal. [12]. Fl

Eichgenauigkeit *(calibration accuracy)*. Angabe darüber, wie genau ein Gerät geeicht werden kann. Sie bezieht sich i.a. auf den Skalenendwert und gibt an, wie weit der tatsächlich angezeigte Skalenendwert vom theoretischen Skalenendwert abweicht (Angabe in Prozent). [4]. Ne

Eichgenerator *(standardizing generator)*, Prüfgenerator. Im amtlichen Sinne von Eichen ein Normalfrequenzgenerator, der als Frequenznormal hochgenau und phasenstarr diskrete Frequenzen mit einem Minimum an Oberschwingungsgehalt bereitstellt. Im technischen Sprachgebrauch werden Meß- oder Prüfgeneratoren oft als Eichgeneratoren bezeichnet. Obwohl ihre Beurteilung ebenfalls nach obengenannten Kriterien vorgenommen wird, liegen die an sie gestellten Ansprüche geringer. Hohe Frequenzgenauigkeit erhält man hierbei von Quarzgeneratoren, die auch als Frequenzdekade ausgeführt werden und deren Ausgangsspannung in weitem Bereich einstellbar ist. [12]. Fl

Eichkurve *(standard field curve)*. Bei einer E. im amtlichen Sinne handelt es sich um die graphische Darstellung der Sollanzeige als Funktion der Istanzeige, die dem von der Physikalisch-Technischen Bundesanstalt überprüften Gebrauchsnormal häufig mitgeliefert wird. Dazu wird jeweils der Sollwert eines entsprechenden Normals mit dem Istwert des zu überprüfenden Gebrauchsnormals verglichen und in einer Tabelle aufgeführt. Daraus läßt sich die E. erstellen. Unzulässige Abweichungen von den Eichfehlergrenzen sind sofort erkennbar. Die E. wird im Sprachgebrauch oft mit der Kalibrierkurve oder der Korrekturkurve verwechselt. [12]. Fl

Eichleitung *(attenuation box)*. Eine aus hochpräzisen Widerständen aufgebaute Kette von Dämpfungsgliedern mit konstantem Ein- und Ausgangswiderstand (Wellenwiderstand), wobei die fein unterteilten geeichten Dämpfungsschritte in Np oder dB einstellbar sind. (Dämpfungsschritte z. B.: 10, 1, 0,1 dB; gebräuchliche Wellenwiderstände: 50, 60, 75, 300, 600 Ohm.) Eichleitungen werden in der Nachrichtenmeßtechnik vorzugsweise für präzise Dämpfungsmessungen bei Vierpolen verwendet. [12]. Rü

Eichnormal *(standard measure)*. Das E. ist ein Normal, dessen Anforderungen bezüglich der Genauigkeit höher liegen als beim Gebrauchsnormal. Letztere werden bei der amtlichen Eichung mit dem E. nach festgelegten Vorschriften verglichen. [12]. Fl

Eichteiler *(standard attenuator)*, Dämpfungsglied, Präsionsteiler. E. werden zur stufenweisen Erweiterung der Meßbereiche von Meßgeräten oder Meßanordnungen aller Art benutzt. Speziell in der Niederfrequenz- und Hochfrequenzmeßtechnik bezeichnet man präzise, frequenzkompensierte Spannungsteiler bzw. Dämpfungsglieder auch als E. E. sind auch aus ohmschen Widerständen aufgebaute Kettenspannungsteiler oder auch veränderbare Eichleitungen. Bei höheren Spannungen verwendet man kapazitive Spannungsteiler. Die E. werden häufig nach den Regeln der Vierpoltheorie berechnet, das Teilerverhältnis wird im allgemeinen als logarithmisches Verhältnis in dB angegeben. Es kann fest oder veränderbar sein. [8], [12]. Fl

Eichthermometer → Gasthermometer. Fl

Eichung *(standardizing)*. Die E. von Meßgeräten oder Maßverkörperungen ist im Gesetz über das Meß- und Eichwesen (Eichgesetz) in der Bundesrepublik Deutschland festgelegt. Demnach dürfen Eichungen nur von der zuständigen Eichbehörde nach festgelegten Eichvorschriften durchgeführt werden. Bei der E. wird festgestellt, ob der Prüfling den Eichvorschriften bezüglich seiner Beschaffenheit und meßtechnischen Eigenschaften genügt und die Eichfehlergrenzen einhält. Nach erfolgreicher Prüfung wird mit dem Prüfstempel die E. beurkundet. Fl

Eichwiderstand *(standard resistance)*. Der E. ist ein Einzelwiderstand höchster Genauigkeit und Konstanz, der bei Eichbehörden zum Vergleich von Normalwiderständen als Gebrauchsnormal herangezogen wird. Der Abgleich von Widerstandsnormalen erfolgt über den E. meist auf 0,01 % Meßunsicherheit. Fälschlicherweise werden oft Normalwiderstände als E. bezeichnet. [12]. Fl

Eigenfrequenz *(natural frequency)* → Eigenschwingung. Rü

Eigenfunktion *(eigenfunction)*. Die E. ist eine von Null verschiedene Lösung eines „Eigenwertproblems", d.h. einer linearen Gleichung bzw. Differentialgleichung (oder eines Gleichungssystems), das den Zustand eines physikalischen Systems beschreibt und das nur bestimmte, diskrete Zustände annehmen kann. Beispielsweise sind die Wellenfunktionen in der Quantenmechanik (z. B. die des Elektrons im atomaren elektromagnetischen Feld) die Eigenfunktionen des Energie-Eigenwertproblems, das durch den „Hamilton-Operator" beschrieben wird. [5], [7]. Bl

Eigenhalbleiter *(instrinsic semiconductor)*. Halbleiter(kristall) von fast idealer und reiner Beschaffenheit, in dem die Dichten der Elektronen und Defektelektronen im Fall des thermischen Gleichgewichts nahezu gleich sind. Der Zustand gleicher Ladungsträgerdichten kann auch bei gleichen Störstellendichten erreicht werden. Man spricht dann von einem „Kompensations-Halbleiter" (DIN 41 852). [7]. Bl

Eigenkapazität → Wicklungskapazität. Ge

Eigenleiter *(instrinsic conductor)* → Eigenhalbleiter. Bl

Eigenleitfähigkeit *(instrinsic conductivity)*. E. wird durch — auch im reinen Halbleiter vorhandene — Elektronen und Defektelektronen erzeugt. Sie hängt vom Bänderschema des jeweiligen Halbleiters und der Temperatur ab. Bei 0 K ist der Halbleiter ein perfekter Isolator, weil das Valenzband mit Elektronen gefüllt und das Leitungsband leer ist. Bei höheren Temperaturen reicht die thermische Energie aus, Elektronen-Defektelektronen-Paare zu bilden, d.h., Elektronen treten aus dem Valenz- in das Leitungsband über. Bei Silicium befinden sich bei Zimmertemperatur etwa 10^{16} Elektronen/m^3 im Leitungsband. Diese Elektronen tragen bei Vorhandensein eines elektrischen Feldes zum Stromfluß bei. [7]. Bl

Eigenleitung *(intrinsic conductivity)*, Ladungstransport im Eigenhalbleiter. Die Elektrizitätsleitung erfolgt durch „Verschieben" der Elektronen zur Anode und der Defektelektronen zur Katode. [7]. Bl

Eigenleitungsbereich *(intrinsic conductivity range)*. Der E. gibt den Temperaturbereich an, in dem bei Halbleitern die Eigenleitung überwiegt. Er hängt von der Breite der Energielücke (verbotene Zone) ab und beginnt dort, wo die Temperatur gerade ausreicht, um Elektronen durch thermische Anregung aus dem Valenz- in das Leitungsband zu heben und somit Eigenleitung zu erhalten. [7]. Bl

Eigenresonanz *(natural resonance, self resonance)*. Wirkt auf eine schwingfähige Anordnung mit der Eigenfrequenz ω_0 eine periodische Anregung der Frequenz ω, so gerät diese Anordnung — nach Durchlaufen eines Einschwingvorgangs, bei dem auch ihre Eigenfrequenz auftritt — in eine erzwungene Schwingung mit der Frequenz ω. Je näher sich ω der Eigenfrequenz ω_0 nähert, um so größer wird die Schwingamplitude der Anordnung. Die Frequenz, bei der die größte Schwingamplitude auftritt, wird als E. ω_r bezeichnet. Bei kleiner Dämpfung ist ω_r fast gleich ω_0. [13]. Th

Eigenschwingung *(natural oscillation)*. Allgemein die freie Schwingung eines abgeschlossenen, ausgedehnten Systems bei der sämtliche Zustandsgrößen in allen Raumpunkten synchron schwingen. In schwach gedämpften Systemen ist die Frequenz einer E. – die Eigenfrequenz – gleich einer der möglichen Resonanzfrequenzen. Die Eigenschwingungen werden durch die Eigenwerte des Systems bestimmt. [5]. Rü

Eigenwert *(eigen-value)*. Bei Differential- und Integralgleichungen gibt es für die Konstanten oder Parameter bestimmte Zahlenwerte, die Eigenwerte, für die die Gleichung lösbar ist. In der linearen Algebra spielen die Eigenwerte λ_i einer Matrix **A** eine große Rolle; sie sind (nichttriviale) Lösungen der charakteristischen Gleichung (Eigenwertgleichung)

$$\det (\mathbf{A} - \lambda \mathbf{E}) = 0,$$

wobei **E** die Einsmatrix n-ter Ordnung ist, wenn **A** als quadratische Matrix der Ordnung n vorliegt. Bei schwingfähigen Systemen geben die Eigenwerte Auskunft über die möglichen Eigenschwingungen. In der Netzwerktheorie sind die E. charakteristische Größen des Netzes.

So ergeben sich die Eigenwerte der Widerstandsmatrix (Vierpolmatrizen) als Kettenwiderstände K_1 und K_2, die für widerstandssymmetrische Vierpole in den Wellenwiderstand Z_w übergehen. Die Eigenwerte der Kettenmatrix sind die Kettendämpfungsfaktoren. Rü

Eimerkettenschaltung → BBD. Ne

Einadreßbefehl *(single-address instruction)*. Befehl, der in seinem Adreßteil nur eine Adresse enthält. Wenn der Befehl von seiner Funktion her mehrere Operanden hat, z. B. bei allen Verknüpfungsbefehlen, so befindet sich der zweite Operand, der nicht durch den Adreßteil bezeichnet ist, im Akkumulator. [1]. We

Einadreßmaschine *(single-address machine)*. Datenverarbeitungsanlage, die in ihrem Prozessor Einadreßbefehle verarbeitet. Von der Hardware her sind die meisten Datenverarbeitungsanlagen Einadreßmaschinen. Eine Abarbeitung von Mehradreßbefehlen wird für den Benutzer durch das Mikroprogramm vorgetäuscht. [1]. We

Ein-Ausgabe-Port *(input-output port)*. Eine Schaltung zum Anschließen von Ein-Ausgabe-Geräten an das Bussystem eines Mikrorechners. Ein E. besteht aus parallelen Leitungen, deren Anzahl der dem Mikroprozessor zugrundeliegenden Wortlänge entspricht. [1]. Ne

Ein-Ausgabe-System *(input-output system)*, E/A-System. Teil der Datenverarbeitungsanlage, der zur Eingabe oder Ausgabe von Daten dient. Zum E. gehören neben den Eingabe- und den Ausgabegeräten die Steuerungen dieser Geräte (Controller, Kanäle, Steuereinheiten); für die Verbindung zum Speicher evtl. DMA-Controller, Pufferbereiche im Hauptspeicher sowie Software in Form von Programmen zur Steuerung der Ein-Ausgabevorgänge (Kanalprogramme, E/A-Steuerprogramme *(input-output-control system, IOCS)*. Die Software-Bestandteile des E. sind Teil des Betriebssystems.

Mit Ein-Ausgabe-Systemen werden in einigen Fällen nur die Teile des Betriebssystems bezeichnet, die für die Abwicklung der Ein-Ausgabe-Vorgänge zuständig sind. Ein-Ausgabe-Systeme enthalten oft eigene Prozessoren zur Entlastung der Zentraleinheit (E/A-Prozessoren, Coprozessoren).

[1]. We

Ein-Ausgabe-Steuerungs-System → Steuersystem. We

Einbrennen → Burn-In. We

Ein-Chip-Mikrocomputer *(single chip microcomputer)*. Mit zunehmender Packungsdichte integrierter Schaltungen wurde es möglich, alle Funktionseinheiten eines Mikrocomputers, also den Mikroprozessor zusammen mit einem Ein-Ausgabe-Interface, RAM und ROM auf einem Chip unterzubringen. Wegen des integrierten ROM, in das das Programm fest einprogrammiert wird, ist der E. vorwiegend als Steuer-Baustein geeignet, z. B. für Haushaltsgeräte und Geräte der Unterhaltungselektronik. [1], [2], [4], [9]. Li

Ein-Chip-Rechner → Ein-Chip-Mikrocomputer. Li

Eindringtiefe *(penetration depth)*. 1. Dicke der Oberflächenschicht, in der bei einem unter der Einwirkung eines Magnetfeldes stehenden Supraleiter Supraleitungsströme induziert werden. 2. Entfernung δ von der Leiteroberfläche, an der beim Skin-Effekt der Strom auf 1/e (d.h. etwa 37 %) des Wertes an der Oberfläche gesunken ist. Für zylindrische Leiter mit der elektrischen Leitfähigkeit σ, der Permeabilität μ gilt bei Anliegen eines Wechselstromes der Frequenz f: $\delta = 1/\sqrt{\pi \cdot f \cdot \sigma \cdot \mu}$. [5]. Bl

Einerkomplement → Komplement. Li

Einfachregelung *(single control).* Regelkreise, bei denen nur eine Größe geregelt wird, nennt man auch E. Im Gegensatz dazu steht die Mehrfachregelung. [18]. Ku

Einfluß *(influence upon an instrument, influence),* Einflußgröße, Einflußfehler. Unter E. versteht man in der Meßtechnik Verfälschungen des Meßergebnisses, die aufgrund von Einwirkungen aus der Umgebung eines Meßgerätes oder einer Meßanordnung entstehen. Solche Einwirkungen sind der Temperatureinfluß, der Anwärme-, der Lage-, der Frequenz-, der Fremdfeld-, der Einbaueinfluß bei Schalttafelgeräten, die Beruhigungszeit und die Dämpfung des Meßwerks. [12]. Fl

Einflußfehler → Einfluß. Fl

Einflußgröße → Einfluß. Fl

Einfügungsdämpfung *(insertion loss).* (→ Bild Vierpol im Betrieb). Die E. ist eine vorzugsweise im anglo-amerikanischen Sprachraum übliche Betriebsdämpfungseinheit. Bei einem Vierpol im Betrieb wird die E. als Wurzel aus dem Quotienten der Wechselleistungen an der Abschlußimpedanz Z_2 ohne Vierpol ($S_{\sim 0}$) zur Wechselleistung $S_\sim$ bei „eingefügtem" Vierpol definiert:

Einfügungs-Dämpfungsfaktor:

$$D_{in} = \sqrt{\frac{S_{\sim 0}}{S_\sim}} = \frac{1}{A_{in}}$$

oder das *Einfügungsdämpfungsmaß* (DIN 40 148/3):

$$g_{in} = \frac{1}{2} \ln \frac{S_{\sim 0}}{S_\sim}.$$

Der Zusammenhang mit dem Betriebsübertragungsfaktor A_B wird durch den Stoßfaktor s hergestellt:

$$A_B = A_{in} s = A_{in} \frac{2\sqrt{Z_1 Z_2}}{Z_1 + Z_2}$$

und für die Dämpfungsmaße gilt:

$$a_{in} = a_B - \ln \left| \frac{Z_1 + Z_2}{2\sqrt{Z_1 Z_2}} \right|.$$

$a_{in} \leq a_B$ (= nur für $Z_1 = Z_2$).

[14]. Rü

Eingabeeinheit *(input unit).* Teil eines Datenverarbeitungssystems zur Eingabe von Daten; aufgebaut aus Eingabegerät oder -geräten und der dazu gehörigen Steuerung. Nach DIN 44 300 ist die E. die Funktionseinheit, mit der das System Daten von außen aufnimmt. [1]. We

Eingabegerät *(input device).* Gerät für die Eingabe von Daten in ein Datenverarbeitungssystem, dabei kann die Eingabe direkt vom Menschen, z. B. über Tastatur oder auch über bereits erstellte Datenträger, z. B. Lochkarte, erfolgen. Das E. hat die Aufgabe, die Daten in elektronische Signale umzusetzen. Bei einigen E. werden auch Fehlerprüfungen vorgenommen, z. B. bei Lochkartenlesern Prüfung auf Doppellochung. Eingabegeräte können mit Ausgabegeräten kombiniert sein, z. B. Lochkartenleser, Lochkartenstanzer. [1]. We

Eingabe-Multiplexer → Scanner. We

Eingabe-Pufferregister *(input buffer register).* Ein Register im Eingabebereich eines Digitalrechners, in dem Eingabedaten von Peripheriegeräten bis zu ihrer Verarbeitung abgespeichert werden. [1]. Ne

Eingabeschalter → Codierschalter. Fl

Eingabestation *(input station).* Station für Eingabe von Daten in ein Datenverarbeitungssystem, z. B. ein Datensammelsystem. Die E. besteht aus Eingabegerät, Pufferspeicher, Schnittstelle zum System und evtl. einem Prozessor, um Fehlerkontrollen, Datenkompression und Plausibilitätsprüfungen ausführen zu können. [1]. We

Eingang *(input).* Anschlußkontakt einer Schaltung oder eines Bauelements, an den ein Signal angelegt werden kann, das verarbeitet, verstärkt, gespeichert oder mit anderen Signalen verknüpft werden soll. [6], [9]. Li

Eingang, invertierender *(inverting input).* Eingang einer Schaltung, der zu einer das Vorzeichen der Eingangsspannung bzw. den Pegel des Eingangsimpulses umkehrenden Stufe führt, z. B. der invertierende Eingang eines Operationsverstärkers oder einer Digitalschaltung. [1], [6], [9]. Li

Eingangsabschlußwiderstand *(input line terminating impedance),* Abschlußscheinwiderstand am Eingang. Als E. wird in der Leitungstheorie die Abhängigkeit des Eingangswiderstands (R_e) einer Leitung vom Abschlußwiderstand (R_a) und den Leitungseigenschaften beschrieben. Die bei der verlustlosen Leitung auftretenden Transformationseigenschaften gelten dabei nur für die Bestimmungsfrequenz. Besonders wichtig ist hierbei z. B. das Verhalten des $\lambda/4$- und $\lambda/2$-Transformators. Beim $\lambda/4$-Transformator läßt sich bei einem Wellenwiderstand $Z = \sqrt{R_a \cdot R_e}$ jeder Widerstand $\underline{Z}_e = R_e$ in einen beliebigen Widerstand $\underline{Z}_a = R_a$ transformieren. Beim $\lambda/2$-Transformator erhält man unabhängig von den Leitungseigenschaften am Eingang des Leitungsstücks den Abschlußwiderstand. [8], [14], [15]. Fl

Eingangsadmittanz *(input admittance).* Eingangsleitwert, Kehrwert der Eingangsimpedanz. [15]. Rü

Eingangsalphabet *(input alphabet).* Der Zeichenvorrat, der für die Eingabe in ein Datenverarbeitungssystem zugelassen ist; bei vielen Anlagen bestehend aus Ziffern, Großbuchstaben und Sonderzeichen. [1]. We

Eingangsbelastung *(input load).* Die E. gibt an, wie stark der Ausgangskreis einer vorhergehenden Schaltung den Eingangskreis der Folgeschaltung belastet. Zur Festlegung von Schnittstellen gleich- oder verschiedenartiger elektrischer Geräte bzw. Schaltungsanordnungen muß die E. festgelegt werden (→ Eingangslastfaktor). [5]. Fl

Eingangsdrift *(input drift).* Als E. bezeichnet man die bei elektrischen Geräten oder Geräteanordnungen durch Temperaturgang, durch Alterungserscheinungen oder durch Versorgungsspannungsänderungen bewirkte Ausgangsspannungsänderung, die meist über den Verstärkungsgrad auf den Geräteeingang zurückgerechnet wird. Die E. wird häufig in mV/10 K angegeben, wenn es sich um eine von der Temperatur bewirkte Änderung handelt. Man gibt sie in μV/Tag an, wenn es sich um Einwirkungen von Alterung handelt und in μV/V bei Versorgungsspannungsänderungen. [12]. Fl

Eingangsfächer → Eingangslastfaktor. Fl

Eingangsfehlspannung → Eingangs-Offset-Spannung. Fl

Eingangsfehlspannungsdrift → Eingangsspannungsdrift. Fl

Eingangsimpedanz *(imput impedance).* (→ Bild Vierpol). Impedanz an den Eingangsklemmen $(1,1')$ (Eingangstor) eines Vierpols

$$W_1 = \frac{U_1}{I_1} .$$

W_1 ist eine Funktion der Vierpolparameter (→ Vierpolgleichungen) und der Impedanz Z_2, die am Ausgangstor $(2,2')$ angeschlossen ist. Wird der Vierpol z. B. durch seine Kettenparameter beschrieben, dann ist

$$W_1 = \frac{A_{11} Z_2 + A_{12}}{A_{21} Z_2 + A_{22}} .$$

Sonderfälle ergeben sich durch die Beschaltung des Ausgangstors:
1. Kurzschlußeingangsimpedanz *(short circuit input impedance),* Kurzschlußeingangswiderstand. Die Ausgangsklemmen sind kurzgeschlossen [$Z_2 = 0$ ($U_2 = 0$)]:

$$W_{1K} = \frac{A_{12}}{A_{22}}$$

2. Leerlaufeingangsimpedanz *(open-circuit input impedance),* Leerlaufeingangswiderstand. Die Ausgangsklemmen laufen leer [$Z_2 \to \infty$ ($I_2 = 0$)]:

$$W_{1L} = \frac{A_{11}}{A_{21}}$$

[15]. Rü

Eingangskapazität *(input capacitance).* Als E. bezeichnet man die Summe aller Teilkapazitäten, die sich an den Eingangsanschlüssen einer elektrischen oder elektronischen Schaltung ausbilden. Bei Röhren bezeichnet man die eingangsseitigen Elektrodenkapazitäten als E. Die E. von Meßschaltungen ist eine parasitäre, dem Eingangswiderstand parallel liegende, Kapazität, die auf kapazitive Wirkungen der Schaltungselemente und des Schaltungsaufbaus zurückzuführen ist. Aufgrund ihrer Belastung des Meßobjektes, besonders bei Hochfrequenzmessungen, muß ihr Einfluß weitgehendst kompensiert werden. [5]. Fl

Eingangskennlinie *(input characteristic).* Bei steuerbaren Halbleiter-Bauelementen — speziell Transistoren und Thyristoren — die Kennlinie, die den Zusammenhang zwischen Eingangsstrom und Eingangsspannung wiedergibt. Beim Transistor in Emitterschaltung die Basisstrom-Basisspannungs-Kennlinie: $I_B = f(U_{BE})$; beim Thyristor die Gatestrom-Gatespannungs-Kennlinie: $U_G = f(I_G)$. [4], [6]. Li

Eingangslast → Eingangslastfaktor. Fl

Eingangslastfaktor *(fan-in),* Eingangsfächer, Eingangslast. Der E. ist eine statische Kenngröße integrierter Logikbausteine. Sie gibt an, mit wieviel Lasteinheiten der Ausgangskreis einer vorhergehenden Schaltung den Eingangskreis einer gleichartigen Folgeschaltung belastet. Als Lasteinheit gilt z. B. für TTL-Bausteine (TTL Transistor-Transistor-Logik) im L-Zustand ein Maximalstrom von 1,6 mA, im H-Zustand 40 μA. Diese Werte stellen eine Eingangslast von 1 dar. Größere Eingangslastfaktoren (→ Vielfache der genannten Werte) besitzen Flipflops und Schaltungen höherer Integrationsdichte. [2]. Fl

Eingangsleistung *(input power).* Die E. ist die einem elektrischen Gerät bzw. einer elektrischen Schaltung dem Signaleingang zugeführte elektrische Leistung. So benötigt z. B. ein Bipolartransistor im Gegensatz zur Röhre eine E. zur Ansteuerung. Ist bei einem Verstärker die E. kleiner als die Ausgangsleistung, liegt ein Leistungsverstärker vor. Oft versteht man unter E. die gesamte, dem System zugeführte Leistung, über die sich dann mit der abgegebenen Gesamtleistung der Wirkungsgrad berechnen läßt. [5]. Fl

Eingangsleitwert *(imput admittance).* Kehrwert des Eingangswiderstands (→ Eingangsimpedanz). [15]. Rü

Eingangs-Nullspannung → Eingangs-Offset-Spannung. Fl

Eingangs-Nullspannungsdrift → Eingangsspannungsdrift. Fl

Eingangs-Offset-Spannung *(input offset voltage),* Eingangsfehlspannung, Eingangs-Nullspannung, Fehlspannung. Die E. ist eine charakteristische Kenngröße von Operations- und Differenzverstärkern. Sie ist diejenige Differenz-Eingangsgleichspannung, bei der — unter der Voraussetzung, daß die Gleichtakt-Eingangsgleichspannung Null ist —, die Ausgangsspannung den Ruhesollwert annimmt. Der Ruhesollwert liegt im allgemeinen bei Null. [4]. Fl

Eingangspegel *(input level),* Empfangspegel. Als E. bezeichnet man das logarithmische Verhältnis zweier gleichartiger elektrischer Größen (Spannung, Strom oder Leistung) am Signaleingang einer beliebigen Empfangseinrichtung. Der E. ist oftmals als relativer Pegel auf den Eingang der Schaltung bezogen und beträgt an dieser Stelle 0 dB bzw. 0 Np. Ist er auf international genormte Bezugswerte festgelegt, handelt es sich um den absoluten Pegel, der für Datenübertragungseinrichtungen auf Fernsprechwegen nach CCITT empfohlen wird. [12], [13], [14]. Fl

Eingangsprüfung *(incoming inspection).* Obgleich Halbleiterbauelemente vom Hersteller auf Funktionstüchtigkeit überprüft werden, wird beim Kunden nach Wareneingang nochmals eine Prüfung als Kontrollmessung vorgenommen. Diese Kontrolle erfolgt stichprobenartig. [4]. Ne

Eingangsruhestrom *(input bias current)*. Der E. ist ein Gleichstrom, der als charakteristische Kenngröße unter Beachtung einiger Nebenbedingungen am Signaleingang von Operations- oder Differenzverstärkern auftritt (→ Bild Differenzstufe). Meist werden nicht die Einzelströme I_N und I_P der beiden Eingangsanschlüsse betrachtet, sondern deren arithmetisches Mittel I_R.

$$I_R = \frac{|I_P| + |I_N|}{2} \quad \text{bei } U_N = U_P = 0.$$

U_N Signalspannung am invertierenden Eingang, U_P Signalspannung am nichtinvertierenden Eingang. Die Wirkung des Eingangsruhestroms wird durch Verwendung gleichartiger Widerstände an beiden Eingangsanschlüssen kompensiert. [4]. Fl

Eingangssignal *(input signal)*, das am Eingang einer Schaltung liegende Signal, z. B. bei analogen Schaltungen eine Wechselspannung, bei digitalen Schaltungen eine Pulsfolge. [2], [6]. Li

Eingangsspannung *(input voltage)*. Als E. bezeichnet man die von außen an den Eingang eines beliebigen Übertragungsgliedes eingeprägte Spannung, die am Eingangsersatzwiderstand der Schaltung abfällt. Die E. kann sowohl eine Gleichspannung als auch eine sinusförmige oder nichtsinusförmige Spannung sein, bzw. sich aus diesen Komponenten zusammensetzen. [5]. Fl

Eingangsspannungsdrift *(input voltage drift)*, Eingangsspannungsdrift, Eingangsnullspannungsdrift. Die E. ist eine Eingangsdrift der Eingangs-Offset-Spannung U_F, die häufig vom Temperaturgang verursacht wird. Man gibt die E. als charakteristisches Kenndatum von Operationsverstärkern, Differenzverstärkern oder Gleichspannungsverstärkern in der Form von Temperaturkoeffizienten an, z. B.

$$\alpha_{U_F} = \frac{d|U_F|}{d\delta}.$$

Handelt es sich um eine Drifterscheinung, die von Versorgungsspannungsänderungen bewirkt wird, gibt man sie in µV/V an. [4], [12]. Fl

Eingangsstrom *(input current)*. In den Eingang einer Schaltung fließender Strom. [6]. Li

Eingangsstufe *(input stage)*, Anfangsstufe. Als E. wird im allgemeinen die elektrische Schaltung der ersten signalverarbeitenden Verstärkerstufe eines elektrischen Gerätes oder einer Baugruppe im weitesten Sinne bezeichnet. Für die E. gelten abhängig vom Einsatzgebiet und Anwendungsfall des Gesamtgerätes bzw. der Baugruppe ganz bestimmte Bedingungen, wie z. B. Anpassung des Eingangswiderstandes bzw. -impedanz, Eingangsempfindlichkeit, Eingangsrauschen, Eingangsverstärkung, Eingangsbandbreite, Eingangstrennschärfe (Eingangsselektivität). Es gibt Eingangsstufen mit verstärkender Wirkung und nichtverstärkender Wirkung. [5]. Fl

Eingangstor *(input)* → Vierpol. Rü

Eingangsverstärker *(input amplifier)*. Als E. bezeichnet man die zu einem elektrischen Gerät gehörende erste signalverarbeitende Stufe mit verstärkender Wirkung. Das Verstärkerbauelement kann im einfachsten Fall ein Transistor oder eine Elektronenröhre sein. Bei Operationsverstärkern wirkt im Regelfalle ein Differenzverstärker als E. Viele Eigenschaften und Besonderheiten eines elektrischen Gerätes sind von der Ausführung des Eingangsverstärkers, der bezügl. des Einsatzgebietes und des Verwendungszwecks des Gesamtgerätes im Aufbau Besonderheiten unterliegen kann. So verwendet man z. B. im Hochfrequenzbereich häufig eine Zwischenbasisstufe als E., in Sonderfällen Molekularverstärker und Reaktanzverstärker. Die Empfindlichkeit eines Gerätes ist in hohem Maße vom E. abhängig. [5]. Fl

Eingangswellenwiderstand *(input characteristic impedance)*. → Wellenwiderstand Z_{w1} am Eingangstor eines Vierpols. [15]. Rü

Eingangswiderstand *(imput impedance)* → Eingangsimpedanz. Rü

Einheit *(unit)*. Aus jeder Menge derjenigen Größen, die durch Messung miteinander vergleichbar sind, kann je ein Größenwert als Bezugsgröße herausgegriffen und als E. benutzt werden (DIN 1313). Die einer Basisdimension zugeordnete E. heißt Basiseinheit. Die Basiseinheiten bilden die Grundlage eines Einheitensystems (→ SI-Einheiten und → Kohärenz). Durch Kombination von Basiseinheiten erhält man die abgeleiteten Einheiten. Allgemeines Zeichen für eine frei wählbare E. ist das in eckige Klammern gesetzte Formelzeichen dieser Größe: [G] ist die Einheit der Größe G. [5]. Rü

Einheit, arithmetisch-logische → ALU. We

Einheitensystem → Einheit. Rü

Einheitsimpuls *(unit impulse)* → Testsignal. Ku

Einheitslast *(unit load, normalized fan-in)*. Größe, die eine Aussage darüber macht, wie sehr ein mit einem Ausgang verbundener Eingang diesen Ausgang belastet. Der Eingang einer logischen Schaltung wird als eine E. festgelegt. Takteingänge bei Flipflops, statische Setz- und Löscheingängen können mehr als eine E. darstellen. Die Verwendung der E. erleichtert den Entwurf logischer Schaltungen, wenn nur eine Schaltungsfamilie verwendet wird. [2]. We

Einheitsmeßumformer → Meßumformer. Fl

Einheitssprung *(unit step function)* → Testsignal. Ku

Einhüllende *(envelope)*, Envelope. Eine Kurve, die mit jedem ihrer Punkte von einer Kurve aus einer ebenen Kurvenschar berührt wird (→ Hüllkurve). [5]. We

Einkanaltechnik *(single channel technique)*. Übertragung von Daten über einen Kanal. Der Begriff E. wird meist im Sinne einer bitseriellen Übertragung verwendet. [14]. We

Einkristall *(single crystal)*. Ein Kristall, der künstlich gezüchtet wird und über seine gesamte Ausdehnung die gleiche kristallographische Ausrichtung aufweist. [7]. Bl

Einmessen → Kalibrieren. Fl

Einmessen, dynamisches → Kalibrierung, dynamische. Fl

Einphasenbrückenschaltung *(single-phase bridge)*. Halbleiterdioden- oder Thyristornetzwerke zur Erzeugung einer Gleich- aus einer Wechselspannung (Brückengleichrichter → Bild). Man unterscheidet zwischen vollgesteuerten Einphasenbrückenschaltungen (alle Halbleiter n_i sind Thyristoren), symmetrisch halbgesteuerten Einphasenbrückenschaltungen (einpolig gesteuerte Zweipuls-Brückenschaltung, n_1, n_2 = Thyristoren; n_3, n_4 = Halbleiterdioden), unsymmetrisch halbgesteuerte Einphasenbrückenschaltungen (zweipaar-halbgesteuerte Zweipulsbrückenschaltung, n_1, n_3 = Thyristoren; n_2, n_4 = Halbleiterdioden) und der ungesteuerten E. ($n_1 \ldots n_4$ = Halbleiterdioden). Abhängigkeit der Ausgangsspannung → Drehstrombrückenschaltung. [11]. Ku

Einphaseninduktionsmaschine *(single-phase induction motor)*, Wechselstromasynchronmotor. Die E. ist eine Asynchronmaschine mit einer einphasigen Wicklung im Stator und einem Kurzschlußläufer als Rotor. Im Stillstand gibt dieser Motor kein Drehmoment ab, so daß Anlaßschaltungen erforderlich sind; z. B. Hilfswicklung (Hilfsphase), die während des Hochlaufes über einen Kondensator eingeschaltet wird, oder gespaltene Pole mit Kurzschlußwindungen (Spaltpolmotor). Dadurch entsteht das zum Anlauf notwendige Drehfeld. Die Leistung der E. ist wesentlich geringer als bei einer dreiphasigen Asynchronmaschine mit den gleichen Abmessungen. Sie wird deshalb nur bei kleineren Leistungen eingesetzt (z. B. Haushaltsgeräte). [11]. Ku

Einphasenmittelpunktschaltung *(single-phase midpoint connection)* → Mittelpunktschaltung. Ku

Einphasentransformator *(single-phase transformer)* → Transformator. Ku

Einquadrantenbetrieb *(one-quadrant operation)* → Vierquadrantenbetrieb. Ku

Einraststrom *(latching current)*. Bei steuerbaren Vierschichtbauelementen, z. B. Thyristoren, der kleinste Wert des Durchlaßstroms, bei dem das Bauelement auch nach dem Abschalten des Steuerimpulses leitend bleibt. Der E. wird in Formeln als I_{HT} bezeichnet.

Der E. ist größer als der Haltestrom. Er ist von der Temperatur sowie der Stromstärke und Dauer des Steuerimpulses abhängig. Er unterliegt einer großen Exemplarstreuung. We

Eins-aus-Zehn-Code *(one-out-of-ten code)*. Dezimalcode, bei dem eine Dezimalstelle mit 10 Bit dargestellt wird, von denen eine auf „1", die anderen neun auf „0" gesetzt sind. Den Bits sind die Wertigkeiten 0, 1, 2 ... 9 zugeordnet. Der E. benötigt ein langes Codewort (Redundanz = 6,7), erfordert aber zur Dezimalanzeige keine Decodierung, das Zählen mit einem Ringzähler ist realisieren. Decodierer, die einen E. erzeugen, setzen meist ein Bit auf „0", die übrigen auf „1". [13]. We

Einschaltdrossel *(switching reactor coil)*, Einschaltdrosselspule, Einschaltspule. Die E. ist eine Wechselstromdrosselspule, die der Begrenzung des Einschaltstromes und somit dem Schutz gefährdeter Bauteile oder Anlagen-teile vor einem Einschaltstromstoß dient. Einschaltdrosseln zur Einschaltstrom-Begrenzung von Starkstromanlagen werden als Luftdrosseln ohne Eisenkern mit zylinder- oder scheibenförmig aufgebauter Wicklung ausgeführt. Ihre Induktivität ist stromunabhängig. Einschaltdrosseln, die als Vorschaltdrosseln für Gasentladungslampen verwendet werden, sind zur Erhöhung der Induktivität als Luftspaltdrosseln mit Eisenkern ausgeführt. Hierbei wird zur Kennlinienlinearisierung der Eisenkern durch einen oder mehrere Luftspalte unterbrochen. Ein Stromanstieg kann bis zum Erreichen des Nennstroms keine Induktivitätsverringerung bewirken. [11], [12], [13]. Fl

Einschaltdrosselspule → Einschaltdrossel. Fl

Einschaltpegel *(turn on level)*. Bei elektronischen Schaltern (z. B. Schmitt-Trigger) Spannung, bei der das Bauelement einschaltet. Er liegt meist oberhalb des Ausschaltpegels, also der Spannung, bei der ein Bauelement ausschaltet. Die Differenz zwischen Ein- und Ausschaltpegel wird als Hysterese des schaltenden Bauelements bezeichnet. [2], [4], [6]. Li

Einschaltspule → Einschaltdrossel. Fl

Einschaltverhalten. Die zeitliche Reaktion eines Netzwerkes — oft eines Halbleiterbauelements — auf einen Einheitssprung. Besonders wichtig zur Kennzeichnung des Einschaltverhaltens sind Anstiegszeit und Verzögerungszeit. [6], [10]. Rü

Einschaltverlust *(turn-on loss)*. Verlust, der beim Einschaltvorgang an einem Bauelement auftritt. 1. Beim Transistor abhängig von Anstiegszeit, Kollektorstrom und vor allem von der Art der Last (ohmsch, kapazitiv oder induktiv). Bei kapazitiver Last können kurzzeitig Einschaltverluste auftreten, die die Grenzverlustleistung überschreiten. 2. Beim Thyristor abhängig von Anodenspannung, Stromanstiegsgeschwindigkeit, Temperatur des Halbleiters, Steilheit und Höhe des Zündimpulses. Der E. ist bei 50 Hz vernachlässigbar klein, wenn die maximale Stromanstiegsgeschwindigkeit nicht überschritten wird. Bei hohen Frequenzen und hohen Stromanstiegsgeschwindigkeiten bzw. kurzen Stromflußdauern können Einschaltverluste auftreten, die oberhalb der zulässigen Durchlaßverlustleistung liegen. [4], [6], [11]. Li

Einschaltverzögerungszeit *(turn-on delay time)*. Zeitintervalle zwischen dem Auftreten eines Spannungsimpulses und dem Ansteigen des durch die Spannung gesteuerten Stromes. [4], [6]. Ne

Einschaltverzugszeit → Zündverzugszeit. Li

Einschaltzeit *(turn-on time)*. 1. Allgemein: Das Zeitintervall, in der der Ausgangsstrom eines Bauelements oder einer Schaltung nach dem Einschalten des Steuerstroms auf 90 % seines Maximalwertes ansteigt. Sie setzt sich aus der Verzögerungszeit t_d und der Anstiegszeit t_r zusammen. 2. Bei einem Bipolartransistor die Zeit, in der der Kollektor-Emitterwiderstand des vom Sperr- in den Durchlaßzustand gesteuerten Transistors vom 10fachen auf den 1,1fachen Wert absinkt. [4], [6]. Ne

Einschub *(plug in)*. Komponente in elektronischen Geräten, z. B. Meßgeräten, Datenverarbeitungsanlagen, Entwicklungssystemen, die durch einfaches Einstecken in Steckverbinder an das Hauptgerät *(main frame)* angeschlossen oder gegen einen anderen Einschub ausgetauscht werden kann. Durch die Verwendung von Einschüben kann die Funktion von Geräten leicht erweitert oder neuen Anforderungen angepaßt werden (Baukastenprinzip). We

Einschwingverhalten *(transient)*. Die zeitliche Reaktion eines Systems auf einen Einheitssprung oder einen Rechteckimpuls (Bild). Als wesentliche Verzerrungen gegenüber der idealen Impulsform unterscheidet man: 1. Eine zeitliche Verzögerung um die Zeit t_d. 2. Eine endliche Anstiegszeit t_r. 3. Eine endliche Abfallzeit t_f. (2. und 3. werden jeweils zwischen 10 % und 90 % des Spitzen- oder Dachwertes gemessen.) 4. Über- und Unterschwingungen (Ursache: Hochpaßcharakter des Systems). 5. Einschwingen (ringing; Ursache: System enthält Übertragungsglieder mit Schwingkreisverhalten). 6. Dachschräge (Ursache: Lade- und Entladevorgänge). Aperiodisches Einschwingverhalten liegt vor, wenn bei einem Einheitssprung kein Überschwingen auftritt. [10]. Rü

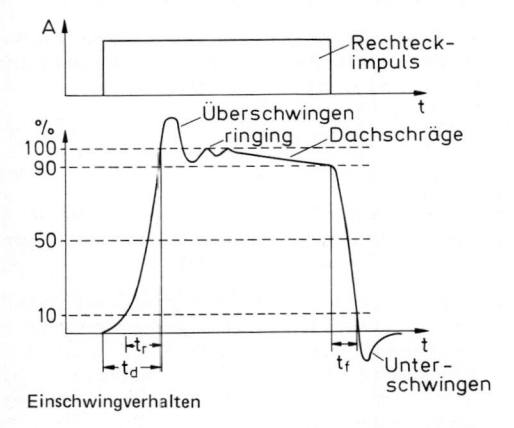

Einschwingverhalten

Einschwingvorgang *(building-up transient)*. → Übergangsvorgang. Rü

Einschwingzeit *(transient time)*. Zeitdauer, die vergeht, bis nach einem Einheitssprung ein System 90 % des neuen Endwertes erreicht hat (auch → Einschwingverhalten). [5]. Rü

Einseitenbandübertragung *(single-sideband transmission)*. Das nach dem Einseitenbandverfahren gewonnene Signal kann sowohl drahtgebunden als auch drahtlos übertragen werden. Im heutigen Fernsprechverkehr wird aus jedem Gespräch ein Einseitenbandsignal erzeugt, um Übertragungsbandbreite zu sparen. Kurzwellen-Funkamateure verwenden wegen der schmalen zugelassenen Frequenzbereiche ausschließlich die E. bei Telefonie. [13], [14]. Th

Einseitenbandverfahren *(single-sideband method)*. Eine energie- und übertragungsbandbreitesparende Möglichkeit der Nachrichtenübertragung. Das E. ist aus der Amplitudenmodulation abgeleitet, bei der die Information in den Seitenbändern enthalten ist. Da der Träger keine und die beiden Seitenbänder die gleiche Nachricht enthalten, genügt also ein Seitenband für die Nachrichtenübertragung. Nachteilig ist, daß in Einseitenbandsendern lineare HF-Verstärkerstufen, die meist im AB-Betrieb arbeiten, verwendet werden müssen. [13], [14]. Th

Einselement *(one-element)*. In der Mathematik und in der Booleschen Algebra ein Element, das bei einer bestimmten Verknüpfung als Ausgangsvariable den Wert der anderen Eingangsvariable bildet. So stellt für die UND-Funktion die „1" das E. dar, für die ODER-Funktion die „0".

$$A \wedge 1 = A$$
$$A \vee 0 = A$$

[9]. We

Einstein-de Haas-Effekt → Effekt, gyromagnetischer. Bl

Einstellregeln *(setting rules)*. E. dienen dem zweckmäßigen Einstellen der Reglerparameter (→ Regelkreis). Dazu zählen z. B. Optimierungen, bei denen die Regelfläche quadriert, als Betrag oder als zeitbewerteter Betrag zu einem Minimum bei sprungförmiger Verstellung der Führungsgröße wird; das Betragsoptimum, bei dem sich der Amplitudengang (→ Frequenzkennlinien) des geschlossenen Regelkreises möglichst gut dem Betrag „1" annähert (E. nach Ziegler-Nichols für verfahrenstechnische Anlagen). [3]. Ku

Einstellzeit *(settling time)*. 1. Als E. bezeichnet man bei elektrischen Systemen oder Systemkomponenten den Zeitraum, der nach einem plötzlichen Abfall der Eingangs-Signalamplitude vergeht, bis man einen bestimmten Prozentsatz (häufig 63 %) des Höchstwertes der Verstärkung oder der Abschwächung der ursprünglichen Signalamplitude erhält. 2. Bei elektrischen Meßinstrumenten ist die E. die Zeit, die der Zeiger eines Meßwerkes benötigt, um sich nach sprunghafter Änderung der Meßgröße in den durch die Genauigkeitsklasse des Meßwerkes gegebenen Toleranzbereich einzuschwingen. 3. In der Fernsprechvermittlungstechnik ist die E. die Zeit, die von Einstellgliedern der Wähler in Wählvermittlungsanlagen bis zum Betätigen eines Koppelpunktes im Kontaktnetzwerk benötigt wird. 4. In Geiger-Müller-Zählrohren bezeichnet man als E. die Mindestzeit, die nach dem Beginn eines gezählten Impulses bis zum Zeitpunkt eines eintreffenden folgenden Impulses vergeht. Aus der E. läßt sich ein spezifischer, prozentualer Wert für die Höchstzahl gezählter Impulse in einer Zeiteinheit ermitteln. 5. Die E. ist die erforderliche Zeit eines Radar-Empfangsgerätes, die nach Ende eines ausgesendeten Impulses vergeht, bis in der Empfangseinrichtung mindestens die Hälfte des möglichen Empfindlichkeitswertes zum Empfang des zurückkehrenden Echoimpulses zur Verfügung steht. 6. Die notwendige Zeit für die Steuerelektrode einer Gasentladungsröhre, die nach einer Unterbrechung des Anodenstromes vergeht, bis die Steuerelektrode ihre Steuerfähigkeit zurückgewonnen hat, wird E. genannt. [4], [5], [6], [8], [10], [12], [18], [19]. Fl

Eintakt-A-Verstärker → Klasse-A-Verstärker. Fl

Eintor *(one port).* → Zweipol. Rü

Einweggleichrichter *(single-way rectifier)·* → Einweggleichrichterschaltung. Ku

Einweggleichrichterschaltung *(single-way rectifier).* Die E. ist eine Einpuls-Mittelpunktschaltung (Bild). Sie wird nur bei kleinsten Leistungen wegen der schlechten Ausnutzung und der Gleichstrommagnetisierung des Transformators (falls vorhanden) und des hohen Aufwandes an Glättungsmitteln angewendet (→ auch Mittelpunktschaltung) (DIN 41 786). [5]. Ku

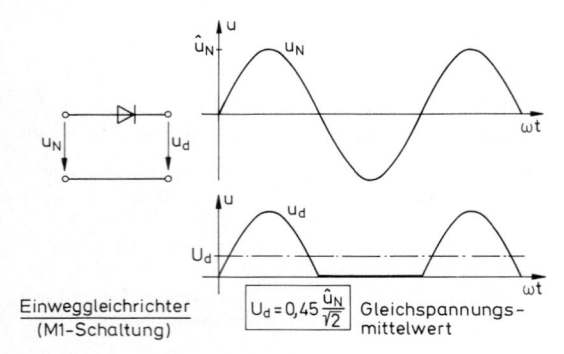

Einweggleichrichter (M1-Schaltung) $U_d = 0{,}45 \dfrac{\hat{u}_N}{\sqrt{2}}$ Gleichspannungsmittelwert

Einweggleichrichterschaltung

Einweggleichrichtung *(single-way rectifying).* Erzeugung von Gleichspannung aus Wechselspannung mittels Einweggleichrichterschaltungen. [5]. Ku

Einwort-Befehl *(single word instruction).* Ein Befehl vom Format eines Speicherworts. Der E. hat den Vorteil, daß er beim Fetch mit einem Speicherzugriff abgerufen werden kann. We

Einzellöschung *(single quenching).* Die E. ist ein Steuerkonzept bei selbstgeführten Wechselrichtern, deren Ausgangsspannung in Amplitude und Frequenz beliebig verstellt werden soll. Dies setzt löschbare Ventile voraus, z. B. Thyristoren mit Zwangskommutierung, GTO- *(gate turn-off thyristor)* oder (Leistungs-)Transistoren. Jedes leitende steuerbare Ventil kann unabhängig vom Schaltzustand der übrigen Ventile bei E. zu jedem Zeitpunkt abgeschaltet werden. Dadurch wird der selbstgeführte Wechselrichter mit E. hohen dynamischen Forderungen gerecht. (→ auch Morgan-Schaltung sowie Tröger-Schaltung). [19]. Ku

Eisenkernspule *(iron-core coil).* Spule mit Magnetkern zur Vergrößerung der Induktivität und Verbesserung der Spulengüte. Unterschieden wird zwischen geschlossenen Kernen, bei denen der magnetische Fluß völlig im Kern verläuft (z. B. Ringkern, Ferritschalenkern), fast geschlossenen Kernen, bei denen der magnetische Fluß durch einen Luftspalt unterbrochen ist (Ferritschalenkern mit Luftspalt im Innenzylinder) und offenen Kernen mit sehr starkem Streufluß (z. B. Schraubenkern). Als Kernwerkstoffe finden legierte Eisenbleche (→ Permalloy), pulverisiertes Eisen und Ferrite Anwendung. [4]. Ge

Eisennadelinstrument *(iron needle instrument).* Das E.. besteht aus einem Dreheisenmeßwerk, bei dem ein Dauermagnet die Rückstellkraft erzeugt. Im Felde des Dauermagneten ist ein magnetisch weicher Kern drehbar angeordnet, dessen Auslenkung vom magnetischen Feld einer vom Meßstrom durchflossenen Spule bewirkt wird, die auf einem Eisenkern sitzt. Das E. läßt große Strommeßbereiche bei gering bleibenden Meßungenauigkeiten zu. [12]. Fl

Eisenprüfgerät → Epstein-Apparat. Fl

Eisenverluste *(core losses)* → Ummagnetisierungsverluste. Rü

Eisen-Wasserstoff-Widerstand → Kaltleiter. Ge

EKG → Elektrokardiogramm. Fl

EKG-Ableitungsschreiber → Elektrokardiograph. Fl

EKG-Schreiber → Elektrokardiograph. Fl

Elast → Kunststoff. Ge

Elektret *(electret).* Die Restpolarisation eines ferroelektrischen Stoffes nach Entfernen aus dem elektrischen Feld wird E. genannt. [5]. Bl

Elektrisierung. (Wenig gebräuchliches) Analogon zur Magnetisierung. Der Zusammenhang mit der elektrischen Polarisation P ist gegeben durch (DIN 1324)

$$E. = \frac{P}{\epsilon_o}$$

(ϵ_o elektrische Feldkonstante). [5]. Rü

Elektrizitätsmenge *(charge of electricity).* Anzahl der in einem bestimmten Raumelement vorhandenen Elementarladungen (→ auch Coulomb). [5]. Rü

Elektrode *(electrode).* Elektrisch leitende, meist metallische Teile, die den Übergang der Ladungsträger zwischen zwei Medien vermitteln, oder zum Aufbau eines elektrischen Feldes dienen. Die mit einem positiven Pol verbundene E. heißt Anode, die mit einem negativen Pol verbundene Katode. [5]. Bl

Elektrodynamik *(electrodynamics).* Lehre von den zeitlich veränderlichen elektromagnetischen Feldern unter Ausschluß der Erscheinungen im magnetostatischen Feld. [5]. Rü

Elektrodynamometer → Dynamometer. Fl

Elektroenzephalograph *(electroencephalograph),* EEG-Gerät. Der E. ist ein schreibendes Meßgerät, mit dessen Hilfe sich im Gehirn ablaufende elektrische Vorgänge registrieren lassen. Die elektrischen Vorgänge erzeugen an der Kopfhaut Aktionspotentiale, die man über Ableitungen dem Geräteeingang zuführt. Mit Hilfe eines Programmwahlschalters können am Elektroenzephalographen festverdrahtete Routineprogramme bzw. frei wählbare Ableitungen eingestellt werden. Die Signale durchlaufen zwei Vorverstärker und passieren ein Frequenzfilter zur Unterdrückung von Störpotentialen. Am Ausgang des folgenden Endverstärkers ist eine Registriereinrichtung (häufig ein Galvanometer) angeschlossen.

Das Gerät kann bis zu 16 Meßkanäle besitzen, deren Empfindlichkeit sich über Referenzspannungsquellen getrennt einstellen läßt. [12]. Fl

Elektrokardiogramm *(electrocardiogram)*, EKG, Herzspannungskurve. Das E. ist ein vom Elektrokardiographen auf Registrierstreifen aufgenommener Kurvenverlauf elektrischer Potentiale, die von menschlichen oder tierischen Herzen erzeugt werden. Man erhält über das E. eine Vielzahl von Aussagen über die Funktion und den Zustand des Herzmuskels und des Reizleitungssystems. Häufig sind auf dem Registrierstreifen mehrere parallel verlaufende Kurvenzüge aufgetragen. [12]. Fl

Elektrokardiograph *(electrocardiograph)*, EKG-Schreiber, EKG-Ableitungsschreiber. Mit Hilfe des Elektrokardiographen lassen sich meßtechnisch über bestimmte Ableitungen auf der Körperoberfläche Elektrokardiogramme aufzeichnen. Das elektrische EKG-Signal (Elektrokardiograph) wird als zeitveränderliche Potentialdifferenz über Elektroden abgegriffen und dem Geräteeingang zugeführt. Von dort gelangt es zum Vorverstärker, an dessen Ausgang über RC-Netzwerke der Gleichspannungsanteil abgetrennt wird. Es folgt ein Ableitungswahlschalter zur Auswahl der Ableitungsmöglichkeiten, an den Kanalverstärker mit Filterschaltungen und Endverstärker angeschlossen sind. Am Ausgang des Endverstärkers folgt die Registriereinrichtung, die im allgemeinen aus einer Flüssigkeitsstrahlschreibeinrichtung oder einem Hebelschreiber mit Thermoschrift besteht. Bei letzterem verwendet man Drehspulgalvanometer oder Dreheisenmeßwerke. [12]. Fl

Elektrolumineszenz *(electroluminescence)*. Lumineszenzerscheinungen durch Anlegen eines genügend hohen elektrischen Feldes an eine Schichtstruktur von Leuchtstoffen (Luminophoren oder Phosphoren). Die E. beruht auf Stoßionisation oder Ladungsträgerinjektion infolge des Tunneleffekts und anschließende strahlende Rekombination der generierten Ladungsträger. [7]. Ne

Elektrolumineszenzanzeige *(electroluminescent display)*. 1. LED-Anzeige *(LED light emitting diode)* 2. Anzeige, deren Elemente aus zwei Elektroden (Abstand etwa 1 μm) bestehen – von denen eine durchsichtig ist –, zwischen denen sich ein Leuchtstoff befindet, z. B. Zinksulfid, der bei Anlegen einer genügend hohen Spannung an die Elektroden aufleuchtet. Die Anzeigeelemente haben die Form von Punkten in 5 × 7- oder 7 × 9-Matrixanordnung oder von Segmenten in Siebensegment-Anordnung. [2], [4]. Li

Elektrolumineszenzzelle *(electroluminescent cell)*. Elektrolumineszenzzellen sind Dünnschichtbauelemente, die auf der Elektrolumineszenz beruhen. Ein Kristallphosphor (meist mit Magnesium dotiertes Zinksulfid) befindet sich zwischen zwei Elektroden, von denen die eine Elektrode (oder auch beide) lichtdurchlässig ist. Durch Anlegen eines elektrischen Wechselfeldes wird der Phosphor zum Leuchten angeregt. [4]. Ne

Elektrolyt *(electrolyte)*. Chemische Substanz oder ihre Lösung, die eine Stromleitung dadurch ermöglicht, daß Ionen als bewegliche Ladungsträger vorhanden sind.

Damit es zur elektrolytischen Leitung kommen kann, muß eine Dissoziation stattgefunden haben. Der E. wird auch als Leiter zweiter Klasse bezeichnet. [5]. We

Elektrolytkondensator *(electrolytic capacitor)*, Elko. 1. Aluminium-E.: Kondensator in Wickelform, dessen eine Elektrode (Anode) eine Aluminiumfolie ist, auf deren Oberfläche eine Aluminiumoxidschicht als Dielektrikum aufgebracht ist. Die Gegenelektrode (Katode) wird nicht durch einen Metallbelag, sondern durch eine elektrolytische Flüssigkeit gebildet. Die Aluminiumoxidschicht wird durch anodische Oxidation erzeugt (Formierung). Sehr hohe Kapazitätswerte je Volumeneinheit erreicht man durch geringe Schichtdicke (etwa 0,7 μm) und elektrochemische Ätzung (Aufrauhung) der Elektroden. Der Wickel enthält außer der Anode eine zweite nicht formierte Aluminiumfolie zur Stromzuführung. Beide Aluminiumfolien sind durch Papierzwischenlagen, die auch als Elektrolytträger dienen, getrennt. Da die Aluminiumoxidschicht gleichrichtende Eigenschaften aufweist, werden Aluminiumkondensatoren vorzugsweise als Gleichspannungs-Kondensatoren (gepolte Ausführung) eingesetzt. Aluminiumkondensatoren für Wechselspannung (ungepolt) sind unter Verwendung von zwei Anodenfolien aufgebaut. 2. Tantal-E.: gepolter Kondensator, dessen Anode aus Tantal besteht. Das Dielektrikum ist eine Tantaloxidschicht, die elektrochemisch durch einen Oxidationsprozeß auf der Anode erzeugt ist. Bauformen von Tantal-E. Trockener Sinter-Tantal-E.: Mit gesinterter Anode aus Tantalpulver und Katode aus halbleitendem Metalloxid, das auf die anodische Oxidschicht aufgebracht wird. Als Stromzuführung zur Katode dient den Graphit- und Leitsilberschicht, die auf den Halbleiterüberzug aufgetragen und mit dem Gehäuse verlötet wird. Beim nassen Sinter-Tantal-E. wird flüssiger Elektrolyt (hochleitende Säure) als Katode benutzt. Zur Stromzuführung dient das Leitsilbergehäuse. Tantal-E. weisen noch höhere Kapazitätswerte je Volumeneinheit auf als Aluminium-E. [4]. Ge

Elektromagnet *(electromagnet)*. Stromdurchflossene Spule (Magnetspule) mit einem Kern hoher relativer Permeabilität, geringer Koerzitivkraft und kleinen Hystereseverlusten (weichmagnetische Stoffe), damit die Magnetisierung beim Ausschalten des Stroms weitgehend verschwindet. Der entstehende Magnetfluß wird durch den Kern um ein Vielfaches erhöht. [5]. Rü

Elektromagnetismus *(electro magnetism)*. Gesamtheit der physikalischen Erscheinungen der Elektrizität und des Magnetismus mit den gegenseitigen Verknüpfungen. [5]. Rü

Elektrometer *(electrometer)*. Das E. ist ein hochempfindliches, elektrostatisches Meßwerk mit geringem Eigenverbrauch, bei dem der Zeigerausschlag auf die Coulombkraft zurückgeführt wird. Mit Elektrometern lassen sich hochohmige Messungen elektrischer Ladungen und Spannungen durchführen. Bei Wechselspannungen, deren Frequenzen groß genug sind, die Trägheit des beweglichen Organs zu überwinden, wird der Effektivwert angezeigt. Man kennt Duantenelektrometer, Fadenelektrometer, Nadelelektrometer, Quadrantenelektrometer. Als E. bezeichnet man auch Verstärker mit besonders hochohmigen Eingangswiderständen. [12]. Fl

Elektrometerbrücke *(electrometer bridge)*. Mit der E. läßt sich der Wirkwiderstand R eines Kondensators C über eine Zeitmessung ermitteln. Die E. wird mit Gleichspannung gespeist, als Anzeigeinstrument dient ein Quadrantenelektrometer (Bild). Zunächst lädt man den Prüfling auf die Spannung U auf, danach stellt man die Entladezeit t_o fest, nach der sich der Kondensator auf die Spannung $U_e = 0{,}368 \cdot U (= U/e)$ entladen hat. Sein Widerstand R ist dann

$$R = \frac{t_o}{C}.$$

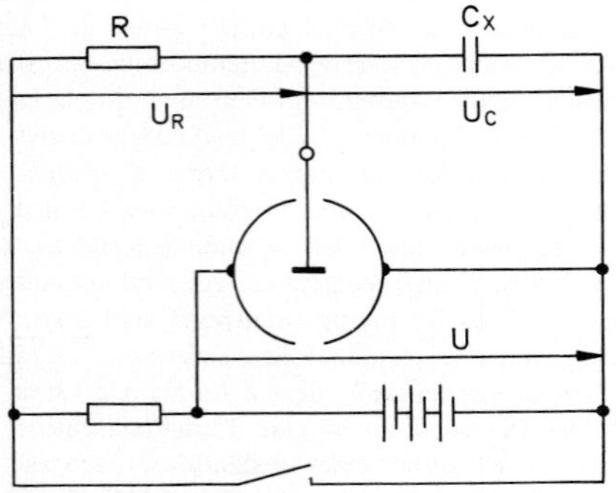

Elektrometerbrücke

Die E. läßt sich abgewandelt auch als Meßbrücke verwenden. [12]. Fl

Elektrometermeßbrücke *(electrometer measuring bridge)*. Die E. ist eine Meßbrücke, die im wesentlichen zur Bestimmung von Widerstandswerten von hochohmigen Wirkwiderständen (bis etwa $10^{12}\,\Omega$) eingesetzt wird. Die Einspeisung erfolgt mit Gleichstrom. Nullabgleich zeigt ein Quadrantenelektrometer an. Im Bild ist R_x der Prüfling, R_3 ein abgleichbarer Wirkwiderstand. An seinem Schleifer liegt ein Segmentpaar des Quadrantenelektrometers. Die bewegliche Elektrode ist mit R_x und R_1 verbunden. Man erhält eine Nullanzeige bei der Bedingung:

$$R_x = \frac{R_1 \cdot R_4}{R_{3b}}, \quad \text{wobei} \quad R_4 = R_2 + R_{3a}; R_2 = R_3.$$

Bei Wechselstromeinspeisung kann die E. auch als Frequenzmeßbrücke benutzt werden. [12]. Fl

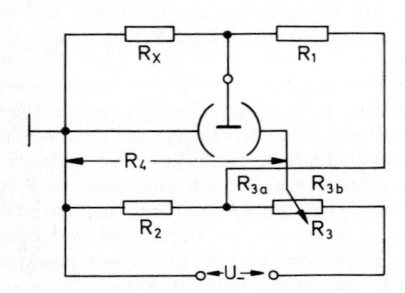

Elektrometermeßbrücke

Elektromigration *(electromigration)*. Materialtransport unter Einfluß des elektrischen Stromes in metallischen Leitern. Die E. hängt von der Stromdichte, der Temperatur und der Korngröße des Metalls ab. Sie äußert sich zunächst durch Blasenbildung, was ein Aufreißen der Leiterbahn zur Folge hat. [6]. Ne

Elektromotor *(electromotor)*. Elektromotoren formen elektrische Energie in mechanische Energie um. Physikalische Ursache sind Kräfte, die magnetische Felder auf stromdurchflossene Leiter ausüben. Arbeitet ein Elektromotor generatorisch (z. B. im Bremsbetrieb), speist er mechanische Energie in Form von elektrischer Energie zurück ins Netz. Ursache davon sind induzierte Spannungen, die in Leitern entstehen, wenn diese in magnetischen Feldern bewegt werden. Prinzipiell unterscheidet man Gleichstrom-, Wechselstrom- und Drehstrommotoren, die ferner durch eine Reihe von Sonderbauformen den jeweiligen Erfordernissen angepaßt werden können. [11]. Ku

Elektromotorische Kraft *(electromotive force)*. Abgekürzt → EMK. Ku

Elektron-Defektelektron Paar *(electron-hole pair)*. Wird im reinen Halbleiter durch thermische oder elektromagnetische Anregung erzeugt. Dabei wird aus dem mit Elektronen voll besetzten Valenzband ein Elektron in das leere Leitungsband gehoben, während im Valenzband ein Defektelektron („Loch") zurückbleibt. Das Elektron ist dann nicht mehr an den Gitterplatz gebunden, sondern im Halbleiterkristall frei beweglich. [7]. Bl

Elektronenaffinität *(electron affinity)*. Bezeichnet die Energie, die frei wird, wenn ein Elektron an einen Atomrumpf angelagert wird. Sie kennzeichnet die Eigenschaften von Atomen mit nicht abgeschlossenen Schalen, zusätzliche Elektronen aufzunehmen. [5]. Bl

Elektronenbahn *(orbit)*. Nach dem Bohr-Sommerfeldschen Atommodell bewegen sich die Elektronen auf kreisförmigen oder elliptischen Bahnen (Orbitals) um den Atomkern. Die mit der Schrödinger- oder Dirac-Gleichung bestimmte Aufenthaltswahrscheinlichkeit stützt dieses Bild nicht, da sich nach der Quantenmechanik die Elektronen der Hülle stets auch mit einer endlichen Wahrscheinlichkeit im Kern befinden. [7]. Bl

Elektronenbeschleuniger *(electron accelerator)*. Gerät zur Beschleunigung von Elektronen auf hohe Geschwindigkeit (Größenordnung: $v \approx c$; c Lichtgeschwindigkeit) durch elektrische (van de Graaf-Beschleuniger) oder magnetische Felder (Zyklotron). [5]. Bl

Elektronenbeweglichkeit *(electron mobility)* → Ladungsträgerbeweglichkeit. Bl

Elektronendichte *(electron density)*. Allgemein ist die E. als Anzahl der Elektronen pro Volumeneinheit gegeben. Die E. von Atomen ρ_r erhält man nach einer numerischen Berechnung der Ladungsverteilung, etwa nach der Thomas-Fermi oder Hartree-Fock-Methode, indem die Ladungsverteilung durch die negative Einheitsladung geteilt wird.

Nach der Thomas-Fermi-Methode ergibt sich:

$$\rho_r = 1,2 \left(\frac{r}{a_o}\right)^{1/2} Z^{3/2} [f(x)]^{3/2}$$

wobei Z die Ordnungszahl, a_o der Atomradius und $f(x)$ die radiale Verteilungsfunktion (s. z. B. Bergmann, L.; Schäfer, C.: Experimentalphysik, Bd. IV, 1, de Gruyter, 1975) ist. Experimentell erhält man die E. in Kristallen durch Beugung von Röntgenstrahlen. [5]. Bl

Elektronenemission *(electron emission)*. Die E. bezeichnet das Abtrennen von Elektronen aus einem gebundenen Zustand nach Energiezufuhr in Form von Wärme, elektromagnetischer Strahlung, d.h. Licht, durch Stöße, sowie starke elektrische Felder. Auch beim β-Zerfall (eine Kernreaktion, bei der ein Neutron in ein Proton und ein Elektron umgewandelt wird) werden Elektronen emittiert. [5], [7]. Bl

Elektronengas *(electron gas)*. Bezeichnung für die Gesamtheit aller Leitungselektronen in Metallen. Diese Elektronen befinden sich in einem nicht voll besetzten Band und gehören damit nicht einem Atom, sondern dem ganzen Kristall an. Das E. bewirkt besonders große elektrische und thermische Leitfähigkeit. [5], [7]. Bl

Elektronengasmodell *(electron gas model)*. Beschreibt das Verhalten der Leitungselektronen in Metallen, die im Gegensatz zu den Atomen eines idealen Gases nicht der Maxwell-Boltzmann Statistik, sondern der Fermi-Dirac Statistik unterliegen. [5], [7]. Bl

Elektronenhülle *(electron shell)*. Die um den Atomkern in den verschiedenen Energieniveaus umlaufenden Elektronen werden E. genannt. Die Anzahl der Elektronen in der Elektronenhülle eines elektrisch neutralen Atoms ist durch die Ordnungszahl im Periodischen System (und damit durch die Anzahl der Protonen im Atomkern) gegeben. [5], [7]. Bl

Elektronenleitung *(electron conduction)*, N-Leitung, Überschußleitung. Ladungsträgertransport in einem Halbleiter durch Leitungselektronen. Der Buchstabe N weist auf die negative Ladung der den Leitungstyp bestimmenden Elektronen hin (nach DIN 41 852). [7]. Bl

Elektronenlinse *(electron lens)*. Anordnung in einem elektrischen oder magnetischen Feld zur Sammlung oder Zerstreuung von Elektronenstrahlen mit dem Ziel, Strahlenführungen wie in der Optik der Lichtstrahlen herzustellen. Für eine E. läßt sich wie für Glaslinsen eine Brennweite f (praktisch in der Größenordnung von wenigen Millimetern) definieren und mit Bildweite b und Gegenstandsweite g besteht die bekannte Linsenformel

$$\frac{1}{f} = \frac{1}{b} + \frac{1}{g}.$$

Elektronenlinsen zeigen analog zu sphärischen Glaslinsen Abbildungsfehler, wie Bildfeldwölbung, Astigmatismus und Verzeichnung. Durch geeignete Formgebung der Äquipotentialflächen wird versucht, diese Abbildungsfehler klein zu halten. [5]. Rü

Elektronenlücke → Energielücke. Bl

Elektronenmasse *(electron mass)*. Die Ruhemasse des Elektrons beträgt $m_e = 9{,}11 \cdot 10^{-31}$ kg. Die E. nimmt bei Bewegung des Elektrons mit hohen Geschwindigkeiten ($v \approx c$, c Lichtgeschwindigkeit) gemäß der Einsteinschen Relativitätstheorie zu. [5]. Bl

Elektronenmikroskop *(electron microscope)*. Mikroskop, das anstelle von Licht Elektronen und anstelle der Linsen elektromagnetische Felder benutzt. Die durch ein hohes elektrisches Feld beschleunigten Elektronen geben durch Elektronenstöße oder -beugung ein genaues Bild des zu untersuchenden Objektes. Die abgebildeten Strukturen sind von der Größenordnung der Wellenlänge λ der de Broglie-Welle des Elektrons (Masse m_e), d.h., bei der Elektronengeschwindigkeit v gilt: $\lambda = h/(m_e \cdot v)$ (h Plancksches Wirkungsquantum). [5]. Bl

Elektronenoptik *(electron optics)*. Teilgebiet der Physik, das sich mit der Ablenkung von Elektronen- und Ionenstrahlen in elektrischen und magnetischen Feldern beschäftigt. Gegenstand der Betrachtung sind vor allem Felder, die zu Abbildungseigenschaften führen, die denen der Optik adäquat sind. Der Nachweis, daß jedes rotationssymmetrische elektrische oder magnetische Feld für achsennahe Strahlen Sammelwirkung aufweist (Busch 1926), ermöglichte die Konzipierung elektronenoptischer Geräte. [5]. Rü

Elektronenpaarbildung *(electron pair creation)*. Als E. bezeichnet man die Erzeugung eines Elektrons und eines Positrons durch ein hochenergetisches γ-Quant (d.h. einer elektromagnetischen Welle oder eines Photons). Auch beim Zusammenschluß zweier Elektronen entgegengesetzten Spins zu Cooper-Paaren spricht man von E. [5], [7]. Bl

Elektronenpaarbindung → Bindung, kovalente. Bl

Elektronenpolarisation *(electronic polarisation)*. 1. Besteht aus einer räumlichen Ausrichtung der Spinrichtung freier Elektronen. Beispielsweise ist bei longitudinal polarisierten Elektronen der Spin antiparallel zur Geschwindigkeit gerichtet. 2. In Festkörpern spricht man von E., wenn durch Anlegen eines äußeren elektrischen Feldes die den Atomkern umgebende Elektronenhülle deformiert ist, so daß z. B. ein zunächst elektrisch neutrales Atom ein Dipolmoment besitzt. [5]. Bl

Elektronenradius *(electron radius)*. Nimmt man kugelförmig-symmetrische räumliche Ausdehnung des Elektrons an, so ergibt sich für den E. des Wasserstoffatoms $r_e \approx 2{,}818 \cdot 10^{-13}$ cm. [5]. Bl

Elektronenröhre *(electron tube)*. Ein luftdicht verschlossenes, auf etwa 10^{-7} mbar evakuiertes Glas- oder Metall-Keramik-Gefäß, in dessen Inneren die von einer Glühkatode emittierten Elektronen unter der Wirkung elektrischer Felder auf eine positiv geladene Auffangelektrode, die Anode, gelangen und einen Stromfluß erzeugen. Da der Stromfluß nur von der Katode zur Anode erfolgen kann, läßt sich die E. als Gleichrichter benutzen. Wird zwischen die Glühkatode und die Anode noch ein Steuergitter eingefügt, so läßt sich durch das Potential des Gitters der in der E. fließende Strom steuern, was zur Regelung und Verstärkung benutzt wird. Heute ist die E. in vielen Anwendungsbereichen von Halbleiterbauelementen abgelöst worden. [5]. Bl

Elektronenschale → Atomschale. Bl

Elektronenspin *(electron spin)*. Bezeichnet die Eigenschaft der Elektronen, einen Eigendrehimpuls zu besitzen. Dies führt zu einem magnetischen Moment, das sich z. B. in der Hyperfeinstruktur der Atomspektren messen läßt. [5], [7]. Bl

Elektronenstrahl *(electron beam)*. Gerichteter Strahl beschleunigter und in gleicher Richtung fliegender Elektronen. Zur Erzeugung eines Elektronenstrahls werden (z. B. durch Glüh- oder Feldemission) Elektronen aus einem Festkörper freigesetzt und anschließend durch elektromagnetische Felder im Vakuum beschleunigt. Läßt man die beschleunigten Elektronen durch eine Öffnung aus der Beschleunigungsstrecke austreten, so hat man einen E. Auch durch radioaktive Präparate können Elektronenstrahlen erzeugt werden. [5]. Bl

Elektronenstrahlablenkung *(deflection of electron beam)*. In elektrischen und magnetischen Feldern werden Kräfte auf frei bewegliche Elektronen ausgeübt: Ein Elektronenstrahl (im Hochvakuum) erfährt eine Ablenkung. Ein Elektronenstrahl, der mit einer Geschwindigkeit u_1 unter einem Winkel α_1 gegen das Lot in ein elektrisches Feld eintritt, dort auf die Geschwindigkeit u_2 beschleunigt wird und mit einem Winkel α_2 gegen das Lot das Feld verläßt, folgt dem Brechungsgesetz

$$\frac{\sin \alpha_1}{\sin \alpha_2} = \frac{u_2}{u_1} = \frac{n_2}{n_1}$$

ebenso wie ein Lichtstrahl. Dabei kann man formal den verschiedenen Raumteilen die Brechzahlen n_1 und n_2 zuordnen. Gelangen die Elektronen mit der Energie

$$\frac{m}{2} u_1^2 = e U_0$$

in das elektrische Feld und durchlaufen dort die Spannung U, dann gilt

$$\frac{n_2}{n_1} = \frac{u_2}{u_1} = \sqrt{1 + \frac{U}{U_0}}.$$

Durch Spannungsvariation an geeigneten Elektroden können Veränderungen des Brechzahlverhältnisses erreicht werden. Die einfachste Form der E. im elektrischen Feld erfolgt durch quer zur Ausbreitungsrichtung angeordnete Kondensatorplatten der Länge l und mit dem Abstand d. Liegt an den Kondensatorplatten die Spannung U und hat der Elektronenstrahl vor dem Eintritt in das elektrische Feld die Geschwindigkeit

$$u_1 = \sqrt{\frac{2e}{m} U_0},$$

dann gilt für den Ablenkwinkel α

$$\tan \alpha = \frac{l}{d} \frac{e}{m} \frac{U}{u_1^2} = \frac{l}{2d} \frac{U}{U_0},$$

e Elementarladung, m Masse des Elektrons. $\frac{e}{m}$ ist die spezifische Ladung des Elektrons mit dem Wert 1,75880 · 10^{11} C/kg (C Coulomb). Im homogenen Magnetfeld erfolgt eine Ablenkung des Elektronenstrahls senkrecht zur Richtung der Feldlinien. Energie und Geschwindigkeit der Teilchen werden nicht geändert (gleichförmige Kreisbewegung mit dem Radius r). Ist die Länge des durchlaufenen Bogenstücks l und gilt $l \ll r$, dann ist die E.

$$\alpha \approx \frac{l \, e \, B}{m \, u_1} = l \, B \sqrt{\frac{e}{2mU_0}},$$

B magnetische Flußdichte. Diese Gesetzmäßigkeiten nutzt man zur Konstruktion von Elektronenlinsen in der Elektronenoptik. [5]. Rü

Elektronenstrahlerzeuger *(electron beam source)*. E. sind Geräte zur Erzeugung frei beweglicher Elektronen z. B. Katodenstrahlen oder Betastrahlen. Die E. benutzen meist die Photoemission, die Glühemission oder die Emission durch starke elektrische Felder (Feldemission). Man kann auch radioaktive Elemente („Beta-Strahler") benutzen, in denen durch Kernreaktionen freie Elektronen erzeugt werden. [5]. Bl

Elektronenstrahllithographie *(electron-beam lithography)*. Verfahren zur Herstellung von Muttermasken für integrierte Schaltungen, ohne eine Maskenvorlage oder eine Zwischenmaske zu benutzen. Hierbei wird ein Elektronenstrahl mit Hilfe eines rechnergesteuerten Ablenksystems über eine mit elektronenempfindlicher Schicht bedeckte Glasplatte geführt. Vorteil: kürzere Herstellzeiten der Muttermaske, schärfere (und somit kleinere) Strukturen. [4]. Ne

Elektronenstrahloszilloskop *(cathode-ray oscilloscope)*, Universaloszilloskop, Katodenstrahloszillograph, Katodenstrahloszilloskop. Das E. ist ein hochwertiges elektronisches Meßgerät, bei dem der Zeiger durch einen nahezu trägheitslosen Elektronenstrahl innerhalb einer Oszilloskopröhre ersetzt wird. Über ein Ablenksystem, das in der Röhre eingebaut ist, wird der Elektronenstrahl vom Verlauf der Meßgröße so gesteuert, daß ein Abbild des Funktionsverlaufs als sichtbare Leuchtspur auf dem Bildschirm der Röhre erscheint. Mit dem E. lassen sich nur Spannungsverläufe darstellen. Andere beliebige Meßgrößen müssen durch geeignete Meßeinrichtungen umgewandelt werden (z. B. nichtelektrische Größen mit Hilfe von Meßfühlern). Häufigste Darstellungsform ist die zeitliche Abhängigkeit von Meßgrößen. Mit Hilfe kalibrierter Einstellorgane und eines genau unterteilten Markierungsfeldes auf dem Bildschirm können Zeit- und Amplitudenwerte der dargestellten Funktion festgelegt werden, wenn ihr Abbild als stehendes Bild sichtbar ist. Besitzt das E. einen von außen zugänglichen, kalibrierten X-Verstärker kann im Koordinatenbetrieb jeder beliebige Funktionszusammenhang dargestellt und ausgewertet werden. Wesentliche Baugruppen eines Elektronenstrahloszilloskops sind z. B. (Bild): 1. Oszilloskopröhre mit einem von außen einstellbaren elektro-optischen System (z. B. zur Helligkeit, Strahlschärfe). 2. Vertikalverstärker, dessen Eingang an einstellbare, kalibrierte Abschwächer angeschlossen ist. Über die Abschwächer gelangt das Meßsignal auf den Verstärkereingang. Der Ausgang des Vertikalverstärkers ist an das Y-Ablenkplattenpaar in

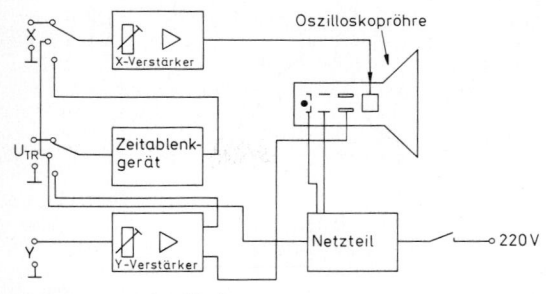

Elektronenstrahloszilloskop

der Oszilloskopröhre angeschlossen. Es erfolgt eine Ablenkung der Meßspannung in vertikaler Richtung. 3. Zeitablenkteil, das eine kalibrierte, von außen einstellbare, zeitproportional ansteigende Spannung erzeugt. Die Spannung hat die Form eines Sägezahns. Sie wird in einem Horizontalverstärker auf genügend hohe Werte verstärkt und an die X-Ablenkplatten der Oszilloskopröhre gelegt. Die Meßspannung wird in horizontaler Richtung ausgelenkt. Die Zeitablenkung erfolgt a) durch eine Kippschaltung, b) durch eine Triggerschaltung. 4. Häufig ist der X-Verstärker (Horizontalverstärker) von außen zugängig. Will man ihn zum Koordinatenbetrieb (wie beim XY-Schreiber) des Elektronenstrahloszilloskops benutzen, muß das Zeitablenkteil über einen Schalter abgeschaltet werden. 5. Das Netzteil stellt z. B. die Hochspannung für die Anode der Oszilloskopröhre bereit und versorgt die Baugruppen mit der erforderlichen Betriebs-Gleichspannung. Sonderbauformen des Elektronenstrahloszilloskops sind z. B.: Sampling-Oszilloskop, Zweistrahl-Oszilloskop, Zweikanal-Oszilloskop, Logikanalysator. [12]. Fl

Elektronenstrahlröhre → Katodenstrahlröhre. Fl

Elektronentransferelemente → Gunn-Effekt. Ne

Elektronenübergang *(electron transition)*. Der E. bezeichnet die Änderung des Energiezustandes eines Elektrons. Liegt das Endniveau energetisch unter dem Ausgangsniveau, so ist der E. mit Energieabgabe, liegt das Endniveau energetisch höher als das Ausgangsniveau mit Energieaufnahme verbunden. Der Energieaustausch kann mechanisch (durch Stoß) oder auch elektromagnetisch erfolgen. [5], [7]. Bl

Elektronenvervielfacher *(electron multiplier)*, Sekundäremissionsvervielfacher, Sekundäremissionsvervielfacher-

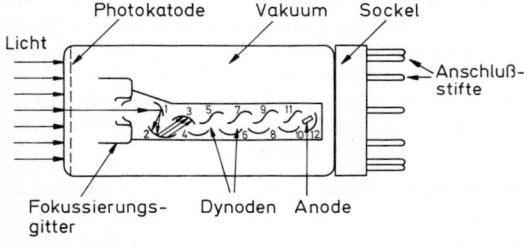

Elektronenvervielfacher

röhre, Photomultiplier, Sekundärelektronenvervielfacher (SEV). Der E. ist eine Elektronenröhre, innerhalb der eine Reihe von Prallelektroden (Dynoden) mit ständig zunehmendem elektrischen Potential angeordnet sind, über die durch Sekundärelektronenemission eine Vervielfachung des Elektronenstroms stattfindet (Bild). Große Bedeutung hat der E. mit Photokatode in der Meßtechnik, in der Lasertechnik und in der Atomphysik zum Nachweis von Photonen erlangt. Während E. mit Glühkatode praktisch bedeutungslos sind, wurden E. mit kalter Katode weiterentwickelt. [5]. Fl

Elektronenvolt *(electron volt)*. 1 E. ist die Energie, die ein Elektron beim Durchlaufen einer Potentialdifferenz von 1 V im Vakuum gewinnt. 1 eV = $1{,}6022189 \cdot 10^{-19}$ J (DIN 1301, Teil 1). Bl

Elektronenwolke *(electron cloud)*, Raumladungswolke. Anhäufung von Elektronen, die z. B. in Elektronenröhren vor der Glühkatode entsteht, wenn durch das elektrische Feld nicht alle freigesetzten Elektronen sofort abgezogen und beschleunigt werden. [5]. Bl

Elektronik *(electronics)*. Derjenige Wissenszweig, der sich mit der Elektrizitätsleitung in Gasen, im Vakuum und in Halbleitern befaßt. Diese allgemeine Definition wird heute meist eingeschränkt auf den Entwurf, die Herstellung und Anwendung von Elektronenröhren, Halbleiterbauelementen und integrierten Schaltungen. [4]. Ne

Elektronik, industrielle *(industrial electronics)*. Derjenige Bereich der Elektronik, der sich mit der Steuerung, Überwachung und Regelung von Fertigungsprozessen beschäftigt. [4]. Ne

Elektronik, medizinische *(medical electronics)*. Derjenige Bereich der Elektronik, der sich mit ihrer Anwendung in der medizinischen Forschung und Praxis beschäftigt. Beispiele sind Röntgendiagnostik, Elektroradiographie, Ultraschalldiagnostik, Ultraschalltherapie, Strahlungstherapie. [4]. Ne

Elektrophorese *(electrophoresis)*. Eine Beschichtungstechnik, bei der sich elektrisch geladene Teilchen in einem elektrischen Feld bewegen und beim Abscheiden entladen. Die wichtigste Anwendung findet die E. beim Tauchlackieren (z. B. in der Automobilindustrie). [4]. Ne

Elektropleochroismus *(electro-dichroism)*. Effekt, der bei farbigen Flüssigkristallzellen ausgenutzt wird. Einer flüssigkristallinen Substanz wird ein Farbstoff zugesetzt. Beim Anlegen eines elektrischen Feldes orientieren sich die Farbstoffmoleküle in Richtung der Moleküle des Flüssigkristalls. Bei Bestrahlen mit Licht absorbieren die Farbstoffmoleküle Licht einer bestimmten Wellenlänge; die Substanz erscheint in der Farbe des Farbstoffes. Bei Abschalten des elektrischen Feldes verschwindet die Farberscheinung. [4]. Ne

Elektrostriktion *(electrostriction)*. Volumenänderung eines Dielektrikums durch Polarisation. Die in der Richtung eines äußeren Feldes hintereinander liegenden elektrischen Dipole üben eine Anziehung aufeinander aus, bei der sich die Moleküle einander so lange nähern, bis die

Element, galvanisches *(galvanic cell)*, Primärelement. Geräte zur Erzeugung elektrischer Spannungen durch Elektrolyse. Jedes galvanische E. enthält zwei Platten aus verschiedenen elektrischen Leitern, die in einen gemeinsamen bzw. zwei durch eine poröse Wand getrennte Elektrolyte tauchen. Beispiele: Daniell-E. und Weston-E. [5].
Bl

elastischen Gegenkräfte den elektrischen das Gleichgewicht halten. Ein elektrisches Wechselfeld verursacht Deformationsschwingungen (elektrostriktiver Ultraschallsender). [5]. Rü

Elementardipol → Hertzscher Dipol. Ge

Elementarereignis *(elementary event)*. In der Wahrscheinlichkeitsrechnung ein Element der Menge M der Elementarereignisse, wobei zufällig eintretende Ereignisse Teilmengen von M sind. *Beispiel:* Bei einem Würfel besteht die Menge der Elementarereignisse aus 6 Elementen e_i (i = 1,2,3,4,5,6). Jedes Ergebnis von einem oder mehreren Würfen ist eine Teilmenge der Menge M. In der Elektronik würde der Defekt eines Transistors als E. betrachtet werden; der Defekt einer Schaltung nicht, da er auf das E. des Defekts eines Transistors zurückgeführt werden kann. [9]. We

Elementarladung *(elementary charge unit)*. Die kleinste, in der Natur vorkommende Ladungsmenge (positiv oder negativ). Es gilt: $e = (1{,}60210 \pm 0{,}00007) \cdot 10^{-19}$ C. Ein Elektron trägt eine negative, ein Proton eine positive Elementarladung. [5]. Bl

Elementarmagnet *(elementary magnet)*. Bereich eines Stoffes, der eine einheitliche Magnetisierungsrichtung durch die von den Atomen erzeugten magnetischen Momente aufweist. Diese wiederum entstehen vornehmlich durch die Kreisströme der Elektronen beim Umlauf um den Atomkern. [5]. Bl

Elementarsignale. In der Nachrichtenübertragung haben Signale als Träger der Nachricht Zufallscharakter. Zum Studium der Frage, wie sich Signale bei der Übertragung über ein System verhalten, benutzt man zum modellmäßigen Aufbau dieser Zufallssignale determinierte Signale, die durch einen geschlossenen mathematischen Ausdruck beschrieben werden können. Unter einem E. versteht man ein determiniertes Signal s(t), das eine besonders einfache Form hat und das auch technisch einfach erzeugt werden kann. Elementarsignale sind Testsignale, die auf den Eingang eines Übertragungssystems gegeben werden und deren Signalantwort am Ausgang Rückschlüsse über das System zuläßt. Wesentliche Elementarsignale sind:

1. Sinussignal $s(t) = \sin(2\pi t)$,
2. Gaußsignal (Bild a): $e^{-\pi t^2}$,
3. Sprungfunktion (Bild b): $\varepsilon(t) = \begin{cases} 0 & t < 0 \\ 1 & t \geq 0 \end{cases}$,
4. Rechteckimpuls (Bild c): $\text{rect}(t) = \begin{cases} 1 & |t| \leq \frac{1}{2} \\ 0 & |t| > \frac{1}{2} \end{cases}$,
5. Dreieckimpuls (Bild d): $\Lambda(t) = \begin{cases} 1 - |t| & |t| \leq 1 \\ 0 & |t| > 1 \end{cases}$.

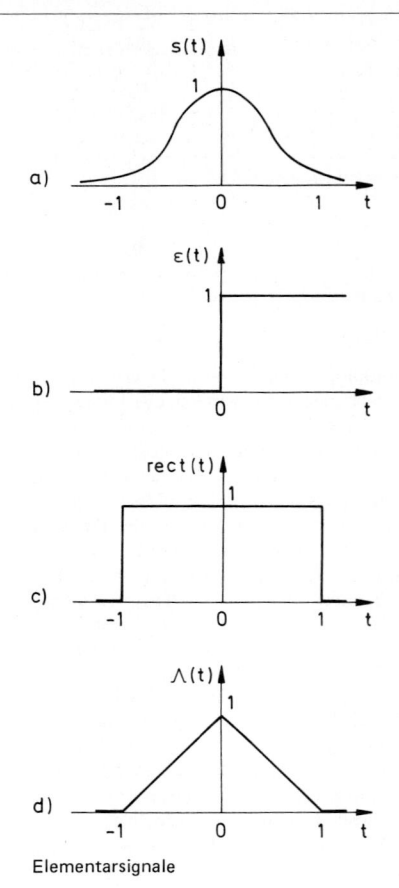

Elementarsignale

Die Elementarsignale sind, wie bei allen Signalfunktionen üblich, normiert (→ Normierung). Die Zeitgröße t' ist auf 1 s bezogen:

$$t = \frac{t'}{1\,\text{s}}.$$

[14]. Rü

Elementarteilchen *(elementary particles)*. Teilchen, die nach heutiger Kenntnis nicht aus grundlegenderen Teilchen aufgebaut sind. Es wird jedoch vermutet, daß sie als Kombination von sog. Quarks darstellbar sind. Nach ihrer Masse und Wechselwirkung unterscheidet man: Leptonen, die neben Gravitation schwache und elektromagnetische Wechselwirkung zeigen (z. B. Elektron, Positron, Myon); Mesonen, die neben Gravitation starke und elektromagnetische Wechselwirkung zeigen, wie das Pion, und Baryonen, die sich in Nukleonen und Hyperonen unterteilen (z. B. Neutron, Proton, Λ-Teilchen, Σ-Teilchen). Die Hyperonen werden heute für angeregte Nukleonenzustände gehalten. [5]. Bl

Elementarzelle *(fundamental cell)*. Die E. ist der kleinste, die Symmetrie des Kristalls kennzeichnende Volumenbereich mit einem oder mehreren Gitterpunkten. [7].
Bl

Elevation → Funkortung. Ge

ELF → Megameterwelle; → Funkfrequenzen. Ge

Elko → Elektrolytkondensator. Ge

Elysieren. Das E. ist ein elektrochemisches Bearbeitungsverfahren (z. B. Schleifen oder Entgraten hochlegierter Stähle). Es arbeitet umgekehrt zur katodischen Abscheidung. Das Ablösen von Metallschichten geschieht, indem man das Werkstück als Anode und das Werkzeug als Katode polt. Als Elektrolyten verwendet man eine 10 %ige bis 20 %ige Natriumchloridlösung. [4]. Ne

EMC *(electromagnetic compatibility)*. Die Elektromagnetische Verträglichkeit (EMV) ist ein Maß für die Störanfälligkeit einer elektronischen Schaltung auf kapazitive und/oder induktive Beeinflussungen benachbarter Anlagenteile, wie Starkstromleitungen, Schütze, Stromrichter usw. [5]. Ku

Emission *(emission)*. Mit E. wird jedes Aussenden eines Teilchens oder Quasiteilchens aus einem mikrophysikalischen Verband bezeichnet. Es können z. B. radioaktive Elemente α-, β-, oder γ-Teilchen emittieren; bei Übergängen von Elektronen in tiefer gelegene Energieniveaus werden Photonen oder auch Elektronen emittiert. [5], [7]. Bl

Emission, induzierte → Emission, stimulierte. Bl

Emission, spontane *(spontaneous emission)*. Spontane E. tritt ohne äußere Einwirkung nach Ablauf der Lebensdauer eines angeregten Zustandes auf, beispielsweise die Photonenemission angeregter Elektronen der atomaren Elektronenhülle. [5], [7]. Bl

Emission, stimulierte *(stimulated emission)*, induzierte Emission. Stimulierte E. tritt nach dem Einfall der auslösenden Strahlung (z. B. nach Lichteinstrahlung) als Umkehrvorgang der Absorption auf. Sie ist Grundlage für Maser und Laser. [5], [7]. Bl

Emission, thermische → Glühemission. Bl

Emitter *(emitter)*. Häufig verwendete Abkürzung für Emitteranschluß (z. B. eines Bipolartransistors), Emitterelektrode oder Emitterzone. Das Wort „Emitter" allein sollte als Abkürzung für diese Begriffe nur dann benutzt werden, wenn Mißverständnisse ausgeschlossen sind (DIN 41854). [6]. Ne

Emitterbahnwiderstand *(emitter series resistance)*. Widerstand zwischen dem Emitteranschluß und einem inneren unzugänglichen Emitterpunkt, der durch eine Ersatzschaltung definiert ist (DIN 41 854). [6]. Ne

Emitter-Basis-Diode *(emitter diode)*, Emitterdiode. PN-Übergang zwischen Emitter- und Basiszone eines Bipolartransistors. [6]. Ne

Emitterdiode → Emitter-Basis-Diode. Ne

Emitter-Dip-Effekt *(emitter dip effect)*, Emitter-Push-Effekt. Bei hohen Dotierungskonzentrationen kann es während der Emitterdiffusion mit Phosphoratomen zu einer beschleunigten Diffusion der Basiszone unter der Emitterzone kommen. Der E. führt zu einem erhöhten inneren Basisbahnwiderstand. Bei extrem dünnen Basen kann dies zu lokalen Kurzschlüssen zwischen Emitter- und Kollektorzone führen. [6]. Ne

Emitterfolger → Kollektorschaltung. Li

Emitterleitwert *(emitter conductance)*. Kehrwert des Emitter-Widerstandes. [4], [6]. Li

Emitter-Push-Effekt → Emitter-Dip-Effekt. Ne

Emitterschaltung *(common emitter connection)*. Transistorgrundschaltung, bei der der Emitter gemeinsame Bezugselektrode für Eingang und Ausgang der Schaltung ist (Bild). Eigenschaften: hohe Spannungsverstärkung, hohe Stromverstärkung, kleiner Eingangswiderstand, großer Ausgangswiderstand, sehr hohe Leistungsverstärkung (daher ist die E. die am häufigsten verwendete Transistorgrundschaltung). [6]. Li

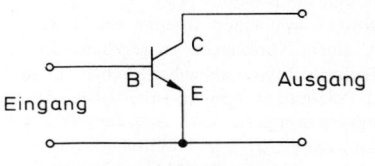

Transistor in Emitterschaltung

Emitterspannung *(emitter voltage)*. Zwischen Emitter und Masse liegende Spannung. Die E. fällt bei der am häufigsten verwendeten Emitterschaltung am Emitterwiderstand ab. [6]. Li

Emitterstrom *(emitter current)*. Der in den Emitter hineinfließende (beim PNP-Transistor) bzw. aus ihm herausfließende (beim NPN-Transistor) Strom I_E. Er setzt sich aus dem Basis- und dem Kollektorstrom zusammen. [4], [6]. Li

Emitterwiderstand *(emitter-resistance)*. Widerstand zwischen Emitter und Masse. Bewirkt durch Strom-Gegenkopplung eine Stabilisierung des Transistor-Arbeitspunktes gegenüber Temperatureinfluß. Je größer der E., um so besser die Stabilisierung und um so kleiner der Aussteuerbereich. Kompromiß: Dimensionierung derart, daß 10 % bis 20 % der Versorgungsspannung am E. abfällt. [6]. Li

EMK *(electromotive force, e.m.f.)*. Die EMK (Elektromotorische Kraft) ist die Urspannung bzw. Quellenspannung eines Stromerzeugers. Sie ist um die inneren Spannungsabfälle größer als die Klemmenspannung der Quelle (z.B. Batterie). Im Leerlauf (stromloser Zustand) ist die EMK gleich der Klemmenspannung und damit einer Messung zugänglich. In Analogie hierzu bezeichnet man bei elektrischen Maschinen die durch Rotation im Anker induzierte Spannung ebenfalls als EMK. [5]. Ku

EMP *(electromagnetic pulse)*. Genauer: nuklearer elektromagnetischer Impuls. Erscheinung, bei der eine thermonukleare Explosion einen elektromagnetischen Impuls erzeugt, der die Bauelemente moderner Elektronikgeräte stören oder zerstören kann. [10]. Ne

Empfänger *(receiver).* Der E. ist ein elektronisches Gerät, das der Rückgewinnung einer in den Hochfrequenzbereich umgesetzten und mit einem HF-Sender abgestrahlten Nachricht dient. Ein E. kann sowohl für den drahtlosen als auch für drahtgebundenen Empfang (Drahtfunk) verwendet werden. [13], [14].   Th

Empfängerfläche → Absorptionsfläche.   Ge

Empfängerröhre *(receiving tube).* Die E. ist ein elektronisches Bauelement, das als Verstärkerelement für elektrische Signale eingesetzt wird. In diesem speziellen Anwendungsfall benötigt man die Elektronenröhren zur Verstärkung und Umsetzung der hoch- und niederfrequenten Signale in Empfängern. [4], [13], [14].   Th

Empfangsantenne → Antenne.   Ge

Empfangsleistung einer Antenne *(received power).* Von einer Antenne bei Leistungsanpassung aus dem Strahlungsfeld aufgenommene Leistung (P_E). 1. Verfügbare E. *(available power):* von einer Antenne bei Leistungsanpassung an einen Verbraucher abgegebene Leistung (P_{eo}). 2. Maximale E: von einer bezüglich Richtcharakteristik und Polarisation optimal orientierten Antenne bei Leistungsanpassung aus dem Strahlungsfeld aufgenommene Leistung (P_{emax}). 3. Praktische E.: die an den Verbraucher abgegebene E. (P_p). [14].   Ge

Empfangspegel → Eingangspegel.   Fl

Empfindlichkeit *(sensitivity).* Bei elektrischen Netzwerken und Anordnungen allgemein die Größe der Änderung einer Netzwerkgröße, hervorgerufen durch eine Änderung einer anderen Netzwerkgröße. Für die E. eines Meßgerätes gilt eine analoge Definition (DIN 1319/2). Zur quantitativen Ermittlung der E. verwendet man:
1. die relative E.

$$S_x^P = \lim_{\Delta x \to 0} \frac{\frac{\Delta P}{P}}{\frac{\Delta x}{x}} = \frac{x}{P} \frac{dP}{dx} = \frac{d(\ln P)}{d(\ln x)}.$$

Sie ist definiert als der Grenzwert für sehr kleine x des Quotienten der relativen Änderung eines Parameters P: $\left(\frac{\Delta P}{P}\right)$ zur relativen Änderung einer Netzwerkgröße x: $\left(\frac{\Delta x}{x}\right)$. Die gesuchte relative Änderung des Parameters P ergibt sich zu

$$\frac{dP}{P} = S_x^P \cdot \frac{dx}{x}.$$

Beispiel: Gesucht ist die relative Änderung der Resonanzfrequenz $\omega_o = \frac{1}{\sqrt{LC}}$ eines Schwingkreises, hervorgerufen durch eine relative Änderung der Induktivität L

$$\frac{d\omega_o}{dL} = \frac{1}{2}(LC)^{-\frac{3}{2}}C \quad \text{oder} \quad \frac{d\omega_o}{\omega_o} = -\frac{1}{2}\frac{dL}{L}.$$

Die E. $S_L^{\omega_o} = -\frac{1}{2}$ sagt aus, daß sich bei einer einprozentigen Änderung des Bauelementwertes von L die Resonanzfrequenz ω_o um $-0,5\%$ ändert.
2. Die halbrelative Empfindlichkeit (Dämpfungsempfindlichkeit)

$$\mathscr{S}_x^a = \frac{da}{\frac{dx}{x}} = x \cdot \frac{da}{dx}.$$

Sie wird gebraucht, wenn die absolute Änderung (da) eines Parameters a, hervorgerufen durch die relative Änderung einer Netzwerkgröße x bestimmt werden soll. (Meist ist a die Dämpfung oder Verstärkung des Netzwerks). Es gilt

$$da = \mathscr{S}_x^a \frac{dx}{x}.$$

oder für die halbrelative E. in Bezug auf einen Parameter P

$$da = \mathscr{S}_P^a \cdot S_x^P \cdot \frac{dx}{x}.$$

Beispiel: Bei aktiven Filtern ist die Polgüte Q_P ein wesentliches Kriterium zur Bestimmung der Empfindlichkeitseigenschaften; Q_P sei z. B. eine Funktion des Bauelements C_i. Die absolute Dämpfungsänderung beträgt

$$da = \mathscr{S}_{Q_P}^a \cdot S_{C_i}^{Q_P} \cdot \frac{dC_i}{C_i}.$$

[5], [15].   Rü

Empfindlichkeitsanalyse *(sensitivity analysis).* Die E. dient mit Unterstützung von Analog- bzw. Digitalrechnern der genauen Untersuchung von Parametereinflüssen, die sich im Unterschied zu rein mathematisch gebildeten Modellen technischer Systeme bei deren praktischer Verwirklichung ergeben (z. B. → Alterung, Umgebung). Mit der E. werden auf theoretischem Wege Lösungen aufgestellter Empfindlichkeitsgleichungen gesucht und ingenieurmäßige Entwürfe auf ihre Brauchbarkeit untersucht. Dadurch erspart man aufwendige Versuchsaufbauten zur praktischen Feststellung von Toleranzen. Man strebt über eine E. Systeme an, die unempfindlich gegen Parameteränderung sind.   Fl

Emulation *(emulation).* Verfahren zur Abarbeitung eines Programms in einer Maschinensprache auf einer Datenverarbeitungsanlage mit einer anderen Maschinensprache. Im Gegensatz zur Simulation wird die E. sowohl mit Hardware- als auch mit Software-Mitteln durchgeführt. Man bezeichnet sie als Emulator. Die E. verfolgt den Zweck, Programme auch nach einer Maschinenumstellung verwenden zu können. Sie ist nicht anwendbar bei zeitkritischen Programmen. Die E. hat den Nachteil, daß die Möglichkeiten der neuen Anlage nicht optimal genutzt werden. [1].   We

Emulator *(emulator)* → Emulation.   We

EMV → Verträglichkeit, elektromagnetische.   Fl

Enable-Signal *(enable signal).* Signal zur Auslösung eines Vorgangs oder einer Wirkung, z. B. Write-Enable-Signal zur Auslösung des Schreibvorgangs bei einem Lese-Schreibspeicher oder Chip-Enable zur Aktivierung eines Chips *(chip select).* [2].   We

Endeinrichtung → Datenendeinrichtung.   Kü

Endikon *(endicon).* Das E. ist eine Fernseh-Bildaufnahmeröhre vom Vidikon-Typ. Der Name bezeichnet eine Röhre, die vom VEB WF Berlin (DDR) hergestellt wird. [13].   Th

Endleistungsmesser → Absorptionsleistungsmesser.   Fl

Endstelle *(station)*. Stelle im Nachrichtennetz, die Ursprung und Ziel einer Nachrichtenverbindung ist. Im Fernsprechnetz wird die Endstelle auch Sprechstelle genannt. Im Datennetz umfaßt die Endstelle die Datenendeinrichtung (DEE) und Datenübertragungseinrichtung (DÜE) (→ Rundfunkverbindung. [19] . Kü

Endstufe *(final stage)*. Die E. ist im allgemeinen eine Verstärkerstufe, die eine dem Verwendungszweck entsprechende Leistung abgeben kann. In Niederfrequenzverstärkern versorgt die E. die Lautsprecher. Bei Sendern speist die E. die Antenne. [11], [13], [14]. Th

Endvermittlungsstelle → Fernvermittlungsstelle. Kü

Endverstärker → Leistungsendstufe. Fl

Endverstärkerstufe → Leistungsendstufe. Fl

Energie *(energy)*. Die Fähigkeit, Arbeit zu verrichten. In einem abgeschlossenen System bleibt die Gesamtenergie erhalten. Ein System hat: potentielle E. (Lageenergie) durch seine Lage (z. B. Gravitationsenergie $W = m \cdot g \cdot h$, m Masse; g Fallbeschleunigung, h Hubhöhe); kinetische E. (Bewegungsenergie) aufgrund seiner Bewegung (Translationsbewegung $W = \frac{m}{2} v^2$; Drehbewegung $W = \frac{1}{2} \omega^2$; I Trägheitsmoment) elektrische E. durch Verschieben einer Ladung in einem elektrischen Feld: $W = \int q \cdot \mathbf{E} \cdot \mathbf{ds}$ (q elektrische Ladung; **E** elektrisches Feld; **ds** zurückgelegter Weg); magnetische E. durch die Wechselwirkung mit dem magnetischen Feld $W = \int \mu \, d\mathbf{H}$ (μ magnetisches Moment; **H** magnetisches Feld); Wärmeenergie, wenn ihm durch thermischen Kontakt Wärme zugeführt wurde. [5]. Bl

Energieband *(energy band)*. Bereich von dicht beieinanderliegenden Energietermen im Kristall, die von Elektronen besetzt werden können (DIN 41 852). [7]. Bl

Energiebanddichte *(energy band density)*. Die E. kennzeichnet die Entfernung der Energiebänder im Bändermodell und ist durch die Größe der jeweiligen Energielücke gegeben. In den Metallen der Übergangselemente wird die E. so hoch, daß es zu Überlappungen der Energiebänder kommt. [7]. Bl

Energiebändermodell → Bändermodell. Bl

Energiedichte, elektrische *(density of total electromagnetic energy)*, (Zeichen w_e). Die elektrische E. ist definiert zu $w_e = \int \mathbf{E} \, d\mathbf{D}$, wobei **E** elektrische Feldstärke, **D** elektrische Flußdichte. Da in isotropen Medien der Zusammenhang

$$\mathbf{D} = \epsilon \mathbf{E}$$

besteht und die Permittivität ϵ ein Skalar ist, gilt dort

$$w_e = \frac{1}{2} \mathbf{D} \mathbf{E} = \frac{1}{2} \epsilon E^2 .$$

Die Einheit von w_e ist Jm^{-3} (J Joule). [5]. Rü

Energiedichte, magnetische (Zeichen w_m). Die magnetische E. ist definiert zu

$$w_m = \int \mathbf{H} \, d\mathbf{B} ,$$

H magnetische Feldstärke, **B** magnetische Flußdichte.

Da in isotropen Stoffen der Zusammenhang

$$\mathbf{B} = \mu \mathbf{H}$$

besteht und die Permeabilität μ ein Skalar ist, gilt dort:

$$w_m = \frac{1}{2} \mathbf{H} \mathbf{B} = \frac{1}{2} \mu H^2 .$$

Die Einheit von w_m ist Jm^{-3} (J Joule). [5]. Rü

Energieerhaltungssatz → Energiesatz. Bl

Energiegröße. Nach (DIN 5493) eine Größe, die der Energie proportional ist, beispielsweise Energiedichte, Leistung, Leistungsdichte. [5]. Rü

Energielücke *(energy gap)*, verbotene Zone, Elektronenlücke. Als E. wird in der Vorstellung des Bändermodells der bei Halbleitern auftretende Bereich verbotener (d.h. von den Elektronen nicht besetzbarer Energiezustände bezeichnet. [5], [7]. Bl

Energieniveau *(energy level)*, Energieterm. Energiewert, den Elektronen innerhalb eines Atoms oder eines Atomverbandes annehmen können (DIN 41 852). Die Energieniveaus geben die erforderliche Arbeit an, um z. B. Atome zu ionisieren. [5], [7]. Bl

Energiequant *(energy quantum)*. Kleinster Energiebetrag einer durch die Frequenz f (bzw. die Kreisfrequenz $\omega = 2\pi f$) gekennzeichneten Strahlung mit der Energie $W = hf = \hbar\omega$ (h = $2\pi\hbar$ Plancksches Wirkungsquantum). [5]. Bl

Energiesatz *(law of conservation of energy)* Energieerhaltungssatz. Als grundlegendes Phänomen hat sich der Satz von der Erhaltung der Energie (Energiesatz) erwiesen. Danach ist in einem abgeschlossenen System (ohne Energie- oder Massenaustausch mit der Umgebung) die Summe aller Energieformen und Massen konstant. In der klassischen Physik wird dies durch den 1. Hauptsatz der Wärmelehre festgehalten. [5]. Bl

Energiesignal *(energy signal)*. Ein Signal s(t) nennt man ein E., wenn seine, über die ganze Zeitachse betrachtete Signalenergie endlich ist:

$$E = \int_{-\infty}^{+\infty} s^2(t) \, dt = M < \infty .$$

M ist eine feste obere Schranke. Die Sprungfunktion (→ Elementarsignale) und alle periodischen Signale sind u.a. keine Energiesignale. Für sie definiert man eine endliche mittlere Leistung (→ Leistungssignal). [14]. Rü

Energiespeicher *(energy storage)*. E. sind Vorrichtungen zum Speichern mechanischer, chemischer oder elektrischer Energie. Die einfachsten Energiespeicher sind Schwungräder und hochgelegene Wasserreservoirs zum Antrieb von Turbinen. Zur Speicherung elektrischer Energie sind Akkumulatoren (→ Batterien) gebräuchlich. Zunehmendes Interesse als Energiespeicher finden Metallhydride (Metalle in deren Zwischengitterplätzen Wasserstoffatome angelagert sind). Weitere E. sind die fossilen Brennstoffe (Erdöl, Kohle, Erdgas) und radioaktive Elemente (die jedoch nicht rückgewinnbar sind). [5]. Bl

Energietechnik *(power engineering)*. Die E. beschäftigt sich mit der Erzeugung (Umwandlung), Verteilung und Nutzung (Anwendung) von Primärenergien. Die elektrische E. (auch Starkstromtechnik genannt), befaßt sich mit der Erzeugung von elektrischer Energie aus Kohle, Wasser, Erdöl, Atomkraft, deren Übertragung über Hochspannungsleitungen und Transformatoren sowie deren Verteilung und Umformung (elektrische Maschinen, Antriebe, Leistungselektronik, Elektrowärme, Beleuchtungen usw.). [3]. Ku

Energieterm → Energieniveau. Bl

Energieumwandlung *(energy conversion)*. Umwandlung einer Energieform in eine andere z. B. Wärme über mechanische Energie in elektrische Energie (Wasserdampf-Turbine-Generator). [5]. Ku

Energiewandler *(energy convertor)*. E. der elektrischen Energietechnik sind vor allem elektrische Maschinen (elektrische Antriebe, Generatoren), Heizwiderstände (Schmelzöfen) und chemoelektrische Anlagen (Elektrolyse). [5]. Ku

Enneode. Elektronenröhre mit neun Elektroden (auch Nonode). [5]. Ne

Entartung *(degeneracy)*. 1. Beschreibt das Phänomen, daß Elementarteilchen in verschiedenen Quantenzuständen gleiche Energie haben. Beispiel ist das atomare Elektronenspektrum. Hier kann die Entartung z. B. durch Anlegen eines elektrischen oder magnetischen Feldes aufgehoben werden. 2. Bezeichnet den Zustand gleichen Energieinhalts bei unterschiedlicher Konfiguration (z. B. bei Gasen). Hierbei gehorcht die Gesamtheit der Teilchen nicht mehr der Boltzmann-Statistik. [5]. Bl

Entartungstemperatur *(degeneracy temperature)*. Temperatur bei der eine Entartung einsetzt. [5]. Bl

Entelektrisierung. Schwächung der ursprünglichen elektrischen Vakuumfeldstärke z. B. in einem Kondensator, dadurch, daß Materie nicht vollkommen und gleichmäßig ein elektrisches Feld erfüllt. Von den Polarisationsladungen an den Grenzflächen des Mediums treten rückläufige Feldlinien aus. Ein Maß für die E. ist der Entelektrisierungsfaktor N, der für homogene polarisierte Dielektrika aus den Potentialgleichungen berechnet werden kann. [5]. Rü

Entkopplung *(decoupling)*. Die Aufhebung oder Verminderung einer galvanischen, kapazitiven oder magnetischen Kopplung, die zwischen einzelnen Bauelementen oder Teilnetzwerken auftritt. Je nach Art der Kopplung erreicht man E. durch Übertrager, Abschirmung oder Trennverstärker. [13]. Rü

Entkopplungskondensator *(neutralizing capacitor)*. Kondensator, der in einer wechselstrombetriebenen Schaltung die Gleichspannungsanteile herausfiltert. [4]. Ne

Entladeschlußspannung *(voltage at the end of discharge)*. Spannung, die am Ende der Entladung z. B. einer Batterie gemessen wird. [5]. Bl

Entnormierung → Normierung. Rü

Entropie *(entropy)*. Die E. S eines Zustandes ist für den thermodynamischen Zustand charakteristisch. Ihr vollständiges Differential dS ist als die in einer reversiblen Zustandsänderung bei der Temperatur T aufgenommene Wärmemenge dQ, also

$$dS = \frac{dQ}{T}$$ gegeben. [5]. Bl

Entscheidungsgehalt *(decision content)*. Anzahl H_o der Ja-Nein-Entscheidungen, die getroffen werden müssen, um aus einer Menge von n Elementen ein Element eindeutig auszuwählen. Es gilt: $H_o = \log_2 n = \text{ld } n$ (ld logarithmus dualis). Der E. der 10 Ziffern des Dezimalsystems ist ld $10 = 3{,}33$ bit; man benötigt also 4 Binärstellen, um die 10 Ziffern mit Binärmustern darzustellen. [9]. Li

Entstörfilter *(noise filter)*, Entstörungsglied. Dient zum Fernhalten von meist hochfrequenten Störungen, die auf Versorgungsleitungen von elektrischen Geräten auftreten. [13]. Rü

Entstörschaltung → Entstörung. Fl

Entstörungsglied → Entstörfilter. Rü

Entstörung *(disturbance elimination)*, Funkentstörung, Entstörschaltung. Unter E. versteht man die Beseitigung, Verhinderung oder wirkungsvolle Bedämpfung unerwünschter technischer Störquellen, die elektromagnetische Störwellen abstrahlen bzw. in vorhandene Leitungsnetze einkoppeln. Eine wirkungsvolle E. führt man am günstigsten direkt an der Störquelle mit Hilfe von Entstörmitteln durch. Störquellen können Lichtbögen, Zündfunken, Bürstenfeuer aber auch Abstrahlungen von Oszillatoren oder Oberwellen von Sendeanlagen sein. Ähnliche Störungen treten bei schnellschaltenden Bauelementen wie Thyristoren und Triacs auf. Über Störspannungs- oder Störfeldstärkemessungen wird der Grad der E. bestimmt. Hierfür haben die Behörden die Unterschreitung bestimmter Maximalwerte vorgeschrieben. Als Entstörmittel benutzt man abhängig von der Art der Störung Entstörfilter, Oberwellenfilter, Entstörkondensatoren, Durchführungskondensatoren, HF-Drosseln, Drosselspulen, Widerstände, Abschirmungen von Gehäusen, Räumen und Kabeln. [8], [10], [12], [13], [14]. Fl

Entzerrung *(equalisation)*. Das Rückgängigmachen einer linearen Verzerrung in einem Übertragungskanal. Die zur E. notwendigen Einrichtungen heißen Entzerrer; sie werden als Zwei- oder Vierpolschaltungen ausgeführt (→ Dämpfungsentzerrer, → Allpaß). [14]. Rü

Epibasistransistor → Epitaxial-Basistransistor. Ne

EPIC-Verfahren *(etched and polycristalline carried integrated circuit)*. Verfahren zur Herstellung dielektrisch monokristalliner Siliciuminseln. Auf das N-Substrat wird eine etwa 20 μm dicke N-Schicht aufgebracht, die mit SiO_2 abgedeckt wird. In die aufgebrachte N-Schicht werden Gräben geätzt. Anschließend wird eine N^+-Schicht mittels Epitaxie aufgebracht. Diese Schicht wird mit Si_3N_4-SiO_2-Si_3N_4-Schichten abgedeckt. Dann wird polykristallines Silicium (etwa 300 μm Dicke) aufgebracht. Das Ausgangssubstrat wird so lange abgeätzt, bis die isolierten N-Inseln entstehen. [4]. Ne

Epitaxial-Basistransistor *(epi-base transistor)*, Epibasistransistor. Hier wird der Basisbereich aus der Gasphase auf ein hochdotiertes Silicium-Substrat aufgebracht. Die Bildung der Emitterzone erfolgt durch einen Diffusionsvorgang. Vorteil: Wegen der geringen Anzahl der Herstellungsschritte billig; gute Reproduzierbarkeit der Basisdicke und -konzentration; niederohmige Kollektorzone führt zu niedrigen Sättigungsspannungen. [4]. Ne

Epitaxie *(epitaxial layer)*. Man unterscheidet: 1. Gasphasenexpitaxie, bei der das Aufbringen einer Halbleiterschicht auf ein Halbleitersubstrat in der Gasphase geschieht. Vielfach wird Siliciumtetrachlorid (SiCl$_4$) bei 1150 °C bis 1200 °C zu Silizium reduziert:

$$SiCl_4 + 2H_2 \rightarrow Si + 4HCl.$$

Die aufgebrachte Halbleiterschicht hat die gleiche Kristallorientierung wie das Substrat. Während des Ablaufes des Verfahrens kann durch Zugabe von Dotierungsatomen die epitaxiale Schicht dotiert werden. Durch die hohe Temperatur können unerwünschte Dotierungsatome aus dem Substrat in die epitaxiale Schicht gelangen. Bei tieferen Temperaturen (1000 °C bis 1050 °C) arbeitet die Silanepitaxie (Silan: SiH$_4$). 2. Flüssigphasenepitaxie, bei der beispielsweise Galliumarsenid in einer Schmelze (z. B. aus Gallium) gelöst wird. Bei einer bestimmten Temperatur ist die Schmelze mit Galliumarsenid gesättigt. Bringt man die Schmelze in Kontakt mit einem Substrat (meist Galliumarsenid), scheidet sich beim Abkühlen das Galliumarsenid aus der Schmelze auf dem Substrat ab. 3. Festphasenepitaxie, bei der eine amorphe Halbleiterschicht epitaxial auf ein einkristallines Substrat (Silicium oder Germanium) bei Temperaturen aufgebracht wird, die unterhalb des Schmelzpunktes des Einzelmaterials oder unterhalb des eutektischen Punktes der beiden Materialien liegen. 4. Molekularstrahlepitaxie, die auf dem Prinzip beruht, daß man im Ultrahochvakuum ein Material durch Erhitzen verdampft. Die gasförmigen Moleküle breiten sich im Vakuum aus und kondensieren sich auf dem Substrat. Durch Steuerung der gasförmigen Moleküle wird eine Epitaxieschicht erzeugt. Aufwachsgeschwindigkeit: 1 μm/h. [4]. Ne

Epitaxie-Planartransistor *(epitaxial diffused-junction transistor)*. Auf ein hochdotiertes N-Substrat (Silicium) wird eine dünne schwachdotierte Schicht des Substratmaterials aufgebracht. In der epitaxialen Schicht werden dann eine P-Diffusion (Basisanschluß) und eine anschließende N-Diffusion (Emitteranschluß) vorgenommen (Bild). [4].
Ne

Epoxydharz → Kunststoff. Ge

EPROM *(erasable programmable read only memory)*. Elektrisch programmierbares ROM, das mit Ultraviolettlicht komplett gelöscht und dann erneut programmiert werden kann. Die EPROMs verwenden FAMOS-Strukturen (FAMOS, *floating-gate avalanche-injection metal-oxide semiconductor*), bei denen in einer isoliert eingebetteten Elektrode *(floating gate)* elektrische Ladungen über viele Jahre hin gespeichert werden. Die EPROMs werden vor allem während der Entwicklungsphase von mikroprozessorgesteuerten Geräten verwendet. Nach Optimierung der im E. gespeicherten Programme erfolgt meist der Ersatz durch billigere PROMs. [1], [2], [4].
Li

Epstein-Apparat *(ferrometer)*, Ferrometer, Eisenprüfgerät, Epsteinrahmen. Der E. ist ein Meßgerät zur Ermittlung spezifischer Eisenverluste von Transformatorblechen. Er besteht aus vier quadratisch angeordneten Spulensätzen mit hintereinandergeschalteten Spulen. Jeder Spulensatz besitzt eine Induktionsspule und darüber gewickelte Magnetisierungsspule. Die Spulen sitzen auf rechteckförmigen Spulenkörpern, in die Blechpakete (als Prüfmaterial) mit vorgeschriebenem Maß, Gewicht und bestimmter Walzrichtung eingeschoben werden. Die Spulen werden an Wechselspannung gelegt; über Spannungs- und Wirkleistungsmesser im Magnetisierungs- und Induktionskreis läßt sich unter Einbeziehung des Eigenbedarfs des Spannungsmessers die Eisenverlustziffer des Prüfmaterials bestimmen. [12]. Fl

Epstein-Rahmen → Epstein-Apparat. Fl

Erdbeschleunigung *(acceleration of gravity)*, Fallbeschleunigung. Die Erde zieht durch die Gravitationswechselwirkung (Massenanziehung) jede Masse m an. Die Größe der Beschleunigung zur Erde hin ist vom Abstand der Masse vom Erdmittelpunkt r_E abhängig:

$$g = f \frac{m \cdot M_E}{r_E^2} \quad \text{mit} \quad f = 6{,}88 \cdot 10^{-11} \text{ m}^3 \text{ kg}^{-1} \text{ s}^{-2},$$

M_E Erdmasse in kg. In der Nähe der Erdoberfläche ist der Wert von $g \approx 9{,}81$ ms^{-2}. [5]. Bl

Erden *(earth, ground)*. E. heißt, ein elektrisch leitfähiges Teil einer Anlage über einen Erder mit der Erde zu verbinden [VDE 0141]. [5]. Ku

Erder *(earth electrode)*. Der E. ist ein Leiter, der in die Erde eingebettet ist und mit ihr in leitender Verbindung steht. Je nach der Lage unterscheidet man Oberflächen- und Tiefenerder. Bezüglich der Form gibt es Banderder, Seilerder, Rohrerder, Sternerder (VDE 0141). [5]. Ku

Erdschluß *(earth fault)*. Bei einem E. sind betriebsmäßig isolierte Leiter leitend mit der Erde verbunden, wodurch eine erhöhte Beanspruchung der Anlage auftritt. Um schwerwiegende Schäden zu vermeiden, muß über Schutzeinrichtungen eine schnelle Abschaltung erfolgen (VDE 0141). [5]. Ku

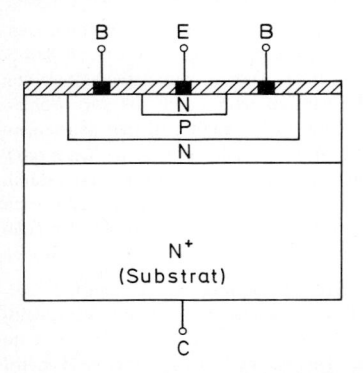

Struktur eines diskreten Epitaxie-Planartransistors

Erdschlußlöschspule *(ground-fault neutralizer)* → Petersenspule. Ku

Erdung *(earthing, grounding)*. Unter E. versteht man die Gesamtheit aller Mittel und Maßnahmen zum Erden. [5]. Ku

Erdungsmesser *(earth resistance meter)*, Erdungswiderstandsmesser. E. sind elektronische Meßeinrichtungen oder -geräte, die zur Festlegung oder Überwachung von Erdungswiderständen an Stark-, Schwachstrom- oder Blitzschutzerdungen eingesetzt werden. Grundsätzlich sind E. Widerstandsmesser, die zur Vermeidung von Polarisationserscheinungen während der Messung die Widerstandsmessung mit Wechselstrom durchführen. Die Meßfrequenz liegt von der Ausführung abhängig zwischen 50 Hz bis etwa 200 Hz, die Widerstands-Meßbereiche zwischen 0,1 Ω bis etwa 1000 Ω; häufig umschaltbar. Die Messung erfolgt mit Hilfe besonderer Meßelektroden, einer Sonde und einem Hilfserder, die in festgelegten Abständen vom eigentlichen Erder entfernt in den Erdboden gesteckt werden (Abstand Sonde − Erder: etwa das Fünffache des längsten Erders, mindestens jedoch 20 m). Beispiele von Erdungsmessern sind:
1. batteriegespeiste E. (Bild). Die Gleichspannung der eingebauten Batterie wird mit Hilfe eines elektronischen Zerhackers in eine Wechselspannung umgewandelt. Es fließt ein Meß-Wechselstrom durch ein Potentiometer P, das in Reihe mit dem Erder geschaltet ist. Am Schleifer wird eine Spannung abgegriffen und an die Primärseite eines Transformators gelegt. An der Sekundärseite erscheint die Spannung um 180° phasengedreht. Diese Spannung liegt entgegengerichtet zur Spannung zwischen Sonde und Erder. Der Schleifer des Potentiometers wird so lange verstellt, bis am Nullinstrument eine Nullanzeige erfolgt. Eine mit dem Potentiometer-Drehknopf verbundene Skala zeigt den Widerstandswert in Ohm an. 2. E. mit Kurbelinduktor. Als Meßspannungsquelle dient ein Kurbelinduktor, bei dem durch Drehen an einer Kurbel ein Wechselspannungsgenerator über ein mechanisches Getriebe betätigt wird. [12]. Fl

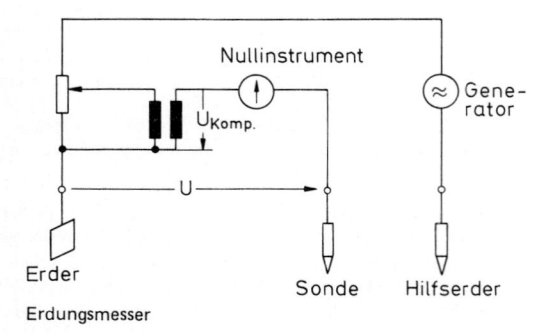

Erdungswiderstandsmesser → Erdungsmesser. Fl

Erdverluste *(ground losses)*. Insbesondere bei kurzen Vertikalantennen ($h < \lambda/4$) für Lang- und Mittelwellen treten E. wegen der im Erdboden zum Antennenfuß zurückfließenden Ströme auf. Die E. lassen sich durch einen Erdwiderstand in Reihe mit dem Strahlungswiderstand der Antenne beschreiben. Zur Verringerung der E. werden aufwendige Erdungssysteme eingesetzt, so z. B. Zylindererder (senkrecht unterhalb des Antennenfußpunktes eingelassene Metallzylinder) oder Strahlerder (eine Vielzahl vom Antennenfuß aus radial verlegter Drähte). [14]. Ge

Erdwiderstand → Erdverluste. Ge

Ergodenhypothese → Ergodentheorem. Bl

Ergodensatz → Ergodentheorem. Bl

Ergodentheorem *(ergodic theorem)*, Ergodenhypothese, Ergodensatz. Grundlegendes Theorem der physikalischen Statistik. Es besagt, daß jeder Punkt des Energie-Phasenraumes einem irgendwann realisierten Zustand des Systems entspricht. Mit anderen Worten: Das System nimmt im Lauf der Zeit alle möglichen Zustände tatsächlich an. [5]. Bl

Erholzeit *(recovery time)*. Beim monostabilen Multivibrator die Zeit, die er im stabilen Zustand bleiben muß, damit sich die RC-Glieder umladen können. Wird der monostabile Multivibrator vor Ablauf der E. erneut angestoßen, so verkürzt sich die Zeit des nicht stabilen Zustandes (Monozeit). [2]. We

Erlang. Einheit des Verkehrsangebotes und der Verkehrsbelastung. In einem Leitungsbündel mit n Leitungen und der Verkehrsbelastung von Y Erlang (Erl) sind im Mittel Y Leitungen belegt ($Y \leq n$). Die Einheit der Verkehrsmenge $\int_0^t Y(\tau)d\tau$ heißt Erlangstunde (Erlh). Die Erlangsche Wahrscheinlichkeits-Verteilungsfunktion k-ter Ordnung für die Zufallsvariable T ist definiert als

$$F_k(t) = P\{T \leq t\} = \sum_{i=0}^{k-1} \frac{(k\mu t)^i}{i!} \cdot e^{-k\mu t}$$

mit Mittelwert $E[T] = 1/\mu$. Sie ist eine wichtige Verteilungsfunktion in der Nachrichtenverkehrstheorie. Nach Erlang werden ferner die Formeln für Blockierung und Warten im Verlustsystem bzw. Wartesystem benannt (A.K. Erlang, dänischer Verkehrstheoretiker). [19]. Kü

Erlang-Verteilung → Lebenszeit-Verteilungen. Rü

Ermüdung. 1. *(faiting)*. Veränderung von Materialeigenschaften (Verschlechterung) infolge einer sich wiederholenden Beanspruchung. Das Ermüdungsverhalten von metallischen Werkstoffen wird durch die sog. Wöhlerkurve beschrieben; auch bei elektronischen Bauelementen führt die E. zu Verschleißausfällen. 2. *(wear out)*. Funktionsbedingte Abnützung von Bauelementen durch laufende Einwirkung der Beanspruchung. E. äußert sich durch Abwanderung der Parameter außerhalb der Toleranzgrenzen der Nennwert (→ Driftausfall). [4]. We/Ge

Ermüdungsausfall *(wearout failure)*, Alterungsausfall, Verschleißausfall. Ermüdungsausfälle sind auf Verschleiß- und Alterungserscheinungen innerhalb der Bauelemente zurückzuführen, die während der nützlichen Lebensdauer durch die ständige Belastung auftreten. Die Ermüdungsausfälle treten daher vorwiegend gegen Ende der Lebensdauer auf. [4]. Ge

Erneuerungsfunktion *(replacement function)*. Mathematische Funktion zur Beschreibung des Erneuerungsprozesses. We

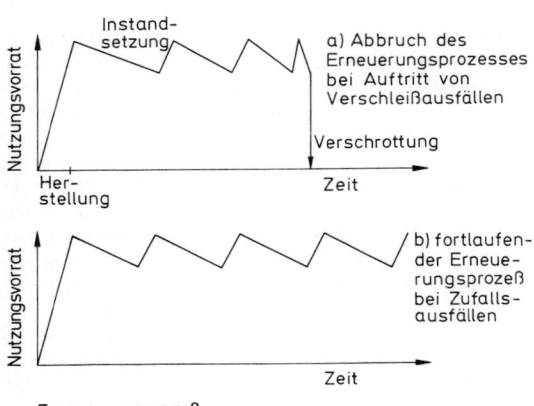

Erneuerungsprozeß *(replacement process)*. Bei einem reparierbaren System die Erneuerung einzelner Teile zwecks Wiederherstellung des Systems. Der E. sollte abgebrochen werden, wenn die Zeitabstände der Reparaturen zu kurz werden (Bild). Damit der E. nicht abbricht, muß eine genügende Anzahl der Ersatzelemente bereit gehalten werden,

n = λ · t,

a) Abbruch des Erneuerungsprozesses bei Auftritt von Verschleißausfällen

b) fortlaufender Erneuerungsprozeß bei Zufallsausfällen

Erneuerungsprozeß

n Anzahl der Ersatzelemente, λ Ausfallrate, t Zeit bis zur Neubeschaffung der Ersatzelemente oder Verschrottung des Systems. [5]. We

Erneuerungstheorie *(theory of replacement)*. Theorie der Vorgänge, bei denen aus einer großen Stückzahl von Einzelelementen eine Erneuerung einzelner Elemente wegen Ausfalls erfolgen muß. Die E. wird in der Technik angewendet (Instandhaltung), aber auch in der Biologie (Bevölkerungsentwicklung, Populationsdynamik). We

Erodieren. Das E. ist ein elektrothermisches Bearbeitungsverfahren (z. B. Schleifen oder Fräsen von harten Werkstoffen), bei dem mit elektrischer Energie hohe Temperaturen erzeugt werden, die die Werkstoffoberfläche zum Schmelzen oder Verdampfen bringt. Beim Entladungsverfahren wird Funken- oder Bodenentladung erzeugt, wobei das Werkstück die Anode und das Werkzeug die Katode darstellt. [4]. Ne

ERP *(effective radiated power)* → Strahlungsleistung. Ge

Erregerspannung *(field voltage)*. Gleich- oder Wechselspannung, die den Erregerstrom treibt. [11]. Ku

Erregerspule → Relaisspule. Ge

Erregerstrom *(field current)*, Feldstrom. Der E. ist ein Gleich- oder Wechselstrom, der das für den Betrieb einer elektrischen Maschine notwendige Magnetfeld erzeugt. [11]. Ku

Erregung *(excitation)*. Die E. einer elektrischen Maschine charakterisiert das Magnetfeld, das durch Erreger(Magnetisierungs)-ströme in der Erreger(Feld)-Wicklung oder durch Permanentmagnete erzeugt wird. Man unterscheidet Permanent-, Gleichstrom- und Wechselstromerregung. [5]. Ku

Erreichbarkeit *(accessibility)*. Anzahl k der Abnehmerleitungen eines Leitungsbündels, die von einer Zubringerteilgruppe aus auf ihren Belegtzustand (→ Belegen) geprüft werden können. Je nach Koppeleinrichtung kann die E. konstant oder variabel sein (z. B. abhängig vom Belegungszustand bzw. der Verkehrsbelastung). Volle (begrenzte) E. liegt vor, wenn k gleich (kleiner) der Anzahl n von Abnehmerleitungen des Leitungsbündels ist. Die effektive E. einer mehrstufigen Koppeleinrichtung ist gleich der E. einer einstufigen Koppelanordnung mit gleicher Verkehrsbelastung, gleicher Anzahl von Zubringer- und Abnehmerleitungen sowie gleicher Blockierungswahrscheinlichkeit (→ Blockierung). [19]. Kü

Ersatzkapazität *(equivalent capacitance)*, Ersatzkondensator, Verlustkapazität, Verlustkondensator, Äquivalenzkapazität. Die E. soll als Zweipol unter der Annahme einer verlustlosen, reinen Kapazität alle kapazitiven Wirkungen einer elektrischen Schaltung oder eines Schaltungsbereiches vereinfacht zusammenfassen. Als Ersatzkapazitäten können sowohl durch den Schaltungsaufbau bedingte Kapazitäten als auch der kapazitive Anteil kompliziert aufgebauter Netzwerke ausgedrückt werden. Die E. ist eine Rechengröße und wird in der Einheit Farad mit entsprechenden Vorsätzen angegeben. [4], [8], [12], [13]. Fl

Ersatzkondensator → Ersatzkapazität. Fl

Ersatzquelle → Ersatzschaltung. Rü

Ersatzschaltbild → Ersatzschaltung. Rü

Ersatzschaltung *(equivalent circuit)*, Ersatzschaltbild. Idealisierte Zweipol- oder Vierpolschaltung (→ Vierpolersatzschaltungen), die soweit vereinfacht wurde, daß unabhängig von den eigentlichen physikalischen Sachverhalten das elektrische Verhalten an den Klemmen der Schaltung richtig beschrieben wird. Die Verwendung einer E. ist besonders bei Verstärkervierpolen (Transistor, Operationsverstärker) wegen der dort auftretenden Strom- oder Spannungsquellen sowie bei Übertrager-Vierpolen (→ Übertrager-Ersatzbilder) günstig. Abgesehen von besonderen Bauelementen (z. B. Quarz) werden bei Zweipolschaltungen bevorzugt die Eigenschaften von Spannungs- und Stromquellen durch Ersatzquellen dargestellt. Jede Spannungsquelle kann nach dem Theorem von Thévenin durch eine Ersatzspannungsquelle, jede Stromquelle nach dem Theorem von Norton durch eine Ersatzstromquelle dargestellt werden (Bild). Die Ersatzspannungsquelle besteht aus einer idealen Urspannungsquelle (Quellenspannung U_L) mit dem Widerstand Null

Ersatzspannungsquelle

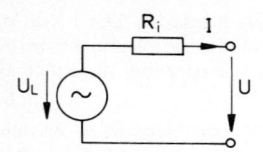

Spannungsersatzschaltung

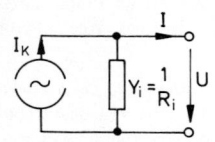

Stromersatzschaltung   **Ersatzschaltung**

in Reihe mit dem Innenwiderstand R_i, die Ersatzstromquelle aus einer idealen Urstromquelle (Quellenstrom I_k) mit dem Widerstand Unendlich mit einem parallelgeschalteten inneren Leitwert

$$Y_i = \frac{1}{R_i}.$$

Beide Darstellungen sind zueinander dual. Wenn außerdem $U_L = R_i\, I_k$ gilt, sind beide Ersatzschaltungen darüber hinaus äquivalent. [15].   Rü

Ersatzspannungsquelle → Ersatzschaltung.   Rü

Ersatzstromquelle → Ersatzschaltung.   Rü

Ersatzwiderstand *(equivalent resistance),* Verlustwiderstand, Äquivalenzwiderstand. Im E. sind alle in einer elektrischen Schaltung oder Teilschaltung nach außen als Wirkwiderstände wirkenden Elemente in einem Zweipol zusammengefaßt. Als E. werden auch die ohmschen Anteile — bedingt durch den jeweiligen Verlustwiderstand — von Spulen und Kondensatoren ausgedrückt. Man will mit der Angabe des Ersatzwiderstandes komplizierte Zusammenhänge vereinfacht ausdrücken, deshalb ist immer ein idealer Wirkwiderstand gemeint, der in der Einheit Ohm bzw. mit den entsprechenden Vorsätzen angegeben wird. [4], [8], [12], [13].   Fl

Ersatzzeitkonstante *(equivalent time constant).* Die E. ist eine Zeitkonstante, die aus entsprechenden Größen einer Ersatzschaltung abgeleitet wird und z.B. bei Ausgleichsvorgängen wie eine Abklingkonstante behandelt wird. Es handelt sich hierbei auch vielfach um eine Rechengröße, die sich nicht meßtechnisch erfassen läßt. [10], [12], [13], [14], [15].   Fl

Erschöpfungsgebiet *(exhaustion region).* Bei einem Störstellenhalbleiter das Temperaturgebiet, bei dem alle Störstellenatome ionisiert sind. Im E. ist die Konzentration der Majoritätsladungsträger konstant. Bei Zimmertemperatur (300 K) kann man davon ausgehen, daß die üblicherweise verwendeten Dotierungsatome ionisiert sind. [7].   Ne

Ersetzbarkeitstheorem *(theorem of substitution).* 1. In der Mathematik die Feststellung: „Auf gleiche Objekte treffen gleiche Aussagen zu" (Leibnizsches E.):

$$a = b \Rightarrow (H(a)) \Leftrightarrow (H(b)),$$

wobei H (a) eine Aussage über a darstellt. Einfachste Spezialfälle des E. sind

$$a = b \Rightarrow (a \in z \Leftrightarrow b \in z)$$
$$a = b \Rightarrow (y \in a \Leftrightarrow y \in b)$$

2. Theorem, daß das homomorphe Bild kontextfreier Sprachen wieder kontextfrei ist, bzw. daß das homomorphe Bild kontextsensitiver Sprachen wieder kontextsensitiv ist. Kontextfrei oder vom Chomsky-Typ 2 (Ch2-Typ) ist eine Sprache, wenn man in ihr einen Buchstaben durch einen anderen ersetzen kann, ohne die benachbarten Buchstaben zu beachten; kontextsensitiv oder vom Chomsky-Typ 1 (Ch1-Typ), wenn beim Ersatz die benachbarten Buchstaben beachtet werden müssen. [9].   We

Erstweg → Verkehrslenkung.   Kü

Erwärmung, induktive *(induction heating),* Hochfrequenzerwärmung. Induktive E. tritt auf, wenn ein elektrisch leitendes Werkstück einer Induktionsspule derart genähert wird, daß der von der Spule erzeugte magnetische Fluß eine Spannung im Werkstück induziert. Der dann fließende Wechselstrom bewirkt durch die Verluste im Werkstück die induktive E. Die induktive E. wird eingesetzt zum Erwärmen und Schmelzen von Metallen sowie zur Wärmebehandlung, u.a. auch zur Reinigung der Ausgangsmaterialien bei der Herstellung von Halbleiterbauelementen. Je nach Anwendungsfall werden Frequenzen von etwa Netzfrequenz bis zu einigen 100 kHz verwendet. Zur Erzeugung der Energie dienen vorzugsweise statische Umrichter (bis etwa 10 kHz, maximal einige MW). [15].   Ge

Erwartungswert *(expected value).* Bei einer diskreten Zufallsgröße die Summe der Produkte aus den möglichen Werten mit der zugehörigen Wahrscheinlichkeit.   We

Erwartungswert der Lebensdauer → Fehlerabstand, mittlerer.   Fl

Esaki-Diode → Tunneldiode.   We

E-Schicht → Ionosphärenschicht.   Ge

E-Sektorhorn → Hornstrahler.   Ge

ESFI-Technik *(epitaxial silicon film on insulator technique).* Bei dieser Technik wird eine Halbleiterschicht auf einem Isolator als Substrat aufgebracht. Als Substrat dient Spinell ($MgAl_2O_4$) und nicht wie in der SOS-Technik *(SOS silicon on sapphire)* Saphir. Das Aufbringen der Halbleiterschicht erfolgt mit der Silanepitaxie. [4].   Ne

Europakarte *(eurocard).* Schaltungsplatine mit den Abmessungen 160 × 100 mm². Paßt in 19-Zoll-Standard-Einschubgehäuse. [4].   Li

E-Welle → TM-Welle.   Ge

EWS (Elektronisches Wählsystem). Dies bedeutet: Die Drehwähler werden durch Koppelfelder ersetzt, bei denen die Koppelpunkte mit Relais realisiert sind (Reed-Relais oder spezielle Relais-Entwicklungen mit Schutzgasfüllung). An der konsequenten Weiterentwicklung zum vollelektronischen System mit Halbleiter-Koppelpunkten wird gearbeitet. Inzwischen werden solche Koppelpunkte in Serie gefertigt. [4], [6], [9], [14], [19].　Th

Excimerlaser → Laser.　Ne

Excitron *(excitron)*. Das E. ist ein Quecksilberdampf-Stromrichterventil, dessen Katode aus flüssigem Quecksilber besteht. Als Steuerelektrode befindet sich zwischen Katode und Anode ein Steuergitter. Zusätzlich ist eine Hilfsanodenstrecke vorhanden, die beim Einschalten des Ventils durch einen Zündstift (→ Ignitron) gezündet wird und ständig brennt, um die für die Zündung der Hauptstrecke notwendigen Ladungsträger bereitzuhalten. Das negativ vorgespannte Steuergitter leitet durch positive Spannungsimpulse die Zündung der Hauptstrecke ein. Excitrons wurden für Stromrichter bis zu den höchsten Leistungen gebaut, heute jedoch durch Thyristoren verdrängt. [11].　Ku

Exemplarstreuung *(sample strew)*. Streuung der Merkmale der einzelnen Exemplare bei Bauteilen usw. des gleichen Typs. Bei genügend großer Anzahl von Exemplaren soll die E. der Gauß-Verteilung genügen. [4].　We

Exklusiv-ODER-Schaltung → Antivalenzschaltung.

Exorciser *(exorciser)*. Gerät für das Testen und die Fehlersuche von Komponenten elektrischer Geräte, besonders von Datenverarbeitungsanlagen. Der E. simuliert andere Teile des Systems, z. B. die Zentraleinheit, so daß einfache Vorgänge am zu überprüfenden Gerät ausgelöst und damit die Funktionen des Gerätes überprüft werden können. [1].　We

Expansion *(expansion)*. 1. Strukturierungsprinzip bei Koppeleinrichtungen; der auf einem Leitungsbündel oder Zwischenleitungs-Bündel ankommende Verkehr wird auf eine größere Anzahl weiterführender Leitungen bzw. Endstellen aufgespreizt. Der zugehörige Teil der Koppeleinrichtungen heißt Expansionsstufe. In elektromechanischen Wählsystemen führt der Leitungswähler die Expansion durch. Gegenstück zur Expansion ist die Konzentration. [19].　Kü
2. → Volumenvergrößerung. [5].　Bl

Expansionsstufe *(expansion gate)*. Digitale Schaltung zur Vermehrung der Anzahl der Eingänge einer Verknüpfungsschaltung. Der Anschluß der E. muß bereits vorgesehen sein (Expansionseingang, Erweiterungseingang). Er darf nicht ohne eine E. beschaltet werden. Expan-

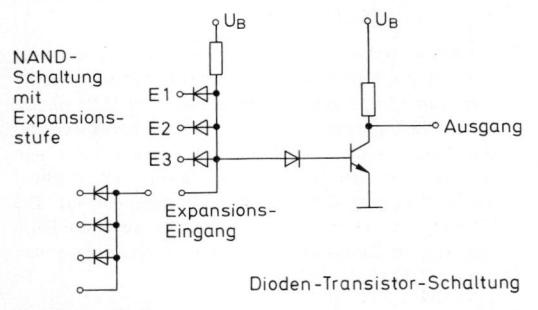

NAND-Schaltung mit Expansionsstufe

Dioden-Transistor-Schaltung

Expansions-Stufe

sionsstufen wurden besonders in Dioden-Transistor-Schaltungen verwendet. [2].　We

Exponentialantenne → Breitbandantenne.　Ge

Exponentialhorn → Hornstrahler.　Ge

Exponentialleitung *(exponential line)*. Eine inhomogene Leitung, bei der speziell der ortabhängige Wellenwiderstand durch

$$Z_W(z) = Z_1\, e^{\mu z}$$

gegeben ist; z ist die Ortskoordinate (vom Leitungsanfang aus gezählt) und μ die logarithmische Steigungskonstante der Leitung. Die Ortsabhängigkeit des Wellenwiderstandes wird durch eine Ortsabhängigkeit der Leitungsbeläge R', L', G', C' hervorgerufen. Im Gegensatz zu einer offenen homogenen Leitung nimmt bei der E. die Spannung vom Ende der Leitung zum Anfang exponentiell ab, die des Stromes entsprechend zu. Die Maxima der Spannung sind nicht wie bei der homogenen Leitung um $\lambda/4$ gegenüber den Strommaxima verschoben sondern um $\lambda/4 + \varphi(\mu)$. Die E. wird meist als Transformator verwendet. [14].　Rü

Exponential-Verteilungsfunktion *(exponential distribution function)*. Wichtige Wahrscheinlichkeits-Verteilungsfunktion in der Nachrichtenverkehrstheorie.

$$F(t) = P\{T \leq t\} = 1 - e^{-\mu t}$$

beschreibt die Wahrscheinlichkeit, daß die Zufallsvariable $T \leq t$ ist (T z. B. Ankunftsabstand oder Belegungsdauer). Der Mittelwert von T ist $E[T] = 1/\mu$. Die Exponential-Verteilungsfunktion besitzt die Eigenschaft der Gedächtnisfreiheit (Markoff-Eigenschaft). [19].　Kü

Externspeicher *(external memory)*. Speicher in Datenverarbeitungssystemen, der nicht Bestandteil der Zentraleinheit ist, sondern mit dem die Zentraleinheit wie mit einem Peripheriegerät verkehrt. Daten auf E. können nicht direkt verarbeitet werden, sondern müssen dazu erst in den Hauptspeicher übertragen werden.

E. sollen mit geringen Kosten die Kapazität der zur Verfügung stehenden Speicher erhöhen. Es gibt E. mit einem quasidirekten Zugriff, z. B. Magnetplattenspeicher, und mit sequentiellen Zugriff, z.B. Magnetbandspeicher. Durch die Organisationsform des virtuellen Speichers können E. das Verhalten von Hauptspeichern vortäuschen.

[1].　We

Externverkehr *(external traffic)*. Verkehr, bei dem die Verkehrsquelle oder -senke nicht im Einzugsbereich der betrachteten Vermittlungseinrichtung liegen. [19].　Kü

Extinktionsschwund → Schwund.　Ge

Exzeß-3-Code *(excess-three code, Stibitz-code)*, Drei-Exzeß-Code, Stibitz-Code. Ein Code, der dadurch entsteht, daß auf jede Ziffer im 8-4-2-1-Dezimalcode der Wert 3 (0011_2) addiert wird. [13].　We

Exziton *(exciton)*. Elektronen-Defektelektronen-Paare, die durch Coulomb-Wechselwirkung aneinander gebunden sind. Sog. gebundene Exzitonen rekombinieren in einer Zeit $t < 10^{-9}$ s. [5], [7].　Bl

F

Fabry-Pérot-Interferometer *(Fabry-Perot interferometer)*, Pérot-Fabry-Interferometer. Das F. ist eine spektroskopische Meßeinrichtung, die als optisches Interferometer aufgebaut, auswertbare Interferenzfiguren mit hellen Maxima auf dunklem Hintergrund liefert. Prinzip (Bild):

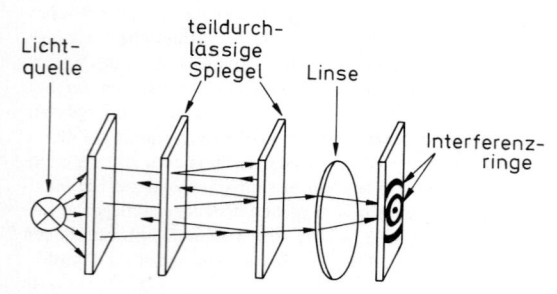

Fabry-Pérot-Interferometer

Eine Lichtquelle strahlt über eine Mattglasscheibe auf zwei sich parallel gegenüberstehende Glasplatten. Zwischen den Glasplatten befindet sich Luft. Die sich gegenüberstehenden Seiten sind schwach verspiegelt. Vom Mattglas einfallende Strahlen werden zwischen den Platten mehrfach reflektiert, ein Teil der Strahlung fällt dabei nach außen und wird von einer optischen Linse gebündelt. Es gelangt nur Strahlung nach außen, deren Intensitätsverlust bei den Mehrfachreflexionen gering geblieben ist. Auf einem Sichtschirm sind scharf ausgeprägte Interferenzfiguren zu erkennen. Mit dem F. lassen sich Änderungen von Lichtwellenlängen bis etwa $0,25 \cdot 10^{-6}$ m auswerten. Anwendungen: In der Astronomie zur Untersuchung von Strukturen strahlender Materie; in der Kristallkunde und in der Lasertechnik. Spezielle F. werden in der Filmtechnik z. B. zum Blockieren infraroter Strahlung eingesetzt, die das Filmmaterial unzulässig erwärmt. [5], [12]. Fl

Fadenelektrometer *(thread electrometer, filament electrometer)*. Das F. ist ein elektrostatisches Meßinstrument, bei dem ein metallisierter, beweglicher Quarzfaden zwischen zwei festen, parallelen Metallplatten liegt. Die Fadenbewegung unter dem Einfluß eines elektrischen Feldes muß mit einem Meßmikroskop beobachtet werden. Mit dem F. lassen sich Wechselspannungen von 200 Hz bis 10 MHz nachweisen. Man findet das F. oft in Taschendosimetern zur Dosismessung radioaktiver Strahlung. [12]. Fl

Fadentransistor *(filament transistor)*. In der Nähe der einen Seite eines homogenen Halbleiterplättchens (schwach N-dotiert) befindet sich eine P-dotierte Insel (Bild). Liegt Anschluß K_2 auf negativerem Potential als Anschluß K_1, fließt ein kleiner Elektronenstrom, wenn Anschluß E stromlos ist. Wird Anschluß E gegenüber dem N-Gebiet positiv vorgespannt, werden Defektelek-

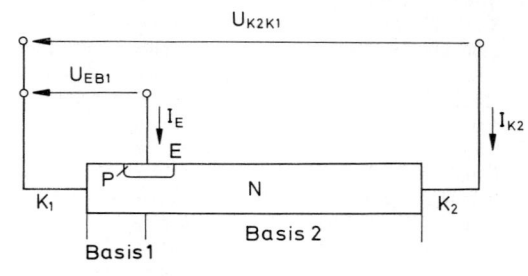

Prinzip des Fadentransistors

tronen in dieses Gebiet injiziert, die zu Anschluß K_2 fließen. Um die Defektelektronen zu kompensieren, wird im N-Gebiet eine gleiche Anzahl von Elektronen bereitgestellt. Es wird also die Elektronenkonzentration und mithin die Leitfähigkeit erhöht. Man bezeichnet diese Art Steuervorgang als Leitfähigkeitsmodulation. [4]. Ne

Fading *(fading)*. Manchmal auch als Selektivschwund bezeichnet. F. entsteht durch die meistens vorhandene Mehrwegeausbreitung der Kurzwellen zwischen Sende- und Empfangsort, da sich das Reflexionsverhalten der Ionosphäre ständig ändert. Das F. durchläuft das ganze übertragene Frequenzband. Solange es sich auf die Seitenbänder erstreckt (Seitenbandfading), wird die Verständlichkeit durch die eintretende Veränderung der Tonhöhe nur unwesentlich herabgesetzt. Wird jedoch bei einem amplitudenmodulierten Signal der Träger betroffen (Trägerfading), ergeben sich starke nichtlineare Verzerrungen bei der Demodulation mit einem Diodendemodulator, sobald die Trägeramplitude so klein wird, daß sie nicht mehr zum Demodulieren der Seitenbänder ausreicht. Diese Nachteile vermeidet der Synchrondemodulator. [14]. Th

Fahrzeugelektronik → Konsumelektronik. Ne

Fail-Safe-Technik *(fail-safe technique)*, Sicherheitstechnik. Technik, die Schaltungen so entwickelt, daß bei einem Ausfall unter keinen Umständen eine gefährliche Situation entsteht. [6], [18]. Li

Faksimiletelegraphie *(facsimile transmission)*. Bezeichnet eine telegraphische Übertragung von Schwarzweißbildern durch Impulse und Impulspausen mit Hilfe photoelektrischer, spiraliger Abtastung des auf einen Zylinder gespannten Bildes. Der Empfänger, dessen Walze sich synchron mit der Senderwalze drehen muß, zeichnet das Bild spiralig direkt oder photochemisch auf. Die Übertragung benötigt nur die Bandbreite eines Fernsprechkanals. Graustufen können nicht übertragen werden. [13], [14]. Th

Faltdipol → Dipolantenne. Ge

Faltung *(convolution).* Die Operation der F. gestattet es, in einem linearen zeitinvarianten System (→ LTI-System) den zeitlichen Verlauf eines Ausgangssignals g(t) hervorgerufen durch ein Eingangssignal s(t) zu bestimmen, wenn die Stoßantwort h(t) des Systems bekannt ist (Bild). Es gilt allgemein für das Faltungsintegral

$$g(t) = \int_{-\infty}^{+\infty} s(\tau)\, h(t-\tau)\, d\tau\,.$$

Der Name rührt daher, daß für t = 0 die Funktion h(-τ) die an der Ordinate (τ = 0) gespiegelte (gefaltete) Funktion der primär gegebenen Stoßantwort h(τ) darstellt;

s(t) ○—│ h(t) │—○ g(t) = s(t) ∗ h(t)

Faltung

der feste Parameter t bewirkt dann nur eine Verschiebung der gefalteten Kurve längs der τ-Achse. Die Faltung wird symbolisch durch das Faltungsprodukt

g(t) = s(t) ∗ h(t)

dargestellt: s(t) gefaltet mit h(t). In der Faltungsalgebra gelten:

1. Kommutativgesetz
   s(t) ∗ h(t) = h(t) ∗ s(t).

2. Assoziativgesetz
   f(t) ∗ s(t) ∗ h(t) = [f(t) ∗ s(t)] ∗ h(t)
                     = f(t) ∗ [s(t) ∗ h(t)].

3. Distributivgesetz
   s(t) ∗ [f(t) + h(t)] = [s(t) ∗ f(t)] + [s(t) ∗ h(t)].

Mit dem Diracstroß $\delta(t)$ besteht der Zusammenhang

s(t) = s(t) ∗ δ(t) = δ(t) ∗ s(t).

$\delta(t)$ ist das Einselement der Faltungsalgebra. Die Berechnung eines Ausgangssignals g(t) = s(t) ∗ h(t) im Zeitbereich durch eine F. entspricht im Frequenzbereich dem algebraischen Produkt, der der Fourier-Transformation unterworfenen Funktionen

s(t) ∗ h(t) ○——● S(f) H(f)

H(f) ist die Übertragungsfunktion. Für beliebige Zeitfunktionen $s_1(t)$ und $s_2(t)$ gilt

$s_1(t) \ast s_2(t)$ ○——● $S_1(f)\, S_2(f)$

und aufgrund der Symmetrieeigenschaft der Fourier-Transformation erhält man das Multiplikations- oder Modulationstheorem

$s_1(t)\, s_2(t)$ ○——● $S_1(f) \ast S_2(f)$.

[14]. Rü

FAMOS-Transistor *(floating gate avalance-injection MOST).* Speicherfeldeffekttransistor, bei dem die Ladungsspeicherung im Isolator erreicht wird, indem man in die Siliciumdioxid-Isolierschicht zwischen Kanal und Gateanschluß eine Gate-Elektrode aus polykristallinem Silicium eingelagert (schwebendes Gate). Das Aufladen der einge-

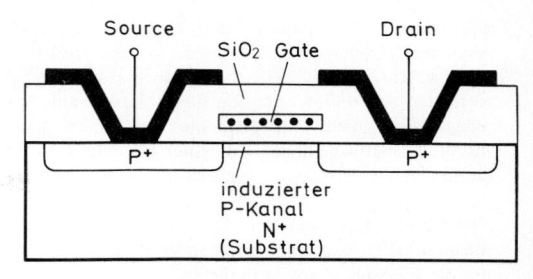

Struktur eines FAMOS-Transistors (● Elektronen)

lagerten Elektrode erfolgt z.B. dadurch, daß am Drain-Substrat-PN-Übergang ein Lawinendurchbruch erzeugt wird. Die hierbei entstehenden Elektronen tunneln zu der eingelagerten Elektrode und laden das Gate negativ auf. Die Isolation des Gates ist so gut, daß nur etwa 1 Elektron/Jahr verlorengeht. Eine Löschung des Speicherinhalts kann nur mit UV-Licht erfolgen. Dieser Transistortyp wird bei EPROMs (*erasable programmable read-only memory*) als Speicherzellen verwendet. [4].
Ne

Fan-In → Eingangslastfaktor. We

Fan-Out → Ausgangslastfaktor. We

Farad *(farad).* Abgeleitete SI-Einheit der elektrischen Kapazität (Zeichen F) (DIN 1301; DIN 1357)

$$1\,F = 1\,\frac{C}{V} = 1\,\frac{As}{V} = 1\,\frac{A^2\, s^4}{kg\, m^2}\,.$$

(C Coulomb; V Volt; A Ampere; As Amperesekunde.) *Definition:* Das F ist gleich der elektrischen Kapazität eines Kondensators, der durch die Elektrizitätsmenge 1 C auf die elektrische Spannung 1 V aufgeladen wird. [5]. Rü

Faraday-Effekt *(Faraday's effect),* magnetooptischer Effekt. Erscheinung der Magnetooptik: Durchstrahlt man eine optisch nicht aktive Substanz der Schichtdicke l mit linear polarisiertem Licht, dann wird durch ein parallel zur Richtung des Lichtstrahles angelegtes magnetisches Feld mit der Feldstärke H die Polarisationsebene um einen Winkel α gedreht. Es ist α = V · l | H |. Die Verdet-Konstante V ist stoffabhängig und eine Funktion von Temperatur und Wellenlänge. Der F. ist in der Nähe von Absorptionslinien am stärksten. Die Drehrichtung von α hängt davon ab, ob normale oder anomale Dispersion vorliegt. Bei normaler Dispersion erfolgt Rechtsdrehung (Blickrichtung entgegen der Richtung des Lichtstrahls). Der Faraday-E. spielt beim Auftreten von Verlusten bei der Richtfunkübertragung eine Rolle. [5].
Rü

Faradayscher Käfig *(Faraday cage).* Elektrische Abschirmung in Form eines Drahtgeflechts, das eine Meßapparatur oder einen Meßraum völlig umschließt. Durch diese Vorrichtung können elektrische Felder, die ihre Quellen außerhalb der Apparatur oder des Raums haben, hier nicht eindringen. [4].
Ne

Farbbildröhre *(colour picture tube)*. Farbbildröhren funktionieren grundsätzlich ebenso wie Bildwiedergaberöhren für Schwarzweißfernsehen. Jedoch sind zwei Besonderheiten zur Farbwiedergabe nötig: Das Strahlerzeugungssystem muß drei getrennte Elektronenstrahlen für die Farbinformationen Rot, Grün, Blau erzeugen, die durch das Luminanzsignal zugleich und durch die Chrominanzsignale R, G und B getrennt ausgesteuert werden. Der Leuchtschirm muß die drei Farben Rot, Grün und Blau enthalten und durch additive Mischung daraus jede für die Wiedergabe nötige Farbe erzeugen können. [13], [14]. Th

Farbcode *(color coding)*. International gebräuchliche Farbkennzeichnung für Bauelemente. Der F. wird meistens in Form von Ringen oder Punkten auf dem Bauelement angebracht. Die Zählung beginnt mit dem Ring, der am nächsten zum Ende des Bauelements liegt. Bedeutung: 1. Ring: 1. Zahl des Wertes (in Ω, pF, μH), 2. Ring: 2. Zahl des Wertes, 3. Ring: Multiplikator für die aus den ersten beiden Ziffern gebildete Zahl, 4. Ring: Toleranz. [4]. Ge

Farbe	Ziffer	Multiplikator	Toleranz (%)	Spannung (V)
Schwarz	0	1		–
Braun	1	10		100
Rot	2	100		200
Orange	3	1 000		300
Gelb	4	10 000		400
Grün	5	100 000		500
Blau	6	1 000 000		600
Violett	7	10 000 000		700
Grau	8	–		800
Weiß	9	–		900
Gold	–	0,1	± 5	1000
Silber	–	0,01	± 10	2000
farblos	–	–	± 20	500

Farbdifferenzsignal *(colour difference signal)*. Um den Signalaufwand bei der Übertragung der Farbinformationen des Farbfernsehens möglichst niedrig zu halten, überträgt man nicht alle drei Chrominanzsignale R, G. und B. Weil wegen der festen Beziehung zwischen Helligkeits- und Farbsignalen die Summe der Farbgehalte gleich der Gesamthelligkeit ist, genügt die Übertragung der beiden Farbdifferenzsignale (R-Y) und (B-Y), wobei Y das Luminanzsignal darstellt. [13], [14], [16]. Th

Farbfernsehen *(colour television)*. Beim Schwarzweißfernsehen wird für jedes einzelne Flächenelement der Bildvorlage die mittlere Leuchtdichte in ein proportionales elektrische Signal umgesetzt. Beim F. muß zusätzlich zur Helligkeitsinformation eines Bildpunktes noch Information über Farbton und Farbsättigung dieses Bildpunktes übertragen werden. Die vollständige Farbbildinformation setzt sich aus Luminanzsignal (Helligkeitsinformation) und Chrominanzsignal (Farbinformation) zusammen. [13], [14], [16]. Th

Farbpyrometer *(colour pyrometer)*. Das F. dient der Temperaturmessung und beruht auf dem temperaturabhängigen Intensitätsverhältnis zweier Wellenlängen entsprechend der Strahlungscharakteristik des Schwarzen Körpers. Demzufolge werden zur Messung der Temperatur eines Körpers die Strahlungsintensitäten zweier Farben aus dem Wellenlängenbereich des sichtbaren Lichts – meist Rot und Grün – so lange geändert, bis die Mischfarbe mit der eines ebenso gefilterten Lichts einer Vergleichslampe übereinstimmt. Die Schwächung der grünen Farbkomponente ist ein Maß für die Farbtemperatur, die man als diejenige Temperatur des Schwarzen Körpers festlegt, bei der das Intensitätsverhältnis beider Komponenten mit dem des zu prüfenden Körpers übereinstimmt. [12], [18]. Fl

Farbstofflaser *(dye laser)*. Ein Flüssigkeitslaser, in dem das laseraktive Material eine fluoreszierende, organische Verbindung (z. B. Anthrazen) ist, die in einem Lösungsmittel gelöst ist. Die Anregung des Farbstofflasers erfolgt z. B. mit Hilfe eines anderen Lasers. F. strahlen je nach laseraktivem Material im Wellenlängenbereich zwischen 0,3 μm und 1,2 μm. [4]. Ne

Farb-Video-Signalgemisch → FBAS-Signal.

Fast-Recovery-Diode → Schottky-Diode. Ne

FBAS-Signal *(composite colour picture signal)*, BAS-Signal, Farb-Video-Signalgemisch. Als F. wird häufig das gesamte, vom Farbfernsehsender ausgestrahlte, elektrische Video-Signalgemisch bezeichnet. Die Abkürzung bedeutet: F = Farbartsignal *(chrominance signal)*. Es besteht aus zwei Signalkomponenten, die Informationen zur Farbsättigung und zum Farbton enthalten. Eine Signalkomponente wird aus der Differenz der roten Farbspannung $\underline{U}_R$ und dem Signal der Leuchtdichte $\underline{U}_Y$ gebildet: $(\underline{U}_R - \underline{U}_Y)$. Die zweite Komponente setzt sich aus der Differenz der blauen Farbspannung $\underline{U}_B$ und dem Leuchtdichtesignal zusammen: $(\underline{U}_B - \underline{U}_Y)$. Aus beiden Differenzsignalen wird durch vektorielle Addition das Farbartsignal gebildet, das als resultierende Modulationsspannung den Farbträger moduliert. $\underline{B}$ = $\underline{B}$ildinhaltssignal *(luminance signal)*. Es enthält den in Helligkeitswerte umgewandelten Bildinhalt (Videosignal) der zu übertragenden Informationen und wird bei Farbfernsehübertragungen als Leuchtdichtesignal U_Y bezeichnet. Das Leuchtdichtesignal setzt sich aus Spannungsanteilen der Primärfarben Rot, Grün und Blau zusammen: $U_Y = 0{,}30\ \underline{U}_R + 0{,}59\ \underline{U}_G + 0{,}11\ \underline{U}_B$. $\underline{A}$ = $\underline{A}$ustastsignal *(blanking signal)*. Es besteht aus Horizontal- und Vertikal-Austastpulsen, die zur Austastung des Elektronenstrahls in der Bildröhre während des Strahlrücklaufes bei Zeilen- und Bildwechsel erforderlich sind. $\underline{S}$ = $\underline{S}$ynchronsignal *(sync signal)*. Das Signal setzt sich aus Horizontal-, Vertikal-Synchronpulsen und zusätzlichen Ausgleichspulsen zusammen. Es dient der Synchronisierung von senderseitiger Bildabtast- und empfängerseitiger Schreibvorrichtung. Bei Schwarzweißsendungen entfällt das Farbartsignal (abgekürzt: BAS-Signal). [9], [13], [14]. Fl

FDMA → Vielfachzugriff. Kü

FDNR *(frequency-dependent-negative resistor, FDNR)*. Ein frequenzabhängiger negativer Widerstand, dessen Impedanz die Form

$$Z(p) = \frac{1}{Kp^2}$$

hat, wobei K eine positive Konstante und p die komplexe Frequenz ist. Auf der Suche nach spulenlosen Filtern kann man durch Impedanztransformation mit dem Faktor $\frac{1}{K'p}$ (K' positive Konstante) jede RLC-Schaltung bei gleichen Dämpfungseigenschaften so verändern, daß nur noch C, R und der FDNR als Bauelemente auftreten. Der FDNR mit

$$Z(j\omega) = \frac{1}{-K\omega^2} = \frac{1}{j\sqrt{K}\,\omega} \cdot \frac{1}{j\sqrt{K}\,\omega}$$

Transformation der Bauelemente

wird auch Superkondensator genannt (Bild). Der FDNR kann durch einen Konverter (bestehend aus zwei OP und einer RC-Beschaltung) realisiert werden. Durch andere Beschaltung kann man mit dem gleichen Konverter analog eine Superspule mit

$$Z(j\omega) = -K\omega^2$$

erzeugen. [15]. Rü

Federdruckmesser → Federmanometer. Fl

Federdruckmeßgerät → Federmanometer. Fl

Federleiste → Steckverbinder. Ge

Federmanometer *(spring pressure gauge)*, Federdruckmesser, Federdruckmeßgerät. Als F. werden Druckmeßgeräte bezeichnet, die den Meßdruck mit einem federnden Element aufnehmen und die dabei hervorgerufene Formänderung als mechanische Anzeige ausnutzen. Mit Federmanometern lassen sich Über- und Unterdrücke messen. Neben anzeigenden Federmanometern gibt es auch schreibende. Als F. sind z. B. Kapselfedermeßwerke, Plattenfedermeßwerke, Rohrfedermeßwerke und die Barton-Zelle als Differenzdruckmesser bekannt. [12], [18]. Fl

Federthermometer *(spring thermometer)*. Das F. ist ein nach mechanischem Prinzip arbeitendes Berührungsthermometer, bei dem das zu messende Medium in unmittelbarem Wärmekontakt mit dem Temperaturmeßgerät steht. Das F. besitzt als Temperaturfühler ein elastisches Meßglied (z. B. eine Rohrfeder oder eine Schneckenfeder), das unter dem Einfluß von Wärme Formänderungen unterworfen ist. Man unterscheidet Dampfdruck-F. mit Meßbereichen von $-200\,°C$ bis $360\,°C$ und Flüssigkeits-F., mit denen Temperaturen von $-35\,°C$ bis $600\,°C$ gemessen werden können. [12], [18]. Fl

Feedback *(feedback)*. F. ist die englische Bezeichnung für Rückkopplung. Das Prinzip beschränkt sich längst nicht mehr auf elektronische Systeme, sondern hat inzwischen eine verallgemeinerte Bedeutung erlangt. So ist das F. ebenso als fundamentaler Mechanismus technischer Regelkreise wie wirtschaftlicher und sozialer Zusammenhänge erkannt. Der Begriff „Kybernetisches System" lebt von dem F.-Begriff. Die allgemeine Systemtheorie, mit der versucht wird, verschiedenartigste Systeme einheitlich zu beschreiben, muß in der Hauptsache die Rückkopplungen zwischen den Elementen des Systems und dem Ganzen sowie den Elementen untereinander berücksichtigen. [8], [9], [13], [14], [18]. Th

FEFET *(ferroelectric field-effect transistor)*. Speicherfeldeffekttransistor, bei dem die Isolierschicht zwischen Kanal und Gateelektrode aus einem ferroelektrischen Material besteht. Auch nach dem Abschalten der Spannung U_{GS} bleibt auf der Gateelektrode eine Ladung erhalten, die den Kanal durch Influenz leitend halten kann, d. h., der Leitungszustand des Kanals wird gespeichert. [4]. Ne

Fehlanpassung → Fehlanpassungsdämpfung. Rü

Fehlanpassungsdämpfung. Kennzeichnet die Fehlanpassung eines Vierpols im Betrieb. Als Maß dient der Betriebsreflexionsfaktor r

$$r = \frac{W_2 - Z_1}{W_2 + Z_1}\,.$$

Das Betriebsreflexionsdämpfungsmaß, auch Fehlerdämpfungsmaß oder Anpassungsdämpfungsmaß, ist definiert zu

$$a_r = \ln\frac{1}{|r|} = \ln\left|\frac{W_2 + Z_1}{W_2 - Z_1}\right|\ \text{Np} = 20\ \lg\left|\frac{W_2 + Z_1}{W_2 - Z_1}\right|.$$

[14]. Rü

Fehler *(error, failure)*. Allgemein bezeichnet man als F. den Ausfall eines Geräts, einer Baugruppe oder eines einzelnen Bauelements. Die ursprüngliche Funktionstüchtigkeit wird durch den F. beeinträchtigt oder aufgehoben. Durch sinnvolle Fehlersuche mit Mitteln und Verfahren der Meßtechnik läßt sich der F. auffinden und beheben. In der Meßtechnik bedeutet der F. eine Verfälschung des Meßergebnisses durch Unvollkommenheiten der Meßgeräte, der Meßverfahren, des Meßgegenstandes sowie durch äußeren Einfluß der Umgebung und des beobachtenden Menschen. Somit unterteilt man die F. in systematische und in zufällige F., wobei letztere sich nicht durch Korrekturen aufheben lassen, aber mit Mitteln der Wahrscheinlichkeitsrechnung abschätzbar sind. [12]. Fl

Fehler, absoluter *(absolute error)*. Der absolute F. gehört zu den systematischen Fehlern und wird durch Unvollkommenheiten der Meßgeräte, Meßeinrichtungen und Meßverfahren hervorgerufen. Ist von zwei Werten derselben Größe einer der wahre oder richtige Wert x_r, der andere der gemessene oder angezeigte Wert x_a, so gilt für den absoluten F.: $F = x_a - x_r$. [12]. Fl

Fehler, dynamischer *(dynamic error)*. Der dynamische F. ist während des Ablaufs von Einschwingvorgängen, z. B. als fehlerhafte Schwingungsform von Signalen, feststellbar und wird wesentlich vom Frequenzverhalten der beteiligten Bauelemente bestimmt. Bei Regelungsvorgängen macht er sich als vorübergehende Regelabweichung bemerkbar. Der dynamische F. läßt sich durch Messungen mit dem Oszilloskop oder ähnlich schnell schreibenden Meßgeräten ermitteln. [12]. Fl

Fehler, erfaßbarer → Fehler, erkennbarer. Fl

Fehler, erkennbarer *(detectable error)*, erfaßbarer Fehler. Erkennbare F. sind systematische Fehler, die sich durch Korrekturwerte ausschalten lassen. In Datenverarbeitungsanlagen erhält man z. B. durch Ausnutzen oder Hinzufügen von Redundanzen erkennbare F., die auf dem Übertragungsweg entstehen können.[1], [12]. Fl

Fehler, mittlerer quadratischer → Standardabweichung. Fl

Fehler, statischer *(static error)*. Der statische F. stellt sich nach abgeklungenen Einschwing- bzw. Ausgleichsvorgängen ein. Zu den statischen Fehlern zählen die systematischen und zufälligen Fehler; in integrierten Schaltungen z. B. der Nullpunktfehler und dessen Temperaturabhängigkeit. [12]. Fl

Fehler, systematischer *(systematic error)*. Mit dem systematischen F. werden alle durch Unvollkommenheiten der Meßgeräte, Maßverkörperungen und des Meßgegenstandes hervorgerufenen Meßwertverfälschungen erfaßt. Ebenso zählen meßbare Umwelteinflüsse und persönliche Einflüsse des Beobachters zu den systematischen Fehlern. Der systematische F. läßt sich durch Korrekturwerte ausschalten. Er wird durch Betrag und ein bestimmtes Vorzeichen ausgedrückt. Der absolute Fehler ist ein systematischer F. [12]. Fl

Fehler, zufälliger *(random error)*. Als zufällige F. bezeichnet man Meßwertverfälschungen, die durch unbestimmbare Schwankungen 1. nicht erfaßbarer Umgebungsgrößen und 2. nicht festlegbarer Größen im Geräteinneren (z. B. Lagerreibung) hervorgerufen werden. Einflüsse dieser Art führen zu unkontrollierbaren Veränderungen der Meßgeräte. Das Vorzeichen der zufälligen F. ist unbestimmt. Mit Mitteln der Statistik lassen sich die zufälligen F. z. B. über eine Mittelwertbildung ausdrücken. [12]. Fl

Fehlerabstand, mittlerer *(mean time between failures)*, MTBF, Erwartungswert der Lebensdauer, mittlere Betriebszeit. Der mittlere F. ist eine Zuverlässigkeitskenngröße, die nach Verfahren der Wahrscheinlichkeitsrechnung und der mathematischen Statistik ermittelt wird. Ist R (t) die Funktion der Zuverlässigkeitsverteilung unter vereinbarten Betriebsbedingungen, so ermittelt man den mittleren Abstand m_B zwischen zwei Fehlern:

$$m_B = \int_0^\infty R(t)\, dt .$$

Bei digitalen Speichern gilt als mittlerer F. der arithmetische Mittelwert der Zeitabstände zwischen aufeinanderfolgenden Fehlern innerhalb einer Funktionseinheit. [12]. Fl

Fehleranteil, mittlerer *(process average fraction defective)*. Mittlerer Anteil von Fehlern oder fehlerhaften Stücken in einem Fertigungsprozeß. Meist geschätzt durch Zusammenfassung von entsprechenden Stichprobenergebnissen. [4]. Ge

Fehlerdämpfung *(return loss)*, Betriebsreflexionsdämpfungsmaß, Anpassungsdämpfungsmaß. Die F. ist in der Nachrichtenübertragungstechnik ein Maß für die Dämpfung fehlangepaßter Leitungen, an deren Stoßstellen Reflexionen hervorgerufen werden. Dies gilt auch für nicht homogene Leitungen oder Fehlanpassung zwischen Generator und Empfänger. Besitzt der Generator z. B. eine innere Impedanz mit dem Betrag Z_1, die Leitung eine Impedanz mit dem Betrag Z_2, errechnet sich die F. a_{rB} in dB:

$$a_{rB} = 20 \lg \left| \frac{Z_2 + Z_1}{Z_2 - Z_1} \right| .$$

[14]. Fl

Fehlerdämpfungsmaß → Fehlanpassungsdämpfung. Rü

Fehlerdetektor *(error detector)*. Als F. bezeichnet man in der Regelungstechnik ein Vergleichsglied, das Abweichungen zwischen Ist- und Sollwert erfaßt. Bei Prozeßrechnern handelt es sich meist um eine Fehler-Erkennungsschaltung, die beim Auftreten eines Fehlers (äußere Betriebsstörung, Hardwarestörung oder Aufruf eines Betriebssystemprogramms) eine Unterbrechung im Ablauf hervorruft. [18]. Fl

Fehlerdiagnosezeit → Fehlersuchzeit. Fl

Fehlerformel → Fehlerfortpflanzungsgesetz. Fl

Fehlerfortpflanzung → Fehlerfortpflanzungsgesetz. Fl

Fehlerfortpflanzungsgesetz *(error propagation)*, Fehlerfortpflanzung, Fehlerformel. Meßergebnisse, die eine Funktion einer oder mehrerer Meßgrößen bzw. Meßwerte sind, müssen auf ihre Fehler nach dem F. ermittelt werden. Man unterscheidet die Fehlerfortpflanzung nach systematischen Fehlern und nach zufälligen Fehlern. Ist Δy der systematische Fehler der Funktion und sind Δx_j die systematischen Fehler der einzelnen voneinander unabhängigen Meßgrößen $x_j = x_1 \ldots x_\nu$, so errechnet sich Δy über partielle Differentiation:

$$\Delta y = \sum_{j=1}^{\nu} \frac{\delta F}{\delta x_j} \Delta x_j = \frac{\delta F}{\delta x_1} \Delta x_1 + \frac{\delta F}{\delta x_2} \Delta x_2 + \frac{\delta F}{\delta x_\nu} \Delta x_\nu .$$

Die Fehlerfortpflanzung der zufälligen Fehler wird über die Standardabweichung berechnet. [12]. Fl

Fehlerfunktion *(error function)*, Fehlerverteilungsfunktion, Gaußsche Fehlerverteilungsfunktion. Die F.

$$\operatorname{erf} x = \frac{2}{\sqrt{\pi}} \int_0^x e^{-t^2}\, dt$$

ist das aus der Wahrscheinlichkeit Wi für das Auftreten von Fehlern

$$Wi = \int_{x_1}^{x_2} H(x)\, dx$$

umgewandelte Integral, das sich über

$$\operatorname{erf} x = \frac{2}{\pi}\left(x - \frac{x^3}{3\cdot 1!} + \frac{x^5}{5\cdot 3!} - \frac{(-1)^n \cdot x^{2n+1}}{(2n+1)n!}\right)$$

lösen läßt. [12]. Fl

Fehlergrenze *(error limit)*. Als Fehlergrenzen gelten nach DIN 1319 in der Meßtechnik die vereinbarten bzw. garantierten zugelassenen äußersten Abweichungen von der Sollanzeige (Nennwert) nach oben oder unten oder einem sonst vorgeschriebenem Wert der Meßgröße. Die Fehlergrenzen können positives oder negatives Vorzeichen besitzen oder nur in einer Richtung liegen (+ oder −). Sie dürfen nicht überschritten werden, wobei die Meßunsicherheit unberücksichtigt bleibt. Bei der Herstellung von Meßgeräten werden z. B. Garantiefehlergrenzen und Eichfehlergrenzen unterschieden. [12]. Fl

Fehlerhäufigkeit *(error rate)*, Fehlerrate, Ausfallrate. Die F. ist als Kenngröße der Zuverlässigkeitstheorie ein Maß für die Abhängigkeit der Lebensdauer eines Systems von seiner Alterung gegenüber einem Versager. Man unterscheidet sofort auftretende Frühfehler, Fehler während normaler Nutzungszeit und Fehler, die in die Zeit der Ermüdungserscheinungen des Materials (Bauelemente) fallen. [12]. Fl

Fehlerintegral → Normalverteilung. Rü

Fehlerkorrektur *(error correction)*, Verbesserung, Berichtigung. In der Meßtechnik soll mit der F. der systematische Fehler berichtigt werden. Die F. besitzt den gleichen Zahlenwert wie der absolute Fehler, allerdings mit entgegengesetztem Vorzeichen. Bei digitaler Datenübertragung erfolgt häufig über fehlerkorrigierende Codes eine automatische F. [1], [12]. Fl

Fehlerquelle *(error source)*. Als F. bezeichnet man in der Meßtechnik die Ursachen der Verfälschung eines Meßergebnisses: Unvollkommenheiten der Meßgeräte oder Maßverkörperung und der Meßverfahren, den Einfluß, die fehlerhafte Beobachtung und etwaige zeitliche Veränderungen der F. selbst. [12]. Fl

Fehlerrate → Fehlerhäufigkeit. Fl

Fehlerspannung *(touch potential)*, Berührungsspannung. Als F. bezeichnet man die Spannung, die zwischen elektrisch leitenden Körpern allein oder zwischen Körpern und der Bezugserde im Fehlerfalle auftritt. Die F. kann auch zwischen elektrischen Anlagenteilen liegen, die nicht unmittelbar dem Betriebsstromkreis angehören. Als Berührungsspannung bezeichnet man den Teil der F., der evtl. vom menschlichen Körper überbrückt wird. Hinsichtlich der Messung von Fehlerspannungen gilt, daß das Spannungsmeßgerät einen Innenwiderstand $R_i = 40$ kΩ besitzen soll. Zur Messung von Berührungsspannungen soll das Spannungsmeßgerät mit einem Innenwiderstand $R_i = 3$ kΩ ausgerüstet sein. [3], [12]. Fl

Fehlersuchzeit *(failure-search-time)*, Fehlerdiagnosezeit, Lokalisierungszeit. Nach erfolgter Fehlererkennung setzt die F. mit dem Ziel ein, die Funktionstüchtigkeit des defekten Geräts durch Instandsetzungsmaßnahmen wieder herzustellen. Die F. läßt sich mit Fehlersuchprogrammen, durch Erfahrung, aber auch über intuitive Methoden verkürzen. Zum Ziel führt immer eine systematische Verfolgung des Signalflusses anhand der Schaltpläne. [12]. Fl

Fehlerverteilungsfunktion → Fehlerfunktion. Fl

Fehlerverteilungsgesetz → Gaußsches Fehlerintegral. Fl

Fehlordnung *(lattice defect)*. Jede Störung des idealen periodischen Kristallaufbaus, sei es durch die Kristalloberfläche oder durch Punktfehler, Versetzungen (eindimensionale F.), Stapelfehler (zweidimensionale F.) und Mosaikstruktur (dreidimensionale F.). Auch Gitterschwingungen stellen eine F. dar. [5], [7]. Bl

Fehlspannung → Eingangs-Offset-Spannung.

Fehlstelle *(disorder, defect, dislocation)*. Ein leerer Gitterplatz im Kristallgitter, der durch Wandern von Gitteratomen zur Oberfläche (Schottky-Defekt) oder ins Zwischengitter (Frenkel-Defekt) entsteht. Eine F. wird auch durch ein Fremdatom im Gitter erzeugt. [5], [7]. Bl

Feinsicherung → Schmelzsicherung. Fl

Feinstruktur *(fine structure)*. Als F. bezeichnet man die Aufspaltung der Elektronen-Energieniveaus gleicher Hauptquantenzahl, jedoch mit unterschiedlichem Gesamtdrehimpuls j. Diese F. konnte im Bohr-Sommerfeldschen Atommodell und im quantenmechanischen Atommodell nach der Schrödingergleichung nicht erklärt werden. Erst durch die Berücksichtigung des Eigendrehimpulses, des Spins der Elektronen im Rahmen der Dirac-Gleichung, konnte die F. der Atome richtig beschrieben werden. [5]. Bl

Feld *(field)*. Im allgemeinen Sinne ist ein F. ein Raumgebiet, in dem eine physikalische Größe, die Feldgröße, als Funktion der Raum- und Zeitkoordinaten angegeben wird. Es liegt dabei die Vorstellung zugrunde, daß nur die unmittelbare Umgebung eines Punktes von diesem physikalisch beeinflußt werden kann (Nahwirkungstheorie). Zur Beschreibung der physikalischen Sachverhalte dienen die Feldgleichungen (i. a. partielle Differentialgleichungen). Man unterscheidet physikalische Felder nach der Art der betrachteten Feldgrößen (Skalar-, Vektor- oder Tensorfeld) und auch nach dem Zeitverhalten der Feldgrößen (statische, stationäre, quasistationäre oder nichtstationäre Felder). [5]. Rü

Feld, ebenes *(two dimensional field)*. Ein zweidimensionales Feld, das bei der Einführung eines Zylinderkoordinatensystems (r,φ,z) von der z-Richtung unabhängig wird. Beispielsweise liegt dieser Fall bei dünnen, (unendlich) langen Drähten vor. Das Feldlinienbild einer solchen Linienquelle ist in allen Ebenen senkrecht zur z-Richtung das gleiche. [5]. Rü

Feld, elektrisches *(electric field)*. Physikalischer Zustand eines Raumes, der durch eine ruhende elektrische Ladung hervorgerufen wird und den Raum in einen (zeitlich unveränderlichen) Spannungszustand versetzt (statisches Feld); auch auf ruhende Ladungen werden Kräfte ausgeübt. Die beschreibende Feldgröße ist die elektrische

Feldstärke E. Im Falle nichtstatischer Zustände (bewegte Ladungen, Wechselströme) sind das elektrische F. und das magnetische F. nicht mehr unabhängig voneinander. [5].   Rü

Feld, elektromagnetisches *(electromagnetic field)*. Stellt die allgemeinste Form eines elektrischen Feldes dar, in dem gleichzeitig elektrische und magnetische Erscheinungen und deren Wechselwirkungen untereinander auftreten. Im Rahmen der klassischen Elektrodynamik beschreiben die Maxwellschen Gleichungen alle Eigenschaften des elektromagnetischen Feldes. [5].   Rü

Feld, elektrostatisches *(electrostatic field)*. Ein rein elektrisches F., in dem keine zeitlichen Veränderungen auftreten und auch keine Ströme fließen. Normalerweise wird ein elektrostatisches F. durch ruhende Ladungsträger in Nichtleitern hervorgerufen. In metallischen Leitern wird ein elektrostatisches F. wegen der freien Ladungsträger nur durch Influenz aufgebaut. Für diesen einfachsten Fall eines elektrischen Feldes lauten die Maxwellschen Gleichungen
in Nichtleitern: rot $E = 0$; div $D = \rho$; $D = \epsilon E$;
in Leitern: $E = 0$; $D = 0$, $\rho = 0$, $H = 0$.
Feldlinien beginnen und enden senkrecht auf den Leiterflächen. [5].   Rü

Feld, homogenes *(homogeneous field)*. Das homogene F. ist dadurch gekennzeichnet, daß alle Feldlinien parallel verlaufen und außerdem die Anzahl der Linien pro Flächeneinheit gleich ist. Die Feldstärke in einem homogenen F. ist damit nach Betrag und Richtung in jedem Raumpunkt gleich. Im homogenen elektrischen F. sind alle elektrischen Feldgrößen räumlich konstant (z. B. elektrisches Feld im Innern eines idealen Plattenkondensators). [5].   Rü

Feld, magnetisches *(magnetic field)*. Physikalischer Zustand eines Raumes, in dem magnetische Erscheinungen auftreten und dadurch magnetische Kraftwirkungen hervorgerufen werden. Die Entstehungsursache kann das Vorhandensein von Molekularmagneten oder von gleichstromdurchflossenen Leitungen sein. Die beschreibende Feldgröße ist die magnetische Feldstärke H. Bei nichtstatischen Zuständen (bewegte Ladungen, Wechselströme) sind magnetisches und elektrisches F. nicht mehr unabhängig voneinander. [5].   Rü

Feld, magnetostatisches *(magnetostatic field)*. Ein rein magnetisches F., in dem keine zeitlichen Veränderungen auftreten und keine Ströme fließen. Die Maxwellschen Gleichungen lauten (mit $J = 0$):
rot $H = 0$, div $B = 0$, $B = \mu H$.
Das magnetostatische F. ist gleichzeitig ein quellenfreies und wirbelfreies Feld. [5].   Rü

Feld, quasistationäres *(quasistationary field)*. Ein elektrisches F., in dem die Feldgrößen zeitlich so langsam veränderlich sind, daß das Magnetfeld der elektrischen Flußdichte D vernachlässigt werden kann. Das induzierte elektrische Feld muß dagegen berücksichtigt werden.

Unter der Voraussetzung
$$\frac{\partial D}{\partial t} \ll J$$
lauten die Maxwellschen Gleichungen, für elektrische quasistationäre Felder
1. rot $H = J$, 2. rot $E = -\frac{\partial B}{\partial t}$,
3. div $D = \rho$, 4. div $B = 0$,
einschließlich der „Materialgleichungen"
$D = \epsilon E$ und $B = \mu H$
und des Ohmschen Gesetzes $J = \sigma E$. [5].   Rü

Feld, quellenfreies *(solenoidal field)*. Ein Vektorfeld mit der vektoriellen Feldgröße (in kartesischen Koordinaten)
$V = U_x e_x + U_y e_y + U_z e_z$
heißt allgemein quellenfrei, wenn das daraus abgeleitete skalare Quellen- oder Divergenzfeld
$$\text{div } V = \frac{\partial U_x}{\partial x} + \frac{\partial U_y}{\partial y} + \frac{\partial U_z}{\partial z} = 0 \ .$$
Beispielsweise sagen die für die Beschreibung elektromagnetischer Felder erforderlichen Maxwellschen Gleichungen aus, daß für die magnetische Flußdichte B immer gilt div $B = 0$; eine Aussage, daß es keine getrennten magnetischen Ladungen gibt. Wegen der für beliebige Vektorfelder V gültigen Beziehung div rot $V = 0$ ist jedes Rotationsfeld quellenfrei. [5].   Rü

Feld, stationäres *(stationary field)*. Jedes F., in dem die Feldgrößen zeitlich konstant sind. Speziell für elektrische stationäre Felder lassen sich die Eigenschaften als Sonderfall aus den Maxwellschen Gleichungen beschreiben. Für die Feldgrößen $D = $ const und $B = $ const gilt mit
$$\frac{\partial D}{\partial t} = 0 \quad \text{und} \quad \frac{\partial B}{\partial t} = 0:$$
1. rot $H = J$, 2. rot $E = 0$,
3. div $D = \rho$, 4. div $B = 0$.
Außer den Materialgleichungen $D = \epsilon E$ und $B = \mu H$ gilt in stationären F. auch das Ohmsche Gesetz $J = \sigma E$. Zu den stationären Feldern zählen demnach auch die durch Gleichströme hervorgerufenen zeitlich konstanten Strömungsfelder, die Magnetfelder erzeugen. Im Gegensatz zum elektrostatischen F. ist die Feldstärke im Innern der Leiter $\neq 0$ und steht nicht mehr senkrecht auf der Leiterfläche. Zwischen dem stationären elektrischen und stationären magnetischen F. bestehen weitgehende formale Übereinstimmungen. [5].   Rü

Feld, statisches *(static field)*. Sonderfall des stationären Feldes, wenn dort keine Strömung von Ladungen auftritt. Die Maxwellschen Gleichungen lauten in diesem Fall für $J = 0$.
1. rot $H = 0$ 2. rot $E = 0$; $D = \epsilon E$
3. div $D = \rho$ 4. div $B = 0$; $B = \mu H$.
Elektrische und magnetische Felder sind hier unabhängig voneinander. [5].   Rü

Feld, wirbelfreies *(irrotational field)*. Ein Vektorfeld mit der vektoriellen Feldgröße (in kartesischen Koordinaten)

$$V = U_x\, e_x + U_y\, e_y + U_z\, e_z$$

heißt allgemein wirbelfrei, wenn das daraus abgeleitete Wirbel- oder Rotationsfeld

$$\text{rot } V = \left(\frac{\partial U_z}{\partial y} - \frac{\partial U_y}{\partial z}\right) e_x + \left(\frac{\partial U_x}{\partial z} - \frac{\partial U_z}{\partial x}\right) e_y +$$
$$+ \left(\frac{\partial U_y}{\partial x} - \frac{\partial U_x}{\partial y}\right) e_z = 0.$$

Die Feldlinien eines wirbelfreien Feldes sind nicht geschlossen. Beispielsweise sagen die für die Beschreibung elektromagnetischer Felder erforderlichen Maxwellschen Gleichungen aus, daß das elektrostatische Feld und das magnetostatische Feld wirbelfrei sind. Wegen der für beliebige Skalarfelder $U(x, y, z)$ gültigen Beziehung

$$\text{rot grad } U = 0$$

ist jedes wirbelfreie Feld ein Potentialfeld. [5]. Rü

Feld, zweidimensionales *(two dimensional field)*. Ein Skalar- oder Vektorfeld, das nur von zwei Ortskoordinaten abhängt. (Analog kann man eindimensionale Felder erklären.) Die Eigenschaft eines Feldes, von weniger als drei Ortskoordinaten abzuhängen, wird durch die Wahl des Koordinatensystems bestimmt. So beschreibt man eine elektrische Linienquelle (unendlich langer Draht) vorteilhaft in einem Zylinderkoordinatensystem, da die Feldverteilung unabhängig von der z-Richtung wird. Handelt es sich um die Berechnung eines zweidimensionalen Potentialfeldes $U(x, y)$, das in kartesischen Koordinaten der Laplaceschen Gleichung (Potentialgleichungen)

$$\frac{\partial^2 U}{\partial x^2} + \frac{\partial^2 U}{\partial y^2} = 0$$

genügen muß, dann kann man die skalare Feldfunktion U aufgrund des Zusammenhangs über die Cauchy-Riemannschen Differentialgleichungen als Real- und Imaginärteil einer regulären Funktion $f(z) = U(x, y) + jV(x, y)$ der komplexen Veränderlichen z auffassen. [5]. Rü

Feldeffekttransistor *(field effect transistor, FET)*. Unipolar-Transistor, bei dem der Strom in einem leitenden Kanal im wesentlichen durch ein elektrisches Feld gesteuert wird, das durch eine – über eine Steuerelektrode angelegte – Spannung entsteht. Feldeffekttransistoren haben im normalen Betrieb einen sehr hohen Gleichstromeingangswiderstand im Steuerkreis. Der Stromtransport im leitenden Kanal erfolgt im wesentlichen durch Majoritätsträger (DIN 41 855). Man unterscheidet: MISFET *(Metal insulator semiconductor FET)* und Sperrschichtfeldeffekttransistoren. [4]. Ne

Feldemission *(field emission)*. Mit F. bezeichnet man das Herauslösen von Elektronen an stark gekrümmten Oberflächen durch die Einwirkung hoher elektrischer Felder. In Abwesenheit eines äußeren elektrischen Feldes besteht für die Elektronen an der Festkörperoberfläche ein Potentialsprung, der sie am Austritt hindert. Durch Anlegen eines elektrischen Feldes wird daraus eine Potentialbarriere, die das Elektron durchtunneln kann. Dies erfolgt um so leichter, je stärker das Feld ist. Eine Erwärmung des emittierenden Materials ist bei der F. nicht erforderlich. Die zum Freisetzen der Elektronen benötigten, starken elektrischen Felder (etwa 10^7 Vcm^{-1}) erreicht man im Hochvakuum an feinen Spitzen bereits bei geringen Spannungswerten. [5]. Bl

Feldenergie *(field energy)*. (Zeichen W). Die im Volumen V gespeicherte Energie eines Feldes. Die F. ist definiert zu

$$W = \int w\, dV,$$

wobei w die Energiedichte bedeutet. Der Ausdruck für W gilt gleichermaßen im elektrischen und im magnetischen Feld. Für die F. im elektrischen Feld ist dann $w = w_e$ die elektrische Energiedichte, im magnetischen Feld $w = w_m$ die magnetische Energiedichte zu setzen. [5]. Rü

Feldgröße *(field)*. Die F. kennzeichnet die Eigenart eines physikalischen Feldes. Feldgrößen sind z. B. Potential, Feldstärke, Kraft usw. Man unterscheidet: 1. Skalare Feldgrößen, die gegeben sind durch eine Maßzahl × Einheit (z. B. Temperatur, elektrisches Potential usw.). 2. Vektorielle Feldgrößen, die gegeben sind durch drei skalare Feldgrößen (z. B. Kraft, elektrische- oder magnetische Feldstärke). 3. Tensorielle Feldgrößen, die gegeben sind durch drei vektorielle Feldgrößen (z. B. mechanische Flächenspannung, Permeabilität in anisotropen Stoffen). In der Elektrodynamik benötigt man zur Beschreibung der physikalischen Eigenschaften sechs (im allgemeinen voneinander abhängige) Feldgrößen **E**, **D**, **H**, **B**, **J** und ρ, die über die Maxwellschen Gleichungen miteinander verknüpft sind. Speziell versteht man auch unter F. nach (DIN 5493) eine Größe in linearen Systemen, deren Quadrat der Energie proportional ist, z. B. Spannung, Strom, Schalldruck, Kraft, Geschwindigkeit. [5]. Rü

Feldkonstante, elektrische *(permittivity of a vacuum)*. Dielektrizitätskonstante im materiefreien Raum (Vakuum), auch Influenzkonstante, Verschiebungskonstante:

$$\epsilon_0 = 8{,}85419 \cdot 10^{-12}\ \frac{As}{Vm}.$$

Zwischen der elektrischen Flußdichte **D** und der elektrischen Feldstärke **E** besteht demnach im Vakuum die Beziehung (DIN 1324)

$$\mathbf{D} = \epsilon_0\, \mathbf{E}\ .$$

[5]. Rü

Feldkonstante, magnetische *(coefficient of self-induction)*. Permeabilität im materiefreien Raum (Vakuum):

$$\mu_0 = \frac{4\pi}{10^7}\ \frac{Wb}{A\,m} = 1{,}256\,637 \cdot 10^{-6}\ \frac{Wb}{A\,m},$$

(Wb Weber, A Ampere). Zwischen der magnetischen Feldstärke **H** und der magnetischen Flußdichte **B** besteht demnach im Vakuum die Beziehung (DIN 1325)

$$\mathbf{B} = \mu_0\, \mathbf{H}\ .$$

In den (außer Kraft gesetzten) Einheiten Gauß und Oersted gilt für die magnetische F.:

$$\mu_o = 1 \frac{G}{Oe}$$

[5]. Rü

Feldkreiszeitkonstante *(field time constant)*. Die F. ist der Quotient aus der Induktivität und dem ohmschen Widerstand des Feldkreises (Erregerkreis) einer elektrischen Maschine. Ihre Größe reicht bis in den Sekundenbereich. [11]. Ku

Feldlinie *(line of flux)*. Die F. dient zur geometrischen Darstellung von Vektorfeldern. Man versteht darunter Raumkurven, bei denen die vektoriellen Feldgrößen Tangenten dieser Kurven sind; weiterhin ist der reziproke Linienabstand (Liniendichte) dem Betrag des Feldvektors proportional. Da Kraftwirkungen in Feldern meist längs der F. erfolgen, verwendet man auch oft die Bezeichnung Kraftlinien. [5]. Rü

Feldplatte *(field plate)*. Die F. ist ein magnetisch steuerbarer Widerstand, meistens aus InSb-NiSb (Indiumantimonid-Nickelantimonid), dessen Funktion auf dem Hall-Effekt beruht. Die den Halbleiter durchlaufenden Ladungsträger werden durch Einwirkung eines transversalen Magnetfeldes seitlich abgelenkt. Quer zur Stromrichtung der nicht angesteuerten Feldplatte halten im Gegensatz zum Hallgenerator niederohmige Nadeln aus NiSb die Gleichverteilung der Ladungsträger über dem Querschnitt des Halbleiters aufrecht. Die Verlängerung des Weges der Ladungsträger mit zunehmendem Magnetfeld bewirkt, unabhängig von der Feldrichtung eine Erhöhung des Widerstandes. Um möglichst hohe Grundwiderstände zu erhalten, wird der Halbleiterstreifen im Photoätzverfahren mäanderförmig ausgebildet und auf ein isoliertes Substrat aufgeklebt. Die Oberfläche wird zum Schutz gegen mechanische Beschädigung mit einer Lackschicht abgedeckt. Feldplatten werden zur Messung und Steuerung von Magnetfeldern eingesetzt. Auch sehr lineare Potentiometer mit unbegrenztem Auflösungsvermögen und ohne Schleifer lassen sich mit Feldplatten aufbauen. Bei der Differential-F. werden zwei nebeneinander angeordnete Feldplatten von einem Steuermagneten gegensinnig beeinflußt. Sie eignet sich zur Drehzahl- und Drehrichtungsmessung an rotierenden Zahnrädern. [4]. Ge

Feldschwächung *(field weakening)*. Die Drehzahl einer elektrischen Maschine kann über die Grunddrehzahl hinaus durch Verringerung des magnetischen Flusses (Feldstrom) bei gleichzeitiger Reduktion des Drehmomentes erhöht werden. [11]. Ku

Feldsonde → Magnetfühler. Fl

Feldstärke *(field strength)*. Allgemein ein Maß für diejenige Feldgröße, die in einem betrachteten physikalischen Feld beschrieben werden soll. [5]. Rü

Feldstärke, elektrische *(electric field strength)*. Zeichen E). Dient zur Kennzeichnung eines elektrischen Feldes. Erfährt eine kleine elektrische Ladung Q in einem Punkt des Raumes eine Kraft F, dann herrscht dort die elektrische F.:

$$E = \frac{F}{Q}$$

Die Richtung des Feldstärkevektors E ist bei positivem Q gleich der Richtung der Kraft F. Die Einheit der elektrischen F. ist:

$$\frac{N}{C} = \frac{V}{m}$$

(N Newton, C Coulomb, V Volt). [5]. Rü

Feldstärke, magnetische *(magnetic field strength)*. (Zeichen H). Dient zur Kennzeichnung eines magnetischen Feldes. Die magnetische F. wird meist über das Durchflutungsgesetz definiert

$$\oint H \, ds = \Sigma I$$

Die Einheit des magnetischen Feldes ist $\frac{A}{m}$ (A Ampere, m Meter). In der außer Kraft gesetzten Einheit Oersted hatte die magnetische F. eine eigene Einheit:

$$1 \frac{A}{m} = 1{,}257 \cdot 10^{-2} \text{ Oe}$$

[5]. Rü

Feldstärkemessung *(field strength measurement)*. Die F. dient der Beurteilung von Störfeldstärken, Antenneneigenschaften und Ausbreitungs- bzw. Empfangsbedingungen elektromagnetischer Wellen. Während im Bereich bis 30 MHz meist die Intensität des magnetischen Anteils gemessen wird, bevorzugt man oberhalb dieses Frequenzbereichs die Messung der elektrischen Feldstärke und führt die F. auf eine Spannungsmessung zurück. Voraussetzung ist, daß im Fernfeld des Senders gemessen wird. Als Wandler zwischen elektromagnetischem Feld und eigentlichem Spannungsmesser dienen Antennen, deren Aufbau, Größe und Geometrie vom Frequenzbereich abhängig sind. [8], [12], [13]. Fl

Feldstrom *(field current)* → Erregerstrom. Ku

Feldstromumkehr *(field current reversal)*. Bei Gleichstromantrieben kann eine Drehmomentenumkehr durch Stromumkehr im leistungsschwachen Feldkreis erreicht werden, da das Drehmoment proportional dem Ankerstrom und dem magnetischen Fluß (Feld) bei einer Gleichstrommaschine ist. Wegen der hohen Feldkreiszeitkonstanten eignet sich dieses Verfahren nur bei Umkehrantrieben mit geringeren dynamischen Anforderungen (z. B. Schachtfördermaschinen). [11]. Ku

Feldtkeller-Beziehung *(Feldtkeller equation)*. In jedem verlustfreien Vierpol gilt z. B. am Eingangstor, daß sich die gesamte elektrische Leistung in den durch den Vierpol übertragenen und den am Tor reflektierten Anteil aufteilt. Diesen Sachverhalt formuliert die F. durch

$$e^{-2a_B} + e^{-2a_E} = 1$$

wobei a_B das Betriebsdämpfungsmaß (→ Betriebsübertragungsfaktor und a_E die Echodämpfung (→ Reflexionsfaktor) bedeuten. Mit den Definitionen für den Betriebsübertragungsfaktor $|A_B| = e^{a_B}$ und den Reflexionsfaktor $|r| = e^{-a_E}$ kann man auch schreiben

$$|A_B|^2 + |r|^2 = 1.$$

[15]. Rü

Feldwellenwiderstand *(intrinsic impedance, free space impedance)*, Wellenwiderstand des freien Raumes. Der F. ergibt sich in jedem Raumpunkt aus dem Quotienten der Effektivwerte der elektrischen und der magnetischen Feldstärke $Z_0 = (\mu_0/\epsilon_0)^{1/2} = 120\,\pi\,\Omega$ (μ_0 magnetische Feldkonstante, ϵ_0 elektrische Feldkonstante). Der F. ist konstant. [14]. Ge

Fenstergröße → Datenflußsteuerung. Kü

Fensterdetektor *(window-comparator)*, Fensterdiskriminator. Schaltung, die einen Ausgangsimpuls abgibt, wenn die Eingangssignal-Amplitude innerhalb eines vorgegebenen Spannungsbereichs (Fenster) liegt. [6]. Li

Fensterdiskriminator → Fensterdetektor. Li

Fermi-Dirac-Funktion *(Fermi-Dirac function)*. Die F. gibt bei Festkörpern die Besetzungwahrscheinlichkeit von Energieniveaus mit Elektronen im thermodynamischen Gleichgewicht an. In ihr bezeichnet das Ferminiveau dasjenige Energieniveau, dessen Besetzungswahrscheinlichkeit den Wert 1/2 hat. Im Grenzfall beliebig tiefer Temperatur springt die F. beim Fermi-Niveau vom Wert 1 auf den Wert 0 derart, daß Energieniveaus oberhalb des Ferminiveaus unbesetzt, unterhalb voll besetzt sind (nach DIN 41 852). [5], [7]. Bl

Fermi-Dirac-Gas *(Fermi-Dirac gas)*. Bezeichnung für ein Gas (z. B. von Elektronen), das der Fermi-Dirac-Statistik bzw. der Fermi-Verteilung für die mittlere Besetzungszahl der Quantenzustände unterliegt. [5], [7]. Bl

Fermi-Dirac-Statistik *(Fermi-Dirac statistics)*. Beschreibt das Verhalten von gleichartigen Teilchen mit halbzahligem Spin, deren Wellenfunktionen somit antisymmetrisch gegenüber Vertauschung eines beliebigen Teilchenpaares sind. Nach dem Pauli-Prinzip kann in jedem Quantenzustand mit einem Satz Quantenzahlen nicht mehr als ein solches Teilchen gleichzeitig sein. Die sich daraus ergebende Statistik wird F. genannt. [5], [7]. Bl

Fermi-Energie *(Fermi energy)*. Grenzenergie der besetzten Zustände eines Elektronengases

$$W_F = \frac{1}{2}(3\pi^2)^{2/3}\frac{\hbar}{m}n^{3/2}$$

($\hbar = \frac{h}{2\pi}$ Plancksches Wirkungsquantum, m Elektronenmasse, n Anzahl der Elektronen im betrachteten Volumen). [5], [7]. Bl

Fermi-Entartung *(Fermi degeneracy)*. Kennzeichnet die Abweichung des Verhaltens von Gasen bei Temperaturen T, die sehr viel kleiner als die Fermi-Temperatur T_F sind. [5], [7]. Bl

Fermi-Kante → Fermi-Niveau. Bl

Fermi-Niveau *(Fermi niveau, Fermi level)*, Fermi-Kante. Das chemische Potential wird in der Festkörperphysik als F. bezeichnet. Es wird von der oberen Bandkante des Valenzbandes aus gemessen. Das F. gibt den Energiewert an, bei dem mit der Wahrscheinlichkeit 1/2 Elektronen angetroffen werden. Dies bedeutet für Eigenhalbleiter, daß bei 0 K das F. in der Mitte der verbotenen Zone liegt und das zur Fermi-Energie gehörende Niveau darstellt. [5], [7]. Bl

Fermi-Potential *(Fermi potential)*. Stellt das chemische Potential eines Fermi-Dirac-Gases dar und ist durch die Fermi-Energie bestimmt. [5], [7]. Bl

Fermi-Temperatur *(Fermi temperature)*. Entartungstemperatur T_F für die gilt, daß die thermodynamischen Eigenschaften eines Gases der Temperatur $T \ll T_F$ stark vom klassischen Verhalten (nach der Maxwell-Boltzmann-Statistik) abweichen. [5], [7]. Bl

Fernanzeige *(remote indication)*, Fernanzeigegerät. Die F. befindet sich zur Anzeige des Meßwertes am Ende einer Fernmeßstrecke. Da häufig zur Fernmessung auch mechanische Größen über Meßumformer in elektrische umgewandelt werden, dienen auch elektrische Anzeigegeräte und Registriergeräte bzw. -einrichtungen zur F. Fernanzeigegeräte können z. B. Drehspulmeßgeräte, Leistungsfaktormesser, Kreuzspulmeßgeräte sein. [12]. Fl

Fernanzeigegerät → Fernanzeige. Fl

Fernbedienung *(remote control)*. Steuerung räumlich entfernter Anlagen mittels elektrischer Signale oder Funksignale. Zur F. gehört außer der Fernsteuerung auch die Fernmessung. [18]. We

Fernfeld *(far field)*, Fraunhoferregion. Verteilung der elektromagnetischen Feldstärke in einer Entfernung von der Antenne, die groß gegenüber der Wellenlänge λ ist. Hier verhält sich der Energiefluß von der Antenne im wesentlichen so, als ob er von einer Punktquelle in der Nähe der Antenne käme. Im F. sind die elektrischen und magnetischen Feldstärkekomponenten in Phase und quer zur Ausbreitungsrichtung orientiert. Ist z. B. d der Durchmesser der Antennenfläche, so beginnt das F. in einer Entfernung, die größer als $2d^2/\lambda$ ist. [14]. Ge

Fernleitung *(trunk)*. Verbindungsleitung zwischen Fernvermittlungsstellen; auch Fernverbindungsleitung genannt. [19]. Kü

Fernmeldekabel *(communications cable)*. Elektrisches Nachrichtenübertragungsmittel, das aus einem oder mehreren isolierten, miteinander verseilten Leitern oder koaxialen Leitersystemen und einer den oder die Leiter gemeinsam umgebenden Hülle besteht (Kabelhülle, Kabelmantel, Kabelseele). [14]. Ge

Fernmeldetechnik *((tele) communication)*. Das allgemeine Ziel der F. ist die Übertragung beliebiger Meldungen oder Nachrichten. Die Ausführung setzt eine Entwicklung geeigneter Schalt- und Übertragungsgeräte voraus. Ferner müssen Verfahren für Schaltungen, Verbindungen und Übertragungen gegeben sein. Diese Grundzüge bilden das gemeinsame Gedankengut der Fernsprech-, Telegraphen- und Signaltechnik. Th

Fernmeßtechnik *(telemetering)*, Telemetrie. Aufgabe der F. ist die Übertragung von Meßinformationen zwischen räumlich getrennten, technischen Anlagen, wobei es weniger auf die Entfernung als mehr auf die Anwendung bestimmter, gegen Verfälschungen geschützter, Übertragungseinrichtungen ankommt. Wichtiges Bauteil der F. ist der Meßumformer, der die am Meßort aufgenommene Meßgröße in eine geeignete elektrische oder pneumatische Größe umwandelt, die den Übertragungsweg (z. B. Funkstrecke, Freileitung, Kabel, Lichtleiter, Druckleitung) durchläuft. Der Einsatz der möglichen Verfahren (z. B. digital, analog) wird von der Informationsmenge, der geforderten Schnelligkeit, Sicherheit gegen äußere Einflüsse und Übertragungsfehler und von wirtschaftlichen Erwägungen bestimmt. [12].   Fl

Fernmessung *(telemetering)*. Die F. dient der Übertragung von Meßgrößen (mechanische Größen werden in elektrische umgeformt), die an örtlich unzugänglichen Meßstellen aufgenommen werden müssen. Bei ausgedehnten Produktionsanlagen lassen sich durch F. eine Vielzahl von Meßwerten zu zentralen Überwachungsanlagen übertragen, die gemeinsam oder getrennt verarbeitet wiederum Produktionsabläufe steuern. Zur F. wandelt man die Meßwerte in systemangepaßte elektrische Größen um, die dann über Kabelstrecken oder z. B. über Richtfunkverbindungen als Modulationssignale (Pulslängen-, Pulsfrequenz-, Pulsphasen- oder Frequenzkodemodulation) zur Empfangseinrichtung gelangen, decodiert und an der Fernanzeige angezeigt bzw. von Datenverarbeitungsanlagen weiterverarbeitet werden. [1], [9], [12].   Fl

Fernnetz *(long-distance network, toll network)*. Teil des Nachrichtennetzes, das unterschiedliche Numerierungsbereiche verbindet. Es besteht aus Fernleitungen und Fernvermittlungsstellen. Fernnetze sind in der Regel hierarchische Netze. [19].   Kü

Fernschreibalphabet *(code for teletypewriters)*, Fernschreibcode, Telegrafencode, Telegrafenalphabet. Als F. werden die für Fernschreiber verwendeten Codes bezeichnet: CCITT-Code Nr. 2 (im europäischen Telexnetz) und ASCII-Code (CCITT-Code Nr. 5; in Amerika). [1], [9], [14].   Li

Fernschreibcode → Fernschreibalphabet.   Li

Fernschreiben *(teletype)*. Kommunikationsform, bei der zwischen zwei Endstellen (Fernschreibern) eine Nachrichtenverbindung über das Telexnetz zum Zwecke der Textübermittlung aufgebaut wird. [19].   Kü

Fernschreiber *(teleprinter, teletypewriter)*, Fernschreibmaschine. Gerät zur Nachrichtenübermittlung; wird auch als Ein-Ausgabegerät in Datenverarbeitungssystemen verwendet. Der Datenverkehr von und zum F. geschieht seriell. Die zum Ausdruck der Daten erforderliche Serial-Parallel-Wandlung kann mechanisch erfolgen. F. enthalten meist einen Lochstreifenleser und Lochstreifenstanzer zur Beschleunigung der Datenein- bzw. -ausgabe. Die Druckgeschwindigkeit des Fernschreibers beträgt etwa 7 Zeichen pro Sekunde. [1], [4].   We

Fernschreibmaschine → Fernschreiber.   We

Fernschreibnetz → Telexnetz.   Kü

Fernsehaufnahme-Halbleiterschaltung → Festkörperbildsensor.   Fl

Fernsehbildröhre *(television picture tube)*. Die F. stellt den optischen Wandler dar, mit dem die elektrischen Fernsehsignale in optische umgesetzt werden. Eine F. ist meistens mit einem rechteckigen Leuchtschirm ausgeführt, wobei das Seitenverhältnis etwa 3:4 beträgt. Die Röhrengröße wird über die Länge der Schirmdiagonalen definiert. Die Bautiefe hängt vom Ablenkwinkel ab. Neue Bildröhren lenken mit 110°, manchmal auch 114° ab. Sie sind kürzer als F. mit 90°-Ablenkung bei gleicher Länge der Schirmdiagonalen. [4], [13], [14], [16].   Th

Fernsehkanal *(television channel)*. Ein F. benötigt einen bestimmten Frequenzbereich, um alle zur Fernsehübertragung notwendigen Signale übertragen zu können (Bild und Ton). Nach der CCIR-Norm (Comité Consultatif International des Radio Communications) beträgt die Kanalbreite 7 MHz. In England beträgt die Kanalbreite 5 MHz, in Frankreich bei 819 Zeilen Auflösung 13,5 MHz und in den USA 6 MHz. [13], [14].   Th

Fernseh-Kontrolloszilloskop → VF-Oszilloskop.   Fl

Fernsehnorm *(television standard)*. Durch die F. werden die Abtastfrequenz, Form der Synchronimpulse, Modulationsart, Breite des Übertragungskanals, Lage des Bild- und Tonträgers zueinander und im Kanal, Höhe der einzelnen Pegel usw. festgelegt. Beim Schwarzweißfernsehen sind im wesentlichen vier Normen mit den Zeilenzahlen 405, 525 (USA), 625 (Gerber-Norm, in den meisten europäischen Ländern üblich) und 819 in Betrieb. Definitionen durch das CCIR (Comité Consultatif International des Radio Communications). [13], [14].   Th

Fernsehnormkonverter → Normwandler.   Fl

Fernsehnormwandler → Normwandler.   Fl

Fernsprechen *(phone)*. Kommunikationsform, bei der zwischen zwei Endstellen bzw. Teilnehmern zum Zwecke der Sprachübertragung eine Nachrichtenverbindung über das Fernsprechnetz aufgebaut wird. [19].   Kü

Fernsprechkanal *(telephone channel)*. Als Kanal wird der Übertragungsweg bezeichnet, der für eine Fernsprechverbindung notwendig ist. Der Frequenzbereich eines Fernsprechkanals geht von 300 Hz bis 3400 Hz. In Trägerfrequenzsystemen beträgt die Kanalbreite 4 kHz, um einen Sicherheitsabstand zum Nachbarkanal zu gewährleisten. [13], [14].   Th

Fernsprechnetz *(telephone network)*. Nachrichtennetz, das primär für Fernsprechverbindungen benutzt wird. Das weltweite Fernsprechnetz ist das größte existierende Nachrichtennetz mit mehr als 500 Millionen Endstellen. Das Fernsprechnetz arbeitet auf der Grundlage der Durchschaltevermittlung. [19].   Kü

Fernsprechtechnik *(telephone engineering)*. Die F. ist die wohl am meisten verwendete Form der Fernmeldetechnik und steht als Oberbegriff für alles, was mit dem Telephon zusammenhängt. Die internationalen Fernsprechnetze werden heute nicht nur für das Telephonieren benutzt, sondern ebenso als Vermittlungsnetze für das Fernschreiben und die Bildtelegraphie. Die neueste Technik ist das Fernkopieren, mit dem stehende Bildvorlagen über das Fernsprechnetz übertragen werden können. [9], [13], [14]. Th

Fernübertragungstechnik *(technique for long-range transmission)*. Die F. beschreibt die verschiedensten Techniken, die zur Übertragung von Informationen über große Entfernungen angewendet werden. Dazu gehören drahtgebundene und drahtlose Techniken sowie Modulationsverfahren. Die Art der zu übertragenden Information bestimmt das Verfahren. So gelten z. B. für die Fernsehübertragung andere Kriterien als bei der Fernschreibübertragung. Zur F. gehört auch die Datenfernübertragung (DFÜ), für die von der Bundespost extra Leitungen angeboten werden, die eine höhere Übertragungsgeschwindigkeit als Fernsprechkabel zulassen. [14]. Th

Fernüberwachung *(remote supervisory)*. Die F. enthält alle Einrichtungen, die der elektronischen Überwachung besonders wichtiger Fernmeßstrecken dienen. Die Überwachungseinrichtung läßt sich an den Fernmeßempfänger z. B. zur Überprüfung ankommender, festgelegter Mindestwerte oder eines evtl. Empfängerausfalls zuschalten. Meist werden zur F. die Meßwerte digital mit fehlererkennendem Code vom Sender ausgegeben und von der Überwachungseinrichtung auf Richtigkeit überprüft. [12]. Fl

Fernvermittlungsstelle *(trunk exchange)*. Durchgangsvermittlungsstelle im Fernnetz. Innerhalb des hierarchischen Netzes werden die Fernvermittlungsstellen unterschiedlich benannt, z. B. Zentralvermittlungsstelle, Hauptvermittlungsstelle, Knotenvermittlungsstelle und Endvermittlungsstelle (Eingang des Ortsnetzes). Fernvermittlungsstellen, die Verkehr mit dem Ausland abwickeln, heißen Auslandsvermittlungsstellen, bei grenzüberschreitenden Weitverkehrsleitungen Auslandskopfvermittlungsstellen. Fernvermittlungsstellen mit internationalem Durchgangsverkehr heißen internationale Durchgangsvermittlungsstellen *(centre de transit, CT)*. [19]. Kü

Fernwirktechnik *(telecontrol engineering)*. Die F. dient dem Fernsteuern und Fernüberwachen von Anlagen. Als Träger für die Informationsübermittlung verwendet man meist modulierte Wechselstromsignale. Die Übertragungswege können Fernmeldeleitungen, Hochspannungsleitungen, Richtfunkstrecken und UKW-Betriebsfunk (UKW Ultrakurzwelle) sein. [18]. Ku

Ferraris-Motor *(Ferraris-motor)*. Der F. ist eine kleine zweiphasige Asynchronmaschine mit eisenlosem glockenförmigen Kupfer- oder Aluminiumläufer, die wegen ihres kleinen Trägheitsmoments als Stellmotor oder Drehzahlgeber, vor allem in Flugzeugen, verwendet wird. [3]. Ku

Ferritantenne *(magnetic rod antenna)*, Ferritstabantenne. Drehbare Empfangsantenne zur Funkpeilung, bestehend aus einem Ferritstab mit einer aufgewickelten Spule, die mit einem Kondensator zu einem auf die Empfangsfrequenz abzustimmenden Schwingkreis ergänzt wird. Die F. besitzt die Wirkung einer Rahmenantenne. Das Minimum der Richtcharakteristik liegt in der Antennenachse. Verbesserung der Richtwirkung ist durch Abschirmung der F. zu erreichen. [14]. Ge

Ferrite *(ferrites)*. F. bestehen aus Eisenoxiden, Nickeloxiden oder Manganoxiden, die zu feinem Pulver zermahlen, gepreßt und bei hohen Temperaturen (etwa 1300 °C) zu einem keramischen Gefüge gesintert werden. F. zeigen ferromagnetisches Verhalten, doch ist die Sättigungsmagnetisierung viel kleiner als es dem Gesamtmoment der enthaltenen Ionen entsprechen würden. [5]. Bl

Ferrithallgenerator → Hallgenerator. Ge

Ferritkern *(ferrite core)*. Magnetkern aus Ferrit. Je nach Frequenzbereich und Anwendung werden unterschiedliche Materialien und Bauformen eingesetzt: Ferritschalenkern, Ringkern, Doppellochkern, Zylinderkern. [14]. Ge

Ferritkernspeicher → Magnetkernspeicher. We

Ferritschalenkern *(ferrite cup core)*. Ferritkern in Schalenform. F. ohne Luftspalt: Wegen der verbleibenden Schliffrauhigkeit an den Trennstellen ist der Luftspalt nicht Null. Die Schliffqualität bestimmt maßgeblich den A_L-Wert. Die relativ große Toleranz ist bei den üblichen Anwendungen (Drossel, Übertrager) von geringer Bedeutung. Für hochwertige Filter- und Schwingkreisspulen verwendet man Ferritschalenkerne mit einem Luftspalt, der symmetrisch in die Butzen der beiden Schalenkernhälften eingeschliffen ist. Durch den Luftspalt lassen sich die Nachwirkungsverluste, der Temperaturkoeffizient und die Hystereseverluste herabsetzen. Außerdem können enge A_L-Wert-Toleranzen erreicht werden. Ein Abgleich auf bestimmte Induktivitätswerte ist durch Überbrückung des Luftspaltes mittels eines Zylinder- oder Gewindekerns im Mittelsteg möglich. [4]. Ge

Ferritstabantenne → Ferritantenne. Ge

Ferroelektrika *(ferroelectrics)*. Stoffe, die sich gegenüber äußeren elektrischen Feldern so verhalten, wie Ferromagnete gegenüber magnetischen Feldern, heißen F., da sie Ferroelektrizität zeigen. F. haben besondere technische Bedeutung, da sie im allgemeinen piezoelektrisch sind. [5]. Bl

Ferroelektizität *(ferroelectricity)*. Bezeichnet ein starkes Ansteigen der elektrischen Verschiebe-Polarisation bei wachsendem äußerem elektrischen Feld mit anschließender Sättigung. Bei Abschalten des elektrischen Feldes bleibt eine Restpolarisation (Elektret) zurück. Wie beim Ferromagnetismus ist auch hier das Phänomen des Curie-Punktes beobachtbar. [5]. Bl

Ferromagnetismus *(ferromagnetism)*. Kennzeichnet die Eigenschaft einiger Stoffe (vorwiegend Metalle), im magnetischen Feld stark polarisierbar zu sein und nach Abschalten des äußeren Feldes Remanenz zu zeigen. Die Suszeptibilität χ_m ist unterhalb des Curie-Punktes wesentlich größer als die paramagnetischer Stoffe; oberhalb des Curie-Punktes wird χ_m durch das Curie-Weiß-Gesetz gegeben. F. besteht in der gleichsinnigen Ausrichtung der magnetischen Momente der Elektronen in den nicht abgeschlossenen Schalen. Auch nicht magnetisierte Metalle zeigen in den Weißschen Bezirken diese Ausrichtung. Bei der Magnetisierung werden die zunächst statistisch verteilten magnetischen Momente der Weißschen Bezirke nach und nach (Bereich für Bereich) umgeklappt, bis alle in Feldrichtung zeigen. [5]. Bl

Ferrometer → Epstein-Apparat.

Fertigungssteuerung *(production control)*. 1. Steuerung der Fertigung von Waren mit Hilfe einer Datenverarbeitungsanlage vor allem im Sinne einer Verteilungs- und Ordnungsfunktion für die Maschinen, Materialen, Werkstücke usw. Sie erfolgt oft mit Stücklistenprogrammen, die Vorgaben über die Art des Produktionsprozesses enthalten und aufgrund einer bestimmten Auftragslage Bestellwesen, Lagerverwaltung, Erstellen von Maschinenbelegungsplänen usw. übernehmen. 2. Steuerung des Produktionsprozesses mit Automaten, numerischen Werkzeugmaschinen, Prozeßrechnern usw. [1], [18]. We

Fertigungsüberwachung *(production supervision)*. 1. Überwachung der Fertigung mit Hilfe einer Datenverarbeitungsanlage aus kaufmännischer und planerischer Sicht, z. B. Netzplanüberwachung, Terminüberwachung, Vergleich von Ist- und Sollkosten. Die F. ist Teil der Fertigungssteuerung. 2. Überwachung des Produktionsprozesses, besonders durch Qualitätsüberwachung von End- und Zwischenprodukten; oft automatisiert ausgeführt. Sie ist Teil der Fertigungssteuerung. [1], [2]. We

Festkomma *(fixed point)*. Art der Zahlendarstellung in einem Datenverarbeitungssystem, bei der die Stellung des Kommas fest vereinbart ist, dieses aber nicht in der Zahlendarstellung selber mitgeführt wird. Die Stellung des Kommas kann für ein ganzes Programm gleich sein (Kommaausstattung), aber auch für jede Variable einzeln vereinbart werden (Deklarationen im Programm). Im amerikanischen Sprachgebrauch und damit auch in vielen Programmiersprachen ist es üblich, von Dezimalpunkt zu sprechen (Festpunkt-Darstellung). [1]. We

Festkondensator *(fixed capacitor)*. Kondensator, dessen Kapazität nicht verändert werden kann, z. B. Wickelkondensator, Scheibenkondensator. Für die Auswahl eines Festkondensators sind neben seinem Kapazitätswert Isolationswiderstand, Verluste, elektrische, thermische und klimatische Beanspruchbarkeit sowie Konstanz und Toleranz der Kennwerte maßgebend. [4]. Ge

Festkörper *(solid)*. Als F. werden alle Stoffe im festen Aggregatzustand bezeichnet. Sie können kristallin oder amorph sein. Kristalline F. zeigen einen für die Substanz typischen Gitteraufbau; ihr Aufbau und ihre Eigenschaften sind Forschungsobjekt der Festkörperphysik. [7]. Bl

Festkörperbildsensor *(charge-coupled image sensor, solid state image sensor, solid state imager)*, Bildsensor, Festkörpervidikon, Fernsehaufnahme-Halbleiterschaltung. Festkörperbildsensoren sind Bildaufnahmeröhren für Fernsehkameras, die ohne Vakuum und ohne abtastenden Elektronenstrahl arbeiten. In einer flächenhaften Matrix sind optoelektronische Halbleiterbauelemente, wie Photodioden, Phototransistoren oder Photowiderstände angeordnet. Das Licht einer Bildszene wird optisch fokussiert und auf die Oberfläche der lichtelektrischen Empfänger gerichtet. Jedes der Empfängerelemente ist mit einem Element zur Ladungsspeicherung elektrisch verbunden. Dadurch wird das Bild in einzelne Bildelemente zerlegt und in elektrische Ladungsmengen umgewandelt. Die Abtastung zur elektrischen Übertragung der Ladungen kann erfolgen: 1. Durch Ladungsverschiebung. a) Die Ladungsmengen werden über BBD-Elemente *(bucket brigade device)* mit getakteten Spannungen von Glied zu Glied verschoben. Aufgrund der Schichtstruktur der integrierten Schaltkreise ergibt sich eine stufenförmige Potentialverteilung, die eine eindeutige Zuordnung der Übertragungsrichtung ermöglicht. b) Die Ladungsmengen werden über diskret aufgebaute Eimerkettenschaltungen um eine Stufe weitergeschoben. 2. Durch Koordinatenansteuerung. a) CCD-Speicherelemente *(charge coupled device)* bilden die Kondensatoren. Jedem Element liegt ein Photowiderstand parallel. In Reihe zur Parallelschaltung ist eine Schaltdiode angeordnet. Mehrere solcher Kreise bilden eine Zeile und werden von einer Konstantstromquelle gespeist. Abtastimpulse öffnen nacheinander die Schaltdioden, wodurch die Kondensatoren auf einen festgelegten Spannungswert aufgeladen werden. In Abhängigkeit von der Bestrahlungsstärke des Photowiderstands verringert sich die Ladungsmenge während der Speicherphase. Die Werte der Stromstöße beim Aufladungsvorgang bilden das Bildsignal. b) CID-Elemente *(charge injection device)* bilden die Kondensatoren. Die Ladungsspeicherung erfolgt durch Lichteinfall auf MIS-Strukturen *(metal-insulator-semiconductor)*. Die Ladungsmenge bleibt während der Abtastung erhalten. [4], [6], [13], [16]. Fl

Festkörperlaser *(solid state laser)*. Laser mit einem Festkörper (z. B. einem Rubinkristall) als Arbeitsmedium, dessen stimulierte Übergänge zur Erzeugung von möglichst monochromatischem und kohärentem Licht benutzt wird. [7]. Bl

Festkörperphysik *(solid state physics)*, Die F. umfaßt das Studium der Eigenschaften und Erscheinungsformen von Substanzen im festen und flüssigen Aggregatzustand. Ein bedeutender Teilbereich ist die Untersuchung des elektrischen Verhaltens, die Festkörperelektronik. Da mathematisch das n-Teilchen-Problem nicht exakt lösbar ist, muß man auf Näherungsmodelle, z. B. das Bändermodell, zurückgreifen. [5], [7]. Bl

Festkörperschaltung → Schaltung, monolithische integrierte. Ne

Festkörpervidikon → Festkörperbildsensor. Fl

Festkörperspeicher *(solid state memory)* → Halbleiterspeicher. We

Festpunkt → Festkomma. We

Festwertregelung *(fixed command control)*. F. liegt vor, wenn die Führungsgröße fest vorgegeben wird. Die Hauptaufgabe der Regelung besteht im Ausregeln der Störeinflüsse (DIN 19 226). Ku

Festwertspeicher → ROM. Li

Festwertspeicher, elektrisch programmierbarer → PROM. Li

Festwertspeicher, elektromagnetischer *(electro-magnetic read-only memory)*. Festwertspeicher, der mit elektromagnetischen Bauelementen realisiert ist. Ein Beispiel für einen elektromagnetischen F. ist der Fädelspeicher, bei dem die Information durch die Lage von Drähten festgelegt ist. Diese Drähte stellen die Primärseite eines Transformators dar. Wird der Draht mit einem Stromimpuls beschickt, wird auf der Sekundärseite je nach Lage des Drahtes ein Impuls induziert oder nicht, dies liefert die Information „1" oder „0". [1]. We

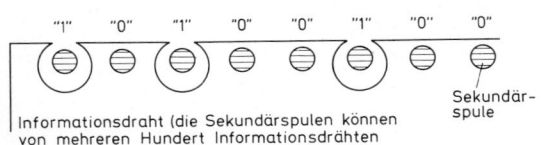

Elektromagnetischer Festwertspeicher

Festwertspeicher, maskenprogrammierbarer → ROM. Li

Festwertsteuerung *(read-only memory control)*. Ablaufsteuerung mit einem Festwertspeicher. Der Festwertspeicher enthält die zu bildenden Steuergrößen sowie den Nachfolgezustand. Dieser wird über ein Zwischenregister auf die Adreßeingänge des Festwertspeichers geführt, so daß bei Taktung des Zwischenregisters ein neuer Zustand der Ablaufsteuerung erreicht wird. Eine Beeinflussung der

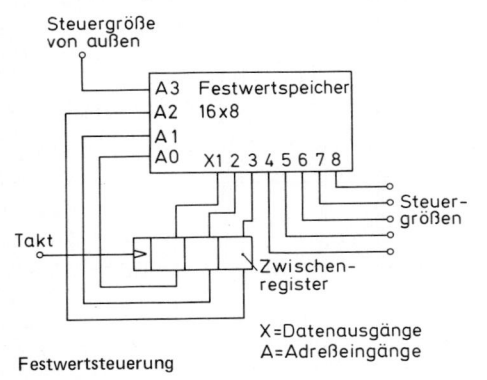

Festwertsteuerung

Ablaufsteuerung durch von außen kommende Steuergrößen kann dadurch erfolgen, daß diese auf weitere Adreßeingänge geführt werden, so daß der Nachfolgezustand sowohl vom Zustand der Steuerung wie von den außen zugeführten Steuergrößen abhängig ist. Nach diesem Prinzip können auch Zähler aufgebaut werden. [2]. We

Festwiderstand *(fixed resistor)*. Widerstand, dessen Wert nicht verändert werden kann, z. B. Drahtwiderstand, Schichtwiderstand, Massewiderstand. Für die Auswahl eines Festwiderstands sind neben seinem Widerstandswert elektrische, thermische und klimatische Beanspruchbarkeit, Rauscheigenschaften sowie Konstanz und Toleranz der Kennwerte maßgebend. [4]. Ge

Festwiderstand, spannungsabhängiger → Varistor. Ne

Festzeichenunterdrückung → Radar. Ge

FET *(field-effect transistor)* → Feldeffekttransistor. We

Fetch *(fetch)*, Befehlsabruf. Teil des Befehlszyklus, der dazu dient, den Befehl aus dem Speicher in den Prozessor zu übertragen. Das F. wird vom Prozessor automatisch nach Beendigung eines Befehles gestartet. Zur Beschleunigung der Prozessor-Arbeit kann das F. bereits während der Abarbeitung des vorhergehenden Befehls durchgeführt werden (Prefetch, Befehl-Look-Ahead). [1]. We

FET-Differenzverstärker *(FET differential amplifier)*. Differenzverstärker mit FET-Eingangsstufe. Vorwiegend werden FETs verwendet, die dem MOSFET wegen geringerem Drift der Eingangs-Offsetspannung überlegen sind. Vorteile des F.: sehr hoher Eingangswiderstand und hohe Anstiegsgeschwindigkeit. [4], [6]. Li

FET-Eingang *(FET input)*. Eingang einer Schaltung, deren Eingangsstufe aus einem FET besteht. Vor allem bei integrierten Analogschaltungen anzutreffen. Zeichnet sich durch sehr hohen Eingangswiderstand aus. [4], [6]. Li

FET-Voltmeter → Transistorvoltmeter. Fl

Feuchtemesser *(moisture meter)*. F. sind elektronische Meßgeräte, die den Feuchtigkeitswiderstand einiger organischer Stoffe, z. B. Holz, Tabak, Hopfen oder Torf als Maß für den ihnen innewohnenden Feuchtigkeitsgehalt messen. Die Skala ist häufig in Prozentwerten eines vorgegebenen Feuchtewertes kalibriert. Bezugswert kann die absolute Feuchtigkeit oder ein Naßwert sein. Die Messung erfolgt mit Hilfe von speziellen Meßelektroden, die in das Innere des Prüflings gesteckt oder auf dessen Oberfläche aufgebracht werden. Die freien Enden der Elektroden werden mit dem Meßgeräteeingang verbunden. Als Meßgerät wird ein Widerstandsmesser eingesetzt, der nach einem hochohmigen Widerstandsmeßverfahren arbeitet. Als einfacher F. kann z. B. ein Tera-Ohmmeter eingesetzt werden. [12]. Fl

Feuchtesensor *(humidity sensor)*. Feuchtesensoren sind Meßumformer der Sensortechnik. Sie werden an der Schnittstelle zwischen zu messender Luftfeuchtigkeit und z. B. einem Mikrocomputer zur Weiterverarbeitung der vom F. bereitgestellten elektrischen Signale, die Werten der relativen Luftfeuchtigkeit proportional sind, eingesetzt. Eine Ausführung besitzt als Fühlerelement eine metallisierte Kunststoffolie, die im Bereich von 10 % bis 90 % relativer Luftfeuchte ihren Kapazitätswert ändert. Eine im F. eingebaute elektronische Schaltung setzt die Kapazitätsänderungen in proportionale Spannungsänderungen um. Der F. benötigt zur Funktion eine Betriebsspannung von etwa 15 V. Einsatzbereich: z. B. in Klimaanlagen, in Anlagen der Meß- und Regelungstechnik. [9], [12], [18]. Fl

Ficksche Gesetze *(Fick's laws)*. Die Vermischung zweier Gase oder Flüssigkeiten erfolgt durch Diffusion, d. h. durch das Vorliegen unterschiedlicher Konzentrationsgefälle. Die mathematische Formulierung der Diffusion erfolgt durch die Fickschen Gesetze. Das 1. Ficksche Gesetz beschreibt den durch Diffusion hervorgerufenen Stofftransport für eine bestimmte Stelle eines sich bildenden Gemisches zu

$$\frac{dn}{dt} = -D\frac{dc}{dx}$$

(n Anzahl der Moleküle, D Diffusionskonstante in cm^2 s^{-1}, c Konzentration in Mol/Volumen, x Diffusionsrichtung). Das 2. Ficksche Gesetz macht darüber hinaus Angaben über die räumliche und zeitliche Konzentrationsverteilung in einem Gemisch. Es lautet:

$$\left(\frac{\partial c}{\partial t}\right)_x = D\left(\frac{\partial^2 c}{\partial x^2}\right)_t.$$

Bl

FIFO *(first-in, first-out)*. 1. Vermittlungstechnik: Abfertigungsdisziplin nach der Reihenfolge des Eintreffens. 2. Halbleiterspeicher: Speicher, bei dem die Daten in der gleichen Reihenfolge ausgelesen werden, in der sie eingeschrieben wurden. F. dienen hauptsächlich als Pufferspeicher. [1], [19]. Kü

Filmschaltung → Schichttechnik. Ge

Filmspeicher → Dünnschichtspeicher. Li

Filmverfahren → Diffusionsverfahren. Ne

Filmwiderstand → Schichtwiderstand. Ge

FILO *(first in/last out memory)*. Speicher, bei dem die zuerst eingeschriebene Information zuletzt ausgelesen wird. [1]. We

Filter *(filter)*, Siebschaltung. Eine meist als Vierpol ausgeführte Schaltung, die für bestimmte Frequenzbänder eine geringe Dämpfung (Durchlaßbereich; DB), für andere Frequenzbänder eine hohe Dämpfung (Sperrbereich; SB) aufweist. Die Forderungen an den Dämpfungsverlauf eines Filters werden durch die Dämpfungscharakteristik (Toleranzschema) festgelegt. Die Grenze des DB wird durch eine Grenzfrequenz f_g, die Grenze des SB durch eine Sperrfrequenz f_s gekennzeichnet. Der Frequenzbereich zwischen f_g und f_s heißt Übergangsbereich. Innerhalb des DB darf die Dämpfung eine vorgegebene Durchlaßdämpfung a_D nicht überschreiten, innerhalb des SB nicht unter eine Sperrdämpfung a_S absinken (→ Dämpfungsmaß). Außer den Bedingungen für einen vorgegebenen Dämpfungsverlauf werden mitunter zusätzlich Forderungen an den Phasengang gestellt (→ Besselfilter, → Gaußfilter). Oft wird auch der → Allpaß zu den Filtern gerechnet. Man unterscheidet vier Filtertypen (Bild):

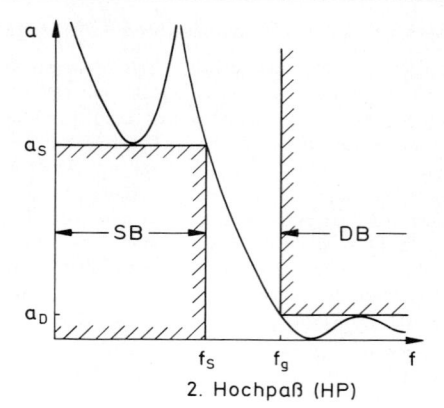

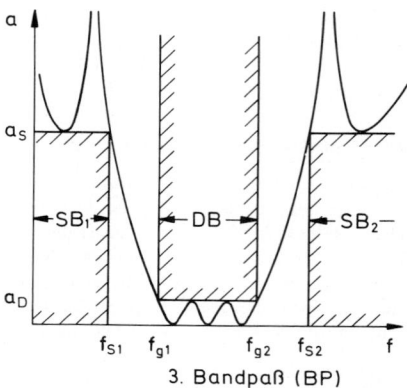

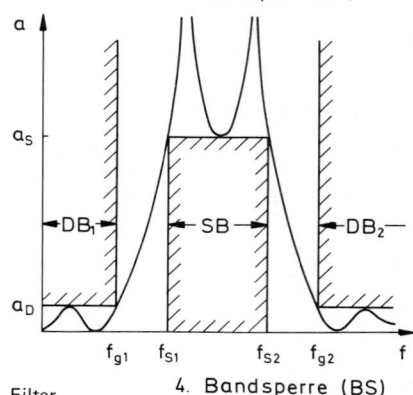

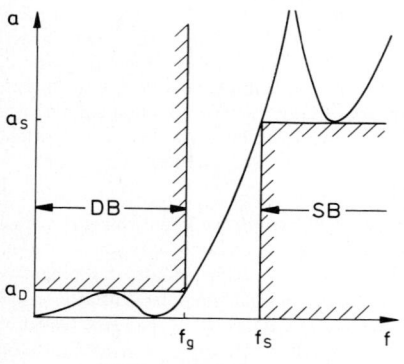

1. Tiefpaß (TP)
DB: $0 \leqq f \leqq f_g$
SB: $f_s \leqq f \leqq \infty$

2. Hochpaß (HP)
DB: $f_g \leqq f \leqq \infty$
SB: $0 \leqq f \leqq f_s$

3. Bandpaß (BP)
SB$_1$: $0 \leqq f \leqq f_{s1}$
DB: $f_{g1} \leqq f \leqq f_{g2}$
SB$_2$: $f_{s2} \leqq f \leqq \infty$

4. Bandsperre (BS)
DB$_1$: $0 \leqq f \leqq f_{g1}$
SB: $f_{s1} \leqq f \leqq f_{s2}$
DB$_2$: $f_{g2} \leqq f \leqq \infty$.

[14]. Rü

Filter, aktive *(active filter)*. Bezeichnung für die Gesamtheit aller elektrischen F. die aktive Elemente (Transistor, Operationsverstärker u. a.) zur Realisierung einer vorgegebenen Dämpfungscharakteristik verwenden. Aktive F. sind meist spulenlose F. Entweder werden RC-F. in Verbindung mit aktiven Elementen benutzt, oder die in einer Filterschaltung notwendigen Induktivitäten durch Verstärker simuliert (→ Gyrator). Ferner werden Filtertechniken wie FDNR-Technik N-Pfad-F., Schalterfilter zu den aktiven Filtern gerechnet. [13].   Rü

Filter, antimetrisches → Vierpol, antimetrischer.   Rü

Filter, durchstimmbares. Filter, deren Grenzfrequenz – bei Bandfiltern deren Bandmittenfrequenz – innerhalb eines bestimmten Frequenzbereichs einstellbar ist. [14].   Rü

Filter, elektromechanisches → Filter, mechanisches.   Rü

Filter, ideales *(ideal filter)*. Idealisierung der Dämpfungscharakteristik in der Weise, daß innerhalb der „Übertragungsfrequenzbereiche" (Durchlaßbereiche) die Übertragung verzerrungsfrei und außerhalb davon Null sein soll. Dies bedeutet, daß im Durchlaßbereich der Übertragungsfaktor $A = A_0$ und die Laufzeit $t = t_0$ konstant sind; der Phasenwinkel b steigt linear mit der Frequenz (Bild). Das Verhalten der idealen F. gibt Aufschluß über

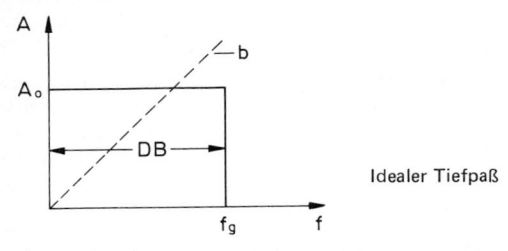

Idealer Tiefpaß

die grundsätzlichen Filtereigenschaften. Die Abweichung der wirklichen Schaltungen kann durch Dämpfungs- und Phasenverzerrungen beschrieben werden. [13].   Rü

Filter, maximal flache *(maximally flat filter)* → Potenzfilter.   Rü

Filter, mechanisches *(mechanical filter)*. Ein passives elektrisches F. aus mechanischen Resonatoren (meist zylindrische Bolzen aus einer Nickel-Eisen-Legierung), die elastisch miteinander verkoppelt sind und bei ihren Eigenresonanzen Longitudinal-, Biege- oder Torsionsschwingungen ausführen. Zur elektrischen Ein- und Auskopplung sind am ersten und letzten Resonator elektroakustische Wandler notwendig, weshalb diese F. auch elektromechanische F. genannt werden. Haupteinsatzgebiet sind die Kanalfilter der Trägerfrequenztechnik, die in großer Stückzahl benötigt werden und größere Filtergüte und Temperaturkonstanz als LC-F. haben müssen. [14].   Rü

Filter, monolithisches *(monolithic filter)*. Elektrisches F. in integrierter Technik, bei dem die gesamte Filterfunktion auf einem Chip realisiert wird. Grenzfrequenzen sind entweder fest vorgegeben oder können durch zusätzliche äußere Beschaltung in gewissen Bereichen eingestellt werden. Für die monolithischen F. sind auch Bauformen als Quarzfilter bekannt. [14].   Rü

Filter, nichtrekursives → Digitalfilter.   Rü

Filter, passives *(passive filter)*. F., das nur aus passiven Bauelementen wie Induktivitäten, Kapazitäten, ohmschen Widerständen und Übertragern aufgebaut ist. Die wichtigste Gruppe sind die LC-F. Für geringe Dämpfungsforderungen werden auch RC-F. als passive F. verwendet. [14].   Rü

Filter, piezoelektrisches *(piezoelectric filter)*. Elektrisches F., das als Resonatoren Bauelemente mit piezoelektrischem Effekt benutzt. In der Elektronik werden am häufigsten Quarzfilter verwendet, in einigen Anwendungsfällen benutzt man auch piezokeramische Stoffe (Keramikfilter, Piezokeramik). [14].   Rü

Filter, rekursives → Digitalfilter.   Rü

Filter, selektives. Obgleich jedes F. selektiv ist, versteht man unter selektiven F. häufig eine Bandfilterschaltung zur Selektion schmaler Frequenzbänder. [14], [13].   Rü

Filter, spulenloses. Filterschaltung ohne Verwendung von Induktivitäten. [14].   Rü

Filter, symmetrisches → Vierpol, widerstandssymmetrischer.   Rü

Filter, zeitdiskretes *(discrete-time filter)*. Kennzeichen eines zeitdiskreten Filters und allgemein eines zeitdiskreten Systems ist, daß einem zeitkontinuierlichen Signal (→ Signalklassifizierung) zu bestimmten (meist äquidistanten) Zeitpunkten durch Abtastung Proben entnommen werden. Die so entstehende Impulsfolge wird dann nach einer bestimmten Vorschrift weiterverarbeitet. Zeitdiskrete F. unterteilen sich in Filter, bei denen der Amplitudenwert des Signals beim Durchlaufen des Systems als analoge Größe erhalten bleibt (Ladungstransferelemente) und solche, bei denen der Amplitudenwert des Signals ebenfalls quantisiert wird (Digitalfilter). [14], [15].   Rü

Filtergrad *(degree of the filter)*. Entspricht dem Grad der im allgemeinen gebrochenen rationalen Betriebsdämpfungsfunktion (Nennerpolynom) oder charakteristischen Funktion eines Filters. Der F. gibt Auskunft über den Schaltungsaufwand und bei vorgegebener Schaltungsstruktur über die Anzahl der zur Realisierung notwendigen Bauelemente. [14].   Rü

Filtersynthese *(filter synthesis)*. Teil der allgemeinen Netzwerksynthese, die sich mit dem Entwurf einer Filterschaltung aus der vorgegebenen Dämpfungscharakteristik beschäftigt. Zunächst ist eine Approximation des Dämpfungsverlaufs notwendig, die das Toleranzschema nicht verletzt. Die Approximation muß durch eine im allgemeinen gebrochene rationale Funktion erfolgen, die durch besondere Syntheseverfahren die Realisierung einer Schaltung erlaubt. Bei der F. für Potenz- und Tschebyscheff-Filter ist die Berechnung der Bauelemente durch allgemeine Formeln möglich, während bei Cauer-Filtern u. a. wegen der erforderlichen Polabspaltung komplizierte Syntheseprozesse auftreten. Deshalb dimensioniert man Cauer-Filter praktisch mit Hilfe von Filterkatalogen. Eine F. ist auch nach der klassischen Methode der Wellenparameterfilter möglich. [15].   Rü

FIR *(finite impulse response)*. Mit dieser Abkürzung bezeichnet man zeitdiskrete Systeme mit endlicher Impulsantwort. Üblicherweise werden Übertragungsfunktionen von zeitdiskreten Systemen durch die Z-Transformation beschrieben und in der allgemeinen Form

$$H(z) = \frac{\sum_{\mu=0}^{p} a_\mu z^\mu}{\sum_{\nu=0}^{q} b_\nu z^\nu}, \quad p \leq q$$

angegeben. FIR-Systeme sind durch die besondere Form der Übertragungsfunktion

$$H(z) = \frac{\sum_{\mu=0}^{p} a_\mu z^\mu}{b_q z^q} = \sum_{\mu=0}^{q} c_\mu z^{-\mu},$$

also durch eine endliche Potenzreihe in z^{-1} gekennzeichnet. FIR-Systeme besitzen einen z^q-fachen Pol bei $z = 0$ und sind absolut stabil. Die praktische Realisierung geschieht meist in Form nichtrekursiver Strukturen (→ Digitalfilter). FIR-Systeme können einen exakt linear ansteigenden Phasengang besitzen; hierzu gibt es im zeitkontinuierlichen Bereich kein physikalisch realisierbares Gegenstück. [14], [15]. Rü

Fire-Code *(Fire code)*. Code zur Sicherung von Daten bei einer blockweisen Übertragung; abgeleitet aus den zyklischen Codes. Es werden bis zu zwei Fehlerbündel je Block erkannt, wenn diese nicht eine gewisse Länge überschreiten. [13]. We

Firmware *(firmware)*. Teile eines Datenverarbeitungssystems, die sowohl Software- als auch Hardware-Eigenschaften haben. Es handelt sich um Programme, meist Teile des Betriebssystems, die in Festwertspeichern gespeichert sind. Hierdurch können die Programme nicht mehr geändert werden und wirken wie Bestandteile der Hardware. Grundsätzlich ist auch die F. durch Austausch der Festwertspeicher änderbar. [1]. We

Fischbeinantenne → Dipolzeile. Ge

Fischgrätenantenne → Dipolzeile. Ge

Fisher-Verteilung → Test-Verteilungen. Rü

Flachankerrelais → Flachrelais. Ge

Fläche, wirksame → Absorptionsfläche. Ge

Flächenantenne → Flächenstrahler. Ge

Flächendiode *(junction diode)*. Halbleiterdiode aus einem Einkristall mit zwei und mehr Zonen verschiedenen Leitungstyps und flächenhaften Übergängen (PN, PI, NI) zwischen den Zonen (DIN 41 855). Ne

Flächenladungsdichte *(surface charge density)*. (Zeichen σ). Die auf die Flächeneinheit bezogene elektrische Ladung Q

$$\sigma = \frac{dQ}{dA}$$

[5]. Rü

Flächennutzungsfaktor *(area utilization factor)*. Bei integrierten Schaltungen Angabe über die Ausnutzung der Chipfläche, angegeben in Transistoren pro Flächeneinheit oder Gatterfunktionen pro Flächeneinheit (z. B. Transistoren/mm², Gatter pro Quadratzoll). [6]. We

Flächenreflektor → Flächenstrahler; →Reflektor. Ge

Flächenscherungsschwinger *(face shear vibrator)* → Quarz. Rü

Flächenstrahler *(aperture antenna)*, Aperturstrahler, Flächenantenne. Antenne, bei der die Strahlungsenergie durch eine flächenhafte Öffnung (Apertur) austritt. F. sind Querstrahler, deren Richtcharakteristik aus der Form und Größe sowie der Feldverteilung in der Apertur (Aperturbelegung) zu bestimmen ist. F. bestehen aus einem Primärstrahler, der einen Flächenreflektor ausleuchtet. Als Erreger werden Dipole mit Reflektorscheiben oder bei höheren Frequenzen auch Hornstrahler verwendet. Flächenreflektoren sind meistens Rotationsparaboloide oder deren Ausschnitte (→ Parabolantenne). [14]. Ge

Flächentransistor *(junction transistor)*, bipolarer Sperrschichttransistor. Bipolarer Transistor aus einem Einkristall mit einer Basiszone und zwei oder mehr flächenhaften Zonen-Übergängen (PN, PI, NI). Ursprünglich der Shockleysche „junction"-Transistor als Gegensatz zum Spitzentransistor (DIN 41 855). [4]. Ne

Flächenwiderstand *(resistance per square)*, Oberflächenwiderstand. Kennzeichnet den Wert eines ohmschen Widerstandes in Schichttechnik, dessen Fläche quadratisch geformt ist. Der F. ist von der Kantenlänge des Quadrats unabhängig. Der F. sehr dünner Schichten (unterhalb 1 μm) steigt mit abnehmender Schichtdicke stark an. Zusätzlich zeigen sehr dünne Schichten ein verändertes Temperaturverhalten gegenüber dem kompakten Material. [4]. Ge

Flachrelais *(flat relay)*, Flachankerrelais. Relais, bei dem der lange, flache Anker gleichzeitig das Joch ersetzt. F. finden in vielen Ausführungsformen breiten Einsatz in der Fernsprechtechnik. [4]. Ge

Flachspulinstrument *(flat-coil measuring instrument)*, Dreheisen-Flachspulmeßinstrument. Das F. ist die ursprüngliche Bauform des Dreheiseninstruments. Hierbei wird ein Weicheisenkern aufgrund der Kraftwirkung des Feldes einer vom Meßstrom durchflossenen Flachspule in die Spule hineingezogen. Das Gegenmoment wird von Federn erzeugt. [12]. Fl

FLAD *(fluorescence activated display)*. Flüssigkristall-Anzeigeeinheit, die zusätzlich eine fluoreszierende Schicht enthält, um auch bei schlechten Lichtverhältnissen lesbar zu sein. [2], [4]. Li

Flag *(flag)*, Merker, Zustandsbit, Kennzeichenbit. Ein spezielles Zeichen, das das Auftreten eines bestimmten Zustands (z. B. Überlauf, Übertrag, negatives Ergebnis, Akkumulatorinhalt gleich Null) signalisiert. Die meisten Flags werden vom Prozessor automatisch gesetzt. Sie vereinfachen das Programmieren wesentlich, da bestimmte Computerbefehle (bedingte Sprungbefehle) das Verzweigen innerhalb von Programmen oder Sprünge in Unterprogramme in Abhängigkeit von den verschiedenen Flags ermöglichen. In Mikroprozessoren werden die Flags meist in einem eigenen internen Register, dem Flagregister, gespeichert. [1]. Li

Flanke *(edge, slope)*. Anstieg oder Abfall eines digitalen Signals. Die abfallende F. wird auch als negative F., die ansteigende F. als positive F. bezeichnet. Werden durch Flanken Schaltvorgänge ausgelöst, so wird als Bezugspunkt der Zeitpunkt verwendet, bei dem das Signal 50 % des Signalhubs zurückgelegt hat. Die größte Flankensteilheit einer Ausgangsspannung *(maximum rate of change of the output voltage)* ist nach DIN 48 160 definiert als die größte auftretende Änderungsgeschwindigkeit, die mittlere Flankensteilheit einer Ausgangsspannung *(average rate of change of the output voltage)* als der Quotient aus einer bestimmten großen Änderung der Ausgangsspannung und der Zeitspanne, in der diese Ausgangsspannungsänderung vor sich geht. Bei beiden Definitionen wird von einer sprunghaften Änderung der Eingangsgröße ausgegangen. Die Zeitspanne vom Ende der Verzögerungszeit bei einer sprunghaften Änderung der Eingangsgröße bis zum Errechen eines bestimmten Wertes in der Nähe des Endwertes wird als Flankenzeit *(slope time)* bezeichnet. [10]. We

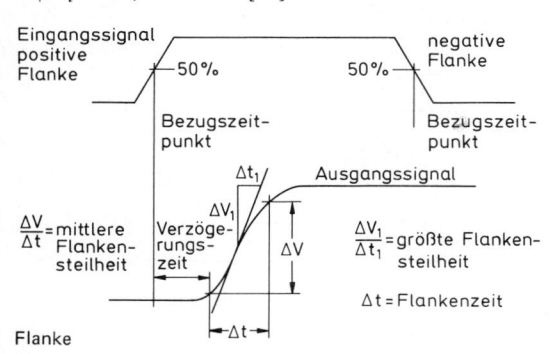

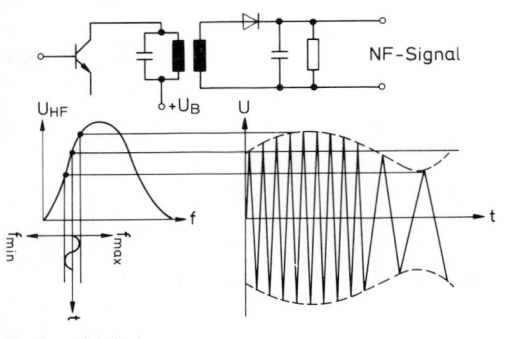

Flanke

Flankendiskriminator *(slope detector)*. Resonanzkreisumformer. Der F. ist die einfachste Demodulatorschaltung zur Wiedergewinnung der Information aus einer frequenzmodulierten Schwingung. Nach dem Bild arbeitet der Primärkreis auf einer Flanke des Resonanzkreises. Eine sich ändernde Frequenz erzeugt eine Spannung, deren Amplitude sich proportional ändert, wenn der lineare Bereich der Flanke eingehalten wird. Die so erhaltene Amplitudenmodulation wird von der nachgeschalteten Demodulatorschaltung gleichgerichtet, so daß am Ausgang die niederfrequente Information anliegt. Gekrümmte Flanken führen zu starken Verzerrungen. Günstiger verhält sich der Differenzdiskriminator. [12], [13], [14]. Fl

Flankensteuerung *(edge triggering, edge control)*. Bei Digitalschaltungen die Auslösung von Schaltvorgängen durch eine Flanke des Eingangssignals. Der Schaltvorgang wird i. a. entweder durch die positive (positiv flankengetriggert) oder die negative Flanke (negativ flankengetriggert) ausgelöst. Flankengesteuerte Bauteile sind insbesondere taktflankengesteuerte Flipflops und monostabile Multivibratoren. [2]. We

Flasche, magnetische *(magnetic bottle)*. Bezeichnung für ein Magnetfeld, das so geformt ist, daß es ein stark ionisiertes Plasma für eine gewisse Zeit auf einen eingegrenzten Raumbereich einschnürt und damit thermisch von materiellen Wandungen isoliert. Ihre Entwicklung war für Kernfusionsexperimente wichtig. [5]. Bl

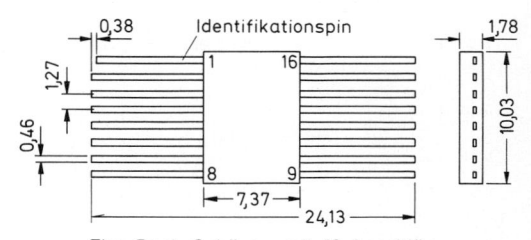

Flat-Pack *(flat pack)*. Gehäuseform für elektronische Bauteile, insbesondere für integrierte Schaltungen. [4]. We

Flat-Pack

Fließlöten → Schwallöten. Ge

Flimmergrenze *(critical flicker frequency)*. Die Flimmerwirkung ist eine Erscheinung, die im Kino und beim Betrachten eines Fernsehbildschirmes auftritt. Die F. hängt außer von der Bildwiederholfrequenz auch von der Bildhelligkeit ab. Bei steigender Bildhelligkeit muß die Bildwechselfrequenz erhöht werden, um „ausreichende" Flimmerfreiheit zu erlangen. Bei einer Beleuchtungsstärke von 200 Lux kann bei 53 Bildern pro Sekunde totale Flimmerfreiheit erreicht werden. Die F. liegt dann tiefer und beträgt etwa 44 Bilder je Sekunde. Die Helligkeit von Fernsehbildschirmen ist höher. Die F. steigt dadurch auf etwa 50 Bilder je Sekunde. [16]. Th

Flip-Chip-Technik *(flip chip)*. Eine Schnellmontagetechnik, bei der sich auf dem Chip erhöhte Kontaktflecke befinden. Das Chip kann in einem Arbeitsgang auf ein Sub-

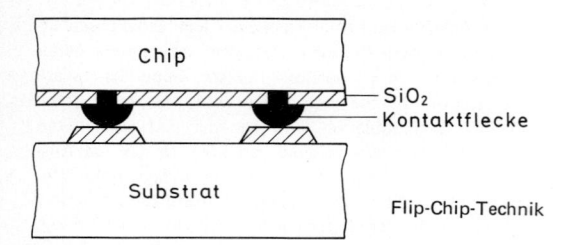

Flipflop

[Flip-Chip-Technik diagram: Chip, SiO₂, Kontaktflecke, Substrat]

strat mit gleichem Kontaktierungsmuster mit Hilfe der Löttechnik montiert werden (Bild). [5].   We

Flipflop *(flipflop),* bistabiler Multivibrator, bistabile Kippstufe. Digitalschaltung mit sequentieller Logik, die zur Speicherung eines Bit dient. Das F. verfügt über zwei stabile Zustände, die durch bestimmte Eingangssignale erzeugt (Setzvorgang, Löschvorgang) und die im F. gespeichert werden können. Bei bestimmten Flip-Flops, z. B. T-F., ändert sich der Zustand des F. beim Auftreten eines Impulses an einem Eingang (Takteingang); das F. kippt (toggle). Diese F. können zur Frequenzuntersetzung verwendet werden. [2].   We

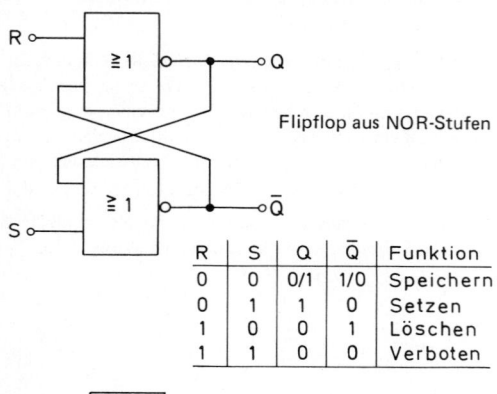

Flipflop, dynamisches → Flipflop, taktflankengesteuertes.   We

Flipflop, statisches *(static flipflop).* Flipflop, dessen Setzen und Löschen durch bestimmte Zustände von Eingangssignalen hervorgerufen werden, wobei es nicht auf das Zusammenwirken mehrerer Signale ankommt. Statische Flipflops können aus logischen Gattern aufgebaut werden. Auch komplexere Flipflops, z. B. JK-Master-Slave-Flipflops verfügen über statische Eingänge, auf die das F. wie ein statisches F. reagiert. [2].   We

Flipflop aus NOR-Stufen

R	S	Q	$\bar{Q}$	Funktion
0	0	0/1	1/0	Speichern
0	1	1	0	Setzen
1	0	0	1	Löschen
1	1	0	0	Verboten

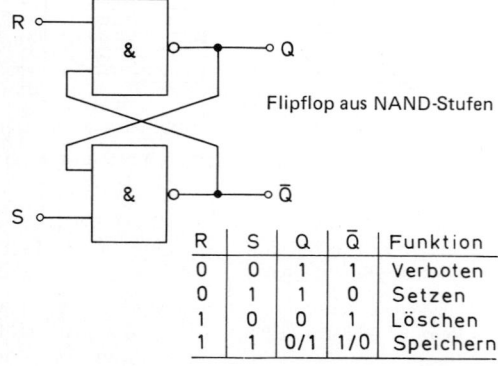

Flipflop aus NAND-Stufen

R	S	Q	$\bar{Q}$	Funktion
0	0	1	1	Verboten
0	1	1	0	Setzen
1	0	0	1	Löschen
1	1	0/1	1/0	Speichern

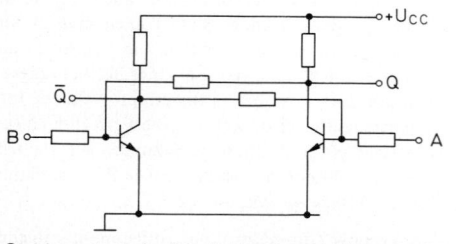

Speicherzustand: A = B = niedriges Potential (low signal)

Flipflop mit Einzeltransistoren

Beispiel für statisches Flipflop, gebildet aus 2 NOR-Stufen

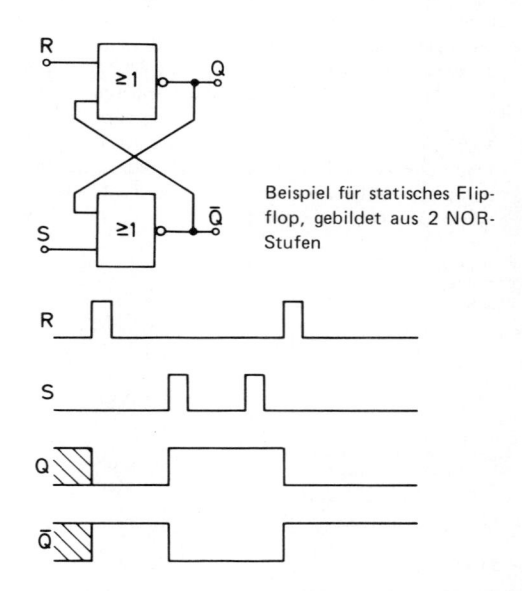

Flipflop, taktflankengesteuertes *(edge triggered flipflop),* dynamisches Flipflop. Flipflop, das Zustandsänderungen nur bei Auftreten einer Flanke am Takteingang (dynami-

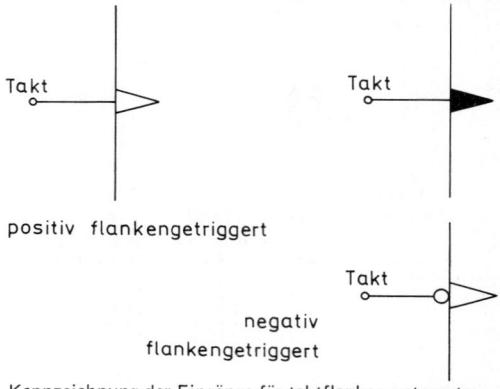

positiv flankengetriggert

negativ flankengetriggert

Kennzeichnung der Eingänge für taktflankengesteuerte Flipflops

schen Eingang) ausführt, wobei die Art der Zustandsänderung von weiteren Eingängen (Bedingungseingänge, Vorbereitungseingänge) abhängig ist. Zu unterscheiden sind positiv taktflankengesteuerte, negativ taktflankengesteuerte und zweiflankengesteuerte Flipflops (z. B. JK-Master-Slave-Flipflop). Die meisten taktflankengesteuerten Flipflops verfügen über statische Eingänge, die durch den Pegel des Eingangssignals den Zustand des Flipflops bestimmen und die dem Takteingang übergeordnet sind. [2]. We

Floating-Gate-Struktur *(floating gate)*. Ein in isolierendes Siliciumdioxid eingebettetes Gate, dessen Potential sich durch Zu- oder Abfluß von Elektronen stufenlos ändern kann. Wegen des isolierenden Oxids ist dieser Zu- oder Abfluß von Elektronen nur infolge Lawinendurchbruchs bei hoher Spannung möglich. [2], [4]. Li

Floppy-Disk → Diskette. We

Floppy-Disk-Laufwerk → Diskettenlaufwerk. We

Fluoreszenz *(fluorescence)*. Nachleuchten einer Substanz, die einer Lichteinstrahlung ausgesetzt war. F. klingt nach 10^{-5} s bis 10^{-9} s ab. Bei längeren Nachleuchtdauern spricht man von Phosphoreszenz. Bei F. regt die einfallende elektromagnetische Strahlung die Atome an, die beim Übergang in den Grundzustand das typische Fluoreszenzlicht ausstrahlen. Beispiel eines fluoreszierenden Materials ist Flußspat. [5]. Bl

Fluoreszenzanalyse → Fluoreszenzmethode. Bl

Fluoreszenzmethode *(fluorescence analysis)*, Fluoreszenzanalyse. Wird eine Probe mit Licht bestrahlt, so wird in der F. das Absorptionsspektrum und das von der Probe ausgesandte (zeitlich verzögerte) Fluoreszenzlicht durch einen Spektrographen analysiert, woraus Rückschlüsse auf die chemische Zusammensetzung der Probe möglich sind. [5]. Bl

Fluoreszenzschirm *(fluorescent screen)*, Leuchtschirm. Beschichteter Auffangschirm zum Sichtbarmachen von (nicht direkt wahrnehmbarer) elektromagnetischer Strahlung oder von Teilchenstrahlen. Farbton und Leuchtdauer lassen sich durch die Beschichtung steuern, wobei die Fluoreszenz des Materials ausschlaggebend ist. [5]. Bl

Fluoreszenzstrahlung *(fluorescence radiation)*. Lichtstrahlung, die nach einer Lichteinstrahlung aus einem fluoreszierenden Material verzögert austritt. [5]. Bl

Flushantenne *(flush mounted antenna)*. 1. Spezielle Ausführung einer Antenne, besonders für die Anwendung in Fahrzeugen, die nicht über die Montageflächen hinausragt, z. B. Schlitzantenne. 2. Flush-Disc-Antenne: Kreisscheibenförmige Antenne, die über einer Vertiefung in einer leitenden Ebene angeordnet ist. Diese Antennenform kann aus der belasteten Vertikalantenne hergeleitet werden. Sie besitzt ähnliche Strahlungseigenschaften wie die Vertikalantenne. [14]. Ge

Flush-Disc-Antenne → Flushantenne. Ge

Fluß, elektrischer *(electric flux)*, Verschiebungsfluß (Zeichen Ψ). Nach DIN 1324 das über eine beliebige Fläche A erstreckte Integral der elektrischen Flußdichte **D**

$$\psi = \int_A \mathbf{D} \, d\mathbf{A}.$$

Umschließt die Fläche A als geschlossene Fläche einen Raumteil, der die Gesamtladung Q enthält, dann geht Ψ in den Hüllenfluß über

$$Q = \oint \mathbf{D} \, d\mathbf{A}.$$

Die Einheit des elektrischen Flusses Ψ ist C (C Coulomb). [5]. Rü

Fluß, magnetischer *(magnetic flux)*. Genauer magnetischer Induktionsfluß (Zeichen Φ). Nach DIN 1325 das über eine beliebige Fläche A erstreckte Integral der magnetischen Flußdichte **B**

$$\Phi = \int_A \mathbf{B} \, d\mathbf{A}.$$

Die Einheit des magnetischen Flusses Φ ist WB (Wb Weber). [5]. Rü

Flußdiagramm *(flow chart)*. Ältere Bezeichnung für → Programmablaufplan. [1]. Li

Flußdichte, elektrische *(electric flux density)*, Verschiebungsdichte, elektrische Verschiebung (Zeichen **D**). Es handelt sich um eine vektorielle Feldgröße, die zur Beschreibung elektrischer Eigenschaften in Materie dient. Der Zusammenhang mit der elektrischen Feldstärke **E** wird durch die Permittivität hergestellt (DIN 1324):

$$\mathbf{D} = \epsilon \, \mathbf{E}.$$

Ist in einem endlichen Volumen eine elektrische Ladung Q vorhanden, dann gilt für jedes Oberflächenelement d**A** (Normale nach außen gerichtet)

$$\oint \mathbf{D} \, d\mathbf{A} = Q.$$

Für die Einheit von **D** gilt (DIN 1357) $\frac{C}{m^2}$ (C Coulomb). [5]. Rü

Flußdichte, magnetische *(magnetic flux density)*, Induktion, magnetische Kraftflußdichte (Zeichen **B**). Es handelt sich um eine vektorielle Feldgröße, die zur Beschreibung magnetischer Erscheinungen in Materie dient. Der Zusammenhang mit der magnetischen Feldstärke **H** wird durch die Permeabilität hergestellt (DIN 1325)

$$\mathbf{B} = \mu \, \mathbf{H}.$$

Das über eine Fläche A erstreckte Integral ergibt den magnetischen Fluß

$$\int_A \mathbf{B} \, d\mathbf{A} = \Phi.$$

Für die Einheit von **B** gilt $T = \frac{Wb}{m^2}$
(T Tesla, Wb Weber; → auch Polarisation, magnetische, sowie Magnetisierung). [5]. Rü

Flüssigkeitsanalysenmeßtechnik *(liquid-analysis measurement)*. Mit der F. sollen stoffliche Zusammensetzungen

Flüssigkeitsanzeige

von Flüssigkeiten laufend überwacht und untersucht werden. Entsprechend der vielfältigen Möglichkeiten gibt es unterschiedliche Meßverfahren. Zur Messung von Sauerstoffkonzentrationen in wäßrigen Lösungen bildet man z. B. durch Einfügen zweier Elektroden in die Lösung ein galvanisches Element nach, dessen abgegebener Strom vom elektrochemischen Stoffumsatz an der Meßelektrode bestimmt wird. Weitere Meßverfahren der F. sind z. B. Viskositätsmessungen, pH-Wert-Messungen, Trübungsmessungen, Farbtiefenmessungen und Salzgehaltmessungen, bei denen die Zusammensetzung über den Ionengehalt festgestellt wird. [12], [18]. Fl

Flüssigkeitsanzeige → Flüssigkristallanzeige. Fl

Flüssigkeitsausdehnungsthermometer *(liquid-inglass extension thermometer)*, Flüssigkeitsthermometer. Beim F. wird die durch Erwärmung verursachte Ausdehnung von Flüssigkeiten zur Temperaturanzeige ausgenutzt. Die Flüssigkeit sitzt in einem Glaskolben und reicht bis in ein Kapillarrohr, dessen Ende verschlossen ist. Bei Erwärmung steigt die Flüssigkeit in der Kapillare, wobei der freie Teil mit entsprechendem Flüssigkeitsdampf angefüllt ist. Neben der Kapillare befindet sich eine Temperaturskala, die in Celsiusgraden geeicht ist. Mit Flüssigkeitsausdehnungsthermometern lassen sich Maximum- und Minimumthermometer aufbauen [12], [18]. Fl

Flüssigkeitslaser *(fluid laser)*. Laser mit einer Flüssigkeit als Arbeitsmedium. → auch Laser. [5], [7]. Bl

Flüssigkeitsstrahl-Oszillograph *(ink-vapour recorder)*. Strahlschreiber, Tinten-Schnellschreiber, Flüssigkeitsstrahlschreiber. Der F. ist ein registrierendes Meßgerät, bei dem ein unter hohem Druck aus einer Kapillare herausgespritzter Tintenstrahl auf einem Registrierpapier den zeitlichen Verlauf der Meßgröße aufzeichnet. Als Meßwerk verwendet man das Drehmagnetmeßwerk, an dessen beweglichem Teil eine elastische Glaskapillare befestigt ist und deren freies Ende in einer außerordentlich dünnen Düse (etwa 1/100 mm Durchmesser) endet. Eine elektrische Vibratorpumpe drückt die Flüssigkeit in die Kapillare. Gegenüber der Kapillare läuft das Registrierpapier in genau einstellbaren Geschwindigkeiten ab (Bild). Die Flüssigkeitsstrahl-Oszillographen sind auch als Mehrfachschreiber erhältlich, ihre Bandbreite reicht von 0 bis 1 kHz. Elektrokardiographen sind spezielle Flüssigkeitsstrahl-Oszillographen. [12]. Fl

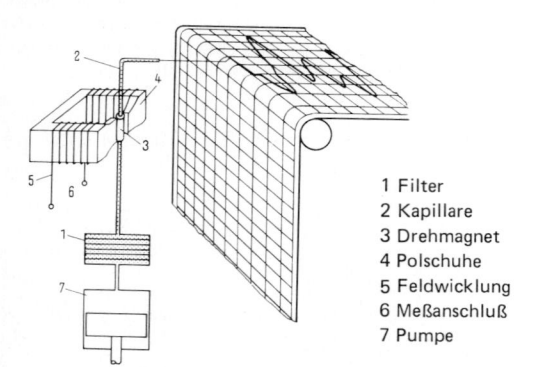

Flüssigkeitsstrahlschreiber → Flüssigkeitsstrahl-Oszillograph. Fl

Flüssigkeitsthermometer → Flüssigkeitsausdehnungsthermometer. Fl

Flüssigkristall *(liquid crystal)*. Der F. ist eine organische Flüssigkeit, die sich innerhalb bestimmter Temperaturintervalle optisch wie ein Kristall (optisch anisotrop, Mesophase) verhält. Diese optische Anisotropie kann durch ein elektrisches Feld derart beeinflußt werden, daß die normalerweise durchsichtige Flüssigkeit undurchsichtig wird. Man kennt zwei Arten von Flüssigkristallen: smektische und nematische (Bild). Bei Flüssigkristallanzeigen werden ausschließlich nematische Flüssigkristalle verwendet. Hier ordnen sich die Moleküle mit ihrer langen Achse parallel zueinander an, wodurch „Körner", jedoch keine Schichten entstehen. Flüssigkristallanzeigen finden wegen ihres geringen Leistungsbedarfs Anwendung in batteriebetriebenen Geräten (z. B. Uhren, Taschenrechnern). [4]. Ne

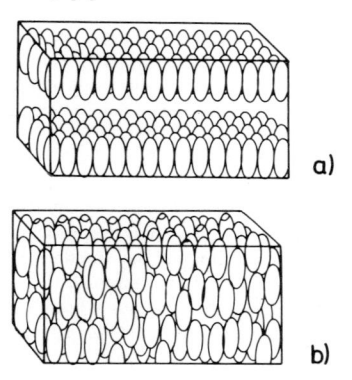

Struktur eines a) smektischen und b) nematischen Flüssigkristalls

Flüssigkristallanzeige *(liquid crystal display)*. Anzeigeelement für Meßgeräte und Digitaluhren, meist in der Form der Siebensegmentanzeige. Den Aufbau eines Segmentes einer F. zeigt das Bild. Die Flüssigkristallschicht besteht aus organischen Verbindungen, z. B. aromatischen Estern oder Schiffschen Basen in einer üblicherweise nematischen Phase. Bei Anlegen einer elektrischen Spannung wird die klare Flüssigkeit durch Ausrichtung der Moleküle diffus und reflektiert das auftreffende Licht.

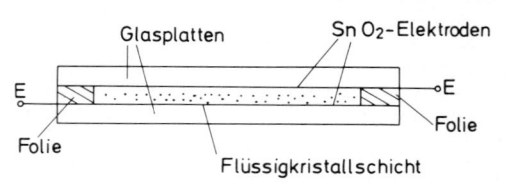

1 Filter
2 Kapillare
3 Drehmagnet
4 Polschuhe
5 Feldwicklung
6 Meßanschluß
7 Pumpe

Flüssigkeitsstrahl-Oszillograph

E: Elektrodenanschlüsse

Querschnitt einer Flüssigkristallanzeige

Der Vorteil der F. liegt im sehr geringen Leistungsverbrauch sowie in der Tatsache, daß der Kontrast unabhängig von der Helligkeit der Umgebung ist. [16]. We

Flüssigphasenepitaxie → Epitaxie. Ne

Flußmesser → Fluxmeter. Fl

Flußmittel *(soldering flux)*. Während des Lötens angewendete chemische aktive Substanz zur Säuberung der metallischen Oberfläche von Oxidhäuten und adsorbierten Gasmolekülen (Fluxen). In der Reihenfolge abnehmender chemischer Aktivität unterscheidet man anorganische, organische kolophoniumfreie und organische kolophoniumhaltige F. [4]. Ge

Flußstärkemesser → Fluxmeter. Fl

Fluxen → Flußmittel. Ge

Fluxmeter *(flux meter)*, Flußmesser, Flußstärkemesser. Das F. ist ein elektrisches Meßinstrument, das ähnlich dem Kriechgalvanometer Spannungsstöße direkt messen kann, wobei die Anzeige bei ausreichender Dämpfung unabhängig vom Meßkreiswiderstand ist. Das F. dient der Messung des magnetischen Flusses. Durch Ein- und Ausschalten des Erregerstroms bzw. schnelles Ein- und Ausfahren einer Meßspule mit bekannter Windungszahl in das zu messende Feld, entsteht in der Meßspule eine Induktionsspannung, die eine der Geschwindigkeit proportionale Gegenspannung in der Drehspule des angeschlossenen Galvanometers bewirkt und zu einer Änderung des Ausschlags führt. Die Ausschlagsänderung wiederum ist proportional der Flußdifferenz zwischen Anfangs- und Endwert der Flußänderung. Fl

Flying-Spot-Verfahren → Lichtpunktabtaster. Li

Fokussierungsschwund → Schwund. Ge

Folgeausfall *(secondary failure)*. Ausfall einer Betrachtungseinheit infolge des Ausfalls einer anderen Betrachtungseinheit, die zu einer unzulässigen Beanspruchung führt.
<small>Fällt z. B. die Spannungsregelung in einem elektronischen Gerät aus, so können Bauteile infolge zu hoher Spannung einen Folgeausfall erleiden. Für Zuverlässigkeitsbetrachtungen können Folgeausfälle nicht herangezogen werden.</small> We

Folgeregelung *(follow-up control)*. Tritt in einem Regelkreis während der Regelung eine ständige Änderung der Führungsgröße (z. B. bei Positionierungsvorgängen) auf, so liegt eine F. (auch Nachlaufregelung genannt) vor (DIN 19 226). Ku

Folgesteuerung *(sequence control)*. 1. Steuert man zwei oder mehrere gleichstromseitig in Reihe geschaltete, netzgeführte Stromrichter nacheinander aus, dann wird die vom Netz entnommene induktive Blindleistung bei gleicher Ausgangsspannung kleiner als bei einem einzelnen Stromrichter oder bei gleichzeitiger und gleicher Aussteuerung aller Stromrichter. Diese F. bezeichnet man auch als Zu- und Gegenschaltung. Eine weitere Reduzierung der Blindleistungsaufnahme kann durch Sektorsteuerung erreicht werden. 2. Häufig bezeichnet man auch Ablaufsteuerungen als F. [18]. Ku

Format *(format)*. 1. In der Informationsverarbeitung der Aufbau einer Information, z. B. Befehlsformat. Das F. bestimmt die Länge der Information in Bit und die Bedeutung der einzelnen Bits bzw. Bit-Gruppen (Bild).

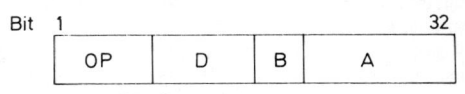

Bit 1   32

OP	D	B	A

OP   Operationsteil
D   Direktoperand (Konstante)
A   Hauptspeicheradresse
B   Basisadreßregister
Befehlsformat

1   32

S	Ch	Mantisse

S   Vorzeichen
Ch   Charakteristik
Format einer Gleitkommazahl

2. Bei der Erstellung von Programmen Vorschrift über den formalen Aufbau des Quellenprogramms. Zu unterscheiden ist die formatfreie Eingabe und die formatierte Eingabe. Bei der letzteren wird i. a. jeder Zeile (oder Lochkarte) ein Befehl oder ein Statement zugeordnet, wobei bestimmte Abschnitte (z. B. → Label, Operationsteil, Adreßteil) bei bestimmten Positionen (Spalten) beginnen müssen. [1]. We
3. Vereinbarte Anordnung verschiedener Teile eines Nachrichtenblockes wie Nachrichtenkopf, Informationsteil, Nachrichtenende. [19]. Kü

Formelzeichen *(symbol)*. Aus einem oder mehreren Buchstaben evtl. mit Ziffern (z. B.: U, R_1, m) bestehende Kurzbezeichnung für eine mathematische oder naturwissenschaftlich-technische Größe. F. werden zur symbolischen Darstellung von Zusammenhängen zwischen einzelnen Größen in Form von Gleichungen bzw. Formeln benötigt. [6]. Li

Formfaktor *(form factor)*. Als F. einer Wechselgröße wird das aus Effektivwert zum Mittelwert gebildete Verhältnis der Größe bezeichnet. Mittelwert ist entweder der Halbschwingungsmittelwert oder der Gleichrichtwert. Der F. F_h einer Wechselspannung berechnet sich bei Zugrundelegung des Halbschwingungsmittelwerts:

$$F_h = \frac{U}{U_h} ;$$

bei Zugrundelegung des Gleichrichtwertes ($\bar{u}$):

$$F_g = \frac{U}{|\bar{u}|} .$$

Der F. kann zwischen 1 und ∞ liegen; bei Halbwellengleichrichtung sinusförmiger Spannungen beträgt der F. F_g = 1,11 (DIN 40 110). [12]. Fl

Formierung → Elektrolytkondensator. Ge

Formteilätzen → Ätzen. Ge

Förstersonde *(Foerster probe)*. Die F. ist ein induktiver Meßfühler, der die Verschiebung von Hystereseschleifen zweier, stabähnlicher Magnetkerne hoher Permeabilität (Material z. B. Nickel-Eisen-Legierung) unter Einfluß schwacher Gleich- oder Wechselfluß-Magnetfelder zur Bestimmung der magnetischen Feldstärke und deren Richtung nutzt. Die untere Empfindlichkeitsgrenze liegt bei etwa 10^{-3} mA/cm. Beide Magnetkerne liegen parallel, zwischen ihnen befindet sich ein Luftspalt. Auf den Kernen sind eine getrennte Primär- und Sekundärwicklung angebracht. Fließt Wechselstrom durch die Primärwicklung, heben sich infolge entgegengesetzter Magnetisierungsrichtungen die Felder auf. Unter Einwirkung eines zusätzlichen äußeren Magnetfeldes verschiebt sich die Magnetisierungskurve und beide Kerne sind in gleicher Richtung magnetisiert. Aus dem Überlagerungsbild der Verschiebung der Hystereseschleifen läßt sich ableiten, daß die Wechselspannung u_2 der Sekundärwicklung dem Differentialquotienten aus der Summe der magnetischen Induktion beider Kerne $(B_1 + B_2)$ entspricht: $u_2 = d(B_1 + B_2)/dt$. Die Sekundärspannung besitzt doppelte Frequenz des Primärstromes und muß zur Weiterverarbeitung gefiltert werden. Anwendungen: z. B. in Flugzeugen im Kompaßsystem, zum Auffinden gesunkener Schiffe, in Magnetometern (Airborne-Magnetometer); im Weltraum zur Bestimmung von Magnetfeldstärken. [12]. Fl

Fortpflanzungskonstante *(propagation constant)*, Übertragungskonstante, Ausbreitungskoeffizient. Die F. beschreibt die Übertragungseigenschaften auf einer elektrischen Leitung. Diese im allgemeinen komplexe, auf 1 km Leitungslänge bezogene Größe berechnet sich aus den → Leitungskonstanten und der Kreisfrequenz ω zu

$$\gamma = \alpha + j\beta = \sqrt{(R' + j\omega L')(G' + j\omega C')}$$

(α Dämpfungskonstante, Dämpfungsbelag, Dämpfungskoeffizient; β Phasen- oder Winkelkonstante; Phasenbelag, Phasenkoeffizient). [14]. Rü

FORTRAN *(Formula Translator)*. Höhere, problemorientierte, also maschinenunabhängige, von der Firma IBM entwickelte Programmiersprache. Sie ist vor allem für mathematische und naturwissenschaftlich-technische Aufgaben geeignet, benutzt leicht zu erlernende englische Anweisungen und erlaubt, zur Berechnung verwendete mathematische Formeln in nur leicht abgewandelter Form zu schreiben. Bei F. gibt es verschiedene Versionen, die durch römische Buchstaben gekennzeichnet werden (z. B. FORTRAN IV). Ein FORTRAN-Programm muß mit Hilfe eines Compilers in die Maschinensprache des jeweiligen Computers übersetzt werden. [1]. Li

Fortschaltrelais → Stromstoßrelais. Ge

Fostersches Theorem *(Foster reactance theorem)* → Theorem von Foster. Rü

Fourier-Analyse → Analyse, harmonische. Fl

Fourier-Transformation *(Fourier transform)*. Eine Integraltransformation zur Darstellung einer beliebigen nichtperiodischen Funktion f(t) im Zeitbereich (Originalbereich) durch eine Funktion $\underline{F}(\omega)$ im Frequenzbereich (Bildbereich):

$$\underline{F}(\omega) = \int_{-\infty}^{+\infty} f(t)\, e^{-j\omega t} dt, \quad \text{mit} \quad \omega = 2\pi f$$

(ω Kreisfrequenz). Die Rücktransformation lautet

$$f(t) = \frac{1}{2\pi} \int_{-\infty}^{+\infty} \underline{F}(\omega)\, e^{j\omega t} d\omega .$$

Im symbolischer Kurzbeschreibung:
$$f(t) \circ\!\!-\!\!\bullet\ \underline{F}(\omega) .$$

Die Funktion $\underline{F}(\omega)$ heißt (komplexe) Spektraldichte; sie läßt sich darstellen durch

$$\underline{F}(\omega) = R(\omega) + jX(\omega) = A(\omega)\, e^{j\Phi(\omega)}$$

$R(\omega)$ ist die Realteilfunktion, $X(\omega)$ die Imaginärteilfunktion mit

$$R(\omega) = \int_{-\infty}^{+\infty} f(t)\, \cos \omega t\, dt$$

und

$$X(\omega) = -\int_{-\infty}^{+\infty} f(t)\, \sin \omega t\, dt .$$

$R(\omega)$ und $X(\omega)$ werden auch Spektralfunktionen genannt. Für Betrag und Phase gilt:

$$|\underline{F}(\omega)| = A(\omega) = \sqrt{R^2(\omega) + X^2(\omega)},$$

$$\text{arc}\{\underline{F}(\omega)\} = \Phi(\omega) = + \arctan \frac{X(\omega)}{R(\omega)}$$

$A(\omega)$ heißt Amplitudenfunktion und $\Phi(\omega)$ Phasenfunktion. [14]. Rü

Fourier-Zerlegung → Analyse, harmonische. Fl

FPLA *(field programmable logic array, FPLA)*. Eine Logikschaltung, deren Verknüpfungsfunktionen vom Anwender festgelegt und in die Schaltung „programmiert" werden können. [2]. We

Frame *(frame)*, Rahmen. 1. In der elektronischen Datenverarbeitung beim virtuellen Speicher eine Einteilung des Hauptspeichers. [1]. 2. In der Datenfernübertragung bei der Paketvermittlung eine festgelegte Informationsmenge von genau vorgeschriebenem Aufbau. [14]. 3. Komplette Abbildung eines Fernsehbildes. Die Anzahl der Bilder pro Sekunde wird als „Frame-Frequency" bezeichnet. [8]. We

Franck-Condon-Prinzip *(Franck-Condon principle)*. Nach dem F. geschehen die Übergänge von Elektronen (Absorption oder Emission eines Photons bzw. Phonons) verglichen mit der Schwingungsbewegung der Kerne so schnell, daß sich dabei der Schwingungszustand des Zentrums nicht ändert. D. h., die Atomkerne besitzen vor und nach dem Elektronensprung dieselbe Lage und Geschwindigkeit. [5]. Bl

Franklin-Antenne → Marconi-Franklin-Antenne. Ge

Frauenhoferregion → Fernfeld. Ge

Free-Air-Temperatur *(free air temperature)*. Die Temperatur, die die das Bauelement umgebende Luft hat. Werden keine Kühlkörper verwendet, kann sie mit der Umgebungstemperatur gleichgesetzt werden. Wird die Luft nicht künstlich bewegt, so wird die F. auch als Still-Air-Temperatur bezeichnet. [4]. We

Freilaufdiode *(free-wheeling diode)*. Freilaufdioden sind Halbleiterdioden, die parallel zu induktiven Gleichstromverbrauchern gelegt werden und zwar so, daß sie von der Speisespannung in Sperrichtung beansprucht werden (Bild). Dadurch werden z. B. Überspannungen beim Abschalten von Relaisspulen, Erregerwicklungen usw. vermieden oder der Stromfluß in der Last bei Speisung durch Gleichstromsteller aufrecht erhalten. [4]. Ku

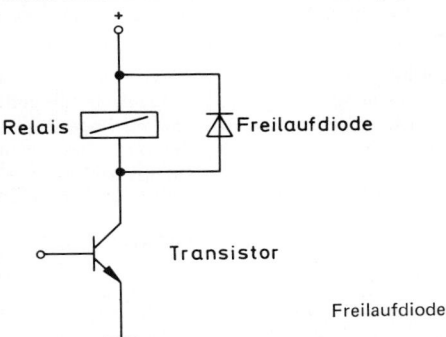

Freilaufdiode

Freilaufthyristor *(free-wheeling thyristor)*. Steuerbarer → Freilaufzweig. Ku

Freilaufzweig *(free-wheeling path)*. Der F. besteht aus einem elektrischen Ventil (Halbleiterdiode, Thyristor), das zu einem induktiven Gleichstromverbraucher parallel geschaltet wird (→ Freilaufdiode, → Nullanode). [5]. Ku

Freileitung *(overhead line)*. Eine F. wird aus blanken, frei durch die Luft gespannten Drähten gebildet, die in bestimmten Abständen an Stützpunkten isoliert befestigt sind. Die F. ist die älteste Form der Leitungstechnik. Die F. in der Fernsprechtechnik hat Nachteile gegenüber dem Kabel, da die Geräusch- und Nebensprechfreiheit und die Konstanz bei Witterungseinflüssen die vom Kabel her bekannten Werte nicht erreichen. [14]. Th

Freiraumausbreitung → Wellenausbreitung. Ge

Freischalten *(clearing)*. Einleitung des Auslösens durch vermittlungstechnische Einrichtungen (nicht durch den Teilnehmer). [19]. Kü

Freiwerdezeit *(turn-off time)*. Bei einem Thyristor die Mindestwartezeit zwischen dem Nulldurchgang des Stromes von der Durchlaß- zur Sperrichtung und dem erneuten Anlegen einer positiven Spannung. Wird diese Zeit unterschritten, findet ein erneutes Durchzünden statt, da der mittlere, zum Sperren benötigte PN-Übergang noch nicht frei von Ladungsträgern ist. Die F. ist daher für die Grenzfrequenz des Thyristors entscheidend. [4]. Li

Fremdatom *(doping atom)*. Ein F. ist jedes in ein Kristallgitter eingebautes Atom eines anderen chemischen Elements z. B. ein Arsenatom im Germaniumgitter. In der Halbleitertechnik unterscheidet man bei Fremdatomen zwischen Akzeptoren und Donatoren. [5], [7]. Bl

Fremdschichtwiderstand *(resistance of an film of foreign material)*. Widerstand in der Stromleitung, der durch eine Schicht fremden (d. h. andersartigen) Materials entsteht. Das an den Berührstellen auftretende Kontaktpotential hindert dabei den Elektronenfluß. [7]. Bl

Frenkel-Fehlstelle *(Frenkel defect)*. Als F. wird jede Störung des Kristallgitters bezeichnet, bei der ein Ion von seinem Gitterplatz auf einen Zwischengitterplatz wandert und mit der zurückgebliebenen Gitterleerstelle die F. bildet. [5], [7]. Bl

Frequenz *(frequency)*. Die F. gibt bei einem periodischen Vorgang die Anzahl der Schwingungen in der Zeiteinheit an, gemessen in Hz (Hertz) (DIN 1311). Ist die Dauer des Schwingungsvorgangs T, gilt allgemein

$$f = \frac{1}{T}.$$

Für jeden wellenartigen Ausbreitungsvorgang mit der Phasengeschwindigkeit v und der Wellenlänge λ ist

$v = f\lambda$.

[13]. Rü

Frequenz, komplexe *(complex frequency)*. Bei der allgemeinen Darstellung einer harmonischen Schwingung in Abhängigkeit von der Zeit t

$u(t) = U\,e^{\sigma t}\cos(\omega t + \varphi)$,

wobei U ein konstanter Amplitudenfaktor, ω die Kreisfrequenz und φ der Phasenwinkel ist, macht das Wuchsmaß σ in der zeitabhängigen Amplitude $\hat{u} = Ue^{\sigma t}$ deutlich, ob es sich um eine abklingende ($\sigma < 0$) oder aufschaukelnde ($\sigma > 0$) Sinusschwingung handelt. Die ungedämpfte Sinusschwingung wird durch $\sigma = 0$ beschrieben. Als komplexe F. p definiert man den Ausdruck

$p = \sigma + j\omega$

als eine reine Rechengröße, die außer den Frequenzeigenschaften auch die Dämpfungsverhältnisse zu betrachten gestattet. Die Bildung $\sigma + j\omega$ wird deutlich, wenn man in der harmonischen Schwingung u(t)

$$\cos(\omega t + \varphi) = \frac{e^{j(\omega t + \varphi)} + e^{-j(\omega t + \varphi)}}{2}$$

setzt und die Exponentialfunktionen zusammenfaßt. Der Zusammenhang mit der technisch interessierenden Kreisfrequenz ist $\omega = \text{Im } p$. Die komplexe F. ist die entscheidende Variable bei allen netzwerktheoretischen Betrachtungen. (Häufig wird die komplexe Frequenz auch mit „s" gekennzeichnet.) [13], [15]. Rü

Frequenzanalysator → Spektrumanalysator. Fl

Frequenzanalyse *(wave analysis)*. Ermittlung der Frequenzanteile, mit zugehörigen Amplituden und Phasen, die in einem Signal enthalten sind und deren Kenntnis für die Bereitstellung eines entsprechend breiten Übertragungskanals wichtig sind. Die Ergebnisse einer F. lassen sich in einem Frequenzspektrum zusammenfassen. [13]. Rü

Frequenzband *(frequency band).* Ein zusammenhängender Bereich von Frequenzen, der durch Angabe einer unteren und oberen Frequenz begrenzt wird (→ Frequenzbereich). [13]. Rü

Frequenzbereich *(frequency range).* Ein Frequenzband, das für eine bestimmte Art der Übertragung reserviert ist, z. B. die Frequenzbereiche für Rundfunk und Fernsehen:

Langwellen	(LW)	140 kHz bis	350 kHz
Mittelwellen	(MW)	535 kHz bis	1605 kHz
Kurzwellen	(KW)	Bänder:	11 m, 13 m, 16 m, 19 m, 25 m, 31 m, 41 m, 49 m (Angabe der Wellenlänge statt der Frequenz)
Ultrakurzwellen	(UKW)	87,5 MHz bis	104 MHz
Fernsehband I		48 MHz bis	68 MHz
Fernsehband III		175 MHz bis	223 MHz
Fernsehband IV		471 MHz bis	605 MHz
Fernsehband V		607 MHz bis	789 MHz .

Auch für andere Funkdienste und Sendearten sind die Frequenzbereiche durch das CCIR (Comité Consultatif International des Radiocommunications) international festgelegt. [13]. Rü

Frequenzbereichsdarstellung *(frequency domain analysis)* → Zeitbereichsdarstellung. Rü

Frequenzbrücke → Frequenzmeßbrücke. Fl

Frequenzdekade *(frequency decade).* Frequenzdekaden sind variable Frequenznormale, deren Ausgangsfrequenz dezimal einstellbar ist. Man erreicht die Stufung z. B. durch Filterung des Oberwellenspektrums eines Frequenznormals und Kombination einzelner Komponenten miteinander. Bei einem anderen Verfahren wird die Frequenz eines fest eingestellten Oszillators mit der jeweiligen Frequenz eines einstellbaren Oszillators in einer Mischstufe verknüpft. Aus dem Mischprodukt entnimmt man über einen abstimmbaren Schwingkreis die Differenzfrequenz als Ausgangssignal (Schwebungsgenerator). Frequenzdekaden werden als hochgenaue Meßgeneratoren zu Meßzwecken und auch zur Nachstimmung von Sendern eingesetzt. [12], [13]. Fl

Frequenzdiskriminator → Diskriminator. Fl

Frequenzdiversity → Diversity. Ge

Frequenzfunktion *(function of frequency).* Genauer Systemfrequenzfunktion. Allgemein die Darstellung einer Signal- oder Netzwerkeigenschaft im Frequenzbereich. Eine F. kann immer als Quotient aus beliebigen Spannungen und Strömen eines Netzwerks im eingeschwungenen Zustand als Funktion der Schaltelemente angegeben werden. [15]. Rü

Frequenzgang *(frequency response).* Der F. eines physikalischen Systems ergibt sich bei sinusförmiger Anregung, wobei in der Ausgangsgröße nur der mit der Eingangskreisfrequenz ω verknüpfte sinusförmige Anteil betrachtet wird. Als F. bezeichnet man dann die komplexe Größe $F(j\omega)$, deren Betrag durch das Amplitudenverhältnis und deren Winkel durch den Phasenverschiebungswinkel von Ausgangs- zu Eingangsgröße in Abhängigkeit von der Frequenz ω gegeben ist. Bei linearen Systemen ist der F. von der Größe der Eingangsamplitude unabhängig. Rein formal erhält man den F. aus der Übertragungsfunktion $F(s)$ für $s = j\omega$. Zur Darstellung des Frequenzganges → Frequenzkennlinie und Ortskurve. Ku

Frequenzgenerator *(frequency generating set).* Der F. ist ein elektronisches Gerät, das auf der Grundlage einer Schwingungserzeugerschaltung (Oszillator, Phasenschieberkette) periodisch verlaufende Signale mit unterschiedlich einstellbaren Frequenzen abgibt. Die ebenfalls häufig veränderbare Ausgangsspannung kann sinusförmigen Verlauf besitzen oder nach einem anderen Funktionszusammenhang (z. B. Sägezahn, Rechteck) verlaufen. Frequenzgeneratoren für höhere Ansprüche sind Meßgeneratoren bzw. Funktionsgeneratoren. [12], [13]. Fl

Frequenzhub *(frequency deviation).* Der F. ist die bei Frequenzmodulation der jeweiligen Modulation proportionale Frequenzänderung symmetrisch zur Trägerfrequenz. Der Quotient des maximalen Frequenzhubes und der höchsten Modulationsfrequenz $f_{NF\,max}$ gibt den Modulationsindex m des Systems an. Beim UKW-Rundfunk ist

$$\Delta f_{max} = 75 \text{ kHz}, \; f_{NF\,max} = 15 \text{ kHz}, \; m = 5 \, .$$

[13], [14]. Th

Frequenzkennlinie *(frequency characteristic).* (→ Bild Nyquistkriterium). Bode-Diagramm. Die F. ist eine besondere Form der graphischen Darstellung von Frequenzgängen. Diese werden dabei nach Betrag und Phase aufgespalten und über der Frequenz aufgetragen, wobei Betrag und Frequenz logarithmiert werden. Die Betragskennlinie wird auch als Amplitudengang und die Phasenkennlinie als Phasengang bezeichnet. Die Frequenzkennlinien zweier in Reihe geschalteter Übertragungsglieder erhält man wegen der Logarithmierung des Betrages sehr einfach durch Addition der Einzel-Frequenzkennlinen. [11]. Ku

Frequenzkompensation *(frequency compensation).* Jede Schaltungsmaßnahme, die zu einer Korrektur des Frequenzgangs führt ist eine F. Speziell bei der Stabilisierung gegengekoppelter Verstärker (→ Gegenkopplung) ist F. notwendig. Dabei ist zu beachten, daß die Beeinflussung des Gegenkopplungsnetzwerkes durch kompensierende Schaltelemente zu einem Anwachsen des Verstärkerrauschens führt. Bei Schaltungen mit Operationsverstärkern kann die F. durch Einschalten von Korrekturnetzwerken zwischen speziell herausgeführten Kompensationspunkten erreicht werden. [14]. Rü

Frequenzmeßbrücke *(frequency measuring bridge),* Frequenzbrücke. Die F. ist eine Brückenschaltung, die zur Messung von Frequenzen dient. Als F. lassen sich z. B. die Wien-Robinson-Brücke, die Elektrometerbrücke und Resonanzbrücke verwenden. Bei der Wien-Robinson-

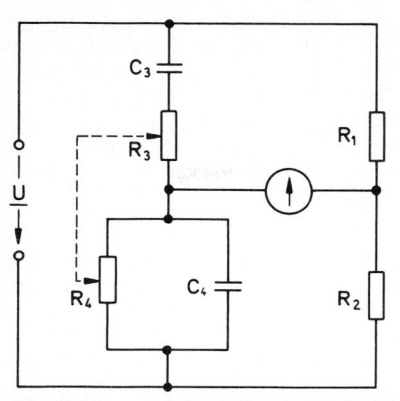

Wien-Robinson-Brücke als Frequenzmeßbrücke

Brücke als F. im Tonfrequenzbereich (Bild) ergibt sich der Nullabgleich bei

$$f_x = \frac{1}{2\pi \cdot R \cdot C}, \text{ wobei}$$

$R_3 = R_4 = R$, $R_1 = 2 \cdot R_2$, $C_3 = C_4 = C$.

Die Widerstände R_3 und R_4 werden gleichzeitig verstellt, wobei ihre Skala in Frequenzeinheiten kalibriert werden kann. Als Anzeigegerät dient meist ein Meßhörer. Die Brücke wird auf Tonminimum eingestellt. Frequenzmeßbrücken sind nur für sinusförmige Spannungen geeignet, da Grund- und Oberschwingungen sich nicht in einer Brückenschaltung trennen lassen. [12]. Fl

Frequenzmesser *(frequency meter)*. Mit dem F. lassen sich Frequenzen elektrischer Wechselgrößen bestimmen. Angezeigt wird die Frequenz in Hertz. F. arbeiten in unterschiedlichen Frequenzbereichen nach verschiedenen Prinzipien: Zungenfrequenzmesser z. B. lassen sich von 5 Hz bis 1500 Hz einsetzen. Zeigerfrequenzmesser in der Ausführung mit elektrodynamischen Quotientenmeßwerken oder mit Drehspulmeßwerken arbeiten ebenso wie die Vibrationsgalvanometer im Bereich des technischen Wechselstroms; der Resonanzfrequenzmesser läßt sich je nach Aufbau von 50 kHz bis in den Gigahertzbereich als F. betreiben. Digital arbeitende Universalzähler messen die Frequenz mit Quarzgenauigkeit (Frequenzzähler). [12]. Fl

Frequenzmessung *(frequency measurement)*. Die F. dient der meßtechnischen Frequenzbestimmung periodisch verlaufender elektrischer Wechselgrößen. Die Kurvenform kann sinusförmig sein oder nach einem anderen Funktionszusammenhang verlaufen. Kurvenformunabhängig läßt sich die Frequenz über auswertbare Oszillogramme schreibender Meßgeräte (z. B. Oszillograph, Schreiber, aber auch Oszilloskop) und Frequenzzähler ermitteln. Beinhaltet die Meßgröße ein Frequenzgemisch, lassen sich mit dem Spektrumanalysator darin enthaltene sinusförmige Einzelfrequenzen selektiv nachweisen. Für die F. sinusförmiger Signale sind spezielle Frequenzmesser und die Frequenz-Meßbrücke geeignet. Besondere Meßverfahren sind die Frequenzverhältnismessung und das Schwebungs-Null-Verfahren, bei dem die sinusförmige Meßgröße mit einer veränderbaren Vergleichsfrequenz (z. B. Frequenzdekade) gemischt wird. Nach Abstimmung auf Schwebungsminimum stimmen beide Frequenzen überein. [12]. Fl

Frequenzmodulation *(frequency modulation, FM)*. Bei der F. wird die Frequenz f_T einer Trägerschwingung symmetrisch im Takt einer Modulationsfrequenz geändert. Der Frequenzhub $\pm \Delta f$ ist ein Maß für die Größe der Modulation. Da die Nachricht nur in der Frequenzänderung enthalten ist, wird im FM-Empfänger die Amplitude der frequenzmodulierten Schwingungen begrenzt, um die auf dem Übertragungsweg „eingefangenen" Amplitudenstörungen zu beseitigen. Daher resultiert die hohe Störfreiheit des FM-Rundfunks (UKW-Rundfunk). [13], [14]. Th

Frequenzmodulator *(frequency modulator)*. Ein F. ist ein elektronisches Gerät, das in der Lage ist, einer Trägerfrequenz eine Nachricht in FM (Frequenzmodulation) aufzumodulieren. Bei der *direkten* FM wird die Eigenfrequenz eines Oszillators durch einen veränderlichen Schwingkreisblindwiderstand moduliert. Dies kann z. B. mit einer Kapazitätsdiode geschehen. [4], [13]. Th

Frequenzmultiplexverfahren *(frequency divison multiplex)*. Das F. ist die zur Frequenzstaffelung verwendete Methode, um verschiedene Nachrichten gleichzeitig auf derselben Frequenzmultiplexleitung übertragen zu können. Dabei wird jeder Nachricht eine andere Frequenzlage zugewiesen. Die Methode beruht darauf, daß die Signalbänder von n Nachrichten n verschiedenen Trägerfrequenzen aufmoduliert werden, die in der Frequenzlage aufeinander folgen. Das Gerät auf der Sendeseite heißt Multiplexer, das auf der Empfangsseite Demultiplexer. [13], [14]. Th

Frequenznormal *(frequency standard)*, Frequenzstandard. Das F. ist ein Frequenzgenerator, der Schwingungen mit sehr hoher Frequenzkonstanz bereitstellt. Man unterscheidet primäre und sekundäre Frequenznormale. Während sich bei primären Frequenznormalen der Absolutwert der Frequenz über physikalische Zusammenhänge berechnen läßt und keinerlei Einstellmaßnahme erfordert, arbeiten sekundäre Frequenznormale innerhalb eines sehr schmalen Frequenzbereichs, wobei der endgültige Wert der Frequenz durch Vergleich mit einem primären F. eingestellt werden muß. [12], [13]. Fl

Frequenznormierung → Normierung. Rü

Frequenzregelung, automatische *(automatic frequency control)*. Um mit selbstschwingenden Oszillatoren bei Frequenzmodulatoren eine hohe Frequenzkonstanz zu erreichen, sind Frequenzregeleinrichtungen notwendig. Die Oszillatorfrequenz wird mit einer der Nennfrequenz entsprechenden Quarzfrequenz gemischt und einem Diskriminator zugeführt, der eine der Frequenzabweichung entsprechende Spannung liefert. Über einen Regelverstärker wird das Nachstimmelement des Oszillators angesteuert, das die Mittenfrequenz des Oszillators nachregelt. [6], [13]. Th

Frequenzrelais → Resonanzrelais. Ge

Frequenz-Spannungs-Wandler

Frequenz-Spannungs-Wandler *(frequency-to-voltage converter)*. Wandler, der eine Frequenz in eine proportionale Spannung umwandelt. Älteste und einfachste Form eines Frequenz-Spannungs-Wandlers für kleine Frequenzänderungen ist der Ratio-Detektor, der zur Demodulation frequenzmodulierter Signale dient. [6]. Li

Frequenzspektrometer → Spektrumanalysator. Fl

Frequenzspektrum *(frequency spectrum)*. Man versteht darunter die Darstellung der Größen einzelner Teilschwingungen einer harmonischen Analyse über der Frequenz. Dabei unterscheidet man a) die Darstellung des Amplitudenspektrums und b) die Darstellung des Phasenspektrums (Phasenwinkelspektrum; Bild). Bei a) werden die Amplitudenwerte x_n der Teilschwingungen einer periodischen Schwingung (Fourier-Koeffizienten) über der Frequenz ω oder über der Ordnungszahl n (als Vielfache der Grundschwingung) aufgetragen (DIN 1311/1). Bei b) werden die Nullphasenwinkel φ_{on} der Teilschwingungen einer periodischen Schwingung über der Frequenz oder über der Ordnungszahl n aufgetragen. Meßtechnisch läßt sich das F. durch moderne Spektrumanalysatoren über weite Frequenzbereiche erfassen. [1], [13]. Rü

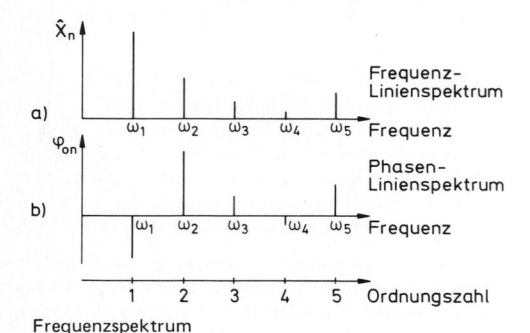

Frequenzstandard → Frequenznormal. Fl

Frequenzsynthese *(frequency synthesis)* → Frequenzsynthesizer. Li

Frequenzsynthesizer *(frequency synthesizer)*, Synthesizer. Schaltung zur Erzeugung von Schwingungen sehr hoher Frequenzkonstanz und sehr geringen Oberwellen- und Nebenwellengehaltes. Diese Frequenzen werden durch Vervielfachung und Mischung (direkte Synthese) oder durch Frequenzteilung (indirekte Synthese) aus einer sehr stabilen Normalfrequenz — meist durch Quarzgenerator erzeugt — abgeleitet. Bei der indirekten Synthese wird die Ausgangsfrequenz, die von einem spannungsgesteuerten Oszillator (VCO) erzeugt wird, durch einen Frequenzteiler im Verhältnis n:1 auf die Normalfrequenz heruntergeteilt und mit ihr verglichen (PLL-Technik). [6], [8], [13]. Li

Frequenzteiler *(divider, frequency divider)*, Frequenzuntersetzer. Schaltung der Digitaltechnik zur Herabsetzung der Frequenz des Eingangssignals, so daß das Ausgangssignal eine niedrigere Frequenz erhält. Zur Herabsetzung

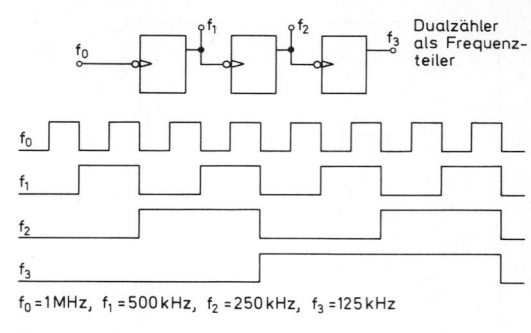

$f_0 = 1\,\text{MHz}$, $f_1 = 500\,\text{kHz}$, $f_2 = 250\,\text{kHz}$, $f_3 = 125\,\text{kHz}$

Frequenzteiler

auf die Hälfte wird ein taktflankengesteuertes Flipflop verwendet; bei größeren Zahlenverhältnissen Zähler, wobei die Ausgangsfrequenz vom höchstwertigen Bit des Zählers gebildet wird. Als integrierte Schaltungen werden programmierbare Frequenzteiler angeboten, bei denen das Teilerverhältnis durch von außen angelegten Signalen bestimmt wird. [2]. We

Frequenzthyristor *(frequency thyristor)*, F-Thyristor, Frequenzthyristoren sind Thyristoren mit kleiner Freiwerdezeit ($t_q = 10\,\mu s$ bis $50\,\mu s$). Sie werden vorwiegend in selbstgeführten Stromrichtern eingesetzt. Die Grenzdaten liegen derzeit bei etwa 3000 V Sperrspannung und etwa 1000 A Dauerstrom. [4]. Ku

Frequenztransformation *(frequency transformation)*. (→Bild Filter). Man versteht darunter allgemein ein Verfahren, durch Einführung einer neuen (auch nichtlinearen) Frequenzvariablen die Darstellung des Frequenzgangs einer Größe (→ Dämpfung, → Phase) in gewünschter Weise zu verändern. Z. B. unterwirft man bei der Synthese von Wellenparameterfiltern mit einem Schablonenverfahren die (normierte) Frequenz Ω der F.

$$e^{-\Lambda} = \sqrt{1 - \frac{1}{\Omega^2}}$$

und erreicht damit, daß für verschiedene Schaltungsparameter alle Dämpfungskurven in Bezug auf die neue Frequenzvariable Λ den gleichen Verlauf zeigen. Beim Entwurf von Reaktanzfiltern (vor allem bei Verwendung von Filterkatalogen) führt man die Filtertypen Hochpaß (HP), Bandpaß (BP) und Bandsperre (BS) auf den einfachsten Fall eines Tiefpasses (TP) zurück. Die jeweilige geforderte Dämpfungscharakteristik wird zunächst in ein adäquates Tiefpaß-Toleranzschema umgerechnet, dieser Tiefpaß dimensioniert und durch eine F. in den geforderten Filtertyp zurückverwandelt. Die F. bewirkt nicht nur die Umwandlung in die geforderte Dämpfungscharakteristik, sondern verändert auch die Struktur der Schaltung und die Bauelementewerte in den gewünschten Filtertyp. Bei der F. unterscheidet man für die normierten Größen folgende Möglichkeiten:

1. Tiefpaß-Hochpaß-Transformation (TP → HP).

Normierte Frequenz: $\Omega_{TP} = \dfrac{1}{\Omega_{HP}}$; $\Omega_{HP} = \dfrac{1}{\Omega_{TP}}$.

a) Tiefpaß-Hochpaß

2. Tiefpaß-Bandpaß-Transformation (TP → BP).

Normierte Frequenz $\Omega_{TP} = a \left(\eta_{BP} - \dfrac{1}{\eta_{BP}}\right)$;

$$\eta_{BP} = \sqrt{\left(\dfrac{\Omega_{TP}}{2a}\right)^2 + 1} \pm \dfrac{\Omega_{TP}}{2a}$$

mit

$a = \dfrac{1}{\eta_2 - \eta_1}$.

(Die Frequenzvariable des BP ist hier mit η statt mit Ω_{BP} gekennzeichnet, um auf die übliche Festlegung der Bandmittenfrequenz f_m: $\Omega_1 \Omega_2 = 1$ hinzuweisen;

$\eta_1 \doteq \Omega_1 = \dfrac{f_{g1}}{f_m}$, $\quad \eta_2 \doteq \Omega_2 = \dfrac{f_{g2}}{f_m}$,

($f_{g1,2}$ Durchlaßfrequenzen).

b) Tiefpaß-Bandpaß-Transformation

3. Tiefpaß-Bandsperre-Transformation (TP → BS).

Normierte Frequenz: $\Omega_{TP} = \dfrac{1}{a\left(\eta_{BS} - \dfrac{1}{\eta_{BS}}\right)}$,

$\eta_{BS} = \sqrt{\left(\dfrac{1}{2a\Omega_{TP}}\right)^2 + 1} \pm \dfrac{1}{2a\Omega_{TP}}$.

(Die Bedeutung der Größen a und η ist analog der TP- → BP-Transformation.)

c) Tiefpaß-Bandsperre-Transformation

Die bei BP- und BS-Transformationen auftretenden Zweipolstrukturen rechnet man wegen der besseren praktischen Handhabung häufig in äquivalente Formen um. [14]. Rü

Frequenzumrichter *(frequency convertor)* → Umrichter. Ku

Frequenzumsetzer → Mischer. Fl

Frequenzuntersetzer → Frequenzteiler. We

Frequenzverdoppler *(frequency doubler)*. Schaltung, die ein Ausgangssignal mit der doppelten Frequenz des Eingangssignals liefert. Sie besteht vorwiegend aus einem nichtlinearen Übertragungsglied, das das Eingangssignal verzerrt, und einem Filter (Resonanzkreis) am Ausgang der Schaltung, das auf die doppelte Frequenz abgestimmt ist. [8]. Li

Frequenzverhältnismessung *(frequency ratio measurement)*. Bei der F. wird die auszumessende Frequenz mit einer hochgenauen, bekannten Vergleichsfrequenz ins Verhältnis gesetzt. Ein Verfahren der F. ist z. B. die Darstellung von Lissajous-Figuren als Oszillogramm auf dem Oszilloskopschirm oder mit Hilfe von x-y-Schreibern. Vielfach besitzen Frequenzzähler einen zweiten Signaleingang und eine Möglichkeit zum Abschalten des internen Quarzgenerators, dessen Aufgabe eine von außen angelegte Vergleichsfrequenz übernimmt. Das Bezugssignal öffnet während einer Periode eine Torschaltung, während die vom Meßsignal abgeleiteten Impulse die Torschaltung durchlaufen und gezählt werden. [12]. Fl

Frequenzwandler *(frequency convertor)*. Der F. dient zum Erzeugen eines Wechselstromsystems anderer Frequenz aus einem speisenden Drehstromsystem fester Frequenz. Er besteht aus einem Maschinenumformer, der aus einer Asynchronmaschine mit Schleifringläufer und einer gekuppelten zweiten drehzahlverstellbaren elektrischen Maschine aufgebaut ist. Die Ausgangsklemmen sind die Schleifringe. Der Stator der Asynchronmaschine ist an das Drehstromsystem mit fester Frequenz angeschlossen. Steht der Läufer still, so ist die Ausgangsfrequenz gleich der Eingangsfrequenz. Wird der Läufer gegen das Drehfeld angetrieben, so erhöht sich die Ausgangsfrequenz und wird der Läufer in Drehrichtung des Drehfeldes abgebremst, so erniedrigt sich die Ausgangsfrequenz. (→ auch Wechselstromumrichter). [3]. Ku

Frequenzweiche *(frequency band-separation circuit)* → Weichen-Filter. Rü

Frequenzzähler *(digital frequency meter)*. Der F. ist ein digital arbeitendes, elektronisches Meßgerät zur Frequenzmessung. Der Meßwert wird als Ziffer mit der Einheit Hertz angezeigt. Die periodisch verlaufende Meßgröße wird in eine digitale Folge von Impulsen umgewandelt und in einer vorgegebenen Zeiteinheit gezählt. Vielfach leitet man die Zeiteinheit von einem eingebauten Quarzgenerator ab. Die Zählimpulse werden gespeichert und auf der Anzeige sichtbar gemacht. [12]. Fl

Frequenzzeiger → Zeigerfrequenzmesser. Fl

Frequenz-Zeit-Transformation *(frequency-time-domain-transformation)*. Unter dem Begriff F. (oder der Umkehrung) faßt man in der Signalübertragung die Möglichkeit zusammen, Signale dual sowohl im Zeitbereich als auch im Frequenzbereich darzustellen. Die wichtigsten Übergangsmöglichkeiten von einer Zeitfunktion zu einer Frequenzfunktion und umgekehrt werden durch die Fourier-Transformation und die Laplace-Transformation hergestellt. [14]. Rü

FROM *(fusible read-only memory)* → Fusible-Link-PROM. Li

Frontrechner *(front-end processor)*. → Kommunikationsrechner.

Frühausfall *(early failure)*. Frühausfälle treten zu Beginn der Funktionstüchtigkeit eines Produktes oder Bauelementes auf. Sie sind Ausdruck von Kinderkrankheiten bzw. Störungen und unerwünschten Einflüssen bei der Herstellung. Während der Periode des Frühausfalls weist die Ausfallrate eine fallende Tendenz auf. [4]. Ge

F-Schicht → Ionosphärenschicht. Ge

F-Thyristor *(frequency thyristor)* → Frequenzthyristor. Ku

Fuchs-Antenne → Langdrahtantenne. Ge

Führungsgröße *(reference variable)*. Die F. einer Steuerung oder Regelung ist eine von der betreffenden Steuerung oder Regelung unabhängige Größe, die von außen vorgegeben wird und der die Ausgangsgröße der Steuerung oder Regelung in vorgegebener Abhängigkeit folgen soll (DIN 19 226). [18]. Ku

Führungssteuerung *(master control)*. Bei der F. besteht zwischen Führungsgröße und Steuergröße im Beharrungszustand ein eindeutiger Zusammenhang, sofern Störgrößen keine Abweichungen hervorrufen (DIN 19 226), beispielsweise Kopiersteuerung bei einer Werkzeugmaschine. Ku

Führungsübertragungsfunktion *(reference transfer function)*. Die F. beschreibt mathematisch das Führungsverhalten eines geschlossenen Regelkreises. Sie läßt sich durch die Übertragungsfunktion F_0 des offenen Regelkreises ausdrücken. [18]. Ku

Führungsverhalten *(response to a variation of the reference input)*. (→ Bild Anregelzeit). Das F. des geschlossenen Regelkreises ist das Verhalten der Regelgröße unter dem Einfluß der Führungsgröße. Das Störverhalten des geschlossenen Regelkreises ist das Verhalten der Regelgröße unter dem Einfluß von Störgrößen. Charakteristische Größen für das dynamische Verhalten des geschlossenen Regelkreises sind bei sprungförmiger Verstellung einer Einflußgröße die Anregelzeit und die Ausregelzeit. Ku

Füllfaktor 1. Kupferfüllfaktor K_{Cu} *(space factor)*: Ein relatives Maß für Spulenwicklungen, das angibt, welcher verfügbare Prozentsatz des vorhandenen Wickelraumes tatsächlich von Kupfer ausgefüllt ist

$$K_{Cu} = \frac{\text{Kupferfläche}}{\text{Wickelfläche}} \cdot 100\% .$$

Man denkt sich die Spule aufgeschnitten und vergleicht die einzelnen Flächenwerte. Wegen der notwendigen Isolation ist K_{cu} immer $< 100\%$. Der Wert von K_{cu} ist für die Berechnung von Kupferwicklungen bei Spulen, Transformatoren und Übertragern wichtig.
2. Füllfaktor *(fill factor)*: oder Kurvenfaktor FF, ein Leistungsverhältnis bei Solarzellen

$$FF = \frac{P_{max}}{U_{oL} \, I_{KL}} .$$

Dabei ist P_{max} die der Zelle maximal entnehmbare Leistung, U_{oL} die Durchlaßspannung und I_{KL} der Sperrstrom des Photoelements. [14]. Rü

Funkelrauschen *(flicker noise)*. Der Funkel-Effekt ist eine Ursache für das Rauschen von Elektronenröhren mit Oxidkatoden. Er beruht auf unregelmäßigen, plötzlichen Änderungen der örtlichen Austrittsarbeiten der Emissionsfläche, verursacht durch Diffusionsvorgänge. Das F. der Röhre nimmt mit steigender Frequenz ab und ist bei etwa 10 kHz vernachlässigbar klein gegenüber anderen Rauschanteilen. [4]. Th

Funkenstörkondensator *(suppression capacitor)*. Kondensator, der störende, hochfrequente Spannungen bei der Störquelle oder bei einem empfindlichen Gerät kurzschließt. Er zeichnet sich durch hohe Spannungsfestigkeit, niedrige Selbstinduktivität und niedrigen Scheinwiderstand aus. 1. Durchführungskondensator: F. bei dem die zu entstörende Leitung zentral durch den Kondensator geführt wird. Der eine Belag des Kondensators ist unmittelbar an diesen Leiter angeschlossen, während der andere mit dem Gehäuse verbunden ist. Sie werden im allgemeinen in eine Abschirmwand eingesetzt, die den ungestörten Raum vom entstörten trennt. 2. Bypass-Kondensator: Keramikkondensator zur wechselstrommäßigen Überbrückung von Schaltelementen. Ausführung ähnlich Durchführungskondensator. 3. Zweipol-F.: Durch bifilare Ausführung des Wickels besonders induktivitätsarmer Kondensator. Für die einwandfreie Funktion sind die Anschlüsse möglichst kurz zu halten. 4. Vierpol-F.: Zur Erzielung möglichst kurzer Verbindungen sind beide Netzleitungen durch den Kondensator geführt. [4]. Ge

Funkentstörung → Entstörung. Fl

Funkfeld *(hop)*. Raum zwischen den Antennen der sendenden und empfangenden Station einer Richtfunkverbindung. Zur Planung des Funkfeldes muß eine zeichnerische Darstellung des Geländeprofils (Geländeschnitt) erstellt werden, aus der die zu erwartenden Ausbreitungsbedingungen sowie die erforderliche Aufstellungshöhe der Antennen zu entnehmen sind. Die Länge eines Funkfeldes beträgt im Mittel etwa 50 km, bei Überhorizontverbindungen bis etwa 500 km. [14]. Ge

Funkfernsprechdienst. Öffentlich beweglicher Landfunkdienst, bei dem Fernsprechverbindungen über Funkanlagen hergestellt werden. [19]. Kü

Funkfeuer *(beacon)*. Sendeanlage, die bei verschiedenen Verfahren der Funknavigation zur Ermittlung der Richtungsinformation eingesetzt wird. [14]. Ge

Funkfrequenzen

Band Nr.	Frequenz	Wellenlänge	Metrische Bezeichnung	Deutsche Bezeichnung	Englische Bezeichnung	Abkürzung
2	30 ... 300 Hz	10000 ... 1000 km	Megameterwellen	–	extremely low frequency	ELF
3	300 ... 3000 Hz	1000 ... 100 km	–	–	voice frequency	VF
4	3 ... 30 kHz	100 ... 10 km	Myriameterwellen	Längstwellen	very low frequency	VLF
5	30 ... 300 kHz	10 ... 1 km	Kilometerwellen	Langwellen	low frequency	LF
6	300 ... 3000 kHz	1000 ... 100 m	Hektometerwellen	Mittelwellen	medium frequency	MF
7	3 ... 30 MHz	100 ... 10 m	Dekameterwellen	Kurzwellen	high frequency	HF
8	30 ... 300 MHz	10 ... 1 m	Meterwellen	Ultrakurzwellen	very high frequency	VHF
9	300 ... 3000 MHz	100 ... 10 cm	Dezimeterwellen	–	ultra high frequency	UHF
10	3 ... 30 GHz	10 ... 1 cm	Zentimeterwellen	–	superhigh frequency	SHF
11	30 ... 300 GHz	10 ... 1 mm	Millimeterwellen	–	extremely high frequency	EHF
12	300 ... 3000 GHz	1 ... 0,1 mm	Submillimeterwellen	–	–	–

Band-Nr. N: von $0{,}3 \cdot 10^N$ bis $3 \cdot 10^N$

Funkhorizont → Radiosichtweite. Ge

Funkmeßtechnik → Radar. Ge

Funknavigation *(radio navigation)*. Funkortungsverfahren bzw. Einrichtung zur Ermittlung des eigenen Standortes oder zur Führung eines Fahrzeugs mit funktechnischen Mitteln auf einem vorgegebenen Kurs. Durch Richtsendeanlagen wird eine bestimmte Richtung oder eine ganze Fläche mit Richtungsangaben versehen. Die Richtsendungen können mit einfachen Empfangsgeräten mit Zusatzeinrichtungen aufgenommen werden 1. Das LORAN *(long-range-navigation)*-Verfahren beruht auf der Laufzeitdifferenzmessung von Pulsen, die von einem Hauptsender ausgesendet und von einem Nebensender im Abstand von etwa 500 km wiederholt werden. Aus der Messung mehrerer Haupt- und Nebensender kann im Fahrzeug die Position ermittelt werden. Die Linien konstanter Laufzeit sind Hyperbeln, in deren Brennpunkten die Sender liegen. Die Senderpaare werden durch ihre Trägerfrequenzen zwischen 1750 kHz und 1950 kHz und unterschiedliche Impulsfrequenzen gekennzeichnet. Unter Ausnützung der Raumwelle sind Fernortungen bis 2500 km möglich. Beim LORAN-C-Verfahren erreicht man durch Verwendung von Trägerfrequenzen um 100 kHz eine wesentlich größere Reichweite der Bodenwelle (bis 2000 km) sowie durch eine zusätzliche Feinortung erhöhte Genauigkeit. 2. Das DECCA-Verfahren arbeitet mit unmodulierten Frequenzen bei 100 kHz, die von einem Hauptsender und mehreren phasenstarr gekoppelten Nebensendern ausgestrahlt werden. Linien gleicher Phasenbeziehung sind Hyperbeln, in deren Brennpunkten die Sender liegen. Da für die Phasenmessung getrennter Empfang von Haupt- und Nebensender bei gleicher Frequenz nicht möglich ist, werden zur Ortung zwei verschiedene Trägerfrequenzen benutzt, die von einer gemeinsamen Grundfrequenz abgeleitet sind. Die Meßunsicherheit der Schiffsanlagen beträgt zwischen 0,1 % bis 1,5 % der Entfernung bis zu 400 km vom Hauptsender. 3. Das VOR (*very high frequency omni range*) ist ein schnellumlaufendes UKW-Drehfunkfeuer. Es dient der Kurzstreckennavigation und arbeitet im Frequenzbereich von 112 MHz bis 118 MHz. Die Richtungsbestimmung an Bord des Flugzeuges wird durch Messen des Phasenunterschiedes zwischen einem richtungsunabhängigen Wechselfeld und einem richtungsabhängigen, von einem umlaufenden Dipol erzeugten Feld vorgenommen. Beim Doppler-VOR werden Fehler durch Reflexionen in der Nähe des Aufstellungsortes der Anlage durch Anwendung des Dopplereffektes verringert (Dopplerpeiler). 4. TACAN (*tactical air navigation*) ist ein für militärische Zwecke entwickeltes schnellumlaufendes Drehfunkfeuer, das mit einer Entfernungsmessung auf dem gleichen Träger kombiniert ist. 5. Das ILS (*instrument landing system*) ist ein Landeverfahren, bei dem sowohl die Anflugrichtung ab etwa 35 km Entfernung von der Landebahn als auch eine Gleitbahn von etwa 20 km Entfernung bis zum Aufsetzpunkt vorgezeichnet wird. Der Gleitweg wird nach dem Leitstrahlprinzip durch wechselweise Strahlen zweier Dipole bzw. auch durch zwei den verschiedenen Richtdiagrammen zugeordneten Modulationen von 90 Hz und 150 Hz auf dem gleichen Träger von etwa 330 MHz erzeugt. Weiter sind beim ILS drei Entfernungsmarkierungen vorgesehen. [14]. Ge

Funkortung *(radio location)*. Verfahren zur Bestimmung des Standortes oder der Richtung fester oder beweglicher Ziele. Grundlagen der F. sind die geradlinige Ausbreitung und die konstante Ausbreitungsgeschwindigkeit der elektromagnetischen Wellen. Zur F. gehören Funknavigation, Funkpeilung sowie Radar. Zur Bestimmung des Standortes ist dessen Einordnung in ein Koordinatensystem erforderlich. In der Ebene ergibt sich die Lage eines Punktes als Schnittpunkt zweier Richtungen durch Messen von θ_1 und θ_2 oder aus Richtung θ und Entfernung ρ von einem Ausgangspunkt aus, ρ-θ-*System* (Bild). Im Raum ist neben der Bestimmung von ρ und θ die Angabe der Elevation ψ erforderlich. [14]. Ge

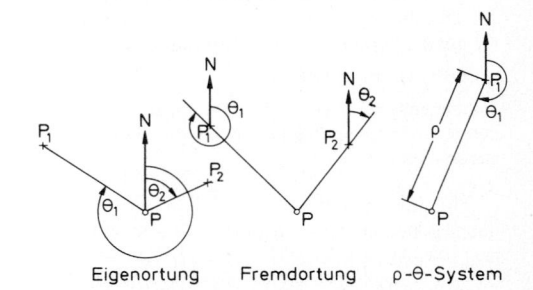

Eigenortung   Fremdortung ρ-θ-System

Funkortung

Funkpeilung *(radio direction finding)*, Peiler. Funkortungsverfahren bzw. Einrichtung zur Bestimmung und Anzeige der Einfallsrichtung elektromagnetischer Wellen (Richtempfang). F. dient zum Bestimmen des eigenen oder eines fremden Standortes oder eines Kurses. Grundlage der Richtungsbestimmung ist die Richtcharakteristik von Empfangsantennen wie Rahmenantenne, Adcockantenne. Verwendet werden vorzugsweise die schärfer ausgeprägten Minimumstellen der Richtcharakteristik, die jedoch durch den Antenneneffekt getrübt sind. Zur Vermeidung der Zweideutigkeit der Peilung wird zur Seitenbestimmung der Rahmenantenne eine Hilfsantenne (Vertikalantenne) zugeschaltet. Die Richtcharakteristik dieses Antennensystems ist eine Kardioide. Peilfehler entstehen weiter durch Strahlungskopplung der einzelnen Antennenelemente, durch Rückwirkung der Umgebung auf die Richtantenne und in verschiedenen Frequenzbereichen durch Ausbreitungserscheinungen (Wellenausbreitung). Handbetriebene Minimumpeiler sind der Drehrahmenpeiler und der Goniometerpeiler (mit Kreuzrahmen), selbsttätige Peiler sind der Radiokompaß *(ADF automatic direction finder)* und der Peiler mit Antennenmodulation (Umlaufpeiler). Beim Umtastpeiler (Leitstrahlverfahren) wird statt der Minimumpeilung ein Amplitudenvergleich zweier spiegelbildlicher Richtdiagramme vorgenommen. Die beiden Diagramme werden rhythmisch umgetastet und mit einer niederfrequenten Kennung versehen. Im Gegensatz zu den oben beschriebenen Kleinbasispeilern werden Großbasispeiler als Maximumpeiler betrieben. Großbasispeiler sind Systeme, deren räumliche Abmessungen größer sind als die Wellenlänge (→ Wullenweber-Antenne). Dadurch wird bei Verzerrungen des Empfangsfeldes der Peilfehler wesentlich verringert. Beim Dopplerpeiler wird zur Richtungsbestimmung ein Frequenzminimum herangezogen. Dadurch werden Amplitudenfehler infolge von Geländereflexionen weitgehend ausgeschaltet. Bei kreisförmigem Umlauf der Empfangsantenne wird eine richtungsabhängige Frequenzverschiebung durch den Dopplereffekt hervorgerufen. [14]. Ge

Funkprognose → Funkwetter. Ge

Funkrufdienst. Öffentlicher beweglicher Landfunkdienst, bei dem auf Wunsch eines Teilnehmers des Fernsprechnetzes Rufsignale an eine bestimmte Funkrufnummer ausgesendet werden. [19]. Kü

Funktion, charakteristische *(characteristic function).* Eine bei LC-Filtern gebräuchliche komplexe Funktion K(P), die mit der Wirkungsfunktion H(p) durch

$$K(P)\ K(-P) = H(P)\ H(-P) - 1$$

zusammenhängt. Für $P = j\Omega$ (Ω normierte Frequenz) ist der Betriebs-Dämpfungsfaktor D_B (→ Betriebsübertragungsfaktor)

$$D_B \cong H(P)|_{P=j\Omega}$$

und das Betriebsdämpfungsmaß a_B (→ Betriebsübertragungsfaktor)

$$a_B = \ln|D_B| = \frac{1}{2}\ln|D_B|^2 = \frac{1}{2}\ln|H(j\Omega)|^2$$
$$= \frac{1}{2}\ln\{1 + |K(j\Omega)|^2\} \quad \text{in Np.}$$

In der Wahrscheinlichkeitstheorie wird die Fourier-Transformierte der Verbundwahrscheinlichkeit ebenfalls als charakteristische F. bezeichnet.
[15]. Rü

Funktional *(functional).* Das F. kann als Verallgemeinerung des Funktionenbegriffs aufgefaßt werden. Die Funktion einer Veränderlichen z. B. ist die eindeutige Zuordnung f der Elemente x aus einer Menge A zu den Elementen y in einer Menge B, ausgedrückt durch y = f (x). Die Funktion bildet dabei eine Zahl auf eine andere Zahl ab. Das F. dagegen stellt die Abbildung einer oder mehrerer Funktionen auf eine Zahl dar. Beim F. tritt an Stelle der unabhängigen Veränderlichen ein gesamter Funktionsverlauf. Fragestellungen dieser Art treten hauptsächlich in der Variationsrechnung auf. Ein Beispiel ist die Bestimmung der Brachystochrone. Das ist diejenige Kurve, die zwei vorgebene Punkte P_1 und P_2 so verbindet, daß ein Massepunkt unter dem Einfluß der Schwerkraft längs dieser Kurve in kürzester Zeit reibungsfrei von P_1 nach P_2 gleitet. Ku

Funktionaltransformation. Die F. ist eine Rechenvorschrift, um eine in einem Originalbereich definierte Funktion oder Operation in einen Bildbereich überzuführen (z. B. Logarithmieren). Die in Physik und Technik am häufigsten verwendeten Funktionaltransformationen sind die Integraltransformationen. Rü

Funktionsgenerator *(function generator).* Gerät, das Wechselspannungen und pulsförmige Gleichspannungen verschiedener Kurvenform (z. B. Sinus, Rechteck, TTL-Impulse, Sägezahn, Dreieck) mit variabler Frequenz – bei Pulsfolgen oft auch variablem Puls-Pause-Verhältnis – variabler Amplitude und z. T. variablem Gleichspannungsanteil (Offset) erzeugt. Bei integrierten Funktionsgeneratorbausteinen werden die einzelnen Kurvenformen zumeist aus Rechteckimpulsen gewonnen. [4], [6], [12]. Li

Funktionspotentiometer → Koeffizientenpotentiometer. Fl

Funktionsprüfung *(function test).* Eine Prüfung, bei der die Sollfunktionen des Prüflings messend kontrolliert werden, z. B. Zeit und Form von Impulsen, die durch Testimpulse hervorgerufen werden. Wird die F. zur Fehlerdiagnose durchgeführt, so kann die Signalverfolgung angewendet werden, bei der die Signale vom Eingang her Stufe für Stufe verfolgt werden. Bei der Signalzuführung wird die letzte Stufe vor dem Ausgang mit einem Sollsignal gespeist und die Funktion überprüft. Anschließend rückt man eine Stufe in Richtung Eingang vor. Bei beiden Methoden der F. müssen etwaige Rückkopplungsschleifen aufgetrennt werden. [5]. We

Funktionsteilung *(function sharing).* Aufteilung von Steuerungsaufgaben innerhalb eines Vermittlungssystems auf mehrere funktionsspezifische Steuereinrichtungen. [19]. Kü

Funktionsumformer, antilogarithmischer → Antilogverstärker. Fl

Funkwetter *(forecast of high-frequency propagation),* Funkprognose. Vorhersage der für eine Übertragung im

Kurzwellenbereich erforderlichen Daten wie Frequenz, Leistung, Abstrahlungswinkel u. a. in Abhängigkeit von Tages- und Jahreszeit. [14]. Ge

Fusible Link → Fusible-Link-PROM. Li

Fusible-Link-PROM *(fusible link programmable read-only memory)*. Spezielles PROM, bei dem die einzelnen Speicherzellen die im Bild gezeigte Struktur haben. Die sicherungsartige Verbindung, die aus polykristallinem Silicium, Nickel-Chrom oder Titan-Wolfram besteht, kann, je nachdem ob in der Zelle der Wert 1 oder der Wert 0 gespeichert werden soll, beim Programmieren durch einen hohen Strom weggebrannt werden. [2], [4]. Li

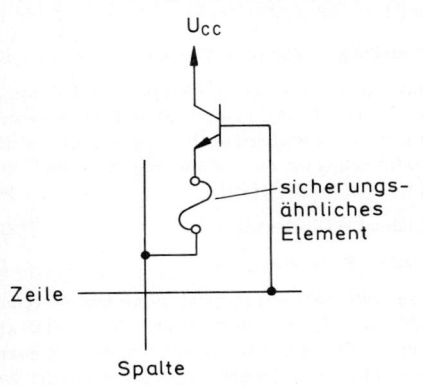

Speicherzelle eines Fusible-Link-PROM. Die sicherungsartige Verbindung kann beim Programmieren weggebrannt werden.

Fußpunktkapazität *(terminal (base) capacity)*. Insbesondere bei dicken Zylinderantennen verringert die erhöhte Nebenschlußkapazität der sich am Fußpunkt (Speisestelle) gegenüberliegenden Stabquerschnittflächen beträchtlich den Antennenwiderstand. Durch besondere konstruktive Ausführung des Fußpunktes, wie kegelförmige Zuspitzung der Stabenden in Fußpunktnähe, wird der störende Einfluß der F. auf den Antennenwiderstand und dessen Frequenzabhängigkeit vermindert (→ Breitbandantenne). [14]. Ge

Fußpunktwiderstand → Antennenwiderstand. Ge

F-Verteilung → Test-Verteilungen. Rü

G

Gabellichtschranke → Lichtgabelkoppler. Fl

Gabelschaltung *(hybrid termination unit)*. 1. Nachrichtenübertragung: Gabel- oder Brückenübertrager. Die G. ist ein Viertor, bei dem sich durch geeignete Wahl der Übersetzungsverhältnisse die jeweils gegenüberliegenden Tore entkoppeln lassen. Bei den im Bild angegebenen Übersetzungsverhältnissen verteilt sich die an einem Tor eingespeiste Leistung jeweils zu gleichen Hälften auf die beiden angrenzenden Tore, wenn alle Tore mit dem gleichen Abschlußwiderstand versehen sind. Speziell beim Fernsprechapparat werden an das Tor I die Anschlußleitungen (a-, b-Adern) gelegt, während am Tor III die Leitungsnachbildung (bestehend aus einer Parallelschaltung von Widerstand und Kondensator) angeschlossen wird. Am Tor II befindet sich das Mikrophon und am Tor IV der Fernhörer. [15]. Rü

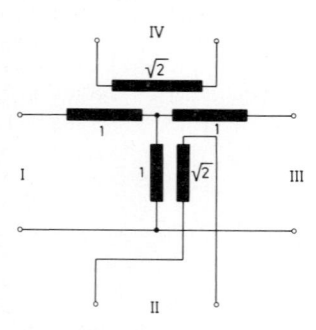

Gabelschaltung

2. Stromrichtertechnik: Dieser Variante eines Stromrichters in sechsspuliger Mittelpunktschaltung kommt heute keine praktische Bedeutung mehr zu. Durch die gabelförmige Anordnung von drei Drehstromwicklungen läßt sich die Bauleistung des Transformators bei dieser Schaltung etwas verringern, jedoch bei gleichzeitiger Verschlechterung der Kommutierungsvorgänge. [11]. Ku

Gabelverstärker *(hybrid amplifier)*. G. sind kleinere einfache NF-Fernsprechleitungsverstärker (NF Niederfrequenz), die meist am Gabelpunkt (Übergang von Vierdraht- auf Zweidrahtleitung) einer Fernsprechverbindung oder in den nachfolgenden unteren Netzebenen eingesetzt werden. Sie sind nötig, wenn in unverstärkten Verbindungen der Dämpfungsplan nicht eingehalten wird und stärkere Kupferleitungen eingespart werden sollen. G. übertragen nur das Sprachfrequenzband und besitzen keine eigene Wahl- oder Rufumgehung. Zweckmäßiger Einsatz am Ende des Übertragungsweges. [13]. Th

Gain-Bandwidth-Product → Verstärkungs-Bandbreitenprodukt. Rü

Galvanometer *(galvanometer)*. Das G. ist ein elektrisches Meßgerät hoher Spannungs- bzw. Stromempfindlichkeit, das mit einem Drehspulmeßwerk oder einem Drehmagnetmeßwerk ausgerüstet ist. Häufig ist der bewegliche Teil des Meßwerks an Spannbändern aufgehängt. Als Zeiger wird vielfach ein Lichtzeiger eingesetzt (Lichtmarkengalvanometer). Mit ballistischen Galvanometern können z. B. Strom- oder Spannungsstöße unabhängig von der Kurvenform gemessen werden (Kriechgalvanometer). Die Skala der hochempfindlichen G. ist häufig nicht kalibriert, eine Kalibrierung muß vor dem Meßvorgang durchgeführt werden. [12]. Fl

Gamma-Verteilung → Lebenszeit-Verteilungen. Rü

Ganggenauigkeit *(cycle accuracy, cycle precision)*. Genauigkeit bei Geräten, die ihre Ergebnisse von Taktfrequenzen ableiten, z. B. Zeitmeßgeräte, Frequenzmesser. In der Praxis wird häufig die Abweichung von der G. als G. angegeben, z. B. G. = 10^{-9}. [10]. We

Ganzwellendipol → Dipolantenne. Ge

Garantiewerte → Kenndaten. Li

Gasanalysenmeßtechnik *(gas analyzing measurement technique)*. Die G. dient der fortlaufenden Betriebsüberwachung von Stoffzusammensetzungen oder deren Konzentrationen. Elektrische Gasanalysegeräte stützen sich auf die physikalischen Eigenschaften der Gase und gestatten nicht nur stichprobenartige Messungen von Mengenanteilen, sondern auch kontinuierlich durchführbare quantitative Analysen, die ständig angezeigt, aufgezeichnet und auch geregelt werden können. Man nutzt z. B. unterschiedliche Wärmeleitfähigkeiten, den Paramagnetismus des Sauerstoffs und die unterschiedlichen Infrarot- bzw. Ultrarotabsorptionen der Gase aus. [12], [18]. Fl

Gasätzung *(gas etching)*. Die bei der Siliciumtetrachlorid-Epitaxie ablaufende Reaktion $SiCl_4 + 2H_2 \rightarrow Si + 4HCl$ ist reversibel. Siliciumschichten können vom Substrat abgetragen werden, indem man dem Trägergas Wasserstoffchlorid hinzufügt, d. h., man ätzt eine Schicht mit Hilfe eines Gases ab. [4]. Ne

Gasentladung *(gas discharge)*. Umfaßt alle beim Durchgang von Strom durch ein Gas auftretenden Erscheinungen, die von Leuchten über akustische Effekte (Knistern) bis zu chemischen Prozessen (Ozonbildung) reichen. [5]. Bl

Gasentladung, selbständige *(spontaneous gas discharge)*. Entladung eines unter Spannung stehenden Stromkreises durch ein Gas, wobei die zur Ionisierung der Gasmoleküle benötigte Energie dem Stromkreis entzogen wird. Bei einer unselbständigen G. werden die Ladungsträger durch einen äußeren Ionisator erzeugt. Im Gegensatz zu zur unselbständigen G., die endet, wenn der Ionisator entfernt wird, bleibt die selbständige G. so lange erhalten, bis sie (z. B. durch Verringerung der Elektrodenspannung) von außen gelöscht wird. [5]. Bl

Gasentladung, unselbständige *(induced gas discharge)*. Findet in Gasen statt, wenn ein von außen einwirkender

Ionisator die Ladungsträgerbildung übernimmt. Die unselbständige G. kann durch β- und γ-Strahlen oder hohe Temperaturen erzeugt werden. [5]. Bl

Gasentladungsanzeige *(gas discharge display)*. Anzeigeelement, das aus einem mit Neon und evtl. Quecksilber gefüllten Glasgefäß besteht, in dem sich eine gemeinsame Anode und sieben oder mehr Katoden-Segmente (auch in 5 x 7 Punkte Matrix-Anordnung) befinden, die die Darstellung numerischer oder alphanumerischer Zeichen ermöglichen. Bei der Gasentladung leuchten die jeweils angesteuerten Katodensegmente auf (Glimmlicht). [2], [4]. Li

Gasentladungsröhre *(gas discharge tube)*. Gasgefüllte Röhre mit zwei oder mehr Elektroden, bei der die Stromleitung durch Elektronen und Ionen erfolgt, die durch Stoßionisation der Gasatome entstehen. Je nach Art der Entladung unterscheidet man zwischen Glimmentladungsröhren (z. B. Glimmlampe, Gasentladungsanzeige, Stabilisatorröhre) und Bogenentladungsröhren (z. B. Thyratron, Gasentladungsgleichrichter). Bei letzteren unterscheidet man noch zwischen Kaltkatoden- und Glühkatodenröhren. [3], [4]. Li

Gaslaser *(gas laser)* → Laser. Ne

Gasphasenepitaxie → Epitaxie. Ne

Gastheorie, kinetische *(kinetic gas theory)*. Die kinetische G. leitet die Gaseigenschaften aus den mechanischen Bewegungsvorgängen der enthaltenen Moleküle ab, wozu vereinfachende Annahmen („ideales Gas") nötig sind. Man findet, daß: 1. die Geschwindigkeitsverteilung der Gasmoleküle der Maxwellschen Geschwindigkeitsverteilung unterliegen; 2. der Druck p eines Gases der Temperatur T proportional ist: $p = n \cdot k \cdot T$ (n Anzahl der Mole, k Boltzmann-Konstante); 3. die Temperatur des Gases dem Quadrat der mittleren kinetischen Energie der Gasmoleküle proportional ist. [5]. Bl

Gasthermometer *(gas thermometer)*, Eichthermometer, Normalthermometer. Das G. ist ein wissenschaftliches Thermometer, mit dessen Hilfe die Temperaturskala in Kelvin verwirklicht wird. Man gewinnt beim G. die Temperaturwerte aus Druck- oder Volumenänderungen einer vorgegebenen Gasmenge. Grundlage des Meßverfahrens sind Gesetzmäßigkeiten der kinetischen Gastheorie, nach denen sich z. B. der Druck eines „idealen Gases" direkt proportional zu Werten der Temperatur verhält. Da selbst die Edelgase nur angenähert den Gesetzmäßigkeiten folgen, werden Meßreihen mit unterschiedlichen Mengen eines Gases durchgeführt. Die Meßergebnisse werden extrapoliert und korrigiert. Eine hochwertige Ausführung besteht aus einer Platin-Rhodium-Hohlkugel mit festgelegtem Volumen, in das eine bekannte Menge Heliumgas eingeschlossen ist. Beim gesuchten Temperaturwert wird der Gasdruck gemessen. Das G. besitzt einen Meßbereich von 0,5 K bis etwa 130 K, wird aber nur zur Messung bestimmter Fixpunkte (s. Tabelle Temperaturskala) benutzt, an denen andere Thermometer geeicht werden. [5], [7], [12]. Fl

Gate *(gate)*. 1. Häufig verwendete Abkürzung für „Gateanschluß", „Gateelektrode" oder „Gatezone" (z. B. bei einem Feldeffekttransistor oder einem Thyristor). Das Wort „Gate" allein sollte als Abkürzung für diese Begriffe nur dann benutzt werden, wenn Mißverständnisse ausgeschlossen sind (DIN 41 858). 2. Englische Bezeichnung für Gatter. [4], [2]. We

Gate, schwebendes *(floating gate)*. Integrierte MIS-Bauelemente *(MIS metall-insulator semiconductor)*, die in das Gateoxid einen Speicherplatz eingebaut haben. Das schwebende G. besteht aus einem leitenden Material, i. a. aus polykristallinem Silicium. Da das schwebende G. von Siliciumdioxid umgeben ist, entladen sich die darauf befindlichen Ladungsträger nur sehr langsam (etwa 1 Elektron/Jahr). [4]. Ne

Gate, selbstjustierendes *(selfaligning gate)*. Bei der Herstellung konventioneller MOS-Transistoren überlappt sich aus fertigungstechnischen Gründen die Gatemetallisierung mit der Source- und Drainzone. Hierbei tritt eine Gate-Drain-Kapazität (Miller-Kapazität) auf, die die Schaltgeschwindigkeit verringert. Heute kennt man technische Verfahren, die dem Idealfall, die Gatemetallisierung an der Drain- bzw. Source-Zone enden zu lassen, sehr nahe kommen; man spricht dann von selbstjustierendem G. Diese Verfahren sind: Silicium-Steuerelektroden-Technologie, Ionenimplantation (→ Dotierungsverfahren), lokale Oxidation. Ne

Gate-Array → ULA. Ne

Gaterauschen (gate noise). Bei Sperrschichtfeldeffekttransistoren durch den Gate-Reststrom verursachtes Rauschen, das in vielen Fällen vernachlässigbar klein ist. [4]. We

Gateschaltung *(common gate)*. Feldeffekttransistor-Grundschaltung, bei der der Gateanschluß als für den Eingangskreis und den Ausgangskreis gemeinsame Klemme genutzt wird und bei der der Sourceanschluß die Eingangsklemme und der Drainanschluß die Ausgangsklemme ist (DIN 41 858). [6]. We

Gateschutz *(gate protection)*. Schutz von MOS-Transistor-Schaltungen gegen Zerstörung des Transistors durch statische Aufladung mit Dioden bzw. Z-Dioden. [6]. We

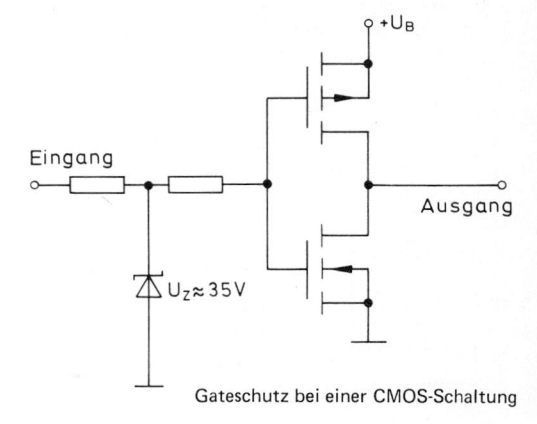

Gateschutz bei einer CMOS-Schaltung

Gatespannung *(gate voltage)*. Zwischen Gateanschluß und der Bezugselektrode der Schaltung liegende Spannung; steuert entsprechend der FET-Eingangskennlinie *(FET field-effect transistor)* durch Beeinflussung des Kanals den Drainstrom. [4], [6]. Li

Gatesteilheit *(forward transconductance)*. Bei einem Feldeffekttransistor der differentielle Quotient zwischen Drainstrom und Gatespannung in einer Sourceschaltung.

$$g_{fs} = \frac{dI_D}{dU_{GS}}$$

Statt der Einheit µS wird für die G. im amerikanischen Schrifttum oft µmho (von rechts nach links gelesen: „ohm") angegeben. [4] We

Gatesteuerung *(gate control)*. Steuerung eines Feldeffekttransistors über die Gatespannung. Die G. muß besonders im Abschnürbereich angewendet werden, da eine Beeinflussung des Drainstromes durch die Spannung zwischen Drain und Source hier kaum möglich ist. [4]. We

Gatter *(gate)*. Bezeichnung für Verknüpfungsglied, besonders für die Ausführung der Verknüpfungen UND, ODER, NAND und NOR. Der Ausdruck ist damit zu erklären, daß G. nicht nur zur eigentlichen Verknüpfung von Informationen, sondern auch zur Sperrung oder Durchleitung eines Informationsflusses dienen. [2]. We

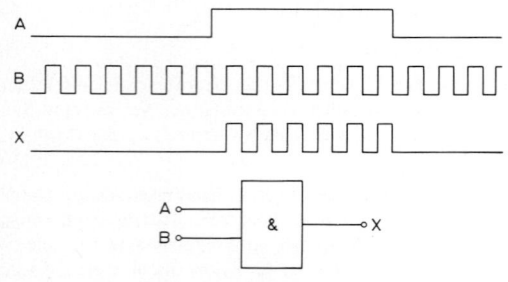

Verwendung eines Gatters zum Steuern eines Impulsstromes

Gatter, passives *(passive gate)*. Verknüpfungsschaltung, die nur mit passiven Bauelementen, z. B. Dioden, Widerständen, realisiert ist. Da passive G. das Signal nicht verstärken können, können Schaltungen nicht ausschließlich mit ihnen aufgebaut werden. Passive G. werden vorwiegend als Expansionsstufen verwendet. [2]. We

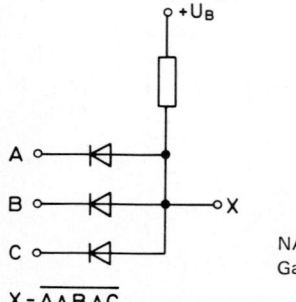

NAND-Stufe als passives Gatter (positive Logik)

$X = \overline{A \wedge B \wedge C}$

Gatterlaufzeit *(gate propagation delay time)*. Signalverzögerungszeit in einem Gatter; entspricht der Stufenverzögerungszeit. [2]. We

Gauß *(gauss)*. Außer Kraft gesetzte Einheit der magnetischen Flußdichte B, (Zeichen G).

$$1G = 10^{-4} \frac{V\,s}{m^2} = 10^{-4} \frac{Wb}{m^2} = 10^{-4}\,T$$

(V Volt; Wb Weber; T Tesla). [5]. Rü

Gauß-Filter *(Gaussian Filter)*. Ein idealisiertes Filter, das sich ergibt, wenn die Gruppenlaufzeit innerhalb des Durchlaßbereichs konstant sein soll. Für den Betrag der Wirkungsfunktion H(p) längs der imaginären Achse muß dann gelten

$$|H(j\Omega)| = e^{-\Omega^2},$$

(Ω normierte Frequenz). Eine Realisierungsmöglichkeit durch eine nach dem (n+1). Glied abgebrochene MacLaurin-Reihe führt in der Praxis zu unbefriedigenden Ergebnissen. Eine bessere Approximation des Phasenverlaufs bietet das Besselfilter. [14]. Rü

Gauß-Signal → Elementarsignale Rü

Gauß-Verteilung *(Gaussian distribution)*, Normalverteilung, Normalverteilungskurve. Die G. gibt die wichtigste theoretische Häufigkeitsverteilung in der statistischen Methodenlehre an und wird in der Meßtechnik zur Ermittlung der Verteilung voneinander unabhängiger, zufällig schwankender Einzelwerte von Größen oder Merkmalen um einen arithmetischen Mittelwert $\bar{x}$ zugrundegelegt (Bild). [12]. Fl

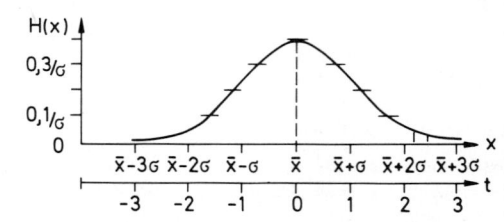

x Häufigkeit des Meßwertes
$\bar{x}$ arithmetischer Mittelwert von k Meßwerten
σ Standardabweichung
t Normalverteilung
Gauß-Verteilung

Gaußsche Fehlerquadratmethode *(Gaussian methode of square of the error)*. Die G. ist eine Ausgleichsrechnung für fehlerbehaftete Meßwerte, die über Polynome führt, so daß der Ausdruck

$$Q = \sum_{i=1}^{k} (g(x_i) - y_i)^2$$

ein Minimum wird (x_i; y_i vorgegebene Wertepaare; $g(x_i)$ gesuchte Funktion; i = 1, 2, ... k). [12]. Fl

Gaußsche Fehlerverteilungsfunktion → Fehlerfunktion. Fl

Gaußsches Fehlerintegral *(Gauss error integral)*, Fehlerintegral, Normalverteilungsgesetz, Fehlerverteilungsgesetz, Wahrscheinlichkeitsintegral. Das Gaußsche Fehlerintegral ist eine Verteilungsfunktion, die in der Meßtechnik den Anteil der Meßwerte angibt, der innerhalb einer gewissen Umgebung des arithmetischen Mittelwerts x (am häufigsten auftretender Wert) liegt. In der einfachsten Form lautet das G.:

$$Wi = \int_{x_1}^{x_2} H(x)\, dx = \frac{1}{\sigma\sqrt{2\pi}} \cdot \int_{x_1}^{x_2} e^{-\frac{(x-\bar{x})^2}{2\sigma^2}}\, dx$$

(H(x) Häufigkeit des Meßwertes; x Meßwert; $\bar{x}$ arithmetischer Mittelwert von k Meßwerten; σ Standardabweichung). [12].   Fl

Gaußsches Fehlerquadrat *(Gaussian square of the error)*. Als G. bezeichnet man die Quadratsumme der Abweichungen v_i, die man von einer Meßgröße x in k-Messungen mit den Meßwerten $x_1, x_2, \ldots \dot{x}_k$ erhält:

$$v_i = x_i - \bar{x} \quad \text{mit}$$

$$\bar{x} = \frac{x_1 + x_2 + \ldots x_k}{k} \quad \text{und} \quad i = 1, 2, \ldots k\, .$$

Das Gaußsche Fehlerquadrat ([vv]) wird für die Summe der Quadrate $[vv] = v_1^2 + v_2^2 + \ldots v_k^2$ gebildet und zur Ermittlung des mittleren Fehlers bzw. der Streuung σ der Einzelmessung bei hinreichend großen Werten für k benötigt:

$$\sigma = \sqrt{\frac{\sum_{i=1}^{k} v_i^2}{k}} = \sqrt{\frac{[vv]}{k}}\, .$$

[12].   Fl

Gaußsches Integral → Normalverteilung.   Rü

Gebrauchslebensdauer *(life, using life)* → Lebensdauer.   We

Gebührenerfassung *(charging)*. Ermittlung und Registrierung von Daten zur Abrechnung für die Inanspruchnahme von Diensten. Die Gebühren richten sich nach der Gebührenzone (metering zone) sowie nach der Zeitdauer. Sie werden entweder einzeln oder summarisch durch Addition von Gebühreneinheiten mittels Zeitimpulszählung *(time-pulse metering)* während des Gesprächszustandes erfaßt oder pauschal tarifiert *(flat rate)*. [19]. Kü

Gedächtnis *(memory)*. Man unterscheidet in der Lerntheorie drei Gedächtnisformen: den Kurzspeicher, das Kurzzeit- und das Langzeitgedächtnis. Der Kurzspeicher speichert über einen Zeitraum von etwa 10 s (sog. Gegenwartsdauer) Informationen mit einer Geschwindigkeit von 16 bit/s. Dies entspricht einer Speicherkapazität von 160 bit oder etwa 32 verschiedenen Zeichen. Das Kurzzeitgedächtnis — für eine Speicherzeit von Minuten bis Stunden — hat eine Zuflußrate von nur 0,7 bit/s. Dies bedeutet, daß nur etwa 4 % des Kurzspeicherinhalts ins Kurzzeitgedächtnis übernommen wird; der Rest geht verloren. Das Langzeitgedächtnis hat eine Zuflußrate von etwa 0,05 bit/s. Hier zerfällt die Information nach einem Logarithmusgesetz. Die Gesamtkapazität des Langzeitgedächtnisses wird auf 10^5 bis 10^8 bit geschätzt. [9].   Li

Gegeninduktivität *(mutual inductance)*. Die Wirkung, die zwischen zwei magnetisch gekoppelten Spulen mit den Selbstinduktivitäten L_1 und L_2 auftritt. Durch Änderung eines Stromes i in der Spule 1 wird durch die G. in der Spule 2 eine Spannung u induziert und umgekehrt. Bezeichnet man die G. mit „M", dann ist die induzierte Spannung

$$u = -\frac{d(Mi)}{dt} = -\left[M\frac{di}{dt} + i\frac{dM}{dt}\right]$$

und für zeitlich konstantes M

$$u = -M\frac{di}{dt}\, .$$

Der Wertebereich der G. ist

$$-\sqrt{L_1 L_2} \leq M \leq \sqrt{L_1 L_2}\, .$$

(Für den Zusammenhang mit dem Streugrad und dem Kopplungsfaktor → Übertrager). [13].   Rü

Gegenkopplung *(negative feedback)*. G. bezeichnet die Rückführung eines Teiles der Ausgangsspannung eines Verstärkers an den Eingang mit entgegengesetzter Phasenlage. G. setzt die Verstärkung herab, linearisiert die Verstärkerkennlinie und beeinflußt den Innenwiderstand des Verstärkers. Die G. kann den Gesamtfrequenzgang gleichmäßig betreffen oder auch frequenzabhängig sein, um bestimmte Frequenzbereiche abzuschwächen bzw. anzuheben. [13] [14].   Th

Gegenkopplungsnetzwerk *(negative feedback network)*. Bezeichnung für eine Zusammenschaltung aus Widerständen, Induktivitäten und Kondensatoren. Es kann auch nichtlineare Bauelemente wie Dioden und Transistoren oder sogar ganze Verstärker enthalten. Das G. beeinflußt die Leerlaufverstärkung eines Verstärkers ohne G. derart, daß z. B. ein bestimmter Verstärkungsfaktor, ein definierter Frequenzgang, ein logarithmischer Amplitudengang oder ein Begrenzerverhalten erreicht wird. [13], [14], [15], [18].   Th

Gegenparallelschaltung *(anti-parallel connection)* → Antiparallelschaltung.   Ku

Gegenstrombremsung *(braking by plugging)*. Dieser Bremsbetrieb ist bei Asynchronmaschinen (ASM) möglich. Er tritt bei einem Schlupf $s > 1$ auf, d. h. wenn der Läufer der ASM entgegen dem Drehfeld angetrieben wird. Dabei wird mechanische Energie vom Antrieb und elektrische Energie aus dem Netz im Läufer in Wärme umgesetzt, weshalb die G. durch thermische Grenzen stark eingeschränkt wird. [3].   Ku

Gegentakt-AB-Betrieb *(class-AB push-pull operation)*. Der G. stellt eine Schaltungsart dar, bei der die Signalspannung durch eine symmetrische Aufspaltung in zwei Teile mit entgegengesetzter Phasenlage zerlegt wird. Die beiden Teilspannungen durchlaufen getrennte Verstärkerstufen und werden an deren Ausgängen wieder zusammengesetzt. Dieses Prinzip erlaubt den Bau von Leistungsverstärkern hoher Leistung. Die Leistungsstufen arbeiten im AB-Betrieb. Die geradzahligen Harmonischen werden unterdrückt. [11], [13].   Th

Gegentakt-B-Betrieb *(class-B push-pull operation)*. Der G. unterscheidet sich vom Gegentakt-AB-Betrieb nur durch die Arbeitspunkteinstellung auf Ruhestrom Null. [11], [13]. Th

Gegentaktausgang *(push-pull output)*. Ausgangspaar mit einem gemeinsamen Anschluß für zwei gleichgroße, jedoch gegenphasige Ausgangssignale (DIN 41 860). [6]. Ne

Gegentaktdiskriminator → Differenzdiskriminator. Ne

Gegentakteingang *(push-pull input)*. Eingangspaar mit einem gemeinsamen Anschluß für zwei gleichgroße, jedoch gegenphasige Eingangssignale (DIN 41 860). [6]. Ne

Gegentaktflankendiskriminator → Differenzdiskriminator.Fl

Gegentaktgleichrichter *(push-pull rectifier)*, Mittelpunktgleichrichter. Der G. wird vielfach als Meßgleichrichterschaltung zur Mittelwertgleichrichtung sinusförmiger Spannungen bzw. Ströme eingesetzt. Wichtiges Glied ist

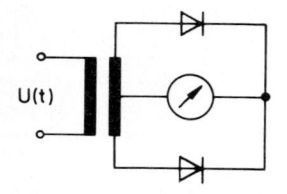

Gegentaktgleichrichter

ein Zwischenwandler mit Mittelanzapfung (Bild), wodurch die Gleichstromkomponente evtl. anliegender Mischgrößen im Sekundärkreis nicht auftritt. Vorteilhaft ist die mögliche sekundärseitige Spannungsüberhöhung des Wandlers, wodurch die Anfangskrümmung der Gleichrichterdioden unwirksam gemacht werden kann. [12]. Fl

Gegentaktkollektorschaltung → Gegentaktkomplementärkollektorschaltung. Fl

Gegentaktkomplementärkollektorschaltung *(push-pull complementary collector circuit)*, Gegentaktkollektorschaltung. Die G. ist ein Großsignalverstärker, dessen aktive Bauelemente aus zwei komplementär-symmetrischen Transistoren, einem NPN-Typ und einem PNP-Typ, bestehen. Beide Bipolartransistoren besitzen gleiche Charakteristiken. Die Schaltung ist symmetrisch aufgebaut und arbeitet im Gegentakt ohne Phasenumkehrstufe und Übertrager als eisenlose Endstufe. Grundschaltung beider Transistoren ist die Kollektorschaltung. Nach dem Prinzipbild erzeugen die Spannungsteiler R_1, R_2 und R_3, R_4 Vorspannungen für die Basisanschlüsse. Die Widerstände R_1 und R_3 bzw. R_2 und R_4 sind gleich groß. Die Schaltung arbeitet als Klasse-AB-Verstärker und benötigt zwei Spannungsquellen. Liegt z. B. eine positive Halbschwingung der sinusförmigen Eingangsspannung an, öffnet der NPN-Transistor, der PNP-Transistor ist gesperrt. Durch den Lastwiderstand R_L (z. B. ein Lautsprecher) fließt der Emitterstrom des leitenden Transistors. Bei der negativen Halbschwingung sind die Verhältnisse umgekehrt.

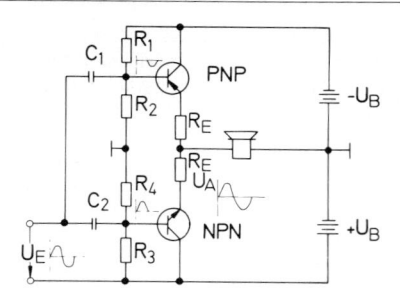

Gegentaktkomplementärkollektorschaltung

Durch den Lastwiderstand fließt ein sinusförmiger Ausgangsstrom, der sich aus den Anteilen beider Halbschwingungen zusammensetzt. Die untere Spannungsquelle kann entfallen, wenn zwischen Emitteranschlüssen und Lastwiderstand ein Kondensator genügend großer Kapazität eingefügt wird (Elektrolytkondensator mit etwa 250 μF bis 1500 μF). Aufgrund seines Speichervermögens übernimmt der Kondensator die Aufgabe der Spannungsversorgung des NPN-Transistors. [6], [13]. Fl

Gegentaktleistungsverstärker Klasse B → Klasse-B-Verstärker. Fl

Gegentaktoszillator *(push-pull oscillator)*. Der G. weist eine höhere Frequenzstabilität als der Eintaktoszillator auf. Er wird gern im VHF-UHF-Gebiet (VHF very high frequency, UHF ultra high frequency) angewendet, wenn freischwingende Oszillatoren höherer Konstanz verwendet werden sollen. Auch die Ausgangsleistung ist höher. Weiterer Einsatz als HF-Oszillator (HF Hochfrequenz) für Vormagnetisierungs- und Löschfrequenz in Studio-Magnetbandgeräten. Durch die Symmetrie ist der Klirrfaktor gering. [13]. Th

Gegentaktschaltung → Gegentaktverstärker. Ne

Gegentaktverstärker *(push-pull amplifier)*, Push-Pull-Verstärker. Der G. ist ein Verstärker, der aus zwei symmetrisch aufgebauten Verstärkerstufen besteht. Häufig sind Endstufen als G. geschaltet. Durch die Gegentaktschaltung wird eine große Ausgangsleistung bei gering bleibenden Verzerrungen erreicht. Der Wirkungsgrad kann maximal 78 % betragen. Als Verstärkerbauelemente lassen sich Röhren oder Transistoren verwenden. Transistorschaltungen werden mit gleichartigen Transistoren oder in Komplementärtechnik aufgebaut. Komplementäre Ausführungen ersparen sowohl den Eingangs- als auch den Ausgangsübertrager. Nach der Arbeitspunkteinstellung unterscheidet man Klasse-B- und Klasse-AB-Verstärker. Bei den gebräuchlichen übertragerlosen Schaltungen sind die Transistoren für die Betriebsspannungen in Reihe geschaltet, für die Signalspannungen aber gegenphasig. Die Ansteuerung erfolgt gegenphasig, wobei das Eingangssignal in zwei Teile gleicher Amplitude aber entgegengesetzter Phase aufgeteilt wird. Die Teilschwingungen werden folgerichtig am Ausgang über der Last wieder zusammengesetzt. [6], [13]. Fl

Gehäuseformen *(package types)*. Für die Verkapselung von Halbleiter-Bauelementen und integrierten Schaltungen werden folgende Gehäuseformen bzw. Kapselungsarten verwendet: 1. Glasgehäuse (z. B. Diodengehäuse), 2. Rundgehäuse (z. B. → TO-Gehäuse für Klein- und Leistungstransistoren), 3. Flachgehäuse (z. B. für Miniplasttransistoren → Flat Pack), 4. Dual-in-Line-Gehäuse (→ DIL-Gehäuse) aus Keramik oder Plastik (für integrierte Schaltungen). [4]. Li

Gehäusetemperatur *(case temperature)*. Temperatur des Gehäuses eines Bauelements. Die G. kann höher als die Temperatur der Umgebungsluft sein. Bei Verwendung großflächiger Kühlbleche bzw. Kühlkörper wird angenommen, daß die G. der Umgebungstemperatur entspricht. [4]. We

Geiger-Müller-Zählrohr *(Geiger-Müller tube)*. Kernphysikalisches Gerät zur Zählung von Ionen. Prinzip: Ein dünnwandiger, mit Luft oder einem Gas gefüllter Metallzylinder und ein in der Zylinderachse isoliert eingezogener Draht stehen unter Spannung von 1 kV bis 3 kV, wobei der Draht meist die Anode darstellt. Tritt ein Ion in dieses Zählrohr ein, so erzeugt es in diesem starken elektrischen Feld eine Elektronenlawine (durch Stoßionisation). Der dadurch erzeugte Stromimpuls wird nach Verstärkung gezählt. Die Zählrate (d. h. die Anzahl der Impulse pro Sekunde) wird durch das Löschverhalten des Gases begrenzt, da erst nach Abklingen der Elektronenwolke ein neuer Impuls gezählt werden kann. [5]. Bl

Geisterbild *(ghost (double) image; echo; ghost; fold-over; multipath effect)*. Vornehmlich in Großstädten besteht die Möglichkeit, daß zur Empfangsantenne außer der direkten Strahlung von irgendeiner Bodenerhebung (Haus, Schornstein, usw.) reflektierte Welle mit einem entsprechenden Wegunterschied gelangt. Dann erscheinen auf dem Bildschirm des Fernsehempfängers zwei Bilder, die je nach dem Laufzeitunterschied eine Unschärfe hervorrufen oder deutlich erkennbar gegeneinander verschoben sind. Th

Geko-Relais → Reed-Relais. Ge

Geländedämpfung → Hindernisdämpfung. Ge

Geländeschnitt → Funkfeld. Ge

Genauigkeit *(accuracy)*. Die G. von Meßgeräten, Meßeinrichtungen und Meßverfahren wird neben der Handhabung z. B. auch von zufälligen Schwankungen physikalischer Größen, wie der Temperatur, dem Luftdruck, der Feuchte, Störspannungen, mitbestimmt. Um die entstehenden Abweichungen des Meßwertes vom wahren Wert gering zu halten, ist man bestrebt, eine möglichst hohe G. zu erreichen. In Verbindung mit zahlenmäßigen Fehlerangaben sollte daher der Begriff G. durch Meßunsicherheit oder Fehlergrenzen ersetzt werden. Die G. eines Meßergebnisses wird durch den relativen Fehler bzw. mit dem Vertrauensbereich angegeben. [12]. Fl

Genauigkeitsklasse *(accuracy class)*, Klassengenauigkeit. Selbsttätig anzeigende oder schreibende elektrische Meßgeräte müssen einschließlich des Zubehörs mit einem Klassenzeichen, der G., versehen werden. Ausnahme sind elektronische Meßgeräte. Man unterscheidet Feinmeßgeräte mit den Genauigkeitsklassen 0,1; 0,2; 0,5 und Betriebsmeßgeräte mit den Genauigkeitsklassen 1; 1,5; 2,5; 5. Die Festlegung der G. ist von vorgeschriebenen Sicherheits-, Stück- und Typenprüfungen abhängig, die sich z. B. auf Anzeigefehler, Beruhigungszeit und Einflußgrößen (→ Einfluß) erstrecken. Der Zahlenwert der G. gibt den höchstzulässigen Fehler in Prozenten des Meßbereichs-Endwerts unter festgelegten Nennbedingungen an. [12]. Fl

Generation *(generation)*. Erzeugung von Ladungsträgerpaaren (Ionen und Elektronen bzw. Defektelektronen und Elektronen) in Gasen und Halbleitern durch Energiezufuhr. Bei Halbleitern müssen die Elektronen vom Valenzins Leitungsband angehoben werden. Die dazu erforderliche Energie wird von thermischer Energie oder von Photonen (optische Anregung) geliefert. [5], [7]. Li

Generationsrate *(generation rate)*. Anzahl der in einem Halbleiter pro Zeit- und Volumeneinheit entstehenden Elektronen-Defektelektronen-Paare. Die G. hängt von der zugeführten Energie und der Breite der zwischen Valenz- und Leitungsband liegenden verbotenen Zone ab. [7]. Li

Generationsstrom *(generation current)*. Bei Übergang von einem Gebiet eines PN-Übergangs in das andere findet eine große Änderung der Ladungsträgerdichte statt. Die Elektronendichte z. B. nimmt beim Übergang vom P-Gebiet zum N-Gebiet stark zu. Diese Zunahme kann man durch Ladungsträgerzustrom infolge Generation, den G., entstanden denken. [7]. Li

Generator, quarzgesteuerter *(crystal controlled generator)*. Elektronische Oszillatorschaltung, die mit einem Quarz als frequenzbestimmendes Element bestückt ist. Die Frequenzkonstanz liegt zwischen $1 \cdot 10^{-5}$ bis $1 \cdot 10^{-8}$. Sehr hohe Frequenzkonstanz nur durch Betrieb des Quarzes im Thermostat möglich. Die Frequenzgenauigkeit hängt direkt vom Quarz ab. Quarzgesteuerte Generatoren werden von etwa 1 kHz bis etwa 150 MHz betrieben. Bei Schwingfrequenzen oberhalb 20 MHz wird der Quarz in einer ungeradzahligen Oberschwingung erregt. [5], [6], [13]. Th

Geräuschspannungsmesser → Psophometer. Fl

Geräuschsperre → Störsperre. Fl

Gesamtausfall *(black out)*. Ausfall aller Funktionen einer Betrachtungseinheit (DIN 40 041). G. bedeutet nicht, daß alle Teile eines Gerätes oder Systems defekt sind. Es kann z. B. ein G. bei einem elektronischen Gerät eintreten, wenn das Netzteil defekt ist. Hierbei können alle anderen Komponenten funktionstüchtig sein. We

Geschwindigkeit *(velocity)*. Die G. v ist als die erste Ableitung des Weges (als Funktion der Zeit) s nach der Zeit t gegeben: $\mathbf{v} = \frac{ds}{dt}$. v heißt auch momentane oder augenblickliche G. [5]. Bl

Geschwindigkeit, mittlere thermische *(mean thermodynamic velocity).* Nach der kinetischen Gastheorie beträgt die mittlere kinetische Energie der Atome bzw. Moleküle eines Gases der Temperatur T je Freiheitsgrad 1/2 kT (k Boltzmann-Konstante). Daraus ergibt sich die mittlere thermische G. eines Atomes bzw. Moleküls der Masse m zu $v_m = \sqrt{3kT/m}$. [5]. Bl

Geschwindigkeitsklasse *(class of data signalling rate).* Zusammenfassung von Anschlüssen mit gleicher Übertragungsgeschwindigkeit. Die Klassen sind in den Empfehlungen X.1 des CCITT (Comité Consultatif International de Télé graphique et Téléphonique) festgelegt. [19]. Kü

Getter *(getter).* Spezielle Stoffe (Barium, Calcium, Magnesium, Strontium, Natrium, Kalium bzw. Gemische dieser Elemente), die in Form von Pillen in Vakuumröhren zur Absorption von Restgasen eingebracht werden. Nach der Vakuumerzeugung werden sie durch Erhitzen verdampft und binden dabei Gasatome. Manche Getter bilden auf der Röhren-Innenseite eine silbrige Schicht. [4]. Li

Gewicht von Codeworten *(weight of code words).* Anzahl der in einem Code-Wort mit dem Wert „1" besetzten Bitstellen. Haben in einem Code alle Worte das gleiche Gewicht, so bezeichnet man diesen als gleichgewichteten Code *(constant ratio code).* Beispiel für einen gleichgewichteten Code ist der Eins-aus-Zehn-Code, bei dem jedes Code-Wort jeweils nur einmal den Wert „1" enthält. [1]. We

Gewicht von Fehlern *(significance of errors).* 1. Maß, das einer Einzelmessung zugeordnet wird und das angibt, mit welchem Gewicht ein Beobachtungsfehler im Verhältnis zu den übrigen Messungen bei der Berechnung der Fehlerquadratsumme eingeht. [12]. 2. Anzahl der verfälschten Bits innerhalb eines Sicherungsabschnitts, z. B. bei einem Codewort oder bei Blocksicherung bei einem Block. [13]. We

Gewichtsfunktion *(impulse response).* Die einer Übertragungsfunktion G(s) (Bildbereich) zugehörige Originalfunktion g(t) (Zeitbereich) bezeichnet man als G. (→ Laplace-Transformation). Die G. gibt Aufschluß über das dynamische Verhalten eines Systems, da sie der Impulsantwort entspricht. [5]. Ku

Gewinn → Antennegewinn. Ge

GIC *(generalized impedance converter)* → Konverter. Rü

Giga *(giga).* Vorsatzzeichen, das die entsprechende Einheit mit dem Faktor 10^9 multipliziert (z.B. 1 GHZ = 10^9 Hz). [4]. Ne

GIMOS-Technik *(gate injection MOS, GIMOS).* Ein nichtflüchtiger Halbleiterspeicher, der bei Zimmertemperatur eine einmal eingeschriebene Information bis zu 1000 Jahre speichern kann, sowie 20 000 Löschzyklen und $3 \cdot 10^9$ Lesezyklen zuläßt. Hierbei wird in eine Silicium-(II)-oxidschicht polykristallines Silicium (schwebendes Gate) eingebracht. Ladungen gelangen auf das schwebende Gate durch Fowler-Nordheim-Tunnelung, indem man an das Steuergate eine relativ kleine Spannung von z. B.

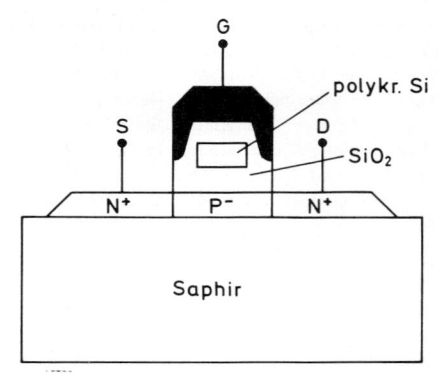

GIMOS-Technik

+11 V anlegt. Als Substrat kann N- oder P-dotiertes Silicium oder Saphir dienen (Bild). Ne

Giorgi-System *(Giorgi system).* Einheitensystem, das auf den Basiseinheiten 1 m, 1 kg, 1 s, und 1 Ω für Länge, Masse, Zeit und Widerstand basiert. Daraus ist das internationale System der SI-Einheiten entstanden (allerdings wurde 1 Ω nicht als Basiseinheit gewählt). [5]. Bl

Gitter 1. Die meisten Stoffe im festen Aggregatzustand zeigen eine sich periodisch wiederholende Anordnung der Atomstruktur, die man Gitter *(lattice)* nennt. Die verschiedenen Gittertypen werden nach ihrer Form und Symmetrie in Klassen eingeteilt und durch Elementarzellen dargestellt. 2. G. *(grating)* werden in der Optik zur Erzeugung von Interferenzbildern benutzt. Bl
3. In Elektronenröhren beeinflussen G. *(grid)* zwischen Katode und Anode den Stromfluß. Die am häufigsten verwendeten G. heißen Steuer-, Schirm- und Bremsgitter. [5], [7]. Li

Gitterableitwiderstand *(grid leak).* Bei Elektronenröhren der Widerstand zwischen Steuergitter und Masse, der die statische Aufladung des Gitters durch aufprallende Elektronen verhindern soll. [4]. Li

Gitterabstand *(lattice distance).* Bei einem periodischen Kristallgitter gibt es ein Tripel von (nicht in einer Ebene liegenden Vektoren) **a, b, c** (Basisvektoren) mit der Eigenschaft, daß die Gitterstruktur σ(**r**) an der Stelle **r** gleich derjenigen ist, die man nach k-, m-, nfachem (k,m,n ∈ N) Anwenden der Basisvektoren findet: σ(**r**) = σ(**r**+k**a**+m**b**+n**c**). Somit gibt die Länge der Basisvektoren an, in welchem Abstand sich das Gitter wiederholt, also den G. [5], [7]. Bl

Gitter-Anoden-Kapazität *(grid-plate capacitance).* Zwischen Gitter und Anode einer Elektronenröhre auftretende Kapazität. Die G. hat eine kapazitive Kopplung zwischen Ausgang und Eingang einer Röhrenverstärkerstufe zur Folge, die bei HF-Verstärkern (HF Hochfrequenz) zu Schwingneigung führt. [4]. Li

Gitterbasisschaltung *(grounded grid amplifier),* Verstärkergrundschaltung bei der Elektronenröhre, bei der das Gitter wechselspannungsmäßig auf Masse liegt, also gemeinsame Bezugselektrode für Ein- und Ausgangssignal ist. Eigenschaften: große Spannungsverstärkung, Stromverstärkung ungefähr 1, sehr niedriger Eingangswiderstand und vernachlässigbar geringe Rückwirkung zwischen Ausgang und Eingang. Besonders geeignet für HF-Verstärker (HF Hochfrequenz) wegen der geringen Schwingneigung. [4], [8]. Li

Gitterbasisstufe → Gitterbasisschaltung. Li

Gitterelektron *(lattice electron).* Fest an seinen Gitterplatz gebundenes Elektron. [5], [7]. Bl

Gitterfehler *(lattice defect).* Abweichungen vom regelmäßigen Gitter eines Idealkristalles. Nach H. Pick unterscheidet man häufig: 1. chemische G. durch Verunreinigungen oder Fremdatome; 2. strukturelle G., also z. B. Leerstellen, Versetzungen; 3. elektronische G., d. h. Abweichungen der elektrischen Ladungsverteilung von der regelmäßigen Idealform. Elektronische G. können ohne die oben erwähnten G. auftreten. [5], [7]. Bl

Gitterfehlstrom *(grid leakage current).* Bei höheren negativen Gitterspannungen, die unterhalb des Gitterstrom-Einsatzpunktes liegen, tritt ein Gitterstrom — aus dem Gitter austretende Elektronen — auf. Dieser sog. G. hat im wesentlichen folgende Ursachen: 1. Schlechtes Vakuum, dadurch Erzeugung positiver Ionen, die zum Gitter gelangen; 2. thermische Emission des Gitters wegen zu hoher Temperatur bzw. aufgedampften Katodenmaterials; 3. Isolationsfehler zwischen dem Gitter und den übrigen Elektroden. [4]. Li

Gitterkapazität *(grid capacitance).* Kapazität, die sich bei der Triode aus zwei Kapazitäten zusammensetzt: der Steuergitter-Katodenkapazität und der Steuergitter-Anodenkapazität; bei Mehrgitterröhren auch aus der Kapazität zwischen dem Steuergitter und den übrigen Gittern. [4]. Li

Gitterkonstante *(lattice constant).* 1. Kennzeichnet in der Elementarzelle eines Einkristalles den Abstand der Gitteratome voneinander und damit den Kristallaufbau. 2. Bei Beugungsexperimenten gibt die G. den Abstand der parallelen Spalte auf einem Schirm bzw. den Abstand der Streifen eines Beugungsgitters an. [5], [7]. Bl

Gitterpolarisation *(orientational polarisation).* Entsteht bei Festkörpern, die aus Molekülen mit einem elektrischen Dipolmoment bestehen, durch eine Orientierung (Ausrichtung) der zunächst statistisch gerichteten Dipolmomente im elektrischen Feld. Die G. ist stark temperaturabhängig und führt zur Elektrostriktion und Piezoelektrizität. [5], [7]. Bl

Gitterschwingung *(lattice vibration).* Die ein Kristallgitter aufbauenden Atome schwingen um ihre Gleichgewichtslagen. Die Schwingungsamplituden sind im allgemeinen sehr klein, sofern keine Temperaturen in der Nähe des Schmelzpunktes betrachtet werden. In diesem Fall kann man die Gitterschwingungen als harmonisch betrachten und durch Phononen beschreiben. Die Gitterschwingungen sind zum Verständnis z. B. der spezifischen Wärme, des ohmschen Widerstandes und von Diffusionseffekten sehr wichtig. [5], [7]. Bl

Gitterspannung *(grid voltage).* Die zwischen dem Gitter einer Röhre und der Bezugselektrode der Schaltung — meist der Katode — liegende Spannung. Sie ist fast immer negativ, da eine positive G. zu stark ansteigendem Gitterstrom und Überschreiten der Gitterverlustleistung führt. [4]. Li

Gitterspannungsmodulation *(grid modulation; grid bias modulation).* Bei der G. wird die Gittervorspannung oder der Gittergleichstrom der Senderendstufe im Takt der Modulation geändert, damit ändert sich entsprechend die HF-Amplitude im Anodenkreis der Endstufe. Verzerrungsarme Modulation ist wegen der gekrümmten Kennlinie nur bis zu 70 % Modulationsgrad möglich. Theoretisch erfolgt die Modulation leistungslos. Da jedoch im Gitterstromgebiet gearbeitet wird, sind einige Watt Modulatorleistung notwendig. [13]. Th

Gittersteuerung *(grid control).* Steuerung des Anodenstromes einer Elektronenröhre mit Hilfe der an das Steuergitter angelegten Spannung. [4]. Li

Gitterstörstelle *(lattice dislocation).* Hierunter versteht man jede Fehlstelle im Gitter, d. h. jede Abweichung vom idealen Kristallaufbau als periodische Aneinanderreihung von Elementarzellen. Häufig wird der Begriff im engeren Sinne als Punktfehler interpretiert, d. h. als Frenkel- oder Schottky-Fehlstelle. [5], [7]. Bl

Gitterstrom *(grid current).* Der vom Gitter abfließende Elektronenstrom. Bei geringer negativer Gittervorspannung können Elektronen aufgrund ihrer thermischen Energie auf das Gitter auftreffen. Als Gitterstrom-Einsatzpunkt bezeichnet man die Spannung, bei der I_G = 0,3 μA ist. Diese Spannung liegt bei indirekt geheizten Röhren im Bereich von $-1,5$ V bis $-0,5$ V. Bei positiveren Spannungen steigt der G. stark an. Bei negativeren Spannungen geht der G. in den Gitterfehlstrom über. [4]. Li

Gittervorspannung *(grid bias).* Da die Röhren-Kennlinie nicht symmetrisch zum Nullpunkt verläuft, kann man die Röhre nicht direkt mit einer Wechselspannung ansteuern. Es muß erst ein Arbeitspunkt so gewählt werden, daß die Anodenspannung innerhalb des Aussteuerbereichs liegt, damit eine verzerrungsarme Verstärkung möglich wird. Die zu diesem Arbeitspunkt gehörende negative Spannung ist die G. [4]. Li

Gitterzündung → Thyristorzündung. Rü

Glaselektrode *(glass electrode).* Spezielle Elektrode für pH-Messungen (Bestimmung der Wasserstoffionenkonzentration). Hierbei wird der Effekt ausgenutzt, daß eine Glasoberfläche gegenüber einer Lösung ein reproduzierbares Potential annimmt, das sich mit der Wasserstoffionenkonzentration ändert. [4]. Ne

Glasfaser *(glass fibre).* Glas, das zu einem Draht mit einer Dicke von 0,02 mm ausgezogen wird. Glasfasern dienen als Isolationsmaterial, zur Verstärkung von Kunststoffen oder zur Realisierung von Lichtwellenleitern. Ne

Glashalbleiter *(glass semiconductor).* Gläser, die im Gegensatz zu Silikatgläsern (Silicium-(II)-oxidverbindungen)

halbleitende Eigenschaften zeigen. Sie zeichnen sich durch gute optische Eigenschaften im Infrarotbereich, ausgeprägten inneren Photoeffekt und sprungartige Änderung des Widerstandes ab einer bestimmten anliegenden Spannung aus. Man unterscheidet zwischen Chalkonidgläser, in denen Germanium oder Arsen das Silicium im Silicium-(II)-oxid und Tellur, Schwefel oder Selen das Oxid ersetzen (AsS), und Übergangsmetalloxidgläser, in denen Metalle bzw. Metalloxide beispielsweise Silicium-(II)-oxid zugesetzt werden. [4]. Ne

Glaskondensator *(glass capacitor).* Kondensator mit Glasdielektrikum für besonders hohe Temperatur- und Feuchtebeanspruchung. Die aus Metallfolien und dünnen Glasfolien gebildeten Pakete werden in einer Glashülle unter Druck zu einem Block verschmolzen. [4]. Ge

Glasröhrchensicherung → Schmelzsicherung. Fl

Glättungsdrossel *(smoothing reactor).* Die G. dient in Gleichstromkreisen mit stark welliger Spannung zur Reduzierung der dem Gleichstrom überlagerten Wechselströme. Sie haben i. a. einen Eisenkern mit Luftspalt, der so bemessen ist, daß auch beim größten Gleichstromwert das Eisen nicht übersättigt wird. Glättungsdrosseln finden vorwiegend in Anlagen und Geräten mit Stromrichtern Verwendung. [11]. Ku

Glättungskondensator *(smoothing capacitor).* Dient in Verbindung mit Spulen oder Widerständen zur Glättung pulsierender Gleichspannung durch Ableitung der Wechselstromkomponente. [4]. Ge

Gleichgewicht, thermisches *(thermodynamic equilibrium).* Zwei Systeme, die Energie und Teilchen austauschen können, sind thermodynamisch im G., wenn die Temperaturen und die chemischen Potentiale gleich sind. Kann keine Diffusion auftreten, so liegt thermisches Gl. vor, wenn das Boltzmannsche Verteilungsgesetz gilt. [5]. Bl

Gleichlichtschranke *(constant light barrier).* Einfachste Form der Lichtschranke, bei der der Sender Licht gleichbleibender Intensität erzeugt — meist mit Hilfe einer Glühlampe. Gleichlichtschranken sind gegenüber Fremdlicht störanfällig. [6], [16], [18]. Li

Gleichrichter, steuerbarer *(controlled convertor).* Darunter versteht man einen netzgeführten Stromrichter mit steuerbaren Ventilen. Durch Phasenanschnittsteuerung kann die Ausgangsgleichspannung verstellt werden. [11]. Ku

Gleichrichterdiode *(rectifier diode).* Eine Halbleiterdiode, die zur Gleichrichtung von Wechselströmen dient und Rückwärtsspannung von bis zu mehr als 1000 V verträgt. [4]. Ne

Gleichrichtermeßgerät *(rectifier instrument).* Ein Meßgerät, das über eine Gleichrichterschaltung Wechselgrößen in eine Gleichgröße umformt. Bei elektrischen Meßgeräten, z. B. einem Vielfachinstrument, liegt der Meßgleichrichter vor dem Meßwerk; bei Röhren- oder Transistorvoltmetern wird häufig ein Tastkopf mit eingebautem Spitzenwertgleichrichter an den Meßgeräteeingang angeschlossen. [12]. Fl

Gleichrichterschaltung *(rectifier connection).* Gleichrichterschaltungen sind Dioden- oder Thyristornetzwerke, die aus einem Ein- oder Mehrphasenwechselstromsystem (z. B. Drehstromnetz) ein Gleichstromsystem erzeugen. Prinzipiell unterscheidet man zwischen Einweg- und Zweiweg-G., die wiederum zu den netzgeführten Stromrichtern zählen. [11]. Ku

Gleichrichtung *(rectifying).* G. ist das Umformen eines Wechselstromes in einen Gleichstrom mit Hilfe eines Gleichrichters. [5]. Ku

Gleichspannung *(direct current voltage).* Der arithmetische Mittelwert U_d eines Spannungsverlaufs $u_d(t)$ ist die G., der häufig eine zeitlich veränderliche Spannung (Wechselspannung) überlagert ist, z. B. Ausgangsspannung von Gleichrichterschaltungen (Bild). [5]. Ku

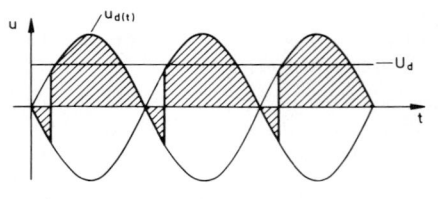

U_d Gleichspannungsmittelwert
Gleichspannung

Gleichspannungskopplung → Kopplung, galvanische. Li

Gleichspannungsmesser *(direct current voltmeter),* Gleichspannungsmeßgerät. Als G. bezeichnet man Meßgeräte, mit denen nur Gleichspannungen gemessen und angezeigt werden. So setzt man z. B. Drehspulmeßgeräte oder Galvanometer für Gleichspannungsmessungen ein. Rückwirkungen auf das Meßobjekt lassen sich weitgehend vermeiden, wenn elektrische G. mit Gleichspannungsmeßverstärkern kombiniert werden. [12]. Fl

Gleichspannungsmeßgerät → Gleichspannungsmesser. Fl

Gleichspannungsmeßverstärker *(direct current measuring amplifier).* G. besitzen galvanisch gekoppelte Verstärkerstufen; ihre untere Grenzfrequenz ist Null. Eine an den Eingang gelegte Gleichspannung wird auch am Ausgang als Gleichspannung wiedergegeben. Da der G. auch Meßgrößen verarbeiten kann, die sich zeitlich langsam ändern, wird er vielfach zur Verstärkung nichtelektrischer Größen eingesetzt, die vorher z. B. mit einem Meßumformer in eine Gleichspannung umgewandelt wurden. In Gleichstrom-Meßbrücken dient er z. B. der Steigerung der Empfindlichkeit, im Oszilloskop wird er als Y-Verstärker eingesetzt. Von Nachteil ist die große Temperaturabhängigkeit einfach aufgebauter G., die zu Driftscheinungen führt. Spezielle Ausführungen von Gleichspannungsmeßverstärker sind Differenzverstärker, Operationsverstärker, Elektrometerverstärker. [12], [18]. Fl

Gleichspannungsnormal → Normalspannungsquelle, elektronische. Fl

Gleichspannungsoffset *(direct current voltage offset).* 1. Bei direkter Kopplung von Gleichspannungsverstärkerstufen, vor allem bei integrierten Linearschaltungen muß oft der Gleichspannungspegel zwischen dem Ausgang einer Stufe und dem Eingang der nächsten Stufe verschoben werden. Dieser G. erfolgt z. B. durch Offset-Dioden. 2. → Offsetspannung. [6]. Li

Gleichspannungspegel *(direct current level)*. 1. Gleichspannungsanteil einer mit einer Wechselspannung überlagerten Gleichspannung. 2. Relativangabe der Spannung (→ Pegel, absoluter). 3. → Logikpegel. [5], [2]. Li

Gleichspannungsstabilisierung → Spannungsstabilisierung. Li

Gleichspannungsverstärker *(direct current amplifier)*. Schaltung, die Gleichspannungen verstärken kann, d. h., die am Eingang der Schaltung liegende Gleichspannung in eine größere Gleichspannung verwandeln kann. G. sind Verstärker mit galvanischer Kopplung oder Chopperverstärker. Sie besitzen oft zwei mit „+" und „−" gekennzeichnete Eingänge, den nichtinvertierenden und den invertierenden Eingang. G. finden vor allem in der Meß- und Regeltechnik Anwendung zur Verstärkung der von den Meßwertaufnehmern kommenden schwachen Gleichspannungen. [4], [6], [18]. Li

Gleichspannungsverstärkung *(direct current voltage gain)*. Beim Gleichspannungsverstärker das Verhältnis der Ausgangsspannung zur Eingangsspannung. [6]. Li

Gleichspannungswandler *(direct current voltage transducer)*. Wandler für die Messung großer Gleichspannungen nach dem auch im Gleichstromwandler verwendeten Prinzip. [12]. We

Gleichstrom *(direct current, d. c.)*. Der G. ist der arithmetische Mittelwert eines Stromverlaufs (→ Gleichspannung). [5]. Ku

Gleichstrombremsung *(direct current braking)*. Schaltet man die Ständerwicklungen eines Asychronmotors vom Drehstromnetz ab und speist sie mit Gleichstrom, so entsteht im Motor ein ruhendes Magnetfeld. Durch die Drehung des Läufers werden in seinen Wicklungen Ströme erzeugt, die eine stoßfreie, kräftige Bremsung bis nahe zum Stillstand bewirken. [3]. Ku

Gleichstrombrücken → Gleichstrommeßbrücken. Fl

Gleichstromdrehmelder *(direct current resolver, d. c. resolver)*. G. dienen ähnlich den Wechselstromdrehmeldern der Fernmessung bzw. der Fernübertragung von Winkelstellungswerten oder mechanischen Drehmomenten. Der Meßfühler besteht aus einem Ringpotentiometer mit drei um 120° versetzten Anzapfungen (Bild) der Schleiferbahn. Von den Anzapfungen führen Fernleitungen zum Empfänger mit einem Drehmagnetquotientenmesser, der drei Spulen besitzt. Über zwei entgegengesetzt liegende Schleifer des Fühlerpotentiometers erfolgt die Gleichstrom-Einspeisung. Nach Verdrehung des Schleifers stellt sich der Drehmagnet des Anzeigegerätes in eine von der Schleiferstellung bestimmte Feldrichtung ein. [12], [18]. Fl

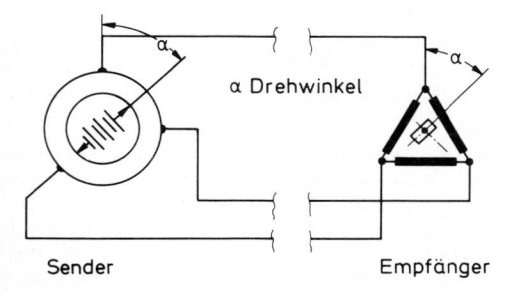

Gleichstrommaschine *(direct current machine, d. c. machine)*. Die G. hat im Ständer auf ausgeprägten Polen eine Erregerwicklung (D1–D2, E1–E2, bzw. F1–F2), die mit Gleichstrom gespeist wird (Bild). Je nach angeschlossener Erregerwicklung unterscheidet man zwischen Nebenschluß-G. oder fremderregter G. und Reihenschluß-G. Eine Mischung aus beiden Typen ist die sog. Doppelschlußmaschine. Der Rotor (Anker) der G. trägt in Nuten die Ankerwicklung (A1–A2), die mit dem Kommutator verbunden ist. Die Funktion des Kommutators (Stromwendung) wird durch Wendepole (B1–B2) unterstützt. Bei größeren Maschinen wird die Rückwirkung des Ankerfeldes durch eine Kompensationswicklung (C1–C2) aufgehoben. Sämtliche Anschlüsse der G. sind am Klemmbrett von außen zugänglich und im Bild für motorischen Rechtslauf eingezeichnet. Prinzipiell kann

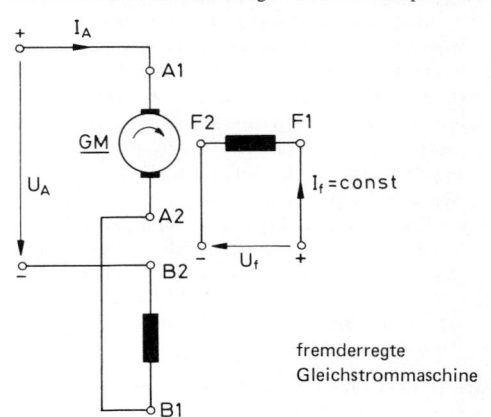

Sender Empfänger

Gleichstromdrehmelder

fremderregte Gleichstrommaschine

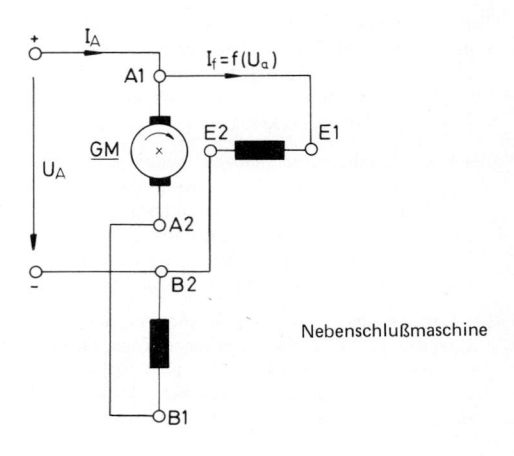

Nebenschlußmaschine

Gleichstrommeßbrücke

Reihenschlußmaschine

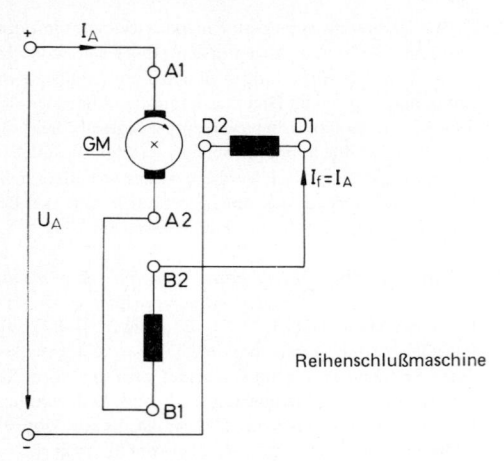

Gleichstrommaschine

die G. sowohl motorisch als auch generatorisch arbeiten. [3]. Ku

Gleichstrommeßbrücke *(direct current measuring bridge, d. c. measuring bridge)*. Gleichstrombrücken → Bild Brückenschaltung). Gleichstrommeßbrücken sind Brückenschaltungen die mit Gleichspannung gespeist werden und als Meßbrücke vorwiegend der Ermittlung unbekannter Wirkwiderstände dienen. Die Brückenelemente bestehen aus Wirkwiderständen. Zwei der Elemente bilden ein festes Verhältnis zueinander und bestimmen den Meßbereich (→ Brückenabgleich). Ein weiterer Widerstand ist häufig einstellbar ausgeführt. Anzeigegerät kann z. B. ein empfindliches Galvanometer sein. Die G. läßt sich im Abgleichverfahren oder im Ausschlagverfahren betreiben (→ Brückenmeßverfahren). Das Ausschlagverfahren wird häufig zur Messung nichtelektrischer Größen eingesetzt. Dazu muß mindestens eines der Brückenelemente eine Umwandlung der Meßgröße in Widerstandswerte zulassen (→ Meßfühler, ohmsche). Bekanntester Typ der G. ist die Wheatstone-Meßbrücke. [12]. Fl

Gleichstrommotor *(direct current motor, d. c. motor)* → Gleichstrommaschine. Ku

Gleichstromrelais *(direct current relay, d. c. relay)*. Relais, das für den Betrieb mit Gleichstrom ausgelegt ist. G. zeichnen sich vor Wechselstromrelais i. a. durch längere Lebensdauer, höhere Empfindlichkeit, geringere Verluste und höhere Zuverlässigkeit aus. [4]. Ge

Gleichstromschalter *(direct current switch, d. c. switch)*. G. dienen dem betriebsmäßigen Ein- und Ausschalten von Gleichstromanlagen. Sie müssen mit besonderen Einrichtungen zur Lichtbogenlöschung beim Ausschalten ausgerüstet sein. Als Schnellschalter mit geringem Schaltverzug schützen sie Anlagenteile im Fehlerfall. [11]. Ku

Gleichstromsteller *(direct current chopper, d. c. chopper)*, Chopper. Der G. erzeugt aus einem Gleichstromsystem mit meist konstanter Spannung ein Gleichstromsystem variabler Spannung durch Zerhacken der Eingangsspannung U_E. Dies kann durch Pulsbreitensteuerung (T =

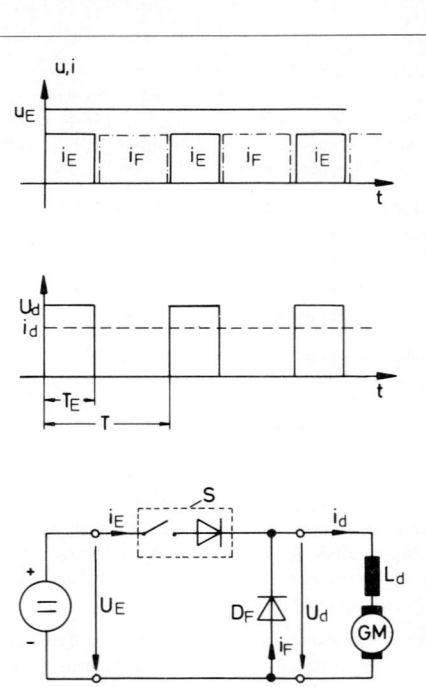

L_d Glättungsdrossel
D_F Freilaufdiode
Gleichstromsteller

const., $0<T_E<T$), Pulsfolgesteuerung (T_E = const., T = variabel) oder Zweipunktregelung (T_E und T variabel) erfolgen (Bild). Der Schalter S (mit Ventileigenschaft) kann ein Thyristor mit Löschschaltung, ein GTO *(gate turn-off thyristor)* oder ein (Leistungs-)Transistor sein. Durch entsprechende Anordnung mehrerer solcher Einquadranten-G. können Mehrquadranten-G. aufgebaut werden. Den Quotienten $v_T = T_E/T$ nennt man Tastverhältnis. Für die Ausgangsspannung gilt: $U_A = v_T \cdot U_E$. [11]. Ku

Gleichstromumrichter *(direct current converter, d. c. convertor)*. G. dienen dem Umwandeln von Gleichstrom gegebener Spannung und Polarität in Gleichstrom anderer Spannung und gegebenenfalls umgekehrter Polarität, z.B. Gleichstromsteller. [11]. Ku

Gleichstromverstärkung *(current gain)*. Beim Transistor das Verhältnis des Ausgangs-Gleichstromes zum Eingangsgleichstrom in einem gegebenen Arbeitspunkt. In Emitterschaltung ist die G. das Verhältnis von Kollektor- zu Basisstrom. Sie wird hier mit dem Formelzeichen B bezeichnet. [4], [6]. Li

Gleichstromwandler *(direct current converter, d. c. converter)*. Meßanordnung zur Messung von Gleichströmen mit potentialmäßiger Trennung vom Meßstromkreis und Vermeidung des Spannungsabfalls durch die Messung. Es handelt sich um einen durchflutungsgesteuerten, stromsteuernden Magnetverstärker mit erzwungener Magnetisierung. Der Strom I_2 ist ein Abbild des Stromes I_1. Bei

Gleichstromwandler

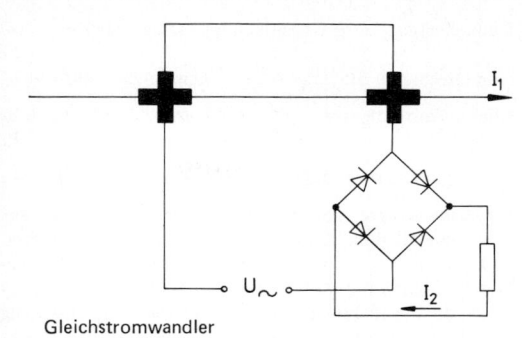

der im Bild dargestellten Schaltung ist der Strom I_2 unabhängig von der Richtung von I_1. [12]. We

Gleichstromwiderstand, rückwärts → Sperrwiderstand. Ne

Gleichstromwiderstand, vorwärts → Durchlaßwiderstand. Ne

Gleichstromzwischenkreis *(direct current link, d. c. link).* Der G. stellt bei bestimmten Umrichtern die Verbindung zwischen eingangs- und ausgangsseitigen Stromrichtern her. Im G. kann der Gleichstrom oder die Gleichspannung eingeprägt sein (→ auch Zwischenkreisumrichter). [11]. Ku

Gleichtakt *(common mode).* Mit G. bzw. G.-Signal bezeichnet man Signale, die gegenüber einem gemeinsamen Bezugspunkt in gleicher Phase und gleicher Amplitude an elektrischen Schaltungen oder elektrischen Bauteilen anliegen. [12], [18]. Fl

Gleichtaktaussteuerung *(common mode driving).* Bei G. liegen an zwei erdfreien Signaleingängen z. B. eines Differenzverstärkers (auch bei Doppelleitungen) zwei gegenüber einem gemeinsamen Bezugspunkt in Betrag und Phase gleiche Spannungen an. Beim Differenzverstärker soll bei G. zwischen beiden Eingangsanschlüssen kein Potential vorhanden sein. Da dies nur theoretisch gilt, erfaßt man Abweichungen mit der Gleichtaktverstärkung. Die tatsächliche Unterdrückung gibt die Gleichtaktunterdrückung an. [12], [18]. Fl

Gleichtakteingangswiderstand *(common mode input resistance).* Der G. ist der zwischen den wechselstrommäßig kurzgeschlossenen Eingangsanschlüssen eines Differenzverstärkers und Masse wirksame Eingangswiderstand. Dabei muß die Differenz-Eingangsspannung Null sein (z. B. bei Gleichtaktaussteuerung). Der G. eines Differenzverstärkers ist größer als der Differenzeingangswiderstand. [12], [18]. Fl

Gleichtaktsignal → Gleichtaktspannung. Fl

Gleichtaktspannung *(common mode voltage),* Gleichtaktsignal. Liegt an beiden Eingangsanschlüssen (z. B. eines Differenzverstärkers) in bezug auf Erde dieselbe Spannung wird sie als G. bezeichnet. Infolge gleichzeitig und gleichartig auf zwei unterschiedliche Eingangsmeßspannungen wirkende Beeinflussungen (z. B. Störspannung) wird ebenfalls eine G. am Differenzeingang hervorgerufen. [12], [18]. Fl

Gleichtaktspannungsverstärkung → Gleichtaktverstärkung. Fl

Gleichtaktunterdrückung *(common mode rejection ratio),* Gleichtaktunterdrückungsfaktor, Gleichtaktunterdrückungsverhältnis. Die G. ist beim Differenzverstärker (bezogen auf Erde) ein Maß für die Unempfindlichkeit gegen gleichgroße und gleichphasige Eingangsspannungen an beiden Eingängen. So ist z. B. bei realen Differenzverstärkern im Gegensatz zu idealen die G. nie unendlich groß. Die G. wird aus dem Verhältnis der Differenzspannungsverstärkung zur Gleichtaktspannungsverstärkung gebildet und oft im logarithmischen Maß, in Dezibel, angegeben. Sie ist frequenzabhängig und liegt geringfügig niedriger als die Differenzverstärkung (Bild). [12], [18]. Fl

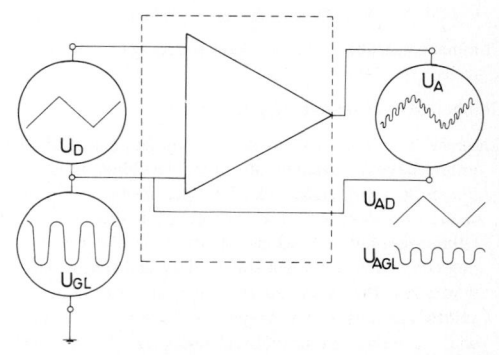

U_D Differenz-Eingangsspannung, U_{GI} Gleichtakt-Eingangsspannung, U_{AD} ausgangsseitiger Anteil von U_D, U_{AGI} ausgangsseitiger Anteil von U_{GI}, U_A gesamte Ausgangsspannung

Gleichtaktunterdrückung

Gleichtaktunterdrückungsfaktor → Gleichtaktunterdrückung. Fl

Gleichtaktunterdrückungsverhältnis → Gleichtaktunterdrückung. Fl

Gleichtaktverstärkung *(common mode voltage gain),* Gleichtaktspannungsverstärkung. Die G. gibt bei Differenzverstärkern die aus dem Verhältnis der Ausgangsspannung (bei bestimmtem Ausgangswiderstand) zur Gleichtakteingangsspannung gebildete Verstärkung an. Als Nebenbedingung muß eine konstante Differenzeingangsspannung vorhanden sein. Der Betrag der G. liegt immer niedriger als der der Differenzverstärkung. [12], [18]. Fl

Gleichung, charakteristische *(characteristic equation)* → Eigenwert. Rü

Gleichwert → Mischgröße. Rü

Gleitkommazahl *(floating point number).* Darstellungsart von Zahlen für Speicherung und Verarbeitung in Datenverarbeitungssystemen. Eine Zahl wird in die Form umgewandelt $N = 0{,}nnnnn \cdot b^e$. Dabei ist N die zu verschlüsselnde Zahl, nnnnn die Mantisse, b die Basis der Gleitkommazahl (z. B. 2, 10 oder 16), e der Exponent. Gespeichert und zur Verarbeitung herangezogen werden die Mantisse, das Vorzeichen der Zahl, der Exponent sowie

Vor- zeichen	Mantisse	Vorzeichen d. Exponenten	Exponent
		Charakteristik	

Format von Gleitkommazahlen

das Vorzeichen des Exponenten. Gleitkommazahlen bieten den Vorteil, daß mit wenig Speicherraum bei begrenzter Genauigkeit sehr große Zahlen gespeichert werden können. Zur Erhöhung der Genauigkeit kann die Mantisse erweitert werden. Verarbeitung von Gleitkommazahlen in der Maschinensprache erfolgt mit eigenen Befehlen (Gleitkommaarithmetik). Es werden dazu eigene Prozessoren angeboten (Gleitkommaprozessoren). Exponent und Vorzeichen des Exponenten können zur sog. Charakteristik zusammengezogen werden. [1]. We

Glimmanzeigeröhre → Gasentladungsanzeige, → Nixie-Röhre. Li

Glimmdiode → Glimmlampe. Li

Glimmer *(mica)*. G. ist ein Aluminium-Doppelsilikat. Man unterscheidet zwischen Muskowit (Rubinglimmer) und *Phlogopit* (Amberglimmer), die sich in dünne Plättchen spalten lassen. Muskowit wird hauptsächlich als Dielektrikum von Glimmerkondensatoren verwendet. Es zeichnet sich durch hohe Konstanz seiner elektrischen Kennwerte aus. Besonders zu erwähnen sind der hohe Isolationswiderstand, die niedrigen dielektrischen Verluste sowie die hohe Durchbruchfeldstärke. Die Permittivitätszahl liegt zwischen 6,5 und 8,7. [4]. Ge

Glimmerkondensator *(mica capacitor)*. Scheibenkondensator mit dünnen Glimmerplättchen als Dielektrikum. Ausführungen mit aufgebrannten Silberelektroden oder Metallfolien. Die Anschlußklemmen werden durch Niet- oder Schraubverbindungen kontaktiert. Schutz vor Umwelteinflüssen durch Lacküberzug oder Kunstharzumhüllung. Glimmerkondensatoren zeichnen sich durch hohe Konstanz ihrer Kapazität sowie durch niedrige Verluste aus. Glimmerkondensatoren sind für den Betrieb mit hohen Leistungen in Senderschaltungen geeignet. Glimmerkondensatoren in verlöteten Metallbechern werden als Normalkondensatoren für Meßzwecke verwendet. [4]. Ge

Glimmladung *(glow discharge)*. Spezielle Form der Gasentladung. [5]. Li

Glimmladungsröhre → Gasentladungsröhre. Li

Glimmlampe *(glow-lamp, neon lamp)*. Spezielle Glimmentladungsröhre mit zwei meist stiftförmigen Elektroden und vorwiegend Neon-Gasfüllung (rotes Glimmlicht). Sie dienen als Anzeigeelement mit sehr geringer Leistungsaufnahme. Bei Anschluß an Gleichspannung tritt nur an der Katode Lichtwirkung auf; bei Wechselspannung leuchten beide Elektroden. [4], [5]. Li

Glimmlicht *(glow light)*. Lichtemission bei der Glimmentladung. [5]. Li

Glimmlichtanzeige → Gasentladungsanzeige, → Nixie-Röhre. Li

Glimmrelais *(gas discharge relay)* → Glimmschaltröhre. Li

Glimmrelaisröhre *(gas discharge relay)* → Glimmschaltröhre. Li

Glimmröhre *(glow tube)* → Gasentladungsröhre. Li

Glimmschaltröhre *(glow discharge tube)*. Glimmrelais. Glimmentladungsröhre, die zum Schalten eines Stromkreises verwendet wird. Glimmschaltröhren sind Kaltkatodenröhren mit großflächiger Katode und Zündelektrode, die die Hauptentladung zündet. Die Hauptentladung wird gelöscht, indem man die Spannung unter die Löschspannung absenkt. [5], [18]. Li

Glitch *(glitch)*. Bei der Verarbeitung digitaler Signale eine kurzfristige Verformung der Impulsform durch Überlagerung mit einem Störsignal. [2]. We

Glixon-Code *(Glixon code)*. Einschrittiger Code für Dezimalziffern, wobei die Größe der Codewörter 4 Bit beträgt. Die Bit-Stellen haben keine Wertigkeit. [13]. We

		Bit		
	4	3	2	1
Ziffer 0	0	0	0	0
1	0	0	0	1
2	0	0	1	1
3	0	0	1	0
4	0	1	1	0
5	0	1	1	1
6	0	1	0	1
7	0	1	0	0
8	1	1	0	0
9	1	0	0	0

Glixon-Code

Glühemission *(thermic emission)*, thermische Emission. Bei hohen Temperaturen steigt nach dem Elektronengas-Modell die mittlere Energie eines Teils der freien Elektronen so weit an, daß sie das Oberflächenpotential überwinden und aus dem Festkörper austreten können. Für die austretenden Elektronen gilt das Richardsonsche Emissionsgesetz. G. wird zur Erzeugung des Elektronenstrahles in Elektronenröhren und Braunschen Röhren verwendet. [5], [7]. Bl

Glühlampenanzeige *(electric bulb display)*. Anzeige, die aus Glühlampen gebildet wird, z. B. in Form einer Punkt-Matrix. Wegen des hohen Leistungsverbrauchs und der geringen Lebensdauer bei hoher Schaltfrequenz werden G. heute nur noch selten eingesetzt. [4]. We

Golay-Zelle *(Golay cell)*. Pneumatische Zelle, die als Sensor für Wärmestrahlung verwendet wird, z. B. in Infrarot-Spektrometern. [12]. We

Golddotierung *(gold doping)*. Durch Golddotierung wird die Lebensdauer von Minoritätsladungsträgern, die die Sättigungszeitkonstante T_s gesättigter Transistoren beeinflussen, herabgesetzt. Das Gold wird hierbei in das Basis- und Kollektorgebiet des Transistors diffundiert. Die G. darf nicht zu hoch sein, da sonst andere Transistorparameter ungünstig beeinflußt würden. [7]. Ne

Golddrahtdiode *(gold bonded diode)*. PN-Diode, bei der auf ein N-dotiertes Germaniumplättchen ein Golddraht geschweißt wird. Gold und Germanium gehen ein eutektisches Gemisch ein. In der eutektischen Rekristallisationszone werden Akzeptoren (Indium oder Gallium) eingebaut, wobei ein halbkugelförmiges hochdotiertes P-Gebiet im N-dotierten Germanium entsteht. [4]. Ne

Gon *(früher Neugrad)*, Winkeleinheit. Das G. ist der 400ste Teil des Vollwinkels (DIN 1315) (Einheitenzeichen: gon). Es gilt

$$1 \text{ gon} = \frac{\pi}{200} \text{ rad}$$

(rad Radiant; → Bogenmaß). Rü

Goniometerpeiler → Funkpeilung. Ge

Goubau-Leitung → Oberflächenwellenleitung. Ge

Gradient *(gradient)*. Ein Skalarfeld wird durch eine skalare Ortsfunktion U = U(x, y, z) eindeutig beschrieben. Die Flächen U(x, y, z) = const. sind die Äquipotentialflächen. Dasjenige Vektorfeld **V**, das so beschaffen ist, daß die Feldvektoren überall senkrecht auf den Äquipotentialflächen stehen, heißt der G. des Skalarfeldes U. (Abk. „grad"). Unter der Annahme, daß die Funktion U(x, y, z) in jedem Raumpunkt stetige partielle Ableitungen 1. Ordnung besitzt, gilt in kartesischen Koordinaten

$$\text{grad } U = \frac{dU}{dx}\mathbf{i} + \frac{dU}{dy}\mathbf{j} + \frac{dU}{dz}\mathbf{k}.$$

Ist andererseits ein Vektorfeld **V** so beschaffen, daß es als (negativer) Gradient einer skalaren Funkton U(x, y, z) dargestellt werden kann

$$\mathbf{V} = -\text{grad } U,$$

dann hat das Vektorfeld ein Potential. Als Beispiel sei das elektrostatische Feld E mit E = − grad U genannt. Rü

Gradientenlichtwellenleiter → Lichtwellenleiter. Ne

Graetz-Schaltung *(Graetz connection)*. Unter einer G. versteht man einen ungesteuerten einphasigen Brückengleichrichter kleinerer Leistung. [5]. Ku

Graph *(state diagram)*. 1. Zeichnerische Darstellung des Verhaltens von Schaltwerken, die synchron getaktet werden. Die vom Schaltwerk eingenommenen Zustände werden in Kreise (Knoten) eingeschrieben, Zustandsänderungen (Übergänge von einem Knoten zum anderen) durch Pfeile ausgedrückt, wobei an den Pfeilen Bedingungen vermerkt werden können. Auch der Übergang von einem Zustand in den gleichen Zustand wird eingezeichnet. Der synchrone Takt wird nicht als Bedingung in die Zeichnung aufgenommen. [2], [9]. We

2. *(graph)*. Ein Hilfsmittel zur Beschreibung der Netzwerktopologie. Man erhält einen Netzwerk-Graph, indem man alle Netzwerkelemente durch einfache Linien ersetzt. Der G. stellt das aus z Zweigen und k Knoten bestehende Skelett des Netzwerks dar (→ Baum). [15]. Rü

Graphit *(graphite)*. Eine Modifikation des Kohlenstoffs, die bei der Herstellung von Kohleschichtwiderständen Verwendung findet. [4]. Ne

Gray-Code *(Gray code)*. Einschrittiger Code, dessen Stellen nicht bewertet sind. Er wird durch Reflexion niederwertiger Stellen beim Wechsel zu höherwertigen Stellen gebildet. Beispiel für die Verschlüsselung der Dezimalzahlen 0 bis 15:

Zahl	bit 1	2	3	4
0	0	0	0	0
1	0	0	0	1
2	0	0	1	1
3	0	0	1	0
4	0	1	1	0
5	0	1	1	1
6	0	1	0	1
7	0	1	0	0
8	1	1	0	0
9	1	1	0	1
10	1	1	1	1
11	1	1	1	0
12	1	0	1	0
13	1	0	1	1
14	1	0	0	1
15	1	0	0	0

[13]. We

Greinacher Schaltung → Delon-Schaltung. Fl

Gremmelmaier-Verfahren *(Gremmelmaier process)*. Verfahren, um einkristalline $A^{III}B^{V}$-Verbindungen (z. B. Galliumarsenid) herzustellen. Hierbei wird der in einem Graphittiegel befindliche Halbleiter (z. B. Galliumarsenid) in einem hermetisch dichten Gefäß zum Schmelzen gebracht. Ein Impfkristall, der sich in einer Halterung befindet, wird mit der Schmelze in Berührung gebracht. Mit Hilfe von Elektromagneten wird die Halterung in Rotation versetzt und langsam in vertikaler Richtung bewegt. Damit sich die leichter flüchtigen Anteile der Schmelze nicht an den kälteren Gefäßwandungen niederschlagen, werden die Gefäßwandungen auf Temperaturen gehalten, die oberhalb der Verdampfungstemperatur der flüchtigen Anteile liegen. [4]. Ne

Grenzdaten *(absolute maximum ratings)*, Grenzwerte. Werte, die bei einem elektronischen Bauelement nicht überschritten (in Ausnahmefällen nicht unterschritten) wer-

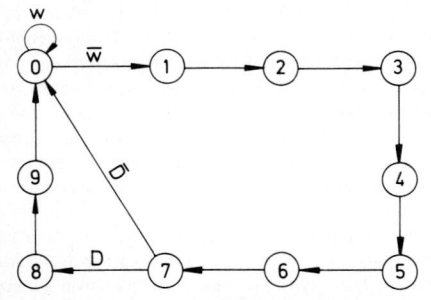

Darstellung eines Vorwärtszählers mit einem Graphen. Unter der Bedingung W bleibt der Zähler im Zustand 0, unter der Bedingung D arbeitet er als Dezimalzähler

den dürfen, ohne zu einer Zerstörung des Bauelements zu führen. G. sind z. B. anzulegende Spannungen, Lagerungstemperaturen, Kollektorstöme. G. sagen nichts darüber aus, ob in ihrem Bereich ein einwandfreies Arbeiten des Bauelements gegeben ist. [4]. We

Grenzentfernung, photometrische *(photometric limit distance).* Bei nichtpunktförmigen Lichtquellen die Entfernung, ab der das photometrische Grundgesetz mit maximal 1 % Abweichung gilt. [16]. We

Grenztemperatur → Temperaturgrenze. Li

Grenzwellenlänge *(cut-off wavelength).* Von den Querschnittsabmessungen und dem darin enthaltenen Medium eines Hohlleiters abhängige größte Wellenlänge λ_k, bei der noch die Ausbreitung einer elektromagnetischen Welle möglich ist. Für $\lambda < \lambda_k$ ist der Ausbreitungskoeffizient imaginär und die Dämpfung Null. Für $\lambda > \lambda_k$ ist bei hoher Dämpfung die Übertragung nur über sehr kurze Entfernung durchführbar. [14]. Ge

Grenzwerte → Grenzdaten. We

Grenzwertmelder *(limit indicator).* G. sind nach elektronischen oder elektromechanischen Prinzipien arbeitende Schaltungen, die als Bestandteil einer Meß- oder Überwachungseinrichtung voreingestellte Grenzwerte einer physikalischen Größe erkennen, durch eine Alarmmeldung signalisieren und häufig auch einen Schaltvorgang zum Schutze von Menschen und Anlagenteilen auslösen. Die Überwachung der Meßgröße wird bei Messungen nichtelektrischer Größen häufig mit Hilfe von Meßfühlern bzw. Aufnehmern durchgeführt. Darf sich z. B. der Füllstand einer Flüssigkeit in einem Behälter nur innerhalb festgelegter Grenzwerte ändern, werden Fühlerelemente an den entsprechenden Stellen angebracht. Erreicht der Flüssigkeitsstand einen der Grenzwerte, gibt der Fühler ein Signal an den G. ab, der gemäß seiner Aufgabenstellung reagiert. Vielfach vergleichen G. von außen zugeführten Spannungswerte mit Sollwerten, die im Gerät fest eingestellt werden. Bei Gleichheit der Werte wird ein Schaltvorgang ausgelöst. Häufig kann bis zum Auslösen des Schaltvorganges noch eine Verzögerungszeit eingestellt werden. [12], [18]. Fl

Großbasispeiler → Funkpeilung. Ge

Größe *(quantity).* Die qualitative und quantitative Beschreibung physikalischer Phänomene (Körper, Vorgänge, Zustände) erfolgt mit (physikalischen) Größen. Eine G. geschreibt meßbare Eigenschaften. Größen treten als Skalare, Vektoren oder Tensoren auf (DIN 1313). [5]. Rü

Größe, stochastische → Zufallsgröße. Rü

Größengleichungen *(dimensinal equation).* Nach DIN 1313 alle Gleichungen, in denen die Formelzeichen physikalische Größen bedeuten, soweit sie nicht als mathematische Zahlenzeichen (π, e usw.) oder als Symbole mathematischer Funktionen und Operatoren (cos, ln usw.) erklärt sind. G. gelten unabhängig von der Wahl der Einheiten. [5]. Rü

Größenwert *(quantity value).* Nach DIN 1313 der spezielle Wert einer Größe (in der Meßtechnik Meßwert genannt).

Ein G. kann immer in der Form
Größenwert = Zahlenwert · Einheit
geschrieben werden. [5]. Rü

Großintegration *(large scale integration, LSI).* Hierunter versteht man integrierte Schaltungen, die mehr als 1000 Gatterfunktionen auf einem Chip integriert haben. [4].Ne

Großsignalverstärker *(large-signal amplifier).* G. sind elektronische Verstärkerschaltungen, deren Signal-Aussteuerung über den gesamten Bereich des Ausgangskennlinienfeldes eines oder mehrerer Verstärkerbauelemente (z. B. Röhre, Transistor) bis zu vorgegebenen Grenzwerten (z. B. maximale Verlustleistung) der Bauelemente erfolgt. Angestrebt wird ein hoher Wirkungsgrad. Im Bild ist der maximale Aussteuerungsbereich gekennzeichnet. Die Kleinsignalparameter sind nicht mehr als konstant anzusehen. Eine Schaltungsberechnung erfolgt häufig über angenäherte Gleichungen der Kennlinien. Man unterschei-

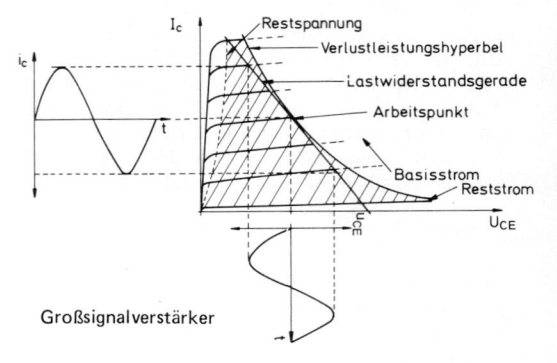

Großsignalverstärker

det: 1. Lineare G. Die Signal-Verzerrungen sollen gering bleiben. Durch Schaltungsmaßnahmen, wie z. B. Gegenkopplung oder Vergrößerung der Aussteuergrenzen durch Kombination mehrerer Kennlinien (Gegentaktstufe), und Leistungsanpassung an den Lastwiderstand wird eine maximale Ausgangsleistung erzielt. Nach der Lage des Arbeitspunktes im Kennlinienfeld bzw. nach Laststromwinkeln (Bereich der Periodendauer des Ansteuer-Signals, innerhalb dessen Anoden- bzw. Kollektorwechselstrom fließt) unterteilt man die G. in Betriebsarten: Klasse-A-Verstärker, Klasse-B-Verstärker, Klasse-AB-Verstärker und Klasse-C-Verstärker (bei Verstärkung von nur einer Frequenz in Verbindung mit Schwingkreisen). Lineare G. findet man z. B. in Leistungsverstärkern und Endstufen von Sendern. Eine spezielle Schaltung ist der Klasse-D-Verstärker. 2. Nichtlineare G. Eines oder mehrere Verstärkerbauelemente werden in Abhängigkeit des Eingangssignals zwischen Sättigungs- und Reststrom geschaltet. Günstig einzusetzende Verstärkerbauelemente sind z. B. Schalttransistoren. Am Lastwiderstand entsteht durch die begrenzende Wirkung (Begrenzer) eine Ausgangsspannung, die sich zeitlich abhängig von Eingangs-Spannungs- oder -Stromwerten zwischen zwei Grenzwerten ändert. Anwendungen findet man in Ausführungen als Klasse-C-Verstärker z. B. im Impulsformer. [4], [6], [10], [11], [12], [13], [14], [18], [19]. Fl

Größtintegration *(very large scale integration, VLSI)*. Integrierte Schaltung, die auf wenigen Quadratmillimetern Chipfläche mehr als 10 000 Gatterfunktionen hat. [4].
   Ne

Grundeinheiten *(basic units)*, Basiseinheiten. Die G. sind willkürliche, frei ausgewählte Einheiten, die voneinander unabhängig sind und die Grundlage eines Einheitensystems bilden. Aus den G. lassen sich weitere Einheiten innerhalb eines Systems herleiten. Die G. müssen im Gegensatz zu den Grundgrößen durch stets zugängliche und unveränderliche physikalische Objekte verwirklicht werden können, die man als Urmaße bezeichnet. [12].
   Fl

Grundgesetz des elektrostatischen Feldes → Coulombsches Gesetz.
   Rü

Grundgesetz des magnetischen Feldes. Unter der Fiktion einzelner Magnetpole, denen man eine Polstärke P zuschreibt, läßt sich für die Kraftwirkung in der Verbindungslinie zweier Pole P_1 und P_2 ein dem Coulombschen Gesetz analoges Gesetz für das magnetische Feld formulieren

$$|F| = \frac{\mu_o}{4\pi} \frac{P_1 P_2}{r^2}$$

(μ_o magnetische Feldkonstante). [5].
   Rü

Grundgesetz, photometrisches *(photometric fundamental law)*. Das photometrische G. besagt, daß die Beleuchtungsstärke mit der Entfernung von der Lichtquelle quadratisch abnimmt. Es gilt streng nur für punktförmige Lichtquellen. [16].
   We

Grundglied → Wellenparameterfilter.

Grundniveau → Grundzustand.
   Bl

Grundschaltung, logische *(logic element)*. Schaltungsmäßige Realisierung der Grundverknüpfungen UND, ODER oder NICHT der Booleschen Algebra. Die Schaltungen, die die UND- bzw. ODER-Verknüpfung realisieren, werden als UND- bzw. ODER-Gatter bezeichnet; die NICHT-Funktion wird durch einen Inverter realisiert. Mit diesen drei Grundschaltungen lassen sich Schaltnetz und Schaltwerk aufbauen. Je nach Art der schaltungstechnischen Realisierung der Gatter, Inverter und der aus ihnen zusammengesetzten Schaltungen teilt man sie in Schaltkreisfamilien ein (z. B. TTL-Gatter). [2], [6], [9].
   Li

Grundschwingung *(fundamental oscillation, first harmonic)*. Harmonische Schwingung eines schwingungsfähigen Systems (Oszillators) mit der geringsten Frequenz. Die Frequenzen der Oberschwingungen sind als ganzzahlige Vielfache dieser Grundfrequenz gegeben. [5], [7].
   Bl

Grundschwingungsblindleistung *(fundamental reactive power)* → Blindleistung.
   Ku

Grundschwingungsgehalt → Klirrfaktor.
   Rü

Grundschwingungsleistung *(fundamental power)*. Die G. ist der aus den Grundschwingungen von Strom und Spannung gebildete Anteil der Leistung in Wechsel- und Drehstromnetzen mit verzerrten Strömen oder Spannungen. [5].
   Ku

Grundschwingungsquarz *(fundamental crystal)*, Grundwellenschwinger. Ein Quarz, bei dem die Quarzplatte oder der Quarzstab auf der angegebenen Grundwelle schwingt. Schwingquarze mit dieser Schwingungsform werden für den Frequenzbereich 700 Hz bis 15 MHz (für Sonderfälle bis 30 MHz) hergestellt. [4].
   Rü

Grundwelle *(fundamental wave)*. Die Welle aus einem System harmonischer Wellen, die durch die Grundschwingung des Oszillators erzeugt wird. [5].
   Bl

Grundwellenschwinger → Grundschwingungsquarz.
   Rü

Grundzustand *(ground state)*. Als G. wird der energetisch niedrigste Zustand eines quantenmechanischen Systems (z. B. eines Atoms oder eines Festkörpers) bezeichnet. [5].
   Bl

Gruppen *(in der Trägerfrequenztechnik (groups))*. Nach Festlegung des CCIF (Comité Consultatif International Téléphonique) werden bei Trägerfrequenz-Systemen stets Einheiten zu 12 Kanälen mit 48 kHz Breite zu einer Primärgruppe zusammengefaßt. Fünf Primärgruppen bilden eine Sekundärgruppe, fünf Sekundärgruppen eine Tertiärgruppe usw. Anwendung: Fernsprechtechnik. [13], [14].
   Th

Gruppen-Code *(group code)*. Code, bei dem die bitweise Addition zweier Codeworte wieder ein Codewort ergibt. Die Verwendung eines G. ermöglicht eine einfache Fehlerkontrolle. [13].
   We

Gruppencharakteristik *(array factor, space factor)*, Gruppenfaktor. Faktor, mit dem die Richtcharakteristik eines Einzelstrahlers zu multiplizieren ist, um die Richtcharakteristik einer aus mehreren gleichartigen und gleichorientierten Einzelstrahlern zusammengesetzten Gruppe zu erhalten. Zur Bestimmung der G. sind die Einzelstrahler durch richtungsunabhängige Strahler (Kugelstrahler) zu ersetzen. Die G. ist die Richtcharakteristik dieser Ersatzgruppe. [14].
   Ge

Gruppenfaktor → Gruppencharakteristik.
   Ge

Gruppengeschwindigkeit *(group velocity)*. Geschwindigkeit, mit der sich bei einem Wellenvorgang eine Frequenzgruppe (Gruppe von Sinusschwingungen mit eng benachbarten Frequenzen) fortpflanzt. Die G. ist definiert zu (DIN 1344)

$$v_g = \frac{d\omega}{d\beta},$$

mit $\omega = 2\pi f$ Kreisfrequenz und β Phasenkonstante (→ Fortpflanzungskonstante). Hängt β linear von ω ab, dann wird die G. gleich der Phasengeschwindigkeit (→ Leitung, verlustlose). [5].
   Rü

Gruppenlaufzeit *(group delay)*. Laufzeit einer Gruppe von Sinusschwingungen mit engbenachbarten Frequenzen durch ein Übertragungsnetzwerk. Die G. ist – im Gegensatz zur Phasenlaufzeit – maßgebend für die Übertragung von Information. Sie ist definiert zu (DIN 40148/1)

$$\tau_g = \frac{db}{d\omega},$$

wobei b = $\varphi_1 - \varphi_2$ der Dämpfungswinkel und $\omega = 2\pi f$ die Kreisfrequenz ist. [5].
Rü

G-Schicht → Ionosphärenschichten.
Ge

GTO *(gate turn-off thyristor)*, Abschaltthyristor. GTOs sind steuerbare Stromrichterventile, die mit einem negativen Steuerimpuls an der Steuerelektrode abgeschaltet werden können (abschaltbare Thyristoren). GTOs eignen sich vor allem für selbstgeführte Stromrichter. [4].
Ku

Gummel-Poon-Modell *(integral-charge control model)*. Variante des von Ebers und Moll entwickelten Transistormodells, das in modernen Netzwerkanalysenprogrammen Verwendung findet. Das Modell berücksichtigt mehrere sekundäre Effekte, insbesondere Hochstromeffekte. [4].
Ne

Gunn-Diode *(Gunn diode)*. Mikrowellenbauelement, das auf dem → Gunn-Effekt beruht. [4].
Ne

Gunn-Effekt *(Gunn effect)*. Der G. beschreibt das Auftreten einer negativen differentiellen Beweglichkeit von Ladungsträgern in einem Halbleiter aufgrund hoher elektrischer Feldstärken (z. B. 3,5 kV/cm). Man kann sich diesen Effekt so erklären, daß neben dem Hauptminimum noch Nebenminima existieren. Bei Galliumarsenid liegen diese beiden Minima 0,36 eV auseinander (Bild). Während die effektive Masse der Elektronen m_n^* im Hauptminimum $m_n^* = 0,07\, m_e$ (m_e Elektronenmasse) ist, beträgt sie für das Nebenminimum $m_n^* = 1,2\, m_e$. Da die Beweglichkeit μ der effektiven Masse m_n umgekehrt proportional ist, erkennt man, daß die Beweglichkeit der Elektronen in dem Nebenminimum kleiner als in dem Hauptminimum ist (bei Galliumarsenid etwa der Faktor 1/100).

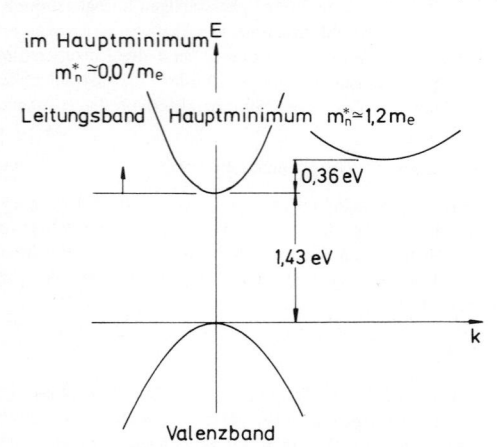

Vereinfachte Bandstruktur von Galliumarsenid

Erzeugt man in dem Halbleiter ein ausreichend hohes elektrisches Feld, können die Elektronen aus dem Hauptminimum zum Nebenminimum gelangen. Als Folge nimmt die Beweglichkeit der Elektronen ab; man erhält eine negative differentielle Beweglichkeit. Bauelemente, die auf dem G. beruhen, nennt man Gunn-Elemente oder Elektronentransferelemente. Sie können zur Erzeugung, Verstärkung und Umformung von Mikrowellensignalen von Frequenzen bis etwa 100 GHz verwendet werden. [4].
Bl/Ne

Gunn-Oszillator *(Gunn oscillator)*. Mikrowellen-Oszillator für Frequenzen von 1 GHz bis über 50 GHz, der eine Gunn-Diode verwendet, die in einen Hohlraum-, Koaxialleitungs- oder Streifenleitungsresonator eingebaut ist. Zur Frequenzabstimmung haben sich vormagnetisierte Yttrium-Eisen-Granat (YIG)-Kugeln als Resonator bewährt. [4], [8].
Li

Gütefaktormesser *(quality factor meter, Q-meter)*, Q-Messer, Gütemeßgerät. Mit dem G. werden Gütefaktoren von Spulen gemessen. Der Meßwert wird direkt angezeigt. Bei dem im Prinzipbild dargestellten G. bildet die zu messende Spule L_x mit einem verlustarmen Kondensator C einen Parallelschwingkreis. Ein Impulsgeber stößt den Schwingkreis mit einem einmaligen Impuls an. Der Resonanzkreis schwingt mit der Amplitude U_0 an, danach folgen Schwingungen mit abnehmenden Amplituden.

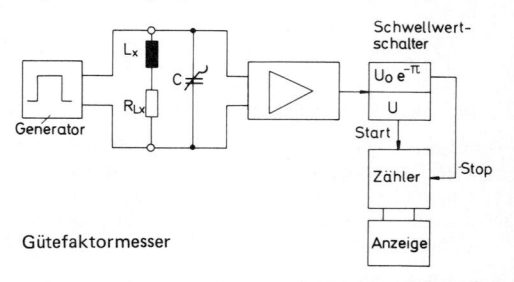

Gütefaktormesser

Die Geschwindigkeit der Amplitudenabnahme ist ein Maß für die Güte Q des Schwingkreises, die bei verlustarmen Kondensator von der Spule bestimmt wird. Nach der n-ten Schwingung hat die Schwingkreisspannung U den Wert

$$U = U_0 \cdot e^{-\frac{\pi \cdot n}{Q}}.$$

Die Spannung U gelangt über einen Verstärker zu zwei Schwellwertschaltern, von denen einer bei Unterschreiten eines Mindestspannungswertes einen elektronischen Zähler startet, ein anderer bei Erreichen eines bestimmten Spannungswertes den Zähler stoppt. Die Anzahl der gezählten Schwingungen ist ein Maß der Güte Q und wird digital angezeigt. [8], [12], [13].
Fl

Gütekriterium *(control criterion)*. Gütekriterien dienen zur Bestimmung der Reglerparameter, wobei im allgemeinen eine Maßzahl für die Qualität des Regelverhaltens (Regelgüte) ein Minimum oder Maximum annimmt. Dazu wird bei den Gütekriterien im Zeitbereich die Regelfläche verarbeitet, die aus der integrierten Regelabweichung abgeleitet wird. Quadratische Regelfläche: Das Zeitintegral des Quadrats der Regelabweichung muß für einen Ausgleichsvorgang minimal werden. Betragslineare Regelfläche: Das Zeitintegral des Betrags der Regelabweichung muß minimal werden. ITAE-Kriterium *(ITAE integral of time multiplied absolute value of error)*: Das Integral des zeitbewerteten Betrags der Regelabweichung muß minimal werden. Betragsoptimum: Bei diesem G. wird nicht von einem zu minimierenden Integral ausgegangen, sondern die Parameter des Reglers werden so bestimmt, daß der Verlauf des Betrags des Führungsfrequenzganges in Abhängigkeit von der Frequenz sich möglichst gut der Betrag „1"-Koordinate anschmiegt. Dieses Kriterium ist leicht zu handhaben und wird häufig bei elektrischen Regelungen angewendet. [18]. Ku

Gütemaß → t_D P-Produkt. Ne

Gütemeßgerät → Gütefaktormesser. Fl

Güteprüfung *(quality checking)*. Die G. ist ein Bestandteil der statistischen Qualitätskontrolle bei Herstellung und Verkauf von elektrotechnischen Warengütern. Sie wird im allgemeinen stichprobenartig durchgeführt und kann – abhängig vom zu prüfenden Parameter – zur Zerstörung des Prüflings führen (z. B. Feststellung der mittleren Brenndauer von Glühlampen). [12]. Fl

Gütesicherung *(quality assurance)*. Die G. dient z. B. der Erfassung von geplanten und im folgerichtigen Ablauf befindlichen Betriebsprozessen und ist notwendig, um ein angemessenes Vertrauensverhältnis zum funktionsgerechten Ablauf in technischen Anlagen und deren Komponenten zu schaffen (z. B. im Kernkraftwerk). [12], [18]. Fl

Gütesteuerung → Qualitätssteuerung. Ge

Gutzahl → Annahmezahl. Ge

Gyrator *(gyrator)*. Der (ideale) Gyrator (Dualübersetzer) ist ein mit aktiven Bauelementen aufgebauter Vierpol, bei dem zwischen den Strömen und Spannungen folgende Gleichungen bestehen

$$\underline{U}_1 = R_g \underline{I}_2 \, , \quad \underline{I}_1 = \frac{1}{R_g} \underline{U}_2$$

(d. h. Umwandlung von Spannung in den dualen Strom und umgekehrt; → auch Zweipol, dualer). R_g ist der positiv reelle Transformationswiderstand des Gyrators (Gyratorwiderstand). Die Kettenmatrix des G. lautet (Vierpolmatrizen)

$$\mathbf{A} = \begin{pmatrix} 0 & R_g \\ \frac{1}{R_g} & 0 \end{pmatrix} \quad ; \quad \det \mathbf{A} = -1 \, .$$

Schließt man den G. mit einer Impedanz Z_2 am Ausgangstor ab, dann wird Z_2 dual an das Eingangstor übersetzt. Die Eingangsimpedanz ist

$$W_1 = \frac{R_g^2}{Z_2}$$

Praktisch wird der G. meist zur Simulation von Induktivitäten verwendet, indem man $Z_2 = \frac{1}{j\omega C}$ wählt (Bild). Dann ist $W_1 = j\omega(CR_g^2)$, also ein induktiver Widerstand mit der dualen Induktivität $L_D = CR_g^2$. Wird ein beliebiger Vierpol durch Kettenschaltung (→ Vierpolzusammenschaltungen) mit je einem G. an Ein- und Ausgangstor versehen, dann entsteht als Gesamtvierpol der duale Vierpol. [15]. Rü

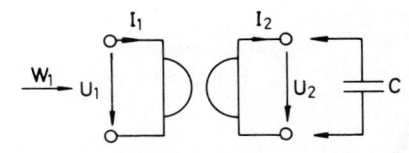

Gyrator mit äußerer Beschaltung

H

Haarhygrometer *(hair hygrometer)*. Das H. ist ein Meßgerät, mit dem die relative Luftfeuchtigkeit nahezu unabhängig von der Temperatur gemessen wird. Es beruht auf dem Aufquellen menschlicher oder tierischer Haare unter Feuchtigkeitseinfluß (Aufbau s. Bild), wobei die durch Luftfeuchtigkeit hervorgerufene Längenänderung zum Messen ausgenutzt wird. H. können mit elektrischen Widerstandsferngebern zur Fernmessung eingesetzt werden. [12], [18]. Fl

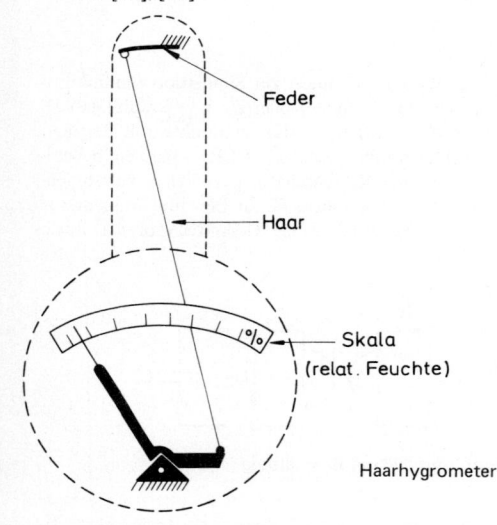

Haarhygrometer

Haftrelais *(remanent relay)*, Remanenzrelais. Relais, das nach kräftiger Erregung auch nach Abschaltung den Anker angezogen hält. Der magnetische Kreis bleibt wie bei einem Dauermagneten beliebig lange bestehen. Das R. wird nur durch Gegenerregung zum Abfallen gebracht. Anwendung: zum Aufbau von Haltestromkreisen mit geringem Strombedarf; für Relais, die im angezogenen Zustand verbleiben müssen, auch wenn der Strom im Steuerkreis ausfällt. [4]. Ge

Haftstelle. Störstelle, die infolge ihrer Energietermlage und ihres Besetzungszustandes einen Ladungsträger (Elektron oder Defektelektron) lokal zu binden imstande ist. Es sind zu unterscheiden: 1. Reaktionshaftstellen *(deathnium centers)*, die die Erzeugung und Rekombination von Ladungsträgerpaaren fördern. 2. Zeithaftstellen *(traps)*, die einen Ladungsträger für eine gewisse Zeitspanne festhalten können (DIN 41 852). [7]. Ne

Halbaddierer → Addierer. We

Halbdipol → Hertzscher Dipol. Ge

Halbduplexbetrieb *(half-duplex operation)*. H. bedeutet Wechselverkehr. Informationen können auf derselben Leitung in beiden Richtungen, aber nur nacheinander (also wechselweise) ausgetauscht werden. Es ist nur ein Übertragungskanal erforderlich; die Übertragungsstationen müssen jedoch als Sender und Empfänger arbeiten können. Anwendung dieser Betriebsart in den Fernschreibnetzen. [13], [14]. Th

Halbglied *(half-section)*. Ein H. erhält man durch spiegelbildliche Auftrennung von symmetrischen Grundgliedern bei Wellenparameterfiltern. Das unsymmetrische H. hat zwei verschiedene Wellenwiderstände und kann zur Anpassung benutzt werden. [15]. Rü

Halbleiter *(semiconductor)*. Werkstoff, dessen elektrische Leitfähigkeit zwischen den Leitfähigkeitsbereichen für Metalle und für Isolatoren liegt und bei dem ein Stromtransport durch positive und negative Ladungsträger möglich ist. In einem bestimmten Temperaturbereich wächst bei Halbleitern im allgemeinen die Ladungsträgerdichte mit wachsender Temperatur. Hinsichtlich des Leitungsmechanismus sind zu unterscheiden: 1. rein elektronische Leitung. 2. Ionenleitung (nach DIN 41 852). [7]. Bl

Halbleiter, amorpher *(amorphous semiconductor)*. Ein Halbleiter der die typischen elektronischen Halbleitereigenschaften zeigt, jedoch vom Aggregatzustand her zur Gruppe der Gläser zu rechnen ist. Die Energiebänderstrukturen, die Ergebnis einer atomaren Nahordnung sind, werden auch bei dieser Störung in modifizierter Form erhalten; das Bändermodell in seiner gewohnten Form ist jedoch auf amorphe H. nicht anwendbar. [7]. Bl

Halbleiter, bipolarer *(bipolar semiconductor)*. Halbleiter, bei dem sowohl Elektronen als auch Defektelektronen zum Stromfluß beitragen. [7]. Ne

Halbleiter, dotierter *(doped semiconductor)*. Unter dotiertem H. versteht man das Ersetzen von Kristallgitteratomen durch höher- oder niedrigerwertige Fremdatome. Durch Dotieren werden die elektrischen Eigenschaften des Halbleiters verändert. [7]. Bl

Halbleiter, flüssiger *(fluid semiconductor)*. In der jüngeren Vergangenheit konnten auch bei glasartigen, d. h. flüssigen Substanzen Halbleitereigenschaften nachgewiesen werden. [7]. Bl

Halbleiter, kristalliner *(crystalline semiconductor)*. Jeder aus einem kristallinen Festkörper bestehende Halbleiter; z.B. Silicium. [7]. Bl

Halbleiter, organischer *(organic semiconductor)*. Aus organischen Verbindungen bestehender Halbleiter. [7]. Bl

Halbleiterbauelement *(semiconductor device)*. Bauelement, dessen wesentliche Eigenschaften der Bewegung von Ladungsträgern innerhalb eines Halbleiters zuzuschreiben sind (DIN 41 855). [4]. Ne

Halbleiterblocktechnik. Ein in der DDR häufig verwendeter Ausdruck für monolithisch integrierte Schaltungen. [4]. Ne

Halbleiterdehnmeßstreifen *(semiconductor resistance strain gage, semiconductor resistance strain gauge).* (→ Bild Dehnmeßstreifen). Bei H. bestehen die Dehnmeßstreifen aus Halbleitermaterialien, wie Germanium oder Silicium. Der k-Faktor (Verhältnis relativer Widerstandsänderung $\Delta R/R$ zur relativen Längenänderung $\Delta l/l$) beträgt etwa 100. Dieser gegenüber Metalldehnmeßstreifen hohe Betrag erspart bei vielen Anwendungen als Meßfühler zur elektrischen Messung mechanischer Krafteinwirkungen einen Dehnmeßstreifenverstärker, ist aber sehr stark temperaturabhängig. H. werden mit Nennwiderstandswerten von 120 Ω, 300 Ω, 600 Ω hergestellt. [12], [18]. Fl

Halbleiterdetektor *(semiconductor detector).* Detektoren auf Halbleiterbasis, die elektromagnetische Strahlung im Bereich zwischen Ultraviolett- und Infrarotlicht empfangen und in elektrischen Strom umwandeln können; Photodiode, Photoelemente (einschließlich Solarzelle), Photokatoden, Phototransistor. [4]. Ne

Halbleiterdiode *(semiconductor diode).* Halbleiterbauelement mit zwei Anschlüssen, in dem entweder die gleichrichtenden Eigenschaften eines PN-Überganges (PN-Diode) oder eines Metall-Halbleiter-Überganges (Schottky-Diode) ausgenutzt werden. Man unterscheidet Halbleiterdioden nach Bauform (Flächen-, Schmalbasis-, Spitzendiode), Herstellungsverfahren (gezogene, legierte, diffundierte H., Golddraht-, Mesa-, Planar-, Epitaxie-, Mehrfachdiode) und nach ihren typischen Eigenschaften (z. B. Z-Diode, Tunneldiode usw.). Halbleiterdioden mit typischen Eigenschaften sind unter dem entsprechenden Stichwort zu finden. Halbleiterdioden haben eine stark nichtlineare Kennlinie, die näherungsweise durch die Shockley-Gleichung

$$I = I_s (e^{eU/\eta kT} - 1)$$

(I_s Sperrsättigungsstrom, e Elementarladung, U anliegende Spannung, η Korrekturfaktor; $\eta = 2$ für Silicium, k Boltzmann-Konstante, T absolute Temperatur) beschrieben wird (Bild). [4]. Ne

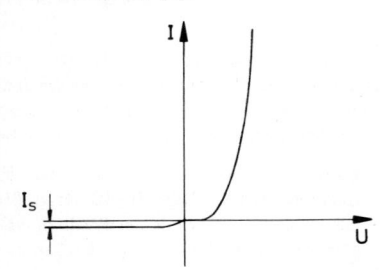

I, U-Kennlinie einer Halbleiterdiode

Halbleiterdrucksensor *(semiconductor pressure sensor).* Drucksensoren sind Meßumformer (manchmal auch Einheitsmeßumformer) der Sensortechnik, deren Wirkung häufig auf druckempfindlichem Halbleitermaterial beruht. Nichtelektrische Eingangsgröße kann ein Absolut-, Differenz- oder Relativdruck von Flüssigkeiten oder Gasen sein. Ausgangsgröße sind dem Meßdruck proportionale elektrische Signale, die einem System der Mikroelektronik zur Weiterverarbeitung, häufig auch zur Anzeige, angepaßt sind. Eine vielfach angewendete Ausführungsform besitzt eine integrierte Silicium-Membran, die den anliegenden Meßdruck in mechanische Verformung umwandelt. Auf der Membranoberfläche ist eine Brückenschaltung aus piezoresistiven Widerständen integriert. Die Widerstände werden an eine äußere Speisespannungsquelle angeschlossen. Unter Einfluß der Verformung ändern sie ihre Widerstandswerte und am Meß-Diagonalzweig der Brücke entsteht eine dem mechanischen Druck proportionale Spannung. Am Ausgang eines internen nachgeschalteten Verstärkers werden die Verbindungsleitungen zur Weiterverarbeitung angeschlossen. [6], [7], [12]. Fl

Halbleiterelektronik *(solid state electronics).* Gebiet der Elektronik, das die elektrophysikalischen Eigenschaften von Halbleitern zur Herstellung der verschiedensten Halbleiterbauelemente und zur Realisierung elektronischer Funktionen und Schaltungen ausnutzt. In der H. werden die Halbleiterbauelemente zusammen mit Widerständen, Kondensatoren und anderen passiven Bauelementen zu elektronischen Schaltungen zusammengesetzt. Eine besondere Stellung nehmen heute in der H. die integrierten Schaltungen ein, bei denen alle Bauelemente auf einem Halbleiterscheibchen integriert sind. Vor allem die Entwicklung analoger und digitaler integrierter Schaltungen läßt die H. zunehmend in alle Gebiete der Elektronik vordringen. [6]. Li

Halbleiterfertigung *(construction of semiconductors).* Nachdem man einen hochreinen, einkristallinen Halbleiterstab hergestellt hat, wird er in einzelne Scheiben *(Wafer)* zerschnitten. Nach der Oberflächenbearbeitung des Wafers wird vielfach eine Epitaxieschicht auf ihn aufgebracht und es wird durch Photolithographie die Halbleiterstruktur auf dem Wafer gebildet. Nach dem Testen wird der Wafer vereinzelt. Die hierbei entstehenden Chips werden verkapselt und nochmals getestet. [4]. Ne

Halbleiterflächenstrahler → Lumineszenzplatte. Fl

Halbleitergassensor *(semiconductor gas sensor).* Gassensoren sind Meßumformer der Sensortechnik. Sie dienen der Ermittlung von Gasen, die von der Ausführungsform des Gassensors abhängig, bis auf Spuren von 20 ppm nachgewiesen werden. Ausgangsgröße des Gassensors sind den Spurenelementen proportionale elektrische Spannungswerte. Fühlerelement ist z. B. eine Zinnoxid-Oberfläche, die auf gesintertem N-Substrat aufgebracht ist. Unter dem Einfluß oxidierender oder reduzierender Gase entstehen Absorptionsvorgänge auf der Sensoroberfläche, die eine Verkleinerung des elektrischen Widerstandes bewirken. Die Widerstandsänderung kann zur elektrischen Weiterverarbeitung als Spannungsänderung einer anliegenden Spannung umgeformt werden. Einsatzbereich: z. B. zur Messung der Luftverschmutzung. [6], [7], [12]. Fl

Halbleitergleichrichterdiode *(semiconductor rectifier diode).* Eine für Gleichrichtung vorgesehene Halbleiterdiode, einschließlich Gehäuse, Anschlußeinrichtung und Kühlzubehör, falls letzteres fest angebaut ist (DIN 41 853). [4]. Ne

Halbleiterlaser *(semiconductor laser)*. → Laser. Ne

Halbleitermaske → Maske. Ne

Halbleitermeßgleichrichter *(semiconductor measuring rectifier)*. Die H. sind die gebräuchlichsten Gleichrichterschaltungen für Meßzwecke. Gleichrichtende Bauelemente sind häufig Halbleiterdioden, manchmal auch Transistoren oder Thyristoren. Zu beachten sind beim Einsatz von Halbleiterbauelementen u. a. folgende Kenngrößen: die Höhe der Sperrspannung, die Grenzfrequenz, die Temperaturabhängigkeit, die Sperrschichtkapazität. Zur Umsetzung von Kennwerten der zu messenden Wechselgröße in proportionale Werte einer Gleichgröße (Meßgleichrichter) mit einer Halbleiterdiode gilt folgendes: 1. Niedrige Meß-Wechselspannungswerte u_M: Bei dem Gesamtwiderstand R_g des Ausgangsgleichstromkreises, einem Gleichrichterwiderstand R und der Richtkonstante c, erhält man unter der Bedingung $R \gg R_g$ den Meßgleichstrom I_M zur Bildung des Effektivwertes:

$$I_M = \frac{c}{R} \cdot |u_M|^2 .$$

Heute wird nur noch selten in diesem Bereich gearbeitet. 2. Höhere bis hohe Meßwechselspannungen: Die Diodenkennlinie wird infolge großer Aussteuerung linearisiert, der Meßgleichstrom nähert sich dem Mittelwert der gleichgerichteten Eingangs-Wechselgröße. Es gilt:

$$I_M = \frac{u_M}{\pi \cdot R_M} \quad \text{bei} \quad R_M = \frac{R_S \cdot R_D}{R_S - R_D}$$

(R_S Diodenwiderstand in Sperrichtung, R_D Diodenwiderstand in Durchlaßrichtung). In diesem Bereich findet z. B. häufig die Gleichrichtung sinusförmiger Wechselgrößen bei Vielfachinstrumenten statt. [12]. Fl

Halbleiter-Metall-Kontakt → Metall-Halbleiter-Kontakt. Ne

Halbleiterplättchen → Chip. Ne

Halbleiterrauschen *(semiconductor noise)*. Von Halbleitern erzeugte Rauschleistung. Es setzt sich zusammen aus: 1. thermischem Rauschen, das bereits bei verschwindendem Strom auftritt und 2. Stromrauschen, das beim Stromfluß durch Halbleiter auftritt. Es besteht aus Funkel (Flicker-) und Schrotrauschen. Das Funkelrauschen zeigt hinsichtlich seiner Intensität ein 1/f-Verhalten, tritt also besonders bei niedrigen Frequenzen auf. Es ist auf Oberflächeneffekte (Verunreinigungen) zurückzuführen und läßt sich durch besondere Oberflächenbehandlung weitgehend reduzieren. [6], [7]. Li

Halbleiterrelais *(solid state relay)*. Elektronisches Schaltelement in der Funktion eines Relais zum Schalten von Wechselspannungen unterschiedlicher Größe. Die Steuerspannung ist eine Gleichspannung. Die elektrische Entkopplung zwischen Steuerkreis und Schaltkreis kann z. B. über Optokoppler erfolgen. [11]. We

Halbleiterschalter → Schalter, kontaktloser. Ge

Halbleiterschaltung, monolithisch integrierte → Schaltung, monolithisch integrierte. Ne

Halbleiterspeicher *(semiconductor memory, solid state memory)*, Festkörperspeicher. Bauteile der Halbleitertechnik für die Speicherung größerer Datenmengen in Hauptspeichern, Pufferspeichern usw. Zu unterscheiden sind dabei die Festwertspeicher (ROM *read-only memory*), die grundsätzlich nur einmal beschrieben werden können, und die Lese-Schreib-Speicher (RAM *random access memory*). H. bieten gegenüber den Magnetkernspeichern den Vorzug der schnelleren Zugriffszeit, des nichtzerstörenden Lesens und der größeren Speicherdichte. Sie haben den Nachteil, daß bei Lese-Schreib-Speichern mit dem Spannungsverlust die Information verloren geht (flüchtige Speicher). H. zählen zu den höchstintegrierten Bauteilen der Elektronik. [1], [2]. We

Halbleitertechnik *(semiconductor technique)*. Gebiet der Technik, das sich mit der Herstellung von Halbleiterbauelementen und deren Eigenschaften sowie den mit Halbleiterbauelementen realisierbaren Schaltungen beschäftigt. [6]. Li

Halbleitertechnologie *(semiconductor technology)*. Gebiet der Halbleitertechnik, das sich mit der Herstellung von diskreten und integrierten Halbleitern beschäftigt. Zur H. zählen die Herstellung von Einkristallen, deren Dotieren und die Techniken der Schaltungsintegration (z. B. Bipolartechniken wie TTL (*transistor-transistor-logic*) oder IIL (*integrated injection logic*) bzw. Unipolartechniken wie MOS-(*metal-oxide semiconductor*) bzw. CMOS-Technik (*CMOS complementary MOS*). Vom angelsächsischen Sprachgebrauch her werden nicht ganz richtig die Techniken der Schaltungsintegration als H. bezeichnet. [4]. Ne

Halbleiterwerkstoffe *(semiconductor material)*. Werkstoffe, die als Halbleiter eingesetzt werden können. Man kennt über 1000 Halbleiterwerkstoffe (chemische Elemente, Verbindungshalbleiter, organische Halbleiter), von denen derzeit hauptsächlich Germanium, Silicium und $A^{III}B^V$-Verbindungen technische Bedeutung erlangt haben. [4]. Ne

Halbleiterzone *(semiconductor region)*. Teilgebiet eines Halbleiterkristalls mit speziellen elektrischen Eigenschaften, insbesondere Teilgebiet bestimmter Störstellenart und Störstellendichte (DIN 41 852). [7]. Ne

Halbschwingungsmittelwert *(average total value)*. Der H. U_h einer Wechselgröße ist nach DIN 40 110 der größte Wert, den ein über eine halbe Periode der Wechselgröße gemessener arithmetischer Mittelwert annehmen kann.

$$U_h = \frac{2}{T} \left[\int_t^{t+\frac{T}{2}} u \, dt \right]_{max}.$$

(Entsprechendes gilt für den Strom einer Wechselgröße). Der H. hat u. a. Bedeutung bei der Ermittlung des Formfaktors. [12]. Fl

Halbsubtrahierer → Subtrahierer. We

Halbwellendipol → Dipolantenne. Ge

Halbwellenfaltdipol → Dipolantenne. Ge

Halbwellengleichrichter *(half-wave rectifier)* → Einweggleichrichterschaltung. Ku

Halbwellentransformator *(half-wave transformer)*, Lambda/2-Transformator, Lambda/2-Leitung. λ/2-langes Leitungsstück, bei dem der am Anfang der Leitung befindliche Widerstand Z_1 mit dem Widerstand Z_2 am Ende übereinstimmt. Da nach jeder halben Wellenlänge für Strom bzw. Spannung eine Phasenverschiebung von 180° gegenüber den Werten am Leitungsende besteht, wirkt der H. wie ein Transformator mit dem Übersetzungsverhältnis Ü = 1. [8]. Ge

Halbwertsbreite *(halfpower beam width)*, Drei-dB-Breite. Begriff aus dem Gebiet der Antennen. Winkelbereich, innerhalb dessen die Strahlungsdichte auf nicht weniger als die Hälfte der maximalen Strahlungsdichte absinkt. [14]. Ge

Halbwertswinkel *(half-power angle)*. Begriff aus dem Gebeit der Antennen. Winkel zwischen der Richtung des Strahlungsmaximums und der Richtung, in der die Strahlungsdichte auf die Hälfte der maximalen zurückgeht. [8] . Ge

Hall-Effekt *(Hall effect)*. Ablenkung der Ladungsträger in einem vom Strom (Stromdichte **j**) durchflossenen Körper unter der Wirkung eines zur Stromrichtung senkrechten Magnetfeldes (magnetische Induktion **B**). (DIN 41 852). Das resultierende transversale elektrische Feld E_h, das die Ablenkung der Ladungsträger verursacht, ist gegeben als $E_h = R_H \cdot (j \times B)$, wobei der Beiwert R_H die Hall-Konstante ist. [5], [7]. Bl

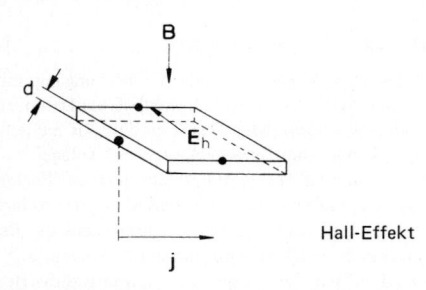

Hall-Effekt

Hall-Effekt-Meßfühler *(Hall effect pick-up)*. H. sind Hallgeneratoren, die sich z. B. als Magnetfühler in einem auszumessenden magnetischen Feld befinden. Eingangsgrößen sind Werte der magnetischen Induktion **B** des Feldes. An die Stromzuführungsleitungen des Hallgenerators liefert eine Konstantstromquelle den Steuerstrom i_s. Besitzt der Hallgenerator die Dicke d und die Hall-Konstante den Wert R_H, entsteht als Ausgangsgröße die Hallspannung mit dem Wert

$$u_H = \frac{R_H}{d} \cdot i_s \cdot B$$

Häufig verwendete Materialien sind Halbleiter wie Indium-Arsenid-Phosphid. Man findet H. auch als Multiplikator in Wattmetern, als Abtaster von Magnetbändern und in Anordnungen zur Winkel- und Wegmessung. [12]. Fl

Hall-Effekt-Positionssensor *(Hall effect position sensor)*, Hall-Sensor. Hall-Effekt-Positionssensoren sind Meßfühler der Sensortechnik. Ihre Wirkungsweise beruht auf dem Prinzip des Hall-Effektes, der mit magnetisch steuerbaren Hall-Generatoren in Planartechnik genutzt wird.

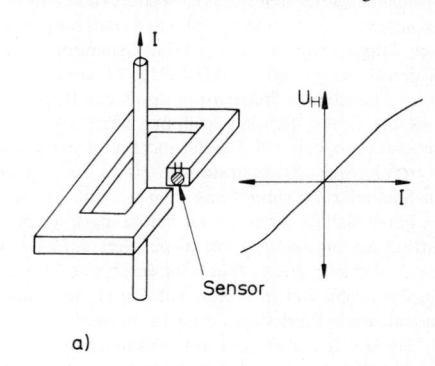

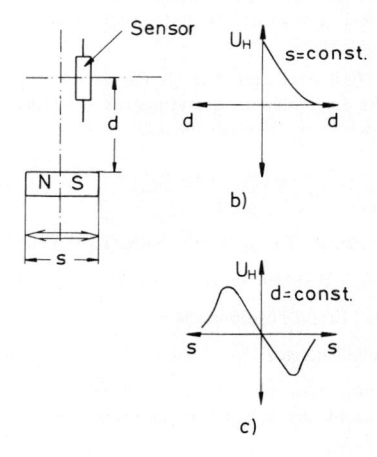

Hall-Effekt-Positionssensor

Halbleitermaterial ist Galliumarsenid (GaAs). Aufgrund der Baugröße (etwa 0,4 x 0,4 mm^2) sind nahezu punktförmige Messung in räumlichen Magnetfeldern möglich (Bild a). Ausgangsgröße eines Hall-Effekt-Positionssensors ist die Hall-Spannung U_H, die im angegebenen Bereich linear von Werten des Magnetfeldes abhängt (Leerlaufempfindlichkeit etwa 200 V/A bei einem Nennsteuerstrom von 5 mA). Zur Erfassung von Positionen wird die Abhängigkeit der Hall-Spannungswerte von vertikalen (Bild b) und lateralen (Bild c) Bewegungen eines Dauermagneten oder eines elektrisch erregten Magnetkreises genutzt. Es sind analoge und digitale Verfahren zur Meßwerterfassung möglich. Die Hallspannung ist bei Hall-Effekt-Positionssensoren nicht von der Geschwindigkeit des bewegten Teils abhängig, die Meßwerte besitzen bis in den Kilohertz-Bereich konstante Amplituden. Anwendungen z. B. als Wegaufnehmer, als Endpositionsmelder in Werkzeugmaschinen, zur digitalen Drehzahlmessung. [4], [6], [9], [12], [18]. Fl

Hall-Element → Hallgenerator. Ge

Hall-Generator *(Hall generator)*, Hall-Element, Hall-Sonde. Magnetfeldabhängiger Halbleiter, dessen Funktion auf dem Hall-Effekt beruht. Der H. ist entweder als kristallines oder als aufgedampftes Hall-Plättchen aus InAs (Indiumarsenid) und InAsP (Indiumarsenidphosphid) auf einer Trägerplatte ausgeführt. Hall-Generatoren finden bei der Messung magnetischer Felder Anwendung: Wird ein hochkonstanter Steuerstrom durch den H. geschickt, so ist die Größe der Hall-Spannung der Stärke des Magnetfeldes proportional. Die Bauformen reichen von relativ großflächigen Präzisionssonden bis zu besonders dünnen Sonden zur Feldmessung in engen Luftspalten. Bei den Ferrit-Hall-Generatoren für berührungslose und kontaktlose Signalgabe wird vor allem Wert auf eine hohe Empfindlichkeit gelegt. Dies wird durch eine Konzentration des magnetischen Flusses auf den H. mit Hilfe von flußlenkenden Ferritstegen erreicht. Weitere Anwendung als Hall-Multiplikator: Die Hall-Spannung ist in jedem Augenblick proportional dem Produkt aus Steuerstrom und Magnetfeld, sie wird z.B. zur Leistungsmessung benutzt. [4]. Ge

Hall-Konstante *(Hall constant)*. Die H. R_H ist durch die Teilchendichte der positiven n_p und negativen Ladungsträger n_n, sowie deren Beweglichkeit μ_p bzw. μ_n gegeben:

$$R_H = - \frac{1}{e \cdot c} \cdot \frac{n_n \mu_n^2 - n_p \mu_p^2}{(n_n \mu_n + n_p \mu_p)^2}$$

(e Elementarladung, c Lichtgeschwindigkeit). [5], [7]. Bl

Hall-Multiplikator → Hall-Generator. Ge

Hall-Sensor → Hall-Effekt-Positionssensor.

Hall-Sonde → Hall-Generator. Ge

Haltestrom *(holding current)*. 1. Bei einem Relais der minimale Spulenstrom, der den Anker im angezogenen Zustand hält. [4]. Ge

Haltestrom
U_D Durchlaßspannung

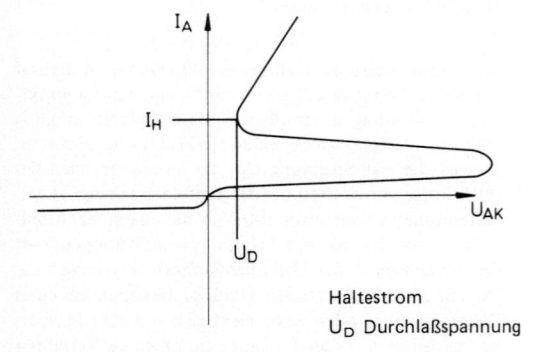

2. Bei Vierschichtdioden (Thyristoren, Triacs) der Strom, der im niederohmigen Bereich nicht unterschritten werden darf. Vermindert sich der Strom unter den H., so geht das Bauelement in den hochohmigen Zustand über. In Datenbüchern als I_H bezeichnet. [4]. We

Hamming-Abstand *(Hamming distance)*, Hamming-Distanz. Zwei Codewörter eines Codes unterscheiden sich in d Binärstellen (d heißt Stellendistanz). Vergleicht man alle Codewörter eines Codes miteinander, so erhält man eine niedrigste vorkommende Stellendistanz, den sog. H. Diese Größe spielt eine wichtige Rolle bei der Fehlererkennung und -korrektur von Codes. Es gilt: e = h−1 (e Anzahl der sicher erkennbaren Fehler; h Hamming-Abstand) und k = (h−1)/2 (k Anzahl der korrigierbaren Fehler. [1], [9]. Li

Hamming-Codes *(Hamming codes)*. Codes hoher Redundanz, bei denen man zwischen informationstragenden Binärstellen und Prüfstellen unterscheiden kann. Die Tabelle zeigt einen H.-Code mit drei Prüfbits und Hamming-Abstand 3. H. eignen sich besonders als fehlererkennende- bzw. fehlerkorrigierende Codes. [1], [9]. Li

Spezieller Hamming-Code

Hamming-Distanz → Hamming-Abstand. Li

Handling *(handling)*. Vorgeschriebene Art des Umgangs mit Geräten. Der Ausdruck H. wird besonders bei Datenverarbeitungsanlagen verwendet. Das H. umfaßt die menschlichen Tätigkeiten zum Inbetriebsetzen der Anlage, Aufruf der gewünschten Aktivitäten, Reaktionen auf Fehlermeldungen des Systems, Außerbetriebsetzung der Anlage usw. Das H. wird oft dadurch erleichtert, daß die Betriebssysteme das System selbsterklärend machen, d. h., es werden dem Benutzer Fragen mit Alternativantworten vorgelegt, aus denen er nur auswählen muß (Menue-Technik). [1]. We

Handshake-Fehler *(handshake error)*. Fehler, der bei der Kommunikation nach der Handshake-Methode auftritt, wobei immer davon ausgegangen werden muß, daß sowohl das aktive Element, als auch das reagierende Element Fehler verursachen kann; außerdem der eigentliche Daten- und Steuersignalverkehr. H. können bemerkt werden, wenn falsche Quittungssignale oder negative Quittungssignale gebildet werden, die eine fehlerhafte Übertragung anzeigen, bzw. wenn in einer bestimmten Zeit kein Quittungssignal erscheint (Time-Out-Fehler). Das Auftreten von Handshake-Fehlern führt meist zu einer Wiederholung des Vorgangs, erst wenn der H. mehrmals eintritt, wird eine Fehlermeldung durchgeführt. [1]. We

Handshake-Methode *(handshake method)*. Informationsaustausch besonders in der Digitaltechnik mit Quittierung der empfangenen Daten. Der Empfänger quittiert durch ein Handshake-Signal den Empfang von Information, erst dann kann der Sender weitere Aktivitäten ergreifen. Die H., auch als asynchroner Betrieb bezeichnet, hat den Vorteil, daß sich die Systeme flexibel verschieden schnellen Komponenten anpassen können und nicht in ein

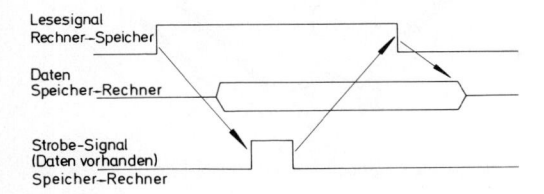

Handshake-Methode

starres Zeitraster gezwängt sind. Das Bild zeigt die H. am Beispiel des Lesens eines Lese-Schreib-Speichers. [1]. We

Hardware *(hardware)*. Bezeichnung für alle mechanischen und elektronischen Teile einer Datenverarbeitungsanlage (physische Betriebsmittel). Nur im Zusammenhang der H. mit der Software entsteht ein funktionsfähiges System. Die Entwicklung der Datenverarbeitungssysteme ist dadurch gekennzeichnet, daß der Kostenanteil der H. gegenüber der Software sinkend ist. [1]. We

Hardwired-Logic *(hardwired logic)*. Schaltungen zur Ausführung logischer und arithmetischer Verknüpfungen, die fest miteinander verbunden sind (festverdrahtete Logik), so daß der Signalfluß immer gleich ist. Der Gegensatz zur H. ist die variable Logik, bei der ein Programm die Art und Reihenfolge der Verknüpfungen bestimmt. Beispielsweise werden Multiplikationen meist in variabler Logik unter Verwendung von Addierern durchgeführt; es können jedoch auch feste Multiplikationsschaltungen verwendet werden. Vorteil der H. ist die schneller Ausführung der Operation, der Nachteil die Festlegung auf eine bestimmte Operation. [2]. We

Harmonische *(harmonic)*. Die bei der Fourier-Analyse einer periodischen Schwingung entstehenden Anteile der Grund- und Oberschwingungen. Die Grundschwingung heißt die 1. H., während die Oberschwingungen fortlaufend als 2., 3., usw. H. bezeichnet werden. [13]. Rü

Hartley-Oszillator *(Hartley oscillator)*. Ein H. ist ein Dreipunkt-Oszillator mit induktiver Rückkopplung. Ein Transformator bildet den Rückkopplungsvierpol. Der Rückkopplungsfaktor ergibt sich aus dem Übersetzungsverhältnis (Windungszahlverhältnis). Der Schwingkreiskondensator liegt je nach Schaltung entweder parallel zu einer der Wicklungen oder in Autotrafo-Schaltung parallel zur Gesamtwicklung. Anwendungsbereich: einige Hertz bis einige hundert Megahertz. [13], [14]. Th

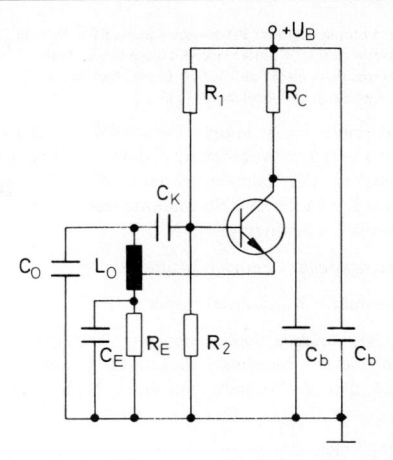

Hartley-Oszillator, induktive Rückkopplung

Hartlöten *(brazing)*. Lötverfahren unter Verwendung von Loten, deren Schmelzpunkt über 450 °C liegt. [4]. Ge

Harttastung *(click)*. Beim Telegraphiebetrieb mit tonloser Tastung wird die Information durch die zwei Zustände „Sender strahlt volle Leistung aus" und „Sender strahlt nicht" übertragen (Morsezeichen). Die Tastung bewirkt die Sperrung oder Freigabe der HF-Energie (HF Hochfrequenz). Bei einer rechteckigen Einhüllenden des abgestrahlten Schwingungspaketes durch H. entstehen starke Oberwellen der Tastfrequenz, d. h., der Sender strahlt ein breites Frequenzband ab. Reduzierung der Bandbreite durch Tastfilter. [13], [14]. Th

Hauptquantenzahl *(principal quantum number)*. Faßt alle Elektronen einer atomaren Elektronenschale (d. h. im Bohr-Sommerfeldschen Atommodell auch gleicher Energie) zusammen. So haben z. B. beide Elektronen der innersten Schale (K-Schale) der Atomhülle die Hauptquantenzahl 1, der nächsthöheren (L-Schale) die Hauptquantenzahl 2 usw. [5], [7]. Bl

Hauptregelkreis *(main control loop)*. Bei einer Kaskadenregelung bezeichnet man den äußeren Regelkreis als H. und den bzw. die inneren Regelkreise als Hilfsregelkreise. [18]. Ku

Hauptschlußmotor *(series-wound motor)* → Reihenschlußmotor. Ku

Hauptspeicher *(mainframe memory)*, Zentralspeicher. Speicher in einem Datenverarbeitungssystem, zu dem Rechenwerke, Steuerwerke, gegebenenfalls Ein- und Ausgabewerke unmittelbaren Zugriff haben (DIN 44 300). Der H. dient sowohl der Speicherung der Programme wie der zu verarbeitenden Daten. Kapazität und Zugriffszeit des Hauptspeichers bestimmen wesentlich die Leistungsfähigkeit des Datenverarbeitungssystems. Der H. ist in Bytes oder Speicherzellen unterteilt, auf die mit Adressen direkt zugegriffen wird. H. wurden meist als Magnetkernspeicher ausgeführt, heute überwiegen Halbleiterspeicher.

An einen H. können mehrere Prozessoren angeschlossen sein (→ Multiprozessorsysteme). Greifen Ein-Ausgabe-Werke unter Umgehung des Prozessors direkt auf den H. zu, so wird dies als DMA (direkter Speicherzugriff) bezeichnet. [1].   We

Hauptverkehrsstunde *(busy hour).* Tageszeitabschnitt von 60 aufeinanderfolgenden Minuten, in dem der Verkehrswert maximal ist. Die Hauptverkehrsstunde wird zur Bemessung von Leitungen und Steuereinrichtungen in Vermittlungssystemen benutzt. [19].   Kü

Hauptvermittlungsstelle → Fernvermittlungsstelle.   Kü

Haushaltselektronik → Konsumelektronik.   Ne

Hay-Brücke *(Hay bridge).* Die H. ist eine Wechselstrommeßbrücke, die der Messung unbekannter Impedanzen dient. Nach dem Bild erhält man einen Nullabgleich, wenn

$$L_1 = R_2 \cdot R_3 \cdot \frac{C}{1 + \omega^2 \cdot C^2 \cdot R_4^2} \quad \text{und}$$

$$R_1 = R_2 \cdot R_3 \cdot \frac{\omega^2 \cdot C^2 \cdot R_4^2}{1 + \omega^2 \cdot C^2 \cdot R_4^2}$$

ist. [12].   Fl

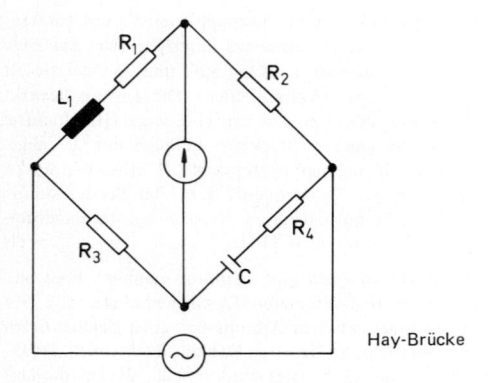

Hay-Brücke

Hazards, dynamische → Störeffekte, dynamische.   Fl

HDDR *(high density digital magnetic recording, HDDR).* Ein Verfahren, mit dem sich binäre Impulsfolgen auf einem Magnetband sehr dicht speichern lassen. [1].   Ne

H-Diagramm → Richtdiagramm.   Ge

HDK (hohe Dielektrizitätskonstante). Auf der Basis von Bariumtitanat bzw. Barium-Strontium-Titanaten hergestellte Dielektrika mit hoher Permittivitätszahl ($\epsilon_r \approx 1000$ bis 100000). [4].   Li

HDK-Kondensator → Keramikkondensator.   Ge

HDLC *(high level data link control, HDLC).* Bitorientiertes Steuerungsverfahren bei der Datenübertragung im Duplexbetrieb. [1].   Ne

Heaviside-Campbell-Gegeninduktivitätsbrücke → Heaviside-Campbell-Induktivitätsbrücke.   Fl

Heaviside-Campbell-Induktivitätsbrücke *(Heaviside-Campbell inductance bridge),* Heaviside-Campbell-Gegeninduktivitätsbrücke. Die H. ist eine Wechselstrom-Meßbrücke,

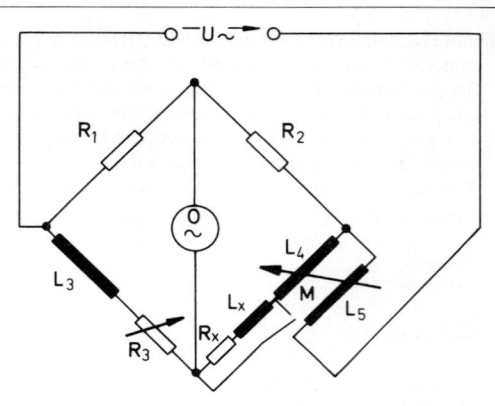

Heaviside-Campbell-Induktivitätsbrücke

mit der Selbstinduktionskoeffizienten oder Gegeninduktivitätskoeffizienten gemessen werden. Ihr Aufbau ist ähnlich der Heaviside-Gegeninduktivitätsbrücke. Abweichend davon besteht das Induktivitäten enthaltende Längsglied (→ Brückenschaltung) aus dem Prüfling mit dem zu bestimmenden Selbstinduktionskoeffizienten L_x, dem Verlustwiderstand R_x und den Brückenelementen L_3 mit abgleichbarem Wirkwiderstand R_3. Der Gegeninduktionskoeffizient M läßt sich über den Kopplungsfaktor der Spulen L_4 und L_5 verändern (Bild). Ein erster Brückenabgleich nach Betrag und Phase erfolgt bei offenem Schalter. Ein zweiter Abgleich wird bei geschlossenem Schalter durchgeführt. Über die Differenz beider Meßergebnisse erhält man L_x und R_x des Prüflings:

$$L_x = (M - M') \cdot (1 + \frac{R_2}{R_1});$$

$$R_x = (R_3 - R_3') \frac{R_2}{R_1}.$$

Das Brückengleichgewicht ist frequenzunabhängig. [12].
Fl

Heaviside-Gegeninduktivitätsbrücke *(Heaviside mutual-inductance bridge),* Heaviside-Induktivitätsmeßbrücke. Die H. ist eine Wechselstrom-Meßbrücke mit der ein Vergleich von Selbstinduktionskoeffizienten mit Gegeninduktivitätskoeffizienten durchgeführt wird. Zur Bestim-

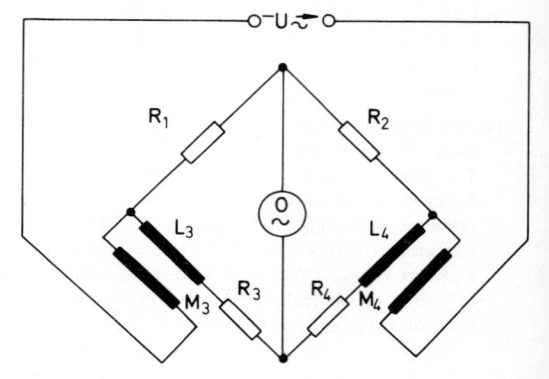

Heaviside-Gegeninduktivitätsbrücke

mung der einen Größe muß die andere bekannt sein. Die im Bild dargestellte Meßbrücke enthält in einem Längsglied die Wirkwiderstände R_1 und R_2. Das gegenüberliegende Längsglied wird aus zwei Spulen der Gegeninduktivitäten M_3 und M_4 gebildet. Die zur Entstehung der Gegeninduktivitäten notwendigen beiden anderen Spulen sind mit der Speisequelle der Brückenschaltung verbunden. Zum Nullabgleich müssen die Bedingungen erfüllt sein: $R_1 \cdot R_4 = R_2 \cdot R_3$;

$$L_3 - L_4 \cdot (\frac{R_1}{R_2}) = -(M_3 - M_4) \cdot (1 + \frac{R_1}{R_2}).$$

Das Brückengleichgewicht ist frequenzunabhängig. [12].
Fl

Heaviside-Induktivitätsmeßbrücke → Heaviside-Gegeninduktivitätsbrücke.
Fl

Heaviside-Schicht → Ionosphärenschicht.
Ge

Heaviside-Transformation → Leistungsquelle.
Rü

Heißleiter *(thermistor)*, NTC *(negative temperature coefficient)*, Thermistor, Thernewid, NTC-Widerstand. Halbleiterwiderstand, dessen Widerstandswert mit steigender Temperatur abnimmt. Der Temperaturkoeffizient beträgt $-3\%/K$ bis $-6\%/K$, ist also etwa zehnmal größer als der von Metallen. Der H. besteht aus verschiedenen Schwermetalloxiden, die bei Temperaturen zwischen 1000 °C und 1400 °C in Stab-, Scheiben- oder Perlenform gesintert werden. Die ersten technisch brauchbaren H. wurden aus Uran-(II)-oxid hergestellt (Urdoxwiderstand). Die Temperaturabhängigkeit des Widerstandes des Heißleiters verläuft exponentiell mit der Beziehung $R_T = R_{25} \exp[B(1/T - 1/T_N)]$ (R_T Widerstandswert bei Temperatur T in K, R_{25} Kaltwiderstand bei $T_N = 298$ K $= 25$ °C, B Materialkonstante des Heißleiters mit der Einheit K). Die Spannungs-Stromkennlinie bei konstanter Umgebungstemperatur kann unterteilt werden in 1. einen geradlinigen Anstiegsteil, in dem die zugeführte Leistung so gering ist, daß keine Eigenerwärmung auftritt, wodurch der Widerstandswert des Heißleiters nur von der Umgebungstemperatur bestimmt wird, 2. einen abgeflachten Anstieg bis zum Spannungsmaximum, in der der Widerstandswert bereits merklich abnimmt, 3. einen fallenden Teil, in dem der Widerstandswert überwiegend vom Strom und nur zum kleinen Teil von der Umgebungstemperatur bestimmt wird. Der H. heizt sich auf eine Übertemperatur auf. Wird die Belastung wieder verringert, so nimmt die Übertemperatur nach einer Exponentialfunktion ab. Nach der Zeit $t = T_{th}$ (thermische Abkühlzeitkonstante) beträgt die Übertemperatur nur noch 1/e vom Anfangswert. Hieraus ergeben sich die Anwendungsmöglichkeiten des Heißleiters als Kompensations- und Meßheißleiter zur Temperaturmessung und -kompensation (ohne Eigenerwärmung), als Anlaßheißleiter zur Unterdrückung von Stromstößen oder für die Anzugs- und Abfallverzögerung von Relais (mit Eigenerwärmung). Im fallenden Teil der U, I-Kennlinie arbeiten auch Regelheißleiter, die zur Spannungsstabilisierung eingesetzt werden. Fremdgeheizte Heißleiter bestehen aus einem Heißleiter, dessen Widerstandswert mit einer Heizwendel verändert werden kann. Sie werden meist als stromabhängig-steuerbare Widerstände in der Meß- und Regelungstechnik eingesetzt. [4].
Ge

Heißleiter, fremdgeheizter → Heißleiter
Ge

Hektometerwelle → Mittelwelle; → Funkfrequenz.
Ge

Helipot → Drehwiderstand.
Ge

Helium-Neon-Laser → Laser.
Ne

Helixantenne → Wendelantenne.
Ge

Helix-Filter *(helical filter)*. Elektrisches Filter mit sog. Helix-Resonatoren für den besonderen Anwendungsbereich von 20 MHz bis 500 MHz. Der Q-Wert (→ Gütefaktor) der Helix-Resonatoren liegt in der Größenordnung von 1000. Innerhalb eines zylindrischen Leiters ist ein zweiter Leiter in Form einer einlagigen Spule angebracht (helix $\hat{=}$ Schnecke). [14].
Rü

Hell-Dunkelstromverhältnis *(light current/dark current ratio)*. Bei einem Bauelement der Optoelektronik das Verhältnis zwischen dem Strom bei Belichtung und dem Dunkelstrom. Meist wird allerdings die Differenz der beiden Werte, der Photostrom, angegeben. [16].
We

Helligkeit *(brightness)*. Ausdruck für die Intensität eines Lichteindrucks auf den Menschen. Die H. ist keine quantitativ festlegbare Größe. Die Leuchtdichte wird auch als „photometrische Helligkeit" *(photometric brightness)* bezeichnet. [16].
We

Helmholtz-Resonator *(Helmholtz resonator)*. Früher verwendetes Hilfsmittel der Klanganalyse (heute elektrische Filter). Die Eigenfrequenz ist

$$f_0 = \frac{c}{2\pi} \sqrt{\frac{\pi R^2}{V(l + \frac{R\pi}{2})}},$$

wobei V Volumen des Resonators, l Halslänge, R Halsradius, c Schallgeschwindigkeit. [5].
Rü

Henry *(henry)*, Abgeleitete SI-Einheit der Induktivität (Zeichen H) (DIN 1304, 1357, 1358, 40 121)

$$1H = 1\frac{m^2 \, kg}{s^2 \, A^2} = 1\frac{Wb}{A} = 1\frac{Vs}{A} = 1\,\Omega s = 1\frac{Nm}{A^2}.$$

(A Ampere; Wb Weber; V Volt; N Newton).
Definition: Das H. ist gleich der Induktivität einer geschlossenen Windung, die, von einem elektrischen Strom der Stärke 1 A durchflossen, im Vakuum den magnetischen Fluß 1 Wb umschlingt.
Rü

Herkon-Relais → Reed-Relais.
Ge

Hertz *(cycles per second, Hertz)*. Zeichen Hz; (engl. cps), SI-Einheit der Frequenz.

$$1\,Hz = 1\,\frac{Schwingung}{Sekunde}\,;\ \text{Einheit: } s^{-1}$$

1 Hz ist gleich der Frequenz eines periodischen Vorgangs von der Periodendauer T = 1 s (DIN 1301/4; DIN 1311/1). [13].
Rü

Hertzscher Dipol *(Hertzian dipole, infinitesimal dipole)*, Elementardipol. Idealisierter Strahler, dargestellt durch ein Paar gleichgroßer, punktförmiger, schwingender Ladungen mit entgegengesetztem Vorzeichen, deren Abstand sehr klein gegenüber der Wellenlänge ist, oder als infinitesimales Stromelement (Länge $\ll \lambda$) mit gleichförmigem Strombelag. Der Halbdipol ist die Hälfte eines Hertzschen Dipols über einer unendlich großen leitenden Ebene. Der H. erzeugt in der H-Ebene Rundstrahlung und in der E-Ebene eine doppelkreisförmige Strahlungsverteilung. [14]. Ge

Hertzsche Wellen *(Hertzian waves).* Die Hertzschen Wellen wurden erstmals im Jahre 1887 bei grundlegenden Untersuchungen über elektromagnetische Wellen von Heinrich Hertz mit Hilfe von Funkenoszillatoren erzeugt. Die Hertzschen Wellen umfassen den Wellenlängenbereich von etwa 1m bis 1 dm (Dezimeterwelle). [14]. Ge

Herzkurve → Kardioide. Ge

Herzspannungskurve → Elektrokardiogramm. Fl

Heterodiode *(heterodiode).* Halbleiterdiode, bei der die dotierten Gebiete unterschiedliche Gitterstruktur und unterschiedliche Bandabstand haben. Man kennt NN-, NP-, PP-Dotierungen. Anwendung: Halbleiterlaser, Photodioden, schnelle Schaltdioden, Solarzellen, Tunneldioden. [4]. Ne

Heteroepitaxie *(heteroepitaxy).* Abscheiden einer epitaxialen Schicht auf einem Substrat, das eine andere Kristallstruktur als die aufgebrachte Schicht hat; z. B. Silicium auf Saphir. [4]. Ne

Heteroübergang *(heterojunction).* PN-Übergang, der bei Verwendung zweier Halbleitermaterialien mit unterschiedlichen Energieabständen zwischen Valenz- und Leitungsband entsteht. Aufgrund des etwa gleichen Gitterabstandes eignen sich zur Bildung von Heteroübergängen Germanium (E_G=0,68) und Galliumarsenid (E_G=1,38). Am PN-, NN- oder PP-Übergang kommt es zu starken Rekombinationen von Ladungsträgern. Dies bedeutet, daß keine Minoritätsladungsträgerspeicherung auftritt. Anwendungen: Halbleiterlaser, Photodiode, schnelle Schaltdioden, Solarzelle, Tunneldiode. [7]. Ne

Hexadezimalsystem → Sedezimalsystem. We

Hexadezimalziffer → Sedezimalziffer. We

HF *(high frequency)* → Kurzwellen; → Funkfrequenzen. Ge

HF-Drossel → Drosselspule. Ge

HF-Modulator *(RF-modulator, RF radio frequency).* Mit dem H. wird einem Hochfrequenz-Träger das zu übertragende niederfrequente Signal aufgeprägt. [13], [14]. Th

HF-Spannungsmesser *(RF voltmeter, radio frequency voltmeter),* Hochfrequenz-Spannungsmesser, Diodenvoltmeter. H. sind analoge Meßgeräte, die zu Spannungsmessungen im Hochfrequenzbereich eingesetzt werden. Angezeigt wird in der Regel der Effektivwert, seltener der Spitzenwert der Meßspannung. Um den Einfluß des Gerätescheinwiderstands gering zu halten, besitzen H. niedrigere Parallelkapazitäten und Serieninduktivitäten. Als Meßgleichrichter finden Mittelwert- und Spitzenwertgleichrichter Verwendung. Bei Mittelwertgleichrichtung folgt der Gleichrichterschaltung ein Drehspulmeßwerk.

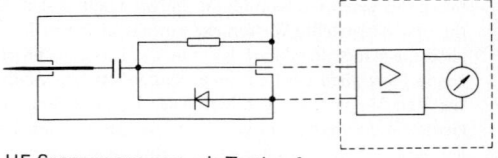

HF-Spannungsmesser mit Tastkopf

Geräte dieser Art sind bis zu Frequenzen von 100 kHz geeignet. Meßgeräte mit Spitzenwertgleichrichter (Bild) besitzen häufig einen Gleichspannungsmeßverstärker, an dessen Ausgang ebenfalls ein Drehspulinstrument angeschlossen ist. Die Gleichrichterschaltung ist außerhalb des Geräts in einem beweglichen Tastkopf untergebracht, um kurze Zuleitungen vom Meßpunkt zum Gleichrichter zu erhalten (Frequenzbereich bis etwa 500 MHz). H. sind im allgemeinen nur für sinusförmige Spannungen einsetzbar. [8], [12]. Fl

HF-Verstärker *(RF amplifier, radio frequency amplifier).* Der H. (HF Hochfrequenz) soll entweder selektiv oder breitbandig eine Signalspannung im Hochfrequenzbereich verstärken. Je nach Anwendung kann er ein Kleinsignalverstärker oder ein Leistungsverstärker sein. Er kann in A- oder AB-Betriebsart, in B- oder C-Betrieb arbeiten, je nachdem, ob es ein Linearverstärker sein soll oder nicht. [13], [14]. Th

HF-Widerstandsmeßbrücke *(radio frequency resistance bridge),* Hochfrequenz-Widerstandsmeßbrücke. Grundsätzlich sind alle bekannten Meßbrücken zur Widerstandsbestimmung bzw. zur Ermittlung einer Widerstandsabweichung als H. einzusetzen, wenn Maßnahmen getroffen werden, die störende Erd- und Streukapazitäten des Meßobjekts in bezug auf seine Umgebung genau festlegen. Es ist auch die sorgfältige Auswahl eines Erdungspunkts notwendig. Die einzelnen Brückenzweige müssen gegeneinander gut abgeschirmt werden. [8], [12]. Fl

HfD *(direct call line),* (Hauptanschluß für Direktruf). Anschluß zur Herstellung einer digitalen Nachrichtenverbindung zu einer einzigen, festgelegten Endstelle ohne Eingabe von Zielinformation. Die Realisierung des HfD kann mittels festgeschalteter Leitungen oder durch automatische Vermittlung im Falle eines Anrufs erfolgen. [19]. Kü

HGÜ *(high voltage d. c. transmission).* Abk. für → Hochspannungsgleichstromübertragung. Ku

Hi-Fi *(high fidelity, HIFI).* H. bedeutet „höchste Wiedergabetreue". Der Begriff beschreibt ein Qualitätsmerkmal, das für elektroakustische Übertragungssysteme mit hohem Gütegrad verwendet wird. Um einen groben Anhalt über die dabei auftretenden Forderungen zu geben, kann eine Bandbreite von 20 Hz bis 20 000 Hz und eine nichtlineare Verzerrung (Klirrfaktor) von weniger als 1 % für den gesamten Übertragungskanal genannt werden. [13], [14]. Th

High-Level-Logic *(high level logic).* Schaltungsfamilien, deren Logik-Pegel einen hohen Spannungswert besitzen,

z. B. 0 V/ + 12 V. Da Schaltungen mit H. nicht kompatibel mit anderen Schaltungsfamilien sind, werden sie nur noch selten angewendet. [2]. We

High Signal → H-Pegel. We

High-Zustand → H-Pegel. We

Hilbert-Transformation *(Hilbert transformation)*. Eine Integraltransformation, die einen allgemeinen Zusammenhang zwischen Real- und Imaginärteil einer regulären Funktion der komplexen Frequenz p herstellt. Speziell bei Mindestphasenvierpolen sind Real- und Imaginärteil der Netzwerkfunktionen nicht unabhängig voneinander, da sie durch die Cauchy-Riemannschen-Differentialgleichungen miteinander verknüpft sind. Die H. gestattet z. B. die Dämpfung a(ω) aus der Phase b(ω) zu berechnen und umgekehrt. Es gilt

$$a(\omega_0) = -\frac{2}{\pi} \int_0^\infty \frac{\omega\, b(\omega)}{\omega^2 - \omega_0^2}\, d\omega$$

und

$$b(\omega_0) = \frac{2}{\pi} \int_0^\infty \frac{\omega_0\, a(\omega)}{\omega^2 - \omega_0^2}\, d\omega.$$

Weitere Formen dieses Gleichungspaars lassen sich durch Transformation der Variablen und partielle Integration ableiten [14]. Rü

Hilfsbrücke *(Wagner earth, auxiliary bridge)*, Hilfszweig. Die H. ist ein zusätzliches Netzwerk in Wechselstrommeßbrücken, durch das die kapazitiven Einflüsse an den Diagonalpunkten der Einspeisung eliminiert werden. Hierzu werden zwei Scheinwiderstände parallel zur Speisequelle an den entsprechenden Brückenpunkten angeschlossen und ihre gemeinsame Verbindung geerdet (→ Wagnerscher Hilfszweig, → Impedanzmeßbrücke). [8], [12]. Fl

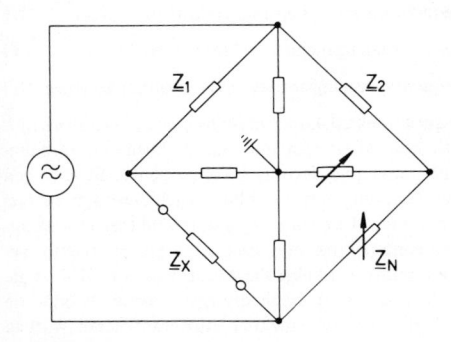

Meßbrücke mit Hilfszweig

Hilfsregelgröße *(auxiliary controlled variable)*. (→ Bild Kaskadenregelung). Die Regelgröße eines unterlagerten Regelkreises (Hilfsregelkreis) bezeichnet man oft auch als H. [18]. Ku

Hilfsspannungsquelle *(auxiliary voltage source, auxiliary voltage supply)*. 1. Hilfsspannungsquellen setzt man zu Berechnungsvereinfachungen bei Wechselstromnetzwerken ein. Sie werden in Zweige des Netzwerks eingefügt, in denen sich Spannungsquellen ohne Widerstände befinden. Man spaltet dazu benachbarte Zweige auf, die Quellen mit Widerständen enthalten und ordnet jeder Quelle des Netzes mindestens einen Serienwiderstand zu. Zur Vereinfachung der Berechnung werden die Hilfsspannungsquellen in Stromquellen umgewandelt. Man erhält bezüglich des Netzwerks gleichwertige Schaltungen. 2. In der Meßtechnik dienen Hilfsspannungsquellen zur Versorgung von Hilfsstromkreisen (z. B. bei Messungen mit Kompensatoren). [12], [15]. Fl

Hilfsspeicher *(auxiliary storage, external storage)*. Ein Datenspeicher, der nicht zum Hauptspeicher gehört. Beispiele: Magnetband, Magnetplatte oder Einheiten mit direktem Speicherzugriff. [1]. Ne

Hilfsstromkreis *(auxiliary circuit)*. (→ Bild Poggendorf-Kompensator). Bei elektrischen Messungen nach dem Kompensationsverfahren ist die Kompensationsschaltung mit einem H. verbunden. Der H. besteht im Prinzip aus einer Hilfsspannungsquelle, einem Einstellwiderstand zur genauen Festlegung eines geräteeigenen Hilfsstroms und einem hochgenauen Kompensationswiderstand (z. B. einem Präzisionswiderstand). Durch Ändern des Einstellwiderstands läßt sich z. B. beim Poggendorf-Kompensator ein Hilfsstrom einstellen, der am Kompensationswiderstand einen Spannungsabfall erzeugt. Mit dem Spannungsabfall wird die entgegengerichtete Spannung einer parallel liegenden Quelle kompensiert. [12]. Fl

Hilfsstromquelle *(auxiliary supply)*. 1. Bei Netzwerkberechnungen werden zur rechnerischen Umwandlung von Stromquellen in gleichwertige Spannungsquellen Hilfsstromquellen in das Netzwerk eingefügt. Dazu ersetzt man ursprünglich vorhandene Stromquellen ohne Parallelwiderstände durch gleichgroße Hilfsstromquellen, denen man Parallelwiderstände aus Nachbarzweigen zuordnet. Häufig vereinfacht sich die Berechnung, wenn die Hilfsstromquellen in Spannungsquellen umgewandelt werden. 2. In der Meßtechnik dienen Hilfsstromquellen vielfach zur Bereitstellung eines konstanten Stroms, den eine Meßstromquelle z. B. zur Speisung eines Widerstandsthermometers oder zum Kalibrieren von Feinmeßgeräten liefert. [15], [12]. Fl

Hilfsverstärker *(auxiliary amplifier)*. Als H. werden in der Meßtechnik häufig Verstärker bezeichnet, die als Bestandteil einer Meßeinrichtung für die meßtechnischen Eigenschaften nicht von Bedeutung sind. [12], [18]. Fl

Hilfszweig → Hilfsbrücke. Fl

Hindernisdämpfung *(irregular terrain attenuation)*, Geländedämpfung. Bei der Wellenausbreitung im Gelände tritt infolge von natürlichen und künstlichen Hindernissen eine zusätzliche H. auf. Im Bereich der Radiosichtweite wird die H. als konstanter Wert der Dämpfung über glatter Erde zugeschlagen. Da der Einfluß der Hindernisse mit abnehmender Wellenlänge zunimmt, macht sich die H. vorwiegend ab $\lambda < 10$ m bemerkbar. [14]. Ge

Hintergrundprogramm *(background program)*. Beim Multiprogramming das Programm mit der niedrigsten Priorität. Das H. wird erst dann bearbeitet, wenn alle Programme höherer Priorität abgearbeitet sind oder wenn Programme höherer Priorität z. B. bei Ein-Ausgabe-Vorgängen die Zentraleinheit nicht belasten. [9].   Ne

Hintergrundspeicher *(external memory)*. Bezeichnung für die Externspeicher, da die hier gespeicherten Programme und Daten nicht unmittelbar vom Prozessor bearbeitet werden können, sondern im „Hintergrund" bereitstehen und bei Bedarf in den Hauptspeicher geladen werden können. [1].   We

Hintergrundverarbeitung *(background processing)*. Ausführung eines Programms mit niedriger Priorität, wenn das Programm mit der höheren Priorität die Kapazität der Zentraleinheit nicht ausschöpft. [9].   Ne

Hitzdrahtinstrument *(expansion instrument, hot wire-instrument)* (→ Bild Hitzdrahtmeßwerk). Das H. ist ein elektrisches Meßinstrument, dessen Funktion auf der Wärmewirkung des Stromflusses beruht. Die Anzeige ist nahezu vom Kurvenformeinfluß unabhängig; man setzte es früher hauptsächlich in der Hochfrequenztechnik zur Effektivwertmessung ein. Hitzdrahtinstrumente sind sehr überlastungsempfindlich; sie werden heute nicht mehr gebaut. [8], [12].   Fl

Hitzdrahtmeßwerk *(hot wire movement, expansion movement)*. Der aktive Teil des Hitzdrahtmeßwerks besteht aus einem dünnen, langen Metalldraht oder -band (Platin-Iridium bzw. Wolfram) (Bild). Das Leitermaterial ist zwischen zwei Isolierstegen befestigt und wird in der

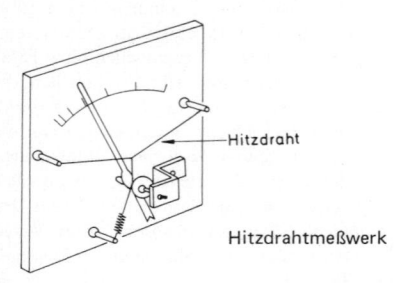

Hitzdrahtmeßwerk

Mitte von einem Faden gestrafft, der über eine Rolle geführt und am anderen Ende von einer Zugfeder unter mechanischer Spannung gehalten wird. Auf der Rollenachse ist ein Zeiger befestigt, der gemäß der vom elektrischen Stromfluß verursachten Wärme die daraus resultierende Längenänderung zur Anzeige bringt. [8], [12].   Fl

h-Matrix *(h-matrix)*. Das Koeffizientenschema der h-Parameter für die Vierpolmatrix eines Transistors

$$h = \begin{pmatrix} h_{11} & h_{12} \\ h_{21} & h_{22} \end{pmatrix}$$

Die h-Matrix stimmt (je nach Zählpfeilsystem bis auf die Vorzeichen) mit der Reihen-Parallelmatrix (→ Vierpolmatrix) überein. [15].   Rü

HMOS *(high performance metal-oxide semiconductor, HMOS)*. Verbesserte N-Kanal-MOS-Technik, bei der durch Verkürzen der Kanallänge von 6 µm auf kleiner 3 µm das t_D P-Produkt von 4 pJ auf 1 pJ herabgedrückt werden konnte. Dies hat zur Folge, daß bei integrierten Schaltungen höhere Packungsdichten erzielt werden. [4].   Ne

HMOS-Technik *(high performance metal-oxide semiconductor technology, HMOS)*. Halbleitertechnik, bei der klassische MOS-Techniken maßstabsgerecht verkleinert werden. Dies führt zu höherer Integrationsdichte und kürzeren Zugriffszeiten bei integrierten HMOS-Schaltungen. Einen Vergleich der wesentlichen Parameter der MOS- und HMOS-Technik zeigt die Tabelle. [4].   Ne

Vergleich von MOS und HMOS

Parameter	MOS (1976)	HMOS (1977)
Kanallänge (µm)	6	3
Dicke Gateoxid (nm)	110	70
Dicke Drain- bzw. Source-Bereich (µm)	1,7	1
Dynamische Speicherenergie (pJ)	4	1

Hochfrequenz *(high frequency)*. Benennt einen Frequenzbereich zwischen etwa 20 kHz und 100 MHz. Die Frequenzen oberhalb 100 MHz gehören ebenfalls zur H. Man hat ihnen jedoch besondere Namen zugeordnet: VHF *(very high frequencies)* bis etwa 300 MHz, UHF *(ultra high frequencies)* bis etwa 3000 MHz, SHF *(super high frequencies)* bis etwa 30 GHz, EHF *(extremely high frequencies)* bis etwa 100 GHz. Die Grenzen der einzelnen Bereiche sind fließend. [13].   Th

Hochfrequenzerwärmung → Erwärmung, induktive   Ge

Hochfrequenzkabel → Koaxialleitung, → Lecherleitung, → Wendelleitung.   Ge

Hochfrequenzleitung → Leitung, verlustlose   Ne

Hochfrequenzsignalgenerator → Meßsender.   Fl

Hochfrequenzspannungsmesser → HF-Spannungsmesser.   Fl

Hochfrequenzspektroskopie*(radio frequency spectroscopy)*. Die H. beschäftigt sich mit quantitativen Untersuchungen der Zusammensetzung hochfrequenter Strahlungen durch Zerlegung der Strahlung nach bestimmten Gesichtspunkten. Untersuchungsgeräte sind hierfür Elektronenresonanzspektrometer und Kernresonanzspektrometer. Bei beiden wird über die Absorption von HF-Energie (HF Hochfrequenz) durch die Elektronenhülle oder die Atomkerne der untersuchten Stoffe auf deren Aufbau geschlossen. [8], [12].   Fl

Hochfrequenztransistor *(high frequency transistor)*. Ein Transistor mit extrem kleinen Signalverzögerungszeiten, mit dem sich hochfrequente Signale verarbeiten lassen. [4].   Ne

Hochfrequenzwiderstandsmeßbrücke → HF-Widerstandsmeßbrücke.   Fl

Hochohmwiderstand *(high-megohm resistor)*. Schichtwiderstand mit Werten im Bereich von 10^8 Ω bis 10^{15} Ω. Das Widerstandselement wird zum Schutz gegen Umwelteinflüsse in ein hermetisch dichtes Glas- oder Keramikgehäuse eingeschmolzen. Anwendung z. B. in der Hochspannungstechnik oder bei Elektronenmikroskopen. [4]. Ge

Hochpaß → Filter. Rü

Hochspannung *(high-voltage)*. Unter H. versteht man Spannungen deren Nennwerte über 1000 V liegen. Im allgemeinen Sprachgebrauch werden mit H. Drehstromsysteme mit Nennspannungen über 1 kV bezeichnet. [3], [11]. Ku

Hochspannungsgleichrichter *(high-voltage rectifier)*. H. sind netzgeführte Stromrichter, die zur Speisung der Endstufen von Rundfunk- und Telegraphiersendern mit Leistungen bis zu 1 MW und Spannungen > 10 kV eingesetzt werden. Als Stromrichterventile werden heute bei ungesteuerten Hochspannungsgleichrichtern Halbleiterdioden und bei gesteuerten Hochspannungsgleichrichtern Thyristoren verwendet. Bedingt durch die begrenzte Sperrspannungsbeanspruchung von Halbleitern müssen mehrere Ventile bzw. Ventilgruppen in Reihe geschaltet werden (→ auch Hochspannungsgleichstromübertragung). [3]. Ku

Hochspannungsgleichstromübertragung *(high-voltage direct current transmission)*, HGÜ. Die H. besteht im wesentlichen aus zwei vollgesteuerten, netzgeführten Stromrichtern, die gleichstromseitig über eine Freileitung, ein Kabel oder direkt miteinander verbunden sind. Die Aussteuerung der Stromrichter erfolgt so, daß einer im Gleichrichter- (GR) und der andere im Wechselrichterbetrieb (WR) arbeitet; der Energiefluß ist dann vom Gleichrichter zum Wechselrichter festgelegt (Bild). Die

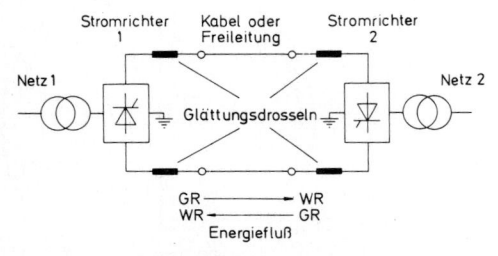

Hochspannungsgleichstromübertragung

H. dient zum Übertragen elektrischer Energie über große Entfernungen und zum Austausch elektrischer Energie zwischen zwei voneinander unabhängigen Drehstromnetzen beliebiger Phasenlage, Spannung und Frequenz. Sie weist im Bereich großer Übertragungsleistungen und großer Übertragungsstrecken wirtschaftliche und technische Vorteile gegenüber der Drehstromübertragung auf. Jeder Stromrichter besteht aus mehreren in Reihe geschalteten und symmetrisch zur Erde angeordneten Drehstrombrückenschaltungen. Derzeitige H.-Daten: ± 600 kV, 2 × 2600 A, 6300 MW (Itaipu, Brasilien). [3]. Ku

Hochspannungsmeßinstrumente *(high tension instruments)*. H. dienen der Messung hoher und höchster Spannungen im Kilovolt-Bereich bis hinauf zu Megavolt. Sie beruhen im allgemeinen auf der Kraftwirkung des elektrischen Feldes, das auf ein bewegliches Organ anziehende oder abstoßende Kräfte ausübt. Beispielsweise vergleicht das Kugelspannungsmeßgerät nach Hueter die elektrostatische Anziehungskraft mit einer Federwaage. Das Verfahren läßt Messungen bis etwa 2 MV zu. Weitere H. sind z. B. das Quadrantelektrometer und das Fadenelektrometer. [12]. Fl

Höchstfrequenzbereich *(super-high frequency; SHF)*. Bezeichnet den Frequenzbereich zwischen 3 GHz und 30 GHz. Das entspricht Wellenlängen von 10 cm bis 1 cm. In diesem Bereich arbeitet u. a. der Satelliten-Funkverkehr. [8], [13], [14]. Th

Höchstfrequenzmeßverfahren → Mikrowellenmeßverfahren. Fl

Höchstfrequenzoszillator → Mikrowellenoszillator. Fl

Höchstwertbegrenzer → Maximalwertbegrenzer. Fl

Hochvakuumdiode *(diode vacuum tube)*. Elektronenröhre mit zwei Elektroden, einer direkt (oder indirekt) geheizten, Elektronen emittierenden Katode und einer Anode. Die H. wird vorwiegend für Gleichrichterzwecke verwendet. Sie ist jedoch weitgehend durch Halbleiterbauelemente verdrängt worden. [4]. Li

Hochvakuumphotozelle *(phototube)*. Vakuumphotozelle. Als optoelektronisches Bauelement betriebene Hochvakuum-Elektronenröhre, bei der der äußere Photoeffekt ausgenutzt wird. Sie besteht aus einer großflächigen lichtempfindlichen Schicht, der Photokatode und einer gitterförmigen, lichtdurchlässigen Drahtanode. Das auf die Katode auftreffende Licht erzeugt freie Elektronen, die durch die zwischen Katode und Anode liegende Spannung abgesaugt werden. Sie bilden den Photostrom. Er ist streng proportional zur Intensität des einfallenden Lichts. [4], [16]. Li

Hochvakuumröhre *(vacuum tube)*. Ein Bauelement, in dem Elektrizitätsleitung mit Hilfe von Elektronen erfolgt. Diese bewegen sich dabei in einem Gefäß, das so stark evakuiert ist, daß die Elektronenbewegung durch die Restgasatome praktisch nicht beeinflußt wird. In dem Gefäß befinden sich mindestens zwei Elektroden, eine Katode, aus der die Elektronen austreten und eine Anode, auf die die Elektronen auftreffen und evtl. weiteren Elektroden in Form von Gittern (→ Hochvakuumdiode, → Hochvakuumtriode). [4], [11]. Li

Hochvakuumtriode *(triode vacuum tube)*. Triode. Hochvakuumröhre mit drei Elektroden: Einer Glühkatode, einer Anode und einem Steuergitter, mit dem sich die Stärke des Anodenstroms steuern läßt (Kennlinie s. Bild). Das Steuergitter wird mit einer gegenüber der Katode negativen Gittervorspannung betrieben. [4]. Li

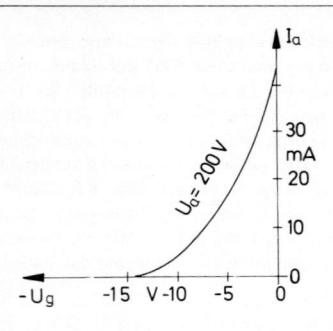

Höckerfrequenz

Kennlinie einer Triode. I_a, U_g

Höckerfrequenz *(peak frequency)*. Bei überkritisch gekoppelten Bandfiltern treten bei der Durchlaßkurve zwei Maxima (Höcker) auf. Die zu den Höckern gehörenden Frequenzen werden als H. bezeichnet. [4], [8], [13]. Li

Höckerspannung *(peak point voltage)*. Die bei der Tunneldiode innerhalb des Bereiches des Tunneleffektes auftretende Spannung bei maximalem Stromfluß. [4]. We

Höckerstrom *(peak point current)*. Der in der Tunneldiode innerhalb des Bereiches des Tunneleffekts maximal fließende Strom. [4]. We

Höhenanhebung *(pre-emphasis; treble correction)*. Eine H. findet sowohl im FM-Rundfunksender (FM Frequenzmodulation) als auch im Aufsprechverstärker eines Magnetbandgerätes statt. Anwendung bei FM, da mit steigender Modulationsfrequenz ohne H. das NF-Störverhältnis (NF Niederfrequenz) schlechter wird. Im Magnetbandgerät muß mit der H. dafür gesorgt werden, daß der Aufsprechstrom bei steigender Frequenz konstant bleibt (Kopfinduktivität!). Anwendung im NF-Verstärker: Ausgleich von Lautstärkeverlusten im oberen Hörfrequenzbereich. [14]. Th

Hohlkabel *(waveguide)*. Hohlleiter mit kreisförmigem Querschnitt und geringer Dämpfung. [8]. Ge

Hohlleiter *(waveguide)*. H. sind Rohre mit rechteck- oder kreisförmigem (seltener auch mit koaxialem oder ellipsenförmigem) Querschnitt, deren Innenwand elektrisch gut leitend ist. Sie dienen der Fortleitung elektromagnetischer Wellen vom TE- bzw. TM-Typ im Mikrowellenbereich. Dabei fließt die zu übertragende Energie nicht im Material des Leiters, sondern sie ist in den Feldern enthalten, die von den Rohrwandungen nur geführt werden. Abhängig von der Anregungsfrequenz und den Abmessungen des Hohlleiters können sich eine Vielzahl von Schwingungsformen im H. ausbreiten. Jeder dieser Hohlleitermoden ist durch eine Grenzwellenlänge gekennzeichnet, wodurch der H. die Eigenschaften eines Hochpaßfilters erhält. [8]. Ge

Hohlleitermoden *(waveguide modes)*. H. kennzeichnen die verschiedenen Ausbreitungsarten der TE- oder TM-Wellen im Hohlleiter. Zur genauen Unterscheidung wird die Anzahl der E-Maxima senkrecht zur Ausbreitungsrichtung mit den Indices m und n angegeben (m und n sind ganze Zahlen im Bereich von 0 bis ∞). Beim Recht-

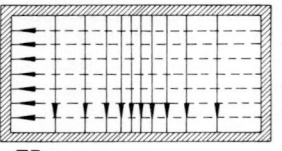

Hohlleitermoden

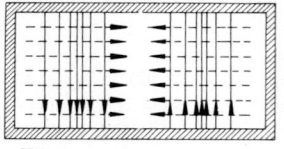

Verlauf der elektrischen und magnetischen Feldlinien im Rechteckhohlleiter (Querschnitt)

TE_{10}

TE_{20}

TE_{01}

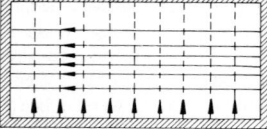

→ elektrische Feldlinien

⇠--- magnetische Feldlinien

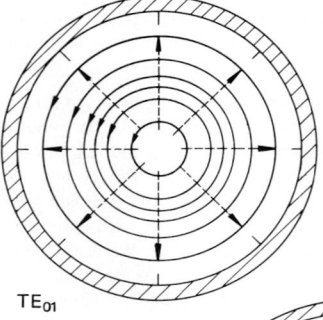

TE_{01}

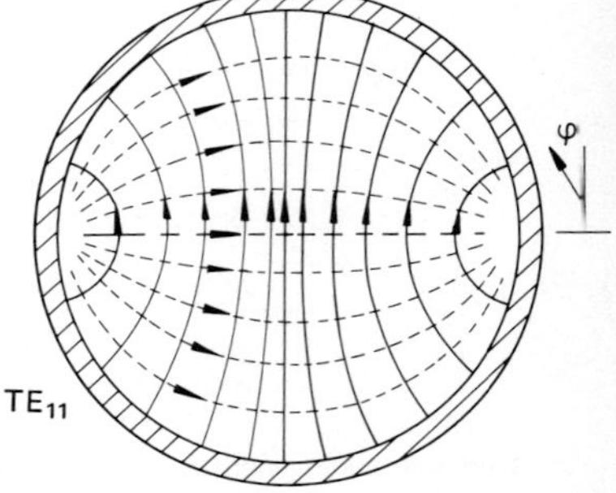

TE_{11}

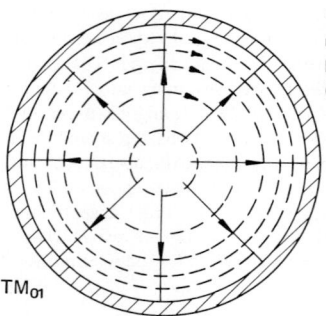

TM_{01}

Verlauf der elektrischen und magnetischen Feldlinien im Rundhohlleiter (Querschnitt)

eckhohlleiter, dessen Breite (Index m) größer ist als die Höhe (Index n), wird der Hohlleitermode z. B. entsprechend TE_{mn} angegeben. Falls sich das elektrische Feld nicht ändert, so ist der betreffende Index 0. Bei Rundhohlleitern ist als erster Index die Anzahl der Maxima längs des Umfangs und als zweiter Index die Anzahl der E-Maxima in radialer Richtung anzugeben, wobei ein Maximum in der Achse mitgezählt wird (Bild). [8].   Ge

Hohlleiterübergänge *(junction)*. 1. Übergang von Koaxialleitung zum Hohlleiter: Der Innenleiter der koaxialen Leitung wird z. B., wie im Bild dargestellt, verlängert und als Stiftantenne parallel zu den elektrischen Feldlinien in den Rechteckhohlleiter eingeführt. Zur reflexionsfreien Anpassung wird die Dicke des Innenleiters und die Eintauchtiefe variiert. 2. Übergang zwischen Hohlleitern verschiedenen Querschnitts: Bei Erweiterung der Höhe eines Rechteckhohlleiters erhält man reflexionsfreien Durchgang der Welle, wenn man die Höhe des Hohlleiters stetig zunehmen läßt, wobei der Steigungswinkel unter 20° bleiben muß. Bei Erweiterung des Querschnitts in Breite und Höhe kann das Pyramidenrohr (Bild) eingesetzt werden. Der Übergang kann auch mittels eines zwischengeschalteten Viertelwellentransformators vorgenommen werden. Dabei lassen sich jedoch an den Übergangsstellen Feldstörungen infolge der Querschnittsänderungen nur schwer vermeiden. 3. Übergang zwischen Hohlleitern mit verschiedenem Dielektrikum: Haben beide Hohlleiter gleichen Querschnitt, so kann ein Viertelwellentransformator dazwischen geschaltet werden, dessen Dielektrizitätskonstante entsprechend der $\lambda/4$-Transformationsgleichung gewählt wird. Dabei ist jedoch auf Erhaltung eines eindeutigen Wellentyps zu achten. 4. Drehkupplung: Beim Übergang einer Welle von einem rotierenden auf ein feststehendes Leitungsstück ist auf jeden Fall im rotierenden Teil eine zylindersymmetrische Wellenform wie auf der koaxialen Leitung oder die E_{01}-Welle im Rundhohlleiter zu verwenden (Ausführungsbeispiele: s. Bild). [8].   Ge

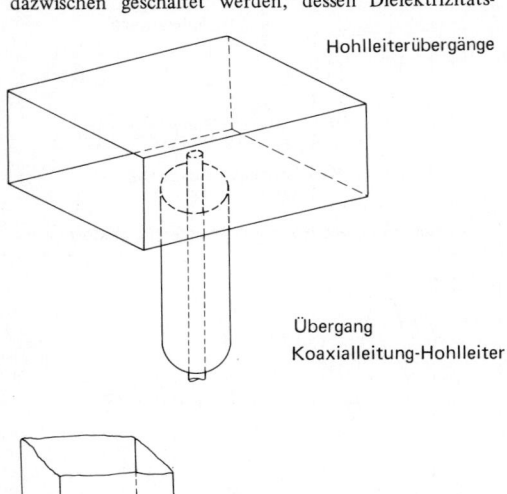

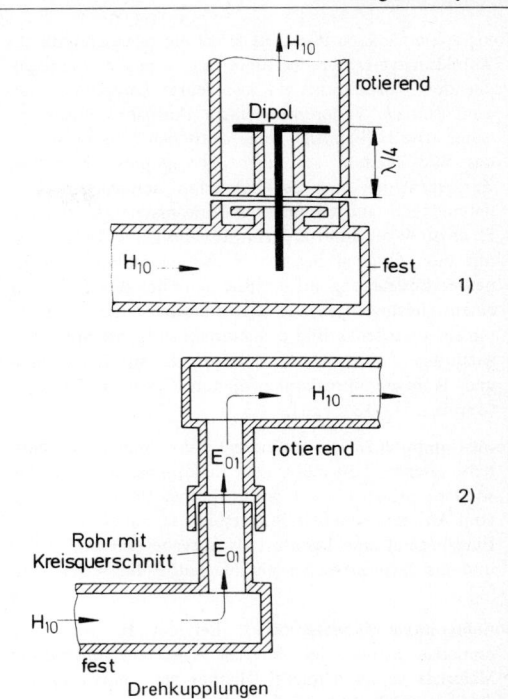

Drehkupplungen
1 für senkrecht aufeinanderstehende Hohlleiter
2 für parallelliegende Hohlleiter

Hohlleiterübergänge

Übergang Koaxialleitung-Hohlleiter

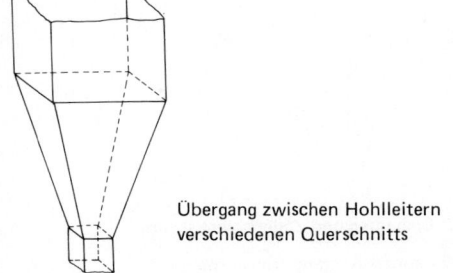

Übergang zwischen Hohlleitern verschiedenen Querschnitts

Hologramm *(hologram)*. Dreidimensionale Aufzeichnung eines räumlich ausgedehnten Objektes in seiner dreidimensionalen Struktur. Das H. wurde durch die Entwicklung kohärenter Lichtquellen möglich, die zur Aufnahme und Wiedergabe erforderlich sind. Das H. kommt durch die Speicherung der Interferenzstruktur zweier kohärenter Lichtstrahlen zustande, von denen einer das Objekt durchläuft. [5].   Bl

Hologrammspeicher *(holographic memory)*, holographischer Speicher. Speicher, der die Informationen in Form von Hologrammen speichert. Jedem Bit wird ein von zwei kohärenten Lichtquellen gebildetes Interferenzmuster zugeordnet, das auf der gesamten Hologrammfläche abgebildet wird, weshalb lokale Fehler bzw. Verschmutzungen nicht zu Bitfehlern führen. Verwendet werden zur Speicherung thermoplastische Folien. Das Lesen der gespeicherten Information geschieht wieder mit kohärentem Licht. Es sind Packungsdichten von 10^6 Bit/mm^2 möglich. Das H. befindet sich noch im Entwicklungsstadium. [1].   Li

Holographie

Holographie *(holography)*. Die H. ist ein photographisches Abbildungsverfahren, bei dem mit Hilfe seiner entsprechenden Vorrichtung ein kohärenter Laserstrahl dreidimensionale Bilder von einem Aufnahmeobjekt erzeugt. Die H. benötigt keine optischen Linsensysteme; das Bild entsteht auf einer photographischen Platte. Zur Aufnahme muß der Laserstrahl sowohl den Aufnahmegegenstand als auch das Photomaterial anstrahlen. Es entsteht ein Interferenzmuster, das keine Ähnlichkeit mit dem Original besitzt. Nach Entwicklung und erneuter Bestrahlung auf die Rückseite der Bildfläche mit einem gleichwelligen Laserstrahl erscheint dem Betrachter ein plastisches Bild des Aufnahmegegenstandes. Anwendungen: z. B. Unterwasseraufnahmen, Elektronen- und Röntgenmikroskopie, digitale Speicher, Fernsehtechnik. [5], [13], [16]. Fl

Home-Computer *(home computer)*. Eine kleine Datenverarbeitungsanlage, die meist nicht für kommerzielle Zwecke, sondern privat genutzt wird. Hierbei ist die Software vom Anwender meist selbst erstellt. H. haben häufig als Eingabegerät eine Tastatur, als Ausgabegerät ein Display und als Externspeicher ein Magnetbandkassettengerät. [1]. We

Homöoepitaxie *(homoepitaxy)*. Bei der H. wird eine epitaxiale Schicht des Materials A auf ein Substrat des Materials A aufgebracht. Hierbei sind entweder die epitaxiale Schicht oder das Substrat oder beide dotiert. [4]. Ne

Homoübergang *(homojunction)*. Ein PN-Übergang in dem die P- und N-Dotierung in der gleichen Kristallstruktur erfolgen. [4]. Ne

Honigwabenspule *(honeycomb coil)* → Kreuzwickelspule. Ge

Hookkollektortransistor *(hook transistor)*. Ein Transistor, der vier abwechselnd dotierte N- und P-Schichten hat, wobei sich zwischen dem Basis- und Kollektorbereich noch eine anders dotierte Schicht befindet (Bild). Durch diese Anordnung wird das Verhältnis aus Kollektor- und Emitterstrom größer Eins. [4]. Ne

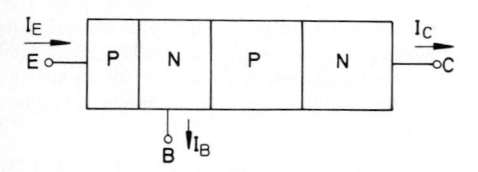

Aufbau eines Hookkollektortransistors

Hörbereich *(range of audibility)*. Bezeichnet den Frequenzbereich, den das menschliche Ohr wahrnehmen kann. Der H. erstreckt sich von etwa 20 Hz bis 20 kHz. Allgemein gilt jedoch als obere Hörfrequenz 16 kHz. Das Hörvermögen der Frequenzen oberhalb etwa 10 kHz nimmt mit zunehmendem Alter ab. [9], [14]. Th

Horizontal-Ausgangstransformator *(flyback transformer, horizontal sweep transformer, horizontal output transformer)*. Zeilentransformator, Zeilentrafo, Zeilenablenktransformator. Den H. findet man als Bestandteil der Zeilenablenkschaltung in Fernseh-Empfangsgeräten zur Bereitstellung des Sägezahnstromes zur horizontalen Ablenkung des Elektronenstrahls. Er ist als Spartransformator mit Ferritkern aufgebaut und besitzt zur Erfüllung einer Vielzahl weiterer Aufgaben eine Spule, deren Wicklungen mit mehreren Anzapfungen versehen sind. Da der H. auch die Hochspannung für die Anode der Bildröhre erzeugt, bestehen die Wicklungen aus vielen dünnen Drähten, die hochwertig gegeneinander isoliert sind. Häufig ist die gesamte Spule zusätzlich in Kunstharz eingegossen. Bei einigen Horizontal-Ausgangstransformatoren wird die Hochspannungsspule getrennt ausgeführt. Ablaufprinzip der wichtigsten Funktionen: 1. Bereitstellung des Ablenkstromes. Die Induktivität der Transformatorspule, die Induktivität der parallel zu einem Wicklungsteil liegenden Ablenkspule, die Eigenkapazität der Wicklungen und die Schaltkapazität der Schaltung bilden einen Schwingkreis. Resonanzfrequenz kann z. B. die 3. oder 5. Harmonische der Zeilenrücklauffrequenz sein. Nach Ablauf einer Halbschwingung der Resonanzspannung wird Diode D_1 leitend und legt den gegenüber der Schalt- und Eigenkapazität etwa 100fach größeren Kapazitätswert des Kondensators C

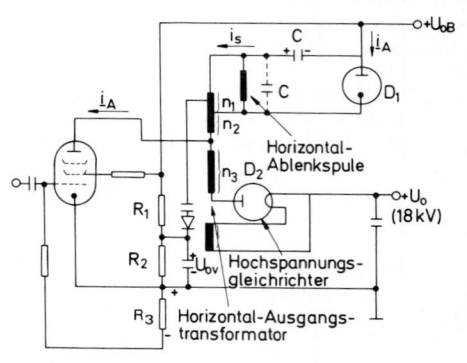

a) Schaltung des Horizontal-Ausgangstransformators

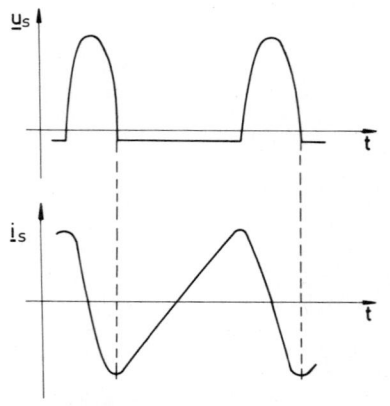

b) Spannung und Zeilenablenkstrom

Horizontal-Ausgangstransformator

parallel zum Schwingkreis. Es wird eine sehr viel langsamere Schwingung durchgeführt. Der Schwingkreisstrom durchläuft nahezu geradlinig den Bereich von einem Minimalbis zu einem Maximalwert (Bild b). Während dieser Zeit schreibt der Elektronenstrahl eine Zeile. Bei Erreichen des Maximums wird Diode D_1 gesperrt und der Schwingkreis führt wieder einen Teil seiner Eigenschwingung aus. Beim Nulldurchgang des Stromes besitzt die Spannung ein Maximum. 2. Erzeugung der Hochspannung. Der kurzzeitig hohe Spannungswert wird auf den Hochspannungs-Wicklungsteil gekoppelt. Eine angeschlossene Hochspannungsdiode D_2 führt in Verbindung mit einem Ladekondensator niedriger Kapazität (häufig die Schaltkapazität dieses Kreises) den Gleichrichtvorgang durch. Werden Hochspannungspulse von einem Röhrengleichrichter in Gleichspannungswerte umgesetzt, benutzt man zur Erzeugung der Heizspannung für die direkt geheizte Katode der Röhre eine einfache, hochisolierte Drahtschleife. Man legt den Draht um den Ferritkern und schließt beide Enden an den Katodenanschlüssen des Röhrensockels an. An einem der Anschlüsse befindet sich ein weiterer hochisolierter Draht, dessen freies Ende auf den Anodenanschluß der Bildröhre gesteckt wird. Der Draht führt die gleichgerichtete Anoden-Hochspannung. 3. Weitere Aufgaben sind: Erzeugung von niedrigeren Spannungen zur Versorgung der Fokussierelektroden in der Bildröhre; Bereitstellung von Betriebs-Versorgungsspannungen für einzelne Empfängerbaugruppen; Erzeugung von Pulsen zur elektronischen Verstärkungsregelung der Hochfrequenzbaugruppen, bzw. zur Nachstimmung des Zeilenfrequenzoszillators z. B. über einen Phasendetektor; Bereitstellung von Pulsen, die während des Strahlrücklaufes am Ende einer Zeile oder eines Halbbildes (→ Zeilensprungverfahren) den Leuchtschirm der Bildröhre dunkel steuern. [8], [13], [14]. Fl

Horizontaldiagramm → Richtdiagramm. Ge

Horizontalfrequenzoszillator → Zeilenfrequenzoszillator. Fl

Horizontalsteuerung *(horizontal drive)*. H. wird bei gittergesteuerten Gasentladungsgefäßen, z. B. Thyratronröhren, angewendet. Sie bewirkt eine Beeinflussung des Zündwinkels durch Gittersteuerung mit einer phasenverschobenen (d. h. also horizontal verschobenen) Wechsel- oder Impulsspannung. Das Verfahren bietet die Möglichkeit, den Steuerkreis vom Gitterkreis der Röhren im Gegensatz zur Vertikalsteuerung galvanisch zu trennen. [11]. Th

Horizontalsynchronisation *(horizontal synchronisation)*. Für eine exakte Wiedergabe eines Fernsehbildes müssen die Ablenkgeneratoren der Kamera und des Empfängers synchron laufen. Dazu werden vom Sender Bild- und Zeilensynchronimpulse ausgestrahlt. Für die H. sind die Zeilensynchronimpulse zuständig, die jedes Zeilenende und den Zeilenrücklauf (Austastlücke) kennzeichnen. [13], [14]. Th

Horizontalverstärker → X-Verstärker. Fl

Hornlautsprecher *(horn-type loudspeaker)*. Durch Vorsatz eines Exponential- oder Kugelwellentrichters vor den elektroakustischen Wandler (Schwingspulensystem) tritt durch Bündelung der im Horn oder Trichter fortschreitenden Welle eine Richtwirkung auch der niedrigen Frequenzen ein. Dadurch vergrößert sich der Strahlungswiderstand und damit — als Folge beider Erscheinungen — ebenfalls die Reichweite des Hornlautsprechers. Einsatz als Druckkammersystem oder als Breitband-H. z. B. in Kinos. [13]. Th

Hornparabolantenne → Parabolantenne. Ge

Hornstrahler *(horn antenna)*, Trichterstrahler. Flächenstrahler, der durch trichterförmige Erweiterung eines frei endenden Hohlleiters entsteht. Je nach der Art des speisenden Hohlleiters ist der Trichter mit kreisförmigem oder rechteckigem Querschnitt ausgeführt. E-Sektorhorn: Der Trichter erweitert sich vorwiegend in der Richtung der elektrischen Feldlinien. H-Sektorhorn: Der Trichter erweitert sich vorwiegend in der Richtung der magnetischen Feldlinien. Pyramidenhorn: Erweiterung erfolgt in beiden Hauptrichtungen. Nach der Form der Erweiterung bezeichnet man auch: Exponentialhorn, Kegelhorn. Gute Bündelungseigenschaften mit geringen Nebenzipfeln haben bei nicht zu großer Baulänge H. mit einem Öffnungswinkel von 40° bis 60°. H. sind als selbständige Antennen kaum geeignet, da die erforderlichen Längen zur Erreichung hoher Gewinnwerte zu groß werden. Sie finden jedoch häufige Anwendung als Primärstrahler zur Erregung von Linsen- und Parabolantennen. [14]. Ge

Hörschwelle *(threshold of audibility; absolute threshold)*. Die H. kennzeichnet eine Lautstärke, die gerade eben noch bei absoluter Umgebungsruhe (z. B. im schalltoten Raum) wahrgenommen werden kann. Die Schalldruckamplitude der H. beträgt für 1000 Hz $P_0 = 2 \cdot 10^{-4}$ μbar. [9], [14]. Th

Hot-Carrier-Diode → Schottky-Diode. Ne

Hoyer-Brücke *(Hoyer bridge)*. Die H. ist eine Wechselstrommeßbrücke, mit der Kapazitätswerte und Verlustwiderstände von Kondensatoren (Kapazitätswerte bis etwa 1 F) bestimmt werden. Die Meßfrequenz beträgt etwa 100 Hz. Der Aufbau ähnelt dem der Thomson-Meßbrücke (Bild). Eliminiert werden hier Zuleitungsinduktivitäten und -widerstände. Voraussetzung dafür ist: $R_1 = R_3$ und

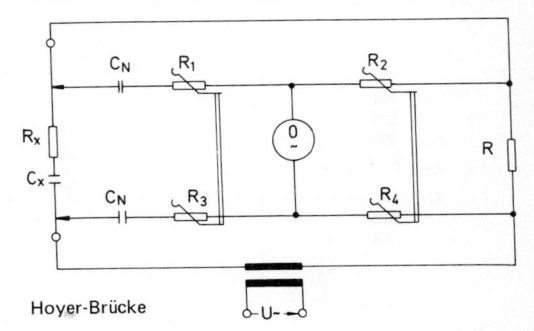

Hoyer-Brücke

$R_2 = R_4$. C_N sind Normalkondensatoren, C_x der Prüfling mit dem Verlustwiderstand R_x. Der Wert von R beträgt etwa 1 Ω. Infolge der zweifachen Ausführung der abstimmbaren Widerstände und des Normalkondensators wird der Spannungsabfall der Zuleitungen zwischen R und dem Prüfling im Brückenverhältnis aufgeteilt. [12].   Fl

h-Parameter *(h-parameter)*. Vierpolparameter (→ Vierpolgleichungen) für Transistoren im NF-Bereich (NF Niederfrequenz). Sie werden von den Herstellern meist im symmetrischen Zählpfeilsystem angegeben und entsprechen den Koeffizienten der Reihen-Parallelgleichungen. Werden Kettenzählpfeile verwendet, dann gilt

$$h_{11} = H_{11}\,;\, h_{12} = H_{12}\,;\, h_{21} = -H_{21}\,;\, h_{22} = -H_{22}$$

(auch Transistorkenngrößen). [15].   Rü

H-Pegel *(high level)*, High-Signal, H-Zustand, High-Zustand. Bei Verwendung binärer Signale das Signal mit der höchsten Spannung. Dabei gilt, unabhängig vom Betrag der Spannung, diejenige Spannung als höchste Spannung, die näher an +∞ liegt. Nach den verwendeten Logikpegeln kann der H-Pegel eine positive Spannung, 0 V oder eine negative Spannung sein. Das zweite binäre Signal wird mit L-Pegel bezeichnet. [2]   We

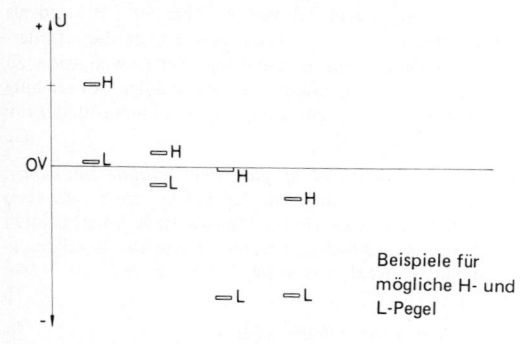

Beispiele für mögliche H- und L-Pegel

H-Schaltung *(H-connection)*. 1. Die H. ist ein Umkehrstromrichter zur Speisung von Gleichstrommotoren im Vierquadrantenbetrieb. Die beiden Sekundärwicklungen des Stromrichtertransformators (T) sind mit ihren Sternpunkten über eine Drosselspule L_d verbunden (Bild). Durch die spezielle Anordnung der Ventile der beiden Teilstromrichter I und II muß sowohl der Laststrom als auch der im allgemeinen auftretende Kreisstrom über diese Drosselspule fließen, wodurch sich günstige Bedingungen, insbesondere für den Kurzschlußfall ergeben. Wegen des höheren Transformatoraufwandes hat sich die H. gegenüber kreisstromfreien Umkehrstromrichtern nicht durchgesetzt. [11], [16].   Ku
2. *(balanced T-section)* → Vierpol, struktursymmetrischer.   Rü

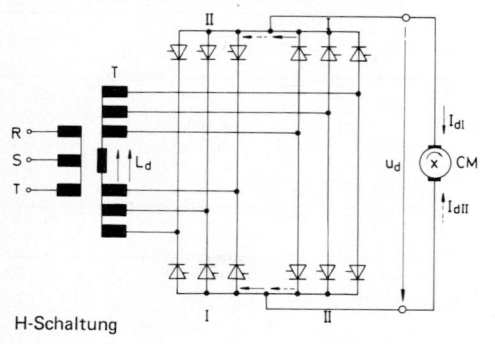

H-Sektorhorn → Hornstrahler.   Ge

H-Störabstand *(H-noise margin)*. In der Digitaltechnik der Abstand zwischen dem minimalen noch zulässigen Ausgangssignal für High-Signal (H-Pegel) und dem minimalen von einer nachfolgenden Schaltung noch erkannten High-Signal. Eine Störspannung in maximaler Höhe des H-Störabstandes würde nicht zu einem Fehler führen. Analog ist der L-Störabstand der Abstand zwischen dem maximal zulässigen L-Ausgangs-Signal und dem maximalen noch erkannten L-Eingangs-Signal. [2].   We

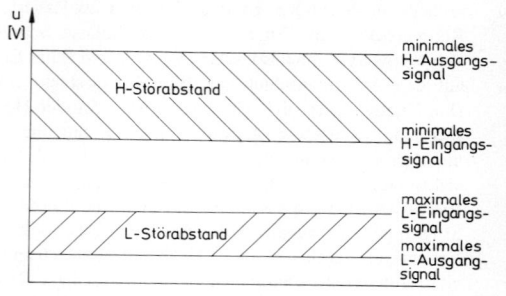

H-Störabstand

HSTTL *(high speed transistor-transistor logic, HSTTL)*. Spezielle TTL-Familie, die sich durch kleine Verzögerungszeiten (z. B. 6 ns) auszeichnet. Nachteil: höherer Leistungsbedarf (z. B. 22 mW).   Ne

HTL *(high threshold logic, HTL)*. Logikschaltungen, die bei einer Versorgungsspannung von 15 V arbeiten. Hierdurch wird vor allem der Störabstand erhöht. Dies bewirkt, daß HTL-Schaltungen gegen Störsignale aus der Umgebung weniger anfällig sind. [2].   Ne

Hub, logischer *(logical swing)*. Betrag der Differenz der Signalspannungen in Digitalschaltungen, d. h. die Differenz zwischen H-Pegel und L-Pegel. Je größer der logische H., desto größer kann der Störspannungsabstand sein. [2].   We

Hubverhältnis *(deviation ratio)*. Bei der Frequenzmodulation das Verhältnis des Frequenzhubs Δf zur Bandbreite B. [8], [13].   Li

Hüllkurve *(envelope)*, Einhüllende. Kurve, die die Spitzenwerte einer in ihrer Amplitude schwankenden Wechselspannung – z. B. einer amplitudenmodulierten HF-Spannung (HF Hochfrequenz) – miteinander verbindet. [5], [8], [13].   Li

Hummel-Schaltung *(90° phase displacement circuit)*. Mit der H. läßt sich ein Wirkleistungsmesser in einen Blindleistungsmesser umwandeln. Dazu wird ein aus Blind-

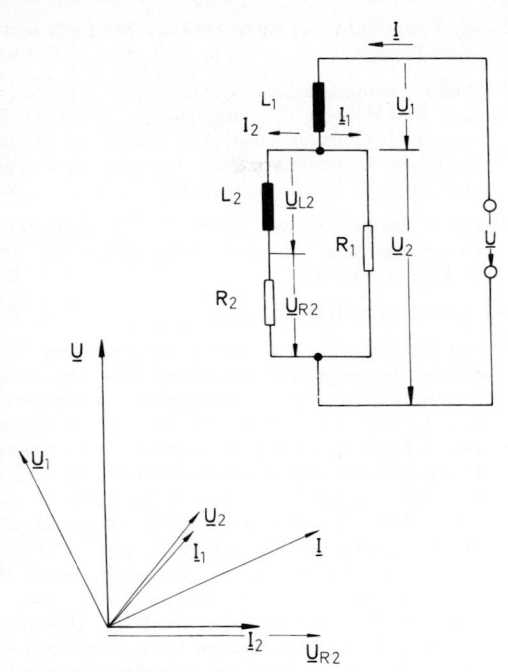

Hummel-Schaltung

und Wirkkomponenten bestehendes Netzwerk so in die Schaltung eingefügt, daß zwischen Strom- und Spannungspfad eine Phasenverschiebung von 90° entsteht (Bild). Die Gleichung der H. lautet:

$$\frac{U}{I_2} = R_2 - \frac{\omega^2 \cdot L_1 \cdot L_2}{R} + j \cdot \omega \cdot L_1 (1 + \frac{R_2}{R_1} + \omega \cdot L_2)$$

Bei $R_1 \cdot R_2 = \omega^2 \cdot L_1 \cdot L_2$ verschwindet der Realteil; häufig sind die Drosselspulen zum Abgleich einstellbar gehalten. [5].   Fl

Hundertprozentprüfung → Vollprüfung.   Ge

Hurwitz-Kriterium *(Hurwitz criterion)*, auch als Hurwitz-Routh-Kriterium bekannt. Ein Verfahren zur Ermittlung der Stabilität eines Systems (Stabilitätskriterium). Da es das Kennzeichen stabiler Systeme ist, daß die Impulsantwort nur abklingende Zeitfunktionen enthält, ist für die Stabilität hinreichend, daß die Systemfunktion ein Hurwitz-Polynom ist. Das H. vermeidet das mühevolle Aufsuchen der Wurzeln des Hurwitz-Polynoms, indem man aus dem Schema der Polynomkoeffizienten

$$\begin{pmatrix} a_1 & a_3 & a_5 & a_7 & \cdots \\ a_0 & a_2 & a_4 & a_6 & \cdots \\ 0 & a_1 & a_3 & a_5 & \cdots \\ 0 & a_0 & a_2 & a_4 & \cdots \\ 0 & 0 & a_1 & a_3 & \cdots \\ 0 & 0 & a_0 & a_2 & \cdots \\ 0 & 0 & 0 & a_1 & \cdots \\ 0 & 0 & 0 & a_0 & \cdots \end{pmatrix}$$

die Abschnittsdeterminanten

$$D_1 = a_1; D_2 = \begin{vmatrix} a_1 & a_3 \\ a_0 & a_2 \end{vmatrix}, \quad D_3 = \begin{vmatrix} a_1 & a_3 & a_5 \\ a_0 & a_2 & a_4 \\ 0 & a_1 & a_3 \end{vmatrix}, \ldots$$

berechnet. Sind alle $D_i > 0$ ($i = 1, 2, 3 \ldots n - 1$) und $D_n \geq 0$, dann ist das zu den Polynomkoeffizienten a_i gehörige Polynom vom Hurwitz-Typ. Die Frage, ob ein gegebenes Polynom P (p) ein Hurwitz-Polynom ist oder nicht, läßt sich auch entscheiden, indem man P (p) in den geraden Teil g (p) und ungeraden Teil u (p) zerlegt – P (p) = g (p) + u (p) – und den Quotienten $\frac{g(p)}{u(p)}$ oder $\frac{u(p)}{g(p)}$ in einen Kettenbruch entwickelt. Geht der Kettenbruch auf und sind alle Koeffizienten der Entwicklung positiv, dann ist P (p) ein Hurwitz-Polynom. [15].   Rü

Hurwitz-Polynom *(Hurwitz polynominal)*. Ein in der Systemtheorie, Regelungstechnik und Netzwerktheorie wichtiges Polynom H (p) mit reellen Koeffizienten a_i, das (auch mehrfache) Nullstellen nur im Innern der linken p-Halbebene (Re p < 0) hat. Werden einfache Nullstellen auf der imaginären Achse zugelassen, dann spricht man von einem modifizierten H. Ist in H (p) p die komplexe Frequenz $p = \sigma + j\omega$, dann bedeuten p-Werte mit negativem σ abklingende Zeitfunktionen. Deshalb spielen Hurwitz-Polynome besonders bei Stabilitätsbetrachtungen von Systemen (→ Hurwitz-Kriterium) eine Rolle. Für die Bedeutung des Hurwitz-Polynoms in der Netzwerktheorie sei ein Beispiel angeführt: Ist $Z(p) = \frac{P(p)}{Q(p)}$ eine Zweipolfunktion, dann ist immer P (p) + Q (p) = H (p) ein H. [15].   Rü

Hurwitz-Routh-Kriterium → Hurwitz-Kriterium.   Rü

Huth-Kühn-Oszillator *(tuned-plate tuned-grid oscillator; tuned-grid tuned-plate oscillator)*. Beim H. erfolgt die Rückkopplung bei Röhren über die Gitteranode-Kapazität, bei Bipolartransistoren über die Kollektor-Basis-Kapazität und bei Feldeffekttransistoren über die Drain-Gate-Kapazität. Beispiel eines Röhrenoszillators: Gitter und Anode sind mit Parallelschwingkreisen der gleichen Resonanzfrequenz beschaltet. Durch die Rückkopplung entsteht bei induktiv verstimmtem Anodenschwingkreis am Gitter ein Leitwert mit negativem Realteil, der bei geeignet bemessener Schaltung eine völlige Entdämpfung des Gitterkreises bewirkt. Der Huth-Kühn-Effekt tritt oft ungewollt bei HF-Verstärkern (HF H̲och̲f̲requenz) auf. [13].   Th

Huygens-Fresnelsches Prinzip *(Huygen's principle)*. Ein für alle Wellenausbreitungen gültiger Satz zur quantitativen Erfassung der Wellenerscheinungen wie Reflexion, Brechung und Interferenz. Der Grundgedanke beruht auf dem Huygensschen Prinzip, nach dem jeder Punkt einer Wellenfront in einem isotropen Medium als Ursprung einer kugelförmigen Elementarwelle aufgefaßt werden kann. Mit dieser Vorstellung lassen sich bereits Reflexions- und Beugungserscheinungen erklären. Zum eigentlichen H. gelangt man, wenn die Elementarwellen unter Berücksichtigung ihrer Phasenlage betrachtet werden.

Dadurch lassen sich auch Beugungs- und Interferenzerscheinungen quantitativ beschreiben. [5]. Rü

H-Welle → TE-Welle. Ge

Hybridparameter → h-Parameter. Rü

Hybridrechner *(hybrid computer)*. Rechner, der sowohl analoge als auch digitale Elemente verwendet und Berechnungen sowohl mit Analogrechner- als auch mit Digitalrechner-Teilen ausführt, wobei je nach Verwendungszweck der geeignetste Weg der Berechnung verfolgt wird. Die Daten müssen bei Übergabe vom Analog- zum Digitalteil bzw. umgekehrt einer Analog-Digital-Umsetzung bzw. Digital-Analog-Umsetzung unterzogen werden. H. werden nur für wissenschaftliche Spezialzwecke eingesetzt. [1]. We

Hybridschaltung *(hybrid circuit)*. Schaltung, bei der sich aktive und passive Bauelemente, die nach verschiedenen Technologien hergestellt wurden, auf einem Träger (z. B. Keramik oder Glas) befinden. Dies können auch integrierte Schaltungen sein, die nach Verfahren der Hybridtechnik miteinander verbunden sind. Widerstände und Kondensatoren werden in Dick- oder Dünnschichttechnik realisiert. [4]. Li

Hydrophon → Ultraschallortung. Ge

Hygrometer *(hygrometer)*, Feuchtemesser. H. messen den Wasserdampfgehalt der Luft, anderer Gasgemische oder einzelner Gase. Es werden Messungen der absoluten Feuchte und der relativen Feuchte unterschieden. Vielfach mißt man mit einem Widerstandsthermometer die Umwandlungstemperatur einer hygroskopischen Schicht, die das Thermometer umgibt. In die Schicht sind Heizdrähte eingelegt, die von Strom durchflossen werden und über deren Temperaturerhöhung Wasser verdampft (Strom nimmt ab) wird. In der Schicht verbleibendes Salz nimmt erneut Feuchtigkeit auf (Strom steigt). Es stellt sich bald ein Gleichgewichtszustand zwischen dem Wasserdampfgehalt des Mediums und der Heizleistung ein. Die Schicht nimmt die Umwandlungstemperatur an, die das Widerstandsthermometer als Meßwert abgibt. Weitere Verfahren beruhen auf Quellungen bzw. Längen- oder Volumenänderungen bestimmter Materialien (→ Haarhygrometer). [12], [18]. Fl

Hyperschall *(hypersonic)*. Schall besonders hoher Frequenz (etwa > 1 GHz) (DIN 1320). Häufig bezeichnet man als H. auch den Schall jenseits 5 Mach. [5]. Rü

Hysterese *(hysteresis)*. Allgemein das „Zurückbleiben"; das gegenüber einer äußeren Ursache verzögerte Auftreten einer physikalischen Wirkung. Man kennt in der Physik: 1. Die magnetische H., → Hystereseschleife. 2. Die dielektrische H., → Relaxation. 3. Die elastische H., diejenige Nachwirkung, die z. B. bei kautschuk-elastischen Kunststoffen zu beobachten ist. [5]. Rü

Hysterese, ferroelektrische *(ferroelectric hysteresis)*. Hystereseverhalten bestimmter Ferroelektrika (z. B. Seignettsalz, Bariumtitanat) im elektrischen Feld. Analog zur Remanenz bei ferromagnetischen Stoffen verschwindet die elektrische Polarisation beim Abschalten des äußeren Feldes nicht vollständig (→ auch Ferroelektrizität und → Elektret). [5]. Rü

Hysterese, ferromagnetische *(ferromagnetic hysteresis)*. Das Zurückbleiben der magnetischen Flußdichte **B** oder der magnetischen Polarisation **J** gegenüber der magnetischen Feldstärke **H**. Die graphische Darstellung dieser H. ist die Hystereseschleife. [5]. Rü

Hysterese, magnetostriktive *(magnetostrictive hysteresis)*. Hystereseverhalten ferromagnetischer Stoffe bei der → Magnetostriktion. [5]. Rü

Hysteresekurve → Hystereseschleife. Rü

Hystereseschleife *(hysteresis loop)*, Hysteresekurve. Allgemein die graphische Darstellung einer Hysterese. Speziell zeigt die ferromagnetische H. die Abhängigkeit der magnetischen Flußdichte **B** oder der magnetischen Polarisation **J** von der magnetischen Feldstärke **H** (Bild). Ein anfänglich unmagnetisches Ferromagnetikum folgt bei wachsender magnetischer Feldstärke **H** zunächst der Neukurve (im Bild gestrichelt gezeichnet) bis zu einem Sättigungswert (Sättigungspolarisation) B_s (J_s). Bei abnehmender magnetischer Feldstärke **H** folgt die Magnetisierung der eigentlichen H. und erreicht bei **H** = 0 den endlichen Wert B_R, (J_R) (Remanenz). Um die Magnetisierung auf den Wert Null zu bringen, ist ein Magnetfeld mit entgegengesetzter Richtung notwendig. Die hierzu benötigte magnetische Feldstärke H_K ist die Koerzitivfeldstärke (Koerzitivkraft).

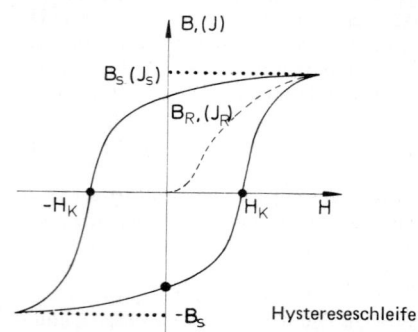

Bei hinreichend großem negativem Wert von **H** wird wieder ein Sättigungswert erreicht ($-B_s$). Bei anschließender Umkehr des Magnetfeldes wird die untere Hälfte der symmetrischen H. durchfahren (DIN 1325). Die sog. Hystereseverluste sind proportional der von der H. umschlossenen Fläche. [5]. Rü

Hystereseverluste *(hysteretic loss)*. In Transformatoren und Drosseln auftretende Verluste durch Ummagnetisieren des Ferromagnetikums, die sich in einer Erwärmung (→ Magnetisierungswärme) äußern. Die H. lassen sich aus der Hystereseschleife ermitteln. Die gesamten Ummagnetisierungsverluste setzen sich aus den Hystereseverlusten und den Wirbelstromverlusten zusammen. [5]. Rü

Hz → Hertz. Rü

H-Zustand → H-Pegel. We

I

IC *(integrated circuit)* → Schaltung, integrierte. We

Idempotenz *(idempotent)*. Eine Operation wird als I. bezeichnet, wenn sie bei nochmaliger Anwendung wirkungslos bleibt, wobei es sich um Operationen mit einem Operanden handeln muß (monadische Operationen). In der Arithmetik sind für die Multiplikation die Zahlen 0 bis 1 idempotent. Die Idempotenzgesetze der Booleschen Algebra sind:

$A \wedge A = A$
$A \vee A = A$. We

Identifikation *(identification)*. I. ist das Ermitteln der Parameter oder der Zustandsvariablen eines Systems aus den der Messung zugänglichen Steuer- und Systemgrößen auch für den Fall, daß die Meßsignale verrauscht sind. Dazu wurden umfangreiche, statistische Rechenverfahren entwickelt, die i. a. einen Prozeßrechner erfordern. Da die gesuchten Größen meist nur angenähert bestimmt werden können, spricht man auch von Parameter- oder Zustandsschätzung. [18]. Ku

Identifizieren *(identifying)*. Ermitteln der Adresse einer Endstelle, Leitung oder sonstigen Vermittlungseinrichtung. [19]. Kü

ID-Karte *(ID-card, identification card)*. Bezeichnung für eine Kunststoffkarte etwa im Scheckkartenformat, die Ausweisfunktion besitzt. Die Scheckkarte ist bereits eine ID-K. Die Karten können eine einfache Aufschrift, Lichtbild, geprägte Schrift, Magnetstreifen oder neuerdings sogar ICs enthalten. ID-K. mit Magnetstreifen sollen als Scheckkarten eingeführt werden, wobei dann jeder Scheckkartenbesitzer mit seiner Karte aus Geldausgabeautomaten jederzeit Bargeld abheben kann. Die für die Bank notwendigen Informationen (Name, Adresse, Kontonummer, Kontostand, Kennummer und ähnliches) sind auf dem Magnetstreifen gespeichert. Bei Rückgabe der Scheckkarte aus dem Geldausgabeautomaten ist dann bereits der neue Kontostand aufgezeichnet. Andere Anwendungen der Karte mit Magnetstreifen sind: Eintrittskarten, Parkkarten, U-Bahn-Fahrkarten (Metro), Werksausweise usw. [1]. Th

IEC *(International Electrotechnical Commission)* → Normungsorganisation in den USA. Ne

IFF *(identity friend and foe)* → Radar. Ne

IGFET *(insulated gate field-effect transistor)*. MOSFET. Spezieller MISFET *(metal-isolator semiconductor field-effect transistor)*, bei dem die beiden Elektroden Source und Drain über einen leitenden Kanal miteinander verbunden sind. Die Stromsteuerung in dem Kanal erfolgt über das vom Kanal durch Silicium-(II)-oxid getrennte Gate. Der Kanal kann N- oder P-leitend sein. Außerdem unterscheidet man zwischen dem Anreicherungstyp, bei dem eine Kanalleitfähigkeit erst dann auftritt, wenn eine Schwellspannung überschritten ist, und dem Verarmungstyp, bei dem es bereits bei Gate-Spannung Null und bei Vorliegen einer Source-Drainspannung zu einem Stromfluß kommen kann. In der integrierten Schaltungstechnik spricht man meist von MOS-Schaltungen (MOS *metal-oxide semiconductor)*. [4]. Ne

I-Glied *(I-element)* → Übertragungsglied. Ku

Ignitron *(ignitron)*. Das I. ist ein steuerbares Quecksilberdampf-Stromrichterventil, dessen Katode aus flüssigem Quecksilber besteht. Die Steuerelektrode aus halbleitendem Material taucht in das Quecksilber (Zündstift). Durch Anlegen eines Spannungsimpulses wird am Zündstift ein Überschlag erzeugt, der die Anoden-Katodenstrecke zündet (→ auch Excitron). Das I. ist heute durch Thyristoren vollständig verdrängt. [4]. Ku

IIL *(integrated injection logic, merged transistor logic, MTL)*. Eine bipolare Schaltungstechnik, die ohne ohmsche Widerstände auskommt und sich deshalb durch hohe Packungsdichten (250 bis 400 Gatter pro mm^2), kleine Schaltzeiten und kleine Verlustleistungen auszeichnet. In der Grundausführung verwendet man einen vertikalen NPN-Transistor (mit mehreren Kollektoren)

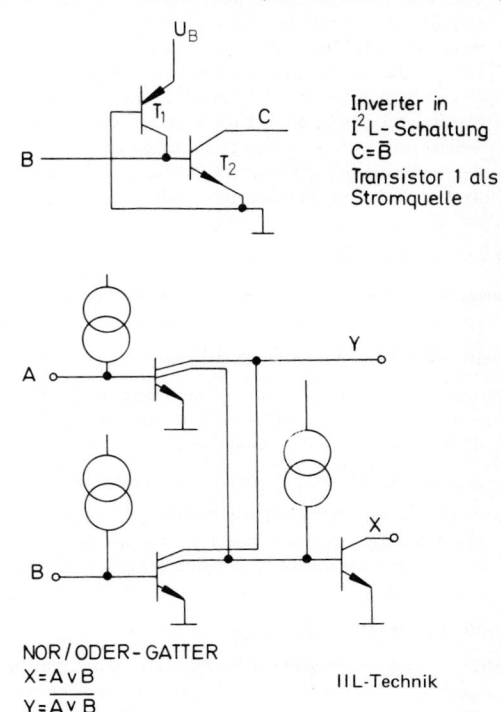

Inverter in I^{2}L-Schaltung
C=B̄
Transistor 1 als Stromquelle

NOR/ODER-GATTER
X = A ∨ B
Y = $\overline{A \vee B}$

IIL-Technik

und einen lateralen PNP-Transistor, der als Stromquelle dient. Hierbei werden Minoritätsladungsträger von dem PNP-Transistor in den Emitterbereich des NPN-Transistors injiziert (Bild). [4]. We

IIR *(infinite impulse response)*. Mit dieser Abkürzung bezeichnet man zeitdiskrete Systeme mit unendlicher Impulsantwort. Üblicherweise werden Übertragungsfunktionen von zeitdiskreten Systemen durch die Z-Transformation beschrieben in der allgemeinen Form

$$H(z) = \frac{\sum_{\mu=0}^{p} a_\mu z^\mu}{\sum_{\nu=0}^{q} b_\nu z^\nu}, \quad p \leq q.$$

Im Gegensatz zu FIR-Systemen (FIR *finite impulse response*) sind IIR-Systeme dadurch gekennzeichnet, daß sie mindestens einen von Null verschiedenen Pol besitzen. Die praktische Realisierung geschieht meist in der Form rekursiver Strukturen. [14], [15]. Rü

Ikonoskop *(iconoscope)*. Das I. ist eine Bildaufnahmeröhre. Sie wurde bereits im Jahre 1933 vorgestellt. Das zu übertragende Bild wird auf die Signalplatte der Röhre projiziert. Für jeden Bildpunkt muß auf der Platte eine Umwandlung des jeweiligen Helligkeitswertes in ein elektrisches Signal erfolgen. Benutzt wird das Prinzip der Ladungsspeicherung auf der Signalplatte. Beim I. ist als Ladungsspeicher eine Kondensatoranordnung enthalten, gebildet aus einem rückwärtigen Metallbelag und einer Schicht aus Silberteilchen. Treffen Lichtstrahlen auf die vor den Silberteilchen liegende photoelektrische Schicht, werden aus dieser Photoelektronen befreit und in der Kondensatoranordnung gesammelt. Ein vollständiges Bild ist dann als Ladungsbild auf der Signalplatte gespeichert. Wird nun ein Katodenstrahl zeilenweise über das Ladungsbild geführt, entladen sich die durch die Silberteilchen gebildeten „Elementarkondensatoren". Der Entladestrom stellt das Videosignal dar. [16]. Th

ILS-Verfahren → Funknavigation. Ge

Imaginärteil *(imaginary component)* → Rechnung, komplexe. Rü

Immersionslinse → Beschleunigungslinse. Ne

Immittanz *(immittance)*. Ein aus Impedanz und Admittanz zusammengesetztes Kunstwort, das darauf hinweist, daß die Eigenschaften eines Zweipols entweder durch einen Quotienten $\left(\frac{U}{I}\right)$ oder $\left(\frac{I}{U}\right)$ beschrieben werden. Spannung und Strom sind in linearen Wechselstromnetzen nach dem Ohmschen Gesetz durch eine I. verbunden, gleichgültig ob U oder I als abhängige Variable gewählt wird. [15]. Rü

Immittanzkonverter → Konverter. Rü

IMOS-Technik *(ionimplanted metal-oxide semiconductor technology, IMOS)*. Verfahren, um über die Ionenimplantation ein sogenanntes selbstjustierendes Gate herzustellen. Man macht hierbei das Gate kürzer als den Kanal und „justiert" den Kanal nach, indem man unter Verwendung des Gates als Maske eine Ionenplantation vornimmt (Bild). Ne

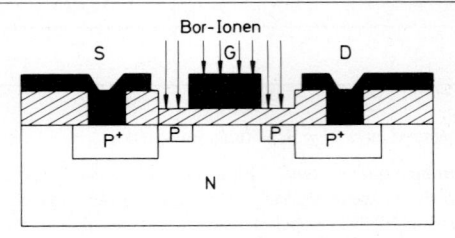

IMOS-Technik

Impact-Drucker *(impact printer)*. Drucker, die das Druckbild durch ein mechanisches Andrücken des Farbstoffträgers auf das zu bedruckende Medium aufbringen. I. sind wegen der mechanischen Bewegung des Andruckmechanismus in ihrer Druckgeschwindigkeit begrenzt (Gegensatz: Nonimpact-Drucker). [1]. We

Impatt-Diode *(impact avalanche transit time diode)* → Lawinenlaufzeitdiode. Ne

Impedanz *(impedance)*, genauer elektrische Impedanz − komplexer Widerstand, komplexer Scheinwiderstand −. Allgemein das Verhältnis einer Spannung zu einem Strom zwischen zwei Knoten oder zwei Klemmen eines elektrischen Netzwerks

$$Z = \frac{U}{I}.$$

Die SI-Einheit von Z ist Ohm. Im allgemeinen ist Z komplex und kann in der Form

$$Z = R + jX = |Z| e^{j\varphi} = |Z| \exp(j\varphi) = Z\underline{/\varphi}$$

angegeben werden. Es bestehen die Zusammenhänge:

$$R = |Z| \cos\varphi, \quad |Z| = \sqrt{R^2 + X^2},$$
$$X = |Z| \sin\varphi, \quad \tan\varphi = \frac{X}{R}.$$

R ist der Wirkwiderstand (Resistanz), X der Blindwiderstand (Reaktanz), |Z| der Betrag des komplexen Scheinwiderstands − kurz Scheinwiderstand −, φ der Winkel des komplexen Widerstands. Mit Angabe von Z ist ein linearer Zweipol eindeutig beschrieben. Der Kehrwert von Z heißt Admittanz oder komplexer (Schein)-Leitwert.

$$Y = \frac{1}{Z} = G + j B = |Y| e^{-j\varphi} = |Y| \exp(-j\varphi) = Y\underline{/-\varphi},$$

wobei G Wirkleitwert (Konduktanz), B Blindleitwert (Suszeptanz) und |Y| Betrag des komplexen Scheinleitwerts − kurz Scheinleitwert − genannt wird. (DIN 40110, DIN 1344). [15]. Rü

Impedanzbrücke → Impedanz-Meßbrücke. Fl

Impedanzkonverter → Konverter. Rü

Impedanzmeßbrücke *(impedance measuring bridge)*, Impedanzbrücke, Scheinwiderstandsmeßbrücke. Die I. ist eine Wechselstrommeßbrücke, die zur Bestimmung von Betrag und Phasenwinkel bei Scheinwiderständen verwendet wird. Für einen Brückenabgleich beider Größen müssen mindestens zwei Brückenelemente abgleichbar sein. Als Nullinstrument wird ein Wechselspannungsmeßgerät eingesetzt. Bei höheren Frequenzen der

Speisespannung (etwa 100 kHz) werden auftretende Störkapazitäten häufig mit einer Hilfsbrücke eliminiert. Induktive Beeinflussungen werden z. B. durch Abschirmung der Brückenelemente untereinander und durch bifilar gewickelte Zuleitungsdrähte vermindert. Vielfach erfolgt die Einspeisung der Versorgungsspannung durch einen Übertrager (z. B. Übertragerbrücke). Man unterscheidet bei Impedanzbrücken: 1. Brückenschaltungen für Bauelemente: Brückenelemente sind Induktivitäten, Kapazitäten oder beide in gegenüberliegenden Zweigen. Sie dienen der Messung von Blindwiderständen mit kleinen Verlustwinkeln häufig bei hohen Frequenzen. Der Phasenabgleich erfolgt abhängig von der Ersatzschaltung des Prüflings; entweder mit einem abstimmbaren Wirkwiderstand in Reihe zum Vergleichsnormal oder parallel dazu. 2. Brückenschaltungen für passive Zweipole mit großen Verlustwinkeln: Es sind Meßbrücken, die z. T. als Verlustfaktormeßbrücke ausgewiesen werden, z. B. die Schering-Meßbrücke, die Maxwell-Meßbrücke oder Abwandlungen davon. Sie werden häufig nur im niederfrequenten Bereich betrieben. [8], [12], [13]. Fl

Impedanzmessung → Scheinwiderstandsmessung. Fl

Impedanznormierung → Normierung. Rü

Impedanztransformation *(impedance transformation)*. Ein in der Netzwerktheorie verwendetes Verfahren zur Veränderung des Impedanzniveaus einer Schaltung. Dabei wird jede im Netzwerk vorkommende Impedanz mit einem (auch frequenzabhängigen) Faktor K (p) multipliziert. Für die passiven Bauelemente R L C bedeutet das

$$R \rightarrow KR \quad \text{oder} \quad R' = KR$$
$$j\omega L \rightarrow Kj\omega L = j\omega L' \quad \text{oder} \quad L' = KL$$
$$\frac{1}{j\omega C} \rightarrow \frac{K}{j\omega C} = \frac{1}{j\omega C'} \quad \text{oder} \quad C' = \frac{C}{K}$$

Dadurch erreicht man, daß alle Impedanzen der Schaltung (Ein-, Ausgangswiderstände, Wellenwiderstände u. a.) um den Faktor K verändert werden, während die Übertragungsfaktoren ungeändert bleiben. Eine praktische Anwendung der I.: → FDNR. [15]. Rü

Implementierung *(implementation)*. Stufe beim Aufbau eines komplexen Systems, z. B. eines Datenverarbeitungssystems oder eines Programms. Die I. umfaßt nicht den Anforderungskatalog an das System, auch nicht die Realisierung mit Schaltungen und Programmcodes, sondern die organisatorische Zusammenstellung der Funktionseinheiten. [1]. We

Implikation *(inclusion)*. In der Booleschen Algebra eine Verknüpfung, die nur dann „0" ergibt, wenn die Variable A = „1" und die Variable B = „0" ist. Wahrheitstabelle:

A	B	F
0	0	1
0	1	1
1	0	0
1	1	1

$\overline{F} = A \wedge \overline{B}; F = \overline{\overline{A} \vee B}$. [9].
We

Impuls *(impulse)*. Per Definition ist ein I. ein Vorgang mit beliebigem Zeitverlauf, dessen Augenblickswert nur innerhalb einer beschränkten Zeitspanne Werte aufweist, die von Null merklich abweichen. [10]. Th

Impulsantwort *(impulse response)*. I. ist die Reaktion am Ausgang eines physikalischen Systems, wenn der Eingang mit einem Impuls (z. B. Einheitsimpuls) angeregt wird (auch → Testsignal). [10]. Ku

Impulsbetrieb *(pulse operation)*. Betrieb eines Halbleiterbauelements, z. B. eines Transistors, bei der Verarbeitung von Impulsen, wodurch ein fortlaufendes Schalten erreicht wird. Da beim I. dem Halbleiterbauelement immer wieder Gelegenheit zur Abkühlung gegeben wird, können während der Impulse höhere Leistungen als die maximal zulässige Verlustleistung (für Dauerbetrieb) auftreten. In der Kennlinie wird dies als eine scheinbare Verminderung des thermischen Widerstands dargestellt (Bild). [10]. We

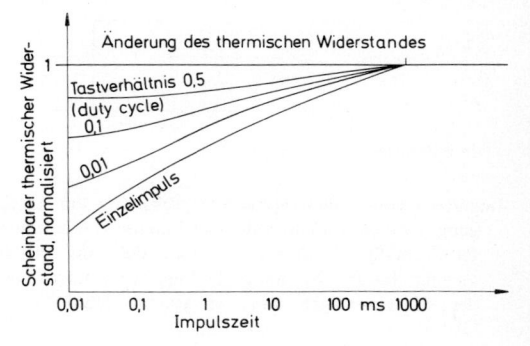

Impulsbetrieb

Impulsdauer *(pulse duration; pulse width)*. Mit I. wird die Zeit bezeichnet, während der der Augenblickswert des Impulses einen Wert aufweist, der von Null verschieden ist. Die Summe aus I. plus Impulspause ergibt die Periodendauer eines Impulses. [10]. Th

Impulserhaltung *(law of conservation of momentum)*, Impulssatz, Satz von der Erhaltung des Gesamtimpulses. Wirken auf ein abgeschlossenes System keine äußeren Kräfte, so bleibt die Summe der Impulse aller Teile des Systems stets konstant. Wirken äußere Kräfte auf das System, so ist die zeitliche Änderung des Gesamtimpulses gleich der äußeren Kraft (nach Newton). Einen analogen Satz gibt es für Drehbewegungen: Wirkt auf ein rotierendes System kein äußeres Drehmoment ein, so bleibt die Summe aller Drehimpulse konstant (Drehimpulserhaltungssatz). [5]. Bl

Impulsfolgefrequenz *(pulse repetition frequency; pulse recurrence frequency)*. Häufen sich Impulse in periodischen Intervallen, so wird die Häufigkeit je Zeiteinheit als I. definiert. Wie bei sinusförmigen Schwingungen wird auch die I. in Hertz gemessen. [10]. Th

Impulsformer *(pulse shaper)*. Schaltung zum Erzeugen von Impulsen bestimmter Amplitude, Impulsdauer und

Flankensteilheit aus Impulsen beliebiger Form, z. B. aus Sinusspannungen. Der I. besteht entweder aus einem Schmitt-Trigger oder einem monostabilen Multivibrator. [4], [10]. Th

Impulsfunktion *(pulse function)* → Testsignal. Ku

Impulsgatter *(impulse gate)*. Gatter, das auf Impulsflanken reagiert (dynamischer Eingang), wenn ein oder mehrere weitere Eingänge (statische Eingänge) bestimmte Bedingungen erfüllen. Das I. wird mit RC-Schaltungen realisiert. [2]. We

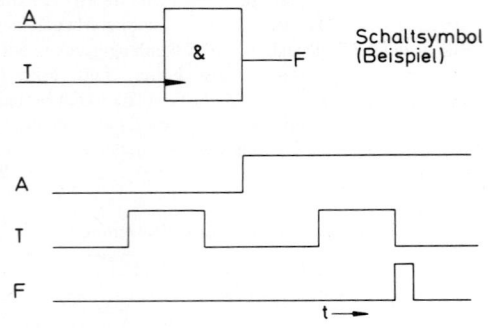

Impulsgatter

Impulsgenerator *(pulse generator)*. Schaltung zur Erzeugung periodisch wiederkehrender Impulse von bestimmter Form für die Fernseh-, Radar-, Meß- und Digitaltechnik. Häufig vorkommende Impulsgeneratoren sind der Sperrschwinger und der astabile Multivibrator. [10]. Th

Impulskennzeichen → Kennzeichen. Kü

Impulskondensator *(pulse capacitor)*. Für den Impulsbetrieb bei sehr hohen Leistungsdichten geeignete Kondensatoren, die sich durch koaxialen Aufbau und induktivitätsarme Anordnung der Anschlüsse auszeichnen. Meistens Metallpapier- oder Kunststofffolienkondensator. [4]. Ge

Impulsmagnetisierung *(impulse magnetization)*. Die I. entsteht durch einseitige (unipolare) Beaufschlagung des magnetischen Materials durch Impulse, im Gegensatz zur Wechselmagnetisierung. Eine Hystereseschleife gewinnt man dadurch, daß anstelle der magnetischen Feldstärke H der Feldstärkehub ΔH und an die Stelle der Induktion B der Induktionshub ΔB tritt. Als Quotient beider Größen ergibt sich die Impulspermeabilität μ_p. [5]. Rü

Impulsoszilloskop → Stoßspannungsoszilloskop. Fl

Impulspermeabilität (Zeichen μ_p). Bei einer Impulsmagnetisierung gilt mit dem Induktionshub ΔB und dem Feldstärkehub ΔH

$$\mu_p = \frac{1}{\mu_0} \frac{\Delta B}{\Delta H}$$

Die I. ist eine wichtige Größe bei der Dimensionierung von Impulsübertragern. [5]. Rü

Impulsradar → Radar. Ge

Impulsrate *(pulse repetition rate)*. Sie gibt an, wie oft je Zeiteinheit ein Impuls wiederholt wird. [10]. Th

Impulsreflektometrie *(time domain reflectometry)*, Time-Domain-Reflektometer. Die I. ist ein Meßverfahren, das z. B. zur Feststellung der räumlichen Lage und dem Charakter von Störstellen auf breitbandigen Hochfrequenzübertragungsleitungen eingesetzt wird. Die Meßeinrichtung heißt Impulsreflektometer. Sie besteht im wesentlichen aus einem Impulsgenerator und einem Impulsanzeigegerät. Der Generator liefert auf den Leitungseingang einen Impuls mit großer Flankensteilheit. Die Impulsdauer ist einstellbar und wird auf die Länge des auszumessenden Leitungsstückes angepaßt. Fehler im Leitungsstück, z. B. Kurzschluß oder eine sprunghafte Änderung des Wellenwiderstandes, bewirken eine Reflexion des Impulses. Er wandert zum Einspeisungspunkt zurück. Ein an dieser Stelle angeschlossenes Sampling-Oszilloskop zeigt den Startimpuls und den reflektierten Impuls. Bei bekannter Ausbreitungsgeschwindigkeit auf der Leitung und der vom Oszillogramm berechneten Laufzeit des reflektierten Impulses, läßt sich der Ort der Störstelle berechnen. Häufig wird zur Ermittlung der Ausbreitungsgeschwindigkeit mit Hilfe eines am Ende kurzgeschlossenen oder offenen Leitungsstückes bekannter Länge eine Vergleichsmessung durchgeführt. Den Charakter der Störstelle, z. B. kapazitive oder induktive Wirkung, bestimmt man über einen Vergleich von Amplitude und Phasenlage des reflektierten Impulses mit dem ausgesendeten Impuls. Der Vergleich läßt auch Rückschlüsse über den Reflexionsfaktor zu. Mit Hilfe der I. kann sowohl die Lage als auch die Größe einer unbekannten Impedanz festgelegt werden (Scheinwiderstandsmessung). Voraussetzung zur Anwendung der I. sind ein breitbandiges Untersuchungssystem und eine hohe Zeit- und Amplitudenauflösung der Meßanordnung. [8], [10], [12], [13], [14]. Fl

Impulsregenerierung *(pulse regeneration)*. Der Vorgang der Wiederherstellung der ursprünglichen Form der Größen- und Zeitverhältnisse eines Impulses oder Pulses. Zur I. wird u. a. ein Impulsformer benötigt. [10], [14]. Th

Impulssatz → Impulserhaltung. Bl

Impulssender *(pulse transmitter)*. Es handelt sich um einen Generator zum Prüfen von Funkstörmeßgeräten, der eine veränderbare Folge von definierten Impulsen abgibt. Er bildet Funkstörquellen mit verschiedener Impulsfolgefrequenz nach. [13]. Th

Impulstechnik *(pulse technique)*. Bezeichnung für Verfahren, die mit nichtkontinuierlichen Signalen arbeiten, solche erzeugen, übertragen, verarbeiten oder erkennen. [10]. Th

Impulsverstärker *(pulse amplifier)*. Die Verstärkung elektrischer Impulse geschieht meist durch Röhren oder Transistoren (integrierte Schaltungen enthalten Transistoren!). Sie wird häufig mit Formungsvorgängen kombiniert. I. sollen Impulse ohne wesentliche Formveränderung verstärken. Kritisch ist der Frequenzgang. Ver-

stärkung und Phasendrehung in Abhängigkeit von der Frequenz sind zu beachten. Ausführung oft als Gleichspannungsverstärker, um den Impulsbezugspunkt nicht zu verändern. Zu früher Verstärkungsabfall bei hohen Frequenzen verschlechtert die Flankensteilheit. [10].
Th

Impulszähler *(impulse counter).* Schaltwerk zur Registrierung der Anzahl von Impulsen. Alle digitalen elektronischen Zähler sind I. Der I. registriert einen Impuls entweder mit der positiven (ansteigenden) oder mit der negativen (abfallenden) Flanke. [2]. We

Index *(index).* 1. Symbol oder Zahl zur Untergliederung einer Menge ähnlicher Größen, z. B. R_1, R_2, ..., R_n. 2. In der Datenverarbeitung eine Hochrechnungszahl bzw. eine Liste, mit deren Hilfe definiert auf bestimmte Datensätze im Speicher zugegriffen werden kann. 3. → Indexregister. [1]. Li

Indexregister *(index register).* In der Datenverarbeitung ein Register in der Zentraleinheit, das der Modifikation von Adressen in Befehlen dient. Wird durch den Operationsteil des Befehls angegeben, daß der Befehl indiziert auszuführen ist, wird vor Ausführung des Befehls der Inhalt des Indexregisters zum Adreßteil des Befehls addiert.

Beispiel: Befehl „Lies indiziert Speicherzelle 100"; Inhalt des Indexregisters = 50. Ausgeführt wird eine Speicherleseoperation der Speicherzelle 150. [1]. We

Indikatorröhre *(indicator tube).* Elektronenröhre, bei der eine zu überwachende Größe in Form eines unterschiedlich breiten Leuchtbandes bzw. Leuchtsektors (magisches Auge) angezeigt wird. Die Größe des Leuchtbandes bzw. -sektors wird durch entsprechende Umlenkung des auf die Leuchtschicht-Anode auftreffenden Elektronenstrahls gesteuert. [4], [12]. Li

Induktanz *(inductive reactance).* Induktiver Blindwiderstand $X_L = \omega L$ einer Spule. [15]. Rü

Induktion → Flußdichte, magnetische. Rü

Induktion, elektromagnetische *(electromagnetic induction).* Auftreten einer elektrischen Spannung in einer Leiterschleife durch zeitliche Änderung eines die Schleife durchsetzenden magnetischen Feldes. [5]. Rü

Induktion, remanente *(residual induction).* Wert der magnetischen Flußdichte (Induktion) bei Remanenz; Remanenzflußdichte B_R (→ Hystereseschleife). [5]. Rü

Induktionsbelag → Leitungskonstanten. Rü

Induktionsfluß → Fluß, magnetischer. Rü

Induktionsgesetz *(Faraday's law of induction).* Das I. besagt, daß die durch elektromagnetische Induktion entstehende Spannung u gleich der negativen zeitlichen Änderung des magnetischen Flusses Φ ist. In der allgemeinen Formulierung (→ auch Maxwellsche Gleichungen) ist

$$u = \oint_A \mathbf{E} \, ds = -\frac{d}{dt} \int \mathbf{B} \, dA = -\frac{d\Phi}{dt},$$

mit **E** elektrische Feldstärke, **B**, magnetischer Fluß. In dieser Form gilt das I. auch in Nichtleitern. Rü

Induktionsinstrumente *(induction instruments),* Wanderfeldinstrumente. I. bestehen aus feststehenden, von Wechselstrom durchflossenen Spulen, die räumlich versetzt angeordnet sind. Es entstehen magnetische Felder (auch als Wanderfeld bezeichnet), durch deren Einwirkung auf einen beweglich angeordneten elektrischen Leiter — z. B. einer drehbaren Aluminiumscheibe — Wirbelströme induziert werden. Infolge sich einstellender Wechselwirkungen zwischen Wirbelströmen und Wanderfeld wird auf die Scheibe ein Drehmoment ausgeübt. Vielfach liefert eine Spiralfeder oder ein Permanentmagnet das Gegendrehmoment. Hauptanwendungsgebiet der I. ist der Wechselstromzähler. Als Frequenzmesser oder Phasenmesser besitzen sie häufig eine 360°-Skala. [12]. Fl

Induktionskonstante → Feldkonstante, magnetische. Rü

Induktionsmaschine *(induction machine)* → Asynchronmaschine. Ku

Induktionsmeßbrücke *(inductance measuring bridge).* Die I. ist eine Wechselstrommeßbrücke, die der Ermittlung unbekannter Induktivitäten von Spulen und häufig auch deren Verlustwiderstände dient (→ Impedanzbrücke). Oft benutzte Induktionsmeßbrücken sind die Anderson-Brücke, die Maxwell-Brücke und die Maxwell-Wien-Brücke. [12]. Fl

Induktionsmeßfühler → Meßfühler, elektrodynamischer. Fl

Induktionsmeßwerk *(induction measuring system)* → Induktionsinstrumente. Fl

Induktionsmotor *(induction motor)* → Asynchronmaschine. Ku

Induktivität *(inductance).* Abgekürzte Bezeichnung für den Selbstinduktionskoeffizient L. Wenn eine aus N Windungen aufgebaute Wicklung von einem Gleichstrom I durchflossen wird, dann erzeugt der Strom in der von der Wicklung eingeschlossenen Fläche den magnetischen Fluß Φ. Es ist

$$L = \frac{N \cdot \Phi(I)}{I} \geqq 0.$$

Diese Definition ist nur für einen linearen Zusammenhang zwischen Φ und I sinnvoll. [13]. Rü

Induktivitätsbelag → Leitungskonstanten. Rü

Induktivitätsfaktor → A_L-Wert. Ge

Induktivitätsmessung *(inductance measurement),* Spulenmessung. Mit Induktivitätsmessungen soll die Induktivität von Spulen, oft auch mit Verlustwiderstand festgestellt werden. Bei der Messung müssen die Frequenzabhängigkeit des Verlustwiderstands und die Wicklungskapazität der Spule berücksichtigt werden. Die Meßfrequenz soll deswegen im Bereich der Betriebsfrequenz liegen. Es lassen sich folgende Meßverfahren unterscheiden: 1. Mit dem Strom-Spannungs-Verfahren wird der Spulenwiderstand über eine Gleichstrommessung ermittelt. Eine anschließende Wechselstrommessung legt nach einer Berechnung die Induktivität L_X, den Phasenwinkel und den Gütefaktor der Spule fest. 2. Das Resonanzverfahren wird häufig in der Hochfrequenztechnik angewendet. Hierzu wird die Spule in einen Schwingkreis eingefügt und mit einem durchstimmbaren Meßgenerator das Spannungsmaximum über der Spule gesucht. 3. Messungen über Wechselstrom-Meßbrücken (→ Induktivitätsmeßbrücke). [12]. Fl

Industriestörungen *(man-made noise)*, technische Störstrahlung. Bestandteile des äußeren Rauschens. I. gehen im Frequenzbereich unterhalb von 20 MHz meistens von Starkstromleitungen aus, oberhalb von 20 MHz werden sie vorwiegend durch Zündfunken von Kraftfahrzeugen verursacht. Weitere Störquellen sind u. a. Elektromotoren, Leuchtstoffröhren, Diathermiegeräte. Die I. hängen stark vom Empfangsort ab und lassen sich bei Bedarf durch Ortswechsel oder Abschirmmaßnahmen vermeiden. [8]. Ge

Influenz *(electrostatic induction)*. Einwirkung eines elektrischen Feldes auf Materie. Durch die vom Feld ausgeübte Kraftwirkung (→ Coulombsches Gesetz) findet in Leitern eine Trennung der frei beweglichen Ladungen statt, wobei die Gesamtladung konstant bleibt. Es stehen sich immer die das Feld erzeugende Ladung und die entgegengesetzte influenzierte Ladung räumlich gegenüber. In Nichtleitern können sich Ladungen nicht zur Oberfläche bewegen. Es findet nur eine I. innerhalb der einzelnen Moleküle statt. [5]. Rü

Influenzkonstante → Feldkonstante, elektrische. Rü

Informatik *(computer science)*. Wissenschaft von der Verarbeitung von Informationen, besonders der automatischen Verarbeitung mit Digitalrechnern. Die I. bemüht sich, verallgemeinerte Aussagen zu treffen, die unabhängig von bestimmten technischen Realisierungen und Anwendungen sind. Die I. gliedert sich in die allgemeine I., die sich besonders mit den mathematischen und automatentheoretischen Grundlagen befaßt, und die angewandte Informatik, z. B. Wirtschaftsinformatik, Ingenieurinformatik, medizinische Informatik. I. ist Studienfach an wissenschaftlichen Hochschulen und Fachhochschulen [1]. We

Informationselektronik *(information electronics)*. Gebiet der Elektronik, das sich mit der Erfassung, Verarbeitung und Übertragung nieder- und hochfrequenter elektromagnetischer und akustischer Signale und physikalischer Größen beschäftigt. Unter Informationserfassung versteht man die Umwandlung nichtelektrischer Größen in analoge oder digitale elektrische Größen bzw. die Digitalisierung (Codierung) elektrischer Signale. Informationsverarbeitung bedeutet die Filterung, Verstärkung, Modulation, Demodulation analoger Signale bzw. die arithmetische oder logische Verknüpfung der in codierter Form vorliegenden digitalen Signale und ihre Ausgabe in vom Menschen direkt erfaßbarer Form (akustische Ausgabe, Ausdruck auf Papier bzw. sonstige Ausgabe in optischer Form) oder Übertragung der Signale. Die Informationsübertragung ist die Übertragung von verarbeiteter oder zu verarbeitender Information über größere Entfernung hinweg, sei es drahtgebunden (Fernsprechtechnik, Fernschreibtechnik, Datenübertragung) oder durch elektromagnetische Wellen (Funktechnik, Rundfunk, Fernsehen). Alle Gebiete der I. umfassen sowohl die Untersuchung der theoretischen Grundlagen als auch die Entwicklung der zu ihrer technischen Realisierung benötigten Bauelemente, Schaltungen und Geräte. [1], [2], [9], [13], [14]. Li

Informationsentropie *(entropy of information)*. Maß für den Informationsgehalt eines Zeichens, wenn die Wahrscheinlichkeit für das Auftreten des Zeichens p ist, so ist die I. des Zeichens

$$H = \operatorname{ld} \frac{1}{p}$$

(ld Logarithmus dualis). Die durchschnittliche I. aller vorkommenden Zeichen beträgt

$$H_0 = \sum_{i=1}^{k} p_i \cdot \operatorname{ld} \frac{1}{p_i}$$

(k Anzahl der vorhandenen Zeichen). Bei gleicher Wahrscheinlichkeit aller Zeichen ergibt sich

$$H_0 = \operatorname{ld} k.$$

In binären Systemen beträgt bei gleicher Verteilung von „1" und „0" die I. eines Bits H = 1. Die I. gibt an, mit wieviel Bits die Codierung eines Zeichens minimal möglich ist. [13]. We

Informationsentropie, bedingte *(average conditional information content)*, mittlerer bedingter Informationsgehalt. Erwartungswert des bedingten Informationsgehaltes aller Ereignispaare

$$H(x|y) = -\sum_i \sum_j p(x_i, j_j) \operatorname{ld} p(x_i|j_j),$$

wobei p (x_i, y_i) die Verbundwahrscheinlichkeit des Ereignispaares x_i, y_j ist.

Die bedingte I. spielt besonders bei der Übertragung von Texten in natürlichen Sprachen eine große Rolle, da die Buchstaben bevorzugte Kombinationen bilden. So wird z. B. in der deutschen Sprache die Buchstabenkombination „ch" häufig vorkommen, der Erwartungswert für den Buchstaben „h" ist nach dem „c" daher höher als für einen anderen Buchstaben. [13]. We

Informationsentropie, freie *(free information entropy)*. Informationsentropie eines Zeichens, das unabhängig von den folgenden und vorhergehenden Zeichen ist oder als ein solches betrachtet wird. Gegensatz: bedingte Informationsentropie. [13]. We

Informationsfluß *(information rate)*. I. ist die Menge der Information in einer Zeiteinheit, etwa bei der Datenübertragung oder bei der Informationsaufnahme durch den Menschen. Der I. wird in bit/s gemessen, ist aber nicht gleich der Übertragungsrate, da durch Redundanz die Informationsmenge nicht der Datenmenge entspricht. [13]. We

Informationsgehalt *(information content)*. Nach DIN 44301 ist der I. eines Ereignisses (z. B. das Auftreten eines Zeichens bzw. diskreten Signalwerts x_i) gleich dem Logarithmus des Kehrwerts der Wahrscheinlichkeit für sein Eintreten, also

$$I_i = \log_2 \frac{1}{p(x_i)} = \text{ld} \frac{1}{p(x_i)}.$$

Bei dem Spezialfall, daß das Auftreten aller n Zeichen gleichwahrscheinlich ist, also $p(x_i) = \frac{1}{n}$, ist der I. identisch mit dem Entscheidungsgehalt. Der I. wird in der Einheit bit angegeben. [1], [9]. Li

Informationsgehalt, mittlerer bedingter → Informationsentropie, bedingte. We

Informationsinhalt → Informationsentropie. Li

Informationsmenge *(information quantity).* 1. Oft synonym zu Entscheidungsgehalt gebraucht. 2. Zur Übertragung von n Zeichen oder Meßwerten erforderliche Information — gemessen in bit:

IM = n · H

(H Entscheidungsentropie). Zur Übertragung von beispielsweise 10 Buchstaben braucht man bei deutschem Text im Mittel 41 bit, für 10 Ziffern 33 bit. [1], [9]. Li

Informationssignal *(signal).* Die Darstellung einer Information durch eine physikalische Größe (Signalparameter). Nach DIN 44 300 gleichbedeutend mit Signal. [13]. We

Informationsspeicherung *(information storage).* Die I. ist die Speicherung von Informationen in elektrischer, magnetischer oder optischer Form zwecks späterer Verarbeitung bzw. Ausgabe oder Übertragung: 1. bei digitalen Signalen zur Speicherung von Daten (Dateien) und Programmen. Verwendung finden RAM, ROM und Register. 2. Bei analogen Signalen zur Signalverzögerung (Verwendung finden Laufzeitketten, Verzögerungsleitungen, Eimerkettenschaltungen) und zum Zwischenspeichern von Momentanwerten in Sample-and-Hold-Schaltungen zur anschließenden Analog-Digital-Wandlung oder zur Darstellung auf dem Oszilloskopbildschirm. [1], [9]. Li

Informationstechnik *(information technique).* Gebiet der Technik, das sich mit der Erfassung, Verarbeitung und Übertragung von Informationen beschäftigt. Da hierbei fast ausschließlich elektronische Komponenten eingesetzt werden, mit Ausnahme der zur Erfassung und Ausgabe von Informationen verwendeten mechanischen Geräte (z. B. Fernschreiber, Lochkartenleser, Drucker, Schreibmaschinen), spricht man von Informationselektronik. [1], [9]. Li

Informationstheorie *(information theory).* Von Shannon begründete Theorie, die mit den mathematischen Hilfsmitteln der Wahrscheinlichkeitslehre und Statistik untersucht, wie Informationen von einer Informationsquelle (Sender) über einen sog. Kanal zu einer Informationssenke (Empfänger) gelangen und gespeichert werden können. Dabei werden die Probleme betrachtet, wie man eine Information durch eine verabredete endliche Menge von Zeichen darstellen (codieren) und übertragen kann, mit welcher Geschwindigkeit dies möglich ist und wie Störungen des Kanals zu Informationsverlusten führen und ob, bzw. in welchem Umfang sich diese vom Empfänger korrigieren lassen. Die Information wird dabei stets nur auf der syntaktischen Ebene betrachtet, also hinsichtlich ihrer Signal- und Zeichenstruktur. Die semantische Ebene — also die Frage nach dem Inhalt — wird ausdrücklich ausgeklammert, ebenso die pragmatische Ebene, d. h. die Auswirkung der Information auf das Verhalten des Empfängers. [9]. Li

Informationsübertragung *(transmission of information, information transfer).* Übertragung von Information mit technischen Einrichtungen. Bei den meisten Formen der I. müssen neben der Information weitere Daten übermittelt werden, die der Steuerung des technischen Ablaufs und der Sicherheit der Übertragung dienen. Die I. erfolgt grundsätzlich über Signale, dabei kann es sich um Analogsignale oder um Digitalsignale handeln. [14]. We

Infraschall *(infrasound).* Schall, dessen Frequenz unter 16 Hz liegt (DIN 1320). [5]. Rü

Inhibition *(exclusion).* 1. In der Booleschen Algebra eine Verknüpfung, die nur dann den Wert „1" annimmt, wenn die Variable A = „1" und die Variable B = „0" ist. Wahrheitstabelle:

A	B	F
0	0	0
0	1	0
1	0	1
1	1	0

$F = A \wedge \overline{B}, F = \overline{A} \vee B.$

2. Beim Magnetkernspeicher die Verhinderung des Einschreibens bei einem selektierten Kern durch Schalten eines Halbstroms entgegen einem Zeilen- oder Spaltenstrom auf den Inhibitions-Draht oder Inhibit-Draht. [1]. We

INIC *(current-inversion impedance converter).* → Konverter. Rü

Injektion *(injection).* Eintritt eines elektrischen Stromes in einen Halbleiter durch einen geeigneten Kontakt (Injektionsstrom). Durch die I. können starke Änderungen der Ladungsträgerdichte und damit eine starke Veränderung der Leitfähigkeit eintreten. Die I. wird zur Steuerung des Verhaltens von Halbleiterbauelementen benutzt. Gegensatz: Extraktion. [7]. We

Injektionslogik *(injection logic).* Digitale Logikschaltungen, bei denen der Austausch von Signalen durch Ströme erfolgt, so daß die Signalparameter (→ Logikpegel) als Stromwerte definiert werden können. Ein Beispiel für die I. ist die I^2L-Technik. [2]. We

Injektionsstrom → Injektion.

Injektionswirkungsgrad *(injection efficiency).* Der Anteil des Stromes, der über die Emitter-Sperrschicht eines bipolaren Transistors fließt, der durch die Minoritätsladungsträger gebildet wird. [7]. We

Injektor *(injector).* Material, von dem aus eine Injektion in einen Halbleiter erfolgt. Es kann sich bei dem I. um einen Halbleiter oder um ein Metall handeln. [7]. We

Inken *(ink point)*. Nach Fertigstellung eines Wafers werden die auf ihm befindlichen, gleichartigen Halbleiterstrukturen getestet. Wird ein Defekt festgestellt, erhält die nicht funktionstüchtige Halbleiterstruktur einen Tintenklecks, um sie nach dem Vereinzeln des Wafers aussortieren zu können. [4]. Ne

Ink-Jet-Printer *(ink jet printer)*, Tintenstrahldrucker. Drucker, der das Druckbild durch Aufspritzen eines Tintenstrahls auf das Papier erzeugt. Der I. ist ein Non-Impact-Drucker. Das Bild zeigt den Spritzmechanismus. Die Steuerung des Tintenstrahls erfolgt über Impulse an den piezoelektrischen Kristall. [1]. We

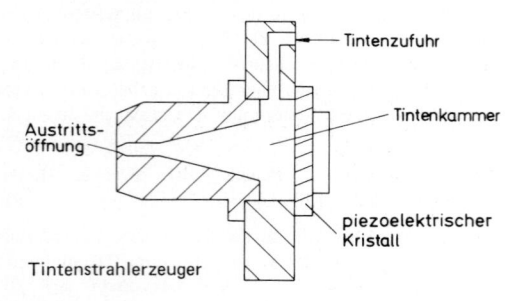

Inkrement *(increment)*. Häufig verwendete Software-Operation, bei der der Inhalt eines Registers bzw. RAM-Speicherplatzes *(RAM random access memory)* um Eins erhöht wird. Wird vor allem bei zyklischen Programmen zum Zählen der Programmschleifen-Durchläufe verwendet. [1]. Li

Input *(input)*. Wird in der Elektrotechnik oft als Ausdruck für die treibende Größe am Eingang einer Schaltung (meist Verstärker), also Strom, Spannung oder Leistung, gebraucht. Bei integrierten Schaltungen werden mit I. auch die Anschlußklemmen bezeichnet, an denen die genannten Größen anliegen. I. kann auch eine Eingabeeinheit z. B. eines Prozeßrechners sein. [1], [4], [17]. Fl

Instabilität, thermische *(thermal runaway)*. Bei Halbleiterbauelementen — vor allem bei Leistungstransistoren — führt eine Temperaturerhöhung im Kristall zur Verschiebung der Steuerkennlinie, die eine Erhöhung des durch den Halbleiter fließenden Stroms zur Folge hat, was wiederum zu weiterer Erhöhung der Kristalltemperatur führt. Diese Wechselwirkung führt zu ständig steigender Erwärmung und schließlich zur Zerstörung des Bauelementes. Diese Instabilität läßt sich nur durch Abfuhr der Wärme über genügend große Kühlbleche und Stabilisierung des Arbeitspunkts durch Stromgegenkopplung — meist über Emitterwiderstand — beheben. [6], [11]. Li

Instrument *(instrument)*. Als I. bezeichnet man ein feingearbeitetes, präzises Werkzeug, das in der Regel bestimmten Anforderungen bezüglich der Genauigkeit unterworfen ist. Ein I. kann z. B. ein Thermometer, ein analog bzw. digital anzeigendes elektrisches Meßinstrument sein oder auch ein Hilfsmittel, das zur Durchführung besonders sorgfältig auszuführender Abgleicharbeiten notwendig ist (z. B. Abgleichbesteck). [12]. Fl

Integralglied *(integral term)* → Übertragungsglied. Ku

Integralregler *(I-controller)* → Regler, elektronischer. Ku

Integraltransformation *(integral transform)*. Eine Funktionaltransformation, die eine in einem Originalbereich gegebene Funktion f in eine in einem Bildbereich dargestellte Funktion F mittels einer Integraloperation überführt. In der Elektronik ist die Originalfunktion meist eine Zeitfunktion f (t), die Bildfunktion eine Frequenzfunktion F (p), wobei p die komplexe Frequenz ist. Symbolisch kennzeichnet man die Transformation durch

$$f(t) \circ\!\!-\!\!\!-\!\!\bullet F(p).$$

Die Umkehroperation nennt man Rücktransformation. Bekannte Integraltransformationen sind: Fourier-Transformation, Laplace-Transformation, Hilbert-Transformation, Mellin-Transformation, Hankel-Transformation. [14]. Rü

Integrierglied *(integrator)* → Übertragungsglied. Ku

Integrierzeit *(integration time)*. Die I. kann bei Integriergliedern (→ Übertragungsglied) angegeben werden, deren Ein- und Ausgangsgröße normiert sind bzw. gleiche Dimensionen haben. Bei sprungförmiger Verstellung der Eingangsgröße von Null aus ist die I. die Zeitspanne (vom Beginn des Sprunges gerechnet), in der die Ausgangsgröße sich zeitlinear um die Sprunghöhe geändert hat. [11]. Ku

Intelligenz, künstliche *(artificial intelligence)*. Nachbildung menschlicher Intelligenz auf einer elektronischen Datenverarbeitungsanlage. Die begrenzten Erfolge in der Sprachübersetzung und die guten Ergebnisse beim Einsatz des Computers als spielender Automat bei einfachen Spielen können jedoch nicht darüber hinwegtäuschen, daß eine Maschine nicht die Art von Intelligenz erreichen kann, zu der ein menschliches Wesen fähig ist. Ein interessanter Aspekt der künstlichen I. ist jedoch die Möglichkeit, die Phänomene menschlicher Intelligenz zu erhellen. [1], [9]. Li

Intelsat *(international telecommunications satellite consortium)*. Geostationärer Fernmeldesatellit, der von einem internationalem Zusammenschluß von Ländern betrieben wird, um ein weltweites kommerzielles Fernmeldenetz über Satelliten zu errichten und zu betreiben. Seit 1965 wurde eine Anzahl von Satelliten des Typs Intelsat I bis IV gestartet. Der geplante Intelsat V hat eine Kapazität von 12 000 Fernsprechkreisen und eine voraussichtliche Mindestlebensdauer von 7 Jahren. [14]. Ge

Intensität *(intensity)*. Strahlungsflußdichte (Leistungsbedeckung) (DIN 1311/4) (Zeichen I). Man versteht darunter die Strahlungsenergie in einem Strahlungsfeld, die pro Sekunde senkrecht durch eine Fläche von 1 m² hindurchtritt (→ Poyntingscher Vektor). Die Einheit von I ist $[I] = \frac{W}{m^2}$ (W Watt). Bei Schwingungsvorgängen ist die I. proportional dem Quadrat der Amplitude [5]. Rü

Interdigitalfilter *(interdigital filter)*. Ein elektrisches Filter für Mikrowellenanwendungen, das wie ein Kammfilter aus zueinander parallelen gekoppelten Resonator-Leitungen (→ auch Strip-line-Filter) aufgebaut ist. Der Unterschied in der Bauart gegenüber dem Kammfilter besteht darin, daß jeweils die Enden der Resonatorleitungen alternierend geerdet sind, und die Resonatoren nach Art eines Reißverschlusses ineinandergreifen (Interdigitalstruktur). [14]. Rü

Interface → Schnittstelle. Li

Interferenz *(wave interference)*, Superposition, Überlagerung. Die Erscheinungen der Auslöschung und Verstärkung der Feldstärkenamplituden, die bei der linearen Überlagerung fortschreitender elektromagnetischer Wellen gleicher Frequenz auftreten. Die Richtcharakteristik einer Antenne entsteht durch I. der von ihr ausgehenden Elementarwellen. Verschiedene beim Empfang von elektromagnetischen Wellen auftretende Schwunderscheinungen werden durch I. hervorgerufen. [14]. Ge

Interferometer *(interferometer)*. 1. Ein Gerät, daß zur Erzeugung von Interferenzen in der optischen Meßtechnik verwendet wird. Anwendungen: Spektroskopie, Laser, Kristallographie, Astronomie. 2. Anordnungen von Empfangsantennensystemen, die zur Funkortung z. B. in der Raumfahrt und bei Radioteleskopen zur Verringerung von Peilfehlern eingesetzt werden. Gemessen wird der Phasenunterschied zwischen räumlich getrennten Richtempfangsantennensystemen, die von einem weit entfernt stehenden Sender angestrahlt werden. [8], [12]. Fl

Intermodulation *(intermodulation)*. Sie tritt in Übertragungskanälen auf, deren Übertragungskennlinie Linearitätsabweichungen aufweist. Es kommt dann zu einer Modulation, so daß neue Frequenzen im Übertragungsfrequenzband entstehen. I. kann zur Qualitätsbeurteilung von Verstärkern dienen. Niedrige I. ergibt gute Linearität, geringe Beeinflussung eines Signals im Übertragungskanal. [14]. Th

Intermodulationsfaktor *(intermodulation distortion)*. Der I. dient zur Beurteilung der Übertragungsgüte eines Übertragungskanals. Die Ansteuerung erfolgt mit der Summe zweier Sinussignale, die sich in Frequenz und Amplitude unterscheiden. Die durch Nichtlinearität entstehenden Modulationsprodukte dienen zur Berechnung des Intermodulationsfaktors. Die Messung muß mit einem frequenzselektiven Spannungsmesser erfolgen. Sehr gut geeignet ist hierfür ein Frequenzanalysator. [12], [13], [14]. Th

Intermodulationsgeräusch *(intermodulation noise)*. Bezeichnet einen Begriff aus der Fernsprechübertragungstechnik. Das I. ist eine Funktion der Belastung des Trägerfrequenzsystems und ist von der Kanalzahl, der Systembelastung und der Gruppenbelastung abhängig. I. entsteht auch durch Nebensprechen im Kabel und im Amt, in den Endstellen selbst und in den Zwischenverstärkern. [14]. Th

Intermodulationsprodukt *(intermodulation product)*. Als Intermodulationsprodukte bezeichnet man die Amplitudenanteile der durch Intermodulation entstandenen neuen Frequenzkomponenten. Aus den Effektivwerten dieser Spannungen errechnet sich der Intermodulationsfaktor. [13], [14]. Th

Intermodulationsverzerrung *(intermodulation distortion)*. Durch nichtlineare Kennlinien von Übertragungsgliedern oder Übertragungskanälen entstehen neue Frequenzanteile durch Modulation der Eingangsfrequenzen miteinander. Diese neu entstandenen Komponenten verursachen die I. Ein Maß für deren Anteil ist der Intermodulationsfaktor. [13], [14]. Th

Internationales Cadmium-Normalelement → Weston-Element. Fl

Internationales Einheitensystem → Einheiten. Ne

Internspeicher *(internal storage)*. Speicher in der Zentraleinheit eines Datenverarbeitungssystems; meist als Hauptspeicher bezeichnet (Gegensatz: Externspeicher). [1]. We

Internverkehr *(internal traffic)*. Verkehr, bei dem die Verkehrsquellen und -senken im Einzugsbereich der gleichen Vermittlungseinrichtung liegen. [19]. Kü

Interpolation, lineare *(linear interpolation)*, lineares Interpolieren. Mit Hilfe der linearen I. werden Zwischenwerte Z_w einer Funktion f(x) bestimmt, von der eine begrenzte Reihe Zahlenwerte bekannt ist. Die bekannten Werte x_i müssen gleiche Schrittweite (Abstand) h besitzen. Der bei quadratischer Interpolation auftretende letzte Summand darf sich nicht auf die letzte Stelle des Ergebnisses auswirken:

$$x_0 < Z_w < x_1 < x_2,$$
$$x_1 = x_0 + h; \; x_2 = x_0 + 2h,$$
$$f(x) = f(x_0) + \frac{f(x_1) - f(x_0)}{h}(x - x_0).$$

[12]. Fl

Interpolation, quadratische *(square interpolation)*. Man wendet zur Ermittlung von Zwischenwerten einer Funktion f(x) die quadratische I. dann an, wenn die Entscheidungsgröße $\frac{1}{8}|\Delta_1 - \Delta_0|$ aus dem letzten Summand der quadratischen I. einen Beitrag zur letzten mitgeführten Stelle des Ergebnisses liefert:

$$f(x) = f(x_0) + \frac{\Delta_1 - \Delta_0}{2h^2}(x - x_0)(x - x_1)$$
$$+ \frac{\Delta_1 - \Delta_0}{2h^2}(x - x_0)(x - x_1).$$

[12]. Fl

Interpolieren, lineares → Interpolation, lineare. Fl

Interpreter *(interpreter)*. Nach DIN 44 300 ein Programm, manchmal Bestandteil des Betriebssystems, das es ermöglicht, auf einer bestimmten digitalen Rechenanlage Anweisungen, die in einer von der Maschinensprache dieser Anlage verschiedenen Sprache abgefaßt sind, ausführen (interpretieren) zu lassen. I. werden meist eingesetzt, um Programme, die in einer höheren Programmiersprache geschrieben sind, ausführen zu lassen; dies gilt besonders von BASIC-Programmen. Es kann notwendig sein, das Programm in einen Zwischencode zu übertragen, ehe es interpretiert werden kann.

Die Verwendung von Interpretern hat den Nachteil einer verlängerten Laufzeit der Programme (gegenüber in die Maschinensprache übersetzten Programme 10 bis 15fach). Die Vorteile sind kein oder nur wenig Übersetzungsaufwand, sowie ein geringer Speicherplatzbedarf. [1]. We

Interrupt → Programmunterbrechung. We

Inversbetrieb *(inverse operation)*. Betriebsart, bei der der Transistor im inversen Bereich arbeitet. Die elektrischen Eigenschaften im I. — vor allem die Stromverstärkung — sind schlechter als im Normalfall, es sei denn, es handelt sich um einen symmetrischen Transistor. [6]. Li

Inversion *(inversion)*. 1. In der Nachrichtenübertragungstechnik: Vom Normalverlauf der Brechzahl der Troposphäre abweichender Verlauf. Die I. ist durch ansteigende Temperaturen mit großen Gradienten in geringen Höhenintervallen sowie abruptes Absinken des Wasserdampfdrucks innerhalb der Inversionsschichten gekennzeichnet. a) Die Absinkinversion bildet sich in Hochdruckgebieten durch die adiabatische Erwärmung absteigender Luftmassen und Auflagerung auf kühleren, bodennahen Luftschichten aus. b) Die Advektionsinversion entsteht, wenn sich horizontal bewegte wärmere Luftmassen über kältere Schichten schieben oder wenn warme, trockene Luft über kalte Wasserflächen zieht (Duct). c) Die Strahlungsinversion bildet sich bei der nächtlichen Abkühlung der tagsüber aufgeheizten Erdoberfläche in Bodennähe aus und führt zu einem anormalen Anstieg der Temperatur mit der Höhe. d) Die Turbulenzinversion bildet sich bei der völligen Durchmischung der Luft im Anschluß an eine windstille Periode. [14]. Ge
2. In der Kombinatorik die Umstellung zweier Elemente, z. B. ab → ba. 3. In der Mathematik die Spiegelung am Kreis, wobei ein Punkt P in der Kreisebene in einem Punkt Q abgebildet wird; hier gilt MP · MW = r². (MP Strecke Kreismittelpunkt nach P, MQ Strecke Kreismittelpunkt nach M, r Radius des Kreises; Q liegt auf dem Strahl MP. Die I. wird auch als Transformation durch reziproke Radien bezeichnet. 4. In der Halbleitertechnik das Auftreten von einer z. B. Defektelektronenkonzentration an der Halbleiteroberfläche, die höher ist als die Elektronenkonzentration eines N-dotierten Halbleiters. Man trifft I. bei Metall-Halbleiter-Übergängen und **MISFET** (*metal-insulator semiconductor field-effect transistor*) an. 5. In der Digitaltechnik die Signalumkehr; aus einem „1"-Signal wird ein „0"-Signal und umgekehrt. [2], [7], [9]. We

Inversionsbereich → Bereich, inverser. Li

Inversionsgebiet *(inversion layer)*. Gebiet, meist an der Oberfläche eines Halbleiters, in dem Inversion auftritt. [7]. Li

Inversionsglied. Schaltung zur Ausführung der Inversion in der Digitaltechnik. [2]. We

Inversionskanal *(inversion channel)*. Kanalförmiges Inversionsgebiet, das bei integrierten Schaltungen im Halbleitermaterial unter den isoliert aufgebrachten Leiterbahnen auftreten kann bzw. beim selbstsperrenden MOSFET (*metal-oxide semiconductor field-effect transistor*) durch die Gate-Elektrode hervorgerufen wird. [7]. Li

Inversionskapazität *(inversion capacity)*. Bei MIS-Feldeffekttransistoren *(MIS metal-insulator semiconductor)* der Anteil der Gate-Substrat-Kapazität, der von der Inversionsschicht hervorgerufen wird. Die I. macht die Gate-Substrat-Kapazität von der Gate-Spannung abhängig. Das Bild zeigt den Verlauf für einen N-Kanal-Anreicherungstyp. [4]. We

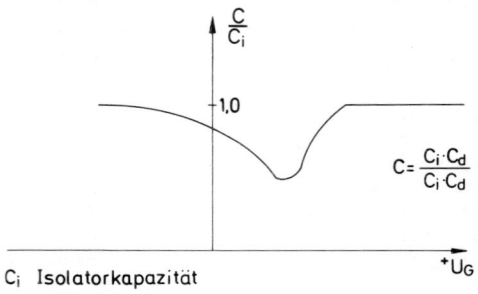

C_i Isolatorkapazität
C_d Inversionskapazität

$$C = \frac{C_i \cdot C_d}{C_i \cdot C_d}$$

Inversionskapazität

Inversionsladung *(inversion charge)*. Die in einem Inversionsgebiet oder Inversionskanal gespeicherte Ladung. [4]. Li

Inversionsschicht *(inversion layer)*. Die Ausbildung von Inversionen erfolgt in Schichten mit Dicken von einigen Metern bis zu einigen 100 m und horizontaler Ausdehnung bis zu mehreren Kilometern. Inversionsschichten treten von Bodennähe bis zu 2000 m Höhe und am häufigsten im Sommer auf. Durch Reflexionen an Inversionsschichten können im Meterwellenbereich Entfernungen bis 400 km überbrückt werden. Bei besonderem Verlauf des Brechwertes innerhalb der I. kommt es zur Ausbildung von Ducts. [14]. Ge

Inverter *(inverter)*. 1. Digitaltechnik: Negator, Inverter-Schaltung, Negations-Gatter. Digitalschaltung zur Ausführung der NICHT-Funktion, die meist eine verstärkende Wirkung hat. Der I. besteht in der einfachsten Ausführung aus einem Transistor in Emitterschaltung. 2. Energietechnik: Engl. für → Wechselrichter. [2]. We

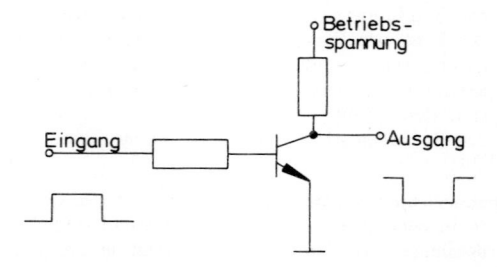

Eingang — 1 — Ausgang

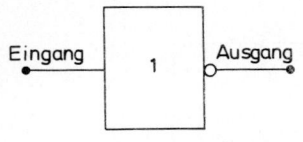

Schaltsymbol Einfacher Inverter

Inverterschaltung → Inverter. We

Invertierung → NICHT-Funktion. We

I/O → E/A. Li

IOCS *(input-output control system)*. Ein-Ausgabe-Steuerungssystem, das aus fertigen Dienstprogrammen besteht, die durch Makrobefehle aufgerufen werden und den Aufwand bei der Ein- und Ausgabe von Dateien auf periphere Geräte (z. B. Magnetband, Magnetplatte) einer Datenverarbeitungsanlage erleichtert. [1], [2]. Li

Ion *(ion)*. Elektrisch positiv (Kation) bzw. negativ (Anion) geladenes Atom oder Molekül. [5]. Bl

Ionenbeweglichkeit *(ion mobility)*. Die I. μ ist der Quotient aus dem Betrag der (mittleren) Driftgeschwindigkeit v eines Ions im elektrischen Feld und der elektrischen Feldstärke **E**, d. h., $\mu = v/E$. [5]. Bl

Ionenbindung *(ionic bond)*, heteropolare Bindung. I. zwischen zwei Atomen z. B. Na und Cl entsteht, wenn die Atome einander so nahe sind, daß die Elektronenwolken der Atomhülle einander überlappen. Dann nehmen die Elektronen die energetisch günstigste Verteilung, meist die „Edelgaskonfiguration" an, was zur Ionisation (im Beispiel Na$^+$ und Cl$^-$) führt. Der elektrostatischen Coulombschen Anziehung wirkt eine Abstoßung aufgrund des Pauli-Prinzips entgegen. [5]. Bl

Ionenimplantation *(ion implantation)*. Dotierungsverfahren, um eine genau begrenzte Dotierung in einem Halbleiter vornehmen zu können. Hierbei werden beschleunigte, ionisierte Dotierungsatome in den Halbleiter „geschossen". Mit der I. lassen sich sehr genaue Strukturen herstellen. Sie hat jedoch den Nachteil, daß die ionisierten Dotierungsatome nicht tief in den Halbleiter eindringen können. [4]. Ne

Ionenleiter *(electrolytic conducting material)*. Materialien, bei denen die Stromleitung mit Massetransport – d. h. durch die Bewegung von Ionen – erfolgt. [5], [7]. Bl

Ionenleitung *(ion conduction)*. Ist der elektrische Stromfluß mit Materietransport verbunden, d. h., ist das Verhältnis von Masse zur Ladung der transportierten Teilchen hoch, so spricht man von Ionen- oder elektrolytischer Leitung. Die I. ist also der Ladungstransport in einem Halbleiter durch Ionenwanderung (DIN 41 852). [5], [7]. Bl

Ionenpolarisation *(ionic polarisation)*. Die Verschiebung ionisierter Atome unter der Einwirkung eines elektrischen Feldes. Beispielsweise verteilen sich bei Molekülen, die aus unterschiedlichen Atomen bestehen, die Elektronen nicht gleichmäßig über das Molekül, sondern nehmen die energetisch niedrigste Position ein; das Molekül ist somit ein elektrischer Dipol. Wirkt darauf ein äußeres elektrisches Feld ein, so führt dies zu einem Dipolmoment und zur I. [5], [7]. Bl

Ionisation → Ionisierung. Bl

Ionisation, thermische *(thermic ionization)*. Freisetzen von Elektronen aus Atomen bzw. Molekülen durch Wärmezufuhr. [5]. Bl

Ionisierung *(ionization)*. Bezeichnet das Abtrennen von Elektronen aus der Elektronenhülle. Nach der Art der Energiezufuhr unterscheidet man Stoßionisation, I. durch Wärme oder Photoionisation. [4]. Bl

Ionisierungsenergie → Abtrennarbeit. Bl

Ionogramm *(ionogram)*. Darstellung der Ionosphärenschichten in Abhängigkeit von der Höhe über der Erde sowie der Frequenz; zur zuverlässigen Vorhersage des Funkwetters erforderlich. Mit einer Ionosonde wird die Ionosphäre im Kurzwellenbereich mit kurzen Impulsen oder frequenzmodulierten elektromagnetischen Wellen vertikal oder unter schrägem Einfallswinkel angestrahlt. Die von der Ionosphäre zurückkehrenden Reflexionen werden empfangsseitig nach ihrer Laufzeit (d. h. scheinbaren Reflexionshöhe h') getrennt und im I. registriert. [14]. Ge

Ionophon-Lautsprecher *(ionophone)*. Der I. ist ein elektrischer Schallsender, der durch Umsetzung thermischer Energie Schalldrücke erzeugt. Die Spannung eines Hochfrequenzgenerators (abgegebene Frequenz: 5 MHz oder 27 MHz) wird von einem Niederfrequenzsignal im Hörbereich amplitudenmoduliert. Ein Transformator erhöht das modulierte Hochfrequenzsignal auf mehrere Kilovolt. Im Inneren eines einseitig offenen Quarzrohres findet eine Hochfrequenz-Glimmentladung der darin befindlichen Luft durch Ionisierung unter Einwirkung der Hochspannung statt. Der entstehende Lichtbogen versetzt die Luftteilchen in schnelle Schwingungen und das Niederfrequenzsignal wird hörbar. Vorteil des Ionophon-Lautsprechers: verzerrungsfreie und praktisch trägheitslose Arbeitsweise von 1 kHz bis über 20 kHz. [5], [8], [13], [14]. Fl

Ionosonde → Ionogramm. Ge

Ionosphäre *(ionosphere)*. Die I. ist der obere Teil der Atmosphäre der Erde in Höhen von etwa 50 km bis 400 km, in dem durch freie Ionen und Elektronen die Ausbreitung elektromagnetischer Wellen beeinflußt wird. Die Ionisierung erfaßt nur etwa 1/1000 der neutralen Moleküle. Die regelmäßige Komponente der Ionisierung wird hauptsächlich durch die Strahlung der ruhigen Sonne hervorgerufen. Sie zeigt starke Abhängigkeit von der Tages- und Jahreszeit sowie vom 11jährigen Sonnenfleckenzyklus. Die unregelmäßige Komponente entsteht durch UV- und Korpuskularstrahlung der Sonne (Ionosphärenstürme). Die Wellenausbreitung wird durch Reflexionen an den Ionosphärenschichten für Funkfrequenzen unterhalb von etwa 30 MHz stark beeinflußt. Im Frequenzbereich zwischen 30 MHz bis 100 MHz ist Ausbreitung durch Streustrahlung, Reflexion an der sporadischen E-Schicht und Ionisationssäulen von Meteoren möglich. Oberhalb 100 MHz werden Auroraverbindungen beobachtet (Polarlichtstörung). [14]. Ge

Ionosphärenschicht *(ionospheric layer)*. Die chemische Zusammensetzung der Atmosphäre ist stark höhenabhängig. Mit zunehmender Höhe nimmt die Intensität der ionisierenden Strahlen zu, während gleichzeitig die Anzahl der ionisierbaren Moleküle abnimmt. Diese Abhängigkeiten führen zu schichtartiger Ausbildung der Ionisierungsstärke. Die D-Schicht erstreckt sich zwischen 50 km und 90 km. Sie ist durch eine schwache Konzentration von Elektronen, die mit neutralen Gasen kollidieren, gekennzeichnet und wirkt für Funkfrequenzen im Längstwellenbereich reflektierend, im Lang- und Mittelwellenbereich absorbierend. Die Ionisierung der D-Schicht besteht hauptsächlich am Tage. Sie zeigt einen deutlichen tages- und jahreszeitlichen Gang. Die E-Schicht (auch Heaviside-Schicht) in Höhen von 90 km bis etwa 140 km wird tagsüber hauptsächlich durch UV- und Korpuskularstrahlung von der Sonne, nachts geringfügig durch kosmische Strahlung ionisiert. Durch Reflexionen an der E-Schicht sind tagsüber große Reichweiten im Kurzwellen-, nachts auch im Mittel- und Langwellenbereich zu erzielen. An der sporadisch auftretenden E-Schicht (E_s-Schicht) in etwa 120 km Höhe ist Ausbreitung durch Reflexion und Streustrahlung bis 150 MHz möglich. Oberhalb 140 km schließt sich die F-Schicht an. Die F_1-Schicht zwischen 175 km und 220 km entsteht tagsüber, indem Sonnenstrahlen die Moleküle ionisieren. Nachts verschmilzt sie mit der F_2-Schicht (200 km bis 400 km). Anders als E- und F_1-Schicht folgt die Ionisierung der F_2-Schicht nicht direkt dem Sonnenstandswinkel. Sie ist Tag und Nacht vorhanden. Die maximale Elektronenkonzentration ist näherungsweise linear proportional dem Jahresmittelwert der Sonnenfleckenzahl. Über Reflexionen an der Ionosphäre (F_2-Schicht) sind im Kurzwellenbereich größte Reichweiten zu erreichen. [14]. Ge

IPOS-Verfahren *(insulation by oxidized porous silicon process, IPOS process)*. Verfahren zur gegenseitigen Isolierung von integrierten Strukturen. An den Stellen, an denen sich später die Isolierung befinden soll, wird zuerst eine N^+-Dotierung vorgenommen. In einem nachfolgenden anodischen Prozeß werden diese N^+-dotierten Gebiete oxidiert (Bild). [4]. Ne

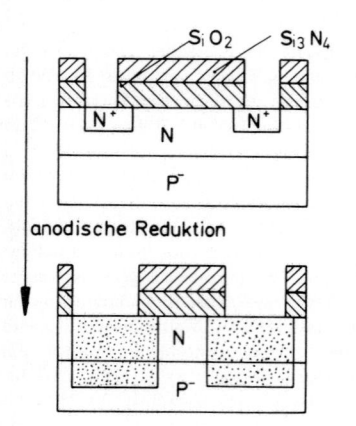

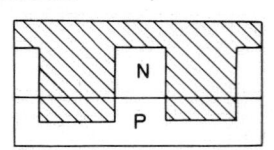

I-Regler *(I-controller)* → Regler, elektronischer. Ku

IR-Lumineszenzstrahlung *(infrared luminescence)*. Strahlung im Infrarot-Bereich, die nicht auf Wärmewirkung beruht. I. entsteht z. B. bei einer Infrarotlicht emittierenden Diode, bei der elektrische Energie direkt in Lichtenergie umgesetzt wird (Elektrolumineszenz). Die Wellenlänge des emittierten Lichts liegt bei etwa 0,78 µm bis 100 µm. Als Halbleitermaterial für die Infrarot-Lumineszenzdiode dient GaAs (Galliumarsenid) oder GaAsP (Gallumarsenidphosphid). [16]. We

Irrelevanz *(prevarication)* → Störinformationsentropie. We

ISDN *(integrated services digital network)*. Diensteintegriertes Digitalnetz, das verschiedene Dienste wie Fernsprechen, Fernschreiben, Bildschirmtext, Teletex, Rechnerkommunikation u.a.m. in einem synchron arbeitenden Netz mit digitaler Übermittlung abwickelt. [19]. Kü

Isentrop *(adiabatic)*, adiabatisch. Zustandsänderung, die bei gleichbleibender Entropie, d. h. ohne Energieaustausch mit der Umgebung abläuft. [5]. Bl

ISO *(International Standardization Organisation)*. Internationale Vereinigung aller Normenausschüsse, der auch der deutsche Normausschuß angehört. Li

ISO-Code. Von der ISO genormter 7-Bit-Code (vom Deutschen Normenausschuß als DIN 66 003 übernommen), der zur Datenübertragung zwischen Datenverarbeitungsanlagen und zur Ein- und Ausgabe bei solchen Anlagen verwendet wird. [1], [9]. Li

Isobar *(isobaric)*. Zustandsänderung, die bei konstantem Druck abläuft. [5]. Bl

Isolation, dielektrische *(dielectric isolation)*. Gegenseitige Isolation von integrierten Halbleiterbauelementen durch eine dielektrische Schicht, z. B. eine Silicium-II-oxidschicht. Integrierte Schaltungen mit dielektrischer I. sind gegenüber kosmischer Strahlung nicht durchbruchgefährdet. [4]. Ne

Isolationsdiffusion *(insulated diffusion)*. Beschichtet man ein P-dotiertes Siliciumsubstrat epitaktisch mit N-dotiertem Silicium und erfolgt anschließend eine P-Diffusion durch die Epitaxieschicht, erhält man einzelne N-dotierte Gebiete (N-Wannen). Die einzelnen Strukturen in der integrierten Schaltung sind voneinander elektrisch isoliert, wenn man das Substrat negativer als die N-Wannen vorspannt. [4]. Ne

Codetabelle des ISO-Code

Bits								Spalte →	0	0	0	0	1	1	1	1
									0	0	1	1	0	0	1	1
									0	1	0	1	0	1	0	1
	b_7	b_6	b_5	b_4	b_3	b_2	b_1	Zeile ↓	0	1	2	3	4	5	6	7
	0	0	0	0	0	0	0	0	NUL	(TC 7) DLE	SP	0	@ (§)	P	`	p
	0	0	0	0	0	0	1	1	(TC) SOH	DC 1	!	1	A	Q	a	q
	0	0	0	0	0	1	0	2	(TC 2) STX	DC 2	"	2	B	R	b	r
	0	0	0	0	0	1	1	3	(TC 3) EXT	DC 3	# (£)	3	C	S	c	s
	0	0	0	0	1	0	0	4	(TC 4) EOT	DC 4	$	4	D	T	d	t
	0	0	0	0	1	0	1	5	(TC 5) ENQ	(TC 8) NAK	%	5	E	U	e	u
	0	0	0	0	1	1	0	6	(TC 6) ACK	(TC 9) SYN	&	6	F	V	f	v
	0	0	0	0	1	1	1	7	BEL	(TC 10) ETB	'	7	G	W	g	w
	0	0	0	1	0	0	0	8	FE 0 (BS)	CAN	(	8	H	X	h	x
	0	0	0	1	0	0	1	9	FE 1(HT)	EM	)	9	I	Y	i	y
	0	0	0	1	0	1	0	10	FE 2 (LF)	SUB	*	:	J	Z	j	z
	0	0	0	1	0	1	1	11	FE 3 (VT)	ESC	+	;	K	[(Ä)	k	} (ä)
	0	0	0	1	1	0	0	12	FE 4 (FF)	IS 4 (FS)	,	<	L	\ (Ö)	l	| (ö)
	0	0	0	1	1	0	1	13	FE 5 (CR)	IS 3 (GS)	-	=	M	] (Ü)	m	{ (ü)
	0	0	0	1	1	1	0	14	SO	IS 2 (RS)	.	>	N	^	n	‾ (ß)
	0	0	0	1	1	1	1	15	SI	IS 1 (US)	/	?	O	_	o	DEL

Isolationsmesser *(insulation testing apparatus)*, Isolationsprüfer. Mit Isolationsmessern werden Isolationswiderstände z. B. elektrischer Maschinen, Kabel, elektrischer Anlagen überprüft. Die Messung erfolgt nach Methoden der Widerstandsmessung (→ Widerstandsmeßverfahren), benötigt aber hohe Spannungen und empfindliche Anzeigegeräte. Vielfach wird die Spannung einer Batterie mit einem Chopper zerhackt, hochtransformiert, gleichgerichtet, geglättet und danach an den Prüfling gelegt. Die Skala des Anzeigegerätes ist in hochohmigen Widerstandswerten beschriftet, z. B. in Megaohm, Teraohm. Häufig eingesetzt werden Elektrometerbrücken. [12] . Fl

Isolator *(insulator)*. 1. Stoffe, die (fast) keine elektrische Leitfähigkeit zeigen. Dies liegt in der Struktur ihrer Energiebänder. Es sind hierbei alle Valenzbänder voll besetzt und die Energielücke zum ersten (leeren) Leitungsband ist zu groß (d. h. > 1 eV), als daß sie durch Elektronenanregung überwunden werden könnte. [5] . Bl
2. Eine in der Netzwerktheorie verwendete besondere Form des rückwirkungsfreien Verstärkers. Die Kettenmatrix des Isolators lautet:

$$A = \begin{pmatrix} 1 & R_i \\ \frac{1}{R_i} & 1 \end{pmatrix},$$

wobei R_i der den Vierpol kennzeichnende Isolationswiderstand ist, der gleichzeitig den Wellenwiderstand darstellt. Die Rückwirkungsfreiheit wird durch $\det \mathbf{A} = 0$ gewährleistet. Der I. ist widerstandssymmetrisch und übertragungsunsymmetrisch. Der Wellenübertragungsfaktor in Vorwärtsrichtung beträgt $A_W = \frac{1}{2}$. [15] Rü

Isolierschichtfeldeffekttransistor → IGFET. Ne

Isoplanartechnik *(isoplanar technology)*. Bei dieser Technik werden die einzelnen Strukturen einer integrierten Schaltung durch Silicium-(II)-oxid und nicht durch in Rückwärtsrichtung vorgespannte PN-Übergänge voneinander isoliert. Dies hat zur Folge, daß die Basis- und teilweise auch die Emitterdiffusion bis an die Oxidationsstelle herangeführt werden kann (Einsparung von Halbleiterfläche). Außerdem werden die parasitären Kapazitäten herabgesetzt. [4] . Ne

Isotherm *(isothermic)*. Bezeichnung für alle Zustandsänderungen, die bei gleichbleibender Temperatur ablaufen. [5] . Bl

Isotropstrahler → Kugelstrahler. Ge

Istwert *(actual value)*. Der I. einer physikalischen Größe ist sein Momentanwert. In Regelkreisen wird mit I. der Wert der Regelgröße im betrachteten Zeitpunkt bezeichnet (→ auch Sollwert). [5] . Ku

Istzeit → Echtzeit. Fl

IT-Glied *(integrating device with time lag)*. Das I. ist ein Übertragungsglied mit integrierendem und verzögerndem Verhalten. [18] . Ku

I-Verhalten *(integral action)*. Das I. charakterisiert das Übertragungsverhalten eines Integriergliedes (→ auch Übertragungsglied). [18] . Ku

I-Zone *(intrinsic region)*. Ein Halbleiterbereich, in dem Eigenleitung stattfindet (z. B. bei der PIN-Diode) heißt Eigenleitungs- oder I-Zone. [4], [6] . Li

J

Janet-System *(JANET system).* Nachrichtenübertragungssystem unter Ausnützung von Meteorscatter. Sende- und Empfangseinrichtungen sind ständig in Betrieb. Bei Überschreitung der Empfangsschwelle während des Auftretens einer Meteoritenspur wird die Nachricht in überhöhter Geschwindigkeit übertragen. Das J. ermöglicht bei Frequenzen zwischen 25 MHz und 150 MHz Reichweiten von etwa 1000 km. Die benötigte Sendeleistung liegt bei 1 kW. [14]. Ge

JEDEC *(Joint Electron Device Engineering Council)* → Normungsorganisationen in den USA. Ne

JFET *(junction field-effect transistor)* → Sperrschichtfeldeffekttransistor. Ne

Jitter *(jitter).* Mit J. (Zittern) werden kurzzeitige, unregelmäßige, fehlerhafte Änderungen in der Intervallfolge elektrischer Größen bezeichnet. Die Änderungen können amplituden-, frequenz- oder phasenbezogen in Erscheinung treten. In Abhängigkeit zur beeinflußten Größe wird dem Begriff J. ein Zusatz hinzugefügt, z. B. Pulsverzögerungszeit-J. *(pulse-delay-time-jitter),* Pulsdauer-J. *(pulse duration-jitter).* Fl

JK-Flipflop *(JK-flipflop).* Ein Flipflop, das auf einen Impuls am Steuereingang C (Takteingang ein H-Signal am Q-Ausgang liefert, wenn am J-Eingang ein H-Signal anliegt. Es liefert am Q-Ausgang ein L-Signal, wenn am K-Eingang H-Signal anliegt. Liegen beide Eingänge (J und K) auf H, kippt das Flipflop bei Eintreffen des Taktimpulses in den entgegengesetzten Zustand. Liegt an beiden Eingängen L an, behält das Flipflop seinen Zustand bei (Tabelle).

Taktzeit-Intervall:

t_n		t_{n+1}	
J	K	Q	$\bar{Q}$
L	L	Q_n	$\bar{Q}_n$
L	H	L	H
H	L	H	L
H	H	$\bar{Q}_n$	Q_n

(Q_n besagt, daß das Ausgangssignal nach Eintreffen des Taktimpulses unverändert bleibt). Der Ausgang $\bar{Q}_n$ liefert stets das invertierte Signal des Ausgangs Q. Das J. läßt sich aus RS-Flipflops und Gattern aufbauen (Bild). Die meist zusätzlich vorhandenen Eingänge Preset und Clear erlauben (unabhängig von einem Taktimpuls) ein direktes, statisches Setzen bzw. Rücksetzen (Löschen) des JK-Flipflops. Das J. ist ein Universal-Flipflop, aus dem sich durch geeignete Beschaltung viele andere Flipfloptypen aufbauen lassen. Je nach Art der Taktsteuerung und des internen Aufbaus mit einer oder zwei RS-Speicherzellen erhält man taktzustandsgesteuerte, taktflankengesteuerte, Master-Slave-JK-Flipflops. [2], [4]. Li

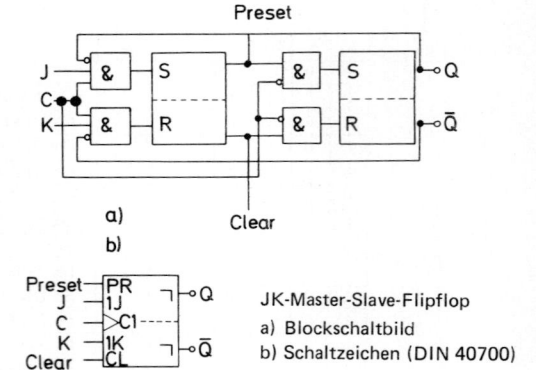

JK-Master-Slave-Flipflop
a) Blockschaltbild
b) Schaltzeichen (DIN 40700)

Jobfernverarbeitung *(remote job processing).* Größere Datenmengen, die in einem Datenverarbeitungssystem anfallen, das von dem zentralen Datenverarbeitungssystem entfernt steht, werden bei ihrem Auftreten an die Zentrale nicht übertragen, sondern in der Eingabestation gesammelt. Zu einem bestimmten Zeitpunkt erfolgt dann die Übertragung der Daten an das zentrale Datenverarbeitungssystem. [1]. We

Joch *(yoke).* 1. Bauelemente: Flußleitblech, das die magnetische Brücke zwischen Kern und Anker eines Relais darstellt. Vielfach dient das J. auch zur Befestigung des Kontaktsatzes und der Lagerung des Ankers. [4]. Ge

2. Energietechnik: Das J. bildet in elektrischen Maschinen und Transformatoren den magnetischen Rückschluß des Flusses, der durch die auf den Polen bzw. Schenkeln sitzenden Wicklungen hervorgerufen wird. Zur Reduzierung der Wirbelstromverluste sind bei Wechselflußbeanspruchungen die Joche geblecht, wobei die einzelnen Jochbleche mit den Kernblechen der Pole bzw. Schenkel verzapft sind. [3]. Ku

Johnson-Rauschen → Rauschen, thermisches. Th

Johnson-Zähler *(Johnson counter).* Digitaler Synchronzähler, der ähnlich wie ein Ringschieberegister arbeitet,

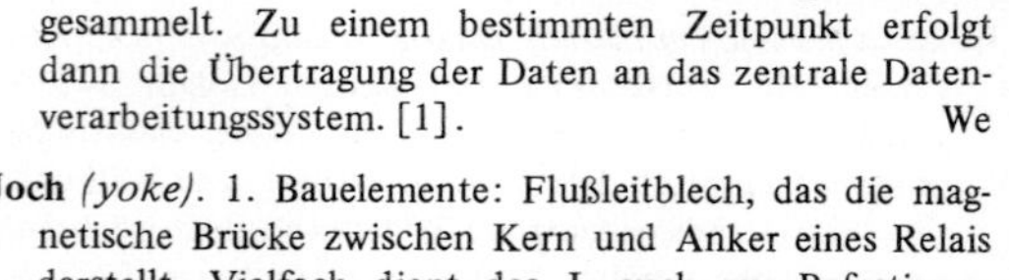

Zustand	0	1	2	3	4	5	6	7
A	0	1	1	1	1	0	0	0
B	0	0	1	1	1	1	0	0
C	0	0	0	1	1	1	1	0
D	0	0	0	0	1	1	1	1

Johnson-Zähler

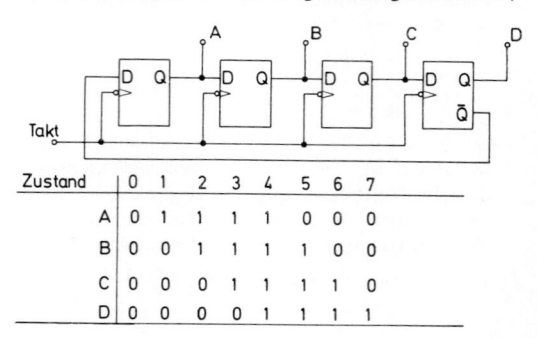

wobei die Ausgangsinformation invertiert rückgekoppelt wird. Der Zähler arbeitet in einem nicht bewerteten, leicht decodierbaren Code. Für die Darstellung von 8 Zuständen sind 4 Flipflops erforderlich. [2].   We

Josephson-Effekt *(Josephson effect)*. Wird an zwei Supraleitern, die durch eine sehr dünne Isolationsschicht voneinander getrennt sind, eine bestimmte Gleichspannung U angelegt, so tritt bei einigen Kelvin an dem Isolator eine Wechselspannung U auf, deren Frequenz f = 2 eU/h (e Elementarladung, h Plancksches Wirkungsquantum) ist. Der Stromfluß durch den Isolator erfolgt durch Tunnelung. Der J. wird z. B. zur Bestimmung der Werte von Naturkonstanten und für ultraschnelle Schaltvorgänge in logischen Schaltungen (Schaltzeit < 100 ps) herangezogen.   Bl

Joule *(joule)*. Abgeleitete SI-Einheit der Energie (Arbeit oder Wärmemenge; Zeichen J) (DIN 1301, 1345).

$$1\,J = 1\,Nm = 1\,Ws = 1\,\frac{kg\,m^2}{s^2}$$

(N Newton; W Watt). *Definition:* Das J. ist gleich der Arbeit, die verrichtet wird, wenn der Angriffspunkt der Kraft 1 N in Richtung der Kraft um 1 m verschoben wird. [5].   Rü

Joule-Effekt *(Joule-Thomson effect)*. Der J. ist Grundlage der Gasverflüssigungsmaschinen. Bei isentroper Volumenvergrößerung (Expansion) eines realen Gases muß Arbeit gegen die Anziehungskräfte der Moleküle (d. h. gegen den Binnendruck) verrichtet werden, die der kinetischen Energie der Gasmoleküle entnommen wird. Da die Temperatur eines Gases der Energie proportional ist, sinkt mit der kinetischen Energie der Moleküle auch die Temperatur des Gases. [5].   Bl

Joulesches Gesetz *(Joule's law)*. In einem von Strom I durchflossenen Widerstand (Spannung U) wird in der Zeit t die Wärmemenge Q = I · U · t erzeugt. Ist der Widerstand R konstant, d. h. U = R · I, so gilt Q = I² · R · t. Dieser Zusammenhang wird J. genannt. [5]   Bl

Joulesche Wärme *(Joule's heat)*. Werden in einem elektrisch leitenden Material durch ein äußeres Magnetfeld zeitlich oder räumlich sich verändernde Kreisströme (Wirbelströme) induziert, so entsteht ein dem äußeren Feld entgegengerichtetes Magnetfeld (Lenzsche Regel). Die dabei im Material entstehende Wärme wird J. genannt. [5].   Bl

Justage *(adjustment)*. Wiederherstellung des Sollzustands, wenn eine Abweichung eingetreten ist, die noch keinen Fehler ausmacht. Die J. wird bei mechanischen und elektromechanischen Baugruppen vorgenommen. Sie ist besonders wichtig bei Geräten, die wechselbare Datenträger benutzen, z. B. bei Diskettenlaufwerken oder Wechselplattenspeichern. Sie wird dann mit Hilfe besonders präparierter Datenträger (Masterplatte, Masterdiskette) durchgeführt.   We

Justieren *(adjust)*. Das J. ist ein Einstellvorgang der gewährleisten soll, daß Abweichungen vom festgelegten Wert einer Ausgangsgröße gering bzw. innerhalb bestimmter Fehlergrenzen bleiben. Man justiert z. B. Meßgeräte, Meßeinrichtungen, Maßverkörperungen, Funktionsbaugruppen oder einzelne Bauelemente. [12].   Fl

K

Kabel → Fernmeldekabel. Ge

Kabel, optisches → Glasfaser. Ge

Kabelausführung *(cable make-up)*. Werkstoffmäßige Ausführung der Kabelhülle, der Leiterisolierung und des Leiters. [14]. Ge

Kabelendverstärker → Leitungsverstärker. Fl

Kabelfernsehen *(cable television; CATV)*. Während normalerweise jeder Fernsehteilnehmer seine eigenen Antennen für VHF *(very high frequency)* und UHF *(ultra high frequency)* aufstellt, werden beim K. viele Teilnehmer über ein Breitbandkabelnetz von einer Zentrale aus versorgt. Die Zentrale kann eine Gemeinschaftsantennenanlage und zusätzlich ein Studio besitzen, aus dem eigene Programme an die angeschlossenen Teilnehmer verteilt werden können. [14]. Th

Kabelhülle *(cable sheathing)*. Gesamter Aufbau des Kabels oberhalb der Kabelseele. Die K. besteht z. B. aus dem Schirm, der Schutzhülle, dem Kabelmantel und der Bewehrung zum besonderen mechanischen oder elektromagnetischen Schutz. [14]. Ge

Kabelmantel *(cable jacket)*. Über der Bewicklung der Kabelseele und dem u. U. vorhandenen Schirm angeordneter Mantel aus Blei, Aluminium, Stahl, Polyvinylchlorid oder Polyethylen. [14]. Ge

Kabelseele *(cable core)*. Gesamtheit der im Kabel vorhandenen und miteinander verseilten Adernpaare oder Bündel einschließlich der darüberliegenden Bewicklung. [14]. Ge

Kabelstecker *(cable plug connector)*. K. dienen zur Kupplung zweier Kabel oder zum Anschluß von Kabeln an Baugruppen bzw. Geräte. Die Isolierkörper, die die Kontaktelemente tragen, können rund oder rechteckig sein (→ Steckverbinder). [4]. Ge

Kabelverdrahtung → Verdrahtung. Ge

Kalibrator *(calibrator)*, Kalibriereinrichtung, Kalibrierschaltung. Ein K. dient der Feststellung vorhandener Fehler der Anzeige eines Meßgerätes oder einer Maßverkörperung, darf aber nicht mit einem Eichgerät verwechselt werden. So benutzt man zur Fehlerfestlegung von Präzisionsstrommessern eine Kalibrierschaltung, die aus einer feineinstellbaren Stromquelle, dem Prüfling und einem Normalwiderstand besteht, dessen Spannungsabfall z. B. mit einem Kompensator kompensiert wird. [12]. Fl

Kalibriereinrichtung → Kalibrator. Fl

Kalibrieren *(calibrate)*, Kontrollieren, Einmessen. Das K. ist ein Vorgang, durch den vorhandenen Fehler einer Maßverkörperung oder eines Meßgerätes meßtechnisch festgelegt werden (Bild). Es handelt sich vielfach um den Vergleich einer Meßeinrichtung mit einer präziser arbeitenden Meßeinrichtung, aber nicht um einen Eichvorgang. In diesem Sinne werden z. B. auch die Daten eines Galvanometers durch K. ermittelt. [12]. Fl

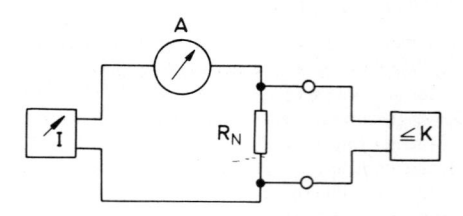

Kalibrieren eines Präzisionsstrommessers
I   feineinstellbare Stromquelle,
A   Prüfling,
R_N Normalwiderstand,
K   Kompensator (Komparator)

Kalibrierschaltung → Kalibrator. Fl

Kalibrierung, dynamische *(dynamical calibration)*, dynamisches Einmessen. Mit einer dynamischen K. wird z. B. die Schwingungsdauer eines ungedämpften Galvanometers festgelegt. Durch Öffnen des Schließungskreises eines Galvanometers entstehen ungedämpfte Schwingungen. Mit einer Zeitmessung wird die Schwingungsdauer über den zeitlichen Abstand mehrerer Nulldurchgänge bestimmt. Für eine vollständige Schwingung, die aus zwei Nulldurchgängen besteht, wird die Schwingungsdauer angegeben. [12]. Fl

Kalorie *(calorie)*, (Zeichen cal). Außer Kraft gesetzte Einheit der Wärmemenge. 1 cal = 4,1868 J (J Joule). [5]. Rü

Kalottenmembran *(sphere cap diaphragm)*, Kugelkappenmembran. Die K. ist eine Lautsprechermembran, die in Form einer Kugelkappe in Abstrahlrichtung an der Lautsprecher-Schwingspule befestigt ist. Die Halbkugelform gewährleistet eine hohe Stabilität gegen Partialschwingungen und gegenphasige Bewegungen. Mit einer K. wird eine weitgehend ungerichtete Schallabstrahlung mittlerer und hoher Frequenzen des Hörbereichs ermöglicht. [9], [13]. Fl

Kaltkatode → Kaltkatodenröhre. Rü

Kaltkatodenröhre *(cold-cathode tube)*. Eine mit Glimmentladung arbeitende gasgefüllte Röhre, bei der die Katode nicht geheizt ist (Kaltkatode), sondern die Elektronenemission durch Aufprallen von positiven Ionen ausgelöst wird. Bei einer Brennspannung zwischen 50 V und 150 V kann eine K. Ströme zwischen 3 nA und 30 mA führen. Eine gewisse praktische Bedeutung haben Kaltkatodenröhren heute noch als Glimmanzeigeröhren, Glimmrelaisröhren und Glimmstabilisatorröhren. [4]. Rü

Kaltleiter *(PTC, positive temperature coefficient, thermistor)*, PTC-Widerstand. 1. Widerstand aus dotierter polykristalliner Titankeramik, der in einem bestimmten Temperaturbereich einen sehr hohen positiven Temperaturkoeffizienten besitzt. Die Rohkörper in Scheiben-, Stab- oder Rohrform werden bei Temperaturen zwischen 1000 °C und 1400 °C gesintert. Die typische Temperaturabhängigkeit des Widerstandes des Kaltleiters ist im Bild dargestellt. Kennzeichnend dafür sind die Minimalwiderstand zu Beginn des positiven Anstiegs, der Bezugswiderstand zu Beginn des steilen Anstiegs und der Endwiderstand sowie die zugehörigen Temperaturwerte. Die thermische Abkühlzeitkonstante ist die Zeit, während der sich die mittlere K.-Temperatur um etwa 63 % der Differenz zwischen Anfangs- und Endtemperatur ändert. Der K. wird u. a. als Temperaturfühler in der Meß- und Regeltechnik eingesetzt. Hierbei ist sein Widerstand nur von der Umgebungstemperatur abhängig. Hauptanwendung des Kaltleiters: Überlastungsschutz von Verbrauchern geringer Leistung. 2. Eisen-Wasserstoff-Widerstand: Dieser K. besteht aus einem Eisendraht, der in einem mit Wasserstoffgas gefüllten Glasgefäß angeordnet ist. Anwendung: vorzugsweise zur Konstanthaltung des Heizstromes von Elektronenröhren. [4]. Ge

Kaltlötstelle → Vergleichsstelle. Fl

Kaltpreßschweißen → Schweißverbindung. Ge

Kaltschweißen → Schweißverbindung. Li

Kaltwiderstand → Heißleiter. Ge

Kammantenne → Dipolzeile. Ge

Kammerton (*standard tuning tone*), Stimmton. Der K. ist ein mit 440 Hz festgelegter Ton (a^1) nach dem Orchester eingestimmt werden. [12], [13]. Fl

Kammfilter (*comb filter*). Ein elektrisches Filter für Mikrowellenanwendungen in der Bauart wie ein Strip-line-Filter, wobei die einzelnen gekoppelten Resonatorleitungen parallel (in der Art eines Kamms) angeordnet sind. Dadurch wird eine größere Packungsdichte erzielt. [14]. Rü

Kammrelais (*cradle relay*). Kleines Klappankerrelais mit kammartigem Betätigungsteil für die Kontaktfedern. [4]. Ge

Kanal (*channel*). 1. Allgemeine Bezeichnung für einen Übertragungsweg für Nachrichtensignale. Die Aufgabe oder physikalische Beschaffenheit des Kanals wird durch zusätzliche Bezeichnung ausgedrückt, z. B. Fernsprechkanal, Datenkanal, logischer (d. h. durch Adressierung gekennzeichneter) Kanal, Funkkanal, Trägerfrequenzkanal, Zeitkanal. [19]. Kü
2. In der elektronischen Datenverarbeitung ein Ein-Ausgabewerk oder ein Teil eines Ein-Ausgabewerkes. Der K. wird von der Zentraleinheit mit Anweisungen versorgt (Kanalbefehlsworte). Er führt aufgrund dieser Anweisungen die Ein-Ausgabe-Operationen selbständig aus, um die Zentraleinheit zu entlasten. Der Datenverkehr wird im direkten Speicherzugriff durchgeführt. Der K. versorgt die Zentraleinheit mit Informationen über seinen Zustand (Kanalstatus-Wort, Kanalunterbrechungen, Kanalfehlermeldungen). Kanäle sind nicht gerätespezifisch; es werden jedoch Multiplexkanäle für langsamere Geräte und Selektorkanäle für schnelle Geräte verwendet. Normalerweise sind an einen Kanal mehrere Geräte angeschlossen. [1]. We
3. In der Halbleitertechnik besonders bei unipolaren Bauelementen der Teil des Bauelements, durch den der gesteuerte Stromfluß erfolgt. Die Art des Kanals wird zur Kennzeichnung des Bauelementetyps herangezogen, z. B. N-Kanal-Sperrschichtfeldeffekttransistor, P-Kanal-MOS (*metal-oxide semiconductor*). [4]. We

Kanal, analoger (*ananlogue channel*). K., bei dem das zu übertragende Signal innerhalb bestimmter Grenzen jeden beliebigen Wert annehmen kann. (Gegensatz: Digitalkanal). Beispielsweise sind i. a. Kanäle zum Übertragen von Sprache analoge Kanäle. [13]. We

Kanalabschnürung (*pinch off*). Bei einem Sperrschichtfeldeffekttransistor können sich durch Anlegen einer Gate-Source-Spannung, die derart vorgespannt ist, daß der PN-Übergang in Rückwärtsrichtung gepolt ist, die Raumladungszonen so weit ausbreiten, daß sie sich berühren. In diesem Augenblick schnürt der Kanal ab, d. h., es fließt ein fast konstanter Source-Drain-Strom. [6]. Ne

Kanalbreite (*channel width*). Das für eine Nachrichtenübertragung zur Verfügung stehende Frequenzband. Für Telegraphie und Fernschreiben werden einige Hundert Hertz, für Sprache 3,1 kHz, für Musik 15 kHz und für das Fernsehen etwa 6 MHz benötigt. [13], [14]. Th

Kanalcodierung (*channel encoding*). Erstellung des Maschinencodes für die Kanalbefehle in der Datenverarbeitung. Diese werden meist nicht direkt vom Anwender erstellt, sondern das Betriebssystem (Ein-Ausgabesteuerung) erstellt sie auf Grund des Anwenderprogramms. Der Kanal ruft die Kanalbefehle selbständig aus dem Hauptspeicher ab. Dabei können mehrere Befehle aufeinander folgen (Befehlskettung).

Kanalbefehlswort:

| Operationsteil | K | Blocklänge | Hauptspeicheradresse | P |

Operationsteil: Art der Datenübertragung,
K: Verkettung (weitere Kanalbefehle vorhanden)?,
Blocklänge: Menge der zu übertragenden Daten,
Hauptspeicheradresse: Anfangsadresse des zu übertragenden Datenblocks,
P: Angabe über Auslösung einer Programmunterbrechung nach Beenden der Übertragung. [1]. We

Kanalelektronenvervielfacher (*channel electron multiplier*), Kanalsekundärelektronenvervielfacher. Der K. dient in Satelliten zur Messung der Flußdichte energiereicher Strahlung. Es handelt sich um einen Elektronenverstärker, der aus halbleitendem Glas besteht, an das in Längsrichtung eine Spannung im Kilovolt-Bereich angelegt wird. Fällt energiereiche Strahlung ein, werden Sekundärelektronen an der Innenwand losgelöst und aufgrund des angelegten elektrischen Feldes in Längsrichtung beschleunigt. Die Sekundärelektronen prallen

Kanalkapazität

zum Teil gegen die Wand und lösen weitere Sekundärelektronen aus. Die Folge ist ein lawinenartiger Anstieg des Elektronenstroms. [4], [5], [8]. Fl

Kanalkapazität *(channel capacity)*. Die K. ist ein Maß für das Fassungsvermögen des Informationsübertragungskanals. Diese Kapazitätsdefinition eines Übertragungssystems beruht auf der Festlegung der maximalen Übertragungsfrequenz und des Verhältnisses von Signal- zu Rauschleistung. Die K. läßt sich als höchstzulässige Spitzenbelastung des Informationskanals auffassen. Die K. legt ferner die maximal zulässige Übertragungsgeschwindigkeit fest. [9], [14]. Th

Kanalrauschen *(noise of a channel)*. Jeder Übertragungskanal enthält längs seines Weges Rauschquellen der verschiedensten Art, z. B. Kabel, Widerstände, Kontakte, Verstärker und Modulatoren. Jede dieser Rauschquellen trägt zum Gesamtrauschen bei, so daß der Dynamikbereich des Kanals zu kleinen Spannungen hin durch das K. begrenzt wird. [4], [5]. Th

Kanalsekundärelektronenvervielfacher → Kanalelektronenvervielfacher. Fl

Kanalstrom *(channel current)*. Der Strom, der in dem Kanal eines Feldeffekttransistors zwischen Drain und Source fließt. Das Bild zeigt den Verlauf des Kanalstroms für verschiedene Typen von MOS-Feldeffekttransistoren. *(MOS metal-oxide semiconductor)*. [4]. We

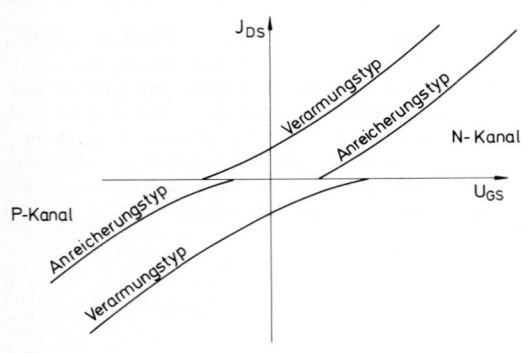

Kanalstrom

Kanalträger → Träger. We

Kanalumsetzer *(channel translating equipment)*. K. werden in der Trägerfrequenztechnik verwendet. Der K. setzt drei Fernsprechkanäle der Breite 4 kHz in das Frequenzband 12 kHz bis 24 kHz um. Es entsteht eine Vorgruppe, die dann wiederum in einen höheren Frequenzbereich umgesetzt wird. Auch in der Fernsehtechnik gibt es K. Sie dienen zur Umsetzung einzelner Fernsehkanäle. So setzen oft z. B. in Gemeinschaftsantennenanlagen K. die UHF-Programme *(UHF ultra high frequency)* in die Kanäle 2 bis 4 um. [14]. Th

Kanalwähler *(tuner; channel selector)*. K. werden heute im allgemeinen nur noch in tragbaren Fernsehempfängern zum Umschalten der VHF-Kanäle *(VHF very high frequency)* verwendet. Diese Abstimmethode kann verwendet werden, da die Fernsehkanäle fest vorgegeben sind. Auch ist durch den K. die Bedienung einfacher als bei einer kontinuierlichen Abstimmung. [13], [4]. Th

kanonisch *(canonic)*. Netzwerke, die eine geforderte Netzwerkfunktion mit der geringst möglichen Anzahl von Bauelementen realisieren. Bei passiven Netzwerken gilt der ohmsche Widerstand R, die Induktivität L, die Kapazität C und der Übertrager jeweils als ein Bauelement. [15]. Rü

Kapazitanz → Kondensanz. Rü

Kapazität *(capacitance)*. Die Fähigkeit zur Speicherung elektrischer Ladungen. Die K. (Formelzeichen C) ist als Verhältnis von Ladung Q zur Spannung U definiert:

$$C = \frac{Q}{U}$$

Einheit: 1 F = 1 Farad. In der elektronischen Umgangssprache wird K. auch für das Bauelement Kondensator gebraucht. Mit K. bezeichnet man mitunter auch die in einem Akkumulator gespeicherte Elektrizitätsmenge in Amperestunden. [13]. Rü

Kapazitätsbelag → Leitungskonstanten. Rü

Kapazitätsdiode → Varaktor. Ne

Kapazitätsdiodenmodulator *(tuning diode modulator; varicap modulator)*. Er wird häufig zur Frequenz oder Phasenmodulation eingesetzt. Prinzipiell ändert die Steuerspannung die Sperrschichtkapazität eines Varaktors und diese verstimmt dann die Resonanzfrequenz eines Schwingkreises. [4], [13]. Th

Kapazitätsmeßbrücke *(capacitance bridge)*. Die K. ist eine Wechselstrommeßbrücke, mit der hochgenau Kapazitätswerte und häufig auch Verlustwiderstände von Kondensatoren ermittelt werden. Grundsätzlich sind alle Impedanzmeßbrücken dazu geeignet, deren Brückenelemente aus Präzisionskondensatoren und -widerständen bestehen. Mit der im Bild gezeigten K. wird die Kapazität

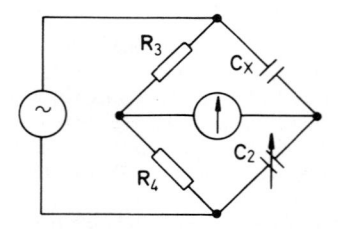

Kapazitätsmeßbrücke

C_x über $C_x = \frac{R_3}{R_4} \cdot C_2$ bestimmt. Besondere Bedeutung besitzen die Hoyer-Brücke, die Schering- und die Wien-Meßbrücke. Kapazitätsbrücken sind häufig selbstabgleichend ausgeführt. [12]. Fl

Kapazitätsmesser *(capacitance meter)*, Kapazitätsmeßgerät, Megaohm-Mikrofarad-Meßeinrichtung. K. (z. B. für Elektrolytkondensatoren) sind oft so aufgebaut, daß neben der Messung des Kapazitätswertes über Gleichstrom auch eine Isolationsmessung durchgeführt werden kann. Die Feststellung der Kapazität wird häufig auf eine Messung der Lade- oder Entladezeit durch Vergleich mit eingebautem Kapazitätsnormal C_N zurückgeführt. Die Anzeigeskala ist in Mikrofarad festgelegt. Elektrische K. arbeiten häufig mit Quotientenmeßwerken oder Galvanometern. Elektronische K. laden z. B. den Prüfling C_x auf die Spannung U_B auf. Durch Umschaltung entlädt er sich über den Widerstand R_1 und ein Integrator (Prinzipbild) legt über einen Integrationsvorgang die Ladungsmenge fest. Es ist dann

$$C_x = \frac{R_2 \cdot C_N}{R_1' \cdot U_B} \cdot U_A.$$

[12]. Fl

Kapazitätsmesser

Kapazitätsmeßgerät → Kapazitätsmesser. Fl

Kapazitätsmessung *(capacitance measurement)*, Kondensatormessung. Mit Kapazitätsmessungen sollen Kapazitätswerte von Kondensatoren, häufig auch deren Verlustwiderstände meßtechnisch ermittelt werden. Zu beachten sind dabei die zulässige Betriebsspannung des Prüflings, kurz ausgeführte Anschlußdrähte, Meßfrequenz unterhalb der Eigenresonanz. Als Ersatzschaltung von Kondensatoren wird in Datenblättern die Reihenersatzschaltung angegeben. Viele Meßverfahren liefern den Meßwert jedoch als Parallelersatzschaltung. Als Meßverfahren sind möglich: 1. Strom-Spannungsmessung: Sie wird häufig mit Strom- und Spannungsmessern bei Netzfrequenz ausgeführt. Kapazitätsmesser ermitteln häufig den Meßwert über die Zeitkonstante. 2. Resonanzverfahren: Schwingkreise werden durch Einfügen des Prüflings verstimmt oder auf Maximum abgeglichen. 3. Brückenmessungen über Wechselstrommeßbrücken: Genaueste Methode; als Meßbrücken können entsprechende Impedanzmeßbrücken, insbesondere die Schering-Brücke und die Wien-Brücke herangezogen werden. [12]. Fl

Kapazitätsnormal *(capacitance standard)*. Das K. ist ein Kondensator, dessen Kapazitätswert aus den geometrischen Abmessungen seines Aufbaus errechnet wird. Er besteht häufig aus elektrisch leitenden Platten einfacher Form, bzw. aus vier gegenüberstehenden Metallstäben, von denen zwei diagonal angeordnete mit Erdpotential verbunden sind. An den beiden anderen sind die Zuleitungen angeschlossen. Als Beläge wirken die gegenüberliegenden Flächen der vier Stäbe. Zwei ebenfalls geerdete Metallblenden werden in den Zwischenraum geschoben und legen die wirksame Länge fest. Die Kapazität wird mit Hilfe eines Interferometers als Längenänderung bis auf eine Unsicherheit von 10^{-6} bestimmt. Dielektrikum dieser absoluten Normale ist Gas oder Luft. Kapazitätsnormale dieser Art werden zum Eichen von Gebrauchsnormalen (vielfach Luftkondensatoren mit festen Kapazitätswerten) eingesetzt. [5], [12]. Fl

Kapazitätsvariationsdiode → Varaktordioden. Ne

Kappdiode *(clamping diode)*. Diode am Eingang von integrierten Digitalschaltungen, die für erlaubte positive Eingangsspannungen in Rückwärtsrichtung gepolt ist, negative Spannungen jedoch, die infolge von Reflexionen auf Leitungen auftreten können, kurzschließt. [4], [6]. Li

Kardioide *(cardioid, cardioid pattern; cardioid diagram; heart-shaped diagram)*. Bezeichnet die Richtcharakteristik einer Antenne oder eines Mikrofons. Das Richtdiagramm weist ein nierenförmiges Aussehen auf. [13]. Th

Karnaugh-Veitch-Diagramm *(Karnaugh map)*, KV-Diagramm, KV-Tafel. Meistverwendetes graphisches Verfahren zur Minimierung von Schaltfunktionen. Die verwendeten Tabellen (Bild für vier Variablen) sind dem Gray-Code entsprechend aufgebaut, d. h., je zwei benachbarte Variablenterme unterscheiden sich nur im Wert einer Variablen. Die in der Schaltfunktion vorkommenden Variablenterme werden im K. angekreuzt und je 2, 4, 8 oder 16 benachbarte Terme, die sich in Rechteckanordnung befinden, werden zu einem vereinfachten Term zusammengefaßt, bei dem 1, 2, 3 oder 4 Variablen entfallen. [2]. Li

AB\CD	$\bar{A}\bar{B}$ 00	$\bar{A}B$ 01	AB 11	$A\bar{B}$ 10
$\bar{C}\bar{D}$ 00				
$\bar{C}D$ 01				
CD 11				
$C\bar{D}$ 10				

KV-Diagramm für vier Variablen (hier: A, B, C, D)

Kartenleser → Lochkartenleser. We

Kartenlocher → Lochkartenstanzer. We

Kaskadenregelung *(cascade control)*. Die K. oder die Methode unterlagerter Regelkreise ist eines der wichtigsten Hilfsmittel in der Regelungstechnik zur Verbesserung des dynamischen Verhaltens komplizierter Regelsysteme. Dazu werden einem Hauptregelkreis durch

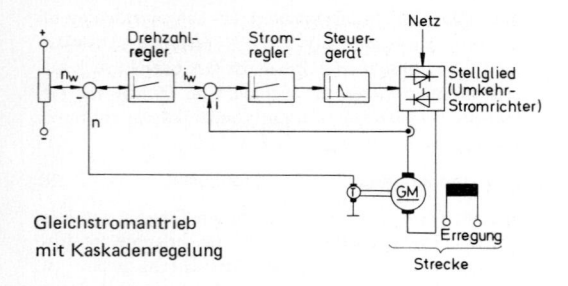

Kaskadenschaltung

Gleichstromantrieb mit Kaskadenregelung

Kaskode-Differenzverstärker
U_E Signaleingänge
U_A Signalausgänge

Schachtelung ein oder mehrere Hilfsregelkreise unterlagert, so daß für den jeweils überlagerten Regelkreis die Störgrößen des unterlagerten Regelkreises weitgehend kompensiert sind (Bild). Die Stabilisierung der einzelnen Regelkreise erfolgt mit den bekannten Verfahren (z. B. Frequenzkennlinien) von innen nach außen, wobei jeder innere Regelkreis nach dem Abgleich als Block mit näherungsweise Proportional- oder Verzögerungsverhalten zusammengefaßt werden kann. Nachteilig an der K. ist lediglich die meßtechnische Erfassung der Hilfsregelgrößen. Vorteilhaft jedoch kann hier durch Begrenzung innerer Führungsgrößen erreicht werden, daß bestimmte Systemgrößen ihre zulässigen Grenzwerte zum Schutze der Anlage nicht überschreiten. [18]. Ku

Kaskadenschaltung *(cascade connection)*, Kettenschaltung. Als K. bezeichnet man allgemein die Hintereinanderschaltung zweier oder mehrerer gleichartiger Bauteile, wobei der Ausgang des vorhergehenden mit dem Eingang des nächstfolgenden Bauteils verbunden ist (z. B. Kaskadenverstärker). Besondere Bedeutung als K. besitzt die Delon-Schaltung, bei der eine Spannungsvervielfachung über einstufige Kaskaden erfolgt. Ein weiteres Beispiel einer K. ist der aktive RC-Filter. [6], [12], [13], [14], [18]. Fl

Kaskadenverstärker *(cascade amplifier)*, Kettenverstärker, Loftin-White-Verstärker. 1. In der Röhrentechnik ursprünglich ein Gleichspannungsverstärker, bei dem zwei oder mehrere Trioden direkt gekoppelt hintereinandergeschaltet sind. Am Steuergitter der ersten Stufe liegt das Eingangssignal, alle weiteren Steuergitter der Folgestufen besitzen fest eingestellte Vorspannungen. Die Folgestufen wirken wie konstante Widerstände mit niedrigem Gleichstrom- aber hohem differentiellem Wechselstromwiderstand. Zwei in Kaskade geschaltete Trioden können als Pentode aufgefaßt werden. 2. Heute hat sich der Begriff auf alle mehrstufigen Verstärker mit hintereinandergeschalteten Verstärkerbauelementen unabhängig von der Ankopplung erweitert. Mit komplementären Transistoren lassen sich auf einfache Weise direkt gekoppelte Stufen als K. mit nur einer Spannungsversorgung aufbauen. [4], [12], [13]. Fl

Kaskode-Differenzverstärker *(cascode difference amplifier)*. Der K. ist als hochwertiger, breitbandiger Gleichspannungsverstärker mit guten Hochfrequenzeigenschaften z. B. in breitbandigen Oszilloskopen zu finden (bis 500 MHz Bandbreite). Der hochohmige Eingang des Kaskode-Differenzverstärkers ist als Differenzverstärker mit den Transistoren T_1 und T_2 in Emitterschaltung aufgebaut, denen zwei Transistoren T_3 und T_4 in Basisschaltung folgen. Dadurch wird der Einfluß der Kollektor-Basis-Kapazität der Eingangstransistoren verringert und man erhält einen symmetrischen Ausgang an T_3 und T_3 (Bild). [4], [6], [12]. Fl

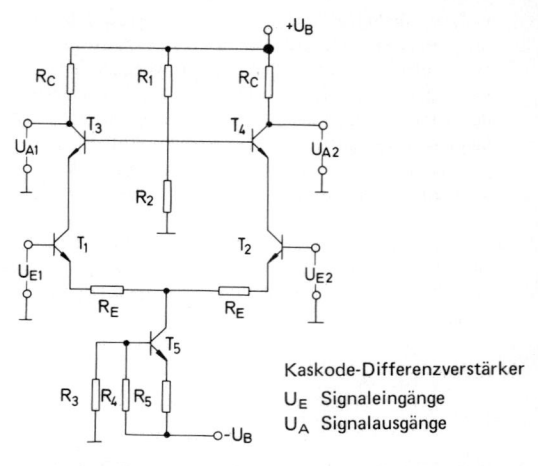

Kaskode-Feldeffekttransistor-Stromquelle *(cascode field-effect transistor current source)*. Die K. ist eine Konstantstromquelle mit hochohmigem Innenwiderstand (Megaohm-Bereich). Grundlage sind zwei gleichartige Feldeffekttransistoren (Bild). Der Innenwiderstand wird über $r_i \approx S r_{DS}^2 (1 + S \cdot R_S)$ bestimmt. Es bedeuten: S Steilheit, r_{DS} Ausgangswiderstand, R_S Sourcewiderstand. [4], [6], [12], [18]. Fl

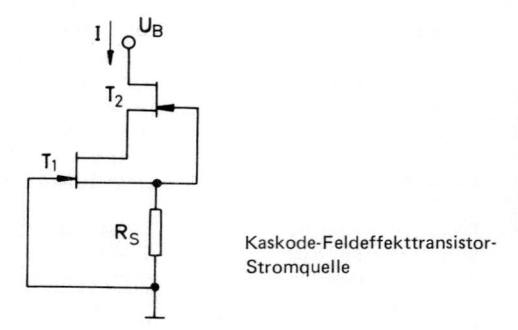

Kaskode-Feldeffekttransistor-Stromquelle

Kaskode-Schaltung *(cascode circuit)*. Als K. wird eine Verstärkerschaltung zweier direkt gekoppelter Transistoren (oder Röhren) mit gleichen Charakteristiken bezeichnet. Der Eingangstransistor arbeitet in Emitterschaltung, der Ausgangstransistor in Basisschaltung (Bild). Die Gesamtschaltung besitzt die Vorzüge beider Grundschaltungen: hoher Eingangs- und Ausgangswiderstand, geringe Eingangskapazität der Basisschaltung. Vorteilhaft sind weiterhin die hohe Stromverstärkung, vernachlässigbare Rückwirkungen vom Ausgang zum Eingang und niedriges Rauschen. Man findet die K. häufig in Hochfrequenz-Eingangsstufen von UKW-Rundfunkempfängern

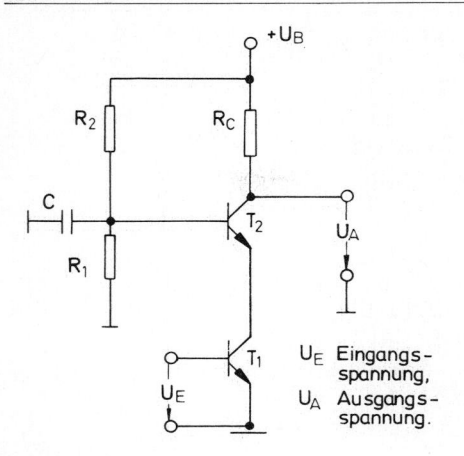

Kaskodeschaltung

(*UKW Ultrakurzwelle*) und in Fernsehgeräten. [8], [13], [14]. Fl

Kathodolumineszenz *(cathodoluminescence)*. Damit es bei einem Halbleiter zu Lichterzeugung durch strahlende Rekombination kommen kann, muß der Halbleiter zuvor angeregt werden, d. h., die Dichte der angeregten Ladungsträger muß oberhalb der Gleichgewichtskonzentration liegen. Erfolgt die Anregung durch hochenergetische Elektronen, spricht man von K. [7]. Ne

Kation *(cation)*. Kationen sind positiv geladene, d. h. ein- oder mehrfach ionisierte Atome oder Moleküle. [5]. Bl

Katodenbasisschaltung *(cathode base circuit)*, Katodenschaltung, Katodengrundschaltung, KB-Schaltung, Katodenbasisverstärker, Katodenverstärker. Die K. ist eine Röhrengrundschaltung, bei der die Katode als gemeinsame Elektrode zwischen Ausgangs- und Eingangskreis liegt (Bild). Die Eingangsspannung erscheint am Ausgang um 180° in der Phase gedreht. Wesentliche Vorzüge der K. sind ein hoher Eingangs- und Ausgangswiderstand und eine große Spannungsverstärkung. Die K. ist die am häufigsten eingesetzte Verstärkergrundschaltung im Niederfrequenzbereich. Mit Hochfrequenzröhren läßt sie sich auch im Hochfrequenzbereich einsetzen. Sie ist vergleichbar mit der Emitter- bzw. der Sourceschaltung von Transistoren. [4], [6], [8], [12], [13]. Fl

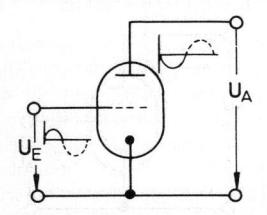

Katodenbasisschaltung

Katodenbasisverstärker → Katodenbasisschaltung. Fl
Katodenfolger → Anodenbasisschaltung. Th
Katodengrundschaltung → Katodenbasisschaltung. Fl
Katodenschaltung → Katodenbasisschaltung. Fl

Katodenstrahl *(cathode ray)*. Gebündelter Strahl freier Elektronen, die beim Aufprall von Ionen auf die Katode einer Gasentladungsröhre oder durch Glühemission aus der Katode austreten und durch elektromagnetische Felder beschleunigt und gebündelt werden. [5]. Bl

Katodenstrahloszillograph → Elektronenstrahloszilloskop. Fl
Katodenstrahloszilloskop → Elektronenstrahloszilloskop. Fl

Katodenstrahlröhre *(cathode ray tube)*, Elektronenstrahlröhre. Die K. ist eine Hochvakuumröhre, bei der physikalische Effekte von Elektronenstrahlen ausgenutzt werden. Die Elektronen werden durch Emission einer oder mehrerer Katoden innerhalb der Elektronenröhre erzeugt und unter Einwirkung hoher Anodenspannungen (abhängig von der Ausführung bis etwa 20 kV) beschleunigt. Eine Ablenkvorrichtung steuert mit Hilfe von elektrostatischen bzw. elektromagnetischen Feldern die Auslenkung der Elektronenstrahlen. Man unterscheidet Katodenstrahlröhren, die 1. elektrische Signale in optische Bilder umwandeln (Beispiele: Farbbildröhre, Fernsehbildröhre, Oszilloskopröhre, Sichtspeicherröhre). 2. optische Signale in elektrische Signale umwandeln (z. B. Bildaufnahmeröhre); 3. Energie zwischen Elektronenstrahl und elektromagnetischen Wellen austauschen (Beispiel: Laufzeitröhre, Triftröhre). [5], [8], [12], [13], [16]. Fl

Katodenstrom *(cathode current)*. Der von der Katode z. B. einer Elektronenröhre ausgehender Stromfluß von Elektronen. [5]. Bl

Katodenverstärker → Katodenbasisschaltung. Fl

Katodenzerstäuben *(sputtering)*. Das K. ist eine Vakuumbeschichtungsmethode, um ein Substrat (Glas, Kunststoff, Metall) mit einer dünnen Metallschicht zu überziehen. Hierbei treffen hochenergetische Edelgasionen im Vakuum auf ein Target (Katode), das aus dem aufzustäubenden Metall besteht, auf und setzen ungeladene Atome oder Moleküle frei, die sich auf dem Substrat abscheiden. Man unterscheidet: Ionenstrahlzerstäubung und Plasmazerstäubung. [4]. Bl

Katodynschaltung *(phase inverter stage)*, Phasenumkehrröhre. Die K. ist eine Phasenumkehrschaltung, die in der Röhrentechnik zur Ansteuerung von Gegentaktverstärkern eingesetzt wird. Bei der K. wird der Anoden-

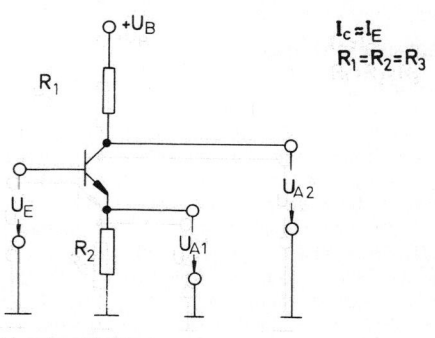

Katodynschaltung

widerstand einer Triode in zwei Widerstände gleichen Wertes aufgeteilt. Ein Widerstand ist an der Katode angeschlossen, der andere an der Anode. An beiden Röhrenelektroden können zwei gegenphasige Signalspannungen entnommen werden. Wegen der starken Stromgegenkopplung beträgt die Gesamtverstärkung v_{ges} der K. bei ursprünglicher Verstärkung v:

$$v_{ges} = \frac{v}{1 + 0,5 \cdot v}.$$

Das Prinzipbild zeigt eine K. mit Transistor. [13]. Fl

KB-Schaltung → Katodenbasisschaltung. Fl

KC-Kondensator → Kunststoffolienkondensator. Ge

Kegelantenne → Breitbandantenne. Ge

Kegelhorn → Hornstrahler. Ge

Keilschweißen → Thermokompressionsschweißen. Ge

Kellerspeicher → Stapelspeicher. We

Kellfaktor *(kell factor)*. Setzt man die Anzahl der Bildpunkte je Zeile gleich der Zeilenzahl des Fernsehbildes nach dem Bildseitenverhältnis, erhält man aus ihr und der Zeilenfrequenz die Bildpunktzahl je Sekunde. Die Auflösung ist aber in vertikaler Richtung nicht eindeutig definiert. Unter der Annahme, daß sie geringer ist als in horizontaler Richtung, muß die errechnete Bandbreite für gleiche horizontale und vertikale Auflösung mit dem K. multipliziert werden (K. ≈ 0,5 bis 1). [12], [13], [14], [16]. Th

Kelvin *(kelvin)*. SI-Basiseinheit der thermodynamischen Temperatur, (Zeichen K). *Definition:* Das K. ist der 273,16te Teil der thermodynamischen Temperatur T des Tripelpunktes des Wasser (Tripelpunkt von reinem Wasser der Isotopenzusammensetzung von Ozeanwasser) (DIN 1301). K. ist auch zu verwenden für ein Temperaturintervall oder eine Temperaturdifferenz. Neben der thermodynamischen Temperatur T, ausgedrückt in K, wird auch die Celsius-Temperatur t benutzt mit

$t = T - T_0$,

wobei $T_0 = 273,16$ K. Die Einheit „Grad Celsius" ist gleich der Einheit „Kelvin". Sie ist ein spezieller Name anstelle von Kelvin, wenn die Celsiustemperatur, ein Celsius-Temperaturintervall oder eine Celsius-Temperaturdifferenz angegeben werden. [5]. Rü

Kelvin-Brücke → Thomson-Brücke. Rü

Kelvin-Temperatur → Kelvin. Rü

Kelvin-Varley-Teiler *(Kelvin-Varley divider)*. Der K. ist ein präziser Spannungsteiler für Meßzwecke, mit dem nahezu belastungslos Teilspannungen U_2 von einer Eingangsspannung U_1 abgegriffen werden. Die Eingangsspannung wird über eine Reihenschaltung zehn gleichartiger Festwiderstände mit jeweils zwei Abgriffen aufgeteilt (Bild). An den beliebig wählbaren Abgriffen wird der Eingang einer weiteren gleichartigen Widerstandskette angeschlossen. Häufig folgen mehrere Kettenschaltungen dieser Art; am Ende kann ein Mehrfachwendelpotentiometer

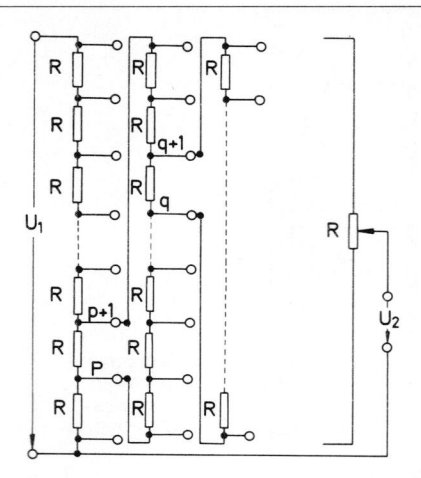

Kelvin-Varley-Teiler

angeschlossen sein. Die Schaltung ermöglicht bei allen Abgriffen gleichbleibende Teilerverhältnisse mit geringen Teilungsfehlern. Liegt der untere Anschluß der zweiten Kette am Abgriff p der ersten Kette, der Anschluß der dritten Kette am Abgriff q der zweiten usw., so ergibt sich die Ausgangsspannung $U_2 = U_1 (0,1p + 0,01q + ...)$, wenn die oberen Anschlüsse bei (p + 1) bzw. (q + 1) liegen. Als Gesamtwiderstand R_{ges} stellt sich bei n-Teilerketten

$$R_{ges} = R \left[9 + \frac{10^{(n-1)}}{11} \right]$$

ein. Werden die Widerstände durch angezapfte Drosseln ersetzt, können auch niederfrequente Wechselspannungen mit dem K. sehr genau unterteilt werden. Man findet diese Spannungsteiler z. B. in Kompensatoren und Konstantspannungsquellen. [12]. Fl

Kenndaten *(electrical charateristics)*, Kennwerte. K. geben die Eigenschaften von Bauelementen an, die sich mit entsprechenden Meßgeräten und Meßanordnungen messen lassen und die das Betriebsverhalten bzw. die elektrischen Parameter, in einem meist definierten Arbeitspunkt, ausdrücken. Sie werden angegeben als typische Werte – dargestellt durch Zahlenwerte mit Einheiten oder Kurve bzw. Kurvenschar –, die mit Exemplarstreuungen behaftet sind, oder als Garantiewerte. Li

Kennlinie *(diagram, charateristics)*. Graphische Darstellung des funktionalen Zusammenhangs zweier verschiedener Größen bei einem vorgegebenen Bauelement. In der Elektronik – bei Halbleiterbauelementen und Röhren – weitgehend die Strom-Spannungskennlinie. Die K. wird vorwiegend dann benutzt, wenn sich der Zusammenhang zwischen den Größen nicht durch eine einfache mathematische Funktion beschreiben läßt (Eingangs-, Ausgangs-, Vorwärtskennlinie). [4]. Li

Kennlinienfeld *(field of charateristics)*. Die Darstellung der Abhängigkeit einer Größe von zwei anderen Größen, z. B. die Abhängigkeit einer Ausgangsspannung von der

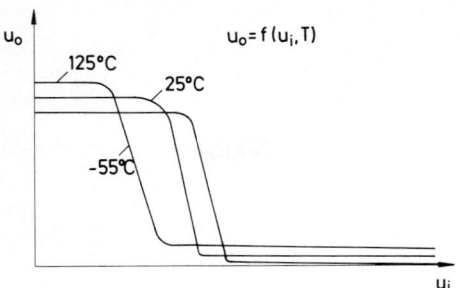

Kennlinienfeld

Eingangsspannung und der Temperatur (Bild). Es werden Kennlinien aufgetragen, für die eine Größe (Parameter) konstant gehalten wird. In dem Bild ist dieser Parameter die Temperatur. [4]. We

Kennlinienschreiber *(curve tracer)*. Der K. ist eine Meßanordnung mit deren Hilfe auswertbare Kennlinien z. B. von Halbleiterbauelementen als Oszillogramme dargestellt werden. Häufig besitzen die K. Anschlußmöglichkeiten für einen X-Y-Schreiber. Der im Prinzipbild dargestellte K. steuert die Basis des Prüflings (z. B. eines Transistors) über eine Konstantstromquelle an, die von einer Bewertungsschaltung umgeschaltet wird. Die Kollektorspannung wird mit einem Sägezahngenerator eingestellt. Die Sägezahnspannung bestimmt die Auslenkung in horizontaler Richtung. Nach jeder Periode gibt die Schmitt-Trigger-Schaltung einen Impuls an den Dualzähler, der weitergeschaltet wird, ab. Eine angeschlossene Bewertungsschaltung liefert eine dem Zählerstand proportionale Gleichspannung, die von der Konstantstromquelle in einen proportionalen Basisstrom umgesetzt wird. Der Kollektorstrom z. B. wird als stromproportionaler Spannungsabfall der Vertikalablenkung zugeführt. Es entsteht ein Kennlinienfeld des Prüflings. [12]. Fl

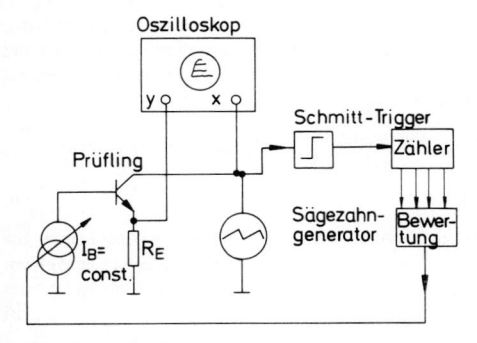

Kennliniensteilheit *(transconductance of a characteristics curve)*. Mathematisch gesehen die Steigung einer Kennlinie in einem Punkt bzw. in der Umgebung eines Punktes. Meist handelt es sich dabei um die Steuerkennlinie ($I_C = f(U_{BE})$ beim Bipolartransistor bzw. $I_D = f(U_{GS})$ beim Feldeffekttransistor). Hier ergibt sich (Bild):

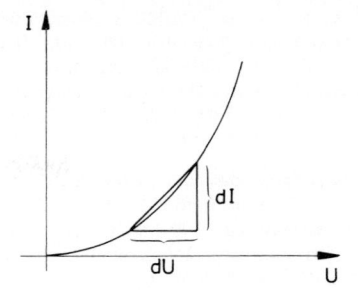

$$S = \frac{dI}{dU}\bigg|_{U_{CE} = \text{const.}}$$

[4]. Li

Kennwerte → Kenndaten. Li

Kennzahl *(code)*. Ziffernfolge zur Kennzeichnung einer Vermittlungsstelle, eines Numerierungsbereiches oder eines nationalen Nachrichtennetzes. Die Ortsnetzkennzahl *(trunk code, area code)* kennzeichnet ein Ortsnetz, die Landeskennzahl *(country code)* ein nationales Nachrichtennetz. Ein Weg, der in einem hierarchischen Netz entsprechend der Kennzahlstruktur aufgebaut wird, heißt Kennzahlweg. Kennzahlen werden ferner zur Verkehrslenkung sowie zur Verzonung bei der Gebührenerfassung herangezogen. [19]. Kü

Kennzeichen *(signal)*. Zeichen zur Signalisierung in Vermittlungssystemen und vermittelnden Nachrichtennetzen. Je nach Art der Darstellung oder Funktion werden unterschieden: Impulskennzeichen *(pulse signal)* bei Übermittlung der Änderung des Betriebszustands; Dauerkennzeichen *(continuous signal)* bei Übermittlung während der Dauer eines Betriebszustandes; Registerzeichen *(register signal)* wenn ein Register Ursprung oder Ziel ist; Leitungszeichen *(line signal)* bei leitungsindividueller Übermittlung; Vorwärtszeichen *(forward signal)* bzw. Rückwärtszeichen *(backward signal)* bei Übertragung in Richtung bzw. Gegenrichtung des Verbindungsaufbaus; Quittierungszeichen *(acknowledgement signal)* zur Bestätigung des Empfangs eines anderen Kennzeichens. [19]. Kü

Kennzeichenbit → Flag. Li

Kennzeichenerkennung, optische → Zeichenerkennung. Li

Kennzeichengenerator *(signal mark generator)*. Kennzeichengeneratoren dienen der Bereitstellung von Sendesignalen, durch die in einer – meist elektronischen – Auswerteschaltung im Empfänger bestimmte, festgelegte Folgen von Abläufen hervorgerufen werden. So werden die Ruf- und Signalversorgungsanlagen in der Fernsprech- und Fernschreibvermittlungstechnik durch Kennzeichengeneratoren gespeist, um die für eine Wählvermittlung benötigten Hörtöne und Rufsignale bereitzustellen. [19]. Fl

Keramikfilter → Filter, piezoelektrisches. Rü

Keramikgehäuse *(ceramic package, CERDIP)*. Gehäuse für elektronische Schaltungen, besonders für integrierte Schaltungen, das aus einer Unterlage und einer Abdeckung aus Keramik besteht. Durch eine Verbindung mit Glas wird eine hermetische Abdichtung erzielt. [4]. We

Keramikkondensator *(ceramic capacitor)*. Kondensator mit keramischem Dielektrikum, meistens Titan-II-oxid (TiO_2), dessen Permittivitätszahl etwa 100 beträgt, die durch Zugabe von ferroelektrischem Bariummetatitanat ($BaTiO_3$; daher auch ferroelektrischer K.) bis in die Größenordnung 10^4 erhöht werden kann. Bauformen von Keramikkondensatoren: Rohrkondensator, Scheibenkondensator. Auf die gesinterten Keramikkörper werden Metallbeläge aus Silber oder Nickel aufgebrannt. Die Kontaktierung erfolgt durch Anlöten. Durch Abschleifen der Beläge ist ein nachträglicher Abgleich möglich. Feuchteschutz ist durch Schutzlackierung oder Kunstharzumhüllung möglich. Einteilung der Keramikkondensatoren in zwei Hauptgruppen: 1. NDK-Kondensator (Typ 1) mit nahezu konstantem Temperaturbeiwert der Kapazität; geeignet für den Einsatz in Schwingkreisen zur Temperaturkompensation. 2. HDKKondensator (Typ 2) mit nichtlinearem Temperaturbeiwert; geeignet für Kopplungs- und Siebzwecke. Bauformen: z. B. Rohr-, Scheiben-, Durchführungs-, Bypass-, Vielschichtkondensator. [4]. Ge

Kern *(magnetic core)*. Zur Bündelung des magnetischen Flusses und damit zur Verringerung der Streuverluste finden Eisenkerne aus weichmagnetischem Material bei Transformatoren und Drosseln Anwendung. Beim Transformator vermitteln sie die magnetische Kopplung zwischen Primär- und Sekundärwicklung. Der K. besteht – zur Verringerung der Wirbelstromverluste – aus einzelnen dünnen Blechen genormter Form und Größe. [2], [8], [11]. Li

Kernladungszahl → Ordnungszahl. Bl

Kernleitwert *(mutual (transfer) admittance)*. Als K. werden die beiden Koeffizienten Y_{12} und Y_{21} in den Leitwertgleichungen (→ Vierpolgleichungen) bezeichnet (DIN 40148/2) (→ auch Kernwiderstand). In Erweiterung hierzu bezeichnet man in der allgemeinen Leitwertmatrix eines Mehrtors die Koeffizienten Y_{ik} ($i \ne k$) analog als Kernleitwerte, Koppelleitwerte oder Übertragungsleitwerte. Rü

Kernmagnetmeßwerk *(magnetic core measuring system)*. Das K. ist eine spezielle Ausführungsform des Drehspulmeßwerks. Ein zylindrischer Dauermagnet ist als feststehender Magnetkern im Innern der Drehspule angeordnet. Drehspule und Magnetkern sind von einem dünnen, weichmagnetischen Eisenzylinder umschlossen. Zwischen Magnetkern und Eisenzylinder befindet sich ein Luftspalt, in dem die vom Meßstrom durchflossene Spule drehbar angeordnet ist. Vorteile: Infolge wirkungsvoller Abschirmung geringe Fremdfeldeinflüsse, kleine Abmessungen; niedriges Gewicht. [12]. Fl

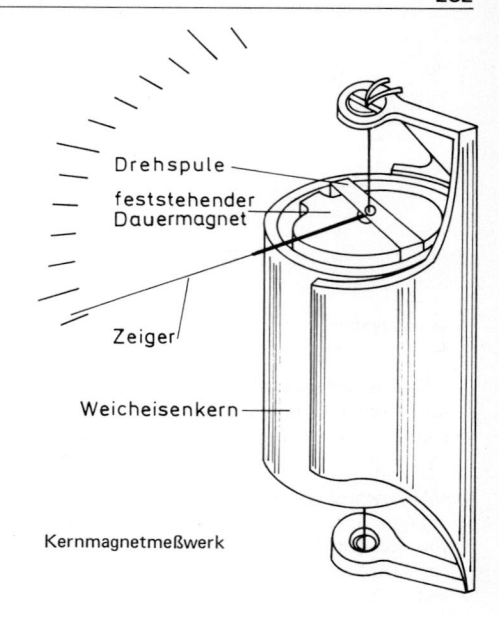

Kernmagneton *(nuclear magneton)*. Das K. μ_N gibt den Proportionalitätsfaktor der magnetischen Momente der Elementarteilchen an. Es ist dem Bohrschen Magneton μ_B proportional:

$$\mu_N = \frac{m_{Elektron}}{m_{Proton}} \cdot \mu_B = 5{,}0505 \cdot 10^{-27} \text{ T} \cdot \text{m}^2/\text{Wb}.$$

[5]. Bl

Kernmasse *(nuclear mass)*. Die Masse der Atomkerne. Sie ist gegeben als die Summe der Ruhemassen der im Kern enthaltenen Protonen und Neutronen abzüglich der Bindungsenergie. [5]. Bl

Kernresonanz *(nuclear magnetic resonance)*. 1. Quasistationärer Zwischenzustand („Compoundkern") bei Kernreaktionen. Hier zeigt der Wirkungsquerschnitt als Funktion der Energie eine Resonanz. 2. Resonanz, d. h. z. B. Energieaufnahme, eines im Magnetfeld mit der Larmor-Frequenz präzedierenden Atomkerns bei Anlegen eines Hochfrequenzfeldes. 3. Resonanzverhalten (d. h. Absorption) des von einem Nuklid ausgestrahlten Photons durch einen anderen Kern des gleichen Nuklids (führt zur Kernresonanzfluoreszenz). [5]. Bl

Kernspeicher → Magnetkernspeicher. We

Kernspin *(nuclear spin)*. Der K. gibt den Gesamtspin eines Atomkerns von Z Protonen und N Neutronen an, die jeweils den Spin 1/2 besitzen. Hierzu werden die Regeln der Drehimpulskopplung benutzt. Im Grundzustand haben die meisten Kerne mit gerader Protonen- und Neutronenzahl den K. Null; ist die Kernladungszahl Z gerade und N ungerade (bzw. umgekehrt), so gilt für den K. meist 1/2. [5]. Bl

Kernstrahlungsdetektor *(detector of nuclear radiation)*. Die von Atomkernen ausgesandte Strahlung besteht aus drei Gruppen: elektrisch geladenen Teilchen (etwa e^+, Alphastrahlen, Betastrahlen), elektromagnetischer Strahlung und elektrisch neutralen Strahlen (z. B. Neutronen). Je nach Art der Strahlung werden als Kernstrahlungsdetektoren Zählrohre (z. B. Geiger-Müller-Zählrohr), Emulsionen oder Funken- und Blasenkammern eingesetzt. [5]. Bl

Kernwiderstand *(mutual (transfer) impedance)*. Nach DIN 40148/2 sind die Kernwiderstände (Kopplungswiderstände) eines Vierpols definiert zu

$$Z_{12} = -\frac{U_{1L}}{I_2}, \text{ Kernwiderstand rückwärts}$$

und

$$Z_{21} = \frac{U_{2L}}{I_1}, \text{ Kernwiderstand vorwärts.}$$

$\underline{U}_{1L}$ und $\underline{U}_{2L}$ sind die Leerlaufspannungen am Eingangs- und Ausgangstor. Die Kernwiderstände sind gleich den Elementen der Widerstandsmatrix (→ Vierpolmatrizen) in der Nebendiagonale. Vierpole mit $Z_{21} = -Z_{12}$ heißen übertragungssymmetrisch oder kernsymmetrisch (kopplungssymmetrisch). Für widerstandssymmetrische Vierpole, die auch übertragungssymmetrisch sind, gilt der Zusammenhang

$$M = Z_{21} = -Z_{12} = \sqrt{W_{1L}(W_{1L} - W_{1K})}.$$

W_{1L} ist die Leerlaufeingangsimpedanz und W_{1K} die Kurzschlußeingangsimpedanz (→ Eingangsimpedanz). In Erweiterung hierzu bezeichnet man in der allgemeinen Widerstandsmatrix eines Mehrtors die Koeffizienten Z_{ik} ($i \neq k$) analog als Kernwiderstände, Kopplungswiderstände oder Übertragungswiderstände. [15]. Rü

Kerr-Effekt *(Kerr effect)*. Erzeugung einer erzwungenen (optischen) Doppelbrechung in gewissen Gasen und Flüssigkeiten durch Ausrichtung elektrisch-polarer Moleküle in einem elektrischen Feld mit der Feldstärke **E** (das senkrecht zur Richtung des Lichtstrahles angelegt ist). Die Anzahl m der erzeugten Gangunterschiede m · λ (λ Wellenlänge in Luft) beträgt

$$m = B\, l\, E^2,$$

wobei B die Kerr-Konstante (in $\frac{m}{V^2}$) und l die effektive Schichtdicke (in m) ist. Eine technische Anwendung des Kerr-Effekts findet man in der Kerr-Zelle (Karoluszelle). Außer dem beschriebenen elektrooptischen K. kennt man analog einen magnetooptischen K. Man versteht darunter die Änderung von Amplitude und Phase bei der Reflexion von Licht an stark magnetisierten ferromagnetischen Spiegeln (→ Magnetooptik). [5]. Rü

Kettenbezugspfeilsystem → Zählpfeilsystem. Rü

Kettenbruchschaltung *(continued fractions arrangement)*. Eine Schaltungsstruktur in der Form einer Abzweigschaltung, die bei einer Netzwerksynthese entsteht, indem eine Zweipolfunktion in einen Kettenbruch entwickelt wird. In der Realisierung besonders bei LC-, RC- und RL-Schaltungen vorteilhaft. Speziell bei LC-

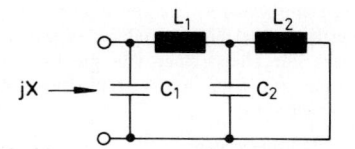

Kettenbruchschaltung mit vier Bauelementen

Schaltungen entwickelt man die Produktdarstellung der Reaktanz-Zweipolfunktion (→ Theorem von Foster) in einen Kettenbruch. Je nachdem ob die Entwicklung nach steigenden oder fallenden Potenzen der Kreisfrequenz ω geführt wird, erhält man zwei äquivalente, kanonische Schaltungsformen (Cauer-Formen). Z. B. führt eine Entwicklung der unter dem Stichwort „Theorem von Forster" angegebenen Schaltung zur K. (Bild). Für den Scheinwiderstand gilt:

$$jX = \cfrac{1}{j\omega C_1 + \cfrac{1}{j\omega L_1 + \cfrac{1}{j\omega C_2 + \cfrac{1}{j\omega L_2}}}}$$

Die Schaltungsstrukturen für RC- und RL-Schaltungen sind analog. [15]. Rü

Kettencode → Code, rekurrenter. Ne

Kettendämpfungsfaktor. Der Dämpfungsfaktor eines Vierpols bei Abschluß mit dem Kettenwiderstand. Ist der Vierpol durch seine Kettenmatrix (Vierpolmatrizen) gegeben, dann gilt für den K.
a) in Vorwärtsrichtung

$$D_{K1} = \frac{1}{2}(A_{11} + A_{22}) \pm \sqrt{\frac{(A_{11} - A_{22})^2}{4} + A_{21} A_{12}},$$

b) in Rückwärtsrichtung

$$D_{K2} = \frac{1}{\det \mathbf{A}} \left[\frac{1}{2}(A_{11} + A_{22}) \pm \sqrt{\frac{(A_{11} - A_{22})^2}{4} + A_{21} A_{12}} \right].$$

det **A** ist die Determinante der Kettenmatrix **A**. D_{K1} und D_{K2} sind die Eigenwerte der Kettenmatrix. [15]. Rü

Kettenform *(chain parameter matrix form)*. Form der Darstellung von Vierpoleigenschaften mit Kettenparametern (Kettengleichungen oder Kettenmatrix). Rü

Kettengleichungen *(chain parameter relations)* → Vierpolgleichungen. Rü

Kettenkoeffizient *(chain parameter)* → Kettenparameter. Rü

Kettenleiter *(recurrent network)*. Eine heute nur noch wenig gebrauchte Bezeichnung für eine Kettenschaltung von Vierpolen (→ Vierpolzusammenschaltungen), vor allem beim kettenartigen Aufbau von Filtern (Kettenfilter). Zur Kennzeichnung dieser Schaltungsstruktur verwendet man heute meist den Begriff Abzweigschaltung. [15]. Rü

Kettenmatrix *(chain parameter matrix)* → Vierpolmatrizen. Rü

Kettenparameter *(chain-parameter; abcd-parameter)*. Vierpolparameter der Kettengleichungen (oder die Elemente der Kettenmatrix). Sie bilden einen (für die Übertragungstechnik) wichtigen Satz von Vierpolparametern (→ Vierpolgleichungen) [15]. Rü

Kettenpfeilsystem → Zählpfeilsystem. Rü

Kettenschaltung → Kaskadenschaltung; → Vierpolzusammenschaltungen. Fl

Kettenverstärker → Kaskadenverstärker. Fl

Kettenwiderstand *(iterative impedance)*. Werden gleiche widerstandsunsymmetrische Vierpole gleichsinnig in Kette zusammengeschachtelt (Bild), dann nähern sich mit wachsender Gliederzahl n die Ein- und Ausgangsimpedanzen einem Grenzwert. Dieser Grenzwert wird K. genannt.

$$K_1 = \lim_{n \to \infty} W_1, \quad K_2 = \lim_{n \to \infty} W_2$$

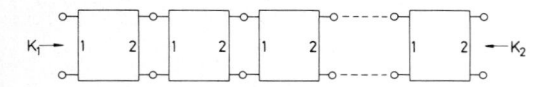

Zur Definition des Kettenwiderstands

Ist der Vierpol durch seine Kettenparameter gegeben, dann gilt:

$$K_1 = \frac{1}{2A_{21}} \left(A_{11} - A_{22} \pm \sqrt{(A_{11} - A_{22})^2 + 4 A_{12} A_{21}} \right),$$

$$K_2 = \frac{1}{2A_{21}} \left(A_{22} - A_{11} \pm \sqrt{(A_{11} - A_{22})^2 + 4 A_{12} A_{21}} \right).$$

Mit der Leerlaufeingangsimpedanz W_{1L} und der Leerlaufausgangsimpedanz W_{2L} gilt der Zusammenhang

$$K_1 - K_2 = W_{1L} - W_{2L}.$$

Werden im Gegensatz zum Bild jeweils die Eingangstore „1" und die Ausgangstore „2" aneinander geschaltet, dann entstehen als Grenzwerte der unendlich langen Kette die Wellenwiderstände Z_{w1} und Z_{w2} des Vierpols. Deshalb gilt für widerstandssymmetrische Vierpole mit $A_{11} = A_{22}$:

$$K_1 = K_2 = Z_{w1} = Z_{w2} = Z = \sqrt{\frac{A_{12}}{A_{21}}}$$

K_1 und K_2 sind die Eigenwerte der Widerstandsmatrix (→ Vierpolmatrizen). [15]. Rü

Kettenzählpfeilsystem → Zählpfeilsystem. Rü

Kilo *(kilo)*. Vorsilbe bei Maßeinheiten zur Bezeichnung des Faktors 1000 (Beispiel: 1 kW = 1 Kilowatt = 1000 W). In der elektronischen Datenverarbeitung wird der Zusatz Kilo zur Kennzeichnung des Faktors $1024 = 2^{10}$ verwendet (Beispiel: 1 KByte = 1 Kilobyte = 1024 Byte). We

Kilogramm *(kilogram)*. SI-Basiseinheit der Masse (Zeichen kg). *Definition:* Das Kilogramm ist die Masse des Internationalen Kilogrammprototyps (DIN 1301). [5]. Rü

Kilometerwelle → Langwelle; → Funkfrequenzen. Ge

Kippdiode → Triggerdiode. Ne

Kippgenerator *(toggle generator)*. Gerät zur Erzeugung von Schwingungen mit Kippvorgängen. Ein Beispiel für einen K. ist der astabile Multivibrator. [2]. We

Kippschalter *(toggle switch)*. Schalter, bei denen das Öffnen und Schließen der Kontakte, im Unterschied zum Drehschalter, durch die Kippbewegung eines Hebels erfolgt, wobei die Schaltgeschwindigkeit zur Verringerung der Funkenbildung oft durch eine Feder bzw. einen Springkontakt erhöht wird. [4]. Li

Kippschaltung → Multivibrator. We

Kippschwinger → Multivibrator, astabiler. We

Kippschwingung *(saw-tooth wave; relaxation oscillation)*. Bezeichnet eine periodische Schwingung, die aus einem exponentiellen Anstieg und Abfall hervorgeht und in verschiedenen Formen als Dreieck-, Sägezahn- und Trapezschwingung auftreten kann. Unter K. versteht man überwiegend eine Sägezahnschwingung, die als Zeitablenkspannung oder -strom für die Horizontalablenkung des Elektronenstrahls einer Bild- oder Oszilloskopröhre benötigt wird. [12]. Th

Kippspannung *(breakover voltage)*. Spannung, bei der ein in Vorwärtsrichtung geschalteter Thyristor vom Sperrin den Durchlaßzustand kippt. Diese Spannung ist vom Strom an der Steuerelektrode abhängig. Je kleiner der Gatestrom, um so größer wird die K. Ist der Wert des Stromes Null, erhält man die Nullkippspannung. [4]. Li

Kippstufe → Multivibrator. Ne

Kippstufe, bistabile → Flipflop. We

Kirchhoffsche Gesetze *(Kirchhoff's laws)*. Die K. – auch Kirchhoffsche Sätze oder Regeln – stellen die allgemeingültigen fundamentalen Beziehungen für Spannungen und Ströme in einem elektrischen Netzwerk dar.

1. **Kirchhoffsches Gesetz** *(Kirchhoff's node law)* – auch Knotenregel. Das K. besagt, daß die Summe aller in einen Knoten hineinfließenden (oder herausfließenden) Ströme in jedem Zeitpunkt Null sein muß. Treffen im Knoten ν insgesamt z Zweige zusammen, dann gilt für die Zweigströme $i_{\nu k}(t)$

$$i_{\nu 1}(t) + i_{\nu 2}(t) + \ldots i_{\nu z}(t) = \sum_{k=1}^{z} i_{\nu k}(t) = 0.$$

2. **Kirchhoffsches Gesetz** *(Kirchhoff's loop law)* – auch Schleifenregel. Das K. besagt, daß die Summe aller Spannungen entlang eines beliebigen geschlossenen Weges Null sein muß. Besteht die Schleife ν aus n Zweigen, dann gilt für die Spannungen $u_{\nu k}(t)$ über den Zweigen

$$u_{\nu 1}(t) + u_{\nu 2}(t) + \ldots u_{\nu n}(t) = \sum_{k=1}^{n} u_{\nu k}(t) = 0.$$

[15]. Rü

Kirchhoffsche Regeln → Kirchhoffsche Gesetze. Rü

Kirchhoffsche Sätze → Kirchhoffsche Gesetze. Rü

Klammerdiode → Klemmdiode. Ne

Klammerschaltung → Klemmschaltung. Li

Klappankerrelais *(clapper type relay)*. Relais, bei der der Anker in Form einer Klappe vor der Stirnseite der Relaisspule angebracht ist. Meist wird der Klappanker in einer Schneide gelagert und mit einer Schraube oder einem Halteblech in seiner Position gehalten. [4]. Ge

Klarschrift *(optical characters)*. Im Unterschied zur Lochschrift auf Lochkarten bzw. Lochstreifen bezeichnet man in der Datenverarbeitung Druckschriften oder Handschriften als K. Für das automatische Lesen wurden genormte Klarschriften entwickelt, z. B. optische (OCR-A *(OCR optical character recognition;* DIN 66008; Bild), OCR-B, CZ 13) bzw. magnetische (CMC 7 *(CMC coded magnetic character)*, E13B). [1]. Li

```
0123456789
♩ЧН|
ABCDEFGHIJKLM
NOPQRSTUVWXYZ
• ¬ = + − / *
```

Zeichen der OCR-A Schrift (DIN 66008)

Klarschriftanzeige *(optical character display)*. Ein Anzeigebaustein, der Klarschrift — meist in stilisierter Form — darstellen kann. Die Klarschriftzeichen werden mit Hilfe von 5 × 7- bzw. 7 × 9-Leuchtpunkte-Matrizen oder 14-Segment-Anzeigeelementen (Bild) erzeugt. [1]. Li

14-Segment Klarschriftanzeigeelement

Klarschriftleser *(optical character reader, OCR)*. Lesegeräte, die genormte Klarschrift lesen können. Es gibt optische und Magnetschriftleser. Sie tasten die genormte Schrift ab und vergleichen die Hell-Dunkel- bzw. magnetischen Informationen mit einem gespeicherten Muster und stellen dem Computer nach Herausfinden des richtigen Zeichens den entsprechenden Code zur Verfügung. [1]. Li

Klasse-A-Verstärker *(class A amplifier)*. Eintakt-A-Verstärker (→ Bild Großsignalverstärker). K. (Klasse A ist Angabe zur Betriebsart) besitzen eine elektronische Verstärkerschaltung, deren Arbeitspunkt sich im Ausgangskennlinienfeld des verstärkenden Bauelements in der Mitte des linearen Aussteuerbereiches befindet. Im Ausgangskreis des aktiven Bauelements fließt während der gesamten Betriebszeit ein Laststrom. Die Signalaussteuerung wird so gewählt, daß die dazu proportionale Ausgangswechselgröße sich symmetrisch bis an die Aussteuergrenzen um den fest eingestellten Arbeitspunkt aufbaut. Größtmöglicher Wert der Ausgangssignalspannung ist die Betriebsgleichspannung, kleinster Wert ist z. B. beim Bipolartransistor dessen Sättigungsspannung (etwa 1 V). Wegen des ständig vorhandenen Ruhestromes kann der Wirkungsgrad des Klasse-A-Verstärkers nicht größer als 50% werden. Bei sorgfältiger Schaltungsauslegung bleiben die Signalverzerrungen gering. Anwendungen findet man z. B. in Eintaktverstärkerendstufen. [4], [6], [8], [9], [11], [12], [13], [14], [18], [19]. Fl

Klasse-AB-Verstärker *(class AB amplifier)*. Als K. (Klasse-AB ist Angabe zur Betriebsart) bezeichnet man elektronische Verstärkerschaltungen, bei denen z. B. zwei Verstärkerelemente (Röhre, Transistor) im Gegentakt-AB-Betrieb so geschaltet sind, daß sich bei kleinen Signalansteuerungen am Eingang automatisch die Betriebsverhältnisse eines Klasse-A-Verstärkers, bei großer Signal-Ansteuerung die Verhältnisse eines Klasse-B-Verstärkers einstellen. Der Arbeitspunkt wandert auf der Kennlinie zwischen A- und B-Betriebsart (Bild). Im

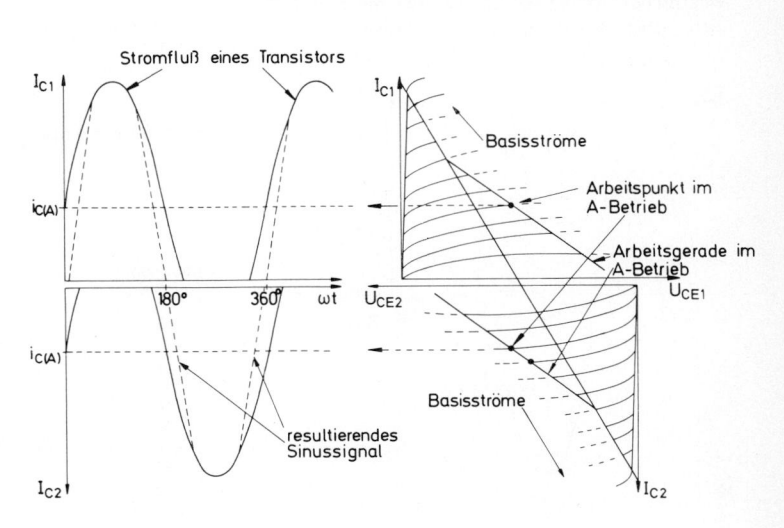

Klasse-AB-Verstärker

Ausgangskreis fließt während mehr als einer halben Periode einer sinusförmigen Signalspannung ein Laststrom. Für den Stromflußwinkel Θ gilt: $180° < \Theta < 360°$. Man erreicht dieses Betriebsverhalten durch eine Vorspannung, die man an die Signaleingangselektroden legt. Bei Siliciumtransistoren kann sie z. B. 0,7 V betragen, so daß die Transistoren auch im Ruhezustand geöffnet sind und kleine Ansteuersignale unverzerrt am Ausgang wiedergegeben werden (Übernahmeverzerrungen). Das Betriebsverhalten läßt sich auch mit einem Verstärkerelement erzielen. Man findet den K. häufig in Endstufen von Niederfrequenzverstärkern oder Sendeendstufen. [4], [6], [8], [9], [10], [11], [12], [13], [14], [18], [19]. Fl

Klasse-B-Verstärker *(class B amplifier)*, Gegentakt-Leistungsverstärker Klasse B. 1. K. (Klasse B ist Angabe zur Betriebsart) sind elektronische Verstärkerschaltungen, bei denen z. B. zwei Verstärkerbauelemente (Röhre, Transistor) so geschaltet sind, daß bei einer sinusförmigen Eingangs-Signalspannung ein aktives Bauelement den positiven Anteil der Wechselspannung, das zweite den negativen Anteil übernimmt. Jedes aktive Bauelement führt während einer halben Periode den Laststrom. Der Arbeitspunkt liegt bei jedem der Verstärkerelemente am Ende des geradlinigen Teils der Eingangs-Kennlinie, kurz vor Beginn der Krümmung, fest. Infolge der Eigenart der symmetrisch aufgebauten Schaltung setzen sich die Ausgangskennlinienfelder beider aktiven Elemente graphisch so zusammen, daß eine vergrößerte Wechselstromarbeitsgerade entsteht (→ Gegentaktverstärker im Bild). Im Idealfall liegen positiver und negativer Anteil der Signaleingangsgröße unverzerrt am Signalausgang als vollständiges Sinussignal am Lastwiderstand. Nachteilig wirkt sich z. B. bei Siliciumtransistoren die Vorwärtsspannung von 0,7 V zwischen Basis- und Emitteranschluß aus, ab der erst ein nennenswerter Kollektorstrom fließt und die Ursache für entstehende Übernahmeverzerrungen ist (Abhilfe: Klasse-AB-Verstärker). Beim K. wird bei fehlender Signalansteuerung dem Netzteil keine elektrische Leistung entnommen. Bei Ansteuerung entsteht eine Belastung, deren Gleichstrommittelwert gleich dem $2/\pi$fachen des Scheitelwertes der sinusförmigen Ausgangssignalschwingung entspricht. Man erhält einen theoretischen, maximalen Wirkungsgrad von 78,5 % ($\hat{=}\ \pi/4$) mit einem 10fach besseren Leistungsverhältnis gegenüber dem Klasse-A-Verstärker. Vorteil: Maßnahmen zur Wärmeabführung reduzieren sich, da die Verlustleistungen gering bleiben. 2. Sendeverstärker im Klasse-B-Betrieb sind zur Erzielung eines hohen Wirkungsgrades bei geringer Verlustleistung häufig nur mit einem Verstärkerelement bestückt (Eintaktendverstärker). Der große Anteil der Verzerrungen ist unbedeutend, da nur die Sendefrequenz verarbeitet wird und am Ausgang der Stufe abgestimmte Schwingkreise angeordnet sind. Die Schwingkreise gewährleisten, daß wieder ein sinusförmiges Signal entsteht. [4], [6], [8], [9], [10], [11], [12], [13], [14], [18], [19]. Fl

Klasse-C-Verstärker *(class C amplifier)*. Beim K. (Klasse C ist Angabe zur Betriebsart) liegt der Arbeitspunkt weit unterhalb des Kennlinienknicks im Sperrbereich der Eingangskennlinie eines Verstärkerbauelements (Röhre, Transistor) oder einer Diode fest (Bild). Es entstehen am Schaltungsausgang stark verzerrte, kurzzeitige Impulse eines ursprünglich sinusförmigen Eingangssignals, da im aktiven Bauelement erst ein Strom zu fließen beginnt, wenn die Sperrspannung vom Eingangssignal überwunden wird. Dieses Betriebsverhalten ändert sich auch nicht in einer Ausführung als Gegentaktschaltung. Beim K. fließt während weniger als einer halben Periode der sinusförmigen Ansteuergröße ein Laststrom. Für den Stromflußwinkel Θ gilt: $\Theta < 180°$. Der theoretische

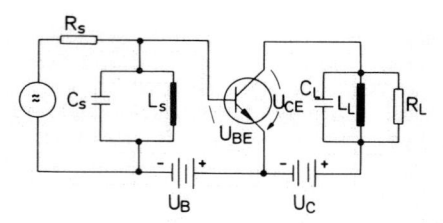

Klasse-C-Verstärker

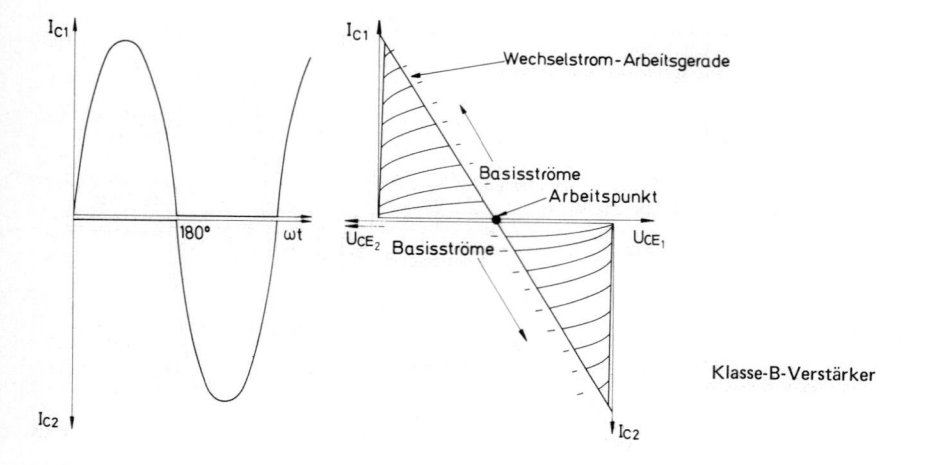

Klasse-B-Verstärker

Klasse-C-Verstärker

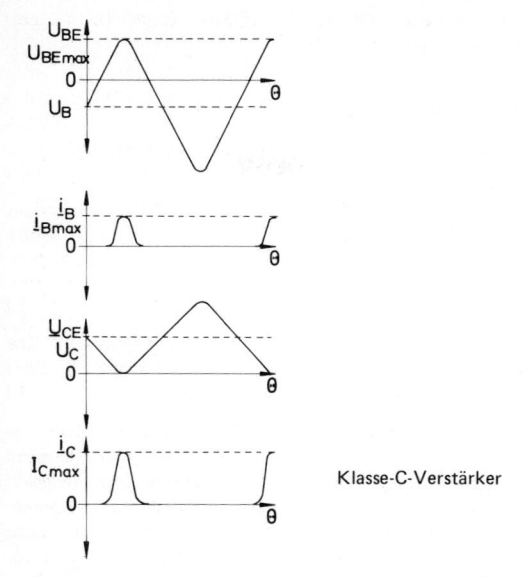

Wirkungsgrad kann einen Maximalwert von 89,7 % erreichen. Die Schaltung ist für verzerrungsarmen Betrieb nicht geeignet. Man findet sie z. B. in hochfrequenten Senderverstärkern, denen auf die Senderfrequenz abgestimmte Schwingkreise nachgeschaltet sind, so daß am Ausgang der Gesamtschaltung sinusförmige Signale entstehen. [8], [9], [10], [13], [14]. Fl

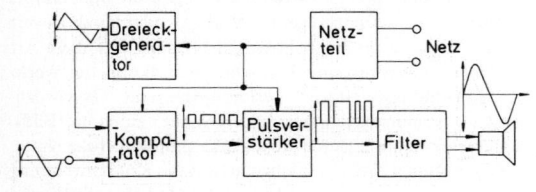

Klasse-D-Verstärker *(class D amplifier)*. Der K. ist eine spezielle elektronische Verstärkerschaltung, die aus mehreren Baugruppen besteht und eine Signalverarbeitung nach Prinzipien der Pulsdauermodulation durchführt. Es lassen sich Schaltungen mit hohem Wirkungsgrad (über 80%) und großen Ausgangsleistungen verwirklichen. Nachteilig ist ein hoher Anteil nichtlinearer Verzerrungen im Ausgangssignal. Man findet K. in leistungsfähigen Schaltnetzteilen und als Leistungsendstufe bei NF-Verstärkern (NF Niederfrequenz). Das Blockdiagramm zeigt eine Anwendung als Niederfrequenzendstufe. Ein Dreieckgenerator erzeugt hochgenaue, dreieckförmige Wechselspannungen mit einer Frequenz von 120 kHz. Die Dreieckspannung liegt am invertierenden Eingang eines Operationsverstärkers, der als Komparator geschaltet ist. Die niederfrequente Signalspannung wird zum nicht intertierenden Eingang des Komparators geführt. Es entsteht am Signalausgang eine rechteckförmige Pulsfolge, deren Pulsvorder- und Pulsrückflanken proportional zum Augenblickswert der Nachrichtensignale moduliert sind (→ Pulsdauermodulation, symmetrische). Die flankenmodulierten Pulse werden in einem nichtlinear arbeitenden Verstärker auf hohe Werte verstärkt. Aktive Bauelemente der Verstärkerschaltung können z. B. zwei komplementäre Schalttransistoren im Gegentaktbetrieb sein, die wie einpolige Umschalter arbeiten. Am Verstärkerausgang befindet sich ein elektrisches Filter, das als Demodulatorschaltung aus den Pulsflanken ein verstärktes Nachrichtensignal zurückgewinnt. Das Filter kann z. B. aus einer Spule in Reihenschaltung zur Schwingspule eines Lautsprechers bestehen. [6], [9], [10]. Fl

Klasse-S-Verstärker *(class S amplifier)*. Als K. bezeichnet man eine elektronische Schaltung mit deren Hilfe sich große Wechselstromleistungen mit außerordentlich hohem Wirkungsgrad (etwa 97 %) erzeugen lassen. Im Prinzip besteht ein K. aus zwei parallelen Zweigen, die z. B. eine Reihenschaltung aus Lastwiderstand und Reihenschwingkreis überbrücken. In jedem Parallelzweig liegt eine Gleichspannungsquelle, die über einen gesteuerten elektronischen Schalter ein- und ausgeschaltet wird. Der zweite Parallelzweig besteht aus einer gleichartigen Schaltung, die Spannungsquelle liegt mit umgekehrter Polung im Kreis (Bild a). Die Schaltung wird häufig auch mit zwei umgekehrt gepolten Stromquellen verwirklicht. In diesem Falle ist ein Parallelschwingkreis zur Last parallel gelegt. Die Stromquellen ersetzen die Spannungsquellen (Bild b). Zur prinzipiellen Wirkungsweise: Rechtecksignale (Frequenz etwa 50 kHz) kleiner Leistung betätigen wechselseitig die elektronischen Schalter. Schwingkreis und Lastwiderstand werden mit ständig umgepolter zerhackter Gleichspannung (bzw. Gleich-

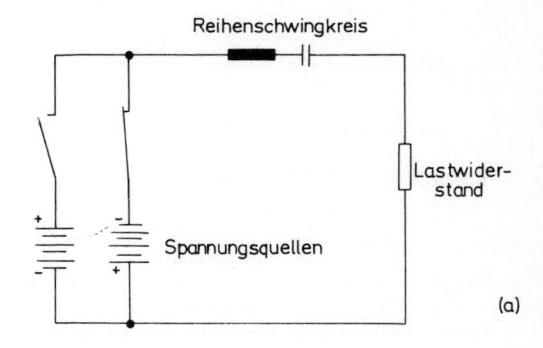

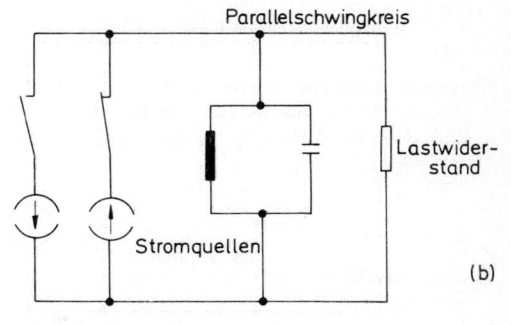

Klasse-D-Verstärker

Klasse-S-Verstärker

strom) versorgt. Der Schwingkreis führt Resonanzschwingungen aus und am Lastwiderstand entsteht ein kontinuierlicher, sinusförmiger Leistungsverlauf. Die vom Schwingkreis abgegebene Leistung wird von den Gleichspannungs- bzw. Gleichstromquellen nachgeliefert. Für jede Halbschwingung ist eine geschaltete Quelle notwendig. In der Ausführung als Gegentaktverstärker genügt eine Spannungsquelle. Weitere Ausführungen als Komplementär-Gegentaktverstärker oder als Totem-Pole-Schaltung sind möglich. Steuert man zusätzlich die Gleichspannungsquellen mit niederfrequenten Signalen, läßt sich mit dem K. Amplitudenmodulation durchführen. [4], [6]. Fl

Klassengenauigkeit → Genauigkeitsklasse. Fl

Kleinbasispeiler → Funkpeiler. Ge

Kleinrechner *(small computer)*. K. sind frei programmierbare Rechenanlagen kleiner Abmessungen (Minicomputer, Kompaktrechner, Personal-Computer). Der Begriff ist gegenüber großen und mittleren Datenverarbeitungsanlagen nicht klar abgegrenzt. [1]. We

Kleinsignalmodell *(small signal equivalent circuit)*. Ersatzschaltung, die es ermöglicht, das statische und dynamische Verhalten eines nichtlinearen Bauelements bei kleinen Steuersignalamplituden (Kleinsignalsteuerung) möglichst genau zu beschreiben, z.B. Transistor-Ersatzschaltbild (Bild). [6], [13]. Li

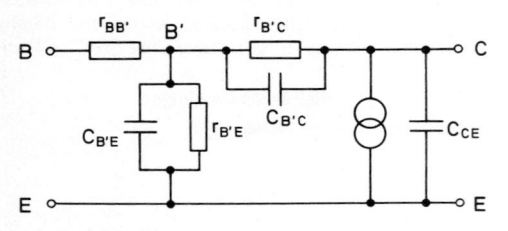

Kleinsignalmodell eines Transistors

Kleinsignalparameter → h-Parameter. Li

Kleinsignalsteuerung *(small signal driving)*. Ansteuerung eines nichtlinearen Bauelements mit Signalen, die im Verhältnis zur maximal möglichen Aussteuerung sehr klein sind, so daß die Steuerkennlinie und damit das Verhalten des Bauelements (z.B. die Verstärkung) näherungsweise als linear angesehen werden kann. [6], [13]. Li

Kleinsignalstromverstärkungsfaktor *(small signal amplification factor)*. Bei einem Transistor: das Verhältnis von Kollektor- zu Basisstrom bei Kleinsignalverstärkung:

$$\beta = \frac{dI_C}{dI_B}\bigg|_{U_{CE}\,=\,\text{const.}}$$

[4], [6], [13]. Li

Kleinsignalverhalten *(small signal response)*. Das Verhalten eines Bauelements bei Kleinsignalsteuerung. Es läßt sich meistens näherungsweise durch lineare Gleichungen beschreiben; z.B. beim Transistor durch die Vierpolgleichungen:

$$u_e = h_{11}\, i_i + h_{12}\, u_o$$
$$i_a = h_{21}\, i_i + h_{22}\, u_o$$

(Index i Eingangsgrößen; Index o Ausgangsgrößen)
[6], [15]. Li

Kleinsignalverstärker *(small signal amplifier)*. Verstärker, der vorwiegend für die Kleinsignalsteuerung dimensioniert ist (hochohmiger Verstärker mit niedriger Leistung). K. haben sehr niedrige nichtlineare Verzerrungen. [6], [13]. Li

Kleinsignalverstärkung *(small signal amplification)*. Die Spannungs-, Strom- oder Leistungsverstärkung eines Verstärkers bei Kleinsignalsteuerung. [6], [13]. Li

Klemmdiode *(clamping diode)*, Klammerdiode. Diode, die verhindert, daß an einem Knoten eines Netzwerkes ein bestimmter Potentialwert überschritten wird. Beispiel: Bei einem Schottky-Transistor verhindert eine Klemmdiode zwischen Basis und Kollektor, daß der Transistor in die Sättigung gesteuert wird (Bild). [4]. Ne

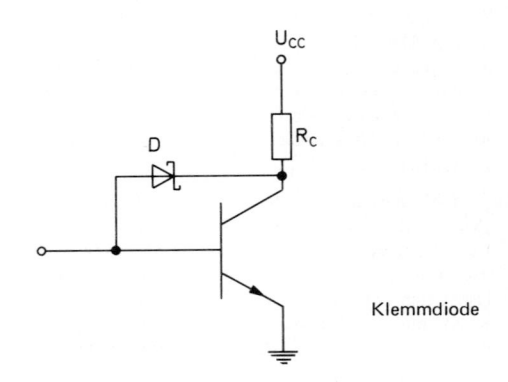

Klemmdiode

Klemmenspannung *(terminal voltage)*. Die bei einem Generator oder Vierpol zwischen zwei Polen gemessene Spannung. Sind die Klemmen mit einem Widerstand belastet, dann ist die K. U_K die um den Spannungsabfall am inneren Widerstand R_i verminderte Leerlaufspannung U_L (Ersatzschaltung):

$$U_K = U_L - I\, R_i.$$

[5]. Rü

Klemmschaltung *(clamping circuit)*, Klammerschaltung, Clampingschaltung. Eine Schaltung, die bei einer Wechselspannung den positiven oder negativen Spitzenwert bzw. bei einer Pulsfolge den Minimal- oder Maximalwert auf einem konstanten Potential festhält. Auf diese Art läßt sich die in einem z.B. kondensatorgekoppelten Wechselspannungsverstärker verlorengegangene Gleichspannungskomponente eines Signals wieder zuführen (Bild). Die verwendete Diode wird als Klemmdiode bezeichnet. Anwendung bei Fernsehgeräten zur Konstanthaltung des Schwarzwertes beim Videosignal. [6], [8], [13]. Li

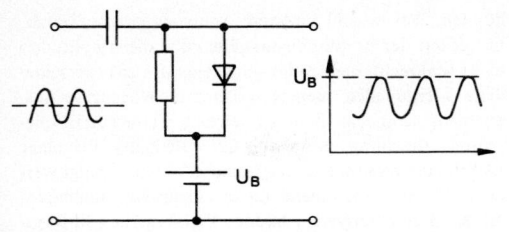

Klemmschaltung zur Anbindung des positiven Spitzenwerts an U_B. Umpolen der Diode bewirkt Anbindung des negativen Spitzenwerts an U_B. Läßt man die Spannungsquelle weg, wird an 0 V geklemmt

Klirrdämpfung → Klirrfaktor. Rü

Klirrfaktor *(distortion (factor))*, Klirrfaktorkoeffizient. Maß für den Oberschwingungsgehalt bei Wechselstromgrößen (Spannungen, Ströme), hervorgerufen durch nichtlineare Verzerrungen. Der K. ist als Wurzelquotient des Effektivwerts der Oberschwingungen zum Effektivwert der Wechselgröße definiert (DIN 40 110). Für den K. bei einer Spannung gilt

$$k_u = \frac{\sqrt{U_2^2 + U_3^2 + \ldots}}{\sqrt{U_1^2 + U_2^2 + U_3^2 + \ldots}} = \frac{\sqrt{U^2 - U_1^2}}{U} = \sqrt{1 - g_u^2}$$

$$\approx \frac{\sqrt{U_2^2 + U_3^2 + \ldots}}{U_1} \quad (\text{wenn } U_1^2 \gg \sum_{n=2}^{\infty} U_n^2)$$

mit U_1 Effektivwert der Grundschwingung; U_2, U_3, ... Effektivwerte der Oberschwingungen;

$$U = \sqrt{U_1^2 + U_2^2 + U_3^2 + \ldots}$$

Effektivwert der Wechselspannung; $g_u = \frac{U_1}{U}$ heißt Grundschwingungsgehalt. Als Klirrfaktor n-ter Ordnung wird der Ausdruck

$$k_n = \sqrt{\frac{U_n^2}{U_1^2 + U_2^2 + U_3^2 + \ldots}} = \frac{U_n}{U}$$

bezeichnet (DIN 40 183/3). Aus dem K. leitet man das Klirrfaktordämpfungsmaß ab:

$$a_k = \ln\left|\frac{1}{k}\right| \text{Np} = 20 \lg\left|\frac{1}{k}\right| \text{dB}$$

und analog

$$a_{kn} = \ln\left|\frac{1}{k_n}\right| \text{Np} = 20 \lg\left|\frac{1}{k_n}\right| \text{dB}.$$

[13]. Rü

Klirrfaktor n-ter Ordnung → Klirrfaktor. Rü

Klirrfaktorkoeffizient → Klirrfaktor. Rü

Klirrfaktormeßbrücke *(distortion measuring bridge)*. (→ Bild Wien-Robinson-Brücke), Klirrgradmeßbrücke, Verzerrungsmeßbrücke. Die K. ist eine Meßanordnung, mit der sich der Klirrfaktor einer oberschwingungshaltigen Meßspannung ermitteln läßt. Als Brückenschaltung wird die Wien-Robinson-Brücke verwendet. Die Brücke wird von Hand auf die Grundschwingung der Meßspannung abgestimmt, für deren Frequenz $f = 0,5 \, \pi \cdot R \cdot C$ die Schaltung als Bandsperre wirkt. Alle weiteren Frequenzen gelangen zum Meßzweig der Brücke, in dem ein Anzeigegerät den Klirrfaktor in Prozenten anzeigt. Dazu werden die Oberschwingungen gemäß der Definition des Klirrfaktors auf die als Brückeneingangsspannung wirkende Meßspannung bezogen. [12], [13]. Fl

Klirrfaktormesser *(distortion meter)*, Klirrgradmesser, Verzerrungsmesser. Der K. dient der Ermittlung nichtlinearer Verzerrungen, wobei als Maß für den Anteil der auf einem Übertragungsweg zu einer Grundfrequenz entstandenen zusätzlichen Oberschwingungen der Klirrfaktor in Prozenten auf einer Anzeige ablesbar ist. Prinzipiell arbeiten K. mit einer Bandsperre, die auf eine Grundfrequenz einstellbar ist und diese unterdrückt. Alle weiteren Frequenzen – die Oberschwingungen – können das Sperrfilter passieren. Das Anzeigegerät ist ein Effektivwertmesser. Das Gerät wird von Hand auf die Grundfrequenz abgestimmt und häufig automatisch auf einen Bezugswert eingestellt. Als K. werden die Klirrfaktormeßbrücke, für genauere Messungen selektive Pegelmesser und Analysatoren eingesetzt. [12], [13], [14], [19]. Fl

Klirrgradmeßbrücke → Klirrfaktormeßbrücke. Fl

Klirrgradmesser → Klirrfaktormesser. Fl

Klystron *(klystron)*. Elektronenröhren zur Erzeugung und Verstärkung von elektrischen Mikrowellenschwingungen durch Ausnützen der endlichen Geschwindigkeit von Elektronenstrahlen. Während bei üblichen Röhren die Laufzeit der Elektronen von der Katode zur Anode die Anwendung für hohe Frequenzen ausschließt, dient beim K. die endliche Flugzeit dazu, einen modulierten Elektronenstrahl zu erhalten. [5]. Bl

Knickfrequenz *(cutoff frequency)* → Eckfrequenz. Ku

Knoten *(node)*. Verzweigungspunkt in einem elektrischen Netzwerk. [15]. Rü

Knotenanalyse *(node analysis)*. Berechnungsverfahren der Netzwerkanalyse, das die Knotenspannungen eines Netzwerkes (Spannungen der Knoten im Bezug zu einem willkürlich wählbaren Bezugsknoten) verwendet, um zu einem geeigneten Satz von Unbekannten zu kommen, der das Netzwerk vollständig beschreibt. (→ Baum). (Duale Analysemethode: → Schleifenanalyse). [15]. Rü

Knotenregel → Kirchhoffsche Gesetze. Rü

Knotenvermittlungsstelle → Fernvermittlungsstelle. Kü

Koaxialdipol → Dipolantenne. Ge

Koaxialkabel → Koaxialleitung. Ge

Koaxialleitung *(coaxial cable)*, Koaxialkabel. Doppelleitung aus zwei koaxialen Zylindern zur Fortleitung hochfrequenter Energie (TEM-Welle). Koaxialleitungen mit Wellenwiderständen von meist 50 Ω, 60 Ω und 75 Ω werden als Weitverkehrskabel sowie für die Videofrequenztechnik und Trägerfrequenztechnik eingesetzt. Der biegsame Innenleiter (Draht, Rohr, Litze) wird durch Isolierscheiben, Isolierwendeln oder durch Schaumstoff abgestützt. Der Außenleiter ist meist als metallisches Geflecht oder als Wellrohr ausgebildet. Die Verwendbarkeit der K. für höhere Frequenz wird durch Verluste im Dielektrikum sowie durch das Auftreten von Wellenformen höherer Ordnung begrenzt. [14]. Ge

Koaxialrelais *(coaxial relay)*. Relais für das Schalten von Hochfrequenz. Die Kontakte sind als Innenleiter eines koaxialen Systems mit gleichem Wellenwiderstand wie die anzuschließenden Koaxialkabel ausgeführt. Bei geringen HF-Leistungen (HF Hochfrequenz) werden Reedkontakte verwendet. K. werden u. a. als Antennenumschalter in Sende-Empfangsanlagen eingesetzt, wobei ihre maximal zulässige Durchgangsleistung oft recht hohe Werte aufweist. [4]. Ge

Koaxialresonator → Topfkreis. Ge

Koaxialschalter *(coaxial switch)*. Elektrischer Schalter für das Schalten von hochfrequenten Strömen und Spannungen. Die Kontakte sind als Innenleiter eines koaxialen Systems mit gleichem Wellenwiderstand wie die anzuschließenden Koaxialkabel ausgeführt. K. werden u. a. zur Umschaltung von Antennenanordnungen eingesetzt. [4]. Ge

Koeffizientenpotentiometer *(coefficient setting potentiometer)*, Funktionspotentiometer. K. sind sehr genau einstellbare Widerstände — häufig Mehrfachwendel-Potentiometer — bei denen entweder durch unterschiedliche Steigungen der Drahtwendel, durch Anzapfungen an verschiedenen Stellen der Schleiferbahn oder durch äußere Beschaltungen ein erwünschter Funktionszusammenhang zwischen Eingangs- und Ausgangsgröße entsteht. Es handelt sich vielfach um nichtlineare Funktionen. Man kann mit ihnen z. B. in Analogrechnern bestimmte Koeffizienten einstellen. [12], [18]. Fl

Koerzimeter *(coercimeter)*. K. sind Meßeinrichtungen, mit denen sich die Koerzitivfeldstärke meist stabförmiger, bis in die Sättigung vormagnetisierter Proben bestimmen läßt. Das K. besteht z. B. aus einer rotierenden Meßspule, die vor der Stirnfläche des Probestabes angeordnet ist. In der Meßspule wird so lange eine Spannung induziert, bis eine vom Spulenfeld erzeugte, regelbare Gegeninduktion den Wert der Probe erreicht. [12]. Fl

Koerzitivfeldstärke *(coercitive force)*. Wert der magnetischen Feldstärke H, bei der in der Hystereseschleife die magnetische Flußdichte B (oder die magnetische Polarisation J) den Wert Null erreicht (DIN 1325). Die K. H_K dienst zur Kennzeichnung magnetischer Materialien:
Magnetisch harter Stoff (Stahl, Barium-Ferrit) $H_K \leq 50$ A/cm.
Magnetisch weicher Stoff (Eisen, Dynamoblech) $H_K \leq 10$ A/cm. [5]. Rü

Koerzitivkraft → Koerzitivfeldstärke. Rü

Kohärenz *(coherence)*. „Zusammenhang": 1. In der Optik die Eigenschaft zweier Lichtbündel, geordnete und stationäre Interferenzerscheinungen hervorrufen zu können. Wellen sind kohärent, wenn sie gleiche Zeitabhängigkeit der Amplitude aufweisen und die Amplituden nicht senkrecht zueinander schwingen. Da zwei verschiedene Lichtquellen niemals kohärente Wellenzüge ausstrahlen, kann man K. nur erreichen, wenn durch Spiegelung, Brechung, Streuung oder Beugung aus einer Lichtquelle zwei räumlich getrennte Wellen erzeugt werden. 2. Der Zusammenhang physikalischer Einheiten, die ein Einheitensystem bilden. Viele aus den SI-Basiseinheiten abgeleitete Einheiten erhalten einen besonderen Namen (z. B. Joule, Watt, Weber usw.). Steht in den Definitionsgleichungen dieser Einheiten nur der Zahlenfaktor „Eins", dann nennt man sie kohärente abgeleitete Einheiten, z. B.: 1 Joule = 1 J = 1 kg m^2/s^2. Nichtkohärente Einheiten heißen systemfreie Einheiten, beispielsweise 1 cal = 4,1855 J = 4,1855 kg m^2/s^2. [5]. Rü

Kohlekörnermikrophon *(carbon microphone)*. Das K. nutzt die Eigenschaft der Kohlekörner aus, bei Änderung des Drucks, mit dem die Körner zusammengepreßt werden, den elektrischen Übergangswiderstand zu ändern. Der Schalldruck bewirkt über die Membran eine Veränderung des Preßdrucks zwischen den Kohlekörnern. Das K. arbeitet als Verstärker, da es fremd gespeist werden muß und das umgewandelte Schallsignal als Stromänderung auftritt. [13]. Th

Kohlemikrophon → Kohlekörnermikrophon. Th

Kohleschichtwiderstand → Schichtwiderstand. Ge

Koinzidenz *(coincidence)*. Unter K. versteht man das zeitliche oder räumliche Zusammentreffen zweier oder mehrerer Signale. So gibt eine Koinzidenzschaltung nur dann ein Signal ab, wenn gleichzeitig an zwei Eingängen eine bestimmte Signalschwelle überschritten wird. Durch K. läßt sich z. B. bei der inkrementalen Wegmessung ein Startpunkt setzen. Im Gegensatz dazu muß häufig für eine Koinzidenzunterdrückung gesorgt werden (Antikoinzidenzschaltung), wenn durch das zeitliche Zusammentreffen von Signalen undefinierte Ausgangszustände entstehen. [6], [8], [9], [12], [13]. Fl

Koinzidenzdemodulator → Phasendemodulator. Fl

Koinzidenzspeicher *(coincidence memory)*. Ein Speicher, bei dem das einzelne Speicherwort dadurch gelesen oder geschrieben wird, daß mehrere Einflüsse dieses Speicherwort erreichen. Andere Speicherwörter können ebenfalls einem Einfluß unterliegen, der aber keine Wirkung auslöst. Ein Beispiel für einen K. ist der Magnetkernspeicher als Matrixspeicher, bei dem eine Information der dem Speicherwort zugeordneten Magnetkerne nur dann ausgelesen oder eingeschrieben wird, wenn die Summe von Spalten- und Reihenstrom wirkt (selektierte Kerne). Magnetkerne, die nur von einem Reihen- oder Spaltenstrom durchflossen werden (halbselektierte Kerne), werden nicht angesprochen. Der K. hat den Vorteil, daß keine umfangreiche Decodierung der Adreßsignale durchgeführt werden muß. [1]. We

Kolbenlöten *(iron soldering)*. Herstellung von Lötverbindungen mit Hilfe eines Lötkolbens. Während des Lötvorganges wird die Wärme vom Lötkolben auf das Werkstück übertragen, wobei das flüssige Lot als Wärmebrücke zwischen Werkstück und Kolben dient. Der Lötkolben speichert weiterhin das flüssige Lot, gibt Lot über seine Schneide oder Spitze an das Werkstück ab und nimmt schließlich überflüssige Lotmengen wieder auf. Das Flußmittel kann man entweder gesondert der Lötstelle zuführen oder man kann Lötdrähte mit Flußmittelseele verwenden. [4]. Ge

Kolbenmembran *(piston diaphragm)*. Die K. kann als Schallgeber in einem elektroakustischen Wandler verwendet werden (Lautsprecher). Denkbar wäre ein frei in Längsrichtung schwingender zylindrischer Permanentmagnet, der von einer zylindrischen Spule umschlossen ist. Fließt durch die Spule ein Wechselstrom, schwingt der Kolben und regt mit den Stirnflächen Schallschwingungen an. [5], [13]. Th

Kollektor *(collector)*. 1. Energietechnik: → Kommutator. 2. Halbleiter: Häufig verwendete Abkürzung für Kollektoranschluß, Kollektorelektrode oder Kollektorzone. Das Wort „Kollektor" allein sollte für diese Begriffe nur dann benutzt werden, wenn Mißverständnisse ausgeschlossen sind (DIN 41 854). [4]. Ne

Kollektor-Basis-Diode *(collector-base diode)*, Kollektordiode. Der bei normaler Betriebsweise des Transistors in Rückwärtsrichtung betriebene PN-Übergang zwischen Basis und Kollektor. [4], [6]. Li

Kollektor-Basis-Kapazität → Kollektorkapazität. Li

Kollektordiffusionsisolation *(collector diffusion insulation, CDI)*. Spezielles Isolationsverfahren der integrierten Schaltungstechnik, bei der auf die vergrabene N^+-Schicht eine dünne P-dotierte Epitaxieschicht aufgebracht wird. Anschließend wird durch eine N^+-Diffusion, die bis zur vergrabenen Schicht reicht, ein Isolationsring für die P-dotierte Basis geschaffen. Dieser Isolationsring ist gleichzeitig der Kollektoranschluß (Bild). [4]. Ne

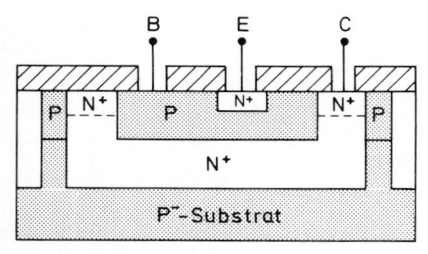

Kollektordiffusionsisolation

Kollektordiode *(collector diode)*. Eine Halbleiterdiode, die sich ergibt, wenn man bei einem Bipolartransistor den PN-Übergang zwischen Basis- und Kollektoranschluß verwendet und den Emitteranschluß offen läßt. [4]. Ne

Kollektorkapazität *(collector capacitance, collector feedback capacitance)*, Kollektorrückwirkungskapazität, Kollektor-Basiskapazität, die mit der Kollektor-Basis-Sperrschicht verbundene Kapazität. Wegen ihrer Rückkopplungswirkung bei der Emitterschaltung — Kopplung zwischen Ausgang und Eingang — wirkt sie sich negativ auf die Stabilität von HF-Verstärkern (HF Hochfrequenz) aus und muß u. U. kompensiert werden. [4], [6]. Li

Kollektormodulation *(collector modulation)*. Die K. ist mit der Anodenmodulation in der Röhrentechnik vergleichbar und bezeichnet eine Methode zur Amplitudenmodulation (AM) von Transistorsendern. Allerdings sind eine saubere Modulation und ein hoher Modulationsgrad nur erreichbar, wenn die Treiberstufe zu einem bestimmten Grad mitmoduliert wird. Der einwandfreie Abgleich eines AM-Transistorsenders mit K. ist schwierig. [6], [11], [13], [14]. Th

Kollektorrückwirkungskapazität → Kollektorkapazität. Li

Kollektorschaltung *(common collector circuit)*, Emitterfolger. Transistorgrundschaltung, bei der der Kollektor gemeinsame Bezugselektrode für Eingang und Ausgang der Schaltung ist (Bild). Eigenschaften: Spannungsverstärkung ungefähr 1, hohe Stromverstärkung, sehr großer Eingangswiderstand, sehr kleiner Ausgangswiderstand. Außer als Impedanzwandler — wegen des sehr hohen Eingangswiderstands — wird die K. kaum verwendet. [6]. Li

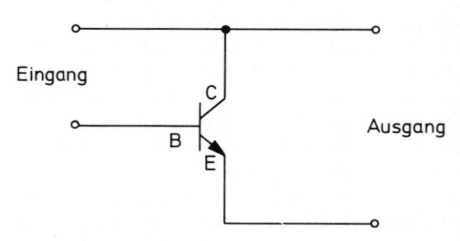

Transistor in Kollektorschaltung

Kollektorspannung *(collector voltage)*. 1. Zwischen Kollektor und Masse liegende Spannung. 2. Bei Angabe einer Bezugselektrode: zwischen Kollektor und dieser Elektrode liegende Spannung (z. B. U_{CE} Kollektor-Emitter-Spannung). [4], [6]. Li

Kollektorstrom *(collector current)*. Der in den Kollektor hineinfließende (bei NPN-Transistoren) bzw. aus ihm herausfließende Strom I_C (bei PNP-Transistoren). Er ist, sofern die Kollektor-Emitter-Spannung größer als die Sättigungsspannung ist, proportional zum Basisstrom. [4], [6]. Li

Kollektorverstärker → Kollektorschaltung. Li

Kollektorwiderstand *(collector resistor)*. Der im Kollektorstromkreis liegende Widerstand, der einen dem Kollektorstrom proportionalen Spannungsabfall erzeugt, der die Ausgangsspannung des Transistorverstärkers oder -schalters bildet. [4], [6]. Li

Kollektorzone *(collector)*. Derjenige Bereich eines Bipolartransistors, der sich zwischen dessen Basis und Kollektoranschluß befindet. [4]. Ne

Kommunikation *(communication)*. Der Austausch von Information. Die K. kann zwischen Menschen, zwischen Mensch und Datenverarbeitungsanlage, zwischen oder innerhalb von Datenverarbeitungsanlagen stattfinden. Sie setzt eine gemeinsame Sprache (Grundlage hierfür ist ein gemeinsamer Zeichenvorrat) voraus. [1], [13]. We

Kommunikationsrechner *(communication computer)*. Eine Rechenanlage, die eine Schnittstelle zwischen einem Datennetz und einem angeschlossenen Terminal bildet, oder eine Rechenanlage, die innerhalb eines Datennetzes den Datenfluß steuert. [14]. We

Kommunikationssystem *(communication system)*. Bezeichnung für die zusammengefaßten Merkmale des Nachrichtenaustausches zwischen Endeinrichtungen innerhalb von Nachrichtennetzen. Offene Kommunikationssysteme erlauben die freizügige Kommunikation zwischen allen angeschlossenen Endeinrichtungen. Beispiele hierfür sind das öffentliche Fernsprechnetz oder das Telexnetz. Wichtige Voraussetzung für offene Kommunikationssysteme ist die Standardisierung der logischen Funktionen und Schnittstellen; in Datennetzen wird dies durch ein hierarchisch aufgebautes Architekturmodell mit mehreren standardisierten Protokoll-Ebenen angestrebt *(OSI, open systems interconnection)*. [19]. Kü

Kommutator *(commutator)*, Kollektor. Der K. (Stromwender) ist ein typisches Merkmal der Gleichstrommaschine. Er ist zylindrisch auf dem Anker angebracht und besteht aus gegeneinander isolierten, axial angeordneten Kupfersegmenten, die mit der in sich geschlossenen Ankerwicklung verbunden sind. Zusammen mit den auf ihm schleifenden, feststehenden Bürsten hat er die Aufgabe, als mechanischer Frequenzwandler den von außen zugeführten oder entnommenen Gleichstrom in den für die Ankerwicklung erforderlichen Wechselstrom umzuformen, dessen Frequenz proportional der Ankerdrehzahl ist. [3]. Ku

Kommutieren *(commutate)* → Kommutierung. Ku

Kommutierung *(commutation)*. Unter K. versteht man den Stromübergang von einem Stromzweig auf einen anderen, wobei während der Kommutierungszeit (Überlappung) beide Zweige am Stromfluß beteiligt sind. Das Kommutieren des Stromes ermöglichen entweder mechanische oder elektronische Schalter. Zu den mechanischen Schaltern zählt der Kommutator, zu den elektronischen die Stromrichterventile. Als natürliche K. bezeichnet man bei Stromrichtern (SR) den Übergang des Stromes von einem Ventil auf ein anderes unter dem Einfluß von Netz- oder Lastspannungen (netz- oder lastgeführter SR; (→ auch Zwangskommutierung)). [3]. Ku

Kommutierungsinduktivität *(commutating inductance)*. Die wirksame Induktivität in der Masche, die sich aus den an einer Kommutierung beteiligten Stromzweigen bildet, ist die K. Sie bestimmt zusammen mit den treibenden Spannungen in den kommutierenden Stromzweigen die Stromänderungsgeschwindigkeiten, die zum Schutze der Stromrichterventile bestimmte Grenzwerte nicht überschreiten dürfen. Bei netzgeführten Stromrichtern bilden Streuinduktivitäten der Transformatoren oder Netzdrosseln die K.; bei selbstgeführten Stromrichtern ist die K. meistens Bestandteil der Löscheinrichtung. [11]. Ku

Kommutierungskondensator *(commutating capacitance)*. Der K. stellt in selbstgeführten Stromrichtern mit Kondensatorlöschung zum Abschaltzeitpunkt eines Stromrichterventils (Thyristor) die erforderliche Kommutierungsspannung zur Verfügung. Er muß so bemessen sein, daß am abzuschaltenden Thyristor genügend lange (Freiwerdezeit) negative Sperrspannung ansteht. [11]. Ku

Kommutierungskurve *(normal magnetization curve)*. Die K. stellt die Verbindungslinie der Umkehrpunkte aller symmetrischen Hystereseschleifen dar. [5]. Rü

Kommutierungszahl *(commutating number)*. Die K. ist ein Begriff der Stromrichtertechnik und gibt die Anzahl der pro Netzperiode auftretenden Kommutierungsvorgänge innerhalb einer Gruppe von untereinander zyklisch kommutierenden Ventilzweigen an. [4]. Ku

Kommutierungszeit *(commutating periode)*. Die K. ist die Zeitspanne vom Beginn bis zum Ende eines Kommutierungsvorgangs, d. h. die Zeit des Stromübergangs von einem Wicklungsstrang auf den anderen (Maschinen) bzw. von einem Ventil auf das andere (Stromrichter; → auch Kommutierung sowie Überlappung). [11]. Ku

Komparator *(comparator)*, Vergleicher. 1. In der Analogtechnik eine Schaltung, die Spannungswerte vergleicht und ein digitales Ausgangssignal erzeugt, das den höheren Spannungswert anzeigt (Bild). Analoge Komparatoren beruhen auf dem Prinzip des Operationsverstärkers. Sie werden z. B. in der Meßtechnik beim Stufen-Verschlüsselungs-Verfahren benötigt. 2. In der Digitaltechnik eine Schaltung, die zwei binär verschlüsselte

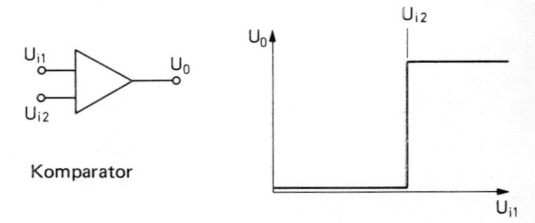

Komparator

Zahlen auf Gleichheit untersucht oder feststellt, welche Zahl größer ist. Der digitale K. hat meist zwei Ausgangssignale:

A > B; A = B.

Der digitale K. wird auch als Größenvergleicher *(magnitude comparator)* bezeichnet. Er kann Bestandteil einer ALU *(arithmetic and logical unit)* sein. [2], [9]. We

Komparator, analoger → Vergleicher, analoger. Fl

Kompatibilität *(compatibility)*. 1. In der Hardware die Verträglichkeit von digitalen Schaltungsfamilien. Die K. zwischen verschiedenen Schaltungsfamilien sagt aus, daß die logischen Pegel gleich und die Schaltzeiten vergleichbar sind. Es wird meist K. zur Schaltungsfamilie TTL (transistor transistor logic) angestrebt.

Die Forderung nach K. zwischen den Schaltungsfamilien kann dazu führen, daß die technologischen Vorteile einer Schaltungsfamilie nicht voll ausgenutzt werden. Die K. erstreckt sich nicht auf die Belastbarkeit. Sie ist nur sinnvoll, wenn der Ausgang einer Schaltungsfamilie mindestens einen Eingang der anderen Schaltungsfamilie betreiben kann. [2].

2. In der Software die Verwendung einer Maschinensprache für mehrere Prozessortypen. Die K. soll beim Übergang auf einen anderen Prozessortyp Entwicklungskosten für die Software sparen. Bietet ein Prozessortyp außer der Maschinensprache des anderen Prozessors noch zusätzliche Befehle, so bezeichnet man ihn als aufwärts kompatibel *(upward compatible)*. Programme für einen Prozessor laufen in einem aufwärts kompatiblen Prozessor, jedoch nicht umgekehrt. [1].

3. Steckerkompatibilität oder Anschlußkompatibilität *(pin compatibility)*: Anschluß eines Gerätes an ein anderes Gerät, ohne eine besondere Verbindung zu schaffen. Sie liegt ebenfalls vor, wenn ein Bauteil, z. B. eine integrierte Schaltung, gegen ein Bauteil anderen Fabrikats ausgewechselt werden kann, ohne die übrige Schaltung ändern zu müssen. Anschlußkompatibilität der integrierten Schaltungen muß nicht bedeuten, daß sie auch funktionskompatibel sind. [1]. We

Kompensation *(compensation)*. Allgemein versteht man unter K. das Gegeneinanderwirken zweier gleichartiger physikalischer Größen; d. h. ihre Beträge sind zwar gleich groß, aber die Wirkrichtungen liegen genau entgegengesetzt, so daß sie sich nach außen hin aufheben. In der elektrischen Meßtechnik lassen sich über Kompensationsmethoden hochgenaue Messungen durchführen, da das Meßobjekt nicht belastet wird. [12]. Fl

Kompensationshalbleiter *(compensated seminconductor)*. Ein Halbleiter, der sowohl mit Donator- als auch mit Akzeptoratomen dotiert ist. Sind die Donator- und Akzeptorkonzentrationen gleich, wirkt der Halbleiter bezüglich seiner elektrischen Leitfähigkeit wie ein Eigenhalbleiter. [7]. Ne

Kompensationsheißleiter → Heißleiter. Ge

Kompensationsmeßmethode → Kompensationsmethode. Fl

Kompensationsmethode *(compensation method)*, Kompensationsverfahren, Kompensationsmeßmethode. Die K. ist ein Meßverfahren, bei dem einer gegebenen physikalischen Größe eine vom Betrag her gleich große, aber entgegengesetzt wirkende Größe aufgeschaltet wird. Die entgegengerichtete Größe wird einer Hilfsenergiequelle entnommen, die für Meßzwecke sehr genau einstellbar ist. Ihre Einstellstufen bestimmen das Auflösungsvermögen der Meßanordnung. Der Einstellvorgang ist immer zeitabhängig, deswegen ist der Einsatz der K. für zeitlich schnelle Vorgänge begrenzt. Die Gleichheit beider Größen wird durch Nullanzeige eines hochempfindlichen Meßgerätes angezeigt; im abgeglichenen Zustand wird der Meßgröße keine Energie entzogen. Man arbeitet nach der K. z. B. bei der Kalibrierung von Feinmeßgeräten oder bei Messungen von Temperaturen mit Thermoelementen. [12]. Fl

Kompensationssatz → Kompensationstheorem. Fl

Kompensationsschreiber *(compensating self-recording instrument)*, Kompensograph, Motorkompensator, Potentiometerschreiber, Y-t-Schreiber. Der K. ist ein hochgenau arbeitendes, schreibendes Meßgerät, dessen Arbeitsweise auf der Kompensationsmethode beruht. Es gibt Linienschreiber und Punktdrucker. Nach dem Prinzipbild wird ein Abgleichpotentiometer von konstantem Hilfsstrom durchflossen. Am Potentiometer entsteht ein Spannungsabfall, dem die Meßspannung entgegengeschaltet ist. Voneinander abweichende Spannungen liegen am Eingang eines Verstärkers, dessen Ausgangssignal einen Stellmotor steuert. Der Motor ist mechanisch mit dem Potentiometerabgriff gekoppelt.

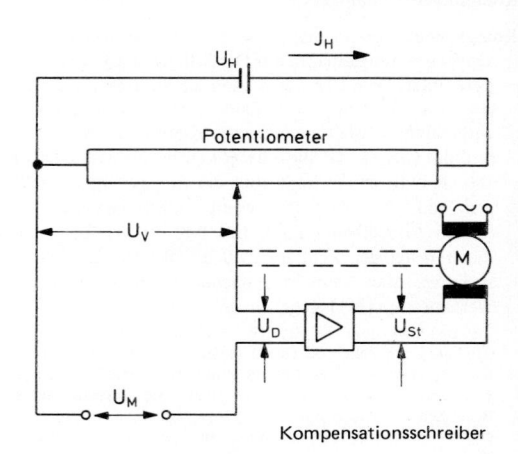

Kompensationsschreiber

Der Abgriff wird so lange bewegt, bis die Spannungsdifferenz am Verstärkereingang Null ist. Mit dem Abgriff ist auch ein Schreibstift verbunden, durch den der Verlauf der Meßspannung auf einem Registrierstreifen abgebildet wird. Bei fest einstellbarer Papiervorschubgeschwindigkeit läßt sich der Zeitverlauf der Meßspannung auswertbar darstellen (→ auch Koordinatenschreiber). [12]. Fl

Kompensationstheorem *(compensation theorem)*, Kompensationssatz, Satz von der Kompensation. Das K. ist ein Lehrsatz zur Berechnung linearer Wechselstromnetzwerke ohne Gegeninduktivität: Befindet sich in einem beliebigen Netzwerk eine Impedanz Z in einem bestimmten Zweig, so läßt sie sich durch eine Spannungsquelle ersetzen, deren Betrag gleich dem Spannungsabfall über der betrachteten Impedanz, deren Richtung aber entgegengesetzt der Stromrichtung durch die ersetzte Impedanz ist. Der Satz gilt auch für Stromquellen, wenn sich eine Spannungsquelle in eine Stromquelle überführen läßt. [15]. Fl

Kompensationsverfahren → Kompensationsmethode. Fl

Kompensator *(compensator)*. Kompensatoren sind Meßeinrichtungen und -geräte, mit denen nach der Kompensationsmethode hochgenau und leistungslos Spannungs- und Stromwerte bestimmt werden. Ein festgelegter oder einstellbarer Hilfsstrom durchfließt einen Hilfsstromkreis in dem sich Präzisionswiderstände befinden. Die über ihnen entstehenden Spannungsabfälle werden mit der Meßspannung verglichen (z. B. Poggendorf-Kompensator). Nullanzeigegerät ist häufig ein Galvanometer. Bei Wechselstrommessungen muß Betrag und Phase kompensiert werden; der Abgleich gilt nur für eine Frequenz. Anwendungsgebiete der Kompensatoren sind z. B. das Kalibrieren von Meßgeräten und Meßwertaufnehmern, häufig werden sie auch als präzise und konstante Spannungsquellen eingesetzt. [12]. Fl

Kompensograph → Kompensationsschreiber. Fl

Kompilierer → Compiler. Li

Komplement *(complement)*. Das K. wird bei manchen Datenverarbeitungsanlagen zur Darstellung negativer Zahlen verwendet. Damit läßt sich dann die Subtraktion auf die Addition einer negativen Zahl, also des Komplements zurückführen. Man kennt zwei Komplemente: das B- und das (B-1)-K. (B Basis des jeweiligen Zahlensystems). Das (B-1)-K. ist die Ergänzung der vorgegebenen n-stelligen Zahl zur größten im jeweiligen Zahlensystem mit n Stellen darstellbaren Zahl. Das B-K. ist die Ergänzung dieser n-stelligen Zahl zur Zahl B^n (B Basis des Zahlensystems). Man kann es einfacher durch Addition des Wertes 1 zum (B-1)-K. gewinnen.

Im Dezimalsystem ist B = 10; man spricht von Neuner-K. [(B-1)-K.] und Zehner-K. (B-K.). Beim Neuner-K. z. B. wird 350 auf 999 ergänzt, wobei sich 649 ergibt. Die Komplementierung geschieht am einfachsten durch stellenweises Ergänzen auf 9. Beim Zehner-K. muß auf 10^3 ergänzt werden, wobei sich 650 ergibt. Im Dualsystem ist B = 2; man spricht von Einer-K. [(B-1)-K.] und Zweier-K. (B-K.). Beim Einer-K. wird z. B. 1011 auf 1111 ergänzt, wobei sich 0100 ergibt. Hier ist das K. am einfachsten durch stellenweises Invertieren der gegebenen Zahl zu bilden. Daher wird dieses K. bei Datenverarbeitungsanlagen sehr häufig verwendet! Beim Zweier-K. muß auf 10000 bzw. Eins zum Einer-K. addiert werden, wobei sich 0101 ergibt. [1], [2], [9]. Li

komplementär *(complementary)*. 1. Bauelemente, die beim Anlegen von Signalen das gleiche Verhalten, jedoch mit entgegengesetzter Polarität zeigen, z. B. NPN- und PNP-Transistor. 2. Komplementäre Halbleiterbauelemente (NPN- bzw. PNP-Transistor oder N- und P-Kanal-Feldeffekttransistor), die in dem gleichen Substrat integriert wurden. [4]. Ne

Komplementär-Darlington-Schaltung *(complementary Darlington pair circuit)*. Die K. ist eine Darlington-Schaltung, bei der zwei komplementäre Bipolartransistoren (am Eingang NPN-Typ, am Ausgang PNP-Typ) in direkter Kopplung so geschaltet sind, daß der Kollektor des ersten Transistors mit der Basis des zweiten und der Emitter des ersten mit dem Kollektor des zweiten verbunden ist (Bild). Die Gesamtstromverstärkung ergibt sich aus dem Produkt der Einzelverstärkungen. Die K. wird häufig als Endstufe im Leistungsverstärker eingesetzt. [6]. Fl

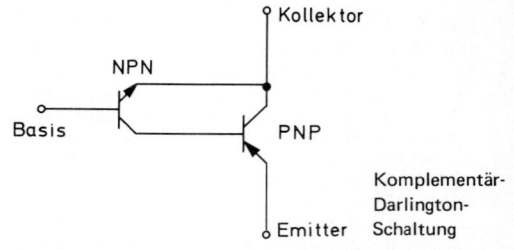

Komplementär-Darlington-Schaltung

Komplementär-MOS *(metal-oxide semiconductor)* → CMOS. Ne

Komplementärschaltung → Komplementärverstärker. Li

Komplementärtechnik *(complementary technology)*. Bei integrierten Schaltungen eine Technik, auf demselben Chip Komplementärtransistoren zu integrieren. [4]. Ne

Komplementärtransistoren *(complementary transistors)*. Zwei Transistoren, die gleiche elektrische Eigenschaften und Kenndaten haben, sich jedoch im Leitfähigkeitstyp unterscheiden. Bei Bipolartransistoren sind der NPN- und PNP-Transistor, bei Unipolartransistoren der N- und der P-Kanal-Typ komplementär. K. werden z. B. in NF-Endstufen (NF Niederfrequenz) im Gegentaktbetrieb angewendet. [4]. Ne

Komplementärverstärker *(complementary transistor amplifier)*. Verstärker, die Komplementärtransistoren verwenden (Bild). K. werden vor allem für NF-Leistungsverstärkerendstufen (NF Niederfrequenz) verwendet, wodurch der Aufbau völlig eisenloser Endstufen möglich wird. [6], [11]. Li

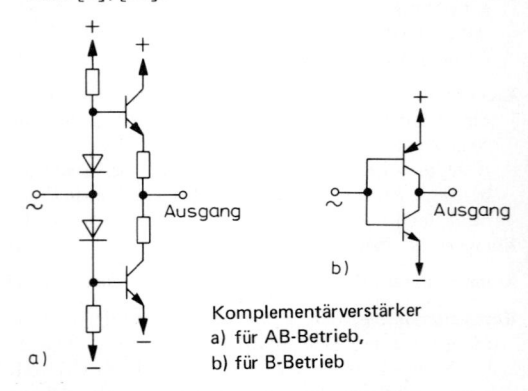

Komplementärverstärker
a) für AB-Betrieb,
b) für B-Betrieb

Komplementärverstärkung → Komplementärverstärker. Li

Komplementbildung → Komplement. Li

Komplementieren → Komplement. Li

Kompression *(compression)*. Druckerhöhung eines Gases, im allgemeinen verbunden mit einer Volumenverringerung. [5]. Bl

Kondensanz *(condensance, capacitance)*, Kapazitanz. Kapazitiver Blindwiderstand

$$X_c = \frac{1}{\omega C} \text{ eines Kondensators. [13]}.$$ Rü

Kondensator, einstellbarer → Kondensator, variabler. Ge

Kondensator, ferroelektrischer → Keramikkondensator. Ge

Kondensator, integrierter *(integrated capacitor)*. Ein Kondensator, den man in einer integrierten Schaltung erhält, wenn man einen PN-Übergang in Rückwärtsrichtung vorspannt (Bild) oder die Struktur eines MIS-Kondensators *(MIS metal insulator semiconductor)* ausnutzt. Die Größe der Kapazitätswerte ist auf einige Hundert Picofarad begrenzt, da der pro Quadratzentimeter maximal erzielbare Kapazitätswert bei etwa 150 nF liegt. [4]. Ne

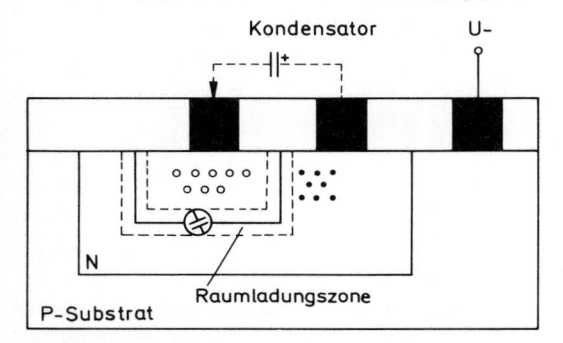

Integrierter Kondensator

Kondensator, variabler *(variable capacitor)*, einstellbarer, veränderbarer Kondensator. K., dessen Kapazität durch Veränderung der Überdeckung zweier gegenüberstehender Flächen variiert werden kann. Das Dielektrikum ist meistens Luft; aber auch Kunststofffolie (Polystyrol) findet Anwendung. Das Verhältnis von Anfangs- und Endkapazität ist abhängig vom mechanischen Aufbau und beträgt etwa 0,1 bis 0,05. Kapazitätswerte: 5 pF bis 1000 pF. Bauformen von variablen Kondensatoren: 1. Drehkondensator (Regelkondensator) bei dem die Kapazität durch Ineinanderdrehen zweier halbkreisförmiger Plattenpakete in Abhängigkeit vom Drehwinkel geändert wird. Man unterscheidet Kreisplattenschnitt (kapazitätsgerade), Sichelplattenschnitt (frequenzgerade), Nierenplattenschnitt (wellenlängengerade) nach dem (linear vom Drehwinkel abhängigen) Parameter eines mit dem variablen K. abzustimmenden Schwingkreises sowie den Logarithmenplattenschnitt, bei dem ein linearer Zusammenhang zwischen Drehwinkel und dem Logarithmus der Frequenz oder der Wellenlänge besteht. Bei Mehrfachdrehkondensatoren werden mehrere Plattenpakete zur gemeinsamen Einstellung auf der gleichen Achse angeordnet. Zwei Statorpakete und ein Rotorpaket besitzen der Differentialdrehkondensator (kapazitiver Spannungsteiler) und der Schmetterlingsdrehkondensator (Rotor nicht angeschlossen). Trimmerkondensatoren (Korrektions- und Abgleichkondensatoren) werden nur beim Geräteabgleich verändert und bleiben fest eingestellt (max. 100 pF). Als Dielektrikum wird auch Glimmerkeramik oder Glas benutzt. Häufig verwendet werden Scheibentrimmer und Spindeltrimmer. 2. Dekadenkondensator: in Dekadenstufen einstellbarer Kondensator für Meßzwecke. [4]. Ge

Kondensator, veränderbarer → Kondensator, variabler. Ge

Kondensatoraufladung *(charging of a capacitor)*. Wird ein Kondensator C, zu dem in Reihe ein ohmscher Widerstand R liegt zum Zeitpunkt t = 0 mit einem Schalter S an eine feste Gleichspannung U gelegt, dann findet eine K. statt (Bild). Die Kondensatorspannung ist

$$U_c = U\left(1 - e^{-\frac{t}{\tau}}\right)$$

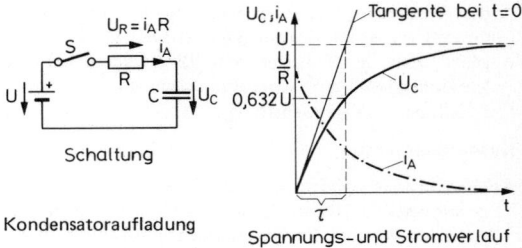

Kondensatoraufladung   Spannungs- und Stromverlauf

und der Aufladestrom

$$i_A = \frac{U}{R} e^{-\frac{t}{\tau}}.$$

τ = RC ist die Zeitkonstante der K. Die K. ist praktisch nach t = 3 τ bis 5 τ beendet. [5]. Rü

Kondensatorentladung *(discharge of a capacitor)*. Wird ein auf eine Spannung U_0 aufgeladener Kondensator C, zu dem in Reihe ein ohmscher Widerstand R liegt, zum Zeitpunkt t = 0 mit einem Schalter S kurzgeschlossen, dann findet eine K. statt (Bild). Die Kondensatorspannung ist

$$U_c = U_0 \, e^{-\frac{t}{\tau}}$$

und der Entladestrom

$$i_E = \frac{U_0}{R} e^{-\frac{t}{\tau}}.$$

τ = RC ist die Zeitkonstante der K. Die K. ist praktisch nach t = 3 τ bis 5 τ beendet. [5]. Rü

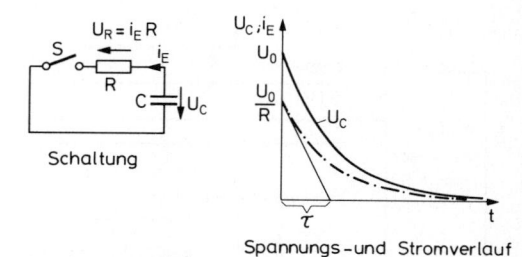

Kondensatorentladung   Spannungs- und Stromverlauf

Kondensatorkopplung *(capacitor coupling)*. Verbindung von Netzwerkteilen durch einen Kondensator (Koppelkapazität), z. B. zwischen den einzelnen Stufen einer Verstärkerschaltung oder bei der kapazitiven Kopplung von Schwingkreisen (→ Zweikreisbandfilter, → Dreikreisbandfilter). [13]. Rü

Kondensatorlöschung *(capacitor quenching)*. Die K. kommt vor allem in selbstgeführten Stromrichtern zum Einsatz. Ein aufgeladener Kondensator wird dabei so mit dem abzuschaltenden Stromrichterventil (Thyristor) verbunden, daß sich negative Sperrspannung an das Ventil legt und der Laststrom auf den Kondensatorzweig übergeht. Da der Laststrom den Kondensator umlädt, muß vor jeder neuen Löschung die Kondensatorspannung durch einen Umschwingvorgang umgepolt werden. Dazu wird der Kondensator durch eine Induktivität (Umschwingdrossel) zu einem Schwingkreis (Umschwingkreis) ergänzt. Eine in Reihe liegende Diode verhindert das Rückschwingen der Kondensatorladung (→ Morgan-Schaltung, → Tröger-Schaltung). [11]. Ku

Kondensatormessung → Kapazitätsmessung. Fl

Kondensatormikrophon *(electrostatic microphone; condenser microphone)*. Dieser Schallwandlertyp ist ein elektrostatischer Wandler, bei dem der Schalldruck oder Schallgradient die Bewegung einer Membran bewirkt, deren Kapazitätsänderung gegen eine Festelektrode eine Ladungsänderung und damit eine Stromänderung hervorruft. Es wird für hochqualitative Aufnahmen und als Meßmikrophon verwendet. [12], [13], [14]. Th

Kondensatorverlustwinkel → Verlustfaktor. Rü

Konduktanz *(conductance)*, Wirkleitwert. Realteil einer Admittanz (→ Impedanz). [15]. Rü

Konfidenzbereich *(confidence level)* → Vertrauensbereich. We

Konfiguration *(configuration)*. Zusammenstellung eines informationsverarbeitenden Systems aus verschiedenen Komponenten, wobei auch deren Kapazität anzugeben ist, z. B. Speicherkapazität. Die K. beschreibt insbesondere die Ausstattung mit Peripheriegeräten. Sie gibt auch die Art der Verbindung der einzelnen Komponenten an. Das Bild zeigt die K. eines mikroprozessororientierten Systems. [1]. We

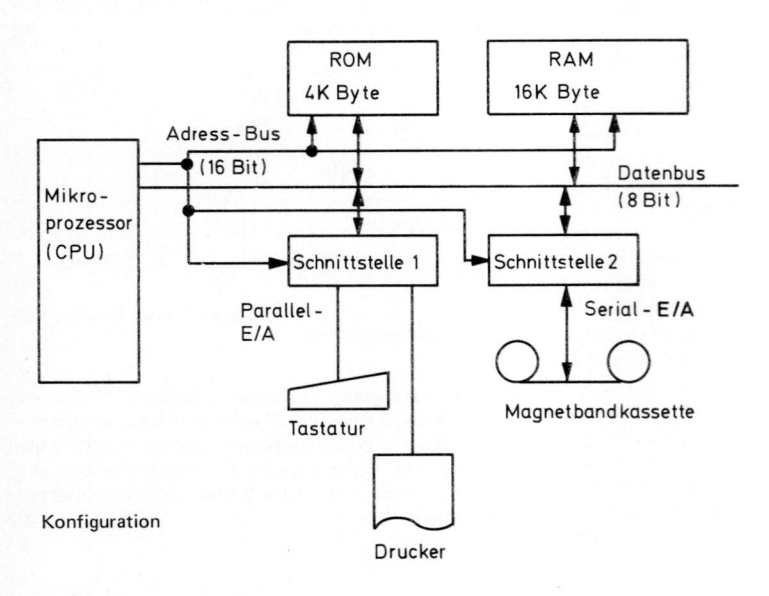

Konjunktion *(conjunction)*, UND-Verknüpfung. Grundverknüpfung der Booleschen Algebra. Die K. zweier oder mehrerer Variablen ist dann und nur dann wahr, wenn alle Variablen den Wahrheitswert wahr haben. Wahrheitstabelle:

A	B	A ∧ B
f	f	f
f	w	f
w	f	f
w	w	w

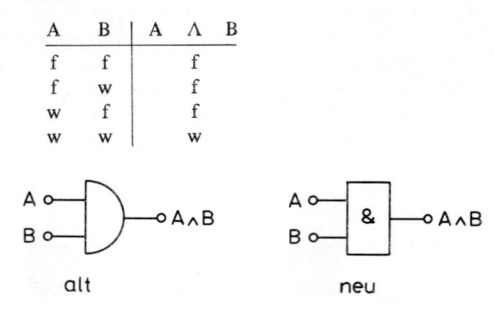

Schaltzeichen für UND-Gatter (DIN 40700)

Bausteine, die diese Verknüpfung realisieren, werden als UND-Gatter *(AND gate)* bezeichnet. [2]. Li

Konkurrenzverfahren *(contention mode)*. Vielfachzugriffsverfahren für eine Busleitung oder einen Funkkanal, bei dem jede Station oder Endstelle unaufgefordert senden und es dabei zu einem Belegungszusammenstoß (Kollision) kommen kann. Bekannte Verfahren sind das ALOHA-Verfahren sowie CSMA *(Carrier Sense Multiple Access)*. [19]. Kü

Konsole *(console, control panel)*. In Datenverarbeitungssystemen ein Ein-Ausgabe-Gerät, das dem Bediener dazu dient, den Zustand des Systems zu erfahren und Eingriffe in dem System vorzunehmen. Setzte sich die K. früher meist aus Lampenanzeigen, Tastatur und Blattschreiber zusammen, so sind heute meist Tastatur und Display vorhanden. [1]. We

Konstanthalter → Stabilisator. Fl

Konfiguration

Konstantspannungsbetrieb *(constant voltage operation).* (→ Bild Ersatzschaltung). Der K. wird im Idealfall ermöglicht, wenn bei einer Spannungsquelle der Innenwiderstand $R_i = 0$ wird. Die Klemmenspannung U wird dann für jeden Strom I gleich der Leerlaufspannung U_L und damit von der angeschlossenen Last unabhängig. [15]. Rü

Konstantspannungsquelle *(constant voltage source),* Spannungskonstanthalter. Konstantspannungsquellen sind elektronische Spannungsquellen, die in angegebenen Grenzen unabhängig von der Belastung eine stabil bleibende Klemmenspannung als Ausgangsgröße liefern. Häufig läßt sich die Ausgangsspannung auf unterschiedliche Werte fest einstellen. Man erreicht das spannungskonstante Verhalten, in dem der Wert der Ausgangsspannung mit dem Spannungswert eines Referenzelements, einer Z-Diode, eines Normalelements oder einem Glimmstabilisator verglichen wird und erforderlichenfalls mit einer elektronischen Schaltung nachgeregelt wird. Anwendungsgebiete sind z. B. Kalibratoren, Kompensatoren, Digitalvoltmeter. [6], [4], [12], [18]. Fl

Konstantstrombetrieb *(constant current operation).* (→ Bild Ersatzschaltung). Der K. wird im Idealfall ermöglicht, wenn bei einer Stromquelle der innere Leitwert $Y_i = 0$ wird ($R_i \to \infty$). Der Klemmenstrom I wird dann für jede Klemmenspannung U gleich dem Kurzschlußstrom I_K und damit von der angeschlossenen Last unabhängig. [15]. Rü

Konstantstrommeßbrücke *(constant current measuring bridge).* Als Konstantstrommeßbrücke bezeichnet man Brückenschaltungen, die mit einer Konstantstromquelle gespeist werden. Häufig erfolgt eine Einspeisung mit stabil bleibendem Gleichstrom, wenn eines oder mehrere Brückenelemente stromabhängig sind. In Meßketten zur elektrischen Messung nichtelektrischer Größen werden Konstantstrommeßbrücken z. B. eingesetzt, wenn die Anordnung Meßkabel mit hohen Widerstandswerten oder veränderlichen Widerständen enthält. [12]. Fl

Konstantstromquelle *(constant current power supply),* Präzisionsstromgeber. Konstantstromquellen sind elektronische Geräte, die mit Netzspannung betrieben werden und als Stromquelle einen konstanten Ausgangsstrom, z. B. zur Elektrolyse, liefern. Andere Konstantstromquellen, z. B. als Baugruppe innerhalb einer elektronischen Schaltung, werden mit Gleichspannung aus dem Netzteil oder einer Batterie gespeist. Kennzeichnend für Konstantstromquellen sind ein hoher Innenwiderstand (etwa $10^9 \Omega$) und ein bis zur festgelegten Maximalspannung von der Belastung und anderen Einflüssen unabhängiger, stabil bleibender Ausgangsgleichstrom. Häufig ist der Ausgangsstrom feinstufig digital einstellbar. Als Präzisionsstromgeber setzt man sie z. B. zur Speisung von stromabhängigen Bauelementen, wie Meßumformer, Temperaturfühlern und zur Kalibrierung von Strommessern ein. [6], [12]. Fl

Konsumelektronik *(consumer electronics).* Derjenige Bereich der Elektronik, der zur Befriedigung der Bedürfnisse des Einzelnen dient. Zu ihnen zählen Fernseh-, Video-, Tonaufnahme- und Tonwiedergabegeräte, Taschenrechner (Unterhaltungselektronik), elektronisch gesteuerte Haushaltsgeräte (Haushaltselektronik) oder elektronische Geräte in Kraftfahrzeugen (Fahrzeugelektronik). [4]. Ne

Kontakt, ohmscher *(ohmic contact).* 1. Allgemein: Ein Kontakt, dessen Eigenschaften durch einen ohmschen Widerstand dargestellt werden können, d. h., innerhalb des gesamten Betriebsbereichs gilt eine lineare Strom-Spannungs-Charakteristik. 2. Speziell bei Halbleitern: Der Kontakt zwischen zwei Materialien, bei denen der durchtretende Strom proportional der Spannungsdifferenz am Übergang ist. [5]. Rü

Kontaktalgebra → Schaltalgebra. Li

Kontaktelement *(contact element).* Kontaktelemente zur Herstellung der Kontaktpaarung dienenden Teile, z. B. Kontaktstift und Kontaktfeder. [4]. Ge

Kontaktfeder → Kontaktelement. Ge

Kontaktgleichrichter *(commutator rectifier).* Der K. ist ein Gleichrichter, bei dem die Ventile durch mechanische Kontakte (Schalter) ersetzt sind. Diese werden netzsynchron betätigt und zwar so, daß der Strom nur in einer Richtung fließen kann. Als Kommutierungshilfe liegen Schaltdrosseln in Reihe mit den Schaltern. Der K. ist inzwischen durch die Halbleitertechnik vollständig verdrängt worden. [11]. Ku

Kontaktieren *(bonding),* Bonden. Herstellen von elektrischen Verbindungen, beispielsweise durch Lötverbindung, Schweißverbindung, Quetschverbindung, Steckverbinder. [4]. Ge

Kontaktierungsmethoden *(bonding).* Verfahren zum Kontaktieren von auf einem Halbleiterplättchen befindlichen Kontaktstellen (meist aus Aluminium). Man kennt bei der Drahtkontaktierung Thermokompressionsverfahren (Nadelkopfverfahren, Stichverfahren) und Ultraschallverfahren sowie Kombinationen von beiden. Um das teure Verfahren der Kontaktierung der Halbleiterplättchen mit Einzeldrähten zu vermeiden, kennt man auch die drahtlose Montage (Flip-Chip-, Beam-Lead-, Spider-Grid-Technik). [4]. Ne

Kontaktkraft *(contact pressure).* Die Kraft, mit der sich Kontakte berühren. Für ausreichende Kontaktsicherheit, Stoß- und Schüttelfestigkeit ist pro Ampere Schaltstrom eine K. von mindestens 5 cN (1 cN = 0,01 N) erforderlich. Mit steigender K. sinken Kontakterwärmung und Kontaktwiderstand. [4]. Ge

Kontaktpotential *(contact potential),* Berührungsspannung. Beim Berühren unterschiedlicher Substanzen findet an den Berührungsstellen ein Ladungsaustausch statt, der die eine Substanz gegenüber der anderen auflädt. Dadurch bildet sich eine elektrische Doppelschicht aus, d. h., es tritt eine Potentialdifferenz auf. Bei Halbleitern diffundieren Elektronen und Defektelektronen von Gebieten hoher in Gebiete niedriger Majoritätsladungsdichte (Diffusionsvorgang). Dabei wirkt ein elektrisches

Feld, das ab einer bestimmten Feldstärke die Diffusion von Ladungsträgern beendet. Es hat sich dann innerhalb des Halbleiters eine Potentialdifferenz, die Kontaktspannung, ausgebildet. [5], [7]. Bl

Kontaktprellen → Prellen. Fl

Kontaktspannung → Kontaktpotential. Ge

Kontaktstelle *(contact area)*. Ort der Berührung zwischen den Kontaktelementen. [4]. Ge

Kontaktstift → Kontaktelemente. Ge

Kontaktthermometer *(contact thermometer)*. Das K. ist z. B. ein Quecksilberthermometer, in das Kontakte eingeschmolzen sind. Erreicht der Quecksilberfaden bei entsprechenden Temperaturen die elektrisch leitenden Kontakte, werden Stromkreise geöffnet oder geschlossen. [12], [18]. Fl

Kontaktträgerwerkstoff → Leiterwerkstoff. Ge

Kontaktwiderstand *(contact resistance)*. Ohmscher Widerstand der Kontaktstelle. [4]. Ge

Kontinuitätsgleichung *(continuity equation)* → Schallfeld. Rü

Kontrollbit → Parität. Li

Kontrollieren → Kalibrieren. Fl

Konvektion *(convection)*. Mitführung; die Übertragung von (Wärme-) Energie oder elektrischer Ladung, die von den kleinsten Teilchen einer Strömung in einem Gas oder einer Flüssigkeit mitgeführt werden. Durch Temperatur- oder Dichteunterschiede entsteht ein Konvektionsstrom. [5]. Rü

Konvektionsstrom → Konvektion. Rü

Konversionsfaktor → Konverter. Rü

Konverter *(converter)*. 1. Genauer Impedanzkonverter, oder Immittanzkonverter. Es handelt sich um Netzwerkelemente (meist Vierpole), die durch geeignete Beschaltung des Vierpolausgangs eine Immittanz an die Eingangsklemmen konvertieren. Im allgemeinsten Fall faßt man die Konverter unter der Bezeichnung GIC *(generalized impedance converter)* zusammen. Zu den einfachsten Positiv-Impedanzkonvertern gehört z. B. der ideale Übertrager. In der Elektronik sind vor allem die Negativ-Impedanzkonverter (engl. NIC) von Bedeutung. Es handelt sich um Vierpole, bei denen eine Impedanz Z_2 am Ausgangstor mit dem Konversionsfaktor k^2 als $W_1 = -k^2 Z_2$ an das Eingangstor übersetzt wird (Negativübersetzer; Bild). Je nach Art der Realisierung unterscheidet man stromumkehrende Negativ-Impedanzkonverter (INIC) und spannungsumkehrende (UNIC). Für diese beiden K. gelten die Kettenmatrizen (→ Vierpolmatrizen).

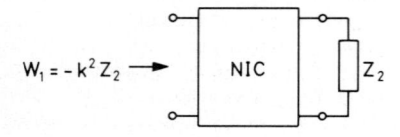

$$\text{INIC: } A = \begin{pmatrix} 1 & 0 \\ 0 & -\dfrac{1}{k^2} \end{pmatrix}, \text{UNIC: } A = \begin{pmatrix} -k^2 & 0 \\ 0 & 1 \end{pmatrix}.$$

[15]. Rü

2. In der Informationsverarbeitung ein Gerät zur Umsetzung (Konvertierung) einer Information von einer Form in eine andere Form der Darstellung (z. B. Analog-Digital-Umsetzer). [9]. We

Konvertierung *(conversion)*, Umsetzung. In der Informationsverarbeitung die Änderung der Darstellungsform einer Information ohne Änderung des Informationsgehalts. Beispiele für die K. sind die Digital-Analog-Umsetzung, die Serien-Parallel-Umsetzung, Code-Umwandlungen, Pegel-Umsetzungen bei Wechsel der Schaltungsfamilien. Konvertierungen können durch Geräte aber auch durch Programme (z. B. bei Code-Umwandlungen) durchgeführt werden. [9]. We

Konzentration *(concentration)*. Strukturierungsprinzip bei Koppeleinrichtungen. Der von den Teilnehmerleitungen oder einem Leitungsbündel ankommende Verkehr wird auf einer kleineren Anzahl von Leitungen weitergeführt. Der zugehörige Teil der Koppeleinrichtungen heißt Konzentrationsstufe. In elektromechanischen Wählsystemen führt der Anrufsucher (→ Wähler) die Konzentration durch. Gegenstück zur Konzentration ist die Expansion. [19]. Kü

Konzentrator *(concentrator)*. Koppeleinrichtung zur Konzentration bzw. Expansion des Verkehrs. Konzentratoren werden insbesondere innerhalb von Vorfeldeinrichtungen angewendet. An der Schnittstelle zum Digitalnetz wird im Multiplexer mitunter gleichzeitig die Aufgabe des Konzentrators realisiert. In Datennetzen mit Paketvermittlung führt ein Datenkonzentrator die gepufferte Multiplexierung (statistical multiplexing) von einzelnen, auf den Anschlußleitungen eintreffenden Datenpaketen auf einen gemeinsamen, weiterführenden Kanal durch. Die Übertragungskapazität des gemeinsamen Kanals ist dabei i. a. kleiner als die Summe der Übertragungskapazitäten der Anschlußleitungen, so daß an dieser Schnittstelle Blockierung bzw. Warten auftreten kann. [19]. Kü

Koordinatengraph *(coordinateograph)*. Der K. ist ein Zeichengerät, mit dem sich Punkte bestimmter Koordinaten in eine Zeichnung übertragen lassen, bzw. beliebige Punkte aus einer Zeichnung in ihren Koordinaten bestimmen lassen. [12]. Fl

Koordinatenschalter *(cross bar switch)*, Crossbar-Schalter. Der K. ist ein steuerbares Koppelelement der Fernsprechvermittlungstechnik. Er besteht aus koordinatenartig neben- und übereinander liegenden Kontaktsätzen, an die die miteinander zu verbindenden Fernsprechleitungen angeschlossen sind. In der Horizontalen sind Markierfedern angeordnet, die durch eine Stange nach oben oder unten in Arbeitsstellung gebracht werden (Bild).

$W_1 = -k^2 Z_2 \rightarrow$ NIC Z_2

Negativ-Impedanzkonverter

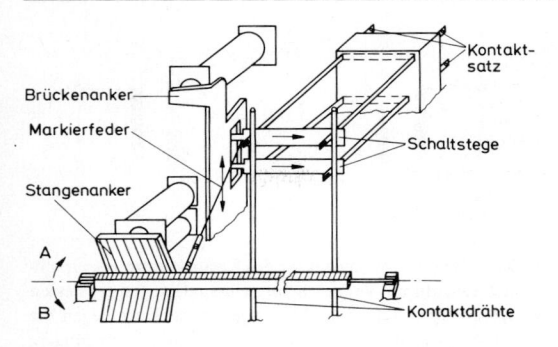

Koordinatenschalter

Nur diejenige Feder, bei der in horizontaler Richtung ein Brückenanker anzieht, betätigt einen Kontaktsatz, der die Leitungen verbindet. Die Feder wird eingeklemmt und hält die Kontakte für die Dauer der Verbindung. Die Stange geht in Ruhestellung und weitere Markierfedern können betätigt werden. [19]. Fl

Koordinatenschreiber *(X-Y recorder),* X-Y-Schreiber, X-Y-Recorder, X-Y-Kompensationsschreiber. K. sind schreibende Meßgeräte, bei denen ein Schreibstift gleichzeitig in horizontaler und vertikaler Richtung von der angelegten Meßspannung ausgelenkt wird. Der K. arbeitet in beiden Richtungen ähnlich dem Kompensationsschreiber nach der Kompensationsmethode. Er besitzt für jede Koordinate einen getrennten Eingang mit eigenem Verstärker. Der Schreibstift wird von zwei Stellmotoren (X- und Y-Richtung) angetrieben und so lange bewegt, bis der Meßwert gleich dem Spannungswert einer internen, einstellbaren Bezugsspannungsquelle entspricht, Häufig wird der Schreibstift automatisch angehoben bzw. auf das Registrierpapier abgesenkt. Das Papier wird elektrostatisch auf einer Platte festgehalten. [12].
Fl

Koordinatensysteme *(coordinate system).* Koordinaten sind Zahlen zur Kennzeichnung eines Punktes im Raum. Die Anzahl der Koordinaten ist gleich der Dimensionszahl des betreffenden Raumes. Die willkürliche Festlegung der Koordinaten durch Achsenabschnitte, Radiusvektoren und Winkelgrößen führt zu verschiedenen Koordinatensystemen. Die wichtigsten K. und ihre Umrechnungen sind: 1. Cartesische Koordinaten: Ein Punkt des Raumes wird als Ursprung 0 gewählt, durch den (bei rechtwinkligen Koordinaten) drei paarweise aufeinander senkrecht stehenden Geraden x, y, z – die Koordinatenachsen – gelegt werden. Von den Koordinatenachsen werden drei Koordinatenebenen aufgespannt (xy; xz; yz); sie teilen den Raum in acht Oktanten. Die x-, y- und z-Koordinate legen einen Punkt P eindeutig fest. 2. Kugelkoordinaten: Zur Beschreibung physikalischer Vorgänge mit kugelförmiger Struktur (z. B. Kugelwellen) ist ein Koordinatensystem günstiger, das die Lage eines Punktes P durch den Abstand $r \geq 0$ vom Ursprung 0 und zwei Winkel (ϑ, φ) festlegt. Der Winkel ϑ ist der Winkel, den die Strecke $\overline{OP}$ mit der xy-Ebene einschließt

$(-\frac{\pi}{2} \leq \vartheta \leq +\frac{\pi}{2})$. Der Winkel φ ist der Winkel, den die Projektion der Strecke $\overline{OP}$ auf die xy-Ebene mit der positiven x-Achse bildet $(0 \leq \varphi \leq 2\pi)$. Zwischen den Kugelkoordinaten oder räumlichen Polarkoordinaten r, φ, ϑ und den kartesischen Koordinaten x, y, z bestehen die Zusammenhänge

$x = r \cos\vartheta \cos\varphi, \quad r = \sqrt{x^2 + y^2 + z^2},$

$Y = r \cos\vartheta \sin\varphi, \quad \vartheta = \arctan \dfrac{z}{\sqrt{x^2 + y^2}}, (x^2 + y^2 \neq 0)$

$z = r \sin\vartheta, \quad \varphi = \begin{cases} \arctan \dfrac{y}{x} \text{ für } x > 0 \\ \pi + \arctan \dfrac{y}{x} \text{ für } x < 0. \end{cases}$

Für ebene Probleme (z-Koordinate Null) ist $\vartheta = 0$ $(\cos\vartheta = 1, \sin\vartheta = 0)$ und man erhält die (ebenen) Polarkoordinaten

$x = r \cos\varphi, \quad r = \sqrt{x^2 + y^2},$

$y = r \sin\varphi, \quad \varphi = \arctan \dfrac{y}{x}.$

3. Zylinderkoordinaten: Zur Beschreibung physikalischer Vorgänge mit zylinderförmiger Struktur (z. B. Zylinderwellen), ist ein Koordinatensystem günstiger, das von den kartesischen die z-Achse beibehält (Zylinderachse) und für die xy-Ebene (ebene) Polarkoordinaten verwendet. Zwischen den Zylinderkoordinaten r, y, z und den kartesischen Koordinaten x, y, z bestehen die Zusammenhänge:

$x = r \cos\varphi, \quad r = \sqrt{x^2 + y^2},$

$y = r \sin\varphi, \quad \varphi = \arccos \dfrac{x}{\sqrt{x^2 + y^2}} = \arcsin \dfrac{y}{\sqrt{x^2 + y^2}},$

$z = z.$

[5]. Rü

Koppelanordnung → Koppeleinrichtung. Kü

Koppeldämpfung *(coupling attenuation).* Während man bei Koaxialkabeln die Kopplungseigenschaften zwischen Seele und Außenmantel durch einen Kopplungswiderstand beschreibt (als Widerstand pro Längeneinheit), wird bei Leitungsbauelementen (→ Steckverbinder) der Kopplungswiderstand Z_{Ks} unmittelbar in mΩ angegeben. Häufig benutzt man zur Kennzeichnung auch die K.

$a_K = -20 \lg \dfrac{|Z_{Ks}|}{Z_W}$ in dB,

wobei Z_W der Wellenwiderstand einer zweifach koaxialen Meßanordnung ist. [13]. Rü

Koppeldiode *(coupling diode).* Zur Gleichspannungskopplung zweier Verstärkerstufen verwendete Diode. Die K. bewirkt eine Verschiebung des Gleichspannungspotentials (→ Offsetdiode). Sie wird vor allem in integrierten Schaltungen verwendet, da die Integration von Koppelkondensatoren hier wegen des zu großen Chip-Flächenbedarfs nicht in Frage kommt. [4], [6]. Li

Koppeleinrichtung *(switching network)*, Koppelanordnung. Aus Koppelelementen zusammengesetzte Einrichtung zur wahlweisen Verbindung von Zubringer- und Abnehmerleitungen. Die Gesamtheit der Koppeleinrichtungen einer Vermittlungsstelle heißt Koppelnetz, strukturell zusammenhängende Teile davon werden als Koppelfeld bezeichnet wie z. B. Teilnehmerkoppelfeld oder Richtungskoppelfeld. Die Gesamtheit aller derjenigen Koppelvielfache einer Koppelanordnung, die strukturell an gleicher Stelle liegen, heißt Koppelstufe; aus benachbarten Koppelstufen gebildete Gruppierungseinheiten werden als Koppelgruppen bezeichnet. [19]. Kü

Koppelelement 1. *(switching element)*. Elementare Schalteinrichtungen innerhalb von Koppeleinrichtungen, über die Leitungen zusammengeschaltet werden können. Der Koppelpunkt *(crosspoint)* ist die kleinste Einheit zur Zusammenschaltung zweier Leitungen; er entspricht technisch einem Satz von gemeinsam betätigten mechanischen oder elektronischen Kontakten entsprechend der Anzahl von Sprech- und Steueradern. Die Koppelreihe *(switching row)* umfaßt k Koppelpunkte und erlaubt die wahlweise Verbindung des gemeinsamen Eingangs mit einem von k Ausgängen (→ Erreichbarkeit); in elektromechanischen Wählsystemen entspricht die Koppelreihe einem Wähler. Das Koppelvielfach *(switching matrix)* besteht aus i Koppelreihen, die ausgangsseitig vielfachgeschaltet sind; es entspricht einer Matrix aus i Eingängen und k Ausgängen, wobei jeder Eingang mit jedem Ausgang wahlweise verbunden werden kann. [19]. Kü
2. *(coupling element)*. Zur Kopplung zweier Verstärkerstufen bzw. Vierpole verwendetes Element. Koppelelemente können sein: direkte Drahtverbindung, Widerstand, Kondensator, Transformator, Bandfilter (LC-Glied) Drossel, RC-, RL-Netzwerk, Koppeldiode, Optokoppler. [6], [13], [15]. Li

Koppelkapazität *(coupling capacitor)*. 1. Kondensator, der zur kapazitiven Kopplung zweier Stromkreise dient. [13]. Rü
2. Bei der kapazitiven Kopplung von zwei Verstärkerstufen bzw. Vierpolen zur Potentialtrennung verwendeter Kondensator. [6], [15]. Li

Koppelmaß (→ Bild Zweikreisbandfilter). Das relative K. x_{12} wird für Zweikreisbandfilter (und analog für Mehrkreisbandfilter) mit den Bezeichnungen der Schaltelemente des Bildes definiert zu

$$x_{12} = \frac{\omega_m M_{12}}{\sqrt{R_1 R_2}},$$

wobei $\omega_m = 2\pi f_m$ (f_m Bandmittenfrequenz) und M_{12} die Gegeninduktivität der gekoppelten Spulen L_1 und L_2 ist. [8]. Rü

Koppelnetzwerk *(coupling network)*. Das K. soll die Ersatzschaltung eines Hochfrequenzbandfilters mit gekoppelten Schwingkreisen zur Berechnungsvereinfachung in eine „lineare Hochfrequenzschaltung" überführen. Im Prinzipbild sind L_a und L_f die Induktivitäten der gekoppelten Schwingkreise. Die Größe Z_c bestimmt die Phase von Strom und Spannung am Ausgang des Vierpols. Der

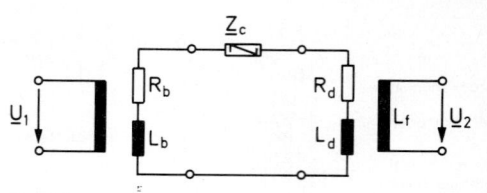

Koppelnetzwerk

komplexe Kopplungsfaktor des Koppelnetzwerks errechnet sich durch Vergleich mit einem Übertrager, dessen Kopplung mit L_a und L_f festgelegt ist. Unterliegen die Größen des Koppelnetzwerks bestimmten Bedingungen, wird der Kopplungsfaktor reell bzw. imaginär. Durch Umpolen einer der Wicklungen des Übertragers, wechselt das Vorzeichen des Kopplungsfaktors. Weitere Berechnungen zeigen, daß Strom und Spannung durch das K. beliebig in Betrag und Phase beeinflußbar sind. [15]. Fl

Koppelpunkt → Koppelelement. Kü

Koppel-RC-Glied *(RC coupling)*. Kopplungsglied in der Form eines RC-Hochpasses, wie sie zur Verbindung der einzelnen Verstärkerstufen in RC-Verstärkern verwendet werden. [14]. Rü

Koppelvielfach → Koppelelement. Kü

Kopplung, direkte *(direct coupling)*. Verbindungsart von Netzwerkteilen (z. B. Verstärkerstufen), wobei eine unmittelbare galvanische Verbindung besteht. [14]. Rü

Kopplung, galvanische *(d. c. coupling)*. Eine Kopplung zweier Netzwerkteile durch einen ohmschen Widerstand, bei der also eine gleichstrommäßige Verbindung besteht. [14]. Rü

Kopplung, kapazitive → Kondensatorkopplung. Rü

Kopplungsfaktor *(coupling coefficient)* → Übertrager. Rü

Kopplungsfilter. Ein Hochfrequenzbandfilter, bestehend aus Zweikreisfiltern, die zwischen Verstärkerstufen angeordnet sind. [8], [15]. Rü

Kopplungsgrad *(degree of coupling)*. Bei Bandfiltern bezeichnet man das Produkt aus Kreisgüte Q (→ Parallelschwingkreis) und Kopplungsfaktor k (→ Übertrager) als K. (normierte Kopplung)

$$x = Q k.$$

Der Zusammenhang mit der Welligkeit w ist gegeben durch

$$x = e^w + \sqrt{e^{2w} - 1}.$$

[13]. Rü

Kopplungskondensator *(coupling capacitor)*. 1. Dient zur wechselspannungsmäßigen Verbindung von Teilen einer elektronischen Schaltung, die sich auf unterschiedlichem Gleichspannungspotential befinden. 2. Kopplungskondensatoren verbinden zum Zwecke der Nachrichtenübermittlung unter Spannung stehende Teile eines Gerätes mit von außen berührbaren Metallteilen, die nicht durch eine weitere Schutzmaßnahme (wie z. B. Schutzleiter oder Schutzisolierung) gesichert sind. Kopplungskondensatoren müssen eine hohe Spannungsfestigkeit aufweisen (Metallpapierkondensator). [4]. Ge

Kopplungsleitwert → Kernleitwert. Rü

Kopplungswiderstand *(transfer impedance)*. 1. → Kernwiderstand *(mutual impedance)* eines Vierpols. 2. Ein Maß für die Schirmwirkung des Außenleiters eines Koaxialkabels der Länge *l*. Ist das Koaxialkabel am Ende kurz-

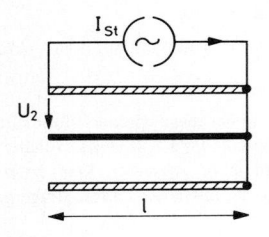

Zur Definition des Kopplungswiderstandes

geschlossen und fließt über den Außenleiter ein Störstrom I_{St}, dann entsteht an den offenen Eingangsklemmen eine Spannung U_2 (Bild). Der K. Z_K berechnet sich dann zu

$$Z_K = \frac{U_2}{I_{St}\, l} \left(\text{für } l < \frac{\lambda}{20}\right).$$

[14]. Rü

Korkenzieherantenne → Wendelantenne. Ge

Korngrenze *(grain boundary)*. Die K. grenzt verschiedene Bereiche (Kristalle und Kristallite) eines polykristallinen Materials gegeneinander ab. [5], [7]. Bl

Korpuskel *(particle)*. Andere Bezeichnung für Teilchen, meist im Sinne Elementarteilchen, Alphateilchen, Betateilchen. [5], [7]. Bl

Korrektion → Fehlerkorrektur. Fl

Korrelation *(correlation)*. Wechselseitige Beziehung. 1. In der Wahrscheinlichkeitstheorie die Verbundenheit oder Verwandtschaft von Merkmalen statistischer Massen oder zahlenmäßig vorliegender Wertreihen. Als Maß für den Verwandtschaftsgrad dient der Korrelationskoeffizient oder die Korrelationsfunktion. Liegen z. B. für zwei Größen x und y Meßreihen mit den Ergebnissen x_i und y_i (= 1, 2, ... n) vor, deren jeweilige Mittelwerte $\bar{x}$ und $\bar{y}$ seien, dann ist der Korrelationskoeffizient definiert zu

$$r_{xy} = \frac{\sum_{i=1}^{n} (x_i - \bar{x})(y_i - \bar{y})}{\sqrt{\sum_{i=1}^{n} (x_i - \bar{x})^2 \cdot \sum_{i=1}^{n} (y_i - \bar{y})^2}}$$

wobei

$$-1 \leq r_{xy} \leq +1.$$

Der Korrelationskoeffizient gibt an, ob ein linearer Zusammenhang zwischen x und y vermutet werden kann und wie stark dieser Zusammenhang naheliegt. $r_{xy} < 0$ bedeutet, daß zu großen Werten von x kleine Werte von y gehören, entsprechend gilt für $r_{xy} > 0$, daß zu großen Werten von x auch große Werte von y gehören. Bei $r_{xy} = 0$ besteht keine Abhängigkeit zwischen x und y.
2. Die in einem mikrophysikalischen Teilchensystem durch die Wechselwirkung hervorgerufene Abhängigkeit des Ortes (teilweise auch des Impulses) jedes Teilchens von der Lage und vom Impuls der übrigen Teilchen. Die Abhängigkeit ist im statistischen, quantenmechanischen Sinn zu sehen und wird im Einteilchenmodell durch die nötige Vertauschung (Symmetrisierung) wirksam. [5].
Bl

Korrelationsadmittanz → Rauschvierpol. Rü

Korrelationsanalysator → Korrelator. Fl

Korrelationsanalyse *(correlation analysis)*. Mit der K. werden Zusammenhänge zufälliger, nicht berechenbarer Signale oder periodischer Zeitfunktionen untersucht. Zwei Arten der K. werden unterschieden: 1. Die Autokorrelationsanalyse: Es wird die innere Struktur einer einzelnen, zufällig verlaufenden Zeitfunktion z. B. u(t) betrachtet. Nach der Definition der → Autokorrelationsfunktion $\varphi_{uu}(\tau)$:

$$\varphi_{uu}(\tau) = \lim_{T \to \infty} \frac{1}{2T} \int_{-T}^{+T} u(t)\, u(t+\tau)\, dt = u(\tau) \star u(\tau)$$

wird die Funktion u(t) mit der um die Zeit τ verschobenen Funktion $u(t+\tau)$ multipliziert und über eine hinreichend lange Betrachtungszeit T gemittelt. Die Verschiebungszeit τ ist veränderbar. Mit $\varphi_{uu}(\tau)$ lassen sich periodische Vorgänge auffinden, die von Störfeldern überlagert sind. 2. Die Kreuzkorrelationsanalyse: Es werden Aussagen über die strukturelle Ähnlichkeit zweier gleichzeitig ablaufender, zufälliger Vorgänge, z. B. u(t) und $x(t+\tau)$ geliefert. Die → Kreuzkorrelationsfunktion $\varphi_{ux}(\tau)$ wird mit der Verschiebungszeit τ definiert:

$$\varphi_{ux}(\tau) = \lim_{T \to \infty} \frac{1}{2T} \int_{-T}^{+T} u(t)\, x(t+\tau)\, dt = u(\tau) \star x(\tau).$$

Meßgeräte, die nach der K. arbeiten, heißen Korrelatoren. [8], [9], [12], [13], [14], [18]. Fl

Korrelator *(correlator)*, Korrelationsanalysator. Der K. ist ein Gerät, mit dem sich über die Korrelationsanalyse z. B. Informationssignale aus einem überlagernden Störfeld (etwa Rauschen) herauslösen und sowohl der Zeitpunkt ihres Auftretens als auch ihr Effektivwert (oder andere Kenngrößen) bestimmen lassen. Das Gerät stellt elektronisch eine Beziehung zwischen einer zu analysierenden Größe und einer Kontrollgröße her. Als Baugruppen enthält ein K. gemäß den Korrelationsfunktionen einen Multiplizierer, der ein Produkt aus Eingangs- und Kontrollgrößen bildet, einen Integrator (zur Mittelwertbildung), eine Speichereinrichtung für die zu analysierende Eingangsgröße und eine Verzögerungseinrichtung für die Kontrollgröße. Bei digital arbeitenden Korrelatoren (z. B. Polaritätskorrelator, Relaiskorrelator) wird der Meßwert mit einem Frequenzzähler angezeigt.

Analog arbeitende Korrelatoren (NF-Korrelator; NF Niederfrequenz) besitzen häufig ein Drehspulinstrument zur Anzeige. [8], [9], [12], [14], [13]. Fl

Korrespondenz *(correspondence)*. Die Beziehung zwischen der Zeitfunktion f(t) und der komplexen Bildfunktion F(s) bei der Laplace-Transformation bezeichnet man auch als K. Man schreibt:

$$F(s) = \mathscr{L}\{f(t)\} \text{ oder } f(t) \circ\!\!-\!\!\bullet F(s).$$

[18]. Ku

Kovar *(kovar)*. Leiterwerkstoff aus 53,5 % Eisen, 28,5 % Nickel und 18 % Cobalt, dessen Temperaturausdehnungskoeffizient dem von Glas entspricht. Ermöglicht bei Anwendung von Glaseinschmelzungen, z.B. beim Kontaktieren von Halbleiterchips, hermetisch dichte Versiegelung des Gehäuses. [4]. Ge

Korrosion *(corrosion)*. Metallische und nichtmetallische Werkstoffe unterliegen chemischen Zerstörungsvorgängen. Bei Metallen und Legierungen wird die K. als Zerstörung durch chemische und elektrochemische Reaktionen mit ihrer Umgebung definiert. [4]. Ne

KP-Kondensator → Kunststoffolienkondensator. Ge

Kraft *(force)*. (Zeichen **F**). Eine physikalische Größe, die bei der Wechselwirkung zweier oder mehrerer Systeme auftritt (DIN 5497). Die Einheit der K. ist das Newton; sie wird über die dynamische Definition der K. nach dem 2. Newtonschen Axiom festgelegt:

$$\mathbf{F} = m\,\mathbf{b}.$$

(**F** Kraftvektor, m Masse, **b** Beschleunigungsvektor). Rü

Kraft, elektrische *(electric force)*. Diejenige Kraft, die in einem elektrischen Feld auf eine Ladung ausgeübt wird. Ist die elektrische Feldstärke gleich **E**, dann ist die elektrische K.

$$\mathbf{F} = Q\,\mathbf{E}.$$

(Die SI-Einheit der Kraft **F** erscheint hier zunächst in $C \cdot \frac{V}{m} = \frac{AsV}{m} = \frac{Ws}{m}$.) Der Zusammenhang 1 Ws = 1 Nm führt dann zur bekannten Krafteinheit N. (C Coulomb, V Volt, A Ampere, W Watt). [5]. Rü

Kraft, elektromagnetische *(electromagnetic force)*. Kraftwirkung auf eine Punktladung Q in einem allgemeinen elektromagnetischen Feld, gekennzeichnet durch seine elektrische Feldstärke **E** und die magnetische Flußdichte **B**. Die Gesamtkraft **F** ergibt sich durch Superposition der elektrischen Kraft

$$\mathbf{F}_e = Q\,\mathbf{E}$$

und der magnetischen Kraft

$$\mathbf{F}_m = Q\,\mathbf{v} \times \mathbf{B} \text{ zu}$$

$$\mathbf{F} = \mathbf{F}_e + \mathbf{F}_m = Q\,(\mathbf{E} + \mathbf{v} \times \mathbf{B})$$

(Anwendung: Feldplatte, Hall-Sonde). [5]. Rü

Kraft, elektromotorische → EMK. Rü

Kraft, magnetische *(magnetic force)*, auch Lorentz-Kraft. Die Kraft **F**, die in einem magnetischen Feld mit der magnetischen Flußdichte **B** auf eine Punktladung Q ausgeübt wird, wenn diese sich mit der Geschwindigkeit **v** im Feld bewegt:

$$\mathbf{F} = Q\,\mathbf{v} \times \mathbf{B}.$$

An einem geladenen Teilchen wird im Magnetfeld keine Arbeit W verrichtet, denn es ist

$$dW = \mathbf{F} \cdot d\mathbf{s} = Q\,(\mathbf{v} \times \mathbf{B})\,d\mathbf{s} = 0,$$

weil das Wegelement d**s** = **v** dt senkrecht auf dem Vektor (**v** × **B**) steht.

Mit der Stromdichte **J** und der magnetischen Flußdichte **B** besteht der Zusammenhang **f** = **J** × **B** (**f** Kraftdichte). Da man für die Stromdichte schreiben kann **J** = ρ **v** (ρ Raumladungsdichte, **v** mittlere Ladungsträgergeschwindigkeit) wird

$$\mathbf{f} = \rho\,\mathbf{v} \times \mathbf{B}.$$

[5]. Rü

Kraft, magnetomotorische *(magnetomotive force)*, MMK, eine nur noch selten verwendete Analogie zur EMK. Man versteht darunter das Linienintegral

$$\oint \mathbf{H}\,d\mathbf{s}.$$

Die MMK ist nichts anderes als die elektrische Durchflutung Θ. [5]. Rü

Kraftdichte, elektrische. Die auf die Volumeneinheit V bezogene Kraft **F** in einem elektrischen Feld. Mit der Raumladungsdichte $\rho = \frac{dQ}{dV}$ definiert man die elektrische K.

$$\mathbf{f} = \rho \cdot \mathbf{E} = \mathbf{E} \cdot \frac{dQ}{dV}.$$

Die Kraft **F** selbst folgt damit zu

$$\mathbf{F} = \int \mathbf{f}\,dV.$$

[5]. Rü

Kraftflußdichte → Flußdichte, magnetische. Rü

Kraftlinie → Feldlinie. Rü

Kreisdiagramm *(circle diagram)*. Ein Hilfsmittel zur graphischen Berechnung von Schaltungen. In der komplexen Ebene werden je nach Verwendungszweck Kreisscharen angeordnet, die z.B. die Umrechnung von Reihen- in Parallelschaltungen ermöglichen (K. für Widerstände: Meinke-Diagramm). Eine besondere Form der Kreisdiagramme sind die → Leitungsdiagramme. [13]. Rü

Kreisfrequenz *(angular frequency)*. (Zeichen ω), auch Winkelgeschwindigkeit (bei der gleichförmigen Kreisbewegung). Das 2π-fache der Frequenz f eines Schwingungsvorgangs mit der Periodendauer $T = \frac{1}{f}$:

$$\omega = 2\pi f = \frac{2\pi}{T}.$$

[13]. Rü

Kreisfrequenzhub *(angular frequency deviation; radian frequency deviation).* Der K. errechnet sich aus

$\Delta\omega = \Delta f \cdot 2\pi$

(K. Frequenzhub mal 2π). [12], [13], [14]. Th

Kreisgruppenantenne *(circular array).* Anordnung von gleichorientierten, in der Regel vertikalen Einzelstrahlern auf einem oder mehreren konzentrischen Ringen. Rundstrahlung in der Antennenebene erhält man, wenn bei gleich großen Strömen in den Einzelstrahlern die Phasenlage der Ströme zu jedem durch den Ring gelegten Durchmesser symmetrisch liegt. Durch bestimmte Einstellungen der Phasenlage der Ströme in den Einzelstrahlern läßt sich in der Antennenebene auch Richtstrahlung erzeugen, die ohne Einfluß auf die Bündelung nach jedem Azimutwinkel durch entsprechende Phaseneinstellung gedreht werden kann (→ Wullenweber-Antenne). [14]. Ge

Kreisgüte → Parallelschwingkreis, → Reihenschwingkreis. Rü

Kreisplattenschnitt → Kondensator, variabler. Ge

Kreisstrom *(ring current).* Der K. tritt in Umkehrstromrichtern auf, deren beide Teilstromrichter gleichzeitig angesteuert werden. Dabei treibt die Differenz der Momentanwerte der beiden Stromrichterausgangsspannungen den K., der durch Kreisstromdrosseln begrenzt wird. [1] Ku

Kreisstromdrossel *(ring current reactor).* (→ Bild, Umkehrstromrichter). Die Kreisstromdrosseln sind notwendig zum Begrenzen des Kreisstromes in kreisstrombehafteten Umkehrstromrichtern. Ihre Anzahl richtet sich nach der Stromrichterschaltung. Kreisstromdrosseln werden meist als Sättigungsdrosseln ausgeführt, damit ihre Rückwirkung auf den Kreisstrom groß und auf den Laststrom klein ist. [3]. Ku

Kreisverstärkung → Schleifenverstärkung. Fl

Kreuzdipol → Drehkreuzantenne. Ge

Kreuzdipolantenne → Drehkreuzantenne. Ge

Kreuzkopplung *(cross-coupling).* Ungewollte Übernahme des Nachrichteninhalts einer elektromagnetischen Welle durch eine andere elektromagnetische Welle, deren Polarisationsrichtung senkrecht zur Polarisationsrichtung der ersten Welle verläuft. K. ist z. B. besonders zu beachten bei der Mehrfachausnutzung von quadratischen Hohlleitern, in denen sich die TE_{10}- und die TE_{01}-Welle trotz gleicher Frequenz theoretisch unbeeinflußt voneinander ausbreiten können. Durch Verluste und Unebenheiten sowie Schwankungen der Abmessungen der Innenwände tritt durch K. jedoch eine Verschlechterung der Trennung der Hohlleitermoden auf. [8]. Ge

Kreuzkorrelationsfunktion *(crosscorrelation function).* Ein Maß zur Beschreibung stochastischer Prozesse. Die K. gibt eine Aussage über die Ähnlichkeit von zwei Zufallsgrößen u(t) und x(t) bei verschiedenen Zeitpunkten t und $t + \tau$. Die K. (KKF) ist definiert zu

$$\varphi_{ux}(\tau) = \lim_{T \to \infty} \frac{1}{2T} \int_{-T}^{+T} u(t)\, x(t+\tau)\, dt.$$

Für $x(t) = u(t)$ geht die K. in die → Autokorrelationsfunktion über. Wegen der großen Ähnlichkeit zur Operation der Faltung schreibt man die K. symbolisch als Korrelationsprodukt in der Form

$\varphi_{ux}(\tau) = u(\tau) \star x(\tau).$

Der Zusammenhang mit dem Faltungsprodukt

$u(\tau) \star x(\tau) = u(-\tau) * x(\tau)$

und

$u(\tau) * x(\tau) = u(-\tau) \star x(\tau)$

ermöglicht es, die Berechnung der K. auf eine Faltung zurückzuführen. In der Signaltheorie stellt die K. ein Maß für die Ähnlichkeit zweier Signale $s(t) \triangleq u(t)$ und $g(t) \triangleq x(t)$ dar. Speziell bei Energiesignalen verwendet man dort die normierte K.

$$p_{sg}^{E}(\tau) = \frac{\int_{-\infty}^{\infty} s(t)\, g(t+\tau)\, dt}{\sqrt{E_s\, E_g}},$$

indem man die Signale $s(t)$ und $g(t)$ auf die Wurzeln ihrer Signalenergie normiert. Diese Definitionen lassen sich analog auf Vorgänge mit Zufallssignalen ausdehnen. [14]. Rü

Kreuzmodulation *(cross modulation).* K. tritt in Rundfunkempfängern auf. Wenn neben dem Signal des Nutzsenders durch mangelhafte Vorselektion auch noch andere Sender an die Eingangsstufen gelangen, so besteht die Gefahr einer gegenseitigen Modulation. Es können dabei Seitenbänder in unmittelbarer Umgebung der Nutzfrequenz entstehen, die durch spätere Selektionsmittel nicht mehr zu unterdrücken sind. Die K. ist in erster Näherung von der Nutzträgeramplitude unabhängig. [13]. Th

Kreuzrahmenantenne → Rahmenantenne. Ge

Kreuzschaltung *(cross connection).* Die K. ist ein Umkehrstromrichter für Vierquadrantenbetrieb. Die Einspeisung der beiden Teilstromrichter SR1 und SR2 (Bild) erfolgt über zwei getrennte Drehstromwicklungen auf der Sekundärseite des Stromrichtertransformators, weshalb im Vergleich zur kreisstrombehafteten Antiparallelschaltung (→ Bild Umkehrantrieb) nur zwei Kreisstromdrosseln L_K benötigt werden. Diesem Vorteil steht aber ein höherer Transformatoraufwand gegenüber. [11]. Ku

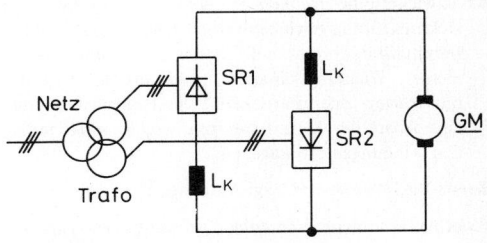

Kreuzschaltung

Kreuzspulinstrument *(cross-coil instrument).* Das K. besitzt ein Kreuzspulmeßwerk in Ausführungsformen als elektrodynamisches Meßwerk oder als Drehspulquotientenmesser, seltener als Drehmagnetquotientenmesser. Der Zeigerausschlag ist vom Verhältnis zweier Ströme abhängig. Man setzt das K. als Quotientenmesser vorteilhaft dort ein, wo äußere Einflüsse in gleichem Maß auf die Spulenströme wirken, so daß ein konstanter Quotient erhalten bleibt (z. B. als Widerstandsmesser oder zur Fernmessung von Temperaturen). [12], [18]. Fl

Kreuzspulmeßwerk *(cross-coil mechanism)*. Kreuzspulmeßwerke sind Quotientenmesser, die das Verhältnis zweier elektrischer Größen (Ströme, Spannungen) anzeigen. Aufbau und Wirkungsweise werden heute nach zwei Prinzipien durchgeführt: 1. Aufbau nach dem Prinzip des Drehspulquotientenmessers: Zwei um einen konstruktiv festgelegten Winkel gekreuzte Spulen befinden sich drehbar gelagert im inhomogenen Magnetfeld eines Dauermagneten. Die Ströme beider Spulen sind so gerichtet, daß die Drehmomente gegeneinander wirken (Bild). Das Stromverhältnis bestimmt den Ausschlagwinkel des Zeigers. Anwendungen: Widerstandsmesser, Fernanzeige. 2. Aufbau nach elektrodynamischem Prinzip (→ Meßwerk, dynamometrisches): Zwei senkrecht aufeinander stehende Spulen sind drehbar im inhomogenen Magnetfeld einer oder mehrerer fester Feldspulen angeordnet. Der durch die Drehspulen fließende Strom ist so gerichtet, daß die Drehmomente gegeneinander wirken. Bei Gleichheit beider Drehmomente wird das Stromverhältnis angezeigt. Anwendungen: z. B. Frequenzmesser, Leistungsfaktor- und Phasenmesser. Beide Typen des K.s sind ohne Rückstellfedern aufgebaut. [12]. Fl

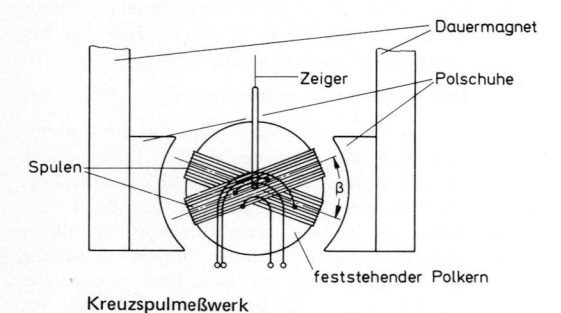

Kreuzspulmeßwerk

Kreuzwickelspule *(universal-wound coil)*. Selbsttragende, zickzackförmig gewickelte Hochfrequenzspule mit hohen Induktivitätswerten auf kleinstem Raum und sehr kleiner Wicklungskapazität, meistens in Verbindung mit Pulver- oder Ferritkern. Die Honigwabenspule ist eine Abart der K. mit wenigen, weit auseinanderliegenden Windungen pro Lage. [4]. Ge

Kreuz-Yagi-Antenne → Yagi-Antenne. Ge

Kriechgalvanometer *(creeping galvanometer, fluxmeter)*. Das K. ist ein Drehspulgalvanometer mit vernachlässigbarem Gegendrehmoment. Der äußere Widerstand wird gegenüber dem äußeren Grenzwiderstand niedrig gewählt, so daß sich der Zeiger kriechend gedämpft auf der Skala bewegt. Im spannungslosen Zustand der Drehspule verharrt er an beliebiger Stelle. Eine Hilfsspannung führt ihn zurück. Mit dem K. werden Spannungsstöße über die Zeit aus der Differenz der Zeigerausschläge α_1 und α_2 gemessen:

$$\int_{t_1}^{t_2} u \cdot dt = k \cdot (\alpha_2 - \alpha_1).$$

Die Konstante k ist konstruktionsabhängig. Anwendungsgebiete des Kriechgalvanometers: Fluxmeter, Messung von Gegeninduktivitäten. [12]. Fl

Kriechstrom *(tracking current)*. Haben metallische Leiter, die voneinander normalerweise gut isoliert sind, eine Spannungsdifferenz, dann kann sich ein K. ausbilden, wenn sich auf der isolierenden Oberfläche leitfähige Verunreinigungen befinden. Ein Maß für die Möglichkeit des Auftretens eines Kriechstroms ist die Kriechstromfestigkeit (DIN 53480). [4]. Rü

Kristall *(crystal)*. Ursprünglich ein regelmäßig geformter von ebenen Flächen begrenzter fester Körper. Heute versteht man unter K. jeden echten Festkörper, wenn seine Bausteine sich räumlich-periodisch in einem Kristallgitter wiederholen. Zur systematischen Erfassung findet eine Zerlegung in Gittergraden, Netzebenen und Parallelepipede statt. Raumgitter können in 7 Koordinatensystemen (Kristallsystemen) vorkommen: triklin, monoklin, rhombisch, tetragonal, trigonal, hexagonal und regulär (kubisch). [5]. Rü

Kristallautsprecher *(crystal loudspeaker; piezoelectric loudspeaker)*. K. sind vorwiegend für hohe und höchste Schallfrequenzen geeignet. Sie werden manchmal in Mehrwegelautsprecherboxen als Hochtonlautsprecher eingesetzt. Die Leistung ist jedoch gering. Verwendung hauptsächlich als Ultraschallgeber. [12], [13]. Th

Kristalldetektor *(crystal detector)*. Der K. diente bei den ersten Radioempfängern zur Gleichrichtung modulierter Hochfrequenzsignale. Er wurde später von der Hochvakuumtriode abgelöst, erlangte jedoch noch einmal bei der Entwicklung des Radars im 2. Weltkrieg Bedeutung. Er bestand aus einem Mineralkristall (z. B. Bleiselenid (PbSe) oder Bleitellurid (PbTe)), auf dem eine Metallspitze (Metall-Halbleiter-Übergang) angebracht war. [4]. Ne

Kristallgitter *(crystal lattice)*. Jedem Kristall läßt sich eine Gitterstruktur zuordnen. Diese Gitterstruktur wird durch „Elementarzellen" charakterisiert. Die Symmetrie der Elementarzelle kann teils aus der äußeren Form, teils aus Beugungsexperimenten mit Röntgen- oder Elektronenstrahlen bestimmt werden. Die Gitterplätze der K. können von Atomen (Atomgitter) oder Ionen (Ionengitter) besetzt sein. Die Gitter werden nach ihrer Struktur in 7 Kristallsysteme eingeteilt. [5], [7]. Bl

Kristallgleichrichter → Halbleiterdiode. Ne

Kristallkeime *(seed crystal)*. Kleine Kristalle, die störstellenfrei sein sollen. Sie werden als Sämlinge zur Kristallzüchtung von Einkristallen z.B. durch Anlagerung von Material aus übersättigter Lösung benutzt. Der reine Einkristall hat dabei die gleiche Struktur, wie der jeweilige Keimling. [5], [7]. Bl

Kristallklassen *(crystal classes)*. Symmetrieklassen. System zur Einteilung der Kristalle nach ihren Symmetrieeigenschaften. Dabei bilden Kristalle gleicher Symmetrie eine Kristallklasse, deren Symbol dem der Punktgruppe entspricht. Den 32 kristallographischen Punktgruppen entsprechen 32 K. [5], [7]. Bl

Kristallmikrophon *(crystal microphone; piezoelectric microphone)*. Das K. ist die Umkehrung des Kristallautsprechers. Beim K. wird ein piezoelektrischer Kristall zwischen einer Gegenelektrode und einer elektrisch leitenden Membran angeordnet. Die auf die Membran auftreffenden Schallwellen verformen den Kristall. Die Verformung und damit die piezoelektrisch erzeugte Ladung ist proportional dem Schalldruck. Das K. wird wegen des unbefriedigenden Frequenzganges kaum noch verwendet. [13]. Th

Kristallpotential *(effective crystal potential)*. Bezeichnet das effektive Potential, in dem sich ein Elektron im Kristall bewegt. Es entsteht durch Überlagerung der Potentialwerte der Einzelatome. [5], [7]. Bl

Kristallstruktur *(crystal structure)*. Die K. wird durch die Kristallstrukturanalyse, etwa durch Beugung von Röntgenstrahlen (Laue-Diagramm) gemessen und dann an Hand der Kristallklassen und Kristallsysteme klassifiziert. Dadurch ist die Elementarzelle des idealen Einkristalls bestimmt. [5], [7]. Bl

Kristallsystem *(system of crystallization)*. Ordnungsschema von sechs (manchmal bis zu acht) Gruppen, in die sich die 32 Kristallklassen einteilen lassen. Man unterscheidet nach den Achsen: das kubische, das hexagonale, das tetragonale, das orthorhombische, das monokline und das trikline System. Derselbe Stoff kann jedoch unter veränderten physikalischen und chemischen Bedingungen in mehreren Systemen auftreten. Beispiel: $CaCO_3$ (Calciumcarbonat) ist bis zu 29 °C hexagonalrhomboedrisch, über 29 °C rhombisch. [5], [7]. Bl

Kristallverstärker → Transistor. Li

Kristallzüchtung *(crystal growth)*. Herstellung möglichst reiner, d.h. ohne Fehlstellen aufgebauter Einkristalle. Methoden der K. sind u.a. die K. aus Schmelzen, durch Übersublimieren, aus Lösung (mit einem Kristallkeim) oder durch thermische Zersetzung. [5]. Bl

Kryospeicher → Speicher, kryogener. We

KS-Kondensator → Kunststoffolienkondensator. Ge

KT-Kondensator → Kunststoffolienkondensator. Ge

kT-Zahl-Messung. → Rauschzahlmessung. Fl

Kugelcharakteristik. 1. *(omnidirectional characteristic)*. Gilt für Mikrophone ohne ausgesprochene Richtcharakteristik. Bildet das Mikrophon als geschlossenes System einen Druckempfänger und ist der Membrandurchmesser klein gegen die Schallwellenlänge, dann wird der Schall aus allen Richtungen gleich gut empfangen. Das Mikrophon weist dann eine K. auf. [13]. Th
2. *(isotropic pattern)*. Begriff aus dem Gebiet der Antennen. Die K. stellt die Richtcharakteristik des Kugelstrahlers dar. [14]. Ge

Kugelkappenmembran → Kalottenmembran. Fl

Kugelmikrophon *(omnidirectional microphone)*. Ein K. ist ein Mikrophon mit einer Kugelcharakteristik. [13]. Th

Kugelstrahler *(isotropic radiator)*, isotroper Strahler, Isotropstrahler. Hypothetischer, als verlustfrei und angepaßt angenommener Strahler, der die gesamte Strahlungsleistung gleichmäßig in den gesamten Raumwinkel 4π abstrahlt. [14]. Ge

Kugelwelle *(spherical wave)*. Eine einfache Welle, bei der die Zustandsgrößen auf konzentrischen Kugeln gleich sind. Die Wellenfläche ist eine Kugelfläche [5]. Rü

Kühlblech *(heat sink)*. Kühlkörper in Form eines Bleches. Das K. muß aus einem gut wärmeleitenden Metall bestehen. Häufig sind die Oberflächen für eine bessere Abstrahlung geschwärzt.

Kühlbleche haben die beste Wirkung bei senkrechter Montage; bei waagerechter Montage muß die Oberfläche des Kühlbleches um etwa 30 % vergrößert werden. We

Kühlfahne *(cooling vane)*. Kühlblech, das Wärme an die Umgebungsluft abführt; einseitig am Bauteil angeordnet. We

Kühlkörper *(heat sink)*. Körper zur Ableitung von Verlustwärme aus elektronischen Bauelementen. Das Bauelement wird auf den aus Metall bestehenden K. montiert. Der gesamte Wärmewiderstand setzt sich zusammen aus:
$R_{thU} = R_{thG} + R_{thGK} + R_{thK}$,
wobei R_{thU} Wärmewiderstand Sperrschicht/Umgebung, R_{thG} Wärmewiderstand Sperrschicht/Gehäuse des Bauelementes, R_{thGK} Wärmeübergangswiderstand Gehäuse/Kühlkörper, R_{thK}: Wärmewiderstand des Kühlkörpers. Damit der K. seine Funktion erfüllt, muß die Summe aus R_{thGK} und R_{thK} bedeutend niedriger als der Wärmeübergangswiderstand zwischen Gehäuse und Umgebungsluft sein. K. sind nach DIN 41882 genormt. We

Kunstharz → Kunststoff. Ge

Kunststoff *(plastics)*, Kunstharz. K. findet in der Elektro- und Elektronikindustrie in großem Ausmaß Anwendung. Die zur Verfügung stehenden Kunststoffe unterscheiden sich in ihren elektrischen, mechanischen und chemischen Eigenschaften. Elaste sind natürliche oder synthetische gummiähnliche Materialien, die ausgezeichnete elastische Eigenschaften besitzen. Sie werden z.B. zu Dämmzwecken oder zum Versiegeln von Baugruppen oder -elementen verwendet. Zu den Elasten gehört u.a. Gummi, das auch hervorragende elektrische Eigenschaften besitzt, und Urethan. Thermoplaste sind thermisch verformbare Kunststoffe. Sie zeigen im allgemeinen ausgezeichnete elektrische Eigenschaften, insbesondere äußerst geringe Verluste. Häufig angewendet werden z.B. Polystyrol und Polycarbonat zur Herstellung von Spritzgußteilen oder

Isolierfolien. Duroplaste härten aus und behalten auch bei höheren Temperaturen ihre Festigkeit. Hierzu gehören z. B. Epoxydharz und Polyester, die durch Pressen und Gießen bearbeitet werden können und gute elektrische Kennwerte zeigen. Mylar ist Polyesterfolie, die z. B. bei der Fertigung von Kunststoffolienkondensatoren verwendet wird. Durch Beimengungen von organischen (wie Papier) oder anorganischen (wie Glas) Füllstoffen können sowohl die mechanische Festigkeit und Härte als auch die Beständigkeit gegenüber Hitze oder chemischen Angriffen in weiten Grenzen variiert werden. [4]. Ge

Kunststoffkondensator → Kunststoffolienkondensator. Ge

Kunststoffolienkondensator *(plastic film capacitor)*. Kunststoffkondensator, Belagfolienkondensator, Metallfolienkondensator, Metall-Kunststoff-Kondensator. Kondensator mit Dielektrikum aus dünnen Kunststoffolien, die zu Rund- oder Flachwickeln (Wickelkondensator) verarbeitet oder geschichtet werden (Vielschichtkondensator). Durch die Kontaktierung der Wickelstirnseiten, bei der alle Windungen erfaßt werden, wird der K. induktivitäts- und dämpfungsarm. Feuchtigkeitsschutz ergibt sich durch Einbau der Wickel in verschlossene Gehäuse. Der K. findet auf allen Gebieten der Elektrotechnik und Elektronik Anwendung. Man kennt den metallisierten K. (MK): Das Dielektrikum besteht hierbei aus Kunststoffolien, auf die im Vakuum Metallschichten (etwa 0,02 μm bis 0,05 μm dick) aufgedampft werden. Metallisierte Kunststoffolienkondensatoren sind selbstheilend, d. h., bei einem Durchschlag verdampft der Metallbelag in der Umgebung der Durchschlagstelle, ohne das Dielektrikum zu beschädigen. Bei den metallisierten Kunststoffolienkondensatoren unterscheidet man je nach verwendetem Dielektrikum: MKC-K. (Dielektrikum: Polycarbonat; Anwendung: als Glättungs- oder Koppelkondensator), MKP-K. (Dielektrikum: Polypropylen; Anwendung: Impuls- und Motorkondensator), MKS-K. (Dielektrikum: Polystyrol, Eigenschaften: sehr verlustarm, negativer Temperaturkoeffizient; Anwendung: in frequenzbestimmenden Kreisen), MKT-K. (Dielektrikum: Polyethylenterephtalat; Eigenschaften: hohe Spannungsfestigkeit, große Kapazitätswerte; Anwendungen: Glättungs- und Koppelkondensator), MKU-K. (Metallackkondensator, Dielektrikum: Lackfolie (Celluloseacetat), Eigenschaften: besonders hohe Überlastbarkeit, kleine Abmessungen, Anwendung: Glättungs- und Koppelkondensator). In einer anderen Ausführung werden Aluminiumfolien mit Kunststoffolien als Dielektrikum zu Wickeln verarbeitet (K). Die wichtigsten Formen sind: FC-K. (Dielektrikum: Polystyrol) und KT-K. (Dielektrikum: Polyethylenterephtalat). Ihre Eigenschaften und Anwendungen ähneln dem entsprechenden metallisierten K., sie zeigen jedoch keine Selbstheilung. Ge

Kupferoxydul-Gleichrichter *(copperoxide rectifier)*. Trockengleichrichter, bestehend aus einer Grundplatte aus Kupfer, deren Oberfläche mit Kupferoxid Cu_2O überzogen ist, sowie einer aufgedampften Deckelektrode. Die Gleichrichterwirkung entsteht durch Sperrschichtwirkung zwischen Kupfer und Kupferoxydul. Der K. ist besonders durch den starken Stromanstieg schon bei kleinen Durchlaßspannungen gekennzeichnet. Die zulässige Sperrspannung liegt etwa bei 8 V. [4]. Ge

Kurbelwiderstand → Präzisionswiderstandsdekade. Fl

Kurve, jungfräuliche *(virgin curve)*. Form der Hysterese-Schleife beim erstmaligen Magnetisieren einer ferromagnetischen Substanz (→ Neukurve). Die jungfräuliche K. hat bei genauerem Betrachten eine Stufen-Form (Barkhausen-Sprünge), die auf die Änderung der Weißschen Bezirke zurückzuführen ist. [5]. Bl

Kurvenschreiber *(curve follower)*. K. sind Aufzeichnungsgeräte, die häufig nur für festgelegte Meßaufgaben auswertbare Darstellungen zulassen. Vielfach dienen Katodenstrahlröhren mit großflächigem Sichtschirm zur Aufzeichnung von Kurvenverläufen. Meßaufgaben sind z. B.: Kennlinienfelder von Bauelementen (Kennlinienschreiber), Analyse von Frequenzgemischen (Spektrumanalysator), Frequenzgangcharakteristik von Filtern (Wobbelmeßgerät), Ortskurven von Antennen. [12], [13], [14]. Fl

Kurzschluß, akustischer *(acoustic short-circuit)*. Bei einer ungehindert im Luftraum schwingenden Kolbenmembran entstehen an Vorder- und Rückseite gegenphasige Schallwellen, die sich in Kolbenmitte auslöschen. Dieser Vorgang wird akustischer K. genannt. Er tritt besonders deutlich auf, wenn die abgestrahlte Frequenz niedrig ist, d. h., wenn die Wellenlänge groß gegen den Membrandurchmesser ist. Der Effekt tritt auch bei Lautsprechern mit offener Schallwand auf. [13]. Th

Kurzschlußausgangsadmittanz *(short-circuit output admittance)*. Kurzschlußausgangsleitwert, Kehrwert der Kurzschlußausgangsimpedanz (→ Ausgangsimpedanz). [15]. Rü

Kurzschlußausgangsimpedanz → Ausgangsimpedanz. Rü

Kurzschlußausgangsleitwert *(short-circuit output admittance)*, Kurzschlußausgangsadmittanz. Kehrwert des Kurzschlußausgangswiderstands (→ Ausgangsimpedanz; bei Transistoren: → Transistorkenngrößen). [15]. Rü

Kurzschlußausgangswiderstand → Ausgangsimpedanz. Rü

Kurzschlußdämpfung. (→ Bild Vierpol im Betrieb). Spezialfall eines Vierpols im Betrieb bei dem für die Ausgangsimpedanz $Z_2 = 0$ gilt. Unter K. versteht man dann das Dämpfungsmaß

$$a_K = \ln \left| \frac{I_0}{I_2} \right|.$$

[15]. Rü

Kurzschlußeingangsadmittanz *(short-circuit input admittance)*, Kurzschlußeingangsleitwert. Kehrwert der Kurzschlußeingangsimpedanz (→ Eingangsimpedanz) [15] Rü

Kurzschlußeingangsimpedanz *(short-circuit input impedance)* → Eingangsimpedanz. Rü

Kurzschlußeingangsleitwert *(short-circuit input admittance)*, Kurzschlußeingangsadmittanz. Kehrwert des Kurzschluß-

eingangswiderstandes (→ Eingangsimpedanz; bei Transistoren: → Transistorkenngrößen). [15] Rü

Kurzschlußeingangswiderstand → Eingangsimpedanz; bei Transistoren: → Transistorkenngrößen. Rü

Kurzschlußimpedanz *(short-circuit impedance).* Allgemein die Impedanz an einem Klemmenpaar eines Mehrtors, wenn alle übrigen Klemmenpaare kurzgeschlossen werden. [15]. Rü

Kurzschlußläufer *(squirrel-cage rotor).* Die Bezeichnung K. bezieht sich auf den Rotor (Läufer) einer Asynchronmaschine. Der K. enthält im einfachsten Fall einen in die Nuten des geblechten Eisenläufers gespritzten Käfig aus Aluminiumguß. Bei größeren Maschinen wird der Käfig aus Kupferstäben aufgebaut, die an den Stirnseiten durch Kurzschlußringe verbunden sind. Durch geeignete Nutformen (z. B. Hochstabläufer, Keilstabläufer, Doppelkäfigläufer) können die Anlaufeigenschaften verbessert werden. Da der Kurzschlußläufermotor keinerlei mechanische Kontakte bzw. Schleifringe besitzt, ist er besonders robust und nahezu wartungsfrei. [3]. Ku

Kurzschlußrückwärtssteilheit → Transistorkenngrößen. Rü

Kurzschlußstrom *(short-circuit current).* Der K. tritt dann auf, wenn betriebsmäßig gegeneinander unter Spannung stehende Geräte- bzw. Anlagenteile leitend (ohne Nutzwiderstand) miteinander verbunden werden. Sind Energiespeicher im Kurzschlußkreis, so fließt zunächst der Stoß-K., der nach Abklingen transienter Vorgänge in den Dauer-K. übergeht. [5]. Ku

Kurzschlußstromverstärkung → Transistorkenngrößen. Rü

Kurzschlußstromverstärkungskennlinie → Stromsteuerkennlinie. Fl

Kurzschlußübertragungsfaktor *(forward-current, transfer ratio).* Bei einem Vierpol der Übertragungsfaktor des Stromes $A_i = \frac{I_2}{I_1}$, wenn das Ausgangstor kurzgeschlossen ist [15]. Rü

Kurzschlußvorwärtssteilheit → Transistorkenngrößen. Rü

Kurzschlußwiderstand *(short-circuit impedance).* Widerstand an einem Tor eines Vierpols, wenn das andere Tor kurzgeschlossen wird. Man unterscheidet dann Kurzschlußeingangs- und Kurzschlußausgangswiderstand (→ auch Eingangsimpedanz, → Ausgangsimpedanz). [15]. Rü

Kurzwahl *(abbreviated dialling).* Zuordnung einer Kurznummer zur normalen Rufnummer in Verbindung mit einem Sonderzeichen. [19]. Kü

Kurzwelle *(high frequency, HF, short waves),* Dekameterwelle. Teilbereich des Spektrums der elektromagnetischen Wellen von 3 MHz bis 30 MHz (→ Funkfrequenz). Ausbreitung: Bodenwelle unbedeutend, da nur geringe Reichweite von 10 km bis 100 km. Die Raumwelle ermöglicht über Reflektionen an der E- und F-Schicht Verbindungen über größte Entfernungen. Die größte Reichweite läßt sich mit der oberen Grenzfrequenz (MUF *maximum usable frequency*) erzielen, die unter einem bestimmten Einfallswinkel gerade noch von der Ionosphäre reflektiert wird. Die MUF ist starken Veränderungen mit Tages- und Jahreszeit sowie dem 11jährigen Sonnenfleckenzyklus unterworfen. Bei der unteren Grenzfrequenz (LUF *lowest usable frequency*) wird empfangsmäßig ein vorgegebener Störabstand gerade noch eingehalten. Frequenzzuweisungen: Rundfunk, fester und beweglicher Funkdienst, Amateurfunk, Normalfrequenzsender. [14]. Ge

Kurzzeitgedächtnis → Gedächtnis. Li

KV-Diagramm → Karnaugh-Veitch-Diagramm. Li

KV-Tafel → Karnaugh-Veitch-Diagramm. Li

KW-Lupe *(short-wave fine tuning).* KW-L. (KW Kurzwelle) ist die Bezeichnung für eine Empfängerfeinabstimmung für den Kurzwellenbereich, um die Abstimmgenauigkeit zu verbessern. Mit der Hauptabstimmung wird der Empfänger an den Anfang des gewünschten Frequenzbandes gestellt, was z. B. durch Vergleich mit einem Eichmarkengeber kontrolliert werden kann. Die K. überstreicht dann z. B. nur einen Bereich von 100 kHz, so daß mit dieser Technik eine Abstimmgenauigkeit von 1 kHz erreicht wird. [13]. Th

Kybernetik *(cybernetics).* Wissenschaft, die sich mit der Anwendung der Steuerungs- und Regelungstechnik sowie der Nachrichtenübertragung und -aufnahme sowohl im Bereich der Technik (technische K.) wie im Bereich der Biologie (Biokybernetik) und der Sozialwissenschaften beschäftigt. Es ist in allen Anwendungsgebieten ein ähnliches Verhalten zu beobachten, so daß Gesetzmäßigkeiten und mathematische Beschreibungen für alle Anwendungsgebiete entwickelt werden konnten. We

Kybernetik, technische *(technical cybernetics)* → Kybernetik. We

L

Labormeßsender → Meßsender.   Fl

Ladegleichrichter *(charger, battery charger)*. Gleichrichter – evtl. mit elektronischem Regelteil –, der zum Laden von Akkumulator-Batterien z. B. entsprechend der I, U-Kennlinie nach DIN 41773 oder der W-Kennlinie nach DIN 41774 verwendet wird [3], [11].   Li

Ladekondensator *(filter capacitor)*. In einem Netzteil der Kondensator, der sich unmittelbar hinter dem Gleichrichter befindet und zur Glättung der Gleichspannung, d. h. zur Reduzierung der Restwelligkeit dient. Bei Verwendung eines Spannungsreglers muß er so dimensioniert sein, daß bei maximaler Stromentnahme die Spannung während des Entladezeitraums nie unter die minimal erforderliche Eingangsspannung des Reglers absinkt. [4], [6].   Li

Lader *(loader)*. In der Datenverarbeitung ein Teil des Betriebssystems, das dazu dient, Programme von einem Eingabegerät, z. B. Lochkartenleser oder von einem Externspeicher in den Hauptspeicher der Anlage zu übertragen. Es kann sich dabei sowohl um Anwenderprogramme wie um Teile des Betriebssystems handeln. Neben dem eigentlichen Ladevorgang (Einlesen, Umcodieren, Einschreiben in den Speicher, Endeabfrage) führt der L. oft die Umrechnung von relativen Adressen in absolute Adressen durch.

L., die erstmalig Programme in den Hauptspeicher laden, werden als Urlader *(bootstrap loader)* bezeichnet; sie müssen sich in einem Festwertspeicher befinden. [1].   We

Ladung, elektrische *(electric charge)*. Eine Eigenschaft von Materieteilchen, die Ursache des elektromagnetischen Feldes ist. Der Nachweis einer elektrischen L. geschieht durch die Kraftwirkungen, die sie auf andere Ladungen ausübt. Da anziehende und abstoßende Kräfte auftreten, ist es notwendig, zwischen zwei Arten elektrischer L. (positive, negative) zu unterscheiden. Die Einheit der elektrischen L. ist das Coulomb. [5].   Rü

Ladung, negative → Ladung, elektrische.   Rü

Ladung, positive → Ladung, elektrische.   Rü

Ladungskopplung → Ladungstransferelemente.   Rü

Ladungsmengenmesser → Coulombmeter.   Fl

Ladungsspeicherdiode → Varaktor.   Ne

Ladungsspeicherröhre → Speicherröhre.   Fl

Ladungsspeicherung *(charge storage)*. Aufbau von Ladungsträgern in der Basis z. B. eines Bipolartransistors durch das Übertreten von Ladungsträgern aus dem Emitter- in den Basisbereich. In dem Basisbereich baut sich ein Konzentrationsgradient auf, der zur Erzielung eines Ausgangsstromes am Kollektor vorhanden sein muß. [7].   Ne

Ladungsträger *(charge carrier)*. Für den Ladungstransport in Materie verwendetes, elektrisch geladenes Teilchen. Für die elektrische Leitfähigkeit eines Stoffes ist das Vorhandensein von Ladungsträgern Voraussetzung. Bei Metallen sind die L. freie Elektronen, bei Halbleitern Elektronen und Defektelektronen, bei elektrisch leitenden Flüssigkeiten und Gasen sind die L. positive und negative Ionen. [5].   Li

Ladungsträger, quasifreie *(quasifree charge carriers)*. Elektronen in Leitungsbändern und Defektelektronen in Valenzbändern von Kristallen, die durch die Coulombkraft so schwach an den Atomkern gebunden sind, daß sie im Kristall nahezu ohne Widerstand beweglich sind. [5], [7].   Bl

Ladungsträgerbeweglichkeit *(charge carrier mobility)*. Quotient aus der Driftgeschwindigkeit der Ladungsträger und der elektrischen Feldstärke im Halbleiter, wenn keine Diffusion stattfindet und kein Temperaturgefälle vorhanden ist. Es sind zu unterscheiden: die wahre Beweglichkeit oder Driftbeweglichkeit (aus Laufzeitmessungen) und die Hall-Beweglichkeit (aus Messungen des Hall-Effektes), die nicht genau mit der wahren Beweglichkeit übereinstimmt (nach DIN 41 852). [5], [7].   Bl

Ladungsträgerdiffusion *(charge carrier diffusion)*. Bewegung von Ladungsträgern in einem Halbleitermaterial aufgrund eines Konzentrationsgradienten. Die Diffusion kann beobachtet werden, wenn in dem Halbleiter z. B. Bindungen aufbrechen (Generation von Elektronen und Defektelektronen) oder ein P-dotierter mit einem N-dotierten Halbleiter in „Berührung" kommt. [7]   Ne

Ladungsträgerinjektion *(charge carrier injection)*. Erhöhung der Dichte der Minoritätsladungsträger über denjenigen Wert, der dem thermischen Gleichgewicht entspricht, insbesondere durch Einströmungen aus Gebieten, in denen die betreffende Trägersorte eine höhere Dichte hat und als Majoritätsladungsträger auftritt (DIN 41 852). [7].   Ne

Ladungsträgertransport *(charge transport)*. Bei Elektronenleitung besteht der L. aus der Bewegung der Elektronen im Gitterpotential. Im Fall eigenleitender Halbleiter wandern nicht nur die Elektronen, sondern auch die Defektelektronen im Gitterpotential. Liegt Ionenleitung vor, so driften unter der Einwirkung eines elektrischen Feldes die Ionen zur entgegengesetzt geladenen Elektrode. [5].   Bl

Ladungstransferelemente *(charge-coupled devices, CCD)*. Spezielle integrierte Halbleiterelemente in MOS-Technik *(MOS metal-oxide semiconductor)* mit hohem Integrationsgrad gestatten eine taktgebundene Verarbeitung analoger Signale. Bei den Ladungstransferelementen unterscheidet man zwei Grundformen: Ladungsgekoppelte Schaltungen *(CCD charge-coupled devices)* und Eimerkettenschaltungen *(BBD bucket-brigade devices)*. Ein Signalwert wird durch die analoge Größe einer Ladung Q_s (Signalladung) repräsen-

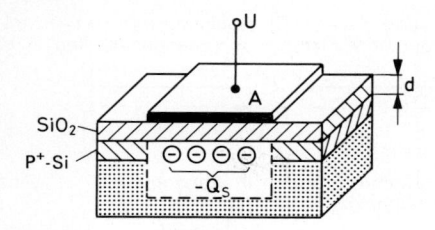

Ladungstransfertechnik → Ladungstransferelemente. Ne

Lageregelung *(position control)* → Positionsregelung. Ku

Lagerungstemperatur *(storage temperature range)*. Temperaturbereich, der bei der Lagerung von elektronischen Bauelementen nicht über- oder unterschritten werden darf, soll es nicht zu einer dauernden Schädigung des Bauelementes kommen. [4]. We

λ/2-Transformator → Lambda/2-Transformator. Fl

λ/4-Transformator → Lambda/4-Transformator. Fl

Lambdadipol → Dipolantenne. Ge

Lambda/2-Dipol → Dipolantenne. Ge

Lambda/2-Leitung *(half-wave section)*. Die Ausbreitung stehender Wellen auf einer verlustlosen Leitung der Länge l wird durch ein Viertel der Wellenlänge λ oder Vielfache davon bestimmt. Die Leerlaufeingangsimpedanz einer verlustlosen Leitung ist

$$W_{1L} = -jZ_w \cot 2\pi \frac{l}{\lambda}$$

und die Kurzschlußeingangsimpedanz

$$W_{1K} = jZ_w \tan 2\pi \frac{l}{\lambda}$$

(Z_w Wellenwiderstand der Leitung). Setzt man $l = \frac{\lambda}{2}$, dann wird $W_{1L} = \infty$ und $W_{1K} = 0$. Eine L. verhält sich bei Leerlauf wie ein Parallelschwingkreis, bei Kurzschluß wie ein Reihenschwingkreis. Diese Leitungsresonatoren haben bei höheren Frequenzen bessere Eigenschaften als Schwingkreise aus konzentrierten Bauelementen. [8]. Rü

Lambda/4-Leitung *(quarter-wave section)*. Aus Leerlauf- und Kurzschlußeingangsimpedanz einer verlustlosen Leitung (→ Lambda/2-Leitung) folgt für

$$l = \frac{\lambda}{4} : W_{1L} = 0 \text{ und } W_{1K} = \infty.$$

Eine L. verhält sich bei Leerlauf wie ein Reihenschwingkreis, bei Kurzschluß wie ein Parallelschwingkreis. Eine Besonderheit der L. läßt sich aus ihrer Kettenmatrix (→ Vierpolmatrizen)

$$A = \begin{pmatrix} 0 & jZ_w \\ -\frac{1}{jZ_w} & 0 \end{pmatrix}$$

ablesen. Die Matrix ist die Matrix eines Negativ-Gyrators mit $R_g = jZ_w$. Wird ein Negativ-Gyrator mit einer Impedanz R_2 abgeschlossen, dann ist die Eingangsimpedanz

$$W_1 = -\frac{R_g^2}{R_2} = -\frac{(jZ_w)^2}{R_2} = \frac{Z_w^2}{R_2}.$$

Die L. wirkt als echter Dualübersetzer [8]. Rü

Lambda/2-Transformator *(half-wavelength transformer)*, λ/2-Transformator, Halbwellentransformator. Der L. ist das Teilstück einer verlustfreien Leitung, deren Länge l bei konstanter Frequenz der halben Wellenlänge λ dieser Frequenz entspricht. Beim L. werden Widerstände am

---

Ladungstransferelemente

tiert, also im Amplitudenbereich wertkontinuierlich dargestellt (→ Signalklassifizierung) bei sonst taktgebundener (zeitdiskreter) Verarbeitung. Grundglied einer taktgebundenen Verarbeitung ist, wie bei Digitalfiltern, das Verzögerungselement. Der Einsatz erstreckt sich auf die gesamte analoge und digitale Signalverarbeitung, vor allem die Filtertechnik (CCD-Filter). Ausgangspunkt für die Realisierung einer CCD-Verzögerung ist der integrierte MOS-Kondensator (Bild). Schwach P-dotiertes Si-Halbleitermaterial (P$^+$-Si) ist durch eine Isolationsschicht (SiO$_2$) der Dicke d von einer metallischen Elektrode der Fläche A isoliert. Die Kapazität beträgt

$$C = \epsilon \frac{A}{d},$$

(ϵ Permittivität). Beim Anlegen einer positiven Spannung U (z. B. U = 15 V) entsteht im Halbleitermaterial eine Verarmungszone, die nur von einem sehr kleinen Sperrstrom I_{sp} durchflossen wird (Stromdichte J bei Raumtemperatur: $J = 5 \cdot 10^{-4} \frac{A}{m^2}$). Die durch Elektronen im Verarmungsgebiet gespeicherte negative Ladung $-Q_s$ ist der Repräsentant eines analogen Signalwertes. Es ergibt sich ein Oberflächenpotential $\Phi = U - \frac{Q_s}{C}$. Durch Anbringen von drei Elektrodenflächen A dicht nebeneinander auf dem Substrat entsteht ein Verzögerungselement; mit einem geeigneten Dreiphasentakt kann die Ladung unter den Elektroden verschoben werden. Während die CCD-Elemente den Ladungstransfer durch eine homogene, verteilte MOS-Struktur bewerkstelligen, werden in Eimerkettenschaltungen MOS-Kondensatoren in Verbindung mit FET-Schaltern *(FET field-effect transistor)* benutzt; zum Transport der repräsentativen Ladung von einem zum andern Kondensatorelement ist nur ein komplementärer Zweiphasentakt nötig. Der praktische Einsatzbereich der L. wird durch den Sperrstrom I_{sp} beschränkt, der die gespeicherte Signalladung im Laufe der Zeit vergrößert und damit verfälscht; daraus ergibt sich eine minimale Taktfrequenz von etwa 1 Hz pro Verzögerungselement. Durch die endliche Zeit, die für den Ladungstransport benötigt wird, ist die Taktfrequenz nach oben beschränkt. Wird die Taktfrequenz hoch, dann bleibt bei jedem Umladevorgang ein gewisser Bruchteil der Ladung zurück. Bezogen auf ein Verzögerungselement heißt diese Ladungsgröße Transferineffizienz. Die durch die Zeitkonstante bei BBD-Elementen festgelegte maximale Taktfrequenz liegt bei etwa 2 MHz. [6], [15]. Rü

Ausgang der Leitung ohne Verluste und unabhängig von den Leitungseigenschaften auf den Eingang transformiert ($\underline{Z}_a = \underline{Z}_e$). [13], [14], [8]. Fl

Lambda/4-Transformator *(quarter-wavelength transformer)*. $\lambda/4$-Transformator, Viertelwellenanpassungsglied. Der L. wird durch ein Teilstück einer verlustlosen Leitung dargestellt, das bei einer festgelegten Frequenz mit der Wellenlänge λ die Länge $l = \lambda/4$ besitzt. Es gilt unter den vorgenannten Bedingungen: $\underline{Z}_a = Z^2/\underline{Z}_e$ ($\underline{Z}_a$ Ausgangsscheinwiderstand, $\underline{Z}_e$ Eingangsscheinwiderstand). Gilt weiterhin für den Wellenwiderstand Z des $\lambda/4$-Teilstückes $Z = \sqrt{R_e \cdot R_a}$, läßt sich mit dem L. ein Widerstand $\underline{Z}_e = R_e$ in jeden anderen Wirkwiderstand $\underline{Z}_a = R_a$ transformieren (R_e Eingangswirkwiderstand, R_a Ausgangswirkwiderstand; → Widerstandstransformation). Anwendung: z. B. als Koaxialresonator in Mikrowellenoszillatoren. [13], [11], [18]. Fl

Lambertsches Gesetz *(Lambert's law)*. Eine ideal matt weiße Fläche erscheint einem Beobachter aus allen Richtungen gleich hell, d. h. die Leuchtdichte (→ Stilb) hat unabhängig vom Winkel ϑ gegenüber dem Lot immer den gleichen Wert B_0. Da aus der Richtung λ gesehen ein Flächenelement df nur noch die scheinbare Größe $df' = df \cos \vartheta$ hat, gilt für die Intensität I in Richtung ϑ

$$dI(\vartheta) = B_0 \, df = B_0 \, df \cos \vartheta.$$

[5]. Rü

Landé-Faktor *(Landé factor, g-factor)*, Landéscher g-Faktor. Gibt die Größe des magnetischen Moments als Vielfaches des Bohrschen Magnetons μ_B an. Z. B. ist das magnetische Moment eines Elektrons aufgrund seines Eigendrehimpulses, des Spins, $\mu_s = -g_s \cdot m_s \cdot \mu_B$, wobei g_s der L. des Elektrons und m_s die Einstellung des Spins $m_s = \mp \frac{1}{2}$ angibt. In gleicher Weise lassen sich für Atome Landé-Faktoren angeben. [5]. Bl

Landéscher g-Faktor → Landé-Faktor Bl

Landeskennzahl → Kennzahl. Kü

Landfunkdienst, öffentlich beweglicher *(mobile radio communication)*. Kommunikationsform, bei der Nachrichtenverbindungen zwischen beweglichen Funkstellen und Endstellen des öffentlichen Fernsprechnetzes hergestellt werden. Das zugehörige Netz heißt öffentlich bewegliches Landfunknetz. Typische Vertreter dieser Dienste sind der Funkfernsprechdienst und der Funkrufdienst. [19]. Kü

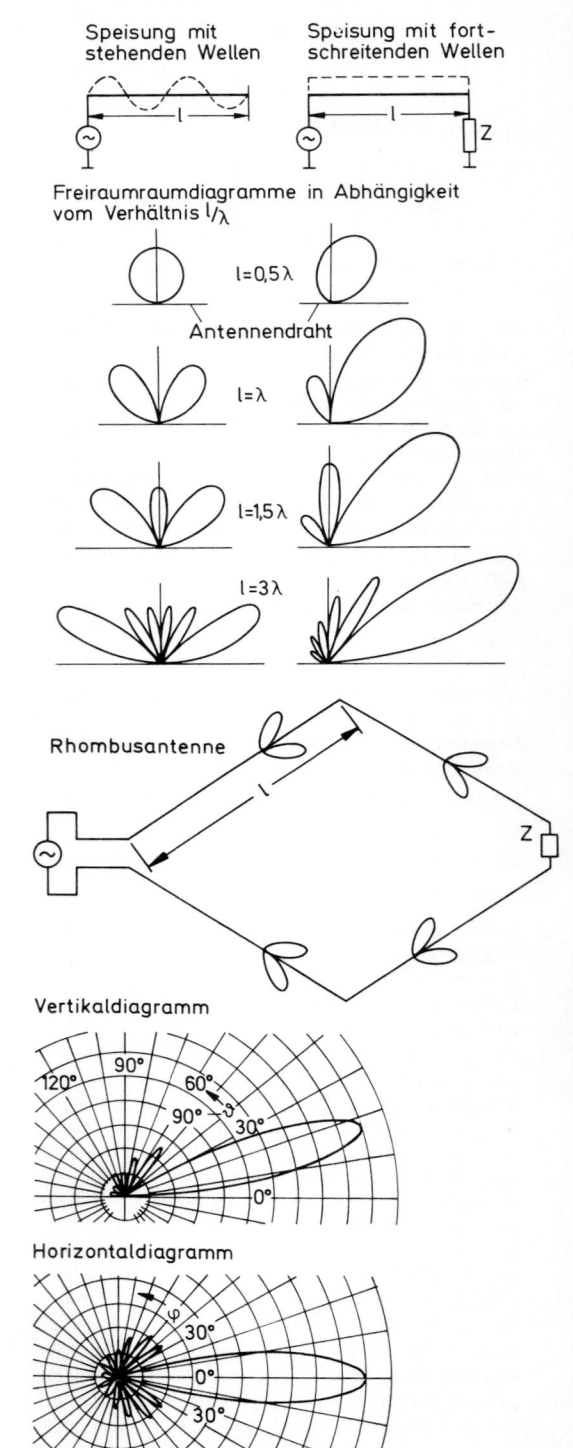

Langdrahtantenne *(long wire antenna)*. Antenne, die aus einem oder mehreren geraden Drähten besteht, deren Länge groß gegen die Betriebswellenlänge ist. Bei Speisung der L. mit stehenden Wellen (Antenne am Ende offen) stellt sich eine zweiseitige Richtcharakteristik ein, bei Speisung mit fortschreitenden Wellen (Antenne am Ende mit ihrem Wellenwiderstand, sog. Schluckwiderstand, abgeschlossen) eine einseitige, auf den Abschluß gerichtete (Bild). 1. Die einfachste Form der L. ist die Beverage-Antenne oder Wellenantenne, die aus einem in geringer Höhe über dem Erdboden ausgespannten Draht besteht, der am Ende mit dem Wellenwiderstand abgeschlossen ist. 2. **Fuchs-Antenne:** Am Ende offene L., die über einen abgestimmten Schwingkreis an den Senderausgang angekoppelt wird. 3. **Rhombusantenne** *(rhombic antenna):* Symmetrische L., deren stromführende Leiter die Form eines Rhombus bilden. Gewöhnlich wird sie mit fortschreitenden Wellen so betrieben, daß jeweils ein von den einzelnen Rhombusseiten erzeugter Hauptzipfel der Richtcharakteristik in die Richtung der Hauptdiagonale fällt (Bild). 4. **V-Antenne** *(V-aerial (antenna)):* V-förmige Anordnung von zwei Leitern, die entweder offen oder abgeschlossen betrieben werden können. Die Hauptstrahlrichtung fällt ähnlich wie bei Rhombusantenne in Richtung der Winkelhalbierenden. [14]. Ge

Längsdämpfung *(attenuation).* Schreibt man den Wellenwiderstand einer Leitung in der Form

$$Z_w = \sqrt{\frac{R'+j\omega L'}{G'+j\omega C'}} = \sqrt{\frac{L'}{C'}} \sqrt{\frac{1-j\frac{R'}{\omega L'}}{1-j\frac{G'}{\omega C'}}},$$

dann bezeichnet man als L. den Quotienten $d_l = \frac{R'}{\omega L'}$
und als Querdämpfung den Quotienten $d_q = \frac{G'}{\omega C'}$
(R', L', G' und C' → Leistungskonstanten. [14]. Rü

Längsparität *(longitudinal parity).* Beim Magnetband die Parität einer Spur, die für einen Block ermittelt wird. Die Paritätsbits der einzelnen Spuren werden als letztes Zeichen des Blocks geschrieben. Die Paritätskontrolle für die L. wird als Längsprüfung oder Longitudinalprüfung *(longitudinal redundancy check)* bezeichnet. [1]. We

Längsstrahler *(end-fire antenna).* Vornehmlich in ihrer Hauptausdehnung strahlende Antenne. [14]. Ge

Langstreckeninterferometer → Interferometer. Ge

Längstwelle *(very low frequency, VLF),* Myriameterwelle. Teilbereich des Spektrums der elektromagnetischen Wellen von 3 kHz bis 30 kHz (→ Funkfrequenz). Ausbreitung: Boden- und Raumwelle ermöglichen größte Reichweiten. Die Wellen werden zwischen Erdoberfläche und Ionosphäre wie in einem Wellenleiter geführt. Die Tageswerte der Feldstärke sind infolge niedriger Reflexionshöhen und höherer Dämpfungswerte geringer als die Nachtwerte. Empfang ist auch unter Wasser möglich, da die Eindringtiefe einige Meter beträgt. Im Antipodengebiet sammeln sich wie in einem Brennpunkt die Strahlen und liefern eine merkbare Erhöhung der Feldstärke. Frequenzzuweisungen: Funkortung, fester und beweglicher Funkdienst, Normalfrequenzsender. [14]. Ge

Längswiderstand *(series resistance).* (→ Bild Abzweigschaltung). Eine in einer Abzweigschaltung längs zur Fortpflanzungsrichtung der elektrischen Energie angeordnete Impedanz $\underline{Z}_{2\nu-1}$. [15]. Rü

Langwelle *(low frequency, LF),* Kilometerwelle. Teilbereich des Spektrums der elektromagnetischen Wellen von 30 kHz bis 300 kHz (→ Funkfrequenz). Ausbreitung: Bodenwelle mit Reichweiten über 1000 km, Raumwelle bei Tag durch Absorption in der D-Schicht stark gedämpft, nachts große Reichweiten bis 10000 km durch Reflektionen an der E- und F-Schicht. Nachts starker Interferenzschwund zwischen Boden- und Raumwelle. Frequenzzuweisungen: Rundfunk, Funkortung, fester und beweglicher Funkdienst. [14]. Ge

Langzeitdrift *(longtime drift).* Abweichen der Merkmale eines Bauteils vom Sollwert, das von der Zeit seit der Herstellung abhängig ist, z. B. Frequenzabweichung bei Quarzoszillatoren durch L. des Quarzes. Die L. kann z. B. in Promille/Monat, Millionstel je Tag nach Auslieferung *(ppm/day after shipment)* angegeben werden. [4]. We

Langzeitgedächtnis → Gedächtnis. Li

L-Anpassung. Widerstandsanpassung durch ein Anpassungsglied in Form eines Spannungsteilers (→ L-Halbglied). [15]. Rü

L-Antenne → Vertikalantenne. Ge

Laplacesche Potentialgleichung → Potentialgleichungen. Rü

Laplace-Transformation *(Laplace transform).* Eine Integraltransformation, die bevorzugt zur Berechnung von Einschwingvorgängen verwendet wird:

$$F(p) = \int_{-\infty}^{+\infty} f(t)\, e^{-pt}\, dt, \text{ mit } p = \sigma + j\omega$$

(→ Frequenz, komplexe). Die Rücktransformation lautet

$$f(t) = \frac{1}{2\pi j} \int_{\sigma_1 - j\omega}^{\sigma_1 + j\omega} F(p)\, e^{pt} dp.$$

Es muß gelten

$$\int_0^\infty |f(t)|\, e^{-\sigma_0 t}\, dt < \infty \quad \text{und} \quad \sigma_1 > \sigma_0.$$

Für Einschwingvorgänge $t \geq 0$ benutzt man sinnvoller Weise die einseitige L., bei der die untere Integralgrenze von 0 (statt $-\infty$) beginnt. [14]. Rü

Läppen *(lapping).* Mechanische Feinstbearbeitung eines Werkstückes durch Reiben an einer genauen Fläche unter Beigabe von feinkörniger Schleifpaste. Wird z. B. nach dem Sägen der für die Halbleiterbauelemente-Herstellung benötigten Siliciumscheiben (Wafer) zur Verringerung der Oberflächenrauhigkeit eingesetzt. [4]. Ge

LARAM *(line addressable random access memory, LARAM).* Halbleiterspeicher mit z. B. 256 parallel angeordneten CCD-Schieberegistern *(CCD charge coupled devices),* wobei jedes Schieberegister aus z. B. 128 Bit oder 256 Bit besteht (Bild). Über Taktmultiplexer wird jeweils nur ein CCD-Register angewählt. Damit in den nicht angewählten CCD-Speichern die Information erhalten bleibt, müssen sie in zyklischer Reihenfolge wieder aufgefrischt

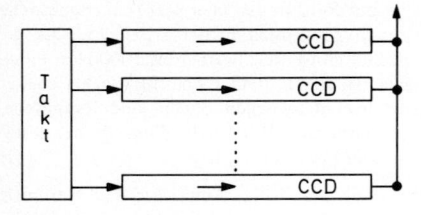

Prinzip eines LARAM

werden. LARAMSs haben Datenübertragungsgeschwindigkeiten bis zu 5 MBit/s, Zugriffszeiten von 400 μs und Verlustleistungen von etwa 500 mW. [1].   Ne

Larmorfrequenzen *(Larmor frequency)*. Frequenz ω_L, mit der ein im magnetischen Feld rotierender Träger eines magnetischen Moments um die Feldrichtung präzidiert. Sie ist durch das gyomagnetische Verhältnis γ und die Induktionsflußdichte **B** gegeben:

$$\omega_L = \gamma \cdot \mathbf{B}$$

[5].   Bl

Laser *(light amplification by stimulated emission of radiation, Laser)*. Lichtquelle, von der kohärentes und fast monochromatisches Licht erzeugt wird. Das Funktionsprinzip des Lasers beruht auf der stimulierten oder induzierten Emission, d. h., trifft ein Strahlungsquant der Energie hf_{nm} auf ein angeregtes Teilchen, kehrt sowohl das angeregte Teilchen als auch das stoßende Strahlungsquant unter Aussendung der Strahlungsenergie hf_{nm} in den Grundzustand zurück (Bild (b)). Damit es zu induzierter Emission kommen kann, müssen sich mehr Elektronen im angeregten als im Grundzustand aufhalten (thermische Besetzungsumkehr). Man erreicht dies, indem man Elektronen in das Energieniveau E_n pumpt und anschließend in ein darunter liegendes, metastabiles Energieniveau mit großer Relaxationszeit (10^{-3} s) übertreten läßt (Bild (b)). Durch ein Strahlungsquant der Energie hf_{nm} entstehen zwei Photonen der Energie hf_{nm}, die wiederum Elektronen

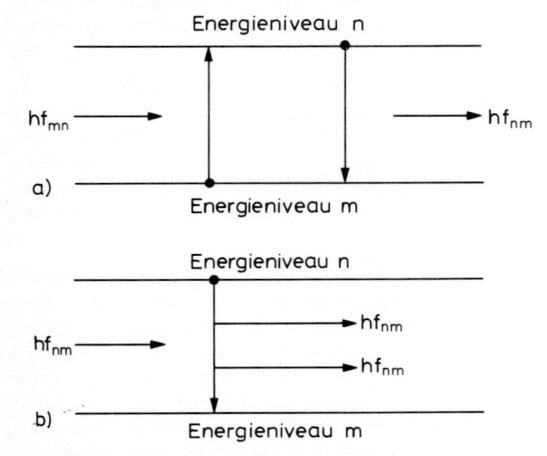

Spontane (a) und induzierte Emission (b)

im metastabilen Energieniveau veranlassen können, in den Grundzustand überzutreten. Es kommt zu einem Lawineneffekt und somit zu einer Verstärkung der einfallenden elektromagnetischen Strahlung. Um die Emission von Photonen gleicher Eigenschaften aufrecht zu halten, ist eine Rückkopplung durch einen optischen Resonator erforderlich. Man unterscheidet: 1. Festkörperl. *(solid laser)*, bei denen man in ein Wirtsmaterial aus Metall (z. B. Rubin, YAG Yttrium-Aluminium-Granat) oder Glas laseraktive Ionen dreiwertiger Seltener Erden (z. B. Neodym, Nd^{3+}), zweiwertiger Seltener Erden (z. B. Samarium, Sm^{2+}), Ionen von Übergangsmetallen oder Uranionen, U^{3+}, einbaut, Der von Maiman im Jahre 1960 vorgestellte L. war ein Festkörperl. mit Rubin (Al_2O_3) als Wirtsmaterial, das mit 0,05 Mol-% Chromionen dotiert war. 2. Gasl. *(gas laser)*, bei denen die Atome eines Gases durch die freien Elektronen einer Gasentladung angeregt werden. Am bekanntesten ist der Helium-Neon-L., bei dem die Heliumatome angeregt werden, ihre Anregungsenergie durch Stoß an die laseraktive Neonatome abzugeben. Daneben kennt man noch eine Vielzahl anderer laseraktiver Gase (z. B. Krypton, Wasserstoffcyanid, Kohlenstoff-(II)-oxid). Von besonderem Interesse könnten die sog. Excimerl. (Gase: Edelgashalogenide, molekulare Halogene, Quecksilberhalogenide) sein, die im Wellenlängenbereich von 200 nm bis 560 nm arbeiten. 3. Flüssigkeitsl. *(liquid laser)*, bei denen das laseraktive Material eine Flüssigkeit ist oder aber in einer Flüssigkeit gelöst ist. Es finden anorganische, metallorganische und organische Substanzen Verwendung. Die bekanntesten Flüssigkeitsl. sind organische Farbstoffl. *(dye laser)*, die z. B. Anthrazen als laseraktives Material verwenden. 4. Halbleiterl. *(semiconductor laser)*, bei denen die Besetzungsumkehr durch Injektion von Minoritätsladungsträgern in den hochdotierten PN-Übergang mit Hilfe des in Vorwärtsrichtung fließenden Stromes erreicht wird. In diesem Fall befinden sich im Leitungsband des Halbleiters mehr Elektronen als im thermischen Gleichgewichtszustand. Optischer Resonator ist der Halbleiterkristall selbst. Halbleiterl. zeichnen sich gegenüber allen anderen Lasertypen durch kleine Abmessungen (typ. $0,1 \cdot 0,1 \cdot 0,3$ mm^3), hohe Quantenausbeute (40 %), einfache Modulation, spektrale Abstimmbarkeit und breites Frequenzspektrum (sichtbar bis Infrarot) aus. Als Materialien für H. verwendet man Galliumarsenid, Galliumaluminiumarsenid, Bleitellurid und Legierung von Bleisalzen mit Zinnsalzen bzw. Cadmiumsulfid. Die Wellenlängen des ausgestrahlten Lichtes liegen zwischen 2,7 μm und 30 μm. H. arbeiten im Impulsbetrieb oder kontinuierlich (Dauerstrichbetrieb).[4].   Ne

Laseranemometer *(laser anemometer)*. Das L. ist ein Anemometer, bei dem die Windstärke mit zwei rechtwinklig zueinander stehenden Laserstrahlen gemessen wird. Man leitet den zu messenden Wind auf die Laserstrahlen. Gemäß dem physikalischen Phänomen, nach dem Lichtstrahlen beim Durchlaufen eines beweglichen, transparenten Mediums eine Geschwindigkeitsänderung erfahren, wird das Licht eines oder beider Laserstrahlen in der Geschwindigkeit beeinflußt. Eine empfindliche Meßan-

ordnung erfaßt die Geschwindigkeitsänderung. Der Meßbereich umfaßt schwache Brisen bis zum Hurrikan. [12].
Fl

Laserdiode → Laser. Ne

Laserdrucker *(laser printer).* Schnelldrucker nach dem Prinzip der Non-Impact-Drucker, der nach einem elektrophotographischen Verfahren mit einem Laserstrahl bis zu 21 000 Zeilen/min druckt. [1]. We

Laserkalorimeter *(laser calorimeter).* L. sind thermische Leistungsmesser, die zur Messung abgegebener Leistungen von Dauerstrich- und Impulslasern eingesetzt werden. Das Prinzipbild zeigt als Beispiel ein L., mit dem sich Absolutwerte der Leistung ermitteln lassen. Der zu messende Laserstrahl trifft auf einen geschwärzten Meßkonus (Bild a) und wird absorbiert. Der Konus erwärmt sich. Auf der Rückseite sind mehrere, in Reihe geschaltete, temperaturabhängige Widerstände als Temperaturfühler mit gutem thermischen Kontakt aufgeklebt. Die Widerstände befinden sich in einem Zweig einer Meßbrücke (Bild b). In einem weiteren Zweig ist

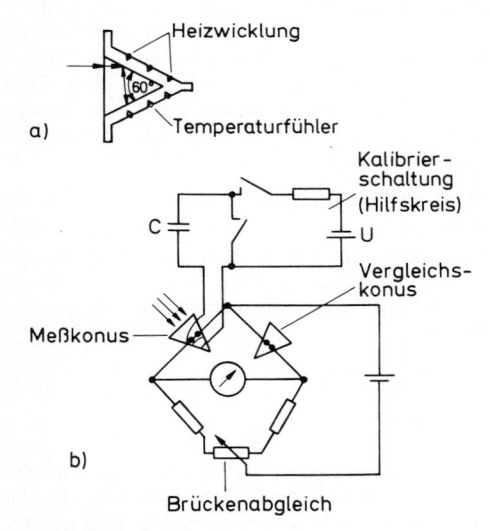

Laserkalorimeter

ein zweiter, gleichartiger unbeleuchteter Konus angeordnet, der Vergleichswerte liefert. Als Anzeigeinstrument befindet sich ein hochempfindliches Galvanometer in der Meßdiagonalen der Brückenschaltung. Der Meßkonus besitzt eine zusätzliche Heizwicklung, die an einen Hilfskreis angeschlossen ist, der zur Kalibrierung in Absolutwerte eingesetzt wird. Dazu wird ein Kondensator C mit bekanntem Kapazitätswert und bekannter Ladespannung über den Widerstand der Heizwicklung entladen. Infolge der Jouleschen Wärme heizt sich der Draht auf. Über die bekannten Werte der Spannung und des Widerstandes läßt sich die Leistung festlegen. [12], [16]. Fl

Laseroszillator *(laser oscillator).* Als L. bezeichnet man einen optischen Oszillator, der eine kohärente Lichtwelle erzeugt und ausstrahlt. Der L. besteht aus einem lichtverstärkenden Lasermaterial (Gas, Flüssigkeit, Festkörper oder Halbleiterübergang), das sich in einem optischen Resonator befindet. Eine optische Pumpquelle führt dem Lasermaterial Pumpenergie in Form von Licht bestimmter Frequenz zu. Durch Inversion wird die Anzahl der Lichtquanten erhöht (→ Laserverstärker). Der optische Resonator ist beim L. so beschaffen, daß neben einer Frequenzselektion auch die zum Aufrechterhalten der Schwingung notwendige Rückkopplung auftritt. Der Laserstrahl wird z. B. über eine optische Vorrichtung im Inneren des Resonators nach außen geführt. [5], [7], [10], [13], [16].
Fl

Laserstrahlabgleich → Lasertrimmen. Ge

Lasertrimmen *(laser beam trimming),* Laserstrahlabgleich. Verfahren zum automatischen Abgleich von Widerständen und Kondensatoren in Dickschichttechnik mit Hilfe von Laserstrahlen. Besonders geeignet sind CO_2- und YAG-Laser *(YAG Yttrium-Aluminium-Granat).* Die flächenhafte Geometrie des Bauelementes wird durch Abtragen von Material so lange geändert, bis der Sollwert erreicht ist. Bei Erreichen des Sollwertes wird der Laserstrahl abgeschaltet. Toleranz ± 1 % bis ± 2 %. [4]. Ge

Laserverstärker *(laser amplifier).* Der L. ist ein Verstärker für einfallendes kohärentes Licht, das durch stimulierte Emission verstärkt wird. Der L. besteht im wesentlichen aus einem stabförmigen Lasermaterial, einer Pumpquelle und einer Ein- und Auskopplungsanordnung am Lasermaterial für die geführte Lichtstrahlung. Als Lasermaterial wird häufig Rubin oder Helium-Neon verwendet. Die Pumpquelle führt dem atomaren System des Lasermaterials Pumpenergie zu, wodurch sich das Energieniveau des Systems ändert. In das System geleitete Lichtstrahlung geeigneter Frequenz erzwingt den Übergang zu einem tieferen Energieniveau. Hierbei werden Lichtquanten an das Licht abgegeben. Sind die Voraussetzungen zur Inversion erfüllt, findet eine weitere Zunahme von Lichtquanten statt, was einer Verstärkung des einfallenden Lichtes entspricht. Für die Verstärkung v gilt: $v = e^{\alpha l}$ (α Verstärkungsfaktor der Laserwellenlänge, l Länge des Lasermaterials). Man erreicht mit Laserverstärkern Verstärkungen um 100 bei Bandbreiten von etwa 10^{12} Hz. Anwendungsgebiete: z. B. Laseroszillator, Bildverstärker, Holographie, [5], [7], [10], [13], [16]. Fl

Last *(load).* Bei einem n-Tor eine an den Klemmen eines Tores angeschaltete Impedanz, auch Verbraucher. Je nach Eigenart der Impedanz spricht man von kapazitiver L., induktiver L., aktiver L. usw. [15]. Rü

Lastfaktor *(load factor).* Anzahl der Einheitslasten, die der Eingang einer Digitalschaltung darstellt bzw. der Einheitslasten, die der Ausgang einer Digitalschaltung treiben kann (→ Fan-In, → Fan-Out). [2]. We

Lastfluß *(power flow).* Sind in einem ausgedehnten, elektrischen Netz die Verbraucherleistungen gegeben, so kann der L. (Strom- und Leistungsaufteilung auf die einzelnen Leitungen) aus den Kenndaten der Netzknoten ermittelt werden. Der L. ist ein wichtiges Hilfsmittel bei der Netzplanung und Überwachung. [11]. Ku

Lastflußrechner *(power flow computer)*. Der L. dient der Netzberechnung über den Lastfluß und kann als Digitalrechner oder Analogrechner (Netzmodell) realisiert sein. [18]. Ku

Lastteilung *(load sharing)*. Aufteilung von Steuerungsaufgaben innerhalb eines Vermittlungssystems auf mehrere funktionsgleiche Steuereinrichtungen, die sich die Arbeit teilen, um eine gleiche Verkehrsbelastung sowie Sicherheit gegen Ausfall zu erzielen. [19]. Kü

Lastwiderstand → Last. Rü

Latch *(latch)*. Flipflop zur Speicherung von Informationen. Das L. verfügt über einen Takt- und einen Dateneingang; die Informationsübernahme erfolgt während der gesamten Zeit, in der der Takteingang ein aktives Signal erhält. Das Bild zeigt den internen Aufbau und das Schaltverhalten eines L. [2]. We

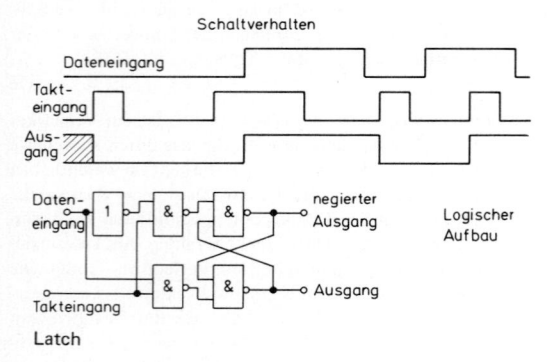

Latch

Latching-Current *(latching current)*. Einraststrom beim Thyristor. We

Latch-Up-Effekt *(latch-up effect)*. Bei mehrstufigen Operationsverstärkern das Hochspringen der Ausgangsspannung auf die Aussteuergrenze, das nicht mehr rückgängig gemacht werden kann. Der L. beruht auf einer Umkehrung der Gegenkopplung in eine Mitkopplung. Er kann zur Zerstörung der Bauteile führen. [6]. We

Lateraltransistor *(lateral transistor)*. Integrierte PNP-Transistoren, bei denen die Emitter- und Kollektor-Basis-Übergänge in voneinander getrennten Bereichen gebildet werden. Die Defektelektronen fließen parallel zur Oberfläche des Transistors. [4]. Ne

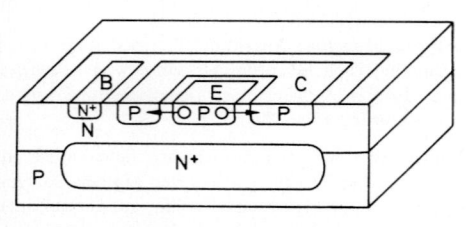

Struktur eines Lateraltransistors

Läufer *(rotor)*, Rotor. Der L. elektrischer Maschinen ist der umlaufende Teil, an dessen Wellenende mechanische Energie zugeführt (Generatorbetrieb) bzw. abgenommen (Motorbetrieb) wird. Er trägt i. a. eine Wicklung, die je nach Maschinentyp von Gleich- bzw. Wechselstrom durchflossen wird. Bei Synchronmaschinen wird der L. häufig auch Polrad und bei Gleichstrommaschinen Anker genannt. [3]. Ku

Lauffeldmagnetron → Vielschlitzmagnetron. Ge

Laufzeit *(transit time)*. 1. In einer Elektronenröhre die Zeit für die Bewegung eines Elektrons von der Katode zur Anode. Die L. ist ein wichtiger Faktor bei der Arbeit von Höchstfrequenzröhren. 2. In einem Transistor die für die Diffusion der injizierten Ladungsträger über die Sperrschicht notwendige Zeit. 3. Zeit für die Ausbreitung eines Signals von einem Punkt zum anderen. Die L. ist grundsätzlich durch die Lichtgeschwindigkeit begrenzt. Bei Leitungen beträgt die maximale Geschwindigkeit der Ladungsträger etwa 2/3 der Lichtgeschwindigkeit (die L. etwa 5 ns/m). [5], [7], [13]. We

Laufzeitdecodierer *(delay line colour decoder)*. Laufzeitdemodulator. Funktionseinheit in einem PAL-Farbfernsehempfänger, die der Wiedergewinnung der Farbartsignalkomponenten $F_{(R-Y)}$ und $F_{(B-Y)}$ dient. Dazu werden vom L. das direkte und das in einer Verzögerungsleitung um eine Zeile verzögerte Farbartsignal addiert und subtrahiert. [6], [13]. Li

Laufzeitdemodulator → Laufzeitdecodierer. Li

Laufzeiteffekt *(transit time effekt)*. 1. Effekt in Bipolartransistoren, der durch die Laufzeit der Ladungsträger hervorgerufen wird. Auf diese Weise kann die Grenzfrequenz eines Transistors nach der Laufzeit bestimmt werden.

$$\frac{1}{f_{gr}} = \frac{1}{f_{grB}} + \tau_c,$$

$$\tau_c = \frac{l}{2 \cdot v_{lim}},$$

wobei f_{gr} Grenzfrequenz des Transistors, f_{grB} Grenzfrequenz der Basis, τ_c Laufzeit, l Kollektorsperrschichtdicke, v_{lim} maximale Ladungsträgergeschwindigkeit. [4].
2. In logischen Schaltungen die Bildung von Signalen, die aus dem Laufzeitverhalten herrühren. Ein Beispiel ist im

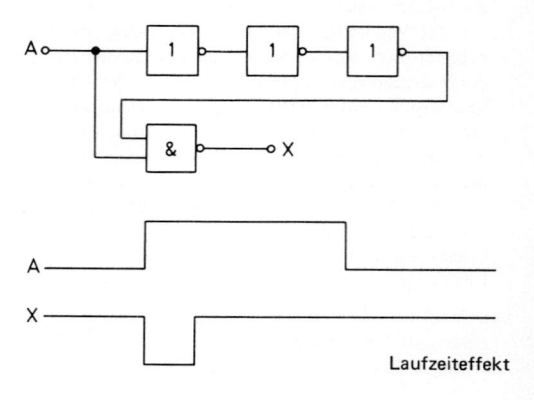

Laufzeiteffekt

Bild dargestellt. Die abgebildete Schaltung entspricht der Formel

$$X = A \wedge \overline{\overline{A}}$$

der Booleschen Algebra, nach den Vereinfachungsregeln ergibt sich

$$X = 1.$$

Das Verhalten der Schaltung ist im Impulsplan dargestellt. [2] We

Laufzeitentzerrer *(delay equalizer, phase compensator)*, Phasenentzerrer. Der L. ist ein Netzwerk, das der Kompensation von Laufzeitschwankungen bzw. Laufzeitverzerrungen der Gruppenlaufzeit dient, die innerhalb einer Übertragungsstrecke auftreten können. Gute Entzerrereigenschaften weist das Allpaßnetzwerk auf, das einzeln oder in mehreren Gliedern zur Einebnung der Laufzeitschwankungen in HF-Verstärkern (HF Hochfrequenz) eingesetzt wird. [8], [13], [14], [15]. Fl

Laufzeitnetzwerk → Verzögerungsschaltung. Rü

Laufzeitröhre *(velocity modulated tube)*. Vakuumelektronenröhre, die für die Verstärkung von Mikrowellen eingesetzt wird, wo dichtegesteuerte Elektronenröhren wegen der Trägheit der Elektronen versagen. Laufzeitröhren lassen sich grob unterteilen in Triftröhren und Lauffeldröhren. [8]. Ge

Laufzeitspeicher *(delay line memory)*. Ein Speicher, der die endliche Ausbreitungsgeschwindigkeit elektrischer oder mechanischer Schwingungen in einem Medium nutzt. Die Dauer der Speicherung, also der Zeitunterschied zwischen dem Eintritt der Schwingung in das Medium und ihrem Austritt aus ihm, läßt sich beliebig vergrößern, indem man die Schwingung vom Ausgang zum Eingang zurückführt und damit einen Umlaufspeicher erzeugt. Als L. finden Verwendung: Verzögerungsleitungen, Laufzeitketten, akustische Speicher und magnetostriktive Speicher [1], [2]. Li

Laufzeitverzerrung → Verzerrung, lineare. Rü

Laurent-Transformation → Z-Transformation. Rü

Lautsprecher, piezoelektrischer → Kristallautsprecher. Th

Lautstärke *(loudness level)*. Die L. ist ein Maß für die Höhe der Schalldruckamplitude. Die Lautstärkeempfindung wächst nicht linear mit dem Schalldruck, sondern etwa logarithmisch. Wegen der starken Frequenzabhängigkeit der Lautstärkeempfindung ist als Bezugsfrequenz 1 kHz vereinbart worden. Dafür erhält man die L. zu

$$L_s = 20 \cdot \lg \frac{p}{p_0} \text{ phon (bei } f_0 = 1 \text{ kHz)}$$

Der Wert p_0 kennzeichnet die Hörschwelle. [12], [13]. Th

Lautstärkenregler *(volume control)*. Mit L. ist im allgemeinen Sprachgebrauch ein Drehwiderstand (Potentiometer) gemeint, der zur Lautstärkeneinstellung an elektroakustischen Geräten (z. B. Verstärker) dient. Das Potentiometer weist meistens eine logarithmische Kennlinie auf und ist oft mit Anzapfungen für die gehörrichtige Lautstärkeneinstellung versehen. [4], [12], [13]. Th

Lautstärkesteller → Pegelregler. Fl

Lawinendiode *(avalanche diode)*. Eine Silicium-Halbleiterdiode, in der der Lawinendurchbruch längs des gesamten PN-Übergangs auftritt. Die Spannung ist nach dem Lawinendurchbruch konstant und vom Strom unabhängig. Wichtigste Vertreter der L. sind die Impatt- und die Trapatt-Diode. [4]. Ne

Lawinendurchbruch *(avalanche breakdown)*. Ein Durchbruch, der durch Trägervervielfachung in einem Halbleiter unter der Wirkung eines starken elektrischen Feldes verursacht wird. Freie Ladungsträger gewinnen genügend Energie, um neue Elektronen-Defektelektronen-Paare durch Stoßionisation zu befreien (DIN 41 852). Das Auftreten des Lawinendurchbruchs hat eine hohe Stromstärke zur Folge, die zur Zerstörung eines Bauelements führt, wenn der fließende Strom nicht durch äußere Beschaltung begrenzt wird. [4]. Ne

Lawinendurchschlag → Lawinendurchbruch. We

Lawineneffekt *(avalanche effect)*. Avalanche-Effekt. Liegt bei einem Halbleiterbauelement an der Sperrschicht in Sperrichtung eine Spannung an, so tritt, besonders bei hochdotiertem Halbleitermaterial, eine hohe Feldstärke auf. Führt diese zu einer starken Beschleunigung von vorhandenen Ladungsträgern, so können diese weitere Ladungsträger aus ihrer Bindung losreißen; der L. tritt ein. Er führt zum Lawinendurchbruch. [6]. We

Lawinenlaufzeitdiode *(avalanche transit-time device)*, Impattdiode *(impact avalanche transit-time diode)*. Halbleiterbauelement zur Erzeugung von Mikrowellenleistung mit Hilfe eines in Rückwärtsrichtung vorgespannten PN-Übergangs. Der Strom wird durch Lawinenmultiplikation infolge Stoßionisation erzeugt. Durch eine Laufzeitverzögerung der Ladungsträger in der nachfolgenden Raumladungszone wird zwischen anliegender Spannung und Strom eine Phasendifferenz von $> 90°$ erzeugt. Dies entspricht aber einem negativen differentiellen Widerstand, der z. B. Voraussetzung zum Entdämpfen eines Resonators oder zur Verstärkung von

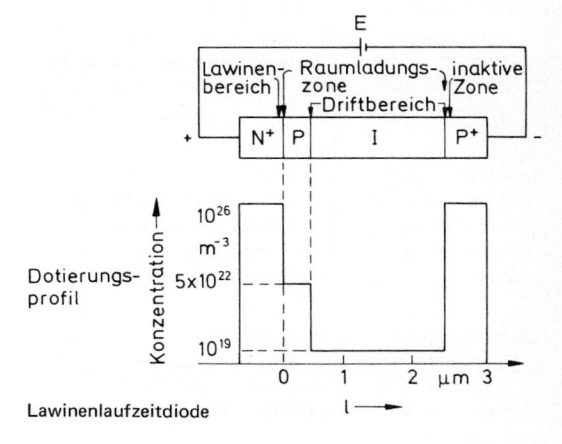

Lawinenlaufzeitdiode

Signalen ist. L. werden mit N⁺PIP⁺- oder P⁺NIN⁺-Strukturen realisiert. [4]. Ne

Lawinentransistor *(avalanche transistor)*. Transistor mit einem ausnutzbaren Bereich negativen differentiellen Widerstandes der Durchbruchskennlinie (DIN 41 855). Anwendung: Zur Erzielung hoher Stromverstärkung in der Emitterschaltung und kurzer Schaltzeiten. [4]. Ne

Layout → Strukturentwurf. Ne

LCD *(liquid crystal display)* → Flüssigkristallanzeige. Ne

LCDTL 1.*(load compensating diode-transistor logic, LCDT)*. Verbesserte DTL-Schaltung, die durch eine Gegenkopplung eine zu starke Übersteuerung des Ausgangstransistors verhindert (Bild). 2. *(low current DTL)*. DTL-Logikschaltungen, die wegen ihres hochohmigen Aufbaus geringen Stromverbrauch haben. [2]. Li

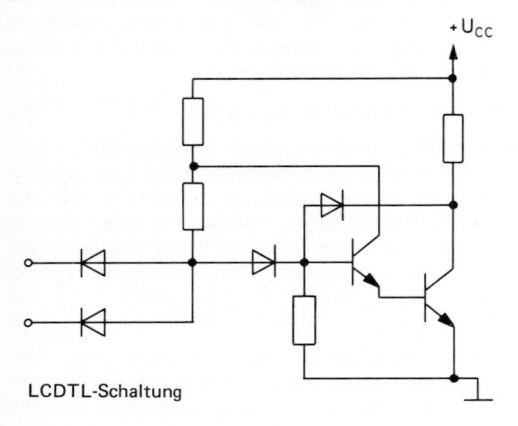

LCDTL-Schaltung

LC-Filter *(LC-filter)*, Reaktanzfilter. Filterschaltung, deren frequenzabhängiges Dämpfungsverhalten nur durch (als verlustfrei angenommene) Induktivitäten und Kapazitäten realisiert wird. LC-Filter sind die klassischen Realisierungen elektrischer Filter. [15]. Rü

LC-Generator *(LC-generator)*. Ein L. besteht aus einem Oszillator, dessen frequenzbestimmendes Element ein Schwingkreis ist, der aus Induktivität (L) und Kapazität (C) gebildet wird. L und C können auch stufenweise oder stetig veränderlich sein, um die Generatorfrequenz variieren zu können. Die Ausgangsspannung ist im allgemeinen sinusförmig. Die Frequenzdrift guter LC-Generatoren beträgt etwa $1 \cdot 10^{-4}$, kurzzeitig sogar $1 \cdot 10^{-5}$. [12], [13]. Th

LC-Glied *(LC-section)*. Zusammenschaltung einer Induktivität L und einer Kapazität C in Reihe oder parallel zu einem Zweipol. Häufig auch als Bezeichnung für einen Spannungsteiler mit einer Induktivität im Längs- und einer Kapazität im Querzweig oder umgekehrt. [15]. Rü

LC-Meßgenerator *(LC measuring generator)*. Frequenzerzeugende Baugruppe des LC-Meßgenerators ist ein LC-Oszillator in Meißner- oder einer Dreipunktschaltung (Collpitts-, Hartley-Oszillator). Sie werden häufig im Bereich hoher Frequenzen als Meßgenerator oder Meßsender zur Bereitstellung sinusförmiger Ausgangsspannungen eingesetzt. Durch konstant gehaltene Versorgungsspannung für die elektronische Innenschaltung aus dem Netzteil, lose Rückkopplung, temperaturkompensierte Schwingkreise, Begrenzung der Schwingamplitude und Trennstufen zwischen Oszillator- und Ausgangskreis wird eine hohe Frequenzkonstanz erreicht. Häufig sind LC-Meßgeneratoren mit einer Wobbeleinrichtung versehen. [8], [12], [13], [14], [19]. Fl

LC-Oszillator → LC-Generator. Th

LC-Siebung → Siebung. Rü

LC-Sinusoszillator *(LC harmonic oscillator)*. Bezeichnung für einen LC-Oszillator oder LC-Generator, dessen Schwingkreis eine hohe Güte aufweist und dessen Schaltung für die Erzeugung einer oberwellenarmen sinusförmigen Spannung ausgelegt ist. Oszillatoren dieser Art werden in der Meßtechnik benötigt. [12], [13]. Th

LC-Zweipol *(LC-network)*, Reaktanzzweipol. Ein nur aus Induktivitäten und Kapazitäten bestehender Zweipol, wobei noch vorausgesetzt ist, daß die Bauelemente L und C verlustfrei sind oder als verlustfrei angenommen werden können. Charakteristisch im PN-Plan ist, daß Pole und Nullstellen einer LC-Zweipolfunktion (→ Zweipolfunktion) nur auf der imaginären Achse liegen, einfach sind und einander abwechseln. [15]. Rü

Leapfrog-Filter *(leapfrog-filter)*. Unter diesem Begriff faßt man Filterstrukturen zusammen, die man durch direkte Simulation der Netzwerkgleichungen einer Abzweigschaltung gewinnt. Um die guten Empfindlichkeitseigenschaften der LC-Abzweigschaltungen beizubehalten, stellt man durch abwechselndes Anwenden der Knoten- und Schleifenregel die einzelnen Beziehungen für die Teilströme und Teilspannungen der Schaltung auf. Der zugehörige Signalflußgraph führt zu einem mehrfach rückgekoppeltem System; sein charakteristisches Aussehen gibt diesen Strukturen den Namen: Leapfrog $\hat{=}$ Bocksprung. Es läßt sich zeigen, daß man den Signalflußgraph immer mit Summieren, Multiplizieren und Integratoren — alles Elemente der Analog-Rechentechnik — simulieren kann. In integrierter Technik ersetzt man den analogen Integrator durch einen im Takt T geschalteten Integrator und gelangt so zu Schalterfiltern in Leapfrog-Struktur, eine bei diesen Filtern bevorzugte Anordnung. Rü

Lebensdauer *(life time)*. Die für das einzelne Bauelement zu ermittelnde Zeitspanne vom Beginn der Beanspruchung bis zum Ausfallzeitpunkt. Mittlere L.: Mittelwert der L. einer Anzahl gleicher Bauelemente. Zentrale L.: Zentralwert der L. einer Anzahl gleicher Bauelemente. [4]. Ge

Lebensdauer, mittlere → Lebensdauer. Ge

Lebensdauer, zentrale → Lebensdauer. Ge

Lebensdauertest *(life test)*. Zuverlässigkeitsprüfung mit hoher Stückzahl zum Nachweis des mittleren Ausfallabstandes eines Erzeugnisses. Lebensdauertests werden unter verschiedenen elektrischen Betriebsbedingungen sowie unter mechanischen und klimatischen Beanspruchungen durchgeführt. [4]. Ge

Lebensdauerverteilungen. Im Rahmen der Zuverlässigkeitstheorie, die sich mit der Vorhersage, Erhaltung, Schätzung und Optimierung der Zuverlässigkeit technischer Systeme beschäftigt, sind einige Verteilungen speziell für den Erwartungswert der Lebenszeit besonders vorteilhaft. Im Grunde handelt es sich hierbei um Verteilungsformen der Wahrscheinlichkeitstheorie mit dem besonderen Merkmal, daß Verteilungsdichte $f(t)$ und Verteilungsfunktion $F(t)$ für $t < 0$ Null sein müssen, da Lebenszeiten keine negativen Werte annehmen können. Zwischen der Verteilungsfunktion $F(t)$, der Zuverlässigkeit $R(t)$ und der Ausfallrate $\lambda(t)$ besteht der Zusammenhang

$$R(t) = 1 - F(t) = \exp\left(-\int_0^t \lambda(x)\,dx\right).$$

Technisch besonders interessant sind Systeme mit konstanter Ausfallrate λ innerhalb der „normalen Nutzungszeit" (elektronische Bauteile, Rechenautomaten), für die die Exponentialverteilung

$$R(t) = \begin{cases} e^{-\lambda t} & \text{für } t \geq 0 \\ 1 & t < 0 \end{cases}$$

gilt. Von der Exponentialverteilung abweichendes Ausfallratenverhalten wird durch verschiedene L. beschrieben:

1. Weibull-Verteilung: Verteilungsdichte $f(t)$ und Verteilungsfunktion $F(t)$ sind definiert zu

$$f(t) = \frac{\beta}{\alpha} t^{\beta-1} e^{-\frac{t^\beta}{\alpha}}, \quad \alpha > 0; \beta > 0,$$

$$F(t) = 1 - e^{-\frac{t^\beta}{\alpha}}.$$

Die Ausfallrate wird

$$\lambda(t) = \frac{\beta}{\alpha} t^{\beta-1}.$$

Für $\beta = 1$ geht die Weibull-Verteilung in die Exponentialverteilung mit konstantem $\lambda(t) = \frac{1}{\alpha}$ über. $\beta > 1$ beschreibt eine steigende, $\beta < 1$ eine fallende Ausfallrate.

2. Gammaverteilung: Die Verteilungsdichte $f(t)$ ist definiert zu

$$f(t) = \frac{1}{\beta \Gamma(\alpha+1)} \left(\frac{t}{\beta}\right)^\alpha e^{-\frac{t}{\beta}} \quad \beta > 0; \alpha > -1,$$

wobei

$$\Gamma(\alpha) = \int_0^\infty x^{\alpha-1} e^{-x}\,dx$$

die Gammafunktion ist. Die Verteilungsfunktion ist

$$F(t) = \int_0^t f(x)\,dx$$

und die Ausfallrate

$$\lambda(t) = \frac{t^\alpha e^{-\frac{t}{\beta}}}{\int_t^\infty x^\alpha e^{-\frac{x}{\beta}}\,dx}.$$

Ähnlich der Weibull-Verteilung liefert der Wert $\alpha = 0$ konstante Ausfallrate $\lambda(t) = \frac{1}{\beta}$ (Exponentialverteilung); für $\alpha > 0$ ergibt sich eine steigende, für $\alpha < 0$ eine fallende Ausfallrate.

3. Erlang-Verteilung: Hierbei handelt es sich um eine spezielle Gammaverteilung, bei der der Parameter α eine nicht-negative ganze Zahl ist. Mit $\Gamma(\alpha) = (\alpha - 1)!$ gilt die Verteilungsfunktion

$$F(t) = 1 - e^{-\frac{t}{\beta}} \sum_{i=0}^\alpha \frac{1}{i!} \left(\frac{t}{\beta}\right)^i.$$

Die Summe von n unabhängigen exponentiell mit dem Parameter λ verteilten Zufallsgrößen genügt einer Erlang-Verteilung mit den Parametern $\alpha = n - 1$ und $\beta = \frac{1}{\lambda}$.

Für die Anwendung in der Verkehrstheorie mit $\alpha = k - 1$ und $\beta = k\,\mu \to$ Erlang. Rü

Lecher-Leitung *(Lecher line)*. Elektrische Doppelleitung, auf der sich stehende elektrische Wellen ausbilden. Die L. dient in der Meßtechnik zur Messung der Wellenlänge. Durch eine längs der L. verschiebbare Sonde lassen sich Maxima und Minima für Strom und Spannung ermitteln. Verlaufen die parallelen Drähte in einem Dielektrikum mit der Permittivität ϵ, dann wird die Wellenlänge bei gleicher Frequenz gegenüber dem Vakuum im Verhältnis $1 : \sqrt{\epsilon}$ herabgesetzt (Messung von ϵ bei hohen Frequenzen). [5]. Rü

Lecher-Welle. Vorzugsweise in der deutschen Literatur verwendete Bezeichnung für → TEM-Welle (*transverse electromagnetic wave*). [13]. Rü

Leckstrom *(leakage current)*. Durch Oberflächen-Verunreinigungen des Halbleiters bedingter Anteil des Reststroms. [6], [7]. Li

Leckstromrauschen *(leakage current noise)*. Das im MOS-Transistor durch Leckströme hervorgerufene Rauschen, vergleichbar dem Gate-Rauschen, i. a. vernachlässigbar klein. [4]. We

Leckwiderstand *(leakage resistance)*. Bei einem PN-Übergang der Quotient aus angelegter Spannung in Rückwärtsrichtung und Leckstrom. [6]. Li

Leclanché-Element *(Leclanché-element, accumulator)*. Ein spezielles galvanisches Element. Nach dem von Leclanché gefundenen Prinzip sind Anodenbatterien und z. B. Taschenlampenbatterien aufgebaut. Die Anode ist aus Zink und die Katode aus einem Kohle-MnO_2 Gemisch (MnO_2 Mangan-II-oxid). Der Elektrolyt ist Ammonium-

LED-Anzeige

chlorid NH_4Cl, der häufig verdickt wird. Die stromliefernde chemische Reaktion ist:

$2 MnO_2 + H_2 \rightarrow Mn_2O_3 + H_2O$.

Die Leerlaufspannung beträgt etwa 1,5 V und sinkt bei Entladung um einige Zehntel Volt ab. [5]. Bl

LED-Anzeige *(LED-display, LED light emitting diode).* Anzeige, bei der Lumineszenzdioden verwendet werden – meistens in Form von Siebensegmentanzeigen, wobei die einzelnen Segmente aus mehreren nebeneinander angeordneten und parallelgeschalteten Lumineszenzdioden bestehen. Mit sieben Segmenten lassen sich nur Ziffern darstellen. [4], [16]. Li

Leddicon → Plumbicon. Ge

Leerlaufausgangsadmittanz *(open-circuit output admittance),* Leerlaufausgangsleitwert, Kehrwert der Leerlaufausgangsimpedanz (→ Ausgangsimpedanz). [15]. Rü

Leerlaufausgangsimpedanz → Ausgangsimpedanz. Rü

Leerlaufausgangsleitwert *(open-circuit output admittance),* Leerlaufausgangsadmittanz. Kehrwert des Leerlaufausgangswiderstands (→ Ausgangsimpedanz). [15]. Rü

Leerlaufausgangswiderstand → Ausgangsimpedanz; bei Transistoren: → Transistorkenngrößen). Rü

Leerlaufdämpfung (→ Bild Vierpol im Betrieb). Spezialfall eines Vierpols im Betrieb, bei dem für die Ausgangsimpedanz $Z_2 = \infty$ gilt. Unter L. versteht man dann das Dämpfungsmaß

$a_L = \ln\left|\dfrac{U_0}{U_2}\right|$ in Np. [14]. Rü

Leerlaufeingangsadmittanz *(open-circuit input admittance),* Leerlaufeingangsleitwert, Kehrwert der Leerlaufeingangsimpedanz (→ Eingangsimpedanz). [15]. Rü

Leerlaufeingangsimpedanz → Eingangsimpedanz. Rü

Leerlaufeingangsleitwert *(open-circuit input admittance),* Leerlaufeingangsadmittanz, Kehrwert des Leerlaufeingangswiderstands (→ Eingangsimpedanz). [15]. Rü

Leerlaufeingangswiderstand → Eingangsimpedanz. Rü

Leerlaufimpedanz *(open-circuit impedance).* Allgemein die Impedanz an einem Klemmenpaar eines Mehrtors, wenn alle übrigen Klemmenpaare leerlaufen. [15]. Rü

Leerlaufspannung *(open-circuit voltage).* Bei einem n-Tor die Spannung, zwischen den Klemmen eines Tores für den Fall, daß dort keine Last eingeschaltet ist. [15]. Rü

Leerlaufspannungsrückwirkung → Transistorkenngrößen. Rü

Leerlaufspannungsverstärkung *(open-circuit voltage gain).* Der Verstärkungsfaktor einer Verstärkerschaltung, die ausgangsseitig im Leerlauf betrieben wird. [15]. Rü

Leerlaufübertragungsfaktor *(open-circuit transmission factor).* Übertragungsfaktor der Spannung bei einem Vierpol, wenn das Ausgangstor im Leerlauf betrieben wird. [15]. Rü

Leerlaufverstärkung → Leerlaufspannungsverstärkung. Rü

Legendre-Filter *(Legendre filter).* Ein elektrisches Filter, das durch eine spezielle Approximation des Dämpfungsverlaufs entsteht. Potenzfilter mit maximal flachem Verlauf der Durchlaßdämpfung haben einen wenig steilen Übergang an den Sperrbereich. Tschebyscheff-Filter erreichen schneller die geforderte Sperrdämpfung. L. sind optimale Filter, die einen monoton ansteigenden (nicht maximal flachen) Dämpfungsanstieg im Durchlaßbereich haben, beim Übergang zum Sperrbereich aber steiler ansteigen als Potenzfilter. [15]. Rü

Legierung *(alloy).* Verbindung aus zwei oder mehr (meist metallischen) Bestandteilen. Die physikalischen, chemischen und mechanischen Eigenschaften von Legierungen weichen häufig von denen der Ausgangsmaterialien stark ab. Legierungen werden durch Zusammenschmelzen, Gießen oder Sintern hergestellt. [5]. Bl

Legierungstechnik *(alloying).* Ein Verfahren zur Herstellung von PN-Übergängen, indem man einen Donator oder Akzeptor auf der Halbleiteroberfläche verflüssigt und schnell abkühlen läßt. Hierbei bildet sich zwischen Donator oder Akzeptor und Halbleiter eine Legierung, die den N- oder P-Bereich bildet. Die einzelnen Prozeßschritte sind: Benetzungsvorgang, Auflösung des Halbleitermaterials, Kristallisation (Bild). [4] Ne

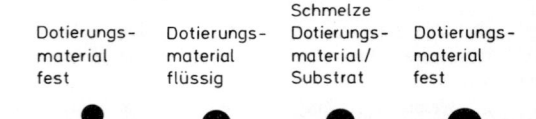

Dotierungs-material fest	Dotierungs-material flüssig	Schmelze Dotierungs-material / Substrat	Dotierungs-material fest
Substrat(Ge)			

Prinzip der Legierungstechnik

Leistung, elektrische *(power; (output)).* Die Arbeit pro Zeiteinheit, die von einem elektrischen Strom verrichtet wird. Ist $u = u(t)$ eine zeitlich veränderliche Spannung und $i = i(t)$ ein zeitlich veränderlicher Strom, dann ist die Augenblicksleistung

$p(t) = u(t) \cdot i(t)$

(→ Wirkleistung; → Blindleistung). Rü

Leistung, komplexe *(complex (signal) power),* genauer komplexe Scheinleistung $\underline{S}$. Sie ist die komplexe Zusammenfassung von Wirk- und Blindleistung bei sinusförmigem Verlauf von Spannung und Strom (ohne eigentliche physikalische Bedeutung). Sind $\underline{U} = U e^{j\varphi_u}$ und $\underline{I} = I e^{j\varphi_i}$ die komplexen Effektivwerte von Spannung und Strom, dann ist (DIN 40110)

$\underline{S} = \underline{U}\,\underline{I}^* = U I \, e^{j(\varphi_u - \varphi_i)} = U I e^{j\varphi} =$
$= U I \cos\varphi + j\,U I \sin\varphi$.

$\underline{I}^* = I e^{-j\varphi_i}$ ist der zu $\underline{I}$ konjugiert komplexe Strom, $\varphi = \varphi_u - \varphi_i$ der Phasenverschiebungswinkel zwischen Spannung und Strom. Da die Wirkleistung $P = U I \cos\varphi$ und die Blindleistung $Q = U I \sin\varphi$ ist, gilt

$|\underline{S}| = \sqrt{P^2 + Q^2} = U I$.

$|\underline{S}|$ wird Scheinleistung genannt. Bei Verwendung der konjugiert komplexen Größen $\underline{I}^*$ und $\underline{U}^*$ kann man für Wirk- und Blindleistung schreiben:

$P = \text{Re}\,\underline{S} = \text{Re}\,(\underline{U}\,\underline{I}^*) = \frac{1}{2}(\underline{U}\,\underline{I}^* + \underline{U}^*\,\underline{I})$,

$Q = \text{Im}\,\underline{S} = \text{Im}\,(\underline{U}\,\underline{I}^*) = \frac{1}{2j}(\underline{U}\,\underline{I}^* - \underline{U}^*\,\underline{I})$.

Bei der Untersuchung von Leistungsverhältnissen in umfangreicheren Netzwerken ist die Verwendung der komplexen Größe $\underline{S}$ sehr zweckmäßig. [14]. Rü

Leistung, mittlere → Wirkleistung. Rü

Leistungsanpassung *(matching)*. (→ Bild Stoßfaktor). Der Fall der Übertragung maximaler Wirkleistung zwischen einem Generator (mit dem komplexen Generatorinnenwiderstand $Z_1 = R_1 + jX_1$) und einem Verbraucher (mit dem komplexen Widerstand $Z_2 = R_2 + jX_2$). Die Bedingung für L. lautet:

$Z_2 = Z_1^*$, (oder $R_2 = R_1 ; X_2 = -X_1$).

Der Widerstand Z_2 muß zu Z_1 konjugiert komplex sein. Bei einem Vierpol liegt L. vor, wenn im Abschlußwiderstand Z_2 maximale Wirkleistung umgesetzt wird. Speziell bei Übertragungen auf verlustlosen Leitungen kann man wegen des reellen Wellenwiderstandes Z_W neben der L. auch Wellenanpassung erreichen. [13]. Rü

Leistungsbandbreite. Beurteilungskriterium für die Endstufe eines Hi-Fi-Verstärkers. Die L. ist der Frequenzbereich, an dessen Grenzen die Ausgangsleistung bei gleichbleibendem Nenn-Klirrgrad (→ Klirrfaktor) gerade um 3 dB abgesunken ist (→ auch Bandbreite). [13]. Rü

Leistungsbedeckung → Intensität. Rü

Leistungsdämpfungsmaß. Dämpfungsmaß a_p, das sich speziell auf das Verhältnis zweier Leistungen P_1 und P_2 bezieht. Der Zusammenhang mit dem Leistungsübertragungsfaktor $A_p = \frac{P_2}{P_1}$ ist:

$a_p = -\ln|A_p|$.

[14]. Rü

Leistungsdiode → Leistungshalbleiter. Ne

Leistungselektronik *(power electronics)*. Die L. umfaßt das Schalten, Steuern und Umformen elektrischer Energie unter Verwendung von elektronischen Bauelementen und schließt die zugehörigen Meß-, Steuer- und Regeleinrichtungen mit ein (→ Stromrichtertechnik). [11]. Ku

Leistungsendstufe *(power amplifier stage)*, Endverstärker, Endverstärkerstufe, Leistungsendverstärkerstufe, Leistungsendverstärker. Leistungsendstufen sind elektronische Schaltungen, deren hauptsächliche Bauelemente (z. B. Elektronenröhre, Transistor) nach Gesichtspunkten von Großsignalverstärkern ausgelegt sind. Die L. arbeitet als Anpassungsglied zwischen der letzten Stufe eines Verstärkers und dient der Signalversorgung eines Energiewandlers (z. B. Bildröhre, Lautsprecher, Sendeantenne, Elektromotor). Sie soll große Ausgangsleistungen mit optimalem Wirkungsgrad, häufig ohne Verzerrungen oder anderen Einflüssen, bereitstellen. Aufbau und Merkmale der Leistungsendstufen sind vom Einsatzgebiet abhängig: z. B. Gleichspannungsverstärker in Regelungs- und Meßsystemen; häufig als Gegentaktverstärker in Anlagen der Elektroakustik oder in Sendern. Weitere Unterteilungen werden neben den Arbeitsfrequenzbereichen (z. B. Niederfrequenz, Hochfrequenz) auch nach Einstellungen des Arbeitspunktes durchgeführt: Klasse-AB-Verstärker, Klasse-B-Verstärker, Klasse-C-Verstärker. [6], [8], [12], [13], [14], [17], [18]. Fl

Leistungsendverstärker → Leistungsendstufe. Fl

Leistungsendverstärkerstufe → Leistungsendstufe. Fl

Leistungsfaktor *(power factor)*. Der L. λ ist der Quotient aus Wirkleistung P und Scheinleistung S. Er entspricht bei sinusförmigem Strom- und Spannungsverlauf dem Verschiebungsfaktor $\cos\varphi$, wobei φ der Phasenverschiebungswinkel zwischen Strom und Spannung ist, $\lambda = P/S = \cos\varphi$. Bei sinusförmiger Spannung und nichtsinusförmigem Strom vermindert sich der L. gegenüber dem $\cos\varphi$ mit dem kleiner werdenden Grundschwingungsgehalt des Stromes g, der das Effektivwertverhältnis von Grundschwingung zu Gesamtstrom ist, $\lambda = P/S = g \cdot \cos\varphi$ (DIN 40110). [5]. Ku

Leistungsfaktormesser *(power factor meter)*, $\cos\varphi$-Messer. Der L. ist ein analoges Meßgerät mit Kreuzspulmeßwerk nach elektrodynamischem Prinzip. Die Skala ist in Werten des Leistungsfaktors $\cos\varphi$ eingeteilt. Zur Messung müssen die drehbaren Spulen den Phasenwinkel mit der festen Feldspule einschließen. Durch einen elliptischen Eisenkern ist die Feldverteilung sinusförmig. 1. Bei Einphasenwechselstrom liegt in Reihe zu einer Drehspule eine Induktivität, zur anderen ein Wirkwiderstand. Die Drehspulen bilden den Spannungspfad. Die feste Feldspule liegt im Strompfad. Bei angelegten Meßgrößen wirken die Drehmomente beider Drehspulen gegeneinander. Infolge der sinusförmigen Feldverteilung durch den Eisenkern werden die Drehmomente der Kreuzspulen ortsabhängig, eines wird geschwächt, das andere unterstützt. Der Zeiger nimmt eine Stellung ein, bei der Momentengleichgewicht herrscht. 2. Bei Drehstrom entnimmt man unmittelbar dem Drehstromnetz zwei phasenverschobene Spannungen und legt sie an die Drehspulen (ähnlich dem Blindleistungsmesser). [12]. Fl

Leistungsflußdichte → Strahlungsdichte; Ausbreitungsvektor. Ge

Leistungsgleichrichter *(power rectifier)*. L. sind Gleichrichter höherer Leistung. [3]. Ku

Leistungsglied *(power element)*. Als L. bezeichnet man Bauelemente wie Leistungstransistoren oder Leistungsthyristoren, 1. die zum Schalten großer Ströme eingesetzt sind, 2. die als Verstärker große Schaltleistungen zur Ansteuerung von Energiewandlern (z. B. auch Stellgliedern) aufbringen. [3], [11], [18]. Fl

Leistungshalbleiter *(power semiconductor)*. Halbleiterbaustein, der eine Verlustleistung von i. a. > 1 W zu verarbeiten instande ist. Er kann entweder Ströme oder Spannungen bis zu einigen Tausend Ampere oder Volt verarbeiten. [4]. Ne

Leistungsmerkmale *(facilities).* Satz von Funktionen eines Vermittlungssystems, insbesondere die über die Grundfunktionen hinausgehenden zusätzlichen Funktionen. „Neue Leistungsmerkmale" rechnergesteuerter Wählsysteme sind z. B. Tastwahl, Kurzwahl, Anklopfen, automatische Anrufwiederholung und Anrufumleitung, Fangen, Gebührenübernahme, automatische Gebührenerfassung und Rechnungsstellung, automatische Fehlerdiagnose, freizügige Zuordnung von Rufnummer und Anschlußlage. [19]. Kü

Leistungsmesser *(power meter).* L. sind Meßgeräte, mit denen der elektrische Leistungsbedarf von Verbrauchern festgestellt wird. Sie besitzen Anschlußklemmen für den Meßstrom und die Meßspannung. Die Gleichstromleistung tritt immer als Wirkleistung auf und kann durch Strom- und Spannungsmessung bestimmt werden. Spezielle L. ermitteln die Gleichstromleistung über Multiplikatoren (z. B. Hall-Effekt beim Hall-Multiplikator). Bei Wechselstrom muß zwischen Wirkleistung, Blindleistung und Scheinleistung, der Kurvenform und dem Frequenzbereich der Leistungsmessung unterschieden werden.

1. Wirkleistungsmesser: Nach dem Verfahren der Leistungsmessung unterscheidet man Absorptionsleistungsmesser und Durchgangsleistungsmesser. Die Skala ist in Watt eingeteilt. Bei Netzfrequenz setzt man häufig elektrodynamische L. ein. L. für höhere und höchste Frequenzen nutzen vielfach die Wärmewirkung des elektrischen Stromes. Die Messung ist kurvenformunabhängig. Es gibt auch HF-Wattmeter (HF Hochfrequenz), deren Meßbereiche mit Stromwandlern und kapazitiven Spannungsteilern verändert werden. Elektronische L. arbeiten nach analogen und digitalen Verfahren, häufig auch mit Multiplikatoren. Sie messen vielfach kurvenformunabhängig und können oft auch die tatsächliche Leistung bei Mischgrößen (Gleich- und Wechselgrößen) bestimmen. 2. Blindleistungsmesser: Ihre Skala ist in Var (Volt-Ampere reaktiv) kalibriert. Häufig wird ein elektrodynamischer L. in Verbindung mit der Hummelschaltung betrieben. 3. Scheinleistungsmessung: Im allgemeinen errechnet man die Scheinleistung aus den Effektivwerten von Strom und Spannung. [8], [12]. Fl

Leistungsmesser, elektrodynamischer *(electrodynamic power meter).* Elektrodynamische L. sind Meßgeräte, die mit elektrodynamischem Meßwerk die Wirkleistung im Bereich der Netzfrequenz anzeigen. Die Skala ist in Watt, häufig nur in Skalenteilen unterteilt. Mit schaltungstechnischen Maßnahmen sind sie auch als Blindleistungsmesser einsetzbar. Elektrodynamische L. besitzen mindestens zwei Anschlußklemmen für den Strom (Strompfad) und zwei für die Spannung (Spannungspfad; Bild). Die festen Spulen des Meßwerks werden wie ein Strommesser in den Meßkreis geschaltet. Die drehbare Spule bildet mit einem eingebauten Vorwiderstand den Spannungspfad. Sie wird wie ein Spannungsmesser angeschlossen. Meßbereichserweiterungen sind mit Vorwiderständen für den Spannungspfad, mit Stromwandlern für den Strompfad möglich. Bei eisenloser Ausführung (für Präzisionsinstrumente) verläuft das Magnetfeld der feststehenden Spulen durch Luft. Eisengeschlossene Meßwerke setzt man bei Betriebsinstrumenten ein. Elektrodynamische L. können bei Gleichstrom, Einphasen- und Wechselstrom und Drehstrom (z. B. Aronschaltung) verwendet werden. [12]. Fl

Elektrodynamischer Leistungsmesser

Leistungsmesser, thermischer *(thermical power meter).* Die thermischen L. messen indirekt die Wirkleistung in Anlagen der Hoch- und Höchstfrequenztechnik über die Wärmewirkung hochfrequenter Ströme. Sie sind vom Prinzip her Absorptionsleistungsmesser. Eine Reihe von Verfahren sind bekannt, z. B.: 1. Die von einem Absorber (R_1 im Prinzipbild) mit definiertem Wellenwiderstand am Ende einer energieübertragenden Meßstrecke aufgenommene Wirkleistung führt zu dessen Erwärmung. In einem Meßkopf ist außerhalb der Meßstrecke ein Temperaturfühler R_M untergebracht. Der Fühler hat engen Wärmekontakt mit einer Meßwicklung aus stark temperaturabhängigem Widerstandsdraht, der den Absorber umschließt. Im Meßkopf befindet sich eine weitere, gleichartige Anordnung, die dem Vergleich über eine Brückenschaltung (R_3, R_4, R_M, R_k) dient: Ein Gleichspannungsverstärker führt dem Widerstand R_2 Gleichstromleistung zu, bis Brückengleichgewicht herrscht. Die zugeführte Gleichstromleistung entspricht der HF-Leistung (HF Hochfrequenz). Ähnlich wirkende Anordnungen sind Barretter und Bolometer. Es lassen sich Leistungen von 10^{-12} W bis 10^{-3} W auch im Höchstfrequenzbereich messen. 2. Die HF-Leistung kann

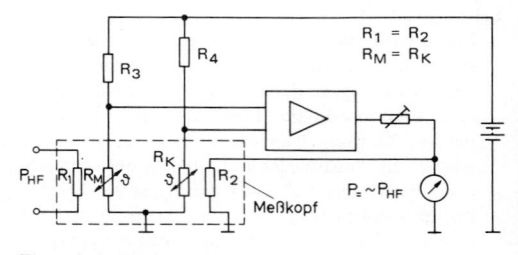

Thermischer Leistungsmesser

bis in den Megahertzbereich mit Thermoumformerinstrumenten gemessen werden. 3. Große HF-Leistungen (Kilowatt und höher) bestimmt man mit kalorimetrischen Verfahren, z. B. mit luft- oder flüssigkeitsgekühlter künstlicher Antenne. Die an das Kühlmedium abgegebene Wirkleistung wird bei bekannter Durchflußmenge und gemessener Temperaturänderung über das elektrische Wärmeäquivalent ermittelt. [8], [12], [13], [15].   Fl

Leistungsmessung *(power measurement).* Die elektrische L. dient der meßtechnischen Erfassung des Energietransports zwischen einem Erzeuger (z. B. Generator, Sender) und einem oder mehrerer Verbrauchern an unterschiedlichsten Stellen eines Übertragungsweges. Nach den Festlegungen der elektrischen Leistung unterscheidet man Messungen der Blindleistung (Blindleistungsmesser), der Wirkleistung (z. B. Wattmeter) und der Scheinleistung. Meßgeräte, die zur L. geeignet sind, heißen Leistungsmesser. Es werden grundsätzlich folgende Verfahren unterschieden: 1. Die direkte L.: Sie wird vielfach mit Meßgeräten durchgeführt, die ein elektrodynamisches Meßwerk besitzen. Man bezeichnet sie häufig als Wattmeter. 2. Das Absorptionsverfahren: Meßgeräte oder Meßeinrichtungen, die nach diesem Verfahren arbeiten, sind Absorptionsleistungsmesser. 3. Das Durchgangsleistungsmeßverfahren: Meßgeräte und Meßeinrichtungen, die hierfür geeignet sind, bezeichnet man als Durchgangsleistungsmesser. Sie zeichnen sich durch geringen Eigenbedarf aus. [8], [12], [13], [14].   Fl

Leistungsoszillator *(power oscillator).* Als L. bezeichnet man vielfach selbstschwingende Anordnungen, bei denen ein Oszillator als Steuersender Hochfrequenzleistung erzeugt, die häufig über mehrere Verstärkerstufen bis zur gewünschten Endleistung hochgetrieben wird. Im Mikrowellenbereich besteht der L. oft aus einem Magnetron oder auch aus einem Reflexklystron, die als Schwingungserzeuger arbeiten und Höchstfrequenzleistung abgeben. [8], [14].   Fl

Leistungspegel → Pegel.   Rü

Leistungsquelle *(power source).* Eine erweiterte Darstellung der linearen Spannungs- oder Stromquelle (→ Ersatzschaltung), deren Eigenschaften nicht durch Spannungen oder Ströme, sondern durch Wechselleistungen beschrieben werden. Dadurch lassen sich z. B. auch Schaltungen mit Hohlleitern erfassen, bei denen die Begriffe Spannung und Strom nicht existieren. Die von einer L. abgegebene Wechselleistung $S_\sim$ hängt von ihrer äußeren Beschaltung ab; man setzt

$$S_\sim = a^2 - b^2.$$

Im Fall der Anpassung ist $b^2 = 0$ und damit a^2 die eingeprägte oder verfügbare Wechselleistung. b^2 kennzeichnet den reflektierten Anteil der Wechselleistungen. Die Quadratwurzeln dieser Wechselleistungsanteile heißen: a hinlaufende Leistungsgröße, b rücklaufende (reflektierte) Leistungsgröße. Ist die L. speziell eine Zweipolquelle mit der Leerlaufspannung U_L, dem Kurzschlußstrom I_k, dem Innenwiderstand R_i, der Klemmenspannung U und dem Klemmenstrom I, dann gilt:

$$a^2 = \frac{U_L^{\,2}}{4 R_i},$$

$$a = \frac{U_L}{2\sqrt{R_i}} = \frac{1}{2}\sqrt{U_L I_K}, \qquad (1)$$

$$a = \frac{U + R_i I}{2\sqrt{R_i}}, \qquad b = \frac{U - R_i I}{2\sqrt{R_i}} \qquad (2)$$

und umgekehrt

$$U = (a+b)/\sqrt{R_i}; \quad I = (a-b)/\sqrt{R_i}. \qquad (3)$$

Gln. (2) und (3) nennt man die (normierte) Heaviside-Transformation. Da a und b Spannungswellen (speziell → Vierpolwellen) entsprechen, heißen sie auch Wellengrößen. [15].   Rü

Leistungsschalter *(power switch).* L. sind elektrische Schaltgeräte, die ein direktes Ein- und Ausschalten von Anlagen bzw. Anlagenteilen an elektrische Netze erlauben; insbesondere können bei Störfällen Überströme (z. B. Kurzschlußströme) abgeschaltet werden. An das Schaltvermögen eines L. werden deshalb hohe Anforderungen bezüglich Strom- und Spannungsfestigkeit gestellt. [3].   Ku

Leistungssignal *(power signal).* Für Signale s(t), die keine → Energiesignale sind, d. h. für die die Signalenergie über der gesamten Zeitachse nicht endlich ist, definiert man eine mittlere Leistung als mittlere Energie pro Zeitintervall

$$P = \lim_{T \to \infty} \frac{1}{2T} \int_{-T}^{+T} s^2(t)\, dt.$$

Für Leistungssignale gilt: $0 < P < \infty$. [14].   Rü

Leistungsspektralfunktion *(power density spectrum).* Nach DIN 1311/1 das Quadrat der Absolutwerte der für endliche Beobachtungszeiten existierenden Spektralfunktion $\underline{X}(\omega)$ (→ Fourier-Transformation) dividiert durch die Beobachtungszeit

$$\lim_{\Delta t \to \infty} \frac{1}{\Delta t} |\underline{X}(\omega)|^2 = \Phi(\omega).$$

Die L. ist die Fourier-Transformierte der Autokorrelationsfunktion (AKF)

$$\Phi(\omega) = \int_{-\infty}^{+\infty} \varphi_{uu}(\tau)\, e^{-j\omega\tau}\, d\tau.$$

[14].   Rü

Leistungstetrode *(power tetrode).* Tetrode, die durch Verwendung einer leistungsfähigeren Katode und einer großflächigeren Anode (bessere Wärmeabgabe!) höhere Verlustleistung verarbeiten und damit höhere Ausgangsleistung abgeben kann. Die L. wird in Endstufen von Leistungsverstärkern eingesetzt. [11].   Li

Leistungsthyristor → Leistungshalbleiter.   Ne

Leistungstransistor → Leistungshalbleiter.   Ne

Leistungstriode *(power triode)*. Hochvakuumtriode, die durch Verwendung einer leistungsfähigeren Katode und einer großflächigeren Anode (bessere Wärmeabgabe!) höhere Verlustleistung verarbeiten und damit höhere Ausgangsleistung abgeben kann. Die L. wird in Endstufen von Leistungsverstärkern eingesetzt. [11]. Li

Leistungsübertragungsfaktor *(power transmission factor)*. Bei Vierpolen der Übertragungsfaktor der Leistung als Quotient von Ausgangsleistung P_2 zu Eingangsleistung P_1:

$$A_p = \frac{P_2}{P_1}.$$

[14]. Rü

Leiter *(conductor)*. Allgemein jedes stromleitende Material. Entsprechend der Leitfähigkeit unterteilt man z. B. in metallische L. (Metalle) und dielektrische L. [5]. Bl

Leiterbahn *(printed wire)*. Schmale metallische Bahn, die schichtartig auf einem festen Trägermaterial aus Hartpapier, Kunststoff oder Keramik aufgebracht ist, um Bauelemente elektrisch leitend zu verbinden. [4]. Li

Leiternetzwerk → Kettenleiter. Rü

Leiterplatte *(printed wiring board, printed circuit board)*, Printplatte. Eine Platte aus Hartpapier oder Kunststoff, die mit einem Verdrahtungsmuster beschichtet ist und als Montageplatte für elektrische und elektronische Bauelemente dient. Diese Bauelemente werden mit ihren Anschlußleitungen von einer Seite, der sog. Bestückungsseite, her in die auf der L. befindlichen Löcher gesteckt und mit den Leiterbahnen verlötet. Man unterscheidet die Einebenen-L., bei der sich nur Leiterbahnen auf einer Seite befinden und die Zweiebenen-L. (doppelt kaschierte L.), die auf beiden Seiten Leiterbahnen trägt. Außerdem können mehrere Leiterplatten vor dem Bohren der Löcher aufeinandergeklebt werden und bilden dann eine Mehrlagenplatte. Die Verbindung zwischen Unter- und Oberseite einer Zweiebenen-L. oder der einzelnen Leiterschichten einer Mehrlagen-L. erfolgt durch eingelötete Drahtstifte, Nieten oder mittels chemisch-galvanisch durchkontaktierter Löcher. Die Verdrahtungsmuster werden durch folgende Verfahren erzeugt: Ätzen einer kupferkaschierten Platte (subtraktives Verfahren), Siebdruck, oder durch galvanisches Aufbringen von Kupfer (additives Verfahren). [4]. Li

Leiterschicht *(conductive pattern)*. Das auf eine Leiterplatte aufgebrachte, aus Leiterbahnen bestehende Verdrahtungsmuster. [4]. Li

Leiterstreifen → Leiterbahn. Li

Leitersystem *(cable harness)*. Zwei oder mehrere zu einem Kabelbaum zusammengebundene bzw. als Flachbandleiter geführte Leitungen, die zur Übertragung analoger oder digitaler Signale verwendet werden. Man unterscheidet symmetrische und unsymmetrische Leitersysteme. Bei symmetrischen Leitersystemen sind die Impedanzen — meist aus parasitären Kapazitäten bestehend — zwischen den Leitern und Masse (Erde) praktisch gleich, bei unsymmetrischen Leitersystemen sind eine oder mehrere Leitungen mit Masse verbunden. [2], [14]. Li

Leiterwerkstoff *(contact material)*, Kontaktträgerwerkstoff. Werkstoff, aus dem die Kontaktelemente bestehen. [4]. Ge

Leiterwiderstand *(contact resistance)*. Ohmscher Widerstand der Kontaktelemente. [4]. Ge

Leitfähigkeit, anisotrope *(anisotropic conductivity)*. In nicht isotropen Materialien muß die elektrische L. σ durch einen Tensor beschrieben werden, um die räumlichen Richtungsabhängigkeiten zu erfassen. [5]. Rü

Leitfähigkeit, elektrische *(conductivity)*. (Zeichen σ). Die elektrische L. beschreibt die Fähigkeit eines Materials, elektrischen Strom zu leiten. Der Kehrwert $\rho = \frac{1}{\sigma}$ ist der spezifische Widerstand. Die Einheit von σ ist

$$\frac{s^3 A^2}{m^3 kg} = \frac{A}{Vm} = \frac{1}{\Omega m}$$

(A Ampere, V Volt, Ω Ohm).

Hinweis: Nach DIN 1304 werden anstelle von σ auch die Zeichen γ und κ für die Kennzeichnung der elektrischen L. verwendet und selbst in den DIN-Normen 1324 und 1357 unterschiedlich benutzt. [5]. Rü

Leitfähigkeit, magnetische *(magnetic conductivity)*. Analogie zur elektrischen L. Da man einen magnetischen Widerstand definieren kann und somit einen magnetischen Leitwert, läßt sich in gleicher Weise von einer magnetischen L. sprechen. Häufig wird auch speziell die Permeabilität als magnetischer L. bezeichnet. [5]. Rü

Leitfähigkeit des Erdbodens → Bodenkonstanten. Ge

Leitfähigkeitsmodulation → Fadentransistor. Ne

Leitisotop → Radioindikator. Fl

Leitstrahlverfahren → Funkpeilung. Ge

Leitung *(line, trunk)*. Allgemeine Bezeichnung für einen Übertragungsweg, über den eine Nachrichtenverbindung geschaltet werden kann. Die nähere Bestimmung ist durch Zusatz gekennzeichnet wie z. B. Fernsprechleitung, Datenleitung, Teilnehmerleitung, Verbindungsleitung, Fernleitung, Zwischenleitung. [19]. Kü

Leitung, bespulte → Pupin-Leitung. Rü

Leitung, elektrolytische *(electrolytic conduction)*. Im Gegensatz zur Leitung des elektrischen Stromes in Metallen, finden in elektrolytischen Lösungen Transportvorgänge elektrischer Ladungen durch positive und negative Ionen statt. Diese Art des Ladungstransports durch Atome selbst nennt man elektrolytische L. [5]. Rü

Leitung, (erd)symmetrische *(balanced line)*. Zur Vermeidung gegenseitiger Beeinflussung (→ Übersprechdämpfung) werden die Scheinwiderstände der einzelnen Leiter in bezug auf die Erde (Masse) (meist durch kapazitiven Abgleich) symmetriert. Im Gegensatz dazu ist bei der unsymmetrischen Leitung ein Leiter mit Erde verbunden (→ auch Vierpol, erdsymmetrischer). [14]. Rü

Leitung, homogene *(homogeneous line)*. Eine Doppelleitung, deren elektrische Eigenschaften längs der betrachteten Übertragungsstrecke gleich bleiben. [14]. Rü

Leitung, unsymmetrische, → Leitung, (erd)symmetrische. Rü

Leitung, verlustlose *(lossless line)*, Hochfrequenzleitung. Eine elektrische Leitung, bei der die Leitungskonstanten R' und G' vernachlässigt werden können ($R' = G' \approx 0$). Bei hohen Frequenzen ist diese Voraussetzung meist erfüllt. Damit wird der Wellenwiderstand einer Leitung $Z_W = \sqrt{\frac{L'}{C'}}$ reell und frequenzunabhängig und die Fortpflanzungskonstante $\gamma = j\omega\sqrt{L'C'} = j\beta$ rein imaginär ($\alpha = 0$) und linear mit der Frequenz ansteigend. Die Phasengeschwindigkeit

$$v = f\lambda = \frac{\omega}{\beta} = \frac{1}{\sqrt{L'C'}}$$

(→ auch Wellengleichung) ist unabhängig von der Frequenz $\omega = 2\pi f$ und damit gleich der Gruppengeschwindigkeit. Die Wellenlänge ist:

$$\lambda = \frac{2\pi}{\beta} = \frac{2\pi}{\omega\sqrt{L'C'}}.$$

[8], [14]. Rü

Leitung, verzerrungsfreie *(distortionless line)*. Bei Freileitungen und besonders bei Koaxialkabeln gilt für die Leitungskonstanten und die Kreisfrequenz ω in guter Näherung

$$R' < \omega L' \quad \text{und} \quad G' < \omega C'.$$

Daraus ergibt sich aus der Fortpflanzungskonstanten γ genähert eine frequenzunabhängige Dämpfungskonstante

$$\alpha \approx \frac{R'}{2}\sqrt{\frac{C'}{L'}} + \frac{G'}{2}\sqrt{\frac{L'}{C'}} \approx \frac{R'}{2}\sqrt{\frac{C'}{L'}} = \frac{R'}{2Z_W}$$

(Z_W Wellenwiderstand der Leitung) und eine linear mit der Frequenz ansteigende Phasenkonstante

$$\beta \approx \omega\sqrt{L'C'}.$$

Diese Näherungsgleichungen erfüllen die Idealbedingungen der verzerrungsfreien Übertragung (→ Verzerrung, lineare). [14]. Rü

Leitungsband *(conduction band)*. Im Bändermodell unterstes Energieband der Bänder, das bei ansteigender Temperatur mit Elektronen angefüllt wird (DIN 41 852). [5], [7]. Bl

Leitungsbelag → Leitungskonstanten. Rü

Leitungsbündel *(trunk group)*. Gruppe von Leitungen, die gemeinsam dem Verkehr in eine bestimmte Richtung dienen. Die Leitungen innerhalb eines Leitungsbündels werden von den Verkehrsquellen bzw. Zubringerleitungen über eine Koppeleinrichtung erreicht. [19]. Kü

Leitungsdämpfung *(line attenuation)*. Allgemein wird die Dämpfung einer Leitung aus der Fortpflanzungskonstante $\gamma = \alpha + j\beta$ ermittelt, wobei α die auf die Länge (von 1 km) bezogene Dämpfungskonstante ist (Dämpfungsbelag). Für verschiedene Leitungsbauformen lassen sich für α Näherungsgleichungen als Funktion der Leitungskonstanten angeben:

a) Freileitungen, Breitbandkabel: $\alpha \approx \frac{R'}{2}\sqrt{\frac{C'}{L'}}$,

b) Fernmeldekabel: $\alpha \approx \sqrt{\frac{\omega R'C'}{2}}$.

[14]. Rü

Leitungsdiagramme *(transmission-line chart)*. L. gestatten die Ermittlung der Impedanzen am Leitungseingang und -ausgang auf graphischen Wege und beschreiben die Transformationseigenschaften von Leitungen. Die wichtigsten Sonderformen der L. sind: 1. Buschbeck-Diagramm: Der komplexen rechten Halbebene für die Impedanzen sind zueinander orthogonale Kreise (m- und $\frac{l}{\lambda}$-Kreise) überlagert. Längs der m-Kreise (Zusammenhang des Anpassungsfaktors m mit dem Reflexionsfaktor r: $m = \frac{1-r}{1+r}$) transformiert sich die Impedanz und die (l/λ)-Kreise erfassen die Abhängigkeit von der Leitungslänge l. 2. → Smith Diagramm. [14]. Rü

Leitungselektron *(conduction electron)*. Elektron, dessen Energie im Bereich des Leitungsbandes liegt und das daher unter der Wirkung eines elektrischen Feldes Bewegungsenergie aufnehmen kann und so zur elektrischen Leitung beiträgt. Ein im Kristall gebundenes Elektron wird dadurch zum L., daß es genügend Energie aufnimmt, um aus dem Energiebereich des Valenzbandes oder aus dem Energieniveau eines Donators in den Energiebereich des Leitungsbandes gehoben zu werden (nach DIN 41 852). [5], [7]. Bl

Leitungsersatzschaltbild. Da die Leitungskonstanten R', L', C', G' kontinuierlich über die Leitungslänge verteilt sind, kann man nur für ein differentielles Leitungselement dz ein L. für die verlustbehaftete homogene Leitung angeben (Bild). Aus diesem L. ergeben sich aus der Maschen- und Knotengleichung die partiellen Differentialgleichungen:

$$\frac{\partial u}{\partial z} = R'i + L'\frac{\partial i}{\partial t},$$

$$\frac{\partial i}{\partial z} = G'u + C'\frac{\partial u}{\partial t}.$$

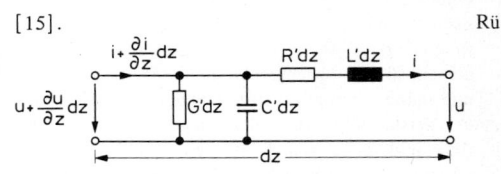

[15]. Rü

Differentielles Leitungsteilstück

Leitungsgleichungen *(telegraphic equations)*. Durch Differenzieren und gegenseitiges Einsetzen folgen die L. — auch Wellengleichungen oder Telegrafengleichungen genannt — aus den beiden partiellen Differentialgleichungen, die aus dem → Leitungsersatzschaltbild gewonnen wurden:

$$\frac{\partial^2 u}{\partial z^2} = R'G'u + (R'C' + L'G')\frac{\partial u}{\partial t} + L'C'\frac{\partial^2 u}{\partial t^2},$$

$$\frac{\partial^2 i}{\partial z^2} = R'G'i + (R'C' + L'G')\frac{\partial i}{\partial t} + L'C'\frac{\partial^2 i}{\partial t^2}.$$

Leitungskonstanten

Je nach vorgegebenen Randbedingungen ergeben sich daraus Lösungen für Ausbreitungsvorgänge oder für den eingeschwungenen Zustand. [14], [18]. Rü

Leitungskonstanten *(transmission-line constants)*. Die Leitungskonstanten: Widerstandsbelag R', Induktivitätsbelag L', Kapazitätsbelag C' und Ableitungsbelag G' – zusammengefaßt auch Leitungsbeläge genannt – bestimmen die elektrischen Eigenschaften einer Leitung (→ Leitungsersatzschaltbild, → Leitungsgleichungen). Die kontinuierlich über die Leitungslänge verteilt zu denkenden Größen sind alle auf 1 km Länge bezogen.

Einheiten: $R': \frac{\Omega}{km}; L': \frac{H}{km}; C': \frac{F}{km}; G': \frac{S}{km}$

Für Dämpfungsbelag und Phasenbelag → Fortpflanzungskonstante. [14]. Rü

Leitungsmechanismus *(conducting mechanism)*. Art der Stromleitung, d. h. Elektronenleitung, Ionenleitung oder Eigenleitung. [5]. Bl

Leitungspuffer *(line buffer)*. Teil einer Datenübertragungseinheit innerhalb eines Verbundsystems. Die Anzahl der L. ist gleich der Zahl der Übertragungswege von einer Datenverarbeitungsanlage zu den einzelnen angeschlossenen Datenstationen. [1]. Rü

Leitungsresonator → Topfkreis. Ge

Leitungstheorie *(transmission-line theory)*. Die geschlossene Darstellung aller auf elektrischen Leitungen auftretenden Erscheinungen durch Lösung der Leitungsgleichungen unter verschiedenen Randbedingungen. [15]. Rü

Leitungsverluste *(line loss)*. Wie jeder Vierpol zeigt auch eine Leitung beim Vorhandensein ohmscher Widerstände Dämpfungserscheinungen. Speziell bei einer Leitung sind hierfür die Ableitungs- und Widerstandsbelag verantwortlich (→ Leitungsbelag). Nur im Falle der verlustlosen Leitung kann man die L. vernachlässigen. [15]. Rü

Leitungsverstärker *(line amplifier)*, Kabelendverstärker, Regenerativverstärker, Regenerator, Zwischenverstärker. L. sind Verstärker, die in leitungsgebundenen Nachrichtenübertragungssystemen als Zwischenverstärker hauptsächlich zur Aufhebung der Dämpfung und der Dämpfungsverzerrungen innerhalb der Übertragungsstrecke dienen. Sie ermöglichen eine hohe Übertragungsqualität und müssen strengen Anforderungen bezüglich Bandbreite, Verstärkung, Verstärkungsregelung, Laufzeitentzerrung und Lebensdauer genügen. Die L. werden mit Gleichstrom ferngespeist. Neue Übertragungsverfahren ändern Aufbau und Anforderungen der L.: 1. In der PCM-Technik *(PCM Pulscodemodulation)* dienen sie der Entzerrung verformter PCM-Signale, der Gewinnung eines phasenstarren, frequenzsynchronen Taktsignales und führen Vergleiche der Signalamplitude mit einem Sollwert durch. 2. Bei Lichtleitfaserstrecken werden zur Auffrischung der zu übertragenden Lichtpulse Umwandlungen in elektrische Pulse und umgekehrt durchgeführt. [19]. Fl

Leitungswelle *(guided wave)*, L-Welle. Längs Drähten breitet sich elektrische Energie in Form elektromagnetischer Wellen aus. Für eine verlustlose Leitung hat die L. nur ein transversales magnetisches und elektrisches Feld; die Grenzfrequenz ist Null. Die Eigenschaften der L. werden durch die Leitungsgleichungen eindeutig beschrieben. [5]. Rü

Leitungszeichen → Kennzeichen. Kü

Leitwerk *(control unit)*. Nach DIN 44 300 eine Funktionseinheit in einem Digitalrechner, die die Reihenfolge steuert, in der die Befehle des Programms abgearbeitet, die Befehle entschlüsselt und gegebenenfalls modifiziert und die für die Ausführung erforderlichen Signale (Steuersignale) ausgegeben werden. Die Funktionseinheit mit den aufgeführten Funktionen wird ebenfalls als Steuerwerk bezeichnet. Als L. werden auch Funktionseinheiten bezeichnet, die nur die Reihenfolge der Befehle steuern. [1]. We

Leitwert, komplexer → Impedanz. Rü

Leitwert, magnetischer → A_L-Wert; → Widerstand, magnetischer. Rü

Leitwertmatrix → Vierpolmatrizen. Rü

Leitwertmesser *(conductometer)*. L. sind Meßanordnungen, mit denen Leitwerte von Zweipolen und z. B. von Isoliermaterialien nach Verfahren der Leitwertmessung bestimmt werden. Die Anzeige ist häufig in Pikosiemens (10^{-12} S) unterteilt. Beispiel eines Leitwertmessers: Der Prüfling R_x bildet mit dem stufenweise einstellbaren Präzisionswiderstand R_p (Werte für R_p: $10^6 - 10^{12}$ Ω) eine Reihenschaltung (Prinzipbild), die mit der Gleichspannung U_0 gespeist wird. Der Spannungsabfall über R_p liegt am hochohmigen Eingangswiderstand (etwa 10^{12} Ω) eines Elektrometerverstärkers. Die Spannung wird verstärkt und der Betrag des Leitwertes angezeigt. [12]. Fl

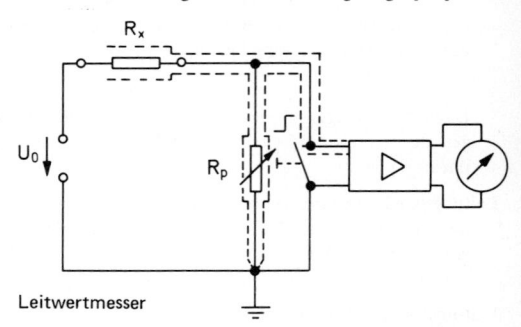

Leitwertmesser

Leitwertmessung *(conductance measurement)*. Die L. dient der Erfassung des elektrischen Leitwertes von Zweipolen oder Isoliermaterialien. 1. Eine direkte Anzeige der Meßgröße wird mit dem Leitwertmesser erreicht. 2. Ein anderes Verfahren beruht auf der L. durch Entladung eines Kondensators. Ein Kondensator mit großem Isolationswiderstand wird auf eine Gleichspannung aufgeladen. Ein elektrostatisches Meßinstrument oder ein Anzeigeinstrument mit vorgeschaltetem Elektrometerverstärker überwacht den Aufladungsvorgang. Nach beendeter Aufladung wird der Kondensator über den Prüfung entladen. Während dieses Vorgangs mißt man in den Zeitpunkten t_1 und t_2 die Entladespannungen u_1 und u_2. Besitzt der Kondensator den Kapazitätswert C, bestimmt man den Leitwert G zu:

$$G = \frac{C \cdot \ln(u_1/u_2)}{t_2 - t_1}.$$

[12]. Fl

Leitwertparameter → Vierpolgleichungen. Rü

Lenzsche Regel *(Lenz's law)*. Die durch elektromagnetische Induktion hervorgerufenen induzierten Ströme sind immer so gerichtet, daß sie die Bewegung, durch die sie erzeugt wurden, zu hemmen versuchen. Das Magnetfeld eines induzierten Stromes hindert die Änderung des bestehenden Feldes. [5]. Rü

Leonard-Satz *(Ward-Leonard drive)*. Der L. ist das älteste Stellglied hohen Wirkungsgrades zur Speisung drehzahlverstellbarer Gleichstromantriebe. Er besteht i. a. aus einem Gleichstromgenerator GG, der von einer Asynchronmaschine ASM mit nahezu konstanter Drehzahl angetrieben wird. Über den Erregerstrom I_f kann die Klemmenspannung U_A nach Höhe und Vorzeichen verstellt werden, wodurch ein angeschlossener Gleichstrommotor GM eine Arbeitsmaschine AM in allen vier Quadranten antreiben kann (Bild). Der L. ist heute durch Stromrichter weitgehend verdrängt. [3]. Ku

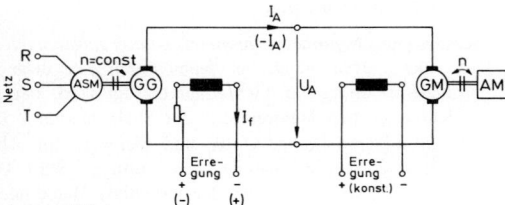

Leonard-Satz

Lernmatrix *(learning matrix)*. Von Steinbuch vorgeschlagenes Modell für ein lernendes System, das aus horizontalen (Zeilen) und vertikalen (Spalten) Leitungsdrähten besteht, in deren Kreuzungspunkten sich bedingte Verknüpfungen bilden können – analog zu den bei höheren Lebewesen auftretenden bedingten Reflexen. Diese Verknüpfungen erfolgen aufgrund des an den Spaltendrähten anliegenden Satzes von Eigenschaften und der an den Zeilendrähten liegenden Bedeutungen. [9]. Li

Lese-Schreib-Speicher → RAM. We

Leseverstärker *(sense amplifier)*. Verstärker für den Lesevorgang aus digitalen Speichern, besonders bei Magnetkernspeicher, Magnetblasenspeicher, Magnetplattenspeicher, Magnetbandspeicher. Aufgabe des Leseverstärkers ist die Herstellung eines Signals mit normalem Logikpegel. L. müssen meist Leseimpulse verschiedener Polarität verstärken können. Sie arbeiten mit variabel einstellbaren Referenzspannungen und Strobe-Eingängen. Das Bild zeigt den Logikaufbau eines Leseverstärkers mit Ausgangs-Flipflop. [1]. We

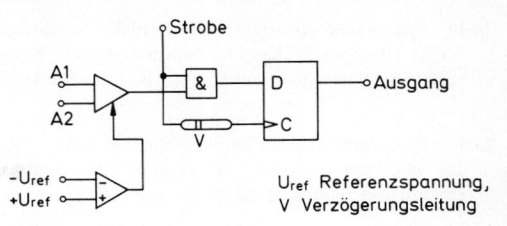

Leseverstärker

Leuchtdichte *(luminance, photometric brightness)*. Die Lichtstärke einer leuchtenden Fläche, bezogen auf die dem Auge sichtbare Fläche (scheinbare Fläche). Die Einheit der L. ist Candela/m^2, Cd/m^2; früher auch Stilb (sb). 1 sb = 1 Cd/cm^2. [16]. We

Leuchtdiode → Lumineszenzdiode. Ne

Leuchtelektron *(photoelectron)*. Das am schwächsten gebundene Elektron eines Atoms. Wegen seiner (niedrigen) Bindungsenergie kann es am leichtesten angeregt oder ionisiert werden. Es strahlt beim Zurückfallen vom angeregten in den Grundzustand elektromagnetische Strahlung (z. B. sichtbares Licht) aus. [5], [7]. Bl

Leuchtkondensator → Luminiszenzplatte. Fl

Leuchtquarz *(luminous crystal)*. Quarz, der Fluoreszenzerscheinung zeigt. [5]. Bl

Leuchtschirm → Fluoreszenzschirm. Bl

Letztweg → Verkehrslenkung. Kü

LF *(low frequency)* → Langwelle; → Funkfrequenzen. Ge

L-Halbglied *(L-section)*. Andere Bezeichnung für Spannungsteiler. Häufig wird der Name L.-H. speziell auf die Anwendungen bei Wellenwiderstandsanpassungen und auf die LC-Glieder als Grundschaltungen bei Filteranwendungen beschränkt. Rü

Libaw-Craig-Code *(Libaw-Craig code, switched tailring counter code)*. Unbewerteter, einschrittiger Dezimalcode. Die Länge des Codewortes beträgt 5 Bit. Der L. ist auch als Kettencode verwendbar. Das Zehnerkomplement wird durch Lesen des Codewortes in umgekehrter Reihenfolge erhalten. Zähler für den L. können nach der Art des Johnson-Zählers entwickelt werden [13]. We

Codetabelle:	Ziffer	bit 5	4	3	2	1
	0	0	0	0	0	0
	1	0	0	0	0	1
	2	0	0	0	1	1
	3	0	0	1	1	1
	4	0	1	1	1	1
	5	1	1	1	1	1
	6	1	1	1	1	0
	7	1	1	1	0	0
	8	1	1	0	0	0
	9	1	0	0	0	0

Licht *(light)*. Photonen, d. h. elektromagnetische Wellen im Wellenlängenbereich von etwa 350 nm bis 800 nm, die vom menschlichen Auge wahrnehmbar sind. Der Begriff L. wird auch für den nicht sichtbaren Bereich benutzt (z. B. infrarotes L. und ultraviolettes L.). [5]. Bl

Licht, kohärentes *(coherent light).* Elektromagnetische Wellen (Photonen), die eine zeitlich konstante Phasenbeziehung zueinander besitzen (z. B. Laserlicht). [5].
Bl

Licht, monochromatisches *(monochromatic light).* Licht, das aus Photonen einer Wellenlänge bzw. Frequenz besteht, also „einfarbig" ist. [5].
Bl

Licht, polarisiertes *(polarized light).* Licht, das aus elektromagnetischen Wellen (Photonen) besteht, bei denen die Schwingungsrichtung der elektrischen Feldstärke nur bestimmte Richtungen (Ellipse, Gerade) durchläuft. [5].
Bl

Lichtausbeute *(luminous efficiency).* Die L. ist als der Quotient aus dem abgestrahlten Lichtstrom Φ einer künstlichen Lichtquelle und der von ihr aufgenommenen Leistung P gegeben: $\eta = \Phi/P$ (Einheit: Lumen/Watt). [5].
Bl

Lichtausstrahlung, spezifische *(specific light radiation).* Die spezifische L. R ist als der Differentialquotient aus dem von einer leuchtenden Fläche abgegebenen Lichtstrom Φ und dem Flächeninhalt A gegeben: $R = d\Phi/dA$. [5].
Bl

Lichtfrequenzwandler *(light frequency converter, light wavelength mixer).* Der L. ist eine Baugruppe mit nichtlinearem Kennlinienverlauf für Lichtstrahlung. Eingangsgrößen sind zwei Lichtstrahlen unterschiedlicher Frequenz, die so miteinander verknüpft werden, daß als Ausgangsgröße Summen- und Differenzfrequenzen beider Eingangsfrequenzen entstehen. Bei einigen Ausführungen erhält man Differenzfrequenzen, die so niedrig ausfallen, daß sie mehr dem Radiofrequenzbereich als dem Lichtfrequenzbereich zugeordnet werden können. [8], [16].
Fl

Lichtgabelkoppler *(opto electronic fork coupled device, light fork coupler),* Gabellichtschranke, Schlitzinitiator. L. sind Kleinstrahlschranken, bei denen sich lichtabgebender Sender (z. B. Lumineszenzdiode) und Empfängerelement (z. B. Photodetektor) in sehr geringem Abstand (unterhalb der photometrischen Grenzentfernung) in gleicher optischer Achse gegenüberstehen. Sender und Empfänger befinden sich in einer gabelähnlichen Halterung (Bild). Im Zwischenraum kann z. B. ein Lochstreifen abgetastet werden. [9], [16].
Fl

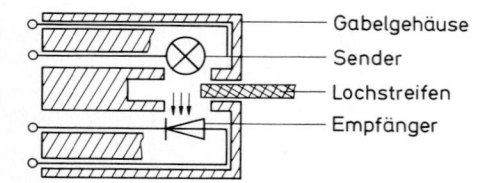

Lichtgabelkoppler

Lichtgeschwindigkeit *(velocity of light).* Fortpflanzungsgeschwindigkeit des Lichtes oder allgemeiner der elektromagnetischen Wellen im Vakuum: c = 299,7925 Mm/s. Nach der Relativitätstheorie ist die L. die oberste Grenze der Geschwindigkeit, mit der sich Energie ausbreiten kann ($\rightarrow$ Signalgeschwindigkeit; $\rightarrow$ Gruppengeschwindigkeit). Der Zusammenhang zwischen der L., der elektrischen Feldkonstanten ϵ_0 und der magnetischen Feldkonstante μ_0 ist

$$c = \frac{1}{\sqrt{\epsilon_0 \mu_0}}.$$

Mit der Wellenlänge λ und der Frequenz f besteht der Zusammenhang

$$c = \lambda f.$$

[5].
Rü

Lichtkoppler *(light-wave couple element),* Lichtwellenkoppler. L. sind Bauelemente der integrierten Optik. Sie dienen der Ankopplung (bzw. Auskopplung) z. B. signalführender Lichtleitfasern an eine optoelektronische Festkörperschaltung. Im einfachsten Fall ist der L. ein Prismenkoppler. Die ankommenden Lichtsignale werden über ein Prisma mit größerem Brechungsindex als dem des Lichtwellenleiters im Festkörperkreis geführt. Das elektromagnetische Feld der Lichtwelle dringt in ein Dielektrikum ein, von dem das Prisma umgeben ist, und wird von einem benachbarten Wellenleiter aufgenommen. [7], [16].
Fl

Lichtleistung *(light efficiency).* Gibt die in einer Zeiteinheit von einem Lichtstrahl übertragene Energie an. [5].
Bl

Lichtleitkabel $\rightarrow$ Glasfaser.
Bl

Lichtmarkengalvanometer *(luminous pointer galvanometer).* L. sind Galvanometer, bei denen durch eine Beleuchtungseinrichtung ein Lichtstrahl erzeugt wird, der als Lichtzeiger den Meßwert auf der Skala markiert. Beleuchtungseinrichtung, Optik und Meßwerk mit Umlenkspiegel sind in einem Gehäuse untergebracht. Der Lichtstrahl wird mehrfach reflektiert (Bild). Man erreicht

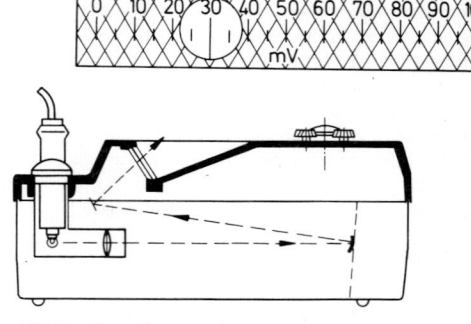

Lichtmarkengalvanometer

damit eine große Zeigerlänge (bis etwa 1 m) bei klein bleibender Skala. Vorteile sind: Handliches Meßgerät, trägheitsloser Zeiger, parallaxenfreie Ablesung, hohe Empfindlichkeit. [12].
Fl

Lichtmenge *(quantity of light).* Die L. Q ist die von einer Lichtquelle in Form von Licht aufgebrachte Arbeit. Sie ergibt sich aus dem Lichtstrom Φ als Integral über die Zeit t

$$Q = \int_0^t \Phi \, dt.$$

[5]. Bl

Lichtmodulator *(light modulator)*. Apparat zur Veränderung der Lichtstrahlung durch elektrooptische Beeinflussung (z. B. Kerr-Effekt) und akustooptische Effekte. [5]. Bl

Lichtpunktabtaster *(flying spot scanning)*. Abtasten eines Bildes durch einen entsprechend dem Fernseh-Bildraster bewegten Lichtpunkt, der meist auf einem Oszilloskopbildschirm erzeugt und durch ein optisches System auf das Bild projiziert wird. Das vom Bild reflektierte oder von ihm durchgelassene Licht wird von einer Photozelle aufgefangen und dient zur Erzeugung des Videosignals. Der L. wird heute vorwiegend zur Film- oder Diaabtastung bzw. zur Erkennung optisch lesbarer Schriften *(OCR optical character recognition)* verwendet. [1]. Li

Lichtpunkt-Linienschreiber → Lichtstrahloszillograph. Fl

Lichtpunktschreiber → Lichtstrahloszillograph. Fl

Lichtquant → Photon. Bl

Lichtsäge → Lasertrimmen. Ge

Lichtschranke *(light barrier)*, Strahlschranke. Als L. bezeichnet man Anordnungen, bei denen eine Strahlungsquelle gebündeltes, sichtbares oder nicht sichtbares Licht ausstrahlt, das entweder direkt oder indirekt auf einen Photodetektor gelenkt wird. Strahlungsquelle und -empfänger sind voneinander entfernt untergebracht. Der Photodetektor steuert einen Verstärker an, dem ein Schaltglied, z. B. ein Relais folgt. Unterbrechung oder Schwächung des Senderstrahls bewirken einen Schaltvorgang. Strahlungsquelle kann z. B. eine Glühlampe, eine Lumineszenzdiode oder ein Laserstrahl sein. 1. Direkte Bestrahlung: Der Senderstrahl fällt geradlinig oder über eine optische Umlenkvorrichtung auf den Empfänger. 2. Indirekte Bestrahlung (Autokollimations- oder Reflexionsstrahlschranke, Rückspiegelungsverfahren): Sender und Empfänger befinden sich in einem Gehäuse, der Strahl wird über Rückstrahler zurückgeworfen. Anwendungen: z. B. Überwachungseinrichtungen (Füllstandshöhe), Zählvorgänge. [12], [16], [18]. Fl

Lichtstärke → Lichtstrom. Bl

Lichtstift *(light pen)*. Eingabegerät für Datenverarbeitungssysteme. Durch Berührung eines Bildschirms, der mit lichtempfindlichen Sensoren ausgestattet ist, werden bestimmte, programmierte Funktionen ausgelöst. Der L. dient dem direkten Dialog des Menschen mit dem Datenverarbeitungssystem, z. B. bei Auskunfts-Systemen. [1]. We

Lichtstrahloszillograph *(light beam oscillograph)*, Lichtpunktschreiber, Lichtpunkt-Linienschreiber. Lichtstrahloszillographen sind schreibende Meßgeräte, die den zeitlichen Verlauf von Meßgrößen auf photoempfindlichem Registrierpapier darstellen. Das Papier wird mit konstantem Vorschub transportiert. Am beweglichen Organ des Meßwerks ist ein Spiegel befestigt, auf den, von einer Beleuchtungseinrichtung ausgehend, ein Lichtstrahl gelenkt wird. Bewegungen des Organs erzeugen eine Lichtlinie auf dem Registrierpapier. Es können bis zu 50 Meßwerke nebeneinander angeordnet sein, entsprechend viele Meßvorgänge können gleichzeitig in parallelen Spuren aufgezeichnet werden. Die Meßwerke sind austauschbar und in verschiedenen Empfindlichkeiten erhältlich. Nach den Typen der Meßwerke unterscheidet man Lichtstrahloszillographen mit Stiftgalvanometern und Schleifenschwinger-Oszillographen. Es gibt Lichtstrahloszillographen, deren Registrierpapier photographisch entwickelt werden muß und andere, bei denen der Aufzeichnungsvorgang sofort sichtbar wird. [12], [18]. Fl

Lichtstrom *(light intensity)*. Der L. Φ ist gegeben als die pro Zeiteinheit abgestrahlte Lichtmenge. Er kennzeichnet die Strahlungsleistung einer Lichtquelle (Einheit: Lumen). Zur Messung des Lichtstroms wird allgemein die Ulbrichtsche Kugel benutzt. [5]. Bl

Lichtwellenkoppler → Lichtkoppler. Fl

Lichtwellenleiter *(optical waveguide)*. Übertragungsmedium für Licht über längere Strecken. Als Material für L. hat sich in den letzten Jahren die Glasfaser durchgesetzt (Dämpfung: 1 dB/km bis 3 dB/km). Man unterscheidet: 1. Kern-Mantel-L. (auch Stufenprofil-L.), bei dem die Brechzahl des Kernes größer als die Brechzahl des Mantels ist. Es kommt an den Wandungen des Kerns zu Totalreflexionen. Da ein achsenparalleler Lichtstrahl einen

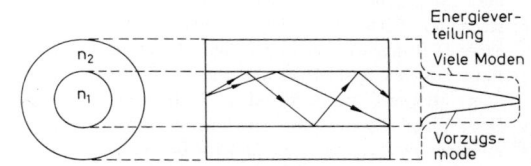

a) Stufenprofillichtwellenleiter ($u_1 > u_2$)

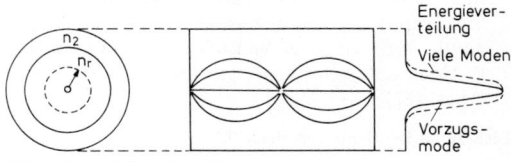

b) Gradientenlichtwellenleiter

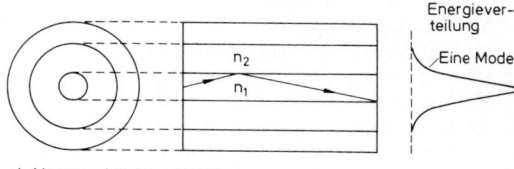

c) Monomodelichtwellenleiter

Lichtwellenleiter

kürzeren Lichtweg zurückzulegen hat als ein Lichtstrahl, der viele Reflexionen an den Wandungen erfährt, wird die Laufzeit der einzelnen Wellenpakete (Moden) durch den L. unterschiedlich lang (Mehrfachmoden-L.). Ein am Eingang des L.s eingekoppelter Lichtimpuls erfährt eine Impulsverbreiterung. 2. Gradienten-L., bei dem man die Brechzahl von der Lichtwellenachse zum Rand des Lichtwellenleiters kontinuierlich abnehmen läßt. Hierdurch wird das Licht nicht mehr totalreflektiert, sondern durchläuft den L. wellen- oder schraubenförmig. Die Laufzeit des Lichtes durch den L. ist unabhängig vom zurückgelegten Weg fast konstant (Impulsverbreiterung: ~ 1 ns/1 km). 3. Monomode-L., dessen Durchmesser nur noch einige Lichtwellenlängen beträgt. Hierdurch tritt nur noch achsenparalleles Licht auf. Dies führt zu einer Übertragungskapazität von 40 GBit/s pro 1 km. Vorteil der Glasfaser-L. gegenüber Kupferleitung: Unempfindlichkeit gegen elektromagnetische Störung, geringes Gewicht, geringe Abmessungen, galvanische Trennung zwischen Sender und Empfänger, Fehlen von Nebensprechen. [4]. Ne

Lichtzeiger *(light pointer)*. (→ Bild Lichtmarkengalvanometer). L. sind eng gebündelte Strahlen einer Lichtquelle, die als masse- und trägheitslose Zeiger auf der Skala hochwertiger analoger Meßinstrumente den Meßwert der Meßgröße als aufgehellten Lichtpunkt mit einem senkrecht durch die Mitte verlaufenden dünnen Strich anzeigen. Ablesefehler durch Parallaxe treten nicht auf. Zum Zeiger gehört ein kleiner Spiegel, der bei vielen Anwendungen am Spannband befestigt ist, an dem sich das bewegliche Meßwerkorgan statt einer Achse frei aufgehängt oder fest eingespannt befindet (z. B. Spiegelgalvanometer). Spiegel und bewegliches Organ führen nach Anlegen der Meßgröße an die Instrumentenklemmen die gleiche Drehbewegung aus. Der von einer feststehenden Glühlampe oder anderen Lichtquellen ausgehende Strahl wird von optischen Einrichtungen beeinflußt auf den Spiegel gelenkt und von dort auf einen, dem Meßwert proportionalen Skalenwert gerichtet. Der Spiegel kann rund (Durchmesser etwa 5 mm bis 20 mm) oder rechteckförmig sein. Bei einigen Anwendungen wird ein Hohlspiegel verwendet. Bei Lichtstrahloszillographen lenkt man den L. auf photoempfindliches Papier. Es entsteht eine Schreibspur, die sich proportional zum zeitlichen Verlauf der Meßgröße verhält. Es lassen sich Lichtzeigerlängen bis etwa 1 m verwirklichen. [12]. Fl

Lichtzerhacker → Photozerhacker. Fl

LIFO *(LIFO)*. Abkürzung für „last-in/first-out". Speicher, bei dem die zuletzt eingeschriebene (last-in) Information als erste wieder ausgelesen (first-out) wird. Das LIFO wird realisiert durch ein Rechts-Links-Schieberegister oder durch einen freiprogrammierbaren Lese-Schreib-Speicher in Verbindung mit einem Adressenregister. Das Adressenregister wird beim Schreiben hochgezählt und beim Lesen erniedrigt (oder umgekehrt). Die zuletzt genannte Realisierung wird in Datenverarbeitungsanlagen als Stapel, das Adressenregister als Stapelzeiger bezeichnet. [1]. We

Linearantenne *(linear antenna)*. Die L. besteht aus einem oder mehreren kollinear angeordneten, geraden zylindrischen Leiterstücken, die meistens symmetrisch oder am Fußpunkt gegen Erde erregt werden. Der Strombelag auf linearen Antennen ist annähernd sinusförmig. [14]. Ge

Linearisierung *(linearising)*. Verfahren, um die Auswirkung einer zunächst nichtlinearen Kennlinie eines Übertragungsglieds zu beheben. Dies kann geschehen: 1. durch teilweise Kompensation (z. B. bei NF-Verstärkern: Linearisierung des Frequenzgangs und Reduzierung der Verzerrungen durch Gegenkopplung). 2. Bei Prozeßrechnern durch mathematische Korrektur z. B. einer nichtlinearen Meßfühlerkennlinie. [6], [13], [15]. Li

Linearität *(linearity)*. Allgemein die Aussage, daß eine Wirkung sich exakt im Maße der Ursache einstellt, z. B. der Stromverlauf in einem Widerstand proportional mit der angelegten Spannung zunimmt (Ohmsches Gesetz) oder bei einer Sägezahnspannung die Spannung in Abhängigkeit der Zeit exakt zunimmt. [5]. We

Linearität, differentielle *(differential linearity)*. Einhaltung der L. auch bei kleinen Änderungen der Ursache. Beispielsweise dürfen bei Digitalmeßgeräten bei einem sich langsam ändernden Eingangssignal weder Lücken noch Überlappungen auftreten. [12]. We

Linearitätsfehler *(linearity error)*. Abweichung von der Linearität, z. B. bei einem Meßverstärker innerhalb des Aussteuerbereiches. Der L. wird in Prozent (%) oder dB angegeben. [12]. We

Linearmotor *(linear motor)*. Denkt man sich den Stator und den Rotor einer Synchron- oder Asynchronmaschine in die Ebene abgewickelt, so ergeben sich für beide Maschinenteile ebene Anordnungen. Aus einer Drehbewegung wird dann eine Linearbewegung und aus einem Drehfeld ein Wanderfeld. Nach diesem Prinzip werden Linearmotoren gebaut, die manchmal auch als Wanderfeldmotoren bezeichnet werden. Hat der feststehende Teil des Linearmotors die Funktion des Stators des zugehörigen drehenden Maschinentyps, spricht man von einem Langstator-L.; im anderen Fall handelt es sich um einen Kurzstator-L. Einsatzgebiete des Linearmotors sind lineare Induktionspumpen, Antriebe von Förderbändern, Fahrantriebe. [3]. Ku

Line-Receiver *(line receiver)*. Elektronische Schaltung, meist als integrierte Schaltung ausgeführt, die Signale

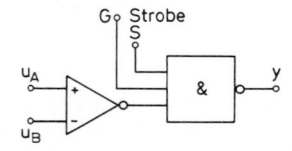

Differenz-Spannung $u_A - u_B$	Strobe		y
	G	S	
≥ 25 mV	x	x	1
−25 mV–25 mV	0	x	1
	1	0	un
≤ −25 mV	x	0	1
	0	x	1
	1	1	0

x = 1- oder 0-Signal, (don't care)
un = unbestimmt

Line-Receiver

von geringer Spannungshöhe empfängt und in Signale mit einem bestimmten Logik-Pegel umsetzt, wobei die Signale über Strobe-Signale ausgeblendet werden können. Das Bild zeigt einen L. mit Differenzeingang sowie seine Funktionstabelle. [14]. We

Linienbreite *(line width)*. Die Linien (d. h. die Frequenzen und Wellenlängen) der von Atomen oder Molekülen ausgesandten Strahlung sind im Prinzip unendlich scharf. Durch Effekte wie etwa Rückstoß des Atoms im Kristallgitter tritt eine Verbreiterung – die L. – der auftretenden Frequenzen auf. [5]. Bl

Liniennetz *(line-type network)*. Nachrichtennetz, bei dem die Endstellen entlang eines eindimensional ausgedehnten Leitungszugs angeordnet sind. Die Vermittlungseinrichtungen sind i. a. auf die Endstellen bzw. deren Anschlußeinrichtungen verteilt. Im Falle des geschlossenen Liniennetzes ergibt sich ein Ringnetz. [19]. Kü

Linienschreiber *(line recorder)*. Als L. werden registrierende Meßgeräte bezeichnet, bei denen die Spitze eines Meßwerkzeigers auf einem mit konstanter Vorschubgeschwindigkeit geführtem Registrierpapier einen kontinuierlichen Kurvenzug schreibt, so daß eine Darstellung häufig zeitabhängiger Meßwerte erfolgt. Streifenschreiber beschreiben fortlaufende Registrierstreifen, Kreisblattschreiber ein umlaufendes kreisförmiges Blatt. Es gibt L. mit mechanischem oder elektrischem Zeigermeßwerk. Als elektrische Meßwerke werden z. B. Drehspul-, Kreuzspul-, Bimetall-, Quotientenmeßwerke oder eisengeschlossene elektrodynamische Meßwerke (Dynamometer) verwendet. Es gibt L. mit Tinten-, Wachspapier- oder Metallpapierschrift. Bei beiden letzteren wird über eine elektrisch geheizte Stiftelektrode als Zeiger eine dünne Linie aus einer Wachsblattoberfläche herausgedampft. L. sind häufig als Mehrfachschreiber ausgeführt (z. B. Elektrokardiograph). [12]. Fl

Linienspektrum *(spectrum)*. Jedes Atom und Molekül kann durch elektromagnetische Strahlung bestimmter Frequenz f (bzw. Energie W = hf; h Plancksches Wirkungsquantum) angeregt werden. Umgekehrt sendet das Atom bzw. Molekül beim Übergang in einen niedrigeren Energiezustand diese Strahlung mit fester Frequenz aus. Die Frequenzen sind durch den Energieunterschied des Ausgangs- und Endniveaus gegeben. Die Strahlungs-‚Linien' können im sichtbaren oder ultravioletten Bereich liegen; ihre Gesamtheit wird L. genannt. Der Bahndrehimpuls l ($\sqrt{l(l+1)}$ ħ) bestimmt die Grobstruktur, der Elektronenspin (je $\frac{1}{2}$ ħ) die Feinstruktur und der Kernspin (ganzzahlige Vielfache von $\frac{1}{2}$ ħ) die Hyperfeinstruktur. [5]. Bl

Linkage-Editor → Binder. We

Linksystem *(link system)*. 1. Aufbau einer Datei mit sequentiellem Zugriff in der Form, daß jeder Satz der Datei eine Angabe über die Adresse des nächsten Satzes enthält (Link). Das L. hat den Vorteil, daß logisch aufeinanderfolgende Sätze nicht physikalisch aufeinander folgen müssen, womit eine bessere Speicherverwaltung und die Möglichkeit, die Reihenfolge der Sätze zu ändern, gegeben sind. [1]. We

2. Mehrstufige Koppelanordnung, in der Koppelvielfache (→ Koppelelement) in mehreren Stufen hintereinander angeordnet und mittels Zwischenleitungen maschen- oder fächerförmig verbunden sind. In Linksystemen wird die bedingte Wegesuche angewendet, bei der von der Steuerung i. a. sämtliche möglichen Wege durch die Koppelanordnung abgesucht (→ Absuchen) werden und nur dann durchgeschaltet wird, wenn ein durchgehend freier Weg gefunden wurde(konjugierte Durchschaltung). In registergesteuerten Wählsystemen wird diese Aufgabe vom Markierer wahrgenommen. In rechnergesteuerten Wählsystemen erfolgt die Wegesuche entweder im Zentralsteuerwerk oder in einem der Koppeleinrichtung zugeordneten Mikrorechner-Steuerwerk. Linksysteme können unterschiedlich strukturiert sein (gestreckte Gruppierung, Umkehrgruppierung, Faltgruppierung) und nach verschiedenen Markierverfahren (→ Markierer) betrieben werden. Insbesondere können Linksysteme so ausgelegt werden, daß keine innere Blockierung auftritt. [19]. Kü

Linse, elektrische, *(electric lens)*. Bauelement der Elektronenoptik zur Fokussierung von Elektronenstrahlen (→ Elektronenlinse). Die Elektronenstrahlablenkung erfolgt in einem elektrischen Feld. Kurzbrennweitige elektrische Linsen lassen sich durch eine negativ vorgespannte Lochblende realisieren. Man unterscheidet elektrische Linsen in der Form als Lochblendenlinse (Bild a) oder Rohrlinse (Bild b). Durch eine oder mehrere koaxial angeordnete Lochblenden lassen sich auch sog. Immersionslinsen (→ Beschleunigungslinsen) herstellen. Das von einer elektrischen L. entworfene Bild steht, wie das einer Glaslinse, auf dem Kopf. [5]. Rü

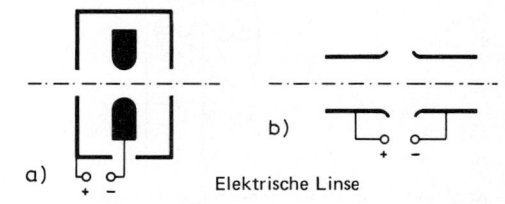

Elektrische Linse

Linse, magnetische *(magnetic lens)*. Bauelement der Elektronenoptik zur Fokussierung von Elektronenstrahlen (→ Elektronenlinse). Die Elektronenstrahlablenkung erfolgt in einem magnetischen Feld. Kurzbrennweitige magnetische Linsen bestehen aus einer eisengekapselten stromdurchflossenen Spule mit einem ringförmigen Spalt

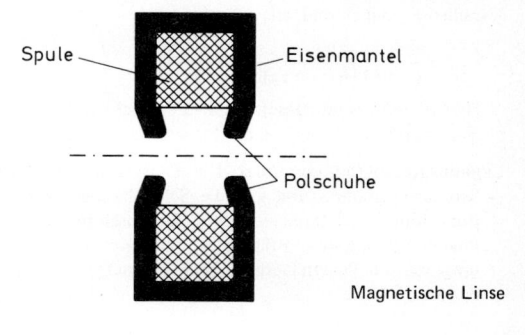

Magnetische Linse

im Zentrum (Bild). In magnetischen Linsen erscheint das Bild infolge des wendelförmigen Verlaufs der Elektronenstrahlen im Magnetfeld gegenüber der Lage des Objekts verdreht. [5]. Rü

Linsenantenne *(lens antenna)*. Richtantenne, bei der die von einem Primärstrahler ausgehende Strahlung mittels einer geeignet geformten elektrischen Linse nach quasioptischem Prinzip in bestimmte Winkelbereiche gelenkt wird. Dabei wird die vom Primärstrahler ausgehende, sphärisch gekrümmte Wellenfront durch die L. in eine ebene Wellenfront umgewandelt (Bild). Dies geschieht: 1. in der Verzögerungslinse durch Verzögerung der Mittelstrahlen. Die Verzögerungslinse kann aus natürlichem dielektrischem Material bestehen oder aus einem künstlichen Dielektrikum (z. B. durch Einbettung von metallischen Bestandteilen in Polystyrol) hergestellt sein. Bei der Metallinse, Weglängenlinse, werden metallische Platten im Abstand $< \lambda/2$ parallel zum magnetischen Feldvektor angeordnet. Der Umweg wird durch Schrägstellung oder Wellung der Platten bewirkt. 2. In der Beschleunigungslinse werden die Randstrahlen beschleunigt. Diese L. wird als Metallinse, deren Platten parallel zum elektrischen Feldvektor im Abstand $> \lambda/2$ angeordnet sind, ausgeführt. Die Bandbreite der Beschleunigungslinse kann durch gestufte Zonen *(Zonenlinse)* vergrößert werden. [14]. Ge

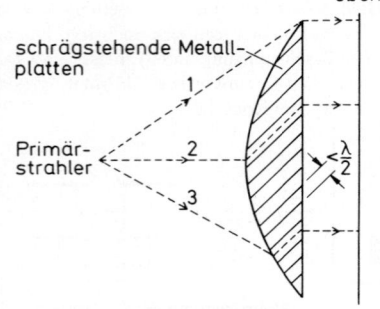

Abstand Primärstrahler-ebene Wellenfront ist bei Strahlen 1,2,3 gleich.

Linsenantenne

Linsenformel *(lens equation)*. Die L. gibt die (bildseitige) Brennweite f einer sphärischen Linse der Mitteldicke d und der Brechzahl n (des Materials), deren Krümmungsradien r_1 und r_2 sind, an:

$$f = \frac{n\, r_1\, r_2}{(n-1)\,[n\,(r_2 - r_1) + (n-1)\,d]}.$$

Hierbei wird vorausgesetzt, daß der Lichtstrahl in der Nähe der Symmetrieachse der Linse verläuft. [5]. Bl

Liquidus-Kurve *(liquidus line)*. Die L. ist eine Kurve des Schmelzdiagramms und gibt die Schmelztemperatur als Funktion der Zusammensetzung der Mischung für den Phasenübergang fest → flüssig an. Die Kurve, die den umgekehrten Phasenübergang kennzeichnet, ist die Solidus-Kurve. [5]. Bl

Lissajous-Figuren *(Lissajou's figures)*. L. Stellen die Überlagerung zweier zueinander senkrecht stehender Schwingungsbewegungen in der xy-Ebene dar. Handelt es sich z. B. um zwei sinusförmige Spannungen

$$u_x = \hat{u}_x \sin(\omega t + \alpha) \quad \text{und} \quad u_y = \hat{u}_y \sin(\omega' t + \alpha'),$$

dann lassen sich die (im allgemeinen sehr verwickelten) L. auf einem Oszillographenschirm sichtbar machen, indem u_x der x-Ablenkung und u_y der y-Ablenkung zugeführt werden. (Die meßtechnische Untersuchung der L. von periodischen nichtsinusförmigen Schwingungen ist praktisch uninteressant.) Geschlossene, sich ständig wiederholende L. entstehen nur, wenn ω und ω' in einem rationalen Verhältnis zueinander stehen. Man nutzt dies praktisch zum Frequenzvergleich aus. Für $\omega = \omega'$, aber $\alpha \neq \alpha'$, ist die L. eine Ellipse, die bei einer Phasendifferenz Null in eine Gerade, bei Phasendifferenz $\pm \frac{\pi}{2}$ in einen Kreis entartet. Aus der Lage der Ellipse läßt sich die Phasendifferenz $\varphi = \alpha - \alpha'$ der beiden Spannungen gleicher Frequenz ermitteln; es ist (Bild):

$$\varphi = \arcsin \frac{x_0}{\hat{x}} = \arcsin \frac{y_0}{\hat{y}}.$$

[12]. Rü

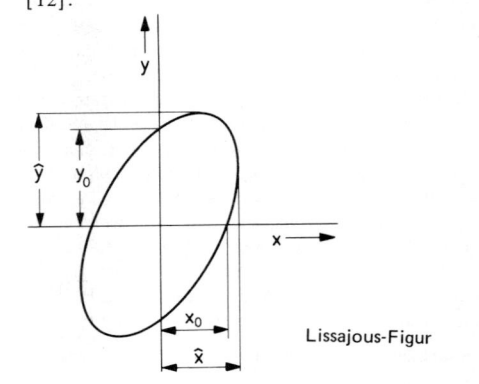

Lissajous-Figur

Listencode *(list code)*. Der L. ist ein Code, bei dem die Zuordnung der Codewörter zu den Zeichen und umgekehrt nicht nach einer bestimmten Regel, sondern durch Anlegen einer Liste gegeben ist. Beispielsweise ist der Morse-Code ein L. (Gegensatz: systematischer Code). [13]. We

Litze *(stranded wire)*. Anordnung von meist miteinander verdrillten Drähten. 1. Zur Erhöhung der Flexibilität des elektrischen Leiters. 2. Für Hochfrequenzanwendungen wird zur Verringerung des Skineffektes Litze aus einer Vielzahl dünner, isolierter Drähte verwendet, deren Gesamtoberfläche wesentlich größer als die Oberfläche eines Einzeldrahtes von gleichem Querschnitt ist. [4]. Ge

Ljapunow-Stabilität *(Ljapunow stability)*. Die L. charakterisiert das Verhalten eines Systems gegenüber Anfangsstörungen. Dieser Stabilitätsbegriff wird vor allem in der Theorie der nichtlinearen Systeme angewendet (→ Stabilität, asymptotische). [18]. Ku

LLL *(low level logic)*. Variante der Dioden-Transistor-Logik, bei der der Basisvorwiderstand des Transistors durch ein oder zwei Offsetdioden ersetzt wird (Bild). [2]. Li

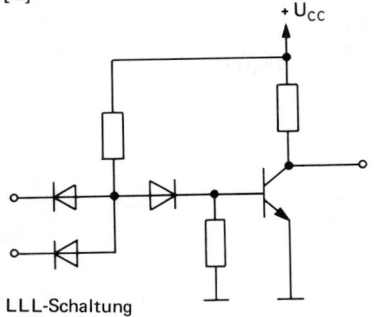

LLL-Schaltung

LLRR-Brücke (L Induktivität, R Wirkwiderstand) → Maxwell-Brücke. Fl

Loch → Defektelektron. Ne

Löcherleitung → Defektelektronenleitung. Bl

Lochkarte *(punched card)*. Datenträger für Ein- und Ausgabe bei Datenverarbeitungssystemen. Die Normallochkarte (Bild) verfügt über 80 Spalten, wobei jede Spalte ein Zeichen im Lochkartencode aufnimmt. Der Lochkartencode ist redundant. Von den 12 Möglichkeiten der Lochung werden maximal 3 ausgeführt. Doppellochungen können leicht erkannt werden. Durch Datenerfassung über Display hat die Bedeutung der Lochkartenverarbeitung abgenommen. [1]. We

Lochkartenleser *(card reader, punch card reader)*, Kartenleser. Gerät zur Übertragung der Information von einer Lochkarte in ein informationsverarbeitendes System. Die Abtastung der Löcher geschieht meist optoelektronisch.

Der L. kann über Schaltungen verfügen, die eine Doppellochung der Karte (Lochen einer bereits gelochten Karte) erkennen und eine Fehlermeldung ausgeben. L. erreichen Leistungen bis 120 000 Lochkarten/h. [9]. We

Lochkartenstanzer *(card punch)*, Kartenlocher. Gerät zur Übertragung von Information auf Lochkarte. Der L. kann ein Ausgabegerät eines informationsverarbeitenden Systems sein oder die Eingabe kann über Tastatur erfolgen. Der L. erzeugt meist während des Stanzvorganges eine Druckzeile am oberen Rand der Lochkarte. Meist führen sie nach dem Stanzen einen Lesevorgang zur Kontrolle durch. L. arbeiten spaltenweise, es wird jeweils ein Zeichen gestanzt. Sie erreichen eine Leistung bis zu 20 000 Lochkarten/h. [9]. We

Lochmaske *(shadow mask)*. Sie befindet sich in der Lochmasken-Farbfernsehbildröhre nahe dem Bildschirm. Sie ist ein zwischen dem Bildschirm und dem Strahlsystem eingefügtes Blechsieb mit mehr als 400 000 Löchern von etwa 0,3 mm Durchmesser. Die Löcher sind so angeordnet, daß jeder der drei unter verschiedenen Winkeln hindurchtretenden Elektronenstrahlen nur den zugehörigen Leuchtpunkt der entsprechenden Farbe trifft. Drei Leuchtpunkte bilden ein Farbtripel und sind einem Loch zugeordnet. [4], [13], [16]. Th

Lochmaskenröhre *(shadow mask tube)*. Der Begriff bezeichnet eine Farbfernsehbildröhre mit Lochmaske und der ihr entsprechenden Leuchtpunktanordnung. In den Löchern der Maske müssen die Strahlen der Strahlsysteme Rot, Grün und Blau konvergieren. Die L. wird heute nicht mehr eingesetzt, da die richtige Konvergenzeinstellung schwierig und kompliziert ist. Außerdem ist die Helligkeit der L. geringer als die der heute verwendeten Schlitzmaskenröhren. [4], [13], [16]. Th

Lochstreifen *(punched tape, paper tape)*. Datenträger aus Papier, Kunststoff oder Metallfolie zur Ein-Ausgabe z. B.

Normallochkarte mit 80 Spalten

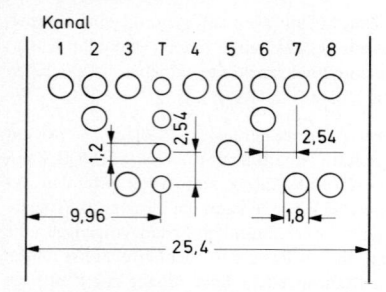

8-Kanal-Lochstreifen (alle Maße in mm)

für Datenverarbeitungssysteme, Fernschreiber, numerische Werkzeugmaschinen. Der L. enthält die Führungslochung, die zum Transport dient und mehrere (meist 5, 6, 7 oder 8) Informationsspuren (Kanäle). Die Information wird in einem Lochstreifencode codiert. Es wird parallel je ein Zeichen gelocht oder gelesen. [9]. We

Lochstreifenleser *(tape reader, punched tape reader, perforated tape reader)*. Gerät zur Eingabe von Daten von einem Lochstreifen. Die Abtastung der Löcher geschieht meist optoelektronisch. Der L. kann sowohl fortlaufend als auch Zeichen für Zeichen (Start-Stop-Betrieb) einlesen. Dabei wird der Auslösemagnet des Transportmechanismus von der Transportlochung über Verstärker stromlos geschaltet. L. erreichen Leistungen bis 2000 Zeichen/s. [1]. We

Lochstreifenstanzer *(paper tape punch, tape perforator)*. Gerät zum Aufbringen der Information auf einen Lochstreifen. Die Löcher werden durch Stanzstempel erzeugt, die von Stanzmagneten bewegt werden. Während des Stanzvorganges muß der Streifen relativ zum Stanzstempel in Ruhe sein. Der L. erzeugt ein Zeichen bei einem Stanzvorgang. Die maximale Leistung liegt bei etwa 100 Zeichen/s. [1].

LOCMOS *(locally oxidized complementary metal-oxide semiconductor)* → CMOS. Ne

LOCOS *(local oxidation of silicon)* → Oxidwall-Isolation. Ne

Loftin-White-Verstärker → Kaskadenverstärker. Fl

Logarithmenplattenschnitt → Kondensator, variabler. Ge

Logarithmierer *(logarithmic amplifier)*, Logarithmierverstärker, logarithmischer Verstärker. L. sind nichtlineare Verstärker, die eine logarithmische oder exponentielle Funktion verwirklichen. Ihre Ausgangsspannung ist dem Logarithmus der Eingangsspannung proportional. Dies wird dadurch erreicht, daß man im Gegenkopplungszweig bei linearen, invertierenden Verstärkern (z. B. Operationsverstärker) Bauelemente mit exponentiellem Kennlinienverlauf verwendet (Beispiele: Halbleiterdiode, Transistor). Im Prinzipbild wird die Abhängigkeit des Diodenstromes

$$I \approx I_s \cdot e^{-\frac{U_a}{U_T}}$$

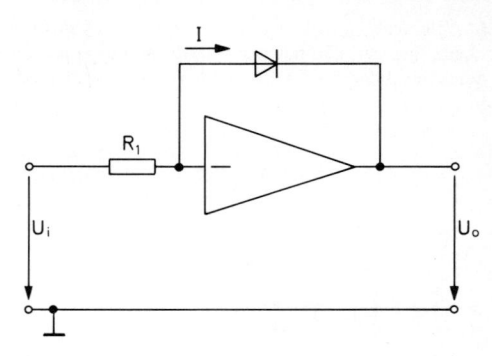

Logarithmierer

(bei Siliciumdioden: $I_s \approx 10$ nA, $U_T \approx 26$ mV (bei 300 K), U_a Anodenspannung) der Diode ausgenutzt. Man erhält zwischen der Ausgangsspannung U_o und der Eingangsspannung U_i des L.s den Zusammenhang:

$$U_o = -60 \text{ mV} \cdot \lg(U_i/I_s \cdot R1).$$

[4], [6], [7], [12]. Fl

Logarithmierverstärker → Logarithmierer. Fl

Logatom *(logatom)* → Silbenverständlichkeit. Rü

Logik, dreiwertige *(ternary logic)*, Ternärlogik. 1. Spezialfall einer mehrwertigen Logik. In der Aussagenlogik gibt es neben den Zuständen „wahr" und „falsch" den Zustand „unbestimmt". In Wahrheitstabellen wird der dritte Zustand als „2" oder als „1/2" dargestellt. 2. Die Verwendung der Tri-State-Technik kann als Anwendung einer dreiwertigen L. angesehen werden, wobei der dritte Zustand als „logisch neutral" bezeichnet wird. [2]. We

Logik, festverdrahtete → Hardwired-Logic. Ne

Logik, formale → Logik, symbolische. We

Logik, gesättigte *(saturated logic circuit)*. Digitale Logikschaltung, bei der die Transistoren im Sättigungsbereich betrieben werden. Der Übersteuerungsfaktor ist größer als 1. Schaltungen mit gesättigter L. zeichnen sich gegenüber Schaltungen mit ungesättigter Logik durch niedrigere Leistungsaufnahme aus, haben gegenüber diesen aber größere Schaltzeiten. Ein Beispiel für eine Schaltungsfamilie mit gesättigter L. ist TTL (TTL *transistor-transistor logic*). [2]. We

Logik, langsame störsichere → LSL. We

Logik, mehrwertige *(multivalid logic)*. Logik, bei der einer Variablen mehr als zwei Werte zugeordnet werden. Während in der zweiwertigen Logik (auch als klassische L. bezeichnet) nur die Werte „wahr" und „falsch" bzw. „1" und „0" zulässig sind, können in der mehrwertigen L. (auch als nichtklassische L. bezeichnet) jeder Variablen n verschiedene Werte zugeordnet werden, wobei n eine positive ganze Zahl sein muß. In der Aussagenlogik können diese Werte als Stufen der Gewißheit aufgefaßt werden. Mit Ausnahme des Sonderfalls der dreiwertigen Logik wird die mehrwertige L. in der Digitaltechnik und Schaltalgebra nicht angewendet. [9]. We

Logik, negative *(active low data)*. Vereinbarung, daß in Logikschaltungen dem Low-Signal (L-Pegel) der Wert „1" und dem High-Signal (H-Pegel) der Wert „0" zugeordnet ist. Der Gegensatz zur negativen L. ist die positive L., bei der dem H-Pegel der Wert „1" und dem L-Pegel der Wert „0" zugeordnet ist. Wechselt man bei einem bestimmten Baustein der Digitaltechnik die Logikzuordnung, so kehrt sich die UND-Funktion in die ODER-Funktion um und umgekehrt. We

Logik, positive *(active high data)* → Logik, negative We

Logik, sequentielle *(sequential logic)*. Logikschaltungen, die neben den Verknüpfungsschaltungen auch Bausteine mit Speicherverhalten (z. B. Flipflops) oder mit einem zeitlichen Verhalten (z. B. monostabile Multivibratoren) enthalten. Das Ausgangsverhalten einer Schaltung mit sequentieller Logik bestimmt sich nach

$A = f(E_1, E_2 \ldots E_n, Z, t)$,

wobei A Ausgangsvariable, E Eingangsvariablen, Z Zustand des Schaltwerks, t Zeit (nach letzter Eingangssignaländerung). [2]. We

Logik, störsichere *(high level logic)*. Integrierte Schaltungen, bei denen der Störabstand besonders hoch gewählt wird. Man kennt DTLZ (DTL *(diode transistor logic)* mit Z-Diode), HTL *(high threshold logic)*, HLLDTL *(high level logic DTL)*, LSL (langsame störsichere Logik). [2]. Ne

Logik, symbolische *(symbolic logic)*, formale Logik. Symbolische, formale Darstellung (mit Formelzeichen) der logischen Verknüpfungen. Gesetze und Formeln der symbolischen L. werden in der Elektronik angewendet (z. B. in der Schaltalgebra, in der Booleschen Algebra, bei Logikschaltungen). [9]. We

Logik, ungesättigte *(nonsaturated logic circuit)*. Digitale Logikschaltung, bei der die Transistoren nicht im Sättigungsbereich betrieben werden; es liegt also keine Übersteuerung der Transistoren vor. Ungesättigte Logikschaltungen zeichnen sich durch hohe Schaltgeschwindigkeit aus, haben aber auch eine hohe Verlustleistung. Ein Beispiel für eine ungesättigte L. ist die Schaltungsfamilie ECL (emittergekoppelte Logik). [2]. We

Logikanalysator *(logic analyzer)*. Der L. ist ein Meßgerät zur Lokalisierung von Fehlerquellen in digitalen Systemen, z. B. in Digitalrechenanlagen. Auf dem Sichtschirm einer Oszilloskopröhre können z. B. logische Signalpegel, die gleichzeitig an verschiedenen Stellen einer Digitalschaltung auftreten, dargestellt und beobachtet werden. Wahlweise lassen sich in Tabellenform abgefaßte Datenblöcke in binärer, oktaler oder sedezimaler Form abbilden. Logikanalysatoren besitzen häufig 16 Eingangskanäle, deren Informationen auf dem Oszilloskopschirm untereinander stehend dargestellt werden. Jedem Kanal ist ein Schalter zugeordnet, mit denen gemeinsam eine Kombination von Logiksignalen, das Triggerwort, eingestellt werden kann. Stellt die Schaltung des Logikanalysators eine Übereinstimmung zwischen vorgewähltem Triggerwort und Datenfluß fest, wird der vorausgegangene Datenblock des Datenstroms in einem internen Speicher festgehalten. Der gesamte Speicherinhalt läßt sich auf dem Bildschirm darstellen. [1], [2], [9], [12].
Fl

Logikelement *(logical element)*. Die Logikelemente sind in einem Datenverarbeitungssystem Bestandteile des Rechenwerks, deren Funktion durch Operatoren in symbolischer Logik dargestellt werden kann. [1], [2]. We

Logikfamilien *(logic families)*. Digitalschaltungen, die verschiedene logische Funktionen ausführen, jedoch die gleiche Schaltungstechnik verwenden, werden als L. oder Schaltungsfamilien bezeichnet. [2]. We

Logikpegel *(logic level)*. In der Digitaltechnik die den Schaltvariablen („1" oder „0") zugeordneten physikalischen Werte, meist Spannungen. Ist der Wert „1" durch den H-Pegel und der Wert „0" durch den L-Pegel realisiert, so wird dies als positive Logik, im umgekehrten Fall als negative Logik bezeichnet. [2]. We

Logikschaltung *(logic circuit)*. Digitalschaltung, die eine Verknüpfung der Digitalsignale nach den Regeln der Booleschen Algebra durchführt, wobei auch die sequentielle Logik vorkommen kann. [2]. We

Logikschaltung, programmierbare → PLA. We

Logiksystem *(logic system)*. Allgemeine Kennzeichnung der Technik zur Realisierung von logischen Verknüpfungen. Neben den pneumatischen und hydraulischen Logiksystemen gibt es in der Elektrotechnik besonders die mit Kontakten arbeitenden und die kontaktlosen Logiksysteme, die heute mit Halbleiterschaltungen realisiert sind. [9]. We

Logiktester *(logic tester)*. Leichtes und handliches Prüfwerkzeug — meist in Form einer Prüfspitze. L. erleichtern den Test einer digitalen Schaltung, indem sie eine direkte, meist optische Anzeige mittels Lampen bzw. Lumineszenzdioden liefern. Manche L. verwenden mehrere Lampen für die getrennte Anzeige von L, H bzw. wechselnden Signalen. [12]. Li

Lokalisierungszeit → Fehlersuchzeit. Fl

Longitudinalwelle *(longitudinal wave)* → Welle, longitudinale. Rü

Long-Line-Effekt *(long-line effect)*. Wird ein Oszillator an einen langen Wellenleiter mit starker Fehlanpassung angekoppelt, kann die Oszillatorfrequenz durch die Rückwirkung der Leitung auf den Oszillatorkreis (in Abhängigkeit der Last) zwischen verschiedenen Frequenzen hin und her springen. [6], [15]. Li

LORAN-Verfahren → Funknavigation. Ge

Lorentz-Kraft *(Lorentz force)*. Die Kraft **F**, die in einem magnetischen Feld (Induktion **B**) auf eine mit der Geschwindigkeit **v** bewegte Ladung Q wirkt:

$\mathbf{F} \sim Q [\mathbf{v} \times \mathbf{B}]$.

[5]. Bl

Los *(lot)*, Prüflos. Menge der Einheiten, die zur Prüfung gleichzeitig vorgestellt werden (→ Qualitätskontrolle). [4]. Ge

Löschdiode → Freilaufdiode. Li

Löschkondensator *(surge absorbing capacitor)*. Löschkondensatoren sind der wesentliche Bestandteil in zwangskommutierten Stromrichtern mit Kondensatorlöschung; man nennt Löschkondensatoren auch Kommutierungskondensatoren. [3]. Ku

Loschmidtsche Zahl *(Loschmidt's number)*. $N_A = 6,02 \cdot 10^{23}$ (→ Avogadro-Konstante) Moleküle stellen ein Mol dar und nehmen, sofern sie ein Gas bilden (bei 273 K und 1,01325 bar), das Volumen 22,413 l ein. Die L. gibt die Anzahl der Moleküle in 1 cm³ zu $N_L = 2,69 \cdot 10^{19}$ cm⁻³ an. [5]. Bl

Löschschaltung *(quenching circuit)*. Löschschaltungen werden in selbstgeführten Stromrichtern (z. B. Gleichstromsteller, Pulswechselrichter) zur Abschaltung stromführender Ventile (Thyristoren) benötigt. In der Praxis gibt es eine Reihe erprobter Löschschaltungen, die vorwiegend die Kondensatorlöschung zur Grundlage haben. Prinzipiell unterscheidet man die Phasenfolgelöschung, Phasenlöschung, Einzellöschung und Summenlöschung (→ auch Wechselrichter, selbstgeführter). [11]. Ku

Löschspannung *(extinction voltage)*. 1. Die L. ist bei Sicherungen und Gleichstromleistungsschaltern die Spannung, die bei einem Abschaltvorgang durch den sich bildenden Lichtbogen entsteht. Durch besondere Maßnahmen wird erreicht, daß die L. höher als die treibenden Spannungen ist und damit den Strom zu Null macht. 2. Die L. ist die Spannung am Löschkondensator bei Löschschaltungen mit Kondensatorlöschung. [11]. Ku

Löschzeit *(gate-controlled turn-off time)*. Die L. ist bei löschbaren Ventilen (z. B. → GTO) die Zeitspanne zwischen dem Beginn eines sprungförmigen Steuerstromimpulses und dem Ansteigen der Spannung zwischen den Hauptanschlüssen des Thyristors (Katode-Anode) auf einen vorgegebenen Wert nahe des Endwertes (DIN 41786). [11]. Ku

Losgröße *(lot size)*, Losumfang. Anzahl der Einheiten im Los (→ Qualitätskontrolle). [4]. Ge

LOSOS-Technik *(local oxidation of silicon on sapphire technology)*. Eine Technik, um integrierte Halbleiterstrukturen durch Silicium-(II)-oxid voneinander zu isolieren. Als Substrat verwendet man Saphir. [4]. Ne

Losumfang → Losgröße. Ge

Lot *(solder)*. Metall, meist Legierung, das zur Herstellung einer Lötverbindung (→ Löten) erforderlich ist. Das L. enthält mindestens eine Komponente, die sich mit einem der metallischen Verbindungspartner legieren kann. Maximale Schmelztemperaturen des Lots liegen bei 300 °C, um die zu verbindenden Bauteile thermisch nicht zu überlasten. Zwei- und Mehrstofflegierungen, die ein Eutektikum bilden, sind als L. besonders geeignet. Häufigste Anwendung finden Zinn-Blei-Legierungen *(Lötzinn)*. [4]. Ge

Löten *(soldering)*. Beim L. werden metallische Werkstücke mit Hilfe eines geschmolzenen Zusatzmetalls, des Lotes, miteinander verbunden. Zur Desoxidation der zu verlötenden Metalloberflächen finden gegebenenfalls Flußmittel oder Lötschutzgase Anwendung. Die Schmelztemperatur des Lotes liegt dabei unterhalb der Schmelztemperatur der zu verlötenden Werkstücke. Beim L. werden die Werkstücke nur durch das Lot benetzt, ohne angeschmolzen zu werden. Nach der Lötmethode kann unterschieden werden: z. B. Schwallöten, Tauchlöten, Kolbenlöten; nach der Löttemperatur: Weichlöten und Hartlöten. Weiterhin wird gruppiert nach der Art der Lotzuführung sowie nach der Form der Lötstelle. [4]. Ge

Lötstelle *(soldered joint)*. Bedingt lösbare Verbindung von zwei metallischen Werkstücken mit Hilfe eines Lötverfahrens (→ Löten). [4]. Ge

Löttemperatur *(soldering temperature)*. Bei der Herstellung einer Lötverbindung (→ Löten) spielt die L. eine entscheidende Rolle. Zu unterscheiden ist zwischen Benetzungstemperatur und Arbeitstemperatur. Die Benetzungstemperatur ist die Temperatur, auf die das Werkstück erhitzt werden muß, damit es vom flüssigen Lot benetzt werden kann. Die Arbeitstemperatur ist die Temperatur, die das Werkstück an der Berührungsfläche zum flüssigen Lot mindestens haben muß, damit das Lot sich ausbreiten, fließen und binden kann. Zu hohe L. kann das Lot, das Werkstück, aber auch das Flußmittel nachteilig verändern. [4]. Ge

Lötzinn → Lot. Ge

Low-Power-Schottky-TTL *(low-power Schottky transistor-transistor logic, LPTTL)*. Schaltungsfamilie der Digitaltechnik, die wie eine Schottky-TTL-Schaltung aufgebaut ist. Durch Erhöhung der Widerstandswerte wird die Verlustleistung gesenkt und die Schaltzeit vergrößert. Damit ergeben sich ähnliche Schaltzeiten wie bei TTL, aber eine niedrigere Verlustleistung. L. wird in der Typenbezeichnung mit den Buchstaben LS gekennzeichnet. [2]. We

Low-Signal → L-Pegel. We

Low-Zustand → L-Pegel. We

LPDTL *(low-power diode-transistor logic, LPDTL)*. Dioden-Transistor-Logik mit niedriger Verlustleistung. Digitale Schaltungsfamilie, die schaltungstechnisch der Dioden-Transistor-Logik entspricht. Durch Verwendung höherer Widerstandswerte verfügt diese Schaltungsfamilie über niedrigere Verlustleistung, niedrigere Ein- und Ausgangsströme, aber auch größere Schaltzeiten. [2]. We

L-Pegel *(low level)*, Low-Signal, Low-Zustand, L-Zustand (→ Bild H-Pegel). Bei Binärsignalen das Signal mit der niedrigeren Spannung, unabhängig vom Betrag der Spannung. Sind z. B. für die Binärsignale 0 V und -10 V vereinbart (gemessen gegen Masse), so beträgt der L-Pegel -10 V. Das andere Binärsignal wird als H-Pegel bezeichnet. [2]. We

LQ → Rückweisegrenze. Ge

LRRC-Brücke (L Induktivität, R Wirkwiderstand, C Kapazität) → Maxwell-Wien-Brücke. Fl

LSB *(least significant bit)*. In einem Code das Bit mit der niedrigsten Wertigkeit, z. B. bei einem Code zur Codierung der ganzen Zahlen das Bit mit der Wertigkeit 1. Die Größe des LSB bestimmt bei Meßverfahren, die mit der Analog-Digital-Umsetzung arbeiten, die Genauigkeit der Messung. [9]. We

LSD. 1. *(least significant digit)*. Niedrigstwertige Stelle einer Zahl. 2. *(limited saturation device)*. Gesättigte Logikschaltung, bei der die Sättigung des Schalttransistors durch einen Hilfstransistor im Basiskreis verringert wird (Bild). [1], [2]. Li

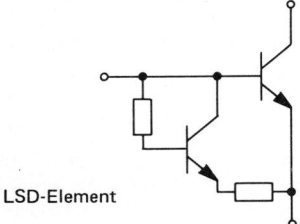

LSD-Element

LSI *(large scale integration)* → Großintegration. Ne

LSL *(low speed logic with high noise immunity)*, langsame störsichere Logik. Bezeichnung für Schaltungsfamilien, die mit hohen Signalverzögerungszeiten arbeiten und damit gegen kurzfristig auftretende Störimpulse immun sind. Ein Beispiel für eine solche Schaltungsfamilie ist DTLZ *(diode-transistor logic, zener)*. [2]. We

L-Störabstand *(low voltage level noise immunity)* → H-Störabstand. We

LTI-System → System, lineares - zeitinvariantes Rü

Lückbetrieb *(intermittent d.c. flow)*. Die wellige Gleichspannung netzgeführter Stromrichter hat zur Folge, daß dem Gleichstrom ein Wechselstromglied überlagert ist. Bei Absenken des Gleichstromes verhindern die Stromrichterventile, daß im Bereich der Stromminima Augenblickswerte des Stromes negativ werden können. Dies führt dazu, daß der Gleichstrom zeitweise den Wert Null annimmt. Es bilden sich Lücken im Strom aus, was als L. bezeichnet wird. Durch den L. verändert sich das Übertragungsverhalten des Stromrichters, was bei Regelkreisen mit Stromrichtern berücksichtigt werden muß, z. B. durch adaptive Regler. [11]. Kü

Luenberg-Beobachter *(Luenberg observer)*. Der L. ist ein Beobachter, dessen Eigenwerte frei vorgebbar sind und der aus den zeitlichen Verläufen der Steuergrößen und der gemessenen Größen eines beobachtbaren Systems Schätzwerte für die nicht meßbaren Zustandsgrößen liefert. Der Fehler der geschätzten Zustandsgrößen geht mit wachsender Zeit gegen Null, d. h. der L. liefert dann die tatsächlichen Werte der Zustandsgrößen. [12]. Ku

Luftdruck *(atmospheric pressure)*. Der Druck, den die Luft wegen ihrer Schwerkraft auf eine Unterlage ausübt. Der L. schwankt je nach den Wetterbedingungen; auf Meeresniveau werden Werte zwischen 1,070 bar und 0,93 bar gemessen. Die Höhenabhängigkeit des Luftdrucks ist durch die barometrische Höhenformel gegeben (Einheiten: Pa (Pascal) oder bar (Bar); Meßinstrument: Barometer). [5]. Bl

Luftfeuchtigkeit *(atmospheric humidity)*. Kennzeichnet den Wasserdampfgehalt der Luft und wird z. B. als Dampfdruck (in bar) oder als relative Feuchtigkeit (in Gramm Wasser pro Kilogramm Luft) angegeben. [5]. Bl

Luftkondensator *(air-spaced capacitor)*. Plattenkondensator mit Luft als Dielektrikum. Angewendet als Leistungskondensatoren für Sender und Hochfrequenzgeneratoren, da sie für hohe Spannungen, hohe Blindströme und erhöhte Betriebstemperaturen geeignet sind. [4]. Ge

Luftspalt *(air gap)*. Als L. wird eine Unterbrechung eines magnetischen Eisenkreises bezeichnet. Bei rotierenden elektrischen Maschinen ist der L. notwendig, um Ständer (Stator) und Läufer (Rotor) gegeneinander bewegen zu können. Bei Luftspalt-Drosselspulen erhöht der L. den resultierenden magnetischen Widerstand, wodurch die Abhängigkeit der Induktivität vom Strom aufgrund des nichtlinearen Eisenverhaltens verringert wird. [3]. Ku

Luftspaltinduktion *(air gap induction)*. Die magnetische Induktion im Luftspalt, insbesondere bei elektrischen Maschinen, ist die L. Über die Geometrie des Luftspalts kann die Verteilung der L. längs des Umfangs beeinflußt werden und damit auch die Systemparameter der Maschine. [11]. Ku

Luftspule *(air core coil)*. Die L. findet wegen ihres einfachen Aufbaus und ihrer geringen Eigenkapazität vielfach in der Hochfrequenz- und Meßtechnik Anwendung. Gebräuchlich sind Zylinderspulen, deren Windungen auf Keramikkörpern aufgebrannt und galvanisch verstärkt werden. Häufig verwendet werden auch Ringspulen und Flachspulen. [4]. Ge

Lumen *(lumen)*. Abgeleitete SI-Einheit des Lichtstromes (Zeichen lm) (DIN 5031/3):

$$1 \text{ lm} = 1 \text{ cd sr}$$

(cd Candela, sr Steradiant). *Definition:* Das lm ist gleich dem Lichtstrom, den eine punktförmige Lichtquelle mit der Lichtstärke 1 cd gleichmäßig nach allen Richtungen in den Raumwinkel 1 sr aussendet. [5]. Rü

Luminanzsignal *(luminance signal)*. Begriff aus der Farbfernsehtechnik. Mit dem L. wird die Leuchtdichteverteilung auf dem Bildschirm der Farbfernsehbildröhre gesteuert. Das L. ist die Summe von Anteilen der Primär-Farbsignale U_R, U_G und U_B und entspricht dem Bildinhalt-Signal beim Schwarzweißfernsehen. Die Bandbreite umfaßt den Bereich 0 MHz bis 5 MHz. [4], [13]., [16]. Th

Lumineszenz *(luminescence)*. Wird bei vielen organischen und anorganischen Substanzen beobachtet. Sie beruht auf Energieabsorption durch Atome, Moleküle oder kondensierte Materie. Die aufgenommene Energie wird durch elektromagnetische Strahlung nach einer Verzögerungsdauer von mindestens 10^{-9} s (Lebensdauer angeregter Zustände) wieder abgestrahlt. L. kann auf verschiedene Arten angeregt werden und ist von unterschiedlichen elektronischen Prozessen begleitet. Man unterteilt die L. nach Art der Anregung u. a. in Photolumineszenz, Chemolumineszenz und Elektrolumineszenz. [5]. Li

Lumineszenzanzeige → Elektrolumineszenzanzeige. Li

Lumineszenzdiode *(light emitting diode)*, Leuchtdiode, LED. Bei der L. wird elektrische Energie in optische Strahlungsenergie umgewandelt. Bei einem in Vorwärtsrichtung betriebenen PN-Übergang gelangen Defektelektronen aus dem P-Bereich in den N-Bereich und Elektronen aus dem N-Bereich in den P-Bereich. Die injizierten Ladungsträger sind in den jeweiligen Bereichen Minoritätsladungsträger, die mit den vorhandenen Majoritätsladungsträgern bzw. ionisierten Störstellen rekombinieren und optische Strahlungsenergie in Form von Photonen ausstrahlen (Bild). Je nach Verwendung des Halbleitermaterials kennt man grün, gelb, rot und neuerdings auch blau leuchtende Lumineszenzdioden [4]. Ne

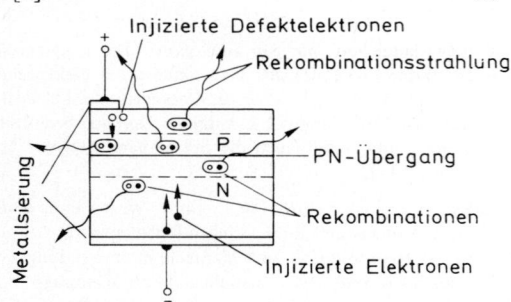

Wirkungsweise eines Lumineszenzdiode (● Elektronen, ○ Defektelektronen)

Lumineszenzplatte *(electroluminescent panel)*, Lumineszenzzelle, Elektrolumineszenzzelle, Halbleiterflächenstrahler, Leuchtkondensator. Die L. ist ein Bauelement der Optoelektronik, das im Aufbau einem Kondensator ähnelt. Zwischen zwei Elektroden, von denen eine transparent ist, befinden sich schichtstrukturierte Leuchtstoffe — Luminophore bzw. Phosphore — bei denen nach Anlegen eines elektrischen Feldes durch Stoßionisation oder Ladungsträgerinjektion und nachfolgender, strahlender Rekombination der Ladungsträger Lumineszenzerscheinungen auftreten. Lumineszenzplatten werden sowohl mit Gleich- als auch mit Wechselspannungen betrieben. Mit L. lassen sich alphanumerische, numerische und Symbolanzeigeelemente aufbauen, wenn die Elektroden entsprechend der gewünschten Zeichen aufgebaut sind. [4], [6], [7], [16]. Fl

Lumineszenzzelle → Lumineszenzplatte. Fl

Lux *(lux)*. Abgeleitete SI-Einheit der Beleuchtungsstärke (Zeichen lx) (DIN 5031/3):

$$1 \text{ lx} = 1 \frac{\text{lm}}{\text{m}^2}$$

(lm Lumen). *Definition:* Das lx ist gleich der Beleuchtungsstärke, die auf einer Fläche herrscht, wenn auf 1 m^2 der Fläche gleichmäßig verteilt der Lichtstrom 1 lm fällt. [5]. Rü

Luxemburg-Effekt *(Luxemburg effect)*. Bezeichnet die Modulationseinflüsse beim Empfang „schwacher" Sender, die in der Ionosphäre durch „starke" Sender hervorgerufen werden. Der L. tritt im Mittel- und Langwellenbereich auf und wurde erstmalig bei Radio Luxemburg beobachtet. [5]. Bl

Luxmeter → Beleuchtungsstärkemesser. Fl

LW *(long waves, LW; low frequency;, LF)*. LW ist die Abkürzung für Langwelle, die den Bereich von 30 kHz bis 300 kHz umfaßt. Der Rundfunkbereich der LW liegt zwischen 150 kHz und 350 kHz. Große Reichweite und geringe Beeinflussung der Ausbreitung durch die Bodenformationen sind die Kennzeichen der LW. [13], [14]. Th

Lyman-Serie *(Lyman series)*. Spezielle Spektralserie des Wasserstoffs, die alle Übergänge in die L-Schale des Wasserstoffs (Hauptquantenzahl 2) umfaßt. Die Frequenzen der Spektrallinien liegt im ultravioletten Bereich. [5]. Bl

L-Zustand → L-Pegel. We

M

3M-Kassette *(3M-data cassette)*. Datenkassette für die digitale Datenaufzeichnung. Sie ist größer als die ECMA-Kassette und verwendet ein 1/4″-Magnetband. 3M ist der Name des Herstellers in den USA. [1]. Th

Madistor → Magnetdiode. Ne

Magnet, permanenter *(permanent magnet)*, Dauermagnet. Ein ferromagnetischer Stoff, der durch einmalige Magnetisierung seinen remanenten Magnetismus (→ auch Hystereseschleife) beibehält. Zur Herstellung von permanenten Magneten sind Eisensorten mit hoher Remanenz und hoher Koerzitivkraft erforderlich. [5]. Rü

Magnetband *(magnetic tape)*. Speichermedium für digitale und analoge Daten, das kostengünstig große Datenmengen speichern kann. Auf die Daten kann nur sequentiell zugegriffen werden. Bei Speicherung digitaler Daten ist das M. in Spuren eingeteilt; meist werden 9 Spuren (1 Byte Information und 1 Bit zur Paritätsprüfung) verwendet. Das Zeichen wird parallel gelesen bzw. geschrieben. Die senkrecht zur Bewegungsrichtung des Magnetbandes liegende Information, die ein Zeichen bildet, wird als Sprosse bezeichnet. Die Aufzeichnungsdichte beträgt 800 Bits/Zoll bis 6400 Bits/Zoll Bandlänge (etwa 320 bit/cm bis 2560 bit/cm). Das M. verfügt meist über ein oder zwei Taktspuren. Die Formatierung der Daten ist beim M. nicht vorgegeben, es können Blöcke beliebiger Länge gebildet werden. Die Blöcke können durch eine elektronische Schaltung (Blocklückendetektor) erkannt werden. Anfang und Ende des Magnetbandes werden durch Bandanfangsmarke und Bandendemarke gekennzeichnet. [1]. We

Magnetbandkassette *(magnetic tape cassette)*. Magnetischer Datenträger in Form einer Tonbandkassette. Die M. dient als Externspeicher für Datenverarbeitungssysteme; besonders für Minicomputer, Personal-Computer. Die Daten werden seriell aufgezeichnet, wobei auf einer Seite des Magnetbandes mehrere Spuren aufgezeichnet werden können. Die Kapazität einer Magnetbandkassette liegt bei etwa 250 000 Zeichen. Es ist nur sequentieller Zugriff möglich. Die Aufzeichnungsdichte beträgt bis zu 63 bit/mm (etwa 1600 bit/Zoll), die Datenübertragungsgeschwindigkeit bis 6000 Zeichen/s [1]. We

Magnetbandspeicher *(magnetic tape storage, tape storage)*, Bandspeicher. Externspeicher zur Speicherung großer Datenmengen mit sequentiellem Zugriff. Der Datenträger ist das Magnetband, das ausgewechselt werden kann, so daß große Datenmengen archiviert werden können. Das Bild zeigt den grundsätzlichen Aufbau eines Magnetbandspeichers (Magnetbandstation). Es sind parallel ebenso viele Lese-Schreib-Köpfe angeordnet wie Spuren vorhanden sind. Das Magnetband wird nicht über die Bandspulen angetrieben, sondern unmittelbar neben der Lese-Schreib-Einrichtung. Das Lichtschrankensystem in den Vakuum-Schächten sorgt dafür, daß die Bandschlaufen eine bestimmte Position einnehmen. Wird

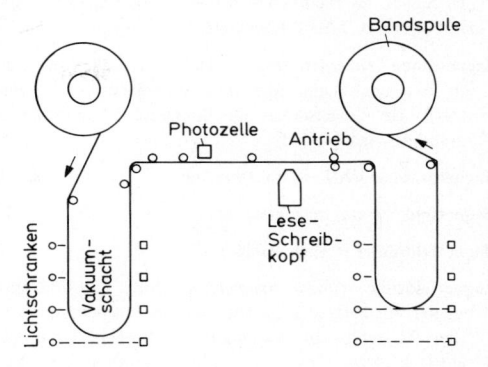

Magnetbandspeicher

diese Position verlassen, so wird das Magnetband von den Spulen aufgespult oder nachgelassen. Die Photozelle dient der Erkennung der Bandanfangs- und Bandendemarken. Im M. können Schaltungen zur Paritätskontrolle vorhanden sein, die die Parität eines Zeichens prüfen. [1]. We

Magnetblase *(bubble, magnetic bubble)*, Domäne, Bubble. Zylinderförmige Zone der Magnetisierung in einem dünnen Film, wobei die Achse des Zylinders senkrecht zur Oberfläche des Films verläuft. Der Film muß auf einem Kristallsubstrat aufgetragen sein, das nichtmagnetisch ist und den gleichen Ausdehnungskoeffizienten wie der Film hat. Für den Film wird meist synthetischer Granat, für das Kristallsubstrat Gadolinium-Gallium-Granat (GGG) verwendet. Die Richtung leichter Magnetisierbarkeit muß senkrecht zur Oberfläche stehen. Durch Permalloy-Strukturen, z. B. Nickel-Eisen, werden den Magnetblasen bevorzugte Bewegungsrichtungen angeboten. Die Bewegung wird durch von außen anliegenden Magnetfeldern hervorgerufen, wodurch es möglich wird, Magnetblasen zum Speichern von Informationen, auf die ohne mechanische Bewegung zugegriffen werden kann, auszunutzen. [4], [7]. We

Magnetblasenspeicher *(magnetic bubble memory)*. Magnetische Blasen sind sehr kleine magnetische Zylinder, die in einer sehr dünnen Magnetschicht aufrecht stehen und von oben gesehen wie Kreise wirken (Bild). Sie haben eine dem anliegenden Magnetfeld entgegengesetzte Magnetisierungsrichtung und können hierdurch erkannt werden. Durch ein extern anliegendes Magnetfeld kön-

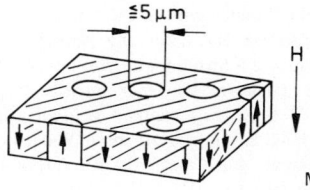

Magnetblasenspeicher

nen die Magnetblasen in Bahnen bewegt werden. Das Vorhandensein einer Magnetblase an einem bestimmten Ort bedeutet ein „1"-Signal; Nichtvorhandensein ein „0"-Signal. M. zeichnen sich durch große Speicherkapazität aus (z. B. 1 MBit Speicherplätze). [1]. Ne

Magnetdiode *(magnetodiode)*. Halbleiterdiode, bei der ein externes Magnetfeld den Vorwärtsstrom steuert, wobei die Lebensdauer der injizierten Ladungsträger verändert wird. [4]. Ne

Magnetdrahtspeicher → Drahtspeicher. Li

Magnetfeld → Feld, magnetisches. Rü

Magnetfeldfühler → Magnetfühler. Fl

Magnetfeldröhre *(linear magnetron)*. Eine Lauffeldröhre, bei der ein elektrostatisches und ein magnetostatisches Querfeld senkrecht zueinander und beide zusammen senkrecht zum Elektronenstrahl angeordnet sind. Spezielle Magnetfeldröhren sind: die Wanderfeld-M., die Rückwärtswellen-M. und das Magnetron. [4], [8]. Li

Magnetfeldsonde → Magnetfühler. Fl

Magnetfilmspeicher → Dünnschichtspeicher. Li

Magnetfilmtechnik *(magnetic recording film)*. Bei der Magnettonfilmtechnik wird die Magnetsuspersion direkt auf den normalen fotografischen Film in Aufzeichnungsspuren geringer Breite aufgetragen. Die Randspuren können entweder auf den Rohfilm oder auch nachträglich zur Vertonung auf den bereits fertig entwickelten Film aufgegossen bzw. aufgeklebt werden. Der Vorteil liegt in der leichten Kopiermöglichkeit. Für den Studiobetrieb finden Magnetfilme Verwendung, die über die ganze Breite mit der magnetisierbaren Schicht versehen sind. [9], [13]. Th

Magnetfühler *(magnetic field probe)*, Magnetfeldfühler, Magnetfeldsonde, Feldsonde. M. sind Meßfühler, die z. B. in Verbindung mit Meßgeräten und -einrichtungen der Untersuchung magnetischer Feldgrößen dienen. Das Fühlerelement wird häufig in den Luftspalt der zu messenden magnetischen Anordnung geführt. Neben dem Betrag der Feldgröße läßt sich in vielen Fällen auch deren Richtung bestimmen. Häufig verwendete Fühlerelemente sind: 1. Prüfspulen mit bekannten Abmessungen und elektrischen bzw. magnetischen Werten. Die Messung beruht auf dem Induktionsgesetz und wird bei Wechselflüssen angewandt (Anwendungen: z. B. Fluxmeter). Ist kein Luftspalt vorhanden, umwickelt man den Querschnitt eines Eisenkerns. 2. Eine empfindliche Magnetnadel befindet sich innerhalb eines magnetischen Feldes. Über das magnetische Moment der Nadel wird ein Drehmoment bewirkt (Anwendung: z. B. Magnetometer). 3. a) Mit Hall-Sonden wird eine der magnetischen Induktion proportionale Hall-Spannung gemessen. An den Fühler wird häufig ein Spannungsmesser mit Verstärker angeschlossen. Es lassen sich auch niedrige Induktionswerte bis 10^{-6} Tesla bestimmen (→ Meßfühler nach Hall-Effekt). b) Feldplatten ändern ihren Widerstand, wenn sie im Luftspalt einer magnetischen Anordnung verschoben werden. [4], [5], [7], [12], [18]. Fl

Magnetisierung *(magnetization)*. (Zeichen **M**). Die M. stellt die vektorielle Summe der magnetischen Momente der Atome eines Stoffes, bezogen auf die Volumeneinheit dar. Der Zusammenhang mit der magnetischen Polarisation **J** ist gegeben durch

$$M = \frac{J}{\mu_0}$$

(μ_0 magnetische Feldkonstante) [5]. Rü

Magnetisierung, spontane *(spontaneous magnetization)*. Die in Ferri- und Ferromagneten ohne äußeres Magnetfeld innerhalb der Weißschen Bezirke bestehende Ausrichtung der Magnetisierung, d. h. der magnetischen Elementardipole. Ursache sind Austauschwechselwirkungen, wodurch die atomaren magnetischen Momente ausgerichtet werden. Die M. ist temperaturabhängig ($\sim T^{-3/2}$) und verschwindet oberhalb der Curie-Temperatur. [5]. Bl

Magnetisierungswärme *(magnetization heat)*. Der Anteil der zur Magnetisierung (d. h. beim Durchlaufen der Hystereseschleife) benötigten Arbeit, der irreversibel in Wärme umgewandelt wird. [5]. Bl

Magnetismus *(magnetism)*. Eigenschaft jeder Materie im Feld eines Magneten, Anziehung oder Abstoßung zu erfahren. Die Wirkung des M. ist nicht an einen Träger gebunden, kann also auch durch Vakuum vermittelt werden. Zur Beschreibung des M. dient das magnetische Feld (d. h. die magnetische Feldstärke **H** oder die magnetische Induktion **B**), die über die Maxwell-Gleichungen mit den entsprechenden elektrischen Größen verknüpft sind. [5]. Bl

Magnetkarte *(magnetic card)*. Magnetischer Datenträger kleineren Umfangs, der zur permanenten Speicherung von Daten verwendet wird. 1. Man kennt Magnetkarten als verschweißte Plastikkarte, die als ein automatisch erfaßbarer Ausweis z. B. für Zeitkontrolle, Geldausgabeautomaten, Kassenterminals für bargeldlose Abrechnung dient. Die magnetisch aufgezeichnete Information kann nicht verändert werden. 2. Magnetkontokarte. Auf einer Kontokarte ist ein les- und schreibbarer Magnetstreifen aufgebracht, der die Konteneinträge gespeichert hat. Die Magnetkontokarte wird der Datenverarbeitungsanlage (Magnetkontencomputer, MKC) per Hand zugeführt und wieder entnommen. 3. Datenträger kleineren Umfangs, der aus einem Magnetkartenspeicher automatisch der Lese-Schreib-Einrichtung zugeführt und dort auf eine Lese-Schreib-Trommel gespannt und bearbeitet wird. Durch den Aufbau des Magnetkartenspeichers kann ein quasidirekter Zugriff erreicht werden. Nach einem ähnlichen Prinzip arbeitet der Massenspeicher. [1]. We

Magnetkartenspeicher → Magnetkarte. We

Magnetkern *(magnetic core)*. Ein ringförmiges Gebilde aus ferromagnetischem Material, meist Ferriten, das zur digitalen Informationsspeicherung dient. Jeder M. kann ein Bit speichern. Da die Speicherung mit Hilfe des remanenten Magnetismus erfolgt, muß es sich um einen hartmagnetischen Werkstoff handeln. Beim Aufbau eines Magnetkernspeichers als Koinzidenzspeicher muß die

Hysterese-Kurve die Form eines Rechtecks haben (Rechteckferrit), damit Halbströme keinen Einfluß haben. Der M. speichert die Information ohne Energiezufuhr.

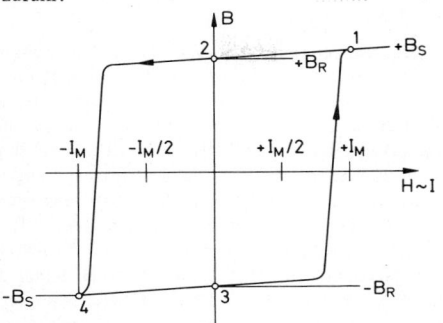

B_S: Sättigungsinduktion
B_R: Remanenzinduktion

Magnetkern

I_M Magnetisierungsstrom, 1 Zustand beim Einschreiben des Wertes „1", 2 Zustand beim Speichern des Wertes „1", 3 Zustand beim Speichern des Wertes „0", 4 Zustand beim Löschen, 2 → 4 Lesevorgang (Lesen des Wertes 1), Löschen, 3 → 4 Lesevorgang (Lesen des Wertes 0), 3 → 1 Schreiben des Wertes „1".
[2]. We

Magnetkern, ringförmiger → Ringkern. Ge

Magnetkernspeicher *(magnetic core memory, core memory)*, Kernspeicher, Ferritkernspeicher. Lese-Schreib-Speicher, der als Hauptspeicher in Datenverarbeitungsanlagen eingesetzt wird. Heute ist der M. teilweise von Halbleiterspeichern verdrängt worden. M. sind Koinzidenzspeicher, meist nach dem Prinzip des Drei-D-Speichers aufgebaut. Lesen bzw. Schreiben erfolgen in einem Lese-Schreib-Zyklus. Hierbei sind möglich: Lesen – Wiedereinschreiben; Löschen – Schreiben; Lesen – veränderte Information einschreiben. M. haben den Vorzug, daß bei einem Ausfall der Versorgungsspannung die Information erhalten bleibt, den Nachteil der aufwendigen Fertigung sowie des Durchlaufens des ganzen Zyklus bei einem Speicherzugriff. Die Zugriffszeit läßt sich auf einige Hundert Nanosekunden senken, liegt aber meist höher.

Das Bild zeigt das Blockschaltbild eines Magnetkernspeichers von m·n Speicherwörtern mit einer Wortlänge z. [1].
We

Magnetkontokarte → Magnetkarte. We

Magnetkupplung *(magnetic clutch)*. Eine elektromagnetisch betätigte Kupplung zur kraftschlüssigen Verbindung zweier Wellen. Die elektromagnetische Schlupfkupplung für hohe Drehmomente dient bei Schiffsantrieben als Dämpfungs- und Schaltkupplung zwischen Dieselmotor und Schiffsschraube. Die Magnetpulverkupplung ist eine in ihrem Drehmoment stetig verstellbare Reibungskupplung. [3]. Ku

Magnetmotorzähler *(motor meter)*. M. sind Gleichstromzähler, die zur Feststellung elektrischer Arbeit in Gleichstromanlagen eingesetzt werden. Im Prinzip sind es integrierende Meßgeräte, die an mechanisches Ziffernzählwerk zur Ablesung der Meßwerte besitzen. Man unterscheidet: 1. Amperestunden-Motorzähler: Im magnetischen Feld eines Dauermagneten ist ein Gleichstrommotor angeordnet. Seine Umdrehungen werden von einem Ziffernzählwerk angezeigt. 2. Wattstundenzähler: Zwei feststehende Feldspulen werden vom Verbraucherstrom durchflossen. Über einen Kollektor als Stromwender wird die Verbraucherspannung einem Anker, der sich drehbar im Feld der feststehenden Spulen befindet, zugeführt. Im Spannungskreis liegen in Reihenschaltung zu den Ankerspulen ein Vorwiderstand und eine Hilfsspule. Die Hilfsspule sorgt in Verbindung mit dem Ankerfeld für ein sicheres Anlaufen des Zählers. Auf der Drehachse des Ankers befinden sich Zähleinrichtung und eine Bremsscheibe, die sich im Feld eines Dauermagneten dreht. Bremsscheibe und Magnet bewirken das Gegenmoment zum Drehmoment des Ankers. [12], [18]. Fl

Magnetohydrodynamik *(magnetohydrodynamics)*, MHD. Theorie der Strömungsvorgänge in elektrisch leitenden Flüssigkeiten oder Plasmen unter Einwirkung magnetischer Felder. Die technische Ausnutzung der M. geschieht im MHD-Wandler, eine Einrichtung, die mechanische und thermische Energie direkt in elektrische Energie umwandelt. [5]. Rü

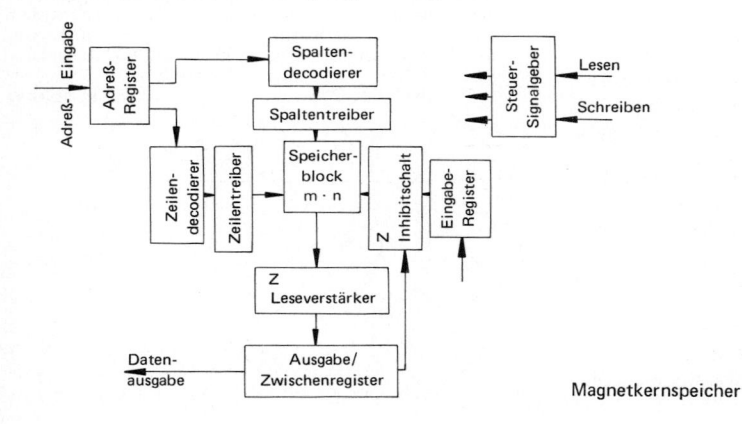

Magnetkernspeicher

Magnetometer *(magnetometer)*. Das M. wird zur unmittelbaren Messung magnetischer Induktionen eingesetzt. Es kann auch zur Messung von Koerzitivfeldstärken herangezogen werden (→ Koerzimeter). Eine Magnetnadel mit dem magnetischen Moment **m** ist drehbar an einem Quarzfaden aufgehängt. Die Nadel wird als Magnetfühler in das auszumessende Magnetfeld mit der Induktion **B** eingebracht. Das Feld bewirkt ein Drehmoment **M** auf die Nadel: $|M| = |B| \cdot |m| \cdot \sin \alpha_{Bm}$ (α_{Bm} Verdrehwinkel zwischen $|B|$ und $|m|$). 1. Man beobachtet die Verdrehung der Nadel und kompensiert sie durch Drehen des Quarzfadens. Der Winkel α_{Bm} ist ein Maß für die Induktion. 2. Man kompensiert die Verdrehung über ein bekanntes, einstellbares Feld, das von Spulen einer zusätzlichen Meßeinrichtung geliefert wird. [12]. Fl

Magneton *(magneton)*. Das magnetische Moment von Elementarteilchen und ihren Verbindungen (z. B. Atomen) wird oft in Vielfachen des Magnetons (→ Bohrsches Magneton) angegeben. [5]. Bl

Magnetooptik *(magnetooptics)*. Die Gesamtheit aller Effekte, die durch ein magnetisches Feld auf die Ausbreitung, Emission und Absorption des Lichtes hervorgerufen werden. Zu den wichtigsten Effekten der M. gehören: Faraday-Effekt, magnetooptischer Kerr-Effekt, Cotton-Mouton-Effekt. [5]. Rü

Magnetostatik *(magnetostatics)*. Teil der Beschreibung des Magnetismus, wobei nirgends im Raum Ströme fließen und ein vorhandenes elektrisches Feld zeitlich konstant ist, so daß div **B** = 0 und rot **H** = 0 gilt. [5]. Bl

Magnetostriktion *(magnetostriction)*. Änderung der geometrischen Abmessung von Körpern bei Magnetisierungsvorgängen. Man unterteilt in volumeninvariante Gestaltsänderungen („Joule-Effekt") und forminvariante Volumenänderungen (Volumen-M.). Verkürzt sich die Probe in Magnetisierungsrichtung, so spricht man von negativer, im umgekehrten Fall von positiver M. [5]. Bl

Magnetplatte *(magnetic disk)*. Kreisrunde, ebene Scheibe aus Aluminium von 13 cm bis 100 cm Durchmesser, die beiderseits mit einer magnetisierbaren Eisenoxidschicht überzogen ist und als Speichermedium für Datenverarbeitungsanlagen dient. Verwendung finden flexible (→ Diskette) oder harte Einzelplatten bzw. Plattenstapel. Die Daten werden mit Lese-Schreib-Köpfen auf kreisförmigen Spuren gelesen bzw. aufgezeichnet. [1]. Li

Magnetplattenspeicher *(magnetic disk storage, disk memory)*. Externe Speichereinheit für Datenverarbeitungsanlagen, die eine rotierende Magnetplatte bzw. mehrere auf einer Achse befindliche Platten (Plattenstapel) zur Speicherung von Daten verwendet. Die Platten haben konstanten Abstand voneinander und drehen sich mit 1800 U/min bis 6000 U/min. Sie enthalten je nach Hersteller jeweils 100 bis 800 Spuren, die ihrerseits in Sektoren unterteilt sind. Die übereinanderliegenden Spuren eines Stapels bilden einen Zylinder. Der M. verwendet pro beschichteter Plattenseite einen Lese-Schreib-Kopf; alle diese Köpfe sitzen auf einem beweglichen Kopfträger, der elektromechanisch zu jedem Zylinder hin positioniert werden kann. Es gibt auch M., die für jede Spur einen Kopf verwenden (sog. Festkopfspeicher), bei denen sich die Zugriffszeit wesentlich verringert. Die Kapazität der M. liegt zwischen 1 Million und 800 Millionen Bytes. [1]. Li

Magnetplattenstapel *(magnetic disk pack)*. Aus mehreren Einzelmagnetplatten zusammengesetzter Stapel mit 6, 11 oder 12 Platten für die digitale Datenspeicherung. Ein 12-Plattenstapel neuester Konstruktion besitzt eine Speicherkapazität von 200 MByte. Beim 12-Plattenstapel werden 20 Plattenoberflächen zur Datenspeicherung ausgenutzt. Die Magnetköpfe sitzen kammartig angeordnet an dem Positioniermechanismus, mit dem die Köpfe auf die entsprechenden Datenspuren auf der Plattenoberfläche positioniert werden können. Der M. bietet den Vorteil der geringen Zugriffszeit: Größenordnung etwa 30 ms. Der M. ist bedingt auch für den Datenaustausch einsetzbar. Er ist von seiner Konstruktion her und nach der Normung dafür geeignet. Aufgrund der sehr geringen zulässigen Toleranzen wird der Plattenspeicher eigentlich nur als fest zugeordneter Massenspeicher und zum Datenaustausch das Computerband (Magnetband) verwendet. [1]. Th

Magnetpol *(magnetic pole)*. Der Bereich an den Enden eines magnetisierten Eisenstabes oder eines nicht geschlossenen magnetischen Kreises, in dem fast alle magnetischen Feldlinien münden oder ihm entspringen. Die Stärke des Magnetpols wird durch die Polstärke angegeben und über das magnetische Moment gemessen. [5]. Bl

Magnetron *(magnetron)*. Das M. ist eine Lauffeldröhre, die z. B. in Mikrowellenoszillatoren zur Erzeugung von Mikrowellen dient.

Auf das elektrische Feld einer positiv vorgespannten Anode, die kreisförmig um eine ihr gegenüber negativ vorgespannte Glühkatode angeordnet ist, wirkt ein koaxiales Magnetfeld (im Bild senkrecht zur Zeichenebene). Die von der Katode herausgelösten Elektronen stehen unter dem Einfluß der Lorentz-Kraft. In Richtung zur Katode ist die Anodenwand schlitzförmig durchbrochen. Hinter den Schlitzen befinden sich Hohlraumresonatoren, deren elektromagnetische Felder bei bestimmten Phasenlagen eine Wanderwelle (Mikrowelle) im Raum zwischen Katode und Anode anregen. Die fortschreitende Welle verkoppelt alle Felder der Hohlraumresonatoren miteinander. Ein Teil der Elektronen fällt auf die Katode zurück. Der andere Teil wird durch das Wanderfeld im Anoden-Katodenraum verzögert und gibt kinetische Energie an das Mikrowellenfeld ab. Sie erreichen die Anode auf krummlinigen Bahnen. Die abgegebene Energie hält die Mikrowellenschwingung aufrecht. Ein Hohlraumresona-

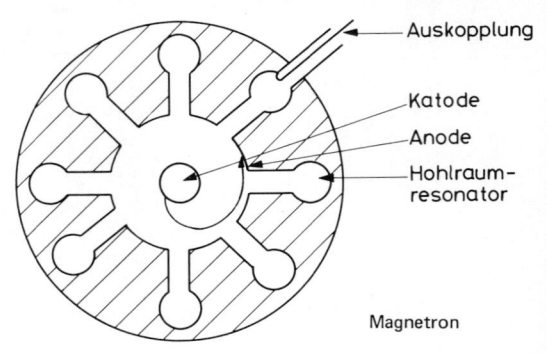

Magnetron

tor dient als Auskoppelraum. Anwendungen: Bei Frequenzen von 1 GHz bis 30 GHz in Radaranlagen, zur Hochfrequenzerwärmung und zur Diathermie. [5], [10], [12], [13], [14]. Fl

Magnetschichtspeicher *(magnetic film storage)*. Sämtliche Speicher, bei denen sich eine Magnetschicht an einem feststehenden Magnetkopf entlangbewegt (Magnetkartenspeicher, Magnetbandspeicher, Magnetkarte, Magnetstreifenspeicher, Magnetplattenspeicher, Magnettrommelspeicher). [1]. Li

Magnetschrift *(magnetic ink font)*. Eine Schrift, die sowohl visuell als auch maschinell lesbar ist. Sie wird vorwiegend von Banken verwendet. Die Schrift wird mit magnetisierbarer Farbe auf den Beleg gedruckt und hat den Vorteil, auch bei Verschmutzung des Papiers einwandfrei lesbar zu sein. Bekanntester Vertreter ist die CMC 7-Schrift *(CMC coded magnetic character;* nach DIN 66007 genormt; Bild). [1]. Li

Einige Zeichen der CMC 7-Schrift

Magnetschriftleser *(magnetic character reader)*. Geräte, die Belege mit Magnetschrift lesen können. Dazu werden die auf die Belege aufgebrachten Zeichen vor dem Abtasten magnetisiert. Meist sind die M. mit Sortierern verbunden, die ein gleichzeitiges Sortieren der Belege nach vorgegebenen Kennbegriffen ermöglichen. [1]. Li

Magnetspeicher *(magnetic storage)*. Speicher, die eine magnetisierbare Schicht hoher Koerzitivkraft (meist Ferrite) verwenden. M. haben den Vorzug, Permanentspeicher zu sein. Auch der Magnetkernspeicher kann den Magnetspeichern zugerechnet werden. Weitere M. sind: Magnetbandspeicher, Magnettrommelspeicher, Magnetblasenspeicher. [1]. We

Magnetspule → Elektromagnet. Rü

Magnetstreifenspeicher *(data cell storage)*. Speicher für Magnetkarte; auch Magnetkartenspeicher genannt. [1]. We

Magnettrommel → Magnettrommelspeicher. Li

Magnettrommelspeicher *(magnetic drum storage, drum memory)*. Ein Speicher, der im wesentlichen aus einem mit magnetisierbarem Material beschichteten Zylinder (Magnettrommel) von 10 cm bis 40 cm Höhe besteht, der mit 1200 U/min bis 3000 U/min rotiert. Der Umfang des Zylinders ist in Spuren eingeteilt; jeder Spur ist ein fest montierter Lese-Schreib-Kopf zugeordnet. Kapazität des Magnettrommelspeichers ist je nach Größe 2 Millionen Bytes bis 5 Millionen Bytes. [1]. Li

Magnetventil *(solenoid valve)*. Das M. ist ein Ventil, das eine magnetische Betätigungseinrichtung besitzt. Im allgemeinen lassen sich mit Magnetventilen nur Ein- und Aus-Zustände einstellen. Es wird als Stellglied in der Regelungstechnik eingesetzt. [18]. Fl

Magnetverstärker *(magnetic amplifier)* → Transduktor. Ku

Magnistor *(magnistor)*. Der M. ist ein Magnetfühler, bei dem Effekte magnetischer Felder auf injizierte Halbleiter (→ Injektion) wie Indium-Antimonid ausgenutzt werden. Der M. ist wie ein Transistor aufgebaut; der Begriff ist aus der Zusammenfassung von Magnetdiode und Magnettransistor entstanden. [7]. Fl

Mainframe Memory → Hauptspeicher. We

Majoritätsladungsträger *(majority charge carrier)*. Diejenige Ladungsträgerart, deren Dichte in einem Halbleiter bzw. in einer Halbleiterzone größer ist als die Hälfte der gesamten Trägerdichte (DIN 41852). [5], [7]. Bl

Makrobefehl *(macro instruction, general instruction)*. Anweisung in der Programmierung, aus welcher weitere Befehle (→ Mikrobefehle) abgeleitet werden.

Die Ableitung kann in der Form geschehen, daß bei der Übersetzung bereits aus einem M. mehrere Befehle entstehen. Der M. wird dann meist als Makroaufruf bezeichnet. Es kann ein M. aber auch durch im Speicher vorhandene Mikrobefehle (Firmware) abgearbeitet werden. [1]. We

Management-Informationssystem *(management information system, MIS)*. Ein mit Hilfe einer Datenverarbeitungsanlage arbeitendes Informationssystem, das Führungsdaten (z. B. konzentrierte Informationen und Diagramme über Kostenentwicklung, Produktivität, Verkaufstrends) für die Unternehmensleitung liefert und damit Entscheidungen vorbereiten hilft. [1]. Li

Mangelelektronenleitung → P-Leitung. Bl

Manometer *(manometer)*. M. sind mechanisch arbeitende Druckmesser für Gase und Flüssigkeiten (z. B. → Bourdonfedermanometer). Sie messen entweder unmittelbar auftretende Druckkräfte (z. B. U-Rohr-M., Kolben-M.) oder sie messen die Differenz zwischen Druckkräften (z. B. Membran-M.). M. werden hauptsächlich zur Messung von Drücken oberhalb des atmosphärischen Luftdrucks eingesetzt. Elektrische M. sind z. B. mit ohmschen, induktiven, piezoelektrischen oder magnetoelastischen Meßfühlern ausgestattet. [12]. Fl

Mantisse *(mantisse)*. 1. Allgemein der Teil des Logarithmus, der hinter dem Dezimalkomma steht. 2. In der Datenverarbeitung bei der Gleitkommazahl der Teil, der die Ziffernfolge angibt (halblogarithmische Darstellung). Die Länge der M. entscheidet über die Genauigkeit der Rechnung. [1]. We

Marconi-Antenne → Vertikalantenne. Ge

Marconi-Franklin-Antenne *(Marconi-Franklin antenna)*, Franklin-Antenne. Vertikale Langdrahtantenne, aus mehreren Halbwellenlängen, die über Spulen oder λ/4-Schleifen so miteinander verbunden sind, daß alle Halbwellenlängen gleichphasig erregt werden. Auf diese Weise wird eine starke Bündelung in der Vertikalebene erzielt. In der Horizontalebene besitzt die M. Rundstrahleigenschaften. [14]. Ge

Marke. 1. *(mark).* Bei Magnetbändern und Magnetbandkassetten die Kennzeichnung des Beginns (Bandanfangsmarke) und des Endes (Bandendemarke) des nutzbaren Bandes *(tape mark).* Diese Marken sind meist als Reflektormarken ausgeführt. Sie sind nach DIN 66010 genormt. **2.** *(flag),* Merker. Binärstelle innerhalb eines Prozessors oder eines Speichers zur Steuerung des Programmablaufes. Die Marken werden aufgrund des Ergebnisses bestimmter Operationen gesetzt oder gelöscht. So kann z.B. eine M. für Nullanzeige vorhanden sein *(zero flag),* die gesetzt wird, wenn das Ergebnis einer Rechenoperation Null ist, und gelöscht wird, wenn das Ergebnis der Operation ungleich Null ist. Abhängig vom Zustand dieser Marken wird beim Auftreten eines bedingten Sprungbefehls der Sprung ausgeführt oder nicht. In vielen Prozessoren sind die Marken zu einem Register zusammengefaßt (Bedingungsmarken-Register). [1]. We

Markierer *(marker).* Steuereinrichtung, die Koppeleinrichtungen zugeordnet ist. Der Markierer führt die Wegesuche durch und veranlaßt die Durchschaltung des ausgewählten Weges. Markierer werden vornehmlich in registergesteuerten Wählsystemen mit Linksystem-Koppelanordnungen angewendet. Im Markierer werden unterschiedliche Markierverfahren eingesetzt, wie Punkt-Bündel-Markierung bei Mischwahl und Richtungswahl (Verbindung von einem bestimmten Eingang zu einem beliebigen Ausgang innerhalb eines Bündels), Punkt-Punkt-Markierung bei Punktwahl (Verbindung von einem bestimmten Eingang zu einem bestimmten Ausgang) sowie mehrfachwiederholte Punkt-Punkt-Markierung. [19]. Kü/Li

Markierstift *(marking pen).* **1.** Besonders weicher Graphitstift, der für Markierungen auf Markierungsbelegen verwendet wird. **2.** Stift, mit dem man auf entsprechend präparierten Lochkarten manuell Löcher zur Markierung stanzen kann. [1]. Li

Markierungsbeleg *(mark sheet).* Besondere Art von Datenträgern, auf denen sich Markierungsfelder befinden — meist in Form eines vorgedruckten Formulars. Die in diesen Feldern von Hand angebrachten Strichmarkierungen können direkt mit Hilfe eines Markierungslesers in die Datenverarbeitungsanlage eingelesen werden. Markierungsbelege haben bis zu 50 Zeilen und maximal 1000 Markierungsfelder. [1]. Li

Markierungsleser *(mark sheet reader).* Eingabegerät, das die auf Markierungsbelegen erfaßten Daten direkt in eine Datenverarbeitungsanlage einliest. [1]. Li

Markow-Prozeß *(Markow process),* auch Markov-Prozeß. Ein Prozeß, der in seiner zeitlichen Entwicklung außer von anderen Einflußgrößen vom Zufall beeinflußt wird. Ein M. liegt vor, wenn für die Kenntnis der zukünftigen Entwicklung nur die Kenntnis über den gegenwärtigen Zustand wichtig ist, nicht aber die Entwicklung, die zu diesem Zustand geführt hat (Prozeß ohne Nachwirkung). Markow-Prozesse werden z.B. in der Bedienungstheorie behandelt. [9]. We

Masche *(mesh).* In einem Netzwerk eine geschlossene Verbindung von Zweigen, die nicht von anderen Zweigen durchkreuzt wird. [15]. Rü

Maschenanalyse *(mesh analysis).* Darunter wird meist (ungenau) die → Schleifenanalyse verstanden. Für die Definitionen von Schleife und Masche → Netzwerk. [15]. Rü

Maschennetz *(meshed network).* Nachrichtennetz, in dem Knoten (→ Vermittlungsstellen) untereinander ohne Rangordnung verbunden sind. Ein vollvermaschtes Netz liegt vor, wenn jede Vermittlungsstelle mit jeder anderen unmittelbar durch Leitungsbündel verbunden ist. [19]. Kü

Maschenregel *(Kirchhoff's second law).* Darunter wird meist (ungenau) die Schleifenregel des 2. Kirchhoffschen Gesetzes verstanden. Für die Definitionen von Schleife und Masche → auch Netzwerk. [15]. Rü

Maschine *(machine).* Gerät, das die zugeführte Energie in eine andere Energieform umwandelt, um Körper bzw. Stoffe zu bewegen bzw. zu verformen. [3]. Li

Maschinenbefehl *(machine instruction).* Ein Befehl, der von der Zentraleinheit eines Computers erkannt und ausgeführt wird. [1]. We

Maschinencode *(machine code).* Befehle, die in einer Form codiert sind, wie sie direkt im Datenverarbeitungssystem abgespeichert und vom Prozessor verarbeitet werden. Der M. ist immer in binärer Form gespeichert und enthält absolute Adressen. Er wird vom Assembler oder Compiler in numerischer Darstellung erzeugt und vom Lader in die Datenverarbeitungsanlage gebracht. [1]. We

Maschinenprogramm *(machine program).* Hierunter versteht man das in der Maschinensprache geschriebene bzw. in die Maschinensprache übersetzte Programm, das aus Maschinenbefehlen besteht und zur Abarbeitung in den Hauptspeicher geladen werden muß. [1]. We

Maschinensprache *(machine language, computer language).* Eine maschinenorientierte Programmiersprache, die zum Abfassen von Arbeitsvorschriften nur solche Befehle zuläßt, die Befehlswörter (Bestandteile des Befehlsvorrates) einer bestimmten digitalen Rechenanlage sind (DIN 44300). Ein Programm in M. muß in einer zahlenmäßig codierten Darstellung vorliegen und darf nur absolute Adressen enthalten.

Eine Programmierung in M. wird wegen des großen Aufwandes selten durchgeführt. Die maschinenorientierte Programmierung erfolgt in der Regel in einer Assemblersprache mit einer Übersetzung durch den Assembler. Da die M. direkt auf die Hardware der Rechenanlage einwirkt, ist es für Test- und Fehlersuchzwecke in manchen Fällen erforderlich, die M. zu verwenden. [1]. We

Maser *(microwave amplification by stimulated emission of radiation, maser).* Phasenrichtig arbeitender Verstärker elektromagnetischer Wellen im Bereich von 10^9 Hz. Zur Verstärkung wird die stimulierte Emission eines angeregten Systems benutzt, das nach der Quantenmechanik beschrieben wird (z.B. Moleküle oder Atome). Prinzipiell besteht zwischen dem Laser und dem M. kein Unterschied, jedoch ist beim M.-Verstärker die Störung der kohärenten Verstärkung durch spontane Übergänge wesentlich geringer. [7]. Bl

MASFET *(metal alumina silicon field-effect transistor)*. Speicherfeldeffekttransistor, bei dem der Isolator zwischen Kanal- und Gateelektrode eine Al_2O_3-Schicht (Aluminiumoxid) ist. Im Al_2O_3 existieren zahlreiche Haftstellen, in denen Ladungen gespeichert werden können. Je nach Polarität der Spannung können sich ab einer bestimmten elektrischen Feldstärke Elektronen aus der Gateelektrode oder aus dem Halbleiter an den Haftstellen anlagern, d. h., es kommt zu einem Ladungseffekt. Die Speicherzeit ist größer als bei MNOSFET *(metal-nitride-oxide semiconductor FET)*. Aus MASFET gefertigte Speicher können nur mit Ultraviolettlicht gelöscht werden. [4]. Ne

Maske *(mask)*. 1. Muster bei der Herstellung von Halbleitern (Diffusionsmaske, Maskenprozeß, Maskentechnik). [4]. 2. Bei Programmunterbrechungen Flipflops (Maskenbits), deren Zustand darüber entscheidet, ob eine Unterbrechungsanforderung *(interrupt request)* bedient wird oder nicht. Die Masken werden durch Befehle gesetzt oder gelöscht. Sie können sich im Prozessor oder außerhalb (Maskenregister) befinden. Das Setzen und Löschen wird als Maskenprogrammierung bezeichnet. [1]. We

Maskenprogrammierung → ROM. Li

Masse *(mass)*. Physikalische Grundgröße, die kennzeichnet, wie träge ein Objekt gegenüber Translationsbewegungen ist. Im Sonderfall der Schwerkraft ist die Masse m dem Gewicht G eines Objektes proportional (G = m · g; g Fallbeschleunigung). In der klassischen Mechanik ist der Impuls **p** eines Objektes von der Masse m und der Geschwindigkeit **v** (**p** = m **v**) bestimmt; zur Impulsänderung ist eine Kraft nötig (Newtonsche Axiome). Nach der Relativitätstheorie ist die Masse eines Körpers geschwindigkeitsabhängig. Bewegt sich ein Körper der Ruhemasse m_0 (Masse bei Geschwindigkeit Null) mit der Geschwindigkeit **v** relativ zum Beobachter, so mißt dieser die Masse $M = m_0/\sqrt{1 - v^2/c^2}$ (c Lichtgeschwindigkeit). [5]. Bl

Masse, effektive *(effective mass)*. Rechengröße, die dazu dient, die Bewegung der Elektronen im Kristall zu beschreiben. Die Elektronen sind in den Energiebändern eines Kristalls nicht ganz frei beweglich, sie werden in ihrer Bewegung u. a. von dem periodischen Kristallfeld beeinträchtigt. Diesen Kristallfeldeinfluß kann man dadurch berücksichtigen, daß man dem Elektron eine andere als die natürliche Elektronenmasse, die effektive M., zuschreibt. [5], [7]. Bl

Maßeinheit → Einheit. Rü

Massekern *(powder core)*, Pulverkern. Magnetkern aus pulverisiertem, ferromagnetischem Material (z. B. Permalloy), das mit einem Bindemittel zu verschiedenen Kernformen gepreßt wird. Durch die Pulverisierung werden die Wirbelstromverluste reduziert. [4]. Ge

Massendefekt *(mass defect)*. Gibt bei Atomkernen den Unterschied zwischen der Summe der Ruhemassen aller den Kern aufbauenden Nukleonen und der tatsächlichen Kernmasse M. an. Hat der Kern Z Protonen (Protonenmasse m_P) und N Neutronen (Neutronenmasse m_N), so ist der M.: $\Delta M = Z \cdot m_P + N m_N - M$. [5]. Bl

Massenseparator *(mass separator)*. Gerät zur Trennung von Isotopen, d. h. Atomkernen gleicher Ordnungszahl Z, jedoch mit unterschiedlicher Anzahl von Neutronen. Im M. wird das Verhalten geladener Teilchen in magnetischen Feldern ausgenutzt. [5]. Bl

Massenspeicher *(mass storage)*. 1. Speicher zur Aufnahme großer Mengen von Daten als Externspeicher; insbesondere Magnetplattenspeicher. 2. Spezieller Externspeicher, geeignet für die Speicherung von mehreren Milliarden Bytes. Sie bestehen aus einem Magnetbandkassettenmagazin und einer mechanischen Zugriffssteuerung, die die Kassetten den Lese- und Schreibeinrichtungen zuführt und wieder in das Magazin einlagert, wobei noch eine Zwischenspeicherung über Magnetplattenspeicher stattfindet. [1]. We

Massenzahl *(atomic mass number)*. Die Summe der in einem Atomkern enthaltenen Neutronen und Protonen. Die M. kennzeichnet unterschiedliche Isotope eines Elementes (d. h. verschiedene Neutronenzahl bei gleicher Protonenzahl). [5]. Bl

Massewiderstand *(composition resistor)*. Besteht aus rohr- oder stabförmig gepreßtem Gemisch aus Kohle und Bindestoffen. Die Zuleitungen werden entweder direkt axial herausgeführt oder an Metallkappen befestigt, die seitlich aufgepreßt sind. Wegen der fehlenden Abgleichmöglichkeit werden Massewiderstände nur mit Toleranzen > 5 % hergestellt. Sie besitzen einen relativ großen Temperaturkoeffizienten und erzeugen ein starkes spannungsabhängiges Rauschen, sind jedoch kapazitäts- und induktivitätsarm. Widerstandsbereich bis 100 MΩ, Belastbarkeit bis 2 W. [4]. Ge

Maßsystem, technisches *(measurement system)*. Das technische M. ist durch das internationale Maßsystem abgelöst worden und darf in der Bundesrepublik Deutschland nicht mehr verwendet werden. Es basierte auf den Grundeinheiten Meter als Längeneinheit, Kilopond als Einheit der Kraft (1 kp = 9,80665 N) und der Sekunde als Zeiteinheit. Daraus abgeleitete Einheiten wie z. B. PS, at, Torr, mm Ws, kcal sind ebenfalls nicht mehr zugelassen. [5], [7], [12], [18]. Fl

Master-Slave-Flipflop *(master slave flipflop)*. Taktzustands- oder taktflankengesteuertes Doppelspeicherglied. Es besteht aus zwei Flipflops, von denen das erste (master Meister), wenn es taktflankengesteuert ist, die Information mit der Anstiegsflanke oder, wenn es taktzustandsgesteuert ist, während des H-Niveaus (Impulsdach) am

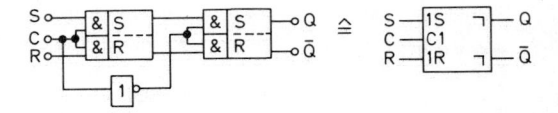

Aufbau eines RS-Master-Slave-Flipflops und Schaltzeichen nach DIN 407000

Takteingang, einliest. Das zweite Flipflop (slave Knecht) übernimmt die Information mit der Abfallflanke des Taktimpulses (bei Taktflankensteuerung) bzw. L am Takteingang (bei Taktzustandssteuerung) vom Master. Damit erscheinen die Signale an den Q-Ausgängen (Bild). Die zeitliche Entkopplung der Übernahme einer Information in ein M. und ihrer Weitergabe am Ausgang erhöht die Flexibilität dieses Bauelements und ermöglicht seinen vielseitigen Einsatz. [2], [4]. Li

Master-Slave-Prinzip → Master-Slave-Flipflop. Li

Master-Slice-Konzept *(master-slice concept)*. Auf einem Chip *("master slice")* ist eine Vielzahl regelmäßig angeordneter gleicher Zellen *("master cells")* untergebracht. Die Zellen bestehen aus einer größeren Anzahl zunächst unverdrahteter Bauteile (Transistoren und Widerstände), die häufig zu einfachen Grundgattern zusammengefaßt werden. Durch individuelle Verdrahtung der einzelnen Bauteile innerhalb der Zellen und der Zellen untereinander läßt sich aus einem Grundchip eine Vielfalt von LSI-Schaltungen herstellen. Mit diesem Verfahren kann man bei geringen Kosten den besonderen Wünschen der einzelnen Anwender gerecht werden. [4]. Ne

Materiewelle *(de Broglie wave)*, de Broglie-Welle. Räumlich und zeitlich periodischer Wellenvorgang, der atomaren Teilchen mit von Null verschiedener Ruhemasse zugeordnet wird. Der Teilchenimpuls **p** bzw. dessen Energie $W = \mathbf{p}^2/(2\,m)$ bestimmt die Frequenz $f = W/h$ (h Plancksches Wirkungsquantum) und die Wellenlänge λ. [5]. Bl

Matrixantenne *(matrix array)*. Flächenhaftes Antennensystem, dessen Einzelstrahler wie Zeilen und Spalten einer Matrix angeordnet sind (→ Dipolwand). Durch elektronische Einrichtungen kann die Amplituden- und Phasenbeziehung der einzelnen Elemente zueinander gesteuert und so die Richtcharakteristik der M. geformt und geschwenkt werden. Anwendung im Kurzwellenbereich als MUSA-Antenne, im Mikrowellenbereich als Radarantenne. [14]. Ge

Matrixdecodierer *(matrix decoder)*. In der Digitaltechnik Decodierer, der eine Decodiermatrix (→ Codiermatrix) verwendet. [1], [2]. Li

Matrixdrucker *(dot matrix printer)*, Mosaikdrucker. Drukker, bei denen die alphanumerischen Zeichen nicht durch verschiedene Typenhebel, die jeweils nur ein Zeichen erzeugen können, gedruckt werden, sondern aus einzelnen Punkten zusammengesetzt werden. Die möglichen Druckpositionen dieser Punkte bilden eine 5 × 7 Punkte-Matrix (Dot-Matrix; bessere Drucker verwenden eine 7 × 9 Punkte-Matrix). Der Druck erfolgt durch einen Druckkopf, der aus sieben übereinander angeordneten Drahtstiften besteht und sich in horizontaler Richtung entlang des Papiers bewegt. Dabei werden alle

5 × 7 Punkte-Matrix eines Matrixdruckers. Die möglichen Druckpositionen sind durch Kreise dargestellt — gezeigt wird der Buchstabe E

Zeichen durch Nacheinanderdrucken von jeweils 5 Spalten erzeugt (Bild). Die Drahtstifte werden durch Elektromagnete auf Farbband und Papier geschossen. [1]. Li

Matrixschaltkreis *(matrix circuit)*. Ein Schaltkreis, bei dem die Elemente der Schaltung in Form einer Matrix (Reihen/Spalten) angeordnet sind. Beispiele für einen M. sind Halbleiterspeicher und PLA *(programmable logic array)*. [6]. We

Matrixspeicher *(matrix memory)*. Speicher, bei dem die einzelnen Speicherelemente in der Form einer Matrix angeordnet sind, wobei der Zugriff auf ein Speicherelement durch das Zusammenwirken zweier Ströme oder Spannungen an der Kreuzung einer Reihe mit einer Spalte erfolgt. Die Matrixanordnung wird besonders beim Magnetkernspeicher angewendet (Bild). Durch einen Zeilen- und einen Spaltendraht wird ein Halbstrom geschickt. Die Stromstärke des Halbstroms ist halb so groß wie die zum Ummagnetisieren des Kernes notwendige Stromstärke. Ein Lese- oder Schreibvorgang wird nur in einem Kern ausgelöst. [1]. We

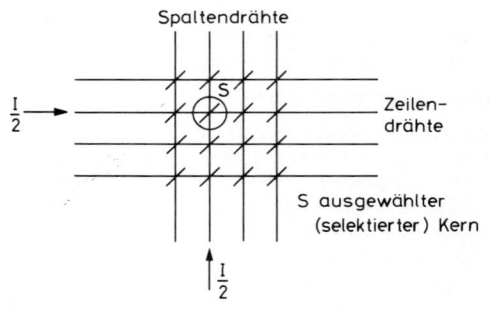

Kernspeicher als Matrixspeicher

m-aus-n-Code *(m-out-of-n code)*. Code, bei dem ein Codewort aus n Bits besteht, von denen m Bits mit „1" belegt sind, z. B. der Eins-aus-Zehn-Code. Der m-aus-n-Code ist ein gleichgewichteter Code. [13]. We

Maximalwertbegrenzer *(peak value limiter, maximum value limiter)*, Höchstwertbegrenzer. Als M. bezeichnet man Bauteile, Schaltungen oder elektromechanische Anordnungen, durch die der Höchstwert auftretender elektrischer Signale mit Hilfe einer automatisch wirkenden Begrenzerschaltung ein vorgegebenes Maximum nicht überschreiten kann. 1. Bei Verstärkern wird dies z. B. durch eine möglichst schnelle Änderung des Verstärkungsfaktors über eine Gegenkopplung bewirkt. 2. Anzeigende und schreibende Meßgeräte, die mit selbsttätigen Kompensationsschaltungen arbeiten, besitzen häufig voreinstellbare Maximumkontakte (elektronische Grenzwertmelder), über die eine Schalttransistorstufe ein Relais betätigt. 3. Schaltgalvanometer als M. besitzen keine Meßwertanzeige und sind nur mit Maximalkontaktgebern ausgestattet (auch Minimalwertbegrenzer). [12], [17], [18]. Fl

Maximumpeiler → Funkpeilung. Ge

Maximumprinzip *(maximum principle)*. Das M. ist eine Methode der Regelungstechnik zur Bestimmung von optimalen Steuerungen, die ein System von einem bestimmten Anfangs- in einen bestimmten Endzustand bringen, wobei Steuer- und Zustandsgrößen beschränkt sein können. Die Aufgabe besteht darin, aus der Menge aller möglichen Steuerungen diejenige auszuwählen, für die ein Funktional minimal wird, das von den Zustandsgrößen des Systems und der zu bestimmenden Steuerung abhängt. Pontrjagin hat nachgewiesen, daß für diesen Fall die von der klassischen Variationsrechnung bekannte Hamilton-Funktion maximal wird. [18].   Ku

Maxterm *(maxterm)*. Unter einem M. versteht man eine Disjunktion der Form

$$x_1^{\alpha_1} \lor x_2^{\alpha_2} \lor x_3^{\alpha_3} \lor \ldots \lor x_n^{\alpha_n},$$

in der $x_i^{\alpha_i}$ entweder x_i oder $\bar{x}_i$ ist.   Li

Maxwell *(maxwell)*. Außer Kraft gesetzte Einheit des magnetischen Flusses (Zeichen M):

$$1\,M = 10^{-8}\,Vs = 10^{-8}\,Wb$$

(V Volt; Wb Weber). [5].   Rü

Maxwell-Boltzmann-Statistik *(Maxwell-Boltzmann statistics)*. Gültig für Teilchen eines Gases, das den Gesetzen der klassischen Mechanik unterliegt. Hier führt, im Gegensatz zur Fermi-Dirac- und Bose-Einstein-Statistik die Vertauschung zweier Teilchen zu einem neuen Zustand. Die Besetzungswahrscheinlichkeit der einzelnen Zustände ist durch die Maxwell-Boltzmann-Verteilung gegeben. [5].   Bl

Maxwell-Boltzmann-Verteilung *(Maxwell-Boltzmann distribution)*. Die M. gibt die mittlere Besetzungszahl $\bar{n}_i$ der i-ten Zelle des Phasenraumes für Gase an, die der Maxwell-Boltzmann-Statistik unterliegen. Besteht das Gas aus N Teilchen, die sich im Potential $u = u(r)$ bewegen, so ist die mittlere Besetzungszahl bei der Temperatur T gegeben als

$$\bar{n}_i = \{N\,e^{-(E_i+u)}\} / \sum_j e^{-E_j/(kT)},$$

worin E_i bzw. E_j die Energie eines in der Phasenzelle i bzw. j befindlichen Teilchens ist. [5].   Bl

Maxwell-Brücke *(Maxwell bridge)*, Maxwellsche Meßbrücke, Maxwellsche Induktivitätsbrücke, Maxwellsche Kommutatorbrücke, LLRR-Brücke. 1. Mit der M. lassen sich Kapazitätswerte von Kondensatoren auf der Grundlage periodischer Ladung und Entladung über einen Wirkwiderstand bestimmen (auch Maxwellsche Kommutatorbrücke genannt). In einem Brückenzweig liegt der Prüfling, die drei anderen Zweige bestehen aus Wirkwiderständen. Nullinstrument ist ein Galvanometer mit starker Dämpfung. Die Brückenschaltung wird mit Gleichspannung gespeist (Bild a). Ein von einem Synchronmotor mit der Periodenzeit T gesteuerter Umschalter legt den Kondensator abwechselnd in die Brücke bzw. überbrückt ihn mit einem Kurzschlußbügel. Die Kapazität C wird über

$$C = \frac{T}{\dfrac{R_2 \cdot R_3}{R_4} - R}$$

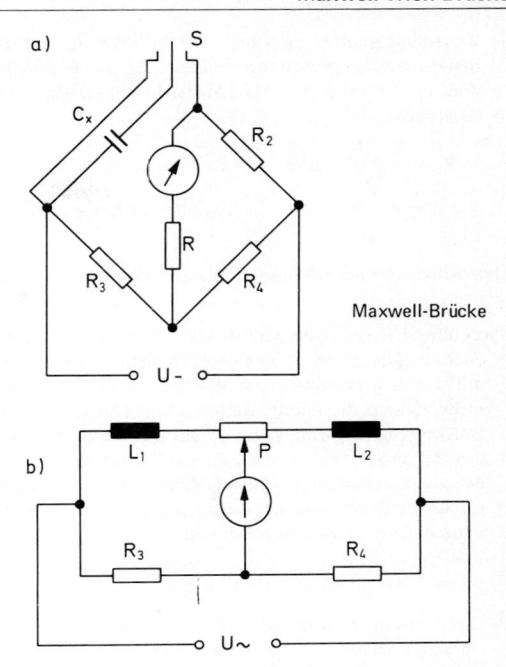

Maxwell-Brücke

(R Innenwiderstand der Schaltung) bestimmt. 2. In der Ausführung als LLRR-Brücke (L Induktivität, R Wirkwiderstand) dient die M. der Messung unbekannter Induktivitäten und wird mit Wechselspannung tiefer oder mittlerer Frequenzen gespeist (Bild b). Nullinstrument ist ein Wechselspannungsmeßgerät. Die Abgleichbedingungen lauten:

$$\frac{L_1}{L_2} = \frac{R_3}{R_4} \quad \text{und} \quad \delta_2 - \delta_1 = \varphi_3 - \varphi_4$$

(L_2 Vergleichsinduktivität mit bekanntem Verlustwinkel δ_2). [12].   Fl

Maxwell-Wien-Brücke *(Maxwell-Wien bridge)*, LRRC-Brücke. Die M. ist eine Wechselstrommeßbrücke und als Kombination der Maxwell- und der Wien-Brücke aufgebaut. Statt einer Vergleichsinduktivität wird bei der M. eine

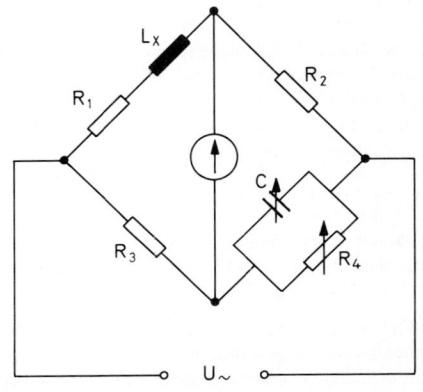

Maxwell-Wien-Brücke

Vergleichskapazität eingesetzt. Die M. dient der Induktivitätsmessung (Schaltung → Bild). Abgleichelemente sind hier C und R_4. Die Abgleichbedingungen sind erfüllt bei

$$R_1 = \frac{R_2 \cdot R_3}{R_4} \quad \text{und} \quad L = C \cdot R_2 \cdot R_3.$$

Im Abgleichfall bleibt die Frequenz unberücksichtigt. [12]. Fl

Maxwellsche Feldgleichungen → Maxwellsche Gleichungen.
Rü

Maxwellsche Gegeninduktivitätsbrücke *(Maxwell mutual inductance bridge)*. Die M. ist eine Wechselstrommeßbrücke, mit der Gegeninduktivitätskoeffizienten über Brückenmeßverfahren bestimmt werden. Ein Längsglied der Brückenschaltung (Bild) besteht aus den Wirkwiderständen R_1 und R_2, das andere wird von R_3 und einer Spule der Gegeninduktivität gebildet. Über die zweite Spule erfolgt die Einspeisung der Brücke. Zum Brückenabgleich müssen die Bedingungen erfüllt sein:

$$R_4 = R_3 \cdot \frac{R_2}{R_1}; \quad L_4 = -M\left(1 + \frac{R_2}{R_1}\right)$$

Die Gegeninduktivität $\underline{M}$ wird über den Selbstinduktionskoeffizienten L_4 gemessen. Das Brückengleichgewicht ist von der Frequenz unabhängig. [12]. Fl

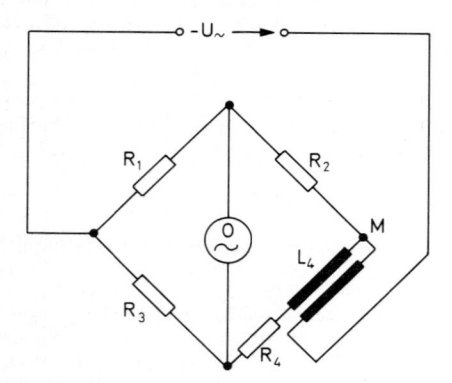

Maxwellsche Gegeninduktionsbrücke

Maxwellsche Geschwindigkeitsverteilung *(Maxwellian velocity distribution)*. Gibt an, mit welcher Häufigkeit in einem Gas der Temperatur T Moleküle mit der Masse m und der Geschwindigkeit v angetroffen werden. Für ein eindimensionales Gas ist

$$f(v) = \sqrt{\frac{m}{2\pi kT}} \cdot e^{-\frac{mv^2}{2kT}},$$

worin k die Boltzmann-Konstante ist. Bei einem dreidimensionalen Gas gilt diese Verteilungsfunktion für jede der drei Komponenten. [5]. Bl

Maxwellsche Gleichungen *(Maxwell's equations)*. Die Maxwellschen Gleichungen stellen die allgemeinste mathematische Formulierung der Axiome der klassischen Elektrodynamik für ruhende Medien dar. Die Grundgleichungen dienen zur Beschreibung aller Vorgänge in elektromagnetischen Feldern. Unter Verwendung der SI-Einheiten lauten die Maxwellschen Gleichungen:

1. $\text{rot } \mathbf{H} = \mathbf{J} + \frac{\partial \mathbf{D}}{\partial t}$, 2. $\text{rot } \mathbf{E} = -\frac{\partial \mathbf{B}}{\partial t}$,
3. $\text{div } \mathbf{D} = \rho$, 4. $\text{div } \mathbf{B} = 0$,

mit den „Materialgleichungen" für isotrope homogene Medien

1. $\mathbf{D} = \epsilon \mathbf{E}$ 2. $\mathbf{B} = \mu \mathbf{H}$ 3. $\mathbf{J} = \sigma \mathbf{E}$.

In dieser Differentialformdarstellung bedeuten die Differentialoperationen rot „Rotation" und div „Divergenz". Durch Anwendung der Integralsätze lassen sich die vier Maxwellschen Gleichungen auch in der integralen Form angeben:

1. $\oint \mathbf{H} \, d\mathbf{s} = \int_A \left(\mathbf{J} + \frac{\partial \mathbf{D}}{\partial t}\right) d\mathbf{A}$ (allgemeines Durchflutungsgesetz)

2. $\oint \mathbf{E} \, d\mathbf{s} = -\int_A \frac{\partial \mathbf{B}}{\partial t} d\mathbf{A}$ (allgemeines Induktionsgesetz)

3. $\oint \mathbf{D} \, d\mathbf{A} = Q$. 4. $\oint \mathbf{B} \, d\mathbf{A} = 0$.

Die angegebenen Größen haben im einzelnen folgende Bedeutung:

H Feldstärke, magnetische,
J Stromdichte, elektrische,
σ Leitfähigkeit, elektrische,
B Flußdichte, magnetische,
ϵ Permittivität,
E Feldstärke, elektrische,
ρ Raumladungsdichte,
Q Ladung, elektrische,
D Flußdichte, elektrische,
μ Permeabilität.

Die erste Maxwellsche Gleichung stellt die Erweiterung des Durchflutungsgesetzes, die 2. die Verallgemeinerung des Induktionsgesetzes dar. Während die 3. Maxwellsche Gleichung den Gaußschen Satz der Elektrostatik darstellt, beschreibt die 4. die Quellenfreiheit des magnetischen Induktionsflusses. Die 3. „Materialgleichung" ist das Ohmsche Gesetz. [5]. Rü

Maxwellsche Induktivitätsbrücke → Maxwell-Brücke. Fl

Maxwellsche Kommutatorbrücke *(Maxwell direct-current commutator bridge)* → Maxwell-Brücke. Fl

Maxwellsche Meßbrücke → Maxwell-Brücke. Fl

Maxwellsche Relation *(Maxwell's law)*. In der Materie breiten sich elektromagnetische Wellen mit einer Geschwindigkeit v aus, die i. a. kleiner als die Lichtgeschwindigkeit c ist. Aus den Maxwellschen Gleichungen läßt sich ableiten

$$v = \frac{c}{\sqrt{\epsilon \mu}}$$

(ϵ Permittivität, μ Permeabilität). Da im allgemeinen $\mu \approx 1$ ist, folgt die M. $v = \frac{c}{\sqrt{\epsilon}}$ oder $n = \frac{c}{v} = \sqrt{\epsilon}$, wobei (nach dem Vorbild der Optik) die Zahl n Brechzahl genannt wird. [5]. Rü

MAZ *(magnetic recording)*. Abkürzung für Magnetbandaufzeichnung. Gebräuchlich für die Bildaufzeichnung auf Magnetband. [9], [13]. Th

MDT → Datentechnik, mittlere. We

Medianwert *(medium value)*. Der Wert in der statistischen, nach Größe geordneten Reihe, der in der Mitte liegt. D. h. oberhalb und unterhalb des Medianwertes liegen gleich viel Argumente. [5]. Bl

Mega. Vorsatzzeichen, das besagt, daß eine Einheit mit dem Faktor 10^6 multipliziert wird. In der Datenverarbeitung entspricht z. B. 1 MByte dem Wert 1 048 576 Byte = 2^{20} Byte. [5]. We

Megameterwelle → Funkfrequenz. Ge

Megaohm-Mikrofarad-Meßeinrichtung → Kapazitätsmesser. Fl

Mehradreßbefehl *(multiple address instruction)*. Befehl, der in seinem Adreßteil mehrere Adressen enthält, meist in der Form des Zweiadreßbefehls. Die Verwendung von Mehradreßbefehlen erleichtert die Programmierung, da z. B. Verknüpfungsoperationen in einem Befehl niedergeschrieben werden können, während bei Verwendung von Einadreßbefehlen dazu mehrere Befehle notwendig sind. [1]. We

Mehradreßmaschine *(multiple address machine)*. Datenverarbeitungsanlage, die in ihrem Prozessor Mehradreßbefehle verarbeitet. Die Verarbeitung erfolgt meist in der Form, daß die Mehradreßbefehle von einem Mikroprogramm, das aus Einadreßbefehlen besteht, interpretiert werden. [1]. We

Mehrbandantenne *(multiband antenna)*, Allbandantenne. Die M. gestattet Funkbetrieb in verschiedenen Frequenzbereichen. 1. Bei harmonischer Lage der Frequenzbereiche, wie z. B. im Kurzwellen-Amateurfunk (3,5 MHz, 7 MHz, 14 MHz, 21 MHz, 28 MHz) lassen sich Dipolantennen und Vertikalantennen unter Veränderung ihres Antennenwiderstandes und ihrer Richtcharakteristik in ihren Oberwellen betreiben. 2. Verschiedene, auch nichtharmonische Frequenzbereiche lassen sich durch Parallelschaltung geeigneter Antennen im gemeinsamen Speisepunkt erfassen. [14]. Ge

Mehrbandfilter *(multiband filter)*. Ein Bandfilter mit mehreren Durchlaßbereichen (→ Filter). [14]. Rü

Mehrbereichsinstrument → Vielbereichsmeßinstrumente. Fl

Mehrebenenverdrahtung → Mehrlagenverdrahtung. Ge

Mehremittertransistor → Multiemittertransistor. We

Mehrfachdrehkondensator → Drehkondensator. Ge

Mehrfachkoaxialdipol → Dipolantenne. Ge

Mehrfachkommutierung *(multiple commutating)*. Sind an einem Kommutierungsvorgang mehr als zwei Ventile gleichzeitig beteiligt, spricht man von einer M. Sie tritt z. B. bei höherpulsigen Stromrichtern oder im Überlastfall auf. [3]. Ku

Mehrfachleitung *(multiple line)*. Wellenleiter mit mehr als zwei voneinander getrennten Leitern, die zur Fortleitung von TEM-Wellen *(TEM transverse electro-magnetic)* dient. Ausführung z. B. als Sternvierer. [14]. Ge

Mehrfachmodulation *(multiple modulation)*. M. wird in der Fernsprechträgerfrequenztechnik eingesetzt, um Fernsprechkanäle in andere Frequenzlagen umzusetzen. Im ersten Schritt wird aus drei Kanälen eine Vorgruppe gebildet, vier Vorgruppen werden zu einer Primärgruppe und fünf Primärgruppen zu einer Sekundärgruppe umgesetzt, die dann 60 einzelne Fernsprechkanäle enthält. Höhere Kanalzahlen erreicht man entsprechend durch weitere Gruppenbildung: Fünf Sekundärgruppen bilden eine Tertiärgruppe; drei Tertiärgruppen bilden eine Quatärgruppe. [13], [14]. Th

Mehrfachnebenwiderstand → Stromteiler nach Ayrton. Fl

Mehrfachrahmen *(multiframe)*. Folge von Pulsrahmen bei Zeitmultiplex-Betrieb. Mehrfachrahmen werden angewendet zur Realisierung von Kanälen mit niedrigerer Übertragungskapazität. Ein Zeitkanal wird in n Unterkanäle aufgeteilt, indem jeder Unterkanal nur einmal innerhalb von n Pulsrahmen ein Zeitintervall (Abtastwert oder Bitgruppe) erhält. Dieses Prinzip wird bei der Integration unterschiedlicher Dienste in das digitale Nachrichtennetz angewendet (→ ISDN). [19]. Kü

Mehrfachregelung *(multiple control)*. Sind in einem Regelkreis mehrere Größen unabhängig voneinander zu regeln, so spricht man von einer M. Die Einzelregelungen sind bei Mehrfachregelungssystemen meistens miteinander verkoppelt, d. h., bei Änderungen einer Führungs- oder Stellgröße werden auch in nicht gewünschter Weise die übrigen Regelgrößen beeinflußt. Diese Beeinflussungen können i. a. durch Einfügen zusätzlicher Regelemente vermindert oder beseitigt werden, die die physikalisch gegebenen Kopplungen kompensieren. [18]. Ku

Mehrfachsubtrahierer *(multiple subtracter)*. Als M. bezeichnet man einen als Subtrahierer beschalteten Operationsverstärker, an dessen Eingängen ein Widerstandsnetzwerk angeschlossen ist, so daß gleichzeitig beliebig viele Spannungen subtrahiert werden können (Bild). Mit dem M.

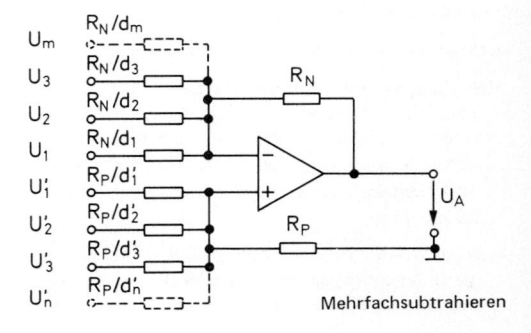

Mehrfachsubtrahieren

ist auch eine mehrfache Addition möglich. Beim M. muß die Koeffizientenbedingung

$$\sum_{i=1}^{n} \alpha'_i = \sum_{i=1}^{m} \alpha_i$$

eingehalten werden. Die Ausgangsspannung U_A wird dann

$$U_A = \sum_{i=1}^{n} \alpha'_i \cdot U_i - \sum_{i=1}^{m} \alpha_i \cdot U_i.$$

[6], [12], [18]. Fl

Mehrfachwendelpotentiometer → Drehwiderstand. Ge

Mehrfachwendelwiderstand → Drehwiderstand. Ge

Mehrfrequenzverfahren *(multiple frequency keying)*. Das M. kann bei Drucktastentelephonen angewendet werden. Hierbei wird jeder Ziffer eine bestimmte Tonfrequenz zugeordnet. Ein Decodierer setzt dann die Tonfrequenzen in Ziffernimpulse um, damit Kompatibilität zum Impulswählverfahren der Bundespost erreicht wird. In Nebenstellenanlagen mit elektronischen Wählsystemen kann jedoch die höhere Geschwindigkeit der Tastenwähltechnik voll ausgenutzt werden. [10], [13], [14]. Th

Mehrgangpotentiometer → Drehwiderstand. Ge

Mehrgangwendelpotentiometer → Drehwiderstand. Ge

Mehrkanalmodem *(multiport modem)*. Unter einem M. versteht man ein Datenübertragungsgerät, mit dessen Hilfe mehrere Terminals (Dateneingabeeinrichtungen) auf eine Übertragungsleitung geschaltet werden können. Die maximal mögliche Übertragungsrate verteilt sich dabei allerdings auf die Terminals. Ein Modem 9600 kann z. B. 1 Kanal mit 9600 bit/s oder 2 Kanäle mit 4800 bit/s oder 1 Kanal mit 4800 bit/s und 2 Kanäle mit 2400 bit/s oder 4 Kanäle mit 2400 bit/s übertragen. [1], [14]. Th

Mehrkanalzeitgenerator → Wortgenerator. Fl

Mehrlagenverdrahtung *(multilayer)*. Mehrebenenverdrahtung, Multilayer. Verdrahtungstechnik für extrem hohe Anforderungen an Verdrahtungs- und Packungsdichte. Es werden Leiterplatten mit mehreren Leiterebenen verwendet, auf die die Leiterzüge aufgeteilt werden. Die Leiterzüge der einzelnen Ebenen sind miteinander über metallisierte Löcher leitend verbunden (Durchkontaktierung). Gegenüber herkömmlichen Verbindungstechniken sind erhebliche Gewichtsreduzierungen und Volumeneinsparungen möglich. [4]. Ge

Mehrleitersystem → Mehrfachleitung. Ge

Mehrphasensystem *(multi-phase system)*. Mehrphasensysteme bauen sich aus zwei oder mehreren Wechselspannungen (Phasen) auf. Die Spannungen der einzelnen Phasen sind dabei i. a. um $\frac{\pi}{n}$ oder $\frac{2\pi}{n}$ gegeneinander phasenverschoben (n Anzahl der Phasen). Häufigstes M. ist das Dreiphasensystem. [5]. Ku

Mehrpunktregler *(multi-point controller)*. M. sind Regler, die an ihrem Ausgang in Abhängigkeit von einer Regelabweichung nur eine begrenzte Anzahl unterschiedlicher Werte annehmen können (→ auch Zweipunktregler, Dreipunktregler). [18]. Ku

Mehrrechnersystem → Multiprozessorsystem. We

Mehrtor *(multiport)*, auch n-Tor. Allgemein ein aus mehreren Ein- und oder Ausgangstoren (zugeordneten Klemmenpaaren) bestehendes elektrisches Netzwerk. [15]. Rü

Mehrwegeführung. Strukturierungsprinzip in Nachrichtennetzen, das eine Nachrichtenverbindung zwischen einer Ursprungsvermittlungsstelle und einer Zielvermittlungsstelle auf mehr als einem Weg zu führen gestattet. Dieses Prinzip wird in nationalen wie internationalen Fernnetzen mit hierarchischer Netzstruktur, überlagerten Querwegen und einem alternativen oder adaptiven Verfahren zur Verkehrslenkung angewendet. Es erlaubt eine wirtschaftliche Verkehrsabwicklung durch Führung des Massenverkehrs auf Direktwegen sowie eine Sicherung gegen Ausfall einzelner Verkehrsstrassen. [19]. Kü

Mehrwegeschwund → Schwund. Ge

Mehrwortbefehl *(multiword instruction)*. Befehl eines Formats, das mehrere Speicherwörter umfaßt (Gegensatz: Einwortbefehl). Der M. hat den Nachteil, daß für den Fetch mehrere Speicherzugriffe notwendig sind und den Vorteil, daß das Befehlsformat nicht an die Wortlänge gebunden ist, sondern sich als Vielfaches der Speicherwortlänge festlegen läßt. [1]. We

Mehrzweckrechner *(multipurpose computer)*. Ein Datenverarbeitungssystem, das zur Lösung von Aufgaben unterschiedlichen Typs herangezogen wird. Beispiel: Ein Prozeßrechner wird neben der Lenkung eines industriellen Prozesses zur Erstellung kommerzieller Belege (z. B. Rechnungen, Stücklisten) eingesetzt. [1]. We

Meißner-Oszillator *(Meißner oscillator)*. Das Rückkopplungsnetzwerk wird in dieser Schaltung durch einen Übertrager gebildet. Beim M. in der klassischen Schaltung ist als Verstärker eine Elektronenröhre eingesetzt. Genauso ist natürlich auch ein Transistor verwendbar. Der Schwingkreiskondensator kann je nach Auslegung parallel zu einer der beiden Übertragerwicklungen geschaltet werden. Das Windungsverhältnis bestimmt den Rückkopplungsfaktor. [4], [8], [13], [15]. Th

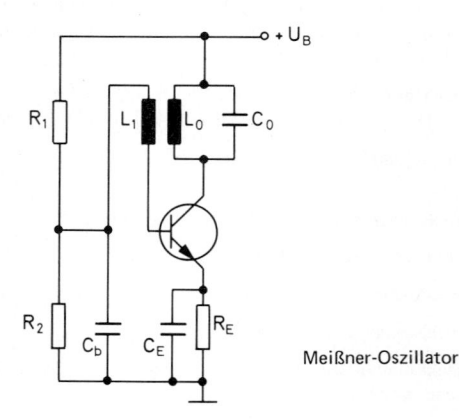

Meißner-Oszillator

Melden *(answering)*. Einschalten der gerufenen Endstelle in eine aufgebaute Nachrichtenverbindung. [19]. Kü

Membran *(diaphragm; membrane)*. Mit M. ist in der Elektroakustik eine dünne, schwingungsfähig eingespannte Platte, ein Kegel oder eine Kugelkalotte gemeint, die durch auftreffende Schallwellen in deren Rhythmus schwingt (Mikrophon) oder durch Wechselströme elektromagnetisch angetrieben wird und dadurch Schallwellen erzeugt (Lautsprecher). [13]. Th

Membranstrahler *(diaphragm source)*. Als M. werden piezoelektrische Schallwandler bezeichnet. Die elektrisch leitende Membran gehört zum aktiven Teil des Schallwandlers. [12], [13]. Th

Memory-Mapped *(memory mapped)*. Bezeichnung für die Organisation eines Ein-/Ausgabe-Systems, bei dem Eingaben wie das Lesen des Hauptspeichers und Ausgaben wie das Einschreiben in den Hauptspeicher wirken. M.-Organisation wird besonders bei Mikroprozessorsystemen angewendet. Der Begriff wird vor allem bei Modellen verwendet, die über eigene Befehle für Ein- und Ausgabe verfügen (isolierte Ein-Ausgabe). Die M.-Organisation hat den Vorzug, daß alle Befehle, die sich auf den Speicher beziehen, als Ein-Ausgabe-Befehle verwendet werden können. [1]. We

Menue-Technik *(menue mode)*. Bei der Bedienung eines Datenverarbeitungssystems werden dem Anwender Vorschläge über auszuführende Arbeitsvorgänge angezeigt, unter denen er (meist durch Eingabe einer Kennziffer) wählen kann. Durch mehrfache Wiederholung des Vorgangs, wobei die Art der Arbeitsvorgänge immer genauer bestimmt wird, wählt der Anwender die gewünschte Aktivität. Programme, die die M. verwenden, werden auch als **selbsterklärende Programme** bezeichnet. [1]. We

Merker → Flag. Li

Merkmal *(characteristic)*. Nach DIN 40041 die Eigenschaften einer Betrachtungseinheit, die für dessen Funktion oder Beurteilung von Bedeutung sind. Merkmale werden für elektronische Bauelemente meist als Zahlenwerte angegeben (Kenndaten), dabei werden die statischen Merkmale *(electrical characteristics)* von den Merkmalen im Schaltbetrieb *(switching characteristics)* unterschieden. Zur Angabe eines Merkmals sind stets die Betriebsbedingungen (parameters), evtl. die Meßschaltung *(test figure)* anzugeben.

Ob eine Eigenschaft ein M. ist, kann nur an Hand des Verwendungszweckes entschieden werden. Z. B. wird Deutlichkeit und Haltbarkeit der Farbe für ein Chip i. a. kein Merkmal sein, wohl aber bei einem Einzelwiderstand, bei dem die Farbgebung zur Angabe der Widerstandsgröße dient. We

Mesatransistor *(mesa transistor)*. Transistor, bei dessen Herstellung die Mesatechnik angewendet wird (DIN 41 855). [4]. Ne

MESFET → Metallgatefeldeffekttransistor. Ne

Meßantenne → Normalantenne. Ge

Meßaufnehmer → Aufnehmer. Fl

Meßautomat *(measuring automat)*. Meßautomaten sind Meßplätze, die mit geringen Meßunsicherheiten, kurzen Meßzeiten und großer Betriebssicherheit eine Vielzahl von Aufgabenstellungen selbsttätig erfüllen: z. B. Funktionsprüfung von Baugruppen und Bauelementen, Messung, Speicherung und Regelung physikalischer Abläufe und Fertigungsprozesse, Qualitätskontrolle. Meßautomaten können für analoge und digitale Meßaufgaben eingesetzt werden. Grundsätzlich bestehen Meßautomaten aus drei Hauptbaugruppen (Bild): 1. Die Steuereinheit: Sie umfaßt alle Geräte und Einrichtungen zur Koordination der Meßvorgänge, zur Eingabe von Meßprogrammen und die Ausgabe gedruckter Belege. Zentrales Steuergerät kann z. B. ein Digitalrechner mit Bildschirm und Daten-Eingabetastatur oder ein Prozeßrechner sein. Alle am Meßvorgang beteiligten Geräte sind über einen standardisierten Datenbus mit ihm verbunden. 2. Die Meßausrüstung: Sie besteht hauptsächlich aus den Meßsignalquellen (z. B. Meßsender, Meßstromquellen) und digital anzeigenden Meßgeräten. Die Meßwerte werden z. B. durch Vergleich mit Sollwerten, die im Steuerteil gespeichert sind, ausgewertet. Das Ergebnis bestimmt den weiteren Ablauf. 3. Die Schnittstelle: Durch sie werden die Meßobjekte an das Meßsystem angepaßt. [1], [9], [12]. Fl

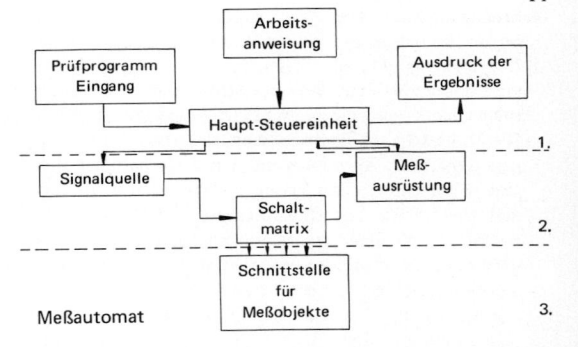

Meßautomat

Meßbereich *(measuring range)*. Als M. eines anzeigenden oder schreibenden Meßgerätes bezeichnet man den Teil des Anzeigebereiches, für den die angegebenen Fehlergrenzen gelten. Bei Betriebsinstrumenten sind häufig die Meßbereiche durch Punkte auf der Skala eingegrenzt. Der richtige M. ist bei der Auswahl eines Meßgerätes mitentscheidend, da die angegebene Genauigkeitsklasse auf den Meßbereichs-Endwert bezogen ist. [12]. Fl

Meßbrücke *(measuring bridge)*. Meßbrücken sind Brückenschaltungen, die der präzisen Messung von Wirkwiderständen, Impedanzen, Kondensatoren oder Spulen dienen. Durch Einsatz von Meßfühlern als Brückenelemente, mit denen sich z. B. nichtelektrische Größen als Widerstandswerte darstellen lassen, können ebenfalls Meßbrücken aufgebaut werden. Werden hochempfindliche Nullinstrumente im Nullzweig eingesetzt, sind neben der Schaltungsart (z. B. Thomson-Meßbrücke, Wheatstone-Meßbrücke) nur noch die Fehlergrenzen der als Brückenelemente verwendeten Bauteile für die Meßungenauigkeit ausschlaggebend. Die Empfindlichkeit des Nullabgleichs läßt sich durch höhere Brückenspeisespannung steigern. Grundsätzlich unterscheidet man Gleichstrommeßbrücken und Wechselstrommeßbrücken. [12].   Fl

Meßdaten *(measurement data)*, Meßwerte. Als M. wird häufig eine größere Anzahl von Meßwerten bezeichnet. Diese Ausdrucksweise für den Plural von Meßwert hat sich im technischen Sprachgebrauch eingebürgert, obwohl der Singular, nämlich Meßdatum, in diesem Sinne nicht gebräuchlich ist. Mit Meßdatum kann eine Zeitangabe verbunden sein, wodurch Zweideutigkeiten entstehen. Vielfach sind mit M. ausgedruckte Meßwerte gemeint. [12].   Fl

Meßdetektor → Meßfühler.   Fl

Meßeinrichtung *(measuring equipment)*. Eine M. umfaßt sämtliche Geräte, Anpassungsglieder und Zubehör, die notwendig sind, um nach einem bestimmten Meßprinzip ein Meßverfahren zur Bestimmung von physikalischen Größen durchzuführen. Zur ordnungsgemäßen Durchführung einer Meßaufgabe sollen alle zur M. gehörenden Bestandteile aufeinander abgestimmt sein. Meßautomaten sind z.B. flexible, anpassungsfähige Meßeinrichtungen. Besteht die M. nur aus einer Apparatur, wird sie als Meßgerät bezeichnet. [12].   Fl

Meßelektrode *(measuring electrode)*. Meßelektroden dienen in der Betriebsmeßtechnik z.B. zur Bestimmung oder Überwachung von pH-Werten in Meßlösungen. Hierzu wird mit der M., einer Bezugselektrode und der zu untersuchenden Lösung eine galvanische Zelle gebildet (Bild). Die M. besteht aus einem äußeren, elektrisch nichtleitenden Glasschaft. An seinem unteren Ende befindet sich eine Glasmembran mit geringer elektrischer Leitfähigkeit, die auf Wasserstoffionen anspricht. Das Innere des Schaftes ist mit einer Bezugslösung bekannten pH-Wertes gefüllt. In der Meßlösung entsteht an den Grenzflächen der Membran eine Potentialdifferenz U_p, die sich aus der Nernstspannung U_N und der Differenz der pH-Werte beider Lösungen ergibt: $U_p = U_N$ ($pH_{Bezug} - pH_{Meß}$). Mit einer Ableitelektrode wird das innere Potential der Membran nach außen übertragen. 2. Häufig werden elektrisch leitende Meßsonden, die als Zubehör von Meßgeräten oder Meßeinrichtungen für spezielle Meßzwecke geeignet sind, als Meßelektroden bezeichnet. Sie besitzen für den Meßzweck geeignete geometrische Abmessungen, in vielen Fällen auch besondere mechanische Vorrichtungen, um sie an schwer zugänglichen Meßstellen oder -punkten befestigen zu können. Mit Zuleitungskabeln werden sie mit dem Meßgerät verbunden. Beispiele sind: Zangenelektroden, Stempelelektroden, Ballenelektroden. Einspreizelektroden werden z.B. in Holz zur Messung des Feuchtewiderstandes im Holzinnern eingeschlagen. Die äußeren Enden verbindet man mit dem Meßeingang eines Feuchtemessers. [12].   Fl

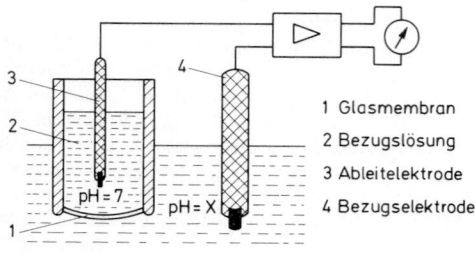

1 Glasmembran
2 Bezugslösung
3 Ableitelektrode
4 Bezugselektrode

Meßelektrode

Meßergebnis *(measurement result)*. Das M. ist der durch Messung festgestellte und von systematischen Fehlern korrigierte Meßwert. Bei einfachen Messungen entspricht der Meßwert häufig dem M. In vielen Fällen muß das M. aus mehreren Meßwerten gleichartiger oder unterschiedlicher Meßgrößen über eine eindeutige Beziehung errechnet werden. Bei einer Meßreihe mit vielen, voneinander unabhängigen Einzelwerten einer gleichartigen Größe, trennt man die Einzelwerte von systematischen Fehlern. Aus den korrigierten Werten wird der arithmetische Mittelwert $\bar{x}$ gebildet. Zufällige Fehler erfaßt man mit statistischen Mitteln in einem Vertrauensbereich und fügt sie innerhalb einer Meßunsicherheit u zum Mittelwert. Das vollständige M. x_M lautet: $x_M = \bar{x} \pm u$. Häufig werden mit dem M. auch die Einflußgrößen der Messung angegeben. Ein M. ist immer nur eine Annäherung an den gesuchten Wert der Meßgrößen. [12].   Fl

Messerleiste → Steckverbinder.   Ge

Meßfehler *(measuring error)*. M. sind Verfälschungen des Meßergebnisses und treten z.B. durch Unvollkommenheiten der Meßgeräte, der Meßeinrichtungen und durch zeitliche Veränderungen sowie Einflußgrößen der Umgebung auf. Man unterscheidet die mit statistischen Mitteln angenähert erfaßbaren, zufälligen Fehler und die z.B. durch konstruktive Unvollkommenheiten der Meßgeräte hervorgerufenen systematischen Fehler. M. werden auf verschiedene Weise berechnet: 1. Der absolute Fehler x_F ergibt sich aus der Differenz des angezeigten Wertes x_A und des wahren Wertes x_W: $x_F = x_A - x_W$. 2. Der relative Fehler F_r wird aus dem Verhältnis des absoluten Fehlers x_F zum wahren Wert x_W gebildet:

$$F_r = \frac{x_A - x_W}{x_W}.$$

Bei analogen Meßinstrumenten wird der relative Fehler F_r aus dem Verhältnis des absoluten Anzeigefehlers zum Anzeigewert x_M am Skalenende berechnet:

$$F_r = \frac{x_A - x_W}{x_M}.$$

In Prozenten ausgedrückt, gibt der relative Fehler die Genauigkeitsklasse des Meßgerätes an. [12].   Fl

Meßfühler *(sensor, pick-up)*, Meßdetektor, Meßsensor, Meßwertwandler, Meßsonde. Als M. bezeichnet man in der Elektromeßtechnik Umwandlungsglieder, die unter Ausnutzung physikalischer Phänomene eine direkte Umwandlung zu messender physikalischer Größen in elektrische Größen vornehmen. Eingangs-und Ausgangsgröße des Meßfühlers sollen im proportionalen Verhältnis zueinander stehen. Die Empfindlichkeit soll groß sein. Man unterscheidet: 1. Aktive M.: Sie führen unmittelbare Energieumwandlungen bei geringen elektrischen Abgabeleistungen (bis etwa 10^{-3} W) durch (Beispiel:

Thermoelement). 2. Passive M.: Die physikalische Meßgröße beeinflußt eine elektrische Größe, z.B. Strom, Spannung, Widerstand, Induktivität, Kapazität und steuert oder moduliert eine Hilfsenergie (Beispiel: Widerstandsthermometer). Wichtiges Anwendungsgebiet der M. ist das elektrische Messen nichtelektrischer Größen. [12]. Fl

Meßfühler, elektrodynamischer *(electrodynamical pick-up)*, generatorischer Meßfühler, Tauchspulen-Meßfühler, Induktionsmeßfühler. Die Umwandlung mechanischer in elektrische Größen beruht beim elektrodynamischen M. auf dem Induktionsgesetz. Die Ausgangsspannung u_A des Meßfühlers folgt dem Zusammenhang:

$$u_A = \frac{1}{i} \cdot F \cdot v_x$$

(i Strom nach dem Induktionsgesetz; F Lorentzkraft; v_x zu messende Geschwindigkeit in x-Richtung). 1. Zu Geschwindigkeitsmessungen wird häufig entweder eine Tauchspule senkrecht zum Feld eines Elektro- oder Dauermagneten (ähnlich dem Tauchspulmikrophon) oder ein Stabmagnet im magnetischen Feld einer Spule geführt (Bilder a und b). 2. Zu Messungen der Winkelgeschwindigkeit wird die Drehbewegung des Rotors eines Wechselspannungsgenerators mit permanenter Erregung von der Meßgröße beeinflußt. Die durch die Wirkung der Induktion erzeugte Ausgangsspannung als elektrische Ausgangsgröße wird häufig mit Gleichrichterschaltungen in Gleichspannung umgewandelt. 3. Zur Fernmessung wird vielfach statt der erzeugten Spannung die erzeugte Frequenz als Maß für die Winkelgeschwindigkeit fernübertragen. [12], [18]. Fl

Meßfühler, generatorischer → Meßfühler, elektrodynamischer. Fl

Meßfühler, induktiver *(inductive pick-up)*, induktiver Taster, induktive Meßsonde. Bei induktiven Meßfühlern beeinflußt die zu messende physikalische Größe eine der Berechnungsgrößen der Induktivität. Elektrische Ausgangsgröße des induktiven Meßfühlers kann z.B. eine Änderung des Induktivitätswertes, des Selbstinduktionskoeffizienten, der Gegeninduktivität oder der Spannung sein. Die Änderungen können durch Lageverschiebungen von Spulen, Eisenkernen, Luftspalten oder Drehbewegungen eines Ankers hervorgerufen werden. Weitere Ausführungsformen induktiver M. sind z.B. Differentialtransformatoren und Gleich- oder Wechselstromdrehmelder. [12]. Fl

Meßfühler, kapazitiver *(capacitive pick-up)*. Kapazitive M. sind als Kondensatoren mit einfach zu berechnenden Kapazitätswerten aufgebaut. Die in elektrische Werte umzusetzende mechanische Größe beeinflußt den Kapazitätswert C entweder über eine Änderung der Oberfläche A der leitenden Platten, den Plattenabstand d oder den Betrag der Permittivitätszahl ϵ_r:

$$C = \frac{\epsilon_0 \cdot \epsilon_r \cdot A}{d}.$$

Als kapazitive M. finden häufig Drehkondensatoren, Platten-, Röhren- und Differentialkondensatoren Verwendung. Die Kapazitätsänderungen werden nach Verfahren der Kapazitätsmessung elektrisch ausgewertet. Man setzt kapazitive M. z.B. zur Druckmessung (→ Manometer), zu Füllstandsmessungen und, mit einschiebbarem Dielektrikum, zu Wegemessungen ein. [12], [18]. Fl

Meßfühler, ohmscher *(resistive pick-up)*, Widerstandmeßfühler. Ohmsche M. ändern den Widerstandswert R unter dem Einfluß physikalischer Größen. 1. Möglichkeiten der Beeinflussung ergeben sich aus der Gleichung:

$$R_\vartheta = l \cdot \rho_{20} [1 + \alpha_{20}(\vartheta - 20\,°C)]/A.$$

Die Tabelle zeigt die häufigsten Anwendungen:

Art des Einflusses	beeinflußte Größe	Meßfühler
mechanisch	Länge l, Querschnitt A, spezifischer Widerstand ρ	Dehnungsmeßstreifen, Meßpotentiometer, Ringwaage
thermisch	Temperatur ϑ	Thermistor, Barretter, Thermoelement
optisch	spezifischer Widerstand ρ	Photowiderstand
magnetisch	spezifischer Widerstand ρ	Feldplatte

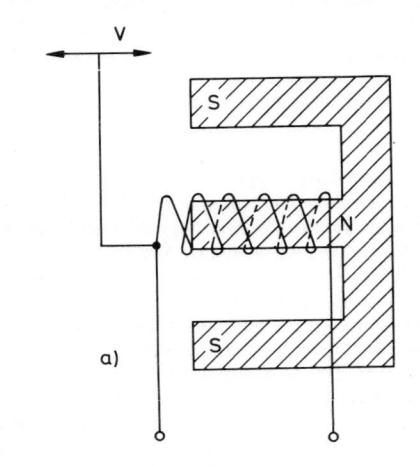

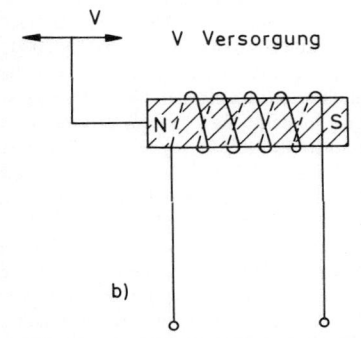

Elektrodynamischer Meßfühler a) Bewegte Spule im Tauchanker, b) bewegter Stabmagnet im Spulenfeld

Werkstoffe sind z.B. Metalldrähte und Halbleiter. 2. Schaltelemente: Sie werden von mechanischen, elektrischen oder photoelektrischen Größen betätigt. Elektrische Ausgangsgröße kann z.B. ein außerordentlich niedriger und ein außerordentlich hoher Widerstandswert sein ($< 10^{-3}$ Ω, $> 10^9$ Ω). Beispiele: Schaltkontakte, Schalttransistor, Lichtgabelkoppler. [12], [18].   Fl

Meßfühler, piezoelektrischer *(piezoelectrical pick-up)*. Beim piezoelektrischen M. entstehen auf der Oberfläche eines Piezokristalls elektrische Ladungsmengen aufgrund mechanischer Krafteinwirkungen. Die größte Wirkung wird erzielt, wenn die Wirklinie der Kraft und die neutrale Achse des Kristalls zusammenfallen. Auf der Oberfläche des Piezomaterials ist eine Silberschicht mit Anschlußdrähten aufgetragen. Piezokristall (z.B. Turmalin, Barium-Titanat), Metallbeläge, Schaltungs- und Leitungskapazität bilden einen Kondensator mit dem Kapazitätswert $C = C_0 + C_S$. Wirkt die Kraft **F** auf die Anordnung bei einem Kristallplättchen der Dicke d (Bild), gilt für die Ausgangsspannung U_A:

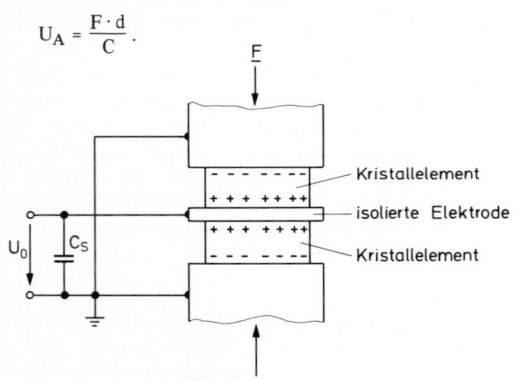

$$U_A = \frac{F \cdot d}{C}$$

Piezoelektrischer Meßfühler

Piezoelektrische M. werden zur elektrischen Messung von Druckkräften in flüssigen und gasförmigen Medien und als Beschleunigungsaufnehmer bei dynamisch veränderlichen Größen eingesetzt. [12], [18].   Fl

Meßfühler, piezomagnetischer *(piezomagnetic pick-up)*. Piezomagnetische M. beruhen auf dem physikalischen Phänomen der Magnetostriktion oder dem magnetoelastischen Effekt. Letzterer wird häufiger angewendet, z.B. zum elektrischen Messen von Druckkräften in Druckmeßdosen (→ Manometer) und in der Wägetechnik. 1. Magnetoelastischer Effekt: Der Meßfühler besteht aus ferromagnetischem Kernmaterial ohne Luftspalt. Die Kernbauform wird von der Art der Krafteinleitung bestimmt. In den Kern ist eine Spule bzw. ein Spulensystem eingefädelt. Häufig werden die Spulen mit konstantem Strom gespeist. Unter Einwirkung mechanischer Kräfte entsteht im Kern die Materialspannung σ. Es erfolgt eine Änderung der relativen Permeabilität μ_r des ferromagnetischen Werkstoffes, wodurch die Induktivität L der Anordnung beeinflußt wird:

$$L = N^2 \cdot \mu_0 \cdot (A/l) \cdot \mu_r(\sigma)$$

(N Spulenwindungszahl, μ_0 absolute Permeabilität; A Querschnitt; l mittlere Kernlänge). 2. Magnetostriktion: Unter mechanischer Krafteinwirkung ändert sich die Remanenzinduktion B_r eines ferromagnetischen Kerns mit Spulen. Die Ausgangsspannung u_A des Meßfühlers wird:

$$u_A = N \cdot A \cdot \frac{dB_r}{dt} \sim \frac{dF}{dt}$$

(dB_r/dt Ableitung der Remanenzinduktion nach der Zeit; dF/dt Ableitung der mechanischen Kraft **F** nach der Zeit). [12], [18].   Fl

Meßfühler, strahlungsempfindlicher *(luminous-sensitive pick-up)*. Strahlungsempfindliche M. sind Detektoren, deren Eingangsgröße z.B. elektromagnetische Strahlungsquanten hoher Energie (Gammastrahlen) oder Licht- bzw. Wärmestrahlung sein kann. Elektrische Ausgangsgrößen können z.B. Strom-, Spannungs- oder Widerstandswerte sein. Man unterscheidet im wesentlichen: 1. M. für Radioaktivität (häufig als Strahlungsdetektoren bezeichnet): → Geiger-Müller-Zählröhre, → Szintillationszähler in Verbindung mit einer Szintillationssubstanz, Ionisationskammer und Halbleiterdioden, bei denen die Raumladungszone am PN-Übergang als Ionisationsraum dient. 2. strahlungsempfindliche M. für Licht- bzw. Wärmestrahlung (häufig als Photodetektoren bezeichnet): Die Wirkung der Umsetzung beruht auf dem inneren Photoeffekt. Beispiele sind: Photodiode, Photoelement, Photozelle, Photowiderstand, Phototransistor. [5], [12], [18].   Fl

Meßfühler, thermoelektrischer *(thermoelectrical pick-up)*. Thermoelektrische M. ändern den Widerstandswert oder elektrische Spannungswerte aufgrund von Temperatureinwirkungen (z.B. ohmscher Meßfühler). 1. Passive thermoelektrische M.: a) Metalldrähte aus Nickel oder Platin, die um ein Trägermaterial gewickelt sind. Beide Typen besitzen genormte Nennwiderstandswerte, festgelegt bei 0 °C (häufig 100 Ω, seltener 50 Ω). Im Bereich von 0 °C bis 100 °C betragen die positiven Temperaturkoeffizienten bei Platin: $(0{,}385 \pm 0{,}0012) \cdot 10^{-2}$ K^{-1}; bei Nickel: $(0{,}617 \pm 0{,}007) \cdot 10^{-2}$ K^{-1}. b) Widerstände aus Halbleitermaterialien (z.B. Thermistor): Ihre Meßungenauigkeit ist hoch. Sie besitzen negative Temperaturkoeffizienten: etwa $(-3 \text{ bis} -6) \cdot 10^{-2}$ K^{-1}. Der Meßbereich kann bis 100 °C, manchmal bis 1000 °C groß sein. Vorteil: Abmessungen bis unter 1 mm Baulänge. c) Metallfolien-Widerstände: Unter Einfluß von Wärmestrahlung ändern sie ihre Widerstandswerte. Materialien können z.B. Kupferoxydul, Antimon, Platin sein. Sie sind als dünne Folien in Gefäßen mit Luft- oder Edelgasfüllung untergebracht. Man findet passive thermoelektrische M. z.B. in Widerstandsthermometern, in Rauchgasprüfern, im Pirani-Manometer und bei CO_2-Gehaltsmessungen. 2. Aktive thermoelektrische M.: Sie bestehen aus dem Thermopaar eines Thermoelementes. Ausgangsgröße ist eine Thermospannung. Anwendungsbeispiele: → Pyrometer; Temperaturmessungen bis etwa 1 600 °C. [5], [7], [12], [18].   Fl

Meßgeber *(primary element; primary detector; sensing element; sensor)* → Aufnehmer. Fl

Meßgenauigkeit *(measurement accuracy)*. Ein Begriff der Meßtechnik, der ähnlich wie die Genauigkeit schwer zu definieren ist. Mit M. sollten nur qualitative Erläuterungen zu Meßgeräten, -einrichtungen oder -verfahren erfolgen, aber keine Zahlenwertangaben. Sprachlich zutreffend bezüglich der Abweichung fehlerbehafteter Meßwerte vom „wahren Wert" sind Zahlenwertangaben in Verbindung mit eindeutig definierbaren Begriffen wie Meßunsicherheit, Fehlergrenze, Toleranz. [12]. Fl

Meßgenerator *(measuring generator)*, Signalgenerator, Präzisionsmeßgenerator. Meßgeneratoren sind Wechselspannungssignalquellen, die bei Messungen frequenzabhängiger, aktiver, passiver Zwei- oder Vierpole zur Signalspannungsversorgung von Meßanordnungen eingesetzt werden. Ausgangsspannung und -frequenz sind von Hand, manchmal auch automatisch, einstellbar und lassen sich an verschiedene Meßaufgaben anpassen. Nach dem Einsatzbereich unterscheidet man Höchst-, Hochfrequenz- und Niederfrequenz-Meßgeneratoren. Häufig ist der gesamte, verfügbare Frequenzbereich in umschaltbare Frequenzbänder unterteilt. Einstellbare Frequenzen können z.B. folgendermaßen erzeugt werden: 1. Mit einem oder mehreren freischwingenden Oszillatoren (z.B. LC-Meßgenerator), 2. mit einem Quarzoszillator (z.B. quarzgesteuerter Meßgenerator, Synthesizer), 3. mit einer Wien-Brückenschaltung (z.B. RC-Meßgenerator), 4. über Integrationsverfahren, bei denen Rechtecksignale mit einem Integrator in Dreiecksignale umgewandelt werden. Eine Matrixschaltung setzt die Dreiecksignale in Sinussignale um (z.B. Funktionsgenerator). Neben sinusförmigen Signalen können häufig auch andere Signalfunktionsverläufe eingestellt werden, z.B. rechteckförmige, sägezahnförmige Pulse. Anforderungen an die Ausgangsgrößen von Meßgeneratoren sind z.B. hohe Frequenzkonstanz und -genauigkeit, feingestuft oder kontinuierlich einstellbare Werte (sowohl Spannung als auch Frequenz), geringer Klirrfaktor. Häufig kann die Ausgangsgröße moduliert werden. [8], [12], [13], [14], [19]. Fl

Meßgenerator, quarzgesteuerter *(quartz controlled measuring generator)*. Ein quarzgesteuerter M. enthält als frequenzerzeugende Baugruppe einen Quarzoszillator, häufig temperaturstabilisiert. Eine Weiterverarbeitung des Oszillatorsignals ist z.B. folgendermaßen möglich: 1. Der Meßgenerator liefert nur eine Festfrequenz. Schaltung und Ausgangssignal besitzen Eigenschaften hoher Präzision, man verwendet sie als sekundäre Frequenz- oder Zeitnormale. 2. Von der hochkonstanten Steuerfrequenz des Quarzes werden dekadisch einstellbare Ausgangsfrequenzen abgeleitet. Man bezeichnet sie als Frequenzdekade, häufig als Synthesizer. 3. Die hochfrequente Schwingfrequenz f_1 des Quarzoszillators wird mit einer weiteren, in der Frequenz einstellbaren hochfrequenten Schwingfrequenz f_2 eines Oszillators in einer Mischstufe gemischt. Die entstehende Differenzfrequenz wird über einen häufig ebenfalls einstellbaren Schwingkreis ausgesiebt und auf den Ausgang gegeben (z.B. bei Schwebungsgeneratoren). Hochwertige quarzgesteuerte Meßgeneratoren arbeiten mit einer Kombination dieser Verfahren. Sie besitzen vielfach eine Wobbeleinrichtung und sind auch für alle angewendeten Modulationsverfahren (→ Modulation) einsetzbar. Größter Vorteil quarzgesteuerter Meßgeneratoren ist ihre hohe Frequenzgenauigkeit. [8], [12], [13], [14]. Fl

Meßgeräte, ballistische *(ballistic measuring instruments)*. Mit ballistischen Meßgeräten lassen sich Strom- und Spannungsstöße über das Arbeitsvermögen von Elektrizitätsmengen messen. Die dazu eingesetzten Meßgeräte sind Stromstoßgalvanometer (z.B. ballistische Drehspulgalvanometer). Bei der ballistischen Methode erzeugt der kurzzeitige Meßimpuls in der Drehspule eines Galvanometers einen Drehimpuls, wobei das der Elektrizitätsmenge Q des Stromimpulses entsprechende Arbeitsvermögen in Bewegungsenergie umgewandelt wird. Der Stromstoß muß bereits beendet sein, bevor sich die Drehspule zu bewegen beginnt. Die erste Schwingungsweite ist dann proportional der im Stromstoß enthaltenen Elektrizitätsmenge $Q = \int i \cdot dt$. Als ballistische Messungen lassen sich z.B. Kapazitätsmessungen und Messungen der magnetischen Induktion (Fluxmeter, Kriechgalvanometer) durchführen. [12]. Fl

Meßgeräte, digitale *(digital measuring instruments)*. Digitale M. werden zur Messung analoger oder digitaler Größen eingesetzt. Die Weiterverarbeitung der Signale geschieht im Gerät nach Verfahren der Digitalmeßtechnik. Der Meßwert wird in Ziffern und häufig in Einheiten der Meßgröße angegeben. Digitale M. bilden z.B. die Grundlage für Meßautomaten. Nach dem Prinzipbild eines digitalen Meßgerätes werden die Meßwerte zunächst aufbereitet und in einem Analog-Digital-Wandler in binäre elektrische Größen (→ Quantisierung) umgesetzt. Die binärcodierten Werte werden gespeichert und evtl. über eine Digitalanzeige ausgegeben. Vielfach findet eine weitere Umsetzung in einen gewünschten Code zur Weiterverarbeitung statt. Die Steuerung koordiniert die Zusammenarbeit der einzelnen Baugruppen. Der Meßfehler des Digitalteils der Gesamtschaltung wird wesentlich vom Analog-Digital-Wandler und vom verwendeten Vergleichsnormal bestimmt. Es werden mit elektronischen Schaltungen reine Rechenoperationen praktisch fehlerfrei ausgeführt. Digitale M. eignen sich in Verbindung mit Digitalrechnern zur automatischen Registrierung und Meßwertverarbeitung bei geringen Meßunsicherheiten. [12]. Fl

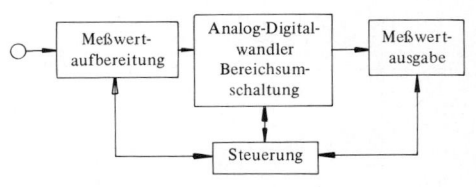

Digitales Meßgerät

Meßgleichrichter *(measuring rectifier)*. M. sind elektronisch oder mechanisch arbeitende Gleichrichterschaltungen, mit deren Hilfe Kennwerte elektrischer Wechselgrößen in proportionale Werte einer elektrischen Gleichgröße (Gleichspannung oder -strom) umgewandelt werden. Man unterscheidet: Effektivwertgleichrichter, Mittelwertgleichrichter, Spitzenwertgleichrichter. Erwünscht sind Umwandlungen mit geringer Meßunsicherheit, die frei von äußeren Einflüssen sind. Das Ergebnis der Gleichrichtung muß häufig unabhängig von der Kurvenform der Wechselgröße sein und dient vielfach zu Kurvenform-Untersuchungen. Zur Feststellung von Phasenbezügen elektrischer Wechselgrößen setzt man z.B. phasenabhängige M. oder Ringmodulatoren ein. Nach Art der Bauteile und der Ausführung des Meßgleichrichters unterscheidet man: Halbleiter-M., Röhren-M., mechanische M. [12], [8]. Fl

Meßgleichrichter, gesteuerter → Meßgleichrichter, phasenabhängiger. Fl

Meßgleichrichter, getasteter → Meßgleichrichter, phasenabhängiger. Fl

Meßgleichrichter, mechanischer *(mechanical measuring rectifier)*. Mechanische M. sind elektromechanisch arbeitende Anordnungen, bei denen ein Meßkreis mit Hilfe mechanischer Meßkontakte periodisch und synchron nach dem Verlauf einer Bezugswechselspannung geöffnet und geschlossen werden. Sie sind nur im Niederfrequenzbereich einsetzbar. Man findet sie häufig in Vektormessern. Sie werden bei Netzfrequenz z.B. eingesetzt, um Meßwerte aus Teilbereichen der Periode einer Wechselgröße zu gewinnen oder zur Erfassung der gegenseitigen Phasenlage zweier Wechselgrößen. Ihr Vorteil sind ein niedriger Schließungswiderstand und ein hoher Öffnungswiderstand der Schaltkontakte. Es gibt Präzisionsgleichrichter und Schwingkontaktgleichrichter. [12]. Fl

Meßgleichrichter, phasenabhängiger *(phase selective measuring rectifier)*, phasensynchroner Meßgleichrichter, phasenselektiver Meßgleichrichter, gesteuerter Meßgleichrichter, getasteter Meßgleichrichter. Beim phasenabhängigen M. ist der Wert der Ausgangsgleichspannung U_A der Gleichrichterschaltung von der Amplitude der Meßspannung $\underline{U}_{max}$ und von ihrer Phasenlage bezogen auf eine Vergleichs-Wechselspannung gleicher Frequenz, abhängig. Im Prinzipbild wird die Meßspannung $\underline{U}_M$ in einer Brückenschaltung mit der Steuerspannung u_{st} verglichen. 1. Beliebige Phasenverschiebung: Die Ausgangsspannung U_A wird: $U_A = U_{max} \cos \varphi$. 2. Phasengleichheit beider Spannungen: Am Ausgang des Meßgleichrichters entsteht eine Gleichspannung mit höchstmöglichem Wert. 3. Phasenverschiebung von 90° bzw. 270°: Die Ausgangs-Gleichspannung wird Null. 4. Phasenverschiebung von 180°: Die Ausgangsspannung hat bei gewechselter Polarität den Wert wie bei Phasenverschiebung 0°. Als Steuer- oder Vergleichsspannung $\underline{u}_{st}$ wird häufig eine rechteckförmige Spannung gewählt; man erreicht damit schnelle Schaltzeiten der Dioden. Größter Vorteil der phasenabhängigen M.: Die Meßspannung überdeckende Störsignale (z.B. Rauschen), werden nicht gleichgerichtet, wenn in ihnen keine Frequenzanteile der Meßspannung enthalten sind. [8], [12]. Fl

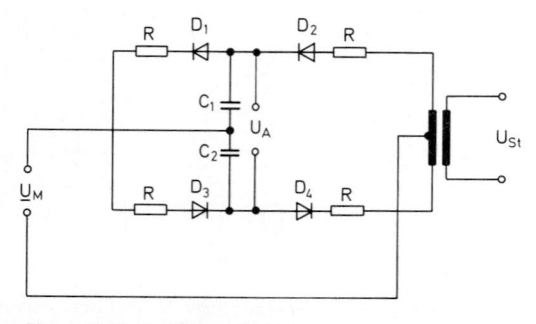

Meßgleichrichter, phasenselektiver → Meßgleichrichter, phasenabhängiger. Fl

Meßgleichrichter, phasensynchroner → Meßgleichrichter, phasenabhängiger. Fl

Meßgröße *(quantity to be measured)*, Beobachtungsgröße. Als M. wird die zu messende physikalische Größe bezeichnet. Bezogen auf die menschlichen Sinne müssen subjektive und objektive Meßgrößen unterschieden werden: 1. Subjektive Meßgrößen: Sie werden vom Menschen unmittelbar erfaßt. Da jedoch die menschliche Empfindungsfähigkeit individuelle Unterschiede aufweist, bemüht man sich häufig, über statistische Verfahren eine Grundlage zu objektiven Messungen zu finden (z.B. Lärmempfinden). Hierzu wird z.B. aus den Empfindungen eines großen Personenkreises ein Mittelwert gebildet. Das zur Messung benötigte Meßgerät wird mit seinem Schaltungsaufbau befähigt, möglichst wahrheitsgetreu die Gesetzmäßigkeiten der menschlichen Sinneswahrnehmung nachzuvollziehen. Aus Gründen der Wirtschaftlichkeit wählt man häufig einen allgemeingültigen, verbindlichen Wert, der nicht unbedingt streng mit der subjektiven Empfindung übereinstimmt. 2. Objektive Meßgrößen: Das sind alle physikalischen Größen, bei denen der von einzelnen Beobachtern entstandene Fehleranteil sehr viel geringer ist als ein allgemein als zulässig anerkannter Ermessensspielraum. [12]. Fl

Meßgrößenumformer → Meßumformer. Fl

Meßheißleiter → Heißleiter. Ge

Meßinstrument, elektrodynamisches → Dynamometer. Fl

Meßinstrumente, analoge *(analogue measuring instruments)*. Analoge M. bestehen aus Meßwerk, Gehäuse und eingebautem Zubehör. Die Meßgröße bewirkt innerhalb des Meßbereichs eine ununterbrochene Bewegung eines beweglichen Organs im Meßwerk, bis ihr Wert den Wert einer Vergleichsgröße erreicht hat. Äußerlich erkennbar sind analoge M. z.B. an ihrer Analoganzeige. Man unterscheidet direktanzeigende analoge M. und systemgebundene, die nur in dafür vorgesehenen Meßeinrichtungen betrieben werden. Für analoge M. gelten die Vorschriften festgelegter Genauigkeitsklassen. Hauptsächlicher Nachteil analoger M. ist die Möglichkeit von Ablesefehlern eines Beobachters. [12]. Fl

Phasenabhängiger Meßgleichrichter

Meßinstrumente, digitale *(digital meters, digital read-out measuring instruments)*. Digitale M. besitzen eine Ziffernanzeige und erlauben die sofortige Ablesung des dargestellten Meßwertes. Ein Ablesefehler kann praktisch nicht entstehen. Das Meßinstrument besteht aus elektronisch arbeitenden Schaltkreisen. Die Meßgröße wird nach Prinzipien der Digitalmeßtechnik (→ Meßverfahren, digitale) im Gerät verarbeitet. Eine Digitalanzeige z.B. von drei Stellen läßt Anzeigewerte bis 999 mit oder ohne Fließkomma zu. Bei 3 1/2 Stellen z.B. ist eine vierte Ziffernstelle vorhanden, deren Wert gewöhnlich auf 1999, manchmal auch 2999 oder 3999 begrenzt ist. Exakter ist eine Angabe über den Anzeigeumfang, die häufig als Anzahl von Ziffernschritten ein Maß für die Empfindlichkeit des Gerätes ist. Vorschriften zur Angabe von Genauigkeitsklassen treffen auf digitale M. nicht zu. Der Meßfehler wird häufig folgendermaßen gekennzeichnet: 1. Der Quantisierungsfehler in ± Einheiten der letzten anzeigenden Stelle. 2. Prozentuale Angaben zur Fehlergrenze bezogen auf den Meßwert, z.B. 0,001 % v. M. 3. Prozentuale Angaben zur Fehlergrenze bezogen auf den Meßbereichsendwert, z.B. 0,1 % v. E. Beispiel: 0,001 % v. M ± 1 Einheit, bzw. 0,1 % v. E. ± 0,5 Einheit. [12]. Fl

Meßinstrumente, elektronische *(electronic measuring instruments)*. Elektronische M. sind Geräte, deren Funktion im wesentlichen auf dem Einsatz von Verstärkerbauelementen, wie z.B. Elektronenröhren, Transistoren, Magnetrons beruht. Ihre Funktion ist von Versorgungsspannungen abhängig. Sie dienen z.B. zur Ergänzung elektromechanischer Meßgeräte (z.B. als Meßverstärker mit Anzeigevorrichtung), als Signalquelle (z.B. Meßgenerator), als Meßnormal (z.B. Konstantstromquelle) oder als eigenständiges Meßinstrument (z.B. Oszilloskop, Digitalvoltmeter). Die Meßwertverarbeitung kann analog oder digital erfolgen. Sie sind häufig so aufgebaut, daß mit ihnen praktisch leistungslose und trägheitslose Messungen bei weitgehender Frequenzunabhängigkeit durchgeführt werden können. Für elektronische M. gelten nicht die Vorschriften der Genauigkeitsklassen. [12]. Fl

Meßinstrumente, elektrostatische *(electrostatic measuring instruments)*. Elektrostatische M. dienen der Messung elektrischer Ladungen und Spannungen. Der Meßvorgang wird durch Anziehungskräfte zwischen elektrischen Ladungen ermöglicht. Im Prinzip bestehen elektrostatische M. aus einem feststehenden elektrischen Leiter, an dem das Meßpotential liegt und einem beweglichen Leiter, der häufig an Erdpotential angeschlossen ist. Die Anordnung bildet eine Kapazität C, deren Elektrodenabstände sich unter Einfluß der elektrostatischen Anziehungskraft ändern. Es entsteht ein elektrisches Drehmoment:

$$M_{el} = \frac{1}{2} \cdot \frac{dC}{d\alpha} \cdot U_M^2$$

(U_M Meßspannung, α Ausschlagwinkel des Zeigers). Das elektrische Drehmoment arbeitet gegen ein mechanisches Drehmoment, das durch Federkraft bewirkt wird. Bei hohen Frequenzen der Meßspannung zeigen elektrostatische M. infolge der Trägheit des beweglichen Organs Effektivwerte an. Anwendungen: z.B. Hochspannungsmeßgeräte, Elektrometer, Strahlungsdosimeter, Isolationsmesser. [12]. Fl

Meßinstrumente, thermische *(thermical measuring instruments)*. Thermische M. beruhen auf Wärmewirkungen stromdurchflossener elektrischer Leitermaterialien. Die im Wirkwiderstand entstehende Wärme ist dem Quadrat der Stromwerte proportional. Bei konstant bleibendem Widerstand wird der Effektivwert des Stromes unabhängig von der Frequenz und der Kurvenform als Maß einer Übertemperatur gegen die Umgebungstemperatur gemessen. Der Meßvorgang ist zeitabhängig. Nach der Wirkungsweise unterscheidet man: 1. Der Meßstrom fließt durch eine Heizwicklung, deren Übertemperatur ein Thermoelement aufheizt. Die abgegebene Thermospannung ist nahezu proportional der Übertemperatur. Ein angeschlossenes Drehspulmeßgerät ist in Stromwerten kalibriert. 2. Der Meßstrom fließt durch einen Bimetallstreifen. Die Wärmewirkung verursacht eine mechanische Formänderung des Streifens. 3. Der Meßstrom durchfließt einen Metalldraht, dessen Länge sich unter Einwirkung der elektrischen Wärme ändert (Hitzdrahtmeßwerk). [12]. Fl

Meßkette *(measuring chain)*. In einer M. sind die einzelnen Meßglieder einer Meßeinrichtung zum elektrischen Messen nichtelektrischer Größen zusammengefaßt. Erstes Glied ist z.B. ein Aufnehmer, letztes Glied eine Anzeigevorrichtung zum Ablesen des Meßwertes. Stoßstellen in einer M. sind diejenigen Meßglieder, die Umwandlungen von einer physikalischen Größe in eine andere durchführen, z.B. Meßumformer. Jedem Meßglied ist ein Koeffizient $c_K = \dfrac{\text{Eingangsgröße}}{\text{Ausgangsgröße}}$ zugeordnet. Besitzen benachbarte Glieder einer M. gleiche Einheiten, wird der Meßkettenkoeffizient c_M aus dem Produkt der Einzelkoeffizienten c_K ermittelt:

$$c_M = \prod_{k=1}^{n} c_K = c_1 \cdot c_2 \cdot c_3 \ldots c_n. [12]$$

Fl

Meßkondensator *(measuring capacitance)*. Meßkondensatoren sind Kondensatoren mit geringen Fehlergrenzen der Kapazitätswerte. Sie sind für Meßaufgaben geeignet, haben aber nicht die Qualität eines Kapazitätsnormals. Meßkondensatoren besitzen häufig eine doppelt ausge-

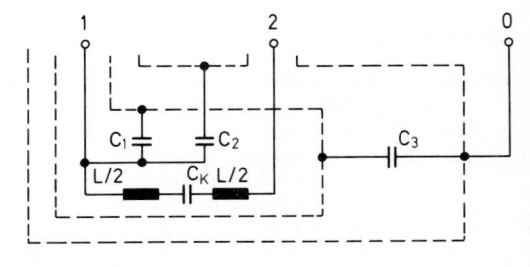

Meßkondensator

führte Abschirmung (Bild), die mit den eigentlichen, elektrisch leitfähigen Belägen Teilkapazitäten bildet. Der äußere Schirm wird geerdet. Wegen des besonderen Aufbaus entsteht unter dem Einfluß hoher Frequenzen ein Serienresonanzkreis mit der Resonanzfrequenz f_{res}:

$$f_{res} = \frac{1}{2\pi \cdot \sqrt{L \cdot C}}.$$

Die Arbeitsfrequenz f soll bei Meßschaltungen die Bedingung $f < 0,1 \cdot f_{res}$ erfüllen. Anwendungen: z.B. Wechselstrom-Meßbrücken. [12].   Fl

Meßkopf → Tastkopf.   Li

Meßleitung *(measuring line)*. Meßleitungen sind Leitungen mit bekanntem Wellenwiderstand, die in der Hochfrequenztechnik (etwa ab 100 MHz) zur Feststellung der Impedanz, des Reflexionsfaktors und des Anpassungsfaktors z.B. von Bauelementen der Hochfrequenztechnik oder von Stoffeigenschaften dienen. Die Mindestlänge der Leitung muß λ/2 betragen. Gemessen wird der Welligkeitsfaktor durch kapazitive Abtastung der elektrischen Spannungsverteilung längs der Leitung mit Hilfe einer Meßsonde. Auf den Eingang der M. wirkt ein Meßsender, am Ausgang ist der Prüfling angeschlossen. An der M. ist ein Längenmaßstab angebracht. Vom Leitungsende ausgehend wird das Verhältnis von Minimal- zu Maximalspannung und die örtliche Lage der Minimalspannung gemessen. An die Sonde ist häufig ein Hochfrequenzgleichrichter angeschlossen, dessen Ausgangssignal auf einen Anzeigeverstärker gegeben wird. Ausführungsformen der M.: z.B. Quetschmeßleitung, koaxiale Meßleitung, Hohlleitermeßleitung. [8], [12].   Fl

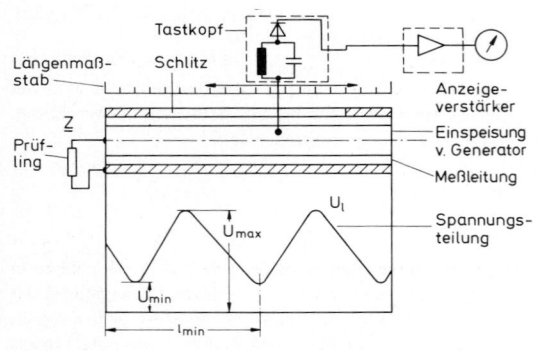

Meßleitung

Meßort → Meßstelle.   Fl

Meßplatz *(measuring equipment)*. Der M. besteht aus einer oder mehreren Meßeinrichtungen, die zur Lösung von Meßaufgaben notwendig sind. Die Meßgeräte eines Meßplatzes können von Hand bedienbar sein oder vollautomatisch, z.B. durch den Meßvorgang, gesteuert werden. Auswahl und Zusammenstellung der Geräte zum M. erfolgt nach meßtechnischen und wirtschaftlichen Gesichtspunkten. Die Schutzbestimmungen für Menschen müssen eingehalten werden. [12].   Fl

Meßpotentiometer *(measuring potentiometer)*. M. sind Wirkwiderstände mit veränderbaren Widerstandswerten, die wie ein Potentiometer aufgebaut sind und hohen Qualitätsansprüchen z.B. bezüglich des Funktionsverlaufes, der Einstellbarkeit und der Fehlergrenzen genügen. Die Widerstandswerte können in linearen oder anderen Funktionsverhältnissen (Funktionspotentiometer) geändert werden. M. sind z.B. als Drehpotentiometer oder als Schiebepotentiometer aufgebaut. Weitere Ausführungsformen sind: Schleifdraht-M., mehrgängige Drahtwendelpotentiometer, ohmsche Meßfühler, Ringwaage. [12]   Fl

Meßprinzip *(measuring principle)*. Das M. ist die einem Meßverfahren zugrundegelegte naturwissenschaftliche Gesetzmäßigkeit. Zur Erfassung von Meßwerten einer physikalischen Größe sind häufig eine Reihe von Meßprinzipien anwendbar. Die Meßgröße Temperatur kann z.B. aufgrund verschiedener Wirkungen bestimmt werden: infolge Wärmestrahlung durch Pyrometer, im Widerstandsthermometer durch Widerstandsänderungen. [12].   Fl

Meßschaltung *(measuring circuit)*. Die M. dient im Zusammenhang mit einem ausgewählten Meßverfahren der technischen Lösung der Meßaufgabe. Verschiedene Meßschaltungen für die gleiche Aufgabe unterscheiden sich häufig durch die Empfindlichkeit. Der Einfluß der M. bestimmt z.B. den systematischen Fehler, der bei der Messung entsteht. Beispiel: Messung von Wirkwiderständen mit Hilfe von Strom- und Spannungsmessung oder mit einer Widerstandsmeßbrücke. Die M. kann auch eine Meßeinrichtung oder eine Meßkette sein. [12].   Fl

Meßsender *(measuring transmitter)*, Hochfrequenz-Signalgenerator, Labormeßsender. M. sind Meßgeneratoren, die als Sendesignalquelle zur Messung und Überprüfung z.B. der Eigenschaften von Hochfrequenzempfangsgeräten eingesetzt werden. Der Einstellbereich der Ausgangsspannung reicht vom Mikrovoltbereich bis etwa 3 V. Der Wellenbereich umfaßt häufig die Längstwellen bis zu den Mikrowellen, in umschaltbare Bereiche unterteilt. Das Ausgangssignal kann bei den Meßsendern in allen technisch genutzten Modulationsarten (→ Modulation) beeinflußt werden. Die Ausgangsleistung liegt zwischen 1 pW und 2 W. Leistungs-M. erreichen Werte bis etwa 30 W. Häufig sind M. auch für Wobbelmeßverfahren einsetzbar. [8], [12], [13], [14], [19].   Fl

Meßsensor → Meßfühler.   Fl

Meßsonde → Meßfühler.   Fl

Meßsonde, induktive → Meßfühler, induktiver —.   Fl

Meßspannungsquelle → Meßstromquelle.   Fl

Meßstelle *(measuring junction, measuring position)*, Meßort. Die M. ist der Ort, an dem die Meßwerte erfaßt werden. Bei zahlreichen Meßaufgaben, insbesondere beim elektrischen Messen nichtelektrischer Größen, sind M. und Anzeigevorrichtung zwangsläufig örtlich getrennt (z.B. Messung des Durchflusses). Weite Strecken werden mit Mitteln der Fernmessung überbrückt, wobei häufig mehrere Meßstellen zu einer Meßgruppe zusammengefaßt werden. [12], [18].   Fl

Meßstromquelle *(measuring current source)*, Meßspannungsquelle. Meßspannungsquellen sind alle Geräte, die als Wechselstrom-, Gleichstrom- oder als Spannungsquellen definierte Signalgrößen mit gleichbleibenden Eigenschaften z.B. zu Messungen an passiven oder aktiven Zwei- bzw. Vierpolen zur Verfügung stellen oder der Speisung von Meßschaltungen dienen. Die in Meßspannungsquellen erzeugten elektrischen Größen sind häufig einstellbar; Fehlergrenzen und Einflußgrößen sind niedrig gehalten und werden angegeben. Meßspannungsquellen können z.B. sein: Meßgeneratoren, Frequenzdekaden, Spannungsnormale, Konstantstromquellen, Netzgeräte. [12]. Fl

Meßtechnik *(measurement technique)*. Mit Hilfe der M. lassen sich Eigenschaften und Abläufe physikalischer Größen zahlenmäßig erfassen, übertragen und verarbeiten, sofern sie als Meßgrößen charakterisiert sind. Der Meßvorgang beruht auf einem Vergleich der zu messenden Größe mit einer anderen, als Einheit dienenden Größe gleicher Art. Häufig verwendete Methoden zur Ermittlung von Werten einer Meßgröße sind die Ausschlagmethode und die Kompensationsmethode. Im allgemeinen stehen für jede Meßgröße eine Reihe von Meßprinzipien zur Verfügung. Zur Lösung einer gestellten Aufgabe wird das gewählte Prinzip durch ein geeignetes Meßverfahren mit Hilfe einer Meßeinrichtung praktisch verwirklicht. Die Mittel der M. ergänzen und erweitern den menschlichen Wahrnehmungsbereich und werden z.B. häufig zum Schutze des Menschen vor unkontrollierten Abläufen physikalischer Vorgänge, z.B. Naturkatastrophen, eingesetzt. [12]. Fl

Meßtechnik, elektrische *(electric measurement technique)*. Die elektrische M. dient dem Erfassen und der Auswertung elektrischer und nichtelektrischer Größen, soweit letztere eine auswertbare Umwandlung in elektrische Werte zulassen. Infolge der hohen Empfindlichkeit und des nur von wirtschaftlichen Erwägungen begrenzten Auflösungsvermögens elektrischer Meßmethoden und auch begründet durch nahezu leistungslos und schnell arbeitende Meßverfahren, besitzt die elektrische M. entscheidende Vorteile gegenüber anderen Techniken des Erfassens physikalischer Größen und Abläufe. Eine Verarbeitung meßtechnisch gewonnener, elektrischer Größen ist unabhängig davon möglich, ob die Meßwerte analog oder – besonders günstig zur automatischen Steuerung physikalischer Vorgänge – digital vorliegen. Große Bedeutung besitzt die Übertragung von Meßinformationen über größere Entfernungen, die Fernmeßtechnik. Weiterhin unterscheidet man z.B. die Betriebsmeßtechnik, die Labor- und Analysenmeßtechnik und im medizinischen Bereich die biomedizinische Meßtechnik. [12]. Fl

Meßthermoumformer → Thermoumformermeßwerk. Fl

Meßtransformator → Meßwandler. Fl

Meßumformer *(transmitter)*, Meßgrößenumformer, Einheitsmeßumformer, Meßwertumformer. M. sind Meßgeräte, die innerhalb eines Meßbereiches analoge Eingangssignale in eindeutig mit ihm zusammenhängende analoge Ausgangssignale umwandeln. Man unterscheidet: 1. Einheitsmeßumformer: Ein Gerät, in dem Aufnehmer und Meßverstärker, häufig auch weitere, zusätzliche Meßschaltungen, eingebaut sind. Eingangsgröße ist die Meßgröße, Ausgangsgröße ein elektrisches oder pneumatisches Einheitssignal mit festgelegtem Bereich. Oft verwendete Bereiche sind: Elektrischer Signalbereich: 0 mA bis 20 mA Gleichstrom, 1 mA bis 20 mA Gleichstrom, 0 V bis 10 V Gleichspannung. Pneumatischer Signalbereich: 0,2 bar bis 1 bar Luftdruck. 2. Meßgrößenumformer: Ein Gerät, bei dem die Meßgröße in eine andere physikalische Größe umgesetzt wird (z.B. Widerstandsthermometer, Photozelle, Pyrometer). Die M. werden häufig von einem Hilfsgerät (z.B. Netzgerät) mit Hilfsenergie versorgt. Man benötigt sie z.B. in Meßketten zur Messung nichtelektrischer Größen. [12], [18]. Fl

Messung nichtelektrischer Größen *(measuring method of nonelectrical quantities)*. 1. Lösungswege von Meßaufgaben ohne den Einsatz elektrischer oder elektronischer Meßgeräte bzw. -einrichtungen. 2. Die nichtelektrische Meßgröße wird z.B. mit Hilfe eines Meßumformers oder Aufnehmers in eine proportionale elektrische Größe umgesetzt. Die Weiterverarbeitung der Meßwerte findet innerhalb einer Meßkette nach Verfahren und Methoden der elektrischen Meßtechnik statt. Es können analoge oder digitale Meßverfahren zugrundegelegt werden. Fernmessungen nichtelektrischer Größen werden durch Mittel der elektrischen Informationsübertragung ermöglicht. Am Ende der Meßkette kann der Meßwert in Einheiten der nichtelektrischen Größe am Anzeigeinstrument abgelesen und, falls erforderlich, weiterverarbeitet werden. [12], [18]. Fl

Meßunsicherheit *(inaccuracy of measurement)*. Die M. ist eine mit statistischen Mitteln bestimmbare Größe, die den angenäherten Anteil zufälliger und abschätzbarer Fehler eines → Meßergebnisses angibt. Die Angabe erfolgt mit beiden Vorzeichen. Innerhalb der Grenzwerte ist das Meßergebnis unsicher. Die M. wird durch zwei Ausdrücke festgelegt. 1. Der zufällige Fehler wird mit dem Betrag des Vertrauensbereiches v (über den Vertrauensfaktor t, einer gewählten statistischen Sicherheit bei n Einzelmessungen und der Standardabweichung s) durch den Zusammenhang:

$$v = \pm \frac{t}{\sqrt{n}} \cdot s$$

ausgedrückt. 2. Der Betrag des abschätzbaren Fehlers x_F gibt den Anteil nicht erfaßbarer Fehler an. In dieser Angabe sind z.B. die Fehler der Meßgeräte aufgrund der Genauigkeitsklasse enthalten. Die M. u wird folgendermaßen ausgedrückt:

$$u = \pm \left(\left| \frac{t}{\sqrt{n}} \cdot s \right| + |x_F| \right)$$

und gemeinsam mit dem korrigierten Meßwert als Meßergebnis angegeben. [12]. Fl

Meßverfahren *(measurement method)*. M. sind die praktische Anwendung eines Meßprinzips zur Lösung einer Meßaufgabe. Man unterscheidet: 1. Direkte M.: Der gesuchte Wert einer Meßgröße wird unmittelbar mit einem Bezugswert einer gleichartigen Größe, z.B. einem Normal, verglichen. Beispiel: Brückenmeßverfahren, Kompensationsmeßverfahren. 2. Indirekte M.: Der gesuchte Wert einer Meßgröße wird auf eine andersartige physikalische Größe zurückgeführt. Die Bestimmung des Meßwertes erfolgt über eine naturwissenschaftliche Gesetzmäßigkeit, die beide Größen miteinander verknüpft. Beispiel: Ermittlung des Wertes eines Wirkwiderstandes über eine Strom- und Spannungsmessung. Die Berechnung des Widerstandswertes erfolgt über das Ohmsche Gesetz. Beide Meßverfahren können sowohl analog als auch digital durchgeführt werden. [12]. Fl

Meßverfahren, analoge *(analogue measuring method)*. Analoge M. sind Lösungswege von Meßaufgaben, bei denen jeder beliebige Wert der zu messenden physikalischen Größe als Eingangsgröße einem anderen Wert einer Ausgangsgröße zugeordnet wird. Die Ausgangsgröße tritt als eindeutige, stetig verlaufende Abbildung der Eingangsgröße auf. Es gibt keine Beschränkung innerhalb der Ausgangsgröße bezüglich der Menge anfallender Werte, sie kann theoretisch unendlich groß sein. Analoge M. werden mit Meßgeräten oder -einrichtungen durchgeführt, die äußerlich an der Analoganzeige erkennbar sind. Wichtiger Vorteil analoger M. gegenüber digitalen M.: Schnelle Änderungen der Meßgröße lassen sich bei gering bleibendem Schaltungsaufwand leicht erfassen. [12], [18]. Fl

Meßverfahren, digitale *(digital measuring method)*. Bei digitalen M. werden Werte einer Meßgröße in eine dem Meßbereich entsprechende Folge von Intervallen kleinster, diskreter Einheiten, den Meßquanten mit der Folgefrequenz f_q, unterteilt. Dies kann entweder direkt, z.B. mit einer Codescheibe, oder indirekt, mit einem Analog-Digital-Wandler, erfolgen. Ein Meßwert setzt sich aus einer festgelegten Anzahl von Meßquanten zusammen. 1. Momentanwertquantisierung: Eine Abtasteinrichtung (→ Abtastung) summiert in vorgegebenen Zeitintervallen t_A die einzelnen Meßquanten zum Meßwert auf. 2. Festmengenquantisierung: Ein Meßwert wird immer nur dann gewonnen, wenn eine Änderung seitens der Meßgröße auftritt. Der bei diesen Vorgängen entstehende Meßfehler F wird bestimmt: $F = 1/(t_A \cdot f_q)$. Wegen der endlichen Werte der Abtastzeiten t_A ergibt sich bei digitalen M. ein ungünstiges dynamisches Verhalten (niedrige Grenzfrequenz) gegenüber schnellen Änderungen der Meßgröße. Gemäß dem Prinzipbild wird der gewonnene Meßwert weiterverarbeitet, häufig in ein anderes Zahlensystem codiert und entsprechend der gewünschten Anforderungen als Codewort parallel oder seriell z.B. zur Fernübertragung ausgegeben, gespeichert oder nach weiterer Codierung als dezimale Ziffernfolge angezeigt. [12]. Fl

Meßverstärker *(measuring amplifier)*. Der M. soll als Anpassungsglied in einer Meßschaltung z.B. die Belastung der Meßeinrichtung auf die als Signalquelle wirkende Meßstrecke (oder den Prüfling) gering halten. Häufig sind M. einem Meßwerk vorgeschaltet, um dessen Einfluß des Eigenverbrauchs auf die Meßgröße zu verhindern und die Empfindlichkeit zu erhöhen. In Meßumformern eingebaute M. besitzen die zusätzlciche Aufgabe, den Meßwert in einen Gleichstromwert z.B. zur Fernmessung umzusetzen. Die M. sind nach Prinzipien der Verstärkertechnik aufgebaut und benötigen Hilfsenergie. Anforderungen an M. sind z.B.: Proportionalität im angegebenen Meßbereich zwischen Eingangs- und Ausgangsgröße; Unabhängigkeit von Alterung der Bauelemente und Einflüssen der Umgebung; schnelles Folgen der Änderungen der Meßgröße; niedrige Steuerleistungen zur Erzielung der notwendigen Ausgangsleistungen. [12]. Fl

Meßwandler *(measuring transformer)*, Meßtransformator. M. sind Transformatoren für Meßzwecke, deren Aufbau und angegebene Nennwerte festgelegten Genauigkeitsklassen entsprechen müssen (VDE 0414). Sie dienen dazu, Wechselströme und -spannungen auf die Meßbereiche angeschlossener Meßinstrumente (z.B. Strom-, Spannungs-, Leistungsmesser, Wechselstromzähler) oder Schutzeinrichtungen zu transformieren, damit die Wechselgrößen im eigentlichen Meßkreis für Menschen und Geräte gefahrlose Werte erhalten. In Hochspannungsanlagen isolieren M. Meßeinrichtungen von Hochspannungen. Die Meßgröße wird an die Primärwicklung, das Meßinstrument (oder allgemeine Bezeichnung: die Bürde) an die Sekundärwicklung des Meßwandlers angeschlossen. Man unterscheidet: Spannungswandler, Stromwandler, kapazitive M. [8], [12], [18]. Fl

Meßwandler, kapazitive *(capacitive voltage divider for measuring)*. Kapazitive M. bestehen aus einem Spannungsteiler, der aus Kondensatoren und einem angeschlossenem Spannungswandler aufgebaut ist. Sie dienen als M. z.B. in Hochspannungsanlagen der gefahrlosen Messung von Hochspannungswerten. Die Kondensatoren C_1 und C_2 im Bild teilen zunächst die Hochspannung

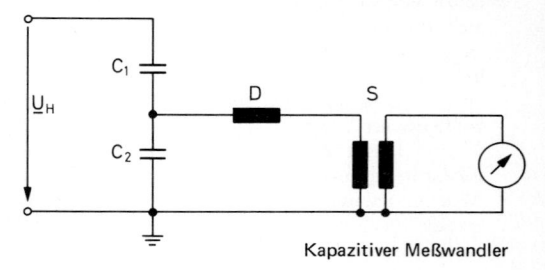

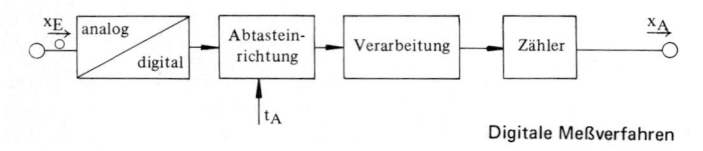

Kapazitiver Meßwandler

Digitale Meßverfahren

auf Werte von etwa 10 kV bis 30 kV herab. Zur Kompensation des kapazitiven Blindwiderstandes folgt eine Drosselspule D, der die Primärwicklung eines Spannungswandlers s angeschlossen ist. Über der Sekundärwicklung liegt als Bürde ein Spannungsmesser, der im Bereich von Niederspannungen betrieben wird. [12], [14]. Fl

Meßwarte *(measuring watch tower)*. Die M. ist ein abgeschlossener, zentral gelegener Raum im Bereich einer industriellen Großanlage. Im Raum befinden sich Anzeige- und Registrierinstrumente auf Meßtafeln und Steuerpulte mit Signalflußplänen und Betätigungsorganen übersichtlich angeordnet. Die Einrichtung dient der Überwachung und Steuerung des gesamten technischen Betriebsablaufs. Die dazu benötigten Meßwerte werden als Werte elektrischer Größen über Fernmeßstrecken (→ Fernmessung) in die M. geleitet bzw. von ihr in Leitstände gesendet, die einzelnen Betriebsanlagen vorgelagert sind. Häufig findet ein Datenaustausch über Prozeßrechner und Datenverarbeitungsanlagen statt. [12], [18]. Fl

Meßwerk *(measuring system)*. Das M. ist mechanisch-elektrischer Bestandteil eines elektrischen Meßinstruments. Es enthält: 1. Bewegliche Teile, deren Bewegung oder Stellung von Werten der Meßgröße abhängen (z.B. Drehspule und Spiralfedern eines Drehspulmeßwerkes). 2. Feste Teile, die im Zusammenspiel mit beweglichen Teilen eine Bewegung erzeugen (Permanentmagnet beim Drehspulmeßwerk). 3. Die Lagerung, die hauptsächlich der Führung des bewegten Organs dient. 4. Die Skala, auf der Meßwerte abgelesen werden. Weitere Bauelemente des Meßwerks sind Dämpfungseinrichtungen und Zeiger. Häufig sind die Meßwerke zur Verringerung von Fremdfeldeinflüssen mit einer Schirmung ausgerüstet. [12]. Fl

Meßwerk, dynamometrisches → Meßwerk, elektrodynamisches. Fl

Meßwerk, elektrodynamisches *(electrodynamical measuring system)*, dynamometrisches Meßwerk. Das elektrodynamische M. besteht aus einer feststehenden, vom Meßstrom durchflossenen Spule (Stromspule), in deren magnetischem Feld eine drehbare Spule angeordnet ist. Die Drehspule liegt an der Meßspannung (Spannungsspule). Der von der Meßspannung bewirkte Strom wird über zwei elektrisch leitende richtkrafterzeugende Spiralfedern der Spannungsspule zu- und abgeführt. Das elektrische Drehmoment M_{el} ist von den Windungszahlen w_1 und w_2 der Spulen, der Länge l der Feldlinien im Luftspalt, der wirksamen Rahmenfläche A der Drehspule, der Permeabilität μ_0 und den Strömen i_1 und i_2 abhängig:

$$M_{el} = \mu_0 \frac{w_1 \cdot w_2}{l} \cdot A \cdot i_1 \cdot i_2 \,.$$

Bei Gleichgewicht des elektrischen Moments und des von den Spiralfedern bewirkten mechanischen Gegenmoments bleibt der Zeiger in Ruhestellung. Bei Richtungswechsel beider Spulenströme bleibt die Richtung des elektrischen Drehmoments erhalten. Elektrodynamische Meßwerke sind für Messungen von Gleich- und Wechselgrößen (kurvenformunabhängig) geeignet. Anwendungen: z.B. Leistungsmesser, Frequenzmesser als Doppelspulmeßwerk, Phasenmesser als Kreuzspulmeßwerk, Widerstandsmesser. [12]. Fl

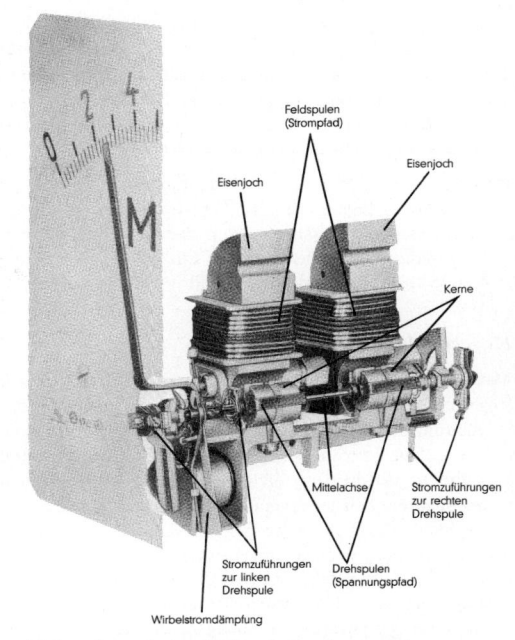

Elektrodynamisches Meßwerk (zweisystemig)

Meßwerk, elektrostatisches *(electrostatic measuring system)*. Die Arbeitsweise des elektrostatischen Meßwerks beruht auf dem Prinzip der Anziehung zweier elektrischer Ladungsträger gegen eine mechanische Richtkraft. Das Meßwerk ist wie ein Kondensator mit einer festen und einer beweglichen Elektrode aufgebaut (Bild). Unter

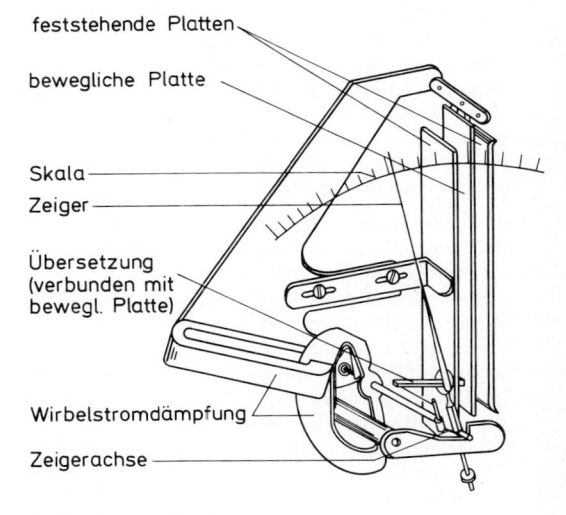

Elektrostatisches Meßwerk

Einfluß einer angelegten Meßspannung (Gleich- oder Wechselspannung) ändert sich der Kapazitätswert der Anordnung, bis elektrisches Moment und mechanisches Moment von einer Spiralfeder im Gleichgewicht sind. Man findet elektrostatische Meßwerke z.B. in Elektrometern und in Hochspannungsmessern. [12]. Fl

Meßwert *(measured value)*, Beobachtungswert. Der M. ist der von der Anzeige eines Meßinstrumentes oder einer Meßeinrichtung abgelesene Wert der Meßgröße. Er wird als Produkt aus Zahlenwert und Einheit der gemessenen Größe angegeben. Der M. ist nicht unbedingt das Meßergebnis. [12]. Fl

Meßwertaufnehmer → Aufnehmer. Fl

Meßwertdrucker *(logger; printing recorder)*. Der M. ist ein Datenendgerät, das anfallende Meßwerte einer Meßeinrichtung als alphanumerische Zeichen, häufig mit Sonderzeichen, zur Dokumentation auf Registrierpapier gedruckt ausgibt. Der Zeichenvorrat wird z.B. von einem angebauten Zeichengenerator oder einer Typenscheibe begrenzt. Beide Anordnungen sind häufig austauschbar. Vielfach werden die auszugebenden Zeichen gespeichert, bis eine Zeile gefüllt ist. Der Druckvorgang läuft dann zeilenweise ab. Hauptunterscheidungsmerkmal der M. ist die Druckgeschwindigkeit, die in Zeilen/Sekunde angegeben wird. Nach dem Verfahren unterscheidet man: 1. Mechanische Druckverfahren. Beispiele: Kettendrucker (etwa 25 Zeilen/s), Trommeldrucker, Fernschreiber. 2. Nichtmechanische Druckverfahren. Beispiele: Laserdrucker, Xerographie. Es sind Druckgeschwindigkeiten von etwa 900 Zeilen/s möglich. [1], [12], [18]. Fl

Meßwertspeicher *(memory of measured values)*. Der M. dient der Speicherung von Meßwerten, die nicht sofort, sondern zu einem späteren Zeitpunkt verarbeitet werden. Abhängig vom Meßverfahren unterscheidet man analoge und digitale Speicher. 1. Analoge Speicher: Die Meßwerte werden häufig als stetig verlaufende Meßgröße innerhalb eines Meßbereichs z.B. auf Magnetband, Registrierstreifen, Photopapier (→ Lichtstrahloszillograph) oder in einer Speicherröhre (→ Speicheroszilloskop) festgehalten. 2. Digitale Speicher: Die anfallenden Meßinformationen werden in diskreter Form als Binärzeichen in Wortlängen (z.B. als Byte) aufgelöst und in Digitalspeichern bis zum Abruf aufbewahrt. Die Möglichkeiten einer einfachen Speicherung von Meßwerten sind ein großer Vorteil der Digitalmeßtechnik. [1], [12], [18]. Fl

Meßwertübertragung, analoge *(analogue data transmission)*. Die analoge M. dient hauptsächlich in der Fernmeßtechnik zur Weiterleitung von Meßwerten einer physikalischen Größe, zu deren Beobachtung oder Verarbeitung in einer örtlich entfernten Meßzentrale. Der Meßbereich ist eingegrenzt. An der Meßstelle wandelt ein Meßumformer die Meßgröße in eine proportionale elektrische (häufig auch pneumatische) analoge Größe um. Elektrische Übertragungsmöglichkeiten sind: 1. Gleichstromfernübertragung. Innerhalb eines Meßbereichs (0 % bis 100 %) liegende Werte der Meßgröße werden in einen einheitlichen Bereich (z.B. von 0 mA bis 20 mA) als analoge Werte einer Gleichspannung oder eines Gleichstromes über Kabelstrecken weitergeleitet. Ist die Meßgröße elektrischer Art, z.B. Strom, Spannung, Widerstand, kann eine direkte Übertragung erfolgen. 2. Wechselstromfernübertragung: Sie erfolgt häufig leitungsgebunden, seltener in Form von Abstrahlung elektromagnetischer Wellen in den freien Raum. Sind Wechselspannungen, Wechselströme oder Frequenzen Meßgrößen (z.B. von Wechselspannungsgeneratoren) kann eine direkte Übertragung erfolgen. Vielfach werden die Meßwerte durch ein Modulationsverfahren einer Trägerwechselspannung aufgeprägt. Die Modulation kann mit sinusförmigen Größen oder mit Pulsen erfolgen. [12], [18]. Fl

Meßwertübertragung, digitale *(digital data transmission)*. Die digitale M. ermöglicht in Verbindung mit digitalen Meßverfahren die Fernübertragung einer Vielzahl anfallender Meßwerte bei höchstmöglicher Ausnutzung hierfür zur Verfügung gestellter Übertragungskanäle. Meßstelle und Ort der Meßwertverarbeitung können außerordentlich weit entfernt sein (z.B. Satelliten, Raketensteuerung). Eine unmittelbare Weiterverarbeitung und Speicherung ist über Datenverarbeitungsanlagen möglich. Die Meßwerte verschiedener Meßstellen werden z.B. mit entsprechend zugeordneten Analog-Digital-Wandlern als Binärzeichen in Wortlängen zusammengefaßt. Multiplexer, die in einer vorgeschriebenen Reihenfolge von einem Taktgenerator gesteuert werden, schalten die einzelnen Meßstellen auf die Übertragungskanäle. Häufigstes Übertragungsverfahren ist die Pulscodemodulation. Eine Verbesserung der Übertragungseigenschaften erhält man z.B. mit pseudoternärem Code; Fehlermeldungen z.B. durch Paritätskontrolle des ausgesendeten Datenwortes. Am Empfangsort wird mit einer gleichartigen Einrichtung eine Decodierung zur Wiedergewinnung der Meßwerte durchgeführt. [1], [12], [18]. Fl

Meßwertumformer → Meßumformer. Fl

Meßwertverarbeitung, inkrementale *(incremental processing of measured data)*, Schrittzählverfahren, Schrittschaltverfahren. Bei der inkrementalen M. (Inkrement = Zuwachs) werden Werte einer physikalischen Größe als elektrische Pulse mit einer dieser Größe proportionalen Pulsfolgefrequenz ausgedrückt. Ein Bezugspunkt muß festgelegt werden. Sollen z.B. Schwankungen einer Meßgröße um einen mittleren Wert erfaßt werden, unterteilt man von einem festgelegten Nullpunkt ausgehend die Meßgröße in eine Anzahl z.B. gleich großer Teilbeträge sowohl in positiver als auch in negativer Zählrichtung. Nullpunkt kann der mittlere Wert der Meßgröße sein. Ändert sich die Meßgröße nach positiven Werten, werden so viel Pulse aufaddiert, wie die Meßgröße an Teilbeträgen zugenommen hat. Bei Änderungen nach negativen Werten erfolgt eine entsprechende Subtraktion der Anzahl der Pulse. Bei der inkrementalen M. werden die einzelnen Schritte mit einem Zähler gezählt. Addition und Subtraktion lassen sich mit Vor-Rückwärtszählern durchführen. Auftretende Zählfehler werden nicht erkannt. Die inkrementale M. kann bei analogen und bei digitalen Meßverfahren eingesetzt werden. Anwendungen: z.B.

Füllstandsmessungen, Wege- und Drehwinkelmessungen. [12], [18]. Fl

Meßwertwandler → Meßfühler. Fl

Meßwiderstand *(measuring resistor)*. 1. Als M. wird häufig ein Wirkwiderstand bezeichnet, dessen Widerstandswert weitgehend unabhängig von äußeren Einflüssen (z.B. Temperatur, Luftfeuchtigkeit) mit engen Fehlergrenzen im Bereich der angegebenen Nennleistung lange Zeit beständig bleibt. Widerstände dieser Art sind Präzisionswiderstände. 2. Ohmsche Meßfühler, die unter dem Einfluß einer physikalischen Größe ihre Widerstandswerte ändern, bezeichnet man ebenfalls häufig als Meßwiderstände. Besondere Meßwiderstände sind die passiven thermoelektrischen Meßfühler, deren Änderungen der Widerstandswerte in angegebenen Meßbereichen Temperaturwerte zugeordnet werden. Man findet sie z.B. als Meßeinsatz in Widerstandsthermometern. [12]. Fl

Metallackkondensator → Kunststoffolienkondensator. Ge

Metallaustrittsarbeit *(metallic work function)*. Gibt die Arbeit an, die aufgewendet werden muß, um ein Elektron aus einem Metall herauszulösen. Sie wird vom Fermi-Niveau aus gezählt und liegt in der Größenordnung von 1 eV bis 10 eV. [5]. Bl

Metallbindung *(metallic bond)*. Tritt bei Elementen auf, die eine (Alkalimetalle) oder mehrere (Übergangsmetalle) nicht abgeschlossene Elektronenschalen besitzen. Sind die Atome hinreichend eng benachbart, so überlappen sich die Elektronenwolken der Außenelektronen, so daß sich die Gitteratome in einem Elektronenmeer befinden, das den Zusammenhalt bewirkt. Metallisch gebundene Substanzen zeigen (aufgrund der hohen Elektronenbeweglichkeit) gute elektrische Leitfähigkeit und Wärmeleitfähigkeit. Wegen des Ausschließungsprinzips (Pauli-Prinzip) müssen in einer derartigen Bindung einige Elektronen höhere Energiezustände einnehmen. [5]. Bl

Metalldehnmeßstreifen *(metal resistance strain gauge, metal resistance strain gauge)*.(→ Bild Dehnmeßstreifen), Metall-DMS. Der M. ist ein ohmscher Meßfühler, dessen Wirkwiderstand sich unter Einwirkung mechanischer Kräfte ändert. Er besteht aus einem langen, dünnen Metalldraht. Unter Krafteinwirkung wird er in der Länge gedehnt, im Querschnitt verkleinert. Es ändert sich die Struktur des inneren Gitteraufbaus und davon abhängig der spezifische elektrische Widerstand des Metalldrahtes. Widerstandsmaterialien sind z.B. Konstantan-Nickel-Chrom-Legierungen. Die Widerstandsänderungen werden in einer Brückenschaltung erfaßt. Wichtige Kenngröße ist der k-Faktor (Verhältnis relativer Widerstandsänderung $\Delta R/R$ zur relativen Längenänderung $\Delta l/l$). Er nimmt bei M. Werte von etwa 2 an. Werte des Nennwiderstandes sind 120 Ω, 350 Ω, 600 Ω. Nach den Ausführungsformen unterscheidet man z.B.: 1. Drahtdehnmeßstreifen: Das Widerstandsmaterial ist z.B. mäanderförmig auf elektrisch nichtleitender Kunststoffolie aufgebracht. 2. Metallfilmdehnmeßstreifen (auch Foliendehnmeßstreifen): Aus einer Metallfolie wird das Widerstandsmaterial in besonderen Formen herausgeätzt und auf eine Trägerfolie aus Kunstharz aufgebracht. [12], [18]. Fl

Metall-DMS → Metalldehnmeßstreifen. Fl

Metalle *(metals)*. Sie sind durch ihre besonders große elektrische und thermische Leitfähigkeit gekennzeichnet. Die elektrische Leitfähigkeit nimmt mit steigender Temperatur ab. Bei Metallen überlappen sich das Leitungs- und das Valenzband, so daß die Elektronen dieses Energiebereiches sich nahezu frei über den ganzen Kristall bewegen können (→ Elektronengas). [5]. Bl

Metallfilmwiderstand → Schichtwiderstand. Ge

Metallfolienkondensator → Kunststoffolienkondensator. Ge

Metallgatefeldeffekttransistor *(metal gate FET)*, MESFET. Feldeffekttransistor, dessen Gate aus einem Schottky-Kontakt besteht (DIN 41 855). Anwendung: Mikrowellenverstärker, schnelle integrierte Schaltungen. [4]. Ne

Metallgitter *(metal lattice)*. Sie werden durch „metallische Bindung" zusammengehalten, wobei die Gitteratome in einem Elektronengas eingebettet sind. Der Zusammenhalt der Metallkristalle erfolgt durch die Elektronen, die sich bei der Kristallbildung der gleichartigen Atome abspalten, Merkmal der M. sind die große elektrische Leitfähigkeit und Wärmeleitfähigkeit und ihre Undurchsichtigkeit. Metalle sind Elektronenleiter. [5]. Bl

Metall-Halbleiter-Diode → Schottky-Diode. Ne

Metall-Halbleiterfeldeffekttransistor → MESFET. Ne

Metall-Halbleiter-FET → MESFET. Ne

Metall-Halbleiter-Kontakt *(metal-semiconductor contact)*. Wird z.B. ein N-dotierter Halbleiter mit einem Metall in Kontakt gebracht und ist die Austrittsarbeit $e\Phi_M$ des Metalls größer als die Austrittsarbeit $e\Phi_{HL}$ des Halblei-

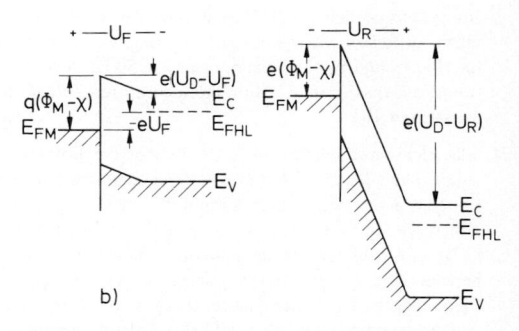

Bändermodell eines Metall-Halbleiterkontaktes für $\phi_M > \phi_{HL}$. a) Thermodynamisches Gleichgewicht; b) Vorwärtsrichtung; c) Rückwärtsrichtung

ters, treten Elektronen so lange vom Halbleiter in das Metall über, bis sich die beiden Fermi-Niveaus im thermischen Gleichgewicht angeglichen haben. Auf der Halbleiterseite hat sich eine Verarmungszone, im Metall eine Anreicherungszone und somit ein elektrisches Feld, das den weiteren Übertritt von Elektronen aus dem Halbleiter in das Metall verhindert, gebildet. Wird der M. in Flußrichtung gepolt, können Elektronen vom Halbleiter in das Metall übertreten (Vorwärtsstrom). Bei Sperrpolung können keine Elektronen vom Halbleiter in das Metall übertreten. Man hat also einen Gleichrichtereffekt vor sich. Beschaltete Metall-Halbleiter-Kontakte nennt man Schottky-Dioden. Im Gegensatz zu PN-Dioden wird das Verhalten von Schottky-Dioden von Majoritätsladungsträgern bestimmt. Speichereffekte durch Minoritätsladungsträger sind vernachlässigbar. Deshalb können Schottky-Dioden als Gleichrichter bei extrem hohen Frequenzen eingesetzt werden. Wählt man einen M. mit $e\Phi_M < e\Phi_{HL}$ (für einen N dotierten Halbleiter), treten Elektronen vom Metall in den Halbleiter über. Im thermodynamischen Gleichgewicht ist die Potentialbarriere zwischen Metall und Halbleiter gering, so daß schon bei kleinen Spannungen zwischen Metall und Halbleiter Elektronen fließen können. Dotiert man den Halbleiter hoch, verliert der M. seine Sperrfähigkeit und wird in beiden Richtungen leitend, weil Elektronen durch die Sperrzone durchtunneln können. Diesen Effekt wendet man bei ohmschen Kontakten an, wobei die Spannung dem Strom etwa proportional ist. [7]. Ne

Metallinse → Linsenantenne. Ge

Metall-Isolator-Halbleiter-Struktur → MISFET. Li

Metallkunststoffkondensator → Kunststoffolienkondensator. Ge

Metalloxidvaristor → Widerstand, spannungsabhängiger. Ge
Ge

Metallpapierkondensator *(metallized paper capacitor)*, MP-Kondensator. Kondensator mit Rundwickeln (→ Wickelkondensator) aus imprägniertem Papier als Dielektrikum mit aufgedampften, ausbrennfähigen Metallschichten als Beläge. Die Anschlüsse sind über metallgespritzte Wickelstirnseiten induktivitätsarm und kontaktsicher mit den Belägen verbunden. Die M. besitzen die Eigenschaft, Durchschlagstellen durch Verdampfen der Metallschicht selbst zu heilen. Anwendung: Kopplungskondensatoren für Gleich- und Wechselspannungen von 50 Hz, Motortriebskondensatoren, Glättungskondensatoren, Stützkondensatoren. [4]. Ge

Metallschichtband *(metal tape)*. Bezeichnet ein Reineisenmagnetband für Musikkassetten. Verglichen mit konventionellen Kassettenbändern kann auf dem M. wegen der hohen Dichte mehr Information gespeichert werden. Als Folge davon bietet das Band über dem ganzen Frequenzbereich eine höhere Ausgangsleistung. Vor allem der Frequenzgang bei hoher Aussteuerung ist verbessert. Der Aussteuerungsgewinn bei 10 kHz beträgt gegenüber Fe_2O_3-Band 8 dB bis etwa 10 dB. Das M. läßt sich allerdings nur auf Recordern verwenden, die für M. eingerichtet sind. Die Löschköpfe der „normalen" Kassettenrecorder können ein M. nur unzureichend löschen, so daß bei Neuaufnahmen ein Restsignal der alten Aufnahme hörbar bleibt. Der effektive Gewinn gegenüber dem zur Zeit „besten" Band (Ferrochrom-Band) beträgt etwa 2 dB bis 3 dB. Alle Angaben gelten natürlich nur für optimal eingestellte und eingemessene Recorder! [5], [13], [14]. Th

Metallschichtwiderstand → Schichtwiderstand. Ge

Metamagnetismus *(metamagnetism)*. Erscheinung bei einigen Antiferromagneten (z.B. Kobalt(II)- und Eisen(II)-Chlorid), die aus ferromagnetisch geordneten Schichten bestehen und die untereinander antiferromagnetisch (etwa durch Dipolkräfte) gekoppelt sind. Bei starkem äußeren Magnetfeld klappen parallel zur Schichtebene die magnetischen Momente um, wodurch ein ferromagnetischer Zustand entsteht. [5]. Bl

Meteorscatter → Streuausbreitung. Ge

Meter *(meter)*. SI-Basiseinheit der Länge (Zeichen: m). *Definition:* Das Meter ist das 1 650 763,73 fache der Wellenlänge der von ungestörten Atomen des Nuklids ^{86}Kr beim Übergang vom Zustand $5 d_5$ zum Zustand $2 p_{10}$ ausgesandten, sich im Vakuum ausbreitenden Strahlung (DIN 1301). [5]. Rü

Meterwellen *(very high frequency, VHF)*, Ultrakurzwellen, UKW. Teilbereich des Spektrums der elektromagnetischen Wellen von 30 MHz bis 300 MHz, Funkfrequenz. Die Ausbreitung ist durch Inhomogenitäten der Troposphäre, die Beugungs- und Brechungserscheinungen hervorrufen, gekennzeichnet. Die Reichweite liegt normalerweise innerhalb des optischen Horizontes; bei Auftreten von Inversionen Vergrößerung bis zu 400 km möglich; bei Ductbildung bis 1000 km. Durch Streustrahlung an der turbulenten Struktur der Troposphäre können Entfernungen bis 2000 km überbrückt werden. Frequenzen unterhalb 55 MHz können auch an der F_2- und an sporadischer E-Schicht reflektiert werden. Meistens durchdringen die M. jedoch die Ionosphäre. Weitere Ausbreitungswege sind über Aurora (Polarlichtreflektionen) und Meteoritenschauer möglich. Frequenzzuweisungen: Rundfunk, Funkortung, fester und beweglicher Funkdienst, Radioastronomie, Wetterdienst, Raumforschung, Amateurfunk. [14]. Ge

MF *(medium frequency, MF)*. Die Abkürzung bedeutet „Mittelfrequenz" und bezeichnet den Frequenzbereich von 200 kHz bis etwa 1,5 MHz. [8], [13]. Th

m-Glied *(m-derived section)* → Wellenparameterfilter. Rü

Mica → Glimmer. Ge

MICR *(magnetic ink character recognition)* → Magnetschriftleser. Li

Microcontroller *(microcontroler)*. Verwendung eines Systems mit Mikroprozessor zur Steuerung einer Maschine oder einer Komponente einer Datenverarbeitungsanlage, z.B. eines Ein-Ausgabe-Werkes. Wegen seiner begrenzten Aufgabenstellung benötigt der M. i.a. nur einen kleinen Programmspeicher, der oft als Festwertspeicher ausgeführt ist. [1], [18].   We

Microprocessing Unit → MPU.   We

Microstrip → Streifenleiter.   Ge

Microstripline → Streifenleiter.   Ge

Microswitch → Mikroschalter.   Ge

Mikrobefehl *(microinstruction)*, Mikroinstruktion. Befehl mit begrenzter Wirkung, der unmittelbar von der Datenverarbeitungsanlage ausgeführt wird. Ein M. kann in einzelnen Schritten (→ Mikrooperationen) ausgeführt werden. Es ist nicht möglich, durch Hard- oder Software einen M. in einzelne Abschnitte zu zerlegen. [1].   We

Mikrocomputer *(microcomputer, μC)*. Kleines Datenverarbeitungssystem, das den Prozessor und den Hauptspeicher sowie Schnittstellen für anzuschließende periphere Geräte enthält. Zum M. zählt man außerdem die Schaltungen zur Erzeugung der notwendigen Versorgungsspannung und Takterzeugung.

Mikrocomputer werden oft auf einer Platine angeboten, wobei der Prozessor ein Mikroprozessor ist (Single-Board-Computer). [1].   We

Mikroelektronik *(microelectronics)*. Bereich der Festkörperelektronik, der sich mit der Entwicklung, Herstellung und dem Einsatz von integrierten Schaltungen beschäftigt. Bei der Herstellung finden folgende Techniken Anwendung: Bipolar-, Unipolar-, Dickschicht- und Dünnschichttechnik. Bestreben der M. ist es, immer höher integrierte Schaltungen zu entwickeln bzw. immer mehr funktionale Einheiten auf einem Chip unterzubringen. [4], [6].   Li

Mikrofiche *(microfiche)*. Zusammenstellung von Mikrofilmaufnahmen. Ein DIN A 6-Blatt (Postkartenformat) enthält 60 bzw. 96 DIN A 4-Seiten Text. [9].   We

Mikrofilm *(microfilm)*. Film, auf dem Informationen in gedruckter, geschriebener, oder als Bild in stark verkleinerter Form (1:150) gespeichert werden. Ermöglicht bei geringen Materialkosten eine Reduzierung des Raumbedarfs auf 1 % bis 10 %. Spezielle Geräte erlauben die direkte Ausgabe von Daten vom Computer auf Mikrofilm (*computer-output to microfilm, COM*). [1].   Li

Mikroinstruktion → Mikrobefehl.   We

Mikrooperation *(microoperation)*. Kleinster in einem Prozessor vorkommender Arbeitsschritt, der bei synchron gesteuerten Anlagen während eines Taktes ausgeführt wird. Ein Mikrobefehl kann sich aus mehreren Mikrooperationen zusammensetzen. Der Aufbau eines Mikrobefehls aus Mikrooperationen wird auch als Nanoprogramm bezeichnet.

Der Mikrobefehl „Addiere Speicherstelle zum Akkumulator" zerfällt z.B. mindestens in die Mikrooperationen: Abruf des Befehls aus dem Speicher, Abruf des Operanden aus dem Speicher und Addition.
[1].   We

Mikrophon *(microphone)*. Elektroakustischer Wandler, der Schallschwingungen in elektrische Signale umwandelt.

Die gebräuchlichsten Typen sind: Kohlekörnermikrophon, dynamisches Mikrophon, Kondensatormikrophon und Kristallmikrophon. [13].   Th

Mikrophon, dynamisches *(dynamic microphone)*. Das dynamische M. gehört zur Gruppe der elektrodynamischen Wandler. Man unterscheidet zwei Typen: Tauchspulenmikrophon und Bändchenmikrophon. Beim Bändchenmikrophon gibt es keine flächige Membran; die Schallwellen wirken direkt auf einen im Magnetfeld beweglichen Leiter ein, der als sehr dünnes geripptes Bändchen ausgeführt ist. Der Vorteil ist, daß das Bändchen fast trägheitslos den Luftbewegungen folgen kann. [13].
                              Th

Mikroprogramm *(microprogram)*. Programm aus Mikrobefehlen im Mikroprogrammspeicher einer Datenverarbeitungsanlage. Das M. dient meist der Abarbeitung der einzelnen Befehle des Anwenderprogramms. Daneben kann es das Betriebssystem ganz oder teilweise enthalten. Das M. ist vom Anwender i.a. nicht änderbar. Es kann ganz oder teilweise in Festwertspeichern gespeichert sein (→ Firmware). [1].   We

Mikroprogrammspeicher *(microprogram memory)*. Speicher für die Aufnahme von Mikroprogrammen.

Der M. kann sowohl Festwertspeicher als auch Lese-Schreib-Speicher sein. Im letzteren Fall muß, da das Mikroprogramm immer verfügbar sein muß, bei Informationsverlust ein initialisierendes Mikroprogrammladen (*initial microprogram loading IMPL*) durchgeführt werden, um die Datenverarbeitungsanlage betriebsbereit zu machen. Zur Durchführung des IMPL muß ein Teil des Mikroprogrammspeichers Festwertspeicher sein (→ Lader).
[1].   We

Mikroprozessor *(microprocessor)*. Der M. (Abk.: μP) ist eine auf einem oder mehreren (→ Bit-Slices) Chips integrierte LSI-Schaltung, die in ihrem Aufbau — abgesehen von der beschränkten Wortlänge von 4, 8, 16 oder 32 Bit — weitgehend mit dem in der Zentraleinheit eines Digitalrechners enthaltenen Prozessor übereinstimmt. Die einzelnen Mikroprozessortypen sind zwar im Detail sehr verschieden aufgebaut, doch läßt sich ein prinzipieller Aufbau angeben (Bild). Die einzelnen Funktionsgruppen sind zwischen zwei Bus-Systemen angeordnet, dem Adreß- und dem Datenbus. Die gestrichelt gezeichneten Steuerleitungen, die zu den einzelnen Funktionsgruppen führen, werden oft als Steuerbus bezeichnet. Der Akkumulator ist das zentrale Register, in dem bei arithmetischen Verknüpfungen (z.B. der Summenbildung) jeweils ein Operand enthalten ist und in dem sich, nach Ausführung der Operation, das Ergebnis befindet. Er bildet zusammen mit der Arithmetikeinheit, die alle arithmetischen und logischen Operationen durchführt, das Rechenwerk des Mikroprozessors. Die Operationensteuerung decodiert den Operationsteil des jeweiligen im Befehlsregister enthaltenen Befehls und erzeugt die Steuersignale für die Ausführung des Befehls. Der Befehlszähler enthält die Speicheradresse des nächsten zu bearbeitenden Befehls. Befehlszähler, Befehlsregister und Operationensteuerung bilden das Steuerwerk des Mikroprozessors. Die Hilfsregister ermöglichen ein einfaches und schnelles Spei-

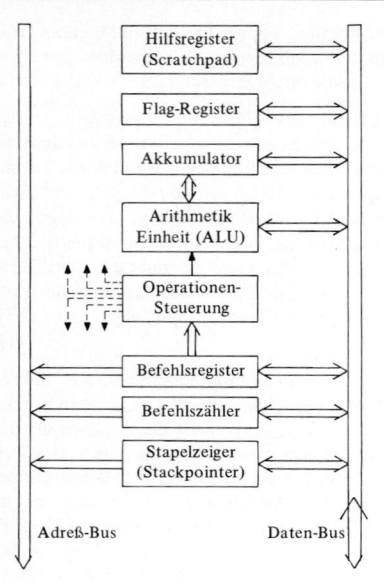

Blockschaltbild eines Mikroprozessors.

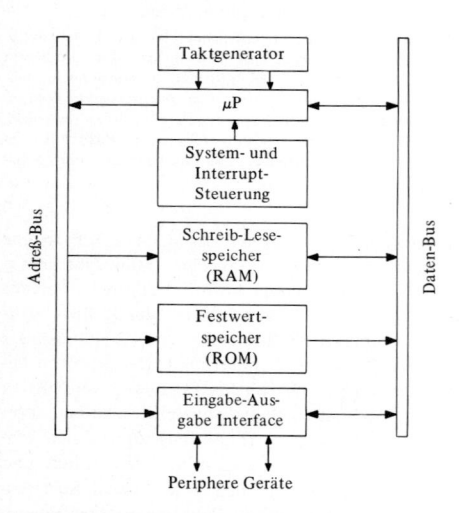

Blockschaltbild eines Mikrocomputer-Systems

entsprechend gewünschten Prioritäten, Interrupts. Mikroprozessoren mit 8 Bit Wortbreite haben einen Befehlsvorrat von ungefähr 40 bis 80 — teilweise modifizierbaren — Grundbefehlen und bis 64 KByte adressierbare Speicherplätze. Die Verarbeitungsgeschwindigkeiten liegen bei 0,1 μs bis 10 μs für einen Befehl. Hauptanwendungsgebiete für Mikroprozessoren sind: **Steuer- und Regeltechnik**: Steuerung von Werkzeugmaschinen, Fertigungsautomaten, elektrische Antriebe, Förderanlagen. **Datenverarbeitung**: Intelligente Terminals, intelligente Peripherie, Tischrechner (Personal Computer). **Meßtechnik**: Intelligente Meß- und Prüfsysteme. **Nachrichtentechnik**: Automatische Fernsprech-Wählanlagen, Fernsehtuner-Steuerung, Videotext-Verarbeitung. **Kfz-Technik**: Vergaser- und Zündzeitpunktsteuerung, Überwachung der Autoelektrik, Antiblockiereinrichtung bei den Bremsen. **Konsum-Elektronik**: Spiele, Kassettengeräte-, Videorecorder-, Filmkamera-Steuerungen. **Haushaltsgeräte und Haustechnik**: Wasch- und Geschirrspülautomaten, Kochzentren, Heizungsregelung. **Medizin**: Analyseautomaten, Patientenüberwachung. **Bürotechnik**: Schreib- und Diktierautomaten. [2], [4]. Li

chern von Zwischenergebnissen. Das Flag-Register, das die Flags speichert, und der Stapelzeiger, der den Stapel verwaltet, ermöglichen ein komfortables Programmieren. Durch Hinzufügen weiterer Funktionsgruppen zum M. erhält man einen Mikrocomputer (Bild). Der Taktgenerator erzeugt die Taktsignale; RAM (*random access memory*) und ROM (*read only memory*) dienen als Arbeitsspeicher und enthalten die Programme, einen Teil der zu verarbeitenden Daten und speichern evtl. die Ergebnisse. Der Eingabe-Ausgabe-Baustein stellt die Verbindung zur Peripherie her. Die Systemsteuerung erzeugt weitere Steuersignale (externer Steuerbus) für die Speicher und die Ein-Ausgabe-Einheit und verarbeitet evtl.,

Mikroprozessor, bipolarer *(bipolar microprocessor)*. M., der in Bipolartechnologie realisiert wurde. Er hat gegenüber den üblicherweise in MOS-Technik (*MOS metal-oxide semiconductor*) hergestellten Mikroprozessoren wesentlich kürzere Befehlszykluszeiten. Meist wird er in Schottky-TTL-Technologie (*TTL Transistor-Transistor-Logik*) in Form von Bit-Slices hergestellt. [2], [4]. Li

Mikroprozessor, kaskadierbarer → Bit-Slices. Li

Mikroschalter *(microswitch, snap-acting switch)*. Schalter, dessen Kontaktelemente durch eine besonders geformte und mechanisch vorgespannte Blattfeder betätigt werden. Nach Auslösung läuft der Schaltvorgang federkraftunterstützt unbeeinflußbar ab. Durch die kurze Umschaltzeit wird die Gefahr der Lichtbogenbildung vermindert. Die hohe Kontaktkraft ermöglicht das Schalten hoher Leistungen. M. werden in manuell oder elektromechanisch betätigten Schaltern, aber auch in Relais, eingesetzt. [4]. Ge

Mikroschalterrelais *(microswitch relay)*. Relais, das statt der üblichen Blatt- oder Drahtfederkontakte mit Kontakten nach dem Prinzip des Mikroschalters ausgerüstet ist. [4]. Ge

Mikroschweißen → Ultraschallschweißen. Ge

Mikrosynchronbetrieb *(microsynchronization)*. Betriebsart innerhalb von Steuereinrichtungen von Vermittlungssystemen, bei dem Verbindungsvorgänge gleichzeitig in zwei oder mehreren gleichen Steuereinrichtungen in synchron ablaufenden Programmschritten erfolgen. Zur Erkennung eines Fehlverhaltens werden die Ergebnisse auf Ausgabeebene („Synchronbetrieb") oder auf Befehlsebene („Mikrosynchronbetrieb") regelmäßig verglichen. [19]. Kü

Mikrowelle *(microwave)*. Umfaßt den Frequenzbereich der elektromagnetischen Wellen von etwa 3 GHz bis 300 GHz.

Der Mikrowellenbereich ist durch den Übergang der Anwendung von elektrischen Schaltungstechniken zu optischen Methoden gekennzeichnet. [14]. Ge

Mikrowellendiode → Impatt-Diode; → Gunn-Diode. Ne

Mikrowellenherd *(microwave oven)*. Geräte zur dielektrischen Erwärmung von Nahrungsmitteln und nichtleitenden Industrieprodukten. Für die Erzeugung der Ausgangsleistung von einigen Kilowatt bei Betriebsfrequenzen um 2400 MHz werden Magnetrons eingesetzt. Die geringe Wellenlänge ermöglicht den Aufbau kleiner Resonanzarbeitsräume und die Anwendung einfacher Antennensysteme. Für gleichmäßige Energiedichteverteilung müssen die Raumabmessungen groß gegenüber $\lambda/2$ sein. [8]. Ge

Mikrowellenmeßverfahren *(micowave measuring methods)*, Höchstfrequenzmeßverfahren. M. dienen dem Entwurf, der Erprobung und der Überprüfung von Mikrowellenbauteilen, Mikrowellensystemen (z.B. Richtfunksystem) und der Untersuchung von Stoffeigenschaften unter Berücksichtigung der Besonderheiten der Höchstfrequenztechnik. Mit Hilfe von M. können auch Größen wie atomare, molekulare oder kristalline Strukturen, z.B. mit dem Mikrowellenspektrometer, untersucht werden. Mit Mikrowellenrefraktometern werden Dielektrizitätskonstanten von Stoffen in allen Aggregatzuständen untersucht. Als Energieerzeuger werden Mikrowellenoszillatoren wie Gunn-Dioden, Lawinendioden, Klystrons, Magnetrons oder Wanderfeldröhren eingesetzt. Weitere Bauelemente sind Hohlleiterübertragungsstrecken, Hohlraumresonatoren, Abschwächer, Richtkoppler, Meßleitungen. Zu berücksichtigen ist bei M., daß wegen der kurzen Wellenlängen der Meßort nicht immer zugängig ist und meist ortsabhängige Meßgrößen vorliegen (z.B. Impedanz). Kleine geometrische Unregelmäßigkeiten im Meßaufbau können für die Bildung stehender Wellen verantwortlich sein und das Meßergebnis beeinflussen. Häufig angewendetes Meßverfahren ist das Wobbelverfahren. Leistungsmessungen werden als Durchgangsleistungsmessung oder Absorptionsleistungsmessung durchgeführt. [8], [12]. Fl

Mikrowellenoszillator *(microwave oscillator)*, Höchstfrequenzoszillator. Mikrowellenoszillatoren werden zur Energieerzeugung im Wellenlängenbereich der Mikrowellen eingesetzt. Es sind spezielle Oszillatoren, deren Eigenfrequenz und Frequenzstabilität von Hohlraumresonatoren oder Koaxialresonatoren (→ Lambda/4-Leitung) bestimmt wird. Man unterscheidet: 1. Röhrenoszillatoren. Es werden zur Schwingungserzeugung und -aufrechterhaltung die Laufzeiteffekte der Elektronen zwischen Elektroden ausgenützt. Beispiele: Klystron, Magnetron, Rückwärtswellenröhre, Wanderfeldröhre, Laseroszillator. 2. Halbleiter-Oszillatoren: a) Es wird z.B. mit einer Varaktordiode die nichtlineare Beziehung zwischen Strom und Spannung zur Frequenzumsetzung verwendet (Beispiel: Oberwellengenerator), b) Gunn-Oszillator, c) Lawinendiode, d) Halbleiterlaser. Weitere Kenngrößen der Mikrowellenoszillatoren sind: Frequenzbereich, Ausgangsleistung (als Dauerstrich- oder Impulsleistung), eine mögliche elektronische Abstimmbarkeit der Frequenzen z.B. zur Durchführung von Wobbelverfahren. Mikrowellenoszillatoren können sinusförmige Ausgangsgrößen bereitstellen oder als Impulsoszillatoren arbeiten. [8], [12]. Fl

Mikrowellenröhre → Laufzeitröhre. Ge

Mikrowellensensor *(microwave sensor)*. Mikrowellensensoren sind nach Prinzipien der Sensortechnik hergestellte Meßgeräte, die Strahlung im Wellenlängenbereich von Mikrowellen aussenden und mit Empfängerelementen, die von einem Objekt zurückgeworfene Strahlung erkennen und eine für den an sie gestellten Aufgabenbereich erforderliche Signalverarbeitung durchführen. Eingangs-Meßgröße eines Mikrowellensensors kann z.B. das Vorhandensein eines ruhenden oder bewegten Gegenstandes oder einer Person (Ortung), eine Geschwindigkeit oder eine Weglänge sein. Die bestrahlten Objekte müssen elektrische Leitfähigkeit besitzen. Ausgangsgröße ist das Meßergebnis (z.B. ein Geschwindigkeitswert) in Form eines elektrischen Signals. Sendesignale werden z.B. von einer Gunn-Diode erzeugt, Abstrahlung und Empfang können mit einer Hornantenne erfolgen. Mit Hilfe der Streifenleitungstechnik werden die Mikrowellensysteme in integrierter Technik ausgeführt. Die Verarbeitung kann erfolgen: 1. über das Pulsverfahren. Es wird die Zeitdauer zwischen ausgestrahltem Puls und Eintreffen des reflektierten Pulses gemessen und daraus der Abstand zwischen M. und Zielobjekt errechnet (Pulsleistung etwa 10 W bei 80 GHz). 2. Über unmoduliertes Dauerstrichverfahren. Der Mikrowellen-Sender strahlt ein Dauersignal ab. Schwache Reflexionssignale werden mit einem Oszillatorsignal gemischt, die entstehende Zwischenfrequenz verstärkt und durch Gleichrichtung in Gleichspannungssignale umgesetzt. 3. Über ein frequenzmoduliertes Dauerstrichsignal (→ Frequenzmodulation). Im Sender wird mit Hilfe einer Sägezahnspannung ein linearer Frequenzhub erzeugt. Das Empfangssignal wird wie unter 2. gemischt. Die Zwischenfrequenz ist nicht konstant, ihre im Kilohertz-Bereich liegenden Werte sind über die Laufzeit der Sende- und Empfangssignale von der Entfernung Meßobjekt → M. abhängig. Einsatzbereiche der Mikrowellensensoren: z.B. Verkehrsüberwachung, Rangierbetrieb bei Eisenbahnen, Kfz-Abstandsradar, Füllstandsmessung bei Hochöfen. [5], [8], [10], [12], [13]. Fl

Mikrowellenspektrometer *(microwave spectrometer)*. Das M. ist ein → Spektrometer, mit dem elektromagnetische Spektren im Wellenlängenbereich unter 10 cm beobachtet werden. Das zugrundelegte Spektroskopieverfahren beruht auf der Messung selektiver Absorptionseigenschaften gasförmiger oder fester Stoffe unter Einwirkung von Mikrowellenenergie. Es wird hauptsächlich zu Untersuchungen atomarer, kristalliner oder molekularer Strukturaufbauten eingesetzt. [12]. Fl

Mikrowellenstreifenleitertechnik → Streifenleiter. Ge

Miller-Effekt *(Miller effect)*. Der M. wurde ursprünglich bei Röhrenverstärkern in Katodenbasisschaltung beobachtet. Er tritt jedoch auch bei Halbleiterverstärkern auf. Ganz allgemein gilt, daß die Eingangsimpedanz eines Verstärkers erniedrigt wird, wenn sich zwischen dem Eingang und dem Ausgang des Verstärkers eine Kapazität — sie hängt von der Spannungsverstärkung ab —, befindet. [5].   Bl

Miller-Integrator *(Miller integrator)*. Der M. ist eine elektronische Schaltung, deren Eingangsgröße z.B. rechteckförmige Signalspannungen $\underline{u}_E$ sind. Als Ausgangsgröße erhält man eine mit der Zeit t linear ansteigende Spannung $\underline{u}_A$ (→ Sägezahnspannung) mit geringen Linearitätsfehlern. Nach dem Prinzipbild besteht der M. aus einem invertierenden Verstärker mit großem Verstärkungsfaktor und hochohmigen Eingangswiderstand. Der Verstärker wird von einem Kondensator mit großem Kapazitätswert C überbrückt. Er bildet mit dem Wirkwiderstand die Zeitkonstante τ = R C. Die Schaltung wirkt als Integrator nach der Funktion:

$$\underline{u}_A = \frac{1}{\tau} \int_0^t \underline{u}_E \, dt + U_{A_0}.$$

Miller-Integrator

Das Gleichspannungsglied U_{A_0} ist der Ausgangsspannungswert der Schaltung zum Zeitpunkt t = 0. Einsatzgebiete: im Analogrechner als Integrierschaltung, in Oszilloskopen als Zeitbasisschaltung, in Sägezahngeneratoren, als Analog-Digital-Wandler. [6], [12], [18].   Fl

Miller-Kapazität *(Miller capacitance)*. Die Kapazität des zwischen dem Ausgang und dem Eingang eines verstärkenden Bauelements bzw. eines Verstärkers liegenden Kondensators, der den Miller-Effekt hervorruft. Parasitäre Kapazitäten, z.B. die Gitter-Anode-Kapazität bei der Röhre bzw. die Kollektor-Basis-Kapazität beim Transistor können eine M. bilden. [4], [6].   Li

Miller-Kompensation *(Miller compensation)*. Mit der M. soll der Einfluß der Miller-Kapazität in Verstärkervierpolen, z.B. Transistoren, Elektronenröhren auf deren obere Grenzfrequenz durch Neutralisation aufgehoben werden. Die zwischen Ausgang und Eingang eines Verstärkerbauelementes auftretende Miller-Kapazität erscheint am Schaltungseingang als Streukapazität. Die Kapazität liegt parallel zur Eingangsimpedanz des Verstärkers und verringert deren Wert um den Faktor $(1 - \underline{v})$ ($\underline{v}$ Verstärkungsfaktor der Schaltung). Beim nichtinvertierenden Verstärker, d.h., Ausgangs- und Eingangsgröße befinden sich in Phase und $|\underline{v}| > 1$ wird

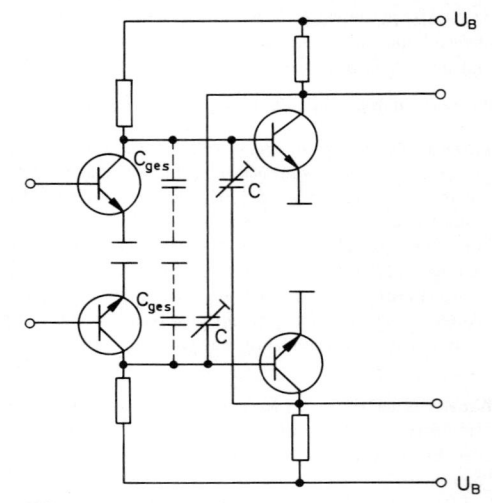

Miller-Kompensation

der Faktor und damit die schädliche Kapazität negativ. Diese Eigenschaft wird häufig zur Kompensation aller in C_{ges} zusammengefaßten Zusatzkapazitäten ausgenutzt. Man erhält eine neue obere Grenzfrequenz, die von der Frequenzabhängigkeit der negativ wirkenden Kapazität abhängt. Das Bild zeigt Maßnahmen zur M., wie sie oft bei Gegentaktverstärkern zu finden sind. [4], [6], [13].   Fl

Millersche Indizes *(Miller indices)*. Die M. kennzeichnen das Kristallgitter. Bezieht man die Kristallflächen auf ein Koordinatensystem dreier geeigneter Gittergeraden, so erhält man je Fläche drei Achsenabschnitte (OA, OB, OC). Legt man die Fläche durch die Gleichung der Ebene fest, so erhält man die M. (h, k, l). Dies sind die reziproken Werte der Achsenabschnitte:

$$h : k : l = \frac{1}{OA} : \frac{1}{OB} : \frac{1}{OC}.$$

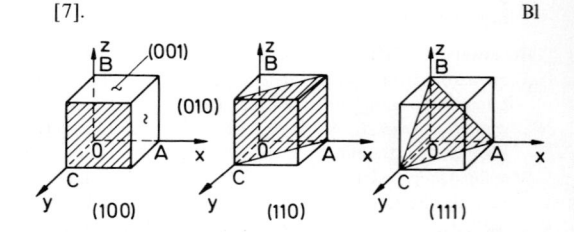

[7].   Bl

Beispiel für wichtige Kristallorientierungen bei Silicium

Millimeterwelle *(extremely-high frequency, EHF)*. Teilbereich des Spektrums der elektromagnetischen Wellen von 30 GHz bis 300 GHz. Ausbreitung nach optischen Gesetzmäßigkeiten. Die Feldstärke wird durch atmosphärische Absorption und Streuung stark beeinflußt. Weitere Verluste treten durch Absorption und diffuse Streuung durch kondensierten Wasserdampf in Form von Nebel und Wolken (abhängig von der Niederschlagsmenge) auf.

Frequenzzuweisungen (nur bis 275 GHz): fester und beweglicher Funkdienst, Funkortung, Raumforschung, Amateurfunk. [14]. Ge

Mills Cross → Interferometer. Ge

MIL-Spezifikation → MIL-Standard. Ge

MIL-Standard *(military standard, MIL-Standard)*. MIL-Spezifikation. Vom Verteidigungsministerium der USA (US Department of Defense) herausgegebene Normen zur Standardisierung elektronischer und elektrischer Bauelemente und Geräte sowie zur Durchführung einheitlicher Prüfungen. Damit soll die Austauschbarkeit der Komponenten in bezug auf Abmessungen, Funktion und Zuverlässigkeit und eine höhere Wirtschaftlichkeit durch Beschränkung auf eine geringere Anzahl von Typen erreicht werden. Für die Herstellung und Prüfung von elektronischen und elektrischen Bauelementen sind besonders zu erwähnen die Vorschriften MIL STD 202 (Military Standard Test Method for Electronic and Electrical Component Parts) und MIL STD-810 (Military Standard Environmental Test Methods). [4]. Ge

Mindestphasenvierpol *(minimum-phase network)*. Auch Minimalphasen- oder allpaßfreier Vierpol. Eine geforderte Abhängigkeit für den Betrag der Wirkungsfunktion H(p) wird bei diesen Vierpolen mit der kleinsten möglichen Phase erreicht. Praktisch läßt sich die Eigenschaft eines Mindestphasenvierpols aus dem PN-Plan leicht erkennen, da der Übertragungsfaktor eines Mindestphasenvierpols in der rechten Halbebene keine Nullstellen besitzt. Ein beliebiger Vierpol läßt sich stets als Kettenschaltung aus einem M. und einem Allpaß realisieren. Eine Abzweigschaltung aus nicht gekoppelten passiven Zweipolen ist immer ein M. (→ auch Hilbert-Transformation). [15]. Rü

Minicomputer *(minicomputer)*. Datenverarbeitungsanlagen von kleinem Umfang. Der Begriff ist nicht scharf abgegrenzt; i.a. zählen zu einem M. neben Prozessor (meist Mikroprozessor) und Hauptspeicher die Ein-Ausgabe-Schnittstellen und eine einfache Peripherie, z.B. Display, Tastatur, Diskettenlaufwerk. [1]. We

Minimalphasenvierpol → Mindestphasenvierpol. Rü

Minimalwertbegrenzer *(minimum value limiter)*. Minimumkontaktgeber. Der M. ist eine nach elektronischen oder elektromechanischen Prinzipien arbeitende Schaltung, die z.B. in Meß- oder Überwachungseinrichtungen einen kleinsten zugelassenen Grenzwert erkennt, signalisiert und häufig auch einen Schaltvorgang auslöst, damit der Mindestwert einer physikalischen Größe nicht unterschritten wird. [12], [18]. Fl

Minimierung *(minimization)*. In der Digitaltechnik: Vereinfachung des Schaltungsaufwandes durch Vereinfachung der zunächst in disjunktiver oder konjunktiver Normalform vorliegenden Schaltfunktion. Ziel der M. ist das Auffinden der Schaltfunktion, die ein Minimum an Schaltkreisen zu ihrer Realisierung benötigt. Bei der M. finden verschiedene algorithmische oder graphische Verfahren Anwendung (→ Minimierungsverfahren). [2]. Li

Minimierungsverfahren *(minimization techniques)*. Verfahren, die die Regeln der Booleschen Algebra — insbesondere das Absorptionsgesetz AB ∨ A$\overline{B}$ = A — zur Minimierung von Schaltfunktionen verwenden. Es gibt algorithmische Verfahren, die sich vor allem für die Minimierung mit Hilfe eines Computers eignen, z.B. das Verfahren von Quine-McCluskey, und graphische Verfahren, z.B. das Verfahren von Karnaugh-Veitch. [2]. Li

Minimumkontaktgeber → Minimalwertbegrenzer. Fl

Minimumpeiler → Funkpeilung. Ge

Minoritätsladungsträger *(minority charge carrier)*. Diejenige Ladungsträgerart, deren Dichte in einem Halbleiter bzw. in einer Halbleiterzone kleiner ist als die Hälfte der gesamten Trägerdichte (DIN 41 852). [7]. Bl

Minoritätsladungsträgerlaufzeit *(lifetime of the minority charge carriers)*. Die M. τ wird durch die Rekombinationsvorgänge beeinflußt und beträgt nach der Statistik von Shockley, Read und Hall $\tau = (\sigma \cdot v \cdot N_t)^{-1}$, wobei N_t Dichte der Rekombinationszentren, σ Einfangquerschnitt und v thermische Geschwindigkeit der Ladungsträger ist. [7]. Bl

Minterm *(minterm)*. Unter einem M. versteht man eine Konjunktion der Form:
$$x_1^{\alpha_1} \wedge x_2^{\alpha_2} \wedge x_3^{\alpha_3} \wedge \ldots \wedge x_n^{\alpha_n},$$
in der $x_i^{\alpha_i}$ entweder x_i oder $\overline{x_i}$ ist. [2]. Li

MIS *(metal-insulator-semiconductor)*. Halbleiteraufbau, bei dem eine Isolationsschicht (meist Silicium-(II)-oxid) zwischen dem Halbleitersubstrat und dem Metallanschluß der Steuerelektrode besteht. Anwendungen: Kondensatoren, Dioden, Feldeffekttransistoren, Lumineszenzdioden. [4]. Ne

Mischer *(mixer)*, Mischerschaltung, Frequenzumsetzer. Der M. ist eine elektronische Baugruppe, die der Frequenzumsetzung einer hochfrequenten Wechselspannung mit Hilfe einer hochfrequenten Trägerspannung (→ Trägerfrequenz) dient. Nach Empfehlungen der Nachrichtentechnischen Gesellschaft soll der Begriff M. nicht verwendet und z.B. durch Modulator ersetzt werden (NTG 0101). [13], [14]. Fl

Mischerschaltung → Mischer. Fl

Mischfrequenz *(mixture frequency)*. Sie entsteht beim Zusammenführen zweier Signale verschiedener Frequenz an einer gekrümmten Kennlinie. Es ergeben sich zwei neue Frequenzen, einmal die Summe und einmal die Differenz der zugeführten Frequenzen. Anwendungsgebiet ist die Frequenzumsetzung. [8], [13], [14]. Th

Mischgröße. Nach DIN 40 110 eine elektrische Größe (z.B. Spannung, Strom u.a.), die aus einem Gleich- und einem Wechselanteil zusammengesetzt ist. Eine Wechselgröße G(t) (Wechselspannung, Wechselstrom u.a.) liegt vor, wenn die Augenblickswerte periodische Funktionen der Zeit sind. Als Gleichwert ist die Größe

$$\overline{G} = \frac{1}{T} \int_0^T G(t)\, dt$$

definiert (T Periodendauer). Bei einer reinen Wechselgröße ist der Gleichwert Null. [5]. Rü

Mischkristall *(mixed crystal)*. Kristall, dessen gleichwertige Gitterpunkte nicht von Gitterbausteinen desselben Elements besetzt sind, sondern statistisch mit Atomen oder Ionen anderer Elemente wechseln. Man unterscheidet Substitutions-Mischkristalle, bei denen alle Atome reguläre Gitterplätze einnehmen, Einlagerungs-Mischkristalle, bei denen im Gitter eines Elementes andere Atome auf Zwischengitterplätzen eingebaut sind und Defekt-Mischkristalle, bei denen Gitterleerstellen auftreten. [7]. Bl

Mischlichtlampe → Mischstrahler. Fl

Mischlichtstrahlung → Mischstrahlung. Fl

Mischoszillator *(mixing oscillator)*, Überlagerungsoszillator. Der M. dient als Hochfrequenzbaugruppe z.B. in einem Sende-Empfangs-Gerät, das nach dem Überlagerungsprinzip (Superhet, Rundfunkempfänger) arbeitet, der Erzeugung sinusförmiger, hochfrequenter Schwingungen. Ein oder mehrere Mischoszillatoren sind auch in selektiven Spannungsmessern vorzufinden. Die vom M. erzeugte Frequenz liegt z.B. beim Überlagerungsempfänger um einen bestimmten, festen Betrag höher als die Empfangsfrequenz und wird zur periodischen Ansteuerung der Kennlinie der Mischstufe (→ Modulator) benötigt, damit eine Frequenzumsetzung der Empfangsfrequenz in die Zwischenfrequenz stattfinden kann. Zur Schwingungserzeugung können alle bekannten Oszilatorschaltungen (z.B. LC-Oszillator, Pierce-Oszillator) verwendet werden, die sinusförmige Ausgangsspannungen bereitstellen; seltener solche mit oberwellenhaltigen Spannungen. Der M. kann auf einer Festfrequenz arbeiten, ist beim handelsüblichen Rundfunkempfänger jedoch in vorgegebenen Frequenzbereichen abstimmbar ausgeführt. Wichtige Merkmale sind z.B.: Frequenzbereich, Frequenzkonstanz, Ausgangsleistung, Störstrahlung, Rauschen. [8], [12], [13], [14]. Fl

Mischstrahler *(mixed light radiant, mixed light lamp)*, Mischlichtlampe, Verbundlampe. M. sind Mischlichtlampen, bei denen innerhalb eines Glaskolbens neben einer Glühwendel auch ein Quecksilberhochdruckbrenner eingebaut ist. Beide Strahlungsquellen sind elektrisch hintereinander geschaltet. Eine Mischstrahlung entsteht durch die gemeinsame Abstrahlung des rotgetönten Glühlampenlichtes und des grünlich-blauen Quecksilberdampflichtes. Physikalisch gesehen, setzt sich das abgestrahlte Licht aus einer Temperaturstrahlquelle und einer Lumineszenzlichtquelle zusammen. [5], [16]. Fl

Mischstrahlung *(mixed light radiation)*, Mischlichtstrahlung. Bei der M. wirken thermische Strahlungsquellen und lumineszierende Strahlungsquellen gemeinsam als eine Strahlungsquelle auf den Betrachter. Anwendungen: Mischstrahler. [5], [16]. Fl

Mischstufe *(mixer stage)*. Sie setzt eine gekrümmte Arbeitskennlinie voraus (Diode, Transistor, Röhre) und wird zum Umsetzen einer Frequenz oder eines Frequenzbereiches auf eine andere Frequenz bzw. in einen anderen Frequenzbereich verwendet. Im allgemeinen werden die Eingangssignale, die umgesetzt werden sollen, mit einer Oszillatorfrequenz gemischt. Das gewünschte Mischsignal (Summen- oder Differenzsignal) muß dann mit einem Filter hinter der M. herausgesiebt werden. [8], [13], [14]. Th

Mischung (im vermittlungstechnischen Sinne). *(grading)*. Verdrahtungsprinzip innerhalb von Koppeleinrichtungen von Vermittlungssystemen, bei dem eine feste Zusammenschaltung der Ausgänge von g Zubringerteilgruppen auf n Abnehmerleitungen erfolgt. Die M. dient der Einsparung von Koppelpunkten (→ Koppelelement), indem von jeder Zubringerteilgruppe aus nur eine feste Anzahl k der n Abnehmerleitungen erreicht (→ Erreichbarkeit) werden können. Die Verdrahtungsart, der Absuchmodus (→ Absuchen) sowie das Mischungsverhältnis $M = g \cdot k/n$ bestimmen die Leistungsfähigkeit der Mischung. [19]. Kü

Mischung, additive *(additive mixing; single input mixing)*. Beide zu mischenden Signale werden derselben Steuerelektrode der Mischstufe zugeführt. Es wirkt dann die Summe der beiden Signalspannungen an der Steuerelektrode (Steuergitter in der Röhrentechnik, Basis eines Bipolartransistors, Gate eines FET *(field-effect transistor)*. Die additive M. setzt zwischen der Spannungssumme der Eingangssignale und dem gesteuerten Strom (Anodenstrom, Kollektorstrom, Drainstrom) einen nichtlinearen Zusammenhang voraus (gekrümmte Kennlinie). [4], [6], [8], [13], [14]. Th

Mischung, multiplikative *(multiplicative mixing)*. Eine multiplikative M. liegt vor, wenn in Mehrgitterröhren mit zwei Steuergittern (Hexoden, Heptoden) die Eingangs- und Oszillatorspannung je einem Gitter zugeführt wird. Der Anodenstrom ist dann dem Produkt der Steuerspannungen proportional. Vorteil: Beide Signalquellen sind voneinander entkoppelt. Nachteil: geringe Mischsteilheit, höhere Rauschspannung. Muliplikative M. ist auch mit Dual-Gate-Feldeffekttransistoren möglich. Die Mischsteilheit ist wesentlich höher als bei Röhren, das Eigenrauschen geringer und die Kreuzmodulations- und Übersteuerungsfestigkeit besser als bei additiven FET-Mischern (*FET field-effect transistor*). [4], [6], [13]. Th

Mischverstärker *(mixing amplifier)*. Bezeichnung für einen Niederfrequenzverstärker, bei dem mehrere Signalquellen jeweils über zugeordnete Verstärkungssteller („Lautstärkeregler") zu einem Summensignal „gemischt" werden können. In Wirklichkeit handelt es sich um eine Addition, da ja nicht wie bei der Mischung neue Frequenzen entstehen sollen. M. werden beispielsweise in der Studiotechnik in Mischpulten eingesetzt. [13], [14]. Th

MISFET *(metal insulator semiconductor field-effect transistor)*. Oberbegriff für Feldeffekttransistoren, bei denen sich zwischen dem Halbleiter und dem Metallkontakt als Steuerlektrode eine Isolationsschicht (meist Silicium-(II)-oxid) befindet. Je nach Leitungstyp des Kanals und Polarität der Spannung an der Gatelektrode unterscheidet man: N-Kanal-Anreicherungstyp (bei $U_{GS} = 0$ existiert kein Kanal; bei $U_{GS} > 0$ werden Elektronen in

den Bereich zwischen Source und Drain injiziert); P-Kanal-Anreicherungstyp (gleiche Funktion wie beim N-Kanal-Anreicherungstyp, jedoch bei Anliegen einer Spannung − $U_{GS} > 0$ verarmt der Kanal an Elektronen, d.h. Leitfähigkeit und Strom sinken); P-Kanal-Verarmungstyp (gleiche Funktion wie beim N-Kanal-Verarmungstyp, jedoch verarmt der Kanal bei $U_{GS} > 0$ an Defektelektronen). Andere Begriffe: IGFET (*insulated-gate FET*), MOSFET (*metal-oxide semiconductor FET*), MOST (*metal-oxide semiconductor transistor*). [4].
Ne

MIS-Tetrode *(metal-oxid semiconductor tetrode)*. Bei der MIS-Tetrode wird eine zusätzliche Steuermöglichkeit geschaffen, indem man die Gate-Elektrode aus einem Widerstandsmaterial (z.B. Nickel-Chrom) fertigt und an beiden Enden kontaktiert (Bild). Je nach Größe der beiden Gate-Spannungen U_{GS1} und U_{GS2} sowie der Drain-Source-Spannung U_{DS} können verschiedene Betriebsbereiche mit unterschiedlichen Strom-Spannungs-Kennlinien unterschieden werden. Anwendungen: Modulatoren. [4].
Ne

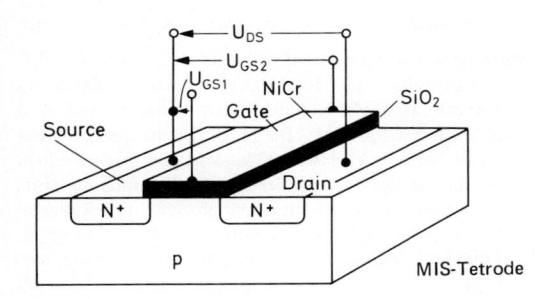

MIS-Tetrode

MIS-Varaktor → Varaktor. Ne

Mitkopplung *(positive feedback)*. Bezeichnung für eine Rückkopplungsart, bei der ein Teil der Ausgangsspannung eines Verstärkers gleichphasig auf den Eingang gelangt, d.h., eine Änderung am Eingang wird durch die M. zurückgeführt und unterstützt die Änderung so lange, bis der Verstärker in die Sättigung gefahren ist und keine Änderung der Ausgangsspannung mehr möglich ist. Anwendung der M. in Oszillatoren, beim Schmitt-Trigger und beim Flipflop. [2], [4], [6], [8], [10], [13]. Th

Mittel, arithmetisches *(arithmetic mean; mean)*, arithmetischer Mittelwert, linearer Mittelwert. Das arithmetische M. ist der Durchschnittsbetrag einer oder mehrerer Werte gleichartiger Größen. Man erhält ihn durch Addition der Werte und Division ihrer Summe durch die Anzahl der Werte. Innerhalb der Elektrotechnik hat das arithmetische M. z.B. folgende Bedeutung: 1. In der Fehlerrechnung: Das arithmetische M. $\bar{x}$ wird zur Berechnung zufälliger Fehler aus n Einzelwerten x_i mit gleichem statistischen Gewicht herangezogen.

$$\bar{x} = \frac{1}{n} \sum_{i=1}^{n} x_i.$$

Die Einzelwerte werden z.B. durch mehrere gleichartige Messungen bei unveränderten Wiederholbedingungen ermittelt. Vor der Mittelwertbildung werden die Einzelwerte durch Korrektur von systematischen Fehlern befreit. Das arithmetische M. der Einzelwerte ist Bestandteil des Meßergebnisses und von Bedeutung bei Berechnungen der Standardabweichung. Der Mittelwert ist nur selten gleichbedeutend mit dem „wahren Wert" der Meßgröße, liegt aber immer innerhalb eines Vertrauensbereiches. 2. Bei der Gauß-Verteilung ist das arithmetische M. der am häufigsten auftretende Wert (→ Gaußsches Fehlerintegral). 3. Bei zeitlich schwankenden Gleich- oder Wechselgrößen wird das arithmetische M. zur Mittelwertbildung innerhalb eines Zeitabschnittes herangezogen. Der Mittelwert einer sinus- oder nichtsinusförmig verlaufenden Wechselgröße Mittelwert (als Beispiel: der des Wechselstromes) wird als Integral der durch einen Leiter oder z.B. einer Flüssigkeit bewegten Strommenge i·dt innerhalb der Zeit von 0 bis t, dividiert durch den betrachteten Zeitabschnitt T berechnet:

$$\bar{i} = \frac{1}{T} \int_0^t i \cdot dt.$$

Der Strommittelwert $\bar{i}$ (Gleichwert oder Gleichstromanteil) wird auch als elektrolytischer Mittelwert bezeichnet, denn er ist proportional zur gesamten, aus einem Elektrolyten abscheidbaren Strommenge I·t. Wichtig sind bei sinusförmigem Verlauf der Wechselgröße die betrachteten Zeitabschnitte: a) Man betrachtet den Zeitabschnitt einer vollständigen Periode: Der Mittelwert wird Null. b) Man betrachtet eine halbe Periodendauer, z.B. beim Halbwellengleichrichter: Der Mittelwert wird zum Halbschwingungsmittelwert oder Gleichrichtwert. Ist die Wechselgröße z.B. mit geradzahligen Oberschwingungen behaftet, wird der Gleichrichtwert kleiner als der Halbschwingungsmittelwert. 4. Messungen des Mittelwertes werden mit Mittelwertmessern durchgeführt. [5], [12].
Fl

Mittel, geometrisches − *(geometric mean)*, mittlere Proportionale. 1. Mathematische Bedeutung: Sind in einer Verhältnisgleichung Innen- und Außenglieder von gleichem Betrag (auch stetige Proportion genannt), so bildet die zweimal vorkommende Proportionale x das geometrische M. zu a und b:

$$a : x = x : b; \quad x = \sqrt{a \cdot b}; \quad a, b \in \mathbb{Q} \setminus \{0\}.$$

2. Elektrotechnik: In der Vierpoltheorie wird das geometrische M. zur Berechnung des Wellenwiderstandes eines Übertragungsvierpols herangezogen. Der Wellenwiderstand $\underline{Z}_W$ bildet das geometrische M. zum Leerlaufwiderstand $\underline{Z}_L$ und Kurzschlußwiderstand $\underline{Z}_k$:

$$\underline{Z}_W = \sqrt{\underline{Z}_L \cdot \underline{Z}_k}.$$

[13], [14]. Fl

Mittelfrequenzumrichter *(medium-frequency convertor)*. Der M. wandelt mittels steuerbarer Halbleiterventile (Thyristoren) die Netzfrequenz (50 Hz) in eine Mittelfrequenz (200 Hz bis 10 kHz) um. Haupteinsatzgebiet ist die induktive Erwärmung von Metallwerkstücken zum Glühen, Härten, Schmieden (→ auch Umrichter). [3]. Ku

Mittelpunktgleichrichter → Gegentaktgleichrichter. Fl

Mittelpunktschaltung *(midpoint connection)*. Mittelpunktschaltungen sind Stromrichter in Einwegschaltung. Die gleichpoligen gleichstromseitigen Anschlüsse der Ventile bilden den einen Pol der Ausgangsgleichspannung u_d und der Mittelpunkt des Wechselstromsystems den anderen. Man unterscheidet zwischen Einphasen-M. und Mehrphasen-M. (Bild). Die Einsparung von Halbleiterventilen gegenüber den Brückenschaltungen muß durch einen höheren Aufwand beim Stromrichtertransformator er-

Mittelpunktschaltung

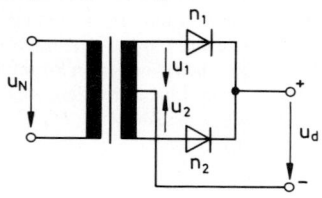

$\boxed{U_{d_o} = 0{,}9\,U}$ Gleichspannungsmittelwert

U = Effektivwert von u_1, u_2

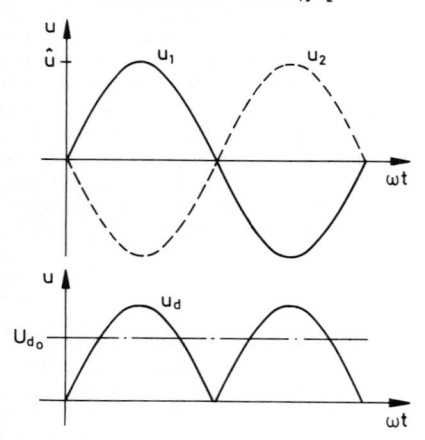

Zweipuls-Mittelpunktschaltung oder Einphasen-Mittelpunktschaltung

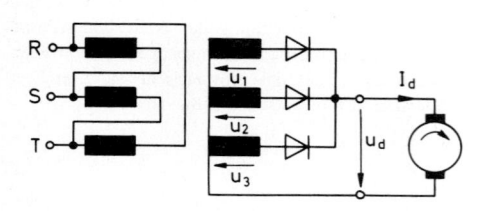

$\boxed{U_{d_o} = 1{,}17\,U}$ Gleichspannungsmittelwert

U = Effektivwert von u_1, u_2, u_3

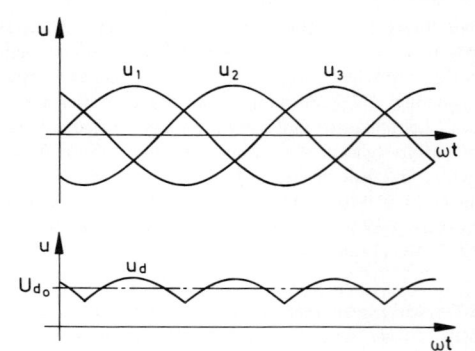

Dreipunkt-Mittelpunktschaltung oder Sternschaltung

kauft werden, weshalb Mittelpunktschaltungen nur bei kleineren Leistungen eingesetzt werden. Werden die Dioden durch Thyristoren ersetzt, kann durch Phasenanschnittsteuerung die Ausgangsspannung u_d verstellt werden. [3]. Ku

Mittelpunktsleiter *(neutral conductor)* → Nulleiter. Ku

Mittelwelle *(medium wave)*. Bezeichnung für einen Frequenzbereich von 300 kHz bis 3 MHz (1000 m bis 100 m). Das MW-Rundfunkband erstreckt sich von 535 kHz bis 1605 kHz. Die M. ist tagsüber praktisch nur als Bodenwelle bis etwa 100 km wirksam. Nachts jedoch nimmt die Bedämpfung der Raumwelle durch die unteren Ionosphärenschichten soweit ab, daß durch Reflexionen an der F1-Schicht Überreichweiten bis mehr als 1000 km möglich werden. Es tritt jedoch Fading auf. [14]. Th

Mittelwert *(mean value)*. Eine statistische Maßzahl zur Beurteilung von Zufallsereignissen und fehlerbehafteten Größen. Für den M. unterscheidet man zwei Definitionen: 1. In der Statistik bei der Entnahme von Stichproben (Meßpunkte) ist der (empirische) M. $\bar{x}$ aus n Beobachtungen der Werte $x_1, x_2, \ldots x_n$

$$\bar{x} = \frac{1}{n} \sum_{i=1}^{n} x_i.$$

2. Der M. eines mathematischen Kollektivs ist a) bei diskreter Zufallsgröße

$$\mu = \sum_{i=1}^{n} x_i\, p_i,$$

wobei p_i die Wahrscheinlichkeit ist, mit der der Wert x_i auftritt. Es muß gelten:

$$\sum_{i=1}^{n} p_i = 1,$$

b) bei stetiger Zufallsgröße

$$\mu = \int_{-\infty}^{+\infty} x\, f(x)\, dx,$$

wobei f(x) die Verteilungsdichte ist. Es muß gelten:

$$\int_{-\infty}^{+\infty} f(x) = 1, \ f(x) \geqq 0.$$

[5]. Rü

Mittelwert, arithmetischer → Mittel, arithmetisches.   Fl

Mittelwert, linearer → Mittel, arithmetisches.   Fl

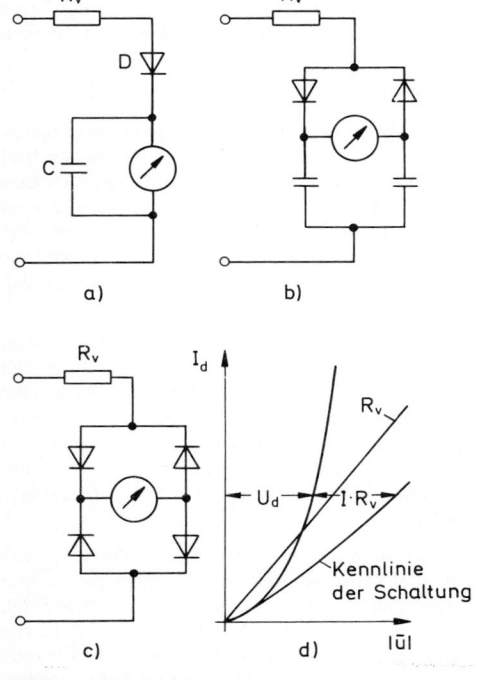

Mittelwertgleichrichter *(average rectifier)*. Der M. ist eine Gleichrichterschaltung, deren Ausgangsgröße dem Mittelwert einer gleichgerichteten Eingangswechselgröße entspricht. Häufig eingesetzte, die Gleichrichtung bewirkende Elemente sind Halbleiterdioden (z.B. Leistungsdiode). Eingangswechselgröße kann z.B. eine sinus- oder nichtsinusförmige Wechselspannung, ein Wechselstrom oder eine aus Gleich- und Wechselanteilen bestehende Mischgröße sein. 1. Grundsätzlich liefert jede Gleichrichterschaltung, die keine zusätzlichen Maßnahmen zur Beseitigung von Wechselspannungsresten der gleichgerichteten Wechselgröße (z. B. Ladekondensator) besitzt, deren arithmetischen Mittelwert. 2. Besondere Bedeutung besitzt der M. in der Ausführung als Meßgleichrichter (speziell Halbleitermeßgleichrichter). Kennzeichnend für Anwendungen des Mittelwertgleichrichters in Meßschaltungen ist, daß ein hochohmiger Vorwiderstand R_v vor der Gleichrichterschaltung angeordnet ist. Er dient zur Linearisierung der Diodenkennlinie (Bild d). Am Ausgang des Mittelwertgleichrichters liegt ein niederohmiger Widerstand, häufig die Spule eines Drehspulmeßwerks. Der die Meßspule überbrückende Kondensator legt die Diode wechselstrommäßig unmittelbar an die Meßschaltung und verhindert eine Vorspannung der Diode über sonst am Wirkwiderstand der Spule entstehenden Spannungsabfall. Der Arbeitspunkt eines Meßwertgleichrichters liegt im Koordinatenursprung der Diodenkennlinie. Spezielle Schaltungen des Mittelwertgleichrichters für Meßzwecke sind für Frequenzen bis in den Megahertzbereich bei einem Spannungsbedarf von einigen Volt einsetzbar. Der Anteil geradzahliger Harmonischer bei nichtsinusförmigen Meßwechselgrößen verursacht keinen Meßfehler, ungeradzahlige bewirken gering bleibende Fehler. Wichtige Schaltungen für Meßzwecke: Einweggleichrichter (Bild a), Zweiweggleichrichter (Bild b), Zweiwegbrückenschaltung (Bilder c und d), Gegentaktgleichrichter. Sonderschaltungen mit Operationsverstärkern, in deren Gegenkopplungszweig Gleichrichterdioden geschaltet sind, werden häufig Gleichspannungs-Digitalvoltmetern vorgeschaltet. [3], [6], [12]. Fl

Mittelwertmesser *(average meter)*. 1. Als M. werden elektrische oder elektronische Meßinstrumente bezeichnet, deren Anzeige proportional dem arithmetischen Mittelwert einer gleichgerichteten Meßwechselgröße ist. Zur Gleichrichtung wird dem Meßwerk, bei Digitalvoltmetern häufig dem Analog-Digital-Wandler ein Mittelwertgleichrichter für Meßzwecke vorgeschaltet. Einsatzgebiete von Mittelwertmessern sind z.B.: Feldstärkemessungen, Messungen amplitudenmodulierter Signale. Bei amplitudenmodulierten Meßsignalen zeigen M. den Wert der Trägerspannung an. 2. Elektrische Vielfachinstrumente mit Drehspulmeßwerk besitzen häufig einen vorgeschalteten Mittelwertgleichrichter in Zweigschaltung. Sie zeigen bei sinusförmigen Meßwechselgrößen deren Effektivwerte unter Berücksichtigung des Formfaktors auf der Skala direkt an. [8], [12], [13]. Fl

Mittenfrequenz *(centre frequency)*. Begriff aus der Filtertechnik. Die M. liegt z.B. bei einem Bandpaßfilter in der Mitte des Durchlaßfrequenzbereiches. Ein FM-Diskriminator (FM Frequenzmodulation) z.B. kann bei der M. die Ausgangsspannung Null erzeugen. [13], [14]. Th

MKC-Kondensator → Kunststoffolienkondensator.   Ge

MKP-Kondensator → Kunststoffolienkondensator.   Ge

MKS-Kondensator → Kunststoffolienkondensator.   Ge

MKT-Kondensator → Kunststoffolienkondensator.   Ge

MKU-Kondensator → Kunststoffolienkondensator.   Ge

MMK → Kraft, magnetomotorische.   Rü

Mnemonisch *(mnemonic)*. Art der Verschlüsselung besonders von Befehlen, die dazu dient, die Merkfähigkeit zu verbessern, indem aus der Art der Bezeichnung bereits die Funktion hervorgeht. Assemblersprachen sind mnemonisch aufgebaut, um dem Menschen die schwer zu verstehende Sprache der Maschine (binäre Verschlüsselung) zu vereinfachen. Man verwendet deshalb einen mnemonischen Code. [1]. We

Mittelwertgleichrichter

MNOS *(metal-nitride-oxide semiconductor)*. Halbleiterstruktur, die zwischen Halbleitersubstrat und Gateanschluß eine isolierende Doppelschicht hat. Auf dem Substrat befindet sich eine Silicium-(II)-oxidschicht. Darüber wird eine Siliciumnitridschicht aufgetragen. In der isolierenden Doppelschicht können sich Ladungen anlagern, mit denen sich z. B. Speicherfeldeffekttransistoren realisieren lassen. Außerdem schützt das Siliciumnitrid vor dem Eindringen von Alkaliionen, die zu Instabilitäten von MOS-Strukturen (*MOS metal-oxide semiconductor*) führen können. [4]. Ne

MNOSFET *(metal-nitrid-oxide semiconductor field-effect transistor)*. Speicherfeldeffekttransistor, bei dem der Isolator zwischen Kanal und Gateelektrode aus einer Schicht von Silicium-(II)-oxid und Siliciumnitrid besteht. An der Grenzschicht zwischen den beiden Isolatoren bilden sich durch Fehlanpassung Störterme aus. Bei genügend hoher Spannung zwischen Gateelektrode und Substrat (etwa − 20 V) tunneln Elektronen aus den Störtermen in den Kanal, wodurch die Störterme positiv aufgeladen werden. Wird die Gatespannung Null, bleiben die positiven Ladungen in den Störtermen erhalten. Hierdurch erzielt man einen Speichereffekt, der je nach Beschaffenheit des Oxids und des Nitrids Tage bis Monate vorhalten kann. [4]. Ne

MNS-FET *(metal-nitride semiconductor field-effect transistor)* → MNS-Transistor. Ne

MNS-Transistor *(metal-nitride semiconductor field-effect transistor)*, MNS-FET. Isolierschicht-Feldeffekttransistor, dessen Steuerelektrode durch eine Nitridschicht vom Kristall isoliert ist (DIN 41 855). Ne

Modell *(model)*. Die moderne Naturwissenschaft versucht die Naturvorgänge durch Modelle zu beschreiben, wobei die Übereinstimmung zwischen den nach dem M. berechneten und den experimentell gefundenen Ergebnissen über die Güte des Modells entscheidet. [5]. Bl

Modem *(modem)*. Abkürzung für Modulator-Demodulator. Der M. hat die Aufgabe, die digitalen Gleichstromimpulse einer Datenendeinrichtung, die an eine Fernsprechleitung angeschlossen ist, auf der Senderseite in analoge Frequenzfolgen umzusetzen und auf der Empfängerseite in digitale Impulse zurückzuwandeln. Der M. erledigt seine Aufgabe, indem er die digitalen Gleichstromimpulse auf eine Trägerfrequenz aufmoduliert bzw. (beim Empfang) demoduliert. [14]. Th

Modifikation *(modification)*. Änderung eines Programmes in einem Datenverarbeitungssystem während des Programmlaufs durch den Programmlauf. Weil Änderungen der Operationsteile der Befehle nur selten sinnvoll sind, bezieht sich die M. meist auf die Adreßteile. [1]. We

Modul *(module)*. 1. Aus mehreren Bauelementen bestehende Schaltungseinheit standardisierter Abmessung meist in Form einer bestückten Leiterplatte, die elektrisch und mechanisch eine nicht zerstörungsfrei trennbare Einheit bildet. Mehrere miteinander elektrisch verbundene Moduln bilden ein elektronisches System.

2. beim Programmieren: Selbständiger Programmteil − meist in Form eines Unterprogramms geschrieben −, der sich mit anderen Moduln zu einem Programm zusammensetzen läßt (→ Modularsystem). [4]. Li

Modularsystem *(modular system)*. 1. Ein aus Moduln aufgebautes elektrisches oder elektronisches System. 2. Aus Softwaremoduln aufgebautes Programmsystem. Das Zusammenbinden von Moduln, die in Programmbibliotheken zur wiederholten Verwendung aufbewahrt werden, zu modularen Softwaresystemen reduziert den Programmieraufwand erheblich, da neue Problemstellungen meist durch Kombination vorhandener Moduln gelöst werden können. Auch die spätere Optimierung bzw. Überarbeitung von Programmen läßt sich durch Austausch der verbesserten Moduln wesentlich beschleunigen. [1], [4]. Li

Modulation *(modulation)*. M. ist die Veränderung einer hochfrequenten Sinusschwingung (→ Trägerschwingung) gemäß der Zeitfunktion einer niederfrequenten Schwingung (Modulationsschwingung, Signal). Hierbei wird die zu übertragende Nachricht mit einer für den jeweiligen Übertragungszweck angepaßten Modulationsart der Trägerschwingung aufmoduliert. [13], [14]. Th

Modulationsfaktor *(modulation factor)*. Liegen am Eingang eines nichtlinearen Übertragungskanals gleichzeitig mehrere Signale verschiedener Frequenzen, dann entstehen außer den Oberschwingungen jeder einzelnen Grundfrequenz zusätzlich Kombinationsfrequenzen als Summen- und Differenzfrequenzen. Der Grad der Nichtlinearität wird durch den M. angegeben. [14]. Th

Modulationsfrequenz *(modulation frequency)*. M. ist die Bezeichnung für die Signalfrequenz, die einer Trägerschwingung durch ein Modulationsverfahren aufmoduliert werden kann. [13], [14]. Th

Modulationsgeschwindigkeit → Schrittgeschwindigkeit. Fl

Modulationsgrad *(modulation depth; degree of modulation)*. Der M. ist ein Maß für die Intensität, mit der eine Nachricht einem Träger aufmoduliert wurde. Der höchstmögliche M. beträgt 1, d.h. die mit dem Modulationsverfahren erreichbare Modulationsintensität für verzerrungsfreie Modulation ist voll ausgeschöpft. Der M. wird auch in „Prozent" angegeben. Ein M. von 1 entspricht dann 100 %. [13], [14]. Th

Modulationshüllkurve *(modulation envelope)*. Die Form einer amplitudenmodulierten Schwingung heißt Hüllkurve. Bis zum Modulationsgrad 1 entspricht die Hüllkurve der „normalen" amplitudenmodulierten Schwingung der Modulationsschwingung. Die Hüllkurve eines Einseitenbandsignals folgt unmittelbar der Modulationsamplitude und stellt ein Abbild der Modulationssignalhüllkurve dar. [13], [14]. Th

Modulationsindex *(modulation index)*. Unter M. versteht man das Verhältnis des Frequenzhubes zur höchsten Modulationsfrequenz bei der Frequenzmodulation. UKW-Rundfunksender (UKW Ultrakurzwelle) arbeiten mit einem M. von 5; bei der sog. Schmalband-Frequenzmodulation, wie sie im Funksprechverkehr verwendet wird, darf der M. etwa 0,6 sein. [8], [13], [14]. Th

Modulationsrauschen *(modulation noise)*. Begriff aus der Magnetbandaufzeichnungstechnik in der Elektroakustik. Es ist ein Rauschen, das unter dem Signal bei einer magnetischen Tonaufzeichnung auftritt, wenn das Signal vorhanden ist. Die Rauschspannung ist signalabhängig, das Signal selbst bildet aber keinen Bestandteil des Rauschens. Das M. wird durch Störungen als Folge des inhomogenen Schichtaufbaus des Magnetbandes hervorgerufen, des unstetigen Magnetisierungsvorganges, des wechselnden Band-Magnetkopf-Kontaktes und als Folge einer Gleichfeldaufzeichnung, z.B. durch remanente Magnetisierung der Köpfe oder Bandführungen und durch eine Gleichkomponente des HF-Vormagnetisierungs- (HF Hochfrequenz) bzw. Löschfeldes. [5], [9], [13]. Th

Modulationsschwingung *(modulation wave)*. Die M. enthält die Nachricht, die einer Trägerschwingung aufmoduliert werden soll. [13], [14]. Th

Modulationstheorem → Faltung. Rü

Modulationsverstärker *(modulation amplifier)*, aktiver Modulator. M. sind Modulatorschaltungen in Sendeanlagen, bei denen neben einer Modulation auch eine Verstärkung des Modulationsproduktes (Ergebnis des Modulationsvorganges) stattfindet. Der M. kann aus mehreren Verstärkerstufen bestehen. Die Endstufe des Modulationsverstärkers arbeitet im Eintakt- oder im Gegentaktbetrieb auf die Senderöhre, die als Last wirkt. Bei Klassifizierung der Verstärker nach Stromflußwinkeln ist der M. als Klasse-A- oder Klasse-B-Verstärker aufgebaut. Wichtige Anforderungen an M. sind z.B.: lineare Verstärkung aller zu übertragenden Seitenfrequenzen, gute Symmetrieeigenschaften im Gegentaktbetrieb. Häufig werden auch Zerhackermeßverstärker als M. bezeichnet. [8], [12], [13], [14]. Fl

Modulationsverzerrung *(modulation distortion)*. Außer beim Modulationsvorgang selbst können Verzerrungen des Nachrichteninhaltes einer unverzerrt modulierten Schwingung bei der Übertragung über eine elektronische Schaltung entstehen. Deren Eigenschaften können „verzerrend" frequenzabhängig sein. Modulationsverzerrungen entstehen durch Amplitudenunsymmetrie, Phasenunsymmetrie, Amplituden- und Phasenunsymmetrie. [8], [13], [14]. Th

Modulator *(modulator)*. Der M. soll einen ganzen Frequenzbereich unter Beibehaltung der absoluten Frequenzabstände verschieben. Dieser Effekt wird durch Modulation der umzusetzenden Schwingung mit einer Trägerschwingung erreicht. Der M. kann wie bei der PCM (Pulscode-Modulation), auch ein Codierer sein. [8], [13], [14]. Th

Modulator, aktiver → Modulationsverstärker. Fl

Modulator-Gleichspannungsverstärker *(modulator a. c. amplifier)* → Chopperverstärker. Fl

Modulatorschaltung *(modulator circuit)*. Unter M. wird eine elektronische Schaltung verstanden, die einen Modulationsvorgang bewerkstelligt. [4], [6], [8], [13], [14]. Th

Modulo-n *(modulo)*. Die Basis des Zählens für ein bestimmtes Zahlensystem. Beispielsweise ist Modulo-n für das Dezimalsystem 10, für das Oktalsystem 8. [13]. We

Modulo-n-Zähler *(modulo-n counter)*. Zähler, der n verschiedene Zustände einnimmt und bis zur Zahl n−1 zählt. Der M. geht nach dem n. zugeführten Impuls wieder in den Anfangszustand zurück. Der Dezimalzähler ist z.B. ein Modulo-10-Zähler. [2]. We

Modultechnik *(modular design)*. Technik, die sich mit der Zerlegung von Systemen in funktionale Teileinheiten beschäftigt, die dann in Form von — meist steckbaren — Moduln aufgebaut werden. Die M. vereinfacht die Wartung und Instandsetzung von elektronischen Anlagen wesentlich, da die defekten Moduln lediglich gegen intakte ausgetauscht werden müssen, um das System wieder funktionsfähig zu machen. [4], [6]. Li

Mol *(mol)*. SI-Basiseinheit der Stoffmenge (Zeichen mol). *Definition:* Das Mol ist die Stoffmenge eines Systems, das aus ebensoviel Einzelteilchen besteht, wie Atome in 0,012 Kilogramm des Kohlenstoffnuklids ^{12}C enthalten sind. Bei Benutzung des Mol müssen die Einzelteilchen spezifiziert sein und können Atome, Moleküle, Ionen, Elektronen sowie andere Teilchen oder Gruppen solcher Teilchen genau angegebener Zuzusammensetzung sein (DIN 1301). [5]. Rü

Molekül *(molecule)*. Ein aus mehreren Atomen (gleichartigen wie in H_2 (Wasserstoff) oder unterschiedlichen wie in H_2O (Wasser)) durch chemische Bindung zusammengehaltenes Gebilde. Je nach Aggregatzustand, der von Druck und Temperatur abhängt, bilden Moleküle Gase (z.B. Luft), Flüssigkeiten (z.B. Wasser) oder Kristallgitter eines Festkörpers (z.B. Diamant). [7]. Bl

Molekularresonanz *(molecular resonance)*. Anregung von Molekülschwingungen und Rotationen durch Einstrahlung elektromagnetischer Wellen bei der Resonanzfrequenz. [5], [7]. Bl

Molekularstrahl *(molecular ray)*. Strahl aus elektrisch neutralen Molekülen. Er entsteht, wenn ein Gas oder Dampf aus Molekülen durch eine kleine Öffnung in Vakuum austritt. [5], [7]. Bl

Molekularstrahlepitaxie → Epitaxie. Ne

Molekularverstärker → Maser. Bl

Molekülspektrum *(molecular spectrum)*. Wie das Atom hat auch jedes Molekül mehrere energetisch unterschiedliche Zustände, die es einnehmen kann. Der Übergang von einem energetisch höheren Zustand in einen energetisch tieferen kann durch Abstrahlen elektromagnetischer Wellen geschehen. Da die Energiezustände für das Molekül charakteristisch sind, kennzeichnet die abgestrahlte elektromagnetische Strahlung, d.h. das M., auch das Molekül. Dies wird in der Spektroskopie zur Identifizierung von Molekülen benutzt. [5], [7]. Bl

Moment *(momentum)*. Vektorielles Produkt aus dem Ortsvektor **r** von einem Bezugspunkt zum Angriffspunkt einer physikalischen Größe. Beispielsweise: Kraftmoment $\mathbf{M} = \mathbf{r} \times \mathbf{F}$ (auch Drehmoment); Impulsmoment $\mathbf{L} = \mathbf{r} \times \mathbf{p}$ ($\mathbf{p} = m \mathbf{v}$ Impuls). D.h., der Betrag des Kraftmomentes ist gegeben als das Produkt des Betrages der angreifenden Kraft und dem Wirkabstand (Länge des Lotes vom Drehpunkt auf die Wirklinie der Kraft). [5]. Bl

Moment, elektrisches → Dipol, elektrischer. Rü

Moment, magnetisches → Dipol, magnetischer. Rü

Momentanwertspeicher → Sample-and-Hold-Schaltung. Li

Monitor *(monitor)*. 1. In der Steuer- und Regeltechnik eine Einrichtung, die überwacht, daß bestimmte Grenzwerte nicht überschritten werden. [18]. 2. Bildschirm zur z.B. Sichtbarmachung und Überwachung von Zuständen in z.B. Datenverarbeitungssystemen. 3. Programm zur Überwachung eines Datenverarbeitungssystems und zur Steuerung des Betriebsablaufes. Der Begriff wird bei kleineren Systemen auch zur Bezeichnung des Betriebssystems verwendet. [1]. We

monochromatisch *(monochromatic)*. Einfarbig. Eine elektromagnetische Strahlung, die zu einer einzigen Spektrallinie oder auch zu einem sehr engen Spektralbereich gehört. [5]. Rü

Monochromator *(monochromator)*. Der M. ist eine optische Vorrichtung, mit dessen Hilfe aus einem breitbandigen Spektralbereich des sichtbaren Lichtes ein extrem enger Wellenlängenbereich ausgefiltert wird. Die Linienbreite der Frequenzen des gefilterten Lichtes ist im Verhältnis zur mittleren Strahlungsfrequenz so niedrig, daß der Eindruck eines einfarbigen Lichtstrahles entsteht. Häufig wird die Intensität des Lichtstrahles durch den Vorgang stark geschwächt und ist nicht mehr beobachtbar. Günstiger ist daher das durch induzierte oder stimulierte Emission erzeugte kohärente Licht einer Laserquelle. Man kennt Monochromatoren z.B. in Spektrometern. [12], [16]. Fl

Monoflop → Multivibrator, monostabiler. We

Monomodelichtwellenleiter → Lichtwellenleiter. Ge

Monopol → Vertikalantenne. Ge

Monoskop *(monoscope)*. Das M. ist eine Elektronenstrahlröhre, die als Bildsignalquelle arbeitet. Neben weiteren Elektroden besitzt die Röhre eine besondere Bildelektrode, auf deren Oberfläche durch die Wirkung örtlich unterschiedlich starker Sekundärelektronenemission ein unveränderbares Bildmuster eingeprägt ist. Das Bild wird während des Herstellungsvorganges der Röhre auf die Elektrode gedruckt und kann z.B. ein für Abgleich- und Reparaturarbeiten aussagekräftiges Testbild sein. Durch einen zeilenweisen Abtastvorgang mit einem Elektronenstrahl wird das Bild sichtbar. Anwendungen: z.B. in Fernsehsendeanlagen. [12], [13], [14], [16]. Fl

Monovibrator → Multivibrator, monostabiler. We

Montage *(assembly)*. Einbau integrierter Schaltungen in ein Gehäuse. Die einzelnen Schritte der M. sind: Befestigen des Halbleiterplättchens, Kontaktieren und Verschluß des Gehäuses. [4]. Ne

Morganschaltung *(Morgan connection)*. Die M. ist eine Löschschaltung zur Einzellöschung von (Haupt-)Thyristoren T_H in selbstgeführten Stromrichtern. Der Aufbau (Bild) ist ähnlich der Tröger-Schaltung. Die M. bietet jedoch den Vorteil definierter Stromanstiegsgeschwindigkeiten. Beim Löschvorgang (Zünden von T_L) schwingt zunächst die Spannung am Kommutierungskondensator C_K über L_U und T_L um, so daß C_K danach den Laststrom I_d übernehmen und damit T_H löschen kann. [3]. Ku

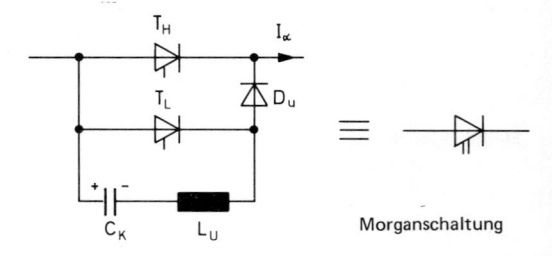

Morganschaltung

Morse-Alphabet → Morse-Code. Li

Morse-Code *(Morse code)*, Morse-Alphabet. Von S. Morse im Jahre 1836 entwickelter Code, bei dem Ziffern und Zeichen durch Punkt-Strich-Kombinationen (Folgen von kurzen oder langen, durch Pausen getrennten Stromimpulsen) dargestellt werden. Die Anzahl der Punkte oder Striche variiert je nach Häufigkeit, mit der das Zeichen in der englischen Sprache vorkommt, zwischen einem und sechs Punkten oder Strichen (Tabelle). Der M. wird heute noch häufig in der Funktelegraphie verwendet. [1], [9], [13], [14]. Li

Internationaler Morse-Code

A	· −	S	· · ·
B	− · · ·	T	−
C	− · − ·	U	· · −
D	− · ·	V	· · · −
E	·	W	· − −
F	· · − ·	X	− · · −
G	− − ·	Y	− · − −
H	· · · ·	Z	− − · ·
I	· ·	1	· − − − −
J	· − − −	2	· · − − −
K	− · −	3	· · · − −
L	· − · ·	4	· · · · −
M	− −	5	· · · · ·
N	− ·	6	− · · · ·
O	− − −	7	− − · · ·
P	· − − ·	8	− − − · ·
Q	− − · −	9	− − − − ·
R	· − ·	0	− − − − −

Mosaikdrucker → Matrixdrucker. Li

MOSFET *(metal-oxide semiconductor field-effect transistor)* → IGFET; → MOS-Transistor. Ne

MOSFET-Chopper *(MOSFET metal-oxide semiconductor field-effect transistor)* → MOSFET-Zerhacker. Fl

MOSFET-Zerhacker *(MOSFET-Chopper; MOSFET metal-oxide semiconductor field-effect transistor)*, MOSFET-Chopper. Der M. ist ein elektronischer Schalter, bei dem

MOST *(metal-oxide semiconductor transistor)* → MOS-Transistor. Ne

MOS-Transistor *(metal-oxide semiconductor FET)*, MOSFET, MOST. Isolierschicht-Feldeffekttransistor, dessen Steuerelektrode durch eine Oxidschicht vom Kristall isoliert ist (DIN 41 855). [4]. Ne

Motor *(motor)*. Elektrische Motoren formen elektrische Energie in mechanische Energie um. Eine Umkehrung der Energierichtung (Generatorbetrieb) ist prinzipiell möglich. Die elektrischen Motoren unterteilen sich in Gleichstrommotoren, Einphasen-Wechselstrommotoren und Drehstrommotoren. [3]. Ku

Motorbetriebskondensator *(motor-starting capacitor)*. Ein ungepolter Kondensator zu Erzeugung einer Hilfsphase in einphasig angeschlossenen Induktionsmotoren. Sie sind dauernd mit der Hilfswicklung des Motors verbunden (→ Metallpapierkondensator). [4]. Ge

Motorkompensator → Kompensationsschreiber. Fl

Motorkontaktgleichrichter → Präzisionsgleichrichter. Fl

MP-Kondensator → Metallpapierkondensator. Ge

MPU *(microprocessing unit)*. Bezeichnung für das einen Mikroprozessor enthaltende Chip. [1]. We

MSB *(most significant bit)*. In einem Code das Bit mit der höchsten Wertigkeit. In einem 10-stelligen Dualcode zur Codierung der Dezimalzahlen von 0 bis 1023 hat das MSB den Wert 512. [13]. We

MSFET *(metal-semiconductor field-effect transistor, MSFET)*. Ein Halbleiterbauelement, das statt eines PN-Überganges einen Metall-Halbleiter-Übergang hat (Bild). Der MSFET wird meist mit Galliumarsenid (GaAs) realisiert. Durch die um den Faktor 5 höhere Beweglichkeit der Elektronen im Galliumarsenid gegenüber Silicium liegen die Frequenzgrenzen im Gigahertzbereich. [4]. Ne

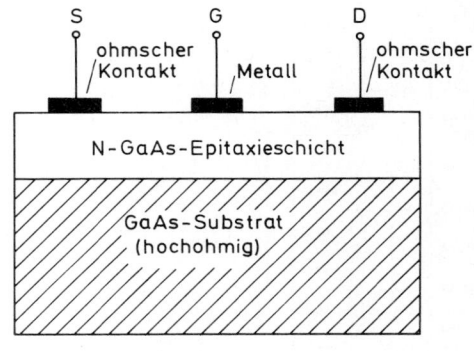

Struktur eines MSFET

MS-Flipflop → Master-Slave-Flipflop. We

MSI *(medium scale integration)*. Schaltungen der Digitaltechnik, die in einem Chip etwa 10 bis 100 Gatterfunktionen vereinigen, werden als MSI-Schaltungen (mittlerer Integrationsgrad) bezeichnet. We

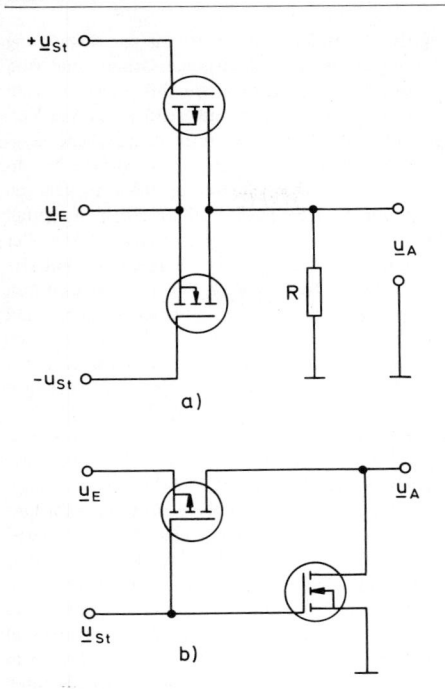

MOSFET-Zerhacker

als Schalterelemente selbstsperrende MOS-Feldeffekttransistoren eingesetzt sind. Man unterscheidet: 1. MOSFET-Serienzerhacker (Bild a): a) Der Schalter ist geschlossen, wenn die rechteckförmige Steuerspannung u_{ST} am Gate des Transistors T_1 positiv; am Gate des zweiten Transistors bei gleich großer Amplitude negativ gerichtet ist. Zusätzliche Bedingung: Der Betrag der Steuerspannung muß mindestens doppelt so groß wie die Schwellenspannung der Transistoren sein. b) Beide Transistoren sind geöffnet, wenn die Eingangsspannung u_E der Schaltung niedrig ist; sie sind ebenfalls geöffnet, wenn die Steuerspannung an T_1 auch negativ ist. c) Steigt die Eingangsspannung von niedrigen zu höheren Werten wird, in Abhängigkeit der Polarität der höheren Spannung, ein Transistor im geöffneten Zustand verharren. Der andere wird immer niederohmiger, d.h. für den Stromfluß immer leitfähiger. 2. MOSFET-Serien-Kurzschlußzerhacker (Bild b): Er benötigt nur eine symmetrisch verlaufende Steuerspannung u_{ST}. Vorteil dieser M.: Kein Auftreten von Offsetspannungen, Trennung der Steuerspannung gegenüber der Eingangsspannung. Anwendungen: Chopper, Zerhackermeßverstärker. [6], [12]. Fl

MOS-Schaltung *(MOS circuit; MOS metal-oxide semiconductor)*. Integrierte Schaltung, die nur MOS-Strukturen verwendet. Vorteile der M.: geringer Flächenbedarf, niedrige Verlustleistung und daraus resultierende hohe Packungsdichte, hochohmige Eingänge. Nachteil: wegen der Hochohmigkeit, in Verbindung mit den parasitären Kapazitäten, niedrigere Grenzfrequenz als bei Bipolarschaltungen. [2], [4], [6]. Li

MTBF *(mean time between failures)* → Ausfallabstand, mittlerer. Ne

MTL *(merged transistor logic)*. Logik mit ineinander „verschmolzenen" Transistoren, i.a. als I^2L-Technik (→ IIL) bezeichnet. [2]. We

MTOS *(metal thick-oxide semiconductor)*. MOS Feldeffekttransistoren (*MOS metal-oxide semiconductor*) mit höherer Gate-Durchschlagsspannung (z.B. 150 V). Sie haben gegenüber den normalen MOS-Feldeffekttransistoren zwischen Gate und Kanal eine dickere Oxidschicht. [4]. Li

MTTF *(mean time to failure)* → Ausfallabstand, mittlerer. Ne

MTTFF *(mean time to first failure)* → Ausfallabstand, mittlerer. Ne

Muldex → Multiplexer. Kü

Multichip-Schaltung → Hybridschaltung. Ne

Multidiodenvidikon → Vidikon. Th

Multilayer → Mehrlagenverdrahtung. Ge

Multimeter *(multirange instruments)*, Vielbereichsmeßinstrumente. Mehrbereichsinstrument, Universalmeßgerät. M. sind für verschiedene Meßaufgaben einsetzbare, preiswerte und einfach zu bedienende Meßinstrumente. In der elektrischen Meßtechnik dienen sie zur Ausführung von Messungen mehrerer elektrischer Größen und sind so aufgebaut, daß für jede meßbare Größe eine Vielzahl sinnvoll aufeinander abgestimmte Meßbereiche zur Verfügung stehen. Man stellt sie häufig als handliche, tragbare Betriebsinstrumente mit robustem Aufbau her. In Ausführungen als analoge, elektrische Meßgeräte genügen M. den Anforderungen nach VDE 0410. Im Regelfall sind mit einem Instrument Messungen elektrischer Gleich- und Wechselgrößen, bei eingebauter Batterie oder vorhandenem Netzteil auch Widerstandsmessungen durchführbar. Zum Schutze gegen Fehlbedienungen sind sie mit Überlastschutz versehen. Nach der Meßwertverarbeitung werden im wesentlichen unterschieden: 1. Analoge M.: Sie besitzen in modernen Ausführungen häufig erschütterungsfreie Drehspulmeßwerke mit Spannbandlagerung und besonderen Abschirmmaßnahmen gegen Fremdfeldeinflüsse. Zur Effektivwertmessung von Wechselgrößen ist ein Meßgleichrichter eingebaut. Der angegebene Frequenzbereich für sinusförmige Größen muß beachtet werden. Sind Widerstandsmessungen möglich, besitzt das M. mindestens drei untereinanderliegende Skalen: eine für Gleichströme und -spannungen, eine weitere für Wechselströme und -spannungen (unter Berücksichtigung des → Formfaktors) und eine zusätzliche für Widerstandsmessungen. Mit einem Stromartwahlschalter wird auf Gleich- oder Wechselgröße eingestellt, mit einem Meßbereichswahlschalter

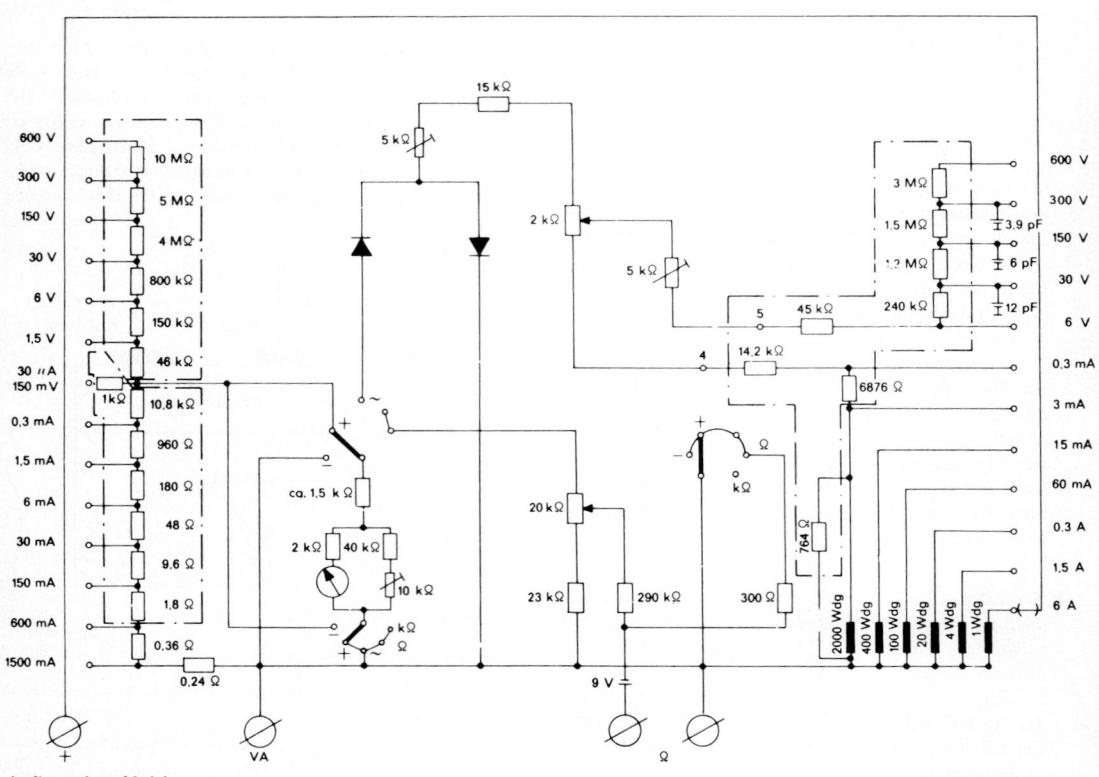

Aufbau eines Multimeters

der erforderliche Meßbereich gewählt. Die im Bild gezeigte Ausführung besitzt 4 Anschlußklemmen. Elektronische, analoge M. sind mit einem Meßverstärker ausgerüstet und besitzen häufig eine Polaritätsanzeige, automatische Polaritätsumschaltung bei Falschpolung und eine zusätzliche Anzeige zur Batterieprüfung. 2. Digitale M.: Sie sind mit elektronischen Schaltkreisen nach Gesichtspunkten der Digitaltechnik aufgebaut und benötigen immer Hilfsenergie (Netzteil, Batterie oder Akkumulator). Es sind Messungen der unter 1. aufgeführten Meßgrößen möglich, die Frequenzbereich für meßbare Wechselgrößen ist häufig bis zu 10^6 Hz durch Zubehör erweiterbar. In vielen Ausführungen werden im angegebenen Bereich auch die Effektivwerte nichtsinusförmiger elektrischer Größen angezeigt. Einige digitale M. sind als Anzeigegeräte für Temperaturmessungen mit direkter Anzeige von Temperaturwerten geeignet. Die Meßwerte sind auf einer mehrstelligen Digitalanzeige ablesbar und in vielen Fällen an einem getrennten BCD-Digitalausgang (*BCD binary coded decimal*) zur digitalen Weiterverarbeitung verfügbar. 3. Registrierinstrumente mit auswechselbaren Meßverstärkern, z.B. Linienschreiber oder hochwertige Oszilloskope, bezeichnet man häufig auch als M. [12]. Fl

Multimeter, digitales → Digitalmultimeter. Fl

Multiphotowiderstand → Differentialphotowiderstand. Ge

Multiplexbetrieb *(multiplex operation)*. Betriebsart zur Bearbeitung mehrerer gleichartiger und gleichzeitig anstehender Übertragungs- oder Steuerungsaufgaben mit einer Funktionseinheit durch zeitliche Verschachtelung. Der Multiplexbetrieb kann sowohl synchron, z.B. bei synchroner Übertragung im Zeitmultiplex, als auch asynchron wie bei Datenkonzentratoren (→ Konzentrator) erfolgen. [19]. Kü

Multiplexer *(multiplexer)*. Einrichtung zur Umwandlung von Kanälen im Raummultiplex in Zeitmultiplex; Gegenstück zum Demultiplexer. Einrichtungen, die Multiplexer und Demultiplexer umfassen, werden auch abgekürzt als Muldex bezeichnet. [19]. Kü

Multiplexschaltung *(multiplex circuit)*. Die M. enthält die zur Abtastung der Eingangskanäle und zu deren Bündelung notwendigen Elemente. Dies können gesteuerte Schalter (→ Zeitmultiplexverfahren) oder Modulatoren (→ Frequenzmultiplexverfahren) sein. Weiter sind die zur Synchronisation und Filterung erforderlichen Hilfsschaltungen enthalten. [1], [2], [8], [9], [14], [17]. Th

Multiplexsystem *(multiplex system)*. Die Eingangskanäle werden beim M. durch eine Adresse gekennzeichnet und sind damit bündelungsfähig. Die Bündelung besteht schließlich aus der additiven Zusammenfassung der adressierten Signale aller Eingangskanäle zum eigentlichen Signalbündel. Im Empfänger sieht der Adreßdecodierer die zugehörigen Signale aus und trennt nur den Signalteil vom Bündel ab, der seiner Adresse entspricht. Am Ausgang des Multiplexsystems stehen somit die Eingangskanäle wieder zur Verfügung. [1], [2], [8], [9], [14], [17]. Th

Multiplexverfahren *(multiplex technique)*. Beim Zeit-M. werden die Eingangskanäle nacheinander abgefragt und somit zeitlich ineinander verschachtelt auf den Übertragungskanal gegeben. Im Empfänger muß eine gleiche und synchron laufende Abtasteinrichtung die Signale an die zugehörigen Ausgänge verteilen. Beim Frequenz-M. findet eine Umsetzung der Eingangskanäle in einen anderen Frequenzbereich statt, so daß alle Eingangskanäle in einem Summenkanal übertragen werden können. Die empfangsseitige Rückumsetzung liefert die Originale. [1], [2], [8], [9], [14], [17]. Th

Multiplikationsfaktor *(multiplication factor)*. 1. In der Mathematik die Bezeichnung für Multiplikator oder Multiplikanden bei der Multiplikation. Bei Ausführung der Multiplikation in Datenverarbeitungsanlagen ist zu beachten, daß das Ergebnis der Multiplikation (Produkt) die doppelte Stellenzahl der Multiplikationsfaktoren annehmen kann. 2. Beim Photoelektronenvervielfacher das Verhältnis der freigesetzten Elektronen zu den auftreffenden Elektronen in jeder Stufe des Photoelektronenvervielfachers. [16]. We

Multiplikationsmodul → Multiplizierschaltung. Fl

Multiplikationstheorem → Faltung. Rü

Multiplikatorbaustein → Multiplizierer. Fl

Multiplikatorrauschen *(multiplicator noise)*. Das M. tritt am Signalausgang von Multiplikatoren als störendes Rauschen in Erscheinung. Bei Meßverfahren mit statistischen Breitbandsignalen, wie z.B. bei Korrelatoren oder Spektrumanalysatoren, bestimmt der Anteil des Multiplikatorrauschens im Restrauschen die untere Grenze der Empfindlichkeit des Meßgerätes mit, unterhalb der keine Signale mehr entdeckt werden können. Infolge der multiplizierenden Wirkung der Baugruppe auf die Eingangsgrößen entstehen am Ausgang des Multiplikators Summen- und Differenzfrequenzen der Eingangssignale. Aus diesem Grunde erstreckt sich die höchste auftretende Frequenz im Leistungsspektrum des Multiplikatorrauschens bis zur doppelten Bandbreite der Eingangsgrößen. [9], [12]. Fl

Multiplizierer *(multiplier)*, Multiplikatorbaustein. Der M. ist ein Bauelement, eine elektronische Baugruppe oder ein Gerät mit dem eine Multiplikation elektrischer Größen durchgeführt wird. Ein multiplizierendes Meßgerät ist z.B. ein Leistungsmesser, bei dem Strom- und Spannungswerte die Faktoren zur Ausführung einer Multiplikation bilden. Man unterscheidet: 1. a) M., die vorzugsweise in der Meßtechnik Anwendung finden und analoge Größen multiplizieren, z.B. Hall-Multiplizierer, Servomultiplikator, Impulsmultiplikator, Parabelmultiplizierer, Einquadranten-, Zweiquadranten- und Vierquadrantenmultiplizierer, Thermokreuzmultiplikator. b) Ein Wirkwiderstand, der in Mittelwertmessern für sinusförmige Wechselgrößen als Vor- oder Nebenwiderstand eingebaut ist und in dessen Widerstandswert der Formfaktor 1,11 einbezogen ist, wird häufig M. genannt. 2. a) M. für multiplikative Verknüpfungen analoger, zeitabhängiger Signalgrößen in der Nachrichtentechnik. Sie werden hauptsächlich zur Multiplikation zweier Frequenzwerte (z.B. Chopper), bzw. einer Trägerfrequenz mit einem niederfrequenten Frequenzband als Modulator (auch Mischer, z.B. Ringmodulator) oder Demodulator (z.B. Koinzidenzdemodulator) eingesetzt und bewirken eine Frequenzumsetzung der Eingangssignalfrequenzen in ein anderes Frequenzband. b) Bauelemente als M. in diesem Sinne sind z.B. die Heptode, der Doppelgate-Feldeffekttransistor. 3. M., die als nichtlineare Rechenglieder z.B. in Analogrechnern mathematische Funktionen erfüllen. Sie sind als integrierte Bausteine erhältlich und als Quadrantenmultiplizierer unter 1. a) aufgeführt. 4. Elektronenvervielfacher. 5. Rechenwerke in Digitalrechenanlagen, die mit binären Elementen mathematische Multiplikationen durchführen. [1], [2], [4], [6], [8], [12], [13], [14], [17], [19]. Fl

Multiplizierer, analoger *(analogue multiplier)*. Der analoge M. ist eine nichtlineare elektronische Schaltung, bei der zwei oder mehrere analoge elektrische Signal-Eingangsgrößen multiplikativ verknüpft werden, so daß am Schaltungsausgang deren Produkt in analoger Darstellung erscheint. Analoge M. können diskret aus einzelnen Bauelementen aufgebaut sein, sie sind aber auch als integrierte Bausteine erhältlich. Nach dem zugrundegelegten Verfahren zur analogen Durchführung der Multiplikation unterscheidet man: 1. Indirektes Verfahren. Es werden nichtlineare mathematische Zusammenhänge der Kennlinien von Bauelementen ausgenutzt. Sind die Eingangsgrößen x und y, die Ausgangsgröße z, werden als Möglichkeiten genutzt:
a) $z = xy = 1/4 [(x - y)^2 - (x - y)^2]$ ($\to$ Parabelmultiplizierer),
b) $z = xy = a^{a \log x + a \log y}$ (Logarithmischer Multiplizierer),
c) $z = xy = \int x \, dx + \int y \, dy$ (Integrierender Multiplizierer).
2. Verfahren mit veränderlichem Übertragungsfaktor, z.B. Multiplikation durch eine Differenzstufe mit Transistoren, in dem die Verteilung der Ströme durch die Transistoren gesteuert wird (z.B. Produktmodulator in integrierter Schaltungstechnik). 3. Änderung des Mittelwertes einer Rechteckschwingung über Pulsbreitenmodulation, (z.B. $\to$ Time-Division-Verfahren). 4. Es wird mit zwei zu verknüpfenden Wechselspannungen eine Amplitudenmodulation durchgeführt und ein Demodulator nachgeschaltet, an dessen Ausgang das Produkt der beiden Eingangsgrößen liegt (z.B. $\to$ Phasendemodulator). 5. Die Multiplikation zweier Eingangsgrößen wird aufgrund physikalischer Effekte an einem Einzelbauelement durchgeführt. Beispiel: Hall-Effekt beim Hall-Multiplizierer. Anwendungsbeispiele für analoge M.: Effektivwertmessung, Rechenschaltung im Analogrechner, Korrelator, Modulator, Chopperverstärker. [6], [8], [9], [12], [13], [14], [17], [18]. Fl

Multiplizierer, digitaler *(digital multiplier)*. Digitale M. sind aus Schaltelementen der Digitaltechnik aufgebaute Rechenwerke, die eine Multiplikation von Binärzahlen durchführen. Die Multiplikation wird auf eine mehrfach

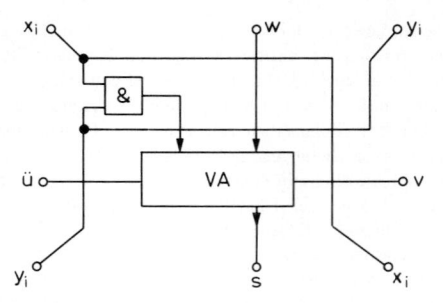

Digitaler Multiplizierer

durchgeführte Addition der zu verknüpfenden Operanden zurückgeführt. Im Digitalrechner steuern Mikroprogramme den funktionsgerechten Ablauf der durchzuführenden Operationen. Man unterscheidet: 1. Seriell arbeitende Multiplizierer. Ein Steuerwerk leitet die einzelnen Verarbeitungsschritte ein. Der Multiplikant steht in einem Schieberegister und wird mit jedem Arbeitstakt um eine Bitstelle nach links verschoben. Es erfolgt eine fortlaufende Addition einzelner Bitstellen über einen Volladdierer mit dem Multiplikanten aus dem Multiplikantenregister. 2. Parallel arbeitende Multiplizierer. Sie sind als integrierte Digitalbausteine erhältlich. Das Steuerwerk entfällt. Abhängig vom Verfahren werden Halbaddierer, Volladdierer oder einfache logische Verknüpfungen benötigt. Das Beispiel im Bild zeigt eine Zelle aus einem n-Bit-Parallelmultiplizierer. Die UND-Schaltung bildet Teilprodukte aus x_i und y_i. Ein Volladdierer (VA) addiert die Überträge v und w aus niedrigeren Stellen dazu: $x_i \cdot y_i + v + w$. Das vorläufige Ergebnis besteht aus dem Summenanteil s und einem neuen Übertrag ü für die nächsthöhere Stelle. Zellen dieser Art werden für n-Bit angeordnet. Die Gesamtrechenzeit beträgt $2 \cdot n \cdot \tau$ (τ Rechenzeit einer Zelle). 3. In einem Festwertspeicher (*ROM read-only memory*) ist eine Funktionstabelle für mögliche Ergebnisse der Ausgangsvariablen gespeichert. Die Tabelle ist nur bis auf die letzte Stelle vollständig. Mit Hilfe eines einfachen Rechenwerkes wird diese Stelle getrennt berechnet. Vorteil: Die Rechenzeit wird bis auf die Zugriffszeit reduziert. [1], [2]. Fl

Multiplizierer, elektronischer *(electronical multiplier)*. Elektronische M. sind mit elektronischen Bauelementen, wie z.B. Transistoren, Operationsverstärker, Elektronenröhren, aufgebaute analog oder digital arbeitende Rechenschaltungen. Die meisten Ausführungen sind als integrierte Schaltungen erhältlich. Zum funktionsgerechten Betrieb als Multiplizierer sind bei analog arbeitenden, elektronischen Multiplizierern umfangreiche Abgleicharbeiten notwendig. Als Fehler können bei ihnen auftreten: 1. Statische Fehler: a) Nullpunktfehler. Die Ausgangsgröße des elektronischen Multiplizierers wird nicht Null, obwohl eine oder mehrere Eingangsgrößen Null sind. b) Produktfehler. Er gibt Abweichungen des Ergebnisses an, die im wesentlichen von der Methode der analogen Durchführung der Multiplikation abhängen. 2. Dynamische Fehler. Sie werden vom Frequenzverhal-

Multiplizierglied *(multiplier element)*. In der Systemtheorie ist das M. als Grundbaustein eine Operationseinheit, mit der in analogen Systemen die Eingangsfunktion x(t) eine Multiplikation mit dem Koeffizienten a durchführt. Ergebnis ist die Ausgangsfunktion ax(t). Im Analogmodell kann ein einfaches M. z.B. durch ein Potentiometer realisiert werden. [9]. Fl

Multiplizierschaltung *(multiplier circuit)*, Multiplikationsmodul. Mit Hilfe der M. werden Multiplizierer z.B. für meßtechnische, nachrichtentechnische (z.B. Modulator) oder rein mathematische Aufgaben (z.B. Digitalrechner, Analogrechner) verwirklicht. Man unterscheidet analoge und digitale Multiplizierschaltungen. Eine analoge M. besteht z.B. aus einem Multiplizierglied und Operationsverstärkern. Die Schaltung besitzt zwei Eingänge, an die man die multiplikativ zu verknüpfenden Größen legt. Beim Multiplikationsmodul kann über einen weiteren Schaltungseingang die M. zur Quadratwurzelbildung und zur Quotientenbildung herangezogen werden. Bild a zeigt eine Variante als Quadrierer, Bild b als Dividierschaltung und Bild c eine Schaltung zur Bildung der Quadratwurzel. Vor Ausführung der Operationen müssen Abgleicharbeiten durchgeführt werden. [2], [6], [9], [12], [13], [17], [18]. Fl

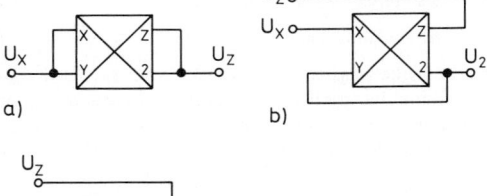

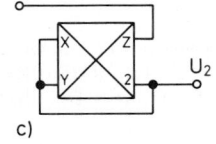

Multiplizierschaltungen

Multiprocessing *(multiprocessing)*. Arbeit eines Multiprozessorsystems, wobei die einzelnen Prozessoren nicht unabhängig voneinander arbeiten, sondern durch die gemeinsamen Speicher und die gemeinsame Peripherie aneinander gekoppelt sind. M. erhöht die Leistungsfähigkeit und die Zuverlässigkeit von Datenverarbeitungssystemen. [1]. We

Multiprogramming *(multiprogramming)*, Multiprogrammverarbeitung. Bei einer Datenverarbeitungsanlage die ineinander-verschachtelte Bearbeitung voneinander unabhängiger Programme in nur einer Zentraleinheit. Wegen der sehr unterschiedlichen Arbeitsgeschwindigkeiten von Zentraleinheit einerseits und Peripheriegeräten andererseits treten erhebliche Wartezeiten bei der Zentraleinheit auf, die sich durch M. reduzieren lassen. Werden z.B. in Programm 1 Daten ausgedruckt, kann die Zentraleinheit in Programm 2 weiterarbeiten. Bei M. ist stets die Vorgabe einer Prioritätenliste erforderlich. Die Steuerung der Programmbearbeitung entsprechend der Prioritätenliste ist Aufgabe des Betriebssystems der Anlage. Durch M. wird eine bessere Ausnutzung der Datenverarbeitungsanlage erreicht und damit eine schnellere durchschnittliche Programmbearbeitung. [1]. Li

Multiprogrammverarbeitung → Multiprogramming. Li

Multiprozessorsystem *(multiprocessor system)*, Mehrrechnersystem. Datenverarbeitungssystem mit mehreren Prozessoren, die gemeinsam Komponenten des Systems, etwa Speicher oder Peripherie benutzen. Es kann sich dabei um Prozessoren gleichen Typs handeln, aber auch um einen Zentralprozessor und weitere Prozessoren, die besondere Aufgaben übernehmen, z.B. Ein-Ausgabe-Prozessoren. Für den Zugriff auf die gemeinsamen Systemkomponenten muß eine Prioritätsfestsetzung getroffen werden, die meist die Kontrolle über den Bus ausübt. Greifen die Prozessoren direkt auf die gemeinsamen Komponenten zu, wird das System als dicht gekoppelt bezeichnet; erfolgt die Verbindung über weitere Schnittstellenbausteine, so handelt es sich um ein lose gekoppeltes System. [1]. We

Multivibrator *(multivibrator)*, Kippschaltung, Kippstufe. Allgemeine Bezeichnung für eine Schaltung der Digitaltechnik, die über einen Ausgang verfügt (dazu meist einen zweiten Ausgang hat, der ein gegenüber dem ersten Ausgang invertiertes Signal führt), wobei der Zustand des Ausgangssignals nicht nur von den Zuständen der Eingangssignale abhängig ist. Man unterscheidet bistabile Multivibratoren, astabile Multivibratoren und monostabile Multivibratoren. [2]. We

Multivibrator, astabiler *(astable multivibrator)*, Kippschwinger. Schaltung der Digitaltechnik, deren Ausgangssignal keinen stabilen Zustand einnimmt, sondern ohne Betätigung von außen eine Rechteckschwingung erzeugt, durch die Rückkopplung zustandekommt. Der astabile M. kann diskret aufgebaut oder aus zwei monostabilen Multivibratoren zusammengesetzt werden. [2]. We

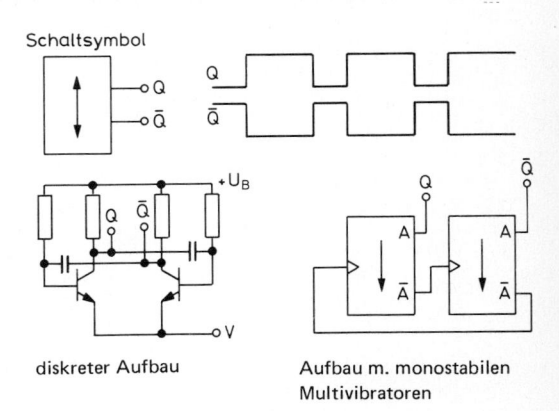

Schaltsymbol

diskreter Aufbau

Aufbau m. monostabilen Multivibratoren

Astabiler Multivibrator

Multivibrator, bistabiler

Multivibrator, bistabiler → Flipflop. We

Multivibrator, emittergekoppelter *(emitter coupled multivibrator)*. Aufbau eines astabilen Multivibrators in ungesättigter Logik, wobei für die Rückkopplung der Signale nur eine Kapazität notwendig ist. Die Periodendauer der Schwingung ergibt sich $t_{Periode} \approx 0{,}1\, R_1 \cdot C + 0{,}1 \cdot R_2 \cdot C$. [2] We

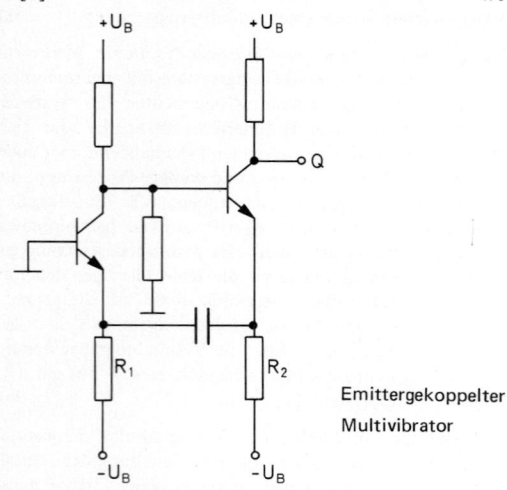

Emittergekoppelter Multivibrator

Multivibrator, monostabiler *(monostable multivibrator, monoflop, one-shot)*, Monoflop, Univibrator, Monovibrator, monostabile Schaltung. Schaltung der Digitaltechnik, bei der eine Flanke eines Eingangssignals einen Wechsel des Ausgangssignals hervorruft. Das so gebildete Ausgangssignal ändert nach der Zeit t_{Mono} ohne äußeren Einfluß seinen Zustand; die Schaltung kehrt anschließend in den stabilen Zustand zurück. Die Dauer des nichtstabilen Zustands wird durch ein RC-Glied bestimmt ($t_{Mono} = f(R \cdot C)$). Ist der monostabile M. als integrierte Schaltung ausgeführt, so werden R und C extern zugeschaltet (Hybridschaltung). Monostabile Multivibratoren werden zur Erzeugung von Signalen bestimmter Dauer verwendet. Durch Zusammenschalten zweier monostabiler Multivibratoren kann ein astabiler Multivibrator zur Erzeugung von Rechteckschwingungen gebildet werden. [2] We

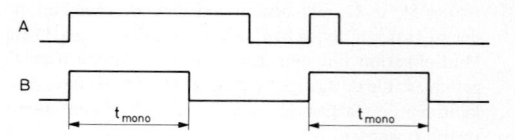

Signalverhalten des monostabilen Multivibrators (positiv flankengetriggert)

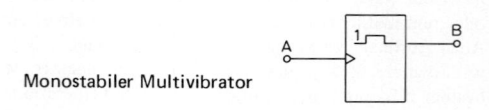

Monostabiler Multivibrator

MUSA-Antenne *(multiple unit steerable array)*. Vorzugsweise für den Empfang von Signalen im Kurzwellenbereich. Die M. besteht aus einer Reihe von Rhombusantennen, deren Ausgänge über Phasenschieber auf den Empfänger geschaltet sind. Die Einrichtung gestattet eine automatische Anpassung der scharf gebündelten Antennenkeule an den jeweiligen Einfallswinkel des an der Ionosphäre reflektierten Signals. Dadurch wird eine Verbesserung des Störabstandes sowie eine Reduzierung des selektiven Schwundes erzielt. [14] Ge

Muschelantenne → Parabolantenne. Ge

Muskowit → Glimmer. Ge

Muttermaske *(master mask)*. Maske, von der bei der Herstellung integrierter Schaltungen sogenannte Arbeitsmasken hergestellt werden. Die M. enthält die Strukturen zum Dotieren einer Halbleiterebene. [4] Ne

Mylar → Kunststoff. Ge

Myriameterwellen *(very low frequency, VLF)*. Bezeichnung für den Frequenzbereich 3 kHz bis 30 kHz. Das entspricht Wellenlängen von 100 km bis 10 km. [8], [13] Th

N

Nachformfehler *(contour error)*. Bei Werkzeugmaschinen ergeben sich beim Nachfahren einer Kontur, z.B. beim Bewegen eines Werkzeugs während eines Bearbeitungsgangs, Abweichungen zwischen der gewünschten und der tatsächlich durchfahrenen Bahnkurve. Diese Abweichungen sind der N. [18]. Ku

Nachgebeglied → Übertragungsglied. Ku

Nachhallzeit *(reverberation time)*. Zeit, die in einem Raum mit Nachhall vergeht, bis nach dem Aufhören einer Schallerregung die Schallintensität um 60 dB abgesunken ist. Die N. ist vom Volumen und von der Gesamtabsorption abhängig. Das Abklingen um 60 dB ist gewählt worden, weil diese Festlegung etwa dieselbe Zeit ergibt, die dem subjektiven Befund entspricht. Die N. ist frequenzabhängig und die Frequenzgangkurve der N. gibt einigen Aufschluß über die akustischen Eigenschaften eines Raumes. [12]. Th

Nachlaufregelung *(follow-up control)*. Als N. werden häufig Folgeregelungen mit mechanischen Regelgrößen bezeichnet, z.B. die Regelung der Ruderstellung großer Schiffe oder die Servolenkung von Automobilen. [18]. Ku

Nachleuchtdauer *(time of persistence)*. Lichtemission, die durch Einstrahlung angeregt wurde, wird um die N. über die Einstrahlungszeit hinaus aufrecht erhalten. Dieses Nachleuchten kann zwischen 10^{-8} s (bei Fluoreszenz) und über Sekundenbruchteile bis Jahre (bei Phosphoreszenz) anhalten. [5]. Bl

Nachleuchten → Lumineszenz. Bl

Nachricht *(information)*. Man versteht darunter Signale, denen ein bestimmter Bedeutungsinhalt beigeordnet ist. Es handelt sich um Informationen, die unverändert weitergegeben (übertragen) werden sollen (DIN 44 300). Besteht die Hauptaufgabe darin, vorliegende Informationen zu ändern, dann nennt man sie Daten. [13]. Rü

Nachrichtenblock *(message)*. Einheit zur blockweisen Übermittlung von Nachrichten in einem Nachrichtennetz mit Speichervermittlung. Der Nachrichtenblock ist nach einem einheitlichen Format aufgebaut: Nachrichtenkopf, Informationsteil, Nachrichtenende. Der Nachrichtenkopf *(header)* enthält Ursprungs- und Zieladresse sowie weitere Steuerungsinformationen. Der Informationsteil besteht aus einer i.a. begrenzten Anzahl von Bits oder Bitgruppen. Das Nachrichtenende enthält u.a. den Fehlersicherungsteil *(frame check sequence, cyclical redundancy check)*. In Datennetzen mit Paketvermittlung werden Datenpakete (mit Informationsteil) und Steuerpakete (ohne Informationsteil) unterschieden. [19]. Kü

Nachrichteneinheit *(information dimension)*. Da eine Nachricht keine physikalische Größe im eigentlichen Sinn darstellt, kann eine Nachricht nur im Zusammenhang mit einem Nachrichtenträger auftreten. Deshalb ordnet man der N. die Einheit des Trägers zu. [9], [14]. Th

Nachrichtenelement *(information element)*. Ein N. ist das kleinste nicht mehr reduzierbare Element einer Nachricht. Es repräsentiert ein Symbol oder einen Buchstaben, wobei jedes Symbol bzw. jeder Buchstabe eine Information oder ein Beobachtungsergebnis der Nachrichtenquelle enthält. [9]. Th

Nachrichtenkanal *(information channel)*. Als N. bezeichnet man die Gesamtheit aller zur Übertragung des Signals bestimmten Mittel, wobei unter Mittel sowohl die Apparatur als auch das Übertragungsmedium verstanden wird. Ein Verstärker kann z.B. die Apparatur darstellen und ein Kabel das Medium. [14]. Th

Nachrichtenmenge *((amount of) information)*. Unter N. versteht man die gesamte Anzahl von Nachrichtenelementen, die zu einer bestimmten Nachricht gehören oder die während einer bestimmten Zeit t von der Quelle ausgesendet werden. Die N. ist eng mit dem Begriff Kanalkapazität verknüpft. [14]. Th

Nachrichtennetz *(communication network)*. Gesamtheit von Endstellen, Leitungen und Vermittlungsstellen, die gemeinsam für den Aufbau von Nachrichtenverbindungen zum Nachrichtenaustausch dienen. Nachrichtennetze sind in der Vergangenheit für spezifische Anwendungen eingerichtet worden wie das Fernsprechnetz, Telexnetz, Datexnetz. Je nach Art der Übermittlung spricht man von Analognetz oder Digitalnetz. Das zukünftige Digitalnetz erlaubt neben der Integration von Übertragung und Vermittlung im Zeitmultiplex auch die Integration unterschiedlicher Dienste (→ ISDN). [18]. Kü

Nachrichtenquelle *(information source)*. Eine N. wird der Mechanismus genannt, durch den aus der Menge aller möglichen Nachrichten in unvorhergesehener Weise eine besondere Nachricht ausgewählt wird, um zu einem Nachrichtenverbraucher gesendet zu werden. [14]. Th

Nachrichtensatellit *(communications satellite)*. Ein N. wird als Relaisstation in der Nachrichtenfernübertragung benutzt. Für Nachrichtensatelliten bevorzugt man die sogenannte Synchronbahn in etwa 38 500 km Höhe. Der Satellit scheint dann relativ zur Erde über demselben Ort auf dem Äquator zu stehen. Er enthält oft mehrere Transponder für die Übertragung von Fernsprech- und Fernsehsignalen. [14]. Th

Nachrichtensenke *(information sink)*. Die N. ist das Gegenteil der Nachrichtenquelle, also der Nachrichtenverbraucher. [14]. Th

Nachrichtsystem *(communication system)*. Ein elektrisches N. beinhaltet einen oder mehrere Wandler auf der Sendeseite, den Sender, einen Übertragungskanal (oder auch mehrere), den Empfänger und einen oder mehrere Wandler auf der Empfangsseite. [14]. Th

Nachrichtentechnik *(communication)*. Dasjenige Teilgebiet der Elektrotechnik, das sich mit Verfahren der elektrischen Übertragung und mit der Verarbeitung von Nachrichten beschäftigt. Die N. umfaßt heute Teilgebiete wie drahtlose, drahtgebundene und optische N. sowie Datenverarbeitung. In der DDR wurde statt N. der Begriff Informationselektronik geschaffen. [5]. Ne

Nachrichtentechnik, optische *(optical communication engineering)*. Eine seit vielen Jahren verfolgte Idee ist die Verwendung von Licht als Träger, was durch die Erfindung des Lasers begünstigt wurde. Auf einem Laserstrahl als Träger könnten theoretisch mehr als 100 Millionen Sprachkanäle oder 100 000 Fernsehkanäle gleichzeitig übertragen werden. Eine hinreichend ungestörte Ausbreitung des modulierten Lichtes in der Erdatmosphäre ist nicht möglich, weshalb für die optische N. die Übertragung in Lichtwellenleitern versucht wird. [14], [16]. Th

Nachrichtenübertragung *(communications, transmittal of information)*. Die N. ist eine der wichtigsten Aufgaben der Nachrichtentechnik. Sie läuft schematisch gesehen immer von einer Nachrichtenquelle über einen Übertragungskanal zu einem Nachrichtenverbraucher. Bei N. z. B. von Mensch zu Mensch entspricht der Mund der Quelle und das Ohr dem Verbraucher. Der Verbindungsweg wird durch Schallwellen überbrückt. [9], [14]. Th

Nachrichtenübertragungstechnik *(communications technique)*. Sie hat die Aufgabe, eine Nachricht von der Quelle zum Verbraucher zu leiten. Es gehört zum Wesen der N., daß nicht unbedingt die ursprüngliche Form der Nachricht, sondern nur ihr Inhalt übertragen wird. Die Übertragung soll den Nachrichteninhalt weder beeinflussen noch verfälschen. [14]. Th

Nachrichtenverarbeitung *(information processing)*. Eine N. ist immer dort erforderlich, wo Vorgänge, die nach einem vorgegebenen Plan ablaufen, ohne Eingriff eines Menschen automatisch erledigt werden sollen. Es handelt sich hier immer um eine planmäßige Veränderung von Nachrichten. Zur N. sind sowohl mechanische als auch elektrische Anordnungen geeignet. [14]. Th

Nachrichtenverbindung *(call)*, Verbindung. Wahlweise, auf Grund einer Zielinformation hergestellter Nachrichtenweg zwischen zwei Endstellen in einem Nachrichtennetz zum Zwecke des Nachrichtenaustausches. Eine gewählte Nachrichtenverbindung gliedert sich i.a. in drei Phasen: Verbindungsaufbau, Nachrichtenaustausch, Verbindungsabbau. Sie kann entweder nach dem Prinzip der Durchschaltevermittlung oder der Speichervermittlung, insbesondere der Paketvermittlung erfolgen. Bei Durchschaltevermittlung wird für die Verbindung ein geschalteter Kanal mit fester Bandbreite bereitgestellt. Bei Speicher- oder Paketvermittlung wird ein logischer (d.h. durch Adressierung festgelegter) Kanal zugeordnet; physikalisch werden die einzelnen Übertragungsabschnitte im Multiplexbetrieb von mehreren logischen Verbindungen benutzt (*virtual call*). Im Sonderfall einer festgeschalteten Verbindung (*permanent call*) ist die Zuordnungsbeziehung fest vereinbart. [19]. Kü

Nachrichtenverkehr → Verkehr. Kü

Nachrichtenverkehrstheorie *(traffic theory)*, Bedienungstheorie, Verkehrstheorie. Wissenschaftszweig, der sich mit der Beschreibung von Verkehrsvorgängen in Nachrichten- und Rechnersystemen mit Hilfe wahrscheinlichkeits- und prozeßtheoretischer Methoden befaßt. Die Nachrichtenverkehrstheorie stellt die Grundlagen zur Systemanalyse und Dimensionierung von Vermittlungssystemen, Nachrichtennetzen und Rechensystemen bereit, bei denen der Ankunftsprozeß von Anforderungen und der Bedienprozeß der Belegungen nur in einer statistisch beschreibbaren Weise bekannt sind. [19]. Kü

Nachrichtenvermittlung *(communications switching)* → Vermittlungstechnik. Th

Nachrichtenvermittlungstechnik → Vermittlungstechnik. Th

Nachschwinger *(baseline overshoot)*. Als N. wird ein elektrischer Ausschwingvorgang bezeichnet, durch den ein idealer, abgeklungener Rechteckimpuls unter Einwirkung der Bauelemente eines linearen oder nichtlinearen Übertragungssystems, z.B. eines Filters, verformt wird. Findet der Nachschwingvorgang z.B. unterhalb der Nullinie am zeitlichen Ende des Impulses statt, läßt das auf eine untere Grenzfrequenz des Übertragungsnetzwerkes schließen. [10]. Fl

Nachstellzeit *(reset time)*. Die N. (T_n) ist die Zeit, die die Sprungantwort h(t) eines PI-(PID)-Reglers (P Proportional, I Integral, D Differential) oder -Übertragungsgliedes benötigt, bis der I-Anteil den P-Anteil übersteigt (→ auch Regler, elektronischer; Bild). [18]. Ku

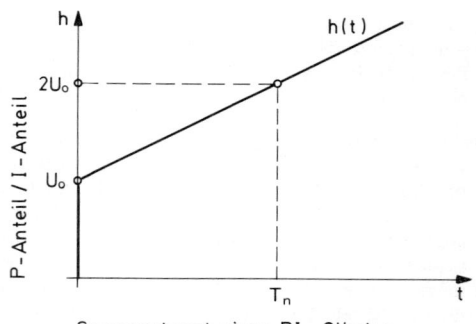

Sprungantwort eines PI - Gliedes

Nachstellzeit

Nachsynchronisation *(intermediate synchronisation)*. Synchronisation bei Datenblöcken, die innerhalb des Blocks durchgeführt wird. Die N. ist erforderlich, wenn der Block so lang wird, daß der Gleichlauf der Taktgeneratoren von Sender und Empfänger verlorengeht. Die N.

erfolgt durch Synchronisationszeichen. Sie wird durch Steuerzeichen angekündigt. [14]. We

Nachwirkung, dielektrische *(dielectric relaxation)*. Die zeitliche Verschiebung der dielektrischen Polarisation gegenüber der angelegten Spannung. Sie wird näherungsweise durch die Maxwellsche Rückstandstheorie erklärt. [5]. Bl

Nadelelektrometer *(needle electrometer)*. Beim N. werden zwei Quadrantenpaare eines Elektrometers mit einer Hilfsspannungsquelle so verbunden, daß sie auf entgegengesetztem, gleichen Potential liegen (Bild). Die zu messende Spannung liegt zwischen der beweglichen Nadel des Instruments und einem geerdeten Symmetriepunkt der Schaltung. Das N. ist zum Messen niedriger Gleichspannungswerte geeignet, bei Wechselspannungsmessungen muß auf Gleichphasigkeit von Meß- und Hilfsspannung geachtet werden. Mit zunehmenden Werten der Hilfsspannung erhöht sich auch die Empfindlichkeit der Meßeinrichtung. [12]. Fl

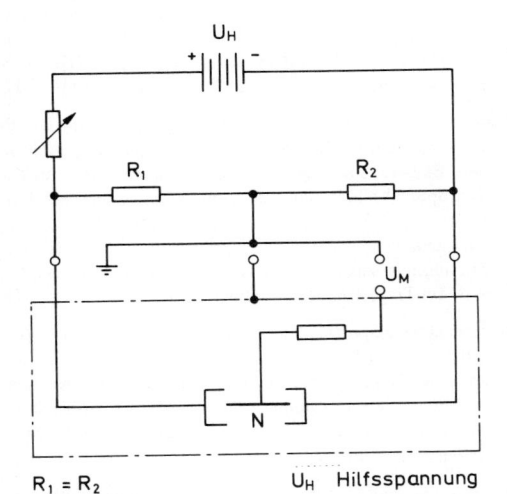

$R_1 = R_2$
U_M Meßspannung
U_H Hilfsspannung
N Nadel

Nadelelektrometer

Nagelkopfkontaktierung → Thermokompressionsschweißen. Ge

Nagelkopfschweißen → Thermokompressionsschweißen. Ge

Nahbereich. Teilbereich in der Umgebung eines Ortsnetzes, in dem ein einheitlicher Nahtarif auf der Basis der Ortsnetz-Entfernungsmeßpunkte, unabhängig von der Zugehörigkeit zum Ortsnetz, gilt. [19]. Kü

Näherungsinitiator → Annäherungsschalter. Ge

Nahfeld 1. *(short-range field)*. Feld von geringer Reichweite, z.B. das durch starke Wechselwirkung erzeugte Feld der Kernkräfte. [5]. Bl
2. *(near field)*. Bereich zwischen Antenne und Fernfeld. Im N. innerhalb eines Kugelraumes mit dem Radius $r < 2d^2/\lambda$ (d Antennendurchmesser) findet die Ablösung der elektromagnetischen Welle von der Antenne statt (Abstrahlung). [14]. Ge

Nahordnung *(short-range order)*. Bei Mischkristallen (speziell Substitutionsmischkristallen) auftretende Erscheinung. Hierbei sind die verschiedenen, im Kristall vertretenen Elemente im Nahbereich, d.h. in kleinen Bereichen regelmäßig angeordnet. Die N. besteht nach Bethe oberhalb der kritischen Temperatur, wogegen die Fernordnung im thermodynamischen Gleichgewicht vorliegt. [7]. Bl

Nahschwund → Schwund. Ge

Nahwirkung *(proximity effect)*. Wegen der endlichen Ausbreitungsgeschwindigkeit der Wirkung eines Teilchens auf ein anderes äußert sich nach der Feldtheorie das Kraftfeld eines Teilchens durch N. [5], [7]. Bl

NAND-Verknüpfung *(NAND)*. Logische Verknüpfung, die nur dann den Wert „0" erzeugt, wenn alle Eingänge auf dem Wert „1" liegen. Die N. ist die Negation der UND-Verknüpfung. Die Schaltgleichung für zwei Eingangsvariable lautet:
$$X = \overline{A \wedge B}.$$
[9]. We

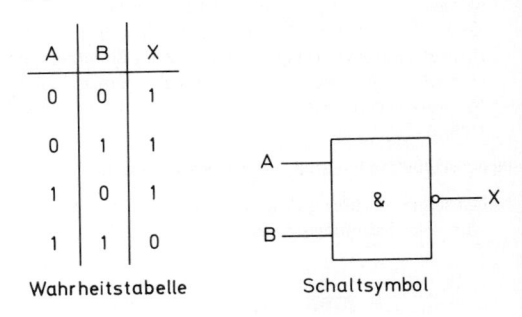

A	B	X
0	0	1
0	1	1
1	0	1
1	1	0

Wahrheitstabelle   Schaltsymbol

NAND-Verknüpfung

Nanoprogramm *(nano program)*. In einem Prozessor die Reihenfolge der einzelnen Arbeitsvorgänge zur Abarbeitung eines Mikrobefehls. [1]. We

NC-Technik *(numerical control)* → Steuerung, numerische. Ku

NDK-Kondensator → Keramikkondensator. Ge

NDRM *(non-destructive readout memory)*. Lese-Schreibspeicher (RAM), dessen Inhalt beim Lesen der Information nicht zerstört wird. [2]. Ne

Nebenkeule → Nebenzipfel. Ge

Nebenmaximum *(secondary lobe)*. Treten in dem Richtdiagramm einer Antenne oder eines Schallsenders außer der Hauptkeule noch Seitenzipfel auf, so bezeichnet man diese Zipfel als N. [8], [13]. Th

Nebenschluß *(shunt)*. Als N. bezeichnet man eine parallele Verknüpfung zweier elektrischer Bauelemente, Baugruppen oder Geräte, von denen eines einen genau festgelegten Anteil des Gesamtstromes der Parallelschaltung übernimmt. Dieser Stromzweig ist der eigentliche N., d. h., jede elektrische Parallelschaltung beinhaltet einen N. Wichtige Beispiele eines Nebenschlusses: 1. Mit Präzisionswiderständen läßt sich der Meßbereich von Strommessern oder Strompfaden in Leistungsmessern erweitern. 2. Im magnetischen Kreis besteht der N. aus einem Eisenstück, das einen Luftspalt überbrückt. Das Eisenstück stellt einen Pfad für den magnetischen Fluß bereit. Beispiel: Galvanometer mit einstellbarem magnetischen N. 3. Bei Neutralisation durch N. wird z. B. der Blindleitwert der Anoden-Gitter-Kapazität einer Elektronenröhre mit einem gleich großen, aber entgegengesetzt gerichteten Blindleitwert einer Spule kompensiert. [12], [8], [13]. Fl

Nebenschlußgenerator *(shunt-wound generator)*. Der N. ist eine Gleichstrom-Nebenschlußmaschine, die generatorisch betrieben wird, d. h. der über ihre Welle mechanische Energie zugeführt wird. Diese wird im N. in elektrische Energie umgeformt und kann in ein Gleichstromnetz eingespeist werden. Verwendung findet vor allem der selbsterregte N., z. B. bei Inselbetrieb. Die Ausgangsspannung des Nebenschlußgenerators kann über Stellwiderstände im Erregerkreis in Grenzen verändert werden und ist bezüglich Gleichstrombelastungen ausreichend stabil. Der N. wurde jedoch durch die Stromrichtertechnik weitgehend abgelöst. Zum Einsatz kommt er noch in Notstromaggregaten, als Erregermaschine für Synchrongeneratoren und in der Lichtbogenschweißtechnik. [3]. Ku

Nebenschlußkondensator → Bypasskondensator. Fl

Nebenschlußmaschine *(shunt-wound machine)*. Die N. ist eine Gleichstrommaschine, deren Erregerwicklung bei konstanter Ankerspannung parallel zum Anker geschaltet wird. Da bei geregelten Antrieben die Ankerspannung in weiten Grenzen verstellt wird, speist man in diesen Fällen die Erregerwicklung aus einer separaten Spannungsquelle, um den Fluß Ψ der Maschine unabhängig von der Ankerspannung einstellen zu können (Fremderregung). Bei konstanter Erregung wird das abgegebene Drehmoment M dem Ankerstrom I_A direkt proportional. Die im Anker rotatorisch induzierte Spannung U_i ist dann nur noch von der Drehzahl n abhängig, so daß im stationären Betriebsfall die Drehzahl linear über der Ankerspannung U_A verstellt werden kann (Bild). Wird die induzierte Spannung größer als die Ankerspannung, geht die N. vom Motor- in den Generatorbetrieb über. [3]. Ku

Nebensprechdämpfung *(crosstalk attenuation)*. Unter Nebensprechen versteht man das Überkoppeln von Signalen zwischen zwei dicht zusammengeführten Leitungen. Zur Wahrung des Postgeheimnisses werden als N. mindestens 7,5 Neper vorgeschrieben. Dies bedeutet: Die von einer Leitung (von einem Gespräch) auf eine andere übergekoppelte Leistung darf auf dieser nur den $3 \cdot 10^{-7}$ten Teil der auf ihr transportierten Nutzleistung betragen. Anderenfalls besteht Mithörgefahr. [14]. Th

Nebensprechen *(crosstalk)*. N. ist der Sammelbegriff für die gegenseitige Beeinflussung von Nachrichtenleitungen. Es beruht auf Sprechströmen, die aus einem störenden Sprechkreis in den gestörten überkoppeln (verständliches N.). Kommt ein Verschieben oder Umkehren des Frequenzbandes vor dem Überkoppeln in den gestörten Sprechkreis zustande, so ist dies unverständliches N.; z. B. bei Trägerfrequenzsystemen. [14]. Th

Nebenstellenanlage *(private branch exchange, PBX)*. Vermittlungseinrichtung, die über Hauptanschlußleitungen an eine Teilnehmervermittlungsstelle angeschlossen ist und die ihren Endstellen (Nebenstellen) sowohl Nachrichtenverbindungen untereinander als auch zum öffentlichen Netz ermöglicht. [19]. Kü

Nebenwiderstand *(shunt)*, Shunt. 1. In Schaltungen der Elektrotechnik wird häufig ein Parallelwiderstand zu einem Hauptstromkreis als N. bezeichnet. 2. In der elektrischen Meßtechnik dient ein N. zur Erweiterung des Meßbereichs von Strommessern, die mit einem Drehspulmeßwerk arbeiten. Häufig findet man auch Nebenwiderstände zum Zwecke der Meßbereichserweiterung des Strompfades von Leistungsmessern. Bei Drehspulstrommessern wird der N. ab einem Meßbereichsendwert von 50 mA als Parallelwiderstand zur Meßspule des Meßwerks eingesetzt. Zur Vermeidung der Temperaturabhängigkeit wird ein Widerstand aus Manganin der Meßspule vorgeschaltet. Bei dieser Maßnahme mißt man den Spannungsabfall über den N. (Bild a). Austauschbare Nebenwiderstände (Bild b) besitzen neben den Anschlußklemmen zur Stromzuführung aus dem Meßkreis zusätzliche Potentialklemmen, die unmittelbar mit dem eigentlichen Innenwiderstand verbunden sind. Mit ihnen wird die elektrische Verbindung zum Meßgerät hergestellt. Der anzuschließende N. sollte immer eine Genauigkeitsklasse besser als das Meßinstrument sein. Für

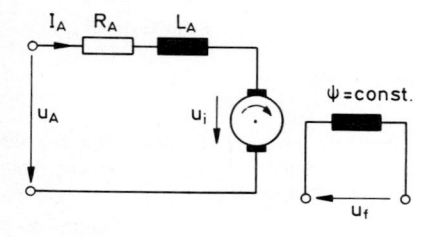

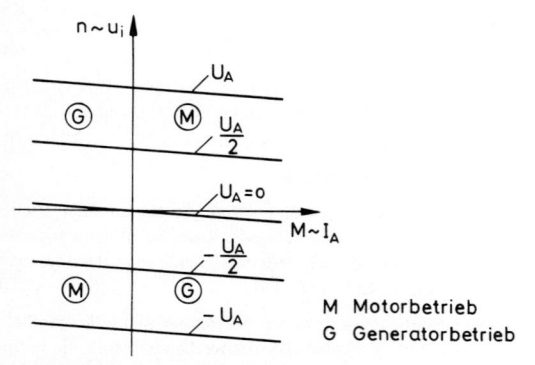

Nebenschlußmaschine (fremderregt)

M Motorbetrieb
G Generatorbetrieb

a)
vom Meßkreis

b)
Nebenwiderstand   Potentialklemme

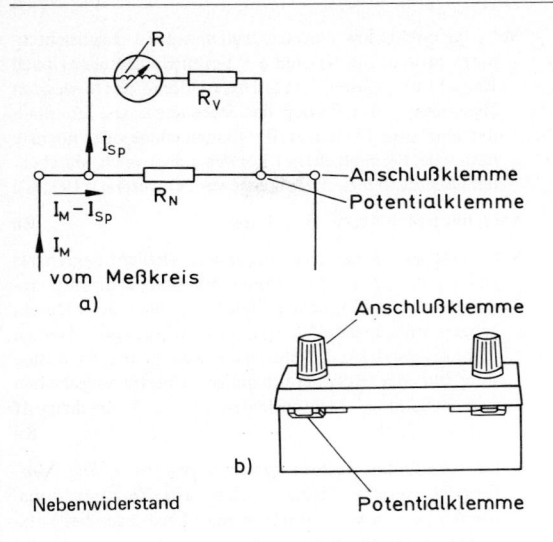

Nebenwiderstände gelten die Klassen: 0,05; 0,1; 0,2; 0,5. Mehrfach-Nebenwiderstände werden als Stromteiler nach Ayrton ausgeführt. Der Wert eines Nebenwiderstandes R_N nach der Schaltung im Bild a berechnet sich:

$$R_N = (R_{sp} + R_v) \frac{I_{sp}}{I_M - I_{sp}}$$

(R_{sp} Widerstand der Drehspule, R_v Vorwiderstand, I_{sp} Spulenstrom im Meßbereichs-Endwert, I_M gewünschter Strom im neuen Meßbereichs-Endwert). [12]. Fl

Nebenzipfel *(side lobe)*, Nebenkeule. Begriff aus dem Gebiet der Antennen. Jede Strahlungskeule der Richtcharakteristik außer der Hauptstrahlungskeule. [14]. Ge

Nebenzipfeldämpfung *(side lobe level)*. In Dezibel ausgedrücktes Verhältnis der von der Antenne in der Hauptrichtung erzeugten Strahlungsdichte oder von ihr aufgenommenen Empfangsleistung zu der Strahlungsdichte oder Empfangsleistung in der Richtung des größten Nebenzipfels in dem Winkelbereich außerhalb der Halbwertsbreite. [14]. Ge

Neél-Temperatur *(Neél temperature)*. Sprungtemperatur, unterhalb der sich Antiferromagnetismus zeigt. Sie ist somit der Curie-Temperatur vergleichbar. Bei der N. zeigt die magnetische Suszeptibilität κ eine Spitze, während die spezifische Wärme eine Singularität aufweist. [5]. Bl

Negation → NICHT-Funktion. We

Negationsgatter → Inverter. We

Negativgyrator *(negative gyrator)*. Ein Vierpol, der wie der Gyrator eine Impedanz am Ausgangstor dual an das Eingangstor übersetzt, jedoch mit negativen Vorzeichen. Für die Kettenmatrix eines Negativgyrators gilt

$$A = \begin{pmatrix} 0 & R_g \\ -\frac{1}{R_g} & 0 \end{pmatrix}.$$

Als Beispiel für einen N. mit $R_g = jZ_W$ (→ Lambda/4-Leitung). [15]. Rü

Negativimpedanzwandler → Konverter. Rü

Negativübersetzer → Konverter. Rü

Negator → Inverter. We

NEMA *(National Electrical Manufacturers Association)* → Normungsorganisationen in den USA. Ne

Nennlage *(normal position)*, Vorzugslage. 1. Bei elektrischen Meßinstrumenten wird nach VDE 0410 § 11 als N. die auf einem Instrument durch ein Lagezeichen angegebene Lage bezeichnet. Angegebene Werte für die N. beziehen sich auf die Lage der Skalenfläche zur Horizontalen. 2. Bei elektromechanischen Relais wird als N. die Stellung der Kontakte im stromlosen Zustand des Relais bezeichnet. [12]. Fl

Nennlast *(rated load)*. N. ist diejenige Belastung einer Anlage oder eines Geräts, bei der die vorgegebenen Nennwerte der Spannungen und Ströme sowie die Betriebsart (Dauer- oder Aussetzbetrieb) eingehalten werden. [5]. Ku

Nennleistung *(power rating)*. N. einer Anlage oder eines Gerätes ist die abgegebene Leistung unter Nennbedingungen, z.B. ist die N. bei Motoren die abgegebene mechanische Leistung, bei Gleichstromgeneratoren die abgegebene elektrische Leistung und bei Synchrongeneratoren und Transformatoren die abgegebene Scheinleistung im Nennbetrieb. [5]. Ku

Nennspannung *(rated voltage)*. N. ist diejenige Spannung, für die elektrische Anlagen und Betriebsmittel bemessen sind und auf die bestimmte Betriebseigenschaften bezogen werden. [5]. Ku

Nennstrom *(rated current)*. Der N. eines Gerätes oder einer Anlage bestimmt die notwendigen Leiterquerschnitte, um die im Nennbetrieb entstehende Verlustwärme definiert abführen zu können. [5]. Ku

Nenntemperatur *(operating temperature)*. Im Rahmen der „Technischen Daten" wird für die Nennbetriebsbedingungen von Geräten (z.B. Röhren) auch häufig eine N. als zulässige Betriebstemperatur angegeben. Speziell bei Kaltleitern ist die N. diejenige Temperatur, bei der der Widerstandswert das Doppelte des Minimalwiderstandes beträgt. Die N. ist etwa gleich der Curie-Temperatur des Kaltleiters. Bei Schwingquarzthermostaten nennt man die Arbeitstemperatur N. [4]. Rü

Nennwert *(nominal value)*. Der gewünschte Wert einer Größe. Die Abweichung des Nennwertes vom tatsächlichen Istwert liegt innerhalb der Toleranzgrenze oder innerhalb der Meßunsicherheit. Rü

Nennzuverlässigkeit → Bezugszuverlässigkeit. Ge

Neper *(neper)*. Kurzzeichen Np, ein logarithmiertes Größenverhältnis von Feldgrößen, wobei der natürliche Logarithmus verwendet wird (DIN 5493). Sind z.B. zwei Spannungen U_1 und U_2 gegeben, dann ist das logarithmierte Größenverhältnis

$$K_F = \ln \frac{U_2}{U_1} \text{ in Np}$$

(→ Übertragungsmaß). Obgleich ein logarithmiertes Größenverhältnis ein reiner Zahlenwert ist, kennzeichnet man durch die Pseudoeinheit Np die verwendete Basis. (Für logarithmierte Größenverhältnisse von Energiegrößen Bel bzw. → Dezibel (dB).) Die Pseudoeinheiten „Neper" und „Dezibel" können wie Einheiten von Größen gleicher Art ineinander umgerechnet werden. Es gilt z. B.

$$\ln \frac{U_2}{U_1} \text{ Np} \stackrel{\wedge}{=} 20 \lg \frac{U_2}{U_1} \text{ dB}$$

oder

$$1 \text{ Np} \stackrel{\wedge}{=} \left(\frac{20}{\ln 10}\right) \text{ dB} \stackrel{\wedge}{=} 8{,}686 \text{ dB},$$

woraus folgt

$$1 \text{ dB} \stackrel{\wedge}{=} 0{,}115 \text{ Np}.$$

Voraussetzung für diese Umrechnungsmöglichkeit ist, daß die beiden Spannungen U_1 und U_2 am gleichen Widerstand R gemessen werden. [14]. Rü

Nernst-Einstein-Beziehung → Nernstsche Gleichung. Bl

Nernstsche Gleichung *(Nernst-Einstein relation)*, Nernst-Einstein-Beziehung. Gibt den Zusammenhang zwischen der Beweglichkeit μ von Teilchen und ihren Selbstdiffusionskoeffizienten D an:

$$D/\mu = k \cdot T,$$

worin k die Boltzmannkonstante und T die absolute Temperatur in K ist. [5]. Bl

Netz *(network)*. 1. Allgemeiner Begriff für Nachrichtennetze für vermittelte und feste Nachrichtenverbindungen. Im öffentlichen Netz *(public network)* hat jeder Teilnehmer Zugangsberechtigung, während private Netze *(private networks)* nur für einen eingeschränkten Teilnehmerkreis zugänglich sind. Öffentliche Netze werden ferner unterteilt in nationale und internationale Netze. Netze können unterschiedlich strukturiert sein, z.B. als Maschennetz, Sternnetz, hierarchisches Netz, Ringnetz, Liniennetz. Die Gesamtheit der Vermittlungsstellen (Knoten) gleicher Rangstufe in einem hierarchischen Netz bildet eine Netzebene. [19]. Kü
2. *(power system, mains)*. Netze der elektrischen Energietechnik dienen zum Übertragen und Verteilen elektrischer Energie. Höchstspannungsnetze (220 kV und 380 kV) verbinden Kraftwerke (Verbundnetz) eines Landes oder Verbundnetze mehrerer Länder (z.B. europäisches Verbundnetz). Über Verteilungstransformatoren sind an die Verbundnetze die 110-kV-Netze angeschlossen, die Städte, Landkreise und große Industriewerke versorgen. Mittelspannungsnetze (5 kV bis 30 kV) speisen städtische Wohngebiete, Dörfer und mittlere Industriebetriebe. Netztransformatoren spannen die Hoch- und Mittelspannung auf die für den Verbraucher notwendige Niederspannung (380 V/220 V) ab. Niederspannungsnetze versorgen Wohnhäuser und Gewerbebetriebe in der Nähe eines Netztransformators (Umspannstation). Von der Form unterscheidet man Strahlnetz, Ringleitung und Maschennetz. [3]. Ku

Netz, hierarchisches *(hierarchical network)*. Nachrichtennetz, in dem die Knoten (→ Vermittlungsstellen) nach Rangstufen geordnet sind. Hierarchische Netze wenden überwiegend das Prinzip des Sternnetzes an. Innerhalb der einzelnen Ebenen (z.B. Ortsnetzebene oder höchste nationale Fernnetzebene) können dabei auch Maschennetz-Strukturen zusätzlich angewendet werden. [19]. Kü

Netz, lineares → Netzwerk, lineares. Rü

Netz, lokales *(local area network)*. Örtlich begrenztes Datennetz für Rechnerkommunikation evtl. mit Anschluß zum öffentlichen Datennetz über eine Durchgangsvermittlungsstelle zwischen verschiedenen Netzen *(gateway switch)*. Lokale Netze werden oft als Busleitung auf der Basis breitbandiger Übertragungsmedien (Koaxialleitung, Lichtwellenleiter) mit Vielfachzugriff realisiert. [19]. Kü

Netzanschlußtransformator *(power transformer, line transformer)*, Netztransformator, Netztrafo. Netztransformatoren sind Transformatoren kleiner Leistungen bei Netzfrequenz. Nach VDE 0550 sind Maximalwerte für Kleintransformatoren z.B.: Nennleistung bis 16 kVA, Ein- und Ausgangswechselspannung bis 1000 V, Netzfrequenz bis 500 Hz. Typische Netztransformatoren bestehen aus einer Eingangswicklung und einer oder mehrerer Ausgangswicklungen, die zum Teil unterschiedlich voneinander isoliert sind. Zwischen Eingangs- und Ausgangswicklungen besteht eine elektrische Trennung. Die Wicklungen sind häufig auf einen zylindrischen Wickelkörper als Zylinderwicklung aufgebracht. Der Wickelkörper sitzt auf einem Eisenkern. Wickelkörper und aus lamellierten Eisenblechen bestehende Eisenkern sind genormt. Kernbauformen des Eisenkerns sind E- und M-Kerne, seltener Ringkerne. Die Oberspannungswicklung als Spule mit der höchsten Potentialdifferenz ist innen in Kernnähe untergebracht. Unterspannungswicklungen liegen außen, vom Kern entfernt. Der zulässige Scheitelwert $\hat{B}$ der magnetischen Flußdichte wird bei Netzanschlußtransformatoren von den Verlusten beim Erreichen der Sättigung begrenzt (Werte von $|\hat{B}|$: 1,2 T bis 1,7 T). Anwendungen: zur galvanischen Trennung von Niederspannungsnetz und Verbrauchern und zur Umformung von Wechselspannungswerten (z.B. im Netzteil). [6], [8], [12], [13], [18], [19]. Fl

Netzbrumm *(mains hum, ripple)*. Das N. ist eine mit Netzfrequenz (in der Bundesrepublik Deutschland 50 Hz) oder deren Oberwellen (besonders: 100 Hz) enthaltende Störspannung, die sich z.B. der Versorgungsgleichspannung aus dem Netzteil überlagert. Im Rundfunkempfänger wird sie wie ein niederfrequentes Nachrichtensignal verstärkt und ist als Brummgeräusch aus dem Lautsprecher zu hören. Auf dem Bildschirm eines Fernsehempfängers bildet das N. störende helle und dunkle waagerechte Streifen. Abhilfe schafft eine sorgfältige Glättung der gleichgerichteten Wechselspannung aus dem Versorgungsnetz. Weitere Ursachen für N. sind z.B.: 1. Magnetische Einkopplung vom Netztransformator oder einer Drosselspule in die elektronische Schaltung. Abhilfe schafft z.B. ein Ringkerntransformator. 2. Kapazitive Einkopplung über parallel verlegte, nicht abgeschirmte Signalleitungen und Netzspannung führende Versorgungsleitungen oder über Erdleitungen, die Netzströme führen. 3. Locker befestigte Bleche im Blechpaket des Netztransformators. Ein Maß für Störspannungen durch N. ist der Wert der Brummspannung. [8], [9], [12], [13], [17], [18], [19]. Fl

Netzdrossel *(line reactor)*. Die N. wird in der elektrischen Energietechnik eingesetzt, um z. B. Kurzschlußströme zu begrenzen (Kurzschlußdrosselspulen), Erdschlußströme zu begrenzen (Sternpunkt-Erdungsdrosselspulen) und zu löschen (Petersen-Spulen), kapazitive Ladeströme von Freileitungen und Kabeln zu kompensieren (Kompensationsdrosselspulen), bestimmte Stromoberschwingungen bei Stromrichteranlagen mit Hilfe von Resonanzkreisen auszufiltern, die Stromanstiegsgeschwindigkeit in Stromrichterventilen zu begrenzen (Kommutierungsdrosseln). [3]. Ku

Netzführung *(network management)*. Überwachung und Beeinflussung der Verkehrsabwicklung in einem Nachrichtennetz mit dem Ziel, durch eine geeignete Verkehrslenkung Leitungen und Vermittlungsstellen bestmöglichst auszunutzen und Überlast abzuwehren. Die Einrichtungen zur Netzführung werden in einem Netzkontrollzentrum *(network control center)* zusammengefaßt. [19]. Kü

Netzgerät, bipolares *(bipolar power supply)*, bipolares Stromversorgungsgerät. Das bipolare N. ist ein Stromversorgungsgerät, das entweder aus dem öffentlichen Niederspannungsnetz oder einem Bordnetz Energie entnimmt und an den Ausgangsanschlüssen, häufig in mehreren Bereichen umschaltbar, stabilisierte Gleichspannungswerte mit geringer Welligkeit bereitstellt. Innerhalb eines Bereiches lassen sich gegenüber einem gemeinsamen Bezugspunkt positiv gerichtete und negativ gerichtete Gleichspannungswerte einstellen. Ein bipolares N. besitzt mindestens drei erdfreie Ausgangsanschlußklemmen: Den herausgeführten Bezugspunkt und die beiden Anschlüsse für entgegengesetzt gerichtete Gleichspannungen. Die Netzgeräte sind als Konstantspannungsquelle, vielfach auch umschaltbar als Konstantstromquelle, einsetzbar. Eingestellte Strom- oder Spannungswerte sind auf einer Analog- oder Digitalanzeige ablesbar. Sie besitzen eine einstellbar, elektronisch arbeitende Strombegrenzerschaltung, die bei auftretenden Kurzschlußfällen im Verbraucherkreis die Ausgangsspannung des Netzgerätes sofort abschaltet. Häufig sind sie auch gegen ungewollten Spannungsanstieg im Verbraucherkreis mit einer Überspannungsschutzschaltung ausgerüstet. Netzspannungsschwankungen auf der Eingangsseite werden im angegebenen Bereich ausgeregelt. Ebenso werden durch Lastschwankungen verursachte ausgangsseitige Gleichstrom- oder -spannungsschwankungen innerhalb angegebener Grenzwerte auf den eingestellten Wert nachgeregelt. Hochwertige bipolare Netzgeräte besitzen außerdem: 1. Eine Möglichkeit zur automatischen Kompensation entstehender Spannungsabfälle auf den Leitungen vom Netzgerät zum Verbraucher (z.B. als Stromversorgung bei Fernmessungen). 2. Ausgangsspannungs- und -stromwerte sowie Ein- und Ausschalter sind über Fernbedienung einstellbar. 3. Über ein zusätzliches Steuergerät können die Ausgangsgrößen durch ein Programm eingestellt werden (z.B. bei Meßautomaten; Bild). [2], [6], [8], [11], [12], [13], [14], [17], [18], [19]. Fl

Netzgleichrichter *(power rectifier)*. Der N. ist eine Gleichrichterschaltung, deren Halbleiterventile ausschließlich Halbleiterdioden sind. Die N. dienen der Speisung von Gleichstromverbrauchern. Eine Verstellung der Ausgangsgleichspannung ist nur möglich, wenn die Eingangswechselspannung verstellt wird. [3]. Ku

Netzknoten *(system node)*. N. stellen die Schnittstelle zwischen Energieerzeugersystemen und Energieverbrauchersystemen dar. Die Kenngrößen von N. lassen sich mit Hilfe der Kirchhoffschen Gesetze ermitteln. [3]. Ku

Netzkupplung *(interconnection)*. Die N. ermöglicht den Energieaustausch zwischen verschiedenartigen elektrischen Netzen. Als Koppelglied kommen sowohl Stromrichter als auch rotierende Umformer (bestehend aus zwei gekuppelten elektrischen Maschinen) in Zusammenarbeit mit Stromrichtern in Frage. Für große Leistungen eignet sich besonders die H̲ochspannungsg̲leichstromü̲bertragung (HGÜ), die zwei in ihrer Frequenz unabhängige Wechsel- oder Drehstromnetze miteinander verbinden kann. [3]. Ku

Netzreaktanz *(system reactance)*. Die N. ist der Blindwiderstand X_S eines Wechsel- bzw. Drehstromnetzes, wobei man jede Phase in eine ideale Wechselspannungsquelle (Generator) und eine Impedanz aufteilt (Bild). Der ohmsche Widerstand R_S der Quelle kann dabei meistens vernachlässigt werden. [3]. Ku

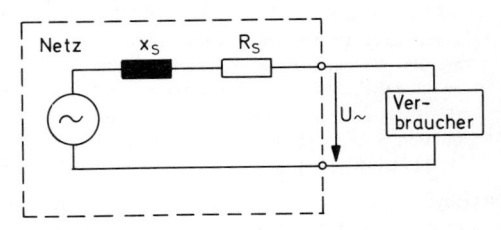

Netzreaktanz

Bipolares Netzgerät

Netzregelung *(load-frequency control, mains control)*. Unter N. versteht man die Aufrechterhaltung der Stabilität eines elektrischen Versorgungsnetzes unter Konstanthaltung von Spannung und Frequenz durch Frequenzregelung, Leistungsregelung oder durch beide Regelungen gleichzeitig (Leistungs-Frequenz-Regelung). [18]. Ku

Netzrückwirkung *(reaction on system)*. Die N. umfaßt die Summe aller ungünstigen Einflüsse, die in Wechsel- bzw. Drehstromnetzen infolge nicht sinusförmiger und phasenverschobener Ströme auftreten. Besonders netzgeführte Stromrichter belasten das Netz mit stark verzerrten Strömen (Oberschwingungen), deren Grundschwingung abhängig von der Aussteuerung gegenüber der Netzspannung nacheilt (Blindleistung). [3]. Ku

Netzstruktur *(topology)*. Die N. beschreibt die Leitungs- und Netzformen. Man unterscheidet zwischen einseitig gespeister Leitung, einseitig gespeister verzweigter Leitung, Strahlennetz, zweiseitig gespeister Leitung, Ringleitung und vermaschtem Netz. Dabei bildet die einseitig gespeiste Leitung die einfachste Form des Strahlennetzes, das grundsätzlich aus einer Vielzahl solcher verzweigter Leitungen bestehen kann. Die Ringleitung stellt eine besondere Art der zweiseitig gespeisten Leitung dar. Bei einem vermaschten Netz wird die Stromversorgung der einzelnen Abnehmer durch die Verknüpfung der Versorgungsleitungen untereinander und möglicherweise durch mehrere Einspeisungen gesichert. In der Fernsprechtechnik sind sowohl das Maschennetz als auch das Sternnetz vertreten. Allerdings wird das Sternnetzsystem durch einige Querverbindungen ergänzt, wenn dies wirtschaftlich zweckmäßig erscheint. [3], [13], [15]. Th

Netzteil *(power pack)*, Stromversorgungseinheit. Das N. ist eine Baugruppe in elektronischen Geräten, das Betriebsspannungswerte und -stromwerte zur Festlegung von Parametern der Bauelemente im Gerät bereitstellt, damit die ihnen zugeordneten Funktionen erfüllt werden können. Eingangsgröße eines Netzteils ist die Wechselspannung oder Gleichspannung eines Versorgungsnetzes, Ausgangsgröße können unterschiedliche Werte von Gleichspannungen, Gleichströmen und Wechselspannungen sein. Man unterscheidet: 1. Netzteile, bei denen keine galvanische Trennung zwischen Versorgungsnetz und Geräteschaltung erfolgt (Beispiel: in Allstromgeräten). 2. Netzteile, bei denen mit einem oder mehreren Netzanschlußtransformatoren eine galvanische Trennung und häufig auch eine Spannungsumsetzung auf unterschiedliche Werte der Ausgangsspannung durchgeführt wird. Hauptbaugruppen eines Netzteils sind: Eine oder mehrere Gleichrichterschaltungen, Schaltungen zur Glättung der gleichgerichteten Wechselspannung und häufig eine Regelschaltung zur Stabilisierung der Ausgangsgrößen des Netzteiles. Netzteile mit hohem Wirkungsgrad sind Schaltnetzteile. [2], [6], [8], [11], [12], [13], [14], [17], [18], [19]. Fl

Netzthyristor *(line thyristor)*, N-Thyristor. Netzthyristoren werden in netzgeführten Stromrichtern (SR) und bei Wechselstromstellern eingesetzt, wo die Freiwerdezeit (> 100 μs) keine so große Rolle spielt wie bei selbstgeführten SR. Netzthyristoren erreichen heute Ströme > 1000 A und Spannungen bis 5000 V. [11]. Ku

Netztrafo → Netzanschlußtransformator. Fl

Netztransformator *(mains transformer)* → Transformator. Ku

Netzunterdrückung *(power supply rejection)*, Netzunterdrückungsfaktor, Netzunterdrückungsverhältnis. Mit der N. erfaßt man bei präzise arbeitenden elektronischen Geräten, Baugruppen und integrierten Schaltkreisen die Auswirkungen von Netzspannungsänderungen auf eine für die Funktion wichtige Gleichspannungsgröße der Schaltung. Man gibt als Kennwert den Netzunterdrückungsfaktor aus dem Verhältnis der Änderung der betrachteten Gleichspannung zur Änderung der Netzwechselspannung, häufig in μV/V, an. Das Netzunterdrückungsmaß ist das aus dem Faktor gebildete logarithmische Verhältnis in Dezibel. Wichtig ist eine Angabe der N. z.B.: 1. bei Spannungsreglerschaltungen für Netzteile; 2. bei Präzisionsoperationsverstärkern. Bei Operationsverstärkern wird z.B. die Eingangsfehlspannung als beeinflußte Gleichspannungsgröße betrachtet. [4], [6], [18]. Fl

Netzunterdrückungsfaktor → Netzunterdrückung. Fl

Netzunterdrückungsverhältnis → Netzunterdrückung. Fl

Netzwerk *(network)*. Eine Zusammenschaltung mehrerer Bauelemente (Widerstände, Reaktanzen, Übertrager, Strom- und Spannungsquellen) zu einem System. Die Verzweigungspunkte im Netz heißen Knoten; sie sind durch Zweige miteinander verbunden. Eine in sich geschlossene Verbindung von Zweigen, die nicht von anderen Zweigen durchkreuzt wird, nennt man eine Masche. Schleifen heißen geschlossene Leitungswege, die von einem oder mehreren Zweigen durchkreuzt werden. In jedem beliebigen N. besteht zwischen der Anzahl der Knoten k, der Zweige z und der Maschen m der Zusammenhang

$$m = z - (k - 1).$$

[15]. Rü

Netzwerk, aktives *(active network)*. Bei einem beliebigen elektrischen Netzwerk kann man nur über die Bilanz der Wirkleistungen auf „Aktivität", „Passivität" oder „Verlustfreiheit" schließen. Betrachtet man die gesamte in ein Netzwerk hineinfließende Wirkleistung P_W, dann heißt das Netz

passiv,   wenn $P_W > 0$;
verlustfrei,   wenn $P_W = 0$;
aktiv,   wenn $P_W < 0$.

[15]. Rü

Netzwerk, differenzierendes *(differentiating network)*. Als differenzierendes N. bezeichnet man eine elektrische Schaltung, bei der sich die Ausgangsspannung proportional zur Änderungsgeschwindigkeit der Eingangsspannung verhält. Die Kurvenform der Ausgangsspannung entspricht der zeitlichen Ableitung der Eingangssignalspannung bei einer voreilenden Phasenverschiebung von 90°. Diese Funktion wird z.B. beim RC-Hochpaß erreicht, wenn die Arbeitsfrequenz $f \ll f_{min}$ bleibt:

$$f_{min} = \frac{1}{2 \pi R C}$$

(→ Differenzierglied, → Hochpaß). [15]. Fl

Netzwerk, impulsformendes *(pulse-forming network)*. Das impulsformende N. ist eine Schaltung, durch die eine beabsichtigte Änderung der Form eines Impulses herbeigeführt wird. Häufig handelt es sich dabei um eine Formänderung der Anstiegs- und Abfallkante eines Impulses. Die Beeinflussung der Impulsform kann durch lineare oder nichtlineare Übertragungsglieder erfolgen (Differenzierglied, Integrierglied, Amplitudenfilter, Schmitt-Trigger). Eine zeitliche Dehnung des Impulses läßt sich mit Kippschaltungen erreichen. [15]. Fl

Netzwerk, integrierendes *(integrating network)*. Das integrierende Netzwerk ist eine Schaltung, bei der die Ausgangsspannung das zeitliche Integral der Eingangsspannung ist. Ein solches Schaltverhalten besitzt z.B. der RC-Tiefpaß, wenn die Arbeitsfrequenz $f \gg f_{max}$ ist:

$$f_{max} = \frac{1}{2 \cdot \pi R C}.$$

[15]. Fl

Netzwerk, lineares *(linear network)*. Ein elektrisches Netzwerk, in dem überall der Zusammenhang zwischen Spannungen und Strömen linear ist ($U_i \sim I_i$) (→ Zweipol, linearer; → Vierpol, linearer.). [15]. Rü

Netzwerk, passives → Netzwerk, aktives. Rü

Netzwerkanalysator *(network analyzer)*. 1. In der Stromversorgungstechnik ist der N. ein Analogrechner, mit dessen Hilfe Leitungsnachbildungen zur Simulation von Stromversorgungsnetzen aufgebaut werden. Der N. liefert Lösungswege zur Errichtung des Versorgungsnetzes. 2. In der Hochfrequenztechnik bezeichnet man als N. ein elektronisches Meßgerät, das zu hochgenauen Messungen von Verstärkung, Phase und Gruppenlaufzeit hochfrequenter Signale, bezogen auf ein Referenzsignal, dient. Das Meßgerät ist zu Impedanz- und Leitwertmessungen von Vierpolen und Zweipolen einsetzbar, deswegen wird es auch vielfach zur Bestimmung der Streuparameter herangezogen. Auf dem Bildschirm einer Katodenstrahlröhre kann die jeweilige Ortskurve dargestellt werden (im Bild die Zusammenstellung eines vollautomatisch arbeitenden Netzwerkanalysators). [8], [12]. Fl

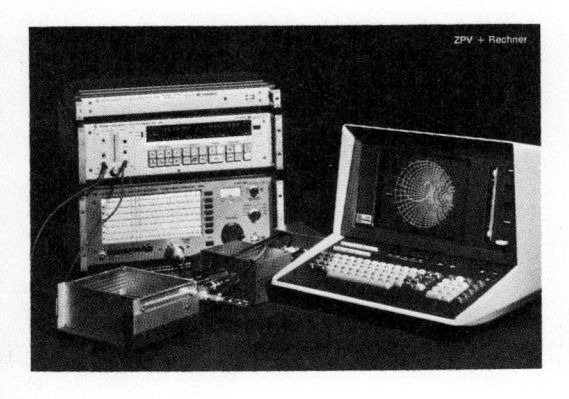

Netzwerkanalysator

Netzwerkanalyse *(network analysis)*. Teilgebiet der Netzwerktheorie. Die Aufgabe besteht darin, bei einem gegebenen Netzwerk und bei einer gegebenen Erregung (Ursache), die Antwort (Wirkung) zu berechnen. Die praktisch wichtigsten Methoden der N. sind → Knotenanalyse und → Schleifenanalyse. [15]. Rü

Netzwerkcharakterisierung → Netzwerksynthese. Rü

Netzwerkfunktion *(network function)*. Zur Beschreibung von Netzwerkeigenschaften in der komplexen Ebene faßt man Zweipolfunktionen Z(p) und Wirkungsfunktionen H(p) zu einer N. F(p) zusammen, da Zweipol- und Wirkungsfunktionen eine große Anzahl mathematischer Gemeinsamkeiten aufweisen. [15]. Rü

Netzwerksynthese *(network synthesis)*. Teilgebiet der Netzwerktheorie. Die Aufgabe besteht darin, ein Netzwerk zu finden, das bei einer gegebenen Erregung (Ursache) eine gewünschte Antwort (Wirkung) hervorruft. Man unterteilt die N. in drei Schritte: 1. Netzwerkcharakterisierung: Darunter versteht man die Festlegung der Eigenschaften von Zweipol- und Wirkungsfunktionen sowie der speziellen Eigenschaften z.B. von LC- oder RC-Schaltungen, wenn die Schaltung nur in einer dieser Formen realisiert werden soll. 2. Approximation: Die gewünschten Eigenschaften eines Netzwerks müssen durch geeignete Approximation so festgelegt werden, daß die approximierenden Funktionen den Bedingungen unter 1. genügen. 3. Realisierung: Das Verfahren, nach dem man aus den unter 2. gewonnenen Funktionen die Struktur und die Elemente des Netzwerks einschließlich der numerischen Werte ermittelt. [15]. Rü

Netzwerktheorie *(network theory)*. Allgemeine Theorie der Vorgänge in elektrischen Netzwerken, die als mathematisches Modell für eine reale Schaltung aufgefaßt werden können. Die N. beinhaltet die Netzwerkanalyse und die Netzwerksynthese. [15]. Rü

Netzwerktopologie *(topology of network)*. Unter N. versteht man die Anwendung von Aussagen der mathematischen Topologie in der Netzwerktheorie zur systematischen Analyse umfangreicher Netzwerke. Unabhängig vom speziellen Aufbau des Netzes beschreibt die N. die Anordnungseigenschaften und die Struktur durch einen Graphen (→ Baum). [15]. Rü

Netzwerkumwandlung *(network conversion)*. Man versteht darunter eine Veränderung in Netzwerken, meist unter Einbeziehung von Ersatzquellen, bei der Spannungen und Ströme in diesen Netzwerken nicht beeinflußt werden. Im Bild ist als Beispiel einer N. die äquivalente

Beispiel für die Verlegung von Spannungsquellen

Verlagerung einer Spannungsquelle U_0 in angrenzende Netzzweige dargestellt. [15]. Rü

Neugrad früher übliche Bezeichnung für → Gon. Rü

Neukurve *(rise path)*. Die N. ist die Magnetisierungskurve eines anfänglich unmagnetischen Stoffes bis zur vollständigen Sättigung. Die N., auch jungfräuliche Kurve genannt, wird bei ferromagnetischen Stoffen nur einmal durchlaufen, bevor durch anschließenden Wechsel der magnetischen Feldstärke **H** Hystereseerscheinungen auftreten (→ Hystereseschleife). Die N. ist praktisch mit der Kommutierungskurve identisch. Der Zustand anfänglich unmagnetischen Materials liegt vor, wenn der Stoff über seinen Curiepunkt erhitzt wurde. [5]. Rü

Neunerkomplement → Komplement. Li

Neutralisation *(neutralization)*. Die N. ist eine Schaltungsmaßnahme, die z.B. in Verstärkerschaltungen unbeabsichtigt auftretende Rückwirkungserscheinungen vom Signalausgang zum Signaleingang verhindert. Die Rückwirkung kann zur Selbsterregung der Schaltung führen. Verursacht wird sie durch innere Kapazitäten zwischen Elektroden von Verstärkerbauelementen wie Elektronenröhren (Beispiel: Gitter-Anodenkapazität) oder Transistoren (Beispiel: Kollektor-Basiskapazität). Man beseitigt sie mit Hilfe eines Neutralisationsnetzwerkes, das als Rückführung in die Schaltung eingefügt, die gleiche Wirkung, aber entgegengesetzt gerichtet, hat. Möglichkeiten des Aufbaus von passiven Neutralisationsnetzwerken: 1. Brückenschaltung, die einen abstimmbaren Trimmerkondensator zur Durchführung des Brückenabgleichs besitzt. Im Abgleichfall sind Ausgang und Eingang der Schaltung entkoppelt (Bild). Beispiel: Zwischenbasisschaltung. 2. Bei Transistor-Hochfrequenzstufen überbrückt häufig ein RC-Glied Ausgang und Eingang der Schaltung. 3. Maßnahmen zur N., die sich über mehrere Verstärkerstufen erstrecken. [4], [6], [8], [13], [14]. Fl

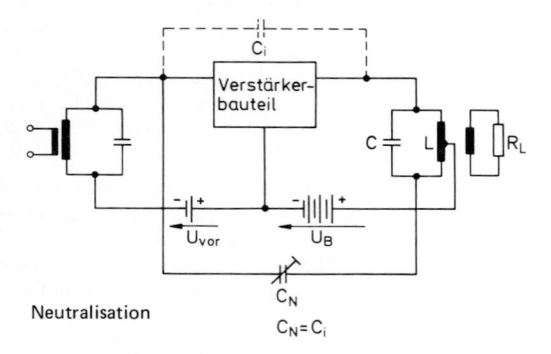

Neutralisation

Neutron *(neutron)*. Das N. ist eines der im Atomkern vorkommenden Elementarteilchen. Es hat den Spin $\frac{1}{2}$, ist elektrisch neutral, aber besitzt ein magnetisches Moment von $-1{,}91\ \mu_k$ (μ_k Kernmagneton). Das N. und sein Antiteilchen Antineutron unterscheiden sich im Vorzeichen des magnetischen Momentes. Das N. ist instabil und zerfällt mit einer Halbwertszeit von etwa 10 min. [5]. Bl

Neutronenflußaufnehmer *(self powered-neutron-detector; SPN-detector)*, SPN-Detektor. Der N. ist ein Meßfühler, dessen Eingangsgröße schnelle Neutronen sind. Als Ausgangsgröße liefert der N. bei angeschlossenem Meßgerät elektrische Stromwerte, die sich proportional zum Neutronenfluß verhalten. Die Umsetzung der Meßgröße beruht auf der Eigenschaft einiger Metalle (z.B. Silber, Rhodium, Vanadium) unter dem Einfluß schneller Neutronen energiereiche Elektronen (β-Strahlung) auszusenden. Eines dieser Metalle ist beim N. als innere Ader eines Kabels aufgebaut und von einer Isolationsschicht (z.B. Al_2O_3) umgeben. Ein Metallmantel, der als Kollektor wirkt und die Elektronen aufnimmt, umschließt die Anordnung. Material des Mantels kann z.B. Nickel oder rostfreier Austenitstahl sein. Die vom Mantel aufgefangenen Elektronen bauen eine elektrische Ladung auf, die einen Stromfluß durch ein angeschlossenes Meßgerät bewirkt. Als Abschirmung gegen störende Ströme, die durch Neutronen- und Gammastrahlen entstehen, dient eine weitere zweiadrige Zuleitung. Der Meßbereich des Neutronenflusses wird vom Material der Adern, den geometrischen Abmessungen des N. und dem Meßgerät festgelegt. Anwendungen: zur Überwachung und Registrierung des Neutronenflusses im Reaktor von Kernkraftwerken. [3], [4], [5], [12], [18]. Fl

Neutronenquelle *(neutron source)*. Gerät zur Erzeugung freier Neutronen, die z.B. in Kernreaktionen oder bei Kernspaltung entstehen. Die zum Auslösen der Kernreaktionen, z.B. $^9Be\ (\alpha, n)\ ^{12}C$, notwendigen Alphateilchen werden durch Beschleuniger erzeugt. [5]. Bl

Newton *(newton)*. Abgeleitete SI-Einheit (DIN 1301, 1305) der Kraft (Zeichen N).

$$1\ N = \frac{1\ kg\ m}{s^2}.$$

Für die Umrechnung elektrischer und mechanischer Einheiten untereinander ist der Zusammenhang mit der Energie am wichtigsten:

$$1\ Nm = 1\ J = 1\ Ws = 1\ AVs.$$

(J Joule; W Watt; A Ampere; V Volt).
Definition: Das N ist gleich der Kraft, die einem Körper der Masse 1 kg die Beschleunigung 1 m/s² erteilt. [5]. Rü

Newvicon → Sperrschichtvidikon. Fl

NF *(audio frequency; AF)*. Mit NF (Niederfrequenz) wird der hörbare Frequenzbereich bezeichnet. Er umfaßt den Bereich von 20 Hz bis 20 kHz. Das entspricht Wellenlängen von 15000 km bis 15 km. [13]. Th

NF-Drossel → Drosselspule. Ge

NF-Elektronik *(audio frequency electronics)*. (NF Niederfrequenz). Gebiet der Elektronik, das sich mit der Erzeugung, Verstärkung, Speicherung, Übertragung und Umwandlung von niederfrequenten Schwingungen im Bereich von 10 Hz bis 20 kHz beschäftigt und die dazu erforderlichen Geräte (Mikrophone, Verstärker, Tonbandgeräte, Lautsprecher) betrachtet. [6], [11], [13], [14]. Li

NF-Endverstärker *(audio frequency power amplifier)*. Der N. (NF Niederfrequenz) ist das letzte Glied in einer Verstärkerkette. Er hat die Aufgabe, die richtige Anpassung zur Außenwelt herzustellen, z.B. Anpassung an Normpegel (Studio), Kabel und Lautsprecher. Er muß außerdem die gewünschte oder erforderliche Leistung bei einem definierten Klirrfaktor abgeben können. [11], [13], [14]. Th

NF-Impedanzwandler *(audio frequency impedance converter)*. (NF Niederfrequenz). Impedanzwandler für niederfrequente Signale. Wird vorwiegend bei hochohmigen Komponenten, wie z.B. Kondensator- und Kristallmikrofonen, Kristalltonabnehmer, benötigt. Als N. dienen meist Transistoren in Emitterfolger- bzw. Sourcefolger-Schaltung. [6]. Li

NF-Korrelator → Niederfrequenz-Korrelator. Fl

NF-Leistungsmesser → NF-Wattmeter. Fl

NF-Millivoltmeter *(audio millivoltmeter)*, NF-Röhrenvoltmeter, NF-Transistorvoltmeter, NF-Spannungsmesser. Ein N. (NF Niederfrequenz) ist ein empfindliches, elektronisches Meßgerät mit hohem Eingangswiderstand, das zur Messung von Wechselspannungen im Niederfrequenzbereich, häufig von einigen Hz bis etwa 1 MHz, dient. Als Anzeigeinstrument ist oft ein Drehspulmeßwerk eingesetzt, das wahlweise über umschaltbaren Spitzen- und Effektivwertgleichrichter entweder den Spitzenwert oder den Effektivwert sinusförmiger, häufig auch nichtsinusförmiger Meßwechselspannungen anzeigt. Der Gesamtbereich umfaßt Spannungswerte von etwa 1 mV bis 300 V und ist in mehrere umschaltbare Meßbereiche unterteilt. Spannungswerte in unteren Meßbereichen werden in breitbandigen Verstärkern hoch verstärkt; Spannungswerte in oberen Meßbereichen abgeschwächt (Prinzipschaltung eines NF-Millivoltmeters). [12]. Fl

NF-Pegelanzeige *(audio level indication)*, Aussteuerungsanzeige. Die N. (NF Niederfrequenz) ist eine Anzeigevorrichtung, an der sich der tonfrequente Spannungspegel einer Schallaufzeichnung, z.B. einer Tonbandaufnahme, ablesen läßt. Als Anzeige kann z.B. ein Aussteuerungsmesser mit Zeiger und farblich unterteilter Skala, ein magisches Auge oder ein aus Leuchtdioden bestehendes Leuchtband eingesetzt sein. [12]. Fl

NF-Röhrenvoltmeter → NF-Millivoltmeter. Fl

NF-Spannungsmesser → NF-Millivoltmeter. Fl

NF-Transistorvoltmeter → NF-Millivoltmeter. Fl

NF-Verstärker *(audio amplifier)*, (NF Niederfrequenz). Aus einer oder mehreren Transistor- bzw. Röhrenstufen bestehender, meist RC-gekoppelter Verstärker für niederfrequente Signale. Man unterscheidet NF-Vorverstärker und NF-Leistungsverstärker. [6], [11]. Li

NF-Vorverstärker *(audio frequency preamplifier)*. Bei sehr kleinen NF-Signalamplituden (NF Niederfrequenz), wie sie z.B. von Kondensator-Mikrophonen oder magnetischen Tonabnehmern von Plattenspielern erzeugt werden, ist zur Erzielung einer ausreichenden Steuerspannung für den eigentlichen Leistungsverstärker ein N. erforderlich. [6]. Li

NF-Wattmeter *(audiowattmeter)*, NF-Leistungsmesser. Das N. (NF Niederfrequenz) ist ein Leistungsmesser zur Bestimmung der Wirkleistung P im Niederfrequenzbereich (bis etwa 100 kHz). Die Skalenwerte sind in der Einheit Watt festgelegt. Angezeigt wird das Produkt der Effektivwerte aus dem Strom I, der Spannung U und der Kosinusfunktion des von beiden Größen eingeschlossenen Phasenwinkels ρ: $P = U \cdot I \cdot \cos \rho$. Man unterscheidet hauptsächlich: 1. N. mit elektrodynamischem Meßwerk (→ Leistungsmesser, elektrodynamische). Höchste zu verarbeitende Frequenzen: bis etwa 10 kHz. 2. → Leistungsmesser, thermische. 3. a) Elektronische N. Aus einer stromproportionalen und einer spannungsproportionalen Größe wird unter Berücksichtigung des Phasenwinkels im Produkt gebildet und angezeigt. b) Aus einem stromproportionalen Anteil der Meßgröße werden ein Summen- und ein Differenzsignal gebildet. Beide Anteile werden quadratisch gleichgerichtet. Die Bildung des quadratischen Mittelwertes erfolgt über ein Drehspulmeßwerk. [12]. Fl

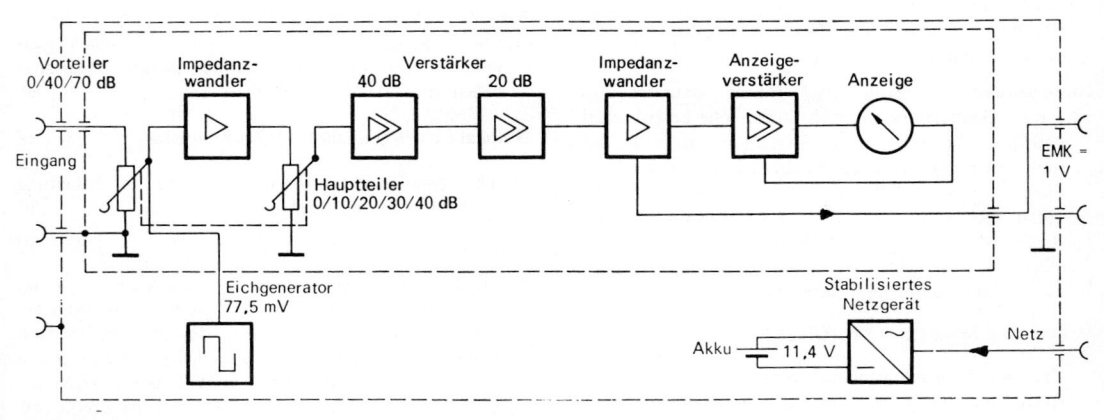

NF-Millivoltmeter

NFET *(n-channel field-effect transistor, NFET)*. Technik, bei der integrierte, bipolare Operationsverstärker mit einem hochohmigen N-Kanal-FET-Eingang versehen werden. Hierbei wird ein P-dotiertes Gebiet in eine N-dotierte Epitaxieschicht und anschließend der N-Kanal-FET in den P-dotierten Bereich implantiert. Daten: Versorgungsspannung: 5 V bis 10 V, Eingangsimpedanz 10^{12} Ω, Eingangsstrom 50 pA, Bandbreite (mit Verstärkung Eins) 1 MHz. [4]. Ne

N-Halbleiter *(n-type semiconductor)*. Halbleiter mit Elektronenleitung. [7]. Bl

NIC *(negative impedance converter)* → Konverter. Rü

Nichols-Diagramm *(Nichols diagram)*. Das N. ist ein graphisches Hilfsmittel der Regelungstechnik. Es stellt die komplexe Funktion $F = \frac{Z}{1+Z}$ mit der komplexen Variablen Z nach Betrag und Phase dar, wobei die Kurvenscharen $|Z|$ = const und $\underline{/Z}$ = const. in einem Diagramm angegeben werden. Damit ist es möglich, aus den Frequenzkennlinien (FKL) eines vorliegenden offenen Regelkreises die FKL des zugehörigen geschlossenen Regelkreises punktweise zu konstruieren. [18]. Ku

NICHT-Funktion *(NOT function)*, Invertierung, Negation. *NOT*. In der Booleschen Algebra eine Funktion zur Umkehrung des Wertes einer Variablen, d.h. die Umsetzung des Wertes „0" in den Wert „1" und umgekehrt:
$X = \overline{A}$.
Die durch eine N. gebildete Variable wird meist durch den Namen der Variablen mit einem Zusatz, der die N. kennzeichnet, bezeichnet, z.B. $\overline{A}$, AN, ⏋A. We

Nichtlinearität *(nonlinearity)*. 1. Im mathematischen Sinne ist der Zusammenhang zwischen zwei Größen dann nichtlinear, wenn zur Beschreibung Gleichungen ersten Grades nicht ausreichen, z.B. $y = a + bx + cx^2$. [5]. 2. In der Regelungstechnik spricht man von einer N., wenn ein Übertragungsglied weder dem Superpositions- noch dem Proportionalitätsprinzip gehorcht. Beispiele für nichtlineare Übertragungsglieder sind nichtlineare Kennlinien, Mulitplizierglieder, Dividierglieder, Begrenzungen. Nichtlineare Übertragungsglieder können oft für kleine Änderungen um einen festen Arbeitspunkt durch lineare Übertragungsglieder angenähert werden; man spricht dann von Linearisierung. [18]. Ku

Nickelakkumulator *(Edison cell)*. Häufig benutzter Typ eines Akkumulators, der sich durch hohe Belastbarkeit und lange Lebensdauer auszeichnet. Der negative Pol besteht aus vernickelten Stahltaschen, die mit Eisen- oder Cadmiumpulver gefüllt sind, während der positive Pol durch vernickelte Stahlröhren gebildet wird, die mit Nickelhydroxid gefüllt sind. Beide Pole befinden sich in einem Bad von Kalilauge. Bei der Entladung läuft im N. die folgende chemische Reaktion ab:
$\frac{1}{2}$ Fe + Ni(OH)$_3$ → $\frac{1}{2}$ Fe(OH) + Ni(OH)$_2$.
Die Entladespannung beträgt etwa 1,2 V je Zelle. Zur Aufladung (Energieaufnahme) gilt die Reaktion in umgekehrter Richtung. [5]. Bl

Nickel-Cadmium-Batterie *(nickel-cadmium battery)*. Nickel-Cadmium-Batterien sind gasdichte Kleinakkumulatoren, deren positive Elektrode aus Nickel und deren negative Katode aus Cadmiumverbindungen besteht. Der Elektrolyt (Kalilauge) wird von den Elektroden und den Separatoren aufgesogen, so daß keine freie Flüssigkeit in den Zellen enthalten ist. Nickel-Cadmium-Batterien sind mehrere tausendmal wiederaufladbar und liefern eine Zellenspannung von 1,25 V. [4]. Ne

Niederfrequenz → NF. Th

Niederfrequenzkorrelator *(audio correlator)*, NF-Korrelator. Der N. ist ein analog arbeitender Korrelator, der in der Elektroakustik z.B. zur Messung von Reflexions- und Absorptionskoeffizienten eingesetzt wird. Die Messung verläuft über einen Vergleich der Intensität des direkt einfallenden Schalls mit der des reflektierten Schalls. Das Sendesignal wird im Gerät z.B. auf Magnetband gespeichert und nach Verzögerung mit dem verrauschten Empfangssignal multipliziert. Das Produkt bleibt nur dann Null, wenn im Rauschen kein Signal enthalten war. Es wird Eins wenn es ein Signal enthält. [12], [13], [14]. Fl

Nierencharakteristik → Kardioide. Ge

Nierenplattenschnitt → Kondensator, variabler. Ge

NIGFET *(nicht-isoliertes-Gitter Feldeffekttransistor)*. Oberbegriff für Feldeffekttransistoren, deren steuerspannungsabhängige Änderung im Kanal auf einer Querschnittsänderung beruht. Man unterscheidet: Sperrschichtfeldeffekttransistoren und MESFET (metal-semiconductor FET), die auf einem Metall-Halbleiterkontakt beruhen. [4]. Ne

Niveaufläche → Äquipotentialfläche. Bl

Nixie-Röhre *(Nixie tube)*. Warenzeichen der Burroughs Corp. für eine Gasentladungsanzeige, die eine gemeinsame gitterförmige Anode und meist 10 dicht hintereinander angeordnete metallische Katoden besitzt, die die Form der Ziffern 0 bis 9 oder anderer alphanumerischer Zeichen haben. Die angesteuerte Katode leuchtet — von Glimmlicht umgeben — auf. [2], [4]. Li

N-Kanal-Feldeffekttransistor *(n-channel field-effect transistor)*, N-Kanal-FET. Feldeffekttransistor, der einen N-leitenden Kanal besitzt. (Die Majoritätsladungsträger sind Elektronen.) (DIN 41 855). [4]. Ne

N-Kanal-FET → N-Kanal-Feldeffekttransistor. Ne

N-Leiter *(n-conductor)* N-Typ. Halbleiter, der N-Leitung (Elektronenleitung) zeigt. [7]. Bl

N-Leitung → Elektronenleitung. Bl

NMOS *(n-channel metal-oxide semiconductor)*. Technik, bei der in dem Halbleiter ein N-Kanal vom Anreicherungs- bzw. Verarmungstyp geschaffen wird (→ MISFET). Integrierte Schaltungen in NMOS-Struktur haben gegenüber der PMOS-Technologie *(PMOS P-channel MOS)* den Vorteil: höhere Kanalleitfähigkeit (d.h. höhere Grenzfrequenz), niedrige Betriebsspannung (5 V) und Kompatibilität mit TTL-Schaltungen (*TTL transistor-transistor-logic*). Ne

NMOSFET *(n-channel metal-oxide semiconductor field-effect transistor)*. Ein MOS-Transistor, dessen leitender Kanal Elektronen enthält. [4]. Ne

NMOS-Speicher *(NMOS-memory, n-channel-metal-oxide semiconductor memory)*. Halbleiterspeicher in N-Kanal-MOS-Technik, der als statischer oder dynamischer Lese-Schreib-Speicher ausgeführt ist. N. werden meist kompatibel zu TTL (Transistor-Transistor-Logik) ausgeführt (→ Kompatibilität). [2]. We

Nomogramm *(nomogram)*. Die graphische Darstellung der veränderlichen Parameter einer Größengleichung (Nomographie). Die Darstellung von zwei Veränderlichen erfolgt in einem Diagramm, während für drei Veränderliche die Netztafel oder die Fluchtlinientafel verwendet werden. Eine bekannte Netztafel-Darstellung ist die „HF-Tapete" (HF Hochfrequenz) zur Ermittlung der Abhängigkeiten der Thomsonschen Schwingungsgleichung. Rü

Non-Impact-Drucker *(nonimpact printer)*. Drucker, bei denen der Druckvorgang nicht in der Weise erfolgt, daß ein Farbträger gegen das Papier geschlagen wird (Gegensatz: Impact-Drucker). Beispiele für N. sind thermische Drucker, Laser-Drucker, Tintenspritz-Drucker (inc-jet-printer). N. bieten gegenüber Impact-Druckern den Vorteil, daß sie leiser arbeiten und wegen der nichtvorhandenen oder verminderten Mechanik höhere Druckgeschwindigkeiten erzielen können. [1], [9]. We

Nonode → Ennode. Ne

Norator *(norator)*. Ein für bestimmte Betrachtungen der Netzwerkanalyse mitunter nützliches Zweipol-Element ohne physikalische Realisierbarkeit, mit der Eigenschaft, daß der Strom I und die Spannung U über den Klemmen vollkommen willkürlich sind (Bild). Der N. ist definiert zu

$$U = k_1 ; \; I = k_2 ,$$

Norator

wobei k_1 und k_2 beliebige Konstanten sind. (→ Nullor). [15]. Rü

NOR-Funktion *(NOR function)*. Eine Funktion der Booleschen Algebra, die dann und nur dann wahr ist, wenn alle zu verknüpfenden Aussagen falsch sind, und die dann falsch ist, wenn mindestens eine Aussage wahr ist. Z.B.

A B	A ∨ B
f f	w
f w	f
w f	f
w w	f

Die N. stellt die negierte ODER-Funktion dar. [2]. Li

NOR-Gatter *(NOR gate)*. Die schaltungstechnische Realisierung der NOR-Funktion. Sein Ausgang ist dann und nur dann auf H-Niveau, wenn alle Eingänge auf L-Niveau liegen. Beispiel:

A B	$\overline{A \vee B}$
L L	H
L H	L
H L	L
H H	L

Das N. entspricht einem ODER-Gatter mit nachgeschaltetem Inverter. [2]. Li

Normalantenne *(standard antenna)*, Meßantenne, Bezugsantenne. Normalantennen werden zur Messung des Antennengewinns oder der Stärke des elektromagnetischen Feldes eingesetzt. Ihre Eigenschaften können durch Eichung oder Berechnung exakt ermittelt werden. Als N. finden Verwendung: Halbwellendipol, Rahmenantenne, Hornstrahler. [14]. Ge

Normalbatterie → Normalement. Fl

Normaldipol → Normalantenne. Ge

Normale *(standards)*. N. sind Meßgeräte, die der Darstellung oder Verkörperung, Bewahrung oder Weitergabe physikalischer Einheiten dienen. Alle elektrischen Größen sind durch N. dargestellt. Die N. bilden die Grundlage für Messungen physikalischer Größen, in dem das Meßgerät angibt, wie oft der bekannte Wert des der Meßgröße entsprechenden Normals in ihr enthalten ist. Die Verwirklichung des Ampere als Einheit des elektrischen Stromes z.B. ist die Stromwaage. Sie mißt die Anziehungskraft zwischen zwei stromdurchflossenen Leiteranordnungen, deren Maße genau bekannt sind. Wichtige Anforderungen an N. sind: Unabhängigkeit von störenden Einflußgrößen und hohe zeitliche Konstanz der Werte, weitgehendst ohne Einfluß der Alterung. Man unterscheidet: 1. Absolute N. (auch Primärnormal). Der Absolutwert der physikalischen Größe wird aufgrund physikalischer Zusammenhänge berechnet. Beispiele: Atomfrequenznormal, Kapazitätsnormal. 2. Gebrauchsnormale (auch Sekundärnormal). Sie dienen zur Überprüfung und Überwachung der Werte von Feinmeßgeräten. Beispiele: Normalelement, Frequenznormal, Normalwiderstand. Die erreichbare Genauigkeit bei Messungen ist von den Werten der N. abhängig. [12]. Fl

Normalelement *(standard cell)*, Normalbatterie, Normalzelle. Als Normalelemente bezeichnet man galvanische Elemente, die eine Spannung von hoher Konstanz mit geringer Temperaturabhängigkeit abgeben. Die Belastung von Spannungsquellen dieser Art darf im allgemeinen 0,1 mA nicht übersteigen, damit keine Polarisationserscheinungen an den Elektroden auftreten. Man benötigt Normalelemente z.B. in Kompensationsschaltungen als Referenzspannungsquellen zum Spannungsvergleich. Wichtigstes N. ist das Weston-Element. [12]. Fl

Normalform *(standard form)*. In der Booleschen Algebra unterscheidet man zwei Normalformen: Die disjunktive N. (DNF), die aus den disjunktiv verknüpften Mintermen besteht, die in der vorgegebenen Wahrheitstafel den Funktionswert 1 haben (z.B. $f = x_1\bar{x}_2 \vee \bar{x}_1 x_2$). Die konjunktive N. (KNF), die aus den konjunktiv verknüpften Maxtermen besteht, die in der vorgegebenen Wahrheitstafel den Funktionswert 0 haben (z.B. $(f = \bar{x}_1 \vee \bar{x}_2) \wedge (x_1 \vee \bar{x}_2)$)). Durch jede der beiden Normalformen läßt sich jede Schaltfunktion eindeutig darstellen. [2]. Li

Normalfrequenz *(standard frequency)*. Als N. bezeichnet man eine der hochgenauen Sendefrequenzen, die von Normalfrequenzsendern ausgestrahlt werden. Diese Sender sind mit Oszillatoren ausgerüstet, deren Frequenz und Zeitsignalfolgefrequenz von Atomschwingungen kontrolliert werden. Durch fortgesetzte Teilung der Atomfrequenz erhält man eine Ausgangsfrequenz mit gleicher Genauigkeit wie die der ursprünglichen. Eine bekannte Sendestation ist z.B. die Radiostation WWV (Washington), die auf den Trägerfrequenzen 2,5 MHz und 5 MHz mit einer Frequenz von 440 Hz, auf den Frequenzen 10 MHz, 15 MHz, 20 MHz und 25 MHz mit 4000 Hz moduliert ist. Man benötigt Normalfrequenzen zum Vergleich für sekundäre Frequenznormale, z.B. Stimmgabelgeneratoren oder Quarzgeneratoren, zum exakten Abgleich von Rundfunkempfängern und für wissenschaftliche Zwecke. [8], [12], [13], [14]. Fl

Normalfrequenzgenerator → Normalgenerator. Fl

Normalgenerator *(standard frequency generator)*, Normalfrequenzgenerator. 1. Der N. stellt als Signalerzeuger Wechselspannungssignale mit bekannter und durch Umgebungseinflüsse nur gering beeinflußbarer Periodendauer bereit. Zur Schwingungserzeugung wird ein primäres Frequenznormal verwendet, dessen Frequenz bis zur gewünschten Ausgangsfrequenz des Normalgenerators erst untersetzt und dann zur Steuerung von Quarzoszillatoren mit niedrigerer Schwingfrequenz eingesetzt wird. 2. Oft bezeichnet man auch als N. einen Frequenzgenerator, der mit dem Innenwiderstand von 600 Ω an einen am Ausgang angeschlossenen gleich großen Widerstand eine Leistung von 1 mW abgibt. Am Außenwiderstand liegt dann eine Klemmspannung von 0,7746 V, und es fließt ein Strom von 1,29 mA. Diese Werte bilden die international festgelegten Bezugswerte (Normalwerte) für den absoluten Pegel. [8], [12], [13], [19]. Fl

Normalglühlampe *(standard lamp)*, Normallampe. Als N. bezeichnet man eine Strahlungsquelle, die der Erzeugung einer definierten breitbandigen Planckschen Strahlung dient. Man setzt sie z.B. zur Empfindlichkeitsmessung von Photoempfängern oder zu photometrischen Messungen ein. Man unterscheidet Standardlampen und Anschlußlampen, wobei Standardlampen in staatlichen Laboratorien kalibriert werden und ausreichend konstante lichttechnische Werte besitzen. Anschlußlampen werden mit Hilfe von Standardlampen abgeglichen. Die Normalglühlampen sind vorgealtert. Ihre Kalibrierung bezieht sich auf die Lichtstärke in bestimmter Ausstrahlungsrichtung bei Einstellung auf eine Verteilungstemperatur von 2856 K. Der Leuchtdraht ist in einer Ebene mäanderförmig freistehend angeordnet. Der Kolben ist halbseitig lichtundurchlässig abgedeckt, seine Form verhindert Reflexionen in Richtung der Flächennormalen des Leuchtkörpers. Gegenüber dem Leuchtkörper befindet sich in der Abdeckung eine Aussparung, die nur einen geringen Abstrahlungswinkel (etwa ± 5°) zuläßt. [5], [12], [16]. Fl

Normallampe → Normalglühlampe. Fl

Normalspannungsgerät → Normalspannungsquelle. Fl

Normalspannungsquelle, elektronische *(electronical standard voltage source)*, Normalspannungsgerät, Gleichspannungsnormal. Die elektronische N. ist eine elektronische Gleichspannungsquelle, die eine festgelegte, stabilisierte Gleichspannung hoher Konstanz mit geringem Temperaturbeiwert erzeugt. Einfachste Schaltungen nutzen den plötzlichen Stromanstieg von Z-Dioden im Sperrbereich, wobei die an der Diode abfallende Spannung im zulässigen Arbeitsbereich der Sperrkennlinie weitgehend konstant bleibt und einen niedrigen differentiellen Widerstand besitzt. Der Temperaturbeiwert läßt sich vermindern, wenn in Reihe zur Z-Diode eine Siliciumdiode in Durchlaßrichtung geschaltet wird (→ Referenzelement). Hohen Ansprüchen bezüglich der Fehlergrenzen und der Temperaturabhängigkeit genügt die im Bild gezeigte Schaltung: Ausgangsspannung: 1 V ± 0,05 %, Temperaturbeiwert: $5 \cdot 10^{-5}$ K^{-1} im Bereich von + 20 °C bis + 30 °C, Kurzschlußstrom: 6 mA. [12]. Fl

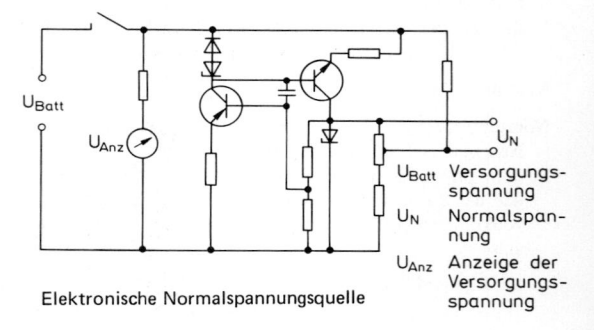

Elektronische Normalspannungsquelle
U_{Batt} Versorgungsspannung
U_N Normalspannung
U_{Anz} Anzeige der Versorgungsspannung

Normalthermometer → Gasthermometer. Fl

Normalverteilung *(normal distribution)*, auch Gauß-Verteilung. Sie stellt die wichtigste stetige Verteilung der Wahrscheinlichkeitsrechnung dar. Die N. folgt aus der Binominalverteilung mit $n \to \infty$ und $p = \frac{1}{2}$. Die Verteilungsdichte lautet

$$f(x) = \frac{1}{\sigma\sqrt{2\pi}} e^{-\frac{1}{2}\left(\frac{x-\mu}{\sigma}\right)^2},$$

$-\infty < x < +\infty$. Dabei ist x die stetige Zufallsvariable, μ der Mittelwert und σ^2 die Varianz eines mathematischen Kollektivs. Die Verteilungsfunktion der N. ist

$$F(x) = \int_{-\infty}^{x} f(t)\, dt = \frac{1}{\sigma\sqrt{2\pi}} \int_{-\infty}^{x} e^{-\frac{1}{2}\left(\frac{t-\mu}{\sigma}\right)^2} dt.$$

Sie heißt Fehlerintegral (Gaußsches Integral). Für praktische Rechnungen benutzt man eine normierte N. (→ Normierung), indem man alle möglichen Verteilungskurven auf den Mittelwert $\mu = 0$ und die Varianz $\sigma^2 = 1$ bezieht. Mit $\lambda = \frac{x - \mu}{\sigma}$ gilt für die normierte Verteilungsdichte

$$\varphi(\lambda) = \frac{1}{\sqrt{2\pi}} e^{-\frac{\lambda^2}{2}}$$

mit der normierten Verteilungsfunktion (unter Berücksichtigung der Kurvensymmetrie)

$$\Phi(\lambda) = \int_{-\infty}^{\lambda} \varphi(t)\, dt = \frac{1}{\sqrt{2\pi}} \int_{-\infty}^{\lambda} e^{-\frac{t^2}{2}}\, dt.$$

Die N. ist eine symmetrische Glockenkurve mit dem Maximalwert bei $x_{max} = \mu$. Die Varianz σ^2 bestimmt die Breite der Kurve. Für praktische Betrachtungen ist wichtig:

95 % aller Werte liegen im Intervall $\mu \pm 1{,}96\,\sigma$.
99 % aller Werte liegen im Intervall $\mu \pm 2{,}58\,\sigma$.
99,9 % aller Werte liegen im Intervall $\mu \pm 3{,}29\,\sigma$.

Alle interessierenden Werte befinden sich innerhalb der „3-σ-Grenzen". Rü

Normalverteilungsgesetz → Normverteilung Fl

Normalwiderstand *(standard resistance)*. Widerstandsnormal. Der N. ist ein als Einzelwiderstand ausgeführter Wirkwiderstand, der höchsten Genauigkeitsansprüchen mit großer Konstanz genügt. Um Fehler durch Übergangswiderstände an den Anschlußklemmen zu verhindern, sind sie mit getrennten Anschlüssen für Strom und Spannung ausgestattet. Als Widerstandsmaterial werden Kupfer-, Manganin-, Chromnickel- oder — besonders alterungsbeständig — Gold-Chrom-Legierungen verwendet. Ihre Belastbarkeit liegt bei 1 W (Luftkühlung) oder 10 W (Ölkühlung). Das hauptsächliche Einsatzgebiet von Normalwiderständen sind Kompensationsschaltungen; zu beachten ist ihre Frequenzabhängigkeit. [12]. Fl

Normalzeitgerät → Zeitnormal. Fl

Normalzelle → Normalelement. Fl

Normen, technische *(technical standards)*. Die technischen N. sind Richtlinien zur sinnvollen Vereinheitlichung technischer Dinge, die für einen großen Interessentenkreis von wirtschaftlicher Bedeutung sind. Die Erstellung technischer N. erfolgt in planmäßiger Gemeinschaftsarbeit von Fachleuten mit dem Ziel, bewährte Lösungen für ständig wiederkehrende Aufgaben in klarer und eindeutiger Sprache festzulegen und die Ergebnisse der interessierten Allgemeinheit anzubieten. Die Lösungen sollen eine lange Gültigkeitsdauer besitzen, die allerdings vom technischen Fortschritt unterbrochen wird. In der Bundesrepublik Deutschland wird die Gemeinschaftsarbeit zur Normung von den Ausschüssen des Deutschen Normenausschusses (DNA) geleistet und nach erfolgter Freigabe in DIN-Mitteilungen veröffentlicht. Endgültige Fassung ist die bezugsfertige DIN-Norm. Aus Gründen der Übersicht sind die technischen N. in Gruppen unterteilt. Man unterscheidet z.B.: Verständigungsnormen (Einheiten, Benennungen), Konstruktionsnormen (Berechnungen, Ausführungen), Prüfnormen, Sicherheitsnormen. [12]. Fl

Normierung *(normalizing)*. Verfahren zur Vereinfachung formelmäßiger Zusammenhänge durch Bezug der Variablen und Parameter auf zunächst willkürlich wählbare Größen. Die wesentlichen Normierungen sind: 1. Frequenznormierung: Normierte Frequenz: $\Omega = \omega/\omega_n = f/f_n$, wobei $\omega_n = 2\pi f_n$ eine geeignet gewählte Normierungsfrequenz (Resonanzfrequenz, Grenzfrequenz o.ä.) ist. Entsprechend gilt für eine Zeitnormierung $T = t \cdot \omega_n$. 2. Impedanznormierung: Normierte Impedanz $r = R/R_n$, wobei R_n ein geeignet gewählter Normierungswiderstand (Innenwiderstand, Vierpollastwiderstand o.ä.) ist. 3. Skalierung (von Netzwerken), auch Doppelnormierung durch gleichzeitige Frequenz- und Impedanznormierung. Damit lassen sich alle passiven Bauelemente R, L, C eines Netzwerks durch einheitenlose normierte Größen darstellen. Hierbei sind:

$$\text{normierter Widerstand } r = \frac{R}{R_n},$$

$$\text{normierte Induktivität } l = \frac{\omega_n L}{R_n},$$

$$\text{normierte Kapazität } c = \omega_n C R_n.$$

Die Rückgewinnung der ursprünglichen Größen heißt Entnormierung:

$$f = f_n \Omega;\ \omega = \omega_n \Omega;\ R = r R_n;\ L = l \frac{R_n}{\omega_n};\ C = \frac{c}{\omega_n R_n}.$$

[13]. Rü

Normkonverter → Normwandler. Fl

Normreihen. N. sind logarithmische Einteilungen für genormte Stufungen von Zahlenwerten. In der Elektronik werden N. vorzugsweise für die Stufungen von Bauelementewerten für Widerstände und Kondensatoren verwendet. Man unterscheidet: 1. internationale Reihen (auch RETMA-Reihen) E6, E12, E24. 2. DIN-Reihen R5, R10, R20, R40. 3. Amerikanische Standardreihen 5, 10. (Diese unterscheiden sich von den DIN-Reihen R5 und R10 nur unwesentlich). Die N. bauen sich jeweils aus einem Schrittfaktor auf, den man als $\sqrt[n]{10}$ definiert, wobei n die ganze Zahl ist, die hinter dem Buchstaben in der Reihenkennzeichnung steht: Beispiele: E12 → Schrittfaktor $\sqrt[12]{10} = 1{,}21$, R5 → Schrittfaktor $\sqrt[5]{10} = 1{,}58$. Über den Aufbau der N. → Tabelle „Normreihen" (S. 346). Rü

Normsteckverbindung *(standardized plug connection)*. Eine N. ist eine in mechanischen, elektrischen und sicherheitstechnischen Größen durch Normung festgelegte Steckverbindung. Sie besteht aus Stecker und einem Gegenstück, häufig als Buchse bezeichnet. Stecker und Gegenstück bilden eine mechanisch und elektrisch lösbare Verbindung z.B. zwischen Drähten, Leiterbahnen und Drähten oder ähnlichen stromführenden Teilen. Anwendungen sind z.B. Röhre und Röhrensockel, Messersteck-

Normungsorganisationen in den USA

Tabelle „Normreihen"

	DIN-Reihen:				Internationale Reihen:		
	R 5	R 10	R 20	R 40	E 6	E 12	E 24
Schrittfaktor	1,58	1,26	1,12	1,06	1,46	1,21	1,10
Schritt %	60	25	12	6	40	20	10
Toleranz ± %	(nicht mit Schritt gekoppelt)				20	10	5

DIN-Reihen				Internationale Reihen		
R 5	R 10	R 20	R 40	E 6	E 12	E 24
1,00	1,00	1,00	1,00	1,0	1,0	1,0
			1,06			1,1
		1,12	1,12		1,2	1,2
			1,18			1,3
	1,25	1,25	1,25		1,5	1,5
			1,32			1,6
		1,40	1,40	1,5		
			1,50			1,8
1,60	1,60	1,60	1,60			2,0
			1,70		2,2	2,2
		1,80	1,80	2,2		2,4
			1,90		2,7	2,7
	2,00	2,00	2,00			3,0
			2,12			3,3
		2,24	2,24	3,3	3,3	3,6
			2,36		3,9	3,9
2,50	2,50	2,50	2,50			4,3
			2,65			4,7
		2,80	2,80		4,7	5,1
			3,00	4,7		
	3,15	3,15	3,15		5,6	5,6
			3,35			6,2
		3,55	3,55		6,8	6,8
			3,75	6,8		7,5
4,00	4,00	4,00	4,00		8,2	8,2
			4,25	8,2		9,1
		4,50	4,50			
			4,75			
	5,00	5,00	5,00			
			5,30			
		5,60	5,60			
			6,00			
6,30	6,30	6,30	6,30			
			6,70			
		7,10	7,10			
			7,50			
	8,00	8,00	8,00			
			8,50			
		9,00	9,00			
			9,50			

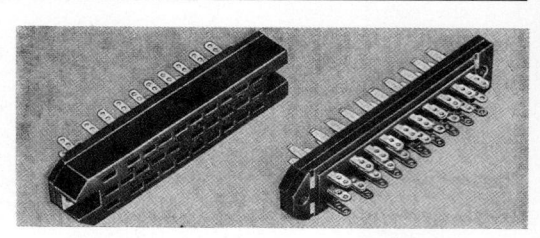

a) Messersteckverbinder

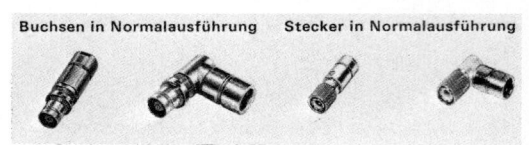

b) Koaxiale Steckverbinder

Normsteckverbindung

verbinder (Bild a), koaxiale Steckverbinder (Stecker; Bild b). Aufbau und charakteristische Werte der Normsteckverbindungen werden wesentlich vom elektrischen Einsatzbereich bestimmt. Beispielsweise müssen Normsteckverbindungen in der Hochfrequenztechnik definierte Wellenwiderstände, niedrige Werte des Reflexionsfaktors und eine geringe Einfügungsdämpfung besitzen. [8], [12], [13], [19]. Fl

Normungsorganisationen in den USA. Für die Normen elektrischer Bauteile sind in den USA verschiedene Organisationen zuständig. EIA (*Electronic Industries Association*) und ANSI (*American National Standards Institute*) beschäftigen sich mit Normen im kommerziellen Bereich. JEDEC (*Joint Electron Device Engineering Council*), eine Vereinigung aus EIA und NEMA (*National Electrical Manufacturers Association*) legen die Normen bei Elektronenröhren und Halbleiterbauelementen fest. Vorschriften für militärische (MIL) Normen werden vom US-Verteidigungsministerium oder z.B. DESC (*Defense Electronics Supply Center*) erarbeitet. Für internationale Normungen sind verschiedene Gruppen der IEC (*International Electrotechnical Commission*) zuständig. [5]. Ne

Normwandler *(television system converter)*, Normkonverter, Fernsehnormkonverter, Fernsehnormwandler. N. sind elektronische Einrichtungen, mit deren Hilfe Umwandlungen von Fernsehbildern einer vorliegenden Fernsehnorm in eine andere Norm durchgeführt werden. Im internationalen Austausch werden im allgemeinen Fernsehprogramme zwischen FCC-Norm (*FCC Federal Communications Commission*) und CCIR-Norm (*CCIR Comité Consultatif International des Radiocommunications*) oder umgekehrt durchgeführt. Es werden vollständige elektrische Bildsignale mit dazugehörenden Tonsignalen umgesetzt. Umsetzvorgänge von einer Grundnorm in die andere sind nur über Zwischenspeicherung möglich, weil zeitlich direkte Umsetzverfahren wegen der unterschiedlichen Halbbildfrequenzen von 50 Hz und 60 Hz des Zeilensprungverfahrens große Schwierigkeiten verursachen. Es werden analoge oder digitale Umsetzverfahren angewendet. 1. Analoge N. (elektrooptischer N.) Die Informationen des umzuwandelnden Bildes werden in einer hochauflösenden Bildröhre mit großer Nachleuchtdauer gespeichert und mit einem Elektronenstrahl in der neuen Frequenz abgetastet. Dazu wird das Schirmbild der Röhre ähnlich wie bei einer Neuaufnahme von einer elektronischen Halbleiterkamera (z.B. Plumbicon, Vidikon) aufgenommen und in die neue Norm übertragen. 2. Digitale N. Das ursprüngliche Fernsehsignal durchläuft einen Analog-Digital-Wandler, wird in einem Digitalspeicher festgehalten und mit neuer Abtastfrequenz über einen Digital-Analog-Wandler in neuer Form ausgegeben. 3. Bei Farbbildern muß zusätzlich zwischen SECAM- (*séquentielle à mèmoire*) und PAL-Verfahren (*PAL phase alternation line*) unterschieden werden. Grundsätzlich muß man Leuchtdichte und Farbartsignal (FBAS-Signal, Farbdifferenzsignal) trennen, entschlüsseln und dem Farbträgersignal neuer Norm aufmodulieren. Erfolgt die Umsetzung bei gleicher Grundnorm, aber unterschiedlichem Farbsystem (z.B. von PAL in SECAM) entfällt die Speichervorrichtung. In allen Fällen mindert der Umsetzvorgang die ursprüngliche Bildqualität. [8], [9], [13], [14]. Fl

Nortonsches Theorem *(Norton's theorem)* → Theorem von Norton. Rü

Norton-Transformation *(Norton transformation)*. Eine Vierpoläquivalenz, die es erlaubt, bei einem Vierpol die Reihenfolge gleichartiger Längs- und Querwiderstände zu vertauschen. Dazu ist ein idealer Übertrager notwendig (Bild). [15]. Rü

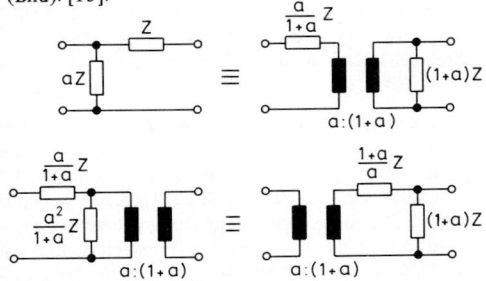

Norton-Transformation, Schaltungsbeispiele

NOT → NICHT-Funktion. We

Notch-Filter *(notch filter)* → Doppel-T-Filter. Rü

Notizblockspeicher → Scratch-Pad-Speicher. We

Notstromaggregat *(stand-by set)*. Notstromaggregate übernehmen die Versorgung besonders gefährdeter Einrichtungen bei Ausfällen des elektrischen Versorgungsnetzes, wie z.B. in Krankenhäusern, in Kaufhäusern. Die Notstromaggregate bestehen i.a. aus einem Verbrennungsmotor mit angekuppeltem Generator, der im Störungsfall selbsttätig anläuft. [3]. Ku

N-Pfad-Filter. Ein analoges elektrisches Filter nach dem Zeitmultiplexverfahren. Auf N untereinander gleiche Pfade, die i.a. jeweils einen einfachen RC-Tiefpaß enthalten, wird mit einer bestimmten Taktfrequenz synchron das zu filternde Signal $u_1(t)$ geschaltet (Bild). Als Summensignal $u_2(t)$ ergeben sich Bandpaßstrukturen, die sich symmetrisch um Vielfache der Taktfrequenz gruppieren. Mit N-Pfad-Filtern lassen sich sehr schmalbandige leicht durchstimmbare Bandfilter herstellen. N. gehören zu Gruppe der → Schalterfilter. [14]. Rü

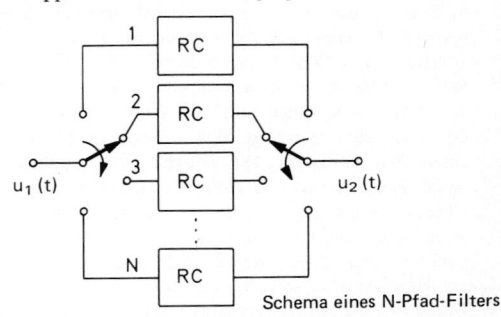

Schema eines N-Pfad-Filters

NPIN-Transistor *(npin transistor)*. Transistorart, bei der sich zwischen Basis- und Kollektorzone eine I-Halbleiterzone (*I intrinsic*) befindet (DIN 41 855). Ne

N⁺PIP⁺-Diode → Lawinenlaufzeitdiode. Ne

NPIP-Transistor *(npip transistor)*. Transistorart, bei der sich zwischen den beiden P-dotierten Bereichen eine I-Halbleiterzone (*I intrinsic*) befindet. Ne

Npm → Pegelangaben. Rü

Npmo → Pegelangaben. Rü

Npmop → Pegelangaben. Rü

NPNP. Halbleiterstruktur, bei der N- und P-Bereiche in wechselnder Reihenfolge übereinander angeordnet sind. Beispiele: Thyristoren, integrierte Schaltungen in SBC-Technik (*SBC standard buried collector*). Ne

NPN-Transistor *(npn transistor)*. Ein Bipolartransistor, dessen Basis P-dotiert und dessen Emitter bzw. Kollektor N-dotiert ist. Im Normalbetrieb sollte das Potential des Emitteranschlusses gegenüber dem Basisanschluß negativer sein und das Potential des Kollektoranschlusses gegenüber dem Basisanschluß positiver. [4]. Ne

Npr → Pegelangaben. Rü

NP-Übergang → PN-Übergang. Ne

NTC-Widerstand *(negative temperature coefficient resistor)* → Heißleiter. Ge

N-Thyristor, *(line thyristor)* → Netzthyristor. Ku

n-Tor *(n-port)*. Ein aus n Ein- oder Ausgangstoren bestehendes Mehrtor, das n Klemmenpaare enthält. Existiert eine gemeinsame Bezugsklemme (Masse, Erde), dann nennt man das n-Tor einen (n + 1)-Pol (für n = 2: → Dreipol). Ist keine gemeinsame Bezugsklemme vorhanden, dann heißt das n-Tor 2n-Pol (für n = 2: → Vierpol, echter).[15]. Rü

N-Typ → N-Leiter. Bl

Nukleonen *(nucleons)*. Oberbegriff für die den Atomkern bildenden Elementarteilchen, d.h. Neutronen und Protonen. Die Nukleonen unterliegen der starken Wechselwirkung und haben Spin $\frac{1}{2}$; man ordnet ihnen der Baryonenzahl 1 zu. Die Antiteilchen zu den Nukleonen Proton bzw. Neutron sind das Antiproton bzw. Antineutron. [5]. Bl

Nullabgleich *(zero balancing)*. 1. Mit einem N. wird z.B. in Brücken- oder Kompensationsschaltungen ein stromloser (auch spannungsloser) Zustand des Nullzweiges zur Erfassung von Werten der Meßgröße bewirkt. In der Meßschaltung muß dafür wenigstens ein einstellbares Bauelement vorhanden sein, mit dem sich dieses Ziel erreichen läßt. Angezeigt wird der Zustand häufig mit einem Nullinstrument. Die Feinstufigkeit des abgleichbaren Bauelementes, die Höhe der Speisespannung der Meßeinrichtung und die Empfindlichkeit des Nullinstrumentes bestimmen wesentlich, wie nahe der Wert Null im Abgleichfall erreicht wird. 2. Bei Schaltungen zur Neutralisation wird mit einem N. die unerwünschte Rückkopplung von Ausgangskreis auf den Eingangskreis z.B. eines Verstärkerbauelementes eliminiert. 3. Beispielsweise bei Gleichstromverstärkern dient der N. zur Einstellung des Sollwertes Null am Schaltungsausgang bei fehlender Signal-Eingangsspannung (Nullpunktfehler, Fehlspannung). [6], [12], [13]. Fl

Nullanode *(freewheeling rectifier)*, Nullventil. Nullanoden sind gesteuerte oder ungesteuerte Ventile, die bei netzgeführten Stromrichtern zur Blindleistungsverminderung (zur Erhöhung des Leistungsfaktors) die Ausgangsklemmen des Stromrichters mit dem Sternpunkt (Nullpunkt des Transformators) verbinden. Die Nullanoden übernehmen zeitweilig den Strom des Gleichstromverbrauchers und entlasten damit das Netz. Sie sind besonders im Bereich kleiner Ausgangsspannungen wirksam. [3]. Ku

Nullator *(nullator)*. Ein für bestimmte Betrachtungen der Netzwerkanalyse mitunter nützliches Zweipol-Element ohne physikalische Realisierbarkeit, das gleichzeitig einen Leerlauf und einen Kurzschluß darstellt. (Bild). Der N. ist definiert zu

$U = I = 0$

Nullator

(→ Nullor). [15]. Rü

Nulldurchgangsschalter → Nullspannungsschalter. Fl

Nulleiter *(neutral conductor)*, Mittelpunktsleiter; Sternpunktleiter. Das vollständige Dreiphasensystem (Drehstromsystem) besteht aus den drei Außenleitern und dem N. Zwischen den Außenleitern und dem Nulleiter liegen die Phasenspannungen. [3]. Ku

Nullhypothese → Test-Verteilungen. Rü

Nullindikator → Nullinstrument. Fl

Nullinstrument *(zero instrument, null indicator, balancing appparatus)*, Nullindikator. Das N. dient beim Nullabgleich dem Nachweis der Spannungs- oder Stromlosigkeit im Meßzweig z.B. einer Brücken- oder Kompensationsschaltung. Im Abgleichfall zeigt es den Wert Null an. Aus diesem Grunde sind die Fehlergrenzen des Nullinstruments von geringer Bedeutung. Wichtig ist die Empfindlichkeit des Meßgerätes. Viele Nullinstrumente besitzen den Nullpunkt in Skalenmitte und haben einen Meßverstärker eingebaut, an dessen Ausgang ein Drehspulmeßwerk ohne vorgeschalteten Meßgleichrichter angeschlossen ist (Bild). Weitere Nullinstrumente sind z.B.: Virbrationsgalvanometer, Oszilloskope, Meßgeräte mit phasenabhängiger Gleichrichterschaltung. Häufig findet man auch als Nullindikator zu Leuchtbändern angeordnete Leuchtdioden oder Anzeigerröhren mit Leuchtschirmen. [12]. Fl

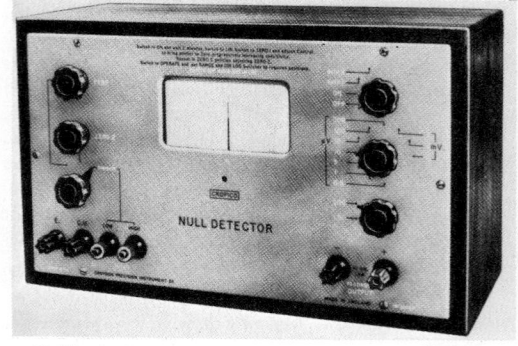

Nullinstrument

Nullkapazität. Die Kapazität eines PN-Übergangs ohne angelegte Gleichspannung. [6]. Rü

Nullkippspannung *(maximum forward blocking voltage)*. Spannung, bei der ein in Vorwärtsrichtung geschalteter Thyristor ohne Anlegen einer Zündspannung an die Steuerelektrode in den leitenden Zustand kippt (zündet!). [4], [11]. Li

Nullmethode *(zero-method)*. Als N. bezeichnet man eine Meßmethode, bei der eine Kompensation der Wirkung einer Meßgröße durch die Wirkung einer anderen bekannten Größe das Ziel ist. Beide Wirkungen heben sich auf, was vielfach von einem Nullinstrument angezeigt wird. 1. Häufig wird z.B. die Kompensationsmethode als N. bezeichnet. 2. Auf Grundlage der N. beruht auch das Brückenmeßverfahren, wenn es sich um Abgleichbrücken handelt. 3. Eine durchgeführte Maßnahme zur Neutralisation entspricht ebenfalls der N. [12]. Fl

Nullmotor *(zero balancing motor)*, Abgleichmotor. Der N. ist ein Elektromotor, dessen Betriebsspannung z.B. dem Meßzweig einer Brückenschaltung entnommen wird. Zwischen Meßzweig und Motor liegt ein Meßverstärker. Mit dem Rotor des Nullmotors ist der Schleifer eines Meßpotentiometers mechanisch gekoppelt. Die Spannung im Meßzweig der Brücke wird im Verstärker verstärkt und dem N. zugeführt. Der N. treibt den Schleifer des veränderbaren Widerstandes bis zum Nullabgleich der Meßbrücke an. Anforderungen an Nullmotoren sind z.B.: kleines Trägheitsmoment des Läufers, großes Anzugsmoment, gute Steuerbarkeit. Ausführungen können z.B. sein: Gleichstromstellmotor, Asynchronmotor, Zweiphasenstellmotor, kollektorloser Gleichstrommotor. [12]. Fl

Nullor *(nullor)*. Zusammenziehung aus den Begriffen Nullator und Norator. Eine idealisierte Vierpolkonfiguration ohne physikalische Realisierbarkeit, die für bestimmte Betrachtungen der Netzwerkanalyse mitunter nützlich ist (Bild). (Darstellung gesteuerter Quellen.) Entsprechend der Definition für Nullator und Norator gilt für den N.

$U_{11'} = 0, I_1 = 0,$
$U_{22'}$ beliebig, I_2 beliebig. [15]. Rü

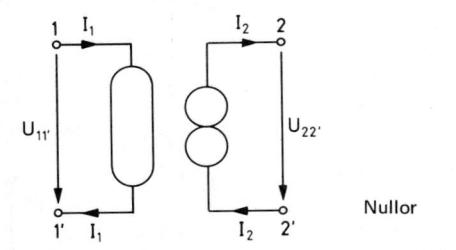

Nullpegel *(zero level)*. Als N. bezeichnet man den Pegel, bei dem das Verhältnis der Werte zweier gleichartiger physikalischer Größen den Betrag Eins hat. Das Verhältnis wird logarithmiert, entweder mit Hilfe des natürlichen Logarithmus (Neper) oder des dekadischen Logarithmus (Dezibel). In beiden Fällen ist der Wert des Ergebnisses Null. Beispiel: Der akustische N., nämlich die Hörschwelle, ist erreicht, wenn der Wert des Schalldrucks im Zähler dem Wert des Bezugsschalldrucks im Nenner entspricht. Der Bezugsschalldruck beträgt $2 \cdot 10^{-5}$ N/m² bei der Frequenz 1000 Hz. [8], [12], [13]. Fl

Nullphase *(zero phase angle)*. Nullphasenwinkel, Anfangsphasenwinkel. Die N. ist in der Elektrotechnik der Winkel, den z.B. eine sinusförmige Wechselgröße zum Beginn eines Beobachtungszeitpunktes (im Bild der Koordinatenursprung) gegenüber dem Zeitpunkt des letzten Nulldurchganges einnimmt. Man unterscheidet: 1. Zeitpunkt des Nulldurchganges der Wechselsgröße und Beobachtungszeitpunkt fallen zusammen (z.B. Einschaltaugenblick). Der Phasenwinkel hat den Wert Null. 2. Der Zeitpunkt des letzten Nulldurchgangs der Wechselgröße liegt vor dem Betrachtungszeitpunkt. In diesem Falle befindet sich der Nulldurchgang links vom Nullpunkt des Koordinatensystems und der Phasenwinkel wird mit positivem Vorzeichen versehen. 3. Der Beginn der Beobachtung liegt vor dem Schwingungsbeginn, d.h. rechts vom Nullpunkt. Der Phasenwinkel wird mit negativem Vorzeichen versehen. Im allgemeinen ist der Absolutbetrag der N. einer Wechselgröße ohne Bedeutung, da die Wahl des Beobachtungszeitpunktes freigestellt ist. Wichtig ist jedoch bei Betrachtung zweier sinusförmiger Wechselgrößen gleicher Frequenz der Unterschied beider Nullphasen, der als Phasenwinkel bezeichnet wird. [8], [13]. Fl

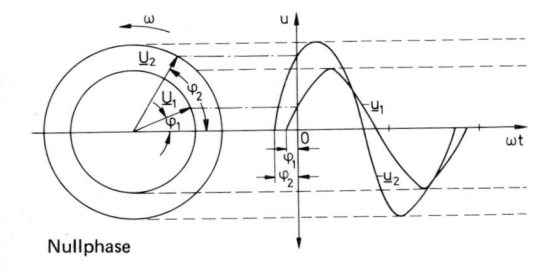

Nullphasenwinkel. *(zero phase angle)*. Bei der harmonischen Schwingung einer Größe

$x(t) = \hat{x} \cos(\omega t + \varphi_0)$

ist φ_0 der N., der zur Zeit $t = 0$ auftritt (DIN 1311/1). [13]. Rü

Nullpunkt *(zero mark)*. 1. N. einer elektrischen Schaltung ist ein gemeinsamer Bezugspunkt, auf den alle in der Schaltung auftretenden Potentiale bezogen werden. Er repräsentiert das Bezugspotential und wird im allgemeinen durch das Massezeichen gekennzeichnet. 2. Lebender Nullpunkt (→ Nullpunkt, lebender). 3. Virtueller Nullpunkt (→ Summationspunkt). 4. Bei mechanischen oder elektrischen Meßgeräten ist der N. durch die mechanische Nullage des beweglichen Organs im Meßwerk festgelegt. Er läßt sich mit dem Nullpunkteinsteller in vorgegebenen Grenzen verändern. Der N. muß weder innerhalb des Meßbereiches noch innerhalb des Anzeigebereiches des Instrumentes liegen, kann sich aber an jeder Stelle der Skala befinden. Beispiel: Bei Nullinstrumenten liegt der N. häufig in Skalenmitte. 5. Der elektrische N. eines Meßgerätes, häufig als Skalennullpunkt bezeichnet, ist der mit mindestens einem abgleichbaren, elektrischen Element festgelegte Anfangspunkt. Er liegt zwar häufig am Skalenanfang, läßt sich aber ebenfalls an jede Stelle der Skala verschieben oder sogar unterdrücken. 6. a) Bei Leistungsmessungen im Dreileitersystem mit unsymmetrischer Belastung werden die drei Spannungspfade des Leistungsmessers zu einem künstlichen N. verbunden. Die Widerstände der einzelnen Pfade müssen gleiche Werte haben. b) Bei symmetrischer Belastung (Bild) bildet man mit $R_1 + R_v = R_2 = R_3$ einen künstlichen N. [5], [12]. Fl

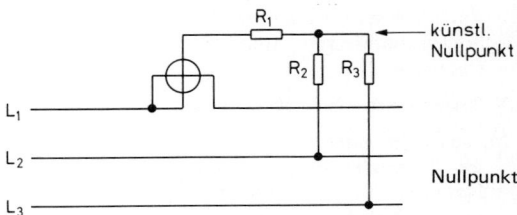

Nullpunkt, lebender *(life zero)*. Bei Gleichstrom-Fernmessungen würde der vom Meßumformer gelieferte, eingeprägte Strom sowohl beim Meßwert Null als auch bei Leitungsunterbrechungen eine Nullanzeige hervorrufen, was im letzteren Fall zu Fehlbeurteilungen führt. Man vermeidet dies mit Hilfe eines dem Meßwert Null zugeordneten Wert des Ruhestromes (der Ruhespannung). Als Stromwert wird z.B. häufig 4 mA gewählt. [12]. Fl

Nullpunkt, virtueller → Summationspunkt. Fl

Nullpunktdrift *(zero drift)*, Nullpunktwanderung, lineare. Als N. bezeichnet man die lineare Wanderung des Nullpunktes z. B. eines Gleichstromverstärkers, dessen Ursache häufig in den zeitlichen Änderungen der Eigenschaften der Verstärkerbauelemente zu finden ist. Die Änderungen werden durch Temperatureinwirkungen und Alterung der Bauelemente hervorgerufen. Die N. macht sich dadurch bemerkbar, daß bei der Eingangsspannung Null eine sich zeitlich ändernde Ausgangsspannung auftritt. Durch einen Nullabgleich wird die Änderung wieder rückgängig gemacht. Die N. wird in V/h oder in mV/h angegeben. [12]. Fl

Nullpunkteinsteller *(zero adjuster)*, Nullsteller, Nullpunkteinstellvorrichtung, Nullpunktrücker. Gemäß der Unterscheidung von mechanisch einstellbarem und elektrisch einstellbarem Nullpunkt bei elektrischen oder elektronischen Meßinstrumenten muß ebenfalls zwischen mechanisch und elektrisch wirkenden Nullpunkteinstellern unterschieden werden: 1. Mechanisch wirkender N.: Vielfach handelt es sich um eine von außen einstellbare Vorrichtung. Ein Exzenter ist mit einem von außen verstellbaren Schraubenschlitz versehen. Durch Drehung am Schraubenschlitz wird der Fixpunkt einer Rückstellfeder im Meßwerk verändert. Der Einstellbereich der Vorrichtung soll nicht mehr als 6 % der Skalenlänge betragen. 2. Elektrisch wirkender N.: Man findet ihn in elektronischen Meßinstrumenten als Abgleichwiderstand, der von außen einstellbar ist. Er dient der Unterdrückung der Nullpunktdrift. Man stellt ihn bei fehlender Eingangsmeßgröße so lange nach, bis als Anzeige der Wert Null erscheint. [12]. Fl

Nullpunkteinstellvorrichtung → Nullpunkteinsteller. Fl

Nullpunktkorrektur *(zero correction)*. Durch die N. wird eine Veränderung des mechanischen oder elektrischen Nullpunktes, die als systematischer Fehler in Erscheinung tritt, mit dem entsprechenden Nullpunkteinsteller korrigiert. Sind keine Abgleichelemente vorhanden, muß die N. rechnerisch im Meßergebnis erfaßt werden. Hierzu stellt man die Abweichung vom wahren Nullpunkt bei dem Eingangssignalwert Null am Signalausgang fest und gibt den über den gesamten Meßbereich konstant bleibenden Korrekturwert vorzeichenrichtig mit dem Meßergebnis an. [12]. Fl

Nullpunktrücker → Nullpunkteinsteller. Fl

Nullpunkttemperatur *(zero temperature)*. Als N. werden die Fixpunkte der gebräuchlichen Temperaturskalen bezeichnet, bei denen entsprechend jeweiliger Festlegungen der Wert 0 erreicht wird. 1. Bei der wissenschaftlichen, thermodynamischen Temperaturskala, der Kelvin-Skala, ist der absolute Nullpunkt der Temperatur gleichzeitig die N.: 0 K. 2. In der Meßtechnik ist die Angabe von Celsiusgraden (engl. *centigrades*) gebräuchlich. Die N. ist durch den Gefrierpunkt reinen, luftgesättigten Wassers festgelegt. Es entsprechen: 0 K = − 273,15 °C. 3. Bei der Fahrenheitskala liegt der Eispunkt beim Wert 32 °F (0 °F ≙ −17$\frac{7}{9}$ °C). [5], [12]. Fl

Nullpunktunterdrückung *(zero suppression)*. Die N. dient bei Meßgeräten oder Meßeinrichtungen zur Spreizung von Skalenverläufen im Bereich eines festgelegten Nennwertes. Auf diese Weise lassen sich Abweichungen vom Nennwert genauer erfassen. Häufig wird die Spreizung als Spannungslupe bezeichnet. Bei der N. wird der Anfangsbereich der Anzeige unterdrückt; der Nullpunkt kann auch außerhalb des Anzeigebereiches liegen. Erreicht wird dies durch eine mechanisch vorgespannte Rückholfeder im Meßwerk oder z.B. mit einer in Reihe zum Meßwerk liegenden Z-Diode (Bild). Unterhalb der Durchbruchsspannung liegende Spannungswerte haben keinen Ausschlag zur Folge. [12]. Fl

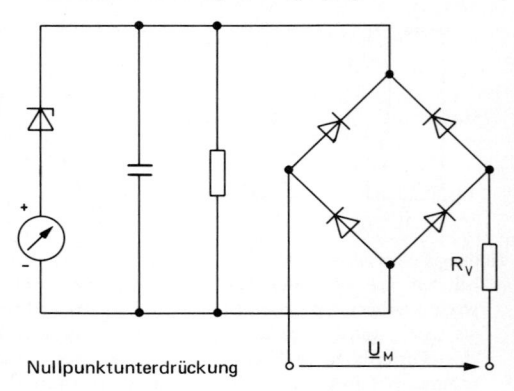

Nullpunktunterdrückung

Nullpunktverschiebung *(zero shift)*. Die N. ist eine elektronisch arbeitende Einrichtung bei schreibenden Meßgeräten (z.B. XY-Schreiber, Oszilloskop), durch die der Nullpunkt der Meßeinrichtung für den jeweiligen Meßzweck durch Einstellung von außen festgelegt werden kann. Auf diese Weise läßt sich das abzubildende Signal unter optimaler Ausnutzung des Anzeigebereiches beobachten. [12]. Fl

Nullpunktwanderung, lineare → Nullpunktdrift. Fl

Nullpunktwiderstand *(zero mark resistance)*. Der N. ist bei Halbleiterbauelementen (z.B. Halbleiterdiode) ein Wechselstromwiderstand im Arbeitspunkt. Zur graphischen Festlegung des Nullpunktwiderstands wird wie beim differentiellen Widerstand im Strom-Spannungs-Kennlinienfeld durch den Arbeitspunkt auf der Kennlinie eine Tangente gelegt. Man verlängert den Tangentenabschnitt

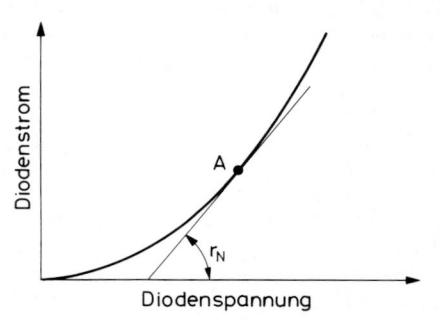

Nullpunktwiderstand

zwischen Arbeitspunkt und Achse mit den Spannungswerten bis zum gemeinsamen Schnittpunkt (Bild). Die Neigung der Tangente ist ein Maß für den N. r_N. [4], [6]. Fl

Nullspannung *(zero voltage)*. N. ist die geometrische Differenz zweier zu vergleichender Wechselspannungen. [5]. Ku

Nullspannungsschalter *(zero voltage switch)*, Nulldurchgangsschalter. Als N. bezeichnet man eine elektronische Schaltung (auch als integrierter Schaltkreis erhältlich), mit der ein Triac als Leistungsschaltglied in der Umgebung des Nulldurchganges der Netzwechselspannung gezündet wird und damit einen ohmschen Verbraucher an die Netzspannung legt oder den Triac durch Neuzündung im Nulldurchgang leitend hält. Dadurch bleiben die Spannungssprünge am Verbraucher gering und hochfrequente Störspannungen werden vermieden. Ein weiterer Vorteil ist die geringe Ansteuerenergie für das Gate des Leistungsschalters. Das Bild zeigt das Prinzip eines Nullspannungsschalters, der aus einer Logikschaltung und einem Zeitschalter besteht. Geht die Anodenspannung u_A durch Null und besitzt die Steuerspannung u_{St} den Wert Eins, läßt der Zeitschalter für eine bestimmte Zeit einen Gatestrom zum Triac fließen, der dadurch so lange im leitenden Zustand verbleibt, bis sein Anodenstrom so groß ist, daß er sich selbst leitend hält. [11]. Fl

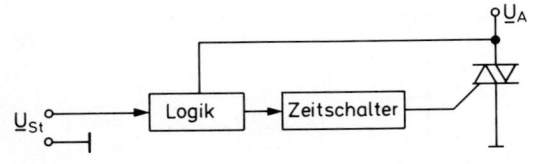

Nullspannungsschalter

Nullstelle, komplexe *(complex zero)* → Pol, komplexer. Rü

Nullstelle, reelle *(real zero)* → Pol, reeller. Rü

Nullsteller → Nullpunkteinsteller. Fl

Nullstromregler *(automatic controller of zero current)*. Der N. ist ein elektronischer Regler, der z.B. bei selbsttätig ablaufenden Brückenmessungen (→ Brückenschaltung, selbstabgleichende) Abweichungen vom Wert Null in der Brückenmeßdiagonalen erfaßt, verstärkt und z.B. einem Nullmotor zuführt. Der Nullmotor betätigt so lange den Schleifer eines Meßpotentiometers der Brückenschaltung bis Brückengleichgewicht herrscht. [12]. Fl

Nullstromverstärker *(zero current amplifier)*, Nullverstärker. Als N. wird häufig ein hochempfindlicher Verstärker mit Differenzstufe am symmetrisch aufgebauten Schaltungseingang bezeichnet. Als Eingangsgröße wirkt z.B. der Strom in der Meßdiagonalen einer Wheatstone-Meßbrücke. Ausgangsgröße ist eine dem Meßstrom proportionale Spannung, mit der ein Nullinstrument angesteuert wird. N. haben vielfach eine logarithmische Charakteristik des Verstärkungsverlaufs über der Frequenz. [12]. Fl

Nullventil *(freewheeling rectifier)* → Nullanode. Ku

Nullverfahren *(zero method)* → Brückenmeßverfahren; → Nullmethode; → Kompensationsmethode. Fl

Nullverstärker → Nullstromverstärker. Fl

Nullwertsbreite *(angular distance to first zero)*. Begriff aus dem Gebiet der Antennen. Winkelbereich zwischen den ersten Nullstellen zu beiden Seiten der Hauptkeule der Richtcharakteristik. [14]. Ge

Nullwiderstand *(zero resistivity)*. Der N. ist der Wirkwiderstand, der zwischen den Anschlußklemmen von Dekadenwiderständen nachweisbar ist, wenn alle Dekaden auf Null eingestellt sind. Für hochgenaue Präzisionsmessungen muß er als Korrekturwert berücksichtigt werden. [12]. Fl

Numerierung *(numbering)*. Kennzeichnung von Endstellen (Teilnehmeranschlüssen), Vermittlungsstellen, Ortsnetzen und nationalen Netzen durch Ziffernfolgen. Der Numerierungsbereich *(numbering area)* kennzeichnet denjenigen Bereich, innerhalb dessen eine Endstelle von allen anderen Endstellen desselben Bereiches aus durch dieselbe Rufnummer erreicht wird. Zum Verlassen dieses Bereiches muß der Verkehrsausscheidungszahl, zum Ansteuern einer Endstelle in einem fremden Numerierungsbereich deren Kennzahl und Rufnummer gewählt werden. Bei offener Numerierung werden Kennzahlen nur im Verkehr zwischen verschiedenen Numerierungsbereichen verwendet; bei verdeckter Numerierung *(closed numbering)* ist dagegen die Kennzahl der Vermittlungsstelle in der Rufnummer des Teilnehmers „verdeckt" enthalten. [19]. Kü

Numerik *(numeric)*. Einrichtungen und Methoden zur zahlenmäßigen Lösung von Aufgaben und Problemen, z.B. numerisches Rechnen, numerische Steuerung. Bei der numerischen Steuerung wird der Arbeitsablauf in eine Folge von Programmschritten zerlegt, die auf einen Datenträger, z.B. Lochstreifen übertragen und von dort abgearbeitet werden. [9]. We

numerisch *(numerical)*. Ein Zeichenvorrat, der nur aus Ziffern und Sonderzeichen zur Darstellung von Zahlen besteht, wird als n. bezeichnet (DIN 44 300). In der Datenverarbeitung wird die numerische Datenverarbeitung, die Rechnungen ausführt, von der nichtnumerischen Datenverarbeitung, z.B. der Textverarbeitung unterschieden. [9]. We

Nummernschalterwahl *(rotary dialling)*. Eingabe der Zielinformation mit einem Nummernschalter („Wählscheibe"), der eine der gewählten Ziffer entsprechende Anzahl von Impulsen auf der Leitung zur Vermittlungsstelle erzeugt; wird zunehmend abgelöst durch das Verfahren der Tastwahl. [19]. Kü

Nur-Lesespeicher → ROM. Li

Nutzsatellit *(commercial satellite)*. Nutzsatelliten sind Nachrichten- und Wettersatelliten. Beispiele: Intelsat, Comsat-Nachrichtensatelliten; Meteosat, Tiros-Wettersatelliten. [14]. Th

Nutzsignal *(desired signal).* Das Signal, das die zu übertragende Nachricht im Gegensatz zu allen Störsignalen (Einfluß von Nachbarkanälen, Rauschen usw.) enthält. [14].
Rü

Nyquist-Flanke *(nyquist slope).* Begriff aus der Fernsehempfangstechnik. Da von den Seitenbändern des Bildträgers das obere ganz, das untere aber nur zum Teil übertragen wird, muß die Durchlaßkurve des Empfangs-ZF-Verstärkers (ZF Zwischenfrequenz) so ausgebildet sein, daß alle Seitenbandfrequenzen gleichmäßig vertreten sind. Die Trägerfrequenz liegt auf halber Höhe der Flanke. Die Flanke ist gerade, von definierter Steigung und steigt von tiefen nach hohen Frequenzen an. Die „Flankenbreite" beträgt beim Fernsehempfänger 1,5 MHz. [8], [9], [13], [14].
Th

Nyquist-Kriterium *(Nyquist criterion).* Dem N. kommt bei Stabilitätsbetrachtungen von Regelkreisen besondere Bedeutung zu, da es das Stabilitätsverhalten des geschlossenen Regelkreises aus dem Frequenzgang F_0 des offenen Regelkreises angibt und den Einfluß von Parameteränderungen erkennen läßt. Ferner besitzt es Gültigkeit für Totzeitsysteme und kompliziertere Übertragungsglieder F_0, die entweder instabil sind oder deren Frequenzgang nur gemessen werden kann. Das N. lautet: Ein geschlossener Regelkreis ist stabil, wenn die Ortskurve $F_0(j\omega)$ beim Durchfahren der Frequenz von $-\infty$ bis $+\infty$ den kritischen Punkt $(-1, j0)$ so oft im Gegenuhrzeigersinn umläuft, wie die Übertragungsfunktion $F_0(s)$ instabile Pole enthält. Wenn F_0 nicht instabil ist, läßt sich das Kriterium einfacher angeben (Bild). 1. $F_0(j\omega)$ als Ortskurve: (Hier genügt es, nur die Ortskurve für $\omega = 0 \ldots +\infty$ zu betrachten; die Ortskurve für $\omega = 0 \ldots -\infty$ ergibt sich bei physikalischen Systemen durch Spiegelung der zuerst genannten an der reellen Achse): Der geschlossene Regelkreis ist stabil, wenn der kritische Punkt $(-1, j0)$ im Gebiet links der Ortskurve $F_0(j\omega)$ liegt, wenn die Ortskurve in Richtung wachsender Frequenz ω durchfahren wird. 2. $F_0(j\omega)$ als Frequenzkennlinien: Liegt die Phasenkennlinie $\varphi_0(\omega)$ des offenen Regelkreises bei der Durchtrittsfrequenz ω_D (Frequenz bei der die Betragskennlinie $|F_0(\omega)|$ die 0 dB- bzw. die $|1|$-Koordinate schneidet) oberhalb $-180°$, so ist der geschlossene Regelkreis stabil. [18].
Ku

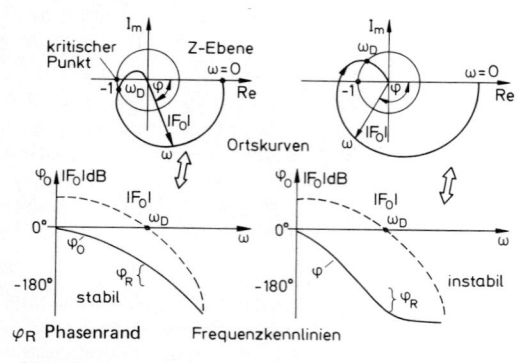

Nyquist-Kriterium

Nyquist-Meßmodulator *(Nyquist measuring modulator).* Der N. ist eine Meßeinrichtung, die der Bestimmung von Verzerrungen der Gruppenlaufzeit in Vierpolen der Nachrichtenübertragungstechnik dient. Nach dem Prinzipbild wird die abgegebene hochfrequente Wechselspannung eines Meßsenders mit der Frequenz f_T ($\rightarrow$ Trägerfrequenz) in der Amplitude von der Signalfrequenz f_S moduliert ($\rightarrow$ Amplitudenmodulation). Die Signalfrequenz wird häufig als Spaltfrequenz bezeichnet. Auf den Prüfling wirken nach Durchführung der Modulation neben dem Trägersignal auch die beiden Seitenfrequenzen $f_T + f_S$ und $f_T - f_S$ ein. Die Spaltfrequenz bildet die Hüllkurve im Zeitverlauf der amplitudenmodulierten Schwingung. Die Hüllkurve unterliegt Schwankungen der Gruppenlaufzeit, die vom Übertragungsverhalten des Prüflings verursacht werden. Die Schwankungen prägen sich der Hüllkurve als Winkelschwankungen mit dem Wert Δb auf. Ein Hüllkurvendemodulator ($\rightarrow$ Demodulatorschaltung) führt die Gleichrichtung des beeinflußten Signals durch. Ein zweiter Hüllkurvendemodulator demoduliert das unbeeinflußte Signal vom Eingang des Prüflings und man erhält einen Bezugswinkel. Am Ausgang beider Demodulatoren ist ein Phasenmesser angeschlossen. Das Meßgerät zeigt die Winkelverschiebung als Gruppenlaufzeit τ_g an:

$$\tau_g = \frac{\Delta b}{2 \cdot \pi \cdot f_S}.$$

(Δb Phasenverschiebung, f_s Signalfrequenz). [8], [12], [13].
Fl

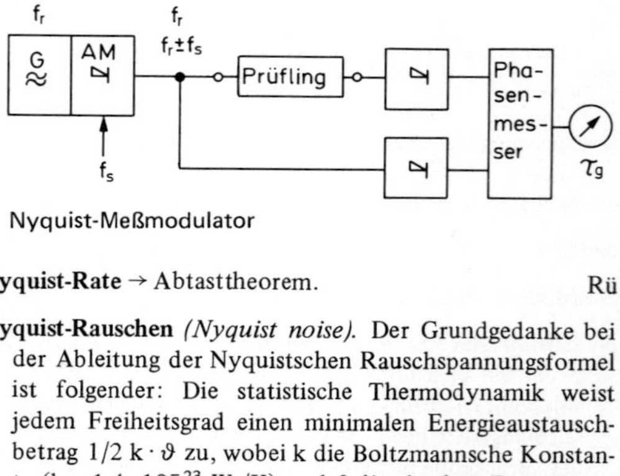

Nyquist-Meßmodulator

Nyquist-Rate $\rightarrow$ Abtasttheorem.
Rü

Nyquist-Rauschen *(Nyquist noise).* Der Grundgedanke bei der Ableitung der Nyquistschen Rauschspannungsformel ist folgender: Die statistische Thermodynamik weist jedem Freiheitsgrad einen minimalen Energieaustauschbetrag $1/2 \, k \cdot \vartheta$ zu, wobei k die Boltzmannsche Konstante (k = $1,4 \cdot 10^{-23}$ Ws/K) und ϑ die absolute Temperatur in Kelvin ist. Bei einer Bandbreite von Δf ist der kleinste unterscheidbare Zeitbetrag $t = 1/\Delta f$. Dies ergibt die angegebene mittlere Rauschleistung von

$$P = \frac{(1/2) \, k \, \vartheta}{1/2 \, \Delta f} = k \cdot \vartheta \cdot \Delta f.$$

[5], [13].
Th

O

Oberflächenerder *(surface earth)*. Dieser Erder wird in geringer Tiefe bis etwa 1 m in die Erde eingebracht.　Ku

Oberflächenladungstransistor *(surface-charge transistor)*, SCT. Ein Metall-Isolator-Halbleiterbauelement, das zur zeitweisen Speicherung von Ladungen dient, die durch Anlegen einer Gatespannung verschoben werden können. Ist das am Sourceanschluß anliegende Potential $-U_S$ positiver als das Potential U_D am Drainanschluß, ist der Potentialtopf unter dem Drain tiefer als unter der Source (Bild). Füllt man den Potentialtopf der Source mit Minoritätsladungsträgern, kommt es zur Ladungsspeicherung (Informationsinhalt z. B. „1"). Legt man an das Gate negative Spannung an, erniedrigt sich der Potentialwall unterhalb des Gate. Minoritätsladungsträger können ab einer bestimmten Gatespannung von dem Sourcebereich in den Drainbereich übertreten (Ladungsverschiebung). [4].　Ne

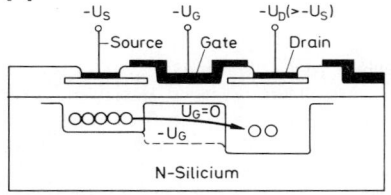

Oberflächenladungstransistor　　O : Defektelektronen

Oberflächenpassivierung *(passivation)*, Passivierung. Prozeß, um die Oberflächen von Halbleiterstrukturen vor Verunreinigungen, Oxidation oder Fremdionen zu schützen. Man bringt zum Schutz der Oberfläche Silicium-(II)-oxid als Primärpassivierungsschicht und Silicium-(II)-oxid, Silikatglas oder Siliciumnitrid als Sekundärpassivierungsschicht auf. Primärpassivierungsschichten werden unmittelbar auf das Substrat aufgewachst. Sekundärpassivierungsschichten auf die Primärpassivierungs- oder Metallisierungsschicht. [5].　Ne

Oberflächenpotential *(surface potential)*. Unter bestimmten Betriebsbedingungen treten bei Halbleiterbauelementen in den Grenzschichten verschieden dotierter Bereiche oder bei MOS-Schaltkreisen zwischen Oxid und Halbleiter Ladungsansammlungen auf. Die in der Grenzschicht gegen Masse auftretende Spannung heißt O. (Beispiel: → Ladungstransferelemente). [6].　Rü

Oberflächenrekombination *(surface recombination)*. Rekombination von freien Ladungsträgern an der Oberfläche eines Halbleiters. Dabei wirkt die Oberfläche wie eine Störstelle im Material. Rekombinationsarme Oberflächen können durch Ätzung erzielt werden. Die durchschnittliche Geschwindigkeit, mit der die Ladungsträger aus dem Inneren an die Oberfläche streben, wird als Oberflächenrekombinationsgeschwindigkeit *(surface recombination velocity, SRV)* bezeichnet. Sie ist definiert als das Verhältnis der Normalkomponente des Eigenleitfähigkeitsstromes zur Raumladungsdichte in der Nähe der Oberfläche. [7].　We

Oberflächenschwinger. Ein monolithisches Filter, bei dem die Oberfläche abgegrenzter Bezirke eines elastischen Körpers zu Schwingungen angeregt wird. Die Anregung der Oberflächenwellen geschieht meist durch piezoelektrische Wandler. [4].　Rü

Oberflächenwelle *(surface wave)*. Sie ist gekennzeichnet durch die Konzentration der Energieströmung der elektromagnetischen Welle auf die Nähe einer Grenzfläche und stellt eine Lösung der Wellengleichung dar. Eine senkrecht polarisierte O. hat in der Nähe der Erdoberfläche einen schrägen Ausbreitungsvektor. Die waagerechte Komponente entspricht physikalisch der in die Erde eindringenden Leistung. [14].　Ge

Oberflächenwellenantenne *(surface wave antenna)*. Längsstrahler, bei dem die Richtwirkung durch eine an der Grenzschicht zweier Medien geführte inhomogene Welle erzielt wird. Als wellenführende Medien werden z. B. dielektrische Materialien, Ferrite, geriffelte metallische Oberflächen verwendet. Die Richtcharakteristik hängt von Form, Abmessungen und von der Anordnung der die Strahlung verursachenden Inhomogenitäten ab. Ausführung der O.: z. B. als Yagi-Antenne. [14].　Ge

Oberflächenwellenfilter *(surface wave filter)*. Elektrisches Filter, für die Pulsaufbereitung und -verarbeitung vorzugsweise in Radarsystemen im Frequenzbereich von einigen MHz bis 1 GHz, das auf dem Prinzip der akustischen Oberflächenwellen beruht. Durch Wandler werden elektrische Schwingungen in Oberflächenwellen umgewandelt, durchlaufen eine auf einem piezoelektrischen Substrat aufgebrachte Strip-line-Struktur nach Art der Interdigitalfilter und werden anschließend zurückgewandelt. Die erreichbaren Dämpfungswerte für Bandfilter liegen zwischen 6 dB und 40 dB. [13].　Rü

Oberflächenwellenleitung *(surface wave transmission line)*, Goubau-Leitung. Eindrahtleitung, die von einer relativ dicken dielektrischen Schicht (bis etwa dreifachem Drahtdurchmesser) zur Konzentration des elektromagnetischen Feldes umhüllt ist. Die nahezu strahlungsfreie Ausbreitung entlang der Leitung wird durch Kopplungstrichter angeregt. Die Verwendung der O. beschränkt sich auf Frequenzen oberhalb 50 MHz, die Verluste sind nur etwa halb so groß wie bei der Lecherleitung. [8].　Ge

Oberflächenwellenverstärker *(surface wave acoustic amplifier)*. Der O. beruht auf der Wechselwirkung zwischen elektrischen Driftfeldern und Schallwellen in bestimmten halbleitenden Kristallen, die auch den piezoelektrischen Effekt zeigen (z. B. CdS, Cadmiumsulfid). Die hochfrequente Energie wird von kammartig ausgebildeten Wandlern in Schallwellen umgeformt, die wiederum auf das elektrische Driftfeld einwirken. Die Verstärkung läßt sich durch ein zusätzlich überlagertes elektrisches

Feld variieren. Verstärkungswerte von etwa 100 dB in etwa 1 cm langen Kristallen bei Frequenzen bis zu einigen 100 MHz sind möglich. [8]. Ge

Oberflächenwiderstand → Flächenwiderstand. Ge

Oberschwingung *(harmonic)*. Auch Harmonische genannt. Oberschwingungen entstehen immer durch nichtlineare Arbeitskennlinien in Verstärkern und beim Erzeugen elektrischer, mechanischer oder akustischer Schwingungen. Ist z. B. n die Ordnungszahl der O., dann ist deren Frequenz $f_0 = f_g (n + 1)$. Bei der Zählung als Harmonische gilt auch die Grundfrequenz f_g als Harmonische. Die Frequenz der Harmonischen ist also $f_n = f_g \cdot n$, wobei n wieder die Ordnungszahl darstellt. [8], [12], [13], [14]. Th

Oberschwingungsblindleistung *(harmonic reactive power)*, Verzerrungsleistung. Die O. ist die Folge der Oberschwingungen des Netzstromes (z. B. bei Stromrichterbetrieb). Bei sinusförmigem Netzspannungsverlauf, von dem i. a. ausgegangen werden kann, ergibt die O. zusammen mit der Grundschwingungsblindleistung die gesamte, dem Netz entnommene Blindleistung. Durch netzseitige Filterkreise kann die O. erheblich reduziert werden. [3]. Ku

Oberschwingungsgehalt *(relative harmonic contant; distortion factor)*, Klirrfaktor. Bei der Übertragung elektrischer Signale entstehen durch nichtlineare Kennlinien Verzerrungen des Originalsignals. Es werden zusätzliche Oberschwingungen erzeugt. Der O. ist ein Maß für diese zusätzlich erzeugten Oberschwingungen. Werden elektrische Signale von einem Lautsprecher wiedergegeben, äußern sich Verzerrungen durch den O. als Klirren. Deshalb wird der O. auch als Klirrgrad oder Klirrfaktor bezeichnet. [12], [13], [14]. Th

Oberschwingungsleistung. Nach (DIN 40110) die Summe der Wirkleistungsanteile bei nichtsinusförmigem Spannungs- und Stromverlauf, die von den Oberschwingungen herrühren. [5]. Rü

Oberschwingungsquarz *(overtone crystal)*, auch Oberwellenschwinger oder Obertonquarz. Ein Quarz, bei dem die Quarzplatte auf einem ungeraden Oberton schwingt. Dabei ist der Schnitt des Quarzes so ausgeführt, daß die Amplitude bei der eingeprägten Frequenz am größten und stabilsten ist. Oberschwingungsquarze werden in folgenden Frequenzbereichen hergestellt:

15 MHz bis 50 MHz im 3. Oberton,
50 MHz bis 90 MHz im 5. Oberton,
> 90 MHz im 7. Oberton.

Bei geeignetem Quarzschnitt und sorgfältig dimensionierter Oszillatorschaltung können Oberschwingungsquarze bessere Stabilität als Grundschwingungsquarze aufweisen. [13]. Rü

Oberschwingungsspektrum. Gelegentlich verwendete Bezeichnung für Frequenzspektrum. Meist wird darunter nur das Amplitudenspektrum verstanden. [13]. Rü

Obertöne *(overtone)*. O. entstehen bei Musikinstrumenten. Sie charakterisieren den einem Instrument eigenen Klang. Ein Klang setzt sich immer aus einem Grundton und seinen Obertönen zusammen, wobei die Anzahl der O. und deren Amplitude das Klangbild bestimmen, z. B. bei der Orgel. Die Obertonreihe ist die Folge von Teiltönen, die in einem Klang mit zunehmender Dämpfung bei steigender Ordnungszahl enthalten sind. [13]. Th

Obertonquarz → Oberschwingungsquarz. Rü

Oberwelle *(harmonic)*. Oberwellen sind die sinusförmigen Anteile (mit kleinerer Wellenlänge als die Grundwelle) in nichtsinusförmigen, entlang eines Weges periodisch wiederkehrenden Vorgängen, insbesondere bei verzerrten magnetischen Feldern entlang dem Umfange elektrischer Maschinen. [3]. Ku

Oberwellenschwinger → Oberschwingungsquarz. Rü

Objektcode *(object code)* → Objektprogramm. We

Objektiv *(objective)*. Das abbildende Linsensystem eines optischen Gerätes. Es besteht zur Vermeidung von Abbildungsfehlern meist aus mehreren Linsen, etwa einem Achromaten, und befindet sich an der dem abzubildenden Objekt zugewandten Seite z. B. des Mikroskopes. [5]. Bl

Objektprogramm *(object program)*. Von Übersetzern (Compiler, Assembler) erzeugtes Maschinenprogramm aus einer 1-zu1-(Assembler) oder 1-zu-n-Programmiersprache (z. B. FORTRAN). Ein z. B. auf Lochkarten befindliches O. kann ohne Umwandlung in den Computer eingelesen werden. Früher waren Betriebssysteme von Datenverarbeitungsanlagen auf Lochkarten als O. gespeichert. [9]. Ne

ODER, inklusives → Disjunktion. Li

ODER, verdrahtetes *(wired OR)*, Phantom-ODER. Bei Schaltkreisen mit Open-Collector-Ausgang läßt sich durch Parallelschalten der Ausgänge und Anschluß an einen gemeinsamen Kollektorwiderstand eine ODER-Verknüpfung realisieren, das verdrahtete O. [2]. Li

ODER-Verknüpfung *(OR)* → Disjunktion. Li

OEM *(original equipment manufacturer)*. Geräte, die nicht für einen Endanwender geliefert werden, sondern vom Systemhersteller erworben und in das Endprodukt eingebaut werden, gehören dem OEM-Markt an. So werden besonders periphere Geräte der Datenverarbeitung, z. B. Drucker, als OEM-Geräte an Datenverarbeitungsanlagen-Hersteller abgegeben. [1]. We

Oersted *(oersted)*. Außer Kraft gesetzte Einheit der magnetischen Feldstärke (Zeichen Oe).

$$1 \text{ Oe} = \frac{10^3}{4\pi} \frac{A}{m} = 79{,}6 \frac{A}{m},$$

$$1 \frac{A}{m} = 1{,}257 \cdot 10^{-2} \text{ Oe}$$

(A Ampere). [5]. Rü

Off-Line-Betrieb *(off-line processing)*. In der Datenverarbeitung spricht man von O., wenn Geräte getrennt von der Datenverarbeitungsanlage betrieben werden. Dabei werden die Daten nicht direkt in die Zentraleinheit eingegeben, sondern extern z. B. auf Lochkarten oder Diskette erfaßt und vorverarbeitet. Die eigentliche Verarbeitung durch die Datenverarbeitungsanlage erfolgt erst zu einem späteren Zeitpunkt. Der O. verhindert, daß die sehr schnelle Zentraleinheit durch langsame Ein- und Ausgabevorgänge blockiert wird. [1], [2]. Li

Öffner *(normally closed contact),* Unterbrecherkontakt. Der Ö. ist ein beweglicher, gesteuerter Kontakt in einem Kontaktbauelement, wie z. B. einem Relais oder einem Taster. In Ruhestellung des Kontaktbauelementes, häufig auch als Ausgangsstellung bezeichnet, sind die Kontaktstücke des Öffners geschlossen. Im gesteuerten Stromkreis fließt Strom. Bei Betätigung des Kontaktbauelementes unterbricht der Ö. den Stromkreis, und es ist kein Stromfluß mehr möglich. Beim Fernmelderelais wird der Ö. als Ruhekontakt bezeichnet. [3], [12], [13], [19]. Fl

Offset *(offset).* 1. → Offsetspannung; → Offsetstrom; → Gleichspannungsoffset. 2. Wegen der Frequenzknappheit muß bei Fernsehsendern die gleiche Trägerfrequenz bzw. der gleiche Kanal in großen Entfernungen wiederholt verwendet werden. Um hier Störungen (z. B. bei Überreichweiten) durch Interferenz der Träger zu vermeiden, werden die Frequenzen etwas gegeneinander versetzt. Beim Zweidrittelzeilen-Präzisionsoffset (Versetzung um Zweidrittel der Zeilenfrequenz; etwa 10,4 kHz) dürfen die Trägerfrequenzen zweier Sender nur um ± 2,5 Hz voneinander abweichen. [6], [8], [13]. Li
3. Bei Sprungbefehlen in der elektronischen Datenverarbeitung eine relative Adreßangabe. Der Sprung führt um die angegebene Zahl vor oder zurück. Der Befehlszähler wird nicht mit der neuen Adresse geladen, sondern der O. wird zum Stand des Befehlszählers addiert bzw. subtrahiert. Der O. wird auch als „Displacement" bezeichnet. [1]. We

Offsetdiode *(offset diode).* Diode, die zur Verschiebung des Gleichspannungspotentials dient (Bild). Sie wird vor allem in integrierten Schaltungen verwendet, wobei oft mehrere Dioden in Reihe geschaltet werden. Das Potential wird pro Diode um den Betrag der Schleusenspannung bzw. bei der Verwendung von Z-Dioden um den Betrag der Zenerspannung abgesenkt. Eine der Gleichspannung evtl. überlagerte Wechselspannung wird, solange die Diode in Durchlaßrichtung arbeitet, nur geringfügig gedämpft. [6]. Li

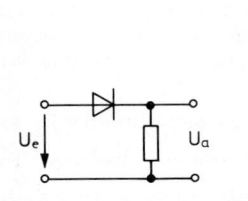

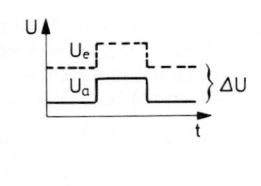

Offsetdioden-Schaltung. Die Potentialverschiebung ΔU zwischen Ein- und Ausgang der Schaltung entspricht der Schleusenspannung bzw. bei Verwendung einer Z-Diode der Zenerspannung

Offsetspannung *(offset voltage).* Beim Gleichspannungs-Differenzverstärker bzw. Operationsverstärker tritt auch bei fehlender Eingangsspannung, d. h., wenn am invertierenden und nicht-invertierenden Eingang 0 V anliegt, eine von Null verschiedene Ausgangsspannung auf. Diejenige Spannung, die an einen Eingang gelegt werden muß, damit die Ausgangsspannung 0 V wird, heißt O. Sie ist temperaturabhängig. [4], [6]. Li

Offsetspannungsdrift *(offset voltage drift).* Die Änderung der Offsetspannung in Abhängigkeit von der Temperatur, der Betriebsspannung und aufgrund von Alterungseffekten (→ Langzeitdrift). [4], [6]. Li

Offsetstrom *(offset current).* Beim Operationsverstärker die Differenz der Eingangsruheströme von invertierendem und nichtinvertierendem Eingang. [4], [6]. Li

Offsetstromdrift *(offset current drift).* Die Änderung des Offsetstromes in Abhängigkeit von der Temperatur, der Betriebsspannung und aufgrund von Alterungseffekten (→ Langzeitdrift). [4], [6]. Li

Ohm *(ohm).* Abgeleitete SI-Einheit des elektrischen Widerstandes (Zeichen Ω) (DIN 1357).

$$1 \, \Omega = 1 \, \frac{\text{kg m}^2}{\text{A}^2 \, \text{s}^3} = 1 \, \frac{\text{V}}{\text{A}}$$

(V Volt, A Ampere). *Definition:* Das Ohm ist gleich dem elektrischen Widerstand zwischen zwei Punkten eines fadenförmigen, homogenen und gleichmäßig temperierten metallischen Leiters, durch den bei der elektrischen Spannung 1 V zwischen den beiden Punkten ein zeitlich unveränderlicher elektrischer Strom der Stärke 1 A fließt. [5]. Rü

Ohmmeter *(ohmmeter).* 1. Als Einheit verwendet, kennzeichnet das O. (Einheit Ω m) den spezifischen Widerstand eines elektrischen Leitermaterials. 2. Als Meßinstrument dient das O. der direkten digitalen oder analogen Anzeige von Widerstandswerten eines zu messenden Wirkwiderstandes. Die Skala ist in Werten von Ohm eingeteilt. a) O. mit Drehspulmeßwerk besitzen eine Batterie als Hilfsspannungsquelle. Der an die Meßklemmen angeschlossene Prüfling wird vom Meßstrom durchflossen. Nach den beiden Prinzipbildern eines Ohmmeters kann der elektrische Nullpunkt des Gerätes rechts (Bild a) oder links (Bild b) auf der Skala liegen. Bei beiden Ausführungen wird der Skalenverlauf aus der Summe des

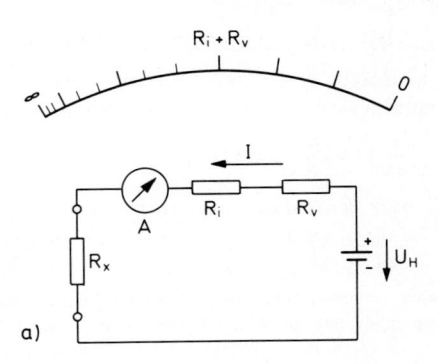

b)
Ohmmeter

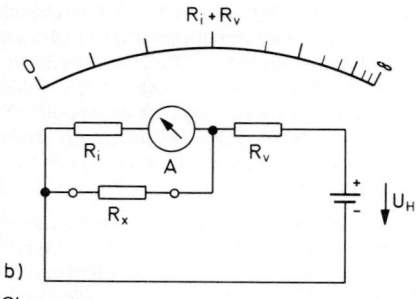

Instrumentenwiderstandes R_i und einem, häufig umschaltbaren, Vorwiderstand R_v bestimmt. Die Werte der Summe findet man in Skalenmitte. Hier ist auch der Meßfehler am geringsten. b) Bei Ohmmetern mit Kreuzspulmeßwerk befindet sich ein genau festgelegter Wirkwiderstand im Meßkreis der beiden starr miteinander verbundenen, beweglichen Spulen. Der Prüfling wird in den zweiten Spulenkreis geschaltet. Beide Kreise werden von einer Meßbatterie mit Spannung bzw. Strom versorgt. Es wird das Verhältnis beider Spulenströme angezeigt, wodurch Schwankungen der Batteriespannung bis etwa ± 20 % ohne Beeinflussung auf das Meßergebnis bleiben. c) Mit einem Teraohmmeter werden außerordentlich hohe Widerstandswerte gemessen. [12].   Fl

Ohmsches Gesetz *(Ohm's law)*. Das Ohmsche G. in allgemeinster Form stellt in den Maxwellschen Gleichungen den Zusammenhang zwischen der elektrischen Feldstärke E und der Stromdichte J in einem Medium durch die Gleichung

$$J = \sigma E$$

her. In anisotropen Stoffen ist die elektrische Leitfähigkeit σ ein Tensor (Differentialform des Ohmschen Gesetzes). Im allgemeinen Sprachgebrauch versteht man unter dem Ohmschen G. die spezielle (integrale) Form der Gleichung, die sich bei Anwendung auf homogene, dünne lineare Leiter mit gleichem Querschnitt A ergibt. Zwischen zwei im Abstand l auseinanderliegenden Leiterpunkten herrscht die elektrische Spannung $U = E l$ und den im Leiter fließenden konstanten Strom I erhält man aus $J = \frac{I}{A}$. Dann gilt

$$\frac{I}{A} = \sigma \frac{U}{l} \quad \text{oder} \quad I = \left(\frac{\sigma A}{l}\right) U.$$

Wird statt der elektrischen Leitfähigkeit σ der Kehrwert $\rho = \frac{1}{\sigma}$ als spezifischer elektrischer Widerstand eingeführt, dann entsteht die übliche Form des Ohmschen G.

$$U = \left(\frac{l}{\sigma A}\right) I = \left(\frac{l\rho}{A}\right) I = R I.$$

$R = \frac{l\rho}{A}$ heißt der Ohmsche Widerstand des Leiters. Das Ohmsche G. gilt praktisch nur für metallische und elektrolytische Leiter (DIN 1324). [5].   Rü

Oktalsystem *(octal system)*, oktales Zahlensystem. Stellenwertsystem mit der Basis 8. Der Ziffernvorrat ist: 0, 1, 2, 3, 4, 5, 6, 7. Das O. wird in Datenverarbeitungsanlagen angewendet, wobei jede Oktalziffer eine Zusammenfassung von drei Dualziffern ist. Der höchste Wert eines Bytes (255_{10}) beträgt im O. 377_8. [9].   We

Oktavbandpaß *(octave filter)*, Oktavfilter. Ein umschaltbarer Bandpaß (→ Filter) für Untersuchungen an Übertragungsanlagen im Niederfrequenzbereich (30 Hz bis 20 kHz). Der Durchlaßbereich eines jeden einstellbaren Filters beträgt eine Oktave (Frequenzverhältnis 2 : 1). Der Abstand der Bandmittenfrequenzen benachbarter Filter ist meist 1/2 Oktave. [14].   Rü

Oktave *(octave)*. Intervall zwischen zwei Tönen, deren Frequenzen im Verhältnis 1 : 2 stehen. Obwohl dieser Begriff ursprünglich aus der Musik stammt, wird er jetzt rein physikalisch angewendet, gelegentlich auch auf Frequenzbereiche in der Nachrichtentechnik, die außerhalb der Hörfrequenzen liegen. Üblich in der Filtertechnik, um die Flankensteilheit zu definieren, z. B. 120 dB/Oktave. Dies bedeutet, daß bei einem Tiefpaßfilter, dessen Eckfrequenz 50 kHz beträgt, die Frequenz 100 kHz um 120 dB gedämpft ist. [13].   Th

Oktavfilter *(octave filter)* → Oktavbandpaß.   Rü

Ölkühlung *(oil cooling)*. Die Ö. wird zur intensiven Abführung von Verlustwärme in elektrischen Maschinen angewendet. Bei Transformatoren z. B. wird das durch die Wicklungen aufgeheizte Öl in Kühlelementen, die luft- oder wassergekühlt sind, rückgekühlt. [3].   Ku

On-Line-Betrieb *(on-line processing)*. Sind Peripheriegeräte wie Tastatur, Lesegeräte für Datenträger, Datensichtgeräte oder auch ganze Fertigungsabläufe direkt mit der Zentraleinheit einer Datenverarbeitungsanlage verbunden, spricht man von O. Um unnötige Wartezeiten – bedingt durch die langsamen Peripheriegeräte – bei der Zentraleinheit zu vermeiden, finden Verfahren wie Batch-Processing und Echtzeit-Betrieb Anwendung. [1].   Li

On-Line-Kopplung *(on-line operation)*, direkte Prozeßkopplung. Nach DIN 66201 eine Prozeßkopplung, bei der Eingabe- und/oder Ausgabedaten ohne menschlichen Eingriff übertragen oder übergeben werden. [1]   Li

Open-Collector-Ausgang *(open collector output)*. Bei integrierten Schaltungen häufig unbeschaltet herausgeführter Kollektorausgang des letzten Transistors. Er muß über einen Pull-up-Widerstand mit der Versorgungsspannung verbunden werden. Beim O. besteht die Möglichkeit, mehrere Schaltungsausgänge miteinander zu verbinden und über einen gemeinsamen Widerstand mit Spannung zu versorgen. In dieser Form werden Schaltungen mit O. bei Bus-Systemen bzw. beim verdrahteten ODER verwendet. [2], [6].   Li

Open-Loop-Betrieb *(open loop control)* → Steuerung.   Ku

Open-Loop-Control *(open loop control)* → Steuerung.   Ku

Open-Loop-Gain *(open-loop gain)*. Unter O. versteht man die Kreisverstärkung eines offenen Regelkreises. [18].   Ku

Operand *(operand)*. Eine Größe, mit der in einer Datenverarbeitungsanlage Operationen ausgeführt werden, z. B. logische oder arithmetische Verknüpfungen. [1].   We

Operation *(operation)*. Durchführung einer bestimmten logischen oder mathematischen Vorschrift. In den problemorientierten Programmiersprachen werden die Operationen durch Operationszeichen, z. B. +, −, /, * gekennzeichnet. In den maschinenorientierten Programmiersprachen wird der Teil des Befehls, der die auszuführende O. kennzeichnet, als Operationsteil des Befehls bezeichnet. [1]. We

Operationsteil *(operation code, op-code)*. In der Datenverarbeitung der Teil des Befehls, der die auszuführende Operation festlegt. Die Zusammenstellung der in einer Datenverarbeitungsanlage möglichen Operationsteile wird als Befehlsliste bezeichnet. Der O. hat meist ein festes Format. Die Größe des O. bestimmt, wieviel verschiedene Befehle ausgeführt werden können, z. B. sind bei einem O. von 8 Bit 256 verschiedene Befehle möglich. [1]. We

Operationsverstärker *(operational amplifier)*, Rechenverstärker. O. sind universell einsetzbare, lineare Gleichspannungsverstärker mit hohem Verstärkungsfaktor (etwa 10^3). Die obere Grenzfrequenz liegt bei etwa 10^5 Hz. Die Schaltung eines Operationsverstärkers besteht häufig aus folgenden Baugruppen: a) einer Differenzstufe am Signaleingang, b) einer Koppelstufe, die eine Anpassung des Ausgangs der Differenzstufe auf den Eingang der folgenden Leistungsstufe durchführt, c) einer Endstufe, die als Leistungsendstufe mit komplementären Transistoren aufgebaut ist. Eine weitere Baugruppe aus Transistoren wirkt als Konstantstromquelle auf die Emitter der Transistoren der Eingangsstufe. Die meisten O. besitzen zwei Signaleingangsanschlüsse (Bild a): einen invertierenden Eingang und einen nicht invertierenden Eingang. Signale, die zwischen beiden Eingangsanschlüssen (Differenzeingang) liegen, werden am höchsten verstärkt. Werte des Differenzeingangswiderstandes sind 10^6 Ω und höher. Der Signalausgang ist erdunsymmetrisch aufgebaut und besitzt nur einen Anschluß. Der Ausgangswiderstand beträgt etwa 70 Ω. Die Betriebsspannung wird von einer symmetrischen, stabilisierten Gleichspannungsquelle an zwei weitere Anschlüsse bereitgestellt (Werte etwa: ± 15 V). Die Signalausgangsspannung kann positive und negative Werte annehmen. Durch Einfügen einer Gegenkopplung läßt sich mit Operationsverstärkern nahezu jede Funktion ermöglichen, z. B. Verstärker, Integrierer, Summierverstärker, Logarithmierer. Häufige Ausführungsformen von Operationsverstärkern sind: 1. analoge integrierte Schaltung, 2. hybride Schaltung. Die Eingangsstufe ist aus diskreten Bauelementen aufgebaut, die Folgestufen als integrierter Schaltkreis, 3. diskrete Schaltung. Die gesamte Schaltung besteht aus einzelnen diskreten Bauelementen, 4. spezielle O. sind chopperstabilisierte O. (→ Chopper). Anwendungsgebiete von Operationsverstärkern sind z. B.: Rechenverstärker in Analogrechnern, Meßverstärker, aktive Filter. [4], [6], [12], [13], [17], [18]. Fl

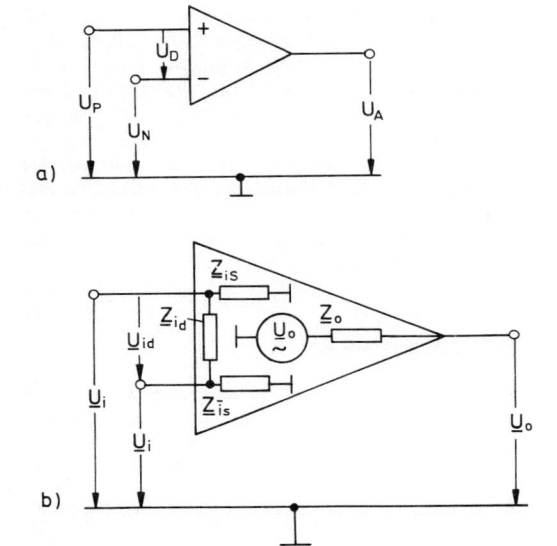

Operativspeicher *(operative memory)*. In der Zentraleinheit ein Speicher zur Auslösung der Operationen. Die Ausgänge des Operativspeichers stellen die Steuergrößen zur Steuerung der Operationen bereit (→ Mikroprogrammspeicher, → Festwertsteuerung). [1]. We

Operator *(operator)*. 1. In der Mathematik ein Symbol für eine bestimmte Operation, die mit damit bezeichneten Operanden auszuführen ist, z. B. +, −, ·, :. 2. Innerhalb von problemorientierten Programmiersprachen die Anweisungen über die auszuführenden Operationen. Sie führen bei der Interpretation zum Aufruf des für diesen O. zuständigen Unterprogramms (Mikroprogramms). [1]. We

Optimalcode *(optimal code)*. Kommen die zu codierenden Zeichen mit unterschiedlicher Häufigkeit vor, so kann man Redundanz einsparen, indem man einen Code mit unterschiedlicher Wortlänge verwendet (→ Codierung nach Fano). Den häufigsten Zeichen werden die kürzesten, den seltensten Zeichen die längsten Codeworte zugeordnet. Einen solchen Code bezeichnet man als O. Bekanntester O. ist der Morse-Code. [1], [2], [9]. Li

Optimalfilter *(analoge matched filter)*. Ein O. wird häufig in Radarempfängern (→ Empfänger) benutzt. Den Kern eines Optimalfilters bildet ein Korrelator, der die Korrelationsfunktion zwischen dem ankommenden Signal-Rausch-Gemisch und einem am Ort des Empfängers vorhandenen Mustersignal bildet. Die Kenntnis einiger Eigenschaften des zu erwartenden und gesuchten Signals wird also beim Empfänger vorausgesetzt (a priori-Kenntnis). Im einfachsten Fall der Übertragung binärer zeitdiskreter Signale, wobei z. B. $a_i(t_k) = 1$ die Aussendung einer Adresse und $a_i(t_k) = 0$ keine Adressenaussendung bedeutet, ist das erwartete Signal die Adressenfunktion des jeweiligen Kanals; sie ist tatsächlich dem Empfänger vollständig bekannt. [1], [9], [12], [13], [14]. Th

Operationsverstärker
a) Schaltsymbol mit Signalspannungen
b) vereinfachte Ersatzschaltung

Optoelektronik *(optoelectronics)*. Gebiet der Elektronik, das sich mit der Übertragung von Informationen mit Hilfe elektromagnetischer Wellen im ultravioletten, sichtbaren und infraroten Bereich des Spektrums beschäftigt, also der Erzeugung, Übertragung, Modulation dieser Strahlung und ihrer Rückverwandlung in elektrische Signale. Beispiele für die in der O. verwendeten Bauelemente sind: Gasentladungsanzeigen, Halbleiteranzeigen, Bildröhren, Bildwandler, Laser, Flüssigkristallanzeigen, Photohalbleiter, Optokoppler. [16]. Li

Optokoppler *(optocoupler, optoisolator)*. Elektronisches Bauelement, das aus einem Photoemitter (z. B. Lumineszenzdiode) und einem Photodetektor (z. B. Photodiode) besteht, die sich, durch ein isolierendes Medium (z. B. Luft) voneinander getrennt, gegenüberstehen (Bild).

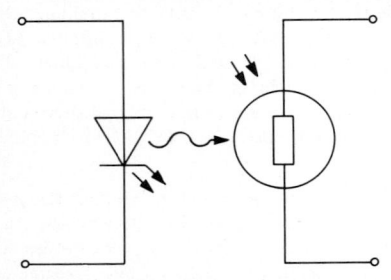

Optokoppler aus LED und Photowiderstand

Durch diese Anordnung ist der Isolationswiderstand zwischen Eingang und Ausgang des Bauelementes sehr hoch (etwa 10^{11} Ω). Dies ist z. B. in der Medizin von Bedeutung, wenn medizinische Daten des Menschen von Hochvoltgeräten erfaßt werden sollen. Weitere Vorteile: kleine Abmessungen, Potentialtrennung, hohe Schaltgeschwindigkeit, große Zuverlässigkeit. [4]. Ne

Optotransistor → Phototransistor. We

Optronik → Optoelektronik. Li

Ordnungszahl *(atomic number), Kernladungszahl*. Die O. gibt die Stellung des jeweiligen Elementes im Periodensystem an und entspricht der Anzahl der Protonen im Atomkern (im elektrisch neutralen Atom auch der Anzahl der Elektronen). [5], [7]. Bl

Organisationsprogramm *(supervisor)*. Teil des Betriebssystems, meist im Hauptspeicher resident. Das O. ist verantwortlich für die Steuerung des Arbeitsablaufes in der Rechenanlage. Es kann eingeteilt werden in einen Teil, der das Betriebssystem steuert und verwaltet, sowie in Teile für die Steuerung von z. B. Ein-Ausgabe-Vorgängen (I/O-Supervisor) und der Zuweisung der Anlage an einzelne Benutzer (Benutzerverwaltung). [1]. We

Orientierungspolarisation *(orientational polarisation)*. Ausrichtung der vorher regellos gerichteten Dipolmoleküle (z. B. eines Gitters) durch ein äußeres elektrisches Feld. [7]. Bl

Orthikon *(orthicon)*. Das O. arbeitet als speichernde Fernsehaufnahmeröhre, bei der die aus Photo- und Speicherschicht bestehende Signalelektrode von einem Strahl langsamer Elektronen abgetastet wird. Die Elektronen werden vorher von einer Bremselektrode so abgebremst, daß beim Auftreffen auf die Signalelektrode die Sekundäremission kleiner als 1 ist. Dadurch werden die entsprechend dem Lichteinfall positiv gewordenen Speicherelemente periodisch auf Katodenpotential aufgeladen. Die Signalspannung wird an der Katode abgenommen. [9], [13], [14], [16]. Th

Orthogonal-System *(orthogonal system)*. 1. In der Mathematik ein System von senkrecht aufeinander stehenden Größen, z. B. Koordinaten, Vektoren. 2. In der Datenverarbeitung ein System, das eine Abarbeitung von Programmunterbrechungen gestattet, die nicht von dem Hauptprogramm oder anderen Programmunterbrechungen beeinflußt wird (Entkopplung von Prozessen). Dies geschieht durch Rettung und Wiederbereitstellung von Statusinformationen oder Statusvektoren in den Stack oder in mehrfach vorhandene Register. [1]. We

Ortskurve *(locus)*. Die O. ist die Darstellung des Verlaufs einer komplexen Größe in der komplexen Ebene in Abhängigkeit eines reellen Parameters. Eine weitverbreitete Anwendung findet die O. in der Regelungstechnik zur Darstellung von Frequenzgängen. Ein weiterer Vertreter der O. ist die Wurzelortskurve. [5]. Ku

Ortskurvenkriterium *(Nyquist criterion)* → Nyquist-Kriterium. Ku

Ortsnetz *(local network)*. Teil des Fernsprechnetzes, der einen Numerierungsbereich (→ Numerierung) oder einen Teil davon umfaßt. Bei kleineren Orten besteht das Ortsnetz aus einer Teilnehmervermittlungsstelle sowie den zugehörigen Vorfeldeinrichtungen und Endstellen; bei größeren Orten umfaßt es mehrere Teilnehmervermittlungsstellen mit ihren Einzugsbereichen sowie ggf. noch Ortsdurchgangsvermittlungsstellen (→ Durchgangsvermittlungsstelle). Die Ortsdurchgangsvermittlungsstellen heißen in der Bundesrepublik Deutschland Gruppenvermittlungsstellen, früher Ortsknotenämter. Die Ortsvermittlungsstellen sind durch das Ortsleitungsnetz miteinander verbunden. Die Ortsverbindungsleitungen werden entweder analog im Niederfrequenzbereich oder digital als PCM-Grundsystem (z. B. PCM 30/32-System) betrieben. Topologisch bilden die Teilnehmervermittlungsstellen ein Maschennetz bzw. Teilnehmer- und Ortsdurchgangsvermittlungsstellen ein hierarchisches Netz. [19]. Kü

Ortsnetzkennzahl → Kennzahl. Kü

Ortsvermittlungsstelle *(local exchange)*. Vermittlungsstelle in einem Ortsnetz. Hierzu gehören Teilnehmervermittlungsstellen und Ortsdurchgangsvermittlungsstellen (→ Durchgangsvermittlungsstelle). [19]. Kü

OS. Abkürzung für operating system → Betriebssystem. [1]. We

Oszillator *(oscillator)*. Schaltung, mit der man Schwingungen erzeugen kann. Im Prinzip besteht sie aus einem Verstärker mit einem Rückkopplungs-Netzwerk (Mitkopplung; Bild). Damit Selbsterregung auftritt, muß die komplexe Bedingung k · V = 1 (k komplexer Rückkopplungsfaktor; V komplexer Verstärkungsfaktor) erfüllt sein. Um eine definierte Oszillatorfrequenz zu erhalten, muß der Verstärkerausgang oder der Rückkopplungszweig ein frequenzabhängiges bzw. resonanzfähiges Netzwerk enthalten. Je nach Art des rückkoppelnden bzw. frequenzbestimmenden Netzwerkes spricht man von LC-Oszillator (Colpitts-, Hartley-, Meißner-, Huth-Kühn-Oszillator), RC-Oszillator (Wien-Robinson-Oszillator) oder Quarzoszillator (Clapp-, Pierce-Oszillator). Je nach Art der erzeugten Schwingung spricht man von Sinusoszillator, Rechteckgenerator oder Sägezahngenerator. [6], [8], [10], [13]. Li

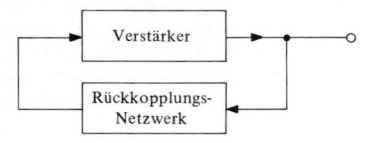

Oszillatorprinzip

Oszillator, spannungsgesteuerter *(voltage controlled oscillator).* Für einen O. werden je nach Anwendungsgebiet unterschiedliche Abstimmethoden verwendet.. 1. LC-Oszillator mit Reaktanzglied, z.B. mit Abstimmdiode. 2. RC-Oszillator, entweder als Dreieckgenerator mit Ladestromsteuerung oder als Multivibrator mit Ladestromsteuerung. RC-Oszillatoren sind über einen weiteren Bereich als LC-Oszillatoren abstimmbar. Bei einigen Funktionsgeneratorbausteinen (integrierten Schaltungen) beträgt der Abstimmbereich 1:10 000. 3. → YIG-Oszillator (Yttrium-Iron-Garnet-Oszillator). [4], [6], [7], [8]. Th

Oszillatorfrequenz *(oscillator frequency).* Die Schwingfrequenz f eines → Oszillators. [5]. Li

Oszillatorschaltung → Oszillator. Li

Oszillogramm *(oscillogram).* Das O. ist das von einem Oszillographen oder Oszilloskop aufgezeichnete Abbild eines elektrischen oder nichtelektrischen Vorganges. Als O. bezeichnet man auch die photographische Aufnahme einer Meßgröße vom Schirmbild eines Oszilloskops. Schaltbildern von elektronischen Schaltungen beigefügte Oszillogramme erleichtern die Signalverfolgung, Abgleich- und Reparaturarbeiten, wenn die Werte der Koordinaten der dargestellten Größen bekannt sind. [12]. Fl

Oszillograph *(oscillograph).* Der O. ist ein schreibendes Meßgerät, das der Registrierung und Beobachtung schnell veränderlicher Meßgrößen dient (Bandbreite etwa 20 kHz). Die Darstellung der Funktionsabläufe erfolgt auf einem Oszillogramm und ist zeitlich unbegrenzt haltbar. Oszillogramm kann z.B. der Abschnitt eines Registrierpapierstreifens oder ein belichtetes Photopapier sein. Abhängig von der Art des Zeigers, der die Aufzeichnung des Verlaufs der Meßgröße durchführt, unterscheidet man z.B.: Flüssigkeitsstrahloszillographen, Lichtstrahloszillographen. Häufig werden Oszilloskope als Elektronenstrahloszillograph bezeichnet, obwohl deren Abbild der Meßgröße zeitlich begrenzt ist. [12]. Fl

Oszillographenröhre → Oszilloskopröhre. Fl

Oszilloskop *(oscilloscope).* Das O. ist ein elektronisches Meßgerät, das hauptsächlich zur Darstellung schneller und schnellster zeitlich veränderlicher Meßgrößen eingesetzt wird (Bandbreite bis etwa 500 MHz). Der Verlauf der Meßgröße erscheint als auswertbare Leuchtspur, als Oszillogramm, auf dem Bildschirm einer Oszilloskopröhre. Der abgebildete Funktionsverlauf läßt sich beim O. zeitlich nicht unbegrenzt festhalten. Nach Abschalten der Meßgröße geht auch deren Abbildung verloren. Grundlage des Aufzeichnungsvorganges ist beim O. die nahezu trägheitslose Steuerung eines oder mehrerer Elektronenstrahlen in einer Katodenstrahlröhre. Spezielle Oszilloskope sind z.B.: Elektronenstrahloszilloskop, Samplingoszilloskop, Zweikanaloszilloskop, Zweistrahloszilloskop, Logikanalysator. [2], [12]. Fl

Oszilloskopröhre *(oscilloscope tube),* Oszillographenröhre. Die O. ist eine Katodenstrahlröhre für Meßzwecke in Oszilloskopen, bei der die Ablenkung eines Elektronenstrahls auf einer Leuchtschicht kontinuierlich aufeinander folgende Leuchtpunkte erzeugt. Die Leuchtpunkte ergeben auf dem Bildschirm der Elektronenstrahlröhre ein Abbild des Funktionsverlaufs der Meßgröße. Die O. besteht aus einem luftdicht verschlossenem Glaskolben (Bild), der im Inneren praktisch luftleer gepumpt ist.

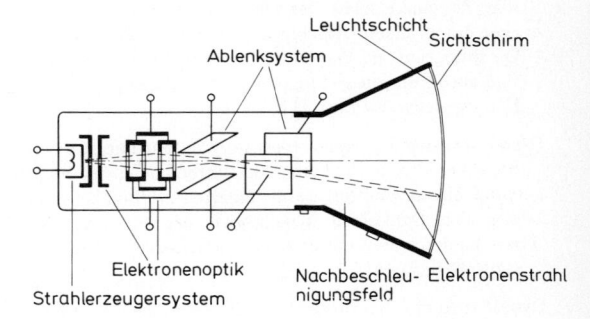

Oszilloskopröhre

Eingebaute Elektroden oder leitfähige Schichten sind über Anschlußdrähte nach außen geführt. Wesentliche Baugruppen einer O. sind: 1. das Elektronenstrahlerzeugersystem mit indirekt geheizter Katode und Wehneltzylinder; 2. ein elektronenoptisches Strahlenbündelungssystem, an dessen Ende die Anode liegt; 3. eine eingebaute Ablenkvorrichtung, durch die der Elektronenstrahl unter Einwirkung elektrostatischer Felder aus der Mittenlage in horizontaler und in vertikaler Richtung ausgelenkt wird. Die Ablenkvorrichtung besteht aus zwei Plattenpaaren. Jedes Paar besitzt zwei Platten, die sich gegenüberstehen. Beide Paare stehen senkrecht aufeinander. a) Ein Paar, dessen Platten parallel zum unteren Bildschirmrand liegen, bewirkt eine Ablenkung des Strahls in vertikaler Richtung (Y-Ablenkplattenpaar). An dieses Paar wird die Meßspannung gelegt. b) Das zweite Paar liegt parallel zum rechten Bildschirmrand. Dieses Paar bewirkt eine Ablenkung in horizontaler Richtung (X-Ablenkplattenpaar). An den X-Platten liegt im Normalbetrieb eine sägezahnförmige Ablenkspannung zur Erzeugung einer zeitlinearen Abbildung der Meßgröße auf dem Bildschirm. 4. Die Innenfläche des Glaskolbens zwischen dem Strahlenbündelungssystem und der Leuchtschicht des Sichtschirms ist häufig mit einer gewendelten Widerstandsschicht zur Erzeugung eines Nachbeschleunigungsfeldes versehen. Die Widerstandsschicht ist mit zwei aus der Röhre herausgeführten Elektroden verbunden. Es wird eine zusätzliche Beschleunigung der Elektronen erreicht und damit die Helligkeit der Leuchtspur erhöht. Die auf die Katode bezogene, angelegte Gleichspannung ist höher als die Anodenspannung (bis etwa 30 kV). 5. Der Leuchtschirm besteht im Innern aus einer Leuchtschicht mit fluoreszierenden Materialien. Beim Aufprall der Elektronen findet eine Umwandlung von Bewegungsenergie in Lichtenergie statt. Die Nachleuchtdauer der Leuchtschicht beträgt etwa 0,1 s bis 10 s. Der Nachleuchteffekt wird zur Abbildung des Meßsignals ausgenutzt. Häufig verwendete Oszilloskopröhren besitzen einen rechteckförmigen Bildschirm. Besondere Oszilloskopröhren sind: die Zweistrahlröhre im Zweistrahloszilloskop, die Sichtspeicherröhre. [12]. Fl

Overlay *(overlay).* In der elektronischen Datenverarbeitung, die Überlagerung von Programmabschnitten, die zu diesem Zeitpunkt nicht benötigt werden, im Hauptspeicher durch andere Abschnitte des gleichen Programms. O. ermöglicht es, Programme abzuarbeiten, die größer sind als der für dieses Programm zur Verfügung stehende Hauptspeicherabschnitt. [1]. We

Overlay-Transistor *(overlay transistor).* Planartransistor für höhe Frequenzen, bei dem die Emitterzone in eine Vielzahl kleinerer Emitterbereiche unterteilt ist, und bei dem über einer Oxidschicht Metallkontaktstreifen durch Fenster hindurch die Emitterbereiche miteinander verbinden (DIN 41 855). [4]. Ne

Ovonic *(ovonic).* Schaltelemente, die einen auch über längere Zeit bestehenden leitenden oder nichtleitenden Zustand einnehmen können, der durch Kristallisation bzw. Entkristallisation von Gläsern hervorgerufen wird (Anwendung z.B. Ovonic-Speicher). [6]. We

Ovonic-Speicher *(ovonic memory).* Nichtflüchtiger Halbleiterspeicher, bei dem eine wenige Mikrometer breite amorphe Halbleiterschicht in einen leitenden oder nichtleitenden Zustand geschaltet werden kann, der auch nach Ausschalten der Versorgungsspannung erhalten bleibt. Der O. ist nicht als Lese-Schreib-Speicher geeignet, da der Schreibvorgang im Vergleich zu dem Lesevorgang viel Zeit benötigt. Er ist aber in der Art eines schnell umprogrammierbaren Festwertspeichers verwendbar („Read-mostly" Speicher). [2]. We

Oxidation, lokale → Oxidwallisolation. Ne

Oxidation von Halbleiteroberflächen *(oxide isolation).* Zum Schutz der Halbleiteroberfläche läßt man auf ihr eine Oxidschicht aufwachsen (Silizium-(II)-oxid). Man kennt im wesentlichen zwei Verfahren: 1. Thermische Oxidation, bei der über das Siliziumsubstrat bei hohen Temperaturen (etwa 1000 °C) ein Sauerstoffstrom geschickt wird. 2. Anodische Oxidation, bei der eine Elektrode in einer elektrolytischen Lösung das Halbleitersubstrat ist. [4]. Ne

Oxidisolation → Oxidwall-Isolation. Ne

Oxidkondensator → Elektrolytkondensator. Ge

Oxidmaskierung *(oxide masking).* Überziehen einer Halbleiteroberfläche mit Oxidmaterial (z.B. Silizium-(II)-oxid), um das Eindringen von Dotierungsatomen in den Halbleiter zu verhindern. Eine Diffusion der Dotierungsatome kann nur dann erfolgen, wenn in das Oxid Fenster geätzt werden. [4]. Ne

Oxidpassivierung → Passivierung. Ne

Oxidwallisolation *(local oxidation).* Anstelle von P-Zonen (Kollektordiffusionsisolation) umgeben die einzelnen Bauelemente Oxidwälle aus Silicium-(II)-oxid (Bild).

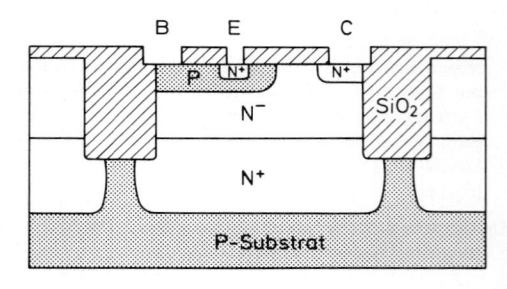

Oxidwallisolation

Mit O. wird der Platzbedarf reduziert und die Sperrschichtkapazität zwischen Kollektor-Basis- und Kollektor-Substrat-Übergang verringert. Nachteile: aufwendigerer und kritischerer Prozeß, Beschränkung auf dünne Epitaxieschichten. Die O. ist unter den Bezeichnungen LOCOS (*local oxidation of silicon*), Isoplanar, OXIM, OXIS, PLANOX und SATO bekannt geworden. [4]. Ne

OXIM → Oxidwallisolation. Ne

OXIM-Technik *(oxide isolated monolithic technology)* → Oxidwallisolation. Ne

OXIS *(oxide isolation)* → Oxidwallisolation. Ne

P

Paarbildung *(pair production)*, Paarerzeugung. Lichtquanten der Energie $W > 2m_e \cdot c^2$ (m_e Masse des Elektrons und des Positrons, c Vakuumlichtgeschwindigkeit) können gleichzeitig ein positiv geladenes Positron und ein negativ geladenes Elektron erzeugen. In gleicher Weise gibt es auch für schwere Teilchen „Paarerzeugung", wobei stets die gesamte Ladung und Energie (Masse und kinetische Energie) erhalten bleibt. [5], [7]. Bl

Paarbindung *(pair binding)*. 1. P. tritt zwischen Elektronen entgegengesetzter Spinrichtung z.B. im Supraleiter auf. 2. Mit P. erklärt man sich die Bindungskräfte zwischen Nukleonen. Danach entstehen diese Kernkräfte durch den Austausch von Mesonen zwischen je zwei Nukleonen. [5], [7]. Bl

Paarvernichtung *(pair annihilation)*. Umkehrprozeß der Paarbildung. Bei der P. vereinigt sich ein Elementarteilchen mit dem entsprechenden Antiteilchen unter Aussendung eines Photons. [5]. Bl

P-Abweichung *(proportional deviation)*. Abweichung des Ist- vom Sollwert bei der Regelung durch einen P-Regler, auch als Proportionalabweichung bezeichnet. Die P. ist ein Kennzeichen des Regelverhaltens des P-Reglers und nicht völlig zu beseitigen. [18]. We

Packen *(pack)*. In der Datenverarbeitung das Umwandeln einer ungepackten Dezimalzahl in eine gepackte. Bei der ungepackten Dezimalzahl wird jede Dezimalstelle in einem Byte abgespeichert, bei der gepackten je zwei Dezimalstellen in einem Byte. Das P. führt also zu einer Ersparnis an Speicherplatz. (Gegensatz: Entpacken). [1]. We

Packungsdichte *(component density)*. Bauelementedichte. In der Mikroelektronik Anzahl der Bauelemente pro Flächen- oder Volumeneinheit. Bei integrierten Schaltungen ist auch die Angabe der Gesamtzahl Bauelemente pro Chip üblich. [4]. Li

Pad *(pad)*. Bei der Datenfernübertragung Zeichen, die vor *(leading pads)* und nach *(trailing pads)* der eigentlichen Information gesendet werden. Sie sind bei der Verwendung von Modems aus physikalischen Gründen notwendig. [14]. We

PAD *(packet assembly/disassembly)*, Paketierung/Depaketierung. Umwandlung von Zeichenfolgen in Datenpakete und umgekehrt bei Datennetzen mit Paketvermittlung. Die PAD-Funktion wird entweder bereits innerhalb einer Datenendeinrichtung vorgenommen oder ist Teil des öffentlichen Datennetzes, wenn eine Nachrichtenverbindung zwischen einer paketorientierten und einer nicht paketorientierten Datenendeinrichtung hergestellt werden soll. Die PAD-Schnittstelle realisiert häufig weitere Funktionen wie Umwandlung von Codes oder Protokoll-Prozeduren. [19]. Kü

Paging-Technik *(paging)*. Abgeleitet von page, Seite. Organisationsform beim Informationsaustausch zwischen Hauptspeicher und Externspeicher. Es werden nicht Daten und Programme in ihrer Gesamtheit übertragen, sondern Seiten. Eine Seite ist eine feste Informationsmenge, z.B. 2 kByte = 2048 Byte. Die Seite wird im Hauptspeicher in Speicherbereiche übertragen, deren Anfangsadresse ohne Rest durch die Seitengröße teilbar ist. Diese Bereiche werden als Kacheln oder Rahmen *(frame)* bezeichnet.

Die P. ermöglicht eine bessere Ausnutzung des Hauptspeichers, weil statt ganzer Programme nur Seiten in den Speicher eingelesen werden. Anderseits sind aber häufigere Übertragungen zwischen Externspeicher und Hauptspeicher notwendig (→ Speicher, virtueller). [1]. We

Paketierung → PAD. Kü

Paket-Konzept *(packet concept)*. Bezeichnung für einen Datenvermittlungsdienst der Deutschen Bundespost, Kurzbezeichnung: DATEX-P. Dieses Konzept erlaubt einen freizügigen Datenaustausch zwischen allen an das Datennetz angeschlossenen Teilnehmern. Dies wird dadurch erreicht, daß die Betreiber dieser Netze (in der Bundesrepublik Deutschland die Deutsche Bundespost) einen standardisierten und international genormten Datennetz-Anschluß zur Verfügung stellen. Anwendung: Rechnerverbundsysteme, Anschluß von regional verteilten Datenstationen an einen Zentralrechner. Beispiel: Deutsche Bundesbahn; Steuerung der Betriebsmittel, Betriebsunterhaltung, Verkaufs- und Transportwesen, Unterrichtung des Managements über den Betriebsablauf. [1], [9]. Th

Paketvermittlung *(packet switching)*. Spezielles Vermittlungsverfahren der Speichervermittlung in Datennetzen. Längere Nachrichten werden dabei in Datenpakete zerlegt und als Datagramm oder entlang einer virtuellen Nachrichtenverbindung übermittelt. [19]. Kü

PAL *(programmable array logic)*. PAL-Bausteine bestehen aus programmierbaren UND-Matrizen, deren Ausgänge fest mit ODER-Gattern verbunden sind (Bild; die durch ‚x' gekennzeichneten Kreuzungspunkte sind sicherungsartige Verbindungen *(fusible link)*) zwischen den Zeilen- und Spaltenleitungen, die beim Programmieren weggebrannt werden können). Li

PAL-System *(PAL-system)*. Unter P. versteht man ein Farbfernsehübertragungssystem *(PAL phase alternation line)*, das aus dem amerikanischen NTSC-System *(NTSC National Television System Committee)* entwickelt wurde und in der Bundesrepublik Deutschland und den meisten europäischen Ländern eingeführt ist. Die Farbinformation wird phasenmoduliert übertragen, wodurch Laufzeitunterschiede auf der Übertragungsstrecke beim NTSC-System zu erheblichen Farbverfälschungen führen. Das P. verwendet eine automatische Phasenkorrekturmethode, die die Phasenfehler völlig kompensiert. [13], [14]. Th

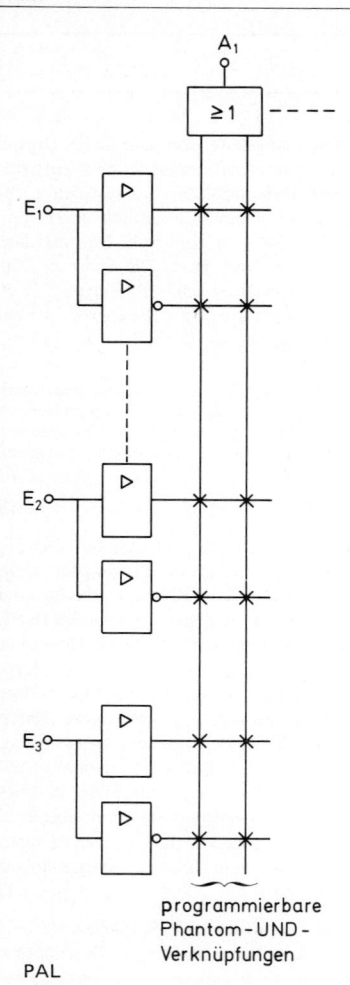

Parabelmultiplizierer *(parabolic multiplier)*. Eine nichtlineare Recheneinheit der Analogrechentechnik. P., speziell Zweiparabelmultiplizierer, benutzen für die Multiplikation zweier Spannungen u_1 und u_2 die Beziehung

$$u_0 = u_1 u_2 = \left(\frac{u_1 + u_2}{2}\right)^2 - \left(\frac{u_1 - u_2}{2}\right)^2.$$

Zum Quadrieren der Summe und der Differenz der Spannungen werden Funktionseinheiten mit quadratischer Übertragungskennlinie verwendet. Das Problem liegt in der Herstellung einer quadratischen Strom-Spannungskennlinie $i = ku^2$. Diese Parabelapproximation geschieht durch Approximieren eines Parabelastes mit einem Sehnen-, Tangenten- oder Sekanten-Polygonzug mit Hilfe eines Widerstandsdiodennetzwerkes (Parabelfunktionsnetzwerk). Bei Sehnen- und Tangentenapproximation beträgt der auf die maximale Ausgangsspannung bezogene maximale relative Fehler bei n äquidistanten Knickspannungen $|\epsilon_{max}| = 1/(2n-1)^2$. Wegen der nichtidealen Eigenschaften der Diodennetzwerke, kann der Fehler durch Erhöhung von n nicht beliebig verkleinert werden; bei Si-Dioden ist $n_{max} \approx 14$. [13]. Rü

Parabolantenne *(parabolic antenna)*. Reflektorantenne für den Mikrowellenbereich. Die sehr hohe Bündelungsschärfe ergibt sich aus der Geometrie des Parabolspiegels: Alle vom Brennpunkt ausgehenden, am Spiegel reflektierten Strahlen erscheinen in der Apertur gleichphasig (Bild). Die Rotationsparabolantenne verwendet als Primärstrahler eine im Brennpunkt angebrachte Dipolantenne mit Reflektorscheibe oder einen Hornstrahler. Sie erzeugt eine rotationssymmetrische Richtcharakteristik, deren Hauptstrahlrichtung in der Antennenachse liegt. Die Nebenzipfel lassen sich durch eine zum Rand hin abnehmende Reflektorausleuchtung sowie durch Anbringung absorbierender Blenden gering halten. Auch Anschnitte des Rotationsparaboloids finden als Spiegel Anwendung. Durch exzentrische Ausleuchtung mittels eines senkrecht angesetzten Hornstrahlers (Hornparabolantenne) wird eine Störung der Apertur

PAM *(pulse amplitude modulation)*. Die PAM arbeitet nach der Abtasttechnik. Anstelle einer kontinuierlichen Hochfrequenzschwingung wird eine periodische Folge von hochfrequenten Schwingungsimpulsen als Träger der Signalschwingung benutzt. Bei der Modulation eines Pulses werden die Amplituden des Pulses von der Signalamplitude gesteuert. Die Impulse liefern zu diskreten Zeitpunkten ein Amplitudenabbild der modulierenden Signalschwingung. [8], [10], [13], [14]. Th

Panelmeter → Schalttafelinstrument. Fl

Papierkondensator *(paper capacitor)*. Beim P. werden zwei Aluminiumfolien mit mindestens zwei sehr dünnen, imprägnierten Papierzwischenlagen zu einem Wickel aufgerollt. Weitere Verarbeitung: → Wickelkondensator. Sie besitzen einen mittleren Verlustfaktor und mittlere Stabilität. Sie werden heute weitgehend durch Kunststoffolienkondensatoren ersetzt. [4]. Ge

Parabelapproximation → Parabelmultiplizierer. Rü

Parabelfunktionsnetzwerk → Parabelmultiplizierer. Rü

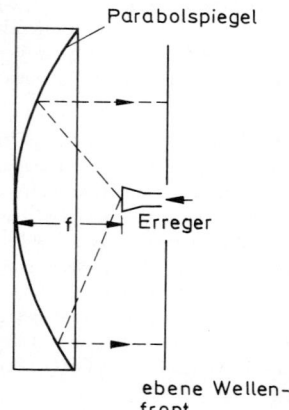

Brennweite $f = f_3 \cdot f_1/f_2$; $f_1/f_2 = 2 \ldots 6$

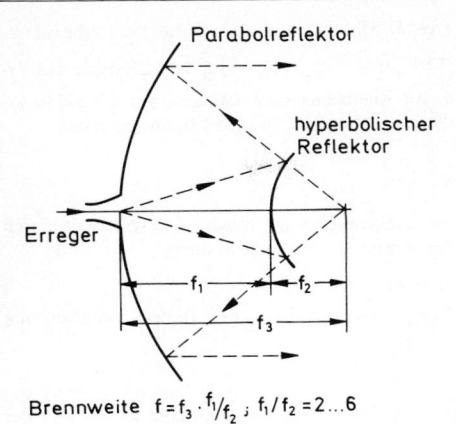

Cassegrainantenne

durch das Erregersystem vermieden. Die Muschelantenne hat ähnliche Eigenschaften wie die Hornparabolantenne, aber wesentlich kleinere Abmessungen. Sie besteht aus einem schräg vom Brennpunkt durch einen Trichter ausgeleuchteten Parabolanschnitt und zeichnet sich durch besonders hohe Nebenzipfeldämpfung aus. Die Zylinderparabolantenne verwendet als Reflektor einen parabolischen Zylinder, der von einem linienförmigen Primärstrahler erregt wird. Diese Antenne bündelt nur in der Ebene senkrecht zur Zylinderachse. Die Segmentantenne *(pill box aerial)*, Tortenschachtelantenne ist eine flache Zylinderparabolantenne die senkrecht zur Zylinderachse oben und unten durch ebene Platten begrenzt ist. Die Cassegrainantenne beruht auf dem Zweireflektorprinzip für optische Spiegelteleskope. Sie besteht aus einem parabolischen Hauptspiegel, dem gegenüber auf der gleichen Achse ein hyperbolischer Hilfsspiegel so angebracht ist, daß sein Brennpunkt mit dem Brennpunkt des Hauptsiegels zusammenfällt. Der Primärstrahler befindet sich auf der gemeinsamen Achse im zweiten Brennpunkt des Hilfsspiegels und wird durch den Hauptspiegel von hinten gespeist. Anwendung der P.: für Richtfunkstrecken mit hohem Gewinn, hoher Nebenzipfeldämpfung und großer Bandbreite sowie in der Radartechnik mit hohen Anforderungen an die Form und Symmetrie der Richtcharakteristik. [14]. Ge

Parabolspiegel → Parabolantenne. Ge

Parallaxe *(parallaxe)*. 1. In der Meßtechnik: Ablesefehler an Meßgeräten. 2. In der Astronomie: Winkel, unter dem von einem Punkt P aus die Endpunkte A und B einer Basisstrecke erscheinen. [5]. Bl

Paralleladdierwerk → Addierer. We

Parallelbetrieb *(parallel working)*. Nach DIN 44 300 Arbeitsweise eines Rechners, bei dem, im Unterschied zum Serienbetrieb, mehrere seiner Funktionseinheiten gleichzeitig an mehreren (unabhängigen) Aufgaben bzw. Teilaufgaben derselben Aufgabe arbeiten (z.B. werden alle Bits eines Byte gleichzeitig auf parallelen Leitungen übertragen). Man unterscheidet Parallelverarbeitung und Parallelübertragung. Anlagen mit P. arbeiten wesentlich schneller, benötigen aber wesentlich mehr Schaltungsaufwand, da für die parallel zu verarbeitenden bzw. zu übertragenden Informationen mehrere Leitungen bzw. Funktionseinheiten parallel vorhanden sein müssen. [1], [2], [9], [14]. Li

Paralleldatenverarbeitung *(parallel processing)*, Parallelverarbeitung. Werden in einer Datenverarbeitungsanlage mehrere Operationen gleichzeitig durchgeführt, so spricht man von P. Enthält z.B. die Zentraleinheit der Anlage mehrere Prozessoren, so lassen sich beispielsweise mehrere Additionen parallel (simultan) durchführen. [1], [2], [9]. Li

Paralleldrahtleitung → Lecher-Leitung. Ge

Paralleldrucker *(parallel printer)*. Ein Drucker, der mehrere Zeichen gleichzeitig erzeugt; meist in Form des Zeilendruckers (Gegensatz: Serialdrucker). [1]. We

Parallelreihenschaltung → Vierpolzusammenschaltungen. Rü

Parallelresonanz → Parallelschwingkreis. Rü

Parallelresonanzkreis *(parallel-resonant circuit)* → Parallelschwingkreis. Rü

Parallelschaltung *(parallel connection)*. Bei P. von n Widerständen addieren sich nach den Kirchhoffschen Gleichungen die einzelnen Teilströme (Bild). Daraus folgt, daß der Gesamtleitwert G_{ges} der P. gleich der Summe der Einzelleitwerte ist

$$G_{ges} = \sum_{i=1}^{n} G_i$$

$(G_i = \frac{1}{R_i})$ oder der Gesamtwiderstand

$$R_{ges} = \frac{1}{G_{ges}} = \frac{1}{\sum_{i=1}^{n} G_i} = \frac{1}{\sum_{i=1}^{n} \frac{1}{R_i}}.$$

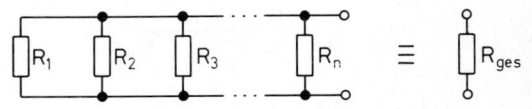

Parallelschaltung von n Widerständen

Bei Anwendung der komplexen Rechnung gelten diese Beziehungen ungeändert in Wechselstromkreisen. Die P. ist dual zur Reihenschaltung (→ Zweipol, dualer). [15]. Rü

Parallelschwingkreis *(parallel-resonant circuit)*. Ein Zweipol, der aus der Parallelschaltung einer Induktivität L und einer Kapazität C entsteht (Bild). Erfaßt man die unvermeidbaren Verluste durch einen ebenfalls parallel angeordneten ohmschen Widerstand R_p, dann gilt für die Admittanz $\underline{Y}$ des P.

$$\underline{Y} = \frac{1}{R_p} + \frac{1}{j\omega L} + j\omega C = \frac{1}{R_p} + j(\omega C - \frac{1}{\omega L}).$$

Parallelschwingkreis, gekoppelter

Schaltung

Ortskurve

Resonanzkurve

Schaltung mit Reihenwiderstand R_L

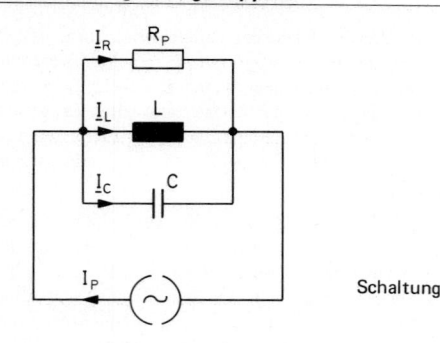

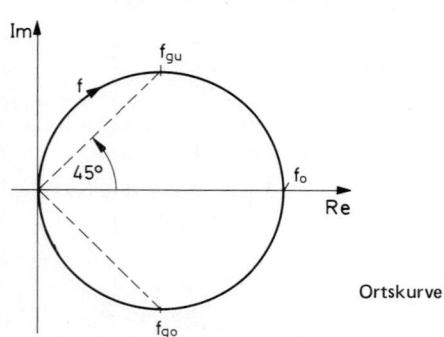

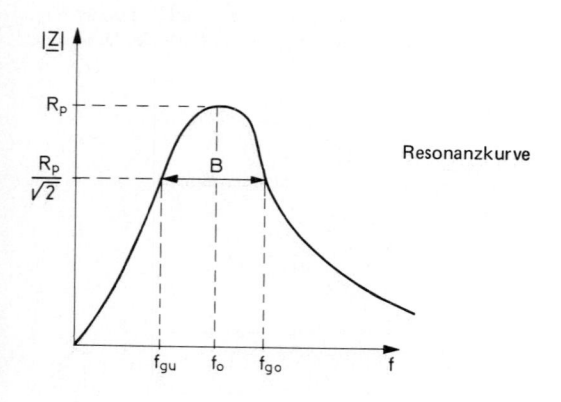

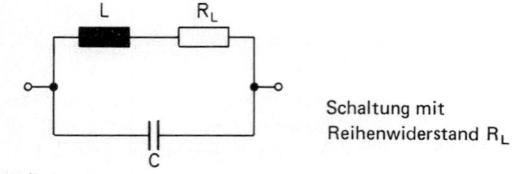

Parallelschwingkreis

Der P. in dieser Schaltungsanordnung ist dual (→ Zweipol, dualer) zum Reihenschwingkreis. Die Frequenz f_0, für die der Imaginärteil Null wird, heißt Resonanzfrequenz (Parallelresonanz, Phasenresonanz):

$$\omega_0 = 2\pi f_0 = \frac{1}{\sqrt{LC}}.$$

Der (reelle) Wert der Admittanz $\underline{Y}$ bei der Resonanzfrequenz ist $\underline{Y}(\omega_0) = \frac{1}{R_p}$; $R_{res} = R_p$ heißt Resonanzwiderstand. Als Kennwiderstand definiert man den bei Resonanzfrequenz gleichen Betrag der Blindwiderstände

$$Z_0 = \omega_0 L = \frac{1}{\omega_0 C} = \sqrt{\frac{L}{C}}.$$

Die Schwingkreisgüte Q_K wird im wesentlichen durch den Gütefaktor Q_L der Spule bestimmt

$$Q_K \approx Q_L.$$

Mit dem Kennwiderstand Z_0 besteht der Zusammenhang

$$Q_K = \frac{R_p}{Z_0} = R_p \sqrt{\frac{C}{L}}.$$

Trägt man den Betrag der Impedanz $\underline{Z} = \frac{1}{\underline{Y}}$ über der Frequenz auf, dann erhält man die Resonanzkurve; daraus ermittelt man die Bandbreite B. Für die relative Bandbreite b gilt

$$b = \frac{B}{f_0} = \frac{1}{Q_K}.$$

Die Ortskurve der Impedanz $\underline{Z}$ ist ein Kreis. In den Bauelementen L und C treten bei Resonanz Stromüberhöhungen (Stromresonanz) der Größen $\underline{I}_L = -\underline{I}_C = -j\underline{I}_p Q_K$ auf; $\underline{I}_p$ ist der in den P. fließende Gesamtstrom. Da die Kreisverluste im wesentlichen von den Spulenverlusten herrühren, ist es oft zweckmäßiger, den Verlustwiderstand R_L in Serie zur Induktivität anzunehmen. Dabei wird die Resonanzfrequenz

$$f_0 = \frac{1}{2\pi\sqrt{LC}} \sqrt{1 - \frac{1}{Q_K^2}} \approx \frac{1}{2\pi\sqrt{LC}}$$

mit der Kreisgüte $Q_K = \frac{1}{R_L}\sqrt{\frac{L}{C}}$ und dem Resonanzwiderstand $R_{res} = \frac{L}{R_L C}$. Man bezeichnet den P. auch mitunter als Sperrkreis, weil man durch den in der Praxis sehr hohen Resonanzwiderstand die Resonanzfrequenz aussieben kann. [15]. Rü

Parallelschwingkreis, gekoppelter *(coupled parallel-resonant circuit)*. Ein Parallelschwingkreis, der durch induktive oder kapazitive Kopplung mit anderen Elementen eines Netzwerks verbunden ist. Rü

Parallelschwingkreiswechselrichter *(parallel-resonant circuit inverter)* → Schwingkreiswechselrichter. Ku

Parallel-Serien-Übertragung *(parallel-serial transfer)*. Übertragung von Daten, die teilweise parallel, teilweise seriell erfolgt. Dabei müssen Serien-Parallel-Umsetzungen erfolgen. Ein Beispiel für die P. ist die Datenfernübertragung, bei der die Daten in der Datenendeinrichtung parallel aus dem Speicher gelesen bzw. in den Speicher geschrieben werden, auf der Übertragungsstrecke aber seriell übertragen werden. [14]. We

Parallel-Serien-Umsetzer → Parallel-Serien-Wandler. We

Parallel-Serien-Wandler *(parallel-serial converter)*, Parallel-Serien-Umsetzer. Gerät zur Ausführung der Parallel-Serien-Wandlung von Daten. Der P. besteht aus einem Schieberegister, in das die parallelen Daten mit einem Ladeimpuls übernommen werden, die dann mit dem Takt am Serienausgang seriell ausgegeben werden. [2].
We

Parallel-Serien-Wandlung *(parallel-serial conversion)*. Umsetzung von parallel vorliegenden digitalen Daten in serielle digitale Daten. Bei parallel vorliegenden Daten werden die einzelnen Bits durch Binärsignale gleichzeitig dargestellt; n Bits werden durch n Signale repräsentiert. Bei serieller Darstellung werden die Bits durch ein Signal in zeitlicher Abfolge dargestellt. Die P. wird durch Parallel-Serien-Wandler durchgeführt. [9].
We

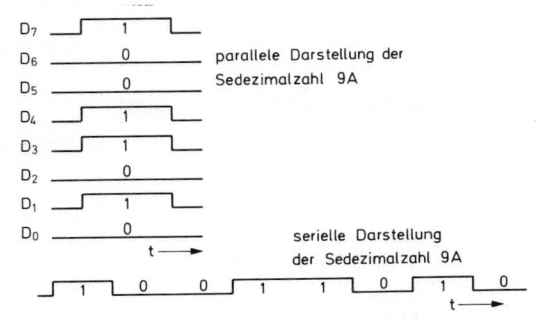

Parallel-Serien-Wandlung

Parallelspeicher *(parallel memory)*. Speicher, bei dem mit einem Lese-Schreib-Vorgang mehrere Bits gelesen bzw. geschrieben werden. Hauptspeicher sind als P. organisiert, nicht aber z.B. Magnetplattenspeicher, Magnetblasenspeicher. [1].
We

Parallelstabilisierungsschaltung *(shunt regulator)*. Schaltung zur Spannungsstabilisierung, bei der das stabilisierende Bauelement parallel zur Last liegt. Dieses Bauelement stabilisiert die Spannung, indem es den Strom über den in Reihe zur Last geschalteten Widerstand regelt (Bild). Verwendung finden Glimmröhren und heute vorwiegend Z-Dioden z.T. in Verbindung mit Transistoren. [6], [11].
Li

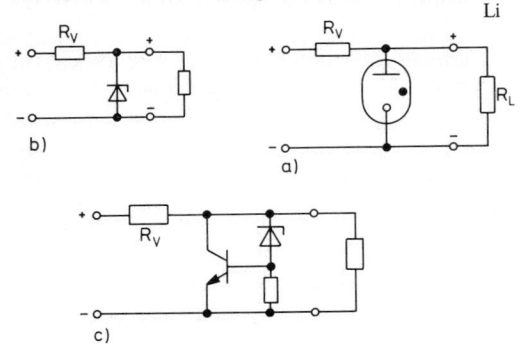

Parallelstabilisierungsschaltung
a) mit Glimmröhre b) mit Z-Diode c) verbesserte Stabilisierung mit Transistor-Regelstromverstärker

Parallelübertragung *(parallel transfer)*. Übertragung digitaler Daten, wobei jedem Bit eine eigene Übertragungsleitung zur Verfügung steht (Gegensatz: Serienübertragung). Die P. wird i.a. nur über kurze Entfernungen, z.B. bei Datensammelsystemen, angewendet. [14].
We

Parallelverarbeitung → Paralleldatenverarbeitung.
Li

Parallelwechselrichter *(parallel inverter)*. Der P. ist ein selbstgeführter Wechselrichter, bei dem der für die Kommutierung notwendige Löschkondensator C_K parallel zur Last angeordnet ist. Die steuerbaren Ventile T_1 und T_2 werden abwechselnd gezündet, wobei das einschaltende Ventil das vorher stromführende Ventil in den Sperrzustand bringt. Die Dioden D_1 und D_2 ermöglichen eine Umkehr des Energieflusses und damit auch die Bereitstellung von Blindleistung auf der Lastseite. Die Ausgangsspannung U_2 ist nahezu rechteckförmig (Bild). [3].
Ku

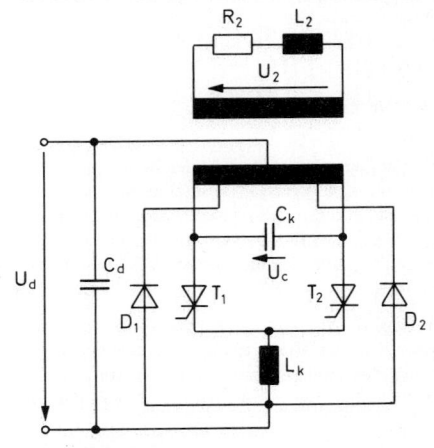

Parallelwechselrichter

Paramagnetismus *(paramagnetism)*. Paramagnetisch werden alle Stoffe genannt, für die die relative Permeabilität (→ Permeabilität) größer als Eins ist: $\mu_r > 1$. (Beispiele: Platin, flüssiger Sauerstoff.) Im Gegensatz dazu bezeichnet man Stoffe mit der Eigenschaft $\mu_r < 1$ als diamagnetisch (→ Diamagnetismus). Die Besonderheit der ferromagnetischen Stoffe (→ Ferromagnetismus) wird demgegenüber mit $\mu_r \gg 1$ gekennzeichnet. [5].
Rü

Parameteridentifikation *(parameter identification)* → Identifikation.
Ku

Parasitäreffekt 1. *(parasitic oscillation, spurious oscillation)*. In einem Verstärker eine unerwünschte Schwingung. Bei einem Oszillator eine Schwingung mit einer von der Resonanzfrequenz abweichenden Frequenz; meist der Hauptschwingung überlagert. [8].

2. *(parasitary effect)*. Ein Effekt, der durch Bauteile entsteht, die nicht für die Funktion, sondern für den Aufbau des Bauteils oder der Schaltung notwendig sind. Beispielsweise können in einer integrierten Schaltung Sperrschichten, die zur Isolation der Bauelemente innerhalb der Schaltung notwendig sind, als parasitäre Kapazitäten wirken. [4].
We

Parasitärelement *(parasitic element)*, Parasitärstrahler. Bei einer Yagi-Antenne ein Antennenelement, das nicht in direkter Verbindung mit dem Sender oder Empfänger steht. Die Parasitärelemente strahlen die aufgenommene HF-Energie mit einer entsprechend ihrer Länge verschiedenen Phasenverschiebung wieder ab. Die Überlagerung der von den Parasitärelementen erzeugten Wellen mit der vom strahlenden bzw. empfangenden Hauptdipol erzeugten bzw. empfangenen Welle ergibt die Richtcharakteristik solcher Antennen. [8], [13]. Li

Parasitärkapazität *(parasitic capacitance)*. Unerwünschte Kapazität, die sich z.B. zwischen den Leitern von Kabelbäumen oder bei integrierten Schaltungen zwischen Leiterbahnen und Substrat und Leiterbahnen untereinander ergibt. Die P. wirkt sich verlangsamend auf die Schaltzeiten digitaler Schaltungen aus bzw. ruft – besonders bei hochohmigen Schaltungen – unerwünschte Kopplungen zwischen Leitern und Schaltungsteilen hervor und kann zu Instabilität führen (Schwingungserzeugung!). [4], [6], [15]. Li

Parasitärstrahler → Parasitärelement. Li

Parität *(parity)*. In der Informationsverarbeitung eine Feststellung darüber, ob die Anzahl der in einem Wort enthaltenen, auf den Wert „1" gesetzten Bits gerade oder ungerade ist. Zur Ermittlung der P. wird die Quersumme modulo 2 gebildet. Die P. wird zur Paritätsprüfung benutzt, um Datenbestände gegen Verfälschung zu sichern. [13] We

Paritätsprüfung *(parity check)*, Paritätskontrolle. Prüfung, ob Daten bei der Übertragung oder Speicherung verfälscht wurden, indem man der Information noch ein Paritätsbit beifügt. Bei der Horizontal-P. wird jedes Byte mit einem Paritätsbit versehen, das die Bedingung der geraden Anzahl von gesetzten Bits oder ungeraden Anzahl erfüllt. Die Verfälschung eines Bits wird erkannt (Bild a); ein Zwei-Bit-Fehler wird nicht erkannt; dieser Fehler kann in keinem Fall korrigiert werden. Bei einer Horizontal- und Vertikal-P. (Bild b) können auch Zwei-Bit-Fehler erkannt werden; ein Ein-Bit-Fehler kann korrigiert werden. Die Bilder gehen von der Paritätsbedingung ungerade aus. [1]. We

Paritätskontrolle *(parity check)* → Paritätsprüfung. We

Partialbruchschaltung *(partial fraction arrangement)*. Eine Schaltungsstruktur, die bei einer Netzwerksynthese entsteht, indem eine Zweipolfunktion in einem Partialbruch entwickelt wird. In der Realisierung besonders bei LC-, RC- und RL-Schaltungen vorteilhaft. Speziell bei LC-Schaltungen entstehen zwei kanonische, äquivalente Schaltungsformen, je nachdem, ob man die Partial-

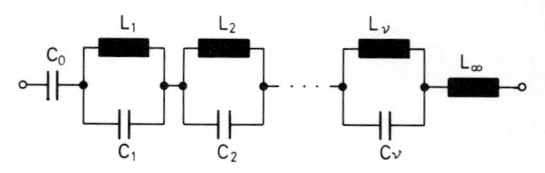

a) Reihenschaltung von Parallelkreisen

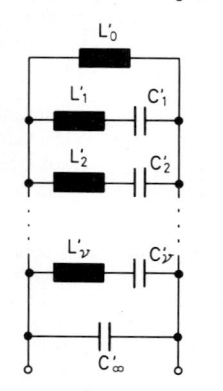

b) Parallelschaltung von Reihenkreisen

Partialbruchschaltung

bruchentwicklung für den Widerstand (Bild a) oder den Leitwert (Bild b) durchführt. Die Schaltungsstrukturen für RC- und RL-Schaltungen sind analog. [15]. Rü

	I							P	
0	1	0	1	1	1	0	1	0	ungestörtes Datenwort, Anzahl der „1"-Bits = 5.

	I							P	
0	1	0	0	1	1	0	1	0	gestörtes Datenwort, Anzahl der „1"-Bits = 4; Fehler erkannt.
		x							

	I							P	
0	1	0	0	0	1	0	1	0	doppelt gestörtes Datenwort, Anzahl der „1"-Bits = 3; Fehler nicht erkannt.
		x		x					

I = Informationsbits   P = Paritätsbit
a) Horizontal-Paritätsprüfung auf ungerade Parität

Byte	I	P	Bitsumme
1	0 1 0 1 1 1 1 0	0	5
2	1 1 0 0 0 1 1 0	1	5
3	1 0 1 1 1 1 0 0	5
4	1 1 0 1 0 1 1 0	0	5
5	1 1 [1] 1 1 0 1 0	0	6 ←
6	1 1 0 1 1 0 0 0	1	5
7	1 0 1 0 1 0 1 0	1	5
8	1 1 1 1 1 0 0 0	0	5
P	0 1 0 1 1 0 1 1	
Bitsumme	7 7 4 7 7 3 7 1	↑

Byte	I	P	Bitsumme
1	1 0 1 0 0 0 0 0	1	3
2	1 1 0 0 1 1 0 0	1	5
3	0 0 1 1 0 0 0 0	1	3
4	1 0 [1] 0 1 0 0 1	0	4 ←
5	0 1 0 1 0 1 1 1	0	5
6	0 0 1 1 [1] 0 1 1	1	6 ←
7	1 0 0 0 1 1 0 1	1	5
8	1 1 1 0 0 1 0 0	1	5
P	0 0 1 0 0 1 1 1		
Bitsumme	5 3 6 3 4 5 3 5	↑ ↑	

Erkennung u. Korrekturmöglichkeit bei Ein-Bit-Fehler.

Erkennung bei Zwei-Bit-Fehler, keine Korrekturmöglichkeit.

b) Horizontal- und Vertikal-Paritätsprüfung auf ungerade Parität

Paritätsprüfung

Partyline-System *(partyline system)*. Spezielle Bezeichnung für ein digitales Bussystem. [1]. Ne

Pascal *(pascal)*. Abgeleitete SI-Einheit des Drucks (Zeichen Pa) (DIN 1301, 1314, 4369).

$$\text{Druck} = \frac{\text{Normalkraft}}{\text{Fläche}}.$$

$$1 \text{ Pa} = 1 \frac{\text{kg}}{\text{m s}^2} = 1 \frac{\text{N}}{\text{m}^2}$$

(N Newton). Eine weitere abgeleitete SI-Einheit für den Druck ist das bar:

$$1 \text{ bar} = 10^5 \text{ Pa}.$$

Definition: Das Pa ist gleich dem auf eine Fläche gleichmäßig wirkenden Druck, bei dem senkrecht auf die Fläche 1 m^2 die Kraft 1 N ausgeübt wird. [5]. Rü

PASCAL *(PASCAL)*. Eine problemorientierte Programmiersprache, die vor allem die Belange der strukturierten Programmierung erfüllt und daher leicht zu erlernen und anzuwenden ist. [9]. Li

Pascalsekunde *(pascal second)*. Abgeleitete SI-Einheit der dynamischen Viskosität (Zeichen: Pa s) (DIN 1342).

$$1 \text{ Pa s} = 1 \frac{\text{kg}}{\text{m s}} = 1 \frac{\text{Ns}}{\text{m}^2}$$

(N Newton). *Definition:* Die Pa s ist gleich der dynamischen Viskosität eines laminar strömenden, homogenen Fluids, in dem zwischen zwei Ebenen, parallel im Abstand 1 m angeordneten Schichten mit dem Geschwindigkeitsunterschied 1 m/s die Schubspannung 1 Pa herrscht. [5]. Rü

Passivierung *(passivation)*. Verfahren, um in einer integrierten Schaltung die einzelnen Halbleiterstrukturen vor Verunreinigungen zu schützen. Man läßt auf die Halbleiteroberfläche eine Oxidschicht (üblicherweise Silicium-(II)-oxid) aufwachsen. Da Silicium-(II)-oxid für Alkalionen (z.B. Natriumionen) durchlässig ist, kann man die Halbleiterstruktur zusätzlich durch Siliciumnitrid schützen. [4]. Ne

Passivitätsbedingung *(condition for passivity)*. 1. Bei Zweipolen: Ein Zweipol heißt passiv, wenn er im zeitlichen Mittel elektrische Energie nur verbrauchen oder speichern kann. Ein ohmscher Zweipol heißt statisch passiv, wenn für jeden Punkt der Kennlinie gilt: $U \cdot I \geq 0$. Er heißt dynamisch passiv, wenn er sich stets wie ein statisch passiver Zweipol verhält, wenn also gilt: $\frac{du}{di} \geq 0$.
2. Vierpole: → Vierpol, passiver. [4], [13], [15]. Li

Paste → Schichttechnik. Ge

Patterngenerator *(pattern generator)*. Gerät zur Erzeugung bestimmter Informationsmuster; bei digitalen Geräten als Bitmuster bezeichnet. P. dienen Testzwecken, z.B. bei der Überprüfung von Verbindungen bei der Datenfernübertragung. [9]. We

Pauli-Prinzip *(Pauli principle)*. Beschreibt man ein im Feld eines Atomkernes gebundenes Elektron durch die Dirac-Gleichung und charakterisiert die erlaubten Energiezustände durch Quantenzahlen, so besagt das P.: In einem Atom können nie zwei Elektronen in allen Quantenzahlen übereinstimmen. Dieses „Ausschließungsprinzip" gilt für alle Teilchen, die der Fermi-Dirac Statistik unterliegen und sich in einem gebundenen Zustand befinden. [5], [7]. Bl

PCI *(programmable communication interface, PCI)*. Integrierte Schaltung für die serielle Übertragung von Daten bei Mikroprozessorsystemen. Das PCI empfängt parallele Daten aus der Zentraleinheit von Mikroprozessorsystemen und bereitet sie zur seriellen Datenübertragung auf. Umgekehrt können seriell gesendete Daten empfangen und als parallele Daten in die Zentraleinheit weitergegeben werden. Mit der integrierten Schaltung kann entweder im Synchron- oder im Asynchronbetrieb gearbeitet werden. [1]. Ne

PCM-Bandspeicher *(PCM-instrumentation recorder; PCM Pulscodemodulation)*. Es handelt sich um ein Magnetbandgerät, das Signale pulscodemoduliert aufzeichnet und durch das Zeitmultiplexverfahren theoretisch beliebig viele Aufzeichnungskanäle besitzt. Heute sind Geräte mit mehr als 32 Kanälen erhältlich. Da die Bandgeschwindigkeit bei einspuriger Aufzeichnung zu hoch wäre, benutzt man mehrspurige Aufzeichnungstechniken auf Magnetband 6 (Bandbreite = 6,3 mm) und Magnetband 12 (Bandbreite = 12,7 mm). Es werden auch Bandkassetten benutzt. Bei einem 8-Kanal-Standardgerät beträgt z.B. die höchste Aufzeichnungsfrequenz bei Belegung der acht Kanäle 1600 Hz. Die Bandgeschwindigkeit beträgt 304,8 cm/s. (Im Vergleich: Die Bandgeschwindigkeit eines Heimtongerätes beträgt 9,5 cm/s oder 19 cm/s). [1], [2], [9], [12]. Th

PCM-Kanal *(PCM channel)* → Zeitkanal. Th

PCM-Rahmen *(PCM-frame)* → Pulsrahmen. Th

PCM-Technik *(PCM-technique; PCM Pulscodemodulation)*. Im Gegensatz zu analogen Übertragungsverfahren arbeitet man in der P. mit digitalen Methoden. Das Analogsignal (z.B. Musik, Sprache, Meßwerte) wird zu definierten Zeitpunkten abgetastet (→ Abtastung) und der abgetastete Momentanwert digitalisiert. Wie aus der Begriffsbezeichnung zu entnehmen ist, wird der analoge Momentanwert codiert. Die Auflösung ist von der Anzahl der Quantisierungsstufen des Analog-Digitalwandlers abhängig. In der Fernsprechtechnik verwendet man 8 bit, in der Meßwertaufzeichnung häufig 12 bit und für Musikaufzeichnungen 16 bit. Vorteil der P. ist die hohe Störsicherheit und die Möglichkeit, verzerrte Digitalsignale wieder zu regenerieren. [1], [9], [14]. Th

PCM-Telemetrie *(PCM-telemetering; PCM Pulscodemodulation)*. Entstanden ist die Telemetrie im Bereich der Luft- und Raumfahrttechnik, wo das Problem aufgetreten war, viele verschiedenartige Meßdaten von fliegenden Objekten zur Bodenstation zu senden, wobei für diese Daten nur ein gemeinsamer Übertragungskanal, der freie Raum nämlich, zur Verfügung stand. Wegen der angestrebten hohen Störsicherheit und der Forderung, die Daten möglichst ohne Umwege in Rechner einspeisen zu können, wird heute fast ausschließlich die PCM-Technik benutzt. [1], [9], [14]. Th

PCM-Übertragung *(PCM-transmission; PCM Pulscodemodulation).* Zur Übertragung von pulscodemodulierten Signalen geeignet sind Kabel, drahtlose Übertragungswege und Lichtleiter. Welches Übertragungsmedium gewählt wird, hängt einmal von den Anforderungen an Bandbreite und Übertragungsgeschwindigkeit ab. Andererseits müssen dabei wirtschaftliche Erwägungen einbezogen werden, wobei im allgemeinen gilt, daß sich Übertragungsgeschwindigkeit im Preis niederschlägt. [1], [9], [13], [14]. Th

P-dotierter Halbleiter → Akzeptor. Ne

P-Dotierung *(p-type doping).* Dotieren eines Halbleiterkristalls mit Akzeptoratomen. Für vierwertige Elemente (z.B. Silicium) sind die Atome dreiwertiger Elemente (z.B. Bor) Akzeptoratome. [7]. Ne

PD-Regler *(PD-controller)* → Regler, elektronischer. Ku

PDV → Prozeßdatenverarbeitung. We

PEARL *(process and experiment automation real time language; PEARL).* Höhere Programmiersprache, die in der Prozeßdatenverarbeitung angewendet wird. [9]. Ne

Pegel *(level).* Nach DIN 5493 ist ein P. ein logarithmiertes Größenverhältnis als Verhältnis zweier Energiegrößen oder Feldgrößen, wobei die Nennergröße eine willkürlich festgelegte Bezugsgröße bedeutet. Je nach verwendeter Logarithmenbasis werden die P. in den Pseudoeinheiten Dezibel (dB) oder Neper (Np) angegeben. Ist P eine Leistung, U eine Spannung, I ein Strom, dann gilt für den (absoluten) Leistungspegel:

$$L_p = 10 \lg \frac{P}{P_0} \text{ dB} = \frac{1}{2} \ln \frac{P}{P_0} \text{ Np,}$$

Spannungspegel:

$$L_u = 20 \lg \frac{U}{U_0} \text{ dB} = \ln \frac{U}{U_0} \text{ Np,}$$

Strompegel:

$$L_i = 20 \lg \frac{I}{I_0} \text{ dB} = \ln \frac{I}{I_0} \text{ Np.}$$

Die Bezugsgrößen P_0, U_0, I_0 werden in der Übertragungstechnik meist durch den Normalgenerator zu $P_0 = 1$ mW, $U_0 = 0{,}775$ V, $I_0 = 1{,}29$ mA festgelegt. Beim Schalldruckpegel wird z.B. als Bezugsgröße $P_0 = 2 \cdot 10^{-5}$ Pa (→ Pascal) gewählt. Sind die Verhältnisgrößen beliebig (z.B. $\frac{U_1}{U_2}$), dann läßt sich das logarithmierte Größenverhältnis immer als Pegeldifferenz absoluter Pegel darstellen.

$$D = \ln \frac{U_1}{U_2} = \ln \left(\frac{U_1}{U_0} \frac{U_0}{U_2} \right) = \ln \frac{U_1}{U_0} - \ln \frac{U_2}{U_0} = L_{u_1} - L_{u_2}.$$

Relative Pegel sind Pegeldifferenzen gegenüber dem Pegel an bestimmter Stelle eines Systems (→ Dämpfungsmaß). [14]. Rü

Pegelangaben. Zur besonderen Kennzeichnung der Festlegung der Bezugsgrößen bei Pegeln werden an die Pseudoeinheiten dB (und Np) weitere Buchstaben angefügt. Die praktisch wichtigsten P. sind:

dBr relativer Pegel;

dBm absoluter Leistungspegel, bezogen auf $P_0 = 1$ mW;

dBm0 absoluter Leistungspegel, bezogen auf eine Stelle mit dem relativen Pegel 0 dBr;

dBmp Pegel für Geräuschleistungen, die in einem Fernsprechkanal gehörrichtig nach einer vorgegebenen Filterkurve (→ Psophometer) bewertet werden;

dBm0p psophometrisch bewerteter Leistungspegel, bezogen auf eine Stelle mit dem relativen Pegel 0dBr;

dBa *(dB adjusted)* in USA gebräuchliche Bewertung nach der „FlA-Kurve"; die von der Psophometerkurve abweicht

$$\left(\frac{L}{\text{dBa}} \approx \frac{L}{\text{dBmp}} + 85 \right) ;$$

dBµ Spannungspegelangabe bei Rundfunkempfangsantennen mit dem Bezugswert $U_0 = 1\mu$V;

dBrn *(dB reference noise)* in USA gebräuchliche Bewertung, wie dBa abweichend von der Psophometerkurve

$$\frac{L}{\text{dBrn}} \approx \frac{L}{\text{dBmp}} + 90.$$

dB(A) frequenzabhängige Schalldruckbewertung nach der Bewertungskurve A entsprechend DIN 45633/1.

(Alle Zusatzbezeichnungen sind grundsätzlich auch für die Pseudoeinheit Np möglich aber ungebräuchlich: Npm, Npm0, Npm0p, Npr usw.). Rü

Pegelanpassungsschaltung → Pegelumsetzer. Fl

Pegeldetektor *(level detector)* → Vergleicher. Fl

Pegeldiagramm *(level diagram, hypsogram).* Das P. ist in der Nachrichtenübertragungstechnik die graphische Darstellung des Verlaufs des relativen Leistungspegels entlang einer Übertragungsstrecke. Bei Tonleitungen werden vielfach Spannungspegel zugrundegelegt. Man trägt dazu beim P. die Pegelwerte auf der Ordinatenachse ab, auf der Abszissenachse die Leitungsstrecke. [12], [13], [14]. Fl

Pegeldifferenz *(level difference).* Die P. ist ein logarithmiertes Größenverhältnis, das im Zähler und im Nenner die Beträge beliebiger, aber gleichartiger Energie- oder Feldgrößen enthält. Die P. soll der Kennzeichnung eines jeweiligen Zustandes dienen. Beispiel zur P. D:

$$D = 10 \cdot \lg \frac{P_x}{P_1} \text{ dB} - 10 \cdot \lg \frac{P_a}{P_1} \text{ dB} = 10 \cdot \lg \frac{P_x}{P_a} \text{ dB}$$

(P_x Pegel an der Stelle x; P_a Pegel am Bezugspunkt a; P_1 Bezugsgröße). [8], [12], [13], [14], [19]. Fl

Pegelkonverter → Pegelumsetzer. Fl

Pegelmesser *(level indicator, hypsometer)*, Pegelzeiger, Pegelmeßgerät. Der P. ist ein elektronisches Meßgerät der Nachrichtentechnik mit eingebautem Meßverstärker, dessen Skala in Dezibel oder Neper kalibriert ist und der Messung des Pegels in Übertragungssystemen dient. Bei einer Festlegung z.B. in Dezibel (dB) entspricht der Skalennullpunkt einem Nullpegel von 0 dB. Dies entspricht z.B. in der Fernsprechtechnik der Eingangsspannung von 0,7746 V bei einem Eingangswiderstand von 600 Ω (→ Normalgenerator). Vielfach besitzen P. zur optimalen Anpassung umschaltbare Eingangswiderstände und unterschiedliche Eingangsanschlußbuchsen (z.B. in koaxialer oder symmetrischer Ausführung). [12], [13], [19]. Fl

Pegelmeßgerät → Pegelmesser. Fl

Pegelregler *(level controller, level regulator)*, Pegelsteller, Studioregler, Lautstärkesteller. Der P. dient in Tonstudioanlagen der manuellen Beeinflussung des Pegels tonfrequenter Nachrichtensignale. Bei Abhörvorrichtungen, z.B. Heimstudio-Anlagen, wird der P. als Lautstärkesteller bezeichnet. [13], [14]. Fl

Pegelsteller → Pegelregler. Fl

Pegelumsetzer *(level converter)*, Pegelkonverter, Pegelanpassungsschaltung, Pegelwandler. In der Digitaltechnik dient der P. dazu, unterschiedliche Signalpegel verschiedener Logikfamilien einander anzupassen. Die Anpassungsschaltung kann: 1. Diskret mit Einzelbauteilen der Elektronik aufgebaut sein (z.B. Widerständen, Halbleiterdioden, Transistoren o.ä.); 2. mit integrierten, logischen Bausteinen aufgebaut sein, die offene Kollektorausgänge oder Tri-State-Ausgänge besitzen; 3. mit speziell dafür vorgesehenen P.-Bausteinen in integrierter Schaltungstechnik aufgebaut sein, die ohne zusätzliche externe Komponenten z.B. zur Arbeitspunkteinstellung an Schnittstellen eingefügt werden. [2], [6], [9], [10]. Fl

Pegelverschiebung *(level shift)*, Potentialverschiebung. Im Gleichspannungsverstärker, bei dem mehrere direkt gekoppelte Verstärkerstufen in Kaskadenschaltung hintereinanderliegen, muß zwischen dem Spannungspegel des Ausgangs einer Stufe und dem des Eingangs der folgenden Stufe eine P. vorgenommen werden, da sonst die Ruhespannung am Signalausgang des Verstärkers von Null verschieden wird. Einfache Methoden, eine P. beim Transistor-Verstärker zu bewirken, sind z.B.: 1. über einen Spannungsteiler unterschiedliche Potentiale einzustellen (Bild a), 2. die Zener-Spannung einer in den Kopplungsweg geschalteten Z-Diode zur P. zu benutzen (Bild b), 3. mit einer Konstantstromquelle einen der Widerstände in 1. zu ersetzen, so daß am anderen ein gleichbleibender Spannungsabfall entsteht (Bild c), 4. die entgegengesetzte Polarität der Ausgänge von Komplementär-Transistoren auszunützen (Bild d). [6], [12], [13]. Fl

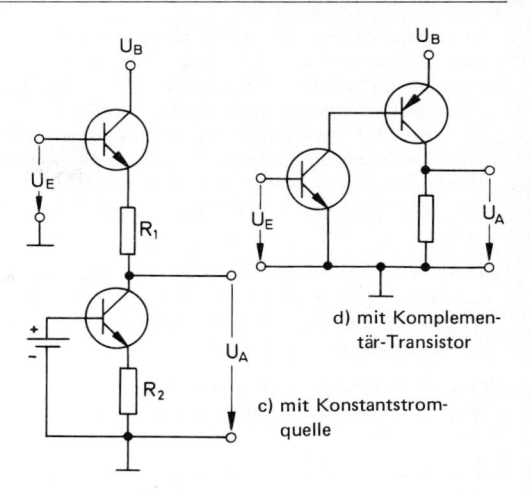

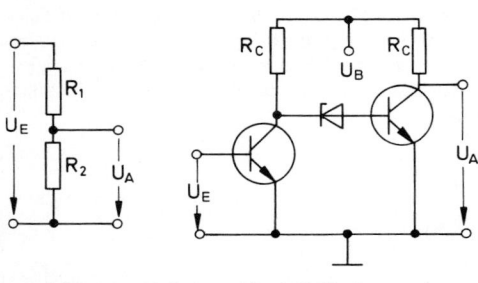

a) Spannungsteiler b) mit Z-Diode c) mit Konstantstromquelle d) mit Komplementär-Transistor

Pegelverschiebung

Pegelwandler → Pegelumsetzer. Fl

Pegelzeiger → Pegelmesser. Fl

Peiler → Funkpeilung. Ge

Peltier-Effekt *(Peltier effect)*. Ein Metallstab A sei durch einen anderen Metallstab B unterbrochen, so daß eine Folge ABA auftritt (Bild). Fließt ein Strom durch die Anordnung, dann stellt man an der Kontaktstelle 1 eine Temperaturerniedrigung, an der Kontaktstelle 2 eine Temperaturerhöhung fest. Die Wärmemenge Q pro Zeiteinheit t ist der Stromstärke I proportional

$$\frac{\Delta Q}{\Delta t} = \Pi \, I,$$

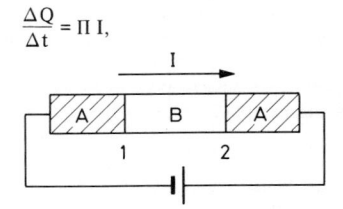

Prinzipielle Anordnung zum Peltier-Effekt

wobei Π der Peltier-Koeffizient, eine von Gestalt und Kontaktart unabhängige Materialkonstante, ist. Duale physikalische Erscheinung: → Seebeck-Effekt. [5]. Rü

Pendelrückkopplungsaudion *(self-quenched detector)*. Das P. ist eine Rückkopplungsschaltung aus der Röhrentechnik, die früher in einfachen Rundfunkempfängern zu finden war. Die Schaltung ist als Audion ausgeführt und besitzt einen Hilfskreis, der den Rückkopplungsgrad rhythmisch ändert, so daß die Schaltung zwischen schwingendem und nicht schwingendem Zustand pendelt. Die Pendelfrequenzen liegen oberhalb des Hörbereichs bei Werten von 15 kHz bis etwa 30 kHz. Mit Hilfe dieser Technik finden Erzeugung der Pendelfrequenz, Hochfrequenzgleichrichtung des modulierten Empfangssignals und Verstärkungsvorgang in einer Röhre statt. [8], [13], [14]. Fl

Pentode *(pentode)*. Hochvakuumröhre, mit fünf Elektroden: Glühkatode, Anode, Steuergitter, mit dem normalerweise der Elektronenstrom gesteuert wird, Schirmgitter und Bremsgitter. [4], [5], [11]. Li

Periode *(cycle period)*. Die regelmäßige Wiederholung eines Vorgangs in räumlichen oder zeitlichen Abständen. [5]. Rü

Periodendauer T *(cycle)*. Schwingungsdauer. Die kürzeste Zeit, in der sich ein Schwingungsvorgang wiederholt (DIN 1311/1). Mit der Frequenz f der Schwingung besteht der Zusammenhang $T = \frac{1}{f}$. Handelt es sich um einen Wellenvorgang, dann gilt $T = \frac{\lambda}{v}$, wobei v die Phasengeschwindigkeit und λ die Wellenlänge ist. [5]. Rü

Periodensystem *(periodic system of elements)*, Periodisches System der Elemente. Schematische Anordnung aller chemischen Elemente nach ihrem atomaren Aufbau und den daraus folgenden chemischen und physikalischen Eigenschaften. [5]. Rü

Peripherie → Peripheriegeräte. Li

Peripheriegeräte *(peripheral units)*. Geräte, die mit einem Computer zusammenarbeiten, aber nicht Teil der Zentraleinheit selbst sind. Beispiele: Kartenleser oder -stanzer, Magnetplatte oder -band, Drucker. [1]. Li

Permalloy *(permalloy)*. Nickel-Eisen-Legierung mit 70 % bis 80 % Nickelgehalt mit besonders hoher Anfangs- und Maximalpermeabilität sowie geringen Verlusten. P. wird zur Herstellung von besonders klirrarmen Übertragern kleiner Abmessungen, Filtern, Drosseln, Impulsübertragern sowie Breitbandübertragern verwendet. In der Legierung von Eisen mit 79 % Ni (Nickel) und 4 % bis 5 % Mo (Molybdän) zeigt P. eine rechteckige Hystereseschleife. Dieses Material ist besonders für Speicher-, Zähl- und Schaltkerne geeignet. [4]. Ge

Permanentmagnet → Magnet, permanenter. Rü

Permanentspeicher *(permanent storage)*. Speicher, deren Information nicht verloren geht, wenn die Spannungsversorgung ausfällt. Zu den Permanentspeichern in Zentraleinheiten gehören neben den Festwertspeichern die Magnetkernspeicher. Externspeicher sind immer P. [1]. We

Permanenz *(permanence)*. 1. Magnetische P.: In dauermagnetischen Werkstoffen auftretender Proportionalitätsfaktor μ zwischen der magnetischen Induktion **B** und der magnetischen Feldstärke **H**; bei linearer Magnetisierungskurve ist die P. gleich der Remanenz. 2. P. von Symmetrieeigenschaften: das Verbleiben der Symmetrieeigenschaften bei stetigem Einschalten einer äußeren Störung. [5]. Bl

Permeabilität *(permeability)*. Nach DIN 1325 ist die P. μ definiert als Quotient aus dem Betrag der magnetischen Flußdichte **B** und dem Betrag der magnetischen Feldstärke **H**:

$$\mu = \frac{|\mathbf{B}|}{|\mathbf{H}|}.$$

In einem magnetisch isotropen Stoff haben Feldstärke **H** und Flußdichte **B** im selben Raumpunkt die gleiche Richtung; dann ist μ ein Skalar. In magnetisch anisotropen Stoffen ist die P. ein Tensor (zweiter Stufe). In isotropen Medien gilt der Zusammenhang

$$\mathbf{B} = \mu \mathbf{H} = \mu_0 \, \mu_r \, \mathbf{H}.$$

Dabei ist μ_0 die magnetische Feldkonstante und μ_r Permeabilitätszahl (relative P.). [5]. Rü

Permeabilität, differentielle *(differential permeability)*, (Zeichen μ_{dif}). Sie gibt die Steigung $\frac{dB}{dH}$ der Kurve $\mathbf{B} = \mathbf{B}(\mathbf{H})$ (→ Hystereseschleife) an; die differentielle P. ist ohne technische Bedeutung. [5]. Rü

Permeabilität, effektive *(effective permeability)*, auch Äquivalenzpermeabilität, (früher) gescherte Permeabilität, (Zeichen μ_e). Wird ein Kern zur Vermeidung hoher Vormagnetisierung mit einem (effektiven) Luftspalt s' versehen, dann herrscht im magnetischen Kreis mit der Eisenweglänge l_E eine effektive P.

$$\mu_e = \frac{\mu_r}{1 + \mu_r \dfrac{s'}{l_E}}$$

(μ_r Permeabilitätszahl, → Permeabilität). [5]. Rü

Permeabilität, gescherte → Permeabilität, effektive. Rü

Permeabilität, komplexe *(complex permeability)*. Verläuft bei Wechselmagnetisierung einer der beiden Feldvektoren sinusförmig und wird vom anderen die damit gleichfrequente (sinusförmige) Komponente genommen, dann läßt sich eine komplexe P. definieren

$$\mu = \mu' - j\,\mu'' = \frac{\mathbf{B}}{\mathbf{H}}.$$

Dabei sind **B** und **H** die komplexen Amplituden der gleichfrequenten phasenverschobenen Schwingungen der magnetischen Flußdichte **B** und der magnetischen Feldstärke **H**. Die komplexe P. eignet sich zur Beschreibung der Kernverluste. Für einen Kernverlustwiderstand R_K in Serie zur verlustfreien Induktivität L gilt für die Impedanz

$$\underline{Z} = j\omega L + R_K.$$

Ist L_0 die Induktivität der Spule ohne Kern, dann gilt

$$\underline{Z} = j\omega L_0 \, \mu = j\omega \, L_0 \, (\mu' - j\mu'')$$

oder

$$L = \mu' L_0 \text{ und } R_K = \omega L_0 \, \mu''.$$

Der Verlustfaktor des Kernmaterials ist

$$\tan\delta = \frac{\mu''}{\mu'}, (\mu', \mu'' \text{ frequenzabhängig}).$$

[5].   Rü

Permeabilität, relative → Permeabilität.   Rü

Permeabilität, remanente (Zeichen μ_{rem}). Die Permeabilität bei kleiner Wechselaussteuerung im jeweiligen Remanenzpunkt. [5].   Rü

Permeabilität, reversible *(reversible permeability)*. (Zeichen μ_{rev}). Bei sehr kleinen Aussteuerungen durch ein magnetisches Wechselfeld und zusätzlicher Gleichfeldüberlagerung können die Zustandsänderungen reversibel verlaufen. Die Rayleigh-Schleifen gehen bei abnehmender Wechselfeldamplitude in Geraden über; deren Steigung ist die reversible P.

$$\mu_{rev} = \frac{\Delta B}{\Delta H} \text{ (abhängig von der Gleichstromvormagnetisierung).}$$

[5].   Rü

Permeabilität, totale (Zeichen μ_{tot}). Hat ein Arbeitspunkt der Zustandskurve $B = B(H)$ die Koordinaten B_A, H_A, dann ist

$$\mu_{tot} = \frac{B_A}{H_A}.$$

Mitunter werden durch μ_{tot} auch Arbeitspunkte auf der Neukurve gekennzeichnet. [5].   Rü

Permeabilität, wirksame *(apparent permeability)* (Zeichen μ_w). Ist L_K die Induktivität einer Spule mit magnetisierbarem Kern, L_0 die Induktivität der gleichen Spule ohne Kern, dann ist

$$\mu_w = \frac{L_K}{L_0}.$$

Hinweis: Nach IEC 367-2 wird in dieser Form die Scheinpermeabilität definiert.   Rü

Perminvar *(Perminvar)*. Eisen-Kobalt-Legierung mit sehr hoher Sättigungsinduktion; geeignet zum Aufbau extrem kleiner Leistungstransformatoren. [4].   Rü

Permittivität *(permittivity)*. Nach DIN 1324 ist die P. (Zeichen ϵ) definiert als Quotient aus dem Betrag der elektrischen Flußdichte **D** und dem Betrag der elektrischen Feldstärke **E**

$$\epsilon = \frac{|D|}{|E|}.$$

In einem isotropen Dielektrikum haben Feldstärke **E** und Flußdichte **D** im selben Raumpunkt die gleiche Richtung; dann ist ϵ ein Skalar. Dagegen wird in einem anisotropen Medium die P. ein Tensor (zweiter Stufe). In isotropen Stoffen gilt der Zusammenhang

$$D = \epsilon E = \epsilon_0 \epsilon_r E.$$

Dabei ist ϵ_0 die elektrische Feldkonstante. ϵ_r heißt die Permittivitätszahl. Ist die P. konstant, dann nennt man ϵ die Dielektrizitätskonstante und die Permittivitätszahl ϵ_r Dielektrizitätszahl (relative Dielektrizitätskonstante). [5].   Rü

Permittivitätszahl → Permittivität.   Rü

Pérot-Fabry-Interferometer → Fabry-Pérot-Interferometer.   Fl

Personal-Computer *(personal computer)*. Datenverarbeitungsanlage kleinen Umfangs (meist auf Mikroprozessor-Grundlage), die für Hobbyzwecke, aber auch für einfache kaufmännische Programme eingesetzt werden kann. Als Externspeicher dienen Magnetbandkassettengeräte oder kleine Diskettenlaufwerke. [1].   We

Petersen-Spule *(Petersen-coil)*; Erdschluß-Löschspule. Petersen-Spulen werden in Mittel- und Hochspannungsnetze (ohne wirksame Sternpunkterdung) eingebaut und derart auf die Erdkapazitäten des Netzes abgestimmt, daß bei einpoligem Erdschluß der sonst über die Fehlerstelle fließende, kapazitive Erdschlußstrom aufgehoben wird. (Rückgang auf wenige Prozente des Erschlußstromes ohne P.) Durch den Einsatz von Petersen-Spulen ist es möglich, die Energielieferung bei Erdschlüssen längere Zeit noch aufrechtzuerhalten, so daß genügend Zeit besteht, die kranke Leitung herauszutrennen. Erdfehler werden i.a. weder vom Verbraucher noch vom Energieerzeuger bemerkt. [3].   Ku

Pfeifpunktverfahren *(singing-point method)*. Das P. ist ein Meßverfahren der Nachrichtenübertragungstechnik, das der Bestimmung des Betriebsdämpfungs- und des Betriebsübertragungsmaßes von aktiven und passiven Vierpolen dient. Hierzu wird die zu messende Übertragungseinrichtung mit einem Netzwerk bekannter, einstellbarer Dämpfung (z.B. Eichleitung) oder Verstärkung zu einem Ring geschlossen und der Übertragungsfaktor gleich Eins gemacht. Geringe Dämpfungsminderungen der Ringschaltung führen zur Selbsterregung, die durch einen Pfeifton hörbar wird. Ist der Übertragungsfaktor der nicht schwingenden Gesamtschaltung bei der Pfeiffrequenz reell, entspricht das unbekannte Verstärkungsmaß dem Dämpfungsmaß der Eichleitung. Das Ergebnis des Pfeifpunktverfahrens ist nur für jeweils eine Frequenz aussagekräftig. [12], [14].   Fl

PFM → Pulsfrequenzmodulation.   Th

P-Glied *(P-element)*, Proportionalglied → Übertragungsglied.   Ku

Phantomkreis *(phantom circuit)*. Der P. wird in der Fernsprechtechnik verwendet. Er bezeichnet eine Kunstschaltung, mit der drei Zweidrahtleitungen auf zwei Vierdrahtleitungen reduziert und am Ende der Übertragungsstrecke wieder auf drei Zweidrahtleitungen erweitert werden. Die Zusammenfassung geschieht so, daß sich die zusammengefaßten Signale nicht gegenseitig stören können. Vorteilhaft ist die Leitungsersparnis. [13], [14].   Th

Phantom-ODER → ODER, verdrahtetes.   Li

Phase-Lag-Kompensation *(phase-lag compensation)*. Übersetzung: Phasennacheilung. Es handelt sich um ein Verzögerungsglied 1. Ordnung mit der Übertragungsfunktion

$$G(s) = K \frac{1}{1 + Ts}$$

oder als Sprungantwort im Zeitbereich:

$$g(t) = K(1 - e^{-1/T}).$$

Einsatz in der Regelungstechnik in Regelverstärkern. [18]. Th

Phase-Lead-Kompensation *(phase-lead compensation)*. Übersetzung: Phasenvoreilung. Es handelt sich um ein Differenzierglied mit der Übertragungsfunktion

$$G(s) = K \frac{Ts}{1 + Ts}$$

oder als Sprungantwort im Zeitbereich:

$$g(t) = K \cdot e^{-t/T}.$$

Die P. wird zur Stabilisierung von Regelkreisen benutzt und ist nur in der Kombination mit PI-Gliedern sinnvoll. Das Ergebnis ist ein PID-Verhalten (Proportional-Integral-Differential-Verhalten). Einsatz in Regelverstärkern. [18]. Th

Phase-Locked-Loop *(phase locked loop; PLL)*. Die deutsche Übersetzung lautet etwa: Eingerastete Phasenregelschleife. Hauptbestandteile der P. sind Phasenkomparator, Tiefpaß, Verstärker und VCO (*voltage controlled oscillator*). Es werden heute integrierte Schaltkreise angeboten, die sowohl als Frequenz- wie auch als Phasendetektor arbeiten. Weicht die VCO-Frequenz stark von der Referenzfrequenz ab, wird der VCO durch eine hohe Steuerspannung in die entgegengesetzte Richtung gezogen, bis der Kreis einrastet. [4], [13], [18]. Th

Phase-Lock-Technik *(phase lock technique)*. Das Signal eines spannungsgesteuerten Oszillators (VCO) und das eines Referenzoszillators werden einem Phasenvergleicher zugeführt. Sind beide Frequenzen gleich und der Phasenwinkel unterschiedlich, so erzeugt der Vergleicher eine der Phasendifferenz proportionale Spannung. Diese Fehlerspannung wird verstärkt, gefiltert und dem VCO zugeführt. Bei einer bestimmten Phasendifferenz ist das System eingerastet (geschlossener Regelkreis). Das Signal des freischwingenden Oszillators ist dann phasenstarr mit dem des Referenzoszillators verkoppelt. So gelingt es z.B., den VCO auch auf Harmonische der Referenzfrequenz einzurasten. [4], [13], [18]. Th

Phase Margin *(phase margin)* → Phasenrand. Ku

Phasenabschnittsteuerung → Sektorsteuerung. Ku

Phasenanschnittsteuerung *(phase angle control)*, Anschnittsteuerung. Die P. wird bei Wechselstromstellern und netzgeführten Stromrichtern zur Erzeugung einer variablen Ausgangsspannung angewendet. Dies kann je nach Stromrichtertyp eine Wechselspannung U_A oder eine Gleichspannung U_d (Bild) sein. Dazu verwendet man als Stromrichterventile vorwiegend Thyristoren, die je nach Steuerwinkel α (Zündwinkel) einen Teil der Eingangs-

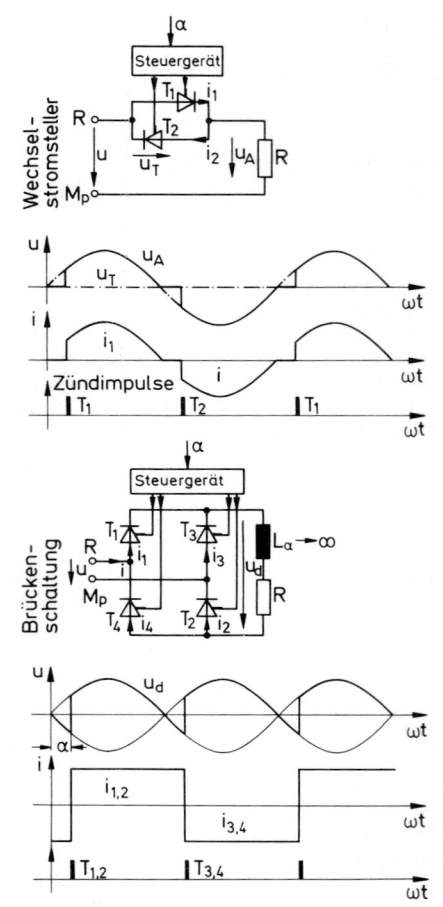

Phasenanschnittsteuerung

spannung u als positive Sperrspannung aufnehmen. Bei Vollaussteuerung ($\alpha = 0$) wird im natürlichen Zündzeitpunkt gezündet, d.h., es stehen keine positiven Spannungen an gesperrten Ventilen an, wodurch die Ausgangsspannung maximal wird. Bei Wechsel- bzw. Drehstromstellern kann die Ausgangsspannung durch P. von Null bis zum Effektivwert ($\alpha = 0$) der Wechselspannung u und bei Stromrichtern vom Minimal- bis Maximalwert kontinuierlich verstellt werden. [3]. Ku

Phasenbedingung *(phase condition)*. Zur Anschwingbedingung von Oszillatoren gehört neben der Amplitudenbedingung auch die P. Der Oszillator schwingt nur dann an, wenn die Ausgangsspannung phasenrichtig auf den Eingang des Verstärkerelementes rückgekoppelt wird, d.h., das rückgekoppelte Signal muß die gleiche Phasenlage aufweisen wie das Eingangssignal. Geringe Abweichungen sind zulässig, wenn diese von der Verstärkungsreserve wieder ausgeglichen werden können (Amplitudenbedingung). [6], [8], [13]. Th

Phasenbelag *(phase-change coefficient)* → Fortpflanzungskonstante. Rü

Phasendemodulator *(product demodulator)*, Koinzidenzdemodulator, Phi-Detektor, φ-Detektor, Produktdemodulator, Phasendrehdemodulator, Quadraturdemodulator. Mit dem P. wird aus frequenzmodulierten, hochfrequenten Trägerschwingungen der Nachrichteninhalt zurückgewonnen (→ Demodulatorschaltung). Nach dem Prinzipbild durchläuft das modulierte Signal eine Begrenzerschaltung, an deren Ausgang ein frequenzabhängiger und ein ohmscher Spannungsteiler parallel liegen.

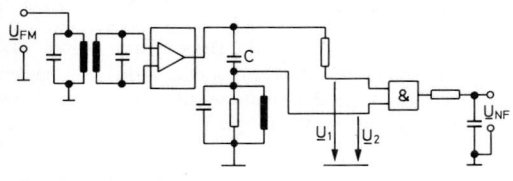

Phasendemodulator

Zwischen den abgegriffenen Spannungen $\underline{u}_1$ und $\underline{u}_2$ besteht bei Mittenfrequenz im unmodulierten Zustand eine Phasenverschiebung z.B. von 90°. Bei Frequenzmodulation ändert sich in Abhängigkeit des Nachrichteninhalts die Frequenz ständig um eine Mittellage. Die Änderungen bewirken zusätzliche Phasenänderungen beider Spannungen $\underline{u}_1$ und $\underline{u}_2$. Die sich anschließende Torschaltung (UND-Funktion) öffnet nur dann, wenn die beiden Eingangsspannungen positiv zusammentreffen (→ Koinzidenz). Auf diese Weise ändert sich ähnlich einer Pulsdauermodulation die Pulslänge am Ausgang des Schalters. Eine nachfolgende Integrierschaltung gewinnt daraus den Nachrichteninhalt. Die wesentlichen Baugruppen des Phasendemodulators lassen sich in einer integrierten Schaltung zusammenfassen. Ähnlich wirkt eine früher eingesetzte Röhrenschaltung, die als Phi-Detektor bezeichnet wird. [9], [13], [14]. Fl

Phasendetektor *(phase-to-voltage converter)*. Der P. ist eine elektronische Schaltung zur Durchführung eines Phasenvergleichs zwischen dem Frequenzwert (Istwert) einer Schaltung zur Schwingungserzeugung (Oszillator) und dem Frequenzwert eines Bezugsignals. Bei Frequenzabweichungen entsteht am Signalausgang des Phasendetektors eine als Gleichspannung auftretende Regelspannung, deren Werte und Richtung von der Richtung und vom Betrag der Verstimmung der Oszillatorfrequenz abhängen. Die Regelspannung steuert den Oszillator auf seine Sollfrequenz. Das Beispiel im Bild a) zeigt einen P. zur Zeilensynchronisation in Fernseh-Empfangsgeräten: Ein Impulstransformator wandelt die Gleichlaufpulse (Bezugs-Signale) des Senders in zwei gegenphasige Signale um. Die Kondensatoren C_1 und C_2 laden sich auf gleiche Spannungsspitzenwerte mit entgegengesetzter Polarität auf. Beide Spannungen liegen in entgegengesetzter Richtung an den Widerständen R_1 und R_2. Bezüglich des gemeinsamen Schaltungspunktes P heben sich ihre Werte auf. Vom Zeilentransformator werden periodische, sägezahnförmige Spannungen abgeleitet, der die Zeilenablenkgenerator (→ Zeilenfrequenzoszillator) des Empfängers erzeugt. Sägezahnspannung und Bezugsspannung der Gleichlaufpulse überlagern sich an den Widerständen. Es werden folgende Abweichungen erfaßt: 1. Zeilenfrequenz und Frequenz der Gleichlaufpulse stimmen überein (Bild b). Die Pulse sitzen in Mitte der Zeilenrücklaufflanke. Der Punkt P bleibt gegenüber der Masse spannungslos. 2. Der Zeilenfrequenzoszillator schwingt auf niedrigerer Frequenz (Bild c). Der Puls wandert auf der Rückflanke nach oben und die Spannung am Kondensator C_1 wird größer. Der Punkt P führt eine positive Spannung gegen Masse. 3. Der Zeilenfrequenzoszillator schwingt auf höherer Frequenz (Bild d). Der Puls wandert nach unten und es entsteht am Punkt P eine negative Spannung gegen Masse. Zwischen Punkt P und Masse lassen sich demzufolge geeignete Regelspannungswerte zur Nachsteuerung der Oszillatorschaltung abgreifen. [8], [13], [14]. Fl

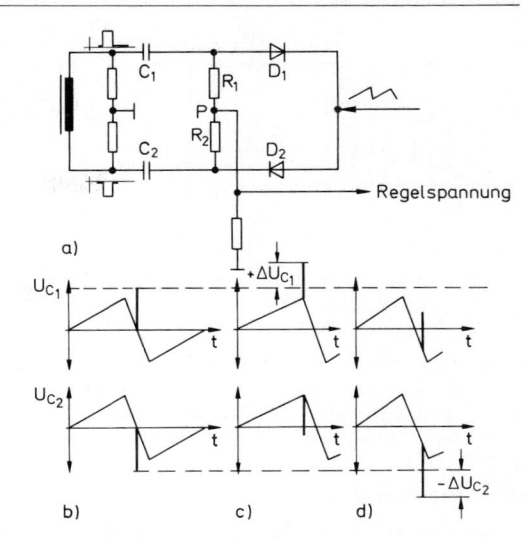

Phasendiagramm *(phase plot)* → Frequenzspektrum. Rü

Phasendifferenz *(phase difference)*. Differenz zweier Phasenwinkel, sowohl für die P. zwischen Strom und Spannung, als auch für die P. zwischen gleichartigen Größen (Spannungen, Ströme) an verschiedenen Toren eines Netzwerks. Besonders bedeutsam für die Nachrichtenübertragung ist der Dämpfungs- oder Übertragungswinkel $b = \varphi_1 - \varphi_2$ als P. zwischen Ein- und Ausgangsspannung eines Vierpols (→ Verzerrung, lineare, → Dämpfungsmaß). [13]. Rü

Phasendiskriminator *(phase discriminator, phase detector)*, Rieggerschaltung. Der P. ist eine Demodulatorschaltung für frequenzmodulierte Schwingungen. Er besteht aus einem zweikreisigen induktiv gekoppelten Bandfilter (Rieggerkreis), das auf die unmodulierte Trägerschwingung abgestimmt ist. Der Sekundärkreis besitzt eine Mittelanzapfung, so daß über den beiden Gleichrichterdioden neben der Primärspannung $\underline{U}_1$ die Spannungen $\underline{U}_{D1} = \underline{U}_1 + \underline{U}_2/2$ und $\underline{U}_{D2} = \underline{U}_1 - \underline{U}_2/2$ liegen (Bild) Beim P. wird die Proportionalität von Phasenänderungen

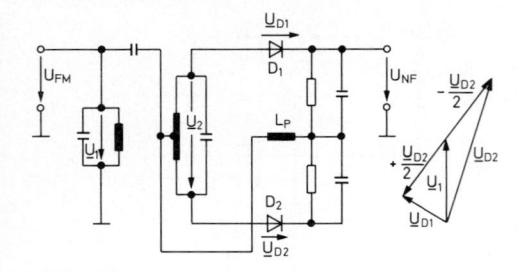

Phasendiskriminator

zu Frequenzänderungen im Bereich der Mittenfrequenz ausgenutzt. Am Ausgang des Phasendiskriminators ist das gleichgerichtete Informationssignal als Spannungsdifferenz abgreifbar (→ auch Bild Diskriminator). [12], [13], [14]. Fl

Phasendrehdemodulator → Phasendemodulator. Fl

Phasendrehung *(phase displacement)*. Die Veränderung einer Phasendifferenz meist in Abhängigkeit von der Frequenz. Entsprechend heißen Schaltungen zur Herstellung einer definierten P. Phasendrehglieder (→ Allpaß). [13]. Rü

Phasenentzerrer → Laufzeitentzerrer. Fl

Phasenfehler *(phase error)*. Bei Übertragung von Signalen des Farbfernsehens unterscheidet man zwei wichtige P.: 1. dynamischer P.: Er liegt vor, wenn der mit dem Burst-Signal übertragene Rauschanteil einen Betrag hat, der kurzzeitige Schwankungen der Regelspannung und damit entsprechende Phasenschwankungen der Farbträgerspannung bewirkt. Zur Vermeidung des dynamischen Phasenfehlers wird ein Tiefpaß mit einer Grenzfrequenz < 200 Hz verwendet. 2. Differentieller P.: der von der Amplitude des Gesamtsignals abhängige P. des Farbartsignals bei Quadraturmodulation. [8]. Rü

Phasenfolgelöschung *(phase-sequence commutation)*. Die P. ist ein einfaches Steuerkonzept bei selbstgeführten Wechselrichtern. Aus einem Gleichstromsystem, das den Gleichstrom I_d einprägt, wird ein Wechsel- bzw. Drehstromsystem (R, S, T) variabler Frequenz und I_d-proportionaler Stromamplitude erzeugt (Bild). Das

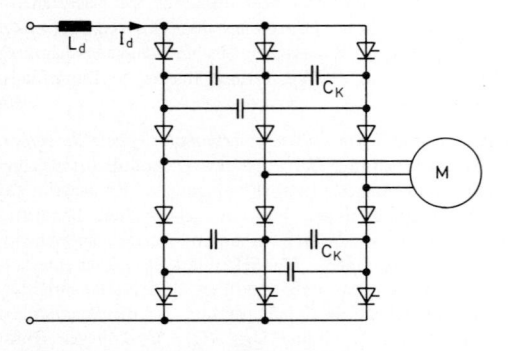

Wechselrichter mit Phasenfolgelöschung

Löschen eines stromführenden Ventils (Thyristor) wird durch das Zünden des Ventils in der Folgephase über die entsprechend aufgeladenen Kommutierungskondensatoren C_K erreicht. Der selbstgeführte Wechselrichter mit P. kommt hauptsächlich als Stellglied für Asynchronmotoren in Frage, wenn die Anforderungen an die Dynamik und an die Gleichförmigkeit des Drehmoments nicht so hoch sind. Der Energiefluß ist in beide Richtungen möglich. [3]. Ku

Phasenfunktion → Fourier-Transformation. Rü

Phasengang *(phase response)*. Die (meist graphische) Darstellung des Phasenwinkels φ oder − bei Übertragungsfaktoren − der Phasendifferenz b = $\varphi_1 - \varphi_2$ (→ Verzerrung, lineare) in Abhängigkeit von der Frequenz. [13]. Rü

Phasengeschwindigkeit *(phase velocity)*, Ausbreitungsgeschwindigkeit. Die Geschwindigkeit, mit der sich ein Phasenzustand bei einer Wellenbewegung ausbreitet. Zwischen der P., der Wellenlänge λ, der Periodendauer T und der Frequenz f besteht der allgemeine Zusammenhang

$$v = \frac{\lambda}{T} = f\lambda = \frac{\omega}{\beta}, \text{ da } \omega = 2\pi f \text{ und } \lambda = \frac{2\pi}{\beta}$$

(DIN 1344).

β Phasenkonstante (→ Fortpflanzungskonstante). [13]. Rü

Phasenhologramm → Hologramm. Bl

Phasenhub *(phase swing; phase deviation)*. P. ist die Bezeichnung für die größte Phasenabweichung bei der Phasenmodulation eines Trägers. Er ist unabhängig von der Höhe der Modulationsfrquenz und proportional ihrer Amplitude. Bei der Frequenzmodulation (FM) eines Trägers ist der P. der Modulationsfrequenz umgekehrt proportional und mit dem FM-Modulationsgrad identisch. [8], [13]. Th

Phaseninverter → Phasenumkehrschaltung. Fl

Phasenkette *(phase shifter)*. Sie besteht aus reellen Widerständen und Blindwiderständen, wie R und C. Sind beispielsweise mehrere eingliedrige RC-Tiefpässe hintereinander geschaltet, spricht man von einer P. Bekannt sind auch Laufzeitketten aus vielen LC-Gliedern, wie sie in älteren Oszilloskopen anzutreffen sind. Hierbei beträgt die Phasendrehung Vielfache von 2π. [12], [13], [15]. Th

Phasenkettenoszillator *(phase shift oscillator)*. Der frequenzbestimmende Rückkopplungsweg wird in RC-Generatoren, wie die Phasenkettenoszillatoren auch genannt werden, aus reellen Widerständen und Kondensatoren aufgebaut. Häufig besteht das Rückkopplungsnetzwerk aus einem dreigliedrigen RC-Tiefpaß, dessen R- und C-Glieder abstimmbar ausgeführt werden können. Auch die Wien-Robinson-Brücke eignet sich als Rückkopplungsphasenkette. Auch beim P. müssen Amplituden- (→ Amplitudenbedingungen) und Phasenbedingung zum Anschwingen erfüllt sein. [12], [13], [15]. Th

Phasenkoeffizient *(phase constant).* Mitunter verwendete Bezeichnung für die Phasen- oder Winkelkonstante β der → Fortpflanzungskonstante. (Für den Begriff P. in der Akustik s. DIN 1320). [13]. Rü

Phasenkomparator → Phasenvergleicher. Fl

Phasenkompensation *(phase compensation).* Mit der P. wird die frequenzabhängige Phasenverschiebung zwischen Eingangsgrößen und Ausgangsgrößen von Verstärkern in weiten Bereichen ausgeglichen. Hauptsächliche Ursachen der Phasenverschiebungen sind die Schalt- und Bauteilekapazitäten (z. B. Transistorkapazität), die mit den Wirkwiderständen in der Schaltung Tiefpässe bilden und beim gegengekoppelten Verstärker durch Zusammentreffen verschiedener Umstände zur Selbsterregung führen können. Man versucht, mit Hilfe der P. die Verstärkung v auf Werte unter der Verstärkung v'_0 (v'_0 Verstärkung bei Gegenkopplung für tiefe Frequenzen) herunterzusetzen, bevor die Phasenverschiebung $-180°$ wird (→ Stabilitätskriterien). Die entsprechenden Maßnahmen zur P. sind im wesentlichen vom gewünschten Phasenspielraum abhängig. [9], [13], [15]. Fl

Phasenkonstante *(phase constant),* Winkelkonstante. Die P. β ist ein sekundärer Leitungsparameter in der Leitungstheorie der Nachrichtenübertragungstechnik. Sie ist dem imaginären Anteil der komplexen Fortpflanzungskonstante einer ebenen Welle entlang einer verlustbehafteten Leitung gleichzusetzen. Die P. gibt die Phasendrehung von Strom oder Spannung pro km Leitungslänge bei einer Frequenz f an und ist bei einer verlustfreien Leitung neben der Frequenz nur von den Leitungskonstanten L', C' abhängig:

$$\beta = \frac{2\pi}{\lambda} = 2 \cdot \pi \cdot f \cdot \sqrt{L'C'}$$

(L' Induktionsbelag, C' Kapazitätsbelag, λ Wellenlänge). Der Wert für β wird in der Praxis in Grad/km oder in rad/km angegeben. [14]. Fl

Phasenlage *(phase position).* Die Angabe der P. kennzeichnet in der Wechselstromtechnik die zeitliche Verschiebung zweier oder mehrerer Wechselgrößen gleicher Frequenz während eines Augenblickwertes. Häufig gilt die Wechselspannung als Bezugsgröße und man gibt die P. zu ihr als Abstand der Nulldurchgänge im Bereich zwischen 0 und π/2 an. Eine voreilende Schwingung wird positiv gezählt (z.B. Cosinusschwingung bezogen auf Sinusschwingung); eine nacheilende negativ. [3], [8], [12], [13], [14], [15]. Fl

Phasenlaufzeit *(phase delay).* Laufzeit eines Phasenpunktes einer Schwingung durch ein Übertragungsnetzwerk. Sie ist definiert zu (DIN 40148/1)

$$\tau_p = \frac{b}{\omega},$$

wobei $b = \varphi_1 - \varphi_2$ der Dämpfungswinkel (→ Verzerrung, lineare) und $\omega = 2\pi f$ die Kreisfrequenz ist. [13]. Rü

Phasenlöschung *(phase commutation).* Die P. ist ein Steuerkonzept bei selbstgeführten Wechselrichtern mit einge-

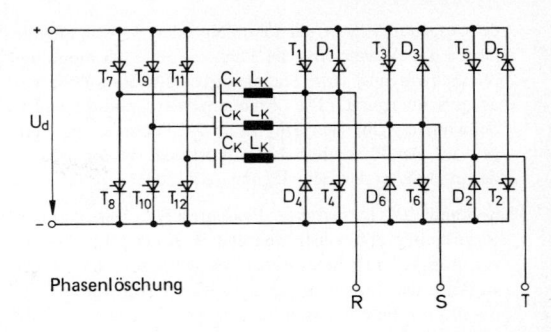

prägter Speisegleichspannung U_d, wobei jeder Phase ein Kommutierungsschwingkreis C_K, L_K zugeordnet ist. Damit kann jeder Hauptthyristor T_1 bis T_6 einzeln gelöscht werden. Besonders einfach wird das Steuerkonzept, wenn in jedem Zweigpaar das obere und untere Ventil abwechselnd gelöscht werden. Im Gegensatz zur Phasenfolgelöschung kann hier die Ausgangsspannung durch Pulsen verstellt werden. Die Rückspeisedioden D_1 bis D_6 erlauben eine Umkehr der Energierichtung. [3]. Ku

Phasenmaß *(phase constant)* → Übertragungsmaß. (Für den Begriff P. in der Akustik s. DIN 1320.) [13]. Rü

Phasenmesser *(phasemeter),* Phasenwinkelmesser, Phasenmeßgerät. P. sind Meßgeräte, mit deren Hilfe die Phasenwinkel zwischen zwei sinusförmigen Wechselgrößen gleicher Frequenz gemessen und direkt abgelesen werden, vielfach mit Angabe des Vorzeichens. Im Bereich der Netzfrequenz setzt man Leistungsfaktor- und Vektormesser ein. In der HF-Technik (HF Hochfrequenz) werden elektronische Meßgeräte verwendet. Es wird der Zeitraum zwischen den Nulldurchgängen zweier Spannungen gemessen und der festgestellte Wert auf die Periodendauer einer Spannung bezogen. Dazu läuft innerhalb der Periode eine Impulsfolge ab, über die ein arithmetischer Mittelwert gebildet wird. Das Tastverhältnis der Impulsfolge ist vom Phasenwinkel zwischen beiden Spannungen abhängig. [12]. Fl

Phasenmeßgerät → Phasenmesser. Fl

Phasenmessung *(phase angle measurement),* Phasenwinkelmessung. Mit einer P. wird der Phasenwinkel zwischen zwei sinusförmigen Wechselgrößen gleicher Frequenz gemessen. Entweder wird die Phasenverschiebung zwischen Strom und Spannung oder zwischen Eingangs- und Ausgangsgröße eines Vierpols festgestellt. Eine P. kann über direkte oder indirekte Verfahren erfolgen. 1. Die direkte Messung führt man mit einem Phasenmesser durch: Werte der Phasenverschiebung sind direkt ablesbar. 2. Bei der indirekten Messung erhält man den Phasenwinkel entweder nach Abgleicharbeit (z. B. mit einer Phasenschieberschaltung) oder nach einer Berechnung (z.B. über die Nulldurchgänge zweier phasenverschobener Wechselspannungen auf dem Oszilloskopschirm eines Zweistrahloszilloskops). [12]. Fl

Phasenmodulation *(phase modulation).* Die P. zählt zur Gruppe der Winkelmodulation. Im Fall der P. bestimmt der Augenblickswert der modulierenden Schwingung die Größe der Abweichung des Phasenwinkels der modulierten Schwingung vom Phasenwinkel der unmodulierten Trägerschwingung. Die Frequenz der modulierenden Schwingung gibt den Rhytmus der Phasenschwankungen an. Der Phasenhub ist proportional der Amplitude der modulierenden Schwingung. [8], [13]. Th

Phasenrand *(phase margin)*, Phasenreserve. Der P. eines Regelkreises ergibt sich aus dem Frequenzgang F_0 des zugehörigen aufgeschnittenen Regelkreises. Er ist der Abstand des Phasenwinkels zum Wert $-180°$ für die Frequenz, für die der Betrag von F_0 gerade 1 wird und für höhere Frequenzen < 1 bleibt. Für stabile Regelkreise muß der P. positiv sein (→ Bild Nyquist-Kriterium). [18]. Ku

Phasenreserve *(phase margin)* → Phasenrand. Ku

Phasenresonanz *(phase resonance)*. Die Frequenzstelle, bei der der Phasenverschiebungswinkel zwischen Spannung und Strom bei einem Zweipol Null wird. Der Blindwiderstand (oder Blindleitwert) verschwindet bei dieser Resonanzfrequenz (→ Reihenschwingkreis, → Parallelschwingkreis). [15]. Rü

Phasenschalter → Phasenumtaster. Fl

Phasenschieber *(phase shifter)*. P. dienen in der Energietechnik zur Kompensation von Blindleistung, um die Leitungs- und Generatorverluste eines Netzes möglichst gering zu halten. Da in der Regel induktive Blindleistungen zu kompensieren sind, werden als P. vorwiegend Phasenschieberkondensatoren eingesetzt. Durch Zu- und Abschalten von Teilgruppen dieser Kondensatoren kann auch schwankendem Blindleistungsbedarf Rechnung getragen werden. Als P. eignen sich auch leerlaufende Synchronmaschinen, die übererregt induktive Blindleistung abgeben. In jüngster Zeit werden auch spezielle Stromrichter als P. angewendet. [3]. Ku

Phasenschieberkondensator *(power-factor correction capacitor)* → Phasenschieber. Ku

Phasenschiebermethode *(phase shift technique)*. Für den Begriff sind mehrere Deutungen möglich: 1. Brückenschaltung mit veränderlichem RC-Glied in der Meßtechnik, um Phasenwinkel zwischen 0° bis 180° stetig und genau einstellen zu können. 2. → Phasenkette. 3. Betrieb eines Wechselstrom-Asynchronmotors mit Phasenschieberkondensator. [3], [12], [13]. Th

Phasenschiebeschaltung *(phase shifting circuit)*. Bezeichnung für eine Schaltung aus reellen Widerständen und Blindwiderständen, mit der eine Phasenverschiebung eines Wechselstromes oder einer Wechselspannung gegenüber der Phasenlage des Eingangssignals der P. erreicht werden kann. [4], [12], [13], [15]. Th

Phasenshifter *(phase shifter)* → Phasenschieber. Fl

Phasenspannung *(phase voltage)*, Sternspannung. In einer Sternschaltung die Spannung zwischen einem Außenleiter und dem Sternpunktleiter oder dem fiktiven Sternpunkt (DIN 40108). Rü

Phasenspektrum *(phase spectrum)*, Phasenwinkelspektrum. Die Darstellung der Nullphasenwinkel bei einer harmonischen Analyse, aufgetragen über der Frequenz (→ Frequenzspektrum). [13]. Rü

Phasensprung *(rapid phase change)*. Sprunghafte Änderung des Phasenwinkels. Phasensprünge treten vor allem bei Reaktanzschaltungen auf. Z.B. springt der Phasenwinkel an der Resonanzstelle bei einem LC-Reihenschwingkreis von $-90°$ auf $+90°$, bei einem LC-Parallelschwingkreis von $+90°$ auf $-90°$. In der Richtcharakteristik einer Antenne tritt im Normalfall bei einer Nullstelle ein P. von 180° auf. [13]. Rü

Phasensprungschalter → Phasenumtaster. Fl

Phasensteuerung *(phase control, hue control)*. 1. Eine Schaltung, die auf die Steuerelektrode eines steuerbaren Bauteils, z.B. eines Thyristors oder eines Thyratrons, Impulse zur Einleitung des Zündvorganges liefert. Die Phasenlage der Impulse läßt sich gegenüber der Phasenlage der Netzwechselspannung in bestimmtem Bereich verstellen. Damit ändert sich der Zündzeitpunkt des gesteuerten Bauteils, und, abhängig davon, erfolgt eine Beeinflussung des Spannungsmittelwertes der Netzwechselspannung, die nach erfolgter Zündung über der zugeschalteten Last liegt. 2. Bei Farbfernsehempfängern wird der im Empfänger befindliche Referenzträgeroszillator (Schwingfrequenz 4,43 MHz) mit dem senderseitig ausgestrahlten Farbsynchronimpuls (→ Burst-Signal) zur Vermeidung von Phasenfehlern über eine P. nachgestimmt. [11], [13], [14]. Fl

Phasenstrom *(phase current)*, Außenleiterstrom. Bei Drehstromleitungen der Strom in einem Außenleiter (DIN 40108). Rü

Phasenumformer *(phase converter)*, Phasenwandler. Der P. wandelt die Wechselstromleistung eines Phasensystems bei gleichbleibender Frequenz in Wechselstromleistung eines andersartigen Phasensystems. [3], [11]. Fl

Phasenumkehrröhre → Katodynschaltung. Fl

Phasenumkehrschaltung *(phase inverter circuit, phase inverter stage)*, Phaseninverter, Phasenumkehrstufe. Mit einer P. werden gegenphasige Signale z.B. zur Ansteuerung von Gegentaktendstufen ohne Eingangsübertrager erzeugt. Eine spezielle P. in der Röhrentechnik ist die Katodyneschaltung, die sich auch mit Transistoren aufbauen läßt. Meist wird die Schaltung des vor der Endstufe liegenden Treibertransistors als Phasenumkehrstufe eingesetzt. Bei Komplementär-Endstufen entfällt die vorangestellte P. [6], [9], [13]. Fl

Phasenumkehrstufe → Phasenumkehrschaltung. Li

Phasenumkehrverstärker *(phase inverting amplifier)*, invertierender Verstärker, Umkehrverstärker. Der P. ist ein Verstärker, an dessen Signalausgang eine gegenüber der Eingangsgröße um 180° in der Phase gedrehte Ausgangsgröße anliegt. Bei Operationsverstärkern erreicht man die Phasendrehung, indem man das zu verstärkende Signal an den invertierenden Eingang legt. In der Digitaltechnik wird der P. als Inverter bezeichnet. [2], [6]. Fl

Phasenumtaster *(phase keying circuit)*, Phasenschalter, Phasensprungschalter. Mit dem P. wird die in Datenübertragungssystemen häufig eingesetzte Modulation der Phasenumtastung durchgeführt. Die Phase eines hochfrequenten Trägers wird über den P. im Takte einer binärcodierten Information sprungartig geschaltet, wodurch ein Phasensprung in der Phasenlage des Trägersignals erfolgt. Als P. können z.B. Ringmodulatoren oder Multiplizierer eingesetzt werden. Zur Demodulation ist ein gleichartiger P. notwendig. [8], [9], [13], [14]. Fl

Phasenumtastung *(phase shift keying)*. Mit der P. können binärcodierte Nachrichten übertragen werden. Dazu erfolgt eine Umschaltung der Phasenlage einer Schwingung bezogen auf eine Nullphase. Wird im Nulldurchgang eines sinusförmigen Signals die P. vorgenommen, so befinden sich vor und nach dem Umschaltzeitpunkt zwei gleiche Halbwellen, wenn eine P. um 180° erfolgt. Durch Vergleich mit der Originalschwingung kann die Nachricht wiedergewonnen werden. [13], [14]. Th

Phasenvergleich → Phasendetektor. Rü

Phasenvergleicher *(phase comparator)*, Phasenkomparator, Phasenvergleichsschaltung. Der P. ist eine Gleichrichterschaltung, bei der eine Ausgangs-Gleichspannung auftritt, die von der Phasenlage einer gleichzurichtenden Wechselspannung gegenüber einer Vergleichswechselspannung abhängt. Beide Ansteuerspannungen des Phasenvergleichers sollen nur gering voneinander abweichende Frequenzen besitzen. Im abgeglichenen Zustand sind Frequenz und Phase beider Signale gleich und die Ausgangsgröße (Strom oder Spannung) wird Null (s.B. → Phasendiskriminator). Mit Phasenvergleichern werden z.B. hochfrequente Sender eines Gleichwellensendernetzes auf frequenz- und phasenrichtigen Gleichlauf abgestimmt oder Empfänger im drahtlosen Einseitenbandbetrieb auf die Sendefrequenz abgeglichen. [14]. Fl

Phasenvergleichsschaltung → Phasenvergleicher. Fl

Phasenverschiebungswinkel *(phase shift)*. Die Differenz der Nullphasenwinkel (→ Amplitude, komplexe) zweier Sinusgrößen gleicher Frequenz. [13]. Rü

Phasenverzerrung → Verzerrung, lineare. Rü

Phasenvorrat *(phase margin)* → Phasenrand. Ku

Phasenwandler → Phasenumformer. Fl

Phasenwinkel *(phase angle)*. Das Argument der Sinus- oder Cosinusfunktion. [13]. Rü

Phasenwinkelmesser → Phasenmesser. Fl

Phasenwinkelmessung → Phasenmessung. Fl

Phasenwinkelspektrum → Phasenspektrum; → Frequenzspektrum. Rü

Phi-Detektor → Phasendemodulator. Fl

Philbert-Transformator *(Philbert-transformer)*, Philbert-Übertrager. Der P. ist ein Übertrager für den Niederfrequenzbereich, dessen Bleche einen besonderen Kernschnitt, den Philbert-Schnitt, besitzen (Bild). Kernaus-

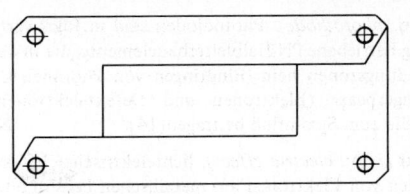

Philbert Transformator

führungen dieser Art dienen der Verringerung von Streuverlusten. Die Wicklungen von Primär- und Sekundärspule werden auf beide Schenkel verteilt. [13], [14]. Fl

Philbert-Übertrager → Philbert-Transformator. Fl

Phlogopit → Glimmer. Ge

Phon *(phon)*. Einheit des subjektiven Lautstärkepegels. Das P. und die akustische Dezibelskala sind identisch für die Frequenz 1 kHz. Das sogenannte DIN-phon bildet den Anzeigewert eines Schallpegelmessers, in dessen Verstärkerzug ein Ohrkurvenentzerrer eingesetzt ist (Bewertung mit A-Kurve). Es handelt sich hierbei um eine Filterschaltung, die dem Frequenzgang des Ohres nachempfunden wurde. Th

Phonon *(phonon)*. Die quantenmechanische Beschreibung der Gitterschwingungen eines Kristalls zeigt, daß die Schwingungszustände gleiche Energiedifferenz $\Delta W_q = \hbar \omega(q)$ haben. Das Schwingungsquantum nennt man P. Es ist ein Quasiteilchen, das dem Kristall zu- oder abgeführt werden kann; man spricht dementsprechend von Phononenerzeugung oder -vernichtung. [7]. Bl

Phosphoreszenz *(phosphorescence)*. Leuchterscheinung, die bei verschiedenen Substanzen durch Einstrahlung elektromagnetischer Strahlung angeregt wird (→ Lumineszenz). Bei der P. ist die Nachleuchtdauer relativ lange; sie reicht von Bruchteilen einer Sekunde bis zu Jahren. [5]. Bl

Photoarray *(photoarray)*. Zeilen- oder matrixartige (zweidimensionale) Anordnung von Photodioden, Phototransistoren oder Photoelementen zur Erhöhung der Photospannung bzw. des Photostromes oder zum optischen Abtasten von Lochkarten oder Lochstreifen, wobei jeder Lochreihe ein Photohalbleiter zugeordnet ist. [16]. Li

Photochopper → Photozerhacker. Fl

Photochromie → Phototropie. Fl

Photodarlingtontransistor *(photo-Darlington transistor)*. Durch Verwendung einer Darlingtonschaltung liefern die Phototransistoren ausreichend hohen Strom, um nachfolgende Schaltungen direkt ansteuern zu können. Dies allerdings geht auf Kosten der Schaltzeiten, die mehrere Hundert Mikrosekunden betragen können. [4]. Ne

Photodetektor *(photodetector)*. Ein Detektor, der Strahlung im infraroten, sichtbaren und ultravioletten Teil des Spektrums der elektromagnetischen Wellen in ein von der Intensität der einfallenden Strahlung abhängiges elektrisches Signal umwandelt. [16]. Li

Photodiode *(photodiode)*. Photodioden sind in Rückwärtsrichtung betriebene PN-Halbleiterbauelemente, die in den Raumladungszonen beim Eindringen von Photonen Ladungsträgerpaare (Elektronen und Defektelektronen) bilden, die zum Stromfluß beitragen. [4]. Ne

Photoeffekt *(photoelectric effect)*, lichtelektrischer Effekt. Freisetzen von Elektronen aus metallischen Leitern oder anderen elektronenreichen Schichten durch elektromagnetische Strahlung (→ Photon). Man unterscheidet 1. den äußeren Photoeffekt, 2. den inneren Photoeffekt. [7]. Bl

Photoeffekt, äußerer *(extrinsic photoelectric effect)*. Freisetzen von Elektronen durch von außen eingestrahlte Photonen (→ Photon). Die kinetische Energie der abgetrennten Elektronen hängt von der Frequenz f der elektromagnetischen Strahlung und der Ablösearbeit W_a des Materials ab. Es gilt:

$$W_{kin} = hf - W_a$$

(h Plancksches Wirkungsquantum). Anwendung: Elektronenröhren, Photovervielfacher. [7]. Bl

Photoeffekt, innerer *(intrinsic photoelectric effect)*. Beim inneren P. verlassen die durch die Wechselwirkung zwischen Strahlung und Materie freigesetzten Elektronen die Materie nicht. Er wird in optoelektronischen Bauelementen (z.B. Photowiderstand, Photoelement, Photodiode, Phototransistor) ausgenutzt. Ein innerer P. liegt auch beim Sperrschichtphotoeffekt vor. [7]. Bl

Photoelektronen *(photelectrical emitted electrons)*. Durch den Photoeffekt freigesetzte Elektronen. [7]. Bl

Photoelement *(photoelement)*. Photoelemente unterscheiden sich von Photodioden dadurch, daß sie nicht mit äußerer Spannung betrieben werden. Bei Beleuchten von Photoelementen mit elektromagnetischer Strahlung tritt im Leerlauf eine Spannung auf, die mit zunehmender Beleuchtungsstärke logarithmisch ansteigt. Spezielle Photoelemente sind Solarzellen, die zur Umwandlung der Sonneneinstrahlung in elektrische Energie große Bedeutung erlangt haben. [4]. Ne

Photoemission *(photoemission)*. Das Freisetzen von Elementarteilchen (meist Elektronen) durch Lichteinstrahlung nach Art des Photoeffektes. Die kinetische Energie der freigesetzten Teilchen W_k ist hierbei durch die Photonenenergie $W_{ph} = hf$ und die materialabhängige Ablösearbeit W_a bestimmt:

$$W_k = W_{ph} - W_a.$$

[7]. Bl

Photoempfänger → Photodetektor. Li

Photempfindlichkeit, spektrale *(spectral characteristic)*. Bei Bauelementen der Optoelektronik der Einfluß der Wellenlänge des Lichtes auf die erzielten Effekte, z.B. den Photostrom einer Photodiode. Die spektrale P. wird meist relativ zum maximalen Effekt angegeben (relative spektrale P.). Sie stimmt bei Bauteilen der Optoelektronik meist nicht mit der relativen spektralen P. des menschlichen Auges überein. [16]. We

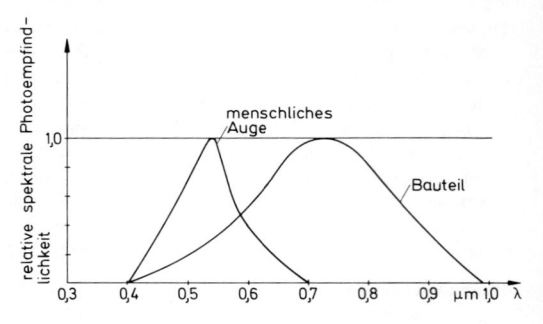

Beispiel für den Verlauf der relativen spektralen Empfindlichkeit

Photohalbleiter *(photo semiconductor)*. Unter P. faßt man sämtliche Halbleiter zusammen, die elektromagnetische Strahlung empfangen oder emittieren können. [4]. Ne

Photolack *(photoresist)*. Organische Verbindungen, die bei Bestrahlung mit Ultraviolettlicht aushärten (Positivlack) oder nicht aushärten (Negativlack). Der Photolack kann an den nicht ausgehärteten Bereichen durch Lösungsmittel entfernt werden. Die verbleibende Lackschicht schützt die darunter befindliche Silicium-(II)-oxidschicht bei Ätzprozessen. [4]. Ne

Photoleiter → Photowiderstand. Ge

Photolithographie *(photolithography)*. Verfahren, um das Muster einer Maske auf das Halbleitersubstrat zu übertragen. Die einzelnen Schritte sind: Aufbringen von Photolack auf die oxidierte Oberfläche des Substrats, Auflegen der Photomaske, Belichten, Wegätzen z.B. des unbelichteten Photolacks (bei Verwendung von Positivlack), Entfernen der darunterliegenden Siliciumschicht (Bild). An diesen Stellen können durch Diffusion

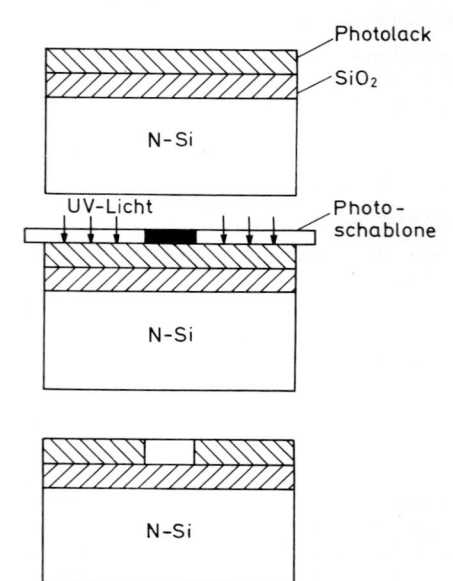

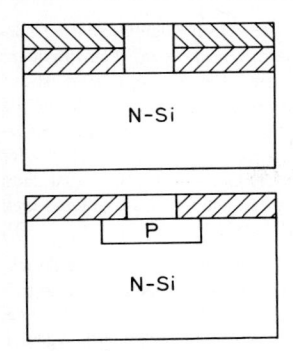

Prozeßablauf bei der Photolithographie

oder Ionenimplantation selektive Dotierungen vorgenommen werden. [4]. Ne

Photomaske *(photomask)*. Vorlage zur Herstellung einer integrierten Schaltung, die Teile der Struktur einer integrierten Schaltung enthält. Es liegt eine Maskenvorlage vor, von der über eine Reduktionskamera eine Zwischenmaske (Reticle) hergestellt wird. Eine weitere Verkleinerung wird mit der „Step-and-Repeat"-Kamera vorgenommen, die die Struktur der Maskenvorlage auf einen Glasträger mit photoempfindlicher Schicht projiziert. Mit Hilfe einer geeigneten Photolacktechnik wird die Struktur der Photomaske auf die Siliciumscheibe übertragen. [4]. Ne

Photometrie *(photometry)*. Messung der lichttechnischen Größen (Strahlungsleistung, Lichtstrom) durch visuelle, lichtelektrische und thermoelektrische Photometer. [5]. Bl

Photomultiplier → Elektronenvervielfacher. Fl

Photon *(photon)*, Lichtquant. Quant, durch dessen Austausch die elektromagnetische Wechselwirkung übertragen wird. Die Teilchennatur des Photons wurde mit Hilfe des Photoeffektes gezeigt. In einer monochromatischen, elektromagnetischen Welle ist die Energie des Photons $W = hf = hc/\lambda$ (h Plancksches Wirkungsquantum, f Frequenz, λ Wellenlänge, c Vakuumlichtgeschwindigkeit). Das Photon ist ein „Boson" mit Spin 1 und der Ruhemasse Null. [5], [7]. Bl

Photonengas *(photon gas)*. Modell, wonach sich Photonen in einem Hohlraum ähnlich verhalten, wie ein Gas nach der kinetischen Gastheorie in einem vorgegebenen Volumen. [5], [7]. Bl

Photospannung *(photovoltage)*. Eine Spannung, die durch den inneren Photoeffekt verursacht wird. Die P. ist von der Intensität der absorbierten Strahlung abhängig. Sie tritt bei Halbleitern vorwiegend an Sperrschichten auf. [16]. Li

Photostrom *(photocurrent)*. 1. Der Strom, der bei Lichteinwirkung in einen Halbleiter oder einen PN-Übergang aufgrund des inneren Photoeffektes auftritt. 2. Der Strom, der in einer Hochvakuumphotozelle aufgrund des äußeren Photoeffektes auftritt. [16]. Li

Photothyristor *(light activated silicon controlled rectifier, photothyristor)*. Der P. hat wie der Thyristor einen Vierschichtaufbau mit PN-Übergängen, von denen der NP-Übergang der Strahlung zugänglich gemacht wird. Wenn Licht mit einer Mindestbeleuchtungsstärke (etwa 1000 lx) und mit einer Mindestbelichtungszeit (etwa 30 μs bis 50 μs) auf den NP-Übergang auftrifft, werden Elektronen-Defektelektronenpaare erzeugt, die den Thyristor durchschalten. Er bleibt auch durchgeschaltet, wenn die Lichtquelle entfernt wird. Der Sperrzustand läßt sich nur erreichen, wenn man ihn abschaltet oder die Betriebsspannung kurzzeitig umpolt. Anwendung: lichtgesteuerter elektronischer Schalter. [4]. Ne

Phototransistor *(phototransistor)*. Transistor, bei dem der in Sperrichtung gepolte Kollektor-Basis-Übergang so ausgebildet ist, daß er einer Bestrahlung gut zugänglich ist. Bei Photonenabsorption wird der ausgelöste Photostrom um den Stromverstärkungsfaktor B des Transistors in Emitterschaltung vergrößert. Phototransistoren haben gegenüber Photodioden eine um den Faktor 100 bis 500 größere Empfindlichkeit. [4]. Ne

Phototropie *(phototropie)*, Photochromie. Mit P. bezeichnet man die Eigenschaft einiger chemischer Verbindungen, unter Einfluß elektromagnetischer Strahlung eines bestimmten Wellenlängenbereichs ihre spektrale Durchlässigkeit zu ändern. Der Vorgang ist reversibel, d.h., nach beendeter Strahlung baut sich die ursprüngliche Durchlässigkeit wieder auf. Beispiel: Borsilikatgläser mit silberhalogenidhaltigen Kristallbeimengungen (Korngröße etwa $< 30 \cdot 10^{-9}$ m) bilden unter Einstrahlung von Ultraviolettlicht metallisches Silber und färben sich dunkel. Nach Entfernen des Ultraviolettlichtes und weiterer Einwirkung langwelliger Bestrahlung bildet sich Silberhalogenid und das Glas hellt sich auf. Phototropische Substanzen besitzen einen Speichereffekt, der z.B. zur Aufzeichnung von Hologrammen genutzt werden kann. Anwendungen: zur Herstellung dreidimensionaler Bilder beim Stereofernsehen; zum Aufbau von Datenspeichern mit einer Speicherdichte von etwa 10^{10} Bit/cm^2; zur Herstellung von Schutzbrillen als Strahlenschutz. [5], [13]. Fl

Photovaristor → Photowiderstand. Ge

Photovervielfacherröhre *(photomultiplier tube)*. Eine evakuierte Röhre, bei der sich zwischen Photokatode und Photoanode eine oder mehrere Prallanoden (Dynoden) befinden. Die von der Photokatode emittierten Elektronen werden beschleunigt und von den Prallanoden reflektiert, wobei Sekundärelektronen emittiert werden. Dadurch wird der Elektronenstrom von Prallanode zu Prallanode wesentlich vergrößert. [16]. Li

Photowiderstand *(photoresistor)*. Photowiderstände sind ein- oder polykristalline Halbleiterkristalle, deren ohmscher Widerstand beim Bestrahlen mit Licht abnimmt. Da sie keinen PN-Übergang besitzen, sind sie stromrichtungsunabhängig. Halbleiter für den sichtbaren Bereich sind Cadmiumsulfid und Cadmiumselenid, für den Infrarotbereich Bleisulfid, Bleiselenid, Indiumantimonid und Cadmiumquecksilbertellurid. [4]. Ge

Photozelle *(photocell).* Halbleiterbauelemente, deren Strom-Spannungskennlinie von der Beleuchtungsstärke abhängt. Beispiele sind: Photowiderstände oder Phototransistoren. [4]. Ne

Photozerhacker *(photochopper).* (→ Prinzipbild Chopper) Lichtzerhacker, Photochopper. P. sind Chopper, bei denen lichtabhängige Bauteile, z.B. Photowiderstände als Schalterlemente eingesetzt werden. Den Schaltvorgang bewirken Lichtquellen, z.B. Leuchtdioden, die in knappem Abstand in der optischen Achse den Widerständen gegenüberstehen (ähnlich → Lichtgabelkoppler). Fällt Licht auf die Widerstände, werden sie niederohmig. Bei Dunkelheit sind sie hochohmig. Die Schaltfrequenz zur Ansteuerung der Lichtquelle liegt im Kilohertz-Bereich, sie kann z.B. von einem Multivibrator erzeugt werden (→ Chopperverstärker). Man erreicht mit Photozerhackern neben einer guten Isolierung des Steuerkreises vom Signalkreis auch eine geringe Drift. Vorteilhaft sind auch Optokoppler als Steuer- und Schaltglieder einzusetzen. [6], [9], [16]. Fl

PIA *(PIA, peripheral interface adapter).* Integrierter Baustein für die parallele Ein-Ausgabe aus einem Mikroprozessorsystem. Das P. verfügt über mehrere Ein-Ausgabe-Kanäle (Ports). Durch Einschreiben eines Steuerwortes in das PIA kann festgelegt werden, ob die Kanäle als Ein- oder Ausgabe wirken; außerdem kann das Quittierungsverfahren (→ Handshake-Methode) gewählt werden. Das PIA wird daher auch als programmierbare Ein-Ausgabe-Schaltung bezeichnet. [2]. We

Picoamperemeter *(picoammeter).* Das P. ist ein Strommeßgerät, dessen Skalenwerte in Picoampere (10^{-12} A) kalibriert sind (→ Kalibrierung). Es wird für Messungen sehr kleiner Ströme und elektrischer Ladungen eingesetzt. Vielfach handelt es sich bei Picoamperemetern um elektronische Meßgeräte, bei denen der hohe Eingangswiderstand und die Verstärkung einer Elektrometerröhre oder eines Feldeffekttransistors ausgenutzt werden. [13]. Fl

PID-Regler *(PID-controller)* → Regler, elektronischer. Ku

Pierce-Oszillator *(Pierce oscillator).* Es handelt sich hier um eine Quarzoszillatorschaltung (→ Quarzgenerator) nach dem Huth-Kühn-Prinzip (→ Huth-Kühn-Oszillator). Bei einem Transistoroszillator liegt der Schwingquarz zwischen Basis und Emitter. Der Kollektorkreis ist auf die Quarzfrequenz abgestimmt. Die Rückkopplung (→ Rückführung) erfolgt durch die Kollektor-Basis-Kapazität. Die Schwingfrequenz liegt etwas oberhalb der Serienresonanzfrequenz des Quarzes. Der Quarz ist dann induktiv und bildet mit den äußeren Kapazitäten einen Parallelschwingkreis. [6], [8], [13], [15]. Th

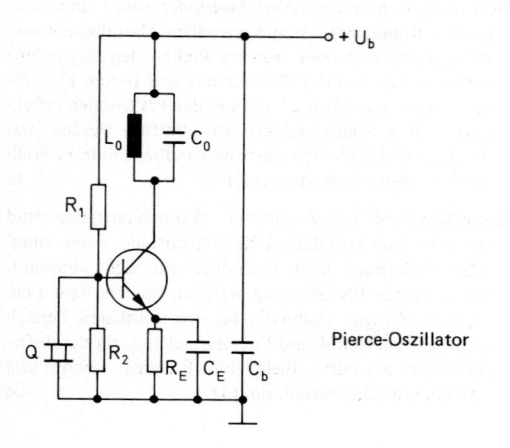

Piezodiode *(piezodiode).* Bei Piezodioden wird die Druckabhängigkeit eines PN-Überganges ausgenutzt, wodurch die Bandstruktur (Beweglichkeit, Breite des Energieabstandes zwischen Valenz- und Leitungsband, Eigenleitungsdichte) verändert wird. Anwendung: Umwandlung mechanischer in elektrische Größen. [4]. Ne

Piezoelektrizität *(piezoelectricity).* Wird ein aus Ionen aufgebauter Kristall, der eine polare Achse besitzt, deformiert, so zeigt er elektrische Polarisation. Dabei werden im Kristall Dipolmomente erzeugt oder vorhandene Dipolmomente so verändert, daß die Oberfläche aufgeladen ist. Dieses Phänomen wird P. genannt. [5]. Bl

Piezokeramik *(piezoelectric ceramic).* Keramischer Werkstoff mit piezoelektrischem Effekt, meist Bariumtitanat oder Blei-Zirkonat-Titanat-Verbindungen. Anwendung z.B. für Ultraschallgeber, Schwingungsaufnehmer (Unterwassermikrophone), Verzögerungsleitungen, Beschleunigungsmesser. [4]. Ge

Piezotransistor *(piezoelectric transistor).* Bipolartransistor, dessen elektrische Eigenschaften durch mechanische Spannungen oder Druck beeinflußt werden können. [4]. Ne

PIGFET *(p-channel isolated gate field-effect transistor).* Wenig gebräuchliche Bezeichnung für P-Kanal MOSFET (*MOS metal-oxide semiconductor*) (→ MISFET). [4]. Ne

PI-Glied (Π-Glied) → Pi-Schaltung. Rü

Pilotfrequenz *(pilot frequency).* Pilotfrequenzen sind international festgelegte Einzelfrequenzen mit genormten Pegeln, die zu Überwachungs- und Regelungszwecken sowie zur Signalabgabe für eine einwandfreie Funktion von Trägerfrequenzeinrichtungen der Fernsprechübertragungstechnik sorgen. Die als Dauersignale ab der Primärgruppe in die Übertragungseinrichtungen eingespeisten Pilotfrequenzen liegen etwa in Bandmitte der Kanalgruppen (z.B. Bereich der Primärgruppe: von 60 kHz bis 108 kHz, Pilot: 84,08 kHz). [13], [14], [19]. Fl

Pilottechnik *(pilot technique).* Die P. dient der Betriebssicherheit von Übertragungseinrichtungen der Trägerfrequenz- und der Zeitmultiplextechnik. Zur Vermeidung von Einflüssen wie Fehler durch Alterung der Kabel und Bauelemente, Temperaturänderungen und Schwund (z.B. bei Richtfunkstrecken) sind für die einzelnen Kanalgruppen in der Trägerfrequenztechnik Pilotfrequenzen mit festgelegten Frequenz- und Pegelwerten (→ Pegel) vorgesehen. Diese Pilote speist man zu Beginn in Übertragungsstrecken ein und vergleicht entweder am Empfangsort oder nach bestimmten Abschnitten deren Werte mit entsprechenden Sollwerten. Abwei-

Pierce-Oszillator

chungen können durch Regeleinrichtungen beseitigt bzw. verkleinert werden. Für die verschiedensten Aufgaben werden z.B. Leitungspilote, Gruppenpilote, Frequenzvergleichspilote oder Lückenmeßpilote bereitgestellt. In Zeitmultiplexsystemen gibt bei Netzabzweigungen eine Pilotschwingung, deren Frequenz z.B. oberhalb des Sprachbandes liegt, eine Gruppenkennung der einzelnen Kanalgruppen an. [13], [14], [19]. Fl

Pilottonfrequenz *(pilot-tone frequency)*. 1. Die P. ist die Frequenz von 19 kHz, mit der das Stereo-Multiplexsignal beim Pilottonverfahren (→ Bild Pilottonverfahren) vom Sender ausgestrahlt wird. Sie dient der empfängerseitigen Kennung, daß Stereo-Signale anliegen (→ Stereodecoder) und der phasenrichtigen Wiedergewinnung von Informationen in beiden Kanälen. 2. Die P. stellt bei Film- und Fernsehaufzeichnungen mit unperforierten Magnetonbändern einen zusätzlichen Ton als Markierung zur Synchronisierung von Bild und Nutzton bereit. [9], [13], [14]. Fl

Pilottonverfahren *(pilot-tone method)*. 1. Das P. ist das heute angewandte hochfrequente Übertragungsverfahren, nach dem die frequenzmodulierten Rundfunksender im UKW-Bereich (UKW Ultrakurzwelle) Stereosignale aussenden. Aus den niederfrequenten Informationen des rechten Kanals (R) und des linken Kanals (L) werden Summensignale (L + R) und Differenzsignale (L − R) gebildet. Die Summensignale werden wie beim Monoverfahren als Frequenzmodulation der Sendeträgerfrequenz aufgeprägt und lassen sich mit jedem UKW-Empfänger nach erfolgter Demodulation hörbar machen. Mit den Differenzsignalen wird ein 38-kHz-Hilfsträger im Zweiseitenbandverfahren amplitudenmoduliert (→ Amplitudenmodulation). Der Hilfsträger wird senderseitig unterdrückt. Zur empfängerseitigen frequenz- und phasenrichtigen Demodulation (→ Stereodecoder) überträgt man einen zusätzlichen Pilotton mit halber Hilfsträgerfrequenz. Die Amplitude des Pilottons beträgt 10 % der Gesamtamplitude. Wie das Bild zeigt, besteht das gesamte Stereomultiplexsignal beim P. aus den Summensignalen, dem Pilotton und den Differenzsignalen, die zwei Seitenbänder bilden. Mit diesen Informationen wird der Sender frequenzmoduliert. 2. Bei Film- und Fernsehaufnahmen, bei denen der Ton auf unperforierten Magnettonbändern aufgezeichnet wird, dient das P. zur Herstellung einer bildsynchronen Tonwiedergabe. An der Kamera ist ein Pilottongeber befestigt, der neben dem Nutzton eine Pilottonfrequenz aufzeichnet, die den Gleichlauf zwischen Bild und Ton bewirkt. Derartige Aufzeichnungen müssen auf Magnetofilm umgespielt werden. [9], [13], [14]. Fl

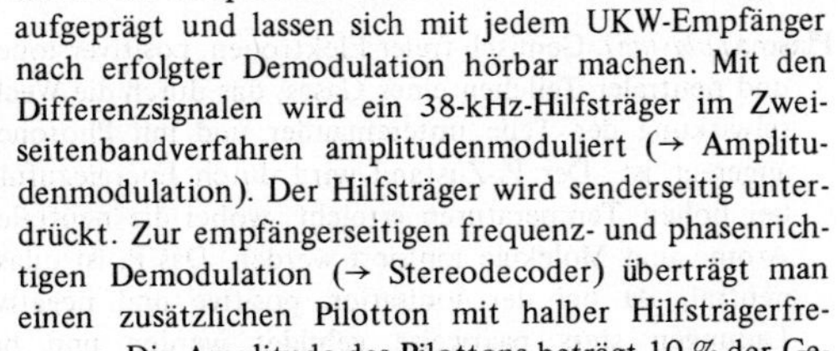

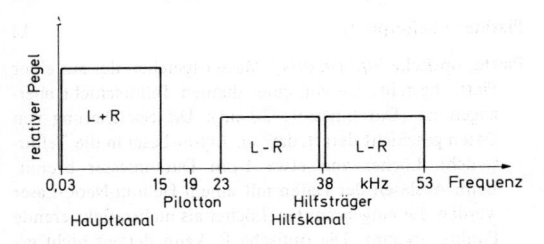

Pin *(pin)*. Englische Bezeichnung für einen Anschlußstift (Sockelstift) bei einer Röhre, einem Stecker oder einer integrierten Schaltung. [4]. Li

Pinch-Effekt → Abschnürung. Ne

Pinch-off-Spannung → Abschnürung. Ne

Pinch-Widerstand *(pinch resistor)*. Ohmscher Widerstand bei integrierten Schaltungen, der dadurch gebildet wird, daß in eine P-Zone eine N^+-Schicht diffundiert wird. Hierdurch bleibt eine dünne, schwach dotierte P-Zone, wodurch der Schichtwiderstand erhöht wird. [4]. Ne

PIN-Diode *(pin diode)*. Halbleiterdiode mit einer Struktur P^+IN^+ (I intrinsic, eigenleitend). Schon bei kleinen Rückwärtsspannungen wird die eigenleitende Zone von freien Ladungsträgern ausgeräumt, d.h., fast die gesamte Sperrzone wird von der I-Zone bestimmt. Dies bedeutet, daß die Sperrschichtkapazität der P. nahezu spannungsunabhängig ist. Bei einer in Flußrichtung vorgespannten P. wird die I-Zone von Ladungsträgern aus den angrenzenden hochdotierten Gebieten überschwemmt; die Diode wird leitend. Da die Schaltzeiten der P. in der Größenordnung der Ladungsträgerlaufzeiten durch die I-Zone liegen, wird die P. in der Mikrowellentechnik eingesetzt. [4]. Ne

PIN-Diodenschalter *(PIN diode switch)*. Da die PIN-Diode sehr hochohmig in Rückwärtsrichtung und sehr niederohmig in Vorwärtsrichtung ist und niedrige Sperrkapazität hat, wird sie als schneller Schalter verwendet (Einschaltzeit: 10 ps bis 1 ns; Ausschaltzeit: < 1 ns). Sie wird in Reihen- und in Parallelschaltung betrieben (Bild). [2], [4], [8]. Li

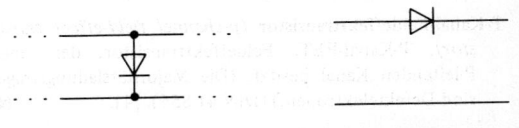

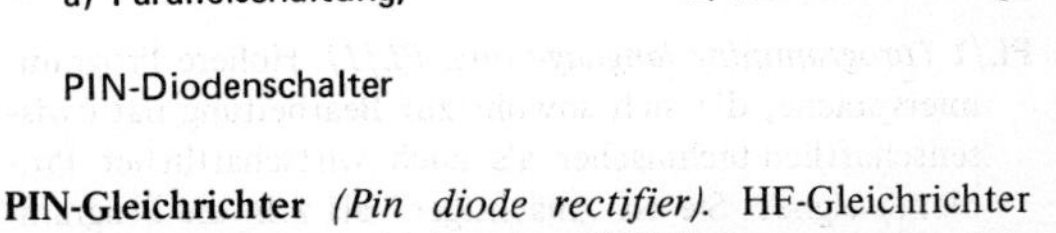

a) Parallelschaltung, b) Reihenschaltung

PIN-Diodenschalter

PIN-Gleichrichter *(Pin diode rectifier)*. HF-Gleichrichter (HF Hochfrequenz), der eine PIN-Diode verwendet. Die PIN-Diode eignet sich wegen ihrer niedrigen Sperrkapazität zum Einsatz bei Frequenzen bis in den Gigahertzbereich. Da sie einerseits hochohmig in Rückwärtsrichtung und andererseits sehr niederohmig in Vorwärtsrichtung ist, treten an ihr sehr kleine Verlustleistungen auf. [4], [8]. Li

PIN-Photodiode *(PIN photodiode)*. Bei der P. wird die Quantenausbeute der Photoneneinstrahlung in der Raumladungszone vergrößert und die Größe des Sperrstromes verringert, indem man zwischen die N- und P-Schicht eine eigenleitende (I-) Schicht einfügt. [4]. Ne

Pilottonverfahren

Pinhole *(pinhole)*. Winzige Löcher in der Oxidschicht von Planarbauelementen, die zu unerwünschten Diffusionen in einem Halbleiter oder zu Leiterbahnkurzschlüssen führen können. [4]. Ne

pinkompatibel *(pin compatible)*. Integrierte Schaltungen, deren Anschlußbelegung bei Produkten verschiedener Hersteller gleich sind. Obwohl die Anschlußbelegung der integrierten Schaltungen übereinstimmen, müssen sie nicht **funktionskompatibel** sein! [4]. Ne

PIPO-Register (p̱arallel-i̱n/p̱arallel-o̱ut register). Register (z. B. Befehls- und Operationsregister), in die eine Information parallel eingelesen und parallel ausgegeben werden kann. [1]. Ne

PI-Regler *(PI-controller)* Regler, elektronischer. Ku

PI-Schaltung (Π-**Schaltung**) *(Π-section)*, Π-Glied. Ein Grund-Vierpol der Nachrichtentechnik (Bild). Die P. entspricht der Dreieckschaltung, wobei allerdings eine Klemme als durchgehende Verbindung (1′, 2′) vom Ein- zum Ausgangstor ausgebildet ist. Die P. ist dual zur T-Schaltung (→ Vierpol, dualer). [15]. Rü

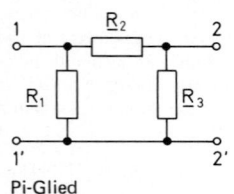

Pi-Glied

PISO-Register (p̱arallel-i̱n/s̱erial-o̱ut register). Register, in die eine Information parallel eingelesen und bitseriell (z. B. zur Übertragung der Information auf Leitungen) ausgegeben wird. Realisierung als Schieberegister. [1]. Ne

Pixie-Röhre → Glimmanzeigeröhre. Ne

P-Kanal-Feldeffekttransistor *(p-channel field-effect transistor)*, P-Kanal-FET. Feldeffekttransistor, der einen P-leitenden Kanal besitzt. (Die Majoritätsladungsträger sind Defektelektronen.) (DIN 41 855). [4]. Ne

P-Kanal-FET → P-Kanal-Feldeffekttransistor. Ne

PL/1 *(programming language one, PL/1)*. Höhere Programmiersprache, die sich sowohl zur Bearbeitung naturwissenschaftlich-technischer als auch wirtschaftlicher Probleme eignet. Sie ist „mächtiger" als z. B. die Programmiersprachen ALGOL oder FORTRAN. [9]. Ne

PLA (p̱rogrammable logic ḏrray), programmierbare Logikschaltung. Integrierte Schaltungen mit Signalein- und -ausgängen, zwischen denen logische Verknüpfungen programmiert werden. Erfolgt die Programmierung beim Hersteller, spricht man von MPLA (*mask PLA*). Erfolgt die Programmierung beim Anwender, spricht man von FPLA (*field PLA*). [2]. We

Planarprozeß *(planar process)*. Herstellungsverfahren von Halbleiterbauelementen und integrierten Schaltungen, bei denen die einzelnen Halbleiterstrukturen nur wenige Mikrometer unter der ebenen Oberfläche des Wafers angeordnet sind. Mit Hilfe von Photomasken können bestimmte Strukturen durch selektive Dotierung gebildet werden. Hochintegrierte Schaltungen werden heute ausschließlich im P. hergestellt. [4]. Ne

Planartransistor *(planar junction transistor)*. Transistor mit einem einseitig ebenen Kristall, bei dem die Emitter- und Basiszone auf der ebenen Kristallseite eindiffundiert wurden, dergestalt, daß die PN-Übergänge auf dieser Kristallseite enden (DIN 41 855). [4]. Ne

Plancksches Strahlungsgesetz *(Planck's radiation law)*. Nach Planck ist die in einem Wellenlängenbereich $\lambda + d\lambda$ emittierte Strahlungsleistung s_λ eines Körpers nur von seiner Temperatur T in K und der Wellenlänge λ abhängig, d. h.,

$$s_\lambda d\lambda = \frac{2\pi c^2}{\lambda^5} \left\{ e^{\left(\frac{hc}{\lambda kT}\right)} - 1 \right\}^{-1},$$

wobei c Vakuumlichtgeschwindigkeit, h Plancksches Wirkungsquantum, k Boltzmann-Konstante ist. [5]. Bl

Plancksches Wirkungsquantum *(Planck's constant)*, Wirkungsquantum. Das P. h ist eine universelle Naturkonstante; sie hat den Wert

$h = (6{,}256 \pm 0{,}0005) \cdot 10^{-34}$ Js.

Häufig wird auch $\hbar = h/2\pi$ („h-quer") benutzt. [5], [7]. Bl

PLANOX → Oxidwall-Isolation. Ne

Plasma *(plasma)*. Gemisch freier Elektronen, positiver Ionen und neutraler Teilchen eines Gases, das durch die Wechselwirkung der Teile untereinander und mit Photonen angeregt ist. Der P.-Zustand wird durch Energiezufuhr bei hohen Temperaturen erreicht, wobei die neutralen Atome und Moleküle ionisiert werden. Das P. ist quasineutral, da bei der Ionisation positive und negative Ladungen stets paarweise gebildet werden und bei Rekombination auch paarweise vernichtet werden. [5], [7]. Bl

Plasmafrequenz *(plasma frequency)*. Frequenz der longitudinalen Plasmaschwingungen

$$\omega_p = \sqrt{4\pi n_e e^2/m_e},$$

worin m_e die Masse der freien Elektronen im Plasma, e die Elementarladung und n_e die Elektronendichte bezeichnen. Die P. in Metallen hat die Größenordnung von 10^{15} Hz. [5], [7]. Bl

Plasmazerstäubung → Katodenzerstäubung. Ne

Platine → Leiterplatte. Li

Platte, optische *(optical disk)*. Massenspeicher, der aus einer Platte besteht, die von einer dünnen Tellurschicht überzogen ist (Durchmesser: 30 cm). Die Speicherung von Daten geschieht derart, daß ein Argon-Laser in die Tellurschicht Löcher von etwa 1 μm Durchmesser brennt. Beim Auslesen der Daten mit einem Helium-Neon-Laser werden die eingebrannten Löcher als nichtreflektierende Punkte erkannt. Die optische P. kann derzeit nicht gelöscht werden. [1]. Ne

Plattenbetriebssystem → DOS. We

Plattenkondensator *(plate capacitor)*. Ein Kondensator, der aus zwei flächenhaft sich gegenüberstehenden Metallelektroden (Platten) besteht. Als Dielektrikum dienen u.a. Glas, Keramik, Kunststoff, Luft, Öl oder Vakuum. Mehrere Platten können zu Paketen angeordnet werden. Um homogene elektrische Randfelder zu erreichen, werden die Platten bei Leistungskondensatoren so dick wie ihr Abstand oder mit wulstförmigem Rand ausgeführt. [4]. Ge

Plattenspeicher → Magnetplattenspeicher. We

Playback-Verfahren *(playback)*. P. *(play back* = zurückspielen) ist das wiederholte Abspielen von Informationen, die auf einem Tonband gespeichert sind. In der Studiotechnik setzt man das P. ein, wenn die Interpreten ihren Vortrag zwar aufgezeichnet haben und auch tatsächlich auftreten, aber den Vortrag nicht mehr original vorführen, sondern auf der Bühne die Darstellung nur markieren. Man vermeidet damit Fehler, die durch ungünstige Aufführungsbedingungen entstehen. Mit dem P. lassen sich auch Trickeffekte erzielen oder zusätzliche Instrumental- oder Gesangsstimmen in die Aufzeichnung einblenden. [13]. Fl

P-Leitung → Defektleitung. Bl

pleochroisch *(pleochroic)*. Absorbierende, doppelbrechende Kristalle sind p., wenn sie Verschiedenfarbigkeit zeigen. Bei isotropen Kristallen ist die Absorption unabhängig von der Kristallrichtung und der Lichtpolarisation; bei anisotropen Kristallen ändert sich die Lage der Absorptionsmaxima mit der Orientierung des Kristalls und der Lichtfrequenz bzw. -polarisation. Daher ändern anisotrope Kristalle z.B. bei Änderung der Durchstrahlungsrichtung oder der Polarisation ihre Farbe. [5], [7]. Bl

PLL → Phase-Locked-Loop. Th

PLL-Demodulator *(PLL demodulator)*. Eine PLL-Schaltung (*PLL phased locked loop*) ist als FM-Demodulator (FM Frequenzmodulation) nutzbar, wenn der VCO (*VCO voltage controlled oscillator*) im ungestörten Zustand auf der Trägerfrequenz schwingt. Ist das Eingangssignal frequenzmoduliert, erzeugt der Phasenkomparator eine Fehlerspannung, die der Frequenzabweichung entspricht. Die Fehlerspannung stellt somit direkt den niederfrequenten Signalverlauf dar. Die Grenzfrequenz des Tiefpaßfilters für die Regelspannung muß etwas größer als die höchste Modulationsfrequenz sein. [4], [6], [8], [13], [14], [18]. Th

PLL-Technik → Phase-Lock-Technik. Th

PL/M *(programming language microprocessor, PL/M)*. Höhere Programmiersprache für Mikroprozessoren, die der Programmiersprache PL/1 angeglichen ist. [9]. Ne

PLM → Pulslagenmodulation. Th

Plotter *(plotter)*. Zeichengerät, das Geraden und Kurven zeichnen kann und als Peripheriegerät einer Datenverarbeitungsanlage Anwendung findet. Zum Zeichnen wird meist ein Zeichenstift in zwei Dimensionen über ein feststehendes Blatt Papier geführt. [1]. Li

Plumbicon *(plumbicon)*. Das P. ist eine Bildaufnahmeröhre, die den kometenschweifartigen Nachzieheffekt des SB_2S_3-Vidikons (Sb_2S_3 Antimonsulfid) durch seine geringe Trägheit vermeidet. Der Photohalbleiter besteht aus einer Bleioxidschicht. Von allen zur Zeit eingesetzten Kameraröhren hat das P. die geringste Trägheit, ist jedoch unempfindlicher als das Vidikon. Das P. wird daher hauptsächlich in Studiokameras eingesetzt. [4], [6], [13], [14], [16]. Th

PMOS *(p-channel metal-oxide semiconductor, PMOS)*. Technik, bei der in einem Halbleiter ein P-Kanal vom Anreicherungs- bzw. Verarmungstyp geschaffen wird (→ MISFET). Integrierte PMOS-Schaltungen haben relativ niedrige Grenzfrequenzen (200 kHz bis 2 MHz) und hohe Betriebsspannungen, wodurch sie nur über Interfaceschaltungen mit TTL-Schaltungen verbunden werden können. [4]. Ne

PN-Diode → Halbleiterdiode. Ne

PN-FET → Sperrschichtfeldeffekttransistor. Ne

PN-Plan *(pole-zero configuration)*. Eine für die Netzwerktheorie wichtige Darstellungsmöglichkeit der Eigenschaften von Zweipol- und Wirkungsfunktionen. Die in der komplexen Ebene eingetragenen Pole und Nullstellen der im allgemeinen gebrochenen rationalen Netzwerkfunktionen (mit $j\omega \to p$) gestatten, weitgehende Aussagen über die Eigenart und die Eigenschaften der zugehörigen Schaltung zu machen. So können z.B. Pole und Nullstellen – sofern sie komplex sind – grundsätzlich nur in konjugiert komplexen Paaren auftreten; Pole können nur in der linken Halbebene $\sigma \leq 0$ (→ Frequenz, komplexe) auftreten (→ Hurwitz-Polynom), während Nullstellen in der rechten Halbebene nur bei Allpässen vorkommen (→ RLCü-, → LC-, → RC- und → RL-Zweipol). [15]. Rü

PN-Übergang *(pn junction)*. Halbleiterübergang, der aus einem P-dotierten Bereich besteht, der in unmittelbarem Kontakt mit einem N-dotierten Bereich steht. Ein beschalteter PN-Übergang heißt Halbleiterdiode. [7]. Ne

PNIN-Transistor *(pnin transistor)*. Transistorart, bei der sich zwischen Basis- (N-Zone) und Kollektorzone (N-Zone) eine I-Halbleiterzone (I intrinsic, eigenleitend) befindet (DIN 41 855). [4]. Ne

PNIP-Transistor *(pnip transistor)*. Transistorart, bei der sich zwischen Basis- (N-Zone) und Kollektorzone (P-Zone) eine I-Halbleiterzone (I intrinsic, eigenleitend) befindet (DIN 41 855). [4]. Ne

PNPN-Struktur *(pnpn structure)*. Halbleiterstruktur, bei der P- und N-dotierte Bereiche in wechselnder Reihenfolge in einem Halbleiterkristall übereinander angeordnet sind. Halbleiterbauelemente mit P. sind z.B. Vierschichtdioden oder Thyristoren. [4]. Ne

PNP-Transistor *(pnp transistor)*. Ein Bipolartransistor, bei dem die Basis N-dotiert und Emitter bzw. Kollektor

P-dotiert sind. Im Normalbetrieb ist der Emitter gegenüber der Basis positiv vorgespannt. In integrierter Schaltungstechnik werden PNP-Transistoren meist in lateraler Anordnung ausgeführt. [4]. Ne

Pockels-Effekt. Erzwungene Änderung der Brechzahl in piezoelektrischen Kristallen (→ Piezoelektrizität), die der angelegten elektrischen Feldstärke direkt proportional ist. Pockels-Zellen werden in der Lasertechnik bevorzugt als Lichtsteuerorgane in Form von ADP-Zellen (ADP A̲mmoniumd̲ihydrogenp̲hosphat) oder KDP-Zellen (KDP K̲aliumd̲ihydrogenp̲hosphat) verwendet. [5]. Rü

Poggendorf-Kompensator *(potentiometer circuit)*, Potentiometerverfahren. Der P. arbeitet nach einem Kompensationsverfahren, nach dem Spannungen, Ströme und Widerstände z.B. zu Zwecken einer Eichung in zweifachem Abgleich hochgenau ausgemessen werden. Ablauf der Messung: Durch Verändern des Hilfswiderstandes R_H (Bild) wird in Schalterstellung 1 im Hilfsstromkreis ein geräteeigener Hilfsstrom I_H eingestellt und die Spannung U_N einer Normalspannungsquelle mit dem Spannungsabfall über R_N kompensiert:

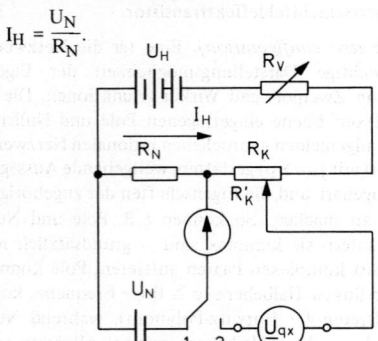

$$I_H = \frac{U_N}{R_N}.$$

Poggendorf-Kompensator

Nullanzeigegerät ist häufig ein Galvanometer. In Schalterstellung 2 wird die Meßspannung bei konstant bleibendem Hilfsstrom mit dem Spannungsabfall über R_K kompensiert. Der Gesamtwiderstand des Hilfsstromkreises vom ersten Abgleich muß erhalten bleiben; es werden nur die Widerstandswerte von R_K und R_N verschoben. Nach Abgleich erhält man die Quellenspannung U_q der Meßspannungsquelle:

$$U_q = U_N \frac{R_k}{R_N}.$$

Die Genauigkeit wird nur von den Meßunsicherheiten der Normalspannung und der Widerstände R_K und R_N bestimmt. [12]. Fl

Poise. Außer Kraft gesetzte Einheit der dynamischen Viskosität (Zeichen P)

1 P = 0,1 Pa s

(Pa s Pascalsekunde). [5]. Rü

Poisson-Gleichung *(Poisson's equation)* → Potentialgleichungen. Rü

Poisson-Prozeß *(Poisson process)*. Anrufprozeß der Nachrichtenverkehrstheorie, bei dem die Anrufabstände einer Exponential-Verteilungsfunktion genügen. Bei einem Anrufprozeß mit Anrufrate λ treffen während einer Zeitspanne t genau x Anforderungen mit der Wahrscheinlichkeit

$$p_x = \frac{(\lambda t)^x}{x!} \cdot e^{-\lambda t}, x = 0,1, \ldots$$

ein (p_x Poisson-Verteilung). Der P. ist der wichtigste Anrufprozeß; er beschreibt mit guter Näherung das Anrufverhalten der Fernsprechteilnehmer. [19]. Kü

Poisson-Verteilung *(Poisson distribution)*. Eine diskrete Verteilung mit der grundlegend gleichen Fragestellung wie die Binominal-Verteilung mit dem Unterschied, daß die Anzahl n der Ausführungen sehr groß, die Erfolgswahrscheinlichkeit dagegen sehr gering ist (seltene Ereignisse). Anwendungsbeispiel: Verkehrstheorie der Fernmelde-Wählanlagen (→ Poisson-Prozeß). Man gewinnt die P. aus der Binominal-Verteilung für p → 0 und n → 0, wobei der Mittelwert μ = np = a endlich bleiben soll. Die P. lautet

$$f_n(k) = \frac{a^k e^{-a}}{k!}.$$

Die Verteilungsfunktion ist

$$F_n(k) = \sum_{m=0}^{k-1} f_n(m).$$

Mittelwert μ und Varianz σ^2 sind hier gleich

$$\mu = \sigma^2 = a.$$

Rü

Pol *(terminal)*. Anschlußklemme eines Netzwerks. Bei Gleichspannungsquellen legt man willkürlich einen positiven (+)- und negativen (−)-Pol fest und nimmt an, daß der Strom von „+" nach „−" fließt. Obgleich Wechselspannungsschaltungen keine bestimmten Polarität haben, kennzeichnet man (vorzugsweise in der angelsächsischen Literatur) die nicht mit Masse verbundenen Pole eines Netzes mit „+", z.B. bei einem Vierpol die Pole „1" und „2". Diese Pole bezeichnet man auch häufig als heiße Pole. [13]. Rü

Pol, komplexer *(complex pole)*. Bei Untersuchungen von Netzwerkfunktionen im PN-Plan auftretende Polstelle der Zweipol- oder Wirkungsfunktion. Wegen der rationalen Polynomkoeffizienten können komplexe Pole nur in zueinander konjugiert komplexen Paaren auftreten. Analoges gilt für Nullstellen. [15]. Rü

Pol, reeller *(real pole)*. Bei Untersuchungen von Netzwerkfunktionen im PN-Plan auftretende ein- oder mehrfache Polstelle der Zweipol- oder Wirkungsfunktion, die auf der σ-Achse der komplexen Ebene liegt. Analoges gilt für Nullstellen. [15]. Rü

Polabspaltung *(removal of poles)*, Abbau von Polen, Abspaltung von Polen. Verfahren der Filtersynthese, wobei die Pole einer gegebenen Wirkungsfunktion der Reihe nach realisiert werden und sich die Restfunktion jeweils im Grad vermindert. Die einfachste P. ist diejenige bei

$\Omega = 0$ oder $\Omega = \infty$ (Ω normierte Frequenz; → Normierung) und führt zu Kettenbruchschaltungen. Schwieriger ist die P. bei endlichen Frequenzen an sog. Wirkungsnullstellen (Dämpfungspolen). Hierzu ist es erforderlich, die Nullstellen der inversen Funktion durch einen Teilabbau in die geforderte Frequenzlage zu bringen (*zero shift*), bevor ein Vollabbau durch einen Schwingkreis erfolgen kann. Bei der Synthese von Cauer-Filtern treten z.B. diese Verfahren der P. auf. [15]. Rü

Polarisation (elektromagnetischer Wellen) *(polarization)*. Die P. ist eine Eigenschaft aller elektromagnetischen Wellen, die unter bestimmten Bedingungen eine Ausrichtung der senkrecht zur Fortpflanzungsrichtung (→ Poynting-Vektor) schwingenden Feldvektoren **E** und **H** aufweisen (**E** elektrische Feldstärke; **H** magnetische Feldstärke). Bei Ausbreitung transversaler elektromagnetischer Wellen ist die P. der Schwingungszustand des Feldvektors **E** (Schwingungsrichtung des Lichtvektors). Man spricht von elliptischer P., wenn der Endpunkt von **E** des auf eine Ebene senkrecht zur Fortpflanzungsrichtung projizierten Vektors eine Ellipse beschreibt. Bei zirkularer P. beschreibt der Endpunkt von **E** einen Kreis, bei linearer P. (vollständiger P.) eine Gerade. Natürliches Licht ist unpolarisiert; eine Trennung in polarisierte Anteile erreicht man z.B. durch Doppelbrechung. Künstlich erzeugte elektromagnetische Wellen (Funkwellen) sind immer linear polarisiert. [5]. Rü

Polarisation, dielektrische → Polarisation, elektrische. Bl

Polarisation, elektrische *(electric polarization)* (Zeichen **P**). Die elektrische P. erfaßt den Beitrag der Materie im elektrischen Feld gesondert, indem die „1. Materialgleichung" der → Maxwellschen Gleichungen in anderer Schreibweise benutzt wird:

$$\mathbf{D} = \epsilon\,\mathbf{E} = \epsilon_0 \epsilon_r \mathbf{E} = \epsilon_0 \mathbf{E} + \mathbf{P} = \epsilon_0\,(\mathbf{E} + \frac{\mathbf{P}}{\epsilon_0}).$$

Den Ausdruck $\frac{|\mathbf{P}|}{\epsilon_0}$ nennt man Elektrisierung, ϵ Permittivität. Daraus ergibt sich für die elektrische P. (DIN 1324)

$$\mathbf{P} = \mathbf{D} - \epsilon_0 \mathbf{E} = (\epsilon_r - 1)\,\epsilon_0 \mathbf{E}.$$

Die Einheit von **P** ist: C/m² (C Coulomb). Bei der durch ein äußeres elektrisches Feld hervorgerufenen P. unterscheidet man zwei Formen: 1. Die erzwungene Verschiebung der Schwerpunkte elektrischer Ladungen in einem Dielektrikum (Verschiebungspolarisation). 2. Die Drehung der in der Materie vorhandenen elektrischen Dipole in Richtung des äußeren Feldes (→ Orientierungspolarisation). Die elektrische P. erzeugt in jedem Volumenelement ein elektrisches Moment; die P. hat die physikalische Bedeutung

$$\mathbf{P} = \frac{\text{elektrisches Moment}}{\text{Volumen}}.$$

[5]. Rü

Polarisation, elliptische → Polarisation (elektromagnetischer Wellen). Rü

Polarisation, lineare → Polarisation (elektromagnetischer Wellen). Rü

Polarisation, magnetische *(magnetic polarization)*. (Zeichen **J**). Die magnetische P. erfaßt den Beitrag der Materie im magnetischen Feld gesondert, indem die „2. Materialgleichung" der → Maxwellschen Gleichungen in anderer Schreibweise benutzt wird:

$$\mathbf{B} = \mu\mathbf{H} = \mu_0 \mu_r\,\mathbf{H} = \mu_0\,\mathbf{H} + \mathbf{J} = \mu_0\,(\mathbf{H} + \frac{\mathbf{J}}{\mu_0}) = \mu_0\,(\mathbf{H} + \mathbf{M}).$$

Den Ausdruck $\mathbf{M} = \frac{\mathbf{J}}{\mu_0}$ nennt man Magnetisierung, μ Permeabilität. Daraus ergibt sich für die magnetische P. (DIN 1325)

$$\mathbf{J} = \mathbf{B} - \mu_0\,\mathbf{H} = (\mu_r - 1)\,\mu_0\,\mathbf{H}.$$

Die Einheit von **J** ist: T = Wb/m² (T Tesla, Wb Weber). Die P. beschreibt die Wirkung eines äußeren magnetischen Feldes auf magnetische Dipole in Stoffen. Sie erzeugt in jedem Volumenelement ein magnetisches Moment; die magnetische P. hat die physikalische Bedeutung

$$\mathbf{J} = \frac{\text{magnetisches Moment}}{\text{Volumen}}.$$

[5]. Rü

Polarisation, zirkulare → Polarisation (elektromagnetischer Wellen). Rü

Polarisationsdiversity → Diversity. Ge

Polarisationsfilter 1. *(polarization filter)*. Das P. dient in der Optik zur Erzeugung linear polarisierten Lichtes bei großen Querschnitten (Herotare, Bernotare). Ausgenutzt wird hierbei die selektive Absorption (Dichroismus), die bei doppelbrechenden Kristallen für den ordentlichen und außerordentlichen Strahl verschiedene Werte hat. P. bestehen aus dichroitischen Kleinkristallen, die in Kunststoffträger eingelagert werden. Der erreichbare Polarisationsgrad beträgt bei weißem Licht 98 %. [5]. Rü
2. *(polarizer)*. Anordnung zur Auskopplung oder zur Unterdrückung bestimmter Polarisationsrichtungen elektromagnetischer Wellen im Hohlleiter. Einfachste Ausführung aus leitenden Blechen, die parallel zu den elektrischen Feldlinien der zu sperrenden Polarisationsrichtung liegen. [8]. Ge

Polarisationsschwund → Schwund. Ge

Polarisator → Polarisationsfilter. Ge

Polaritätsanzeiger → Polaritätsdetektor. Fl

Polaritätsdetektor *(pole detector)*, Polaritätsanzeiger. Polaritätsdetektoren dienen der Überprüfung der Stromflußrichtung in gleichspannungsgespeisten Netzwerken. Ihre Anzeige gibt die Polarität z.B. einer Spannungsquelle oder eines Spannungsabfalls über einem Bauteil an. Es handelt sich vielfach um einfache Anzeigegeräte, deren Zeigerausschlag oder optische Anzeigevorrichtung von der Stromflußrichtung abhängt, wie z.B. beim Drehspulmeßwerk. Bei Ladevorgängen an elektrischen Energiespeichern (z.B. Akkumulator) gibt der P. z.B. über eine Anzeige die Energieflußrichtung an, ob aufgeladen wird oder vom Speicher Energie an die Ladequelle zurückgeliefert wird. [3], [5], [12]. Fl

Polaritätskorrelator *(polarity correlator)*. Der P. ist ein digital arbeitender Korrelator, der die Korrelation der Nulldurchgänge bewertet. Meß- und Kontrollsignal werden jeweils einer Begrenzerschaltung zur Umwandlung in digitale Größen zugeführt und binär verschlüsselt. Eine Äquivalenzschaltung dient als Multiplizierer, ein Vor- und Rückwärtszähler als Integrator zur Mittelwertbildung. Speicher und Verzögerungsglied werden durch Schieberegister realisiert (Bild). Der P. mißt die Wahrscheinlichkeit des Zusammenfallens der Vorzeichen der zu analysierenden Größe und der Kontrollgröße im Zeitabstand τ und läßt sich z.B. zu Geschwindigkeitsmessungen zufällig ablaufender Prozesse einsetzen. [9], [12], [13]. Fl

Politurätzen *(polishing)*. Verfahren, um Halbleiterscheiben (meist auf der Rückseite) einzuebenen. Das Abtragen der Halbleiteroberfläche erfolgt dadurch, daß man sie z.B. zu Silicium-(II)-oxid oxidieren läßt, dieses Silicium-(II)-oxid mit Hilfe von Fluorwasserstoff anlöst und anschließend die Halbleiterscheiben auf einem Pellontuch rotieren läßt. [4]. Ne

Polling *(polling)*. Bei Datennetzen u.ä. die Abfrage an die einzelnen Stationen, ob Daten gesendet oder empfangen werden können. (→ auch Sendeaufruf). [14]. We

Polycarbonat → Kunststoff. Ge

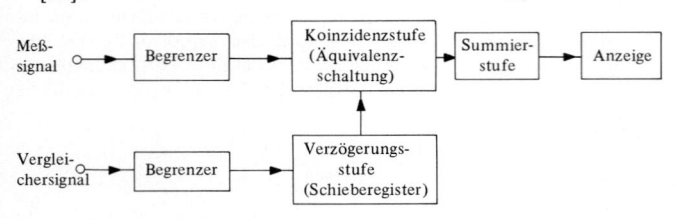

Polaritätskorrelator

Polarkoordinaten *(polar coordinates)* → Koordinatensysteme. Rü

Polarlichtstreuung → Streuausbreitung. Ge

Polgüte *(pole Q)*. Die Lage der Pole und Nullstellen einer Wirkungsfunktion H(p) in der komplexen Ebene (→ PN-Plan) bestimmt das Übertragungsverhalten. Faßt man ein konjugiert komplexes Polpaar $p_{1x} = -a + jb$ und $p_{2x} = -a - jb$ zusammen, dann entsteht mit $(p - p_{1x})(p - p_{2x}) = p^2 + 2ap + (a^2 + b^2) = p^2 + 2ap + \gamma$ ein reeller quadratischer Ausdruck. Analog zur Schwingkreisgüte definiert man als P. (Bild)

$$Q = \frac{\sqrt{\gamma}}{2a} = \frac{1}{2}\sqrt{1 + \left(\frac{b}{a}\right)^2} = \frac{1}{2\cos\varphi}.$$

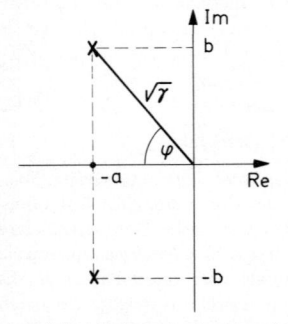

Polgüte. Polpaar in der komplexen Ebene

Bei aktiven Filtern zerlegt man die Wirkungsfunktion in Teilfunktionen ersten und zweiten Grades. Dabei ist es zweckmäßig, die P. der Teildämpfungsfunktionen zu ermitteln, weil der praktische Schaltungsaufbau um so kritischer wird, je größer die P. ist. [15]. Rü

Polyester → Kunststoff. Ge

Polystyrol → Kunststoff. Ge

Pond *(pond)*. Nicht mehr gültige Einheit der Kraft (Zeichen p), (DIN 1301).

$$1 \text{ p} = 980665 \cdot 10^{-8} \text{ N},$$
$$1 \text{ kp} \approx 10 \text{ N}$$

(N Newton). [5]. Rü

Positionsregelung *(positional control)*, Lageregelung. Die P. dient zum Verstellen von Wegen (z.B. Walzenanstellung in Walzwerken, Scherenpositionierung, NC-gesteuerte Werkzeugmaschinen). Ein typisches Stellglied einer P. ist der drehzahlgeregelte Gleichstromantrieb (→ Bild Kaskadenregelung). Dabei wird die P. oder Lageregelung dem Drehzahlregelkreis überlagert. In den meisten Fällen ist die P. digital aufgebaut. Der Istwert kann mit Drehmeldern, Impulsgebern oder Winkelcodierern erfaßt werden. [18]. Ku

Potential *(potential)*. In der Physik die Zustandsgröße eines Systems, die nur von den Koordinaten des Raumpunktes abhängt, nicht aber von dem Weg, auf dem der betreffende Zustand erreicht wurde. Das P. als skalare Größe beschreibt ein Feld in gleicher Vollständigkeit wie eine Feldstärkefunktion, ist mathematisch aber einfacher zu behandeln. [5]. Rü

Potential, elektrochemisches *(electrochemical potential)*. Das chemische P. eines thermodynamischen Systems ist für das spontane Ablaufen von Reaktionen typisch und ergibt sich als partielle Ableitung der freien Enthalpie nach der Molzahl. Besteht das System aus geladenen Teilchen, so spricht man vom elektrochemischen P. [5], [7]. Bl

Potential, elektrodynamisches. Elektrodynamische Potentiale dienen zur Beschreibung schnell veränderlicher, nichtstationärer Felder, also zur Lösung der Maxwellschen Gleichungen ohne Einschränkungen. Führt man ein vektorielles Potential **V** mit dem Ansatz für die magnetische Flußdichte **B**

$$\mathbf{B} = \operatorname{rot} \mathbf{V}$$

ein, dann lautet die 2. Maxwellsche Gleichung

$$\operatorname{rot} \mathbf{E} = -\frac{\partial \mathbf{B}}{\partial t} = -\dot{\mathbf{B}} = -\operatorname{rot} \dot{\mathbf{V}} \quad \text{oder} \quad \operatorname{rot}(\mathbf{E} + \dot{\mathbf{V}}) = 0.$$

Das damit wirbelfreie Feld $(\mathbf{E} + \dot{\mathbf{V}})$ kann als Gradient geschrieben werden

$$(\mathbf{E} + \dot{\mathbf{V}}) = \operatorname{grad} \psi,$$

wobei ψ ein skalares Potential ist. Durch Einsetzen in die 1. Maxwellsche Gleichung erhält man für die elektrodynamischen Potentiale ψ und **V** Potentialgleichungen, über deren Lösungen man die übrigen Feldgrößen ermitteln kann. ψ und **V** bezeichnet man auch als retardierte Potentiale, weil sie aus Ladungs- und Stromdichte berechnet werden, die gegenüber der Beobachtungszeit um den Wert $t = \frac{r}{c}$ zurückverlegt sind. Hierbei hat die endliche Ausbreitungsgeschwindigkeit c der elektromagnetischen Welle auf den zurückgelegten Weg r einen Einfluß. [5]. Rü

Potential, elektrostatisches *(electrostatic potential).* Das elektrostatische P. bietet die Möglichkeit, elektrostatische Felder durch eine skalare Funktion U – das Potential – zu beschreiben, wobei U nur eine Funktion der Raumkoordinaten $\mathbf{r} = \{x, y, z\}$ ist. In einem elektrischen Feld mit der Feldstärke **E** wirkt auf eine Ladung Q die Kraft

$$\mathbf{F} = Q\,\mathbf{E}.$$

Um eine Ladung Q im Feld von einem Punkt 1 zu einem Punkt 2 zu bringen, ist die Energie

$$A(\mathbf{r}_1, \mathbf{r}_2) = -\int_{\mathbf{r}_1}^{\mathbf{r}_2} \mathbf{F}\,ds = -Q \int_{\mathbf{r}_1}^{\mathbf{r}_2} \mathbf{E}\,ds$$

erforderlich. Ist diese Energie von dem gewählten Weg von 1 nach 2 unabhängig, dann kann man jedem Raumpunkt des Feldes eine potentielle Energie zuordnen; die Gesamtarbeit auf einem geschlossenen Weg ist Null. Potential $U(\mathbf{r})$ und elektrische Feldstärke **E** sind durch den Zusammenhang definiert

$$U(\mathbf{r}) = -\int_{\infty}^{\mathbf{r}} \mathbf{E}\,ds \quad \text{oder} \quad \mathbf{E}(\mathbf{r}) = -\operatorname{grad} U(\mathbf{r}).$$

Hierbei bedeutet „grad" die Differentialoperation Gradient. U ist nur bis auf eine Konstante festgelegt, die üblicherweise so definiert ist, daß das Potential im Unendlichen Null wird. Erst die Potentialdifferenz ergibt eine meßbare Größe; im elektrischen Feld ist es die elektrische Spannung. [5]. Rü

Potential, logarithmisches *(logarithmic potential).* Im Gegensatz zur Punktladung bei der sich wegen der Feldstärkeabhängigkeit $E \sim \frac{Q}{r^2}$ ein Potential $\varphi \sim \frac{Q}{r}$ ergibt, hängt bei einer (unendlich langen) Linienquelle die (radiale) Feldstärke nur umgekehrt proportional von r ab ($E \sim \frac{Q}{r}$) und führt deshalb zu einem Potential

$$\psi \sim Q \ln |\mathbf{r}|.$$

Deshalb nennt man das Potential in der Umgebung einer Linienladung logarithmisches P. Die Äquipotentialflächen sind konzentrische Zylinderflächen (r = konst). Praktische Anwendbarkeit bei der Berechnung von Feldern zwischen koaxialen Zylinderelektroden (→ Koaxialkabel, → Zylinderkondensator). [5]. Rü

Potential, magnetostatisches *(magnetic potential).* Da ein magnetostatisches Feld wirbelfrei ist, also rot **H** = 0 gilt, läßt sich dieses Feld ebenso wie das elektrostatische Feld durch eine Potentialfunktion

$$\mathbf{H} = -\operatorname{grad} X$$

beschreiben. X heißt das magnetostatische P. [5]. Rü

Potential, retardiertes. Das retardierte P. ist ein (zeit-)verzögertes Potential: → Potential, elektrodynamisches. [5]. Rü

Potential, skalares *(scalar potential).* Nach einem Satz von Helmholtz kann man jedes Vektorfeld **W** in der Form darstellen:

$$\mathbf{W} = \operatorname{grad} U + \operatorname{rot} \mathbf{V},$$

wobei $U = U(x, y, z)$ eine skalare Funktion und **V** ein quellenfreies Vektorfeld (div **V** = 0) darstellt. U heißt dann das skalare P. und **V** das vektorielle Potential des gegebenen Vektorfeldes **W**. [5]. Rü

Potential, vektorielles → Potential, skalares. Rü

Potentialanalogie *(potential analogy).* Ein Verfahren der Netzwerksynthese, das die Lösungen der Laplaceschen Differentialgleichung für zweidimensionale Potentialfelder in Analogie zu Netzwerkfunktionen setzt. Ist eine komplexe Veränderliche speziell die komplexe Frequenz $p = \sigma + j\omega$, dann genügt jede Funktion

$$f(p) = U(\sigma, \omega) + jV(\sigma, \omega)$$

den Cauchy-Riemannschen-Differentialgleichungen:

$$\frac{\partial U}{\partial \sigma} = \frac{\partial V}{\partial \omega} \quad \text{und} \quad \frac{\partial U}{\partial \omega} = -\frac{\partial V}{\partial \sigma}$$

und damit sind sowohl U als auch V Lösungen der Laplaceschen Potentialgleichung. Die komplexe Zusammenfasssung erlaubt die Bildung einer exponentiellen Potentialfunktion, die die gleichen Eigenschaften aufweist wie eine Netzwerkfunktion. Speziell bei einer Analogie mit dem elektrostatischen Feld entsprechen die negativen Ladungen den Nullstellen, die positiven Ladungen den Polen einer Immittanzfunktion. [15]. Rü

Potentialbarriere *(potential barrier),* Potentialwall. Ein bei Halbleitern auftretendes Gebiet, in dem eine Potentialdifferenz derart besteht, daß eine bewegte Ladung, die dieses Gebiet durchlaufen will, abgebremst oder, wenn ihre kinetische Energie nicht zum Überwinden der P.

ausreicht, in die entgegengesetzte Richtung bewegt wird. Potentialbarrieren entstehen, wenn zwei Stoffe unterschiedlicher elektrischer Eigenschaften in direkten Kontakt miteinander treten (z.B. PN- und Metall-Halbleiter-Übergänge). [5], [7]. Li

Potentialdifferenz *(potential difference)*. Allgemein die Differenz der Grandientenwerte zwischen zwei Punkten eines Potentialfeldes. Ist das Feld speziell ein elektrostatisches Potentialfeld, dann entspricht die P. der Spannung U zwischen diesen beiden Punkten (→ Induktionsgesetz). [5]. Rü

Potentialfeld *(potential field)*. Das P. ist ein physikalisches Feld, das durch ein Potential vollständig beschrieben werden kann. Dies ist der Fall, wenn die Gesamtarbeit für die Verschiebung (z.B. eines Massepunktes im Gravitationsfeld oder einer elektrischen Ladung im elektrostatischen Feld) auf jedem geschlossenen Weg Null ist. Jedes wirbelfreie Vektorfeld $V(r)$ kann als P. durch eine skalare Potentialfunktion $U(r)$ dargestellt werden:

$$V(r) = \text{grad } U(r).$$

[5]. Rü

Potentialfläche *(potential surface)* → Äquipotentialfläche. Rü

Potentialgleichungen *(potential equations)*. Jedes wirbelfreie Feld ist ein Potentialfeld. Wirbelfreiheit im speziellen Fall des elektrischen Feldes mit der elektrischen Feldstärke E bedeutet:

$$\text{rot } E = 0 \text{ und } E = -\text{grad } U$$

(mit U als skalarer Funktion). Werden die weiteren Aussagen der → Maxwellschen Gleichungen

$$\text{div } D = \rho \text{ und } D = \epsilon E$$

berücksichtigt, dann ergibt sich nach den Rechenregeln der Vektoranalysis

$$\text{div } D = \text{div } (\epsilon E) = -\text{div } (\epsilon \text{ grad } U)$$
$$= -[\text{grad } U \text{ grad } \epsilon + \epsilon \text{ div grad } U] = \rho.$$

Im Fall linearer isotroper homogener Stoffe ist die Permittivität ϵ konstant (grad $\epsilon = 0$) und

$$\text{div grad } U = -\frac{\rho}{\epsilon} = \Delta U.$$

Dabei ist (in kartesischen Koordinaten)

$$\Delta = \frac{\partial^2}{\partial x^2} + \frac{\partial^2}{\partial y^2} + \frac{\partial^2}{\partial z^2}$$

der Laplace-Operator. Die allgemeinste Potentialgleichung

$$\Delta U = -\frac{\rho}{\epsilon}$$

heißt Poisson-Gleichung, die im Sonderfall verschwindender Raumladungsdichte $\rho = 0$ in die Laplacesche Potentialgleichung

$$\Delta U = 0$$

übergeht.

Die Lösung U heißt harmonische Funktion; bei verschiedenen Aufgabenstellungen hat U folgende Gestalt:

a) bei linearen Problemen $U = c_1 x + c_2$,

b) bei kugelsymmetrischen Problemen $U = \frac{c_1}{r} + c_2$,

c) bei zylindersymmetrischen Problemen $U + c_1 \ln |r| + c_2$,

wobei die Koeffizenten c_i jeweils von den Randbedingungen abhängen. [5]. Rü

Potentiallinie → Äquipotentiallinie. Rü

Potentialmulde *(potential wall)*. Trägt man das Potential eines Probekörpers als Funktion des Abstandes vom Kraftzentrum auf, so findet man bei allen gebundenen Zuständen Gebiete großen Potentials (Potentialberge) und mindestens einen Teilbereich mit geringem Potential, die P. [5], [7]. Bl

Potentialtheorie. Theorie der Potentialfelder und der möglichen Lösungen der Potentialgleichungen. [5]. Rü

Potentialtrennung. Die Trennung der Gleichspannungen (oft Versorgungsspannungen) von bestimmten anderen Schaltungs- oder Systemteilen. Spezielle Anwendungen finden sich auch in der Meßtechnik z.B. bei der potentialfreien Gleichstrommessung. [12]. Rü

Potentialverschiebediode → Offsetdiode. Li

Potentialverschiebung → Pegelverschiebung. Fl

Potentialwall → Potentialbarriere. Li

Potentiometer → Drehwiderstand. Ge

Potentiometer, eingängiges → Drehwiderstand. Ge

Potentiometer, lineares → Drehwiderstand. Ge

Potentiometer, logarithmisches → Drehwiderstand. Ge

Potentiometerschreiber → Kompensationsschreiber. Fl

Potentiometerverfahren → Poggendorf-Kompensator. Fl

Potenzfilter *(maximally-flat filter)*. Butterworthfilter, maximal flaches Filter. Der Potenzansatz für die charakteristische Funktion $|K(j\Omega)| = \Omega^n$ (Ω normierte Frequenz; → Normierung) führt zur einfachst möglichen Approximation eines Dämpfungsverlaufs. Die zugehörigen Wirkungsfunktionen, aus denen die Filter dimensioniert wird, sind die Butterworth-Polynome. Ein P. benötigt für die Realisierung einer vorgegebenen Dämpfungscharakteristik im Vergleich zu anderen Approximationen die meisten Bauelemente (und damit den höchsten Filtergrad n). Der Frequenzgang der Dämpfung ist

$$a(\Omega) = 10 \lg [1 + \Omega^{2n}] \text{ in dB.}$$

[14]. Rü

Potenzierer *(electronic power circuit)*. Der P. ist eine analoge, nichtlineare Rechenschaltung, die über ein Funktionsnetzwerk eine Ausgangsspannung liefert, die sich proportional zu einer festzulegenden Potenz der Eingangsspannung verhält. Das Bild zeigt einen einfachen e-Funktionsgenerator, dessen potenzierende Wirkung auf den physikalischen Zusammenhang einer e-Funktion

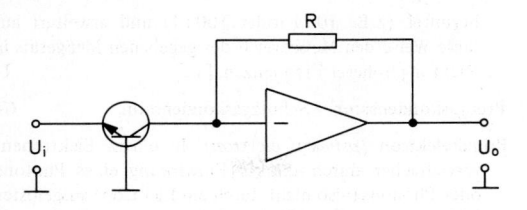

Potenzierer

zwischen Eingangs- und Ausgangsgrößen des Bipolartransistors in Basischaltung zurückzuführen ist. [6], [18].
Fl

Poynting-Vektor *(Poynting's vector)*. Strahlungsvektor, (Zeichen **S**). Der P. drückt die Dichte des Leistungsflusses im elektromagnetischen Feld aus und kennzeichnet die Fortpflanzungsrichtung elektromagnetischer Energie im Raum (→ Intensität). Der P. stellt dem Betrage nach die Energie dar, die pro Zeiteinheit durch eine senkrecht zu **S** stehende Einheitsfläche hindurchströmt. Die Energiestromdichte **S** im elektromagnetischen Feld berechnet sich aus der elektrischen Feldstärke **E** und der magnetischen Feldstärke **H** als Vektorprodukt

$$S = E \times H,$$
mit $|S| = |E| |H| \sin(E, H)$.
Die Einheit von **S** ist $\frac{W}{m^2}$, (W Watt). [5]. Rü

ppb *(ppb)*. Englische Abkürzung für *parts per billion*. (In der Bundesrepublik Deutschland 1 Billion = 10^{12}, in USA: 1 Billion: 10^9). Fl

PPI 1. *(plane position indicator)* → Impulsradar. Ge
2. *(programmable peripheral interface, PPI)*. Integrierter, programmierbarer Ein-Ausgabe-Baustein für Mikroprozessorsysteme, der direkt an die Zentraleinheit angeschlossen werden kann. Er kann für bidirektionalen, Ein-Ausgabe- und Handshake-Betrieb programmiert werden. [1]. Ne

ppm *(ppm)*. Englische Abkürzung für parts per million. Fl

PPM → Pulsphasenmodulation. Th

Prallanode *(dynode)*. Eine mit einer Sekundärelektronen emittierenden Schicht versehene Anode, bei der beim Aufprall beschleunigter Elektronen mehr Sekundärelektronen entstehen, als Elektronen auftreffen. Die P. wird in Photovervielfacherröhren und einigen Fernsehkameraröhren verwendet. [4], [16]. Li

Prämisse *(presupposition)*. Bei logischen Aussagen die Voraussetzung, aus denen weitere logische Aussagen durch Verknüpfung nach bestimmten Regeln gewonnen werden können, auch als Vordersatz bezeichnet. We

Präzisionsgleichrichter *(precision rectifier)*, Motorkontaktgleichrichter. Der P. ist ein elektromechanisch arbeitender Meßgleichrichter, bei dem ein Synchronmotor von einer Bezugswechselspannung angetrieben wird. Der Motor besitzt einen drehbaren Stator und ist auf einer ebenfalls drehbaren Kontaktscheibe mit Winkelteilung befestigt. Über eine Exzenterwelle öffnet und schließt der Motor einen Meßkontakt. Der Meßkreis ist zwischen dem beweglichen und einem feststehenden Kontakt angeschlossen. Der Nullpunkt der Winkelskala läßt sich bei gegebener Bezugspannung mit dem drehbaren Stator festlegen. Innerhalb einer Periode der Meßgröße kann durch eine Stellschraube die Öffnungs- und Schließzeit des Meßkontaktes eingestellt werden. Ein dem P. nachgeschaltetes Drehspulmeßwerk bildet den Mittelwert der Wechselgröße. Der P. wird hauptsächlich in Vektormessern eingesetzt und kann im Niederfrequenzbereich auch zu Kurvenformuntersuchungen oder zur Festlegung der Phasenlage zweier Wechselgrößen herangezogen werden. [12]. Fl

Präzisionsmeßgenerator → Meßgenerator. Fl

Präzisionsnetzgerät *(precision power supply unit)*. Präzisionsnetzgeräte sind stabilisierte Netzgeräte, deren Ausgangsgleichspannungswerte neben einer hohen Stabilität gegenüber Eingangs-Netzspannungsschwankungen und Belastungsschwankungen, außerordentlich niedrigen Restbrummspannungen (→ Restwelligkeit) vielfach in Dekaden einstellbar sind. Häufig kann man ihnen gegenüber einem Bezugspunkt positiv und negativ gerichtete Gleichspannungen entnehmen. Viele P. besitzen einstellbare, elektronisch arbeitende Strombegrenzerschaltungen. Übersteigt der entnommene Belastungsstrom einen festgelegten Wert, wird der Geräteausgang selbsttätig (mit Hilfe des Strombegrenzers) vom angeschlossenen Verbraucherkreis getrennt. [6], [12], [13], [17], [18].
Fl

Präzisions-NF-Verstärker *(precision audio amplifier)*. P. (NF Niederfrequenz) sind Operationsverstärker, die für niederfrequente Wechselspannungen als Elektrometerverstärker arbeiten, für Gleichspannungen an den Signaleingängen aber eine so starke Gegenkopplung besitzen, daß der Verstärkungsfaktor auf den Wert Eins sinkt (Bild). Man erreicht dadurch eine große Wechselspannungsverstärkung bei vernachlässigbar kleinen Offsetgrößen. [6], [12], [13]. Fl

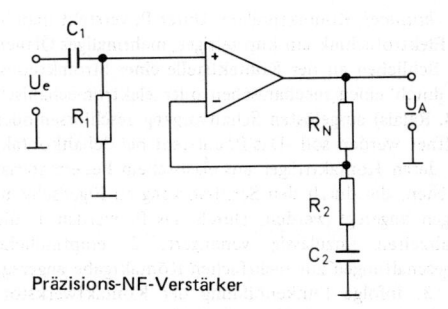

Präzisions-NF-Verstärker

Präzisionsoffset → Offset, Li

Präzisionsstromgeber → Konstantstromquelle. Fl

Präzisionsteiler → Eichteiler. Fl

Präzisionswiderstand *(precision resistor)*. Präzisionswiderstände sind Wirkwiderstände für Meßzwecke, deren Genauigkeit geringer als die Genauigkeit von Normalwiderständen ist. Sie werden als Schichtwiderstände mit Metallegierungen oder aus Kohle als Widerstandsmaterial (z.B. Kohleschichtwiderstand, Metallschichtwiderstand) hergestellt, häufig auch als Drahtwiderstände. Neben Präzisionswiderständen mit festen Widerstandswerten gibt es auch stetig oder in Stufen einstellbare (Potentiometer, Dekadenwiderstand). Wichtig zum Einsatz sind z.B. die thermischen Eigenschaften des Widerstandsmaterials, die Eigenschaften des Isolierlacks und die Frequenzabhängigkeit. [12]. Fl

Präzisionswiderstandsdekade *(precision resistor decade)*. (→ Bild Dekadenwiderstand), Kurbelwiderstand. Bei der P. sind zehn gleichartige unterschiedlicher Werte als Dekade hintereinandergeschaltet. (→ Dekadenwiderstand). Jeder Einzelwiderstand liegt zwischen zwei Kontakten und wird mit einem Federkontaktdrehschalter, der einen Abgriff besitzt, in den Meßkreis geschaltet. Anfang und Ende der Dekade sind ebenfalls mit einem Abgriff herausgeführt. Die Einzelwiderstände sind im allgemeinen mit 1 W belastbar; zu beachten ist die Frequenzabhängigkeit. Häufig lassen sich mehrere Präzisionswiderstandsdekaden als Reihenschaltung fest miteinander verbinden oder sind als Widerstandsdekade in einem Gehäuse untergebracht. [12]. Fl

Präzisionszeitgerät → Zeitnormal. Fl

Preemphasis *(pre-emphasis)*. Dieser Begriff bedeutet etwa: Frequenzgang-Vorverzerrung. Bei Frequenzmodulation muß mit steigender Modulationsfrequenz mit einer Erhöhung des Stör-Nutzsignal-Verhältnisses gerechnet werden. Damit alle Frequenzen mit nahezu gleichem Stör-Nutz-Verhältnis übertragen werden, hebt man auf der Senderseite die Amplituden der höheren Frequenzen in einem bestimmten Verhältnis an und gleicht dies im Empfänger durch Entzerrung wieder aus. Üblich: 50-μs-Entzerrung. [13], [14]. Th

P-Regler *(P-controller)*, Proportionalregler → Regler, elektronischer. Ku

Prellen *(bounce)*, Kontaktprellen. Unter P. versteht man in der Elektrotechnik ein kurzzeitiges, mehrmaliges Öffnen und Schließen an der Kontaktstelle eines Stromkreises, die durch einen mechanischen oder elektromechanisch (z.B. Relais) ausgelösten Schaltvorgang geschlossen oder geöffnet werden soll. Das P. entsteht bei Schaltkontakten, deren Kontaktträger aus elastischem Federmaterial bestehen, die durch den Schaltvorgang zu Eigenschwingungen angeregt werden. Durch das P. werden 1. die Schaltzeiten unzulässig verlängert, 2. empfindliche Folgeschaltungen zur mehrfachen Kontaktgabe angeregt und 3. infolge Funkenbildung der Kontaktwerkstoff allmählich zerstört. [10], [12], [19]. Fl

Prellzeit *(bounce time)*. Zeit vom ersten bis zum letzten Schließen eines prellenden Kontaktes, sie ist in der Anspech- und Abfallzeit nicht enthalten. [4]. Ge

Prescaler *(prescaler)*. Ein digitaler Frequenzteiler, der einem digitalen Frequenzmeßgerät vorgeschaltet wird. Er teilt die Eingangsfrequenz in einem festen Verhältnis herunter (z.B. 10:1 oder 100:1) und erweitert auf diese Weise den Meßbereich des gegebenen Meßgeräts in Richtung höherer Frequenzen. [12]. Li

Preßgaskondensator → Schutzgaskondensator. Ge

Primärelektron *(primary electron)*. In einem Elektronenvervielfacher durch direkte Einwirkung eines Photons oder Phonons (also nicht durch ein Elektron) ausgelöstes Elektron. Das P. trifft im Elektronenvervielfacher auf eine weitere Katode, aus der es ein oder mehrere weitere Elektronen durch Stoß ionisiert. [5], [7]. Bl

Primärelement *(primary galvanic cell)*. Bezeichnung für ein galvanisches Element zur Unterscheidung gegenüber Akkumulatoren (→ Akkumulator). [5] Bl

Primärform. Die P. entspricht den Kettengleichungen (Primärgleichungen) eines Vierpols (→ Vierpolgleichungen). Rü

Primärgruppe *(group)*. In der Trägerfrequenztechnik werden mehrere Eingangskanäle zusammengefaßt und dann über eine gemeinsame Übertragungsstrecke übertragen. Eine P. enthält vier Vorgruppen zu je drei Eingangskanälen, also insgesamt zwölf Eingangskanäle. Fünf Primärgruppen bilden eine Sekundärgruppe. [8], [9], [13], [14]. Th

Primärradar → Radar. Ge

Primärspeicher *(primary memory)*. In Datenverarbeitungssystemen mit Speicherhierarchie der Hauptspeicher (Lese-Schreib-Speicher oder Festwertspeicher mit wahlfreiem Zugriff auf jeden Speicherplatz). Externspeicher mit quasifreiem Zugriff, z.B. Magnetplattenspeicher, werden als Sekundärspeicher *(secondary memory)* und Externspeicher mit sequentiellem Zugriff, z.B. Magnetbandspeicher, als Tertiärspeicher *(tertiary memory)* bezeichnet. [1]. We

Primärstrahler *(active radiator, primary radiator, exciter)*. Teil eines Antennensystems, der unmittelbar mit dem Energieleitungssystem verbunden ist. [14]. Ge

Primärwechselstrom *(primary alternating current, primary a.c.)*. Bei einem Transformator wird die Eingangsseite als Primär- und die Ausgangsseite als Sekundärseite bezeichnet. Der im Eingang fließende Strom ist der P. [5]. Ku

Printplatte → Leiterplatte. Li

Priorität *(priority)*. Abfertigungsdisziplin, nach der Anforderungen entsprechend einer Rangordnung bedient werden. Anforderungen der gleichen Rangordnung bilden eine Prioritätsklasse. Prioritätsklassen können nach unterschiedlichen Kriterien gebildet werden, etwa statisch nach Typ der Anforderung oder dynamisch nach Bedienungsbedarf. Es werden zwei grundlegende Arten von Prioritäten unterschieden: unterbrechende Prioritäten *(preemptive priorities)* und nichtunterbrechende Prioritäten *(nonpreemptive priorities)*, je nachdem, ob eine Anforderung der höheren Prioritätsklasse eine gerade in Bedienung befindliche Anforderung niedrigerer Priorität sofort unterbrechen darf oder nicht. Prioritätten bilden ein wichtiges Mittel in Realzeitsystemen wie Vermittlungssystemen und Rechensystemen zur zeitgerechten Reaktion auf Anforderungen unterschiedlicher Dringlichkeit. [1], [9], [17], [19]. Kü

Prioritätscodierer *(priority encoder)*. Digitalschaltung zur Entscheidung über die Priorität, wenn mit mehreren Signalen auf eine Funktionseinheit zugegriffen wird, z.B. an einem Prozessor von mehreren Seiten eine Programmunterbrechung verlangt wird. Der P. gibt eine Information ab, die dem Signal mit der höchsten Priorität entspricht und vernachlässigt dabei Signale mit einer niedrigeren Priorität. Die Prioritäten können dabei durch Hardware festgelegt sein oder durch Programmierung dynamisch verwaltet werden. [1]. We

Priority-Encoder → Prioritätscodierer. We

Produktdemodulator → Phasendemodulator. Fl

Programm *(program)*. Eine logisch geordnete Folge von Anweisungen (Befehlen) an eine Datenverarbeitungsanlage zur Lösung eines vorgegebenen Problems. Die Anweisungen sind Elemente eines Befehlsvorrats bzw. einer Programmiersprache. Programme werden mit Hilfe eines Assemblers oder Compilers in die Maschinensprache der Anlage übersetzt und können dann von ihr ausgeführt werden. [1]. Li

Programmablaufplan *(program flow chart)*. Graphische Darstellung der Aufeinanderfolge der zur Lösung eines Problems mit Hilfe eines Computers erforderlichen Operationen (Programmablauf). Der P. ist unabhängig von der verwendeten Anlage und Programmiersprache. Er verwendet genormte Symbole (DIN 66001; Bild). [1]. Li

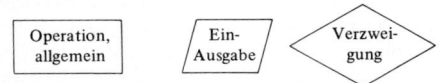

Operation, allgemein	Ein-Ausgabe	Verzweigung

Symbole für Programmablaufpläne

Programmablaufsteuerung → Programmsteuerung. We

Programmbibliothek *(program library)*, Bibliothek. Zusammenstellung der in einem Datenverarbeitungssystem vorhandenen, mehrfach zu nutzenden Programme. Dabei kann es sich sowohl um Teile des Betriebssystems als auch um Anwenderprogramme handeln. Die P. wird von einem Teil des Betriebssystems, dem Bibliotheksverwaltungsprogramm, verwaltet. Die P. ist größtenteils auf Externspeichern gespeichert; bei Aufruf werden die Programme in den Hauptspeicher übertragen. [1]. We

Programmieren *(programming)*. Die Zerlegung einer vorgegebenen Problemstellung in elementare Bearbeitungsschritte (Auffinden eines Algorithmus) und die Zuordnung von Befehlen einer Programmiersprache zu den einzelnen Operationen. Dadurch entsteht ein Programm, das von einem Computer verarbeitet werden kann und das die maschinelle Bearbeitung der gestellten Aufgabe ermöglicht. [1]. Li

Programmiersprache *(programming language)*. Die Menge aller Zeichenkombinationen, die von einer Datenverarbeitungsanlage als Befehl interpretiert werden. Man unterscheidet: Maschinensprache, maschinenorientierte und problemorientierte Programmiersprachen. Maschinensprachen verwenden Befehle im Maschinencode – meist Sedezimalzahlen. Sie werden heute kaum noch verwendet. Maschinenorientierte Programmiersprachen verwenden leicht einprägbare (mnemonische) meist englische Bezeichnungen bzw. Abkürzungen für die Maschinenbefehle. Sie werden vom Computer mit einem Übersetzungsprogramm (Assembler) in den internen Maschinencode übersetzt. Problemorientierte – z.B. FORTRAN, COBOL, BASIC, PASCAL – bestehen meist aus englischen Ausdrücken und ermöglichen eine am Problem orientierte Formulierung des Programms. Die Sprachelemente und die Regeln für ihre Zusammensetzung (Syntax) sind von der verwendeten Datenverarbeitungsanlage unabhängig. Diese Programmiersprachen erlauben eine besonders schnelle und elegante Programmierung. Die Übersetzung der in problemorientierten P. geschriebenen Programme in die Maschinensprache der jeweiligen Anlage erfolgt mit Hilfe eines Compilers. [1]. Li

Programmspeicher *(program memory)*. Speicher zur Aufnahme des Maschinenprogramms in einem Datenverarbeitungssystem. Meist wird ein Teil des Hauptspeichers als P. benutzt. Bei einigen Systemen besteht neben einem Speicher für die Daten ein eigener P., der dann als Arbeitsspeicher bezeichnet wird. [1]. We

Programmsteuerung. 1. *(program control)*. Steuerung, bei der die Ausgangssignale von den Eingangssignalen und einem vorgegebenen Programm erzeugt werden, z.B. bei Prozeßrechnern oder numerischen Werkzeugmaschinen. Die P. bietet den Vorteil, daß eine Steuerung über wechselnde Programme wechselnden Anforderungen angepaßt werden kann. [18]. 2. *(program control, automatic sequencing)*, Programmablaufsteuerung. Steuerung in einem Datenverarbeitungssystem, die dafür sorgt, daß die sequentiell gespeicherten Befehle zur Ausführung in das Befehlsregister übertragen werden, wobei der Befehlszähler erhöht wird. Die P. ist eine der Aufgaben des Steuerwerks. [1]. We

Programmunterbrechung *(interrupt)*, Interrupt, Unterbrechung. Unterbrechung eines ablaufenden Programms zu dem Zweck, ein anderes Programm zu starten. Die P. wird beim Prozessor von Signalen angefordert. Ursachen der Anforderungen einer P. können z.B. Defekte in der Anlage (Maschinenfehlerunterbrechung), Notwendigkeit zum Ein- oder Ausgeben von Daten (E/A-Unterbrechung), bei Time-Sharing-Systemen der Ablauf einer Zeitscheibe, bei Prozeßrechnern eine plötzliche Änderung im Prozeß (z.B. Alarmsignal) sein. Im allgemeinen hängt die Ausführung einer P. vom logischen Zustand der Masken-Flipflops ab – die vom laufenden Programm gesetzt oder gelöscht werden. Anforderungen, die immer erfüllt werden müssen, bezeichnet man als nichtmaskierbare Unterbrechung. Bestehen mehrere Anforderungen für eine P., so wird nach einer festgelegten Priorität entschieden, welches Programm angeführt werden soll. Eine P. niedriger Priorität darf nicht zum Unterbrechen eines

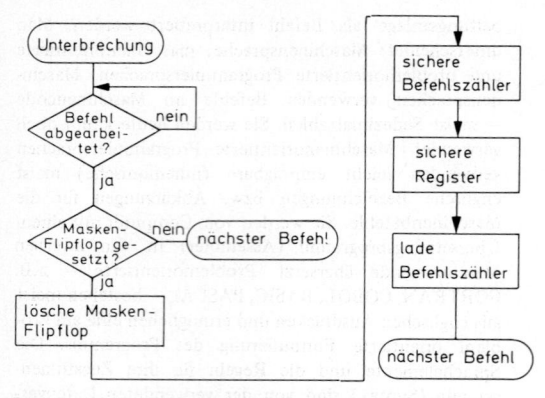

Prinzip der Ausführung einer Programmunterbrechung

Programmes führen, das von einer P. hoher Priorität gestartet wurde. Wird eine P. ausgeführt, so wird der laufende Befehl beendet, der Inhalt des Befehlszählers und evtl. weiterer Register durch Übertragen in den Speicher gesichert. Der Befehlszähler wird mit der Anfangsadresse des zu startenden Programms (*interrupt service routine*) geladen. In vielen Fällen wird durch die Unterbrechungsanforderung bereits auf ein bestimmtes Programm verwiesen (→ Vektor). Die Rückkehr aus einem durch P. gestarteten Programm erfolgt ähnlich wie bei einem Unterprogramm. [1].   We

Programmverarbeitung, sequentielle → Stapelverarbeitung.
Li

Programmzähler. 1. Fälschlich für Befehlszähler (*program counter*) benutzt. 2. Zähler bei Abarbeitung verschachtelter Unterprogramme oder bei Ausführung verschachtelter Programmunterbrechungen, auch als Programmstufenzähler (*program level counter*) bezeichnet. [1].
We

PROM (*programmable read only memory*). Ein Festwertspeicher, der vom Anwender selbst programmiert werden kann. Die Programmierung erfolgt durch Wegbrennen von sicherungsartigen Leiterbahnstücken (→ Fusible-Link PROM) oder durch Zerstören eines zunächst in Sperrichtung betriebenen PN-Überganges. Hierbei wandern beim Lawinendurchbruch wegen der hohen Stromdichte Aluminiumatome in den PN-Übergang, wodurch eine sehr niederohmige Verbindung entsteht (Avalanche-Induced-Migration (AIM)-Technik). Der Programmierprozeß ist irreversibel. Programmierfehler lassen sich daher beim P. nicht korrigieren. [2],[4].
Li

Proportionale, mittlere → Mittel, geometrisches.   Fl

Proportionalglied (*P-element*) → Übertragungsglied.   Ku

Proportionalregler (*P-controller*) → Regler, elektronischer.
Ku

Protokoll (*protocol*). Festlegung des Formates von Nachrichtenblöcken sowie der Übermittlungsprozeduren. Innerhalb von Kommunikationssystemen werden Protokolle in einem hierarchischen Architekturmodell in funktionell strukturierte Protokollebenen (*protocol layers*) gegliedert. Als Beispiele seien angeführt: HDLC (*high level data link control procedure*) als bitorientiertes, synchrones Übertragungssteuerungsverfahren sowie Empfehlung X.25 des CCITT (*Comité Consultatif International Télégraphique et Téléphonique*). [19].   Kü

Proton (*proton*). Das P. gehört zu dem Elementarteilchentyp der Baryonen bzw. Nukleonen. Das Proton hat den Spin 1/2, trägt eine positive Elementarladung e und ein magnetisches Moment von der Größe 2,79 μ_k (μ_k Kernmagneton). Das Proton ist stabil. [5].   Bl

Prozedur (*procedure*). 1. Nach DIN 44 300 ein Programmbaustein, der aus einer zur Lösung einer Aufgabe vollständigen Anweisung besteht, aber nicht alle Vereinbarungen über Namen für Argumente und Ergebnisse (Prozedur-Parameter) enthält. Eine P. kann innerhalb eines Programms mehrfach aufgerufen werden, z.B. in Form eines Unterprogramms. [1]. 2. Allgemein Bezeichnung für Programme oder abgeschlossene Teile von Programmen, z.B. Ein-Ausgabe-Prozedur. [1]. 3. In der Datenfernübertragung die Vorschrift über die Art und Reihenfolge des Austauschs von z.B. Steuerzeichen, Quittungszeichen, Daten oder über das Verhalten im Fehlerfall. [14].
We

Prozeß. 1. (*task*). In der Datenverarbeitung eine in sich abgeschlossene Aufgabe. Die Abarbeitung eines Programms besteht meist aus mehreren Prozessen. Diese können voneinander abhängig sein, z.B. indem sie sich gegenseitig starten, oder ein P. auf die Beendigung eines anderen Prozesses warten muß. Die Steuerung der Prozesse erfolgt mit Hilfe bestimmter Speicherbereiche (Prozeßleitblock), die Informationen über den aktuellen Zustand des Prozesses geben. [1]. 2. (*process*). Technischer Vorgang zur Erreichung eines bestimmten Ziels, z.B. der Herstellungsprozeß eines Produktes. Die Steuerung von Prozessen wird als Prozeßsteuerung bezeichnet; sie kann von Prozeßrechnern durchgeführt werden. [17].
We

Prozeßdatenverarbeitung (*process control*), PDV. Bearbeitung eines Prozesses mit einer Datenverarbeitungsanlage, die als Prozeßrechner bezeichnet wird. Zur P. gehören insbesondere: Überwachung des Prozesses, Lenkung des Prozesses und Berichterstattung (Protokollierung, Datenreduktion). Bei der P. handelt es sich immer um einen Real-Time-Betrieb, da der Prozeßrechner unmittelbar auf Änderungen im Prozeß reagieren muß. Erfolgt bei der P. eine Regelung von Prozessen, in die der Mensch nicht eingreift, so wird dies als Closed-Loop-Betrieb bezeichnet. Im Gegensatz hierzu liegt Open-Loop-Betrieb vor, wenn der Prozeßrechner Daten sammelt und reduziert und der Mensch die Steuerung des Prozesses vornimmt. Die P. erfolgt aufgrund mathematischer Modelle, die als Prozeßmodelle (*process model*) bezeichnet werden. [17].   We

Prozessor (*processor*), Rechnerkern. Teil eines Datenverarbeitungssystems, der die Funktionen des Steuer- und Rechenwerkes wahrnimmt. Prozessoren können in Form eines Chips hergestellt werden (→ Mikroprozessor).

Prozessoren werden heute nicht nur in Zentraleinheiten, sondern auch in peripheren Geräten zur Entlastung der Zentraleinheit eingesetzt. Innerhalb eines Datenverarbeitungssystems können mehrere Prozessoren zur Erhöhung der Leistung parallel arbeiten (→ Multiprozessorsystem). [1]. We

Prozeßperipherie *(process control peripheral devices)*. Peripherie eines Prozeßrechners. Zur P. zählen insbesondere Analog-Digital-Umsetzer zur Eingabe, Digital-Analog-Umsetzer zur Ausgabe, Universalschnittstellen für parallele und serielle Ein-Ausgabe, Alarmeingänge zur Auslösung von Programmunterbrechungen. Sensoren und Stellglieder werden nicht zur P. gerechnet, da sie vom Prozeß und nicht vom Prozeßrechner beeinflußt werden. [17]. We

Prozeßrechner *(process control computer, process computer)*. Datenverarbeitungssystem, das für die Prozeßdatenverarbeitung eingesetzt wird. P. zeichnen sich durch die Prozeßperipherie (z.B. analoge und digitale Ein-Ausgabe) aus. Die Programmierung erfolgt mit Hilfe maschinenorientierter oder spezieller Programmiersprachen (z.B. PEARL). Sie müssen insbesondere Real-Time-Programmierung beinhalten. Der P. muß über ein gut ausgebautes System für Aufruf und Abarbeitung von Programmunterbrechungen (Interrupts) verfügen, um auf Änderungen im Prozeß schnell reagieren zu können. Die Organisation des Prozeßrechners ist hardwareorientiert. Programme werden direkt abgearbeitet. Ein dauernder Austausch von Programmen zwischen Hauptspeicher und Externspeicher findet bei zeitkritischen Programmen nicht statt, um geringe Reaktionszeiten zu gewährleisten. P. müssen über ein hohes Maß an Ausfallsicherheit verfügen, dies kann durch redundante Hardware erreicht werden. [17]. We

Prozeßsteuerung *(process control)*. Die P. kann automatisiert von Prozeßrechnern durchgeführt werden. Zur P. gehört die Erfassung des Zustandes des Prozesses, der Vergleich mit dem Sollzustand und die Beeinflussung durch Stellgrößen. Dabei kann eine Prozeßoptimierung angestrebt werden, z.B. Steuerung des Prozesses auf minimalen Energieverbrauch. Das Bild zeigt den grundsätzlichen Informationsfluß bei einer P. [17], [18]. We

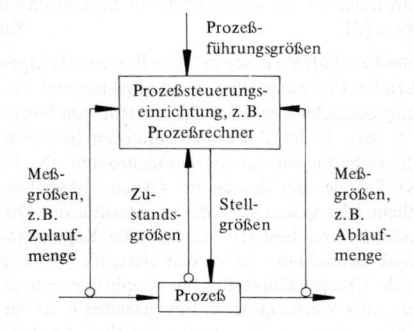

Prozeßsteuerung

Prüfbit *(parity bit, check digit)*. Ein redundantes Bit in einem Wort, das zur Überprüfung einer fehlerfreien Speicherung und Übertragung verwendet wird (→ Paritätsbit). [13]. We

Prüfen *(check, test)*. Feststellung darüber, ob ein Gerät, ein Bauteil, oder eine Baugruppe den gestellten Anforderungen entspricht. Beim Zusammenbau elektronischer Geräte werden die Bauteile einer Eingangsprüfung, die gefertigten Geräte einer Ausgangsprüfung unterzogen; bei komplexeren Systemen dem Systemtest. Das P. findet in Prüffeldern statt. Für sich wiederholende Prüfungen werden Testgeräte, Prüfautomaten (*ATE*, *automatic test equipment*) verwendet. Datenverarbeitungssysteme können durch Testprogramme geprüft werden. Führt das P. zu einer Klassifizierung des Produkts, handelt es sich um eine Sortierprüfung. [5]. We

Prüfgenerator → Eichgenerator. Fl

Prüfgerät → Testgerät. Fl

Prüflos → Los. Ge

Prüfobjekt → Testgerät. Fl

Prüfschaltung *(test circuit)*, Testschaltung. Mit Hilfe einer P. wird in der Elektrotechnik objektiv festgestellt, ob der Prüfling (z.B. elektrisches Gerät oder elektrische Anlage) die vereinbarten, vorgeschriebenen oder erwarteten Bedingungen erfüllt bzw. einhält. Die Prüfung findet mit Mitteln der Meßtechnik statt; vielfach läuft sie selbsttätig ab (→ Meßautomat). Häufig werden mit einer P. Fehlergrenzen und Toleranzen z.B. von elektrischen Meßgeräten, elektrischen Bauteilen oder auch nichtelektrischen Geräten untersucht. [12]. Fl

Prüfspannung *(testing potential)*. Allgemein ist die P., die an ein Prüfobjekt nach bestimmten Festlegungen angelegte elektrische Spannung, die aus Sicherheitsgründen zur Ermittlung der Isolationsfestigkeit (→ Isolation) oder zu deren Überprüfung dient. Mit der P. läßt sich die Durchschlagsfestigkeit z.B. zwischen isolierten Anschlußklemmen, galvanisch nicht verbundenen Anlagenteilen oder Kriech- und Luftstrecken festlegen. Bei Meßgeräten gelten besondere Vorschriften bezüglich des Anlegens der P. und deren Verlauf. Meßgeräte, die der vorschriftsmäßigen Überprüfung standgehalten haben, erhalten ein Prüfspannungszeichen. [5], [12]. Fl

Prüfung, beschleunigte → Überlastung. Ge

Prüfverteilung → Testverteilungen. Rü

Prüfzeile → Prüfzeilensignal. Fl

Prüfzeilensignal *(test line signal)*, Prüfzeile. Prüfzeilensignale sind Meßsignale, die man während bestimmter festgelegter Zeilen eines Fernsehbildes am Signaleingang von Fernsehübertragungseinrichtungen einspeist. Sie dienen der laufenden Überwachung der Übertragungsqualität von Fernsehkanälen und zur Durchführung von Kontrollmessungen, z.B. kurz vor Belegung einer Übertragungsstrecke oder nach dem Aufbau internationaler Verbindungsstrecken. Der Aufbau der Prüfzeilensignale ist den charakteristischen Eigenschaften des Fernsehsignalgemisches angepaßt. Man fügt sie in nicht sichtbare Bereiche am oberen Bildrand an das Ende der Vertikalaustastpulse (→ Vertikalsynchronisation) ein. Am Signalausgang der Übertragungsstrecke befindet sich als Meßgerät z.B. ein VF-Oszilloskop (VF, *video frequency*, Videofrequenz), auf dessen Bildschirm die Prüfzeilensignale erkennbar sind und auftretende Verzerrungen festgestellt werden. 1. Zum Aufbau von Prüfzeilensignalen wird im CCIR-Grünbuch, Band V, Teil 2, Seiten 179 und 186 z.B. für Schwarzweißbilder empfohlen: a) Prüfsignal 1. Es besteht aus einem festgelegten Rechtecksignal mit Vertikalfrequenz, das den eigentlichen Austast- und Synchronimpulsen (→ FBAS-Signal) überlagert ist. Man überprüft die Dachschräge und das Einschwingverhalten bei Signalen mit der Zeitdauer eines Halbbildes. b) Prüfsignal 2. Es besteht aus festgelegten Pulsen von etwa halber Zeilendauer, die dem Signalspannungswert „Weiß" entsprechen und aus einer Folge von Horizontalpulsen. In eine vorgesehene Lücke können zusätzliche Signale nach speziellen Erfordernissen eingefügt werden. Das gesamte Prüfsignal dient der Überprüfung des Einschwingverhaltens bei Signalen sehr kurzer Dauer und Signalen von Zeilendauer. Zusätzlich wird der Einfügungsgewinn gemessen. c) Prüfsignal 3. Das Signal setzt sich aus einer, in jeder 4. Zeile erscheinenden Sägezahnspannung mit überlagerter Sinusschwingung zusammen. Man erreicht damit die Aussteuerung von „Schwarz"- zu „Weiß-Wert". Am Meßort läßt sich z.B. die Übertragung der Helligkeitswerte beurteilen. 2. Farbbildübertragung: Internationale Festlegungen findet man in CCIR/CMTT, 1972, Rep. 486, Teil 3. Es werden 4 weitere Prüfzeilensignale empfohlen, mit deren Hilfe sich charakteristische Größen zur Kontrolle von Farbsignalen feststellen lassen. Die Prüfsignale werden z.B. beim 625-Zeilen-System der Bundesrepublik Deutschland in die Zeilen 17, 18, 330 und 331 eingefügt. Prüfzeilensignale werden elektronisch in Prüfzeilensignalgeneratoren erzeugt und durch sie in die Übertragungsstrecke eingespeist. [8], [12], [13], [14]. Fl

Pseudobefehl *(pseudoinstruction)*. Anweisung in einem Assemblerprogramm, die in der Zentraleinheit nicht zur Erzeugung eines Befehls führt, sondern der Organisation des Programms dient. Pseudobefehle dienen z.B. zur Bestimmung der Programmanfangsadresse, der Zuweisung bestimmter Speicherplätze durch symbolische Adressen oder der Anweisung an das Übersetzungsprogramm über das Ende des Quellprogramms. [1]. We

Pseudotetrade *(pseudotetrade)*. In einem Dezimalcode ein Codewort, dem keine Dezimalziffer zugeordnet ist. Beispielsweise sind bei einem bewerteten Dezimalcode mit den Stellenwertigkeiten 8, 4, 2, 1 die Codeworte 1010, 1011, 1100, 1101, 1110 und 1111 Pseudotetraden. Werden in einem Prozessor Rechnungen im BCD-Code (*binary coded decimal*) ausgeführt (→ Stellenmaschine), so müssen die Pseudotetraden bei den Ergebnissen der Berechnung erkannt und korrigiert werden. Einige Prozessoren verfügen deshalb in ihrem Befehlsvorrat über entsprechende Korrekturbefehle. [1]. We

Pseudozufallszahl *(pseudorandom number)*. Von einem Zufallszahlengenerator oder eine vom Programm gebildete Zahl, die zwar einer bestimmten Gesetzmäßigkeit folgt, für praktische Zwecke aber wie eine Zufallsgröße wirkt. [1]. We

PSK-Modulator *(PSK-modulator)*. PSK bedeutet *phase shift keying*, also → Phasenumtastung. Der P. bietet eine Möglichkeit, aus einem binär codierten Signal ein PSK-Signal zu erzeugen. [13], [14]. Th

PSN-Diode *(psn diode)*. Halbleiterdioden, die die Zonenfolge P^+NN^+ oder P^+PN^+ haben. Sie zeigen ähnliches Verhalten wie PIN-Dioden. Anwendung: Leistungsgleichrichter für relativ hohe Spannungen. [4]. Ne

Psophometer *(psophometer)*, Geräuschspannungsmesser. Das P. ist ein Meßgerät, das z.B. in Fernsprechübertragungseinrichtungen zur objektiven Messung des Geräuschmaßes (→ Geräusch) und in der Akustik zu Messungen im Hörbereich eingesetzt wird. Die Effektivwerte einzelner Komponenten in auftretenden Geräuschspannungen (frequenzbewertete → Störspannungen) werden von einem Effektivwertmesser summiert, nachdem die Spannungen Bewertungsfilter mit international vereinbartem Frequenzgang durchlaufen haben. Frequenzgang und ein vorgeschriebenes Einschwingverhalten bilden Eigenschaften des menschlichen Ohres nach. Die Meßwerte werden als Pegelwerte angezeigt. Bezugsfrequenzen sind z.B. 800 Hz bei Fernsprechkanälen, 1000 Hz bei Tonrundfunkkanälen. [12], [19]. Fl

PTC-Widerstand *(positive temperature coefficient resistor)* → Kaltleiter. Ge

PTM → Pulszeitmodulation. Th

Pufferbetrieb *(buffering)*. Als Puffer wird ein Speicher (meist Energiespeicher) bezeichnet, der den schwankenden Verlauf einer Größe gleichmäßiger macht (glättet). Diese Betriebsweise ist der P. Beispiele: Pufferkondensatoren glätten pulsierende Gleichspannungen oder den Stromfluß von Spannungsquellen mit innerer Induktivität oder innerem Widerstand; Pufferbatterien dienen bei Ausfall des Versorgungsnetzes zur unterbrechungsfreien Speisung wichtiger oder gefährdeter Einrichtungen; Pufferspeicher sind Zwischenspeicher (in Datenverarbeitungsanlagen), die zeitweise anfallende Datenmengen mit hoher Geschwindigkeit aufnehmen und mit geringerer Geschwindigkeit an nachgeschaltete Einrichtungen weitergeben. [3]. Ku

Pufferkondensator *(buffer capacitor)*. Der P. dient als kapazitiv wirkender Energiespeicher zur Aufnahme und Unterdrückung oberschwingungshaltiger Anteile von Wechselströmen. Man findet Pufferkondensatoren häufig in Gleichrichterschaltungen mit Kaltkatodenröhren. Der P. überbrückt Katode und Anode der Gleichrichterröhre, um schädliche Überspannungsstöße zu unterdrücken. Die Pufferkondensatoren besitzen häufig hohe Kapazitätswerte (im μF-Bereich) und haben eine glättende Wirkung auf störende Unregelmäßigkeiten im Amplitudenverlauf von Gleich- oder Wechselgrößen. Ein spezieller P. ist der Glättungskondensator in Gleichrichterschaltungen. [3], [11], [12]. Fl

Pufferregister *(buffer register)*. Ein Register zur Pufferung von Daten. P. werden häufig in den Schnittstellen zu Ein-Ausgabegeräten verwendet, um die unterschiedlichen Geschwindigkeiten von Zentraleinheit und Peripherie auszugleichen. Sie werden meist mit D-Flipflops realisiert. [1].   We

Pufferspeicher *(buffer memory, temporary memory)*, Zwischenspeicher. Speicher in der Funktion eines Puffers, besonders bei der Ein- und Ausgabe von Daten. Der Pufferspeicher kann ein eigener Speicher innerhalb des Ein-Ausgabe-Systems sein. In diesem Fall ist er meist in Form eines Schieberegisters realisiert. Der P. kann aber auch Teil des Hauptspeichers sein, dem die Pufferfunktion durch Programm zugewiesen wird. [1].   We

Pufferstufe *(buffer stage)*, Pufferverstärker, Trennstufe. 1. Pufferstufen sollen unerwünschte, gegenseitige Beeinflussungen zweier oder mehrerer miteinander gekoppelter, unterschiedlicher Schaltkreise verhindern. Die P. wird als Schnittstelle zwischen die zu entkoppelnden Schaltkreise eingefügt. Häufig schließt man an den Ausgang von Oszillatorschaltungen einen Pufferverstärker an, der Rückwirkungen von Laständerungen der Folgeschaltung auf den Oszillatorkreis verhindern soll. 2. Vielfach dienen Pufferstufen neben einer elektrischen Isolierung zwischen Schaltkreisen auch zur Anpassung unterschiedlicher Pegel bzw. elektrischer Größen. Man setzt z.B. Tranformatoren, Übertrager, Meßwandler oder Optokoppler ein. [1], [2], [8], [12, [14], [16], [19]. Fl

Pufferverstärker → Pufferstufe.   Fl

Pull-Down-Widerstand *(pull-down resistor)*. Widerstand, der das Ein- oder Ausgangspotential einer Schaltung auf ein niedrigeres bzw. negativeres Potential absenkt oder für ein genau definiertes niedriges Potential (L-Niveau) sorgt – z.B. bei hochohmigen Schaltungseingängen in Verbindung mit geöffneten Schaltern. [2], [6].   Li

Pull-Up-Widerstand *(pull-up resistor)*. Widerstand, der das Ein- oder Ausgangspotential einer Schaltung auf ein positiveres Potential anhebt (z.B. beim Open-Collector-Ausgang häufig verwendet) oder für ein genau definiertes positives Potential (H-Niveau) sorgt – z.B. bei Schaltern bzw. Tastern im geöffneten Zustand (Bild). [2], [6].   Li

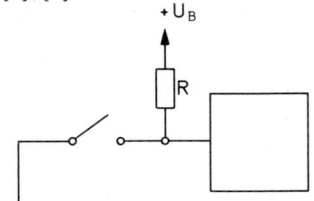

Der Pull-Up-Widerstand R sorgt am Eingang der Schaltung bei geöffnetem Schalter für H-Niveau

Puls *(pulse)*. Ein P. besteht aus einer periodisch aufeinander folgenden Anzahl gleicher Impulse. Er kann durch seine Amplitude, durch Nullphase und Frequenz seiner Grundschwingung, ferner durch Tastverhältnis und Impulsform gekennzeichnet werden. [10], [13].   Th

Pulsamplitudenmodulation *(pulse amplitude modulation)* → PAM.   Th

Pulsbreitenmodulation *(pulse width modulation)*, Pulsdauermodulation, Pulslängenmodulation. Die Nachricht ist in der Impulsbreite enthalten. Je höher die Amplitude des modulierenden Signals, desto breiter ist der entsprechende Impuls, der durch die Abtastung des Amplitudenwertes gebildet wird. Eine P. kann mit dem Sägezahnverfahren erfolgen, bei dem die Nachricht mit einem periodischen Vorgang, der Sägezahnschwingung, der Taktfrequenz verglichen wird. Der Impuls entsteht, solange die abklingende Sägezahnspannung größer als die abgetastete Amplitude der Nachricht ist. [8], [9], [10], [13], [14].   Th

Pulscodemodulation *(pulse code modulation)*, PCM. Der Begriff „Code" bedeutet, daß bei diesem Modulationsverfahren nicht der Augenblickswert eines Signals übertragen wird, sondern nur ein dem Augenblickswert entsprechendes Digitalwort. Jedes Digitalwort besteht aus einer binär codierten Impulsgruppe. Die Anzahl der Impulse je Gruppe hängt davon ab, wie fein die Signalamplitude aufgelöst werden soll. Üblich sind Gruppen von 8, 10, 12, 14 und 16 Impulsen. Die Impulsgruppe kann seriell oder parallel übertragen werden. [10], [14].   Th

Pulsdauer *(pulse duration)*. Bezeichnet die Zeit, während der ein Puls vorhanden ist. Oft wird ein definierter Puls mit einer bestimmten Anzahl von Impulsen benötigt. Man denke an „Pulspakete". Solche Signale werden häufig zu Prüfzwecken oder zur Synchronisation verwendet (→ der Burst beim Farbfernsehen), der den Farbträgeroszillator im Empfänger synchronisiert. [10], [14].   Th

Pulsdauermodulation → Pulsbreitenmodulation.   Th

Pulsfolge *(pulse repetition)*. Unter P. versteht man eine periodische Folge von Impulsen gleicher Form, z.B. einer Rechteckfolge. Die P. läßt sich durch eine Fourier-Reihe beschreiben. [2], [10].   Th

Pulsfrequenz *(pulse repetition frequency)*. Bezeichnet die Anzahl der Impulse je Sekunde. [10].   Th

Pulsfrequenzmesser *(pulse rate meter)*. Der P. ist ein elektronisches Meßgerät, mit dem die Frequenz periodischer Pulsfolgen gemessen und digital angezeigt wird. Die Frequenzmessung wird häufig auf eine Zählung der Pulse innerhalb einer festgelegten Zeitdauer zurückgeführt. Beträgt die Meßdauer z.B. 1 s, zeigt der P. die Frequenz in Hertz an. [12].   Fl

Pulsfrequenzmodulation *(pulse frequency modulation)*, PFM. Das Prinzip gleicht dem der Frequenzmodulation. Die Nachricht ist in der Änderung der Pulsfrequenz enthalten. [10], [13], [14].   Th

Pulsgenerator *(pulse generator)*. Dieser Begriff bezeichnet ein Gerät, das unter Verwendung von Impulsschaltungen Pulse verschiedener Frequenz, mit unterschiedlichem

Tastverhältnis, mit einstellbarer Amplitude, einstellbarer Pulsdauer und oft auch mit einstellbarer Flankensteilheit erzeugt. [10]. Th

Pulslagenmodulation *(pulse position modulation)*, PLM. Bei der P. wird die Phasenlage des Trägerpulses linear durch die Amplitude des modulierenden Signals verändert. Der Zeitverlauf der P. und der Pulsphasenmodulation unterscheiden sich nicht bzw. nur unwesentlich, wenn entweder der Modulationsgrad klein oder die höchste Modulationsfrequenz sehr klein gegen die Trägerfrequenz ist. Andernfalls sind die Impulslagen unterschiedlich. [10], [13], [14]. Th

Pulslängenmodulation → Pulsbreitenmodulation. Th

Pulslängenmodulator *(pulse duration modulator)*. Ein P. kann nach dem Äquidistanz- oder nach dem Sägezahnverfahren arbeiten. Im ersten Fall werden durch einen Sägezahnvorgang zu äquidistanten Zeitpunkten die Amplituden des modulierenden Signals in proportionale Impulsdauern umgewandelt. Im zweiten Fall wird zu äquidistanten Zeitpunkten ein Impuls erzeugt, der andauert, wenn die zum gleichen Zeitpunkt startende Sägezahnspannung größer als die Amplitude der modulierenden Spannung ist. [10], [13], [14]. Th

Pulsmodulation *(pulse modulation)*. Die Modulation erfolgt durch Abtasten der Nachricht zu diskreten Zeitpunkten. Es werden also nur Amplitudenproben der Nachricht übertragen. [10], [13], [14]. Th

Pulsmodulator *(pulse modulator)*. Der P. enthält eine Schaltung, mit der die gewünschte Pulsmodulation vorgenommen werden kann. [10], [13], [14]. Th

Pulsphasenmodulation *(pulse phase modulation)*, PPM. Bezeichnung für ein Verfahren, bei dem der Inhalt einer Nachricht in diskreten Momentanwerten durch eine Pulsfolge so dargestellt wird, daß jedem der abgetasteten Momentanwerte eine seinem Nachrichteninhalt entsprechende Phasenlage eines Impulses zugeordnet ist. [10], [13], [14]. Th

Pulsrahmen *(pulse frame, frame)*, Rahmen. Vollständiger Zyklus aller Zeitkanäle, die bei Zeitmultiplexbetrieb auf einer Zeitmultiplexleitung übertragen werden. Bei dem international durch CCITT (*Comité Consultatif International Télégraphique et Téléphonique*) genormten Grundsystem für Fernsprechkanäle besteht ein Pulsrahmen aus 32 Zeitkanälen zu je 8 Bit pro Abtastwert. Zwei der 32 Zeitkanäle sind für die Rahmensynchronisation bzw. für die Signalisierung (Zeichengabe) reserviert. Innerhalb des Bitstroms wird der Anfang des Pulsrahmens mittels eines Rahmenkennungswortes gekennzeichnet. [19]. Kü

Pulstechnik → Impulstechnik. Th

Pulsverstärker, linearer *(linear pulse amplifier)*. Mit einem linearen P. werden elektrische Pulsspannungen verstärkt, ohne daß nennenswerte Verzerrungen z.B. der Kurvenform auftreten. Der Verstärker ist breitbandig (etwa von 0 bis 10^8 Hz) mit einer starken Gegenkopplung über mehrere Stufen ausgelegt. Lineare P. verarbeiten z.B. einseitig gerichtete Rechteckpulse mit Anstiegszeiten von 10 ns und einer Pulsdauer von 100 ns. Hauptanwendungsgebiet der P. ist die Kernphysik. [9], [10]. Fl

Pulswechselrichter *(pulse width modulated inverter)*. Der P. ist ein selbstgeführter Wechselrichter, der vom Vierquadranten-Gleichstromsteller abgeleitet seine Ausgangsspannung(en) U_A durch Pulsbreitenmodulation mit i.a. zwei festen Spannungswerten ($\pm U_m$) bildet. Wird die Modulation (Bild) durch Vergleich einer vorgegebenen Steuerspannung U_{ST} mit einer höherfrequenten Dreieckspannung U_H gewonnen, spricht man auch vom Unterschwingungsverfahren. (Die Frequenz der Dreieckspannung legt die Schaltfrequenz der Ventile des Pulswechselrichters fest.) [3]. Ku

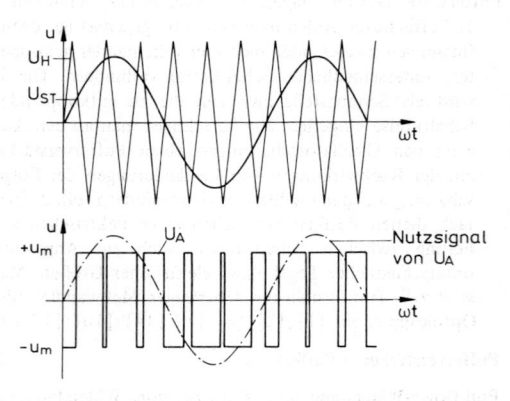

Pulswechselrichter

Pulswinkelmodulation *(pulse-time modulation)*. Oberbegriff für die Pulsmodulationsmethoden, bei denen entweder die Pulsfrequenz oder die Pulsphasenlage moduliert wird. [10], [13], [14]. Th

Pulszeitmodulation *(pulse-time modulation)*, PTM. Ein System, bei dem ein einziger Impuls pro Takt eine Nachricht zu übertragen hat, ist im maximalen Zeithub keineswegs mehr wie bei der Pulsphasenmodulation auf $\pm T_0/2$ begrenzt, wobei T_0 der Periodendauer entspricht. Bei der P. treten Dichteschwankungen in der Impulsfolge auf. Den optimalen Zeithub erhält man gerade dann, wenn bei der Modulation in den Häufungspunkten der Impulse diese gerade einander berühren. [10], [13], [14]. Th

Pulverkern → Massekern. Ge

Pumpen, optisches *(optical pumping)*. Verfahren, bei dem durch Einstrahlung elektromagnetischer Wellen (z.B. Licht) in Materie die Besetzungszahldichte bestimmter (metastabiler) Energiezustände gegenüber dem thermischen Gleichgewicht angereichert wird. Durch optisches P. kann man Ordnungszustände hervorrufen (z.B. Ausrichtung der magnetischen Momente von Atomen) und bestimmte Energiezustände stark bevölkern, wodurch kohärente Lichtstrahlung möglich wird (→ Laser). [7]. Bl

Pumpenergie *(pumping energy)*. Energie, die eingestrahlte elektromagentische Strahlung haben muß, um ein System in einen gewünschten höheren Energiezustand anzuregen. Die P. entspricht dabei etwa der Anregungsenergie. [7]. Bl

Pumpfrequenz *(pumping frequency)*. Frequenz, die elektromagnetische Strahlung haben muß, um bei Einstrahlung auf ein mikrophysikalisches System die Anregung der gewünschten Energieniveaus zu erreichen. Bedeutend ist die P. bei Laser und Maser zur parametrischen Verstärkung. [7]. Bl

Pumpkreis *(optical pumping circuit)*. Anordnung zum optischen Pumpen. [7]. Bl

Punch-Through-Effekt → Durchgreifeffekt. Ne

Punch-Through-Spannung → Durchgreifspannung. Ne

Punktdrucker *(point recorder)*, Punktschreiber. Der P. ist ein schreibendes Meßgerät, das anfallende Meßwerte punktförmig auf einen Registrier-Papierstreifen druckt. Das Gerät besteht aus einem Meßwerk mit Zeiger und Skala, einem Fallbügel und einem Farbband (Bild). Ein Synchronmotor bewirkt den Papiervorschub. Als Meßwerk wird ein Drehspul- oder ein Kreuzspulmeßwerk eingesetzt. Der Zeiger stellt sich auf einen Meßwert ein und wird vom Fallbügel periodisch in Zeitabständen von 1 s bis 60 s gegen ein Farbband gedrückt. Auf dem Registrierpapier, das unter dem Farbband mit festgelegter, einstellbarer Geschwindigkeit vorwärts bewegt wird, entsteht ein farbiger Punkt. Häufig besitzen P. einen selbsttätigen Umschalter, der mehrere Meßstellen zyklisch abfragt. Die Meßwerte werden auf einem gemeinsamen Registrierstreifen erfaßt. [12]. Fl

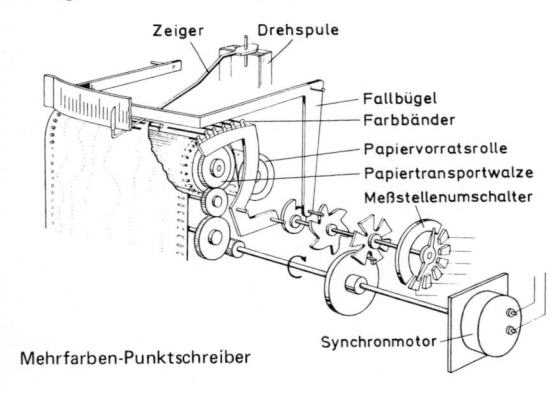

Mehrfarben-Punktschreiber

Punktladung *(point charge)*. Fiktive Vorstellung eines geladenen Teilchens ohne Ausdehnung (Analogie zum Massepunkt der Mechanik). Man denkt sich die gesamte Ladung auf einen Punkt des Raumes konzentriert. Nur unter dieser Annahme lassen sich die Gesetzmäßigkeiten des elektrischen Feldes einfach formulieren; das → Coulombsche Gesetz gilt nur für Punktladungen. [5]. Rü

Punktmatrix *(dot matrix)*. Aufbau eines Zeichens aus einzelnen Punkten, das z.B. beim Nadeldrucker verwendet

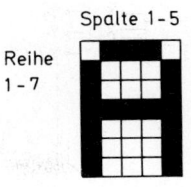

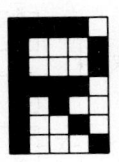

Punktmatrix

wird. Das Bild zeigt den Aufbau der Buchstaben A und R mit einer 5 × 7-Punkte-Matrix. [9]. We

Punktschreiber → Punktdrucker. Fl

Punktsteuerung *(point-to-point position control)*. Die P. ist eine Art der numerischen Steuerung von Werkzeugmaschinen. Dabei wird das Werkzeug in Bezug auf das Werkstück in einzelne definierte Positionen gebracht, wobei während des Bewegungsvorganges das Werkzeug nicht im Eingriff ist und bei mehrachsigen Bewegungen kein funktioneller Zusammenhang zwischen den Achsen besteht. Die P. wird bei Bohrmaschinen angewendet. [18]. Ku

Punkt-zu-Punkt-Verbindung *(point-to-point connection)*. Die einfachste Verbindung in einem Datenübertragungsnetz stellt die P. (→ Standleitung) dar, bei der die beiden Teilnehmereinrichtungen durch einen fest geschalteten Kanal (einseitig gerichtete Verbindung) oder durch einen Schreibkreis (zweiseitig gerichtete Verbindung) starr zusammengeschaltet sind. Diese Art ist nur dann sinnvoll, wenn dauernd mit hohem Nachrichtenfluß zu rechnen ist oder wenn rascher Zugriff gefordert wird. [14]. Th

Pupinisieren *(pupinize)*. Einfügen von Pupin-Spulen in eine Fernsprechleitung. [14]. Th

Pupin-Leitung *(coil-loaded circuit)*. Fernsprechkabel, bei dem nach Vorschlägen des Wahlamerikaners Pupin (1858-1935) ein spezielles Bauelement, die Pupin-Spule, verwendet wird, um die Induktivität zu erhöhen und damit die Dämpfung von Kabelleitungen zu verringern. Die Pupin-Spulen werden in bestimmten Abständen (Spulenfeldlängen) in die Kabeldoppeladern eingeschleift. Sie sind jeweils für jede der beiden Adern gemeinsam auf einen Ringkern aufgebracht. [14]. Th

Push-Pull-Verstärker → Gegentaktverstärker. Fl

Pylonantenne → Rohrschlitzstrahler. Ge

Pyramidenhorn → Hornstrahler. Ge

Pyramidenrohr → Hohlleiterübergänge. Ge

Pyramidenschaltung *(pyramid)*, Schaltpryamide. Logische Kontaktschaltungen (z.B. digitale Schaltungen) ohne Speichervermögen, die so kompliziert vermascht sind, daß sie mit keinem Minimierungsverfahren vereinfacht werden können, lassen sich in Form einer P. realisieren. Die Schaltkontakte werden dazu von einem Speiseknoten ausgehend pyramidenförmig angeordnet. (Bild). [2]. Fl

Pyrodetektor

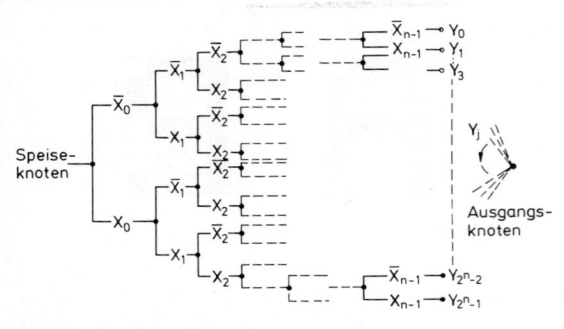

Pyramidenschaltung

Pyrodetektor → Strahlungsempfänger, pyroelektrischer. Fl

Pyroelektrizität *(pyroelectricity)*. Unter P. versteht man das Auftreten von Ladungen an bestimmten Grenzflächen natürlich vorkommender Elektrete bei starken Temperaturänderungen. Kristalle mit polarer Achse (z.B. Turmalin, Quarz) zeigen bei starker Abkühlung (flüssige Luft) P. Pyroelektrische Kristalle sind stets piezoelektrisch (→ Piezoelektrizität), aber nicht umgekehrt. [5]. Rü

Pyrolyse *(pyrolisis)*. Das Zersetzen chemischer Verbindungen unter dem Einfluß von Wärmewirkung (→ CVD). Ne

Pyrometer *(pyrometer)*. P. werden zur berührungslosen Messung von Temperaturen eingesetzt. Gemessen wird die Strahlungsdichte glühender Körper und Schmelzflüsse. Als Bezug (Normal) werden Eigenschaften des schwarzen Strahlers zugrundegelegt. Die Messung erfolgt: a) durch Vergleich der Strahlung mit einem Vergleichsstrahler, b) durch Wärmestrahlung auf ein Thermoelement bzw. einen temperaturempfindlichen Widerstand, oder c) durch strahlungsempfindliche Fühler wie Photoelemente, Photodioden, Photowiderstände. (→ Strahlungspyrometer, → Farbpyrometer, → Spektralpyrometer.) Das Meßergebnis muß korrigiert werden, da die Emission der Meßobjekte nicht mit der des schwarzen Strahlers übereinstimmt. [5], [12], [18]. Fl

Q

Q-Band *(Q band)*. Das Q. umfaßt Frequenzen von 36 GHz bis 46 GHz (0,834 cm bis 0,652 cm). Das Q. ist weiter unterteilt in Q_a = 36 GHz bis 38 GHz, Q_b = 38 GHz bis 40 GHz, Q_c = 40 GHz bis 42 GHz, Q_d = 42 GHz bis 44 GHz, Q_e = 44 GHz bis 46 GHz. Die Frequenzen liegen im Höchstfrequenzbereich und sind Radar-Nachrichtensystemen zugeordnet. [8], [10], [13], [14].
Fl

Q-Messer → Gütefaktormesser.
Fl

Q-Multiplier *(Q multiplier)*. Ein Oszillator, der fest auf die Zwischenfrequenz eines Überlagerungsempfängers (→ Superhet) abgestimmt und dessen Schwingeinsatzpunkt mit einem Potentiometer oder einem Drehkondensator einstellbar ist. Je mehr man sich dem Schwingeinsatz nähert, um so höher wird die Güte des Oszillatorschwingkreises. Dieser Schwingkreis ist meist als erster ZF-Kreis (ZF Zwischenfrequenz) hinter dem Mischer angeordnet. Der Vorgang entspricht einer Verstärkung des Gütefaktors (→ Güte), verbunden mit einer Verkleinerung des Durchlaßbereiches. [8], [13], [14].
Fl

QPSK-Modulator *(quaternary phase-shift keying-modulator, QPSK-modulator)*. Vierphasen-Umtastungsmodulator. Der Q. ist eine Modulatorschaltung, mit der eine vierwertige (quaternäre) Phasenumtastung z.B. zur Datenübertragung auf Fernsprechkanälen durchgeführt werden kann. Beispielsweise läßt sich eine Modulation mit Binärsignalen in zwei Schritten durchführen: 1. Eine Logikschaltung wandelt das beliebige Binärsignal durch Zusammenfassung von Bitgruppen in ein vierwertiges mit zwei Dibit um (Bild). 2. Der hochfrequente Träger steuert zwei Produktmodulatoren an. Der untere Produktmodulator wird mit einer um 90° phasenverschobenen Schwingung angesteuert. Jedem Dibit wird, bezogen auf eine Vergleichsphase, eine bestimmte Phase des Trägers zugeordnet. Jeder Produktmodulator wird abhängig vom Binärzustand des ansteuernden Dibit geschaltet. Die Trägerphase ändert sich sprunghaft um 180°. Am Ausgang der Schaltung tritt abhängig von den Zuständen der Dibit ein Summensignal in vier Phasenzuständen auf: ± 45°, ± 135°. [8], [13], [14].
Fl

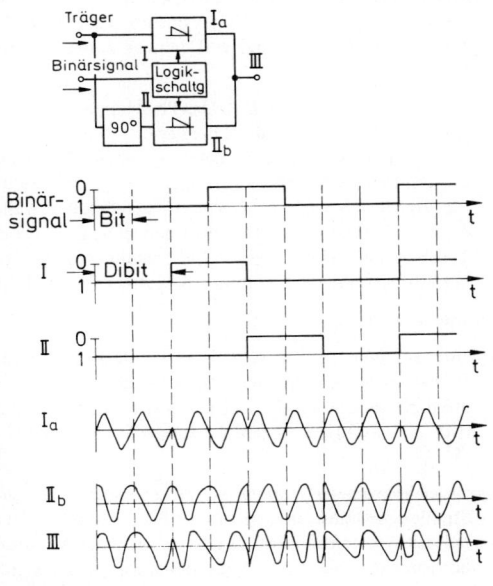

Quad-Antenne *(quad loop)*. Besondere Bauform eines Halbwellenfaltdipols, bestehend aus einem Quadrat mit einer Seitenlänge von λ/4. Bei Speisung in der Mitte der horizontalen Seite strahlt die Q. horizontal polarisiert, bei Speisung von der vertikalen Seite aus vertikal polarisierte Wellen in Form einer Achtercharakteristik ab. Die Q. wird im Amateurfunk sehr häufig in Verbindung mit einem gleichartigen, strahlungsgekoppelten Element verwendet (Cubical-Q.). [14].
Ge

Quadrant-Elektrometer → Quadrantenelektrometer.
Fl

Quadrantenelektrometer *(quadrant electrometer)*, Quadrant-Elektrometer. Als Q. bezeichnet man ein elektrostatisches Meßinstrument (→ Elektrometer), bei dem sich eine flache, bewegliche Elektrode (im Bild die Nadel) innerhalb einer in vier Sektoren (Quadranten) unterteilten Dose (als feste Elektrode) befindet. Die bewegliche Elektrode ist häufig spannbandgelagert und mit einem Spiegel für eine Lichtzeigereinrichtung versehen. Zwei gegenüberliegende Sektoren sind miteinander verbunden; die Meßspannung liegt zwischen den Quadrantenpaaren und führt zu einer Drehbewegung der Nadel. Verbindet man die Nadel mit einem Quadrantenpaar, lassen sich mit dem Q. Wechselspannungen mit Frequenzen bis 10 kHz messen. [12].
Fl

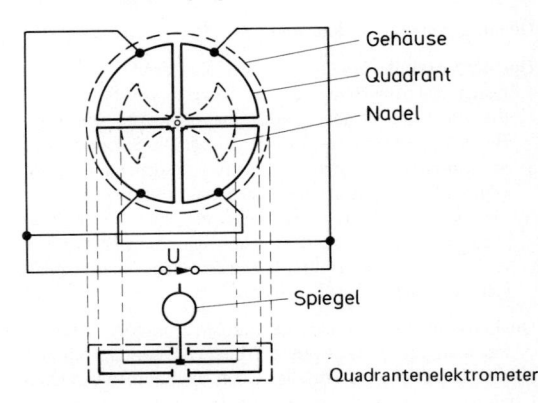

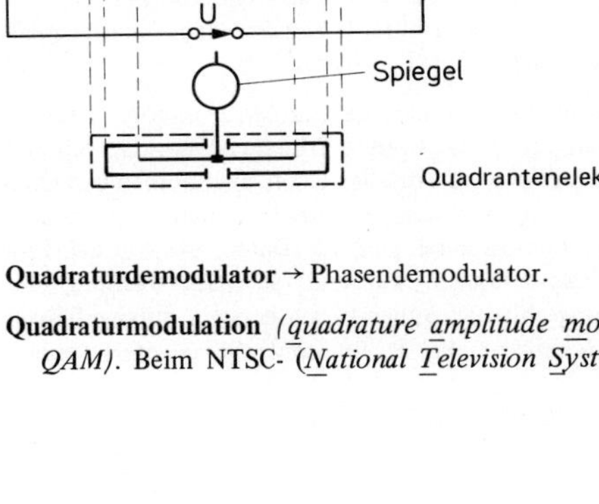

QPSK-Modulator

Quadrantenelektrometer

Quadraturdemodulator → Phasendemodulator.
Fl

Quadraturmodulation *(quadrature amplitude modulation; QAM)*. Beim NTSC- *(National Television System Com-*

mittee) und PAL-System (*phase alternation line*) benutzte Modulationsart des Farbträgers mit den zwei Komponenten des Primärfarbartsignals. Der Farbträger wird in zwei um eine viertel Periode gegeneinander phasenverschobene Anteile aufgegliedert. Bei beiden Verfahren moduliert man jeden dieser Anteile in seiner Amplitude mit je einer der beiden Komponenten derart, daß der Farbträger im Modulationsergebnis unterdrückt ist. (Die Trägerunterdrückung ist keine Voraussetzung bei Quadraturmodulation.) Beide Modulationsergebnisse werden anschließend addiert. Sie bilden gemeinsam das Chrominanzsignal. [13], [14]. Th

Quadrierglied *(squaring element).* Das Q. ist ein nichtlineares elektrisches Schaltungselement, dessen Ausgangsspannung sich proportional zum Quadrat der Eingangsspannung verhält. Ein nichtlineares Schaltungselement ist z.B. ein Schichtdrehwiderstand mit einer kreisbogenförmigen Widerstandsschicht von 270°, dessen Schleiferstellung x mit den Einstellwinkeln α die Funktion $x = (\alpha/180°)^2$ erfüllt. [12]. Fl

Quadrophonie *(quadrophony).* Stereophone Übertragungen weisen folgenden Mangel auf: Die Wiedergabe kommt nur von vorn; sie ist sozusagen zweidimensional. Ein wesentlicher Beitrag zum Klangeindruck wird aber in der Natur durch die reflektierten Schallanteile geliefert. Die Nachbildung auch dieser Anteile ist Ziel der Q. Es werden zwei zusätzliche Lautsprecher im Rücken des Zuhörers benötigt. Man kennt echte Vierkanalverfahren und Pseudo-Quadrophonie. [14]. Th

Qualität *(quality).* Begriff der statistischen Qualitätskontrolle. Q. eines Erzeugnisses ist der Grad seiner Eignung, dem Verwendungszweck zu genügen. In der Technik versteht man unter Q. häufig ganz bestimmte technische Eigenschaften (→ Qualitätsmerkmale), deren Vorhandensein oder Nichtvorhandensein gute oder schlechte Q. bedeuten oder die als Meßgrößen einen bestimmten Qualitätswert definieren. [4]. Ge

Qualitätsgrenzlage, annehmbare → Annahmegrenze. Ge

Qualitätsgrenzlage, rückzuweisende → Rückweisegrenze. Ge

Qualitätskontrolle *(quality control).* Ziel der Q. ist das Erfassen von Abweichungen der Istwerte von Sollwerten, die zur Kennzeichnung von Qualitätsmerkmalen eines Herstellungsproduktes festgelegt sind. Die Sollwerte sind vereinbarte oder durch Vorschriften festgelegte Größen. Während der industriellen Fertigung von Erzeugnissen dient die Q. z.B. auch der Sicherung eines kontinuierlichen Produktionsablaufes, damit ein möglichst hoher Anteil der fertiggestellten Produkte den Qualitätsmaßstäben genügt. [1], [4]. Fl

Qualitätskontrolle, statistische *(statistical quality control).* Mit statistischer Q. werden Prüfergebnisse, die während der Herstellung industrieller Güter im Rahmen von Qualitätssicherungsmaßnahmen anfallen, mathematisch analysiert. Prüfergebnisse sind die Daten, die von den Produktionsabteilungen während der Überwachung des Fertigungsablaufs anhand statistisch durchgeführter Stichproben (z.B. bei der Endkontrolle) geliefert werden.

Mit dem Ergebnis der statistischen Q. wird die Qualität der produzierten Erzeugnisse festgelegt. [1], [4]. Fl

Qualitätsmerkmal *(quality characteristic),* Qualitätsparameter. Das Q. kennzeichnet die Güte eines Produktes hinsichtlich einer bestimmten Eigenschaft oder eines Verhaltens gegenüber Einflußgrößen. Zahlenmäßig angebbare Qualitätsmerkmale sind Variablenmerkmale, nicht zahlenmäßig angebbare nennt man Attributmerkmale. [4]. Fl

Qualitätsparameter → Qualitätsmerkmal. Fl

Qualitätsprüfung *(quality check).* Die Q. dient der Feststellung von Qualitätsmerkmalen bei Herstellungsprodukten. Man unterscheidet 1. die subjektive Q., bei der durch Sinneswahrnehmungen z.B. die Formgebung und Ausführungsqualität eines Erzeugnisses beurteilt wird, 2. die objektive Q., bei der mit Mitteln der Meßtechnik z.B. Fehlergrenzen festgestellt werden. Mit der Q. ist immer eine Entscheidung verbunden. [4]. Fl

Qualitätssicherung *(quality assurance),* Gütesicherung. Alle organisatorischen, technischen und sonstigen Maßnahmen, durch die ein bestimmtes Qualitätsniveau eingehalten werden soll. [4]. Ge

Qualitätssteuerung *(process control),* Gütesteuerung. Steuerung der Qualität eines Enderzeugnisses im Verlauf des Fertigungsprozesses. [4]. Ge

Qualitätsüberwachung *(quality surveillance).* Die Q. umfaßt alle Maßnahmen zur Sicherung von Qualitätsmerkmalen. Es handelt sich um planmäßige, häufig in bestimmten Zyklen durchzuführende Prüfungsmaßnahmen während laufender Herstellungsprozesse und nach Fertigstellung (z.B. Endkontrolle) industrieller Produkte. [4]. Fl

Qualitätswert *(value of quality).* Der Q. ist eine quantitative Größe, die häufig als Zusammenfassung mehrerer Qualitätsmerkmale eines Erzeugnisses nach deren Prüfung (→ Qualitätsprüfung) ein Maß für dessen Güte ist. [4]. Fl

Quant *(quantum).* Deutet man das Plancksche Strahlungsgesetz, zeigt sich, daß die Energiewerte, mit denen ein Oszillator schwingen kann, nicht kontinuierlich, sondern quantenhaft, d.h. diskret, erfolgen. In der Vorstellung des Teilchencharakters von elektromagnetischen Wellen oder der Wärmestrahlung ist die Energiemenge durch ein Teilchen, bei elektromagnetischer Strahlung das Photon, bei Wärmestrahlung das Phonon dargestellt. [5], [7]. Bl

Quantelung → Quantisierung. Bl

Quantenausbeute *(quantum efficiency).* Die Q. gibt das Verhältnis der im zeitlichen Mittel bei einer Vielzahl von mikrophysikalischen Ereignissen entstehenden Teilchen (bzw. Quanten) zur Anzahl der auslösenden Quanten an. [5], [7]. Bl

Quantenelektrometer *(quantum electrometer).* Q. sind Strahlungsmeßinstrumente, die z.B. zur Überwachung radioaktiver γ-Strahlung eingesetzt werden. Als Strahlungsdetektor dient eine Ionisationskammer. Zwei elektrisch leifähige Beläge, an denen eine ständige Spannung von etwa 500 V liegt, wirken in der Kammer als Kondensator. Tritt radioaktive Strahlung durch das elektrische Feld zwischen den Belägen, werden Ionen erzeugt, die man als Ladungsmenge aufsummiert dem Eingang eines hochempfindlichen Elektrometerverstärkers zuführt. Am Verstärkerausgang ist ein Anzeigegerät angeschlossen, dessen Skala die Dosisleistung in Milliröntgen/Stunde (mr/h) angibt. [5], [12]. Fl

Quantenelektronik *(quantum electronics)*. Teilgebiet der Angewandten Physik, das sich nach der Erfindung des Lasers und Masers rasch entwickelte. Es befaßt sich mit den physikalischen Grundlagen und den technischen Anwendungen der hochfrequenten Verstärkung kohärenter Photonenverstärker. [5], [7]. Bl

Quantenenergie *(quantum energy)*. Die Q. gibt die Energie W eines Quants der Frequenz f als W = hf an. [5], [7]. Bl

Quantenmechanik *(quantum mechanics)*. Teilgebiet der Quantentheorie. Die Q. ist die nichtrelativistische Theorie zur Beschreibung der Wechselwirkung von Mikrosystemen (Atomen, Elementarteilchen und Molekülen) und deren Zuständen. Die Q. berücksichtigt den Welle-Teilchen-Dualismus und kann durch Quantisieren der klassischen Mechanik (nach Heisenberg) oder der klassischen Wellentheorie (nach Schrödinger) erhalten werden. In der Q. werden die möglichen Zustände ψ des physikalischen Systems als Elemente des meist unendlich dimensionalen Hilbertraumes (als Zustandsraum) betrachtet und deren Eigenwertspektrum untersucht. [5], [7]. Bl

Quantentheorie *(quantum theory)*. Die Eigenschaften molekularer, atomarer und subatomarer Systeme konnten durch die „klassische" Physik (Mechanik, Thermodynamik, Elektrodynamik) nicht ausreichend beschrieben werden. Dies führte zur Erfindung der Q. (Quantenmechanik und Quantenelektrodynamik). Grundgedanken der Q. waren die Heisenbergsche Unschärferelation und die Formulierung des Welle-Teilchen-Dualismus. [5], [7]. Bl

Quantenübergang *(quantum transition)*. Übergang eines quantenmechanischen Systems von einem gebundenen Zustand in einen anderen. Da sich hierbei einige charakteristische Größen ändern, z.B. die Energie und Quantenzahlen, ist ein Q. mit der Absorption oder Emission eines Quants verbunden. So gibt es bei Halbleitern Quantenübergänge durch Absorption oder Emission von Photonen und Phononen. [5], [7]. Bl

Quantenzahl *(quantum number)*. Die Quantenzahlen sind für den Energiezustand eines Elementarteilchens charakteristische Zahlenwerte. Sie sind Eigenwerte eines Operators (z.B. des Drehimpulsoperators) und geben den Wert der jeweiligen physikalischen Größe an. Die gebundenen Energiezustände eines Elektrons (im Feld eines Atomkerns) sind (→ Atommodell): 1. die Hauptquantenzahl n, 2. die Bahndrehimpulsquantenzahl l, 3. die Spinquantenzahl s, 4. die magnetische Quantenzahl m. [7]. Bl

Quantenzahl, azimutale → Bahndrehimpulsquantenzahl. Bl

Quantenzahl, magnetische *(magnetic quantum number)*. Der Drehimpuls eines mikrophysikalischen Systems z.B. eines Elektrons der Atomhülle kann im magnetischen Feld verschiedene Orientierungen einnehmen. Die verschiedenen Ausrichtungen werden durch die magnetische Q. m gekennzeichnet. [7]. Bl

Quantisierung *(quantisation)*. 1. Physik: Bezeichnung für den Übergang von klassischen physikalischen Theorien zur entsprechenden Quantentheorie. In der Quantenmechanik kennt man zwei Quantisierungsverfahren, das Schrödingersche, in dem die Lösung der Schrödingergleichung interpretiert wird und das nach Heisenberg (kanonisches Verfahren), worin physikalische Größen wie Ort, Impuls und Energie nicht als Funktionen, sondern als Operatoren aufgefaßt werden, die bestimmten Vertauschungsrelationen gehorchen. [5], [7]. Bl
2. Nachrichtentechnik: Beschreibung für einen Vorgang, bei dem der Amplitudenbereich einer Schwingung (eines Signals) in eine endliche Anzahl kleinerer Teilbereiche unterteilt wird, von denen jeder durch einen einzigen zugeordneten (quantisierten) Wert innerhalb des Teilbereiches dargestellt ist. [9], [10], [13], [14]. Th

Quantisierungsfehler *(quantization error)*. Der Q. tritt als Fehler bei der Umwandlung analoger Signale in digitale Werte auf. Eine analoge Größe besitzt innerhalb ihres Amplitudenbereichs unendlich viele Werte. Zur digitalen Weiterverarbeitung wird ein analoger Wert in eine begrenzte Anzahl gleich großer Abschnitte (Quantisierungsstufe, z.B. → Meßquanten) unterteilt. Infolge der entstehenden endlichen Anzahl von Werten innerhalb eines Bereichs ist der Übergang von Abschnitt zu Abschnitt mit einer Unsicherheit von ± 1 Meßquant, dem Q., behaftet. Zwischen den Quantisierungsstufen müssen zeitabhängige Fehler und statistische Fehler unterschieden werden: a) Zeitabhängiger Fehler Δx: Sein Verlauf im Intervall $-q/2$ und $+q/2$ (q Meßquant) ist einer Sägezahnfunktion ähnlich (Bild). Man gibt für das Intervall den Effektivwert des Fehlers an: $\Delta x = \dfrac{q}{2 \cdot \sqrt{3}}$. b) Statisti-

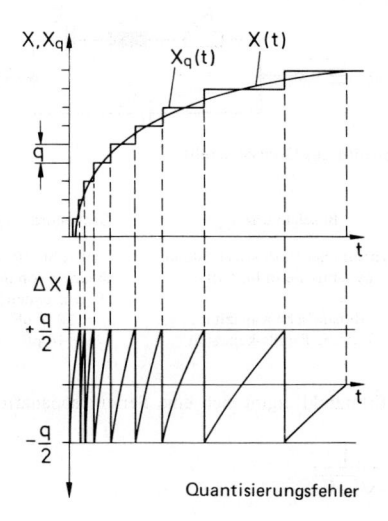

Quantisierungsfehler

sche Fehler: Sie erfassen den Charakter der Störsignale (z.B. → Quantisierungsrauschen), die durch die Quantisierung auftreten, und werden mit statistischen Hilfsmitteln beschrieben. [9], [12]. Fl

Quantisierungsrauschen *(quantization noise)*. Die Digitalisierung analoger Signale bewirkt, daß nicht der jeweilige Augenblickswert, sondern ein diskreter Amplitudenwert eines Signals übertragen wird, der sich vom wahren Wert um maximal eine halbe Quantisierungsstufe unterscheiden kann. Dieser prinzipiell nicht unterdrückbare Fehler äußert sich im Empfänger als Störgeräusch. [2], [4], [9], [13], [14], [17]. Th

Quantisierungsstufe *(quantization step)*. Als Q. werden die Entscheidungsschwellen eines Analog-Digital-Wandlers bezeichnet. Ein 8-bit-Wandler hat z.B. $2^8 = 256$ Quantisierungsstufen. Man unterscheidet noch zwischen linearer und nichtlinearer (meist logarithmischer) Quantisierung. [2], [4], [6], [14]. Th

Quantisierungszyklus *(quantization cycle)*. Für die Umsetzung eines Analogsignals in ein Digitalwort wird eine gewisse Zeit benötigt. Der Umsetzvorgang selbst heißt Q. [2], [4], [6]. Th

Quarz *(quartz)*. Kristall in trigonalrhomboedrischer Modifikation von Silicium-(II)-oxid (SiO_2). Er findet wegen seines ausgeprägten piezoelektrischen Effekts weitgehende Anwendung in der Technik (Druckmessungen). In der Elektronik wird meist der reziproke piezoelektrische Effekt (→ Piezoelektrizität) ausgenutzt. Bringt man eine aus dem Quarzkristall herausgeschnittene Scheibe zwischen zwei Kondensatorplatten und legt ein elektrisches Feld an, dann führt das Kristallplättchen bei einer Eigenfrequenz elastische mechanische Schwingungen aus. Aus der Schnittlage der Quarzscheibe ergibt sich die Schwingungsform (z.B. AT-Schnitt: Dickenscherungsschwinger; CT- oder DT-Schnitt: Flächenscherungsschwinger). Die Abmessungen bestimmen die Eigenfrequenz. Das Verhalten des Quarzkristalls läßt sich durch ein elektrisches Ersatzbild darstellen (Bild).

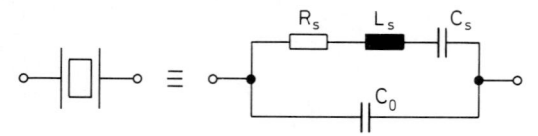

Ersatzschaltbild des Quarzkristalls

Bezeichnungen		Größenordnung
R_s	dynamischer Verlustwiderstand	$\sim 10\ \Omega$ bis $10^3\ \Omega$
L_s	dynamische Induktivität	abhängig von der Eigenfrequenz
C_s	dynamische Kapazität	$\sim 10^{-2}$ pF
C_0	statische Parallelkapazität	~ 10 pF

Aus dem Ersatzbild ergibt sich eine Serienresonanzfrequenz

$$f_s = \frac{1}{2\pi} \frac{1}{\sqrt{L_s C_s}}$$

und eine Parallelresonanzfrequenz

$$f_p = \frac{1}{2\pi \sqrt{L_s \frac{C_s C_0}{C_s + C_0}}} = f_s \sqrt{1 + \frac{C_s}{C_0}}.$$

Der relative Abstand der Resonanzfrequenzen beträgt

$$\frac{\Delta f}{f_s} = \frac{f_p - f_s}{f_s} \approx \frac{1}{2} \frac{C_s}{C_0}.$$

Der Gütefaktor des Quarzes (in Bezug auf f_s) ist

$$Q_k = \frac{\omega_s L_s}{R_s} = \frac{2\pi f_s L_s}{R_s} = \frac{1}{R_s} \sqrt{\frac{L_s}{C_s}}.$$

Zahlenbeispiel: AT-Schnitt für Eigenresonanz $f_s = 1$ MHz, $C_0 = 10$ pF, $C_s = 10^{-2}$ pF, $L_s = 2{,}533$ H, $R_s = 126\ \Omega$. $\Delta f = f_p - f_s \approx 500$ Hz, Güte $Q_K \approx 50\,000$.

Wegen der außerordentlich hohen Schwingkreisgüte werden Schwingkristalle zur Frequenzstabilisierung von Sendern (→ Quarzoszillator, → Quarzstabilisierung), in Filterschaltungen (→ Quarzfilter) und zur Erzeugung hochkonstanter Zeitabschnitte (→ Quarzuhr) verwendet. Weitere Anwendungen findet man im piezoelektrischen Lautsprecher, beim Mikrophon und Tonabnehmer. [14]. Rü

Quarzersatzbild → Quarz. Rü

Quarzfilter *(crystal filter)*. Elektrisches Filter, das anstelle von Schwingkreisen Quarze als elektromechanische Resonatoren benutzt. Wegen der hohen Gütefaktoren von Quarzen lassen sich sehr steile Flanken erzielen. Primär eignen sich Q. für Schmalbandanwendungen (z.B. Sperren von Pilotfrequenzen oder als SSB-Filter). Eine Filtersynthese ist nach der Wellen- oder Betriebsparametertheorie möglich. Bei der Synthese breitbandiger Bandpässe können durch ein besonderes Verfahren der Polabspaltung die Schwingkreisanordnungen durch äquivalente Quarzschaltungen ersetzt werden. [14]. Rü

Quarzgenerator *(crystal generator)*. Oszillatorschaltung mit einem Schwingquarz als Resonanzglied. Der Q. liefert je nach Aufbau und Verwendung eine sehr konstante Frequenz. Typische Inkonstanz: $1 \cdot 10^{-5}$ bis $1 \cdot 10^{-8}$. Bei sehr hohen Anforderungen ist der Quarz im Thermostaten untergebracht. [4], [8], [12], [13]. Th

Quarzoszillator → Quarzgenerator. Th

Quarzresonator *(quartz resonator, crystal resonator)* → Quarz. Fl

Quarzstabilisierung *(crystal stabilization)*. Sie wird in Oszillatorschaltungen verwendet, in der der Quarz selbst nicht frequenzbestimmend ist, sondern nur dazu dient, den angeregten Schwingkreis zu synchronisieren und damit stabil zu halten. In solchen Schaltungen kann der Quarz auch ungeradzahlige Vielfache seiner Nennfrequenz synchronisieren (Quarz-Oberton-Oszillator). Anwendung auf der Grundfrequenz bei Leistungsoszillatoren. [4], [6], [13]. Th

Quarzthermometer *(quartz thermometer)*. 1. Quarzglasthermometer: Ein Berührungsthermometer, das mit Quecksilber gefüllt ist und eine Ummantelung aus Quarzglas besitzt. Der Meßbereich umfaßt Werte von $-3\,°C$ bis $+750\,°C$. 2. Ein Thermometer, dessen Wirkungsweise auf Temperaturabhängigkeiten der Resonanzfrequenz eines Quarzoszillators beruht. 3. Geologisches Thermometer: Verschiedene Quarzmaterialien verändern den Aufbau ihrer Kristallstruktur, wenn sie vorgegebenen Temperaturwerten, den Fixpunkten, ausgesetzt sind. Sind Fixpunkte und Kristallaufbau solcher Quarze im Erdinnern bekannt, lassen sich Rückschlüsse auf die dort zu einer bestimmten Vorzeit aufgetretenen Temperaturverhältnisse ziehen. [5], [12]. Fl

Quarzuhr *(quartz clock)*. Die Q. ist ein Präzisionszeitmeßgerät, das z.B. in digitaler Form Zeitangaben in Stunden, Minuten und Sekunden, häufig auch mit Kalendertag und einer Jahreskennziffer, liefert. Die Wirkungsweise beruht auf der Frequenzstabilität von Quarzoszillatoren mit einem Schwingquarz als frequenzbestimmendes Element. Die Periodendauer der Schwingfrequenz (häufig 5 MHz) wird zur Zeitmessung in ganzzahlige Bruchteile einer Sekunde unterteilt. Höchste Ansprüche an die Meßunsicherheit (z.B. 10^{-9}) werden erfüllt, wenn der Quarz in Thermostaten auf konstanter Temperatur (z.B. 10^{-3} K) gehalten wird. Häufig besitzen Quarzuhren einen digitalen Ausgang, an dem die Zeitinformationen im BCD-Code (*BCD*, *binary coded decimal*) anliegen. Anwendungen: z.B. als Zeitnormal; zur Zentraluhrensteuerung; in Rundfunksendern z.B. zur Zeitangabe; in Trägerfrequenzanlagen; in der Astronomie. [5], [8], [12], [14], [19]. Fl

Quarzvibrator *(quartz vibrator, crystal vibrator)* → Quarz. Fl

Quasi-Fermi-Niveau *(quasi-Fermi level)*. Die Quasi-Fermi-Niveaus entstehen durch die Aufspaltung des Fermi-Niveaus an PN-Übergängen bei Anlegen einer äußeren Spannung. [7]. Bl

Quasiteilchen *(quasiparticle)*. Bei der quantenmechanischen Betrachtung physikalischer Phänomene (z.B. Gitterschwingungen eines Kristalls) läßt sich durch Einführung der Quasiteilchen eine leichtere Darstellung der Anregungszustände erzielen. Quasiteilchen sind keine real existierenden Teilchen sondern quantisierte Elementaranregungen. Beispiel hierfür ist das Phonon. [5], [7]. Bl

Quecksilberdampfbogen *(mercury vapour arc)*. Der Q. ist eine selbständige Gasentladung (→ Bogenentladung) zwischen zwei unter Spannung stehenden Elektroden in einem Entladungsgefäß, das mit Quecksilberdampf gefüllt ist. Eine Elektrode wirkt als Katode, die andere als Anode. Die Bogenentladung wird bei Quecksilberkatoden durch hohe elektrische Feldstärken, die Elektronen aus der Katode herausreißen (→ Feldemission), eingeleitet. Auf der Katode entsteht ein Brennfleck mit Stromdichtewerten von etwa $500\,A/m^2$ bis $1000\,A/m^2$ und starker Wärmeentwicklung. Durch Glühemission vergrößert sich die Anzahl der freien Elektronen und das Quecksilbergas wird ionisiert. Zwischen den Elektroden bildet sich ein Lichtbogen mit einem Gemisch aus positiven und negativen Ladungsträgern hoher Raumladungsdichte (→ Plasma). Die Lichtsäule strahlt intensiv im Linienspektrum des Quecksilbers mit starken ultravioletten Anteilen. Im Inneren der Säule werden Temperaturwerte von etwa 10^4 K erreicht. Die entlang der Bogenstrecke liegende Brennspannung beträgt etwa 2 V bis 3 V. [3], [5], [11]. Fl

Quecksilberdampfgleichrichter *(mercury-vapour rectifier; mercury arc rectifier)*, Quecksilberventil, Quecksilberkatoden-Ventil. Q. sind Gasentladungsröhren, die mit Quecksilberdampf gefüllt sind. Man setzt sie zur Gleichrichtung mittlerer oder großer Wechselstromleistungen (bis etwa 8 MW) ein. In einem Glas- oder Metallgefäß befindet sich eine großflächige, entweder mit Quecksilber gefüllte Kaltkatode oder eine Glühkatode. Die Katode umschließt eine oder mehrere kleinflächige Anoden aus Graphit oder Stahl. Hochleistungs-Q. besitzen eine gekühlte Anode und eine zusätzliche, zwischen Katode und Anode angebrachte Hilfselektrode. Der wesentliche Elektronenfluß findet nach Einleitung der Zündung über die Hilfselektrode zwischen Katode und Anode statt, wenn die Anode gegenüber der Katode positiv vorgespannt ist. Die Röhre wird im Gebiet der Bogenentladung betrieben. Das Plasma der Entladung ermöglicht Stromwerte bis etwa 8000 A. Ein Stromfluß bleibt so lange erhalten, bis der Anodenstrom zu geringe Werte hat, um die Entladung aufrechtzuerhalten. Ein spezieller Q. ist das Ignitron. [3], [5], [11]. Fl

Quecksilber-Elektrizitätszähler → Stia-Zähler. Fl

Quecksilberfilmrelais *(mercury wetted relay)*. Reedrelais mit quecksilberbenetzten Kontakten. Q. zeichnen sich durch prellfreie Kontaktgabe, kleinen, nahezu konstanten Kontaktwiderstand, kurze Schaltzeiten und hohe Lebensdauer aus; sie sind jedoch lageabhängig. [4]. Ge

Quecksilberkatodenventil → Quecksilberdampfgleichrichter. Fl

Quecksilberrelais *(mercury relay)*. Meist Klappankerrelais, das anstelle oder zusätzlich zu den Federkontakten eine Quecksilberschaltröhre besitzt. Eignet sich zum sicheren Schalten hoher Ströme, ist aber lageabhängig (→ Quecksilberschalter). Ge

Quecksilberschalter *(mercury wetted switch)*. Schalter, der anstelle oder zusätzlich zu den Federkontaktelementen eine Quecksilberschaltröhre besitzt. Die Kontaktelemente befinden sich in einem Glasröhrchen und werden durch Kapillarwirkung aus einem Quecksilbervorrat am unteren Ende des Röhrchens benetzt. Der Q. ist zum sicheren Schalten hoher Ströme geeignet. Durch die dämpfende Wirkung des Quecksilbers wird Kontaktprellen verhindert. Der Q. ist lageabhängig. [4]. Ge

Quecksilberspeicher *(mercury storage, mercury memory)*. Laufzeitspeicher, der auf der Geschwindigkeit von Impulsen in Quecksilber beruht. Die Impulse laufen in Art eines Ringschieberegisters um. Sie können durch Übertrager auf elektronische Schaltungen übernommen werden. [4]. We

Quecksilberventil → Quecksilberdampfgleichrichter. Fl

Quellen, gesteuerte *(controlled sources)*. (Ideale) Spannungs- oder Stromquellen, die von einer anderen Spannung oder einem anderen Strom im Netzwerk gesteuert werden. Es handelt sich um idealisierte Vierpole, die als Netzwerkelemente beim Aufstellen von Vierpolersatzschaltungen benötigt werden. Man unterscheidet vier Typen, für die jeweils zwei Formen von Vierpolmatrizen existieren; während alle gesteuerten Q. eine Kettenmatrix A haben, existiert in jeder Form jeweils nur die Parallel-Reihenmatrix P, die Widerstandsmatrix Z, die Leitwertmatrix Y oder die Reihen-Parallelmatrix H. Für die vier Formen gesteuerter Q. entnimmt man dem Bild die einfachen Beziehungen zwischen Spannungen und Strömen:

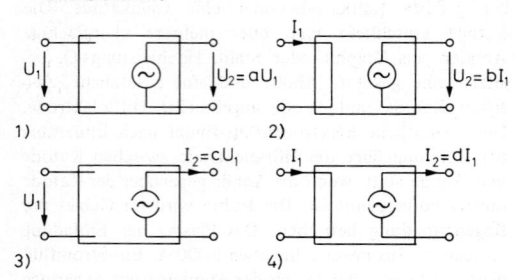

Die vier idealen gesteuerten Quellen

1. Spannungsgesteuerte Spannungsquelle (VVS)

$U_2 = aU_1$.

Hier existieren die Matrizen

$$A = \begin{pmatrix} \frac{1}{a} & 0 \\ 0 & 0 \end{pmatrix} \;;\; P = \begin{pmatrix} 0 & 0 \\ a & 0 \end{pmatrix}.$$

2. Stromgesteuerte Spannungsquelle (CVS)

$U_2 = b\,I_1$.

Hier existieren die Matrizen

$$A = \begin{pmatrix} 0 & 0 \\ \frac{1}{b} & 0 \end{pmatrix} \;;\; Z = \begin{pmatrix} 0 & 0 \\ b & 0 \end{pmatrix}.$$

3. Spannungsgesteuerte Stromquelle (VCS)

$I_2 = c\,U_1$

Hier existieren die Matrizen

$$A = \begin{pmatrix} 0 & \frac{1}{c} \\ 0 & 0 \end{pmatrix} \;;\; Y = \begin{pmatrix} 0 & 0 \\ c & 0 \end{pmatrix}.$$

4. Stromgesteuerte Stromquelle (CCS)

$I_2 = d\,I_1$.

Hier existieren die Matrizen

$$A = \begin{pmatrix} 0 & 0 \\ 0 & \frac{1}{d} \end{pmatrix} \;;\; H = \begin{pmatrix} 0 & 0 \\ d & 0 \end{pmatrix}.$$

Der (ideale) Operationsverstärker kann als spannungsgesteuerte Spannungsquelle (Fall 1), der Feldeffekttransistor (in grober Näherung) als spannungsgesteuerte Stromquelle (Fall 3) aufgefaßt werden. Für gesteuerte Q. existieren auch Darstellungen mit → Nullor-Schaltungen. [15]. Rü

Quellencodierung *(source encoding)*. 1. Datenverarbeitung: Erstellen eines Quellenprogramms vor der Eingabe auf Datenträger oder direkt in die Datenverarbeitungsanlage. Die Q. wird manchmal auch als Programmierung bezeichnet, ist jedoch nur ein Teil der Programmierung. [1]. We 2. Nachrichtenübertragung: Umsetzung eines Quellsignals in ein digitales Signal Kü

Quellenprogramm *(source program)*, Quellenprogramm. Das vom Programmierer niedergeschriebene und der Maschine übergebene Programm in Assemblersprache oder einer höheren Programmiersprache. Das Q. wird von einem Übersetzungsprogramm (Assembler, Compiler) in das Objektprogramm übersetzt oder durch einen Interpreter interpretiert. [1]. We

Quellenspannung *(electromotive voltage, EMF)*, Urspannung. Allgemein die Spannung, die von einer Quelle abgegeben wird. Speziell versteht man meist darunter die Leerlaufspannung $\underline{U}_L$ einer Ersatzschaltung. [15]. Rü

Quellenwiderstand *(source impedance)*. Der Innenwiderstand R_i einer Spannungsquelle (→ Ersatzschaltung). [15]. Rü

Quellprogramm → Quellenprogramm. We

Querdämpfung → Längsdämpfung. Rü

Querstrahler *(broadside radiator)*. Vornehmlich quer zu ihrer Hauptausdehnung strahlende Antenne. [14]. Ge

Quersummenparität *(parity of total of the digits of a number)*. Kriterium zur Überprüfung der einwandfreien Übertragung eines Codewortes. Es wird dem zu übertragenden Codewort ein redundantes Paritätsbit hinzugefügt, das die Quersumme auf eine gerade oder ungerade Parität ergänzt. Beispiele: Parität ungerade:

    Codewort: 0100 0111   Paritätsbit: 1
                0000 0111   Paritätsbit: 0

[1], [13]. We

Quersummenprüfung *(horizontal check sum)*. Prüfung eines Datenwortes anhand seiner Quersumme. Sie wird aus dem Datenwort gebildet und als redundante Information (→ Redundanz) dem Datenwort hinzugefügt. Beim Lesen oder Empfangen des Datenwortes wird ebenfalls die Quersumme gebildet und mit der zusätzlichen Information verglichen. Bei Datenwörtern, die aus Bits gebildet sind, entspricht die Q. der Paritätsprüfung. Bei Ziffernfolgen des Dezimalsystems, z.B. Kontonummern, kann ebenfalls die Q. angewendet werden. Die Q. bietet in ihrer einfachen Form keinen Schutz bei Vertauschung zweier Ziffern (Zahlendreher). Dieser Schutz kann durch Bilden einer Wertigkeit für die einzelnen Ziffern erreicht werden.

Beispiel: Einfache Q.: Ziffernfolge: 3789, Quersumme: 27; Datenwort: 378927; mit Zahlendreher: 3879; Quersumme: 27; Datenwort: 387927. Der Fehler wird nicht erkannt. Q. mit Bewertung: Ziffernfolge: 3789, Quersumme: $1 \cdot 3 + 2 \cdot 7 + 3 \cdot 8 + 4 \cdot 9$ = 77, Datenwort: 378977; Ziffernfolge mit Zahlendreher: 3879.

Bei der Q. ergibt sich: $1 \cdot 3 + 2 \cdot 8 + 3 \cdot 7 + 4 \cdot 9 = 76$. Wird die Ziffernfolge 387977, die durch einen Zahlendreher entstanden ist, empfangen oder gelesen, so kann der Fehler erkannt werden. [1]. We

Querweg *(high usage route)*. Direktweg in einem hierarchischen Netz, der zwei oder mehrere Leitungsabschnitte des Kennzahlweges (→ Kennzahl) umgeht. Ziel der Verkehrslenkung ist es, den Verkehr möglichst über die kürzeren Querwege zu führen; hierdurch wird eine hohe Auslastung erreicht, womit Vermittlungs- und Übertragungseinrichtungen eingespart werden können. [19]. Kü

Querwiderstand *(shunt resistor)*. (→ Bild Abzweigschaltung). Eine in einer Abzweigschaltung quer zur Fortpflanzungsrichtung der elektrischen Energie angeordnete Impedanz $\underline{Z}_{2\nu}$:

$$\underline{Y}_{2\nu} = \frac{1}{\underline{Z}_{2\nu}}.$$

[15]. Rü

Quetschhohlleiter → Quetschmeßleitung. Fl

Quetschmeßleitung *(squeezable waveguide)*, Quetschhohlleiter. Die Q. ist ein an den Breitseiten geschlitzter Präzisions-Rechteckhohlleiter mit relativ großer Baulänge, der zur Messung des Anpassungsfaktors bzw. des Welligkeitsfaktors von Hohlleiterbauteilen dient. Die Schlitze sind paralel zur Längsachse angebracht, um nicht Wandstromlinien der Grundwelle zu schneiden. Auf diese Weise wird die Feldverteilung nicht gestört und es kann keine Abstrahlung nach außen erfolgen. An einem Ende der Q. befindet sich eine Sonde, die mit einem Detektor verbunden ist. Durch Quetschung werden die Querschnittsabmessungen geändert und es erfolgt eine Beeinflussung der Phasengeschwindigkeit im Hohlleiter. Am Ausgang des Detektors wird aus den sich ergebenden Werten die Welligkeit bestimmt. [8], [12]. Fl

Quetschverbindung *(pressure connection)*. Lötfreie Verbindung, bei der das Anschlußelement auf der Verbindungsseite eine Hülse hat, in die der Leitungsdraht eingesteckt wird. Durch von außen wirkenden Preßdruck werden Hülse und Draht gemeinsam verformt. Dadurch entsteht eine Vielzahl von Berührungen der Flächen von Draht und Hülseninnenwand. Die Restelastizität der Paarung erhält an diesen Berührungsstellen den Kontaktdruck aufrecht. Nach der Querschnittsform, der Angriffsrichtung des Preßdrucks, dem Grad der Verformung und der Arbeitsweise der Werkzeuge wird unterschieden nach Quetschverbindung, Crimpverbindung und Preßverbindung. Das Angebot der Hersteller von Anschluß- und Verbindungselementen für Quetschverbindungen umfaßt beispielsweise Lötösen, Schraubklemmen, Rund- und Flachsteckelemente für Federkontakte und -hülsen, End- und Stoßverbindungselemente sowie Feindraht- und Spleißverbinder. Viele Ausführungsformen sind so ausgebildet, daß auch die Isolation des Leiters vom Anschlußelement umfaßt und damit die Verbindung zugentlastet wird. Zum Quetschen, Crimpen und Pressen werden meist Zweibackenwerkzeuge eingesetzt, die manuell oder maschinell betätigt sein können. [4]. Ge

QUIL-Gehäuse *(quad in-line package)*. Gehäuseform für integrierte Schaltungen, bei denen die Anschlußstifte auf jeder Seite in zwei parallelen Reihen angeordnet sind. Man kann mit einem Q. z.B. 48 Anschlußstifte realisieren. [4]. Ne

Quine-McCluskey-Verfahren → Minimierungsverfahren. Li

Quirlantenne → Drehkreuzantenne. Ge

Quittierung *(acknowledgement)*. Bestätigung des Empfanges einer Nachricht oder eines Kennzeichens. Je nach Verfahren wird mit positiver Quittierung (Quittierung einer fehlerfrei empfangenen Nachricht) oder negativer Quittierung (erneute Anforderung einer fehlerhaft empfangenen Nachricht) gearbeitet. In Datennetzen wird die Quittierung häufig im Zusammenhang mit einem Datenflußsteuerungsverfahren realisiert. [19]. Kü

Quittierungszeichen → Kennzeichen. Kü

Quittungsbetrieb → Handshaking. Ne

Quotientenmesser *(ratio meter)*, Quotientenmeßinstrument, Verhältnismesser. Q. sind elektrische Meßgeräte mit Quotientenmeßwerk und dienen der Messung des Verhältnisses zweier elektrischer Größen. Als Meßwerk wird häufig eine Ausführungsform des Kreuzspulmeßwerks verwendet. Die Anzeige ist weitgehend unabhängig von der Spannung an den Spulen. Abweichungen von etwa ±20 % der Nennspannung sind ohne Beeinflussung der Meßgenauigkeit möglich. Man setzt Q. z.B. bei Fernmessungen von Temperaturen, zur Widerstandsmessung oder Leistungsfaktormessung ein. [12]. Fl

Quotientenmeßinstrument → Quotientenmesser. Fl

Quotientenmeßwerk *(ratio measuring system)*. (→ Bild Kreuzspulmeßwerk). Im Prinzip bestehen die häufigsten Anwendungen eines Quotientenmeßwerks aus zwei, um einen bestimmten, unveränderlichen Winkel versetzten Spulen (→ Kreuzspulmeßwerk). Die Spulenanordnung ist drehbar gelagert. Über Metallbänder, die kein Gegenmoment erzeugen, wird der Meßstrom zu den Spulen geführt. Die Ströme in den Spulen sind so gerichtet, daß entstehende Drehmomente gegeneinander wirken. Bei Gleichheit der Momente bleibt die Spulenanordnung stehen, und es wird das Verhältnis beider Stromwerte angezeigt. Bei Stromlosigkeit kann das System jede beliebige Ruhestellung einnehmen. Abhängig von der Art der Erregung des magnetischen Kreises im Meßwerk unterscheidet man: 1. Die Spulen befinden sich im Luftspalt des inhomogenen Feldes eines Dauermagneten. Beispiel: → Drehspulquotientenmesser. 2. Die Spulen sind im Luftspalt des inhomogenen Feldes eines Elektromagneten angeordnet. Beispiel: → Leistungsfaktormesser. 3. Die Felder zweier feststehender Spulen bewirken die Ablenkung eines drehbaren Dauermagneten. Beispiel: → Drehmagnetquotientenmesser. [12]. Fl

Q-Wert *(Q-factor)* → Gütefaktor. Rü

R

ρ-θ-System → Funkortung.   Ge

Radar *(radio detection and ranging)*, Funkmeßtechnik. Funkortungsverfahren zur Bestimmung der Lage nach Richtung und Entfernung oder der Geschwindigkeit von Objekten mittels einer elektrischen Echomethode. Die prinzipielle Wirkungsweise von R. sei am Beispiel des Impulsradar beschrieben, das wegen seiner vielseitigen Anwendbarkeit häufig eingesetzt wird. Ein starker Sender gibt mittels einer scharf bündelnden Richtantenne (→ Parabolantenne) hochfrequente Impulse in Zielrichtung ab. Die erforderliche Impulsspitzenleistung läßt sich aus der Radargleichung ermitteln. Das Ziel wirkt als passiver Reflektor (Primärradar) und strahlt einen Bruchteil der ausgesendeten Energie zurück. Diese Energie wird von der Empfangsantenne aufgenommen, im Empfänger verstärkt und ausgewertet und auf dem Bildschirm zur Anzeige gebracht. Bei Verwendung einer drehbaren Antenne kann die gesamte Umgebung der Radarantenne dargestellt werden (Rundsichtradar). Die Zielposition läßt sich aus der Winkelstellung der Antenne (Azimut) bestimmen, die Entfernung ergibt sich aus der Messung der Echolaufzeit (150 m/µs). Die Genauigkeit der Entfernungsmessung kann durch Impulskompressionsverfahren erhöht werden. Die Daten können in Datenverarbeitungsanlagen abgespeichert und für die synthetische Radarbilddarstellung aufbereitet werden. Die Geschwindigkeit eines bewegten Zieles ist unter Ausnutzung des Dopplereffektes zu ermitteln. Mit Hilfe des Dopplereffektes ist auch eine einfache Unterscheidung von in bezug auf die Radaranlage ruhenden und sich bewegenden Zielen möglich (Festzeichenunterdrückung). Einsatz von Radaranlagen: Im Luftverkehr: Überwachung des Luftraumes, Navigation, Landehilfe; im Schiffsverkehr: Überwachung von Häfen und Flüssen sowie zur Navigation; im Straßen- und Schienenverkehr: Messung der Fahrzeuggeschwindigkeit; im Wetterdienst: Beobachtung von Wetterzonen; im militärischer Bereich: Feuerleitgeräte. Weitere Radarverfahren: 1. Doppler-Radar *(Doppler radar)* CW Radar. Doppler-Radar ist ein Funkortungsverfahren zur direkten Bestimmung der relativen Geschwindigkeit zwischen Radaranlage und Ziel unter Ausnutzung des Doppler-Effektes. Doppler-Radar arbeitet im Dauerstrichverfahren *(CW continuous wave)*. Das vom Ziel reflektierte Signal ändert, abhängig von Richtung und Größe der Relativgeschwindigkeit, seine Frequenz. Die Dopplerfrequenz (Frequenzunterschied von ausgesendetem und empfangenem Signal) ist der Geschwindigkeit direkt proportional. Eine Entfernungsbestimmung ist nicht möglich. Anwendung des Doppler-Radar: als Verkehrsradar und in Verbindung mit Impulsradar zur Unterscheidung von ruhenden und bewegten Zielen. 2. Sekundärradar *(secondary surveillance radar, SSR)*. Funkortungsverfahren zur Überwachung des Luftverkehrs unter Verwendung eines Transponders (Empfangs-Sendegerät), der ein kurzes Pulstelegramm des Interrogators (Abfragesender = Radarsender) empfängt und je nach Art der Abfrage mit einer Impulsfolge antwortet, die die Kennung oder andere flugtechnische Daten (z.B. barometrische Höhe) enthält. Die erforderliche Abfrageleistung ist beim Sekundärradar bedeutend geringer als beim Primärradar, da das Ziel aktiv an der Informationsübermittlung beteiligt ist. Das Sekundärradar wird meistens in Verbindung mit dem Primärradar eingesetzt. Militärische Ausführung: IFF *(identification friend foe)*. [14].   Ge

Radargleichung *(radar equation)*. Die R. dient zur Bestimmung der Grenzreichweite R_{max} einer Radaranlage. Sie enthält sämtliche Einflußgrößen auf das Radarsignal. Unabhängig von der Art der im Sender verwendeten Modulation gilt

$$R_{max} = \left[\frac{P_m \cdot G^2 \cdot \lambda^2 \cdot \sigma \cdot t_d}{(4\pi)^3 \cdot k \cdot T_{eff} \cdot S/N \cdot L_{ges}} \right]^{1/4}$$

Hierin sind: P_m mittlere Sendeleistung in W, G Antennengewinn, λ Wellenlänge in m, σ Rückstrahlfläche des Zieles in m^2, t_d Verweilzeit der Radarstrahlung auf dem Ziel in s; k Boltzmann-Konstante in J/K, T_{eff} effektive Rauschtemperatur des Empfängers in K, S/N Signal Rauschverhältnis, L_{ges} Gesamtverluste auf dem Hin- und Rückweg des Signals in W. Weiterhin müssen die quasioptischen Ausbreitungseigenschaften der für Radarzwecke verwendeten Frequenzen (→ Funkfrequenz) berücksichtigt werden. [14].   Ge

Radiant *(radian)*. Ergänzende SI-Einheit für den ebenen Winkel (Zeichen rad), (DIN 1315). *Definition:* Der R. ist der ebene Winkel zwischen zwei Radien eines Kreises, die aus dem Kreisumfang einen Bogen von der Länge des Radius ausschneiden (→ Bogenmaß). [5].   Rü

Radioaktivität *(radioactivity)*. Die Atomkerne bestimmter chemischer Elemente haben die Eigenschaft, sich ohne äußere Einwirkung in andere chemische Elemente umzuwandeln, wobei α,β- oder γ-Strahlen ausgesendet werden. Man unterscheidet natürliche R. (Atomkerne mit Kernladungszahlen > 83) und künstliche Radioaktivität, wobei die Atomkerne durch Beschuß mit z.B. α-Stahlen in einen instabilen Zustand versetzt werden, von wo aus sie zerfallen. [7].   Ne

Radioastronomie *(radio astronomy)*. Die R. untersucht u. a. die Radiostrahlung der Sonne, der Milchstraße, der Radiosterne sowie der außergalaktischen Sternnebel. Bestimmt werden exakte Position, Energiefluß, spektrale Verteilung, Polarisation und Modulation der Radiostrahlung. Die Messungen werden mit Radioteleskopen bei Wellenlängen zwischen 20 cm und 1 cm (→ Radiofenster) durchgeführt. [8].   Ge

Radiodetektor → Radiosonde.   Fl

Radiofenster *(window)*. Frequenzbereich mit minimaler Dämpfung durch die Atmosphäre; wichtig für Funkverbindungen zwischen Erde und Raumstationen

(→ Satellitenfunk) sowie in der Radioastronomie. Ein solches R. liegt zwischen der kritischen Frequenz der Ionosphäre (etwa 10 MHz) und der Absorptionsfrequenz von Wasser und Sauerstoff (etwa 10 GHz). Weitere Fenster liegen im optischen und infraroten Bereich. [8].
Ge

Radiofrequenzband → Richtfunkverbindung. Ge

Radiofrequenzbereich *(radio frequency range)*. Als R. kann der Bereich 10 kHz bis 100 GHz angesehen werden. Der Rundfunkbereich erstreckt sich von 150 kHz bis 10⁴ MHz, wobei einige Bereiche für den kommerziellen Funkbetrieb ausgeklammert sind. [13].
Th

Radiohorizont → Radiosichtweite. Ge

Radioindikator *(radioelement; radioisotope; tracer)*. Leitisotop. Der R. ist ein künstlich erzeugtes Isotop, das radioaktive Strahlung (→ Radioaktivität) aussendet. Es wird im Zyklotron oder im Nuklearreaktor durch Neutronenbombardierung erzeugt. Man setzt den R. z. B. zur Beobachtung chemischer Vorgänge und Austauschreaktionen im lebenden Organismus ein. Mischt man ein radioaktiv markiertes Isotop einem Medikament zu, unterliegt es den gleichen chemischen und zum Teil physikalischen Prozessen wie das Medikament. Aufgrund der Strahlungswirkung des Radioindikators lassen sich die Vorgänge beobachten und untersuchen. [5], [12]. Fl

Radiointerferometer *(radio interferometer)*. R. sind Anordnungen von Antennensystemen mit deren Hilfe man z. B. in der Radioastronomie Radiowellen empfängt, die von kosmischen Strahlungsquellen abgestrahlt werden. R. besitzen ein Auflösungsvermögen, das maximal etwa 10 Bogensekunden beträgt. Häufig werden die Empfangsergebnisse aufgezeichnet, mit Hilfe eines Prozeßrechners elektronisch zusammengefügt und an den Ergebnissen erhaltene Interferenzbilder ausgewertet. Bei Korrelations-Interferometern multipliziert man die Einzelsignale der Antennen. 1. Das Bild a zeigt eine einfache Anordnung. Beide Antennen befinden sich z. B. in Ost-West-Richtung im Abstand d voneinander entfernt. Der Abstand kann mehrere tausend Kilometer betragen (Großbasis). Beide Antennen wirken auf eine Empfangseinrichtung, die bei Großbasisanlagen getrennt aufgebaut ist und von Atomuhren zeitgleich gesteuert wird. Beträgt der Wert des Winkels, unter dem die Radiowellen-Signale einfallen, z. B. Θ, die Wellenlänge der Empfangsfrequenz λ, dann erhält man bei Großbasisanlagen den Meßwert φ als Näherungswert für die Phasendifferenz der Empfangssignale beider Antennen:

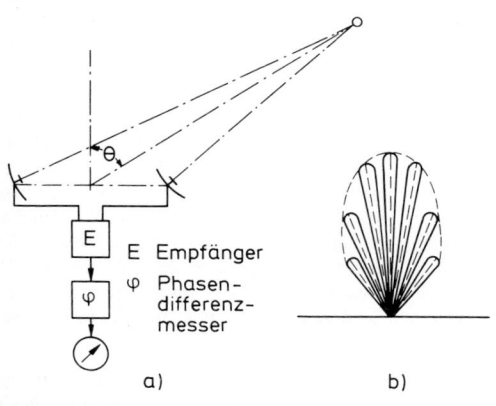

$$\varphi = \frac{2 \cdot \pi \cdot d}{\lambda} \sin \Theta.$$

Mit Hilfe der Umkehrfunktion wird der Winkel Θ bestimmt:

$$\Theta = \arcsin \frac{\varphi \cdot \lambda}{2 \cdot \pi \cdot d}.$$

Die Richtcharakteristik der Anordnung (Bild b) erscheint als Fächer aufgefiedert und ist mehrdeutig. Die Einhüllende entspricht angenähert der Richtcharakteristik einer Einzelantenne. Durch besondere Antennenbauformen (z. B. Mills Cross) wird die Mehrdeutigkeit verringert. 2. In der Satellitentechnik dienen R. der genauen Bahnvermessung von Satelliten. Mehrdeutigkeiten werden durch den Einsatz z. B. von drei Einzelinterferometern ausgeschlossen. [8], [12], [13]. Fl

Radiokompaß → Funkpeilung. Ge

Radiometer *(radiometer)*, Strahlungsmesser. R. dienen der Messung elektromagnetischer Strahlung. Häufigster Einsatzbereich der R. ist das Messen langwelliger, infraroter Strahlung (→ Wärmestrahlung), die von ihnen absorbiert wird. Man unterscheidet: 1. Mechanisch arbeitende R.: In einem nahezu luftleeren Glasgefäß befindet sich ein leicht bewegliches Flügelrad drehbar angeordnet. Die Flügel sind auf einer Seite blank poliert, auf der anderen geschwärzt. Unter Einfluß der Wärmestrahlung erreichen die geschwärzten Seiten höhere Temperaturwerte als die hellen. Die Geschwindigkeit der Restgasmoleküle, die sich in Nähe der schwarzen Flügelseite befinden, erhöht sich in stärkerem Maße als die der Moleküle in der Umgebung der blank polierten Seite. Beim Aufprall auf das Flügelrad ist die Energieabgabe der schnelleren Moleküle größer und es entsteht ein Drehmoment. Die Drehung wird über einen Lichtzeiger angezeigt. 2. Elektrisch arbeitende R.: a) Messung mit der Thermosäule. Auf einer optischen Bank sind z. B. in gleicher Höhe der optischen Achse eine wissenschaftliche Glühlampe (Wi-Lampe), eine Blende mit Verschluß und die Thermosäule installiert. Vor der Thermosäule befindet sich ein Quarzfenster. Raum und Geräte sind vollständig gegen Umweltstrahlung geschützt. Bei geschlossenem Verschluß werden zunächst verbleibende Anteile der Umweltstrahlung als Dunkelwert notiert. Der Verschluß wird geöffnet und die Thermosäule in Richtung Wi-Lampe bewegt bis der gewünschte Wert der Strahlungsleistung erreicht ist. Ein neuer Dunkelwert wird ermittelt. Der wirkliche Wert der Nutzstrahlung errechnet sich aus einem korrigierten Belichtungswert, der einer Eichkurve (Eppley-Eichkurve) entnommen wird, abzüglich des neuen Dunkelwertes. Die Messung muß mehrfach wie-

Radiointerferometer

derholt werden. Ziel der Messung: Anschließende Eichung einer Solarzelle oder Bestimmung der Photostromempfindlichkeit von Photodioden bzw. Phototransistoren. b) Messung mit Hilfe eines temperaturabhängigen, geschwärzten Widerstandsmaterials, das in einer Wheatstone-Meßbrücke als Prüfwiderstand eingebaut ist, z. B. ein Bolometer oder ein Thermistor. Die Brückenschaltung wird als Ausschlagbrücke betrieben. Die absorbierte Strahlungsleistung ändert den Widerstandswert z. B. des Bolometers. Der Zeigerausschlag des Nullinstruments ist ein Maß für die absorbierte Strahlungsleistung. c) Messung mit Hilfe kalibrierter, photoempfindlicher Halbleiterbauelemente, z. B. Photodiode, Phototransistor, Solarzelle. [12], [16]. Fl

Radiorauschen → Radiostrahlung. Ge

Radiosichtweite *(radio horizon)*, Radiohorizont. Die R. ist die Entfernung der vom Sender bzw. Empfänger eingesehenen Fläche unter Berücksichtigung der Erdkrümmung und der atmosphärischen Brechung (NTG 1402). Für rein terrestrische Strecken, lineares M-Profil (M modifizierter Brechwert) und glatte Erdoberfläche ist die Entfernung des Radiohorizonts vom Sender bzw. Empfänger $\approx \sqrt{2 k r_E h}$ (Krümmungsfaktor $k = 10^6 \cdot (r_E \cdot dM/dh)^{-1}$, mittlerer Erdradius $r_E = 6{,}370 \cdot 10^6$ m, Höhe der Antennen in m über der Erdoberfläche. [14]. Ge

Radiosonde *(radiosonde)*. Eine R. ist eine kleine meteorologische Station, die von Flugzeugen, Freiballons, Drachen oder Fallschirmen in große Höhen getragen wird und von dort Daten über Druck, Temperatur und Feuchte mittels Funk einem am Boden aufgestellten Empfangsgerät übermittelt. [14]. Ge

Radiostern → Radiostrahlung. Ge

Radiostrahlung *(galactic noise)*, Radiorauschen, galaktisches Rauschen, kosmisches Rauschen, kosmische Strahlung. Bestandteil des äußeren Rauschens, der außerhalb der Erde oder ihrer Atmosphäre erzeugt wird. Hauptquellen sind die Sonne sowie eine Vielzahl punktförmiger Radioquellen (Radiosterne), die vorwiegend im Bereich der Milchstraße zu finden sind. Die die Erdoberfläche erreichende R. liegt zwischen 10 MHz und 100 GHz, von praktischer Bedeutung ist jedoch nur der Bereich zwischen 18 MHz und 500 MHz (→ Radioastronomie). [8]. Ge

Radioteleskop *(radio telescope)*. Empfangseinrichtung für Radiostrahlung, die im wesentlichen aus einer Antenne, einem Vorverstärker (→ Maser, parametrischer Verstärker) und einem Empfänger mit nachgeschalteten Anzeigegeräten besteht. Anwendung: Radioastronomie. Damit bei der Verfolgung bestimmter Objekte jeder Punkt des Himmels angepeilt werden kann, muß die Antenne um zwei Achsen gedreht werden können; dabei sollte eine der Antennenachsen möglichst parallel zur Erdachse (parallaktisch) ausgerichtet sein. Es werden Richtantennen verwendet: Im Bereich der Meterwellen Dipolwände oder Spiralantennen, für Dezimeter- und Zentimeterwellen Parabolantennen. Kennzeichnend für die Eigenschaften eines Radioteleskops ist vor allem das Winkelauflösungsvermögen. Radioteleskope nach dem Prinzip des Interferometers zeichnen sich durch besonders hohe Winkelauflösung aus. [8]. Ge

Radiowelle → Radiofrequenzbereich. Ge

Radizierer *(rooter circuit)*. Als R. wird ein nichtlineares Bauelement oder eine nichtlineare elektrische Schaltung bezeichnet, deren Werte der Ausgangssignalspannung den Werten der Quadratwurzel (oder einer anderen Wurzel) der Eingangssignalspannung entsprechen. 1. Einfachstes radizierendes Bauteil ist ein Potentiometer mit nichtlinearer Kennlinie. Bei einem maximalen Drehwinkel $\alpha = 270°$ des Schleifers auf der Widerstandsschicht erfüllt die Kennlinie des veränderbaren Widerstandes angenähert die Funktion: $x = \sqrt{\alpha/270°}$ (x Schleiferstellung im Widerstandsbereich $0 \leqq x \leqq 1{,}0$). 2. Ein Dividierer wird zum R., wenn man den Divisoreingang der Schaltung mit dem Schaltungsausgang verbindet (Bild). Ist K der Wert der Recheneinheit, z. B. 15 V, der Spannungswert am Eingang der zu dividierenden Funktion u_2, erhält man den Ausgangsspannungswert $u_A : u_A = \sqrt{u_2 \cdot K}$. Man benötigt R. z. B. als Rechenelement in Analogrechnern oder bei elektronisch ablaufender, kurvenformunabhängiger Effektivwertmessung. [4], [6], [12]. Fl

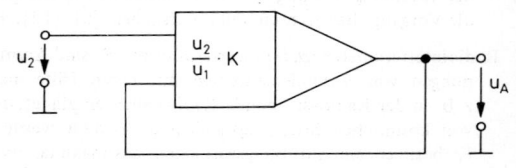

Radizierer

Radizierglied *(root element)*. Das R. ist ein nichtlineares Bauelement mit radizierender Wirkung auf Werte einer elektrischen Signaleingangsgröße. Einfachstes R. ist ein Funktionspotentiometer (→ Radizierer). [4], [12]. Fl

Rahmen → Frame; → Pulsrahmen. We/Kü

Rahmenantenne *(loop antenna)*. Schleifenantenne, Ringantenne. Antenne, die aus einer oder mehreren angenähert in der gleichen Ebene liegenden Windungen besteht oder aus Einzelelementen so zusammengesetzt ist, daß die für die Strahlung wirksamen Ströme im wesentlichen ringförmig verlaufen. Die um ihre vertikale Achse drehbare R. findet in der Funkpeilung zur Richtungsbestimmung der einfallenden Empfangssignals Anwendung, indem auf das Minimum ihrer Achtercharakteristik eingestellt wird. Zur Verringerung des Antenneneffektes muß die R. abgeschirmt werden. Zur Seitenerkennung ist eine Hilfsantenne (→ Stabantenne) erforderlich. Um die Drehung der R. zu vermeiden, werden bei der Kreuzrahmenantenne zwei Rahmenantennen aufgestellt und über ein Goniometer miteinander verbunden. [14]. Ge

Rahmensynchronisation *(frame synchronization)*. In einem Zeitmultiplexsystem die Synchronisierung für die

Steuersignale, die im Empfänger für die Abtastsysteme bereit gestellt werden müssen. Für die R. wird in der Regel ein eigenes Synchronisationssignal innerhalb des Zeitmultiplexsignals übertragen. [14]. We

RAM *(random access memory)*. 1. Speicher mit wahlfreiem Zugriff. Die Zugriffszeit hängt nicht davon ab, in welcher Reihenfolge auf die einzelnen Adressen oder Blöcke zugegriffen wird. In diesem Sinne wird der Begriff RAM meist auf Externspeicher angewendet. Beispielsweise ist der Magnetplattenspeicher im Gegensatz zum Magnetbandspeicher, der einen sequentiellen Zugriff erfordert, ein RAM.

Da beim Magnetplattenspeicher je nach erforderlicher Positionierung und Umdrehung verschieden lange Zugriffszeiten entstehen, bezeichnet man ihn auch als Quasi-RAM (Speicher mit quasi-wahlfreiem Zugriff. [1].

2. Lese-Schreib-Speicher, meist im Zusammenhang mit → Halbleiterspeichern gebraucht (Gegensatz: ROM *(read-only memory))*. [2], [4]. We

RAM, dynamisches *(dynamic RAM, dynamic memory)*, dynamischer Speicher. Ein Lese-Schreib-Speicher (→Halbleiterspeicher), bei dem die Information durch eine gespeicherte elektrische Ladung dargestellt wird. Das dynamische RAM *(random access memory)* muß in MOS-Technologie *(MOS metal-oxide semiconductor)* realisiert sein. Es verliert seine Information auch bei anliegender Spannungsversorgung, wenn nicht regelmäßig der Refresh-Vorgang durchgeführt wird. Das dynamische RAM bietet gegenüber dem statischen RAM eine erhöhte Speicherkapazität je Chip. Bedeutung der Signale im Blockschaltbild: D_i Dateneingang, D_0 Datenausgang, WE Schreibsignal *(write enable)*, RAS Übernahmesignal für Reihenadresse *(row address select)*, CAS Übernahmesignal für Spaltenadresse *(column address select)*. [2], [4]. We

RAM, statisches *(static RAM)*, statischer Speicher. Ein Halbleiterspeicher, der als Lese-Schreib-Speicher die Information bei anliegender Spannungsversorgung ohne Taktung hält (Gegensatz: dynamisches RAM *(random access memory)*. Beim statischen RAM sind die Zellen zur Speicherung der Bits nach dem Flipflop-Prinzip aufgebaut. Statische RAMs können sowohl mit bipolaren Transistoren als auch mit unipolaren Transistoren (MOS-Transistoren *(MOS metal-oxide semiconductor)* aufgebaut sein. Das Bild zeigt eine RAM-Zelle innerhalb einer integrierten Speicherschaltung. [2]. We

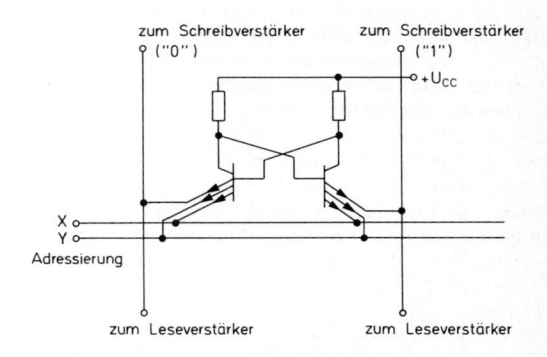

statisches RAM

Rampenantwort *(ramp response)* → Testsignal. Ku
Rampenfunktion *(ramp function)* → Testsignal. Ku
Randomspeicher → RAM. Li

Dynamisches RAM

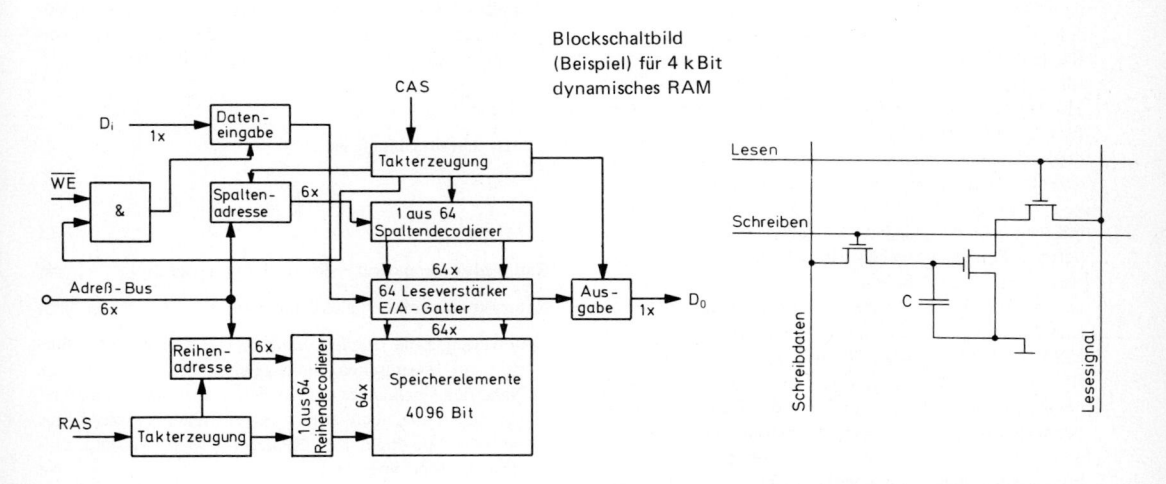

Blockschaltbild (Beispiel) für 4 k Bit dynamisches RAM

Prinzip eines Speicherelements

Randschicht *(surface layer)*, Randzone. Schicht nicht vollständig neutralisierter Ladungen, die sich bei einem Kontakt zwischen Halbleiter und Metall oder einem anderen Medium am äußeren Rand des Halbleiters bildet (DIN 41852). Eine R. entsteht durch die unterschiedliche Austrittsarbeit der angrenzenden Medien. Man unterscheidet: 1. Anreicherungsrandschicht, bei der die Dichte der freien Ladungsträger an der Halbleiteroberfläche größer als im Inneren des Halbleiters ist. 2. Inversionsschicht, in der ein ursprünglich – z. B. P-dotierter Halbleiter – an seiner Oberfläche N-leitend wird. Diese Erscheinung beobachtet man bei Metall-Isolator-Halbleiterübergängen, wenn eine anliegende positive Spannung so groß wird, daß sich das Eigenleitungsniveau des Halbleiters unterhalb des Fermi-Niveaus abbiegt (Bild). 3. Verarmungsrandschicht, bei der die Dichte der freien Ladungsträger an der Halbleiteroberfläche kleiner als im Innern des Halbleiters ist. [7].   Bl

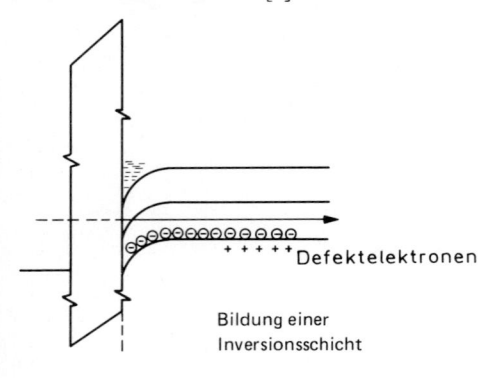

Bildung einer Inversionsschicht

Randzone → Randschicht.   Bl

Rasterelektronenmikroskop *(scanning electron microscope)*, Rastermikroskop, Scanningelektronenmikroskop. Das R. ist ein höchstauflösendes Elektronenmikroskop, bei dem der Elektronenstrahl zu einer Elektronensonde mit einem Durchmesser bis etwa 10 nm fokussiert wird und z. B. Kristalloberflächen punktweise abtastet. Die Oberflächenstruktur wird auf dem Leuchtschirm einer Bildröhre stark vergrößert (Vergrößerungsfaktor bis etwa $30 \cdot 10^3$) dargestellt. Rasterelektronenmikroskope haben für die Weiterentwicklung der Mikroelektronik große Bedeutung erlangt, da sich mit ihrer Hilfe z. B. Strukturdefekte oder andere kleinste Bauelementefehler erkennen lassen. Man unterscheidet bei Rasterelektronenmikroskopen verschiedene Betriebsarten: 1. Emissionsbetrieb. Die scharf gebündelten Elektronen der Sonde lösen infolge ihrer hohen kinetischen Energie während des Abtastvorgangs Sekundärelektronen aus. Bei konstant bleibender Intensität des Abtaststrahls ist die Anzahl der ausgelösten Elektronen z. B. von dem Oberflächenaufbau, der Kristallstruktur, der Ordnungszahl der beteiligten Elemente und von der Einwirkung elektromagnetischer Mikrofelder des betrachteten Objektes abhängig. Ein Szintillator im Mikroskop zählt die Sekundärelektronen. An seinem Ausgang ist ein Sekundärelektronenvervielfacher angeschlossen, dessen verstärkte Signale Helligkeitsänderungen auf dem Leuchtschirm einer angeschlossenen Bildröhre bewirken. Elektronenstrahl der Bildröhre und Elektronensonde des Rasterelektronenmikroskops werden synchron ausgelenkt. Das vergrößerte Abbild der Objektoberflächenstruktur wird auf dem Leuchtschirm dargestellt. 2. Beim Lumineszenzbetrieb nutzt man das emittierte Licht, das durch Anregung der Elektronensonde z. B. ein Halbleiterprüfling abstrahlt. Im Spektrum sind Defekte seiner Kristallstruktur erkennbar. 3. Im Transmissionsbetrieb werden sehr dünne Schichten aufgrund der Durchlässigkeit für Elektronen aus der Sonde untersucht. 4. Beim Leitfähigkeitsbetrieb erzeugt die Elektronensonde des Rasterelektronenmikroskops Elektronen-Defektelektronen-Paare im Halbleiterprüfling; es ändert sich dessen Leitfähigkeit. Die Änderungen sind auf dem Leuchtschirm der Bildröhre als Helligkeitsänderungen erkennbar. [5], [7], [12].   Fl

Rastermikroskop → Rasterlektronenmikroskop.   Fl

Ratiodetektor *(ratio detector)*. Bezeichnung einer Demodulatorschaltung für frequenzmodulierte Signale. Sie weist eine besonders hohe Amplitudenunterdrückung, hohe Empfindlichkeit und gute Linearität auf. Deswegen wird der R. in UKW (Ultrakurzwellen)- und Fernsehempfängern eingesetzt. [13], [14].   Th

Ratiometer *(ratio meter)* → Quotientenmesser.   Fl

Raumdiversity → Diversity.   Ge

Raumfahrtelektronik *(space electronics)*. Dasjenige Gebiet der Elektronik, das sich mit der Entwicklung von Geräten und elektronischen Systemen für Raumfahrzeuge, Raumflugkörper, Satelliten, Raumsonden oder Raumfähren beschäftigt. Die hierbei verwendeten elektronischen Bauteile müssen besonders zuverlässig und unempfindlich gegen kosmische Strahlung sein. [5].   Ne

Raumgitter *(crystal lattice)*. Räumlich angeordnetes Kristallgitter oder Atomgitter. [7].   Bl

Raumladungsdichte *(volume charge density)*. Die je Volumeneinheit V z. B. in Gasen oder Halbleitern vorhandene elektrische Ladungsmenge Q; allgemein:

$$\rho = \frac{Q}{V}$$

bzw. bei ortsabhängiger R.:

$$\rho = \frac{dQ}{dV}.$$

[4], [7].   Li

Raumladungskapazität → Sperrschichtkapazität.   Ne

Raumladungswolke → Elektronenwolke.   Bl

Raumladungszone *(depletion region)*. Bei einem PN-Übergang im thermischen Gleichgewicht bildet sich in der Nähe des Überganges ein Bereich aus, in dem sich keine (genauer: nur noch sehr wenige) freien Ladungsträger befinden. In dieser sog. R. liegen also vorwiegend ionisierte Gitteratome vor. [7].   Ne

Raumlagenvielfache → Raumstufe.   Kü

Raummultiplex *(space division multiplex)*. Übertragung bzw. Vermittlung von Nachrichtensignalen über individuelle Leitungen bzw. Leitungszüge, die für die einzelnen Nachrichtenverbindungen zur exklusiven Nutzung bereitgestellt werden. Die Umwandlung von Kanälen im Zeitmultiplex in das Raummultiplex erfolgt im Demultiplexer. Bei der drahtgebundenen Übertragung muß für jeden Übertragungskanal eine eigene Leitung vorhanden sein. Bei der drahtlosen Übertragung können mehrere Sender auf der gleichen Frequenz arbeiten, wenn sie weit genug voneinander entfernt sind. Anwendung: UKW-Sendernetz (UKW Ultrakurzwelle) in der Bundesrepublik Deutschland. [19]. Kü/Th

Raumstaffelung → Raummultiplexer. Th

Raumstufe *(space stage)*. Koppelstufe innerhalb einer Koppeleinrichtung für Zeitmultiplex, durch die gleiche Zeitkanäle von Zeitmultiplexleitungen wahlfrei miteinander verbunden werden können. Die entsprechenden Koppelvielfache für koinzidente (d. h. zeitlagengleiche) Vermittlung von Zeitlagen zwischen räumlich getrennten Zeitmultiplexleitungen heißen Raumlagenvielfache. [19]. Kü

Raumwelle *(ionospheric wave, sky wave)*. Eine elektromagnetische Welle, die sich nach Ablösung vom Erdboden unbeeinflußt im Raum ausbreitet. Im Mittelwellen- und Kurzwellenbereich wird durch Reflexion und Brechung an den Ionosphärenschichten die Überbrückung großer Entfernungen möglich. [14]. Ge

Raumwinkel, äquivalenter. Begriff aus dem Gebiet der Antennen. Raumwinkel, in dem bei gleicher abgestrahlter Leistung die größte Strahlungsdichte der Hauptkeule der Fernfeldrichtcharakteristik gleichmäßig vorhanden wäre ($\Omega = 4\pi/D = \lambda^2/A$, D Richtfaktor, A Absorptionsfläche). [14]. Ge

Rauschabstand *(signal-to-noise; signal-to-noise ratio)*. Der R. gibt das Verhältnis der Nutzspannung eines Signals zur auf dem Übertragungssystem vorhandenen Rauschspannung an. Der R. wird im allgemeinen in Dezibel (dB) angegeben. [12], [13], [14]. Th

Rauschdiode *(noise diode)*. Hochvakuumdiode mit Wolframkatode, die im Sättigungsbereich arbeitet und als Rauschgenerator für Meßzwecke verwendet wird. [4], [8], [12]. Li

Rauschen, äußeres *(external noise)*. Außerhalb eines Empfangssystems entstandene, von der Antenne aufgenommene Störungen. Diese enthalten die atmosphärischen Störungen, die Radiostrahlung (kosmisches Rauschen), die Industriestörungen sowie das Wärmerauschen der Umgebung. [8]. Ge

Rauschen, galaktisches → Radiostrahlung. Ge

Rauschen, kosmisches → Radiostrahlung. Ge

Rauschen, thermisches *(thermionic noise)*. Durch den Temperatureinfluß erfolgt eine statistische Wärmebewegung der Elektronen in einem Leiter. Die Bewegungsstärke ist der Temperatur proportional, im Mittel jedoch bleiben die Elektronen an ihrem Ort. Auch wenn an die Kontakte des Leiters keine Spannung angelegt wird, kann ein Rauschstrom gemessen werden, der allerdings sehr klein ist. Fließt durch den Leiter ein Strom, wird dieser mit dem Rauschstrom überlagert. [4], [5].Th

Rauschen, weißes *(white noise)*. Im weißen R. sind theoretisch sämtliche Frequenzen enthalten, analog dem weißen Licht. Die Rauschleistung je Hertz Bandbreite ist über dem gesamten Frequenzbereich konstant. [13]. Th

Rauschfaktormessung *(noise factor measurement)* → Rauschzahlmessung. Fl

Rauschgenerator *(noise (signal) generator; noise source)*. Rauschgeneratoren werden benötigt, wenn analoge Systeme unter dem Einfluß stochastischer Störungen untersucht werden sollen. Der R. dient dann als Störfunktionsgeber. Er kann weißes oder farbiges, d. h. bandgrenztes Rauschen oder auch digital erzeugtes Pseudorauschen liefern. Analoge Rauschquellen sind: Widerstände, Dioden, Thyratrons, Geiger-Müller- oder Szintillations-Zählrohre mit radioaktiven Präparaten. [4], [7], [10], [12], [13], [14]. Th

Rauschleistungsdichte (spektrale) *(noise power densitiy)*. Da die von einem Widerstand gelieferte Rauschleistung von der Bandbreite abhängt, verwendet man häufig für eine allgemeine Angabe die Rauschleistung je Hertz Bandbreite. Da die Leistung der Bandbreite proportional ist, erhält man eine einfache Beziehung, aus der sich die verfügbare Rauschleistung P_r für die entsprechende Bandbreite bestimmen läßt. Nach Nyquist: $P_r = k T B$ (k Boltzmann-Konstante, T absolute Temperatur in K, B Bandbreite in Hz). [5], [13]. Th

Rauschmaß *(noise figure)*. Das R. ist die logarithmierte Rauschzahl. Besitzt die Rauschzahl den Wert F, erhält man durch Logarithmieren: 1. Mit dem natürlichen Logarithmus das R. a_F in Neper:

$$a_F = \frac{1}{2} \ln F.$$

2. Mit dem dekadischen Logarithmus erhält man das R. a_F in Dezibel:

$$a_F = 10 \lg F.$$

[8], [12], [13], [14]. Fl

Rauschquelle *(noise source)*. Allgemeine Bezeichnung für die Ursache eines Rauschsignals. Es kann sich um einen Rauschgenerator, einen Halbleiter, einen Widerstand, eine Röhre, einen radioaktiven Strahler oder auch um kosmisches Rauschen handeln. [13]. Th

Rauschsignal *(noise signal)*. Allgemeine Bezeichnung für das von einer Rauschquelle gelieferte Signal. Es kann sich um weißes oder bandbegrenztes (sogenanntes farbiges) Rauschen handeln. [13]. Th

Rauschspannung *(noise voltage)*. Die R. ist die von einem Rauschgenerator gelieferte effektive Spannung. Der Generator kann im einfachsten Fall ein rauschender Widerstand sein. Wichtig bei der Messung der R. ist die Bandbreite des Spannungsmessers. Nach der Nyquist-Formel beträgt die Rauschspannung einer Rauschspannungsquelle:

$$\bar{u}_r = \sqrt{4\,k\,T\,R\,B}$$

($\bar{u}_r$ mittlere Rauschspannung, k Boltzmann-Konstante = $1{,}38 \cdot 10^{-23}$ Ws/K, T Rauschtemperatur in K, R Innenwiderstand der Rauschspannungsquelle, B Bandbreite in Hz). Beispiel: Ein 50 Ω-Widerstand liefert bei 290 K (= 17 °C) und einer Meßbandbreite von 1 MHz eine R. von $89{,}46 \cdot 10^{-8}$ V oder $\approx 0{,}9\ \mu$V. [5], [13]. Th

Rauschspannungsquelle *(noise voltage source)*. Um die Leerlaufspannung $\bar{u}_0$ und damit die Urspannung des als R. aufgefaßten rauschenden Widerstandes zu bestimmen, legt man an seine beiden Enden einen Spannungsmesser, der einen gegen den Wert des rauschenden Widerstandes hohen Eingangswiderstand bei geringem Eigenrauschen aufweist. Der Spannungsmesser zeigt dann die Rauschspannung an, die innerhalb seines erfaßten Frequenzbereiches auftritt. Faßt man den rauschenden Widerstand R als R. mit der Leerlaufspannung $\bar{u}_0$ auf, so hat diese Spannungsquelle als Innenwiderstand R_i einen nicht rauschenden Widerstand R. [12], [13]. Th

Rauschsperre *(squelch)*. Schaltung für UKW-FM-Funkempfänger, (UKW Ultrakurzwelle, FM Frequenzmodulation) besonders für bewegliche Dienste (ÖbL, NöbL) mit der erreicht wird, daß bei nicht ständig ausgestrahltem Träger des aufzunehmenden Senders oder bei Absinken der HF-Empfangsspannung (HF, Hochfrequenz) unter einen kritischen Wert der NF-Ausgang (NF, Niederfrequenz) gesperrt und das unangenehm laute Rauschen unterdrückt wird. [13], [14]. Th

Rauschstörung *(noise)*. Sie verschlechtert das Nutzsignal zu Rauschsignalverhältnis in einem Übertragungskanal und begrenzt den Dynamikbereich des Kanals zu kleinen Spannungen hin. [13], [14]. Th

Rauschstrom *(noise current)*. Der R. wird von einer Rauschstromquelle geliefert. Er läßt sich durch Umrechnung der Rauschspannungsquelle in eine Rauschstromquelle bestimmen. [12], [13]. Th

Rauschstromquelle *(noise current source)*. Man kann sich eine R. als aus einem rauschenden Leitwert und einem parallel geschalteten Innenleitwert zusammengesetzt denken. Der mittlere Rauschstrom $\bar{i}_r$ ergibt sich zu

$$\bar{i}_r = \sqrt{4\,k\,TGB},\ \text{mit}\ G = \frac{1}{R}$$

(k Boltzmann-Konstante, T absolute Temperatur in K, B Bandbreite in Hz). R stellt den Rauschwiderstand dar, der das Rauschsignal liefert. [5], [13]. Th

Rauschtemperatur *(noise temperature)*. Da man die Intensität von Rauschvorgängen vielfach und durchaus sinnvoll durch Angabe einer R. beschreibt, ist dies zum rechnerischen Vergleich häufig zweckmäßig. Die von einem Widerstand gelieferte Rauschspannung ist der Temperatur direkt proportional, wie sich aus der Nyquist-Formel ableiten läßt. [5], [13]. Th

Rauschunterdrückung → Rauschsperre. Th

Rauschvierpol *(noise two-port)*. Ein rauschender Vierpol liegt vor, wenn in seinem Innern Rauschquellen (reelle Widerstände, Schrot-, Funkel- oder Halbleiterrauschen) berücksichtigt werden. Die Rauscheigenschaften eines linearen Vierpols können unabhängig von der äußeren Schaltung durch vier reelle Rauschkenngrößen, ähnlich wie die Vierpol-Signaleigenschaften durch die Vierpolparameter (→ Vierpolgleichungen), beschrieben werden. Die vier Rauschkenngrößen (durch Messung oder aus Datenblättern bekannt) kennzeichnen den R. Für praktische Anwendungen definiert man die Rauschkenngrößen durch eine Rauschquellen-Ersatzschaltung, indem man die Vierpolschaltung in eine Kettenschaltung aus einem (äquivalenten) R. und einen rauschfreien Signalvierpol zerlegt (Bild a). Dazu ergänzt man die allgemeinen Kettengleichungen des Vierpols (→ Vierpolgleichungen) durch eine Rauschspannung u und einen Rauschstrom i am Eingangstor

$$U_1 = U_1' + u = A_{11}U_2 + A_{12}I_2 + u,$$
$$I_1 = I_1' + i = A_{21}U_2 + A_{22}I_2 + i.$$

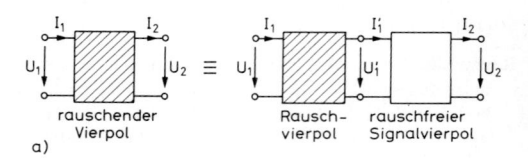

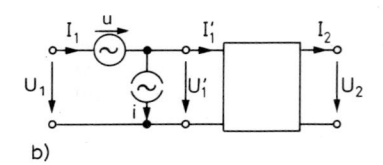

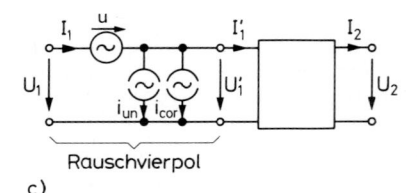

Rauschvierpol

Bild b zeigt die zu diesem Gleichungssystem gehörende Ersatzschaltung. Da im allgemeinen die Rauschspannung u und der Rauschstrom i korreliert sind, zerlegt man zur bequemeren Handhabung den Rauschstrom i in einen nichtkorrelierten Anteil i_{un} und einen vollkorrelierten Anteil $i_{cor} = y_{cor}\,u$ ($i = i_{un} + i_{cor}$) und schaltet beide Stromquellen im äquivalenten R. parallel (Bild c). y_{cor} ist die Korrelationsadmittanz (komplexer Korrelationsleitwert). [15]. Rü

Rauschwiderstand (äquivalenter) *(equivalente noise resistance)*. Der R. gibt bei einer definierten Temperatur (z. B. 290 K) die gleiche Rauschleistung ab, wie eine Rauschquelle unter bestimmten Bedingungen und der gleichen Meßbandbreite. Üblich für die Angabe der von Elektronenröhren erzeugten Rauschspannung. Hohem R. entspricht hohe Rauschspannung. [4], [5], [6], [13]. Th

Rauschzahl *(noise figure)*. Das vollständige Verstärkerrauschen wird oft mit einer einzigen Zahl, der R. F beschrieben. Sie setzt sich zusammen aus der vom Rauschquellwiderstand am Verstärkereingang um den Verstärkungsfaktor v verstärkten Rauschleistung

$$P_r \cdot v = v \cdot k \cdot T \cdot B$$

(k Boltzmann-Konstante, T absolute Temperatur in K, B Bandbreite in Hz) und der vom Verstärker selbst erzeugten Zusatzrauschleistung P_z. Die R. ist definiert zu

$$F = \frac{P_r \cdot v + P_z}{P_r \cdot v}$$

und wird oft geschrieben als $F = 1 + F_z$, wobei F_z die Zusatzrauschzahl darstellt. [5], [13]. Th

Rauschzahlmessung *(noise factor measurement)*, Rauschfaktormessung, kT-Zahl-Messung (k Boltzmann-Konstante, T Temperatur). Die R. dient der Festlegung der Rauschzahl von aktiven Vierpolen oder Bauelementen mit verstärkender Wirkung (z. B. Elektronenröhre, Transistor). Die Messung erfolgt mit einem einspeisenden Meßgenerator, dessen Signalausgangswerte definiert verändert werden können. Grundsätzlich sind zwei Meßvorgänge notwendig: Bei der ersten Messung (ohne Speisequelle) wird der Signaleingang des Prüflings mit einem Anpassungswiderstand abgeschlossen und das Ausgangssignal vom Anzeigeinstrument abgelesen, das am Signalausgang des Prüflings angeschlossen ist. Anzeigeinstrumente können sein: Spannungsmesser mit Effektivwertmessung, Leistungsmesser oder ein beliebiges Wechselspannungsmeßgerät. Beim zweiten Meßvorgang wirkt der angepaßte Meßgenerator als Speisespannungsquelle auf den Eingang des Prüflings. Die Ausgangswerte des Generators werden zu den Werten des ersten Meßvorgangs in Bezug gesetzt und daraus die Rauschzahl ermittelt. Die Meßvorgänge können mit sinusförmigen Signalen oder mit Rauschsignalen erfolgen. 1. Messung mit sinusförmigen Signalen und Effektivwertmesser am Ausgang des Prüflings. Der bei der zweiten Messung angeschlossene Generator liefert sinusförmige Signale. Man ändert die Spannungswerte des Generators, bis am ausgangsseitig angeschlossenen Anzeigeinstrument der $\sqrt{2}$-fache Wert der bei der ersten Messung abgelesenen Spannung, bzw. der doppelte Wert der vorherigen Leistung (bei angeschlossenem Leistungsmesser), abgelesen werden kann. Die Rauschzahl F errechnet sich:

$$F = \frac{P_{ab}}{k \cdot T_0 \cdot \Delta f},$$

wobei P_{ab} die abgegebene Leistung des Meßgenerators, $k \cdot T_0 = 4 \cdot 10^{-21}$ W/Hz, Δf die Bandbreite des Prüflings ist. Die Bandbreite des Prüflings muß bekannt sein. 2. Messung mit Rauschsignalen. a) Es steht ein Effektivwertbzw. ein Leistungsmesser zur Verfügung. Beim zweiten Meßvorgang wird die vom Rauschgenerator abgegebene Leistung so lange verändert, bis am Anzeigegerät der $\sqrt{2}$fache (bei Spannungsmessung) bzw. der doppelte Werte (bei Leistungsmessung) des ursprünglich gemessenen Wertes erscheint. Die Rauschzahl F ist der zugeführten Leistung gleichzusetzen. b) Am Schaltungsausgang ist ein beliebiges Wechselspannungsmeßgerät angeschlossen. Beim zweiten Meßvorgang wird zwischen Ausgang des Prüflings und Anzeigeinstrument ein Abschwächer mit 3 dB Abschwächung angeschlossen. Die Ausgangsspannungswerte des Rauschgenerators werden so lange geändert, bis am Anzeigeinstrument der gleiche Ausschlag wie bei der ersten Messung erscheint. Der Wert ist der Rauschzahl gleichzusetzen. c) Automatische Messung der Rauschzahl. Der Rauschgenerator wird zwischen zwei Werten umgetastet. Die Werte werden im Generator von zwei Rauschquellen unterschiedlicher Temperatur bereitgestellt. Aus dem Verhältnis der im Rauschgenerator erzeugten Temperaturwerte und der am Ausgang anstehenden Rauschleistungen wird die Rauschzahl durch elektronische Quotientenbildung errechnet und direkt am Anzeigeinstrument abgelesen. [8], [12], [13], [14], [19]. Fl

RC-Differenzierglied *(RC differentiating network)*, RC-Differenzierungsglied. Das R. ist ein passives Netzwerk, das aus einem Wirkwiderstand R und einem Kondensator C besteht. Die Ausgangsspannung der Schaltung ist der zeitlichen Ableitung der Eingangsspannung proportional. Prinzipiell ist ein R. wie ein Hochpaß aufgebaut (Bild). Die Ausgangsspannung u_A des RC-Differenziergliedes folgt der Funktion:

$$u_A = U_E \cdot e^{-\frac{t}{R \cdot C}}.$$

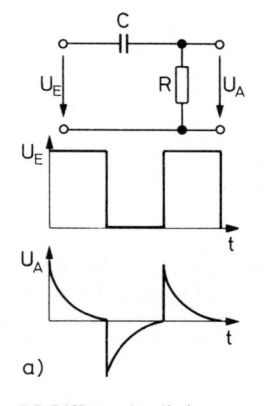

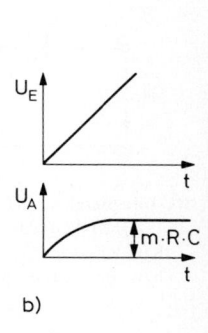

RC-Differenzierglied

1. Es sind: u_E Eingangsspannung mit rechteckförmigem Verlauf, $\tau = R \cdot C$ (Zeitkonstante). Die Wirkung als Differenzierglied entsteht, wenn $u_A \ll u_E$. Die Bedingung wird erfüllt, wenn die Schwingungsdauer T der angelegten Wechselspannung größer als der Wert der Zeitkonstante τ des RC-Gliedes ist. Es gilt: für den Strom durch den Kondensator:

$$i_C = C \cdot \frac{d u_E}{dt}$$

RC-Differenzierungsglied

für die Ausgangsspannung:

$$u_A = R \cdot C \frac{d u_E}{dt}.$$

2. Es ist: u_E die Eingangsspannung, die zeitlinear ansteigt ($u_E = m \cdot t$; m Konstante; t Zeit; Bild b). Die Ausgangsspannung kann nicht von Beginn an der Funktion $u_A = m \cdot R \cdot C$ folgen, da der Widerstand R strombegrenzend wirkt: $i = u_E/R$. Diesen Nachteil behebt eine Differenzierschaltung mit Operationsverstärker. Anwendungen des RC-Differenziergliedes: z. B. in der Regelungstechnik im D-Regler; zum Differenzieren von Impulsflanken; zur Verringerung von Umschaltzeiten flankengesteuerter Flipflops. [2], [9], [10], [13]. Fl

RC-Differenzierungsglied → RC-Differenzierglied. Fl

RC-Filter *(RC-filter)*. Filterschaltung, deren frequenzabhängiges Dämpfungsverhalten nur durch ohmsche Widerstände und Kapazitäten — meist als aktives Filter — realisiert wird. [15]. Rü

RC-Generator → Phasenkettenoszillator. Th

RC-Glied *(RC-section)*. Zusammenschaltung eines ohmschen Widerstandes R und einer Kapazität C in Reihe oder parallel. [15]. Rü

RC-Hochpaß *(RC-high-pass)*. Frequenzabhängiger Spannungsteiler aus einem ohmschen Widerstand R im Querzweig und einer Kapazität C im Längszweig (Bild). Dieser Hochpaß (1. Ordnung) erzeugt einen Dämpfungsanstieg von 6 dB/Oktave. Der Spannungsübertragungsfaktor (→ Übertragungsfaktor) ist

$$\underline{A}_u = \frac{U_2}{U_1} = \frac{1}{1 - j\frac{1}{\omega RC}} \cdot \qquad [15]. \text{Rü}$$

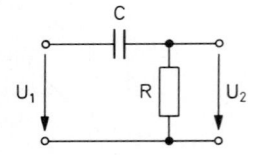

RC-Hochpaß

RC-Integrierglied *(RC integrating network)*. Das R. ist ein Integrierglied, das aus einem Wirkwiderstand R und einem Kondensator C besteht. Die Ausgangsspannung u_A, bzw. der Ausgangsstrom, ist proportional dem Integral

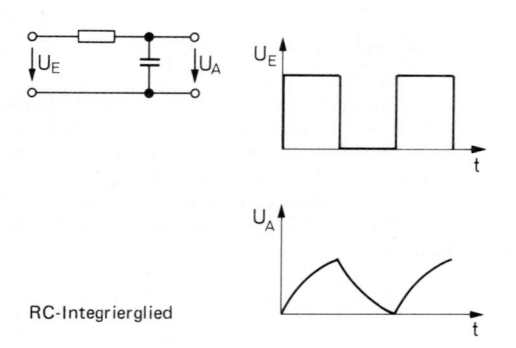

RC-Integrierglied

der Augenblickswerte der elektrischen Eingangsgröße innerhalb eines bestimmten Zeitabschnittes. Prinzipiell ist ein R. wie ein Tiefpaß aufgebaut (Bild). Die elektrisch integrierende Wirkung entsteht, wenn z. B. bei rechteckförmigen Eingangsgrößen die Schwingungsdauer T kleiner als die Zeitkonstante τ des RC-Gliedes ist. Gegensatz: → RC-Differenzierglied. 1. Bei symmetrisch verlaufenden Eingangsgrößen u_E gilt:

$$u_A = \frac{1}{RC} \int_0^T u_E \cdot dt.$$

2. Bei unsymmetrisch verlaufenden Eingangsgrößen ist nach der harmonischen Analyse ein Gleichglied, z. B. U_E, im Spektrum enthalten. Es entsteht die Ausgangsspannung:

$$u_A = \frac{1}{T} \int_0^T U_E \cdot dt + \frac{1}{RC} \int_0^t u_E \cdot dt.$$

Besitzt die Zeitkonstante sehr große Werte, verschwindet der zeitabhängige, zweite Ausdruck in der Summe. Die Ausgangsgröße wird zum arithmetischen Mittelwert der Eingangsgröße. Anwendungen: Zur Mittelwertbildung im Mittelwertmesser; z. B. zur Erzeugung von sägezahnförmigen Spannungen; als Integrierer zur elektrischen Integration von Pulsen. [9], [10], [12], [13], [14], [18]. Fl

RC-Kette *(multisection RC-network)*. Kettenschaltung von RC-Hochpässen oder RC-Tiefpässen in Form einer Abzweigschaltung. Üblich ist die Schaltung von zwei, drei oder vier Einzelgliedern. RC-Ketten werden meist zur Phasenschiebung (Phasenschieber) benutzt und finden Anwendung in RC-Oszillatoren (→ Phasenkettenoszillator). [15]. Rü

RC-Kopplung *(RC coupling, resistance coupling)* → Koppel-RC-Glied. Fl

RC-Meßgenerator *(RC measuring generator)*. Beim R. wird die Schwingungserzeugung mit einem Wien-Robinson-Oszillator durchgeführt (→ Meßgenerator). Er ist für niedrigere Frequenzbereiche als z. B. der LC-Meßgenerator geeignet (von etwa 0,1 Hz bis zu 10 MHz). Die sinusförmigen Ausgangssignale sind mit geringem Klirrfaktor behaftet; sie besitzen eine hohe Frequenz- und Spannungskonstanz. Ein Umschalter am Ausgang der Oszillatorschaltung ermöglicht sinus- oder rechteckförmige Meßsignale: 1. sinusförmig: Das Oszillatorsignal durchläuft einen linear verstärkenden Endverstärker; 2. rechteckförmig: Das Oszillatorsignal wird mit Hilfe einer Schmitt-Trigger-Schaltung rechteckförmig verzerrt und verstärkt. Die Ausgangsspannung läßt sich mit einem oder mehreren Abschwächern auf feste Werte einstellen. [12], [13]. Fl

RC-Oszillator → Phasenkettenoszillator. Th

RC-Schaltung *(RC circuit)*. Eine Schaltung, die nur aus ohmschen Widerständen (R) und Kapazitäten (C) aufgebaut ist (→ RC-Zweipol). [15]. Rü

RC-Sinusoszillator *(RC sine wave oscillator)*. Oszillator, der eine sinusförmige Spannung erzeugt. Besonders hochwertige RC-Sinusoszillatoren werden in der Niederfrequenz-Meßtechnik benötigt. Durch spezielle Schaltungsmaßnahmen lassen sich Verzerrungsabstände von 100 dB erreichen. Das entspricht einem Klirrfaktor von 0,001 %. [12], [13]. Th

RC-Tiefpaß *(RC low-pass)*. Frequenzabhängiger Spannungsteiler aus einem ohmschen Widerstand R im Längszweig und einer Kapazität C im Querzweig (Bild). Dieser Tiefpaß (1. Ordnung) erzeugt einen Dämpfungsanstieg von 6 dB/Oktave. Der Spannungsübertragungsfaktor (→ Übertragungsfaktor) ist

$$\underline{A}_u = \frac{U_2}{U_1} = \frac{1}{1 + j\omega RC}$$

[15]. Rü

RC-Tiefpaß

RCTL *(resistor capacitor transistor logic, RCTL)*. Schaltungsfamilie der Digitaltechnik, ähnlich RTL. Zur Erhöhung der Schaltungsgeschwindigkeit sind den Eingangswiderständen Kapazitäten parallelgeschaltet. [2]. We

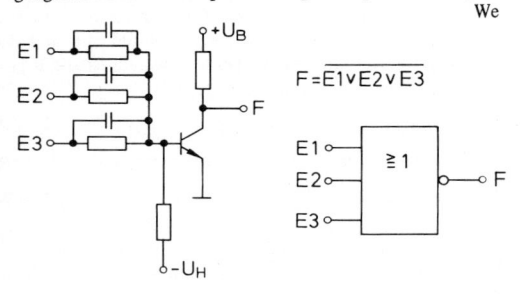

NOR-Stufe in RCTL (positive Logik)

RC-Verstärker *(RC amplifier, resistance coupled amplifier)*, Widerstandsverstärker. R. sind Verstärkerschaltungen, bei denen die passiven Bauelemente aus Wirkwiderständen und Kondensatoren bestehen. Zwischen aufeinanderfolgenden Stufen erfolgt für die zu verarbeitenden Signale eine gleichstrommäßige Trennung mit Koppelkondensatoren. Ein R. kann nur Wechselspannungen verarbeiten (→ Wechselspannungsverstärker) und besitzt eine untere und eine obere Grenzfrequenz. Die untere Frequenzgrenze wird aus den Werten der Ersatzwiderstände und der Kondensatoren im Koppelkreis der einzelnen Stufen festgelegt. Ersatzwiderstand und Koppelkondensator bilden einen Hochpaß. Die obere Frequenzgrenze wird wesentlich von den Eingangs- und Ausgangskapazitäten der Verstärkerbauelemente (z. B. Röhre, Transistor) bestimmt. In Verbindung mit den Ersatz-Ausgangswiderständen der Schaltung bilden sie einen Tiefpaß. Anwendungen: z. B. als NF-Verstärker (NF Niederfrequenz), als Breitbandverstärker, als Wechselspannungsmeßverstärker. [6], [8], [9], [12], [13], [14], [18], [19]. Fl

RC-Zweipol *(RC network)*. Ein nur aus ohmschen Widerständen und Kapazitäten bestehender Zweipol. Charakteristisch im → PN-Plan ist, daß Pole und Nullstellen einer RC-Zweipolfunktion nur auf der negativ reellen Achse liegen, einfach sind und einander abwechseln. Bei einer Impedanz liegt im Nullpunkt oder in der Nähe des Nullpunktes eine Polstelle. [15]. Rü

Read-Diode → Lawinenlaufzeitbauelemente. Ne

Reaktanz *(reactance)* → Blindwiderstand. Rü

Reaktanzfilter *(LC-filter)* → LC-Filter. Rü

Reaktanzfunktion *(reactance function)*, genauer Reaktanzzweipolfunktion. Eine Zweipolfunktion, die die besonderen Eigenschaften einer nur aus Reaktanzen aufgebauten Schaltung (→ LC-Zweipol) wiedergibt. Die R. Z (p) (p komplexe Frequenz) ist immer eine ungerade rationale Funktion mit reellen positiven Koeffizienten. Im → PN-Plan liegen Pole und Nullstellen auf der imaginären Achse und wechseln einander ab (→ Theorem von Foster). [15]. Rü

Reaktanzröhre → Reaktanzröhrenschaltung. Fl

Reaktanzröhrenschaltung *(reactance tube circuit)*, Reaktanzröhre, Blindröhre. Bei der R. wird eine rückgekoppelte Elektronenröhre so betrieben, daß sie ausgangsseitig wie ein steuerbarer Blindwiderstand wirkt. Hierzu wird die Anodenwechselspannung über einen fest eingestellten Spannungsteiler auf das Steuergitter zurückgeführt. Der Spannungsteiler erzeugt zwischen Anodenwechselstrom und Anodenwechselspannung eine Phasenverschiebung von 90°. Zwischen Anoden- und Katodenanschluß entsteht die Wirkung einer Reaktanz. Abhängig von der Art der Bauelemente und ihrer Lage im Spannungsteiler erhält man Induktivitäten oder Kapazitäten. Durch Änderung der Steilheit der Röhre, z. B. mit Hilfe einer dem Steuergitter zugeführten Gleichspannung lassen sich die Werte der Reaktanz steuern (Bild). Anwendungen: z. B. bei der Erzeugung von Frequenzmodulation in Sendern; zum Nachstimmen von Schwingkreisen auf Resonanzfrequenz. [8], [12], [13], [14]. Fl

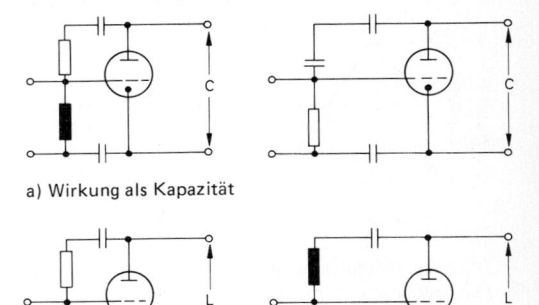

a) Wirkung als Kapazität

b) Wirkung als Induktivität
Reaktanzröhrenschaltung

Reaktanztheoreme 1. Bei Reaktanzzweipolen wird häufig das → Theorem von Foster als R. bezeichnet (→ LC-Zweipol). 2. Bei Reaktanzvierpolen unterscheidet man

a) **Reaktanztheorem von Cauer:** Die Widerstandsparameter Z_{11} und Z_{22} (→ Vierpolgleichungen) sind notwendigt Reaktanzfunktionen, während $Z_{12} = -Z_{21}$ dazu „passende" ungerade Funktionen sein müssen. Äquivalent zu a ist b) **Reaktanztheorem von Piloty:** Die Kettenparameter (→ Vierpolgleichungen) genügen den Bedingungen:

α) det A = 1 ;
β) A_{11} ; A_{22} : gerade und A_{21} ; A_{12} : ungerade;
γ) mindestens drei der vier Quotienten

$$\frac{A_{12}}{A_{11}}, \frac{A_{12}}{A_{22}}, \frac{A_{21}}{A_{11}}, \frac{A_{21}}{A_{22}}$$

sind Reaktanzfunktionen. [15]. Rü

Reaktanzverstärker *(reactance amplifier, MAVAR: mixer amplification by variable reactance).* Der R. ist ein besonders rauscharmer Verstärker für Signale im Höchstfrequenzbereich. Die verstärkende Wirkung wird durch eine veränderbare, nichtlineare Reaktanz bewirkt. Prinzip: Einem Parallelschwingkreis, dessen Kondensator z. B. aus einer Kapazitätsdiode besteht, wird durch Steuerung der Kapazitätswerte Energie zugeführt. Dies kann mit Hilfe einer periodisch verlaufenden Wechselspannung erfolgen (Bild), die an den Schwingkreis gelegt wird. Besitzt der Kondensator den Kapazitätswert C,

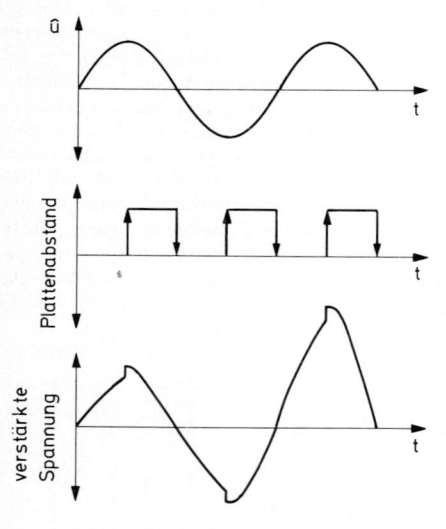

Reaktanzverstärker

die Wechselspannung den Spitzenwert û, speichert der Kondensator die Energie W : W = 0,5 C · û². Vergrößert man z. B. den Plattenabstand des Kondensators, sinkt die Kapazität auf: C − ΔC. Erfolgt dieser Vorgang während eines Maximums der Wechselspannung, bleibt die Ladung auf den Platten konstant. Die Spannung am Kondensator erhöht sich auf: U + ΔU. Die gespeicherte Energie erhöht sich ebenfalls: W + ΔW = 0,5 (C − ΔC) · (Û + ΔÛ)². Führt man die Platten zu dem Zeitpunkt in die Ruhelage zurück, in dem keine gespeicherte Ladung vorhanden ist, wird keine Arbeit gegen die Anziehungskraft verrichtet. Es gibt auch keine Rückwirkungen auf die Wechselspannung. Wiederholt man die Plattenverschiebung beim nächsten Spannungsmaximum, wird dem elektrischen Signal erneut Energie zugeführt. Es entsteht ein Pumpvorgang, wie er im Bild dargestellt ist. [8]. Fl

Reaktanzvierpol *(four-terminal network containing reactances).* Ein nur aus Reaktanzen, also Induktivitäten und Kapazitäten, aufgebauter Vierpol. Der R. stellt eine Idealisierung dar, weil die unvermeidbaren Verluste der Bauelemente vernachlässigt werden. Da in einem R. keine Wirkleistung verbraucht wird, gehört er zur Gruppe der verlustfreien Vierpole. Alle LC-Filter werden bei der Synthese als R. aufgefaßt. [15]. Rü

Reaktanzzweipol *(reactive two-terminal network)* → LC-Zweipol. Rü

Reaktionszeit *(response time, reaction time).* Zeit von der Anforderung einer Dienstleistung der Datenverarbeitungsanlage und dem Beginn der Bearbeitung (DIN 44 300). Die Länge der R. hängt wesentlich davon ab, wie schnell das laufende Programm unterbrochen wird und wie schnell es gelingt, das angeforderte Programm zu starten (→ Programmunterbrechung). Besonders in der Prozeßrechentechnik und im Echtzeitbetrieb ist die R. von entscheidender Wichtigkeit. [1], [17]. We

Realisierung → Netzwerksynthese. Rü

Realteil *(real component)* → Rechnung, komplexe. Rü

Real-Time-Betrieb → Echtzeitbetrieb. We

Realzeit → Echtzeitbetrieb. Fl

Rechenanlage → Datenverarbeitungsanlage. We

Rechenanlage, digitale → Digitalrechner. We

Rechenelement *(arithmetical element).* Bauteil, das eine Rechenoperation in einem Datenverarbeitungssystem unter Programmsteuerung ausführt, z. B. ein Addierer. [1]. We

Rechenmaschine *(calculating machine).* Maschine zur Ausführung von Rechenoperationen; meist der vier Grundrechenarten. Als Rechenmaschinen werden i. a. nur mechanisch und elektromechanisch betriebene Maschinen bezeichnet, nicht aber Datenverarbeitungsanlagen („Rechner") oder Taschenrechner. We

Rechensystem → Datenverarbeitungssystem. We

Rechenverstärker → Operationsverstärker. Fl

Rechenwerk *(arithmetic unit).* Der Teil der Zentraleinheit einer Datenverarbeitungsanlage, in dem die Rechen- und Logik-Operationen ausgeführt werden. Das R. besteht aus einer Verknüpfungsschaltung (→ ALU) sowie Registern für die Operanden und die Rechenergebnisse sowie für Merker (Flags), die bei den Operationen gesetzt oder gelöscht werden. Das R. wird von den aus der Befehlsdecodierung gebildeten Steuergrößen gesteuert. Die Merker werden zur Steuerung des Programmablaufs verwendet (Bedingungen für bedingte Sprünge).

Nach DIN 44 300 ist das R. Funktionseinheit innerhalb eines digitalen Rechensystems, die Rechenoperationen ausübt, wobei zu den Rechenoperationen auch Vergleichen, Umformen, Verschieben, Runden gehört. [1]. We

Rechner *(computer)*. Gerät zur Ausführung von Rechenoperationen, meist im Sinne von elektronischen Datenverarbeitungsanlagen, oft auch in Zusammensetzungen verwendet, z. B. Großrechner. We

Rechnerarchitektur → Architektur eines Computers. We

Rechnergenerationen → Computergenerationen. We

Rechnerkern → Prozessor. We

Rechnerkommunikation *(computer communication)*. Übermittlung von Nachrichten zwischen Rechnern und sonstigen Datenendeinrichtungen innerhalb von Datennetzen. Die R. zeichnet sich durch einen hohen Grad an Automatisierung für die Übermittlungsvorgänge aus. Grundlegend hierfür sind Protokolle. [19]. Kü

Rechnung, komplexe *(application of complex quantities)*, auch symbolische Rechnung. Die Gesamtheit der mathematischen Regeln für das Rechnen mit komplexen Zahlen $Z = a + jb$, wobei die reelle Zahl a Realteil und die reelle Zahl b Imaginärteil heißt. Die graphische Darstellung einer komplexen Zahl erfolgt in der Gaußschen Zahlebene, indem man auf der x-Achse den reellen und auf der y-Achse den imaginären Anteil der komplexen Zahl aufträgt. Das Hauptanwendungsgebiet der komplexen R. in der Elektrotechnik ist die Wechselstromtechnik, wo mit komplexen Amplituden der Strom- und Spannungsgrößen, sowie komplexen Widerständen und Leitwerten (→ Impedanz) Amplituden- und Phasenbeziehungen gleichzeitig erfaßt werden können. Rü

Rechteckfehler *(rectangular failure, square wave failure)*. R. sind unerwünschte Abweichungen vom rechteckförmigen Verlauf bei Pulsfolgen oder Impulsen. Speist man z. B. eine Prüfschaltung mit Rechtecksignalen aus einem Rechteckwellengenerator zur Untersuchung der Übergangsfunktion und beobachtet die Ausgangssignale auf dem Leuchtschirm einer Oszilloskopröhre, können aus der Verformung der Pulse Rückschlüsse über Unzulänglichkeiten der Schaltung gezogen werden. An Verzerrungen können z. B. auftreten: 1. Dämpfungsverzerrungen. Das Pulsdach ist bogenförmig verzerrt. Ursache kann z. B. eine Anhebung der Grundschwingung sein. 2. Phasenverzerrungen. Die Pulsdächer erscheinen ansteigend oder abfallend. Ursache kann z. B. eine voreilende bzw. nacheilende Grundschwingung im Frequenzspektrum der rechteckförmigen Pulse sein. 3. Kombinationen aus beiden Verzerrungsarten. Das Pulsdach ist z. B. zu einer abklingenden Schwingung verformt. Ursache: Resonanzstellen in der Schaltung (→ Resonanz). 4. Die Impulsflanken erscheinen abgeschrägt statt steil ansteigend. Ursache: Endliche Anstiegszeiten durch zeitlich langsam erfolgende Stromänderungen. Treten keine Verformungen auf, arbeitet die Prüfschaltung im Frequenzbereich $0,1 \cdot f_R$ bis $20 \cdot f_R$ (f_R Frequenz der Pulse) phasen- und amplitudengetreu. [8], [10], [12], [13]. Fl

Rechteckfolge *(rectangular repetition rate)*. Eine R. besteht aus periodischen oder nichtperiodischen Strom- oder Spannungsimpulsen mit rechteckförmigem Zeitverlauf. Bei einer periodischen R. kann das Tastverhältnis beliebig sein. [10], [13]. Th

Rechteckformer *(squaring circuit)*. R. sind Schaltungen mit nichtlinearem Übertragungsverhalten, die z. B. eine beabsichtigte Verzerrung von elektrischen Eingangsgrößen beliebigen Kurvenverlaufs zu Ausgangsgrößen mit rechteckförmigem Verlauf bewirken. Eine typische Schaltung zur Rechteckverformung z. B. sinusförmiger Eingangssignale ist ein Schmitt-Trigger. Es entstehen am Schaltungsausgang rechteckförmige Signale mit definierten Amplituden und Anstiegszeiten. Schaltungen, die als Oszillator rechteckförmige Ausgangsschwingungen erzeugen, sind z. B. Multivibratoren. Einfache Schaltelemente mit denen sich ein R. aufbauen läßt, sind z. B. Z-Diode, Tunneldiode. [4], [10], [12], [13], [14]. Fl

Rechteckgenerator *(square wave generator, rectangular wave generator)*. Generator zur Erzeugung einer Spannung in Form einer Rechteckschwingung. Der R. ist meist Teil eines Funktionsgenerators. Er kann als astabiler Multivibrator realisiert werden. We

Rechteckimpuls *(rectangular pulse)*. Strom- oder Spannungsverlauf, der sprungartig zwischen zwei festen Werten pendelt. Der R. zeigt einen rechteckförmigen Zeitverlauf bei meistens hoher Flankensteilheit. [10]. Th

Rechteckmodulation *(square wave modulation)*. Mit R. werden beim HF-Trägersignal (HF Hochfrequenz) die Aussteuerungsvorgänge durch Rechtecksignale in den einzelnen Pulsmodulationsarten bezeichnet. [10], [13]. Th

Rechteckpuls *(rectangular pulse)*. Ein R. besteht aus einer periodischen Folge von Rechteckimpulsen (→ Elementarsignale). [10]. Th

Rechteckschleife *(square-loop)*. Als R. bezeichnet man die Hystereseschleife weichmagnetischer Ferrite, wenn sie im Diagramm $B = f(H)$ (**B** magnetische Induktion, **H** magnetische Feldstärke) einen angenähert rechteckförmigen Verlauf besitzt. Aufgrund dieser Charakteristik sind die Werte der Sättigungsmagnetisierung gleich den Werten der Remanenz. Schaltet man die Feldstärke, mit deren Hilfe die Sättigung erreicht wurde ab, bleibt die Magnetisierung erhalten. Ferrite mit Merkmalen dieser Art heißen Rechteckferrite. Bei schnell erfolgenden Ummagnetisierungsvorgängen bleiben die Wirbelstromverluste gering, und man erhält hohe Werte von Ummagnetisierungsgeschwindigkeiten. Anwendungen von Ferriten mit Rechteckschleifen: z. B. in Magnetkernspeichern, in magnetischen Verstärkern. [1], [2], [5], [10], [12]. Fl

Rechteckwellengenerator → Rechteckgenerator. Th

Rechteckwellenmeßgenerator *(rectangular waveform generator; square-wave measuring generator)*. Der R. ist ein Signalgenerator, der rechteckförmige Ausgangssignale bereitstellt. Für meßtechnische Anwendungen als Signalquelle sind von Bedeutung: Anstiegs- und Abfallflanken mit definierter Steilheit, waagerecht verlaufenden Pulsdächern, einstellbares Tastverhältnis und einstellbare

Amplituden. Häufig werden von Rechteckwellenmeßgeneratoren Nadelimpulse bereitgestellt. Neben dem Signalausgang besitzen Rechteckwellenmeßgeneratoren vielfach einen Ausgang für Synchronimpulse (→ Synchronisation) und einen Eingang zur Fremdsynchronisation (Bild). Frequenzerzeugende Schaltung ist häufig ein Multivibrator. Anwendungen: z. B. Taktsignalgeber für Digitalschaltungen, Meßgenerator in der Regelungs- und Meßtechnik, zur Überprüfung des Ein- und Ausschwingverhaltens elektrischer Schaltungen. [8], [9], [10], [12], [13], [14], [18]. Fl

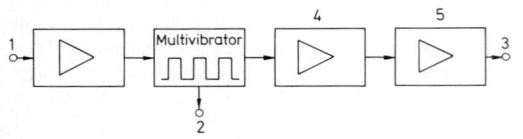

1 Eingang zur Fremdsynchronisation
2 Ausgang für Synchronimpulse
3 Ausgang
4 Impulsaufbereitung
5 Endverstärker

Rechteckwellenmeßgenerator

Rechtehandregel → Dreifingerregel. Fl

Redundanz *(redundancy)*. 1. Allgemein der Anteil der Information, der verloren gehen kann, ohne den Informationsgehalt der Nachricht zu ändern. [13]. 2. Nach DIN 40 042 das funktionsbereite Vorhandensein von mehr als für die vorgegebene Funktion notwendigen technischen Mitteln, auch als Hardware-Redundanz bezeichnet. Durch die R. wird die Intaktwahrscheinlichkeit des Systems erhöht, da bei Ausfall eines Bauteils dessen Funktion von einem anderen Bauteil ohne Beeinflussung der Funktion übernommen werden kann. Vergleiche auch: → Linksystem (Punkt 1). 3. Nach DIN 44 301 die Differenz zwischen Entscheidungsgehalt und Informationsentropie. Die R. wird durch die Verwendung geeigneter Codes (→ Optimalcode) vermieden oder zu einem Minimum gemacht. Die R. erlaubt den Aufbau von fehlererkennenden und fehlerkorrigierenden Codes. Bei der Paritätsprüfung wird das redundante Paritätsbit verwendet. [1]. We

Redundanz, relative *(relative redundancy)*. R. einer Nachricht, die durch den statistischen Aufbau der Sprache entsteht (→ Informationsentropie, bedingte). Die bedingte Informationsentropie eines Buchstabens beträgt in der deutschen Sprache H_∞ = 1,6 bit bei Berücksichtigung der Abhängigkeit der Buchstaben voneinander. Kämen alle Buchstaben gleich häufig vor und wären sie unabhängig voneinander, so betrüge die Informationsentropie H_0 = ld 26 = 4,7 Bits/Buchstabe. Die relative R. errechnet sich

$$Q = 1 - \frac{H_\infty}{H_0} = 66\%$$

(Q relative Informationsentropie). Der errechnete Wert gilt für die deutsche Sprache. [9]. We

Reed-Kontakt *(reed contact)*, Schutzrohrkontakt. Kontaktanordnung, deren ferromagnetische Zungenkontakte zum Schutz gegen Umwelteinflüsse in einem luftdicht verschlossenen Röhrchen angeordnet sind. Die Betätigung erfolgt durch einen Dauer- oder Elektromagneten, der den Kontakten genähert wird, so daß sich diese schließen. Reed-Kontakte sind wegen der geringen Induktivität und Kapazität zum Schalten von HF-Kreisen (HF Hochfrequenz) gut geeignet. [4]. Ge

Reed-Relais *(reed relay)*, Schutzrohrkontaktrelais, Schutzkontaktrelais, Herkon-Relais, Geko-Relais. Relais, das unter Verwendung von Reed-Kontakten aufgebaut ist. Die Erregerspule umschließt das Röhrchen und betätigt die Kontakte. Breite Anwendung finden gepolte R, die sich durch hohe Kontaktkraft bei geringer Erregerleistung auszeichnen. R. sind wegen der geringen Induktivität und Kapazität zum Schalten von HF-Kreisen (HF Hochfrequenz) gut geeignet. [4]. Ge

Reed-Schalter *(reed switch)*. Enthält einen oder mehrere Reed-Kontakte in einem gemeinsamen Gehäuse. Bei Betätigung des Reed-Schalters wird ein Dauermagnet so bewegt, daß die Reed-Kontakte schalten. Ausführung meist als Taster. []. Ge

Reemission *(reemission)*. Wiederaussendung von absorbierter, zur Anregung eines Systems verwendeter Strahlung. [5], [7]. Bl

Referenzantenne → Antennengewinn. Ge

Referenzdiode *(reference diode)*. Diode zur Erzeugung einer festen, möglichst temperaturunabhängigen Bezugsspannung. Im einfachsten Fall eine Z-Diode. Referenzdioden mit höherer Genauigkeit und Stabilität der Bezugsspannung bestehen aus einer Z-Diode, deren Temperaturabhängigkeit durch Reihenschaltung mit Halbleiterdioden weitgehend kompensiert ist. [4]. Li

Referenzelement *(reference element)*, Spannungs-Referenzelement. Referenzelemente sind elektronische Halbleiterschaltungen in integrierter Technik. Sie stellen temperaturkompensierte Bezugsspannungen mit festgelegten Werten bereit. Die abgegebene Gleichspannung ist in weitem Bereich unabhängig vom entnommenen Strom (→ Konstantspannungsquelle). Die Temperaturkompensation wird durch Halbleiterbauelemente mit

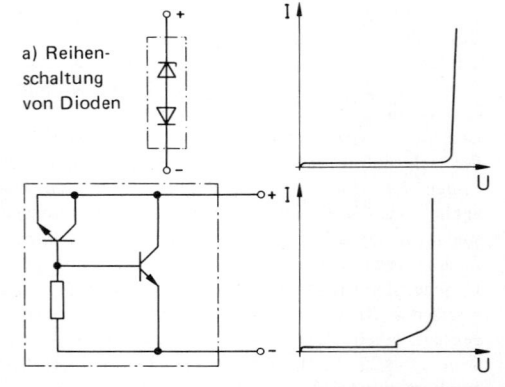

a) Reihenschaltung von Dioden

b) integrierte Schaltung mit Z-Diode und Paralleltransistor

Referenzelement

gegenläufigen Temperaturkoeffizienten erreicht. Im integrierten Schaltkreis stehen sie im engen Wärmekontakt zueinander. Beispiele für Schaltungen von Referenzelementen sind: 1. Eine in Rückwärtsrichtung gepolte Z-Diode ist in Reihe mit einer in Vorwärtsrichtung betriebenen Silicium-Diode geschaltet (Bild a). Man nutzt bei der Z-Diode den positiven Temperaturkoeffizienten des Lawineneffektes (Rückwärtsspannungen über 5,7 V), bei der Silicium-Diode den negativen Temperaturkoeffizienten im Durchlaßbereich. Erzielter Wert des verbleibenden Temperaturkoeffizienten: 10^{-5} K^{-1}. 2. Bild b zeigt ein R., das aus einem Paralleltransistor mit niedrigem differentiellen Widerstand und einem als Z-Diode betriebenem Transistor besteht. [4], [6], [12].

Fl

Referenzoszillator *(reference oscillator)*. Für Frequenzvergleiche, wie sie z. B. in PLL-Schaltungen (→ Phase-Locked-Loop) vorkommen, wird ein R. benötigt. Er liefert ein Signal bekannter Frequenz und Stabilität. Auch eine Atomuhr ist im Grunde ein R.. Man denke an den Zeitzeichensender DCF 77, dessen Sendefrequenz von der Atomuhr der Physikalisch-Technischen Bundesanstalt kontrolliert wird. [12], [13].

Th

Referenzspannung *(reference voltage)*, Vergleichsspannung. Die R. ist ein zeitlich konstanter und von äußeren Einflußgrößen weitgehend unabhängiger Spannungswert, der von einer Referenzspannungsquelle, z. B. einem Referenzelement, abgegeben wird. Die R. stellt in elektrischen Schaltungen einen Sollwert bereit, mit der der Istwert einer weiteren Spannung verglichen wird. Referenz-Wechselspannungen werden vielfach in stark gegengekoppelten RC-Oszillatoren erzeugt. Anwendungen: z. B. als Vergleichsspannung in Spannungskomparatoren, in Digital-Analog-Wandlern als Bezugsspannung zum Öffnen und Schließen von Bewertungsschaltkreisen. [2], [6], [12], [13].

Fl

Referenzspannungsquelle *(reference voltage source)*. Referenzspannungsquellen erzeugen in angegebenen Bereichen stabil bleibende Referenzspannungen. Man unterscheidet Referenzspannungsquellen, die Gleichspannungen zur Verfügung stellen und Referenzspannungsquellen, die Wechselspannungen konstanter Amplitude, Frequenz und Phasenwinkel abgeben. 1. Beispiel für Gleichspannungen: Normalelement (z. B. Weston-Element), Referenzelement, Z-Diode, Glimmstabilisator. 2. Beispiele für Wechselspannungen: RC-Oszillator mit starker Gegenkopplung und Schaltungen zur Synchronisation, Rechteckwellengeneratoren mit nachgeschalteten Filtern. [4], [6], [8], [12], [13].

Fl/Li

Reflektor *(reflector)*. Element einer Richtantenne, das in Hauptstrahlrichtung hinter dem Primärstrahler angeordnet ist. 1. Der R. ist als besonders geformte leitende Fläche ausgeführt, die die elektromagnetische Energie reflektiert und zur Gewinnerhöhung bündelt, z. B. Parabolspiegel. Der metallisch glatte Spiegel kann mit guter Wirkung auch durch Gittermaschen oder einzelne Stäbe nachgebildet werden. Die Antennenrückdämpfung wird wesentlich von Form und Größe sowie der Durch-

lässigkeit der Reflektorfläche für elektromagnetische Wellen bestimmt. 2. Strahlungsgekoppelter R.: meistens von gleichem Aufbau wie der Primärstrahler. Durch Verlängerung der Abmessung gegenüber dem Primärstrahler zur Erzielung eines kapazitiven Reflektorstromes und entsprechende Wahl des Abstandes läßt sich die Richtcharakteristik variieren (→ Yagi-Antenne). [14].

Ge

Reflektorantenne *(reflector antenna)*, Spiegelantenne, Richtantenne, bei der der größte Teil der von einer Erregerquelle ausgehenden Strahlung mittels einer geeignet geformten Reflektorfläche nach quasioptischem Prinzip in einen oder mehrere bevorzugte Winkelbereiche gelenkt wird. [14].

Ge

Reflexion elektromagnetischer Wellen *(reflection)*. Beim Auftreten einer elektromagnetischen Welle auf die Grenzfläche zweier Medien unter dem Einfallswinkel φ_1 erfolgt R. unter dem Reflexionswinkel φ_2 ($\varphi_1 = \varphi_2$). Die reflektierte Welle erfährt i. a. eine Dämpfung sowie eine Änderung der Phase. Die Zusammenhänge werden durch die komplexen Fresnelschen Reflexionskoeffizienten beschrieben. Diese hängen von der Brechzahl ab. Große Bedeutung für die Wellenausbreitung hat die R. an der Erdoberfläche sowie die R. an der Ionosphäre (→ Totalreflexion) [14].

Ge

Reflexion (an der Erdoberfläche) *(ground reflection)*. Eine auf die Erde einfallende elektromagnetische Welle wird zum Teil in die Erde hineingebrochen, zum Teil reflektiert. Die Reflexionskoeffizienten für vertikale und horizontale Polarisation sind abhängig von den Bodenkonstanten, dem Erhebungswinkel sowie im Bereich höherfrequenter Wellen von der Rauhigkeit des Bodens und seines Bewuchses. R. ruft durch Interferenz der Felder der direkten Welle von einer Antenne mit der an der Erdoberfläche reflektierten Welle ausgeprägte Schwundererscheinungen hervor. Eine Aufzipfelung des Richtdiagramms durch R. führt zu starken räumlichen Feldstärkeschwankungen. [14].

Ge

Reflexion (an der Ionosphäre) *(ionospheric reflection)*. Durch die mit der Höhe abnehmende Brechzahl innerhalb einer Ionosphärenschicht wird ein schräg einfallender Funkstrahl zum Erdboden hin gekrümmt. Dies entspricht einer Reflexion in der scheinbaren Höhe h'. Ein Nahstrahl wird unmittelbar nach Eindringen in die Ionosphäre wieder zur Erde zurückgebrochen, ein Fern-

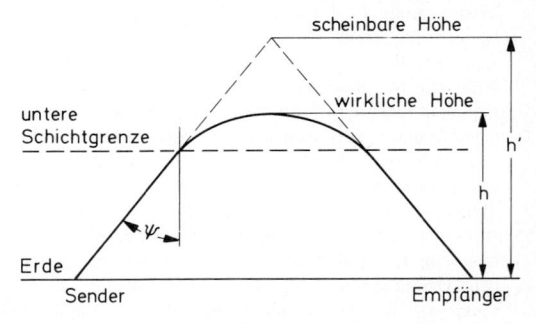

Weg eines Funkstrahls bei Reflexion an der Ionosphäre

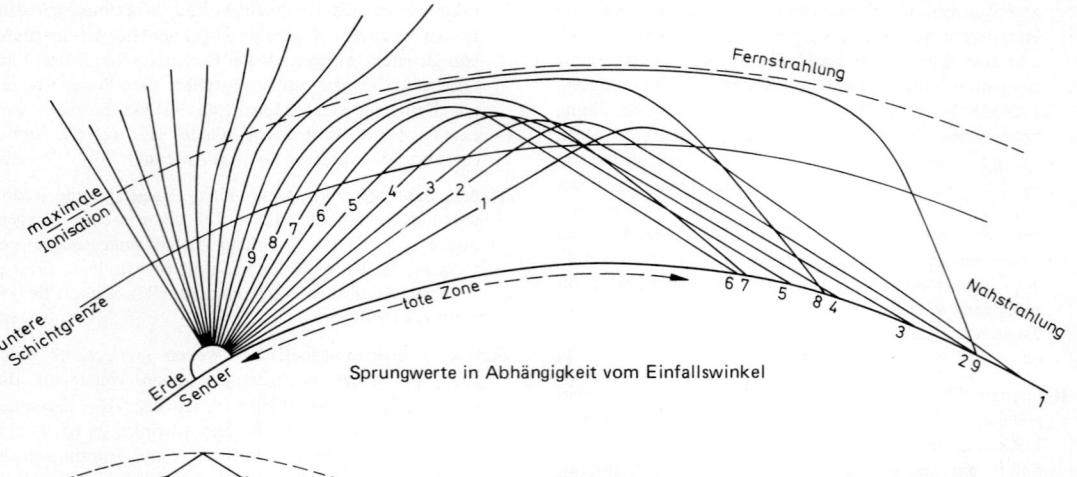

Reflexionsdämpfungsmaß

Sprungwerte in Abhängigkeit vom Einfallswinkel

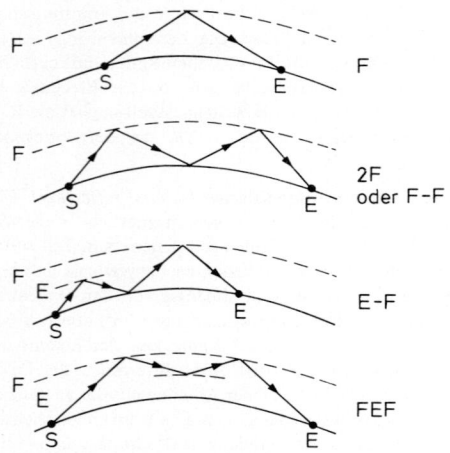

Mögliche Ausbreitungswege des Funkstrahls und ihre Benennung: F, 2F oder F-F, E-F, FEF

Reflexion an der Ionosphäre

strahl legt einen längeren Weg in der Nähe des Schichtmaximums zurück. Die höchste bei schrägem Einfallwinkel ψ noch reflektierte Frequenz f ergibt sich aus der für senkrechten Einfall gemessenen Frequenz f_k zu $f = 1{,}2\,f_k \cdot \sec\psi$. Durch R. lassen sich im Kurzwellenbereich große Entfernungen überbrücken. Die einfache Sprungweite hängt von der Schichthöhe ab. Die Reichweite bei Reflexion über die F_2-Schicht beträgt etwa 4000 km, bei größeren Entfernungen sind mehrere Reflexionen beteiligt. In höheren Breitengraden werden tagsüber durch Reflexion an der F_1-Schicht Reichweiten von 2000 km bis 3500 km erzielt. An der E-Schicht sind wegen ihrer niedrigen Höhe und geringen nächtlichen Ionisation nur am Tage Sprungweiten bis zu 2000 km zu erreichen. Sämtliche reflektierten Funkstrahlen erfahren beim Durchgang durch die D-Schicht eine zusätzliche Dämpfung. Die tote Zone liegt als Ringbereich zwischen der Reichweite der Bodenwelle und dem Einsetzen der reflektierten Raumwelle. [14]. Ge

Reflexionsdämpfungsmaß → Reflexionsfaktor. Rü

Reflexionsfaktor *(reflection coefficient)*. Allgemein das Verhältnis einer reflektierten Wellengröße zur ankommenden Wellengröße. Bei Wellenvorgängen auf Leitungen besteht zwischen dem R., dem Anpassungsfaktor m und dem Welligkeitsfaktor s der Zusammenhang

$$r = \frac{1-m}{1+m} = \frac{s-1}{s+1}.$$

Bei der Darstellung von Vierpoleigenschaften mit Vierpolwellen definiert man entsprechend für jedes Vierpoltor Betriebsreflexionsfaktoren r_{Bi} (→ Vierpol im Betrieb)

$$r_{B1} = \frac{W_1 - Z_1}{W_1 + Z_1}$$

und

$$r_{B2} = \frac{W_2 - Z_2}{W_2 + Z_2}$$

(auch Echoübertragungsfaktoren genannt). Es bedeuten: W_1 Eingangsimpedanz, W_2 Ausgangsimpedanz, Z_1 Abschlußimpedanz am Eingangstor und Z_2 Abschlußimpedanz am Ausgangstor. Aus den Betriebsreflexionsfaktoren leitet man die Echodämpfungsmaße g_{Ei} ab:

$$g_{E1} = a_{E1} + jb_{E1} = -\ln r_{B1}$$

und

$$g_{E2} = a_{E2} + jb_{E2} = -\ln r_{B2}.$$

Dabei nennt man a_E die Echodämpfung, b_E die Echophase (Echowinkel) (→ Übertragungsfaktor).
In Bezug auf die Wellenwiderstände eines Vierpols (Z_{w1}, Z_{w2}) definiert man zwei Reflexionsfaktoren zu

$$r_1 = \frac{Z_1 - Z_{w1}}{Z_1 + Z_{w1}}, \quad r_2 = \frac{Z_2 - Z_{w2}}{Z_2 + Z_{w2}}.$$

Für einen übertragungssymmetrischen Vierpol oder eine homogene Leitung ist

$$Z_{w1} = Z_{w2} = Z_w$$

und mit

$$Z_1 = Z_2 = Z$$

wird

$$r = \frac{Z - Z_w}{Z + Z_w}.$$

Bei Leerlauf ($Z \to \infty$) ist $r = +1$, bei Anpassung ($Z = Z_w$) ist $r = 0$ und bei Kurzschluß ($Z = 0$) wird $r = -1$. [15].
Rü

Reflexionsfaktormeßbrücke *(reflection coefficient measuring bridge)*. Mit der R. wird der Reflexionsfaktor r:

$$r = \frac{Z - R}{Z + R}$$

eines passiven Zweipols mit dem Scheinwiderstand Z bestimmt. Die Meßbrücke arbeitet im Ausschlagverfahren (→ Brückenmeßverfahren). Im Bild erfolgt die Wechselstromeinspeisung durch einen Übertrager, dessen Sekundärseite aus zwei symmetrisch um eine Mittelanzapfung angeordneten Spulen besteht. Die Spulen bilden ein Längsglied der Brückenschaltung, der Prüfling Z_x mit dem Vergleichswiderstand R das andere. Bei Abweichungen von Betrag, Phase oder beiden gegenüber R, entsteht in der Meßdiagonalen die Spannung $U = r \cdot U_1$. Häufig wird nur der Betrag von U angezeigt, der ein Maß für den Reflexionsfaktor ist. Die R. kann abgewandelt auch zur Messung der Streuparameter eingesetzt werden. [8], [12], [13], [14].
Fl

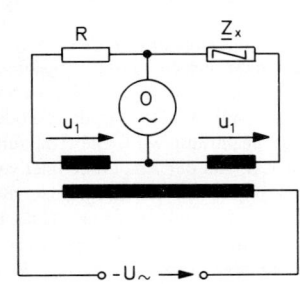

Reflexionsfaktormeßbrücke

Reflexionsgrad *(reflection coefficient)*. Das Verhältnis des reflektierten Strahlungsflusses Φ_r zum einfallenden Strahlungsfluß Φ

$$\rho = \frac{\Phi_r}{\Phi}$$

(speziell für Temperaturstrahlung: DIN 5496). [5].
Rü

Reflexionslichtschranke *(reflex light barrier)*. Lichtschranke, bei der sich der Lichtsender und der Lichtempfänger auf einer Seite nebeneinander befinden und der emittierte Lichtstrahl von einem Spiegel reflektiert wird (Bild). [12], [16].
Li

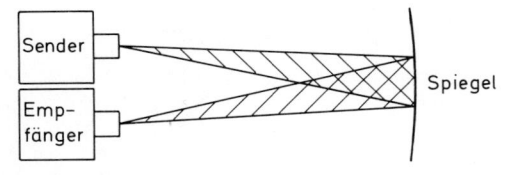

Reflexionslichtschranke

Reflexklystron *(reflex klystron)*. Triftröhre zur Erzeugung von Mikrowellen. Die beiden Koppelkammern des Zweikammerklystrons sind hier zu einer einzigen Kammer zusammengefaßt, die zur Laufzeitsteuerung und Auskopplung der hochfrequenten Energie dient. Der Elektronenstrahl läuft durch die Kammer und muß nach Reflexion an der negativ vorgespannten Elektrode erneut die Kammer passieren. Mit zunehmender Reflektorspannung werden mehrere Schwingbereiche durchlaufen. Dabei nimmt die Leistung und in geringem Maße auch die Frequenz zu. Reflexklystrons werden für Leistungen von etwa 5 W gebaut. [8].
Ge

Reflowlöten *(reflow-soldering)*, Aufschmelzlöten. Verfahren zur Nachbehandlung bleiverzinnter Leiterplatten zum Zwecke der Verbesserung von Lötfreudigkeit und Korrosionsstabilität. Die galvanisch aufgebrachten Blei-Zinn-Schichten werden z. B. in einem heißen Ölbad oder durch Infrarotstrahlung aufgeschmolzen (→ Löten). [4].
Ge

Refresh → Refresh-Vorgang.
We

Refresh-Vorgang *(refresh cycle)*, Refresh-Zyklus. Vorgang des „Auffrischens" der Information in dynamischen RAMs. Der R. muß für jede Speicherzelle innerhalb von 1 ms bis 4 ms durchgeführt werden, da im anderen Fall die Information verloren geht. Der R. besteht aus Auslesen, Zwischenspeichern, Verstärken und Wiedereinschreiben der Information. Diese Vorgänge erfolgen innerhalb des Speicherchips, das als Matrixspeicher organisiert ist, für eine Zeile.

In Datenverarbeitungssystemen muß der R. unabhängig von Programm innerhalb einer bestimmten Zeit ausgelöst werden, wobei jede Adresse zu berücksichtigen ist. Dazu ist ein Reihenadreßzähler notwendig. Bei einigen Mikroprozessoren ist der Reihenadreßzähler Bestandteil des Mikroprozessors; dieser löst bei jedem Befehl einen R. aus. [2].
We

Refresh-Zyklus → Refresh-Vorgang.
We

Regelabweichung *(deviation, error)*. Die R. ist die Differenz zwischen Regelgröße x und Führungsgröße w; $x_w = x - w$. (→ Regelkreis). [18].
Ku

Regelfaktor *(error ratio)*. Mit F_0 (s), der Übertragungsfunktion des offenen Regelkreises, wird als R. der Ausdruck $R(s) = \frac{1}{1 + F_0(s)}$ bezeichnet. [18].
Ku

Regelfläche *(control area)* → Gütekriterium.
Ku

Regelgröße *(controlled variable)*. Die R. ist die in einem Regelkreis zu beeinflussende Größe; d. h. die Ausgangsgröße der Regelstrecke. [18].
Ku

Regelgüte *(control accuracy)* → Gütekriterium.
Ku

Regelheißleiter → Heißleiter.
Ge

Regelkondensator → Drehkondensator.
Ge

Regelkreis *(closed-loop control circuit)*. Der R. besteht aus: der Vergleichsstelle, die die Regeldifferenz x_d bildet; dem Regler, der daraus die Größe u bildet; dem Stellglied, das meist als Verstärker die Reglerausgangsgröße u auf ein höheres Leistungsniveau anhebt (Stellgröße

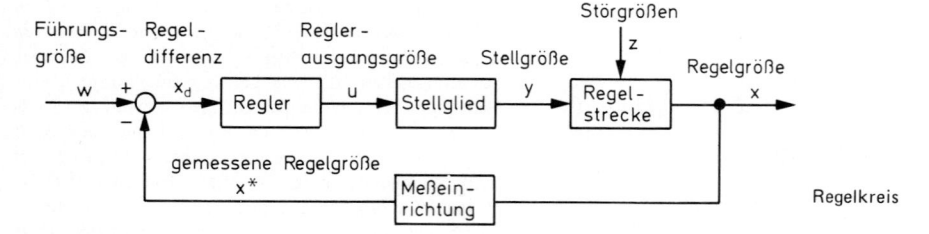

Regelstrecke

Führungsgröße w — Regeldifferenz x_d — Regler — Reglerausgangsgröße u — Stellglied — Stellgröße y — Regelstrecke — Regelgröße x — Störgrößen z — gemessene Regelgröße x^* — Meßeinrichtung — Regelkreis

y) und der Regelstrecke, auf die die Stellgröße so einwirkt, daß die Regelgröße x bzw. x^* der Führungsgröße w angeglichen wird. Einflüsse der Störgrößen z auf die Regelgröße x werden dadurch ebenfalls ausgeregelt. Die Meßeinrichtung formt die Regelgröße x (Drehzahl, Strom, Druck, Weg) in eine für den Regler brauchbare physikalische Größe x^* (meist normierte Gleichspannung) um (Bild). [18].   Ku

Regelstrecke *(plant)*. Die R. ist derjenige Teil des Regelkreises, der den aufgabenmäßig zu beeinflussenden Bereich einer Anlage umfaßt (z. B. Motor bei einem Antrieb). [18].   Ku

Regelung *(closed loop control)*. R. ist ein Vorgang, bei dem die zu regelnde Größe (Regelgröße x) fortlaufend mit einer vorgegebenen Größe (Führungsgröße x) verglichen wird, indem i. a. die Differenz (Regelabweichung $x_w = x - w$, Regeldifferenz $x_d = w - x = -x_w$) beider Größen gebildet wird. Abhängig von dieser Differenz wird die Regelgröße im Sinne einer Angleichung an die Führungsgröße beeinflußt. Der sich dabei ergebende Wirkungsablauf findet in einem geschlossenen Kreis, dem Regelkreis, statt. Die Regelung ist notwendig, um den Einfluß nicht erfaßbarer störender Größen (Störgrößen z) zu vermindern oder zu beseitigen. Der Vorgang der Regelung kann auch dann als fortlaufend angesehen werden, wenn der Regelkreis nur zu bestimmten Zeitpunkten hinreichend häufig geschlossen wird oder wenn Glieder mit nicht stetigem Verhalten im Regelkreis vorhanden sind (z. B. bei Zweipunktregelungen). Die Bezeichnung R. wird nicht nur für den Vorgang des Regelns sondern auch für die Anlage verwendet, in der die R. stattfindet (DIN 19 226). [18].   Ku

Regelung, adaptive *(adaptive control)*. Bei adaptiver R. paßt sich der Regler den Parameteränderungen einer veränderlichen (nichtlinearen) Regelstrecke selbsttätig an, z. B. Lückstromadaption in Stromrichterantrieben. Damit lassen sich Regelkreise aufbauen, die über große Regelbereiche dynamisch optimal arbeiten. [18].   Ku

Regelung, digitale *(digital control)*. Diese R. benutzt digital arbeitende Regler, die softwaremäßig als Regelalgorithmus im Speicher eines Rechners stehen. Durch die serielle Arbeitsweise des Rechners ist diese R. immer eine Abtastregelung (→ auch DDC). [18].   Ku

Regelung, getastete *(sampled data contol)* → Abtastregelung.   Ku

Regelungssystem *(control system)*. Das R. stellt das zu regelnde System einschließlich der Einrichtungen zur Durchführung der Regelung dar. Es ist eine abgegrenzte Anordnung von aufeinander einwirkenden Gebilden. Diese Anordnung kann von ihrer Umgebung durch eine Hüllfläche abgegrenzt werden, die die Verbindungen des Regelungssystems zu seiner Umgebung schneidet. Die mit diesen Verbindungen übertragenen Zustände und Eigenschaften sind die Größen, deren Beziehungen untereinander das Verhalten des Systems beschreiben. Systeme ergeben durch Teilen oder Zusammenfügen wiederum Systeme (DIN 19 226) [18].   Ku

Regelungstechnik *(automatic control)*. Die R. ist die Wissenschaft von der gezielten Beeinflussung dynamischer Prozesse während des Prozeßablaufs (unabhängig von der speziellen Natur des Prozesses) und von der Anwendung der hierbei entwickelten Methoden zur Systembeschreibung und -untersuchung. (→ Regelung, → Regelkreis). [18].   Ku

Regelverstärker *(automatic gain control amplifier)*, Reglerverstärker. 1. Ein Verstärker, dessen Verstärkungsfaktor mit Hilfe einer eingebauten elektronischen Regelschaltung in Abhängigkeit von Werten einer Signalgröße oder eines Pegels selbsttätig beeinflußt wird. Die Änderung der Verstärkung kann z. B. von der Amplitude oder von der Frequenz der Eingangssignale bewirkt werden. Bei amplitudenabhängiger Regelung unterscheidet man z. B. nach dem Funktionsverlauf des Verstärkungsfaktors v in Abhängigkeit der Signaleingangsspannung U_E (Bild)

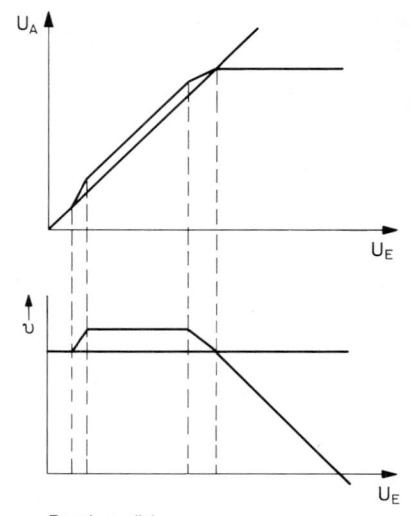

$v = f(U_E)$: a) Expander. Die Verstärkung steigt im angegebenen Bereich der Eingangsspannung über Werte des konstanten Verstärkungsganges. b) Kompressor. Die Verstärkung fällt bei größer werdenden Eingangsspannungen von einem oberen Grenzwert bis zu einem Wert konstanter Verstärkung. c) Begrenzer. Die Verstärkung fällt mit zunehmender Eingangsspannung linear ab auf den Wert Null. 2. Ein Verstärker, der in der Regelungstechnik eingesetzt wird. Häufig findet man ihn in Regelstrecken, die in Teilbereiche aufgegliedert sind. Neben der Verstärkung erzeugen R. ein für den Regelungsvorgang notwendiges dynamisches Verhalten. Vielfach erfüllen Operationsverstärker mit entsprechender äußerer Beschaltung diese Aufgaben. [8], [9], [12], [13], [18]. Fl

Regenerativempfänger → Audion. Th

Regenerativverstärker *(regenerative repeater)*, Repeater, Regenerator. R. sind Zwischenverstärker in PCM-Kabelübertragungsstrecken (PCM Pulscodemodulation). Sie sind in festgelegten Abständen in die Leitungswege eingebaut und müssen hohen Anforderungen bezüglich der Betriebszuverlässigkeit genügen. Hauptsächliche Aufgaben eines Regenerativverstärkers sind z. B.: Entzerrung der auf den Übertragungsweg verformten Signalspannungen, Verbesserung des Signal-Rausch-Verhältnisses, Beseitigung des Nebensprechens. Am Signalausgang speist der R. ungestörte, verstärkte PCM-Signale in der vom Sender ursprünglich ausgestrahlten Form und Folge in anschließende Bereiche der Übertragungsstrecke. Die R. werden von einem zentral gelegenen Speisegerät mit Betriebsspannung versorgt (Leistungsbedarf eines Regenerativverstärkers: etwa 100 mW). Zur Feststellung fehlerhaft arbeitender R. wird z. B. von zuständigen Endamt ein spezielles PCM-Prüfsignal über eine Hilfsleitung ausgesendet. Aus dem Verhalten des Regenerativverstärkers werden Fehler in der Funktionstüchtigkeit erkannt. [8], [13], [14]. Fl

Regenerator → Regenerativverstärker; → Leitungsverstärker. Fl

Regenerierung *(regeneration)*. Wiederherstellung eines Signalzustandes, der vom Sollwert abgewichen ist, z. B. in einem regenerativen Speicher oder in einem passiven Gatter. Ein Signal kann nur dann regeneriert werden, wenn die Abweichung vom Sollwert so gering ist, daß es noch einem definierten Logikpegel zugeordnet werden kann. [9]. We

Register *(register)*. 1. Teilzentralisierte Einrichtung innerhalb von Vermittlungssystemen zur teilweisen oder vollständigen Aufnahme der Zielinformation. Die zwischengespeicherte Information dient zum Aufbau von Nachrichtenverbindungen. Wählsysteme, in denen der Verbindungsaufbau im wesentlichen durch Register gesteuert wird, heißen auch Registersysteme. Register sind Voraussetzung für das Verfahren der indirekten Steuerung. [19]. Kü
2. Digitaler Speicher von begrenztem Ausmaß, i. a. von der Größe eines Befehls oder eines Datenwortes. R. dienen in informationsverarbeitenden Systemen vielen Aufgaben, z. B. als Befehlsregister, Indexregister, Adressenregister, Akkumulator. Einige Zentraleinheiten verfügen über mehrere R. die ähnlich wie Speicher zu adressieren sind; sie werden als Universalregister bezeichnet. Eine Sonderform der R. ist das Schieberegister. [1]. We

Registerspeicher *1. (register storage)*. Speicher, der die Register enthält. Der R. wird technisch meist als schneller Halbleiterspeicher ausgeführt. 2. *(pool)*. Teil des Arbeitsspeichers, der bei Programmunterbrechungen zur Aufnahme der Registerinhalte der Zentraleinheit bestimmt ist, so daß nach Abarbeitung der Programmunterbrechung schnell mit den ursprünglichen Informationen weitergearbeitet werden kann. [1]. We

Registerzeichen → Kennzeichen. Kü

Registriergerät → Registrierinstrument. Fl

Registrierinstrument *(recording instrument)*, Registriergerät, Schreiber. Registrierinstrumente sind Meßinstrumente, mit denen Meßwerte selbsttätig aufgeschrieben werden. Am häufigsten wird der zeitliche Verlauf von Meßgrößen (Strom, Spannung, Leistung) auf Papierstreifen festgelegter Breite aufgezeichnet. Die Registrierinstrumente besitzen prinzipiell gleiche Meßwerke wie anzeigende Instrumente. Die Meßwerke sind mit einer Schreibvorrichtung versehen und müssen wegen der Reibungsverluste beim Schreibvorgang ein größeres Drehmoment aufbringen. Zusätzlich zur Schreibvorrichtung besitzen Registrierinstrumente einen Zeiger, der gleichzeitig auf einer Skala die Meßwerte anzeigt. Den Vorschub für das Registrierpapier erzeugt eine Antriebswalze, die in gleichmäßig gelochte Papierränder eingreift. Die Walze kann von einem Federwerk oder von einem Synchronmotor angetrieben werden. Häufig läßt sich die Vorschubgeschwindigkeit mit Hilfe eines Wechselgetriebes ändern (Werte der Vorschubgeschwindigkeit: von etwa 5 mm/h bis $72 \cdot 10^3$ mm/h). Man unterscheidet: 1. Direkt schreibende Registrierinstrumente. Die Schreibvorrichtung wird direkt vom beweglichen Organ des Meßwerks betätigt. 2. Indirekt schreibende Instrumente. Die Schreibvorrichtung wird z. B. von einem Motor angetrieben. Die Meßgröße steuert den Motor. Besondere Registrierinstrumente sind z. B.: Oszillographen, Tintenschreiber, Lichtpunktschreiber. [12]. Fl

Registrierung *(recording)*. Die R. dient der selbsttätigen Aufzeichnung des Ablaufs von Meßgrößen, die im Funktionszusammenhang mit einer weiteren physikalischen Größe stehen. Häufig werden zeitabhängige Größen dargestellt. Der Kurvenverlauf kann mit Registrierinstrumenten aufgezeichnet werden. Eine R. läßt sich durchführen: 1. Auf Registrierpapier. Die Schreibspur kann mit Tinte (→ Tintenschreiber), durch Heizepapier auf Wachspapier oder durch Einbrennen auf Metallpapier erfolgen. Besondere Verfahren arbeiten mit Photopapier. Das Papier ist zum genauen Ablesen in Koordinaten aufgeteilt. Man benutzt z. B. zu einer Rolle aufgewickeltes Streifenpapier, rechteckförmige oder kreisförmige Einzelblätter. 2. Auf einem Leuchtschirm. Der Meßgrößen-

Regler

verlauf wird als Leuchtspur auf dem Leuchtschirm z. B. einer Oszilloskopröhre dargestellt. Die Darstellung ist zeitlich begrenzt. [12]. Fl

Regler *(controller)*. Der R. ist die Einrichtung des Regelkreises, die die Regeldifferenz bildet und daraus die Stellgröße ermittelt und zwar so, daß die Regelgröße der Führungsgröße angeglichen wird, der geschlossene Regelkreis stabil ist und die Ausgleichsvorgänge bei Änderungen der Stör- oder Führungsgröße in gewünschter Weise ablaufen. [18]. Ku

Regler, elektronischer *(electronical controller)*. Die elektronischen R. der Analogtechnik werden heutzutage fast ausschließlich mit Hilfe von Operationsverstärkern (OPV) realisiert; dabei hängt das statische und dynamische Verhalten nur von der Beschaltung des OPV im Eingangs- und Rückkopplungszweig ab. Die im Regelkreis zur Bildung der Regelabweichung erforderliche Summierstelle wird in den virtuellen Summenpunkt des OPV gelegt. In den folgenden Bildern sind die gebräuchlichsten elektronischen R., die zugehörigen Blockschaltbilder und Übertragungsfunktionen dargestellt. [18]. Ku

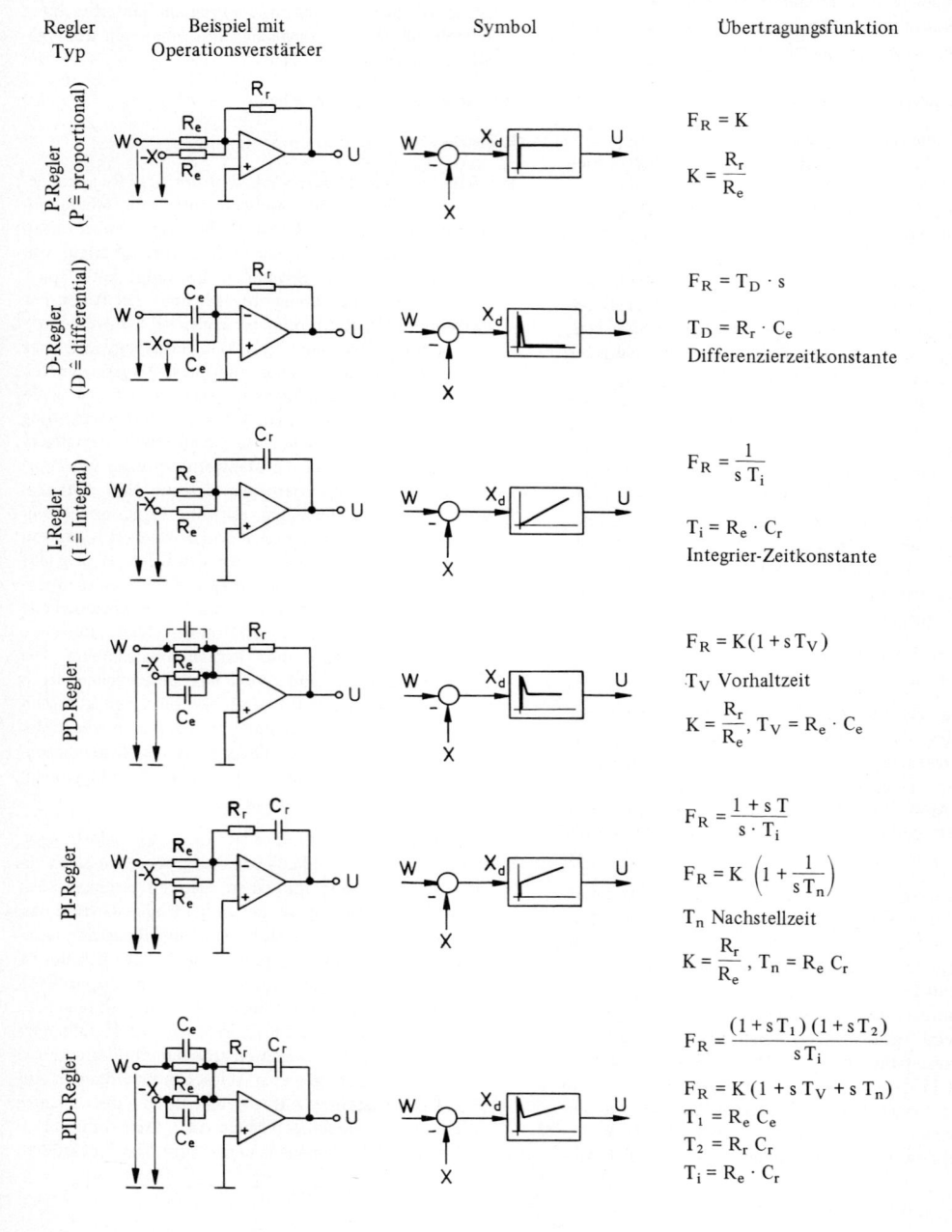

Regler Typ	Beispiel mit Operationsverstärker	Symbol	Übertragungsfunktion
P-Regler (P ≙ proportional)			$F_R = K$ $K = \dfrac{R_r}{R_e}$
D-Regler (D ≙ differential)			$F_R = T_D \cdot s$ $T_D = R_r \cdot C_e$ Differenzierzeitkonstante
I-Regler (I ≙ Integral)			$F_R = \dfrac{1}{s\,T_i}$ $T_i = R_e \cdot C_r$ Integrier-Zeitkonstante
PD-Regler			$F_R = K(1 + s T_V)$ T_V Vorhaltezeit $K = \dfrac{R_r}{R_e},\; T_V = R_e \cdot C_e$
PI-Regler			$F_R = \dfrac{1 + s T}{s \cdot T_i}$ $F_R = K\left(1 + \dfrac{1}{s T_n}\right)$ T_n Nachstellzeit $K = \dfrac{R_r}{R_e},\; T_n = R_e C_r$
PID-Regler			$F_R = \dfrac{(1 + s T_1)(1 + s T_2)}{s T_i}$ $F_R = K(1 + s T_V + s T_n)$ $T_1 = R_e C_e$ $T_2 = R_r C_r$ $T_i = R_e \cdot C_r$

Regler, integraler *(integral action controller)*. Auch Integral- oder I-Regler genannt (→ Regler, elektronischer). [18].   Ku

Regler, kontinuierlicher *(continuous controller)*. Kontinuierlich arbeitender Regler. Gegensatz: → Abtastregler. [18].   Ku

Regler, linearer *(linear controller)*. Lineare R. stellen ein lineares Übertragungsglied dar im Gegensatz zu nichtlinearen und unstetigen Reglern (z. B. Zweipunktregler).   Ku

Reglerverstärker → Regelverstärker.   Fl

Regulatordiode → Z-Diode.   Ne

Reihen, internationale → Normreihen.   Rü

Reihenparallelform *(series-parallel connection)*. Die Darstellung der Vierpolgleichungen als Reihenparallelgleichungen. [15].   Rü

Reihenparallelschaltung → Vierpolzusammenschaltungen. Rü

Reihenparallelumwandlung → Serienparallelwandler.   We

Reihenschaltung *(series connection)*. Bei R., auch Serienschaltung, von n Widerständen addieren sich nach den Kirchhoffschen Gleichungen die einzelnen Teilspannungen (Bild). Daraus folgt, daß der Gesamtwiderstand R_{ges} der R. gleich der Summe der Einzelwiderstände ist

$$R_{ges} = \sum_{i=1}^{n} R_i.$$

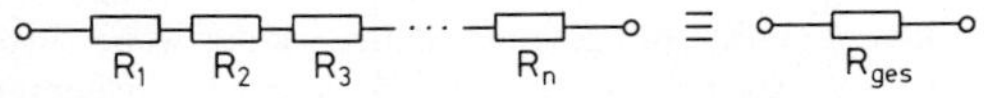

Reihenschaltung von n Widerständen

Bei Anwendung der komplexen Rechnung gilt diese Beziehung ungeändert in Wechselstromkreisen. Die R. ist dual zur Parallelschaltung (→ Zweipol, dualer).   Rü

Reihenschlußmotor *(series wound motor)*, Hauptschlußmotor. Der R. ist eine Gleichstrommaschine, deren Erregerwicklung in Reihe zur Ankerwicklung L_A liegt. Dadurch ist die Erregung des Magnetfeldes vom Ankerstrom I_A abhängig. Bei ungesättigter Maschine ist das abgegebene Drehmoment M dem Quadrat des Ankerstroms proportional, d. h., die Momentenrichtung ist unabhängig von der Stromrichtung. Die Drehzahl des Reihenschlußmotors steigt mit fallender Belastung stark an und kann bei völliger Entlastung unzulässig hohe Werte annehmen, die zur Zerstörung des Reihenschlußmotors führen (Bild). Durch sein hohes Anfahrmoment wird der R. bevorzugt in Fahrzeugantrieben, Hebezeugen und als Universalmotor (→ Wechselstrommotor) in Haushaltsgeräten eingesetzt. Ein stabiler Generatorbetrieb ist ohne Hilfsmittel nicht möglich, weil die induzierte Spannung U_i vom Ankerstrom I_A abhängig ist. [3].   Ku

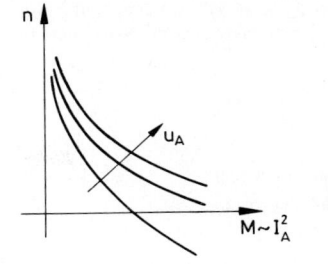

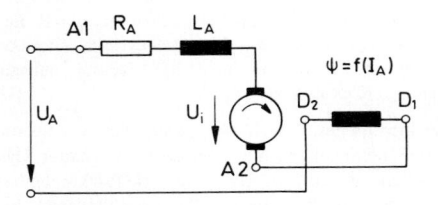

Kennlinie des Reihenschlußmotors

Reihenschlußmotor

Ersatzschaltbild

Reihenschwingkreis *(series-resonant circuit)*. Ein Zweipol, der aus der Reihenschaltung einer Induktivität L und einer Kapazität C entsteht (Serienschwingkreis; Bild). Erfaßt man die unvermeidbaren Verluste durch einen ebenfalls in Reihe angeordneten ohmschen Widerstand R_s, dann gilt für die Impedanz $\underline{Z}$ des Reihenschwingkreises:

$$\underline{Z} = R_s + j\omega L + \frac{1}{j\omega C} = R_s + j\left(\omega L - \frac{1}{\omega C}\right).$$

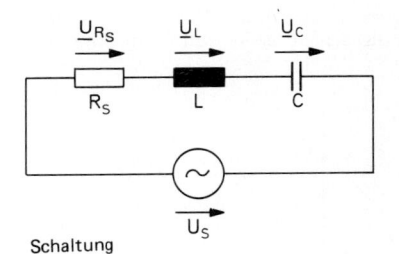

Schaltung

Die Frequenz f_0, für die der Imaginärteil Null wird, heißt Resonanzfrequenz (Serienresonanz, Phasenresonanz):

$$\omega_0 = 2\pi f_0 = \frac{1}{\sqrt{LC}}.$$

Der (reelle) Wert der Impedanz $\underline{Z}$ bei der Resonanzfrequenz ist der Resonanzwiderstand $R_{res} = R_s$. Der Betrag der Blindwiderstände bei der Resonanzfrequenz heißt Kennwiderstand

$$Z_0 = \omega_0 L = \frac{1}{\omega_0 C} = \sqrt{\frac{L}{C}}.$$

Die Schwingkreisgüte Q_k setzt sich aus dem Gütefaktor Q_L der Spule und dem Gütefaktor Q_C des Kondensators mit

$$Q_k = \frac{Q_L Q_C}{Q_L + Q_C} = \frac{Q_L}{1 + \frac{Q_L}{Q_C}} \approx Q_L$$

zusammen. (Da in der Praxis meist $\frac{Q_L}{Q_C} \ll 1$, gilt die angegebene Näherung). Mit dem Kennwiderstand Z_0 besteht der Zusammenhang

$$Q_K = \frac{Z_0}{R_s} = \frac{1}{R_s}\sqrt{\frac{L}{C}}.$$

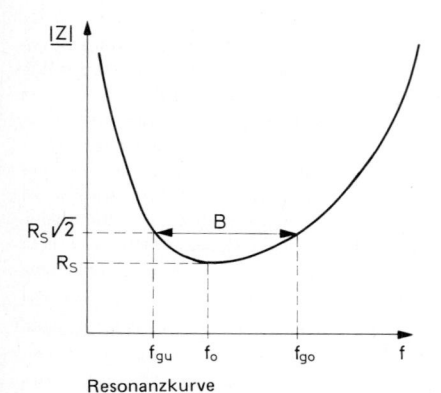

Resonanzkurve

Trägt man den Betrag der Impedanz $\underline{Z}$ über der Frequenz f auf, dann erhält man die Resonanzkurve; daraus ermittelt man die Bandbreite B. Für die relative Bandbreite b gilt:

$$b = \frac{B}{f_0} = \frac{1}{Q_k}.$$

Die Ortskurve der Impedanz $\underline{Z}$ ist eine Gerade, die parallel zur imaginären Achse verläuft (Bild). An den Bau-

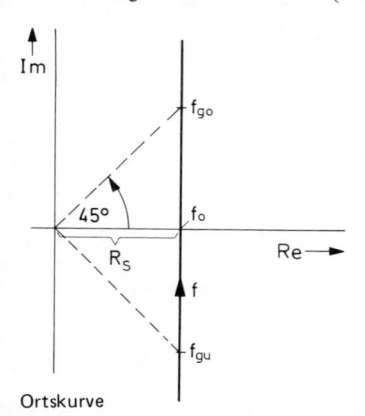

Ortskurve

elementen L und C treten bei Resonanz Spannungsüberhöhungen (Spannungsresonanz) der Größe

$$\underline{U}_L = -\underline{U}_C = j Q_K \underline{U}_s$$

auf; U_s ist die über dem R. liegende Spannung. [15]. Rü

Reihenschwingkreiswechselrichter *(series resonant circuit inverter)* → Schwingkreiswechselrichter. Ku

Rekombination *(recombination)*. Vereinigung von Ladungsträgern unterschiedlichen Vorzeichens unter Freisetzen von Energie. Beispiele sind die R. von Elektronen und Defektelektronen oder positiven und negativen Ionen. R. von Elektronen und Defektelektronen kann z. B. durch Leitungsband-Valenzbandübergang, Donatorniveau-Valenzbandübergang, Donatorniveau-Akzeptorniveauübergang, Leitungsband-Akzeptorniveauübergang erfolgen. [7]. Ne

Rekombinationsrate *(recombination rate)*. In einem Halbleiter die Anzahl der durch Rekombination verschwindenden Ladungsträgerpaare je Zeit- und Volumeneinheit. [7]. Ne

Rekombinationsstrahlung *(recombination radiation)*. Diejenige elektromagnetische Strahlung, die in einem Halbleiter durch Rekombination von Elektronen und Defektelektronen entsteht. [7]. Ne

Rekombinationszentren *(recombination centers)*. R. sind Energieniveaus in der verbotenen Zone zwischen Valenz- und Leitungsband, in denen es zu Rekombinationen kommt. Sie entstehen durch Fehler im Kristallgitter oder durch Einbau von Fremdatomen. Technisch nutzt man den Einbau von Goldatomen in N-dotiertes Silicium. Goldatome sind hier meist negativ geladen. Sie dienen als R. für Defektelektronen, wodurch die Lebensdauer der Minoritätsladungsträger reduziert wird. [7]. Ne

Relais *(relay)*. Ein R. ist ein Bauteil, bei dem eine elektromagnetisch erzeugte Kraft unmittelbar oder über Zwischenglieder Relaiskontakte betätigt. Von einem Stromkreis können mit geringer Steuerleistung weitere vom ersten Stromkreis isolierte Stromkreise wesentlich größerer Leistung rückwirkungsfrei geschaltet werden. Die wesentlichen Bestandteile eines R. sind: Relaisspule, Eisenkern, Anker, Joch und Kontaktsatz. R. werden unterschieden nach der Bauart: Flachrelais, Reed-Relais, oder nach dem Verwendungszweck: z. B. Wechselstromrelais, Zeitrelais. [4]. Ge

Relais, bistabiles *(bistable relay)*. Relais, das nach Unterbrechung des Erregerstromes die Schaltstellung beibehält, die während der letzten Erregung gegeben war. Die Schaltstellung kann sowohl auf mechanischem Wege als auch durch einen Dauermagnetkreis aufrechterhalten werden (Haftrelais). Sofern nur monopolare Steuerimpulse zur Verfügung stehen, sind zum Umschalten zwei Erregerwicklungen erforderlich. Bei nur einer Erregerwicklung werden bipolare Steuerimpulse für die eine oder andere Schaltstellung benötigt. Vorteile der R. liegen in der stromsparenden Impulssteuerung, Thermospannungsarmut sowie von der Ansteuerleistung nahezu unabhängige Kontaktkraft. [4]. Ge

Relais, elektronisches *(electronic relay)*, Transistorrelais. Elektronische Schaltung mit Transistor als Schalter. Das elektronische R. arbeitet bis in den Nanosekundenbereich trägheitslos und ohne Prellung (→ Prellzeit). Im Vergleich zu elektromagnetischen Relais weisen elek-

tronische R. jedoch einige Nachteile auf, wie höherer Durchgangswiderstand, geringere Nebensprechdämpfung, geringere Spannungs- und Stromüberlastbarkeit, höhere Störempfindlichkeit. [4].
Ge

Relaiskorrelator *(relay correlator).* Der R. ist ein digital arbeitender Korrelator, bei dem einem Eingangskanal eine Begrenzerschaltung zur Umwandlung des analogen Kontrollsignals in Binärwerte zugeordnet ist. Die Korrelationsfunktion (→ Korrelationsanalyse) wird über einen Multiplizierer aus einem polarisierten Relais (bzw. einer ähnlich wirkenden elektronischen Schaltung), einer Verzögerungsstufe (z. B. Schieberegister) und einem Summierglied zur Mittelwertbildung nachgebildet (Prinzipbild). Der Relaismultiplikator kehrt das Vorzeichen der Meßgröße im Takt mit dem Vorzeichenwechsel des in Binärwerte umgewandelten Kontrollsignals um. [9], [12], [13].
Fl

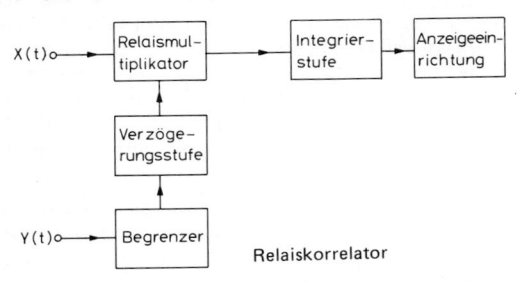

Relaiskorrelator

Relaisregler *(relay controller).* R. sind nicht-stetige Regler, die Schalter enthalten und deren Ausgangsgröße nur einzelne, bestimmte Werte annehmen kann, z. B. Zweipunktregler. [18].
Ku

Relaisspeicher *(relay storage).* Elektromechanischer Speicher für digitale Informationen. Er wird nur für Demonstrationsrechner verwendet. Das Bild zeigt einen R. für 1 Bit. Wird Taster S1 geschlossen, so schließt der Kontakt K. Dieser sorgt für einen Stromfluß, auch nachdem S1 wieder gelöst wurde. Das Löschen erfolgt durch Betätigung von S2; der Stromfluß wird bis zur erneuten Betätigung von S1 unterbrochen. [2].
We

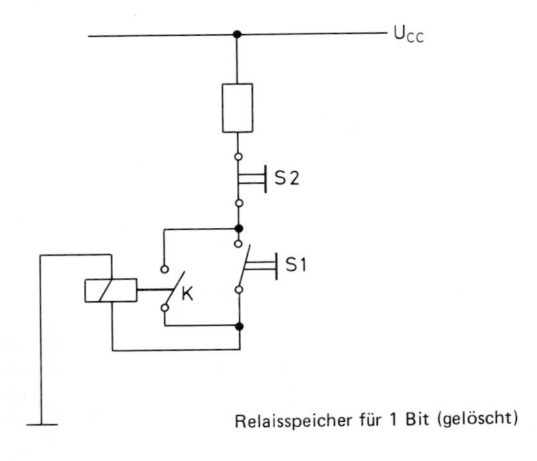

Relaisspeicher für 1 Bit (gelöscht)

Relaisspule *(operating coil),* Erregerspule. Spule eines Relais, die in Verbindung mit dem Anker und dem Joch die für die Betätigung der Kontakte erforderliche Kraft erzeugt. Bei vorgegebener Kontaktkraft ist für das vollständige Ansprechen des Relais eine ganz bestimmte Anzahl von Amperewindungen mit der R. aufzubringen. [4].
Ge

Relaisstelle *(microwave repeater).* Zwischenstelle, die im Verlauf einer Richtfunkverbindung erforderlich wird, wenn die Endstellen außerhalb der Radiosichtweite liegen oder das Schwundverhalten des Funkfeldes seine Verkürzung erfordert. Die aktive R. mit Frequenzwechsel dient gleichzeitig auch der Verstärkung des Radiofrequenzbandes. Die Empfänger der einen Richtung und die Sender der weiterführenden Richtung können entweder im Basisband oder in der ZF-Lage (ZF Zwischenfrequenz) miteinander verbunden werden. Die passive R. arbeitet mit Umlenkspiegeln. [14].
Ge

Relaisverstärker *(relay amplifier).* Ein R. ist eine Verstärkerschaltung, an deren Signalausgang ein oder mehrere Relais angeschlossen sind. Schwache Eingangssignale werden bis zur Größenordnung der Ansprechwerte der Relais verstärkt und ein Ein- oder Ausschaltvorgang im gesteuerten Kreis bewirkt. Häufig wird als verstärkendes Bauelement ein Transistor eingesetzt. [6], [11], [12], [18].
Fl

Relativitätstheorie *(theory of relativity).* Von Albert Einstein gefundene Verallgemeinerung der Newtonschen Mechanik für den Fall großer Geschwindigkeiten. Sie fordert, daß die Lichtgeschwindigkeit im Vakuum für Materie die größtmögliche Geschwindigkeit ist. Danach ergibt sich eine Längenkontraktion und Massenzunahme bei steigender Geschwindigkeit. Die relativistische Masse ist z. B. gegeben als $m = m_0/(1 - v^2/c^2)^{1/2}$ mit der Ruhemasse m_0, der Lichtgeschwindigkeit c und der Relativgeschwindigkeit v. [5].
Bl

Relaxation *(relaxation).* Eine „Nachwirkung": Bei plötzlicher Änderung eines physikalischen Zustandes, die Zeit, bis sich ein neuer Gleichgewichtszustand eingestellt hat. Speziell: 1. Bei Magnetisierung: Bei einer plötzlichen Änderung der magnetischen Feldstärke **H** erreicht die magnetische Flußdichte **B** erst nach einer gewissen Zeit den zugehörigen Endwert. 2. Bei dielektrischen Stoffen: Hier beschreibt die R. die Feldabnahme im leitenden Dielektrikum. Befindet sich z. B. zwischen Kondensatorplatten ein leitendes Dielektrikum (Halbleiter) mit der Permittivität $\epsilon = \epsilon_0 \epsilon_r$ und der elektrischen Leitfähigkeit σ, dann läßt sich das Zeitverhalten der elektrischen Feldenergie W_e beschreiben durch

$$W_e = W_{eo}\, e^{-\frac{2t}{\tau}}.$$

$\tau = \frac{\epsilon}{\sigma}$ heißt die Relaxationszeit. [5].
Rü

Relaxationsoszillator *(relaxation oscillator).* Relaxationsoszillatoren sind Oszillatorschaltungen, deren Schwingfrequenz durch Lade- oder Entladezeiten eines Kondensators oder einer Spule im Zusammenwirken mit einem Wirkwiderstand festgelegt wird. Die abgegebenen Signale sind rechteckförmig oder sägezahnförmig. Beispiele: astabiler Multivibrator, Kippgenerator. [6], [9], [10], [12], [13]. Fl

Relaxationszeit *(relaxation time)* → Relaxation. Rü

Reluktanz *(reluctance)*. In einem magnetischen Kreis das Verhältnis der magnetomotorischen Kraft zum magnetischen Fluß. [5]. Rü

Reluktivität, Kehrwert der → Permeabilität. Rü

Remanenz *(remanence)*. Die Restmagnetisierung, die man in ferromagnetischen Werkstoffen beobachtet, wenn das magnetische Feld $H = 0$ ist. [5]. Ne

Remanenzflußdichte → Induktion, remanente. Rü

Remanenzinduktion → Induktion, remanente. Rü

Remanenzpolarisation *(remanent polarization)*. Wert J_R der magnetischen Polarisation J in der Hystereseschleife für den Fall $H = 0$, wenn in der Hysteresekurve statt der magnetischen Flußdichte B die magnetische Polarisation J als Funktion der magnetischen Feldstärke H aufgetragen ist. [5]. Rü

Remanenzrelais → Haftrelais. Ge

Remittanz *(short circuit reverse transfer admittance)*. Synonym für Kurzschluß-Rückwärtssteilheit y_{12} (→ Transistorkenngrößen). Rü

Remote-Batch-Processing *(remote batch processing)*. Form der Stapelverarbeitung, bei der die Aufträge dem Datenverarbeitungssystem nicht zentral, sondern über räumlich entfernte Eingabestationen zugeführt werden. Die Aufträge werden nicht im Dialogverkehr, sondern nach den Regeln der Stapelverarbeitung bearbeitet. [1]. We

Remote-Job-Entry *(remote job entry)* → Jobfernverarbeitung. We

Repeater → Regenerativverstärker. Fl

REPROM *(reprogrammable read-only memory)* → EPROM. Li

Resistanz, akustische, Realteil einer → Schallimpedanz. [5]. Rü

Resistanz, elektrische *(active effective resistance)* → Wirkwiderstand. [15]. Rü

Resistanz, mechanische. Dient zur Kennzeichnung des mechanischen Widerstandes vor allem im Zusammenhang mit elektromechanischen Bauelementen (→ Analogien). Die mechanische R. ist Realteil einer mechanischen Impedanz, für die die Bezeichnung „Standwert" vorgeschlagen wurde (DIN 1320). Rü

Resistron *(resistron)*. Das R. ist eine Bildaufnahmeröhre für Farbfernsehkameras mit kleinen Abmessungen. Der Aufbau ist ähnlich dem des Vidicons. Das R. besitzt ein Farbstreifenfilter, das die drei Primärfarben Rot, Grün und Blau streifenförmig aufteilt. Die Farben werden nacheinander abgetastet und mit einer elektronischen Farbfolgesteuerung auf die Bildspeicherplatte geleitet. Vorteile des Resistrons: kleine Kameraabmessungen, keine Farbdeckungsfehler, einfache Optik. Anwendungen: z. B. Industrie-Farbfernsehanlagen, audiovisuelle Systeme. [16]. Fl

Resolver *(resolver)* → Drehmelder. Ku

Resonant-Ring-Filter *(resonant ring filter)*. Richtkoppler in Koaxial- oder Hohlleitertechnik. Die Kopplung besitzt den Charakter eines Bandpasses. [8]. Fl

Resonanz, ferromagnetische *(ferromagnetic resonance)*. Die Elektronen in ferromagnetischen Materialien entnehmen bei passender Frequenz, der Resonanzfrequenz, einer hochfrequenten elektromagnetischen Strahlung Energie, um durch Veränderung der Spin-Einstellung in einen höheren ferromagnetischen Energiezustand überzugehen. [5]. Bl

Resonanz, paramagnetische *(paramagnetic resonance)*. Die paramagnetische R. besteht aus der R. der nicht gepaarten, paramagnetischen Elektronen (aufgrund ihres Spins) und der magnetischen R. der Atomkerne. Hierbei nehmen die Elektronen und Kerne bei der Resonanzfrequenz aus einem eingestrahlten Hochfrequenzfeld Energie auf und gehen unter „Umklappen" des im Magnetfeld präzessierenden Spins in einen höheren Energiezustand über. [5]. Bl

Resonanzanpassung *(resonance matching)*. Widerstandstransformation durch Schwingkreise bei Resonanz. Es handelt sich um eine schmalbandige Anpassung eines niedrigen reellen Widerstandes an einen hochohmigen reellen Widerstand oder umgekehrt (→ Collins-Filter). Zur Transformation verwendet man Reihen- oder Parallelschwingkreise mit zwei oder drei Blindwiderständen. Beispiel: Durch den Parallelschwingkreis mit drei Blindwiderständen wird der Lastwiderstand R_L bei der Resonanzfrequenz

$$\omega_0 \approx \frac{1}{\sqrt{L \frac{C_1 C_2}{C_1 + C_2}}}$$

auf einen größeren Widerstand

$$R_L' \approx \left(1 + \frac{C_2}{C_1}\right)^2 R_L$$

an den Klemmen 1, 2 transformiert (Bild). [13]. Rü

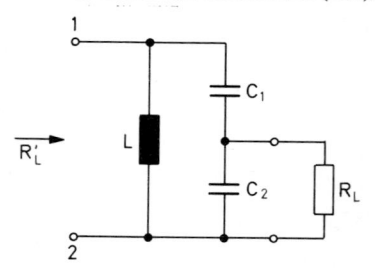

Beispiel einer Resonanzanpassung

Resonanzfrequenz *(resonance frequency)*. Frequenz, bei der ein schwingungsfähiges System bei Anregung die größte Auslenkung zeigt. Ohne Dämpfung entspricht die R. der Eigenfrequenz. [5], [7]. Bl

Resonanzfrequenzmesser → Dipmeter. Fl

Resonanzkreisumformer → Flankendiskriminator. Fl

Resonanzkurve *(resonating curve)*. Graphische Darstellung des Verlaufes der Schwingungsamplitude des angeregten Schwingungssystems als Funktion der anregenden Frequenz. Die Maximalwerte der Amplitude geben die Resonanzfrequenzen an. [5], [7]. Bl

Resonanzlänge *(resonant length)*. Die für die Erregung mit bestimmter Frequenz erforderliche Länge einer Antenne, bei der deren Antennenwiderstand rein reell wird. Infolge ihrer höheren Kapazität haben dicke Antennen (geringer Schlankheitsgrad) eine kleinere R. als dünne Antennen für dieselbe Frequenz. Die mechanische Länge einer linearen Antenne ergibt sich aus der Multiplikation der erforderlichen elektrischen Länge (n · $\lambda/2$ bzw. n · $\lambda/4$) mit dem vom Schlankheitsgrad abhängigen Verkürzungsfaktor. [14]. Ge

Resonanzrelais *(resonance relay)*, Frequenzrelais. R. arbeiten mit der Eigenfrequenz der Anker- und Kontaktfedermasse, die der Frequenz des Steuerstromes angepaßt ist. Bei Resonanzerzeugung schwingt das Ankersystem so weit aus, daß der Kontakt betätigt wird. [4]. Ge

Resonanzverfahren *(resonance method)*. Das R. dient der meßtechnischen Bestimmung des Frequenz- und Amplitudenspektrums, wenn die Meßgröße aus einem Schwingungsgemisch besteht (→ Amplitudenmessung, selektive). Beim R. werden ähnlich wie beim Zungenfrequenzmesser mehrere feste Resonanzkreise oder ein abstimmbarer Resonanzkreis an die Meßspannung gelegt. Entspricht die Frequenz der Meßspannung der Abstimmfrequenz, entsteht am Instrument des Verstärkerausgangs ein Ausschlagmaximum. Meist ist der Gesamtbereich in einzelne Teilbereiche (→ Oktave) unterteilt. Einige Gerätetypen arbeiten mit einem gegengekoppelten Verstärker, in dessen Rückkopplungsweg ein RC-Netzwerk liegt, das die Gegenkopplung für die Abstimmfrequenz sperrt. Meßgeräte, die nach dem R. arbeiten, werden meist als Klirranalysatoren bezeichnet (→ Klirrfaktormeßbrücke, → Klirrfaktormesser). [8], [12], [13], [14], [19]. Fl

Resonanzwiderstand *(resonant impedance)*. Widerstand einer Schaltung bei der Resonanzfrequenz (→ Parallelschwingkreis; → Reihenschwingkreis). [15]. Rü

Resonator, optischer → Laser. Ne

Resonator, piezoelektrischer → Effekt, piezoelektrischer. Rü

Response-Zeit *(response time)* → Antwortzeit. We

Restart → Wiederanlauf. Kü

Restdämpfung *(zero insertion loss)*. Nach DIN 40 148/3 das zwischen reellen Abschlußwiderständen von 600 Ω gemessene Betriebsdämpfungsmaß (→ Betriebsübertragungsfaktor) einer aus mehreren Abschnitten (einschließlich Verstärkern) bestehenden Übertragungsstrecke. [14]. Rü

Restfehlerrate *(remaining error rate)*. Wahrscheinlichkeit, mit der bei einem fehlerkorrigierenden Code unerkannte oder fehlerhaft korrigierte Fehler auftreten. [13]. We

Restrauschen *(residual noise)*. Allen Verfahren, die als Testsignal statistische Breitbandsignale benutzen, ist der Korrelator oder mindestens der Effektivwertmesser als Auswertegerät gemeinsam. Der Korrelator setzt nach der Multiplikation eine Integration im Zeitbereich voraus, die sich über den Bereich T → ∞ erstrecken soll. Diese Forderung läßt sich nur näherungsweise erfüllen. Damit tritt die Frage auf, welchen Einfluß die Kurzzeitintegration auf die Messung der Korrelationsfunktion hat. Der Korrelator und der Spektralanalysator mit einem technisch realisierbaren Integrierglied besitzen am Ausgang noch ein R. Das R. hinter dem Integrationsfilter bestimmt 1. den Fehler bei der Messung der Amplitude der Korrelationsfunktion, 2. den Fehler bei der Messung des Nulldurchganges der Korrelationsfunktion, 3. die untere Grenze des Signal-Rausch-Verhältnisses bei der Suche von Signalen im Rauschen. [9], [12], [13]. Th

Restseitenband *(vestigial sideband)*. Um Bandbreite einzusparen, kann bei Amplitudenmodulation ein Seitenband beschnitten werden. Das beschnittene Seitenband ist das R. Zur Vermeidung von Verzerrungen muß der Empfänger eine der senderseitigen Beschneidung entsprechende Durchlaßkurve aufweisen, deren eine Flanke üblicherweise als Nyquist-Flanke ausgebildet ist. Der Träger liegt in der Mitte der Nyquist-Flanke. Anwendung in der Fernsehtechnik. [13], [14], [15]. Th

Restseitenbandmodulation *(vestigial sideband modulation)*. Das bei der Trägerfrequenztechnik übliche Einseitenbandverfahren kann bei Telebild-Übertragungen nicht verwendet werden. Durch Unterdrückung des Trägers würde nämlich der Gleichspannungsanteil des Bildsignals, in dem aber gerade die Information für die Grauwerte enthalten ist, verschwinden. Darum wird hier die R. verwendet. Herstellung des Restseitenbandes: durch Filter mit Nyquist-Flanke. [12], [13], [14], [15]. Th

Restseitenbandübertragung *(vestigial sideband transmission)*. Bei der Modulation mit dem Videosignal in AM (Amplitudenmodulation) entstehen zwei Seitenbänder. Da aber empfangsseitig nur ein Seitenband und der Träger benötigt werden, wird das obere Seitenband ganz und vom unteren nur ein Rest bis 0.75 MHz Breite übertragen. Durch die R. treten nur geringfügige zu vernachlässigende Fehler auf, wenn zur Beschneidung Filter mit Nyquist-Flanke verwendet werden. [12], [13], [14], [15]. Th

Reststrom *(cutoff collector current)*. Beim Bipolartransistor durch einen in Sperrichtung vorgespannten PN-Übergang fließender Strom. Man unterscheidet: Kollektor-Basis-R. bei offenem Emitter (I_{CBO}), Kollektor-Emitter-R. bei offener Basis (I_{CEO}), Kollektor-Emitter-R. bei Kurzschluß zwischen Basis und Emitter (I_{CES}) und Kollektor-Emitter-R. bei Widerstand zwischen Basis und Emitter (I_{CER}). Der R. ist bei Germanium- bedeutend größer als bei Siliciumbauelementen und temperaturabhängig (Richtwert: 10 K Temperaturerhöhung bei Silicium bedeuten Verdopplung des Reststroms. [4], [6], [7]. Li

Restwelligkeit *(ripple).* Der der Gleichspannung überlagerte, oft auch als Brummspannung bzw. Brumm bezeichnete, Restwechselspannungsanteil bei einem Netzteil, der von ungenügender Siebung bzw. ungenügender Regelung herrührt. [3], [11]. Li

Restwiderstand *(residual (bulk) resistance).* Elektrischer Widerstand eines elektrisch halbleitenden Kristalls, der zusätzlich zum Widerstand des reinen Kristalls durch Verunreinigungen hervorgerufen wird. Der. R. ist temperaturabhängig. [6]. Rü

Reticle *(reticle).* Bei der Herstellung von Photomasken wird von der Maskenvorlage eine Zwischenmaske (das Reticle) gebildet, die etwa 10mal bis 20mal größer als die eigentliche Photomaske ist. [4]. Ne

RETMA-Reihen *(Radio-Electronics-Television-Manufacturers-Association)* → Normreihen. Rü

Reusenantenne → Breitbandantenne. Ge

reversibel *(reversible).* (Deutsch: umkehrbar). Man versteht hierunter thermodynamische oder mechanische Prozesse, bei denen die Rückkehr zum Ausgangspunkt ohne bleibende Veränderung (z. B. ohne Energieverlust) des Systems möglich ist. [5]. Bl

Reziprozität *(reciprocity).* 1. Bei n-Toren bezeichnet man die Eigenschaft der Übertragungssymmetrie oft als R. Sie drückt sich (bei Verwendung des symmetrischen Zählpfeilsystems) in der Symmetrie der Impedanz- und Admittanzmatrix aus. 2. R. von Zeit und Frequenz. Der durch die Fourier-Transformation hergestellte Zusammenhang zwischen einem Signalverlauf im Zeitbereich und dem Spektrum im Frequenzbereich gestattet die frequenz- und zeitmäßige Betrachtung desselben Vorgangs. [15]. Rü

Reziprozitätstheorem *(reciprocity theorem).* 1. Für ein lineares Netzwerk: Bewirkt eine Spannung U an einem Punkte a eines Netzwerks in einem anderen Punkte b einen Strom I, dann bewirkt die eine an Punkt b angebrachte Spannung U einen Strom I im Punkt a. 2. Wenn eine an den Klemmen einer Antenne A liegende Urspannung U_A zwischen den Klemmen einer Antenne B den Strom I_B hervorruft, so erzeugt eine phasen- und amplitudengleiche Urspannung $U_B = U_A$ an den Klemmen der Antenne B einen mit I_B phasen- und amplitudengleichen Strom $I_A = I_B$ zwischen den Klemmen der Antenne A. Vorausgesetzt wird ein lineares und isotropes Medium. [15], [8]. Rü/Ge

Rhombusantenne → Langdrahtantenne. Ge

Richardson-Effekt *(Richardson effect),* thermoelektrischer Effekt, glühelektrischer Effekt. Von Sir O. W. Richardson entdeckter Effekt, wonach bei zunehmender Temperatur eine steigende Anzahl von Elektronen aus Metallen oder Halbleitern austreten können (→ Glühemission).

Die Sättigungsstromdichte ergibt sich aus dem Richardsonschen Emissionsgesetz. [5], [7]. Bl

Richardsonsches Emissionsgesetz *(Richardson's emission-law).* Nach dem R. ist der Betrag der Stromdichte j der aus einem Metall der Temperatur T (in K) austretenden Elektronen durch $j = CT^2 e^{-b/kT}$ gegeben, worin k die Boltzmann-Konstante ist und C sowie b Materialkonstanten darstellen. Die Konstante C hängt im wesentlichen vom Metall ab und beträgt etwa 60 A cm^{-2} · K^{-2}; die Konstante b hängt von der Austrittsarbeit der Elektronen ab. [5]. Bl

Richtantenne *(directional antenna, directive radiator),* Richtstrahlantenne, Richtstrahler. Antenne, die elektromagnetische Wellen bevorzugt in eine oder mehrere Richtungen ausstrahlt oder aus diesen empfängt. [14]. Ge

Richtcharakteristik *(radiation pattern),* Antennencharakteristik, Strahlungscharakteristik. 1. absolute R.: Richtungsabhängigkeit der von einer Antenne erzeugten Feldstärke nach Amplitude, Phase und Polarisation in einem konstanten Abstand. 2. Relative oder normierte Fernfeld-R.: Die absolute R. nach 1. wird in der Praxis meist auf das Fernfeld und die Amplitude der elektrischen oder magnetischen Feldstärke einer bestimmten Polarisation oder auf die von der Antenne aus einem ebenen Wellenfeld bestimmter Polarisation aufgenommenen Empfangsspannung beschränkt. Im allgemeinen bevorzugt man die auf den Maximalwert bezogene R. [14]. Ge

Richtdiagramm *(radiation pattern).* Zeichnerische Darstellung eines Schnittes durch die Richtcharakteristik. 1. Vertikaldiagramm *(vertical pattern)*: zeichnerische Darstellung der Winkelabhängigkeit der Feldstärke oder der Feldstärkekomponenten in einer Vertikalebene (senkrecht zur Erdoberfläche). 2. Horizontaldiagramm *(horizontal pattern)*: zeichnerische Darstellung der Winkelabhängigkeit der Feldstärke oder der Feldstärkekomponenten in der Horizontalebene. 3. Azimutaldiagramm: zeichnerische Darstellung der Feldstärke oder der Feldstärkekomponente vom Azimut in einer Kegelfläche, in der das Strahlungsmaximum und in deren Spitze die Antenne liegt. 4. E- bzw. H-Diagramm *(E-, H-plane pattern).* zeichnerische Darstellung der Richtcharakteristik einer linear polarisierten Antenne in der durch die Hauptstrahlrichtung und den elektrischen bzw. magnetischen Feldvektor gebildeten Ebene. [14]. Ge

Richtfaktor *(directivity),* Strahlungsgewinn. 1. Sendefall: a) Verhältnis der von einer Antenne in Hauptstrahlrichtung im Fernfeld erzeugten Strahlstärke Φ_{max} zu ihrer mittleren Strahlstärke Φ_k, die entstehen würde, wenn die gesamte Strahlungsleistung P_s gleichmäßig in den gesamten Raumwinkel 4π abgestrahlt würde (D = Φ_{max}/Φ_k mit $\Phi_k = P_s/4\pi$). Der so definierte R. ist gleichbedeutend mit dem R., bezogen auf den Kugelstrahler, dessen Strahlungsleistung P_k gleich der Strahlungsleistung P_s der betrachteten Antenne ist. b) Verhältnis des gesamten Raumwinkels 4π zum äquivalenten Raumwinkel Ω einer Antenne (D = $4\pi/\Omega$). 2. Empfangsfall: Verhältnis der maximalen Empfangsleistung $P_{e\,max}$ im ebenen Wellenfeld zur mittleren Empfangsleistung P_k, die aufgenommen würde, wenn die Antenne die Strahlung in allen Richtungen gleich gut empfangen könnte, d. h. zur Empfangsleistung eines Kugelstrahlers. [14]. Ge

Richtfunkstrecke → Richtfunkverbindung. Ge

Richtfunkübertragung *(radio relay communication)*. R. ist die drahtlose Übertragung von Bündeln von Fernsprechkanälen sowie von Fernseh- und Tonprogrammen zwischen zwei festen Punkten. Der Betrieb von Richtfunkverbindungen ist durch die Verwendung von Mikrowellen oberhalb 300 MHz gekennzeichnet, die eine breitbandige Übertragung gestatten. Die Ausbreitung der Mikrowellen innerhalb der Radiosichtweite beschränkt die Funkfeldlänge auf etwa 50 km. Größere Entfernungen lassen sich durch den Einsatz von Relaisstellen oder Überhorizontverbindungen überbrücken. Durch die Benutzung von stark bündelnden Richtantennen werden nur geringe Sendeleistungen für hochwertige Nachrichtenverbindungen benötigt. Die Beeinflussung von äußeren Rauschen ist zudem in diesem Frequenzbereich unbedeutend. Bei der Planung einer Richtfunkstrecke wird die Linienführung unter Berücksichtigung der Ausbreitungsdämpfung und der Mehrwegeausbreitung (Mehrwegeschwund, Geländeschnitt) festgelegt. Die Frequenzplanung erfolgt so, daß andere Funkfelder desselben Netzes nicht unzulässig gestört und schädliche gegenseitige Störungen mit fremden Funknetzen vermieden werden. [14]. Ge

Richtfunkverbindung *(microwave link)*. Richtfunkstrecke. Beim Aufbau einer R. wird das Eingangssignal (Basisband) über die Modulationsstufe dem Sender zugeführt. Das Ausgangssignal des Senders (Radiofrequenzband) wird durch die Sendeantenne abgestrahlt. In der Relaisstelle wird es mit der Empfangsantenne aufgenommen, verstärkt und in einer von der Empfangsfrequenz abweichenden Frequenzlage erneut abgestrahlt. In der Endstelle liegt nach der Demodulation das ursprüngliche Basisband wieder vor. Der Aufbau des Basisbandes erfolgt mit Trägerfrequenzeinrichtungen in gleicher Weise wie für ein Kabelübertragungssystem. R. werden zum überwiegenden Teil mit Frequenzmodulation ausgeführt; Systeme mit PCM (Pulscodemodulation) werden z. Zt. nur in geringem Umfang und nur für kleine Kanalzahlen eingesetzt. Die Verwendung von Einseitenbandmodulation ist auf Sonderfälle beschränkt. [14]. Ge

Richtspannung *(rectified voltage)*. Gleichspannung, die bei der Demodulation einer Hochfrequenzspannung durch den Richtstrom an einen Arbeitswiderstand abfällt. Die R. ist im Gebiet linearer Gleichrichtung der hochfrequenten Amplitude proportional, ihre Größe von der äußeren Schaltung bestimmt. Bei amplitudenmodulierter (→ Amplitudenmodulation) HF-Spannung (HF Hochfrequenz) schwankt die R. im Takt der Modulation. [8], [13], [14]. Th

Richtstrahlantenne → Richtantenne. Ge

Richtstrahler → Richtantenne. Ge

Richtstrahlung *(directional radiation)*, Bündelung. Fähigkeit einer Antenne, elektromagnetische Wellen bevorzugt in eine oder mehrere Richtungen auszustrahlen (→ Richtcharakteristik). [14]. Ge

Richtstrom *(rectified current)*. Der R. ist der Strom, der von einer Richtspannung durch einen Widerstand getrieben wird. [8], [13], [14]. Th

Richtwirkung *(directional effect; directivity)*. Bezeichnet die Eigenschaft einer Antenne, in verschiedenen Raumrichtungen mit unterschiedlicher Energie zu strahlen. Nach dem Reziprozitätsgesetz ist eine ebensolche Richtwirkung vorhanden, wenn die gleiche Antenne als Empfangsantenne betrieben wird. [8], [13]. Th

Riegger-Schaltung → Phasendiskriminator. Fl

Ringantenne → Rahmenantenne. Ge

Ringkern *(toroid core)*, ringförmiger Magnetkern. Durch die hohe Permeabilität des magnetisch geschlossenen Kreises lassen sich große Induktivitäten bei kleinem Volumen erzielen. Das magnetische Streufeld ist vernachlässigbar klein. Ringkerne aus magnetischen Ferriten finden Anwendung zum Aufbau von Impuls-, Breitband- und Symmetrieübertragern. Speicher- und Schaltringkerne besitzen rechteckförmige Hystereseschleifen. Gleiche Verwendung haben auch Ringkerne in Bandform (Bandkerne, Ringkernspule). [4]. Ge

Ringkernspule *(toroidal iron-core coil)*. Ringspule mit Magnetkern (→ Ringkern) zur vollständigen Führung des Magnetfeldes; als Massekern, Ferritkern oder Bandkern ausgeführt. Nachteilig ist jedoch die relativ hohe Streu- und Wicklungskapazität. Anwendung für Breitband- und Impulsübertrager, Drosselspulen, Speicherkerne. [4]. Ge

Ringmodulator *(ring modulator)*. Der Name ist aus der ringförmigen Anordnung des Diodenquartetts des Ringmodulators abgeleitet. Die Funktion entspricht der des Doppelgegentaktmodulators. [8], [12], [13], [14]. Th

Ringnetz *(ring-type network)*. Nachrichtennetz, bei dem die Endstellen entlang eines ringförmigen Leitungszugs angeordnet sind. Die Vermittlungseinrichtungen sind i. a. auf die Endstellen bzw. deren Anschlußrichtungen verteilt. Im Falle des geöffneten Ringes ergibt sich ein Liniennetz. [19]. Kü

Ringresonator *(ring resonator)*. Der R. ist ein schwingungsfähiges System, das auf eine Resonanzfrequenz im Bereich optischer Lichtwellen abgestimmt ist. Häufig besteht der R. aus einem geschlossenen, ringförmigen Lichtwellenleiter. Die Resonanzfrequenz wird von den geometrischen Abmessungen bestimmt. Das Licht läßt sich z. B. mit Hilfe eines Lichtkopplers einspeisen bzw. auskoppeln. Die eingekoppelten Lichtwellen überlagern sich nach mehreren Umläufen im R. zu periodischen Interferenzfiguren. Die Resonanzbedingung ist erfüllt, wenn Lichtwellen nach einmaligem Umlauf ihre ursprüngliche Form und Phase behalten. Mit Ringresonatoren können z. B. auch Filter mit Charakteristiken eines

Ringschaltung

Bandpasses aufgebaut werden. Anwendungen: z. B. in Schaltungen der integrierten Optik, beim Ringlaser ist das Lasermaterial in einen R. eingebettet. [16]. Fl

Ringschaltung → Stromteiler nach Ayrton. Fl

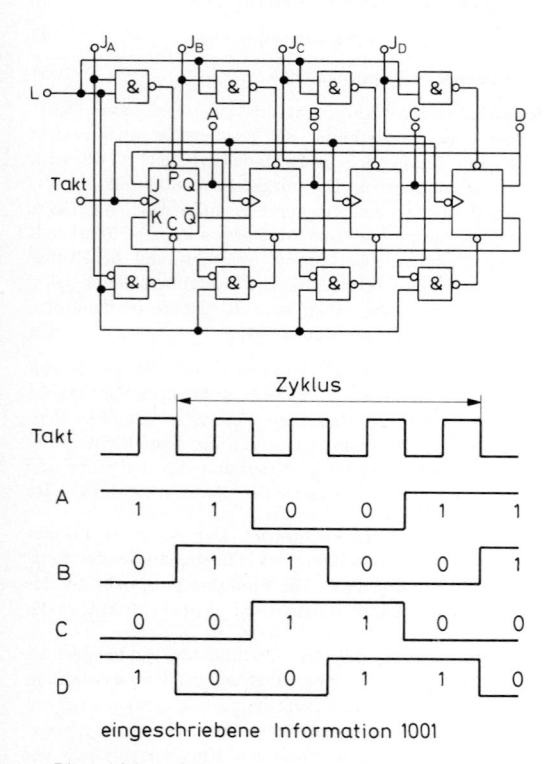

Ringschieberegister *(ring shift register, cyclic shift register)*. Schieberegister, bei dem der serielle Ausgang mit dem seriellen Eingang verbunden ist, so daß die Information erneut in das Schieberegister übernommen wird. Die Akkumulatoren bestimmter Mikroprozessoren sind als R. ausgeführt. Der Verschiebevorgang wird auch als Rotieren (rotate) bezeichnet. Das Bild zeigt ein 4-Bit-R. mit parallelen Eingängen. [1]. We

Ringschieberegister

die elektrisch wirksamen Drahtlängen in der Umgebung des Mittelabgriffs und damit auch der elektrische Widerstand. Vorteil: Beständig gegen äußere Einflüsse. Anwendungen: z. B. bei Fernmessungen zur Übertragung von Zeigerstellungen mechanischer Meßwerke. [12]. Fl

RJE → Remote-Job-Entry. We

RLC-Schaltung *(RLC network)*. Eine Schaltung, die nur aus passiven Bauelementen, ohmschen Widerständen, Induktivitäten und Kapazitäten, ohne Übertrager aufgebaut ist. [15]. Rü

RLCü-Zweipol *(RLCM network)*. Bezeichnung für einen allgemeinen, aus passiven Bauelementen aufgebauten Zweipol (ohmsche Widerstände R, Induktivitäten L, Kapazitäten C und Übertrager ü). Charakteristisch im → PN-Plan ist, daß Pole und Nullstellen einer RLCü-Zweipolfunktion nur in der linken Halbebene liegen, reell oder konjugiert komplex sind; Pole oder Nullstellen auf der imaginären Achse müssen einfach sein (→ Hurwitz-Kriterium). [15]. Rü

RL-Schaltung *(RL network)*. Eine Schaltung, die nur aus ohmschen Widerständen (R) und Induktivitäten (L) aufgebaut ist (→ RL-Zweipol). [15]. Rü

Ringspule *(toroidal coil)*, Toroid. Spule mit oder ohne Kern, die als ringförmige Wendel gewickelt ist. Sie zeichnet sich gegenüber anderen Spulenformen durch ein besonders geringes magnetisches Streufeld aus. [4]. Ge

Ringverstärkung → Schleifenverstärkung. Fl

Ringwaage *(ring balance)*. Die R. ist eine spezielle Ausführung des Drahtpotentiometers. In einem geschlossenen Rohr befindet sich ein ringförmiger Draht mit herausgeführten Enden und einer herausgeführten Mittelanzapfung. Das Rohr ist mit Quecksilber gefüllt, das etwa die halbe Länge des Drahtes kurzschließt (Bild). Bei Drehung der Anordnung um den Winkel α ändern sich

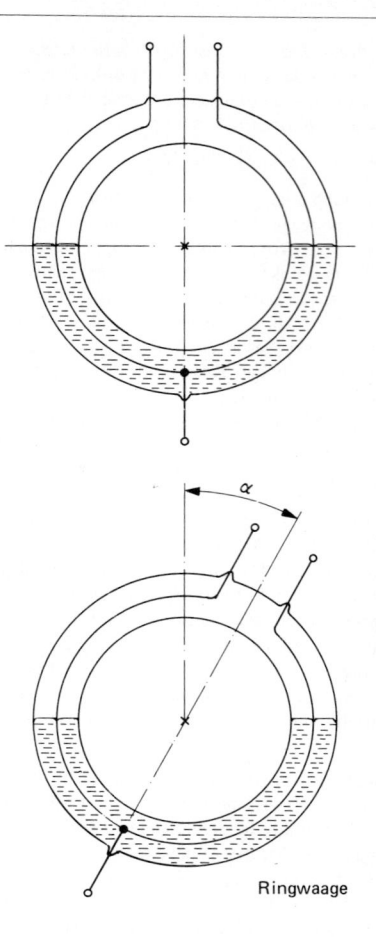

RL-Zweipol *(RL network)*. Ein nur aus ohmschen Widerständen und Induktivitäten bestehender Zweipol. Charakteristisch im → PN-Plan ist, daß Pole und Nullstellen einer RL-Zweipolfunktion (→ Zweipolfunktion) nur auf der negativ reellen Achse liegen, einfach sind und einander abwechseln. Bei einer Impedanz liegt im Nullpunkt oder in der Nähe des Nullpunktes eine Nullstelle. [15].
Rü

RMOS *(refractory metal-oxide semiconductor)*. MOS-Bausteine, deren Gate aus schwer schmelzbaren Metallen (z. B. Molybdän, Wolfram) ausgeführt ist. [4].
Ne

RMS-Wandler *(rms-converter; RMS engl.: root mean square, Effektivwert)*. Der R. ist ein elektronischer Baustein, der im angegebenen Bereich Wechselspannungssignale beliebiger Kurvenform in deren Effektivwerte umsetzt. Man setzt den R. z. B. in elektronischen Meßinstrumenten zur Effektivwertmessung ein. [6], [12].
Fl

Roboter *(robot)*. R. (Industrie-R.) sind mechanische Handhabungseinrichtungen, die in mehreren Bewegungsachsen frei programmierbar und mit Greifern und Werkzeugen ausgerüstet sind. Sie werden bei Serienfertigungen dort eingesetzt, wo die Umweltbedingungen für den Menschen besonders belastend sind, z. B. in der Autoindustrie für Lackier- und Schweißarbeiten. [3].
Ku

Röhre → Elektronenröhre.
Ne

Röhren, gasgefüllte → Gasentladungsröhre; → Quecksilberdampfgleichrichter.
Li

Röhrendiode → Hochvakuumdiode.
Li

Röhrenfedermanometer → Bourdonfedermanometer.
Fl

Röhrengenerator *(tube generator)*. 1. Als R. bezeichnet man eine elektronische Schaltung zur Schwingungserzeugung, bei der ein rückgekoppelter Röhrenverstärker zur Aufrechterhaltung der Schwingungen dient. Röhrengeneratoren können z. B. sein: Meßgeneratoren, Meßsender, Multivibratoren, Kippgeneratoren. Infolge fortschreitender Technologie sind sie in vielen Anwendungsfällen durch Halbleiterschaltungen (z. B. Transistor) verdrängt worden. 2. Im Höchstfrequenzbereich ist der R. eine Oszillatorschaltung zur Erzeugung von Mikrowellenenergie. Der Mikrowellenoszillator besteht aus einer Röhre: z. B. Reflexklystron, Magnetron, Rückwärtswellenröhre. Vorteile gegenüber Halbleiterschaltungen sind z. B. niedriges Rauschen, größerer Wirkungsgrad. [4], [8], [12], [13], [14].
Fl

Röhrenkennlinien *(tube characteristics)*. Im wesentlichen die Steuerkennlinie und die Ausgangskennlinie einer Röhre (→ Kennlinie). [4].
Li

Röhrenmeßgleichrichter *(tube measuring rectifier)*. Die Gleichrichtung der zu messenden Wechselgröße wird beim R. entweder durch eine oder mehrere Vakuumdioden oder durch ähnlich geschaltete Mehrfachelektronenröhren ausgeführt. Es sind bei Beachtung der speziellen Eigenschaften von Elektronenröhren alle Schaltungen eines Meßgleichrichters möglich. Infolge ihrer Nachteile z. B. gegenüber Halbleitermeßgleichrichtern finden sie kaum noch Verwendung. [12].
Fl

Röhrenrauschen *(valve noise; valve hiss; tube noise)*. Störsignal, das seinen Namen von dem akustischen Eindruck her erhalten hat, den man bei hoher Verstärkung und fehlendem Nutzsignal am Ausgang eines Niederfrequenzverstärkers über den Lautsprecher erhält. Es entsteht bei Röhren aus statistischen Schwankungen des Anodenstromes. Die wesentlichen Ursachen sind Schroteffekt, Stromverteilungsrauschen und Funkeleffekt. [5], [13].
Th

Röhrenverstärker *(tube amplifier)*, Vakuumröhrenverstärker. R. sind Verstärkerschaltungen, bei denen das aktive Bauelement eine Elektronenröhre ist. Infolge der Nachteile, z. B. der erforderlichen zusätzlichen Heizleistung zur Elektronenemission, geringer mechanischer Festigkeit, großen Platzbedarfs, sind R. im Nieder- und Hochfrequenzbereich durch Transistorverstärker verdrängt worden. Im Höchstfrequenzbereich werden R. aus aktiven Bauelementen eingesetzt, die durch ihre Wirkungsweise Elektronenlaufzeiten ausnutzen. Solche Laufzeitröhren sind z. B. Klystron, Wanderfeldröhre. Einsatzgebiete der Höchstfrequenz-R. sind z. B. Richtfunktechnik, Rauschverstärker in der Meßtechnik, Satellitentechnik, Radargeräte, Fernsehsender. [4], [8], [10], [12], [13], [14].
Fl

Röhrenvoltmeter *(tube voltmeter)*. R. sind analoge, elektronische Spannungsmesser, deren Verstärkerbauteile Elektronenröhren sind. Sie sind häufig als Gleichspannungsmesser ausgeführt. Mit einem zusätzlichen Tastkopf zur Spitzenwertgleichrichtung können auch sinusförmige Wechselspannungen gemessen werden (→ HF-Spannungsmesser). Das R. besitzt einen hochohmigen Eingangswiderstand (etwa $10^7 \, \Omega$), aber eine geringe Meßgenauigkeit (Fehler: etwa ± 2,5 % bezogen auf den Endwert). Zur Anzeige wird ein Drehspulmeßwerk eingesetzt. Die R. besitzen vielfach einen zusätzlichen Eingang für Widerstandsmessungen. Das Bild zeigt eine weitverbreitete Schaltung. Die Teilwiderstände des Potentiometers P_2 bilden mit den Trioden einen Zweig einer Wheatstone-Brücke. Die Katodenwiderstände R_k stellen den anderen Zweig der Brückenschaltung dar. Die durch die Spannungsteiler R_1 und R_2 z. B. verkleinerte Meßspannung U_1 bewirkt als Gitterspannung eine

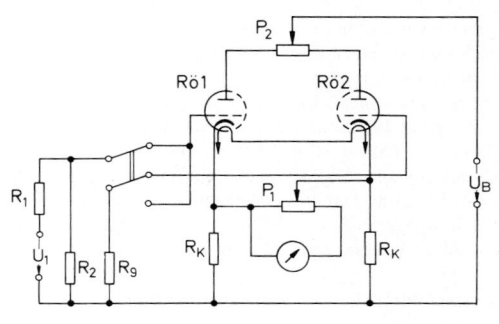

Röhrenvoltmeter

Verstimmung der Brücke (Ausschlagverfahren). Das Drehspulmeßgerät in der Brückendiagonalen zeigt die Verstimmung als Meßwert an. Der Schalter S dient der Polaritätsumschaltung. Die Spannung U_B wird als Brückenspeisespannung auch gleichzeitig zur Bereitstellung der Betriebsspannung für die Röhren benutzt. [12]. Fl

Rohrkondensator *(tubular capacitor)*, Zylinderkondensator. Der R. besteht aus zwei koaxial ineinandergesteckten, rohrförmigen (zylindrischen) Elektroden. Wichtige Bauform von Keramikkondensatoren: Innen- und Außenflächen des Keramikröhrchens werden mit einem Silberbelag versehen, wobei die Innenversilberung zur Kontaktierung über den Rand nach außen fortgesetzt wird. [4]. Ge

Rohrschlitzstrahler → Schlitzantenne. Ge

Rohrstrahler → Stielstrahler. Ge

Roll-In/Roll-Out *(roll in/roll out)*. Technik der Verwaltung des Hauptspeichers bei der elektronischen Datenverarbeitung. Programme, die sich nicht in Bearbeitung befinden, werden auf Externspeicher ausgelagert. Neu zu startende Programme werden vom Extern- in den Hauptspeicher übertragen (→ Multiprogramming). Die Verwaltung übernimmt das Betriebssystem.

Im Gegensatz zum Paging werden beim R. die Programme nicht in einzelne Abschnitte zerlegt. [1]. We

ROM *(read-only memory)*, Festwertspeicher. Das ROM ist ein Speicher, dessen eingespeicherte Daten weder verändert noch gelöscht, sondern nur gelesen werden können. Die Programmierung erfolgt herstellerseits durch Verwendung geeigneter Masken (Programmier-Masken), durch die bei der Herstellung der integrierten Schaltung die Leiterbahnführung festgelegt wird. Das ROM wird daher auch als maskenprogrammierbarer Festwertspeicher bezeichnet. Der große Vorteil des ROM ist, daß die gespeicherte Information auch beim Abschalten der Versorgungsspannung nicht verlorengeht. Sie werden daher vorwiegend als Programmspeicher in mikroprozessorgesteuerten Geräten verwendet. [2], [4]. Li

Röntgenbildwandler *(x-ray image converter)*, Röntgenbildwandlerröhre. Der R. ist eine Bildwandlerröhre, die ein im Röntgenspektrum vorliegendes Bild in ein sichtbares Bild im optischen Spektralbereich umsetzt. Der Röntgenleuchtschirm steht beim R. in engem Kontakt mit der Photokatode der Röhre. Das Röntgenbild löst entsprechend der unterschiedlichen Helligkeitswerte des Bildes eine unterschiedliche Anzahl von Photoelektronen aus. Mit einer Elektronenlinse wird das Elektronenbild etwa um den Faktor 10 verkleinert. Die Elektronen treffen nach starker Beschleunigung auf einen Beobachtungsleuchtschirm. Durch die Verkleinerung wird die Leuchtdichte gegenüber direkter Beobachtung um das 1000-fache gesteigert. [5], [16]. Fl

Röntgenbildwandlerröhre → Röntgenbildwandler. Fl

Röntgenspektrum → Röntgenstrahlen. Rü

Röntgenstrahlen *(X-rays)*. Elektromagnetische Strahlen mit kürzeren Wellenlängen als das Licht. Mitunter rechnet man auch Gammastrahlen zu den R., speziell versteht man darunter aber Strahlen, die in einer Röntgenröhre erzeugt werden. Eine Glühkatode in einer hochevakuierten Röhre erzeugt Elektronen, die in einem starken elektrischen Feld beschleunigt werden und an einer Antikatode R. erzeugen. Man unterscheidet eine Bremsstrahlung und eine charakteristische Eigenstrahlung, die zusammen das Röntgenspektrum bilden. Die Grenzwellenlänge λ_g der Bremsstrahlung (nach der kurzwelligen Seite hin) hängt von der beschleunigenden Spannung U ab und berechnet sich zu

$$\frac{\lambda_g}{\text{nm}} = \frac{1,234}{U/\text{kV}}.$$

Spannungswerte zwischen 5 kV und 250 kV werden praktisch verwendet. Der Teil des Röntgenspektrums, der von der Bremsstrahlung verursacht wird (Bremsspektrum), ist kontinuierlich und bricht mit der Grenzwellenlänge λ_g ab. Das Spektrum der charakteristischen Strahlen besteht aus scharf getrennten Liniengruppen, die durch Quantensprünge zwischen den inneren Elektronenschalen entstehen. [5]. Rü

Röntgenstrahllithographie *(X-ray lithography)*. Durch die Auflösungsbegrenzung von sichtbarem Licht muß man, um die Struktur einer integrierten Schaltung zu verkleinern, auf kürzerwellige Strahlung, z. B. auf Röntgenstrahlen, übergehen. Die R. kann derzeit noch nicht eingesetzt werden, da die entsprechenden Photolacke, die Maskenmaterialien und die Strahlungsquelle technischer Verbesserungen bedürfen. [4]. Ne

Rosensches Theorem → Theorem von Rosen. Rü

Rotationsparabolantenne → Parabolantenne. Ge

Rot-Blau-Grün-Methode *(red-blue-green-method)*. Eine Methode, nach der beim Farbfernsehen farbige, optische Bilder übertragen werden. Zur Farbübertragung wird das einfallende Licht der zu übermittelnden Szene mit Hilfe einer optischen Einrichtung in die Grundfarben Rot (R), Grün (G) und Blau (B) aufgespalten. Häufig wird jede der drei Farben einer eigenen Aufnahmeröhre zugeordnet. In einer Matrixschaltung erfolgt eine Zerlegung in drei Signale: Das eine Signal enthält die Leuchtdichteinformationen; zwei Differenzsignale enthalten die Farbinformationen. Das Leuchtdichtesignal Y besteht aus den Anteilen: Y = 0,3 Rot + 0,59 Grün + 0,11 Blau. Es wird aus Gründen der Kompatibilität auch vom Schwarzweiß-Empfänger aufgenommen und weiterverarbeitet. Die Differenzsignale mit den Farbinformationen sind am Weißpunkt des Farbdreiecks Null. Sie werden aus den Anteilen R-Y und B-Y gebildet. Mit zunehmendem Abstand vom Weißpunkt nehmen ihre Werte zu. Dies entspricht einer steigenden Farbsättigung. Im Farbcoder wird aus den Differenzsignalen das Farbartsignal gebildet. Nach Zufügen der Synchronsignale strahlt der Farbfernsehsender die aus dem Farbartsignal, Leuchtdichtesignal, Austastsignal und Synchronsignalen bestehende Bildinformation über einen hochfrequenten Träger in Restseitenbandübertragung aus. [12], [14].

Fl

Rotor *(rotor)* → Läufer. Ku

Routine *(routine)*. Eine festgelegte Folge von Befehlen, die wiederholt ausgeführt werden kann. Sie wird vom Anwenderprogramm aufgerufen; meist in Form eines Unterprogramms. [1]. We

RQL → Rückweisegrenze. Ge

RS-Flipflop *(RS-flipflop)*. In der einfachen Form — als RS-Speicherglied bzw. RS-Kippglied (DIN 40700/14) bezeichnet — besteht dieses asynchron arbeitende Flipflop nur aus zwei kreuzgekoppelten NOR-Gattern (bzw. NAND-Gattern). In der verbesserten Form enthält das RS-Flipflop einen zusätzlichen Steuereingang (Takt-Eingang; Bild). Ein Taktsignal an diesem Eingang bewirkt die Übernahme der an den Eingängen R und S liegenden Signale. Das dann (zur Taktzeit t_{n+1}) zu beobachtende Verhalten ist das gleiche wie beim einfachen RS-Speicherglied.

Taktzeit-Intervall:

t_n		t_{n+1}	
S	R	Q	$\overline{Q}$
L	L	Q_n	$\overline{Q}_n$
L	H	L	H
H	L	H	L
H	H	?	? ← undefiniert

(Q_n bzw. $\overline{Q}_n$ besagt, daß sich das Ausgangssignal nach Erfolgen eines Taktsignals nicht geändert hat.) [2], [4], [6]. Li

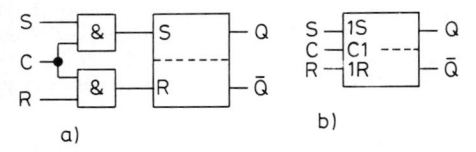

RS-Flipflop, a) Blockschaltbild, b) Schaltzeichen (DIN 40700)

RTL (*resistor-transistor logic, RTL*), Widerstands-Transistor-Logik. Erste Schaltungsfamilie für Digitalschaltun-

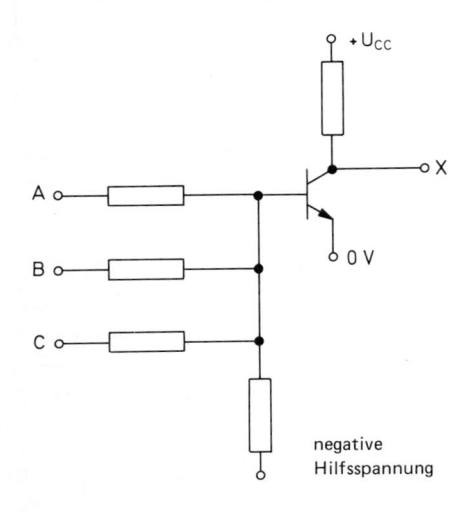

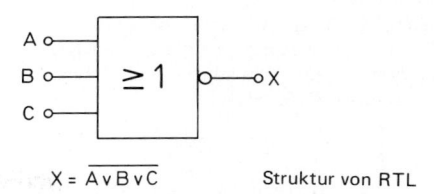

$X = \overline{A \vee B \vee C}$ Struktur von RTL

gen, die nur mit Widerständen und Transistoren aufgebaut war. Sie wird heute nicht mehr eingesetzt. Das Bild zeigt die Schaltung einer NOR-Stufe bei H-Pegel. [2]. We

Rubinglimmer → Glimmer. Ge

Rückflußdämpfung → Echodämpfung. Rü

Rückflußdämpfungsmaß → Echodämpfung. Rü

Rückführung *(feedback)*. R. eines Teiles der Ausgangsspannung eines Verstärkers auf den Eingang. Je nach Phasenlage verstärkt (→ Mitkopplung) oder schwächt (→ Gegenkopplung) sie die Eingangsspannung. Ein Sonderfall ist R. mit 90° Phasenverschiebung. Der Verstärkerausgang erscheint dann als eine Reaktanz. Wird bei der Mitkopplung $k \cdot v = 1$, so tritt Selbsterregung ein (Oszillator; k Rückkopplungsfaktor, v Verstärkung). [6], [8], [11], [12], [13], [15], [18]. Th

Rückführung, nachgebende. Als nachgebende R. wird eine Rückführung mit differenzierendem Verhalten bezeichnet. [18]. Ku

Rückführung, negative *(negative feedback)*. Die negative R. erzielt einen Gegenkopplungseffekt. [6], [8], [11], [12], [13], [15], [18]. Th

Rückkopplung → Rückführung. Th

Rückkopplung, akustische *(acoustic feedback)*. Man spricht von einer akustischen R., wenn die vom Lautsprecher einer Schallübertragungsanlage abgestrahlte Leistung ein am Eingang angeschlossenes Mikrophon beeinflußt und dadurch die Verstärkungseigenschaften ändert. Überschreitet die Rückwirkung ein bestimmtes Maß, tritt Selbsterregung auf, die sich durch Heulen in einer bestimmten Tonhöhe äußert. Die Tonhöhe hängt von den Rückkopplungsbedingungen ab. [13], [14]. Th

Rückkopplungsbedingung *(feedback condition)*. R. ist der Oberbegriff für Amplituden- und Phasenbedingungen in Rückkopplungsnetzwerken und -schaltungen. [8], [12], [13], [15], [18]. Th

Rückkopplungsfaktor *(feedback factor)*. Der R. charakterisiert das Rückkopplungsnetzwerk. Da das Netzwerk aus einer Kombination von reellen und Blindwiderständen bestehen kann, ist der R. im allgemeinen komplex anzunehmen:

$$k = \frac{\underline{U}_r}{\underline{U}_a}$$

wobei $\underline{U}_a$ Ausgangsspannung des Verstärkers in V, $\underline{U}_r$ Ausgangsspannung des Netzwerkes in V. [15], [18]. Th

Rückkopplungsgleichung *(feedback equation).* Die R. charakterisiert die Wirkung eines Rück- oder Gegenkopplungsnetzwerkes auf Verstärkung und Frequenzgang eines Verstärkers. Sie lautet:

$$v' = \frac{v}{1 - \underline{k} \cdot \underline{v}},$$

wobei $\underline{v}$ Leerlaufverstärkung ohne Netzwerk, $\underline{k} \cdot \underline{v}$ Schleifenverstärkung, $(1 - \underline{k} \cdot \underline{v})$ Gegenkopplungsgrad. [15], [18]. Th

Rückkopplungsgrad *(amount of feedback).* Der R. leitet sich aus der Rückkopplungsgleichung ab. Gemeint ist der Ausdruck $(1 - \underline{k} \cdot \underline{v}; \underline{k} \cdot \underline{v}$ Schleifenverstärkung). Ist der Betrag $|1 - \underline{k} \cdot \underline{v}| > 1$, handelt es sich um eine Gegenkopplung, andernfalls um eine Mitkopplung. Th

Rückkopplungsnetzwerk *(feedback network).* Bezeichnet den Teil einer Schaltung, über den das Ausgangssignal eines Verstärkers auf seinen Eingang rückgekoppelt wird. Es kann außer R, L und C auch nichtlineare Bauelemente wie Transistoren und Dioden oder sogar ganze Verstärker enthalten. [15]. Th

Rückkopplungsvierpol *(feedback circuit).* Wird bei einem Übertragungsnetzwerk ein Teil einer Ausgangsgröße auf den Eingang zurückgeführt, dann nennt man den dafür verwendeten Vierpol den R. Gleichgültig ob die Rückführung als Gegen- oder Mitkopplung erfolgt, kann man die Rückkopplungsschaltung immer als eine der vier möglichen Vierpolzusammenschaltungen (Ausnahme: Kettenschaltung) darstellen. [14]. Rü

Rückspeisedioden. R. sind Halbleiterdioden, die in selbst- und lastgeführten Stromrichtern (z. B. Gleichstromsteller, Wechselrichter, Schwingkreiswechselrichter) eine Umkehr der Stromrichtung in der speisenden Spannungsquelle ermöglichen. Dadurch kann Blindleistung auf der Lastseite zur Verfügung gestellt werden oder bei gleichbleibender Polarität der speisenden Gleichspannung die Energierichtung umgekehrt werden. [3]. Ku

Rücktransformation *(inverse transform).* Unter einer R. versteht man allgemein die Umkehrung einer → Funktionaltransformation. Bei den in der Elektronik verwendeten Integraltransformationen (z. B. → Fourier-Transformation, → Laplace-Transformation), die eine Transformation vom Zeitbereich in den Frequenzbereich durchführen, heißt R. die Transformation vom Frequenz- in den Zeitbereich. [14]. Rü

Rückwärtsdiode *(backward diode).* Eine Halbleiterdiode, bei der durch hohe Dotierung die Durchbruchspannung $U_{BE} = 0$ V ist. In diesem Fall reicht das am PN-Übergang vorhandene elektrische Feld aus, um den Zener-Effekt zu bewirken. Die R. hat ihren Namen, weil sie in Rückwärtsrichtung besser leitet als in Vorwärtsrichtung. Anwendung: Gleichrichtung extrem kleiner Signale. [4]. Ne

Rückwärtskennlinie *(reverse voltage-current characteristic).* Abschnitt einer Strom-Spannungs-Kennlinie, der dem Rückwärtsstrombereich entspricht (DIN 41 853). [5]. Ne

Rückwärtsleitwert → Rückwärtssteilheit. Li

Rückwärtssperrbereich *(reverse pn-junction).* Bei in Rückwärtsrichtung betriebener Diode bzw. betriebenem Thyristor der Bereich von 0 V bis zur Durchbruchsspannung. [4], [6]. Li

Rückwärtssteilheit *(reverse transfer admittance).* Bei einer Schaltung bzw. allgemein einem Vierpol das Verhältnis des über die kurzgeschlossenen Eingangsklemmen fließenden Eingangsstroms I_1 (Bild) zur Ausgangsspannung U_2, die ihn erzeugt; also:

$$y_{12} = \left(\frac{I_1}{U_2}\right)_{U_1 = 0}.$$

[4], [15]. Li

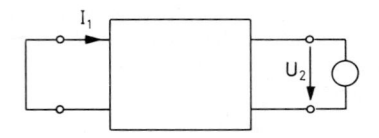

Rückwärtssteilheit

Rückwärtsstrom *(reverse current).* Der durch eine Halbleiterdiode in Rückwärtsrichtung fließende Strom. Er beruht auf der Driftbewegung von Minoritätsladungsträgern. [4]. Ne

Rückwärtswellenröhre *(carcinotron).* Eine Lauffeldröhre mit Verzögerungsleitung, bei der die Phasengeschwindigkeit der auf der Verzögerungsleitung rückwärts laufenden Welle fast gleich der Geschwindigkeit der Elektronen ist. Die R. erzeugt als Oszillatorröhre Frequenzen bis über 100 GHz. [8]. Li

Rückwärtszähler *(down counter, reverse counter).* Zähler, der im gewählten Zahlensystem rückwärts zählt. R. werden oft in Steuerungen benutzt, indem man die Anzahl der gewünschten Vorgänge in den R. lädt und diesen dann bei jedem durchgeführten Vorgang herunterzählt, bis der Wert 0 erreicht ist. R. sind oft in einem Bauteil mit Vorwärtszählern vereinigt. Das Bild zeigt einen asynchronen R. im Dualcode. [2]. We

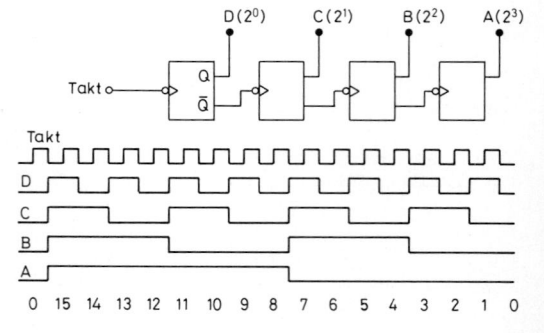

Rückwärtszähler

Rückwärtszeichen → Kennzeichen. Kü

Rückweisegrenze *(limiting quality, LQ, rejectable quality level, RQL)*, rückzuweisende Qualitätsgrenzlage. Anteil von Fehlern oder fehlerhaften Stücken im Los, von dem an das Los mit großer Wahrscheinlichkeit zurückgewiesen wird. [4]. Ge

Rückweisezahl *(rejection number)*, Schlechtzahl. Niedrigste Anzahl von Fehlern oder fehlerhaften Stücken in den einzelnen Stichproben, bei der das Los zurückgewiesen wird. [4]. Ge

Rückwirkung *(reaction)*. Bei einem Übertragungsvierpol, der Einfluß einer Ausgangsgröße auf den Eingang (Beispiel: Leerlaufspannungsrückwirkung bei → Transistorkenngrößen). [15]. Rü

Rückwirkungsinduktivität *(reverse transfer inductance)*. Falls bei einem Vierpol eine induktive Rückwirkung vom Ausgang auf den Eingang besteht, ergibt sich die R. als der Kehrwert des mit der Kreisfrequenz ω multiplizierten Imaginärteils der Rückwärtssteilheit. [15]. Li

Rückwirkungskapazität *(reverse transfer capacitance)*. Bei Transistoren in Emitterschaltung die Kapazität zwischen Ausgang und Eingang — also die Kollektor-Basis-Kapazität —, die eine innere Rückkopplung bewirkt. Da die R. bei HF-Schaltungen (HF Hochfrequenz) zu Instabilität (Selbsterregung) führen kann, muß sie neutralisiert werden. [4], [6], [8]. Li

Rückwirkungskennlinie → Spannungsrückwirkungskennlinie. Fl

Rückwirkungswiderstand *(reverse transfer impedance)*. Bei einem Vierpol der Kehrwert der Kurzschlußübertragungsadmittanz. [15]. Li

Rückzündung *(arc back)*. Die R. bezeichnet das Versagen der Gleichrichterwirkung einer Ventilstrecke eines Quecksilberdampfstromrichters durch die Bildung eines Brennfleckes auf der Anode (VDE 0555). [11]. Ku

Ruf *(call)*. Allgemeine Bezeichnung für die Anforderung, eine Nachrichtenverbindung aufzubauen. Ein anstehender Ruf kann akzeptiert oder abgewiesen werden. Rufe, die eine Vermittlungsstelle verlassen, heißen abgehende Rufe. Rufe, die von einer anderen Vermittlungsstelle herrühren, heißen ankommende Rufe. [19]. Kü

Rufnummer *(subscriber number)*. Ziffernfolge zur Kennzeichnung eines Teilnehmeranschlusses (→ Teilnehmer, → Endstelle) innerhalb eines Numerierungsbereiches (→ Numerierung). Durch Zusammenfassung mit der Ortsnetzkennzahl entsteht die nationale Nummer; die Zusammenfassung von nationaler Nummer mit der Landeskennzahl ergibt die internationale Nummer. Teilnehmer an Nebenstellenanlagen besitzen intern eine Nebenstellennummer *(extension number)*, bei Durchwahl von außen eine Durchwahlnummer *(in-dialling number)*. Bei Kurzwahl werden Rufnummern, nationale oder internationale Nummern von einem Teilnehmer aus in Verbindung mit einem Sonderzeichen abgekürzt dargestellt. [19]. Kü

Ruf- und Löschenzahlenmethode → Simulation. Kü

Ruhekontakt *(break contact)*. Öffner. Kontakt eines Relais, der im betätigten Zustand geöffnet und im unbetätigten geschlossen ist. [4]. Ge

Ruhepotential *(quiescent potential)*. Die Spannung im Arbeitspunkt der Kennlinie eines aktiven Bauelements. Das R. stellt sich ein, wenn kein Nutzsignal anliegt. (Beispiel: → Anodenkennlinie). [4]. Rü

Ruhestrom. 1. *(closed-circuit current)*. Der Strom im Arbeitspunkt der Kennlinie eines aktiven Bauelements. Er tritt auf, wenn kein Nutzsignal anliegt (Beispiel: → Anodenkennlinie). [4]. Rü
2. *(standby current)*. Der elektrische Strom, der in einer nicht aktivierten integrierten Schaltung fließt. [4]. Ne

Ruhestrombetrieb *(closed-circuit working)*. Betriebsform in der Telegraphentechnik (Fernschreiben), wobei im Ruhezustand über die Verbindung ein Strom fließt, der für die Dauer der Zeichengabe unterbrochen wird. Gegensatz: Arbeitsstrombetrieb (verbindlich für zwischenstaatliche Verbindungen). (→ Doppelstrombetrieb, → Einfachstrombetrieb). [14]. Rü

Rundhohlleiter *(circular waveguide)*. R. sind Hohlleiter mit Kreisquerschnitt für die Mikrowellentechnik. Im R. können nur die E_{01}-, E_{02}-, E_{11}-, H_{01}-, H_{02}- und H_{11}-Welle auftreten. Der R. hat jedoch heute geringere Bedeutung als der Rechteckhohlleiter. [13]. Th

Rundrelais *(round relay)*. Klappankerrelais mit runder Relaisspule. [4]. Ge

Rundsenden *(multi-address calling)*. Übermittlung derselben Nachricht an mehrere Endstellen oder Teilnehmer. Die Übermittlung kann gleichzeitig oder nacheinander erfolgen. [19]. Kü

Rundsichtradar → Impulsradar. Ge

Rundspulmeßwerk *(round coil measuring system)* (→ Bild Dreheiseninstrument). Das R. ist die am häufigsten verwendete Bauart des Meßwerks von Dreheiseninstrumenten. Es besitzt einen robusten Aufbau und eine hohe Überlastbarkeit. Der Frequenzbereich ist wegen auftretender Wirbelströme auf etwa 100 Hz begrenzt. Bei Gleichstrommessungen wird durch auftretende Hysterese des innerhalb der Meßspule befindlichen Weicheisens die Meßungenauigkeit erhöht. Präzisionsinstrumente sind doppelt abgeschirmt und besitzen einen Lichtzeiger. Sie erreichen eine Genauigkeitsklasse von 0,1. [12]. Fl

Rundstrahlantenne *(omnidirectional aerial (antenna, radiator)*, Rundstrahler. Antenne mit einem zu einer Achse im wesentlichen rotationssymmetrischen Richtdiagramm. [14]. Ge

Rundstrahler → Rundstrahlantenne. Ge

Rydberg-Frequenz *(Rydbergian frequency)*. Spektroskopische Konstante, mit deren Hilfe die Energieniveaus nach dem Bohrschen Modell einfach darstellbar sind. Die R. hat den Wert R = 3,288 046 · 10^{15} s^{-1}. [5], [7]. Bl

S

Sabinesche Nachhallzeit → Nachhallzeit. Fl

SABRE *(successive approximation by residual expansion, SABRE)*. Verfahren, um mit Hilfe eines 10-Bit-Analog-Digital-Wandlers, eines 8-Bit-Digital-Analog-Wandlers, eines Operationsverstärkers und von Puffern eine 16-Bit-Auflösung des Analogsignals zu erhalten. Hierbei läuft das Analogsignal zweimal durch den 10-Bit-Analog-Digital-Wandler. Beim ersten Durchlauf werden die obersten 8 Bit des Analogsignals gebildet, beim zweiten Durchlauf die unteren 8 Bits. [1]. Ne

Sägezahngenerator *(sawtooth generator)*. Oszillator, der einen sägezahnförmigen Spannungs- oder Stromverlauf liefert. Anwendung z. B. als Zeitablenkgeneratoren in Fernsehgeräten, Oszilloskopen und Oszillographen. Häufig wird ein S. auch als Muttergenerator in elektronischen Orgeln verwendet. [6], [12]. Th

Sägezahnmethode *(sawtooth voltage method)*. Methode der Analog-Digital-Wandlung; ein Augenblickswertverfahren. Die zu messende Spannung U_M wird mit einer Sägezahnspannung verglichen. Die Zeit zwischen dem Nulldurchgang der Sägezahnspannung und Spannungsgleichheit mit der Meßspannung ist der zu messenden Spannung äquivalent. Diese Zeit kann digital gemessen werden. Beträgt die Spannungssteilheit s (Bild) gilt: $U_M = s \cdot t$. [12]. We

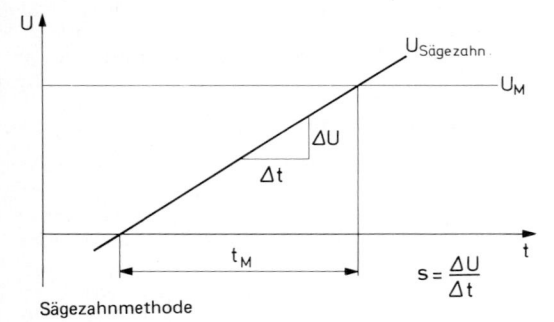

Sägezahnmethode

Sägezahnspannung *(sawtooth voltage)*. Eine Spannung, deren Verlauf die Form eines Sägezahns hat (Bild), also eine linear mit der Zeit wachsende Anstiegsflanke und eine abrupte Abfallflanke. Sägezahnspannungen werden vor allem für die Ablenkung des Elektronenstrahls in Oszilloskopröhren und Bildröhren benötigt. [10], [12], [13]. Li

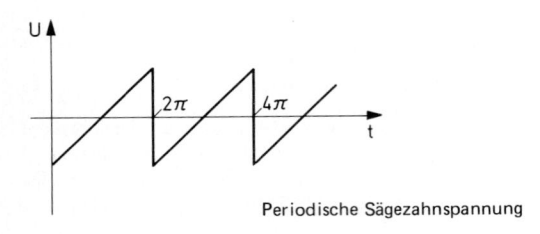

Periodische Sägezahnspannung

Sägezahnumsetzer *(sawtooth converter, single slope converter)*, Sägezahnverschlüßler. Der S. ist ein Analog-Digital-Wandler, der analoge Gleichspannungswerte innerhalb eines festgelegten Bereichs während einer Meßzeit in binärcodierte Werte umsetzt. Nach dem Blockbild wird die zeitlinear ansteigende Spannung eines Sägezahngenerators im Meßwertkomparator mit Werten der Meßspannung verglichen. Die Sägezahnspannung hat ihren Startpunkt im Bereich negativer Spannungswerte (etwa − 50 mV). Zum Zeitpunkt ihres Nulldurchganges wird eine Torschaltung geöffnet. Nach einer Meßzeit Δt besitzen Meßspannung und Sägezahnspannung gleiche Werte. Im Meßwertkomparator wird eine Kippschaltung angestoßen. Das Tor wird geschlossen und die Sägezahnspannung auf den Anfangswert gesetzt. Während der Öffnungszeit der Torschaltung hat der Zähler eine der Meßzeit entsprechende Anzahl Pulse aufsummiert. Die Pulse erzeugt ein frequenzstabiler Quarzoszillator. Der Zählerstand wird von der Meßwertausgabe übernommen, digital gespeichert und z. B. auf einer Digitalanzeige als Spannungswert ausgegeben. Erreicht die Sägezahnspannung ihren Anfangswert, beginnt der Vorgang von neuem. Der Zählerstand wird vielfach erst bei Erreichen neuer Werte gelöscht. Für den Zählerstand z am Ende einer Messung gilt:

$$z = R \cdot C \cdot f \cdot \frac{U_x}{U_s}$$

($R \cdot C$ Zeitkonstante des RC-Gliedes im Sägezahngenerator; f Frequenz des Quarzoszillators, U_x Meß-Gleichspannung; U_s Vergleichswert der Sägezahnspannung). [6], [9], [12], [13], [18]. Fl

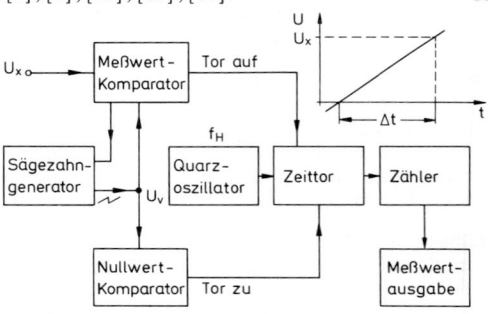

Sägezahnumsetzer

Sägezahnverschlüßler → Sägezahnumsetzer. Fl

SAGMOS *(self aligning gate metal-oxide semiconductor)*. MISFET *(metal-insulator semiconductor field-effect transistor)* mit selbstjustierendem Siliciumgate (→ Gate, selbstjustierendes). [4]. Ne

SAM *(serial address memory, SAM)*. Zu seriellen Adreßspeichern zählt man die Schieberegister und die Ladungstransferelemente, bei denen die einzelnen Speicherelemente hintereinander angeordnet sind. Bei jedem

Taktimpuls wird der Speicherinhalt um eine Stelle weiter geschoben. [1].   Ne

SAMNOS *(self aligning gate metal-nitride-oxide-silicon transistor, SAMNOS)*. MNOS-Transistor mit selbstjustierendem Gate (→ Gate, selbstjustierendes). [4].   Ne

SAMOS *(stacked gate avalanche-injection-type metal-oxide semiconductor, SAMOS)*. Speicherzelle, die aus zwei Transistoren in PMOS-Technik besteht. Der eigentliche Speichertransistor wird durch Lawinendurchbruchinjektion von Elektronen zum schwebenden Gate programmiert. Gelöscht wird durch Feldemission von Elektronen aus dem schwebenden Gate zum Steuergate (Bild).   Ne

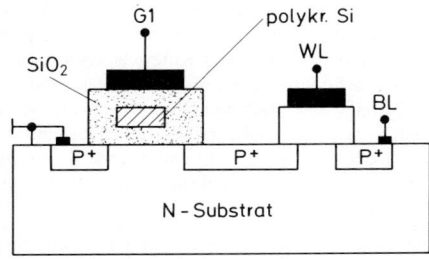

Struktur einer SAMOS-Zelle

Sample-and-Hold-Schaltung *(sample-and-hold circuit)*, Momentanwertspeicher, Abtast- und Halteschaltung. Schaltung, bei der der Momentanwert eines Signals durch einen elektronischen Schalter sehr kurzzeitig abgefragt und zur weiteren Verarbeitung oder Anzeige auf einem Oszilloskopschirm in einem Kondensator, dem ein Verstärker mit hochohmigem Eingang nachgeschaltet ist, zwischengespeichert wird (Bild). Die Schaltung findet

Sample-and-Hold-Schaltung

beim Sampling-Oszilloskop Verwendung und bei Anwendungen, bei denen die Verarbeitung der abgefragten Signale endliche Zeit benötigt, z. B. bei Analog-Digital-Wandlern. [12].   Li

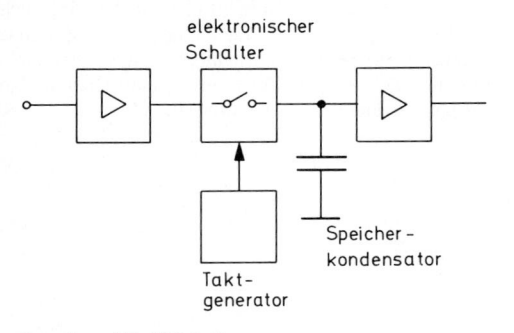

Sampling-Oszillograph → Sampling-Oszilloskop.   Fl

Sampling-Oszilloskop *(sampling-oscilloscope)*. Abtast-Oszilloskop, Sampling-Oszillograph. Das S. (to sample, abtasten) ist als Oszilloskop mit üblicher Bildröhre zur Darstellung schneller und schnellster Funktionsabläufe (etwa von 100 MHz bis über 20 GHz) einsetzbar. Es lassen sich nur ständig wiederkehrende Funktionen darstellen, die Wiederholfrequenz muß nicht konstant sein.

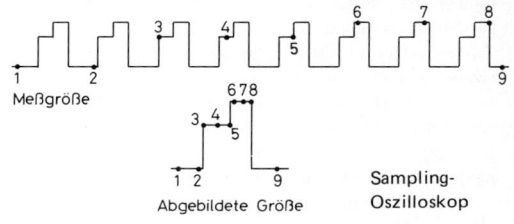

Sampling-Oszilloskop

Die Darstellung erfolgt nach Art einer stroboskopischen Betrachtung schneller Vorgänge und ist nicht in Echtzeit möglich (Bild). Das Meßsignal wird im Gerät mit Hilfe des → Sampling-Verfahrens verarbeitet, wobei sowohl das sequentielle als auch das zufällige Abtastverfahren eingesetzt werden kann. Die im S. erzeugten Nadelimpulse entnehmen der Amplitude des Meßsignals eine punktförmige Probe, die elektronisch verbreitert, verstärkt und als vergrößerter Punkt auf dem Bildschirm dargestellt wird. Der Vorgang setzt sich so lange fort, bis auf dem Bildschirm ein vollständiges Bild der Meßgröße erscheint. [8], [10], [12].   Fl

Sampling-Spannungsmesser *(sampling voltmeter)*. Der S. ist ein elektronischer Spannungsmesser, der zur kurvenformunabhängigen Messung von Wechselspannungen bis in den Höchstfrequenzbereich eingesetzt wird. Der Frequenzbereich eines Sampling-Spannungsmessers reicht z. B. von 10 kHz bis 1 GHz. Der Spannungsbereich, in mehreren Meßbereichen umschaltbar, umfaßt Meßbereichsendwerte von 1 mV bis 3 V. Das Meßgerät besteht aus einem Verstärkerteil mit Mittelwertgleichrichter und Impulsformer und einem Tastkopf, in dem ein Sampling-Pulsgenerator (engl. to sample, abtasten) mit einer Abtastschaltung untergebracht sind (Bild). Die Abtastschaltung arbeitet nach dem zufälligen Sampling-Verfahren. [12].   Fl

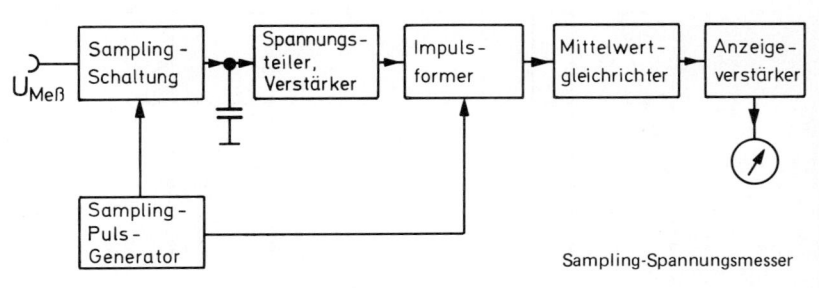

Sampling-Spannungsmesser

Sampling-Verfahren *(sampling method)*, Abtastverfahren. Das S. (engl. to sample, abtasten, Probe entnehmen) ist eine Methode der Abtasttechnik, die in der Meßtechnik zur Spannungsmessung periodisch verlaufender Wechselspannungen eingesetzt wird. Das Verfahren ist bei niedrigen Amplitudenwerten und sehr hohen Frequenzen (bis etwa 20 GHz) der Meßspannung anwendbar. Die Wiederholfrequenz muß nicht konstant sein. Beim S. werden Momentanwerte der Meßspannung mit steil verlaufenden Nadelimpulsen (Anstiegszeit etwa $0,1 \cdot 10^{-9}$ s) durch Probeentnahmen abgetastet. Die Entnahme von Probenwerten bzw. die Abtastung erfolgt punktweise über eine große Anzahl von Perioden der Meßspannung hinweg. Bei zeitlich richtiger Aneinanderreihung der Proben, ergibt die Verbindung der Endpunkte den ursprünglichen Kurvenverlauf der Meßspannung, wenn die Anzahl der entnommenen Proben genügend groß ist. Es erfolgt eine amplitudengetreue Transformation in einen länger dauernden Zeitbereich (ähnlich dem Stroboskop). Nach der Folge der Zeitabstände, in denen eine Probenentnahme stattfindet, unterscheidet man: 1. Sequentielles S. (auch kohärente Abtastung). Die Abtastung erfolgt in gleichen Zeitabständen. Zu jeder Probenentnahme werden eine Sägezahnspannung und eine Treppenspannung gleichzeitig mit dem Startwert Null ausgelöst (Bild). Mit jeder neuen Probe erhöht sich die Treppenspannung um eine Stufe. Sind Treppenspannungen und Amplitude der Sägezahnspannung gleich, wird ein Abtastimpuls ausgelöst und die Sägezahnspannung zurück auf Null gesetzt. Der Impuls öffnet kurzzeitig eine Torschaltung und der Augenblickswert der Meßspannung gelangt an ein Speicherglied. Eine nachfolgende Verstärkerschaltung und Impulsformerstufe verstärkt und verbreitert die Probenwerte. Die am Schaltungsausgang liegenden Spannungswerte sind zeit- und amplitudenproportional zu den Meßspannungswerten. Anwendungen: z. B. beim Sampling-Oszilloskop. 2. Zufälliges S. (auch: inkohärente Abtastung, Random-Sampling). Die Abtastimpulse erscheinen in unregelmäßigen, statistisch streuenden Zeitabständen. Die statistische Verteilung der Abtastwerte bleibt gleich, deswegen können mit dieser Methode Effektivwert-, Mittelwert- und Spitzenwertmessungen durchgeführt werden. Anwendungen: Sampling-Spannungsmesser, Netzwerkanalysator. [8], [10], [12], [13]. Fl

Sandwichstruktur *(sandwich structure)*, Schichtstruktur. Hierunter versteht man in der Halbleitertechnik Schichtenfolgen verschiedener Materialien, z. B. Halbleiter-Isolator-Metall. [4]. Ne

Satellit *(satellite)*. Als S. bezeichnet man solche Raumflugkörper, die in elliptischer oder kreisförmiger Bahn einen Himmelskörper (Sonne, Planet, Mond o. ä.) umkreisen. Th

Satellit, geostationärer → Synchronsatellit. Ge

Satellitenfunk *(satellite communication service)*. Vor der Einführung des Satellitenfunks standen für Überseeverbindungen nur Seekabel oder Kurzwellenrichtfunk zur Verfügung, d. h. Fernsehübertragungen waren nicht möglich. Vorteile des Satellitenfunks: interkontinentale Fernsehübertragung, Breitband-Richtfunksysteme mit Satellit als Relais, weniger störanfällig als Kurzwellen-Verbindungen, bessere Navigationsmöglichkeiten und Wettervorhersage. Th

Satellitenrechner *(front end computer)*. Datenverarbeitungsanlage, die innerhalb eines Datenverarbeitungssystems spezielle Aufgaben wahrnimmt, z. B. die Steuerung der Ein-Ausgabe-Vorgänge.

Der S. ist ein eigenständiges System mit eigenem Hauptspeicher und Betriebssystem. Er ist jedoch in seiner Aufgabenerfüllung dem Hauptrechner untergeordnet. Er wirkt auf den Hauptrechner nicht wie ein Bestandteil der Zentraleinheit, sondern wie ein Peripheriegerät. [1]. We

Satellitenübertragung → Satellitenfunk. Th

Sättigung *(saturation)*. Eine S. liegt vor, wenn trotz Zunahme der verursachenden Größe die Wirkung nicht mehr gesteigert werden kann (Beispiel: → Hystereseschleife). Sättigungserscheinungen können bei nichtlinearen elektronischen Bauelementen auftreten. (→ Sättigungsbereich, → Sättigungsdrossel). [5]. Rü

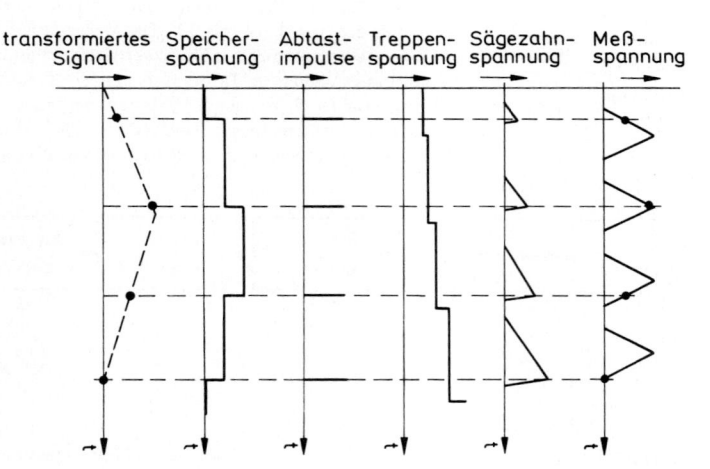

Sampling-Verfahren

Sättigungsbereich *(saturation region)*, Übersteuerungsbereich (→ Bild Bereich, aktiver). Arbeitsbereich des Bipolartransistors in dem beide Transistordioden leitend sind (im Bild links von der gestrichelten Linie). Der S. wird beim Betrieb des Bipolartransistors als Schalter verwendet. [4], [6]. Li

Sättigungsdrossel *(saturation choke)*. Die S. ist eine Drossel mit Eisenkern, der bis in die Sättigung ausgesteuert wird. Sättigungsdrosseln werden besonders bei Schaltvorgängen eingesetzt, da sie bei einer Ummagnetisierung Spannung aufnehmen und den Strom auf den Magnetisierungsstrom begrenzen (Schaltdrossel). So kann bei einem Stromrichterventil mit in Reihe liegender S. nach dem Zünden der Stromanstieg um einige Mikrosekunden verzögert werden, wodurch die Beanspruchung des Ventils gemindert wird. [3]. Ku

Sättigungsgebiet → Sättigungsbereich. Li

Sättigungslogik → Logik, gesättigte. We

Sättigungsspannung *(saturation voltage)*. Bei Bauelementen, bei denen Sättigung möglich ist — z. B. beim Bipolartransistor —, die Spannung, die mindestens erforderlich ist, um den Sättigungsstrom zu erreichen. [4], [6], [7]. Li

Sättigungsstrom *(saturation current)*. Der Strom, der in einem Bauelement bei Sättigung maximal fließen kann. Bei einem Bipolartransistor: Der Kollektorstrom, der bei fester Basisvorspannung maximal fließt. Wie man dem werden — sich also keine Raumladungszonen bilden. Bei einem Bipolartransistor: der Kollektorstrom, der bei fester Basisvorspannung maximal fließt. Wie man dem Ausgangskennlinienfeld des Bipolartransistors entnehmen kann, tritt der S. bereits ab einer Kollektor-Emitterspannung von 0,2 V bis 1 V auf. [4], [6], [7]. Li

Satz 1. *(record)*. Eine Zusammenfassung von digitalen Daten, die als eine sachliche Einheit behandelt werden (Beispiel: Kundenkonto) (DIN 66029). [1]. Ne
2. *(circuit)*. Einrichtung innerhalb von Vermittlungssystemen, die übertragungstechnische und Signalisierungsfunktionen wahrnimmt. Es werden unterschieden: Teilnehmersatz oder Teilnehmerschaltung *(line circuit, subscriber circuit)* zur Erkennung des Rufes, als Richtungsweiche u.a.m.; Verbindungssatz oder Internsatz *(junctor)* innerhalb einer aufgebauten Verbindung zur Teilnehmerspeisung, zur Rufsignalisierung u.a.m.; Leitungssatz *(trunk circuit)* für ankommende bzw. abgehende Verbindungsleitungen; Wahlsatz oder Register *(digit receiver, register)* zur Wähltonanschaltung und Aufnahme der Zielinformation; Prüfsätze, Sonderdienstsätze. [19]. Kü

Satz von der Kompensation → Kompensationstheorem. Fl

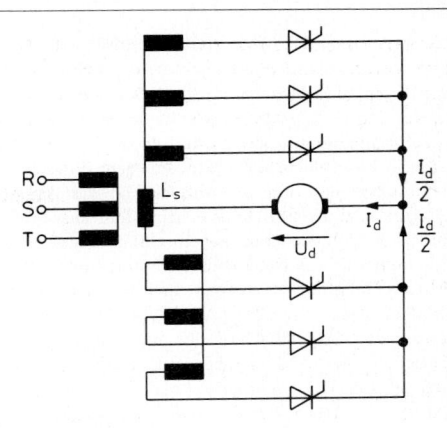

Saugdrosselschaltung *(double star connexion with interphase transformer)*. Die S. ist eine Parallelschaltung zweier dreiphasiger Stromrichter in Mittelpunktschaltung über eine sog. Saugdrossel L_S mit Mittelabgriff (Bild), die die Differenz der Momentanwerte der beiden Stromrichter aufnimmt. Der Laststrom I_d ist die Summe der beiden Teilströme $I_d/2$. Die Ausgangsspannung U_d ist sechspulsig. Die S. war bevorzugt bei Stromrichtern mit Quecksilberdampfventilen eingesetzt worden. [4]. Ku

Saugdrosselschaltung

S-Band *(S band)*. Bezeichnung für den Frequenzbereich von 1500 MHz bis 5200 MHz. [8], [14]. Th

SBC-Technik *(standard-buried collector technology, SBC technology)*. Epitaxie-Doppeldiffusions-Technik, nach der bipolare integrierte Schaltungen (TTL, ECL, IIL) hergestellt werden. Hierbei wird in ein schwach dotiertes P-Substrat eine hochdotierte N^+-Schicht zur Herabsetzung des Kollektorbahnwiderstandes diffundiert. Anschließend wird eine schwach dotierte Epitaxieschicht auf das Substrat aufgewachst. Nach Diffusion eines Isolationsrahmens (p^+-Dotierung) erfolgt durch eine P-Diffusion die Bildung des Basisgebietes und durch eine zweite N-Diffusion die Bildung des Emitter- und Kollektorgebietes. Durch Optimierung der Strukturabmessungen und der Dicke der Epitaxieschicht ist man heute bei der ASBC-Technik *(advanced-SBC)* angelangt. [4]. Ne

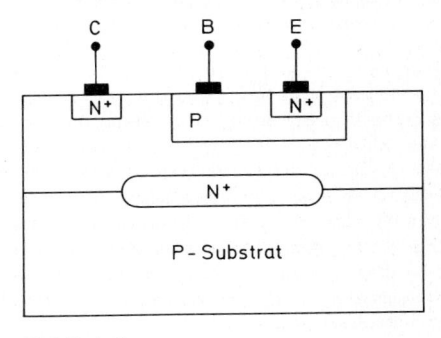

SBC-Technik

SBFET *(Schottky-barrier field-effect transistor)* → MESFET. Ne

Scanner *(scanner)*, Abtaster. Allgemein versteht man als S. engl. to scan, abtasten, überstreichen) ein Gerät, das aufeinanderfolgende Abtastvorgänge durchführt. Als S.

werden bezeichnet: 1. In der Radartechnik (→ Radar): a) Eine Radarantenne mit Reflektor, die während der Zielsuche um eine Mittellage rotiert. Nach Erkennung und Erfassung eines Zieles schwenkt der S. in die Zielebene ein und nimmt die Zielverfolgung auf. b) Der abtastende Elektronenstrahl, der auf dem Bildschirm einer Katodenstrahlröhre als Anzeigegerät das Ziel als Leuchtspur oder Leuchtfläche sichtbar und auswertbar macht. 2. Die Abtasteinrichtung eines Bildsenders, die in systematischer Folge Helligkeitswerte einer Bildvorlage mit einem Lichtpunkt abtastet und in eine Folge elektrischer Signale umsetzt. 3. Ein Meßkopf mit nahezu punktförmiger Abtastfläche, der im medizinischen Spezialgebiet der Nukleardiagnostik zur zeilenweise Abtastung z. B. von Körperregionen beim Patienten eingesetzt wird. Der S. besitzt einen Szintillationszähler, der vom Körper des Patienten abgegebene Gammastahlung als Impulsrate mißt. Dem Patienten wurde vorher ein Strahlung aussendender Radioindikator eingegeben. Die Meßwerte werden von einem Registrierinstrument als unterschiedlich dichte Strichfolgen aufgezeichnet. [5], [8], [9], [12], [13], [14]. Fl

4. Eingabe-Multiplexer. In der elektronischen Datenverarbeitung, besonders in der Prozeßdatenverarbeitung und in der Laborautomatisierung eine Schaltung, die Meßstellen programmgesteuert auf die Eingabeeinrichtung des Rechners schaltet (auch als Eingabe-Multiplexer bezeichnet). Dabei kann es sich sowohl um das Schalten von Analogsignalen auf einen gemeinsamen Analog-Digital-Wandler handeln, als auch um das Schalten von Signalen, die bereits digitalisiert sind (Bild). [17].

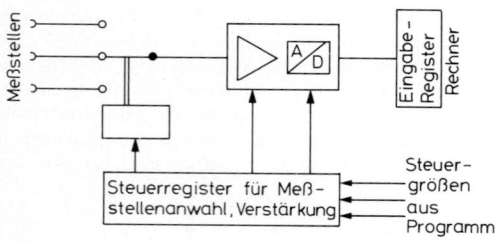

Scanner

5. In der elektronischen Datenverarbeitung das Prinzip, daß die Zentraleinheit Informationen über den Zustand peripherer Geräte, Eingabeterminals, Meßstellen bei technischen Prozessen durch regelmäßige programmgesteuerte Abfrage erhält. Die Abfrage muß so schnell durchgeführt werden, daß Zustandsänderungen mit einer genügend kurzen Reaktionszeit bearbeitet werden (Gegensatz: Prinzip der Programmunterbrechung; → a. Sendeaufruf). [1]. We

Scanning-Elektronenmikroskop → Rasterelektronenmikroskop. Fl

Scatter-Diagramm → Streudiagramm. Ge

Scattering-Matrix *(scattering matrix)* → Betriebsmatrizen. Rü

Scattering-Parameter *(scattering parameters)* → Betriebsmatrizen. Rü

Scatter-Verbindung → Streuausbreitung. Ge

Schale *(shell)*. Zusammenfassung aller Elektronen der Elektronenhülle eines Atomkerns (→ Schalenmodell der Elektronenhülle) bzw. aller Nukleonen (→ Schalenmodell des Atomkerns), die gleiche Hauptquantenzahl haben. Beispielsweise haben die Edelgase eine vollbesetzte Elektronenschale. [5], [7]. Bl

Schalenmodell *(shell model)*. 1. Das S. des Atomkern geht von der Annahme aus, daß die Bewegung des einzelnen Nukleons (nach Berücksichtigung der Wechselwirkung mit allen anderen Nukleonen) in einem auf den Kernschwerpunkt bezogenen Zentralpotential erfolgt, wobei sich Schalen (→ Schale) ausbilden. Die mathematische Beschreibung erfolgt durch die Schrödinger-Gleichung. Das S. gibt erfolgreich Einteilcheneigenschaften von Atomkernen wieder. 2. Das S. der Atomhülle beschreibt die Bewegung der Elektronen in einem zentralen elektrostatischen Coulomb-Potential. Hierbei haben die Elektronen der gleichen Schale gleiche Hauptquantenzahl (→ Atommodell). [5], [7]. Bl

Schallaufnehmer → Schallempfänger. Fl

Schalldruck *((effective) sound pressure)*, genauer Schallstrahlungsdruck. Der durch die Schallschwingung hervorgerufene Wechseldruck. Der S. ist gleich der mittleren Energie pro Volumeneinheit

$$p_{Str} = \frac{1}{2} \rho_0 v^2,$$

wobei ρ_0 Dichte; v Schallschnelle. Rü

Schallempfänger *(sound receiver)*, Schallaufnehmer. S. sind Energiewandler, die Schallenergie in elektrische Energie umsetzen. Eingangsgröße sind z. B. schnelle Luftdruckänderungen, Ausgangsgröße dazu proportionale Werte von elektrischen Wechselspannungen. Man bezeichnet S. als Mikrophone. Beim S. wird im ersten Umwandlungsschritt die Schallenergie durch ein mechanisches, schwingfähiges System in mechanische Energie umgesetzt. Häufig wird eine Membran vom Schallfeld zum Schwingen angeregt. 1. Nach der Art der Anregung unterscheidet man: a) Druckempfänger. Das mechanische System wird direkt vom einfallenden Schalldruck in Bewegungen versetzt. b) Druckgradientenempfänger. Die einwirkende Kraft ist vom Schalldruckgefälle an Vorder- und Rückseite der Membran abhängig. 2. Im zweiten Umwandlungsschritt werden die Bewegungen in elektrische Größen umgesetzt. Man unterscheidet: a) Elongations-S. Der Ausschlag der Bewegung erzeugt eine elektrische Spannung. b) Geschwindigkeits-S. Die Geschwindigkeit der Bewegung erzeugt Spannungswerte. 3. Nach dem Verfahren der mechanisch-elektrischen Umwandlung unterscheidet man z. B.: elektromagnetische S., elektrodynamische S. (→ Tauchspulenmikrophon), piezoelektrische S. (→ Kristallmikrophon), elektrostatische S. (→ Kondensatormikrophon), magnetostriktive S. (z. B. zur Aufnahme von Unterwasserschall). 4. Bezüglich der Einfallsrichtung des Schalls und der davon abhängigen Werte der Ausgangsspannungen des Schallempfängers unterscheidet man nach der Richtcharakteristik: z. B.

Achtercharakteristik, Nierencharakteristik (gerichtete S.) und Kreischarakteristik (ungerichtete S.). Wichtige Kenngrößen von Schallempfängern sind z. B. Empfindlichkeit, Frequenzgang. Hauptsächliches Anwendungsgebiet von Schallempfängern: Umsetzung akustischer Schallereignisse in elektrische Spannungen. [12], [13], [14], [19]. Fl

Schallfeld *(sound field)*. Die allgemeine Darstellung von physikalischen Schallphänomenen geschieht in einem S., indem jedem Raumpunkt entsprechende Schallgrößen zugeordnet werden. Man unterscheidet ebene Schallfelder (Schallausbreitung nur in einer Raumkoordinate) sowie räumliche Schallfelder, die durch punktförmige Schallstrahler erzeugt werden. Das S. wird durch zwei Ausbreitungsgleichungen beschrieben. Ist der Druck p, die Mediumdichte ρ_0 und die Teilchengeschwindigkeit (→ Schallschnelle) v, dann gilt, wenn die Dichteschwankungen δ_ρ klein gegenüber ρ_0 sind,

1. $\frac{\partial \mathbf{v}}{\partial t} = -\frac{1}{\rho_0} \text{grad } p$,

2. $\frac{\partial \rho}{\partial t} = -\rho_0 \text{ div } \mathbf{v}$

(oder: $\frac{\partial p}{\partial t} = -c^2 \rho_0 \text{ div } \mathbf{v}$),

wobei c die Schallgeschwindigkeit ist. Für das ebene S. mit Ausbreitung in x-Richtung vereinfachen sich die beiden Beziehungen zu:

1. $\frac{\partial v}{\partial t} = -\frac{1}{\rho_0} \frac{\partial p}{\partial x}$,

2. $\frac{\partial p}{\partial t} = -c^2 \rho_0 \frac{\partial v}{\partial x}$.

Die zweite Ausbreitungsgleichung heißt auch Kontinuitätsgleichung. Führt man ein Geschwindigkeitspotential Φ mit

$\mathbf{v} = \text{grad } \Phi$

ein, dann erhält man für Φ eine → Wellengleichung ($\xi \hat{=} \Phi; v \hat{=} c$). [5]. Rü

Schallgeschwindigkeit *(sound velocity)*, (Zeichen c). Die Ausbreitungsgeschwindigkeit einer Schallwelle. Für die S. in Gasen gilt für eine beliebige Temperatur ϑ mit den Größen des Schallfeldes

$c = \sqrt{\frac{p}{\rho_0} \frac{c_p}{c_v}(1 + \beta\vartheta)}$,

wobei c_p die spezifische Wärme bei konstantem Druck, c_v die spezifische Wärme bei konstantem Volumen und β der Ausdehnungskoeffizient des Gases ist. Für Flüssigkeiten gilt die Beziehung

$c = \frac{1}{\sqrt{K\rho_0}}$,

wobei K die adiabatische Kompressibilität ist. [4]. Rü

Schallimpedanzen *(acoustic impedance)*. In Anlogie zur Elektrotechnik werden im Schallfeld Impedanzen als komplexe Quotienten aus dem Zeiger einer dynamischen Feldgröße und dem Zeiger einer kinematischen Feldgröße definiert; ihr Produkt ergibt eine Leistung oder eine Intensität (DIN 1320). Beispiel:

Spezifische S. (Feldimpedanz) = $\frac{\text{Schalldruck}}{\text{Schallschnelle}}$.

[5]. Rü

Schallintensität *(sound intensity)*, Bestrahlungsstärke, Schallstärke. Der Quotient aus Schalleistung und der zur Richtung des Energietransports senkrechten Fläche (DIN 1320) (Produkt aus Schalldruck und Schallgeschwindigkeit):

$I = \frac{1}{2} \rho_0 v^2 c =$

$= \frac{1}{T} \int_0^T pv \, dt$,

mit T Periodendauer. [5]. Rü

Schalleistung *(acoustic power)*. Der Quotient aus (abgegebener, durchtretender oder aufgenommener) Schallenergie und der zugehörigen Zeitdauer (DIN 1320). Die gesamte von der Schallquelle abgegebene S. erhält man durch Integration der Schallintensität I über eine (im Fernfeld liegende) Kugelfläche A:

$P = \int I \, dA$.

Beispiele: Sprache: $P = 10^{-5}$ W; Flöte: P = 1,5 W; Großlautsprecher: $P = 10^2$ W (W Watt). [5]. Rü

Schallkennimpedanz *(sound radiation impedance)*, Schallwellenwiderstand. Die S. ist eine Kenngröße des ebenen Schallfeldes und charakterisiert das Medium, in dem sich Schall ausbreitet. Man bildet bei einer ebenen Schallwelle die S. aus dem Verhältnis von Schalldruck zu Schallschnelle. Ähnlich dem Wellenwiderstand einer homogenen elektrischen Leitung ist die S. an jedem betrachteten Punkt räumlich und zeitlich konstant. Die Werte der S. gelten bei bestimmtem Medium nur für einen angegebenen Temperaturwert. Mit Hilfe von Materialkonstanten errechnet sich die S. $|Z_0|$:

$|Z_0| = c \cdot \rho_0 = \sqrt{E \cdot \rho_0}$ in Ns/m^3

(c Schallgeschwindigkeit im Medium, ρ_0 Dichte des Mediums im Ruhezustand, E Elastizitätsmodul des Mediums). Beispiele von Schallkennimpedanzen bei einem Temperaturwert von 20°C sind:
Stahl = 45,6 · 10^6 Ns/m^3; Wasser = 1,44 · 10^6 (bei 10 °C); Luft = 408 Ns/m^3. [12], [13], [14]. Fl

Schallpegel *(sound level)*. Logarithmisches Verhältnis einer Schall-Feldgröße oder einer Schall-Energiegröße zu einer gleichartigen Bezugsgröße (DIN 1320) (→ Pegel). Für die Wahl der Bezugswerte bei absoluten Pegeln der Größen des Schallfeldes sind folgende Zuordnungen gebräuchlich:
Schalldruckpegel: Bezugsschalldruck 20 μ N/m^2 = = 2 · 10^{-4} μbar;
Schallschnellepegel: Bezugsschallschnelle 50 nm/s;
Schalleistungspegel: Bezugsschalleistung 1 pW;
Schallintensitätspegel: Bezugsschallintensität 1 pW/m^2;
bewerteter Schalldruckpegel: eine frequenzabhängige Be-

wertung des Schalldrucks nach einer vorgegebenen Bezugskurve, z. B. Bewertungskurve A nach DIN 45 633/1 (→ Pegelangaben), (N Newton, W Watt, bar → Pascal). [5]. Rü

Schallpegelmesser *(sound level meter).* Der S. ist eine Meßeinrichtung, die zur Messung von Schalldruckpegelwerten (→ Schalldruck) des Luftschalls dient. Die Anzeigeskala ist häufig in Dezibel unterteilt. Die Meßeinrichtung (Bild) besteht aus einem hochwertigen Kondensatormikrophon, das innerhalb des Meßbereichs einen linearen Frequenzgang und kugelförmige Richtcharakteristik besitzt. Es folgt ein Verstärker, dessen Frequenzverlauf ebenfalls im Meßbereich linear ist. Der Gesamtmeßbereich (bis etwa 100 dB) ist häufig über einen Wahlschalter in Teilbereiche aufgegliedert. Zur objektiven Messung der Lautstärke besitzen hochwertige S. einen Verstärker mit frequenzbewerteten Filtern, deren Frequenzgang den Eigenschaften des menschlichen Gehörs nachgebildet ist. Nach einer Gleichrichterschaltung, die häufig zur Effektivwert-, Mittelwert- oder Spitzenwertmessung umschaltbar ist, folgt ein Drehspulmeßwerk. Anwendungen: z. B. Lautstärkemessungen, Lärmmessungen. [12], [13]. Fl

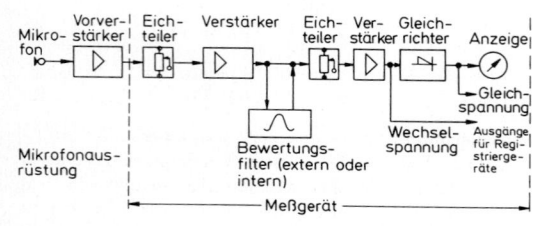

Schallpegelmesser

Schallschnelle *(sound particle velocity),* (Zeichen v). Die Wechselgeschwindigkeit (Geschwindigkeitsamplitude) eines schwingenden Teilchens im Schallfeld (DIN 1320). Diese Wechselgeschwindigkeit wird als Schnelle bezeichnet, um Verwechselungen mit der Ausbreitungsgeschwindigkeit (→ Schallgeschwindigkeit) zu vermeiden. [5]. Rü

Schallsender *(sound projector, sound source, sound transmitter).* S. sind Anordnungen, die nach Anregung zu freien oder erzwungenen, elastischen Schwingungen Schalldruck erzeugen. 1. Methoden zur Erzeugung der Schalldruckkraft p findet man nach der Gleichung:

$$p = \frac{1}{4 \cdot \pi \cdot r} (\rho \cdot A \cdot \frac{\delta v}{\delta t} + \rho \cdot v \frac{\delta A}{\delta t} + A \cdot v \cdot \frac{\delta \rho}{\delta t}) \cdot e^{-j(\omega \cdot t - k \cdot r)}$$

(r Abstand zum S., k ganzzahliges Vielfaches, ω Kreisfrequenz). a) bei konstant bleibender Dichte ρ und Fläche A wird die Schnelle v zeitlich geändert ($\delta v/\delta t$). Beispiele: Resonanzboden beim Saiteninstrument, Membran von Lautsprechern. b) Bei konstant bleibender Dichte ρ und konstant bleibender Schnelle v erfolgt eine zeitliche Änderung der Fläche A ($\delta A/\delta t$). Beispiele: Kehlkopf, Sirene. c) Bei konstanter Fläche A und konstant bleibender Schnelle v wird die Dichte ρ zeitlich geändert ($\delta \rho/\delta t$). Beispiele: → Ionophon-Lautsprecher,

→ Thermophon. 2. Nach der Anregungsenergie unterscheidet man: a) Mechanische S. Es wird mechanische Energie in Schallenergie umgewandelt. Beispiele: Musikinstrumente, Kehlkopf, Sirene, Hiobtonerzeuger.
b) Elektrische S. Es wird elektrische Energie in Schallenergie umgesetzt. Beispiele: Lautsprecher, Telephon.
c) Thermische S. Es wird thermische Energie in Schallenergie umgesetzt. Beispiele: Ionophon-Lautsprecher, Thermophon. [5], [9], [12], [13], [14], [19]. Fl

Schallspeicher *(acoustic memory, acoustic storage).* Medium, das das Speichern akustischer Ereignisse zum Zwecke der späteren Wiedergabe ermöglicht; z. B. Tonband, Schallplatte, Film (Lichtton). 2. In der Digitaltechnik: Speicher in Form von akustischen Laufzeitketten, in denen sich Ultraschallwellen in Quecksilber oder Quarz ausbreiten. Ihr zwischen Sender und Empfänger zurückgelegter Weg und die Ausbreitungsgeschwindigkeit im jeweiligen Medium bestimmen die Speicherkapazitäten des Schallspeichers. [1], [2], [13]. Li

Schallstärke → Schallintensität. Rü

Schallwandler *(sound converter).* S. sind Energiewandler, die als Schallempfänger oder als Schallsender betrieben werden können. 1. S., die nach dem Prinzip in beiden Richtungen arbeiten, sowohl als Schallempfänger als auch als Sendequelle, heißen reversible S. Sie werden am häufigsten eingesetzt. Beispiele: elektromagnetische Wandler, elektrodynamische Wandler, magnetostriktive Wandler, elektrostatische Wandler, piezoelektrische Wandler. 2. S., die nach ihrem Prinzip nur nach einer Richtung betrieben werden können, heißen irreversible S. oder aktive Schallsender. Die elektrische Energie dient bei den irreversiblen Schallwandlern zur Steuerung der abgegebenen Schallenergie. Eine gesonderte Schallquelle erzeugt die Schallenergie. Sie werden praktisch selten genutzt. Beispiele: Johnson-Rhabeck-Lautsprecher, Explosionsschallsender. [5], [9], [12], [13], [14], [19]. Fl

Schallwellenwiderstand *(characteristic sound impedance),* (Zeichen Z). Eine spezielle Schallimpedanz: Man versteht darunter das Verhältnis von Druckamplitude zu Schallschnelle. Für eine ebene Welle in einem homogenen Medium ist

$$Z = \rho c$$

(ρ Dichte des Mediums, c Schallgeschwindigkeit). Für Normalluft beträgt

$$Z = 428 \, \frac{kg}{m^2 s}.$$

[5]. Rü

Schaltalgebra *(switching algebra),* Kontaktalgebra, Schalterlogik. Von Shannon entwickelter Spezialfall der Booleschen Algebra, bei der Schalter als binäre Elemente Verwendung finden. Den Grundverknüpfungen der Booleschen Algebra entsprechen: der UND-Verknüpfung die Reihenschaltung von Schaltern bzw. deren elektronische Nachbildung in Form des UND-Gatters; der ODER-Verknüpfung die Parallelschaltung von Schaltern bzw. deren elektronische Nachbildung in Form des ODER-Gatters;

Schalter

Grundverknüpfungen der Booleschen Algebra

der Negation der Schalter mit Ruhekontakt bzw. dessen elektronische Entsprechung in Form eines Inverters. Durch Anwendung der Axiome der Booleschen Algebra lassen sich Schaltungen mit vorgegebenen Eigenschaften durch Kombination der Grundschaltungen entwickeln. Dazu wird eine Schaltfunktion anhand der geforderten Eigenschaften aufgestellt, minimiert und dann die minimierte Schaltfunktion in ein Schaltwerk oder Schaltnetz umgesetzt. [1], [2], [9]. Li

Schaltbild, logisches → Signalflußplan. We

Schaltdiode *(switching diode)*. Eine Halbleiterdiode, die als Schalter verwendet wird. In Vorwärtsrichtung wirkt sie oberhalb der Schleusenspannung wie ein geschlossener Schalter und unterhalb dieser Spannung bzw. bei Betrieb in Rückwärtsrichtung entspricht sie einem offenen Schalter. Als S. werden Dioden mit niedriger Sperrschichtkapazität, kurzen Schaltzeiten und hohem Sperrwiderstand verwendet. [2], [6], [8], [10]. Li

Schaltelement *(circuit element)*. Elementarer Baustein einer elektronischen Schaltung. [4]. Rü

Schalter *(switch)*. Bauelement zum Öffnen oder Schließen eines Stromkreises. Der ideale Schalter erreicht den Widerstandswert $0\,\Omega$ in einem Schaltzustand (kein Spannungsabfall) sowie einen unendlich hohen Widerstandswert im anderen Schaltzustand (kein Stromfluß), wobei die beiden Schaltzustände unendlich schnell gewechselt werden können. Reale Schalter weichen von diesem Verhalten ab. Zu unterscheiden sind elektronische S., die sich besonders durch hohe Schaltgeschwindigkeit auszeichnen und mechanische bzw. elektromechanische S. Die Digitaltechnik beruht auf der Verwendung elektronischer S. [4]. We

Schalter, analoger *(analogue switch)*. In integrierter Schaltungstechnik aufgebautes elektronisches Relais. Die Ansteuerung des analogen Schalters kann mit den Logikpegeln der üblichen integrierten Schaltkreisfamilien erfolgen. [4]. Ge

Schalter, elektrischer *(switch)*. Bauelement zum Schließen, Öffnen oder Umschalten von Verbindungen in elektrischen Schaltungen. Der elektrische S. kann manuell, mechanisch, hydraulisch, barometrisch, durch Schwer-

kraft oder elektromechanisch betätigt werden. Die Auslegung von elektrischen Schaltern erfolgt vor allem nach der zu schaltenden Last, aber auch nach der geforderten Schaltgeschwindigkeit, der Kapazität, der Anzahl der Schaltspiele sowie den Umgebungsbedingungen am Einsatzort. [4]. Ge

Schalter, elektromagnetischer *(electrically operated switch)*. Elektrischer Schalter, bestehend aus einem elektromechanischen Betätigungsglied und dem Kontaktsatz. Zu den elektromagnetischen Schaltern zählen u. a. Relais und Schrittschaltwerke. [4]. Ge

Schalter, elektronischer *(electronic switch)*, kontaktloser Schalter. Elektronisches Bauelement, das als Schalter eingesetzt wird. Ein elektronischer S. verfügt über zwei Zustände: Im leitenden Zustand soll ein großer Strom ohne Spannungsabfall fließen; im gesperrten Zustand soll bei hohem Spannungsabfall kein Strom fließen.

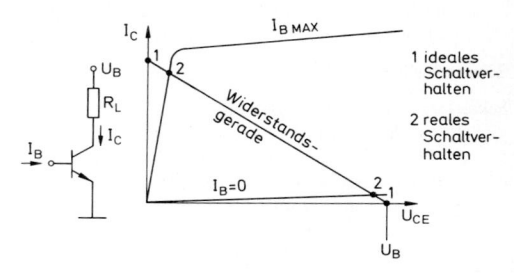

Transistor als elektronischer Schalter

Beide Betriebszustände können von elektronischen Bauelementen nicht 100%ig erfüllt werden. Als elektronische S. werden insbesondere Transistoren und Thyristoren verwendet. Gegenüber mechanischen Schaltern haben elektronische S. den Vorzug der größeren Schaltgeschwindigkeit sowie einer größeren zulässigen Anzahl von Schaltspielen (kein mechanischer Verschleiß). Die gesamte Digitaltechnik beruht auf der Verwendung von elektronischen S. [2], [6]. We

Schalter, kontaktloser *(solid-state switch)*. 1. Halbleiterschalter. Elektronische Schaltung mit bistabilem Halbleiterbauelement als Schalter. Zum Schalten von Gleichstrom eignen sich Transistoren oder Thyristoren, bei Wechselstrom werden auch Triacs verwendet. Kontaktlose S. zeichnen sich durch kurze Umschaltzeit aus und arbeiten ohne Kontaktprellen. 2. Verwendung des Hallgenerators als kontaktloser S.: Bei abgeschaltetem Magnetfeld ist die Hallspannung (unabhängig vom Steuerstrom) stets Null. Wenn das Magnetfeld eingeschaltet wird, tritt eine Hallspannung auf. [4]. Ge

Schalter, prellfreier *(bounce-free switch)*. 1. → Quecksilberschalter. 2. Flipflop-Schaltung, die bereits bei der ersten Kontaktgabe eines prellenden mechanischen Schalters eindeutig gesetzt wird. Prellfreie S. sind in Verbindung mit schnellen integrierten Schaltungen zur sicheren Signaleingabe unbedingt erforderlich. [4]. Ge

Schalter-C-Filter → Schalterfilter. Ne

Schaltereigenschaften *(switch characteristics)*. Eigenschaften, die bei einem als Schalter verwendeten Bauelement von Bedeutung sind. Es sind dies: Widerstand im geöffneten und geschlossenen Zustand, bei Halbleitern: gesperrter und leitender Zustand, Schaltzeiten und Grenzfrequenz. [4], [6]. Li

Schalterfilter *(switched-capacitor filter)*, genauer S̲chalter-C̲-Filter (SCF). Eine neuartige Filtermethode, die sich für die MOS-Großintegrationstechnik (MOS m̲etal-o̲xide s̲emiconductor) eignet. Im Gegensatz zu aktiven Filtern, die als Bauelemente Widerstände, Kondensatoren und Operationsverstärker verwenden, verzichtet man bei Schalterfiltern auf die in MOS-Technik nur schwer herstellbaren Widerstände; an ihre Stelle tritt als zentrales Element der Kommutator, ein Schalter, der durch integrierte Feldeffekttransistoren einfach realisiert werden kann. In der Filtertechnik stellen die S. eine moderne Realisierungsmethode parallel zu den → Ladungstransferelementen dar. [14]. Rü

Schalterlogik → Schaltalgebra. Li

Schaltfolge *(sequence)*. Beschreibt das Verhalten eines Schaltwerks bei der Zustandsänderung durch einen Impuls. Berücksichtigt werden dabei der innere Zustand des Schaltwerks und die Eingangssignale. Die Schaltfolge kann durch eine Schaltfolgetabelle, durch einen Graphen oder durch eine logische Gleichung ausgedrückt werden. Das Bild zeigt diese drei Möglichkeiten für ein JK-Flipflop. [2]. We

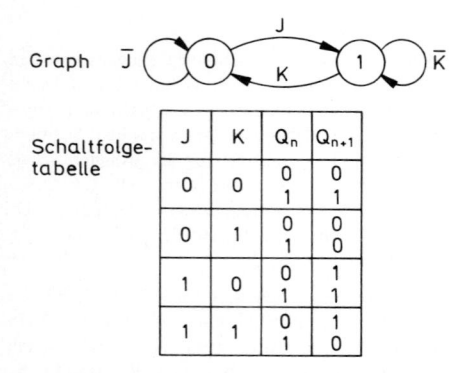

Graph

J	K	Q_n	Q_{n+1}
0	0	0	0
		1	1
0	1	0	0
		1	0
1	0	0	1
		1	1
1	1	0	1
		1	0

Gleichung: $Q^{n+1} = [(J \wedge \overline{Q}) \vee (\overline{K} \wedge Q)]^n$ (n Schaltbild zum Zeitpunkt t; n + 1 Schaltzustand zum Zeitpunkt t + 1)

Schaltfolge

Schaltfrequenz → Taktfrequenz. Li

Schaltfunktion *(switching function)*. Eine Funktion, bei der jede Argumentvariable und die Funktion selbst nur endlich viele Werte annehmen können. Wenn eine Schaltfunktion mit Hilfe eines Operators dargestellt wird, spricht man von Verknüpfung (DIN 44 300). Da die Anzahl der Werte einer S. endlich ist, kann sie in Funktionstabellen (auch als Wahrheitstabellen bezeichnet) vollständig beschrieben werden. Die in der Digitaltechnik realisierten Schaltfunktionen sind Funktionen der Booleschen Algebra. [9]. We

Schaltgalvanometer *(switching galvanometer)*. S. sind elektromechanische Grenzwertmelder, die als Minimalkontaktgeber oder als Maximalkontaktgeber ausgelegt sind. Eine Meßwertanzeige ist nicht vorhanden. Der Zeiger des Drehspulgalvanometers ist durch einen Kontaktarm ersetzt, dessen Ausschlagbereich von einem Dauermagneten begrenzt wird. Durch Ändern der mechanischen Ruhelage der beweglichen Drehspule läßt sich von außen ein bestimmter Ansprechwert einstellen. Erreicht der Meßstrom den Ansprechwert des Schaltgalvanometers, gerät der Kontaktarm in den Einflußbereich des Dauermagneten und wird zu ihm hin beschleunigt. Es werden mehrere parallel geschaltete Kontakte geschlossen. Zum Öffnen der Kontakte muß eine Löschtaste betätigt werden. Dadurch wird ein Trennmagnet an Spannung gelegt und der Kontaktsatz mechanisch getrennt. [12], [18]. Fl

Schaltglied *(switching element)*. Schaltung der Digitaltechnik; meist als Verknüpfungsglied bezeichnet. Das S. enthält keine speichernden Elemente. [2]. We

Schaltkapazität *(switching capacity)*. Die in Bauelementen oder integrierten Schaltungen auftretende ungewollte (parasitäre) Kapazität, die entscheidend die Grenzfrequenz bzw. die Schaltzeiten der Schaltung beeinflußt; in Formeln als C_s bezeichnet. [4]. We

Schaltkreis, monolithischer → Schaltung, monolithisch integrierte. We

Schaltkreisanalysator *(circuit analyzer)*. 1. In der Stromversorgungstechnik wird ein Analogrechner häufig als S. bezeichnet, wenn er zur Berechnung vermaschter Leitungsnetze oder deren Nachbildungen eingesetzt ist (→ Netzwerkanalysator). 2. Manchmal bezeichnet man Anordnungen von Meßinstrumenten oder Meßeinrichtungen, die in einem gemeinsamen Gehäuse untergebracht sind, als S. Mit ihrer Hilfe können die Werte elektrischer Größen (z. B. Strom, Spannung, Widerstand) in einer Schaltung gemessen werden. Ein einfacher S. ist z. B. ein Vielfachinstrument. [3], [12]. Fl

Schaltkreisfamilie → Schaltungsfamilie. We

Schaltkreistechnik → Schaltungstechnik. We

Schaltmatrix *(crosspoint switch)*. Schaltungsaufbau zur Verbindung vieler Anschlußpunkte in Form einer Matrix. Das Bild zeigt die S. für je vier Anschlußpunkte (→ a. Koppelnetz). We

Schaltnetz *(combinational circuit)*. Schaltnetze sind Schaltungen, die aus (logischen) Verknüpfungsgliedern ohne Speichereigenschaften aufgebaut sind, und deren Ausgangssignale in eindeutiger Weise von den logischen Werten der Eingangssignale abhängen. Schaltnetze sind die technische Realisierung der Booleschen Schaltalgebra. [2]. Ku

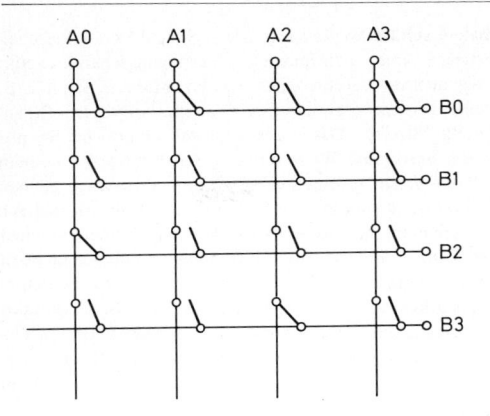

Schaltmatrix mit den Verbindungen
A1−B0
A0−B2
A2−B3   Schaltmatrix

Schaltnetzteil *(switching power supply)*. Schaltnetzteile sind geregelte Netzteile mit hohem Wirkungsgrad (etwa 80%). Die Wirkungsweise beruht darauf, daß die Netzwechselspannung nach erfolgter Gleichrichtung in eine pulsbreitenmodulierte, höherfrequente Wechselspannung (→ Pulsbreitenmodulation) umgewandelt wird (Frequenzen oberhalb 18 kHz). Ein Transformator mit Ferritkern setzt die Pulse in gewünschte Spannungswerte um. Es folgen eine weitere Gleichrichterschaltung und eine Schaltung zur Glättung der gleichgerichteten Pulsspannungswerte. Am Ausgang des Schaltnetzteils stehen bei hochwertigen Ausführungen (Schaltregler, Gegentaktspannungswandler) Gleichspannungswerte zur Verfügung, die eine hohe Stabilität sowohl gegen Netzspannungsänderungen als auch gegen Laständerungen aufweisen (Laständerungen von 10% bis 100% bei einer Stabilität von 0,3%). [6], [13]. Fl

Schaltplan *(wiring scheme)*. Der S. einer elektrischen Einrichtung stellt das elektrische Zusammenwirken von Bauteilen und Baugruppen dar, unabhängig von deren geometrischer Lage in einem Gerät und ohne Berücksichtigung eines Maßstabes. Je nach der Ausführlichkeit des Schaltplans unterscheidet man zwischen Übersichtsplan, Stromlaufplan, Wirk-S. und Leitungsplan (DIN 40 719). Die zu verwendenden Schaltzeichen sind in DIN 40 700 bis 40 717 zusammengefaßt. [5]. Ku

Schaltpyramide → Pyramidenschaltung. Fl

Schaltsystem → Schaltnetz; → Schaltwerk. Li

Schaltregler *(switching controller)* → Relaisregler; → Temperaturregler. Ku

Schaltspannung *(switching voltage)*. Die S. ist die in einem Schaltgerät über der Schaltstrecke bei Öffnen eines Stromkreises durch den Lichtbogen entstehende Spannung. [11]. Ku

Schalttafelgerät → Schalttafelinstrument. Fl

Schalttafelinstrument *(panel meter, switchboard instrument)*, Panelmeter, Schalttafelgerät. Das S. ist ein Meßinstrument, das zum Einbau in Schalttafeln oder Geräte hergestellt wird. Die Schalttafelinstrumente sind als rechteckförmige Instrumente im Quer- oder Hochformat, auch in runder oder quadratischer Bauform erhältlich. Zum Ausgleich des Parallaxefehlers sind oft Zeiger und Skala in eine Ebene gelegt. Man hebt dazu entweder das Blech mit der Skalenteilung an oder senkt den Zeiger in eine flächenhafte Vertiefung des Skalenbleches. Nach Normung sind die Skalenendwerte der Meßbereiche in folgende Ziffern eingeteilt: 1; 1,5; 2,5; 4; 6. Häufig enden die Meßbereiche mit dekadischen Vielfachen der angegebenen Werte. Bei Schalttafelinstrumenten mit Wandleranschlüssen werden die Endwerte durch die Ziffern 2; 3; 6 und 8 ergänzt. Bei Schalttafelinstrumenten muß oft der Unterschied zwischen Anzeigebereich und dem durch Markierungen gekennzeichneten Meßbereich beachtet werden. Schalttafelinstrumente sind auch mit Digitalanzeige erhältlich. [12]. Fl

Schalttransistor *(switching transistor)*. Bipolartransistor, der überwiegend als elektronischer Schalter verwendet wird. Er schaltet zwischen zwei Arbeitspunkten hin und her: einem Punkt im Sättigungsbereich (Transistor leitend) und einem im Sperrbereich (Transistor gesperrt). Er muß kurze Schaltzeiten, niedrigen Reststrom, kleine Restspannung und hohe Grenzfrequenz haben. [2], [4], [6], [10]. Li

Schaltüberspannung *(switching surge)*. Die S. ist eine durch Schalthandlungen hervorgerufene Überspannung z. B. beim Einschalten von langen Leitungen und Kabeln und beim Ausschalten kleiner induktiver Ströme. [11]. Ku

Schaltung, äquivalente → Äquivalenz; → Zweipol, äquivalenter; → Vierpol, äquivalenter. Rü

Schaltung, bipolare *(bipolar circuit)*. Integrierte Schaltungen, die als verstärkende Elemente ausschließlich Bipolartransistoren verwenden. [6]. Ne

Schaltung, digitale *(digital circuit)*. Schaltung, die nach Art eines Schalters Signale mit den Zuständen „an-aus" oder „L-H" verarbeiten (binäre Signale). Digitale Schaltungen sind z. B.: Multivibratoren, digitale Speicher, digitale Systeme (Digitalrechner). [2]. We

Schaltung, duale → Zweipol, dualer; → Vierpol, dualer. Rü

Schaltung, gedruckte *(printed circuit, printed circuit board, PCB)*. Weiterentwicklung der Leiterplatte, bei der Teile der Leiterschicht Bauelemente der Schaltung bilden, wie: Widerstände, Spulen, Kondensatoren, oder Flächen, die Abschirmfunktion für elektrische Felder haben bzw. zur Wärmeableitung – also als Kühlfläche – dienen. Bei der gedruckten S. lassen sich auch mehrere Platten übereinander anordnen, die vor dem Bohren der Löcher und dem Bestücken zu einer Mehrlagenschaltung verleimt werden. [4]. Li

Schaltung, hochintegrierte *(large scale integrated circuit; LSI)*. Integrierte Schaltung mit mehr als 100 Gatterfunktionen pro Halbleiterplättchen. [4], [6]. Ne

Schaltung, integrierte → Schaltung, monolithisch integrierte.   Ne

Schaltung, monolithisch integrierte *(integrated circuit)*, integrierte Schaltung. Elektronische Schaltung, bei der alle passiven und aktiven Bauelemente auf einem Halbleiterplättchen (meist Silicium) von wenigen Millimetern Kantenlänge untergebracht sind. Die Bauelemente werden mit denselben technologischen Prozessen gleichzeitig hergestellt. Vorteile: Reduktion der Kosten, höhere Zuverlässigkeit, Platzeinsparung, verbesserte elektrische Eigenschaften. [4], [6].   Ne

Schaltung, monostabile → Multivibrator, monostabiler.   We

Schaltungselement *(switching element)*. Element innerhalb von Digitalschaltungen zur Ausführung einfacher Verknüpfungen, z. B. Negation. [2].   We

Schaltungsentwurf *(circuit design)*. Entwurf von Schaltplänen mit Dimensionierung der Bauteile. Bei Digitalschaltungen gehört zum S. die Minimierung der Schaltung. Aus dem S. muß der Entwurf des Leiterplattenplanes entstehen. Der S. kann von CAD *(CAD computer aided design)* unterstützt werden.   We

Schaltungsfamilie *(logic family, family)*, Schaltkreisfamilie. Digitalschaltungen, meist in Form integrierter Schaltungen, werden zu Schaltungsfamilien zusammengefaßt, wenn sie nach der gleichen Schaltungstechnik aufgebaut sind und damit gleiche oder vergleichbare Werte in der Verlustleistung, den Eingangs- und Ausgangsströmen, den logischen Pegeln und den Schaltzeiten haben. Zu einer S. können Bauteile unterschiedlicher Funktion der Logik und der sequentiellen Logik gehören. Die Verwendung von Bauteilen einer S. in einer Schaltung bietet den Vorteil der einheitlichen Spannungsversorgung, der Vermeidung von Pegelumsetzern, der einfachen Berechnung von Ein- und Ausgangslasten.

Es besteht das Bestreben, die logischen Pegel verschiedener Schaltungsfamilien gleich zu machen, wobei die Werte der Schaltungsfamilien TTL (Transistor-Transistor-Logik) als Maßstab dienen (→ Kompatibilität). [2].   We

Schaltungstechnik *(circuit technology)*, Schaltkreistechnik. Kennzeichnung der Art und Ausführung einer Schaltung (nicht ihrer Funktion) mit Angabe über die verwendeten Bauelemente, z. B. Bipolarschaltung oder über die Art der Zusammenschaltung der Bauelemente, z. B. TTL (Transistor-Transistor-Logik). [6].   We

Schaltvariable *(switching variable)*. Variable, die nur endlich viele Werte annehmen kann (DIN 44 300). In der Digitaltechnik werden binäre Schaltvariablen verwendet. Jede binäre S. kann nur zwei Werte annehmen, die meist durch Spannungen repräsentiert sind: Die Werte werden mit „0" und „1" bezeichnet. [9].   We

Schaltverhalten *(switching characteristics)*. Verhalten eines Bauteils oder Bauelements, beschrieben durch Kennwerte, beim Schaltvorgang. Zum Schaltverhalten gehören insbesondere die Schaltzeiten (Gegensatz: statisches Verhalten). [2], [4].   We

Schaltverhältnis → Tastverhältnis.   Li

Schaltverstärker *(switch amplifier)*. S. sind Verstärkerschaltungen mit nichtlinearer Übertragungscharakteristik. Signaleingangsgröße eines Schaltverstärkers kann z. B. eine sich stetig ändernde elektrische Größe sein (Spannung, Strom). Das Ausgangssignal nimmt häufig nur zwei bestimmte Werte an. Der Schaltvorgang zu einem dieser Werte erfolgt bei Erreichen eines vorgegebenen Eingangssignalpegels (z. B. beim Schwellwertschalter). S. arbeiten mit Großsignalverstärkung. Einen einfachen S. kann man z. B. mit Hilfe eines schnell schaltenden Schalttransistors aufbauen. Spezielle S. sind z. B.: Kippverstärker, Schmitt-Trigger und Gegentakt-S. (Gegentaktschaltung im Gegentaktspannungswandler). Häufig dienen S. zur Ansteuerung von Relais. [2], [4], [6], [8], [10], [13], [19].   Fl

Schaltvorgang *(switching process)*. Sprunghafte Änderung einer Größe in einem elektrischen Netzwerk. Da in jedem Netzwerk Kapazitäten oder Induktivitäten enthalten sind, erfordert der Schaltvorgang Zeit. Besonders Kapazitäten sind dabei nicht nur in den Leiterbahnen vorhanden, sondern auch in den elektronischen Bauelementen, z. B. Transistoren. Da die Schnelligkeit der Signalverarbeitung vom Zeitaufwand für die S. bestimmt wird, müssen geeignete Schaltungstechniken gefunden werden. [2].   We

Schaltwerk → Logik, sequentielle.   We

Schaltzeichen *(graphical symbol)*. Genormtes graphisches Symbol für Schaltelemente, Geräte, Übertragungsarten u. a. zur Darstellung in einem Schaltplan. Für die Festlegung der S. in Elektrotechnik und Nachrichtentechnik: DIN 40 700 bis DIN 40 717.   Rü

Schaltzeit *(switching time)*. 1. Bei einem Magnetkern die Zeit, die zu einer völligen Umkehr des magnetischen Flusses erforderlich ist (Kippen des Kernes). Sie ist abhängig vom Material, den geometrischen Abmessungen des Kernes und dem Stromfluß. 2. Allgemein die Zeit, die ein Bauteil der Digitaltechnik zu einer Zustandsänderung benötigt. Beim Transistor wird die S. unterteilt in Verzögerungszeit, Anstiegszeit, Speicherzeit, Abfallzeit. [2].   We

Schaltzyklus *(switching cycle)*. Ein periodisch ablaufender Vorgang, bei dem ein oder mehrere Schalter in zeitlich genau definierter Folge geschaltet werden. [2], [10], [11].   Li

Scheibenkondensator *(disk capacitor)*. Besteht aus einer Keramikscheibe mit beidseitig eingebrannten Silberbelägen und radial angelöteten Anschlußdrähten; Feuchteschutz durch Umhüllung mit Kunststoffmasse. Der Mehrscheibenkondensator besteht aus einer Vielzahl dünner, metallisierter keramischer Scheiben, die zusammengesintert und seitlich kontaktiert werden; ähnlich Vielschichtkondensator. [4].   Ge

Scheibentrimmer → Trimmerkondensator.   Ge

Scheibentriode *(disk seal tube, lighthouse tube)*. Triode für Höchstfrequenzen, bei der zur Verringerung von Laufzeiteffekten die flach ausgebildeten Elektroden sehr geringen Abstand voneinander haben und die Elektrodenzuleitungen zur Reduzierung der Zuleitungsinduktivitäten und -kapazitäten scheiben- oder zylinderförmig ausgebildet sind. Sie lassen sich bequem in Topfkreise einbauen. [4], [8], [13]. Li

Scheinkapazitätsmesser *(apparent capacitance meter)*. S. dienen der Kapazitätsmessung von Elektrolytkondensatoren mit Kapazitätswerten über 1 µF. Nach VDE 0560/1 wird die Kapazität C eines Elektrolytkondensators aus dessen Scheinwiderstand Z und der Kreisfrequenz ω der angelegten Meßwechselspannung bestimmt ($C = 1/(\omega \cdot Z)$) und als Scheinkapazität bezeichnet. Die Messung erfolgt nach der Strom-Spannungs-Methode. Man bestimmt den Scheinwiderstand des Kondensators über seinen Spannungsabfall und den Stromfluß. Bei bekannter Frequenz der Meßspannung wird aus den Werten die Scheinkapazität errechnet. Die Meßwechselspannung muß frei von Oberschwingungen sein und darf 0,5 V nicht übersteigen. [3], [4], [12]. Fl

Scheinleistung *(complex power)*. Die S. S ist in einphasigen Wechselstromnetzen das Produkt aus Spannung U und Strom I, $S = U \cdot I$. Für Netze mit mehr als zwei Phasen (z. B. → Dreiphasensystem) gibt es bisher keine allgemein anerkannte, einheitliche Definition der S. bei unsymmetrischer Belastung der Phasen. Bei symmetrischer Belastung kann die S. angegeben werden. Sie hat in Drehstromnetzen den Wert $S = 3 \cdot U \cdot I = \sqrt{3} \cdot U_v \cdot I$, wobei U und I Phasengrößen sind und U_v die verkettete Spannung bedeutet. Die S. setzt sich aus der Wirkleistung P und der Blindleistung Q gemäß $S^2 = P^2 + Q^2$ zusammen. [11]. Ku

Scheinleistung, komplexe → Leistung, komplexe. Rü

Scheinleitwert *(absolute value of admittance)*. Betrag des komplexen Scheinleitwertes (→ Impedanz). [5]. Rü

Scheinleitwert, komplexer *(admittance)*, Admittanz (→ Impedanz). Rü

Scheinpermeabilität (Zeichen μ_{app}). Man versteht darunter die Wechselfeldpermeabilität ohne Vormagnetisierung. Die S. wird auch oft als Betrag der komplexen Permeabilität definiert. [5]. Rü

Scheinwiderstand *(absolute value of impedance)*. Betrag des komplexen Scheinwiderstandes (→ Impedanz). Rü

Scheinwiderstand, komplexer *(impedance)* → Impedanz. Rü

Scheinwiderstandsmeßbrücke → Impedanzmeßbrücke. Fl

Scheinwiderstandsmessung *(impedance measuring method)*, Impedanzmessung. Die S. dient der Festlegung von Scheinwiderständen z. B. verlustbehafteter Kondensatoren oder Spulen. Es wird der Betrag und Phasenwinkel oder der Wirk- und Blindanteil des Prüflings bestimmt. Zur Vermeidung von Fehlmessungen müssen Speisequellen von Meßeinrichtungen zur S. sinusförmige Wechselgrößen ohne Oberschwingungen mit einstellbaren konstanten Werten bereitstellen. Es eignen sich z. B. Frequenzgeneratoren, Meßgeneratoren oder Meßsender als Speisequelle. Meßeinrichtung, -verfahren, -schaltung und zugrundeliegende Frequenz werden vom Einsatzbereich des Prüflings bestimmt. Mit zunehmender Frequenz müssen Prüfling und Schaltung sorgfältig abgeschirmt werden. Für Ersatzschaltungen verlustbehafteter Bauelemente gilt: Bei Kondensatoren nimmt der Verlustfaktor in der Reihenersatzschaltung mit der Frequenz zu, in der Parallelersatzschaltung nimmt er ab. Bei Drosseln oder Spulen gilt bezüglich der Frequenz das Umgekehrte. Während bei kapazitiv wirkenden Bauelementen mit zunehmender Frequenz induktive Komponenten das Meßergebnis verfälschen können, sind es bei induktiv wirkenden Bauteilen deren kapazitiv wirkende Komponenten (z. B. infolge der Wicklungskapazität). Häufig werden Verfahren zur S. auch zur Messung von Scheinleitwerten eingesetzt. Im einzelnen unterscheidet man z. B. folgende häufig vorkommende Verfahren:

1. S. über eine Strom- und Spannungsmessung (Bild a). Aus den Ergebnissen einer Strom- und Spannungsmessung am Prüfling wird durch Quotientenbildung der Betrag des Scheinwiderstandes $|Z|$ errechnet. Hält man den bekannten Meßstrom konstant und mißt den Spannungsabfall am Prüfling, erhält man die Werte der Reihenersatzschaltung, z. B. $Z = R \pm jX$ (X Blindwiderstand). Bei bekannter, konstanter Spannung und gemessenem Strom erhält man Werte des Scheinleitwertes, z. B. $Y = G \pm jB$ (B Blindleitwert). Die Anteile der Wirk- und Blindkomponente werden z. B. mit einem phasenselektiven Gleichrichter (→ Meßgleichrichter, phasenabhängiger) festgelegt oder als Werte des Phasenwinkels mit einer Phasenwinkelmessung bestimmt. Der Meßfehler beträgt etwa 3 %. 2. S. mit Hilfe eines Brückenmeßverfahrens (Bild c). Beispiele für wichtige Wechselstrommeßbrücken sind: Hoyerbrücke, Übertragerbrücke, Maxwell-, Wien-Robinson-, Schering-, Verlustfaktor- und Reflexionsfaktormeßbrücke. Der Meßfehler kann Werte von etwa 0,1 % annehmen. 3. S. nach der Resonanzmethode (Bild b). Gesuchte

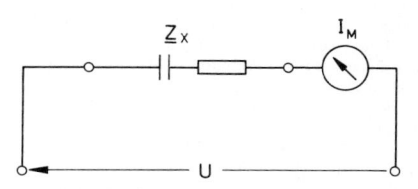

a) U= konstant; f= konstant

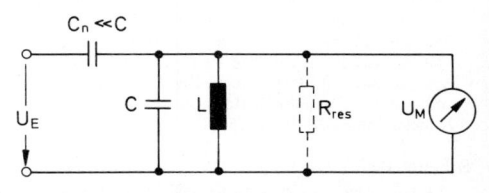

b) U_E= konstant; f= veränderbar

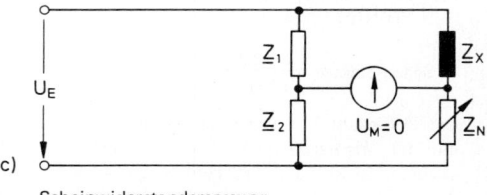

c)

Scheinwiderstandsmessung

Werte des Prüflings werden nach verschiedenen Methoden unter Ausnutzung elektrischer Effekte durch Aufbau eines Resonanzkreises meßtechnisch bestimmt. Im Frequenzbereich bis etwa 100 MHz bestehen die Resonanzkreise aus Einzelbauelementen, in höheren Frequenzbereichen aus Leitungskreisen oder Hohlleiterbauelementen. Häufig eingesetzte Methoden sind: a) Aufbau eines Schwingkreises. Es wird z. B. mit einem hochohmig wirkenden Prüfling ein Parallelschwingkreis aufgebaut. Die Anordnung speist ein Meßgenerator mit veränderbarer Frequenz. Wirkt der Prüfling zudem kapazitiv, wird der Schwingkreis aus einer Spule mit bekannten Werten und dem Prüfling als Schwingkreiskondensator gebildet. Parallel zum Schwingkreis wird z. B. ein HF-Spannungsmesser (HF Hochfrequenz) zur Anzeige der Spannungsüberhöhung bei Resonanz angeschlossen. Der Meßgenerator kann hierbei in Kapazitätswerten kalibriert werden. b) Verstimmungsmethode. Der Prüfling wird an einen Schwingkreis angeschlossen, dessen Resonanzfrequenz und Bandbreite bekannt sind. Ein Meßgenerator dient als Speisequelle, ein HF-Spannungsmesser als Anzeigegerät. Es werden zunächst die Werte des Schwingkreises gemessen. Danach wird der Prüfling parallel zum Resonanzkreis (bei Parallelschwingkreisen) angeschlossen und die bewirkte Verstimmung und Bedämpfung durch den Prüfling festgestellt. Aus den Meßwerten beider Messungen lassen sich Wirk- und Blindkomponente des Meßobjektes rechnerisch bestimmen. Man setzt bei hochohmigen Meßobjekten einen Parallelschwingkreis, bei niederohmigen einen Reihenschwingkreis ein. c) Substitutionsmethode. Der Prüfling wird z. B. parallel zu einem Parallelschwingkreis mit veränderbarer Kreiskapazität geschaltet. Mit Hilfe eines Meßgenerators wird die Schaltung in Resonanz gebracht. Ein HF-Spannungsmesser dient als Anzeigegerät. Der Ausschlag bei Resonanz wird notiert. Für eine anschließende Messung wird der Prüfling entfernt und stattdessen ein frequenzunabhängiger, veränderbarer Wirkwiderstand mit bekannten Werten angeschlossen (häufig ein Heißleiter mit festgelegten Parametern). Durch Verändern der Kreiskapazität wird erneut auf Resonanz abgestimmt und durch Verändern des Wirkwiderstandes die gleiche Dämpfungswie vorher eingestellt. Die Blindkomponente läßt sich errechnen, die Wirkkomponente am veränderbaren Widerstand ablesen. d) Gütefaktormessung. Ein Parallelschwingkreis mit dem Meßobjekt wird durch einen einmaligen Impuls angestoßen. Die Anzahl der abklingenden Schwingungen wird innerhalb vorgegebener Grenzwerte der Amplituden elektronisch gezählt, ausgewertet und digital angezeigt (→ Gütefaktormesser). e) Mit Hilfe einer Meßleitung. Ein Meßsender speist die Meßleitung, deren Ende mit dem Prüfling abgeschlossen ist. Mit Hilfe einer Sonde und einem angeschlossenen HF-Spannungsmesser wird die Leitung auf Spannungsmaxima und -minima untersucht. Aus dem Verhältnis Minimalspannungs- zu Maximalspannungswert und der örtlichen Lage des Spannungsminimums vom Leitungsende wird der Prüfling nach Wirk- und Blindanteil festgelegt. f) Weitere Messungen des Scheinwiderstandes beruhen auf Meßanordnungen mit zwei Richtkopplern und Messung des Reflexionsfaktors und der Streuparameter (z. B. mit Hilfe eines Netzwerkanalysators). 4. Hochfrequenz-Übertragungsleitungen werden mit Hilfe der Impulsreflektometrie auf Werte des Scheinwiderstandes untersucht. [8], [10], [12], [13], [14], [19]. Fl

Scheitelfaktor *(crest factor)*, Spitzenwertfaktor, Crestfaktor. Der S. ist ein Kennwert von Wechselgrößen. Man errechnet ihn aus dem Verhältnis des Scheitelwertes der Wechselgröße zum Effektivwert der Wechselgröße (DIN 40 110):

$$\text{Scheitelfaktor} = \frac{\text{Scheitelwert der Wechselgröße}}{\text{Effektivwert der Wechselgröße}}$$

Die Definition ist für Wechselstrom, Wechselspannung und für Mischgrößen (Wechselgröße mit Gleichanteil) unabhängig von der Kurvenform gültig. Beispiele für Werte des Scheitelfaktors: a) Bei periodischer sinusförmiger Wechselgröße beträgt der S. 1,41; b) bei periodischer, rechteckförmiger Wechselgröße, die symmetrisch um die Nullinie pendelt, ist der S. 1; c) bei periodisch um die Nullinie verlaufenden dreieckförmigen Wechselgrößen ist der S. $\sqrt{3}$. Werte des Scheitelfaktors können zwischen 1,0 und ∞ liegen. Der S. gibt Auskunft über die Kurvenform von Wechselgrößen. In der Meßtechnik wird die Angabe des Scheitelfaktors z. B. auch zur Festlegung des Fehlers der Anzeige nach Gleichrichtung nichtsinusförmiger Meßgrößen benötigt. [12]. Fl

Scheitelspannung *(peak voltage)*. Als S. bezeichnet man häufig den augenblicklichen Höchstwert (Scheitelwert) einer Wechselspannung, der während einer Periode auftritt. Scheitelspannungswerte sind z. B. bei Überprüfungen von elektrischen Maschinen, Transformatoren und Anlagenteilen mit Hochspannung von Bedeutung (z. B. Prüfspannung). [12]. Fl

Scheitelspannungsmesser → Scheitelwertmesser. Fl

Scheitelwert *(peak value)*. 1. Nach DIN 40 110 ist der S. einer Wechselgröße der Höchstbetrag des Augenblickswertes. Die Wechselgröße kann sinusförmig sein oder in einem anderen Funktionszusammenhang stehen. Bei sinusförmig verlaufenden Wechselgrößen beträgt der S. das $\sqrt{2}$-fache des Effektivwertes. 2. Häufig wird bei Mischgrößen (Gleich- und Wechselanteil sind überlagert) und bei nichtsinusförmigen Wechselgrößen der Begriff S. durch Spitzenwert ersetzt. [12]. Fl

Scheitelwertgleichrichter → Spitzenwertgleichrichter. Fl

Scheitelwertmesser *(crest voltmeter)*, Scheitelspannungsmesser. S. sind Meßgeräte, die Scheitelwerte von Wechselgrößen messen und anzeigen, häufig auch den Höchstwert einer Meßgröße speichern und auf Abruf z. B. als Zeigerausschlag darstellen. 1. Vielfach besitzen S. einen Spitzenwertgleichrichter; parallel zum Ladekondensator der Gleichrichterschaltung ist ein Anzeigegerät geschaltet. Die angezeigte Kondensatorspannung ist gleichzeitig die Scheitelspannung der Wechselgröße. Infolge von Lade- und Entladezeitkonstante der Anordnung entspricht der angezeigte Spannungswert nicht exakt dem Scheitelwert der Meßgröße. Bei nichtsinusförmig ablaufenden Meßgrößen wird der Anzeigefehler durch den Anteil von Oberschwingungen und deren Phasenlage zur Grundschwingung vergrößert. 2. Einige Scheitelspannungsmesser arbeiten mit einer Glimmröhre, die nach Erreichen eines Mindestspannungswertes der Meßgröße gezündet wird. Die zu messende Hochspannung wird mit Hilfe eines kapazitiven Spannungsteilers auf ungefährliche Werte herabgesetzt. Das Teilerverhältnis ist umschaltbar und legt einzelne Meßbereiche fest. Die Glimmröhre ist parallel zur Niederspannungsseite des Teilers mit einem einstellbaren Kondensator verbunden. Man ändert die Kapazitätswerte des Kondensators so lange, bis die Glimmröhre zündet. Eine Skala am Kondensator ist vielfach in Scheitelspannungswerten kalibriert. 3. Als kurvenformunabhängig anzeigende S. sind z. B. Oszillographen und Oszilloskope geeignet. [12]. Fl

Scheringbrücke → Schering-Meßbrücke. Fl

Schering-Meßbrücke *(Schering bridge; power frequency bridge)*, Schering-Brücke. Die S. ist eine Wechselstrommeßbrücke (Meßfrequenz etwa 50 Hz), mit der Verlustfaktoren und Kapazitätswerte von Kondensatoren und kapazitive Komponenten passiver Bauteile (z. B. Kabelkapazitäten) gemessen werden. Bei einpoliger Erdung der Meßbrücke (Bild) lassen sich z. B. Hochspannungskondensatoren oder Isolatoren bei Meßspannungen bis etwa 1 MV bestimmen, wenn geeignete Brückenelemente verwendet werden. Nach erfolgtem Brückenabgleich gilt
1. für den Kapazitätswert C_x:

$$C_x = C_2 \cdot \frac{R_3}{R_4},$$

2. für den Verlustfaktor

$$\tan \delta = 2 \cdot \pi \cdot f \cdot C_4 \cdot R_4$$

(π 3,14; f Frequenz). Für C_2 wird ein Vergleichskondensator eingesetzt. Als Nullinstrument finden Vibrationsgalvanometer oder selektive Meßverstärker in Verbindung mit Oszilloskopröhren Verwendung. [12]. Fl

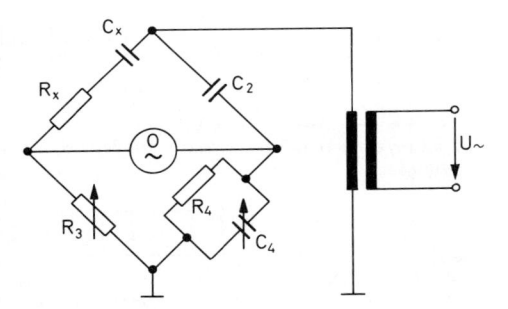

Schering-Meßbrücke

Scherung *(shearing action)*. Zunächst eine besondere Art der Deformation von festen Körpern in der Mechanik. Wirkt eine Scherkraft tangential zu einer Ebene des Körpers, dann versteht man unter S. die Kippung der zur Kraft senkrechten Kanten (→ Dickenschermode). In der Elektronik hat es sich eingebürgert, diese „Kippeigenschaft" der S. auf beliebige Kennlinien auszudehnen. So spricht man von gescherten Diodenkennlinien, die durch Vorschalten eines Widerstandes vor die Diode zustande kommen, ebenso gibt es gescherte Eingangskennlinien von Bipolartransistoren zur Ermittlung des Großsignalverhaltens. Besonders bei magnetischen Vorgängen wird der Begriff der S. für alle Wirkungen benutzt, die von einem Luftspalt im Kern des ferromagnetischen Materials ausgehen (→ Permeabilität, effektive); es entsteht eine „Scherwirkung" auf die Hystereseschleife. [5]. Rü

Schicht, vergrabene *(buried diffused layer)*. Eine hochdotierte Halbleiterschicht, die in das Substrat eindiffundiert wird, bevor die Epitaxieschicht aufgebracht wird. Bei einem integrierten Transistor wird durch die vergrabene S. (auch Subkollektor) der Kollektorbahnwiderstand um etwa eine Größenordnung verringert (Bild). [4]. Ne

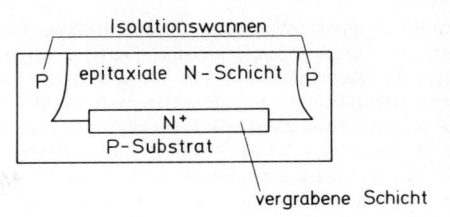

Vergrabene Schicht

Schichtdicke *(layer thickness)*. In der Halbleitertechnik die Dicke einer auf ein Substrat aufgewachsenen epitaxialen Schicht. [4]. Ne

Schichtdickenmessung *(layer thickness measuring method)*. Schichtdickenmessungen dienen zur Bestimmung der Schichtdicke von festen Materialien. Die Messung kann mit Zerstörung des zu untersuchenden Materials verbunden sein oder zerstörungsfrei, ohne Ablösung von Deckschichten, erfolgen. Betrachtet werden Meßverfahren für Schichtdicken um etwa 1 μm, z. B. Halbleiterschichten. Beispiele zur S. sind: 1. Zerstörende Verfahren. Winkelverfahren: Die Schichtdicke des Prüfmaterials (z. B. Epitaxieschicht) muß über der Fläche des Prüflings konstant sein. Die zu messende Schicht wird unter Anschliffwinkeln von etwa 0,5° bis 1° angeschrägt und feinst bearbeitet. Der Prüfling wird in ein Interferometer gebracht und mit einfarbigem Licht bestrahlt (Wellenlänge etwa 0,589 μm). Es entstehen Interferenzen mit ringförmigen Linien verschiedener Dichte, die mit dem Interferometer beobachtet und an der Schichtengrenzfläche ausgezählt werden. Aus der Anzahl der Ringe n und dem Wert der Lichtwellenlänge λ wird die Schichtdicke D errechnet: $D = n \cdot (\lambda/2)$. 2. Zerstörungsfreie Verfahren. Häufig werden Interferenzmethoden angewendet, bei denen die atomare Gitterstruktur des Prüflings durch infrarotes Licht angeregt wird. a) Ein Lichtstrahl im Infrarotbereich fällt unter festgelegtem Winkel zur Flächennormalen auf die Oberfläche der Schicht. Ein Anteil des Strahles wird reflektiert, ein weiterer Anteil dringt in die Schicht ein und wird an Grenzflächen der nächstfolgenden Schicht reflektiert. Man ändert die Wellenlängen des einfallenden Lichtes; es entstehen Interferenzen in Vielfachen halber Wellenlängen. Mit einem Infrarotdetektor wird das Interferenzbild als Hell-Dunkel-Amplitudenschwankungen registriert. Die Auswertung erfolgt häufig mit einem Digitalrechner. b) Ausnutzung elektrischer oder magnetischer Effekte. Dies geschieht z. B. durch Beeinflussung des elektrischen Widerstandes, durch Anwendung des Hall-Effektes. [5], [7], [12]. Fl

Schichtdrehwiderstand → Drehwiderstand. Ge

Schichtpotentiometer → Drehwiderstand. Ge

Schichtschaltung → Schichttechnik. Ge

Schichtschiebewiderstand → Schiebewiderstand. Ge

Schichtstruktur → Sandwich-Struktur. Ne

Schichttechnik *(film technology)*, Schichtschaltung, Filmschaltung. In der S. werden dünne Leiterbahnen, Widerstand-, Dielektrikums- oder Isolierschichten auf flache Trägerplättchen aus Aluminiumoxidkeramik oder Glas aufgebracht. Zusätzlich können aktive oder passive Bauelemente wie Dioden, Transistoren, integrierte Schaltkreise, Spulen usw. mitverwendet werden (Hybridschaltung). Zum Schutz gegen mechanische und klimatische Beanspruchung werden die Schichtschaltungen mit Kunstharz umhüllt. Die S. zeichnet sich u. a. durch hohe Zuverlässigkeit, exakte Reproduzierbarkeit der Kennwerte und die Möglichkeit des Funktionsabgleichs aus. Sie wird vorzugsweise in der Nachrichtenübertragung, der Datentechnik und im militärischen Bereich für R- und RC-Netzwerke sowie Hybridschaltungen eingesetzt. In der Dickschichttechnik *(thick film technology)* werden die Komponenten als Pasten in Schichten von 15 μm bis 30 μm Dicke im Siebdruckverfahren auf das keramische Trägerplättchen aufgedruckt und bei Temperaturen zwischen 730 °C und 1000 °C eingebrannt ($\rightarrow$ Sintern, $\rightarrow$ Dickschichtwiderstand $\rightarrow$ Dickschichtkondensatoren). In der Dünnschichttechnik *(thin film technology)* werden die Komponenten im Vakuum auf Substrate aus hochwertiger Keramik oder aus Glas aufgebracht. Die Schichten von etwa 50 nm Dicke werden durch Aufstäuben mit anschließendem Photoätzen bzw. in Maskentechnik (Aufdampfen) durch Masken hergestellt. ($\rightarrow$ Dünnschichtwiderstand $\rightarrow$ Dünnschichtkondensator). [4]. Ge

Schichtwiderstand *(film resistor)*, Filmwiderstand. Der S. besteht aus einem meist rohrförmigen Trägerkörper aus Spezialkeramik, auf den eine dünne Widerstandsschicht aufgebracht ist. Die Zuleitungen werden entweder axial im Keramikkörper oder an seitlich angebrachten Kappen aus korrosionsfestem Neusilber befestigt. Schichtwiderstände können durch Abschleifen oder wendelförmiges Einschleifen der Widerstandsschicht auf enge Toleranzen abgeglichen werden. Für hohe Frequenzen sind daher nur niederohmige Widerstände mit wenigen Wendeln zu verwenden. Zur Ausschaltung von Feuchtigkeitseinflüssen werden Schichtwiderstände mit einem Schutzlack überzogen. 1. Kohle-Schichtwiderstände. Die Widerstandsschicht besteht aus Widerstandslack mit Kohlenstoff als Grundmaterial oder aus kristalliner Glanzkohle. Temperaturkoeffizient für Glanzkohle-Schichtwiderstände, je nach Widerstandswert, zwischen $-800 \cdot 10^{-6}$ K^{-1} und $-220 \cdot 10^{-6}$ K^{-1}, Widerstandswerte bis 100 MΩ, Belastbarkeit bis 20 W. 2. Metall-Schichtwiderstände. Widerstand, dessen Widerstandsschicht aus Metallen wie Cr-Ni (Chrom-Nickel) oder Au-Pt (Gold-Platin) aufgedampft wird. Temperaturkoeffizient etwa $\pm 25 \cdot 10^{-6}$ K^{-1} (unabhängig vom Widerstandswert). Widerstandswerte bis 5 MΩ mit sehr engen Toleranzen (0,1 %) sind möglich; Belastbarkeit bis 2 W. 3. Dick-Schichtwiderstände und Dünn-Schichtwiderstände: $\rightarrow$ Schichttechnik. [4]. Ge

Schiebebefehl *(shift instruction)*. Befehl für einen Prozessor, den Inhalt eines Registers oder einer Speicherzelle um eine bestimmte Anzahl von Dual- oder Dezimalstellen zu verschieben, wobei das Verschieben je nach Befehl rechts oder links erfolgen kann. Beim Verschieben von Dualstellen bedeutet ein Verschieben um eine Stelle nach rechts eine Division durch 2, ein Verschieben um eine Stelle nach links eine Multiplikation mit 2. Schiebebefehle werden auch verwendet, um bestimmte, nicht benötigte Teile des Registerinhalts zu entfernen. [1]. We

Schieberegister *(shift register)*. Schaltwerk aus mehreren hintereinander angeordneten Speicherelementen, z. B. Flipflops, das synchron so getaktet wird, daß die Information mit jedem Takt von einem Speicherelement in das nachfolgende Speicherelement übertragen (geschoben) wird. Neben der sequentiellen Ein- und Ausgabe der Information besteht die Möglichkeit, Informationen parallel ein- bzw. auszulesen, den Schiebevorgang umzukehren (Rechts-Links-S.), oder die Information des letzten Speicherelementes wieder dem ersten Speicherelement zuzuführen (Ring-S.). S. werden als Laufzeitspeicher, zur Serien-Parallel-Wandlung und zur Parallel-Serien-Wandlung sowie zur Durchführung der Arithmetik im Dualsystem verwendet. [2]. We

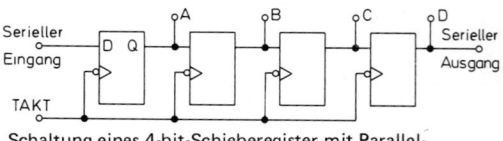

Schaltung eines 4-bit-Schieberegister mit Parallelausgängen

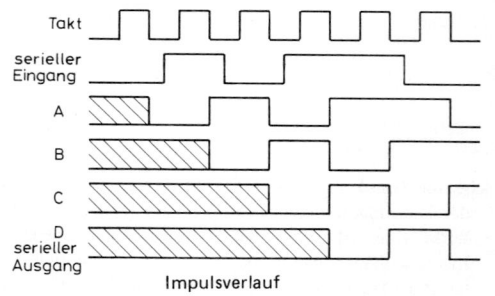

Impulsverlauf
Schieberegister

Schiebeschalter *(slide switch)*. Schalter, dessen Schaltstellungen durch lineare Bewegung eines Schiebers gewählt werden können ($\rightarrow$ Stufenschalter). [4]. Ge

Schiebewiderstand *(rheostat)*. Veränderbarer Widerstand, dessen Widerstandselement längs einem geraden Träger aus Hartpapier oder Keramik angeordnet ist. Eine isolierte Schleiffeder kann auf dem Widerstandselement zum Abgriff von Zwischenwerten verschoben werden. Die Abhängigkeit des Widerstandswertes von der Schleiferstellung ist meistens linear. Beim Schicht-S. besteht das Widerstandselement aus einem flachen Schichtwiderstand. Der Widerstandswert läßt sich kontinuierlich einstellen. Schicht-S. werden i. a. mit Werten bis zu 20 MΩ und einer Belastbarkeit bis zu 2 W hergestellt. Beim Draht-S. wird der Träger mit Widerstandsdraht bewickelt. Die Widerstandsänderung erfolgt in Stufen, die der Zu- oder Abschaltung einer einzelnen Windung entsprechen. Draht-Schiebewiderstände werden i. a. mit Werten bis 100 kΩ und einer Belastbarkeit bis 100 W hergestellt. [4]. Ge

Schiebezähler *(shift counter).* Zähler, die auf der Grundlage eines Schieberegisters arbeitet. In der einfachsten Form ist der S. ein rückgekoppeltes Schieberegister (Ringschieberegister), wobei ein Flipflop gesetzt, alle anderen rückgesetzt sind. Die Anzahl der möglichen Zählerstellungen entspricht der Anzahl der Flipflops. Ein S. der beschriebenen Art hat den Vorteil, daß sein Inhalt nicht decodiert werden muß, den Nachteil, daß viele Flipflops benötigt werden. Ein Beispiel für den S. ist der Johnson-Zähler. [2]. We

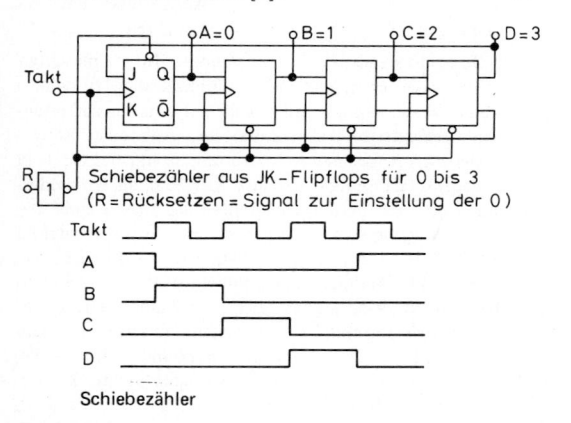

Schiebezähler aus JK-Flipflops für 0 bis 3
(R = Rücksetzen = Signal zur Einstellung der 0)

Schiebezähler

Schirmantenne → Vertikalantenne. Ge

Schirmfaktor → Abschirmfaktor. Fl

Schirmung, elektrostatische → Abschirmung, elektrische. Fl

Schlankheitsgrad *(length-to-diameter ratio).* Der S. einer linearen Antenne ist das Verhältnis von Länge zu Durchmesser des Antennenstabes. Antennen mit kleinem S. zeigen weniger ausgeprägte Veränderungen des Antennenwiderstandes mit der Frequenz als solche mit hohem S. und erlauben daher größere Bandbreiten. Weiterhin beeinflußt der S. die Form des Strombelages und damit die Strahlungseigenschaften der Antenne. [14]. Ge

Schlechtzahl → Rückweisezahl. Ge

Schleife *(loop).* 1. In einem Netzwerk ein geschlossener Leitungsweg, der von einem oder mehreren Zweigen durchkreuzt wird. Durchkreuzt kein Zweig den geschlossenen Leitungsweg, dann nennt man diese spezielle S. eine Masche. [15]. Rü
2. In einem Programm eine Gruppe von Befehlen oder Anweisungen, die mehrfach bearbeitet werden. Die S. endet mit einem bedingten Sprungbefehl, der auf den Anfangsbefehl der S. zurückspringt, wenn eine bestimmte Bedingung vorliegt, z. B. die Anzahl der Schleifendurchläufe noch nicht erfüllt ist (Schleifenzähler). In problemorientierten Programmiersprachen gibt es Anweisungen für den Aufbau von S., das Bild zeigt ein Beispiel für BASIC. [1]. We

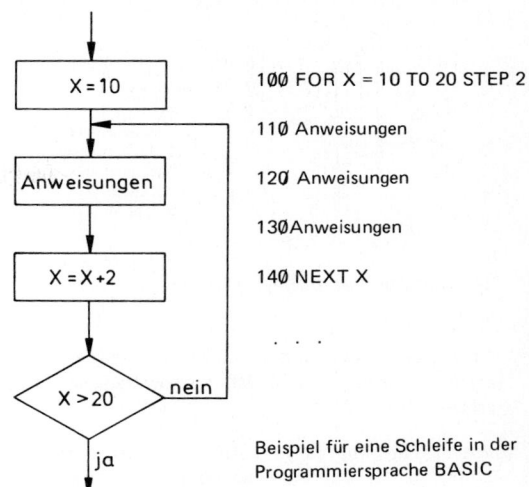

```
100 FOR X = 10 TO 20 STEP 2
110 Anweisungen
120 Anweisungen
130 Anweisungen
140 NEXT X
```

Beispiel für eine Schleife in der Programmiersprache BASIC

Schleifenanalyse *(loop analysis).* Berechnungsverfahren der Netzwerkanalyse, das die in den Gliedern eines Netzwerks fließenden Schleifenströme verwendet, um zu einem geeigneten Satz von Unbekannten zu kommen, der das Netzwerk vollständig beschreibt (→ Baum). Duale Analysemethode: → Knotenanalyse. [15]. Rü

Schleifenantenne → Rahmenantenne. Ge

Schleifendipol → Faltdipol. Ge

Schleifenoszillograph → Schleifenschwingeroszillograph. Fl

Schleifenregel → Kirchhoffsche Gesetze. Rü

Schleifenschwingeroszillograph *(loop-oscillograph)*, Schleifenoszillograph. Der S. ist ein Lichtstrahloszillograph, bei dem das bewegliche Organ des Meßwerks aus einer langen, schmalen Schleife aus Phosphorbronzeband besteht. Die Schleife ist an einem Ende mechanisch fest eingespannt. Das freie Ende wird über eine Rolle gelegt und parallel zur anderen Hälfte zurückgeführt (Bild) und befestigt. Die Rolle wird von einer Feder gehalten. In der Mitte des Metallbandes ist ein Spiegel über hin- und rücklaufendes Band gekittet. Auf den Spiegel trifft ein Lichtstrahl aus einer Beleuchtungseinrichtung. Der Lichtstrahl wirkt als Zeiger: Er wird entsprechend der Auslenkung auf lichtempfindliches Papier reflektiert. Die Auslenkung erfolgt durch Ablenkkräfte, die entstehen, a) wenn sich das stromdurchflossene Schleifenband im Luftspalt eines Dauermagneten, b) wenn sich das Band im Luftspalt eines Elektromagneten befindet. Im Falle a) registriert das Meßgerät den Zeitwert des Stromes als Meßgröße. Im Fall b) registriert es den Zeitwert als Leistung. Die Bandbreite von Schleifenschwingeroszillographen liegt zwischen 10 Hz und 20 kHz. Das lichtempfindliche Photopapier wird als Registrierstreifen in Kassetten geliefert und muß nach der Aufnahme entwickelt werden. Besitzt die Beleuchtungseinrichtung eine Quecksilberhöchstdrucklampe als Lichtquelle, ist direkte Photoschrift ohne Entwicklungsvorgang möglich. Die Vorschubgeschwindigkeit des Re-

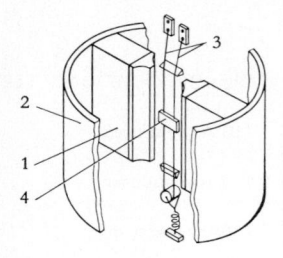

1 Dauermagnet
2 Magnetischer Rückschluß
3 Schleife
4 Spiegel

Schleifenschwingeroszillograph

gistrierpapiers ist wählbar. Schleifenschwinger-Oszillographen können bis zu 50 Meßwerke nebeneinander eingebaut haben. [12]. Fl

Schleifenstrom *(loop current).* Der S. ist der elektrische Strom, der in Schleifen eines vermaschten Netzwerkes fließt. Ein spezieller S. fließt z. B. in einer Gleichstromschleife zwischen Fernsprechapparat und Vermittlungsstelle, wenn vom Teilnehmer der Handapparat z. B. zur Nummernwahl abgehoben wird. Während der Ziffernwahl wird der S. impulsartig unterbrochen. Der Betrag des fließenden Schleifenstroms ist vom Wert der Speisespannung, der Länge der Anschlußleitung, der Technik der beim Teilnehmerapparat verwendeten Schaltung und der Art der eingesetzten Sprechkapsel abhängig. In Anlagen der Deutschen Bundespost beträgt z. B. der kleinste S. etwa 15 mA, der größte etwa 60 mA. Der S. der Vermittlungstechnik läßt sich z. B. auch zur Energieversorgung eines Modems zur Datenübertragung ausnutzen. [13], [15], [19]. Fl

Schleifenverstärkung *(loop gain),* Kreisverstärkung, Ringverstärkung, Umlaufverstärkung. Die S. ist eine charakteristische Größe zur Beurteilung der Eigenschaften von Verstärkern, die mit Rückkopplung betrieben werden. 1. Besitzt der im betrachteten System der nicht rückgekoppelte Verstärker den komplexen Verstärkungsfaktor $\underline{V}_0$ (Leerlaufverstärkungsfaktor), das Rückkopplungsnetzwerk den komplexen Rückkopplungsfaktor K, erhält man die ebenfalls komplexe und frequenzabhängige S. $\underline{v}_s$:

$$\underline{v}_s = \underline{K} \cdot \underline{V}_0$$

Die Gesamtschaltung wirkt bei phasenreiner Rückkopplung, wenn

a) $\underline{v}_s < 0$ als verstärkende Anordnung mit Gegenkopplung;

b) $0 < \underline{v}_s < 1$ als System mit Mitkopplung ohne Selbsterregung;

c) $\underline{v}_s = 1$ als schwingfähiges System mit gleichbleibender Selbsterregung;

d) $\underline{v}_s > 1$ als System, bei dem die Eingangs- und Ausgangs-Signalgrößen exponentiell anwachsen.

Bei rückgekoppelten Systemen mit hohem Verstärkungsfaktor des leerlaufenden Verstärkers (z. B. bei Operationsverstärkern) erhält man besonders stabil arbeitende Schaltungen: Unter der Voraussetzung, daß $|\underline{v}_s| \gg 1$, wird die Betriebsverstärkung $\underline{v}_B$ der gesamten Anordnung nur noch vom Rückkopplungsfaktor $\underline{K}$ bestimmt: $\underline{v}_B = -1/\underline{K}$. Im Bode-Diagramm erscheint für diesen Fall die Ortskurve der frequenzabhängigen S. als Kurvenverlauf, der die Stabilitätskriterien für Verstärkeranordnungen erfüllt (Kurve bleibt innerhalb der Koordinatenpunkte x = 1; y = 0). 2. Messung der S.: Man trennt die Schleife der betriebsfähigen Anordnung an einer beliebigen Stelle auf und schließt die Klemmenpaare mit Scheinwiderständen ab. Die Werte der Scheinwiderstände müssen den Werten der geschlossenen Schleife entsprechen. Rückkopplungsfaktor und Leerlaufverstärkungsfaktor werden in Abhängigkeit der Frequenz gemessen. [8], [12], [13], [15], [18]. Fl

Schleifenwiderstand *(loop resistance).* In vermaschten Netzwerken bezeichnet man die Summe aller Wirkwiderstände (bzw. den gesamten reellen Anteil der auftretenden Wechselstromwiderstände) innerhalb einer Stromschleife als S. Besondere Bedeutung besitzt der S.: 1. in Anlagen der Fernmeldetechnik. Der S. ist als Wirkwiderstand eine der Leitungskonstanten des Kabels einer Datenübertragungsstrecke. Er tritt im Leitungsersatzbild als Reihenwiderstand R auf. Sein Wert ist durch Länge, Querschnitt, Material und Temperatur der betrachteten Hin- und Rückleitung festgelegt. Als Einheit wird der S. in der Bundesrepublik Deutschland in Ω/km, im Ausland häufig in lb/mile (engl.: lb pound, Pfund; mile, Meile) angegeben. Beispiel eines unbespulten Kupferkabels: Bei einer mittleren Kabeltemperatur von 8 °C, einem Leitungsdurchmesser von 1,2 mm beträgt der S. 30 Ω/km. Der S. bestimmt z. B. die maximale Länge einer Nebenanschlußleitung zwischen Vermittlungseinrichtung und Nebenstellenanlage. Der Wert liegt bei einer 60 V-Anlage bei 1000 Ω. 2. in Starkstromanlagen. Nach VDE 0100 ist der S. die Summe aller Widerstände in einer Stromschleife, die aus dem Innenwiderstand der Stromquelle bis zum Meßort und dem Widerstand des Rückleiters bis zum zweiten Pol der Stromquelle gebildet wird. Rückleiter kann z. B. der Schutzleiter, ein Erder oder Erde sein. [3], [13], [14], [15], [19]. Fl

Schleusenspannung *(threshhold voltage).* 1. → Diffusionsspannung. 2. Spannung, bei der der Kanal eines Feldeffekttransistors vom gesperrten in den leitenden Zustand (bzw. umgekehrt) übergeht. [4], [6], [7]. Li

Schließer *(normally-open contact, NOC).* Unter einem S. versteht man den elektrischen Kontakt eines Schalters, Tasters, Relais oder Schützes, der im Ruhezustand geöffnet ist und bei Betätigung schließt. [4]. Ku

Schlitzantenne *(slot radiator).* Schlitz in einer leitenden Fläche, der zur Strahlung angeregt wird. Das magnetische Feld der S. entspricht dem elektrischen Feld eines Dipols gleicher Abmessungen und das elektrische Feld der S. dem magnetischen des Dipols. Schlitzantennen werden meistens durch Koaxialkabel gespeist, wobei Innen- und Außenleiter an gegenüberliegenden Punkten des Schlitzes mit dem Schirm verbunden werden. Einseitige Strahlung erhält man durch einen hinter dem

Schlitz angebrachten Hohlraum mit einer Tiefe von λ/4. Im Mikrowellenbereich werden Gruppen aus Schlitzantennen angewendet, die in die Wände von Hohlleitern geschnitten sind. Die Ankopplung an die Wandströme des Hohlleiters wird durch die Lage der Schlitze bestimmt. Die Ankopplung kann auch durch Leiter, die im Innern des Hohlleiters in Richtung der elektrischen Feldlinien angeordnet sind, erfolgen. Bei Rohrschlitzantennen (Zylinderantennen, Pylonantennen) ist die leitende Fläche zu einem Rohr mit Schlitzen in Längsrichtung geformt. Dünne Rohrschlitzantennen wirken wie Rundstrahler, dicke bündeln nach der Seite, auf der der Schlitz ist. Gestockte Anordnungen von Zweischlitz- oder Vierschlitzrohren, die längs des Umfangs zwei oder vier Schlitzantennen im Abstand von etwa λ/2 besitzen, werden als Rundstrahlantenne mit horizontaler Polarisation im Dezimeterwellenbereich eingesetzt (UKW-Sendeantenne, UKW Ultrakurzwelle). [14]. Ge

Schlitzinitiator → Lichtgabelkoppler. Fl

Schlitzkopplung *(slot coupling)*. Kopplung von zwei Hohlleitern durch Schlitze in der Hohlleiterwand. Da sich ein Schlitz nur durch Ströme anregen läßt, die quer zu ihm fließen, wird die Stärke der Kopplung von der Schlitzform und -größe, von der Lage und Neigung des Schlitzes in der Wand sowie vom Typ der Hohlleiterwelle bestimmt. Je nachdem, ob der Schlitz Längs- oder Querströme in dem betreffenden Hohlleiter unterbricht, unterscheidet man zwischen Serien- und Parallelkopplung. [8]. Ge

Schlitzleitung → Slotline. Li

Schlupf *(slip)*. Der S. s einer Asynchronmaschine ist die Differenz zwischen synchroner Drehzahl n_s und tatsächlicher Drehzahl n bezogen auf n_s, $s = (n_s - n)/n_s$, d.h., im Stillstand (z.B. beim Einschalten) ist $s = 1$, bei synchroner Drehzahl ist $s = 0$. n_s läßt sich aus der Netzfrequenz f_1 und der Polpaarzahl p der Maschine nach der Beziehung $n_s = f_1/p$ bestimmen. [3]. Ku

Schlupfmessung *(slip measuring)*. Die S. erfaßt Werte von Drehzahlabweichungen (Schlupf) gegenüber dem vorgegebenen Sollwert einer Drehzahl. Die Werte der Abweichungen können elektrisch, elektronisch oder optisch durch eine Meßkette erfaßt werden. 1. Elektrische S.: Ein Drehzahlaufnehmer wird am belasteten, ein weiterer am unbelasteten Motor angebracht. Als Drehzahlaufnehmer können z.B. Wechsel- oder Gleichstromgeneratoren mit kleiner Leistung und linearer Kennlinie eingesetzt werden. Die Ausgangswerte beider Aufnehmer führt man nach entsprechender Verstärkung z.B. einem Quotientenmesser zu, der das Verhältnis beider Werte anzeigt. 2. Elektronische S.: Ein Impuls-Drehzahlaufnehmer wird an den zu messenden Motor angeschlossen. Impuls-Drehzahlaufnehmer kann z.B. ein magnetischer Aufnehmer sein, bei dem die Spulenwicklung auf einem magnetischen Kreis mit Luftspalt und Dauermagnet sitzt. Der Luftspalt befindet sich der umlaufenden Welle gegenüber. Jede Unwucht der Welle ändert die Luftspaltgröße; es entsteht durch Induktion ein Ausgangsspannungsimpuls. Die unregelmäßigen Impulse werden über

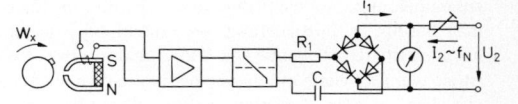

Schlupfmessung

einen Schmitt-Trigger auf eine Graetz-Schaltung gegeben (Prinzipbild), an deren Ausgang z.B. ein Drehspulinstrument zur zeitlichen Mittelwertbildung angeschlossen ist. Das Instrument erhält eine zusätzliche Gegenspannung U_2, deren Wert dem Sollwert entspricht. Als Meßwert wird die Differenz beider Spannungswerte angezeigt. 3. Optische S.: Ein optisch-elektrischer Meßfühler nimmt den Lichtstrahl z.B. einer Glühlampe auf. Der Lichtstrahl wird von einer Lochscheibe, die auf der Welle befestigt ist, im Takt der Umläufe unterbrochen. Es entstehen am Ausgang des Meßfühlers Spannungs- oder Stromimpulse, die, wie unter 2. beschrieben, weiterverarbeitet werden können. [12]. Fl

Schmalbandfilter *(narrow-band filter)*. Bandfilterschaltung für ein sehr schmales Frequenzband. Meist handelt es sich um Schaltungsanordnungen, bei denen streng genommen nur eine Frequenz mit (theoretisch) unendlich großer Dämpfung unterdrückt wird (→ Doppel-T-Filter). [15]. Rü

Schmalbandrauschen *(narrow-band noise)*. Bezeichnung für bandbegrenztes Rauschen, bei dem entweder einzelne Frequenzanteile besonders angehoben oder unterdrückt sind. Das S. wird oft im Gegensatz zum weißen Rauschen auch als farbiges Rauschen bezeichnet. Es wird aus weißem Rauschen durch Filterung gewonnen. S. läßt sich auch mit Pseudo-Zufallsgeneratoren erzeugen. Sie haben den Vorteil, daß der größte Teil der erzeugten Rauschleistung zur Verfügung steht. Bei der Filterung aus weißem Rauschen steht nur der Bruchteil der ausgefilterten Rauschleistung zur Verfügung. [12], [13]. Th

Schmalbandverstärker → Selektivverstärker. Fl

Schmelzsicherungen *(melting fuse)*, Feinsicherung, Glasröhrchensicherung. Schmelzsicherungen sind Sicherungen, bei denen ein fehlerhafter Überstrom oder Kurzschluß in zu schützenden Kabelstrecken, Anlagen- oder Geräteteilen eine dauerhafte Trennung zwischen Stromversorgung und gefährdeten Teilen durch Abschmelzen eines definierten Leiterstückes bewirkt. Der Schmelzvorgang wird nach hinreichender Zeit als Folge von Eigenerwärmung des vom Fehlerstrom durchflossenen Leiterstücks eingeleitet. Konstruktion, Abmessungen und Reaktionszeit der S. werden von den Betriebswerten des abzusichernden Kreises bestimmt. Die angegebenen Nennwerte von Schmelzsicherungen sollen etwa den Betriebsstromwerten der Anlage entsprechen. Kenngrößen von Schmelzsicherungen sind z.B.: a) Das Schmelzintegral, das aus dem Quadrat des Stromwertes während der Schmelzzeit gebildet wird. b) Das Löschintegral, das aus dem Quadrat des Stromwertes während der Löschzeit gebildet wird. c) Das Ausschaltintegral, das sich aus der Summe von Schmelz- und Löschintegral zusammensetzt. In elektronischen Schaltungen findet man häufig: 1. Lötsicherung. Ein Anschlußdraht eines hochbelastbaren, zementierten Widerstandes (etwa 7 W) ist als dünnes Federband ausgeführt und an einem Ende mit dem zweiten Anschluß verlötet. Das Lot besitzt einen niedrigen Schmelzpunkt (häufig unter 145 °C). Im Fehlerfall erwärmt sich der Widerstand mit zunehmendem Strom sehr stark und das Lot schmilzt, wobei der Federkontakt geöffnet wird. Anwendungen: z. B. im Netzteil bei Fernseh- und Rundfunkgeräten zur Sicherung von Endstufen. 2. G-Sicherungen (Glasröhrchensicherung, Feinsicherung). Sie bestehen aus Sicherungshalter und der austauschbaren S. Der Schmelzleiter ist in einem allseitig geschlossenen Glasröhrchen untergebracht. An den Stirnseiten des Röhrchens befinden sich metallische Anschlußkappen, die mit dem Schmelzdraht leitend verbunden sind und für eine gute Wärmeableitung im Normalbetrieb sorgen. a) Häufig ist das Schmelzelement in ein Silicium-(II)-oxid-Puder eingebettet. Schmilzt der Leiterdraht, entstehen Metalldämpfe, die eine Lichtbogenbildung zwischen den Drahtenden verhindern. Infolge der Wärmeentwicklung während des Schmelzvorgangs verbinden sich in einer chemischen Reaktion Metalldampf und Puder. Es bildet sich im Glasröhrchen eine nichtleitende Substanz. b) Bei Feinsicherungen mit Zeitverzögerung *(time delay fuse)* brennt im Kurzschlußfall schlagartig ein dünner Schmelzdraht durch und unterbricht den Leitungsweg. Bei geringer Überlast erwärmt sich zunächst ein Heizelement, das sich ebenfalls im Glaskörper befindet. Hält die Erwärmung an, schmilzt eine Lötverbindung zwischen Heizelement und einem elektrisch leitenden Federdraht auf. Der dünne Schmelzdraht und der angelötete Federdraht bilden im Sicherungsröhrchen Anschlußdrähte des Heizelementes. Bei Feinsicherungen unterscheidet man nach der Reaktionszeit träge, mittelträge, flinke und superflinke Schmelzsicherungen. Superflinke Schmelzsicherungen dienen dem schnellen Abtrennen von Thyristoren oder Dioden in Halbleiterschaltungen. [3], [5], [6]. Fl

Schmelzverfahren, tiegelfreies *(float zone process)*. Mit diesem Verfahren können die durch das Tiegelziehverfahren erhaltenen einkristallinen Halbleiterstäbe nachgereinigt oder polykristalline Halbleitermaterialien einkristallin hergestellt werden. Die Halbleiterstäbe werden senkrecht eingespannt. Durch Hochfrequenzerwärmung wird eine dünne Zone des Stabes geschmolzen. In der Schmelze werden die Verunreinigungen gelöst. Befindet sich am unteren Ende zusätzlich ein Impfkristall, erhält man nach Durchgang der Schmelzzone durch den Halbleiterstab einen reinen, einkristallinen Halbleiter (Bild). [4]. Ne

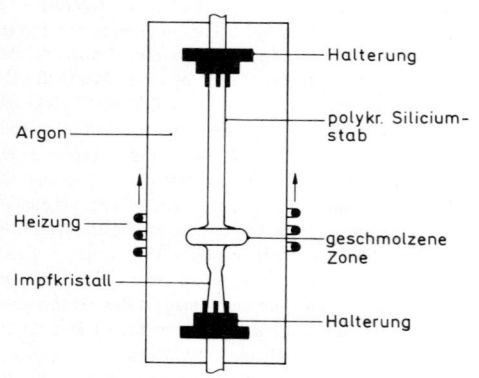

Schmerzgrenze *(threshold of pain)*. Bezeichnet den minimalen effektiven Schalldruck eines Signals, der eine solche Reizung des Hörorgans bewirkt, daß eine Schmerzempfindung ausgelöst wird. Normal-S. ist der Mittelwert der S. einer großen Anzahl von Normalhörenden einer bestimmten Altersgruppe. Die S. liegt bei einem Schalldruckpegel von 120 dB. [12], [13]. Th

Schmetterlingsantenne *(batwing antenna)*, Schmetterlingsdipol. Die S. ist aus dem Schlitzstrahler abgeleitet, dessen Schirmfläche aus windtechnischen Gründen durch eine Rohrkonstruktion von der Form eines Schmetterlings- bzw. eines Fledermausflügels ersetzt wird. Durch die besondere Form der Schlitzbelastung wird eine große Bandbreite erzielt. Der Schlitz wird durch die Oberfläche des Antennenträgers und das oben und unten mit diesem verbundene, parallel laufende Rohr gebildet (Bild). Das ausgestrahlte Feld ist vertikal polarisiert. Um Rundstrahlung zu erreichen, werden zwei Schmetterlingsantennen zu einer Drehkreuzantenne vereinigt. [14]. Ge

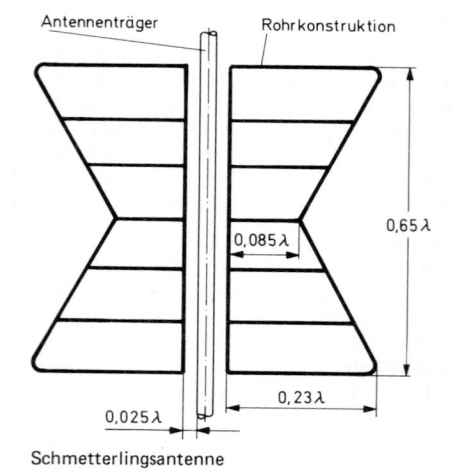

Schmetterlingsantenne

Schmelzverfahren

Schmetterlingsdipol → Schmetterlingsantenne. Ge

Schmetterlingsdrehkondensator → Drehkondensator. Ge

Schmetterlingskondensator → Kondensator, variabler. Ge

Schmetterlingskreis *(butterfly circuit)*. Resonanzkreis für hohe Frequenzen, bestehend aus einem Schmetterlingskondensator und zwei Induktivitätsbügeln. [4]. Ge

Schmitt-Trigger *(Schmitt trigger)*. Schaltung mit einem Analogeingang und einem Digitalausgang. Bei einer be-

Schmitt-Trigger

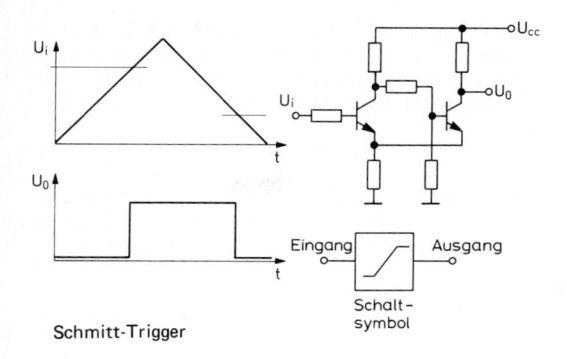

stimmten Größe des Eingangssignals geht der Ausgang in einen anderen Zustand über. Unterschreitet das Eingangssignal eine bestimmte Größe, wechselt der Ausgang wiederum seinen Zustand. Hierbei tritt eine große Schalthysterese auf. S. werden zur Störspannungsunterdrückung und zur Bildung von Rechteckimpulsen aus verformten Eingangssignalen verwendet. [6]. We

Schnelldrucker *(high speed printer)*. Drucker mit hoher Leistungsfähigkeit. Bei den Impact-Druckern sind S. immer Paralleldrucker. [1]. We

Schnellewandler *(velocity microphone)*. Zur Gruppe der S. gehören der elektromagnetische Wandler (z. B. Fernhörer) und der elektrodynamische Wandler (z. B. dynamisches Mikrophon und dynamischer Lautsprecher). Bei diesen Wandlern ist die Spannung proportional der Schallschnelle. [13]. Th

Schnellschreiber → Schnelldrucker. We

Schnellspeicher *(high speed memory, very fast memory)*. Bezeichnung für Speicher mit besonders kurzen Zugriffszeiten. S. werden als Halbleiterspeicher mit bipolaren Bauelementen ausgeführt, z. B. in ECL-Technik *(ECL emitter coupled logic)* oder Schottky-TTL-Technik. *(TTL Transistor-Transistor-Logik)*. Sie können als schnelle Pufferspeicher zwischen Prozessor und Hauptspeicher angeordnet sein. [1], [2]. We

Schnittbandkern → Bandkern. Ge

Schnittstelle *(interface)*. Innerhalb von Nachrichtennetzen bezeichnete Stelle, für die Festlegungen hinsichtlich der verwendeten Signale, der Bedeutung dieser Signale sowie der physikalischen Darstellung der Signale getroffen wurden. Typische Schnittstellen sind die Stellen zwischen Endstelle und Nachrichtennetz, Datenendeinrichtung und Datenübertragungseinrichtung, Analognetz und Digitalnetz. Schnittstellen-Festlegungen sind grundlegend für das weltweite Zusammenwirken der Nachrichtennetze, die Schaffung offener Kommunikationssysteme und standardisierter Protokolle (→ CCITT). [1], [2], [9], [13], [19]. Kü/Li

Schock, thermischer → Thermoschock. Li

Schottky-Barrier-Diode → Schottky-Diode. Ne

Schottky-Defekt → Schottky-Fehlstelle. Bl

Schottky-Diode *(Schottky barrier diode, hot carrier diode)*. Eine Diode, die durch einen Metall-Halbleiter-Kontakt zustande kommt. Da sich der Metall-Halbleiter-Übergang aufgrund der Bewegung von Majoritätsladungsträgern bildet, findet man im Vorwärtsbetrieb in der Übergangszone kaum Minoritätsladungsträger vor. Dies bedeutet, daß bei Umschalten vom Vorwärts- in den Rückwärtsbetrieb keine Minoritätsladungsträger „ausgeräumt" werden müssen und deshalb hohe Schaltgeschwindigkeiten erzielt werden. Durch die gegenüber PN-Dioden geringere Schleusenspannung werden Schottky-Dioden bei integrierten Schaltungen als Klammerdioden verwendet. [4]. Ne

Schottky-Effekt *(Schottky effect)*. 1. In der Kristallographie: das Wandern der Atome von ihren Gitterplätzen zur Kristalloberfläche unter Zurücklassen von Gitterlücken (Schottky-Fehlstellen). 2. Bei Halbleitern: die innere Feldemission von Ladungsträgern der Elementarladung e durch starke elektrische Felder E an Grenzflächen, besonders bei abrupten PN-Übergängen. Bl

Schottky-Fehlstelle *(Schottky defect)*, Schottky-Defekt. Eine Kristall-Fehlordnung, die aus zwei Leerstellen im Gitter, je einer durch ein fehlendes negatives bzw. positives Ion erzeugt wird. [7]. Bl

Schottky-Gleichung *(Schottky equation)*. Die S. gibt die Stromstärke i des „Schrot-Stromes" (→ Schottky-Effekt) im zeitlichen Mittel (Frequenzintervall Δf) zu $i^2 = 2e\, I_q \cdot \Delta f$ (e Elementarladung, I_q Anodenstrom) an. [7]. Bl

Schottky-Kontakt → Metall-Halbleiter-Kontakt. Ne

Schottky-Photodiode *(Schottky photodiode)*. Da ein Metall-Halbleiter-Übergang durch Lichteinstrahlung beeinflußt werden kann, lassen sich mit ihm Photodioden realisieren. Die Erzeugung von Elektronen-Defektelektronenpaaren erfolgt überwiegend in der Raumladungszone an der Halbleiteroberfläche. Bei einer in Rückwärtsrichtung vorgespannten S. kommt es zu einem Photostrom. Schottky-Photodioden sind sehr schnell (f = 10 GHz bis 20 GHz). [4]. Ne

Schottky-Transistor *(Schottky transistor)*. Die Schaltgeschwindigkeit eines Bipolartransistors läßt sich erhöhen, wenn man dafür sorgt, daß der Transistor nicht in den Sättigungsbereich gesteuert wird. Hierzu bringt man eine Schottky-Diode zwischen Kollektor und Basis des Bipolartransistors an. Dies bewirkt, daß die Basis-Kollektorspannung auf 0,4 V (im Gegensatz zu 0,7 V im sonstigen Betrieb) „festgehalten" wird. Die Schottky-Diode wird bei Schottky-Transistoren während des Fertigungsprozesses mitintegriert. [4]. Ne

Schottky-TTL-Schaltung *(Schottky TTL, Schottky-clamped transistor-transistor logic)*. Schaltungsfamilie der Digitaltechnik, die ähnlich wie eine TTL-Schaltung aufgebaut ist. Die bipolaren Transistoren werden zwischen Basis und Kollektor mit einer Schottky-Diode überbrückt, wo-

Schaltbild für Transistor mit Schottky-Diode (Schottky-clamped transistor)

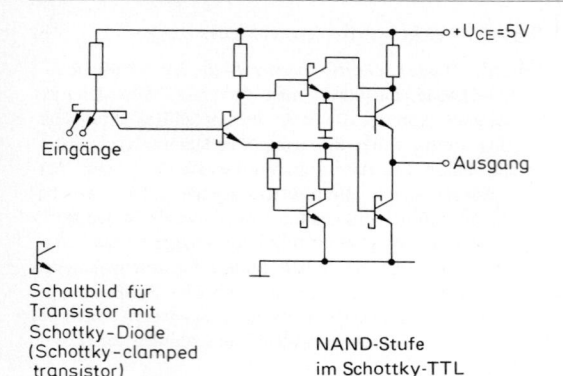

NAND-Stufe im Schottky-TTL

durch der Übersteuerungsfaktor beim leitenden Transistor begrenzt wird. Man unterscheidet: 1. Schottky-TTL-Schaltungen mit Verzögerungszeiten von etwa 3 ns und Verlustleistungen von etwa 20 mW und 2. "Low-Power"-Schottky-TTL-Schaltungen mit Verzögerungszeiten von etwa 15 ns, jedoch Verlustleistungen von etwa 2 mW. [2]. We

Schottky-Übergang *(Schottky barrier)*. Metall-Halbleiter-Übergang, der bei entsprechender Vorspannung gleichrichtende Eigenschaften hat. [4]. Ne

Schraubenantenne → Wendelantenne. Ge

Schraubenkern → Eisenkernspule. Ge

Schreiber → Registrierinstrument. Fl

Schreib-Lese-Speicher → RAM. We

Schreibverstärker *(writing amplifier)*. Als S. bezeichnet man häufig eine Verstärkerbaugruppe in Registrierinstrumenten, die schwach einfallende Meßwerte verstärkt und Meßsignale mit hohen Werten linear abschwächt. Ausgangssignale des Schreibverstärkers bewirken z. B. die Auslenkung eines Schreibermeßwerks, das infolge auftretender Reibungsverluste beim Schreibvorgang ein erhöhtes Drehmoment benötigt. S. sind im Regelfalle Gleichspannungsmeßverstärker. [12]. Fl

Schrittdauer *(length element)*. Länge eines Signales, dem eindeutig der Wert des Signalparameters unter endlich vielen vereinbarten Werten zugewiesen ist. Der Sollwert der S. entspricht dem vereinbarten kürzesten Abstand zwischen zwei Wertänderungen des Signalparameters. Die S. ist der Kehrwert der Schrittgeschwindigkeit (DIN 44 302). [14]. We

Schrittfehlerwahrscheinlichkeit *(signaling error rate)*. Das Verhältnis von fehlerhaften Schritten bei der Datenübertragung zu der Gesamtmenge der Schritte. Die S. entspricht dann der Bitfehlerrate, wenn bei jedem Schritt ein Bit übertragen wird. [14]. We

Schrittgeschwindigkeit *(modulation rate)*, Modulationsgeschwindigkeit, Telegraphiergeschwindigkeit, Tastgeschwindigkeit. Die S. ist eine charakteristische Kenngröße der Übertragungswerte von Telegraphie- und Datenübertragungssystemen. Sie ist der Kehrwert der Schrittdauer und gibt die mögliche Anzahl der während der Zeiteinheit zu übertragenden kürzesten Kennabschnitte (Schritte) eines Signals an. Einheit der S. ist das Baud, abgekürzt: Bd. Die S. v_s ist festgelegt:

$$v_s = \frac{\text{Anzahl der Signalschritte}}{s} = \frac{1}{\text{Schrittdauer in s}},$$

v_s in Bd. Schrittgeschwindigkeiten auf Fernsprechleitungen sind z. B.: 50 Bd; 600 Bd; 1600 Bd. (Nicht zu verwechseln mit Übertragungsgeschwindigkeit.) [9], [12], [13], [14], [19]. Fl

Schrittakte *(clock pulses)*. Eine Folge von äquidistanten Zeitpunkten, wobei der Abstand zweier aufeinanderfolgenden Zeitpunkte gleich dem Sollwert der Schrittdauer ist (DIN 44 302). [14]. We

Schrittmotor *(pulse motor, stepper motor)*. Der S. ist ein Servomotor kleiner Leistung, der in seinem Aufbau einer Synchronmaschine ähnelt. Die gebräuchlichste Bauform hat einen permanent erregten, gezahnten Rotor und einen Stator mit zwei Wicklungssystemen, die jeweils hintereinander angesteuert werden und deren Pole ebenfalls gezahnt sind. Bei Ansteuerung eines Systems verdreht sich der Rotor um einen bestimmten Winkel im Bereich einiger Winkelgrade (Schritt). Der S. eignet sich besonders für numerisch gesteuerte Maschinen (z. B. Zeichengeräte, Plotter), weil auf ein zusätzliches Wegmaßsystem verzichtet werden kann. [3]. Ku

Schrittschaltmotor *(stepper motor)* → Schrittmotor. Ku

Schrittschaltverfahren → Meßwertverarbeitung, inkrementale. Fl

Schrittschaltwerk *(successive sequential circuit)*. Schaltwerk zur Steuerung von Vorgängen, bei denen der nächste Vorgang erst dann ausgelöst wird, wenn der vorherige beendet ist, z. B. die Zufuhr einer chemischen Komponente erfolgt erst dann, wenn der Mischbehälter eine bestimmte Temperatur erreicht hat. Schrittschaltwerke ermöglichen die ununterbrochene Abfolge mehrerer Arbeitsgänge. [18]. We

Schrittspannung *(surface voltage gradient)*. Tritt in einer Erdungsanlage ein Fehlerstrom auf, so bildet sich ein Strömungsfeld aus, wodurch in der Umgebung des Erders zwischen verschiedenen Punkten der Erdoberfläche Spannungen abgegriffen werden können. Die S. ist die Spannung, die dann zwischen zwei Punkten (Abstand 1 m = menschliche Schrittweite) entsteht. [11]. Ku

Schrittweite *(step rate)*. Bei problemorientierten Programmiersprachen die Angabe darüber, in welchen Schritten der Zähler einer Schleife weitergezählt werden soll.

Beispiel (Programmiersprache BASIC):
FOR X1 = 1 TO 12 STEP 3
PRINT X1
NEXT X1

Das Programm zählt X1 mit den Werten 1, 4, 7, 10 und druckt diese Werte aus. Die Angabe **STEP 3** bestimmt dabei die Schrittweite 3. Die Zahl 1 gibt den Anfangswert des Zählvorgangs an. Die Schleife wird verlassen, wenn der Schleifenzähler den angegebenen Endwert (12) überschreitet. Bei gegebenem Anfangs- und Endwert bestimmt daher die Schrittweite, wie oft die Schleife durchlaufen wird. [9]. We

Schrittzählverfahren → Meßwertverarbeitung, inkrementale. Fl

Schroteffekt *(shot effect).* Die unregelmäßigen Schwankungen des Emissionsstromes der geheizten Katode einer Elektronenröhre verursachen deren Rauschen. Neben dem Funkeleffekt ist der S. als Rauschursache zu nennen. Der S. beruht auf der Quantelung der Ladung in die Elementarladungen der einzelnen Elektronen. Im Frequenzbereich von 10 kHz bis 1 GHz macht sich der S. besonders bemerkbar. Rü

Schrotrauschen *(shot noise).* Rauschursache bei Elektronenröhren, die durch die nicht in jedem Zeitpunkt gleichgroße Anzahl emittierter Elektronen gegeben ist. Der Elektronenaustritt ist statistischen Schwankungen unterworfen. Bei Transistoren sind folgende Ursachen verantwortlich: Überschreitung der Grenzschicht durch die Ladungsträger, Rekombinationsvorgänge, Neuerzeugung freier Ladungsträger und die Stromverteilung. [4]. Th

Schütz *(contactor).* Der S. ist ein elektrisch fernbetätigter Schalter für hohe Schalthäufigkeit bei hoher Lebensdauer. Er wird vorwiegend als Motorschalter (Gleich- und Wechselstrom) eingesetzt. Neben den Hauptkontakten hat der S. eine Anzahl von Hilfskontakten, die für Steuer- und Verriegelungszwecke verwendet werden. [3]. Ku

Schutzdiode *(protecting diode).* 1. → Freilaufdiode. 2. → Kappdiode, 3. Am Eingang von integrierten MOS-Schaltungen verwendete Diode, die bei den zulässigen Eingangsspannungen im Rückwärtsbereich arbeitet, bei Überspannung jedoch im Durchbruchgebiet und so die Eingangstransistoren der Schaltungen vor Zerstörung schützt. [4], [6], [10], [11]. Li

Schutzerdung *(protection earthing, protective earthing).* Die S. ist eine Erdungsmaßnahme, bei der elektrisch leitende Anlagenteile und Geräteteile, die nicht zum Betriebsstromkreis gehören, zum Schutze von Menschen und Tieren gegen Berührungsspannungen mit Erdern oder geerdeten Teilen über einen Schutzleiter verbunden sind. Man erfaßt mit der S. z. B. Haushaltsgeräte, deren metallische Teile nicht nach außen hin isoliert werden können. Ohne S. kann im Fehlerfall eine der spannungsführenden Leitungen metallische Teile berühren. Es entsteht eine elektrisch leitende Verbindung zwischen dem Metall, dem berührenden Menschen und der Erde (Körperschluß), durch die ein Strom mit lebensgefährlichen Werten fließen kann. Infolge einer ausgeführten S. ist der Fehlerstromkreis immer über metallisches Gehäuse, Schutzleiter, Schutzerder und Betriebserder geschlossen. Bedingungen und Ausführungsbestimmungen zur S. findet man in VDE 0100 § 9. [3]. Fl

Schutzerdungsleiter → Schutzleiter. Fl

Schutzgaskondensator *(protective gas capacitor),* Preßgaskondensator. Zur Erhöhung der Spannungsfestigkeit mit Stickstoff unter Druck (etwa 10^6 Pa) oder mit Gasgemischen gefüllter Kondensator. Ausführung als keramischer Durchführungskondensator, Plattenkondensator oder Drehkondensator. [4]. Ge

Schutzklasse *(safety class system),* Schutzklasseneinteilung. Die Angabe einer S. für elektrische Betriebsmittel (z. B. Anlage, Gerät) kennzeichnet durchgeführte Schutzmaßnahmen gegen zufälliges Berühren betriebsmäßig unter Spannung stehender Teile und gegen zu hohe Berührungsspannungen. Sie dient der Einschätzung entstehender Gefahren, die z. B. im Fehlerfalle oder durch menschliches Fehlverhalten auftreten können. In VDE 0411, Teil 1/3.68 ist z. B. festgelegt:
S. I: Geräte sind durch Schutzleiter geschützt; zugängliche Metallteile sind geerdet.
S. II: Geräte besitzen eine Schutzisolierung gegen zu hohe Berührungsspannungen, mehrfache Isolierung und keine zugänglichen Metallteile.
S. III: Geräte für den Betrieb mit Schutzkleinspannungen bis 42 V.
S. O: Geräte nur mit Betriebsisolation. Sie sind zum Einbau in Geräte mit den Schutzklassen I, II oder III geeignet. [3]. Fl

Schutzklasseneinteilung → Schutzklasse. Fl

Schutzkontaktrelais → Reedrelais. Ge

Schutzleiter *(non-fused earthed conductor).* Elektrische Geräte und Einrichtungen müssen zum Schutz bei indirektem Berühren (z. B. Körperschluß durch Isolationsfehler) in der Regel mit einem S. verbunden sein. Der S. führt betriebsmäßig keinen Strom. Im Fehlerfall sorgt er dafür, daß die Berührungsspannung ein zulässiges Maß nicht übersteigt (VDE 0100). Ku

Schutzpotential *(sacrificial protection potential).* Das S. entsteht beim katodischen Korrosionsschutz als Potential zwischen einem metallischen Werkstoff und dem Elektrolyt. Es bewirkt eine praktisch vernachlässigbare anodische Reaktion, bei der unter Einfluß eines Elektrolyten das Metall mit Elektronen angereichert wird und allmählich oxidiert bzw. sich zu einem als Anode wirkenden Werkstoff hin auflöst. Das S. schützt das Metall vor dieser elektrolytischen Zerstörung. Der Betrag des Schutzpotentials ist vom metallischen Werkstoff und der Zusammensetzung des Elektrolyten abhängig. [5]. Fl

Schutzringkondensator *(guard-ring capacitor).* Kondensator zur Ausschaltung der Streukapazität bei Kapazitätsmessungen. Der Schutzring muß auf gleichem Potential wie die eingeschlossene Elektrode liegen. Er darf nicht in die Kapazitätsmessung mit eingehen. Der Spalt zwischen Elektrode und Ring soll im Verhältnis zur Stärke des Dielektrikums klein sein. [4]. Ge

Schutzrohrkontakt → Reed-Kontakt. Ge

Schutzrohrkontaktrelais → Reed-Relais. Ge

Schutzwiderstand *(protective resistance).* Ein Widerstand, der zum Schutz eines Bauelementes mit diesem in Reihe geschaltet wird, um den durchfließenden Strom zu begrenzen; z. B. der Vorwiderstand bei Gasentladungsröhren und Z-Dioden. [4]. Li

Schwachstromrelais *(low power type relay)*. Relais, das für die Anwendung in der Schwachstromtechnik ausgelegt ist. Es vermag, je nach Ausführung, Ströme bis zu 5 A und Spannungen bis zu 250 V mit äußerst geringen Ansprechleistungen zu schalten. [4]. Ge

Schwachstromtechnik *(light-current engineering)*. Früher übliche Bezeichnung für Nachrichten- und Steuerungstechnik, wo im Gegensatz zur Energietechnik (Starkstromtechnik) die auftretenden Stromstärken geringer waren. In der modernen Elektrotechnik ist eine Unterscheidung nach Stromstärken nicht mehr praktikabel. Rü

Schwallbadlöten *(flow soldering)*, Fließlöten. Verfahren zur Herstellung mehrerer Lötverbindungen in einem Arbeitsgang (→ Löten). Das geschmolzene Lot befindet sich in einer elektrisch beheizten Wanne mit konstanter Temperatur. Eine Pumpe, die das flüssige Lot fördert, erzeugt eine Lotwelle, über die die zu verlötende, bestückte Leiterplatte geführt wird. Die Lotpumpe fördert stets frisches Lot aus dem Badinnern. Vor dem S. wird die Leiterplatte mit Flußmittel versehen. [4]. Ge/Li

Schwarzwertsteuerung *(black level restoration)*. Das vollständige Fernsehsignal (BAS-Signal; B̲AS B̲ildinhalt, A̲ustastsignal, S̲ynchronisierzeichen) wird amplitudenmoduliert übertragen. Verwendet wird dabei Negativmodulation. Das bedeutet, daß den dunklen Bildstellen eine hohe Trägeramplitude zugeordnet ist, den hellen Stellen eine niedrige. Der Schwarzwert entspricht 75 % Modulation, der Synchronwert 100 %. [9], [13], [14]. Th

Schwebungsfrequenzmesser → Überlagerungsfrequenzmesser. Fl

Schweißverbindung *(welded connection)*. Unlösbare Verbindung. Schweißverbindungen können durch Verfahren hergestellt werden, die mit Wärme und Druck arbeiten (Preßschweißen), oder solche, bei denen nur Wärme benötigt wird (Schmelzschweißen) oder solche, die nur durch Druck hergestellt werden (Kaltpreßschweißen). Bei der Herstellung der S. wird kein Zusatzwerkstoff benötigt. Die Schweißparameter, insbesondere die richtige Energiemenge, müssen sehr genau ermittelt werden. Schweißverbindungen sind einsetzbar bei geringen Leiterabständen, da keine Brückenbildung. Sie zeichnen sich durch geringe Übergangswiderstände, hohe Wärmebelastbarkeit und hohe mechanische Festigkeit aus. [4]. Ge

Schwelle → Schwellwert. Li

Schwellenspannung *(threshold voltage)*. Die kleinste Spannung, bei deren Erreichen bei Bauelementen ein Umschaltvorgang ausgelöst wird. Speziell bei einem Anreicherungsfeldeffekttransistor: Diejenige Gate-Source-Spannung, bei der der Drainstrom auf einen vorgegebenen niedrigen Wert angewachsen ist (DIN 41 858). [4]. Li/Ne

Schwellwert *(threshold)*. Der kleinste Strom- oder Spannungswert, der bei einem Bauelement eine feststellbare Wirkung hervorruft. [6]. Li

Schwellwertelement *(threshold element)*. Schwellwertgatter und die aus ihnen aufgebauten Bausteine, wie z. B. Flipflops oder Speicher, heißen S. [1], [2], [4]. Li

Schwellwertgatter *(threshold gate)*. Ein Gatter, das am Ausgang z. B. H-Signal liefert, wenn eine vorgegebene Mindestanzahl von Eingängen H-Signal führt. Welche Eingänge speziell mit H-Signal belegt sind, ist unbedeutend, ausschließlich die Summe der Eingangsbelegungen ist entscheidend! [1], [2], [4]. Li

Schwellwertlogik *(threshold logic)*. Logikschaltung, die aus Schwellwertelementen besteht. [1], [2], [4]. Li

Schwellwertschalter *(threshold switch)*. Halbleiterbauelement bzw. -schaltung, bei der sich die elektrischen Größen (Spannung, Strom, Widerstand) in Abhängigkeit von einer Steuergröße sprungartig ändern. Beispiele sind: Schmitt-Trigger, Unijunction-Transistor, Tunneldiode. [2], [4], [6], [10]. Li

Schwellwertspannung *(threshold voltage)* → Schwellenspannung. Li

Schwellwertspannungsdetektor *(threshold voltage detector)*. Schaltung, die ein Ausgangssignal abgibt, wenn die Eingangsspannung einen bestimmten Wert über- bzw. unterschreitet, z. B. Schmitt-Trigger Schwellwertschalter, analoge Vergleicher. [2], [4], [10]. Li

Schwingfrequenz *(frequency)*. Diejenige Frequenz, bei der ein schwingfähiges Gebilde (z. B. elektrisch oder mechanisch) Eigenschwingungen ausführt. [5]. Rü

Schwingkondensator *(vibrating capacitor)*. Genauer Schwingkreiskondensator. Besonderer in Filter- und Oszillatorschaltungen eingesetzter Kondensator mit geringen Verlusten bei hohen Frequenzen und hoher Kapazitätskonstanz (NDK-Keramikkondensatoren, Styroflex-Kondensatoren). [4]. Rü

Schwingkreis *(resonant circuit)*. Ein LC-Zweipol, den man entweder durch Reihenschaltung (→ Reihenschwingkreis) oder durch Parallelschaltung (→ Parallelschwingkreis) einer Induktivität L und einer Kapazität C erhält. [15]. Rü

Schwingkreis, gekoppelter → Schwingkreiskopplung. Rü

Schwingkreis, verstimmter *(mistuned resonant circuit)*. Ein Reihen- oder Parallelschwingkreis, der bei einer anderen Frequenz als der Resonanzfrequenz ω_0 betrieben wird. Als Maß benutzt man die Verstimmung

$$v = \frac{\omega}{\omega_0} - \frac{\omega_0}{\omega}.$$

Nur für $\omega = \omega_0$ ist $v = 0$. [15]. Rü

Schwingkreisgüte → Parallelschwingkreis; → Reihenschwingkreis. Rü

Schwingkreiskondensator → Schwingkondensator. Ne

Schwingkreiskopplung *(coupled resonant circuits)*. Magnetische oder kapazitive Kopplung (meist zweier) Reihen- oder Parallelschwingkreise. Der Hauptanwendungsbereich liegt bei der Bandfilterkopplung. [15]. Rü

Schwingkreisumrichter *(resonant circuit converter)*. Der S. besteht aus einem netzgeführten Stromrichter und einem lastseitigen Schwingkreiswechselrichter, die über einen Gleichstromzwischenkreis mit eingeprägter Spannung (Reihen-S.) oder eingeprägtem Strom (Parallel-S.) verbunden sind. [3]. Ku

Schwingkreiswechselrichter *(resonant circuit inverter)*. S. ist ein lastgeführter Stromrichter, der seine Kommutierungsspannung und -blindleistung von der Last bezieht. Er dient zur Speisung eines ohmsch-induktiven Verbrauchers, der durch Zuschalten eines Kondensators zu einem Reihen- oder Parallelschwingkreis ergänzt wird. Die Ausgangsfrequenz des Schwingkreiswechselrichters liegt in der Nähe der Eigenfrequenz des Lastschwingkreises und kann bis in den Mittelfrequenzbereich (einige Kilohertz) reichen. S. werden zum induktiven Erwärmen und Schmelzen von Metallen eingesetzt. Der

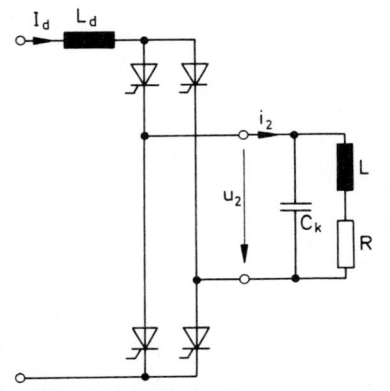

Parallelschwingkreiswechselrichter

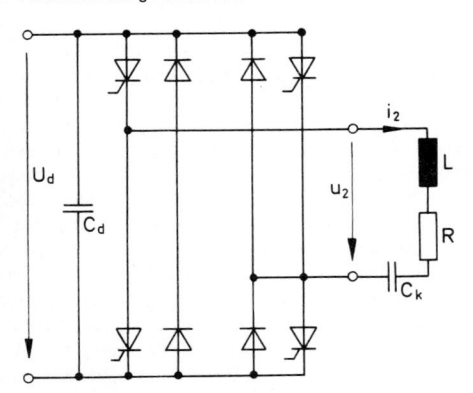

Reihenschwingkreiswechselrichter

Schwingkreiswechselrichter

Reihen-S. (Bild) hat eine eingeprägte Speisespannung U_d, über deren Höhe die Ausgangsleistung beeinflußt werden kann. Der Laststrom i_2 ist nahezu sinusförmig, während sich die Lastspannung u_2 rechteckförmig ausbildet. Der Parallel-S. (Bild) wird mit eingeprägtem Speisestrom I_d betrieben, dessen Höhe die Ausgangsleistung des Schwingkreiswechselrichters bestimmt. Die Lastspannung u_2 ist nahezu sinusförmig und der Laststrom i_2 rechteckförmig (DIN 41750). Ku

Schwingquarz *(quartz resonator)*. Ein piezoelektrischer Quarz, der zur Frequenzstabilisierung in einer Oszillatorschaltung verwendet wird (Unterschied: Filterquarz, → Quarzfilter). [4]. Rü

Schwingung, elektrische *(electrical oszillation)*. Die in elektrischen Schaltungen auftretenden periodisch wechselnden Zustandsänderungen, hervorgerufen durch das Wechseln elektrischer Energie zwischen verschiedenen Speichern. Typisches Beispiel: Pendeln der Energie zwischen Spule und Kondensator im Schwingkreis. [5]. Rü

Schwingung, mechanische *(mechanical oscillation)*. Die durch Kraftwirkungen auf elastische Körper hervorgerufenen Schwingungserscheinungen. Im Zusammenhang mit elektronischen Problemen sind mechanische Schwingungen als Wechselwirkungen vor allem mit Wandlern (→ Quarz) von Interesse. Rü

Schwingungsaufnehmer *(vibration transducer)*. S. dienen der Messung mechanischer Schwingungen. Eingangsgrößen von Schwingungsaufnehmern können Schwingwege, Schwinggeschwindigkeiten oder Schwingbeschleunigungen sein. Ausgangsgrößen können z. B. dazu proportionale Wechselspannungen, Wechselströme oder elektrische Ladungsmengen sein. Die Meßfühler bestehen häufig aus einer definierten, seismischen Schwingmasse (Seismologie: Erdbebenkunde), die innerhalb eines geschlossenen Gehäuses federnd aufgehängt ist. Eine eingebaute Dämpfungseinrichtung bestimmt, ob die Anordnung oberhalb oder unterhalb ihrer Eigenfrequenz betrieben wird. Die Schwingmasse wirkt auf ein elektrisches System. Die Schwingungen können absolut oder relativ gemessen werden. 1. Absolute Messung von Schwingungen: Die zu messende mechanische Schwingung z. B. eines Konstruktionsteils wird auf die Erdoberfläche bezogen. Ein Aufnehmer besitzt z. B. eine federnd aufgehängte Masse (etwa 20 g), die mit einer Meßspule, einem Dämpfungszylinder und einer zusätzlichen Dämpfungsspule verbunden ist. Das schwingfähige System befindet sich im ringförmigen Luftspalt eines radialsymmetrischen Magnetfeldes. Die gesamte Anordnung ist in einem Gehäuse untergebracht und wird direkt am zu messenden Konstruktionsteil befestigt. Oberhalb der Eigenresonanz (Werte der Eigenresonanz um 15 Hz) des Schwingungsaufnehmers entsteht zwischen dem Magneten und der Meßspule eine Relativbewegung (maximale Weglänge etwa 1 mm). Nach dem Induktionsgesetz werden Ausgangsspannungswerte erzeugt, die sich proportional zur Schwinggeschwindigkeit des Prüflings verhalten (Empfindlichkeit etwa 30 mV/mm s^{-1}). Durch elektrische Differentiation bzw. Integration im anzuschließenden Schwingungsmeßverstärker können Schwingbeschleunigung oder Schwingweg gemessen werden. 2. Relative Messungen von Schwingungen: Die relative Messung erfolgt als Messung zwischen zwei festgelegten Punkten. Ein Taststift (Bild) überträgt z. B. die mechanischen Schwingungen auf den beweglichen Teil des Aufnehmers. Die seismische Masse kann eine Meß-

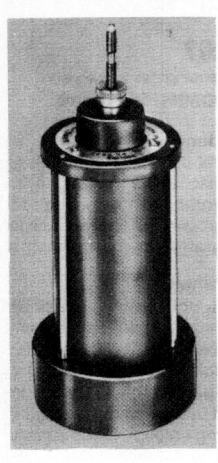

Induktiver Schwingungsaufnehmer zu Relationsmessungen

spule tragen, die sich im Magnetfeld eines Dauermagneten befindet. Infolge der vom Taststift bewirkten Spulenbewegung im Magnetfeld wird eine Spannung induziert, deren Werte der Geschwindigkeit des Bewegungsvorganges proportional sind. Weitere S. besitzen eine Brückenschaltung aus Halbleiterdehnmeßstreifen oder piezoelektrischen Meßfühlern. Anwendungen: Bei Schwingungsmeßgeräten zur Umwandlung mechanischer in elektrische Größen. [12]. Fl

Schwingungsbauch *(antinode)*. Der bei einem räumlich ausgedehnten elektrischen oder mechanischen Schwingungsvorgang auftretende Ort maximaler Amplitude. Bei verlustlosen Leitungen können je nach Abschluß stehende Wellen auftreten, wobei an bestimmten Punkten der Leitung Schwingungsbäuche entstehen. [5], [15]. Rü

Schwingungsbedingungen *(oscillation conditions)*. S. sind der Oberbegriff für die Amplituden- und Phasenbedingungen, die zum Anschwingen eines Oszillators erforderlich sind. [8], [13], [15]. Th

Schwingungsdauer *(cycle)* → Periodendauer. Rü

Schwingungsdifferentialgleichung. Jeder elektrische oder mechanische (eindimensionale) Schwingungsvorgang läßt sich durch eine Differentialgleichung zweiter Ordnung der Form

$$\frac{d^2z}{dt^2} + 2D\frac{dz}{dt} + \omega_0^2 z = K \cos\omega t$$

beschreiben, wobei D eine durch die Dämpfung des Systems bestimmte Konstante (→ Abklingkonstante), ω_0

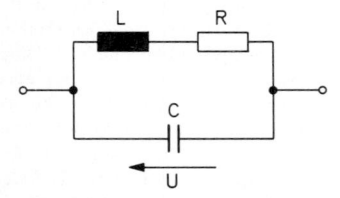

Parallelkreis mit geladenem Kondensator.

Schwingungsdifferentialgleichung

die Eigenfrequenz des Systems und K eine durch die von außen mit der Frequenz ω angreifende Kraft bestimmte Konstante ist. $f(\omega t) = K \cos\omega t$ ist die Störungsfunktion. So gilt speziell für einen Parallelschwingkreis (Bild), dessen Kondensator zur Zeit t = 0 auf die Spannung U aufgeladen ist, wenn keine äußere Spannung anliegt (K = 0), die S.:

$$\frac{d^2U}{dt^2} + \frac{R_L}{L}\frac{dU}{dt} + \frac{1}{LC}U = 0.$$

[15]. Rü

Schwingungserzeugung *(generation of oscillations)*. Die Erzeugung elektrischer Schwingungen durch Oszillatorschaltungen. [13]. Rü

Schwingungsgleichung → Schwingungsdifferentialgleichung. Rü

Schwingungsknoten *(oscillation node)*. Der bei einem räumlich ausgedehnten elektrischen oder mechanischen Schwingungsvorgang auftretende Ort dauernder Ruhe; die Amplitude ist dort zu jeder Zeit t Null. Bei verlustlosen Leitungen können je nach Abschluß stehende Wellen auftreten, wobei an bestimmten Punkten der Leitung für Spannung und an anderen Punkten für Strom S. entstehen. [5], [15]. Rü

Schwingungsmesser → Schwingungsmeßgerät. Fl

Schwingungsmeßgerät *(vibrometer, vibration meter)*, Schwingungsmesser, Vibrometer. Mit Schwingungsmeßgeräten werden Größen elektrischer oder mechanischer Schwingungen gemessen und die Meßwerte als elektrische Werte angezeigt, häufig auch aufgezeichnet. 1. Elektrische Schwingungen: Mit Frequenzmessern (Zungenfrequenzmesser) werden die Werte der Frequenzen elektrischer Wechselgrößen festgestellt. Schwingamplituden können mit Spitzenspannungsmessern, deren Effektivwerte mit Effektivwertmessern unter Beachtung des Frequenzbereiches gemessen werden. Registrierinstrumente schreiben den Kurvenverlauf zeitabhängiger elektrischer Meßgrößen auf auswertbares Registrierpapier. Besonders geeignet zur Aufzeichnung elektrischer Schwingungen sind Oszillographen und Oszilloskope. 2. Mechanische Schwingungen: Das S. ist eine Meßeinrichtung, häufig bestehend aus einem Schwingungsaufnehmer und einem Schwingungsmeßverstärker mit Anzeigevorrichtung, vielfach auch einem zusätzlichen Ausgang zur Registrierung der Meßgröße. Meßgrößen können Schwingweg, Schwinggeschwindigkeit oder Schwingbeschleunigung sein. Man benötigt sie z. B. für Hochbeschleunigungsmessungen in der Ballistik, Erschütterungsmessungen im Bauwesen und bei der Bauelementeherstellung, zur Messung von Schockbelastungen am menschlichen Körper. Der Frequenzbereich umfaßt etwa 1 Hz bis 10 kHz. [5], [12]. Fl

Schwingungsmeßverstärker *(vibration measuring amplifier)*. S. sind Wechselspannungsmeßverstärker, die elektrische Ausgangsmeßsignale von Schwingungsaufnehmern verstärken und mit Hilfe eines Zeigerinstrumentes als Effektiv- oder Spitzenwerte der Schwinggeschwindigkeiten in mm/s, der Schwingwege in μm oder der Schwing-

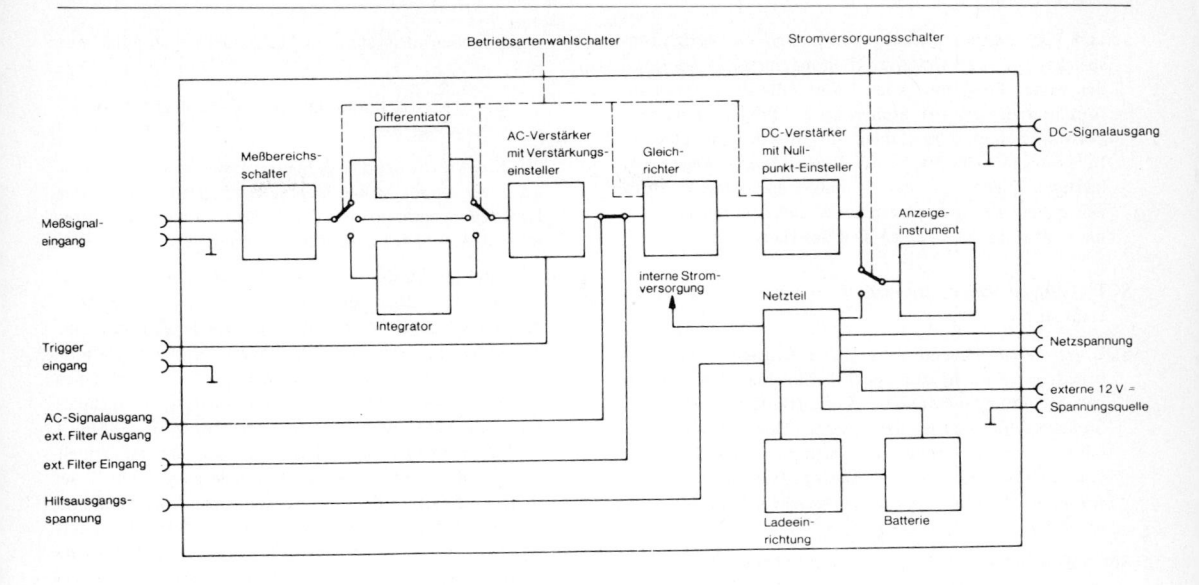

Schwingungsmeßverstärker

beschleunigungen in m/s² anzeigen. Häufig besitzen sie einen zusätzlichen Ausgang zum Anschluß eines Registrierinstrumentes. Nach dem Prinzipbild eines Schwingungsmeßverstärkers wird das der aufgenommenen Schwinggeschwindigkeit proportionale elektrische Eingangssignal direkt verstärkt und zur Anzeige gebracht. Zur Messung der Beschleunigung wird das Eingangssignal elektrisch differenziert, zur Messung des Schwingweges integriert. Der Frequenzbereich eines Schwingungsmeßverstärkers umfaßt etwa 10 Hz bis 1 kHz. S. sind Bestandteil von Schwingungsmeßgeräten. [12]. Fl

Schwingungsmodulation *(wave carrier modulation)*. Bei dem Verfahren der S. wird eine kontinuierliche sinusförmige Hochfrequenzschwingung als Träger der Signalschwingung benutzt. Unter diesen Oberbegriff fallen die Amplitudenmodulation, die Frequenzmodulation und die Phasenmodulation. [13]. Th

Schwund *(fading)*. Als S. bezeichnet man ausbreitungsbedingte, zeitliche Schwankungen der Empfangsfeldstärke bei festen Sende- und Empfangspunkten. S. ist durch den Umfang des Amplitudenbereiches (Schwundtiefe) und durch seine Schnelligkeit (Schwundfrequenz) gekennzeichnet. 1. Absorptionss. *(absorption fading)*: Extinktionss., der nur durch zeitliche Änderung der Absorption im Ausbreitungsmedium entsteht, z. B. durch die D-Schicht. 2. Beugungss. *(diffraction fading)*: Schwankungen der Beugungsfeldstärke, die durch zeitliche Änderungen des Brechwertgradienten in der bodennahen Atmosphäre entstehen. 3. Extinktionss. *(extinction fading)*: S., der durch zeitliche Änderung der Extinktion (Absorption- und Streuung) entsteht, z. B. durch Niederschläge. 4. Fokussierungss. *(focussing fading)*: S., der durch zeitliche Änderung der Fokussierung und Defokussierung der Welle auf dem Ausbreitungsweg entsteht.

5. Mehrweges. *(multipath fading)*: S., der durch Interferenz mehrerer Wellen entsteht, die auf verschiedenen, sich ändernden Wegen vom Sender zum Empfänger gelangen, z. B. bei Streu- oder Schichtausbreitung. 6. Nahs.: entsteht durch Mehrwegeschwund in einer Zone um den Sender, in der Boden- und Raumwelle von gleicher Größenordnung sind. 7. Polarisationss. *(polarization fading)*: S., der durch Drehung der Polarisationsrichtung im Ausbreitungsmedium, insbesondere in der Ionosphäre, entsteht. 8. Selektivs. *(selective fading)*: Mehrwegeschwund, von dem das gesamte Übertragungsband ungleichmäßig betroffen ist, und der bei verschiedenen Frequenzen unterschiedlich abläuft. 9. Szintillationss. *(scintillation fading)*: Mehrwegeschwund, der durch Überlagerung eines Hauptfeldes mit schwachen, an atmosphärischen Inhomogenitäten gestreuten Sekundärfeldern desselben Senders entsteht. [14]. Ge

Schwundregelung *(automatic gain control, AGC)*. Der Name wurde von den Übertragungsbedingungen im Mittel- und Kurzwellenbereich geprägt, wobei durch „Schwund" — gemeint ist Fading — die Empfangsfeldstärke erheblich schwanken kann. Die S. ist eine Rückwärtsregelung und schafft einen gewissen Ausgleich. Hochwertige Empfänger reduzieren auf der NF-Seite (NF Niederfrequenz) Feldstärkeschwankungen von 60 dB auf etwa 6 dB. [8], [13], [14]. Th

SCR *(silicon controlled rectifier)* → Thyristor. Ne

Scrambling *(scrambling)*. Modulations- und Demodulationstechnik mit Wechsel und Invertierung der Übertragungsbänder beim Telephon, so daß die Sprache auf der Übertragungsstrecke nicht erkennbar ist. Der Empfänger muß den Vorgang umkehren, um die Sprache wieder erkennbar zu machen. [14]. We

Scratch-Pad-Speicher *(scratch pad memory)*, Notizblockspeicher. In einer Datenverarbeitungsanlage in Speicher, der weder Programm noch Daten enthält, sondern Informationen, die zur Steuerung des Programmablaufes notwendig sind, z. B. Zähler für Unterprogrammstufen, Indexregister, Register für Basisadressen. Wegen der häufigen Zugriffe auf den S. muß er eine kurze Zugriffszeit haben. Er kann als eigener Speicher aufgebaut sein, meist aber bildet er einen Teil des Hauptspeichers. [1]. We

SCT *(surface-charge transistor)* → Oberflächenladungstransistor. Ne

SDL *(specification and description language)*. Problemorientierte Sprache zur Spezifikation und Beschreibung von Steuerungsabläufen bei Vermittlungsprozessen. Die Sprache lehnt sich an die Zustands-Übergangs-Beschreibung an und verwendet graphische Symbole. Sie wurde von CCITT *(Comité Consultatif International Télégraphique et Téléphonique)* ausgearbeitet und empfohlen. [19]. Kü

SECAM-Decoder *(SECAM decoder; SECAM séquentiel à mémoire)*. Wie im PAL-Farbwiedergabeteil *(PAL phasealternation line)* sind auch im SECAM-Teil eine Einzeilen-Verzögerungsanordnung sowie ein Umschalter vorhanden, der im Takt des Zeilenwechsels schaltet. Die richtige Zuordnung der Schalterstellung zum Farbartsignal wird hier mit einem Kennimpuls erreicht. Dazu dienen ein spezieller Verstärker und eine von diesem synchronisierte astabile Kippschaltung. [8], [13], [14]. Th

SECAM-System *(SECAM-TV system; SECAM séquentiel à mémoire; TV television)*. Es handelt sich um ein in Frankreich entwickeltes Farbfernsehsystem, das jedoch die gleichen grundlegenden Techniken des NTSC *(National Television System Committee)* benutzt. Allerdings ist SECAM nicht mit NTSC oder PAL kompatibel. [8], [13], [14]. Th

SECAM-Verfahren *(SECAM method; SECAM séquentiel à mémoire)*. Beim SECAM-Farbfernsehverfahren wird der Farbhilfsträger frequenzmoduliert. Es wird während jeder Zeilenperiode immer nur eine der beiden Farbdifferenzsignale übertragen, wobei diese in den zeitlich aufeinanderfolgenden Zeilen ständig wechseln. Eine Verzögerungsleitung speichert die erste Zeile solange, bis die zweite eingetroffen ist. Dann erst werden beide gemeinsam wiedergegeben. Die Demodulation und richtige Zuordnung ist Aufgabe des SECAM-Decoders. [8], [13], [14]. Th

Second-Source-Produkt *(second-source product)*. Die meisten Halbleiterbauelemente, vor allem hochintegrierte Digitalschaltungen — wie Mikroprozessoren — werden von Zweitherstellern (second-source) in Lizenz gefertigt. Damit ist sichergestellt, daß ein Gerätehersteller als Abnehmer bei Lieferschwierigkeiten eines Bauteil-Herstellers seine Produktion nicht einstellen muß. [1], [2]. Li

Sedezimalsystem *(hexadecimal system)*. Fälschlich auch Hexadezimalsystem, Hexasystem; sedezimales Zahlensystem. Stellenwertsystem, das folgendermaßen aufgebaut ist:

$$Z_B = \sum_{i=-m}^{n} Z_i \, B^i, \text{ mit } 0 \leq Z_i \leq B - 1 \text{ und } B = 16.$$

Das S. wird oft beim Umgang mit Datenverarbeitungsanlagen verwendet, wobei jede Sedezimalstelle jeweils vier Dualstellen zusammenfaßt. Zur Darstellung eines Bytes werden zwei Sedezimalziffern benötigt. [9]. We

Sedezimalziffer *(hexadecimal digit)*. Fälschlich auch Hexadezimalziffer. Ziffer des Sedezimalsystems. Die S. werden meist unter Verwendung der Dezimalziffern und der ersten Buchstaben des Alphabets dargestellt. Besteht die Möglichkeit der Verwechslung mit Zahlen eines anderen Zahlensystems, wird empfohlen, die Sedezimalzahl mit dem Index 16 zu versehen, z. B. 5000_{16} = 20480_{10} (Dezimalzahl). Für Angaben, die maschinell bearbeitet werden, z. B. Assemblerprogramme, bei denen die Gefahr der Verwechslung von Buchstabe und Sedezimalziffern besteht, muß eine Sedezimalzahl mit einer S. beginnen, die nicht Buchstabe ist, z. B. muß die Sedezimalzahl FF (dezimaler Wert 255) als 0FF dargestellt werden.

Sedezimalziffer	0	1	3	3	4	5	6	7	8	9	A
Zahlenwert (dezimal)	0	1	2	3	4	5	6	7	8	9	10
	B	C	D	E	F						
	11	12	13	14	15						

[1]. We

Seebeck-Effekt → Thermospannung. Bl

Seekabel *(submarine telephone cable)*. Bezeichnung für eine besondere Fernkabelart, die zur Verlegung in Meerestiefen und großen Binnengewässern geeignet ist. Bei sehr langen Kabeln müssen in das Kabel Verstärker eingebaut werden. Die S. dienen der Fernsprech- und Telextechnik. Ihre Bedeutung hat durch den Einsatz von Nachrichtensatelliten abgenommen. [14]. Th

Segmentantenne → Parabolantenne. Ge

Seitenband *(sideband)*. Bei der Amplitudenmodulation einer Trägerschwingung der Kreisfrequenz ω_0 mit einem Gemisch mehrerer Modulationsschwingungen (→ Modulationsschwingung) der Kreisfrequenzen $\omega_1 \ldots \omega_m$ ergeben sich resultierende Schwingungen, die aus der Trägerschwingung ω_0 und zwei Frequenzbändern $\omega_0 + (\omega_1 \ldots \omega_n)$ und $\omega_0 - (\omega_1 \ldots \omega_n)$ bestehen. Die beiden Frequenzbänder, die ober- und unterhalb von ω_0 liegen, werden Seitenbänder genannt. [8], [13], [14]. Th

Seitenbandfrequenz *(sideband frequency)*. Bei der Amplitudenmodulation einer Trägerschwingung der Kreisfrequenz ω_0 mit einer anderen Schwingung der Kreisfrequenz ω_m ergeben sich resultierende Schwingungen, die aus der Trägerschwingung ω_0 und zwei Seitenbandfrequenzen bestehen, nämlich $\omega_0 \pm \omega_m$. [8], [13]. Th

Seitenbandtheorie *(sideband theory)*. Die S. zeigt die mathematische Grundlage zur Entstehung der Seitenbänder (→ Seitenband) auf. Grundsätzlich entstehen bei jeder Modulationsart Seitenbänder, ob erwünscht oder unerwünscht. Die mathematische Behandlung zeigt auch, welche Seitenbandanteile für eine Übertragung mit bestimmten zulässigen Verzerrungen mit übertragen werden müssen, z. B. bei der Frequenzmodulation und der Phasenmodulation. [12], [13], [14]. Th

Seitenfrequenz *(side frequency)*. Bei der Mischung zweier Frequenzen entstehen nicht nur die gewünschten zwei Seitenbandfrequenzen, sondern durch Mischprodukte von Vielfachen der Modulationsfrequenz mit der Trägerfrequenz und miteinander entstehen Seitenfrequenzen im Frequenzspektrum, die sich um die Seitenbandfrequenzen gruppieren. [8], [13], [14]. Th

Sektor *(sector)*. Einteilung der Informationsmenge bei Magnetplattenspeichern, Magnettrommelspeichern, Disketten. Ein Sektor wird durch zwei vom Mittelpunkt ausgehenden Strahlen begrenzt. Die Informationsmenge, die auf einem Sektor einer Spur liegt, wird als Block bezeichnet. Sie ist die kleinste ansprechbare Informationsmenge. Die Sektoren werden durch Hardwaremaßnahmen (Sektorlöcher o. ä.) angezeigt oder durch Formatierung der Information beim ersten Beschreiben der Platte (→ Initialisierung) aufgebracht. [1]. We

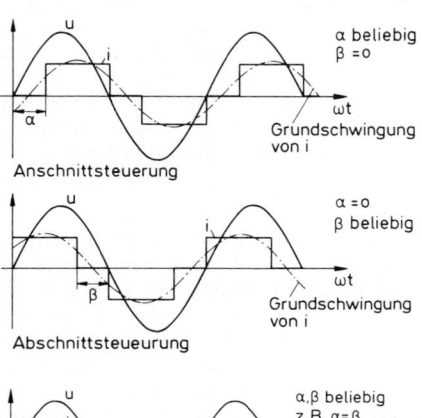

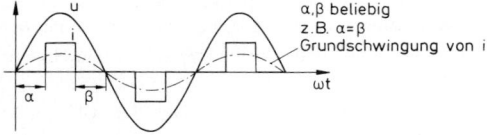

Sektorsteuerung *(sector control)*. Die S. ist eine Betriebsart von netzgespeisten Stromrichtern, die gleichzeitig mit Anschnittsteuerung und Abschnittsteuerung versehen sind mit dem Ziel, den Blindleistungsbedarf aus dem Netz zu reduzieren (Bild). Bei Anschnittsteuerung eines Stromrichters mit dem Steuerwinkel α eilt der Netzstrom i (Grundschwingung) der Spannung u nach, d. h., der Stromrichter bezieht induktive Blindleistung aus dem Netz. Bei Abschnittsteuerung mit dem Voreilwinkel β eilt der Strom i der Spannung u voraus, d. h., der Stromrichter gibt induktive Blindleistung an das Netz ab. Dieser Betrieb erfordert jedoch beim Stromrichter eine Löscheinrichtung zur Zwangskommutierung der Ventile. Bei Sektorsteuerung mit den Winkeln α und β läßt sich jeder Zustand dazwischen einstellen. Damit läßt sich erreichen, daß die Grundschwingung von i in Phase mit u ist (cos φ = 1). [18]. Ku

Sekundärdurchbruch → Durchbruch, elektrischer. Ne

Sekundärelektron *(secondary electron)*. Elektronen, die durch Elektronenstoß von auf Materie auffallenden Elektronen entstehen. [7]. Ne

Sekundärelektronenvervielfacher → Elektronenvervielfacher. Fl

Sekundäremission *(secondary emission)*. Das Freisetzen von Teilchen durch Stoß derselben Teilchensorte auf einen Kristall. Beispielsweise wird im Sekundärelektronenvervielfacher durch S., d. h. Stoß eines Elektrons auf eine Metallplatte, zumindest ein weiteres Elektron emittiert. [5]. Bl

Sekundäremissionsvervielfacher → Elektronenvervielfacher. Fl

Sekundäremissionsvervielfacherröhre → Elektronenvervielfacher. Fl

Sekundärgruppe *(supergroup)*. Begriff aus der Trägerfrequenztechnik. Eine S. enthält 60 Eingangskanäle und besteht aus fünf Primärgruppen. Der Frequenzbereich erstreckt sich von 312 kHz bis 552 kHz. [13], [14]. Th

Sekundärradar → Radar. Ge

Sekundärspeicher *(secundary memory)* → Primärspeicher. We

Sekundärstrahler *(passive radiator, parasitic antenna)*. Nicht unmittelbar mit dem Energieleitungssystem verbundener Teil eines Antennensystems, bei dem die Energie mit den anderen Elementen durch Strahlungskopplung ausgetauscht wird. [14]. Ge

Sekundärwechselstrom *(secundary alternating current, secundary a. c.)*. Der auf der Ausgangsseite fließende Strom eines Transformators ist der S. [5]. Ku

Sekunde *(second)*. SI-Basiseinheit der Zeit (Zeichen s). *Definition:* Die S. ist das 9 192 631 770fache der Periodendauer der dem Übergang zwischen den beiden Hyperfeinstrukturniveaus des Grundzustandes von Atomen des Nuklids ^{133}Cs entsprechenden Strahlung (DIN 1301). [5]. Rü

Selbsterregung *(self-excitation)*. S. einer elektrischen Maschine im Generatorbetrieb liegt dann vor, wenn sie den Strom für die Erregung selbst liefert. Dies setzt allerdings beim Anfahren eine ausreichende Klemmenspannung voraus, die auf magnetische Remanenz zurückzuführen ist. S. wird hauptsächlich bei Gleichstromgeneratoren (→ Nebenschlußgenerator) angewendet, ist aber auch bei Asynchrongeneratoren mit zusätzlichen Kondensatoren möglich. [3]. Ku

selbstheilend *(self healing)*. Eigenschaft eines Bauelementes, sich nach einem Defekt wieder selbst in einen funktions-

Sektorsteuerung
Beispiel: Einphasige halbgesteuerte Brückenschaltung

fähigen Zustand zu bringen; z. B. ist ein Metallpapierkondensator nach einem Durchschlag s. [4]. Li

Selbstinduktionskoeffizient → Induktivität. Rü

Selbstmord, thermischer *(thermal breakdown)*. Bei Temperaturerhöhung steigt bei einem in Vorwärtsrichtung geschalteten Halbleiterbauelement der Vorwärtsstrom an. Dies bewirkt erhöhte Verlustleistung, weitere Temperaturerhöhung am PN-Übergang und weiteren Anstieg des Vorwärtsstromes usw. Die Folge ist eine Zerstörung des Bauelementes, wenn die Temperatur nicht begrenzt wird. [4]. Ne

selbsttaktend *(internal clock generation)*. Ein Gerät oder eine Schaltung, dem kein externer Takt zugeführt werden muß. Der Begriff wird besonders bei Mikroprozessoren angewendet. Man kennt ihn auch in der Datenfernübertragung (z. B. selbsttaktendes Modem). [2], [14]. We

Selektion *(selectance)*, Selektivität. 1. Empfängertechnik: Die Fähigkeit eines Empfängers, das Nutzsignal aus der Summe aller Störsignale auszusuchen. Die S. ist bei einem bestimmten Störabstand am Empfängerausgang definiert als Quotient aus Nutz- und Störspannung. 2. Filtertechnik: Eine früher verwendete charakteristische Größe als Verhältnis der Übertragungsfaktoren an verschiedenen Frequenzstellen der Dämpfungscharakteristik zur Ermittlung des erforderlichen Bauelementaufwandes. Allgemeines Kennzeichen für den Übergang vom Durchlaß- zum Sperrbereich eines Filters. [13]. [15]. Rü

Selektionsmatrix *(selection matrix)*. Anordnung von Leitungen in Form einer Matrix zur Anwahl eines bestimmten Elementes, z. B. eines Magnetkerns in einem Magnetkernspeicher (→ Matrixspeicher, → Koinzidenzspeicher. [1]. We

Selektivität *(selectivity)* → Selektion. Rü

Selektivschwund → Schwund. Ge

Selektivspannungsmesser *(selective voltmeter)*, selektiver Spannungsmesser, frequenzselektiver Spannungsmesser. S. (selektiv: trennscharf) sind elektronische Wechselspannungsmesser hoher Empfindlichkeit (Eingangsspannungen bis etwa 10^{-6} Volt), die auf die Frequenz der Meßwechselspannung abgeglichen werden. Sie werden benötigt zur Ermittlung von Funkstörgrößen z. B. hochfrequenter Störspannungen, zur Überprüfung technischer Daten von Sendestationen und zur Ermittlung der elektromagnetischen Verträglichkeit im industriellen Bereich. Mit vorgeschalteter Meßantenne können Feldstärkemessungen durchgeführt werden. Die Anzeige kann zu Funkstörmessungen nach den in VDE 0876 festgelegten Bewertungskurven erfolgen; es können auch Spitzenspannungen und Werte der spektralen Spannungsdichte angezeigt werden. S. sind nach dem Überlagerungsprinzip aufgebaut: Die Meßspannung U_M mit der Frequenz f_M wird einer Mischstufe zugeführt und in die Zwischenfrequenz f_z umgesetzt. Die Weiterverarbeitung erfolgt im Zwischenfrequenzverstärker mit Bandfiltern, deren Durchlaßkurve bekannt ist. Am Ausgang des Verstärkers wird das Signal in einer Demodulationsschaltung gleichgerichtet und zur Anzeige geführt. Eine hochwertige Ausführung besitzt z. B. 16 Filter zur Vorselektion, mit denen ein Empfangsbereich von 10 kHz bis 30 MHz überstrichen wird. Das Meßsignal wird nacheinander in drei Zwischenfrequenzen (75 MHz, 9 MHz und 30 kHz) umgesetzt. Die Bandbreite kann bis auf 200 Hz vermindert werden. Meßspannungen, die im Rauschen untergehen, werden mit Selektivspannungsmessern, die mit phasenselektiver Gleichrichtung arbeiten, festgestellt (→ Meßgleichrichter, phasenabhängiger). [8], [12], [13], [14]. Fl

Selektivverstärker *(selective amplifier)*, Schmalbandverstärker. S. sind Wechselspannungsmeßverstärker mit sehr schmaler Bandbreite. Die Differenz aus der oberen Grenzfrequenz f_o und der unteren Grenzfrequenz f_u besitzt einen niedrigen Wert als die untere Grenzfrequenz: $(f_o - f_u) \ll f_u$. 1. Aufbau mit Einzelbauelementen. Man erhält den schmalen Durchlaßbereich entweder durch Kopplung von aktiven Elementen (Transistor, Röhre) der Übertragungsvierpole mit Bandpaßcharakteristik oder durch Gegenkopplung über mehrere Verstärkerstufen mit Hilfe eines Rückkopplungsvierpoles. 2. Aufbau mit integrierten Bausteine. a) An den Signalausgang oder -eingang eines integrierten Breitbandverstärkers wird ein Übertragungsvierpol mit Bandpaßverhalten angeschlossen. b) Ein Rückkopplungsvierpol mit Bandsperrencharakteristik erzeugt eine Gegenkopplung über eine oder mehrere Verstärkerstufen. Vorteile der S.: niedriges Rauschen, hohe Werte der Verstärkung. Man setzt S. im Hochfrequenzbereich als Meßverstärker z. B. in Hochfrequenzspannungsmessern, als Anzeigeverstärker, zu Feldstärkemessungen und in Meßempfängern ein. [8], [12], [13], [14]. Fl

Selektoren *(selectors)*. S. sind elektromechanische oder elektronische Schalter (z. B. Relais, Transistorschalter), die eine bestimmte elektrische Verbindung aus einer Vielzahl von Verbindungsmöglichkeiten zu einem festgelegten Gerät herstellen (→ Multiplexer). S. wählen z. B. Selektorkanäle zur blockweisen Datenübertragung in einer Richtung aus und schalten die Verbindungsstrecke zwischen Informationssender und gewünschten Empfänger durch. [9], [14], [19]. Fl

Selektorkanal *(selector channel)*. Ein Kanal in Datenverarbeitungssystemen, der eine Datenübertragung zwischen Zentraleinheit und Peripherie in der Weise steuert, daß zu einem Zeitpunkt nur eine Datenübertragungsoperation stattfindet (Gegensatz: Multiplexkanal). An einen S. können mehrere Geräte angeschlossen sein, die aber nicht gleichzeitig arbeiten dürfen. Selektorkanäle eignen sich besonders für den Anschluß von Geräten mit hoher Datenübertragungsgeschwindigkeit, z. B. Magnetplattenspeicher. [1]. We

Selengleichrichter *(selenium rectifier)*. Ein Gleichrichter, bei dem auf eine Aluminiumplatte eine dünne Selenschicht aufgebracht wird. Das Selen wird von einer Metallschicht überzogen. Der gleichrichtende Effekt kommt dadurch zustande, daß sich Elektronen leichter vom Metallüberzug zum Selen als umgekehrt bewegen können. [4]. Ne

Self-Quenched-Detector → Pendelrückkopplungsaudion. Fl

Semielektronik *(semielectronics)*. Schaltungen, die teilweise elektronisch, teilweise elektrisch oder elektromechanisch arbeiten. Die S. wird besonders dann angewendet, wenn durch die Schaltung größere Leistungen gesteuert werden sollen. We

Semipermanentspeicher *(semi-permanent storage)*. Speicher mit dem Verhalten eines Permanentspeichers, das nicht im Verhalten des Speichermediums begründet ist, sondern durch andere Maßnahmen hervorgerufen wird, z. B. Batteriepufferung bei Netzausfall für einen Halbleiterspeicher. [1]. We

Sendeantenne → Antenne. Ge

Sendeaufruf *(polling)*. Steuerungsverfahren in Nachrichtennetzen, bei dem eine i. a. zentralisierte Station andere Stationen oder Endstellen in zyklischer Reihenfolge aufruft, als Sendestation zu arbeiten. [19]. Kü

Sendeleistung *(transmitter power)*. Unter S. wird im allgemeinen die von einer Senderendstufe an die Antenne abgegebene Hochfrequenzleistung verstanden. Die S. hängt von der Betriebsart des Senders ab (A- oder AB-Betriebsart, B- oder C-Betrieb) und von der Modulationsart (Amplituden-, Einseitenband-, Frequenz- oder Pulsmodulation). Bei der Pulsmodulation kann die Impulsleistung wesentlich höher sein, weil der Sender nur für die Impulsdauer aufgetastet wird. [8], [10], [11], [13], [14]. Th

Sender *(transmitter)*. Ein S. wird für die drahtlose Nachrichtenübermittlung benötigt. Er erzeugt die erforderliche Hochfrequenzleistung auf der gewünschten Frequenz und enthält meistens einen Modulator, mit dem die Nachricht dem Hochfrequenzsignal aufmoduliert werden kann. S. gibt es von einigen Milliwatt bis zu einigen Tausend Kilowatt, von Längstwelle bis zum Mikrowellenbereich. [8], [11], [13], [14]. Th

Senderöhre *(transmitter tube; transmitter valve)*. Hohe Hochfrequenzleistungen lassen sich einfacher mit einer S. als mit Transistorstufen erzeugen. Die S. stellt die Leistungsstufe dar, deren HF-Leistung (HF Hochfrequenz) an die Antenne ausgekoppelt wird. Die Leistungsklasse reicht von einigen Watt bis zu mehreren Tausend Kilowatt; der Anwendungsfrequenzbereich geht von Langwelle bis in das Mikrowellengebiet. [8], [11], [13], [14]. Th

Senditron *(sendytron)*, Sendytron. Das S. ist ein Quecksilberdampfgleichrichter mit Hochspannungszündung, der zum Schalten oder Gleichrichten hoher Ströme eingesetzt werden kann (etwa 1000 A). Das S. besitzt einen H-förmigen Glasrohrkolben, in dem Katode, Anode und eine isolierte Zündelektrode eingebaut sind. Die Zündelektrode ragt in die Quecksilberkatode, ohne mit ihr elektrisch verbunden zu sein. Ein Hochspannungsimpuls (etwa 10 kV) an der Zündelektrode löst durch kapazitive Kopplung eine Feldemission von Elektronen an der Katode aus. Die Elektronen ionisieren Quecksilberdampfatome; es entsteht zwischen Katode und positiv vorgespannter Anode eine Bogenentladung. Das S. ist durch Thyristoren ersetzt worden. [3]. Fl

Sendungsvermittlung *(message switching)*. Speichervermittlungsverfahren in Datennetzen, bei dem Nachrichten als ganzes in Form eines Nachrichtenblocks übermittelt werden. [19]. Kü

Sendytron → Senditron. Fl

Senke *(drain)*. Allgemein Bezeichnung für das Ziel einer Bewegung. 1. Beim Feldeffekttransistor ein Anschluß, auch in der deutschen Literatur meist als Drainanschluß bezeichnet. 2. In der Datenfernübertragung Bezeichnung der die Daten empfangenden Anlage (Datensenke). [14]. We

Sensibilisierung *(sensitization)*. Verfahren, den spektralen Bereich lichtempfindlicher Materialien zu erweitern. Eine Silberbromidemulsion z. B. ist im Bereich zwischen 230 nm und 500 nm lichtempfindlich. Durch Aufbringen von sog. Sensibilatoren (bestimmte Chemikalien) auf die photoempfindliche Schicht kann der spektrale Empfindlichkeitsbereich bedeutend erweitert werden (bei Silberbromidemulsionen bis in den Infrarotbereich). [4]. Ne

Sensor *(sensor)*. 1. Allgemein sind Sensoren Fühlerelemente, die aufgrund physikalischer Effekte nichtelektrische Größen in elektrische Größen umsetzen, häufig ohne direkten mechanischen Kontakt mit der Umwandlungsgröße einzugehen. Sensoren können in diesem Sinne Fühler oder Meßumformer sein. 2. Umwandlungselemente der Optoelektronik werden häufig Sensoren genannt, z. B. Photosensor oder Festkörperbildsensor. 3. Im Zusammenhang mit Tastschaltern, bei denen z. B. der Hautwiderstand des berührenden Fingers ausgenutzt wird, um den Übergangswiderstand einer dünnen Schicht zu ändern und einen Schalttransistor zu betätigen, wird ebenfalls häufig von Sensoren gesprochen. Gemeint sind in vielen Fällen Berührungsschalter. 4. Als spezielles Element der Sensortechnik gewinnen die Sensoren an Bedeutung. Sie dienen als Fühler, häufig aus Halbleiterbauelementen in integrierter Technik bestehend, der Erfassung digitaler oder physikalischer nichtelektrischer analoger Größen und erfüllen in den meisten Fällen drei Aufgaben: a) Umwandlung der Eingangsgröße in eine andere Größe, b) die neue Größe wird in eine proportionale elektrische Größe umgesetzt (z. B. Strom, Spannung, Widerstand, Kapazitätsänderung), c) die elektrische Größe wird zur Weiterverarbeitung aufbereitet (z. B. Temperaturkompensation, Linearisierung). Sensoren dieser Art sind qualitativ hochwertige Massenprodukte, die häufig als winzige Meßfühler in Informationsverarbeitungssysteme der Mikroelektronik integriert sind. Beispiele: Halbleiter-Gas-Sensor, Halbleiterdrucksensor, Mikrowellensensor, Halbleiterfeuchtesensor. [1], [2], [4], [6], [7], [9], [12], [16], [18]. Fl

Sensorik → Sensortechnik. Fl

Sensorschalter → Berührungsschalter. Ge

Sensortechnik *(sensor technique)*, Sensorik. Die S. (sensor, Fühler) erfaßt Schnittstellen zwischen nichtelektrischen Größen und elektrischen Systemen der Mikroelektronik. Auf der Grundlage einzelner, seit langem bekannter physikalischer Effekte werden mit Hilfe ständig neu entwickelter Technologien Meßfühler oder Meßumformer aus Halbleitermaterialien mit kleinen geometrischen Abmessungen geschaffen, die 1. hohe Qualitätsmerkmale bei der Umsetzung nichtelektrischer Größen in elektrische aufweisen. 2. als Massenprodukt preiswert hergestellt und 3. auch preiswert nach Erfordernissen spezieller Anwendungen gefertigt werden können. Bauelemente der S. heißen Sensoren und Aktoren (Bild). Ziel der S. ist es, Umwandlungselemente zu schaffen, die entweder gemeinsam mit Funktionsbaugruppen der Mikroelektronik in einem gemeinsamen Chip untergebracht sind oder, z. B. aus technologischen Gründen, auf einer gemeinsamen Platine verlötet sind. Aus diesem Grunde ist die Halbleitertechnik Ausgangspunkt der S. und umfaßt die gesamte Meßkette von der Meßgrößenerfassung bis zur Bereitstellung geeigneter Systemsignale. Mit Hilfe der S. und der integrierten Daten- und Informationsverarbeitung entstehen Anlagen, die sich selbst überwachen und nach eingegebenen oder angelernten Verhaltensmustern selbttätig Entscheidungen treffen. [1], [9], [12], [18]. Fl

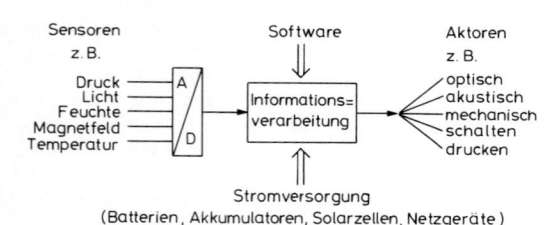

Sensortechnik

Sequenz *(sequence)*. Eine Erweiterung des Begriffs der Frequenz für periodische Impulsfunktionen mit diskontinuierlichem Verlauf. Eine S. ist die halbe mittlere Anzahl der Zeichenwechsel je Sekunde in zps *(zero crossings per second)* innerhalb der Periodendauer T_0 (Grundintervall); (→ Walsh-Funktionen). Rü

Sequenzfunktionen. Impulsfunktionen mit meist diskontinuierlichem Verlauf. Für nachrichtentechnische Anwendungen in der Sequenztechnik bieten vor allem Impulsfunktionen mit stückweise konstanter Amplitude wegen ihrer einfachen technischen Realisierbarkeit in digitalen Schaltkreisen Vorteile. Als günstig in der Anwendung haben sich in der Sequenztechnik folgende S. erwiesen: Walsh-Funktionen, Haarfunktionen und Slantfunktionen. S. lassen sich wie sinusförmige Schwingungen als Träger von Signalen verwenden. Die Information ist dabei in der Amplitude, der Zeitbasis oder der Zeitlage des Sequenzträgers enthalten. [14]. Rü

Sequenzspeicher *(sequential memory)* → Speicher, sequentieller. We

Sequenztechnik. Ein Gebiet der Nachrichtenübertragungs- und Vermittlungstechnik bei dem zur Modulation und allgemein zur Beschreibung nachrichtentechnischer Prozesse nichtsinusförmige Funktionen z. B. → Walsh-Funktionen verwendet werden. [14]. Rü

seriell *(serial)*. Abarbeiten eines Vorganges in aufeinanderfolgenden Schritten. Beispiele: Ein Programm in einer Datenverarbeitungsanlage wird, sofern es keine Sprungbefehle enthält, von der relativen Adresse Null beginnend über die relativen Adressen 1, 2, 3, ..., n abgearbeitet. Bei einer seriellen Addition wird der Vorgang, an der niedrigstwertigen Stelle beginnend, Stelle für Stelle bis zur höchstwertigen Stelle nacheinander ausgeführt (Gegensatz: parallel). [1]. We

Serienabtastung *(serial scanning)*. Eine Punkt-zu-Punkt-Abtastung, bei der zu einem bestimmten Zeitpunkt nur ein Bit Information erfaßt wird (Bild). [9]. We

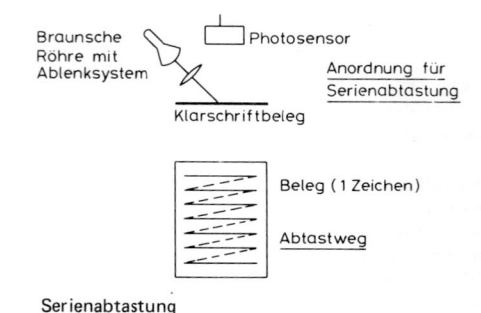

Serienabtastung

Serienaddierer → Addierer. We

Serienbetrieb *(serial processing)*, Serialverarbeitung. Datenverarbeitung, bei der die Operanden in zeitlich aufeinander folgenden Schritten verarbeitet werden. Man verwendet beim S. serielle Rechenwerke. Der S. kann sowohl Bit für Bit erfolgen (bitseriell) als auch z. B. bei Dezimalzahlen Stelle für Stelle (stellenseriell, byteseriell). Der S. ist zeitaufwendig, benötigt aber wenig Hardware und ist gut geeignet für die Verarbeitung von Operanden unterschiedlichen Formats (Gegensatz: Parallelverarbeitung). [1]. We

Seriendrucker *(serial printer)*. Drucker, der zu einem Zeitpunkt nur ein Zeichen erzeugt und dessen Druckvorrichtung sich relativ zum Papier bewegen muß (Gegensatz: Paralleldrucker). S. haben gegenüber den Paralleldruckern eine niedrigere Druckgeschwindigkeit, aber einen einfacheren mechanischen Aufbau und eine einfachere Ansteuerelektronik. [1]. We

Serien-Parallel-Wandlung *(serial-parallel conversion)*, Serien-Parallel-Umwandlung. Umsetzung eines seriell ablaufenden Informationsflusses in parallele Zeichen. Die S. ist notwendig, wenn Daten seriell ausgelesen und parallel weiterverarbeitet werden sollen, z. B. bei Lesen aus dem Magnetplattenspeicher und Übertragung in den Hauptspeicher. Als Serien-Parallel-Wandler werden Schiebe-

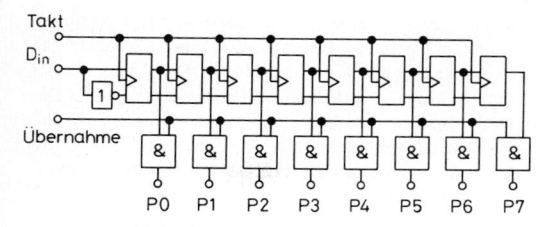

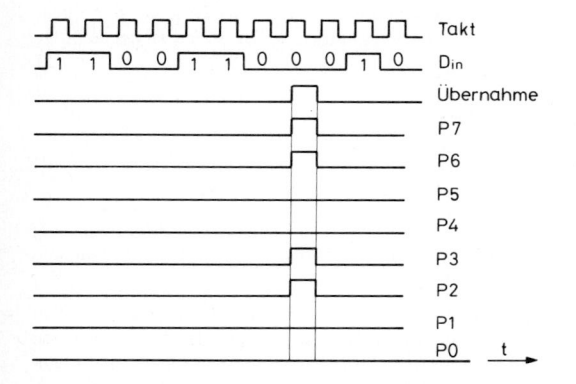

Serien-Parallel-Wandlung

D_{in} = serielle Dateneingabe

register mit parallelen Ausgängen und einem seriellen Eingang verwendet (Bild). [2], [9]. We

Serienregler → Spannungsregler. Li

Serienresonanz *(series resonance)* → Reihenschwingkreis. Rü

Serienresonanzkreis *(series-resonant circuit)* → Reihenschwingkreis. Rü

Serienschaltung *(series connection)* → Reihenschaltung. Rü

Serienschwingkreis *(series-resonant circuit)* → Reihenschwingkreis. Rü

Serienstabilisierung → Spannungsstabilisierung. Li

Serienübertrag *(serial carry)*. Der in einem serielle arbeitenden Rechenwerk entstehende Übertrag. Der S. muß in einem Flipflop zwischengespeichert werden, damit er der nächsthöherwertigen Stelle für die nachfolgende Verknüpfung wieder zugeführt werden kann. [1]. We

Serienverarbeitung → Serienbetrieb. We

Servomotor *(servo motor)*. Andere Bezeichnung für → Stellmotor. [3]. Ku

Servosystem *(servo system)*. Ältere, besonders englischsprachige Bezeichnung für → Regelkreis. [18]. Ku

Servoverstärker *(servo amplifier)*. Der S. ist das Stellglied für Stellantriebe, d.h. ein Gleichspannungsleistungsverstärker, der üblicherweise im Schaltbereich arbeitet, z.B. ein Gleichstromsteller mit Transistoren oder ein netzgeführter Stromrichter. [3]. Ku

Setzen *(set, preset)*. Der Vorgang, ein Speicherelement mit der "1"-Information zu versehen, unabhängig davon, welche Information vorher gespeichert war. (Gegensatz: Löschen). [2]. We

Shannons Abtasttheorem → Abtasttheorem. Rü

SHF *(super high frequency)* → Zentimeterwellen; → Funkfrequenzen. Ge

Shockley-Diode *(Shockley diode)*. Nicht steuerbares PNPN-Bauteil, das sehr schnell in den leitenden Zustand übergeht, wenn eine kritische Spannung überschritten wird. Die Stromleitung wird so lange aufrechterhalten, bis die Anodenspannung (Anode, Anschluß an der P-Zone) einen minimalen Spannungswert unterschreitet. Im Sperrzustand ist der Widerstand der S. sehr hoch. [4]. Ne

Shunt → Nebenwiderstand. Fl

SI-Basiseinheiten *(base units of the International System of Units)*. Für das physikalisch-technische Einheitensystem sind sieben Basisgrößen festgelegt (DIN 1301).

Größe	SI-Basiseinheit	
	Name	Einheitenzeichen
Länge	Meter	m
Masse	Kilogramm	kg
Zeit	Sekunde	s
elektrische Stromstärke	Ampere	A
thermodynamische Temperatur	Kelvin	K
Stoffmenge	Mol	mol
Lichtstärke	Candela	cd

[5]. Rü

Sichelplattenschnitt → Kondensator, variabler. Ge

Sicherheitstechnik → Fail-Safe-Technik. Li

Sicherung *(fuse)*, Überstromschutzorgan. Sicherungen sind Schaltgeräte, die zum Schutze von Menschen, Kabelstrecken, elektrischen Anlagen und Anlagenteilen in Strompfade eingefügt werden und in bestimmter Zeit nach oder während fehlerhaftem Anstieg der Betriebsstromwerte den Stromweg selbsttätig unterbrechen. Die Stromunterbrechung entsteht bei vielen Ausführungen von Sicherungen infolge der erhöhten Wärmewirkung eines fehlerhaften elektrischen Stromes, der ein in der S. befindliches Leitermaterial mit festgelegten Materialeigenschaften durchfließt. Man unterscheidet in der Elektronik z.B.: 1. Schmelzsicherung. Das in ihr befindliche Leitermaterial schmilzt bei Stromerhöhung in einem bestimmten Zeitraum. 2. Installationsselbstschalter (Sicherungsautomaten). Wesentliche Bauelemente sind ein im Stromweg befindlicher Bimetallstreifen und die Spule eines Relais. Erwärmt sich das Bimetall nach einer bestimmten Zeit unter Einfluß eines geringen Überstromes, wird der Stromkreis unterbrochen. Bei Kurzschluß wird sofort das Relais ausgelöst, dessen Kontakte den überlasteten Stromkreis unterbrechen. 3. Ein Sonderfall sind elektronische Sicherungen. Ein bistabiler Multivibrator hält in Ruhestellung den zu sichernden Stromkreis geschlossen. Überströme bewirken an einem im Stromkreis liegenden Widerstand einen erhöhten Spannungsabfall. Der Multivibrator kippt in den anderen Zustand und trennt z. B. gefährdete Halbleiterschaltkreise von der Stromversorgung. Dieser Zustand bleibt erhalten, bis der Überstrom beseitigt ist. In diesem Falle wird durch einen Schaltimpuls der Normalzustand wieder hergestellt. Sicherungen vom zweiten und dritten Typ arbeiten verschleißfrei und können automatisch oder von Hand wieder zugeschaltet werden. [3], [5], [6]. Fl

Sichtgerät → Display. We

Sichtspeicher-Katodenstrahlröhre → Sichtspeicherröhre. Fl

Sichtspeicherröhre *(oscilloscope storage tube)*, Sichtspeicher-Katodenstrahlröhre. 1. Die S. ist eine Signal-Bildwandlerröhre, die in Sichtspeicheroszilloskopen eingesetzt wird. Außer dem üblichen Elektronenstrahlerzeugersystem und den Ablenkplattenpaaren einer Oszilloskopröhre befindet sich eine weitere Anordnung von Elektroden innerhalb der S., mit deren Hilfe das Bild auf dem Leuchtschirm über einen einstellbaren, längeren Zeitraum erhalten bleibt. Man erhält die Speicherwirkung durch Einfügen einer Isolierschicht, die auf ein metallisches Netz aufgetragen ist (Bild). Die Elektronen des Schreibstrahls aus dem eigentlichen Strahlerzeugersystem treffen mit hoher kinetischer Energie auf die Isolierschicht und lösen dort durch Sekundäremission weitere Elektronen aus. An Stellen fehlender Elektronen entsteht ein positiv wirkendes Ladungsbild. Vor der Isolierschicht sind weitere Strahlerzeugersysteme (Flutsystem) angebracht. Von dort wird die Isolierschicht mit Elektronen langsamer Geschwindigkeit gleichmäßig besprüht. An Stellen des positiven Ladungsbildes treten die Elektronen durch Isolierschicht und metallisches Netz. Sie werden bis zum Auftreffen auf den Leuchtschirm beschleunigt. Das gespeicherte Bild wird sichtbar. Der Speicherzeitraum ist vom Isolierwiderstand der Speicherschicht und vom Grad der Evakuierung in der Hochvakuumröhre abhängig. Die Speicherdauer kann bei abgeschaltetem Gerät mehrere Tage betragen. Über einen Impuls, der vom metallischen Netz kapazitiv auf die Speicherschicht gekoppelt wird, läßt sich das Ladungsbild löschen. 2. Zusätzlich ist in die S. ein Vidikon eingebaut. Die Kamera tastet das Ladungsbild innerhalb der Röhre ab. Vorteile: Das direkt geschriebene Bild nimmt eine kleine Fläche ein. Es kann ein Fernsehmonitor angeschlossen werden, wobei Schreibgeschwindigkeiten bis zu 30 Skalenteilen/ns erreicht werden. [10], [12], [16]. Fl

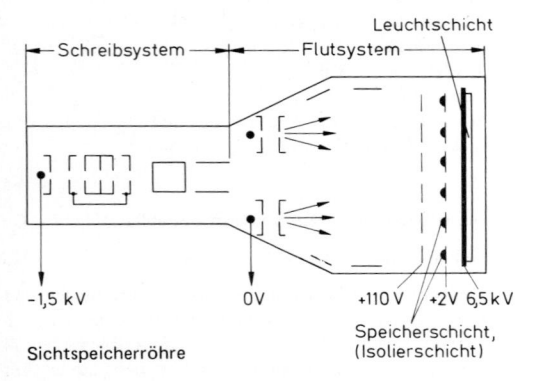

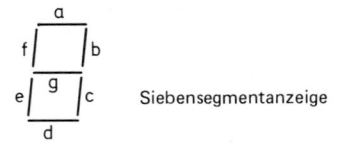

Siebensegmentanzeige *(seven segment display)*. Ein Anzeigeelement, das die zehn Ziffern des Dezimalsystems in stilisierter Form mit sieben Segmenten (Bild) darstellt. Für das Umcodieren in den erforderlichen Siebensegment-Code werden integrierte Bausteine verwendet. [2], [4], [16]. Li

Siebglied, versteilertes *(m-derived section)* → Wellenparameterfilter. Rü

Siebglieder *(filter section)*. Schaltungsanordnung zur Siebung unerwünschter Frequenzanteile. Im allgemeinen Sprachgebrauch werden unter Siebgliedern meist einfachste Schaltungsformen verstanden, die als LC- oder RC-Spannungsteiler aufgebaut sind. Das Bild zeigt ein LC- und ein RC-Tiefpaß-Siebglied. Zur Verbesserung der Siebwirkung schaltet man S. in Kettenschaltung zu Siebketten zusammen. [15]. Rü

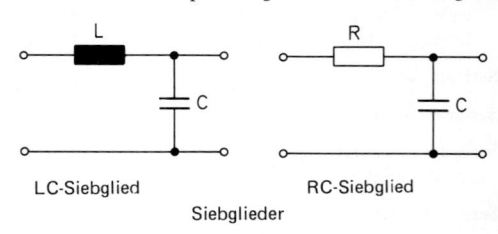

Siebkette *(filter)* → Siebglied. Rü

Siebkondensator *(filter capacitor)*. Kondensator, der in Verbindung mit weiteren Schaltelementen (z. B. ohmschem Widerstand oder Induktivität) zur Ableitung eines einem Gleichstrom überlagerten Wechselstromes dient. Hierfür eignen sich bei niedrigen Frequenzen Elektrolytkondensatoren, bei höheren Frequenzen Durchführungs- und Bypasskondensatoren aus Keramik. Ähnlich Glättungskondensator. [4]. Ge/Li

Siebschaltung *(filter)* → Filter. Rü

Siebung *(filtering)*. Allgemein das Aussondern unerwünschter Frequenzanteile aus einem Frequenzgemisch. Im speziellen Sprachgebrauch wird unter S. meist die Unterdrückung der überlagerten Wechselspannungsanteile einer Gleichspannung verstanden (→ Glättung). Als Siebglieder werden LC-Glieder oder RC-Glieder (auch in Verbindung mit Verstärkern) benutzt. [15]. Rü

SI-Einheiten *(International System of Units (SI))*. Internationales Einheitensystem *(Système international d'Unités)*. Die Beschlüsse und Empfehlungen der Generalkonferenz für Maß und Gewicht CGPM *(Conférence Générale des Poids et Mesures)* und des internationalen Komitees für Maß und Gewicht CIPM *(Comité International des Poids et Mesures)* sind als Festlegungen in die einzelnen nationalen Gesetzgebungen übernommen worden (Bundesrepublik Deutschland: Gesetz über Einheiten im Meßwesen, 2. Juli 1969; Ausführungsverordnung zum Gesetz über Einheiten im Meßwesen, 26. Juni 1970). Man unterscheidet drei Klassen von Einheiten: 1. SI-Basiseinheiten, 2. abgeleitete SI-Einheiten, 3. ergänzende SI-Einheiten. Die SI-Einheiten bilden ein kohärentes Einheitensystem (→ Kohärenz). [5].   Rü

SI-Einheiten, abgeleitete *(derived units of the International System of Units)*. Einheiten, die durch Kombination von SI-Basiseinheiten gemäß den gewählten algebraischen Beziehungen, die die zugehörigen Größen verknüpfen, gebildet werden. Diese abgeleiteten S. können durch besondere Namen und Einheitenzeichen ersetzt werden. Man kann drei Gruppen unterscheiden:
1. abgeleitete S., die allein durch die Basiseinheiten ausgedrückt werden. Beispiele:

Größe	Name	Einheitenzeichen
Volumen	Kubikmeter	m^3
Dichte	Kilogramm durch Kubikmeter	kg/m^3
magnetische Feldstärke	Ampere durch Meter	A/m

2. abgeleitete S., die einen besonderen Namen haben. Beispiele: Coulomb, Joule, Lumen, Pascal.
3. abgeleitete S., die mit Hilfe besonderer Namen ausgedrückt werden. Beispiele: Newtonmeter (Drehmoment), Volt durch Meter (elektrische Feldstärke), Joule durch Kubikmeter (Energiedichte). [5].   Rü

SI-Einheiten, ergänzende *(supplementary SI-Units)*. Für einige Einheiten des internationalen Einheitensystems ist bisher noch nicht entschieden, ob sie zu den Basiseinheiten oder den abgeleiteten Einheiten zu rechnen sind; diese zählen zur Klasse der ergänzenden S. Derzeit gehören hierzu nur zwei geometrische Einheiten: 1. SI-Einheit für den ebenen Winkel: Radiant (rad); 2. SI-Einheit für den räumlichen Winkel: Steradiant (sr). [5].   Rü

Siemens *(siemens)*. Abgeleitete SI-Einheit des elektrischen Leitwerts (Zeichen S) (DIN 1358)

$$1\ S = 1\ \frac{1}{\Omega}\quad (\Omega\ \text{Ohm}).$$

Definition: Das S. ist gleich dem elektrischen Leitwert eines Leiters vom Widerstand 1 Ohm. Im amerikanischen Schrifttum wird statt S. die Einheit des elektrischen Leitwerts durch "mho" („Ohm" rückwärts gelesen) angegeben. [5].   Rü

si-Funktion *(sinc-function)*. Abkürzende Bezeichnung für für die Funktion

$$\text{si } x = \frac{\sin x}{x}.$$

Es handelt sich um eine gerade Funktion mit si(0) = 1. Nullstellen sind für $x = \pm n\pi$ vorhanden; die Funktionswerte nehmen mit wachsendem x ähnlich einer gedämpften Schwingung ab. Die Funktion

$$\text{Si } x = \int_0^x \frac{\sin u}{u}\ du$$

heißt Integralsinus. Die si-F. hat in der Signalübertragung große Bedeutung. Sie ist die Fourier-Transformierte des Rechteckimpulses (→ Elementarsignale):

$$F(\omega) = \int_{-\infty}^{+\infty} \text{rect}(t)\ e^{-j\omega t}\ dt = \frac{\sin(\pi f)}{\pi f} = \text{si}(\pi f),$$

mit $\omega = 2\pi f \rightarrow$ Kreisfrequenz.

In symbolischer Darstellung gilt:

$$\text{rect}(t) \circ\!\!-\!\!\!-\!\!\!-\!\!\bullet\ \text{si}(\pi f).$$

Wegen dieser Eigenschaft wird die si-F. auch als Spaltfunktion bezeichnet. [14].   Rü

Signal, analoges → Analogsignal.   We

Signal, binäres → Binärsignal.   We

Signal, determiniertes *(deterministic signal)*. Das determinierte S. stellt eine Idealisierung des Zufallssignals dar, wobei man den funktionalen Verlauf einer Signalgröße s(t) zumindest prinzipiell durch einen geschlossenen mathematischen Ausdruck vollständig beschreiben kann. Besonders einfach zu handhabende determinierte Signale sind die → Elementarsignale. [14].   Rü

Signal, digitales → Digitalsignal.   We

Signal, diskretes *(discrete signal)*. Nach DIN 44 300 gleichbedeutend mit → Digitalsignal. [13].   Li

Signal, getastetes → Binärsignal, → Pulsmodulation.   Li

Signal, nichtdeterminiertes → Zufallssignal.   Rü

Signal, singuläres → Diracstoß.   Rü

Signal, stetiges *(analoge signal)* → Analogsignal.   We

Signalbegrenzer → Begrenzerschaltung.   Li

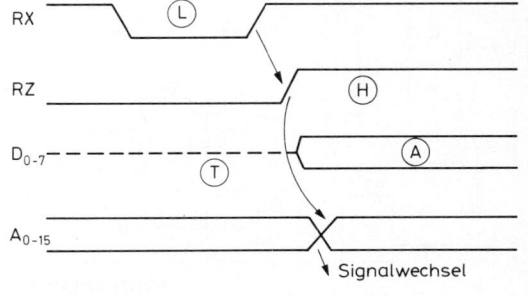

Signaldarstellung *(signal representation)*. Darstellung des zeitlichen Verlaufs von digitalen Signalen in Impulsplänen *(timing diagram)*. Die S. enthält meist die Darstellung mehrerer voneinander abhängiger Signale. Oft

Signaldarstellung

wird durch Pfeile angegeben, daß eine Signaländerung eine weitere Signaländerung auslöst.

Erläuterung des Bildes:
L Signal befindet sich definiert im L-Zustand,
H Signal befindet sich definiert im H-Zustand,
T Signalzustand bei Tri-State-Schaltungen *(floating bus)* unbestimmt (logisch neutral),
A Signal hat definierten Wert, der aber je nach Situation L-Zustand oder H-Zustand sein kann (z. B. es liegt eine bestimmte Adresse an). [10]. We

Signaldiode *(signal diode).* Im Unterschied zur Gleichrichterdiode eine Diode, die zur Signalverarbeitung verwendet wird. [2], [4], [8], [13]. Li

Signalenergie *(energy of signal).* Die elektrische Energie, die an einem Widerstand R in Wärme umgewandelt wird, wenn im Zeitintervall $t_1 \leq t \leq t_2$ eine zeitlich veränderliche Spannung u(t) am Widerstand liegt, ist

$$E = \frac{1}{R} \int_{t_1}^{t_2} u^2(t)\,dt.$$

Analog definiert man für ein Signal s(t) die S.

$$E = \int_{t_1}^{t_2} s^2(t)\,dt.$$

Beide Definitionen gehen ineinander über, wenn s(t) eine auf 1 V normierte Spannung an einem Widerstand von 1 Ω bedeutet. [14]. Rü

Signalflußplan *(logic diagram),* logisches Schaltbild. Darstellung einer Digitalschaltung zur Signalverarbeitung, die nur die Logikelemente (z. B. Verknüpfungsschaltungen, Flipflop) und ihre Verbindungen miteinander zeigt, nicht aber die technische Realisierung. Im S. wird auch nicht die Art der Spannungsversorgung angegeben. Logische Schaltungen, die sich in einer integrierten Schaltung befinden, können im S. räumlich verteilt sein. Der S. nimmt keine Rücksicht auf die räumliche Anordnung der Schaltungen auf der Platine. Zur Identifizierung der Schaltungen sind aber i. a. die Nummern der Chips, meist nach Reihen und Spalten geordnet, sowie die Nummern der Anschlußstifte angegeben. Signalflußpläne sind nach DIN 40 700 genormt. [2]. We

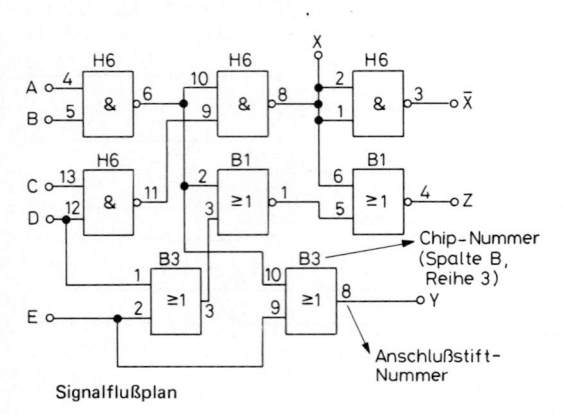

Signalflußplan

Signalgeber *(signalling transmitter).* 1. Im allgemeinen Sprachgebrauch werden als S. Geräte oder Einrichtungen bezeichnet, die elektrische Informationen aussenden (z. B. das Sendegerät einer Fernsteueranlage). 2. In Meßeinrichtungen zum elektrischen Messen nichtelektrischer Größen werden häufig Aufnehmer, Meßfühler oder Meßumformer S. genannt. Vielfach findet man auch Annäherungsschalter, Grenzwertmelder, Lichtschranken unter der Bezeichnung S. 3. Digitale S. können z. B. Lochstreifenleser, Codierscheiben oder Dekadenschalter sein. Sie wandeln Werte analoger Größen in binärcodierte Signale um. [1], [9], [12], [13]. Fl

Signalgemisch *(composite signal, composite picture signal).* Als S. wird in der Fernseh-Übertragungstechnik das vollständige Video-Signal bezeichnet, das ein Fernsehsender ausstrahlt. Nach der Fernsehnorm setzt es sich aus folgenden Komponenten zusammen: 1. Beim Schwarzweißfernsehen: Aus dem Bildsignal dem Austastsignal und den Synchronsignalen. Abgekürzt wird es als BAS-Signal bezeichnet. 2. Beim Farbfernsehen: Zusätzlich aus dem Farbsignal, das den Signalen unter 1. hinzugefügt wird. Man kürzt es als FBAS-Signal ab. Das Bildsignal wird beim Farbfernsehen auch als Leuchtdichtesignal bezeichnet. [8], [14]. Fl

Signalgenerator → Meßgenerator. Fl

Signalgeschwindigkeit *(signal velocity).* Die größte, mögliche Geschwindigkeit, mit der eine Wirkung übertragen werden kann, wozu die Übertragung von Energie notwendig ist. Nach den Aussagen der Relativitätstheorie ist die oberste Grenze der S. die Lichtgeschwindigkeit. Im Falle der anomalen Dispersion kann die Phasengeschwindigkeit einer elektromagnetischen Welle durchaus größer als die Lichtgeschwindigkeit sein; eine Wirkungsübertragung ist damit aber nicht verbunden. [5]. Rü

Signalhub → Transfercharakteristik. Rü

Signalisierung *(signalling),* Zeichengabe. Austausch vermittlungstechnischer Informationen bzw. Signale (→ Steuerinformation), die dem Aufbau bzw. dem Auslösen von Nachrichtenverbindungen sowie für bestimmte betriebliche Funktionen in einem Nachrichtennetz dienen. Die Signalisierung kann zwischen Endstelle und Vermittlungsstelle bzw. zwischen verschiedenen Vermittlungsstellen erfolgen. Bei durchgehender *(end-to-end)* Signalisierung werden die Zeichen zwischen der Ursprungsvermittlungsstelle und der im Zuge des Verbindungsaufbaus gerade erreichten Vermittlungsstelle ausgetauscht. Bei abschnittsweiser *(link-by-link)* Signalisierung werden die Zeichen jeweils nur über einen Verbindungsabschnitt ausgetauscht und können erst nach einer Zwischenspeicherung wieder weitergegeben werden. Die Signalisierungsprozeduren sind durch CCITT *(Comité Consultatif International Télégraphique et Téléphonique)* standardisiert (sog. Signalisiersysteme). Ferner kann die Signalisierung über die individuellen Nachrichtenverbindungskanäle oder über spezialisierte zentrale Zeichenkanäle erfolgen. [19]. Kü

Signalklassifizierung *(classification of signals).* Signale werden in verschiedene Klassen eingeteilt, je nachdem wie

Signalklassifizierung

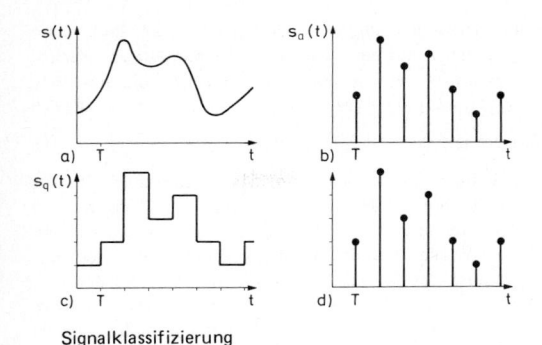

die Signalgrößen dargestellt sind: kontinuierlich oder diskret. Diese Unterscheidung trifft man sowohl für die Darstellung in der Zeitabhängigkeit (zeitkontinuierlich, zeitdiskret) als auch für die Darstellung der Signalamplitude (wertkontinuierlich, wertdiskret; Bild). Analoge (zeit- und wertkontinuierliche) Signale (a) werden durch Abtastung zeitdiskret, (b) durch Quantisierung in Amplitudenstufen wertdiskret (c). Die Kombination führt zu einer wert- und zeitdiskreten (digitalen) Darstellung des Signals (d). [14]. Rü

Signallaufzeit → Gruppenlaufzeit. Rü

Signalleistung *(signal power)* → Nutzleistung. Rü

Signalparameter *(signal parameter).* Der S. ist diejenige Kenngröße des Signals, deren Werte oder Werteverlauf die Nachricht oder die Daten darstellt. [14]. Th

Signalprozessor *(signal processor).* Mikroprozessor zur Verarbeitung von Analogsignalen, wobei die Signale einer Analog-Digital-Wandlung am Eingang bzw. einer Digital-Analog-Wandlung am Ausgang unterzogen werden können. Die eigentliche Verarbeitung findet digital statt. Der S. ist frei programmierbar, wobei das Programm in einem EPROM *(erasable programmable read-only memory)* auf dem Chip gespeichert wird. Das Bild zeigt ein Blockschaltbild des Signalprozessors, We

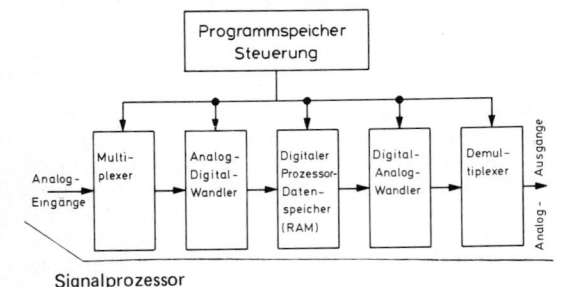

Signalprozessor

Signalumkehr *(signal inversion).* 1. Umkehr der Polarität eines Signals bzw. Verschiebung seiner Phase um 180° mit einer Phasenumkehrstufe. 2. → Inversion. [2], [6], [13]. Li

Signalumsetzung *(signal conversion).* Umwandlung eines Signals von einer Art in eine andere Art, z. B. Analog-Digital-Umwandlung. In der Datenverarbeitung – speziell Datenfernübertragung – die Umwandlung binärer Signale in modulierte Sinussignale. [1], [2], [13], [14], [17]. Li

Signalverstärker *(signal amplifier)* → Verstärker, linearer. Fl

Signalverzögerung *(delay of signal).* Die Änderung eines Signals wirkt sich auf nachfolgende Schaltungen mit endlicher Geschwindigkeit aus; das Signal wird verzögert. Neben den ungewollten Signalverzögerungszeiten kann die S. durch Zeitschaltungen und Verzögerungsleitungen vergrößert werden. [9]. We

Signalverzögerungszeit *(delay time of signal).* Zeit, die zwischen einer Signaländerung und einer von dieser ausgelösten Änderung vergeht. Die S. setzt sich aus den Stufenverzögerungszeiten und den Laufzeiten des Signals auf Leitungen zusammen. [9]. We

Signalvorrat *(signal set).* In der Digitaltechnik die endliche Menge der vereinbarten Werte der Signalparameter. Bei binären Systemen besteht der S. aus zwei Elementen (z. B. H-Pegel, L-Pegel). [13]. We

Signalzustand *(state of signal).* In der Digitaltechnik bei einer vereinbarten Menge der Werte des Signalparameters der aktuelle Wert des Signalparameters (→ Logikpegel). [9]. We

Silan *(silane).* Chemische Verbindung (SiH_4), die bei der Herstellung epitaxialer Schichten auf ein Siliciumsubstrat Verwendung findet. Wegen seiner niedrigeren Prozeßtemperaturen (600 °C bis 1000 °C) hat S. als Ausgangsstoff wesentliche Vorteile gegenüber Siliciumtetrachlorid ($SiCl_4$; Prozeßtemperatur: 1150 °C bis 1200 °C). [4]. Ne

Silbenverständlichkeit *(syllable articulation).* Die S. ist das Verhältnis der Anzahl richtig verstandener Silben zur Gesamtanzahl übertragener Silben in Prozent. Sie dient zur Qualitätsbeschreibung eines Telephonie-Übertragungskanals; eine S. von 80 % ist ausreichend für eine gute Übertragungsqualität. Zur Messung der S. werden Textproben mit je 50 Logatomen mit der Sprechgeschwindigkeit 1 Logatom/2 s übertragen. Logatome sind (genormte) zusammenhanglose, sinnlose Silben und Wortbruchstücke, die der Häufigkeit der deutschen Sprachlaute entsprechen, eine Vortäuschung höherer Verständlichkeit durch Kombination aber ausschließen. Beispiele: get, wis, men, schlib, bros ... Phasenverzerrungen (→ Verzerrung, lineare) bewirken eine Verschlechterung der S. [14]. Rü

Silicium *(silicon).* Nichtmetallisches chemisches Element der Ordnungszahl 14. S. ist mit 25,8 % nach Sauerstoff das am zweithäufigsten vorkommende chemische Element der Erdrinde. Man trifft es jedoch nur als Oxid oder in oxidischen Verbindungen (Silikaten) an. Die relative Atommasse beträgt 28,086, der Schmelzpunkt 1410 °C und die Dichte 2,326 g/cm^3. S. ist das derzeit wichtigste Ausgangsprodukt für Halbleiterbauelemente. [4]. Ne

Siliciumdiode *(silicon diode).* Halbleiterdiode, die Silicium als Substratmaterial verwendet. [4]. Ne

Siliciumdioxid *(silicon dioxide, silica) Silicium-(II)-oxid.* Material — eine Erscheinungsform ist Quarz — mit sehr guten Isolationseigenschaften. Da es für Datierungsatome undurchdringlich ist, wird S. (SiO_2) als Diffusionsmaske in der Planartechnik verwendet. Durch selektives Ätzen von sogenannten Diffusionsfenstern in die Maske können die einzelnen Bauteile integrierter Schaltungen durch Dotieren der Substratbereiche erzeugt werden. [4]. Ne

Silicium-Gate-Technologie → Silicium-Steuerelektrodentechnologie. Ne

Siliciumnitrid *(silicon nitride).* Ähnlich wie Silicium-(II)-oxid ist S. (Si_3N_4) für Dotierungsatome wie Bor, Phosphor, Arsen und Antimon undurchdringlich. Darüber hinaus ist es auch für Erdalkalionen undurchdringlich. Man verwendet S. daher hauptsächlich zur Passivierung von MOS-Schaltungen *(MOS metal-oxide semiconductor).* [4]. Ne

Siliciumplanartechnik → Planartechnik. Ne

Silicium-Steuerelektrodentechnologie *(silicon gate technology).* Bei der S. besteht das Gate aus polykristallinem Silicium und nicht aus einer Metallschicht. Man wendet sie zur Herstellung von MOS-Strukturen *(MOS, metal-oxide semiconductor)* an. Durch dieses Verfahren wird die Überlappung von Gate mit Source und Drain weitgehend verhindert. Dies setzt die parasitären Kapazitäten, die die Arbeitsgeschwindigkeit erniedrigen und die Verlustleistung erhöhen, herab. Die S. wird aufgrund ihrer Herstellungsweise auch als selbstjustierende Technik bezeichnet. In der Literatur hat sich für S. auch der Begriff Silicon-Gate-Technologie eingebürgert. [4]. Ne

Silicon-Gate-Technologie → Silicium-Steuerelektrodentechnologie. Ne

Silikone *(silicon).* Polymere Stoffe, die aus Silicium-Sauerstoffketten aufgebaut sind:

$$-\overset{R}{\underset{R}{Si}}-O-\overset{|}{\underset{|}{Si}}-O-\overset{|}{\underset{R}{Si}},$$

wobei R Alkyl- oder Acryl-Gruppen sind. Sie nehmen eine Zwischenstellung zwischen anorganischen Silikaten und organischen Kunststoffen ein. S. zeichnen sich durch isolierende und wasserabstoßende Eigenschaften aus. [4]. Ne

SIMOS *(stacked gate injection MOS).* Eintransistor-Speicherzelle in N-Kanaltechnik, die elektronisch löschbar ist. Sie enthält ein Steuergate und ein schwebendes Gate aus polykristallinem Silicium. Die Programmierung geschieht durch hochenergetische Elektronen aus dem kurzen Kanal ($l \approx 3,5\ \mu m$) bei Programmierspannungen, die eine Sättigung der Driftgeschwindigkeit bewirken. Gelöscht wird die Speicherzelle, indem man an den Sourceanschluß eine positive Löschspannung anlegt, wobei das Steuergate auf 0 V gehalten wird. [4]. Ne

Simplexbetrieb *(simplex operation).* Betrieb mit Übertragung in nur einer Richtung. Wechselseitiger Simplexbetrieb in beide Richtungen heißt Halbduplexbetrieb. [9], [13], [14], [19]. Kü/Th

Simplexverkehr → Simplexbetrieb. Th

Simulation *(simulation).* 1. Nachrichtenverkehr: In der Nachrichtenverkehrstheorie verwendetes Verfahren zur Untersuchung des Verkehrsverhaltens von Nachrichtennetzen oder Vermittlungsstellen durch künstliche Nachbildung des Verkehrs und des Systems. Bei der zeittreuen Simulation *(event-by-event simulation)* werden die Ereigniszeitpunkte zeitgetreu nachgebildet; bei der Ruf- und Löschzahlenmethode *(Monte Carlo simulation)* wird die Folge der Zustandsänderungen von Markoff-Prozessen erzeugt. Bei der i. a. auf Digitalrechnern programmierten und zeitgerafft ablaufenden Simulation werden die Verkehrsgrößen durch meßtechnische Auswertung bestimmt. [19]. Kü
2. Analoge Systeme: Die S. kann durch analoge Geräte ausgeführt werden, z. B. die S. von Strömungsvorgängen in einem Analogrechner. Es können analoge Vorgänge aber auch durch Rechenvorgänge in Digitalrechnern simuliert werden. Ebenso kann das Verhalten von Schaltnetzen und Schaltwerken durch Programme in Digitalrechnern simuliert werden. Die Simulation stochastischer Prozesse wird als stochastische Simulation bezeichnet.
3. Digitale Systeme: Bei der S. einer Datenverarbeitungsanlage durch eine andere wird der Befehlsvorrat einer Anlage durch die andere Anlage in der Art eines Interpreters abgearbeitet. Im Gegensatz zur Emulation werden bei der S. von Datenverarbeitungsanlagen keine Hardware-Komponenten verwendet. [1]. We

Simulation, digitale *(digital simulation).* Simulation eines analog ablaufenden Prozesses in einem Digitalrechner, z. B. bei der Bestimmung von Drücken und Durchflußmengen in Rohrleitungssystemen. [1]. We

Simulation, stochastische *(stochastic simulation).* Simulation stochastischer Vorgänge, z. B. aus der Bedienungstheorie. Erfolgt die stochastische S. auf Digitalrechnern, so dienen Zufallszahlengeneratoren zur Erzeugung der zufällig verteilten Größen. [1]. We

Simulator *(simulator).* Gerät zur Ausführung einer Simulation, der Nachahmung und Untersuchung eines Vorgangs durch einen analogen physikalischen Vorgang. Beispiele für Simulatoren sind Analogrechner, bei denen z. B. ein mechanischer Vorgang mit elektronischen Schaltungen simuliert wird; Leitungsnachbildungen, bei denen ein Gerät eine Übertragungsleitung bestimmter Länge und Querschnitte simuliert; Datenverarbeitungssysteme mit Programmen zur Simulation eines anderen (evtl. noch in der Entwicklung befindlichen) Datenverarbeitungssystems. [1]. We

Simultanarbeit *(simultaneous processing).* In der elektronischen Datenverarbeitung die gleichzeitige Bearbeitung mehrerer Aufgaben (→ Multiprogramming) oder mehrerer Teile einer Ausgabe. S. fordert, daß mehrere Komponenten des Datenverarbeitungssystems selbständig arbeiten können; meist sind dies die Zentraleinheit und die Kanäle für Ein-Ausgabe-Operationen. S. ermöglicht die Vermeidung von Wartezeiten. [1].　　　　　　　We

Single-in-Line-Gehäuse *(single in-line package, SIP).* Ein Widerstands- bzw. Kondensatornetzwerk oder eine andere Einheit, die in einem Gehäuse untergebracht ist, bei dem die Anschlußstifte bzw. -leitungen in einer Reihe nebeneinander angeordnet sind. [4].　　　　　　　Li

Sintern *(sintering).* Verfahren, um pulverförmige Stoffe zu Formkörpern zusammenzubacken. Dabei wird das Sintergut nicht geschmolzen; nur niedrig schmelzende Anteile schmelzen teilweise. [4].　　　　　　　Ge

Sinusdauertonleistung → Sinusleistung.　　　　　　　Rü

Sinusfunktionsnetzwerk. Spezielle Form eines Funktionsnetzwerks, das die nichtlineare Sinusfunktion nachbildet. Zur Approximation der Funktion $y = f(x) = \sin x$ wird ein Polygonzug verwendet

$$y = y_0 + a_0 x + \sum_{v=1}^{n} b_v (x - x_{kv}),$$

dessen Knickpunkte x_{kv} und Steilheiten b_v getrennt einstellbar sind. Meist erfolgt die Realisierung mit einem Widerstands-Diodennetzwerk. [13].　　　　　　　Rü

Sinusgenerator *(sine wave generator).* Ein S. beinhaltet eine elektronische Schaltung, die einen sinusförmigen Spannungs- oder Stromverlauf erzeugt. [6], [8], [13].　　　　　　　Th

Sinusleistung, genauer Sinusdauertonleistung, nach DIN 45 500/6 Ausgangsleistung eines Hi-Fi-Verstärkers (Hi-Fi, high fidelity) bei Dauerbetrieb (> 10 min) mit einem Sinuston von 1 kHz. [13].　　　　　　　Rü

Sinusoszillator → Sinusgenerator.　　　　　　　Th

Sinus-Rechteckgenerator *(sine wave-rectangular wave generator).* Der S. kann aus zwei unabhängigen Oszillatoren bestehen, einem Rechteck- und einem Sinusgenerator. Man kann jedoch einem Sinusoszillator einen Impulsformer nachschalten und so eine Sinusschwingung in eine Rechteckschwingung umwandeln. Beide Signale stehen an getrennten Ausgängen zur Verfügung oder es kann von Sinus auf Rechteck umgeschaltet werden. [6], [10], [12].　　　　　　　Th

Sinusschwingung *(sinusoidial oscillation).* Sinusvorgang, nach DIN 5488/2.2 ein Wechselvorgang, dessen Augenblickswert x sinusförmig mit der Zeit verläuft:

$$x = \hat{x} \sin(\omega t + \varphi).$$

[5].　　　　　　　Rü

Sinussignal → Elementarsignale.　　　　　　　Rü

Sinuswelle *(sinusoidal wave).* Eine spezielle, häufig auftretende Wellenform, wobei sich die allgemeine Lösung der → Wellengleichung (für eine räumliche Koordinate x)

$$\xi = f(x \pm vt)$$

in der Form

$$\xi = \hat{\xi} \sin \omega \left(t - \frac{x}{v}\right)$$

darstellen läßt. Dabei bedeutet ξ die Amplitude, $\omega = 2\pi f$ die Kreisfrequenz und v die Phasengeschwindigkeit der S. Es besteht der Zusammenhang mit der Wellenlänge λ: $v = f \lambda$ (→ Welle, harmonische). [5].　　　　　　　Rü

SIP → Single-in-Line.　　　　　　　Li

SIPO-Register *(serial-in/parallel-out register).* Register, in die eine Information seriell (z. B. von einer Übertragungsleitung) eingelesen und parallel ausgegeben wird. Realisierung als Schieberegister. [1].　　　　　　　Ne

SISO-Register *(serial-in/serial-out).* Register, in die eine Information seriell eingelesen und seriell ausgegeben wird. Realisierung als Schieberegister. [1].　　　　　　　Ne

Si-Vidikon *(Si-vidicon).* Bildaufnahmeröhre, bei der die Speicherplatte nicht aus einem zusammenhängenden Photohalbleiter aufgebaut ist, sondern aus einer großen Anzahl von Silicium-Planardioden (z. B. 540 × 540 bei 1″ Durchmesser; 1″ = 25,4 mm) besteht. Vorteil: Sehr geringe Einbrennempfindlichkeit und gute Empfindlichkeit bis in den Infrarotbereich. [7], [9], [13], [14], [16].　　　　　　　Th

SI-Vorsätze *(prefixes for SI-units).* Für die SI-Einheiten können dezimale Vielfache und Teile durch die S. gebildet werden. Nach Vorschlag der CGPB *(Conférence Générale des Poids et Mesures, 1975)* gelten folgende Zuordnungen:

Faktor	Vorsatz	Vorsatzzeichen	Faktor	Vorsatz	Vorsatzzeichen
10^{18}	Exa	E	10^{-1}	Dezi	d
10^{15}	Peta	P	10^{-2}	Zenti	c
10^{12}	Tera	T	10^{-3}	Milli	m
10^{9}	Giga	G	10^{-6}	Mikro	μ
10^{6}	Mega	M	10^{-9}	Nano	n
10^{3}	Kilo	k	10^{-12}	Piko	p
10^{2}	Hekto	h	10^{-15}	Femto	f
10^{1}	Deka	da	10^{-18}	Atto	a

　　　　　　　Rü

Skala *(scale).* Die S. (nach DIN 1319/2 als „Skale", nach VDE 0410 als „Skala" bezeichnet) ist eine an Meßgeräten angebrachte Maßeinteilung, bei der sich eine Marke, z. B. die Spitze eines Zeigers, auf eine bestimmte Stelle eines unterteilten Bereiches (z. B. Meßbereich) einstellt oder eingestellt wird. Auf der S. eines Meßinstrumentes wird der Meßwert abgelesen oder das Ziel des Meßvorganges, z. B. beim Nullabgleich, festgestellt. Der Einstellvorgang kann stetig (analog) oder sprunghaft (digital) erfolgen. 1. Stetige Einstellung: Die Skalenlänge legt die Grenze der quantitativen Erkennbarkeit der Meßwerte fest. Die S. kann geradlinigen Verlauf haben (z. B. Lichtmarkengalvanometer) oder, wie bei den meisten Zeigerinstrumenten, kreisbogenförmig sein. a) Lineare S.: Besitzen innerhalb des Meßbereiches gleichwertige Skalenteile gleiche Länge, ist die S. linear. b) Nichtlineare S.: Unterscheiden sich gleichwertige Skalenteile in ihrer

Länge, wird die S. als nichtlinear bezeichnet. Hochwertige Meßinstrumente besitzen einen parallel zu den Skalenmarkierungen verlaufenden Spiegel, mit dessen Hilfe Ablesefehler durch Parallaxe vermieden werden, wenn sich Zeiger und Spiegelbild decken. 2. Sprunghafte Einstellung: Die S. ist als Ziffernskala, wie z. B. beim Digitalvoltmeter aufgebaut. Es ist nur die abzulesende Zahl sichtbar oder es wird nur eine abzulesende Ziffer dargestellt. Anzeigeänderungen erfolgen sprunghaft durch Änderung der Ziffernfolge. Dazwischenliegende Werte können nicht beobachtet werden. [12]. Fl

Skalar *(scalar)*. Der S. ist eine physikalische (oder geometrische) Größe, deren Wert unabhängig von der Wahl eines Koordinatensystems ist; eine skalare Größe ist invariant gegenüber Koordinatentransformationen (DIN 1303). Ein S. ist durch Angabe des Betrags (Zahlenwert) und der Einheit vollständig bestimmt (Beispiele: Masse, Temperatur). [5]. Rü

Skalarfeld *(scalar field)*. Das S. ist die Beschreibung eines physikalischen Phänomens im Raum, wobei zur Kennzeichnung nur eine skalare (von den räumlichen Koordinaten abhängige) Größe (Skalar) verwendet wird. Kann man jedem Raumpunkt P_i (x_i, y_i, z_i) eine skalare Feldgröße U (x_i, y_i, z_i) zuordnen, dann beschreibt diese Ortsfunktion U eindeutig ein (stationäres) Skalarfeld. Zur geometrischen Darstellung von Skalarfeldern dienen Äquipotentialflächen (Beispiel für Skalarfelder: Temperaturfeld, Potentialfeld.) [5]. Rü

Skalenendwert *(end scale value, full scale value)*. Der S. ist nach VDE 0410, § 8 der zum letzten Strich der Teilung einer Skala gehörende Wert. S. und Endwert des Meßbereiches können unterschiedlich sein. [12]. Fl

Skalenfaktor *(scale factor)* → Skalenwert. Fl

Skalenkonstante *(constant of a scale, scale constant)*, Konstante. Als S. bezeichnet man nach DIN 1319/2 bei elektrischen Meßinstrumenten den Wert in Einheiten der Meßgröße, mit dem der auf der Skala angezeigte Zahlenwert multipliziert werden muß, um den Meßwert zu erhalten. Die S. besitzt hauptsächlich bei Vielfachinstrumenten und bei Leistungsmessern Bedeutung, weil dort aus Gründen der Übersichtlichkeit und der Platzersparnis häufig weniger Teilungen als Meßbereiche auf der Skala untergebracht werden können. Die S. läßt sich aus der bezifferten Stellung des Meßbereich-Wahlschalters und dem Skalenendwert der Teilung berechnen, auf der man den Ziffernwert abliest:

$$\text{Skalenkonstante} = \frac{\text{Stellung des Meßbereich-Wahlschalters}}{\text{Skalenendwert}}$$

[12]. Fl

Skalenlänge *(scale length)*. Die S. ist die vom Skalenanfangswert und -endwert begrenzte Strecke. Die Strecke wird in Längeneinheiten gemessen und angegeben. Bei bogen- oder kreisförmigem Skalenverlauf wird entweder der Winkel angegeben, dessen beide Schenkel am Endwert und Anfangswert der Skala enden und sich an der Zeigerachse schneiden, oder man mißt die S. auf dem Bogen, der durch die Mitte der kleinsten Teilstriche verläuft. [12]. Fl

Skalenstreckenumsetzer *(scale length converter)*. Der S. ist ein Analog-Digital-Wandler mit analoger Anzeige der Meßwerte und binärcodierter Ausgabe. Meßwerte der Meßspannung werden von einem Lichtmarkenmeßwerk (vgl. → Lichtmarkengalvanometer) in Ausschlagwinkel umgesetzt. Ein mechanisches Programmschaltwerk schaltet periodisch die Meßspannung ab. Der Lichtanzeiger geht auf Null zurück. Dabei läuft er über ein Spiegelraster, das Lichtblitze auf eine Photozelle strahlt. Die Ausgangspulse der Photozelle werden von einem Zähler gezählt. Die Pulse sind proportional dem Ausschlagwinkel und damit den Werten der Meßspannung. [12]. Fl

Skalenteil *(scale interval, scale division)*. Der S. (abgekürzt: Skt) ist eine Teilungseinheit bei Strichskalen, in der man die Anzeige eines Meßgerätes angeben kann. Man zählt dazu die Teilstrichabstände der betrachteten Unterteilung vom Skalenanfangswert beginnend bis zum Teilstrich über dem der Zeiger steht. Die Angabe erfolgt als Zahlenwert, der aus der Anzahl der Teilstrichabstände gebildet wird, multipliziert mit dem S. (Beispiel: bei 25 Teilstrichabständen: 25 Skt). Nach DIN 1319/2 wird empfohlen, den S. nur bei linearen Skalen als Teilungseinheit zu benutzen. [12]. Fl

Skalenwert *(value of scale)*. 1. Als S. (abgekürzt: Skw) wird die Änderung der Meßgröße bezeichnet, die auf einer analogen Strichskala eine Verschiebung z. B. des Zeigers um einen Skalenteil bewirkt. Der S. ist nicht zu verwechseln mit der Skalenkonstanten. Der S. ist z. B. dann von der Skalenkonstanten verschieden, wenn bei einer linearen Skala die Skalenteile nicht fortlaufend gezählt werden. Beispiel: Zwischen 0 und 5 befinden sich 4 Teilstriche: S. und Skalenkonstante sind gleich. Zwischen 0 und 5 sind 24 Skalenteile in Gruppen von 5 Teilstrichen untergebracht: S. und Skalenkonstante sind verschieden. 2. Bei digital anzeigenden Meßgeräten ist der S. gleich der Änderung der Meßgröße, die auf der Ziffernskala einen Ziffernschritt bewirkt (Festlegung nach DIN 1319/2). Skalenwerte sind in der Einheit der Meßgrößen anzugeben. [12]. Fl

Skalierung (von Netzwerken) *(scaling of networks)* → Normierung. Rü

Skew-Flipflop *(skew flipflop, clock-skewed flipflop)*. Flipflop, das die am Eingang anliegende Information nur während der Anstiegsflanke des Taktimpulses übernimmt. Während sich der Impuls im H-Zustand befindet, besteht Übernahmesperre. [2], [4], [6]. Li

Skiatron → Dunkelschriftröhre. Fl

Skin-Effekt *(skin effect)*. Erscheinung, daß hochfrequente Wechselströme nur in einer dünnen Oberflächenschicht eines elektrischen Leiters fließen. Die Eindringtiefe fällt, d. h., die Stromverdrängung aus dem Inneren des Leiters steigt mit wachsender Frequenz des Wechselstromes. [5], [7]. Bl

Skin-Effekt, anormaler *(anormalous skin effect)*. Tritt bei reinen Metallen im Bereich tiefer Temperaturen auf, wenn man Wechselstrom im Frequenzbereich der Radio- und Mikrowellen anlegt und die Eindringtiefe kleiner ist als die mittlere freie Weglänge bzw. der Bahndurchmesser der Elektronenbahnen im homogenen Magnetfeld. Im Gegensatz zum Skin-Effekt ist hier die Eindringtiefe $\delta \sim f^{-1/3}$ (f Frequenz des Wechselstromes). [5], [7].
Bl

Sleeve-Antenne → Dipolantenne. Ge

Slew-Rate → Anstiegsgeschwindigkeit. Li

Slice → Bit-Slices. Li

Slotline *(slotline)*, Schlitzleitung. Spezielle Form einer Streifenleitung (→ Streifenleiter), bei der die Hochfrequenzenergie in einem Schlitz in einer metallischen Platte (Bild) in Verbindung mit einem Dielektrikum transportiert wird. Bei der S. lassen sich durch breite Schlitze hohe Wellenwiderstände erzielen [8]. Li

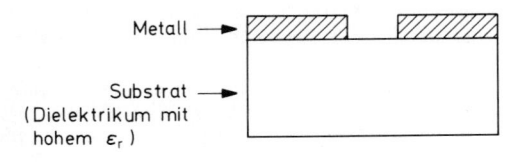

Slotline

SLT *(solid logic technology, SLT)*. Abkürzung für Festkörperschaltungslogik, d. h. den Aufbau logischer Schaltungen mit Halbleiterbauelementen. [2]. We

S-Meter *(s-meter; signal-strength meter)*. S. (S signal-strength — hier: Lautstärke) sind Anzeigeinstrumente, die in Amateurfunk-Empfangsgeräten zur objektiven Beurteilung der einfallenden Sendesignalfeldstärke dienen. Die Feldstärke wird als relative Größe in Dezibel oder in Werten von S angezeigt. Größtmögliche Lautstärke bedeutet z. B. S9, geringste Lautstärke S1. S. messen die Werte der Spannung hinter dem letzten Zwischenfrequenzfilter des Empfängers. Bei abgeschalteter Schwundregelung verhält sie sich proportional zur Empfangsspannung. Im Bild liegt das Drehspulmeßinstrument zwischen den beiden Emittern zweier Differenzverstärker in Kollektorschaltung. Es zeigt die Differenz der Emitterströme an. Das Potentiometer R_4 dient dem Nullabgleich des Instrumentes. Mit R_1 wird die Empfindlichkeit des Meßgerätes eingestellt. [13], [14]. Fl

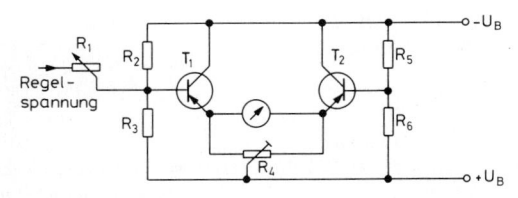

S-Meter

Smith-Diagramm *(Smith chart)*. Das Diagramm ist ein von einem Kreis umschlossenes Kreiskoordinatennetz, in dem sich, bezogen auf einen jeweils festzulegenden Wert, komplexe Widerstände und komplexe Leitwerte ohne Beschränkung der Zahlenwerte darstellen lassen. Das S. ist für viele Fälle deshalb besonders günstig, weil in der von seinem Außenkreis umschlossenen Fläche mit Ausnahme der negativen Wirkwiderstände und Wirkleitwerte alle Widerstandswerte und Leitwerte von den kleinsten bis zu den höchsten Beträgen wenigstens im Prinzip darstellbar sind. Das S. eignet sich hervorragend für Anpassungs- und Transformationsaufgaben. [13], [15].
Th

Snap-in-Verdrahtung *(snap-in wiring)*. Bei der Verdrahtung eng belegter Felder in der Quetschtechnik kann die Quetschverbindung zwischen Draht und Anschlußelement nur außerhalb des Feldes hergestellt werden. Die eigentliche Feldverdrahtung muß manuell durch Einstecken der selbsthaltenden Anschlußelemente *(snap-in)* erfolgen. [4]. Ge

Snapp-Off-Diode → Varaktor. Ne

SOD-Technik *(silicon-on-diamond technology)*. Noch im Forschungsstadium befindliche Technik, bei der statt Saphir Diamant als Substrat für das Aufwachsen epitaktischer Siliciumschichten benutzt wird. Es zeichnet sich die Möglichkeit ab, die Vorteile von bipolaren und MOS-Techniken zu vereinen, d. h. hohe Schaltgeschwindigkeiten, gute Wärmeableitung und Rauscharmut. [4]. Ne

SOI-Technik *(silicon on insulator)* → SOS-Technik.

Solarkonstante → AM0. Ne

Solarzelle → Photoelement. Ne

Solid State Imager → Festkörperbildsensor. Fl

Soliduskurve *(solidus)*. Eine Kurve in dem Zustandsdiagramm eines Stoffgemisches, z. B. einer Legierung, die die Temperatur des Schmelzvorganges bei verschiedenen Mischungsverhältnissen zeigt. Beim Eutektikum erreicht die S. ihr Minimum. [7]. We

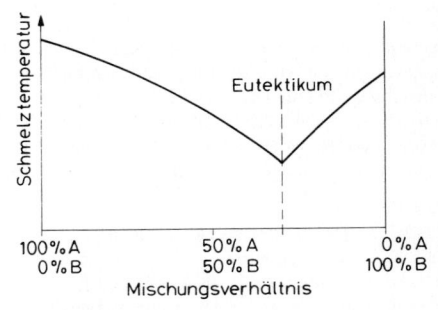

Soliduskurve

Sollwert *(set-point, desired value)*. Der S. ist der Wert, den eine Größe im betrachteten Zeitpunkt haben soll. Meist wird damit der Wert der Führungsgröße bezeichnet. [18]. Ku

Sollwertgeber *(setpoint generator)*. Der S. ist die Baugruppe eines Regelkreises, die die Führungsgrößen dem Regler vorgibt. Bei den heute üblichen elektronischen Reglern liegt die Führungsgröße meist im Bereich von -10 V bis $+10$ V. In der DDC-Technik ($\rightarrow$ DDC) werden die Sollwerte digital z. B. durch Codierschalter vorgegeben. [18]. Ku

Sollwertkorrektur *(set-point correction)*. S. ist die vom Betriebspersonal oder einer übergeordneten Einrichtung (z. B. Prozeßrechner) vorgenommene (geringfügige) Änderung von Führungsgrößen in Festwertregelkreisen zur Regelung eines Prozesses, dessen Parameter sich verändert haben. [18]. Ku

Sollwertpotentiometer *(desired value potentiometer)*. ($\rightarrow$ Bild Vergleicher) S. sind meist feinstufig einstellbare, mehrgängige Potentiometer, mit deren Hilfe in einigen Schaltungen der Regelungstechnik der Wert der Führungsgröße eingestellt wird. Der Schleifer des Sollwertpotentiometers kann von Hand eingestellt oder von einem Elektromotor angetrieben werden. [12], [18]. Fl

Sonar $\rightarrow$ Ultraschallortung. Ge

Sonderzeichen *(special characters)*. In der Datenverarbeitung alle Zeichen, die weder Ziffern noch Buchstaben sind, z. B. Punkt, Komma, Strichpunkt. [1], [9]. Li

Sortieren *(sorting)*. In der elektronischen Datenverarbeitung das Ordnen von Datenworten oder Datensätzen, die sich im Hauptspeicher oder auf Externspeichern befinden, nach bestimmten Gesichtspunkten (Sortierkriterium). Beispiel: Ordnen von Namenslisten in alphabetische Reihenfolge.

Das S. gehört zu den zeitaufwendigen Vorgängen der Datenverarbeitung. Der Zeitaufwand steigt exponential mit der Anzahl der zu sortierenden Begriffe. Sortierprogramme sind oft Bestandteil des Betriebssystems. [1]. We

Sortierprüfung *(sort check)*. Prüfung von Bauteilen und Bauelementen zur Einteilung in Qualitätsstufen oder nach bestimmten Merkmalen, z. B. nach der Stromverstärkung von Transistoren. Die S. erfolgt meist automatisch. [1]. We

SOS-Technik *(silicon on saphir; SOS)*. Man bringt mittels Gasphasenepitaxie einkristalline Siliciumschichten auf einkristallinen Saphir (Al_2O_3) auf. Mit dieser Technik lassen sich komplementäre MOS-Schaltungen herstellen. Vorteile: geringe parasitäre Kapazitäten, kleine Leckströme, hohe Schaltgeschwindigkeiten (~ 100 MHz). [4]. Ne

Source *(source)*. Häufig verwendete Abkürzung für „Sourceanschluß", „Sourceelektrode" oder „Sourcezone". Das Wort „Source" allein sollte als Abkürzung für diese Begriffe nur dann benutzt werden, wenn Mißverständnisse ausgeschlossen sind (DIN 41 858). [4]. Ne

Sourcefolger $\rightarrow$ Drainschaltung. Li

Sourceschaltung *(common source connection)*. Feldeffekttransistorgrundschaltung (vergleichbar mit der Emitterschaltung beim Bipolartransistor), bei der die Sourceelektrode gemeinsame Bezugselektrode für Ein- und Ausgang der Schaltung ist (Bild). Eigenschaften: mittlere Spannungsverstärkung, mittlerer Ausgangswiderstand ($10^2 \, \Omega$ bis $10^5 \, \Omega$), großer Eingangswiderstand ($10^6 \, \Omega$ bis $10^{14} \, \Omega$). Die am häufigsten verwendete FET-Verstärkerschaltung. [6]. Li

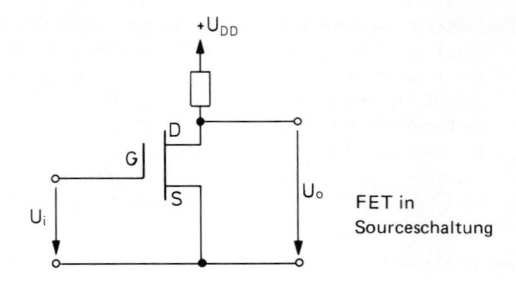

Spacistor *(spacistor)*. Ein Bauelement mit mehreren Anschlüssen, ähnlich einem Transistor, das bis zu einer Frequenz von 10 GHz betrieben werden kann. In eine Raumladungszone werden Elektronen und Defektelektronen injiziert, die von hier sehr schnell zu einer Sammelelektrode beschleunigt werden. Der Ein- und Ausgangswiderstand liegt in der Größenordnung von $M\Omega$. [4]. Ne

Spannung, abbildende. In der Regelungstechnik eine Spannung U_x, auf die eine Regelgröße x abgebildet wird. Ist x_{max} der Maximalwert der (meist mechanischen) Regelgröße und U_0 die maximale Spannung des elektronischen Regelungssystems, dann gilt für die abbildende S.

$$\frac{U_x}{U_0} = \frac{x}{x_{max}}.$$

[18]. Rü

Spannung, duale *(dual voltage)*. Schreibt man durch Erweiterung mit der Dualitätsinvariante R_D ($\rightarrow$ Zweipol, dualer) das Ohmsche Gesetz

$$U = Z I \quad \rightarrow \quad \frac{U}{R_D} = \frac{Z}{R_D^2} (I R_D)$$

und ordnet um

$$(I R_D) = \frac{R_D^2}{Z} \cdot \left(\frac{U}{R_D}\right) = Z_D \left(\frac{U}{R_D}\right),$$

dann entsteht das transformierte Ohmsche Gesetz für den dualen Widerstand $Z_D = \frac{R_D^2}{Z}$ ($\rightarrow$ Widerstand, dualer). Sinngemäß definiert man

$$U_D = I R_D$$

als duale Spannung und

$$I_D = \frac{U}{R_D}$$

als dualen Strom.
In einer dualen Schaltung verhält sich der Strom wie die Spannung der ursprünglichen Schaltung und umgekehrt. [15], [16]. Rü

Spannung, eingeprägte *(impressed voltage)*. Wenig gebräuchliche Bezeichnung für eine von der Belastung unabhängige Klemmenspannung einer Quelle. Aus der → Ersatzschaltung ist ersichtlich, daß für diesen Fall der Innenwiderstand einer solchen Quelle Null sein muß. [15]. Rü

Spannung, elektrische *(electric voltage)*. Darunter versteht man die Differenz zweier Potentiale im elektrischen Feld. Die elektrische S. ist ein Skalar; Einheit Volt (V). [5]. Rü

Spannung, elektrochemische, galvanische Spannung. Diejenige Potentialdifferenz zwischen zwei chemischen Elementen der → Spannungsreihe. [5]. Rü

Spannung, galvanische → Spannung, elektrochemische. Rü

Spannung, induzierte *(induced voltage)* → Induktionsgesetz. Rü

Spannung, magnetische *(magnetic potential difference)*. Die magnetische S. ist das Linienintegral der magnetischen Feldstärke längs eines Weges s vom Punkt 1 zum Punkt 2

$$V = \int_1^2 H \, ds.$$

Handelt es sich um einen geschlossenen Weg, dann spricht man von einer magnetischen Umlaufspannung. [5]. Rü

Spannung (positive, negative) *(voltage (positive, negative))*. Durch die willkürliche Festlegung eines Potentials kann jede Spannung als Potentialdifferenz positive oder negative Werte annehmen (→ Pol). [5]. Rü

Spannungsabfall *(voltage drop)*. Die Spannungsdifferenz U über einem Widerstand R, der von einem Strom I durchflossen wird.

$$U = R \, I.$$

[5]. Rü

Spannungsanpassung *(over match)*, Überanpassung. Betriebsfall einer Spannungsquelle mit dem Innenwiderstand R_i (→ Ersatzschaltung) in Verbindung mit einem Lastwiderstand R_a, wenn gilt

$$R_a \gg R_i.$$

[15]. Rü

Spannungsbegrenzer → Begrenzer. Li

Spannungsdämpfung *(voltage attenuation)*. Beschreibt speziell die Dämpfung der Spannungsamplituden bei einer Signalübertragung. Bei Vierpolen kennzeichnet man die S. durch den Spannungsübertragungsfaktor. [15]. Rü

Spannungsdämpfungsmaß *(voltage attenuation)*. Dämpfungsmaß, das mit dem Spannungsübertragungsfaktor

$$A_u = \frac{U_2}{U_1}$$

gebildet wird (→ Übertragungsfaktor). [15]. Rü

Spannungsfestigkeit *(dielectric strength)*. Ein Maß für die Qualität von Isoliermaterial und Kontaktabständen bei elektrisch-mechanischen Bauelementen (DIN 41 640/8; VDE 0303/2). [4]. Rü

Spannungsfolger *(voltage follower)*. Als S. bezeichnet man Operationsverstärker, deren Gegenkopplung so stark ist, daß der Verstärkungsfaktor der Gesamtschaltung den Wert Eins erhält. Nach dem Prinzipbild besteht zwischen Schaltungsausgang und invertierendem Eingang eine direkte Verbindung, so daß die Ausgangsspannung des Operationsverstärkers der Eingangsspannung am nichtinvertierenden Signal-Eingang ohne Beeinflussung folgt. S. besitzen eine hohe Eingangsimpedanz bei niedriger Eingangskapazität und hochohmigem Eingangswiderstand. Die Ausgangsimpedanz bleibt niederohmig. Man setzt S. z. B. als Impedanzwandler ein. [6], [9], [12], [13]. Fl

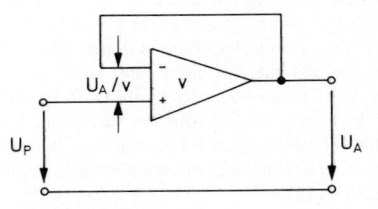

Spannungsfolger

Spannungs-Frequenz-Wandler *(voltage-to-frequency converter)*. Schaltung zur Umsetzung einer analogen Spannung in eine Frequenz. Am Ausgang der Schaltung entsteht eine Rechteckschwingung, deren Frequenz analog der angelegten Spannung ist. S. werden für die digitale Messung analoger Spannungen verwendet. Das Bild zeigt eine mögliche Prinzipschaltung eines Spannungs-Frequenz-Wandlers. [12]. We

$$f_m = \frac{U_M}{U_V \cdot R \cdot C}$$

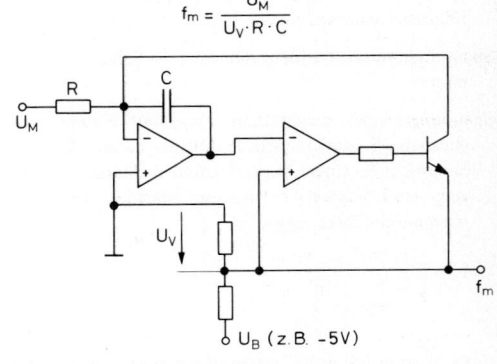

Spannungs-Frequenz-Wandler

Spannungsgegenkopplung *(negative voltage feedback)*. Ein Teil der Ausgangsspannung eines Verstärkers wird gegenphasig auf den Eingang rückgekoppelt, um den Verstärker zu linearisieren bzw. einen bestimmten Frequenzgang zu bewirken. [13], [15]. Th

Spannungshub *(voltage level difference)*. Maximal auftretende Spannungsdifferenz am Ein- oder Ausgang einer analogen oder digitalen Baugruppe; z. B. die Spannungsdifferenz zwischen H- und L-Niveau bei einem Schalter. [2], [6]. Li

Spannungskompensation → Kompensation. Rü

Spannungskonstanthalter → Spannungsstabilisator. Li

Spannungsmesser *(voltmeter)*, Voltmeter. S. sind Meßinstrumente, die der Messung elektrischer Spannungen zwischen zwei Punkten einer Schaltung dienen. Sie besitzen eine Anzeige, die in Werten von Volt oder Vielfachen, z. B. Kilovolt bzw. Teilen davon z. B. Mikrovolt oder Millivolt kalibriert ist. S. werden parallel zum Meßobjekt geschaltet. Ein idealer S. belastet das Meßobjekt nicht, da zum Meßvorgang kein Strom benötigt wird. Ausgeführte S., die tatsächlich die Spannung eines elektrischen Feldes messen, sind elektrostatische Meßinstrumente und Oszilloskope, wenn die Meßgröße direkt an die Ablenkplatten der Oszilloskopröhre geführt wird. Alle weiteren S. messen die Spannung über einen geringen Strom, der dem Meßkreis entzogen wird (z. B. Drehspulmeßwerk). Praktisch vernachlässigbare Meßströme benötigen S., die mit elektronischen Bauelementen aufgebaut sind. Besonderen Bedingungen müssen Wechselspannungsmesser genügen. [12]. Fl

Spannungsmesser, elektronische *(electronic voltmeter)*. Elektronische S. sind Meßgeräte, die zur Messung von Gleich- und Wechselspannungen eingesetzt werden. Sie besitzen elektronische Schaltungen, die Eigenschaften von Dioden und Verstärkerbauelementen wie Elektronenröhren oder Transistoren ausnutzen. Kennzeichnend für elektronische S. sind: hohe Eingangswiderstandswerte (ab etwa 10 MΩ für Gleichspannungen; um etwa 500 kΩ für Wechselspannungen), ein großer Frequenzbereich und häufig eine Anzeige von Spitzenwerten der Spannung. Beispiele für elektronische S. sind: → Digitalvoltmeter, → Röhrenvoltmeter, → Sampling-Voltmeter, → Hochfrequenzspannungsmesser. [12]. Fl

Spannungsmesser, frequenzabhängiger → Selektivspannungsmesser. Fl

Spannungsmesser, magnetischer *(magnetic voltmeter)*. Magnetische S. sind Meßeinrichtungen, die aus Magnetfühler und z. B. einem angeschlossenen Fluxmeter zur Anzeige und Meßwertverarbeitung bestehen. Es wird die magnetische Spannung

$$V_{ab} = \frac{1}{\mu_0} \cdot \int_a^b \mathbf{B} \cdot d\mathbf{s}$$

(μ_0 Permeabilität im Vakuum, **B** magnetische Induktion, s zurückgelegter Weg von a nach b in Luft oder Vakuum zwischen zwei Punkten gemessen. Das Integral wird auf $\Sigma \mathbf{B} \cdot \Delta s$ mit Hilfe des als Spule aufgebauten Magnetfühlers zurückgeführt. Die Spule besteht aus eng nebeneinanderliegenden Windungen isolierten Drahtes auf einem nichtmagnetischen Trägermaterial. Die Drahtenden liegen in Spulenmitte und werden verdrillt zum Meßgerät geführt. Magnetische Flußänderungen bewirken in den einzelnen Windungen eine der Änderung proportionale elektrische Spannung. Die Summe der in allen Windungen erzeugten Spannungen ist gleich der magnetischen Spannung zwischen Wicklungsanfang und -ende. [12]. Fl

Spannungsmesser, selektiver → Selektivspannungsmesser. Fl

Spannungsmessung *(measurement of voltage)*. Mit einer S. wird in gespeisten elektrischen oder elektronischen Schaltungen der Wert einer Spannung zwischen zwei festgelegten Schaltungspunkten bestimmt, vielfach auch der zeitliche Verlauf von Spannungen untersucht. Häufig wird die S. zwischen einem Meßpunkt und Massepotential durchgeführt. Spannungsmesser und zur S. geeignete Meßeinrichtungen (z. B. → Poggendorf-Kompensator) werden immer parallel zum Meßobjekt geschaltet. Grundsätzlich gilt: Um die Belastung durch den Eigenverbrauch des eingesetzten Meßgerätes auf die Meßschaltung gering zu halten, muß die Eigenimpedanz des Spannungsmessers um ein Vielfaches größer sein als die innere Impedanz des Meßobjektes bezüglich der betrachteten Meßpunkte. Wechselspannungsmesser, die für höhere und höchste Frequenzen geeignet sind, besitzen niedrige Eingangskapazitäten (etwa 10 pF) und hohe Eingangswiderstände, um diesen Anforderungen zu genügen: 1. Übliche Meßgeräte zur S. sind z. B.: Vielfachinstrumente, Digitalvoltmeter, Drehspul-, Dreheiseninstrumente, Drehspulgalvanometer, elektronische Spannungsmesser. 2. Niedrige Spannungen (etwa 10^{-6} V) werden z. B. mit Elektrometern oder Meßverstärkern mit Anzeigevorrichtung gemessen. 3. Zur Messung hoher Spannungen, von der Ausführung abhängig bis etwa 3 MV, setzt man Hochspannungsinstrumente ein. 4. Spezielle Wechselspannungsmesser sind z. B.: Selektivspannungsmesser, Sampling-Voltmeter, Scheitelspannungsmesser, HF-Spannungsmesser (HF Hochfrequenz). 5. Der zeitliche Verlauf von Spannungen kann z. B. von Oszillographen oder Oszilloskopen dargestellt und registriert werden. [8], [12], [13]. Fl

Spannungsmessung, frequenzselektive → Amplitudenmessung, selektive. Fl

Spannungsmessung, trennscharfe → Amplitudenmessung, selektive. Fl

Spannungsnormal *(voltage standard)*. International anerkanntes S. ist das gesättigte Weston-Element, dessen festgelegter Gleichspannungswert bei 20 °C 1,01865 V_{abs} (1 V_{abs} = 0,99966 V_{int}) betragen muß. [12]. Fl

Spannungspegel → Pegel. Rü

Spannungspfad *(voltage path)*. Nach VDE 0410 § 5 ist der S. der mittelbar oder unmittelbar an die Meßspannung anzuschließende Teil eines Meßgerätes. Der S. liegt parallel zum Meßobjekt. Bei elektrodynamischen Leistungsmessern sind die Anschlußklemmen des Spannungspfades mit der Ziffer 5 für den Eingang und mit der Ziffer 3 für den Ausgang gekennzeichnet. Spannungspfade sind häufig für unterschiedliche Nennwerte ausgelegt. [12]. Fl

Spannungspfeil. Pfeil zur Kennzeichnung einer (meist willkürlich angenommenen) Spannungsrichtung zwischen zwei Knoten eines Netzwerks. Für besondere Zwei- und Vierpolnetzwerke wird die Richtung des Spannungspfeiles durch ein Zählpfeilsystem festgelegt. [15]. Rü

Spannungsprüfer *(voltage indicator)*, Spannungssucher. Mit Spannungsprüfern läßt sich grob feststellen, ob ein stromführender Leiter eine für den Menschen gefährliche Spannung gegenüber Masse- oder Erdpotential besitzt. Der S. besteht aus einer elektrisch leitenden Metallspitze, die den zu untersuchenden Leiter berührt. Das andere Ende ist mit einer Glimmlampe leitend verbunden. Die Glimmlampe befindet sich in einem durchsichtigen, isolierenden Griffteil und leuchtet auf, wenn die Metallspitze elektrischen Kontakt mit einem Leiter besitzt, dessen Spannung etwa zwischen 70 V und 500 V liegt. Häufig ist der S. als Isolationsschraubendreher aufgebaut und mit einem zusätzlichen, in Reihe zur Lampe liegenden Widerstand bestückt, damit der Strom im leitenden Zustand gering bleibt. [4]. Fl

Spannungsquelle *(voltage generator, voltage source)*. Allgemein eine Einrichtung, die elektrische Spannung erzeugt. Man unterscheidet zwischen Spannungsquellen, die nur zur Bereitstellung von Versorgungsspannungen *(power supply)* dienen und Spannungsquellen, die als Signalquellen Gleich-, Wechsel- oder Impulsspannungen an Knotenpunkte oder Klemmen eines Netzwerkes legen. Die elektrischen Eigenschaften von Spannungsquellen werden durch Ersatzschaltbilder beschrieben. Häufig wird unter S. auch der Idealfall der Urspannungsquelle (→ Ersatzschaltung) mit verschwindendem Innenwiderstand verstanden. [15]. Rü

Spannungsquelle, gesteuerte *(controlled voltage source)* → Quellen, gesteuerte. Rü

Spannungsquellenersatzbild → Ersatzschaltung. Rü

Spannungsreferenzelement → Referenzelement. Fl

Spannungsregler *(voltage regulator)*. Schaltungen, bei denen die Ausgangsspannung, unabhängig von Netzspannung, Temperatur- und Laststromänderungen (→ Spannungsstabilisierung) weitgehend konstant gehalten wird. Beim S. wird der Istwert der Ausgangsspannung mit einer Referenzspannung verglichen und aus der Spannungsdifferenz eine Regelspannung gewonnen. Diese Spannung steuert bei der häufig verwendeten Serienregelung z. B. einen Leistungstransistor, der mit dem Verbraucher in Reihe geschaltet ist und als variabler Widerstand dient, an dem die überschüssige Spannung abfällt (Bild). Solche S. sind heute in integrierter Form für variable und feste Ausgangsspannungen erhältlich. Bei höheren Leistungen wird die Ableitung der Verlustleistungswärme des geregelten Transistors problematisch. Hier verwendet man zunehmend Schaltregler (getaktete Regelung). Diese verwenden den Regeltransistor als Schalter, der einen aus Drossel und Kondensator bestehenden Energiespeicher periodisch auflädt. Die Schaltfrequenz liegt bei 1 kHz bis 20 kHz. Die Ausgangsspannung läßt sich durch Regelung des Puls-Pause-Verhältnisses dieser Frequenz stabilisieren. Vorteile dieser Schaltung sind: niedrige Verlustleistung und damit hoher Wirkungsgrad; Nachteile bringt das durch die Schaltimpulse verursachte breite Störfrequenzspektrum. [6], [18]. Li

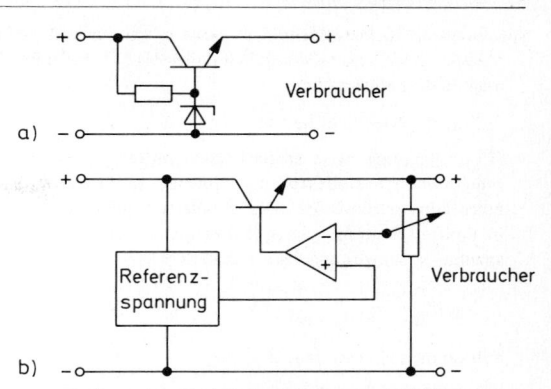

Serienregler: a) einfache Schaltung mit Z-Diode als Referenzspannungsquelle, b) verbesserte Regelung mit Regelspannungsverstärker und regelbarer Ausgangsspannung

Spannungsreglerdiode *(voltage regulator diode)*. Eine Diode, die in einer Schaltung unabhängig von Eingangsspannungsänderungen für eine konstante Gleichspannung sorgt. Häufig werden als Spannungsreglerdioden Z-Dioden verwendet. [4]. Ne

Spannungsreihe, elektrochemische *(electromotive series)*, Voltasche Spannungsreihe. Tabellarische Anordnung von Metallen bezogen auf ihr Normalpotential. Das Normalpotential wird bestimmt, indem man das Metall in eine Elektrolytlösung mit vorgegebener Elektrolytkonzentration taucht und die Potentialdifferenz gegenüber einer Normal-Wasserstoffelektrode mißt. Beispiel: Natrium (+ 2,71 V), Magnesium (+ 2,35 V), Zink (+ 0,762 V), Chrom (+ 0,51 V), Eisen (+ 0,44 V), Cadmium (+ 0,402 V), Cobalt (+ 0,268 V), Nickel (+ 0,25 V), Zinn (+ 0,14 V), Kupfer (− 0,86 V), Gold (− 1,5 V). Aus der elektrochemischen S. läßt sich erkennen, welche Urspannung ein aus verschiedenen Metallelektroden zusammengesetztes galvanisches Element besitzt. Beispiel: Das Daniell-Element (Kupferanode (− 0,34 V) und Zinkkatode (+ 0,762 V)) hat eine Urspannung von − 0,34 − (+ 0,762 V) = − 1,12 V. [4]. Ne

Spannungsresonanz *(voltage resonance)* → Reihenschwingkreis. Rü

Spannungsrückkopplung *(voltage feedback)*. S. bedeutet, daß ein Teil der Ausgangsspannung eines Verstärkers auf den Eingang rückgekoppelt wird. Es kann sich um eine Mitkopplung oder eine Gegenkopplung handeln. [13], [15]. Th

Spannungsrückwirkung *(reverse voltage transfer)*. Allgemein die Rückwirkung einer Spannung am Ausgangstor eines Vierpols auf eine Größe am Eingangstor. Meist wird die S. unter speziellen Bedingungen angegeben. Beispiel: Leerlauf-S. h_{12} beim Transistor (→ Transistorkenngrößen, → Spannungsrückwirkungskennlinie). [15]. Rü

Spannungsrückwirkungskennlinie *(curve of reverse voltage transfer ratio)*, Rückwirkungskennlinie. Als S. bezeichnet man die Kennlinienschar

$$U_{BE} = f(U_{CE}) \text{ bei } I_B = \text{const}$$

(U_{BE} Spannung zwischen Basis und Emitter, U_{CE} Spannung zwischen Kollektor und Emitter, I_B Basisstrom) eines Bipolartransistors. Der Bipolartransistor arbeitet in Emitterschaltung. Der S. kann graphisch die Leerlaufspannungsrückwirkung des h-Parameters h_{12}

$$h_{12} = \frac{\Delta U_{BE}}{\Delta U_{CE}} \bigg|_{I_c = \text{const.}}$$

entnommen werden. [4], [6], [13]. Fl

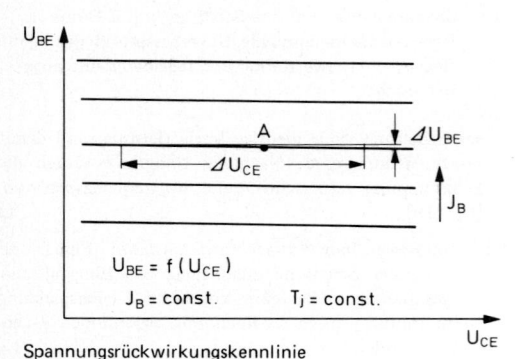

Spannungsrückwirkungskennlinie

Spannungsstabilisator *(voltage stabilizer, voltage regulator)*, Spannungskonstanthalter, Bauelement oder Schaltung, die zur Spannungsstabilisierung dient. Man unterscheidet Stabilisatoren für Gleichspannung und Wechselspannung. Bei der Stabilisierung von Wechselspannungen finden magnetische Konstanthalter Anwendung, bei denen die Krümmung der Magnetisierungskennlinie einer Drossel mit Eisenkern im Sättigungsbereich zur Stabilisierung der Spannung herangezogen wird. Für die Stabilisierung von Gleichspannungen wurden früher Glimmröhren verwendet. Heute werden vorwiegend Halbleiterbauelemente eingesetzt. Man unterscheidet Parallel- und Serienstabilisierung. [3], [6], [11]. Li

Spannungsstabilisierung *(voltage stabilization)*. Erzeugung einer weitgehend gleichbleibenden Spannung, unabhängig von Temperatur- und Laststromschwankungen. Je nach der Art der stabilisierten Spannung spricht man von Gleichspannungs- oder Wechselspannungsstabilisierung. Je nachdem, ob das stabilisierende Bauelement parallel oder in Serie zum Verbraucher geschaltet ist, unterscheidet man zwischen Parallel- und Serienstabilisierung. [3], [6]. Li

Spannungssteilheit *(rate of voltage rise)*. Zeitliche Änderung der Anodenspannung $\frac{dU}{dt}$. Die S. darf bei Triacs und Thyristoren einen kritischen Wert – die kritische S. – nicht übersteigen, da sonst die Gefahr des selbständigen Zündens – ohne Anliegen eines Zündimpulses am Gate – besteht. [6], [11]. Li

Spannungssteuerung *(voltage feed, voltage source driving)*. Steuerung, bei der der Eingangswiderstand der gesteuerten Stufe gegenüber dem Innenwiderstand der steuernden Stufe bzw. des Generators groß ist. Bei S. liegt Spannungsanpassung vor. [6]. Li

Spannungs-Strom-Wandler *(voltage-to-current converter)*. S. sind elektronische Schaltungen, deren Eingangssignalgröße elektrische Spannungswerte sind; Ausgangssignalgröße ist ein von der Eingangsspannung und der Funktionsweise der Schaltung abhängiger elektrischer Strom mit konstanten, vom Widerstand des Verbrauchers weitgehendst unabhängigen Werten. Der Funktionsablauf wird häufig wesentlich von der äußeren Beschaltung eines Operationsverstärkers im invertierenden Betrieb festgelegt. Das Bild zeigt ein einfaches Beispiel eines Spannungs-Strom-Wandlers. Am hochohmigen Eingangswiderstand (etwa 10^6 Ω) des Verstärkers, der als gesteuerte Stromquelle wirkt, liegen die Eingangsspannungswerte. Durch den ebenfalls hochohmigen Ausgangswiderstand (etwa 10^8 Ω) entsteht eine Stromeinprägung, mit der sich nichtlineare Widerstände steuern lassen. Anwendungen: Beispielsweise als spannungsgesteuerte Stromquelle in elektronischen Schaltungen; zur Messung von Strömen als stromproportionale Spannungsabfälle (→ Stromfühler). [4], [6], [9], [12], [13]. Fl

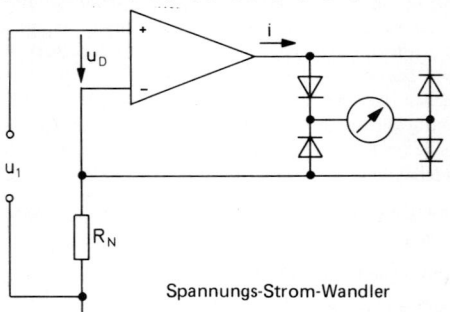

Spannungs-Strom-Wandler

Spannungssucher → Spannungsprüfer. Fl

Spannungsteiler *(voltage divider)*. Durch eine Reihenschaltung von n Widerständen mit

$$R_{ges} = \sum_{i=1}^{n} R_i,$$

über der die Gesamtspannung U_{ges} liegt, kann die Spannung U_{ges} aufgeteilt werden, da sich die Einzelspannungen U_i verhalten wie die Widerstände (Spannungsteilerregel):

$$\frac{U_i}{U_{ges}} = \frac{R_i}{R_{ges}},$$

Speziell versteht man unter einem S. meist eine Anordnung aus zwei Widerständen in Form eines L-Halbglieds (Bild). [15]. Rü

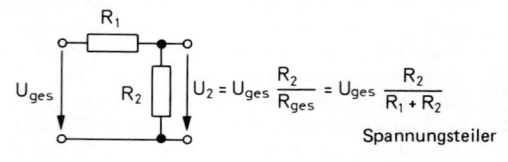

$$U_2 = U_{ges} \frac{R_2}{R_{ges}} = U_{ges} \frac{R_2}{R_1 + R_2}$$

Spannungsteiler

Spannungsteilerregel → Spannungsteiler. Rü

Spannungsüberhöhung → Reihenschwingkreis. Rü

Spannungsübersetzungsverhältnis *(voltage ratio)* → Übertragungsfaktor. [15]. Rü

Spannungsübertragungsfaktor *(voltage transmission coefficient)* → Übertragungsfaktor. Rü

Spannungsverdoppler → Spannungsverdopplerschaltung; → Spannungsvervielfachung. Li

Spannungsverdopplerschaltung *(voltage doubler).* Schaltung, die an ihrem Ausgang im Leerlauf den doppelten Scheitelwert – abzüglich der Schleusenspannung der beiden Dioden – der am Eingang anliegenden Wechselspannung abgibt (Bild). [6]. Li

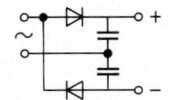

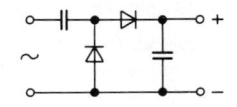

Spannungsverdopplerschaltungen

Spannungsverhältnis *(voltage ratio)* → Übertragungsfaktor. Rü

Spannungsverstärker *(voltage amplifier).* Ein Verstärker, der so entwickelt wurde, daß vorwiegend die am Eingang liegende Signalspannung verstärkt wird (also: hohe Spannungsverstärkung bei niedriger Leistungsverstärkung). [6]. Li

Spannungsverstärkung *(voltage gain).* Bei verstärkenden Elementen der Spannungsübertragungsfaktor

$$v_u = A_u = \frac{U_2}{U_1}$$

(→ Übertragungsfaktor). [15]. Rü

Spannungsvervielfacher → Spannungsvervielfachung. Li

Spannungsvervielfachung *(voltage multiplier).* Durch Hintereinanderschalten von Spannungsverdopplerschaltungen (Bild) läßt sich eine Gleichspannung erzeugen, die einem Vielfachen des Scheitelwertes der Eingangswechselspannung proportional ist. [6]. Li

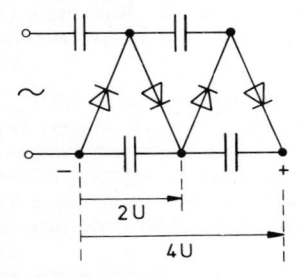

Spannungsvervierfacherschaltung (die Schaltung ist beliebig erweiterbar)

Spannungswandler *(voltage transformer, potential transformer).* S. sind Meßwandler, die der Umwandlung hoher Wechselspannungswerte auf der Primärseite in niedrige Werte auf der Sekundärseite dienen. Man unterscheidet: 1. Kapazitive S.: → Meßwandler, kapazitive. 2. Induktive S.: Es sind Transformatoren, die nahezu im Leerlauf bei geringer Stromentnahme betrieben werden müssen. Die Primärseite trägt die Klemmenbezeichnungen U und V und wird parallel zur Meßspannung angeschlossen. Häufig sind beide Anschlüsse in der Schaltung mit Schmelzsicherungen abgesichert. Die Sekundärseite besitzt die Klemmenbezeichnungen u und v. An die Sekundärklemmen werden die Spannungspfade der Wechselstrommeßgeräte als Bürde parallel angeschlossen (Bild). Der Anschluß v ist mit dem Gehäuse oder dem Eisenkern geerdet. Häufig liegt am Anschluß u eine weitere Sicherung. Die Sekundärspannung beträgt einheitlich 100 V. Für den Spannungsfehler F_{Ru} gilt:

$$F_{Ru} = \frac{k_u \cdot U_2 - U_1}{U_1}$$

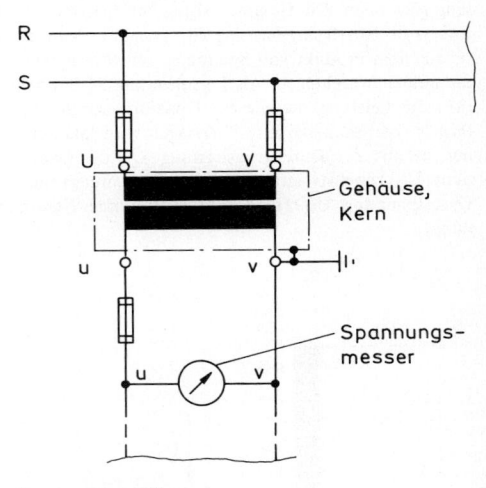

Spannungswandler

(k_u Nennübersetzungsverhältnis; U_1 Primärspannungswert; U_2 Sekundärspannungswert). Der Spannungsfehler gibt die Genauigkeitsklasse des Spannungswandlers an. Nach VDE 0414 sind S. in die Klassenziffern 0,1; 0,2; 0,5; 1 und 3 eingeteilt. [12]. Fl

Spannungswelle → Vierpolwellen. Rü

Spannungswellenübertragungsmaß. Übertragungsmaß, das mit dem Wellen-Spannungs-Übertragungsfaktor A_{uw} gebildet wird (→ Wellenübertragungsfaktor). [15]. Rü

S-Parameter *(scattering parameters).* Abk. für Streuparameter (→ Betriebsmatrizen). Rü

Sparschaltung *(economy circuit).* Als S. werden häufig elektronische Schaltungen mit hohem Wirkungsgrad bei geringem Aufwand an Bauelementen bezeichnet. Eine elektronische S. besitzt z. B. nur geringe Wärmeverluste, wodurch ebenfalls elektrische Verlustleistungen niedrig bleiben. Sparschaltungen findet man z. B. in Netzteilen elektronischer Geräte: Schaltnetzteile sind z. B. Sparschaltungen. Als typische S. ist die Zeilenendstufe im Fernsehgerät aufgebaut, bei der durch die Arbeitsweise einer Schalterdiode (Booster-Diode) nur während des

Zeilenhinlaufs des Elektronenstrahls dem Netzteil Strom entzogen wird. Eine weitere wichtige S. ist die Helligkeitssteuerung bei Lichtanlagen. [3], [4], [6], [13], [18]. Fl

Spartransformator *(auto transformer)*, Autotransformator. Spartransformatoren sind Transformatoren, bei denen mindestens zwei Wicklungen einen gemeinsamen Teil haben. Die Leistungsübertragung findet induktiv und leitend zur Sekundärseite statt. Bei Spartransformatoren entfällt eine galvanische Trennung zwischen Primär- und Sekundärseite. Im Prinzipbild sind zwei Wicklungen in Reihe geschaltet. Gemeinsamer Teil beider Wicklungen ist die Parallelwicklung PW; der nicht gemeinsame Teil ist die Reihenwicklung RW. Die Werte der Sekundärspannung werden durch Anzapfen der Reihenwicklung gewonnen. Die Gesamtleistung des Spartransformators wird Durchgangsleistung S_D genannt. Man erhält sie aus dem Produkt von Spannung und Strom bei einer der beiden Wicklungen. Als Eigenleistung S_E bezeichnet man die Leistung, die wie bei Transformatoren von der Primär- zur Sekundärseite übertragen wird. Man errechnet sie aus der Durchgangsleistung S_D, der Oberspannung U_O (höchste auftretende Nennspannung) und der Unterspannung U_U (niedrigste auftretende Nennspannung):

$$S_E = (1 - \frac{U_U}{U_O}) S_D .$$

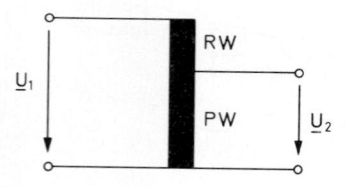

Spartransformator

Vorteil der Spartransformatoren: geringer Materialaufwand. Anwendungen: z. B. zum Koppeln von Netzen mit starr geerdetem Sternpunkt, als Zusatztransformator zur Ergänzung vorhandener Transformatoren. Ein besonderer S. ist der Zeilentransformator in Fernsehempfängern. [3]. Fl

Speed-Up-Kondensator *(speed-up capacitor)*. In digitalen Schaltungen ein Kondensator, der Widerständen parallelgeschaltet ist, um die Einschaltgeschwindigkeit zu erhöhen [6]. We

Speicher, akustischer → Schallspeicher. Li

Speicher, dynamischer → RAM, dynamisches. We

Speicher, elektromagnetischer *(electromagnetic memory)*. Ein Speicher, der die Gesetzmäßigkeiten des Elektromagnetismus zur Speicherung von Information ausnutzt. Der elektromagnetische S. hat den Vorteil, daß bei Spannungsausfall kein Informationsverlust auftritt. Zu den elektromagnetischen S. gehören in Zentraleinheiten von Datenverarbeitungsanlagen der Magnetkernspeicher und der elektromagnetische Festwertspeicher, als Externspeicher, z. B. Magnetbandspeicher, Magnetblasenspeicher, Magnettrommelspeicher. [1]. We

Speicher, externer → Externspeicher. We

Speicher, ferromagnetischer *(ferromagnetic memory)*. Speicher, der den permanenten Magnetismus ferromagnetischer Werkstoffe zur Informationsspeicherung ausnutzt; in Zentraleinheiten von Datenverarbeitungsanlagen der Magnetkernspeicher, bei Externspeichern z. B. Magnetbandspeicher, Magnettrommelspeicher. [1]. We

Speicher, flüchtiger *(volatile memory)*. Lese-Schreibspeicher (→ RAM) dessen Information nach Abschalten der Betriebsspannung verlorengeht; bei Speichern in Zentraleinheiten besonders die Halbleiterspeicher. [2]. We

Speicher, holographischer → Hologrammspeicher. Li

Speicher, kryogener *(kryogenic memory)*, Tieftemperaturspeicher, supraleitender Speicher, Kryospeicher. Ein Speicher, der die magnetfeldabhängige Supraleitung nahe des absoluten Nullpunktes ausnutzt. Es können mit dieser Technik (Kryotechnik) Logikelemente und damit auch Speicherelemente (Flipflops) gebildet werden. Bei Verwendung der Technik der Josephson-Elemente *(Josephson junction circuits)* verspricht man sich Speicherzugriffszeiten von 4 ns bis 20 ns bei einer Speicherkapazität von mehreren Megabytes. [1], [4]. We

Speicher, löschbarer *(erasable memory)*. Ein Festwertspeicher, dessen Information gelöscht und der erneut programmiert werden kann (→ EPROM, → REPROM). Lese-Schreib-Speicher (→ RAM) werden nicht als löschbare S. bezeichnet. [1]. We

Speicher, magnetomotorischer *(magnetomotoric memory)*. Speicher, der den Informationsinhalt durch permanenten Magnetismus speichert und zum Zugriff auf die Information eine mechanische Bewegung benötigt, z. B. Magnetbandspeicher, Magnetplattenspeicher. We

Speicher, magnetooptischer *(magneto-optic storage)*. Speichertechnik, bei der mit Hilfe eines Laserstrahls die Magnetisierung einer Mangan-Wismut-Schicht geändert werden kann. Gelesen wird mit Hilfe des magnetooptischen Faraday-Effekts (Drehung der Polarisationsebene des Laserlichts in Abhängigkeit vom Magnetfeld). Es werden Speicherdichten bis $4 \cdot 10^6$ Bit/cm^2 erreicht. [9]. We

Speicher, magnetostriktiver *(magnetostrictive memory)*. Laufzeitspeicher, der mit Ultraschall arbeitet. Der magnetostriktive S. besteht aus einem Draht, z. B. aus Nickel, einer Sende- und einer Empfangsspule, bei der sich ein Permanentmagnet zur Vormagnetisierung des Drahtes befindet. Ein Impuls an der Sendespule führt zu

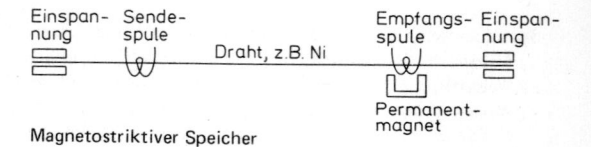

Magnetostriktiver Speicher

einer Längenänderung des Drahtes, die als Schallwelle durch den Draht läuft und an der Empfangsspule einen elektrischen Impuls erzeugt. Bei einem 5 m langen Draht entsteht eine Laufzeit von 1 ms. [9]. We

Speicher, mechanischer → Lochkarte; → Lochstreifen; → Relaisspeicher. Li

Speicher, nichtflüchtiger *(nonvolatile storage, nonvolatile memory)*. Ein Speicher, der auch nach dem Abschalten der Spannungen seine Information behält. Beispielsweise ROM *(read only memory)*, ferromagnetische Speicher, Magnetbandspeicher, Magnetplattenspeicher. [1], [2]. Li

Speicher, nicht löschbarer → Festwertspeicher. We

Speicher, regenerativer *(regenerative storage)*. Laufzeitspeicher, bei dem die Information nach dem Auslesen wieder verstärkt eingeschrieben wird, wobei sie auch verändert werden kann, z. B. beim Quecksilberspeicher. [1]. We

Speicher, sequentieller *(serial storage, sequential memory)*. Speicher, auf den nicht wahlfrei zugegriffen werden kann, sondern sequentiell zugegriffen werden muß. Damit wird die Zugriffszeit vom Ort der Daten im Speicher abhängig. Sequentielle S. sind z. B. Laufzeitspeicher und Magnetbandspeicher. [1]. We

Speicher, statischer → RAM, statischer. We

Speicher, supraleitender → Speicher, kryogener. We

Speicher, virtueller *(virtual storage)*. In einer Datenverarbeitungsanlage ein Speicher, der das Verhalten eines Hauptspeichers vortäuscht, aber teilweise mit Externspeichern, meist Magnetplattenspeichern realisiert wird. Die Steuerung erfolgt vollautomatisch. Der Anwender braucht den virtuellen S. bei der Programmierung nicht zu berücksichtigen. Der gesamte Speicher ist in Seiten eingeteilt, die 1 KByte bis 4 KByte umfassen. Wird eine bestimmte Information benötigt, so wird die gesamte Seite in den der Zentraleinheit vorhandenen Hauptspeicher (realer Speicher) übertragen, wobei die Seite überschrieben wird, auf die in der Vergangenheit am wenigsten zugegriffen wurde.

Alle Speicherzugriffe erfolgen mit Adressen des virtuellen Speichers (virtuelle Adresse). Die virtuelle Adresse wird in die eigentliche Hauptspeicheradresse (reale Adresse) umgesetzt. Durch die festen Seitenformate kann ein Teil der Adresse (Distanzadresse) erhalten bleiben. [1]. We

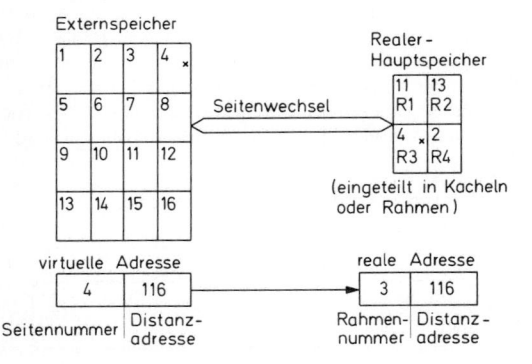

Speicheradresse → Adresse. We

Speicherbefehl *(memory instruction)*. Befehl, der zur Verarbeitung eines im Speicher stehenden Operanden (memory operand) dient. Beim S. ist neben dem Abruf des Befehls aus dem Speicher zur Bereitstellung des Operanden ein weiterer Speicherzugriff erforderlich. Gegensatz: Registerbefehl, der Operand befindet sich in einem Register in der Zentraleinheit; Befehl mit Direktoperand, der Operand ist direkt im Adreßteil des Befehls enthalten. [1]. We

Speicherdichte *(bit density, packing density)*. In der elektronischen Datenverarbeitung die Anzahl digitaler Informationseinheiten (Bits, Zeichen), die je Längeneinheit (beim Magnetband), je Flächeneinheit (bei der Magnetplatte) oder je Volumeneinheit (z. B. beim Hologrammspeicher) gespeichert wird. [1], [2]. Li

Speicherdiode → Varaktor. Ne

Speicherdrossel. Die S. ist wesentlicher Bestandteil bei Durchflußwandlern in Schaltnetzteilen. Sie dient als Glättungsinduktivität, deren Größe das Verhalten des Wandlers stark beeinflußt. [3]. Ku

Speichereffekt *(storage effect)*. Wegen der Speicherung von Minoritätsladungsträgern in der Basiszone des Bipolartransistors entstehende Effekte besonders bei gesättigten Logikschaltungen. [2]. We

Speicherelement *(memory element)*. In einem Speicher ein Teil, der zur Speicherung eines Bits notwendig ist, z. B. in einem statischen RAM *(random access memory)* ein Flipflop, in einem Magnetkernspeicher ein Magnetkern. [2]. We

Speicher-Flipflop *(memory flipflop)*. Flipflop zur Speicherung von Information (1 Bit). Am besten geeignet als S. sind das D-Flipflop und das Latch. [2]. We

Speicherglied *(storage circuit)*. Ein Bestandteil eines Schaltwerks, das Schaltvariable aufnimmt, aufbewahrt und abgibt (DIN 44 300). Beispiel für ein S. ist das Flipflop. [2]. We

Speicherhierarchie *(hierarchy of memories)*. Das hierarchische System von Speichermedien in einem Datenverarbeitungssystem. Die Speichermedien werden Ebenen zugewiesen. Es gilt: Je niedriger die Ebene, um so geringer ist die Zugriffszeit, um so höher sind die Kosten je Bit, um so geringer ist die Speicherkapazität, um so kleiner ist die kleinste zugreifbare Datenmenge. Daten können i. a. nur von einer Ebene auf die benachbarte Ebene übertragen werden, aber eine Ebene nicht überspringen.

Beispielsweise können in der Ebene 0 Register der Zentraleinheit und evtl. schnelle Pufferspeicher, in der Ebene 1 (Hauptspeicher) ein Halbleiterspeicher oder Magnetkernspeicher, in der Ebene 2 Magnetplattenspeicher und in der Ebene 3 Speicher mit sequentiellem Zugriff (Magnetbandspeicher) vorhanden sein. Die Organisation des Systems, insbesondere das Betriebssystem, hat die Aufgabe, benötigte Daten in einer möglichst niedrigen Ebene bereitzustellen. [1]. We

Speicherkapazität *(memory capacity)*. Angabe über die Menge an Information, die ein Speicher aufnehmen kann; bei integrierten Speicherschaltungen meist in Kbit, bei Hauptspeichern in KByte und bei Externspeichern in MByte angegeben. [1]. We

Speicherkonstante → Speicherzeitkonstante. We

Speicherladung *(storage charge)*. Beim Bipolartransistor im Schalterbetrieb die Größe

$$\left(I_B - \frac{I_C}{B}\right) \cdot \tau_{sat}$$

wobei I_B Basisstrom, I_C Kollektorstrom, B Großsignalstromverstärkung, τ_{sat} Speicherzeitkonstante (abhängig vom Transistortyp). Beim Übersteuerungsfaktor m = 1 ist die S. = 0; sie bestimmt wesentlich die Speicherzeit. [2]. We

Speicherorganisation *(memory organization)*. Aufteilung des Speichers in einzelne Speicherzellen (bei Hauptspeichern, z. B. 64 K × 8 Bit), in einzelne Blöcke (bei Externspeichern, z. B. 1000 Blöcke × 1024 Bytes), bei integrierten Halbleiterschaltungen die Aufteilung des Chips, z. B. 256 Speicherplätze zu 4 Bit. [1]. We

Speicheroszilloskop *(storage oscilloscope)*. Speicheroszilloskope sind Meßgeräte, die wie ein Oszilloskop aufgebaut sind und zur Darstellung z. B. des Kurvenverlaufs zeitlich veränderlicher Meßgrößen eingesetzt werden. Sie besitzen zusätzlich eine Möglichkeit zur Speicherung der darzustellenden Signalgröße. Mit Speicheroszilloskopen können einmalige und zeitlich sehr langsam ablaufende Vorgänge dargestellt werden. Zwei Möglichkeiten der Speicherung sind weit verbreitet: 1. Werte der analogen Meßgröße werden innerhalb eines Meßbereichs mit Hilfe eines Analog-Digital-Wandlers (häufig ein 8-Bit-Umsetzer) in digitale Werte umgesetzt. Sie gelangen zu einem Digitalspeicher. Auf Abruf findet eine Digital-Analog-Umsetzung statt und der Funktionsverlauf wird analog auf dem Bildschirm einer Oszilloskopröhre abgebildet. Speicheroszilloskope mit Digitalspeicher besitzen einen zusätzlichen Digitalausgang, an dem die binärcodierten Werte zur Weiterverarbeitung zur Verfügung stehen. Die Speichervorrichtung kann im Meßgerät fest eingebaut oder z. B. wie beim Transienten-Recorder als Zusatzgerät aufgebaut sein. 2. Anstelle einer einfachen Oszilloskopröhre ist eine Sichtspeicherröhre eingebaut. Die Signalgröße wird analog verarbeitet und dargestellt. Als Speicherzeiten sind möglich: Bei eingeschaltetem Gerät etwa 24 h, bei ausgeschaltetem Gerät bis zu mehreren Tagen. [12]. Fl

Speicherplatz → Speicherzelle. We

Speicherröhre *(storage tube)*, Ladungsspeicherröhre, Williamsröhre. Speicherröhren sind Signal-Bildwandlerröhren und Bildwandlerröhren, bei denen darzustellende Informationen aufgenommen und über einen begrenzten Zeitraum gespeichert werden. Der Speicherzeitraum ist bei einigen Ausführungen einstellbar (z. B. Sichtspeicherröhre). Wesentlich für die Speicherfähigkeit ist eine Speicherplatte (Target) mit Isolierschicht, die sich im Innern der hochevakuierten S. befindet. Infolge elektrostatischer Ladungsverteilungen auf der Isolierschicht entsteht, abhängig von der Ausführungsform, ein positives oder ein negatives Ladungsbild der abzuspeichernden Informationen. 1. Positives Ladungsbild: Der Signalverlauf wird mit einem Elektronenstrahl hochbeschleunigter Elektronen auf die Isolierschicht geschrieben. Infolge hoher kinetischer Energie der aufprallenden Elektronen werden durch Sekundäremission aus der Oberfläche Sekundärelektronen herausgelöst. Beispiele sind: Sichtspeicherröhre, SEC-Röhre (nur zur kurzzeitigen Zwischenspeicherung; *SEC secondary emission conductivity*). 2. Negatives Ladungsbild: Die Isolierschicht wird mit Elektronen langsamer Geschwindigkeit angesteuert. Auf der Oberfläche entsteht ein negatives Ladungsbild des Signalverlaufs. Speicherröhren mit negativem Ladungsbild sind z. B. Bildaufnahmeröhren. Eine besondere S., bei der die speicherfähige Isolierschicht aus Halbleitermaterial besteht, ist das Vidikon. [5], [10], [12], [13]. Fl

Speicherschaltdiode → Varaktordioden. Ne

Speicherschaltung *(storage circuit)*. Schaltung zur Speicherung von Informationen. Bei digitalen Speicherschaltungen handelt es sich um Schaltungen der sequentiellen Logik, z. B. um Flipflops. [9]. We

Speichervaraktor → Varaktor. Ne

Speichervermittlung *(store-and-forward switching)*, Teilstreckenvermittlung. Vermittlungsverfahren, bei dem die Nachrichten in Form von Nachrichtenblöcken abschnittsweise von Vermittlungsstelle zu Vermittlungsstelle durch das Nachrichtennetz übertragen werden. Die Nachrichtenblöcke werden in jeder Vermittlungsstelle zwischengespeichert und aufgrund der im Nachrichtenkopf des Nachrichtenblockes enthaltenen Zielinformation vermittelt. Bekannte Verfahren sind die Sendungsvermittlung und die Paketvermittlung. [19]. Kü

Speicherverstärker *(storage amplifier)*. S. sind elektronische Schaltungen, häufig bestehend aus einem Operationsverstärker, einem Kondensator als speicherndes Element und einem elektronischen Schalter. Im Prinzipbild öffnet z. B. die Steuerspannung u_{ST} beide Feldeffekttransistoren. Der Kondensator C lädt sich auf den Zeitwert der festzuhaltenden Spannung u_1 auf. Der angeschlossene Operationsverstärker arbeitet als Spannungsfolger. Infolge seines hochohmigen Eingangswiderstandes kann sich der Kondensator bei geschlossenen Transistoren nur sehr langsam (erreichbare Speicherzeit: etwa 10^5 s) entladen. Anwendungen: Z. B. in elektronischen, analogen

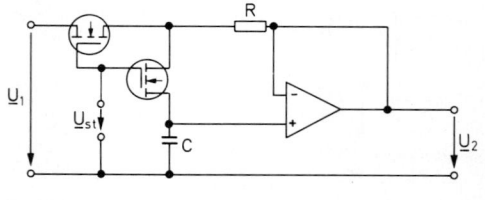

Speicherverstärker

Meßgeräten zum Festhalten oder zur Anzeige des Höchstwertes einer Meßspannung; als Meßwertpuffer in Meßeinrichtungen mit zyklischer Abfrage. [12]. Fl

Speicherwort → Speicherzelle. We

Speicherzeit *(storage time)*. Schaltzeit beim Bipolartransistor. Die Zeit, die beim Sperren des Bipolartransistors bis zu dem Zeitpunkt vergeht, in dem der Kollektorstrom 90 % des Maximalstroms erreicht hat. Die S. trägt wesentlich zur Stufenverzögerungszeit bei Digitalschaltungen bei; sie wird vom Übersteuerungsfaktor beeinflußt. [2]. We

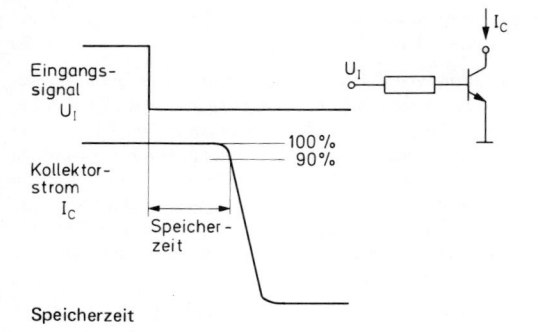

Speicherzeit

Speicherzeitkonstante *(storage-time constant)*, Speicherkonstante. Eine vom Transistortyp abhängige Kenngröße des Transistors, die die zum Ausräumen der Minoritätsladungsträger im Basisraum notwendige Zeit mitbestimmt und damit Einfluß auf die Speicherzeit hat. (→ Speicherladung). [4]. We

Speicherzelle *(location, memory location)*, Speicherplatz, Speicherwort. Bei Hauptspeichern die Informationsmenge, die bei einem Lese- oder Schreibvorgang gelesen oder geschrieben wird und in einem vorgegebenen Datenverarbeitungssystem i. a. von konstanter Größe ist. Zu jeder S. gehört eine Adresse, unter der auf die S. zugegriffen wird. [1]. We

Speicherzugriff *(memory access)*. Aktivierung eines Speichers für den Vorgang des Lesens oder des Schreibens der Information. Der Speicherzugriff erfordert das Bereitstellen der Adresse; bei Lese-Schreib-Speichern (→ RAM) ein Signal, das angibt, ob gelesen oder geschrieben werden soll, sowie die Bereitstellung der einzuschreibenden Information. Bei einigen Speichern (insbesondere Magnetkernspeicher) muß der Zugriff durch ein Startsignal ausgelöst werden. [1], [2]. We

Speicherzyklus → Zyklus. We

Speisespannung → Versorgungsspannung. Li

Spektralanalyse *(spectrum analysis)*. In der physikalischen Chemie ein Verfahren zum Nachweis (qualitative S.) und zur Mengenbestimmung (quantitative S.) von chemischen Elementen aus dem charakteristischen Linienspektrum. Entweder wird die im gasförmigen Zustand vorliegende Substanz durch Energiezufuhr zur Aussendung elektromagnetischer Strahlung angeregt (Emissions-S.) oder die absorbierten Wellenlängen einer durch die Substanz geschickten Strahlung gemessen (Absorptions-S.). S. wird vorzugsweise im sichtbaren und ultravioletten Spektralbereich durchgeführt.

In der Statistik wird mitunter die Zerlegung von Zeitreihen in Frequenzfunktion ebenfalls als S. bezeichnet. [5]. Rü

Spektraldichte → Fourier-Transformation. Rü

Spektralfrequenz *(spectral frequency)*. Frequenzwert, der zu einem bestimmten Punkt eines Spektrums gehört. [5]. Rü

Spektralfunktion → Fourier-Transformation. Rü

Spektralphotometer *(spectrophotometer)*, Spektrophotometer. S. sind Meßeinrichtungen, die Messungen der Intensität von Strahlung als Funktion der Wellenlänge durchführen. Die Strahlung kann im ultravioletten, sichtbaren oder infraroten Bereich erfolgen. Wesentliche Bestandteile eines Spektralphotometers sind z. B. eine im gewünschten Wellenlängegebiet strahlende Quelle, ein Monochromator zur Ausfilterung eines geringen Anteils von Wellenlängen aus dem Gesamtbereich der anliegenden Strahlung, einem Raum für die Meßprobe, einem geeigneten Photodetektor zur objektiven Messung und eine Anzeigevorrichtung. Beispiel eines automatisch arbeitenden Spektralphotometers: Die zu untersuchende Probe und eine Vergleichsprobe werden von zwei gleichartigen Teilstrahlen der Lichtquelle angestrahlt. Die Lichtstrahlen werden mit festgelegter Frequenz abwechselnd unterbrochen und Strahlen gelangen im wechselnden Rhythmus entweder von der Probe oder vom Vergleichsmaterial über den Monochromator zu Photozellen (häufig auch Photovervielfacher). Sind die Intensitäten beider Materialien bei bestimmten Wellenlängen gleich, wird kein Signal von den Zellen abgegeben. Sind sie unterschiedlich, erhält man Wechselsignale, die von einem Registrierinstrument festgehalten werden. S. können im Transmissions- oder im Reflexionsbetrieb arbeiten. Einsatzbereiche: Gasuntersuchungen, chemische Analysen, Bestimmung von Konzentrationen absorbierender Materialien, Analysen der Produkte beim Kernzerfall. [5], [12]. Fl

Spektrograph *(spectrograph)*. Der S. ist eine Meßeinrichtung (Spektralapparat), bei dem die Ergebnisse der durchzuführenden Spektralanalyse photographisch als Spektrogramm festgehalten werden. Spektrographen zeichnen die Intensität einer bestimmten Spektrallinie (→ Spektralphotometer) auf. Die Abbildung von Emissionsspektren erscheint als Folge von Spitzen. Absorptionsspektren sind als Einbrüche zu erkennen. [5], [12]. Fl

Spektrometer *(spectrometer)*. S. sind Meßeinrichtungen, die zusammengesetzte Strahlung nach bestimmten Verfahren in darin enthaltene Komponenten zerlegen. Das Verfahren wird von der Art der Strahlung bestimmt. Aus den Ergebnissen kann z. B. auf chemische Zusammensetzungen der untersuchten Substanzen geschlossen werden. Nach der Strahlung unterscheidet man z. B.: 1. Korpuskulare Strahlung. Mit Ionenquellen wird die Strahlung erzeugt. Die Ionenstrahlen durchlaufen mit hoher kinetischer Energie elektrische oder magnetische Ablenkfelder (häufig auch beide) bekannter Größe und Richtung. Aus dem Betrag der Ablenkung wird die Geschwindigkeit und bei bekannter Elementarladung e (bzw. deren ganzzahligem Vielfachen) die Masse m aus dem Verhältnis (e/m) bestimmt. Angezeigt wird der Vorgang z. B. durch Schwärzung einer photographischen Schicht. Beispiel: Massenspektrometer. 2. Elektromagnetische Strahlung; Mit optischen Linsen oder Beugungsgittern wird die Strahlung in spektrale Anteile nach Intensitäten innerhalb eines engen Wellenlängenbereiches zerlegt. a) Die Beobachtung kann im sichtbaren Bereich direkt als subjektive Messung erfolgen. Beispiel: Spektroskop. Mit dem Fabry-Pérot-Interferometer werden Interferenzen ausgewertet. b) Die Messung kann photographisch durch Aufteilung des Gesamtspektrums in Teilbereiche durchgeführt werden. Beispiel: Spektrograph. c) Eine objektive Messung findet mit Photodetektoren statt. Ein Monochromator führt die spektrale Zerlegung durch. Beispiel: Spektralphotometer. S. nach 2. werden z. B. zu chemischen Analysen und zu Untersuchungen atomarer oder kristalliner Strukturen eingesetzt. [5], [12]. Fl

Spektrophotometer → Spektralphotometer. Fl

Spektroskop *(spectroscope)*. Spektroskope dienen der qualitativen Untersuchung von Intensitäten sichtbarer Strahlung im Bereich vorgegebener Wellenlängen. Die Untersuchung erfolgt bei sichtbarer Strahlung subjektiv mit dem menschlichen Auge. Ein paralleles Lichtstrahlenbündel weißen Lichtes tritt durch einen schmalen Spalt und eine optische Linse (Kollimator) auf ein Prismensystem. In vielen Anwendungen ist der Kollimator durch ein optisches Beugungsgitter ersetzt. Das Licht wird vom Prisma oder Gitter in seine spektrale Anteile verschiedener Wellenlängen zerlegt. Mit Hilfe eines im S. angebrachten Teleskops, das auf den Spalt scharf eingestellt ist, kann ein Beobachter die Lichtwellenlänge als einzelne, unterschiedliche Farben in Form dünner Linien erkennen. Es können Absorptionsbanden oder Emissionsbanden einer Probe untersucht werden. Bei Absorption löscht die zu untersuchende Probe bestimmte Wellenlängen des eingestrahlten Lichtes aus. Das S. besitzt eine in den Strahlengang eingespiegelte Wellenlängenskala, auf der die gelöschten Banden als dunkle Stellen erscheinen. Bei Emission entstehen helle, farbige Linien. Anwendungen: z. B. in der Medizin zur Untersuchung von Körperflüssigkeiten; in der Astrophysik zur Feststellung von chemischen Zusammensetzungen strahlender Körper; in der Analysemeßtechnik; in der Kernphysik zur Untersuchung atomarer Strukturen. [5], [12]. Fl

Spektrum, elektromagnetisches *(electromagnetic spectrum)*. Das elektromagnetische S. umfaßt alle Schwingungen im elektromagnetischen Feld, die den Maxwellschen Gleichungen genügen; theoretisch von der Wellenlänge $\lambda = 0$ bis $\lambda = \infty$. Die wichtigsten elektromagnetischen Strahlen und die Wellenlängenbereiche, die sich teilweise überdecken, sind in der Tabelle aufgeführt:

Art der Strahlen	Wellenlänge λ (in m)
Sekundäre Ultrastrahlung	$\leq 10^{-14}$
Kürzeste Gammastrahlen	$0{,}466 \cdot 10^{-12}$
Röntgenstrahlen	$1{,}58 \cdot 10^{-11}$ bis $6{,}6 \cdot 10^{-8}$
Ultraviolett	$1{,}36 \cdot 10^{-8}$ bis $3{,}6 \cdot 10^{-7}$
Sichtbares Licht	$3{,}6 \cdot 10^{-7}$ bis $7{,}8 \cdot 10^{-7}$
Ultrarot	$7{,}8 \cdot 10^{-7}$ bis $3{,}4 \cdot 10^{-4}$
Elektrische Wellen	$\sim \cdot 10^{-7}$ bis ∞

[5]. Rü

Spektrum, kontinuierliches *(continuous spectrum)* → Spektrum, von Zeitfunktionen. Rü

Spektrum, von Zeitfunktionen *(amplitude oder phase spectrum)*. Jede Zeitfunktion f(t) kann durch eine Fourier-Transformation in eine Frequenzfunktion F(ω) umgewandelt werden. Die Darstellung einer periodischen Zeitfunktion durch eine Fourier-Reihe führt zu einem Linienspektrum (diskontinuierliches Spektrum), während die Darstellung einer nichtperiodischen Zeitfunktion durch ein Fourier-Integral ein kontinuierliches Spektrum liefert. [14]. Rü

Spektrumanalysator *(spectrum analyzer)*. Frequenzspektrometer, Analysator, Frequenzanalysator. Der S. ist ein elektronisches Meßgerät, mit dem nicht sinusförmige Signalspannungen mit Hilfe einer harmonischen Analyse auf Grundschwingungs- und Oberschwingungsanteile untersucht werden. Angezeigt bzw. dargestellt werden die einzelnen Komponenten der Meßspannung mit Frequenz- und Spannungswerten. Ebenso läßt sich mit dem S. die spektrale Dichte zufällig ablaufender Prozesse und der Klirrfaktor bestimmen. Unterschiedliche Phasenlagen einzelner Spektralanteile zueinander bleiben dabei unberücksichtigt. Einfache Geräte besitzen z. B. eine Digitalanzeige zum Ablesen von Frequenzwerten und eine weitere, häufig analoge Anzeige zum Ablesen von Effektivwerten der Signalkomponenten. Die Anzeige kann auch als Pegelwert in Dezibel erfolgen. Hochwertige S. besitzen eine eingebaute Oszilloskopröhre, auf deren Schirmbild die Spektralanteile der Komponenten des Meßsignals als Folge senkrechter, dünner Linien im eingestellten Meßbereich sichtbar sind. Die Linienlänge kann z. B. ein Maß für den Effektivwert sein. In Richtung der x-Achse sind Frequenzwerte eingeblendet. Häufig hält eine digitale Speichereinrichtung mit elektronisch erzeugtem Rasterbild die Signalkomponenten abrufbereit. Man unterscheidet analog und digital arbeitende S. 1. Analoge Verarbeitung: Große Bedeutung hat das sequentielle Abtastverfahren erlangt. a) Der S. ist als Überlagerungsempfänger (→ Superhet) aufgebaut. Das Meßsignal wird in einer Mischstufe mit durchstimmbarer Oszillatorfrequenz gemischt. Am Ausgang der Mischstufe entsteht eine Zwischenfrequenz, die auf einen Bandpaß mit festgelegter, umschaltbarer Bandbreite gelangt. Mittenfrequenz des Bandpasses ist die Zwischenfrequenz. Es liegt immer nur der Frequenzanteil der Meßspannung am Filterausgang, dessen Fre-

quenzwerte sich innerhalb der Bandbreite befinden. Während des Abstimmvorgangs liegt an den Horizontalablenkplatten der Oszilloskopröhre eine zeitproportional ansteigende Sägezahnspannung. Immer, wenn eine Schwingungskomponente im Meßsignal enthalten ist, wird auf dem Leuchtschirm eine Spektallinie abgebildet. (Gesamter Frequenzbereich etwa von 1 kHz bis 2 GHz.)
b) Ab etwa 2 GHz (Mikrowellen-Analysator) liegt am Meßgeräte-Eingang ein mitlaufender Bandpaß (→ Preselector). Die Zwischenfrequenz wird aus den Oberschwingungen des Oszillators gebildet. Das Mitlauffilter läßt am Geräteeingang nur den zur abgestimmten Oberschwingung des Meßsignals um die Zwischenfrequenz versetzten Frequenzbereich passieren (Meßbereich bis etwa 20 GHz). c) Mikrowellen-S. mit oberen Grenzfrequenzen bis etwa 60 GHz arbeiten mit Hohlleitersystemen. 2. Digitale Verarbeitung (FFT-Analysatoren, Fast-Fourier-Transformation-Analysatoren). Der zu untersuchende, zeitabhängige Meßsignal-Verlauf wird in Digitalwerte umgesetzt und im Gerät gespeichert. Die Umsetzung von Zeit- in den Frequenzbereich wird im Gerät mit Hilfe einer Fourier-Transformation durchgeführt, die Spektralanteile werden automatisch berechnet. Anwendungen der S.: Universell einsetzbar wie Oszilloskope; der Zeitbereich wird durch den Frequenzbereich ersetzt. [8], [9], [10], [12], [13], [14], [19]. Fl

Sperrbereich 1. Halbleiter: *(blocking state region)*. Bereich der Ströme bzw. Spannungen, die einen Sperrzustand ergeben (DIN 41 781). Ne
2. Nachrichtentechnik: *(stop band)* → Filter. Rü
3. Halbleiterdiode: Bereich zwischen 0 V und der Durchbruchspannung, in dem nur ein sehr kleiner Strom (Reststrom) fließt. [4], [6]. Li

Sperrdämpfung *(stop band attenuation)* → Filter. Rü

Sperrerholzeit → Sperrverzögerungszeit. Li

Sperrfilter *(notch-filter)*. Begriff für ein elektrisches Filter, das eine bestimmte Frequenz besonders gut sperrt (→ Doppel-T-Filter. [15]. Rü

Sperrfrequenz *(stop frequency)* → Filter. Rü

Sperrkennlinie *(off-state characteristic)*. Abschnitt der Haupt-(Strom-Spannungs-)Kennlinie, der dem Sperrzustand entspricht (DIN 41 786). [4]. Ne

Sperrkreis *(rejector circuit)* → Parallelschwingkreis. Rü

Sperrschaltung *(blocking circuit)*, Sperrschloß. Fernsprechapparate mit Drehnummernschalter können mit einer S. ausgerüstet werden. Die Schaltung verhindert, daß Unbefugte eine vom betreffenden Apparat abgehende Verbindung aufbauen. Hierzu wird der Drehnummernschalter-Impulskontakt (nsi) mit der S. (im Stromlaufplan von Fernsprechgeräten mit Spg abgekürzt) überbrückt. Während der Nummernwahl entfallen die Unterbrechungen in der Anschlußleitung fließenden Stromes und zum gewünschten Teilnehmer läßt sich keine Verbindung herstellen. [19]. Fl

Sperrschicht *(junction, depletion layer)*. Gebiet in einem Halbleiter, in dem die Ladungsdichte der beweglichen Träger kleiner ist als die resultierende Ladungsdichte der Akzeptoren und Donatoren und das deshalb elektrisch neutral ist (DIN 41 855). Bei einer S. handelt es sich i. a. um das Gebiet eines Überganges zwischen Halbleiter und Metall oder zwischen P- und N-Zone in einem Halbleiter. [4]. Ne

Sperrschichtbauelement *(junction device)*. Bauelemente, deren Strom-Spannungs-Kennlinien von den elektronischen Vorgängen in den Sperrschichten, die sich an einem Übergang zwischen zwei Zonen verschiedener Dotierungen ausbilden, bestimmt werden. Zu Sperrschichtbauelementen zählen: Bipolartransistoren, Halbleiterdioden, Sperrschichtfeldeffekttransistoren und Thyristoren. [4]. Ne

Sperrschichtberührungsspannung → Durchgreifspannung. Ne

Sperrschichtbreite *(depletion width)*. Die S. b bei einem abrupten PN-Übergang läßt sich aus den Dotierungskonzentrationen der einzelnen Bereiche bestimmen. Es gilt:

$$b = \frac{2\epsilon kT}{e^2} \left(\ln \frac{N_A N_D}{n_i^2}\right) \left(\frac{1}{N_A} + \frac{1}{N_D}\right)^{1/2},$$

(ϵ Permittivität ($\epsilon = \epsilon_0 \epsilon_r$), k Boltzmann-Konstante, T absolute Temperatur, e Elementarladung, N_A Akzeptorkonzentration, N_D Donatorkonzentration, n_i Eigenleitungsdichte. [7]. Ne

Sperrschichtfeldeffekttransistor *(junction field-effect transistor, JFET)*. Unipolares Halbleiterbauelement mit den Anschlüssen Drain, Gate und Source, bei dem z. B. in ein N-dotiertes Substrat P-dotierte Inseln eindiffundiert sind. Es bildet sich ein Kanal aus, in dem der von Source nach Drain fließende Ladungsträgerstrom durch eine Gate-Source-Spannung gesteuert werden kann, indem man die Raumladungszonen der in Sperrichtung vorgespannten PN-Übergange verändert. Ab einer bestimmten Gate-Source-Spannung schnürt der Kanal ab. Von diesem Punkt an fließt ein fast konstanter Source-Drain-Strom. Man kennt Sperrschichtfeldeffekttransistoren von N- und P-Typ. [4]. Ne

Sperrschichtisolation *(junction isolation)*. In der integrierten Schaltungstechnik werden einzelne Bauelemente elektrisch voneinander isoliert, indem sich zwischen ihnen in Sperrichtung vorgespannte PN-Übergänge befinden. Die S. ist nicht mehr bei integrierten Schaltungen anwendbar, die hochenergetischer Strahlung (z. B. Höhenstrahlung) ausgesetzt werden. [4]. Ne

Sperrschichtkapazität *(junction capacitance)*. Jede Sperrschicht bildet einen Kondensator — mit Raumladungen an den Rändern der Sperrschicht. Seine Kapazität wird als S. bezeichnet. Diese S. ist stark spannungsabhängig, daher läßt sie sich nur als differentielle Kapazität C = dQ/dU in einem vorgegebenen Arbeitspunkt exakt angegeben. Die S. ist für die HF-Eigenschaften (HF Hochfrequenz) von Halbleiterbauelementen von großer Bedeutung. Bei Kapazitätsvariationsdioden wird die S. z. B. für die Steuerung einer Oszillatorfrequenz genutzt. [4], [6], [7]. Li

Sperrschichtkondensator → Sperrschichtkapazität. Li

Sperrschichtkondensator, integrierter *(integrated junction capacitor).* Bei integrierten Schaltungen: Integrierter PN-Übergang, der – in Rückwärtsrichtung betrieben – die Funktion eines Kondensators übernimmt. Die Fläche des PN-Übergangs bestimmt dabei die Kapazität (→ Sperrschichtkapazität) des Sperrschichtkondensators. Aus Gründen einer wirtschaftlichen Ausnutzung der Halbleiterfläche werden nur kleine Kapazitäten – bis zu einigen Zehn pF – realisiert. [4], [7]. Li

Sperrschichtphotoeffekt *(photovoltaic effect).* Spezieller innerer Photoeffekt, bei dem in der Sperrschicht eines Halbleiters generierte Ladungsträger durch das elektrische Feld in der Sperrschicht getrennt werden. Anwendung: Photoelemente (Solarzellen). [4]. Ne

Sperrschichtphotoempfänger. Elektronische Bauelemente, die in der Sperrschicht eines Halbleiters durch Absorption von Lichtquanten freie Ladungsträger erzeugen. Durch die Ladungsträgergeneration wird die elektrische Leitfähigkeit in dem Halbleiter geändert. Beispiele: Photowiderstand, Photoelement (Solarzelle). [4]. Ne

Sperrschichtspannung → Sperrspannung; → Diffusionsspannung. Li

Sperrschichttemperatur *(junction temperature).* Die Temperatur, die an der Sperrschicht eines Halbleiterbauelementes auftritt. Sie darf einen bestimmten Wert nicht übersteigen (bei Germanium etwa 90 °C, bei Silicium etwa 200 °C). Die S. errechnet sich zu:

$$t_j = t_u + R_{thU} \cdot P_{tot},$$

wobei t_j Sperrschichttemperatur, t_u Umgebungstemperatur, R_{thU} Wärmewiderstand (Sperrschicht/Umgebungsluft), P_{tot} Verlustleistung ist. [4]. We

Sperrschichttransistor, bipolarer → Flächentransistor. Ne

Sperrschichtvaraktor → Varaktor. Ne

Sperrschicht-Vidikon *(newvicon).* (Bild der Röhre → Vidikon), Newvicon. Das S. ist eine Kameraröhre zur elektronischen Umsetzung des Lichtes langsam ablaufender Szenenbilder in elektrische Werte. Sie ist wie ein Vidikon aufgebaut und nutzt den inneren Photoeffekt zur Umwandlung der Lichtwerte in elektrische Spannungswerte. Das photoempfindliche Target besteht aus etwa 10^6 Siliciumplanardioden (→ Multidiodenvidikon), die innerhalb einer etwa 15 µm dicken N-Substratschicht eindiffundiert sind. Das N-Substrat bildet für alle in Sperrichtung betriebenen Halbleiterdioden die gemeinsame Signalelektrode. Über einen Vorwiderstand wird das Substrat an die positive Betriebsgleichspannung angeschlossen. Auf der Lichteinfallseite erzeugen eingestrahlte Lichtquanten Elektron-Defektelektronen-Paare. Die Defektelektronen wandern in die ladungsträgerarme Sperrschicht, nachdem sie das Potential der P-Zonen der im Substrat eingebetteten Dioden erhöht haben. Dort entsteht ein positives Ladungsbild, das ein zeilenweise gesteuerter Elektronenstrahl abtastet. Während des Abtastvorganges ist der Stromkreis über Katode, Elektronenstrahl, mit Ladungsträgern angereicherter Sperr-

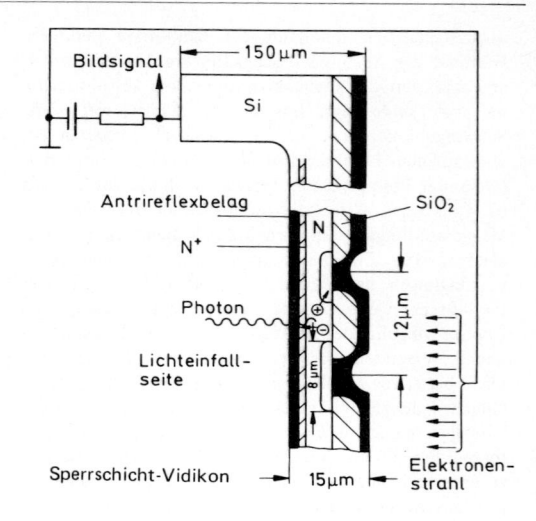

schicht, N-Substrat, Vorwiderstand und Spannungsversorgung geschlossen (Bild). Das Bildsignal (Videosignal) wird über dem Vorwiderstand abgegriffen. Vorzüge des Sperrschicht-Vidikons: Hohe Auflösung, hohe Photoempfindlichkeit bis etwa 900 nm Wellenlänge, große Temperaturunabhängigkeit. Hauptsächlicher Nachteil: Große Trägheit bei schnell wechselnden Szenen. Einsatzbereiche: z. B. zur Patientenüberwachung in Krankenhäusern bei ungünstigen Lichtverhältnissen. [16]. Fl

Sperrschloß → Sperrschaltung. Fl

Sperrschwinger *(self-blocking oscillator).* Der S. ist ein rückgekoppelter Kippschwingungsgenerator, der aus der Röhrentechnik stammt. Grundsätzlich ist ein S. auch mit Transistoren realisierbar. Es handelt sich um einen Impulsgenerator, dessen Rückkopplungsnetzwerk aus einem Transformator besteht und dessen Impulsfolgefrequenz von einem RC-Glied bestimmt wird. S. wurden als Zeitablenkgeneratoren in röhrenbestückten Fernsehgeräten verwendet. [10]. Th

Sperrspannung *(reverse bias).* Bei einem Bauelement mit PN-Übergang, die in Rückwärtsrichtung anliegende Spannung. [4], [6], [7]. Li

Sperrstrom *(reverse current).* Strom, der durch einen in Rückwärtsrichtung betriebenen PN-Übergang fließt. Er beruht auf einem Minoritätsladungsträgerstrom. [4], [6], [7]. Li

Sperrverzögerungszeit *(reverse recovery time),* Sperrerholzeit, Sperrverzugszeit. Bei Halbleiterdiode und Thyristor die Zeit, die beim Umpolen der anliegenden Spannung von der Vorwärts- und die Rückwärtsrichtung benötigt wird, um die im Halbleiter noch vorhandenen überschüssigen Ladungen „auszuräumen" und um auf den statischen Reststrom zu gelangen. [3], [4], [6], [7], [11]. Li

Sperrverzugsladung *(recovered charge).* Wenn ein Thyristor leitend war, sind beim Spannungsnulldurchgang noch überschüssige Ladungsträger — die Sperrverzugsladungen — in den Halbleiterzonen vorhanden, deren Abfließen einen kurzzeitigen Strom in Rückwärtsrichtung zu Folge hat. [3], [4], [11]. Li

Sperrverzugszeit → Sperrverzögerungszeit. Li

Sperrwandler *(flyback converter)*, Sperrwandlernetzteil. Der S. ist eine spezielle Ausführung eines Schaltnetzteils. Im Prinzip wird beim S. die vom Versorgungsnetz gelieferte Wechselspannung in einer Graetz-Schaltung gleichgerichtet und mit Hilfe eines Ladekondensators C_L geglättet (Bild). Ein Schalttransistor zerhackt die anliegende Gleichspannung in eine Wechselspannung mit Frequenzen von etwa 15 kHz bis 20 kHz. Die Ansteuerung des Transistors kann z. B. von einer Anzapfung der Sekundärwicklung des folgenden Wandlertransformators erfolgen. Im durchgeschalteten Zustand legt der Transistor die gleichgerichtete Spannung an die Primärseite des Transformators, der einen Ferritkern besitzt. Strom und im Transformator gespeicherte magnetische Energie steigen an. Die an der Sekundärwicklung entstehende Spannung ist so gerichtet, daß die Diode D_1 schließt. Sperrt der Transistor, erfolgt im Ferritkern eine Richtungsänderung des magnetischen Flusses, die Sekundärspannung wird umgepolt. Diode D_1 öffnet und die gespeicherte Energie gelangt zum Verbraucher R_V. S. für Leistungen um 100 W werden als Durchflußwandler *(forward converter)* oder in Gegentaktschaltung zweier Schalttransistoren als Gegentaktwandler ausgeführt. Der erreichbare Wirkungsgrad kann bis zu 85 % betragen. Häufig besitzen S. eine Regelschaltung, um die Ausgangsspannungswerte über dem Verbraucher konstant zu halten. [6], [13]. Fl

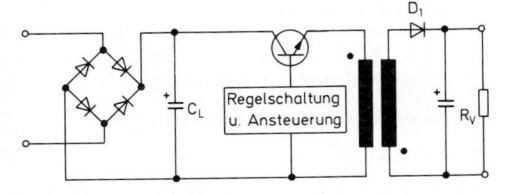

Sperrwandlernetzteil → Sperrwandler. Fl

Sperrwiderstand *(reverse dc resistance)*, Gleichstromwiderstand rückwärts. Quotient von Sperrspannung und zugehörigem Sperrstrom (DIN 41 853). [4]. Ne

Sperrzeit → Sperrverzögerungszeit. Li

Sperrzustand *(blocking state)*. Zustand, bei dem ein Bauelement mit PN-Übergang im Sperrbereich arbeitet. [4], [7]. Li

Spezialverstärkerröhre *(special amplifier tube)*. Auch kurz Spezialröhren genannt. Röhren für Sonderanwendungen, wie z. B. die „Beam-Deflection-Röhre", mit der sich lineare übersteuerungsfeste Mischer aufbauen lassen, Klystrons, Wanderfeldröhren, Magnetrons, Koaxial- und Scheibenröhren. [13]. Th

Spiegelantenne → Reflektorantenne. Ge

Spiegelfrequenz *(image frequency)*. Frequenz, die im Abstand der doppelten Zwischenfrequenz von der eingestellten Empfangsfrequenz in Superhet-Empfängern (Überlagerungsempfänger) durch Mischen mit der Oszillatorfrequenz gerade wieder die Zwischenfrequenz bildet. Die natürliche Dämpfung der S. durch die Vorselektion der Eingangsschaltung kann durch zusätzliche Spiegelfrequenzsperren gesteigert werden, oder man legt die Zwischenfrequenz über die höchste Empfangsfrequenz. [8], [13], [14]. Th

Spiegelgalvanometer *(mirror galvanometer, reflecting-type galvanometer)*. S. sind Galvanometer hoher Empfindlichkeit. Meßwerk und Skala sind räumlich getrennt in unterschiedlichen Gehäusen untergebracht und werden in vorgegebenem Abstand erschütterungsfrei bei sorgfältiger Justierung der horizontalen Ebene aufgestellt. Eine ebenfalls getrennt aufzustellende Lichtquelle wirft einen eng gebündelten Lichtstrahl auf einen kleinen Spiegel, der an einem Bändchen befestigt ist. Das obere Ende des Bändchens ist an einer Halterung befestigt, am unteren Ende befindet sich das bewegliche Organ des Meßwerks (Bild). Entsprechend der Auslenkung des beweglichen Teils wird der Lichtstrahl als Lichtzeiger (Zeigerlänge etwa 1 m) auf die Skala geworfen. Die Skala ist als Strichskala ausgeführt und nicht abgeglichen. Man unterscheidet spannungsempfindliche S. (Werte etwa 0,05 μV/mm) und stromempfindliche S. (Werte etwa 0,02 nA/mm). Das Meßwerk kann als Drehpulmeßwerk mit Außenmagnet oder mit Kernmagnet aufgebaut sein. Anwendungen: z. B. zum Nullabgleich in Kompensationsschaltungen oder Meßbrücken. [12]. Fl

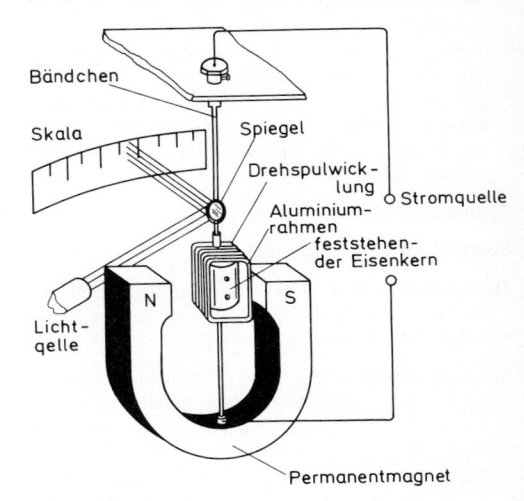

Spiegelung *(inversion)*. Operation der Lehre von den Ortskurven. Zur Inversion einer komplexen Zahl zeichnet

man einen Spiegelkreis und gelangt damit durch Anwendung des Kathetensatzes von Euklid zur invertierten Zahl in der komplexen Ebene. [13]. Rü

Spin *(spin)*. Viele Elementarteilchen, darunter das Proton, das Neutron und das Elektron zeigen — auch wenn sie sich nicht auf Kreisbahnen bewegen — einen Eigendrehimpuls; den S. Dieser gehört zu den wichtigsten Unterscheidungsmerkmalen der Elementarteilchen und zeigt an, ob diese Partikel der Fermi-Dirac-Statistik (Spin halbzahlig) oder der Bose-Einstein-Statistik (Spin ganzzahlig) unterliegen. [5], [7]. Bl

Spindeltrimmer → Trimmerkondensator. Ge

Spinmoment *(spin)*. Das Drehmoment eines Elementarteilchens oder zusammengesetzten Systems aufgrund der Eigendrehbewegung der Teilchen. In der Quantenmechanik wird das S. durch einen Operator ausgedrückt. [5], [7]. Bl

Spinquantenzahl *(spin quantum number)*. Jedes Elektron besitzt einen Eigendrehimpuls, den Spin. Die Einstellung des Spins (etwa eines Elektrons in der Atomhülle) wird durch die S. angegeben. [5], [7]. Bl

Spiralantenne → Wendelantenne. Ge

Spitzendiode *(point-contact diode)*. Eine Halbleiterdiode, bei der ein halbkugelförmiger PN-Übergang unter einem Spitzenkontakt aus Metall (z. B. Wolfram oder Molybdän) durch Formierstöße (1 A während 1 s) entsteht. Wegen der kleinen PN-Übergangsfläche ist der fließende Strom auf maximal 10 mA begrenzt. Da die parasitären Kapazitäten klein sind, wendet man Spitzendioden als Detektoren im HF- (HF Hochfrequenz) und Mikrowellenbereich an. [4]. Ne

Spitzengleichrichter → Spitzenwertgleichrichter. Li

Spitzengleichrichterschaltung → Spitzenwertgleichrichter. Fl

Spitzenleistung *(peak power)*. S. ist die maximale Leistung, die eine elektrische Maschine oder Anlage kurzzeitig aufnehmen oder abgeben kann. [11]. Ku

Spitzenspannung *(peak voltage)*. Die an einem Bauelement im Betrieb maximal anliegende Spannung. Bei Halbleiterdioden auch oft die höchstzulässige Spannung in Rückwärtsrichtung. Besonders wichtig ist die S. beim Kondensator: Sie bedeutet dort den höchsten Scheitelwert der Spannung, der kurzzeitig in einer Stunde höchstens fünfmal bis zu einer Dauer von 1 min anliegen, aber nicht überschritten werden darf. [4]. Rü

Spitzenspannungsmesser *(peak voltmeter)*. S. messen den Höchstwert einer anliegenden Wechselspannung. Die Anzeige ist in Spitzenwerten der Spannung kalibriert. Häufig werden positive und negative Höchstwerte als Spitze-Spitze-Wert erfaßt. S. werden im Unterschied zu Scheitelwertmessern bei nichtsinusförmigen Meßspannungen, z. B. Impuls- oder Pulsspannungen bzw. zusammengesetzten Gleich- und Wechselspannungen eingesetzt. S. können z. B. sein: Drehspulinstrumente mit Spitzenwertgleichrichter, Digitalvoltmeter, Selektivspannungsmesser, Oszillographen, Oszilloskope. [12]. Fl

Spitzensperrspannung *(peak reverse voltage)*. Die S. ist der höchste, zulässige Augenblickswert der Sperrspannung eines Halbleiterventils einschließlich aller periodisch überlagerten Spannungsspitzen. [11]. Ku

Spitzenstrom *(peak current)*. Der S. ist der Höchstwert eines zeitveränderlichen Stromes innerhalb eines betrachteten Zeitintervalls. Bei Halbleiterventilen ist der S. der Spitzenwert des periodisch auftretenden Durchlaßstromes. [11]. Ku

Spitzentransistor *(point-contact transistor)*. Historisch der erste realisierte Transistor (1947). Als Basiszone diente ein N-dotiertes Germaniumplättchen, auf das in geringem Abstand zwei zugespitzte P-dotierte Stäbchen aufgesetzt wurden. Unter den Spitzen bildeten sich enge P-dotierte Zonen in dem Germaniumplättchen aus, wodurch eine PNP-Struktur erhalten wurde. [4]. Ne

Spitzenwertbildner → Spitzenwertgleichrichter. Fl

Spitzenwertfaktor → Scheitelfaktor. Fl

Spitzenwertgleichrichter *(peak-type diode rectifier)*. Ein Einweggleichrichter, der in Verbindung mit einem Ladekondensator eine dem Spitzenwert der Eingangswechselspannung proportionale Spannung erzeugt. S. können in Reihen- und Parallelschaltung realisiert werden (Bild). [6]. Li

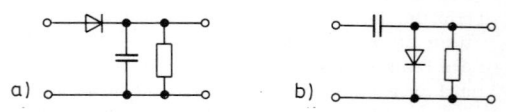

Spitzenwertgleichrichter: a) Reihenschaltung, b) Parallelschaltung

SPN-Detektor → Neutronenflußaufnehmer. Fl

SPOOL *(spool)*. Abkürzung für simultane Peripherie-Operationen im On-Line-Betrieb *(simultaneous peripheral operations on line)*. Daten, die für die Ausgabe auf langsamen Geräten bestimmt sind, werden während des laufenden Programms auf einen schnellen Externspeicher, z. B. Magnetplattenspeicher, übertragen. Ebenso werden Eingabedaten während des Programms von einem schnellen Externspeicher gelesen, obwohl die eigentliche Eingabe von einem langsamen Peripheriegerät erfolgte. Die eigentlichen Ein-Ausgabe-Operationen erfolgen unabhängig vom Anwenderprogramm. Sie werden vom Betriebssystem gesteuert. SPOOL dient der Vermeidung von Wartezeiten und der Ausnutzung der vollen Geschwindigkeit der Systemkomponenten. Der Vorgang wird auch als Spooling bezeichnet. [1]. We

Sprachausgabe *(audio response, voice output, voice response)*. Akustische Ausgabe von Daten aus einer Datenverarbeitungsanlage z. B. über Telephon. Die Erzeugung der auszugebenden Wörter erfolgt auf zwei Arten: 1. Wörter oder Sätze, die analog gespeichert sind (z. B. auf Magnetband), werden von der Datenverarbeitungsanlage ausgewählt und zu der gewünschten Antwort zusammengesetzt. 2. Die Wörter oder Sätze werden aus einzelnen Elementarlauten (Phonemen) synthetisiert (→ Vocoder).

Die Intensität und Aufeinanderfolge der Phoneme bei bestimmten Silben und Worten ist digital gespeichert und wird von der Datenverarbeitungsanlage abgerufen. [1].   Li

Spracherkennung *(speech recognition, voice recognition).* Die Erkennung von gesprochener Sprache durch eine Datenverarbeitungsanlage. Es ist möglich eine begrenzte Anzahl Worte oder kurze Sätze zu erkennen. Die gesprochenen Worte werden in elementare klangliche Bestandteile (Phoneme) zerlegt und deren Abfolge mit den digital gespeicherten Referenzmustern aller Worte bzw. Sätze des Wortschatzes auf maximale Übereinstimmung verglichen. [1].   Li

Sprachfrequenzband *(speech band).* Das S. erstreckt sich von etwa 100 Hz bis 4 kHz. Bei Frequenzen oberhalb 4 kHz ist die Sprachenergie praktisch Null. Beim Abschneiden aller Frequenzen oberhalb 4 kHz geht nur 12% der Sprachenergie verloren, allerdings sinkt die Verständlichkeit auf 65%. Werden alle Frequenzen unterhalb 500 Hz abgeschnitten, beträgt die Sprachenergie noch 40%; der Verständlichkeitsverlust beträgt 2%. [13], [14].   Th

Sprachgenerator → Sprachsynthesizer.   Fl

Sprachsynthesizer *(speech synthesizer, voice synthesizer),* Sprachgenerator. S. sind elektronische Einrichtungen oder integrierte Schaltkreise, die menschähnlichen Sprachfluß mit technischen Mitteln erzeugen. Man unterteilt menschliche Sprache in kleinste Elemente, die Phoneme. Übliche Sprachen besitzen etwa 2 bis 12 Phoneme für Vokale und 10 bis 70 für Konsonanten. Aus den Phonemen lassen sich auf technischem Wege synthetisch Worte erzeugen und nacheinander zu Sätzen verknüpfen. Problematisch ist die Wiedergabe individueller Eigenheiten, die z. B. von muskelgesteuerten Resonanzräumen wie Nase, Rachen und Mund beeinflußt werden. Möglichkeiten des Aufbaus technischer S.: 1. Direkte Sprachsynthese: Die Lautanregung erfolgt über automatisch gesteuerte Tonhöhen- und Rauschgeneratoren. Mit elektrischen Filtern, deren Mittenfrequenz, Bandbreite und Dämpfung ebenfalls automatisch gesteuert werden, läßt sich angenähert die Wirkung menschlicher Resonanzräume nachvollziehen. Die zur Steuerung notwendigen Signale sind ein Ergebnis von Sprachanalysen. Sie sind im Gerät als Vergleichsmuster abrufbereit gespeichert. Das Vokabular ist nahezu unbegrenzt und kann in mehreren Sprachen verfügbar sein. 2. Sprachelemente, vielfach auch Worte, sind im S. digital gespeichert. Der S. ist als integrierter Baustein z. B. mit Steuerlogik, Digitalspeichern, Taktgenerator, Decodierschaltung und Digital-Analog-Wandler aufgebaut. In einer Ausführung bestehen die erzeugten Wörter aus treppenförmigen Pulsen mit einer festen Periode von 10 ms. Jeder Puls besteht aus 128 Treppenstufen. Der kleinste Stufenwert beträgt 1/16 des Spitzenwertes. Es genügen zur Speicherung von Amplitudenwerten 4 Bit am Dateneingang. Mit einem digitalen Steuersignal werden unterschiedliche Wortansagen aus dem gespeicherten Vokabular erzeugt. Die Frequenz des Taktgenerators bestimmt die Geschwindigkeit des Sprachflusses. Am Ausgang des integrierten Digital-Analog-Wandlers werden die analogen Sprachsignale abgegriffen (Blockschaltung). Mit Hilfe eines außen angeschlossenen Bandpasses kann der Klangeindruck beeinflußt werden. [1], [2], [4], [6], [13], [19].   Fl

Sprachübertragung *(speech transmission; voice transmission).* Ausgehend von einer → Silbenverständlichkeit von 80% (durch das Kombinationsvermögen des Hörers beträgt die Satzverständlichkeit dennoch fast 100%) reicht für die S. ein Frequenzbereich von 300 Hz bis 3400 Hz aus. Dieser Bereich entspricht auch dem in der Fernsprechtechnik üblichen Frequenzgang. [13], [14].   Th

Spreading-Widerstand-Temperatursensor *(speading-resistance temperature sensor),* Ausbreitungswiderstands-Temperatursensor. Der Spreading-Widerstand *(to spread,* ausbreiten) ist ein Meßfühler der Sensortechnik. Das Bauelement besteht aus einem Siliciumeinkristall ohne PN-Übergang, der in Planartechnik hergestellt wird. Die Ausführung nach Bild a ist symmetrisch aufgebaut. Der Meßstrom (Nennwert: 1 mA) fließt durch zwei Löcher in das Maskieroxid (SiO_2), aus denen heraus sich der Strom im Einkristall verbreitet. Eingangsgröße des Spreading-Widerstand-Temperatursensors ist die Temperatur ϑ, Ausgangsgröße der davon abhängige Widerstand mit einem positiven Temperaturkoeffizienten von 0,75 %/K im Bezugspunkt 298 K (Bild b). Der Nennwiderstand besitzt bei den angegebenen Werten einen

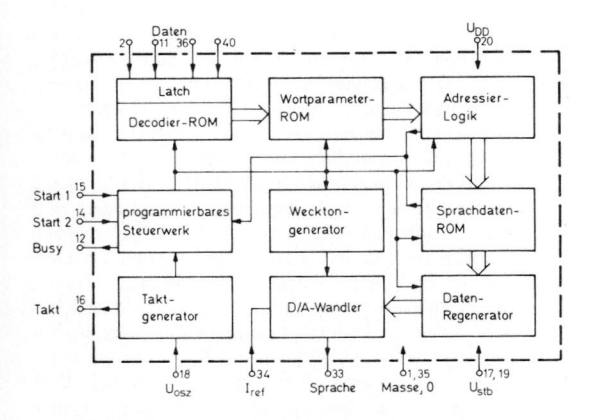

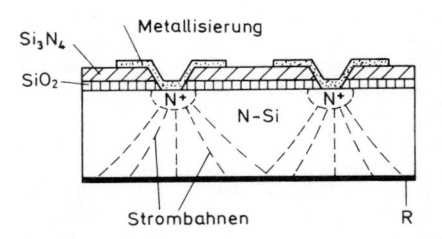

Blockschaltung eines Sprachsynthesizers

Spreading-Widerstand-Temperatursensor

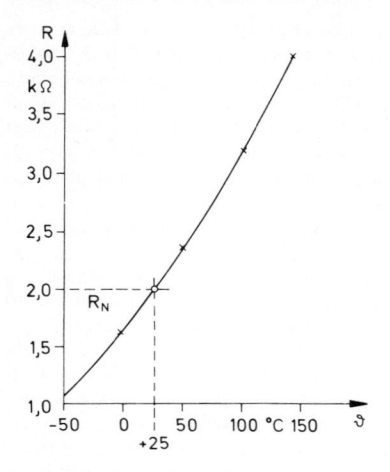

Betrag von 2000 Ω. Der Kurvenverlauf im Bild b wird mit der Funktion

$$R = 2{,}7931 \cdot 10^{-2} \, (\vartheta + 241{,}52)^2 + 16$$

(R in Ω, ϑ in °C; gültig von -50 °C bis 159 °C) beschrieben. Die Kennlinie kann mit einem Parallel- oder einem Vorwiderstand linearisiert werden. Anwendungen: z. B. zur Temperaturmessung, zur Herstellung von temperaturgesteuerten Strom- und Spannungsquellen. [6], [7], [12], [18]. Fl

Spreizdipol → Dipolantenne. Ge

Sprungantwort *(step response)*, Übergangsfunktion. Wird der Eingang eines Übertragungsgliedes oder Regelkreises mit einer Sprungfunktion (Sollwertsprung) angeregt, so bezeichnet man die Reaktion am Ausgang als S. Bei geschlossenen Regelkreisen ist die Sprungantwort der Regelgrößen direkt ein Maß für die Güte der Regelung (→ Führungsverhalten). Die S. kann aber auch aus der Gewichtsfunktion mathematisch abgeleitet werden. [18]. Ku

Sprungausfall *(sudden failure)*. Ausfall bei statistisch nicht gesetzmäßiger Änderung, so daß sich der Ausfallzeitpunkt im allgemeinen nicht vorhersagen läßt. [4]. Ge

Sprungbefehl *(jump instruction, branch instruction)*. Befehl, der den Prozessor veranlaßt, vom normalen Abarbeitungsschema, bei dem nacheinander abgespeicherte Befehle sequentiell abgearbeitet werden, abzuweichen, zu einem bestimmten Befehl zu „springen" und das Programm von dort aus fortzusetzen. Sprungbefehle sind wichtige Bestandteile des Programms, da sie zur Steuerung des Programmablaufs sowie zur Wiederholung bestimmter Programmabschnitte (→ Schleife) notwendig sind. Beim unbedingten S. wird der Sprung immer ausgeführt; bei bedingten S. nur bei Vorliegen einer bestimmten Bedingung. Mit Hilfe des bedingten Sprungbefehls ist es möglich, die Programmabarbeitung aufgrund sich ändernder Daten zu steuern. Während unbedingte Sprungbefehle im Programmablaufplan nicht als eigene Operationen dargestellt werden, werden bedingte Sprungbefehle in Form von Abfragen eingezeichnet.

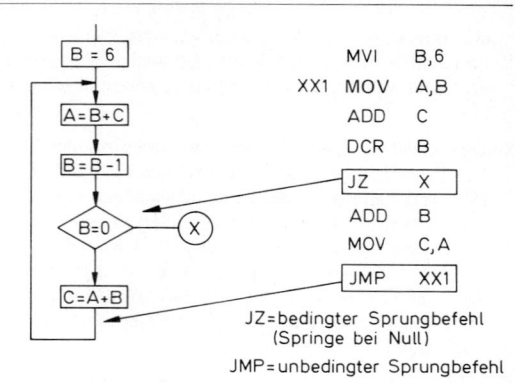

Beispiele für Sprungbefehle

Im Prozessor bewirkt der S. ein Laden des Befehlszählers mit dem Adreßteil des Sprungbefehls. [1]. We

Sprungbefehl, bedingter *(conditional branch instruction, conditional jump instruction)* → Sprungbefehl. We

Sprungbefehl, unbedingter *(unconditional jump instruction, unconditional branch instruction)* → Sprungbefehl. We

Sprungfunktion *(step function)*. Sie ist ein wichtiges Testsignal der Regelungstechnik, wo sie häufig beim Abgleich einer Regelung als Verlauf der Führungsgröße (Sollwertsprung) vorgegeben wird. Die S. ist eine Funktion, die den Wert Null vor einem betrachteten Zeitpunkt und einen festen Wert nach diesem Zeitpunkt hat. [18]. Ku

Spule *(coil)*. Aus einer oder mehreren Drahtwindungen bestehendes Bauelement zur Erzeugung einer verstärkten induktiven Wirkung. Die Größe der Induktivität einer S. hängt von der Anzahl, den Abmessungen und der Anordnung der Windungen sowie vom eventuell vorhandenen Kern ab. Die Einteilung der Spule erfolgt nach der Ausführung des Kerns (Eisenkernspule, Luftspule) und nach Art der Wicklung. Einlagige, zylindrische Spulen besitzen eine sehr geringe Wicklungskapazität, jedoch ein starkes Streufeld. Mehrlagige Spulen ermöglichen bei kleinem Raumbedarf große Induktivitätswerte, weisen aber hohe Eigenkapazitäten auf, die durch besondere Wickeltechniken, wie z. B. bei der Kreuzwickelspule oder durch Aufteilung in mehrere Kammern, wieder verringert werden können. Mittels eines Magnetkerns kann die Induktivität stark erhöht werden. Spulen für Frequenzen < 100 kHz werden meist aus Volldraht gewickelt; häufig auf Blechkernen. Zur Verbesserung der Spulengüte wird auch Hochfrequenzlitze eingesetzt. Im Frequenzbereich zwischen 100 kHz und 3 MHz wird hauptsächlich Litze und bei einfacheren Spulen dünner Volldraht benutzt. Um bei kleinen Abmessungen hohe Güte zu erzielen, werden Ferritkerne eingesetzt. Kurzwellenspulen werden vorzugsweise — UKW-Spulen (UKW U̲ltrak̲urzw̲elle) ausschließlich — aus dicken Volldrähten gewickelt. Über 30 MHz werden auch Kerne aus nichtmagnetischem Material wie Messing oder Kupfer verwendet. [4]. Ge

Spulen, gekoppelte *(coupled coils)*. Zwei (oder auch mehrere) Spulen mit den Induktivitäten L_1 und L_2 heißen gekoppelt, wenn ihre Magnetflüsse Φ_1 und Φ_2 sich gegenseitig durchdringen. Dabei wird in der anderen Spule eine Induktionsspannung erzeugt (→ Induktionsgesetz). Je nach der räumlichen Anordnung wird die Kopplung mehr oder weniger groß sein und nur ein Teil von Φ_1 die Spule L_2 durchdringen und umgekehrt. Qualitativ wird die Kopplung durch den Kopplungsfaktor k oder den Streugrad σ beschrieben (→ Übertrager). Der Anteil des Magnetflusses Φ_S, der die gekoppelte Spule nicht durchsetzt heißt Streufluß; es ist

$$\sigma = \frac{\Phi_S}{\Phi_{ges}} \quad (0 \leq \sigma \leq 1).$$

Der Induktivitätsanteil $L_0 = \frac{N \Phi_S}{i}$ wird als Streuinduktivität bezeichnet (N Windungszahl, i Strom). [15]. Rü

Spulenantenne → Wendelantenne. Ge

Spulenfeldlänge *(load spacing)*. Abstand der zusätzlich in eine Fernsprechleitung eingeschalteten Induktivitäten (→ Pupin-Leitung). [14]. Rü

Spulenfilter *(filter with coils)*. Jedes elektrische Filter, das Induktivitäten enthält. Gegensatz: spulenloses Filter. [15]. Rü

Spulengüte *(coil Q)* → Gütefaktor (→ Verlustfaktor). Rü

Spulenmessung → Induktivitätsmessung. Fl

Spulenverluste → Verlustfaktor. Rü

Spur *(track)*. Beim Lochstreifen und bei magnetischen Datenträgern räumlich hintereinander angeordnete Informationsbits, die zeitlich nacheinander gelesen bzw. geschrieben werden. Während beim Magnetband und beim Lochstreifen mehrere Spuren parallel aufgezeichnet sind, wird bei Magnetplatten oder Disketten nur eine Spur gelesen (bzw. beschrieben). Die Spuren bilden konzentrische Kreise. Beim Magnetplattenstapel mit mehreren Magnetplatten bezeichnet man eine Spur als Zylinder. [1]. We

SQ-Decodierer *(SQ-decoder)*. Dient zur Decodierung eines Stereo-Quadrofoniesignals (SQ-Signal), das mit einem Codierer bei der Aussendung auf zwei Stereo-Kanäle reduziert wurde. Nach dem Matrix-Verfahren können auf der Empfangsseite die vier Kanäle mit dem S. wiedergewonnen werden. [9], [13], [14]. Th

SSB *(single sideband)* → Einseitenbandverfahren. Th

SSB-Filter *(single-sideband filter, SSB-filter)*. Es handelt sich hier um ein extrem steilflankiges Bandpaßfilter (LC- oder Quarzfilter), mit dem aus einem Zweiseitenbandsignal mit unterdrücktem Träger das gewünschte Seitenband herausgefiltert wird. In der Amateurfunktechnik sind Quarzfilter mit einer Mittenfrequenz von 9 MHz üblich. [13], [14]. Th

SSB-Modulator *(single-sideband modulator, SSB-modulator)*. Der Aufbau eines S. ist recht kompliziert. Üblich sind die Phasenmethode und die Filtermethode, bei der zunächst in einem Ringmodulator ein Zweiseitenbandsignal mit unterdrücktem Träger erzeugt und dann mit einem steilflankigen Quarzfilter das gewünschte Seitenband ausgefiltert wird. Eine abgewandelte Phasenmethode wird als „3. Methode" bezeichnet. Möglich ist auch eine digitale SSB-Aufbereitung, von der jedoch wegen des hohen Aufwandes noch kein Gebrauch gemacht wird. Das Ausgangssignal eines S. ist in jedem Fall ein Einseitenbandsignal. [2], [4], [6], [8], [9], [13], [14], [15]. Th

SSI *(small scale integration, SSI)*. Bezeichnung für den Integrationsgrad. Bei SSI-Schaltungen sind nur wenige Bauelemente in einem Chip integriert; bei Digitalschaltungen weniger als 10 logische Funktionen, z. B. NAND-Stufen. SSI-Schaltungen werden auch heute noch zum Aufbau von logischen Schaltungen mit geringer Komplexität benötigt. [4]. We

SSR *(secondary surveillance radar)* → Radar. Ge

Stabantenne → Vertikalantenne. Ge

Stäbchen 1. *(stick)*. In einem elektromagnetischen Festwertspeicher die Übertrager zwischen Primär- und Sekundärseite (Stäbchenspeicher). [1]. 2. *(rod)*. Lichtempfindliche Bestandteile des Auges. Mit den S. können nur Helligkeitsempfindungen wahrgenommen werden. [5]. We

Stabilisator *(stabilizer)*, Konstanthalter. Stabilisatoren sind in der Elektronik passive oder aktive Bauelemente, deren Strom-Spannungs-Kennlinie in angegebenen Bereichen angenähert parallelen Verlauf zu einer der elektrischen Größen der Koordinatenachsen besitzt. Abweichungen vom Sollwert betragen etwa 10^{-1} bis 10^{-2}. Man unterscheidet: 1. Spannungsstabilisatoren. Der stabilisierende Bereich der Kennlinie besitzt zwischen einem maximalen und minimalen Stromwert bei der Stabilisierungsspannung U_{Stab} nahezu parallelen Verlauf zur Koordinatenachse des Stromes. 2. Stromstabilisatoren. Es wird der Stromwert für eine elektrische Schaltung z. B. gegen Belastungsschwankungen stabilisiert. Die Kennlinie besitzt im Bereich zwischen einem maximalen und minimalen Spannungswert parallelen Verlauf zur Spannungsachse. [4], [6]. Fl

Stabilisatorröhre *(glow discharge voltage regulator, stabilizer)*. Da bei der im Glimmgebiet (→ Gasentladung) arbeitenden Glimmröhre die über der Entladungsstrecke stehende Spannung nahezu vom hindurchfließenden Strom unabhängig ist, wurde die Glimmröhre häufig in Verbindung mit einem Vorwiderstand als S. eingesetzt. Heute werden statt der S. weitgehend Halbleiterbauelemente eingesetzt. [4]. Li

Stabilisatorspannung *(stabilization voltage)*. Die S. ist der Spannungswert eines Spannungsstabilisators, bei dem in angegebenen Bereichen unter Berücksichtigung von Einflußgrößen (→ Einfluß) die Verbraucherspannung trotz Belastungsänderungen nahezu konstant bleibt. Die Werte der S. und der Verbraucherspannung sind in den meisten Anwendungsfällen gleich. Die S. liegt parallel zum Verbraucher, dessen Spannungswert sich nicht ändern soll. Beispiel: Die angegebene Zener-Spannung einer

Z-Diode besitzt im Bereich festgelegter Stromwerte stabilisierende Wirkung auf eine schwankende Speisespannung. Dazu muß die Z-Diode in Reihe mit einem geeigneten Vorwiderstand parallel zur Speisespannungsquelle betrieben werden. Der Verbraucher wird parallel zur Z-Diode angeschlossen. [4], [6]. Fl

Stabilisierungsfaktor *(regulation characteristic)*. Bei Stabilisierungsschaltungen unterscheidet man zwei Stabilisierungsfaktoren: 1. absoluter S. → Glättungsfaktor. 2. Relativer S.: Das Verhältnis der relativen Spannungs- bzw. Stromschwankung $\frac{\Delta U_i}{U_i}$ bzw. $\frac{\Delta I_i}{I_i}$ am Eingang der Schaltung zu der am Ausgang auftretenden Schwankung $\frac{\Delta U_0}{U_0}$ bzw. $\frac{\Delta I_0}{I_0}$:

$$S = \frac{\frac{\Delta U_i}{U_i}}{\frac{\Delta U_0}{U_0}} \text{ bzw. } \frac{\frac{\Delta I_i}{I_i}}{\frac{\Delta I_0}{I_0}}$$

[6], [18]. Li

Stabilität, absolute *(absolute stability)*. Ein System ist absolut stabil, wenn es nach einer Auslenkung wieder zur Ruhe kommt. [18]. Ku

Stabilität, asymptotische *(asymptotic stability)*. Ein nichtlineares System ist asymptotisch stabil, wenn für einen betrachteten Bereich des Zustandraumes eine Ljapunow-Funktion angegeben werden kann. Bei einer Auslenkung läuft das System in einen Gleichgewichtspunkt oder nimmt einen Grenzzyklus an, d. h. eine Schwingung, die weder auf- noch abklingt. [18]. Ku

Stabilität, lokale *(local stability)*. S. gilt nur für einen begrenzten Bereich des Zustandsraumes. [18]. Ku

Stabilität, thermische *(thermal stability)*. Gegenteil der thermischen Instabilität. Wird beim Transistor durch geeignete Kühlvorrichtungen und durch Stabilisierung des Arbeitspunkts (→ Arbeitspunktstabilisierung) erreicht. [6]. Li

Stabilitätskriterien *(stability criterions)*. S. dienen zur Untersuchung der Stabilität von Übertragungsgliedern und Regelkreisen. Sie umgehen die Lösung der charakteristischen Gleichung, aber sagen i. a. nichts über das Dämpfungsverhalten aus (→ Cremer-Leonhard-Michailow-Kriterium, → Hurwitz-Kriterium, → Nyquist-Kriterium, → Zweiortskurvenmethode.) Für nichtlineare Systeme gibt es das Popow-Kriterium und die Methode von Ljapunow. [18]. Ku

Stabilitätsprüfung *(stability test)*. S. ist die Untersuchung eines Übertragungsgliedes oder Regelkreises auf Stabilität hin unter Anwendung von Stabilitätskriterien oder Simulation. [18]. Ku

Stabregler *(bar controller)*, Ausdehnungsstabregler, Temperaturstabregler. S. sind Ausdehnungstemperaturregler mit der Arbeitsweise eines Zweipunktreglers. Im Prinzip bestehen sie aus einem einseitig geschlossenen, länglichen Hohlrohr (dem Ausdehnungsrohr), in dem sich ein Innenstab befindet (Bild). Unter Einwirkung von Temperatur-

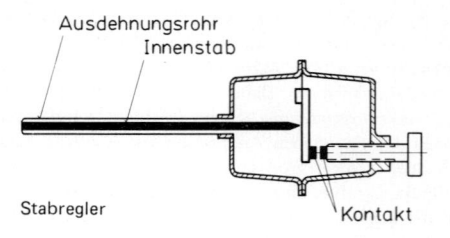

werten im Bereich von etwa 30 °C bis 300 °C ändert sich die Länge des Hohlstabes. Der Innenstab verändert sich nur geringfügig. Dehnt sich bei höheren Temperaturwerten das äußere Rohr aus, öffnet ein elektrischer Kontakt beim Überschreiten eines eingestellten Temperatursollwertes. Die Heizleistung der Anlage sinkt. Das Rohr zieht sich während des Abkühlvorganges zusammen und schiebt den Innenstab gegen die Kontaktfeder. Der Kontakt wird geschlossen und die Heizleistung steigt wieder an. Anwendungen: in Rohrleitungen oder in Behältern zur Regelung der Innentemperatur. [18]. Fl

Stack → Stapel. We

Stack-Pointer → Stapel. We

Stack-Speicher → Stapel. We

Standardabweichung *(standard deviation)* (→ Bild Gauß-Verteilung), mittlere quadratische Abweichung, mittlerer quadratischer Fehler. Die S. ist eine Rechengröße aus der Wahrscheinlichkeitsrechnung, die als mittlere quadratische Abweichung zur Abschätzung der zufälligen Fehler dient. Sie gibt z. B. deren Anteil bei Angaben der Meßunsicherheit von Meßinstrumenten an. Wurde eine Meßreihe mit N unabhängig voneinander durchgeführten Einzelmessungen und den zugehörigen Einzelwerten x_i abgeschlossen, wobei die Einzelwerte um einen Mittelwert $\bar{x}$ schwanken, bestimmt man die S. σ über

$$\sigma = \sqrt{\frac{1}{N-1} \cdot \sum_{i=1}^{N}(x_i - \bar{x})^2}.$$

(Die Größe σ^2 bezeichnet man als → Varianz.)
Bei sehr großen Zahlen N geht die S. in einen Grenzwert Null über. Mit der S. lassen sich die zufälligen Abweichungen der Einzelwerte einer Meßreihe erfassen, wobei die statistischen Schwankungseffekte eine obere Grenze bezüglich der Meßempfindlichkeit setzen (→ Gauß-Verteilung) [12]. Fl

Standardabweichung, relative → Variationskoeffizient. Fl

Standardausfallrate *(standard failure rate)* → Ausfallrate. Rü

Standardreihen, amerikanische → Normreihen. Rü

Standards → Normale. Fl

Stand-By-Betrieb *(stand-by operation)*. Der Betrieb eines Systems mit einer Hardwareredundanz (→ Stand-By-System), bei dem der Ausfall einer Komponente, z. B. eines Übertragungskanals zur Übernahme der Arbeit auf die redundante Komponente, z. B. einen bisher nicht benutzten Übertragungskanal, ohne Leistungsminderung führt. Bei allen automatisch arbeitenden Systemen müssen Prüfgeräte vorhanden sein, die den Ausfall der Komponente registrieren und die Übernahme der Aufgabe bei Ausfall veranlassen. Bis zur Reparatur der ausgefallenen Komponente wird der S. verlassen. Die Übernahme der Aufgabe durch die redundante Komponente wird auch als „weiche" (fail soft)-Übernahme bezeichnet, da sie nicht zur Betriebsunterbrechung führt. [1]. We

Stand-By-System *(stand-by system)*. Ein System, das Hardwareredundanz in der Form enthält, daß es bei Ausfall einer Systemkomponente während des Austauschs oder der Reparatur dieser Komponente weiterarbeitet, ohne daß ein Leistungsabfall eintritt. Die redundante Komponente muß parallel angeordnet sein. Sind im System mehrere Komponenten parallel angeordnet, so muß nicht für jede Komponente eine redundante Komponente vorhanden sein; z. B. wird bei einem 2-aus-3-System zwei parallelen Komponenten eine redundante Komponente zugeordnet; das System arbeitet, wenn zwei der drei Komponenten intakt sind.

Bei einem automatisch arbeitenden S. müssen Fehlererkennungsschaltungen vorhanden sein, die den Ausfall einer Komponente erkennen und die Umschaltung auf die redundante Komponente veranlassen. Die Zuverlässigkeit dieser Schaltungen ist in die Zuverlässigkeitsbetrachtung des Systems einzubeziehen. Bei informationsverarbeitenden Systemen muß dafür gesorgt werden, daß die bisher erarbeitete Information der redundanten Komponente zur Verfügung steht (z. B. gemeinsamer Zugriff von zwei Zentraleinheiten auf die Externspeicher). Ausfall von Externspeichern kann dadurch begegnet werden, daß die gespeicherten Daten mehrfach vorhanden sind (Duplizierung). [1]. We

Ständer *(stator)* → Stator. Ku

Standleitung. Allgemein: *(dedicated circuit)*. Festgeschaltete Leitung zwischen zwei Endstellen in einem Nachrichtennetz. [1], [19]. Kü
Speziell: *(point-to-point circuit)*. Standleitungen sind von der Post angemietet und haben keinen direkten Anschluß zum öffentlichen Wählnetz. Sie können vom Benutzer mit Fernschreibern und anderen Geräten betrieben werden, die von der Post geprüft und zugelassen sind. Je nach System sind Übertragungsgeschwindigkeiten von 50 bit/s, 100 bit/s oder 200 bit/s möglich. [13], [14]. Th

Stapel *(stack)*, Stack, Stapelspeicher, Stackspeicher, Kellerspeicher. Speicher nach dem LIFO-Prinzip (*LIFO last in/first out*); meist als Teil des Hauptspeichers. Der S. wird über ein Adreßregister definiert, das meist Bestandteil des Prozessors ist. Auch Mikroprozessoren verfügen über dieses Adreßregister, das als Stapelzeiger (*stack pointer*, Stapelanzeiger) bezeichnet wird. Bei Einschreiben von Informationen in den S. wird der Stand des Stapelzeigers erniedrigt (dekrementiert) und beim Auslesen erhöht (inkrementiert), so daß er immer den Speicherplatz angibt, auf dem die letzte Operation stattfand. Der S. dient als Datenspeicher (Datenkeller), wozu eigene Stapelbefehle definiert sind, zum Speichern von Rückkehradressen und Registerinhalten beim Aufruf von Unterprogrammen und bei Programmunterbrechungen. Das LIFO-Prinzip sorgt für einen einwandfreien

```
Programmbeispiel
     BEF
     CALL  U1 ──1
A1   BEF      ──2
     CALL  U2 ──4
A3   BEF      ──5

U2   BEF
     CALL  U1 ──6
A2   BEF
     RET      ──8

U1   BEF
     RET      ──3,7
     BEF
     RET

BEF   beliebiger Befehl oder Befehle
CALL  Aufruf eines Unterprogramms
RET   Rücksprung aus Unterprogramm
```

Belegung des Stapel

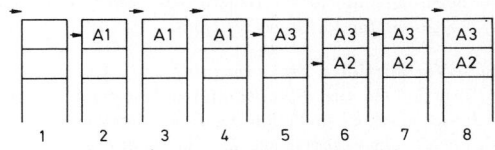

		A1	A1	A1	A3	A3	A3
				A2	A2	A2	A2
1	2	3	4	5	6	7	8

Der Pfeil gibt die Stellung des Stapel-Zeigers an. Im Beispiel wurden symbolische Adressen verwendet, in der Praxis sind es absolute Adressen

Stapel

Ablauf beim Verschachteln (*nesting*) von Unterprogrammen und Programmunterbrechungen (Bild). [1]. We

Stapelanzeiger → Stapel. We

Stapelbetrieb → Stapelverarbeitung. We

Stapelkondensator → Vielschichtkondensator. Ge

Stapelspeicher → Stapel. We

Stapelverarbeitung *(batch processing)*, Stapelbetrieb. Betrieb eines Rechensystems, bei dem eine Aufgabe aus einer Reihe von Aufgaben vollständig gestellt sein muß, bevor mit ihrer Abwicklung begonnen werden kann, und die Aufgabe vollständig abgewickelt werden muß, bevor eine neue Aufgabe aus derselben Menge gestellt werden kann (DIN 44 300). Die Stapelverarbeitung eignet sich vor allem für Aufgaben, die nicht zeitkritisch sind. Der Bediener hat während der Abarbeitung keinen Einfluß auf die Datenverarbeitungsanlage. [1]. We

Starkstrom *(power current)*. S. ist eine ältere Bezeichnung für den Strom in Anlagen der elektrischen Energietechnik. [11]. Ku

Starkstromkondensator *(power capacitor)*. Kondensator für die Anwendung in der Starkstromtechnik und Energieelektronik. Meistens verlustarme, selbstheilende Kunststoffolien- oder Metallpapierkondensatoren, die sich durch hohe thermische Stabilität auszeichnen. Einsatz z. B. als Kommutierungskondensator in Hochleistungswechselrichtern, als Phasenschieberkondensatoren oder als Schwingkreiskondensatoren bei der induktiven Wärmeerzeugung. [4]. Ge

Starkstromleitung *(power line)*. Die S. ist eine Leitung zur Übertragung elektrischer Energie (→ Drehstromleitung).
Ku

Starkstromrelais *(power type relay)*. Relais für die Starkstromtechnik, das sich durch hohe Kontaktbelastbarkeit sowie durch hochwertige Isolation zwischen Erreger- und Kontaktkreis auszeichnet. Für das Schalten sehr großer Leistungen am Netz werden Schaltschütze eingesetzt. [4].
Ge

Starkstromtechnik *(power engineering)*. Veraltete Bezeichnung für elektrische Energietechnik. [3].
Ku

Start-Stop-Betrieb *(start-stop-operation)*. Verfahren zur Gleichlaufregelung zwischen Sender und Empfänger bei Übertragung von Zeichen über Datennetze mit Durchschaltevermittlung. Der Synchronismus wird durch den Startschritt nur für die Dauer eines Zeichens (i. a. 5 Bit) hergestellt (anisochroner Bitstrom). [1], [19].
Kü/We

State-Variable-Filter *(state-variable-filter)*. Unter diesem Begriff faßt man Filterstrukturen zusammen, die man durch direkte Simulation der Zustandsgrößen *(state variable)* eines gegebenen LC-Filternetzwerks gewinnt. Durch Anwendung der bekannten Verfahren gewinnt man aus der Differentialgleichung des Systems oder aus dem Übertragungsfaktor die Zustandsgleichungen. Für diese ergibt sich eine charakteristische Form des Signalflußgraphen, der immer durch Summierer, Multiplizierer und Integratoren simuliert werden kann. Gegenüber anderen Verfahren der direkten Simulation von Netzwerkgleichungen (→ Leapfrog-Filter) bieten die S. keine Vorteile, so daß ihre praktische Bedeutung relativ gering ist. [14], [15].
Rü

stationär *(stationary)*. Zustand, bei dem sich bestimmte physikalische Größen zeitlich nicht ändern (→ Feld, stationäres). [5].
Rü

Statistik *(statistics)*. Theorie zur Beschreibung thermodynamischer Vielteilchensysteme. Auf der Grundlage der klassischen Mechanik erhält man die Maxwell-Boltzmann-S., auf der Grundlage der Quantentheorie erhält man für Teilchen mit ganzzahligem Spin (d. h. Spin 0 oder 1) die Bose-Einstein-S. und für Teilchen mit Spin 1/2 die Fermi-Dirac-S. Die Fermi-Dirac-S. ist Grundlage zum Verständnis der Wirkungsweise von Halbleiterbauelementen. [5].
Bl

Stator *(stator)*, Ständer. Der S. ist der feststehende Teil eines elektrischen Motors oder Generators. Er setzt sich aus dem Motorgehäuse, Statorblechpaket (kurz auch Statorpaket genannt), Lagerschildern und den Befestigungsmöglichkeiten des Motors zusammen. Ein evtl. vorhandener Bürstenapparat zählt ebenfalls zum S. Zur besseren Wärmeabgabe ist das Gehäuse meistens gerippt. [3].
Ku

Statorpaket *(stator lamination)*. Das S. ist der magnetisch aktive Eisenkreis des Stators. Es trägt bei Gleichstrommaschinen auf Polen die Erregerwicklung; bei Drehfeldmaschinen ist eine Drehstromwicklung in das S. eingebettet. Das S. ist aus einzelnen gegeneinander isolierten Dynamoblechen aufgebaut (geblecht), um die Wirbelstromverluste kleinzuhalten und bessere dynamische Eigenschaften zu erzielen (z. B. bei Feldumkehr). [3].
Ku

Stecker → Steckverbinder.
Ge

Steckverbinder *(plug connector)*. S. dienen zum gleichzeitigen Öffnen und Schließen einer größeren Anzahl von elektrisch leitenden Verbindungen ohne zusätzliches Werkzeug. Sie eignen sich für eine Vielzahl von Betätigungen und arbeiten mit unterschiedlichen Kontaktelementen: 1. S. mit starren Stiften (oder nach der Form der Kontaktelemente: Messern) und federnden Kontaktfedern (→ Buchse). Diese dienen z. B. zur Verbindung von Baugruppen mit der nächstgrößeren Geräteeinheit. Anwendung auch als Kabelstecker. Sie bestehen aus der die Kontaktstifte tragenden Stiftleiste (oder Messerleiste) und der die Kontaktfedern tragenden Federleiste. 2. S. mit federnden Stiften bzw. Messern und starren Buchsen: weitverbreitet für Labor- und Versuchszwecke als Bananen- und Büschelstecker. [4].
Ge

Steckverbinder, direkter *(direct plug connector)*. Steckverbinder für Leiterplatten, wobei ein Plattenende die Funktion der Messerleiste übernimmt. Die Plattenoberfläche trägt die Kontaktlamellen, die in einem Arbeitsgang mit den Leiterbahnen hergestellt werden. [4].
Ge

Steckverbinder, indirekter *(indirect plug connector)*. Steckverbinder für Leiterplatten. Dabei wird eine Steckerleiste (z. B. Messerleiste) seitlich an der Leiterplatte angesetzt. Gegenüber dem direkten Steckverbinder zeichnen sich die indirekten durch bessere Reparatur- und Austauschmöglichkeit aus. [4].
Ge

Stefan-Boltzmannsches Gesetz *(Stefan-Boltzmann law)*. Im Strahlungsgleichgewicht ist die Gesamtstrahlungsintensität S (die Flächendichte der Strahlungsleistung integriert über alle Wellenlängen) der vierten Potenz der Kelvin-Temperatur T proportional $S = \sigma \cdot T^4$, mit $\sigma = 5{,}8 \cdot 10^{-2}$ $Wm^{-2} K^{-4}$. [5].
Bl

Steghohlleiter *(ridged waveguide)*. Vielfach besteht die Notwendigkeit, die kritische Frequenz eines Hohlleiters bei gleichbleibenden äußeren Dimensionen herabzusetzen, um ihn bei niedrigeren Frequenzen benutzen zu können. Durch Einbringen leitender Längsstege in die Zone stärkster elektrischer Feldstärke läßt sich f_k wesentlich herabsetzen. Der Effekt wird auch durch Einsetzen dielektrischer Längsstege erreicht. Das Einbringen von Querstegen in kleinen regelmäßigen Abständen verringert die Phasengeschwindigkeit. [8].
Th

Stehwellenfaktor *(standing wave factor)*, Anpassungsfaktor. Der S. beschreibt die Anpassung eines Lastwiderstandes an eine Hochfrequenzleitung. Der S. errechnet sich aus

$$m = \frac{U_{min}}{U_{max}} = \frac{I_{min}}{I_{max}},$$

wobei U_{min} und U_{max} die auf der Leitung im Abstand $\lambda/4$ auftretenden Spannungen, bzw. I_{max} und I_{min} die im Abstand $\lambda/4$ auftretenden Ströme sind. [8].
Th

Stehwellenverhältnis *(voltage standing wave ratio, VSWR)*, Welligkeitsfaktor. Auf einer Leitung, die am Ende nicht mit ihrem Wellenwiderstand abgeschlossen ist, überlagern sich die vom Generator zur Last hin laufende und die an der Last reflektierte elektromagnetische Welle zu einer stehenden Welle, die durch Spannungsmaxima U_{max} und Spannungsminima U_{min} entlang der Leitung gekennzeichnet ist. Das S. ist definiert zu $s = U_{max}/U_{min}$. Es kann Werte zwischen 1 und ∞ annehmen; bei Anpassung ist s = 1. Häufig wird auch der Anpassungsfaktor m = 1/s benutzt. [14]. Ge

Steigzeit → Anstiegszeit. We

Steilheit *(slope)*. Allgemein die Steigung einer Kennlinie bei aktiven Bauelementen. Speziell: 1. S. einer Elektronenröhre (*mutual conductance*) → Barkhausen-Beziehung; 2. S. eines Transistors: Kurzschluß-Rückwärtssteilheit, Kurzschluß-Vorwärtssteilheit (→ Transistorkenngrößen). [4]. Rü

Stellantrieb *(servo drive)*. Der S. dient der mechanischen Verstellung von Wegen, Winkeln, Querschnitten. Er beinhaltet alle erforderlichen Komponenten wie Motor, Stellglied, Steuerung, Überwachung. Stellantriebe werden z. B. eingesetzt bei der Walzenanstellung in Walzwerken, bei der Steuerung von Schiebern und Ventilen, bei numerisch gesteuerten Maschinen. [18]. Ku

Stellendistanz → Hamming-Abstand. Li

Stellenmaschine *(digit computer)*. Datenverarbeitungsanlage, deren Speicherzelle eine Dezimalstelle aufnimmt. Während das Mikroprogramm mit den einzelnen Stellen arbeitet, werden im Anwenderprogramm Dezimalzahlen, meist von variablem Format, gebildet. [1]. We

Stellenwertsystem *(denominational number system)*, polyadisches Zahlensystem, B-adisches Zahlensystem. In einem S. kann eine Zahl Z durch eine der folgenden drei Formen dargestellt werden:

$Z_B = z_n \, z_{n-1} \, z_{n-2} \ldots z_1 \, z_0 \, z_{-1} \ldots z_{-m}$;

$Z_B = z_n \, B^n + z_{n-1} \, B^{n-1} + \ldots + z_0 \, B^0 + z_{-1} \, B^{-1}$
$+ \ldots z_{-m} \, B^{-m}$;

$Z = \sum_{i=-m}^{n} z_i \, B^i$, mit $0 \leq z_i \leq B - 1$,

wobei Z Ziffer, B Basis, n Anzahl der Ziffern im geradzahligen Anteil der Zahl Z, m Anzahl der Ziffern im gebrochenen Anteil der Zahl Z sind. Häufig benutzte Stellenwertsysteme sind das Dualsystem (B = 2), das Oktalsystem (B = 8), das Dezimalsystem (B = 10) und das Sedezimalsystem (B = 16). [9]. We/Li

Stellglied *(actuator)*. Das S. ist ein wesentliches Element in einem Regelkreis bzw. in einer Steuerkette, da es eine Verstellung der Stellgröße (Leistungsseite) mittels leistungsschwacher Steuersignale gestattet. Das S. entspricht einem Leistungsverstärker. [18]. Ku

Stellgröße *(actuating variable)*. Die S. ist das Ausgangssignal des Stellgliedes und dient der gezielten Beeinflussung der Steuer- bzw. Regelgröße über die Steuer- bzw. Regelstrecke. [18]. Ku

Stellmotor *(servo motor)*, Servomotor: Der S. ist ein elektrischer Motor kleiner Leistung, der auch im Ruhezustand (Stillstand) ein Drehmoment abgeben kann. [3]. Ku

Stelltransformator *(variable-ratio transformer)*. Der S. ist ein Transformator, dessen Ausgangsspannung (Sekundärspannung) kontinuierlich oder in Stufen verstellt werden kann. Meist ist der S. in Sparschaltung ausgeführt (Verzicht auf eine separate Sekundärwicklung), wobei die Ausgangsspannung direkt von der Primärwicklung mittels eines Schleifers oder Rollkontakts abgegriffen wird. [3]. Ku

Step-and-Repeat-Kamera *(step-and-repeat-camera)*. Die S. ist eine Spezialkamera, mit der bei der Herstellung integrierter Halbleiterschaltungen oder Einzelhalbleiterbauelementen (z. B. Diode, Transistor in Planartechnik) ein letzter Verkleinerungsschritt und gleichzeitig eine Vervielfachung der vorliegenden Photomaske durchgeführt wird. Die Erstellung der Maske erfolgt nach ausgearbeiteten Schaltbildern der späteren integrierten Schaltung (→ Photolithographie). Die Kamera verkleinert 10fach: Eine 2 cm × 2 cm große Vorlage wird auf 2 mm × 2 mm reduziert. Während des Verkleinerungsvorganges stehen Kamera und Vorlage fest, die darunterliegende Photoplatte wird stetig oder schrittartig transportiert (Positionierungsfehler: 0,25 μm auf 100 mm). Etwa 10 Verkleinerungen werden zur Herstellung von LSI-Masken (*LSI large scale integration*) gleichzeitig durchgeführt. [4], [7]. Fl

Step-Recovery-Diode → Varaktor. Ne

Steradiant *(steradian)*. Ergänzende SI-Einheit für den räumlichen Winkel (Zeichen: sr), (DIN 1315). *Definition:* Der S. ist der räumliche Winkel, dessen Scheitelpunkt im Mittelpunkt einer Kugel liegt und der aus der Kugeloberfläche eine Fläche gleich der eines Quadrats von der Seitenlänge des Kugelradius ausschneidet. [5]. Rü

Sterba-Antenne → Dipollinie. Ge

Stereodecoder *(stereo decoder)*. Der S. muß das im Sender codierte Stereosignal nach der FM-Demodulation (FM, Frequenzmodulation) wieder in die Links- und Rechtsinformation trennen. Der S. wird durch den mit ausgesendeten 19-kHz-Pilotton gesteuert. Üblich ist der Matrixdecodierer, der in einigen Fällen zur Regenerierung des Stereohilfsträgers mit einer PLL (*phase-locked-loop*) arbeitet. [13], [14]. Th

Stereofernsehen *(stereo television)*. S. soll dem Fernsehteilnehmer den Eindruck räumlicher Bilder von bewegten Szenen und Schallereignisse mit Richtungsinformationen (→ Stereofonie) vermitteln. 1. Verfahren zur Erzeugung räumlicher Bilder: a) Mit Hilfe z. B. einer Polarisationsbrille sieht der Zuschauer dreidimensionale Bilder auf der Bildschirmfläche, wenn vom Fernsehsender für jede Szene zwei Bilder ausgestrahlt werden. Jedes Bild ist einem anderen Auge zugeordnet, die Bilder unterscheiden sich hinsichtlich ihres Polarisationszustandes. b) Es werden zwei Bilder ausgestrahlt, die durch streifenweises Abdecken nur immer für ein Auge sichtbar sind. Der Betrachter darf von einer vorgeschriebenen Stellung des Augenpaares nicht abweichen. c) Vom Sender werden Hologramme ausgestrahlt (Bandbreite des Übertragungskanals etwa 10^{11} Hz). Die Ausstrahlung erfolgt mit Hilfe von Laserstrahlen, die über Lichtwellenleiter übertragen werden. Ein phototropischer Bildschirm (→ Phototropie) mit Speichereffekt erzeugt Bilder, die mit Hilfe eines Ultraviolettstrahles anschließend sofort gelöscht werden. 2. Verfahren zum räumlichen Hören: a) der Fernsehsender wird synchron mit Stereorundfunksendern gekoppelt. Mit Hilfe eines vorhandenen Stereorundfunkempfängers erhält der Fernsehteilnehmer die Schallinformationen getrennt vom Fernsehempfänger. Zuschauer ohne Stereoempfangseinrichtung empfangen monophone Schallinformationen vom üblichen Fernsehtonsender. b) Mit Hilfe eines speziellen Hochfrequenzübertragungsverfahrens wird entweder ein Tonträger mit den Informationen des rechten und linken Kanals moduliert oder es werden zwei getrennte Tonträger ausgestrahlt. Bei beiden Verfahren erfolgt die Ausstrahlung wie bisher gemeinsam mit den Bildsignalen. Der Fernsehempfänger benötigt zur Wiedergewinnung der stereophonen Informationen zusätzliche Einrichtungen, die eine Verarbeitung des entsprechenden Verfahrens ermöglichen. [13], [14].

Fl

Stereophonie *(stereophonic sound)*. Bezeichnung für eine zweikanalige elektroakustische Übertragung, bei der die jedem Ohr zugeordneten Schalleindrücke durch je einen Kanal übertragen werden und am Empfangsort die Zuordnung wiederhergestellt wird. Eine sehr realistische Übertragung ist mit der Kunstkopf-S. möglich, wobei die Mikrophone in einem Kunstkopf an der Stelle der Trommelfelle in nachgebildeten Ohren sitzen. Wiedergabe ist jedoch nur über Kopfhörer sinnvoll. [14].

Th

Stereoquadrophonie *(stereophonic quadro sound)*. Üblich ist die Abkürzung SQ. Hierbei werden die vier Übertragungskanäle, also zwei mehr als in der heute üblichen Stereotechnik, mit einem Codierer auf zwei Stereokanäle reduziert. Zur vierkanaligen Wiedergabe müssen mit einem SQ-Decoder die Stereokanäle wieder in vier Einzelkanäle getrennt werden. [14].

Th

Stereovorverstärker *(stereo preamplifier)*. Der S. ist im allgemeinen ein Verstärker ohne Leistungsteil für einen Stereokanal. Er kann Entzerrerverstärker für dynamische Schallplattentonabnehmersysteme besitzen. Oft sind Frequenzgangkorrekturmöglichkeiten, abschaltbare gehörrichtige Lautstärkeeinstellung sowie Rausch- und Rumpelfilter vorgesehen. Die Ausgangsstufe läßt den Anschluß längerer Kabel zwischen dem S. und einem Leistungsverstärker zu. [13], [14].

Th

Stern-Dreieck-Umwandlung *(star-delta-conversion)*. Eine Netzwerkäquivalenz, die es gestattet, eine Sternschaltung in eine Dreieckschaltung äquivalent umzurechnen. Die umgekehrte Umwandlung heißt Dreieck-Stern-Umwandlung.

Stern-Dreieck-Umwandlung (Bild):

$$R'_1 = \frac{R^2}{R_1}, R'_2 = \frac{R^2}{R_2}, R'_3 = \frac{R^2}{R_3},$$

mit $R^2 = R_1 R_2 + R_1 R_3 + R_2 R_3$.

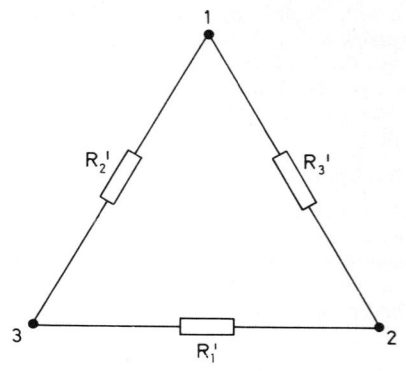

Stern-Dreieck-Umwandlung

Dreieck-Stern-Umwandlung (Bild):

$$R_1 = \frac{R'_2 R'_3}{R'}, R_2 = \frac{R'_1 R'_3}{R'}, R_3 = \frac{R'_1 R'_2}{R'},$$

mit $R' = R'_1 + R'_2 + R'_3$. [15].

Rü

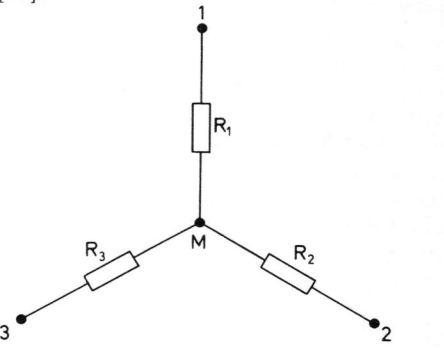

Dreieck-Stern-Umwandlung

Sternmodulator → Ringmodulator.

Th

Sternnetz *(star network)*. Nachrichtennetz, in dem mehrere Knoten (→ Vermittlungsstellen) derselben Rangordnung mit einem gemeinsam zugeordneten Knoten der höheren Rangordnung direkt durch ein Leitungsbündel verbunden sind. Die Sternnetzstruktur ist grundlegend für den Aufbau hierarchischer Netze. [19].

Kü

Sternpunktleiter *(neutral conductor)* → Nulleiter.

Ku

Sternschaltung *(star-connection)*. Die Einzelspannungen eines Mehrphasensystems können in Reihe geschaltet (Polygonschaltung, Dreieckschaltung) oder in einem Punkt miteinander verbunden werden, was die S. ergibt (Bild). Der Verbindungspunkt ist der Sternpunkt, der bei Erzeugersystemen z.B. in Niederspannungsnetzen oder bei Stromrichtern in Mittelpunktschaltung durch

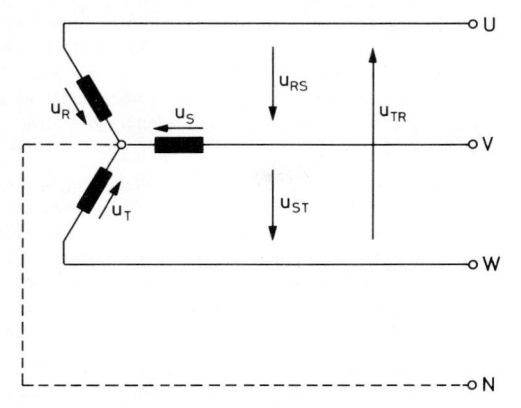

Sternschaltung

den Stern- oder Mittelpunktleiter N (→ Nulleiter) mitgeführt wird. Auch Verbraucher können in S. angeordnet sein. [11]. Ku

Sternspannung → Phasenspannung. Ne

Sternvierer *(star quad)*. Es handelt sich um ein Fernsprechkabel, bei dem vier auf den Ecken eines Quadrats laufende Adern miteinander verseilt sind. Je zwei gegenüberliegende Adern bilden die beiden Stämme. Der S. ermöglicht günstigste Raumausnutzung beim Aufbau eines Fernsprechkabels. [14]. Th

Steueranschluß *(gate)*. Anschluß, an dem sich der Thyristor bzw. das Triac vom hochohmigen in den niederohmigen Zustand schalten (zünden) läßt. [4]. Li

Steuerbarkeit *(controllability)*. Ein System ist steuerbar, wenn es sich von einem Anfangszustand mit Hilfe einer geeigneten Steuerfunktion in endlicher Zeit in einen beliebigen Endzustand bringen läßt. Die S. läßt sich mathematisch bei linearen Systemen durch bestimmte Eigenschaften der systembeschreibenden Gleichungen ausdrücken. [18]. Ku

Steuereinheit *(control unit)* → Steuersystem. Punkt 1. We

Steuereinrichtung *(control unit)*. Einrichtung innerhalb eines Vermittlungssystems zum Aufbau, zur Überwachung oder zum Auslösen von Nachrichtenverbindungen. Steuereinrichtungen können verbindungsbezogen zugeteilt sein. Steuereinrichtungen sind über Steuerleitungen mit der Peripherie des Vermittlungssystems zur Aufnahme von Steuerinformationen fest oder wahlweise verbunden. Typische Steuereinrichtungen sind Zentralsteuerwerke, Register und Markierer. [19]. Kü

Steuerelektrode → Gate. Ne

Steuergitter *(control grid)*. Bei Elektronenröhren das Gitter, das den Elektronenstrom steuert. An das S. wird in der Regel das zu verstärkende Eingangssignal angelegt. [4]. Li

Steuerinformation *(control information)*, Vermittlungstechnische Information. Zum Aufbau oder Auslösen von Nachrichtenverbindungen sowie zur Erfüllung zusätzlicher Betriebsmerkmale erforderliche Information. Steuerinformationen werden zwischen Endstelle und Vermittlungsstelle, zwischen Vermittlungsstellen, sowie zwischen einzelnen Steuerungseinrichtungen innerhalb von Vermittlungsstellen ausgetauscht. Die Art und Weise des Steuerinformationsaustausches heißt Signalisierung. [19]. Kü

Steuerkennlinie *(control characteristic)*. Kennlinie, die die Abhängigkeit der Ausgangsgröße von der Eingangsgröße wiedergibt. Z. B. beim Bipolartransistor in Emitterschaltung: Die Kennlinie, die die Abhängigkeit des Kollektorstroms von der Basis-Emitterspannung wiedergibt ($I_C = f(U_{BE})$). [4], [6]. Li

Steuerkette *(open loop control)* → Steuerung. Ku

Steuerleitung *(control wire)*. Übertragungsweg für Steuerinformationen zwischen Peripherie und Steuereinrichtung innerhalb von Vermittlungssystemen. Mehradrige Steuerleitungen, die von mehreren Einrichtungen genutzt werden, heißen Busleitung. [19]. Kü

Steuerleistung *(driving power)*. Da Verstärkerelemente meist nicht mit reiner Spannungs- oder Stromsteuerung betrieben werden können, benötigen sie eine (wenn auch geringe) S. als Produkt aus Steuerspannung und Steuerstrom. [4]. Rü

Steueroszillator *(control oscillator)*. 1. Der S. ist eine elektronische Schaltung zur Schwingungserzeugung, deren Ausgangswechselspannung mit festgelegter Frequenz die Steuerung einer oder mehrerer Folgeschaltungen übernimmt (häufig auch Hilfsoszillator genannt). Beispiel: Beim Zerhackermeßverstärker schaltet ein S. z. B. elektronische Schalter, um aus Meßgleichspannungen rechteckförmige Wechselspannungen zu erzeugen. Mit Hilfe einer vom gleichen S. getakteten Gleichrichterschaltung steht am Verstärkerausgang wieder eine Gleichspannung zur Verfügung. 2. In Oberwellengeneratoren erzeugt ein S. Spannungen relativ niedriger Frequenz (etwa 400 MHz). Mit Hilfe nachgeschalteter Kreise zur Frequenzvervielfachung entsteht ein Mikrowellengenerator mit Ausgangsfrequenzwerten von etwa 9 GHz. 3. Die Schaltung zur Schwingungserzeugung in Steuersendern, den eigentlichen Hochfrequenzgeneratoren von Sendern, wird vielfach als S. bezeichnet. Sie sind in vielen Fällen als Quarzgenerator mit Grundwellen- oder Oberwellenerregung aufgebaut. 4. Häufig werden Normalfrequenzen aus einem einzigen Schwingquarz durch Teilung und Bildung von Pulsen mit nachgeschalteten Filtern abgeleitet. Die Einrichtung wird als S. bezeichnet. [8], [12], [13], [14]. Fl

Steuerpaket *(control packet)*. Nachrichtenblock in Datennetzen mit Paketvermittlung, der nur Steuerinformationen enthält. [19]. Kü

Steuerquarz *(oscillator crystal)*. Quarz, der in einer Oszillatorschaltung zur Konstanthaltung der Frequenz eingesetzt wird. [4]. Rü

Steuersignal *(control signal)*. Am Steuereingang eines steuerbaren Bauelements bzw. eines gesteuerten Geräts anliegendes Signal. [4], [6]. Li

Steuerspannung *(control voltage).* Spannung, die einer gesteuerten Quelle als Steuergröße dient (→ Quellen, gesteuerte). Es gibt die spannungsgesteuerte Spannungs- und Stromquelle. Da die Verstärkerelemente als gesteuerte Quellen aufgefaßt werden können, ist die S. in diesem speziellen Fall die Signalspannung am Verstärkereingang. [15]. Rü

Steuerstrecke *(controlled system).* Die S. einer Steuerung entspricht der Regelstrecke in einem Regelkreis. Sie ist durch das technische System vorgegeben. In der S. erfolgt die gewünschte Beeinflussung der Steuergröße. [18]. Ku

Steuerstrom *(control current).* Strom, der einer gesteuerten Quelle als Steuergröße dient (→ Quellen, gesteuerte). Es gibt die stromgesteuerte Spannungs- und Stromquelle. Da die Verstärkerelemente als gesteuerte Quellen aufgefaßt werden können, ist der S. in diesem speziellen Fall der Signalstrom, der in den Verstärkereingang fließt. [15]. Rü

Steuersystem. *1. (control system, control unit),* Steuereinheit. Gerät zur Steuerung des Datenverkehrs von einer Zentraleinheit zu den peripheren Geräten. Im Gegensatz zu den Kanälen sind die Steuersysteme für ein bestimmtes Gerät, z. B. Drucker, vorgesehen. *2. (IOCS, input-output control system),* Eingabe-Ausgabe-Steuerungs-System. Teil des Betriebssystems, der die Steuerung der Ein- und Ausgaben übernimmt. Die „benutzernahen" Abschnitte des Steuersystems werden als logisches S. *(logical IOCS),* die „maschinennahen" Abschnitte als physikalisches S. *(physical IOCS)* bezeichnet. [1]. We

Steuerumrichter *(cyclo convertor)* → Direktumrichter. Ku

Steuerung *(open loop control).* Die S. dient der gezielten Beeinflussung einer Steuergröße x durch eine Führungsgröße w. Wesentliches Merkmal einer S. ist der offene Wirkungsablauf (Steuerkette); d. h., die Steuergröße x wird nicht wie z. B. in einem Regelkreis rückgemeldet (Bild). Störgrößen z entlang der Steuerkette bewirken eine (bleibende) Abweichung der Steuergröße von der Führungsgröße w, wodurch die Verwendungsmöglichkeiten stark eingeschränkt werden. [13]. Ku

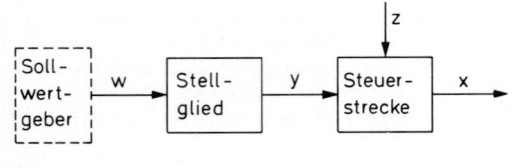

Steuerung

Steuerung, adaptive *(adaptive control).* Die adaptive S. paßt sich Parameteränderungen an, indem nicht die Parameter selbst, sondern die Größen erfaßt werden, die die Parameteränderungen hervorrufen. Der funktionelle Zusammenhang zwischen den Größen und den Parameteränderungen muß bekannt sein. [18]. Ku

Steuerung, automatische *(automatic control).* Steuerung, die ohne das Eingreifen des Menschen durchgeführt wird, um das erstrebte Ziel zu erreichen. Die automatische S. kann stets den gleichen Vorgang (festverdrahtet) oder aufgrund von Programmen verschiedenartige Vorgänge ausführen. [18]. We

Steuerung, digitale *(digital control).* Eine Steuerung, bei der nur endlich viele Steuerungsparameter ausgegeben werden können, z. B. die Betätigung von Schaltern, eine bestimmte Anzahl Impulse für einen Schrittmotor. Die digitale S. hat den Vorteil, leicht in Systeme zur digitalen Informationsverarbeitung einfügbar zu sein (→ Programmsteuerung). [18]. We

Steuerung, direkte *(step-by-step control).* Steuerungsverfahren in Vermittlungssystemen, bei dem die vom rufenden Teilnehmer für den Verbindungsaufbau eingegebene Information jeweils einen Teil der Koppeleinrichtung unmittelbar (schritthaltend) einstellt. Vermittlungssysteme dieser Art heißen auch direkt gesteuerte Systeme oder Direktwahlsysteme. Beispiel: Edelmetall-Motor-Drehwähler (EMD)-System innerhalb der Ortsnetze. [19]. Kü

Steuerung, indirekte *(indirect control).* Steuerungsverfahren in Vermittlungssystemen, bei denen die vom rufenden Teilnehmer für den Verbindungsaufbau eingegebene Information zunächst teilweise oder vollständig zwischengespeichert wird. Das Einstellen der Koppeleinrichtungen erfolgt nach Auswertung dieser Informationen (nacheilender Verbindungsaufbau). Die Zeitdauer zwischen Ende des Wählens und Anschalten des Rufsignals heißt Rufverzug *(post-dialling delay).* Vermittlungssysteme dieser Art heißen auch indirekt gesteuerte Systeme. Beispiele: Wählsystem mit Registern oder Rechnersteuerung und Speicherprogrammierung. [19]. Kü

Steuerung, kontaktlose *(electronic control).* Steuerung, bei der die Schaltvorgänge kontaktlos, d. h. mit elektronischen Halbleiterbauelementen als Schalter durchgeführt werden. Der Begriff wird besonders auf die digitale Steuerung angewendet. Für die kontaktlosen Steuerungen wurden besondere Schaltungsfamilien entwickelt, z. B. die langsame störsichere Logik. [18]. We

Steuerung, numerische *(numerical control).* Die numerische S. wird hauptsächlich bei Werkzeugmaschinen und Handhabungsautomaten (Robotern) eingesetzt, wobei drei Steuerkonzepte unterschieden werden: Punkt-, Strecken- und Bahnsteuerung. Alle zur Bearbeitung eines Werkstückes erforderlichen Informationen (Steuerdaten) werden über Lochstreifen eingelesen oder von einem (übergeordneten) Rechner vorgegeben. Die einzelnen Funktionsschritte werden durch logische Verknüpfung (Programmsteuerung) der Steuerdaten mit wichtigen Prozeßdaten ermittelt und an die Stellglieder ausgegeben. Die freiprogrammierbare Programmsteuerung mittels Mikrocomputern (CNC-Steuerung, CNC *computerized numerical control*) kommt in jüngster Zeit zum Einsatz, wodurch die Zuverlässigkeit, Leistungsfähigkeit, Flexibilität und Wirtschaftlichkeit der numerischen S. weiter erhöht wird. [18]. Ku

Steuerung, optimale *(optimal control)*. Eine optimale S. liegt dann vor, wenn aus der Menge aller zulässigen Steuerungen, die ein System von einem bestimmten Anfangs- in einen bestimmten Endpunkt bringen, diejenige gefunden wird, die ein vorgegebenes Funktional, das von der Steuerung und den Zustandsgrößen des Systems abhängt, zu einem Minimum bzw. Maximum macht. [18]. Ku

Steuerung, speicherprogrammierte *(stored program control, SPC)*. Steuerungsverfahren innerhalb von Vermittlungssystemen, bei dem die Steuerungsaufgaben durch ein oder mehrere Steuereinrichtungen (Steuerwerke, Prozessoren) mit gespeichertem Programm durchgeführt werden. Vermittlungssysteme dieser Art heißen auch speicherprogrammgesteuertes System oder rechnergesteuertes System. [19]. Kü

Steuerungstechnik, numerische *(numerical control)* → Steuerung, numerische. Ku

Steuerwerk *(control unit)*. Funktionseinheit einer Datenverarbeitungsanlage, die die Abarbeitung der Befehle steuert. Das S. sorgt dafür, daß die Befehle nacheinander aus dem Speicher ausgelesen und im Befehlsregister abgestellt werden. Nach einer evtl. notwendigen Adreßmodifikation wird der Befehl entschlüsselt. Es werden die für die Ausführung des Befehls notwendigen Signale (Steuergrößen) gebildet, die für diesen Befehl typisch sind. Nach dem Errechnen der neuen Befehlsadresse beginnt das Auslesen des nächsten Befehls (→ Zentraleinheit). [1]. We

Steuerwinkel *(firing angle)*, Zündwinkel. Der S. α eines Stromrichters entspricht der Zeitspanne, um die der Zündzeitpunkt eines Stromrichterventils gegenüber dem frühest möglichen Zündzeitpunkt (natürlicher Zündzeitpunkt; positiver Nulldurchgang der Sperrspannung am Ventil) verzögert wird. Er wird in elektrischen Graden angegeben (→ Phasenanschnittsteuerung). [11]. Ku

Stiazähler *(mercury electricity meter)*, Quecksilber-Elektrizitätszähler (Stia, Schott Jena). Der S. ist ein Elektrolytzähler, der die elektrische Arbeit des Gleichstroms durch Elektrolyse über eine abgeschiedene Quecksilbermenge in Amperestunden (Ah) mißt. Der S. benötigt zur Funktion als Energiezähler eine konstante Betriebsspannung. [3], [12]. Fl

Stibitz-Code → Exzeß-3-Code. We

Stichkontaktierung *(stitch bonding)*. Thermokompressionsverfahren zum Verbinden von zwei oder mehreren Anschlußpunkten einer integrierten Schaltung. Hierbei wird der Kontaktierungsdraht durch eine Metalldüse gezogen, der Draht abgeknickt und bei erhöhter Temperatur auf die Kontaktierungsfläche gepreßt (Bild). [4]. Ne

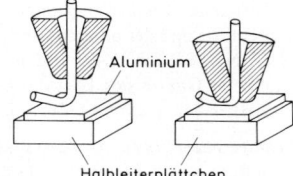

Stichprobe *(sample)*. Menge von Einheiten (z. B. Prüflingen), die aus einer Grundgesamtheit (z. B. einem Los) entnommen wird. [4]. Ge

Stichprobenprüfung *(sampling inspection)*. Güteprüfung aufgrund einer Stichprobenvorschrift, bei der nach den Ergebnissen einer Stichprobe die Gesamtheit beurteilt wird. [4]. Ge

Stichprobenverteilung *(sample distribution)*. Bei der Auswertung von Stichproben eine Funktion F_i aus der Häufigkeitsverteilung, bei der die summierten Häufigkeiten der einzelnen Klassen der Stichprobe dargestellt werden. Das Bild zeigt zwei verschiedene Stichprobenverteilungen: Im Beispiel A für eine konstante Häufigkeitsfunktion und im Beispiel B für eine Häufigkeitsfunktion mit

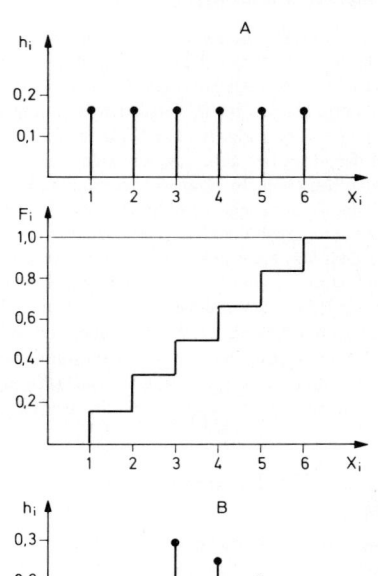

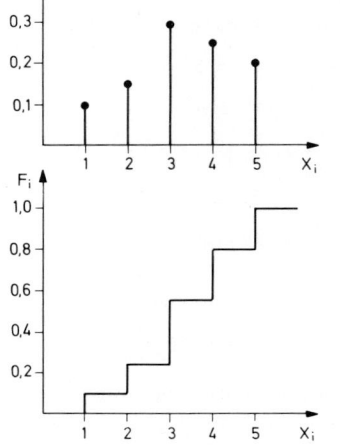

Stichkontaktierung

Stichprobenverteilung

Maximum, wie sie in der Technik häufig ist. Die S. darf gegen die Funktion F_i der Gesamtheit nur eine definierte maximale Abweichung haben. [4]. We

Stichprobenvorschrift → Stichprobenprüfung. Ge

Stichverfahren *(stitch oder scissors bonding)*. Thermokompressionsverfahren zum Drahtkontaktieren von Halbleitern und integrierten Schaltungen. Ein dünner Golddraht (etwa 25 μm Durchmesser) wird durch eine Wolframkarbidkapillare geführt und seitlich abgeknickt. Durch Erwärmen und anschließendes Pressen wird die mechanische Verbindung zwischen Golddraht und Kontaktstelle auf dem Chip (meist Aluminium) hergestellt. [5]. Ne

Stielstrahler *(dielectric rod radiator)*. Stabförmige oder rohrförmige (Rohrstrahler) Mikrowellenantenne aus dielektrischem Material, die vorwiegend in Richtung ihrer größten Längenausdehnung strahlt. Um Nebenzipfel und Reflexionen gering zu halten, verjüngt man den S. in der Abstrahlungsrichtung. S. weisen günstige Antennengewinne und Breitbandeigenschaften auf. [14]. Ge

Stiftgalvanometer *(pencil galvanometer)*. S. sind stabförmige, auswechselbare Drehspulmeßwerke für Lichtstrahloszillographen. Das bewegliche Organ besteht aus einer einfachen Drahtschleife, die in vertikaler Richtung an zwei Spannbändern befestigt ist. Die Schleife dreht sich, von Werten der Meßgröße abhängig, im Magnetfeld eines äußeren Dauermagneten. In einer weit verbreiteten Ausführung ist der Dauermagnet Bestandteil des Gehäuses (Bild). Eines der Spannbänder trägt einen winzigen Spiegel, auf den, von einer Beleuchtungseinrichtung ausgehend, Lichtstrahlen durch ein Fenster im Gehäuse gelenkt werden. Mit der Meßschleife dreht sich auch der Spiegel. Der Lichtstrahl wird reflektiert, über eine optische Einrichtung gelenkt und auf photoempfindlichem Registrierpapier als Lichtpunkt abgebildet. Die Dämpfung des Meßwerkes kann elektrodynamisch (Stromempfindlichkeit etwa 1000 mm/mA) oder über eine Ölfüllung (Stromempfindlichkeit etwa 30 mm/mA) erfolgen. Frequenzbereich des Stiftgalvanometers: abhängig von der Ausführungsform bis etwa 16 kHz. [12]. Fl

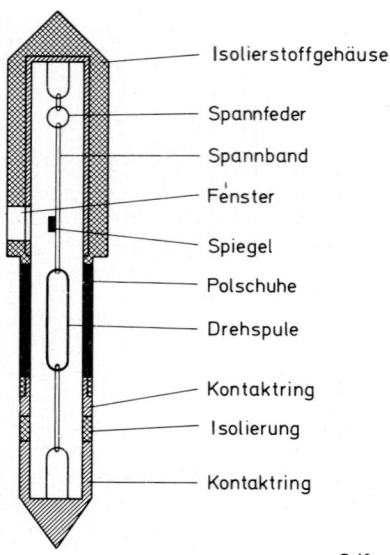

Stiftleiste → Steckverbinder. Ge

Stilb *(stilb)*. Außer Kraft gesetzte Einheit der Leuchtdichte (Zeichen sb), (DIN 5031/3):

$$1 \text{ sb} = 1 \frac{\text{cd}}{\text{cm}^2} = 10^4 \frac{\text{cd}}{\text{m}^2}$$

(cd candella). Weiter wurde früher das Apostilb verwendet (Zeichen asb):

$$1 \text{ asb} = \frac{1}{\pi} 10^{-4} \text{ sb}.$$

[5]. Rü

Stimmton → Kammerton. Fl

Stirnschleifen. Methode zum Einschleifen eines Halbleitereinkristallstabes auf Solldurchmesser. Hierbei wird der sich langsam drehende Halbleiterkristallstab an der Stirnseite eines rotierenden Schleifkörpers vorbeigeführt. [4]. Ne

Stitch-Kontaktierung → Stichverfahren. Ne

stochastisch *(stochastic)*. Mit s. bezeichnet man alle Vorgänge und Verfahren, bei denen der Zufall eine Rolle spielt.
Stochastische Vorgänge werden mathematisch mit Mitteln der Wahrscheinlichkeitstheorie beschrieben. Stochastische Prozesse beruhen auf einer so großen Anzahl von Ursachen, daß ein regelmäßiges Verhalten nur bei einer großen Anzahl von Vorgängen statistisch zu beobachten ist, nicht aber bei einem einzelnen Vorgang (Gegensatz: deterministischer Prozeß). Stochastische Prozesse spielen nicht nur in der Sozialwissenschaft eine Rolle, sondern auch in der Technik, z. B. beim Rauschen. [5]. We

Störabstand 1. Nachrichtenübertragungstechnik *(signal to noise (S/N) ratio):* Für einen beliebigen Punkt eines Übertragungssystems ergibt sich der S. S aus dem Nutz-Störleistungsverhältnis (P_s Nutzleistung; P_N Störleistung)

$$S = 10 \lg \frac{P_S}{P_N} \text{ dB}$$

$$= 10 \lg \frac{P_S}{P_0} \text{ dB} - 10 \lg \frac{P_N}{P_0} \text{ dB}$$

mit der Bezugsleistung $P_0 = 1$ mW (→ Pegel). Für den Weitverkehr sind für den S. vom CCITT entsprechende Empfehlungen festgelegt. Je nach der Forderung an die Qualität einer Nachrichtenübertragung ergeben sich verschiedene Werte für den S.: untere Grenze der Sprachverständlichkeit 10 dB; Musikwiedergabe guter Qualität 30 dB. Fernsehbild ausreichender Qualität 40 dB. [14]. Rü

2. Digitalelektronik *(noise margin):* a) H-Störabstand: Differenz zwischen der unteren Grenze des Ausgangs-H-Bereichs und der unteren Grenze des Eingangs-H-Bereichs (DIN 41859). b) L-Störabstand: Differenz zwischen der oberen Grenze des Eingangs-L-Bereichs und der oberen Grenze des Ausgangs-L-Bereichs (DIN 41859). [2]. Ne

Störbegrenzer *(noise limiter)*. Eine Begrenzerschaltung, die z. B. in einem Empfänger alle Störspitzen, deren Ampli-

Stiftgalvanometer

tude größer als die Spitzenspannung des Nutzsignals ist, abschneidet und damit die Empfangsqualität verbessert. [6], [8], [13]. Li

Störeffekte, dynamische *(dynamic disturbance effects)*, dynamische Hazards. 1. Dynamische S. sind flüchtige Störungen in kombinatorischen Schaltkreisen der Digitalelektronik. Dynamische S. liegen z. B. vor, wenn an einer digitalen Folgeschaltung beim erwünschten Übergang von einer Eingangsbelegung zu einer anderen Belegung (z. B. von 0 nach 1) der Zustandswechsel am Ausgang der Schaltung (z. B. von 1 nach 0) erst nach mehrfachem Wechsel von 1 nach 0 oder umgekehrt erfolgt. Dynamische S. können auch eine vollkommene Blockierung des Systems bewirken. Ursache dynamischer S. können z. B. das Auslösen nicht zulässiger Schaltzustände der Verknüpfungsschaltung oder einfallende Störimpulse sein. 2. Beispiele zur Vermeidung dynamischer S. beim Entwurf: a) Eingangssignale sollen nur wechseln, wenn das betrachtete System im Ruhezustand ist. b) Gleichzeitiger Wechsel mehrerer Zwischensignale in der Verknüpfungsschaltung darf nicht stattfinden. c) Mehrere Eingangssignale dürfen ebenfalls keine gleichzeitigen Wechsel durchführen. d) Das Auftreten instabiler Zustände muß verhindert werden. 3. Beispiele zur Vermeidung dynamischer S. in der Schaltung: a) Bei mehrstufig verknüpften statischen Gattern durch Aufbau einer Zusatzlogik; b) bei dynamisch arbeitenden Gattern entfallen S. dieser Art. c) Verwendung von Master-Slave-Flipflop. [2]. Fl

Störeinflüsse *(influence of noise)*. Jeder Übertragungskanal unterliegt verschiedenen Störeinflüssen, die unerwünschte Störsignale hervorrufen. Man unterscheidet: 1. äußere S.: Funkstörungen, atmosphärische Störungen, Störungen durch Starkstromleitungen, Impulsstörungen, Nebensprechen, 2. systemeigene S.: Dämpfung, Verzerrung, Bandbegrenzung, Laufzeiten, Rauschstörung, Intermodulation, Netzbrumm. [14]. Rü

Störfrequenz *(interfering frequency)*. Im Gegensatz zur Frequenz des Nutzsignals die Frequenz eines durch nichtlineare Verzerrung oder durch Nachbarkanäle hervorgerufenen Störsignals. Für die bei einer Modulation auftretenden Störsignale definiert man die S. als $f_{St} = f_{Tn} - f_{TSt}$, wobei f_{Tn} die Frequenz des Nutzträgers und f_{TSt} die Frequenz des Störträgers ist. [14]. Rü

Störfunktion *(perturbation function)*. Die in einer allgemeinen linearen Differentialgleichung (von z. B. zweiter Ordnung)

$$a_0(x) y'' + a_1(x) y' + a_2(x) y = f(x)$$

auftretende Funktion f(x) (DIN 1311/2). In der Schwingungsdifferentialgleichung tritt f(x) als S. mit der Kreisfrequenz ω in Erscheinung und bewirkt das Entstehen erzwungener Schwingungen. [5]. Rü

Störgeräusch *(disturbing noise)*. Das S. entsteht bei der Übertragung einer Nachricht im Übertragungskanal und verschlechtert den Störabstand des Nutzsignals zum S. Das S. kann sich in der vielfältigsten Art bemerkbar machen wie z. B. Brummen, Rauschen, Knack- und Prasselstörungen, Pfeifstörungen durch mangelhafte Vorselektion in Empfängern (→ Empfänger), durch Kreuzmodulation oder Überlagerung mit benachbarten Sendern. [14]. Th

Störgröße *(disturbance variable)*. Störgrößen sind in Steuerungen und Regelungen von außen wirkende Größen, die die beabsichtigte Beeinflussung in einer Steuerung und Regelung beeinträchtigen. Im Falle einer Steuerung rufen Störgrößen Fehler hervor, die in einer Regelung bemerkt und ausgeglichen werden. [18]. Ku

Störgrößenaufschaltung *(disturbance variable feed forward)*. Die S. ist in einem Regelkreis die Korrektur des Stellgliedes durch meßbare Störgrößen, wobei der Regler nicht beteiligt wird. Man erhält dadurch ein besseres Störverhalten des Regelkreises, da nicht erst eine Regelabweichung abgewartet werden muß, auf die dann der Regler reagiert. [18]. Ku

Störimpuls *(noise peak)*. Ein impulsförmiges Störsignal, das durch kapazitive oder induktive Kopplung von Schaltungsteilen bzw. Leitungen in Verbindungen mit impulsartigen Stromänderungen beim Schalten von Baugruppen auftritt. [2], [8], [13]. Li

Störinformationsentropie *(prevarication)*, Irrelevanz. Der Teil einer Nachricht am Empfänger, der mit der gesendeten Nachricht keinen Zusammenhang hat, sondern nur aus Störungen am Übertragungskanal entstanden ist. [14]. We

Störleistung → Rauschleistung. Rü

Störleistungsdämpfungsmaß. Der Abstand zwischen Signalleistungspegel und Störleistungspegel (→ Pegel). Das S. ist das Dämpfungsmaß aus dem Störleistungsverhältnis (DIN 40148/3):

$$\frac{1}{2} \ln \frac{P_S}{P_N} N_p = 10 \lg \frac{P_S}{P_N} dB.$$

(P_S Signalleistung; P_N Störleistung) [14]. Rü

Störleistungsverhältnis *(noise power ratio; NPR)*. Das Verhältnis der gesamten Störleistung P_N (→ Rauschleistung) zur Signalleistung P_s (→ Nutzleistung) (DIN 40148/3). [14]. Rü

Störresonanzen *(spurious resonances)*. Neben der technisch genutzten Resonanz treten bei verschiedenen Resonatoren oft mehrere S., die nicht harmonisch zur Hauptresonanzstelle liegen, auf. Durch Unregelmäßigkeiten des kristallinen Aufbaus zeigen Quarze häufig S.; man kann sie im Ersatzbild durch Anbringen weiterer parallelliegender Reihenschwingkreise berücksichtigen. [4]. Rü

Störschwelle *(noise margin)*. Maß für das zuverlässige Funktionieren digitaler Schaltungen. Die S. (in mV) ist die höchstzulässige Störspannung, die den Zustand der Schaltung (L oder H) gerade noch nicht ändert. [2]. Rü

Störsicherheit *(noise immunity)*. Die Unempfindlichkeit von Schaltungen und Geräten gegenüber Störsignalen. Insbesondere digitale Schaltungen sind gegen hochfrequente Störimpulse empfindlich. Hier müssen zur Erhöhung der S. Filter in die Spannungsversorgungsleitungen eingebaut und empfindliche Signalleitungen abgeschirmt werden. [2], [6], [8], [13]. Li

Störsignal *(noise)*. Bei der analogen oder digitalen Informationsverarbeitung und -übertragung ein das Nutzsignal störendes Signal; z. B. Rauschen, Nebensprechen, nichtlineare Verzerrungen, Funkenstörungen und atmosphärische Störungen. [2], [8], [13]. Li

Störspannung *(disturbing voltage)*. Störspannungen sind unerwünschte Spannungen, die in elektrischen Systemen unkontrolliert auftreten und häufig so gerichtet sind, daß sie den zu verarbeitenden Signalspannungen entgegen wirken. Entstehungsursachen von Störspannungen können sein: a) Äußere Einflüsse. Bekannt sind z. B. hochfrequente Störspannungen, die durch Zündfunken in Verbrennungsmotoren hervorgerufen werden und über Kabelstrecken, hochohmige Eingangswiderstände oder Antennen in Empfangsanlagen gelangen. b) Innere Einflüsse. Störspannungen dieser Art können durch mangelhafte Abschirmung von Baugruppen oder Leiterbahnführungen innerhalb des Gerätes auftreten. Typische Störspannungen entstehen durch ungenügende Siebung von Versorgungsspannungen aus dem Netzteil. Rauschen von Bauteilen innerhalb der Schaltung führt zu Störspannungen. Am wirksamsten werden Störspannungen an der Störquelle bekämpft, von denen sie ausgehen. In Daten- oder Nachrichtenübertragungssystemen unterscheidet man als Störspannungen *(noise voltages)*: 1. Fremdspannungen. Man mißt sie unbewertet mit Selektivspannungsmessern. 2. Geräuschspannungen *(psophometric voltages; weighted noise voltages)*. Sie sind vom Betrag und der Frequenzverteilung der Störspannungen abhängig und treten beim Fernsehen im Bild, beim Hören im Ton (z. B. auch im Fernsprecher) störend auf. Hörbare Geräuschspannungen werden frequenzbewertet mit Psophometern gemessen; sichtbar mit Tiefpaß, Bewertungsfilter und Effektivwertmesser mit einer Integrationsdauer von 1 s (näheres: CCIR-Grünbuch, Band V, Teil 2, Seite 187/188). 3. S. aus der Starkstromleitung *(weighted noise voltage of a power line)*. Die S. besitzt eine Frequenz von 800 Hz. Nach Definition ersetzt man die Betriebsspannung der Starkstromleitung durch eine 800-Hz-Sinusspannung mit solchen Werten, daß in einer benachbarten Fernsprechleitung gleiche Störungen erzeugt werden, wie bei der tatsächlichen Betriebsspannung einschließlich ihrer Oberwellen. Die Erfassung von Störspannungen und ihren Wirkungen auf die Umgebung ist ein Gebiet der Elektromagnetischen Verträglichkeit. [8], [9], [12], [13], [14], [18], [19]. Fl

Störspannungsabstand → Rauschabstand, → Störabstand. Li

Störspannungsunterdrückung *(noise suppression)*. Verfahren zur Verbesserung des Störabstandes mit Hilfe von: 1. Störbegrenzern, 2. Störaustastung (bei Auftreten eines Störimpulses wird für kurze Zeit die Signalübertragung unterbrochen, so daß der Störimpuls z. B. nicht im Lautsprecher zu hören ist). 3. Spezialverfahren (z. B. Dolby) zur selektiven Anhebung besonders rauschspannungsgefährdeter Frequenzbereiche, z. B. bei der Magnetbandaufnahme und entsprechender Kompensation bei der Wiedergabe. [6], [8], [13]. Li

Störsperre *(interference suppressor)* → Squelch-Baustein. Rü

Störspitze → Störimpuls. Li

Störstelle *(imperfection, impurity)*. Fehler von atomarer Ausdehnung in der Struktur eines Halbleiter-Kristalls. Man kann zwei Arten von Störstellen unterscheiden: 1. Fremdatom anstelle von Wirtsgitteratomen oder auf Zwischengitterplätzen; 2. Gitterbaufehler in Form von Zwischengitterbesetzungen durch Wirtsgitteratome oder von Leerstellen (DIN 41 852). [7]. Bl

Störstellendichte *(impurity density)*. Gibt die Dichte der Störstellen an. Beispielsweise werden die ionisierten Donatoratome durch die Gleichung

$$N_D^+ = N_D \left[1 + G_D \, e^{(E_D - E_F)/(kT)}\right]$$

beschrieben, wobei N_D Gesamtzahl der Donatoren, G_D Degenerationsfaktor, E_D Donatorenergie, E_F Fermit-Energie, k Boltzmann-Konstante, T Temperatur in K ist. [7]. Bl

Störstellenerschöpfung *(impurity exhaustion)*. Zustand in einem dotierten Halbleiter, bei dem alle Dotierungsatome ionisiert sind. Bei den üblicherweise verwendeten Dotierungselementen ist S. schon bei Zimmertemperatur eingetreten. [7]. Bl

Störstellenhalbleiter *(impurity semiconductor, extrinsic semiconductor)*. Halbleiter, dessen Leitfähigkeit vorwiegend durch die von Störstellen freigesetzten Ladungsträger hervorgerufen wird (DIN 41 852). [7]. Bl

Störstellenleitung *(extrinsic conduction)*. Elektrische Leitung in einem Halbleiter, die durch Freisetzen von Ladungsträgern aus Störstellen entstehen (DIN 41 852). [7]. Bl

Störstellenprofil *(impurity profile)*. Störstellendichte als Funktion einer Ortskoordinate im Kristall, die senkrecht zu den Übergangsebenen verschiedener dotierter Kristallzonen steht (DIN 41 852). [7]. Ne

Störstellenübergang *(junction)*. Übergangsgebiet zwischen zwei Halbleiterzonen, in dem sich die Art und die Dichte der Störstellen ändern oder in dem sich nur die Störstellendichte ändert (DIN 41 852). Man unterscheidet deshalb Störstellenübergänge, bei denen sich der Leitungstyp ändert (PN-Übergänge), oder Störstellenübergänge, bei denen sich der Leitungstyp nicht ändert (PP'- bzw. NN'-Übergänge). [7]. Ne

Störstrahlung, technische → Industriestörungen. Ge

Störübertragungsfunktion *(disturbance transfer function)*. Die S. ist in einem Regelkreis die Übertragungsfunktion mit der betrachteten Störgröße als Eingangs- und der Regelgröße als Ausgangsgröße, wenn alle übrigen von außen wirkenden Einflußgrößen konstant sind. [18]. Ku

Störungen, atmosphärische *(atmospheric noise)*. Bestandteile des äußeren Rauschens. Werden vorwiegend durch die auf der Erde dauernd herrschende Gewittertätigkeit mit etwa 100 Blitzentladungen pro Sekunde verursacht. S. nehmen mit zunehmender geographischer Breite des Empfangsortes ab. Ihre Stärke hängt weiter von der

Tages- und Jahreszeit sowie von der verwendeten Funkfrequenz ab, wobei niedrigere Frequenzen wesentlich störanfälliger sind. Mittelwerte der für einen vorgegebenen Empfangsort zu erwartenden S. sind speziellen Karten zu entnehmen. [8].   Ge

Störunterdrückung *(disturb suppression)*. 1. Als S. bezeichnet man die Eigenschaft spezieller Schaltungen (z. B. Störbegrenzer, Störsperre), Störsignale z. B. im hörbaren oder sichtbaren Bereich innerhalb von Systemen der Informationsverarbeitung nicht wirksam werden zu lassen. Die S. als Zahlenwertangabe (z. B. in Dezibel) drückt aus, in welchem Maße einfallende oder vorhandene Störungen unwirksam werden. 2. Die einem Übertragungsverfahren oder einer Schaltung der Übertragungstechnik innewohnende Eigenschaft, Störungen zu unterdrücken, wird als S. bezeichnet. a) Beispiel Übertragungsverfahren: Bei der Frequenzmodulation werden auf dem Übertragungsweg einfallende Störsignale unterdrückt, wenn deren Frequenz größer ist als die aus Trägerfrequenz und höchster zu übertragender Signalfrequenz gebildete Differenz. b) Beispiel Schaltung: Der Ladekondensator des Verhältnisdiskriminators (→ Bild Verhältnisdiskriminator) hat die zusätzliche Eigenschaft, als Spannungsspitzen einfallende Störspannungen zu unterdrücken. [6], [8], [12], [13], [19].   Fl

Störverhalten *(disturbance response)* → Führungsverhalten.   Ku

Störverhältnis. Beim Auftreten von Störfrequenzen f_{St} definiert man für die verschiedenen Arten der Modulation entsprechende Störverhältnisse. Für das hochfrequente S. gilt:

$$a_{St} = \frac{\hat{U}_{TSt}}{\hat{U}_{Tn}},$$

wobei $\hat{U}_{TSt}$ die Amplitude des Störträgers, $\hat{U}_{Tn}$ die Amplitude des Nutzträgers ist. Als niederfrequentes S. hat man bei Amplitudenmodulation:

$$\rho_{AM} = \frac{a_{St}}{m} \quad (m \text{ Modulationsgrad}),$$

bei Phasenmodulation:

$$\rho_{PM} = \frac{a_{St}}{\Delta\varphi_T} \quad (\Delta\varphi_T \text{ Phasenhub}),$$

bei Frequenzmodulation:

$$\rho_{FM} = \frac{a_{St}}{\Delta f_T} \quad (\Delta f_T \text{ Frequenzhub}).$$

[14].   Rü

Stoßantwort *(impulse response)* → Testsignal.   Ku

Stoßdämpfungsmaß → Stoßfaktor.   Rü

Stoßfaktor. Der S. beschreibt die Fehlanpassung einer Spannungs- oder Stromquelle mit der inneren Impedanz Z_1, an die eine Impedanz Z_2 als Verbraucher angeschlossen ist (Bild). Die von der Quelle abgegebene Wechselleistung läßt sich schreiben:

$$S_\sim = UI = \frac{U_0^2}{4Z_1}\left(\frac{2\sqrt{Z_1 Z_2}}{Z_1+Z_2}\right)^2 = \frac{U_0^2}{4Z_1} \underline{s}^2.$$

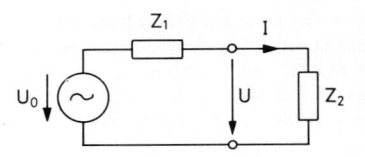

Zur Definition des Stoßfaktors

Dabei ist

$$\underline{s} = \frac{2\sqrt{Z_1 Z_2}}{Z_1+Z_2}$$

der S. Daraus definiert man (DIN 40 148/3) ein (komplexes) Stoßdämpfungsmaß (→ Dämpfungsmaß)

$$g_s = \ln\frac{Z_1+Z_2}{2\sqrt{Z_1 Z_2}}.$$

Der Zusammenhang mit dem (komplexen) Reflexionsfaktor ist $\underline{r}^2 = 1 - \underline{s}^2$. [15].   Rü

Stoßfunktion *(impulse function)* → Testsignal.   Ku

Stoßprüfung *(flash test)*. Prüfung für die Wirksamkeit einer Isolation. Die S. wird mit einer Spannung ausgeführt, die etwa doppelt so hoch ist wie die im Betrieb auftretende Spannung. [3].   We

Stoßspannung *(impulse voltage)*. Die S. ist in der Hochspannungstechnik eine impulsförmige Überspannung, die durch Schalthandlungen oder Blitzeinschläge hervorgerufen wird. Zur Prüfung von Isolationsanordnungen werden Stoßspannungen mit definiertem zeitlichen Verlauf vorgeschrieben. [11].   Ku

Stoßspannungsoszilloskop *(surge oscilloscope)*, Impulsoszilloskop. Stoßspannungsoszilloskope sind → Oszilloskope, die zur Untersuchung des Kurvenverlaufs von Stoßspannungen oder impulsartigen Hochspannungen eingesetzt werden. Sie besitzen eine besondere Oszilloskopröhre, deren Anschlüsse zu den Vertikalablenkplatten seitlich als Meßeingang herausgeführt sind. Die Meßspannung kann direkt (bis etwa 700 V) oder über einen kapazitiven Spannungsteiler angeschlossen werden. Der die Meßeinrichtung speisende Stoßspannungsgenerator ist häufig mit dem S. synchronisiert. Beim Auslösen der Stoßspannung erhält die Katode der Röhre einen Spannungsimpuls. Innerhalb der Röhre entsteht ein kurzzeitiger, kräftiger Strahlstrom, der in Verbindung mit der Hochspannung ein helles Bild des Kurvenverlaufs der Meßspannung auf dem Leuchtschirm bewirkt. Eine am Leuchtschirm angebrachte photographische Registriereinrichtung zeichnet den Verlauf der Meßspannung mit Nullinien, Zeitmarken und Kalibriereinstellungen auf. Mit Stoßspannungsoszilloskopen sind Schreibgeschwindigkeiten bis $50 \cdot 10^3$ km/s möglich. Ausführungen als Zweistrahloszilloskop registrieren Strom- und Spannungsverlauf auf einer Aufnahme. [3], [10], [12].   Fl

Stoßspannungsvoltmeter *(surge voltmeter)*. S. sind Scheitelwertmesser, an deren Meßeingang ein spezieller Spannungsteiler (Stoßspannungsmeßkreis) zur Herabsetzung hoher Werte der zu messenden Stoßspannung auf etwa 1 kV vorgeschaltet ist (→ Hochspannungsinstrumente). Der Meßkreis besteht aus ohmschem Spannungsteiler, Zuleitungskabel und einem an das Kabel angepaßten Wellenwiderstand (Bild). Zur Verringerung von Meß-

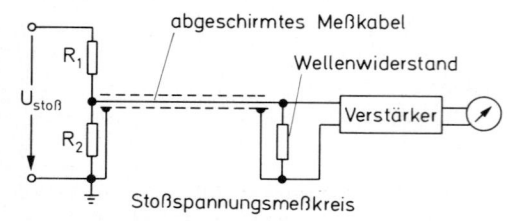

Stoßspannungsvoltmeter

fehlern muß die Meßschaltung in weitem Bereich frequenz- und amplitudenunabhängig arbeiten. Anwendungen: z. B. als Anzeigeinstrument bei Messungen von Isolationsspannungen, Durchschlagspannungen oder Überschlagsspannungen. [3], [10], [12]. Fl

Strahlenschranke. Aus Strahlungsquelle und -detektor, die räumlich voneinander getrennt sind, bestehende Meßeinrichtung, bei der das Eintreten eines Gegenstandes in den Strahlengang registriert wird und Zähl- oder Regelvorgänge auslösen kann. Verwendet man als Strahlung sichtbares Licht, spricht man von Lichtschranke. [6], [16]. Li

Strahler, isotroper → Kugelstrahler. Ge

Strahler, schwarzer *(black body radiator)*. Gegenstände, die die gesamte auftreffende elektromagnetische Strahlung absorbieren. Ist das Absorptionsvermögen Eins, spricht man von absolut schwarzem S. Diese Eigenschaft erfüllen näherungsweise Hohlräume mit einer kleinen Öffnung. Die Wellenlängenabhängigkeit der Strahlungsleistung des schwarzen Strahlers wird durch das Plancksche Strahlungsgesetz, die Abhängigkeit der Wellenlänge des Intensitätsmaximums von der Temperatur durch das Wiensche Verschiebungsgesetz gegeben. [5], [7]. Bl

Strahlererder → Erdverluste. Ge

Strahlschranke → Strahlenschranke. Li

Strahlschreiber → Flüssigkeitsstrahl-Oszillograph. Fl

Strahlstärke *(radiated intensity)*. Begriff der Wellenausbreitung. Leistung, die in ein Raumwinkelelement abgestrahlt wird, dividiert durch das Raumwinkelelement in W/Sr. [14]. Ge

Strahlung, elektromagnetische *(electromagnetic radiation)*. Bei einem Wellenvorgang bezeichnet man als Strahl die Ausbreitungsrichtung der Welle. Strahlen bewegen sich auf Linien, die vom Erregungszentrum ausgehen und auf den Wellenflächen senkrecht stehen. Elektromagnetische S. umfaßt das gesamte Gebiet des elektromagnetischen Spektrums; Richtung und Größe der elektromagnetischen S. werden durch den Poynting-Vektor beschrieben. [5].
Rü

Strahlung, kosmische → Radiostrahlung. Ge

Strahlung, monochromatische *(monochromatic radiation)*. Eine Strahlung, die nur eine einzige Spektralfrequenz enthält bzw. nur in einer bestimmten Wellenlänge strahlt (Beispiel: monochromatisches grünes Licht $\lambda = 535$ nm). [5].
Rü

Strahlungscharakteristik → Richtcharakteristik. Ge

Strahlungsdetektor *(radiation detector)*. Strahlungsempfänger. Strahlungsdetektoren sind Bauelemente, die elektromagnetische und korpuskulare Strahlung empfangen und aufgrund physikalischer Effekte in eine dazu proportionale elektrische Größe zur Weiterverarbeitung umwandeln. Für die verschiedenen Strahlungsarten (z. B. Wärmestrahlung, kosmische Strahlung) werden spezielle Empfänger eingesetzt, die Eigenschaften der entsprechenden Strahlungsart nutzen (z. B. Antenne). Strahlungsdetektoren für Radioaktivität (Prinzipbild) sind z. B.: Szintillationszähler, Zählrohre, Ionisationskammern und Bauelemente aus Halbleitermaterial. Die Halbleiterbauelemente beruhen auf Wirkungen des inneren Photoeffektes im Festkörper. Teilchenstrahlung dringt in die als Ionisationsraum betrachtete Sperrschicht und bildet durch Ionisation stoßartig Ladungsträger entlang der Wegstrecke. Die dazu notwendige Energie beträgt bei Silicium z. B. 3,6 eV. Die Ladungsstöße sind proportional der Intensität der eingestrahlen Teilchenenergie. Sie werden mit Hilfe eines Vorverstärkers, der in den S. eingebaut ist, in Spannungsimpulse umgesetzt und einem geeigneten Strahlungsmeßinstrument zugeführt. Strahlungsdetektoren dieser Art sind z. B. diffundierte PN-Sperrschichtzähler, PIN-Zähler und Grenzschichtzähler. [4], [5], [6], [7], [12]. Fl

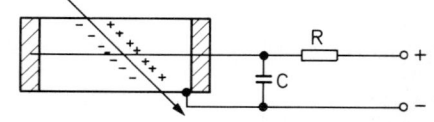

Prinzip eines Strahlungsdetektors für Radioaktivität

Strahlungsdichte *(power flux density)*, Leistungsflußdichte. Begriff der Wellenausbreitung. Elektromagnetische Leistung, die durch ein zur Energieströmung senkrechtes Flächenelement hindurchtritt, dividiert durch das Flächenelement; in W/m². [14]. Ge

Strahlungsempfänger → Strahlungsdetektor. Fl

Strahlungsempfänger, pyroelektrischer- *(pyroelectrical radiation detector)*, Pyrodetektor. Pyroelektrische S. sind nichtselektive Strahlungsdetektoren (selektiv = trennscharf) zur Messung und zum Nachweis von Wärmestrahlung. Ihre Wirkungsweise beruht auf dem physikalischen Effekt der Pyroelektrizität, der in piezoelektrischen Kristallen mit ständiger Polarisation nachweisbar ist (z. B. in Turmalin). Pyroelektrische S. bestehen aus einem etwa 50 μm dicken Kristall mit Flächen von etwa 1 mm $\times$ 1 mm. Zwei gegenüberliegende Oberflächen sind mit Elektroden versehen, in denen unter Einwirkung von Temperaturveränderungen durch Influenz sich ändernde elektrische Ladungsmengen entstehen. Die Anschlüsse der Elektroden werden zu einem Widerstand geführt. Es entsteht ein Stromfluß, der am Widerstand Spannungsabfälle bewirkt, die zur Weiterverarbeitung abgegriffen werden. Anwendung: z. B. in breitbandigen Gesamtstrahlungs-Pyrometern. [4], [5], [12]. Fl

Strahlungsflußdichte → Intensität. Rü

Strahlungsgewinn → Richtfaktor. Ge

Strahlungsinversion → Inversion. Ge

Strahlungskeule *(radiation lobe)*. Die S. ist ein Bereich der Richtcharakteristik, z. B. von Antennen, der von Bereichen relativ geringer erzeugter Strahlungsdichte oder aufgenommener Empfangsleistung begrenzt wird. [14]. Ge

Strahlungskopplung *(mutual coupling)*. In jedem im elektromagnetischen Feld befindlichen Leiter werden durch das Feld Spannungen bzw. Ströme erregt, die wiederum ein von diesem Leiter ausgehendes „sekundäres" Feld zur Folge haben. Diese gegenseitige S. tritt bei Gruppenantennen in Erscheinung. Je nach Verteilung, Amplitude und Phase der Ströme sowie dem gegenseitigen Abstand der Einzelantennen werden Antennenwiderstand und Richtcharakteristik beeinflußt. Eine Antenne erhält durch strahlungsgekoppelte (parasitäre Elemente → Sekundärstrahler) ausgeprägte Richteigenschaften (→ Reflektor, → Direktor). [14]. Ge

Strahlungsleistung *(radiated power)*. Begriff der Wellenausbreitung. Gesamte von der Antenne in den Raum abgestrahlte elektromagnetische Leistung. Äquivalente S. *(effective radiated power, ERP)*. Produkt aus der der Antenne zugeführten Leistung und dem Antennengewinn, bezogen auf die S. eines Halbwellendipols in Hauptstrahlrichtung. [14]. Ge

Strahlungsmesser → Radiometer. Fl

Strahlungsmeßinstrument *(radiation measuring instrument)*. Strahlungsmeßinstrumente sind Strahlungsdetektoren bzw. strahlungsempfindlichen Meßfühlern nachgeschaltete elektronische Meßinstrumente. Strahlungsmeßinstrumente können z. B. sein: Feldstärkemesser, Radiometer, Pyrometer, Spektrometer, Luxmeter. Besonders aufwendige Strahlungsmeßinstrumente werden zur Messung der Radioaktivität eingesetzt. Neben Verarbeitung und Anzeige der vom Strahlungsdetektor gelieferten elektrischen Signale stellen sie Betriebsspannungen bis etwa 5000 V zur Versorgung des Detektors bereit. Ein spezielles S. besitzt z. B. eine Baugruppe zur Erzeugung von Hochspannung, einen Linearverstärker für die vom Detektor kommenden Impulse, einen Mittelwertmesser zum Erfassen der Impulsfrequenz, eine Zählbaugruppe zur Einzelzählung mit Zeitnormal und ein Sichtgerät zur Darstellung der Meßgröße. Häufig werden Strahlungsmeßinstrumente dieser Art über Fernbedienung betrieben und mit einer sorgfältigen Abschirmung aus Blei umgeben. [5], [7], [10], [12]. Fl

Strahlungspyrometer *(radiation pyrometer)*, Strahlungsthermometer. Es wird die Temperaturstrahlung glühender Materialien nach dem Stefan-Boltzmannschen Gesetz gemessen. Man kennt: 1. Gesamtstrahlungspyrometer. Das Meßgerät befindet sich in einem geschlossenen Feuerraum. Ein Hohlspiegel oder eine Sammellinse konzentriert die gesamte, vom Meßobjekt ausgehende Strahlung auf einen Strahlungsempfänger, z. B. geschwärzte Thermoelemente oder Photoelemente. Die vom Empfänger abgegebene elektrische Größe wird von einem Anzeige- oder Schreibgerät abgelesen. 2. Teilstrahlungspyrometer sind: a) Leuchtdichtepyrometer (Spektralpyrometer). Die Leuchtdichte einer Strahlungskomponente des glühenden Materials wird mit der eines Vergleichsstrahlers durch Beobachtung in Übereinstimmung gebracht. Vergleichsstrahler ist z. B. ein Glühfaden mit veränderbarem Heizstrom. Bei Gleichheit der Leuchtdichte ist der gemessene Heizstrom ein Maß für die Temperatur. b) Intensitätspyrometer: Eine selektiv messende Photozelle nimmt die Strahlungsintensität des glühenden Meßobjektes innerhalb eines engen Wellenlängenbereiches auf. S. besitzen einen Meßbereich von etwa $-40\ °C$ bis $2000\ °C$. [5], [12], [18]. Fl

Strahlungsthermoelement *(radiation thermoelement, radiation thermocouple)*. Strahlungsthermoelemente sind ähnlich den Thermoelementen aufgebaute Strahlungsdetektoren, die der berührungslosen Messung und dem Nachweis von infraroter Wärmestrahlung (Wellenlängen von etwa 0,4 bis 10 μm) dienen. Physikalische Eingangsgröße ist die Strahldichte z. B. eines Glühgutes, elektrische Ausgangsgröße sind dazu proportionale Werte der elektrischen Spannung. Strahlungsempfindliche Fläche ist eine geschwärzte Goldschicht (etwa 2 mm $\times$ 0,25 mm), deren Erwärmung sich auf die Lötstelle zweier unterschiedlicher Metalle oder Halbleitermaterialien mit hoher Thermospannung überträgt. Häufig sind mehrere Elemente in einem Thermoelemente hintereinander geschaltet (→ Thermosäule). Einsatzgebiet von Strahlungsthermoelementen sind z. B. Thermoelement-Pyrometer. [5], [6], [7], [12]. Fl

Strahlungsthermometer → Strahlungspyrometer. Fl

Strahlungsvektor → Poynting-Vektor. Rü

Strahlungswiderstand → Antennenwiderstand. Ge

Stratosphäre *(stratosphere)* → Atmosphäre. Ge

Streckensteuerung *(linear path control)*. Die S. ist eine Art der numerischen Steuerung bei Werkzeugmaschinen. Dabei wird die Bewegung parallel zu einer Koordinatenrichtung (Achse) gesteuert. Die S. wird z. B. bei geraden Fräsarbeiten angewandt. [18]. Ku

Streifengenerator → Bildmustergenerator. Fl

Streifenleiter *(strip-line)*. S. werden zur Übertragung kleiner Leistungen über kurze Entfernungen im Mikrowellenbereich angewendet, z. B. innerhalb eines Gerätes, aber auch zum Aufbau von Mikrowellenbauteilen wie Filtern, Richtkopplern, Dämpfungsgliedern. Die Herstellung von Streifenleitern erfolgt wie bei gedruckten Leiterplatten aus kupferkaschiertem Isoliermaterial, an das jedoch hohe Anforderungen in bezug auf geringe Verluste und Toleranz der Dielektrizitätskonstante sowie der Abmes-

Streifenleiterantenne

sungen gestellt werden. Bei der abgeschirmten Ausführung wird der S. zwischen zwei Metallplatten (Triplate-Leitung) geführt, bei der offenen Ausführung liegt er der metallischen Grundplatte gegenüber. Da sich in beiden Fällen das elektrische Feld im wesentlichen auf den Raum zwischen Streifenleiter und Metallplatten konzentriert, können mehrere S. zur Vereinfachung des Schaltungsaufbaus zwischen bzw. über gemeinsamen Metallplatten geführt werden. Die Anwendbarkeit der S. ist durch deren Abmessungen auf Frequenzen < 10 GHz bis 15 GHz begrenzt. Mikrostreifenleiter *(micro strip-line)* sind miniaturisierte S. zur Verbindung der einzelnen Halbleiterbauelemente auf der Oberfläche integrierter Schaltungen. [8]. Ge

Streifenleiterantenne *(strip line antenna).* In Streifenleitertechnik hergestellte Antenne für den Mikrowellenbereich, meistens Anordnungen von Dipol- oder Schlitzantennen. Streifenleiterantennen zeichnen sich durch ihren einfachen und gedrängten Aufbau sowie ihr geringes Gewicht aus. [14]. Ge

Streifenleitertechnik → Streifenleiter. Ge

Streifenmustergenerator → Bildmustergenerator. Fl

Streuausbreitung *(scatter propagation),* Scatterverbindung. 1. Troposphärische S. (Troposcatter) ist über Streustrahlung aus dem „gemeinsamen Volumen" möglich, d. h., das Volumen in der hohen Troposphäre, das von Sende- und Empfangsantenne gleichzeitig eingesehen wird (Bild). Die S. wird beeinflußt von der Höhenabhängigkeit der Streueigenschaften und dem Streudiagramm der Turbulenzkörper; bei scharf bündelnden Antennen auch durch das gemeinsame Volumen der sich durchkreuzenden Antennenkeulen. Durch S. lassen sich im Frequenzbereich von etwa 40 MHz bis 1000 MHz Entfernungen bis zu 1000 km überbrücken. Kennzeichnend für die S. ist ihre relativ enge Schwundfrequenz und die geringe übertragbare Bandbreite. 2. Ionosphärische S. ist für Funkfrequenzen bis 100 MHz (selten bis 300 MHz) durch Turbulenzen der D-Schicht der Ionosphäre möglich. Sie wird hauptsächlich in Polarlichtzonen, wo normale Kurzwellenverbindungen unzuverlässig sind, eingesetzt. 3. Rückstreuung *(back scattering):* Ein Teil der nach Reflexion an der Ionosphäre am Erdboden (Rückstreupunkt) einfallenden Raumwelle wird in die Richtung zurückgestreut, aus der die Raumwelle gekommen ist (Bild). 4. Meteorscatter: In der Erdatmosphäre verglühende Meteoriten erzeugen im Höhenbereich zwischen 80 km und 120 km Ionisationssäulen, die nur wenige Sekunden beständig sind.

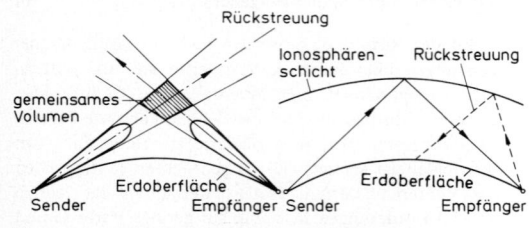

Streuausbreitung über gemeinsames Volumen

Diese Ionisationssäulen reflektieren Funkfrequenzen im Bereich zwischen 20 MHz bis 150 MHz. Über Meteorscatter lassen sich Funkverbindungen abwickeln (→ Janet-System). 5. Polarlichtstreuung *(auroral scatter):* Durch intensive Korpuskularstrahlung von der Sonne treten in der Polarlichtzone zusätzliche Ionisationszentren auf, über die eine S. im Kurzwellen- und UKW-Bereich (UKW, Ultrakurzwelle), jedoch nur mit starken Verzerrungen, möglich ist. [14]. Ge

Streudiagramm *(scatterdiagram),* Scatterdiagramm. Räumliche Abhängigkeit der Rückstrahlung eines Streukörpers (→ Streustrahlung). Ist die mittlere Größe der Streukörper $l \ll \lambda$, so ist das S. eine Kugel; der Streukörper wirkt wie ein Kugelstrahler. Bei $l \gg \lambda$ ist die Streuung in Richtung der einfallenden Welle betont (Vorwärtsstreuung). [14]. Ge

Streufaktor *(leakage coefficient),* auch Streugrad (→ Übertrager). Rü

Streufluß *(leakage flux)* → Spulen, gekoppelte. Rü

Streugrad → Übertrager. Rü

Streuinduktivität *(leakage inductance)* → Spulen, gekoppelte. Rü

Streukapazität *(stray capacitance).* Unerwünschte Kapazität zwischen zwei Leitern oder zwischen einem Leiter und Masse, sowie allgemein zwischen einem Schaltelement und Masse. Bei mehradrigen Kabeln führt eine besondere Verseilung zur Verminderung der S. Den unerwünschten Effekten durch S. kann man in der Schaltungstechnik im allgemeinen nur durch Abschirmung begegnen. [5], [12], [13]. Rü

Streumatrix *(scattering matrix)* → Betriebsmatrizen. Rü

Streuparameter *(scattering parameter).* Element der Streumatrix (→ Betriebsmatrizen). Rü

Streustrahlung *(scattering).* Man versteht darunter die diffuse Ausbreitung einer elektromagnetischen Welle in Abweichung von ihrer ursprünglichen Fortpflanzungsrichtung. In der Funktechnik kennt man verschiedene Streustrahlungen je nach verwendeter Wellenlänge, die durch Streuzentren in der Ionosphäre, der Stratosphäre und der Troposphäre (Troposcatter) hervorgerufen werden. Bei einer Ablenkung der Strahlung um mehr als 90° gegenüber der ursprünglichen Fortpflanzungsrichtung nennt man die S. Rückwärtsstreuung *(back-scattering);* technische Bedeutung zur Gewinnung von Überreichweiten hat nur die Vorwärtsstreuung *(forward-scattering).* [5], [8]. Rü

Streuung → Variationskoeffizient. Fl

String *(string),* Zeichenkette, Zeichenserie. Eine Kette von meist alphanumerischen Zeichen einer bestimmten Reihenfolge in der Datenverarbeitung, wobei die Zeichen für das Datenverarbeitungssystem keine Beziehung untereinander haben (Texte). Strings werden über Variablennamen angesprochen; sie werden meist durch ein Endezeichen begrenzt.

String-Operationen sind (neben Eingabe und Ausgabe) Durchsuchen auf bestimmte Zeichen, Festellen der Länge des String, Austausch bestimmter Zeichen, Umcodierung von Zeichen in Zahlenwerte. [1].   We

Striplinefilter *(strip-line filter)*. Besteht aus gekoppelten Leitungen in Streifenleitertechnik. Es findet wegen seiner kompakten Abmessungen und niedrigen Herstellungskosten häufig im Mikrowellenbereich Anwendung. [8].   Ge

Stripline-Technik → Streifenleiter.   Ge

Strobe *(strobe)*. Vorgang der Untersuchung eines bestimmten Abschnitts eines Signals oder eines Phänomens, auch als „Ausblenden" bezeichnet. Der Begriff wird besonders beim Zugriff auf Speicher angewendet, wobei das Lesesignal zu einer bestimmten Zeit übernommen werden muß. Als S. wird auch der Vorgang der Aktivierung eines Multiplexers bezeichnet. Bei aktivem Strobe-Signal wird der selektierte Kanal auf die Ausgangsleitung geschaltet. [1].   We

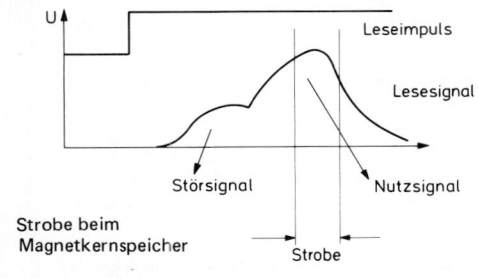

Strobe-Eingang *(strobe input)*. Eingang für das Strobe-Signal. Bei Schaltungen mit Eingangssignalen, die nicht den Logikpegeln entsprechen, z.B. Leseverstärkern, wird der S. mit Digitalsignalen angesteuert. [10].   We

Strobe-Signal *(strobe signal)*. Signal zur Auslösung des Strobe. Die Bezeichnung wird auch für ein Signal verwendet, das ein Speicher sendet, um der Zentraleinheit anzuzeigen, daß der Lesevorgang beendet ist, und die Daten auf den Datenausgängen des Speichers bereit stehen („Daten-Verfügbar-Signal"). [2].   We

Stroboskop *(stroboscope; strobe)*. 1. Als Vorläufer der heutigen Filmtechnik ist das S. eine mit Schlitzen versehene Hohltrommel, in der sich ein fortlaufender Bildstreifen mit verschiedenen Bewegungsabläufen einer Szene befindet. Bei Drehbewegungen des Streifens entsteht für den Betrachter am Schlitz der Eindruck eines kontinuierlichen Bewegungsvorganges. 2. In der Ausführung als Stroboskopscheibe ist die kreisrunde, dünne Scheibe, die verschiedene konzentrische Kreise besitzt. Jeder Kreis hat eine unterschiedliche Anzahl schwarzer und heller Segmente mit jeweils gleichem Abstand. Die Scheibe wird auf einem sich drehenden Prüfling befestigt (z.B. auf dem Plattenteller eines Plattenspielers). Wird die sich mitdrehende Scheibe z.B. von einer aus dem 50-Hz-Netz gespeisten Glimmlampe beleuchtet, entsteht immer dann der Eindruck stehender Segmente, wenn die Drehzahl des Prüflings der dafür vorgesehenen Anzahl Segmente entspricht. Anwendungen: z.B. Messen und Prüfen der Drehzahlen von Motoren, Filmprojektoren, Plattenspielern und Magnetbandgeräten. 3. In der Ausführung als Lichtblitz-S. sendet z.B. eine Xenon-Quarz-Blitzlampe mit einstellbarer Folgefrequenz intensive, weiße Lichtblitze auf einen rotierenden oder mechanische Schwingungen ausführenden Prüfling. Sind Blitzfolgefrequenz und die Frequenz des Bewegungsablaufs gleich oder stehen sie in einem ganzzahligen Vielfachen zueinander, erhält der Betrachter den Eindruck eines Ruhezustandes der mechanischen Bewegung. Am Meßgerät, das an den Lichtwerfer angeschlossen ist, läßt sich z.B. auf einer Digitalanzeige der Meßwert in Umdrehungen pro Minute oder pro Sekunde ablesen. [12].   Fl

Strom, dualer *(dual current)* → Spannung, duale.   Rü

Strom, eingeprägter *(impressed current)*. Besonders in der Fernübertragung von Meßwerten ein vom Meßgerät gebildeter Gleichstrom (meist 0 mA bis 20 mA), der unabhängig vom angeschlossenen Lastwiderstand (z.B. bis 5 kΩ) und nur von der Meßgröße abhängig ist. [12].   We

Strom, elektrischer *(electric current)*, (Zeichen I). Die pro Zeiteinheit durch den Querschnitt eines geometrisch linearen Leiters hindurchtretende Elektrizitätsmenge Q

$$I = \frac{dQ}{dt} . [5]$$ Rü

Strom, stationärer *(stationary current)*. Strom mit zeitlich unveränderlicher Stromstärke (→ stationär, → Strömungsfeld). [5].   Rü

Stromanpassung *(under match)*. Unteranpassung. Betriebsfall einer Spannungsquelle mit dem Innenwiderstand R_i (→ Ersatzschaltung) in Verbindung mit einem Lastwiderstand R_a, wenn gilt

$R_a \ll R_i$. [15].   Rü

Stromanstiegsgeschwindigkeit → Stromsteilheit.   Li

Strombegrenzer *(current limiter)*. Eine Schaltung, die den durch sie hindurchfließenden Strom – unabhängig von der anliegenden Spannung – auf einen meist einstellbaren Betrag begrenzt. S. sind meist in Netzteilen eingebaut und schützen im Laborbetrieb Schaltungen bei Ausfall eines Bauelementes bzw. unbeabsichtigten Kurzschlüssen vor Zerstörung durch zu hohen Stromfluß. [4], [11].   Li

Strombegrenzung → Strombegrenzer.   Li

Strombegrenzungstransistor *(current limiting transistor)*. Ein in einem Stromkreis zur Begrenzung des Stromflusses in Reihe mit der Last geschalteter Transistor. [4], [11].   Li

Strombelag *(current distribution)*, Stromverteilung. Begriff aus dem Gebiet der Leitungen und Antennen. Der S. stellt die räumliche Abhängigkeit eines Leitungs- oder Antennenstromes dar, mit deren Hilfe das umgebende Strahlungsfeld berechnet werden kann (Aperturbelegung). Bei linearen Antennen mit hohem Schlankheitsgrad ist der S. annähernd sinusförmig. Bei diesen Antennen treten im Sendefall Stromknoten (Minima) und Spannungsbäuche (Maxima) an den offenen Enden und in Abständen von halben Wellenlängen auf. Die gleiche Antenne besitzt im Empfangsfall einen anderen S., da sie an allen Punkten des Antennenleiters erregt wird. (Das Reziprozitätstheorem bezieht sich nur auf Spannungen und Ströme.) [14]. Ge

Stromdämpfung *(current attenuation).* Beschreibt speziell die Dämpfung der Stromamplituden bei einer Signalübertragung. Bei Vierpolen kennzeichnet man die S. durch den Stromübertragungsfaktor. [15]. Rü

Stromdämpfungsmaß *(current attenuation).* Dämpfungsmaß, das mit dem Stromübertragungsfaktor

$$A_i = \frac{I_2}{I_1}$$

gebildet wird (→ Übertragungsfaktor). [15]. Rü

Stromdichte *(current density).* (Zeichen **J, S, G**). Ist die elektrische Stromstärke I in einer Leitung gleichmäßig über den Leiterquerschnitt A verteilt, dann ist der Betrag der S. definiert (DIN 1324)

$$J = \frac{I}{A}.$$

In homogenen metallischen Leitern sind die elektrische S. und die elektrische Feldstärke **E** gleichgerichtet und zueinander proportional (→ Ohmsches Gesetz):

$$\mathbf{J} = \sigma \mathbf{E} = \frac{1}{\rho}\mathbf{E}$$

(σ elektrische Leitfähigkeit; ρ spezifischer Widerstand). Die Vorstellung, daß ein elektrischer Strom durch Ladungsträger mit der Elementarladung e zustande kommt, die mit einer mittleren Geschwindigkeit **v** durch den Leiter fließen, läßt eine andere Darstellung der S. zu. Sind in der Volumeneinheit n Elektronen vorhanden, dann gilt

$$\mathbf{J} = n e \mathbf{v},$$

oder, da die Raumladungsdichte $\rho = dQ/dV = n \cdot e$ ist,

$$\mathbf{J} = \rho \mathbf{v}.\ [5].$$ Rü

Stromfehler *(deviation of current in measuring transformers)*, Stromwandlerfehler. Als S. bezeichnet man bei Stromwandlern die prozentuale Abweichung des Sekundärstromes von seinem Sollwert. Es ist:

$$F_i = 100 \cdot \frac{K_N \cdot I_2 - I_1}{I_1}$$

(F_i Stromfehler in %; I_1 primärer Strom in Ampere; I_2 sekundärer Strom in Ampere; K_N Nennübersetzung des Stromwandlers). Näheres s. VDE 0414 Teil 2. [3], [12]. Fl

Stromflußwinkel *(angle of current flow).* (→ Bild Trittgrenze). Der S. entspricht der Zeitspanne, während der das entsprechende Stromrichterventil innerhalb einer Netzperiode den Laststrom führt. Er wird in elektrischen Graden als Winkel δ angegeben und ist bei netzgeführten Stromrichtern durch die Wahl der Stromrichterschaltung vorgegeben. [18]. Ku

Strom-Frequenz-Wandler *(current-frequency converter).* Schaltung zur Umsetzung des Wertes einer Stromstärke in eine analoge Frequenz. Es wird ein Kondensator geladen; bei Erreichen einer bestimmten Spannung erfolgt ein Kippen. Der Vorgang verläuft um so schneller, je höher die Stromstärke ist. [12]. We

Stromfühler *(current-sensing resistor).* S. sind Meßwiderstände mit bekannten elektrischen Werten, die im elektrischen Stromkreis in Reihe zum Lastwiderstand geschaltet werden, um einen stromproportionalen Spannungsabfall zu erhalten. Wichtige Anforderungen an S. sind: Frequenz- und Amplitudenunabhängigkeit im betrachteten Bereich; höhere Niederohmigkeit (etwa 0,1fach) als der kleinste im Stromkreis befindliche Widerstand, damit durch das Einfügen in den Stromkreis keine nennenswerte Stromabweichung auftritt. Anwendungen: überall dort, wo der Kurvenverlauf des Stromes mit einem Oszilloskop dargestellt werden soll; wenn eine Strommessung über eine Spannungsmessung erfolgen muß; in elektrischen Regelungssystemen, bei denen z.B. eine Laststromregelung über einen Spannungsabfall erfolgt. [6], [8], [11], [12], [13], [18]. Fl

Stromgegenkopplung *(current negative feedback).* Bei der S. ist die auf den Verstärkereingang zurückgeführte Größe proportional dem Ausgangsstrom. Die S. wird häufig zur Linearisierung von Verstärkerstufen verwendet. In einer Transistorschaltung erreicht man eine S., wenn der Emitterwiderstand nicht mit einem Kondensator überbrückt wird. [6]. Th

Stromimpuls *(current impulse).* Speziell ein Kennwert für die elektrischen Eigenschaften eines Thyristors. Der S. ist der im Steuerkreis zum Einschalten notwendige Stromwert. [11]. Rü

Stromkompensation → Kompensation. Rü

Stromkreis *(circuit).* Offener oder geschlossener Leitungszug zwischen einem Pol einer Stromquelle über ein elektrisches Netzwerk zum zweiten Pol der Stromquelle. [5], [15]. Rü

Stromlaufplan *(circuit diagram, wiring diagram).* Darstellung einer elektrischen oder elektronischen Schaltung, die die elektrischen Zusammenhänge, nicht jedoch die funktionalen Zusammenhänge in den Vordergrund stellt. Im Gegensatz zum Signalflußplan sind im S. z.B. Versorgungsspannungen, Bauelemente wie Transistoren, Dioden, Widerstände, Spulen dargestellt, nicht aber die daraus gebildeten z.B. Logikschaltungen oder Operationsverstärker. [5]. We

Stromleiter *(conductor).* Jedes metallische oder halbleitende Material, das in der Lage ist, aufgrund einer vorhandenen Potentialdifferenz einen elektrischen Strom zu transportieren. [5]. Rü

Stromlinie *(streamline).* Synonym für Feldlinie, speziell zur Kennzeichnung eines Strömungsfeldes. [5]. Rü

Strommesser *(ammeter).* S. (häufig auch als Amperemeter bezeichnet) sind Meßinstrumente, die zur Messung der Stromstärke im unter Spannung stehenden elektrischen

Stromkreis herangezogen werden. Sie besitzen eine Anzeige, die in Werten von Ampere oder Vielfachen, z.B. Kiloampere bzw. Teilen davon, wie Milliampere, kalibriert ist. Man schaltet sie in Reihe in den zu messenden Stromkreis. Ein idealer S. entzieht während des Meßvorganges dem Meßkreis keinen Strom für den Eigenbedarf, da sein Innenwiderstand (bzw. Eingangsimpedanz bei Wechselstrom) den Wert Null besitzt. Ausgeführte S. besitzen Innenwiderstände, die ungleich Null sind. Allgemein gilt, um den daraus resultierenden Meßfehler gering zu halten, daß der Widerstand des Instrumentes sehr viel kleiner (etwa das 0,1fache) als der Widerstand im zu messenden Stromkreis sein soll. Strommessungen bis zu Meßbereichen von etwa 50 mA werden direkt mit dafür ausgelegten Meßwerken durchgeführt, zur Messung größerer Stromstärken werden Nebenwiderstände parallel zum Meßwerk und einen dazu in Reihe liegenden Vorwiderstand geschaltet. Häufig eingesetzte elektrische S. besitzen Drehspul- oder Dreheisenmeßwerke. Elektronische Vielfachinstrumente messen den Strom als Spannungsabfall über einen eingebauten Stromfühler. [12]. Fl

Strommessung *(current measurement)*. Die S. dient der Feststellung von Werten der Stromstärke im elektrischen Schaltkreis. Es können Gleich-, Wechsel- oder Mischströme (aus einem Gleich- und einem Wechselanteil bestehend) gemessen werden. Häufig soll mit einer S. der Kurvenverlauf eines zeitlich abhängigen elektrischen Stromes bestimmt und untersucht werden. Strommesser und zur S. geeignete, niederohmig wirkende Meßeinrichtungen werden in den zu messenden Stromzweig eingefügt. In vielen Fällen muß der Stromkreis dazu aufgetrennt werden. Die Anschlüsse des Meßgerätes werden zur S. mit den freien Enden des aufgetrennten Zweiges verbunden. Durch das Einfügen des mit einer Eingangsimpedanz behafteten Meßinstrumentes in den Stromkreis entsteht ein Meßfehler, der bei bekannten Werten der Eingangsimpedanz korrigiert werden kann. 1. Übliche Meßinstrumente zur S. sind z.B.: Vielfachinstrumente, Drehspul-, Dreheisen-, Drehmagnetinstrumente und Galvanometer. Der Zeigerausschlag erfolgt direkt durch den Meßstrom. 2. Elektronische Meßgeräte, auch solche mit Digitalanzeige, führen die S. auf eine Spannungsmessung zurück. Sie besitzen einen eingebauten Stromfühler. Ähnlich werden Strommessungen mit dem Oszilloskop durchgeführt: Der Spannungsabfall über einen in den Stromzweig eingefügten Meßwiderstand mit bekanntem Wert wird an den Vertikaleingang des Oszilloskops gelegt. Die Stromstärke berechnet man über das Ohmsche Gesetz. Außerordentlich niedrige Ströme (bis herab auf etwa 10^{-14} A) werden mit hochohmigen Elektrometerverstärkern in Verbindung mit Ladekondensatoren gemessen. 3. Für Wechselstrommessungen im Frequenzbereich bis etwa 10 kHz bevorzugt man Dreheisen- oder Gleichrichtermeßgeräte. Für Ströme mit Frequenzen bis etwa 10 MHz setzt man häufig thermische Meßgeräte mit Thermoumformer ein. Es sind Präzisionsmessungen möglich. Strommessungen bis etwa 200 MHz lassen sich mit Stromwandlern durchführen, die als Durchführungswandler mit Ferritkern aufgebaut sind. Die Sekundärseite dieser Hochfrequenztransformatoren wird über eine angepaßte Leitung auf den Eingang eines Hochfrequenzspannungsmesser geführt. Im allgemeinen werden Strommessungen im Bereich hoher und höchster Frequenzen durch Spannungsmessungen über geeignete Meßwiderstände ersetzt. [5], [8], [12], [13], [14]. Fl

Strompegel → Pegel. Rü

Strompfad *(current path)*. Bei einem Meßgerät der vom Meßstrom oder einem Teil davon durchflossene Weg. [12]. Rü

Strompfeil. Pfeil zur Kennzeichnung einer (meist willkürlich angenommenen) Stromrichtung im Zweig eines Netzwerks. Für besondere Zwei- und Vierpolnetzwerke wird die Richtung des Strompfeils durch ein Zählpfeilsystem festgelegt. [15]. Rü

Stromquelle *(current generator, current source)*. Allgemein eine Einrichtung, die elektrischen Strom erzeugt. Häufig wird mit der Verwendung des Begriffs S. ausgesagt, daß bei Signalquellen ein Gleich-, Wechsel- oder Impulsstrom in einen Knoten oder eine Klemme eines Netzwerks eingeprägt wird, wobei der eingeprägte Strom weitgehend unabhängig vom Lastwiderstand ist. Im Idealfall ist der Innenleitwert einer Urstromquelle (→ Ersatzschaltung) Null. [15]. Rü

Stromquelle, gesteuerte *(current-controlled source)* → Quellen, gesteuerte. Rü

Stromquelle, spannungsgesteuerte *(voltage-controlled source)* → Quellen, gesteuerte. Rü

Stromquellenersatzbild → Ersatzschaltung. Rü

Stromquellen-Spannungsquellen-Umwandlung *(current-source voltage source conversion)*. Umwandlung des Ersatzschaltbildes einer Spannungsquelle in das einer Stromquelle. Das Bild zeigt die beiden Ersatzschaltbilder und die zugehörigen Formeln für die Bildung der Klemmenspannung. [15]. We

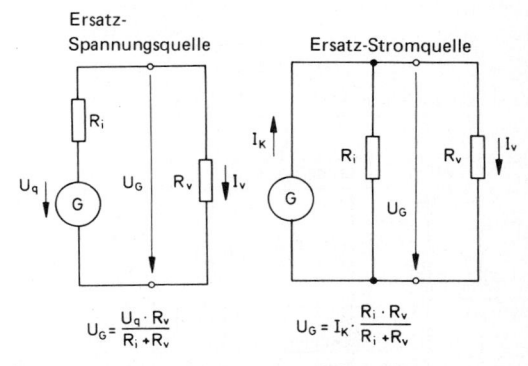

Ersatz-Spannungsquelle   Ersatz-Stromquelle

$$U_G = \frac{U_q \cdot R_v}{R_i + R_v} \qquad U_G = I_K \cdot \frac{R_i \cdot R_v}{R_i + R_v}$$

Stromquellen-Spannungsquellen-Umwandlung

Stromrauschen *(current noise)*. Beim Stromfluß in einem Widerstand treten zusätzlich zum thermischen Rauschen Spannungsschwankungen an den Klemmen auf, wenn der Widerstand kein metallischer Leiter ist, sondern im Zuge des Stromflusses sich Grenzflächen (Korngrenzen,

Sperrschichten) befinden. S. tritt z.B. in Kohleschichtwiderständen und in Metallschichtwiderständen auf. In metallischen Leitern ist das S. klein gegen das thermische Rauschen. [4], [5]. Th

Stromregler *(current controller).* Der S. ist der Regler eines Stromregelkreises. Solche Regelkreise sind häufig bei elektrischen Regelungen als innere Regelkreise von Kaskadenregelungen anzutreffen, da der Strom in fast allen Anlagen oder Geräten nicht beliebig hoch werden darf. [18]. Ku

Stromresonanz *(current resonance)* → Parallelschwingkreis. Rü

Stromrichter *(static power convertor, convertor).* S. sind elektrische Einrichtungen zum Umformen oder Steuern elektrischer Energie unter Verwendung von Stromrichterventilen. Man nennt S. deshalb auch statische Umformer. Die Einteilung der S. erfolgt einmal nach ihrer elektrischen Funktionsweise (Gleichrichter, Wechselrichter, Gleichstromumrichter, Wechselstromumrichter) und zum anderen nach der Quelle der Kommutierungsspannung (Bild). Bei netzgeführten S. bewirkt das Wechsel- oder Drehstromnetz und bei lastgeführten S. die Lastspannung (→ auch Phasenanschnittsteuerung) die Kommutierung des Stromrichters. Die selbstgeführten S. enthalten einen zusätzlichen Energiespeicher (meist kapazitiv), der die Kommutierungsspannung zur Verfügung stellt. Man spricht deshalb auch von erzwungener Kommutierung oder Zwangskommutierung. In der Antriebstechnik lassen sich mit einem S. als Stellglied dynamisch hochwertige Antriebe aufbauen [DIN 41750]. Ku

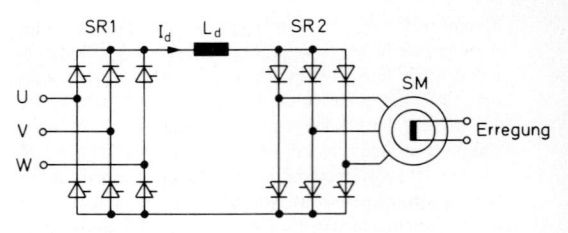

Stromrichtermotor *(convertor fed motor).* Der S. ist eine Kombination aus Stromrichter und Synchronmaschine SM, wobei die SM über einen lastgeführten Wechselrichter (SR 2) aus einem Gleichstromzwischenkreis gespeist wird (Bild). Dieser Zwischenkreis wird üblicherweise über einen netzgeführten Stromrichter (SR 1) aus dem Drehstromnetz versorgt. Dadurch kann die SM im Vierquadrantenbetrieb gefahren werden. Da die Kommutierung von SR 2 im Betrieb durch die Lastspannungen (induzierte Spannungen der SM) erfolgt, sind beim Anfahren aus dem Stillstand heraus besondere Maßnahmen erforderlich. Durch geeignete Steuer- und Regelverfahren erhält der S. ähnliche Betriebseigenschaften wie ein drehzahlgeregelter Gleichstromantrieb. [3]. Ku

Stromrichterschaltung *(convertor connection).* Eine S. ist die Zusammenschaltung der Stromrichterventile und aller zur Erfüllung der elektrischen Funktionsweise des Stromrichters erforderlichen Leistungsbauteile, wie z.B. Stromrichtertransformatoren, Kommutierungseinrichtungen, Saugdrosseln. Man unterscheidet die S. in Einwegschaltungen und Zweiwegschaltungen (DIN 41 761). Ku

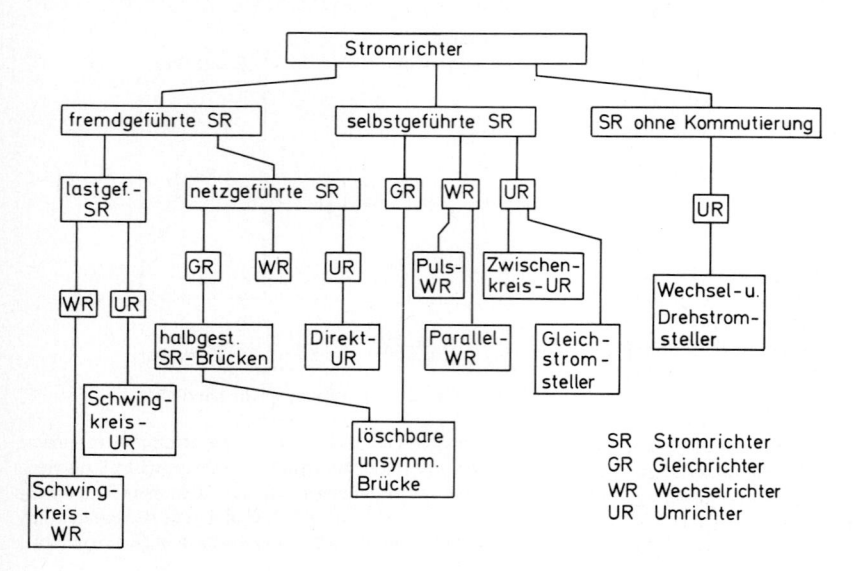

Stromrichtertechnik *(convertor technique).* Die S. ist Hauptbestandteil der Leistungselektronik. Sie beschäftigt sich mit dem Aufbau, den Steuerverfahren und den Einsatzmöglichkeiten von Stromrichtern, bzw. stromrichtergespeisten Anlagen. Ihre Geschichte reicht bis zum Anfang dieses Jahrhunderts zurück, als die ersten Gasentladungsstrecken mit Ventileigenschaften (z.B. Quecksilberdampfgleichrichter) technisch anwendbar wurden. Den entscheidenden Aufschwung erhielt die S. Ende der 50er Jahre mit der Einführung der steuerbaren Halbleiterventile (Thyristoren). Dadurch wurde der Einsatz dieser Halbleiterstromrichter auf allen Gebieten der elektrischen Energietechnik möglich. Der Vorteil der S. liegt nicht zuletzt in dem hohen Wirkungsgrad und der guten Dynamik dieser Bauelemente begründet. [3]. Ku

Stromrichterventil *(convertor valve)*. Das S. ist ein Bauelement der Leistungselektronik mit richtungsabhängiger elektrischer Leitfähigkeit, das periodisch abwechselnd in den leitenden und nichtleitenden Zustand versetzt wird. Als S. wirken Halbleiterdioden, Thyristoren und Transistoren im Schaltbetrieb. Die Gasentladungsventile aus den Stromrichteranfängen sind inzwischen von Halbleiterventilen vollständig verdrängt worden (DIN 57 558). [11]. Ku

Stromrichtung *(direction of current)*. Die Festlegung der (konventionellen) S. geschieht so, daß der Zählpfeil des Stromes (→ Zählpfeilsystem) in die Bewegungsrichtung der zugehörigen Ladung zeigt. [5]. Rü

Stromschaltertechnik *(current mode logic, CML)*. Integrierte Schaltungstechnik, bei der die Bipolartransistoren nicht in die Sättigung gesteuert werden und somit kurze Schaltzeiten (etwa 1 ns) gewährleistet. Eine Schaltkreisfamilie der S. ist → ECL *(emitter coupled logic)*. [4]. Ne

Strom-Spannungs-Kennlinie *(current-voltage characteristic)*. Jede graphische Darstellung des Zusammenhangs von Strom und Spannung. Praktisch wichtig für alle nichtlinearen Bauelemente: Diodenkennlinie, Röhrenkennlinie, Transistorkennlinie u.a. [4], [5]. Rü

Strom-Spannungs-Wandler *(current-to-voltage converter)*. Schaltung zur Umsetzung eines Stromwertes in einen analogen Spannungswert. Der S. wird z.B. bei der digitalen Strommessung benötigt, die auf eine digitale Spannungsmessung zurückgeführt wird. S. erzeugen im Prinzip eine Spannung über einen Widerstand, der von Operationsverstärkern verstärkt wird. Der ideale S. besitzt einen Eingangswiderstand von 0 Ω. [12]. We

Stromspiegelschaltung *(current mirror)*. Schaltung, die in integrierten Linearschaltungen häufig verwendet wird – z.B. zur Kopplung von Differenzverstärkerstufen. Der Strom durch den als Diode (Bild) geschalteten Transistor T_1 erscheint – sofern die beiden Transistoren identische Kennlinien haben – im Kollektorkreis von Transistor T_2 „gespiegelt". [6]. Li

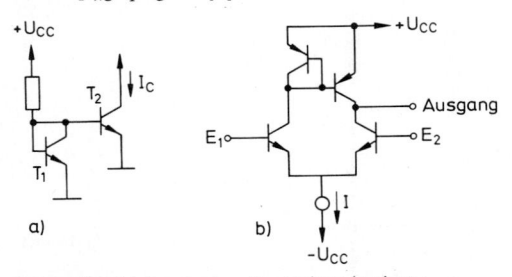

Stromspiegel (a) und seine Anwendung in einer Differenzverstärkerstufe (b)

Stromspiegelung *(current reflection)*. Das Verfahren der S. wird zur Berechnung von elektrischen Strömungsfeldern im Bereich einer ebenen Grenzfläche angewandt, die den betrachteten leitenden Halbraum von einem nichtleitenden trennt. Dazu denkt man sich den leitenden Halbraum mit der Stromquelle an der Grenzfläche gespiegelt, wodurch ein gleichmäßig leitender Raum mit zwei gleichen punktförmigen Stromquellen entsteht. Das so berechnete Strömungsfeld ist das im betrachteten Halbraum gesuchte Strömungsfeld. [5]. Ku

Stromstabilisator *(stabilized current regulator)*. Stromstabilisatoren sind in der Elektronik passive oder aktive Bauelemente, deren Verlauf der Stromspannungs-Kennlinie einen definierten Abschnitt besitzt, innerhalb dessen sich der Strom über einen größeren Spannungsbereich nur unwesentlich ändert. Abweichungen des eingestellten Stromwertes liegen ohne Berücksichtigung weiterer Einflußgrößen zwischen 10^{-1} und 10^{-2}. Beispiele von Stromstabilisatoren sind: 1. Eisenwasserstoffwiderstände (Kennlinie Bild a). Sie bestehen aus einem Eisendraht, der sich in einem mit Wasserstoffgas gefüllten Gefäß befindet. Ihre Reaktion auf Stromschwankungen ist träge. Man schaltet sie in Reihe zum Verbraucher. Es können Gleich- und Wechselspannungen konstant gehalten werden. 2. Elektronenröhre (Bild b). Entspricht der Wert des Widerstandsverhältnisses R_2/R_1 dem Wert des Durchgriffs der Triode, bleibt der Anodenstrom in weitem Bereich von Eingangsspannungsschwankungen

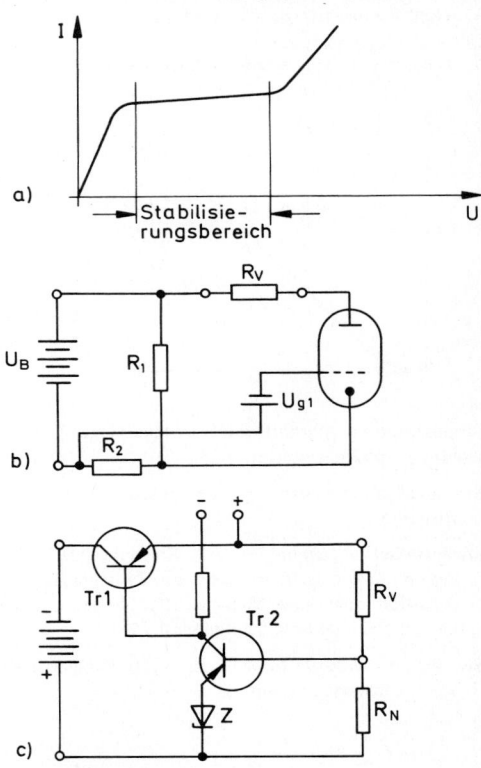

Stromstabilisator

und Laständerungen des Verbrauchers R_v konstant.
3. Transistorschaltungen (Bild c). Transistor T_2 ist als Verstärker geschaltet und steuert den als Stellglied arbeitenden Transistor T_1. Laststromänderungen durch R_v bewirken Änderungen des Spannungsabfalls über dem Normalwiderstand R_N, dessen Spannung mit der Zener-Spannung verglichen wird. Der Transistor T_1 regelt den Laststrom auf den Sollwert. [4], [6], [12]. Fl

Stromstärke *(electric current)*. Maß für die Stärke eines elektrischen Stromes; Einheit der S. ist das Ampere. [5]. Rü

Stromsteilheit *(rate of current rise)*. Zeitliche Änderung des Stromes bei einem Schaltvorgang: dI/dt. Sie spielt vor allem beim Durchschalten eines Thyristors oder eines Triacs eine entscheidende Rolle und darf einen kritischen Wert — die kritische S. — nicht übersteigen, da sonst die Einschaltverluste zu groß werden. [6], [11]. Li

Stromsteuerkennlinie *(curve of short-circuit forward current transfer)*, Kurzschlußstrom-Verstärkungs-Kennlinie. Beim Transistor wird die Kennlinie $I_C = f(I_B)$ bei U_{CE} = const. (I_C Kollektorstrom, I_B Basisstrom, U_{CE} Spannung zwischen Kollektor und Emitter) im 2. Quadranten des Kennlinienfeldes als S. bezeichnet. Der Transistor arbeitet in Emitterschaltung. Die Kennlinie dient der graphischen Ermittlung des Kurzschlußstromverstärkungsfaktors β bzw. des h-Parameters h_{21} (Kurzschlußstromübertragung vorwärts)

$$h_{21} = \frac{\Delta I_C}{\Delta I_B} \bigg| U_{CE} = \text{const. (Bild). [4], [6], [13].} \quad \text{Fl}$$

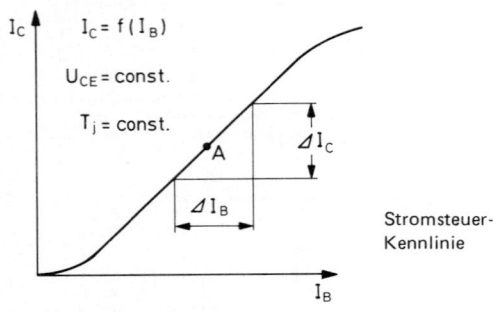

Stromsteuerung *(current drive)*. Steuervorgang, der bei Stromanpassung vorliegt. Rü

Stromstoßgalvanometer → Drehspulgalvanometer, ballistisches. Fl

Stromstoßrelais *(latching relay)*, Fortschaltrelais. Relais, dessen Anker über mechanische Zwischenglieder ein Schaltrad oder eine Nockenscheibe bewegt, wodurch dann der Kontaktsatz betätigt wird. [4]. Ge

Stromteiler *(current divider)*. Mit einer Parallelschaltung von n Leitwerten G_i mit

$$G_{ges} = \sum_{i=1}^{n} G_i,$$

die von einem Strom I_{ges} durchflossen wird, kann der Strom I_{ges} aufgeteilt werden, da sich die Einzelströme I_i verhalten wie die Leitwerte (Stromteilerregel)

$$\frac{I_i}{I_{ges}} = \frac{G_i}{G_{ges}} . \quad [15]. \qquad \text{Rü}$$

Stromteiler nach Ayrton *(Ayrton shunt, universal shunt)*, Ringschaltung, Mehrfachnebenwiderstand, Ayrtonnebenwiderstand. Der S. wird häufig bei Vielfachinstrumenten mit Drehspulmeßwerk zur Erweiterung der Strommeßbereiche eingesetzt. Der eigentliche Nebenwiderstand wird zur Erzielung mehrerer, zusätzlicher Meßbereiche in Einzelwiderstände unterteilt (Bild). Die Widerstände sind in Reihe geschaltet, ihre Anschlußklemmen als äußere Anschlüsse herausgeführt oder an die Kontakte eines Umschalters gelegt. Man eliminiert mit dieser Schaltung den Einfluß der Kontaktwiderstände und erhält bei zu messenden Strömen I, die sehr viel größer sind als der Meßwerkstrom I_{sp}, einen Spannungsabfall U, der in jedem Meßbereich annähernd konstant bleibt (bei $I \gg I_{sp}$ wird $U \approx R_S \cdot I_{sp}$ (R_S Schließungswiderstand des Meßwerks). [12]. Fl

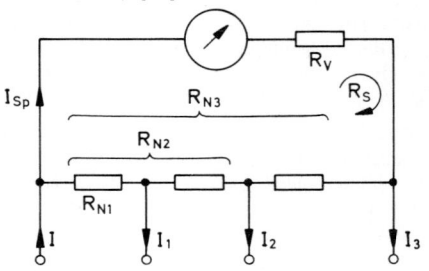

Stromteiler nach Ayrton

Stromteilerdrossel *(current sharing reactor)*. Stromteilerdrosseln sind Ventildrosseln zur Verbesserung der dynamischen Stromaufteilung bei parallelbetriebenen → Stromrichterventilen (Bild). Bei der S. unterstützt die Stromänderung in einem Ventilzweig entsprechende Stromänderungen in den übrigen parallel geschalteten Ventilzweigen. (Wegen des höheren Aufwands nur in Sonderfällen angewendet.) [3]. Ku

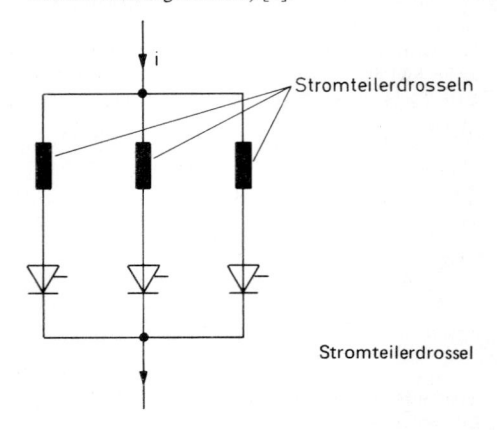

Stromteilerdrossel

Stromteilerregel → Stromteiler. Rü

Stromteilung. Die Verteilung des Stromes auf Halbleiterbauelemente, die zur Leistungsanpassung parallelgeschaltet sind (→ RTL). [4]. Rü

Stromtransformator *(current transformer)* → Stromwandler. Fl

Stromüberhöhung → Parallelschwingkreis. Rü

Stromübersetzungsverhältnis *(current ratio)* → Übertragungsfaktor. [15]. Rü

Stromübertragungsfaktor *(current transmission coefficient)* → Übertragungsfaktor. Rü

Strömungsfeld *(flow field).* Zustand eines Raumes, in dem sich eine fließende Bewegung von Flüssigkeiten, Gasen oder elektrischen Ladungen ausbildet. Das S. wird wie jedes Feld durch Feldlinien, hier Stromlinien, gekennzeichnet. Das elektrische S. ist speziell ein Zustand des Raumes, in dem sich positive oder negative Ladungsträger bewegen; kennzeichnende Feldgröße ist die Stromdichte **J**. Das S. heißt homogen, wenn **J** räumlich konstant; stationär, wenn **J** zeitlich konstant ist. [5]. Rü

Stromverhältnis *(current ratio)* → Übertragungsfaktor. Rü

Stromversorgung → Netzteil. Li

Stromversorgungseinheit → Netzteil. Fl

Stromversorgungsgerät, bipolares → Netzgerät, bipolares. Rü

Stromverstärkung *(current gain).* Bei verstärkenden Elementen der Stromübertragungsfaktor

$$v_i = A_i = \frac{I_2}{I_1}$$

(→ Übertragungsfaktor). [4]. Rü

Stromverteilung → Strombelag. Ge

Stromverteilungsrauschen *(interception noise).* Die Ursache liegt in der bei Elektronen-Mehrgitterröhren statistisch schwankenden Aufteilung der Elektronen auf die Gitter. [4]. Th

Stromwandler *(current transformer),* Stromtransformator. S. sind induktive Meßwandler, die der Umsetzung hoher Wechselstromwerte auf der Primärseite in niedrige Werte auf der Sekundärseite dienen. An die sekundärseitigen Anschlußklemmen sind z.B. Wechselstrommesser, Wechselstromzähler oder Schutzeinrichtungen angeschlossen. S. arbeiten im Kurzschlußbetrieb. Der Strompfad angeschlossener Geräte, die Bürde, muß niederohmig sein. Beim idealen S. sind primär- und sekundärseitige Durchflutung gleich und entgegengesetzt gerichtet. Für das Strom- und Windungsverhältnis gilt: $I_1/I_2 = N_2/N_1 = k_I$ (I_1 Primärnennstrom, I_2 Sekundärnennstrom; N_1 Primärwindungen; N_2 Sekundärwindungen; k_I Übersetzungsverhältnis der Nennströme). Für den Wandlerfehler F_i gilt:

$$F_i = \frac{(k_I \cdot I_2) - I_1}{I_1}.$$

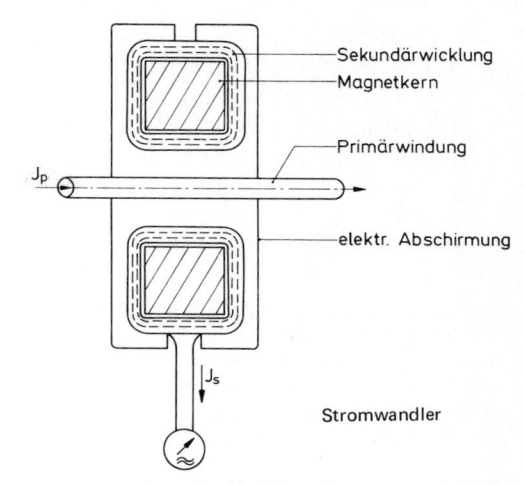

Stromwandler

Der in Prozenten ausgedrückte Fehler F_i gibt in der Meßtechnik die Genauigkeitsklasse an. Festgelegte Werte sind: 0,1; 0,2; 0,5; 1 und 3. Der Einsatzbereich bestimmt die Bauart: 1. a) S. für Starkstrom im Niederspannungsnetz. Primär- und Sekundärwindungen sind elektrisch isoliert und z.B. über einen magnetisierbaren Ringkern aus Blechen oder Bändern aus Eisen-Nickel-Legierungen verknüpft (→ Transformator). Bezeichnungen für die Primäranschlüsse sind K und L, für die Sekundäranschlüsse k und l. Der Anschluß k wird geerdet. b) S. für Hochspannungsanlagen besitzen hochwertige Isolierungen. c) Spezielle S. sind z.B. Zangenstromwandler für Zangenamperemeter, Summenstromwandler für Mehrleitersysteme (z.B. Drehstrom), Strom-Spannungs-Wandler. 2. S. für Messungen in der Hochfrequenztechnik. Sie sind häufig als Durchflußwandler ausgeführt (Bild). Ein Ferritkern trägt die Sekundärwicklung. Der den hochfrequenten Meßstrom führende Leiter wird durch den Kern gesteckt und bildet die Primärwicklung. S. dieser Art werden bis zu Frequenzen von etwa 200 MHz gebaut. [3], [8], [12], [13], [18]. Fl

Stromwandlerfehler → Stromfehler. Fl

Stromwelle → Vierpolwellen. Rü

Stromwellenübertragungsmaß. Übertragungsmaß, das mit dem Wellen-Stromübertragungsfaktor A_{iw} gebildet wird (→ Wellenübertragungsfaktor). [15]. Rü

Struktur, polykristalline *(polycristalline structure).* Die meisten natürlich vorkommenden Kristalle sind keine Einkristalle, d.h., sie bestehen nicht aus einer Aneinanderreihung von Elementarzellen. Fehlordnungen und Störstellen verursachen vielmehr ein unregelmäßiges Kristallwachstum, wobei zwischen verschiedenen Einkristallbereichen aus Kristallen und Kristalliten regelloser Orientierung Korngrenzen beobachtet werden. Dieser unregelmäßige Kristallaufbau wird polykristalline S. genannt. [7]. Bl

Struktur, topologische *(topological structure).* Die topologische S. definiert die Eigenschaften eines geometrischen Gebildes, die bei einer stetigen Ausdehnung

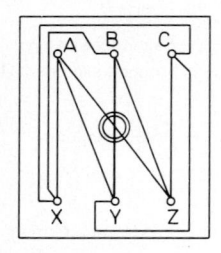

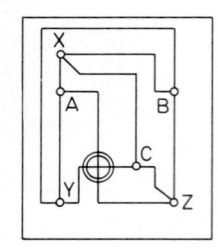

Topologische Struktur

oder Schrumpfung erhalten bleiben, also unabhängig von der Größe der Gebilde sind. Topologische Strukturen haben Bedeutung beim Schaltungsentwurf, besonders beim Entwurf von Leiterplatten. Das Bild zeigt ein bekanntes Beispiel: eine Verbindung der Punkte A, B, C jeweils mit X, Y, Z ist ohne Kreuzung der Leiterbahnen nicht auf einer einseitigen Leiterplatte möglich, unabhängig von der Lage der Punkte. [4]   We

Strukturätzen. Verfahren, um Halbleiterscheiben auf ihre Struktur (z.B. Versetzungen) untersuchen zu können. Hierzu wird die Halbleiteroberfläche angeschliffen und mit Salpetersäure, Fluorwasserstoff und Essig angeätzt. [4].   Ne

Strukturbild *(structure diagram).* Das S. eines Systems gibt in der Regelungstechnik die funktionalen Zusammenhänge zwischen den Systemgrößen in veranschaulichender Form eines Blockschaltbildes wieder. Das S. enthält das beschreibende mathematische Gleichungssystem, wobei meist die Systemgrößen durch Anwendung der Laplace-Transformation in den Bildbereich gebracht worden sind. [18].   Ku

Strukturentwurf *(layout).* Optimale Anordnung von Bauelementen und ihrer Verbindungen (Leiterbahnen) beim Entwurf integrierter Schaltungen oder Schaltungen auf Platinen. Der S. wird bei komplexen Gebilden mit Rechnerunterstützung vorgenommen. [4].   Ne

Strukturspeicher *(structure memory).* Ein Speicher, bei dem die Information mit der Struktur des Materials gespeichert wird, z.B. beim Magnetkernspeicher, bei dem die Informationsspeicherung mit dem remanenten Magnetismus des Ferritmaterials geschieht. S. benötigen keine dauernde Energiezufuhr, d.h., sie sind Permanentspeicher. [1].   We

Student-Verteilung → Test-Verteilungen.   Rü

Studioregler → Pegelregler.   Fl

Stufendrehschalter → Drehschalter.   Ge

Stufenkompensationsumsetzer *(incremental-step converter; voltage comparison encoder),* Stufenumsetzer, Stufenkompensator, Stufenverschlußler. Der S. ist eine elektronische Schaltung zur Umsetzung analoger Spannungen oder Ströme in binär-codierte Werte (Analog-Digital-Wandler). Binärcode am Ausgang ist häufig der Dualcode. Der S. setzt Momentanwerte der Eingangsgröße um: Er arbeitet daher schnell aber störanfällig. Sein Funktionsablauf ist ähnlich dem eines selbstabgleichenden Kom-

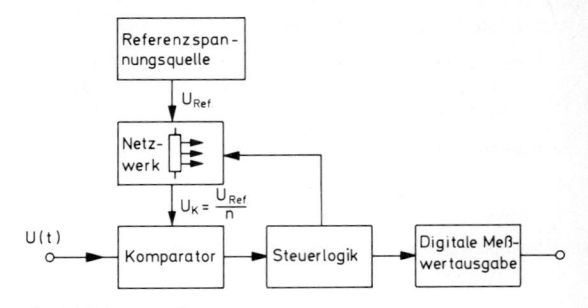

Stufenkompensationsumsetzer

pensators, bei dem die Eingangs-Signalgröße mit veränderbaren Referenzspannungswerten verglichen wird. Ein Spannungskomparator stellt Gleichheit oder Abweichungen nach positiven bzw. negativen Werten fest. Abhängig vom Ergebnis am Ausgang der Vergleichsschaltung wird eine Steuerlogik beeinflußt, die Widerstände eines Widerstandsnetzwerkes z.B. über elektronische Schalter so lange variiert, bis Spannungsgleichheit herrscht (Bild). Das Widerstandsnetzwerk ist im einfachsten Falle als Spannungsteiler ausgeführt, der nach einem gewünschten Code gestuft ist und von einer Referenzspannungsquelle gespeist wird. Zwischen Widerstandsnetzwerk und Komparator liegt häufig ein Summierverstärker. Ein Taktgenerator liefert die Arbeitstakte für die Steuerlogik. Am Schaltungsausgang ist ein Ausgabedecodierer angeschlossen, der eine Digitalanzeige mit dem Ergebnis ansteuert oder die digitale Ziffernfolge zur Weiterverarbeitung bereitstellt. Im wesentlichen unterscheidet man: 1. Parallelverschlüßler. Die Widerstände des Bewertungsnetzwerkes liegen parallel. In Reihe zu jedem Widerstand sind Feldeffekttransistoren als Schalter angeordnet. Der S. kann mit Taktfrequenzen bis 10 MHz betrieben werden. 2. Serienverschlüßler. Eine Konstantstromquelle versorgt ähnlich wie beim Poggendorf-Kompensator einen Hilfsstromkreis mit Bewertungswiderständen. Die Schaltkontakte liegen parallel. Als Schalter werden elektromechanische Reed-Relais eingesetzt. Man erreicht bis zu 10 Umwandlungen/s. [4], [6], [9], [12], [13], [18].   Fl

Stufenkompensator → Stufenkompensationsumsetzer.   Fl

Stufenkopplungsnetzwerk *(interstage network).* Bei Breitbandverstärkern werden zwischen die einzelnen Verstärkerstufen passive Kopplungsnetzwerke geschaltet, um eine möglichst große Bandbreite und eine konstante Laufzeit zu erreichen. Für diesen Zweck werden Kopplungsnetzwerke in verschiedenen Formen verwendet: L-Halbglieder, Kopplung durch einen Tiefpaß (→ Filter). [15].   Rü

Stufenprofilwellenleiter → Lichtwellenleiter.   Ne

Stufenschalter *(stepping switch).* Elektrischer Schalter mit mehreren Schaltstellungen (Stufen), als Drehschalter oder Schiebeschalter ausgeführt. [4].   Ge

Stufenumsetzer → Stufenkompensationsumsetzer.   Fl

Stufenverschlüßler → Stufenkompensationsumsetzer.   Fl

Stufenversetzung → Versetzungen. Li

Stufenverstärkung *(stage gain)*. Bei mehrstufigen Verstärkern (→ Verstärkerstufe) die Spannungs- oder Stromverstärkung einer Stufe. [6]. Li

Stufenverzögerungszeit *(propagation delay time)*. Schaltverzögerungszeit an einem Bauteil der Digitaltechnik. Die S. ist die Zeit von der Signaländerung am Eingang bis zur Signaländerung am Ausgang. Der exakte Zeitpunkt der Signaländerungen wird durch einen Spannungswert oder einen Prozentwert des Spannungshubs definiert. Die Kennzeichnung der Art der Signaländerung als Index (positive Flanke = 1, negative Flanke = 0) bezieht sich immer auf das Ausgangssignal. [2]. We

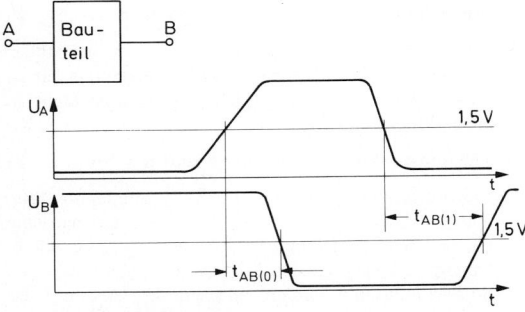

Stufenverzögerungszeit

Stützkondensator. Der S. ist ein Gleichspannungskondensator, der bei periodischem Spitzenbedarf kurzzeitig hohe Ströme abgeben und so ein Netz, z.B. in Wechselrichtern, unterstützen kann. Der Scheitelwert des hierbei auftretenden Stromes ist wesentlich größer als der Effektivwert (→ Metallpapierkondensator). [4]. Ge

Subharmonische *(subharmonic)*. Frequenz, die durch Teilung einer vorgegebenen Frequenz in einem ganzzahligen Verhältnis entsteht. Im einfachsten Fall geschieht diese Teilung durch binäre Frequenzteiler. Beim Hören werden fehlende Subharmonische, z.B. der Sprache, vom menschlichen Gehirn ergänzt. [2], [8], [10]. Li

Subkollektor → Schicht, vergrabene. Ne

Submillimeterwelle. Teilbereich des Spektrums der elektromagnetischen Wellen im Bereich von 300 GHz bis 3000 GHz (3 THz), der bis zur langwelligen Infrarotstrahlung reicht (→ Funkfrequenz). Anwendung: Durchführung von spektrographischen Untersuchungen zur qualitativen und quantitativen Analyse von Materie. [14]. Ge

Substitutionsmethode *(substitution method)*. In der Meßtechnik wird mit der S. ein Vergleich zwischen einem Prüfling und einem Normal mit wesensgleichen Eigenschaften durchgeführt. Es wird zunächst der Prüfling an die Meßeinrichtung bzw. an das Meßgerät angeschlossen und die Anzeige notiert. Danach wird der Prüfling entfernt und ein ihm entsprechendes Normal (oder Bauteil mit genau bekannten Werten) eingefügt. Wenn man den gleichen Zustand der Meßanordnung wie beim Prüfling erhält, stimmen die untersuchten Eigenschaften beider Bauteile überein. Wichtige Anwendungen der S. sind z.B.: Bestimmung dielektrischer Verluste oder Eisenverluste von Bauteilen der Hochfrequenztechnik; Bestimmung des Übertragungsfaktors eines Mikrophons über die abgegebene Spannung durch Vergleich mit der abgegebenen Spannung eines Normalmikrophons mit bekanntem Übertragungsfaktor unter gleichbleibenden Meßbedingungen. Spannungen und Übertragungsfaktoren werden zueinander ins Verhältnis gesetzt und die unbekannte Größe berechnet. [12]. Fl

Substrat *(substrate)*. Materialien, auf denen Mikroschaltungen hergestellt werden. Bei Hybridschaltungen bzw. Dick- und Dünnschichtschaltungen werden als Substrat Isolationsmaterialien wie Keramik oder Glas verwendet. Bei integrierten Schaltungen besteht das Substrat aus einem Halbleiter, in dessen oberflächennahen Schichten elektronische Bauelemente oder Schaltungen realisiert werden. [4]. Ne

Substrattransistor. Vertikaler PNP-Transistor, bei dem der Kollektor durch das Substrat gebildet wird (Bild). An dem Kollektor liegt das negative Potential der Spannungsquelle an. [4] Ne

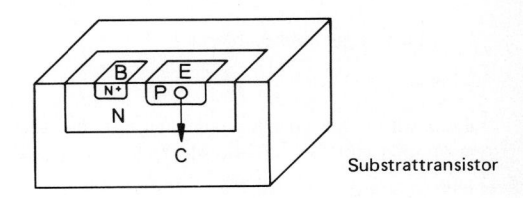

Substrattransistor

Subtrahierer *(subtracter)*, Subtrahierschaltung. 1. In der analogen Schaltungstechnik ist der S. eine Rechenschaltung, die im einfachsten Fall zwei Eingangssignalspannungswerte U_1 und U_2 mit Hilfe eines beschalteten Operationsverstärkers so verknüpft, daß am Schaltungsausgang die Differenz beider entsteht. Die Subtraktionsbildung ist mit einer Verstärkung verbunden. Im Prinzipbild (Bild a) verläuft die Ausgangsspannung U_A nach der Funktion: $U_A = \alpha \cdot (U_2 - U_1)$. (→ Bild Mehrfach-Subtrahierer.) 2. In der Digitaltechnik bildet der S. die Differenz zweier Dualzahlen x_0 und y_0 mit Mitteln der Digitalelektronik. Man unterscheidet: a) Halbsubtrahierer. Eine einfache Schaltung mit NAND-Gliedern zeigt das Bild b. Die Differenz d_0 entsteht nach der Gleichung:

$$d_0 = \bar{x}_0 \wedge y_0 \vee x_0 \wedge \bar{y}_0$$

($\wedge$ UND-, $\vee$ ODER-Verknüpfung).

Den Übertrag ü erhält man: $ü = \bar{x}_0 \wedge y_0$. b) Vollsubtrahierer. Man setzt ihn aus zwei Halbsubtrahierern zusammen und führt die Subtraktion in zwei Schritten durch. Der Übertrag entsteht am Ausgang $ü_{n+1}$ (Bild c). c) Eine Subtraktion mehrstelliger Dualzahlen führt man mit einer Kette von Subtrahierern durch. 3. In Datenverarbeitungsanlagen wird die Funktion des Subtrahierers vom Addierwerk des Rechenwerks übernommen. Die Sub-

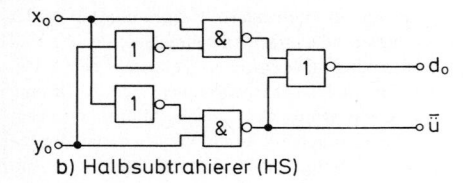

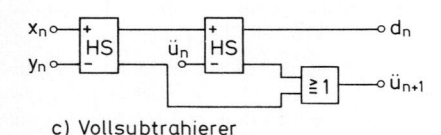

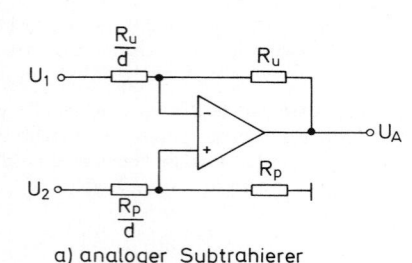

Subtrahierschaltung

b) Halbsubtrahierer (HS)

c) Vollsubtrahierer

a) analoger Subtrahierer

Subtrahierer

traktion wird durch Komplementbildung auf eine Addition zurückgeführt. [1], [2], [4], [6], [9], [12], [17]. Fl

Subtrahierschaltung → Subtrahierer. Fl

Suchtonanalyse → Suchtonverfahren. Fl

Suchtonmethode → Suchtonverfahren. Fl

Suchtonverfahren *(search tone method)*, Suchtonmethode, Suchtonanalyse. Mit Hilfe des Suchtonverfahrens lassen sich bei periodischen oder nichtperiodischen Vorgängen frequenzselektiv Spannungen in weitem Frequenzbereich mit hohem Auflösungsvermögen meßtechnisch nachweisen. Das zu untersuchende Frequenzspektrum wird in einem Modulator mit einer abstimmbaren Trägerfrequenz konstanter Amplitude moduliert. Die entstehenden Differenzfrequenzen siebt ein Filter konstanter Bandbreite aus. Das Ergebnis wird angezeigt, registriert oder auf einem Sichtschirm dargestellt. Man unterscheidet das Tieftonverfahren und das Hochtonverfahren.

Beim Tieftonverfahren wird das Filter durch einen Tiefpaß (etwa 0 Hz bis 20 Hz Durchlaßbereich) dargestellt. Durch Abstimmung der Trägerfrequenz (Suchton f_S) nähert man sich entsprechenden Frequenzen f_X des zu analysierenden Gemisches bis zum Schwebungsminimum ($f_S = f_X$), wobei auf der Spannungsanzeige des Meßgerätes (Analysator) entweder ein Minimum sichtbar oder, je nach Gerätetyp, die Schwebungsamplitude verstärkt angezeigt wird. Beim Hochtonverfahren wird als Filter ein Bandpaß eingesetzt, dessen Mittenfrequenz gleich der Differenzfrequenz ist. Die Suchfrequenz liegt dann oberhalb des Empfangsfrequenzbandes. Hier wird die gesuchte Frequenz als Maximum der entsprechenden Spannung angezeigt. Die Analysierschärfe hängt von der Bandbreite des Filters ab. Gemessen werden kann nur im eingeschwungenen Zustand, wodurch das S. zeitabhängig

wird. Eine Verbesserung des Auflösungsvermögens wird durch das phasenempfindliche S. mit Frequenzeinrastung erzielt. Hier rastet die variable Suchfrequenz in Nähe der Meßfrequenz ein; es wird eine phasenrichtige Anzeige der Gleichspannung geliefert.

Meßgeräte, die nach dem S. arbeiten (Suchtonanalysatoren) findet man bei Schallmessungen (Spektraldichte von Frequenzgemischen), Fourier-Analysen, als selektive Pegelmesser, zum Messen von Verzerrungs- und Mischprodukten (z.B. zur Messung des Klirrfaktors). [12], [13], [14], [19]. Fl

Suchzeit *(search time)*. In der Datenverarbeitung die Zeit für das Suchen nach einer bestimmten Information, z.B. in einer Datenbank. Durch Organisation der Datenbestände kann die S. minimiert werden. [1]. We

Summationsintegrator → Summenintegrator. Fl

Summationspunkt *(summing point)*. Der S. ist der Minuseingang eines beschalteten Operationsverstärkers mit an Masse gelegtem Pluseingang oder die Additionsstelle in einem Blockschaltbild. [5]. Ku

Summationsverstärker → Summierverstärker. Fl

Summenintegrator *(summing integrator)*, Summationsintegrator, Umkehrintegrator. Als S. bezeichnet man eine elektronische Schaltung, die zwei oder mehrere zeitabhängige Eingangssignalgrößen an einem gemeinsamen Summationspunkt addiert und aus dem Ergebnis das Integral über der Zeit bildet. Man benutzt dazu einen Operationsverstärker, der so beschaltet ist, daß er die Funktion eines Summierverstärkers und eines Integrators erfüllt. Nach dem Prinzipbild eines Summenintegrators erhält man bei den zeitabhängigen Signal-Eingangsspannungen u_1 und u_2 die Ausgangsspannung u_0 nach der Gleichung:

$$-u_0 = \frac{1}{C} \cdot \int \left(\frac{u_1}{R_1} + \frac{u_2}{R_2} \right) dt.$$

[6], [12], [13], [18]. Fl

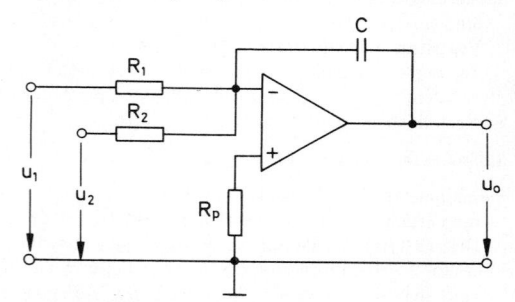

Summenintegrator

Summenlöschung. Die S. ist ein Verfahren zur Zwangskommutierung bei selbstgeführten Wechselrichtern, wobei mit einem einzigen Löschkondensator C_K jedes stromführende Ventil gelöscht werden kann (Bild: T_1 bis T_6 Hauptventile, D_1 bis D_6 Rückspeisedioden, T_7 bis T_{10} Löschventile). Da sich C_K bei jedem Löschvorgang umlädt, muß abwechselnd eine Löschung in der oberen und unteren Brückenhälfte erfolgen. Die Begrenzerdioden D_7 und D_8 sorgen zusammen mit den

Summenlöschung

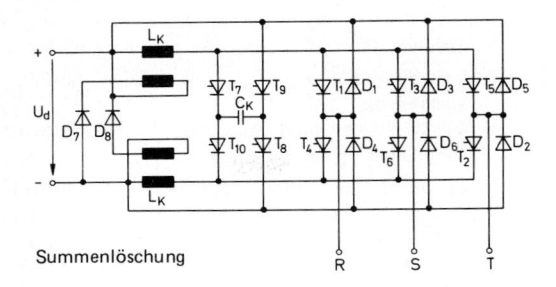

Sekundärwicklungen der Kommutierungsdrosseln L_K, daß die Spannung an C_K die Speisespannung U_d nur um ein bestimmtes Maß übersteigt. Wegen der hohen Spannungsbeanspruchung von D_7 und D_8 und Sekundärwicklungen von L_K wird die S. nur selten angewendet. [3]. Ku

Summensignal. Ausgangssignal eines Summierverstärkers. Rü

Summenstromwandler *(sum current transformer)*, Summenwandler. S. sind Stromwandler mit mehreren getrennten Primärwicklungen (bis etwa zehn), die aus den frequenzgleichen Wechselströmen einzelner Leiter unter Berücksichtigung der gegenseitigen Phasenlage im Mehrleitersystem eine Addition durchführen. Die Wicklungen des Primär- und Sekundärkreises des Summenstromwandlers sind über einen Eisenkern magnetisch gekoppelt. Man setzt sie z.B. in Fehlerstrom-Schutzschaltungen ein. [3], [12]. Fl

Summenwandler → Summenstromwandler. Fl

Summierer → Summierverstärker. Fl

Summierglied *(summation element)*. Summierglieder sind Bauglieder, die in Geräten der Regelungs- und Steuertechnik zur Signalverarbeitung eingesetzt werden. Nach DIN 19 226 führt ein S. Additionen und Subtraktionen, häufig auch mit Koeffizienten, durch (→ Summierverstärker). [18]. Fl

Summierverstärker *(summing amplifier)*, Addierverstärker, Summierer, Summationsverstärker, Addierer, Umkehraddierer. Der S. ist eine elektronische Schaltung, deren Ausgangssignalgröße proportional der Summe zweier oder mehrerer Eingangssignalgrößen ist. Am häufigsten werden beschaltete Operationsverstärker zur Durchführung der analogen Rechenoperation eingesetzt. Im Prinzipbild eines Summierverstärkers werden die beiden z.B. positiv gerichteten Eingangs-Signalspannungen U_1 und U_2 mit Hilfe eines gegengekoppelten Operationsverstärkers im invertierenden Betrieb zur negativ wirkenden Ausgangs-Signalspannung $-U_0$ addiert. Für den idealen Operationsverstärker gilt:

$$-U_0 = \frac{R_F}{R_{N1}} \cdot U_1 + \frac{R_F}{R_{N2}} \cdot U_2.$$

Wird $R_F/v = R_{N1} = R_{N2}$, so entsteht neben der Addition auch eine Verstärkung mit dem Verstärkungsfaktor v. Als Summationspunkt wirkt der invertierende Verstärkereingang. [6], [12], [13], [18]. Fl

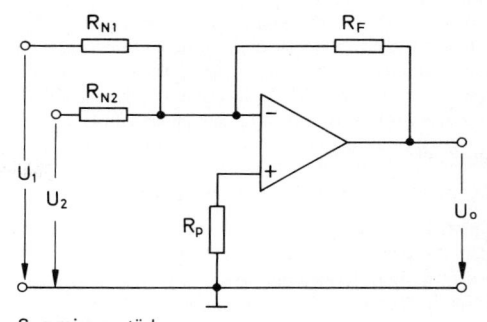

Summierverstärker

Superhet → Überlagerungsempfänger. Ne

Superikonoskop *(super iconoscope)*. Das S., auch Zwischenbild-Ikonoskop, ist aus dem Ikonoskop durch Erweiterung mit einem Bildwandler entstanden. Der Speicher besteht aus einer etwa 30 µm dicken Glimmerplatte, auf deren Rückseite eine Metallschicht (Signalplatte) aufgedampft ist und deren Vorderseite eine isolierende Schicht mit hohem Sekundäremissionsvermögen trägt, deren Flächenelemente mit der Signalplatte kleinste Speicherkapazitäten bilden. Aus dem optischen Bild erzeugen Photoelektronen auf dem Bildspeicher durch Auslösen von Sekundärelektronen ein positives Ladungsbild, das dann zeilenweise von einem Elektronenstrahl abgetastet wird. Beim Abtasten wird das Gleichgewichtspotential der Speicherelemente wiederhergestellt und die dabei durch den Anteil der zur Anode gelangenden Sekundärelektronen hervorgerufenen Spannungsänderungen stellen das Bildsignal dar. Das S. wird in seiner ursprünglichen Form heute nicht mehr verwendet. [16]. Th

Superintegration *(super high integration)*. Bezeichnung für integrierte Schaltungen, deren Integrationsdichte höher als bei der Größtintegration (größer 10 000 Gatter pro Chip) ist. [4]. Ne

Superkondensator → FDNR. Rü

Superorthikon *(image orthicon; superorthicon)*. Das S. ist eine speichernde Bildaufnahmeröhre mit gleichem Abtastvorgang wie beim Orthikon. Photoschicht und Speicherschicht sind getrennt. Zwischen ihnen wird das Bild elektronenoptisch abgebildet. Als Ladungsträger wird eine dünne Glasfolie von etwa 3 µm Dicke verwendet, die parallel und senkrecht zur Röhrenachse eine unterschiedliche Leitfähigkeit aufweist. Die durch Lichteinfall geladenen Elemente der Speicherelektrode werden durch den Abtast-Elektronenstrahl auf Katodenpotential umgeladen. Der entsprechend modulierte Strahl wird reflektiert und trifft auf das Strahlerzeugungssystem umgebenden Sekundärelektronenvervielfacher. An diesem wird das Bildsignal abgenommen. Das S. ist sehr viel empfindlicher als das Superikonoskop und weist kein Störsignal auf. [16]. Th

Superposition → Interferenz. Ge

Superpositionsprinzip *(superposition principle)*, Überlagerungssatz. Wichtiges Verfahren zur Berechnung linearer

Systeme. Wirken mehrere unabhängige Quellen in einem linearen System, so ist die resultierende Wirkung gleich der Summe der Einzelwirkungen. Das S. gilt auch, wenn die einzelnen linearen Bestandteile des Systems inhomogen, anisotrop oder zeitveränderlich sind. [14]. Ge

Superspule → FDNR. Rü

Super-Turnstile-Antenne → Drehkreuzantenne. Ge

Supraleiter *(superconductor)*. Metalle oder organische Verbindungen, die unterhalb einer Sprungtemperatur keinen elektrischen Widerstand zeigen und in ihrem Inneren kein magnetisches Feld halten können, d.h. Supraleitung zeigen. [5], [7]. Bl

Supraleitung *(superconductivity)*. Ein nur durch die Quantenmechanik verständlicher Effekt bei Temperaturen nahe dem absoluten Temperaturnullpunkt, d.h. im Bereich von einigen Kelvin. Man betrachtet hier den Supraleiter als einen makroskopischen, kondensierten Quantenzustand, in dem (unterhalb der für jeden Stoff charakteristischen Sprungtemperatur) je zwei Elektronen entgegengesetzten Spins ein „Cooper-Paar" bilden. Durch diese Paarbildung wird die Gesamtenergie abgesenkt. Diese Cooper-Paare verhalten sich wie Teilchen, die nicht mehr der Fermi-Dirac-Statistik, sondern der Bose-Einstein-Statistik unterliegen. Deshalb haben beim Anliegen einer Spannung alle Cooper-Paare einheitlichen Impuls. Wegen der großen Wellenlänge der de Broglie-Welle der Cooper-Paare kommt es nur selten zu Interferenzen; der elektrische Widerstand ist verschwindend gering. [5], [7]. Bl

Suszeptanz *(susceptance)*. Blindleitwert, Imaginärteil einer Admittanz (→ Impedanz). [15]. Rü

Suszeptibilität, elektrische *(electric susceptibility)*. Die elektrische Polarisation P läßt sich in der Form

$$P = (\epsilon_r - 1)\epsilon_0 E$$

schreiben (ϵ_r Permitivitätszahl, ϵ_0 elektrische Feldkonstante, E elektrische Feldstärke). Als elektrische S. bezeichnet man den Klammerausdruck

$$\chi_e = (\epsilon_r - 1) = \frac{P/\epsilon_0}{E}.$$

Die elektrische S. ist das Verhältnis aus Elektrisierung und elektrischer Feldstärke (DIN 1324). [5]. Rü

Suszeptibilität, magnetische *(magnetic susceptibility)*. Die magnetische Polarisation J läßt sich in der Form

$$J = (\mu_r - 1)\mu_0 H$$

schreiben (μ_r Permeabilitätszahl, μ_0 magnetische Feldkonstante, H magnetische Feldstärke). Als magnetische S. bezeichnet man den Klammerausdruck

$$\chi_m = (\mu_r - 1) = \frac{J/\mu_0}{H} = \frac{M}{H}.$$

Die magnetische S. ist das Verhältnis aus Magnetisierung M und magnetischer Feldstärke (DIN 1325). Bei weichmagnetischen Werkstoffen ist χ_m praktisch gleich der relativen Permeabilität μ_r. Als spezielle Größen der magnetischen S. werden definiert:

1. Massen-Suszeptibilität $\chi_{mm} = \frac{\chi_m}{\rho}$ (ρ Dichte);
2. Atom-Suszeptibilität $\chi_{mA} = \chi_{mm} A$ (A mittlere Atommasse);
3. Molekül-Suszeptibilität $\chi_{mo} = \chi_{mm} M$ (M mittlere relative Molekülmasse). [5]. Rü

Symbol *(symbol)*. Ein Zeichen oder Wort, dem eine Bedeutung beigemessen wird (DIN 44 300). Symbole werden in der Elektronik besonders bei Zeichnungen verwendet, in der Datenverarbeitung bei der Programmierung z.B. als symbolische Adressen. [9]. We

Symmetrie *(symmetry)*. Im mathematischen Sinne für eine Figur, die durch Spiegelung an einer Symmetrieachse bzw. Symmetrieebene hervorgeht. 1. Die S. wird in der Netzwerktheorie zur Kennzeichnung bestimmter Schaltungsstrukturen oder Schaltungseigenschaften benutzt. Beispiele: → Vierpol, struktursymmetrischer; → Vierpol, widerstandssymmetrischer; → Vierpol, übertragungssymmetrischer; → Vierpol, kopplungssymmetrischer, Vierpol, kernsymmetrischer; → Vierpol, leistungssymmetrischer; → Theorem von Bartlett. 2. Von S. wird in übertragenem Sinne auch bei spiegelbildlichen Codes gesprochen: z.B. Aiken-Code. [15], [1]. Rü

Symmetrieachse → Symmetrie. Rü

Symmetrieebene → Symmetrie. Rü

Symmetrieklassen → Kristallklassen. Bl

Symmetrisches Zählpfeilsystem → Zählpfeilsystem. Rü

Synchro *(synchro)* → Drehmelder. Ku

Synchronbetrieb *(synchronous operation)*. Übertragungsverfahren in Datennetzen, bei dem Sender und Empfänger hinsichtlich Geschwindigkeit und mittlerer Phasendifferenz ununterbrochen im Gleichlauf sind. Die Schnittstelle zwischen Datenendeinrichtung und Datenübertragungseinrichtung für Synchronbetrieb ist in CCITT-Empfehlung X.21 (*Comité Consultatif International Télégraphique et Téléphonique*) definiert. Ku

Synchrondemodulator *(synchronous detector)*. Es handelt sich um einen speziellen AM-Demodulator (AM Amplitudenmodulation), bei dem nicht nur die niederfrequente Selektion relativ zur hochfrequenten verbessert werden kann, sondern wobei auch eine erhebliche Verminderung der Demodulationsverzerrungen bei Fading eintritt. Es wird ein zusätzlicher ZF-Oszillator (ZF Zwischenfrequenz) im Empfänger verwendet, der eine mit dem Träger des empfangenen Senders synchrosierte und phasengleiche Spannung liefert. Das ZF-Signal wird dann mit diesem „Hilfsträger" gemischt und das NF-Signal (NF Niederfrequenz) ausgefiltert. [13], [14]. Th

Synchronisation → Synchronisierung. We

Synchronisierung *(Synchronization)*, Synchronisation. Erzielung des zeitlichen Gleichlaufs zwischen zwei und mehr Vorgängen. 1. S. beim Fernsehen: → Zeilensynchronisation. [8]. 2. In digitalen Systemen erfolgt die S. durch einen zentralen Taktgenerator. [2]. 3. Sie S. ist besonders wichtig bei der Datenfernübertragung. Beim Synchronbetrieb werden die beiden Taktgeber (Sender und Empfänger) zu Beginn der Übertragung des Datenblocks durch besondere Synchronisations-Zeichen zum Gleichlauf gebracht. Nach einer bestimmten Zeit muß die Nachsynchronisation durchgeführt werden. Beim Asynchronbetrieb erfolgt die S. für jedes Zeichen gesondert mit einem Startbit. [14]. 4. Als S. wird auch die Anpassung langsamerer Ein-Ausgabegeräte an eine schnellere Datenverarbeitungsanlage bezeichnet; dies kann z.B. mit Handshake-Methoden erfolgen. [1]. We

Synchronmaschine *(synchronous machine)*. Die S. ist eine Drehfeldmaschine, die im Ständer (Anker) eine Drehstromwicklung und im Läufer (Polrad) eine gleichstromgespeiste Erregerwicklung trägt (Innenpolmaschine, umgekehrte Ausführung als Außenpolmaschine sehr selten).

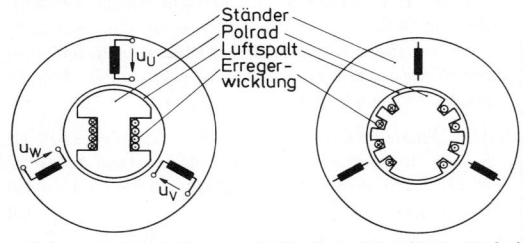

Schenkelpolmaschine   Vollpolmaschine (Turboläufer)
Synchronmaschine

Je nach konstruktiver Ausbildung des Läufers unterscheidet man bei Innenpolmaschinen zwischen den Schenkelpolmaschinen, die die Erregerwicklung auf ausgeprägten Polen tragen, und Vollpolmaschinen (Turboläufer), bei denen die Erregerwicklung in Nuten über dem Umfang des massiven Läufers verteilt ist (Bild). Der Name der S. ergibt sich daraus, daß das Polrad mit dem Drehfeld synchron umläuft. Damit ist die Drehzahl starr an die Netzfrequenz gebunden. Haupteinsatzgebiet der S. ist der Generatorbetrieb in Kraftwerken, wobei die mechanische Energie der Turbine in elektrische Energie umgewandelt und ins Netz gespeist wird. Die Grenzleistungen einer S. liegen heute bei etwa 2000 MVA. Die S. wird meist dann als Motor eingesetzt, wenn sie neben mechanischer Leistung an die Last noch Blindleistung an das speisende Netz abgeben soll, was sich durch Übererregung erreichen läßt. Eine S. kann nicht ohne Hilfsmittel bei Anschluß an ein Netz aus dem Stillstand anlaufen. Ebenso führt eine Überlastung zum Kippen aus dem Synchronismus und die S. bleibt stehen. Einphasige S. im Generatorbetrieb kommen vorwiegend in der Bahnstromversorgung ($16\frac{2}{3}$ Hz) zum Einsatz (→ Wechselstromgenerator). Im Bereich der Kleinstmotoren finden einphasige Synchronmaschinen Verwendung als Antriebe für Uhrwerke und Plattenspieler. [3]. Ku

Synchronoskop *(synchronoscope)*, Zeigersynchronoskop. Das S. ist ein elektrisches Prüfgerät mit dessen Hilfe die Synchronisation von Frequenz und Phasenlage zweier Wechselströme als Nullanzeige oder einer Anzeige „zu schnell", „zu langsam" festgestellt wird. Es besteht aus einem Elektromotor mit dreiphasigem Läufer (Rotor). Der Ständer wird vom Wechselstrom erregt. Die beiden zu überprüfenden Mehrleitersysteme werden an die Ständerwicklungen bzw. Läuferwicklungen angeschlossen (Bild). Ein mit dem Läufer verbundener Zeiger kann vollständige Umdrehungen ausführen. Folgende Zustände kann das Meßwerk einnehmen: 1. Bei Frequenzdifferenz dreht sich der Zeiger mit einer Umlaufgeschwindigkeit, die der Differenz beider Frequenzen entspricht. 2. Bei Phasenunterschieden und Frequenzgleichheit ruht der Zeiger in einer Stellung, die dem Phasenunterschied entspricht. 3. Bei Frequenz- und Phasengleichheit steht der Zeiger in einer festgelegten Nullage. Anwendungen: Beispielsweise zur Feststellung, ob zwei spannungsgleiche Drehstromsysteme parallelgeschaltet werden können, ohne daß unzulässige Ausgleichsströme auftreten. [3], [12]. Fl

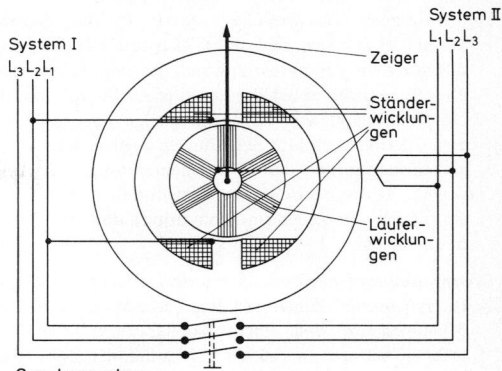

Synchronrechner *(synchronous computer)*. Datenverarbeitungsanlage, deren Schaltvorgänge durch einen zentralen Taktgeber gesteuert werden. Oft verfügt nur die Zentraleinheit über den zentralen Takt, während die Peripheriegeräte über einen eigenen Takt asynchron gesteuert werden. Der Gegensatz zum S. ist der Asynchronrechner, bei dem die Schaltvorgänge über Taktketten, die aus monostabilen Multivibratoren bestehen, gesteuert werden, wobei die monostabilen Multivibratoren sich gegenseitig anstoßen.

Der Nachteil des Synchronrechners ist die starre Einordnung aller Vorgänge in den Takt, so daß die Geschwindigkeit schneller Bauelemente oft nicht ausgenutzt werden kann, auch technische Verbesserungen können nicht ohne weiteres in das System eingefügt werden. Der Vorteil ist der übersichtlichere Schaltungsentwurf und die feste Zuordnung der Befehlsausführungszeiten zur Taktfrequenz. Die meisten Datenverarbeitungsanlagen benutzen S.; ebenso sind Mikroprozessoren S. [1]. We

Synchronsatellit *(24 h-satellite)*, geostationärer Satellit. Synchronsatelliten umkreisen die Erde in einer Flughöhe von 36 000 km über dem Äquator in 24 Stunden einmal. Ihre Umlaufzeit entspricht deshalb der Zeit für eine Erdumdrehung. Von der Erde aus betrachtet, erscheint die Position des Satelliten daher unverändert. Mit drei solchen Satelliten, die in gleichem Abstand auf der Umlaufbahn angeordnet sind, kann nahezu die gesamte bewohnte Erdoberfläche mit derselben Information versorgt werden. [14]. Ge

Synchronsignal *(synchronizing signal)*. In der Fernsehtechnik ist zur Sicherung des Gleichlaufs zwischen Bildzerlegung auf der Senderseite und der empfängerseitigen Bildregeneration außer der eigentlichen Bildinformation die Übertragung von Synchronsignalen notwendig, aus denen durch geeignete Schaltungen Signale für die Ablenkeinrichtungen des Fernsehempfängers abgeleitet werden. Die Synchronisation bezieht sich auf die Zeilenanordnung (→ Zeilensynchronisation) und die Rasterfrequenz. [8]. Rü

Synchronzähler *(synchronous counter)*, synchroner Zähler, taktsynchroner Zähler. Zähler, bei dem die einzelnen Schaltelemente von einem parallel zugeführten Takt getaktet werden, so daß alle Zustandsänderungen, abgesehen von den Schaltzeitunterschieden der einzelnen Schaltelemente, gleichzeitig (synchron) erfolgen. Damit nicht alle Schaltelemente bei jedem Takt kippen, müssen taktflankengesteuerte Flipflops mit Bedingungseingängen verwendet werden, die ein Kippen nur bei bestimmten Zuständen zulassen. S. haben den Vorteil, daß keine kurzfristigen Übergangszustände entstehen, außerdem lassen sich Zähler für alle Zählcodes durch schematisierte Entwurfsverfahren leicht entwerfen (Gegensatz: Asynchronzähler). [2]. We

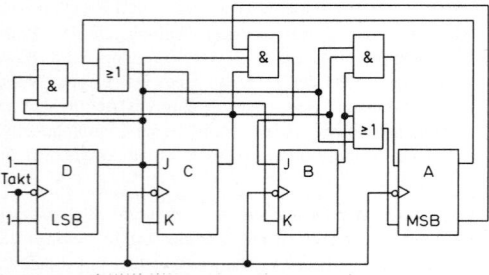

Synchroner Dezimalzähler unter Verwendung von JK-Flipflops

Syntax *(syntax)*. In der Datenverarbeitung die vom Inhalt eines Programmes unabhängigen Regeln für die Bildung des Programmes. Abweichungen von der S. der Programmiersprache werden i.a. vom Übersetzer erkannt (Syntaxfehler). [1]. We

Synthesator → Sprachsynthesizer. Fl

Synthese *(synthesis)* → Netzwerksynthese. Rü

Synthesizer → Frequenzsynthesizer. Li

System *(system)*. Sinnvolle Zusammensetzung einzelner Einheiten zum Erreichen eines Zieles; ein aus mehreren Teilen nach einer allgemeinen Regel geordnetes Ganzes. Die einzelnen Einheiten eines Systems sind untereinander durch Organisation (Bildung von Schnittstellen) verbunden; zwischen den Einheiten erfolgt eine Kommunikation (Austausch von Information). Die Einheiten verfügen i.a. über Ein- und Ausgänge. Ein S. kann eine technische Einrichtung sein, z.B. ein Datenverarbeitungssystem aber auch ein soziales oder politisches System oder ein Teil der Natur, z.B. das Planetensystem. Die Beschreibung von Systemen wird durch die Trennung in Untersysteme erleichtert. Mit den allgemeinen Eigenschaften von Systemen beschäftigt sich die Systemtheorie. [13]. We

System, abgeschlossenes *(closed system)*. Ein System, das keine Wechselwirkung mit seiner Umgebung hat. Abgeschlossene Systeme kommen in der Technik nicht vor. Sie können aber zu theoretischen Betrachtungen herangezogen werden (→ Systemtheorie). [13]. We

System, adaptives *(adaptive system)*. Ein adaptives S. ist ein S., das eine Adaption an sich ändernde Parameter enthält. [18]. Ku

System, analoges → Analogsystem. We

System, diskontinuierliches → System, diskretes. We

System, diskretes *(discrete system)*, diskontinuierliches System. Ein lineares S. mit endliche vielen Freiheitsgraden (Gegensatz: kontinuierliches S.). Das diskrete S. kann mit einem S. gewöhnlicher Differentialgleichungen beschrieben werden; es eignet sich gut für die Berechnung auf einem Analogrechner. [13]. We

System, dynamisches *(dynamic system)*. Ein physikalisches S., das Energiespeicher enthält und dessen Ausgangsgrößen nicht auf die Eingangsgrößen rückwirken, ist ein dynamisches S. [5]. Ku

System, entartetes *(degenerated system)* → Entartung. We

System, getaktetes *(clocked system)*. Ein S., bei dem alle Zustandsänderungen durch einen zentralen Takt hervorgerufen werden, so daß die Zustandsänderungen mit einer bestimmten Frequenz und zum gleichen Zeitpunkt erfolgen. Ein Beispiel für ein getaktetes S. ist der Synchronrechner (Gegensatz: ungetaktetes S.). [1]. We

System, hierarchisches *(hierarchical system)*. Ein S., dessen Untersysteme nicht gleichberechtigt sind, sondern in einem bestimmten Verhältnis der Unterordnung und Überordnung gegliedert sind.

In der Informationsverarbeitung treten hierarchische S. in den Datennetzen und den Mehrprozessorsystemen auf, wobei eine Anlage (Master) die anderen Anlagen (Slaves) zur Datenübertragung oder zur Übernahme von Aufgaben aktivieren kann. Ein hierarchisches S. kann auch innerhalb der Software, besonders der Betriebssysteme, bestehen; bestimmte Module können andere Module aufrufen, aber nicht umgekehrt. In Datenverarbeitungssystemen sind die Speicher als hierarchisches S. geordnet. [1]. We

System, hybrides *(hybrid system)*. Ein S. der Elektronik, das zur Signalverarbeitung sowohl Bausteine der Analogtechnik als auch Bausteine der Digitaltechnik verwendet. Beispiel: Hybridrechner. [1]. We

System, kontinuierliches *(continuous system)*. Ein lineares System, das unendlich viele Freiheitsgrade hat. Es treten zwei oder mehr unabhängige Variable auf. Bei der Berechnung von kontinuierlichen Systemen mit einem Digitalrechner oder Analogrechner muß die Berechnung bei einer bestimmten Genauigkeit abgebrochen werden. We

System, lineares *(linear system)*. Ein S., bei dem die Größen linear voneinander abhängig sind. Linear bedeutet, daß jede Wirkung exakt proportional der Ursache ist. [13]. We

System, lineares-zeitinvariantes *(linear time-invariant system)*, kurz LTI-System (linear time-invariant). Ein S., das die Eigenschaften eines linearen Systems und eines zeitinvarianten Systems in sich vereinigt. Ist z.B. das S. durch die Transformation

$$g(t) = F\{s(t)\}$$

definiert, wobei s(t) ein beliebiges Eingangssignal und g(t) das zugehörige Ausgangssignal ist, dann muß gelten:
1. Die Linearitätsbedingung (für beliebige Konstanten a_i)

$$F\{\sum_i a_i s_i(t)\} = \sum_i a_i F\{s_i(t)\} = \sum_i a_i g_i(t),$$

wobei $s_i(t)$ eine beliebige Anzahl von Eingangssignalen mit den zugehörigen Ausgangssignalen $g_i(t)$ ist.
2. Die Zeitinvarianz

$$F\{s(t-t_0)\} = g(t-t_0).$$

Lineare-zeitinvariante Systeme sind von großer Bedeutung, da sehr viele technische Systeme hierzu gehören. Sie werden durch lineare Differentialgleichungen mit konstanten Koeffizienten beschrieben. [14].   Rü

System, metrisches *(metric system)*. S. von Maßeinheiten, das auf dem Meter als Grundheit aufgebaut ist. [5].   We

System, nichtlineares *(nonlinear system)*. Ein S., das die Anforderungen des linearen Systems nicht erfüllt. Dazu gehören insbesondere Systeme der Digitaltechnik, aber auch Analogsysteme mit nichtlinearem Verhalten. Für nichtlineare Systeme existieren i.a. keine mathematisch geschlossenen Lösungen. [13].   We

System, steuerbares *(controllable system)*. Ein S. ist steuerbar, wenn die Kriterien der Steuerbarkeit erfüllt werden. [18].   Ku

System, ungetaktetes *(asynchronous system)*. Ein S. mit asynchroner Arbeitsweise. Der Begriff ist nur bei Systemen der Digitaltechnik sinnvoll (Gegensatz: getaktetes S.). [1].   We

System, zeitinvariantes *(time-invariant system)*. Es sei ein Eingangssignal s(t) (z.B. ein Elementarsignal) gegeben, auf das ein S. mit einem Ausgangssignal g(t) reagiert; das S. ist definiert durch eine mathematisch eindeutige Transformation

$$g(t) = F\{s(t)\}.$$

Ein S. heißt zeitinvariant oder stationär, wenn für jede beliebige Zeitverschiebung t_0 gilt

$$F\{s(t-t_0)\} = g(t-t_0).$$

Eine zeitliche Verschiebung des Eingangsimpulses darf die Form des Ausgangsimpulses nicht beeinflussen. [14].
   Rü

Systemanalyse *(systems analysis)*. 1. Analytische Betrachtung der einzelnen Funktionsgruppen eines Systems und deren Zusammenwirken im Gesamtsystem. 2. In der Datenverarbeitung: Untersuchung eines zu automatisierenden Betriebes bzw. Arbeitsgebietes hinsichtlich der Organisationsstruktur und der einzelnen Arbeitsabläufe mit dem Ziel, durch Integration einer geeigneten Datenverarbeitungsanlage diese Abläufe weitgehend zu automatisieren. [1].   Li

Systemtest *(systems test)*, Systemverbundtest. Die Erprobung eines Systems nach dessen vollständigem Zusammenbau. Der Ausdruck wird meist auf Datenverarbeitungssysteme bezogen. Dem S. geht der Test der einzelnen Komponenten voraus. Der S. erfolgt mit Hilfe von Testprogrammen, die die Zusammenarbeit zwischen den Komponenten des Systems überprüfen. Er wird vor Auslieferung des Systems in Prüffeldern durchgeführt. [1].   We

Systemtheorie *(system theory)*. Theorie über die Funktion, den Aufbau, das Verhalten von Systemen und deren Untersysteme. Die S. dient unter anderem dem genauen Vorhersagen des Verhaltens einer technischen Einrichtung. Das technisch gegebene System wird mit Modellsystemen oder durch mathematische Systeme dargestellt.

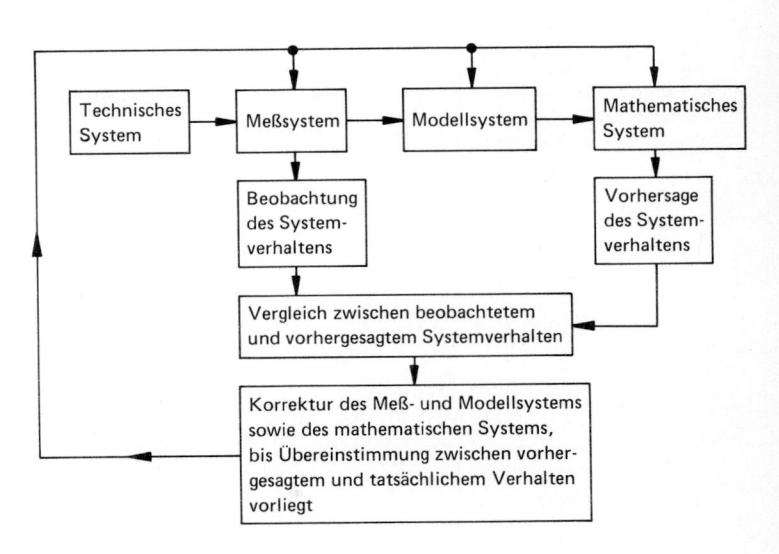

Systemtheorie

Die Anwendung der S. wird auch als Systemtechnik bezeichnet. Das Bild zeigt schematisch die Anwendung der S. bei der Untersuchung eines technischen Systems.
We

Systemverbundtest → Systemtest. We

Systemverlust → Übertragungsverlust. Rü

Szintillation *(scintillation)*. 1. Als S. wird das am Sternenhimmel beobachtbare Glitzern und Funkeln der Sterne bezeichnet. Ursache der Lichtschwankungen sind turbulente Luftströmungen der unteren Atmosphäre, die zu Änderungen der Brechzahl in kleinen Luftelementen führen. Szintillationen dieser Art sind auch bei optischen Nachrichtenverbindungen, z.B. mit Laserstrahl, von Bedeutung. 2. Lichtblitze, die in organischen Leuchtstoffen, Phosphor oder bestimmten Kristallen durch ionisierende Teilchen oder Photonen hervorgerufen werden, sind Szintillationserscheinungen. Diese Eigenschaft wird in Szintillationszählern genutzt. Bei radioaktiver Strahlung (→ Radioaktivität) entsteht S. in Abhängigkeit: a) α-Strahlen (Heliumkerne): Die α-Teilchen wurden ursprünglich spektroskopisch durch Auszählen von Lichtblitzen auf einem Zinksulfidschirm nachgewiesen. b) β-Strahlen (energiereiche Elektronen): Die Atome des Szintillationsmaterials, z.B. thalliumaktivierte Natriumjodid-Kristalle, werden durch die β-Strahlung in angeregte Zustände versetzt. Lichtblitze erfolgen durch die anschließende Rückkehr der Atome in den Grundzustand. c) γ-Strahlen (elektromagnetische Strahlungsquanten hoher Energie): Im Kristall (Material z.B. wie unter b) werden Elektronen unter Einwirkung der γ-Strahlen durch Paarbildung freigesetzt. Ursachen können sein: der Photoeffekt, der Compton-Effekt oder Energien von 1,022 MeV und höher. Die absorbierte Strahlung wird als zählbare S. durch Lichtquanten freigesetzt. 3. Auf Anzeigeschirmen von Radaranlagen bezeichnet man beobachtbare blitzartige, scheinbare Abweichungen der Zielanzeige aus ihrer Mittellage als S. Ursache kann z.B. eine Veränderung des wirksamen Reflexionspunktes am Ziel sein. 4. In der Höchstfrequenztechnik werden zufällige Schwunderscheinungen von Mikrowellenfunksignalen als S. bezeichnet. Sie werden ähnlich wie bei 1. durch Änderung der Brechzahl als Funktion unterschiedlicher Elektronendichten unterer Atmosphäreschichten verursacht. [5], [8], [12], [14].
Fl

Szintillationsdetektor *(scintillation detector)*, Szintillationszähler. Szintillationsdetektoren sind Strahlungsdetektoren, bei denen eine Lichtanregung durch ionisierende Strahlung in Szintillationssubstanzen hervorgerufen wird. Durch die in der Substanz absorbierte Energie entstehen kleine Lichtblitze, die durch Zählung zur Strahlungsmessung genutzt werden. Szintillationssubstanzen können sein: thalliumaktiviertes Natriumjodid (NAJ(TI)), Caesiumjodid, Zinksulfidsilberschirm, Anthrazen, Plastikszintillatoren und Stilben. Die Lichtblitze gelangen auf die Photokatode eines Sekundärelektronenvervielfachers (häufig über einen eingekitteten Lichtwellenleiter), in dem der durch den äußeren Photoeffekt entstehende Elektronenstrom verstärkt wird. Der Elektronenstrom wird von einem Katodenfolger (bzw. Emitterfolger) in einen Spannungsimpuls umgewandelt, ausgekoppelt und auf den Signaleingang eines Strahlungsmeßinstrumentes gegeben. Die Betriebsspannung von Szintillationsdetektoren liegt bei etwa 500 V bis 1500 V. Das Zählvermögen beträgt etwa 10^5 Impulse pro Sekunde. Man setzt Szintillationsdetektoren z.B. zur Messung radioaktiver Strahlung in der Nuklearmedizin, in Kernkraftwerken und beim Rasterelektronenmikroskop ein. [5], [10], [12].
Fl

Szintillationskamera *(scintillation camera)*. Die S. ist eine festinstallierte elektronische Kamera, die in der Nuklearmedizin zur Registrierung der Aktivitätsverteilung von Radioisotopen in Organen des menschlichen Körpers, z.B. der Niere oder Schilddrüse, dient. Die Isotope wurden vorher in den Körper eingebracht. Die Kamera liefert als Meßwerte ein vollständiges Bild der nuklearen Strahlungsverteilung der betrachteten Körperregion. Sie besteht im wesentlichen aus einem Kollimator mit 1000 bis 4000 Bohrungen, der die Teilchenstrahlung auf den Szintillationskristall eines Szintillationsdetektors konzentriert. In einer Reihe von Photovervielfachern werden die Lichtblitze in elektrische Stromimpulse umgewandelt. Das aus den Meßwerten gewonnene Bild setzt sich aus abgestuften Grauwerten oder Farbstufungen zusammen. [5], [9], [12], [16].
Fl

Szintillationsschwund → Schwund. Ge

Szintillationszähler → Szintillationsdetektor. Fl

T

T$_e$-Kriterium → Toleranzkriterium.   Fl

TACAN-Verfahren → Funknavigation.   Ge

Tachometergenerator *(tachometer generator)* (→ Bild Kaskadenregelung). Der T. dient in der Antriebstechnik der Erfassung der Drehzahl n. Er wird an die Welle der Antriebsmaschine angeflanscht und gibt an seinem Ausgang eine drehzahlproportionale Spannung U ab, $U = v_T \cdot n$. Man unterscheidet zwischen Gleichstrom-T. und Drehstrom-T. mit Brückengleichrichter, der meist im Gehäuse mit eingebaut ist. [3].   Ku

Takt *(clock)*. Regelmäßige Folge von Impulsen, die einem Schaltwerk zugeführt werden. Der T. dient z.B. der Festlegung der Geschwindigkeit von Operationen, Zeitbestimmungen, Bestimmung des Zeitpunktes der Datenübergabe oder -übernahme aus Speichern. [10].   We

Taktfrequenz *(clock rate, clock frequency)*. Die Frequenz des Taktes, gemessen in Impulsen/s (Hertz, Hz); meist als f_C bezeichnet. Die T. ist in digitalen Systemen eine wichtige Größe, da sie entscheidend die Schnelligkeit der Operationen und damit die Leistungsfähigkeit z.B. einer Datenverarbeitungsanlage bestimmt. Wegen der unterschiedlichen Schaltungstechnik digitaler Schaltungen ist die maximale zulässige T. unterschiedlich. Bei bestimmten digitalen Schaltungen, z.B. bestimmten Typen von Mikroprozessoren, muß eine minimale T. eingehalten werden. Bei digitalen Meßeinrichtungen bestimmt die Genauigkeit der T. entscheidend die Genauigkeit der Messung (→ Ganggenauigkeit). [10].   We

Taktgeber *(clock generator, clock pulse generator)*. Der T. erzeugt den Grundtakt bei synchron getakteten Systemen, z.B. Synchronrechner oder Digitaluhren. Er ist meist als Quarzoszillator ausgeführt; vielfach wird der vom T. erzeugte Takt in der Frequenz heruntergesetzt. Werden in einem System Takte verschiedener Frequenz benötigt, z.B. für die Datenfernübertragung, so können programmierbare Teiler eingesetzt werden. [2], [10].   We

Taktimpuls *(clock pulse, timing pulse)*. Impuls des Taktes einer synchron arbeitenden Maschine; meist mit einem Tastverhältnis von etwa 1/2. Beim Zweiphasentakt dürfen sich die Taktimpulse nicht überlappen. [10].   We

Taktimpulserzeuger → Taktimpulsgenerator.   Fl

Taktimpulsgeber → Taktimpulsgenerator.   Fl

Taktimpulsgenerator *(clock generator)*, Taktimpulsgeber, Taktimpulserzeuger. 1. In Schaltungen der Digitaltechnik sind Taktimpulsgeneratoren Taktgeber, die als Ausgangssignale einseitige Impulse mit festgelegter Flankensteilheit, Amplitude und Impulsdauer bereitstellen. Die Amplitude wird den Signalen H (High) und L (Low) zugeordnet. Das abgegebene Signal dient z.B. der Synchronisation der Informationsverarbeitung in getakteten Systemen oder wird an die Takteingänge eines oder mehrerer Speicherelemente (z.B. RS-Flipflop) zur Änderung der Speicherzustände geführt. Taktimpulsgeneratoren sind als integrierte Bausteine erhältlich. 2. In der Fernsehtechnik erzeugen Taktimpulsgeneratoren im Sender aus der Frequenz eines Muttergenerators die genormten Zeilenimpulse am Ende einer Bildzeile und die Rasterimpulse zur Einleitung und Durchführung des Bildwechsels. [2], [13], [14].   Fl

Taktkette *(asynchronous timing pulse generator)*. Schaltung zur Erzeugung von Impulsen, die verschiedene zeitliche Länge haben. Aus den von der T. abgegebenen Impulsen werden Steuersignale gebildet, z.B. zur Steuerung des Arbeitsablaufes in einem Asynchronrechner. Die Verwendung einer T. anstelle eines Taktgenerators hat den Vorteil, daß durch Dimensionierung der verwendeten monostabilen Multivibratoren beliebige Taktzeiten gebildet werden können, während sie beim synchronen Betrieb stets ein Vielfaches der Grundtaktzeit sein müssen. [2].   We

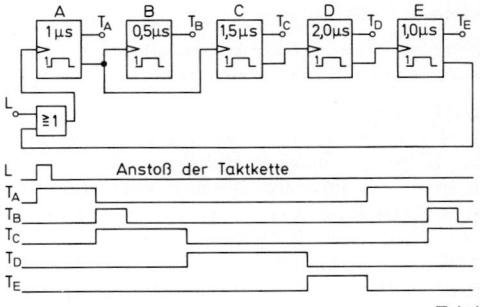

Taktkette

Taktsignal *(clock signal)*. Signal des Taktes, meist im Sinne des Taktimpulses gebraucht. Bei einigen Mikroprozessoren entsprechen die Taktsignale in ihren Logikpegeln nicht den anderen Signalen; sie sind mit diesen nicht kompatibel. [2].   We

taktsynchron *(clock controlled)*. Ein System, bei dem alle Vorgänge von einem zentralen Takt hervorgerufen werden, so daß sie synchron (gleichzeitig) ablaufen, z.B. im Synchronrechner. [2].   We

Taktsystem *(clock pulse system)*. System zum Vermitteln und Übertragen von Daten, das synchron von einem Takt gesteuert wird. Bei der Datenfernübertragung werden Taktsysteme i.a. nicht angewendet. [14].   We

Taktverstärker *(clock amplifier)*. T. sind in Anlagen der Digitaltechnik Bestandteil eines Taktsystems und werden zur Verstärkung der vom Taktgeber abgegebenen Signale eingesetzt. Am Ausgang des Taktverstärkers werden häufig mit dem Wellenwiderstand abgeschlossene Leitungen angeschlossen, die zu systemangepaßten, schnellschaltenden Baugliedern führen. Die T. müssen die genaue Einhaltung vorgeschriebener Spannungspegel und Anstiegszeiten der Taktsignale gewährleisten. Für Systeme mit

Mikroprozessoren sind sie als Leistungstreiber in integrierter Bauweise erhältlich. [2], [6], [9].   Fl

Talpunkt *(valley point)*. Derjenige Punkt der Kennlinie, für den der differentielle Leitwert bei einer Spannung oberhalb der Gipfelspannung Null ist (DIN 41 856). [4].   Ne

Talspannung *(valley point voltage)*. (→ Bild Tunneldiode). Die dem Talpunkt der Strom-Spannungs-Kennlinie zugeordnete Spannung (DIN 41 856). [4].   We

Talstrom *(valley point current)*. (→ Bild Tunneldiode). Der dem Talpunkt der Strom-Spannungs-Kennlinie zugeordnete Strom (DIN 41 856). [4].   Ne

tan δ-Messung → Verlustfaktormessung.   Fl

Tankkreis *(tank circuit)*. Der Ausgangsschwingkreis eines HF-Leistungsverstärkers (HF, Hochfrequenz), dem die Antenne über eine Koppelspule, -kapazität oder einen Koppelkreis die zur Verfügung stehende HF-Leistung entzieht. [8].   Li

Tannenbaumantenne → Dipolwand.   Ge

Tantalkondensator → Elektrolytkondensator.   Ge

T-Antenne → Vertikalantenne.   Ge

Taper *(taper)*. Gerät zur Lochstreifenverarbeitung (→ Lochstreifenstanzer, → Lochstreifenleser). [1].   We

Taschendosimeter *(pocket dosimeter)*. T. sind einfache Strahlungsdosimeter, die zur Messung und Überwachung von radioaktiver Strahlung eingesetzt werden. Es wird die absorbierte Strahlungsdosis als Produkt aus Intensität und Zeit in Röntgen (r) gemessen (1 r erzeugt in 1 cm³ Luft unter Normalbedingungen eine elektrostatische Ladungseinheit von $2,08 \cdot 10^9$ Ionenpaaren). Das T. besitzt die Größe eines Füllfederhalters und wirkt als aufgeladener Kondensator, der durch ionisierende Strahlung entladen wird. Der augenblickliche Ladungszustand gibt die summierte empfangene Strahlungsdosis seit dem Zeitpunkt eines abgeschlossenen Aufladungsvorgangs an. Der Aufladungsvorgang erfolgt in einem getrennten Ladegerät. Das T. wird in zwei Ausführungen gebaut: 1. Direktsicht-T. In der Ionisationskammer befindet sich ein aufgehängter Quarzfaden. Der Entladungszustand ist proportional zur Stellung des Fadens. Über eine Fensterskala ist die Stellung ablesbar. 2. Der Entladungszustand wird mit einem getrennt aufgestellten Elektrometer gemessen. [5], [12].   Fl

Taschenrechner *(pocket calculator)*. Ein Rechner in Taschenformat, der mathematische Operationen, die durch Tastendruck eingegeben werden, mit Daten durchführt, die in gleicher Weise eingegeben werden. [1], [2].   Li

Tastatur *(keyboard)*. Gerät zur Eingabe von Daten in informationsverarbeitende Systeme, wobei jedes Zeichen durch einen Tastendruck ausgelöst wird. Man unterscheidet alphanumerische Tastaturen, die sowohl Ziffern als auch Buchstaben und Sonderzeichen enthalten, und numerische Tastaturen, die nur Ziffern enthalten. Tastaturen zur Eingabe von Daten in Datenverarbeitungssysteme oder Textautomaten u.a. enthalten meist eine Anzahl von Funktionstasten, deren Betätigung bestimmte Arbeitsvorgänge auslöst. Tastaturen können mit mechanischen Kontakten ausgerüstet sein. Zur Vermeidung einer Mehrfacheingabe bei einem Anschlag der Taste muß eine Entprellung durch eine elektronische Schaltung oder über Programm durchgeführt werden. Rein elektronische Tastaturen können z.B. ähnlich wie ein Magnetkernspeicher arbeiten. Durch Betätigung der Taste wird ein Permanentmagnet neben dem Magnetkern entfernt, bei Bestromung kann der Magnetkern seine Magnetisierung ändern und eine Spannung auf einen Lesedraht induzieren. Tastaturen sind meist nach dem Koinzidenzprinzip organisiert. Der Tastencode entspricht der Angabe, in welcher Reihe und Spalte sich die Taste befindet. Das Bild zeigt ein Beispiel für diese Anordnung. Bei kleineren Systemen, z.B. Personalcomputern, wird der Tastencode durch ein Programm ermittelt, das fortlaufend Ein-Ausgabe-Operationen an der Tastatur durchführt (Tastenabfrageprogramm). Bei größeren Systemen verfügt die T. über eine eigene Steuerung, die bei gedrückter Taste den Tastencode ermittelt und in der Zentraleinheit eine Programmunterbrechung auslöst, woraufhin die Zentraleinheit den Tastencode einlesen kann. [9].   We

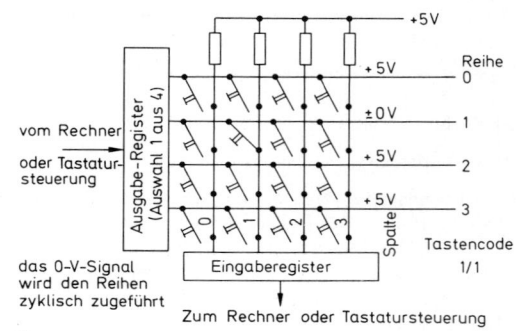

Taster *(key)*. Bauelement, das zum Öffnen und Schließen eines Stromkreises dient. Dabei wird der Stromkreis — im Unterschied zum Schalter — nur so lange geschlossen, wie der T. manuell bedient wird. Neben mechanischen Tasten mit Federelementen finden heute zunehmend Sensortasten (Berührungstaster) Verwendung (→ Sensor). [4].   Li

Taster, induktiver → Meßfühler, induktiver.   Fl

Tastgeschwindigkeit → Schrittgeschwindigkeit.   Fl

Tastgrad *(duty cycle)*. Unter T. versteht man in der Impulstechnik das Verhältnis von Impulsdauer zu Impulsperiodendauer. Die Definition entspricht DIN 5488 und DIN 45 402. [10].   Th

Tastkopf *(probe)*, Meßkopf. Zubehör zu Oszilloskopen und Spannungsmeßgeräten. Ein Meßfühler, der aufgrund seiner geringen Eingangskapazität und seines hohen Eingangswiderstandes eine kapazitäts- und leistungsarme Meßwerterfassung ermöglicht, wodurch Meßwertverfälschungen weitgehend vermieden werden. Tastköpfe können frequenzkompensierte Spannungsteiler enthalten oder Gleichrichter (zur Messung von HF-Spannungen, HF, Hochfrequenz) oder Transistorverstärker (zur Messung sehr schwacher Signale). Im letzten Fall spricht man auch von einem aktiven T. Wird der T. in Verbindung mit einem Oszilloskop verwendet, besteht die Verbindungsleitung (zur Vermeidung von Impulsverformungen durch unerwünschte kapazitive Kopplung) aus einem Koaxialkabel. [12]. Li

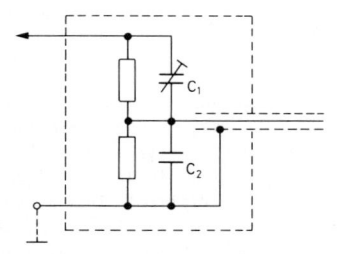

Tastkopf mit frequenzkompensiertem (C_1, C_2) Spannungsteiler

Tastperiode *(sampling period)*. Die Abtastung eines stetigen Signals kann mit einer konstanten T., d.h. also in äquidistanten Zeitpunkten, mit einer nach einem bestimmten Gesetz veränderlichen oder mit einer statistisch variablen T. erfolgen. Im allgemeinen wird eine Abtastung mit konstanter T. verwendet. [10], [14]. Th

Tastregler *(sampled-data controller)*. Abkürzung für → Abtastregler. [11]. Ku

Tastverhältnis *(pulse duty cycle)*. Das T. entspricht dem Kehrwert des Tastgrades (→ Tastgrad) und gibt das Verhältnis von Impulsperiodendauer zu Impulsdauer an. [10]. Th

Tastwahl *(push button dialling)*. Eingabe der Zielinformation mit Tasten. Die gewählte Ziffer wird zur Übertragung in analogen Netzen in einen Mehrfrequenzcode, in digitalen Netzen in ein Codewort umgesetzt. Die Tastwahl löst zunehmend das Verfahren der Nummernschalterwahl ab. [19]. Kü

Tauchlöten *(dip soldering)*. Lötverfahren zur Herstellung mehrerer Lötverbindungen in einem Arbeitsgang (→ Löten). Das geschmolzene Lot befindet sich in einer elektrisch beheizten Wanne mit konstanter Temperatur. Die Lötseite der bestückten Leiterplatte wird in das Lotbad eingetaucht. Das Flußmittel muß vor dem T. auf die Leiterplatte aufgebracht werden. Oxidationsprodukte auf der Oberfläche des Lotbades müssen durch Abstreifen entfernt werden. [4]. Ge

Tauchspulenmeßfühler → Meßfühler, elektrodynamischer. Fl

Tauchspulenmikrophon *(dynamic microphone)*. Das T. arbeitet nach dem elektrodynamischen Prinzip; es erfolgt also die Wandlung über das magnetische Feld, die erzeugte Spannung ist der Schallschnelle proportional. Die Membran ist mit der Tauchspule, die im Feld eines Dauermagneten bewegt wird, fest verbunden. Die Empfindlichkeit beträgt etwa 0,1 $\mu V/\mu$ bar. [13]. Th

Tauchspulenregler *(plunger coil controller)*. Der T. ist ein elektromechanischer Regler bestehend aus einer beweglichen Spule, die in das Feld eines Permanentmagneten taucht. Wird die Spule mit einem Strom erregt, der der Regelabweichung entspricht, entstehen an der Spule Kräfte, die zu direktem Eingriff in die Regelstrecke benutzt werden können. [18]. Ku

Tautologie *(tautolgy)*. In der Booleschen Algebra Verknüpfungen, die unabhängig vom Wert der Variablen immer den logischen Wert „1" ergeben. Beispiel: $x = A \vee \overline{A}$ (x ist gleich A ODER A nicht).

In der Logik wird die T. in der Form „x ist x" oder „aus A folgt A" dargestellt. Eine tautologische Aussage hat keinen Informationsgehalt. [9]. We

TDM *(time division multiplex, TDM)*. TDM ist die englische Abkürzung für Zeitmultiplexverfahren. Hier werden die einzelnen Informationsbänder nicht in verschiedene Frequenzlagen getrennt, sondern sie werden zeitlich nacheinander übertragen. Das Verfahren dient wie das Frequenzmultiplexverfahren der Mehrfachausnutzung eines Übertragungskanals. [14]. Th

TDMA *(time division multiplex access, TDMA)*. Die Übersetzung lautet: Vielfachzugriff im Zeitmultiplex. Dies bedeutet: Die Adressierung eines Nachrichtenelementes und damit die Reservierung eines Kanals oder eines Teils davon erfolgt einmalig, aber mit einer Zugriffsgeschwindigkeit derselben Größenordnung wie bei den codeadressierten Systemen. Durch entsprechende Adressierung innerhalb eines Zeitrahmens ist wahlfreier Zugriff möglich. [14]. Th

t_DP-Produkt *(speed-power product)*. Um integrierte Schaltungen unterschiedlicher Technologie zu vergleichen, verwendet man das Produkt aus Verzögerungszeit t_D und Verlustleistung P. Typische Werte liegen zwischen 1 pJ und 100 pJ. Den Reziprokwert des t_DP-Produktes nennt man auch Gütemaß G. Ne

Tecnetron *(tecnetron)*. Das T. ist eine Sonderbauform von Sperrschichtfeldeffekttransistoren. Durch einen besonderen Aufbau der Halbleiterstruktur des Transistortyps erhält man eine größere Steilheit und höhere Grenzfrequenzen als bei üblichen Sperrschichtfeldeffekttransistoren. [4], [6]. Fl

Teilabbau *(partial removal)* → Polabspaltung. Rü

Teilausfall → Änderungsausfall. Ge

Teilhaberbetrieb → Teilnehmerbetrieb. Li

Teilnehmer *(subscriber)*. Benutzer einer Endstelle des Nachrichtennetzes. In einer Nachrichtenverbindung wird zwischen rufendem und gerufenem Teilnehmer unterschieden. Insbesondere kann ein Teilnehmer auch eine Maschine (z.B. ein Rechner in einem Datennetz) sein. [19]. Kü

Teilnehmerbetrieb *(multi-user mode)*. Betrieb eines Datenverarbeitungssystems, bei dem mehrere Benutzer gleichzeitig das System benutzen. Diese dürfen die vorhandene Software benutzen, verändern und neue Software in das System eingeben. Im Gegensatz zum T. dürfen beim Teilhaberbetrieb die Benutzer die vorhandene Software nicht verändern. [1]. We

Teilnehmerbetriebsklasse *(user group).* Zusammenfassung aller Teilnehmer eines Nachrichtennetzes, die hinsichtlich ihrer Verbindungsmöglichkeit gleiche Merkmale aufweisen. Bei geschlossenen Teilnehmerbetriebsklassen können die zugehörenden Teilnehmer nur untereinander Nachrichtenverbindungen unterhalten. Teilnehmer einer offenen Teilnehmerbetriebsklasse können mit allen Teilnehmern verkehren, die keinen Beschränkungen unterliegen. Beschränkungen können auch hinsichtlich der Verbindungsrichtung vereinbart sein (nur abgehende oder nur ankommende Verbindungen). [19]. Kü

Teilnehmerkennung → Anschlußkennung. Kü

Teilnehmerleitung *(subscriber line).* Leitung zwischen einer Vermittlungsstelle und Endstelle in einem Nachrichtennetz. [19]. Kü

Teilnehmersatz → Satz. Kü

Teilnehmersystem *(time-sharing system).* Betriebssystem zur Unterhaltung des Teilnehmerbetriebs, das besonders die Steuerung der zeitkritischen Aufträge der Benutzer übernimmt. Der Teilnehmer soll den Eindruck haben, daß das Datenverarbeitungssystem nur ihm zur Verfügung steht (→ Time-Sharing). [1]. We

Teilnehmervermittlungsstelle *(local exchange, local office).* Ortsvermittlungsstelle, an die Teilnehmerleitungen sowie Verbindungsleitungen zu anderen Teilnehmervermittlungsstellen, Ortsdurchgangsvermittlungsstellen oder Fernvermittlungsstellen angeschlossen sind. Teilnehmervermittlungsstellen sind Ursprungs- und Zielvermittlungsstellen für Nachrichtenverbindungen. [19]. Kü

Teilstrahlungspyrometer *(partial radiation pyrometer)* → Strahlungspyrometer. Fl

Teilstreckenvermittlung → Speichervermittlung. Kü

Telegraphenalphabet *(telegraphic alphabet).* Die bekannteste Version eines Telegraphenalphabets ist das Morsealphabet, in dem jedes Zeichen durch eine Kombination von kurzen und langen Stromschritten übermittelt und auf dem Papierstreifen des Morsetelegraphen in Punkten und Strichen dargestellt wurde. Die Fernschreibalphabete arbeiten entweder nach dem Fünferalphabet oder dem Siebeneralphabet, wobei jedes Zeichen aus fünf bzw. aus sieben Stromschritten dargestellt wird. Das Fünferalphabet in der Fernschreibtechnik wird auch Baudot-Code genannt.

Beispiel Morsealphabet		Beispiel Baudot-Code					
		An	Zeichen				Sp
A	·—	0	1	1	0	0	1
B	—···	0	1	0	0	1	1
C	—·—·	0	0	1	1	1	1
1	·————	0	1	1	1	0	1
2	··———	0	1	1	0	0	1
9	————·	0	0	0	0	1	1
?	··——··	0	1	0	0	1	1
:	———···	0	0	1	1	1	1

An: Anlaufschritt
Sp: Stoppschritt

Im Baudort-Code sind nur $2^5 = 32$ verschiedene Zeichen möglich. Man hilft sich durch Umschaltzeichen „Buchstaben" und „Ziffern und Zeichen". Man beachte die Doppelbelegung B, ? und C, :. [14] Th

Telegraphengleichungen → Leitungsgleichungen. Rü

Telegraphiergeschwindigkeit → Schrittgeschwindigkeit. Fl

Telekommunikation → Fernmeldetechnik. Th

Telemetrie → Fernmeßtechnik. Fl

Teleprocessing → Datenfernverarbeitung. We

Teletex *(teletex).* Kommunikationsform zur Übermittlung von Text zwischen Teletexgeräten oder Teletex- und Telexgeräten. Teletexgeräte sind speichernde Büroschreibmaschinen mit Sichtanzeige. Teletex ist ein Dienst des Datexnetzes („Bürofernschreiben"). Teletex weist gegenüber dem älteren Telex einen wesentlich vergrößerten Zeichenvorrat sowie höhere Übertragungsgeschwindigkeit auf. [19]. Kü

Teletype *(teletype).* Bezeichnung für Fernschreiber eines bestimmten Fabrikats; oft allgemein als Bezeichnung eines Fernschreibers verwendet. [14]. We

Telex *(telex).* Kommunikationsform zur Übermittlung von Text (→ Fernschreiben). Die Übertragung erfolgt im Start-Stop-Betrieb. [19]. Kü

Telexnetz *(telex network).* Nachrichtennetz für den Telexdienst. Das Telexnetz war früher ein geschlossenes Netz; es ist heute Teil des Datexnetzes. [19]. Kü

Tellegensches Theorem *(Tellegens theorem)* → Theorem von Tellegen. Rü

Temperatur, absolute → Kelvin-Temperaturskala. Bl

Temperaturausgleich → Temperaturkorrektur. Fl

Temperaturbeiwert → Temperaturkoeffizient. Rü

Temperaturdifferenzmessung *(temperature difference measurement).* Mit Temperaturdifferenzmessungen werden Temperaturunterschiede zwischen zwei unabhängigen Meßpunkten, oder Temperaturdifferenzen zwischen einem festgelegten Meßpunkt und einer Vergleichsstelle erfaßt. Die Temperatur der Vergleichsstelle wird konstant gehalten. Beispiele von Temperaturdifferenzmessungen mit elektrischen Mitteln sind: 1. T. zwischen zwei Meßpunkten unterschiedlicher Temperaturwerte. An jeder der beiden Meßstellen, deren Differenztemperatur festgestellt werden soll, wird ein Widerstandsthermometer angebracht. Die Thermometer und ein außerhalb der Meßstellen befindliches Widerstandsnetzwerk bilden mit den Zuleitungen eine Brückenschaltung (Bild a), die mit Gleichspannung versorgt wird. Die Meßbrücke arbeitet im Ausschlagverfahren und ist nur mit geringen Meßunsicherheiten behaftet. Im Meßbereich von $-20\,°C$ bis $+120\,°C$ beträgt die Abweichung z.B. $0.3\,°C$ bei einer angezeigten Temperaturdifferenz von $20\,°C$. 2. T. zwischen Meß- und Vergleichsstelle. Temperaturmessungen mit Thermoelementen sind nur nach diesem Verfahren möglich. Am Meßort befindet sich das Thermopaar. Die Anschlüsse werden mit zwei Aus-

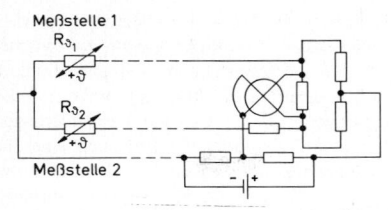

a) Temperaturdifferenzmessung mit Widerstandsthermometer

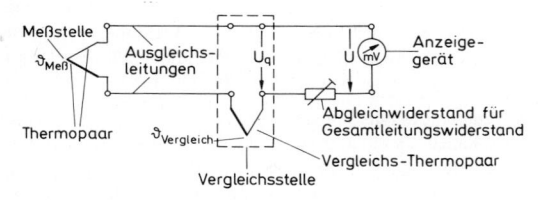

b) Temperaturdifferenzmessung mit Vergleichsstelle

Temperaturdifferenzmessung

gleichsleitungen verbunden, deren elektrische Werte dem verwendeten Thermopaar angepaßt sind und die zur Vergleichsstelle führen. Werte der konstant gehaltenen Vergleichsstellentemperatur können z.B. sein: 0 °C; 20 °C; 50 °C. An die Ausgänge der Vergleichsstelle wird ein hochohmiges elektrisches Meßgerät, häufig mit Drehspulmeßwerk, oder ein Digitalvoltmeter angeschlossen. Die Anzeige ist in Grad Celsius unterteilt. Der angezeigte Meßwert entspricht der Thermospannung, deren Betrag vom eingesetzten Thermopaar und vom Temperaturunterschied zwischen Meß- und Vergleichsstelle abhängt (Bild b). [5], [12], [18]. Fl

Temperaturdurchgriff. Alle Kennwerte des Transistors (→ Transistorkenngrößen) sind temperaturabhängig. Speziell nennt man T. die Erscheinung im I_C-U_{BE}-Kennlinienfeld, daß mit steigender Temperatur die für einen bestimmten Strom I_C benötigte Spannung U_{BE} an der leitenden Emitterdiode kleiner sein muß. Der T. beträgt etwa 2 mV/K bis 3 mV/K (K Kelvin). [4]. Rü

Temperaturfühler *(temperature detector)*, Temperaturmeßfühler. T sind Meßfühler, deren physikalische Eingangsgröße die Temperatur und deren Ausgangsgröße eine dazu proportionale elektrische Größe ist. Der Fühler wird in Kontakt mit dem System bzw. dem Material gebracht, dessen Temperatur gemessen werden soll. Befindet sich der T. mit dem Prüfling im thermischen Gleichgewicht, entsteht ein physikalischer Effekt, der die Umwandlung der Größen bewirkt. Man unterscheidet aktive und passive T.: 1. Aktive T.: Es findet eine direkte Energieumwandlung statt. Die elektrische Abgabeleistung ist gering (etwa 10^{-3} W). Beispiel: Thermoelement, das auf dem Seebeck-Effekt beruht. 2. Passive T.: Die Temperatur beeinflußt eine elektrische Größe, z.B. den elektrischen Widerstand geeigneter Materialien. Um die Widerstandsänderungen zu erfassen, müssen passive T. an eine elektrische Hilfsgröße (z.B. Strom, Spannung) angeschlossen werden. Beispiele: Widerstandsthermometer,

Spreading-Widerstand-Temperatursensor. 3. Temperatursensoren: Sie sind nach Gesichtspunkten der Sensortechnik als integrierte Schaltungen mit winzigen Fühlerelementen aufgebaut. Vom Prinzip sind es passive T., die häufig mit Linearisierungsschaltung, einem Spannungsregler, einem Ausgabeverstärker und einer Treiberstufe in einem Gehäuse untergebracht sind. Bezogen auf Baugröße und Anwendung kann dieser Gruppe der Spreading-Widerstand-Temperatursensor ebenfalls zugeordnet werden. [4], [5], [6], [7], [12]. Fl

Temperaturgang *(effect of temperature)*. Abhängigkeit einer (meist elektrischen) Größe von der Temperatur. [5]. Rü

Temperaturgrenze *(limit of temperature)*. Bei allen Halbleiterbauelementen ist die Einhaltung einer oberen und unteren T. für einen sicheren Betrieb unumgänglich. Um eine Zerstörung des Bauelements zu verhindern ist vor allem die Beachtung der oberen T., der höchst zulässigen Sperrschichttemperatur, erforderlich. [4]. Rü

Temperaturkoeffizient *(temperature coefficient, TC)*, (Abk.: TK), Temperaturbeiwert. Relative Änderung α einer Größe F, bei Änderung der Temperatur ϑ um 1 K, bezogen auf eine Bezugstemperatur ϑ_B bei einem Anfangswert F_0

$$F = F_0 [1 + \alpha(\vartheta - \vartheta_B)].$$

Der T. (Einheit: $\frac{1}{K}$) ist meist nur in der Umgebung von ϑ_B als konstant anzusehen. Durch Zusammenschaltung von Bauelementen mit positivem und negativem α kann man den Temperaturgang einer Schaltung kompensieren. Bei der Verwendung von Bauelementen als Temperaturfühler ist ein großer Wert des Temperaturkoeffizienten erwünscht (Heißleiter, Kaltleiter). Formelzeichen (DIN 4897). [5]. Rü

Temperaturkompensation → Temperaturkorrektur. Fl

Temperaturkorrektur *(temperature correction)*, Temperaturkompensation, Temperaturausgleich, Temperaturstabilisierung. Mit einer T. werden in elektrischen und elektronischen Schaltungen Abweichungen eines Sollwertes, die durch Temperaturänderungen hervorgerufen werden, erfaßt und gegebenenfalls korrigiert. Eine Korrektur kann z.B. erfolgen: In der Meßtechnik durch nachträgliche graphische oder rechnerische Festlegung von Korrekturwerten mit denen das Meßergebnis beaufschlagt wird. In kritischen Schaltungsaufbauten bzw. in Meßinstrumente werden Bauelemente eingefügt, deren Temperaturkoeffizient ähnliche aber gegenläufige Charakteristiken als die zur Erfassung der Meßgröße notwendigen Schaltungsglieder aufweisen (z.B. ein in Drehspulmeßwerken als Vorwiderstand zur Drehspule geschalteter Widerstand aus Manganin). In einigen Fällen wird die Temperatur mit Hilfe temperaturabhängiger Widerstände (Beispiel: Heißleiter) erfaßt. Eine elektronische Regelschaltung führt automatisch Korrekturen durch. In vielen Transistorschaltungen wird ein kapazitiv überbrückter Widerstand in die Zuleitung zum Emitter eingefügt. Bei genügend niederohmig ausgelegtem Basisspannungsteiler erreicht man eine Stabilisierung des Arbeitspunktes gegenüber Temperaturschwankungen. [2], [3], [4], [6], [8], [9], [10], [11], [12], [13], [16], [17], [18], [19]. Fl

Temperaturmeßfühler → Temperaturfühler. Fl

Temperaturmeßumformer → Temperaturwandler. Fl

Temperaturmessung *(temperature measuring)*. Die T. dient der Bestimmung von Temperaturen bzw. der Differenz zweier Temperaturen z.B. eines Körpers, einer Substanz oder eines Systems. Die Messung erfolgt über physikalische Effekte, deren Wirkungen in eindeutigem Zusammenhang mit Temperaturwerten stehen. Es werden drei Hauptgruppen von Temperatur-Meßverfahren unterschieden: 1. Thermometer. Man bringt sie in engen Kontakt mit dem Medium, dessen Temperatur gemessen werden soll. Bei thermischem Gleichgewicht zwischen zu messendem Medium und Instrument, bzw. dessen Temperaturfühler, beginnt die definierte Wirkung des zugrundegelegten physikalischen Effektes. Die Temperaturwerte werden im allgemeinen auf einer Temperaturskala am Meßgerät abgelesen. 2. Strahlungsthermometer (Meßbereich s. Tabelle). Grundlage der T. ist die vom Meßobjekt abgegebene Wärmestrahlung, die z.B. mit optischen Linsensystemen aufgefangen und punktförmig auf eine Thermosäule oder einen strahlungsempfindlichen Photodetektor konzentriert wird. Als Maß für die Temperatur können abhängig vom Aufbau des Instrumentes Thermospannungen oder über den inneren Photoeffekt entstehende lichtelektrische Ströme zugrundegelegt werden. Man bezeichnet diese Meßgeräte auch als Pyrometer. Häufig wird der Meßwert subjektiv mit Hilfe eines visuellen Helligkeitsvergleichs zwischen zu messender Temperaturstrahlung und der Strahlung eines Glühfadens ermittelt (Glühfadenpyrometer). 3. Besondere Meßverfahren beruhen a) auf Farbänderungen, die eine Temperaturmeßfarbe bei Erreichen eines bestimmten Temperaturwertes erfährt, und b) auf Formänderungen unter Einwirkung von Schmelzvorgängen, die bei metallischen Temperaturkennkörpern bei bestimmten Temperaturwerten stattfinden (Toleranz etwa ± 4 °C). Die aus keramischen Massen bestehenden Segerkegel erreichen einen festgelegten, mittleren Temperaturwert, wenn die Kegelspitze während des Schmelzvorgangs eine Unterlage berührt. [5], [7], [12], [18]. Fl

Temperaturregler *(temperature controller)*. T. sind in vielen Fällen Zweipunktregler, da die Regelstrecken in Temperaturregelkreisen große (thermische) Zeitkonstanten aufweisen. Besonders verbreitet sind Bimetall-T., die Regler und Stellglied in sich vereinigen. Als Meßfühler dient ein Bimetallstreifen, dessen temperaturabhängige Krümmung einen Kontakt zum Ein- und Ausschalten der Wärmeerzeugung betätigt. Der Sollwert wird durch Verstellen des Kontaktes vorgegeben (Beispiele: Thermostate von Heizkissen, Kochplatten, Bügeleisen usw.). Werden an die stationäre Genauigkeit der Regelgrößen höhere Forderungen gestellt, so setzt man kontinuierliche T. ein, mit denen der Wärmestrom beliebig dosierbar ist. [18]. Ku

Temperatursensor *(temperature sensor)*. Temperatursensoren sind winzige Temperaturfühler, bei denen das wärmeempfindliche Element gemeinsam mit einer integrierten Schaltung zur Aufbereitung des elektrischen Ausgangs-Signals in einem Gehäuse untergebracht ist. Das Gehäuse ist in vielen Fällen dem eines Transistors ähnlich. Die interne Schaltung beinhaltet häufig neben einem temperaturempfindlichen Halbleiterwiderstand (z.B. ähnlich dem Spreading-Widerstand-Temperatursensor), einer Schaltung zur Linearisierung der den Temperaturwerten proportionalen elektrischen Ausgangsgröße, einen Spannungsregler, einen Operationsverstärker und eine Treiberstufe, an deren Ausgang die elektrische Ausgangsgröße entnommen wird. Der Kurvenverlauf der Ausgangssignalgröße kann durch eine äußere Beschaltung des Operationsverstärkers beeinflußt werden. Eine Anwendung besitzt 6 Anschlüsse mit folgenden Belegungen: An zwei Anschlüssen liegt die Versorgungsgleichspannung (Bereich: etwa von 3 V bis 30 V). Ein Signalausgangsanschluß liefert elektrische Spannungswerte, die der absoluten Temperatur in Kelvin proportional sind, ein zweiter Anschluß mit Werten in Celsius oder in Fahrenheit. Ein weiterer Ausgang stellt eine konstante Referenzspannung bereit, die für systemangepaßte Analog-Digital-Wandler benötigt wird, an deren Ausgang eine Digitalanzeige zum Ablesen der Temperaturwerte angeschlossen wird. Man setzt Temperatursensoren z.B. in Systemen der Mikrorechnertechnik ein. [4], [5], [6], [7], [9], [12], [18]. Fl

Temperaturskala *(temperature scale)*. Die T. wird bei Temperaturmessungen zum Erfassen und Ablesen von

Temperaturmessung
Anwendungsbereiche von Temperaturmeßgeräten
— gesamte, — übliche, - - - wenig verwendete Bereiche

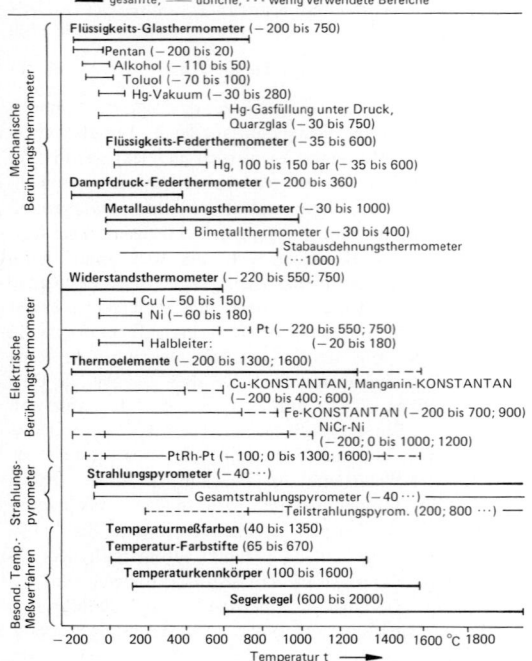

Mechanische Berührungsthermometer:
- Flüssigkeits-Glasthermometer (−200 bis 750)
  - Pentan (−200 bis 20)
  - Alkohol (−110 bis 50)
  - Toluol (−70 bis 100)
  - Hg-Vakuum (−30 bis 280)
  - Hg-Gasfüllung unter Druck, Quarzglas (−30 bis 750)
- Flüssigkeits-Federthermometer (−35 bis 600)
  - Hg, 100 bis 150 bar (−35 bis 600)
- Dampfdruck-Federthermometer (−200 bis 360)
- Metallausdehnungsthermometer (−30 bis 1000)
  - Bimetallthermometer (−30 bis 400)
  - Stabausdehnungsthermometer (··· 1000)

Elektrische Berührungsthermometer:
- Widerstandsthermometer (−220 bis 550; 750)
  - Cu (−50 bis 150)
  - Ni (−60 bis 180)
  - Pt (−220 bis 550; 750)
  - Halbleiter (−20 bis 180)
- Thermoelemente (−200 bis 1300; 1600)
  - Cu-KONSTANTAN, Manganin-KONSTANTAN (−200 bis 400; 600)
  - Fe-KONSTANTAN (−200 bis 700; 900)
  - NiCr-Ni (−200; 0 bis 1000; 1200)
  - PtRh-Pt (−100; 0 bis 1300; 1600)

Strahlungspyrometer:
- Strahlungspyrometer (−40 ···)
  - Gesamtstrahlungspyrometer (−40 ···)
  - Teilstrahlungspyrom. (200; 800 ···)

Besond. Temp. Meßverfahren:
- Temperaturmeßfarben (40 bis 1350)
- Temperatur-Farbstifte (65 bis 670)
- Temperaturkennkörper (100 bis 1600)
- Segerkegel (600 bis 2000)

Temperatur t: −200, 0, 200, 400, 600, 800, 1000, 1200, 1400, 1600 °C, 1800

Temperaturwerten zugrundegelegt. Zur Festlegung einer T. wird von Stoffeigenschaften ausgegangen, die eindeutig und in charakteristischer Weise von Werten der Temperatur abhängig sind. Im Unterschied zu anderen Skalen für Meßgrößen zeigt die T. nicht an, wie oft eine festgelegte Einheit in der Meßgröße enthalten ist. Man bedient sich zur Festlegung einer T. international ausgewählter Fundamentalpunkte (s. Tabelle, z.B. Siedepunkt von Wasser), die durch physikalisch genau definierte Zustände charakterisiert sind. Die Temperaturdifferenz zwischen den Fundamentalpunkten heißt Fundamentalabstand. Daneben sind weitere Fixpunkte festgelegt (z.B. Gefrierpunkt von Silber oder Gold), die für Messungen feste Bezugspunkte sind. Wichtige Temperaturskalen sind: 1. Kelvin-Skala (auch: wissenschaftliche T., thermodynamische T. oder absolute T. genannt). Einheit ist das Kelvin (K). Die Skala ist aufgrund theoretischer Überlegungen aufgebaut. Skalennullpunkt ist mit 0 K die tiefste, überhaupt mögliche Temperatur. Die Einteilung der Skala erfolgt mit dem Gasthermometer. Im gesamten Meßbereich kommen keine negativen Werte vor. 2. Celsius-Skala. Man setzt sie weltweit in der Meßtechnik ein. Temperaturschritte sind identisch mit Temperaturschritten der Kelvin-Skala. Einheit ist das Grad Celsius (°C). Als Skalennullpunkt wurde der Eispunkt (0 °C) gewählt, beim Siedepunkt des Wassers unter Normalbedingungen sind 100 °C erreicht. 3. Fahrenheit-Skala. Man benutzt sie noch häufig in englischsprachigen Ländern. Einheit ist das Grad Fahrenheit (°F). Ihr Eispunkt liegt bei 32 °F, der Siedepunkt des Wassers unter Normalbedingungen bei 212 °F. Die Fahrenheit-Skala besitzt gegenüber anderen Temperaturskalen eine feinere Abstufung. Bezüglich der Umrechnung von einer T. in eine andere gilt:

$$t_c = T_K - 273{,}15 = \frac{5}{9} \cdot \vartheta_F - 32 \quad t_c: \text{Zahlenwert in °C}$$

$$T_K = t_C + 273{,}15 = \frac{5}{9} \cdot \vartheta_F + 255{,}37 \quad T_K: \text{Zahlenwert in K}$$

$$\vartheta_F = \frac{9}{5} \cdot t_C + 32 = \frac{9}{5} \cdot T_K - 459{,}67 \quad \vartheta_F: \text{Zahlenwert in °F}$$

[5], [7], [12], [18]. Fl

Vereinbarte Fixpunkte (Ausschnitt)	K (Kelvin)	°C (Celsius)
Tripelpunkt von Wasserstoff	13,81	− 259,34
Siedepunkt von Wasserstoff bei einem Druck von 33330,6 Pa	17,042	− 256,108
Siedepunkt von Wasserstoff	20,28	− 252,87
Siedepunkt von Neon	27,102	− 246,048
Tripelpunkt von Sauerstoff	54,361	− 218,789
Tripelpunkt von Argon	83,798	− 189,352
Verflüssigung von Sauerstoff	90,188	− 182,962
Tripelpunkt von Wasser	273,16	0,01
Siedepunkt von Wasser	373,15	100
Gefrierpunkt von Zinn	505,1181	231,9681
Gefrierpunkt von Zink	692,73	418,58
Gefrierpunkt von Silber	1235,08	961,93
Gefrierpunkt von Gold	1337,58	1064,43

Temperaturspannung *(thermal voltage)*. Freie Elektronen mit der Elementarladung e besitzen in leitfähigen Materialien bei einer Temperatur T die Energie kT (k Boltzmann-Konstante). Setzt man diese Energie formal gleich einer elektrischen Energie eU_T, folgt:

$$kT = eU_T$$

und es gilt für die T.:

$$U_T = \frac{kT}{e}.$$

Die T. U_T ist die Potentialdifferenz, die ein Elektron durchlaufen müßte, um auf die Energie kT zu kommen. Mit $k = 1{,}3804 \cdot 10^{-23}$ Ws/K und $e_0 = 1{,}6021 \cdot 10^{-19}$ As erhält man bei Zimmertemperatur T = 300 K:

$$U_T \approx 26 \text{ mV. [5]}. \qquad \text{Rü}$$

Temperaturstabilisierung *(temperature stabilization)*. Schaltungsmaßnahmen in Halbleiterschaltungen, die den Einfluß von Temperaturänderungen auf die Kenndaten der Elemente verringern. Praktisch erreicht man eine T. meist durch Gegenkopplung oder durch Bauelemente mit gegenläufigen Temperaturkoeffizienten (→ Heißleiter). [4]. Rü

Temperaturstabregler → Stabregler. Fl

Temperaturwächter *(temperature indicator controller)*. Als T. bezeichnet man elektromechanische Schaltgeräte, die selbsttätig auf Temperaturänderungen eines Systems reagieren und in einem geschlossenen Regelkreis dafür sorgen, daß ein vorgegebener Temperatur-Sollwert automatisch konstant gehalten wird. Als T. werden Thermostaten eingesetzt. Man findet sie z.B. in hochwertigen Quarzoszillatoren mit Heizung des Quarzkristalls, in Kühlschränken, Zentralheizungen, Klimaanlagen und Kühlsystemen von Verbrennungsmotoren. [3], [12], [18]. Fl

Temperaturwandler *(temperature converter)*, Temperaturmeßumformer. T. sind Meßumformer, die zur Fernmessung, Anzeige oder Registrierung von Temperaturen zwischen einem geeigneten Temperaturfühler und einem Registriergerät geschaltet werden. Zur Versorgung der elektronischen Baugruppen benötigt der T. Hilfsenergie. Eine Anwendung ist eine Wheatstone-Brücke, in die an Stelle des unbekannten Widerstandes ein Widerstandsthermometer angeschlossen wird. Mit Hilfe einer eingebauten Verstärkerschaltung werden die von Temperaturänderungen hervorgerufenen Widerstandsänderungen in Werte eines dazu proportionalen Gleichstroms umgesetzt. [12], [18]. Fl

Temperaturwelligkeit *(temperature cycling)*. Zur Erzielung höchster Frequenzkonstanz in Oszillatoren werden die Schwingquarze (→ Quarz) in einem Thermostat untergebracht. Durch geeigneten Schnitt der Quarzplatte erzeugt man einen Umkehrpunkt des Temperaturkoeffizienten. Auf diesen Punkt wird die Thermostattemperatur festgelegt. Die unvermeidliche Temperaturänderung bei der Regelung der Thermostattemperatur ist die T., die gleichzeitig ein Maß für die Frequenzänderung des Quarzes durch Temperaturänderung darstellt. [4]. Rü

Temperaturzweipunktregler *(temperature on-off controller)* → Temperaturregler. Ku

TEM-Welle *(transverse electromagnetic wave)*, transversalelektromagnetische Welle. Eine elektromagnetische Welle in einem homogenen isotropen Medium, deren elektrischer und magnetischer Feldvektor in jedem Raumpunkt senkrecht zur Ausbreitungsrichtung steht. In Ausbreitungsrichtung existiert keine Feldstärkekomponente. [15]. Ge

Tensor *(tensor)*. Der T. ist eine Verallgemeinerung des Vektorbegriffs. Besteht zwischen einem räumlichen Vektor $\mathbf{A} = [A_x, A_y, A_z]$ und einem Vektor $\mathbf{B} = [B_x, B_y, B_z]$ ein linearer Zusammenhang

$$\mathbf{A} = \tau \cdot \mathbf{B}$$

oder in Komponentenschreibweise

$$A_x = \tau_{11} B_x + \tau_{12} B_y + \tau_{13} B_z,$$
$$A_y = \tau_{21} B_x + \tau_{22} B_y + \tau_{23} B_z,$$
$$A_z = \tau_{31} B_x + \tau_{32} B_y + \tau_{33} B_z,$$

dann nennt man $\tau =$ einen T. (zweiter Stufe) (DIN 1303). Die Koeffizientenmatrix des Gleichungssystems

$$\tau = \begin{pmatrix} \tau_{11} & \tau_{12} & \tau_{13} \\ \tau_{21} & \tau_{22} & \tau_{23} \\ \tau_{31} & \tau_{32} & \tau_{33} \end{pmatrix}$$

heißt die Koordinatendarstellung des Tensors. Oft bezeichnet man einen Skalar als „T. nullter Stufe", einen Vektor als T. (erster Stufe). [5]. Rü

Tensorfeld *(tensor field)*. Das T. dient zur Beschreibung physikalischer Phänomene im Raum, wobei zur Kennzeichnung eine tensorielle Feldgröße (die von den räumlichen Koordinaten abhängt) verwendet wird. Jedem Raumpunkt $P_i(x_i, y_i, z_i)$ wird über einen Tensor τ eine lineare Vektorfunktion zugeordnet.

$$\mathbf{A} = \tau \cdot \mathbf{B}.$$

Der Vektor $\mathbf{B}$ ist von den Koordinaten des Raumpunktes abhängig und damit auch $\mathbf{A}$. Tensoren treten in der Elektrotechnik in allen Bereichen mit (linearen) anisotropen Stoffen auf. Beispielsweise muß im Zusammenhang zwischen elektrischer Feldstärke $\mathbf{E}$ und der elektrischen Flußdichte $\mathbf{D}$

$$\mathbf{D} = \epsilon \mathbf{E}$$

die Permittivität ϵ in diesen Stoffen durch einen Feldtensor ϵ beschrieben werden. Gleiches gilt für den Zusammenhang zwischen magnetischer Flußdichte $\mathbf{B}$ und magnetischer Feldstärke $\mathbf{H}$

$$\mathbf{B} = \mu \mathbf{H},$$

wobei die dann richtungsabhängige Permeabilität μ durch einen Tensor darzustellen ist. [5]. Rü

TEOS-Verfahren *(tetraethylene-oxisilane process)*. Hochtemperaturverfahren zur Herstellung von Silicium-(II)-oxidschichten auf Wafern. Man läßt die organische Silan-Verbindung Tetraethylen-Oxisilan bei 550 °C bis 800 °C zersetzen (sog. Pyrolyse):

$$Si(OC_2H_5)_4 \rightarrow SiO_2 + 4 C_2H_4 + 2 H_2O.$$

Als Trägergas verwendet man z.B. Argon. [4]. Ne

Tera-Ohmmeter *(teraohmmeter, TO-meter)*. T. sind analoge Widerstandsmesser zur Messung z.B. von hochohmigen Widerständen, Isolationsfehler an Kabeln oder Kondensatoren und zur Festlegung von Isolationswiderständen z.B. von Eloxalschichten auf Aluminium. Die Anzeige erfolgt direkt; häufig mit einem elektrostatischen Spannungsmesser, dessen Skala in Werten von Ohm in mehrere Meßbereiche von etwa 10^5 Ω bis 10^{16} Ω unterteilt ist. Im Prinzip besteht ein T. aus einer Gleichspannungsquelle, die Meßspannungen von 10 V, 100 V, in einigen Ausführungen bis 1000 V bereitstellt, einem Elektrometerverstärker mit hohem Eingangswiderstand (im Bild eine Elektrometeröhre mit Gitterströmen unter 10^{-12} A) und dem nachgeschalteten Anzeigeinstrument.

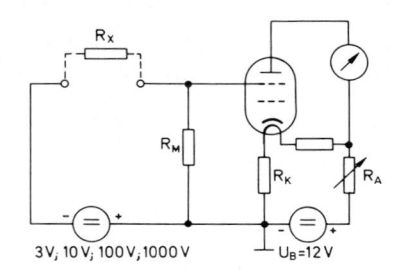

Tera-Ohmmeter

Im Bild wird der Widerstand R_M mit Hilfe eines Meßbereichsumschalters dekadisch in seinen Werten geändert. Die umschaltbare Spannungsquelle speist einen Spannungsteiler, der aus dem Prüfling R_x und dem jeweils zugeschalteten Widerstand R_M gebildet wird. Wegen des hochohmigen Eingangswiderstandes der Elektronenröhre bleibt der Teiler nahezu unbelastet. Der Spannungsabfall über R_M wird verstärkt und als Maß für den Widerstandswert des Prüflings angezeigt. Mit der umschaltbaren Spannungsquelle lassen sich Messungen an Prüflingen mit unterschiedlicher Spannungsfestigkeit durchführen. Die zweite Hilfsspannungsquelle U_B stellt die Betriebsspannung der Röhre bereit, mit R_A werden über einen Abgleich des Skalenendwertes die Schaltungsparameter eingestellt. Häufig sind T. auch als Leitwertmesser ausgeführt. [12]. Fl

Term *(term)*. 1. In der Zahlenalgebra: Zahlen, Variable und deren Verknüpfungen; z.B. a, 2a + b, 4 + 3. Man spricht speziell vom Zahlenterm bzw. Variablenterm. 2. In der Aussagenlogik und Schaltalgebra Ausdrücke der Form: $A \wedge \bar{B}$, $A \wedge (B \vee C)$. Spezielle Terme: Minterm, Maxterm. 3. → Energieterm. [2]. Li

Terminal *(terminal)*. 1. Englische Bezeichnung für den Anschlußpunkt einer Schaltung; z.B. wird der Anschluß für ein Eingangssignal als „Input-Terminal" bezeichnet. [6]. 2. Gerät in einem Datenverarbeitungssystem, von dem aus Daten ein- oder ausgegeben werden, wobei i.a. mehrere Terminals an ein Datenverarbeitungssystem angeschlossen sind. Terminals können nur zur Eingabe (Erfassung) dienen oder nur zur Ausgabe oder für beide Zwecke (→ Terminal, intelligentes). [1]. We

Terminal, intelligentes *(intelligent terminal)*. Ein Terminal, das frei programmierbar ist. Es übernimmt die Überprüfung von Daten (Plausibilitätsprüfung), Umformatierung von Daten, Pufferung und Blockung und gibt dem Benutzer Hilfen für den Dialogverkehr. Durch die Verwendung intelligenter Terminals wird der Zentralrechner entlastet (verteilte Intelligenz, Distributed-Processing, Dezentralisierung). [1]. We

Termi-Point-Verdrahtung *(termi-point connection)*. Eine automatisierbare Verdrahtungstechnik, bei der die abisolierten Enden von Massivdrähten oder Litzen mit Hilfe eines federnden Clips bzw. einer Preßhülse an Anschlußstifte gepreßt werden. [5]. Li

Termschema → Energieterm. Li

Ternärcode *(ternary code)*. Ein Code, dem drei Zustände zugewiesen sind, z.B. die Ziffern 0, 1, 2 oder die Spannungszustände -5 V, 0 V, $+5$ V. [13]. We

Ternärlogik → Logik, dreiwertige. We

Tertiärgruppe *(tertiary group)*. Begriff aus der Trägerfrequenztechnik. Eine T. entsteht aus der Zusammenfassung von fünf Sekundärgruppen zu insgesamt 300 Kanälen (System V300). Th

Tertiärspeicher *(tertiary memory)* → Primärspeicher. We

Terz *(third)*. Frequenzintervall zwischen zwei Frequenzen, die im Verhältnis $\sqrt[3]{2} : 1$ (1,26 : 1) stehen. [5]. Rü

Terzbandpaß *(one-third octave filter)*. Ein umschaltbarer Bandpaß (→ Filter) für Untersuchungen an Übertragungsanlagen im Niederfrequenzbereich (DIN 46 452). Der Durchlaßbereich eines jeden einstellbaren Filters beträgt eine Terz. Der Abstand der Bandmittenfrequenzen ist meist 1/2 Terz. [15]. Rü

Tesla *(tesla)*. Abgeleitete SI-Einheit der magnetischen Flußdichte und magnetischen Polarisation (Zeichen T), (DIN 1339).

$$1\,T = 1\,\frac{kg}{s^2\,A} = 1\,\frac{Vs}{m^2} = 1\,\frac{Wb}{m^2}$$

(V Volt; Wb Weber; A Ampere). *Definition:* Das T ist gleich der Flußdichte des homogenen magnetischen Flusses 1 Wb, der die Fläche 1 m² senkrecht durchsetzt. [5]. Rü

Testbildgenerator → Bildmustergenerator. Fl

Testgerät *(test object)*, Prüfgerät, Prüfobjekt. Als T. bezeichnet man ein aus laufender Fertigung entnommenes Gerät, das stellvertretend für eine Anzahl gleichartiger Geräte in einer Prüfschaltung auf erwartete Parameter untersucht wird. Häufig wird das T. zur Durchführung einer Qualitätskontrolle herangezogen. [12]. Fl

Testprogramm *(test program, test routine)*. 1. Programm zum Testen der Funktion einer Datenverarbeitungsanlage oder einer ihrer Komponenten. Dauertestprogramme wiederholen bestimmte Vorgänge, z.B. Drucken oder Zugriff auf Externspeicher über einen größeren Zeitraum. Testprogramme, die der Fehlerlokalisierung dienen, werden auch als Serviceprogramme bezeichnet. 2. Programm, das das Testen von Anwenderprogrammen erleichtert, z.B. durch Speicherauszüge (dump) oder durch Protokollierung der einzelnen Programmschritte (Ablaufverfolgung). [1]. We

Testschaltung → Prüfschaltung. Fl

Testsignal *(test signal)*. Testsignale sind von Elementarfunktionen abgeleitet und dienen der Untersuchung des dynamischen Verhaltens von Übertragungsgliedern und Regelkreisen. Die gebräuchlichsten Testsignale sind

Testsignal	Verlauf	Beschreibung	Antwort fkt.
Einheitsimpuls (Dirac-Stoß) (δ Impuls)	Fläche 1	$\delta(t)$	
Impulsfunktion (Stoßfunktion)	Fläch = K	$u(t) = K \cdot \delta(t)$	Impulsantwort
Einheitssprung	$\sigma(t)$, 1	$\sigma(t) = \begin{cases} 0 \text{ für } t < 0 \\ 1 \text{ für } t \geq 0 \end{cases}$	
Sprungfunktion	$u(t)$, U_0	$u(t) = U_0 \cdot \sigma(t)$ ($U_0 \neq 0$)	Sprungantwort (Übergangsfunktion)
Rampenfunktion	$u(t)$	$u(t) = K \cdot t$ ($0 < K < \infty$)	Rampenantwort

im Bild zusammengefaßt, wobei der Sprungfunktion vor allem in der Regelungstechnik große Bedeutung zukommt. Rampenfunktionen werden zur Beurteilung von Folgeregelkreisen eingesetzt. [18]. Ku

Testverteilungen. Bei statistischen Prüfverfahren genügt es mitunter nicht, das vorliegende Material durch eine Häufigkeitsverteilung zu beschreiben. Dies gilt vor allem dann, wenn Abweichungen gegenüber bekannten Mittelwerten auftreten und untersucht werden soll, ob diese zufälliger oder wesentlicher Natur sind. Die hierzu notwendigen Prüftests gehen alle von einem Vergleich aus. Nimmt man an, daß die Unterschiede in beiden Stichproben nur zufällig sind, spricht man von einer Nullhypothese (H_0). Die andere Möglichkeit des Entscheids heißt Alternativhypothese (H_1). Zum Prüfen, ob die Nullhypothese anzunehmen oder abzulehnen ist, verwendet man verschiedene Testverteilungen; hierzu kann auch die Normalverteilung dienen. Wichtige andere Testverteilungen sind:

1. Chi-Quadrat-Verteilung (nach Helmert-Pearson). Es seien n unabhängige Zufallsgrößen $X_1, X_2, \ldots, X_n$, die derselben Normalverteilung (Parameter μ, σ) unterliegen, vorhanden. Die Verteilung der Quadratsummen

$$\chi^2 = \frac{1}{\sigma^2} \sum_{i=1}^{n} (x_i - \mu)^2$$

(x_i Werte der Zufallsgrößen X_i) heißt χ^2-Verteilung. In normierter Form ($\mu = 0; \sigma = 1$) wird

$$\chi^2 = \sum_{i=1}^{n} x_i^2.$$

Die Verteilungsdichte $f(x)$ (→ Verteilung) lautet ($x \hat{=} \chi^2$):

$$f(x) = \frac{1}{2^{\frac{n}{2}} \Gamma\left(\frac{n}{2}\right)} x^{\frac{n-2}{2}} e^{-\frac{x}{2}},$$

wobei

$$\Gamma(u) = \int_0^\infty x^{u-1} e^{-x} dx$$

die Gamma-Funktion ist. Der Mittelwert beträgt $\mu = n$ und die Varianz

$$\sigma^2 = 2n.$$

Die χ^2-Verteilung ist ein Sonderfall der allgemeinen Gamma-Verteilung (→ Lebenszeit-Verteilungen); sie folgt aus der dort angegebenen Form mit

$$t \to x, \ \beta = 2, \ \alpha = \frac{n}{2} - 1.$$

2. Student-Verteilung, auch t-Verteilung (nach W. S. Gosset), wird dann als Test-V. verwendet, wenn aus einer Stichprobe von n Werten Schätzungen für den (empirischen) Mittelwert $\bar{x}$ und die (empirische) Varianz s^2 angegeben werden können. Bei relativ kleinem n weicht die Schätzung von s^2 meist erheblich vom wahren Wert σ^2 der Normalverteilung ab. In der Student-Verteilung wird neben der Irrtumswahrscheinlichkeit der Umfang der Stichprobe berücksichtigt. Für $n \to \infty$ geht sie in die Normalverteilung über. Die Verteilungsdichte $f(t)$ (→ Verteilung) ist

$$f(t) = \frac{\Gamma\left(\frac{n+1}{2}\right)}{\sqrt{n\pi}\ \Gamma\left(\frac{n}{2}\right)\left(1 + \frac{t^2}{n}\right)^{\frac{n+1}{2}}} .$$

Ein Mittelwert μ ist für n = 1 nicht vorhanden; für $n \geq 2$ ist $\mu = 0$. Für n = 1 und n = 2 ist keine Varianz vorhanden; man erhält für $n \geq 3$

$$\sigma^2 = \frac{n}{n-2}.$$

3. Als T. wird mitunter noch die Fisher-Verteilung (kurz F-Verteilung) verwendet, wobei man aus zwei Stichproben vom Umfang n_1 und n_2 die zugehörigen geschätzten (empirischen) Varianzen s_1^2 und s_2^2 berechnet. Der Quotient

$$F = \frac{s_1^2}{s_2^2}$$

ist dann die F-Verteilung. [5]. Rü

Tetrade *(tetrad)*. Darstellung einer Dezimalziffer in einem Dezimalcode. Bei binärer Verschlüsselung werden für eine T. mindestens 4 Bits benötigt. Bitkombinationen in einem Dezimalcode, die keiner Dezimalziffer entsprechen, werden als Pseudotetraden bezeichnet. [13]. We

Tetrode *(tetrode)*. Hochvakuumelektronenröhre mit vier Elektroden: der geheizten Katode, dem Steuergitter, dem Schirmgitter und der Anode. Das Schirmgitter sorgt für eine Verminderung der Anodenrückwirkung. [4]. Li

TE-Welle *(transverse electric wave)*, transversale elektrische Welle, H-Welle. Eine elektromagnetische Welle in einem homogenen isotropen Medium, bei der in jedem Raumpunkt der elektrische Feldvektor senkrecht zur Ausbreitungsrichtung und der magnetische Feldvektor in Ausbreitungsrichtung steht (→ Hohlleiter). [14]. Ge

Text *(text)*. Nachricht, deren Informationen in Satzform ausgedrückt sind und für die Aufnahme durch den Menschen zugeschnitten ist. [19]. Kü

Textautomat *(word processing system)*. Informationsverarbeitendes System zur Textverarbeitung. Der T. besteht aus einer Schreibeinrichtung (Schreibmaschine oder Drucker) sowie Speichern für die Textbausteine und die Verarbeitungsprogramme. Die Speicher für die Textbausteine können z.B. als Magnetbandkassetten, Disketten ausgeführt sein. [1]. We

Textverarbeitung *(word processing)*. Anwendung der elektronischen Datenverarbeitung bei der Erstellung von zu schreibenden Texten, z.B. der Erstellung von Standardbriefen an Hand von Textbausteinen und Adressenkarteien, aber auch für das Setzen von Zeitungstexten. Die T. kann mit der kommerziellen Datenverarbeitung kombiniert sein (Geschäftsverkehr). Die T. erfordert umfangreiche Programme, wenn der Text automatisch bearbeitet werden soll, wobei grammatikalische oder orthographische Regeln beachtet werden müssen, z.B. bei der Silbentrennung. [1].　　　　　　　　　　We

TFFET *(thin-film-field effect transistor)* → Dünnschichtfeldeffekttransistor.　　　　　　　　　　Ne

TF-Grundleitung *(carrier line link)*. (TF Trägerfrequenz). TF-Grundleitungen sind in der Trägerfrequenztechnik Übertragungswege einschließlich aller für eine einwandfreie Betriebsabwicklung notwendigen Einrichtungen wie Leitungsverstärker, Fernspeisung, Fernsignalisierung, -messung, -bedienung und Pegeldienstleitung. Sie enthalten längs ihres Weges weder eine Frequenzumsetzung noch Ausscheideeinrichtungen. Sie entsprechen dem homogenen Abschnitt der Bezugsverbindung. Die T. wird von Endämtern begrenzt. [14].　　　　Th

T-Flipflop *(T-flipflop, toggle flipflop)*. Flipflop, das über einen Takteingang sowie einen Steuereingang verfügt. Wenn der Steuereingang das T. aktiviert, wechselt es bei jedem Takt seinen Zustand, es kippt. Wenn das T. nicht aktiviert ist, hat der Takt keine Wirkung. Das Bild zeigt den Impulsverlauf an einem T. [2].　　　We

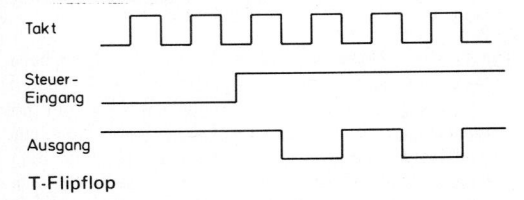

T-Flipflop

T-Glied → T-Schaltung.　　　　　　　　　　Ne

Theorem von Bartlett *(Bartlett's bisection theorem)*. Jeder struktursymmetrische Vierpol ohne sich kreuzende Zweige läßt sich in eine symmetrische X-Schaltung äquivalent umwandeln. Dazu zerlegt man den Vierpol in seine beiden zueinander spiegelbildliche Hälften. Den Zweipol R_1 in den beiden Längszweigen des X-Gliedes erhält man als Eingangswiderstand einer Vierpolhälfte, wenn man alle freien Enden der Schnittstelle kurzschließt; den Zweipol R_2 in den beiden Querzweigen des X-Gliedes, indem man die freien Enden leerlaufen läßt (Bild). Die äquivalente Rückverwandlung eines symmetrischen X-Gliedes in eine Schaltung mit durchgehender Masseverbindung (→ Dreipol) ist im allgemeinen nur mit übertragerbehafteten Brückenschaltungen (→ Brückenschaltung, äquivalente) möglich. [15].　　Rü

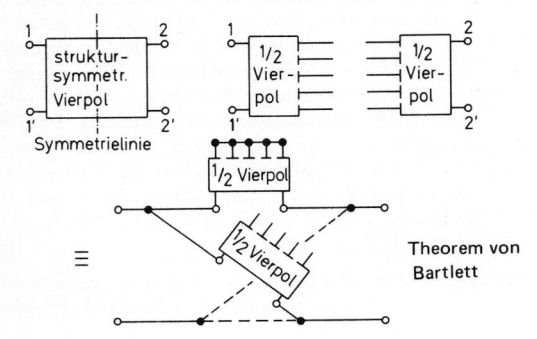

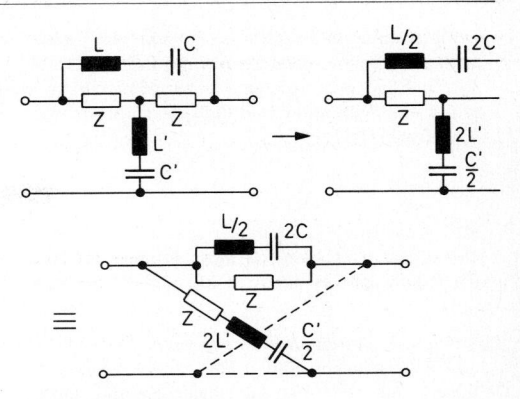

Theorem von Bartlett

Umwandlungsbeispiel

Theorem von Foster *(Foster reactance theorem)*, kurz Reaktanzsatz. Es besagt, daß der Scheinwiderstand- oder -leitwert einer Reaktanz mit der Frequenz stetig zunimmt und an den Polstellen von $+j\infty$ auf $-j\infty$ springt. Pole und Nullstellen wechseln einander ab. Die Summe der voneinander unabhängigen Blindwiderstände ist gleich der Summe der Pole und Nullstellen bei endlichen Frequenzen einschließlich $\omega = 0$. Die Aussage des Theorems von Foster ist unabhängig von der topologischen Netzwerkstruktur. Beispiel: (Bild). Erklärung: Die Reaktanzschal-

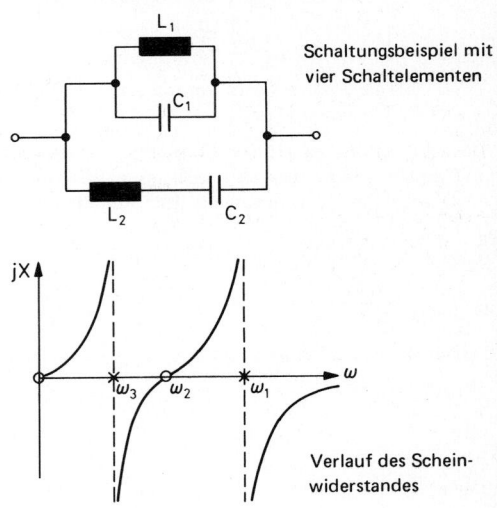

Schaltungsbeispiel mit vier Schaltelementen

Verlauf des Scheinwiderstandes

Theorem von Foster

tung hat vier Bauelemente, folglich ist die Summe der Pole und Nullstellen gleich vier. Bei $\omega = 0$ muß eine Nullstelle liegen, weil für Gleichspannung über L_1 eine durchgehende Verbindung besteht. Das Abwechseln von Polen und Nullstellen bedingt den dargestellten Frequenzgang des Scheinwiderstandes jX (→ LC-Zweipol). Für jX läßt sich immer eine Produktdarstellung in der Form

$$jX = jK \frac{\omega_{(0)} (\omega^2 - \omega_2^2)(\omega^2 - \omega_4^2) \ldots (\omega^2 - \omega_{2n}^2)}{[\omega_{(\infty)}](\omega^2 - \omega_1^2)(\omega^2 - \omega_3^2) \ldots (\omega^2 - \omega_{2n-1}^2)}$$

angeben. Im Zähler stehen die Produkte der Nullstellenterme, im Nenner die Produkte der Polstellenterme. Es tritt nur $\omega_{(0)}$ oder $\omega_{(\infty)}$ auf, je nachdem, ob im Nullpunkt eine Null- oder eine Polstelle vorhanden ist. Für das Beispiel (Bild) gilt

$$jX = \frac{1}{jC} \cdot \frac{\omega_{(0)} (\omega^2 - \omega_2^2)}{(\omega^2 - \omega_1^2)(\omega^2 - \omega_3^2)}.$$

(Die Konstante jK kann hier aus Einheitsgründen nur eine Kapazität C sein.) Analoge Formen der Produktdarstellung gibt es auch für RC- und RL-Schaltungen. [15].   Rü

Theorem von Norton *(Norton's theorem)*. Jeder beliebige, aus Widerständen, Kapazitäten, Induktivitäten, Übertragern und Gyratoren aufgebaute Zweipol mit unabhängigen und abhängigen Quellen kann durch eine Ersatzstromquelle (→ Ersatzschaltung) mit einer idealen Stromquelle und einer Admittanz (innerer Leitwert) dargestellt werden (Satz von der Ersatzstromquelle). [15].   Rü

Theorem von Parseval *(Parseval relation)*. Das Theorem von P. gestattet es, die Energie eines Signals $s(t)$ (→ Signalenergie) nicht nur in der Zeitbereichsdarstellung, sondern auch im Frequenzbereich aus dem Betragsspektrum zu berechnen. Es gilt für die Signalenergie

$$E = \int_{-\infty}^{+\infty} s^2(t) \, dt = \int_{-\infty}^{+\infty} |S(f)|^2 \, df.$$

$S(f)$ ist die Fourier-Transformierte der Signalfunktion $s(t)$: $s(t) \circ\!\!\!-\!\!\!\bullet S(f)$. [14].   Rü

Theorem von Rosen *(Rosen's theorem)*. Das Rosensche Theorem besagt, daß man jede aus n Elementen bestehende Sternschaltung mit den Admittanzen Y_1, $Y_2, \ldots, Y_n$ immer äquivalent in ein vollständiges n-Eck mit $n(n-1)/2$ Elementen mit den Admittanzen

$$Y_{ik} = \frac{Y_i Y_k}{\Sigma Y}$$

überführen kann, wobei

$$\Sigma Y = \sum_{\nu=1}^{n} Y_\nu \quad \text{(Bild)}.$$

Beispiel: Umwandlung eines 5-strahligen Sterns

Theorem von Rosen

Für n = 3 erhält man die bekannte Stern-Dreieck-Umwandlung. [15].   Rü

Theorem von Tellegen *(Tellegens theorem)*. In jedem linearen Netzwerk ist die Summe aller Augenblicksleistungen in den Zweigen des Netzes Null. Wird ein Zweig k vom Strom $i_k(t)$ durchflossen und fällt über diesem Zweig die Spannung $u_k(t)$ ab, dann gilt für das gesamte Netz aus N Zweigen

$$\sum_{k=1}^{N} u_k(t) \, i_k(t) = 0.$$

Definiert man

$$\mathbf{U} = \begin{pmatrix} u_1 \\ u_2 \\ \vdots \\ u_N \end{pmatrix} \quad \text{und} \quad \mathbf{I} = \begin{pmatrix} i_1 \\ i_2 \\ \vdots \\ i_N \end{pmatrix}$$

als (einspaltige) Spannungs- bzw. Strommatrix, dann kann man das Theorem von T. in Matrizenschreibweise formulieren

$$\mathbf{U}^T \mathbf{I} = 0$$

($\mathbf{U}^T$ die zu $\mathbf{U}$ transponierte Matrix). Das Theorem von T. ist eine unmittelbare Folge der Kirchhoffschen Sätze. [15].   Rü

Theorem von Thévenin *(Thévenin's theorem)*. Jeder beliebige, aus Widerständen, Kapazitäten, Induktivitäten, Übertragern und Gyratoren aufgebaute Zweipol mit unabhängigen oder abhängigen Quellen kann durch eine Ersatzspannungsquelle (→ Ersatzschaltung) mit einer idealen Spannungsquelle und einer Impedanz (Innenwiderstand) dargestellt werden (Satz von der Ersatzspannungsquelle).

Wegen der Umwandelbarkeit von Strom- und Spannungsquellen stellen das Theorem von Thévenin und das Theorem von Norton im Grunde die gleiche Aussage dar. Im deutschsprachigen Schrifttum wird der Inhalt beider Theoreme meist als „Satz von Helmholtz" zusammengefaßt. [15].   Rü

Thermistor → Heißleiter.   Ge

Thermoausgleichsleitung → Ausgleichsleitung.   Fl

Thermoauslöser *(thermal cut-out)*. Der T. ist ein thermischer Schutzschalter, der bei vorübergehenden Überschreitungen des Nennstromes im elektrischen Stromkreis aufgrund einer vom Überstrom erzeugten Erwärmung selbsttätig die Trennung gefährdeter elektrischer Anlagenteile von der Stromversorgung bewirkt. Temperaturempfindliches Bauelement ist ein Bimetallstreifen, der aus zwei mechanisch fest miteinander verbundenen Streifen verschiedenartiger Metalle besteht. Der Bimetallstreifen wird in den abzusichernden Stromkreis gelegt. Unter Einfluß übergroßer Stromwärme dehnen sich beide Metalle unterschiedlich stark aus und der Streifen verbiegt sich. Ein Ende ist mechanisch fest eingespannt, das andere Ende besitzt einen elektrischen Kontakt, der sich beim Aufbiegen öffnet. Man findet T. z.B. in Sicherungsautomaten und in Motorschutzschaltern. [3], [4], [12], [18].   Fl

Thermodrucker *(thermal printer)*. Ein nichtmechanischer Drucker, der ohne Farbstoff oder Farbband arbeitet.

Er erzeugt die zu druckenden Zeichen geräuschlos auf speziellem, hitzeempfindlichen Thermopapier. Dies geschieht durch Aufheizen von punktförmigen Elementen, die in Form einer 5 x 7- bzw. 7 x 9-Punkte-Matrix angeordnet sind (→ Matrixdrucker). [1]. Li

Thermoelektrizität *(thermoelectricy).* Gibt die Änderung des elektrischen Verhaltens von Metallen bei Temperaturänderung an. Thermoelektrische Effekte sind der Seebeck-Effekt (→ Thermospannung), der Peltier-Effekt und der Benedicks-Effekt. [5]. Bl

Thermoelement *(thermocouple),* Thermopaar. Thermoelemente sind aktive Temperaturfühler, deren Wirkungsweise auf dem thermoelektrischen Effekt (→ Seebeck-Effekt) beruht. Das T. besteht aus zwei Metalldrähten oder Metallegierungen unterschiedlichen Materials (z.B. Platin-Rhodium/Platin), die an einem Ende zusammengeschweißt, in vielen Fällen auch miteinander verlötet sind. Die gemeinsame Verbindungsstelle liegt am Meßort, dessen Temperaturwerte festgestellt werden sollen. Beide freien Anschlüsse des Thermoelements führt man z.B. mit Anschlußleitungen zu einer Vergleichsstelle, deren Temperatur konstant gehalten wird und die unterschiedlich zum Temperaturwert an der Meßstelle sein muß (→ Bild Temperaturdifferenzmessung). Bei erwärmter Meßstelle entsteht am Ausgang der Vergleichsstelle eine Thermospannung, deren Wert von der Temperaturdifferenz und den verwendeten Materialien (thermoelektrische Spannungsreihe) abhängt. Einige genormte Thermoelemente können mit Einsatzbereichen der Tabelle → Temperaturmessung entnommen werden. Im Bereich der Supraleitung ist keine Thermospannung nachweisbar. [5], [12], [18]. Fl

Thermokompressionsschweißen *(thermocompression bonding).* Das T. ist ein Preßschweißverfahren (→ Schweißverbindung). Die Verbindungspartner werden mit einem besonders ausgebildeten Schweißwerkzeug bei einer unterhalb der zum Schmelzen der Berührungsflächen erforderlichen Temperatur zusammengepreßt. Die dabei auftretende plastische Verformung bewirkt eine atomare Bindung der Metalle. Das T. wird zum Kontaktieren von 7 μm bis 100 μm dicken Gold- und Aluminiumdrähten auf Dioden, Transistoren, integrierten und hybriden Schaltungen eingesetzt. Man unterscheidet mehrere Verfahren: 1. Nagelkopfschweißen (Nagelkopfkontaktierung, *ball-bonding, nail-head-bonding).* Hierbei wird ein Golddraht durch eine beheizte Kapillare zur Anschlußfläche geführt. Mit Hilfe einer Wasserstoffflamme wird der Draht abgeschmolzen. Durch die Oberflächenspannung von Gold bildet sich eine Kugel von 2- bis 3fachem Drahtdurchmesser. Dann wird die Kapillare abgesenkt, wobei unter Wärme und Druck eine Diffusionsverbindung zwischen verformter Kugel und der Anschlußfläche entsteht. 2. Keilschweißen (wedge-bonding, auch Schneidenkontaktierung) ist ebenfalls für dünne Gold- und Aluminiumdrähte möglich. Der Draht wird mit einem keilförmigen Werkzeug durch Wärme und Druck mit der Anschlußfläche verbunden. [4]. Ge

Thermokraft → Thermospannung. Fl

Thermokreuz → Thermoumformer. Fl

Thermolumineszenz *(thermoluminescence).* Lumineszenz, die auftritt, wenn man die Temperatur eines Materials stetig erhöht. Werden Elektronen aus einem niedrigeren Energieniveau (E_1) z.B. durch Lichtabsorption in ein höheres Energieniveau (E_2) gehoben, brauchen sie durch Abstrahlung nicht wieder in den ursprünglichen Zustand zurückzukehren, sondern können auf metastabile Energieniveaus (M) gelangen, von denen aus direkte Übergänge verboten sind. Durch thermische Anregung können die Elektronen von Energieniveau M in das Energieniveau E_2 gehoben werden und von dort rekombinieren (Bild). Ne

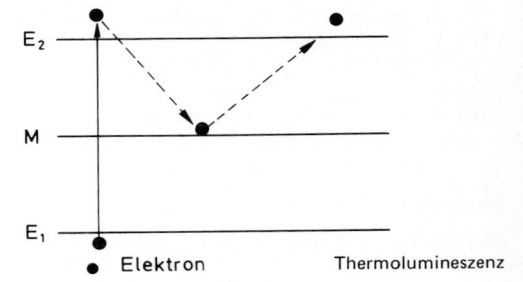

Thermolumineszenz

Thermometer *(thermometer).* Thermometer sind Meßgeräte zur Durchführung von Temperaturmessungen, die in engem Wärmekontakt mit dem Körper oder der Substanz stehen, dessen Temperatur festgestellt werden soll. Als Anzeige dient eine Temperaturskala. Man unterscheidet 3 Hauptgruppen von Thermometern: 1. Physikalische T. Man setzt sie für wissenschaftliche Zwecke, z.B. zur Verwirklichung der Kelvin-Skala, zu geologischen Messungen (→ Quarzthermometer) oder zur Eichung anderer T., ein. Eine typische Anwendung für Eichzwecke ist das Gasthermometer. 2. Mechanische T. a) Flüssigkeitsthermometer. In einem Vorratsgefäß befindet sich eine Flüssigkeit (z.B. Alkohol oder Quecksilber). Unter dem Einfluß von Wärme ändert die Flüssigkeit ihr Volumen und steigt in einer luftleeren Glaskapillare mit konstantem Innendurchmesser nach oben. Im Ruhezustand gibt das obere Ende der Flüssigkeitssäule den Temperaturwert an, der auf einer Skala abgelesen wird. Anwendungen sind z.B.: Fieberthermometer, Quarzthermometer (als Quarzglasthermometer). b) Metallausdehnungsthermometer. Das Stabausdehnungsthermometer besteht aus einem einseitig geschlossenen Rohr größerer Wärmeausdehnung (Material z.B. Aluminium, Messing oder Nickel) und einem inneren Stab geringerer Ausdehnung (Material z.B. Porzellan oder Quarz). Der Innenstab ist am Boden des Rohres befestigt. Gemessen wird der Unterschiedsbetrag der Wärmeausdehnung. Anwendung: z.B. im Stabregler. Eine andere Ausführung ist das Bimetallthermometer. 3. Elektrische T. Sie bestehen im wesentlichen aus einem Temperaturfühler, der aufgrund thermoelektrischer Effekte unter Temperatureinfluß innerhalb eines angegebenen Meßbereiches eine dazu proportionale elektrische Größe ändert oder bereitstellt und mit einem elektrischen oder elektronischen Meßgerät (mit einer Anzeige in Temperaturwerten) verbunden ist. Beispiele: Temperatursensor, Thermoelement, Widerstandsthermometer. [4], [5], [6], [12], [18]. Fl

Thermopaar → Thermoelement. Fl

Thermophon *(thermophone).* Das T. ist ein elektrischer Schallsender, der durch Umsetzung thermischer Energie Schalldrücke erzeugt. Ein dünner Draht oder eine Metallfolie mit geringer Wärmekapazität werden von einem Gleichstrom und einem niederfrequenten Wechselstrom gleichzeitig durchflossen. Die Gleichstromwerte liegen höher als die Amplitude des Wechselstromes. Im stromdurchflossenen Leitermaterial entstehen infolge der Wärmewirkung des Wechselstromes Temperaturschwankungen, die als schnelle Luftdruckänderungen in hörbaren Schall umgesetzt werden. Der Gleichstrom verhindert, daß die Temperaturschwankungen mit doppelter Frequenz des Wechselstromes übertragen werden. Anwendung: Im Hörbereich niedriger Frequenzen als Normalschallquelle. [5], [12], [13]. Fl

Thermoplast → Kunststoff. Ge

Thermorelais *(thermoelectric relay).* Relais für zeitverzögerte Kontaktgabe durch Wärmeeinfluß. Dazu wird der Kontaktsatz selbst als Bimetallstreifen ausgebildet, der sich unter dem Einfluß der Erwärmung verbiegt. Der Verzögerungsbereich liegt zwischen 0,5 s und 500 s. T. werden mit schleichendem sowie mit Springkontakt ausgeführt. [4]. Ge

Thermoschock *(thermal shock).* Beeinflussung eines Bauteils oder Werkstoffes durch einen plötzlichen Wechsel der Temperatur. Die Fähigkeit, nach einem T. die Merkmale z.B. des Bauteils beizubehalten, wird als Thermoschockfestigkeit *(thermal shock resistance)* bezeichnet. We

Thermospannung *(thermoelectric potential; thermoelectromotive force),* Thermokraft. Die T. ist eine thermisch erzeugte Gleichspannung, die an den Verbindungsstellen zweier unterschiedlicher Metalle, Metallegierungen oder Halbleiter entsteht, wenn beide Verbindungsstellen verschiedene Temperaturwerte T_1 und T_2 aufweisen. Ist die Anordnung als geschlossener Stromkreis aufgebaut (Bild), fließt ein Thermostrom. Die Wirkung beruht auf dem Seebeck-Effekt. Mit der Materialkonstante $\alpha_{A,B}$ beider Verbindungsmaterialien, gilt für die T. U_T in einem begrenzten Temperaturbereich:

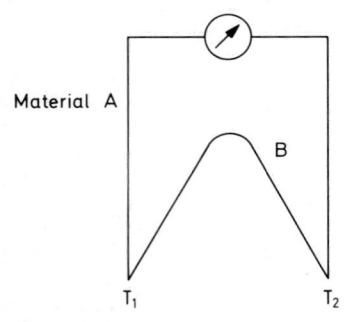

$$U_T = \alpha_{A,B}(T_1 - T_2) \quad \text{bei} \quad T_1 > T_2.$$

Die Polarität wird bestimmt, indem eine Verbindungsstelle dem Temperaturwert 100 °C, die andere dem Wert 0 °C ausgesetzt wird. Für den gebildeten Stromkreis wird eine Konstante $E_{AB}^{0;100}$ in mV (bei Konstantan-Kupfer z.B.:

$$E_{\text{Konst.-Cu}}^{0;100} = +4{,}15 \text{ mV})$$

festgelegt, deren Vorzeichen dann positiv ist, wenn der Thermostrom an der Verbindungsstelle mit der Temperatur 100 °C vom Material A nach Material B fließt. Die vorzeichenbehafteten Werte sind, bezogen auf Platin, in einer thermoelektrischen Spannungsreihe zusammengefaßt. Anwendungen: zur elektrischen Temperaturmessung mit Thermoelementen, als Thermoumformermeßwerk zur Effektivwertmessung. [5], [7], [12]. Fl

Thermostrommesser → Thermoumformerinstrument. Fl

Thermoumformer *(thermoconverter; thermal converter; thermal cross),* Thermokreuz. T. sind Anordnungen für Meßzwecke, die aus einem Heizdraht (temperaturunabhängiges Material z.B.: Chromnickel, Platinlegierungen oder Kohle) und einem Thermoelement (Material des Drahtpaares z.B.: Kupfer und Konstantan) bestehen. Man setzt T. z.B. zur kurvenformunabhängigen Messung des Effektivwertes von Wechselgrößen ein. Der vom Meßstrom durchflossene Heizdraht erzeugt infolge Joulescher Wärme eine vom Quadrat des Stromwertes und dem Widerstand des Drahtes abhängige Heizleistung P ($P = I^2 \cdot R$). Die gegenüber der Umgebung entstehende Übertemperatur gelangt zum Thermoelement, das mit dem Heizdraht in Wärmekontakt steht. Es entsteht an den Anschlüssen des Thermoelementes eine Thermospannung, deren Werte sich im wesentlichen proportional zur Heizleistung verhalten. Mit Hilfe eines Gleichstromes bekannter Größe läßt sich eine Kalibrierung durchführen. Nach der Kontaktgabe unterscheidet man: 1. Direkte Heizung. Heizdraht und Thermoelement sind thermisch und elektrisch leitend verbunden. In der Ausführung als Thermoumformermeßwerk besitzt es kurze Einstellzeiten und dient zur Messung von Stromstärken über 100 mA. 2. Indirekte Heizung. Zwischen Heizdraht und Thermoelement besteht eine elektrische Isolierung (z.B. eine Glasperle) mit thermischem Kontakt. Die Anordnung ist häufig in ein luftleeres Glasgefäß eingebaut (Vakuumthermoumformer) und dient der Messung hochfrequenter Ströme unter 0.1 mA. [4], [8], [11], [12]. Fl

Thermoumformerinstrument *(thermocouple instrument; thermoammeter, thermocouple meter),* Thermostrommesser. Thermoumformerinstrumente bestehen aus einem hochwertigen Drehspulmeßwerk als Anzeigeinstrument und einem vorgeschalteten Thermoumformermeßwerk, mit dem eine kurvenformunabhängige Umwandlung von Werten einer zu messenden Wechselgröße in Werte einer Gleichspannung durchgeführt wird. Zur Verringerung des Temperatureinflusses auf den

Meßfehler schaltet man einen Widerstand in Reihe zur Drehspule. Innenwiderstand des Anzeigeinstrumentes und elektrisch wirksamer Innenwiderstand des Thermoumformers sind zum Erreichen hoher Empfindlichkeitswerte aufeinander abgestimmt. Die vom Betrag des Meßstroms abhängige Einstellzeit eines Thermoumformerinstruments beträgt etwa 0,15 s bis 0,7 s. Eine Kalibrierung der am Anfang nichtlinearen Skala des Meßinstrumentes wird mit Gleichstrom bzw. niederfrequentem Wechselstrom bekannter Werte durchgeführt. Einige Anwendungsbereiche sind: 1. Effektivwertmessung stark verzerrter Wechselgrößen, z.B. bei Phasenanschnittsteuerungen. 2. Effektivwertmessung hochfrequenter Wechselgrößen. Die obere Grenzfrequenz (Frequenz bis etwa 10^9 Hz) wird wesentlich vom Skineffekt (und damit von Drahtdicke und -material des Heizdrahtes) und parasitären elektrischen Kapazitäten zwischen Heizdraht und Thermoelement bzw. Anschlußklemmen im Meßkreis bestimmt. Der auswertbare Frequenzbereich umfaßt Frequenzen bis etwa 10^6 Hz. 3. Leistungsmessung ($\rightarrow$ Leistungsmesser, thermischer). [3], [8], [11], [12], [13], [18]. Fl

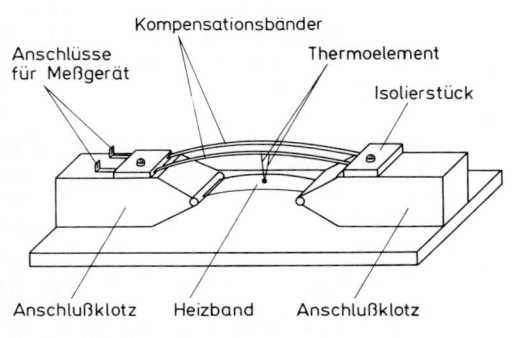

Thermoumformermeßwerk *(thermocouple measuring system, thermoconverter measuring system, thermal converter measuring system)*, Meßthermoumformer. Das T. dient in Thermoumformerinstrumenten der Umwandlung zu messender elektrischer Wechselgrößen in Werte einer Gleichspannung, der Thermospannung. Die Umwandlung führt ein Thermoumformer mit direkter oder indirekter Heizung durch. Der elektrische Widerstand des Heizdrahtes bestimmt im wesentlichen den Meßbereich. Seine Werte liegen zwischen 0,1 Ω und etwa 2000 Ω. die Strommeßbereiche liegen zwischen 1 mA und 100 mA, in einigen Ausführungen bis etwa 5 A. 1. Im Bereich niedriger Meßströme wird der äußere Temperatureinfluß durch Konvektion verhindert, in dem man den Thermoumformer in ein luftleeres Glasgefäß einbaut *(Vakuumthermoumformer).* 2. Bei hohen Strömen verhindert man den Einfluß erwärmter Anschlußteile durch eine mechanische Temperaturkorrektur. Man befestigt dazu die kalte Lötstelle des Thermoelementes auf einem metallischen Kompensationsband, das gleiche thermische Eigenschaften wie der stromdurchflossene Heizdraht aufweist (Bild). Von den Anschlußteilen verursachte Temperaturfehler des Heizdrahtes wirken als Temperaturerhöhung auf die kalte Lötstelle, so daß die Differenztemperatur zwischen Heizdraht und Lötstelle annähernd gleich bleibt. Die Werte des Eigenverbrauchs liegen in Abhängigkeit der Ausführungsform bei etwa 2 mW bis 4 W. 3. Häufig werden Anordnungen verwendet, die aus einem Meßthermoumformer und einem Vergleichthermoumformer mit gleichen Zeitkonstanten bestehen. Dem Meßthermoumformer wird die zu messende Wechselspannung zugeführt, dem Vergleichsthermoumformer eine Gleichspannung vom Ausgang eines Gleichspannungsverstärkers. Am Eingang des Verstärkers wirkt die Differenz beider Thermospannungswerte als Steuerspannung. Vorteile: Kurze Einstellzeit, nahezu linearer Skalenverlauf beim angeschlossenen Meßinstrument. [8], [12], [13]. Fl

Thermowiderstand $\rightarrow$ Widerstandskopf. Fl

Thermowiderstandsmesser $\rightarrow$ Widerstandsthermometer. Fl

Thernewid $\rightarrow$ Heißleiter. Ge

Théveninsches Theorem *(Thévenin's theorem)* $\rightarrow$ Theorem von Thévenin. Rü

Thomson-Brücke $\rightarrow$ Thomson-Meßbrücke. Fl

Thomson-Doppelbrücke $\rightarrow$ Thomson-Meßbrücke. Fl

Thomson-Meßbrücke *(Kelvin bridge; Thomson bridge),* Doppelbrücke, Thomson-Doppelbrücke, Doppelmeßbrücke, Thomson-Brücke. Die T. ist eine Gleichstrom-Meßbrücke, mit der Werte von Wirkwiderständen im Bereich von $10^{-6}\,\Omega$ bis etwa 10 Ω bestimmt werden. Man kann sie als Kombination einer Brückenschaltung mit einer Kompensationsschaltung auffassen. Durch die Kompensation verschwinden Meßunsicherheiten, die durch Kontaktübergangs-, Zuleitungs- und Verbindungsleitungswiderstände entstehen. Der Prüfling R_x wird häufig mit Prüfschneiden oder -spitzen angeschlossen. R_N ist ein Normalwiderstand und in der Größenordnung von R_x. Es wird der Spannungsabfall über R_N mit dem über R_x verglichen. Die Widerstände R_1 bis R_4 sind gegenüber R_N und R_x sehr viel hochohmiger. Ist $R_1 = R_3$ und $R_2 = R_4$, wird:

$$R_x = R_N \cdot \frac{R_1}{R_2} \quad \text{bzw.} \quad R_x = R_N \cdot \frac{R_3}{R_4}.$$

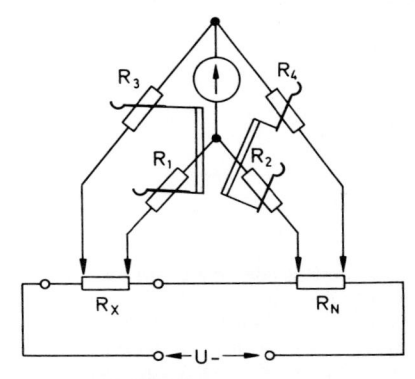

Thermoumformermeßwerk

Thomsen-Meßbrücke

Zur Erfüllung der Bedingungen $R_1 = R_3$, $R_2 = R_4$ sind R_1 und R_3 bzw. R_2 und R_4 häufig als Doppelkurbelwiderstände hoher Präzision ausgeführt. Nullinstrument ist ein Galvanometer. Die Meßunsicherheit beträgt etwa 0,02 %. [12]. Fl

Thomsonsche Schwingungsgleichung *(Thomson's rule)*. Die T. formuliert den Zusammenhang zwischen Induktivität L, Kapazität C und Resonanzfrequenz f_0 bei Parallel- und Reihenschwingkreis

$$f_0 = \frac{1}{2\pi} \cdot \frac{1}{\sqrt{LC}} \quad [15].$$ Rü

Three-State-Technik → Tri-State-Technik. We

Threshold-Spannung → Schwellenspannung. Ne

Thyristor *(thyristor)*. Halbleiterbauelement mit mindestens drei Zonenübergängen (von denen einer auch durch einen geeigneten Metall-Halbleiterkontakt ersetzt sein kann), das von einem Sperrzustand in einen Durchlaßzustand (oder umgekehrt) umgeschaltet werden kann. Die Benennung „Thyristor" wird als Oberbegriff für alle Arten von Bauelementen, die dieser Definition entsprechen, benutzt. Wenn keine Irrtümer möglich sind, wird unter „Thyristor" speziell die rückwärts sperrende Thyristortriode verstanden (DIN 41 786). Prinzipielle Wirkungsweise (Bild): Thyristore haben eine Vierschichtstruktur. Man kontaktiert die Randgebiete (P^+ = Anode; N^+ = Katode) und die P_2-Schicht (Gate). Ist die Katode positiver als die Anode, sind die PN-Übergänge 1 und 3 in Rückwärts- und der Übergang 2 in Vorwärtsrichtung vorgespannt. Ist die Anode positiver als die Anode, sind die PN-Übergänge 1 und 3 in Vorwärts- und der Übergang 2 in Rückwärtsrichtung vorgespannt. Bei Erreichen einer kritischen Spannung (Kippspannung) schaltet der Thyristor durch, da durch Ladungsträgeranhäufung im N- und P_2-Gebiet der PN-Übergang 2 ebenfalls in Durchlaßrichtung vorgespannt wird. Durch einen positiven Steuerstrom I_s wird das „Zünden" eines Thyristors begünstigt. Das heißt, mit Hilfe des an dem Gate zugeführten Steuerstromes (kleine Steuerleistung) lassen sich große Leistungen steuern. Anwendungen: Stromrichterantriebe, Drehzahlregelung von Drehstrommotoren, Umrichter, Wechselrichter, Gleichstromsteuerung, Schalter in der Digitaltechnik. [4]. Ne

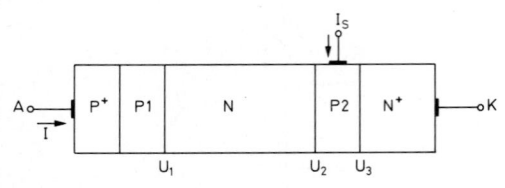

Thyristor

Thyristor, anodenseitig steuerbarer *(n-gate thyristor)*. Thyristor, bei dem der Steueranschluß mit der der Anode benachbarten N-leitenden Halbleiterschicht verbunden ist, und der normalerweise durch einen negativen Zündimpuls am Steueranschluß gegenüber dem Anodenanschluß gezündet wird (DIN 41 786). [4]. Ne

Thyristor, beidseitig steuerbarer → Thyristortetrode. Ne

Thyristor, katodenseitig steuerbarer *(p-gate thyristor)*. Thyristor, bei dem der Steueranschluß mit der der Katode benachbarten P-leitenden Halbleiterschicht verbunden ist, und der normalerweise durch einen positiven Zündimpuls am Steueranschluß gegenüber dem Katodenanschluß gezündet wird (DIN 41 786). [4]. Ne

Thyristordiode, rückwärts leitende *(reverse conducting diode thyristor)*. Thyristor mit zwei Anschlüssen, der in der Rückwärtsrichtung nicht schaltbar ist und in dieser Richtung eine Kennlinie hat, die der des Durchflußzustandes in Vorwärtsrichtung ähnlich ist (DIN 41 786). [4]. Ne

Thyristordiode, rückwärts sperrende *(reverse blocking diode thyristor)*. Thyristor mit zwei Anschlüssen, der in der Rückwärtsrichtung nicht schaltbar ist, sondern sperrt (DIN 41 786). [4]. Ne

Thyristorregler *(thyristor regulator)*. 1. Spannungsregler, der vorwiegend Wechselspannungen mit Thyristoren anstelle von Dioden in Einweg- bzw. Brückenschaltungen in Gleichspannungen verwandelt und z.B. durch Phasenanschnittsteuerung der Thyristoren die Ausgangsspannung stabilisiert. 2. Spezialfall eines Wechselstromstellers, der einen oder mehrere Thyristoren verwendet. [6], [11]. Li

Thyristorschalter *(thyristor switch)*. T. sind Schalter für Wechsel- und Drehstrom, die statt mechanischer Kontakte antiparallelgeschaltete Thyristoren enthalten. Da naturgemäß ein Wechselstrom nach jeder Halbwelle einen Nulldurchgang hat, kann der T. bei jedem Stromnulldurchgang durch Sperren der Zündimpulse abgeschaltet werden. Eine Kommutierung findet nicht statt. T. haben nahezu unbegrenzte Schaltspielzahlen, da ein Verschleiß beim Schalten nicht auftritt. Sie werden deshalb bei hoher Schalthäufigkeit angewendet (→ Wechselstromsteller). [11]. Ku

Thyristortetrode *(tetrode thyristor)*, beidseitig steuerbarer Thyristor. Thyristor, bei dem je ein Steueranschluß mit der der Katode benachbarten P-leitenden und mit der der Anode benachbarten N-leitenden Halbleiterschicht verbunden ist (DIN 41 786). [4]. Ne

Thyristortriode, rückwärts leitende *(reverse conducting triode thyristor)*. Thyristor mit drei Anschlüssen, der in der Rückwärtsrichtung nicht schaltbar ist und in dieser Richtung eine Kennlinie hat, die der des Durchlaßzustandes in Vorwärtsrichtung ähnlich ist (DIN 41 786). [4]. Ne

Thyristortriode, rückwärts sperrende *(reverse blocking triode thyristor)*. Thyristor mit drei Anschlüssen, der in der Rückwärtsrichtung nicht schaltbar ist, sondern sperrt (DIN 41 786). [4]. Ne

Thyristorverstärker *(thyristor amplifier)*. Sämtliche Stromrichterschaltungen, die vorwiegend mit Thyristoren aufgebaut sind, nennt man auch T., da sie mit leistungsarmen Steuersignalen große Leistungen verstellen können z.B. als Stellglied für elektrische Antriebe. [3]. Ku

Thyristorzündung *(thyristor ignition)*. Zündanlage für Otto-Motoren, die zum Ein- und Ausschalten des Zündspulenstromes Thyristoren verwendet. Die Haltbarkeit des Unterbrecherkontakts wird dadurch wesentlich erhöht; gleichzeitig können wesentlich höhere Zündspannungen erzeugt werden. [11]. Li

Tiefenerder *(depth earth electrode)*. Dieser Erder wird im allgemeinen lotrecht in größeren Tiefen eingebracht. [5]. Ku

Tiefpaß *(low-pass)* → Filter. Rü

Tiefpaß-Bandpaß-Transformation → Frequenztransformation. Rü

Tiefpaß-Bandsperre-Transformation → Frequenztransformation. Rü

Tiefpaß-Hochpaß-Transformation → Frequenztransformation. Rü

Tieftemperaturspeicher → Speicher, kryogener. We

Tiegelziehverfahren *(Czochralski process)*, Czochralski Ziehverfahren. Verfahren, um einkristalline Halbleiter (insbesondere Silicium) herzustellen. In einem Tiegel aus Quarz befindet sich z.B. eine polykristalline Siliciumschmelze. Nach Einbringen eines einkristallinen Impfkristalls in die Schmelze wird der Impfkristall unter Drehen langsam aus der Schmelze gezogen (Bild). Hierdurch entsteht ein einkristalliner Halbleiterstab, der einen Durchmesser von etwa 100 mm und eine Länge von 1 m hat. Nachteil: Das auf diese Art gewonnene einkristalline Silicium hat einen niedrigen spezifischen Widerstand (~ 200 Ωcm). [4]. Ne

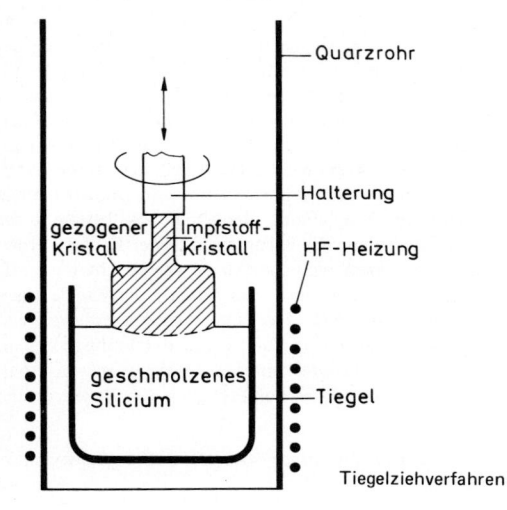

Tiegelziehverfahren

Time-Division-Verfahren → Zeitmultiplexbetrieb. We

Time-Domaon-Reflektometer → Impulsreflektometrie. Fl

Timer → Zeitgeber. Li

Time-Sharing *(time sharing)*. T. wird in der Datenverarbeitung zur quasi-simultanen Bearbeitung mehrerer Programme verwendet. Der Anwender hat dabei den Eindruck jederzeit direkt mit der Datenverarbeitungsanlage in Verbindung treten zu können. [1]. Li

Timistor. Der T. besteht aus zwei über die N- und P_1-Basisgebiete gekoppelte Thyristoren, von denen nur ein System eine Steuerelektrode hat (Bild). Wird an seine Anode bei Anliegen eines Steuerstroms I_s eine Rechteckspannung gelegt, zündet nach etwa 2 μs das System 1. Dadurch diffundieren Minoritätsladungsträger in die Basis N_1 und von dort seitlich in den Bereich des Systems 2, das gezündet wird. Die Verzögerungszeit zwischen Zünden von System 1 und System 2 hängt von dem Katodenstrom I_1 ab. Anwendung: Erzeugung zeitverzögerter Impulse. [4]. Ne

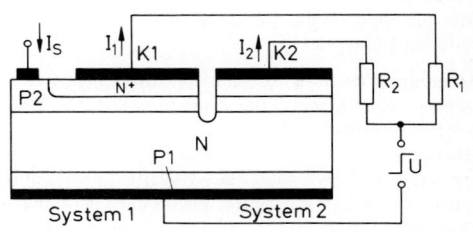

Timistor

Tintenschnellschreiber → Flüssigkeitsstrahloszillograph. Fl

Tintenschreiber *(ink recorder)* → Flüssigkeitsstrahloszillograph. Fl

Tintenstrahldrucker → Ink-Jet-Printer. We

Tirrill-Regler *(Tirrill regulator)*. Der T. ist ein elektromechanischer Zweipunktregler, der durch periodisches Überbrücken eines Reihenwiderstandes im Erregerkreis eines Synchrongenerators für eine nahezu lastunabhängige Ausgangsspannung an den Generatorklemmen sorgt. [18]. Ku

TM-Welle *(transverse magnetic wave)*, transversal-magnetische Welle, E-Welle. Eine elektromagnetische Welle in einem homogenen isotropen Medium, bei der in jedem Raumpunkt der magnetische Feldvektor senkrecht zur Ausbreitungsrichtung und der elektrische Feldvektor in Ausbreitungsrichtung steht (→ Hohlleiter). [14]. Ge

TO-Gehäuse *(TO-package; TO, transistor outlines)*. Vom amerikanischen Ausschuß JEDEC *(Joint Electron Device Engineering Council)* genormte Gehäuseformen, die bei Transistoren und integrierten Schaltungen verwendet werden. Es sind vorwiegend Rundgehäuse aus Metall, bei denen die Zuleitungen kreisförmig angeordnet sind und senkrecht zum Gehäuseboden austreten. [4]. Li

Token-Verfahren → Vielfachzugriff. Kü

Toleranzanalyse *(analysis of tolerance)*. Die T. dient ähnlich wie die Empfindlichkeitsanalyse der genauen Untersuchung von Parametereinflüssen auf das Betriebsverhalten elektrischer Systeme und Komponenten. Parametereinflüsse können z.B. Temperatur- und Alterungseinwirkungen sein, die eine zusätzliche Abweichung vorhandener Bauelementetoleranzen bewirken. Ziel einer T. ist die Kontrolle unerwünschter Nebeneinflüsse auf die festgelegten Kennwerte oder Kennfunktionen real ausgeführter elektrischer Schaltungen. In vielen Fällen werden auch Maßnahmen gesucht, die zur Beherrschung der Nebenerscheinungen führen. Den Zielsetzungen nähert man sich z.B.: 1. Durch frühzeitiges Einbeziehen realer Eigenschaften einer Baugruppe oder eines Bauteils während des Entwurfes. 2. durch eine Analyse mit Hilfe spezieller Rechenverfahren, in der quantitativ die Einflüsse von Änderungen der Bauelementeeigenschaften auf die theoretisch festgelegten Kenngrößen des vorliegenden Netzwerkes erfaßt werden. Häufig ist eine Vielzahl von Abweichungen gleichzeitig wirksam, so daß nur eine Optimierung für den speziellen Anwendungsfall erfolgen kann. [9], [15]. Fl

Toleranzen *(tolerances)*. T. sind mit angegebenen Grenzwerten eingeschlossene Bereiche von festgelegten Werten einer physikalischen Größe (z.B. elektrische Spannung). Häufig werden T. mit Vorzeichenangabe als mögliche prozentuale Abweichung des Istwertes vom Sollwert innerhalb der keine Beeinträchtigung der Funktion einer Schaltung erfolgt, angegeben. Die T. elektrischer oder elektronischer Bauelemente bzw. Geräte werden unterteilt in: 1. Meßtoleranz. Sie gibt die maximale Differenz zwischen dem tatsächlichen Kennwert und einem vom Meßgerät angezeigten Kennwert an. Eine Nachprüfung kann nur mit der vom Hersteller vorgeschriebenen Meßeinrichtung erfolgen. 2. Auslieferungstoleranz. Sie gibt die maximale Differenz zwischen einem gemessenen Kennwert und dem Nennwert an. Die Meßeinrichtung ist vorgeschrieben. 3. Anlieferungstoleranz. Es findet eine Unterscheidung zu 2. statt, da Lager- und Transporteinflüsse auftreten können. Die Anlieferungstoleranz gibt die maximale Differenz zwischen einem vom Anwender gemessenen Kennwert und dem Nennwert an. 4. Betriebstoleranz. Sie setzt sich aus den Ergebnissen der Punkte 1 und 3 und zusätzlichen Einflüssen, z.B. Temperatur und Alterung, zusammen. Beim Schaltungsentwurf muß die Betriebstoleranz berücksichtigt werden. Wertangaben bei Normreihen (z.B. E-Reihe bei Widerständen) schließen die Angabe von T. ein. [4], [6], [12]. Fl

Toleranzgrenze *(tolerance limit)*. Toleranzgrenzen werden als Grenzwerte eines Bereiches angegeben, innerhalb dessen angestrebte oder vorgeschriebene Nennwerte liegen. Die Kennwerte elektrischer oder elektronischer Bauelemente gruppieren sich z.B. nach statistischen Gesetzmäßigkeiten um einen angestrebten Nennwert, liegen aber innerhalb des angegebenen Bereiches eines oberen und unteren Toleranzgrenzwertes. Mit der Angabe von Toleranzgrenzen für eine Serie von Bauelementen garantiert der Hersteller, daß individuelle Abweichungen der Kennwerte einzelner Bauelemente vom Nennwert keine Funktionsbeeinträchtigung einer Schaltung verursachen. [12]. Fl

Toleranzkriterium *(criterion for tolerance)*, T_ϵ-Kriterium. Das T. wird zur Gütewertbestimmung während der Optimierungsphase von Regelungssystemen angewendet. Im Gegensatz zu den Integralkriterien berücksichtigt es auch die technologischen Eigenarten des Systems. Mit dem T. wird als Ziel eine begrenzte maximale Regelabweichung bei kleinster Beruhigungszeit erreicht, in dem die Zeit T minimiert wird, in der der Übergangsvorgang einer Regelabweichung in den Bereich von vorgegebenen Toleranzstreifen eintritt, ohne ihn wieder zu verlassen. Die Anwendung des Toleranzkriteriums erfordert eine vorherige Simulation des vorliegenden Regelungssystems auf einem Digitalrechner. Hierbei werden Abtastwerte aus dem dynamischen Übergangsvorgang der Regelabweichung gewonnen. Aus den Abtastwerten werden durch lineare oder quadratische Interpolation die Eintrittszeiten des Einschwingvorganges der Regelabweichung in vorgegebene Toleranzstreifen $\pm\epsilon$ berechnet. Vielfach wird auch ein Maximalwert des ersten Überschwingens vorgegeben. [18]. Fl

Toleranzmeßbrücke *(tolerance measuring bridge, limit measuring bridge)*. (→ Bild Reflexionsfaktormeßbrücke). Die T. ist eine Brückenschaltung, deren prinzipieller Aufbau dem der Reflexionsfaktormeßbrücke ähnlich ist. Sie dient der Prüfung von passiven Zweipolen und bestimmt deren Abweichungen der Istwerte von den Sollwerten bezogen auf eine gleichartige Vergleichsgröße. Toleranzmeßbrücken können mit Gleich- oder Wechselspannungen betrieben werden. Je nach zu überprüfendem Scheinwiderstandstyp ist die Gleichung der T. der des Reflexionsfaktor ähnlich, z.B.:

$$\frac{L_x - L_v}{L_v}$$

(L_x Prüfling, L_v Vergleichsinduktivität). Abweichungen der Verlustwiderstände werden über die Differenz des Verlustfaktors des Prüflings $\tan\delta_x$ und der Vergleichsgröße $\tan\delta_v$ erfaßt: $\tan\delta_x - \tan\delta_v$. In der Meßdiagonalen liegt eine den Abweichungen proportionale Spannung. Sie wird über einen Verstärker mit zwei Ausgangskanälen weiterverarbeitet: Ein Kanal, der Prozentkanal, verarbeitet eine der relativen Abweichungen der Beträge proportionale Spannung, der andere die Differenz der Verlustfaktoren. Die Spannungen beider Kanäle werden dazu mit einem phasenselektiven Gleichrichter um 90° in der Phase verschoben. Am Ausgang der Kanäle liegen Anzeigeinstrumente: Das eine ist in Prozentwerte eingeteilt, das andere in Differenzen der Verlustfaktoren. Die Toleranzmeßbrücken sind häufig programmierbar; man setzt sie z.B. in der Fertigung von Bauelementen ein. [12]. Fl

Toleranzschema *(tolerance scheme)* → Dämpfungscharakteristik. Rü

Ton *(tone)*. Der Schall, die Ursache unserer Gehörempfindungen, beruht auf Schallwellen, die durch die Luft an das Ohr gelangen. Ist die Schallwelle rein harmonisch, ist also in ihr nur eine einzige Frequenz enthalten, so vernimmt man einen reinen (einfachen) Ton. [13]. Th

Tonfrequenz *(audio frequency)*. Der Tonfrequenzbereich ist der Bereich, den das Ohr wahrnehmen kann. Er erstreckt sich von etwa 20 Hz bis etwa 20 kHz. [13], [14]. Th

Tonfrequenzgenerator *(audio oscillator)*. Für Untersuchungen an elektroakustischen Geräten werden Generatoren benötigt, die sinusförmige klirrarme Spannungen im Hörbereich erzeugen. Der T. kann einen RC- oder LC-Oszillator enthalten. Früher verwendete man gern „Schwebungssummer", die den gesamten Tonfrequenzbereich ohne Umschalten überstrichen. [12]. Th

Tonfrequenzverstärker *(audio amplifier)*. Hierbei handelt es sich um einen elektronischen Verstärker, der den Bereich der Tonfrequenz verzerrungsarm verstärken soll. Er kann Lautstärkesteller, Frequenzgangkorrekturglieder und einen Leistungsteil enthalten, an den Lautsprecher angeschlossen werden können. Ausführung als Mono- oder Stereo-Verstärker. [12]. Th

Tonsignal *(audible signal)*. Hörton zur Anzeige eines Zustandes in einem Vermittlungssystem. Typische Hörtone sind der Wählton als Aufforderung zur Eingabe der Zielinformation, der Freiton als Anzeige des Rufes zum gerufenen Teilnehmer, der Besetztton zur Anzeige eines Blockierungszustandes (gassenbelegt oder teilnehmerbelegt). Beim Tonruf-Verfahren wird anstelle des üblichen 25-Hz-Rufsignals ein höherfrequentes, tonförmiges Signal angewendet. Verzögerungsdauern beim Anlegen der Tonsignale geben Aufschluß über Verkehrsbelastung bzw. Verkehrsgüte eines Vermittlungssystems wie z.B. der Wähltonverzug oder der Rufverzug. [19]. Kü

Tonträger *(sound carrier; aural carrier)*. Sammelbezeichnung für alle Medien, auf denen Schallaufzeichnungen vorgenommen und gespeichert werden können. [9], [13]. Th

Topfkreis *(cavity resonator)*, Koaxialresonator, Leitungsresonator. Ein aus der konzentrischen Leitung abgewandelter Schwingkreis topfförmiger Gestalt, der sich gegenüber dem Schwingkreis aus konzentrierten Elementen durch beträchtlich höhere Güte auszeichnet. Ausführung z.B. als $\lambda/4$- oder $3\lambda/4$-lange Koaxialleitung, die an den Enden kurzgeschlossen oder offen betrieben wird. Anwendung: in der Dezimeterwellentechnik. [8]. Ge

Topologie *(topology)*. In der Mathematik die Lehre von der Lage und Anordnung geometrischer Gebilde in der Ebene oder im Raum (auch höherdimensionale Punktmengen). Speziell: → Netzwerktopologie. Rü

Tor *(port)*. 1. Netzwerktheorie: Klemmenpaar in einem allgemeinen Netzwerk, das dadurch gekennzeichnet ist, daß der Strom, der in eine Klemme hineinfließt, die andere Klemme wieder verläßt und daß eine Klemmenspannung zwischen beiden Polen angegeben wird (→ Eintor, → Zweitor, → n-Tor). [15]. 2. Digitaltechnik: → Torschaltung. Rü

Toroid → Ringspule. Ge

Torschaltung *(gate)*, Tor. Bezeichnung für ein Gatter der Digitaltechnik. [2]. We

Tortenschachtelantenne → Parabolantenne. Ge

Totalausfall → Vollausfall. Ge

Totalreflexion *(total reflection)*. Bei Auftreffen einer elektromagnetischen Welle auf die Grenzfläche zweier lichtdurchlässiger Medien treten i.a. Reflexion und Brechung auf. Snelliussches Gesetz: $n_1 \sin \varphi_1 = n_2 \sin \varphi_2$ (n_1 Brechzahl im Medium 1, φ_1 Einfallwinkel, n_2 Brechzahl im Medium 2, φ_2 Ausfallwinkel). Für $n_1 > n_2$ steigt mit zunehmendem Einfallwinkel φ_1 der Anteil der reflektierten Intensität, während der gebrochene Anteil abnimmt. Für alle $\varphi_1 \geq \arcsin(n_2/n_1)$ wird die Welle nicht mehr gebrochen, sondern vollständig entlang der Grenzfläche der beiden Medien reflektiert, d.h. $\varphi_2 = 90°$. Bei genügend kleinem Elevationswinkel entstehen durch T. an besonders tief liegenden Inversionsschichten der Troposphäre Ausbreitungswege, die zu starken Interferenzstörungen führen können. [14]. Ge

Totem-Pole-Schaltung *(totem pole circuit)*, Totem-Pole-Verstärker. Bei integrierten Digitalschaltungen häufig verwendete Endstufenschaltung, deren Ausgangswiderstand sowohl bei L- als auch bei H-Niveau niederohmig ist (Bild). Dies hat steile Anstiegs- und Abfallflanken zur Folge. [2], [6]. Li

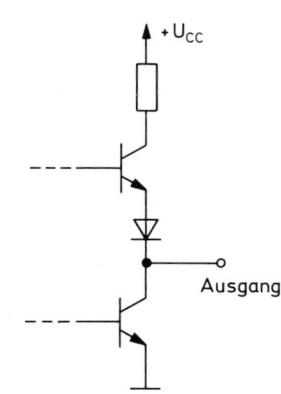

Totem-Pole-Schaltung (die beiden Transistoren werden gegenphasig angesteuert)

Totem-Pole-Verstärker → Totem-Pole-Schaltung. Li

Totzeit *(dead time)*. Die T. ist die Zeitspanne, die in einem physikalischen System vergeht, bis sich eine Änderung der Eingangsgröße in der Ausgangsgröße bemerkbar macht. Regelungstechnisch lassen sich solche Systeme als sogenannte Totzeitglieder (→ Bild Übertragungsglied) beschreiben. Typisches Beispiel für ein System mit T. ist ein Förderband. [18]. Ku

Totzeitglied *(dead time element)* → Totzeit. Ku

Tourenzähler → Umdrehungszähler. Fl

Townsend-Zündung → Gasentladung. Rü

Träger *(carrier)*. Kurzbezeichnung für eine ungedämpfte unmodulierte Hochfrequenzschwingung. Dem T. können Nachrichten mit entsprechenden Modulationsverfahren aufmoduliert werden. Der T. selbst übermittelt jedoch keine Nachricht, sondern dient nur als Hilfsmittel, um Nachrichten zu „transportieren". [13], [14]. Th

Trägerfrequenz *(carrier frequency)*. Mit T. wird die Frequenz einer Trägerschwingung bezeichnet. [13]. Th

Trägerfrequenzbrücke *(carrier frequency bridge)*, Trägerfrequenzmeßbrücke. Trägerfrequenzbrücken sind elektronische Meßeinrichtungen zur Messung nichtelektrischer Größen. Die elektrische Meßwertverarbeitung erfolgt nach Verfahren der Trägerfrequenztechnik. Die T. besteht aus einer Meßbrücke, deren Brückenelemente aus einem oder mehreren passiven Meßfühlern (z.B. Dehnmeßstreifen) bestehen. Die Brückenschaltung wird im Ausschlagverfahren betrieben. Eine in der Meßeinrichtung befindliche Oszillatorschaltung erzeugt eine Wechselspannung konstanter Amplitude und Frequenz, die als Trägerfrequenz und Brückenspeisespannung dient. Häufige Frequenzwerte sind: 5 kHz; 50 kHz und 465 kHz. Infolge von Beeinflussungen der Meßfühler durch die mechanische Meßgröße ändert sich die Differenzspannung in der Meßdiagonalen der Brückenschaltung. Dabei beeinflussen Änderungen des Meßsignales die Amplitudenwerte der Speisespannung; es entsteht Amplitudenmodulation. Ein angeschlossener, kalibrierter Wechselspannungsmeßverstärker bereitet die Signalwerte zur Gleichrichtung mit Hilfe eines phasenabhängigen Meßgleichrichters auf (Bild). 1. Statisch ablaufende Meßgrößen werden in Gleichspannungswerte umgewandelt, die ein Drehspulmeßgerät anzeigt. Vielfach ist das Anzeigeinstrument in mechanischen Einheiten pro Ausgangsspannung bzw. -strom kalibriert. 2. Dynamisch ablaufende Meßgrößen (z.B. Schwingungen) werden als Wechselspannungswerte einem Registrierinstrument zugeführt. Vorteile der Meßwertverarbeitung mit Trägerfrequenzbrücken sind z.B.: Unempfindlichkeit gegen Driftspannungen und unerwünschte Thermospannungen; bei Fernmessungen lassen sich eine Vielzahl von Meßstellen erfassen. [12], [18]. Fl

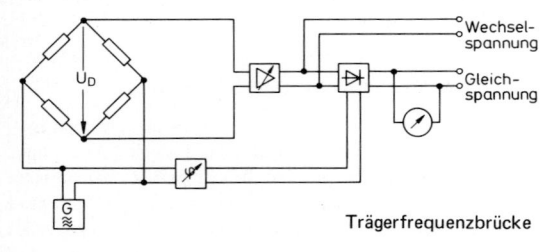

Trägerfrequenzbrücke

Trägerfrequenzmeßbrücke → Trägerfrequenzbrücke. Fl

Trägerfrequenztechnik *(carrier art)*, TF-Technik. Durch einen Träger wird ein Nachrichtenband von seiner Ursprungsfrequenzlage in ein höheres Frequenzband verschoben und dadurch eine Mehrfachausnutzung einer Leitung oder eines Funkweges ermöglicht. Im Empfänger schiebt man das Nachrichtenband wieder in die ursprüngliche Frequenzlage zurück. Die meisten TF-Systeme arbeiten mit Amplitudenmodulation und Einseitenbandübertragung mit unterdrücktem Träger. [13], [14]. Th

Trägerimpuls *(carrier pulse)*. Impuls eines Ladungsträgers. Bei einer Beschleunigungsspannung U ergibt sich für ein Elektron der T. $p = \sqrt{2 \cdot e \cdot U \cdot m}$ (e Elementarladung ($16 \cdot 10^{-19}$ As), Ruhemasse des Elektrons ($9,1 \cdot 10^{-31}$ kg)). Die Formel ist nur anwendbar bei Geschwindigkeiten des Elektrons, die weit unterhalb der Lichtgeschwindigkeit liegen. [7]. We

Trägerinjektion → Ladungsträgerinjektion. Ne

Trägermaterial → Substrat. Ne

Trägerpuls *(pulse carrier)*. Nach DIN 45 021 ein Puls, der als Träger benutzt wird. [14]. Th

Trägerschwingung *(carrier wave)*. Bei dem Verfahren der Schwingungsmodulation wird eine kontinuierliche sinusförmige Hochfrequenzschwingung als Träger der Signalschwingung benutzt. Die Erzeugung der T. erfolgt in einem Oszillator, der ein freischwingender frequenzvariabler Oszillator (→ VFO) oder ein Quarzoszillator sein kann. Die T. wird vor oder nach der Modulation auf die gewünschte Leistung verstärkt. [13], [14]. Th

Trajektorie *(trajectory)*. Ein dynamisches System wird durch seine Zustandsgrößen beschrieben, die die rechtwinkligen Achsen des Zustandsraumes bilden. Der augenblickliche Zustand des Systems wird durch einen Punkt in diesem Raum gekennzeichnet. Bei einem Ausgleichsvorgang ändert sich der Zustand fortlaufend, so daß dieser Punkt im Zustandsraum eine Kurve beschreibt, die Zustandskurve oder T. [3]. Ku

Transadmittanz *(transadmittance)* → Transferfunktionen. Rü

Transceiver *(transceiver)*. Der Begriff entsteht durch die Zusammenziehung von „transmitter" und „receiver", also von Sender und Empfänger. Bezeichnung für ein Funkgerät, bei dem mehrere Stufen für die Frequenzaufbereitung sowohl vom Senderteil als auch vom Empfangsteil gemeinsam benutzt werden. Der T. ist normalerweise so konzipiert, daß auf der Sendefrequenz auch empfangen wird. T. sind im Amateurfunk weit verbreitet. [13], [14]. Th

Transduktor *(transductor)*, Magnetverstärker. Als T. bezeichnet man Schaltungsanordnungen, bei denen eine elektrische Leistung mit Hilfe von sättigbaren Drosseln gesteuert wird, die meist streuungsarm als Ringkerndrosseln mit scharfem Sättigungsknick in der Magnetisierungskennlinie des Eisenkerns ausgeführt sind. Der Kern jeder Drossel trägt eine Arbeitswicklung, die vom Laststrom durchflossen wird, sowie eine oder mehrere Steuerwicklungen, die mit Steuergleichströmen gespeist werden. Mit Hilfe dieser Drosseln und zusätzlicher Dioden lassen sich alle Schaltungen netzgeführter, steuerbarer Stromrichter ausführen, ohne aber die Ausgangsspannung umkehren zu können. Wechselrichterbetrieb ist nicht möglich. Darüber hinaus kommen Transduktoren als stromsteuernde Schaltungen in der Meßtechnik (z.B. Gleichstromwandler) zum Einsatz. Die spannungssteuernden Schaltungen des Transduktors wurden früher hauptsächlich als Stellglieder in der Antriebstechnik eingesetzt. Sie sind heute durch die Thyristoren weitgehend verdrängt worden. [18]. Ku

Transduktorregler *(transductor regulator).* Der T. ist ein Transduktor kleiner Leistung, der in einem Regelkreis über verschiedene Steuerwicklungen den Soll-Ist-Vergleich vornimmt und meist einen nachgeschalteten Transduktor (Leistungsstellglied) steuert. [18]. Ku

Transduktorverstärker *(transductor amplifier)* → Transduktor. Ku

Transfercharakteristik *(transfer characteristics).* Bei digitalen Schaltgliedern der Verlauf des Übergangs vom H-Zustand in den L-Zustand und umgekehrt in Abhängigkeit von der Eingangsspannung, wenn diese nicht sprunghaft, sondern stetig verändert wird. Der Unterschied der Ausgangspegel im H- und im L-Zustand heißt Signalhub. [2]. Rü

Transferfunktionen *(transfer functions)* (→ Bild Vierpol). Spezielle Wirkungsfunktionen, die für einen Vierpol zu

$$\underline{Z}_{12}(p) = \frac{U_2}{I_1} \quad \text{(Transimpedanz)}$$

und

$$\underline{G}_{12}(p) = \frac{I_2}{U_1} \quad \text{(Transadmittanz)}$$

definiert sind p (komplexe Frequen). Mit der Eingangsimpedanz $\underline{W}_1$, der Abschlußimpedanz $\underline{R}_2$, dem Spannungsübertragungsfaktor $\underline{A}_u$ und dem Stromübertragungsfaktor $\underline{A}_i$ bestehen die Zusammenhänge

$$\underline{Z}_{12} = \underline{A}_i \underline{R}_2 = \underline{A}_u \underline{W}_1,$$

$$\underline{G}_{12} = \frac{\underline{A}_u}{\underline{R}_2} = \frac{\underline{A}_i}{\underline{W}_1}. \quad [15].$$

Rü

Transfergeschwindigkeit *(data transfer rate).* Der Informationsfluß pro Zeiteinheit (Bit/s, Zeichen/s), wobei z.B. Zeichen zur Sicherung der Übertragung, Wiederholungen, Quittungszeichen nicht mitgerechnet werden. Es werden jedoch Umschaltzeiten in die Zeitberechnung mitaufgenommen. Damit ist die T. geringer als die Übertragungsgeschwindigkeit. [14]. We

Transferineffizienz → Ladungstransferelemente. Rü

Transferkennlinie *(transfer characteristics).* Bei MISFET-Halbleiterbauelementen *(MISFET, metal-insulator semiconductor field-effect transistor)* gibt es einen sog. Einschnürungsbereich für $U_{DS} = U_{GS} - U_p$ (U_{DS} Drain-Source-Spannung; U_{GS} Gate-Source-Spannung; U_p Schwellspannung (charakteristischer Bauelementeparameter)), in dem der Drain-Strom I_D weitgehend unabhängig von der Spannung U_{DS} ist. Die Abhängigkeit I_D von U_{GS} in diesem Arbeitsbereich wird als T. bezeichnet. [6]. Rü

Transformationsmatrix *(matrix of the transformation).* 1. Allgemein in der Mathematik die Bezeichnung für eine Matrix, die eine Transformation definiert. 2. Speziell Bezeichnung für die Betriebs-Kettenmatrix (→ Betriebsmatrizen). Die T. eignet sich besonders zur Berechnung der Leistungsübertragung bei Vierpolen speziell bei Leitungen. [15]. Rü

Transformator *(transformer).* Der T. dient der elektromagnetischen Kupplung zweier oder mehrerer einphasiger (Einphasen-T.) oder mehrphasiger Wechselstromsysteme (Drehstrom-T., Stromrichter-T.) zum Zwecke der Energieübertragung. (T. für Meßzwecke: → Stromwandler, → Spannungswandler und für Informationsübertragung: → Übertrager.) Transformatoren werden verwendet in Kraftwerken als Maschinen-T. zum Hochspannen der Generatorspannung auf das Niveau der Übertragungsspannung, in Fernleitungsnetzen als Verteilungs-T. zum Zusammenkuppeln von Netzteilen unterschiedlicher Hochspannungshöhen und als Netz-T. zur Versorgung von Niederspannungs-Verteilungsnetzen und zum direkten Anschluß von Stromabnehmern. Transformatoren werden als Kern-und Mantel-T. ausgeführt (Bild). Unter- und Oberspannungswicklung sind jeweils auf dem gleichen Schenkel untergebracht. Bei Drehstrom-Transformationen großer Leistung (MVA-Bereich) wird der magnetische Kreis durch zwei unbewickelte Schenkel erweitert, wodurch die Bauhöhe des sog. Fünfschenkeltransformator verkleinert werden kann. Bei Drehstrom-Transformatoren können die Wicklungen eines Drehstromsystems in Stern-, in Dreieck- oder bei geteilten Wicklungen in Zick-Zack-Schaltung angeordnet werden (VDE 0550, 0551, 0552, 0532). [5]. Ku

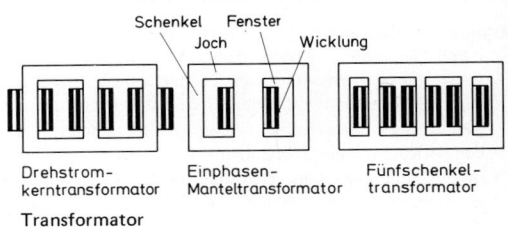

Transformator

Transformatorbrücke → Übertragerbrücke. Fl

Transformatorkopplung *(transformer coupling).* Eine induktive Kopplung mit Hilfe eines Übertragers. [13]. Rü

Transienten-Recorder *(transient recorder).* Der Transienten-R. ist ein Gerät zur Zwischenspeicherung analoger Meßgrößen mit begrenzter Speicherkapazität (bis etwa 8 k Byte) und -dauer. Die Speicherung ermöglicht ein eingebauter digitaler Datenspeicher (z.B. ein RAM, *random access memory*). Eingangsgrößen eines Transientenrecorders sind analoge Größen. Die Ausgangsgrößen können analoge und digitale Werte sein. Nach dem Prinzipbild wird das Analogsignal am Eingang mit Hilfe eines Analog-Digital-Wandlers in digitale Werte umgesetzt. Im Digitalspeicher werden sie bis auf Abruf gespeichert und entweder über einen Digital-Analog-Wandler als analoge Werte ausgegeben, oder sie stehen als binärcodierte Werte am Digitalausgang zur digitalen Weiterverarbeitung zur Verfügung. Eine Triggerschaltung läßt verschiedene Möglichkeiten zur Triggerung des Gerätes zu. Die Steuerung koordiniert das Zusammenspiel der einzelnen Baugruppen. Anwendungsbeispiele: z.B. als Speichervorsatz bei Oszilloskopen, als Verzögerungsleitung für Meßsignale, zum Umsetzen schnell ablaufender Vorgänge (bis etwa 200 kHz) auf langsam

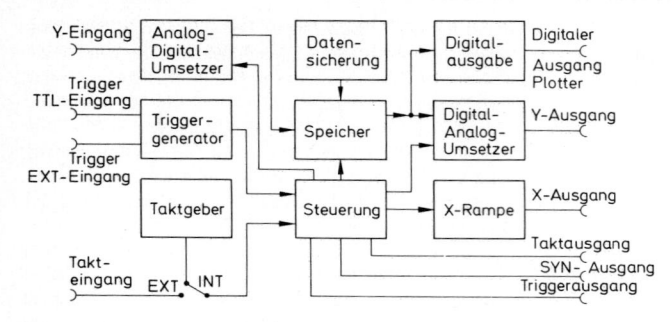

Transimpedanz

Transienten-Recorder (diagram: Y-Eingang, Trigger TTL-Eingang, Trigger EXT-Eingang, Takteingang EXT/INT → Analog-Digital-Umsetzer, Triggergenerator, Taktgeber, Datensicherung, Speicher, Steuerung → Digitalausgabe, Digital-Analog-Umsetzer, X-Rampe → Digitaler Ausgang Plotter, Y-Ausgang, X-Ausgang, Taktausgang, SYN-Ausgang, Triggerausgang)

arbeitende Registriereinrichtungen (z.B. XY-Schreiber). [12]. Fl

Transimpedanz *(transimpedance)* → Transferfunktionen. Rü

Transinformationsgehalt *(transinformation content)* → Synentropie. Rü

Transistor *(transistor = transfer resistor)*. Halbleiterbauelement, mit dem Leistungsverstärkung erzielt werden kann und das drei oder mehrere Anschlüsse hat (DIN 41 855). Man unterscheidet Bipolartransistor, Feldeffekttransistor und Oberflächenladungstransistor. [4]. Ne

Transistor, bidirektionaler → Zweirichtungstransistor. Ne

Transistor, diffundierter *(diffused junction transistor)*. Flächentransistor, dessen Zonenfolge ganz oder teilweise durch Diffusion von Fremdatomen hergestellt wird. Es können verschiedene Arten von Fremdatomen gleichzeitig oder nacheinander eindiffundieren oder bereits vorhandene Störstellenverteilungen durch Diffusion geändert werden. Dadurch werden PN-Übergänge im Halbleiter und Driftfelder in der Basiszone erzeugt (DIN 41 855). [4]. Ne

Transistor, epitaxialer *(epitaxial transistor)*. Transistor, der mindestens eine Schicht enthält, die nach dem Verfahren der Epitaxie hergestellt wurde (DIN 41 855). [4]. Ne

Transistor, legierter *(alloy-diffused transistor)*. Transistor, der durch Einlegieren von Donator- oder Akzeptormaterial in einem Halbleiterkristall entsteht. Der Halbleiterkristall dient im allgemeinen als Basiszone. Die Emitterzone und die Kollektorzone entstehen als Rekristallisationsgebiete, in denen aus der flüssigen Legierung beim Wiedererstarren Fremdatome eingebaut werden. Dabei werden diese Gebiete umdotiert (z.B. in P-leitendes Germanium, wenn der als Basis dienende Germanium-Kristall N-leitend ist) (DIN 41 855). [4]. Ne

Transistor, unipolarer → Feldeffekttransistor. We

Transistorgrundschaltungen. Betrachtet man den Bipolartransistor als Vierpol, unterscheidet man, je nachdem welcher Transistoranschluß sowohl dem Eingang als auch dem Ausgang zugeordnet wird, zwischen Basis-, Emitter- und Kollektorschaltung (Bild). Die Schaltungen weichen sehr wesentlich in ihren elektrischen Eigenschaften voneinander ab (Tabelle). [4]. Li/Ne

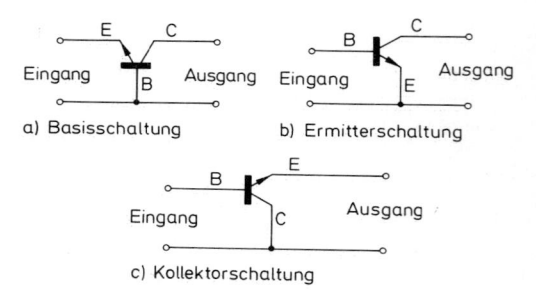

a) Basisschaltung   b) Emitterschaltung

c) Kollektorschaltung

Transistorgrundschaltungen

Tabelle: Elektrische Eigenschaften von Transistorgrundschaltungen

Eigenschaft	Basisschaltung	Emitterschaltung	Kollektorschaltung (Emitterfolger)
Stromverstärkung	$h_{fb} < 1$	$h_{fe} = 40 \ldots 400$	$h_{fc} = 40 \ldots 400$
Spannungsverstärkung	hoch	hoch	1
Leistungsverstärkung	mittel	hoch	mittel
Eingangswiderstand	$30 \ldots 50\,\Omega$	$500 \ldots 2\,k\Omega$	$10 \ldots 500\,k\Omega$
Ausgangswiderstand	$100 \ldots 500\,k\Omega$	$10 \ldots 50\,k\Omega$	$20 \ldots 100\,\Omega$

Transistorkaskade → Darlington-Transistor. Ne

Transistorkenngrößen *(transistor parameters)*, genauer Transistor-Signalkenngrößen. T. werden von den Herstellern üblicherweise als Vierpolkoeffizienten (→ Vierpolgleichungen) angegeben und zwar als h- oder als Leitwertparameter. (Im HF-Bereich (HF Hochfrequenz) werden auch Streuparameter (→ Betriebsmatrizen) benutzt.) Für den Zusammenhang mit Spannungen und Strömen im symmetrischen Zählpfeilsystem gilt: a) für h-Parameter

$$u_1 = h_{11} i_1 + h_{12} u_2,$$
$$i_2 = h_{21} i_1 + h_{22} u_2.$$

b) für Leitwertparameter

$i_1 = y_{11} u_1 + y_{12} u_2$,
$i_2 = y_{21} u_1 + y_{22} u_2$.

Dabei heißen:

$h_{11} = \left(\dfrac{u_1}{i_1}\right)_{u_2 = 0}$: Kurzschluß-Eingangswiderstand;

$h_{12} = \left(\dfrac{u_1}{u_2}\right)_{i_1 = 0}$: Leerlauf-Spannungsrückwirkung;

$h_{21} = \left(\dfrac{i_2}{i_1}\right)_{u_2 = 0}$: Kurzschluß-Stromverstärkung (Stromverstärkungsfaktor);

$h_{22} = \left(\dfrac{i_2}{u_2}\right)_{i_1 = 0}$: Leerlauf-Ausgangsleitwert

und

$y_{11} = \left(\dfrac{i_1}{u_1}\right)_{u_2 = 0}$: Kurzschluß-Eingangsleitwert;

$y_{12} = \left(\dfrac{i_1}{u_2}\right)_{u_1 = 0}$: Kurzschluß-Rückwärtssteilheit (Übertragungsleitwert rückwärts, Kernleitwert rückwärts);

$y_{21} = \left(\dfrac{i_2}{u_1}\right)_{u_2 = 0}$: Kurzschluß-Vorwärtssteilheit (Übertragungsleitwert vorwärts, Kernleitwert vorwärts);

$y_{22} = \left(\dfrac{i_2}{u_2}\right)_{u_1 = 0}$: Kurzschluß-Ausgangsleitwert.

[4], [15]. Rü

Transistorlogik, emittergekoppelte → ECL. We

Transistormillivoltmeter → Transistorvoltmeter. Fl

Transistoroszillator *(transistor oscillator)*. Im T. befindet sich als Verstärkerelement ein (oder mehrere) Transistor. Es können prinzipiell die gleichen Schaltungen verwendet werden, wie sie aus der Röhrentechnik bekannt sind. Es gelten auch die gleichen Prinzipien bezüglich der Schwingungserzeugung. [6]. Th

Transistorrauschen → Halbleiterrauschen. Li

Transistorrelais → Relais, elektronisches. Ge

Transistorschalter *(transistor switch)*. Elektronischer Schalter, der einen Transistor verwendet (Bild). Den Schalterstellungen „offen" bzw. „geschlossen" entsprechen der leitende bzw. gesperrte Transistor. Der Transistor wird also in zwei Arbeitspunkten betrieben: einem Punkt im Sättigungsbereich (Transistor leitend) und einem Punkt im Sperrbereich (Transistor gesperrt). [2], [6]. Li

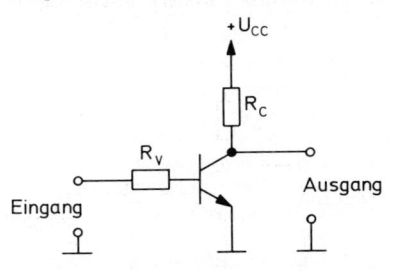

Transistorschalter in Emitterschaltung

Transistor-Signalkenngrößen → Transistorkenngrößen. Ne

Transistortetrode *(tetrode transistor)*. Transistor üblicher Bauart, der zwei getrennte Basiselektroden und zwei Basisanschlüsse hat (DIN 41 855). [4]. Ne

Transistor-Transistor-Logik → TTL. We

Transistorverstärker *(transistor amplifier)*. Verstärker, bei dem einer oder mehrere Transistoren als verstärkende Bauelemente Verwendung finden. Je nach der Ausgangssignalamplitude oder der im Transistor umgesetzten Leistung spricht man von Kleinsignal- bzw. Großsignalverstärker oder von Kleinleistungs- bzw. Leistungsverstärker. Bei den Leistungs-T. spricht man je nach Lage des Arbeitspunktes von Klasse-A-, Klasse-B- oder Klasse-C-Verstärker. [6], [11]. Li

Transistorvielfachmesser → Transistorvoltmeter. Fl

Transistorvoltmeter *(transistor voltmeter)*, Transistormillivoltmeter, Transistorvielfachmesser, FET-Voltmeter (FET, Feldeffekttransistor). T. sind analoge, elektronische Spannungsmesser (häufig auch als Vielbereichsinstrumente ausgeführt), bei denen zur Erhöhung der

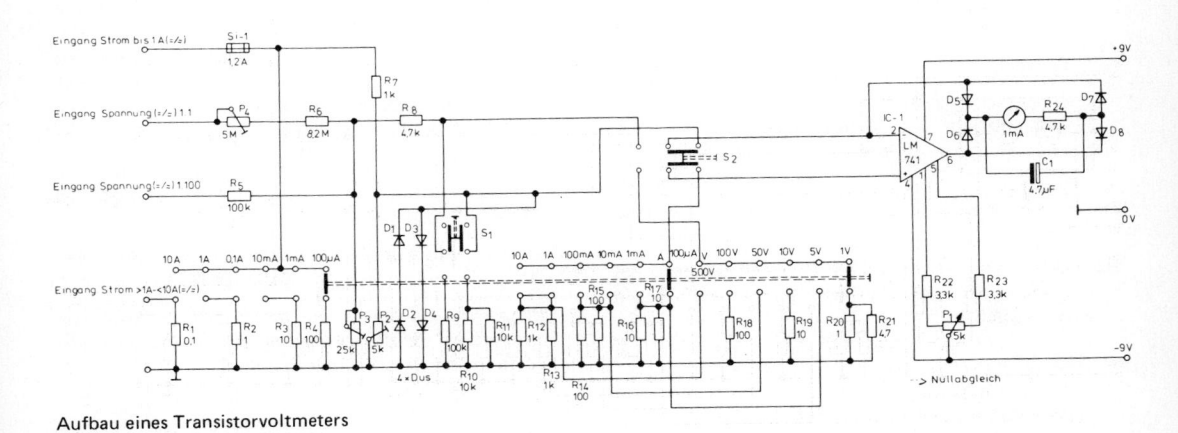

Aufbau eines Transistorvoltmeters

Empfindlichkeit nach der Eingangsschaltung für den Meßeingang ein mit Transistoren aufgebauter Meßverstärker folgt. Am Ausgang des Verstärkers befindet sich ein analoges Anzeigeinstrument, z.B. mit einem Drehspulmeßwerk. In vielen Fällen ist zur Messung von Wechselgrößen zusätzlich an dieser Stelle ein Meßgleichrichter angeordnet (Bild eines einfachen Transistorvoltmeters). Transistorvoltmetern muß Hilfsenergie, z.B. über ein Netzteil oder eine eingebaute Batterie, zugeführt werden. Bei Transistorvoltmetern als Vielfachmesser besteht die Eingangsschaltung aus Meßgrößenwahlschalter, frequenzkompensiertem Eingangsabschwächer und einem Meßbereichswahlschalter. Bei genügend hochohmigem Eingangswiderstand des häufig als Differenzverstärker aufgebautem Gleichspannungsverstärkers wirkt der Eingangsabschwächer als unbelasteter Spannungsteiler, und die Belastung auf das Meßobjekt bleibt gering. In Ausführungen mit Feldeffekttransistoren erreicht man Eingangswiderstände mit Werten bis etwa 10^{12} Ω. Häufig besteht der Meßverstärker aus einem hochwertigen Operationsverstärker in integrierter Bauweise. Strommessungen sind möglich, wenn z.B. ein Meßwiderstand als Stromfühler parallel zu den Eingangsklemmen des Spannungsmeßeinganges geschaltet wird. Der stromproportionale Spannungsabfall wird als Stromwert angezeigt. In vielen Fällen sind auch Wechselspannungsmessungen über einen vorgeschalteten Tastkopf mit einem eingebauten Spitzenwertgleichrichter möglich. Zur Verringerung der Einflüsse z.B. durch veränderte Batteriespannung, Alterung der Bauelemente oder Drift durch Temperatur besitzen T. zusätzliche, von außen bedienbare Einstellmöglichkeiten zum elektrischen Nullabgleich und zur Einstellung der Empfindlichkeit. [12]. Fl

Transistorzündung *(transistor ignition).* Zündanlage für Otto-Motoren, die zum Ein- und Ausschalten des Zündspulenstromes einen Transistor verwendet. Die Haltbarkeit des Unterbrecherkontakts wird dadurch wesentlich erhöht; gleichzeitig können höhere Zündspannungen erzeugt werden. [6], [10]. Li

Transitfrequenz *(transition frequency).* Die T. entspricht der Beta-Grenzfrequenz für den Wert $\beta = 1$. Der allgemeine Zusammenhang zwischen der T. f_T und der Grenzfrequenz f_β wird durch

$$f_T \approx \beta_0 f_\beta$$

beschrieben ($\beta_0 \hat{=} \beta$-Wert für Gleichstrom). Die T. dient in Datenblättern zur Kennzeichnung der HF-Eigenschaften (HF, Hochfrequenz) eines Transistors. [13]. Rü

Transitvermittlungsstelle → Durchgangsvermittlungsstelle. Kü

Transmissionsgrad *(transmittance).* Das Verhältnis des durchgelassenen Strahlungsflusses Φ_{tr} zum einfallenden Strahlungsfluß Φ

$$\tau = \frac{\Phi_{tr}}{\Phi}$$

(speziell für Temperaturstrahlung: DIN 5496). [5]. Rü

Transmittanz *(short-circuit forward transfer admittance).* Synonym für Kurzschlußvorwärtssteilheit y_{21} (→ Transistorkenngrößen). Rü

Transmitter *(transmitter).* T. ist der englische Begriff für Sender. [13]. Th

Transparenz *(transparency).* 1. Eigenschaft eines Nachrichtennetzes, gegenüber Änderungen bestimmter Übertragungsmerkmale in gewissen Grenzen durchlässig zu sein. Beispiele hierfür sind Codetransparenz, Geschwindigkeitstransparenz und Bitfolgeunabhängigkeit. [19]. Kü
2. Maß für die Beurteilung eines Filmbildes (Diapositivs). Die T. ist das Verhältnis des durchgelassenen Lichtstromes zum auffallenden Lichtstrom. [5]. Rü

Transponder *(transponder).* Der Begriff entsteht aus der Zusammenziehung der Worte „transmitter" und „responder". Mit T. bezeichnet man das nachrichtentechnische System eines Nachrichtensatelliten. Er hat die Aufgabe, die von den Bodenstationen empfangenen Signale in die gewünschte Hochfrequenzlage umzusetzen, auf die notwendige Sendeleistung zu verstärken und zur Erde zurückzustrahlen. [14]. Th

Transponierung *(transposition).* Frequenzumsetzung bei der Satellitenübertragung durch einen Transponder. [8], [14]. Rü

Transversalfilter *(transversal filter).* Synonym für ein nichtrekursives Filter (→ Digitalfilter). Rü

Transversalwelle → Welle, transversale. Rü

Trap *(trap).* 1. Datenverarbeitung: Bei einigen Mikro- bzw. Minicomputern Vektoradresse für die nichtmaskierbare Adresse (Trapvektor; → Unterbrechung, nichtmaskierbare). [1].
2. Halbleiterphysik: → Haftstelle. [7].
3. Hochfrequenztechnik: Bezeichnung für einen Resonanzkreis in Sendern, Empfängern oder (bei Mehrbandantennen) zur Sperrung bestimmter Frequenzen. [1]. We

Trapezumrichter *(trapezium convertor).* Der T. ist ein Direktumrichter mit trapezförmiger Ausgangsspannung. Auf diese Weise läßt sich bei einem dreiphasigen Umrichter die Ausgangsleistung um mehr als 10 % gegenüber einem gleichen Umrichter mit sinusförmiger Ausgangsspannung steigern, weil sich die vorwiegend auftretende dritte Spannungsharmonische bei einer Last mit freiem Sternpunkt nicht auswirken kann. [3]. Ku

Treiberstufe *(driver).* Röhren- oder Transistorstufe, die die zur Ansteuerung der Leistungsendstufe benötigte Leistung aufbringt. [6], [11]. Li

Treibertransistor *(driving transistor).* Der in einer Treiberstufe verwendete Transistor. [4], [6], [11]. Li

Trennschärfe *(adjacent-channel selectivity).* Ein Maß dafür, wie gut ein Empfänger benachbarte Sender trennt. Man definiert für einen Schwingkreis die T.

$$T = \frac{U(\omega_0)}{U(\omega_d)},$$

wobei $U(\omega_0)$ die Spannung ist, die bei der Resonanzfrequenz ω_0 am Schwingkreis auftritt und $U(\omega_d)$ die Spannung bedeutet, die eine benachbarte Frequenz ω_d hervorruft. Für einen Parallelschwingkreis mit der Admittanz $\underline{Y}$ gilt $U(\omega_0) = IR_p$ ($R_p = R_{res}$, Resonanzwiderstand) und

$$U(\omega_d) = \frac{I}{|\underline{Y}|} = \frac{I}{\sqrt{\left(\frac{1}{R_p}\right)^2 + \left(\omega_d C - \frac{1}{\omega_d L}\right)^2}}.$$

Damit wird

$$T = R_p \sqrt{\left(\frac{1}{R_p}\right)^2 + \left(\omega_d C - \frac{1}{\omega_d L}\right)^2}.$$

Im Lang-, Mittel- und Kurzwellenbereich wählt man mit

$$f_d = \frac{\omega_d}{2\pi} = 9 \text{ kHz}$$

die nächste, benachbarte Senderfrequenz. [13]. Rü

Trennstufe → Pufferstufe. Fl

Trennverstärker *(buffer amplifier)*. Verstärker, der als Impedanzwandler ausgelegt ist (großer Eingangs-, kleiner Ausgangswiderstand) und damit eine stark lastabhängige Quelle vom Verbraucher trennt. Häufigste Ausführungsform: Emitterfolger. [8], [13]. Rü

Treppenfunktion *(step function)*. Eine Funktion, die in endlich viele Teilintervalle zerlegt werden kann, wobei die Funktion in den einzelnen Intervallen konstant ist. Das Verhalten einer T. ergibt sich in der Informationsverarbeitung bei digitaler Darstellung von eigentlich analogen Sachverhalten, z.B. bei der Zuweisung von digitalen Werten zu einer analogen Meßgröße bei der Ausgabe mathematischer Funktionen über Drucker oder über zweidimensionale Plotter. [9]. We

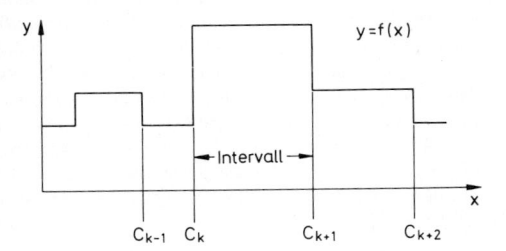

Treppenfunktion

Treppensignal *(staircase signal)*. Signal, das in Abhängigkeit von der Zeit die Form einer Treppenfunktion annimmt, meist als Treppenspannung realisiert. [9]. We

Treppenspannung *(staircase voltage)*. Spannung in der Form einer Treppenfunktion; i.a. werden nur Spannungsformen als T. bezeichnet, bei denen die Spannung mehr als zwei Werte annimmt. Treppenspannungen werden durch Digital-Analog-Wandler erzeugt, denen veränderliche digitale Werte zugeführt werden. [9]. We

Triac → Zweirichtungs-Thyristordiode. Ne

Trial-and-Error-Methode *(trial-and-error method)*. Methode, die z.B. in der Technik bei der Entwicklung neuer Verfahren und in der Lernpsychologie angewendet wird. Durch zunächst ungezielte Versuche mit Ausschluß der falschen Lösungen wird eine richtige Lösung erarbeitet (Lernen am Erfolg). We

Tribit *(tribit)*. Zusammenfassung dreier Bits bei der Datenübertragung durch Verschlüsselung im Oktalsystem. Wird meist bei der Phasendifferenzmodulation angewendet. Mit jedem Schritt wird eine der Kombinationen 000, 001, 010, 011, 100, 101, 110 oder 111 übertragen. Die Übertragungsgeschwindigkeit ist dreimal höher als die Schrittgeschwindigkeit. Empfohlen nach ISO *(International Standards Organisation)*. [13]. We

Trichterstrahler → Hornstrahler. Ge

Triftraum → Klystron. Li

Triftröhre *(linear-beam tube)*. Laufzeitröhre, in der die von der Katode kommenden Elektronen zur Laufzeitsteuerung stark beschleunigt werden. Je nach seiner Phase beschleunigt oder verzögert das steuernde HF-Feld (HF, Hochfrequenz) die Elektronen, so daß diese verschiedene Geschwindigkeiten erhalten. Die schnelleren Elektronen holen im anschließenden Driftraum die langsameren ein, so daß es zu einer Gruppenbildung (Elektronenpakete) kommt. Die Energieauskopplung aus der Strömung erfolgt im Feld einer stehenden Welle. Anwendung: Verschiedene Klystronarten, z.B. Reflexklystron, Zweikammerklystron. [8]. Ge

Trigger → Triggerschaltung; → Triggern. Li

Triggerdiode *(trigger diode)*, Thyristordiode. Halbleiterbauelement, das beim Überschreiten der an den Anschlüssen anliegenden Spannung vom Rückwärts- in den Vorwärtszustand kippt. Sie werden zur Erzeugung der Zündimpulse für Thyristoren und Triacs verwendet. Als Triggerdioden eignen sich die Vierschichtdiode und das Diac. [4]. Ne

Triggern *(triggering)*. Zeitlich definiertes Auslösen eines Vorgangs bzw. einer endlichen Folge von Operationen, die dann automatisch abläuft — meist gesteuert durch eine Wechselspannung bzw. durch Impulse. Der Auslösevorgang wird meistens durch eine Triggerschaltung bewirkt. Bei einem Oszilloskop bedeutet T. das Starten der Zeitablenkung für einen einmaligen Durchlauf. Der Triggerimpuls läßt sich hier aus der auf dem Schirm darzustellenden oder einer extern zugeführten Wechselspannung ableiten; auf diese Weise entsteht auf dem Schirm ein stehendes Bild. Beim Thyristor bedeutet T. das Zünden des Thyristors durch Impulssteuerung der Gate-Elektrode. [6], [11], [12]. Li

Triggerpegel *(triggering level)*, Triggerschwelle. Am Eingang einer Triggerschaltung bzw. eines triggerbaren Bauelementes erforderliche Mindestspannung, die den Triggervorgang auslöst. [6], [11], [12]. Li

Triggerschaltung *(trigger circuit)*. Eine Schaltung, bei der sich das Ausgangssignal abrupt ändert, wenn das Eingangssignal einen vorgebenen Schwellwert überschreitet. Der Ausgangsimpuls wird zum Triggern verwendet. [6], [11], [12]. Li

Triggerschwelle → Triggerpegel. Li

Trigistor → Thyristor. Ne

Trimmen → Abgleich. Fl

Trimmer *(trimmer)*. Nur für Abgleichzwecke einstellbarer, variabler Kondensator oder Trimmerwiderstand. [4]. Ge

Trimmerkondensator → Kondensator, variabler. Ge

Trimmerpotentiometer → Trimmerwiderstand. Ge

Trimmerwiderstand *(trimmer resistor)*, Trimmerpotentiometer. Veränderbarer Drehwiderstand, der nur zu Abgleichszwecken eingestellt wird. Ausführung als ein- oder mehrgängiger Schicht-Cermet- oder Drahtwiderstand. Belastbarkeit bis 1 W. [4]. Ge

Trinistor → Thyristor. Ne

Trinitronröhre *(trinitron tube)*. Bezeichnung für eine Farbbildröhre, bei der für die Strahlerzeugung nur ein Strahlerzeugungssystem verwendet wird. Die Aufteilung in die drei Strahlen für Rot, Grün und Blau erfolgt in einem elektronischen Prisma. [14], [16]. Th

Triode → Hochvakuumtriode. Li

Triplate-Leitung → Streifenleiter. Ge

Tri-State-Ausgang *(tri-state output, three-state output)*. Ausgang einer Digitalschaltung in Tri-State-Technik. Im logisch neutralen Zustand wird das Potential des Tri-State-Ausgangs von anderen parallelgeschalteten Ausgängen bestimmt, da der T. der betroffenen Schaltung sowohl gegen Masse als auch gegen die Betriebsspannung mit einem hohen Widerstand abgetrennt ist *(high impedance state)*. [2]. We

Tri-State-Technik *(tri-state technique)*, Three-State-Technik. Abart der TTL-Technik; besonders geeignet für Verbindungen vom Typ des verdrahteten ODERs. Die T. kann auch in der CMOS-Technik *(CMOS, complementary metal-oxide semiconductor)* aufgebaut sein. Über einen eigenen Eingang können die beiden Ausgangstransistoren in den gesperrten Zustand geschaltet werden, damit wird das Ausgangssignal von anderen parallel geschalteten Schaltungen bestimmt. Im Gegensatz zur Kollektor-Schaltung mit offenem Ausgang müssen bei der T. keine Pull-Up-Widerstände verwendet werden. Das Bild zeigt das Verhalten der T. [2]. We

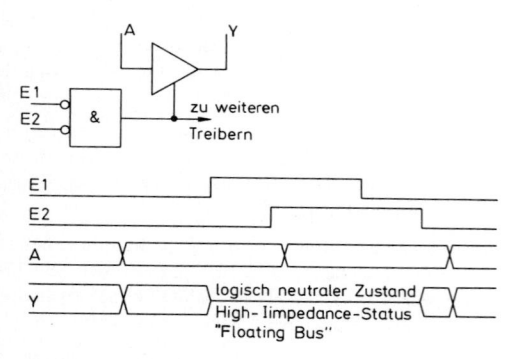

Tri-State-Technik

Trittgrenze. Die T., auch Wechselrichter-T. genannt, ist die Aussteuergrenze α_{max} für netzgeführte Wechselrichter infolge der in endlicher Zeit ablaufenden Kommutierung (Überlappung u) und der für einen gelöschten Thyristor erforderlichen Schonzeit, der der Löschwinkel γ_{min} entspricht:

$$\alpha_{max} = \pi - u - \gamma_{min}.$$

Wird α_{max} überschritten, tritt ein Kippen des Wechselrichters ein; d.h., das abzulösende Ventil führt den Strom bis in die positive Halbwelle der angelegten Spannung, was einem kurzschlußartigen Stromanstieg (Betriebsstörung) zur Folge hat. (Bild für den Fall einer dreiphasigen Mittelpunktschaltung mit den Ventilströmen i_1 bis i_3.) [11]. Ku

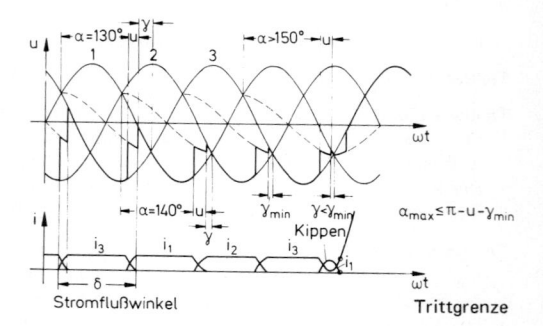

Trittgrenze

Trockengleichrichter *(dry rectifier, metal rectifier)*. Nur noch für Meßzwecke eingesetzter Gleichrichter, meistens Kupferoxidul-Gleichrichter. [4]. Ge

Tröger-Schaltung *(Troeger connection)*. Die T. ist eine Löschschaltung mit Kondensatorlöschung zur Einzellöschung von Thyristoren in selbstgeführten Stromrichtern (z.B. Gleichstromsteller, Pulswechselrichter). Durch Zünden von T_L (Bild) kann der Hauptthyristor T_H gelöscht werden. Der Kondensatorzweig übernimmt den Strom, wobei C_K umgeladen wird. Bei erneutem Zünden von T_H entsteht mit der Drossel L_u ein Umschwingkreis ($T_H - D_u - L_u - C_K$), der die Spannung an C_K wieder in ihren Ausgangszustand bringt und die T. wieder löschfähig macht. [11]. Ku

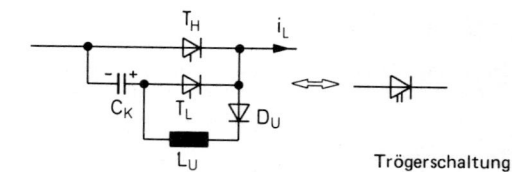

Trögerschaltung

Trommelspeicher → Magnettrommelspeicher. We

Tröpfchenmodell *(droplet model)*. Modell für den Aufbau des Atomkernes, das sich zur Beschreibung kollektiver Anregungen und der Kernspaltung gut eignet. Ausgangspunkt des Tröpfchenmodells ist die Vorstellung des Atomkerns als dichteste Kugelpackung der Nukleonen nach Art eines Flüssigkeitstropfens. Danach besteht die Bindungsenergie des Kerns aus folgenden Teilen: der

Volumenenergie, der Oberflächenenergie, der elektrostatischen Energie und einem Term, der den Unterschied zwischen der Protonen- und Neutronenzahl berücksichtigt. [5]. Bl

Troposcatter → Streuausbreitung, troposphärische. Ge

Troposphäre *(troposphere)*. Unterer Teil der Atmosphäre der Erde bis zu etwa 10 km Höhe, in dem die Ausbreitung der elektromagnetischen Wellen durch Wettervorgänge beeinflußt wird. Kennzeichnend für die T. ist ein linearer Temperaturabfall mit zunehmender Höhe. Die räumliche und zeitliche Verteilung der Brechzahl bestimmt die Ausbreitung. Unregelmäßigkeiten in der Luftschichtung führen zur Bildung von Inversionen (→ Streustrahlung). [14]. Ge

TR-Röhre *(transmit-receive-tube)*. Eine gasgefüllte Schaltröhre, die dazu verwendet wird, den Empfänger bei Radar (bzw. allgemein impulsgesteuerten HF-Anlagen (HF, Hochfrequenz)) während der Sendezeit von der Antenne abzutrennen. [4], [8], [10]. Li

Trübungsmesser *(turbidimeter, opacimeter)*, Trübungsmeßgerät. T. sind photoelektronische Meßeinrichtungen, mit deren Hilfe die Trübung von Flüssigkeiten gemessen wird. Zwei im Gerät erzeugte Lichtstrahlen werden getrennt über Spiegel zu einer Photozelle geführt. Ein Lichtstrahl durchdringt ein Glasgefäß mit plangeschliffenen Wänden (Küvette), durch das die zu messende Flüssigkeit geleitet wird. Der zweite Lichtstrahl dient als Bezugsstrahl und verläuft durch eine im Strahlengang angeordnete Vergleichsküvette. Eine rotierende, halbkreisförmige Blende unterbricht abwechselnd beide Lichtstrahlen (Bild), deren Intensitätswerte von der Photozelle verglichen werden. Der von der Photozelle abgegebene elektrische Strom wird in einem Verstärker verstärkt, an dessen Ausgang ein Motor angeschlossen ist. Der Motor verstellt eine weitere Blende hinter der Vergleichsküvette. Die zweite Blende ist fest mit einem Zeiger verbunden. Haben beide Lichtstrahlen gleiche Intensitätswerte, gibt der Verstärker keine Ausgangsspannung ab und der Motor bleibt stehen. Die Zeigerstellung über einem Skalenwert ist ein Maß für die Trübung der Flüssigkeit. [12], [18]. Fl

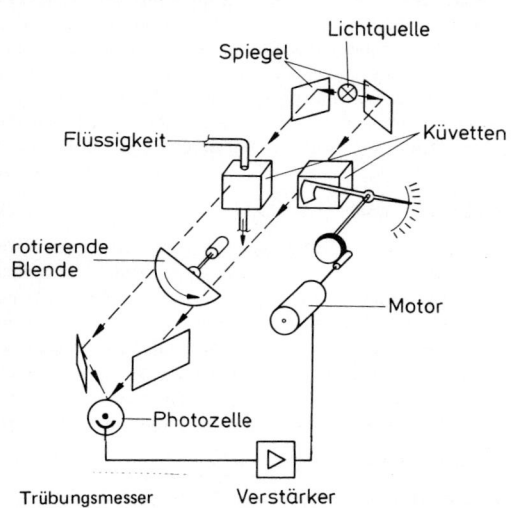

Trübungsmeßgerät → Trübungsmesser. Fl

T-Schaltung *(T-section)*, T-Glied. Ein Grundvierpol der Nachrichtentechnik. Die T. entspricht der Sternschaltung, wobei allerdings eine Klemme als durchgehende Verbindung ($1'$, $2'$) vom Ein- zum Ausgangstor ausgebildet ist (Bild). Die T-Schaltung ist dual zur Pi-Schaltung (→ Vierpol, dualer). [15]. Rü

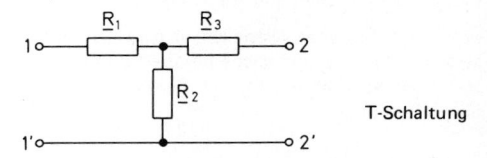

T-Schaltung, überbrückte *(bridged-T section)*. Eine T-Schaltung, bei der die Eingangsklemme 1 mit der Ausgangsklemme 2 durch eine zusätzliche Impedanz überbrückt ist. Für überbrückte T-Schaltungen gibt es in der Nachrichtentechnik vielfältige Anwendungsfälle (→ Brückenschaltungen, äquivalente, → Dämpfungsentzerrer). [15]. Rü

Tschebyscheff-Approximation *(Chebyshev approximation)*. Eine Approximation derart, daß in einem bestimmten Intervall die Funktionswerte innerhalb vorgegebener Schranken bleiben. Die Tschebyscheff-Polynome erfüllen diese Forderung, da alle Funktionswerte von $T_n(\Omega)$ für jedes n im Intervall $-1 \leq \Omega \leq +1$ innerhalb der Schranken $-1 \leq T_n(\Omega)_{max} \leq +1$ bleiben (→ Approximation des Dämpfungsverlaufs). Rü

Tschebyscheff-Filter *(Chebyshev filter)*. Die Approximation des Dämpfungsverlaufs im Durchlaßbereich durch Tschebyscheff-Polynome $T_n(\Omega)$ führt zu einer charakteristischen Funktion $|K(j\Omega)| = \epsilon T_n(\Omega)$ (Ω normierte Frequenz; → Normierung). ϵ ist eine reelle Konstante und hängt mit der Durchlaßdämpfung a_D (→ Filter) durch $a_D = 10 \lg(1 + \epsilon^2)$ in dB zusammen. Der Übergang vom Durchlaß in den Sperrbereich erfolgt beim T. steiler als beim Potenzfilter. Der Frequenzgang der Dämpfung

$$a(\Omega) = 10 \lg [1 + \epsilon^2 T_n^2(\Omega)] \text{ in dB. [15].} \quad \text{Rü}$$

Tschebyscheff-Polynome *(Chebyshev polynominals)*. Polynome, die als charakteristische Funktionen bei der Approximation von Tschebyscheff-Filtern auftreten:

$$T_0(\Omega) = 1$$
$$T_1(\Omega) = \Omega$$
$$T_2(\Omega) = 2\Omega^2 - 1$$
$$T_3(\Omega) = 4\Omega^3 - 3\Omega$$
$$\vdots$$
$$T_n(\Omega) = 2\Omega T_{n-1}(\Omega) - T_{n-2}(\Omega) =$$
$$= \tfrac{1}{2}\{(\Omega + \sqrt{\Omega^2 - 1})^n + (\Omega - \sqrt{\Omega^2 - 1})^n\} =$$
$$= \begin{cases} \cos(n \arccos \Omega) & \text{für } |\Omega| \leq 1 \\ \cosh(n \operatorname{arcosh} \Omega) & \text{für } |\Omega| \geq 1. \end{cases} \quad \text{Rü}$$

TSE-Beschaltung *(suppressor circuit)*. (TSE, Trägerstaueffekt). Während der Leitphase eines Halbleiterventils wird dessen Mittelzone mit Ladungsträgern überschwemmt. Diese verursachen beim Übergang vom leitenden in den sperrenden Zustand einen negativen Rückstrom (Trägerstaueffekt), dessen steiler Rückgang in Verbindung mit Schaltungsinduktivitäten zu gefährlichen Überspannungen am Ventil führen kann. Deshalb sind diese mit einer Schutzbeschaltung, auch T. genannt, zu versehen, die im einfachsten Fall aus einem parallelgeschalteten RC-Glied (bei Thyristoren) bzw. einem C-Glied (bei Halbleiterdioden) besteht. [3]. Ku

t-Test *(t-test)*. Test zum Feststellen, ob bei einer gegebenen Meßreihe o.ä. eine systematische Abweichung zwischen Mittelwert und Sollwert vorliegt. Es wird ein Wert τ ermittelt.

$$\tau = \left| \frac{\overline{x} - [x]}{s} \right| \cdot \sqrt{N}$$

($\overline{x}$ Mittelwert, [x] Sollwert, N Anzahl der Einzeldaten, s Standardabweichung). Durch Vergleich des τ-Wertes mit Tabellen der t-Verteilung kann ermittelt werden, ob eine Abweichung wahrscheinlich ist. [5]. We

TTL *(transistor-transistor logic, TTL)*, Transistor-Transistor-Logik. Verbreitete Schaltungsfamilie der Digitaltechnik. Ihr Kennzeichen ist ein Multiemitter-Transistor am Eingang, der im Inversbetrieb betrieben wird, und eine Gegentaktendstufe (Totem-Pole-Schaltung). Viele andere Schaltungsfamilien haben sich in ihren Logikpegeln TTL angeglichen (TTL-Kompatibilität). Abarten von TTL sind die Schottky-TTL-Schaltung (hohe Schaltgeschwindigkeit), High-Speed-TTL (erhöhte Schaltgeschwindigkeit, erhöhte Leistung) gegenüber Standard-TTL, Low-Power-TTL (gegenüber Standard-TTL niedrige Leistung, verminderte Schaltgeschwindigkeit). [2]. We

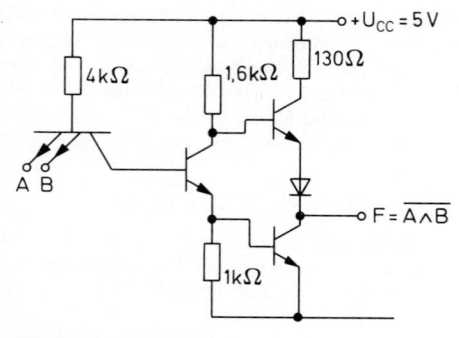

NAND-Stufe in TTL

Tuner *(tuner)*. Der Begriff stammt aus dem Englischen und bedeutet soviel wie Abstimmeinheit. Mit T. bezeichnet man einmal die Eingangsteile eines Fernsehempfängers, die HF-Vorstufe (HF, <u>H</u>och<u>f</u>requenz), Oszillator und Mischer enthalten, zum anderen aber auch komplette Empfänger (speziell für UKW-Empfang; UKW, <u>U</u>ltra<u>k</u>urz<u>w</u>elle) ohne Leistungsverstärker. [13]. Th

Tunneldiode *(tunnel diode)*, Esaki-Diode. Halbleiterdiode aus hoch dotiertem Halbleitermaterial, bei der im Vorwärtsbereich der Strom bei Spannungserhöhung sofort ansteigt, ab der Höckerspannung aber wieder absinkt (Bereich des negativ differentiellen Widerstands), um bei weiterer Spannungserhöhung das Kennlinienverhalten einer normalen Halbleiterdiode zu zeigen (Bild). I_P wird als Höckerstrom, I_T als Talstrom, U_P als Höckerspannung und U_T als Talspannung bezeichnet. Anwendung: z.B. als schneller Schalter oder Oszillator. [4]. We

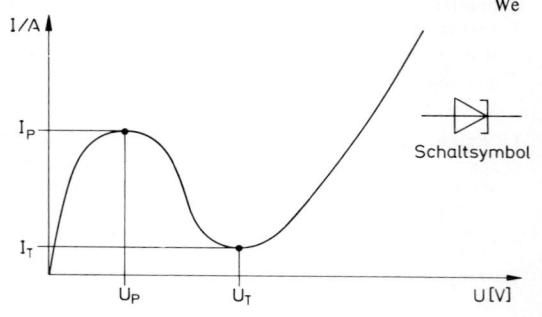

Kennlinie der Tunneldiode

Tunneldiodenoszillator *(tunnel diode oscillator)*. Schaltung zur Erzeugung hochfrequenter Schwingungen unter Verwendung einer Tunneldiode. Die Amplitude der erzeugten Ausgangsspannung entspricht etwa der Talspannung der Tunneldiode. [6]. We

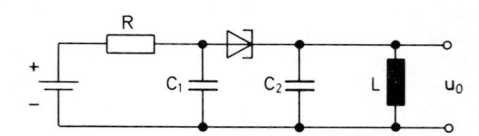

Schaltbeispiel für Tunneldiodenoszillator

Tunneleffekt *(tunnel effect)*. Durchgang eines Ladungsträgers durch einen Potentialwall (DIN 41 852). Nach der Quantenmechanik gibt es hierfür eine endliche Wahrscheinlichkeit, wenn der Potentialwall genügend schmal ist. Die dem Ladungsträger entsprechende Materiewelle wird beim Auftreffen auf den Potentialwall teilweise reflektiert; der restliche Teil durchdringt den Potentialwall. [5], [7]. Bl

Turbulenzinversion → Inversion. Ge

Turing-Maschine *(Turing machine)*. Modell eines Automaten, bestehend aus einem Schaltwerk mit endlich vielen Zuständen und einem Lese-Schreibkopf, der ein Band einliest und überschreiben kann. Das Band kann in beiden Richtungen bewegt werden. Turing-Maschinen dienen modellmäßigen Überlegungen zur Frage der Berechenbarkeit von Zahlen und Funktionen sowie zur Definition und Realisierung von Algorithmen. [9]. We

Turnstile-Antenne → Drehkreuzantenne. Ge

t-Verteilung → Test-Verteilungen. Rü

U

U-Antenne *(U-antenna)*. Die U. ist ein an beiden Enden rechtwinklig umgebogener Rohrdipol, dessen Stäbe entweder $\lambda/4$ oder ein Vielfaches von λ ($\rightarrow$ Langdrahtantenne) lang sind. Die U. hat ähnliche Strahlungseigenschaften wie die V-Antenne. [14]. Ge

UART *(universal asynchronous receiver transmitter, UART)*. Baustein der Digitaltechnik, meist als integrierte Schaltung zur seriellen Ein-Ausgabe von Daten, z.B. als Schnittstelle zwischen einem Mikroprozessor-System und einem Modem. Das UART führt die Parallel-Serien-Wandlung bzw. umgekehrt durch. Es wird mit einem Takt, der nicht dem Systemtakt entsprechen muß, getaktet. Es kann außerdem bestimmte Aufgaben der Prozedurüberwachung übernehmen ($\rightarrow$ Datenfernübertragung). [2], [14]. We

Überanpassung $\rightarrow$ Spannungsanpassung. Rü

Überbrückungskondensator $\rightarrow$ Bypass-Kondensator. Fl

Übergangsfrequenz *(transition frequency)*. 1. Entsteht beim Übergang eines Elektrons von einem höheren Energieniveau zu einem tieferen Energieniveau eine Strahlung, so hat diese Strahlung die Frequenz

$$f = \Delta E/h$$

(h Plancksches Wirkungsquantum, ΔE Energiedifferenz der beiden Energieniveaus). Beim Übergang eines Elektrons auf ein höheres Energieniveau werden Photonen mit dieser Ü. absorbiert. 2. Der Begriff Ü. kennt man auch bei Frequenzweichen (z.B. Lautsprecherboxen) zur Kanalauftrennung in Tief-, Mittel- und Hochtonbereiche. [7]. We

Übergangsfunktion *(step response)* $\rightarrow$ Sprungantwort. Ku

Übergangsleitwert. Wenig gebräuchlicher Ausdruck für Übertragungsleitwert ($\rightarrow$ Kernleitwert). Rü

Übergangsstecker *(adapter)*. Elektrisches Verbindungselement, das zur Verbindung von zwei verschiedenen, nicht zusammenpassenden Steckern oder Buchsen dient. [4]. Ge

Übergangsverhalten *(transient response)*. Das Ü. charakterisiert das dynamische Verhalten eines Systems (zeitliche Verläufe von Ausgangsgrößen) zwischen zwei Betriebszuständen bei vorgegebener Anregung. Bei Kenntnis des Übergangsverhaltens lassen sich allgemeine Aussagen über das Betriebsverhalten treffen, vor allem im Hinblick auf Stabilität und Dynamik. [18]. Ku

Übergangsvorgang *(transient)*. Ein Ü. kennzeichnet den zwangsweisen Übergang eines Systems von einem periodischen in einen anderen periodischen Zustand. Je nach Eigenart des Übergangsvorgangs unterscheidet man zwischen Ein- und Ausschwingvorgang. Das Ende eines Übergangsvorgangs erfolgt beim Erreichen des stationären (eingeschwungenen) Zustandes. [5]. Rü

Übergangswahrscheinlichkeit *(transition probability)*. 1. Informationstheorie: Man versteht darunter die Wahrscheinlichkeit dafür, daß ein sendeseitiges Symbol A_x aus dem Symbolvorrat $A_1, A_2, \ldots, A_x, \ldots, A_n$ als Symbol B_y innerhalb des möglichen Empfangsalphabets $B_1, B_2, \ldots, B_y, \ldots, B_m$ empfangen wird. 2. Physik: Ein freies bis zum Energieniveau $W_m > W_n$ angeregtes Atom fällt spontan auf das niedrigere Niveau zurück und strahlt dabei eine Frequenz f nach der Beziehung

$$hf = W_m - W_n$$

ab (h Plancksches Wirkungsquantum). Die Intensität der Strahlung hängt von der Dichte der angeregten Atome und von der Anzahl der zwischen den beiden Energietermen W_m und W_n je Sekunde erfolgten Übergänge ab. Den Kehrwert der Verweilzeit nennt man die Ü. (Sie ist keine Wahrscheinlichkeit im herkömmlichen Sinne.) Befindet sich das angeregte Atom an einem Ort hoher Photonendichte derselben Frequenz, die es selbst vom Anregungsniveau aus abstrahlen könnte, dann verkürzt sich die Verweilzeit im oberen Zustand, d.h. die Ü. dieser Frequenz erhöht sich wesentlich; hierauf beruhen Maser- und Lasermechanismus. Rü

Übergangswiderstand *(contact (transition) resistance)*. Wenig gebräuchlicher Ausdruck für Übertragungswiderstand ($\rightarrow$ Kernwiderstand). Rü

Überhöhungskondensator *(speed-up capacitor)*, Speed-up-Kondensator. Als Überhöhungskondensatoren bezeichnet man Kondensatoren, die in elektronischen Schaltungen zur Erhöhung der Schaltgeschwindigkeit beitragen. Man findet sie z.B. in Multivibratoren (oder Schmitt-Triggern) als Kondensatoren mit kleinem Kapazitätswert zur Überbrückung der Koppelwiderstände, die den Signalausgang einer Transistorstufe mit dem Signaleingang der anderen verbinden. Es handelt sich um stark rückgekoppelte Verstärkerstufen, bei denen die Überhöhungskondensatoren ansteigende Flanken der Spannung am jeweiligen Kollektor weitgehend ohne nennenswerte zeitliche Verzögerung zur Basis der anderen Stufe übertragen. Die aus überbrücktem Widerstand und Ü. gebildete Zeitkonstante besitzt häufig den gleichen Betrag (oder ist etwas größer) wie die Zeitkonstante aus den Eingangsgrößen des entsprechenden Transistors im Hochfrequenzersatzschaltbild (z.B. nach Giacoletto). Das entstandene Koppelnetzwerk wirkt als frequenzkompensierter Abschwächer und verbessert die Steilheit von Anstiegsflanken geschalteter Spannungen. [6], [10]. Fl

Überhorizontverbindung $\rightarrow$ Streuausbreitung. Ge

Überlagerung *(heterodyning; superposition)*. Werden an einem elektronischen Bauteil mit linearer Kennlinie (z.B. ohmscher Widerstand) zwei sinusförmige Schwingungen unterschiedlicher Frequenz zusammengeführt, so addieren sich beide Signalspannungen. Es entstehen keine neuen Frequenzanteile! Deshalb ist auch der Begriff „Überlagerungsempfänger" genau genommen falsch. [13].   Th

Überlagerungsempfänger *(superhet)*, Superhet, Abkürzung für Superheterodyn-Empfänger. Der Ü. setzt alle abstimmbaren Empfangsfrequenzen durch Mischen mit einem in festem Abstand zur Empfangsfrequenz mitlaufenden Oszillator in eine feste Zwischenfrequenz (ZF) um. Die ZF läßt sich leichter verstärken als ein breites Frequenzband. Außerdem kann mit ZF-Quarzfiltern eine hohe Selektivität erreicht werden. Heutige Empfänger sind grundsätzlich Ü. [13], [14].   Th

Überlagerungsfaktor. Nach DIN 40110 bei einer Mischgröße (Gleichgröße mit überlagerter Wechselgröße) das Verhältnis vom Scheitelwert des Überlagerungsanteils zum Scheitelwert der überlagerungsfreien Größe. [5]. Rü

Überlagerungsfrequenzmesser *(heterodyne frequency meter, heterodyne wave meter)*, Schwebungsfrequenzmesser. Ü. sind elektronische Meßeinrichtungen zur Messung elektrischer Wechselgrößen mit unbekannten Frequenzen. Die Frequenzbestimmung erfolgt nach dem Prinzip des Suchtonverfahrens; im einfachsten Fall durch Vergleich der zu ermittelnden Frequenz mit einer bekannten, abstimmbaren Frequenz, die in hochwertigen Ausführungen ein Quarzoszillator bereitstellt. Beide Frequenzen werden in einer Mischstufe überlagert. Ein Tiefpaßfilter filtert aus den entstehenden Mischprodukten die niedrigste, aus Meßfrequenz und Oszillatorfrequenz gebildete, Differenzfrequenz aus. Man verändert die Oszillatorfrequenz so lange, bis die Differenzfrequenz zur Schwebung übergeht und bei Frequenzgleichheit (Schwebungsminimum) verschwindet. Der Abstimmvorgang wird vielfach mit einem angeschlossenen Kopfhörer oder einem Oszilloskop verfolgt. Die Messung ist mehrdeutig. Bei nichtsinusförmigen Meßsignalen entstehen mehrere, häufig eng benachbarte Differenzfrequenzen. [8], [12], [13].   Fl

Überlagerungsgesetz *(principle of superposition)* → Superpositionsprinzip.   Rü

Überlagerungsoszillator → Mischoszillator.   Fl

Überlagerungspermeabilität *(incremental permeability)*. (Zeichen μ_Δ). Man versteht darunter die Wechselfeldpermeabilität bei Vormagnetisierung. [5].   Rü

Überlagerungssatz → Superpositionsprinzip.   Ge

Überlappung *(overlap)*. Die Ü. ist bei netzgeführten Stromrichtern während einer Kommutierung die Aufteilung des Laststromes auf zwei Ventile. Die Dauer der Ü. (Überlappungszeit) wird meist im Winkelmaß angegeben (Überlappungswinkel). Die Ü. muß bei der Ermittlung des maximalen Steuerwinkels (→ Trittgrenze) bei netzgeführten Stromrichtern berücksichtigt werden. [3]. Ku

Überlappungszeit *(overlap time)* → Überlappung.   Ku

Überlast *(overload)*. Situation in einem Vermittlungssystem, bei der über die Nennkapazität hinausgehende kurzzeitige oder dauernde Anforderungen an Steuereinrichtungen oder Leitungen gestellt werden. Überlastung kann durch statistische Schwankungen, stoßartige bzw. saisonal bedingte Zunahme von Anrufen oder Teilausfall von Vermittlungseinrichtungen entstehen. Merkmale der Überlastung sind u.a. zunehmende Anrufwiederholungen. Zum Abbau der Überlastung oder zur Aufrechterhaltung des Vermittlungsbetriebs werden spezielle Überlastabwehr-Steuerungsmechanismen angewendet (→ Netzführung). [19].   Kü

Überlastschutz *(overload protection)* → Überstromschutz.
                                                                         Ku

Überlastung *(overstress, overload)*, erhöhte Beanspruchung. Beanspruchung eines Bauelementes oberhalb der Nennlast. Wird ein Bauelement zwischen Nennlast und Maximallast betrieben, so verkürzt sich seine Lebensdauer. Beschleunigte Zuverlässigkeitsprüfungen unter Ü. des Prüflings werden zur Verkürzung der Prüfzeiten angewendet. Dabei muß jedoch der Ausfallmechanism erhalten bleiben. [4].   Ge

Überlauf *(overflow)*. Bei arithmetischen Operationen der Datenverarbeitung der Teil des Ergebnisses, der nicht in das Register oder Speicherwort für das Ergebnis übernommen wird. Während bei Subtraktion und Addition der Ü. nur eine Stelle groß sein kann, kann er bei Multiplikation so groß wie die zu multiplizierende Zahl sein; bei Division kann er sehr große Werte annehmen. [1]. We

Überlaufbetrieb *(overflow operation)*. Betriebsart zur alternativen Verkehrslenkung in Nachrichtennetzen mit Mehrwegeführung. Nachrichtenverbindungen, die über einen Querweg nicht aufgebaut werden können, laufen über auf einen weiteren Querweg oder den Kennzahlweg (→ Kennzahl). [19].   Kü

Übermittlung *(communication)*. Beförderung von Nachrichten zwischen Quellen und Senken. Die Übermittlung umfaßt Übertragung und Vermittlung. [19].   Kü

Überrahmen *(superframe)*. Ein PCM-Rahmen *(PCM, Pulscodemodulation)* beinhaltet 30 Sprachkanäle, einen Synchronkanal und einen Kennzeichenkanal. Der Ü. enthält 16 PCM-Rahmen und somit 480 Sprachkanäle. Diese Technik wird in der Fernsprechtechnik eingesetzt und bildet das Gegenstück auf digitaler Basis zur Trägerfrequenztechnik, die auf analoger Basis arbeitet. [14]. Th

Überschlag *(flash-over)*. Ein elektrischer Ü. tritt zwischen zwei betriebsmäßig gegeneinander unter Spannung stehenden Leitern dann ein, wenn der dazwischenliegende Isolierstoff (z.B. Keramik, Luft) infolge von starken Verschmutzungen (Kriechströme) oder hohen Überspannungen (Überschreiten der maximalen Feldstärke) leitend wird. Die kritische Feldstärke der Luft, bei der ein Ü. erfolgt, liegt je nach Luftfeuchtigkeit zwischen 400 V/mm und 1000 V/mm. [5].   Ku

Überschußleitung → Elektronenleitung.   Bl

Überschwingen *(overshoot)*. Das besondere Verhalten einer Größe bei einem Ausgleichsvorgang. Beim Ü., meist im Zusammenhang mit einem Einschaltvorgang, erreicht die Größe einen Wert, der über dem stationären Wert für t → ∞ liegt. [5]. Rü

Überschwingfrequenz *(ringing frequency)*. Obere Grenzfrequenz eines Übertragungssystems. Durch die immer vorhandene Bandbegrenzung tritt beim Einschwingvorgang ein Überschwingen auf. [5]. Rü

Überschwingweite *(maximum overshoot)*. Der Betrag einer beim Überschwingen auftretenden Größe in Prozent bezogen auf den stationären Wert = 100 %. [5]. Rü

Übersetzen *(translate)*. 1. Allgemein: Umsetzung eines Textes von einer Sprache in eine andere. 2. Datenverarbeitung: Umwandlung eines Programms, das in einer problemorientierten bzw. maschinenorientierten Programmiersprache geschrieben ist, in die Maschinensprache des Computers mit Hilfe eines Übersetzungsprogramms. [1]. Li

Übersetzer → Assembler; → Compiler; → Interpreter. Li

Übersetzung → Übertragungsfaktor. Ne

Übersetzungsprogramm *(conversion program)* → Assembler; → Compiler; → Interpreter. Li

Übersetzungsverhältnis *(transformation ratio)*. Wird in zwei unterschiedlichen Bedeutungen gebraucht: 1. → Übertragungsfaktor (auch Übersetzung). 2. Verhältnis der Windungszahlen bei einem Übertrager. [15]. Rü

Überspannung *(overvoltage)*. Überspannungen sind Spannungen, deren Werte über den betriebsmäßig auftretenden Spannungswerten einer Anlage liegen. Sie werden durch Fehler oder Schaltvorgänge verursacht. In Anlagen der elektrischen Energieversorgung werden äußere Überspannungen durch Blitzeinwirkung hervorgerufen (Blitz-Ü.). Innere Überspannungen haben ihren Ursprung in Erdschlüssen oder Überschlägen oder sind Schaltüberspannungen. [3]. Ku

Überspannungsableiter *(overvoltage arrester)*. Bauelemente, die bei Überschreiten eines bestimmten Spannungswerts vom hochohmigen Zustand in einen niederohmigen Zustand übergehen; z.B. Schutzfunkenstrecken. [3], [6], [10]. Li

Überspannungsbegrenzer *(overvoltage limiter)*. Ü. sind elektrische oder elektronische Einrichtungen zum Schutze von Anlagen, Anlagenteilen oder Schaltungen vor unzulässiger Beanspruchung durch auftretende Überspannungen. Die Wirkungsweise der Ü. beruht in den häufigsten Anwendungen auf einem nichtlinearen Zusammenhang zwischen elektrischem Strom und elektrischer Spannung. Erreicht die Überspannung einen festgelegten, für die zu schützende Schaltung unkritischen Ansprechwert, verringert sich der wirksame Widerstand des Überspannungsbegrenzers. Der Strom im Ü. steigt blitzartig an, die Spannung bleibt auf den Ansprechwert begrenzt oder fällt weiter ab. In elektronischen Schaltungen häufig eingesetzte Ü. sind z.B.: spannungsabhängige Widerstände, Glimmrelaisröhren und Z-Dioden. Spezielle, schnell reagierende Schaltungen sind aus Leistungstransistoren und Z-Dioden aufgebaut. Vielfach wird das Meßwerk elektrischer Meßinstrumente durch parallel geschaltete Z-Dioden vor Überspannungen geschützt. [3], [4], [6], [10], [12], [18]. Fl

Überspannungsfaktor *(overvoltage factor)*. Bei Schaltungen, bei denen gelegentlich Überspannungen auftreten können, berücksichtigt man bei der Dimensionierung der Bauelemente aus Sicherheitsgründen einen Sicherheitsfaktor, den sogenannten Ü. [3], [4], [6], [11]. Li

Überspannungs-Crowbar-Schutz *(crowbar)*. Eine Schaltung, die den Ausgang eines Netzgerätes steuert. Wird ein vorgegebener Spannungswert am Ausgang des Netzgerätes überschritten, fließt der Strom so lange durch einen dem Ausgang parallel geschalteten niederohmigen Widerstand, bis z.B. eine Schmelzsicherung ansprechen kann. [4]. Ne

Übersprechdämpfung *(cross talk attenuation)*. Der Begriff ist in der Fernsprechtechnik und in der Stereoübertragung geläufig. In der Fernsprechtechnik tritt Übersprechen durch gegenseitige Induktion nach dem Transformatorprinzip bei langen parallel zueinander verlaufenden Leitungen derart auf, daß die Gespräche auf der einen Leitung auf der parallel laufenden mitgehört werden können. Der Anteil der höchstzulässigen Übersprechleitung wird durch die Ü. angegeben. In der Stereotechnik ist die Ü. definiert als Verhältnis der Ausgangsamplitude des einen Kanals zur Ausgangsamplitude des gestörten Kanals bei Vollaussteuerung des einen Kanals und vorgeschriebenem Eingangsabschluß des gestörten Kanals. Vorgeschrieben ist eine Ü. von −30 dB. [14]. Th

Übersteuerung *(over driving)*. Veränderung der Eigenschaften eines Verstärkers oder Regelkreisgliedes, hervorgerufen durch einen Wert der Steuergröße, der oberhalb des zulässigen Wertes liegt. Ü. ruft bei Verstärkern Signalverzerrungen hervor. Die Begrenzung der Steuergröße wird durch den Kennlinienverlauf und die Versorgungsspannungen bewirkt. [8], [13]. Rü

Übersteuerungsbereich → Sättigungsbereich. Li

Übersteuerungsfaktor *(overshoot factor)*. Bei Bipolartransistoren im Schaltbetrieb das Verhältnis:

$$\ddot{U} = I_B \cdot B/I_C$$

(I_B Basisstrom, I_C tatsächlicher Kollektorstrom, B Großsignalstromverstärkung beim vorliegenden Basisstrom). Der Ü. hat großen Einfluß auf die Schaltverzögerungszeiten. Mit steigendem Ü. erhöht sich die Speicherzeit und sinkt die Anstiegszeit. In Schaltungsfamilien der ungesättigten Logik (z.B. *ECL, emitter coupled logic*) beträgt der Ü = 1. [2]. We

Überstromschutz *(overcurrent protection)*. Da elektrische Anlagen bzw. Anlagenteile aus wirtschaftlichen Gründen immer nur für Nennströme ausgelegt werden, müssen sie vor Überströmen, die bei Störfällen wie Überlastung oder Kurzschluß auftreten, geschützt werden (Überlastschutz), um Schäden, insbesondere infolge lokaler Überhitzung zu verhindern. Als Ü. kommen Sicherungen (Schmelzeinsätze), Leistungsschalter in

Verbindung mit Überstromrelais oder Motorschutzschalter zum Einsatz. Die Wahl des geeigneten Überstromschutzes hängt vor allem von dem thermischen Speichervermögen des zu schützenden Teiles ab, weshalb z.B. Halbleiterstromrichterventile mit superflinken Sicherungen geschützt werden müssen. Um die Stromanstiegsgeschwindigkeit im Kurzschlußfall auf zulässigen Werten zu halten, werden häufig Schutzdrosseln in die gefährdeten Stromkreise geschaltet. [3]. Ku

Überstromschutzorgan → Sicherung. Fl

Übertrag *(carry)*. Bei arithmetischen Operationen der Wert, der als Ergebnis der Operation in einer niederwertigen Stelle zu einer höherwertigen Stelle übertragen werden muß. Bei Rechenwerken mit Serienbetrieb muß der Ü. zwischen den einzelnen Operationen gespeichert werden. Bei Rechenwerken, die parallel aufgebaut sind, kommt es durch den Ü. zu Verzögerungen, da er bei einem Rechenwerk mit n Stellen eine Schaltverzögerung von $n \cdot t_s$ (t_s Schaltverzögerungszeit für eine Stelle) hervorrufen kann. Die Rechenoperation kann durch parallelen Abgriff der Ü. durch Look-Ahead-Carry-Generatoren beschleunigt werden. Der Gesamt-Ü. einer arithmetischen Operation, d.h. der Ü. über die höchstwertige Stelle hinaus, wird als Überlauf bezeichnet. [1]. We

Übertrager *(transformer)*. Bauelement der Elektronik, das im äußeren Aufbau einem Transformator gleicht. In der Übertragungstechnik wird der Ü. für die Übertragung von Frequenzbändern und zur Leistungsanpassung verwendet. Im Bild bedeuten: L_1 und L_2 primäre bzw. sekundäre Leerlaufinduktivitäten, M Gegeninduktivität.

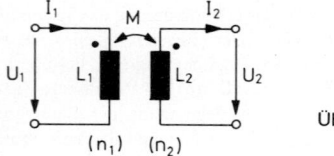

Übertrager

Vernachlässigt man die Verluste, dann wird der Ü. durch die Kettenmatrix (→ Vierpolmatrizen)

$$A = \begin{pmatrix} \dfrac{L_1}{M} & j\omega \dfrac{L_1 L_2 - M^2}{M} \\ \dfrac{1}{j\omega M} & \dfrac{L_2}{M} \end{pmatrix}$$

repräsentiert. Alle anderen Vierpolmatrizen existieren ebenfalls (Widerstands- und Leitwertmatrix → Übertrager-Ersatzbilder). Mit dem Streugrad

$$\sigma = 1 - \dfrac{M^2}{L_1 L_2}$$

und dem Übersetzungsverhältnis

$$ü = \dfrac{n_1}{n_2} = \sqrt{\dfrac{L_1}{L_2}}$$

(n_1, n_2 primäre bzw. sekundäre Windungszahl) ist

$$A = \dfrac{1}{\sqrt{1-\sigma}} \begin{pmatrix} ü & \dfrac{\sigma}{ü} j\omega L_1 \\ \dfrac{ü}{j\omega L_1} & \dfrac{1}{ü} \end{pmatrix}.$$

$k = \sqrt{1-\sigma}$ nennt man den Kopplungsfaktor. Für einen streuungsfreien Ü. ist $\sigma = 0$ oder $M = \sqrt{L_1 L_2}$; hierfür existiert keine Leitwertmatrix. Nimmt man außer $\sigma = 0$ auch $L_1, L_2 \to \infty$ an, wobei $L_1/L_2 = ü^2$ endlich bleiben soll, dann erhält man den idealen Ü. mit der Kettenmatrix

$$A = \begin{pmatrix} ü & 0 \\ 0 & \dfrac{1}{ü} \end{pmatrix}.$$

Der ideale Ü. übersetzt eine ausgangsseitig angebrachte Impedanz Z_2 mit $W_1 = ü^2 Z_2$ an die Eingangsklemmen (→ Eingangsimpedanz). [15]. Rü

Übertrager, idealer *(ideal transformer)* → Übertrager. Rü

Übertrager, streuungsfreier → Übertrager. Rü

Übertragerbrücke *(transformer bridge)*, Transformatorbrücke. Übertragerbrücken sind Wechselstrommeßbrücken zur Bestimmung von Scheinwiderständen oder Scheinleitwerten elektrischer Bauteile. Ebenfalls können mit Übertragerbrücken Induktivitätswerte von Spulen oder Kapazitätswerte von Kondensatoren festgestellt werden. Im Prinzip besteht die Brückenschaltung aus hochgenau gewickelten Übertragern, die in vielen Fällen eine Reihe von Anzapfungen besitzen. Die Übertrager übernehmen die Spannungsteilung, ähnlich den Widerständen in einer Widerstandsmeßbrücke. Als Vergleichsnormal findet man häufig dekadisch gestufte Kondensatoren und Widerstände. Die Einspeisung erfolgt durch einen Meßgenerator, dessen Spannungs- und Frequenzwerte auf die Übertrager abgestimmt sein müssen. Messungen im Niederfrequenzbereich erfordern Frequenzen von 50 Hz bis etwa 20 kHz, im Hochfrequenzbereich von 20 kHz bis etwa 5 MHz. Die Meßdiagonale wird vielfach von einem Differentialtransformator gebildet. Zur Nullanzeige wird ein Wechselstrominstrument an die Sekundärseite angeschlossen (Bild).

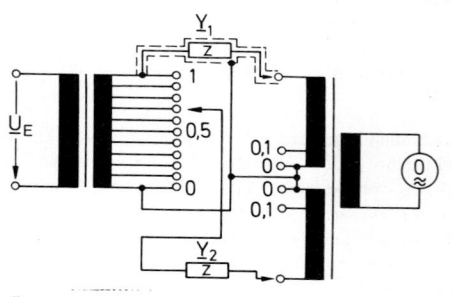

Übertragerbrücke

Mit der dargestellten Schaltung werden folgende Meßbereiche erreicht: Wirkleitwert von 10^{-1} S bis 10^{-10} S, Induktivitäten ab 1 mH, Kapazitäten von 0,0002 pF bis 11 µF. Der Meßfehler beträgt 0,1 %. [12]. Fl

Übertragerersatzbilder. Da für den (verlustfreien) Übertrager alle Vierpolmatrizen existieren, lassen sich insgesamt vier Ü. angeben. Die wichtigsten Vierpolersatzschaltungen (mit zwei Quellen) gewinnt man aus der

Übertrager-Ersatzbilder

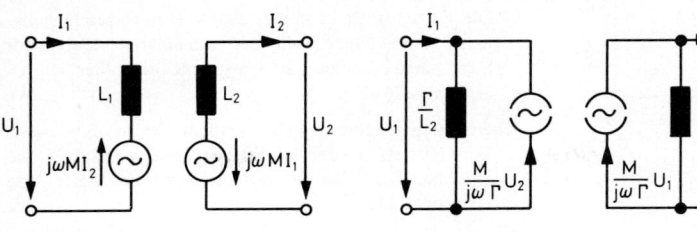

Widerstands-Ersatzbild

Leitwert-Ersatzbild

Widerstandsmatrix
$$Z = \begin{pmatrix} j\omega L_1 & -j\omega M \\ j\omega M & -j\omega L_2 \end{pmatrix}$$
und der Leitwertmatrix
$$Y = \begin{pmatrix} \dfrac{L_2}{j\omega \Gamma} & -\dfrac{M}{j\omega \Gamma} \\ \dfrac{M}{j\omega \Gamma} & -\dfrac{L_1}{j\omega \Gamma} \end{pmatrix} \quad \text{mit } \Gamma = L_1 L_2 - M^2$$

des Übertragers (Bild). Der wesentliche Vorteil der Verwendung der Ü. in der Netzwerkanalyse liegt darin, daß magnetisch gekoppelte Netzwerkteile getrennt werden können, da die Gegenkopplung M durch gesteuerte Quellen repräsentiert wird. Für den streuungsfreien Übertrager existiert kein Leitwert-Übertragerersatzbild; für den idealen Übertrager gibt es in dieser Form kein Übertragerersatzbild. Durch Hinzunahme eines frei wählbaren Leitwerts können auch Ü. für ideale Übertrager angegeben werden. [15]. Rü

Übertragung, monophone *(monophonic transmission).* Wenn elektroakustische Signale über nur einen Signalweg übertragen werden, handelt es sich um eine monophone Übertragung. [14]. Th

Übertragung, stereophone *(stereophonic transmission).* Bei einer Übertragung elektroakustischer Signale, bei der die jedem Ohr zugeordneten Schalleindrücke durch je einen Kanal übertragen werden, spricht man von stereophoner Übertragung. [14]. Th

Übertragung, verzerrungsfreie *(transmission without distortion).* Eine verzerrungsfreie Übertragung von Signalen durch Bandpaßnetzwerke erreicht man, wenn der Betrag und die Gruppenlaufzeit des Netzwerkes im Durchlaßbereich geebnet verlaufen. In der Darstellung der Laplace-Transformation lautet dann die Übertragungsfunktion

$$F(s) = K \frac{(s - s_{n,1})(s - s_{n,2}) \dots (s - s_{n,N})}{(s - s_{m,1})(s - s_{m,2}) \dots (s - s_{m,N})}$$

Dabei bedeuten:

$s_{n,N} = \alpha_{n,N} + j\Omega_{n,N}$ $\quad (N = 1 \dots n)$

Nullstellen und

$s_{m,N} = \alpha_{m,N} + j\Omega_{m,N}$ $\quad (n = 1 \dots m)$

Pole der Übertragungsfunktion.

Allgemein kann man lineare Übertragungssysteme durch einen Übertragungsfaktor A und einen Phasenwinkel b kennzeichnen. Beide Größen beziehen sich auf den eingeschwungenen Zustand des Systems, an dem eine sinusförmige Eingangsgröße mit der Frequenz f wirkt. Der komplexe Übertragungsfaktor ist definiert durch

$$\underline{A} = A e^{-jb}.$$

Ein verzerrungsfreies Übertragungssystem erhält man, wenn A (f) = const. und b (f) = f · const. [15]. Th

Übertragungsbereich *(transmission range).* Frequenzbereich, in dem eine Übertragung durchgeführt wird. [14]. Rü

Übertragungsfaktor *(transmission coefficient),* Übersetzungsverhältnis, Verstärkungsfaktor. Das Verhältnis der Ausgangsgröße S_2 zur Eingangsgröße S_1 eines beliebigen Signalübertragungssystems (DIN 40 148):

$$A = \frac{S_2}{S_1}.$$

Im allgemeinen ist A eine komplexe frequenzabhängige Größe. Die Eingangs- und Ausgangsgrößen können ungleichartig oder gleichartig sein. 1. Bei Gleichartigkeit der Ein- und Ausgangsgrößen kennzeichnet man den Ü. durch Zusätze:

Wenn $S_2 \,\hat{=}\, \underline{U}_2$; $S_1 \,\hat{=}\, \underline{U}_1$:

Spannungsübertragungsfaktor $\underline{A}_u = \dfrac{\underline{U}_2}{\underline{U}_1}$.

Wenn $S_2 \,\hat{=}\, \underline{I}_2$; $S_1 \,\hat{=}\, \underline{I}_1$:

Stromübertragungsfaktor $\underline{A}_i = \dfrac{\underline{I}_2}{\underline{I}_1}$.

Auf diese Weise werden beliebige weitere Übertragungsfaktoren definiert: Spannungsverstärkungsfaktor, Stromübertragungsfaktor, Leistungsübertragungsfaktor, Betriebsübertragungsfaktor u.a. 2. Bei Ungleichartigkeit der Ein- und Ausgangsgrößen (z.B. ist S_2 eine Spannung, S_1 ein Strom oder umgekehrt) nennt man entsprechend A Übertragungswiderstand (Übertragungsimpedanz) bzw. Übertragungsleitwert (Übertragungsadmittanz; Transferfunktion). 3. Soll die Frequenzabhängigkeit von A besonders hervorgehoben werden, dann spricht man von einer Übertragungsfunktion. [15]. Rü

Übertragungsfunktion *(transfer function).* Die Ü. ergibt sich durch Anwenden der Laplace-Transformation auf die beschreibenden Gleichungen eines Systems als das Verhältnis von transformierter Ausgangsgröße zu trans-

Übertragungsgeschwindigkeit

Herleitung der Übertragungsfunktion

$$u_E(t) = RC \frac{du_A(t)}{dt} + u_A(t) \implies F(s) = \frac{U_A(s)}{U_E(s)} = \frac{1}{1+sRC}$$

formierter Eingangsgröße. Sie ist eine von der komplexen Variablen $s = \sigma + j\omega$ abhängige Funktion $F(s)$ (Bild). Große Bedeutung haben Übertragungsfunktionen in der Regelungstechnik, da sie in Verbindung mit geeigneten Methoden auf einfache Art und Weise Aussagen über das Systemverhalten bezüglich Stabilität und Dynamik ermöglichen. Der Frequenzgang ist als Sonderfall ($\sigma = 0$) in der Ü. enthalten. [5]. Ku

Übertragungsgeschwindigkeit *(data rate)*. Die Anzahl der pro Zeiteinheit übertragenen Binärentscheidungen (Bits/s), unabhängig davon, ob es sich um Informationen, Steuerzeichen, Sicherungszeichen o.a. handelt. Die Ü. ist damit i.a. höher als die Transfergeschwindigkeit. Wenn die Anzahl der vereinbarten Werte des Signalparameters zwei ist, entspricht die Ü. der Schrittgeschwindigkeit. [13]. We

Übertragungsgeschwindigkeit, mittlere *(mean data rate)*. Der Mittelwert der Übertragungsgeschwindigkeit, sie wird besonders bei der asynchronen Datenübertragung verwendet. [13]. We

Übertragungsglied *(transfer element)*. Das Ü. ist die mathematische Abbildung eines technischen Systems als Funktionsblock mit einer Eingangs- und einer Ausgangsgröße, wobei Eingang und Ausgang voneinander entkoppelt sind. Je nach der Struktur des realen Systems ergeben sich lineare und nichtlineare Übertragungsglieder (z.B. Kennlinienglied, Betragsbildner, Multiplizierer, Dividierer). Das dynamische Verhalten linearer, zeitinvarianter Übertragungsglieder wird durch lineare Differentialgleichungen mit konstanten Koeffizienten beschrieben. Diese Übertragungsglieder lassen sich durch Verknüpfungen bekannter Elementar-Übertragungsglieder (Bild) darstellen. Zur Charakterisierung des Übertragungsgliedes kann die Übertragungsfunktion oder die Sprungantwort herangezogen werden. [18]. Ku

Übertragungsglied	Übertragungsfunktion	Sprungantwort $h(t)$	Symbol
proportionales Ü. Proportionalglied P-Glied	K	K	
integrales Ü. Integrierglied I-Glied	$\frac{K}{s}$	$K \cdot t$	
differenzierendes Ü. Differenzierglied D-Glied	$K \cdot s$	$K \cdot \delta(t)$ $\delta(t) =$ Einheitsimpuls	
Totzeitglied	$K \cdot e^{-T_t \cdot s}$ $T_t =$ Totzeit	$K \cdot \sigma(t - T_t)$ $\sigma(t) =$ Einheitssprung	
Nachgebeglied DT_1-Glied	$K \cdot \frac{T \cdot s}{1 + T \cdot s}$	$K \cdot e^{-\frac{t}{T}}$	
Verzögerungsglied PT_1-Glied — Verzögerungsverhalten 1.-Ordnung	$\frac{K}{1 + Ts}$	$K \cdot \left(1 - e^{-\frac{t}{T}}\right)$	
Verzögerungsglied PT_2-Glied — Verzögerungsverhalten 2.-Ordnung	$\frac{K}{1 + 2\xi \cdot T \cdot s + T^2 s^2}$ $\xi \hat{=}$ Dämpfung		

Übertragungsglied

Übertragungsglied, differenzierendes *(D-transfer element)*
→ Übertragungsglied.　　　　　　　　　Ku

Übertragungsglied, integrales *(I-transferelement)* → Übertragungsglied.　　　　　　　　　Ku

Übertragungsglied, lineares *(linear transfer element)*
→ Übertragungsglied.　　　　　　　　　Ku

Übertragungsglied, nichtlineares *(non-linear transfer element)* → Übertragungsglied.　　　　Ku

Übertragungsglied, proportionales *(P-transfer element)*
→ Übertragungsglied.　　　　　　　　　Ku

Übertragungskanal *(transmission channel)*. Ein Ü. transportiert Informationen von einem Sender zu einem Empfänger. Dies kann entweder drahtgebunden oder drahtlos geschehen, analog oder digital, durch Modulation eines Trägers und anschließende Demodulation oder auch direkt. [14], [19].　　　　　　Th

Übertragungskennlinie → Steuerkennlinie.　　Li

Übertragungskonstante → Fortpflanzungskonstante.　　Rü

Übertragungsleitwert *(transfer admittance)* → Kernleitwert.　　　　　　　　　　　　　　　　　Rü

Übertragungsmaß *((image) transfer constant)*. Das (komplexe) Übertragungsmaß $-\underline{g} = -(a+jb)$ ist definiert als natürlicher Logarithmus des Übertragungsfaktors $\underline{A}$ (DIN 40 148)

$$-\underline{g} = \ln \underline{A} = -(a+jb); \quad (\underline{A} = e^{-\underline{g}})$$

Der reelle Teil von $-\underline{g}$:

$$-a = \ln |\underline{A}|$$

heißt Übertragungsmaß (Verstärkungsmaß) und $-b =$ arc $\underline{A}$ Übertragungswinkel oder Phasenmaß. Es bestehen die Zusammenhänge:

$$\underline{A} = \frac{1}{\underline{D}} = e^{-\underline{g}} = e^{-(a+jb)} = e^{-a} \cdot e^{-jb} = |\underline{A}| \cdot e^{-jb}$$

mit $|\underline{A}| = e^{-a}$,

wobei $\underline{D}$ → Dämpfungsfaktor ist. [15].　　Rü

Übertragungssystem *(transmission system)*. Gesamtheit aller Einrichtungen, die bei der Übertragung einer Nachricht von der Nachrichtenquelle bis zur Nachrichtensenke beteiligt sind (Bild). Im Modell eines Übertragungssystems berücksichtigt man meist noch zusätzlich eine Störquelle, die die bei jeder Übertragung unvermeidlichen Störeinflüsse repräsentiert. [14].　　Rü

Übertragungstechnik *(transmission technique)*. Unter Ü. versteht man häufig die gesamte Nachrichtentechnik einschließlich der Modulationsverfahren. Elektrische Signalübertragung kann drahtlos oder drahtgebunden erfolgen. Neueste Technologie ist die Ü. über Lichtwellenleiter, die man zur „drahtgebundenen" Ü. zählen kann. [13], [14].　　　　　　　　　　　Th

Übertragungsverfahren *(transmission method)*. Die Ü. differieren je nach Beschaffenheit des Übertragungskanals. Man ist bemüht, das Ü. den jeweiligen Erfordernissen anzupassen. So sind z.B. für die Übertragung elektroakustischer Signale andere Kriterien maßgebend als für eine Telex- oder Bildübertragung. Das Ü. hängt auch von der zu überbrückenden Entfernung ab. [14].
　　　　　　　　　　　　　　　　　Th

Übertragungsverhältnis → Übertragungsfaktor.　　Rü

Übertragungsverlust *(transmission loss)*, Systemverlust, Kennzeichnendes Dämpfungsmaß einer Funkverbindung. Wird vom Sender eine Leistung P_s abgestrahlt und vom Empfänger eine Leistung P_e aufgenommen, dann ist der Ü.

$$a_ü = 10 \lg \frac{P_s}{P_e} \text{ dB} \quad (\to \text{Pegel}). [8], [14].　　Rü$$

Übertragungswiderstand *(transfer impedance)* → Kernwiderstand.　　　　　　　　　　　　　　Rü

Übertragungswinkel *(phase angle factor)* → Übertragungsmaß.　　　　　　　　　　　　　　Rü

Übertragungszeit *(transmission time)*. Zeit, die zur Übertragung eines bestimmten Nachrichtenumfangs über ein Übertragungssystem notwendig ist. Praktisch wichtig bei Bildübertragungen zu Kennzeichnung der Qualität von Bildübertragungsgeräten (→ Faksimiletelegrafie). [14].
　　　　　　　　　　　　　　　　　Rü

Überwachungsrelais *(sensor relay)*. Relais zur Überwachung von Stromkreisen gegen zu hohe oder zu niedrige Werte. Durch entsprechende Konstruktion des Erregerkreises sind Ansprech- und Haltewerte exakt definiert. Anwendung hauptsächlich als thermische oder magnetische Überstromsicherung für Motoren. [4].　　Ge

U$_{BE}$-Verstärker → Transistorverstärker; → Emitterschaltung.
　　　　　　　　　　　　　　　　　Li

UHF *(ultra high frequency)* → Dezimeterwellen; → Funkfrequenzen.　　　　　　　　　　　　　　Ge

UKW *(Ultrakurzwelle)* → Ultrakurzwellen; → Funkfrequenzen.　　　　　　　　　　　　　　Ge

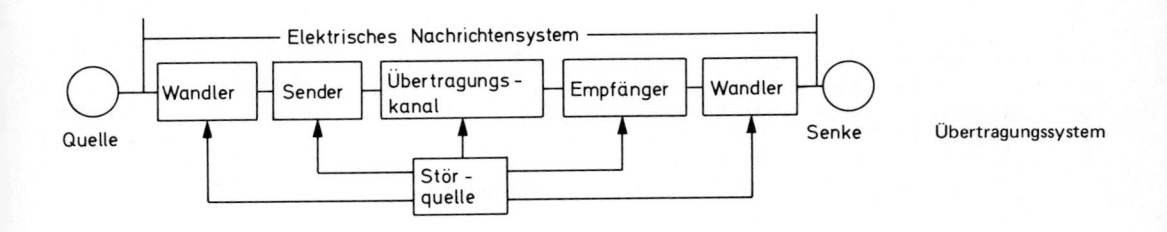

Quelle → Wandler → Sender → Übertragungskanal → Empfänger → Wandler → Senke; Störquelle　　Übertragungssystem

ULA *(uncommitted logic array, ULA).* Master-Slice-Konzept, Gate-Array. Integrierte Schaltung, die aus einer Anordnung gleicher Grundzellen besteht (z.B. Einzelbauelemente oder auch integrierte Strukturen). Durch Verdrahtung der Grundzellen mit Verdrahtungsmasken lassen sich nach Kundenwunsch beliebige integrierte Schaltungen realisieren. [4]. Ne

Ultor-Hochspannungsanode *(ultor).* Die Elektrode bzw. Elektroden einer Bildröhre bzw. eines Bildwandlers, an die die höchste Gleichspannung angelegt wird. [4], [16]. Li

Ultrahöchstintegration *(ultra large scale integration, ULSI).* Integrationstechnik, bei der eine integrierte Schaltung aus mehr als 10^5 Funktionselementen besteht. Man spricht auch von V^2 LSI *(very, very large scale integration)* und von WSI *(wafer scale integration)*, wenn die höchstintegrierte Schaltung den ganzen Wafer in Anspruch nimmt. [4]. Ne

Ultrakurzwellen → Meterwellen; → Funkfrequenzen. Ge

Ultralinearschaltung *(ultralinear circuit).* Schaltung, bei der innerhalb des zugelassenen Aussteuerbereichs extreme Proportionalität zwischen Eingangsspannung und Ausgangsspannung bzw. Eingangsstrom und Ausgangsstrom besteht. Ultralinearschaltungen sind für Analogrechner hoher Genauigkeit von Bedeutung. [14], [6]. Li

Ultrarot *(infrared),* Infrarot. → Spektrum, elektromagnetisches. Rü

Ultraschall *(ultrasonic).* Schall, dessen Frequenz über 16 kHz liegt (DIN 1320). [5]. Rü

Ultraschallbad *(ultrasonic cleaning).* Chemisches Reinigungsbad in Verbindung mit Ultraschallwellen zur intensiven Säuberung der Oberfläche von Werkstücken von z.B. Schmutz- und Fettrückständen. [4]. Ge

Ultraschallbonden → Ultraschallschweißen. Ge

Ultraschallortung *(ultrasonic ranging, SONAR (sound navigation and ranging)),* SONAR. Verfahren zur Bestimmung der Entfernung oder der Lage von Objekten mit Hilfe von Unterwasserschallquellen. Verwendet wird der Frequenzbereich bis zu mehreren kHz. (Die Schallgeschwindigkeit in Wasser ist stark abhängig von Temperatur und Salzgehalt, etwa 1500 m/s.) Die Aussendung der Schallwellen erfolgt meist mit Quarz- oder ferroelektrischen Kristallgebern. Als Empfänger dienen Hydrophone. Diese verwenden überwiegend piezoelektrische Energieumwandler. 1. Aktive Ultraschallortungssysteme strahlen unter Wasser Schallenergie ab und werten die empfangene, reflektierte Energie aus (ähnlich Radar). 2. Passive Ultraschallortungssysteme nehmen zur Ortung von entfernten Schallquellen ausgehende Energie auf. Hierbei muß besonders auf eine hohe Unterdrückung unerwünschter Störgrößen geachtet werden. Anwendungen im militärischen und zivilen Bereich u.a. zur Entfernungs- und Tiefenmessung, Erkennung von Schiffen (Unterseebooten) und Fischschwärmen, Untersuchung und Vermessung des Meeresbodens. [14]. Ge

Ultraschallschweißen *(ultrasonic bonding),* Ultraschallbonden, Mikroschweißen. Das U. ist ein Preßschweißverfahren, bei dem Metalle und andere Werkstoffe miteinander verbunden werden, indem den Berührungspunkten Schwingungsenergie in Form von Ultraschall zugeführt wird. Zusätzliche Wärmeeinwirkung ist nicht erforderlich. Die Werkstücke werden durch verhältnismäßig geringen Druck zusammengehalten. Das U. wird als Verbindungsverfahren für Halbleiterbauelemente oder in hybriden Schichtschaltungen eingesetzt. Schädliche Einflüsse durch thermische oder mechanische Beanspruchung treten nicht auf. [4]. Ge

Ultraviolett *(ultraviolet)* → Spektrum, elektromagnetisches. Rü

Ultraviolettdetektor → UV-Detektor. Fl

Ultraviolettempfänger → UV-Detektor. Fl

Umcodierer → Codewandler. Li

Umdrehungszähler *(revolution counter),* Tourenzähler, Drehzahlmesser. Mit Umdrehungszählern wird die Anzahl der in einer Zeiteinheit durchlaufenen Umdrehungen eines Massepunkts oder rotierenden Zeigers, bezogen auf eine feste Drehachse, gemessen. Die Skala ist in Umdrehungen/Minute (U/min) oder Umdrehungen/Sekunde (U/s) festgelegt. Wichtige Methoden zur Messung sind: 1. Digitale Messungen. a) Direkte Zählung. Aus einem festgelegten Zeitintervall Δt und einer gemessenen Anzahl von Umdrehungen ΔU wird die Drehzahl n bestimmt: $n = \Delta U/\Delta t$. Beispiel (Bild a)): Eine Meßkette, bestehend aus einem Drehzahlaufnehmer, einer Torschaltung mit zwei Eingängen und einem am Ausgang angeschlossenen elektronischen Zähler, bildet den U. Am Umfang der Welle, deren Umdrehungen ge-

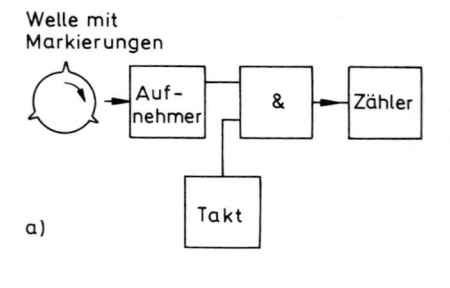

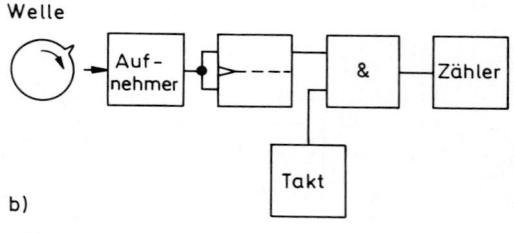

Umdrehungszähler

messen werden soll, befindet sich eine Anzahl von Markierungen, die der Aufnehmer bei jedem Umlauf abtastet und in elektrische Pulse umsetzt. Die Pulse gelangen auf einen Eingang der Torschaltung. Am zweiten Eingang liegt ein weiterer Impuls an, dessen Zeitdauer die Öffnungszeit der Schaltung bestimmt und den eine Zeitbasis bereitstellt. Häufig festgelegte Zeitdauer ist 6 s bzw. 0,6 s. Der Zähler zählt die Anzahl der einlaufenden Pulse. Anwendung: schnell verlaufende mechanische Umdrehungen. b) Zählung über die Periodendauer (Bild b). Für eine vorgegebene Anzahl von Umläufen (häufig 1 Umlauf) wird die hierzu benötigte Zeit ermittelt. Beispiel: Am Umfang der Welle ist nur eine Markierung angebracht. Die Torschaltung ist während einer Umdrehung geöffnet. In dieser Zeit laufen Pulse sehr kurzer Dauer durch die Schaltung und werden im Zähler gezählt. Die Pulse liefert ein hochgenauer Quarzoszillator. Das dem Aufnehmer nachgeschaltete Flipflop bewirkt eine Meßpause nach jedem Meßzyklus. In dieser Zeit wird der Zähler gelöscht. Anwendung: langsam verlaufende mechanische Umdrehungen. Häufig befinden sich die Baugruppen in einem tragbaren, handlichen Gerät mit Digitalanzeige. An den Meßeingang wird eine geeigneter Drehzahlaufnehmer angeschlossen. Neben der berührungslosen Messung läßt sich z.B. mit Hilfe eines Gummimeßrades oder einer Gummireibkupplung auch eine berührende Messung durchführen (d.h., es wird zur Messung ein Drehmoment entnommen). 2. Analoge Messungen. Beispiele sind: a) → Stroboskop. b) Meßumformer, bei denen ein Tachogenerator als Meßfühler z.B. einen drehzahlproportionalen Drehstrom liefert. Der Wechselstrom wird mit einer Gleichrichterschaltung in einen eingeprägten Gleichstrom umgewandelt. c) Bei Kraftfahrzeugen wird häufig die Frequenz der Zündimpulse zur Messung von Drehzahlen herangezogen. Die Zündimpulse wandelt man in eine der Motordrehzahl proportionale Pulsfolge festgelegter Pulsdauer um und wertet sie aus. [12], [18]. Fl

Umgebungsbedingung *(environmental condition)*. Zustand der Umgebung, z.B. eines Systems, einer Anlage, eines Gerätes oder eines Bauelementes. Hierzu gehören u.a. Temperatur, Feuchte, Druck, Vibration, Beschleunigung, Staub. [4]. Ge

Umgebungstemperatur *(ambient temperatur)*. Für ein Bauteil die Temperatur, die das Bauteil umgibt. Die U. ist der Gehäusetemperatur nicht gleichzusetzen. Da eine bestimmte Sperrschichttemperatur innerhalb des Bauteils nicht überschritten werden darf, sinkt mit steigender U. die zulässige Verlustleistung. [6]. We

Umkehraddierer → Summierverstärker. Fl

Umkehrantrieb *(reversing drive)*. Ein U. ist in der Lage, in beiden Drehrichtungen sowohl motorisch als auch generatorisch zu arbeiten (→ Vierquadrantenbetrieb). Dies setzt ein dafür geeignetes Stellglied zur Speisung des Elektromotors voraus, was insbesondere bei Drehstrommaschinen einen erheblichen Aufwand mit sich bringt. Darum werden heute noch die meisten U. mit Hilfe von netzgeführten Stromrichtern und fremderregten Gleichstrommaschinen realisiert. Bei hohen Anforderungen an die Dynamik benötigt man einen Umkehrstromrichter. Bei geringeren Anforderungen wird im Ankerkreis nur ein Einrichtungsstromrichter benötigt, wobei zur Drehmomentenumkehr eine Ankerumschaltung vorgenommen oder das Feld umgekehrt (→ Feldstromumkehr) wird (Bild). Ein Drehmomentenwechsel erfolgt bei Umkehrstromrichtern in etwa 10 ms, bei Ankerumschaltung in etwa 100 ms und bei Feldumkehr in etwa 1 s. [3]. Ku

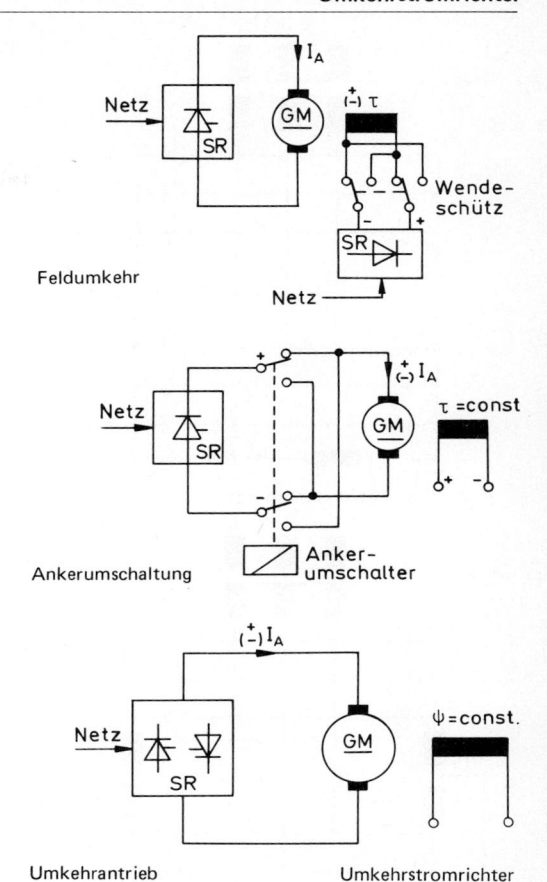

Umkehrintegrator → Summenintegrator. Fl

Umkehrsatz → Reziprozitätstheorem. Ge

Umkehrschaltung → Phasenumkehrstufe. Li

Umkehrstromrichter *(two-way convertor)*. (→ Bild Umkehrantrieb). Der U. ist eine Gegenparallelschaltung aus zwei vollgesteuerten, netzgeführten Einrichtungs-Stromrichtern (SR). Sind die beiden SR direkt miteinander verbunden, handelt es sich um einen kreisstromfreien U.; hierbei darf immer nur ein SR ausgesteuert werden, damit sich kein Kreisstrom zwischen den beiden SR ausbilden kann (Bild). Werden die beiden Brücken über (sättigbare) Kreisstromdrosseln L_K miteinander verbunden, und dabei beide SR so ausgesteuert, daß immer ein SR im Gleichrichterbetrieb und der andere im Wech-

Umkehrverstärker

GM Gleichstrommotor

L_K Kreisstromdrossel i_K Kreisstrom

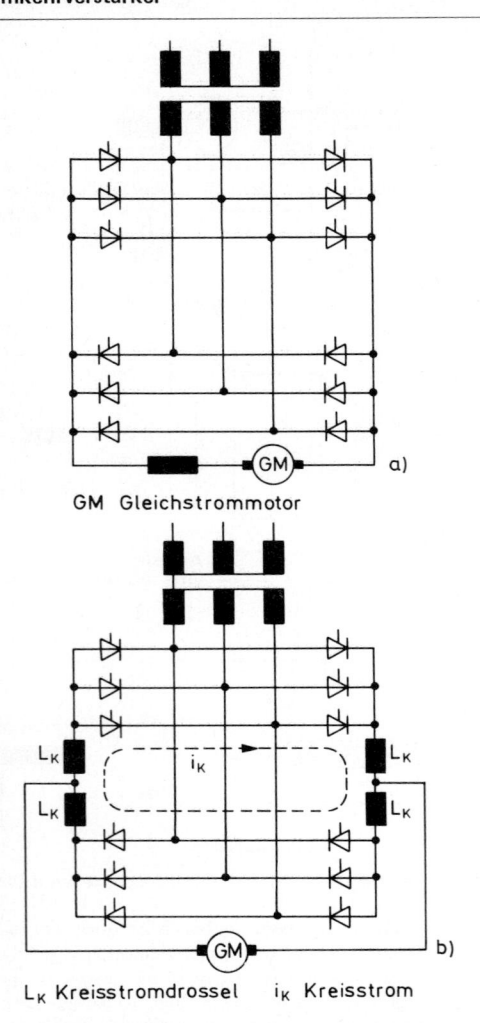

Umkehrstromrichter in Drehstrombrückenschaltung
a) Kreisstromfreie und b) kreisstrombehaftete Gegenparallelschaltung

selrichterbetrieb ist und die Summe ihrer Spannungsmittelwerte Null ergibt, so spricht man vom kreisstrombehafteten U. Die dabei auftretende Differenz der Momentanwerte treibt den Kreisstrom i_K, der ein pulsierender Gleichstrom ist. Das dynamische Verhalten kreisstrombehafteter U. ist meist etwas günstiger als das von kreisstromfreien Umkehrstromrichtern wegen der Umschaltpausen, die bei letzteren auftreten. Diese Umschaltpausen sind jedoch gegenüber den mechanischen Zeitkonstanten der meisten Regelstrecken in der Antriebstechnik zu vernachlässigen, weshalb als U. bevorzugt die wirtschaftliche, kreisstromfreie Gegenparallelschaltung eingesetzt wird. Weitere Varianten des Umkehrstromrichters sind die Kreuzschaltung und die H-Schaltung. [3]. Ku

Umkehrverstärker → Phasenumkehrverstärker. Li

Umlaufbahn *(orbit)*. Beschreibt im klassischen Bohrschen Atommodell den Umlauf eines Körpers um ein Kraftzentrum. Im quantenmechanischen Bild veranschaulicht die Aufenthaltswahrscheinlichkeit das räumliche Verhalten der Teilchen. Der Begriff der U. kann hier nur als Erwartungswert des Ortsvektors definiert werden. [7]. Bl

Umlaufpeiler → Funkpeilung. Ge

Umlaufspeicher *(circulating memory; circulating storage, cyclic storage, cyclic memory)*. U. sind Digitalspeicher mit zyklischem Zugriff, bei denen die gespeicherte Information während des Lesens erhalten bleibt und in einem oder mehreren getrennten Datenkanälen mit konstanter Geschwindigkeit umläuft. Jeder Datenkanal besitzt eine bestimmte Speicherkapazität. Während eines Umlaufs wird die digitale Pulsfolge an feststehenden Ein- und Ausgabeeinrichtungen vorbeigeführt. Abhängig von der Ausführung kann der Datenaustausch seriell aus einem Kanal, parallel aus mehreren Kanälen oder seriell-parallel erfolgen. Die Information wird häufig mit einer Adresse abgerufen, die Angaben zur Auswahl eines Kanals und zur zeitlichen Lage der Informationen enthält. Nach Aufbau und Informationsträger unterscheidet man: 1. Träger der Informationen und Informationsfluß sind im Umlauf. Beispiele sind: Magnettrommelspeicher, Magnetplattenspeicher. 2. Der Informationsträger befindet sich im Ruhezustand, die Information wird ständig weiter geschoben. a) Eine Ausführung besitzt eine Verzögerungsleitung, an deren Ausgang eine Schaltung zur Regenerierung der digitalen Pulsfolge angeschlossen ist. Am Ausgang ankommende Pulse werden verstärkt, aufgefrischt und zum Eingang der Verzögerungsleitung zurückgeführt. b) Eine geschlossene Kette von Schieberegistern, in denen die Signalfolge umläuft, bildet den U. Logische Signale am Umschalteingang legen fest, ob neue Informationen eingelesen oder die alten weiter transportiert werden. Andere Speicher sind: CCD-Speicher (CCD *charge coupled device*), Magnetblasenspeicher. U. dieser Art verlieren die Informationen, wenn die Versorgung durch Hilfsenergie ausfällt. Anwendungen für U. sind z. B.: Transienten-Recorder; ständige Bildwiederholung bei Bildschirmsichtgeräten. [1], [2], [6], [9], [12]. Fl

Umlaufverstärkung → Schleifenverstärkung. Fl

Umlenkspiegel *(reflector)*. Ebene Metallfläche, die im Raum so angeordnet wird, daß über Reflexion an ihr Sichtverbindung zwischen zwei Stationen einer Richtfunkverbindung hergestellt werden kann. Der U. wird auch als passives Relais zur Versorgung schwer zugänglicher Empfangslagen eingesetzt. [14]. Ge

Umrichter *(convertor)*. U. sind Stromrichter, die aus einem vorgegebenen Spannungssystem ein neues variables Spannungssystem erzeugen. Wird aus einem festen Wechsel- (bzw. Drehstromnetz) ein neues Wechsel- bzw. Drehstromsystem variabler Frequenz und Amplitude erzeugt, spricht man von einem Wechselstrom-U. *(a.c. convertor)*. Wird aus einem festen Gleichstromnetz ein neues Gleichstromnetz mit variabler Spannung erzeugt, handelt es sich um einen Gleichstrom-U. *(d.c. convertor)*. Besteht der Umrichter aus zwei Teilen, die jeweils dem Eingangs- und Ausgangsnetz zugeordnet und über einen Zwischenkreis verbunden sind, liegt ein Zwischenkreis-U. vor. Bei direkter Kopplung zweier Dreh- oder Wechselstromnetze spricht man von einem Direkt-U. und bei Kopplung zweier Gleichstromnetze von einem Gleichstromsteller (Chopper). Wesentliche Bausteine des Umrichters sind netzgeführte Stromrichter und last- oder selbstgeführte Wechselrichter. Daher wurden auch die Bezeichnungen wie lastgeführter U. (→ Schwingkreisumrichter, → Stromrichtermotor), selbstgeführter U. (→ Pulswechselrichter) und netzgeführter U. (Direkt-U., → Wechselstromsteller) abgeleitet. [3]. Ku

Umrichter, lastgeführter *(load commutated convertor)*
→ Umrichter. Ku

Umrichter, netzgeführter *(line commutated convertor)*
→ Umrichter. Ku

Umrichter, selbstgeführter *(self commutated convertor)*
→ Umrichter; → Wechselrichter, selbstgeführter. Ku

Umschalter → Umschaltkontakt. Ge

Umschaltkontakt *(change-over contact)*, Wechsler. Kontaktanordnung aus zwei festen und einer beweglichen Kontaktfeder. Bei Betätigung unterbricht die bewegliche Kontaktfeder die Verbindung zu einer festen Kontaktfeder und stellt danach die Verbindung zur anderen festen Kontaktfeder her. [4]. Ge

Umschlagzeit *(transit time)*. Bei einem Umschaltkontakt die Zeit zwischen Öffnen des einen und Schließen des anderen Kreises. [4]. Ge

Umschwingzweig *(oscillating circuit)*. Der U. ist Teil einer Löschschaltung mit Kondensatorlöschung zum Abschalten von Thyristoren in selbstgeführten Stromrichtern. [3]. Ku

Umsetzer → Wandler. We

Umsetzgeschwindigkeit *(conversion rate)* → Umwandlungsgeschwindigkeit. We

Umspanner *(transformer)*. U. sind Transformatoren großer Bauleistung (→ Netztransformatoren), zum Umspannen elektrischer Energie von einer Spannung auf eine andere. [3]. Ku

Umtastpeiler → Funkpeilung. Ge

Umwandlung *(conversion)*. Allgemeine Bezeichnung für die Bildung einer physikalischen Größe aus einer anderen mit einer Abhängigkeit der Größen voneinander. In der Signalverarbeitung wichtige Umwandlungen sind die U. von mechanischen in elektrische Größen (z.B. Weg-Spannungs-Wandler), von analogen in digitale Größen (Analog-Digital-Wandler) und von digitalen in analoge Größen (Digital-Analog-Wandler). Geräte für die U. werden Wandler oder Umsetzer genannt. We

Umwandlungsgeschwindigkeit *(conversion rate)*, Umsetzgeschwindigkeit. Geschwindigkeit der Umwandlung von Signalen in eine andere Form (z.B. Analog-Digital-Umwandlung), angegeben in Umwandlungen pro Zeiteinheit. [9]. We

Umweltbedingungstest *(environmental test)*. Funktionstest unter extremen Umweltbedingungen, z.B. in Klimaschränken unter erhöhter Temperatur und Luftfeuchtigkeit, wobei die Temperatur in mehreren Zyklen vom Minimal- auf den Maximalwert geregelt werden kann. [5]. We

Unbehauen-Prozeß *(Unbehauen procedure)*. Ein Verfahren der Zweipolsynthese zur Realisierung von Zweipolfunktionen. Es handelt sich um eine Variante des Brune-Prozesses, wobei der Rechengang zur Abspaltung des ersten Bauelementes wesentlich vereinfacht werden kann. [15]. Rü

UND-Funktion *(AND function)*. Verknüpfungsfunktion der Booleschen Algebra, die nur dann ein „1"-Signal liefert, wenn an allen Eingängen „1"-Signale liegen bzw. wenn alle verknüpften Variablen den Wert „1" annehmen. Schaltgleichung für zwei Eingangsvariable:

$$X = A \wedge B.$$

(Andere Schreibweise: $X = A \cdot B$; $X = AB$.) [9]. We

Wahrheitstabelle			Schaltsymbol
A	B	X	
0	0	0	A —[&]— X
0	1	0	B
1	0	0	
1	1	1	UND-Funktion

Unempfindlichkeitszone *(dead zone)* → Zone, tote. Ku

UNIC → Konverter. Rü

Unipol → Vertikalantenne. Ge

Unipolarschaltung *(unipolar circuit)*. Schaltung, bei der nur unipolare Halbleiterbauelemente Verwendung finden. Unipolarschaltungen erlauben höchste Packungsdichten und sind mit weniger Prozeßschritten herzustellen als Schaltungen mit Bipolartransistoren. [4], [6]. Li

Unipolartechnik → MOS-Technik. Li

Universalmeßgerät → Vielbereichsmeßinstrumente. Fl

Universaloszilloskop → Elektronenstrahloszilloskop. Fl

Univibrator → Multivibrator, monostabiler. We

unkorreliert *(uncorrelated)*. Größen heißen u., wenn keine Korrelation zwischen ihnen besteht, d.h. wenn der Korrelationskoeffizient Null ist. Rü

Unteranpassung → Stromanpassung. Rü

Unterbrechung. 1. *(cut out)*. In der Elektronik die Beschädigung einer Leiterbahn oder Drahtleitung. In logischen Schaltungen wirken an Unterbrechungen angeschlossene Eingänge wie offene Eingänge. 2. *(interrupt)*. Durch ein äußeres oder inneres Ereignis bedingter Abbruch der

Bearbeitung in einer Bedieneinheit. Unterbrechungen treten häufig mit der Eingabe von Meldungen an Steuereinrichtungen auf; nach Beendigung der Eingabe wird entweder die Bearbeitung der unterbrochenen Aufgabe fortgesetzt oder mit der Bearbeitung der neuen Meldungen begonnen. Der Vorrang wird durch Prioritäten geregelt. [19]. Kü

Unterbrechung, nichtmaskierbare *(nonmascable interrupt).* Eingang an einem Prozessor, an dem ein Signal eine Programmunterbrechung auslöst, die nicht durch Programmierung innerhalb des Prozessors unwirksam gemacht werden kann. Der Eingang für die nichtmaskierbare Unterbrechungen darf nur an Unterbrechungsursachen angeschlossen werden, die unbedingt berücksichtigt werden müssen, z.B. Meldung über Netzausfall (Netzausfall-Interrupt). Bei einigen Mikroprozessoren wird der Eingang für nichtmaskierbare U. als Trap bezeichnet. [1]. We

Unterbrecherkontakt → Öffner. Fl

Unterdiffusion. Laterale (seitliche) Ausbreitung der Diffusionsfront an den Rändern der Diffusionsfenster. Diese Erscheinung ist zu beachten, wenn man bei integrierten Schaltungen mehrere Strukturen nebeneinander anordnet, damit der Sicherheitsabstand zwischen ihnen gewährleistet bleibt. [4]. Ne

Unterdrückung der Kreuzmodulationsprodukte *(supression of cross modulation).* Grundsätzlich läßt sich Kreuzmodulation nicht völlig vermeiden. Man kann jedoch durch entsprechende Maßnahmen eine wesentliche Erhöhung der Kreuzmodulationsfestigkeit erreichen. Dazu gehören: kleine Eingangsstufenverstärkung, übersteuerungsfeste Mischer (z.B. Schottky-Dioden-Ringmischer), Quarzfilter direkt hinter dem ersten Mischer und Verbesserung der Vorselektion. [13], [14]. Th

Unterdrückung von Störsignalen *(supression of spurious signals).* Störungen lassen sich grundsätzlich nicht vollständig unterdrücken. Es gibt jedoch verschiedene Möglichkeiten, Störeinflüsse zu vermindern, wie z.B. Störaustastung (wirksam bei Knackstörungen), schmalbandige Übertragungssysteme (Quarzfilter in Empfängern). Telegraphiesignale sind weniger störanfällig als Telephoniesignale. Die höchste Störfestigkeit erreichen digitale Übertragungsverfahren (PCM). [14]. Th

Unterhaltungselektronik → Konsumelektronik. Ne

Unterlastung *(derating).* Bei der U. wird ein Gerät bzw. eine Anlage bewußt unterhalb der Nenndaten betrieben, mit dem Ziel, die Zuverlässigkeit zu erhöhen, bzw. zu gewährleisten. [3]. Ku

Unterprogramm *(subroutine).* Das U. ist eine in sich abgeschlossene Befehlsfolge, die in einem Hauptprogramm wiederholt benötigt, aber nur einmal programmiert und im Speicher abgespeichert wird (z.B. ein Logarithmusprogramm oder ein Sortierprogramm). Unterprogramme werden vom Hauptprogramm aufgerufen. Nach ihrer Bearbeitung kehrt der Computer wieder zu dem Unterprogrammaufruf folgenden Befehl im Hauptprogramm zurück. [1]. Li

Unterschwingungsverfahren (PWM) → Pulswechselrichter. Ku

Urdoxwiderstand → Heißleiter. Ge

Urlader → Lader. We

Urspannung *(e.m.f.),* Quellenspannung → Ersatzschaltung. Rü

Ursprungsvermittlungsstelle *(originating exchange).* Vermittlungsstelle, an die Verkehrsquellen angeschlossen sind und von der aus Nachrichtenverbindungen aufgebaut werden. [19]. Kü

Urstrom *(impressed current),* Quellenstrom → Ersatzschaltung. Rü

USART *(universal synchronous asynchronous receiver transmitter).* Baustein der Digitaltechnik mit den Funktionen des → UART. Er eignet sich im Gegensatz zum UART sowohl für synchrone als auch für asynchrone Übertragung von Signalen. We

UV-Detektor *(uv detector, ultraviolet detector),* Ultraviolett-Detektor, Ultraviolett-Empfänger. UV-Detektoren sind optoelektronische, strahlungsempfindliche Bauelemente, die zum Nachweis elektromagnetischer Strahlung im Wellenlängenbereich von 100 nm bis 380 nm eingesetzt werden. Man unterscheidet Bauelemente, die unter Einwirkung von ultravioletter Strahlung aufgrund ihrer Materialeigenschaften eine direkte Umwandlung in elektrische Größen durchführen und solche, denen ein optisches UV-Filter oder ein Schichtüberzug zur Einengung des Empfindlichkeitsbereiches vorgeschaltet bzw. aufgetragen wird. Beispiele sind: 1. direkt strahlungsempfindliche UV-Detektoren. a) Photowiderstände besitzen im oberen UV-Wellenlängenbereich eine ausreichende Empfindlichkeit. Häufig wird der strahlungsempfindliche Teil der Oberfläche mit einer Phosphorschicht zur Erhöhung der Empfindlichkeit angereichert. b) Spezielle Flammenwächter, die aus UV-durchlässigem Glaskolben und zwei symmetrisch angeordneten Molybdän-Elektroden in Gasatmosphäre bestehen, reagieren auf den UV-Anteil von Flammen. Unter Einfluß von Lichtquanten im UV-Bereich lösen sich Elektronen aus der Oberfläche der Elektroden und bewirken eine Gasentladung, wenn gleichzeitig Wechselspannung an den Elektroden liegt. Im Nulldurchgang der Spannung wird die Entladung gelöscht und bei vorhandener Spannung durch Quanten erneut gezündet. Ausgangsgröße ist ein elektrischer Strom. 2. UV-Detektoren mit Filtervorsatz. Ein UV-durchlässiges, optisches Filter wird vor die strahlungsempfindliche Oberfläche z.B. einer Photozelle angeordnet. Infolge des äußeren Photoeffektes lösen Lichtquanten aus der Oberfläche einer Gold- oder Antimonkatode Elektronen aus. [4], [5], [7], [12], [16]. Fl

V

V60 *(60-channel CF system)*. Begriff aus der Trägerfrequenztechnik. Es handelt sich um einen Vierdraht-Übertragungskanal für 60 Sprachkanäle. In dieser Reihe gibt es noch: V120, V300, V900, V960, V2700, V10800. Die Zahl gibt die Anzahl der Sprachkanäle an. [14]. Th

V120 → V60. Th

V960 → V60. Th

V2700 → V60. Th

V10800 → V60. Th

V-Ablenkung *(vertical deflection)*, Vertikal-Ablenkung. Mit V. ist die senkrechte Ablenkung des Elektronenstrahls in einer Bildröhre (Oszilloskop- oder Fernsehbildröhre) gemeint. Die V. erfolgt durch eine sägezahnförmige Spannung bzw. einen sägezahnförmigen Strom [13]. Th

V-Abtastung *(vertical scanning)*, Vertikal-Abtastung. Zur zeilenweisen Abtastung der Signalplatte einer Bildaufnahmeröhre wird neben der horizontalen auch die V. benötigt. Nur so ist es möglich, die gesamte Speicherfläche der Signalplatte nacheinander abzutasten. [13], [16]. Th

Vakuumdiode → Hochvakuumdiode. Li

Vakuumkondensator *(vacuum capacitor)*. Aufbau und Eigenschaften ähnlich dem Luftkondensator, jedoch zur Steigerung der Durchschlagfestigkeit in evakuiertem Behälter betrieben. [4]. Ge

Vakuumphotozelle → Hochvakuumphotozelle. Li

Vakuumrelais *(vacuum relay)*. Relais, deren Kontakte im Vakuum betrieben werden. Geeignet zum Schalten hoher Spannungen bei kleinen Kontaktabständen. Der kurze Schaltweg erlaubt hohe Schaltgeschwindigkeiten bei kleiner Ansprechleistung. Der kapazitätsarme Aufbau und der niedrige HF-Durchgangswiderstand (HF, Hochfrequenz) machen das V. für Frequenzen bis 50 MHz geeignet. [4]. Ge

Vakuumröhre → Elektronenröhre. Li

Vakuumröhrenverstärker → Röhrenverstärker. Fl

Valenz *(valence)*. Die V. gibt an, mit wieviel Atomen des einwertigen Wasserstoffs sich ein Atom des betreffenden Elementes verbinden kann. [5]. Bl

Valenzband *(valence band)*. Im Energiebändermodell oberstes Energieband der Bänder, das mit steigender Temperatur von Elektronen entleert wird (DIN 41 852). [7]. Bl

Valenzelektron *(valence electron)*. Äußeres Elektron eines Atoms, das die chemische Wertigkeit bestimmt und im kovalent gebundenen Kristall für die Bindungskräfte zwischen den Atomen verantwortlich ist (DIN 41 852). [7]. Bl

Van-Atta-Antenne *(van-Atta-array)*, retrodirektive Antenne. Antennenanordnung, die ein Empfangssignal, das aus einer bestimmten Richtung einfällt, in die gleiche Richtung zurückstrahlt. Die paarweise symmetrisch angeordneten Elemente sind über gleichlange Leitungen verbunden und bewirken so eine Umkehr der Phasenbeziehungen. Anwendung als Transponderantenne (Bild). [14]. Ge

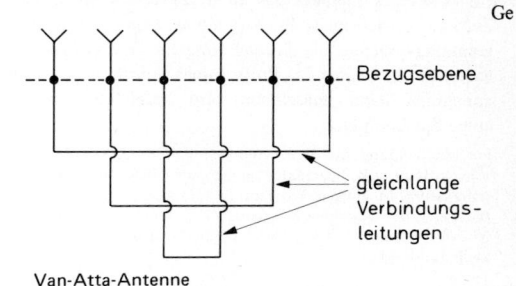

Van-Atta-Antenne

Van der Waals-Bindung *(van der Waal's bonding)*. Chemische Bindung polarisierter Atome durch Dipolmomente, d.h. van der Waals Kräfte, wie sie auch in realen Gasen beobachtet werden. Die V. ist so schwach, daß derartige Verbindungen niedrige Schmelz- und Siedetemperaturen haben und geringe Härte zeigen. Van der Waals-Bindungen findet man häufig bei organischen Substanzen, z.B. Methan. [5], [7]. Bl

V-Antenne → Langdrahtantenne. Ge

Varaktor *(varactor)*. Halbleiterbauelemente, die in Rückwärtsrichtung vorgespannt sind. Man unterscheidet: 1. V. als PN-Diode (Varaktordiode, Kapazitätsdiode, Varicap von engl. *variable capacitor*), bei der die Spannungsabhängigkeit der Sperrschichtkapazität ausgenutzt wird. Varaktoren als PN-Diode unterteilt man in: a) Sperrschichtvaraktor, bei dem der PN-Übergang in Rückwärtsrichtung vorgespannt ist, wobei die Sperrschichtkapazität C proportional $U^{-1/\lambda}$ ($\lambda \approx 2$ bis 3) ist. Mit dem V. werden integrierte Kondensatoren realisiert. b) Speichervaraktor (Speicherdiode, Ladungsspeicherdiode), bei dem man den PN-Übergang kurzzeitig in den Vorwärtsbereich steuert, um ihn anschließend wieder in Rückwärtsrichtung vorzuspannen. Hierdurch rekombinieren nur wenige der in den PN-Übergang injizierten Minoritätsladungsträger, so daß die meisten der Ladungsträger durch den PN-Übergang wieder zurückfließen können. Dies führt zu einer großen Speicherzeit der Ladungsträger. c) Step-Recovery-Diode, bei der es bei einem in Vorwärtsrichtung vorgespannten PN-Übergang zur Speicherung von Minoritätsladungsträgern kommt, die jedoch beim Umpolen der anliegenden Spannung sehr rasch ausgeräumt werden (kurze Speicherzeit). d) Snap-Off-Diode, eine Epitaxie-Planardiode, die ähnlich wie die Step-Recovery-Diode arbeitet. 2. MIS-V. *(MIS, metal-insulator semiconductor)*, bei dem die in

Reihe liegende Isolator- und „Sperrschicht"-Kapazität ausgenutzt wird. An der Grenzschicht bildet sich bei Anliegen einer bestimmten Rückwärtsspannung eine sogenannte Inversionsschicht aus, die bei Erhöhen der Rückwärtsspannung keine Vergrößerung der Raumladungszone zwischen Isolator und Halbleiter bewirkt, d.h., man erhält eine Gesamtkapazität, die der Isolatorkapazität entspricht. [4]. Ne

Varaktordiode → Varaktor. Ne

Variable *(variable)*. 1. In der Mathematik ein Zeichen für ein beliebiges Element aus einer gegebenen Menge; als Zeichen werden meist Buchstaben verwendet. 2. In Programmiersprachen die Bezeichnung für eine Größe, die während des Laufes des Programmes verschiedene Werte annehmen kann, maschinenintern bezeichnet die V. einen Speicherplatz.

Für die Bildung der Bezeichnungen gelten meist bestimmte Vorschriften (z.B. begrenzte Länge; erstes Zeichen muß Buchstabe sein). In einigen Programmiersprachen geht aus der Bezeichnung der Variablen bereits der Typ der Größe hervor, z.B. B Zahl, B$ String, B# Zahl doppelter Genauigkeit (erhöhter Stellenzahl). [1]. We

Varianz *(variance)*. Eine statistische Maßzahl zur Beurteilung der Güte der Übereinstimmung einzelner Meßergebnisse. Liegen bei einer Meßreihe N Beobachtungen der Werte $x_1, x_2, \ldots, x_N$ vor und ist der Mittelwert

$$\bar{x} = \frac{1}{N} \sum_{i=1}^{N} x_i,$$

dann definiert man die V. zu

$$s^2 = \frac{1}{N-1} \sum_{i=1}^{N} (x_i - \bar{x})^2.$$

Die Größe s bezeichnet man als Standardabweichung (mittlere quadratische Abweichung oder quadratische Streuung). Analog definiert man die V. einer Verteilung $f(x)$,
a) bei einer diskreten Verteilung zu

$$\sigma^2 = \sum_{i=1}^{N} (x_i - \mu)^2 f(x_i),$$

b) bei einer stetigen Verteilung

$$\sigma^2 = \int_{-\infty}^{+\infty} (x - \mu)^2 f(x) \, dx,$$

wobei

$$\mu = \int_{-\infty}^{+\infty} x f(x) \, dx$$

der Mittelwert der Verteilung ist. Rü

Variationskoeffizient *(coefficient of variance)*, relative Standardabweichung. Eine statistische Maßzahl zur Beurteilung zufälliger Fehler. Um einen von der Einheit der Beobachtungsgröße unabhängigen Zahlenfaktor zu bekommen, definiert man den Variationskoeffizienten zu

$$v = \frac{\sigma}{\bar{x}} \cdot 100\,\%.$$

σ ist dabei die Standardabweichung und $\bar{x}$ der Mittelwert. Rü

Varicap → Varaktor. Ne

Variometer *(variometer)*. Bauelement mit mechanisch veränderbarer Induktivität; z.B. zwei in Reihe geschaltete Spulen, wobei die eine im Inneren der andern drehbar montiert ist, wodurch sich die Gesamtinduktivität in einem weiten Bereich verändern läßt, oder Spulen mit verschiebbarem Eisen- bzw. Ferritkern. [3], [8]. Li

Varistor *(varistor)*, spannungsabhängiger Festwiderstand. Ein Halbleiterbauelement, das aus Sinterkeramiken (z.B. Siliciumkarbid) hergestellt ist und einen spannungsabhängigen, nichtlinearen Widerstand hat. Der Widerstandswert geht zurück, wenn die anliegende Spannung ansteigt. Varistoren sind temperatur- und frequenzabhängig. [4]. Ne

V-ATE-Isolation *(vertical anisotropic etch insulation, V-ATE)*. Spezielles Isolationsverfahren der integrierten Schaltungstechnik, bei der die zu isolierenden Bereiche durch V-förmige Gräben isoliert werden (Bild). Lateral erfolgt eine Isolation durch eine Luftschicht, vertikal durch einen in Rückwärtsrichtung vorgespannten PN-Übergang. Dieses Isolationsverfahren läßt hohe Integrationsdichten zu. Werden die Gräben mit einer hochohmigen polykristallinen Schicht aufgefüllt, spricht man auch von der VIP-Technik *(VIP vertical isolation with polysilicon)*. [4]. Ne

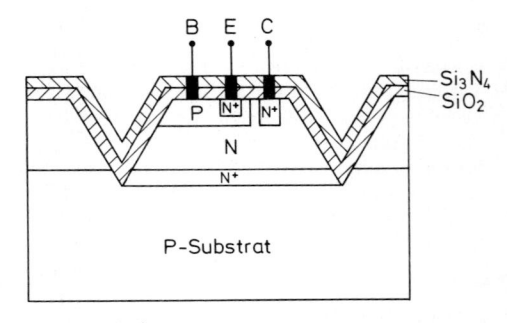

V-ATE-Isolation

VCO *(voltage-controlled oscillator)*. Ein Oszillator, dessen Frequenz sich durch Verändern der angelegten Gleichspannung steuern läßt. Er besteht meist aus einer der üblichen Oszillatorschaltungen, wobei dem Schwingkreis eine Kapazitätsvariationsdiode parallelgeschaltet ist, deren Kapazität von der angelegten Gleichspannung abhängt. [6], [8], [13]. Li

VCS *(voltage-controlled current source)*, spannungsgesteuerte Stromquelle → Quellen, gesteuerte. [15]. Rü

VDE-Vorschrift *(VDE regulation)*. VDE-Vorschriften (VDE Abkürzung für: V̱erband Ḏeutscher E̱lektrotechniker e.V.) sind nach § 1 Abs. 1 und 2. Ausführungsverordnung zum Energiewirtschaftsgesetz vom 31.8.1937, in der Fassung vom 17.4.1942, rechtsverbindliche Bestimmungen, die alle Bereiche vom Erzeugen bis zum Anwenden elektrischer Energie erfassen und grundsätzlich eingehalten werden müssen. Die Vorschriften werden vom VDE und vom F̱achṉormenausschuß E̱lektrotechnik (FNE) des Ḏeutschen Ṉormeṉausschusses (DNA) gemeinsam erarbeitet und als Normenblätter veröffentlicht. Vielfach sind auch Angaben darin enthalten, auf welche Weise Sicherheitsvorkehrungen durchzuführen sind, um ein einwandfreies Betriebsverhalten zu erzielen. VDE-Vorschriften werden ständig überarbeitet, ergänzt und an internationale Standardisierungen angepaßt. Neben den VDE-Vorschriften werden veröffentlicht: a) Regeln, die zur Gewährleistung der Sicherheit elektrischer Anlagen oder Betriebsmittel erfüllt werden sollen. b) Leitsätze, die als technische Aussagen ebenfalls berücksichtigt werden sollten. Vorschriften, Regeln und Leitsätze sind zu VDE-Bestimmungen zusammengefaßt. Die Einhaltung der Bestimmungen wird von der VDE-Prüfstelle überwacht und für die Öffentlichkeit durch die erteilte Erlaubnis zum Anbringen des VDE-Zeichens an überprüften Geräten und Zubehör dokumentiert (Literatur: VDE 0020/11.64; VDE 0022/1.64 ff.). [5]. Fl

VDR → Widerstand, spannungsabhängiger. Ge

Vektor *(vector)*. 1. Allgemein: Der V. beschreibt eine physikalische Größe, der außer einem skalaren Wert noch eine Richtung zugeordnet ist. Ein V. läßt sich veranschaulichen durch eine gerichtete Strecke, wobei die Länge der Strecke dem Betrag des Vektors entspricht (DIN 1303). Zu einem gegebenen Koordinatensystem ist ein V. eindeutig durch die Koordinatendifferenzen zwischen Anfangspunkt $P = (x_1, x_2, x_3)$ und Endpunkt $Q = (x_1', x_2', x_3')$ der Strecke festgelegt. Mit $a_1 = x_1' - x_1$; $a_2 = x_2' - x_2$; $a_3 = x_3' - x_3$ schreibt man den V.

$$\overrightarrow{PQ} = A = [a_1, a_2, a_3]$$

mit dem Betrag

$$|A| = \sqrt{a_1^2 + a_2^2 + a_3^2}.$$

Man nennt:

$$A° = \frac{A}{|A|}$$

den Einsvektor (Einheitsvektor) in Richtung des Vektors A. [5]. Rü
2. Datenverarbeitung: Bei Programmunterbrechungen die Angabe darüber, ab welcher Adresse das neu zu startende Programm beginnt. Die Angabe kann durch Anwählen eines bestimmten Eingangs für die Unterbrechungsanforderung oder durch Übergabe eines Zahlenwertes über den Daten- oder Adreß-Bus an den Prozessor erfolgen. Die Verwendung von Vektoren verkürzt die Reaktionszeit auf eine Unterbrechungsanforderung, da die Ursache der Unterbrechung nicht abgefragt zu werden braucht. [1]. We

Vektorfeld *(vector field)*. Das V. ist die Beschreibung eines physikalischen Phänomens im Raum, wobei zur Kennzeichnung eine vektorielle (von den räumlichen Koordinaten abhängige) Größe verwendet wird. Jedem Raumpunkt $P_i(x_i, y_i, z_i)$ wird eine vektorielle Feldgröße

$$V = U_x e_x + U_y e_y + U_z e_z$$

zugeordnet. Außer der Kenntnis der drei ortsabhängigen Größen U_x, U_y, U_z ist die Festlegung eines Systems von Einsvektoren e_x, e_y, e_z notwendig. Zur geometrischen Darstellung von Vektorfeldern dienen Feldlinien. Beispiel für Vektorfelder: Gravitationsfeld, elektrisches Feld und magnetisches Feld. [5]. Rü

Vektormesser *(vector meter)*. Der V. enthält ein Drehspulinstrument mit einem mechanisch betätigten Präzisionsgleichrichter, dessen Schaltzeitpunkte in Bezug auf die Netzwechselspannung beliebig in der Phase einstellbar sind. Damit lassen sich Wechselgrößen mit Netzfrequenz nach Betrag und Phase ermitteln. [12]. Ku

Verarmungs-Isolierschichtfeldeffekttransistor *(depletion-mode FET)*. Isolierschichtfeldeffekttransistor, der bei der Gatespannung Null eine beträchtliche Leitfähigkeit aufweist und dessen Leitwert entsprechend der Polarität mit der Gatespannung zunimmt (Anreicherungsbetrieb) oder abnimmt (Verarmungsbetrieb). Bei den derzeit gebräuchlichen Verarmungs-Isolierschichtfeldeffekttransistoren wird vorzugsweise in Richtung abnehmender Leitwerte gesteuert (Verarmungsbetrieb) (DIN 41 855). Ne

Verarmungs-MOS-Feldeffekttransistor *(depletion-mode metal-oxide semiconductor field-effect transistor)*. MOS-Feldeffekttransistor, bei dem Ladungsträger im Kanal vorliegen, wenn die Gate-Source-Spannung $U_{GS} = 0$. Bei entsprechender Polarität der Spannung U_{GS} können die Ladungsträger aus dem Kanal herausgeschwemmt werden, d.h., der Kanal verarmt an Ladungsträgern und die Kanalleitfähigkeit nimmt ab. [4]. Ne

Verarmungsrandschicht → Randschicht. Bl

Verbesserung → Fehlerkorrektur. Fl

Verbindung *(connection)*. Eine V. stellt den Übergang zwischen verschiedenen Leitungsstücken dar. Lösbare Verbindungen bieten den Vorteil der einfachen Montage und schnellen Austauschbarkeit (→ Steckverbinder). Bedingt lösbare oder unlösbare Verbindungen erlauben Massenproduktion und weisen hohe Zuverlässigkeit auf. Bedingt lösbar ist eine V., die sich zwar öffnen läßt, aber nicht oder nur mit besonderen Hilfsmaßnahmen wieder geschlossen werden kann (→ Drahtwickeltechnik). Eine unlösbare V. ist nur durch Zerstörung eines Partners zu öffnen und durch Austausch zumindest eines Partners wieder zu schließen (→ Quetschverbindung). [4]. Ge

Verbindung → Nachrichtenverbindung. Kü

Verbindung, bedingt lösbare → Verbindung. Ge

Verbindung, lösbare → Verbindung. Ge

Verbindung, lötfreie *(solderless connection)*. Nicht gelötete elektrische Verbindung. Wird in Systemen mit einer sehr großen Anzahl von Verbindungsstellen bei wenig Platz verwendet, wenn beim Löten auf engem Raum die Entstehung kalter Lötstellen oder von Lötbrücken nicht ausgeschlossen werden kann (→ Drahtwickeltechnik, → Quetschverbindung). [4]. Ge

Verbindung, unlösbare → Verbindung. Ge

Verbindungshalbleiter *(compound semiconductor)*. Halbleiter, die dadurch halbleitende Eigenschaften erhalten, daß man chemische Elemente in der Schmelze zu chemischen Verbindungen formt. Von besonderer Bedeutung für die Halbleitertechnologie der Zukunft wird die $A^{III}B^V$-Verbindung Galliumarsenid (GaAs; möglicherweise auch Indiumphosphid) sein. Bei Lumineszenzdioden oder Halbleiterlasern kennt man V. wie Galliumphosphid (GaP), Galliumarsenidphosphid (GaAs$_{1-x}$P$_x$; x = der in der Legierung vorhandene Phosphoranteil), Gallium-Aluminiumarsenid (GaAlAs) oder Gallium-Indiumarsenidphosphid (GaInAsP). [4]. Ne

Verbindungsleitung *(trunk)*. Leitung oder Kanal zur Verbindung zwischen Vermittlungsstellen. Leitungen zwischen Ortsvermittlungsstellen heißen Ortsverbindungsleitungen (local trunk, interoffice trunk), Leitungen zwischen Fernvermittlungsstellen heißen Fernverbindungsleitungen oder kurz Fernleitungen. [19]. Kü

Verbindungssatz → Satz. Kü

Verbraucherzählpfeilsystem → Zählpfeilsystem. Rü

Verbundinformationsentropie *(conditional information content)*. Informationsgehalt eines Textes, bei dem die Wahrscheinlichkeit eines Zeichens von den vorhergehenden Zeichen abhängig ist, wobei sich die Abhängigkeit im Gegensatz zur bedingten Informationsentropie nicht nur auf das Vorgängerzeichen, sondern auf alle Vorgängerzeichen bezieht (→ Informationsentropie, bedingte). [9]. We

Verbundlampe → Mischstrahler. Fl

Verbundröhre *(multitube)*. Elektronenröhre, bei der sich in einem Glaskolben zwei oder mehr Röhrensysteme mit getrennten oder gemeinsamen Elektroden befinden. [4]. Li

Verbundsystem *(computer network)*. Eine Verbindung von Datenverarbeitungssystemen, Terminals und Einrichtungen zur Datenfernübertragung. Verbundsysteme dienen dem Informationsaustausch, der dezentralen Datenerfassung, dem Lastausgleich (Lastverbund), der Erhöhung der Betriebssicherheit und anderen Zwecken. Sie setzen ein gemeinsames Organisationsschema voraus (Software-Kompatibilität), können dabei aber mit Datenverarbeitungssysteme verschiedener Hersteller ausgestattet sein (→ Datennetz). [1]. We

Verdet-Konstante → Faraday-Effekt. Rü

Verdoppelungstemperatur *(doubling temperature)*. Temperaturdifferenz, bei der sich Ströme in eigenleitenden Halbleitern verdoppeln. Bei eigenleitendem Silicium beträgt die V. 8 K. [7]. We

Verdopplerschaltung → Spannungsverdopplerschaltung; → Frequenzverdoppler. Li

Verdrahtung *(wiring)*. Elektrische Verbindung der Bauteile einer elektrischen Schaltung innerhalb einer Baugruppe oder eines Gerätes unter Beachtung der einwandfreien Funktion und Bedienung. Die Auslegung der V. muß unter Berücksichtigung der maximal auftretenden Spannungen und Ströme, der geringstmöglichen Störbeeinflussung durch Übersprechen und Fremdfelder erfolgen. Bei höheren Arbeitsfrequenzen sind zusätzlich Signalverzögerungszeiten und Reflexionen zu beachten. Die V. wird vorgenommen z.B. durch Kabelverdrahtung, bei der die zusammengehörenden Punkte durch einzelne isolierte Drähte verbunden werden oder durch Leiterplattenverdrahtung (gedruckte Schaltungen), bei denen flächenhafte Verdrahtungsstrukturen aus dünnen Metallschichten auf Isolierstoffplatten in einer oder mehreren Lagen die Verbindung herstellen. [4]. Ge

Verdrahtungsplan *(wiring diagram)* → Schaltplan. Rü

Vergießen *(encapsulation)*. Verfahren zum Schutz von Bauelementen oder Baugruppen vor mechanischen und klimatischen Beanspruchungen. Die zu schützenden Teile werden in einer Form mit aushärtenden Gießharzen umgossen. Die Ausdehnungskoeffizienten von Vergußmasse und Komponenten müssen aufeinander abgestimmt sein. Zum Ausgleich von Ausdehnungsunterschieden können die Komponenten mit plastischen Silikongummimassen umhüllt werden. [4]. Ge

Vergleich *(comparison)*, Vergleichsmessung, Vergleichsbedingung. 1. Meßtechnik: Messungen beruhen auf dem V. der Meßgröße mit ihrer Einheit, in dem ein ermittelter Zahlenwert angibt, wie oft die Einheit in der Meßgröße enthalten ist. Bei tatsächlichen Vergleichsmessungen erzielt man mit einfachen Meßgeräten oder Meßeinrichtungen niedrige Meßunsicherheiten. Zur Messung werden die zu ermittelnde physikalische Größe und eine veränderbare, in ihren Eigenschaften bekannte Größe gleicher Art zeitlich nacheinander an das gleiche Meßgerät gelegt. Bei übereinstimmenden Anzeigen ist der Wert der Meßgröße gleich dem Wert der Vergleichsgröße. Beispiele sind: Substitutionsmethode und Pegelbildempfänger, die auf dem Bildschirm den frequenzabhängigen Verlauf von Meß- und Vergleichsgröße darstellen. Wichtige Anwendungen eines Vergleichs sind: a) Zur Überprüfung auf Allgemeingültigkeit eines Meßergebnisses führen in verschiedenen Laboratorien verschiedene Beobachter Messungen an einer bestimmten Meßgröße unabhängig voneinander durch. Sie benutzen verschiedene Meßgeräte, die von gleicher Bauart sind. Gegenüber verschiedenen Messungen in nur einem Labor erhöht sich die Standardabweichung und systematische Fehler werden erkennbar (s. DIN 1319 Blatt 3 Pkt. 4.5). b) Als Komparator geschaltete Operationsverstärker stellen fest, ob zwischen unbekannten Werten einer elektrischen Größe (Spannung oder Strom) und Werten einer gleichartigen, bekannten Größe Abweichungen vorliegen und welcher Wert der größere ist. Am Verstärkerausgang erscheint in Abhängigkeit vom Ergebnis des Vergleiches ein positiver oder negativer Maximalwert der Spannung. c) In Systemen der Regelungstechnik setzt man häufig Gleichwertregler ein, die eine Regelgröße auf konstante vorgegebene Werte zurückführen, wenn Abweichungen von einem Sollwert entstehen. Dazu erzeugt ein Sollwerteinsteller einen konstanten, einstellbaren Wert, den ein systemangepaßter Vergleicher über eine Differenzbildung mit Werten der Regelgröße vergleicht. Abweichungen erfaßt der Vergleicher und gibt ein entsprechendes Ausgangssignal ab, das die Regelgröße auf den Sollwert zurückführt. d) Temperaturmessungen mit Thermoelementen werden immer als V. zwischen zwei Temperaturwerten durchgeführt. [12]. Fl

2. Datenverarbeitung: In der Programmierung werden Vergleiche durchgeführt, um festzustellen, ob ein Zähler bereits einen bestimmten Stand erreicht hat, ob die Differenz zweier Rechenergebnisse einen vorgegebenen Wert erreicht hat oder ob ein Maximum überschritten wurde. Die aus dem V. gewonnene Information dient bei einem bedingten Sprungbefehl als Kriterium für die Ausführung des Sprunges. [1]. We

Vergleichbedingung → Vergleich. Fl

Vergleicher → Komparator. Fl

Vergleicher, analoger *(analogue comparator)*, analoger Komparator. Analoge V. sind elektrische oder elektronische Schaltungen, die zum Vergleich z.B. zweier elektrischer Spannungswerte dienen. 1. In vielen Ausführungen vergleicht man Werte einer Signal-Wechselspannung $\underline{u}_1$ mit Werten einer Referenzspannung U_{ref}. Beide Spannungen liegen an den Signalanschlüssen eines Operationsverstärkers mit Differenzstufe am Eingang. Im Bild a arbeitet ein Operationsverstärker ohne Gegenkopplung mit höchstmöglicher Verstärkung der Differenzspannung $\underline{u}_D$. Für die Ausgangsspannung $\underline{u}$ des Verstärkers gilt (Bild b): positiver Höchstwert $\underline{u}_{0max}$ bei: $U_{ref} > (\underline{u}_1 + \Delta \underline{u}_D)$; negativer Höchstwert $\underline{u}_{0max}$ bei: $\underline{u}_1 > (U_{ref} + \Delta \underline{u}_D)$. Dies gilt unter den einzuhaltenden Bedingungen: hohe Spannungsverstärkung, hohe Gleichtaktunterdrückung, niedrigste Offsetspannung ohne Drift. In der Meßtechnik bevorzugt man zerhackerstabilisierte Operationsverstärker. 2. In Regelungssystemen soll in Fällen einer Gleichwertregelung die Regelungsgröße auf einen konstanten fest eingegebenen Wert, den Sollwert, geregelt werden. Bild c zeigt eine Schaltung mit gegengekoppeltem Verstärker, bei der die Führungsgröße (elektrische Spannung) mit einem Sollwertpotentiometer fest eingestellt wird. Der am Potentiometer abgegriffene Sollwert der Spannung wird zur Erfassung einer Regelabweichung durch Differenzbildung mit Werten einer als Regelungsgröße auftretenden weiteren Spannung verglichen. 3. Meßeinrichtungen, die als analoger V. arbeiten, beruhen auf dem Verfahren der Kompensationsmethode. Beispiele sind: Kompensationsschreiber, Kompensatoren, Meßbrücken (speziell: Vergleichsbrücke). [4], [6], [12], [18]. Fl

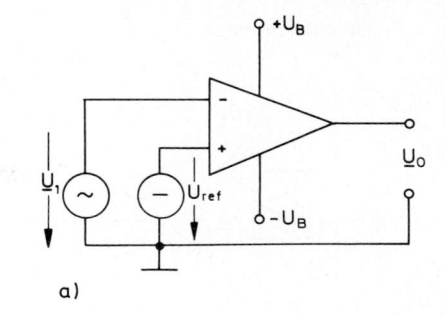

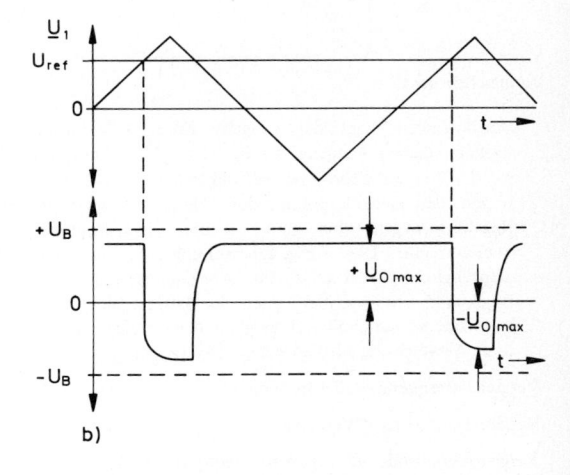

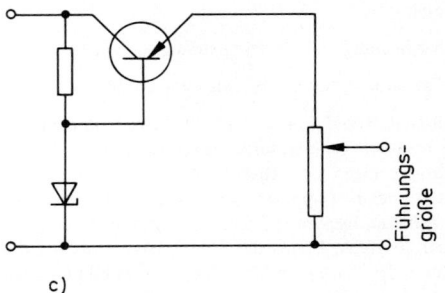

Analoge Vergleicher

Vergleichsantenne → Antennengewinn. Ge

Vergleichsbrücke *(comparison bridge)*. 1. Die V. ist eine Spannungsvergleicherschaltung (→ Spannungskomparator) mit einem Aufbau, der ähnlich dem einer Brückenschaltung ist (Bild). Man erhält mit der V. konstante Ausgangsspannungswerte U_0 bei Verwendung einer nicht stabilisierten Spannungsquelle (z.B. Batterie). Ein Längsglied der Brücke wird aus dem einstellbaren Widerstand R_2, der Batterie mit der Spannung U_B und einem geregelten Widerstand R_r (z.B. Längswiderstand eines Transistors) gebildet. Das zweite Längsglied besteht aus der Referenzspannungsquelle U_{ref} (z.B. Z-Diode) und dem Vergleichswiderstand R_v. In einem

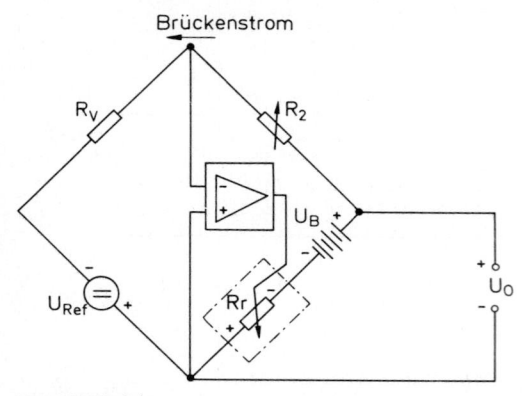

Vergleichsbrücke

Diagonalzweig liegt der Eingang eines Differenzverstärkers, dessen Ausgang auf R_r wirkt. Eine Änderung von U_0 hat ein Störsignal im Diagonalzweig zur Folge. Wegen der Gegenkopplung des Verstärkers setzt ein Regelungsvorgang bis zum erneuten Brückengleichgewicht ein. Die Ausgangsspannung U_0 nimmt den ursprünglichen Wert an. 2. Häufig bezeichnet man als V. Brückenschaltungen, bei denen der Istwert eines Prüflings mit seinem Sollwert verglichen wird. Die prozentuale Abweichung wird angezeigt. [4], [6], [12]. Fl

Vergleichsfrequenz → Eichfrequenz. Fl

Vergleichsmessung → Vergleich. Fl

Vergleichsmethode *(comparison method)* → Kompensationsmethode. Fl

Vergleichsspannung → Referenzspannung. Fl

Vergleichsspannungsröhre → Stabilisationsröhre. Li

Vergleichsstelle *(cold junction)*, Kaltlötstelle, Bezugsmeßstelle (→ Bild Temperaturdifferenzmessung). Bei Temperaturmessungen mit Thermoelementen wird eine V. benötigt, deren Temperaturwert bekannt ist und konstant gehalten werden muß. Man benutzt als V. den Ort, an dem die freien Enden des Thermopaares mit den Anschlüssen des Anzeigegerätes elektrisch verbunden werden. In vielen Fällen führt eine an das Thermopaar angeschlossene Ausgleichsleitung zur V. Läßt man Art und Eigenschaften des Thermopaares unberücksichtigt, stellt sich eine Thermospannung ein, deren Werte sich im angegebenen Bereich nahezu proportional zur Temperaturdifferenz zwischen Meßstelle und V. verhalten. Temperaturabweichungen der Vergleichsstellentemperatur führen zu groben Meßfehlern. Häufige Temperaturwerte der V. sind: 0 °C, 20 °C oder 50 °C. Jedem ausgelieferten Thermopaar wird eine Tabelle (sog. *Grundwertreihe*) beigelegt, aus der die Zuordnung von Werten der Meßstellentemperatur zur abgegebenen Thermospannung bei einem festgelegten Bezugstemperaturwert der V. hervorgeht. Möglichkeiten zur Erzeugung eines konstanten Temperaturwertes sind: 1. Die V. wird mit Eisflaschen, die ein Wassereisgemisch enthalten, auf 0 °C konstant gehalten. 2. Der Temperaturwert der V. wird durch eine elektronische Schaltung konstant gehalten. a) Kompensationsdose. In einem Gehäuse befindet sich eine Widerstandsbrücke, bei der ein Brückenelement temperaturabhängig ist und der Umgebungstemperatur ausgesetzt ist (z.B. ein NTC-Widerstand; *NTC negative temperature coefficient*). Die Brückenspeisespannung (etwa 4 V Gleichspannung) wird von außen zugeführt. Die Brücke ist auf 20 °C abgeglichen. Temperaturänderungen der V. bewirken gerichtete Änderungen der Diagonalspannung (Meßdiagonale). Diese Spannungsänderungen sind so gerichtet, daß in einem angegebenen Bereich (häufig von −10 °C bis 70 °C) die von der Temperaturänderung bewirkte Thermospannungsänderung aufgehoben wird. b) Thermokorrektur. Die V. ist in einem Metallblock untergebracht. Ein eingebauter Thermostat hält den Temperaturwert der V. auf 50 °C konstant. Im Block befindet sich das gleiche Thermopaar wie an der Meßstelle. Die Schenkel, die positive Polarität führen, werden miteinander verbunden. Es entsteht ein Gegenelement, zwischen dessen negativ gepoltem, freien Schenkel und dem freien Schenkel des eigentlichen Meßthermopaares die Meßspannung abgegriffen wird. [12]. Fl

Verhältnis, gyromagnetisches *(gyromagnetic ratio)*. Verhältnis des magnetischen Momentes **m** (z.B. eines Kreisstromes) zum Drehimpuls **L**, d.h.

$$\gamma = \frac{|\mathbf{m}|}{|\mathbf{L}|}.$$

Für auf Kreisbahnen umlaufende Elektronen ist dieses Verhältnis $\gamma = e/2m_e$, wobei e die Elementarladung des Elektrons und m_e dessen Masse ist. [5], [7]. Bl

Verhältnisdemodulator → Verhältnisdiskriminator. Fl

Verhältnisdiskriminator *(ratio detector)*, Verhältnisdemodulator, Verhältnisgleichrichter, Ratiodetektor. Der V. ist eine der meistbenutzten Frequenzdemodulatorschaltungen, die sich vom Phasendiskriminator darin unterscheidet, daß die Gleichrichterdioden antiparallel geschaltet sind (Bild). Die gleichgerichtete Informationsspannung wird am Widerstand R abgegriffen, d.h. beim V. wird nach der Gleichrichtung die Stromdifferenz weiterverarbeitet. Der Elektrolytkondensator C_1 unterdrückt evtl. auftretende Störspannungen, so daß beim V. eine zusätzliche Begrenzerwirkung eintritt, was jedoch mit einer Minderung der Empfindlichkeit um 70 % gegenüber dem Phasendiskriminator erkauft wird. [12], [13], [14]. Fl

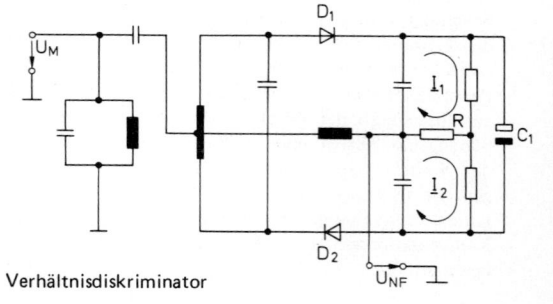

Verhältnisdiskriminator

Verhältnisgleichrichter → Verhältnisdiskriminator. Fl

Verhältnismesser → Quotientenmesser. Fl

Verhältniswiderstände *(ratio resistors)*. Als V. bezeichnet man häufig die Widerstände in Zweigen von Widerstandsmeßbrücken, die nicht dem Nullabgleich dienen, sondern, aufgrund des Verhältnisses ihrer während des Abgleichvorganges konstant bleibenden Werte zueinander, den Meßbereich der Brückenschaltung festlegen. Eine Änderung des Verhältnisses der Widerstandswerte ist mit einer Änderung des Meßbereiches nach höher- oder niederohmigen Prüflingen verbunden. [12]. Fl

Verkappen *(encapsulation)*. Halbleiterbauelemente (Transistoren, integrierte Schaltungen) werden durch V. des Chips vor mechanischen und klimatischen Beanspruchungen geschützt. Dazu wird der Chip in ein Gehäuse aus Metall, Keramik oder Plastik eingebaut, das auch die Wärmeabfuhr übernimmt und der Kontaktierung nach außen dient. Hautpsächlich angewendet werden runde Transistorgehäuse, Dual-in-lin-Gehäuse oder Flachgehäuse (Flatpack). [4]. Ge

Verkehr *(traffic)*, Nachrichtenverkehr. Benutzung von Leitungen oder Steuereinrichtungen von Vermittlungssystemen. Der Verkehr beginnt mit dem Belegen und endigt mit der Freigabe von Bedieneinheiten (Leitungen, Steuereinrichtungen). Belegungszeitpunkte sowie Belegungsdauern sind i.a. zufallsabhängig und werden mit Hilfsmitteln der Nachrichtenverkehrstheorie beschrieben. Die nähere Kennzeichnung der Art des Verkehrs erfolgt durch Zusätze wie z.B. Fernsprechverkehr, Datenverkehr, ankommender Verkehr usw. [19]. Kü

Verkehrsangebot *(offered traffic)*, Angebot. Größe zur Beschreibung der gewünschten Verkehrsbelastung in einem Verkehrsmodell. Es entspricht dem Produkt aus mittlerer Anrufrate λ (→ Anrufprozeß) und mittlerer Belegungsdauer h (→ Bedienprozeß), $A = \lambda \cdot h$. Im stationären Falle ist das Verkehrsangebot dem Verkehrswert auf den Bedieneinheiten gleich, wenn keine Anforderung abgewiesen werden muß. Die Pseudo-Einheit des dimensionslosen Verkehrsangebotes ist ein Erlang. [19]. Kü

Verkehrsausscheidungszahl *(prefix)*. Ziffer oder Ziffernfolge, die das Verlassen eines Numerierungsbereiches (→ Numerierung) bei gewählten Nachrichtenverbindungen anzeigt. Verkehrsausscheidungszahlen im nationalen Bereich *(trunk prefix)* werden der Kennzahl vorangestellt; Verkehrsausscheidungszahlen im internationalen Verkehr *(international prefix)* sind der Landeskennzahl vorangestellt. [19] Kü

Verkehrsbelastung *(traffic load)*. Verkehrswert des Nachrichtenverkehrs, mit dem Leitungen oder Steuereinrichtungen von Vermittlungssystemen in Anspruch genommen werden. [19]. Kü

Verkehrsfunkdecoder. Der V. ist ein Zusatzgerät mit dem das ARI-System *(ARI, Autofahrer-Rundfunk-Information)* genutzt werden kann. Der V. decodiert die von den Verkehrsrundfunksendern abgestrahlte Senderkennung, die Bereichskennung und die Durchsagekennung. [14]. Th

Verkehrsgüte *(grade of service)*. Maß für die Qualität der Verkehrsabwicklung in einem Vermittlungssystem. Die Verkehrsgüte hängt von der Bemessung der Anzahl von Leitungen und Steuereinrichtungen, dem Verkehrsangebot und der Abfertigungsdisziplin ab. Die Verkehrsgüte wird durch Angaben über Verlustwahrscheinlichkeit (→ Verlustsystem), Wartewahrscheinlichkeit, Wartezeitverteilungsfunktion, mittlere Wartedauern (→ Wartesystem) quantitativ beschrieben. [19]. Kü

Verkehrslenkung *(routing)*. Auswahl der Wegeabschnitte beim Aufbau von Nachrichtenverbindungen in Nachrichtennetzen. Bei fester Verkehrslenkung *(fixed routing)* erfolgt die Auswahl jeweils nach einem fest vorgegebenen Weg. Bei alternativer Verkehrslenkung *(alternate routing)* wird einer von mehreren möglichen weiterführenden Wegen in vorgegebener Reihenfolge nach dem Prinzip des Überlaufbetriebs ausgewählt; die von einer Vermittlungsstelle aus in dieser Reihenfolge abgesuchten Wege heißen Erstweg *(first-choice route)*, Zweitweg *(second-choice route)* usw. bis Letztweg *(final route, last-choice route)*. Der Letztweg entspricht i.a. dem Kennzahlweg (→ Kennzahl). Werden weitergehende Netzzustandsinformationen wie Belegtzustände entfernterer Wegeabschnitte oder Erwartungswerte von Paketübermittlungszeiten zur Wegeauswahl herangezogen, so spricht man von adaptiver Verkehrslenkung *(adaptive routing)*. [19]. Kü

Verkehrsmodell *(traffic model, queuing model)*. Mathematisches Modell zur Beschreibung des Verkehrsablaufs in Vermittlungssystemen und Rechensystemen. Das Verkehrsmodell besteht aus Anrufprozeß, Bedienprozeß, Bedieneinheiten, evtl. Warteplätzen sowie Angaben zu Abfertigungsdisziplin und Betriebsart. Je nach Behandlung von Anforderungen im Falle von Blockierung wird zwischen Verlustsystem und Wartesystem unterschieden. [19]. Kü

Verkehrsquelle *(traffic source)*. Ursprung des Nachrichtenverkehrs wie rufender Teilnehmer, rufende Endstelle bzw. rufende Steuereinrichtung. [19]. Kü

Verkehrsradar → Dopplerradar. Ge

Verkehrssenke *(traffic sink)*. Ziel des Nachrichtenverkehrs, z.B. gerufener Teilnehmer, gerufene Endstelle bzw. gerufene Steuereinrichtung. [19]. Kü

Verkehrstheorie → Nachrichtenverkehrstheorie. Kü

Verkehrswert *(carried traffic)*. Meßgröße der Verkehrsbelastung in einem Verkehrsmodell. Der Verkehrswert Y entspricht der mittleren Anzahl gleichzeitig belegter Bedieneinheiten. Im Wartesystem ist der Verkehrswert Y gleich dem Verkehrsangebot A; im Verlustsystem gilt $Y = A(1 - B)$, wobei B die Verlustwahrscheinlichkeit ist. Die Pseudo-Einheit des dimensionslosen Verkehrswertes ist ein Erlang. [19]. Kü

Verknüpfung *(logical operation).* In der Schaltalgebra die Bildung der UND- bzw. ODER-Funktion oder einer zusammengesetzten Funktion von zwei oder mehreren binären Eingangsgrößen. Allgemein: die Zuordnung von n Ausgangs- zu m Eingangsgrößen. [2], [9]. Li

Verknüpfung von Reglern *(coupling of controller).* Eine V. liegt bei einer Regelung vor, wenn zusätzliche, untergeordnete Hilfsregelkreise eingeführt werden (→ Kaskadenregelung). [18]. Ku

Verknüpfung von Übertragungsgliedern *(combination of transfer elements).* Die V. liegt dann vor, wenn die Ausgangsgrößen von Übertragungsgliedern als Eingangsgrößen anderer Übertragungsglieder dienen. Werden ausschließlich lineare Übertragungsglieder miteinander verknüpft, so ist das resultierende Übertragungsglied ebenfalls linear (Bild). Im Bild sind die Übertragungsglieder durch ihre Übertragungsfunktion gekennzeichnet und in Form eines Blockschaltbildes dargstellt. [18]. Ku

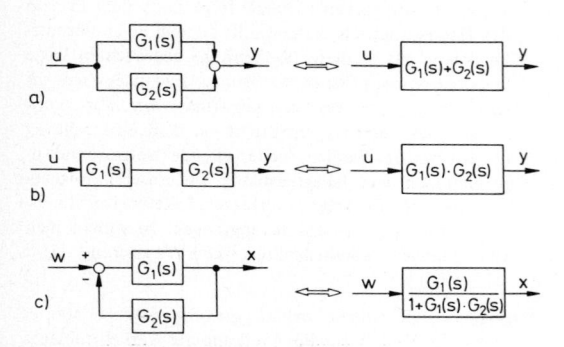

Verknüpfung von Übertragungsgliedern

Verknüpfungsglied *(switching element, gate),* Schaltglied, Gatter. Bestandteil eines Schaltwerks, das eine Verknüpfung von Schaltvariablen bewirkt. Das V. führt insbesondere die Verknüpfungen UND, ODER, NICHT, NAND und NOR aus (DIN 44 300). Die Verknüpfungsglieder werden vielfach als logische Grundschaltungen bezeichnet. Aus ihnen lassen sich beliebige Verknüpfungen zusammenstellen und auch Bausteine mit Speicherverhalten aufbauen. [2], [9]. We

Verkürzungsfaktor → Resonanzlänge. Ge

Verluste, ohmsche *(ohmic loss).* Leistungsverluste, die durch Umsetzung elektrischer Leistung in Wärme in einem ohmschen Widerstand entstehen. [5]. Rü

Verlustfaktor *(dissipation factor).* Bei beliebigen elektrischen Vorgängen definiert man den Quotienten aus Wirkleistung P und dem Betrag der Blindleistung Q als V. (DIN 40 110).

$$d = \frac{P}{|Q|} = \cot|\varphi| = \tan\left(\frac{\pi}{2} - |\varphi|\right) = \tan\delta = \frac{1}{\tan\varphi}$$

$\varphi = \varphi_u - \varphi_i$ ist der Phasenverschiebungswinkel zwischen Spannung und Strom; $\delta = \pi/2 - |\varphi|$ heißt der Verlustwinkel. Bei verlustbehafteten Bauelementen ergibt sich der Tangens des Phasenwinkels als Verhältnis des Wirkwiderstandes zum Blindwiderstand der Impedanz (Bild):

1. Spule

$$\underline{R}_L = r_L + j\omega L,$$

$$\tan\varphi = \frac{\omega L}{r_L}$$

oder $d = \frac{r_L}{\omega L}$.

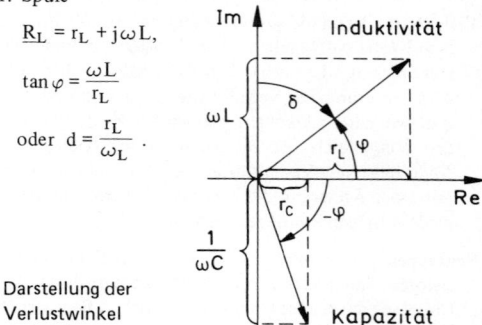

Darstellung der Verlustwinkel

2. Kondensator

$$\underline{R}_c = r_c + \frac{1}{j\omega C} = r_c - j\frac{1}{\omega C},$$

$$\tan|\varphi| = \frac{1}{\omega C r_c} \quad \text{oder} \quad d = \omega C r_c.$$

Stellt man den Verlustwiderstand nicht als Reihenwiderstand r_c, sondern als Parallelwiderstand R_c zum Kondensator dar, dann gilt

$$d = \frac{1}{\omega C R_c}.$$

Den Kehrwert $Q = 1/d = \tan\varphi$ nennt man Gütefaktor. Zur Darstellung von Verlusten → Dielektrizitätskonstante, komplexe und → Permeabilität, komplexe. [13]. Rü

Verlustfaktormeßbrücke *(loss factor measuring bridge).* Die V. dient der Bestimmung des Verlustfaktors von Scheinwiderständen oder entsprechend wirkenden passiven Zweipolen. Grundsätzlich sind z.B. alle Impedanzmeßbrücken dazu geeignet, die aufgrund ihres Aufbaus einen Nullabgleich nach Betrag und Phase des Meßobjektes erlauben. Die Auswahl der Brückenschaltung ist neben der Wirkung des Prüflings auch von der Art seiner Ersatzschaltung abhängig, z.B. Reihenschaltung oder Parallelschaltung des reinen Blindwiderstandes mit seinem Verlustwiderstand. 1. Bei kapazitiv wirkenden Zweipolen werden häufig Werte der Reihenersatzschaltung gemessen, wenn der Vergleichskondensator im gegenüberliegenden Brückenzweig in Reihe mit der Nachbildung des Verlustwiderstandes liegt. Entsprechendes gilt bei Parallelschaltung. 2. Bei induktiv wirkenden Zweipolen wird der Prüfling häufig ebenfalls mit einem Kondensator und einem nachgebildeten Verlustwiderstand verglichen. Liegen die Vergleichselemente in Reihe, mißt man Werte der Parallelersatzschaltung; liegen sie parallel, gilt die Reihenersatzschaltung (z.B. Maxwell-Wien-Brücke). Verlustfaktormeßbrücken sind z.B. die Schering-Meßbrücke, die Hoyer-Brücke, die Maxwell-Brücke. [12]. Fl

Verlustfaktormesser *(loss factor meter).* V. dienen der Bestimmung von Verlustfaktoren von Kondensatoren und Spulen bzw. passiver, kapazitiv oder induktiv wirkender

Zweipole. Angezeigt werden Werte des Verlustfaktors tan δ des Prüflings oder einer Gesamtschaltung aus Prüfling und Vergleichsnormal bei bestimmter Meßfrequenz. Beispiele für prinzipielle Ausführungsformen von Verlustfaktormessern sind: 1. Der zu untersuchende Kondensator mit der Kapazität C_x wird in Reihe zu einem verlustarmen Kondensator mit bekanntem Kapazitätswert C_N und Verlustfaktor δ_N ($\tan \delta_N < 2 \cdot 10^{-4}$) gelegt. Die Meßfrequenz beträgt z.B. 1 MHz. Angezeigt wird der gesamte, vom Serienverlustwiderstand des Vergleichskondensator mitbestimmte Verlustfaktor $\tan \delta_A$. Man errechnet den unbekannten Wert für $\tan \delta_x$ aus:

$$\tan \delta_x = n \cdot \tan \delta_A - \frac{C_x}{C_N} \tan \delta_N$$

$$\left(n = (C_{ges}/C_x) \cdot \tan \delta_N \, ; \quad C_{ges} = \frac{C_N \cdot C_x}{C_N + C_x} \right).$$

Meßbereiche des Verlustfaktormessers sind: C_x von 10 pF bis 1 nF; $\tan \delta_x$ von $1 \cdot 10^{-4}$ bis $25 \cdot 10^{-4}$. 2. Elektronische Messungen werden mit Verlustfaktormessern nach der Quotientenmethode durchgeführt. Der kapazitiv oder induktiv wirkende Prüfling wird an Wechselstrom bekannter Frequenz gelegt. Die am Prüfling abfallende Wechselspannung wird mit Hilfe phasenempfindlicher Gleichrichtung in eine Wirk- und eine Blindkomponente zerlegt. Bezugsgröße ist der Strom. Ein Quotientenmesser zeigt direkt den Verlustfaktor an. [12]. Fl

Verlustfaktormessung *(loss factor measuring)*, tan δ-Messung. Verlustfaktormessungen sind Messungen mit Wechselstrom und Wechselspannung bekannter, festgelegter Frequenz, an die zur Ermittlung des unbekannten Verlustfaktors ein kapazitiv oder induktiv wirkender Prüfling angeschlossen wird. Häufig wird aus dem Ergebnis ein Reihen- oder Parallelverlustwiderstand errechnet. Verlustfaktoren können mit Verlustfaktormessern, Verlustfaktormeßbrücken und nach Prinzipien der Scheinwiderstandsmessung bestimmt werden. Günstig einzusetzende Meßbrücken sind z.B. für 1. Kondensatoren und kapazitiv wirkende passive Zweipole: a) Die Schering-Meßbrücke für Frequenzen bis etwa 10 kHz und Meßobjekten, deren Verlustfaktoren oberhalb $\tan \delta_x = 10^{-4}$ erwartet werden; b) die Hoyer-Brücke z.B. bei Elektrolytkondensatoren für Frequenzen bis etwa 100 kHz und erwarteten Reihenverlustwiderständen im Bereich von 10^{-3} Ω. 2. Spulen und induktiv wirkenden, passiven Zweipolen: a) die Maxwell-Meßbrücke im Bereich tiefer und mittlerer Frequenzen, b) die Maxwell-Wien-Brücke. In vielen Fällen wird bei Induktivitäten nicht der Verlustfaktor direkt gemessen, sondern der Gütefaktor mit einem Gütefaktormesser festgestellt. [12]. Fl

Verlustkapazität → Ersatzkapazität. Fl

Verlustkondensator → Ersatzkapazität. Fl

Verlustleistung *(leakage power)*. Diejenige Wirkleistung P_v, die in einem aktiven Bauelement in Wärme umgesetzt wird. Vom Hersteller wird meist die maximal zulässige V. eines Bauelementes $P_{v\,max}$ angegeben. [4]. Rü

Verlustsystem *(loss system)*. Verkehrsmodell, bei dem Anforderungen im Falle von Blockierung der Bedieneinheiten abgewiesen werden; die zugehörige Betriebsart heißt Verlustbetrieb. Die Wahrscheinlichkeit für das Auftreten des Blockierungszustands heißt Blockierungswahrscheinlichkeit. Eintreffende Anforderungen werden mit der Verlustwahrscheinlichkeit B abgewiesen. Im Falle von Exponential-Verteilungsfunktionen für Anruf- und Bedienprozeß sind Blockierungs- und Verlustwahrscheinlichkeit gleich

$$B = \frac{\dfrac{A^n}{n!}}{\sum_{i=0}^{n} \dfrac{A^i}{i!}} \quad \text{(Erlangsche Verlustformel)},$$

wobei A das Verkehrsangebot und n die Anzahl von Bedieneinheiten ist. [19]. Kü

Verlustwiderstand *(equivalent resistance)* → Verlustfaktor. Rü

Verlustwinkel *(loss angle)* → Verlustfaktor. Rü

Verlustzeit *(loss time)*. In komplexen Systemen die Zeit, in der eine intakte Komponente nicht arbeiten kann, weil eine andere Komponente ihre Tätigkeit noch nicht beendet hat. Die Verlustzeiten sind meist bei elektronischen Komponenten am größten, die auf mechanische Komponenten warten, z.B. Zentraleinheit die auf die Ausgabe eines Druckers wartet. V. kann auch durch Fehlbedienung hervorgerufen werden *(operative delay)*. [1]. We

Vermaschung *(intermeshing)*. 1. Allgemein: Kennzeichnung eines Schaltnetzes als vermaschtes Schaltnetzwerk. Darunter wird ein Schaltnetzwerk verstanden, das nicht mehr durch einen logischen Ausdruck in disjunktiver oder konjunktiver Normalform umkehrbar eindeutig beschrieben werden kann. [2]. Rü
2. Energietechnik: Unter V. versteht man in einem Netz der elektrischen Energieversorgung die vollständige Verknüpfung aller Leitungsstrecken, d.h., alle Leitungsstrecken werden zweiseitig gespeist. Fällt auf einer Seite die Einspeisung aus, bleibt die Versorgung durch die zweite Einspeisung erhalten. Damit erhält man größtmögliche Versorgungssicherheit und Verlustminderung. Diese Maschennetze lassen sich einfach erweitern. [3]. Kü
3. Vermittlungstechnik → Maschennetz. Kü

Vermittlung *(communications switching)*. Wahlweises Verbinden von Endstellen bzw. Leitungen in Nachrichtennetzen aufgrund einer vorgegebenen Zielinformation. Die Vermittlungsfunktion wird entweder konzentriert in Vermittlungsstellen oder verteilt in den Anschlußeinrichtungen der Endstellen vorgenommen. Das wahlweise Verbinden kann nach dem Prinzip der Durchschaltevermittlung oder der Speichervermittlung erfolgen. [19]. Kü

Vermittlungsstelle *(exchange, switching office)*. Knoten innerhalb eines Nachrichtennetzes zur wahlweisen Herstellung einer Nachrichtenverbindung. Bei Durchschaltevermittlung werden Zubringerleitungen und Abnehmerleitungen für die Dauer einer Verbindung miteinander gekoppelt; bei Speichervermittlung werden die ankommenden Nachrichtenblöcke zwischengespeichert und entsprechend der Zielinformation über einen weiterführenden Leitungsabschnitt weitergeleitet. Analog-Vermittlungsstellen schalten wertkontinuierliche, Digital-Vermittlungsstellen wertdiskrete Nachrichtensignale durch. Je nach Funktion innerhalb des Nachrichtennetzes bzw. Betriebsart werden Vermittlungsstellen näher spezifiziert, z.B. Ortsvermittlungsstelle, Fernvermittlungsstelle, Handvermittlungsstelle, Wählvermittlungsstelle usf. [19]. Kü

Vermittlungssystem *(switching system)*. Gesamtheit der einem bestimmten technischen Konzept folgenden Einrichtungen für Vermittlungsstellen in einem Nachrichtennetz. Vermittlungssysteme für Wählbetrieb werden auch als Wählsysteme bezeichnet. [19]. Kü

Vermittlungstechnik *(communications switching)*, Nachrichtenvermittlungstechnik. Teilgebiet der Nachrichtentechnik, das sich mit den Verfahren und technischen Einrichtungen zur Herstellung von zeitweiligen Nachrichtenverbindungen zwischen wechselnden Partnern über ein Nachrichtennetz befaßt. [19]. Kü

Vermittlungstechnische Information → Steuerinformation. Kü

Verriegelung *(interlock)*. Gegenseitige Abhängigkeit von Vorgängen in der Form, daß ein bestimmter Vorgang nur dann ausgeführt werden kann, wenn ein anderer Vorgang abgeschlossen wurde, eine bestimmte Bedingung erfüllt ist oder aber ein bestimmter Vorgang nur ausgeführt werden kann, wenn zu dieser Zeit ein anderer Vorgang nicht in Betrieb ist. Beispiele für Verriegelungen sind das Nichtanlaufen des Magnetplattenspeichers, wenn das Gehäuse nicht geschlossen ist, das Verbot des Lesens oder Schreibens beim Magnetplattenspeicher während der Positionierung. [18]. We

Verriegelungsschaltung *(interlock circuit)*. Schaltung zur Ausführung einer Verriegelung. Eine V. kann mit logischen Verknüpfungsschaltungen ausgeführt werden. Bild A zeigt eine V. für die Bedingung, daß Vorgang A nur bei Erfüllung der Bedingung B ausgeführt werden kann. Bild B zeigt, daß A und B nicht gleichzeitig ausgeführt werden können. Es wird der zuerst gestartete Vorgang ausgeführt. Bild C zeigt, daß eine gleichzeitige Anforderung von A und B nicht zur Ausführung eines Vorganges führt. Es wird eine Fehlermeldung gebildet. [18]. We

Verschiebungsdichte → Flußdichte, elektrische. Rü

Verschiebungsfaktor *(power factor)* → Leistungsfaktor. Ku

Verschiebungsfluß → Fluß, elektrischer. Rü

Verschiebungskonstante → Feldkonstante, elektrische. Rü

Verschiebungspolarisation → Polarisation, elektrische. Rü

Verschiebungsstrom *(displacement current)*. Eine von Maxwell eingeführte Stromgröße, die dafür sorgt, daß ein Stromkreis auch über einen eigentlich als Isolator wirkenden Kondensator (mit oder ohne Dielektrikum) geschlossen ist. Ein Plattenkondensator habe die Fläche A, dann gilt für den Hüllenfluß (→ Fluß, elektrischer)

$$Q = DA.$$

(Q elektrische Ladung, D elektrische Flußdichte). Damit gilt für den elektrischen Strom I

$$I = \frac{dQ}{dt} = \frac{dD}{dt} A.$$

Mit der elektrischen Polarisation P gilt

$$D = \epsilon_0 E + P$$

(E elektrische Feldstärke). Der V. setzt sich aus zwei Teilen zusammen:

$$I_v = \frac{dD}{dt} A = \epsilon_0 \frac{dE}{dt} A + \frac{dP}{dt} A.$$

(dP/dt) A ist der Teilstrom, der bei der Ladungsverschiebung im Dielektrikum entsteht. ϵ_0 (dE/dt) A ist der Teil des Verschiebungsstroms, der auch im Vakuum fließt, wenn sich das elektrische Feld E dort zeitlich ändert. [5]. Rü

Verschleiß → Ermüdung. Ge

Verschleißausfall *(wearout failure)*. Ausfall infolge von Abnutzungserscheinungen. Ein V. tritt insbesondere bei mechanischen Bauelementen auf. Die Ausfallrate ist beim V. zunehmend. Dem V. kann durch Austausch der verschleißgefährdeten Bauteile vorgebeugt werden. We

Verschlüsseln → Codieren. Li

Verschlüsselung, oktale → Tribit. We

Verschlüsselung, quaternäre → Dibit. We

Versorgungsspannung *(supply voltage)*. Spannungen, die elektronischen Bauelementen und Schaltungen bzw. elektromagnetischen Geräten von Stromversorgungsgeräten (i.a. Netzgeräten) zugeführt werden, heißen Versorgungsspannungen. [3], [11]. Li

Verstärker *(amplifier)*. Ein Gerät, das die Stärke eines elektrischen Signals vergrößert, ohne seine charakteri-

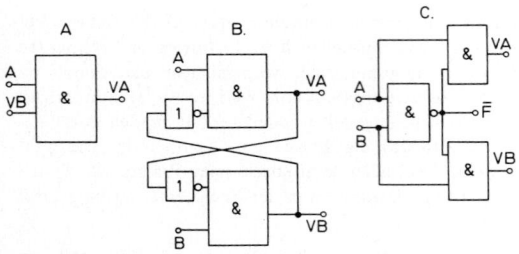

A,B Auforderung der Vorgänge A,B
VB, VA Vorgänge A,B
F̄ Fehlermeldung

Verriegelungsschaltung

stische Schwingungsform wesentlich zu verändern. Je nach Art der zu verstärkenden Größe unterscheidet man Spannungs-, Strom- und Leistungsverstärker. Je nach Anzahl der Verstärkerstufen unterscheidet man ein- oder mehrstufige Verstärker. Charakteristische Größen eines Verstärkers sind: Spannungs-, Strom- oder Leistungsverstärkung, Eingangs- und Ausgangsimpedanz und Frequenzverhalten. [4], [9]. Li

Verstärker, akustoelektrischer *(acoustoelectric amplifier).* Beruht auf der Wechselwirkung zwischen einer Ultraschallwelle und einem Ladungsträgerstrom in einem piezoelektrischen Halbleiterkristall. Mit einem elektromechanischen Wandler wird am Verstärkereingang eine elektrische Schwingung in eine Ultraschallwelle umgewandelt, die sich im Kristall mit Schallgeschwindigkeit ausbreitet. Durch eine Gleichspannung am Kristall entsteht ein Ladungsträgerstrom, dem soviel Energie entzogen wird, wie die verstärkte abgestrahlte Feldstärkewelle beinhaltet. [4]. Rü

Verstärker, antilogarithmischer → Antilog-Verstärker. Fl

Verstärker, elektronischer *(electronic amplifier).* Ein Verstärker, der elektronische Bauelemente (z.B. Transistoren, Röhren) zur Verstärkung verwendet. [6]. Li

Verstärker, gegengekoppelter *(negative feedback amplifier).* Ein Verstärker, bei dem durch Verwendung einer Gegenkopplung ein bestimmtes dynamisches Verhalten (Amplituden- bzw. Frequenzverhalten) erreicht wird. Gegengekoppelte V. haben besonders niedrige Verzerrungen und gute Linearität des Frequenzgangs. [6]. Li

Verstärker, invertierender → Phasenumkehrverstärker. Li

Verstärker, linearer *(linear amplifier).* Ein Verstärker, bei dem ein linearer Zusammenhang (Proportionalität) zwischen Ausgangsspannung bzw. -strom und Eingangsspannung bzw. -strom besteht. [6]. Li

Verstärker, logarithmischer → Logarithmierer. Fl

Verstärker, magnetischer *(transductor amplifier)* → Transduktor. Ku

Verstärker, optoelektronischer *(optoelectronic amplifier).* Ein Verstärker, bei dem die am Eingang oder die am Ausgang auftretenden Signale optischer Natur sind. [6], [16]. Li

Verstärker, rückwirkungsfreier *(nonreactive amplifier).* Bei einem rückwirkungsfreien V. findet keine Rückwirkung vom Ausgang auf den Eingang statt. Ist die Kettenmatrix A (→ Vierpolmatrizen) für einen Verstärker gegeben, dann muß für einen rückwirkungsfreien V. gelten:

$$\det \mathbf{A} = 0. \quad [15].$$ Rü

Verstärkerbrücke *(amplifier bridge).* 1. In der Ausführung als Großsignalverstärker besteht die V. aus zwei Gegentaktverstärkern, die zu einer Brückenschaltung zusammengesetzt sind. Die Signalausgänge beider Verstärkerschaltungen bilden die Brückendiagonale, in der sich der Lastwiderstand (z.B. ein Lautsprecher) befindet. Der Lastwiderstand wird bei vollkommen symmetrisch aufgebauter V. von gegensinnigen, gleich großen Ruheströmen durchflossen, so daß sich ihre Wirkungen aufheben. Man setzt sie bevorzugt bei transformatorlosen Endstufen ein. Vorteile sind: Bei gegenphasiger Ansteuerung am Eingang erhält man am Signalausgang die doppelte Ausgangsspannung ($\hat{=}$ vierfacher Signalausgangsleistung); einfacher Aufbau in integrierter Technik ist möglich. 2. In der Meßtechnik findet man in analogen Röhrenvoltmetern bzw. Transistorvoltmetern häufig Verstärkerbrücken. Die Brückenschaltung wird aus zwei in Gegentakt geschalteten Verstärkerelementen mit einem gemeinsamen Potentiometer zur Einstellung des elektrischen Nullpunktes und einer Widerstandskombination gebildet (→ Bild Röhrenvoltmeter). In der Meßdiagonale ist z.B. ein Galvanometer zur Anzeige eingefügt. 3. Kontaktlose Umkehrschaltungen für hochgenaue Positionierantriebe (z.B. Vorschubantrieb) mit Gleichstrom-Stellmotoren werden als V. mit Silicium-Leistungstransistoren aufgebaut. Man betreibt sie als Pulssteller mit Pulsfrequenzen im Bereich von 1 kHz bis etwa 20 kHz. Man unterscheidet: a) Vollbrückenschaltung. Jedes Brückenelement ist ein NPN-Transistor, bei jeweils zwei Transistoren sind Emitter und Kollektor verbunden. Zwei Schaltungen dieser Art liegen sich gegenüber. Die freien Kollektoranschlüsse beider Zweige sind zusammengeführt und an den positiven Pol der Versorgungsspannung gelegt. Die freien Emitteranschlüsse liegen gemeinsam am Schaltungsnullpunkt. An den Basisanschlüssen erfolgt die Ansteuerung. Der Verbraucher liegt zwischen beiden Zweigen an den Verbindungsstellen von Emitter und Kollektor. b) Halbbrückenschaltung. Ein Zweig mit Transistoren bleibt wie unter a), der zweite wird durch zwei in Reihe geschaltete Gleichspannungsquellen ersetzt. Der positive Pol einer Spannungsquelle ist mit dem freien Kollektor eines Transistors verbunden, der negative Pol der zweiten mit dem freien Emitter des anderen Transistors. Zwischen beiden Spannungsquellen befindet sich der Schaltungsnullpunkt, an dem ein Anschluß des Verbrauchers liegt. Der zweite Anschluß befindet sich an der gleichen Stelle wie bei der Vollbrücke. [3], [4], [6], [9], [11], [12], [13], [18]. Fl

Verstärkerfeldlänge *(repeater spacing).* Abstand der Zwischenverstärker beim drahtgebundenen Fernsprechverkehr. [14]. Rü

Verstärkergrundschaltung → Transistorgrundschaltung; → Röhrenverstärker. Li

Verstärkerrauschen *(amplifier noise).* Rauschsignal, das erzeugt wird, wenn keine Signalspannung anliegt. Es ist neben dem Widerstandsrauschen im wesentlichen auf das Rauschen der zur Verstärkung verwendeten Elemente, z.B. Transistoren, zurückzuführen. [6], [8], [13]. Li

Verstärkerrelais → Relais, elektronisches. Ge

Verstärkerröhre *(amplifying tube).* Elektronenröhre mit Steuergitter, die zur Verstärkung der am Steuergitter anliegenden Spannung verwendet wird. [4]. Li

Verstärkerschaltung → Transistorgrundschaltung; → Röhrenverstärker. Li

Verstärkerstufe *(amplifying stage)*. Die kleinste vollständige Schaltungseinheit, die Signale verstärken kann. Sie besteht i.a. aus einem aktiven Bauelement (z.B. Transistor, Röhre) und den passiven Bauelementen für Kopplung, Arbeitspunktfestlegung und -stabilisierung. [6], [13]. Li

Verstärkertechnik. Gebiet der Elektronik, das sich mit der Dimensionierung, dem Aufbau und der meßtechnischen Erfassung der Eigenschaften von Verstärkern befaßt. [8], [13]. Rü

Verstärkung → Verstärkungsfaktor. Li

Verstärkung, differentielle *(differential gain)*. Wegen der Nichtlinearität der Kennlinien der zur Verstärkung verwendeten Bauelemente ist der Verstärkungsfaktor vom Arbeitspunkt und der Aussteuerung abhängig. Daher wird eine differentielle V. in einem definierten Arbeitspunkt angegeben, z.B. die differentielle Spannungsverstärkung

$$v_u = \frac{dU_o}{dU_i}$$

(U_o Ausgangsspannung, U_i Eingangsspannung). [4], [6], [13]. Li

Verstärkungs-Bandbreitenprodukt *(gain-bandwidth product)*. Das Produkt aus dem Verstärkungsfaktor (in der Mitte des übertragenen Frequenzbandes) und der Bandbreite eines Verstärkers. Meist wird dabei die Bandbreite als „3 dB-Bandbreite" festgelegt. Allgemein gilt, daß bei jedem gegebenen Verstärkerelement das V. eine feste obere Grenze hat. Erhöhung der Verstärkung bringt immer eine Einengung der Bandbreite mit sich und umgekehrt. [8], [13]. Rü

Verstärkungsdrift *(amplification drift)*. Bei Temperaturschwankungen findet bei Transistoren eine Verschiebung des Arbeitspunktes statt, die zu einer Änderung des Verstärkungsfaktors führt (→ Verstärkung, differentielle). [6], [11], [13]. Li

Verstärkungsfaktor *(amplification factor)*, Verstärkung. Bei einem Vierpol, speziell beim Verstärker, das Verhältnis einer Ausgangsgröße zur Eingangsgröße. Je nach betrachteter Größe ergeben sich beim Verstärker folgende Verstärkungsfaktoren: Spannungsverstärkung ist das Verhältnis der Ausgangs- zur Eingangsspannung; Stromverstärkung ist das Verhältnis von Ausgangs- zu Eingangsstrom; Leistungsverstärkung ist das Verhältnis von Ausgangs- zu Eingangsleistung. Bei diesen drei Verstärkungsfaktoren läßt sich eine weitere Unterteilung nach Verstärkung von Wechselgrößen und gleichbleibenden Größen vornehmen, z.B.: Gleichspannungsverstärkung und Wechselspannungsverstärkung (→ Verstärkung, differentielle). [6], [11], [13]. Li

Verstärkungsmaß *(gain)*. Logarithmische Angabe des Verstärkungsfaktors in Dezibel. [6], [11], [13]. Li

Verstärkungsregelung → AGC. Li

Versteilerungsglied → Wellenparameterfilter. Rü

Verstimmung (Radio: *detuning;* Schwingkreise: *staggering)*. Es sei hier nur die V. von Schwingkreisen betrachtet. Wird ein Schwingkreis von seiner Resonanzfrequenz verstimmt, tritt zwischen Spannung und Strom eine Phasenverschiebung auf. Die V. errechnet sich aus

$$v = \frac{\omega}{\omega_0} - \frac{\omega_0}{\omega},$$

wobei ω_0 der Resonanzkreisfrequenz entspricht und ω einer veränderlichen Kreisfrequenz, mit der der Schwingkreis angeregt wird. Der Phasenwinkel errechnet sich zu

$$\tan \varphi = Q \left(\frac{\omega}{\omega_0} - \frac{\omega_0}{\omega} \right),$$

wobei Q Gütefaktor. [8], [15]. Th

Verteilung *(distribution)*, genauer Verteilungsdichte f(x), Wahrscheinlichkeitsdichte. Eine Größe X, Y, ... , die bei verschiedenen, unter gleichen Bedingungen durchgeführten Versuchen verschiedene Werte x, y, ... annehmen kann, heißt zufällig oder Zufallsgröße. Kann die Zufallsgröße in einem Intervall endlich viele Werte annehmen, dann nennt man sie diskret; im Fall beliebig vieler Werte kontinuierlich oder stetig. Eine Zufallsgröße ist erst dann vollständig charakterisiert, wenn nicht nur alle möglichen Werte, sondern auch die Wahrscheinlichkeiten bekannt sind, mit denen diese Werte auftreten. Die Abhängigkeit f(x) dieser Wahrscheinlichkeiten von den Zufallswerten x nennt man Verteilungskurve. Grundsätzlich gilt:
1. für diskrete Verteilung

$$\sum_{i=1}^{n} f(x_i) = 1;$$

2. für stetige Verteilung

$$\int_{-\infty}^{+\infty} f(x)\,dx = 1.$$

Für spezielle Formen der V.: Binomial-V., Poisson-V., Normalv., Test-V. Rü

Verteilungsdichte → Verteilung. Rü

Verteilungsfunktion *(probability distribution)*. Die Zuordnung der Werte von Zufallsvariablen x zu ihren Wahrscheinlichkeiten wird durch die Verteilungsdichte f(x) (→ Verteilung) charakterisiert. Unter V. versteht man die Summe bzw. das Integral über die Verteilungsdichte.
1. Für eine diskrete Verteilung gilt

$$F(x) = \sum_{i=1}^{n} f(x_i);$$

2. Für eine stetige Verteilung

$$F(x) = \int_{-\infty}^{x} f(t)\,dt \quad \text{mit} \begin{cases} F(-\infty) = 0 \\ F(+\infty) = 1 \end{cases}$$

oder

$$F'(x) = f(x).$$

Die Verteilungsdichte f(x) ist die Ableitung der V. Ferner gilt

$$F(x_2) - F(x_1) = \int_{x_1}^{x_2} f(t)\,dt.$$

F(x) heißt eindimensionale V. Von zwei- (und mehr) dimensionaler V. spricht man, wenn zwei voneinander unabhängige Zufallsgrößen X und Y mit den Verteilungsdichten $f_1(x)$ und $f_2(y)$ vorhanden sind. Die gesamte Verteilungsdichte ist dann

$$f(x, y) = f_1(x)\,f_2(y)$$

und die zweidimensionale V. errechnet sich zu

$$F(t) = \iint f(x, y)\,dx\,dy. \quad [5].$$
Rü

Verteilungskurve → Verteilung. Rü

Vertikalablenkgenerator → Vertikalablenkoszillator. Fl

Vertikalablenkoszillator *(vertical deflection oscillator, vertical oscillator)*, Vertikaloszillator, Vertikalablenkgenerator, Bildablenkungsgenerator, Bildablenkoszillator, Bildkipposzillator, Vertikalfrequenzgenerator. Der V. ist im Fernsehempfänger als Schwingungserzeugerschaltung Bestandteil der Bildkippstufe. Die Oszillatorschaltung erzeugt eine sägezahnförmige Wechselspannung mit einer vom Zeilensprungverfahren bedingten Teilbildfrequenz (= gesamtes Bild, aber mit halber Zeilenzahl) von 50 Hz. Während des relativ langsamen, zeitlinearen Anstiegs der Spannung schreibt der Elektronenstrahl, auf dem Bildschirm sichtbar, den Bildinhalt z.B. aller ungeradzahligen Bildzeilen bis zum Höchstwert der Sägezahnspannung. Der untere Bildrand ist erreicht. Es erfolgt ein zeitlich sehr viel schnellerer Abfall der Sägezahnspannung. Währenddessen springt der Strahl in vertikaler Richtung – nicht sichtbar – zum oberen Bildschirmrand zurück. Während des folgenden, erneuten Spannungsanstiegs wird der Bildinhalt aller geradzahligen Zeilen geschrieben. Damit der Vorgang zeitgleich mit den vom Sender ausgestrahlten Signalen erfolgt, wird der V. von genau festgelegten Bildwechselimpulsen (Gleichlaufzeichen) gesteuert. Die Bildwechselimpulse sind im Sendesignal enthalten und werden im Empfangsgerät aufbereitet. In vielen Fällen enthält der V. Einstellorgane zur Beeinflussung der Bildhöhe (Höchstwert der Sägezahnspannung wird verändert) und der Bildkippfrequenz. Prinzipiell benutzt man Oszillatorschaltungen mit sehr starker Rückkopplung, so daß der Verstärkerelement (z.B. ein Schalttransistor) während kurzzeitiger Öffnungszeiten mit kräftiger Amplitude anschwingt, bis in den Sättigungsbereich übersteuert und sofort wieder schließt. Der kurzzeitige Stromfluß ist genügend groß, um in der langen Sperrzeit einen Kondensator aufzuladen (zeitproportionaler Anstieg des Sägezahnverlaufs). Während der kurzzeitigen Öffnungszeit entlädt sich der Kondensator schlagartig z.B. über den niedrigen Innenwiderstand des stromführenden Verstärkerbauelementes. Ausführungsbeispiele von Vertikalablenkoszillatoren sind: 1. Schwellwert-

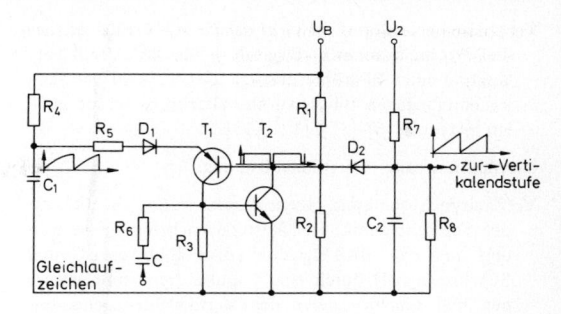

Vertikalablenkoszillator

generator (Bild). 2. Der V. ist Bestandteil eines integrierten Schaltkreises (z.B. TDA 1170). 3. Ältere Schaltungen benutzen zur Schwingungserzeugung z.B.: Sperrschwinger, Multivibrator, Schmitt-Trigger. Aktive Bauelemente können Röhren oder Transistoren sein. [6], [9], [10], [13]. Fl

Vertikalablenkung → V-Ablenkung. Th

Vertikalantenne *(vertical antenna)*, Stabantenne, Marconi-Antenne, Unipol, Monopol. Senkrecht auf der Erdoberfläche stehende, unsymmetrische, lineare Antenne. Der Strombelag auf der V. ist annähernd sinusförmig. In Verbindung mit ihrem Spiegelbild im Erdboden kann die V. als halbe Dipolantenne betrachtet werden. Der Antennenwiderstand der V. hängt von der Frequenz sowie vom Schlankheitsgrad ab. Unter praktischen Bedingungen sind die Erdverluste zu berücksichtigen. Die V. liefert in der Horizontalebene vertikal polarisierte Rundstrahlung; das Vertikaldiagramm zeichnet sich i.a. durch einen kleinen Erhebungswinkel aus. Bei der belasteten V. ist zur scheinbaren Verlängerung des vertikalen Teils an der Spitze eine Kapazitätsfläche angebracht. Dies kann eine metallische Kreisscheibe oder eine beliebig geformte Drahtfläche sein (Schirmantenne, Dreieckflächenantenne, L-Antenne, T-Antenne). Diese Antennenformen finden besonders im Mittel- und Langwellenbereich Anwendung. [14]. Ge

Vertikaldiagramm → Richtdiagramm. Ge

Vertikaldipol → Dipolantenne. Ge

Vertikalendstufe *(vertical deflection final amplifier)*. Bezeichnung für eine Verstärkerstufe im Fernsehgerät, die die Ablenkleistung für die Vertikalablenkung liefert. Da es sich um eine magnetische Ablenkung handelt, ist je nach Bildröhrengröße eine entsprechende Ablenkleistung erforderlich. Sie liegt im Bereich 2 W bis 10 W. [11]. Th

Vertikalfrequenzgenerator → Vertikalablenkoszillator. Fl

Vertikaloszillator → Vertikalablenkoszillator. Fl

Vertikalrücklauf *(vertical flyback)*. Unter V. versteht man in einem Fernsehgerät das Zurückspringen des Vertikalablenkgenerators auf den Bildanfang (also nach oben). Für die Rücklaufzeit wird der Bildschirm dunkel getastet. [13]. Th

Vertikalsteueroszillator *(vertical oscillator).* Oszillator, der die Wechselspannung (Sägezahn) für die Vertikalablenkung einer Bildröhre erzeugt. Der V. wird von dem im empfangenen Bildsignal enthaltenen Synchronsignalen gesteuert. [6], [10], [12], [13]. Li

Vertikalsteuerung → Vertikalablenkung. Li

Vertikalsynchronimpuls *(vertical sync pulse).* Begriff aus der Fernsehtechnik. Die Vertikalsynchronimpulse werden aus den BAS-Signalen (BAS Bild-Austast- und Synchronsignal) durch eine Impulsabtrennstufe gewonnen und synchronisieren den Vertikalablenkgenerator, der die Vertikalablenkung des Elektronenstrahls steuert. [13], [14]. Th

Vertikalsynchronisation *(vertical synchronization).* Für die Wiedergabe eines Fernsehbildes ist es erforderlich, daß die Bild- und Zeilenablenkgeneratoren in der Kamera und im Empfänger synchron laufen. Für die Synchronisierung des Vertikalablenkgenerators wird am Ende jedes Bildes ein Vertikalsynchronimpuls ausgesendet, der den Ablenkgenerator auf den Bildanfang zurücksetzt. [10], [13], [14]. Th

Vertikalverstärker → Y-Verstärker. Fl

Verträglichkeit, elektromagnetische *(electromagnetic compatibility, EMC),* EMV. Die elektromagnetische V. dient der Feststellung, in welchem Maße biologische, elektronische und elektrische Systeme dem Einfluß elektrischer und elektromagnetischer Störpegel unterliegen. In elektronischen Meßsystemen z.B. werden abhängig von den verursachenden Störungen, die bis zum Systemausfall führen können, zwei hauptsächliche Prüfverfahren unterschieden: 1. Feststellung der Sicherheit gegenüber direkter elektromagnetischer Einstreuung. 2. Prüfung gegen eingekoppelte leitungsgebundene Störspannungen und Störströme. [12]. Fl

Vertrauensbereich *(confidence level).* Ein aufgrund eines Stichprobenergebnisses unter bestimmter Annahme über die Verteilung der Grundgesamtheit berechneter Bereich, in dem ein Parameter mit einer vorgegebenen Aussagewahrscheinlichkeit zu erwarten ist. [4]. Ge

Verunreinigung *(impurity).* Verunreinigungen sind in Kristallen alle Abweichungen von der Idealform. Die häufigsten Verunreinigungen sind Donatoren und Akzeptoren sowie Störstellen. [7]. Bl

Vervielfacherschaltung *(multiplier chain).* Schaltung, die an ihrem Ausgang ein ganzzahliges Vielfaches der an ihrem Eingang liegenden Größe liefert, z.B. Spannungsvervielfacher, Frequenzvervielfacher. [6], [8]. Li

Verweilzeit. 1. *(dwell).* Bei einem Drucker die Zeit, in der sich der Zeichentyp auf dem Papier befindet, um den Abdruck hervorzurufen (→ Impact-Drucker). 2. *(residence time).* In der Datenverarbeitung die Zeit, in der sich Daten im Hauptspeicher befinden. Die V. ist i.a. länger als die Zeit zur Abarbeitung eines Programmes. [1]. 3. *(output pulse width).* Bei einem monostabilen Multivibrator die Zeitdauer des Ausgangsimpulses, bei dem sich die Schaltung im nicht stabilen Zustand befindet. [2]. We

Verzerrung *(distortion).* Abweichung eines Signals, gegenüber dem Ursprungssignal, hervorgerufen durch nichtideale Eigenschaften eines Übertragungskanals. Die Gesamtheit aller Verzerrungen wird entsprechend ihrer Ursache aufgeteilt in lineare V. und nichtlineare V. [13], [14]. Rü

Verzerrung, lineare *(linear distortion).* Darunter versteht man alle Verzerrungen, die durch lineare aber frequenzabhängige Bauelemente hervorgerufen werden. Als Bedingungen für (lineare) verzerrungsfreie Übertragung muß 1. der Betrag des Übertragungsfaktors $\underline{A}$ für alle Frequenzen ω konstant sein $|\underline{A}(\omega)|$ = const. (Abweichungen von Bedingung 1 nennt man Dämpfungs-V. (Amplituden-V.)). 2. Die Laufzeit $t_0 = b/\omega$ des Signals für alle Frequenzen ω konstant sein

$$t_0(\omega) = \frac{b}{\omega} = \text{const. oder } b = \omega \cdot \text{const.}$$

die Phasendifferenz $b = \varphi_1 - \varphi_2$ (Dämpfungswinkel, Übertragungswinkel) muß also linear mit der Frequenz ansteigen. Abweichungen von Bedingung 2 nennt man Phasen-V. (Laufzeit-V.).

Bei den meisten Übertragungen genügt es, für lineare Verzerrungsfreiheit die Konstanz der Gruppenlaufzeit t_g zu fordern:

$$t_g = \frac{db}{d\omega} = \text{const} = K_1$$

oder $b = K_1 \omega + K_2$ (K_i: Konstanten). [13], [14]. Rü

Verzerrung, nichtlineare *(nonlinear distortion).* Darunter versteht man alle Verzerrungen, die durch nichtlineare Bauelemente (z.B. Röhren, Transistoren, Dioden, nichtlineare Modulationskennlinien u.a.) hervorgerufen werden. Sie sind immer mit einer Änderung des Frequenzgehaltes des Signals verbunden. Zur Erfassung der nichtlinearen V. ermittelt man das Amplitudenspektrum oder den Klirrfaktor. Auch die bei Kreuzmodulation auftretenden Verzerrungen sind nichtlinear (→ Intermodulationsverzerrung). [13], [14]. Rü

Verzerrungsleistung *(distortive power)* → Oberschwingungsblindleistung. Ku

Verzerrungsmeßbrücke → Klirrfaktormeßbrücke. Fl

Verzerrungsmesser → Klirrfaktormesser. Ku

Verzögerung 1. Ordnung *(first-order factor)* → Verzögerungsglied; → Übertragungsglied. Ku

Verzögerung 2. Ordnung *(second-order factor)* → Verzögerungsglied; → Übertragungsglied. Ku

Verzögerungsglied *(delay element).* Das V. ist ein lineares, zeitinvariantes Übertragungsglied, dessen Übertragungsfunktion im Zähler nur eine Konstante enthält. Die Ordnung des Nennerpolynoms gibt die Ordnung der Verzögerung und im Zeitbereich die Ordnung der beschreibenden Differentialgleichung an. Auf eine Verstellung am Eingang folgt der Ausgang verzögert. Das V. hat Tiefpaßverhalten. [2], [6], [13]. Ku

Verzögerungsleitung *(delay line)*. Elektronisches Bauelement, das ein Digitalsignal um ein bestimmtes Zeitintervall verzögert, wobei dieses Zeitintervall i.a. sowohl für die positive wie für die negative Flanke gleich ist. [10].
We

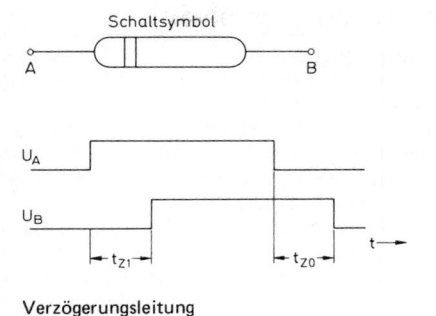

Schaltsymbol

Verzögerungsleitung

Verzögerungslinse → Linsenantenne. Ge

Verzögerungsrelais → Zeitrelais. Ge

Verzögerungsschaltung *(delay circuit)*. Schaltung zur Verzögerung einer Signaländerung. Das Bild zeigt eine einfache V., die hybrid aufgebaut werden kann. [10]. We

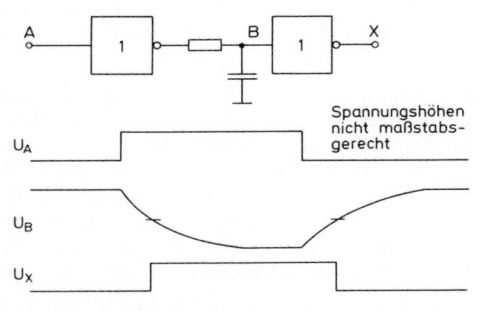

Verzögerungsschaltung

Verzögerungszeit *(delay time)*. Schaltzeit beim Bipolartransistor. Die Zeit, die vom Anlegen eines Steuersignals vergeht bis zu dem Zeitpunkt, an dem der Kollektorstrom I_C 10 % des Maximalwertes erreicht. Die V. wird durch negative Hilfsspannungen verlängert. [2], [6]. We

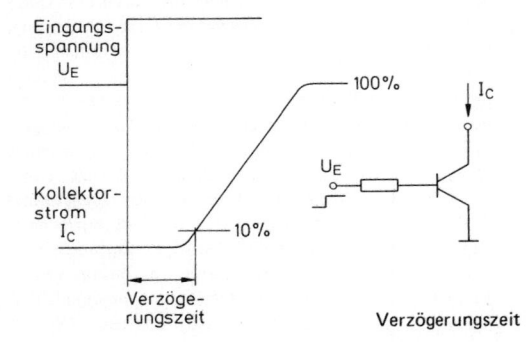

Verzögerungszeit

Verzonung *(zoning)*. Ermittlung der Gebührenzone bei der Gebührenerfassung für Nachrichtenverbindungen innerhalb von Nachrichtennetzen. Die Verzonung erfolgt aufgrund der Kennzahl unter Berücksichtigung des Ursprungs der Verbindung. [19]. Kü

Verzugszeit *(delay time)*. Bei Regelstrecken 2. Ordnung der Zeitabstand zwischen dem zeitlichen Beginn der Sprungantwort und der Ausgleichszeit (Bild). Die V. wirkt ähnlich wie die Totzeit. [18]. We

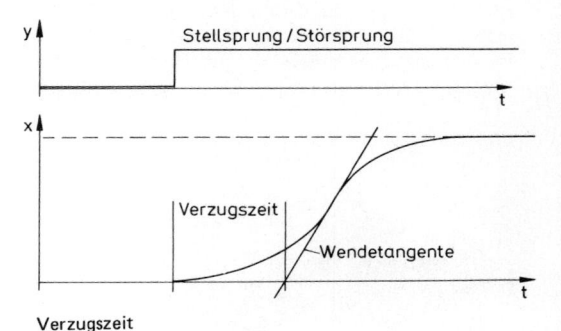

Verzugszeit

Verzweigungspunkt → Knoten. Rü

VF *(voice frequency)* → Funkfrequenzen. Ge

VFO *(variable-frequency oscillator)*. Bezeichnung für einen Oszillator, dessen Frequenz stufenlos geändert werden kann. Ein typischer VFO ist z.B. der Oszillator in einem Superhet-Empfänger. [8], [13]. Th

VF-Oszilloskop *(VF oscilloscope, video-frequency oscilloscope)*, Videofrequenz-Oszilloskop, Fernseh-Kontrolloszilloskop. VF-Oszilloskope (VF, Videofrequenz) werden in Kontrolleinrichtungen der Fernsehsender zur Darstellung und Auswertung der Übertragungseigenschaften des Senders bezüglich der Videosignale eingesetzt. Die Meßgeräte sind spezielle Ausführungen von Oszilloskopen, mit deren Hilfe z.B. Prüfzeilen ausgewertet werden und sich Intermodulations-, Fremdspannungs- und Linearitätsmessungen durchführen lassen. Bei einer Ausführung besitzt z.B. der Y-Verstärker eine Bandbreite von 0 MHz bis 20 MHz. Ihm nachgeschaltet sind eingebaute Bandpässe für die Frequenzen 1 MHz und 4,43 MHz ($\hat{=}$ Farbträgerfrequenz) zur Durchführung von Intermodulationsmessungen und Einrichtungen zur Einzeldarstellung der verkoppelten Halbbilder eines FBAS-Signals (FBAS = Farbartsignal, Bildinhaltsignal, Austastsignal, Synchronisiersignal). Das Zeitablenkteil des VF-Oszilloskops erlaubt beliebige Vollbild-, Halbbild-, Zeilen- und Zeilenausschnittsdarstellungen. [12].
Fl

VHF *(very high frequency)* → Meterwellen; → Funkfrequenzen. Ge

Vibrationsgalvanometer *(vibration galvanometer)*. V. sind Drehmagnetgalvanometer, die z.B. als Nullinstrumente in Wechselstrommeßbrücken bei Wechselströmen mit Frequenzen von etwa 50 Hz eingesetzt werden. Das

Vibrationsmeßwerk

Meßwerk ist nach dem Prinzip eines Vibrationsmeßwerks aufgebaut. Die Messung ist unabhängig von der Kurvenform der Meßgröße. [12]. Fl

Vibrationsmeßwerk *(vibrating-read measuring system)*. Vibrationsmeßwerke besitzen schwingfähige, auf mechanische Resonanz abgestimmte Teile, die vom Wechselfeld eines Elektromagneten zum Schwingen mit ihrer Eigenfrequenz angeregt werden (Bild). Die Feldänderungen werden von der Frequenz des Meßwechselstromes hervorgerufen, der durch die Spule des Elektromagneten fließt. Man setzt Vibrationsmeßwerke z. B. im Zungenfrequenzmesser und im Drehmagnet-Vibrationsgalvanometer ein. [12]. Fl

Vibrationsmeßwerk

Vibrometer → Schwingungsmeßgerät. Fl

Videoband *(video band)*. Mit V. (vom Lat. videre, sehen) wurde ursprünglich das Bild-Austast-Synchronsignal (BAS-Signal) bezeichnet. Später für alle Arten von Breitbandsignalen komplexer Zusammensetzung gebräuchlich. Heute ist V. durch den Begriff Basisband abgelöst. [13], [14]. Th

Videofrequenz *(video frequency)*. Frequenzbereich des bei der Abtastung eines Bildes entstehenden Fernsehsignals, bei dem die Amplitudenwerte der Helligkeit der einzelnen Bildpunkte proportional sind. Die V. reicht von 0 Hz bis 5 MHz. [13], [14]. Th

Videofrequenz-Oszilloskop → VF-Oszilloskop. Fl

Videorecorder *(video tape recorder; VTR)*. Der V. arbeitet ähnlich wie ein Tonbandgerät, ist jedoch in der Lage, Fernsehbilder aufzuzeichnen. Wegen der hohen erforderlichen Bandbreite sind hohe Relativgeschwindigkeiten (etwa 25 m/s) zwischen Magnetkopf und Magnetband erforderlich. Man hilft sich hier, indem man in der Studiotechnik auf 25,4 mm (1″) breitem Band quer zur Transportrichtung aufzeichnet, wobei eine Querspur dem Inhalt einer Zeile entspricht. Beim Heimrecorder ist die Videobandbreite geringer. Man benutzt 12,7 mm (1/2″) breite Bänder in sogenannter Schrägaufzeichnung. Dabei umschlingt das Band eine Kopftrommel mit einer gewissen Steigung, ähnlich dem Gewinde einer Schraube während eines Ganges. Der Bandumschlingungswinkel beträgt etwa 360°. In der Kopftrommel drehen sich meist zwei gegenüberliegende Köpfe mit solcher Geschwindigkeit, daß die geforderte Relativgeschwindigkeit von etwa 20 m/s erreicht wird. Die Transportgeschwindigkeit des Bandes beträgt bei den Heimrecordern etwa 19 cm/s. Die Tonspur wird an einem Rand „normal" aufgezeichnet. Außerdem wird noch eine Synchronspur aufgezeichnet, damit der Recorder bei der Wiedergabe die Bildanfänge „wiederfindet". [13]. Th

Videospeicherplatte *(video disc recording)*. Videospeicherplatten sind seit einigen Jahren in der Entwicklung, konnten sich jedoch nicht recht durchsetzen. Als neuestes Ergebnis ist von der Firma Philips 1978 die "Video Long Play" Platte auf den Markt gebracht worden. Auf dieser Platte werden Filme als geprägte Struktur gespeichert, so daß sie von einem Abspielgerät in Verbindung mit einem Fernsehgerät wiedergegeben werden können. Entlang einer spiralförmigen Spur ist auf der Platte die Information aufgezeichnet. Die Abtastung erfolgt mit Hilfe eines gebündelten Laserstrahls. Vertiefungen in der Plattenoberfläche bewirken eine Modulation der Intensität des reflektierten Lichtes. [9], [16]. Th

Videoverstärker *(video amplifier)*. Der V. verstärkt im Bildkanal des Fernsehempfängers das vom Gleichrichter gelieferte Signal, das die Gleichstromkomponenten des Bildinhaltes enthält und zur Helligkeitssteuerung der Bildröhre verwendet wird. Die Videoverstärkerstufe ist normalerweise ein Gleichspannungsverstärker, dessen Frequenzgang im gesamten Videofrequenzbereich von 0 MHz bis 5 MHz linear sein soll. [13], [14]. Th

Vidikon *(vidicon)*. Das V. ist eine Bildaufnahmeröhre. Als Speicherplatte dient dabei eine sehr dünne Halbleiterphotoschicht aus Antimontrisulfid (Sb_2S_3), die durch Aufdampfen auf eine ebenfalls dünne, durchsichtige und elektrisch leitende Trägerschicht aus Zinn oder Indiumoxid hergestellt wird. Durchsichtig werden die Schichten ausgeführt, weil bei diesen Kameratypen die Signalplatte von der Rückseite mit Elektronenstrahlen abgetastet wird. Für mobile Zwecke geeignet. [16]. Th

Vielfachinstrument *(multipurpose instrument)* → Vielbereichsmeßinstrumente. Fl

Vielfachregelung *(direct digital control, DDC)*, DDC Regelung mehrerer Regelstrecken durch einen Prozeßrechner im Zeitmultiplexverfahren (→ Time-Sharing). [17]. We

Vielfachzugriff *(multiple access)*. Verfahren zur Aufteilung der Übertragungskapazität eines zentralisierten Übermittlungssystems (z.B. Nachrichtensatellit, Busleitung, Funkkanal) an daran angeschlossene Stationen. Bei Frequenzvielfachzugriff *(FDMA, frequency division multiple access)* benutzen die Stationen getrennte Frequenzkanäle. Bei Zeitvielfachzugriff *(TDMA, time division multiple access)* werden die Nachrichtensignale blockweise entsprechend dem Zeitmultiplex-Verfahren gesendet. Das Token-Verfahren ist ein asynchrones TDMA-Verfahren, bei dem der Zugriff in Form einer Sendeberechtigung („token") erfolgt, die nach vorgegebener Reihenfolge von Station zu Station weitergereicht wird. Bei Konkurrenzverfahren, wie dem CSMA *(carrier sense multiple access)*, existiert keine Zugriffsordnung unter den angeschlossenen Stationen, so daß es zu Kollisionen kommen kann. [19]. Kü

Vielkammerklystron → Zweikammerklystron. Ge

Vielkammermagnetron → Vielschlitzmagnetron. Ge

Vielkatodenröhre *(multicathode tube)*. 1. Zweistrahl-Oszilloskopenröhre (→ Zweistrahloszilloskop), 2. Nixier-Röhre. [4]. Li

Vielkreisklystron → Zweikammerklystron. Ge

Vielschichtkondensator *(monolithic layer-built capacitor)*, Stapelkondensator: Besteht aus dünnen, keramischen oder Kunststoffolien mit aufgedampften Metallbelägen. Nach entsprechender Schichtung entsteht durch Sinterung ein monolithischer Kondensatorblock mit seitlicher Kontaktierungsmöglichkeit. Der V. zeichnet sich durch relativ große Kapazitätswerte auf kleinem Raum aus. [4]. Ge

Vielschlitzmagnetron *(multicavity magnetron)*, Lauffeldmagnetron, Wanderfeldmagnetron. Nach dem Prinzip der Lauffeldröhre arbeitendes Magnetron. Der Anodenkörper des Vielschlitzmagnetrons ist in eine Anzahl von Schlitzpaaren unterteilt, die eine in sich geschlossene Verzögerungsleitung darstellen (→ Bild Magnetron). Die Auskopplung der HF-Energie (HF, Hochfrequenz) kann aus einer beliebigen Kammer erfolgen. Das V. ist das am häufigsten angewendete Magnetron. Es zeichnet sich durch hohen Wirkungsgrad bei hohen Frequenzen und durch hohe Ausgangsleistungen (MW-Bereich) im Dauer- oder Pulsbetrieb aus. [8]. Ge

Vierdrahtleitung *(four-wire line)*. Weitverkehrsleitungen mit Verstärkern, die in der Fernsprech- und Telegraphentechnik als Wechsel- oder Gegenbetrieb verwendet werden. Die V. besteht aus vier Einzeladern, von denen je zwei als richtungsgebundene Zweidrahtleitung eingesetzt sind. [14]. Th

Vierdrahtverstärker *(four-wire amplifier)*. Es gibt zwei Typen des Vierdrahtverstärkers: 1. Vierdrahtendverstärker: Einstufiger Verstärker, der an den Endpunkten von Vierdrahtleitungen für den Übergang auf die Amtseinrichtungen in beiden Betriebsrichtungen eingeschaltet ist. 2. Vierdrahtzwischenverstärker: Einstufiger Verstärker, der in Vierdrahtleitungen bei zu großer Dämpfung in jeder Betriebsrichtung gesondert zwischengeschaltet wird. [14]. Th

Viereckschaltung *(balanced T-section)* → Vierpol, struktursymmetrischer. Rü

Vierer *(quad)*. Bezeichnung für ein Verseilelement eines Fernsprechkabels. Um den Einfluß magnetischer Wechselfelder aus eventuell benachbarten Starkstromleitungen und elektrostatische Einflüsse klein zu halten, werden jeweils die vier Drähte eines Sprechkreises zu sogenannten Vierern verseilt. Beim Stern-V. sind alle vier Leitungen gemeinsam verseilt, beim DM-V. (DM, Dieselhorst-Martin) jeweils zwei Paare. [13]. Th

Vierphasentechnik *(four-phases technique)*. Technik zum Aufbau eines dynamischen Schieberegisters (vergleichbar mit dynamischem RAM), bei dem vier Takte verwendet werden, um die Information von einem Speicherelement zum nächsten zu transportieren. Die V. führt zu einer Leistungsverminderung. Das Bild zeigt den Aufbau eines Speicherelements. [2]. We

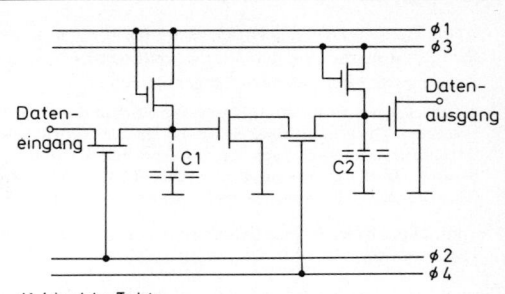

$\phi 1$ bis $\phi 4$: Takte

Vierphasentechnik

Vierphasenumtastungsmodular → QPSK-Moldulator. Fl

Vierpol *(four-terminal network, two-port network)*. Allgemeines Schema zur Kennzeichnung einer elektrischen Schaltung, die durch vier Klemmen mit anderen Schaltungsteilen verbunden ist. Wesentlich für den Vierpolbegriff ist, daß jeweils zwei Klemmen zu einem Klemmenpaar oder Tor zusammengefaßt werden (→ Zweitor). Damit eignet sich der V. besonders zur Beschreibung von Schaltungen zur Signalübertragung in der Übertragungstechnik. Um die Richtung der Energieübertragung hervorzuheben, kennzeichnet man beim (unbeschalteten) V. ein Klemmenpaar $(1,1')$ als Eingangstor (Index 1), das andere Klemmenpaar $(2,2')$ als Ausgangstor (Index 2) (Bild). Mitunter werden die Klemmen 1 und 2 als positive Klemmen, und $1'$ und $2'$ als negative Klemmen bezeichnet. Mit analoger Indexkennzeichnung werden die an den beiden Toren auftretenden Spannungen und Ströme versehen (U_1, I_1, U_2, I_2) (→ Zählpfeilsystem) (DIN 4899). Die Vierpoleigenschaften werden durch ein System von zwei Gleichungen, die Vierpolgleichungen, beschrieben, wobei jeweils zwei der vier Größen U_1, U_2, I_1, I_2 abhängige, die beiden anderen Größen unabhängige Variable sind. [15]. Rü

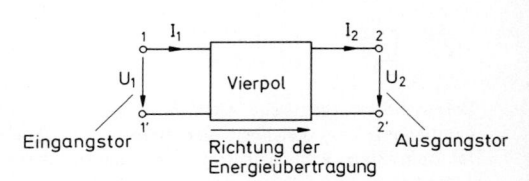

Spannungs- und Strompfeile am Vierpol

Vierpol, aktiver *(active two-port)*, (→ Bild Vierpol). Ein aktives Netzwerk in Vierpolstruktur. Für die gesamte, in einen Vierpol hineinfließende Wirkleistung P_W gilt:

$$P_W = \text{Re}(UI^*) = \text{Re}(U_1 I_1^* - U_2 I_2^*).$$

Vierpol, allpaßfreier

Wenn $P_w < 0$, ist der Vierpol aktiv, bei $P_w > 0$ passiv; für $P_w = 0$ nennt man den Vierpol verlustfrei. (I_2 ist aus Ausgangstor 2 herausfließend angenommen).

<small>Fälschlicherweise wird oft bei Anwesenheit von aktiven Bauelementen (Quellen) in einer Schaltung auf die Aktivität des Gesamtnetzwerks geschlossen. Dies ist unrichtig, da jeder aus passiven Bauelementen aufgebauter Vierpol durch Vierpolersatzschaltungen mit Quellen dargestellt werden kann. [15].</small> Rü

Vierpol, allpaßfreier *(minimum-phase network)* → Mindestphasenvierpol. Rü

Vierpol, antimetrischer *(antimetrical two-port)*. Ein Vierpol, der beim Vertauschen von Ein- und Ausgangstor und gleichzeitigem Umpolen eines Klemmenpaars in den dualen Vierpol übergeht. Die Kettenparameter müssen dabei den Bedingungen

$$A_{12} = R_D^2 A_{21} \quad \text{mit} \quad \det \mathbf{A} = 1$$

genügen. (R_D ist dabei der reelle, frequenzunabhängige konstante Dualitätswiderstand (→ Zweipol, dualer).) Die beiden Wellenwiderstände des antimetrischen Vierpols sind ebenfalls zueinander dual:

$$Z_{w1} Z_{w2} = R_D^2$$

(→ Wellenwiderstand eines Vierpols). [15]. Rü

Vierpol, äquivalenter *(equivalent two-port)*. Zwei Vierpole heißen äquivalent, wenn sie trotz verschiedenen Aufbaus bezüglich ihrer Klemmeneigenschaften nach außen hin das gleiche elektrische Verhalten aufweisen. Bezieht sich die Äquivalenz auf zwei beliebige Klemmenpaare und nicht nur auf die Eingangs- und Ausgangsklemmen, dann spricht man von allpoliger Äquivalenz. Die Äquivalenz zweier Vierpole drückt sich in der Gleichheit entsprechender Vierpolmatrizen aus. Rü

Vierpol, dualer *(dual two-port)*. Zwei Vierpole heißen dual zueinander, wenn die Widerstandsmatrix Z des einen proportional zur Leitwertmatrix Y des anderen ist:

$$\mathbf{Z} = R_D^2 \mathbf{Y}$$

(R_D Dualitätsinvariante; → Zweipol, dualer). Aus den Kettenparametern A_{ik} eines gegebenen Vierpols, berechnet sich die Kettenmatrix $\mathbf{A}_D$ des dazu dualen Vierpols zu

$$\mathbf{A}_D = \begin{pmatrix} A_{22} & A_{21} R_D^2 \\ \dfrac{A_{12}}{R_D^2} & A_{11} \end{pmatrix}$$

Die wichtigste praktische Anwendung dualer Vierpole beruht auf der Gleichheit der Betriebsübertragungsfaktoren vom ursprünglichem und dualem Vierpol. Jeder beliebige Vierpol kann in den dualen Vierpol überführt werden, indem ihm ein Gyrator in Kette vor- und nachgeschaltet wird (Bild). [15]. Rü

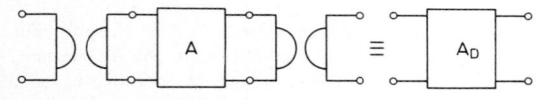

Erzeugung des dualen Vierpols

Vierpol, echter. Häufig anzutreffende Bezeichnung für einen Vierpol mit vier potentialmäßig getrennten Klemmen (im Gegensatz zu einem → Dreipol). Beispiel: → X-Schaltung. [15]. Rü

Vierpol, kanonischer *(canonic two-port)*. Man nennt eine Vierpolschaltung kanonisch, wenn sie mit einer Minimalzahl von Schaltelementen aufgebaut ist. Dabei zählt bei passiven Netzwerken (RLCü-Netzwerke) (→ RLCü-Zweipol) auch ein Übertrager als ein Bauelement. [15]. Rü

Vierpol, kernsymmetrischer *(reciprocal two-port network)* → Vierpol, übertragungssymmetrischer. Rü

Vierpol, konvertierter. Er geht aus einem allgemeinen V., der links- und rechtsseitig mit einem Negativ-Impedanzkonverter (→ Konverter) in Kette beschaltet ist, hervor (Bild). Ist der allgemeine V. durch seine Kettenparameter dargestellt, dann ist die Kettenmatrix des konvertierten Vierpols

$$\mathbf{A}_{kon} = \begin{pmatrix} \underline{A}_{11} & -\underline{A}_{12} \\ -\underline{A}_{21} & \underline{A}_{22} \end{pmatrix}.$$

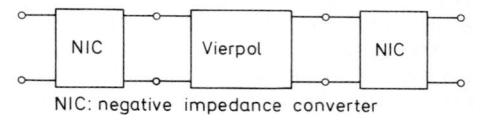

NIC: negative impedance converter

Erzeugung des konvertierten Vierpols

Durch den Vorzeichenwechsel der Nebendiagonalelemente, lassen sich konvertierte Vierpole mit Vorteil zur Entdämpfung verwenden. [15]. Rü

Vierpol, koppelfreier. Ein V., der keine magnetischen Kopplungen enthält, also ohne Übertrager oder gekoppelte Spulen aufgebaut ist. Meist sind koppelfreie Vierpole nicht kanonisch. [15]. Rü

Vierpol, kopplungssymmetrischer *(reciprocal two-port network)* → Vierpol, übertragungssymmetrischer. Rü

Vierpol, leistungssymmetrischer. Er gehört zur Klasse (→ Vierpolklassen) von Vierpolen, für die die Betriebsübertragungsfaktoren dem Betrage nach von der Betriebsrichtung unabhängig sind: $|A_{B12}| = |A_{B21}|$. Außer den übertragungssymmetrischen Vierpolen mit $\det \mathbf{A} = +1$ gehören hierzu alle Vierpole mit der Eigenschaft $\det \mathbf{A} = -1$ (DIN 40 148). [15]. Rü

Vierpol, linearer *(linear network)*. Ein aus linearen Bauelementen aufgebauter V., bei dem Proportionalität zwischen Strömen und Spannungen herrscht, also das Ohmsche Gesetz gilt. Allgemein ist ein Netzwerk (oder ein System) dann und nur dann linear, wenn die Superpositionsregel gilt, d.h., wenn die Antwort auf eine Summe von beliebigen Erregungen, gleich der Summe der Antworten auf die einzelnen Erregungen ist. [15]. Rü

Vierpol, passiver *(passive four-terminal network)* → Vierpol, aktiver. Rü

Vierpol, reziproker *(reciprocal two-port network)* → Vierpol, übertragungssymmetrischer.
Nach DIN 40 148 ist die Bezeichnung reziproker Vierpol nicht empfehlenswert. [15]. Rü

Vierpol, strukturdualer *(structurally dual network).* Ein dualer V., der aus einem gegebenen V. dadurch entsteht, daß, die einzelnen Zweipole, aus denen das Netzwerk aufgebaut ist, nacheinander in die jeweils dualen Zweipole umgewandelt werden. Beispiel: (Bild).
Über die Methode zur Dualumwandlung von Zweipolen: → Zweipol, strukturdualer. Rü

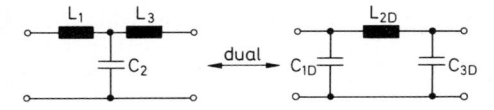

Beispiel für zueinander strukturduale Vierpole

Vierpol, struktursymmetrischer *(structurally symmetrical network).* Ein V., der bezüglich seiner Klemmenpaare einen symmetrischen Aufbau zeigt. Man unterscheidet zwischen Längs- und Quersymmetrie (DIN 40 148). Längssymmetrische (erdunsymmetrische) Vierpole haben eine Symmetrieachse senkrecht zur Energieflußrichtung, quersymmetrische (erdsymmetrische) Vierpole eine Symmetrieachse in Energieflußrichtung (Bild). Die Eigenschaft der Quersymmetrie drückt sich nicht in den Vierpolgleichungen aus; quersymmetrische Vierpole werden in erdsymmetrisch ausgeführten Schaltungen verwendet (Fernleitungsnetze). [14], [15]. Rü

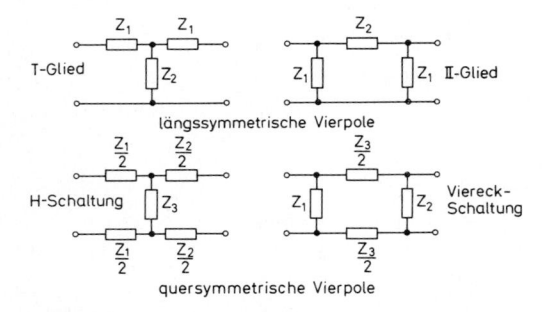

Struktursymmetrischer Vierpol

Vierpol, übertragungssymmetrischer *(reciprocal two-port network).* Auch kopplungssymmetrischer, kernsymmetrischer (oder reziproker) Vierpol genannt (DIN 40 148). Übertragungssymmetrische Vierpole haben die Eigenschaft, daß sie vom Ein- zum Ausgangstor und umgekehrt die gleichen Betriebsübertragungsfaktoren haben $A_{B12} = A_{B21}$ (→ Vierpol im Betrieb). Wird ein V. durch seine Kettenmatrix **A** beschrieben, dann sind diejenigen Vierpole übertragungssymmetrisch, für die det **A** = 1 gilt. Bei Verwendung symmetrischer Zählpfeile drückt sich die Übertragungssymmetrie durch die Gleichheit der Nebendiagonalelemente in der Widerstands- und Leitwertmatrix aus. Alle Vierpole, die nur aus passiven Bauelementen bestehen, sind übertragungssymmetrisch. [15]. Rü

Vierpol, umgekehrter *(reversed two-port)* (→ Bild Vierpol). Ein V., der dadurch entsteht, daß man Ein- und Ausgangstor vertauscht, also die Richtung des Energietransports umkehrt. Die Vierpolklemmen (2,2′) sind damit die neuen Eingangs- und die Klemmen (1,1′) die neuen Ausgangsklemmen. Wird der ursprüngliche V. durch seine Kettenmatrix **A** mit den Parametern A_{ik} beschrieben, dann hat der umgekehrte Vierpol die Kettenmatrix

$$A_K = \frac{1}{\det A} \begin{pmatrix} A_{22} & A_{12} \\ A_{21} & A_{11} \end{pmatrix}. \quad [15]. \qquad Rü$$

Vierpol, verlustfreier *(lossless two-port).* Für die physikalische Bedingung der Verlustfreiheit: → Vierpol, aktiver. Der verlustfreie V. ist eine Idealisierung. Praktisch gelingt eine näherungsweise Realisierung, indem der V. nur aus LC-Bauelementen aufgebaut wird, wobei angenommen wird, daß die (unvermeidbaren) Verluste vernachlässigt werden können. Auch Vierpole mit aktiven Bauelementen können verlustfrei sein. Beispiel: idealer Gyrator. Die Eigenschaft der Verlustfreiheit von Vierpolen, die aus LC-Bauelementen aufgebaut sind, drückt sich in der Kettenmatrix des Vierpols so aus, daß die beiden Elemente der Hauptdiagonale (A_{11}, A_{22}) rein reell, die Elemente der Nebendiagonale (A_{21}, A_{12}) rein imaginär sind. Rü

Vierpol, widerstandssymmetrischer *(electrically symmetric two-port network).* Ein V., bei dem bezüglich seiner elektrischen Klemmeneigenschaften, nicht zwischen Ein- und Ausgangstor unterschieden werden kann. Dies bedeutet, daß die Kettenmatrix des Vierpols mit der des umgekehrten Vierpols identisch sein muß. Vierpole aus passiven Bauelementen (det **A** = 1) sind dann widerstandssymmetrisch, wenn die Kettenparameter in der Hauptdiagonalen gleich sind:

$$A_{11} = A_{22} \quad \text{oder} \quad \det D = \det C = -1$$

(→ Asymmetriefaktor). Für die Widerstandssymmetrie eines Vierpols ist Strukturmmetrie hinreichend aber nicht notwendig. [15]. Rü

Vierpoldeterminante *(network determinant).* Man versteht darunter die Determinante der betreffenden Vierpolmatrix. Beispielsweise lautet die Determinante der Widerstandsmatrix (Widerstandsdeterminante)

$$\det Z = Z_{11}Z_{22} - Z_{21}Z_{12}.$$

Determinanten der Vierpolmatrizen treten beim Umrechnen der Vierpolgleichungen auf. Darüber hinaus geben die Determinanten Aufschluß über besondere Vierpoleigenschaften. So stellt $Z_w = \sqrt{-\det Z}$ den Wellenwiderstand eines widerstandssymmetrischen Vierpols dar, der selbst durch det **D** = det **C** = −1 gekennzeichnet ist; det **A** = 1 sagt aus; daß es sich um einen übertragungssymmetrischen Vierpol handelt. [15]. Rü

Vierpolersatzschaltungen. Wenn ein Vierpol nur durch seine Vierpolparameter gegeben ist (z.B. Transistor), ist es oft zweckmäßig, das Verhalten des Netzwerks an den Klemmen durch eine Ersatzschaltung zu beschrei-

Vierpolfunkentstörkondensator

ben, die aus Widerständen, Leitwerten, Spannungs- und Stromquellen so aufgebaut ist, daß sie bei Anwendung der Kirchhoffschen Gleichungen, den Vierpol nach außen hin repräsentiert. In der Bildtafel sind die Vierpolersatzschaltungen für alle Vierpolgleichungen mit einer und mit zwei Quellen für Kettenzählpfeile (→ Zählpfeilsystem) angegeben. (Für die Kettenkoeffizienten existieren keine Ersatzschaltungen.) [15]. Rü

Vierpolfunkentstörkondensator → Funkenstörkondensator.
Ge

Vierpolgleichungen *(two-port equations)*. (→ Bild Vierpol). Die elektrischen Eigenschaften eines linearen Vierpols werden vollständig durch zwei Spannungen (U_1, U_2) und zwei Ströme (I_1, I_2) an den beiden Toren beschrieben. Der Zusammenhang zwischen diesen vier Größen wird durch zwei lineare Gleichungen, die V., hergestellt. Die in diesen Gleichungen auftretenden Koeffizienten heißen Vierpolkoeffizienten oder Vierpolparameter. Die Kombination von jeweils zwei Größen aus vier

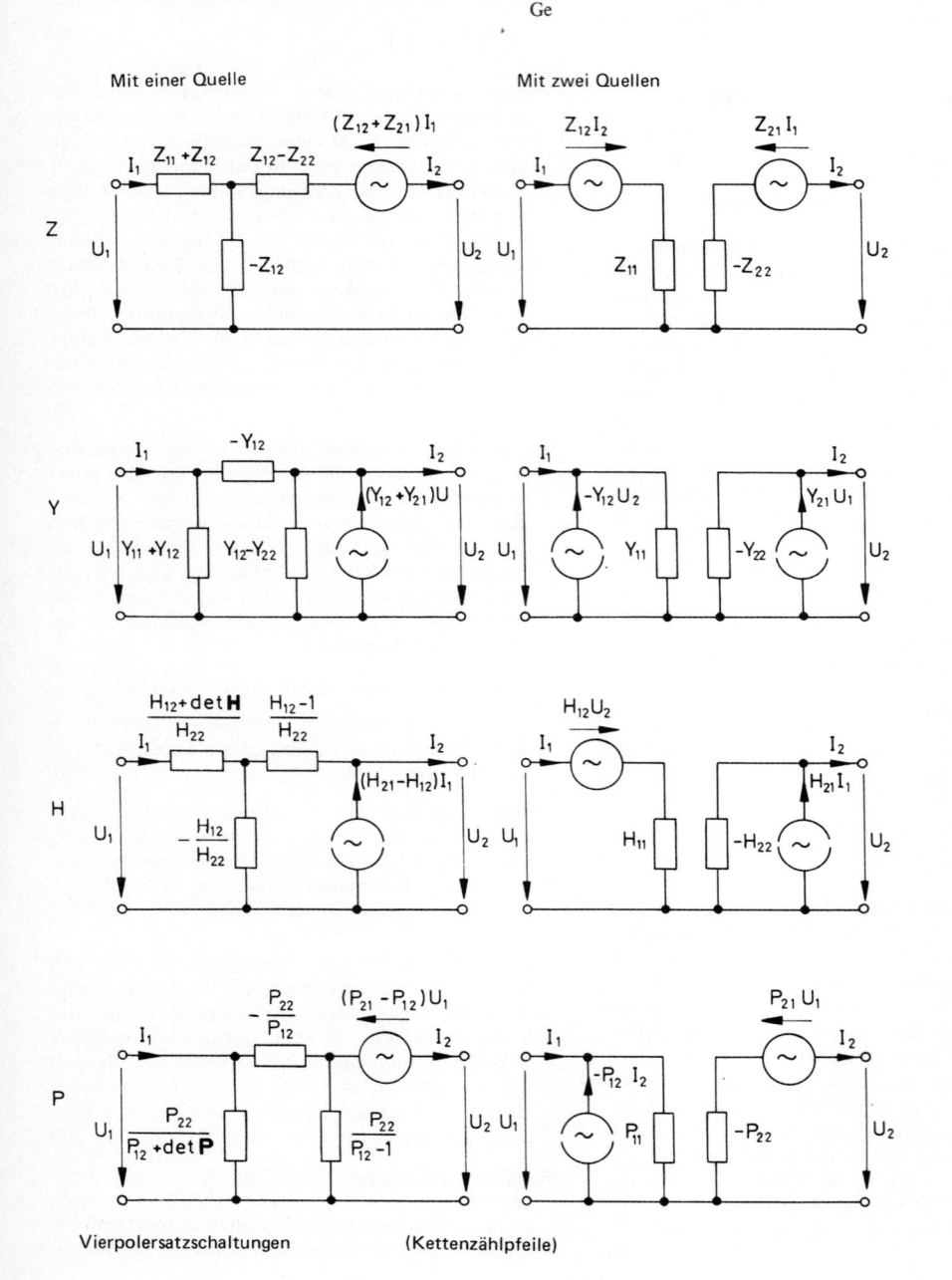

Vierpolersatzschaltungen   (Kettenzählpfeile)

Elementen führt zu insgesamt $\binom{4}{2} = 6$ Darstellungsmöglichkeiten für die Vierpolgleichungen:

1. Widerstandsgleichungen

$U_1 = Z_{11} I_1 + Z_{12} I_2$;
$U_2 = Z_{21} I_1 + Z_{22} I_2$.

2. Leitwertgleichungen

$I_1 = Y_{11} U_1 + Y_{12} U_2$;
$I_2 = Y_{21} U_1 + Y_{22} U_2$.

3. Reihen-Parallel-Gleichungen

$U_1 = H_{11} I_1 + H_{12} U_2$;
$I_2 = H_{21} I_1 + H_{22} U_2$.

4. Parallel-Reihen-Gleichungen

$I_1 = P_{11} U_1 + P_{12} I_2$;
$U_2 = P_{21} U_1 + P_{22} I_2$.

5. Kettengleichungen (Primärgleichungen)

$U_1 = A_{11} U_2 + A_{12} I_2$;
$I_1 = A_{21} U_2 + A_{22} I_2$.

6. Inverse Kettengleichungen

$U_2 = B_{11} U_1 + B_{12} I_1$;
$I_2 = B_{21} U_1 + B_{22} I_1$.

Die sechs verschiedenen V. sind verschiedene Darstellungsformen ein und desselben physikalischen Sachverhalts. Die Vierpolkoeffizienten können durch elementare Umformung ineinander umgerechnet werden (Umrechnungstabellen in jedem Buch über Vierpoltheorie). Die einzelnen Parameter sind Funktionen der Vierpolbauelemente. Die verschiedenen Gleichungsformen werden bei Vierpolzusammenschaltungen praktisch genutzt. Die inversen Kettengleichungen werden selten verwendet, da sie den Gleichungen des umgekehrten Vierpols entsprechen. [15]. Rü

Vierpol im Betrieb *(double-terminated network)*. Man betrachtet eine erweiterte Vierpolschaltung, um den Einfluß eines an den Eingangsklemmen $(1, 1')$ wirksamen (komplexen) Innenwiderstandes Z_1 der (Spannungs- oder Strom-)Quelle sowie den Einfluß eines an den Ausgangsklemmen $(2, 2')$ liegenden (komplexen) Verbraucherwiderstandes Z_2 auf die Signalübertragung mit zu erfassen (Bild). Die für diesen (praktisch immer vorliegenden) Fall definierbaren Übertragungsgrößen nennt man Betriebsübertragungsgrößen ($\rightarrow$ Betriebsübertragungsfaktor). [15]. Rü

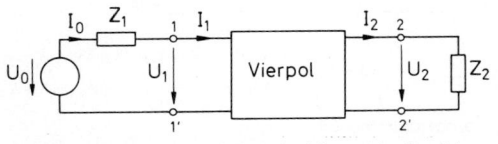

Spannungs- und Strompfeile beim Vierpol im Betrieb

Vierpolklassen. Gemäß ihren charakteristischen Eigenschaften teilt man Vierpole in Klassen ein. Die wichtigsten sind die Klassen der widerstandssymmetrischen, übertragungssymmetrischen, antimetrischen und verlustfreien Vierpole. [15]. Rü

Vierpolkoeffizienten *(two-port parameters)* $\rightarrow$ Vierpolgleichungen. Rü

Vierpolmatrizen *(matrix of two-port)*. Alle Vierpolgleichungen lassen sich in Matrizenschreibweise angeben. So enthält man z.B. für die Widerstandsgleichungen

$$\begin{pmatrix} U_1 \\ U_2 \end{pmatrix} = \begin{pmatrix} Z_{11} & Z_{12} \\ Z_{21} & Z_{22} \end{pmatrix} \begin{pmatrix} I_1 \\ I_2 \end{pmatrix}$$

oder abgekürzt $U = ZI$. U ist dabei die einspaltige Spannungsmatrix und I die einspaltige Strommatrix, während man die quadratische Matrix Z sinngemäß Widerstandsmatrix nennt. Aus den übrigen Vierpolgleichungen gewinnt man weitere Vierpolmatrizen:

2. Leitwertmatrix

$$Y = \begin{pmatrix} Y_{11} & Y_{12} \\ Y_{21} & Y_{22} \end{pmatrix}.$$

3. Reihen-Parallelmatrix

$$H = \begin{pmatrix} H_{11} & H_{12} \\ H_{21} & H_{22} \end{pmatrix}.$$

4. Parallel-Reihenmatrix

$$P = \begin{pmatrix} P_{11} & P_{12} \\ P_{21} & P_{22} \end{pmatrix}.$$

5. Kettenmatrix

$$A = \begin{pmatrix} A_{11} & A_{12} \\ A_{21} & A_{22} \end{pmatrix}.$$

Bei Vierpolberechnungen ist es zweckmäßig, statt mit der Vierpolgleichung nur mit der Matrix zu rechnen, da dieses Koeffizientenschema alle Informationen über den Vierpol enthält und die Anwendung der Rechenregeln der Matrizenalgebra vor allem bei $\rightarrow$ Vierpolzusammenschaltungen zu einfachen und übersichtlichen Gesetzmäßigkeiten führt. Vor allem ist die Matrizendarstellung der Vierpoleigenschaften auch bei der Umrechnung der Vierpolgleichungen nützlich, da gilt

$Y = Z^{-1}$; $Z = Y^{-1}$; $H = P^{-1}$; $P = H^{-1}$. [15]. Rü

Vierpolparameter *(two-port parameters)* $\rightarrow$ Vierpolgleichungen. Rü

Vierpoltheorie *(fourpole theory)*. Teilgebiet der Netzwerktheorie, das sich mit der allgemeinen Berechnung von Vierpoleigenschaften an den Klemmenpaaren der Schaltung befaßt. Wesentlich ist, daß die V. alle Netzwerkgrößen durch allgemeine Vierpolparameter formuliert, ohne den speziellen Aufbau des Vierpols zu berücksichtigen. [15]. Rü

Vierpoltransformation. Man versteht darunter meist die Überführung eines Vierpols in einen dazu äquivalenten Vierpol. Häufig benutzte Vierpoltransformationen sind die $\rightarrow$ Norton-Transformation und die Bartlett-Transformation ($\rightarrow$ Theorem von Bartlett). [15]. Rü

Vierpolwellen

Vierpolwellen. Werden zur Beschreibung der Vierpoleigenschaften statt der Spannungen (U_1, U_2) und der Ströme (I_1, I_2) vier andere Größen – die Vierpolwellen – verwendet, gelangt man zu einem anderen Satz von Vierpolgleichungen. Da sich diese Betrachtungsweise vor allem für Vierpole im Betrieb eignet, nennt man die so gewonnenen Matrizen → Betriebsmatrizen. Sie eignen sich besonders zur Beschreibung von Leistungsübertragungen. Das Bild zeigt einen an beiden Toren mit einer Spannungsquelle beschalteten Vierpol im Betrieb. An den Toren definiert man je eine einlaufende Welle V_e und eine auslaufende Welle V_a. Diese „Wellenvorstellung" wurde von den räumlichen Eigenschaften elektrischer Wellen auf Leitungen abstrahiert. Will man die Richtung der Energieübertragung z.B. von links nach rechts betrachten, setzt man $U_{L2} = 0$ und damit $V_{e2} = 0$. Zwischen Spannungen, Strömen und Wellen bestehen die Zusammenhänge

$$U_1 = \sqrt{Z_1}(V_{e1} + V_{a1}); \quad U_2 = \sqrt{Z_2}(V_{a2} + V_{e2});$$

$$I_1 = \frac{1}{\sqrt{Z_1}}(V_{e1} - V_{a1}); \quad I_2 = \frac{1}{\sqrt{Z_2}}(V_{a2} - V_{e2}).$$

Allgemein nennt man $U/\sqrt{Z}$ eine Spannungs-, $I\sqrt{Z}$ eine Stromwelle. [15]. Rü

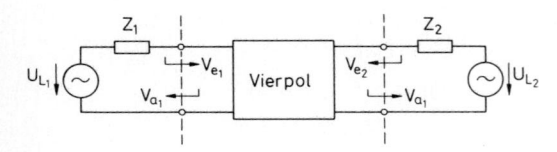

Wellen am Vierpol

Vierpolzerlegung *(dissection of two-ports).* Verfahren zur Analyse komplexer Vierpolnetzwerke. Man zerlegt das Netz in geeignete einfache Vierpole, deren Matrizen bekannt sind. Durch Anwendung der Regeln für Vierpolzusammenschaltungen gelangt man dann relativ leicht zu einer Vierpolmatrix des komplexen Netzwerks. Häufig gibt es mehrere Zerlegungsmöglichkeiten. [15]. Rü

Vierpolzusammenschaltungen *(connection of two-ports).* Zum Aufbau komplexer Vierpolstrukturen aus einfachen Vierpolen gibt es entsprechend den fünf verschiedenen Matrizenformen fünf Möglichkeiten der Zusammenschaltung (wobei die inversen Kettengleichungen (→ Vierpolgleichungen) als sechste Möglichkeit außer Betracht bleiben). In der Bildtafel sind die Zusammenschaltungsmöglichkeiten angegeben und daneben angeführt, welche Vierpolmatrizen nach welchen Rechenregeln der Matrizenalgebra zu verknüpfen sind, um die betreffende Matrix der Gesamtschaltung zu erhalten. Bei Reihen- und Parallelschaltungen müssen die (gestrichelt gezeichneten) Durchverbindungen existieren, damit die Zusammenschaltungsregeln gelten. Ist dies nicht der Fall, dann muß im Ein- oder Ausgangskreis ein idealer Trennübertrager (→ Übertrager) mit dem Übersetzungsverhältnis 1:1 eingefügt werden. [15]. Rü

Reihenschaltung:

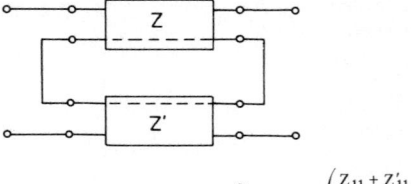

$$\widetilde{Z} = Z + Z' = \begin{pmatrix} Z_{11} + Z'_{11} & Z_{12} + Z'_{12} \\ Z_{21} + Z'_{21} & Z_{22} + Z'_{22} \end{pmatrix}$$

Parallelschaltung:

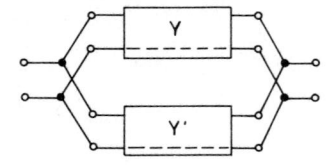

$$\widetilde{Y} = Y + Y' = \begin{pmatrix} Y_{11} + Y'_{11} & Y_{12} + Y'_{12} \\ Y_{21} + Y'_{21} & Y_{22} + Y'_{22} \end{pmatrix}$$

Reihen-Parallelschaltung:

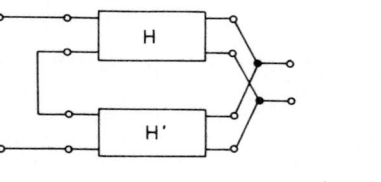

$$\widetilde{H} = H + H' = \begin{pmatrix} H_{11} + H'_{11} & H_{12} + H'_{12} \\ H_{21} + H'_{21} & H_{22} + H'_{22} \end{pmatrix}$$

Parallel-Reihenschaltung:

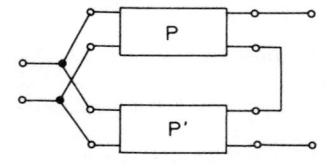

$$\widetilde{P} = P + P' = \begin{pmatrix} P_{11} + P'_{11} & P_{12} + P'_{12} \\ P_{21} + P'_{21} & P_{22} + P'_{22} \end{pmatrix}$$

Kettenschaltung:

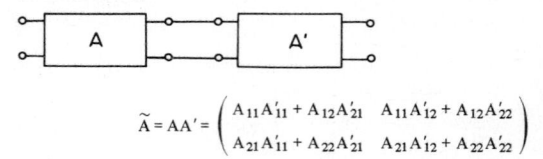

$$\widetilde{A} = AA' = \begin{pmatrix} A_{11}A'_{11} + A_{12}A'_{21} & A_{11}A'_{12} + A_{12}A'_{22} \\ A_{21}A'_{11} + A_{22}A'_{21} & A_{21}A'_{12} + A_{22}A'_{22} \end{pmatrix}$$

Vierpolzusammenschaltungen

Vierquadrantenbetrieb *(four-quadrant operation).* Dieser Begriff wird in der elektrischen Energietechnik bei Stromrichtern und elektrischen Antrieben angewendet, deren Leistungen durch die Ausgangsgrößen Strom und

Spannung bzw. Drehmoment und Drehzahl gegeben sind. Der augenblickliche Betriebspunkt einer solchen Anlage läßt sich in der durch die Ausgangsgrößen als Koordinaten gebildeten Ebene angeben (Bild), wobei die Quadranten von I bis IV numeriert werden. Man spricht von Einquadrantenbetrieb, wenn beide Ausgangsgrößen ihre Richtung nicht ändern können, Zweiquadrantenbetrieb, wenn eine der Ausgangsgrößen ihre Richtung umkehren kann, Vierquadrantenbetrieb, wenn beide Ausgangsgrößen ihre Richtungen wechseln können. [3]. Ku

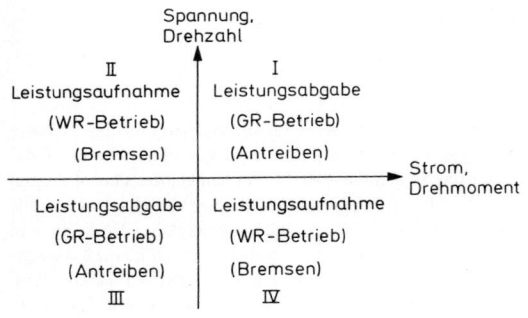

Vierquadrantenbetrieb

Vierquadrantenmultiplizierer *(four-quadrant multiplier, quarter-square multiplier)*. V. sind analoge, lineare Multiplizierer, bei denen zwei elektrische Signaleingangsgrößen im angegebenen Bereich unter Beachtung algebraischer Multiplikationsregeln so miteinander verknüpft werden, daß sich der Verlauf des Ausgangssignals proportional zum Produkt beider Eingangssignale verhält. Die Eingangssignale können jede Polarität annehmen, die Multiplikation ergibt vorzeichenrichtige Ergebnisse. Elektronische Schaltungen dieser Art können häufig auch dividieren, quadrieren und radizieren. Zum Multiplikationsvorgang nutzt man z.B. die Abhängigkeit der Steilheit vom Emitterstrom bei Bipolartransistoren (Stromverteilungssteuerung). Beim Schaltungsaufbau muß auf Möglichkeiten eines sorgfältigen Nullabgleichs geachtet werden, damit dem Wert Null eines oder beider Eingangssignale auch der Wert Null im Ausgangssignal zugeordnet wird. 1. V. aus Einzelhalbleitern (diskreter Aufbau, Bild a). Im Prinzip besteht die Schaltung aus einer Differenzstufe am Signaleingang und einem nachgeschalteten Operationsverstärker. Das Eingangssignal U_x liegt an einem der Differenzeingänge, das zweite Eingangssignal U_y steuert den Emitterstrom beider Transistoren. Die Differenz beider Kollektorströme entspricht dem Produkt $U_x \cdot U_y$ und wird im angeschlossenen Operationsverstärker weiter verarbeitet. Eine lineare Multiplikation ist nur in Bereichen kleiner Eingangs-Signalwerte möglich (U_x bzw. U_y: etwa ± 20 mV). 2. Monolithisch aufgebaute V. Ihre Funktion beruht auf einer integrierten Anordnung mehrerer gesteuerter Operationsverstärker, so daß insgesamt ein vergrößerter Steilheitsbereich zur Verfügung steht. Im Prinzipbild (Bild b) wird dem Verstärker A ein fest eingestellter, konstanter Ruhestrom zugeführt. Durch Gegenkopplung

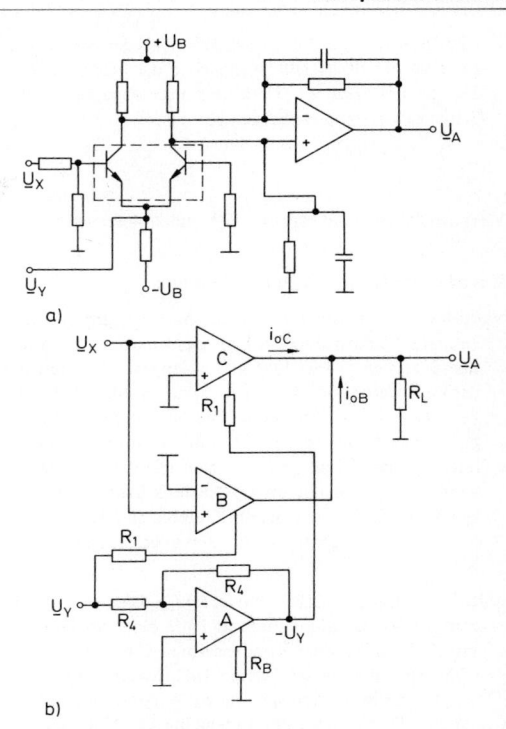

Vierquadrantenmultiplizierer

erhält sein Verstärkungsfaktor den Wert 1. Das Eingangssignal U_y erscheint am Signalausgang invertiert und beeinflußt als Steuerspannung die Verstärkung des Operationsverstärkers C. Die Steilheit des Verstärkers B wird direkt vom Signal U_y beeinflußt. An dessen nichtinvertierendem Eingang liegt das zweite Signal U_x. Sein Ausgangsstrom durchfließt gemeinsam mit dem Ausgangsstrom des Verstärkers C den außen angeschlossenen Lastwiderstand R_L. Bei eingehaltenen Abgleichbedingungen der Ruheströme, aufeinander angepaßten Operationsverstärkern (gleiche Steilheit von B und C) wird die Ausgangsspannung U_A: $U_A = 2 \cdot K \cdot U_x \cdot U_y \cdot R_L$ (K = Konstante). Man findet V. z.B. in elektronischen Schaltungen zur Effektivwertmessung, als Modulator, in Schaltungen zur Frequenzvervielfachung. [4], [6], [8], [9], [12], [13], [14]. Fl

Vierspitzenmethode *(four-point probe measurement)*. Meßmethode zur Bestimmung des Schichtwiderstandes r_s.

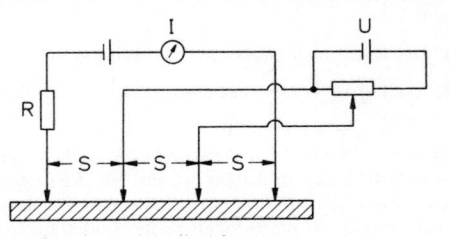

Prinzip der Vierspitzenmethode

Über zwei der vier Spitzen wird ein vorgegebener Strom I zu- oder abgeführt (Bild) und über die beiden anderen der Spannungsabfall U hochohmig abgegriffen. Der Schichtwiderstand ergibt sich zu:

$r_s = 4{,}53 \, U/I$.

[12].   Ne

Viertelwellenanpassungsglied → Lambda/4-Transformator. Fl

Viertelwellenleitung → Lambda/4-Leitung.   Fl

Viertelwellentransformator *(quarter-wave transformer)*, Lambda/4-Transformator, Lambda/4-Leitung. Zu Anpassungszwecken verwendetes λ/4-langes Leitungsstück, dessen Wellenwiderstand so zu wählen ist, daß $\underline{Z}_L = (\underline{Z}_1 \cdot \underline{Z}_2)^{1/2}$ ist, wobei der am Anfang der Leitung befindliche Widerstand mit $\underline{Z}_1$ und der am Ende liegende mit $\underline{Z}_2$ bezeichnet ist. Viertelwellentransformatoren werden in der Dezimeterwellentechnik häufig verwendet. Zur Vergrößerung der Bandbreite können z.B. zwei Viertelwellentransformatoren in Reihe geschaltet werden. [8].   Ge

Villard-Schaltung *(Villard-connection)*. Die V. ist eine Stromrichterschaltung, die mit Hilfe eines Stromrichterventils V und zweier Kondensatoren C eine pulsierende Gleichspannung liefert, deren Höchstwert dem doppelten Scheitelwert der speisenden Wechselspannung entspricht. Die V. wird zur Erzeugung der Hochspannung für Röntgenröhren angewendet (Bild). [11].   Ku

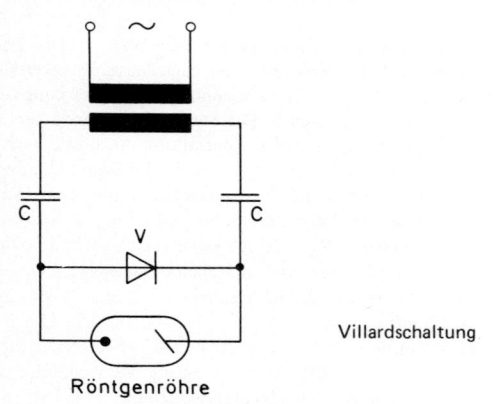

VIP-Technik *(V-isolation with polysilicon technology)* → V-ATE-Isolation.   Ne

VLF *(very low frequency)* → Längstwellen; → Funkfrequenzen.   Ge

VLSI *(very large scale integration)* → Größtintegration.   Ne

V²LSI *(very very large scale integration)* → Ultrahöchstintegration.   Ne

VMOS *(vertical metal-oxide semiconductor, VMOS)*. Eine Halbleitertechnik, bei der ein N-Kanal-MOSFET *(metal-oxide semiconductor field-effect transistor)* so angeordnet ist, daß der Strom vertikal von der Source zur Drain fließt (Bild). Um das Steuergate anbringen zu können, wird ein V-förmiger Graben anisotrop in das Silicium eingeätzt. Die Kanallänge wird von der Dicke der P-dotierten Schicht und nicht von den bei der Photolithographie vorgegebenen Minimalmaßen bestimmt. Vorteile von VMOS: Hohe Schaltgeschwindigkeit (2 A können in 10 ns an-aus-geschaltet werden), extrem kleine Eingangsleistung, als Leistungsbauelemente extrem kleines Rauschen, Schwellspannung zwischen 0,8 V und 2 V (TTL-kompatibel). [4].   Ne

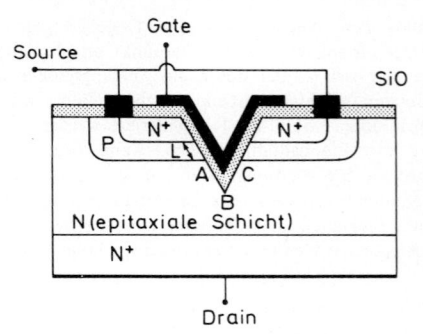

Vocoder *(vocoder, voice coder)*. V. (engl. Abkürzung: Voice Coder, Stimmen- bzw. Sprachverschlüßler) sind Geräte der Fernsprech-Übertragungstechnik, mit deren Hilfe der scheinbare Nachrichtenfluß (Signalfluß) menschlicher Sprache auf wirtschaftlich vertretbaren Aufwand eines Nachrichten-Übertragungssystems reduziert werden kann, ohne die Verständlichkeit wesentlich zu beeinflussen. Dazu wird der elektrische Signalfluß der Nachrichtenquelle durch Freisetzen von unnötigen Bestandteilen bis auf den wirklichen Nachrichtengehalt herabgesetzt. Man erreicht verkleinerte Kanalkapazitäten und geringeren Aufwand an Übertragungsmitteln. V. bestehen aus einem Aufnahmeteil (Vocoder-Analysator), der z.B. am elektrischen Ausgang eines Mikrophons angeschlossen wird und aus einem Wiedergabeteil (Vocoder-Synthesator), der am Empfangsort steht und an dessen Ausgang sich z.B. ein Lautsprecher befindet. Das Aufnahmeteil führt eine Spektralanalyse und Frequenzmessung der Sprechwechselströme durch. Man nutzt aus, daß das Kurzzeitspektrum der Sprache nur relativ langsamen zeitlichen Änderungen unterworfen ist. Die Nachrichtenströme des Mikrophons werden durch elektrische Filter in schmale Frequenzbänder aufgelöst, gleichgerichtet und durch Tiefpässe von etwa 20 Hz Grenzfrequenz gefiltert und von überflüssigen Teilschwingungen befreit. Die Signale durchlaufen einen Nachrichtenkanal und gelangen zum Wiedergabeteil. Dort werden die übertragenen Signale auf Anteile von stimmhaften Lauten (Grund- und Oberschwingungen) und Zischlauten (kontinuierliches, breitbandiges Frequenzspektrum) untersucht. Abhängig vom Untersuchungsergebnis wird den Modulatoren entweder ein Grundschwingungsanteil oder ein Rauschspektrum zugeführt (Bild). Die zugeführten Größen modulieren die Übertragungs-Signale. Entstehende Modulationsprodukte werden in ähnlichen Filtern wie auf der Sendeseite ge-

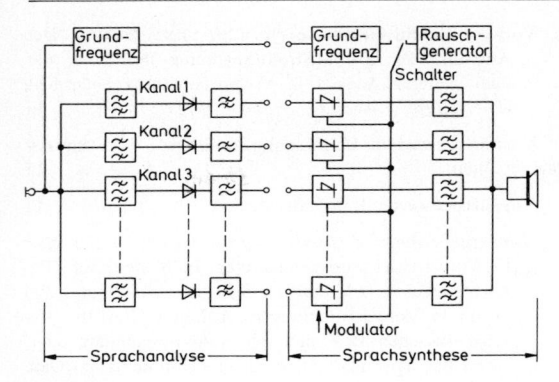

Vocoder

filtert und zu einer Sprachsynthese zusammengesetzt. Man erreicht Bandbreiten von etwa 300 Hz bzw. einen Signalfluß von $3 \cdot 10^3$ Bit/s. Anwendungen: z.B. Telephonie zwischen bemannten Raumschiffen; Sprechverkehr zwischen Datenverarbeitungsanlagen. [14], [19]. Fl

Vollabbau *(full removal)* → Polabspaltung. Rü

Volladdierer → Addierer. We

Vollausfall *(complete failure)*. Ausfall, der jede funktionsmäßige Verwendung ausschließt. [4]. Ge

Vollprüfung *(total inspection)*, Hundertprozentprüfung. Güteprüfung sämtlicher Einheiten eines Loses. [4]. Ge

Vollsubtrahierer → Subtrahierer. We

Vollweggleichrichter *(full-wave rectifier)* → Zweiweggleichrichtung. Ku

Vollwegthyristor → Triac. Li

Vollwellenschaltung *(full-wave connection)* → Zweiwegschaltung. Ku

Volt *(volt)*. Abgeleitete SI-Einheit der elektrischen Spannung. Zeichen V) (DIN 1357).

$$1 \text{ V} = 1 \frac{\text{kg m}^2}{\text{A s}^3} = 1 \frac{\text{W}}{\text{A}} = 1 \frac{\text{J}}{\text{As}}$$

(W Watt, J Joule, A Ampere).
Definition: Das V. ist gleich der elektrischen Spannung oder elektrischen Potentialdifferenz zwischen zwei Punkten eines fadenförmigen, homogenen und gleichmäßig temperierten metallischen Leiters, in dem bei einem zeitlich unveränderlichen elektrischen Strom der Stärke 1 A zwischen den beiden Punkten die Leistung 1 W umgesetzt wird. [5]. Rü

Voltameter → Coulombmeter. Fl

Voltasche Spannungsreihe → Spannungsreihe, elektrochemische. Ne

Voltmeter → Spannungsmesser. Fl

Voralterung → Burn-In. We

Vorbereitungseingang *(precondition input)*. Eingang eines taktflankengesteuerten Flipflops, der die Art der Zustandsänderung beim Auftreten der aktiven Taktflanke bestimmt; z.B. sind beim JK-Flipflop die Eingänge J und K Vorbereitungseingänge. [2]. We

Vorderflanke *(trailing edge)*. Ansteigende Flanke eines Signals; meist als positive Flanke bezeichnet. [10]. We

Voreilwinkel *(lead angle)*. Bei netzgeführten Stromrichtern mit Phasenanschnittsteuerung wird die Differenz zwischen π und dem Steuerwinkel α als V. β bezeichnet. [11]. Ku

Vorfeldeinrichtung *(party line or shared-line equipment)*. Einrichtung zum Anschluß mehrerer Endstellen über eine geringere Anzahl gemeinsamer Leitungen an eine Vermittlungsstelle. Die Leitungen zwischen Vermittlungsstelle und Vorfeldeinrichtung heißen Hauptleitungen, Leitungen zwischen Vorfeldeinrichtung und Endstellen heißen Zweigleitungen. Typische Vorfeldeinrichtungen sind Konzentratoren, Multiplexer und Wählsterneinrichtungen. [19]. Kü

Vorhalt *(derivative action)*. Ein differenzierender Anteil (D-Anteil) bei Übertragungsgliedern wird als V. bezeichnet. Der Koeffizient des D-Anteils hat bei Normierung des P-Anteils zu 1 die Dimension einer Zeit (Vorhaltezeit). Bei einem PD-Glied ist die Vorhaltezeit die Zeit, um die die Rampenantwort einen bestimmten Wert früher erreicht, als diejenige eines entsprechenden P-Gliedes (→ Regler, elektronischer) (DIN 19226). [18]. Ku

Vorhaltezeit *(derivative time)* → Vorhalt. Ku

Vorhangantenne → Dipolwand. Ge

Vormagnetisierung *(presaturation; premagnetization)*. Die V. ist von entscheidender Bedeutung bei der Magnetbandaufzeichnung. Hierbei wird das Band mit einem hochfrequenten Wechselfeld (etwa 50 kHz bis 150 kHz) vormagnetisiert. Die NF-Spannung (NF, Niederfrequenz) des Aufsprechverstärkers wird der HF-Spannung (HF, Hochfrequenz) überlagert. Die Summe beider treibt einen entsprechenden Strom durch den Magnetkopf. Die Amplitude des Vormagnetisierungsstromes ist kritisch. Sie beeinflußt Aussteuerbarkeit, Frequenzgang, Verzerrungen und Störabstand und muß sehr genau eingestellt werden. [13]. Th

Vormodulationssystem *(premodulation system)*. Das V. ist eine in den ersten beiden Modulationsstufen von der CCIF-Norm (Comité Consultatif International Téléphonique) abweichende Aufbauart von Vielkanal-TF-Einrichtungen (TF, Trägerfrequenz). Alle Sprechkanäle werden mit einer Trägerfrequenz von 60 kHz moduliert (V.). Vorkanalumsetzer fügen 12 solcher Kanäle zu einer Aufbaugruppe zusammen. Fünf Aufbaugruppen ergeben nach Umsetzung an Übergruppenträgern die CCIF-Übergruppe 1 in der vorgeschriebenen Übertragungsfrequenzlage. [14]. Th

Vorratskatode *(dispenser cathode)*. Spezielle indirekt geheizte Katode für die Emission von meist impulsförmigen hohen Strömen, die in einer Vorratskammer oder in porenförmigen Hohlräumen zusätzliche Emissionssubstanz enthält, die beim Erhitzen der V. an die Katodenoberfläche wandert und dort die abgedampfte Substanz ersetzt. [4], [11]. Li

Vor-Rückwärtszähler *(up-down counter)*, Zweirichtungszähler. Elektronischer Zähler, der in einem bestimmten Code sowohl vorwärts als auch rückwärts Impulse zählen kann. Der Zähler kann über zwei Takteingänge verfügen, wobei Impulse an einem Eingang zum Vorwärtszählen, am anderen zum Rückwärtszählen dienen, oder über einen Takteingang und einen weiteren Steuereingang für die Zählrichtung (Bild). [2]. We

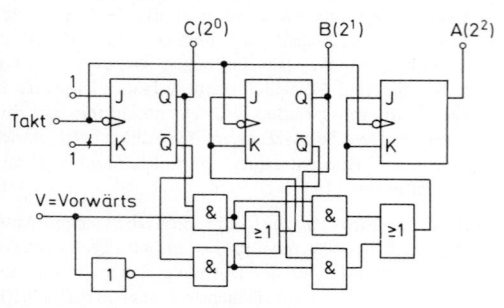

Dreistufiger synchroner Vor-Rückwärtszähler

Vorspannung *(bias voltage)*. Eine bei aktiven elektronischen Bauelementen aus der Versorgungsspannung abgeleitete Gleichspannung, die zur Einstellung des Arbeitspunktes z.B. an eine Elektrode einer Elektronenröhre gelegt wird. [4]. Rü

VOR-Verfahren → Funknavigation. Ge

Vorverstärker *(preamplifier)*. Verstärker, die benötigt werden, weil die Ausgangsamplitude der Signalquelle für die ausreichende Aussteuerung eines gegebenen Leistungsverstärkers bzw. einer Mischstufe nicht ausreicht. Bei HF-Empfängern (HF, Hochfrequenz) dient der V. im wesentlichen der Verbesserung des Signal-Rauschabstandes. [6], [8], [13]. Li

Vorwahlschalter → Codierschalter. Fl

Vorwahlzähler *(presettable counter)*. Ein Zähler, der auf eine bestimmte Zahl eingestellt werden kann (mit dieser Zahl geladen werden kann), um die Anzahl der Zählvorgänge bis zum Erreichen eines Endpunktes *(terminal count)* zu bestimmen. Der V. ist meist in Form eines Rückwärtszählers ausgeführt, der auf Null heruntergezählt wird. [2]. We

Vorwärtsblockierspannung *(forward blocking voltage)*. Bei einem steuerbaren Ventil, speziell Thyristor, eine an den Anschlüssen anliegende Spannung, deren Wert innerhalb des Vorwärtssperrbereiches liegt. Die maximale V. ist die Kippspannung. [4], [11]. Li

Vorwärtskennlinie *(forward voltage-current characteristic)*. Abschnitt einer Strom-Spannungs-Kennlinie, der dem Vorwärtsstrombereich entspricht (DIN 41 853). [4]. Ne

Vorwärts-Durchlaßkennlinie *(forward characteristic)*. Der Abschnitt der Haupt-(Strom/Spannungs-)Kennlinie, der dem Durchlaßzustand in Vorwärtsrichtung entspricht (DIN 41 786). [4]. Li

Vorwärtskurzschluß-Übertragungsadmittanz → Vorwärtssteilheit. Li

Vorwärtsleitwert → Kennliniensteilheit. Li

Vorwärtssperrbereich *(forward cutoff region)*. 1. Bei einer in Vorwärtsrichtung geschalteten Halbleiterdiode: Bereich zwischen 0 V und der Schleusenspannung. 2. Bei einem in Vorwärtsrichtung geschalteten Thyristor: Bereich zwischen 0 V und der Nullkippspannung oder, wenn der Thyristor durch einen Zündimpuls am Gate gezündet wird, der Bereich zwischen 0 V und der Kippspannung. [4], [6], [11]. Li

Vorwärtsspannung *(forward voltage)*. Spannung zwischen den Anschlüssen einer Diode, wenn durch diese ein Vorwärtsstrom fließt (DIN 41 853). [4]. Ne

Vorwärtssteilheit *(transconductance)*, Vorwärtskurzschluß-Übertragungsadmittanz. Das Verhältnis, der über die kurzgeschlossenen Ausgangsklemmen eines Vierpols (z.B. Transistorverstärkers) fließenden Ausgangsstromes zu der ihn erzeugenden Eingangsspannung (Vierpolgröße y_{21} bzw. y_f; → Transistorkenngrößen). [6], [15]. Li

Vorwärtssteuerung *(control)* → Steuerung. Ku

Vorwärtsstrom *(forward current)*. Strom, der die Diode in Vorwärtsrichtung durchfließt (DIN 41 853). [4]. Ne

Vorwärtszähler *(up counter)*. Ein Zähler, der in einem bestimmten Code vorwärts zählt, d.h., bei jedem Taktimpuls nimmt der Zähler einen Zustand ein, der einer höheren Zahl entspricht. Neben den Vorwärtszählern gibt es Rückwärtszähler und Vor-Rückwärtszähler. [2]. We

Vorwärtszeichen → Kennzeichen. Kü

Vorzugslage *(preference state)*. Schaltzustand, den ein Schaltwerk, besonders ein Flipflop sicher annimmt, wenn die Versorgungsspannung zugeführt wird. Die V. wird im Schaltbild durch ein schwarzes Feld an dem Ausgang, an dem in der V. das „1"-Signal anliegt. angezeigt. Viele Flipflops besitzen keine Vorzugslage. We

VSCF-System *(variable speed constant frequency system)*. Ein System, das unabhängig von der Drehzahl des Stromgenerators einen Wechselstrom bzw. Drehstrom konstanter Frequenz erzeugt − z.B. mit Hilfe von Trapezumrichtern. Das V. findet vor allem zur Bordnetzversorgung von Flugzeugen Verwendung, wo man mit Frequenzen von 400 Hz arbeitet. [3], [11], [18]. Li

VSWR *(voltage standing wave ratio)* → Stehwellenverhältnis. Ge

V-Synchronimpuls → Vertikalsynchronimpuls. Th

V-Systeme. Systemkennzeichnung in der Trägerfrequenz-Technik (TF-Technik). Bei Trägerfrequenzsystemen mit geringer Kanalzahl verwendet man Z-Systeme (z.B. Z 12). „Z" steht für Zweidraht-Getrenntlage-Verfahren. Im Gegensatz dazu benutzt man zur trägerfrequenten Übertragung von mehr als 60 Fernsprechkanälen in getrennt verlegten Kabeln geführte symmetrische Adernpaare. Diese Trägerfrequenzsysteme werden mit dem Buchstaben „V" gekennzeichnet, wobei „V" für Vierdraht-Frequenzgleichlage-Verfahren steht. Heute praktisch eingesetzte V-Systeme sind: → V 60, V 120, V 300, V 960, V 2700 und V 10800. Die Ziffer hinter dem „V" kennzeichnet dabei die Anzahl der im betreffenden System geführten Fernsprechkanäle. Rü

VTL *(variable threshold logic)*. Logikschaltung, deren Schaltschwelle (Schwellenspannung) variabel ist. Sie kann durch die äußere Beschaltung festgelegt werden, wodurch eine optimale Anpassung an die geforderte Störsicherheit möglich wird. [2]. Li

VU-Meter *(volume-unit meter, VU meter)*. V. sind nach amerikanischer Normung festgelegte Meßgeräte mit einer Anzeige von Lautstärkepegeln der zusammengesetzten elektrischen Schwingungen im Tonfrequenzbereich, wie z.B. bei Sprache oder Musik. Sie besitzen genau definierte elektrische und dynamische Eigenschaften und sind häufig als Aussteuerungsanzeigegeräte aufgebaut. Die Anzeige in zahlenmäßigen Werten des Lautstärkepegels entspricht oberhalb eines Bezugspegels Ziffernwerten in Dezibel (ähnlich dem Schallpegelmesser). Der Bezugswert bzw. der Pegelwert Null wird angezeigt, wenn das Instrument an einem Widerstand von 600 Ω angeschlossen ist und an dem Widerstand eine elektrische Leistung von 1 mW bei einer Frequenz von 1 kHz umgesetzt wird (Näheres in: American National Standard Volume Measurements of Electrical Speech and Program Wave, C 16.5.). Die Lautstärkeeinheit entspricht nur dann einem Dezibel, wenn der Wert in Dezibel sich auf den gleichen Bezugspegel stützt, oder wenn Änderungen der Leistung als Differenzmessung erfaßt werden. [12]. Fl

VVS *(voltage-controlled voltage source)*, spannungsgesteuerte Spannungsquelle: → Quellen, gesteuerte. [15]. Rü

W

Wafer *(wafer)*. Dünne Halbleiterscheibe (Dicke: 100 μm bis 250 μm) mit einem Durchmesser von 50 mm, 75 mm oder 100 mm, auf der einige Hundert bis mehrere Tausend gleichartiger Schaltungsstrukturen integriert sind. Durch Vereinzeln des Wafers erhält man Chips, die die integrierte Einzelschaltung enthalten. [4]. Ne

Wagner-Glied → Wellenparameterfilter. Rü

Wagnersche Hilfsbrücke → Wagnerscher Hilfszweig. Fl

Wagnerscher Hilfszweig *(Wagner ground, Wagner earth)*, Wagnersche Hilfsbrücke (→ Bild Hilfsbrücke). Der W. ist ein zusätzlicher, dritter Brückenzweig, den man in Wechselstrommeßbrücken einfügt, deren Brückenelemente z.B. aus hochohmigen Impedanzen bestehen. Der eingefügte Hilfszweig besteht in vielen Fällen aus zwei hintereinandergeschalteten Scheinwiderständen, die parallel zur Speisespannungsquelle liegen und von denen mindestens einer abstimmbar gehalten ist. Die elektrische Verbindung zwischen beiden wird geerdet. An den beiden Einspeisungspunkten der Brückenschaltung auftretende, störende Erdkapazitäten liegen parallel zum Hilfszweig. Es entsteht eine Hilfsbrücke, die vor Beginn der eigentlichen Messung auf Brückengleichgewicht (→ Nullabgleich) zwischen Hilfs- und Meßzweig abgestimmt werden muß. Auf diese Weise eliminiert man den Einfluß der Störkapazitäten auf den Meßvorgang. Einen einfachen Hilfszweig erhält man, wenn statt zusätzlicher Scheinwiderstände ein Potentiometer an gleicher Stelle eingefügt wird. In diesem Fall wird der Schleifer des veränderbaren Widerstandes geerdet. [12]. Fl

Wählen *(dialling)*. Eingeben der Zielinformation durch einen Teilnehmer eines Nachrichtennetzes zum Aufbau einer Nachrichtenverbindung. Je nach Art der Eingabe wird zwischen Nummernschalterwahl und Tastwahl unterschieden. [19]. Kü

Wähler *(selector, switch)*. Koppeleinrichtung innerhalb von Vermittlungssystemen. Der Wähler ist eine konstruktive Zusammenfassung von Koppelelementen zu einer Koppelreihe, die einen Eingang mit einem von k Ausgängen wahlweise zu verbinden gestattet. Je nach vermittlungstechnischer Funktion des Wählers werden in elektromechanischen Wählsystemen unterschieden: Anrufsucher zur Konzentration des Verkehrs (Mischwahl), Gruppenwähler zur Verzweigung des Verkehrs (Richtungswahl) und Leitungswähler zur Expansion des Verkehrs (Teilnehmer- oder Punktwahl). Als typischer Vertreter gilt der EMD-Wähler (Edelmetall-Motor-Drehwähler). [19]. Kü

Wählsystem *(switching system)*. Allgemeine Bezeichnung eines Vermittlungssystems für Wählbetrieb. Nähere Bezeichnung der technischen Eigenschaften durch Vorsatz wie direkt gesteuertes System, indirekt gesteuertes System, speicherprogrammgesteuertes System, elektromechanisches System, elektronisches System usw. [19]. Kü

Wahlsatz → Satz. Kü

Wahlstufe *(selection stage)*. Gesamtheit aller Koppeleinrichtungen und zugehörigen Steuereinrichtungen innerhalb von Vermittlungssystemen mit abschnittsweiser Steuerung, die dieselbe Funktion ausführen. Bei Systemen mit direkter Steuerung bilden die Wähler zur Konzentration des Verkehrs die Anrufsucher- oder Mischwahlstufe, die Wähler zur Verzweigung des Verkehrs die I., II., ... Gruppenwahlstufe und die Wähler zur Expansion des Verkehrs die Leitungswahl- oder Punktwahlstufe. Bei Systemen mit indirekter Steuerung werden größere Koppelnetzkomplexe zusammengefaßt wie z.B. die Teilnehmerwahlstufe zur Konzentration/Expansion des Verkehrs und die Richtungswahlstufe zur Verzweigung des Verkehrs. [19]. Kü

Wahrscheinlichkeit *(probability)*. Tritt bei einer Anzahl von n Versuchen ein bestimmtes Ereignis m-mal ein, dann nennt man den Quotienten

$$h(E) = \frac{m}{n}$$

die relative Häufigkeit. Für eine hinreichend große Anzahl von Versuchen geht $h(E)$ in die (statistische) W. über

$$p(E) = \lim_{n \to \infty} h(E).$$

Bei einem sicheren Ereignis ist $p(E) = 1$, bei einem unmöglichen Ereignis ist $p(E) = 0$. [5]. Rü

Wahrscheinlichkeitsdichte → Aufenthaltswahrscheinlichkeit; → Verteilung. Bl

Wahrscheinlichkeitsdichtefunktion → Dichtefunktion. Bl

Wahrscheinlichkeitsintegral → Gaußsches Fehlerintegral. Fl

Walking-Code *(walking code)*. Ein Dezimalcode ohne Wertigkeit. Jedes Codewort umfaßt 5 Bits, von denen zwei mit „1" besetzt sind (Gewicht der Codewörter: 2). Es handelt sich damit um einen Zwei-aus-Fünf-Code. (Der Begriff kommt von to walk, gehen.) [13]. We

Ziffer	Bit				
	5	4	3	2	1
0	0	0	0	1	1
1	0	0	1	0	1
2	0	0	1	1	0
3	0	1	0	1	0
4	0	1	1	0	0
5	1	0	1	0	0
6	1	1	0	0	0
7	0	1	0	0	1
8	1	0	0	0	1
9	1	0	0	1	0

Walsh-Funktionen *(Walsh functions)*. Spezielle Form der → Sequenzfunktionen, die sich bei Anwendungen in der Sequenztechnik als besonders vorteilhaft erweisen. Es handelt sich um Rechteckfunktionen, deren Amplituden

mit

$$\Theta = \frac{t}{T_0}.$$

Die W. werden im normierten Orthogonalitätsintervall $T_0 = 1$ betrachtet; sie sind dort periodisch. Das Bild zeigt den Verlauf der ersten 16 W. im Periodizitätsbereich $0 \leqq \Theta \leqq 1$ in der für nachrichtentechnische Anwendungen günstigen Sequenzordnung. [14]. Rü

Wanderfeldinstrumente → Induktionsinstrumente. Fl

Wanderfeldkatodenstrahlröhre *(travelling-wave cathode-ray tube).* Wanderfeldkatodenstrahlröhren sind spezielle Oszilloskopröhren, bei denen, zur Verringerung des Einflusses endlicher Werte der Elektronenlaufzeit auf den Ablenkfaktor, das Ablenksystem als Laufzeitkette ausgebildet ist. Hierzu wird das Ablenksystem aus einer Anzahl LC-Elementen (L Induktivität; C Kapazität) mit niedrigem Induktivitäts- und Kapazitätswert als Tiefpaß ausgeführt. Das Ende der Laufzeitkette ist mit einem Wellenwiderstand abgeschlossen. Es entsteht ein Ablenksystem mit niederohmig wirkendem Eingangswiderstand, der an den Ausgang der Verzögerungsleitung der Signal-Verarbeitungsstufe angepaßt wird. Besitzen Ausbreitungsgeschwindigkeit des Meßsignals auf der Laufzeitkette und die Geschwindigkeit des Elektronenstrahls im Röhrensystem gleiche Werte, erhält man mit Wanderfeldkatodenstrahlröhren obere Grenzfrequenzen bis 2 GHz bei gleichbleibender Ablenkempfindlichkeit (etwa 10 V/Skalenteil). Wird das Oszilloskop ohne Y-Verstärker betrieben, ist die Übertragung von steilflankigen Impulsen mit niedrigen Anstiegszeiten bis etwa 0,15 ns (1 ns = 10^{-9} s) möglich. Man setzt Wanderfeldkatodenstrahlröhren z.B. in Oszilloskopen für Echtzeitbetrieb ein, um bei direkter vertikaler Auslenkung des Elektronenstrahles den Verlauf steilstflankiger Impulse abzubilden oder zur Darstellung von Meßsignalen im Höchstfrequenzbereich. [5], [8], [10], [12], [13], [14]. Fl

Wanderfeldklystron *(travelling-wave multiple beam klystron).* Laufzeitröhre mit einer Vielzahl von Elektronenstrahlen zur Leistungserhöhung in einem Glaskolben. Wie beim Vielkammerklystron durchlaufen die Elektronenstrahlen eine Vielzahl von abgestimmten Resonatoren. Die Einkopplung und Auskopplung der hochfrequenten Energie erfolgt mit Hilfe von Wanderfeldern quer zu den Elektronenstrahlen. Das W. zeichnet sich durch hohe Bandbreite aus. [8]. Ge

Wanderfeldmagnetfeldröhre → Vielschlitzmagnetron. Ge

Wanderfeldmagnetron → Vielschlitzmagnetron. Ge

Wanderfeldmotor *(travellling field motor)* → Linearmotor. Ku

Wanderfeldröhre *(travelling wave tube).* Die W. gehört zu der Gruppe der Lauffeldröhren. Von der Elektronenkanone wird ein Elektronenstrahl erzeugt, der die meistens als Wandelleitung ausgeführte Verzögerungsleitung durchläuft und schließlich auf den Auffänger trifft (Bild). Die Verstärkung des hochfrequenten Signals erfolgt durch die Wechselwirkung zwischen Elektronen und HF-Feld (HF, Hochfrequenz) längs der Verzögerungsleitung,

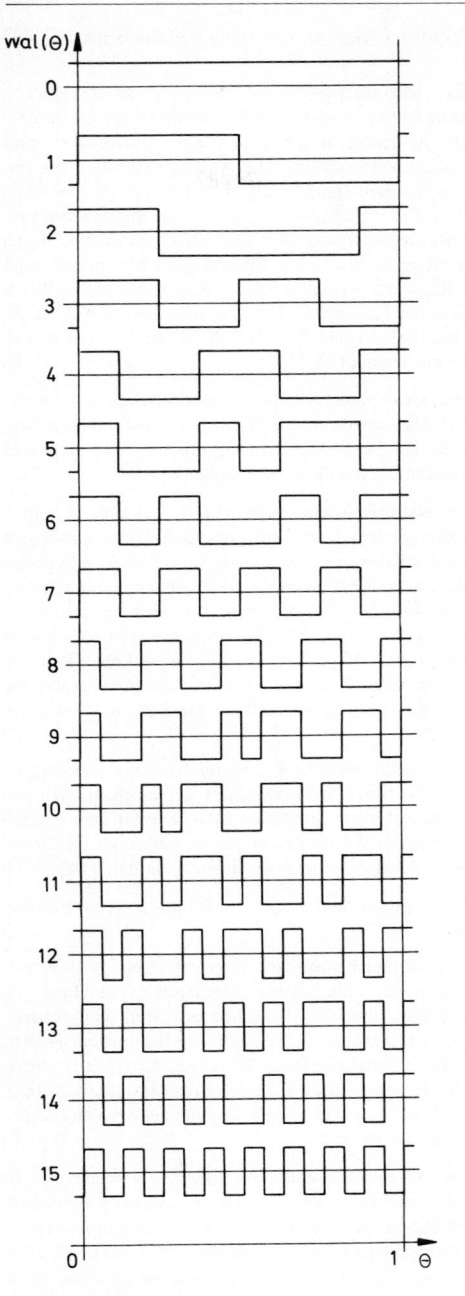

Walsh-Funktionen

die Werte +1 und −1 annehmen (Bild). W. bilden ein vollständiges Orthogonalsystem mit der Korrelationseigenschaft

$$\delta_{i,k} = \frac{1}{T_0} \int_{(T_0)} \mathrm{wal}_i(\Theta)\, \mathrm{wal}_k(\Theta)\, d\Theta = \begin{cases} 1, & i = k \\ 0, & i \neq k \end{cases}$$

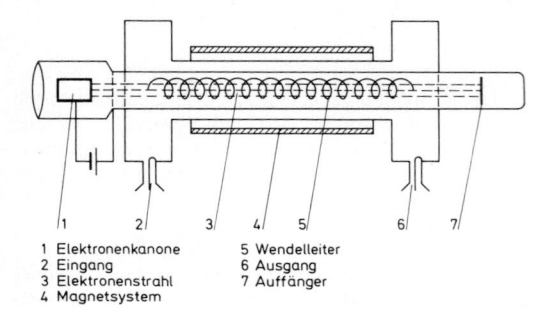

1 Elektronenkanone
2 Eingang
3 Elektronenstrahl
4 Magnetsystem
5 Wendelleiter
6 Ausgang
7 Auffänger

Schematischer Aufbau der Wanderfeldröhre

an deren Ende das verstärkte Signal ausgekoppelt wird. Die Anpassung der Elektronenstrahlgeschwindigkeit an die Feldgeschwindigkeit erfolgt mit einer zwischen Katode und Verzögerungsleitung angelegten Gleichspannung. Der Elektronenstrahl wird über die ganze Länge mit Hilfe eines Magnetfeldes geführt. Übertragbare Bandbreite: etwa 1 % der Signalfrequenz, Verstärkung: etwa 20 dB bis 40 dB, Ausgangsleistung: etwa 2 W bis 15 W. [8]. Ge

Wanderwelle *(travelling wave)*. Eine elektromagnetische Welle, die vom Generator ausgehend entlang einer Leitung fortschreitet. Bei einer reinen W. ist die Amplitude der Feldstärke- bzw. Spannungswerte entlang der Leitung konstant (→ Stehwellenverhältnis). [14]. Ge

Wandler *(transducer, converter)*. Allgemein eine Einrichtung, die eine am Eingang liegende, sich zeitlich ändernde physikalische Größe beliebiger Natur in eine am Ausgang abzugreifende äquivalente andere physikalische (meist elektrische) Größe umwandelt. Je nach Eigenart der Wandlung unterscheidet man Umformer (Analog-Analog-W.) und Umsetzer, wenn entweder am Ein- oder am Ausgang des Wandlers ein Digitalsignal auftritt. Auch die Umcodierer (Digital-Digital-W.) zählen zu den Wandlern. Vor den Begriff W. gesetzte zusätzliche Bezeichnungen geben an, welche physikalischen Größen gewandelt werden: akustoelektrische W., elektroakustische W., optischelektrische W., piezoelektrische W. (→ Quarz), thermoelektrische W. u.a. Eine spezielle Form der W. sind die Meßwandler, die zur Umwandlung einer primär gegebenen zu messenden Größe in eine für das Meßgerät bequem meßbare Größe dienen: Strom-W., Spannungs-W., Fluß-W. [5], [12], [13]. Rü

Wandler, elektroakustischer *(electroacustic transducer)*. Bezeichnung für Schallwandler, die entweder Schallschwingungen in elektrische Schwingungen oder elektroakustische Schwingungen in Schallschwingungen (Lautsprecher, Kopfhörer) umwandeln. [14]. Th

Wandler, elektrodynamischer *(electrodynamic transducer)*. Schallwandler nach dem elektrodynamischen Prinzip, z.B. Tauchspulenmikrophon, elektrodynamischer Lautsprecher. Dieser W. hat den Vorteil, daß bei der elektrisch-akustischen Wandlung Strom und Kraft und bei der akustisch-elektrischen Wandlung Schallschnelle und Spannung linear miteinander verknüpft sind. Das Wandlungsprinzip selbst enthält keine Nichtlinearitäten. [13], [14]. Th

Wandler, elektromagnetischer *(electromagnetic transducer)*. Schallwandler, in dem die Veränderung der Feldlinienlänge in einem magnetischen Kreis ausgenutzt wird (Schallschnellewandler). Die Anziehungskraft eines Magneten ist dem Quadrat des Magnetflusses proportional. Um eine zur Flußänderung durch den Steuerstrom proportionale Bewegung oder eine zur Flußänderung durch Bewegung proportionale Spannung zu bekommen, muß ein Ruhefluß erzeugt werden, der groß gegen den Wechselfluß ist (Linearität um den Arbeitspunkt). Dies geschieht bei den üblichen Wandlern durch einen Permanentmagneten. [13], [14]. Th

Wandler, elektromechanischer *(electromechanical convertor)*. Elektromechanische W. sind elektrische Maschinen, die elektrische Energie in mechanische umwandeln und umgekehrt (z.B. → Elektromotor). [3]. Ku

Wandler, elektrostatischer *(electrostatic transducer)*. Schallwandler, in dem die elektrostatische Anziehung zwischen einer feststehenden und einer beweglichen Kondensatorplatte ausgenutzt wird, z.B. Kondensatormikrophon, elektrostatischer Lautsprecher. Die Anziehungskraft ist dem Quadrat der Ladung proportional. Um eine lineare Wandlung zu bekommen, muß der W. mit einer Polarisationsspannung betrieben werden, die groß gegen die durch die Ladungsschwankung erzeugte Spannung ist. [13], [14]. Th

Wandler, magnetostriktiver *(magnetostrictive transducer)*. Dieser W. nutzt die Eigenschaft der mechanischen Deformation ferromagnetischer Metalle unter dem Einfluß magnetischer Wechselfelder aus, wobei durch die Deformation Schallschwingungen angeregt werden. [14]. Th

Wandler, optisch-elektrischer → Wandler, optoelektronischer. Li

Wandler, optoelektronischer *(optoelectronic converter)*. Bauelemente, die elektromagnetische Strahlung im sichtbaren und den benachbarten Wellenlängenbereichen in elektrische Signale umwandeln und umgekehrt. Die optisch-elektronische Wandlung erfolgt z.B. durch Photoelemente, Bildaufnahmeröhren; die elektrisch-optische Wandlung z.B. durch Lumineszenzdioden, Anzeigeeinheiten. [16]. Li

Wandler, piezoelektrischer *(piezoelectric transducer)*. Es handelt sich um einen Wandler, in dem der piezoelektrische Effekt ausgenutzt wird. Im Ultraschallgebiet sind Piezokristall und Strahler identisch. Im Hörschallgebiet verwendet man Kombinationen von Biegern und Membranen. Die Auslenkung ist der Speisespannung proportional. [13], [14]. Th

Wärme *(heat)*. Energie, die einem System durch thermischen Kontakt mit einem Reservoir (Wärmebad) zugeführt wird, heißt W. ΔQ. Energie, die durch andere Einflüsse zugeführt wird, heißt Arbeit ΔW. Die zugeführte W. ΔQ führt je nach der zu erwärmenden Masse m, der spezifischen W. c zu einer Temperaturerhöhung ΔT entsprechend $\Delta Q = m \cdot c \cdot \Delta T$. [5]. Bl

Wärme, spezifische → Wärmemenge.　　　　　　Rü

Wärmeabfuhr *(thermal removal).* Die Abfuhr der in elektronischen Schaltungen entstehenden Wärme (Verlustwärme). Die Größe der W. richtet sich nach dem Wärmewiderstand und der Temperaturdifferenz zwischen Sperrschicht und Umgebung.

$$P = \frac{\Delta \vartheta}{R_{th}} \text{ (Watt)}$$

(P Wärmeabfuhr, R_{th} Wärmewiderstand, $\Delta \vartheta$ Temperaturdifferenz). [4].　　　　　　　　　　　We

Wärmebildkamera *(thermal image camera).* Wärmebildkameras sind elektronische Fernsehkameras oder optomechanische Einrichtungen, die von der Temperaturverteilung eines Aufnahmegegenstandes (oder von einer Szene) ausgehende Wärmestrahlen im Infrarotbereich (Wellenlängen von etwa 0,8 μm bis 1 mm) in elektrische Signale umwandeln, deren Werte sich proportional zu den Temperaturwerten verhalten. Der von Wärmebildkameras erfaßte Wellenlängenbereich elektromagnetischer Strahlung ist für das menschliche Auge unsichtbar. Das aufgenommene Wärmestrahlungsbild wird in ein Punkt- und Zeilenraster zerlegt. Die durch Umwandlung erzeugten elektrischen Signale ergeben nach folgerichtiger Zusammensetzung auf dem Bildschirm einer Bildröhre ein sichtbares Bild der Temperaturverteilung. Man kann das Bild photographisch aufzeichnen (Thermographie) oder als Folge elektrischer Werte speichern. Die Bildzerlegung kann elektronisch oder mechanisch erfolgen. Beispiele sind: 1. Elektronische W. Die Umwandlung der Wärmestrahlung erfolgt z.B. über eine spezielle Bildaufnahmeröhre oder einen Festkörperbildsensor mit matrixartiger Anordnung wärmestrahlungsempfindlicher Infrarotdetektoren. Bei Bildaufnahmeröhren wird die vom Aufnahmeobjekt abgegebene Strahlung über ein infrarotdurchlässiges, optisches Filter z.B. auf eine aus ferroelektrischen Kristallen bestehende pyroelektrische Umwandlungsschicht geleitet. Infolge des pyroelektrischen Effektes erfolgt unter Temperatureinwirkung eine spontane Polarisierung der Kristalle. Durch Influenz entstehen elektrische Ladungsmengen, deren Verteilung der Strahlungsverteilung entspricht. Ein zeilenweise gesteuerter Elektronenstrahl tastet die Ladungspunkte ab und führt einen Ladungsausgleich bis zum Potential der Strahlerzeugerkatode durch. Elektronenstrahlerzeugung und Abtastvorgang werden wie beim Vidikon durchgeführt. Der während des Abtastvorganges entstehende Ausgleichsstrom durchfließt einen Arbeitswiderstand, an dem die elektrischen Signalwerte abgegriffen werden (Aufbau ähnlich dem Bild → Multidiodenvidikon). Anwendungen sind: z.B. Beobachtungen der Wärmeabsorption der Erde vom Wettersatelliten; Feststellung militärischer Objekte oder Truppenbewegungen durch Überwachungssatelliten; Feststellung von Bereichen mangelhafter Blutzirkulation im menschlichen Körper z.B. zur Krebsuntersuchung. 2. Mechanische W. (Bild). Die vom Aufnahmeobjekt ausgehenden Wärmestrahlen fallen auf einen rotierenden Polygonspiegel (Drehgeschwindigkeit:

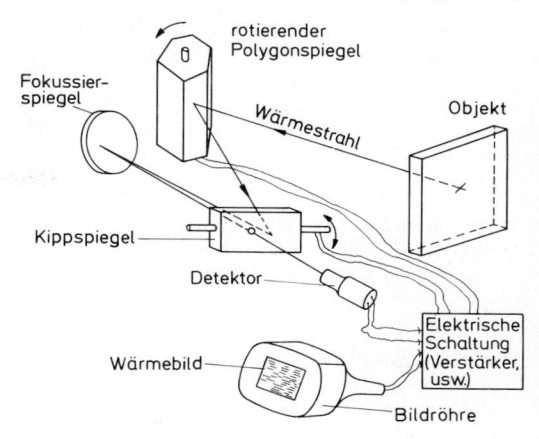

Mechanische Wärmebildkamera

3750 U/min), der die Strahlen in horizontaler Richtung auf einen kippenden Lochblendenspiegel lenkt. Der Lochblendenspiegel führt zwei Kippbewegungen senkrecht zum Polygonspiegel in einer Sekunde durch und bewirkt eine vertikale Ablenkung. Die optomechanisch geführten Strahlen gelangen zu einem Fokussierspiegel, der sie auf einen infrarotempfindlichen Halbleiterdetektor aus Indium- und Nickelantimonid leitet. Der Halbleiterdetektor befindet sich in einer evakuierten Zelle und wird mit flüssigem Helium gekühlt. Intensitätswerte der Infrarotstrahlung werden in elektrische Signale umgesetzt, die z.B. auf einem Bildschirm einer Fernsehröhre sichtbar wiedergegeben werden. In der Ausführung als Filmkamera steuern die elektrischen Signale eine Lichtquelle, deren Licht nach Fokussierung punkt- und zeilenweise auf einen Photofilm geleitet wird. Anwendung: z.B. in der medizinischen Diagnostik. [5], [6], [7], [9], [12], [13], [14].　　　　　　　　　　Fl

Wärmedrift → Instabilität, thermische; → Verstärkungsdrift.
　　　　　　　　　　　　　　　　　　　　Li

Wärmeinhalt *(heat content).* Die in einem Festkörper gespeicherte Wärme. Der W. kann nach Debye als quasikontinuierliches Spektrum von Schwingungen dargestellt werden, die nicht einem Gitteroszillator sondern dem ganzen Kristall zugeordnet sind. [5].　　　　Bl

Wärmekapazität → Wärmemenge.　　　　　　Rü

Wärmeleitfähigkeit *(thermal conductivity)*, (Zeichen λ). Eine Stoffkonstante, die die Wärmeleitung (→ Wärmeleitungsgleichung) bestimmt. Bei nichtmetallischen Kristallen ist λ etwa der absoluten Temperatur umgekehrt proportional, bei amorphen Substanzen wächst die W. mit zunehmender Temperatur. Kristalle leiten Wärme besser als die gleichen Substanzen im amorphen Zustand. Metalle zeigen bei tiefen Temperaturen eine starke Abnahme der W. ($\lambda \sim \frac{1}{T^2}$). Die Einheit von λ ist: $\frac{W}{mK}$ (W Watt, K Kelvin). Einige Zahlenwerte (in $\frac{W}{mK}$)

Kupfer	389,37	0 °C bis 100 °C
Aluminium	230,27	0 °C bis 200 °C
Blei	35,59	bei 0 °C
Quarzglas	1,38	0 °C bis 100 °C
Luft	0,024	bei 0 °C
Wasser	0,544	bei 0 °C.

[5]. Rü

Wärmeleitung *(thermal conduction)*. Neben Wärmestrahlung und Konvektion die dritte Möglichkeit für die Ausbreitung von Wärme. W. erfolgt nur in Materie und setzt ein Temperaturgefälle voraus. (→ Wärmeleitungsgleichung). [5]. Rü

Wärmeleitungsgleichung. Die W. beschreibt, welche Wärmemenge Q pro Zeit durch eine Fläche A in Richtung der Flächennormale s bei einer Temperatur ϑ geht

$$\Phi = \frac{dQ}{dt} = -\int \lambda \frac{\partial \vartheta}{\partial s} \, dA.$$

Nach (DIN 1341) nennt man Φ den Wärmestrom, λ die Wärmeleitfähigkeit. Für den einfachen Fall einer Wärmeleitung in einer Richtung (z.B. durch einen an den Seitenflächen voll isolierten Stab der Länge l mit einem Querschnitt q, dessen Enden sich auf den verschiedenen Temperaturen T_1 und T_2 befinden) vereinfacht sich die W. zu

$$\frac{dQ}{dt} = -\lambda \frac{q}{l} (T_2 - T_1).$$

Wegen der formalen Ähnlichkeit mit dem Ohmschen Gesetz

$$\frac{dQ}{dt} \triangleq I; \quad (T_2 - T_1) \triangleq U$$

nennt man $\frac{1}{\lambda q}$ den Wärmewiderstand. [5]. Rü

Wärmemenge *(quantity of heat)*, (Zeichen Q). Diejenige Energie, die notwendig ist, um die Masse m eines Stoffes um eine bestimmte Temperatur $\Delta\vartheta = \vartheta_2 - \vartheta_1$ zu erhöhen. Es gilt

$$Q = c\,m\,(\vartheta_2 - \vartheta_1) = W \Delta\vartheta.$$

c heißt spezifische Wärme, W = c m die Wärmekapazität. Die Einheit der W. ist — wie die jeder Energie — Joule. Früher verwendete man die heute außer Kraft gesetzte Einheit Kalorie (Zeichen cal) und zwar war 1 cal diejenige Wärmemenge, die 1 g Wasser von 14,5 °C auf 15,5 °C erwärmt. Es gilt

1 cal = 4,1868 Joule.

[5]. Rü

Wärmerauschen der Umgebung → Rauschen, äußeres Ge

Wärmestrahlung *(thermal radiation)*. Eine Abgabe von Wärme (auch in das Vakuum), die nur von der Temperatur des strahlenden Körpers abhängt; die W. ist eine elektromagnetische Strahlung. Eine quantitative Aussage über die spektrale Intensitätsverteilung liefert das → Plancksche Strahlungsgesetz. [5]. Rü

Wärmestrom → Wärmeleitungsgleichung. Rü

Wärmewiderstand 1. Allgemein: → Wärmeleitungsgleichung. Rü
2. Halbleiterbauelemente: *(thermal resistance)* thermischer Widerstand. Quotient aus der Differenz zwischen der inneren Ersatztemperatur und der Temperatur eines festgelegten äußeren Bezugspunkts einerseits und der im Halbleiterbauelement auftretenden konstanten Verlustleistung andererseits im stationären Fall. Es wird vorausgesetzt, daß über diesen W. der gesamte der Verlustleistung entsprechende Wärmestrom fließt. Der W. bestimmt sich z.B. bei einer integrierten Schaltung aus dem Chip, dem Gehäuse und der (die Wärme abführenden) Umgebung (DIN 41 862). [6]. Ne

Wärmewiderstand, äußerer *(external thermal resistance)*. Quotient aus der Differenz zwischen der Gehäusetemperatur und der Temperatur an einer festgelegten Stelle des Kühlmittels, der Montageeinrichtung oder der weiteren Umgebung einerseits und der in der Diode (allgemein: in dem Halbleiter) auftretenden konstanten Verlustleistung andererseits im stationären Fall. Es wird vorausgesetzt, daß über diesen Wärmewiderstand der gesamte, der Verlustleistung entsprechende Wärmestrom fließt (DIN 41 853). [6]. Ne

Wärmewiderstand, innerer *(internal thermal resistance)*. Quotient aus der Differenz zwischen der Ersatzsperrschichttemperatur und der Gehäusetemperatur einerseits und der in der Diode (allgemein: in dem Halbleiterbauelement) auftretenden konstanten Verlustleistung andererseits im stationären Fall. Es wird vorausgesetzt, daß über diesen Wärmewiderstand der gesamte der Verlustleistung entsprechende Wärmestrom fließt (DIN 41 853). [6]. Ne

Wärmewiderstand, spezifischer *(specific thermal resistance)*. Materialeigenschaft, die den Wärmefluß im Material bestimmt. Die Einheit ist $\frac{K \cdot m}{W}$ (K Kelvin). [5]. We

Warten *(waiting, queuing)*. Zwischenspeicherung von Anforderungen im Falle von Blockierung der Bedieneinheiten; die zugehörige Betriebsart heißt Wartebetrieb. Systeme mit Wartebetrieb heißen Wartesysteme. [19]. Kü

Warteschlange *(queue)*. In der Informationsverarbeitung eine Ansammlung von Daten oder Aufträgen, die auf eine Bearbeitung warten, wobei nach dem FIFO-Prinzip (*FIFO, first-in first-out*) vorgegangen wird. Warteschlangen entstehen, wenn Aufträge oder Daten in unregelmäßiger Reihenfolge eintreffen und nicht sofort bearbeitet werden können. Die Berechnung der durchschnittlichen Größe der W., die für die Dimensionierung von z.B. Pufferspeichern notwendig ist, ist Bestandteil der Bedienungstheorie. [1], [19]. We

Wartesystem *(waiting or queuing system)*. Verkehrsmodell, bei dem Anforderungen im Falle von Blockierung der Bedieneinheiten auf Abfertigung warten können. Eintreffende Anforderungen müssen mit der Wartewahrscheinlichkeit W warten. Die zufällige Wartedauer T_W überschreitet den Wert t mit der Wahrscheinlichkeit W($>$t) (komplementäre Wartezeit-Verteilungsfunktion); ihr Mittelwert ist $E[T_W]$. Im Falle von Exponential-Verteilungsfunktionen für Anrufprozeß und Bedienprozeß ergeben sich nach Erlang folgende Formeln:

$$W = \frac{A^n}{n!} \cdot \frac{n}{n-A} \cdot \frac{1}{S},$$

$$W(>t) = W \cdot e^{-\frac{t}{h}(n-A)},$$

$$E[T_W] = W \cdot \frac{h}{n-A},$$

wobei

$$S = \sum_{i=0}^{n-1} \frac{A^i}{i!} + \frac{A^n}{n!} \cdot \frac{n}{n-A},$$

h die mittlere Belegungsdauer, A das Verkehrsangebot, n die Anzahl von Bedieneinheiten, Abfertigungsdisziplin, FIFO. [19]. Kü

Wartezeit *(waiting time)*. Die Zeit, die an einer Datenverarbeitungsanlage ein Benutzer auf Bedienung durch die Anlage wartet. Sie muß so kurz sein, daß beim Benutzer nicht der Eindruck des Wartens entsteht. Unter W. wird auch die Zeit verstanden, die eine Komponente einer Datenverarbeitungsanlage auf die andere wartet, z.B. die Zentraleinheit auf das Laden eines Programms aus dem Externspeicher. Durch die Organisation des Datenverarbeitungssystems wird versucht, die W. zu vermeiden oder zu minimieren (z.B. Simultanarbeit, Multiprogramming, Parallelarbeit, SPOOL). [1]. We

Watt *(watt)*. Abgeleitete SI-Einheit der Leistung (Zeichen W), (DIN 1301, 40 110).

$$1\,W = 1\,\frac{m^2\,kg}{s^3} = 1\,\frac{J}{s} = 1\,\frac{Nm}{s} = 1\,VA$$

(J Joule, N Newton, V Volt, A Ampere).
Bei Angabe von elektrischen Scheinleistungen wird auch die Bezeichnung Volt-Ampere (Einheitenzeichen: VA) und bei elektrischen Blindleistungen die Bezeichnung Var (Einheitenzeichen: var) verwendet (DIN 40 110).
Definition: Das W ist gleich der Leistung, bei der während der Zeit 1 s die Energie 1 J umgesetzt wird. [5]. Rü

Wattmeter *(wattmeter)* → Leistungsmesser. Fl

Weber *(weber)*. Abgeleitete SI-Einheit des magnetischen Flusses (Zeichen: Wb) (DIN 1339).

$$1\,Wb = 1\,\frac{m^2\,kg}{s^2\,A} = 1\,Vs = 10^8\,M$$

(V Volt; A Ampere; M Maxwell).
Definition: Das Wb ist gleich dem magnetischen Fluß, bei dessen gleichmäßiger Abnahme während der Zeit 1 s auf Null in einer ihn umschlingenden Windung die elektrische Spannung 1 V induziert wird. [5]. Rü

Wechselfeld → Feld. Rü

Wechselfeld-Permeabilität (Zeichen $\mu_\sim$). Man versteht darunter den bei periodischer Magnetisierung (Wechsel-magnetisierung) auftretenden Quotient

$$\mu_\sim = \frac{B_{max}}{H_{max}} \quad \text{oder} \quad = \frac{B_{eff}}{H_{eff}}.$$

[5]. Rü

Wechselkontakt → Umschaltkontakt. Rü

Wechselleistung. Genauer komplexe Wechselleistung. Eine Größe ohne eigentliche physikalische Bedeutung; das Produkt einer komplexen Wechselspannung $\underline{U} = U\,e^{j\psi_u}$ und eines komplexen Wechselstroms $\underline{I} = I\,e^{j\varphi_i}$ (DIN 40 110)

$$\underline{S}_\sim = \underline{U}\,\underline{I} = U\,I\,e^{j(\varphi_u + \varphi_i)}$$

mit

$$|\underline{S}_\sim| = S = U\,I$$

(→ Scheinleistung). Unter Verwendung der konjugiert komplexen Größen $\underline{U}^* = U\,e^{-j\varphi_u}$ und $\underline{I}^* = I\,e^{-j\varphi_i}$ gilt für Real- und Imaginärteil

$$\text{Re}\,\underline{S}_\sim = \frac{1}{2}(\underline{U}\,\underline{I} + \underline{U}^*\,\underline{I}^*),$$

$$\text{Im}\,\underline{S}_\sim = \frac{1}{2j}(\underline{U}\,\underline{I} - \underline{U}^*\,\underline{I}^*).$$

Der formale Begriff der W. eignet sich besonders zur Definition des Betriebsübertragungsfaktors und der Vierpolwellen. [15]. Rü

Wechselleistung, komplexe → Wechselleistung. Ne

Wechselplattenspeicher *(disk storage with interchangeable disk packs)*. Form des Magnetplattenspeichers, bei die Datenträger (Plattenstapel oder Einzelplatte) auswechselbar sind. Der W. dient dem Austausch von Datenbeständen und der Erweiterung der Speicherkapazität, da momentan nicht benötigte Datenbestände nicht in der Plattenstation verbleiben müssen. [1]. We

Wechselregelung. Ablöseregelung. Bei einer W. ist parallel zum Hauptregelkreis ein Hilfsregelkreis angeordnet, der nur dann eingreift, wenn die Hilfsregelgröße einen vorgegebenen Grenzwert erreicht. In diesem Fall löst die Regelung der Hilfsregelgröße die Regelung der Hauptregelgröße bis zu dem Zeitpunkt ab, in dem die Hilfsregelgröße ihren Grenzwert in zulässiger Richtung verläßt. [18]. Ku

Wechselrichter, lastgeführter *(load commutated invertor)* → Schwingkreisumrichter. Ku

Wechselrichter, netzgeführter *(line commutated invertor)* → Wechselrichterbetrieb. Ku

Wechselrichter, selbstgeführter *(self commutated invertor)*. Selbstgeführte W. erzeugen aus einem Gleichstromsystem ein in Amplitude und Frequenz variables Wechsel- bzw. Drehstromsystem, wobei ein Energieaustausch i.a. in beiden Richtungen möglich ist. Die Kommutierung erfolgt bei Thyristorschaltungen über sog. Löschschaltungen (Einzel-, Phasen-, Summenlöschung) bzw. bei Transistoren über die Ansteuerung (Bild). Verbindet man einen netzgeführten Stromrichter über einen Gleich-

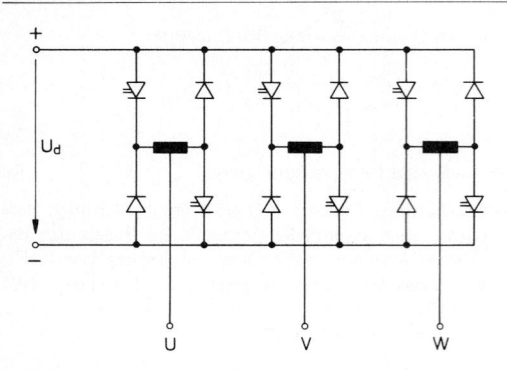

Wechselrichterbetrieb

Wechselrichter mit Einzellöschung

stromzwischenkreis mit einem selbstgeführten W., erhält man einen Wechselstromumrichter mit Zwischenkreis, auch Zwischenkreisumrichter genannt. Üblicherweise kann die Frequenz der Grundschwingung der Ausgangsspannung im Bereich von Null bis etwa 200 Hz kontinuierlich verstellt werden, in Ausnahmefällen auch darüber (→ Bild Unterschwingungsverfahren). Haupteinsatzgebiet des selbstgeführten Stromrichters ist die Speisung drehzahlvariabler Drehstromantriebe, wobei jedoch der Aufwand für Steuer- und Regelkreise im Vergleich zu geregelten Gleichstromantrieben wesentlich größer ist. [11].
Ku

Wechselrichterbetrieb *(invertor operation).* Der W. ist ein Betriebszustand von Stromrichtern, die ein Wechsel- oder Drehstromsystem mit einer Gleichspannungsquelle verbinden und Energie von der Gleich- auf die Wechselspannungsseite übertragen. Netzgeführte Wechselrichter (WR) sind mit einem (starren) Versorgungsnetz verbunden, wobei der Stromübergang von einem Ventil auf das andere (→ Kommutierung) durch die Wechselspannungen des Netzes erfolgt. Entsprechend sind bei lastgeführten WR (→ Schwingkreis-WR) die Lastspannungen an der Kommutierung beteiligt und bei selbstgeführten WR sorgen besondere Löschschaltungen dafür. Beim last- und selbstgeführten WR wird aus der Gleichspannung eine Wechselspannung erzeugt. [11].
Ku

Wechselschalter *(change over switch).* W. sind Niederspannungsschaltgeräte, die z.B. in Wohnungen oder Wohnhäusern als befestigte Installationsschalter eine oder mehrere Lampen (auch Lampengruppen) von zwei Stellen aus wahlweise ein- oder ausschalten. In der Grundschaltung (Bild a) wird der neutrale Leiter (Nulleiter N im Bild) als Rückleiter vom Stromverbraucher zum elektrischen Zähler geschaltet. Der Außenleiter L führt als spannungsführender Leiter direkt von der Stromquelle zum Schalter. Die den Schaltvorgang betätigenden Schalterelemente liegen immer auf Spannung, d.h., es fließt immer der gesamte Verbraucherstrom über den betätigten Schalter. W. sind in den meisten Fällen der Isolationsgruppe C bei einem Nennisolationsspannungswert von 500 V Wechselspannung zugeordnet. Weitere Schaltkombinationen sind dem Bild b und eine ausgeführte Installationsschaltung dem Bild c zu entnehmen. [3].
Fl

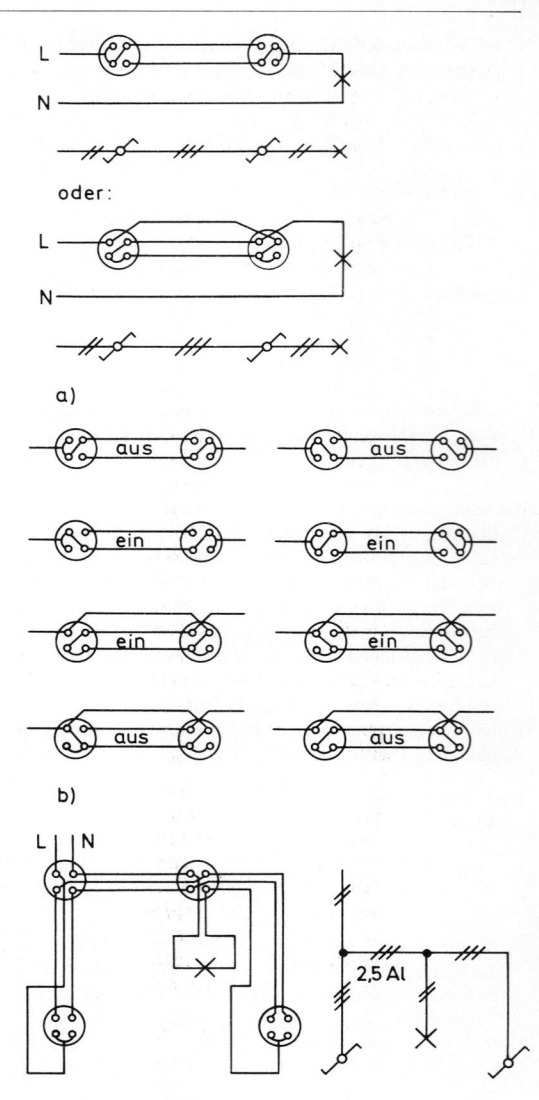

Wechselschalter

Wechselspannung *(alternating current voltage, a.c. voltage).* Elektrische Spannung, deren Augenblickswerte eine periodische Funktion der Zeit sind. [5].
Rü

Wechselspannungsgehalt → Welligkeit.
Rü

Wechselspannungsgenerator *(alternating voltage generator).* Wechselspannungsgeneratoren dienen der Erzeugung und Bereitstellung von Wechselspannungen bekannter Kurvenform (z.B. sinusförmiger Verlauf), Amplitude und Frequenz. Mechanischer und elektrischer Aufbau, zugrundegelegtes Prinzip und abgegebene elektrische

Werte der Einrichtung zur Wechselspannungserzeugung werden wesentlich von den Aufgabenstellungen bestimmt, zu deren Lösung Wechselspannungsgeneratoren benötigt werden. 1. In Generatoren der elektrischen Energietechnik wird in den meisten Fällen die gewünschte Spannung nach dem Induktionsgesetz durch elektromagnetische Spannungsinduktion erzeugt. Dies geschieht entweder a) durch Drehbewegungen zwischen magnetischem Feld und Wicklungen einer elektrischen Leiteranordnung (Beispiel: Drehstromgenerator) oder b) durch mindestens zwei elektrisch getrennte Leitersysteme, die als Wicklungen aufgebaut sind. Fließt durch eine der Wicklungen elektrischer Strom, werden beide durch ein entstehendes Magnetfeld miteinander verkettet (Beispiel: Umspanner). Besondere Wechselspannungsgeneratoren sind z.B. Anordnungen, die nach Prinzipien des Klasse-S-Verstärkers arbeiten. 2. Wechselspannungsgeneratoren der Nachrichtentechnik arbeiten in vielen Fällen nach Prinzipien der Schwingungserzeugung mit Hilfe entdämpfter Schwingkreise (Beispiele: Sinuswellenoszillator, Quarzoszillator) oder rückgekoppelter RC-Schaltungen (z.B. RC-Oszillator). In der Funktechnik werden elektromagnetische Wellen z.B. in Schwingkreisen oder schwingkreisähnlichen Gebilden erzeugt und durch Kopplung mit einer Antenne in den freien Raum abgestrahlt. Im Gebiet der Höchstfrequenztechnik (ab etwa 10^9 Hertz) werden häufig Schaltungen mit Reflexklystrons, Magnetrons, Gunn-Oszillatoren oder Wanderfeldröhren als W. bezeichnet. Die erzeugten Spannungen können auch pulsförmigen Verlauf besitzen. Besondere Wechselspannungsgeneratoren sind z.B. Sprachgeneratoren, die annähernd menschlichen Sprachfluß erzeugen. 3. In der elektrischen Meßtechnik dienen Wechselspannungsgeneratoren in vielen Fällen a) der Erzeugung von Wechselspannungen genau bekannter Werte, die zur Speisung von Meßeinrichtungen benötigt werden (Beispiele sind: Meßsender, Meßgeneratoren, Funktionsgeneratoren) oder b) zur Umsetzung mechanischer Größen in dazu proportionale elektrische Größen. (Beispiele: elektrodynamische Meßfühler, Tachometergeneratoren, Drehmelder). Man kann sie in vielen Fällen auf Prinzipien nach 1. und 2. zurückführen. [3], [5], [6], [8], [9], [12], [13], [14], [19]. Fl

Wechselspannungskompensator *(alternating voltage compensator)*. Wechselspannungskompensatoren sind komplexe Kompensatoren zur meßtechnischen Bestimmung des Betrags und der Phasenlage unbekannter Werte einer Wechselspannungsquelle. Im Prinzip vergleicht man die Meßspannung mit bekannten Werten einer Vergleichsspannung. Ein Nullinstrument zeigt die Gleichheit von Betrag und Phase an. Beispiele für Wechselspannungskompensatoren sind: 1. In einer Meßeinrichtung zur Überprüfung von Spannungswandlern schaltet man die Primärwicklung eines Standardwandlers mit genau bekannten elektrischen Werten in Reihe zur Primärwicklung des Prüflings. Die Wechselströme I_N und I_X in den Sekundärwicklungen fließen entgegengesetzt gerichtet durch einen Widerstand R (Bild). Zwei in der Meßschaltung liegende Hilfswandler (HW 1 und HW 2) mit gleichem Übersetzungsverhältnis erzeugen aus dem Sekundärstrom I_N zwei Wechselspannungen, die senkrecht aufeinander stehen. Mit Hilfe der einstellbaren Widerstände R_1 und R_2 verändert man ihre Beträge. Der Schleifer von R_1 ist über einer Skala angebracht, die in Werten des Spannungsfehlers kalibriert ist; der Schleifer von R_2 sitzt über einer Skala, auf der der Verlustfaktor $\tan \delta_x$ aufgetragen ist. Aus den angezeigten Werten wird der Winkelfehler aus Prüflings ermittelt. Die in Reihe geschalteten Spannungen der Hilfswandler werden mit Hilfe eines Vibrationsgalvanometers mit dem Spannungsabfall über R verglichen. Die Spule L_X und der Widerstand R_X sind veränderbar und wirken als Bürde des Prüflings. 2. Weitere Meßeinrichtungen vergleichen die Spannung eines Normalelementes über einen Thermoumformer mit dem Effektivwert der zu messenden Wechselspannung. Es wird nur der Betrag der Spannung festgestellt. [12]. Fl

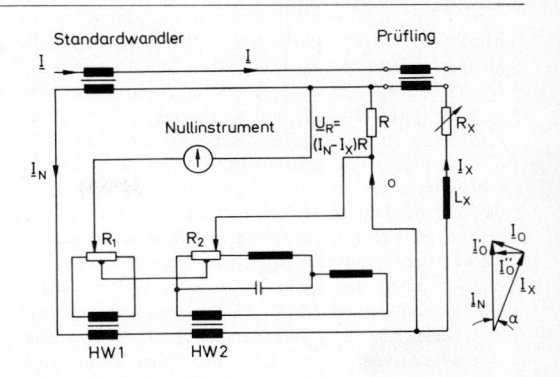

Wechselspannungsmeßbrücken → Wechselstrommeßbrücken. Fl

Wechselspannungsmesser *(a. c.-voltmeter, alternating current voltmeter)*, Wechselspannungsvoltmeter. W. sind elektrische oder elektronische Spannungsmesser, die der Messung von Effektivwerten, Scheitelwerten oder Spitzenwerten von Wechselspannungen dienen. Die Skala ist in Volt der jeweiligen Kennwerte festgelegt. Einige W. zeigen auch den Effektivwert von Gleichspannung und überlagerter Wechselspannung (vielfach als Mischspannung bezeichnet) an. Es gibt W., mit denen nur sinusförmige Spannungen gemessen werden können und solche, die auch Kennwerte nichtsinusförmiger Spannungen innerhalb angegebener Bereiche messen. Man unterscheidet z.B.: 1. Elektrostatische Meßgeräte, die direkt den Effektivwert der Spannung nahezu ohne Eigenverbrauch messen. Ihr Einsatzbereich liegt, von der Ausführung abhängig, zwischen etwa 100 V bis 1 MV bei Frequenzen der Meßspannung von etwa 100 Hz bis 10 MHz. 2. Dreheisenmeßgeräte sind ebenfalls Effektivwertmesser bis zu Frequenzen von etwa 500 Hz. Spannungsmeßbereiche lassen sich mit Hilfe von Spannungswandlern oder Vorwiderständen erweitern. 3. Vielbereichsinstrumente mit Meßgleichrichtern messen häufig den Gleichrichtwert (→ Mittelwertgleichrichter) sinusförmiger Wechselspannungen, besitzen aber eine Skala, die über den Formfaktor in Effektivwerten kalibriert ist. Als Meßwerk findet häufig ein Drehspulmeßwerk Verwendung. Spezielle Meßgeräte dieser Art sind mit einem Effektivwertgleichrichter oder zusätzlich mit einem Spitzenwertgleichrichter ausgerüstet. Vielfach sind sie als elektronisches Meßinstrument mit einem Meßverstärker aufgebaut (z.B. Röhrenvoltmeter, Transistorvoltmeter). 4. Bei elektronischen Meßgeräten für verschiedene Frequenzbereiche ändert sich der Einfluß der Eingangsimpedanz des Meßgerätes mit der Frequenz der Meßgröße. Eingebaute Meßverstärker halten mit niedrigen Eingangskapazitäten und -induktivitäten den Einfluß gering. Sie besitzen häufig Gleichspannungsverstärker, denen ein Tastkopf mit Spitzengleichrichtung vorgeschaltet wird. Weitere elektronische Meßgeräte sind z.B. Hochfrequenzspannungsmesser, Niederfrequenzspannungsmesser, Breitbandspannungsmesser, Selektivspannungsmesser, Spektrumanalysatoren, Sampling-Voltmeter. Kurvenformunabhängige Messungen des Effektivwertes sind in weitem Frequenzbereich mit Thermoumformermeßwerken möglich. 5. Direkte Ziffernablesung der Meßwerte ermöglichen Digitalvoltmeter für Wechselspannungen. 6. Instrumente, die den zeitlichen Verlauf von Wechselspannungen aufzeichnen, sind Registrierinstrumente (z.B. Oszillograph und Oszilloskop). [12]. Fl

Wechselspannungsmeßverstärker *(a.c. measuring amplifier, alternating current measuring amplifier)*. W. dienen der Verstärkung von Meßwechselspannungen. Gleichspannungen werden nicht übertragen. Entsprechend der Anforderungen bezüglich des zu übertragenden Frequenzbereichs der Wechselspannungen besitzen sie eine festgelegte Bandbreite mit oberer und unterer Grenzfrequenz. Man unterscheidet nach der Bandbreite: 1. Breitbandverstärker: Die Bandbreite besitzt einen größeren Wert als die untere Grenzfrequenz. 2. Selektivverstärker: Die Bandbreite hat einen niedrigeren Wert als die untere Grenzfrequenz. Hauptvorteile: der W. gegenüber Gleichspannungsmeßverstärkern: geringer Schaltungsaufwand, keine Drift und Fehlspannungen. [12]. Fl

Wechselspannungsquelle *(a.c. voltage source, alternating current voltage source)*. Generator, dessen Klemmen man eine Wechselspannung entnehmen kann. [3], [8], [13]. Rü

Wechselspannungsstabilisator *(alternating stabilizer)*. Wechselspannungsstabilisatoren sind Tranformatoren, die in Verbindung mit einer, an der Sekundärseite angeschlossenen, präzise arbeitenden elektronischen Regelschaltung Wechselspannungen am Signalausgang bereitstellen, deren Werte innerhalb eines großen, angegebenen Bereichs sinusförmig verlaufen und konstant bleiben, unabhängig von Abweichungen in der Kurvenform oder von Spannungsschwankungen der primärseitig angelegten Speisewechselspannung. Man setzt Wechselspannungsstabilisatoren z.B. als Wechselspannungsspeisequellen für hochempfindliche Meßeinrichtungen im Labor oder zur Versorgung von Regelschaltungen mit Hilfsenergie ein. Beispiel eines Wechselspannungsstabilisators mit Einspeisung vom Wechselstromnetz und galvanisch getrennter Sekundärseite (Bild): Im Transformator mit besonderem Blechschnitt und speziell aufgebauten Sekundärwicklungen bewirkt in Verbindung mit einem Kondensator C die Wicklung S eine Sättigung des Trafoschenkels T, der einen magnetischen Nebenschluß zum eigentlichen Kern bildet. Am Signalausgang entsteht eine konstant bleibende Spannung. Der durch die Sättigung bewirkten Verzerrung der Kurvenform wird von der Wicklung N eine Spannung entgegengeschaltet, so daß aufgrund der gemeinsamen Wirkung von T, C und N eine Signalausgangsspannung entsteht, die einen festgelegten Gehalt von Oberschwingungen nicht überschreitet. Mit Hilfe eines im Bild nicht gezeigten Kontrollkreises wird eine dem Effektivwert der Signalausgangsspannung proportionale Gleichspannung gewonnen, die mit einer Referenzspannung über einen Komparator verglichen wird. Abhängig vom Ergebnis des Vergleichs wird der Zündwinkel eines Triacs gesteuert, der auf der Sekundärseite des Transformators in eine Schwingkreisschaltung eingebaut ist. Es erfolgt eine Regelung des Sättigungsgrades der Sekundärwicklung. Am Signalausgang entsteht eine in weitem Bereich belastungsunabhängige Wechselspannung. [11], [12], [18]. Fl

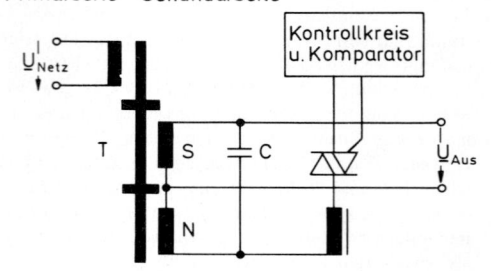

Wechselspannungsstabilisator

Wechselspannungsverstärker *(a.c. amplifier; alternating current amplifier)*. Verstärker, der ausschließlich Wechselspannungen verstärken kann. Der W. besteht aus kapazitiv oder durch Bandfilter gekoppelten Verstärkerstufen. [6], [13]. Li

Wechselspannungsvoltmeter → Wechselspannungsmesser. Fl

Wechselstrom *(a.c., alternating current)*. Elektrischer Strom, dessen Augenblickswerte eine periodische Funktion der Zeit sind. [5]. Rü

Wechselstromasynchronmaschine *(single-phase induction machine)* → Einphaseninduktionsmaschine. Ku

Wechselstromasynchronmotor → Einphaseninduktionsmaschine. Ku

Wechselstrombrücke *(a.c. bridge, alternating current bridge)* → Wechselstrommeßbrücke. Fl

Wechselstrombrückenschaltung *(single-phase-bridge)*. (→ Bild Brückengleichrichter. Die W. ist eine Brückenschaltung mit zwei Ventilzweigen, → Einphasenbrückenschaltung. Ku

Wechselstromdrehmelder *(a.c. resolver, alternating current resolver)*, Drehmelder, Drehfeldsystem, Synchro, Resol-

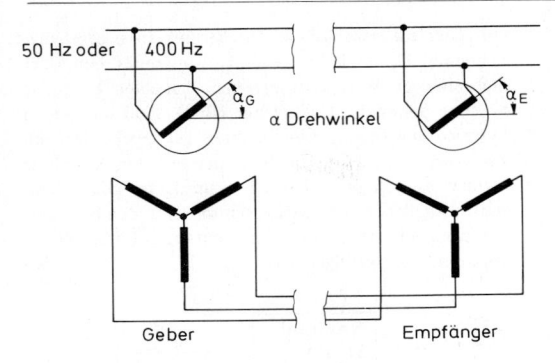

Wechselstromdrehmelder

ver. W. werden als Meßgeber und Empfänger zur Fernmessung und -übertragung von mechanischen Drehmomenten (Momentendrehmelder), Drehwinkeln (Steuerdrehmelder) und in Drehmelder-Analogrechnern z.B. zur Standortbestimmung von Schiffen (Funktionsdrehmelder) eingesetzt. Im Prinzip sind es induktive Meßfühler, bei denen ähnlich wie bei Drehtransformatoren die Gegeninduktivität von einer physikalischen Meßgröße beeinflußt wird. Sender und Empfänger z.B. eines Momentendrehmelders sind gleich aufgebaut: Der drehbare Rotor trägt die Primärwicklung, der feststehende Stator die Sekundärwicklung. Im Bild bestehen die Sekundärseiten aus drei um 120° versetzten Wicklungen. Die Primärwicklungen werden mit sinusförmigem Wechselstrom gespeist. In den Statorwicklungen werden über den magnetischen Fluß sinusförmige Spannungen in gleicher Phase induziert. Die Beträge der erzeugten Spannungen sind von den Verdrehwinkeln α_G und α_E abhängig. Bei α_G/α_E fließen so lange Ausgleichsströme mit nahezu sinusförmigem Drehmoment M, bis $\alpha_E = \alpha_G$ erreicht ist:

$$M \approx K \cdot \sin(\alpha_G - \alpha_E)$$

(K Konstante). Häufig wird das vom Rotor des Empfängers abgegebene mechanische Moment zur Veränderung der Schleiferstellung eines Potentiometers ausgenutzt. [12], [18]. Fl

Wechselstromenergieverbrauchszähler → Wechselstromzähler. Fl

Wechselstrom-Fan-Out *(a.c. fan out, alternating current fan out)*. Das Fan-Out eines Logik-Schaltkreises bei Hochgeschwindigkeitsbedingungen. Wegen der parasitären Kapazitäten der Verbindungsleitungen kann das W. bis auf 50% des in den Datenblättern angegebenen statischen Fan-Out zurückgehen. [2]. Li

Wechselstromgalvanometer *(a.c. galvanometer, alternating current galvanometer)*. W. sind schnell schwingende Galvanometer, die häufig als Nullinstrumente zum Abgleich von Wechselstrommeßbrücken oder Wechselspannungskompensatoren eingesetzt werden. Ausführungsformen sind z.B. Vibrationsgalvanometer oder Drehmagnetgalvanometer. Drehmagnetgalvanometer findet man auch häufig als Meßwerke in schnell schreibenden Registrierinstrumenten. Spezielle W. mit Eigenfrequenzen bis etwa 20 kHz sind als Spiegelmeßwerke in Lichtstrahloszillographen eingebaut. [12]. Fl

Wechselstromgehalt → Welligkeit. Rü

Wechselstromgenerator *(a.c. generator, alternating current generator)*. Ein W. ist eine einphasige Synchronmaschine (SM), die als Generator betrieben wird. Im Gegensatz zu einer dreiphasigen SM ist der Stator nur zu 2/3 mit einer einphasigen Wicklung belegt. Der Läufer (Polrad) muß mit einer starken Dämpferwicklung versehen sein, die das durch den Laststrom hervorgerufene Gegendrehfeld kompensiert. Weiterhin muß ein W. federnd gelagert sein, weil die Einphasenmaschine stark pulsierende Drehmomente entwickelt. Haupteinsatzgebiet des Wechselstromgenerators ist die Versorgung von Bahnnetzen mit Wechselstrom (16 2/3 Hz). [3]. Ku

Wechselstrominduktionszähler → Wechselstromzähler. Fl

Wechselstromkreis *(a.c. circuit, alternating current circuit)*. Man versteht darunter allgemein ein elektrisches Netzwerk, in dem nur Wechselspannungen und Wechselströme auftreten. [15]. Rü

Wechselstrommeßbrücken *(a.c. measuring bridge, alternating current measuring bridges)*, Wechselspannungsmeßbrücken. W. sind Brückenschaltungen, deren Einspeisung mit Wechselstrom erfolgt und die hauptsächlich der Ermittlung von Werten frequenzabhängiger Bauteile bzw. Zweipole oder mit Wechselgrößen einhergehenden Erscheinungen (z.B. Klirrfaktor, Verlustfaktor, Reflexionsfaktor, auch Frequenz) dienen. Meßbrücken für Zweipole mit Wirk- und Blindanteil sind z.B. Impedanzbrücken. Mit W. lassen sich z.B. auch Kopplungsfaktoren und Gegeninduktivitäten (z.B. Heaviside-Gegeninduktivitätsbrücke) festlegen. Der Aufbau von W. wird neben dem Prüfling und der Meßgröße wesentlich von der Meßfrequenz bestimmt: Etwa ab 100 kHz sind Schaltungsnullpunkt, Abschirmung, bifilar gewickelte Zuleitungen, evtl. eine zusätzliche Hilfsbrücke für erreichbare geringe Meßunsicherheiten von Bedeutung. Nullinstrument einer Wechselstrommeßbrücke ist häufig ein selektiver Meßverstärker mit Anzeigeinstrument oder ein Oszilloskop. W. die komplexe Größen messen (z.B. Reflexionsfaktor), spalten vielfach den Meßwert mit Hilfe einer phasenabhängigen Gleichrichterschaltung in Wirk- und Blindanteile auf. Die Anzeige erfolgt mit zwei getrennten Instrumenten. W. für Hoch- und Höchstfrequenzmessungen sind oft mit einer Wobbeleinrichtung versehen. [12]. Fl

Wechselstrommotor *(a.c. motor, alternating current motor)*. Im Bereich kleinerer Leistungen (kW-Bereich) werden Wechselstrommotoren eingesetzt, da in den meisten Anwendungsfällen nur ein Wechselstromanschluß vorhanden ist. Verbreitet angewendet wird die Asynchronmaschine (Einphaseninduktionsmotor) und der Universalmotor, der von seinem Aufbau einem Gleichstrom-Reihenschlußmotor ähnelt (z.B. in Haushaltsgeräten, Hobbywerkzeuggeräten). Einphasige Synchronmotoren findet man als selbstanlaufende Wechselstrommotoren in elektrischen Uhren. [3]. Ku

Wechselstromnetz *(a. c. system, alternating current system).* Wechselstromnetze sind elektrische Versorgungsnetze mit einphasigem Wechselstrom, die nur selten für die Energieübertragung verwendet werden. Dazu zählt in Deutschland das Bahnnetz mit einer vom öffentlichen Netz abweichenden Frequenz von 16 2/3 Hz zur Fahrdrahtspeisung. Hauptsächlich wird Energie in Drehstromnetzen übertragen und verteilt. [5]. Ku

Wechselstromquelle *(a. c. generator, alternating current generator).* Generator, dessen Klemmen man einen Wechselstrom entnehmen kann. [3], [8], [13]. Rü

Wechselstromrelais *(a.c. relay, alternating current relay).* Das W. spricht auf Wechselstromerregung an. Wirbelstrom- und Hystereseverluste werden durch einen lamellierten Eisenkreis reduziert. Um das Flattern des Ankers zu vermeiden, wird ein Teil einer Polfläche mit einem Kurzschlußring versehen. Hierdurch wird verhindert, daß der Ankerfluß periodisch durch Null geht. [4]. Ge

Wechselstromschalter *(a.c. switch, alternating current switch).* Elektrischer Schalter, auch kontaktloser Schalter, dessen Kontaktelemente speziell zum Schalten von Wechselstrom ausgelegt sind. Im Gegensatz zum Gleichstromschalter wird ein eventueller Lichtbogen automatisch unterbrochen, wenn der Strom nach der Trennung der Kontakte erstmalig durch Null geht. [4]. Ge

Wechselstromsteller *(a.c. power controller, alternating current controller).* Der W. ist ein Wechselstromumrichter mit variabler Ausgangsspannung und fester Frequenz. Er besteht i.a. aus zwei Thyristoren, die gegenparallel in den Wechselstromkreis geschaltet werden. Durch Phasenanschnittsteuerung kann über den Steuerwinkel α die Ausgangsspannung von Null bis zum Effektivwert der speisenden Wechselspannung stetig verstellt werden, wobei die Steuerkennlinie von der Art der Belastung abhängig ist. Im Bereich kleinerer Leistungen (1 kW) können die beiden Thyristoren durch einen Triac ersetzt werden, wodurch sich z.B. einfache Dimmer (Helligkeitssteuerschaltungen für Lampen) ergeben (→ Bild Phasenanschnittsteuerung). [3]. Ku

Wechselstromsynchronmaschine *(single-phase synchronous machine).* Die W. ist eine einphasige Synchronmaschine, die im Bereich großer Leistungen als Wechselstromgenerator eingesetzt wird, hingegen als Wechselstrommotor lediglich im Bereich kleinster Antriebsleistungen Anwendung findet (z.B. Uhrenantriebe). [3]. Ku

Wechselstromtelegraphie *(carrier telegraphy).* Das Prinzip der W. beruht darauf, daß der Fernsprechkanal mit Hilfe des Frequenzmultiplexverfahrens für Telegraphiesignale mehrfach genutzt wird. Verwendet werden Amplitudenmodulation (AM) und verschiedene Varianten von Frequenz- und Phasenmodulation. Besondere Bedeutung hat die Tastart AM-Ruhestrombetrieb. [14]. Th

Wechselstromtransformator *(a.c. transformer, alternating current transformer).* Der W. ist ein Transformator für einphasige Wechselströme. [5]. Ku

Wechselstromumrichter *(a.c. convertor, alternating current convertor).* Der W. ist ein Umrichter, der aus einem ein- oder mehrphasigen Wechselstromsystem gegebener Spannung U_1 und Frequenz f_1 ein neues ein- oder mehrphasiges Wechselstromsystem variabler Frequenz f_2 oder Spannung U_2 erzeugt (Bild). Sind die beiden Systeme über einen Zwischenkreis gekoppelt, liegt ein Zwischenkreis-W. vor, im Falle der direkten Kopplung handelt es sich um einen Direktumrichter oder Wechselstromsteller. Der Energieaustausch kann den Erfordernissen entsprechend in beiden Richtungen (außer Wechselstromsteller) erfolgen. [3]. Ku

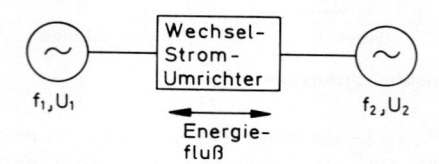

Wechselstromumrichter

Wechselstromwiderstand *(a.c. restistance, alternating current resistance).* Frequenzabhängiger Widerstand eines Schaltelementes in einem Wechselstromkreis (→ Impedanz). [15]. Rü

Wechselstromzähler *(watthour meter, a.c.-meter, alternating current meter),* Wechselstrom-Induktionszähler, Wirkverbrauchszähler, Wechselstromenergieverbrauchszähler. W. sind elektromechanische Meßgeräte, mit denen von der Ausführung abhängig Wirk-, Blind- oder Scheinleistung elektrischer Verbraucher in Wechselstromnetzen erfaßt und über die Zeit integriert wird. Zur Anzeige dient ein mechanisches Rollenzählwerk, dessen Ziffernanzeige z.B. beim Wirkverbrauchszähler in kWh kalibriert ist. Wichtige Anwendungen sind: 1. Induktionszähler für Einphasenwechselstrom (Bild). Im wesentlichen bestehen sie aus zwei räumlich getrennten, feststehenden Spulen, die auf lamellierten Eisenkernen angebracht sind und einer drehbar gelagerten Aluminiumscheibe. Die Spulenanordnungen wirken als Elektroma-

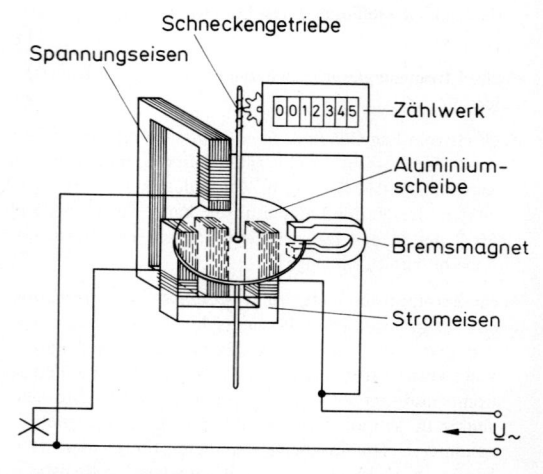

Wechselstromzähler

gnete. Eine Spule wird an den Spannungspfad des Wechselstromnetzes angeschlossen und heißt Spannungseisen, die andere liegt im Stromkreis und heißt Stromeisen. Sind Strom und Spannung in Phase, entstehen zwei um 90° phasenverschobene magnetische Flüsse, die in der Aluminiumscheibe Wirbelströme induzieren. Auf die Scheibe wirkt ein Drehmoment $M_d = c \cdot U \cdot I \cdot \cos \varphi$ (φ Phasenverschiebungswinkel zwischen Strom und Spannung, c Konstante). Am Rand der Aluminiumscheibe sitzt von den Elektromagneten örtlich versetzt ein Dauermagnet, dessen Magnetfeld ebenfalls auf die Scheibe wirkt und dort Wirbelströme verursacht, die der Drehbewegung entgegenwirken. Der Dauermagnet wird als Bremsmagnet bezeichnet. Die gesamte Anordnung bewirkt eine Umlaufgeschwindigkeit der Scheibe, die sich proportional zur Wirkleistung $P = U \cdot I \cdot \cos \varphi$ verhält. Die Aluminiumscheibe sitzt fest auf einer drehbar gelagerten Welle, die über ein Schneckengetriebe mechanisch mit einem Rollenzählwerk gekoppelt ist. Die Anzahl der Umdrehungen ist ein Maß für die elektrische Arbeit

$$W_{el} = \int_0^t P \cdot dt.$$

W. dieser Art werden in Haushalten zur Verrechnung des Energieverbrauchs elektrischer Energie zwischen Stromerzeuger und Verbraucher eingesetzt. 2. Drehstromzähler. Sie besitzen zwei oder drei Meßwerke, die auf eine gemeinsame Achse wirken. Vom Rollenzählwerk wird die gesamte Arbeit des Drehstromnetzes angezeigt. 3. Mehrfachtarifzähler. Zu festgelegten Zeiten wird eines von mehreren Zählwerken eingeschaltet. Für jedes Zählwerk wird ein anderer Tarif abgerechnet. 4. Nachtstromzähler. Ein Uhrenschalter schaltet während der Nachtstunden zusätzliche Verbraucher ein. 5. Münzzähler. Nach Einwurf von Münzen wird Strom an Verbraucher abgegeben. Weitere W. sind: Blindverbrauchzähler, Scheinverbrauchzähler, Summenzähler, Höchstlast- bzw. Maximumzähler. [3], [12]. Fl

Wechsler → Umschaltkontakt. Ge

Wedge-Bonding → Thermokompressionsschweißen. Ge

Wegaufnehmer *(position transducer)*, Weggeber. W. dienen der elektrischen Messung eines Weges mit festgelegter Länge. Mechanische Eingangsgröße ist eine Wegstrecke, Ausgangsgröße eine der Streckenlänge proportionale elektrische Größe. Die Messung kann analog oder digital erfolgen. 1. Beispiele analog arbeitender W. a) Einfachster W. für Strecken von etwa 0,1 mm bis 1 m Länge ist ein als Schiebewiderstand ausgeführtes Meßpotiometer. Bei angelegter Spannung ist der Spannungsabfall zwischen verschobenem Schleifer und einem Ende des Potentiometers elektrisches Maß für die vom Schleifer von einem Anfangspunkt ausgehende, zurückgelegte Strecke. b) Vielfach werden zu Streckenmessungen induktive W. eingesetzt, die in verschiedenen Ausführungsformen hergestellt werden. Eine Ausführung besteht aus einem Differentialtransformator mit verschiebbarem Kern aus ferromagnetischem Material (Bild). Die Primärseite des Transformators wird von der Wechselspannung einer Oszillatorschaltung gespeist. Die Anordnung arbeitet nach Verfahren der Trägerfrequenztechnik. Eine Verschiebung des Kerns bewirkt eine Amplitudenmodulation der Oszillatorspannung. An die Sekundärseite des Transformators ist ein phasenelektiver Meßgleichrichter angeschlossen. Der Gleichrichtvorgang bewirkt, daß die zu messende Wegstrecke mit Nullpunkt und Vorzeichen als dazu proportionaler Gleichspannungswert dargestellt werden kann. Die gesamte Schaltung befindet sich in einem Gehäuse. 2. Digital arbeitende W. Die Wegstrecke wird mit optischen oder magnetischen Markierungen in festgelegten Abständen versehen und magnetisch oder photoelektrisch abgetastet. Die Abtastung kann z.B. nach Verfahren der inkrementalen Meßwertverarbeitung erfolgen oder mit binär codierten Zuordnungen für jedes Wegelement. [12], [18]. Fl

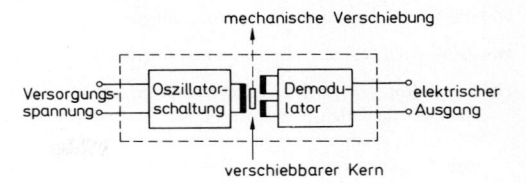

Wegesuche *(path finding, path selection)*. Suchen und auswählen eines freien Verbindungswegs in einer Koppeleinrichtung eines Vermittlungssystems. In elektromechanischen Wählsystemen wird die Wegesuche vom Markierer vorgenommen. In rechnergesteuerten Wählsystemen erfolgt die Wegesuche mittels eines Programms im Speicher, der das aktuelle Abbild des Koppelnetzzustandes enthält. Bei bedingter oder weitspannender Wegesuche (*conditional selection*) erstreckt sich die Auswahl der Zwischenleitungen eines Linksystems auf alle möglichen freien Wege durch die Koppeleinrichtung; eine Belegung erfolgt nur, wenn ein vollständiger Weg zwischen Zubringerleitung und Abnehmerleitung frei ist. [19]. Kü

Weggeber → Wegaufnehmer. Fl

Weglänge, mittlere freie → Bahnlänge. Bl

Weglängenlinse → Linsenantenne. Ge

Weg-Spannungswandler *(position transducer)*. Umsetzer, der die Lage eines Maschinenteils durch eine Spannung anzeigt; die analoge Spannung ist hierbei dem zurückgelegten Weg proportional. W. sind meist als induktive Meßfühler ausgeführt. [12]. We

Wehnelt-Zylinder *(Wehnelt cylinder)*. Der W. ist ein metallischer Hohlzylinder, der die Katode von Elektronenstrahlröhren umschließt und von der Katode ungerichtet austretende Elektronen in Richtung der Längsachse des Elektronenstrahlerzeugersystems bündelt. Der W. besitzt eine gegenüber der Katode negativ gepolte Gleichspannung, die veränderbar ist und zur Steuerung der Intensität des Elektronenstrahls dient. Veränderte Intensitätswerte bewirken unterschiedliche Helligkeitswerte des Leuchtflecks auf dem Bildschirm der Bildröhre. [5], [12], [13], [16]. Fl

Weibull-Verteilung → Lebenszeit-Verteilungen. Rü

Weicheiseninstrument → Dreheiseninstrument. Fl

Weichen-Filter *(frequency band-separation circuit)*. Frequenzweiche, meist in Form einer Tiefpaß-Hochpaß-Weiche, bei dem ein Frequenzgemisch auf zwei verschiedene Ausgänge verteilt wird. Das W. ist ein Drei-Tor, bestehend aus einem Tiefpaß (TP) und einem Hochpaß (HP), deren Eingänge in Reihe oder parallel geschaltet werden (Bild). Die Schwierigkeit bei der Synthese von Weichen-Filtern besteht darin, daß sich die beiden Vierpole durch die Zusammenschaltung der Eingangstore in ihrem Betriebsverhalten gegenseitig beeinflussen. [15]. Rü

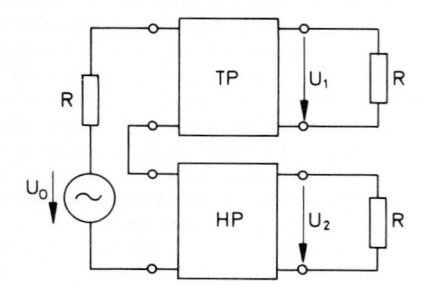

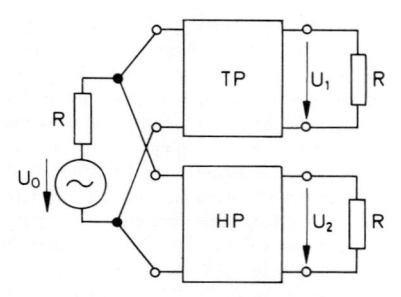

Weichen-Filter mit verschiedener Eingangsbeschaltung

Weichlöten *(soft soldering)*. Lötverfahren unter Verwendung von Loten, deren Schmelzpunkt unter 450 °C liegt. [4]. Ge

Weißsche Bereiche → Weißsche Bezirke. Bl

Weißsche Bezirke *(Weiß domains)*, Weißsche Bereiche. In einem Ferromagneten (z.B. Eisen) bestehen auch im nichtmagnetisierten Zustand Bereiche gleicher Magnetisierung, wobei keine Richtung ausgezeichnet ist. In diesen Weißschen Bezirken ist das Material bis zur Sättigung magnetisiert. Dies kann durch die Quantenmechanik des Atombaus dieser Elemente erklärt werden. Die Ausrichtung innerhalb der Weißschen Bezirke rührt von quantenmechanischen Austauscheffekten her. [7]. Bl

Weitwinkel-Phasenschieber *(wide-angle phase shifter)*. Ein Phasenschieber, der es gestattet, einen Phasenverschiebungswinkel über einen sehr großen Bereich (meist 0° bis 360° und Vielfache davon) einzustellen. [12], [13]. Rü

Welle *(wave)*. Ein sich zeitlich und räumlich mit einer charakteristischen Ausbreitungsgeschwindigkeit v ausbreitender Erregungszustand. Nach (DIN 1311/4) lautet die allgemeine Definition: Läßt sich eine räumliche und zeitliche Zustandsänderung eines Kontiniums als einsinnige örtliche Verlagerung eines bestimmten Zustandes mit der Zeit erkennen oder beschreiben, so heißt die Zustandsänderung eine W. Mathematisch werden Wellen als Lösungen der Wellengleichung beschrieben. Ist die Ortsabhängigkeit der W. nur eine Funktion von einer Ortskoordinate z, dann heißt die W. eine einfache W. (Entsprechend werden zweifache und dreifache Wellen definiert.) Die typische Welleneigenschaft der Orts- und Zeitabhängigkeit drückt sich in der allgemeinen Lösung

$$U(z, t) = f(z \pm vt)$$

der Wellengleichung aus. Spezielle Wellenformen erhält man durch Berücksichtigung der Rand- und Anfangsbedingungen. [5]. Rü

Welle, ebene *(plane wave)*. Geht eine Welle von einer überall mit gleicher Phase schwingenden Ebene aus, dann sind die Wellenflächen Ebenen. Die Zustandsgrößen sind auf parallelen Ebenen gleich. [5]. Rü

Welle, einfache → Welle. Rü

Welle, elektromagnetische *(electromagnetic wave)*. Die Wechselwirkungen zwischen elektrischen und magnetischen Feldern werden durch die Maxwellschen Gleichungen beschrieben. Die Tatsache, daß elektrische und magnetische Felder sich gegenseitig induzieren können, auch wenn keine Ströme in Leitern fließen, führt zur Überlegung, daß es elektromagnetische W. geben muß, deren Zustandsgrößen der elektrische Feldvektor **E** und der magnetische Feldvektor **H** sind. Aus den Maxwellschen Gleichungen gewinnt man für **E** sofort die Wellengleichung (in Isolatoren)

$$\frac{\partial^2 E}{\partial x^2} + \frac{\partial^2 E}{\partial y^2} + \frac{\partial^2 E}{\partial z^2} = \epsilon \mu \frac{\partial^2 E}{\partial t^2}$$

(in karthesischen Koordinaten). Dabei ist $\epsilon = \epsilon_r \epsilon_0$ die Permittivität und $\mu = \mu_r \mu_0$ die Permeabilität. Nach Maxwell ist immer div **B** = 0 und, wenn der Raum feldfrei ist, auch div **D** = 0. Daraus folgt, daß **D** und **B** und damit auch **E** und **H** senkrecht zur Ausbreitungsrichtung stehen müssen; elektromagnetische Wellen sind transversal. Eine ebene ungedämpfte elektromagnetische W. hat die Energiedichte

$$w = \frac{1}{2}(\mathbf{E} \mathbf{D} + \mathbf{H} \mathbf{B}) = \epsilon E^2 = \mu H^2.$$

Die Energieströmung zeigt senkrecht zu **E** und **H** und wird durch den → Poynting-Vektor repräsentiert. Elektromagnetische Wellen beschreiben alle Wellenvorgänge des elektromagnetischen Spektrums [5]. Rü

Welle, fortschreitende → Welle, harmonische. Rü

Welle, gedämpfte → Welle, harmonische. Rü

Welle, harmonische *(harmonic wave)*. Eine häufig auftretende Wellenform, bei der die allgemeine Lösung

$U(z,t) = f(z \pm vt)$ der Wellengleichung eine sin- oder cos-Funktion ist:

$$u = \hat{u}_0 \sin \omega (t \pm \frac{z}{v}) = \hat{u}_0 \sin (\omega t \pm z \frac{2\pi}{\lambda}),$$

mit $\omega = 2\pi f$ (ω Kreisfrequenz), $\lambda = \frac{v}{f}$ (λ Wellenlänge).

Allgemeiner kann man schreiben (DIN 1311/4):

$$u(z,t) = \text{Re}\{\underline{\hat{u}}\, e^{j\omega t \pm \underline{\gamma} z}\},$$

oder mit $\gamma = \alpha + j\beta$

$$u(z,t) = \text{Re}\{\underline{\hat{u}}\, e^{\pm \alpha z}\, e^{j(\omega t \pm \beta z)}\}.$$

Dabei heißt γ der (komplexe) Ausbreitungskoeffizient ($\rightarrow$ Fortpflanzungskonstante), α der Dämpfungskoeffizient und $\beta = \frac{2\pi}{\lambda}$ der Phasenkoeffizient. $\underline{\hat{u}}\, e^{\pm \alpha z}$ ist die komplexe (ortsabhängige) Amplitude. Gilt für die (positive) z-Richtung das Minuszeichen, dann heißt die Welle gedämpft. Für ein „+"-Zeichen schaukelt sich die Amplitude auf. Ist das Vorzeichen von βz negativ, dann handelt es sich um eine fortschreitende Welle, bei positivem Vorzeichen um eine reflektierte Welle. [5] . Rü

Welle, longitudinale *(longitudinal wave)*. Eine Welle, deren Amplitude in Richtung der Ausbreitung schwingt. Allgemeiner (DIN 1311/4): Ist eine oder sind mehrere der maßgebenden Zustandsgrößen Vektoren und fällt deren Richtung mit der Ausbreitung zusammen, so heißt die Welle longitudinal. Beispiel: Schallwellen. [5] . Rü

Welle, reflektierte *(reflected wave)*. Sekundäre Wellen, die durch auf den Rand eines Kontinuums auftretende primäre Wellen ausgelöst werden. [5] . Rü

Welle, stehende *(standing wave)*. Durch ungestörte Überlagerung zweier entgegenlaufender Wellenzüge gleicher Amplitude und gleicher Wellenlänge λ entsteht ein Schwingungsbild, das nicht mehr als typischer Wellenvorgang erkennbar ist; es treten nur noch Phasensprünge um 180° auf. Diese stehenden Wellen zeigen durch Interferenz in regelmäßigen Abständen von $\lambda/2$ dauernde Auslöschung der Schwingung (Schwingungsknoten). In der Mitte zwischen den Knoten befinden sich Stellen maximaler Amplitude (Schwingungsbäuche). Bei ungleichen Amplituden bilden sich ebenfalls stehende Wellen, wobei die Schwingungsknoten in Minima der Amplituden übergehen ($\rightarrow$ Stehwellenverhältnis). [5] . Rü

Welle, transversale *(transverse wave)*. Eine Welle, deren Schwingung senkrecht zur Fortpflanzungsrichtung erfolgt. Allgemeiner (DIN 1311/4): Sind die maßgebenden Zustandsgrößen Vektoren und senkrecht zur Ausbreitungsrichtung gerichtet, so heißt die Welle transversal. Beispiel: elektromagnetische Welle. [5] . Rü

Welle, transversal-elektrische *(transverse electric wave)*. Im angelsächsischen Sprachgebrauch: *TE-wave*. Eine elektromagnetische Welle in einem Hohlleiter, bei der der elektrische Feldvektor überall senkrecht zur Ausbreitungsrichtung steht ($\rightarrow$ H-Welle). [8] . Rü

Welle, transversal-magnetische *(transverse magnetic wave)*. Im angelsächsischen Sprachgebrauch: *TM-wave*. Eine elektromagnetische Welle in einem Hohlleiter, bei der der magnetische Feldvektor überall senkrecht zur Ausbreitungsrichtung steht ($\rightarrow$ E-Welle). [8] . Rü

Wellenanpassung ($\rightarrow$ Bild Vierpol im Betrieb). Spezieller Betriebsfall eines Vierpols im Betrieb, bei dem $Z_1 = Z_{W1}$ und $Z_2 = Z_{W2}$ ist. Z_{W1} und Z_{W2} sind die Wellenwiderstände des Vierpols. In diesem Fall verschwindet der Reflexionsfaktor an den beiden Toren. Ist der Vierpol speziell eine Leitung, tritt nur eine vorlaufende Welle auf. Bei Wellenbetrachtung eines Vierpols ($\rightarrow$ Vierpolwellen) werden im Anpassungsfall in der Streumatrix ($\rightarrow$ Betriebsmatrizen) die Elemente der Hauptdiagonale S_{ii} Null. [15] . Rü

Wellenantenne $\rightarrow$ Beverage-Antenne. Ge

Wellenausbreitung *(radio wave propagation)*. Ausbreitung elektromagnetischer Wellen im Bereich der Funkfrequenzen. Zu unterteilen in: 1. Freiraumausbreitung: Ungestörte Ausbreitung, unabhängig von der Frequenz; eine Dämpfung erfolgt nur auf Grund der Entfernung; Freiraumausbreitung liegt annähernd bei Richtfunkstrecken, bei Nachrichtensatelliten, in der Radioastronomie vor. 2. Ionosphärische W.: Die vertikale Schichtung der Ionosphäre beeinflußt im Bereich unter etwa 100 MHz die Ausbreitung. Die Erscheinungen sind stark frequenzabhängig. 3. Troposphärische W.: Die Inhomogenitäten der Troposphäre üben bei Frequenzen oberhalb etwa 100 MHz einen deutlichen stark frequenzabhängigen Einfluß aus. 4. W. auf der Erde wird geprägt vom Einfluß des Erdbodens ($\rightarrow$ Bodenwelle) sowie in bestimmten Frequenzbereichen von den Eigenschaften der Ionosphäre und der Troposphäre. [14] . Ge

Wellenbereich *((wave) band; range)*. Der technische Wechselstromwellenbereich umfaßt Wellenlängen von etwa 15000 km (Hörfrequenz 20 Hz) bis etwa 1 mm (Millimeterwellen). Die Einteilung ist etwa folgende: Myriameterwellen (VLF, *very low frequency*) 100 km bis 10 km, Kilometerwellen (LF, *long frequency*) 10 km bis 1 km, Hektometerwellen (MF, *medium frequency*) 1000 m bis 100 m, Dekameterwellen (HF, *high frequency*) 100 m bis 10 m, Meterwellen (VHF, *very high frequency*) 10 m bis 1 m, Dezimeterwellen (UHF, *ultra high frequency*) 100 cm bis 10 cm, Zentimeterwellen (SHF, *super high frequency*) 10 cm bis 1 cm, Millimeterwellen (EHF, *extremely high frequency*) 10 mm bis 1 mm. Die kürzeste bekannte Wellenlänge hat die kosmische Strahlung mit etwa 10^{-15} m. [13] , [14] . Th

Wellendämpfung $\rightarrow$ Wellenübertragungsfaktor. Rü

Wellendämpfungsfaktor $\rightarrow$ Wellenübertragungsfaktor. Rü

Wellendämpfungswinkel $\rightarrow$ Wellenübertragungsfaktor. Rü

Wellendigitalfilter *(wave digital filter)* $\rightarrow$ Digitalfilter. Rü

Wellenfilter, Reaktanzfilter $\rightarrow$ LC-Filter. Rü

Wellenfläche. Bei einer Welle die Punkte im Raum, die mit gleicher Phase schwingen. [5] . Rü

Wellenformgenerator *(wave form generator)* $\rightarrow$ Funktionsgenerator. Rü

Wellenfunktion *(wave function)*. Kennzeichnet den Zustand (Energie, Impuls) eines Elementarteilchens, das durch die Quantenmechanik beschrieben wird. Die W. ist Lösungsfunktion der Wellengleichung (z.B. der Schrödinger-Gleichung). Für Teilchen im kräftefreien Raum hat die W. die Form einer ebenen Welle (de Broglie-Welle). Das Quadrat des Betrages der W. im Ortsraum gibt die Aufenthaltswahrscheinlichkeit des beschriebenen Teilchens an. Mathematisch stellt die W. eine Eigenfunktion des „Hamilton-Operators" im Hilbert-Raum dar. [5], [7].
Bl

Wellengleichung *(wave equation)*. 1. Allgemein: Die (homogene) W. beschreibt den allgemeinen Zusammenhang zwischen den räumlichen Koordinaten x, y, z und der Zeit t für einen Wellenvorgang ξ in der Form

$$\frac{\partial^2 \xi}{\partial x^2} + \frac{\partial^2 \xi}{\partial y^2} + \frac{\partial^2 \xi}{\partial z^2} = \frac{1}{v^2} \frac{\partial^2 \xi}{\partial t^2}. \quad (1)$$

ξ ist die sich räumlich und zeitlich ändernde physikalische Größe (z.B. Druck, Auslenkung, Spannung, Strom usw.) und v die Ausbreitungsgeschwindigkeit für die gilt $v = \frac{\lambda}{T} = f \lambda$, mit λ Wellenlänge, T Periodendauer und f Frequenz. Betrachtet man als Beispiel den Spannungsverlauf u(z, t) (eindimensional) längs der z-Richtung auf einer Leitung, dann gilt mit $\xi \triangleq u$ aus (1)

$$\frac{\partial^2 u}{\partial z^2} = \frac{1}{v^2} \frac{\partial^2 u}{\partial t^2}. \quad (2)$$

Das ist die erste der → Leitungsgleichungen für den verlustfreien Fall $R' = G' = 0$ mit $v = \frac{1}{\sqrt{L'C'}}$. Die allgemeine Lösung von (2) hat die Form

$$u(z, t) = f(z \pm vt).$$
Rü

2. Quantenmechanik: Die Quantisierung der Wellengleichung führt zu:

$$i\hbar \frac{\partial \psi}{\partial t} = -\frac{\hbar}{2m} \Delta^2 \psi + V(\mathbf{r}, t) \psi$$

(i imaginäre Einheit, $h = \hbar \cdot 2\pi$ Plancksches Wirkungsquantum, ψ Wellenfunktion, m Masse des zu beschreibenden Elementarteilchens, $\Delta = \mathbf{i} \frac{\partial}{\partial x} + \mathbf{j} \frac{\partial}{\partial y} + \mathbf{k} \frac{\partial}{\partial z}$ Nabla-Operator). Das vom Ort **r** und der Zeit t abhängige Potential V beschreibt die Art der Wechselwirkung.
Bl

Wellengrößen → Leistungsquelle.
Rü

Wellenlänge *(wavelength)*. Abstand λ der geometrischen Orte, bei dem sich der Schwingungszustand eines sich räumlich ausbreitenden periodischen Wellenvorgangs wiederholt (→ Leitung, verlustlose). Mit der Fortpflanzungsgeschwindigkeit v und der Frequenz f besteht der grundsätzliche Zusammenhang

$$\lambda = \frac{v}{f}.$$

[5].
Rü

Wellenleiter *(wave guide)*. Allgemein jedes, aus bestimmten Materialien in geometrischer Anordnung bestehende System, das in der Lage ist, eine fortschreitende elektromagnetische Welle in axialer Richtung zu führen. Oberbegriff für: Hohlleiter, Koaxialleitung, Lecherleitung. [8], [14].
Rü

Wellenleitung → Wellenleiter.
Rü

Wellenmesser → Dipmeter.
Fl

Wellenoptik *(wave optics)*. Die Behandlung optischer Erscheinungen, die den Wellencharakter des Lichtes berücksichtigt. Im Gegensatz zur Beschreibung des Lichtes als Strahl (geometrische Optik) lassen sich mit der W. auch Beugungs- und Interferenzerscheinungen erklären und beschreiben. [15].
Rü

Wellenparameter *(image parameters)*. Anstelle der Vierpolparameter (→ Vierpolgleichungen) kann man jeden Vierpol mit den vier voneinander unabhängigen Wellenparametern

$$Z_{W_1}, Z_{W_2}, e^{g_{W_1}}, e^{g_{W_2}}$$

beschreiben. Dabei sind Z_{W_1}, Z_{W_2} die Wellenwiderstände des Vierpols und $e^{g_{W_1}}, e^{g_{W_2}}$ die Wellendämpfungsfaktoren des Vierpols in den beiden Übertragungsrichtungen. Wird z.B. die Kettenmatrix (→ Vierpolmatrizen) in Wellenparametern geschrieben, gilt

$$A = \frac{1}{2} \begin{pmatrix} \sqrt{\frac{Z_{W_1}}{Z_{W_2}}} (e^{g_{W_1}} + e^{-g_{W_2}}) & \sqrt{Z_{W_1} Z_{W_2}} (e^{g_{W_1}} - e^{-g_{W_2}}) \\ \frac{1}{\sqrt{Z_{W_1} Z_{W_2}}} (e^{g_{W_1}} - e^{-g_{W_2}}) & \sqrt{\frac{Z_{W_2}}{Z_{W_1}}} (e^{g_{W_1}} + e^{-g_{W_2}}) \end{pmatrix}$$

[15].
Rü

Wellenparameterfilter *(image parameter filter)*. Elektrische Filter, deren Synthese (→ Filtersynthese) auf der Grundlage der Wellenparametertheorie erfolgt. Verschiedene LC-Dämpfungsglieder mit gleichem Wellenwiderstand werden in Kette geschaltet. Da sich unter diesen Voraussetzungen die Dämpfungsmaße a addieren, kann man solange Dämpfungsglieder zusammenschalten bis die geforderte Dämpfungscharakteristik erreicht wird. Die Bausteine des Wellenparameterfilters sind das Grundglied und das Versteilerungsglied (auch: m-Glied, Zobel-Glied, Wagner-Glied. Bild). Diese beiden Formen gibt es für alle Filtertypen: Tiefpaß, Hochpaß, Bandpaß, Bandsperre. Das Grundglied entspricht der Schaltungsstruktur eines Potenz- oder Tschebyscheff-Filters, während sich mit Versteilerungsgliedern Dämpfungspole wie bei Cauer-Filtern erzeugen lassen. Die Synthese der W. ist relativ einfach; ihre Nachteile liegen in den etwas geringeren erreichbaren Dämpfungswerten gegenüber ver-

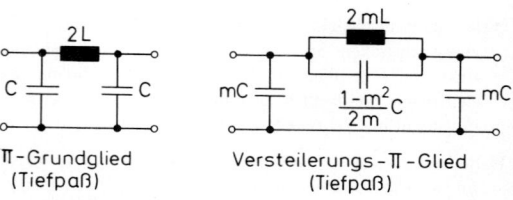

π-Grundglied (Tiefpaß)   Versteilerungs-π-Glied (Tiefpaß)

Wellenparameterfilter

gleichbaren Filtern auf der Basis der Betriebsparametertheorie und in der Tatsache, daß man in bezug auf die Durchlaßdämpfung nicht jede beliebige Forderung stellen kann. Durch Verwendung besonderer Halbglieder, kann man lediglich eine Ebnung des Wellenwiderstandes und damit eine Verbesserung des Durchlaßverhaltens erreichen. Die praktische Dimensionierung von Wellenparameterfiltern ist ebenfalls mit Hilfe eines Katalogs möglich. [15]. Rü

Wellenparametertheorie *(image parameter theory)*. Die geschlossene Darstellung der Übertragungseigenschaften von elektrischen Netzwerken, bei denen alle Tore mit den Wellenwiderständen abgeschlossen sind. [15]. Rü

Wellenrichter → Direktor. Ge

Wellenübertragungsfaktor (→ Bild Vierpol im Betrieb). Der wichtige Sonderfall des Betriebsübertragungsfaktors für den Fall der Wellenanpassung mit den Abschlußwiderständen $Z_1 = Z_{w_1}$ und $Z_2 = Z_{w_2}$:

$$A_w = \frac{2U_2}{U_0}\sqrt{\frac{Z_{w_2}}{Z_{w_1}}} = \frac{U_2}{U_1}\sqrt{\frac{Z_{w_2}}{Z_{w_1}}} = \sqrt{A_{uw} A_{iw}}.$$

A_{uw} ist der Wellenspannungsübertragungsfaktor, und A_{iw} der Wellenstromübertragungsfaktor. $D_w = \frac{1}{A_w}$ heißt Wellendämpfungsfaktor (DIN 40 148/1);

$$-g_w = -(a_w + jb_w) = \ln A_w$$

ist das komplexe Wellenübertragungsmaß, wobei $a_w = -\ln |A_w|$ das Wellendämpfungsmaß und b_w der Wellendämpfungswinkel, kurz Wellenwinkel, genannt werden. Es gilt

$$D_w = \frac{1}{A_w} = e^{g_w}.$$

Der W. läßt sich allein durch die Vierpolparameter ausdrücken. Sind die Kettenparameter A_{ik} des Vierpols gegeben, gilt

$$A_w = \frac{1}{\sqrt{A_{11} A_{22}} + \sqrt{A_{12} A_{21}}}.$$

Bei widerstandssymmetrischen Vierpolen ist $A_{uw} = A_{iw}$. [15]. Rü

Wellenübertragungsmaß → Wellenübertragungsfaktor. Rü

Wellenwiderstand des freien Raumes → Feldwellenwiderstand. Ge

Wellenwiderstand einer Leitung *(characteristic impedance)*. Die Impedanz am Eingang einer unendlich langen elektrischen Leitung. Für die verlustbehaftete, homogene Leitung gilt mit den → Leitungskonstanten $R'L'C'$ und G'

$$Z_w = \sqrt{\frac{R' + j\omega L'}{G' + j\omega C'}}.$$

Für die verlustlose Leitung gilt mit $R' = G' = 0$

$$Z_w = \sqrt{\frac{L'}{C'}}.$$

Der W. läßt sich meßtechnisch durch Leerlaufwiderstand W_L und Kurzschlußwiderstand W_K aus der allgemein gültigen Beziehung $Z_w = \sqrt{W_L W_K}$ ermitteln. [14]. Rü

Wellenwiderstand eines Vierpols *(characteristic impedance)*. In Anlehnung an den Wellenwiderstand einer Leitung definiert man (zunächst) für widerstandssymmetrische Vierpole den W. als Eingangswiderstand einer Kette von unendlich vielen gleichen Vierpolen. Es gilt $Z_w = \sqrt{W_L \cdot W_K}$ mit W_L Leerlaufimpedanz und W_K Kurzschlußimpedanz am entgegengesetzten Vierpoltor. Schließt man ein Tor mit dem W. ab, dann ist die Impedanz am anderen Tor ebenfalls Z_w. Aus den Elementen der Vierpolmatrizen berechnet sich der W.

$$Z_w = \sqrt{-\det \mathbf{Z}} = \sqrt{\frac{A_{12}}{A_{21}}}.$$

($\mathbf{Z}$ Widerstandsmatrix, A_{ik} Kettenkoeffizienten.)
Bei nicht widerstandssymmetrischen Vierpolen definiert man analog einen eingangsseitigen W. Z_{w_1} und einen ausgangsseitigen W. Z_{w_2} zu

$$Z_{w_1} = \sqrt{W_{1L} \cdot W_{1K}} = \sqrt{\frac{Z_{11}}{Z_{22}} \det \mathbf{Z}} = \sqrt{\frac{A_{11} A_{12}}{A_{21} A_{22}}}.$$

$$Z_{w_2} = \sqrt{W_{2L} W_{2K}} = \sqrt{\frac{Z_{22}}{Z_{11}} \det \mathbf{Z}} = \sqrt{\frac{A_{22} A_{12}}{A_{21} A_{21}}}.$$

(Z_{ik} Widerstandskoeffizienten, W_{1L} Leerlaufeingangsimpedanz, W_{2L} Leerlaufausgangsimpedanz, W_{1K} Kurzschlußeingangsimpedanz.) Wird das Ausgangstor mit Z_{w_2} abgeschlossen, ist die Impedanz am Eingangstor gleich Z_{w_1}; umgekehrt wird bei Abschluß des Eingangstors mit Z_{w_1} die Impedanz am Ausgangstor gleich Z_{w_2}. Der Abschluß eines Vierpoltors mit seinem W. ist in der Übertragungstechnik bedeutsam, weil dann keine Reflexion auftritt. [14], [15]. Rü

Wellenwiderstand, geebneter → Wellenparameterfilter. Rü

Wellenwinkel → Wellenübertragungsfaktor. Rü

Wellenzahl *(wave number)*. Eine in der Optik, besonders bei der Spektrometrie, verwendete Größe. Sie ist die Anzahl der (im Vakuum) auf der Strecke von 1 cm auftretenden elektromagnetischen Wellen:

$$N = \frac{1}{\lambda} = \frac{\nu}{c}.$$

Die Einheit von λ ist cm ($1 \text{ cm} = 10^{-2}$ m, λ Wellenlänge, ν Frequenz ($\nu \triangleq f$) und c Lichtgeschwindigkeit). [5]. Rü

Welle-Teilchen-Dualismus *(wave-particle duality)*. In einigen Experimenten verhalten sich bewegte Elementarteilchen (auch Photonen) wie Teilchen (z.B. Photoeffekt, Stoßvorgänge), in anderen wiederum verhalten sie sich wie eine Welle (z.B. Beugung). Diese Möglichkeit, daß Elementarteilchen wie ein Teilchen oder wie eine Welle zu beschreiben sind, wird W. genannt. Bewegte Teilchen (Masse m, Geschwindigkeit **v**) haben u.U. Welleneigenschaften, wobei die de Broglie-Wellenlänge $\lambda = h/(m \mathbf{v})$ ist. [5], [7]. Bl

Welligkeit *(ripple)*. 1. Allgemein: Für allgemeine Wechselstrom- oder Spannungsgrößen wird nach DIN 40 110 eine W. definiert

$$\text{(effektive) W.} = \frac{\text{Effektivwert des Wechselanteils}}{\text{Gleichwert der Mischgröße}}$$

$$= \frac{U_\sim}{U} = \frac{I_\sim}{I}.$$

Die so definierte W. wird auch häufig als Wechselspannungs- bzw. Wechselstromgehalt bezeichnet. Rü

2. Energietechnik: Bei netzgeführten Stromrichtern ist die Spannungs-W. das Verhältnis des Effektivwertes der überlagerten Wechselspannungen zur idealen Leerlaufgleichspannung und die Strom-W. das Verhältnis der überlagerten Wechselströme zum Nennwert des Gleichstromes. [3]. Ku

3. Netzwerktheorie: Im Durchlaßbereich von Bandfiltern ist die W. ein Maß für die Änderung des Übertragungsfaktors. Dort gilt (Bild) für die W.:

$$w = \ln \left| \frac{U_{Hö}}{U_{f_m}} \right|,$$

wobei $U_{Hö}$ die Spannung bei der Höckerfrequenz $f_{Hö}$ und U_{f_m} die Spannung bei der Bandmittenfrequenz f_m ist. [14], [15]. Rü

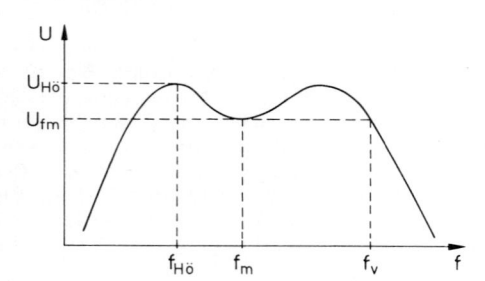

Zur Definition der Welligkeit

Welligkeitsfaktor *(standing-wave ratio; SWR)*, oft auch *voltage-standing-wave ratio; VSWR (DIN 1344)* → Anpassungsfaktor. Rü

Welligkeitsverstimmung (→ Bild Welligkeit). Maß der Verstimmung bei Bandfiltern. Die W. entspricht der Frequenz f_v, bei der (beim Vorhandensein von Höckern) der Wert des Betrages U_{f_m} wieder erreicht wird:

$$v = \frac{f_v - f_m}{f_m}.$$

[14], [15]. Rü

Wendelantenne *(helical antenna)*. Helixantenne, Schraubenantenne, Spulenantenne, Korkenzieherantenne, Spiralantenne. Einseitig gespeister, gewendelter Leiter. Die W. strahlt senkrecht zu ihrer Achse, wenn die Wendelabmessung klein gegenüber der Wellenlänge ist. Erreicht der Wendelumfang die Größe der Wellenlänge, so fällt die Hauptstrahlung in Richtung der Wendelachse. Mit der Anzahl der Windungen der W. steigt die Bündelung. Das abgestrahlte Feld der W. ist i. a. abhängig vom Windungssinn der Wendel rechts- oder links zirkular polarisiert. Meistens wird die W. in Verbindung mit einer Reflektorplatte (→ Reflektor) verwendet. Die W. ist breitbandig und kann bis in den Zentimeterwellenbereich verwendet werden. Die Zickzackantenne ist eine flächenhafte Abwandlung der W. Sie besteht aus V-förmigen, in einer Ebene liegenden Elementen und wird vom Ende durch ein Koaxialkabel gespeist. [14]. Ge

Wendelhohlkabel → Wendelwellenleiter. Ge

Wendelleitung *(spiral delay line)*. Die W. stellt ein koaxiales Leitungssystem dar, dessen Innenleiter gewendelt ausgeführt ist. Aufgrund ihres geometrischen Aufbaus ist die Fortpflanzungsgeschwindigkeit der elektromagnetischen Wellen kleiner als bei Ausbreitung im freien Raum. Die L. wird daher als homogene Verzögerungsleitung, z.B. bei Wanderfeldröhren, eingesetzt. [8]. Ge

Wendelpotentiometer → Drehwiderstand. Ge

Wendelresonator *(helical resonator)*. Koaxiale, schwingfähige Anordnung, bestehend aus einem zylinderförmigen Außenleiter, der entlang seiner Achse eine Wendel enthält. Ein Ende der Wendel ist mit dem Außenleiter verbunden, das andere Ende ist offen. Der W. entspricht einer Lambda/4-Leitung. [8]. Ge

Wendelwellenleiter *(helix waveguide)*, Wendelhohlkabel. Spezielle Form eines Hohlleiters mit kreisförmigem Querschnitt, bei dem die Längsströme durch Verringerung der Leitfähigkeit der Wandung unterdrückt werden, während die Leitfähigkeit in zirkularer Richtung erhalten bleibt. In dieser Anordnung breitet sich die für die Übertragung hochfrequenter Energie geeignete H_{01}-Welle besonders günstig aus. Der W. wird als Drahtwendel aus isoliertem, dünnem Kupferdraht mit sehr geringer Steigung ausgeführt. Zusätzlich wird die Außenwand mit verlustbehaftetem Material beschichtet. [8]. Ge

Werkzeugmaschinensteuerung, numerische *(numerically machine-tool control)*. Die numerische W. dient der Steuerung des Arbeitsablaufs von Produktionsmaschinen durch vorgegebene Programme z.B. in Abhängigkeit vom Arbeitsprozeß. Mit Hilfe logischer Verknüpfungsschaltungen oder z.B. eingefügter Mikroprozessorsysteme werden vom Programm festgelegte Eingabewerte mit den zur Ablaufsteuerung erforderlichen Prozeßwerten numerisch verarbeitet. Die Programmeingabe kann z.B. durch alphanumerische Zeichen über eine Eingabetastatur, Lochkarten, Magnetband oder ähnliche Informationsträger erfolgen. Ziel der numerischen W. ist es, auch bei häufigem Programmwechsel rationelle Fertigungsprozesse mit einer Maschine durchführen zu können. Gesteuert wird der Antrieb der Produktionsmaschine. Man unterscheidet abhängig von der Art des zurückzulegenden Weges und der Art der auszuführenden Arbeit am Werkstück: 1. Punktsteuerung (Bild a). Die Antriebe fahren nacheinander eine Anzahl räumlich verteilter Punkte ab. Am jeweiligen Ziel wird eine beliebige Anzahl von Arbeitsgängen erledigt. Bewegungsabläufe dieser Art werden mit Positionierantrieben bewältigt. 2. Strecken-

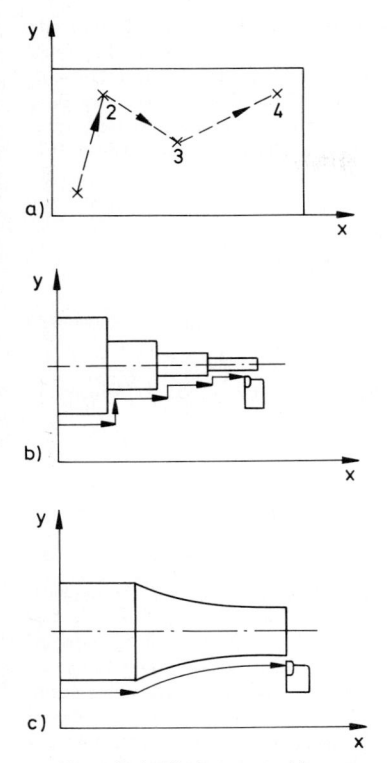

Numerische Werkzeugmaschinensteuerung

steuerung (Bild b). Die Antriebe fahren — bei nacheinander erfolgenden Bewegungen räumlich festgelegter Antriebsachsen — parallel zu den Koordinantenachsen des zu bearbeitenden Werkstückes. 3. Stetigbahnsteuerung (Bild c). Innerhalb eines festgelegten Koordinatensystems führen die Antriebe Bewegungsabläufe durch, die z.B. von einer Funktion y = f(x) festgelegt sind. Das Bearbeitungswerkzeug der Produktionsmaschine durchläuft eine Bahn, die vom Profil des Werkstückes bestimmt ist. Das Profil entspricht der Funktion y = f(x). 4. Punkt-Streckensteuerung. Hierbei werden Punkt- und Streckensteuerung zusammengefaßt. [1], [9], [18]. Fl

wertdiskret → Signalklassifizierung. Rü

Wertigkeit. 1. Datenverarbeitung. (*weight, significance*): In einem bewerteten Code oder in einem Stellenwertsystem die Bedeutung der einzelnen Stelle. Beim Dualcode betragen die Wertigkeiten der Bits 1, 2, 4, 8, 16 usw. [9]. 2. Chemie (*valence*): In der Chemie das Bindungsvermögen der Elemente. Die W. wird von der Zahl der Valenzelektronen in der äußeren Elektronenschale bestimmt. In der Halbleitertechnik erfolgt die Dotierung des vierwertigen Grundmaterials, z.B. Silicium, mit dreiwertigen Elementen, z.B. Aluminium, wodurch das Silicium P-leitend wird. Wird das Grundmaterial mit fünfwertigen Elementen, z.B. Arsen, dotiert, erhält man ein N-leitendes Substratmaterial. [7]. We

wertkontinuierlich → Signalklassifizierung. Rü

Weston-Element *(Weston standard cell, Weston cell)*, Weston-Normalelement, Weston-Cadmiumelement, Internationales Cadmium-Normalelement. Das W. ist ein galvanisches Normalelement, das bei einem festgelegten Temperaturwert von 20 °C einen Spannungswert von 1,018636 V abgibt. Mit etwa 0,004 %/K verringert sich die Spannung mit der Temperatur. Der Innenwiderstand des Weston-Elements beträgt etwa 150 Ω. Das W. besteht aus einer positiv wirkenden Quecksilber-Elektrode. Die negative Elektrode wird von Cadmiumamalgam gebildet. Als Elektrolyten setzt man eine gesättigte Cadmiumsulfatlösung ein. Die Temperaturabhängigkeit und damit der Betrag der Quellenspannung hängt von der Konzentration der Lösung ab. Hauptanwendung ist der Einsatz als hochwertige Vergleichsspannungsquelle in Kompensatoren. [12]. Fl

Weston-Cadmiumelement → Weston-Element. Fl

Weston-Normalelement → Weston-Element. Fl

Wheatstone-Meßbrücke *(Wheatstone measuring bridge)*. (→ Bild Brückenschaltung). Die W. ist die meistverwendete Brückenschaltung, die in vielen Varianten als Widerstandsmeßbrücke zur Messung von Wirkwiderständen passiver Zweipole eingesetzt wird. Prinzip und Wirkungsweise: → Brückenschaltung, → Brückenabgleich, → Brückenmeßverfahren. Sie dient der Messung von Widerständen mit einem Meßbereich von 1 Ω bis 10^6 Ω. [12]. Fl

Whistler *(atmospheric whistler)*. Pfeiftöne, die in Längstwellenempfängern hörbar werden. Sie entstehen durch Blitzentladungen, die sich entlang der Kraftlinien des Erdmagnetfeldes zwischen nördlicher und südlicher Halbkugel ausbreiten. Dabei werden die tiefen Frequenzen stärker verzögert als die hohen, so daß es zu einem in der Frequenz fallenden Ton von der Zeitdauer von etwa 1 s bis 3 s kommt. W. werden zur Untersuchung der höheren Ionosphäre benutzt. [14]. Ge

Wickelbauelement → Drahtwickeltechnik. Ge

Wickelkondensator *(paper capacitor, roll type capacitor)*. Kondensator, dessen streifenförmige Metallelektroden mit zwischengelegtem Dielektrikum zu einem festen Wickel aufgerollt sind (→ Metallpapierkondensator). Zur Kontaktierung werden Anschlußstreifen eingelegt oder angeschweißt. Bei induktivitäts- und dämpfungsarmen Ausführungen von Wickelkondensatoren werden durch Metallisierung der gesamten Stirnfläche sämtliche Windungen kontaktiert. Bei Kunststoffolienkondensatoren besteht der Wickel aus dünnen, metallisierten Schichten. Zum Schutz gegen Umwelteinflüsse wird der Kondensatorwickel mit Isolierfolie umhüllt und seine Stirnseiten werden mit Gießharz vergossen. Oft erfolgt auch ein Einbau in Kunststoff- oder Metallgehäuse. [4]. Ge

Wicklungskapazität *(distributed capacitance)*, Eigenkapazität. Kapazität zwischen den einzelnen Windungen und Wicklungslagen einer Spule, abhängig von der Anordnung, den Abmessungen, der Dielektrizitätskonstanten der Drahtisolierung sowie der Spannung zwischen benachbarten Windungen. Die zur Gesamtkapazität C_L zusammengefaßte W. bildet mit der Induktivität der

Spule einen Parallelschwingkreis. Oberhalb der Eigenresonanz wirkt die Spule kapazitiv. Zur Verringerung der W. sind hohe Spannungsunterschiede zwischen benachbarten Windungen durch besondere Wickeltechniken zu vermeiden, z.B. Unterteilung in Kammern, Kreuzwickelspule. [4]. Ge

Wicklungswiderstand *(coil resistance)*. Ohmscher Widerstand der Wicklung einer Spule. Zu ermitteln aus mittlerer Windungslänge und Windungszahl sowie dem Widerstand pro Meter des Drahtes. [4]. Ge

Widerstand, charakteristischer → Wellenwiderstand. Li

Widerstand, differentieller *(incremental (differential) resistance)*. Partielle Ableitung der Spannung U nach dem Strom I

$$r = \frac{\partial U}{\partial I}.$$

Der differentielle W. stellt die Steigung in einem beliebigen Punkt einer U, I-Kennlinie dar. Die Tangente in diesem Punkt ist die Widerstandsgerade des differentiellen Widerstands. Bei linearem Zusammenhang zwischen U und I sind der normale Widerstand und der differentielle W. identisch. [4], [12]. Rü

Widerstand, dualer *(dual impedance)*. Allgemein duale Impedanz. Zu einer gegebenen Impedanz Z berechnet sich die duale Impedanz

$$Z_D = \frac{R_D^2}{Z}$$

(R_D Dualitätsinvariante, reell und frequenzunabhängig; → Zweipol, dualer). Speziell geht ein ohmscher Widerstand R wieder in einen ohmschen Widerstand

$$R' = \frac{R_D^2}{R}$$

über. [15]. Rü

Widerstand, elektrischer *(electrical resistance)*. Quotient aus Spannung U und Strom I eines Zweipols

$$R = \frac{U}{I}.$$

Vorausgesetzt ist dabei ein Verbraucher-Pfeilsystem (→ Zählpfeilsystem). [5]. Rü

Widerstand, gepaarter *(resistor pair)*. Ausgesuchter Widerstand, dessen Widerstandswert nur geringfügig von dem Widerstandwert eines anderen Widerstandes abweicht. [4]. Li

Widerstand, imaginärer *(reactance)*, Reaktanz. Ein Widerstand, bei dem die Phase zwischen Spannung und Strom $\varphi = \pm 90°$ beträgt (→ Impedanz). [5], [13]. Rü

Widerstand, induktiver *(inductive reactance)*. Widerstand einer Induktivität L : $X_L = \omega L$ (ω Kreisfrequenz). [5], [13]. Rü

Widerstand, innerer *(plate resistance)* → Barkhausen-Beziehung. Rü

Widerstand, integrierter *(integrated resistance)*. In der heute vorzugsweise verwendeten Bipolartechnik stellt man einen integrierten W. dadurch her, daß in einem z.B. N-leitenden Siliciumeinkristall durch Anwendung eines photolithographischen Prozesses eine P-Dotierung eingebracht wird, die man zweimal kontaktiert (Bild). [6]. Rü

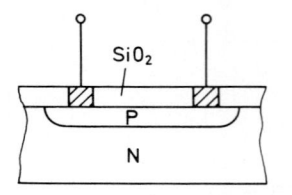

Integrierter Widerstand

Widerstand, kapazitiver *(capacitive reactance)*. Widerstand einer Kapazität C:

$$X_c = -\frac{1}{\omega C}$$

(ω Kreisfrequenz). [5], [13]. Rü

Widerstand, komplexer *(impedance)* → Impedanz. Rü

Widerstand, magnetfeldabhängiger. Der sog. Widerstandseffekt beruht — wie der Hall-Effekt — auf dem elektrodynamischen Gesetz, daß auf bewegte Ladungsträger im Magnetfeld eine Lorentz-Kraft wirkt. Dieser Effekt ist bei Halbleitern besonders deutlich. Ein von einem Strom durchflossenes Halbleiterplättchen verhält sich wie ein ohmscher W. R. Ein überlagertes Magnetfeld erhöht den Widerstand. Unabhängig von der Feldrichtung nimmt R bis 0,3 Tesla quadratisch, darüber hinaus linear zu. Anwendungen: Hall-Generator, Feldplatte. [4]. Rü

Widerstand, magnetischer *(magnetic resistance)*. Der Quotient zwischen magnetischer Spannung V und magnetischem Fluß Φ:

$$R_m = \frac{V}{\Phi}.$$

$\Lambda = \frac{1}{R_m}$ heißt magnetischer Leitwert. [5]. Rü

Widerstand, negativ differentieller *(negative differential resistance)*. Ein negativ differentieller W. liegt bei einem

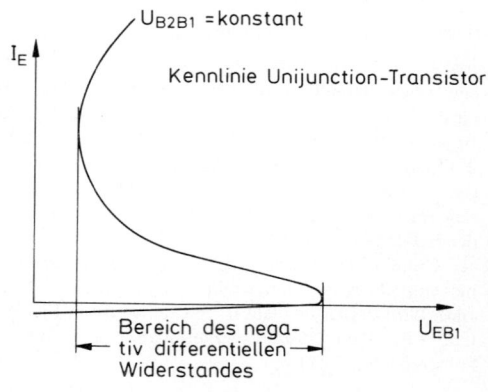

Negativ differentieller Widerstand

Bauelement vor, wenn mit zunehmender Spannung der Strom abnimmt, wobei sowohl die Spannung als auch der Strom die gleiche Polarität haben. Beispiele für Bauelemente mit negativ differentiellem W. sind der Unijunctiontransistor und die Tunneldiode. [4]. We

Widerstand, negativer *(negative resistance)*. Ein negativer W. (-R) kann aus dem Ohmschen Gesetz abgeleitet werden durch U = R I = (-R) (-I) oder (-U) = (-R) I, d.h., indem die Phase der Spannung U oder des Stromes I um 180° gedreht wird. Dies ist nur mit verstärkenden Bauelementen möglich (→ Konverter). [15]. Rü

Widerstand, nichtlinearer *(nonlinear resistance)*. Ein Widerstand, bei dem der Zusammenhang zwischen Spannung und Strom nichtlinear ist. Beispiele für praktisch ausgeführte Bauformen: NTC-Widerstand (*NTC, negative temperature coefficient*), PTC-Widerstand (*PTC, positive temperature coefficient*), VDR (*voltage dependent resistance*). [4]. Rü

Widerstand, ohmscher *(ohmic resistance)*. 1. Größe in der Elektrizitätslehre (Zeichen R). Der ohmsche W. tritt auf als Hemmnis für den elektrischen Strom, wenn an einen Stromkreis eine Spannung angelegt wird. Den Zusammenhang zwischen Strom, Spannung und Widerstand vermittelt das Ohmsche Gesetz. Der ohmsche W. wird auch oft Wirkwiderstand (Resistanz) genannt. Elektrische Energie wird im ohmschen W. in Wärme umgesetzt. 2. Bauelement, das in fast allen elektronischen Schaltungen eingesetzt wird. In den wichtigsten Ausführungsformen kennt man ohmsche Widerstände als Festwiderstand, Drahtwiderstand, Schichtwiderstand, Massewiderstand oder als stellbaren Widerstand (Potentiometer) Drehwiderstand, Trimmerwiderstand. [13]. Rü

Widerstand, reeller *(true resistance)*, Resistanz. Ein Widerstand, bei dem Spannung und Strom stets in Phase sind. [4], [13]. Rü

Widerstand, spannungsabhängiger *(voltage dependent resistor VDR)*, Varistor. W. aus Siliciumkarbid-Pulver, das zu Scheiben und Stäben gepreßt bei hohen Temperaturen gesintert wird. Die Spannungsabhängigkeit entsteht durch feldstärkeabhängige Übergangswiderstände zwischen den einzelnen Karbidkristallen. Der Widerstandswert sinkt mit zunehmender Spannung. Anwendung z.B. zur Funkenlöschung beim Abschalten von Induktivitäten oder zur Spannungsstabilisierung. Der Metalloxidvaristor besteht aus gepreßten und gesinterten Zinkoxidkörnchen, die von einer dünnen Schicht Wismutoxid umhüllt sind. Dieser spannungsabhängige W. weist eine besonders starke Veränderung des Widerstandes bei Überschreitung eines vorgegebenen Spannungswertes auf. [4]. Ge

Widerstand, spezifischer *(resistivity, specific resistance)*. (Zeichen ρ). Kehrwert der elektrischen Leitfähigkeit σ.

$$\rho = \frac{1}{\sigma}; \text{ Einheit: } \frac{m^3 kg}{s^3 A^2} = \frac{Vm}{A} = \Omega m.$$

Für einen idealen Leiter ist $\rho = 0$, für den idealen Isolator gilt $\rho = \infty$. [5]. Rü

Widerstand, thermischer → Wärmewiderstand. Ne

Widerstand, variabler → Widerstand, veränderbarer. Ge

Widerstand, veränderbarer *(variable resistor)*, variabler Widerstand. Widerstand, dessen Wert kontinuierlich (Drehwiderstand, Schiebewiderstand, Trimmerwiderstand) oder stufig (Dekadenwiderstand) verändert werden kann. [4]. Ge

Widerstandsbelag *(resistance per unit length)* → Leitungskonstanten. Rü

Widerstandsdekade *(resistance decade)*. Die W. besteht aus einer Anzahl von 0,1 Ω bis etwa 100 kΩ dekadisch stufenweise einstellbarer Meßwiderstände, die in ein gemeinsames Gehäuse eingebaut sind und deren elektrische Anschlüsse für jede Dekade nach außen geführt sind. Widerstandsmaterial sind in weitem Bereich temperaturunabhängige Metallegierungen, wie z.B. Manganin (Widerstandswerkstoff, bestehend aus 86 % Kupfer, 12 % Mangan, 2 % Nickel). Die Widerstände sind als kapazitäts- und induktivitätsarme Drahtwiderstände aufgebaut und bis zu einer Frequenz von etwa 10 kHz als Wirkwiderstände einsetzbar. Jede einstellbare Dekade besteht aus 10 gleichwertigen, hochgenauen Widerständen, die in Reihe geschaltet sind (Bild einer Dekade: → Dekadenwiderstand). Mehrere solcher Dekaden sind in vielen Fällen ebenfalls hintereinander geschaltet, wobei jede nächstfolgende sich aus Widerständen zusammensetzt, die um das 10fache größere Werte besitzen als die in der nächst tieferen Dekade. Innerhalb des angegebenen Widerstandsbereichs einer W. läßt sich jeder beliebige Wert in Schritten des kleinsten vorhandenen Widerstandswertes einstellen. Anwendungen: z.B. als Vergleichswiderstände in Meßbrücken; zur Herstellung genauer Spannungsabfälle in Kompensatoren; zur Meßbereichserweiterung von Meßgeräten. Hochwertige Widerstandsdekaden sind Präzisionswiderstandsdekaden. [12]. Fl

Widerstandsform. Die Darstellung der Vierpolgleichungen als Widerstandsgleichungen. [15]. Rü

Widerstandsdekade

Widerstandsgerade *(load line).* In einem U,I-Diagramm kann jeder von Spannung und Strom unabhängige Widerstand R durch $R = \frac{U}{I}$ als Gerade dargestellt werden. Diese Darstellung ist wichtig im Zusammenhang mit der äußeren Beschaltung von Bauelementen mit nichtlinearen U, I-Kennlinien. Beispiele: Anodenkennlinie (W. festgelegt durch Arbeitspunkt und Batteriespannung U_B); Transistorkennlinie. [4], [13]. Rü

Widerstandskondensatorkopplung *(resistance-capacitance coupling)* → RC-Kopplung. Li

Widerstands-Kondensator-Transistor-Logik → RCTL. We

Widerstandskopf *(bulb resistor, resistance bulb)*, Thermowiderstand. Als W. wird häufig eine Anordnung bezeichnet, die aus einem Gehäuse besteht, in das ein elektrischer Widerstand als passiver Meßfühler eingebaut ist, der seine elektrischen Werte in angegebenen Bereichen unter Temperatureinfluß ändert. Typische Anwendungen sind Widerstandsthermometer. Widerstandsmaterial können metallische Leiter oder Halbleitermaterialien sein. 1. Metallische Leiter. Es wird der Funktionszusammenhang

$$R_t = R_0 (1 + \alpha \cdot t + \beta \cdot t^2)$$

(R_t Widerstandswert bei der Temperatur t; R_0 Widerstandswert bei 0 °C; α Temperaturkoeffizient; β stoffeigener Korrekturwert) genutzt. Die Widerstände werden bei 0 °C auf 100 Ω, seltener auf 50 Ω abgeglichen (DIN 43 760). Vielfach verwendete Materialien sind: a) Platin (Pt). Temperaturmessungen sind im Bereich von etwa −220 °C bis 850 °C möglich. Der mittlere Temperaturkoeffizient beträgt zwischen 0 °C bis 100 °C: $(0,385 \pm 0,0012) \cdot 10^{-2}/K$. b) Nickel (Ni). Der Meßbereich liegt zwischen −60 °C und 180 °C. Im Bereich von 0 °C bis 100 °C besitzt Ni einen mittleren Temperaturkoeffizienten von $(0,617 \pm 0,007) \cdot 10^{-2}/K$. 2. Halbleitende Materialien. Der Temperaturkoeffizient wirkt negativ und umfaßt den Bereich von $(-3 \text{ bis } -6) \cdot 10^{-2}/K$. Die Widerstandsköpfe zeichnen sich durch eine höhere Empfindlichkeit bei teilweise sehr kleinen geometrischen Abmessungen aus (Beispiel: → Spreading-Widerstand-Temperatursensor). Die Genauigkeit ist geringer als bei metallischen Widerständen. In vielen Fällen linearisiert man den exponentiellen Zusammenhang zwischen Temperatur und Widerstand durch parallel oder in Reihe geschaltete Meßwiderstände. Ausführungen sind z.B. NTC-Widerstände (*NTC negative temperature resistance*), die, von der Bauform abhängig, einen Meßbereich von etwa −20 °C bis 1000 °C erfassen. Weitere Anwendungen von Widerstandsköpfen sind z.B.: → Bolometer, → Barretter. [12]. Fl

Widerstandsmeßbrücke *(resistance measuring bridge).* Widerstandsmeßbrücken sind häufig Gleichstrommeßbrücken, die der Ermittlung der Werte von Wirkwiderständen oder als solche wirkender passiver Zweipole dienen. Spezielle Widerstandsmeßbrücken sind die Wheatstone-Meßbrücke oder die Thomson-Meßbrücke. Vielfach sind beide in einer Kompaktanordnung zusammengefaßt. Große Verbreitung besitzt die Schleifdrahtmeßbrücke, bei der ein kalibrierter Draht mit der Länge l durch einen verschiebbaren Kontakt in zwei Abschnitte l_1 und l_2 unterteilt wird. Im Bild dienen die dekadisch gestuften Präzisionswiderstände als Vergleichswiderstände. Der Brückenabgleich wird durch Verändern der Schleiferstellung durchgeführt. Bei Brückengleichgewicht gilt:

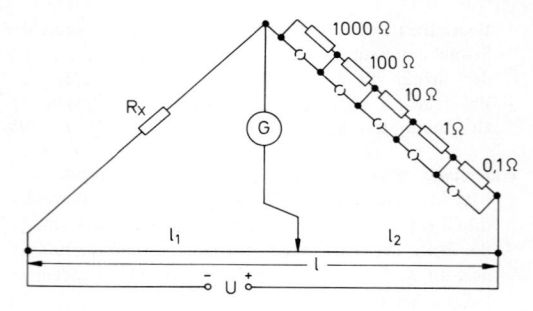

$$R_X = R_2 \cdot \frac{l_1}{l_2}$$

Häufig sind Widerstandsmeßbrücken selbstabgleichend ausgeführt. [12]. Fl

Widerstandsmeßbrücke

Widerstandsmesser *(resistance meter, resistor meter)*, Wirkwiderstandsmesser. W. sind elektrische oder elektronische Meßgeräte zur direkten Messung und Ablesung von Werten elektrischer Widerstände (Wirkwiderstand) oder als Widerstände wirkende Zweipole. Meßverfahren und -anzeige können analog oder digital erfolgen. Die Anzeigeskala der W. ist in Werten von Ohm (Ω), bei vielen Ausführungen auch in Vielfachen (z.B. kΩ, MΩ) oder Teilern davon (z.B. mΩ) kalibriert. Einige W. besitzen zusätzliche Einrichtungen. Ein optisches oder akustisches Signal wird ausgelöst, wenn eine an den Eingangsklemmen des Widerstandsmessers angeschlossene Kabelstrecke keine elektrische Unterbrechung aufweist (Leitungsmesser). Halbleiterdioden lassen sich in einem speziellen Meßbereich auf Durchlaß- oder Sperrrichtung überprüfen. Nach Einschalten des Meßbereiches liegt z.B. eine Prüfgleichspannung von etwa 1 V bei einem Strom von etwa 1 mA am Prüfling. W. benötigen zur Funktion Hilfsenergie, die sie z.B. aus eingebauten Batterien oder einem Netzteil entnehmen. 1. Analoge W. a) Häufig sind elektrische oder elektronische Vielbereichsmeßinstrumente mit einer Einrichtung zur Widerstandsmessung ausgestattet. Der Skalenverlauf zur Widerstandsmessung ist in vielen Fällen logarithmisch unterteilt. Bei Messungen nach der Strom-Spannungsmethode ist lineare Aufteilung möglich. b) Ohmmeter sind reine W. Weitere W. sind Teraohmmeter, Isolationsmesser und Erdungsmesser. Kompakt aufgebaute Widerstandsmeßbrücken sind häufig als W. mit einer in Ohmwerten kalibrierten Skala versehen. 2. Digitale W. Eine eingebaute elektronische Meßstromquelle liefert z.B. den konstanten Meßstrom für den Prüfling. Es wird der Spannungsabfall gemessen, nach Verfahren der digitalen Meßwertverarbeitung ausgewertet und auf einer Ziffernanzeige abgelesen. [12]. Fl

Widerstandsmeßfühler → Meßfühler, ohmscher. Fl

Widerstandsmeßgerät → Ohmmeter. Fl

Widerstandsmessung *(resistance measurement)*, Wirkwiderstandsmessung. Mit Hilfe von Widerstandsmessungen werden Werte unbekannter elektrischer Widerstände oder als Wirkwiderstände auftretende Zweipole, bzw. deren spezifische Widerstände erfaßt und in vielen Fällen nach Gesichtspunkten der elektrischen Meßtechnik festgelegt. In einigen Fällen soll mit einer groben W. überprüft werden, ob das Meßobjekt elektrische Leitfähigkeit besitzt oder nicht (Beispiele: Leitungsüberprüfung von Kabelstrecken oder -verbindungen; Ermittlung von Sperr- und Durchlaßbereich bei Halbleiterstrecken). Neben der Bestimmung von Widerständen als Bauteile werden Widerstandsmessungen z.B. auch zur Ermittlung von Isolationswiderständen, Oberflächenwiderständen, Erdungswiderständen und Wicklungswiderständen von Spulen, Transformatoren oder Elektromotoren (bzw. -generatoren) durchgeführt. Nichtelektrische Größen, z.B. Feuchte (über Feuchtewiderstände), Temperatur, Wegstrecken können ebenfalls mit Widerstandsmessungen erfaßt werden. Häufig führt man diese Messungen auch als Fernmessung durch. Meßgeräte zur W. sind z.B. Widerstandsmesser, Meßeinrichtungen z.B. Widerstandsmeßbrücken. [12]. Fl

Widerstandsmeßverfahren *(resistance measuring methods)*. Zur meßtechnischen Ermittlung und Festlegung elektrischer Widerstände auf ihre Werte sind verschiedene W. möglich, deren Anwendung z.B. von der Größenordnung des erwarteten Widerstandswertes, der geforderten Genauigkeitsansprüche an das Meßergebnis und in einigen Fällen auch von der Zugänglichkeit des Meßobjektes (z.B. elektrolytische Widerstände, Innenwiderstände von Strom- oder Spannungsquellen) abhängig sind. Häufig angewendete Meßverfahren sind: 1. Strom-Spannungsmessung. Eine Gleichspannungsquelle speist den Meßkreis, der vom Prüfling, einem Strommesser und einem Spannungsmesser gebildet wird. Aus den Anzeigewerten U_V (Spannungsmesser) und I_A (Strommesser) kann der mit systematischen Fehlern behaftete Widerstandswert R_X des Prüflings über das Ohmsche Gesetz bestimmt werden: $R_X = U_V/I_A$. Der Meßfehler entsteht bei willkürlicher Anordnung der Meßgeräte im ungünstigsten Falle infolge des Spannungsabfalles U_I über dem Strommesser und des Stromes I_U durch den Spannungsmesser. Abhilfe schafft: a) Stromrichtige Schaltung (Bild a). Der Strommesser mit bekanntem Innenwiderstand R_I liegt in Reihe zum Prüfling, der Spannungsmesser mit bekanntem Innenwiderstand R_U parallel zu beiden. Der unbekannte Widerstand R_X wird berechnet: $R_X = (U_V/I_X) - R_I$. Bei $R_X \gg R_I$ bleibt der Fehler vernachlässigbar klein. Diese Schaltung wird zur Messung hochohmiger Widerstände eingesetzt. b) Spannungsrichtige Schaltung (Bild b). Der Spannungsmesser liegt parallel zum Prüfling, in Reihe dazu der Strommesser. Es gilt für den unbekannten Widerstand R_X: $R_X = U_V/[I_A - (U_V/R_U)]$. Bei $R_U \gg R_X$ bleibt der Fehler gering. Man setzt diese Schaltung zur Messung niederohmiger Widerstände ein. Wird die Messung bei Werten am Meßbereichsende durchgeführt, bestimmt die Genauigkeitsklasse der Instrumente wesentlich den Meßfehler. Abweichungen dieses Verfahrens sind z.B. Speisung des Prüflings aus einer Konstantstromquelle und Messung des Spannungsabfalles über dem Widerstand (Anwendung bei einigen Digitalohmmetern und elektronischen Vielbereichsinstrumenten). 2. Strom-Spannungsvergleich. a) Stromvergleich (Bild c). Ein Strommesser mit dem Innenwiderstand R_I wird mit dem Prüfling R_X in Reihe geschaltet. Es wird der Stromwert I_X angezeigt. Bei einer zweiten Messung wird der Prüfling durch einen Normalwiderstand R_N ähnlicher Größe ersetzt. Jetzt fließt der Strom I_N durch den Vergleichskreis. Der Widerstandswert R_X des Prüflings errechnet sich:

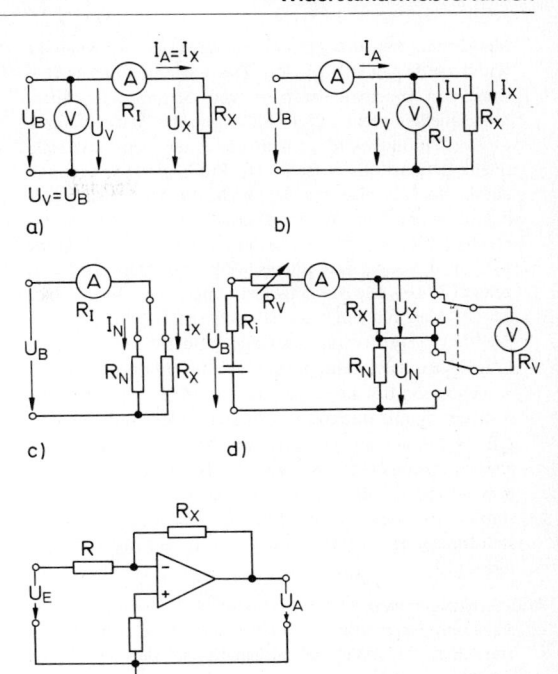

$$R_X = [(R_N + R_I) \cdot (I_N/I_X)] - R_I.$$

Mit diesem Verfahren können Widerstände mit Werten von etwa $10^2 \,\Omega$ bis $10^8 \,\Omega$ bei Meßfehlern bis etwa 1 % bestimmt werden. b) Spannungsvergleich (Bild d). Aus dem Prüfling R_X und einem möglichst gleich großen Normalwiderstand R_N wird ein Spannungsteiler gebildet, den ein konstanter Strom durchfließt. Ein hochohmiger Spannungsmesser zeigt die Spannungsabfälle über beiden Widerständen an. Bei $(R_i + R_V) \gg R_X$ erhält man für $R_X \approx R_N \cdot U_X/U_N$ mit einem Meßfehler von etwa 1 %. 3. Substitutionsverfahren. Der Normalwiderstand R_N im Bild c wird durch einen fein einstellbaren Meßwiderstand R_M ersetzt. Es wird zunächst der Strom durch R_X gemessen, dann auf R_M umgeschaltet. Man verändert R_M so lange, bis der Strommesser den gleichen Anzeigewert hat wie bei der Messung mit R_X. Bei gleichbleibender

Widerstandsnetzwerk

Meßeinrichtung und gleichen Stromwerten sind auch die Widerstände gleich: $R_X = R_M$. Das Verfahren ist zur Messung von Innenwiderständen von Strom- oder Spannungsquellen geeignet. 4. Elektronische Meßverfahren. a) Der Prüfling wird vom Strom einer Konstantstromquelle gespeist. Es entsteht am Prüfling ein Spannungsabfall, der als Maß für den Widerstandswert entweder digital über einen Analog-Digital-Wandler oder analog elektronisch weiter verarbeitet wird. b) Der Prüfling wird in den Gegenkopplungszweig eines Meßverstärkers gelegt (Bild e). Die Ausgangsspannung U_A des Verstärkers ist ein Maß für den Widerstandswert: $U_A = U_E \cdot R_X/R$. Die Weiterverarbeitung kann analog oder digital erfolgen. 5. Brückenmeßverfahren. Häufige Anwendungen sind die → Thomson-Brücke und die → Wheatstone-Brücke. 6. Messung mit direkt anzeigenden Widerstandsmessern, z.B. → Ohmmeter, → Teraohmmeter, Widerstands-Vergleichsmessungen mit Kreuzspulmeßwerk bzw. Quotientenmeßwerk. 7. In Fällen hochohmiger Isolationswiderstände (im Bereich von etwa $10^{16}\,\Omega$) wird die Widerstandsmessung vielfach als Leitwertmessung durchgeführt. [12]. Fl

Widerstandsnetzwerk *(resistor network)*. Hierunter wird meist ein Netzwerk verstanden, das ausschließlich aus ohmschen Widerständen aufgebaut ist. Beispiel: Eichleitung. [4], [13]. Rü

Widerstandsnormal → Normalwiderstand. Fl

Widerstandsparameter → Vierpolgleichungen. Rü

Widerstandsrauschen *(thermal agitation)*. Ladungsträger in einem Leiter (ohmscher Widerstand) bewegen sich regellos. Die Bewegung unterliegt statistischen Gesetzen. Die Antriebsenergie für diese regellose Bewegung wird der Leitertemperatur entnommen. Es tritt also eine statistische Beeinflussung des Stromflusses auf. Man kann diesen Vorgang auch als Überlagerungseffekt betrachten, wobei der Nutzstrom durch einen Rauschstrom überlagert wird. [4], [5]. Th

Wiederstandsthermometer *(resistance thermometer)*, Thermowiderstandsmesser. W. sind elektrische Thermometer, mit denen hochgenaue Temperaturmessungen durchgeführt werden. Der Temperaturmeßbereich erfaßt Werte von − 220 °C bis etwa 800 °C (abhängig von der Ausführung). In Brückenschaltungen können Temperaturdifferenzen bis etwa 0,001 K gemessen werden. Mit Hilfe besonderer Meßeinrichtungen sind Fernmessungen möglich. Passiver Meßfühler und umgebendes, temperaturbeständiges Gehäuse bilden einen Widerstandskopf, dessen äußere Form der Meßaufgabe angepaßt ist (z.B. druckfestes Schutzrohr). Die elektrischen Anschlüsse des Fühlerelementes werden über isolierte Drähte herausgeführt und mit einer Spannungsquelle (z.B. Batterie, Netzteil) und einem Anzeigeinstrument verbunden. Häufig benutzte Instrumente sind analog anzeigende Quotientenmesser oder spezielle, digital anzeigende, elektronische Vielbereichsmeßinstrumente. Gemessen wird der temperaturabhängige Gleichstrom des Fühlers. Für Fernmessungen werden häufig eingesetzt: 1. Zweileiterschaltung. Zwei Kupferleiter mit dem Leitungswi-

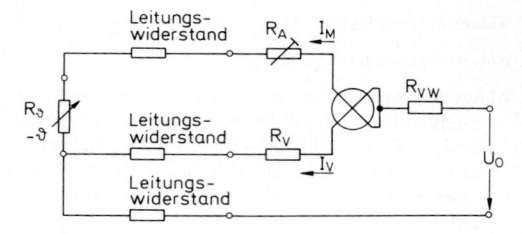

Widerstandsthermometer

derstand R_L (etwa 10 Ω bis 20 Ω) werden über einen Abgleich- und einen Vergleichswiderstand (R_A, R_V) zum Meßinstrument geführt. Bei gleichbleibenden Temperaturen längs der Leitung können Entfernungen bis etwa 400 m überbrückt werden. 2. Dreileiterschaltung (Bild). Längs der Leitungen auftretende Temperaturschwankungen heben sich auf und Entfernungen bis etwa 10 km können überbrückt werden. 3. Mit einer speziellen Schaltung zur Temperaturdifferenzmessung erhält man Meßunsicherheiten unter 0,3 °C in einem großen Temperaturbereich. [12], [18]. Fl

Widerstands-Transistor-Logik → RTL. Ne

Widerstandsverstärker → RC-Verstärker. Fl

Wiederanlauf *(restart)*. Teilweises oder vollständiges (automatisches) Neuladen des Arbeitsspeichers eines Prozeßrechners oder eines rechnergesteuerten Vermittlungssystems nach Fehlerfällen zur Wiederherstellung des Prozeß- oder des Vermittlungsbetriebs oder nach Programmänderungen. [19]. Kü

Wiederherstellung *(recovery)*. Alarmbehandlung, Fehlersuche und Wiederanlauf von rechnergesteuerten Vermittlungssystemen nach Auftreten von Fehleralarmen. Zur Herstellung einer neuen, arbeitsfähigen Gerätekonfiguration müssen i.a. fehlerhafte Teile abgeschaltet werden *(reconfiguration)*. Zur Erhöhung der Verfügbarkeit werden Redundanz in der Hardware (Reserveprinzipien, Mikrosynchronbetrieb) wie auch umfangreiche Fehlerprüf- und Fehlersuchroutinen in der Software angewendet. [19]. Kü

Wien-Brücke *(Wien bridge)*. Die W. ist eine Wechselstrommeßbrücke mit vier Brückenzweigen. Die beiden parallel zur Speisespannungsquelle liegenden Brückenelemente sind reine Wirkwiderstände, die beiden anderen Zweige werden aus einer Kombination von Widerständen und Kondensatoren (oder Spulen) gebildet. Das Brückengleichgewicht ist abhängig von der Frequenz und den Werten der Bauteile. Die W. kann zur Kapazitäts- oder Induktivitätsmessung benutzt werden: 1. Wien-Kapazitäts-Meßbrücke (Bild a). Ist C_X der gesuchte Kapazitätswert, gilt für den Nullabgleich:

$$C_X = C_4\left(\frac{R_2}{R_1} - \frac{R_4}{R_3}\right) \text{ und } C_3 C_4 = \frac{1}{\omega^2 \cdot R_3 \cdot R_4}.$$

Häufige Anwendungsfälle sind Leitwert- und Kapazitätsmessungen bei Frequenzen um 1500 Hz. Ein Sonderfall der W. ist die Wien-Robinson-Brücke. 2. Wien-Ina)

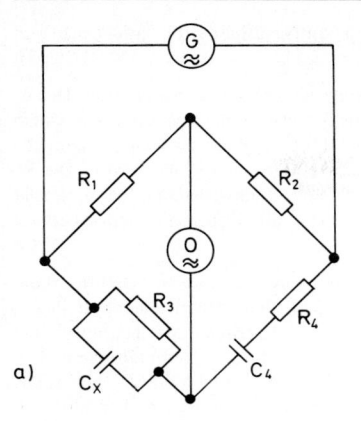

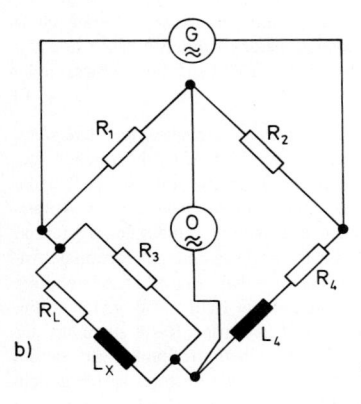

b)

Wien-Brücke

duktivitätsmeßbrücke (Bild b). Im wesentlichen werden die Kondensatoren durch Spulen ersetzt. Für den Abgleich gilt:

$$L_X = L_4 \left[\frac{R_1 (R_L + R_3)}{R_2 \cdot R_3 - R_1 \cdot R_4} \right] \quad \text{und}$$

$$\omega^2 \cdot L_X \cdot L_4 = R_4 (R_L + R_3) - R_L \cdot R_3 \frac{R_2}{R_1}.$$

In vielen Fällen wird wegen der komplizierten Abgleichbedingungen die Induktivitäts-W. mit der Maxwell-Brücke zur Maxwell-Wien-Brücke zusammengefaßt. [12]. Fl

Wien-Robinson-Brücke *(Wien-Robinson bridge)* (→ Bild Wien-Brücke a). Die W. entspricht dem Aufbau der Wien-Brücke in der Ausführung als Kapazitätsbrücke. Bezüglich der Werte der eingesetzten Bauelemente gelten jedoch die Zusatzbedingungen:

$$R_1 = 2R_2 \, ; R_3 = R_4 = R \quad \text{und} \quad C_X = C_3 = C_4.$$

1. Bei eingehaltenen Bedingungen kann die W. z.B. als Frequenzmeßbrücke im Frequenzbereich bis etwa 100 kHz verwendet werden. Für die Resonanzfrequenz

$$f_{res} = \frac{1}{2\pi \cdot R \cdot C}$$

verschwindet die Spannung im Meßdiagonalzweig und am Anzeigeinstrument erhält man eine Nullanzeige. Setzt man für R_3 und R_4 in ihren Werten veränderbare Widerstände ein (→ Wien-Brücke, Bild a) und verkoppelt sie mechanisch, so daß bei Betätigung des einen sich der andere gleichermaßen verändert (z.B. in der Ausführung als Tandempotentiometer), läßt sich ein größerer Frequenzbereich überstreichen und ausmessen. Brückenspeisespannung ist die Meßspannung, deren Frequenz bestimmt werden soll. Die Skala des veränderbaren Widerstandes wird bei dieser Anwendung in Werten der Frequenz kalibriert. Einen vollkommenen Abgleich auf Null erreicht man dann, wenn die Meßspannung rein sinusförmigen Verlauf ohne Oberschwingungen besitzt. 2. Bei oberschwingungshaltiger Meßspannung läßt sich die W. als Klirrfaktormeßbrücke verwenden. Dazu erfolgt ein Abgleich auf die Grundschwingung; in der Meßdiagonalen liegt ein Effektivwertmesser. Bezieht man den Wert in der Meßdiagonalen auf den gesamten Effektivwert der oberschwingungshaltigen Meßspannung, erhält man sofort deren Klirrfaktor. Die Skala des Effektivwertmessers ist in Prozentwerten des Klirrfaktors kalibriert. 3. Durch eine geringfügige Änderung ΔR des Widerstandswertes von R_2 — so daß z.B. gilt: $R_1 \neq 2 R_2$ — und einem nachgeschalteten Verstärker, erhält man aus der W. den Wien-Robinson-Oszillator. [12], [13]. Fl

Wien-Robinson-Oszillator *(Wien-Robinson oscillator)*. Der W. gehört zur Gruppe der RC-Oszillatoren. Er benutzt die Wien-Robinson-Schaltung als Phasenschiebeschaltung und arbeitet nach dem Prinzip des Phasenkettenoszillators. Die Ausgangsspannung ist sinusförmig. Der W. ist in der Elektroakustik als Prüfgenerator gebräuchlich. Besonders hoch gezüchtete Generatoren liefern ein Signal mit Klirrfaktoren $< 1 \cdot 10^{-5}$. [12]. Th

Wiensches Verschiebungsgesetz *(Wien's displacement law)*. Beschreibt die Verschiebung des Intensitätsmaximums eines schwarzen Strahlers als Funktion der Temperatur T. Danach ist das Produkt der Wellenlänge des Intensitätsmaximums λ_m und der Temperatur konstant:

$$\lambda_m T = 2880 \; (\mu m \cdot K).$$

[5]. Bl

Williamsröhre → Speicherröhre. Fl

Winchesterplatte *(winchester disk, lubricated magnetic disk)*. Magnetplatte für Datenspeicher extrem hoher Speicherdichte und -kapazität. Im Gegensatz zu den „normalen" Magnetplatten ist die W. auf der Oberfläche mit einer Gleitschicht versehen (lubricated). Der Magnetkopf liegt bei stehender Platte auf der Oberfläche auf. Dreht sich die Platte, fliegt der Kopf aufgrund seiner aerodynamischen Formgebung. Die Flughöhe über der Plattenoberfläche beträgt etwa 0,5 μm! Winchesterplatten gibt es in Abmessungen von 356 mm (14 in), 200 und 210 mm (8 in) und 130 mm (5 1/4 in) Durchmesser. Die Speicherkapazität eines Datenspeichers mit W. von 200 mm Durchmesser beträgt z.B. 22 MByte auf drei Plattenoberflächen (= 2 oder 3 Platten als Stapel zusammengesetzt). Eine Oberfläche ist die sogenannte „Servo"-

Fläche und trägt die Informationsspuren für die Magnetkopfpositionierung. Winchesterplattenspeicher für 800 MByte (!) sind erhältlich. [1]. Th

Windom-Antenne → Dipolantenne. Ge

Window-Comparator → Fensterdetektor. We

Winkelcodierer *(angle-position encoder)*. (→ Bild Codescheibe), Drehwinkelcodierer. 1. W. sind Winkelwertgeber, bei denen mit Hilfe einer Codescheibe die Umsetzung von Winkelwerten einer Drehachse in ein Codewort nach Gesichtspunkten der Digitalelektronik erfolgt. Die Scheibenmitte wird auf der Drehachse befestigt, deren Winkelwerte erfaßt werden sollen. Die Auswertung der Winkelstellung erfolgt z.B. mit einer ortsfest angebrachten, optoelektronischen Abtastvorrichtung, in der sich die Scheibe kontinuierlich dreht. W. dieser Art geben häufig Codeworte im Gray-Code aus, um Abtastfehler z.B. durch Ausfall einer Lichtquelle feststellen zu können. 2. Winkelschrittgeber können in vielen Fällen ebenfalls die Funktion eines Winkelcodierers erfüllen, wenn deren elektrische Ausgangssignale den in der Digitalelektronik üblichen Spannungspegeln angepaßt sind. [1], [8], [9], [12], [13], [16], [18]. Fl

Winkeldämpfung *(angular decoupling)*, Antennenentkopplung. Die W. ist das in dB (dB Dezibel) ausgedrückte Verhältnis der von der Antenne in der Hauptrichtung erzeugten Strahlungsdichte oder von ihr aufgenommenen Empfangsleistung zu der Strahlungsdichte oder Empfangsleistung in einem bestimmten Winkel zur Hauptrichtung. [14]. Ge

Winkeldiversity → Diversity. Ge

Winkelgeschwindigkeit → Kreisfrequenz. Rü

Winkelgeschwindigkeitsaufnehmer *(angular velocity pickup)*, Drehwinkelgeschwindigkeitsaufnehmer. W. sind Einrichtungen, deren nichtelektrische Eingangsgröße die Winkelgeschwindigkeit einer mit konstanter oder veränderlicher Geschwindigkeit rotierenden Anordnung ist. Als Ausgangsgröße erhält man dazu proportionale Werte einer elektrischen Größe. Die Umsetzung erfolgt mit umlaufenden Winkelcodierern, Winkelschrittgebern oder berührungslos messenden Drehzahlaufnehmern. [12], [13], [18]. Fl

Winkelkonstante → Phasenkonstante. Fl

Winkelmaß *(phase constant)*, Phasenmaß → Übertragungsmaß. Rü

Winkelmodulation *(angle modulation)*. Zur W. werden die Frequenzmodulation (FM) und die Phasenmodulation (PM) gerechnet. Die Bezeichnung stammt aus der Zeigerdarstellung von Wechselstromgrößen. Durch den Begriff der Kreisfrequenz $\omega = 2\pi \cdot f$ (f Frequenz) kann man sich eine Wechselstromgröße als einen mit der Winkelgeschwindigkeit ω rotierenden Zeiger vorstellen, wobei die Länge des Zeigers der Amplitude und die Lage des Zeigers dem jeweiligen Phasenwinkel, bezogen auf einen Nullphasenwinkel, entspricht. Da bei Frequenz- und Phasenmodulation die Winkelgeschwindigkeit des Zeigers durch die Modulation beeinflußt wird, spricht man von W. [13], [14]. Th

Winkelreflektorantenne *(corner reflector antenna)*. Die W. besteht aus einem Ganzwellendipol als Erreger in einem Reflektor, der durch zwei gegeneinander geneigte Flächen aus parallelen Gitterstäben gebildet wird. Die W. besitzt gegenüber dem → Halbwellendipol bei optimaler Dimensionierung einen Antennengewinn von 10 dB bis 13 dB. [14]. Ge

Winkelrichtgröße *(directional constant)*, Drehfederkonstante. Die W. D ist die Federkonstante einer Spiralfeder, die in vielen Meßwerken elektrischer Meßinstrumente ein mechanisches Drehmoment M_g in Verbindung mit dem Verdrehungswinkel α der Feder bildet: $M_g = -D \cdot \alpha$. Das Drehmoment wirkt entgegen dem elektrischen Moment, das häufig als Funktion der angelegten elektrischen Meßgröße zwischen dem beweglichen Organ und anderen Meßwerkteilen auftritt und z.B. einen Zeigerausschlag bewirkt. Bei Gleichheit beider Momente bleibt der Zeiger stehen und auf der Skala läßt sich der Meßwert ablesen. [12]. Fl

Winkelschrittgeber *(incremental angle-position encoder)*, Drehwinkelschrittgeber. W. sind Winkelwertgeber, die z.B. aus einer in einzelne Segmente unterteilter Scheibe und einer lichtelektrischen oder magnetischen Abtastvorrichtung bestehen und nach inkrementalen Verfahren zum Drehwinkel von Drehachsen eine proportionale Anzahl elektrischer Pulse abgeben. Bei einer Anwendung befinden sich in abwechselnder Reihenfolge gleich große, durchsichtige und undurchsichtige Rasterelemente am Scheibenumfang. Der Scheibenmittelpunkt ist an der Drehachse befestigt. Eine auf die Rasterelemente gerichtete, feststehende Lichtquelle bestrahlt einen hinter der Scheibe angebrachten Phototransistor. Dreht sich die Scheibe kontinuierlich zwischen Lichtquelle und Phototransistor, wird der Lichtstrahl entweder unterbrochen oder er fällt auf die lichtempfindliche Schicht des Transistors. Am Ausgang des Transistors entsteht eine elektrische Pulsfolge (Strom oder kein Strom) mit einer drehwinkelproportionalen Frequenz. Drehrichtungsänderungen lassen sich z.B. mit zwei örtlich versetzt angeordneten Phototransistoren erfassen. Die Pulsfolgen beider Fühlerelemente werden getrennt verarbeitet und mit einer logischen Verknüpfungsschaltung zusammengeführt. In vielen Fällen befindet sich die gesamte Anordnung in einem Gehäuse. Es sind Auflösungen von etwa einer Bogenminute bei etwa $20 \cdot 10^3$ Pulsen/Umdrehung möglich. Die Pulsfolgefrequenz liegt bei 100 kHz. In vielen Fällen besitzen die ausgegebenen Pulse Spannungspegel wie sie in der Digitalelektronik üblich sind. W. dieser Art können als Winkelcodierer verwendet werden. [12], [13], [18]. Fl

Winkelwertgeber *(angular position pick-up)*, Drehwinkelaufnehmer. W. sind mechanisch-elektrische Bauteile oder Einrichtungen, die auf eine festgelegte Drehachse bezogen, Winkelwerte in Werte einer dazu proportionalen elektrischen Größe umsetzen. Die Werte der abgegebenen elektrischen Größe können analoger, digitaler oder inkrementaler Art sein. Beispiele sind: 1. Analoge W. a) Einfachste W. sind z.B. ohmsche Meßfühler, die als Potentiometer aufgebaut sind. Wird der Schleifer des veränderbaren Widerstandes mit der Drehachse, deren Winkelstellung elektrisch gemessen oder verarbeitet werden soll, mechanisch verbunden und das Potentiometer mit einer konstant bleibenden Spannung gespeist, erhält man zwischen Schleiferstellung und einem elektrischen Bezugspunkt einen zur Winkelstellung proportionalen Spannungsabfall. Das Potentiometer kann linearen Verlauf des Drehwinkels über dem Widerstand haben oder z.B. als Sinus-Cosinus-Potentiometer (sinus- bzw. cosinusförmiger Verlauf des Drehwinkels über dem Widerstand) aufgebaut sein. Eine ähnliche Anordnung ist die Ringwaage. b) Drehmelder und Drehwinkelmeßumformer sind häufig eingesetzte W. c) Mechanisch arbeitende W. bestehen häufig aus einer Scheibe, deren Mitte auf der Stirnfläche einer Drehachse sitzt. In die Scheibe ist ein Schlitz eingefräst. Bezogen auf einen festgelegten Punkt, der um die Drehachse mitläuft, entfernt sich der Schlitz vom Bezugspunkt in Abhängigkeit einer Winkelfunktion (Kurvenscheibe, englisch: *cam plate*). Im Schlitz ist ein beweglicher, vom Verlauf des Schlitzes geführter Stellhebel angebracht, dessen lineare Entfernung vom Bezugspunkt als geradlinige Wegstrecke proportional dem Wert der betrachteten Winkelfunktion ist. Mit Hilfe eines Wegaufnehmers wird die Wegstrecke in elektrische Werte umgesetzt. 2. Digitale W. sind Winkelcodierer; z.B. tastet man eine an der Drehachse befestigte Codescheibe elektrisch, magnetisch oder optoelektronisch ab. Am Ausgang der Abtastvorrichtung stehen in einen festgelegten Binärcode umgesetzte Winkelwerte zur Verfügung. 3. Inkrementale W. Eine Scheibe ist in eine bestimmte Anzahl Segmente aufgeteilt. Es können sich z.B. magnetische und nicht magnetische oder optisch durchsichtige und undurchsichtige Segmente abwechseln. Am Ausgang einer entsprechenden Abtastvorrichtung erhält man eine Folge von Strom- oder Spannungspulsen, deren Anzahl einem Winkelwert entspricht. Man bezeichnet W. dieser Art häufig als Winkelschrittgeber. In vielen Fällen sind inkrementale W. so aufgebaut, daß an ihrem elektrischen Ausgang digitale Signale anstehen, deren Werte mit den Spannungspegeln der Digitalelektronik übereinstimmen. Einsatzbereiche der W. sind z.B.: Erfassung erforderlicher Rotationsbewegungen von Antennen; Positionierungssteuerungen bei numerisch gesteuerten Werkzeugmaschinen und z.B. bei Koordinatenschreibern; Anwendungen in Abstimm- und Nachlaufsystemen. [2], [8], [9], [12], [13], [16], [18]. Fl

Wirbelfeld → Feld, wirbelfreies. Rü

wirbelfrei → Feld, wirbelfreies. Rü

Wirbelstromverlust *(eddy-current loss)*. Der durch einen Wirbelstrom bei der Magnetisierung von Metallen hervorgerufene Verlust. Der W. ist dem Quadrat der Frequenz proportional, solange kein Skin-Effekt berücksichtigt wird. Der W. wird für die gesamte magnetische Einrichtung angegeben, also für Kern, Spule, Gehäuse usw. [5]. Rü

Wired Or → Oder, verdrahtetes. We

Wire-Wrap-Technik → Drahtwickeltechnik. Ge

Wirkfaktor → Wirkleistung. Rü

Wirkfläche → Absorptionsfläche. Ge

Wirkleistung *(active power)*. Ist $u = u(t)$ der Augenblickswert einer Spannung und $i = i(t)$ der Augenblickswert eines Stromes — die beide nicht notwendig sinusförmig verlaufen müssen —, dann ist die Wirkleistung (mittlere Leistung) (DIN 40 110)

$$P = \frac{1}{T} \int_0^T u\, i\, dt$$

(T Periodendauer). Für sinusförmigen Verlauf

$$u(t) = \hat{u} \cos(\omega t + \varphi_u)$$

und

$$i(t) = \hat{i} \cos(\omega t + \varphi_i)$$

gilt mit der Kreisfrequenz ω und $\varphi = \varphi_u - \varphi_i$ für die W.

$$P = UI \cos\varphi = S \cos\varphi.$$

$$\cos\varphi = \frac{P}{UI} = \frac{P}{S}$$

heißt Leistungsfaktor oder Wirkfaktor (S Scheinleistung). Die W. ist der Anteil der elektrischen Leistung, der Arbeit verrichten kann. SI-Einheit Watt (W). Definitionen für nichtsinusförmigen Spannungs- und Stromverlauf in (DIN 40 110). [5]. Rü

Wirkleistungsmesser *(effective power meter)* → Leistungsmesser. Fl

Wirkleitwert *(conductance)*, Konduktanz. Realteil einer Admittanz (→ Impedanz). Rü

Wirkspannung *(active voltage)*. Nach DIN 40 110 ist

$$U_w = \frac{P}{I}$$

(P Wirkleistung, I Effektivwert des Stromes). [5]. Rü

Wirkstrom *(active current)*. Nach DIN 40 110 ist

$$I_w = \frac{P}{U}$$

(P Wirkleistung, U Effektivwert der Spannung). [5]. Rü

Wirkungsfunktion. Eine Vierpol-Übertragungsgröße, bei der das Verhältnis einer Ausgangsgröße S_2 (Antwort) zu einer Eingangsgröße S_1 (Erregungsfunktion) als Funktion der komplexen Frequenz p betrachtet wird

$$H(p) = \frac{S_2(p)}{S_1(p)}.$$

Im Prinzip entspricht H(p) dem Übertragungsfaktor, nur ist hier p die Variable (statt $j\omega$). Durch Betrachtung von H(p) im PN-Plan gelangt die Netzwerksynthese zu allgemeingültigen Aussagen über die W.

Häufig wird die zur W. reziproke Funktion Übertragungsfunktion genannt. Dies stimmt nicht mit der Festlegung des Begriffs „Übertragungsfunktion" nach DIN 40 148 überein.
[15]. Rü

Wirkungsquantum → Placksches Wirkungsquantum. Bl

Wirkverbrauchszähler → Wechselstromzähler. Fl

Wirkwiderstand *(resistance)*, Resistanz. Ein Widerstand R, auch Bestandteil einer Impedanz, in dem nur Wirkleistung umgesetzt wird. Es tritt keine Phasenverschiebung zwischen anliegender Spannung U und hindurchfließendem Strom I auf (U, I als Effektivwerte). Die verbrauchte Wirkleistung ist $P = I^2 R$. Der W. ist Realteil einer Impedanz. [5]. Rü

Wirkwiderstandsmesser → Widerstandsmesser. Fl

Wirkwiderstandsmessung → Widerstandsmessung. Fl

Wischrelais *(wiping relay)*. Relais, bei dem nur kurzzeitig während des Ein- oder Ausschaltvorganges ein Kontakt betätigt wird. [4]. Ge

Wobbelfrequenz *(wobbling frequency, sweeping frequency, warble frequency)*. (→ Bild Wobbeln); Wobbelgeschwindigkeit. Als W. bezeichnet man die Frequenz einer niederfrequenten, periodisch wiederkehrenden Wechselspannung mit sinus- oder sägezahnförmigem Verlauf, die z.B. in Wobbelgeneratoren eine von außen einstellbare, hochfrequente Wechselspannung durch Frequenzmodulation beeinflußt. Die hochfrequente Wechselspannung wirkt als Trägerspannung. Häufig läßt sich die W. in ihren Werten z.B. im Bereich von 0,2 Hz bis 50 Hz (bei Zeitangaben findet man oft die Bezeichnung: Wobbelgeschwindigkeit *(sweep rate)*) verändern. 1. Bei einigen Anwendungen entspricht die W. der Netzfrequenz und bleibt konstant. Veränderbar sind Phasenlage und Amplitude der Wobbelspannung. Unterschiedliche Amplitudenwerte bewirken veränderte Werte des Frequenzhubes (beim Wobbelverfahren als Wobbelhub *(sweep range)* bezeichnet. Man beeinflußt damit die maximal mögliche Änderung der hochfrequenten Trägerspannung symmetrisch um den eingestellten Frequenzwert. Gleichzeitig liegt am Horizontalausgang (X-Ausgang) des Wobbelgenerators die Wobbelspannung bei einigen Anwendungen zur Auslenkung z.B. eines Elektronenstrahls einer Oszilloskopröhre oder einer Schreibvorrichtung eines Koordinatenschreibers in horizontaler Richtung an. 2. Viele Meßsender besitzen einen zusätzlichen Signaleingang, an dem eine Wechselspannung mit niedriger Frequenz von einem weiteren Signalgenerator eingespeist werden kann. Die Signalspannung wobbelt die eingestellte Frequenz des Meßsenders und wird ebenfalls gleichzeitig an den Horizontaleingang z.B. eines Oszilloskops angeschlossen, dessen Zeitablenkung abgeschaltet werden muß. [8], [12], [13], [14]. Fl

Wobbelgenerator *(wobbler, wobbulator, sweep generator)*, Wobbler, Wobbelsender, Wobbelmeßsender, Wobbelgerät. Wobbelgeneratoren sind Meßsender, die in einem großen, festgelegten Bereich einer in Frequenzwerten eingeteilten Skala einstellbare, hochfrequente Wechselspannungen erzeugen. Der Frequenzbereich kann z.B. Frequenzen von 0,1 MHz bis 1000 MHz umfassen. Die hochfrequente Wechselspannung wird mit einer weiteren, ebenfalls in ihren Kenngrößen veränderbaren, sägezahn- oder sinusförmigen, niederfrequenten Spannung in der Frequenz periodisch verändert. Es entsteht eine frequenzmodulierte, in Amplitudenwerten einstellbare Wechselspannung, die man an den Signaleingang eines Prüflings (z.B. elektrisches Filter, Hochfrequenzverstärker oder ähnliche Vierpole) legt, um zu Meß- oder Prüfzwecken z.B. dessen Verstärkung oder Dämpfung als Funktion der Frequenz in Form eines analogen Kurvenverlaufs auf einem Kurvenschreiber (z.B. Oszilloskop oder Koordinatenschreiber) sichtbar darzustellen. Die gesamte dafür notwendige Meßeinrichtung ist ein Wobbelmeßplatz. Zur Abbildung von Frequenzwerten auf der X-Koordinate des Sichtgerätes besitzt der W. einen weiteren Signalausgang, dem eine der Wobbelfrequenz proportionale Ablenkspannung entnommen wird, die man z.B. den Horizontalablenkplatten einer Oszilloskopröhre zuführt. Die Ablenkspannung ist in Amplitude und Phasenlage veränderbar. Zusätzlich besitzen viele Wobbelgeneratoren einen eingebauten Signalgenerator (Markengeber), dessen erzeugte Frequenzen mit der eingestellten, hochfrequenten Wechselspannung gemischt werden. Es entstehen innerhalb des dargestellten Signalverlaufs Markierungen, die festgelegten Hochfrequenzwerten entsprechen. Man kann die Frequenzmarken zur Erleichterung der Zuordnung von Frequenzwerten auf der X-Achse sichtbar in den dargestellten Kurvenverlauf einblenden. Es werden feststehende und variable, durch an Bedienelement verschiebbare Marken elektronisch erzeugt. Eine eingebaute, hochohmige Gleichspannungsquelle stellt veränderbare Gleichspannungswerte zur Verfügung, die z.B. bei Zwischenfrequenzverstärkern, deren Frequenzgang überprüft werden soll, die Regelspannung ersetzen. [8], [12], [13]. Fl

Wobbelgerät → Wobbelgenerator. Fl

Wobbelgeschwindigkeit → Wobbelfrequenz. Fl

Wobbelmeßeinrichtung → Wobbelmeßplatz. Fl

Wobbelmeßplatz *(sweep-level measuring set, wobble measuring set)*, Wobbelmeßeinrichtung. Wobbelmeßplätze sind elektronische Meßeinrichtungen der Hoch- und Höchstfrequenztechnik (seltener im Bereich der Niederfrequenztechnik eingesetzt), mit deren Hilfe nach Gesichtspunkten der Meßtechnik Beträge der Verstärkung oder Dämpfung z.B. elektrischer Filter, Verstärkerbausteine, Schwingkreise oder ähnlicher Zwei- bzw. Vierpole als kontinuierlicher Kurvenzug über der Frequenz sichtbar dargestellt werden können. Meßwertverarbeitung und -darstellungen erfolgen in Analogtechnik nach Verfahren der Wobbelmeßtechnik. Ein einfach aufgebauter W. besteht aus einem Wobbelgenerator, durch den die Signaleinspeisung des zu messenden Prüflings erfolgt (Bild). Am Signalausgang des Prüfobjektes wird ein Tastkopf angeschlossen, in dem sich als wichtigste Einrichtung ein hochwertiger Spitzenwertgleichrichter als Meßgleichrichter befindet. Mit Hilfe der Gleichrichter-

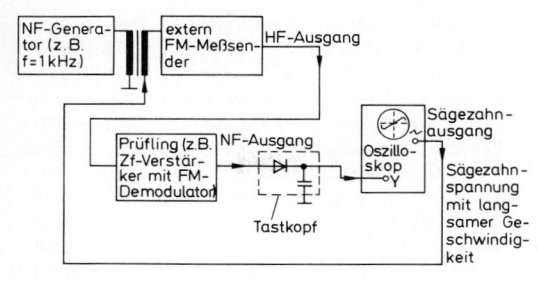

Wobbelmeßplatz

schaltung wird aus dem gewobbelten, hochfrequenten Ausgangssignal des Prüflings ein den Spitzenwerten der Signalspannung proportionales Gleichspannungsmeßsignal gewonnen. Das Gleichspannungssignal speist den Y-Eingang eines Sichtgerätes (z.B. ein im X-Y-Betrieb geschaltetes Oszilloskop oder ein Kurvenschreiber) und erscheint als sichtbarer Kurvenzug auf dem Anzeigeteil. Der Abstand der Kurve zur häufig ebenfalls dargestellten Nullinie kann z.B. ein Maß für die Signalverstärkung des Prüflings sein. In vielen Fällen werden zur Erleichterung der Auswertung sichtbare Markierungen in den Kurvenverlauf eingeblendet, die als Frequenzmarken genaue Positionen von Frequenzwerten angeben. Die Ansteuerung der X-Ablenkvorrichtung des Anzeigegerätes erfolgt z.B. durch eine einstellbare Sägezahnspannung, die in vielen Fällen ebenfalls im Wobbelgenerator erzeugt wird. Wobbelmeßplätze sind häufig in weitem Frequenzbereich, z.B. von 0,1 MHz bis 1000 MHz, einsetzbar. Anwendungen für den Bereich von Gigahertz sind mit Mikrowellenoszillatoren und Elementen der Hohlleitertechnik aufgebaut. [8], [12], [13], [14]. Fl

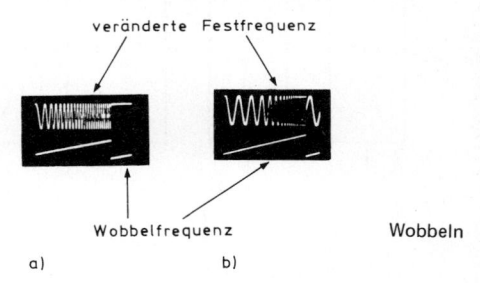

Wobbelmeßsender → Wobbelgenerator. Fl

Wobbelmeßtechnik *(sweep frequency measuring technique)*, (→ Bild Wobbelmeßplatz), Wobbelverfahren. Die W. ist ein analoges Meßverfahren, das man vorwiegend in der Hoch- und Höchstfrequenztechnik zur automatisch ablaufenden Darstellung lückenlos verlaufender Kurven von Beträgen frequenzabhängiger elektrischer Größen eines als Zwei- oder Vierpol wirkenden Prüflings einsetzt. Dazu ändert sich die Frequenz der Meßspannung selbsttätig periodisch in einem eingestellten Frequenzbereich. Die Festlegung des Bereiches erfolgt durch den Wobbelhub. Die periodische Änderungsgeschwindigkeit ist die Wobbelfrequenz. Darzustellende, elektrische Größen können z.B. sein: Dämpfungs- oder Verstärkungsverlauf, Verlauf des Reflexionsfaktors und des Stehwellenverhältnisses, Abbildung von Diskriminatorkurven. Die zum Meßvorgang notwendigen Geräte bilden einen Wobbelmeßplatz. Häufig findet man Kompaktanordnungen, bei denen der den Prüfling ansteuernde Wobbelgenerator, ein zur Betrachtung des Kurvenverlaufs notwendiges Sichtgerät und ein Frequenz-Markengeber als gemeinsames Gerät zusammengefaßt sind. Der Frequenzmarkengeber erzeugt auf elektronischem Wege bei bestimmten Frequenzen Markierungen, die sichtbar in die Kurvendarstellung eingeblendet werden und eine Zuordnung von Streckenabschnitten zu Frequenzwerten erleichtern. Vorteile der W. sind: Die Frequenzabhängigkeit der untersuchten Größe ist sofort im gesamten, interessierenden Bereich erkennbar; Veränderungen während Abgleicharbeiten am Prüfling beeinflussen ebenfalls gleichzeitig den Kurvenverlauf; Abweichungen von Sollwerten einer frequenzabhängigen Größe können im gesamten Verlauf beurteilt werden. Man unterscheidet selektiv oder breitbandig wirkendes Wobbelverfahren: 1. Schmalbandwobbelmeßverfahren. Die an den Signaleingang des Prüflings gelegte schmalbandige, frequenzmodulierte Generatorspannung durchläuft ein trennscharfes Mitlauffilter, das Oberwellen unterdrückt, die den Kurvenverlauf verfälschend beeinflussen. Es lassen sich steile Filterflanken z.B. eines Quarzfilters bei hoher Dynamik darstellen. 2. Breitbandwobbelmeßverfahren. (Anordnung: → Wobbelmeßplatz). In einem weitgestreckten Frequenzbereich wird die gesamte Durchlaßkurve z.B. eines Breitbandverstärkers dargestellt. Oberwellen können den Kurvenverlauf beeinflussen. [8], [12], [13], [14]. Fl

Wobbeln *(wobbling, warble, sweeping)*. Das W. (vom Engl.: schwanken, flattern) ist ein dem Wobbelverfahren zugrunde liegender Vorgang, bei dem die feste Frequenz z.B. eines häufig als Wobbelgenerator bezeichneten Meßsenders innerhalb vorgegebener, einstellbarer Bereiche — in vielen Fällen mit einer Sägezahnspannung — periodisch verändert wird. Die Periodendauer ist ebenfalls einstellbar; in einigen Ausführungen läßt sie sich zwischen 5 s und 30 ms festlegen. Die sägezahnförmige Spannung kann zeitlinear (Bild a) oder in logarithmischer Abhängigkeit (Bild b) ansteigen. In einigen Fällen besitzt sie sinusförmigen Verlauf. Es wird eine Frequenzmodulation der beeinflußten (Hoch- (manchmal auch Nieder-)frequenz bewirkt, und man erreicht mit Hilfe eines Wobbelmeßplatzes z.B. die vollständige Darstellung des Frequenzganges eines Vierpoles (Wobbelkurve) auf dem Bildschirm eines Oszilloskops. [12], [13]. Fl

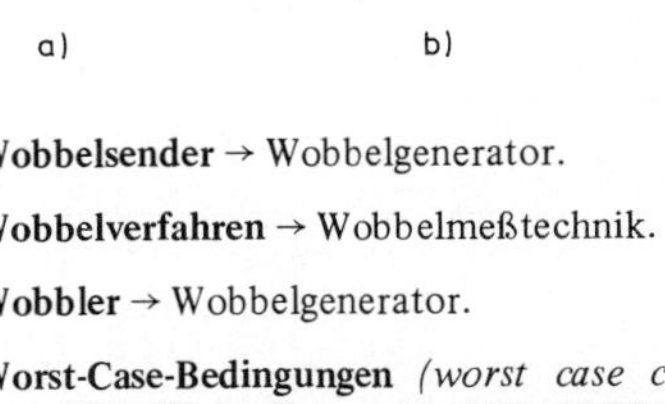

Wobbeln

Wobbelsender → Wobbelgenerator. Fl

Wobbelverfahren → Wobbelmeßtechnik. Fl

Wobbler → Wobbelgenerator. Fl

Worst-Case-Bedingungen *(worst case conditions)*. Zusammentreffen aller ungünstigen Bedingungen bei einem Bauteil oder Gerät, wobei sich die Bedingungen innerhalb der zulässigen Betriebsbedingungen befinden, z.B. maximale Umgebungstemperatur, minimale Versorgungsspannung, niedrigstes zulässiges Eingangssignal, höchste zulässige Belastung. Bauteile und Geräte müssen so dimensioniert sein, daß sie auch unter W. das angegebene Schaltverhalten zeigen. [6]. We

Wort *(word)*. Folge von Zeichen, die in einem bestimmten Zusammenhang als eine Einheit betrachtet wird (DIN 44 300). In der Datenverarbeitung wird als W. meist eine Zusammenfassung verstanden, die größer als ein Byte ist, z.B. werden zwei Bytes (16 Bit) als Wort bezeichnet. Ein W. kann ein zu verarbeitendes Datum, aber auch ein Befehl sein. [1], [13]. We

Wortgeber → Wortgenerator. Fl

Wortgenerator *(word generator)*, Datenmustergenerator, Datensignalgenerator, Mehrkanalzeitgenerator, Wortgeber. Wortgeneratoren sind Meßgeneratoren der Digitaltechnik, die als elektrische Ausgangssignale serielle oder parallele Folgen von Logikzuständen bzw. (in seriellparalleler Folge) Datenmuster unterschiedlicher Logikzustände an mehreren Ausgabekanälen zur Verfügung stellen. Die digitalen Pulsfolgen können bei einigen Anwendungen den unterschiedlichen Anforderungen zum Prüfen umfangreicher Schaltungen häufig benutzter Logikfamilien angepaßt werden. Wortgeneratoren werden in vielen Ausführungsformen hergestellt. Beispiele sind: 1. Wortgeneratoren mit Digitalspeicher (Prinzipbild a). In einem Halbleiterspeicher mit beliebigem Zugriff (RAM (*random access memory*) mit Speicherkapazität von etwa 16 Kbit) sind verschiedene Datenmuster mit unterschiedlichen Logikzuständen (Datenworte) abgelegt. Durch spezielle Eingaben des Anwenders am Dateneingang werden sie sequentiell ausgelesen und über ein Ausgaberegister und Treiberstufen dem Signaleingang des Prüflings zugeführt. An einem zusätzlichen Zeitgebereingang des Wortgenerators legt man z.B. fest, in welchen Zeitabständen die auszugebenden Worte den Prüfling ansteuern sollen. Die Wiederholfrequenz (Frequenz bis etwa 50 MHz) läßt sich in vorgegebenen Bereichen verändern. Das Ausgaberegister kann zur Abgabe paralleler Datenworte als paralleles Ein- und Ausgaberegister und zur Abgabe serieller Worte als paralleles Eingabe- und serielles Ausgaberegister verwendet werden. Man setzt Wortgeneratoren dieser Art zur Überprüfung z.B. digitaler Schaltkreise und ladungsgekoppelter Bausteine (CCD-Speicher) ein. 2. Wortgeneratoren mit Mikroprozessor (Prinzipbild b). Ein Mikroprozessor übernimmt im Zusammenspiel mit einem Programmspeicher (häufig ein EPROM (*erasable programmable read-only memory*)) vorgegebene Programme, die Datenmuster zusammenstellen und durch entsprechende Befehle vom Benutzer an der Eingabetastatur (z.B. mit ASCII-Code-Zeichensatz) in den Wortgeneratorspeicher geladen werden. Weiterhin koordiniert der Mikroprozessor die Zusammenarbeit zwischen Eingabetastatur und Sichtgerät, auf dessen Bildschirm z.B. Steuerinformationen und die im Wortgeneratorspeicher abgelegten Daten dargestellt werden können. Zusätzlich eingefügte Mikroprozessoren übernehmen weitere Aktivitäten und erhöhen die Flexibilität der Wortgeneratoren. Anwendungsbeispiele sind: Überprüfung von Magnetplattenschnittstellen, Datenübertragungseinrichtungen; Modulation analoger Meßsender z.B. zur Überprüfung von Radaranlagen. Gemeinsam mit Logikkanalysatoren können vom Prüfling abge-

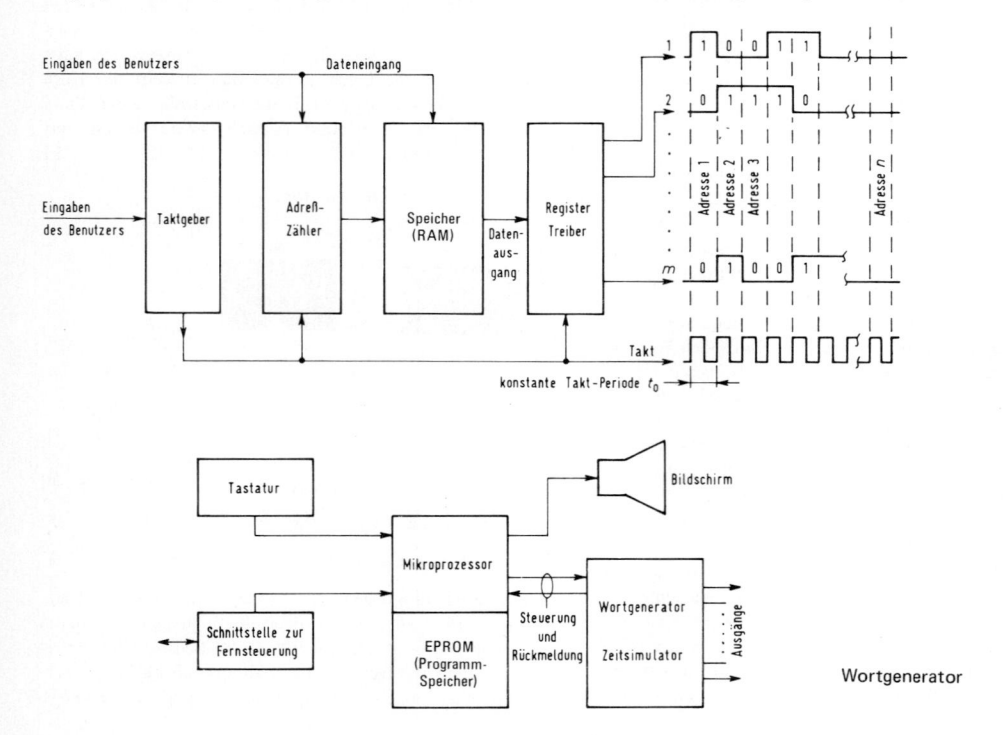

Wortgenerator

gebene Informationen gespeichert und ausgewertet werden. [1], [2], [12]. Fl

Wortlänge *(word size)*. Länge eines Wortes in einer Datenverarbeitungsanlage; angegeben in Bit. Besonders bei den Datenworten kann die W. variable sein. Sie wird dann innerhalb des Programmes durch Deklarationen vereinbart oder durch Längenangaben innerhalb der Befehle definiert. [1]. We

Wortmaschine *(word machine)*. Eine Datenverarbeitungsanlage, deren Hauptspeicher in Worte eingeteilt ist, wobei grundsätzlich der Inhalt eines Wortes entweder einen Befehl oder eine zu verarbeitende Zahl darstellt. [1]. We

WSI *(wafer scale integration)* → Ultrahöchstintegration. Ne

Wullenweber-Antenne *(Wullenweber antenna)*. Kreisgruppenantenne zur Bestimmung der Einfallsrichtung eines Funksignals. Die vertikalen Einzelstrahler sind außerhalb eines zylinderförmigen Reflektorschirms angeordnet. Mehrere Antennen werden jeweils über Phasenschiebernetzwerke zum Ausgleich der Signallaufzeiten zusammengeschaltet und erzeugen so ein scharf gebündeltes Richtdiagramm in der gewünschten Richtung. [14]. Ge

Wurzelort *(root locus)* → Wurzelortskurve. Ku

Wurzelortskurve *(root locus)*. Die W. (auch Wurzelort genannt) ist der geometrische Ort aller Wurzeln (Eigenwerte) der charakteristischen Gleichung P_{ch} des geschlossenen Regelkreises in der komplexen Ebene bei Änderung eines Parameters (meist Verstärkungsfaktors) von 0 bis ∞. Ausgehend von der Übertragungsfunktion $F_0(s)$ des offenen Regelkreises kann die W. mit Hilfe bestimmter Regeln konstruiert werden, ohne daß $P_{ch} = F_0(s) + 1 = 0$ direkt gelöst werden muß. Für einen bestimmten Parameterwert können dann die Eigenwerte einfach ermittelt werden, die exakte Aussagen über das dynamische Verhalten des Systems machen. Die Reglereranpassung mit Hilfe der W. ist i. a. aufwendiger als bei Anwendung von Frequenzkennlinien. [18]. Ku

X

X-Ablenkverstärker → X-Verstärker. Fl

X-Glied → X-Schaltung. Rü

XOR-Schaltung → Antivalenzschaltung. We

X-Schaltung *(lattice section)*, X-Glied. Eine Schaltungsanordnung die äquivalent zur bekannten Brückenschaltung ist (Bild). In der Nachrichtentechnik ist die symmetrische X. von besonderer Bedeutung, für die $R_1 = R_4$ und $R_2 = R_3$ gilt (→ Theorem von Bartlett). Wegen der Gleichheit der beiden Längs- bzw. Querwiderstände stellt man die symmetrische X. meist vereinfacht dar. In der Netzwerksynthese lassen sich mit Hilfe der X. besonders leicht Realisierungen für gegebene Wirkungsfunktionen finden (→ Allpaß). [15]. Rü

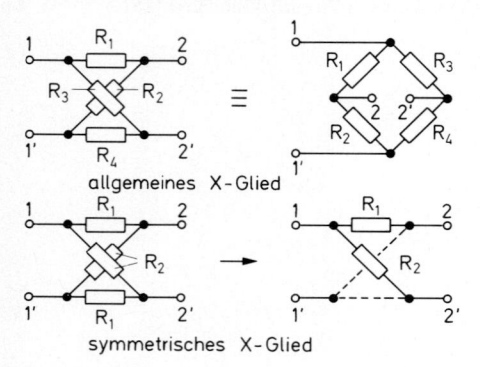

allgemeines X-Glied

symmetrisches X-Glied

X-Schaltung

X-Verstärker *(X-amplifier)*, Horizontalverstärker, X-Ablenkverstärker. X. findet man z.B. in Oszilloskopen zur Verstärkung der im Zeitablenkteil erzeugten Sägezahnspannung (→ Bild Oszilloskop) auf Werte, die zur Ansteuerung der Horizontalablenkplatten in der → Oszilloskopröhre erforderlich sind. Die Horizontalablenkplatten sind am Signalausgang des X-Verstärkers angeschlossen. In vielen Fällen kann der Signaleingang des X-Verstärkers auf einen von außen zugänglichen X-Eingang umgeschaltet werden. Es läßt sich eine Meßspannung anschließen, die die Auslenkung des Elektronenstrahles in horizontaler Richtung bewirkt. Der Zeitablenkgenerator wird abgeschaltet und auf dem Leuchtschirm der Oszilloskopröhre kann der Funktionsablauf einer an den Y-Verstärker angeschlossenen weiteren Meßspannung in Abhängigkeit der am X-Eingang liegenden Spannung dargestellt werden (z.B. zur Darstellung von Lissajous-Figuren). Der X. ist häufig als Gleichspannungsmeßverstärker aufgebaut. Über einen zuschaltbaren Kondensator in Reihe zum Signaleingang wird er zum Wechselspannungsmeßverstärker mit oberer und unterer Grenzfrequenz (Frequenzbereich etwa: 10 Hz bis 10^6 Hz). Bei hochwertigen Oszilloskopen ist er mit einem stetig einstellbaren Eingangsspannungsteiler ausgestattet, durch den z.B. eine zusätzliche Zeitdehnung bewirkt wird. Der Arbeitspunkt des X-Verstärkers kann über ein Einstellorgan verändert werden; man verschiebt damit die horizontale Nullinie auf dem Leuchtschirm in horizontaler Richtung. [12]. Fl

XY-Anzeige *(XY-display)*. Als X. bezeichnet man die Darstellung zweier Variabler im cartesischen Koordinatensystem. Spezielle Geräte, die z.B. den Kurvenverlauf einer Meßgröße in Abhängigkeit einer weiteren Größe, etwa der Temperatur, im rechtwinkligen Koordinatensystem aufzeichnen, sind XY-Schreiber. Bei vielen Oszilloskopen kann der eingebaute Zeitablenkgenerator abgeschaltet werden und im XY-Betrieb der Verlauf einer nicht zeitabhängigen Größe betrachtet werden. Besondere Geräte, mit denen sich z.B. Kennlinien von Halbleiterbauelementen als X. darstellen lassen, nennt man Kennlinienschreiber. [12]. Fl

X-Y-Kompensationsschreiber → Koordinatenschreiber. Fl

X-Y-Recorder → Koordinatenschreiber. Fl

X-Y-Schreiber → Koordinatenschreiber. Fl

Y

Y-Ablenkverstärker → Y-Verstärker. Fl

Yagi-Antenne *(Yagi-Array)*, Yagi-Uda-Antenne, besondere Form einer → Oberflächenwellenantenne. Längsstrahler, bestehend aus einem Faltdipol sowie einem strahlungsgekoppelten Reflektor und einem oder mehreren Direktoren. Der Reflektor (Länge etwa 0,55 λ) ermöglicht Ausblendung des Empfangs von rückwärts, die Direktoren (Länge etwa 0,43 λ) erhöhen die Bündelung in der Hauptstrahlrichtung. Yagi-Antennen werden häufig im Meter- und Dezimeterwellenbereich eingesetzt. Kreuz-Y.: Geeignet zum Empfang oder zur Aussendung elektromagnetischer Wellen mit zirkularer Polarisation. Die Kreuz-Y. besteht aus zwei elektrisch und mechanisch völlig gleichen Yagi-Antennen, die räumlich so angeordnet sind, daß die Polarisationsebenen senkrecht aufeinander stehen und mit einer Phasenverschiebung von 90° erregt werden. [14]. Ge

Yagi-Uda-Antenne → Yagi-Antenne. Ge

Y-Dipol → Dipolantenne. Ge

YIG-Filter *(YIG filter)*. Elektrisches Filter für den Mikrowellenbereich, bei dem für die Resonatoren die gyromagnetische Resonanz von Yttrium-Eisengranat (*Yttrium-Iron-Garnet*) ausgenutzt wird. Der mechanische Aufbau eines YIG-Filters ist recht kompliziert. Prinzipiell erreicht die Ausgangsspannung des Filters bei Resonanz ein Maximum. Ein von der US-Firma Watkins-Johnson hergestelltes YIG-Filter läßt sich von 1,8 GHz bis 12,4 GHz abstimmen. [IRE Transaction on Microwave Theory and Techniques, Bd. MTT-9, Nr. 3, Mai 1961]. [8]. Th

YIG-Oszillator *(YIG oszillator)*. Der elektrisch abstimmbare Schwingkreis besteht aus einem im Jahre 1968 entwickelten Yttrium-Iron-Garnet-Typ. Ein YIG-Resonanzkreis besteht aus hochglanzpolierten Kugelschalen aus einkristallinem YIG. Es handelt sich um ein ferritisches Material, das, wenn es in einen Hochfrequenzpfad eingefügt und von einem konstanten magnetischen Feld beeinflußt wird, einen Resonanzkreis hoher Güte darstellt. Das Ferrit enthält eine hohe Konzentration von zufällig orientierten magnetischen Dipolen, wenn kein Gleichfeld vorhanden ist. Jeder Dipol besteht aus einer sehr kleinen Stromschleife, die von einem schnell rotierenden Elektron gebildet wird. Mikroskopisch betrachtet gibt dies wegen der zufälligen Orientierung keinen Nutzeffekt. Wird ein magnetisches Gleichfeld H_0 ausreichender Stärke zugeführt, richten sich die Dipole parallel zu diesem Feld aus und erzeugen so eine starke Nutzmagnetisierung M_0 in der Richtung von H_0. Wird ein hochfrequentes Magnetfeld im rechten Winkel zu H_0 zugeführt, wird der Nutzmagnetisierungsvektor M mit der Frequenz des HF-Feldes (HF, Hochfrequenz) abgelenkt. Die Ablenkung erfolgt um eine Achse, deren Richtung mit H_0 übereinstimmt. Der Ablenkungsvektor kann als die Summe von M_0 und zwei kreisförmig polarisierten Hochfrequenzmagnetisierungskomponenten m_x und m_y angesehen werden. Der Ablenkwinkel φ zwischen H_0 und M ist gering und daraus resultierend auch die Länge von m_x und m_y. Wenn allerdings die Anregungsfrequenz der ferromagnetischen Eigenresonanzfrequenz entspricht, erreicht der Ablenkwinkel ein Maximum. Diese Resonanzfrequenz ist dem Gleichfeld proportional. [8]. Th

Y-Signal. Beim Farbfernsehen die zeitlich veränderliche Spannung, die dem Verlauf der Leuchtdichte längs einer Bildzeile zugeordnet ist. Das Y. entspricht dem B-Signal beim Schwarzweißfernsehen. [8]. Rü

Y-t-Schreiber → Kompensationsschreiber. Fl

Y-Verstärker *(Y-amplifier)*, Vertikalverstärker, Y-Ablenkverstärker. Der Y. dient z.B. in Oszilloskopen der Verstärkung des zu untersuchenden Spannungsverlaufs der Meßgröße auf Werte, die eine Ansteuerung der Y-Ablenkplatten zur vertikalen Auslenkung des Elektronenstrahles ermöglichen. Am Signalausgang des Y-Verstärkers sind die Vertikalablenkplatten der Oszilloskopröhre — in vielen Fällen über eine zusätzliche Verzögerungsleitung — angeschlossen. Vor dem Signaleingang befindet sich ein kalibrierter Spannungsteiler, der stufenweise einstellbar ist. Die Eingangsimpedanz des Y-Verstärkers besteht aus einem hochohmigen Eingangswiderstand (Werte um etwa 10 MΩ) und einer niedrigen Eingangskapazität (etwa bei 20 pF), um die Belastung auf das Meßobjekt gering zu halten. Zur Abtrennung von Gleichspannungsanteilen bei Mischspannungen (Spannungen bestehend aus Gleich- und Wechselgröße) wird ein abschaltbarer Kondensator vor den Signaleingang des Y-Verstärkers in den Signalweg gelegt. Bei zugeschaltetem Kondensator wirkt der Y. als Wechselspannungsverstärker, obwohl es sich grundsätzlich um breitbandige Gleichspannungsverstärker handelt (Frequenzbereich etwa: 0 Hz bis 50 MHz). Breitbandige Ausführungen besitzen niedrige Ansteigszeiten im Bereich von Nanosekunden, d.h., die Flankensteilheit zu verarbeitender Pulse bleibt nahezu erhalten. Durch Verschiebung des Arbeitspunktes des Verstärkers über ein Einstellorgan läßt sich die Lage des Elektronenstrahles in der Oszilloskopröhre in vertikaler Richtung verändern. Für hochwertige Oszilloskope sind die Y. als steckbare Einschübe ausgeführt. Auf diese Weise läßt sich das Oszilloskop mit Verstärkern bestücken, die speziellen Meßaufgaben angepaßt sind. Häufig ist einer der einsetzbaren Einschübe als Differenzverstärker aufgebaut. [12]. Fl

Z

Zählcode *(counting code)*. Code, bei dem die Zahlen durch die ihnen entsprechende Anzahl Impulse dargestellt werden. Bekannteste Anwendung: Ziffernzählcode der Fernsprechvermittlungstechnik, bei der die Ziffern der Wählscheibe in entsprechende Impulsfolgen umgewandelt werden (Ausnahme: die Null wird durch 10 Impulse dargestellt). Übertragung und Verarbeitung des Zählcodes erfolgt nur bitseriell. [1], [2], [9], [19]. Li

Zähldekade → Zähltetrade. We

Zahlenformat *(format of numbers)*. Das Format bei der Darstellung von Zahlen in einer Datenverarbeitungsanlage. Während das Format für Gleitkommazahlen und Festkommazahlen (binäre Zahlen) für eine Datenverarbeitungsanlage meist fest vorgegeben ist, können Dezimalzahlen ein variables Format haben. Die Anzahl der Ziffern wird im Programm vereinbart. Bei den Dezimalzahlen unterscheidet man gepacktes und ungepacktes Format. [1]. We

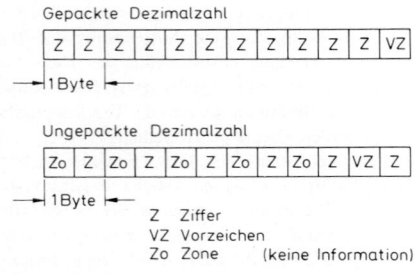

Gepackte Dezimalzahl
| Z | Z | Z | Z | Z | Z | Z | Z | Z | VZ |
1 Byte

Ungepackte Dezimalzahl
| Zo | Z | Zo | Z | Zo | Z | Zo | Z | VZ | Z |
1 Byte

Z Ziffer
VZ Vorzeichen
Zo Zone (keine Information)

Zahlenformat

Zahlensystem, B-adisches → Stellenwertsystem. We

Zahlensystem, dezimales → Dezimalsystem. We

Zahlensystem, duales → Dualsystem. Li

Zahlensystem, oktales → Oktalsystem. We

Zahlensystem, polyadisches → Stellenwertsystem. Li

Zahlensystem, sedezimales → Sedezimalsystem. We

Zahlensystem, ternäres *(ternary number system)*. Zahlensystem mit Stellenwertigkeit, bei dem nur 3 Ziffern existieren. Das ternäre Z. hat den Aufbau:

$$Z_3 = \sum_{i=-m}^{+m} Z_i \cdot 3^i, \text{ wobei } 0 \leq Z_i \leq B-1$$

(Z_i Ziffern). Die Tabelle zeigt die Darstellung der Dezimalzahlen 0 bis 12 im ternären Z.

Dezimal:	0	1	2	3	4	5	6
ternär:	0	1	2	10	11	12	20

Dezimal:	7	8	9	10	11	12
ternär:	21	22	100	101	102	110

Das ternäre Z. wird heute noch nicht in der Informationsverarbeitung angewendet. [9]. We

Zahlenwert *(numerical value)*. Nach DIN 1313 das Verhältnis einer skalaren Größe zur gewählten Einheit:

$$\text{Zahlenwert} = \frac{\text{skalare Größe}}{\text{gewählte Einheit}}.$$

Allgemeines Zeichen für einen Z. ist das in geschweifte Klammern gesetzte Formelzeichen dieser Größe. $\{G\}$ ist der Z. der Größe G, ausgedrückt in der Einheit [G]. Ein Z. kann auch in der Form eines Bruchs dargestellt werden:

$$\{G\} = \frac{G}{[G]};$$

Beispiel: „Spannung" $\{U\} = \frac{U}{V}$.
[5]. Rü

Zahlenwertgleichung. Nach DIN 1313 gibt eine Z. die Beziehung zwischen Zahlenwerten von Größen wieder. Sie fordert immer die zusätzliche Angabe von Einheiten, für die die Zahlenwerte gelten. Entsprechend den beiden Darstellungsmöglichkeiten des Zahlenwerts kann eine Z. geschrieben werden:
1. mit geschweiften Klammern $\{Q\} = \{C\} \{U\}$;
2. als zugeschnittene Größengleichung:

$$\left(\frac{Q}{C}\right) = \left(\frac{C}{F}\right) \left(\frac{U}{V}\right).$$

Für die Einheitenbezeichnungen in den Nennern s.a. C Coulomb, F Farad, V Volt. Eine Z. ist stets als solche zu kennzeichnen. [5]. Rü

Zähler *(counter)*. Ein Gerät oder eine Schaltung, die nacheinander eintretende Ereignisse zählt und die Anzahl der Ereignisse in einem bestimmten Code zur Verfügung stellt. Bei elektronischen Zählern werden Impulse gezählt. [2], [10]. We

Zähler, asynchroner → Asynchronzähler. We

Zähler, elektronischer *(electronic counter)*. Ein Z., der aus elektronischen Bauteilen der Digitaltechnik, besonders Flipflops, aufgebaut ist. (Gegensatz: elektromechanischer bzw. mechanischer Zähler.) Mit elektronischen Zählern können je nach der verwendeten Schaltungsfamilie Impulse mit Frequenzen von wenigen Megahertz bis Hunderten von Megahertz gezählt werden. [2]. We

Zähler, lichtelektrischer *(photoelectric counter)*. Z. der mit Hilfe einer Lichtschranke die Anzahl der Unterbrechungen des Lichtstrahles erfaßt. Der lichtelektrische Z. wird z.B. bei Fließbändern zur Zählung der auf ihnen transportierten Einheiten benutzt. [6], [16]. Li

Zähler, synchroner → Synchronzähler. We

Zähler, taktsynchroner → Synchronzähler. We

Zählpfeilsystem. Das Z. kennzeichnet eine spezielle Festlegung der Vorzeichen- und Richtungsregeln für Span-

Zweipole:

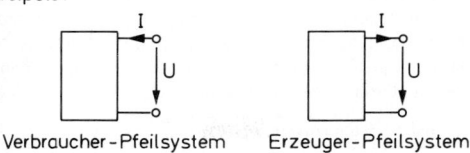

Verbraucher-Pfeilsystem   Erzeuger-Pfeilsystem

Vierpole:

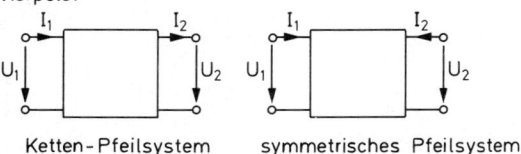

Ketten-Pfeilsystem   symmetrisches Pfeilsystem

Zählpfeilsystem

nungen und Ströme in elektrischen Netzen (DIN 5489). Die für die Anwendung wichtigsten Zählpfeilsysteme für Zwei- und Vierpole sind im Bild dargestellt. [15]. Rü

Zählrelais *(counting relay)*. Ähnlich Stromstoßrelais mit von 0 bis 9 bezifferten Zahlenrollen zur Dekadenanzeige. Jeder Erregerstromimpuls bewirkt die Fortschaltung der Zahlenrolle um eine Zahl. Ausgeführt werden unter anderen Summenzähler, addierende oder subtrahierende Einstell- und Differenzzähler sowie Z. mit elektrischer oder mechanischer Rückstellung. Bei Readout-Z. kann der Stand des Zählers bei Fernübertragung abgefragt oder ausgelesen werden. [4]. Ge

Zählröhre → Dekadenzählröhre. Li

Zählschaltung *(counter circuit)*. Eine Schaltung, die Zählaufgaben wahrnimmt. [2]. We

Zählspur *(counting track)*. Bei der Lochkarte die Spuren im Ziffernbereich. Es gibt 10 Zählspuren. Erfolgt keine Lochung im Zonenbereich, so zeigt die gelochte Z. unmittelbar die Ziffer an. [9]. We

Zähltetrade *(decade counter)*, Zähldekade (→ Bild Dezimalzähler). Zählerbaustein für den Zählvorgang einer Dezimalziffer. Eine Z. kann als integrierte Schaltung ausgeführt sein. Die Z. muß über mindestens vier Flipflops verfügen, da sie 10 Zustände unterscheiden muß. Das Bild zeigt den Graph und den Impulsverlauf für eine Z. im 8, 4, 2, 1-BCD-Code (*BCD, binary coded decimal*). Der Impuls D kann als Ansteuerung der nächsthöheren Z. verwendet werden. [2]. We

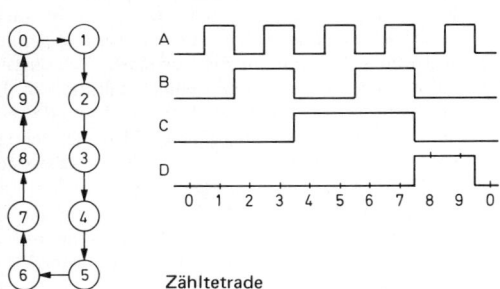

Zähltetrade

Zangenamperemeter *(pliers ammeter)*, Zangenstrommesser (→ Bild Zangenleistungsmesser). Z. sind Strommesser, die zur Messung von Wechselströmen an fest verlegten elektrischen Leitern eingesetzt werden, ohne daß eine Auftrennung des Leiters notwendig wird. Das Meßgerät besteht aus einem Anzeigeinstrument (häufig ein Drehspulmeßwerk mit vorgeschaltetem Meßgleichrichter) und einem zangenförmigen Stromwandler mit aufklappbarem Eisenkern in einem gemeinsamen Gehäuse. Der Eisenkern wird durch Federkraft zusammengehalten. Durch Drücken eines am Instrument angebrachten Handgriffes öffnet sich der Kern und das Gerät wird über den Leiter geschoben, der die Primärwicklung bildet. Bei losgelassenem Handgriff schließt sich der Kern. Das Meßinstrument bildet die Bürde des Meßwandlers und ist an der Sekundärwicklung der Meßzange angeschlossen. Das gesamte Gehäuse ist aus Sicherheitsgründen ohne stromführende Teile aufgebaut. Ausgeführte Geräte können z.B. zur Messung von Strömen von 2 mA bis 300 A umschaltbar in mehrere Bereiche, herangezogen werden. Mit besonderen Anfertigungen sind Gleichstrommessungen möglich. Z. besitzen analoge oder digitale Anzeige; spezielle Ausführungen findet man in der Hochfrequenztechnik zur Messung hochfrequenter Ströme. [8], [12].
Fl

Zangeninstrumente *(pliers instruments)*, Zangenmeßgeräte. Z. sind Wechselstrommeßgeräte, die einen Stromwandler mit aufklappbarem Eisenjoch besitzen. Zur Messung umschließt das Joch den elektrischen Leiter, dessen Stromwert festgestellt werden soll. Der Leiter bildet die Primärwicklung des Stromwandlers, die Sekundärwicklung ist im Gehäuse des Instrumentes fest eingebaut. An die Klemmen der Sekundärwicklung ist der Meßeingang des Instrumentes angeschlossen. Z. sind mit analoger oder digitaler Anzeige aufgebaut. Sonderausführungen sind wie Vielbereichsinstrumente aufgebaut und manchmal auch zur Messung von Gleichströmen geeignet. Wichtige Z. sind z.B. Zangenamperemeter und Zangenleistungsmesser. [12].
Fl

Zangenleistungsmesser *(pliers power meter)*, Zangenwattmeter. Mit dem Z. lassen sich Wirkleistungsmessungen bei Einphasenwechselstrom und Drehstrom ohne Unterbrechung des Stromkreises durchführen. Bei Drehstrom ist er auch als Blindleistungsmesser einzusetzen. Der Z. besitzt ein elektrodynamisches Meßwerk, bei dem der Eisenkern der Feldspule wie eine Zange aufklappbar ist (Bild). Die

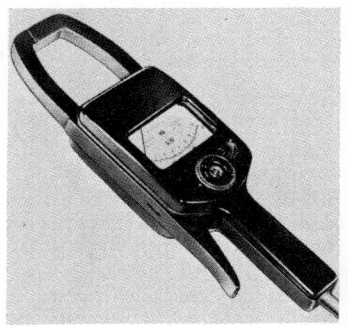

Zangenleistungsmesser

Zangenmeßgeräte

Zangenbacken umschließen den stromführenden Leiter, der als Feldwicklung wirkt. Die drehbare Spannungsspule befindet sich in einer Aussparung des Eisenrückschlusses vom Kern. Die Skala ist in Watt und häufig zusätzlich in v_{ar} (Volt-Ampere reaktiv) unterteilt. [12]. Fl

Zangenmeßgeräte → Zangeninstrumente. Fl

Zangenstrommesser → Zangenamperemeter. Fl

Zangenwattmeter → Zangenleistungsmesser. Fl

Z-Diode *(Zener diode)*. Diode, die den Zener-Effekt oder den Lawineneffekt betriebsmäßig ausnutzt. Die Z. wird in Rückwärtsrichtung betrieben. Sie zeichnet sich durch einen steilen Stromanstieg beim Erreichen der Zenerspannung U_Z, die für den Typ der Z. typisch ist, aus. Z-Dioden werden besonders in Stabilisierungsschaltungen eingesetzt. Z-Dioden wurden früher als Zener-Dioden bezeichnet. Auf Wunsch von Dr. Zener wurde die Bezeichnung geändert, da in den meisten Fällen der Lawineneffekt zum Tragen kommt. Den Zener-Effekt beobachtet man nur bis Rückwärtsspannungen von etwa 4 V. [4]. We

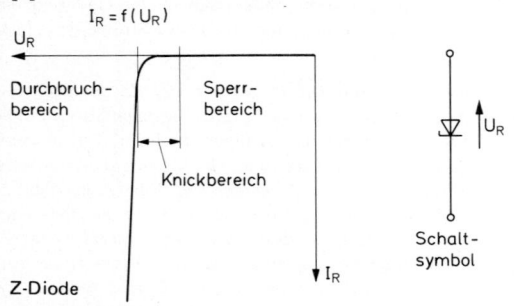

Zehnerkomplement → Komplement. Li

Zehnerziffer → Denärziffer. Li

Zehngang-Potentiometer → Mehrfachwendelwiderstand. Ge

Zeichen *(character)*. Ein Element aus einer zur Darstellung von Information vereinbarten endlichen Menge von verschiedenen Elementen (DIN 44 300).

Während Zeichen für den Menschen meist in Schriftform dargestellt werden, müssen sie für die Informationsverarbeitung codiert werden. Vielfach ist im Verlauf der Datenverarbeitung ein mehrfaches Umcodieren notwendig, z.B. Buchstabe, Lochkombination, binäres elektronisches Signal, Punktmuster für Matrixdrucker, Buchstabe. [13]. We

Zeichenerkennung *(character recognition)*. Erkennung von Zeichen durch eine informationsverarbeitende Anlage, wenn diese Zeichen direkt vom Menschen erzeugt werden, z.B. Buchstaben und Ziffern bei Beleglesern, Phoneme bei der Spracheingabe. Die Z. zerfällt in die Umsetzung der analogen Daten in digitale Daten und die Ermittlung von Merkmalen (characteristics) dieser Daten, z.B. des Frequenzbandes bei der Spracherkennung, sowie die Klassifikation der Daten, der Zuordnung zu einem Zeichen aus dem gegebenen Zeichenvorrat. Dieser stellt einen mehrdimensionalen Musterraum dar. Die ermittelten Merkmale ergeben einen Punkt im Musterraum, damit kann das Zeichen einem Bereich des Musterraums und damit einem Zeichen aus dem vorgegebenen Zeichenvorrat zugeordnet werden. [1], [9]. We

Zeichengabe → Signalisierung. Kü

Zeichengenerator *(character generator)*. Schaltung zur Erzeugung eines Zeichens für einen Drucker o.ä. Der Z. besteht meist aus einem ROM (*read-only memory*). Der Code des Zeichens wird als Adresse angelegt. Die für die Bildung des Zeichens erforderlichen Steuersignale liegen dann an den Datenausgängen des ROM an. Das Bild zeigt das Schema eines Zeichengenerators für den Betrieb eines Seriendruckers, der ein Zeichen als Punkt-Matrix in 5 aufeinander folgenden Schritten druckt. [1]. We

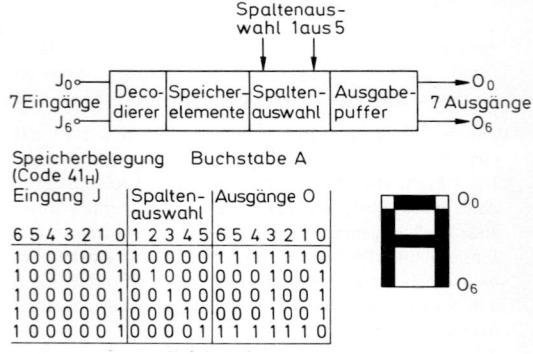

Zeichengenerator

Zeichengerät *(plotter)*, Plotter. Zeichengeräte sind schreibende Meßgeräte, bei denen ein automatisch gesteuerter Schreibstift (bzw. ein Licht- oder ein Elektronenstrahl) den Kurvenverlauf einer oder mehrerer Meßgrößen in Abhängigkeit einer oder mehrerer Variablen sichtbar aufzeichnet. Zeichengeräte können z.B. Koordinatenschreiber, Kennlinienschreiber, Oszillographen oder Oszilloskope sein. In Anlagen der Datenverarbeitung übernimmt häufig ein Datensichtgerät die Aufgabe eines Zeichengerätes. [1], [12], [13]. Fl

Zeichenkanal *(signalling channel)*. Übertragungskanal zur Signalisierung in vermittelnden Nachrichtennetzen. Der Zeichenkanal kann entweder innerhalb eines individuellen Nachrichtenverbindungsweges, zentralisiert für ein ganzes Leistungsbündel (*common signalling channel*) zwischen zwei Vermittlungsstellen oder losgelöst von individuellen Leitungsbündeln zur Übertragung vermittlungstechnischer Information zwischen Zeichengabe-Transferstellen (*signal transfer point*) realisiert sein. Die Signalisierungsprozeduren werden durch sog. Zeichengabe- oder Signalisiersysteme beschrieben, für zentralisierte Zeichenkanäle z.B. das CCITT-Zeichengabesystem No. 7 (*CCITT, Comité Consultatif International Télégraphique et Téléphonique*). Je nachdem, ob der Zeichenkanal einem Leitungsbündel fest zugeordnet ist oder nicht, wird zwischen assoziiertem oder nichtassoziiertem Zeichenkanal unterschieden. [19]. Kü

Zeichenkette → String. We

Zeichenserie → String. We

Zeichenvorrat *(character set)*. Gesamtmenge der in einem Datenverarbeitungssystem vereinbarten Zeichen, die für das System verständlich sind und die das System erzeugen kann. Oft ist aus dem Aufbau der Zeichen des Zeichenvorrats bereits die Bedeutung von Zeichen erkennbar, z.B. kann das erste Bit eines Zeichens entscheiden, ob es sich um Daten oder um Steuerzeichen handelt. [13]. We

Zeiger *(pointer)*. 1. Datenverarbeitung: Eine Anzeige über den aktuellen Stand der Verarbeitung einer bestimmten Datenmenge. Der Z. besteht meist aus einer Speicherzelle, die eine Adresse enthält und bei der Verarbeitung der Daten automatisch erhöht oder erniedrigt wird. Beispiele für Zeiger sind: der Stapelzeiger (*stack pointer*, Stapel), bei der Textverarbeitung der ALC-Zeiger (ALC *Alpha-Code*), bei Datenverarbeitung mit direktem Zugriff der Satzzeiger. [1]. We
2. Bei analogen Meßinstrumenten überträgt der Z. die einem bestimmten Wert der Meßgröße genau zugeordnete Stellung des beweglichen Organs des Meßwerks auf die Skala, über die er hinweggleitet. Art und Ausführung des Zeigers bestimmen den Aufbau der Skala und werden von der Genauigkeitsklasse festgelegt. Man unterscheidet: a) Massezeiger (Bild). Es sind materielle, körperliche Z. aus langem, stabförmigem Metall- oder Glasrohr, die kurz vor einem Ende mit der Drehachse des beweglichen Meßwerkorgans fest verbunden sind. Die Ausführungsformen sind vielseitig: z.B. Lanzen-, Messer-(Bild), Fadenzeiger. Nachteil der Massezeiger sind ihre polaren Massenträgheitsmomente, die man aus der Gleichung $\Theta = A \cdot \rho \cdot l^3 / 3$ (A Querschnitt des Zeigers; ρ Dichte des Zeigermaterials; l Zeigerlänge) errechnet. Mit Balanciergewichten wird der Schwerpunkt des Zeigers in die Drehachse verlegt. Empfindlichkeit und Dynamik des Instrumentes werden vom Massezeiger begrenzt.
b) Masselose Lichtzeiger besitzen niedrigere Trägheitsmomente und ermöglichen neben höheren Empfindlichkeitswerten auch bessere dynamische Eigenschaften der Meßgeräte. Der Z. besteht eigentlich aus einem Spiegel, der fest mit dem beweglichen Meßwerkteil verbunden ist und einem gebündelten Lichtstrahl, der auf der Skala z.B. einen Kreis mit innerem senkrechtem Strich abbildet (→ Bild Lichtmarkengalvanometer). Der Lichtstrahl wird von einer Glühlampe erzeugt, bei photographischer Aufzeichnung häufig von einer Quecksilber-

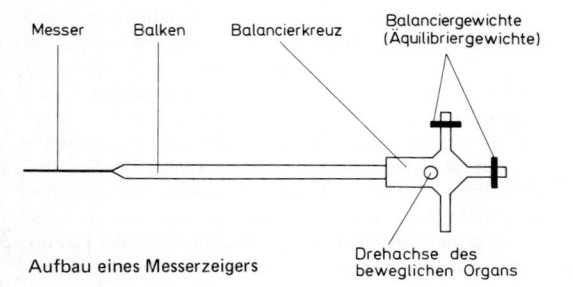

bogenlampe. c) Elektronen eines Elektronenstrahles bilden beim Oszilloskop den Z. Die Elektronen treten aus der Katode der Oszilloskopröhre heraus, werden durch elektrische Felder zu einem scharfen Strahl gebündelt und beschleunigt, von der Meßspannung in vertikaler Richtung abgelenkt und beim Auftreffen auf einen Leuchtschirm sichtbar gemacht. Durch gleichzeitige Ablenkung in horizontaler Richtung, z.B. mit Hilfe einer zeitlinear ansteigenden, weiteren Spannung, können zeitabhängige Funktionsabläufe bis in den Bereich von etwa 10^{-9} s dargestellt werden. d) Weitere Z. sind: Flüssigkeitsstrahlen z.B. in Flüssigkeitsstrahl-Oszillographen; Heizzeiger, bei denen ein elektrisch geheizter Schreibstift Schreibspuren in einen Belag einschmilzt.
3. Im symbolischen Zeigerdiagramm sinusförmiger, elektrischer Wechselgrößen (z.B. Wechselspannung, Wechselstrom) gleicher Frequenz bildet der Z. eine gerichtete Strecke vom Nullpunkt der Gaußschen Zahlenebene zum Bildpunkt einer komplexen Zahl. Die Zeigerlänge ist durch einen Maßstab festgelegt und häufig proportional dem Betrag des Effektivwertes der Wechselgröße, seltener deren Scheitelwert. Denkt man sich den Z. im mathematisch positiven Sinn mit der Winkelgeschwindigkeit ω um den Nullpunkt rotierend, erhält man durch Projektionen auf eine horizontal liegende Zeitlinie Augenblickswerte z.B. der Spannung $\underline{U}(t) = \hat{U} \cdot \sin \omega t$. [12]. Fl

Zeigerdiagramm *(vector diagram)*. Symbolische Darstellung von Wechselgrößen durch einen Zeiger (Anordnung einer komplexen Größe in einem rechtwinkligen Diagramm), die sich als besonders vorteilhaft bei allen Betrachtungen der Wechselstromtechnik für eine feste Frequenz erweist. Für eine beliebige Wechselgröße wird der Betrag (meist Effektivwert) durch die Zeigerlänge, die Phasenlage gegenüber anderen Größen durch einen Phasenwinkel und die Frequenz durch die Rotation des Zeigers mit der Winkelgeschwindigkeit ω festgelegt. [15]. Rü

Zeigerfrequenzmesser *(pointer-type frequency meter)*, Frequenzmesser. Z. sind analoge Meßinstrumente, die man zur Messung von Frequenzen einer Wechselspannung bzw. eines Wechselstromes einsetzt. Die Anzeigeskala ist in Werten der Frequenz, in Hertz, häufig auch in Vielfachen davon (z.B. kHz, MHz), kalibriert. Beispiele für Z. sind: 1. Z. für Bereiche um etwa 50 Hz. Die Meßspannung mit unbekannter Frequenz speist zwei parallele Wechselstromkreise (Bild a). Ein Parallelzweig besteht aus einem Reihenschwingkreis mit einer Resonanzfrequenz oberhalb des Frequenz-Meßbereiches. Im zweiten Zweig befindet sich eine Spule mit dem Induktivitätswert L_2. In beiden Stromkreisen sind Meßgleichrichter in Graetz-Schaltung angeordnet. An die Gleichspannungsdiagonale eines jeden Brückengleichrichters ist jeweils eine Spule eines Quotientenmeßwerkes angeschlossen. Der Wechselstrom $\underline{i}_1$ des einen Stromzweiges steigt mit zunehmender Frequenz, der Strom $\underline{i}_2$ des anderen Zweiges sinkt wegen des zunehmenden Wechselstromwiderstandes der Induktivität L_2. Beide Ströme werden gleichgerichtet und bewirken einen Zeigerausschlag, der vom Verhältnis beider Gleichstromwerte ab-

Aufbau eines Messerzeigers

Messer — Balken — Balancierkreuz — Balanciergewichte (Äquilibriergewichte) — Drehachse des beweglichen Organs

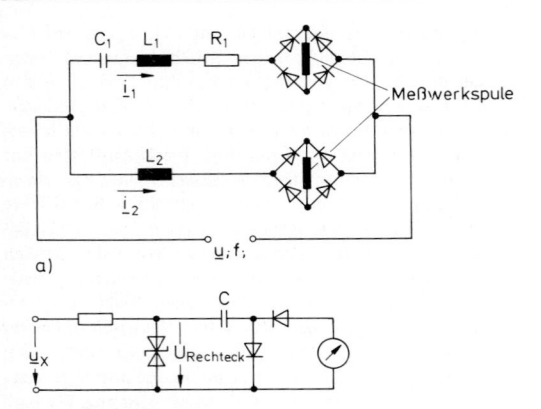

Zeigerinstrumente

hängt. 2. Z. nach dem Kondensatoraufladeverfahren (Bild b). Im Prinzip wird die zu untersuchende Wechselspannung $\underline{u}_x$ durch zwei Z-Dioden in eine rechteckförmige Spannung mit gleichbleibenden Amplituden umgewandelt. Der Kondensator C wird innerhalb einer Periode T der Rechteckspannung aufgeladen und entladen. Durch das angeschlossene Drehspulmeßwerk fließt ein von der Frequenz f abhängiger Mittelwert des Stromes I mit der transportierten Elektrizitätsmenge 2 C U: I = 2 C U/T = 2 C U f. Z. dieser Art besitzen häufig eine umfangreiche elektronische Schaltung mit mehreren Baugruppen und sind für Meßbereiche von 1 Hz bis etwa 1 MHz bei Meßunsicherheiten um 1 % geeignet. 3. Dipmeter sind in Ausführungen mit Topfkreisen und Hohlraumresonatoren bis etwa 1 GHz einsetzbar. [8], [12], [13], [14]. Fl

Zeigerinstrumente *(pointer instruments, pointer meters)*. Z. sind analoge elektrische oder elektronische Meßinstrumente, bei denen der Meßwert einer angelegten Meßgröße durch die definierte Verstellung eines Zeigers über einer Skala abgelesen bzw. ermittelt werden kann. Aufgrund des Zusammenwirkens feststehender und bewegter Meßwerkteile und bedingt durch ihren Aufbau aus elektromechanischen und feinmechanischen Bauteilen sind Z. z.B. empfindlich gegenüber mechanischen Erschütterungen. Bei vielen Zeigerinstrumenten muß die angegebene Betriebslage beachtet werden. Eine Schrägstellung des Instrumentes zum genaueren Ablesen des Meßwertes ist in vielen Fällen mit einer Erhöhung der Meßunsicherheit verbunden. [12]. Fl

Zeigersynchronoskop → Synchronoskop. Fl

Zeilenablenktransformator → Horizontalausgangstransformator. Fl

Zeilendrucker *(line printer)*. Drucker, der eine Zeile gleichzeitig oder scheinbar gleichzeitig erzeugt (Paralleldrucker). Bei einem Z. in einem Datenverarbeitungssystem muß vor Beginn des Druckvorganges der Inhalt der ganzen Zeile feststehen, auch wenn die Zeile vom Programm her mit mehreren Anweisungen erzeugt wird. Ein Beispiel für den Z. ist der Walzendrucker, bei dem eine Walze alle Zeichen auf jeder Druckposition enthält. Eine Zeile wird mit einer Drehung der Walze gedruckt, wobei der Anschlag zu dem Zeitpunkt erfolgt, in dem sich das Zeichen vor der Druckposition befindet. Z. mit mechanischem Anschlag (Impact-Drucker) leisten bis 30 Zeilen/s. [1]. We

Zeilenfrequenzoszillator *(line frequency oscillator, line sweep oscillator)*. Zeilenoszillator, Zeilenkippos zillator, Horizontalfrequenzoszillator. Zeilenfrequenzoszillatoren sind elektronische Schaltungen zur Schwingungserzeugung in Geräten der Fernsehtechnik. Man benötigt die Schwingungen zur zeilenweisen Ablenkung eines Elektronenstrahles in horizontaler Richtung a) in der Bildaufnahmeröhre bei elektronischen Kameras, b) in Bildwiedergaberöhren z.B. in Fernsehempfangsgeräten. Abtastender Vorgang der in elektrische Werte umgesetzten Bildpunkte einer optischen Bildvorlage und Wiedergabevorgang der Umsetzung elektrischer Werte innerhalb einer Zeile (Zeileninhalt) auf dem Leuchtschirm der Bildröhre des Empfangsgerätes müssen zeitgleich erfolgen, daher besitzen Zeilenfrequenzoszillatoren in Fernsehempfängern z.B. einen Signaleingang zur Synchronisierung (Zeilensynchronisation) der erzeugten Frequenz. Nach der in der Bundesrepublik Deutschland gültigen CCIR-Norm (*Comitée Consultatif International des Radiocommunications*) der Fernsehübertragungstechnik beträgt die Zeilenfrequenz 15 625 Hz entsprechend einer Zeilendauer von 64 µs. Obwohl die zeilenweise Ablenkung des Elektronenstrahles in der Bildröhre durch sägezahnförmige Ströme in Horizontalablenkspulen stattfindet, erzeugen Zeilenfrequenzoszillatoren in vielen Anwendungsfällen sinus-, rechteck- oder nadelpulsförmige, periodische Spannungsverläufe. Ein nachfolgendes RC-Glied stellt die erforderliche Sägezahnspannung durch Auf- und Entladevorgänge des Kondensators bereit. Beispiele für Schaltungen von Zeilenfrequenzoszillatoren in Fernsehempfängern sind: 1. Sinusoszillator. Es werden sinusförmige Spannungsverläufe erzeugt. Die Synchronisation erfolgt über ein steuerbares Blindelement, das parallel zum Eingang der Schwingungserzeugerschaltung liegt. Ein am Ausgang der Schaltung angeschlossener elektronischer Schalter (häufig ein Schalttransistor) erzeugt in Verbindung mit einem Ladekondensator die Sägezahnspannung. 2. Multivibrator. Die Schaltung erzeugt rechteckförmige Spannungsverläufe. Ein nachgeschalteter Kondensator wird während des Schreibvorganges einer Zeile langsam aufgeladen, zum Rücklauf für den nächsten Zeilenanfang schnell entladen. 3. Schmitt-Trigger. Die vom Sendesignal abgetrennten und im Empfänger aufbereiteten Zeilensynchronimpulse steuern die Oszillatorschaltung, die rechteckförmige Spannungen liefert. Am Signalausgang ist ein Leistungstransistor angeschlossen, an dessen Ausgang das RC-Glied liegt. 4. Sperrschwinger. Er erzeugt nadelförmige Pulse, die mit Hilfe eines RC-Gliedes in Sägezahnspannungen umgewandelt werden. Der Schwingvorgang wird von aufbereiteten Zeilensynchronimpulsen eingeleitet. 5. Ein integrierter Schaltkreis enthält sämtliche zur Horizontal- und Vertikalablenkung des Elektronenstrahles notwendigen Baugruppen. An den Signal-

Ausgängen liegen z.B. ebenfalls rechteckförmige Spannungen. [13], [14].

Fl

Zeilenkipposzillator → Zeilenfrequenzoszillator.

Fl

Zeilenoszillator *(horizontal oscillator)*. Oszillator, der die Sägezahnspannung für die Horizontalablenkung einer Bildröhre bzw. einer Oszilloskopröhre erzeugt. Der Z. wird von den im empfangenen Bildsignal enthaltenen Synchronsignalen (Horizontalsynchronisation) bzw. einer Triggerschaltung (→ Triggern) gesteuert. [6], [10], [12], [13].

Li

Zeilensprungverfahren *(line jump method)*, Zwischenzeilenverfahren. Das Z. ist ein der Fernsehbildübertragungstechnik zugrundegelegtes Verfahren, bei dem der Inhalt eines Bildes der zu übertragenden Szene in zwei Teilbilder mit kammartig ineinander verschachtelten horizontalen Linien (Zeilen) elektronisch zerlegt wird. Bei der für die Bundesrepublik Deutschland festgelegten CCIR-Norm (<u>C</u>omitée <u>C</u>onsultatif <u>I</u>nternational des <u>R</u>adio<u>communications</u>) wird der Inhalt eines vollständigen Bildes in 625 Zeilen aufgelöst. Man unterteilt ein Vollbild in zwei Halbbilder (auch Halbraster genannt). Das erste Halbraster besteht aus dem Anteil aller ungeradzahligen Zeilen: 1., 3., 5., usw. (Bild). Im zweiten Halbbild sind alle geradzahligen Zeilen enthalten: 2., 4., 6., usw. Damit die Anfangszeile jedes Halbrasters immer auf gleicher Bildhöhe beginnt, endet das erste Halbbild mit einer halben Zeile. Das zweite Halbbild beginnt oben mit der fehlenden zweiten Hälfte. Man erhält beim Z. eine Rasterfrequenz von 50 Hz (→ Vertikalablenksteueroszilator), d.h. es werden in einer Sekunde 50 Teilbilder übertragen. Dies entspricht 25 geschriebenen Vollbildern (Bildwechselfrequenz: 25 Hz) in gleicher Zeiteinheit. Die Zeilenfrequenz beträgt 15 625 Hz (errechnet aus: 25 Vollbilder · 625 Zeilen). Für die Zeitdauer einer vollständig geschriebenen Zeile erhält man: 64 µs. Vorteile des Zeilensprungverfahrens: 1. Es wird bei gleichbleibender Auflösung des Bildanteils einer Zeile in 833 Bildpunkte (bei einem festgelegten Verhältnis von Bildbreite/Bildhöhe = 4/3; 625 · 4/3 = 833) die Bandbreite der zu übertragenden Videofrequenzen auf die Hälfte reduziert. 2. Bei gleichbleibendem Anteil der in einer Sekunde zu übertragenden Gesamtbilder (25 Vollbilder) entsteht wegen der kammartigen Verschachtelung zweier Teilbilder dem Betrachter der Eindruck einer nahezu flimmerfreien Darbietung von Bildszenen. [8], [13], [14].

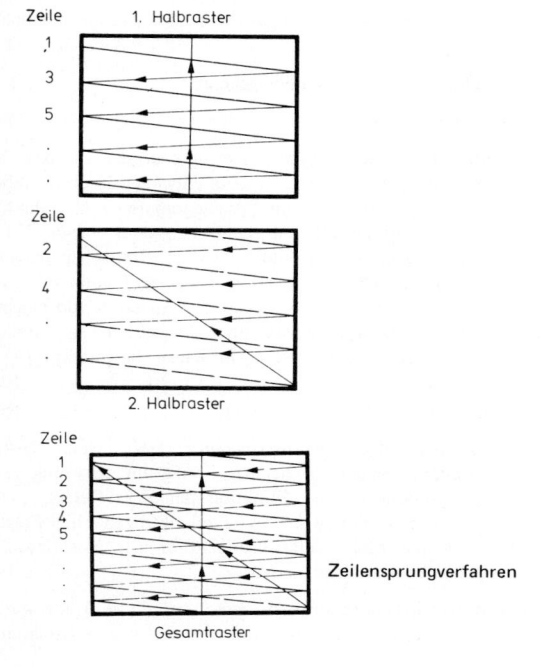

Fl

Zeilensynchronisation *(line synchronization, horizontal synchronization)*, Horizontalsynchronisation. Die Z. umfaßt alle in der Fernsehsender und Fernsehempfangsgerät durchgeführten Maßnahmen, um einen Gleichlauf zwischen dem zeilenweisen Abtastvorgang einer Bildvorlage z.B. in der Kamera im Sender und dem folgerichtigen, zeilenweisen Aufbau des Bildes auf dem Leuchtschirm der Bildröhre des Empfängers zu erzwingen. Im Sender wird an das Ende jeder abgetasteten Zeile ein Zeilensynchronimpuls mit genau festgelegten Werten eingefügt (→ FBAS-Signal). Der Synchronimpuls wird im Empfangsgerät vom Zeileninhalt abgetrennt, aufbereitet und von Störungen befreit. Gleichlauf erhält man: 1. durch Taktsynchronisation. Die aufbereiteten Zeilenimpulse lösen direkt den Kippvorgang eines Zeilenfrequenzoszillators aus, in dem sie die Oszillatorschaltung über einen Synchronisiereingang steuern. Nachteil: z.B. ähnlich geartete Störimpulse werden als Synchronimpulse aufgefaßt und lösen den Beginn eines falschen Zeilenablenkvorganges aus. 2. Durch automatische Zeilensynchronisation (auch Phasensynchronisierung; Bild). Eine aufwendige elektronische Regelschaltung vergleicht die Frequenz (Sollwert) der Zeilenimpulse des Senders mit der tatsächlichen Zeilenfrequenz (Istwert) des Empfängers durch Überprüfung der Phasenlage beider Frequenzwerte. Vergleichsstufe ist häufig ein Phasendetektor. Abweichungen des Istwertes vom Sollwert ergeben richtungsabhängige Regelspannungswerte, die z.B. beim Sinusoszillator (als Schaltung zur Schwingungserzeugung) die Werte eines vorgeschalteten Blindelementes (→ Reaktanzstufe) so lange verändern, bis Phasengleich-

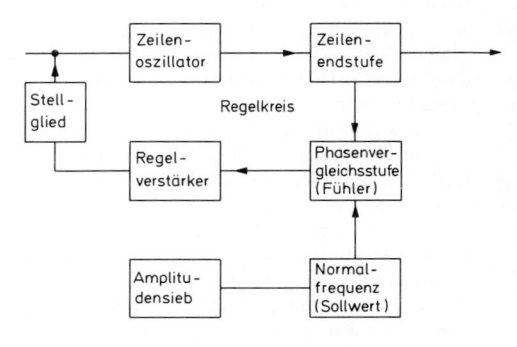

Zeilensprungverfahren

Zeilensynchronisation

heit und damit Frequenzgleichheit erzwungen wird. In vielen Anwendungsfällen sind vollständige Schaltungen zur Z. als integrierter Schaltkreis ausgeführt. Vorteil der automatischen Z.: Regelspannungsänderungen werden nur bei langsamen Frequenzänderungen erzeugt. Kurzzeitige Störimpulse bleiben wirkungslos. [8], [13], [14].
Fl

Zeilentor. Schaltungsanordnung in der Impulstechnik, wobei eine Reihe von Impulsen, die an einem Toreingang ansteht, während eines genau definierten Zeitintervalls hindurchgelassen wird und am Torausgang abgegriffen werden kann. [10].
Rü

Zeilentrafo → Horizontalausgangstransformator. Fl

Zeilentransformator → Horizontalausgangstransformator. Fl

Zeitablenkgenerator *(time-base generator, timing-axis generator, sweep generator)*, Zeitablenkgerät, Zeitbasisteil. Der Z. ist eine Funktionseinheit in Oszilloskopen, die aus mehreren elektronischen Baugruppen besteht und eine zeitlinear ansteigende Sägezahnspannung zur auswertbaren Darstellung von Meßspannungen als Funktion der Zeit erzeugt. Die Sägezahnspannung liegt an den Horizontalablenkplatten der Oszilloskopröhre und lenkt den Elektronenstrahl der Röhre während einer einstellbaren Anstiegszeit in horizontaler Richtung ab. Durch Umschalten der Sägezahnspannung kann das Oszillogramm der Meßspannung in Richtung der Horizontalachse auf dem Leuchtschirm der Röhre zusammengedrängt oder gedehnt werden. Es sind Durchlaufzeiten für eine festgelegte Schreibbreite von etwa 50 ns bis etwa 60 s möglich. Am Ende des zeitlinearen Anstiegs der Sägezahnspannung hat der Elektronenstrahl den rechten Bildschirmrand erreicht. Der Strahl wird dunkel getastet und es folgt ein gegenüber dem Anstieg sehr viel schnellerer Abfall der Spannung. Während dieser relativ kurzen Zeit springt der Strahl unsichtbar zum linken Bildschirmrand. Soll das Bild der Meßspannung ständig wiederholt geschrieben werden, muß die Sägezahnspannung periodisch verlaufen, d.h., der Ablenkvorgang beginnt von neuem. Bei einer einmaligen Darstellung des Meßsignals bleibt der Z. in Ruhestellung, bis er erneut gestartet wird. Angestrebt wird eine Darstellung der zeitabhängigen Meßspannung als stehendes Bild. Dies läßt sich mit Hilfe von Einstellorganen und besonderen Schaltungen für die häufigsten Anwendungsfälle erreichen: 1. durch Synchronisation. a) Die Frequenz der Meßspannung und die Frequenz der Zeitablenkspannung müssen gleich sein oder in einem ganzzahligen Verhältnis zueinander stehen. b) Eigensynchronisation. Ein Teil der Meßspannung wird abgegriffen und auf den Z. gegeben. Der Anstieg der Sägezahnspannung wird vom Anteil der Meßspannung unterbrochen und auf diese Weise ein ganzzahliges Verhältnis beider Frequenzen erzwungen. c) Fremdsynchronisation. Eine fremde Wechselspannung wird auf einen entsprechenden Eingang des Zeitablenkgenerators geführt und erzwingt den Abbruch der Sägezahnspannung. Die Synchronisation ist nur bedingt anwendbar. Sie versagt z.B. bei zu großen Frequenzverhältnissen, bei der Darstellung von Impulsspannungen und bei zu niedrigen Synchronisationsspannungen. 2. Durch Triggern. Jeder einzelne Zeitablenkvorgang wird durch eine Steuerspannung, den Triggerimpuls, ausgelöst. Die Sägezahnspannung steigt unabhängig davon auf einen vereingestellten Wert (Durchlaufzeit des Elektronenstrahls für eine Schreibbreite). Einstellbare Triggermöglichkeiten sind: a) Automatische Triggerung. Die angelegte Meßspannung wird auf Werte im Gerät verstärkt, bis ein unkritischer Triggerpegel (eine Gleichspannung) erreicht ist. Bei Gleichheit eines Wertes der ursprünglichen Meßspannung und des Triggerpegels wird von der Triggerschaltung ein Impuls (Triggerimpuls) abgegeben, der den Sägezahngenerator im Z. anschwingen läßt. Mit dieser Einstellung erhält man auch ohne angelegtes Meßsignal sofort eine Nullinie auf dem Leuchtschirm. b) Freilaufende Triggerung. Der Triggerpegel läßt sich durch ein Einstellorgan im vorgegebenen Bereich verändern, bis man einen Wert der Meßspannung gfunden hat, an dem Pegel- und Spannungswert übereinstimmen. c) Fremdtriggerung. Der Triggerimpuls wird von einer fremden Meßspannung, die an einem getrennten Eingang gelegt wird, abgeleitet. In allen Fällen des Triggerns kann mit Hilfe eines weiteren Einstellorgans festgelegt werden, ob der Sägezahnanstieg auf der positiven Flanke der Meßspannung (steigende Spannungswerte) oder der negativen Flanke (abfallende Werte) beginnen soll. Die Triggerung ist für nahezu alle Meßspannungen anwendbar. Zur Erfüllung dieser Aufgaben besteht der Z. im wesentlichen aus den Baugruppen: Sägezahngenerator, Triggerschaltung, den Einstellorganen und einem X-Verstärker, der häufig abschaltbar ist. Besonders hochwertige Zeitablenkgeneratoren besitzen eine elektrische Lupe, mit deren Hilfe Teildarstellungen des Meßsignals untersucht werden können. Es sind Spreizungen im interessierenden Teilbereich bis etwa 10000-fach ohne Beeinträchtigung der Leuchtstärke möglich. [12].
Fl

Zeitablenkgerät → Zeitablenkgenerator. Fl

Zeitbasisteil → Zeitablenkgenerator. Fl

Zeitbereichsdarstellung *(time domain analysis)*. Der Amplitudenverlauf eines Signals kann entweder durch die Abhängigkeit von der Zeit (Oszillographische Aufnahme) oder als Amplitudengang in Abhängigkeit von der Frequenz dargestellt werden. Z. und Frequenzbereichsdarstellung *(frequency domain analysis)* sind dual zueinander; die Transformation der Aussagen von einem Bereich zum andern wird durch die Fourier-Transformation oder die Laplace-Transformation hergestellt. [14].
Rü

zeitdiskret → Signalklassifizierung. Rü

Zeitdiskriminator *(time discriminator)*. Der Z. ist eine elektronische Schaltung, bei der Betrag und Richtung des Ausgangssignals eine Funktion der Zeitdifferenz zwischen zwei Pulsen und ihrer relativen zeitlichen Folge sind. Man findet Zeitdiskriminatoren z.B. in elektronischen Navigationssystemen. [12].
Fl

Zeitdiversity *(time diversity operation)*. Z. wird angewendet, wenn die Übertragungssicherheit von Nachrichten vergrößert werden muß, z.B. bei militärischen Anwendungen. Hierbei wird die Nachricht mehrmals nacheinander übertragen. Üblich ist das Verfahren bei stark gestörten Telegraphie- und Fernschreibverbindungen. Bei Telegraphie werden z.B. Fünfergruppen wiederholt. Beim Fernschreiben können die einzelnen Buchstaben automatisch mehrmals wiederholt werden. [14]. Th

Zeitfilter. Bezeichnung für elektronische Torschaltungen, die nur einen zeitlich begrenzten Teil einer Schwingung übertragen. Anwendung bei allen zeitdiskreten Signalübertragungen (→ Signalklassifizierung. → Zeitmultiplex). [14]. Rü

Zeitfunktion *(function of time).* Allgemein die Darstellung einer Zeitabhängigkeit von Spannungen, Strömen oder Leistungen. Man unterscheidet: 1. Periodische Zeitfunktionen. Der Entstehungszeitpunkt liegt unendlich weit zurück; sie repräsentieren den eingeschwungenen Zustand. 2. Periodische Zeitfunktionen, die von einem bestimmten Zeitpunkt $t = t_0$ an existieren oder zu einer bestimmten Zeit enden; sie repräsentieren Ein- und Ausschaltvorgänge. 3. Nichtperiodische Zeitfunktionen; sie repräsentieren einmalige Zeitvorgänge. [13]. Rü

Zeitgeber *(timer).* Der Z. ist ein Bauelement in einer Datenverarbeitungsanlage, in dem die Uhrzeit gespeichert wird bzw. konstante Zeitintervalle erzeugt werden. Es wird von einem Taktgeber (meist dem im Rechner vorhandenen Quarz-Taktgenerator) angesteuert. Der Z. kann zur Berechnung der Bearbeitungsdauer eines Programms und damit zur Kostenberechnung verwendet werden. Er kann auch zu Routineabfragen, die in zeitlich konstanten Abständen erfolgen müssen, herangezogen werden. [1], [2], [6]. Li

Zeitgesetz der Nachrichtentechnik *(time law of communication).* Das Z. besagt, daß die zur Übermittlung einer Nachricht notwendige Mindestzeit der Bandbreite des Übertragungskanals umgekehrt proportional ist. Schnellere Zeichenfolgen sind kürzer als die Einschwingzeit des Übertragungskanals und werden daher nicht mehr einwandfrei übertragen. Aus einem Rechteckimpuls wird z.B. eine Sinusschwingung, wenn die Pulsfrequenz so hoch ist, daß nur noch die Grundwelle des Rechteckpulses übertragen werden kann. [14]. Th

Zeitglied *(timer).* Schaltung, die ein bestimmtes, von außen nicht beeinflußtes, zeitliches Verhalten aufweist. Der Begriff Z. wird i.a. nur auf Analogschaltungen angewendet. Beispiele für das Z. sind der monostabile Multivibrator und das Zeitrelais. [10]. We

Zeithub *(time swing).* Bei der Pulsphasenmodulation (PPM) wird der zeitliche Einsatzpunkt eines Impulses gleicher Breite und gleicher Höhe durch die Augenblickswerte des zu übertragenden Nachrichtensignals moduliert. Die zeitliche Ablage Δt gegenüber dem Nullpunkt (bei nichtvorhandenem Nachrichtensignal) ist der Z. Als Maß für die jedem einzelnen Impuls zur Verfügung stehende Zeitdauer, ohne daß eine Überlappung mit dem Nachbarimpuls auftritt, wird auch bei Pulsfrequenzmodulation (PFM) und Pulslängenmodulation (PLM) analog ein Z. definiert. [14]. Rü

Zeitimpulszählung *(time-pulse metering),* Zeitintervallzählung, Zeitpulszählung. Die Z. ist ein Verfahren der Zeitmessung in der Digitaltechnik, bei dem die Anzahl der Pulse von einem elektronischen Zähler gezählt wird, nachdem sie eine geöffnete Torschaltung mit wenigstens zwei Signaleingängen durchlaufen haben. Die Öffnungsdauer der Torschaltung (z.B. eines UND-Gatters) kann bestimmt werden: 1. Durch Vorgabe einer festgelegten Zeitdauer, innerhalb der die Zählung erfolgt. Eine hochgenaue Zeitbasis liefert Pulse an einen der Signaleingänge der Torschaltung. Die Pulsbreite jedes Pulses bleibt konstant und bestimmt die zeitliche Dauer, während der das Tor geöffnet ist. Mit fallender Pulsflanke schließt das Tor. Wird die Zeitbasis durch einen Teiler heruntergeteilt, lassen sich verschiedene Meßzeiten einstellen. Anwendungsbeispiele: a) Geschwindigkeitsmessung eines bewegten Objektes entlang einer Strecke, die mit Markierungen in gleiche Abstände unterteilt ist. Ein am Objekt angebrachter, geeigneter Meßfühler wandelt die abgetasteten Markierungen in elektrische Pulse um. b) Die Messung der Periodendauer elektrischer Signale kann auf dieses Verfahren zurückgeführt werden, wenn ein Flipflop zwischen Signaleingang und Zählertor gelegt wird. 2. Durch Vorgabe einer festgelegten Wegstrecke mit gekennzeichneten Start-Stop-Marken (Bild). Zwischen Aufnehmer und Torschaltung wird ein Flipflop geschaltet. Bei Erreichen der Startmarke kippt das Flipflop und die angeschlossene Torschaltung wird geöffnet. Am zweiten Signaleingang liegt z.B. ein Normalfrequenzgenera-

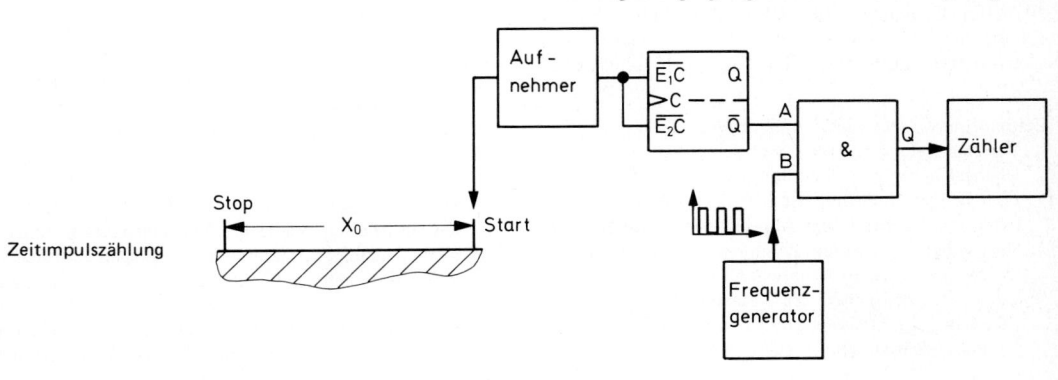

Zeitimpulszählung

tor, dessen abgegebene Pulse konstanter Breite die Torschaltung durchlaufen und vom Zähler registriert werden. Bei Erreichen der Stopmarke kippt das Flipflop zurück und das Tor wird geschlossen. Durch Einfügen eines Teilers zwischen Generator und Zähltor kann der Meßbereich verändert werden. Anwendungen: z.B. Messung von Fahrzeuggeschwindigkeiten; Feststellung der Anfangsgeschwindigkeit eines Geschosses, wenn es das Rohr verläßt. Wird die Anordnung so umgewandelt, daß ein elektrisches Meßsignal, z.B. ein Impuls, Start- und Stopsignal auslöst, kann die zeitliche Dauer des auslösenden Impulses festgestellt werden, wenn die Zählimpulse genügend schmal sind. [12]. Fl

Zeitintervallzählung → Zeitimpulszählung. Fl

Zeitkanal *(time slot)*. Übertragungskanal, der bei Zeitmultiplexbetrieb einer Leitung durch Zuordnung bestimmter, periodisch wiederkehrender Zeitintervalle zu einem bestimmten Nachrichtensignal entsteht. Bei der digitalen Übermittlung von Sprache werden beispielsweise Abtastproben periodisch im Abstand von 125 μs übertragen. [19]. Kü

zeitkontinuierlich → Signalklassifizierung. Rü

Zeitmessung *(time measurement)*. Grundlage physikalischer Z. ist die Festlegung einer Zeiteinheit. Hierzu stützte man sich schon frühzeitig auf Vorgänge, die durch einen periodischen Ablauf gekennzeichnet sind (z.B. Umlauf der Gestirne, periodisches Schwingen eines Pendels). Entscheidend für die Genauigkeit der Z. ist bei diesen Definitionen, daß die Nulldurchgänge der Perioden fortwährend in gleichen Abständen erfolgen. Als Zeiteinheit wird heute die „Atomsekunde" zugrundegelegt: Es ist die Zeitspanne, während der auf Grundlage der Hyperfeinstrukturübergangsfrequenz eines Atoms des Elementes Caesium 133 eine Anzahl von 9 192 631 770 Schwingungen abläuft. Die Atomzeit wird von Atomuhren angezeigt. Uhren dieser Art findet man z.B. in staatlichen Zeitinstituten. Übliche Zeitmesser, wie z.B. Quarzuhren werden nach Angaben der Zeitinstitute geeicht bzw. auf Ganggenauigkeit nachgeprüft. Aufgrund der Zusammenhänge zwischen Frequenz und Periodendauer, sind Atomuhren gleichzeitig auch primäre Frequenznormale. Zeitmessungen sind z.B. in der Navigation und in der allgemeinen Meßtechnik (z.B. zur Geschwindigkeitsmessung) von Bedeutung. Verfahren zur Z. sind z.B. die Zeitimpulszählung oder Meßverfahren mit Registrierinstrumenten zur Feststellung des Zeitverlaufs elektrischer bzw. nichtelektrischer Größen. [5], [8], [12]. Fl

Zeitmultiplex *(time division multiplex, TDM)*. Zeitliche Verschachtelung mehrerer Nachrichtensignale auf einem Übertragungsweg (→ Zeitmultiplexleitung) durch Übertragung von Abtastimpulsen in periodischen Zeitintervallen entsprechend dem Abtasttheorem. Durch Zuordnung eines bestimmten Zeitintervalles innerhalb eines Pulsrahmens zu einem Nachrichtensignal entsteht ein Zeitkanal oder Zeitschlitz. Die Abtastimpulse können entweder analog (→ Pulsamplitudenmodulation) oder digital (→ Pulscodemodulation) übertragen werden. Die Umwandlung von Raummultiplex in das Zeitmultiplex erfolgt im Multiplexer. [19]. Kü

Zeitmultiplexbetrieb *(time division multiplex operation)*. Der Z. findet Verwendung bei der Datenübertragung in PCM-Systemen (PCM, Pulscodemodulation), in Telemetrieanwendungen und Datenverarbeitungsanlagen. Der Z. gestattet eine Mehrfachausnutzung von Übertragungskanälen. Die bekannteste Anwendung ist der Multiterminalbetrieb in Datenverarbeitungsanlagen, wobei alle Terminals an einen Multiplexer angeschlossen sind und durch eine Adresse angesprochen werden können. [1], [14]. Th

Zeitmultiplexleitung *(highway)*. Leitung, die der Übertragung von Nachrichtensignalen im Zeitmultiplexverfahren dient. [19]. Kü

Zeitmultiplexverfahren *(time division multiplex method)*. Beim Z. wird eine bestimmte Anzahl Nachrichtenkanäle zeitlich nacheinander über einen gemeinsamen Übertragungskanal und am Empfangsort wieder aufgetrennt. Die Anzahl der übertragbaren Kanäle hängt von der Kanalkapazität des Übertragungskanals, von der Abtastgeschwindigkeit des Multiplexers und vom Codierverfahren ab. Eingeführt ist das Z. bei der PCM-Technik (PCM, Pulscodemodulation), für die Meßwertaufzeichnung, die Telemetrie und auch für die Fernsprechtechnik. Prinzipiell arbeitet das Z. mit zwei Schaltern, deren Kontakte kreisförmig angeordnet sind und von einem rotierenden Schaltarm „abgefragt" werden. Sender und Empfänger verfügen über einen derartigen Schalter, an dessen Kontakte die Eingangs- bzw. Ausgangskanäle angeschlossen sind und deren Schaltarme synchron rotieren. Die Kanalnummern entsprechen dabei den Kontaktnummern. [14]. Th

Zeitnormal *(time-standard)*. Normalzeitgerät, Präzisionszeitgerät. Zeitnormale sind elektronische Einrichtungen, in denen eine Wechselspannung erzeugt wird, deren Periodendauer hochkonstant ist und von Abweichungen durch Umwelteinflüsse weitgehend frei bleibt. Die Periodendauer der Wechselspannung ist immer ein ganzzahliger Bruchteil einer Sekunde. Die Genauigkeit der Zeitangabe hängt bei Zeitnormalen von der Frequenzkonstanz des verwendeten Schwingungserzeugers (häufig als Intervallgeber bezeichnet) ab. Höchste Präzision wird z.B. von Atomuhren auf Grundlage des Caesium-Normals erreicht (→ Zeitmessung), die eine Langzeitstabilität von $\pm 5 \cdot 10^{-12}$ auf Lebensdauer des Invervallgebers besitzen (Lebensdauer: einige Jahre). Die Zeit wird digital in Sekunden, Minuten und Stunden angezeigt, die Zeitangabe kann vor- oder rückgestellt werden. In vielen Fällen wird auch das Kalenderdatum unter Berücksichtigung von Schaltjahren ausgegeben. Häufig besitzen Zeitnormale einen Schlüsselschalter, um sie vor unbefugtem Verstellen zu schützen. Vielfach ist das Zeitsignal als binär codierte Pulsfolge an getrennten Ausgängen verfügbar und das Gerät stellt zusätzlich einen Zeitfortschaltimpuls bereit, der z.B. Nebenuhrenanlagen mit Periodentaktsignalen von 1 s und 1 min Dauer steuert. Weitere Intervallgeber sind z.B.: Rubidium-Atomfrequenznormal

(Langzeitstabilität etwa $\pm 2 \cdot 10^{-11}$/Monat), Quarzoszillatoren (Langzeitstabilität etwa $\pm 5 \cdot 10^{-10}$/Tag). Häufig sind preiswerte Zeitnormale mit einer Schaltung zum Empfang von Normalfrequenzen (z.B. vom Sender Droitwich ausgestrahlt) ausgestattet. Frequenzabweichungen eines eingebauten Quarzoszillators werden im Gerät erfaßt und mit Hilfe einer Regelschaltung auf den Sollwert der vom Sender ausgestrahlten, codierten Zeitsignale zurückgeführt. Wegen der Verknüpfung von Periodendauer und Frequenz sind Zeitnormale auch Frequenznormale. Anwendungen für Zeitnormale sind: Zentraluhrensteuerung, Zeitsignalanlagen, Zeittransport. [12]. Fl

Zeitpulszählung → Zeitimpulszählung. Fl

Zeitraster *(graticule)*. 1. Z. ist eine horizontale Skala oder eine von Netzlinien durchzogene Fläche, die auf durchsichtigem Material (z.B. Plexiglas) oder Registrierstreifen aufgebracht ist und die Festlegung von Zeitwerten dargestellter, zeitlich abhängiger Funktionen erleichtert. Die Zuordnung von Skalenwerten und Werten des dargestellten Signals wird z.B. durch kalibrierte Einstellorgane oder durch einstellbare, bzw. angebrachte Markierungen gefunden. Z. sind z.B. auf Leuchtschirmen von Oszilloskopröhren oder Papierstreifen von Registrierinstrumenten angebracht. 2. Bei Nachrichtenübertragungssystemen, die nach dem Verfahren der digitalen Übertragungstechnik arbeiten, z.B. mit Pulscodemodulation, muß ein zeitliches Raster mit konstanten Zeitabständen vorgegeben werden, um eine ungestörte Quantisierung der Nachrichtensignale durchführen zu können. Das Z. wird von der Zeitrasterfrequenz festgelegt. [8], [12], [13], [14], [19]. Fl

Zeitrelais *(time delay relay)*. Relais, dessen Kontakte nach Ablauf einer eingestellten Zeit betätigt werden. Ausführungsformen: Elektromechanisches Verzögerungsrelais, Uhrwert-Z., überwiegend in Gleichstromanlagen und für Überwachungszwecke, Kondensator-Z. für Kurzzeiten, elektronische Z. für hohe Schalthäufigkeit. [4]. Ge

Zeitrelais, thermisches *(thermical time relay)*. Das thermische Z. ist ein nach elektronischen Verfahren arbeitendes Relais in Kleinstbauweise, bei dem der durch einen Dickschichtwiderstand fließende Steuerstrom einen temperaturabhängigen Bimetallschalter aufheizt, der sich in engem Wärmekontakt mit dem Widerstand befindet. Nach Erreichen eines bestimmten Temperaturwertes kippt der im zu steuernden Stromkreis liegende Schaltkontakt des Bimetalles in seine Arbeitslage. Nach erfolgter Abkühlung auf einen niedrigeren Temperaturwert öffnet der Schalter und der Kontakt fällt in die Ruhelage zurück. Von der Schaltung des Relais abhängig, entstehen Ein- oder Ausschaltverzögerungszeiten von etwa 10 s bis zu einigen Minuten. Die Verzögerungszeit kann beeinflußt werden: 1. über den Widerstandswert des Dickschichtwiderstandes, 2. durch den Wert der angelegten Steuerspannung, 3. über die Ansprechtemperatur des Bimetallschalters, 4. über die Aufheizzeit eines zugefügten Materials. Bei einer Ausführung eines thermischen Z. können die Schaltkontakte an einer Wechselspannung von 220 V bei Stromwerten bis 6 A betrieben werden. Thermische Z. können z.b. in Schaltungen zum Zeitvergleich und zur Zeitüberwachung elektrischer und elektronischer Geräte eingesetzt werden. [4], [6], [7], [18]. Fl

Zeitschalter *(time delay switch)*. Schalter, dessen Kontakte nach Ablauf einer vorgewählten Zeit betätigt werden (Zeitrelais). [4]. Ge

Zeitschreiber *(time recorder)*. Z. sind Registrierinstrumente, die innerhalb der vorgegebenen Schreibbreite eines Registrierstreifens eine Reihe parallel verlaufender Schreiblinien (bis etwa 24) aufzeichnen. Sie dienen der zeitlichen Überwachung von Betriebszuständen elektrischer oder nichtelektrischer Anlagen bzw. Geräte und registrieren nur deren Zustände „eingeschaltet" oder „ausgeschaltet" als zwei Stellungen der Schreibfeder. Auf dem Registrierpapier erscheinen stetig geschriebene, rechteckförmige Liniendarstellungen, denen man die beiden Betriebszustände zuordnet. Ermöglicht wird dies durch Elektromagnete als Meßwerke, an deren Anker jeweils eine Schreibfeder befestigt ist. Wird ein Elektromagnet zu Beginn eines Schaltvorganges über einen entsprechend angebrachten Kontakt erregt, bewegt sich die Schreibfeder auf dem Registrierstreifen zur Seite und schreibt einen rechteckförmigen Impuls, dessen Breite ein Maß für die Dauer des eingeschalteten Gerätes ist. Aufgrund der gleichzeitigen Darstellung von Schaltzuständen mehrerer Betriebsgeräte, läßt sich aus den aufgezeichneten Vorgängen auch ihr Zusammenspiel entnehmen. Anwendungen sind z.B.: Registrierung von Fertigungszeiten, Durchfahrtszeiten im Bahnbetrieb; Gesprächszählung im Fernmeldebetrieb; Erfassung von Stillstands- und Leerlaufzeiten von Maschinen. [12]. Fl

Zeitselektion *(time selection)*. Bei Übertragung von Nachrichten in einem Zeitmultiplexsystem die Auswahl der Übertragungswege durch Pulse, die zeitlich ineinander verschoben sind. [14]. We

Zeitstufe *(time stage)*. Koppelstufe innerhalb einer Koppeleinrichtung für Zeitmultiplex, durch die Zeitkanäle ankommender und abgehender Zeitmultiplexleitungen wahlfrei miteinander verbunden werden können (nichtkoinzidente Vermittlung). Zeitmultiplexkoppeleanordnungen bestehen i.a. aus Kombinationen von Raumstufen und Zeitstufen. [19]. Kü

Zeitverhalten *(time response)*. Das Z. eines Übertragungsgliedes gibt an, in welcher Weise das Ausgangssignal einem veränderlichen Eingangssignal zeitlich folgt. Durch das Z. werden alle für den Signalfluß maßgebenden Eigenschaften und Vorgänge eines Gliedes beschrieben (DIN 19 226). [3], [11]. Ku

Zeitverzögerung *(time delay)*. Verzögerung zwischen dem Eintritt eines Ereignisses und einem anderen, davon hervorgerufenen Ereignis. Zeitverzögerungen treten zwangsläufig in allen Schaltungen auf. Sind sie technisch notwendig, so können sie durch Zeitgeber, Zeitglieder, Verzögerungsleitungen erzeugt werden. Das Bild zeigt ein Zeitglied zur Verzögerung eines Signalwechsels. [2]. We

Zelle, binäre

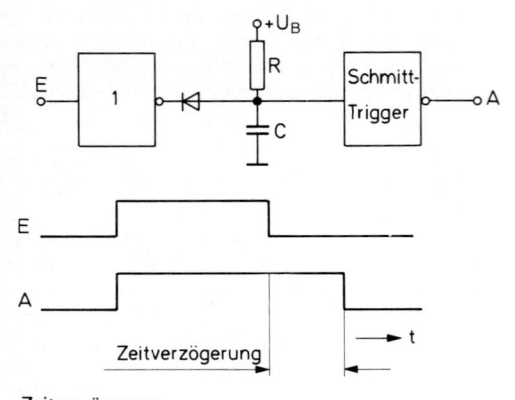

Zeitverzögerung

Zelle, binäre → Speicherzelle: → Flipflop. Li

Zenerdurchbruch *(Zener breakdown)*. Rückwärtsspannung, bei der eine nach dem Zener-Effekt arbeitende Z-Diode einen plötzlichen Stromanstieg zeigt. [7]. Ne

Zener-Effekt *(Zener effect)*. Wird ein hochdotierter PN-Übergang in Rückwärtsrichtung vorgespannt, stehen sich bei relativ niedrigen Rückwärtsspannungen (< 4 V) Leitungs- und Valenzband gegenüber (Bild). Ist der Abstand der beiden Bänder gering, können Elektronen aus dem P-dotierten Bereich in das Leitungsband tunneln; es kommt zu einem hohen Rückwärtsstrom. [7]. Ne

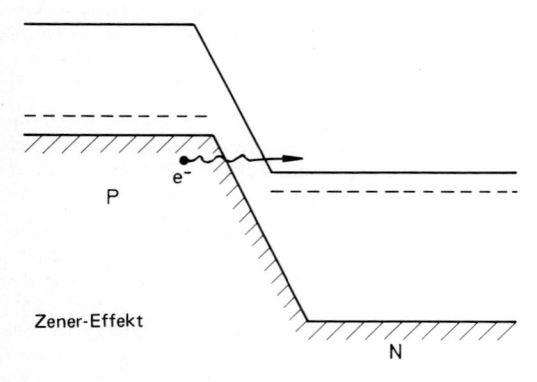

Zener-Effekt

Zentimeterwelle *(super high frequency, SHF)*. Teilbereich des Spektrums der elektromagnetischen Wellen von 3 GHz bis 30 GHz (→ Funkfrequenz). Ausbreitung: Reichweite normalerweise bis zum optischen Horizont, durch Inhomogenitäten der Troposphäre (→ Ductbildung) und Streustrahlung an ihrer turbulenten Struktur können Entfernungen bis 1000 km überbrückt werden. Mit zunehmender Frequenz werden Zentimeterwellen stärker durch atmosphärische Absorption und Streuung gedämpft, weitere Verluste durch Absorption und diffuse Streuung entstehen durch kondensierten Wasserdampf in Form von Nebel und Wolken (abhängig von der Niederschlagsmenge). Frequenzzuweisungen: fester und beweglicher Funkdienst, Raumforschung, Satellitenfunk, Amateurfunk. [14]. Ge

Zentraleinheit *(central processing unit)*. Nach DIN 44 300 eine Funktionseinheit innerhalb eines digitalen Rechensystems, die aus Prozessoren, Eingabewerken, Ausgabewerken und Zentralspeicher besteht. Zur Z. zählen nicht die Peripheriegeräte. Die Z. kann aufgeteilt werden in Rechenwerk, Steuerwerk, Speicherwerk (→ Blockschaltbild). Sie kann einen oder mehrere Prozessoren enthalten. Die Bezeichnung Central-Processing-Unit, CPU, bei Mikroprozessoren wird meist nur für Steuer- und Rechenwerk (Prozessor) unter Ausschluß des Hauptspeichers verwendet. [1]. We

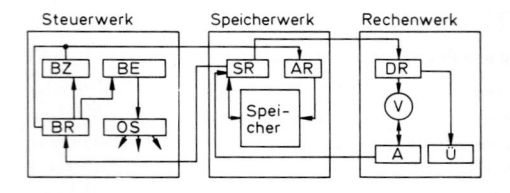

BZ Befehlszähler SR Speicherregister Ü Überlauf-
BR Befehlsregister AR Adreßregister register
BE Befehlsentschlüsselung DR Datenregister V Verknüp-
OS Operationssteuerung A Akkumulator fungsschaltung

Zentraleinheit

Zentralisierung *(centralization)*. Strukturierungsprinzip bei Steuereinrichtungen von Vermittlungssystemen, bei dem Steuerfunktionen für eine Vielzahl von Teilnehmern oder anderer vermittlungstechnischer Einrichtungen durch eine oder wenige übergeordnete Steuereinrichtungen wahrgenommen werden. Typische Beispiele bilden die für die Dauer des Verbindungsaufbaus über eine Koppeleinrichtung anschaltbaren Wahlsätze oder das im Multiplexbetrieb arbeitende Zentralsteuerwerk. Beim gegensätzlichen Prinzip der Dezentralisierung werden möglichst viele Steuerfunktionen einzelnen Steuereinrichtungen individuell zugeordnet. [19]. Kü

Zentralspeicher → Hauptspeicher. We

Zentralsteuerwerk *(central control unit)*. Steuereinrichtung in einem Vermittlungssystem, das eine Vielzahl von Steuerfunktionen zentralisiert für alle Teilnehmer wahrnimmt. Das Zentralsteuerwerk wird im Multiplexbetrieb einzelnen Teilnehmern zugeordnet. Erstreckt sich der Steuerbereich nur auf einen Teil der Teilnehmer, so wird es als Teilsteuerwerk bezeichnet. [19]. Kü

Zentralvermittlungsstelle → Fernvermittlungsstelle. Kü

Zeppelinantenne → Dipolantenne. Ge

Zerhacker → Chopper. Fl

Zerhackermeßverstärker *(chopper measuring amplifier)*, Chopper-Meßverstärker. Z. sind Gleichspannungsmeßverstärker, bei denen die Meßgleichspannung mit Hilfe eines elektronisch arbeitenden Choppers in rechteckförmige Wechselspannungswerte zerhackt wird. Die Schaltfrequenz erzeugt ein Wechselspannungsgenerator (Bild). Das entstandene Rechtecksignal wird in einem RC-Verstärker verstärkt. Am Verstärkerausgang ist eine phasen-

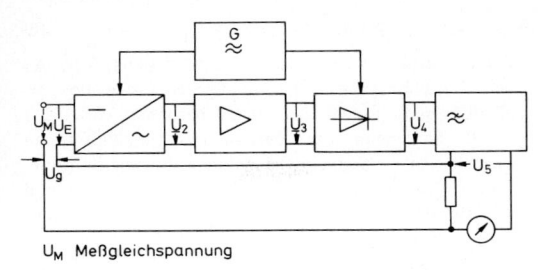

U_M Meßgleichspannung

Zerhackermeßverstärker

abhängige Gleichrichterschaltung angeschlossen; es erfolgt eine phasenreine Gleichrichtung der Wechselsignalwerte. Hochfrequente Anteile werden im folgenden Tiefpaß unterdrückt. Ausgangsgröße des Zerhackermeßverstärkers sind verstärkte Gleichspannungsmeßwerte. Vorteil des Zerhackermeßverstärkers gegenüber einem reinen Gleichspannungsmeßverstärker: Driftspannungen entfallen; der Z. arbeitet mit hoher Präzision. [12]. Fl

Zerhackerverstärker → Chopperverstärker. Fl

ZF-Filter (IF-filter; IF, intermediate frequency). Als Z. (ZF, Zwischenfrequenz) werden die Schwingkreise im ZF-Verstärker eines Superhet-Empfängers bezeichnet. Sie sind für die Selektion (Empfangsbandbreite) verantwortlich. Sie können als LC-Resonanzkreise, Bandfilter (auch mehrkreisig), keramische, mechanische, Oberflächenfilter oder Quarzfilter ausgeführt sein. Die Z. müssen dem jeweiligen Verwendungszweck des Empfängers angepaßt sein. Hochwertige kommerzielle Funkempfänger verwenden ausschließlich Quarzfilter als erstes Filter hinter der Mischstufe. [8], [13], [14], [15]. Th

ZF-Verstärker (IF-amplifier, IF, intermediate frequency). Der Z. (ZF, Zwischenfrequenz) hat in einem Superhet-Empfänger die Aufgabe, die von der Mischstufe gelieferte feste Differenz- oder Summenfrequenz zu verstärken, die durch Mischen der Eingangsfrequenz mit der Oszillatorfrequenz entsteht. Diese feste Frequenz wird als Zwischenfrequenz bezeichnet. Der Z. ist ein Resonanzverstärker, dessen Schwingkreise auf die Zwischenfrequenz abgestimmt sind. Je nach Anwendung kann die ZF-Bandbreite einige Hundert Hz (Telegraphie und Fernschreiben), einige kHz (Mittelwellen-Rundfunk), mehr als Hundert kHz (UKW-Rundfunk) oder sogar mehrere MHz (Fernsehen) betragen. Der Z. kann je nach Anwendungsfall ein geregelter Z. sein oder ein begrenzender Z. [8], [13], [14]. Th

Zickzack-Antenne → Wendelantenne. Ge

Zickzack-Filter (zig-zag filter). Bandpaßfilter in der spulensparenden Form. Im Gegensatz zu den herkömmlichen Bandpässen, wird hier in jedem Zweig der Abzweigschaltung ein Dämpfungspol realisiert. [15]. Rü

Zickzack-Resonator (zig-zag resonator). Zickzack-Resonatoren sind eine Bauform optischer Resonatoren, bei denen eingekoppelte Lichtwellen entlang einer Leitungsstruktur geführt werden, die mehrfach geknickt verläuft. Es

entstehen sich selbst reflektierende Wellen, die sich bei eingehaltenen Resonanzbedingungen überlagern und Interferenzfiguren bilden. Die Figuren treten als stationär verteilte, periodisch verlaufende Maximal- und Minimalwerte der Helligkeit auf. Resonanzfrequenzen der Zickzack-Resonatoren sind die Frequenzen des sichtbaren Lichtes, bei denen sich Interferenzfiguren bilden. Man findet Zickzack-Resonatoren in einigen Ausführungen von Laseroszillatoren. Die ausgebildete Resonanzschwingung wird dem lichtverstärkenden Lasermaterial zugeführt. [5], [13], [16]. Fl

Zickzack-Verbindung (zig-zag connection). Schaltung eines Drehstromtransformators, dessen im Stern geschaltete Wicklungen aus Teilen bestehen, in denen phasenverschobene Spannungen induziert werden. [3]. Ge

Zielinformation (dialling code). Vermittlungstechnische Information zum Aufbau von Nachrichtenverbindungen, die durch das Schema der Numerierung festgelegt ist. Die Zielinformation wird vom rufenden Teilnehmer mittels Nummernschalterwahl oder Tastwahl eingegeben. [19]. Kü

Zielvermittlungsstelle (terminating exchange). Vermittlungsstelle, an die Verkehrssenken angeschlossen sind, die das Ziel von Nachrichtenverbindungen sind. [19]. Kü

Ziffer (digit). Ein Zeichen aus einem Zeichenvorrat von N Zeichen, denen als Zahlenwerte die ganzen Zahlen 0, 1, 2, ... B−1 umkehrbar eindeutig zugeordnet sind (DIN 44 300). Die Größe B gibt die Basis des zugrundeliegenden Zahlensystems an. In der Informationsverarbeitung werden besonders das Dualsystem (Dualziffern), das Oktalsystem (Oktalziffern), das Dezimalsystem (Dezimalziffern) und das Sedezimalsystem (Sedezimalziffern) verwendet. [13]. We

Ziffernanzeige (numerical display), Numerische Anzeige. Bauelement, das die Anzeige der dezimalen Ziffern 0 bis 9 erlaubt. Die Ziffernanzeigen lassen sich nach der Art der Zahlenerzeugung unterscheiden: 1. Darstellung der Ziffern in der üblichen Form; jede Ziffer wird durch ein spezielles Anzeigeelement erzeugt (Nixie-Röhre). 2. Siebensegmentdarstellung. Jede Ziffer wird in etwas stilisierter Form durch maximal 7 Segmente dargestellt. 3. Matrixdarstellung. Jede Ziffer wird aus Punkten einer 5×7- (oder 7×9-) Punktematrix zusammengesetzt. Man kann auch nach der Art der Sichtbarmachung der Anzeigeelemente einteilen in: Glühlampenanzeige, Glimmlichtanzeige, Elektrolumineszenzanzeige, LED-Anzeige, Flüssigkristallanzeige, Fluoreszenzanzeige auf Elektronenröhrenbasis. [2], [4], [16]. Li

Ziffernanzeigeröhre → Gasentladungsanzeige; → Nixie-Röhre. Li

Zifferndrucker (numeric printer). Drucker, der nur Ziffern und Sonderzeichen, z.B. Dezimalkomma, drucken kann. [1]. We

Zirkulator (circulator). Der Z. ist ein mehrtoriges Netzwerkelement aus im allgemeinen n-Toren mit der Eigenschaft, daß ein an einem beliebigen Tor k angebrachtes Signal

Zirkulator mit drei Toren

nur an das nächstfolgende Tor (k+1) ungedämpft übertragen wird. Beispielsweise wird bei einem Dreitor-Z. (n = 3; Bild) ein Signal nur vom Tor 1 nach Tor 2 oder von Tor 2 nach Tor 3 oder von Tor 3 nach Tor 1 übertragen. Alle Tore sind im Idealfall mit ihrem Wellenwiderstand abgeschlossen. Die Streumatrix (→ Betriebsmatrizen) eines idealen Dreitor-Zirkulators hat deshalb folgende Gestalt

$$S = \begin{pmatrix} 0 & 0 & 1 \\ 1 & 0 & 0 \\ 0 & 1 & 0 \end{pmatrix}.$$

In der Richtfunktechnik werden Zirkulatoren als → Gabelschaltung eingesetzt. Realisierungen von Zirkulatoren mit Operationsverstärkern im niederfrequenten Bereich erlauben die Simulation von Induktivitäten. [8], [13], [15].   Rü

Zobel-Glied → Wellenparameterfilter.   Rü

Zone, tote *(dead zone)*, Unempfindlichkeitszone. 1. Regelungstechnik: Kommt in einer Kennlinie, die das Übertragungsverhalten eines nichtlinearen Übertragungsgliedes vollständig beschreibt, ein Bereich der Eingangsgröße X_e um den Nullpunkt vor, in dem die Ausgangsgröße unabhängig von X_e ist und den Wert Null hat, liegt eine tote Z. vor; z.B. bei einem durch Reibungsmomente belasteten Getriebe mit Lose. [11]. 2. Nachrichtenübertragungstechnik: → Reflexion an der Ionosphäre.   Ku

Zone, verbotene → Energielücke.   Bl

Zonenlinse → Linsenantenne.   Ge

Zonenreinigungsverfahren *(zone refining)*. Verfahren, um chemische Elemente oder Verbindungshalbleiter reinst und einkristallin herzustellen. Hierbei wandert eine Heizung entlang eines Halbleiterstabes, der sich in einem Schiffchen befindet. Es wird durch Hochfrequenzerwärmung eine enge flüssige Zone gebildet, in der sich die Verunreinigungen bevorzugt lösen. Nach Beendigung des Prozesses befinden sich die Verunreinigungen am rechten Ende des Halbleiterstabes, wenn die Heizung von links nach rechts bewegt wird (Bild). [4].   Ne

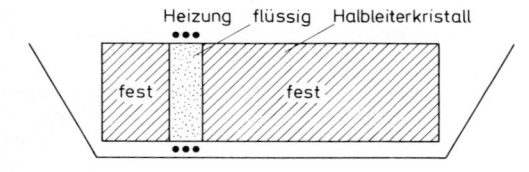

Zonenreinigungsverfahren

Z-Systeme → V-Systeme.   Rü

Z-Tranformation *(z-transformation)*. Es handelt sich um eine Funktionaltransformation, die sich aus der Fourier-Transformation ableiten läßt und besonders vorteilhaft für die Berechnung von Übertragungen mit zeitdiskreten Signalen ist (→ Signalklassifizierung). Ist eine Zeitfunktion f(t) gegeben, die mit der Periode T abgetastet wird (→ Abtasttheorem) und sind die Abtastwerte eine Folge

$$f(0), f(T), f(2T), \ldots f(nT), \ldots,$$

dann ist die zweiseitige Z. (Laurent-Transformation)

$$F(z) = \sum_{n=-\infty}^{+\infty} f(nT)\, z^{-n}$$

mit $z = e^{pT}$ (p Frequenz, komplexe). Wie bei der Laplace-Transformation definiert man auch hier für Zeitvorgänge, die erst für $t \geq 0$ vorhanden sind, eine einseitige Z.

$$F(z) = \sum_{n=0}^{\infty} f(nT)\, z^{-n}.$$

[14].   Rü

Zubehör *(accessory)*. Als Z. bezeichnet man alle zu einem bestimmten Gerät oder einer Einrichtung gehörenden Teile, die zur Erfüllung der angegebenen Funktionen notwendig sind. Man unterscheidet: 1. Austauschbares Z. Die Zusatzeinrichtungen oder zusätzlichen Teile können durch anderes, gleichartiges Z. ersetzt werden, wenn Fehlergrenzen bzw. angegebene Genauigkeitsklassen so übereinstimmen, daß festgelegte Daten der Gesamtfunktion unbeeinträchtigt bleiben (Beispiel: austauschbare Nebenwiderstände eines Meßinstrumentes). 2. Nicht austauschbares Z. Die Gesamtfunktion wird innerhalb der angegebenen Fehlergrenzen oder Genauigkeitsklasse nur mit dem nach der Kennzeichnung zugehörigen Z. erfüllt (→ VDE 0410] 5). [12].   Fl

Zubringerleitung *(incoming line, incoming trunk)*. Leitung, über die einer Koppeleinrichtung Verkehr zugeführt wird. Die zu einem Leitungsbündel gehörenden Zubringerleitungen heißen auch Zubringerbündel. [19].   Kü

Zubringerteilgruppe *(incoming group)*. Gruppe von Zubringerleitungen, die über eine Gruppe von Wählern oder eine Koppeleinrichtung Zugang zu denselben Abnehmerleitungen oder Zwischenleitungen haben. Zubringerteilgruppen werden bei einstufigen Koppelanordnungen mit Mischungen sowie bei Linksystemen gebildet. [19].   Kü

Zufallsausfall *(random failure)*. Ausfall, der unvorhersehbar und offensichtlich ohne erkennbare Ursache auftritt. Er kommt durch das statistische Zusammenwirken vieler voneinander unabhängiger Faktoren zustande. Die Zufallsausfälle ergeben eine konstante Ausfallrate. Die Anzahl der Zufallsausfälle kann durch optimale Beanspruchung der Bauelemente auf ein Minimum beschränkt werden. [4].   Ge

Zufallsfolge *(random number series)*. Folge von Zahlen, die keiner Gesetzmäßigkeit folgen (Zufallszahlen).   We

Zufallsgröße *(random number).* Zufallszahl, stochastische Größe. Wert einer Zufallsvariablen, wobei es nicht möglich ist, den Wert vorherzusagen. Zufallsgrößen, die innerhalb eines endlichen Intervalls endlich viele Werte annehmen können, werden als diskrete Zufallsgrößen, solche, deren Werte im Intervall beliebig dicht liegen, als stetige Zufallsgrößen bezeichnet. Werden Zufallsgrößen für Berechnungen benötigt, so können sie Tafeln entnommen oder mit Zufallszahlengeneratoren erzeugt werden. [1]. We

Zufallssignal *(random signal).* Nichtdeterminiertes Signal. Ein regelloser Zeitvorgang, dessen Funktionsverlauf sich nicht durch eine geschlossene mathematische Form in jedem Zeitmoment berechnen läßt, sondern nur durch bestimmte Mittelwerte beschrieben werden kann. Jedes elektrische Signal als Träger einer Nachricht ist ein Z. Diese Zufallssignale können einmal Träger eines Nutzsignals sein, zum andern aber als Störsignal (z.B. durch nichtdeterminiertes Rauschen) auftreten. Zur einfacheren Beschreibung von Signalübertragungen geht man zum idealisierten Modell der determinierten Signale über. Eine sinnvolle Beschreibung der Eigenschaften von Zufallssignalen ist nur durch die Anwendung der Methoden der Wahrscheinlichkeitstheorie möglich. [14]. Rü

Zufallsstichprobe *(random sample).* Stichprobe, die nach einem Zufallsverfahren entnommen wird. [4]. Ge

Zufallsstreubereich *(error band).* Aufgrund einer bekannten Verteilung der Grundgesamtheit berechneter Bereich, in dem Stichprobenergebnisse mit einer vorgegebenen Aussagewahrscheinlichkeit zu erwarten sind. [4]. Ge

Zufallsverkehr *(random traffic, pure chance traffic).* Verkehr, bei dem sowohl der Anrufprozeß von Anforderungen als auch der Bedienprozeß für Belegungen dem Gesetz der Exponential-Verteilungsfunktion genügt. Derartiger Zufallsverkehr beschreibt das Ablaufgeschehen innerhalb von Vermittlungssystemen hinreichend genau und wird bei der Nachrichtenverkehrstheorie häufig zugrundegelegt. [19]. Kü

Zufallszahl → Zufallsgröße. We

Zufallszahlengenerator *(random number generator).* Gerät oder Programm zur Erzeugung zufällig verteilter Zahlen. Durch ein Programm erzeugte Zahlen weisen grundsätzlich eine Gesetzmäßigkeit auf. Sie werden daher als Pseudozufallszahlen bezeichnet. Sie können in der Praxis als Zufallszahlen verwendet werden. Problemorientierte Programmiersprachen wie BASIC erlauben den Abruf einer Zufallszahl innerhalb eines bestimmten Zahlenbereiches. [1]. We

Zugriff *(access).* Bezeichnung für den Vorgang des Lesens oder Schreibens von Informationen aus (bzw. in) einen Speicher. [1]. We

Zugriff, direkter *(direct access).* 1. Verkehr einer Steuereinheit für Ein-Ausgabe in einem Datenverarbeitungssystem unmittelbar mit dem Hauptspeicher unter Umgehung der Zentraleinheit (→ DMA). 2. Zugriff auf die Datei eines Externspeichers, wobei direkt auf einen bestimmten Abschnitt der Datei (Satz) zugegriffen wird, ohne die anderen Sätze zu lesen oder zu schreiben (Gegensatz: sequentieller Zugriff). [1]. We

Zugriff, sequentieller *(sequential access),* serieller Zugriff. Z. auf einen Speicher in der Form, daß die Daten in der gespeicherten Reihenfolge gelesen bzw. überschrieben werden müssen (Gegensatz: wahlfreier Z., direkter Z.). Sequentieller Z. liegt z.B. beim Magnetbandspeicher vor. [1]. We

Zugriff, serieller *(serial access)* → Zugriff, sequentieller. We

Zugriff, wahlfreier *(random access).* Der Z. auf einen Speicher, bei dem es für die Zugriffszeit bedeutungslos ist, auf welchen Speicherplatz zugegriffen wird (welche Adresse angewählt wird). Speicher mit wahlfreiem Z. sind Halbleiterspeicher und Magnetkernspeicher. Externspeicher, bei denen die Zugriffszeit von der Stellung des Lese-Schreib-Mechanismus abhängig ist (z.B. Magnetplattenspeicher), werden als Speicher mit quasi-wahlfreiem Z. bezeichnet. [1]. We

Zugriffssystem *(access system).* Einrichtung innerhalb von Vermittlungssystemen, über das zwischen dezentralen Einrichtungen und zentralisierten Steuereinrichtungen Steuerinformationen ausgetauscht werden können. Beispiele hierfür sind Teilnehmer-Abtaster (line scanner), Identifizierer, Unterbrechungssteuerungen u.ä.m. [19]. Kü

Zugriffszeit *(access time).* Die Zeit, die bei Speichern vom Anlegen des Lesesignals oder dem Umschalten der Adresse vergeht, bis zu dem Zeitpunkt, bei dem die gelesenen Daten vorliegen. Die Z. ist ein wichtiges Beurteilungskriterium für Speicher, da sie entscheidend die Leistung informationsverarbeitender Systeme bestimmt. Bei Speichern mit wahlfreiem Zugriff ist die Z. konstant. Bei Speichern, bei denen zum Erreichen der Daten eine mechanische Bewegung notwendig ist (z.B. Magnetplattenspeicher) oder eine nichtmechanische Bewegung wie beim Magnetblasenspeicher, entstehen je nach dem Stand der Lese-Schreib-Einrichtung unterschiedliche Zugriffszeiten. Es wird hier eine mittlere Zugriffszeit *(average access time)* definiert. [1]. We

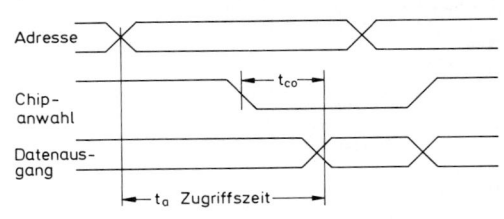

t_{co} Verzögerungszeit zwischen Chip-Freigabe und Datenausgang

Zugriffszeit bei einem Halbleiterspeicher

Zuleitungsinduktivität *(lead inductance).* Die Z. ist eine parasitäre, nicht zu vermeidende Induktivität, die z.B. in Anschlußdrähten elektrischer Bauelemente, in Sockelstiften von Röhrensockeln bzw. integrierter Bauteile

Zuleitungswiderstand

oder in Meßanschlußkabeln auftritt, wenn ein hochfrequenter Wechselstrom fließt. Die Zuleitung wirkt wie eine Spule mit dem Selbstinduktivitätskoeffizienten L als Proportionalitätsfaktor zwischen Wechselstrom und dem durch die Stromflußänderungen verursachten magnetischen Fluß, dessen Feldlinien den Draht umgeben. Im Ersatzschaltbild wird die Z. als Reiheninduktivität dargestellt, die z.B. mit der ebenfalls unvermeidlichen Schaltkapazität einen Schwingkreis bilden kann. Bei Hochfrequenzverstärkern (z.B. Scheibentriode) wird der Einfluß der Z. durch Neutralisation eliminiert. Man gibt die Z. häufig als Zahlenwert der längenbezogenen Einheit nH/cm an. [8], [12], [13]. Fl

Zuleitungswiderstand *(lead resistance)*. Als Z. bezeichnet man den Widerstand, den die Zuleitungsdrähte elektrischer Bauelemente oder Anschluß- bzw. Verbindungskabel aufgrund ihrer geometrischen Abmessungen und Materialeigenschaften besitzen. Der Z. bewirkt einen unvermeidlichen Spannungsabfall entlang der betrachteten Leitung. In vielen Fällen werden die Zahlenwerte des Zuleitungswiderstandes mit einer längenbezogenen Einheit, z.B. in mΩ/m, angegeben. [8], [12], [13]. Fl

Zündausbreitungszeit *(ignition expansion time)*. Die Zeit, die nach Ablauf der Durchschaltzeit (→ Bild Zündzeit) noch vergeht, bis die gesamte Halbleiterfläche der Hauptelektrode voll leitend ist (DIN 41 786). [11]. Ku

Zündkennlinie *(gate characteristic)*. Die obere und untere Z. grenzen bei Thyristoren zusammen mit der Verlusthyperbel (gegeben durch die max. zulässige Steuerverlustleistung), mit dem Zündstrom und der Zündspannung den Bereich für sicheres Zünden des Thyristors ein. Die Zündschaltung muß deshalb so dimensioniert werden, daß der Betriebspunkt des Steuerkreises in dem schraffierten Bereich liegt; die nicht schraffierten Bereiche sind verboten (Bild) (DIN 41 786). Ku

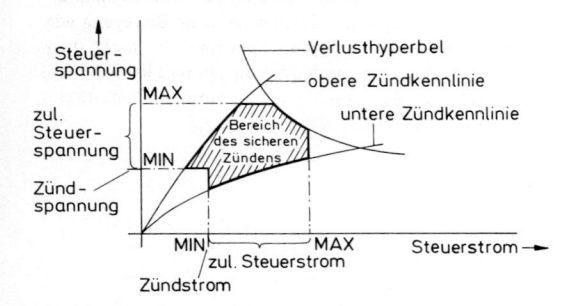

Zündkennlinie

Zündmechanismus *(ignition mechanism)*. Der Z. kennzeichnet die inneren Vorgänge beim Einschalten eines Thyristors. [11]. Ku

Zündschaltung *(trigger circuit)*. Die Z. dient der Erzeugung leistungsgerechter Zündimpulse (Steuerströme) an den Steuerelektroden des auf Potential liegenden zugehörigen Thyristors. Die Potentialtrennung kann durch Zündübertrager (Bild) oder optoelektronisch erfolgen. I.a.

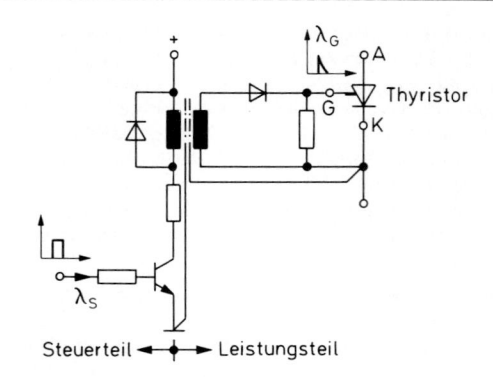

Zündschaltung

bildet die Z. die Schnittstelle zwischen Steuer- und Leistungsteil. [11]. Ku

Zündschwelle. Die Z. ist durch die untere Zündspannung und den unteren Zündstrom eines Thyristors gegeben. Bei Unterschreiten dieser Werte kann der Thyristor mit Sicherheit nicht zünden. Bei Überschreiten der Z. kann der Thyristor zünden und erst oberhalb des Zündstroms und der Zündspannung ist sicheres Zünden gewährleistet (→ Zündkennlinie). [11]. Ku

Zündspannung *(gate trigger voltage)*. Die Z. ist bei Thyristoren die kleinste Steuerspannung zwischen Steueranschluß (Gate) und dem ihm zugeordneten Hauptanschluß (meist Katode), die den zum Zünden erforderlichen Zündstrom treibt (DIN 41 786). Ku

Zündspule *(ignition coil)*. Die Z. ist Teil der Zündeinrichtung für Verbrennungsmotoren (Otto-Motoren). Die Primärwicklung der Z. bildet mit einem Zündkondensator einen Parallelschwingkreis, der in Reihe mit einem Unterbrecherkontakt liegt. Wird der Kontakt bei fließendem Strom geöffnet, wird der Schwingkreis angestoßen und es entsteht an der Sekundärwicklung der Z. eine Hochspannung, die den für die Verbrennung notwendigen Zündfunken an der Zündkerze erzeugt. Ku

Zündstrom *(gate trigger current)*. Der Z. ist bei Thyristoren der kleinste Steuerstrom (Strom über Gateanschluß), der den Thyristor noch sicher zündet, d.h. vom sperrenden in den leitenden Zustand umschaltet (DIN 41 786). Ku

Zündübertrager *(pulse transformer)*. Z. (auch Impulsübertrager genannt) sind kleine, streuungsarme Transformatoren zum Übertragen steiler Stromimpulse. Sie dienen der Potentialtrennung zwischen Steuer- und Leistungsteil eines Stromrichtergerätes, um die im Steuerteil erzeugten Zündimpulse auf die auf Potential liegenden Stromrichterventile (Thyristoren) zu übertragen (→ Bild Zündschaltung). Ku

Zündverzugszeit *(gate controlled delay time)* → Zündzeit. Ku

Zündwinkel *(firing angle)* → Steuerwinkel. Ku

Zündzeit *(gate controlled turn-on time)*. Die Z. kennzeichnet das Einschaltverhalten von Halbleiter-Stromrichter-

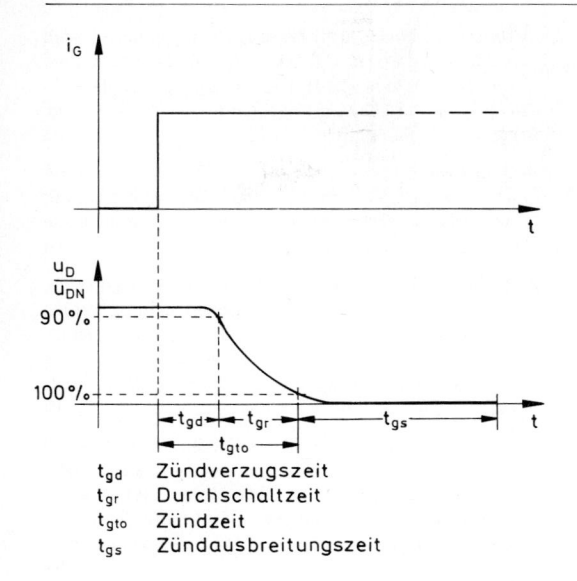

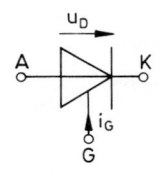

t_{gd} Zündverzugszeit
t_{gr} Durchschaltzeit
t_{gto} Zündzeit
t_{gs} Zündausbreitungszeit

A   Anode
K   Katode
G   Gate
u_D pos. Sperrspannung
i_G Steuerstrom

Zündzeit

ventilen (Thyristoren). Sie ist die Zeitspanne t_{gto} zwischen dem Beginn eines sprungförmigen Steuerstrom i_G und dem Abfallen der Spannung u_D zwischen den Hauptanschlüssen des Thyristors (Katode-Anode) auf einen vorgegebenen Wert (10 %) nahe der Endspannung (Bild). Die Zeit t_{gd}, die bis zum Abfallen der Spannung u_D auf einen vorgegebenen Wert nahe der Anfangsspannung (90 %) vergeht, ist die Zündverzugszeit t_{gd}. Die Durchschaltzeit t_{gr} ist die Differenz zwischen Zünd- und Zündverzugszeit. Daran schließt sich die Zündausbreitungszeit t_{gs} an (DIN 41 786). Ku

Zungenfrequenzmesser *(vibrating-reed frequency meter)* (→ Bild Vibrationsmeßwerk). Der Z. ist ein Frequenzmesser mit einem Vibrationsmeßwerk. Bewegliche Teile des Meßwerkes sind eine Reihe nebeneinanderliegende Stahlfedern. Jede Feder ist wie eine Zunge aufgebaut und unterscheidet sich von der anderen durch Länge, Breite und Dicke. Jede Zunge besitzt eine mechanisch abgestimmte Eigenschwingungszahl, die als Frequenz auf einer Skala über dem freischwingenden Ende ablesbar ist. Das andere Ende ist fest eingespannt. Fließt ein Meßwechselstrom bestimmter Frequenz durch die Spule eines über den Federn angebrachten Elektromagneten, wird durch das entstehende Wechselfeld die Zunge durch Resonanzwirkung am stärksten schwingen, deren Eigenfrequenz gleich der Frequenz der magnetischen Anziehungskraft ist. 1. Die Zunge schwingt mit einfacher Frequenz des Meßstromes, wenn eine Vormagnetisierung stattfindet oder ein Einweggleichrichter vor die Spule geschaltet ist. 2. Ohne diese Maßnahmen schwingt sie mit doppelter Frequenz. Abhängig vom Aufbau ist ein Meßbereich bis etwa 1500 Hz möglich. [2]. Fl

Zuordner *(allocator, coder)*. Einheiten (Schaltnetze, Codierer, Decodierer, ROM *(read-only memory)*), die einer vorgegebenen Menge möglicher Eingangssignalkombinationen genau definierte Ausgangssignale bzw. Ausgangssignalkombinationen zuordnen. [1], [2]. Li

Zusatzspeicher → Hauptspeicher. Ne

Zusatzträger *(supplementary-added carrier; localy-added carrier)*. Ein Z. ist erforderlich, wenn trägergetastete Telegrafiesignale oder Einseitenbandsignale demoduliert werden sollen. Der Z. wird von einem Zusatzoszillator (→ BFO) erzeugt. ZF-Signal (ZF, Zwischenfrequenz) und BFO-Signal (*BFO, beat frequency oscillator*) werden in einer Mischstufe gemischt, und ein Mischprodukt ergibt das NF-Signal (NF, Niederfrequenz). Die Mischstufe wird häufig als Produktdetektor bezeichnet. [13]. [14]. Th

Zustand, instabiler *(instable state)*. Bei Kippschaltungen ein Zustand, der auch ohne äußere Beeinflussung wieder verlassen wird. Während der bistabile Multivibrator (Flipflop) keinen instabilen Z. hat, gibt es diesen beim monostabilen Multivibrator. Beim astabilen Multivibrator befindet sich stets eine Hälfte der Schaltung im instabilen Z. [10]. We

Zustand, logisch neutraler *(high impedance status)*. Zustand eines Ausgangs bei Digitalschaltungen, der es anderen mit diesem Ausgang kurzgeschlossenen Schaltungen ermöglicht, das Potential (Logikpegel) des Ausgangs zu bestimmen. Bei einem logisch neutralen Ausgang ist dieser sowohl gegen die Versorgungsspannung als auch gegen Masse durch hohe Widerstände (gesperrte Transistoren) gesperrt. Der logisch neutrale Z. ist der dritte Ausgangszustand einer Tri-State-Schaltung. [2]. We

Zustandsbit → Flag. Li

Zustandsfolgediagramm → Graph. We

Zustandsgröße *(state variable)*. Das dynamische Verhalten eines Systems wird in der Mehrzahl der Fälle durch einen Satz gewöhnlicher Gleichungen und einen Satz gewöhnlicher Differentialgleichungen (Dgl.) beschrieben. Bei linearen, zeitinvarianten Systemen lassen sich die Dgl. durch Einführen von neuen Variablen zu einem Satz linearer Dgl. 1. Ordnung mit konstanten Koeffizienten umformen. Die so gebildeten Variablen sind Zustandsgrößen, die den Zustand des Systems vollständig beschreiben. Die Anzahl n der Zustandsgrößen entspricht (bei physikalischen Systemen) der Anzahl der Energiespeicher des Systems. Die Zustandsgrößen kann man als Koordinaten eines n-dimensionalen Raumes auffassen, in dem der augenblickliche Systemzustand durch einen Punkt wiedergegeben wird (Zustandsraum). Bei einem Übergangsvorgang von einem Anfangs- in einen Endzustand beschreibt dieser Punkt eine Kurve, die Zustandskurve, Zustandstrajektorie oder nur Trajektorie genannt wird. [5]. Ku

Zustandsraum *(state space)* → Zustandsgröße. Ku

Zustandsschätzung *(state estimation)* → Identifikation. Ku

Zustandstrajektorie *(state trajectory)* → Zustandsgröße. Ku

Zu- und Gegenschaltung *(sequence control)* → Folgesteuerung. Ku

Zuverlässigkeit *(reliability)*. Die Fähigkeit eines Bauelementes, innerhalb der vorgegebenen Grenzen denjenigen durch den Verwendungszweck bedingten Anforderungen zu genügen, die an das Verhalten ihrer Eigenschaften während einer gegebenen Zeitdauer gestellt sind. Diese Fähigkeit muß durch geeignete Beschaffenheit des Bauelementes gewährleistet sein. Die Z. ist also ein Qualitätsmerkmal. Der Verwendungszweck muß innerhalb der Grenzen liegen, die z.B. durch die Konstruktion des Bauelementes vorgegeben sind. Die durch den Verwendungszweck bedingten Anforderungen enthalten auch die Umgebungsbedingungen. Diese Definition gilt nicht nur für Bauelemente, sondern auch für höhere Betrachtungseinheiten (z.B. Fertigungssysteme, bestehend aus dem Zusammenwirken von Mensch, Maschine, Methode und Material). [4]. Ge

Zwangskommutierung *(forced commutation)*. Die Z. wird in selbstgeführten Stromrichtern (auch zwangskommutierte Stromrichter genannt) angewendet, um stromführende Ventile (Thyristoren) abzuschalten. Dazu werden besondere Löschschaltungen (z.B. Tröger-Schaltung, Morgan-Schaltung) benötigt, da ein eingeschalteter Thyristor über die Steuerelektrode nicht mehr beeinflußt werden kann. [3]. Ku

Zwei-Adreßbefehl *(two address instruction)*. Häufig verwendete Form des Mehradreßbefehls. Bei Verknüpfungsbefehlen gibt eine Adresse den Speicher- oder Registerplatz eines Operanden, die zweite Adresse den Speicher- oder Registerplatz des anderen Operanden und des Ergebnisses an. [1]. We

Zwei-aus-Fünf-Code *(two-out-of-five code)*. Dezimalcode, bei dem jedes Codewort der Wortlänge 5 mit zwei Bits, die den Wert „1" haben, besetzt ist (Gewicht von Code-

	7-4-2-1-0-Code					8-4-2-1-0-Code				
Ziffer	Bit 5 4 3 2 1 Wertigkeit 7 4 2 1 0					5 4 3 2 1 8 4 2 1 0				
0	1	1	0	0	0*	1	0	1	0	0*
1	0	0	0	1	1	0	0	0	1	1
2	0	0	1	0	1	0	0	1	0	1
3	0	0	1	1	0	0	0	1	1	0
4	0	1	0	0	1	0	1	0	0	1
5	0	1	0	1	0	0	1	0	1	0
6	0	1	1	0	0	0	1	1	0	0
7	1	0	0	0	1	1	1	0	0	0*
8	1	0	0	1	0	1	0	0	0	1
9	1	0	1	0	0	1	0	0	1	0

* Abweichung von Stellenwertigkeit

Zwei-aus-Fünf-Code

worten: 2). Neben dem Walking-Code gehören zu den Zwei-aus-Fünf-Codes u.a. der 7, 4, 2, 1, 0-Code und der 8, 4, 2, 1, 0-Code (Bild), die eine Stellenwertigkeit besitzen, von der aber bei einzelnen Codewörtern abgewichen werden muß. [13]. We

Zweidrahtleitung *(two-wire line)*. Eine Z. ist die in Fernmeldeanlagen (Fernsprech- und Telegraphentechnik usw.) verwendete und aus zwei Einzeladern bestehende Verbindungsleitung. [13]. Th

Zweidrahtverstärker *(two-wire amplifier)*. Verstärker für Zweidrahtleitungen. Durch eine Gabelschaltung werden die Ströme beider Übertragungsrichtungen getrennt, einzeln verstärkt und, durch eine zweite Gabelschaltung zusammengefaßt, wieder auf die Leitung gegeben. [13], [14]. Th

Zweiebenenverdrahtung, Zweilagenverdrahtung. Bei komplexen integrierten Schaltungen werden zwei Metallisierungsebenen verwendet (Bild). Vorteil: Reduzierung des Platzanteils der Leiterbahn an der Chipfläche, Leiterbahnkreuzungen sind realisierbar, höhere Packungsdichte. [4]. Ne

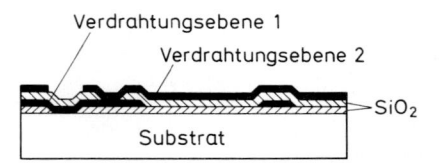

Zweiebenenverdrahtung

Zweierkomplement → Komplement. Li

Zweiersystem → Dualsystem. Li

Zweifachintegrator *(double integrator)*, Doppelintegrator. Der Z. ist eine analoge elektronische Schaltung, mit deren Hilfe Werte einer am Signaleingang liegenden Wechselgröße $u_E(t)$ in Ausgangssignalwerte $u_A(t)$ umgewandelt werden, die sich proportional zum zweifachen Integral der Signaleingangsfunktion verhalten. Die Schaltung im Prinzipbild besteht aus einem als Inverter geschalteten Operationsverstärker, der mit einem frequenzabhängigen T-Glied gegengekoppelt ist. Ein weiteres, frequenzabhängiges T-Glied liegt am Signaleingang der Schaltung. Bei angelegter Signaleingangsspannung u_E erhält man die Signal-Ausgangsspannung u_A:

$$u_A = \frac{1}{R^2 C^2} \iint u_E \cdot dt.$$

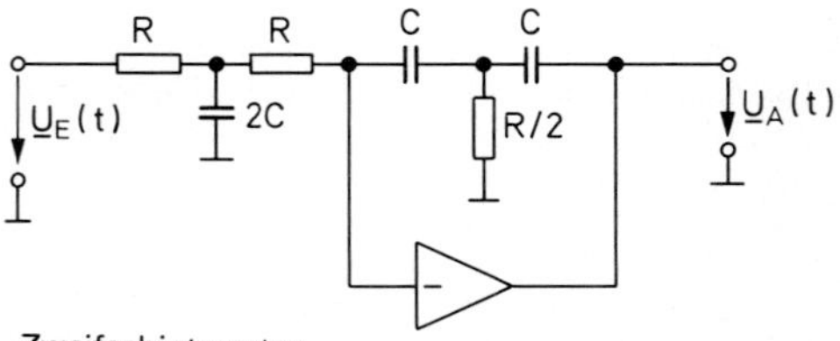

Zweifachintegrator

Verbindet man den Signaleingang mit dem Ausgang, entsteht eine Schaltung zur Schwingungserzeugung mit einem als Doppel-T-Filter ausgeführten Rückkopplungsvierpol. Die erzeugte Schwingung wird aus

$$u_A = \hat{u}_A \cdot \sin \frac{1}{RC} \cdot t$$

errechnet. Sie schwingt mit der Frequenz f:

$$f = \frac{1}{2 \cdot \pi RC}.$$

[4], [6], [13]. Fl

Zweifachoperationsverstärker *(dual operational amplifier, dual op amps)*. Z. sind integrierte Schaltungen, bei denen sich zwei voneinander getrennte Operationsverstärker in einem gemeinsamen Gehäuse befinden. Beide Verstärker besitzen weitgehend gleiche Charakteristiken, und man kann mit ihnen z.B. eine Signalverarbeitung in zwei getrennten Kanälen durchführen. Es gibt Ausführungen, bei denen eine Betriebsspannungsversorgung gleichzeitig auf beide Operationsverstärker wirkt und andere, bei denen jeder Verstärker für sich an die Betriebsspannung angeschlossen werden muß. Häufig benutztes Gehäuse ist ein 14poliges Kunststoff-Dual-in-Line-Gehäuse (DIP *dual in-line package*). Ähnliche Ausführungen sind Dreifach-(*triple operational amplifier*), Vierfachoperationsverstärker (*quad operational amplifier*). [4], [6], [7]. Fl

Zweifachregelung *(double control)*. Die Z. ist eine Mehrfachregelung mit zwei Führungs- und zwei Regelgrößen. Beispiel einer Z. ist die zweidimensionale Lageregelung. [18]. Ku

Zweifrequenzverfahren *(two-frequency method)*. 1. Zweifrequenztonwahl z.B. beim Drucktastentelephon (*two-frequency signalling*). Jede Ziffer wird durch zwei Tonfrequenzen dargestellt, die dann in einem Decodierer entschlüsselt und weiterverarbeitet werden. 2. Zweifrequenzaufzeichnung (*two-frequency recording*). Angewendet bei der digitalen Datenaufzeichnung auf Disketten. Eine ansteigende oder abfallende Signalflanke in einer Bitzelle entspricht einer logischen „1", keine Änderung entspricht einer logischen „0". Bei Disketten mit 200 mm Durchmesser und einfacher Aufzeichnungsdichte verwendet man die Frequenzen 125 kHz und 250 kHz. Eine Bitzelle ist dann 8 µs breit. Bei der Aufzeichnung wird der Schreibgenerator entsprechend der logischen Information („0"-Bit oder „1"-Bit) in der Frequenz umgeschaltet (125 kHz oder 250 kHz). Beim Lesen wird ein VCO (*voltage-controlled oscillator*) mit einer PLL (*phase-locked-loop*) bei 125 kHz synchronisiert und liefert das Auswertefenster für die Bitzelle. [1], [2], [13], [14], [19]. Th

Zweig *(branch)*. Teilzweipols eines Netzwerks; die aus Bauelementen bestehende Verbindung zwischen zwei Knoten. [15]. Rü

Zweikammerklystron *(two cavity klystron)*, Zweikreisklystron. Das Z. gehört zu den Triftröhren. Es ist mit einem Einkoppelraum zur Zuführung des hochfrequen-

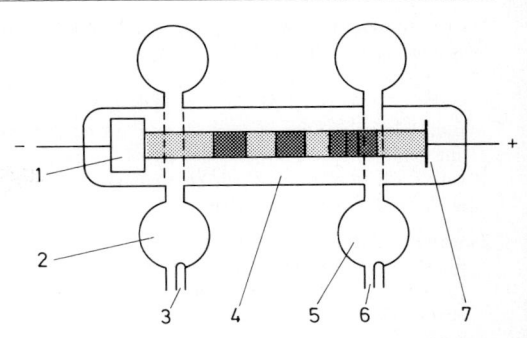

1 Elektronenkanone
2 Einkoppelraum
3 Eingang
4 Driftraum mit Elektronenpaketen
5 Auskoppelraum
6 Ausgang
7 Kollektor

Schematischer Aufbau des Zweikammerklystrons

ten Signals und einem Auskoppelraum zur Entnahme der verstärkten Hochfrequenzleistung ausgestattet. Die von der Elektronenkanone ausgehenden Elektronen werden im zwischen den Kammern liegenden Driftraum zu Elektronenpaketen konzentriert und nach Energieabgabe vom Kollektor aufgefangen (Bild). Die Verstärkung des Zweikammerklystrons kann durch weitere zwischen Ein- und Auskoppelraum angeordnete, frei schwingende Kreise erhöht werden (Vielkreisklystron). Verstärkung etwa 13 dB, Leistungsbereich etwa 1 W bis 100 W. [8]. Ge

Zweikanaloszilloskop *(dual channel oscilloscope)*. Beim Z. werden auf dem Bildschirm einer üblichen Oszilloskopröhre praktisch gleichzeitig die Verläufe zweier getrennter Meßsignale sichtbar dargestellt. Für jedes Meßsignal besitzt das Gerät einen getrennten Eingang. An die Eingänge sind zwei voneinander unabhängige Vertikalverstärker (Kanäle) angeschlossen, deren Ausgänge auf ein gemeinsames Horizontal- und Vertikalablenkplattenpaar wirken. Mit Hilfe zweier unterschiedlicher Betriebsarten, die einstellbar sind (manchmal auch automatisch umgeschaltet werden), wird der Eindruck zweier gleichzeitig abgebildeter Kurvenverläufe vermittelt. 1. Beim Chopperbetrieb schreibt der Elektronenstrahl sichtbar zunächst einen zeitlich kleinen Teilausschnitt des einen Meßsignals. Eine elektronische Umschaltvorrichtung schaltet den Strahl schnell auf den zweiten Kanal. Während des Umschaltvorganges ist der Strahl dunkel gesteuert. Vom zweiten Kanal wird der zeitlich folgende Teilausschnitt sichtbar geschrieben. Der Strahl wird dunkel gesteuert und wieder auf den ersten Kanal umgeschaltet. Dort schreibt er wieder sichtbar den folgenden Teilausschnitt. Der Vorgang setzt sich fort, bis beide Meßsignale den Bildschirm ausfüllen. Die Umschaltfrequenz ist häufig festgelegt (etwa 200 kHz), seltener von außen einstellbar. Bei hohen Signalfrequenzen erkennt das menschliche Auge die Austastlücken in beiden Signalverläufen. Die abgebildeten Kurvenzüge besitzen keinen kontinuierlichen Verlauf. Man setzt den Chopperbetrieb im Bereich niedriger Signalfrequenzen ein. 2. Beim alternierenden Betrieb wird die Nachleuchtdauer der Leuchtschicht im Innern der Röhre ausgenützt. Der Strahl schreibt zunächst das erste Meßsignal sichtbar bis zum Bildschirmende, springt dunkel gesteuert zurück und schreibt wieder sichtbar das Signal des zweiten Kanals. Diese Betriebsart ist zur Darstellung von Meßsignalen hoher Frequenzen geeignet. [12]. Fl

Zweikreisbandfilter *(double-tuned bandpass filter)*. Das am häufigsten verwendete Hochfrequenz-Bandfilter, bestehend aus zwei magnetisch oder kapazitiv gekoppelten Parallelschwingkreisen (Bild). [15]. Rü

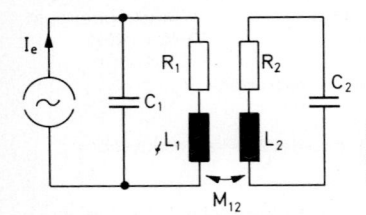

Zweikreisbandfilter mit induktiver Kopplung

Zweikreisklystron → Zweikammerklystron. Ge

Zweilagenverdrahtung → Zweiebenenverdrahtung. Ne

Zweileistungsmessermethode → Aronschaltung. Fl

Zweiortskurvenmethode, Zweiortskurvenverfahren. Die Z. zählt zu den Stabilitätskriterien. Sie geht von der Übertragungsfunktion $F_0(s)$ des offenen Regelkreises (o.R.) aus und wird angewendet, wenn es sinnvoll ist, F_0 in F_1 und F_2 aufzuspalten. Ausgehend von der charakteristischen Gleichung des geschlossenen Regelkreises folgt für die Eigenwerte

$$F_1(s) = -\frac{1}{F_2(s)}.$$

Zeichnet man die zugehörigen Ortskurven von F_1 und $-1/F_2$, kann aus den Daten der Schnittpunkte und Lage zueinander die Stabilität überprüft werden. (Es bietet sich an, F_2 mit der Regelstrecke und F_1 mit dem Regler zu verbinden, da bei einer Regleranpassung immer nur die Ortskurve von F_1 zu ändern ist.) Bei nichtlinearen Regelkreisen, bei denen der o.R. in einen nichtlinearen Teil, der durch eine Beschreibungsfunktion F_1 beschrieben werden kann, und einen linearen Teil F_2 mit Tiefpaßverhalten zerlegt werden kann, ist die Z. vorteilhaft anwendbar. [18]. Ku

Zweiortskurvenverfahren → Zweiortskurvenmethode. Ku

Zweiphasendrehfeld *(two-phase rotating field)*. Erzeugung eines Drehfeldes durch zwei um 90° phasenverschobene sinusförmige Wechselströme, die zwei entsprechend über dem Umfang einer Drehfeldmaschine angeordnete Wicklungen durchfließen. [11]. Ku

Zweiphasentakt *(two-phase clock)*. Takt für bestimmte Arrten von z.B. Mikroprozessoren oder Schieberegistern. Es müssen zwei Taktsignale der gleichen Frequenz zugeführt werden, wobei sich die H-Signale dieser Takte nicht überlappen dürfen (Bild). [2]. We

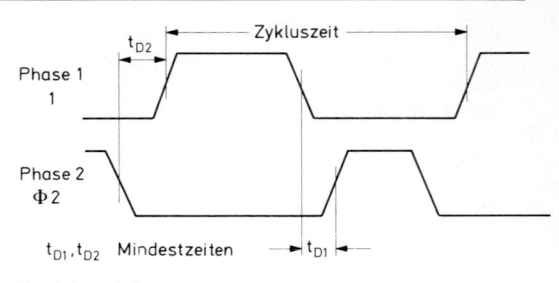

t_{D1}, t_{D2} Mindestzeiten

Zweiphasentakt

Zweipol *(two-terminal network)*. Eintor. Es handelt sich um ein Netzwerk, dessen elektrische Eigenschaften an zwei Klemmen (Polen) nach außen hin in Erscheinung treten. Ohne Rücksicht auf den speziellen Aufbau kann das Verhalten des Zweipols durch einen funktionalen Zusammenhang I = f(U) beschrieben werden, wobei der Strom I in eine Klemme hinein und aus der anderen herausfließt; U ist die Klemmenspannung (DIN 1323). [15]. Rü

Zweipol, äquivalenter *(equivalent two-terminal network)*. Zwei verschieden aufgebaute (lineare) Zweipole heißen äquivalent, wenn sie gleiche Impedanzen (→ Admittanzen) haben. Man spricht von bedingter Äquivalenz, wenn die Äquivalenz nur für eine Frequenz (oder eine endliche Anzahl von Frequenzen) gilt. Gilt die Äquivalenz dagegen im gesamten Frequenzbereich, dann heißt die Äquivalenz unbedingt (oder vollständig). [15]. Rü

Zweipol, aktiver *(active two-terminal network)*. Ein Z., bei dem die beiden Klemmen eine Spannung aufweisen, ohne daß ein Strom fließt (Zweipolquelle). Ein aktiver Z. hat immer eine Leerlaufspannung und einen Kurzschlußstrom (→ Ersatzschaltung). [15]. Rü

Zweipol, dualer *(dual two-terminal network)*. Zwei passive Zweipole sind zueinander dual, wenn für alle Frequenzen die Impedanz Z des einen proportional zur Admittanz Y des andern ist:

$$Z = R_D^2 \, Y.$$

Der reelle frequenzunabhängige Widerstand R_D heißt Dualitätswiderstand oder Dualitätsinvariante. Zu einer Induktivität L ist eine Kapazität

$$C_D = \frac{L}{R_D^2},$$

zu einer Kapazität C eine Induktivität

$$L_D = C \, R_D^2$$

dual. Bei aktiven Zweipolen mit Spannungs- und Stromquellen geht zusätzlich eine Spannung U in einen dualen Strom, ein Strom in eine duale Spannung über. [15]. Rü

Zweipol, linearer *(linear two-terminal network)*. Ein Z, bei dem zwischen dem Strom I und der Klemmenspannung U Linearität besteht:

$$I \sim U \quad \text{oder} \quad I = \alpha_1 + \alpha_2 \, U,$$

wobei die α_i komplexe Konstanten sein können. Ist der lineare Z. zusätzlich passiv (→ Zweipol, passiver-), dann ist $\alpha_1 = 0$ und es gilt das Ohmsche Gesetz

$$I = \frac{1}{Z} U = Y U \quad \text{mit} \quad \alpha_2 = \frac{1}{Z} = Y.$$

Z ist die Impedanz und Y die Admittanz des passiven linearen Zweipols; er wird durch die Angabe von $Z (= Y^{-1})$ vollständig beschrieben. [15]. Rü

Zweipol, passiver *(passive two-terminal network)*. Ein Z., bei dem an den beiden Klemmen nur dann eine Spannung auftritt, wenn ein Strom fließt (Zweipolverbraucher): U = 0 für I = 0. Passive Zweipole können außer passiven Bauelementen (→ RLCü-Zweipol) auch gesteuerte Quellen als Netzwerkelemente aufweisen. [15]. Rü

Zweipol, strukturdualer *(structurally dual two-terminal network)*. Ein linearer überschneidungsfreier Zweipol, dessen Schaltungsstruktur gegeben ist, kann durch elementweise Umwandlung in die duale Schaltungsstruktur übergeführt werden. Verfahren: Man schließt die Klemmen des Zweipols kurz; dadurch besteht das gesamte Netzwerk nur aus geschlossenen Maschen. Jeder Masche ordnet man einen Knotenpunkt zu und umschließt das gesamte Netz mit einem Kurzschlußring. Man verbindet die Knoten untereinander, indem man jedes Bauelement schneidet und durch das dazu duale ersetzt. Bei außen liegenden Maschen erfolgt der Schnitt vom Knoten durch das Bauelement hindurch zum Kurzschlußring. Dort wo der über den Klemmen 1, 2 angebrachte Kurzschluß geschnitten wird, entstehen die Klemmen 1', 2' des strukturdualen Z. (Bild). Dieses Verfahren läßt sich analog auf Mehrtore anwenden. [15]. Rü

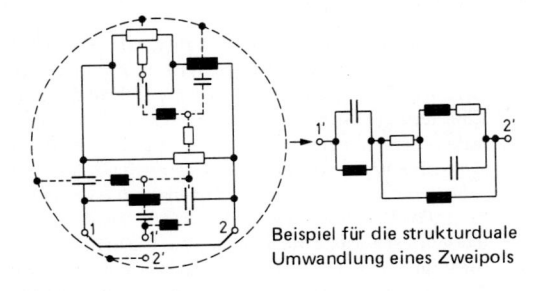

Beispiel für die strukturduale Umwandlung eines Zweipols

Zweipolelektronenröhre → Hochvakuumdiode. Li

Zweipolfunkentstörkondensator → Funkentstörkondensator. Ge

Zweipolfunktion *(driving-point impedance (admittance) function)*. Eine Netzwerkfunktion, die speziell die Eigenschaften eines Zweipols in Abhängigkeit von der komplexen Frequenz p beschreibt. Speziell heißt eine Z. Impedanzfunktion, wenn

$$Z(p) = \frac{U(p)}{I(p)}$$

oder Admittanzfunktion, wenn

$$Y(p) = \frac{I(p)}{U(p)}$$

betrachtet wird (U Spannung, I Strom). Soll diese Unterscheidung nicht getroffen werden, spricht man auch von Immittanzfunktion. Die Untersuchung der Z. bezüglich der Pol- und Nullstellenlagen gibt Aufschluß über die Eigenarten verschiedener Zweipoltypen (→ LC-Zweipol, → RC-Zweipol, → RL-Zweipol, → RLCü-Zweipol). Die Kenntnis der Z. ist Ausgangspunkt jeder Zweipolsynthese. [15]. Rü

Zweipolsynthese *(synthesis of two-terminal network)*. Darunter versteht man die Gesamtheit aller Verfahren aus einer gegebenen (oder durch Approximation gewonnenen) Zweipolfunktion ein realisierbares Zweipolnetzwerk zu gewinnen. Die wichtigsten Syntheseverfahren sind Partialbruchentwicklung, Kettenbruchentwicklung, Brune-Prozeß, Bott-Duffin-Prozeß und Unbehauen-Prozeß. [15]. Rü

Zweipoltheorie *(theory of two-terminal network)*. Die systematische Untersuchung der Zusammenhänge der Klemmengrößen U (Spannung) und I (Strom) bei Zweipolen, ohne Rücksicht auf den inneren Aufbau des Netzwerks. Die Z. macht Aussagen darüber, welche Eigenschaften eine gebrochene rationale Funktion der komplexen Frequenz p haben muß, damit sie eine Zweipolfunktion ist. Diese Eigenschaften lassen sich auch durch die Pol-Nullstellenlagen im PN-Plan festlegen. [15]. Rü

Zweipunktregelung *(on-off control)*. Unter Z. versteht man einen Regelkreis, dessen Regler als Zweipunktregler arbeitet. [18]. Ku

Zweipunktregler *(on-off controller)*. Der Z. ist ein nichtlinearer (unstetiger) Regler, der an seinem Ausgang in Abhängigkeit von einer Regelabweichung zwei Zustände annehmen kann; z.B. Ein und Aus. Haupteinsatzgebiete des Zweipunktreglers sind Regelkreise mit großen Zeitkonstanten (→ Temperaturregler). [18]. Ku

Zweiquadrantenbetrieb *(two-quadrant operation)* → Vierquadrantenbetrieb. Ku

Zweiquadrantenmultiplizierer *(two-quadrant multiplier)*. Der Z. ist ein analoger, elektronischer Multiplizierer, dessen Wirkungsweise auf der Steuerung der Stromverteilung in einem Transistor-Differenzverstärker beruht. Die gesteuerte Stromverteilung beeinflußt den Übertragungsfaktor der Transistorschaltung und aufgrund exponentieller Zusammenhänge zwischen Kollektorstrom (I_C) und Basis-Emitterspannung (U_{BE}) von Bipolartransistoren

$$\left(I_C \sim \exp\left[-\frac{e \cdot U_{BE}}{k \cdot T}\right] \right),$$

läßt sich unter bestimmten Voraussetzungen eine Multiplikation zweier Eingangssignalwerte u_1 und u_2 durchführen (k Boltzmann-Konstante, T Temperatur in K, e Elementarladung). Das Ausgangs-Signal u_o entspricht dem vorzeichenrichtigen Produkt beider Signalwerte am Eingang, wenn die Vorzeichen der Signale beachtet werden. Für das Ausführungsbeispiel im Bild gilt:

1. $-u_2 \cdot u_1 = 0$ bei $u_1 = 0$

Zweiquadrantenmultiplizierer

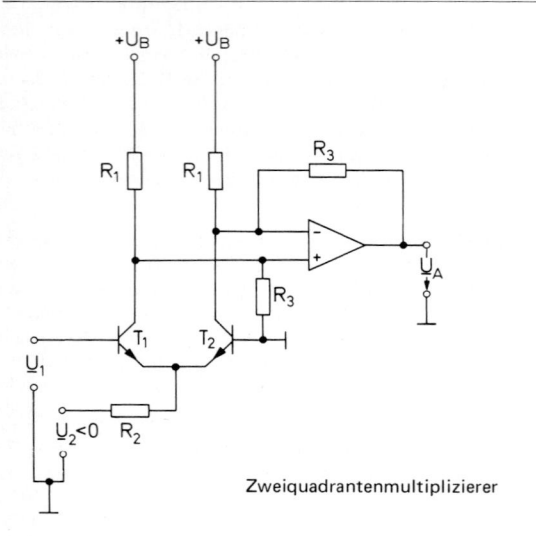

(beide Transistoren werden vom gleichen Strom durchflossen);

2. $-u_2 \cdot u_1 = -u_o$ bei $u_1 > 0$

(Kollektorstrom i_{C_1} nimmt zu, i_{C_2} nimmt ab);

3. $-u_2 \cdot u_1 = -u_o$ bei $u_1 < 0$

(Kollektorstrom i_{C_1} nimmt ab, i_{C_2} nimmt zu). Unter der Voraussetzung, daß $|u_1| < 0{,}35\ U_T \approx 9$ mV (U_T Temperaturspannung) bleibt, gilt für Werte der Ausgangs-Signalspannung u_o:

$$u_o \approx \frac{R_3}{R_2} \cdot \frac{u_1 \cdot u_2}{2\ U_T}.$$

[4], [6], [7].   Fl

Zweirampenverfahren *(dual-slope method)*. Bei der Analog-Digital-Wandlung andere Bezeichnung für das Dual-Slope-Verfahren.   We

Zweirichtungsthyristordiode *(bidirectional diode thyristor, diode a. c. switch)*, Diac. Thyristor mit zwei Anschlüssen, der zwei Schaltrichtungen hat, in denen er im wesentlichen gleiche Eigenschaften besitzt (DIN 41 786).   Ne

Zweirichtungsthyristortriode *(triode a.c. semiconductor switch, triac)*, Triac. Thyristor mit drei Anschlüssen, der zwei Schaltrichtungen hat, in denen er im wesentlichen gleiche Eigenschaften besitzt (DIN 41 786). [4].   Ne

Zweirichtungstransistor *(bidirectional transistor)*, bidirektionaler Transistor. Transistor, der im wesentlichen die gleichen elektrischen Eigenschaften hat, wenn die normalerweise mit Emitter und Kollektor bezeichneten Anschlüsse vertauscht werden. Zweirichtungstransistoren werden manchmal auch „symmetrische Transistoren" genannt. Diese Bezeichnung sollte jedoch nicht benutzt werden, weil sie leicht den Eindruck eines idealen oder vollkommen symmetrischen Transistors erweckt (DIN 41 855). [4].   Ne

Zweirichtungszähler → Vor-Rückwärtszähler.   We

Zweischlitzmagnetron *(two cavity magnetron)*. Magnetron, dessen ringförmige Anode nur durch zwei Längsschlitze unterteilt ist. [8].   Ge

Zweiseitenbandübertragung *(double-sideband transmission)*. Z. erfolgt immer, wenn mit normaler Amplitudenmodulation gearbeitet wird. Es gibt allerdings auch Z. mit reduziertem Träger. Solche Sendungen lassen sich nur mit einem Synchrondemodulator empfangen. [14].   Th

Zweistrahloszilloskop *(dual beam oscilloscope)*. Das Z. besitzt eine Oszilloskopröhre, auf deren Bildschirm die Funktionsabläufe zweier voneinander unabhängiger Meßsignale gleichzeitig dargestellt und ausgewertet werden können. Im Unterschied zu üblichen Oszilloskopen besitzt das Z. zwei getrennte Eingänge für die beiden Meßsignale und zwei getrennte Vertikalverstärker. Die gleichzeitige Darstellung zweier Funktionsabläufe wird durch zusätzliche Einrichtungen innerhalb der Elektronenstrahlröhre ermöglicht. Man unterscheidet: 1. Die Oszilloskopröhre besitzt zwei getrennte Elektronenstrahlerzeuger-Systeme und zwei getrennte X- und Y-Ablenkplattenpaare. 2. Es ist nur ein System zur Erzeugung eines Elektronenstrahles vorhanden. Die Strahlablenkung in horizontaler Richtung erfolgt mit Hilfe eines X-Ablenkplattenpaares. Zur Ablenkung in vertikaler Richtung sind zwei getrennte Y-Ablenkplattenpaare vorhanden. Der aus der Katode heraustretende Elektronenstrahl wird innerhalb der Röhre mit Hilfe einer besonderen Anordnung der Elektroden in zwei gleichwertige Strahlen aufgeteilt. Großer Vorteil: Bei Verschiebung des Elektronenstrahlerzeugersystems aus der Zentrierung, z.B. durch Alterung, wirkt weiterhin die gemeinsame Horizontalablenkung auf beide Strahlen. [12].   Fl

Zweitonfernsehübertragung *(double tone television transmission)*, Zweitonträger-Fernsehsystem, Zweiträgertonverfahren. Die Z. ist ein Übertragungsverfahren der Fernsehtechnik, bei dem statt einer niederfrequenten Information im Hörbereich zwei getrennte Tonfrequenzsignale ausgestrahlt werden, die der Fernsehteilnehmer mit dafür vorbereiteten Fernsehempfangsgeräten abhören kann. Das Verfahren ist kompatibel, d.h., nicht vorbereitete Empfangsgeräte verarbeiten ohne Qualitätseinbußen wie bisher nur eine der ausgestrahlten Informationen. Zur Übertragung des zusätzlichen Tones wird ein zweiter Tonträger eingeführt, dessen Zwischenfrequenz mit 33,158 MHz unterhalb des ersten liegt (ursprüngliche und weiter benutzte Tonträgerfrequenz im Zwischenfrequenzverstärker des Empfängers: 33,4 MHz). Beide Tonträger werden in der Frequenz moduliert. Der Sender kann dem Fernsehteilnehmer bei Ausnutzung der Z. folgende Möglichkeiten bieten: 1. Stereobetrieb. Der Sender strahlt wie bei Rundfunkstereophonie aus Gründen der Kompatibilität im ursprünglichen Tonkanal ein Summensignal (L + R) aus rechts- (R) und linksseitigem (L) Anteil der Darbietung aus. Der neue Tonträger übernimmt den Anteil 2 R, d.h. die Tonfrequenzanteile des rechten Kanales mit doppelter Amplitude. Zur Stereo-Wiedergabe im Empfänger muß mit einer speziellen Schaltung (Dematrizierung genannt) aus den Anteilen (L + R) und 2 R die Informationen für rechten (2 R) und linken (2 L)

	Kanal 1	Kanal 2
Träger		
Frequenz	Bildträger + 5,5 MHz	Bildträger + 5,7421875 MHz
Amplitude relativ zum BT (Bildträger)	− 13 dB	− 20 dB
Kennung		
Pilottonfrequenz		3,5 f_{Hor} = 54,6875 kHz
Hub		2,5 kHz
Modulationsart		AM
Modulationsgrad		50 %
Kennfrequenzen		
„Mono"		keine
„Stereo"		≈ 117,5 Hz
„Zweiton"		≈ 274,1 Hz
NF-Signalzuordnung		
„Mono"	M	M
„Stereo"	L + R	2 R
„Zweiton"	A	B
AM Amplitudenmodulation	f_{Hor} Horizontalfrequenz	

Tabelle. Die wichtigsten Daten des Zweiträgertonverfahrens (vorläufige Norm für die Bundesrepublik Deutschland)

Wiedergabekanal zurückgewonnen werden. Im Mono-Betrieb und bei nicht vorbereiteten Geräten wird das (L + R)-Signal weiterverarbeitet. 2. Zweitonbetrieb. Der Sender moduliert den zusätzlichen Tonträger z. B. mit der Ursprungssprache des gesendeten Filmes. Fernsehteilnehmer können wählen zwischen „Ton A", der deutsch-synchronisierten Fassung (Darbietung wie bisher) und dem „Ton B", bei dem der Ton z. B. in englischer Sprache gehört werden kann. 3. Der Sender strahlt nur Sendungen im Monobetrieb aus. Zur Unterscheidung der drei Fälle wird ein Kennsignal abgegeben. Dies ist ein zusätzlicher Pilotton, dessen Frequenz mit 54,6875 kHz festgelegt ist (Tabelle). Der zweite Tonträger wird mit diesem Ton frequenzmoduliert. Zur weiteren Kennung wird der Piloton bei Stereobetrieb mit der Frequenz 117,5 Hz und bei Zweitonbetrieb mit 274,1 Hz in der Amplitude moduliert. Im Mono-Betrieb entfällt die Modulation des Pilottones. Empfangsgeräte, die diesen Anforderungen genügen, arbeiten z.B. nach dem Quasi-Parallelton-Verfahren (abgekürzt: QPT-Verfahren). Bild- und Tonsignale werden nach Umsetzung in entsprechende Zwischenfrequenzen sofort hinter dem Tuner getrennt und auch in getrennten Zwischenfrequenzverstärkerstufen bis zur Demodulation weiter verarbeitet. Der Niederfrequenzverstärker ist als Stereoverstärker in Hi-Fi-Qualität mit zwei Kanälen aufgebaut. Die Kennfrequenzen werden decodiert und steuern eine Anzeige an, aus der der Teilnehmer die Betriebsart des Senders erkennen kann. Beispielsweise wählt der Fernsehteilnehmer über Tastenschalter die gewünschte Tondarbietung aus. [8], [9], [13], [14]. Fl

Zweitonträger-Fernsehsystem → Zweitonfernsehübertragung. Fl

Zweiträgertonverfahren → Zweitonfernsehübertragung. Fl

Zweitor *(two-port)*. Netzwerktheoretische Bezeichnung für Vierpol, wobei zum Ausdruck kommt, daß bei den vier Klemmen eines Vierpols jeweils zwei Klemmen zu einem Eingangstor und zwei Klemmen zu einem Ausgangstor zusammengefaßt sind. Dieser Begriff eignet sich besser als der historisch entstandene Begriff „Vierpol", weil er auf die wesentliche Eigenschaft der Klemmenpaarbildung abhebt. [15]. Rü

Zweitweg → Verkehrslenkung. Kü

Zwei-Wattmeter-Methode → Aronschaltung. Fl

Zwei-Wattmeter-Verfahren → Aronschaltung. Fl

Zweiweggleichrichtung *(double-way rectifying)*. Erzeugung von Gleichspannung aus Wechselspannung mittels netzgeführter Stromrichter in Zweiwegschaltung. Man nennt die Z. auch Doppelweggleichrichtung oder Vollweggleichrichtung. [5]. Ku

Zweiwegschaltung *(double-way connection)*. Die Zweiwegschaltungen sind Stromrichterschaltungen, deren wechselstromseitige Anschlüsse von Wechselstrom durchflossen werden. Typische Zweiwegschaltungen sind Brückenschaltungen, Verdoppler- und Vervielfacherschaltungen, Wechselwegschaltungen und Polygonschaltungen (DIN 41 762). [11]. Ku

Zwergtubentechnik. Begriff aus der Trägerfrequenztechnik. Mit Zwergtube bezeichnet man Koaxialkabel mit Innenleiter- Außenleiterdurchmesser 1,2 mm bis 4,4 mm. Ausnutzbar von etwa 60 kHz bis 6 MHz (1200 Fernsprechkanäle). In Zukunft ist eine Erweiterung auf 12 MHz (2700 Fernsprechkanäle) zu erwarten. [14]. Th

Zwischenfrequenz *(intermediate frequency; IF)*. Als Z. (ZF Zwischenfrequenz) wird die von der Mischstufe eines Superhet-Empfängers gelieferte feste Differenz- oder Summenfrequenz bezeichnet, die durch Mischen der Eingangsfrequenz mit der Oszillatorfrequenz entsteht und im ZF-Verstärker weiterverstärkt wird. Übliche Z. sind 455 kHz und 468 kHz für AM-Empfänger (AM, Amplitudenmodulation), 10,7 MHz für UKW-Rundfunkempfänger (UKW, Ultrakurzwelle); 5,5 MHz für die Fernsehton-ZF und 38,9 MHz für die Fernsehbild-ZF. [13]. Th

Zwischenfrequenzüberlagerer → BFO. Th

Zwischenkreisumrichter *(link convertor)*. Es gibt zwei Arten von Zwischenkreisumrichtern, nämlich Gleichstromumrichter mit Wechselstromzwischenkreis und Wechsel-

Z. mit Gleichstromzwischenkreis

Z. mit Gleichspannungszwischenkreis

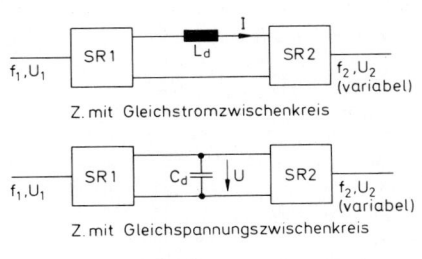

SR 1 Eingangsseitiger Stromrichter
SR 2 Ausgangsseitiger Stromrichter

Zwischenkreisumrichter

stromumrichter mit Gleichstrom- oder Gleichspannungszwischenkreis. [3]. Ku

Zwillingsinterferometer → Interferometer. Ge

Zwischenbasisschaltung *(interbase circuit)*. Neutralisationsschaltung, bei der keine zusätzlichen Bauelemente im Gegenkopplungszweig benötigt werden, sondern eine Anzapfung des Eingangs- oder Ausgangsschwingkreises zur Gewinnung der Gegenkopplungsspannung benutzt wird (Bild). Li

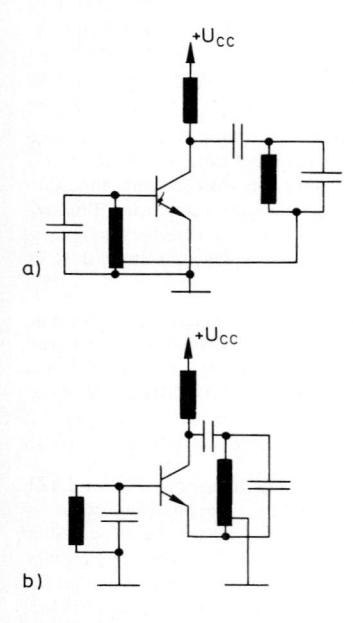

Zwischenbasisschaltung:
Anzapfung a) des Eingangskreises
b) des Ausgangskreises

Zwischenleitung *(link)*. Leitung innerhalb einer mehrstufigen Koppeleinrichtung mit bedingter Wegesuche, durch die zwei Koppelvielfache miteinander verbunden werden. Koppelanordnungen mit Zwischenleitungen werden auch als Linksysteme bezeichnet. [19]. Kü

Zwischenspeicher → Pufferspeicher. We

Zwischenverstärker *((telephone) repeater)*. In der Trägerfrequenztechnik auf drahtgebundenen Übertragungswegen ist es notwendig, breitbandige Verstärker in bestimmten Abständen auf der Strecke anzuordnen, um die Kabeldämpfung aufzuheben. Die Eigenschaften dieser Z. sind abhängig von der zu übertragenden Bandbreite, der Reichweite und dem Übertragungsmedium. Die Verstärkerfeldlänge liegt z.B. bei Freileitungssystemen bis 140 kHz zwischen 75 km und 200 km. Im modernen V-10800-System bei einer Bandbreite von etwa 60 MHz beträgt im Koaxialkabel-Betrieb der Abstand der Z. nur noch 1,55 km. [14]. Rü

Zwischenzeilenverfahren → Zeilensprungverfahren. Fl

Zyklotron *(cyclotron)*. Ein Beschleuniger für geladene Teilchen. Ein Z. besteht aus einem großen Elektromagneten in dessen homogenem Magnetfeld (in einer Vakuumkammer zwischen den Polschuhen) senkrecht zur Feldrichtung Elektronen kreisen; dies ist Folge der Lorentz-Kraft. Nach jeweils einem halben Umlauf werden die Elektronen durch ein alternierendes elektrisches Feld, das an zwei hohlen D-förmigen Elektroden durch einen Wechselspannungsgenerator erzeugt wird, beschleunigt. Innerhalb der Elektroden wirken keine elektrischen Kräfte (Faraday-Käfig). Die Umlaufzeit und der Radius wächst mit der Energie der beschleunigten Elektronen. Die Umschaltzeit der beschleunigenden Wechselspannung wird deshalb im gleichen Maß vergrößert, wie die relativistische Masse zunimmt. Nach Erreichen der gewünschten Endenergie werden die Teilchen durch ein elektrisches Feld aus dem Bereich der Polschuhe extrahiert. [5]. Bl

Zyklus *(cycle)*. 1. Allgemein: Eine zusammenhängende Folge von Ereignissen. 2. Informationsverarbeitung: Der Ablauf eines Vorgangs von seinem Start bis zu seiner Beendigung, dem gleiche oder ähnliche Vorgänge folgen. Beispiele sind der Speicherzyklus vom Beginn eines Zugriffs auf den Speicher bis zur Beendigung des Lese- oder Schreibvorgangs und der Wiederherstellung des Zustandes des Speichers vor dem Zugriff. Der Befehlszyklus *(instruction cycle)* umfaßt die Abarbeitung (Befehlsabruf und -ausführung eines Befehls). [1]. We

Zykluszeit *(cycle time)*. Der Zeitraum vom Beginn eines Zyklus bis zu seinem Ende. Die Z. spielt bei der Berechnung der Laufzeiten von Programmen eine entscheidende Rolle. Erfolgt der Zugriff zu einem Speicher überlappend, so bezeichnet man den Kehrwert der Datenübertragungsrate aus diesem Speicher als effektive Zykluszeit. Sie kann bedeutend geringer als die Z. der einzelnen Speicherkomponenten sein. [1]. We

Zylinder *(cylinder)*. Zusammenfassung aller in einem Magnetplattenspeicher untereinanderliegenden Spuren. Bei der Adressierung stellt die Zylinderadresse den höchstwertigen Adreßteil dar, da alle Spuren eines Zylinders ohne Bewegung des Lese-Schreib-Kammes (Positionierung) gelesen oder geschrieben werden können. [1]. We

Zylinderantenne → Breitbandantenne; → Schlitzantenne. Ge

Zylindererder → Erdverluste. Ge

Zylinderkondensator → Rohrkondensator. Ge

Zylinderparabolantenne → Parabolantenne. Ge

Zylinderspaltmagnetron → Magnetron. Ge

Zylinderspule → Luftspule. Ge

Zylinderwelle *(cylindrical wave)*. Eine einfache Welle (→ Welle), bei der die Zustandsgrößen auf konzentrischen Zylindern gleich sind. Die Wellenfläche ist eine Zylinderfläche. [5]. Rü

Literaturverzeichnis

1 Datenverarbeitung

[1.1] *Aho, A. V.*, u.a.: The Design and Analysis of Computer Algorithms, Addison-Wesley, Reading, 1974.

[1.2] *Alber, K.* (Hrsg.): Programmiersprachen, Springer, Berlin, 1978.

[1.3] *Alletsee, R.; Jung, H.*, u.a.: Assembler. Bd.1: 1979; Bd. 2: 1979; Bd. 3: 1979, Springer, Berlin.

[1.4] *Atkinson, L.:* PASCAL Programming, Wiley, New York, 1980.

[1.5] *Aumiaux, M.:* The Use of Microprocessors, Wiley, New York, 1980.

[1.6] *Baron, R. J.; Shapiro, V.:* Data Structures and Their Implementation, Van Nostrand, New York, 1980.

[1.7] *Barrodale, J.*, u.a.: Einführung in die Anwendung von Digitalrechnern mit Beispielen aus Wissenschaft, Technik und Wirtschaft, Oldenbourg, München, 1973.

[1.8] *Bartee, T.:* Introduction to Computer Science, McGraw-Hill, New York, 1974.

[1.9] *Bauknecht, K.; Zehnder, C. A.:* Grundzüge der Datenverarbeitung, Teubner, Stuttgart, 1980.

[1.10] *Bekey, G. A.; Karplus, W. J.:* Hybrid-Systeme, Berliner Union, Stuttgart, 1971.

[1.11] *Benda, D.:* Mikroprozessortechnik, VDE-Verlag, Berlin, 1979.

[1.12] *Bernhard, J. H.:* Problemlösung mit dem Kleincomputer in Elektrotechnik/Elektronik-Disziplinen, Hüthig, Heidelberg, 1975.

[1.13] *Besant, C. B.:* Computer-Aided Design and Manufacture, Wiley, New York, 1980.

[1.14] *Blomeyer-Bartenstein, H. P.:* Personal-Computer. Kompaktrechner im Einsatz. Markt & Technik, München, 1980.

[1.15] *Bode, A.; Händler, W.:* Rechnerarchitektur: Grundlagen und Verfahren, Springer, Berlin, 1980.

[1.16] *Böhme, L.:* Periphere Geräte der digitalen Datenverarbeitung, Vieweg, Braunschweig, 1969.

[1.17] *Boyce, J. C.:* Microprocessor and Microcomputer Basics, Prentice-Hall, Englewood Cliffs 1979.

[1.18] *Bruderer, H. E.:* Nichtnumerische Datenverarbeitung, Bibliographisches Institut, Mannheim, 1980.

[1.19] *Bull, G.; Packham, S.:* Time-Sharing Systems, McGraw-Hill, New York, 1971.

[1.20] *Calahan, D. A.:* Rechnergestützter Schaltungsentwurf, Oldenbourg, München, 1973.

[1.21] *Cassell, D.*, u.a.: Introduction to Computers and Information Processing, Prentice-Hall, Englewood Cliffs, 1980.

[1.22] *Coffron, J. W.:* Understanding and Troubleshooting the Microprocessor, Prentice-Hall, Englewood Cliffs, 1980.

[1.23] *Cypser, R. J.:* Communications Architecture for Distributed Systems, Addison-Wesley, Reading, 1978.

[1.24] *Davis, G.:* Computer Data Processing, McGraw-Hill, New York, 1973.

[1.25] *Davisson, L. D.; Gray, R. M.:* Data Compression, Dowden, Hutchison, 1976.

[1.26] *Debenham, M. J.:* Microprocessors: Principles and Applications, Pergamon, Elmsford, 1979.

[1.27] *Dertouzos, M. L.; Moses, J.:* The Computer Age, MIT Press, Cambridge, 1980.

[1.28] *Diehl, W.:* Mikroprozessoren und Mikrocomputer, Vogel, Würzburg, 1977.

[1.29] *Dirlewanger, W.*, u.a.: Aufbau von Datenverarbeitungsanlagen, de Gruyter, Berlin, 1976.

[1.30] *Dollhoff, T.:* 16-Bit Microprocessor Architecture, Prentice-Hall, Englewood Cliffs, 1980.

[1.31] *Dotzauer, E.:* Einführung in die Grundlagen der Datenverarbeitung, Hanser, München, 1968.

[1.32] *Drummond, M. E.:* Evaluation and Measurement Techniques for Digital Computer Systems, Prentice-Hall, Englewood Cliffs, 1973.

[1.33] *Dworatschek, S.:* Grundlagen der Datenverarbeitung, de Gruyter, Berlin, 1977.

[1.34] *Eadie, D.:* Minicomputers: Theory and Operation, Reston Publ., Reston, 1979.

[1.35] Einführung in die Mikroprozessortechnik, Texas Instruments, Freising, 1977.

[1.36] Electronics Magazine: Applying Microprozessors, McGraw-Hill, New York, 1977.

[1.37] *Fuori, W. M.*, u.a.: Introduction to Computer Operations, Prentice-Hall, Englewood Cliffs, 1981.

[1.38] *Gear, W.:* Computer Organization and Programming, McGraw-Hill, New York, 1974.

[1.39] *George, A.; Liu, J. W. H.:* Computer Solution of Large Sparse Positive Definite Systems, Prentice-Hall, Englewood Cliffs, 1981.

[1.40] *Gibson, G.; Liu, Y.:* Microcomputers for Engineers and Scientists, Prentice-Hall, Englewood Cliffs, 1980.

[1.41] *Gilb, T.:* Zuverlässige EDV-Anwendungssysteme, Müller, Köln, 1975.

[1.42] *Gilmore, C.:* Introduction to Microprocessors, McGraw-Hill, New York, 1981.

[1.43] *Giloi, W. K.:* Rechnerarchitektur, Springer, Berlin, 1980.

[1.44] *Giloi, W. K.; Herschel, R.:* Rechenanleitung für Analogrechner. Telefunken-Fachbuch, Konstanz, 1961.

[1.45] *Givone, D.; Roesser, R.:* Microprocessors/Microcomputers: An Introduction, McGraw-Hill, New York, 1979.

[1.46] *Görke, W.:* Mikrorechner. Eine Einführung in ihre Technik und Funktion, Bibliographisches Institut, Mannheim, 1977.

[1.47] *Gorny, R.:* Einführung in die Datenverarbeitung, Technik, Aufbau und Wirkungsweise, Siemens, München, 1974.

[1.48] *Greenfield, S. E.:* The Architecture of Microcomputers, Prentice-Hall, Englewood Cliffs, 1980.

[1.49] *Grindley, K.; Humble, J.:* The Effective Computer, McGraw-Hill, New York, 1973.

[1.50] *Grochla, E.*, u. a.: Kleincomputer in Verbundsystemen, Organisatorische Gestaltung und Anwendung. Westdeutscher Verlag, Köln, 1976.

[1.51] *Gupton, J. A.:* Microcomputers for External Control Devices, Abacus Pr., Tunbridge Wells, 1980.

[1.52] *Handel, P. von,* (Hrsg.) u.a.: Electronic Computers, Springer, Berlin, 1961.

[1.53] *Händler, W.* (Hrsg.): Computer Architecture, Springer, Berlin, 1976.

[1.54] Heffer, D. E., u.a.: Basic Principles and Practice of Microprocessors, Arnold, London, 1980.
[1.55] Hellermann, H.; Conroy, T.: Computer System Performance, McGraw-Hill, New York, 1975.
[1.56] Hilberg, W.; Piloty, R.: Mikroprozessoren und ihre Anwendung, Oldenbourg, München, 1979.
[1.57] Hilburn, J. L.; Julich, P. M.: Microcomputers/Microprocessors. Hardware, Software, Applications, Prentice-Hall, Englewood Cliffs, 1976.
[1.58] Johnson, M., u.a.: Introduction to Word Processing, Prentice-Hall, Englewood Cliffs, 1980.
[1.59] Judmann, K. P., u.a.: Mikroprozessoren. Grundlagen und Anwendungen, Erb, Wien, 1978.
[1.60] Klein, R.-D.: Mikrocomputer. Hard- und Software-Praxis, Franzis, München, 1980.
[1.61] Kobitsch, W.: Mikroprozessoren — Aufbau und Wirkungsweise. Bd. 1: Grundlagen, Oldenbourg, München, 1977.
[1.62] Korn, G. A.: Microprocessor and Small Digital Computer Systems for Engineers and Scientists, McGraw-Hill, New York, 1977.
[1.63] Korn, G.: Minicomputers for Engineers and Scientists, McGraw-Hill, New York, 1973.
[1.64] Korn, G.; Korn, T.: Electronic Analog and Hybrid Computers, McGraw-Hill, New York, 1972.
[1.65] Krutz, R. L.: Microprocessors and Logic Design, Wiley, New York, 1980.
[1.66] Kühn, M.: CAD und Arbeitssituation, Springer, Berlin, 1980.
[1.67] Lenk, J. D.: Microprocessors, Microcomputers and Minicomputers, Prentice-Hall, Englewood Cliffs, 1979.
[1.68] Lorin, H.: Aspects of Distributed Computer Systems, Wiley, New York, 1980.
[1.69] Mahrenholtz, O.: Analogrechnen in Maschinenbau und Mechanik, Bibliographisches Institut, Mannheim, 1968.
[1.70] Martin, J.: Design of Real Time Computer Systems, Prentice-Hall, Englewood Cliffs, 1967.
[1.71] Mathur, A. P.: Introduction to Microprocessors, McGraw-Hill, New York, 1980.
[1.72] McGlynn, D. R.: Microprocessors: Technology, Architecture, and Applications, Wiley, New York, 1976.
[1.73] Microprocessors/Microcomputers System Design, McGraw-Hill, New York, 1980.
[1.74] Moore, A. W., u.a.: Microprocessor Applications Manual, McGraw-Hill, New York, 1976.
[1.75] Microprocessor Applications Manual, McGraw-Hill, New York, 1975.
[1.76] Newman, W.; Sproull, R.: Principles of Interactive Computer Graphics, McGraw-Hill, New York, 1973.
[1.77] Osborne, A.: Einführung in die Mikrocomputer-Technik, Te-Wi, München, 1979.
[1.78] Osborne, A.; Kane, J.: An Introduction to Microcomputers. Bd. 2: Some Real Products, Osborne, Berkeley, 1978.
[1.79] Parslow, R. D., u.a.: Computer Graphics, Plenum, New York, 1978.
[1.80] Peatman, J.: Microcomputer-Based Design, McGraw-Hill, New York, 1977.
[1.81] Peipmann, R.: Erkennung von Strukturen und Mustern, De Gruyter, Berlin, 1976.
[1.82] Pelka, H.: Der Ein-Chip-Mikrocomputer, Franzis, München, 1980.
[1.83] Rich, L.: Understanding Microprocessors, Prentice-Hall, Englewood Cliffs, 1981.
[1.84] Richard, B.: Datenverarbeitung mit Mikroprozessoren, Teil 1: Hardware, Teil 2: Software, Hanser, München, 1980.
[1.85] Roschmann u.a.: Betriebsdatenerfassung mit Terminalsystemen. Lexika-Verlag, Grafenau, 1976.
[1.86] Sami, M., u.a. (Hrsg.): Microprocessor Systems, Software, Firmware und Hardware, Elsevier, New York, 1980.
[1.87] Satyanarayanan, M.: Multiprocessors: A Comparative Study, Prentice-Hall, Englewood Cliffs, 1980.
[1.88] Sawin, D. H.: Microprocessors and Microcomputer Systems. Lexington Books, Lexington, 1977.
[1.89] Schaaf, B.-D.; Schröder, W. A.: Digitale Datenverarbeitung, Hanser, München, 1977.
[1.90] Scheid, F.: Computer Science, McGraw-Hill, New York, 1970.
[1.91] Schleuder, G.: Periphere Geräte in der Datenverarbeitung, Hanser, München, 1972.
[1.92] Schmid, H.: Elektronische Dezimalrechner: Schaltungen und Verfahren, Oldenbourg, München, 1978.
[1.93] Schmitt, G.: Grundlagen der Mikrocomputertechnik, Oldenbourg, München, 1981.
[1.94] Schnell, G.; Hoyer, K.: Mikrocomputerfibel: Vom 8-bit-Chip zum Grundsystem, Vieweg, Braunschweig, 1981.
[1.95] Scholz, C.: Handbuch der Magnetbandspeichertechnik, Hanser, München, 1980.
[1.96] Schrack, G.: Grafische Datenverarbeitung, Hanser, München, 1977.
[1.97] Schumny, H. (Hrsg.): Taschenrechner und Mikrocomputer Jahrbuch, 1980, 1981, 1982, Vieweg, Braunschweig.
[1.98] Short, K. L.: Microprocessors and Programmed Logic, Prentice-Hall, Englewood Cliffs, 1980.
[1.99] Spencer, D. D.: Computers and Programming Guide for Scientists and Engineers, Prentice-Hall, Englewood Cliffs, 1981.
[1.100] Stange, W. R.: Minicomputer. Anwendung und Einsatz, Müller, Köln, 1976.
[1.101] Starke, L.: Mikroprozessorlehre, Frankfurter Fachverlag, Frankfurt, 1979.
[1.102] Streitmatter, G. A.; Flore, V.: Microprocessors: Theory and Applications, Reston Publ., Reston, 1979.
[1.103] Tafel, H. J.: Datentechnik: Grundlagen, Baugruppen, Geräte, Hanser, München, 1978.
[1.104] Vassilakopoulos, V.: Hardware-Konfigurationen für CAD-Prozesse, Hanser, München, 1979.
[1.105] Wakerly, J. F.: Microcomputer Architecture and Programming, Bd. 1, Wiley, New York, 1981.
[1.106] Walker, B. S., u.a.: Interactive Computer Graphics. Crane Russak, New York, 1975.
[1.107] Wall, D. (Hrsg.): Organisation von Rechenzentren, Springer, Berlin, 1978.
[1.108] Waller, H.; Hilgers, P.: Mikroprozessoren. Vom Bauteil zur Anwendung. Bibliographisches Institut, Mannheim, 1980.
[1.109] Wilhelm, R. (Hrsg.): CAD-Fachgespräch, Springer, Berlin, 1980.
[1.110] Wortmann, H.: Informations- und Datenverarbeitung. Digitalrechner — Analogrechner — Hybride Rechnersysteme, Schiele und Schön, Berlin, 1966.
[1.111] Zschocke, J.: Mikrocomputer, Vieweg, Braunschweig, 1981.

2 Digitalelektronik

[2.1] *Abramson, N.; Kuo, F.* (Hrsg.): Computer Communication Networks, Prentice-Hall, Englewood Cliffs, 1973.

[2.2] *Apel, K.:* Elektronische Zählschaltungen, Franckh, Stuttgart, 1961.

[2.3] *Baitinger, U. G.:* Schaltkreistechnologien für digitale Rechenanlagen, de Gruyter, Berlin, 1973.

[2.4] *Bacon, R. C.; Piccirilli, A. T.:* Digital Logic and Computer Operation, McGraw-Hill, New York, 1967.

[2.5] *Bannister, B. R.; Whitehead, D. G.:* Fundamentals of Digital Systems, McGraw-Hill, New York, 1973.

[2.6] *Barna, A.; Porat, D.:* Integrated Circuits in Digital Electronics, Wiley, New York, 1973.

[2.7] *Bartee, T.:* Digital Computer Fundamentals, McGraw-Hill, New York, 1978.

[2.8] *Bartee, T. C.*, u.a.: Theory and Design of Digital Machines, McGraw-Hill, New York, 1962.

[2.9] *Bartee, T. C.; McCluskey, E. J.:* A Survey of Switching Circuit Theory, McGraw-Hill, New York, 1962.

[2.10] *Bartels, K.; Oklobodzija, B.:* Schaltungen und Elemente der digitalen Technik. Verlag für Radio-, Foto-, Kinotechnik, Berlin, 1964.

[2.11] *Bell, G.; Newell, A.:* Computer Structures, McGraw-Hill, New York, 1971.

[2.12] *Bennion, D. R.*, u.a.: Digital Magnetic Logic, McGraw-Hill, New York, 1969.

[2.13] *Bernstein, H.:* Hochintegrierte Digitalschaltungen und Mikroprozessoren, Pflaum, München, 1980.

[2.14] *Biebersdorf, K.-H.:* Schaltungen zur Digitalelektronik, Franckh, Stuttgart, 1977.

[2.15] *Birchel, R.:* Elektronische Zähltechnik, Vogel, Würzburg, 1972.

[2.16] *Blakeslee, T. R.:* Digital Design with Standard MSI and LSI, Wiley, New York, 1975.

[2.17] *Booth, T. L.:* Digital Networks and Computer Systems, Wiley, New York, 1978.

[2.18] *Borucki, L.:* Grundlagen der Digitaltechnik, Teubner, Stuttgart, 1977.

[2.19] *Bowen, B. A.; Buhr, R. J. A.:* The Logical Design of Multiple-Microprocessor Systems, Prentice-Hall, Englewood Cliffs, 1980.

[2.20] *Boyce, J. C.:* Digital Logic and Switching Circuits: Operation and Analysis, Prentice-Hall, Englewood Cliffs 1975.

[2.21] *Braun, E. L.:* Digital Computer Design, Academic Pr., New York, 1963.

[2.22] *Breuer, M. A.; Friedman, A. D.:* Diagnosis and Reliable Design of Digital Systems, Computer Science, Washington, 1976.

[2.23] *Brzozowski, J. A.; Yoeli, M.:* Digital Networks, Prentice-Hall, Englewood Cliffs, 1976.

[2.24] *Bursky, D.:* Components for Microcomputer System Design, Wiley, New York, 1981.

[2.25] *Bywater, R. E. H.:* Hardware/Software Design of Digital Systems, Prentice-Hall, Englewood Cliffs, 1981.

[2.26] *Caldwell, S. H.:* Der logische Entwurf von Schaltkreisen, Oldenburg, München, 1964.

[2.27] *Casaent, D.:* Digital Electronics, Quantum, New York, 1974.

[2.28] *Castellucis, R. L.:* Pulse and Logic Circuits, Delmar, Albany, 1976.

[2.29] *Chang, H. Y.*, u.a.: Fault Diagnosis of Digital Systems. Wiley, New York, 1970.

[2.30] *Chinal, J.:* Design Methods for Digital Systems, Springer, Berlin, 1973.

[2.31] *Chirlian, P. M.:* Analysis and Design of Digital Circuits and Computer Systems, Int'l Schol. Bk./Serv., Forest Grove, 1976.

[2.32] *Chu, Y.:* Digital Computer Design Fundamentals, McGraw-Hill, New York, 1962.

[2.33] *Clare, C. R.:* Designing Logic Systems Using State Machines, McGraw-Hill, New York, 1973.

[2.34] *Curtis, A.:* A New Approach to the Design of Switching Circuits, Van Nostrand, New York, 1962.

[2.35] *D'Angelo, H.:* Microcomputer Structures: An Introduction to Digital Electronics, Logic Design, and Computer Architecture, McGraw-Hill, New York, 1980.

[2.36] *Danner, G. M.; Gatermann, H. G.:* Methodischer Entwurf digitaler Funktionsgruppen, Geräte und Anlagen, Oldenbourg, München, 1978.

[2.37] *Davies, D. W.:* Digitaltechnik, Oldenbourg, München, 1966.

[2.38] *Deem, B. R.*, u.a.: Digital Computer Circuits and Concepts, Prentice-Hall, Englewood Cliffs, 1980.

[2.39] *Dempsey, J. A.:* Basic Digital Electronics with MSI Applications, Addison-Wesley, Reading, 1977.

[2.40] *Dietmeyer, D. L.:* Logic Design of Digital Systems, Allyn and Bacon, Boston, 1971.

[2.41] Digitale integrierte Schaltungen. Elitera, Berlin, 1972.

[2.42] Digitaltechnik mit integrierten Schaltungen, Valvo, Hamburg, 1971.

[2.43] *Dirks, C.; Krinn, H.:* Microcomputer, Bd. 1: 1977; Bd. 2: 1978, Berliner Union, Stuttgart.

[2.44] *Dokter, F.; Steinhauer, J.:* Digitale Elektronik in der Meßtechnik und Datenverarbeitung, 2 Bde., Philips, Hamburg, 1975.

[2.45] *Fletcher, W. I.:* An Engineering Approach to Digital Design, Prentice-Hall, Englewood Cliffs 1980.

[2.46] *Flores, I.:* The Logic of Computer Arithmetic, Prentice-Hall, Englewood Cliffs, 1963.

[2.47] *Floyd, T. L.:* Digital Logic Fundamentals, Merrill, Columbus, 1977.

[2.48] *Föllinger, O.; Weber, W.:* Methoden der Schaltalgebra, Oldenbourg, München, 1967.

[2.49] *Friedman, A.; Menon, P. R.:* Theory and Design of Switching Circuits, Computer Science, Washington, 1975.

[2.50] *Geisselhardt, W.:* Fehlerdiagnose in Geräten der Digitaltechnik, Hanser, München, 1978.

[2.51] *Giloi, W.; Liebig, H.:* Logischer Entwurf digitaler Systeme, Springer, Berlin, 1980.

[2.52] *Givone, D. D.:* Introduction to Switching Circuit Theory, McGraw-Hill, New York, 1970.

[2.53] *Görke, W.:* Fehlerdiagnose digitaler Schaltungen, Teubner, Stuttgart, 1973.

[2.54] *Gothmann, W. H.:* Digital Electronics, Prentice-Hall, Englewood Cliffs, 1977.

[2.55] *Grass, W.:* Steuerwerke: Entwurf von Schaltwerken mit Festwertspeichern, Springer, Berlin, 1978.

[2.56] *Green, D. C.:* Digital Techniques and Systems, Pitman, London, 1980.

[2.57] *Greenfield, J. D.:* Practical Digital Design Using ICs, Wiley, New York, 1977.

[2.58] *Groh, H.; Weber, W.:* Digitaltechnik I, VDI, Düsseldorf, 1969.

[2.59] *Gschwendter, H.:* Schaltalgebra, Vieweg, Braunschweig, 1977.

[2.60] *Haak, O.:* Einführung in die Digitaltechnik, Teubner, Stuttgart, 1972.

[2.61] *Hackl, C.:* Schaltwerk- und Automatentheorie, de Gruyter, Berlin, 1972.

[2.62] *Haferstroh, U.:* Digitale Schaltwerke, Analyse und Synthese, Lexika, Grafenau, 1977.

[2.63] *Hahn, W.:* Elektronik-Praktikum für Informatiker, Springer, Berlin, 1971.

[2.64] *Hänisch, W.,* u.a.: Digitale Systeme, Franzis, München, 1973.

[2.65] *Harris, J. N.:* Digital Transistor Circuits, Wiley, New York, 1966.

[2.66] *Heim, K.:* Schaltungsalgebra, Siemens, München, 1974.

[2.67] *Heim, K.; Schöffel, K.:* Binäre Schaltwerke, Siemens, München, 1971.

[2.68] *Hellermann, H.:* Digital Computer Principles, McGraw-Hill, New York, 1967.

[2.69] *Hilberg, W.:* Elektronische Digitale Speicher, Oldenbourg, München, 1975.

[2.70] *Hilberg, W.; Piloty, R.:* Grundlagen digitaler Schaltungen, Oldenbourg, München, 1978.

[2.71] *Hill, F. J.; Peterson, G. R.:* Digital Systems: Hardware and Organization, Wiley, New York, 1978.

[2.72] *Hill, F. J.; Peterson, G. R.:* Introduction to Switching Theory and Logical Design, Wiley, New York, 1981.

[2.73] *Hill, F. J.; Peterson, G. R.:* Switching Theory and Logic Design, Wiley, New York, 1968.

[2.74] *Hoffmann, R.:* Rechenwerke und Mikroprogrammierung, Oldenbourg, München, 1977.

[2.75] *Hope, G. S.:* Integrated Devices in Digital Circuit Design, Wiley, New York, 1981.

[2.76] *Hsu Chang:* Magnetic Bubble Memory Technology, Dekker, New York, 1978

[2.77] *Humphrey, W. S.:* Switching Circuits with Computer Applications, McGraw-Hill, New York, 1958.

[2.78] *Hurley, R. B.:* Transistor Logic Circuits, Wiley, New York, 1961.

[2.79] *Hutchison, D.:* Fundamentals of Computer Logic, Wiley, New York, 1981.

[2.80] *IEEE Digital Signal Processing Committee:* Programs in Digital Signal Processing, Wiley, New York, 1979.

[2.81] *Isernhagen, R.:* Logischer Entwurf von Digitalschaltungen, Valvo, Hamburg, 1967.

[2.82] *Jessen, E.:* Architektur digitaler Rechenanlagen, Springer, Berlin, 1975.

[2.83] *Johnson, D. E.:* Digital Circuits and Microcomputers, Prentice-Hall, Englewood Cliffs, 1979.

[2.84] *Karpovsky, M.:* Finite Orthogonal Series in the Design of Digital Devices: Analysis, Synthesis and Optimization, Halsted, New York, 1976.

[2.85] *Kaufmann, H.* (Hrsg.): Daten-Speicher, Oldenbourg, München, 1973.

[2.86] *Kershaw, J. D.:* Digital Electronics, Duxbury, N. Scituate, 1976.

[2.87] *Kline, R.:* Digital Computer Design, Prentice-Hall, Englewood Cliffs, 1977.

[2.88] *Klingmann, E. E.:* Microprocessors Systems Design, Prentice-Hall, Englewood Cliffs, 1977.

[2.89] *Kohonen, T.:* Digital Circuits and Devices, Prentice-Hall, Englewood Cliffs, 1972.

[2.90] *Kostopoulos, G. K.:* Digital Engineering, Wiley, New York, 1975.

[2.91] *Krieger, M.:* Basic Switching Circuit Theory, Macmillan New York, 1967.

[2.92] *Leach, D. P.:* Experriments in Digital Principles, McGraw-Hill, New York, 1976.

[2.93] *Lee, S. C.:* Digital Circuits and Logic Design, Prentice-Hall, Englewood Cliffs, 1976.

[2.94] *Lee, S. C.:* Modern Switching Theory and Digital Design, Prentice-Hall, Englewood Cliffs, 1978.

[2.95] *Lenk, J. D.:* Handbook of Logic Circuits, Reston Publ., Reston, 1972.

[2.96] *Lenk, J.:* Logic Designer's Manual, Prentice-Hall, Englewood Cliffs, 1977.

[2.97] *Leonhardt, E.:* Grundlagen der Digitaltechnik, Hanser, München, 1976.

[2.98] *Lewin, D.:* Logical Design of Switching Circuits, Nelson, London, 1968.

[2.99] *Levine, M.:* Digital Theory and Practice Using Integrated Circuits, Prentice-Hall, Englewood Cliffs, 1978.

[2.100] *Levine, M.:* Digital Theory and Experimentation Using Integrated Circuits, Prentice-Hall, Englewood Cliffs, 1974.

[2.101] *Levine, V.:* Digital Theory and Experimentation Using Integrated Circuits, Prentice-Hall, New York, 1974.

[2.102] *Liebig, H.:* Logischer Entwurf digitaler Systeme, Springer, Berlin, 1975.

[2.103] *Lind, L. F.; Nelson, J. C.:* Analysis and Design of Sequential Digital Systems, Halsted, New York, 1977.

[2.104] *Lindorff, D.:* Theory and Sampled Data Control Systems, Wiley, New York, 1965.

[2.105] *Maley, G. A.:* Manual of Logic Circuits, Prentice-Hall, Englewood Cliffs, 1970.

[2.106] *Maley, G. A.; Earle, J.:* Logic Design of Transistor Digital Computers, Prentice-Hall, Englewood Cliffs, 1963.

[2.107] *Maley, G. A.; Earle, J.:* The Logic Design of Transistor Digital Computers, Prentice-Hall, Englewood Cliffs, 1963.

[2.108] *Malmstadt, H. V.; Enke, C. G.:* Digital Electronics for Scientists, Benjamin, Reading, 1969.

[2.109] *Malvino, A. P.; Leach, D.:* Digital Principles and Applications, McGraw-Hill, New York, 1975.

[2.110] *Mandl, M.:* Electronic Switching Circuits, Prentice-Hall, Englewood Cliffs, 1969.

[2.111] *Mano, M. M.:* Computer Logic Design, Prentice-Hall, Englewood Cliffs, 1972.

[2.112] *Marcus, M. P.:* Switching Circuits for Engineers, Prentice-Hall, Englewood Cliffs, 1967.

[2.113] *Markovitz, A. B.; Pugsley, J. H.:* An Introduction to Switching System Design, Wiley, New York, 1971.

[2.114] *McCluskey, E. J.:* Introduction to the Theory of Switching Circuits, McGraw-Hill, New York, 1965.

[2.115] *McKay, C. W.:* Digital Circuits: A Preparation for Microprocessors, Prentice-Hall, Englewood Cliffs, 1978.

[2.116] *MacKenzie, C. E.:* Coded Character Sets: History and Development, Addison-Wesley, New York, 1980.

[2.117] *McGlynn, D. R.:* Microprocessors. Technology, Architecture and Applications, Wiley, New York, 1976.

[2.118] *Mendelson, E.:* Boolean Algebra and Switching Circuits, McGraw-Hill, New York, 1970.

[2.119] *Merkel, E.:* Technische Informatik. Grundlagen und Anwendungen Boolescher Maschinen, Vieweg, Braunschweig, 1973.

[2.120] *Miller, R. E.:* Switching Theory, 2 Bde., Wiley, New York, 1965.

[2.121] *Morris, N. M.:* Einführung in die Digitaltechnik, Vieweg, Braunschweig, 1977.
[2.122] *Morris, R. L.; Miller, J. R.:* Designing with TTL Integrated Circuits, McGraw-Hill, New York, 1971.
[2.123] *Motil, J. M.:* Digital Design Fundamentals, McGraw-Hill, New York, 1972.
[2.124] *Motsch, W.:* Halbleiterspeicher, Bibliographisches Institut, Mannheim, 1978.
[2.125] *Muroga, S.:* Logic Design and Switching Theory, Wiley, New York, 1979.
[2.126] *Myers, G. J.:* Digital System Design with LSI Bit-Slice Logic, Wiley, New York, 1980.
[2.127] *Nagle, H. T.,* u. a.: An Introduction to Computer Logic, Prentice-Hall, Englewood Cliffs, 1975.
[2.128] *Namgostar, M.:* Digital Equipment Troubleshooting, Reston Publ., Reston, 1977.
[2.129] *Neufang, O.:* Digitale Systeme,
Tl. 1: Schaltnetze, 1976;
Tl. 2: Schaltwerke, 1979, Hüthig, Heidelberg.
[2.130] *Nashelski, L.:* Digital Computer Theory, Wiley, New York, 1966.
[2.131] *Nashelski, L.:* Introduction to Digital Computers Technology, Wiley, New York, 1972.
[2.132] *Naslin, P.:* Circuits Logiques et Automatismes à Séquence, Dunod, Paris, 1965.
[2.133] *Oberman, R. M. M.:* Disciplines in Combinational and Sequential Circuit Design, McGraw-Hill, New York, 1970.
[2.134] *Oberman, R. M. M.:* Electronic Counters, Macmillan, London, 1973.
[2.135] *Oppenheimer, S.:* Semiconductor Logic and Switching Circuits, Merrill, Saugus, 1973.
[2.136] *Orlowski, P.:* Digitale Schaltungen mit CMOS-Schaltkreisen, VDI, Düsseldorf, 1979.
[2.137] *Peatmen, J.:* Microcomputer-Based Design, McGraw-Hill, New York, 1977.
[2.138] *Peek, R. L.; Wagar, H. N.:* Switching Relay Design, Van Nostrand, New York, 1955.
[2.139] *Phister, M.:* Data Processing. Technology and Economics, Santa Monica Publ., Santa Monica, 1976.
[2.140] *Phister, M.:* Logic Design of Digital Computers, Wiley, New York, 1963.
[2.141] *Porat, D. I.; Barna, A.:* Introduction to Digital Techniques, Wiley, New York, 1979.
[2.142] *Prather, R. E.:* Introduction to Switching Theory, Allyn & Bacon, Boston, 1968.
[2.143] *Pütz, J.:* Digitaltechnik, VDI-Verlag, Düsseldorf, 1975.
[2.144] *Raymond, J.-P.:* Les Schemas d'Automatisme, 2 Bde., Dunod, Paris, 1971.
[2.145] *Richard, R. K.:* Arithmetic Operations in Digital Computers, Van Nostrand, New York, 1956.
[2.146] *Richards, R. K.:* Digital Design, Wiley, New York, 1971.
[2.147] *Rhyne, V. T.:* Fundamentals of Digital Systems Design, Prentice-Hall, Englewood Cliffs, 1973.
[2.148] *Robinson, E.; Silvia, M. T.:* Digital Signal Processing and Time Series Analysis, Holden-Day, San Francisco, 1978.
[2.149] *Rutlowski, G. B.; Oleksy, J.:* Fundamentals of Digital Electronics: A Laboratory Text, Prentice-Hall, Englewood Cliffs, 1978.
[2.150] *Schaller, G.; Nüchel, W.:* Entwurf digitaler Schaltwerke, Bd. 1: 1972; Bd. 2: 1974, Teubner, Stuttgart.
[2.151] Schaltbeispiele mit integrierten Digitalschaltungen, Intermetall, Freiburg, 1975.
[2.152] *Schecher, H.:* Funktioneller Aufbau digitaler Rechenanlagen, Springer, Berlin, 1973.
[2.153] *Schmid, D.,* u.a.: Technische Informatik, Oldenbourg, München, 1973.
[2.154] *Schmid, H.:* Electronic Analog Digital Conversions, Van Nostrand Reinhold, New York, 1970.
[2.155] *Schmidt, V.:* Digitalelektronisches Praktikum, Teubner, Stuttgart, 1977.
[2.156] *Schmidt, V.:* Digitalschaltungen mit Mikroprozessoren, Teubner, Stuttgart, 1978.
[2.157] *Schulte, D.:* Kombinatorische und sequentielle Netzwerke, Oldenbourg, München, 1967.
[2.158] *Schumny, H.:* Digitale Datenverarbeitung, Vieweg, Braunschweig, 1975.
[2.159] *Schüßler, H.-W.:* Digitale Systeme zur Signalverarbeitung, Springer, Berlin, 1979.
[2.160] *Seitzer, D.:* Arbeitsspeicher für Digitalrechner, Springer, Berlin, 1975.
[2.161] *Shah, A.,* u.a.: Integrierte Schaltungen in digitalen Systemen,
Bd. 1: Schaltungstechnik, Logik, Codierung und Zähler, 1976;
Bd. 2: Speicher, Rechenschaltungen und Verdrahtungsprobleme, 1977,
Birkhäuser, Basel.
[2.162] *Sifferlen, T.; Vartanian, V.:* Digital Electronics with Engineering Applications, Prentice-Hall, Englewood Cliffs, 1970.
[2.163] *Sobotta, K.:* Graphen, Mengen und Schaltalgebra, Hüthig, Heidelberg, 1975.
[2.164] *Sokolowski, P.:* Aufbau und Arbeitsweise von Arbeitsspeichern, Hüthig, Heidelberg, 1977.
[2.165] *Speiser, A. P.:* Digitale Rechenanlagen, Springer, Berlin, 1967.
[2.166] *Stahl, K.:* Industrielle Steuerung in schaltalgebraischer Behandlung, Oldenbourg, München, 1965.
[2.167] *Stuckenberg, H. J.:* Digitale Logik, Braun, Karlsruhe, 1970.
[2.168] *Tanenbaum, A. S.:* Computer Networks, Prentice-Hall, Englewood Cliffs, 1981.
[2.169] *Taub, H.; Schilling, D.:* Digital Integrated Electronics, McGraw-Hill, New York, 1976.
[2.170] The Semiconductor Memory Book, Wiley, New York, 1978.
[2.171] *Tocci, R. J.:* Digital Systems, Prentice-Hall, Englewood Cliffs, 1980.
[2.172] *Tocci, R. J.:* Fundamentals of Pulse and Digital Circuits, Merrill, Columbus, 1972.
[2.173] *Tokheim, R. L.:* Schaum's Outline of Digital Principles, McGraw-Hill, New York, 1980.
[2.174] *Triebel, W. A.:* Integrated Digital Electronics, Prentice-Hall, Englewood Cliffs, 1979.
[2.175] *Van Cleemput, W. M.:* Computer Aided Design of Digital Systems – A Bibliography, Computer Science, Washington, 1976.
[2.176] *Vassos, B. H.; Ewing, G. W.:* Analog and Digital Electronics for Scientists, Wiley, New York, 1980.
[2.177] *Veatch, H.:* Pulse and Switching Circuit Action, McGraw-Hill, New York, 1971.
[2.178] *Wakerley, J.:* Logic Design Projects Using Standard Integrated Circuits, Wiley, New York, 1976.
[2.179] *Waldschmidt, H.:* Schaltungen der Datenverarbeitung, Teubner, Stuttgart, 1980.

[2.180] Weber, S.: Modern Digital Circuits. McGraw-Hill, New York, 1963.
[2.181] Weber, W.: Einführung in die Methoden der Digitaltechnik, AEG-Telefunken, Berlin, 1977.
[2.182] Weil, G.: Digitale integrierte Schaltungen, VDE, Berlin, 1977.
[2.183] Weyh, U.: Elemente der Schaltungsalgebra, Oldenbourg, München, 1972.
[2.184] Whitesitt, J. E.: Boolesche Algebra und ihre Anwendungen, Vieweg, Braunschweig, 1973.
[2.185] Wittmann, A.: Zählwerke und industrielle Zähleinrichtungen, Oldenbourg, München, 1967.
[2.186] Wolf, G.: Digitale Elektronik, Franzis, München, 1977.
[2.187] Wolfgarten, W.: Binäre Schaltkreise, Hüthig, Heidelberg, 1972.
[2.188] Wood, P. E.: Switching Theory, McGraw-Hill, New York, 1968.
[2.189] Woolons, D. J.: Introduction to Digital Computer Design, McGraw-Hill, New York, 1972.
[2.190] Wüstehube, J., u.a.: Digitaltechnik mit integrierten Schaltungen, Valvo, Hamburg, 1971.
[2.191] Zissos, D.: Logic Design Algorithmus, Oxford U.Pr., Oxford, 1972.
[2.192] Zissos, D.: Problems and Solutions in Logic Design, Oxford U.Pr., Oxford, 1976.

3 Elektrische Energietechnik

[3.1] Aichholzer, G.: Elektromagnetische Energiewandler. (2 Bde.), Springer, Wien, 1975.
[3.2] Andè, F.: Die Schaltung der Leistungstransformatoren, Springer, Berlin, 1959.
[3.3] Beemann, D. L. (Hrsg.): Industrial Power-Systems Handbook, McGraw-Hill, New York, 1955.
[3.4] Bödefeld, T.; Sequenz, H.: Elektrische Maschinen, Springer, Wien, 1971.
[3.5] Budig, P.-K.: Drehstromlinearmotoren, Hüthig, Heidelberg 1980.
[3.6] Byerly, R. T.; Kimbark, E. W. (Hrsg.): Stability of Large Electric Power Systems, Wiley, New York, 1974.
[3.7] Denzel, P.: Grundlagen der Übertragung elektrischer Energie, Springer, Berlin, 1966.
[3.8] Dworsky, L. N.: Modern Transmission Line Theory & Applications, Wiley, New York, 1979.
[3.9] Edelmann, H.: Berechnung elektrischer Verbundnetze, Springer, Berlin, 1963.
[3.10] Flegler, E.: Einführung in die Hochspannungstechnik, Braun, Karlsruhe, 1963.
[3.11] Fleck, B.; Kulik, P.: Hochspannungs- und Niederspannungs-Schaltanlagen, Giradet, Essen, 1975.
[3.12] Gerber, G.; Hanitsch, R.: Elektrische Maschinen, Berliner Union, Stuttgart, 1980.
[3.13] Gester, J.: Starkstromleitungen und Netze, VEB Technik, Berlin, 1981.
[3.14] Grossner, N. R.: Transformers for Electronic Circuits, McGraw-Hill, New York, 1967.
[3.15] Happold, H.; Oeding, D.; Elektrische Kraftwerke und Netze, Springer, Berlin, 1978.
[3.16] Hilgarth, G.: Hochspannungstechnik, Teubner, Stuttgart, 1981.
[3.17] Hill, P. G.: Power Generation, MIT Pr., Cambridge, 1977.
[3.18] Graneau, P.: Underground Power Transmission: The Science, Technology & Economics of High Voltage Cables, Wiley, New York, 1979.
[3.19] Hosemann, G.; Boeck, W.: Grundlagen der elektrischen Energietechnik, Springer, Berlin, 1979.
[3.20] Hütte: Energietechnik, Bde. 1 bis 4, Ernst, Berlin, 1978.
[3.21] Jones, C.: The Unified Theory of Electrical Machines, Butterworths, London, 1967.
[3.22] Jordan, H., u.a.: Asynchronmaschinen, Vieweg, Braunschweig, 1975.
[3.23] Kimbark, E. W.: Direct Current Transmission, Bd. 1, Wiley, New York, 1971.
[3.24] Kind, D.: Einführung in die Hochspannungs-Versuchstechnik, Vieweg, Braunschweig, 1978.
[3.25] Klamt, J.: Berechnung und Bemessung elektrischer Maschinen, Springer, Berlin, 1962.
[3.26] Kleinrath, H.: Grundlagen elektrischer Maschinen, Akad. Verlagsges., Wiesbaden, 1975.
[3.27] Kleinrath, H.: Stromrichtergespeiste Drehfeldmaschinen, Akad. Verlagsges., Wiesbaden, 1980.
[3.28] Kosow, I. L.: Electric Machinery & Transformers, Prentice-Hall, Englewood Cliffs, 1972.
[3.29] Kovàcs, K. P.: Transiente Vorgänge in Wechselstrommaschinen, Verl. d. Ung. Akad. d. Wiss., Budapest, 1959.
[3.30] Küchler, R.: Die Transformatoren, Springer, Berlin, 1966.
[3.31] Kümmel, F.: Elektrische Antriebstechnik, Springer, Berlin, 1971.
[3.32] Kunath, H.: Blindstromkompensation, Hüthig, Heidelberg, 1975.
[3.33] Luda, G.: Drehstrom-Asynchron-Linearantriebe, Vogel, Würzburg, 1981.
[3.34] Müller, G.: Elektrische Maschinen (2 Bde.), VEB Technik, Berlin, 1977/1979.
[3.35] Nürnberg, W.: Die Prüfung elektrischer Maschinen, Springer, Berlin, 1965.
[3.36] Nürnberg, W.: Die Asynchronmaschine, Springer, Berlin, 1963.
[3.37] Pozar, H.: Leistung und Energie in Verbundsystemen, Springer, Wien, 1963.
[3.38] Prinz, H.: Hochspannungsfelder, Oldenbourg, München 1969.
[3.39] Richter, R.: Elektrische Maschinen (4 Bde.), Birkhäuser, Basel, 1954–1967.
[3.40] Seifert, G.: Stelltransformatoren, Hüthig, Heidelberg, 1971.
[3.41] Slamecka, E.: Prüfungen von Hochspannungs-Leistungsschaltern, Springer, Berlin, 1966.
[3.42] Späth, H.: Elektrische Maschinen, Springer, Berlin, 1973.
[3.43] Stevenson, W. D.: Elements of Power System Analysis, McGraw-Hill, New York, 1975.

[3.44] *Taegen, F.:* Einführung in die Theorie der Elektrischen Maschinen (2 Bde.), Vieweg, Braunschweig, 1970.
[3.45] *Uhlmann, E.:* Power Transmission by Direct Current, Springer, Berlin, 1975.
[3.46] *Vidmar, M.:* Die Transformatoren, Birkhäuser, Basel, 1956.
[3.47] *Weedy, B. M.:* Electric Power Systems.,Wiley, New York, 1972.

4 Elektronische Bauelemente, Integrierte Schaltungen, Technologien, Werkstoffe und Zuverlässigkeit

[4.1] *Achterberg, H.:* Operationsverstärker, Valvo, Hamburg, 1974.
[4.2] *Adler, D.:* Amorphous Semiconductors, CRC, Boca Raton, 1971.
[4.3] *Abrikosov, N. K.,* u. a.: Semiconducting Two-Six, Four-Six and Five-Six Compounds, Plenum, New York, 1969.
[4.4] *Agajanian, A. H.:* MOSFET Technology, A Comprehensive Bibliography, Plenum, New York, 1980.
[4.5] *Ahmed, H.:* Microcircuit Engineering, Cambridge U. Pr., Cambridge, 1980.
[4.6] *Ackermann, W.:* Schichtschaltungen, Leitfaden für den Anwender, Siemens, München, 1974.
[4.7] *Ackmann, W.:* Zuverlässigkeit elektronischer Bauelemente, Hüthig, Heidelberg, 1976.
[4.8] *Alvarez, E. C.; Fleckles, D. E.:* Introduction to Electron Devices, McGraw-Hill, New York, 1974.
[4.9] *Alver, M. H. V.:* Reliability Engineering, Prentice-Hall, Englewood Cliffs, 1964.
[4.10] *American Institute of Physics:* The Power Transistor, McGraw-Hill, New York, 1975.
[4.11] *American Micro-Systems' Inc.:* AMI, AMOS Integrated Circuits: Theory, Fabrication, Design and Systems Applications of MOS-LSI, Van Nostrand Reinhold, New York, 1972.
[4.12] *Amstader, B. L.:* Reliability Handbook, McGraw-Hill, New York, 1966.
[4.13] *Anderson, R. T.:* Reliability Design Handbook, ITT Research Inst., Chicago, 1976.
[4.14] *Angelo, E. J.:* Electronics: BJTs, FETs, and Microcircuits, McGraw-Hill, New York, 1969.
[4.15] *Appels, J. Th.; Geels, B. H.:* Handbuch der Relais-Schaltungstechnik, Philips, Hamburg, 1967.
[4.16] *Ausborn, W.:* Elektronik-Bauelemente, VEB Technik, Berlin, 1976.
[4.17] *Bahlburg, B.:* Qualität von Valvo-Bauelementen, Valvo, Hamburg, 1973.
[4.18] *Bǎjanescu, T. I.:* Elektronik und Zuverlässigkeit, Technische Rundschau, Bern, 1979.
[4.19] *Balley, F. J.:* Introduction to Semiconductor Devices. Allen & Unwin, London, 1972.
[4.20] *Bapat, Y. N.:* Electronic Devices and Circuits, Discrete and Integrated, McGraw-Hill, New York, 1978.
[4.21] *Barbe, D. F.* (Hrsg.): Charge-Coupled Devices, Springer, Berlin, 1980.
[4.22] *Barkhausen, H.:* Lehrbuch der Elektronenröhren und ihrer technischen Anwendungen,
Bd. 1: Allgemeine Grundlagen, 1969;
Bd. 3: Rückkopplung, 1969;
Bd. 4: Gleichrichter und Empfänger, 1965,
Hirzel, Leipzig.

[4.23] *Bar-Lev, A.:* Semiconductors and Electronic Devices, Prentice-Hall, Englewood Cliffs, 1979.
[4.24] *Barnes, L.:* Transistors for Technical Colleges, Transatlantic, Levintown, 1965.
[4.25] Bauelemente, Technische Erläuterungen und Kenndaten für Studierende, Siemens, München, 1977.
[4.26] *Bauer, W.; Wagener, H. H.:* Bauelemente und Grundschaltungen der Elektronik, Bd. 1: 1977; Bd. 2: 1981, Hanser, München.
[4.27] *Baumann, E.* u. a.: Integrierte Schaltungen in digitalen Systemen, Birkhäuser, Stuttgart, 1975.
[4.28] *Bazovsky, I.:* Reliability, Theory and Practice, Prentice-Hall, New York, 1961.
[4.29] *Beichelt, F.:* Zuverlässigkeit und Erneuerung, VEB Technik, Berlin, 1970.
[4.30] *Belke, R. E.,* u. a.: Transistor Manual, General Electric, Syracuse, 1969.
[4.31] *Bell, D. A.:* Fundamentals of Electronic Devices, Reston Publ., Reston, 1975.
[4.32] *Bell, D. A.:* Electronic Devices and Circuits, Prentice-Hall, Englewood Cliffs, 1981.
[4.33] *Bell, R. L.:* Negative Electron Affinity Devices, Oxford University Press, Oxford, 1973.
[4.34] *Beneking, H.:* Feldeffekttransistoren, Springer, Berlin, 1973.
[4.35] *Beneking, H.; Krömer, H.:* Der Transistor, Springer, Berlin, 1968.
[4.36] *Berger, L. I.; Prochukhan, V. D.:* Ternary Diamond-Like Semiconductors, Plenum, New York, 1969.
[4.37] *Bergtold, F.:* Glimmdioden und Ziffernanzeigeröhren, Pflaum, München, 1969.
[4.38] *Bergtold, F.:* Photo-, Kalt- und Heißleiter sowie VDR, Pflaum, München, 1971.
[4.39] *Bernhard, J. H.; Knuppertz, B.:* Thyristoren – kurz und bündig, Vogel, Würzburg, 1976.
[4.40] *Bernstein, H.:* Hochintegrierte Digitalschaltungen und Mikroprozessoren, Pflaum, 1978.
[4.41] *Berry, R. W.,* u. a.: Thin Film Technology, Van Nostrand Reinhold, New York, 1968.
[4.42] *Beuth, K.:* Elektronik, Bd. 2: Bauelemente der Elektronik, Vogel, Würzburg, 1975.
[4.43] *Beynon, J. D.; Lamb, D. R.:* Charge-Coupled Devices and their Applications, McGraw-Hill, New York, 1979.
[4.44] *Bienert, H.:* Einführung in den Entwurf und die Berechnung von Kippschaltungen, Hüthig, Heidelberg, 1980.
[4.45] *Biondi, F. J.:* Transistor Technology, Bd. 1: 1958; Bd. 2: 1958, Van Nostrand, New York.
[4.46] *Bitter, P.:* Technische Zuverlässigkeit, Springer, Berlin, 1971.

[4.47] *Blanchard, B. S.; Lowery, E. E.:* Maintainability Principles and Practice, McGraw-Hill, New York, 1969.

[4.48] *Bogenschütz, A. F.:* Oberflächentechnik und Galvanotechnik in der Elektronik, Leuze, Saulgau, 1971.

[4.49] *Böger, H.,* u.a.: Einführung in die Elektronik, Tl. 1: Bauelemente der Elektronik und ihre Grundschaltungen, Stam, Köln, 1974.

[4.50] *Boguslavskii, L. I.; Vannikov, A. V.:* Organic Semiconductors and Biopolymers, Plenum, New York, 1970.

[4.51] *Böhmer, E.:* Elemente der angewandten Elektronik, Vieweg, Braunschweig, 1979.

[4.52] *Bourns:* The Potentiometer Handbook, McGraw-Hill, New York, 1975.

[4.53] *Boylestad, R.; Nashelsky, L.:* Electronic Devices and Circuit Theory, Prentice-Hall, Englewood Cliffs, 1978.

[4.54] *Braun, E.; Macdonald, S.:* Revolution in Miniature. Cambridge U.Pr., Cambridge, 1978.

[4.55] *Bridgers, H. E.,* u.a. (Hrsg. Bd. 1); *Biondi, F. J.* (Hrsg. Bde. 2 u. 3): Transistor Technology, Van Nostrand, New York, 1958.

[4.56] *Brophy, J. J.; Butlrey, J. W.:* Organic Semiconductor, Macmillan, London, 1962.

[4.57] *Brodsky, M. H.* (Hrsg.): Amorphous Semiconductors, Springer, Berlin, 1979.

[4.58] *Bruinsma, A. H.:* Schaltungen mit Gleichstromrelais, Philips, Hamburg, 1964.

[4.59] *Büker, H.:* Theorie und Praxis der Halbleiterdetektoren für Kernstrahlung, Springer, Berlin, 1971.

[4.60] *Bulman, P. J.,* u.a.: Transferred Electron Devices, Academic Press, New York, 1972.

[4.61] *Burford, W. B.; Verner, H. G.:* Semiconductor Junctions and Devices, McGraw-Hill, New York, 1965.

[4.62] *Burger, R. M.; Donovan, R. P.* (Hrsg.): Fundamentals of Silicon Integrated Device Technology,
Tl. 1: Oxidation, Diffusion and Epitaxy, 1967;
Tl. 2: Bipolar and Unipolar Transistors, 1968, Prentice-Hall, Englewood Cliffs.

[4.63] *Burstyn, W.:* Elektrische Kontakte und Schaltvorgänge, Springer, Berlin, 1956.

[4.64] *Calabro, S. R.:* Reliability Principles and Practices, McGraw-Hill, New York, 1962.

[4.65] *Carr, W. N.; Mize, J. P.:* MOS-LSI Design and Application, McGraw-Hill, New York, 1972.

[4.66] *Carroll, J. E.:* Hot Electron Microwave Generators, Arnold, London, 1970.

[4.67] *Carroll, J. E.:* Physical Models for Semiconductor Devices, Crane-Russak, New York, 1974.

[4.68] *Carter, G.; Grant, W. A.:* Ion Implantation of Semiconductors, Halsted Pr., New York, 1976.

[4.69] *Chaffin, R. J.:* Microwave Semiconductor Devices: Fundamentals and Radiation Effects. Wiley, New York, 1973.

[4.70] *Chan, H.:* Magnetic Bubble Technology. Integrated Magnetics for Digital Storage and Processing, Wiley, New York, 1975.

[4.71] *Chang, H.:* Magnetic Bubble Technology: Integrated Circuit Magnetic for Digital Storage and Processing. Wiley, New York, 1975.

[4.72] *Chapman, B.:* Glow Discharge Processes: Sputtering and Plasma Etching, Wiley, New York, 1980.

[4.73] *Chernov, A. A.:* Growth of Crystals, Bd. 12, Plenum, New York, 1980.

[4.74] *Chernow, F.,* u.a.: Ion Implantation in Semiconductors, Plenum, New York, 1977.

[4.75] *Chirlian, P. M.:* Analysis and Design of Integrated Electronic Circuits, Harper & Row, London, 1981.

[4.76] *Chopra, K. L.:* Thin Film Phenomena, McGraw-Hill, New York, 1969.

[4.77] *Chorafas, D. N.:* Statistical Processes and Reliability Engineering, Van Nostrand, New York, 1960.

[4.78] *Cirovic, M.:* Integrated Circuits: A User's Handbook, Reston Publ., Reston, 1977.

[4.79] *Cleary, J. F.:* Transistor Manual, General Electric, Syracuse, 1962.

[4.80] *Cluley, J. C.:* Electronic Equipment Reliability, Wiley, New York, 1974.

[4.81] *Cobbold, R. S.:* Theory and Application of Field-Effect Transistors, Wiley, New York, 1970.

[4.82] *Colclaser, R. A.:* Microelectronics: Processing and Design, Wiley, New York, 1979.

[4.83] *Colliver, D. J.:* The Technology of Compound Semiconductor: Materials and Devices, Artech Hse., Deadham, 1976.

[4.84] *Connor, F. R.:* Electronic Devices, Arnold, London. 1980.

[4.85] *Coombs, C. F.:* Printed Circuits Handbook, McGraw-Hill, New York, 1967.

[4.86] *Cooper, W. D.:* Solid State Devices: Analysis and Application, Reston Publ., Reston, 1974.

[4.87] *Coughlin, R. F.:* Principles and Applications of Semiconductors and Circuits, Prentice-Hall, Englewood Cliffs, 1971.

[4.88] *Cox, D. R.:* Erneuerungstheorie, Oldenbourg, München, 1966.

[4.89] *Crowder, B. L.:* Implantation in Semiconductors and Other Material, Plenum, New York, 1973.

[4.90] *Cullen, G. W.,* u.a.: Heteroepitaxial Semiconductors for Electronic Devices, Springer, Berlin, 1978.

[4.91] *Däschler, A.:* Elektronenröhren, Archimedes, Kreuzlingen, 1969.

[4.92] *Dean, K. J.:* Integrated Electronics, Halsted, New York, 1967.

[4.93] *Deboo, G. J.; Burrous, C. N.:* Integrated Circuits and Semiconductor Devices: Theory and Application, McGraw-Hill, New York, 1977.

[4.94] *DeForest, W. S.:* Photoresist: Materials and Processes, McGraw-Hill, New York, 1975.

[4.95] *DeMaw, M. F.:* Ferromagnetic-Core Design and Application Handbook, Prentice-Hall, Englewood Cliffs, 1981.

[4.96] DIN-Begriffslexikon, Beuth-Vertrieb, Berlin, 1961.

[4.97] *Dombrowski, E.:* Einführung in die Zuverlässigkeit elektronischer Geräte und Systeme, AEG-Telefunken, Berlin, 1970.

[4.98] *Dosse, J.:* Der Transistor, Oldenbourg, München, 1962.

[4.99] *Douglas-Young, J.:* Technician's Guide to Microelectronics, Prentice-Hall, Englewood Cliffs, 1978.

[4.100] *Driscoll, F.; Coughlin, R. F.:* Solid State Devices and Applications, Prentice-Hall, Englewood Cliffs, 1975.

[4.101] *Dummer, G. W. A.:* Materials for Conductive and Resistive Functions, Hayden, Rochelle Park, 1970.

[4.102] *Dummer, G. W. A.:* Semiconductor and Microprocessor Technology 1979, Pergamon Press, Elmsford, 1980.

[4.103] *Dummer, G. W. A.:* Semiconductor Technology, Pergamon, Elmsford, 1976.

[4.104] *Dummer, G. W. A.; Griffin, B. N.:* Electronic Equipment Reliability, Pitman, London, 1966.

[4.105] Dummer, G. W. A.; Griffin, B. N.: Electronics Reliability Calculation and Design, Pergamon, New York, 1966.
[4.106] Dummer, G. W. A.; Nordenberg, H. N.: Fixed and Variable Capacitors, McGraw-Hill, New York, 1960.
[4.107] Dunlap, W. C.: An Introduction to Semiconductors, Wiley, New York, 1957.
[4.108] Eastman, L. F.: Gallium Arsenide Microwave Bulk and Transit-Time Devices, Artech Hse., Dedham, 1972.
[4.109] Ehlbeck, H. W.: Integrierte Schaltungstechnik – Herstellung und Anwendung moderner elektronischer Bauelemente, Frankh, Stuttgart, 1967.
[4.110] Eichhorn, F.; Drews, P.: Beitrag zum Ultraschallpunktschweißen von Metallen, Westdeutscher Verlag, Köln, 1967.
[4.111] Eisen, F. H.; Chadderton, L. T.: Ion Implantation, Gordon & Breach, New York, 1971.
[4.112] Eisenkolb, F.: Fortschritte der Pulvermetallurgie, Bd. 2, Akademie Verlag, Berlin, 1963.
[4.113] Eisler, P.: Gedruckte Schaltungen, Hanser, München, 1961.
[4.114] Electronics Magazine: Microprocessors, McGraw-Hill, New York, 1975.
[4.115] Ellis, T. M. R.: Control Problems and Devices in Manufacturing Technology, Pergamon Press, Elmsford, 1981.
[4.116] Elschner, H., u.a.: Neue Bauelemente der Informationstechnik, Akademische Verlagsges., Leipzig, 1974.
[4.117] Engineers' Relay Handbook, Hayden, Rochelle Park, 1966.
[4.118] Erich, M.: Relaisbuch, Frankh, Stuttgart, 1959.
[4.119] Eschenfelder, A. H.: Magnetic Bubble Technology, Springer, Berlin, 1980.
[4.120] Evans, J.: Fundamental Principles of Transistors, Van Nostrand Reinhold, New York, 1958.
[4.121] Faas, K. G.; Swozil, J.: Verdrahtungen und Verbindungen in der Nachrichtentechnik, Akademische Verlagsges., Frankfurt, 1974.
[4.122] Farbbildröhren, Valvo, Hamburg, 1968.
[4.123] Feldtkeller, E.: Dielektrische und magnetische Materialeigenschaften, Bd. 1: 1973; Bd. 2: 1974, Bibliographisches Institut, Mannheim.
[4.124] Feldtkeller, E.: Einführung in die Theorie der Spulen und Übertrager, Hirzel, Stuttgart, 1949.
[4.125] FET-Kochbuch, Texas-Instruments, Freising, 1977.
[4.126] Feustel, E.: Stand und Entwicklung der Lasertechnik zum Schweißen und Schneiden, Verlag für Schweißtechnik, Düsseldorf, 1967.
[4.127] Fitchen, F. C.: Electronic Integrated Circuits and Systems, Van Nostrand Reinhold, New York, 1970.
[4.128] Fogiel, M.: Modern Microelectronics: Basic Principles, Circuit Design, Fabrication Technology, Research and Education, New York, 1972.
[4.129] Fontaine, G.: Dioden und Transistoren.
Bd. 1: Grundlagen, 1973;
Bd. 2: NF-Verstärkung, 1969;
Bd. 4: Schalterbetrieb, 1976,
Philips, Hamburg.
[4.130] Franke, H.: Qualitäts-Sicherung von Zulieferungen, Lexika-Verlag, Grafenau, 1968.
[4.131] Fundamentals of Amorphous Semiconductors, National Academy of Science, Washington, 1972.
[4.132] Gad, H.: Feldeffektelektronik, Teubner, Stuttgart, 1976.
[4.133] Gaede, K. W.: Zuverlässigkeit, mathematische Modelle, Hanser, München, 1970.

[4.134] Garland, H.: Microprocessors, McGraw-Hill, New York, 1979.
[4.135] Garland, D. J.; Stainer, F. W.: Modern Electronic Maintainance Principles, Pergamon Press, New York, 1970.
[4.136] Gartner, W. W.: Transistors, Principle, Design and Application, Van Nostrand, New York, 1960.
[4.137] Gayford, M. L.: Modern Relay Techniques, Butterworth, London, 1969.
[4.138] Gelder, E.; Hirschmann, W.: Schaltungen mit Halbleiterbauelementen,
Bd. 1: Grundlagen und Beispiele aus der NF-Technik, 1977;
Bd. 2: Anwendungen aus der NF- u. HF-Technik, 1973;
Bd. 3: Beispiele mit Germanium- und Silizium-Transistoren, 1973;
Bd. 4: Beispiele mit Transistoren und integrierten Schaltungen, 1973;
Bd. 5: NF/Hi-Fi-, HF- und Fernsehempfängerschaltungen, 1976,
Siemens, Erlangen, München.
[4.139] Gentile, S. P.: Basic Theory and Application of Tunnel Diodes, Van Nostrand, New York, 1962.
[4.140] Gentry, F. E., u.a.: Semiconductor Controlled Rectifiers: Principles and Applications of p-n-p-n Devices, Prentice-Hall, Englewood Cliffs, 1964.
[4.141] Gerlach, W.: Thyristoren, Springer, Berlin, 1979.
[4.142] Geschwinde, H.; Krank, W.: Streifenleitungen, Wintersche Verlagshandlung, Füssen, 1960.
[4.143] Ghandhi, S. K.: Semiconductor Power Devices, Physics of Operation and Fabrication Technology, Wiley, New York, 1977.
[4.144] Ghandhi, S. K.: Theory and Practice of Microelectronics. Wiley, New York, 1968.
[4.145] Giffiths, W.; Sawyer, H.: Zerstörungsfreie Prüfung von Schweißverbindungen an elektrischen Bauteilen, Deutscher Verlag für Schweißtechnik, Düsseldorf, 1970.
[4.146] Gise, P. E.; Blanchard, R.: Semiconductor and Integrated Circuit Fabrication Techniques, Reston Publ., Reston, 1979.
[4.147] Glaser, A. B.; Subak-Sharpe, G. E.: Integrated Circuit Engineering – Design, Fabrication, and Applications, Addison-Wesley, Reading, 1979.
[4.148] Glazov, V. M., u.a.: Liquid Semiconductors, Plenum, New York, 1969.
[4.149] Goldmann, A. S.; Slattery, T. B.: Maintainability: A Major Element of System Effectiveness, Wiley, New York, 1964.
[4.150] Golsing, W.: Field Effect Transistor Applications, Wiley, New York, 1965.
[4.151] Gordy, H. M., u.a.: Reliability Engineering for Electronic Systems, Wiley, New York, 1964.
[4.152] Gore, W.: Microcircuits and Their Applications, Gordon & Breach, New York, 1970.
[4.153] Görke, W.: Zuverlässigkeitsprobleme elektronischer Schaltungen, Bibliographisches Institut, Mannheim, 1969.
[4.154] Graham, E. D., Jr.; Gwyn, Ch. W.: Microwave Transistors, Artech Hse., Dedham, 1975.
[4.155] Grant, E. L.: Statistical Quality Control, McGraw-Hill, New York, 1952.
[4.156] Green, A. E.; Bourne, A. J.: Reliability Technology, Wiley, New York, 1972.
[4.157] Greiner, R. A.: Semiconductor Devices and Applications, McGraw-Hill, 1961.

[4.158] *Grinich, V. H.; Jackson, H. G.:* Introduction to Integrated Circuits, McGraw-Hill, New York, 1975.
[4.159] *Guggenbühl, W.,* u.a.: Halbleiterbauelemente, Bd. 1: Halbleiter und Halbleiterdioden, Birkhäuser, Basel, 1962.
[4.160] *Guozdover, S. D.:* Theory of Microwave Tubes, Pergamon Press, Elmsford, 1961.
[4.161] *Gutmann, F.; Lyons, L. E.:* Organic Semiconductors, Wiley, New York, 1967.
[4.162] *Gutzwiller, F. W.:* Silicon Controlled Rectifier Manual, General Electric, Syracuse, 1961.
[4.163] *Haddad, G.:* Avalanche Transit-Time Devices, Artech Hse., Dedham 1973.
[4.164] *Hahn, H.:* Operationsverstärker in Theorie und Praxis, Holzmann, Bad Wörishofen, 1972.
[4.165] *Hahn, H.:* Thyristoren und Thyristorschaltungen, Hüthig, Heidelberg, 1973.
[4.166] *Hamer, D. W.; Biggers, J. V.:* Thick Film Hybrid Microcircuit Technology, Wiley, New York, 1972.
[4.167] *Hamilton, D. J.; Howard, W. G.:* Basic Integrated Circuit Engineering, McGraw-Hill, New York, 1975.
[4.168] *Hamilton, D. R.:* Klystrons and Microwave Triodes, McGraw-Hill, New York, 1948.
[4.169] *Hanke, H. J.; Fabian, H.:* Technologie elektronischer Baugruppen, VEB Technik, Berlin, 1975.
[4.170] *Hansen, M.:* Constitution of Binary Alloys, McGraw-Hill, New York, 1969.
[4.171] *Harper, C. A.:* Handbook of Components for Electronics, McGraw-Hill, New York, 1977.
[4.172] *Harper, C. A.:* Handbook of Electronic Packaging, McGraw-Hill, New York, 1969.
[4.173] *Harper, C. A.:* Handbook of Thick Film Hybrid Microelectronics: A Practical Sourcebook for Designers, Fabricators, and Users, McGraw-Hill, New York, 1974.
[4.174] *Harper, C. A.:* Handbook of Wiring, Cabling, and Interconnecting for Electronics, McGraw-Hill, New York, 1972.
[4.175] *Harth, W.:* Halbleitertechnologie, Teubner, Stuttgart, 1982.
[4.176] *Harth, W.; Claassen, M.:* Aktive Mikrowellendioden, Springer, Berlin, 1980.
[4.177] *Haseloff, E.:* Das TTL-Kochbuch, Texas Instruments, Freising, 1975.
[4.178] *Haviland, R. P.:* Engineering Reliability and Long Life Design, Van Nostrand, New York, 1964.
[4.179] *Hebel, M.; Vollmeyer, W.:* Das Fernmelderelais, Oldenbourg, München, 1961.
[4.180] *Heime, K.:* Laufzeit-Dioden, Impatt- und Baritt-Dioden, Oldenbourg, München, 1976.
[4.181] *Henry, E. C.:* Electronic Ceramics, Doubleday, Garden City, 1969.
[4.182] *Herpy, M.:* Analog Integrated Circuits: Operational Amplifiers and Analog Multipliers, Wiley, New York, 1980.
[4.183] *Hertwig, M.:* Induktivitäten, Radio-Foto-Kinotechnik, Berlin, 1954.
[4.184] *Hesse, D.:* Praktische Erfahrungen der Zuverlässigkeitsarbeit, VEB Technik, Berlin, 1973.
[4.185] *Heumann, K.; Stumpe, A. C.:* Thyristoren, Teubner, Stuttgart, 1974.
[4.186] *Hibberd, R. G.:* Integrated Circuits: A Basic Course for Engineers and Technicians, McGraw-Hill, New York, 1969.
[4.187] *Hilpert, H.:* Halbleiterbauelemente, Teubner, Stuttgart, 1976.
[4.188] *Hilsum, C.; Rose-Innes, A. C.:* Semiconducting III-V Compounds, Pergamon, Elmsford, 1961.
[4.189] *Hnatek, E. R.:* A User's Handbook of Semiconductor Memories, Wiley, New York, 1977.
[4.190] *Hnatek, E. R.:* A User's Handbook of Integrated Circuits, Wiley, New York, 1973.
[4.191] *Hoffmann, A.; Stocker, K.:* Thyristor-Handbuch, Siemens, München, 1976.
[4.192] *Höfle-Isphording, U.:* Zuverlässigkeitsberechnung. Einführung in ihre Methoden, Springer, Berlin, 1977.
[4.193] *Höfflinger, B.* (Hrsg.): Großintegration, Oldenbourg, München, 1978.
[4.194] *Hoft, R. G.:* SCR Applications Handbook, International Rectifier, El Segundo, 1974.
[4.195] *Hogarth, C. A.:* Materials Used in Semiconductor Devices, Krieger, New York, 1965.
[4.196] *Holland, L.:* Vacuum Deposition of Thin Films, Chapman & Hall, London, 1963.
[4.197] *Holm, R.:* Electric Contact Handbook, Springer, Berlin, 1958.
[4.198] *Horowitz, M.:* Practical Design with Solid-State Devices, Prentice-Hall, Englewood Cliffs, 1980.
[4.199] *Houwinkel, R.; Salomon, G.:* Adhesion and Adhesives, Bd. 1: Adhesives, Elsevier, New York, 1967.
[4.200] *Howes, M. J.; Morgan, D. V.:* Charge Coupled Devices and Systems, Wiley, New York, 1979.
[4.201] *Howes, M. J.; Morgan, D. V.:* Microwave Devices: Device Circuit Interaction, Wiley, New York, 1976.
[4.202] *Howes, M. J.; Morgan, D. V.* (Hrsg.): Variable Impedance Devices, Wiley, New York, 1978.
[4.203] *Hubert, C. I.:* Preventive Maintenance of Electrical Equipment, McGraw-Hill, New York, 1969.
[4.204] *Huelsman, P.:* Theory and Design of Active RC Circuits, McGraw-Hill, New York, 1968.
[4.205] *Hyde, F. J.:* Semiconductors, Beekman, Brookly Heights, 1969.
[4.206] Introduction to Semiconductor Processing, Reston Publ., Reston, 1979.
[4.207] *Ireson, W. G.:* Reliability Handbook, McGraw-Hill, New York, 1966.
[4.208] *Jansen, J. H.:* Transistor-Handbuch, Franzis, München, 1980.
[4.209] *Jarzebski, Z. M.:* Oxide Semiconductors, Pergamon, Elmsford, 1974.
[4.210] *Jouscher, A. K.:* Principles of Semiconductor Devices, Wiley, New York, 1960.
[4.211] *Jowett, C. E.:* Reliable Electronic Assembly Production, Business Books, London, 1970.
[4.212] *Jowett, C. E.:* Semiconductor Devices: Testing and Evaluation, Beekman, Brookly Heights, 1974.
[4.213] *Jowett, C. E.:* The Engineering of Microelectronic Thin and Thick Films, Int'l Schol. Bk. Serv., Forest Grove, 1978.
[4.214] *Juran, J. M.:* Quality Control Handbook, McGraw-Hill, New York, 1951.
[4.215] *Kampel, I. J.:* Semiconductors: Basic Theory and Devices, Transatlantic, Lewitton, 1971.
[4.216] *Kane, Ph. F.; Larrabee, G. B.:* Characterization of Semiconductor Materials, McGraw-Hill, New York, 1970.
[4.217] *Kaufmann, A.:* Zuverlässigkeit in der Technik, Oldenbourg, München, 1970.

[4.218] *Kazmerski, L.:* Properties of Polycrystalline and Amorphous Thin Films and Devices, Academic Press, New York, 1980.

[4.219] *Keil, A.:* Werkstoffe für elektrische Kontakte, Springer, Berlin, 1960.

[4.220] *Keller, P.:* Handbook on Semiconductors, Bd. 3: Materials, Properties and Preparation, Elsevier, New York, 1980.

[4.221] *Kendall, E. J.:* Transistors, Pergamon, Elmsford, 1969.

[4.222] *Keonjian, E.:* Microelectronics – Theory, Design and Fabrication, McGraw-Hill, New York, 1963.

[4.223] *Khambata, A. J.:* Introduction to Large Scale Integration, Krieger, New York, 1973.

[4.224] *Kivenson, G.:* Durability and Reliability in Engineering Design, Hayden, Rochelle Park, 1971.

[4.225] *Klasche, G.; Hofer, R.:* Industrielle Elektronik-Schaltungen, Franzis, München, 1978.

[4.226] *Köhler, W. M.:* Relais. Grundlagen, Bauformen und Schaltungstechnik, Franzis, München, 1971.

[4.227] *Koshinz, E. F.:* Thermokompressionsschweißen, Widerstandsschweißen und Mikrofügeverfahren, Deutscher Verlag für Schweißtechnik, Düsseldorf, 1967.

[4.228] *Kowalenko, W. F.:* Mikrowellenröhren, Porta, München, 1957.

[4.229] *Kressel, H.:* Characterization of Epitaxial Semiconductor Films, Elsevier, New York, 1976.

[4.230] *Kühn, E.; Schmied, H.:* Handbuch Integrierte Schaltkreise, VEB Technik, Berlin, 1978.

[4.231] *Kuhrt, F.; Lippmann, H. J.:* Hallgeneratoren, Springer, Berlin, 1968.

[4.232] *Kürbis, K.-H.:* Grundlagen der Fehlersuche, VEB Technik, Berlin, 1979.

[4.233] *Lacour, H. R.:* Elektronische Bauelemente, Bd. 1: 1978; Bd. 2: 1979, Berliner Union, Stuttgart.

[4.234] *Larson, B.:* Transistor Fundamentals and Servicing, Prentice-Hall, Englewood Cliffs, 1974.

[4.235] *Laubmeyer, G.; Kupke, W.:* Weichlöten in der Elektronik, Schiele & Schön, Düsseldorf, 1967.

[4.236] *Laudise, R. A.:* The Growth of Single Crystals, Prentice-Hall, Englewood Cliffs, 1970.

[4.237] *LeCan, C.,* u.a.: The Junction Transistor as a Switching Device, Reinhold, New York, 1962.

[4.238] *Lecomber, P. G.; Mort, J.:* Electronic and Structural Properties of Amorphous Semiconductors, Academic Pr., New York, 1973.

[4.239] *Lehfeld, W.:* Ultraschallschweißen, Deutscher Verlag für Schweißtechnik, Düsseldorf, 1964.

[4.240] *Lenk, J. D.:* Handbook of Electronic Components and Circuits, Prentice-Hall, Englewood Cliffs, 1973.

[4.241] *Lenk, J. D.:* Handbook of Integrated Circuits: For Engineers and Technicians, Reston Publ., Reston, 1978.

[4.242] *Lenk, J. D.:* Handbook for Transistors, Prentice-Hall, Englewood Cliffs, 1976.

[4.243] *Leonce, J.; Servin, Jr.:* Field-Effect Transistors, McGraw-Hill, New York, 1965.

[4.244] *Lewicki, A.:* Einführung in die Mikroelektronik, Oldenbourg, München, 1966.

[4.245] *Lewis, R.:* Solid-State Devices and Applications, Hayden, Rochelle Park, 1971.

[4.246] Lexikon der Mikroelektronik. Mikroelektronik und Mikrocomputertechnik, Te-Wi, München, 1978.

[4.247] *Liao, S. Y.:* Microwave Devices and Circuits, Prentice-Hall, Englewood Cliffs, 1980.

[4.248] *Lloyd, D.; Lipw, M.:* Reliability: Management, Methods, and Mathematics, Prentice-Hall, Englewood Cliffs, 1962.

[4.249] *Lüder, E.:* Bau hybrider Mikroschaltungen, Springer, Berlin, 1977.

[4.250] *Lüder, E.:* Handbuch der Löttechnik. Eine Technologie des Lötens, VEB Technik, Berlin, 1952.

[4.251] *Lüder, E.:* Löten, Hanser, München, 1966.

[4.252] *Lund, P.:* Generation of Precision Artwork for Printed Circuit Boards, Wiley, New York, 1978.

[4.253] *Lynn, D. K.,* u.a.: Analysis and Design of Integrated Circuits, McGraw-Hill, New York, 1967.

[4.254] *Mackh, H.:* Mehrfachsteckverbinder für die Automatisierung, Hüthig, Heidelberg, 1969.

[4.255] *Madland, G. R.,* u.a.: Integrated Circuit Engineering, Techn. Publ., Boston, 1966.

[4.256] *Maissel, L. I.; Francombe, M. H.:* An Introduction to Thin Films, Gordon & Breach, New York, 1973.

[4.257] *Maissel, L. I.; Glang, R.:* Handbook of Thin Film Technology, McGraw-Hill, New York, 1970.

[4.258] *Majumder, D. D.; Das, J.:* Digital Computers' Memory Technology, Wiley, New York, 1980.

[4.259] *Maloney, T. J.:* Industrial Solid State Electronics: Devices and Systems, Prentice-Hall, New York, 1980.

[4.260] *Manko, H. H.:* Solders and Soldering. Materials, Design, Production, and Analysis for Reliable Bonding, McGraw-Hill, New York, 1964.

[4.261] *Marton, L.:* Electron Beam and Laser Beam Technology, Academic Pr., New York, 1968.

[4.262] *Mason, C. R.:* Art and Science of Protective Relaying, Wiley, New York, 1956.

[4.263] *Mavor, J.* (Hrsg.): M.O.S.T. Integrated Circuit Engineering, Int'l Schol. Bk. Serv., Forest Grove, 1973.

[4.264] *Mayer, J. W.,* u.a.: Ion Implantation, Academic Pr., New York, 1970.

[4.265] *Mazda, F. F.:* Integrated Circuits, Technology and Applications, Cambridge U.Pr., Cambridge, 1978.

[4.266] *McKay, C. W.:* Experimenting with MSI, LSI, IO, and Modular Memory Systems, Prentice-Hall, Englewood Cliffs, 1981.

[4.267] *Mead, C. A.; Conway, L. A.:* Introduction to VLSI Systems, Addison-Wesley, New York, 1980.

[4.268] *Meiksin, Z. H.:* Thin and Thick Films for Hybrid Microelectronics, Lexington, Lexington, 1976.

[4.269] *Meiksin, Z. H.; Thackray, Ph. C.:* Electronic Design With Off-the-Shelf Integrated Circuits, Prentice-Hall, Englewood Cliffs, 1980.

[4.270] *Melen, R.; Buss, D.:* Charge Coupled Devices: Technology and Applications, Wiley, New York, 1977.

[4.271] *Metzger, D. L.:* Electronic Components, Instruments and Troubleshooting, Prentice-Hall, Englewood Cliffs, 1981.

[4.272] *Meyer, C.,* u.a.: Analysis and Design of Integrated Circuits, McGraw-Hill, New York, 1968.

[4.273] *Meyer, C.,* u.a.: Design and Analysis of Integrated Circuits, McGraw-Hill, New York, 1968.

[4.274] *Mick, J.; Brick, J.:* Bit-Slice Microprocessor Design, McGraw-Hill, New York, 1980.

[4.275] Microprocessors and Microcomputers and Switching Mode Power Supplies, McGraw-Hill, New York, 1978.

[4.276] Microelectronics: A Scientific American Book, W. H. Freeman, San Francisco, 1977.

[4.277] *Mielke, H.:* Dioden, Hüthig, Heidelberg, 1976.

[4.278] *Miller, L. F.:* Thick Film Technology and Chip Joining, Gordon & Breach, New York, 1972.

[4.279] *Milnes, A. G.:* Semiconductor Devices and Integrated Electronics, Van Nostrand, New York, 1980.

[4.280] *Moon, H.:* Simplified Guide to Electronic Circuits, Test Procedures and Troubleshooting, Prentice-Hall, Englewood Cliffs, 1975.

[4.281] *Morant, M. J.:* Introduction to Semiconductor Devices, Addison-Wesley, New York, 1964.

[4.282] *Morgan, D. V.,* u.a.: Solid State Electronic Devices, Crane Russak, New York, 1972.

[4.283] *Morris, N. M.:* Semiconductor Devices, Verry, Mystic, 1977.

[4.284] *Mortenson, K. E.:* Variable Capacitance Diodes, Artech. Hse. Dedham, 1974.

[4.285] MOS, Special-Purpose Integrated-Circuit and R-F Power Transistors, McGraw-Hill, New York, 1976.

[4.286] *Möschwitzer, A.:* Elektronische Halbleiterbauelemente, VEB Technik, Berlin, 1978.

[4.287] *Möschwitzer, A.:* Integration elektronischer Schaltungen, Hüthig, Heidelberg, 1974.

[4.288] *Möschwitzer, A.; Jorke, G.:* Mikroelektronische Schaltkreise, VEB Technik, Berlin, 1979.

[4.289] *Moschytz, G. S.:* Linear Integrated Networks:
Bd. 1: Fundamentals, 1974;
Bd. 2: Design, 1975,
Van Nostrand Reinhold, New York.

[4.290] *Motsch, W.:* Halbleiterspeicher: Technik, Organisation und Anwendung, Bibliographisches Institut, Mannheim, 1978.

[4.291] *Müller, R.:* Bauelemente der Halbleiter-Elektronik, Springer, Berlin, 1979.

[4.292] *Müller, R.:* Grundlagen der Halbleiterelektronik, Springer, Berlin, 1979.

[4.293] *Muller, R. S.; Kamins, T. I.:* Device Electronics for Integrated Circuits, Wiley, New York, 1977.

[4.294] *Nanavati, B. P.:* Semiconductor Devices: BJTs, JFETs, MOSFETs and Integrated Circuits, Harper & Row, New York, 1975.

[4.295] *Nashelsky, L.; Boylestad, R.:* Devices: Discrete and Integrated, Prentice-Hall, Englewood Cliffs, 1981.

[4.296] National Association of Relay Manufacturers: Engineers Relay Handbook, Hayden, Rochelle Park, 1966.

[4.297] *Navon, D. H.:* Electronic Materials and Devices, Houghton Mifflin, Boston, 1975.

[4.298] *Nebel, C.:* Statistische Qualitätskontrolle, Berliner Union, Stuttgart, 1969.

[4.299] *Neeleson, P. A.:* Rechteck-Ferritkerne, Philips, Hamburg, 1964.

[4.300] *Nosov, Y. R.:* Switching in Semiconductor Diodes, Plenum, New York, 1969.

[4.301] *Oliver, F. J.:* Practical Relay Circuits, Hayden, Rochelle Park, 1971.

[4.302] *Orton, J. W.:* Gunn-Effekt-Halbleiter, Hüthig, Heidelberg, 1973.

[4.303] *Pamplin, B. R.* (Hrsg.): Crystal Growth, Pergamon Pr., Elmsford, 1981.

[4.304] *Pamplin, B. R.* (Hrsg.): Molecular Beam Epitaxy and its Applications, Pergamon Pr., Elmsford, 1980.

[4.305] *Paul, R.:* Feldeffekttransistoren, Hüthig, Heidelberg, 1975.

[4.306] *Paul, R.:* Halbleitersonderbauelemente, VEB Technik, Berlin, 1981.

[4.307] *Paul, R.:* Halbleiterdioden, Hüthig, Heidelberg, 1976.

[4.308] *Paul, R.:* Transistoren und Thyristoren, Hüthig, Heidelberg, 1977.

[4.309] *Penfield, P., Jr.; Rafuse, R. P.:* Varactor Applications, MIT Pr., Cambridge, 1962.

[4.310] *Perez, A.; Coussement, R.:* Site Characterization and Aggregation of Implanted Atoms in Materials, Plenum, New York, 1980.

[4.311] *Pfeiffer, L.:* Fachkunde des Widerstandsschweißens, Girardet, Essen, 1969.

[4.312] *Phillips, A. B.:* Transistor Engineering: An Introduction to Integrated Semiconductor Circuits, McGraw, New York, 1962.

[4.313] *Phillips, W. A.* (Hrsg.): Amorphous Solids, Low-Temperature Properties, Springer, Berlin, 1981.

[4.314] *Pierce, J. R.:* Travelling-Wave tubes, Van Nostrand, New York, 1950.

[4.315] *Pieruschka, E.:* Principles of Reliability, Prentice-Hall, Englewood Cliffs, 1963.

[4.316] *Planer, G.; Phillips, G.:* Thick Film Circuits: Applications and Technology, Crane-Russak, New York, 1973.

[4.317] *Prensky, S. D.:* Manual of Linear Integrated Circuits, Reston Publ., Reston, 1974.

[4.318] *Prestin, U.:* Standardschaltungen der Rundfunk- und Fernsehtechnik, Franzis, München, 1980.

[4.319] *Preuß, H.:* Zuverlässigkeit elektronischer Einrichtungen, VEB Technik, Berlin, 1976.

[4.320] *Pritchard, R. L.:* Electrical Characteristics of Transistors, McGraw-Hill, New York, 1967.

[4.321] *Porst, A.:* Bipolare Halbleiter, Hüthig & Pflaum, München, 1979.

[4.322] *Puhrer, A.:* Schweißtechnik, Vieweg, Braunschweig, 1968.

[4.323] *Quartly, C. J.:* Schaltungstechnik mit Rechteckferriten, Philips, Hamburg, 1965.

[4.324] *Raabe, G.:* Epitaxieverfahren zur Fertigung von Halbleiterbauelementen, Valvo, Hamburg, 1973.

[4.325] *Racho, R.; Krause, K.:* Werkstoffe der Elektrotechnik, VEB Technik, Berlin, 1968.

[4.326] *Rau, I. G.:* Optimization and Probability in System Engineering, Van Nostrand Reinhold, New York, 1970.

[4.327] *Ray, B.:* II-VI Compounds, Pergamon, Elmsford, 1969.

[4.328] *Rein, H.-M.; Ranfft, R.:* Integrierte Bipolarschaltung, Springer, Berlin, 1980.

[4.329] *Reinfeldt, M.; Tränkle, U.:* Signifikanztabellen statistischer Testverteilungen, Oldenbourg, München, 1976.

[4.330] *Reinschke, K.:* Zuverlässigkeit von Systemen,
Bd. 1: Systeme mit endlich vielen Zuständen, VEB Technik, Berlin, 1973.

[4.331] *Reiß, K.:* Integrierte Digitalbausteine, Siemens, München, 1970.

[4.332] *Renz, E.:* PIN- und Schottky-Dioden: Technologie – Herstellung – Anwendung, Hüthig, Heidelberg, 1976.

[4.333] *Rexer, E.:* Organische Halbleiter, Akademie-Verlag, Berlin, 1966.

[4.334] *Richards, R. K.:* Elektronische Bauelemente und Schaltungen, Akademie Verlag, Berlin, 1972.

[4.335] *Richman, P.:* Characteristics and Operations of MOS Field-Effect Devices, McGraw-Hill, New York, 1967.

[4.336] *Richman, P.:* MOS Field-Effect Transistors and Integrated Circuits, Wiley, New York, 1973.

[4.337] *Rikoski, R. A.:* Hybrid Microelectronic Circuits: The Thick Film, Krieger, New York, 1973.

[4.338] *Riley, W.:* Electronic Computer Memory Technology, McGraw-Hill, New York, 1971.

[4.339] *Ritter-Sanders, M.:* Handbook of Advanced Solid-State Troubleshooting, Reston Publ., Reston, 1977.
[4.340] *Roberts, G. G.; Morant, M. J.* (Hrsg.): Insulating Films on Semiconductors 1979, Hilger, Bristol, 1980.
[4.341] *Roddy, D.:* Introduction to Microelectronics, Pergamon, Elmsford, 1978.
[4.342] *Rosenberger, F.:* Fundamentals of Crystal Growth 1, Springer, Berlin, 1979.
[4.343] *Rosine, L. L.:* Advances in Electronic Circuit Packaging, Bd. 5, Plenum, New York, 1965.
[4.344] *Roth, E.:* Praktische Galvanotechnik. Leuze, Saulgau, 1970.
[4.345] *Rothe, H.; Kleen, W.:* Elektronenröhren als Schwingungserzeuger und Gleichrichter, Becker u. Erler, Leipzig, 1941.
[4.346] *Ruge, I.:* Halbleiter-Technologie, Springer, Berlin, 1975.
[4.347] *Rumpf, K. H.:* Bauelemente der Elektronik, VEB Technik, Berlin, 1980.
[4.348] *Runyan, W. R.:* Semiconductor Measurements and Instrumentation, McGraw-Hill, New York, 1975.
[4.349] *Runyan, W. R.:* Silicon Semiconductor Technology, McGraw-Hill, New York, 1965.
[4.350] *Scarlett, J. A.:* Printed Circuit Boards for Microelectronics, Van Nostrand Reinhold, New York, 1970.
[4.351] *Schaafsma, A. H.; Willemze, F. G.:* Moderne Qualitätskontrolle, Philips, Hamburg, 1955.
[4.352] *Schaefer, E.:* Zuverlässigkeit, Verfügbarkeit und Sicherheit in der Elektronik, Vogel, Würzburg, 1979.
[4.353] *Schikarski, H.:* Die gedruckte Schaltung. Herstellung, Anwendung und Reparatur von gedruckten Schaltungen, Franckh, Stuttgart, 1966.
[4.354] *Schindowski, E.; Schürz, O.:* Statistische Qualitätskontrolle, VEB Technik, Berlin, 1974.
[4.355] *Schlabach, Rieder:* Printed and Integrated Circuitry, McGraw-Hill, New York, 1963.
[4.356] *Schlachetzki, A.; v. Münch, W.:* Integrierte Schaltungen, Teubner, Stuttgart, 1978.
[4.357] *Schlicke, H. M.:* Dielectromagnetic Engineering, Wiley, New York, 1961.
[4.358] *Schneeweiß, W.:* Zuverlässigkeitstheorie, Springer, Berlin, 1973.
[4.358] *Schnell, G. W.:* Elemente der Elektronik, Franzis, München, 1978.
[4.369] *Schreiner, H.:* Pulvermetallurgie elektrischer Kontakte, Springer, Berlin, 1964.
[4.361] *Schrenk, H.:* Bipolare Transistoren, Springer, Berlin, 1978.
[4.362] *Schüler, K.; Brinkmann, K.:* Dauermagnete, Springer, Berlin, 1970.
[4.363] *Scoles, G.:* Handbook of Rectifier Circuits, Wiley, New York, 1980.
[4.364] *Searle, C. L.,* u.a.: Elementary Circuit Properties of Transistors, Wiley, New York, 1964.
[4.365] *Seidel, G.:* Gedruckte Schaltungen, VEB Technik, Berlin, 1959.
[4.366] *Sevin, L. J.:* Field-Effect Transistors, McGraw-Hill, New York, 1965.
[4.367] *Sewig, R.:* Neuartige Fertigungsverfahren in Feinwerktechnik, Hanser, München, 1969.
[4.368] *Shacklette, L. W.; Ashworth, H. A.:* Using Digital and Analog Integrated Circuits, Prentice-Hall, Englewood Cliffs, 1978.
[4.369] *Shaw, D.:* Atomic Diffusion in Semiconductors, Plenum, New York, 1973.

[4.370] *Shay, J. L.; Wernick, J. H.:* Ternary Chalcopyrite Semiconductors: Growth, Electronic Properties and Applications, Pergamon, Elmsford, 1975.
[4.371] *Shooman, M. L.:* Probabilistic Reliability: an Engineering Approach, McGraw-Hill, New York, 1968.
[4.372] *Shurmer, H. V.:* Microwave Semiconductor Devices, Oldenbourg, München, 1971.
[4.373] *Sideris, G.:* Microelectronic Packaging, McGraw-Hill, New York, 1968.
[4.374] *Sippl, C.:* Concise Micro-Electronics Encyclopedia, Int'l Schol. Bk. Serv., Forest Grove, 1977.
[4.375] *Smith, C. S.:* Exakte Methoden der Qualitätskontrolle und Zuverlässigkeitsprüfung, Verlag Moderne Industrie, München, 1970.
[4.376] *Smith, D. J.:* Reliability Engineering, Pitman, London, 1972.
[4.377] *Smith, J. E.:* Integrated Injection Logic, Wiley, New York, 1980.
[4.378] *Somogyi, K.:* Amorphous Semiconductors '76, Int'l Pubns. Serv., New York, 1977.
[4.379] *Sonde, B. S.:* Introduction to System Design Using Integrated Circuits, Wiley, New York, 1981.
[4.380] *Sorkin, R. B.:* Integrated Electronics, McGraw-Hill, New York, 1970.
[4.381] *Starke, L.:* Bauelementelehre der Elektronik, Frankfurter Fachverlag, Frankfurt, 1977.
[4.382] *Stern, L.:* Grundlagen integrierter Schaltungen, Franzis, München, 1971.
[4.383] *Streetman, B. G.:* Solid State Electronic Devices, Prentice-Hall, Englewood Cliffs, 1980.
[4.384] *Stout, D. F.; Kaufman, M.:* Handbook of Microcircuit Design and Application, McGraw-Hill, New York, 1979.
[4.385] *Strutt, M. J. O.:* Elektronenröhren, Springer, Berlin, 1957.
[4.386] *Strutt, M. J. O.:* Semiconductor Devices, Bd. 1: 1966, Academic Pr., New York.
[4.387] *Stuke, J.; Brenig, W.:* Amorphous and Liquid Semiconductors, Halsted, New York, 1974.
[4.388] *Sutaner, H.:* Das Spulenbuch, Franzis, München, 1963.
[4.389] *Sylvester, P. G.:* Basic Theory and Application of Tunnel Diodes, McGraw-Hill, New York, 1962.
[4.390] *Taub, H.; Shilling, D.:* Digital Integrated Electronics, McGraw-Hill, New York, 1968.
[4.391] *Tauc, J.:* Amorphous and Liquid Semiconductors, Plenum, New York, 1974.
[4.392] *Thews, E. R.:* Weichlote, Metallurgie, Technologie und Anwendungsgebiete, Metall-Verlag, Berlin, 1953.
[4.393] *Tholl, H.:* Bauelemente der Halbleiterelektronik, Bd. 1: Grundlagen, Dioden und Transistoren, 1976; Bd. 2: Feldeffekttransistoren, Thyristoren u. Optoelektronik, 1978, Teubner, Stuttgart.
[4.394] *Thomason, M.:* Handbook of Solid-State Devices: Characteristics and Applications, Reston Publ., Reston, 1979.
[4.395] *Thornton, R. D.,* u.a.: Characteristics and Limitations of Transistors, Wiley, New York, 1966.
[4.396] Thyristoren, Triacs, Triggerdioden, Intermetall, Freiburg, 1976.
[4.397] *Tietze, U.; Schenk, C.:* Halbleiter-Schaltungstechnik, Springer, Berlin, 1980.
[4.398] *Titli, A.; Singh, M. G.:* Large Scale Systems: Theory and Applications, Pergamon Pr., Elmsford, 1981.

[4.399] *Tillman, J. R.; Roberts, F. F.:* An Introduction to the Theory and Practice of Transistors, Wiley, New York, 1961.

[4.400] *Todd, C. D.:* Junction Field-Effect Transistors, Wiley, New York, 1968.

[4.401] *Todd, C. D.:* The Potentiometer Handbook, McGraw-Hill, New York, 1975.

[4.402] *Todd, C. D.:* Zener and Avalanche Diodes, Wiley, New York, 1970.

[4.403] *Topfer, M. L.:* Thick Film Hybrid Microelectronics, Van Nostrand Reinhold, New York, 1971.

[4.404] *Towers, T. D.:* Hybrid Microelectronics, Crane-Russak, New York, 1977.

[4.405] *Troup, G.:* Masers, Wiley, New York, 1959.

[4.406] *Unger, H.-G.,* u.a.: Elektronische Bauelemente und Netzwerke,
Bd. 1: Physikalische Grundlagen der Bauelemente, 1979;
Bd. 2: Die Berechnung elektronischer Netzwerke, 1980;
Bd. 3: 146 Aufgaben mit Lösungen, 1972;
Vieweg, Braunschweig.

[4.407] *Van Alven, W. H.:* Reliability Engineering, Prentice-Hall, New York, 1966.

[4.408] *Vasseur, J. P.:* Properties and Applications of Transistors, Pergamon, Elmsford, 1964.

[4.409] *Vassos, B. H.; Ewing, G. W.:* Analog and Digital Electronics for Scientists, Wiley, New York, 1980.

[4.410] *Veatch, H. C.:* Transistor Circuit Action, McGraw-Hill, New York, 1977.

[4.411] *Veronis, A. M.:* Integrated Circuit Fabrication Technology, Reston Publ., Reston, 1979.

[4.412] *Wallmark, J. T.; Johnson, H.* (Hrsg.): Field-Effect Transistors: Physics, Technology and Applications, Prentice-Hall, Englewood Cliffs, 1966.

[4.413] *Walter, D. J.:* Integrated Circuit Systems, Transatlantic, Lewittown, 1971.

[4.414] *Warner, R. M.; Fordemwalt, J. N.* (Hrsg.): Integrated Circuits, Design Principles and Fabrication, McGraw-Hill, New York, 1965.

[4.415] *Warrington, A. R.:* Protective Relays: Their Theory and Practice, 2 Bde., Halsted Pr., New York, 1978.

[4.416] *Warschauer, D. M.:* Semiconductors and Transistors, McGraw-Hill, New York, 1959.

[4.417] *Watson, H. A.:* Microwave Semiconductor Devices and their Circuit Applications, McGraw-Hill, New York, 1968.

[4.418] *Weber, S.:* Large and Medium Scale Integration, McGraw-Hill, New York, 1974.

[4.419] *Weiss, H.:* Solid State Devices 1979, Hilger, Bristol, 1980.

[4.420] *Weiß, H.; Horninger, K.:* Integrierte MOS-Schaltungen, Springer, Berlin, 1982.

[4.421] *Wellard, C. L.:* Resistance and Resistors, McGraw-Hill, New York, 1960.

[4.422] *Western Electric:* Statistische Qualitätskontrolle, Berliner Union, Stuttgart, 1969.

[4.423] *Wieder, H.:* Hall Generators and Magnetoresistors, Academic Pr., New York, 1971.

[4.424] *Wiegand, O.:* Passive Bauelemente 1881–1974, Siemens, München, 1975.

[4.425] *Willardson, R. K.; Goering, H. L.:* Compound Semiconductors, Bd. 1: Preparation of III-V Compounds, Van Nostrand Reinhold, New York, 1963.

[4.426] *Winder, H. H.:* Intermetallic Semiconducting Films, Pergamon, Elmsford, 1970.

[4.427] *Wojslaw, C. F.:* Integrated Circuits Theory and Applications, Reston Publ., Reston, 1978.

[4.428] *Yang, E. S.:* Semiconductor Electronic Devices, McGraw-Hill, New York, 1978.

[4.429] *Young, T.:* Linear Integrated Circuits, Wiley, New York, 1981.

[4.430] Z-Dioden, integrierte Stabilisierungsschaltungen und Spannungsregler, Intermetall, Freiburg, 1977.

[4.431] *Zinke, O.:* Widerstände, Kondensatoren, Spulen und ihre Werkstoffe, Springer, Berlin, 1965

5 Grundlagen der Elektrotechnik, Elektrophysik und Elektronik

[5.1] *Adair, R.:* Concepts in Physics, Academic Pr., New York, 1969.

[5.2] *Adamowicz, T.* (Hrsg.): Handbuch der Elektronik, Franzis, München, 1979.

[5.3] *Adams, J. A.; Rogers, D. F.:* Computer Aided Analysis in Heat Transfer, McGraw-Hill, New York, 1973.

[5.4] *Adler, R. B.:* Electromagnetic Energy Transmission and Radiation, MIT Pr., Cambridge, 1968.

[5.5] *Agarwal, B. K.:* Quantum Mechanics and Field Theory, Asia, New York, 1977.

[5.6] *Aidala, J. B.; Katz, L.:* Transients in Electric Circuits, Prentice-Hall, Englewood Cliffs, 1980.

[5.7] *Aitchison, I. J.; Paton, J. E.* (Hrsg.): Progress in Nuclear Physics, Bd. 13: Rudolf Peierls and Theoretical Physics, Pergamon, Elmsford, 1977.

[5.8] *Akasofu, S. I.:* Polar and Magnetospheric Substorms, Springer, Berlin, 1968.

[5.9] *Alder, B.,* u.a.: Methods in Computational Physics:
Bd. 1: Statistical Physics, 1963;
Bd. 2: Quantum Mechanics, 1963;
Bd. 3: Fundamental Methods in Hydrodynamics, 1964;
Bd. 4: Applications in Hydrodynamics, 1965;
Bd. 5: Nuclear Particle Kinematics, 1966;
Bd. 6: Nuclear Physics, 1967;
Bd. 7: Astrophysics, 1967;
Bd. 8: Energy Bands of Solids, 1968;
Bd. 9: Plasma Physics, 1970;
Bd. 10: Atomic and Molecular Scattering, 1971;
Bd. 11: Seismology, Surface Waves and Earth Oscillations, 1972;
Bd. 12: Seismology, Body Waves and Sources (Hrsg. *Bolt, B. A.*), 1972;
Bd. 13: Geophysics (Hrsg. *Bolt, B. A.,* u.a.), 1973;
Bd. 14: Radio Astronomy, 1975;
Bd. 15: Vibration Properties of Solids (Hrsg. *Gilat, G.,* u.a.), 1976;

Bd. 16: Computer Applications to Controlled Fusion Research (Hrsg. *Killeen, J.*), 1976;
Bd. 17: General Circulation Models of the Atmosphere (Hrsg. *Chang, J.*), 1977, Academic Pr., New York.

[5.10] *Allis, W. P.*, u.a.: Waves in Anisotropic Plasmas, MIT Pr., Cambridge, 1963.

[5.11] *Alonso, M.; Finn, E. J.:* Fundamental University Physics, 2 Bde.,
Bd. 1: Mechanics, 1979;
Bd. 2: Fields and Waves, 1979,
Addison-Wesley, Reading.

[5.12] *Alt, H.:* Allgemeine Elektrotechnik, Nachrichtentechnik, Impulstechnik für UPN-Rechner, Vieweg, Braunschweig, 1980.

[5.13] *Aly, H. H.:* Lectures on Particles and Fields, Gordon, New York, 1970.

[5.14] *Amaldi, E.*, u.a.: Electroproduction at Low Energy and Hadron Form Factors, Springer, Berlin, 1978.

[5.15] *Ameling, W.:* Grundlagen der Elektrotechnik, 2 Bde., Vieweg, Wiesbaden, 1974.

[5.16] *Amit, D. A.:* Field Theory: The Renormalization Group and Critical Phenomena, McGraw-Hill, New York, 1978.

[5.17] *Anderson, L.:* Electric Machines and Transformers, Prentice-Hall, Englewood Cliffs, 1980.

[5.18] *Amowitt, R.; Nath, P.* (Hrsg.): Gauge Theories and Modern Field Theory, MIT Pr., Cambridge, 1976.

[5.19] *Ardenne, M. v.:* Tabellen zur angewandten Physik:
Bd. 1: Elektronenphysik – Übermikroskopie – Ionenphysik, 1979;
Bd. 2: Physik und Technik der Vakuums-Plasmaphysik, 1979;
Bd. 3: Ausschnitte aus weiteren Bereichen der Physik und ihren Randgebieten, 1973,
Dtsch. Vlg. der Wissenschaften, Berlin.

[5.20] *Armstrong, B. H.; Nicholls, R. W.:* Emission, Absorption and Transfer of Radiation in Heated Atmospheres, Pergamon, New York, 1972.

[5.21] *Arya, A. P.:* Elementary Modern Physics, Addison-Wesley, Reading, 1974.

[5.22] *Atkins, K. R.:* Physik, de Gruyter, Berlin, 1974.

[5.23] *Auvray, J.; Fourrier, M.:* Problems in Electronics, Pergamon, Elmsford, 1974.

[5.24] *Baden-Fuller, A. J.:* Engineering Field Theory, Pergamon, Elmsford, 1973.

[5.25] *Baehr, H.-D.:* Physikalische Größen und ihre Einheiten, Vieweg, Braunschweig, 1974.

[5.26] *Baier, W.:* Elektronik Lexikon, Franckh, Stuttgart, 1974.

[5.27] *Baker, A.:* Modern Physics and Anti-Physics, Wiley, New York, 1972.

[5.28] *Balian, R.*, u.a.: Methods in Field Theory, Elsevier, New York, 1977.

[5.29] *Ballif, J. R.; Dibble, W. E.:* Anschauliche Physik für Studierende der Ingenieurwissenschaften, Naturwissenschaften und Medizin sowie zum Selbststudium, de Gruyter, Berlin, 1973.

[5.30] *Baltes, H. P.* (Hrsg.): Inverse Source Problems in Optics, Springer, Berlin, 1979.

[5.31] *Balzer, W.; Kamlah, A.* (Hrsg.): Aspekte der physikalischen Begriffsbildung, Vieweg, Braunschweig, 1979.

[5.32] *Barut, A. O.:* Die Theorie der Streumatrix für die Wechselwirkungen fundamentaler Teilchen, Bd. 1: 1971; Bd. 2: 1971, Bibliographisches Institut, Mannheim.

[5.33] *Bauer, F.*, u.a.: A Computational Method in Plasma Physics, Springer, Berlin, 1978.

[5.34] *Becker, K.-D.:* Ausbreitung elektromagnetischer Wellen, Springer, Berlin, 1974.

[5.35] *Beckmann, B.:* Die Ausbreitung der elektromagnetischen Wellen, Akademische Verlagsges., Leipzig, 1948.

[5.36] *Beckmann, P.; Spizzichino, A.:* The Scattering of Electromagnetic Waves from Rough Surfaces, Macmillan, New York, 1963.

[5.37] *Beiglboeck, W.*, u.a.: Group Theoretical Methods in Physics, Springer, Berlin, 1979.

[5.38] *Beiser, A.:* Basic Concepts of Physics, Addison-Wesley, Reading, 1972.

[5.39] *Beiser, A.:* Modern Physics: An Introductory Survey, Addison-Wesley, Reading, 1968.

[5.40] *Beiser, A.:* Modern Technical Physics, Benjamin-Cummings, Menlo Park, 1979.

[5.41] *Beiser, A.:* Physics, Benjamin-Cummings, Menlo Park, 1978.

[5.42] *Bell, D. A.:* Fundamentals of Electric Circuits, Reston Publ., Reston, 1978.

[5.43] *Bemporad, M.; Ferreira, E.:* Selected Topics in Solid State and Theoretical Physics, Gordon, New York, 1968.

[5.44] *Bender, G.; Pippig, E.:* Einheiten, Maßsysteme, SI, Vieweg, Braunschweig, 1973.

[5.45] *Bender, H. G. O.:* Einführung in die Photochemie, Dtsch. Vlg. der Wissenschaften, Berlin, 1976.

[5.46] *Benedict, R. R.:* Electronics for Scientists and Engineers, Prentice-Hall, Englewood Cliffs, 1975.

[5.47] *Bennet, G. A.:* Electricity and Modern Physics, International Ideas, Philadelphia, 1974.

[5.48] *Benz, W.:* Elektronik, Kohl + Noltemeyer, Dossenheim, 1977.

[5.49] *Bergmann, L.; Schäfer, Cl.:* Lehrbuch der Experimentalphysik,
Bd. 1: Mechanik, Akustik, Wärme, 1974;
Bd. 2: Elektrizität und Magnetismus, 1971;
Bd. 3: Optik, 1978;
Bd. 4: Aufbau der Materie, Tl. 1: 1975; Tl. 2: 1975,
de Gruyter, Berlin.

[5.50] *Bergtold, F.:* Elektronikschaltungen mit Triacs, Diacs und Thyristoren, Pflaum, München, 1969.

[5.51] *Berkeley:* Physik Kurs:
Bd. 1: Mechanik, 1979;
Bd. 2: Elektrizität und Magnetismus, 1972;
Bd. 3: Schwingungen und Wellen, 1974;
Bd. 4: Quantenphysik, 1975;
Bd. 5: Statistische Physik, 1977;
Bd. 6: Physik und Experiment, 1978;
Begleitheft zu Bd. 6: Laborausrüstung, Antworten, 1979,
Vieweg, Braunschweig.

[5.52] *Berlin, H. M.:* Design of Op-Amp Circuits, with Experiments, Prentice-Hall, Englewood Cliffs, 1980.

[5.53] *Betts, J. E.:* Physics for Technology, Reston Publ., Reston, 1976.

[5.54] *Bienert, H.:* Einführung in den Entwurf und die Berechnung von Kippschaltungen, Hüthig, Heidelberg.

[5.55] *Bishop, A. R.; Schneider, T.* (Hrsg.): Solitons and Condensed Matter Physics, Proceedings of the Symposium on Nonlinear (Soliton) Structure and Dynamics in Condensed Matter, Springer, Berlin, 1979.

[5.56] *Bishop, G. D.:* Einführung in lineare elektronische Schaltungen, Vieweg, Braunschweig, 1977.

[5.57] *Bitterlich, W.:* Einführung in die Elektronik, Springer, Berlin, 1967.
[5.58] *Blackwell, J. L. A.; Kotzebue, K. L.:* Semiconductor-diode Parametric Amplifiers, Prentice-Hall, Englewood Cliffs, 1961.
[5.59] *Blackwood, O. H.,* u.a.: General Physics, Wiley, New York, 1973.
[5.60] *Blanchard, C.,* u.a.: Introduction to Modern Physics, Prentice-Hall, Englewood Cliffs, 1969.
[5.61] *Blitzer, R.:* Basic Electricity for Electronics, Wiley, New York, 1974.
[5.62] *Böge, A.:* Physik, Grundlagen, Versuche, Aufgaben, Lösungen, 1975, Aufg. m. Lös., Formelslg., Vieweg, Braunschweig.
[5.63] *Böge, A.:* Die neuen gesetzlichen Einheiten und ihre Anwendung, Vieweg, Wiesbaden, 1978.
[5.64] *Böhmer, E.:* Elemente der angewandten Elektronik, Vieweg, Braunschweig, 1978.
[5.65] *Böhmer, E.:* Rechenübungen zur angewandten Elektronik, Vieweg, Wiesbaden, 1976.
[5.66] *Bohr, N.:* Niels Bohr Collected Scientific Works, Bd. 1, Elsevier, New York, 1972.
[5.67] *Bolton, W.:* Patterns in Physics, McGraw-Hill, New York, 1974.
[5.68] *Bopp, A.:* Grundschaltungen der Analog-Elektronik, Berliner Union, Stuttgart, 1978.
[5.69] *Born, M.; Wolf, E.:* Principles of Optics, Pergamon, Elmsford, 1964.
[5.70] *Boylestad, R.; Nashelsky, L.:* Electricity, Electronics, and Electromagnetics, Prentice-Hall, Englewood Cliffs, 1977.
[5.71] *Bragg, W. L.; Porter, G.* (Hrsg.): Physical Sciences, 10 Bde., International Ideas, Philadelphia, 1969.
[5.72] *Brancazio, P. J.:* The Nature of Physics, Macmillan, New York, 1975.
[5.73] *Brandt, S.; Damen, H. D.:* Physik, Springer, Berlin, 1977.
[5.74] *Braunbeck, W.:* Neue Physik, Dtsch. Verlags-Anstalt, Stuttgart, 1973.
[5.75] *Brechna, H.:* Superconducting Magnet Systems, Springer, Berlin, 1973.
[5.76] *Brenner, E.; Javid, M.:* Analysis of Electric Circuits, McGraw-Hill, New York, 1967.
[5.77] *Brilloun, L.:* Wave Propagation and Group Velocity, Academic Pr., New York, 1960.
[5.78] *Brinkmann, C.:* Die Isolierstoffe der Elektrotechnik, Springer, Berlin, 1975.
[5.79] *Bromley, D. A.; Hughes, V. W.* (Hrsg.): Facets of Physics, Academic Pr., New York, 1970.
[5.80] *Brookes, A. M. P.:* Basic Electric Circuits, Pergamon, Elmsford, 1975.
[5.81] *Brophy, J. J.:* Basic Electronics for Scientists, McGraw-Hill, New York, 1977.
[5.82] *Brown, P. B.:* Electronics for Neurobiologists, MIT Pr., Cambridge, 1973.
[5.83] *Brown, S. C.* (Hrsg.): Electrons, Ions and Waves, Selected Papers of William Phelps Allis, MIT Pr., Cambridge, 1967.
[5.84] *Brüderlink, R.:* Laplace-Transformation und elektrische Ausgleichsvorgänge, Braun, Karlsruhe, 1964.
[5.85] *Brueckner, K. A.* (Hrsg.): Advances in Theoretical Physics, Academic Pr., New York, 1968.
[5.86] *Bruzek, A.:* Die neue Astronomie, Rheinische Verlagsanstalt, Wiesbaden, 1960.
[5.87] *Bueche, F.:* Introduction to Physics for Scientists and Engineers, McGraw-Hill, New York, 1975.
[5.88] *Bueche, F.:* Principles of Physics, McGraw-Hill, New York, 1977.
[5.89] *Bueche, F.:* Schaum's Outline of College Physics, McGraw-Hill, New York, 1979.
[5.90] *Bueche, F.:* Technical Physics, Harper & Row, New York, 1977.
[5.91] *Budak, A.:* Circuit Theory Fundamentals and Applications, Prentice-Hall, Englewood Cliffs, 1978.
[5.92] *Buhan, P.; Schmitt, M. L.:* Understanding Electricity and Electronics, McGraw-Hill, New York, 1969.
[5.93] *Bunge, M.:* Foundations of Physics, Springer, Berlin, 1967.
[5.94] *Bunge, M.:* Problems in the Foundations of Physics, Springer, Berlin, 1971.
[5.95] *Buschbaum, W. H.:* Tested Electronics Troubleshooting Methods, Prentice-Hall, Englewood Cliffs, 1975.
[5.96] *Bystron, K.:* Technische Elektronik, Bd. 1: Dioden, Transistoren und Operationsverstärker. Grundlagen und Grundschaltungen, Hanser, München, 1976.
[5.97] *Cady, W. G.:* Piezoelectricity, 2 Bde., Dover, New York, 1964.
[5.98] *Calvert, J. M.; McCausland, M. A.:* Electronics, Wiley, New York, 1978.
[5.99] *Cheston, W. B.:* Elementary Theory of Electric and Magnetic Fields, Wiley, New York, 1964.
[5.100] *Cap, F.:* Einführung in die Plasmaphysik,
Bd. 1: Theoretische Grundlagen, 1975;
Bd. 2: Wellen u. Instabilitäten, 1973;
Bd. 3: Magnetohydrodynamik, 1972,
Vieweg, Braunschweig.
[5.101] *Carper, D.:* Basic Electronics, Merrill, Columbus, 1975.
[5.102] *Cattermole, K. W.:* Elektronische Schaltungen, Dümmler, Bonn, 1972.
[5.103] *Chari, M. V. K.; Silvester, P. P.:* Finite Elements in Electrical and Magnetic Field Problems, Wiley, New York, 1980.
[5.104] *Chien, C. L.; Westgate, C. R.:* The Hall Effect and Its Applications, Plenum, New York, 1980.
[5.105] *Childs, W. H.:* Physical Constants, Halsted Pr., New York, 1972.
[5.106] *Chirlian, P. M.:* Analysis and Design of Electronic Circuits, McGraw-Hill, New York, 1965.
[5.107] *Chirlian, P. M.:* Basic Network Theory, McGraw-Hill, New York, 1969.
[5.108] *Chirlian, P. M.:* Electronic Circuits: Physical Principles, Analysis, and Design, McGraw-Hill, New York, 1971.
[5.109] *Chirlian, P. M.; Zemanian, A. H.:* Electronics, McGraw-Hill, New York, 1961.
[5.110] *Chung, P. M.,* u.a.: Electric Probes in Stationary and Flowing Plasmas, Springer, Berlin, 1975.
[5.111] *Cirovic, M. M.:* Basic Electronics: Devices, Circuits, and Systems, Reston Publ., Reston, 1974.
[5.112] *Clement, P. R.; Johnson, W. C.:* Electrical Engineering Science, McGraw-Hill, New York, 1960.
[5.113] *Cohen, R. S.:* Physical Science, Holt, Rinehart & Winston, New York, 1976.
[5.114] *Collins, P. D. B.; Squires, E.:* Regge Poles in Particle Physics, Springer, Berlin, 1968.
[5.115] *Condon, E. W.; Odishaw, H.:* Handbook of Physics, McGraw-Hill, New York, 1967.
[5.116] *Conrad, W.:* Lexikon der Elektronik-Funktechnik, Deutsch, Frankfurt, 1974.

[5.117] Constant, F. W.: Fundamental Laws of Physics, Addison-Wesley, Reading, 1963.
[5.118] Constant, F. W.: Fundamental Principles of Physics, Addison-Wesley, Reading, 1967.
[5.119] Constantinescu, F.: Distributionen und ihre Anwendungen in der Physik, Teubner, Stuttgart, 1974.
[5.120] Constantinescu, F.: Distributions and their Applications in Physics, Pergamon, Elmsford, 1980.
[5.121] Coombs, C.: Basic Electronic Instrument Handbook, McGraw-Hill, New York, 1972.
[5.122] Coombs, C. F.: Printed Circuits Handbook, McGraw-Hill, New York, 1979.
[5.123] Cooper, L. N.: Introduction to the Meaning and Structure of Physics, Harper & Row, New York, 1968.
[5.124] Cornetet, W.; Battocletti, F.: Electronic Circuits by System and Computer Analysis, McGraw-Hill, New York, 1975.
[5.125] Coulter, C. A.; Shatas, R. A. (Hrsg.): Topics in Fields and Solids, Gordon, New York, 1968.
[5.126] Courant, R.; Hilbert, D.: Methoden der Mathematischen Physik, 2 Bde., Springer, Berlin, 1968.
[5.127] Croxton, C. A.: Introductory Eigenphysics, An Approach to the Theory of Fields, Wiley, New York, 1974.
[5.128] Czech, W.: Aufgaben zur Experimentalphysik, Vieweg, Braunschweig, 1970.
[5.129] Davis, Weed: Grundlagen der Elektronik, Berliner Union, Stuttgart, 1975.
[5.130] Decroly, J. C. (Hrsg.): Parametric Amplifiers, Philips, Hamburg, 1974.
[5.131] DeFrance, J. J.: Electrical Fundamentals, Prentice-Hall, Englewood Cliffs, 1969.
[5.132] Desoer, C. A.; Kuh, E. S.: Basic Circuit Theory, McGraw-Hill, New York, 1969.
[5.133] Dierauf, E., Jr.; Court, J.: Unified Concepts in Applied Physics, Prentice-Hall, New York, 1979.
[5.134] Dietze, H. D.: Grundkurs in Theoretischer Physik, 2 Bde., Vieweg, Braunschweig, 1973.
[5.135] Director, S. W.: Circuit Theory, A Computational Approach, Wiley, New York, 1975.
[5.136] Dirschmid, H., u.a.: Einführung in die mathematischen Methoden der theoretischen Physik, Vieweg, Braunschweig, 1976.
[5.137] Dobrinski, P., u.a.: Physik für Ingenieure, Teubner, Stuttgart, 1976.
[5.138] Doetsch, G.: Introduction to the Theory and Application of the Laplace Transformation, Springer, New York, 1974.
[5.139] Döring, W.: Theoretische Physik, Mechanik, de Gruyter, Berlin, 1972.
[5.140] Dosse, J.: Verstärkertechnik, Akademische Verlagsges., Wiesbaden, 1975.
[5.141] Dostál, J.: Operational Amplifiers, Elsevier, New York, 1980.
[5.142] Dransfeld, K., u.a.: Physik,
Bd. 1: Newtonsche und relativistische Mechanik, 1977;
Bd. 2: Elektrodynamik, 1975;
Bd. 4: Physik der Atome und Moleküle, Physik der Wärme, 1977,
Oldenbourg, München.
[5.143] Dummer, G. W.: Electronic Inventions and Discoveries, Inventions 1745–1976, Pergamon, Elmsford, 1978.
[5.144] Duvant, G.; Lions, J. L.: Inequalities in Mechanics and Physics, Springer, Berlin, 1975.

[5.145] Eadie, W. T., u.a.: Statistical Methods in Experimental Physics, Elsevier, New York, 1972.
[5.146] Ebert, H. (Hrsg.): Physikalisches Taschenbuch, Vieweg, Braunschweig, 1976.
[5.147] Edenbüttel, H.; Wölfing, L.: Einführung in die Elektronik, Bd. 2: Kontaktlose Signalverarbeitung, Stam, Köln, 1971.
[5.148] Eder, F. X.: Moderne Meßmethoden der Physik,
Bd. 1: Mechanik und Akustik, 1968;
Bd. 3: Elektrophysik, 1972.
Dtsch. Vlg. der Wissenschaften, Berlin.
[5.149] Ehlers, J., u.a.: Lectures in Statistical Physics, Springer, Berlin, 1974.
[5.150] Ehrenreich, H., u.a.: Solid State Physics, Academic Pr., New York, 1978.
[5.151] Ehrlich, R.: Physics and Computers: Problems, Simulations and Data Analysis, Houghton Mifflin, Boston, 1973.
[5.152] Ekeland, N. R.: Basic Electronics for Engineering Technology, Prentice-Hall, Englewood Cliffs, 1981.
[5.153] Elektronik, Tl. 1: Grundlagen-Elektronik, Europa Lehrmittel, Wuppertal, 1977.
[5.154] Elsner, R.: Nichtlineare Schaltungen, Springer, Berlin, 1981.
[5.155] Elwel, D.; Pointen, A. J.: Physics for Engineers and Scientists, Halsted Pr., New York, 1978.
[5.156] Endresen, K., u.a.: Low Noise Electronics, Pergamon, Elmsford, 1962.
[5.157] Engel, W.: Elektrotechnik und Elektronik, Südwest-Verlag, München, 1974.
[5.158] Ernst, D., u.a.: Industrieelektronik, Springer, Berlin, 1973.
[5.159] Falk, G.: Theoretische Physik auf der Grundlage einer allgemeinen Dynamik,
Bd. 1: Elementare Punktmechanik, 1966;
Bd. 1a: Aufgaben und Ergänzungen zur Punktmechanik, 1966;
Bd. 2: Allgemeine Dynamik, Thermodynamik, 1968;
Bd. 2a: Aufgaben und Ergänzung zur Allgemeinen Dynamik und Thermodynamik, 1968,
Springer, Berlin.
[5.160] Handbuch Festkörperanalyse mit Elektronen, Ionen und Röntgenstrahlen, Vieweg, Braunschweig, 1980.
[5.161] Feynman, R. P.: Character of Physical Law, MIT Pr., Cambridge, 1967.
[5.162] Feynman, R. P., u.a.: Vorlesungen über Physik,
Bd. 1: Hauptsächlich Mechanik, Strahlung und Wärme, Tl. 1: 1974; Tl. 2: 1973;
Bd. 2: Hauptsächlich Elektromagnetismus und Struktur der Materie, Tl. 1: 1973; Tl. 2: 1974;
Bd. 3: Quantenmechanik, 1971,
Oldenbourg, München.
[5.163] Ficchi, R. F.: Electrical Interference, Iliffe, London, 1964.
[5.164] Fink, D. G.: Electronics Engineers' Handbook, McGraw-Hill, New York, 1979.
[5.165] Fink, D. G.; Beaty, H. W.: Standard Handbook for Electrical Engineers, McGraw-Hill, New York, 1978.
[5.166] Fitzgerald, A. E., u.a.: Basic Electrical Engineering, McGraw-Hill, New York, 1981.
[5.167] Fleming, P. J.: Language of Physics, Addison-Wesley, Reading, 1978.
[5.168] Flügge, E.: Encyclopedia of Physics, 54 Bde., Springer, Berlin, 1956–1967.

[5.169] *Flügge, S.:* Lehrbuch der theoretischen Physik,
Bd. 1: Einführung, Elementare Mechanik und Kontinuumphysik, 1961;
Bd. 2: Klassische Physik 1: Mechanik geordneter und ungeordneter Bewegungen, 1967;
Bd. 3: Klassische Physik 2: Das Maxwellsche Feld, 1961;
Bd. 4: Quantentheorie 1, 1964,
Springer, Berlin.

[5.170] *Ford, K. W.:* Classical and Modern Physics, Wiley, New York, 1972–1974.

[5.171] *Ford, K. W.:* Basic Physics, Wiley, New York, 1968.

[5.172] *Francon, M.:* Holographie, Springer, Berlin, 1972.

[5.173] *Frank-Kamenezki, D. A.:* Plasma, der vierte Aggregatzustand, Deutsch, Frankfurt, 1965.

[5.174] *Frank-Kamenezki, D. A.:* Vorlesungen über Plasmaphysik, Dtsch. Vlg. der Wissenschaften, Berlin, 1967.

[5.175] *Fränz, J.:* Nuklidkarte aus „Physikalisches Taschenbuch" (Hrsg. *H. Ebert*), Vieweg, Braunschweig, 1976.

[5.176] *Franz, W.:* Theorie der Beugung elektromagnetischer Wellen, Springer, Berlin, 1957.

[5.177] *Friedman, E. J.:* Stationary Lead-Acid Batteries, Wiley, New York, 1980.

[5.178] *Frisch, H.:* Grundlagen der Elektronik und der elektrischen Schaltungstechnik, VDI, Düsseldorf, 1978.

[5.179] *Froissart, M.:* Hyperbolic Equations and Waves, Springer, Berlin, 1970.

[5.180] *Frost, D.:* Praktischer Strahlenschutz, de Gruyter, Berlin, 1960.

[5.181] *Funke, R.; Liebscher, S.:* Grundschaltungen der Elektronik, VEB Technik, Berlin, 1978.

[5.182] *Furman, T. T.:* Approximate Methods in Engineering Design, Academic Pr., New York, 1981.

[5.183] *Geller, S.* (Hrsg.): Solid Electrolytes, Springer, Berlin, 1977.

[5.184] *Gerlach, H. G.:* Elementare Begriffe der Elektrotechnik, Birkhäuser, Basel, 1976.

[5.185] *German, S.; Drath, P.:* Handbuch SI-Einheiten, Vieweg, Braunschweig, 1979.

[5.186] *Gerthsen, C.,* u.a.: Physik, Springer, Berlin, 1977.

[5.187] *Gesemann, H.-J.,* u.a.: Technologie und Anwendungen von Ferroelektrika, Akademische Verlagsges., Berlin, 1976.

[5.188] *Giacoletto, L. J.:* Electronics Designers' Handbook, McGraw-Hill, New York, 1977.

[5.189] *Gladkowa:* Fragen und Aufgaben zur Physik, Deutsch, Frankfurt, 1978.

[5.190] *Gombas, P.:* Pseudopotentiale, Springer, Berlin, 1967.

[5.191] *Gombas, S. T.:* Solutions of the Simplified Self-Consistent Field, Crane-Russak, New York, 1971.

[5.192] *Gönnenwein, F.:* Experimentalphysik: Elektrodynamik, Vieweg, Braunschweig, 1975.

[5.193] *Good, R. H.; Nelson, T. J.:* Classical Theory of Electric and Magnetic Fields, Academic Pr., New York, 1971.

[5.194] *Görtler, H.:* Dimensionsanalyse, Springer, Berlin, 1975.

[5.195] *Graf, R. F.:* Modern Dictionary of Electronics, Sams, Indianapolis, 1972.

[5.196] *Gräff, G.:* Prüfung der Gültigkeit eines physikalischen Gesetzes, Steiner, Wiesbaden, 1976.

[5.197] *Greiner, W.,* u.a.: Theoretische Physik,
Bd. 1: Mechanik I., 1977;
Bd. 2: Mechanik II., 1977;
Bd. 2A: Hydrodynamik, 1978;
Bd. 3: Klassische Elektrodynamik, 1977;
Bd. 4: Quantenmechanik, 1979;
Bd. 5: Quantenmechanik II, Symmetrien, 1979,
Deutsch, Frankfurt.

[5.198] *Grimsehl, E.:* Lehrbuch der Physik,
Bd. 1: Mechanik, Akustik, Wärmelehre, 1977;
Bd. 2: Elektromagnetisches Feld, 1973;
Bd. 3: Optik, 1978;
Bd. 4: Struktur der Materie, 1975,
Teubner, Leipzig.

[5.199] *Grob, B.:* Basic Electronics, McGraw-Hill, New York, 1977.

[5.200] *Grosse, P.:* Freie Elektronen in Festkörpern, Springer, Berlin, 1979.

[5.201] *Großkopf, J.:* Wellenausbreitung, Tle. 1, 2, Bibliographisches Institut, Mannheim, 1970.

[5.202] *Großmann, S.:* Mathematischer Einführungskurs für die Physik, Teubner, Stuttgart, 1976.

[5.203] *Gupta, S. C.,* u.a.: Circuit Analysis with Computer Applications to Problem Solving, Intext, San Francisco, 1972.

[5.204] *Gurevich, A.:* Nonlinear Phenomena in the Ionosphere, Springer, Berlin, 1978.

[5.205] *Haendel, A.:* Grundgesetze der Physik, Vieweg, Braunschweig, 1969.

[5.206] *Hagedorn, P.:* Non-Linear Oscillations, Oxford U.Pr., Oxford, 1981.

[5.207] *Hahn, W.:* Elektronik-Praktikum für Informatiker, Springer, Berlin, 1971.

[5.208] *Hahn, W.; Bauer, F. L.:* Physikalische und elektrotechnische Grundlagen für Informatiker, Springer, Berlin, 1975.

[5.209] *Halliday, D.; Resnick, R.:* Fundamentals of Physics, Wiley, New York, 1974.

[5.210] *Halliday, D.; Resnick, R.:* Physics, Wiley, New York, 1978.

[5.211] *Hammer, K.:* Grundkurs der Physik, Teil 1: 1977; Teil 2: 1975, Oldenbourg, München.

[5.212] *Hammond, P.:* Electromagnetism for Engineers, Pergamon, New York, 1964.

[5.213] *Hammond, S. B.; Gehmlich, D. K.:* Electrical Engineering, McGraw-Hill, New York, 1971.

[5.214] *Hänsel, H.; Neumann, W.:* Physik: Eine Darstellung der Grundlagen,
Bd. 1: Massenpunkte, Systeme von Massenpunkten, 1977;
Bd. 2: Thermodynamische Systeme, Schwingungen und Wellen, 1977;
Bd. 3: Elektrische und magnetische Felder, Strahlenoptik, 1977;
Bd. 4: Grenzen des klassischen Begriffssystems, 1977;
Bd. 5: Elektronenhülle der Atome, 1977;
Bd. 6: Moleküle, Atomkern und Elementarteilchen, 1977;
Bd. 7: Festkörper, 1977,
Deutsch, Frankfurt.

[5.215] *Harms, G.:* Grundlagen und Praxis der Linearverstärker, Vogel, Würzburg, 1978.

[5.216] *Harrington, R. F.:* Time-Harmonic Electromagnetic Fields, McGraw-Hill, New York, 1961.

[5.217] *Harris, E. G.:* Introduction to Modern Theoretical Physics, 2 Bde., Wiley, New York, 1975.

[5.218] *Harris, N. C.; Hemmerling, E. M.:* Experiments in Applied Physics, McGraw-Hill, New York, 1972.

[5.219] *Harris, N.; Hemmerlind, E. M.:* Introductory Applied Physics, McGraw-Hill, New York, 1980.

[5.220] Hartin, E.; Read, F. H.: Electrostatic Lenses, Elsevier, New York, 1976.
[5.221] Hasel, W.: Allgemeine Elektrotechnik und Elektronik für naturwissenschaftliche und technische Berufe, Franzis, München, 1971.
[5.222] Haug, A.: Theoretische Festkörperphysik, Bd. 2, Deuticke, Wien, 1970.
[5.223] Hayt, W. H.; Hughes, G. W.: Introduction to Electrical Engineering, McGraw-Hill, New York, 1968.
[5.224] Hayt, W. H.; Kemmerly, J. E.: Engineering Circuit Analysis, McGraw-Hill, New York, 1971.
[5.225] Hecht, A. (Hrsg.): Elektrokeramik, Springer, Berlin, 1976.
[5.226] Heber, G.: Mathematische Hilfsmittel der Physik, Vieweg, Braunschweig, 1968.
[5.227] Heddle, T.: Calculations in Fundamental Physics, 2 Bde., Pergamon, Elmsford, 1971.
[5.228] Heisenberg, W.: Einführung in die einheitliche Feldtheorie der Elementarteilchen, Hirzel, Stuttgart, 1967.
[5.229] Helliwell, R. A.: Whistlers and Related Ionospheric Phenomena, Stanford U.Pr., Stanford, 1965.
[5.230] Hellwege, K. H.: Einführung in die Festkörperphysik, Springer, Berlin, 1976.
[5.231] Hellwege, K. H.: Einführung in die Physik der Atome, Springer, Berlin, 1974.
[5.232] Henne, W.: Rauschkenngrößen der Antennen, HF- und NF-Verstärker, Oldenbourg, München, 1972.
[5.233] Hess, H.: Der elektrische Durchschlag in Gasen, Vieweg, Braunschweig, 1977.
[5.234] Hickey, H. V.; Villines, W. M.: Elements of Electronics, McGraw-Hill, New York, 1970.
[5.235] Hill, W. R.: Electronics in Engineering, McGraw-Hill, New York, 1961.
[5.236] Hoffmann, B. F.; Cranefield, P. F.: Electrophysiology of the Heart, McGraw-Hill, New York, 1960.
[5.237] Hofmann, H.: Das elektromagnetische Feld, Springer, Berlin, 1974.
[5.238] Holbrook, J. G.: Laplace Transforms for Electronic Engineers, Pergamon, Elmsford, 1966.
[5.239] Holldack, K.; Wolf, D.: Atlas und kurzgefaßtes Lehrbuch der Phonokardiographie, Thieme, Stuttgart, 1966.
[5.240] Holm, R.; Holm, E.: Electric Contacts, Springer, Berlin, 1979.
[5.241] Holton, G. J.: Introduction to Concepts and Theories in Physical Science, Addison-Wesley, Reading, 1973.
[5.242] Hooper, M. B. (Hrsg.): Computational Methods in Classical and Quantum Physics, Hemisphere Publ., Washington, 1976.
[5.243] Houston, J. G.: Questions in Physics, Heinemann, Exeter, 1971.
[5.244] Hume, J. N.; Ivey, D. G.: Physics: Relativity, Electromagnetism and Quantum Physics, Bd. 2, Wiley, New York, 1974.
[5.245] Hund, F.: Geschichte der physikalischen Begriffe, 2 Tle., Bibliographisches Institut, Mannheim, 1978.
[5.246] Hund, F.: Grundbegriffe der Physik, 2 Tle., Bibliographisches Institut, Mannheim, 1979.
[5.247] Hurley, J. P.; Garrod, C.: Principles of Physics, Houghton Mifflin, Boston, 1978.
[5.248] Hütte (Physikhütte):
Bd. 1: Mechanik;
Bd. 2: Atomphysik, Elektrodynamik, Optik, Akustik, Thermodynamik,
Ernst & Sohn, Berlin, 1971.

[5.249] Ibach, H.: Electron-Spectroscopy for Surface Analysis, Springer, Berlin, 1977.
[5.250] IEEE Standard Dictionary of Electrical and Electronic Terms, IEEE, New York, 1977.
[5.251] IES-Lighting Handbook, Illumination Engineering Society, New York, 1972.
[5.252] Imman, F. W.; Miller, C. E.: Contemporary Physics, Macmillan, New York, 1974.
[5.253] Internationales Wörterbuch der Lichttechnik, CIE, Paris, 1970.
[5.254] Ivey, D. G.; Hume, J. N. P.: Physics: Classical Mechanics and Introductory Statistical Mechanics, Bd. 1, Wiley, New York, 1974.
[5.255] Jaeger, J. C.; Newstead, G.H.: Introduction to the Laplace Transformation with Engineering Applications, Halsted, New York, 1969.
[5.256] Johannsen, K. (Hrsg.): AEG-Hilfsbuch I, Elitera-Verlag, Berlin, 1972.
[5.257] Johnk, C. T. A.: Engineering Electromagnetic Fields and Waves, Wiley, New York, 1975.
[5.258] Johnson, D. E.; Johnson, J. R.: Introductory Electric Circuit Analysis, Prentice-Hall, Englewood Cliffs, 1981.
[5.259] Johnson, D. E., u.a.: Basic Electric Circuit Analysis, Prentice-Hall, Englewood Cliffs, 1978.
[5.260] Jones, F. L.: The Physics of Electrical Contacts, Clarendon Press, Oxford, 1957.
[5.261] Jones, L. M.: An Introduction to Mathematical Methods of Physics, Benjamin-Cummings, Menlo Park, 1979.
[5.262] Joos, G.: Lehrbuch der theoretischen Physik, Akademische Verlagsges., Berlin, 1977.
[5.263] Jordan, E. C.: Electromagnetic Theory and Antennas, Pergamon, Elmsford, 1962.
[5.264] Joseph, A., u.a.: Physics for Engineering Technology, Wiley, New York, 1978.
[5.265] Jötten, R.; Zürneck, H.: Einführung in die Elektrotechnik, Bd. 1: 1975; Bd. 2: 1972, Vieweg, Braunschweig.
[5.266] Junge, H. D.: Lexikon Elektronik, Physik-Verlag, Weinheim, 1978.
[5.267] Junge, H. D.: Lexikon Elektrotechnik, Physik-Verlag, Weinheim, 1978.
[5.268] Justi, E.: Leitungsmechanismus und Energieumwandlung in Festkörpern, Vandenhoeck & Rupprecht, Göttingen, 1966.
[5.269] Kamke, D.; Krämer, K.: Physikalische Grundlagen der Maßeinheiten, Teubner, Stuttgart, 1977.
[5.270] Kampmann, V. I.: Nichtlineare Wellen in dispersiven Medien, Vieweg, Braunschweig, 1977.
[5.271] Karplus, R.: Introductory Physics: A Model Approach, Benjamin-Cummings, Menlo Park, 1969.
[5.272] Kaufman, M.; Seidman, A. H.: Handbook of Electronics Calculations for Engineers and Technicians, McGraw-Hill, New York, 1979.
[5.273] Kaufman, M.; Seidman, A.: Handbook for Electronic Engineering Technicians, McGraw-Hill, New York, 1976.
[5.274] Kemmer, N.: Vector Analysis, Cambridge U.Pr., New York, 1977.
[5.275] Kerker, M.: The Scattering of Light and Other Electromagnetic Radiation, Academic Pr., New York, 1969.
[5.276] Kerr, R. B.: Electrical Network Science, Prentice-Hall, Englewood Cliffs, 1977.
[5.277] Kiefer, J.: Ultraviolette Strahlen, de Gruyter, Berlin, 1977.

[5.278] *Kienle, F. A. N.:* Das elektrische Herzportrait, Engelhardt & Bauer, Karlsruhe, 1973.
[5.279] *Kim, S. K.; Strait, E. N.:* Modern Physics for Scientists and Engineers, Macmillan, New York, 1978.
[5.280] *Kingsbury, R. F.:* Elements of Physics, Krieger, Huntington, 1965.
[5.281] *Kingslake, R.* (Hrsg.): Applied Optics and Optical Engineering: A Comprehensive Treatise,
Bd. 1: Light: Its Generation and Modification, 1965;
Bd. 2: The Detection of Light and Infrared Radiation, 1965;
Bd. 3: Optical Components, 1965;
Bd. 4: Optical Instruments: Tl. 1, 1967;
Bd. 5: Optical Instruments: Tl. 2, 1969;
Optical Devices and Systems, 1980,
Academic Pr., New York.
[5.282] *Kippenhahn, R.; Möllenhoff, C.:* Elementare Plasmaphysik, Bibliographisches Institut, Mannheim, 1975.
[5.283] *Kittel, C.; Kroemer, H.:* Thermal Physics, W. H. Freeman, San Francisco, 1980.
[5.284] *Kleber, W.:* Angewandte Gitterphysik, Behandlung der Eigenschaften kristallisierter Körper vom Standpunkt der Gittertheorie, de Gruyter, Berlin, 1960.
[5.285] *Klein, L.:* Dispersion Relations and the Abstract Approach to Field Theory, Gordon, New York, 1961.
[5.286] *Klein, W.:* Grundlagen der Theorie elektrischer Schaltungen, Akademie Verlag, Berlin, 1961.
[5.287] *Kohlrausch, R.* (Hrsg.: *Lautz/Taubert*): Praktische Physik,
Bd. 1: Allgemeines über Messungen und ihre Auswertung/ Mechanik/Akustik/Wärme/Optik, 1968;
Bd. 2: Elektrizität und Magnetismus/Korpuskeln und Quanten, Struktur der Materie, 1968;
Bd. 3: Tafeln, 1968,
Teubner, Stuttgart.
[5.288] *Kompanejez, A. S.:* Statische Gesetze in der Physik, Teubner, Leipzig, 1972.
[5.289] *Kompanejez, A. S.:* Theoretische Physik, Akademische Verlagsges., Berlin, 1969.
[5.290] *Kompaneyets, A.:* Theoretical Physics, Beekman, Brooklyn Heights, 1975.
[5.291] *Kornmüller, A. E.:* Einführung in die klinische Elektroencephalographie, Lehmann, München, 1944.
[5.292] *Koschkin, N. I.; Schirkjewitsch, M. G.:* Elementarphysik griffbereit, Vieweg, Braunschweig, 1974.
[5.293] *Koshkin, N. I.; Shirkevich, M. G.:* Handbook of Elementary Physics, Gordon, New York, 1965.
[5.294] *Kreher, K.:* Festkörperphysik, Vieweg, Braunschweig, 1976.
[5.295] *Kruisius, M.; Vuorio, M.:* Low Temperature Physics, 5 Bde., Elsevier, New York, 1976.
[5.296] *Küchler, R.:* Die Transformatoren, Springer, Berlin, 1966.
[5.297] *Küpfmüller, K.:* Einführung in die theoretische Elektrotechnik, Springer, Berlin, 1973.
[5.298] *Kyame, J. J.:* Mathematical Methods of Physics, American Pr., Boston, 1979.
[5.299] *Lambeck, M.:* Barkhausen-Effekt und Nachwirkung in Ferromagnetik sowie analoge Erscheinungen in der Festkörperphysik, de Gruyter, Berlin, 1971.
[5.300] *Landau, L. D.; Lifshitz, E. M.:* Lehrbuch der theoretischen Physik,
Bd. 1: Mechanik, 1979;
Bd. 2: Klassische Feldtheorie, 1977;
Bd. 3: Quantenmechanik, 1979;
Bd. 4: Relativistische Quantentheorie, 1979;
Bd. 5: Statistische Physik, 1979;
Bd. 6: Hydrodynamik, 1978;
Bd. 7: Elastizitätstheorie, 1977;
Bd. 8: Elektrodynamik der Kontinua, 1980;
Bd. 9: Statistische Physik, Tl. 2: 1980,
Akademie Verlag, Berlin.
[5.301] *Landau, L. D.,* u.a.: Mechanik und Molekularphysik, Akademie Verlag, Berlin, 1970.
[5.302] *Landsberg, G. S.* (Hrsg.): Textbook of Elementary Physics, 3 Bde., Beekman, Brooklyn Heights, 1975.
[5.303] *Langbein, D.:* Theory of Van der Waals Attraction, Springer, Berlin, 1974.
[5.304] *Langer, R. E.:* Electromagnetic Waves, University of Wisconsin Pr., Madison, 1962.
[5.305] *Lannutti, J. E.; Williams, P. K.:* Current Trends in the Theory of Fields, American Institute of Physics, New York, 1979.
[5.306] *Lavrentiev, M. M.:* Some Improperly Posed Problems of Mathematical Physics, Springer, Berlin, 1967.
[5.307] *Lawrence, O. R.:* Electronics: Principles and Applications, McGraw-Hill, New York, 1978.
[5.308] *Lerner, R. G.; Trigg, G. L.:* Encyclopedia of Physics, Addison-Wesley, Reading, 1980.
[5.309] *Liebscher, D.-E.:* Theoretische Physik, Akademie Verlag, Berlin, 1973.
[5.310] *Lifshitz, E. M.; Pitaevskii, L. P.:* Course of Theoretical Physics, Pergamon, Elmsford, 1978.
[5.311] *Lindner, H.:* Grundriß der Festkörperphysik, Vieweg, Braunschweig, 1979.
[5.312] *Lindner, H.:* Physik für Ingenieure, Vieweg, Braunschweig, 1978.
[5.313] *Lobkowicz, F.; Melissinos, A. C.:* Physics for Scientists and Engineers, Bd. 2, Saunders, Philadelphia, 1975.
[5.314] *Loveday, G.:* Electronic Testing and Fault Diagnosis, Pitman, London, 1980.
[5.315] *Lowenberg, E. C.:* Schaltungen der Elektronik, McGraw-Hill, Hamburg, 1976.
[5.316] *Ludwig, G.:* Einführung in die Grundlagen der Theoretischen Physik,
Bd. 1: Raum, Zeit, Mechanik, 1978;
Bd. 2: Elektrodynamik, Zeit, Raum, Kosmos, 1974;
Bd. 3: Quantentheorie, 1976;
Bd. 4: Makrosysteme, Physik u. Mensch, 1979,
Vieweg, Braunschweig.
[5.317] *Ludwig, G.:* Die Grundstrukturen einer physikalischen Theorie, Springer, Berlin, 1978.
[5.318] *Ludwig, W.:* Festkörperphysik, Akademische Verlagsges., Berlin, 1978.
[5.319] *Lurch, E. N.:* Electric Circuit Fundamentals, Prentice-Hall, Englewood Cliffs, 1979.
[5.320] *Lurch, E. N.:* Fundamentals of Electronics, Wiley, New York, 1980.
[5.321] *Lüscher, E.:* Experimentalphysik in Mechanik, geometrischer Optik, Wärme, 2 Tle., Bibliographisches Institut, Mannheim, 1967.
[5.322] *Ma, S.-K.:* Modern Theory of Critical Phenomena, Benjamin-Cummings, Menlo Park, 1976.
[5.323] *Madelung, O.:* Festkörpertheorie,
Bd. 1: Elementare Anregungen, 1972;
Bd. 2: Wechselwirkungen, 1972;
Bd. 3: Lokalisierte Zustände, 1973;
Springer, Berlin.

[5.324] *Maehlum, B.:* Electron Density Profiles in the Ionosphere and Exosphere, Pergamon, Elmsford, 1962.
[5.325] *Magid, L. M.:* Electromagnetic Fields, Energy, and Waves, Wiley, New York, 1972.
[5.326] *Maissel, L.; Glang, R.:* Handbook of Thin Film Technology, McGraw-Hill, New York, 1970.
[5.327] *Harper, C. A.:* Handbook of Materials and Processes for Electronics, McGraw-Hill, New York, 1970.
[5.328] *Manko, H. H.:* Solders and Soldering, McGraw-Hill, New York, 1979.
[5.329] *Manning, L. A.:* Eletrical Circuits, McGraw-Hill, New York, 1965.
[5.330] *Marion, J.:* Physics: The Foundation of Modern Science, Wiley, New York, 1973.
[5.331] *Markus, J.:* Electronics Dictionary, McGraw-Hill, New York, 1978.
[5.332] *Markus, J.:* Electronics and Nucleonics Dictionary, McGraw-Hill, New York, 1966.
[5.333] *Martienssen, W.:* Einführung in die Physik,
Bd. 1: Mechanik, 1975;
Bd. 2: Elektrodynamik, 1977;
Bd. 3: Thermodynamik, 1977;
Bd. 4: Schwingungen, Wellen, Quanten, 1976,
Akademische Verlagsges., Berlin.
[5.334] *Martin, B. R.:* Statistics for Physicists, Academic Pr., New York, 1971.
[5.335] *Martin, M. C.; Hewett, C. A.:* Elements of Classical Physics, Pergamon, Elmsford, 1975.
[5.336] *Matsushita, S.; Campbell, W. K.:* Physics of Geomagnetic Phenomena, Academic Pr., New York, 1967.
[5.337] *Mayer, H.:* Physik dünner Schichten, Bibliographie, 2 Tle., Wissensch. Verlagsges., Stuttgart, 1972.
[5.338] *Mayer, J.; Niedermayer, R.* (Hrsg.): Grundprobleme der Physik dünner Schichten, Vandenhoeck & Ruprecht, Göttingen, 1966.
[5.339] *McGervey, J. D.:* Introduction to Modern Physics, Academic Pr., New York, 1971.
[5.340] *McKelvey, H. P.; Grotch, H.:* Physics for Science and Engineering, Harper & Row, New York, 1978.
[5.341] *Meadows, R. G.:* Electric Network Analysis, Penguin, London, 1972.
[5.342] *Meetz, K.; Engl, W. L.:* Elektromagnetische Felder, Springer, Berlin, 1980.
[5.343] *Melissinos, A.:* Experiments in Modern Physics, Academic Pr., New York, 1966.
[5.344] *Merken, M.:* Physical Science with Modern Applications, Saunders, Philadelphia, 1976.
[5.345] *Merrill, J. J.:* Study Guide for General Physics, Wiley, New York, 1975.
[5.346] *Mierdel, G.:* Elektrophysik, Hüthig, Heidelberg, 1972.
[5.347] *Milazzo, G.:* Elektrochemie,
Bd. 1: Grundlagen und Anwendungen, 1980;
Bd. 2: 1981,
Birkhäuser, Basel.
[5.348] *Mileaf, H.* (Hrsg.): Electronics One-Seven, Hayden, Rochelle Park, 1976.
[5.349] *Millman, J.:* Vacuum-Tube and Semiconductor Electronics, McGraw-Hill, New York, 1958.
[5.350] *Millman, J.,* u.a.: Electronic Fundamentals and Applications, McGraw-Hill, New York, 1976.
[5.351] *Mittelstaedt, P.:* Der Zeitbegriff in der Physik, Bibliographisches Institut, Mannheim, 1981.
[5.352] *Mittelstaedt, P.:* Die Sprache der Physik, Bibliographisches Institut, Mannheim, 1972.
[5.353] *Mitsui, T.,* u.a.: Ferroelectrics and Related Substances, Tl. a.: Oxides, Springer, Berlin, 1980.
[5.354] *Mittra, R. A. J.* (Hrsg.): Computer Techniques for Electromagnetics, Pergamon, Elmsford, 1973.
[5.355] *Mizushima, M.:* Theoretical Physics: From Classical Mechanics to Group Theory of Microparticles, Krieger, New York, 1979.
[5.356] *Moeller, F.; Fricke, H.:* Grundlagen der Elektrotechnik, Teubner, Stuttgart, 1976.
[5.357] *Moon, P.; Spencer, D. E.:* Field Theory Handbook, Springer, Berlin, 1971.
[5.358] *Moore, C. K.; Spencer, K. J.:* Electronics – A Bibliographical Guide, Bd. 2, Plenum, New York, 1965.
[5.359] *Morgan, J.:* Introduction to University Physics, 2 Bde., Krieger, New York, 1969.
[5.360] *Morgenstern, B.:* Elektronik,
Bd. 1: Bauelemente, 1978;
Bd. 2: Schaltungen, 1978,
Vieweg, Braunschweig.
[5.361] *Möschwitzer, A.:* Einführung in die Elektronik, VEB Technik, Berlin, 1980.
[5.362] *Müller-Schwarz, W.:* Grundlagen der Elektrotechnik, Siemens, München, 1971.
[5.363] *Müseler, H.; Schneider, T.:* Elektronik – Bauelemente und Schaltungen, Hanser, München, 1975.
[5.364] *Muth, E. J.:* Transform Methods with Applications to Engineering and Operations Research, Prentice-Hall, Englewood Cliffs, 1977.
[5.365] *Narasimhamurty, T. S.:* Photoelastic and Electro-Optic Properties of Crystals, Plenum, New York, 1980.
[5.366] *Nasledov, D. N.; Goryunova, N. A.:* Soviet Research in New Semiconductor Materials. Plenum, New York, 1965.
[5.367] *Neuert, H.:* Physik für Naturwissenschaftler,
Bd. 1: Mechanik und Wärmelehre, 1977;
Bd. 2: Elektrizität und Magnetismus, Optik 1977;
Bd. 3: Atomphysik, Kernphysik; chemische Analyseverfahren, 1968,
Bibliographisches Institut, Mannheim.
[5.368] *Newton, R. E. I.:* Wave Physics, Arnold, London, 1980.
[5.369] *Ng, K. C.:* Electrical Network Theory, Pitman, London, 1977.
[5.370] *Nibler, F.:* Elektromagnetische Wellen, Oldenbourg, München, 1976.
[5.371] *Norwood, J.:* Twentieth Century Physics, Prentice-Hall, Englewood Cliffs, 1976.
[5.372] *Oberhettinger, F.; Badii, L.:* Tables of Laplace Transforms, Springer, Berlin, 1973.
[5.373] *Oldenberg, O.; Rasmussen, N.:* Modern Physics for Engineers, McGraw-Hill, New York, 1966.
[5.374] *O'Malley, J. R.:* Circuit Analysis, Prentice-Hall, Englewood Cliffs, 1980.
[5.375] *Omholt, A.:* The Optical Aurora, Springer, Berlin, 1971.
[5.376] *Orear, J.:* Grundlagen der modernen Physik, Hanser, München, 1975.
[5.377] *Orear, J.:* Physics, Macmillan, New York, 1979.
[5.378] *Orear, J.:* Programmiertes Übungsbuch zu den Grundlagen der modernen Physik, Hanser, München, 1975.
[5.379] *Osteroth, D.:* Chemisch-Technisches Lexikon, Springer, Berlin, 1979.
[5.380] *Ozisik, M. N.:* Heat Conduction, Wiley, New York, 1980.
[5.381] *Papas, C. H.:* Theory of Electromagnetic Wave Propagation, McGraw-Hill, New York, 1965.

Literaturverzeichnis

[5.382] *Paufler, P.; Leuschner, D.:* Kristallographische Grundbegriffe der Festkörperphysik, Vieweg, Braunschweig, 1975.

[5.383] *Paufler, P.,* u.a.: Physikalische Grundlagen mechanischer Festkörpereigenschaften, 2 Tle., Vieweg, Braunschweig, 1978.

[5.384] *Pearson, S. I.; Maler, G. J.:* Introductory Circuit Analysis, Krieger, New York, 1974.

[5.385] *Pelka, H.:* Schaltungen und Bausteine der Elektronik, Franzis, München, 1977.

[5.386] *Penning, F. M.:* Elektrische Gasentladungen, Philips, Hamburg, 1957.

[5.387] *Petley, D. W.:* Einführung in die Josephson-Effekte, Hüthig, Heidelberg, 1975.

[5.388] *Pfeifer, H.:* Elektronik für den Physiker,
Bd. 1: Theorie linearer Bauelemente, 1971;
Bd. 2: Die Elektronenröhre, 1971;
Bd. 3: Schaltungen mit Elektronenröhren, 1971;
Bd. 4: Leitungen und Antennen, 1971;
Bd. 5: Mikrowellenelektronik, 1971;
Bd. 6: Halbleiterelektronik, 1971,
Vieweg, Braunschweig.

[5.389] *Philippow, E.:* Nichtlineare Elektrotechnik, Akademische Verlagsges., Leipzig, 1971.

[5.390] *Philippow, E.* (Hrsg.): Taschenbuch Elektrotechnik,
Bd. 1: Allgemeine Grundlagen, 1976;
Bd. 2: Grundlagen der Informationstechnik, 1977;
Bd. 3: Bauelemente und Bausteine der Informationstechnik, 1978;
Bd. 4: Systeme der Informationstechnik, 1979;
Bd. 5: Elemente und Baugruppen der Elektroenergietechnik, 1980,
Hanser, München.

[5.391] *Pientka, H.:* Leitungsvorgänge in Metallen und Halbleitern, Vieweg, Braunschweig, 1974.

[5.392] *Pohl, R. W.:* Einführung in die Physik,
Bd. 1: Mechanik, Akustik u. Wärmelehre, 1969;
Bd. 2: Elektrizitätslehre, 1975;
Bd. 3: Optik und Atomphysik, 1976,
Springer, Berlin.

[5.393] *Pollack, H. W.:* Applied Physics, Prentice-Hall, Englewood Cliffs, 1971.

[5.394] *Pollard, E. C.; Huston, D. C.:* Physics: An Introduction, Oxford U.Pr., Oxford, 1969.

[5.395] *Pooch, H.* (Hrsg.): Fachwörterbuch des Nachrichtenwesens, Schiele & Schön, Berlin, 1979.

[5.396] *Popov, V. S. V. S.; Nikolaev, S. A.:* Basic Electricity and Electronics, Mir, Moskau, 1979.

[5.397] *Potter, D. E.:* Computational Physics, Wiley, New York, 1973.

[5.398] *Prochazka, W.; Bensch, F.:* Geometriefaktoren in der Feldphysik, Springer, Berlin, 1977.

[5.399] *Ragaller, K.:* Surges in High-Voltage Networks, Plenum, New York, 1980.

[5.400] *Ramey, R. L.; White, E. J.:* Matrices and Computers in Electronic Circuit Analysis, McGraw-Hill, New York, 1971.

[5.401] *Rao, N. N.:* Elements of Engineering Electromagnetics, Prentice-Hall, Englewood Cliffs, 1977.

[5.402] *Ratcliffe, J. A.:* An Introduction to the Ionosphere and Magnetosphere, Cambridge U.Pr., Cambridge, 1972.

[5.403] *Ratcliffe, J. A.:* The Magneto-Ionic Theory and its Application to the Ionosphere, Cambridge U.Pr., Cambridge, 1959.

[5.404] *Rawer, K.:* Die Ionosphäre, Noordhoff, Groningen, 1953.

[5.405] *Read, A. J.:* Physics: A Descriptive Analysis, Addison-Wesley, Reading, 1970.

[5.406] *Recknagel, A.:* Physik,
Bd. 1: Mechanik, 1979;
Bd. 2: Elektrizität und Magnetismus, 1979;
Bd. 3: Optik, 1979;
Bd. 4: Schwingungen und Wellen – Wärmelehre, 1979,
VEB Technik, Berlin.

[5.407] *Reed, M. C.; Simon, B.:* Methods of Modern Mathematical Physics, Academic Pr., New York, 1972.

[5.408] *Rentschler, W.:* Physik für Naturwissenschaftler, 2 Bde., Ulmer, Stuttgart, 1972.

[5.409] *Resnick, R.; Halliday, D.:* Physics, Wiley, New York, 1977.

[5.410] *Reth, J.,* u.a.: Grundlagen der Elektrotechnik, Vieweg, Braunschweig, 1980.

[5.411] *Richtmyer, F. K.,* u.a.: Introduction to Modern Physics, McGraw-Hill, New York, 1969.

[5.412] *Richtmyer, R. D.:* Principles of Advanced Mathematical Physics, Springer, Berlin, 1978.

[5.413] *Ridsdale, R. E.:* Electric Circuits for Engineering Technology, McGraw-Hill, New York, 1976.

[5.414] *Rint, C.:* Handbuch für Hochfrequenz- und Elektrotechniker, Bd. 1: 1981; Bd. 2: 1981; Bd. 3: 1979; Bd. 4: 1980; Bd. 5: 1981, Registerband: 1981, Hüthig, Heidelberg.

[5.415] *Ripley, J. A., Jr.; Whitten, R. C.:* The Elements and Structure of the Physical Sciences, Krieger, New York, 1969.

[5.416] *Rishbeth, H.; Garriott, O. K.:* Introduction to Ionosphere Physics, Academic Pr., New York, 1969.

[5.417] *Rohe, K.-H.:* Elektronik für Physiker, Teubner, Stuttgart, 1979.

[5.419] *Rollnik, H.:* Physikalische und mathematische Grundlagen der Elektrodynamik, Bibliographisches Institut, Mannheim, 1976.

[5.420] *Romanowitz, H. A.:* Introduction to Electric Circuits, Wiley, New York, 1971.

[5.421] *Romanowitz, H. A.; Puckett, R. E.:* Introduction to Electronics, Wiley, New York, 1976.

[5.422] *Römisch, H.:* Berechnung von Verstärkerschaltungen, Teubner, Stuttgart, 1978.

[5.423] *Rüdenberg, R.:* Elektrische Schaltvorgänge, Springer, Berlin, 1974.

[5.424] *Ryder, D.:* Engineering Electronics, McGraw-Hill, New York, 1967.

[5.425] *Rzewuski, J.:* Field Theory, 2 Bde., Merrill, Columbus, 1964.

[5.426] *Rzewuski, J.:* Functional Formulation of S-Matrix Theory, Hafner, New York, 1969.

[5.427] *Salzew, G. A.:* Algebraische Probleme der mathematischen und theoretischen Physik, Akademie Verlag, Berlin, 1979.

[5.428] *Sauer, H.:* Relais Lexikon, Sauer, Deisenhofen, 1975.

[5.429] *Schafer, R. W.; Markel, J. D.:* Speech Analysis, Wiley, New York, 1979.

[5.430] *Schelkunoff, S. A.:* Electromagnetic Waves, McGraw-Hill, New York, 1951.

[5.431] *Schneeweiß, W.:* Zuverlässigkeitstheorie, Springer, Berlin, 1973.

[5.432] *Schönfeld, H.:* Die wissenschaftlichen Grundlagen der Elektrotechnik, Springer, Berlin, 1960.

[5.433] *Schürmann, H. W.:* Theoriebildung und Modellbildung, Akademische Verlagsges., Berlin, 1977.
[5.434] *Schwartz, L.:* Mathematische Methoden der Physik, Bibliographisches Institut, Mannheim, 1974.
[5.435] *Schwering, W.:* Elektrotechnik − Elektronik, Hueber-Holzmann, Ismaning, 1977.
[5.436] *Seifert, H.-J.:* Mathematische Methoden in der Physik, Tl. 1: Denk- und Sprechweisen − Zahlen − lineare Algebra und Geometrie − Differentialrechnung I, 1978; Tl. 2: Differentialrechnung II: Integrale − gewöhnliche Differentialgleichungen − lineare Funktionenräume − partielle Differentialgleichungen, 1979, Steinkopff, Darmstadt.
[5.437] *Seitz, F.:* Solid State Physics, Academic Pr., New York, 1980.
[5.438] *Sen, R. N.; Weil, C.* (Hrsg.): Statistical Mechanics and Field Theory, Halsted Pr., New York, 1973.
[5.439] *Serway, R. A.:* Concepts, Problems and Solutions in General Physics, Saunders, Philadelphia, 1975.
[5.440] *Sessler, G. M.* (Hrsg.): Electrets, Springer, Berlin, 1980.
[5.441] *Shortley, G.; Williams, D.:* Elements Physics, 2 Bde., Prentice-Hall, Englewood Cliffs, 1971.
[5.442] *Simonyi, K.:* Theoretische Elektrotechnik, Dtsch. Vlg. der Wissenschaften, Berlin, 1971.
[5.443] *Sinowjew, A. A.:* Logik und Sprache der Physik, Akademie Verlag, Berlin, 1975.
[5.444] *Skobel'tsyn, D. V.* (Hrsg.): Experimental Physics, Methods and Apparatus, Plenum, New York, 1969.
[5.445] *Skobel'tsyn, D. V.:* Programming and Computer, Techniques in Experimental Physics, Plenum, New York, 1970.
[5.446] *Smith, A.; Cooper, J. N.:* Elements of Physics, McGraw-Hill, New York, 1979.
[5.447] *Smith, R. J.:* Electronics: Circuits and Devices, Wiley, New York, 1973.
[5.448] *Solymar, L.:* Review of the Principles of Electrical and Electronic Engineering, Halsted Pr., New York, 1975.
[5.449] *Solymar, L.; Walsh, D.:* Lectures on the Electrical Properties of Materials, Clarendon, Oxford, 1970.
[5.450] *Sommerfeld, A.:* Vorlesungen über theoretische Physik, Bd. 1: Mechanik, 1977; Bd. 2: Mechanik der deformierbaren Medien, 1978; Bd. 3: Elektrodynamik, 1977; Bd. 4: Optik, 1978; Bd. 5: Thermodynamik und Statistik, 1977; Bd. 6: Partielle Differentialgleichungen in der Physik, 1978, Deutsch, Frankfurt.
[5.451] *Sommerfeld, A.; Bethe, H.:* Elektronentheorie der Metalle, Springer, Berlin, 1967.
[5.452] *Sonin, A. S.; Strukow, B. A.:* Einführung in die Ferroelektrizität, Vieweg, Braunschweig, 1975.
[5.453] *Soper, D. E.:* Classical Field Theory, Wiley, New York, 1976.
[5.454] *Spiegel, M. R.:* Laplace Transforms, McGraw-Hill, New York, 1965.
[5.455] *Spring, K.:* Einführung in die industrielle Elektronik, Birkhäuser, Basel, 1967.
[5.456] *Steinberg, D. S.:* Cooling Techniques for Electronic Equipment, Wiley, New York, 1980.
[5.457] *Steinmetz, C. P.:* Lectures on Electrical Engineering, Bd. 2: Electrical Waves and Impulses, Dover, New York, 1971.
[5.458] *Stiefken, H.:* Stromversorgungen für die Elektronik, Springer, Berlin, 1979.
[5.459] *Stroppe, H.:* Physik, Hanser, München, 1976.
[5.460] *Stroud, K. A.:* Laplace Transforms: Programmes and Problems, Halsted Pr., New York, 1973.
[5.461] *Terman, F.:* Electronic and Radio Engineering, McGraw-Hill, New York, 1955.
[5.462] *Thirring, W.:* A Course in Mathematical Physics, Bd. 1: Classical Dynamical Systems, 1978; Bd. 2: Classical Field Theory, 1979; Bd. 3: Quantenmechanik von Atomen und Molekülen, 1979, Springer, Berlin.
[5.463] *Thirring, W.:* Lehrbuch der Mathematischen Physik, Bd. 1: Klassische Dynamische Systeme, 1977; Bd. 2: Klassische Feldtheorie, 1978, Springer, Berlin.
[5.464] *Thomson, C. M.:* Fundamentals of Electronics, Prentice-Hall, Englewood Cliffs, 1979.
[5.465] *Unger, H.-G.:* Elektromagnetische Wellen, Bd. 1, Vieweg, Braunschweig, 1967.
[5.466] *Unger, H.-G.,* u.a.: Bauelemente und Netzwerke, Bd. 1: Physikalische Grundlagen der Bauelemente, 1979; Bd. 2: Die Berechnung elektronischer Netzwerke, 1980; Bd. 3: 146 Aufgaben mit Lösungen, 1972, Vieweg, Braunschweig.
[5.467] *Uslenghi, P.:* Nonlinear Electromagnetics, Academic Pr., New York, 1980.
[5.468] *Valley, S. L.:* Handbook of Geophysics and Space Environment, McGraw-Hill, New York, 1965.
[5.469] *Van der Ziel, A.:* Introductory Electronics, Prentice-Hall, Englewood Cliffs, 1974.
[5.470] *Van Valkenburg, M. E.:* Introduction to Modern Network Synthesis, Wiley, New York, 1960.
[5.471] *Van Valkenburg, M. E.:* Network Analysis, Prentice-Hall, Englewood Cliffs, 1974.
[5.472] *Vaske, P.:* Berechnung von Drehstromschaltungen, Teubner, Stuttgart, 1973.
[5.473] *Vassos, B. H.; Ewing, G. W.:* Analog and Digital Electronics for Scientists, Wiley, New York, 1979.
[5.474] *Verma, G. S.:* Fundamental Aspects of Physical Acoustics, Pergamon, Elmsford, 1980.
[5.475] *Volland, H.:* Die Ausbreitung langer Wellen, Vieweg, Braunschweig, 1968.
[5.476] *Völz, H.:* Elektronik für Naturwissenschaftler, Akademie Verlag, Berlin, 1974.
[5.477] *Wagner, M.:* Elemente der theoretischen Physik, Bd. 1: Klassische Mechanik, Quantenmechanik, 1975; Bd. 2: Felder und Wellen, klassische und statische Thermodynamik, 1977, Vieweg, Braunschweig.
[5.478] *Wait, J. R.:* Electromagnetic Radiation from Cylindrical Structures, Pergamon, New York, 1959.
[5.479] *Wait, J. R.:* Electromagnetic Waves in Stratified Media, Pergamon, New York, 1962.
[5.480] *Ward, M. R.:* Introduction to Electrical Engineering, McGraw-Hill, New York, 1978.
[5.481] *Wassel, A. J. H.:* Reliability of Engineering Products, Oxford U.Pr., Oxford, 1980.
[5.482] *Wasserrab, Th.:* Gaselektronik, Bibliographisches Institut, Mannheim, 1971.
[5.483] *Watson, J. K.:* Applications of Magnetism, Wiley, New York, 1980.

[5.484] *Weeks, W. L.:* Electromagnetic Theory for Engineering Applications, Wiley, New York, 1964.
[5.485] *Wehefritz, V.:* Physikalische Fachliteratur, Bibliographisches Institut, 1969.
[5.486] *Weinberg, L.:* Network Analysis and Synthesis, McGraw-Hill, New York, 1962.
[5.487] *Weinzier, P.; Drosg, M.:* Lehrbuch der Nuklearelektronik, Springer, Wien, 1970.
[5.488] *Weiss, A. v.:* Allgemeine Elektrotechnik: Grundlagen der Gleich- und Wechselstromlehre, Vieweg, Braunschweig, 1981.
[5.489] *Weissmantel, C.; Hamann, C.:* Grundlagen der Festkörperphysik, Springer, Berlin, 1979.
[5.490] *Weizel, W.:* Lehrbuch der theoretischen Physik, Bd. 1: Physik der Vorgänge, Springer, Berlin, 1963.
[5.491] *Weller, F.:* Handbook of Electronic Systems Design, Prentice-Hall, Englewood Cliffs, 1980.
[5.492] *Wenham, E. J.,* u.a.: Physics: Process and Structure, Addison-Wesley, Reading, 1972.
[5.493] *Wessel, P.; Kern, W.:* Physik,
Bd. 1: Grundlagen, 1970;
Bd. 2: Formeln, Tabellen, Aufgaben mit Lösungen, 1968, Braun, Karlsruhe.
[5.494] *Westphal, W. H.:* Physik, Springer, Berlin, 1970.
[5.495] *White, M. W.,* u.a.: Basic Physics, McGraw-Hill, New York, 1968.
[5.496] *White, O. R.:* The Solar Output and its Variation, Colorado U.Pr., Boulder, 1977.
[5.497] *Whitford, R. H.:* Physics Literature, Scarecrow, Metuchen, 1968.
[5.498] *Wilson, A. H.:* The Theory of Metals, Cambridge U.Pr., Cambridge, 1953.
[5.499] *Wolf, F.:* Grundzüge der Physik, Bd. 1: Mechanik, Akustik, Wärmelehre, Braun, Karlsruhe, 1969.
[5.500] *Wunderlich, B.:* Macromolecular Physics, 2 Bde., Academic Pr., New York, 1976.
[5.501] *Young, H. D.:* Fundamentals of Waves, Optics and Modern Physics, McGraw-Hill, New York, 1975.
[5.502] *Zafiratos, C.:* Physics, Wiley, New York, 1976.
[5.503] *Zastrow, D.:* Elektrotechnik, Vieweg, Braunschweig, 1980.
[5.504] *Zebrowski, E.:* Physics for the Technician, McGraw-Hill, New York, 1974.
[5.505] *Zebrowski, E.:* Practical Physics, McGraw-Hill, New York, 1980.
[5.506] *Zepler, E. E.; Nichols, K. G.:* Transients in Electronic Engineering, Chapman & Hall, London, 1971.
[5.507] *Ziman, J. M.:* Prinzipien der Festkörpertheorie, Deutsch, Frankfurt, 1975.
[5.508] *Zuhrt, H.:* Elektromagnetische Strahlungsfelder, Springer, Berlin, 1953.

6 Halbleiterelektronik

[6.1] *Abrahams, J. R.; Pridham, G. J.:* Semiconductor Circuits: Theory, Design and Experiment, Pergamon, Elmsford, 1966.
[6.2] *Abrahams, J. R.; Pridham, G. J.:* Semiconductor Circuits: Worked Examples, Pergamon, Elmsford, 1966.
[6.3] *Alley, C. L.; Atwood, K. W.:* Electronic Engineering, Wiley, New York, 1973.
[6.4] *Alley, C. L.; Atwood, K. W.:* Semiconductor Devices and Circuits, Prentice-Hall, Englewood Cliffs, 1971.
[6.5] *Ankrum, P.:* Semiconductor Electronics, Prentice-Hall, Englewood Cliffs, 1971.
[6.6] *Balabanian, N.; LePage, W.:* Electrical Science, Bd. 1: Resistive and Diode Networks, McGraw-Hill, New York, 1970.
[6.7] *Barber, A.:* Practical Guide to Digital Integrated Circuits, Prentice-Hall, Englewood Cliffs, 1976.
[6.8] *Bailey, F. J.:* Halbleiterschaltungen, Oldenbourg, München, 1974.
[6.9] *Baumann, P.:* Halbleiter-Praxis, VEB Technik, Berlin, 1978.
[6.10] *Belove, C.; Drossman, M. M.:* Systems and Circuits for Electrical Engineering Technology, McGraw-Hill, New York, 1976.
[6.11] *Belove, C.,* u.a.: Digital and Analog Systems, Circuits, and Devices: An Introduction, McGraw-Hill, New York, 1973.
[6.12] *Benda, D.:* Leitfaden der elektronischen Schaltungstechnik, Bd. 1: 1974; Bd. 2: 1975, Franzis, München.
[6.13] *Bergtold, F.:* Schalten mit Transistoren, Pflaum, München, 1975.
[6.14] *Bergtold, F.:* Transistoren in der industriellen Elektronik, Hüthig, Heidelberg, 1972.
[6.15] *Bevitt, W. D.:* Transistor Handbook, Prentice-Hall, Englewood Cliffs, 1956.
[6.16] *Bishop, G. D.:* Einführung in die linearen elektronischen Schaltungen, Vieweg, Braunschweig, 1977.
[6.17] *Blackwell, L. A.: Kotzebue, K. L.:* Semiconductor-Diode Parametric Amplifiers. Prentice-Hall, Englewood Cliffs, 1961.
[6.18] *Boesch, F. T.:* Large-Scale Networks, Wiley, New York, 1976.
[6.19] *Böhmer, E.:* Elemente der angewandten Elektronik, Vieweg, Braunschweig, 1978.
[6.20] *Bopp, A.:* Grundschaltungen der Analog-Elektronik, Berliner Union, Stuttgart, 1979.
[6.21] *Bosch, B. G.; Engelmann, R. W.:* Gunn-Effect Electronics, Pitman, London, 1975.
[6.22] *Boylestad, R.; Nashelsky, L.:* Electronic Devices and Circuit Theory, Prentice-Hall, Englewood Cliffs, 1978.
[6.23] *Busse, G.:* AD- und DA-Umsetzer in der Meß- und Datentechnik, Geyer, Bad Wörishofen, 1971.
[6.24] *Bystron, K.:* Technische Elektronik, Bd. 1: Diodenschaltungen und analoge Grundschaltungen, Hanser, München, 1974.
[6.25] *Camenzind, H.:* Electronic Integrated Systems Design, Van Nostrand Reinhold, New York, 1972.
[6.26] *Carr, W. N.; Mize, J. P.:* MOS/LSI Design and Application, McGraw-Hill, New York, 1973.

[6.27] *Carroll, J. M.:* Modern Transistor Circuits, McGraw-Hill, New York, 1959.

[6.28] *Carroll, J. M.:* Design Manual for Transistor Circuits, McGraw-Hill, New York, 1961.

[6.29] *Carroll, J. M.:* Microelectronics Circuits and Applications, McGraw-Hill, New York, 1965.

[6.30] *Cattermole, K. W.:* Transistor Circuits, Gordon & Breach, New York, 1964.

[6.31] *Chirlian, P.:* Electronic Circuits, McGraw-Hill, New York, 1971.

[6.32] *Chistyakov, N. I.:* Transistor Electronics in Instrument Technology. Pergamon, Elmsford, 1964.

[6.33] *Chow, W. F.:* Principles of Tunnel Diode Circuits, Krieger, New York, 1964.

[6.34] *Connelly, J. A.:* Analog Integrated Circuits: Devices, Circuits, Systems and Applications, Wiley, New York, 1975.

[6.35] *Cornetet, W.; Battocletti, F.:* Electronic Circuits by System and Computer Analysis, McGraw-Hill, New York, 1975.

[6.36] *Coughlin, R. F.:* Principles and Applications of Semiconductors and Circuits, Prentice-Hall, Englewood Cliffs, 1971.

[6.37] *Coughlin, R. F.; Driscoll, F. F.:* Semiconductor Fundamentals, Prentice-Hall, Englewood Cliffs, 1976.

[6.38] *Cowles, L. G.:* Analysis and Design of Transistor Circuits, Krieger, New York, 1966.

[6.39] *Cowles, L. G.:* A Sourcebook of Modern Transistor Circuits, Prentice-Hall, Englewood Cliffs, 1976.

[6.40] *Cowles, L. G.:* Transistor Circuit Design, Prentice-Hall, Englewood Cliffs, 1972.

[6.41] *Cowles, L. G.:* Transistor Circuits and Applications, Prentice-Hall, Englewood Cliffs, 1974.

[6.42] *Crawford, R. H.:* MOSFET in Circuit Design, McGraw-Hill, New York, 1967.

[6.43] *Czmock, G.:* Operationsverstärker – kurz und bündig, Vogel, Würzburg, 1976.

[6.44] *Delhom, L. A.:* Design and Application of Transistor Switching Circuits, McGraw-Hill, New York, 1968.

[6.45] *Dewan, S.; Straughen, A.:* Power Semiconductor Circuits: An Introduction to the Operation and Design of Power Converters Employing Thyristors, Wiley, New York, 1975.

[6.46] *DeWitt, D.; Rossoff, A. L.:* Transistor Electronics, McGraw-Hill, New York, 1957.

[6.47] *Dooley, D. J.* (Hrsg.): Data Conversion Integrated Circuits, IEEE Pr., New York, 1980.

[6.48] *Dummer, G. W. A.; Granville, J. W.:* Miniature and Microminiature Electronics, Wiley, New York, 1961.

[6.49] *Eimbinder, J.:* Application Considerations for Linear Integrated Circuits, Wiley, New York, 1970.

[6.50] *Eimbinder, J.:* Designing with Linear Integrated Circuits, Wiley, New York, 1969.

[6.51] *Eimbinder, J.:* Linear Integrated Circuits, Krieger, New York, 1968.

[6.52] *Eimbinder, J.:* Semiconductor Memories, Wiley, New York, 1971.

[6.53] *Evans, A.,* u. a.: Designing with Field Effect Transistors, McGraw-Hill, New York, 1981.

[6.54] *Evans, C. H.:* Electronic Amplifiers, Delmar, Albany, 1979.

[6.55] *Faber, R. B.:* Linear Circuits: Discrete and Integrated, Merrill, Columbus, 1974.

[6.56] *Fischer, J.; Gatland, B.:* Electronics – From Theory into Practice,
Tl. 1: Devices and Amplifier Design, 1976;
Tl. 2: Operational Amplifiers, Oscillators and Digital Techniques, 1976,
Pergamon, Elmsford.

[6.57] *Fitchen, F. C.:* Transistor Circuit Analysis and Design, Van Nostrand Reinhold, New York, 1966.

[6.58] *Gad, H.:* Feldeffektelektronik, Teubner, Stuttgart, 1976.

[6.59] *Gardner, F.:* Phaselock Techniques, Prentice-Hall, Englewood Cliffs, 1966.

[6.60] *Ghausi, M. S.:* Principles and Design of Linear Active Circuits, McGraw-Hill, New York, 1965.

[6.61] *Gottlieb, I. M.:* Solid-State Power Electronics, Sams, Indianapolis, 1979.

[6.62] *Gottschalk, H.; Lemberg, M.:* Elektronik, VEB Technik, Berlin, 1979.

[6.63] *Graeme, J. G.:* Applications of Operational Amplifiers, Third-Generation Techniques, McGraw-Hill, New York, 1973.

[6.64] *Graeme, J. G.:* Designing with Operational Amplifiers, McGraw-Hill, New York, 1977.

[6.65] *Graeme, J. G.; Tobey, G. E.* (Hrsg.): Operational Amplifiers, McGraw-Hill, New York, 1971.

[6.66] *Gray, P. R.; Meyer, R. G.:* Analysis and Design of Analog Integrated Circuits, Wiley, New York, 1977.

[6.67] *Grebene, A. B.:* Analog Integrated Circuit Design, Van Nostrand Reinhold, New York, 1972.

[6.68] *Grob, B.:* Basic Electronics, McGraw-Hill, New York, 1977.

[6.69] *Gronner, A. D.:* Transistor Circuit Analysis, Monarch Pr., New York, 1970.

[6.70] *Güntner, H.; Pelka, H.:* Schaltungen mit integrierten Halbleiterbauelementen, Teil 1: Anwendungsbeispiele, 1974, Siemens, München.

[6.71] *Hamilton, T. D.:* Handbook of Linear Integrated Electronics for Research, McGraw-Hill, New York, 1977.

[6.72] *Harper, C. A.:* Handbook of Electronic Systems Design, McGraw-Hill, New York, 1979.

[6.73] *Haykim, S. S.; Barrett, R.:* Transistor Circuits in Electronics, Transatlantic, Lewittown, 1971.

[6.74] *Herpy, M.:* Analoge integrierte Schaltungen, Franzis, München, 1976.

[6.75] *Herpy, M.:* Analog Integrated Circuits – Operational Amplifiers and Analog Multipliers, Wiley, New York, 1980.

[6.76] *Herrick, C. M.; Estrada, M.:* Experiments in Semiconductor Applications and Design, Krieger, New York, 1963.

[6.77] *Herskowitz, G. J.; Schilling, R. B.:* Semiconductor Device Modelling for Computer-Aided Design, McGraw-Hill, New York, 1972.

[6.78] *Hess, E. M.; Robertson, B. E.:* Essentials of Semiconductor Circuits, Prentice-Hall, Englewood Cliffs, 1976.

[6.79] *Hetterscheid, W. Th. H.:* Selektive Transistorverstärker,
Bd. 1: Grundlagen, 1965;
Bd. 2: Entwicklung und Konstruktion, 1971,
Philips, Hamburg.

[6.80] *Hibberd, R. G.:* Solid-State Electronics: A Basic Course for Engineers and Technicians, McGraw-Hill, New York, 1968.

[6.81] *Hickey, H.; Villines, W.:* Elements of Electronics, McGraw-Hill, New York, 1970.

[6.82] *Hilberg, W.:* Elektronische digitale Speicher, Oldenbourg, München, 1975.
[6.83] *Hillebrand, F.; Heierling, H.:* Feldeffekttransistoren in analogen und digitalen Schaltungen, Franzis, München, 1972.
[6.84] *Hnatek, E. R.:* Applications of Linear Integrated Circuits, Wiley, New York, 1975.
[6.85] *Hnatek, E. R.:* A User's Handbook of D/A and A/D Converters, Wiley, New York, 1976.
[6.86] *Hnatek, E. R.:* A User's Handbook of Semiconductor Memories, Wiley, New York, 1977.
[6.87] *Hodges, D. A.:* Semiconductor Memories, Wiley, New York, 1972.
[6.88] *Hoeschele, D.:* Analog-to-Digital/Digital-to-Analog Conversion Techniques, Wiley, New York, 1968.
[6.89] *Holt, C. A.:* Electronic Circuits: Digital and Analog, Wiley, New York, 1978.
[6.90] *Hughes, R.:* Semiconductor Variable Gain and Logarithmic Video Amplifiers, Tinnon-Brown, Alhambra, 1967.
[6.91] *Hunter, L. P.:* Handbook of Semiconductor Electronics, McGraw-Hill, New York, 1970.
[6.92] *Hurley, R. B.:* Transistor Logic Circuits, Krieger, New York, 1961.
[6.93] Integrated Electronic Systems, Prentice-Hall, Englewood Cliffs, 1970.
[6.94] Integrierte Linear- und Interface-Schaltungen, Texas-Instruments, Freising, 1976.
[6.95] *Irvine, R. G.:* Operational Amplifier, Characteristics and Applications, Prentice-Hall, Englewood Cliffs, 1981.
[6.96] *Jones, D.:* Transistor Audio Amplifiers, Prentice-Hall, Englewood Cliffs, 1968.
[6.97] *Jötten, R.:* Leistungselektronik, Bd. 1: Stromrichter-Schaltungstechnik, Vieweg, Braunschweig, 1977.
[6.98] *Kabaservice, Th. P.:* Applied Microelectronics, West Pub, Racine, 1977.
[6.99] *Kirschbaum, H. D.:* Transistorverstärker,
Bd. 1: Technische Grundlagen, 1975;
Bd. 2: Schaltungstechnik, 1976;
Bd. 3: Schaltungstechnik, 1977,
Teubner, Stuttgart.
[6.100] *Kiver, M. S.:* Transistor and Integrated Electronics, McGraw-Hill, New York, 1972.
[6.101] *Knight, St. A.:* Electronics for Technicians, Butterworths, London, 1978.
[6.102] *Kustom, R. L.:* Thyristor Networks for the Transfer of Energy between Superconducting Coils, Univ. of Wisconsin Press, Madison, 1980.
[6.103] *Lange, W. R.:* Digital-Analog- und Analog-Digital-Wandlung, Oldenbourg, München, 1974.
[6.104] *Lenk, J.:* Manual for Integrated Circuit Users, Reston Publ., Reston, 1973.
[6.105] *Lenk, J. D.:* Handbook of Electronic Components and Circuits, Prentice-Hall, Englewood Cliffs, 1973.
[6.106] *Lenk, J. D.:* Handbook of Electronic Circuit Design, Prentice-Hall, Englewood Cliffs, 1976.
[6.107] *Lenk, J. D.:* Handbook of Simplified Solid State Circuit Design, Prentice-Hall, Englewood Cliffs, 1978.
[6.108] *Lo, A. W.,* u.a.: Transistor Electronics, Prentice-Hall, Englewood Cliffs, 1955.
[6.109] *Luecke, J.,* u.a.: Semiconductor Memory Design and Application, McGraw-Hill, New York, 1973.
[6.110] *Lukes, J. H.:* Halbleiterdiodenschaltungen, Oldenbourg, München, 1968.

[6.111] *Lyon-Caen, R.:* Diodes, Transistors and Integrated Circuits for Switching Systems, Academic Pr., New York, 1968.
[6.112] *Malvino, A.:* Transistor Circuit Approximations, McGraw-Hill, New York, 1973.
[6.113] *Manasse, F. K.:* Semiconductor Electronics Design, Prentice-Hall, Englewood Cliffs, 1977.
[6.114] *Mandl, M.:* Solid-State Circuit Designer's Manual, Reston Publ., Reston, 1977.
[6.115] *Manera, A. S.:* Solid State Electronic Circuits: For Engineering Technology, McGraw-Hill, New York, 1973.
[6.116] *Markus, J.:* Electronic Circuits Manual, McGraw-Hill, New York, 1971.
[6.117] *Markus, J.:* Guidebook of Electronic Circuits, McGraw-Hill, New York, 1975.
[6.118] *Markus, J.:* Modern Electronic Circuits Reference Manual, McGraw-Hill, New York, 1980.
[6.119] *Martin, A. G.; Stephenson, F. W.:* Linear Microelectronic Systems, Crane-Russak, New York, 1974.
[6.120] *Meinhold, H.:* Schaltungen der Elektronik, Hüthig, Heidelberg, 1976.
[6.121] *Meyer, R. G.:* Integrated Circuit Operational Amplifiers, Wiley, New York, 1979.
[6.122] *Millman, J.:* Microelectronics: Digital and Analog Circuits and Systems, McGraw-Hill, New York, 1979.
[6.123] *Millman, J.; Halkias, C. C.:* Electronic Devices and Circuits, McGraw-Hill, New York, 1967.
[6.124] *Millman, J.; Halkias, C. C.:* Electronic Fundamentals and Applications for Engineers and Scientists, McGraw-Hill, New York, 1976.
[6.125] *Millman, J.; Halkias, C. C.:* Integrated Electronics; Analog and Digital Circuits and Systems, McGraw-Hill, New York, 1972.
[6.126] *Morris, N. M.:* Advanced Industrial Electronics, McGraw-Hill, New York, 1973.
[6.127] *Möschwitzer, A.:* Halbleiterelektronik – Wissensspeicher, Hüthig, Heidelberg, 1975.
[6.128] *Möschwitzer, A.,* u.a.: Halbleiterelektronik – Arbeitsbuch, Hüthig, Heidelberg, 1974.
[6.129] *Möschwitzer, A.; Lunze, K.:* Halbleiterelektronik – Lehrbuch, Hüthig, Heidelberg, 1973.
[6.130] *Moschytz, G. S.:* Linear Integrated Networks: Fundamentals, Bd. 1: 1974, Bd. 2: 1975, Van Nostrand Reinhold, New York.
[6.131] *Müller, R.:* Grundlagen der Halbleiterelektronik, Springer, Berlin, 1979.
[6.132] *Müseler, H.; Schneider, T.:* Elektronik – Bauelemente und Schaltungen, Hanser, München, 1975.
[6.133] *Murr, L.:* Solid State Electronics, Dekker, New York, 1978.
[6.134] *Norris, B.:* Digital-Integrated Circuit, Operational-Amplifier and Optoelectronic Circuit Design, McGraw-Hill, New York, 1976.
[6.135] *Norris, B.:* MOS, Special-Purpose Bipolar Integrated-Circuit and R-F Power Transistors, McGraw-Hill, New York, 1976.
[6.136] *Norris, B.* (Hrsg.): Power-Transistor and TTL Integrated-Circuit Applications, McGraw-Hill, New York, 1977.
[6.137] *Pabst, D.:* Operationsverstärker, Hüthig, Heidelberg, 1976.
[6.138] *Pasahow, E.:* Integrated Circuits for Electronics Technicians, McGraw-Hill, New York, 1979.
[6.139] *Pascoe, R. D.:* Halbleiter-Schaltkreise in diskreter und integrierter Technik, Oldenbourg, München, 1978.

[6.140] *Pascoe, R. D.:* Fundamentals of Solid-State Electronics, Wiley, New York, 1976.
[6.141] *Pascoe, R. D.:* Solid State Switching, Wiley, New York, 1973.
[6.142] *Pettit, J. M.; McWhorter, M. M.:* Electronic Amplifier Circuits, McGraw-Hill, New York, 1961.
[6.143] *Pierce:* Transistor Circuit Theory and Design, Merrill, Saugus, 1963.
[6.144] *Pridham, G. J.:* Solid State Circuits, Pergamon, Elmsford, 1973.
[6.145] *Richards, C.:* Electronic Display and Data Systems, McGraw-Hill, New York, 1973.
[6.146] *Richards, R. K.:* Elektronische Bauelemente und Schaltungen, Akademie Verlag, Berlin, 1972.
[6.147] *Ristenbatt, M. P.:* Semiconductor Circuits: Linear and Digital, Prentice-Hall, Englewood Cliffs, 1975.
[6.148] *Robertson, B.; Hess, E.:* Essentials of Semiconductor Circuits, Prentice-Hall, New York, 1976.
[6.149] *Robinson, J.:* Manual of Solid State Circuit Design and Troubleshooting, Reston Publ., Reston, 1977.
[6.150] *Robinson, V.:* Solid State Circuit Analysis, Reston Publ., Reston, 1975.
[6.151] *Römisch, H.:* Berechnung von Verstärkerschaltungen, Teubner, Stuttgart, 1978.
[6.152] *Rutkowski, G. B.:* Handbook of Integrated-Circuit Operational Amplifiers, Prentice-Hall, Englewood Cliffs, 1975.
[6.153] *Ryder, J. D.; Thomson, Ch. M.:* Electronic Circuits and Systems, Prentice-Hall, Englewood Cliffs, 1976.
[6.154] *Sarkowski, H.:* Dimensionierung von Halbleiterschaltungen, Lexika, Grafenau, 1974.
[6.155] *Scarlett, J. A.:* Transistor: Transistor Logic and its Interconnections, Van Nostrand Reinhold, New York, 1972.
[6.156] *Schilling, D.; Belove, C.:* Electronic Circuits: Discrete and Integrated, McGraw-Hill, New York, 1979.
[6.157] *Schmid, H.:* Electronic Analog/Digital Conversions, Van Nostrand Reinhold, New York, 1970.
[6.158] *Schneider, H. G.* (Hrsg.): Halbleiterbauelementeelektronik, Akademie Verlag, Berlin, 1976.
[6.159] *Scoles, G. J.:* Handbook of Electronic Circuits, Ellis Horwood, Chichester, 1975.
[6.160] *Searle, C. L.*, u.a.: Elementary Circuit Properties of Transistors, Wiley, New York, 1964.
[6.161] *Seidman, A. H.; Waintraub, J. L.:* Electronics: Devices, Discrete and Integrated Circuits, Merrill, Saugus, 1977.
[6.162] *Seifert, M.:* Analoge Schaltungen und Schaltkreise, VEB Technik, Berlin, 1980.
[6.163] *Seippel, R. G.:* Designing Solid-State Power Supplies, Am. Technical, Chicago, 1975.
[6.164] *Seitzer, D.:* Elektronische Analog-Digital-Umsetzer, Springer, Berlin, 1977.
[6.165] *Sen, P. C.:* Thyristor DC Drives, Wiley, New York, 1981.
[6.166] *Senturio, S.; Wedlock, B.:* Electronic Circuits and Applications, Prentice-Hall, Englewood Cliffs, 1975.
[6.167] *Shea, R. F.* (Hrsg.): Amplifier Handbook, McGraw-Hill, New York, 1966.
[6.168] *Shea, R. F.:* Transistor Applications, Krieger, New York, 1964.
[6.169] *Shea, R. F.:* Transistor Circuit Engineering, Krieger, New York, 1957.
[6.170] *Sheingold, D.:* Analog-Digital Conversion Handbook, Analog Devices, Nordwood, 1972.

[6.171] *Shore, B. R.:* The New Electronics, McGraw-Hill, New York, 1970.
[6.172] *Smith, J. I.:* Modern Operational Circuit Design, Prentice-Hall, Englewood Cliffs, 1971.
[6.173] *Smith, R. J.:* Circuits, Devices, and Systems, Wiley, New York, 1976.
[6.174] *Sonde, B.:* Data Converters, McGraw-Hill, New York, 1974.
[6.175] *Sonde, B.:* Special Purpose Amplifiers, McGraw-Hill, New York, 1974.
[6.176] *Spring, K.:* Einführung in die industrielle Elektronik, Birkhäuser, Stuttgart, 1967.
[6.177] *Shacklette, L.; Ashworth, H.:* Using Digital and Analog Integrated Circuits, Prentice-Hall, Englewood Cliffs, 1978.
[6.178] *Sparkes, J. J.:* Transistor Switching and Sequential Circuits, Pergamon, Elmsford, 1969.
[6.179] *Spencer, J. D.; Pippenger, D. E.:* The Voltage Regulator Handbook for Design Engineers, Texas Instruments, Dallas, 1977.
[6.180] *Stiefken, H.:* Analoge Schaltkreise, Hüthig, Heidelberg, 1972.
[6.181] *Stout, D. F.; Kaufman, M.* (Hrsg.): Handbook of Operational Amplifier Circuit Design, McGraw-Hill, New York, 1976.
[6.182] *Tedeschi, F. P.; Taber, M. R.:* Solid State Electronics, Delmar, Albany, 1976.
[6.183] *Terman, F. E.:* Integrated Electronics: Analog-Digital Circuits and Systems, McGraw-Hill, New York, 1972.
[6.184] *Thornton, R. D.*, u.a.: Handbook of Basic Transistor Circuits and Measurements, Wiley, New York, 1966.
[6.185] *Tietze, H.; Schenk, Ch.:* Halbleiter-Schaltungstechnik, Springer, Berlin, 1978.
[6.186] *Thornton, R. D.*, u.a.: Multistage Transistor Circuits, Wiley, New York, 1965.
[6.187] *Towers, T. D.:* Semiconductor Circuit Elements, Butterworths, London, 1975.
[6.188] TTL-Kochbuch, Das -, Texas-Instruments, Freising, 1975.
[6.189] *Tuttle, D. F.:* Circuits, McGraw-Hill, New York, 1977.
[6.190] *Van der Ziel, A.:* Introductory Electronics, Prentice-Hall, Englewood Cliffs, 1974.
[6.191] *Walston, J. A.; Miller, J. R.* (Hrsg.): Transistor Circuit Design, McGraw-Hill, New York, 1963.
[6.192] *Watson, J.:* Semiconductor Circuit Design, Hilger, Bristol, 1977.
[6.193] *Watson, J.:* Semiconductor Circuit Design: for A.C. and D.C. Amplification Switching, Halsted, New York, 1978.
[6.194] *Weick, C.:* Applied Electronic Circuits, McGraw-Hill, New York, 1972.
[6.195] *Williams, G. E.:* Practical Transistor Circuit Design and Analysis, McGraw-Hill, New York, 1973.
[6.196] *Wong, Y. J.; Ott, W. E.:* Function Circuits: Design and Applications, McGraw-Hill, New York, 1976.
[6.197] *Wüstehube, J.:* Schaltnetzteile, Lexika, Grafenau, 1978.
[6.198] *Young, T.:* Linear Integrated Circuits, Wiley, New York, 1981.
[6.199] *Yunik, M.:* Design of Modern Transistor Circuits, Prentice-Hall, New York, 1973.
[6.200] *Zanger, H.:* Electronic Systems, Theory and Applications, Prentice-Hall, Englewood Cliffs, 1977.
[6.201] *Zeines, B.:* Transistor Circuit Analysis and Application, Reston Publ., Reston, 1976.
[6.202] *Zirpel, M.:* Operationsverstärker, Franzis, München, 1976.

7 Halbleiter- und Festkörperphysik

[7.1]   *Adler, R. B.*, u.a.: Introduction to Semiconductor Physics, Wiley, New York, 1964.

[7.2]   *Almazov, A. B.:* Electronic Properties of Semiconducting Solid Solutions, Plenum, New York, 1968.

[7.3]   *Ankrum, P.:* Semiconductor Electronics, Prentice-Hall, Englewood Cliffs, 1971.

[7.4]   *Ashcroft, N. W.; Mermin, N. D.:* Solid State Physics, Holt, Rinehart & Winston, New York, 1976.

[7.5]   *Balakrishna, S.*, u.a.: Physics of the Solid State, Academic Pr., New York, 1969.

[7.6]   *Barrer, R. M.:* Diffusion in and through Solids, Cambridge U.Pr., Cambridge, 1951.

[7.7]   *Bassani, F.; Parravicini, G. P.:* Electronic States and Optical Transitions in Solids, Pergamon, Elmsford, 1975.

[7.8]   *Bech, A. H. W.; Ahmed, A. H.:* An Introduction to Physical Electronics, Arnold, London, 1968.

[7.9]   *Beeforth, T. H.; Goldsmid, H. J.:* Physics of Solid State Devices, Academic Pr., New York, 1974.

[7.10] *Beer, A. C.:* Galvanomagnetic Effects in Semiconductors, Academic Pr., New York, 1963.

[7.11] *Berman, H. J.; Hebert, N. C.:* Ion-Selective Microelectrodes, Plenum, New York, 1974.

[7.12] *Birdsall, Ch.; Bridges, W.:* Electron Dynamics of Diode Regions, Academic Pr., New York, 1966.

[7.13] *Blakemore, J. S.:* Semiconductor Statistics, Pergamon, Elmsford, 1962.

[7.14] *Blakemore, J. S.:* Solid State Physics, Sauders, Philadelphia, 1974.

[7.15] *Blatt, F. J.:* Physics of Electronic Conduction in Solids, McGraw-Hill, New York, 1968.

[7.16] *Blicher, A.:* Thyristor Physics, Springer, Berlin, 1976.

[7.17] *Boltaks, B. I.:* Diffusion in Semiconductors, Academic Pr., New York, 1963.

[7.18] *Bonch-Bruevich*, u.a.: Domain Electrical Instabilities in Semiconductors, Plenum, New York, 1975.

[7.19] *Brauer, W.; Streitwolf, H. W.:* Theoretische Grundlagen der Halbleiterphysik, Vieweg, Braunschweig, 1977.

[7.20] *Bube, R. H.:* Electronic Properties of Crystalline Solids – An Introduction to Fundamentals, Academic Pr., New York, 1974.

[7.21] *Bullmann, W.:* Crystal Defects and Crystalline Interfaces, Springer, Berlin, 1970.

[7.22] *Burstein, E.; Lundqvist, S.:* Tunneling Phenomena in Solids, Plenum, New York, 1969.

[7.23] *Busch, G.; Schade, H.:* Vorlesungen über Festkörperphysik, Birkhäuser, Basel, 1973.

[7.24] *Carslaw, H. S.; Jaeger, J. C.:* Conduction of Heat in Solids, Oxford U.Pr., Oxford, 1959.

[7.25] *Carter, D. L.; Bate, R. T.:* Physics of Semimetals and Narrow-Gap Semiconductors, Pergamon, Elmsford, 1971.

[7.26] *Close, K. J.; Yarwood, J.:* Introduction to Semiconductors, Heinemann, Exeter, 1971.

[7.27] *Cochran, J. F.*, u.a.: Modern Solid State Physics, Bd. 1: Electrons on Metals, Gordon & Breach, New York, 1968.

[7.28] *Cohen, M. M.:* Introduction to the Quantum Theory of Semiconductors, Gordon & Breach, New York, 1972.

[7.29] *Coleman, R. V.*, u.a.: Solid State Physics, Academic Pr., New York, 1974.

[7.30] *Conwell, E. M.:* High Field Transport in Semiconductors, Academic Pr., New York, 1967.

[7.31] *Corbett, J. W.:* Electron Radiation Damage in Semiconductors and Metals, Academic Pr., New York, 1966.

[7.32] *Corbett, J. W.; Watkins, G. D.:* Radiation Effects in Semiconductors, Gordon & Breach, New York, 1971.

[7.33] *Cottrell, A. H.:* Theory of Crystal Dislocations, Blackie & Son, London, 1962.

[7.34] *Dalven, R.:* Introduction to Applied Solid State Physics, Plenum, New York, 1980.

[7.35] *Dascălu, D.:* Electronic Processes in Unipolar Solid-State Devices, Abacus, Tunbridge Wells, 1977.

[7.36] *Dascălu, D.:* Transit-Time Effects in Unipolar Solid State Devices, Int'l Schol. Bk. Serv., Forest Grove, 1976.

[7.37] *Davies, D. A.:* Waves, Atoms and Solids, Longman, New York, 1978.

[7.38] *Dedditt, D.; Rossoff, A. L.:* Transistor Electronics, McGraw-Hill, New York, 1957.

[7.39] *Dekker, A. J.:* Solid State Physics, Macmillan, New York, 1965.

[7.40] *Devreese, J. T.; Doren, V. van:* Linear and Nonlinear Electron Transport in Solids, Plenum, New York, 1976.

[7.41] *Duke, C. B.:* Tunneling in Solids, Academic Pr., New York, 1969.

[7.42] *Dunlap, W. C.* (Hrsg.): Hot Electrons in Semiconductors, Pergamon, Elmsford, 1978.

[7.43] *Efros, A. L.; Shklowsky, B. I.:* Electronic Properties of Doped Semiconductors, Pergamon, Elmsford, 1981.

[7.44] *Elliott, R. J.; Gibson, A.:* An Introduction to Solid State Physics: Its Applications, Barnes & Nobel, Scranton, 1974.

[7.45] *Elliott, R. J.; Gibson, N. F.:* Solid State Physics, Macmillan, London, 1974.

[7.46] *Feldman, J. M.:* The Physics and Circuit Properties of Transistors, Wiley, New York, 1972.

[7.47] *Ferry, D. K.*, u.a.: Physics of Nonlinear Transport in Semiconductor, Plenum, New York, 1980.

[7.48] *Fistul, V. I.:* Heavily Doped Semiconductors, Plenum, New York, 1969.

[7.49] *Folberth, O. G.:* Grundlagen der Halbleiterphysik, Schiele & Schön, Berlin, 1965.

[7.50] *Frankl, D. R.:* Electrical Properties of Semiconductor Surfaces, Pergamon, Elmsford, 1967.

[7.51] *Fraser, D. A.:* Halbleiter-Physik, Oldenbourg, 1979.

[7.52] *Fraser, D. A.:* The Physics of Semiconductor Devices, Oxford U.Pr., Oxford, 1979.

[7.53] *Frumkin, A. N.:* Surface Properties of Semiconductors, Plenum, New York, 1964.

[7.54] *Fumi, F. G.:* Physics of Semiconductors, Elsevier, New York, 1976.

[7.55] *Geist, D.:* Halbleiterphysik,
Bd. 1: Eigenschaften homogener Halbleiter, 1969;
Bd. 2: Sperrschichten und Randschichten, Bauelemente, 1970,
Vieweg, Braunschweig.

[7.56] *Gibbons, J.:* Semiconductor Electronics, McGraw-Hill, New York, 1966.

[7.57] *Gibson, A. F.*, u.a.: Progress in Semiconductors, Bd. 1: 1956; Bd. 2: 1957; Bd. 3: 1958, Bd. 4: 1960, Bd. 5: 1961, Bd. 6: 1962, Wiley, New York.

[7.58] *Gossick, B. R.:* Potential Barriers in Semiconductors, Academic Pr., New York, 1964.
[7.59] *Gottlieb, I.:* Fundamentals of Transistor Physics, Rider, New York, 1960.
[7.60] *Grau, G.:* Quantenelektronik, Vieweg, Braunschweig, 1978.
[7.61] *Gray, P. E.,* u.a.: Physical Electronics and Circuit Models of Transistors, Wiley, New York, 1964.
[7.62] *Gray, P. E.; Searle, C. L.:* Electronic Principles: Physics, Models and Circuits, Wiley, New York, 1969.
[7.63] *Grosse, P.:* Freie Elektronen in Festkörpern, Springer, Berlin, 1979.
[7.64] *Grove, A. S.:* Physics and Technology of Semiconductor Devices, Wiley, New York, 1967.
[7.65] *Gubanov, A. I.:* Quantum Electron Theory of Amorphous Conductors, Plenum, New York, 1965.
[7.66] *Hannay, N. B.* (Hrsg.): Semiconductors, Reinhold, New York, 1959.
[7.67] *Harris, D. J.; Robson, P. N.:* The Physical Basis of Electronics, Pergamon, Elmsford, 1975.
[7.68] *Hartnagel, H. L.:* Semiconductor Plasma Instabilities, Heinemann, Exeter, 1969.
[7.69] *Hasiguti, R. R.:* Lattice Defects in Semiconductors, Pennsylvania State U.Pr., University Park, 1967.
[7.70] *Haug, A.:* Theoretical Solid State Physics, 2 Bde., Pergamon, Elmsford, 1972.
[7.71] *Hellwege, K.-H.:* Einführung in die Festkörperphysik, Springer, Berlin, 1976.
[7.72] *Hemenway, C. L.,* u.a.: Physical Electronics, Wiley, New York, 1967.
[7.73] *Henisch, H. K.:* Rectifying Semiconductor Contacts, Oxford U.Pr., Oxford, 1957.
[7.74] *Herman, F.,* u.a.: Computational Solid State Physics, Plenum, New York, 1974.
[7.75] *Herrmann, R.; Preppernau, U.:* Elektronen im Kristall, Springer, Berlin, 1979.
[7.76] *Hesse, K.:* Halbleiter, Bibliographisches Institut, Mannheim, 1974.
[7.77] *Heywang, W.; Pötzl, H. W.:* Bänderstruktur und Stromtransport, Springer, Berlin, 1976.
[7.78] *Hilsum, C.* (Hrsg.): Handbook on Semiconductors, Vol. IV: Device Physics, Elsevier, New York, 1981.
[7.79] *Hobson, G. S.:* The Gunn Effect (Monograph in Electrical and Electronic Engineering), Oxford U.Pr., Oxford, 1974.
[7.80] *Höhler, G.:* Solid-State Physics, Springer, Berlin, 1976.
[7.81] *Holmes, P. J.:* Electrochemistry of Semiconductors, Academic Pr., New York, 1962.
[7.82] *Hölzl, J.,* u.a.: Solid Surface Physics, Springer, Berlin, 1979.
[7.83] *Hutchinson, T. S.; Baird, D. C.:* The Physics of Engineering Solids, Wiley, New York, 1963.
[7.84] *Ibach, H.; Lüth, H.:* Festkörperphysik, Springer, Berlin, 1981.
[7.85] *Ioffe, A. F.:* Physics of Semiconductors, Academic Pr., New York, 1961.
[7.86] *Johnson, V. A.:* Karl Lark-Horovitz, Pioneer in Solid State Physics, Pergamon, Elmsford, 1970.
[7.87] *Jones, W.; March, N. H.:* Theoretical Solid State Physics, 2 Bde., Wiley, New York, 1973.
[7.88] *Jonscher, A. K.:* Solid State Semiconductors, Routledge & Kegan, Boston, 1965.

[7.89] *Kallmann, H.; Silver, M.:* Symposium on Electrical Conductivity in Organic Solids, Wiley, New York, 1961.
[7.90] *Kano, K.:* Physical and Solid State Electronics, Addison-Wesley, Reading, 1972.
[7.91] *Kao, K. C.; Hwang, W.:* Electrical Transport in Solids, Pergamon Pr., Elmsford, 1981.
[7.92] *Kelvey, J. P.:* Solid State and Semiconductor Physics, Harper & Row, New York, 1966.
[7.93] *Kingston, R. H.:* Semiconductor Surface Physics, University of Pennsylvania Pr., Philadelphia, 1957.
[7.94] *Kirejew, P. S.:* Physik der Halbleiter, Akademie Verlag, Berlin, 1974.
[7.95] *Kittel, C.:* Quantum Theory of Solids, Wiley, New York, 1976.
[7.96] *Kittel, C.:* Introduction to Solid State Physics, Wiley, New York, 1976.
[7.97] *Klose, W.:* Kleine Einführung in die moderne Festkörperphysik, Vieweg, Braunschweig, 1974.
[7.98] *Knox, R. S.:* Theory of Excitons, Solid State Physics, Academic Pr., New York, 1963.
[7.99] *Kreher, C.:* Festkörperphysik, Vieweg, Braunschweig, 1976.
[7.100] *Krishnan, R. S.,* u.a.: Thermal Expansion of Crystals, Pergamon, Elmsford, 1979.
[7.101] *Kuper, C. G.; Whitefield, G. D.:* Polarons and Excitons, Oliver & Boyd, London, 1962.
[7.102] *Lamb, D. R.:* Electrical Conduction Mechanisms in Thin Insulating Films, Methuen, London, 1967.
[7.103] *Lampert, M. A.; Mark, P.:* Current Injection in Solids, Academic Pr., New York, 1970.
[7.104] *Landsberg, P. T.:* Solid State Theory: Methods and Applications, Wiley, New York, 1969.
[7.105] *Landsberg, P. T.; Willoughby, A. F.* (Hrsg.): Recombination in Semiconductors, Pergamon, Elmsford, 1978.
[7.106] *Leck, J. H.:* Theory of Semiconductor Junction Devices, Pergamon, Elmsford, 1967.
[7.107] *Levin, A. A.:* Quantum Chemistry of Solids: The Chemical Bond and Energy Bands in Tetrahedral Semiconductors, McGraw-Hill, New York, 1976.
[7.108] *Lim, E. C.:* Excited States, 2 Bde., Academic Pr., New York, 1974.
[7.109] *Lindmayer, J.; Wrigley, C. Y.:* Fundamental of Semiconductor Devices, Van Nostrand Reinhold, New York, 1965.
[7.110] *Lindner, H.:* Grundriß der Festkörperphysik, Vieweg, Braunschweig, 1979.
[7.111] *Low, W.; Schieber, M.:* Applied Solid State Physics, Plenum, New York, 1970.
[7.112] *Lynch, P.; Nicolaides, A.:* Worked Examples in Physical Electronics, Harrap, London, 1972.
[7.113] *Madelung, O.:* Festkörpertheorie,
Bd. 1: Elementare Anregungen, 1972;
Bd. 2: Wechselwirkungen, 1972;
Bd. 3: Lokalisierte Zustände, 1973,
Springer, Berlin.
[7.114] *Madelung, O.:* Grundlagen der Halbleiterphysik, Springer, Berlin, 1970.
[7.115] *Madelung, O.:* Introduction to Solid-State Theory, Springer, Berlin, 1978.
[7.116] *Madelung, O.:* Physics of Three-Five Compounds, Krieger, New York, 1964.
[7.117] *Many, A.,* u.a.: Semiconductor Surfaces, Elsevier, New York, 1965.

[7.118]   Masuda, K.; Silver, M.: Energy and Charge Transfer in Organic Semiconductors, Plenum, New York, 1974.
[7.119]   Marton, L.; Marton, C.: Advances in Electronics and Electron Physics, Academic Pr., New York, 1981.
[7.120]   Masuda, K.; Silver, M.: Energy and Charge Transfer in Organic Semiconductors, Plenum, New York, 1974.
[7.121]   Matare, H. F.: Defect Electronics in Semiconductors, Krieger, New York, 1971.
[7.122]   McKelvey, J. P.: Solid State and Semiconductor Physics, Harper & Row, New York, 1966.
[7.123]   Middlebrook, R. D.: Introduction to Junction Transistor Theory, Wiley, New York, 1957.
[7.124]   Milnes, A. G.: Deep Impurities in Semiconductors, Wiley, New York, 1973.
[7.125]   Milnes, A. G.; Feucht, D. L.: Heterojunctions and Metal-Semiconductor Junctions, Academic Pr., New York, 1972.
[7.126]   Moll, J. L.: Physics of Semiconductors, McGraw-Hill, New York, 1964.
[7.127]   Moore, W. J.: Seven Solid States, Benjamin, New York, 1967.
[7.128]   Moss, T. S. (Hrsg.): Handbook on Semiconductors,
   Bd. 1: Paul, W. (Hrsg.): Band Theory and Transport Properties, 1981;
   Bd. 2: Balkanski, M. (Hrsg.): Optical Properties of Solids, 1980;
   Bd. 3: Keller, S. P. (Hrsg.): Materials, Properties and Preparation, 1980;
   Bd. 4: Hilsum, C. (Hrsg.): Device Physics, 1981, Elsevier, New York.
[7.129]   Mott, N.; Davies, E. A.: Electronic Processes in Non-Crystalline Materials, Oxford U.Pr., Oxford, 1979.
[7.130]   Nag, B. R.: Electron Transport in Compound Semiconductors, Springer, Berlin, 1980.
[7.131]   Nag, B. R.: Theory of Electrical Transport in Semiconductors, Pergamon, Elmsford, 1973.
[7.132]   Nanavati, R. P.: An Introduction to Semiconductor Electronics, McGraw-Hill, New York, 1963.
[7.133]   Nussbaum, A.: Semiconductor Device Physics, Prentice-Hall, Englewood Cliffs, 1962.
[7.134]   Nye, J. F.: Physical Properties of Crystals, Oxford U.Pr., Oxford, 1957.
[7.135]   O'Dwyer, J. J.: The Theory of Electrical Conduction and Breakdown in Solid Dielectrics, Clarendon, Oxford, 1973.
[7.136]   Okamoto, Y.; Brenner, W.: Organic Semiconductors, Reinhold, New York, 1964.
[7.137]   Olesky, J. E.: Solid State Electronics, Bobbs, Indianapolis, 1979.
[7.138]   Omar, M. A.: Elementary Solid State Physics, Addison-Wesley, New York, 1974.
[7.139]   Pamplin, B. R.: Crystal Growth, Pergamon, Elmsford, 1980.
[7.140]   Patterson, J. D.: Introduction to the Theory of Solid State Physics, Addison-Wesley, Reading, 1971.
[7.141]   Paul, R.: Halbleiterphysik, Hüthig, Heidelberg, 1975.
[7.142]   Pepper, M. (Hrsg.): Metal-Semiconductor Contacts, Institute of Physics, Bristol, 1974.
[7.143]   Phillips, J. C.: Bonds and Bands in Semiconductors, Academic Pr., New York, 1973.
[7.144]   Pick, R. M.: Computational Solid State Physics, Plenum, New York, 1972.
[7.145]   Pincherle, L.: Electronic Energy Bands in Solids, Macdonald, London, 1971.
[7.146]   Pozhela, J.: Plasma and Current Instabilities in Semiconductors, Pergamon, Elmsford, 1980.
[7.147]   Prutton, M.: Surface Physics, Oxfort U.Pr., Oxford, 1975.
[7.148]   Rabii, S.: Physics of IV-VI Compounds and Alloys, Gordon & Breach, New York, 1975.
[7.149]   Ravi, K. V.: Imperfections and Impurities in Semiconductor Silicon, Wiley, New York, 1981.
[7.150]   Read, W. T.: Dislocations in Crystals, McGraw-Hill, New York, 1953.
[7.151]   Rhoderick, E. H.: Metal-Semiconductor Contacts, Oxford U. Pr., Oxford, 1978.
[7.152]   Rhodes, R. G.: Imperfections and Active Centres in Semiconductors, Pergamon, Elmsford, 1963.
[7.153]   Riddle, R. L.; Ristenbatt, M. P.: Transistor Physics and Circuits, Prentice-Hall, Englewood Cliffs, 1958.
[7.154]   Rosenberg, H. M.: The Solid State: An Introduction to the Physics of Crystals, Oxford U.Pr., Oxford, 1979.
[7.155]   Roy, D. K.: Tunnelling and Negative Resistance Phenomena in Semiconductors, Pergamon, Elmsford, 1977.
[7.156]   Rudden, M. N.; Wilson, J.: Elements of Solid State Physics, Wiley, New York, 1980.
[7.157]   Schottky, W., u.a.: Festkörperprobleme;
   Bd. 6: 1967 (Hrsg.: Madelung, O.);
   Bd. 7: 1967 (Hrsg.: Madelung, O.);
   Bd. 8: 1968 (Hrsg.: Madelung, O.);
   Bd. 9: 1969 (Hrsg.: Madelung, O.);
   Bd. 10: 1970 (Hrsg.: Madelung, O.);
   Bd. 11: 1971 (Hrsg.: Madelung, O.);
   Bd. 12: 1972 (Hrsg.: Madelung, O.);
   Bd. 13: 1973 (Hrsg.: Queisser, H. J.);
   Bd. 14: 1974 (Hrsg.: Queisser, H. J.);
   Bd. 15: 1975 (Hrsg.: Queisser, H. J.);
   Bd. 16: 1976 (Hrsg.: Treusch, J.);
   Bd. 17: 1977 (Hrsg.: Treusch, J.);
   Bd. 18: 1978 (Hrsg.: Treusch, J.);
   Bd. 19: 1979 (Hrsg.: Treusch, J.);
   Bd. 20: 1980 (Hrsg.: Treusch, J.);
   Bd. 21: 1981 (Hrsg.: Treusch, J.);
   Bd. 22: 1982 (Hrsg.: Grosse, P.),
   Vieweg, Braunschweig.
[7.158]   Seeger, K.: Semiconductor Physics, Springer, Berlin, 1974.
[7.159]   Seiler, K.: Physik und Technik der Halbleiter, Wissenschaftl. Verlagsges., Stuttgart, 1974.
[7.160]   Seitz, F.: Modern Theory of Solids, McGraw-Hill, New York, 1940.
[7.161]   Sharma, B. L.; Purohit, R. K.: Semiconductor Heterojunctions, Pergamon, Elmsford, 1974.
[7.162]   Shaw, M. P., u.a.: The Gunn-Hilsum Effect, Academic Pr., New York, 1979.
[7.163]   Shepherd, A. D.: Introduction to the Theory and Practice of Semiconductors, Ungar, New York, 1959.
[7.164]   Shewmon, P. G.: Diffusion in Solids, McGraw-Hill, New York, 1963.
[7.165]   Shive, J. N.: The Properties, Physics and Design of Semiconductor Devices, Van Nostrand, New York, 1959.
[7.166]   Shmartsev, Y. V.; Ryvkin, S. M.: Physics of P-N Junctions and Semiconductor Devices, Plenum, New York, 1971.
[7.167]   Shockley, W.: Electroncs and Holes in Semiconductors, Van Nostrand, New York, 1950.
[7.168]   Simmons, J. G.: DC Conduction in Thin Films, Mills & Boon, London, 1971.
[7.169]   Simonyi, K.: Physikalische Elektronik, Teubner, Stuttgart, 1972.

[7.170] *Sirota, N. N.:* Chemical Bonds in Semiconductors and Thermodynamics, Plenum, New York, 1968.
[7.171] *Skobel' Tsyn, D. V.:* Electrical and Optical Properties of Semiconductors, Plenum, New York, 1968.
[7.172] *Skobel' Tsyn, D. V.:* Radiative Recombinations in Semiconducting Crystals, Plenum, New York, 1975.
[7.173] *Skolbel'* Tsyn, *D. V.:* Surface Properties of Semiconductors and Dynamics of Ionic Crystals, Plenum, New York, 1971.
[7.174] *Slifkin, L. W.:* Semiconductor and Molecular Crystals, Plenum, New York, 1975.
[7.175] *Smith, A. C.,* u.a.: Electronic Conduction in Solids, McGraw-Hill, New York, 1967.
[7.176] *Smith, R. A.:* Semiconductors, Cambridge U.Pr., Cambridge, 1978.
[7.177] *Solymar, L.* (Hrsg.): Modern Physical Electronics, Chapman and Hall, London, 1975.
[7.178] *Sommerfeld, A.; Bethe, H.:* Elektronentheorie der Metalle, Springer, Berlin, 1967.
[7.179] *Spenke, E.:* Elektronische Halbleiter, Springer, Berlin, 1965.
[7.180] *Spenke, E.:* PN-Übergänge, Springer, Berlin, 1979.
[7.181] *Stiddard, M. H.,* u.a.: Elementary Language of Solid State Physics, Academic Pr., New York, 1975.
[7.182] *Streetman, B. G.:* Solid State Electronic Devices, Prentice-Hall, Englewood Cliffs, 1980.
[7.183] *Streitwieser, A.:* Molecular Orbital Theory for Organic Chemists, Wiley, New York, 1961.
[7.184] *Suchet, J. P.:* Electrical Conduction in Solid Materials, Pergamon, Elmsford, 1975.
[7.185] *Sze, S. M.:* Physics of Semiconductor Devices, Wiley, New York, 1981.
[7.186] *Talley, H. E.; Daugherty, D. G.:* Physical Principles of Semiconductor Devices, Iowa State U.Pr., Ames, 1976.
[7.187] *Tanner, B. K.:* X-Ray Diffraction Topography, Pergamon, Elmsford, 1977.
[7.188] *Tredgold, R. H.:* Space Charge Conduction in Solids, Elsevier, New York, 1966.
[7.189] *Tsidil' Kovskii, I. M.:* Thermomagnetic Effects in Semiconductors, Academic Pr., New York, 1974.
[7.190] *Tuck, B.:* Introduction to Diffusion in Semiconductors, Int'l Schol. Bk. Serv., Forest Grove, 1975.
[7.191] *Uman, M. F.:* Introduction to the Physics of Electronics, Prentice-Hall, Englewood Cliffs, 1974.
[7.192] *Unger, H.-G.:* Quantenelektronik, Vieweg, Braunschweig, 1967.
[7.193] *Unger, K.,* u.a.: Festkörperphysik — Kristallstruktur, Elektronenzustände,Wechselwirkungen, Akademische Verlagsges., Leipzig, 1979.
[7.194] *Urli, N. B.; Corbett, J. W.:* Radiation Effects in Semiconductors, Am. Inst. Physics, New York, 1977.
[7.195] *Valdes, L. B.:* The Physical Theory of Transistors, McGraw-Hill, New York, 1961.
[7.196] *Van der Ziel, A.:* Solid State Physical Electronics, Prentice-Hall, Englewood Cliffs, 1976.
[7.197] *Vavilov, V. S.:* Effects of Radiation on Semiconductors, Plenum, New York, 1965.
[7.198] *Wang, F. F.:* Introduction to Solid State Electronics, North-Holland, New York, 1980.
[7.199] *Wang, S.:* Solid-State Electronics, McGraw-Hill, New York, 1966.
[7.200] *Weissmantel, C.; Hamann, C.:* Grundlagen der Festkörperphysik, Springer, Berlin, 1979.
[7.201] *Wert, C. A.; Thomson, R. W.:* Physics of the Solids, McGraw-Hill, New York, 1970.
[7.202] *Willardson, R. K.; Beer, A. C.:* Semiconductors and Semimetalls,
Bd. 1: Physics of III-V Compounds, 1966;
Bd. 2: Physics of III-V Compounds, 1966;
Bd. 3: Optical Properties of III-V Compounds, 1967;
Bd. 4: Physics of III-V Compounds, 1968;
Bd. 5: Infrared Detectors, 1970;
Bd. 6: Injection Phenomena, 1970;
Bd. 7A: Semiconductor Applications & Devices, 1971;
Bd. 7B: Applications & Devices, 1971;
Bd. 8: Techniques for Studying Semiconducting Materials, 1971;
Bd. 9: Modulation Techniques, 1972;
Bd. 10: Transport Phenomena, 1975;
Bd. 11: Solar Cells, 1975;
Bd. 12: Infrared Detectors II, 1977;
Bd. 13: Cadmium Telluride, 1978;
Bd. 14: Lasers, Junctions, Transport, 1979, Academic Pr., New York.
[7.203] *Wilson, I. H.:* Engineering Solids, McGraw-Hill, New York, 1979.
[7.204] *Wolf, H. F.:* Silicon Semiconductor Data, Pergamon, Elmsford, 1969.
[7.205] *Wolf, H. F.:* Semiconductors, Wiley, New York, 1971.
[7.206] *Wolfe, R.; Kreissman, C. J.:* Applied Solid State Science: Advances in Materials and Device Research, Bd. 1: 1969; Bd. 2: 1971; Bd. 3: 1972, Academic Pr., New York.
[7.207] *Yang, E. S.:* Fundamentals of Semiconductor Devices, McGraw-Hill, New York, 1978.
[7.208] *Zhdanov, S. I.:* Liquid Crystal Chemistry and Physics, Pergamon, Elmsford, 1981.
[7.209] *Ziman, J. M.:* Principles of the Theory of Solids, Cambridge U.Pr., Cambridge, 1972.

8 Hoch- und Höchstfrequenztechnik

[8.1] *Al'pert, Y. L.:* Radio Wave Propagation and the Ionosphere,
Bd. 1: The Ionosphere, 1973;
Bd. 2: Propagation of Electromagnetic Waves near the Earth, 1974,
Consultants Bureau, New York.
[8.2] *Angelakos, B. D.; Everhart, T. E.:* Microwave Communications, McGraw-Hill, New York, 1968.
[8.3] *Armbrüster, H.:* Elektromagnetische Wellen im Hochfrequenzbereich. Anwendungen, Hüthig und Pflaum, München, 1975.

Literaturverzeichnis

[8.4] *Atwater, H. A.:* Introduction to Microwave Theory, McGraw-Hill, New York, 1962.

[8.5] *Baden-Fuller, A. J.:* Microwaves: An Introduction to Microwave Theory and Techniques, Pergamon, Elmsford, 1979.

[8.6] *Baden-Fuller, A. J.:* Mikrowellen, Vieweg, Braunschweig, 1974.

[8.7] *Barlow, H. M.; Brown, J.:* Radio Surface Waves, Clarendon, Oxford, 1962.

[8.8] *Bennett, W. R.:* Introduction to Microwave Theory, McGraw-Hill, New York, 1970.

[8.9] *Berkowitz, R.:* Modern Radar, Wiley, New York, 1965.

[8.10] *Blackband, W. T.:* Radio Antennas for Aircraft and Aerospace Vehicles, Technivision Services, Maidenhead, 1967.

[8.11] *Blackwell, L. A.; Kotzebue, K. L.:* Semiconductor-Diode Parametric Amplifiers, Prentice-Hall, Englewood Cliffs, 1961.

[8.12] *Borgnis, F. E.; Papas, Ch. H.:* Randwertprobleme der Mikrowellenphysik, Springer, Berlin, 1955.

[8.13] *Bowen, E. G.:* A Textbook of Radar, Cambridge U.Pr., Cambridge, 1954.

[8.14] *Burdic, W. S.:* Radar Signal Analysis, Prentice-Hall, Englewood Cliffs, 1968.

[8.15] *Chodorow, M.; Susskind, C.:* Fundamentals of Microwave Electronics, McGraw-Hill, New York, 1964.

[8.16] *Collin, R. E.:* Field Theory of Guided Waves, McGraw-Hill, New York, 1960.

[8.17] *Collin, R. E.:* Foundations for Microwave Engineering, McGraw-Hill, New York, 1966.

[8.18] *Collins, G. B.:* Microwave Magnetrons, McGraw-Hill, New York, 1948.

[8.19] *Cook, C. E.; Bernfeld, M.:* Radar Signals, Academic Pr., New York, 1967.

[8.20] *Crispin, J. W.; Siegel, K. M.:* Methods of Radar Cross Section Analysis, Academic Pr., New York, 1968.

[8.21] *Davies, K.:* Ionospheric Radio Propagation, US Govt. Printing Office, Washington, 1965.

[8.22] *DiFranco, J. V.; Rubin, W. L.:* Radar Detection, Prentice-Hall, Englewood Cliffs, 1968.

[8.23] *Evans, J. V.; Hagfors, T.:* Radar Astronomy, McGraw-Hill, New York, 1968.

[8.24] *Feldtkeller, R.:* Einführung in die Theorie der Hochfrequenz-Bandfilter, Hirzel, Stuttgart, 1969.

[8.25] *Fradin, A. Z.:* Microwave Optics, Pergamon, New York, 1961.

[8.26] *Fuller, A. J. B.:* Mikrowellen, Vieweg, Braunschweig, 1974.

[8.27] *Gandhi, O. P.:* Microwave Engineering and Applications, Pergamon, Elmsford, 1981.

[8.28] *Gittins, J. F.:* Power Travelling-wave Tubes, Elsevier, New York, 1965.

[8.29] *Ghose, R. N.:* Microwave Circuit Theory and Analysis, McGraw-Hill, New York, 1963.

[8.30] *Gordy, W.; Cook, R. L.:* Microwave Molecular Spectra, Wiley, New York, 1970.

[8.31] *Goubau, G.:* Elektromagnetische Wellenleiter und Hohlräume, Wissenschaftl. Verlagsges., Stuttgart, 1955.

[8.32] *Gupta, K. C.:* Microwaves, Wiley, New York, 1979.

[8.33] *Gupta, K. C.; Singh, A.:* Microwave Integrated Circuits, Wiley, New York, 1975.

[8.34] *Hamilton, D. R.*, u.a.: Klystrons and Microwave Triodes, McGraw-Hill, New York, 1948.

[8.35] *Hansen, R. C.:* Microwave Scanning Antennas, 3 Bde., Academic Pr., New York, 1964.

[8.36] *Harvey, A. F.:* Microwave Engineering, Academic Pr., New York, 1963.

[8.37] *Helszajn, J.:* Passive and Active Microwave Circuits, Wiley, New York, 1978.

[8.38] *Henne, W.:* Einführung in die Höchstfrequenztechnik, Kordass & Münch, München, 1966.

[8.39] *Henney, K.:* Radio Engineers Handbook, McGraw-Hill, New York, 1959.

[8.40] *Herzog, W.:* Oszillatoren mit Schwingkristallen, Springer, Berlin, 1958.

[8.41] *Hock:* Hochfrequenzmeßtechnik, Grundlagen, Verfahren, Geräte, Hilfsmittel, Lexika, Grafenau, 1980.

[8.42] *Honold, P.:* Sekundär-Radar: Grundlagen und Gerätetechnik, Siemens, München, 1971.

[8.43] *Howe, H.:* Stripline Circuit Design, Artech Hse., Dedham, 1974.

[8.44] *Howes, M. J.; Morgan, D. V.:* Microwave Devices: Device Circuit Interactions, Wiley, New York, 1976.

[8.45] *Hund, A.:* Short-Wave Radiation Phenomena, McGraw-Hill, New York, 1952.

[8.46] Integrierte Schaltungen für digitale Systeme in Rundfunk- und Fernsehempfängern 1980, Valvo, Hamburg, 1980.

[8.47] *Janssen, W.:* Hohlleiter und Streifenleiter, Hüthig, Heidelberg, 1977.

[8.48] *Jeske, H. E. G.:* Atmospheric Effects on Radar Target Identification and Imaging, Reidel, Dordrecht, 1976.

[8.49] *Kaden, H.:* Die lektromagnetische Schirmung in der Fernmelde- und Hochfrequenztechnik, Springer, Berlin, 1950.

[8.50] *Kammerloher, J.:* Hochfrequenztechnik I, Winter, Prien, 1964.

[8.51] *Käs, A.:* Radar und andere Funkortungsverfahren, Oldenbourg, München, 1973.

[8.52] *Kelso, J. M.:* Radio Ray Propagation in the Ionosphere, McGraw-Hill, New York, 1964.

[8.53] *Kerr, D. E.:* Propagation of Short Radio Waves, McGraw-Hill, New York, 1951.

[8.54] *Klages, G.:* Einführung in die Mikrowellenphysik, Steinkopff, Darmstadt, 1956.

[8.55] *Kleen, H.:* Einführung in die Mikrowellen-Elektronik, Hirzel, Stuttgart, 1952.

[8.56] *Klinger, H. H.:* Einführung in die Schwingungserzeugung elektrischer Ultrakurzwellen, Hirzel, Leipzig, 1974.

[8.57] *Klinger, H. H.:* Mikrowellen, Radio-Foto-Kinotechnik, Berlin, 1966.

[8.58] *Kovács, F.:* Hochfrequenzanwendungen von Halbleiter-Bauelementen, Franzis, München, 1978.

[8.59] *Kovács, F.:* High-Frequency Application of Semiconductor Devices, Elsevier, New York, 1980.

[8.60] *Kowalenko, W. F.:* Mikrowellenröhren, VEB Technik, Berlin, 1957.

[8.61] *Kühn, R.:* Mikrowellenantennen, VEB Technik, Berlin, 1964.

[8.62] *Lance, A. L.:* Introduction to Microwave Theory and Measurements, McGraw-Hill, New York, 1964.

[8.63] *Levine, D.:* Radargrammetry, McGraw-Hill, New York, 1960.

[8.64] *Livingston, D. C.:* The Physics of Microwave Propagation, Prentice-Hall, Englewood Cliffs, 1970.

[8.65] *Luck, D. G. C.:* Frequency Modulated Radar, McGraw-Hill, New York, 1949.

[8.66] *Marcuwitz, N.:* Waveguide Handbook, McGraw-Hill, New York, 1951.

[8.67] *Matthaei, G. L.,* u.a.: Microwave Filters, Impedance-Matching Networks and Coupling Structures, McGraw-Hill, New York, 1964.

[8.68] *Megla, G.:* Dezimeterwellentechnik, Berliner Union, Stuttgart, 1962.

[8.69] *Meinke, H. H.:* Einführung in die Elektrotechnik höherer Frequenzen,
Bd. 1: Bauelemente und Stromkreise, 1965;
Bd. 2: Elektromagnetische Felder und Wellen, 1966, Springer, Berlin.

[8.70] *Meinke, H.; Gundlach, F. W.:* Taschenbuch der Hochfrequenztechnik, Springer, Berlin, 1968.

[8.71] *Meyer, E.; Pottel, R.:* Physikalische Grundlagen der Hochfrequenztechnik, Vieweg, Braunschweig, 1969.

[8.72] *Möller, H. G.:* Die physikalischen Grundlagen der Hochfrequenztechnik, Springer, Berlin, 1955.

[8.73] *Montgomery, R. H.,* u.a.: Principles of Microwave Circuits, McGraw-Hill, New York, 1948.

[8.74] *Moore, R. K.:* Travelling Wave Engineering, McGraw-Hill, New York, 1960.

[8.75] *Mortenson, K. E.; Borrego, J. M.:* Design, Performance and Applications of Microwave Semiconductor Control Components, Artech Hse., Dedham, 1972.

[8.76] *Müllender, R.:* Höchstfrequenztechnik, Berliner Union, Stuttgart, 1978.

[8.77] *Nathanson, F. E.:* Radar Design Principles, McGraw-Hill, New York, 1969.

[8.78] *Nergard, L. S.; Glicksman, M.:* Microwave Solid-State Engineering, Van Nostrand, New York, 1964.

[8.79] *Nimtz, G.:* Mikrowellen, Hanser, München, 1980.

[8.80] *Okress, E.:* Crossed-field Microwave Devices, 2 Bde., Academic Pr., New York, 1961.

[8.81] *Paul, M.:* Kreisdiagramme in der Hochfrequenztechnik, Oldenbourg, München, 1969.

[8.82] *Penrose, H. E.; Boulding, R. S. H.:* Principles and Practice of Radar, Van Nostrand, New York, 1955.

[8.83] *Picquenard, A.:* Radio Wave Propagation, Philips, Hamburg, 1974.

[8.84] *Pierce, J. R.:* Traveling-Wave Tubes, Van Nostrand, New York, 1950.

[8.85] *Pöschel, K.:* Mathematische Methoden in der Hochfrequenztechnik, Springer, Berlin, 1956.

[8.86] *Povejsil, D. J.,* u.a.: Airbone Radar, Van Nostrand, New York, 1961.

[8.87] *Ragan, G. L.:* Microwave Transmission Circuits, McGraw-Hill, New York, 1964.

[8.88] *Rautenfeld, F. von:* Impulsfreie elektrische Rückstrahlverfahren (CW-Radar), Deutscher Radar-Verlag, Garmisch, 1957.

[8.89] *Reed, H. R.; Russel, C. M.:* Ultra High Frequency Propagation, Boston Techn. Publ., Cambridge, 1964.

[8.90] *Saad, T. S.:* The Microwave Engineers Handbook, Horizon Hse., Dedham, 1964.

[8.91] *Saad, T. S.:* The Microwave Engineers' Technical and Buyers Guide Edition, Horizon Hse., Dedham, 1968.

[8.92] *Saxton, J. A.:* Advances in Radio Research, 2 Bde., Academic Pr., New York, 1964.

[8.93] *Schwinger, J.; Saxon, D.:* Discontinuities in Waves Guides, Gordon, London, 1968.

[8.94] *Scott, A. W.:* Understanding Microwave Devices, Wiley, New York, 1979.

[8.95] *Siegmann, A. E.:* Microwave Solid-State Masers, McGraw-Hill, New York, 1964.

[8.96] *Silver, S.:* Microwave Antenna Theory and Design, McGraw-Hill, New York, 1949.

[8.97] *Skolnik, M. I.:* Introduction to Radar Systems, McGraw-Hill, New York, 1962.

[8.98] *Skolnik, M. I.:* Radar Handbook, McGraw-Hill, New York, 1970.

[8.99] *Slater, J. C.:* Microwave Electronics, Van Nostrand, New York, 1950.

[8.100] *Smith, F. G.:* Radio Astronomy, Pinguin, Baltimore, 1960.

[8.101] *Southworth, G. C.:* Principles and Applications of Waveguide Transmission, Van Nostrand, New York, 1950.

[8.102] *Stadler, E.:* Hochfrequenztechnik kurz und bündig, Vogel, Würzburg, 1973.

[8.103] *Steinberg, J. L.; Lequeux, J.:* Radioastronomy, McGraw-Hill, New York, 1964.

[8.104] *Steinfatt, W.:* Funknavigation für die Schiffahrt, VEB Technik, Berlin, 1954.

[8.105] *Strauss, L.:* Wave Generation and Shaping, McGraw-Hill, New York, 1960.

[8.106] *Uenohara, H.:* Cooled Varactor Parametric Amplifiers. In: Advances in Microwaves, Bd. 2, Academic Pr., New York, 1967.

[8.107] *Uhlig, L.:* Leitfaden der Nautik, Bd. 2: Radar in der Seeschiffahrt, VEB Verkehrswesen, Berlin, 1964.

[8.108] *Unger, H. G.:* Hochfrequenztechnik in Funk und Radar, Teubner, Stuttgart, 1972.

[8.109] *Unger, H. G.; Harth, W.:* Hochfrequenz-Halbleiterelektronik, Hirzel, Stuttgart, 1972.

[8.110] *Vilbig, F.:* Lehrbuch der Hochfrequenztechnik, Bd. 1: 1960; Bd. 2: 1958, Akademische Verlagsges., Wiesbaden.

[8.111] *Watson, H. A.* (Hrsg.): Microwave Semiconductor Devices and Their Circuit Applications, McGraw-Hill, New York, 1969.

[8.112] *Watt, A. D.:* VLF Radio Engineering, Pergamon, Elmsford, 1967.

[8.113] *Weißfloch, A.:* Schaltungstheorie und Meßtechnik des Dezimeter- und Zentimeterwellengebietes, Birkhäuser, Basel, 1954.

[8.114] *Westman, H. P.; Karsh, M.:* Reference Data for Radio Engineers, Sams, Indianapolis, 1974.

[8.115] *Wheeler, G. J.:* Radar Fundamentals, Prentice-Hall, Englewood Cliffs, 1967.

[8.116] *Wilmanns, I.:* Radar- und Funknavigation, kurz und bündig, Vogel, Würzburg, 1973.

[8.117] *Wohlleben, R.; Mattes, H.:* Interferometrie in Radioastronomie und Radartechnik, Vogel, Würzburg, 1973.

[8.118] *Wosnik, J.:* Mikrowellentechnik und Antennen, Vieweg, Braunschweig, 1961.

[8.119] *Wylie, F. J.:* Radar in der Seeschiffahrt, Deutsche Radarverlagsgesellschaft, Garmisch-Partenkirchen, 1955.

[8.120] *Zinke, O.; Brunswig, H.:* Lehrbuch der Hochfrequenztechnik,
Bd. 1: Koppelfilter, Leitungen, Antennen, 1973;
Bd. 2: Elektronik und Signalverarbeitung, 1974, Springer, Berlin.

9 Informatik

[9.1] *Abramson, N.:* Information Theory and Coding, McGraw-Hill, New York, 1963.

[9.2] *Aczel, J.; Daroczy, Z.:* Measures of Information and Their Characterizations, Academic Pr., New York, 1975.

[9.3] *Alefeld, G.,* u.a.: Einführung in das Programmieren mit ALGOL 60, Bibliographisches Institut, Mannheim, 1972.

[9.4] *Andersen, K. E.:* Introduction to Communication: Theory and Practice, Benjamin-Cummings, Menlo Park, 1972.

[9.5] *Ash, R. B.:* Information Theory, Wiley, New York, 1965.

[9.6] *Axmann, H.-P.:* Einführung in die technische Informatik, Springer, Berlin, 1979.

[9.7] *Balzert, H.:* Die Entwicklung von Softwaresystemen, Bibliographisches Institut, Mannheim, 1981.

[9.8] *Backhouse, R. C.:* Syntax of Programming Languages, Prentice-Hall, Englewood Cliffs, 1979.

[9.9] *Bar-Hillel, Y.:* Language and Information: Selected Essays on Their Theory and Application, Addison-Wesley, Reading, 1964.

[9.10] *Barker, L. L.:* Communication Vibrations, Prentice-Hall, Englewood Cliffs, 1974.

[9.11] *Barker, L. L.; Kibler, R. J.:* Speech Communication Behavior: Perspectives and Principles, Prentice-Hall, Englewood Cliffs, 1971.

[9.12] *Bauer, F. L.,* u.a.: Compiler Construction, Springer, Berlin, 1977.

[9.13] *Bauer, F. L.; Eickel, J.* (Hrsg.): Compiler Construction, Springer, Berlin, 1974.

[9.14] *Bauer, F. L.,* u.a.: Informatik – Aufgaben und Lösungen, Bd. 1: 1975; Bd. 2: 1976, Springer, Berlin.

[9.15] *Bauer, F. L.; Goos, G.:* Informatik, Bd. 1: 1973; Bd. 2: 1974, Springer, Berlin.

[9.16] *Becker, H.; Walter, H.:* Formale Sprachen, Vieweg, Braunschweig, 1977.

[9.17] *Beckman, F. S.:* Mathematical Foundations of Programming, Addison-Wesley, Reading, 1980.

[9.18] *Behara, M.:* Probability and Information Theory, Springer, Berlin, 1973.

[9.19] Beiträge zur Informationsverarbeitung, Teubner, Leipzig, 1977.

[9.20] *Berlekamp, E. R.:* Algebraic Coding Theory, McGraw-Hill, New York, 1968.

[9.21] *Billing, H.:* Lernende Automaten, Oldenbourg, München, 1961.

[9.22] *Bochmann, D.:* Einführung in die strukturelle Automatentheorie, Hanser, München, 1975.

[9.23] *Bohl, M.:* Flußdiagramme. Ein Einstieg in die EDV, Oldenbourg, München, 1979.

[9.24] *Böhling, K. H.; Braunmühl, B. von:* Komplexität bei Turingmaschinen, Bibliographisches Institut, Mannheim, 1974.

[9.25] *Böhling, K. H.; Dittrich, G.:* Endliche stochastische Automaten, Bibliographisches Institut, Mannheim, 1972.

[9.26] *Bolc, L.* (Hrsg.): Speech Communication with Computers, Hanser, München, 1978.

[9.27] *Book, R. V.:* Formal Language Theory, Perspectives and Open Problems, Academic Pr., New York, 1981.

[9.28] *Boole, G.:* An Investigation of the Law of Thought, Dover, New York, 1958.

[9.29] *Boole, G.:* The Mathematical Analysis of Logic, Blackwell, Oxford, 1948.

[9.30] *Booth, T. L.:* Sequential Machines and Automata Theory, Wiley, New York, 1967.

[9.31] *Bosse, W.:* Einführung in das Programmieren mit ALGOL W, Bibliographisches Institut, Mannheim, 1976.

[9.32] *Bowles, K. L.:* Microcomputer. Problem Solving Using PASCAL, Springer, Berlin, 1977.

[9.33] *Brandt, S.:* Datenanalyse, Bibliographisches Institut, Mannheim, 1981.

[9.34] *Brauer, W.* (Hrsg.): Virtuelle Maschinen, Springer, Berlin, 1979.

[9.35] *Breuer, H.:* Algol-Fibel, Bibliographisches Institut, Mannheim, 1973.

[9.36] *Breuer, H.:* PL/1-Fibel, Bibliographisches Institut, Mannheim, 1973.

[9.37] *Brinch-Hansen, P.:* Operating System Principles, Prentice-Hall, Englewood Cliffs, 1973.

[9.38] *Bruce, R. C.:* Software-Debugging for Microcomputers, Reston Publ., Reston, 1980.

[9.39] *Bruderer, H. E.:* Nichtnumerische Datenverarbeitung, Bibliographisches Institut, Mannheim, 1980.

[9.40] *Bürgel, E.:* Neue Normen und Schaltzeichen der digitalen Informationsverarb., Franzis, München, 1978.

[9.41] *Caspers, P. G.:* Aufbau von Betriebs-Systemen, de Gruyter, Berlin, 1974.

[9.42] *Chu, Y.* (Hrsg.): High-Level Language Computer Architecture, Academic Pr., New York, 1975.

[9.43] *Claus, V.:* Einführung in die Informatik, Teubner, Stuttgart, 1975.

[9.44] *Cody, W. J.; Waite, W.:* Software Manual for the Elementary Functions, Prentice-Hall, Englewood Cliffs, 1980.

[9.45] Conference on Information Theory, Statistical Decision Functions, Random Processes, Academic Pr., New York, 1967.

[9.46] *Cuttle, G.: Robinson, P. B.:* Aufbau von Betriebssystemen, Hanser, München, 1972.

[9.47] *Dahl, O. J.,* u.a.: Structured Programming, Academic Pr., New York, 1972.

[9.48] *Davis, H.:* PASCAL Notebook,
Bd. 1: Introduction to PASCAL, 1980;
Bd. 2: The PASCAL Compiler, 1980;
Bd. 3: Compiler Writing in PASCAL, 1980,
Abacus Pr., Tunbridge Wells.

[9.49] *Dederichs, W.:* APPLESOFT-BASIC, Bibliographisches Institut, Mannheim, 1981.

[9.50] *Denert, E.; Franck, R.:* Datenstrukturen, Bibliographisches Institut, Mannheim, 1977.

[9.51] *Denis-Papin, M.,* u.a.: Theorie und Praxis der Booleschen Algebra, Vieweg, Braunschweig, 1974.

[9.52] *Deussen, P.:* Halbgruppen und Automaten, Springer, Berlin, 1971.

[9.53] *Dotzauer, E.:* Einführung in APL, Bibliographisches Institut, Mannheim, 1978.

[9.54] *Duske, J.; Jürgensen, H.:* Codierungstheorie, Bibliographisches Institut, Mannheim, 1977.

[9.55] *Ecker, K.:* Organisation von parallelen Prozessen, Bibliographisches Institut, Mannheim, 1977.

[9.56] *Elson, M.:* Data Structures, Science Research, Chicago, 1975.

[9.57] *Endres, A.:* Analyse und Verifikation von Programmen, Oldenbourg, München, 1977.

[9.58] *Ershov, A. P.:* Einführung in die theoretische Programmierung, Bibliographisches Institut, Mannheim, 1981.

[9.59] *Fano, R. M.:* Informationsübertragung, Oldenbourg, München, 1966.

[9.60] *Feichtinger, H.:* BASIC für Microcomputer. Geräte – Befehle – Begriffe – Programme, Franzis, München, 1980.

[9.61] *Feinstein, A.:* Foundations of Information Theory, McGraw-Hill, New York, 1958.

[9.62] *Feldmann, H.:* Einführung in die Programmiersprache ALGOL 68, Vieweg, Braunschweig, 1978.

[9.63] *Feldmann, H.:* Einführung in PASCAL, Vieweg, Braunschweig, 1981.

[9.64] *Flanagan, J. L.:* Speech Analysis, Synthesis and Perception, Springer, New York, 1972.

[9.65] *Fredrick, J. H.; Peterson, G. R.:* Introduction to Switching Theory and Logic Design, Wiley, New York, 1968.

[9.66] *Freeman, H.; Lewis, P. M.:* Software Engineering, Academic Pr., New York, 1981.

[9.67] *Fritzsche, G.:* Informationsübertragung, Wissensspeicher, Hüthig, Heidelberg, 1977.

[9.68] *Fu, K. S.; Tou, J. T.:* Learning Systems and Intelligent Robots, Plenum, New York, 1974.

[9.69] *Fuller, W. R.:* FORTRAN Programming, Springer, Berlin, 1977.

[9.70] *Furrer, F. J.:* Fehlerkorrigierende Block-Codierung für die Datenübertragung, Birkhäuser, Basel, 1981.

[9.71] *Gallager, R. G.:* Information Theory and Reliable Communication, Wiley, New York, 1968.

[9.72] *Gallager, R. G.:* Low-Density Parity-Check Codes, MIT Pr., Cambridge, 1963.

[9.73] *Gernert, D.:* Benutzernahe Programmiersprachen, Hanser, München, 1976.

[9.74] *Gewald, K.,* u.a.: Software-Engineering, Oldenbourg, München, 1979.

[9.75] *Gill, A.:* Introduction to the Theory of Finite State Machines, McGraw-Hill, New York, 1962.

[9.76] *Giloi, W. K.* (Hrsg.): Firmware Engineering, Springer, Berlin, 1980.

[9.77] *Gnatz, R.; Samelson, K.* (Hrsg.): Methoden der Informatik für Rechnerunterstütztes Entwerfen und Konstruieren, Springer, Berlin, 1977.

[9.78] *Gössel, M.:* Angewandte Automatentheorie,
Bd. 1: Grundbegriffe;
Bd. 2: Lineare Automaten und Schieberegister,
Vieweg, Braunschweig, 1972.

[9.79] *Grafendorfer, W.:* Einführung in die Informatik, Physica, Würzburg, 1977.

[9.80] *Gray, R. M.; Davisson, L. D.:* Ergodic and Information Theory, Academic Pr., New York, 1977.

[9.81] *Graybeal, W.,* u.a.: Simulation: Principles and Methods, Prentice-Hall, Englewood Cliffs, 1980.

[9.82] *Guiasu, S.:* Information Theory with New Applications, McGraw-Hill, New York, 1977.

[9.83] *Haase, V.; Stucky, W.:* Programmieren für Anfänge, Bibliographisches Institut, Mannheim, 1977.

[9.84] *Haber, F.:* An Introduction to Information and Communication Theory, Addison-Wesley, Reading, 1974.

[9.85] *Hainer, K.:* Numerische Algorithmen auf programmierbaren Taschenrechnern, Bibliographisches Institut, Mannheim, 1980.

[9.86] *Hamming, R. W.:* Coding and Information Theory, Prentice-Hall, Englewood Cliffs, 1980.

[9.87] *Händler, W.; Nees, G.* (Hrsg.): Rechnergestützte Aktivitäten CAD, Bibliographisches Institut, Mannheim, 1980.

[9.88] *Harper, N. L.:* Human Communication, MSS Information, Edison, 1974.

[9.89] *Harrison, M. A.:* Introduction to Switching and Automata Theory, McGraw-Hill, New York, 1965.

[9.90] *Henderson, P.:* Functional Programming, Prentice-Hall, Englewood Cliffs, 1980.

[9.91] *Henze, E.; Homuth, H. H.:* Einführung in die Codierungstheorie, Vieweg, Braunschweig, 1974.

[9.92] *Hoffmann, H.-J.* (Hrsg.): Programmiersprachen und Programmentwicklung, Springer, Berlin, 1980.

[9.93] *Homuth, H. H.:* Einführung in die Automatentheorie, Vieweg, Braunschweig, 1977.

[9.94] *Horowitz, E.:* Practical Strategies for Developing Large Software Systems, Addison-Wesley, Reading, 1975.

[9.95] *Hotz, G.:* Informatik: Rechenanlagen, Teubner, Stuttgart, 1972.

[9.96] *Hotz, G.; Estenfeld, K.:* Formale Sprachen, Bibliographisches Institut, Mannheim, 1981.

[9.97] *Hsiao, D. K.:* Systems Programming. Concepts of Operating and Data Base Systems, Addison-Wesley, Reading, 1976.

[9.98] *Hume, J. N. P.,* u.a.: Programming Standard PASCAL, Prentice-Hall, Englewood Cliffs, 1980.

[9.99] *Hybels, S.; Weaver, R. L.:* Speech-Communication, Van Nostrand, New York, 1979.

[9.100] *Hyvaerinen, L. P.:* Information Theory for Systems Engineers, Springer, Berlin, 1971.

[9.101] *Jackson, M. A.:* Principles of Program Design, Academic Pr., New York, 1975.

[9.102] *Jähnichen, S.,* u.a.: Übersetzerbau, Vieweg, Braunschweig, 1978.

[9.103] *Jensen, K.; Wirth, N. E.:* PASCAL – User Manual and Report, Springer, Berlin, 1978.

[9.104] *Johnson, L. F.; Cooper, R. H.:* File Techniques for Data Base Organization in COBOL, Prentice-Hall, Englewood Cliffs, 1981.

[9.105] *Jones, C.:* Software Development, Prentice-Hall, Englewood Cliffs, 1980.

[9.106] *Jordan, C.; Bues, M.:* Der Schlüssel zum Programmieren, Econ, Düsseldorf, 1976.

[9.107] *Kähler, W. M.:* Einführung in die Programmiersprache COBOL, Vieweg, Wiesbaden, 1980.

[9.108] *Kain, R.:* Automata Theory, McGraw-Hill, New York, 1972.

[9.109] *Kameda, T.; Weihrauch, K.:* Einführung in die Codierungstheorie, Bibliographisches Institut, Mannheim, 1973.

[9.110] *Kamp, H.; Pudlatz, H.:* Einführung in die Programmiersprache PL/1, Vieweg, Braunschweig, 1974.

[9.111] *Katzan, H.:* Microprogramming Primer, McGraw-Hill, New York, 1977.

[9.112] *Kaucher, E.,* u.a.: Höhere Programmiersprachen ALGOL, FORTRAN, PASCAL in einheitlicher und übersichtlicher Darstellung, Bibliographisches Institut, Mannheim, 1978.

[9.113] *Kaucher, E.,* u.a.: Programmiersprachen im Griff,
Bd. 1: FORTRAN, 1980;
Bd. 2: PASCAL, 1981;
Bd. 3: BASIC, 1981,
Bibliographisches Institut, Mannheim.

[9.114] *Knuth, D. E.:* The Art of Computer Programming. Bd. 3: Sorting and Searching, Addison-Wesley, Reading, 1973.

[9.115] *Knuth, D. E.:* Seminumerical Algorithms, Addison-Wesley, Reading, 1980.
[9.116] *Koch, G.:* Maschinennahes Programmieren von Mikrocomputern, Bibliographisches Institut, Mannheim, 1981.
[9.117] *Koch, G.; Rembold, H.:* Einführung in die Informatik für Naturwissenschaftler und Ingenieure, Tl. 1: Grundlagen und Technik der Datenverarbeitung, Hanser, München, 1977.
[9.118] *Kohavi, Z.:* Switching and Finite Automate Theory, McGraw-Hill, New York, 1978.
[9.119] *Komarnicki, O.:* Programmiermethodik, Springer, Berlin, 1971.
[9.120] *Kopetz, H.:* Software-Zuverlässigkeit, Hanser, München, 1976.
[9.121] *Koren, J.; Thaller, W.:* EDV für jedermann, Bibliographisches Institut, Mannheim, 1981.
[9.122] *Kossack, C.; Henschke, C.:* Introduction to Statistics and Computer Programming, McGraw-Hill, New York, 1975.
[9.123] *Kramer, H.:* Assembler IV, Springer, Berlin, 1977.
[9.124] *Krekel, D.; Trier, W.:* Die Programmiersprache PASCAL, Vieweg, Wiesbaden, 1981.
[9.125] *Kulisch, U.:* Grundlagen des numerischen Rechnens, Bibliographisches Institut, Mannheim, 1976.
[9.126] *Kulisch, U.; Miranker, W. L.:* Computer Arithmetic in Theory and Practice, Academic Pr., New York, 1981.
[9.127] *Kussl, V.:* Logik des Programmierens: Großrechner – Prozeßrechner – Mikroprozessoren, VDI-Verlag, Düsseldorf, 1979.
[9.128] *Lamprecht, G.:* Einführung in die Programmiersprache SIMULA, Vieweg, Braunschweig, 1976.
[9.129] *Lamprecht, G.:* Einführung in die Programmiersprache FORTRAN 77, Vieweg, Braunschweig, 1981.
[9.130] *Langefors, B.; Samuelson, K.:* Information and Data in System, Van Nostrand Reinhold, New York, 1976.
[9.131] *Lano, R. J. A.:* Techniques for Software- and System Design, North-Holland, New York, 1979.
[9.132] *Lerner, A.:* Grundzüge der Kybernetik, Vieweg, Braunschweig, 1971.
[9.133] *Liebig, H.:* Rechnerorganisation, Springer, Berlin, 1976.
[9.134] *Lim, P. A.:* A Guide to Structured Cobol with Efficiency Techniques and Special Algorithms, Van Nostrand, New York, 1980.
[9.135] *Lockemann, P. C.; Mayr, H. C.:* Rechnergestützte Informationssysteme, Sprinter, Berlin, 1978.
[9.136] *Longo, G.:* Information Theory: New Trends and Open Problems, Springer, Berlin, 1976.
[9.137] *Longo, G.:* The Information Theory Approach to Communications, Springer, Berlin, 1979.
[9.138] *Lucas, H.:* The Analysis, Design and Implementation of Information Systems, McGraw-Hill, New York, 1976.
[9.139] *MacKay, D. M.:* Information, Mechanism and Meaning, MIT Pr., Cambridge, 1970.
[9.140] *Madnick, S. E.; Donovan, J. J.:* Operating Systems, McGraw-Hill, New York, 1974.
[9.141] *Manna, Z.:* Introduction to Mathematical Theory of Computation, McGraw-Hill, New York, 1974.
[9.142] *Markel, J. D.; Gray, A. H.:* Linear Prediction of Speech, Academic Pr., New York, 1976.
[9.143] *Maser, S.:* Grundlagen der allgemeinen Kommunikationstheorie, Berliner Union, Stuttgart, 1973.
[9.144] *Massen, R.:* Stochastische Rechentechnik. Eine Einführung in die Informationsverarbeitung mit zufälligen Pulsfolgen, Hanser, München, 1977.

[9.145] *Maurer, H.:* Theoretische Grundlagen der Programmiersprachen, Bibliographisches Institut, Mannheim, 1977.
[9.146] *Maurer, H.:* Datenstrukturen und Programmierverfahren, Teubner, Stuttgart, 1974.
[9.147] *May, G.:* Strukturiertes Programmieren mit FORTRAN, Hanser, München, 1980.
[9.148] *Mayer, O.:* Syntaxanalyse, Bibliographisches Institut, Mannheim, 1978.
[9.149] *McCracken, D. D.:* A Guide to ALGOL Programming, Wiley, New York, 1962.
[9.150] *McCracken, D. D.:* FORTRAN in der technischen Anwendung, Hanser, München, 1969.
[9.151] *McCracken, D.:* A Guide to PL/M-Programming for Microcomputer-Application, Addison-Wesley, Reading, 1978.
[9.152] *McEliece, R. J.:* The Theory of Information and Coding, Addison-Wesley, Reading, 1977.
[9.153] *Meetham, A. R.:* Encyclopedia of Linguistics, Information and Control, Pergamon, Elmsford, 1969.
[9.154] *Mell, W.-D.,* u.a.: Einführung in die Programmiersprache PL/1, Bibliographisches Institut, Mannheim, 1974.
[9.155] *Menzel, K.:* Elemente der Informatik, Teubner, Stuttgart, 1978.
[9.156] *Mertens, P.* (Hrsg.): Angewandte Informatik, de Gruyter, Berlin, 1972.
[9.157] *Mickel, K.-P.:* Einführung in die Programmiersprache COBOL, Bibliographisches Institut, Mannheim, 1980.
[9.158] *Mies, P.; Schütt, D.:* Feldrechner, Bibliographisches Institut, Mannheim, 1976.
[9.159] *Mills, H. D.:* Top Down Programming in Large Systems. Debugging Techniques in Large Systems, Prentice-Hall, Englewood Cliffs, 1971.
[9.160] *Monro, D. M.:* FORTRAN 77, Arnold, London, 1981.
[9.161] *Moore, L.:* Foundations of Programming with PASCAL, Wiley, New York, 1980.
[9.162] *Mortensen, C. D.:* Communication: The Study of Human Interaction, McGraw-Hill, New York, 1972.
[9.163] *Mühlbacher, J.:* Datenstrukturen, Hanser, München, 1975.
[9.164] *Müller, K. H.; Streker, I.:* FORTRAN, Bibliographisches Institut, Mannheim, 1970.
[9.165] *Murray-Shelley, R.:* Computer Programming for Electrical Engineers, McGraw-Hill, New York, 1975.
[9.166] *Nickerson, R. C.:* Fundamentals of FORTRAN Programming, Prentice-Hall, Englewood Cliffs, 1980.
[9.167] *Noltemeier, H.:* Datenstrukturen und höhere Programmiertechniken, de Gruyter, Berlin, 1972.
[9.168] *Ogdin, C. A.:* Software Design for Microcomputer, Prentice-Hall, Englewood Cliffs, 1979.
[9.169] *Pagan, F. G.:* Formal Specification of Programming Languages, Prentice-Hall, Englewood Cliffs, 1981.
[9.170] *Perrin, J. P.,* u.a.: Switching Machines, 2 Bde., Springer, Berlin, 1972.
[9.171] *Peters, F. E.:* Einführung in mathematische Methoden der Informatik, Bibliographisches Institut, Mannheim, 1974.
[9.172] *Petterson, W. W.; Weldon, E. J.:* Error Correcting Codes, MIT Pr., Cambridge, 1972.
[9.173] *Pfaltz, J.:* Computer Data Structures, McGraw-Hill, New York, 1977.
[9.174] *Philippakis, A.; Kazmier, L.:* Structured COBOL, McGraw-Hill, New York, 1977.
[9.175] *Polcyn, K. A.:* An Educator's Guide to Communication: Satellite Technology, Interbook, New York, 1973.

[9.176] Pyster, B.: Compiler Design and Construction, Van Nostrand, New York, 1980.
[9.177] Rabiner, L. R.; Shafer, R. W.: Digital Processing of Speech Signals, Prentice-Hall, Englewood Cliffs, 1978.
[9.178] Reusch, B.: Lineare Automaten, Bibliographisches Institut, Mannheim, 1969.
[9.179] Reusch, P.: Informationssysteme, Dokumentationssprachen, Data Dictionaries, Bibliographisches Institut, Mannheim, 1980.
[9.180] Reza, F. M.: An Introduction to Information Theory, McGraw-Hill, New York, 1961.
[9.181] Risak, V.: Simulation von Digitalrechnern, Hanser, München, 1971.
[9.182] Rohlfing, H.: PASCAL, Bibliographisches Institut, Mannheim, 1978.
[9.183] Rohlfing, H.: SIMULA, Bibliographisches Institut, Mannheim, 1973.
[9.184] Rommetviet, R.: On Message Structure: A Framework for the Study of Language and Communication, Wiley, New York, 1974.
[9.185] Rosie, A. M.: Information and Communication Theory, Van Nostrand Reinhold, New York, 1973.
[9.186] Ryska, N.; Herda, S.: Kryptographische Verfahren in der Datenverarbeitung, Springer, Berlin, 1980.
[9.187] Sachsse, H.: Einführung in die Kybernetik, Vieweg, Braunschweig, 1971.
[9.188] Sakrison, D.: Communication Theory: Transmission of Waveforms and Digital Information, Wiley, New York, 1968.
[9.189] Sass, C.: FORTRAN-IV Programming and Applications, McGraw-Hill, New York, 1974.
[9.190] Saxon, J. H.: Einführung in COBOL, Hanser, München, 1969.
[9.191] Schick, W.; Merz, C.: FORTRAN für Engineering, McGraw-Hill, New York, 1972.
[9.192] Schließmann, H.: Programmierung mit PL/1, Bibliographisches Institut, Mannheim, 1978.
[9.193] Schmid, D., u.a.: Technische Informatik, Oldenbourg, München, 1973.
[9.194] Schmidt, B. (Hrsg.): GPSS-FORTRAN, Version II, Springer, Berlin, 1978.
[9.195] Schmitt, G.: Maschinenorientierte Programmierung für Mikroprozessoren, Oldenbourg, München, 1976.
[9.196] Schneider, W.: BASIC, Vieweg, Braunschweig, 1979.
[9.197] Schneider, W.: FORTRAN, Vieweg, Braunschweig, 1977.
[9.198] Schneider, W.: PASCAL, Vieweg, Braunschweig, 1980.
[9.199] Schneider, H. J.; Nagl, M. (Hrsg.): Programmiersprachen, Springer, Berlin, 1976.
[9.200] Schneider, P.; Roggan, R.: Simulation mit analogen Rechenschaltungen, Hüthig, Heidelberg, 1977.
[9.201] Schulz, A.: Informatik für Anwender, de Gruyter, Berlin, 1973.
[9.202] Schwill, W. D.; Weibezahn, R.: Einführung in die Programmiersprache BASIC, Vieweg, Wiesbaden, 1979.
[9.203] Seegmüller, G.: Einführung in die Systemprogrammierung, Bibliographisches Institut, Mannheim, 1974.
[9.204] Shannon, C. E.; Warver, W.: Mathematische Grundlagen der Informationstheorie, Oldenbourg, München, 1976.
[9.205] Shaw, A. C.: The Logical Design of Operating Systems, Prentice-Hall, Englewood Cliffs, 1974.
[9.206] Sheridan, D.: Basic Communication Skills, Merrill, Columbus, 1971.

[9.207] Siegert, H. J. (Hrsg.): Virtuelle Maschinen, Springer, Berlin, 1979.
[9.208] Siegman, A. W.; Pope, B.: Studies in Dyadic Communication: Proceedings of a Research Conference on the Interview, Pergamon, Elmsford, 1972.
[9.209] Singer, B.: Programming in BASIC, with Applications, McGraw-Hill, New York, 1973.
[9.210] Slagle, J.: Artificial Intelligence, McGraw-Hill, New York, 1971.
[9.211] Slepian, D.: Key Papers in the Development of Information Theory, Wiley, New York, 1974.
[9.212] Spaniol, O.: Arithmetik in Rechenanlagen, Teubner, Stuttgart, 1976.
[9.213] Spaniol, O.: Computer Arithmetic: Logic and Design, Wiley, New York, 1981.
[9.214] Spataru, A.: Theorie der Informationsübertragung, Vieweg, Braunschweig, 1973.
[9.215] Spies, P. P. (Hrsg.): Modelle für Rechensysteme, Springer, Berlin, 1977.
[9.216] Steinbuch, K. W.: Kommunikationstechnik, Springer, Berlin, 1977.
[9.217] Steinbuch, K.; Weber, W. (Hrsg.): Taschenbuch der Informatik,
Bd. 1: Grundlagen der technischen Information, 1974;
Bd. 2: Struktur und Programmierung von EDV-Systemen, 1974;
Bd. 3: Anwendungen und spezielle Systeme der Nachrichtenverarbeitung, 1974,
Springer, Berlin.
[9.218] Stetter, F.: Softwaretechnologie, Bibliographisches Institut, Mannheim, 1981.
[9.219] Stiller, G.: ALGOL 68 – Begriffe und Ausdrucksmittel, Oldenbourg, München, 1974.
[9.220] Stucky, W.; Holler, E. (Hrsg.): Datenbanken in Rechnernetzen mit Kleinrechnern, Springer, Berlin, 1978.
[9.221] Symposium Brussels. Information and Prediction in Science: Proceedings, Academic Pr., New York, 1965.
[9.222] Tanenbaum, A. S.: Structured Computer Organization, Prentice-Hall, Englewood Cliffs, 1976.
[9.223] Tanimoto, S.; Klinger, A.: Structured Computer Vision, Academic Pr., New York, 1981.
[9.224] Tenenbaum, A. M.; Augenstein, M. J.: Data Structures Using PASCAL, Prentice-Hall, Englewood Cliffs, 1981.
[9.225] Tonge, F.; Feldmann, J.: Computing: An Introduction to Procedures and Procedure Followers, McGraw-Hill, New York, 1975.
[9.226] Topsoe, F.: Informationstheorie, Teubner, Stuttgart, 1974.
[9.227] Tremblay, J.; Sorenson, P.: Introduction to Data Structures, McGraw-Hill, New York, 1976.
[9.228] Tse-yun Feng (Hrsg.): Parallel Processing, Springer, Berlin, 1975.
[9.229] Ullmann, J. D.: Fundamental Concepts of Programming Systems, Addison-Wesley, Reading, 1976.
[9.230] Veronis, A. M.: Microprogramming Techniques with Sample Programs, Reston Publ., Reston, 1979.
[9.231] Viterbi, A. J.; Omura, J. K.: Principles of Digital Communication and Coding, McGraw-Hill, New York, 1979.
[9.232] Voss, M.: Einführung in die technische Informatik, Vieweg, Braunschweig, 1979.
[9.233] Watanabe, M. S.: Knowing and Guessing: A Quantitative Study of Interference and Information, Wiley, New York, 1969.

[9.234]   Waldschmidt, H.: Optimierungsfragen im Compilerbau, Hanser, München, 1974.
[9.235]   Walker, H. M.: Problems for Computer Solutions Using BASIC, Prentice-Hall, Englewood Cliffs, 1980.
[9.236]   Waterson, N.; Snow, C.: The Development of Communication, Wiley, New York, 1978.
[9.237]   Watson, R. W.: Timesharing System Design Concept, McGraw-Hill, New York, 1970.
[9.238]   Weber, H.; Grami, J.: Numerische Verfahren für programmierbare Taschenrechner, Tl. 1, Bibliographisches Institut, Mannheim, 1980.
[9.239]   Wedekind, H.: Datenbanksysteme, Tl. 1, Bibliographisches Institut, Mannheim, 1981.
[9.240]   Wedekind, H.; Härder, T.: Datenbanksysteme, Tl. 2, Bibliographisches Institut, Mannheim, 1976.
[9.241]   Wegner, P.: Research Directions in Software Technology, MIT Pr., Cambridge, 1979.
[9.242]   Welsh, J.; Elder, J.: Introduction to PASCAL, Prentice-Hall, Englewood Cliffs, 1979.
[9.243]   Welsh, J.: Structured System Programming, Prentice-Hall, Englewood Cliffs, 1980.
[9.244]   Wettstein, H.: Systemprogrammierung, Hanser, München, 1972.
[9.245]   Wiggert, D.: Error-Control Coding and Applications, Artech Hse., Dedham, 1978.
[9.246]   Wilkes, M.: Time-Sharing-Betrieb bei digitalen Rechenanlagen, Hanser, München, 1970.
[9.247]   Winston, P. H.; Brown, R. H.: Artificial Intelligence: An MIT Perspective,
  Bd. 1: Expert Problem Solving, Natural Language Understanding and Intelligent Computer Coaches, Representation and Learning, 1979;
  Bd. 2: Understanding Vision, Manipulation and Productivity Technology, Computer Design and Symbol Manipulation, 1979, MIT Pr., Cambridge.
[9.248]   Wirth, N.: Systematisches Programmieren, Teubner, Stuttgart, 1972.
[9.249]   Wirth, N.: Compilerbau, Teubner, Stuttgart, 1977.
[9.250]   Wolfowitz, J.: Coding Theorems of Information Theory, Springer, Berlin, 1978.
[9.251]   Woodward, P. M.: Probability and Information Theory with Applications to Radar, Pergamon, Elmsford, 1964.
[9.252]   Woschni, E.-G.: Informationstechnik, Lehrbuch, Hüthig, Heidelberg, 1974.
[9.253]   Wossidlo, P. R. (Hrsg.): Textverarbeitung und Informatik, Springer, Berlin, 1980.
[9.254]   Wulf, W., u.a.: Fundamental Structures of Computer Science, Addison-Wesley, Reading, 1980.
[9.255]   Young, J. F.: Einführung in die Informationsthoerie, Oldenbourg, München, 1975.
[9.256]   Yourdan, E.: Techniques of Program Structure and Design, Prentice-Hall, Englewood Cliffs, 1975.
[9.257]   Yu, F. T.: Optics and Information Theory, Wiley, New York, 1976.
[9.258]   Zima, H.: Betriebssysteme, Bibliographisches Institut, Mannheim, 1980.
[9.259]   Zimmermann, G.; Höffner, H.: Elektrotechnische Grundlagen der Informatik, Tl. 2, Bibliographisches Institut, Mannheim, 1974.

10 Impulstechnik

[10.1]   Albers, V. M.: Underwater Acoustics Handbook, Penn State U.Pr., University Park, 1960.
[10.2]   Arbel, A. F.: Analog Signal Processing and Instrumentation, Cambridge U.Pr., Cambridge, 1980.
[10.3]   Bachman, C. G.: Laser Radar Systems and Techniques, Artech Hse., Dedham, 1979.
[10.4]   Barna, A.: High Speed Pulse and Digital Techniques, Wiley, New York, 1980.
[10.5]   Barton, D. K.; Ward, H. R.: Handbook of Radar Measurement, Prentice-Hall, Englewood Cliffs, 1969.
[10.6]   Basi, S.: Semiconductor Pulse and Switching Circuits, Wiley, New York, 1980.
[10.7]   Battan, L. J.: Radar Observation of the Atmosphere, University of Chicago Pr., Chicago, 1973.
[10.8]   Bean, B. R.; Dutton, E. J.: Radio Meteorology, US Government Printing Office, Washington, 1966.
[10.9]   Beckmann, P.: Die Ausbreitung der ultrakurzen Wellen, Akademische Verlagsges., Leipzig, 1963.
[10.10]   Bell, D. A.: Solid State Pulse Circuits, Prentice-Hall, Englewood Cliffs, 1981.
[10.11]   Berkowitz, R. S.: Modern Radar: Analysis, Evaluation and System Design, Wiley, New York, 1965.
[10.12]   Bernhard, H.: Leitfaden der Impulstechnik, Franzis, München, 1972.
[10.13]   Bird, G. J.: Radar Precision and Resolution, Halsted Pr., New York, 1974.
[10.14]   Blitzer, R.: Basic Pulse Circuits, McGraw-Hill, New York, 1964.
[10.15]   Brookner, E.: Radar Technology, Artech Hse., Dedham, 1977.
[10.16]   Budden, K. G.: Radio Waves in the Ionosphere, Cambridge U.Pr., New York, 1961.
[10.17]   Burdic, W. S.: Radar Signal Analysis, Prentice-Hall, Englewood Cliffs, 1967.
[10.18]   Carpentier, M. H.: Radars — New Concepts, Gordon, London, 1968.
[10.19]   Castellucis, R. L.: Pulse and Logic Circuits, Van Nostrand Reinhold, New York, 1976.
[10.20]   Coate, G. T.; Swain, L. R.: High-Power Semiconductor-Magnetic Pulse, MIT Pr., Cambridge, 1967.
[10.21]   Cockin, J. A.: High Speed Pulse Technique, Pergamon, Elmsford, 1975.
[10.22]   Coekin, J. A.: High Speed Pulse Technique, Pergamon, Elmsford, 1975.
[10.23]   Cook, C. E.; Bernfeld, M.: Radar Signals: An Introduction to Theory and Application, Academic Pr., New York, 1967.

[10.24] *Crispin, J. W., Jr.; Siegel, K. M.:* Methods of Radar Cross Section Analysis, Academic Pr., New York, 1968.
[10.25] *Feller, R.:* Grundlagen und Anwendungen der Radartechnik, AT-Fachverlag, Stuttgart, 1975.
[10.26] *Früngel, F.:* High Speed Pulse Technology, Bd. 4: Sparks and Lasers, Academic Pr., New York, 1981.
[10.27] *Früngel, F.:* Impulstechnik, Akademische Verlagsges., Leipzig, 1960.
[10.28] *Harger, R. O.:* Synthetic Aperture Radar Systems Theory and Design, Academic Pr., New York, 1970.
[10.29] *Haykins, S. S.:* Detection and Estimation: Applications to Radar, Academic Pr., New York, 1976.
[10.30] *Hölzler, E.; Holzwarth, H.:* Pulstechnik,
Bd. 1: Grundlagen, 1975;
Bd. 2: Anwendungen und Systeme, 1976,
Springer, Berlin.
[10.31] *Horton, J. W.:* Fundamentals of Sonar, US Naval Institute, Annapolis, 1957.
[10.32] *Houpis, C. H.; Lubelfeld, J.:* Pulse Circuits, Monarch Pr., New York, 1970.
[10.33] *Hovanessian, S. A.:* Radar Detection and Tracking Systems, Artech Hse., Dedham, 1973.
[10.34] *Hueter, T. F.; Bolt, R. M.:* Sonics, Wiley, New York, 1955.
[10.35] *Johnston, S. L.:* Radar Electronic Counter-Countermeasures, Artech Hse., Dedham, 1979.
[10.36] *Kaden, H.:* Impulse und Schaltvorgänge in der Nachrichtentechnik, Oldenbourg, München, 1957.
[10.37] *Kahrilas, P. J.:* Electronic Scanning Radar Systems Design Handbook, Artech Hse., Dedham, 1976.
[10.38] *Kock, W. E.:* Radar, Sonar and Holography, Academic Pr., New York, 1973.
[10.39] *Kovaly, J.:* Synthetic Aperture Radar, Artech Hse., Dedham, 1976.
[10.40] *Long, M. W.:* Radar Reflectivity of Land and Sea, Lexington Books, Lexington, 1975.
[10.41] *Lubelfeld, J.; Houpis, C.:* Pulse Circuits, Simon and Schuster, New York, 1970.
[10.42] *Maksimov, M. V.:* Radar Anti-Jamming Techniques, Artech Hse., Dedham, 1979.
[10.43] *Meiling, W.; Stary, F.:* Nanosecond Pulse Techniques, Gordon, London, 1969.
[10.44] *Metzger, G.; Vabre, J. P.:* Transmission Lines with Pulse Excitation, Academic Pr., New York, 1969.
[10.45] *Meyer, D. P.; Mayer, H. A.:* Radar Target Detection: Handbook of Theory and Practice, Academic Pr., New York, 1973.
[10.46] *Millman, J.; Taub, H.:* Pulse, Digital and Switching Waveforms, McGraw-Hill, New York, 1965.
[10.47] *Mitchell, B.:* Semiconductor Pulse Circuits with Experiments, Holt, Rinehart and Winston, New York, 1970.
[10.48] *Mitchell, R. L.:* Radar Signal Simulation, Artech Hse., Dedham, 1976.
[10.49] *Nathanson, F. E.:* Radar Design Principles: Signal Processing and the Environment, McGraw-Hill, New York, 1969.
[10.50] New York, Institute of Technology. A Programmed Course in Basic Pulse Circuits, McGraw-Hill, New York, 1977.
[10.51] *Page, R. M.:* The Origin of Radar, Greenwood, Westport, 1962.
[10.52] *Pettit, J. M.; McWorther, M. M.:* Electronic Switching, Timing, and Pulse Circuits, McGraw-Hill, New York, 1970.
[10.53] *Pfeiffer, W.:* Impulstechnik, Hanser, München, 1976.
[10.54] *Reintjes, J. F.; Coate, G. T.:* Principles of Radar, McGraw-Hill, New York, 1952.
[10.55] *Ridenour, L. N.:* Radar System Engineering, McGraw-Hill, New York, 1947.
[10.56] *Rihaczek, A.:* Principles of High-Resolution Radar, McGraw-Hill, New York, 1969.
[10.57] *Rhodes, D. R.:* Introduction to Monopulse, McGraw-Hill, New York, 1959.
[10.58] *Ruck, G. T.:* Radar Cross Section Handbook, Plenum, New York, 1970.
[10.59] *Schleher, D. C.:* MTI Radars, Artech Hse., Dedham, 1978.
[10.60] *Shapiro, S. L.* (Hrsg.): Ultrashort Light Pulses, Springer, Berlin, 1977.
[10.61] *Skolnik, M. I.:* Introduction to Radar Systems, McGraw-Hill, New York, 1962.
[10.62] *Skolnik, M. I.:* Radar Handbook, McGraw-Hill, New York, 1970.
[10.63] *Speiser, A. P.:* Impulsschaltungen, Springer, Berlin, 1967.
[10.64] *Stanton, W. A.:* Pulse Technology, Krieger, New York, 1964.
[10.65] *Stephens, R. W. B.:* Underwater Acoustics, Wiley, New York, 1970.
[10.66] *Strauss, L.:* Wave Generation and Shaping, McGraw-Hill, New York, 1970.
[10.67] *Sundarababu, A.:* Fundamentals of Radar, Asia, New York, 1973.
[10.68] *Surina, T.; Klasche, G.:* Angewandte Impulstechnik, Franzis, München, 1974.
[10.69] *Taylor, D.:* Introduction to Radar and Radar Techniques, Philosophical Library, New York, 1966.
[10.70] *Thomassen, K. I.:* Microwave Fields and Circuits, Prentice-Hall, Englewood Cliffs, 1971.
[10.71] *Tocci, R. J.:* Fundamentals of Pulse and Digital Circuits, Merrill, Columbus, 1972.
[10.72] *Tröndle, K.; Weiss, R.:* Einführung in die Pulse-Code-Modulation, Oldenbourg, München, 1974.
[10.73] *Urick, R. J.:* Principles of Underwater Sound for Engineers, McGraw-Hill, New York, 1967.
[10.74] *Vakman, D. E.:* Sophisticated Signals and the Uncertainty Principle in Radar, Springer, New York, 1968.
[10.75] *Veit, I.:* Technische Akustik, Vogel, Würzburg, 1974.
[10.76] *Vincent, C. H.:* Random Pulse Trains: Their Measurement and Statistical Properties, Int'l Schol. Bk. Serv., Forest Grove, 1973.
[10.77] *West, J.:* Radar: For Marine Navigation and Safety, Van Nostrand Reinhold, New York, 1978.

11 Leistungselektronik

[11.1] *Anschütz, H.:* Stromrichteranlagen der Starkstromtechnik, Springer, Berlin, 1963.

[11.2] *Bedford, B.D.; Hoft, R. G.:* Principles of Inverter Circuits, Wiley, New York, 1964.

[11.3] *Gottlieb, I. M.:* Solid-State Power Electronics, Prentice-Hall, Englewood Cliffs, 1979.

[11.4] *Graneau, P.:* Underground Power Transmission: The Science, Technology, and Economics of High Voltage Cables, Wiley, New York, 1980.

[11.5] *Gyugyi, L.; Pelley, B. R.:* Static Power Frequency Changers, Wiley, New York, 1976.

[11.6] *Hartel, W.:* Stromrichterschaltungen, Springer, Berlin, 1977.

[11.7] *Heumann, K.:* Grundlagen der Leistungselektronik, Teubner, Stuttgart, 1978.

[11.8] *Heumann, K.; Stumpe, A.:* Thyristoren – Eigenschaften und Anwendung, Teubner, Stuttgart, 1964.

[11.9] *Hütte:* Elektrische Energietechnik, Bd. 2, Ernst, Berlin, 1978.

[11.10] *Jäger, R.:* Leistungselektronik – Grundlagen und Anwendungen, VDE, Berlin, 1977.

[11.11] *Jötten, R.:* Leistungselektronik, Bd. 1: Stromrichter-Schaltungstechnik, Vieweg, Braunschweig, 1977.

[11.12] *Kümmel, F.:* Regeltransduktoren, Springer, Berlin, 1961.

[11.13] *McMurray, W.:* The Theory and Design of Cycloconverters, MIT Pr., Cambridge, 1972.

[11.14] *Meyer, M.:* Selbstgeführte Thyristor-Stromrichter, Siemens, München, 1974.

[11.15] *Möltgen, G.:* Netzgeführte Stromrichter mit Thyristoren, Siemens, München, 1974.

[11.16] *Pearman, R. A.:* Power Electronics: Solid Motor Control, Prentice-Hall, Englewood Cliffs, 1980.

[11.17] *Pelly, B. R.:* Thyristor Phase Controlled Converters and Cycloconverters, Wiley, New York, 1971.

[11.18] *Schilling, W.:* Transduktortechnik, Oldenbourg, München, 1960.

[11.19] *Steimel, K.; Jötten, R.* (Hrsg.): Energieelektronik und geregelte elektrische Antriebe, VDE, Berlin, 1966.

[11.20] *Wasserab, Th.:* Schaltungslehre der Stromrichtertechnik, Springer, Berlin, 1962.

[11.21] *Wetzel, K.:* Elektronische Schaltungen für Kraftfahrzeuge, Siemens, München, 1978.

[11.22] *Zach, F.:* Leistungselektronik, Springer, Berlin, 1979.

12 Meßtechnik

[12.1] *Anders, R.:* Halbleitermeßtechnik, Akademie Verlag, Berlin, 1969.

[12.2] *Arnolds, F.:* Elektrotechnische Meßtechnik, Berliner Union, Stuttgart, 1977.

[12.3] *Ašner, A. M.:* Stoßspannungs-Meßtechnik, Springer, Berlin, 1974.

[12.4] *Bach, H. W.; Feil, H. A.:* Umweltbedingungen, Umweltprüfungen: Klimatische Umwelteinflüsse und Simulationsverfahren für die Erprobung technischer Produkte, Siemens, München, 1979.

[12.5] *Ball, G. A.:* Korrelationsmeßgeräte, VEB Technik, Berlin, 1972.

[12.6] *Baumann, E.:* Elektrische Kraftmeßtechnik, VEB Technik, Berlin, 1976.

[12.7] *Beerens, A. C. J.:* Meßgeräte und Meßmethoden in der Elektronik, Philips, Hamburg, 1971.

[12.8] *Bellow, A.; Kolzow, D.:* Measure Theory: Proceedings of the Conference Held at Oberwolfach, Springer, New York, 1975.

[12.9] *Benz, W.:* Elektrische und elektronische Meßtechnik, Kohl + Noltemeyer, Dossenheim, 1974.

[12.10] *Bergmann, K.:* Elektrische Meßtechnik, Vieweg, Braunschweig, 1981.

[12.11] *Bichteler, K.:* Integration Theory: With Special Attention to Vector Measures, Springer, Berlin, 1973.

[12.12] *Bigalke, A.:* Meßtechnik der Elektronenstrahl-Oszillographen, Braun, Karlsruhe, 1969.

[12.13] *Billingsley, P.:* Convergence of Probability Measures, Wiley, New York, 1968.

[12.14] *Borucki, L.; Dittmann, J.:* Digitale Meßtechnik, Springer, Berlin, 1971.

[12.15] *Braunbek, W.:* Kernphysikalische Meßmethoden, Thiemig, München, 1960.

[12.16] *Busse, G.:* AD- und DA-Umsetzer in der Meß- und Datentechnik. Stufenumsetzer, Holzmann, Bad Wörishofen, 1971.

[12.17] *Caceres, C. A.; Dreifus, L. S.:* Clinical Electrocardiography and Computers, Academic Pr., New York, 1970.

[12.18] *Candler, C.:* Modern Interferometers, Hilger, London, 1970.

[12.19] *Carr, J.:* Elements of Electronic Instrumentation and Measurement, Reston Publ., Reston, 1979.

[12.20] *Carter, Schanz:* Kleine Oszilloskoplehre, Philips, Hamburg, 1977.

[12.21] *Coombs, C. F.:* Basic Instrument Handbook, McGraw-Hill, New York, 1972.

[12.22] *Czech, J.:* Oszilloskope, Funktionsbeschreibung – Allgemeine Meßtechnik – Anwendung, Hüthig & Pflaum, München, 1977.

[12.23] *Demtröder, W.:* Grundlagen und Techniken der Laserspektroskopie, Springer, Berlin, 1977.

[12.24] *Dillenburger, W.:* Fernsehmeßtechnik, Schiele & Schön, Berlin, 1970.

[12.25] *Dinculeanu, N.:* Vector Measures, Pergamon, Elmsford, 1967.

[12.26] *Dosse, J.:* Elektrische Meßtechnik, Akademische Verlagsgesellschaft, Wiesbaden, 1973.

[12.27] *Drachsel, R.:* Grundlagen der elektrischen Meßtechnik, VEB Technik, Berlin, 1977.

[12.28] *Ebert, J.; Jürres, E.:* Digitale Meßtechnik, VEB Technik, Berlin, 1976.

[12.29] Elektrische und wärmetechnische Messungen, Hartmann & Braun, Frankfurt, 1963.

[12.30] Elektromeßtechnik, Siemens, München, 1968.

[12.31] Elektronische Meßtechnik, VEB Technik, Berlin, 1974.

[12.32] *Farrell, R. H.:* Techniques of Multivariate Calculation, Springer, New York, 1976.

[12.33] *Federer, H.:* Geometric Measure Theory, Springer, Berlin, 1969.

[12.34] *Felderhoff, R.:* Elektrische Meßtechnik, Hanser, München, 1981.

[12.35] *Frank, E.:* Electrical Measurement Analysis, McGraw-Hill, New York, 1959.

[12.36] *Fricke, H. W.:* Das Arbeiten mit dem Elektronenstrahl-Oszilloskopen,
Bd. 1: Arbeitsweise u. Eigenschaften, 1976;
Bd. 2: Bedienung, Messen, Auswerten, Meßbeispiele, Meßschaltungen, 1977,
Hüthig, Heidelberg.

[12.37] *Fricke, H.; Pungs, L.:* Meßtechnik der kontinuierlichen Modulationsverfahren, Braun, Karlsruhe, 1969.

[12.38] *Fritz, R.:* Elektronische Meßwertverarbeitung, Hüthig, Heidelberg, 1977.

[12.39] *Frühauf, G.:* Praktikum Elektrische Meßtechnik, Vieweg, Braunschweig, 1970.

[12.40] *Frühauf, U.:* Grundlagen der elektronischen Meßtechnik, Akademische Verlagsges., Leipzig, 1977.

[12.41] *Ginzton, E. L.:* Microwave Measurement, McGraw-Hill, New York, 1957.

[12.42] *Good, I. S.; Osteyee, D. B.:* Information Weight of Evidence, the Singularity Between Probability Measures and Signal Detection, Springer, New York, 1974.

[12.43] *Grimm, E.:* Elektrisches Messen in Theorie und Praxis, AT-Fachverlag, Stuttgart, 1976.

[12.44] *Groll, H.:* Mikrowellen-Meßtechnik, Vieweg, Braunschweig, 1969.

[12.45] *Gruber, B.:* Oszillografieren leicht und nützlich, Pflaum, München, 1972.

[12.46] *Halmos, P. R.:* Measure Theory, Springer, New York, 1974.

[12.47] *Hart, H.:* Einführung in die Meßtechnik, Vieweg, Braunschweig, 1978.

[12.48] *Haug, A.:* Elektronisches Messen mechanischer Größen, Hanser, München, 1969.

[12.49] *Healy, J. T.:* Automatic Testing and Evaluation of Digital Integrated Circuits, Prentice-Hall, Englewood Cliffs, 1981.

[12.50] *Helbig, E.:* Grundlagen der Lichtmeßtechnik, Akademische Verlagsges., Berlin, 1977.

[12.51] *Helke, H.:* Gleichstrommeßbrücken, Gleichspannungskompensatoren und ihre Normale, Oldenbourg, München, 1974.

[12.52] *Helke, H.:* Meßbrücken und Kompensatoren für Wechselstrom, Oldenbourg, München, 1971.

[12.53] *Hengartner, W.; Theodoresco, R.:* Concentration Functions, Academic Pr., New York, 1973.

[12.54] *Herrick, C. N.:* Instruments and Measurements for Electronics, McGraw-Hill, New York, 1972.

[12.55] *Herrmann, H.:* Zuverlässigkeitsverfahren für die Prozeßmeßtechnik, Oldenbourg, München, 1972.

[12.56] *Hoffmann, H.-J.:* Industrielle Elektronenstrahl-Oszillographen, Hüthig, Heidelberg, 1967.

[12.57] *Jacobs, K.:* Measure and Integral, Academic Pr., New York, 1978.

[12.58] *Jones, B.:* Einführung in die Systemtheorie der Meßtechnik, Oldenbourg, München, 1979.

[12.59] *Kamanin, W. I.:* Die Anwendung der Funkmeßtechnik in der Schiffsführung, Dtsch. Militärverlag, Berlin, 1962.

[12.60] *Kantrowitz, P.,* u.a.: Electronic Measurements, Prentice-Hall, Englewood Cliffs, 1979.

[12.61] *Klein, P. E.:* Leitfaden der elektronischen Meßgrößenerfassung, Franzis, München, 1977.

[12.62] *Koppelmann, F.:* Wechselstrommeßtechnik, Springer, Berlin, 1956.

[12.63] *Kortüm, G.:* Kolometrie, Photometrie und Spektralphotometrie, Springer, Berlin, 1955.

[12.64] *Krauß, M.; Woschni, E.-G.:* Meßinformationssysteme, Hüthig, Heidelberg, 1975.

[12.65] *Kronmüller, H.; Barakat, F.:* Prozeßmeßtechnik 1, Springer, Berlin, 1974.

[12.66] *Lange, F. H.:* Methoden der Meßstochastik, Vieweg, Braunschweig, 1979.

[12.67] *Lion, K. S.:* Elements of Electrical and Electronic Instrumentation, McGraw-Hill, New York, 1975.

[12.68] *Lynch, W. A.; Truxal, J. G.:* Principles of Electronic Instrumentation, McGraw-Hill, New York, 1962.

[12.69] *Mäusl, R.:* Hochfrequenzmeßtechnik, Hüthig, Heidelberg, 1978.

[12.70] *Merz, L.:* Grundkurs der Meßtechnik,
Tl. 1: Das Messen elektrischer Größen;
Tl. 2: Das Messen nichtelektrischer Größen,
Oldenbourg, München, 1974.

[12.71] Messen in der Prozeßtechnik, Siemens, München, 1972.

[12.72] Messen und Regeln in der Wärme- und Chemietechnik, Siemens, München, 1962.

[12.73] Meßmethoden in der Nachrichtenübertragungstechnik, Wandel und Goltermann, Reutlingen, 1975.

[12.74] *Naumann, G.:* Standard-Interfaces der Meßtechnik, VEB Technik, Berlin, 1980.

[12.75] *Nebe, W.:* Analytische Interferometrie, Akademie Verlag, Berlin, 1969.

[12.76] *Neher, E.:* Elektronische Meßtechnik in der Physiologie, Springer, Berlin, 1974.

[12.77] *Novickij, P. V.,* u.a.: Frequenzanaloge Meßeinrichtungen, VEB Technik, Berlin, 1975.

[12.78] *Nunroe, M. E.:* Measure and Integration, Addison-Wesley, Reading, 1971.

[12.79] *Oliver, B. M.; Cage, J. M.:* Electronic Measurements and Instrumentation, McGraw-Hill, New York, 1971.

[12.80] *Pflier, P.; Jahn, E.:* Elektrische Meßgeräte und Meßverfahren, Springer, Berlin, 1978.

[12.81] *Pfüller, S.:* Halbleitermeßtechnik, Hüthig, Heidelberg, 1977.

[12.82] *Picht, J.; Heydenreich, I.:* Einführung in die Elektronenmikroskopie, VEB Technik, Berlin, 1966.

[12.83] *Potthof, K.; Widmann, W.:* Meßtechnik der hohen Wechselspannungen, Vieweg, Braunschweig, 1965.

[12.84] *Richter, H.:* Hilfsbuch für Elektronenstrahl-Oszillografie, Franzis, München, 1972.

[12.85] *Rohrbach, Chr.:* Handbuch für elektrisches Messen mechanischer Größen, VDI, Düsseldorf, 1967.

[12.86] *Roberts, F. S.:* Measurement Theory, Addison-Wesley, Reading, 1979.

[12.87] *Rost, A.:* Messung dielektrischer Stoffeigenschaften, Vieweg, Braunschweig, 1978.

[12.88] *Runyan, W. R.:* Semiconductor Measurements and Instrumentation, McGraw-Hill, New York, 1975.

[12.89] *Schneider, W.:* Neutronenmeßtechnik und ihre Anwendung an Kernreaktoren, de Gruyter, Berlin, 1973.

[12.90] *Schönfelder, H.:* Farbfernsehen, Bd. 3: Geräte und Meßverfahren der Studioregie- u. Synchronisiertechnik, Justus v. Liebig, Darmstadt, 1968.

[12.91] *Schrüfer, E.* (Hrsg.): Strahlung und Strahlungsmeßtechnik in Kernkraftwerken, AEG-Telefunken, Berlin, 1974.

[12.92] *Schwab, A. J.:* Hochspannungsmeßtechnik, Meßgeräte und Meßverfahren, Springer, Berlin, 1969.

[12.93] *Seiler, H.:* Abbildung von Oberflächen mit Elektronen, Ionen und Röntgenstrahlen, Bibliographisches Institut, Mannheim, 1968.

[12.94] *Smith, A. W.; Wiedenbeck, M. L.:* Electrical Measurements, McGraw-Hill, New York, 1967.

[12.95] *Sommer, J.:* Meßgeräte für die Nachrichtentechnik, Bd. I: Neue PCM-Meßgeräte, Schiele & Schön, Berlin, 1979.

[12.96] *Stöckl, M.; Winterling, K. H.:* Elektrische Meßtechnik, Teubner, Stuttgart, 1978.

[12.97] *Tichy, J.; Gautschi, G.:* Piezoelektrische Meßtechnik, Springer, Berlin, 1980.

[12.98] *Tischer, F. J.:* Mikrowellen-Meßtechnik, Springer, Berlin, 1958.

[12.99] *Thiel, R.:* Elektrisches Messen nichtelektrischer Größen, Teubner, Stuttgart, 1977.

[12.100] *Townes, C. H.; Schawlow, A. L.:* Microwave Spectroscopy, McGraw-Hill, New York, 1955.

[12.101] *Tränkler, H.-R.:* Die Technik des digitalen Messens, Oldenbourg, München, 1976.

[12.102] *Veatch, H. C.:* Pulse and Switching Circuit Measurements, McGraw-Hill, New York, 1971.

[12.103] *Weber, K.:* Elektrizitätszähler, Elitera, Berlin, 1971.

[12.104] *Wehrmann, W.:* Korrelationstechnik – ein neuer Zweig der Betriebsmeßtechnik, Lexika, Grafenau, 1980.

[12.105] *Weissfloch, A.:* Schaltungstheorie und Meßtechnik des Dezimeter- und Zentimeterwellengebietes, Birkhäuser, Stuttgart, 1954.

[12.106] *Wiedon, E.; Röhner, O.:* Ultraschall in der Medizin, Steinkopff, Leipzig, 1963.

[12.107] *Wieland, H.:* Bd. 1: Meßtechnik. Allgemeine Regeln und Durchführen von Messungen, R. v. Decker's, Heidelberg, 1975.

[12.108] *Wind, M.; Rapaport, H.:* Handbook of Microwave Measurement, 2 Bde., Polytechnic Inst. of Technology, Brooklyn, 1955.

[12.109] *Zbar, P. B.:* Electronics Instruments and Measurement, McGraw-Hill, New York, 1965.

[12.110] *Zinke, O.; Brunswig, H.:* Hochfrequenz-Meßtechnik, Hirzel, Stuttgart, 1959.

13 Nachrichtentechnik und Systemtheorie

[13.1] *Aggarwal, J. K.:* Notes on Nonlinear Systems, Van Nostrand Reinhold, New York, 1972.

[13.2] *Aharoni, J.:* Antennae, Clarendon, Oxford, 1946.

[13.3] *Ajsenberg, G. S.:* Kurzwellenantennen, Fachbuchverlag, Leipzig, 1954.

[13.4] *Amitay, N.:* Theory and Analysis of Phased Array Antennas, Wiley, New York, 1972.

[13.5] *Anderson, B. D. O.:* Optimal Filtering, Prentice-Hall, Englewood Cliffs, 1979.

[13.6] *Andersen, K. E.:* Introduction to Communication, Benjamin-Cummings, Menlo Park, 1972.

[13.7] *Aranguren, J. L.:* Human Communication, McGraw-Hill, New York, 1967.

[13.8] *Artus, W.:* Einführung in die elektrische Nachrichtentechnik, Oldenbourg, München, 1957.

[13.9] *Athans, M.:* Systems, Networks and Computations: Multivariable Methods, McGraw-Hill, New York, 1974.

[13.10] *Baggeroer, A.:* State Variables and Communication Theory, MIT Pr., Cambridge, 1970.

[13.11] *Baghdady, E. J.:* Lectures on Communication System Theory, McGraw-Hill, New York, 1961.

[13.12] *Bahr, H.:* Alles über Video, Philips, Hamburg, 1978.

[13.13] *Bargellini, P. L.:* Communications Satellite Systems, MIT Pr., Cambridge, 1974.

[13.14] *Bedrosian, S. D.; Porter, W. A.:* Recent Trends in System Analysis, Pergamon, New York, 1976.

[13.15] *Beltrami, E. J.; Wohlers, M. R.:* Distributions and the Boundary Values of Analytic Functions, Academic Pr., New York, 1966.

[13.16] *Benda, D.:* Leitfaden der elektronischen Schaltungstechnik, Bd. 1: 1974; Bd. 2: 1975, Franzis, München.

[13.17] *Bendat, J. S.; Piersol, A. G.:* Engineering Applications of Correlation and Spectral Analysis, Wiley, New York, 1980.

[13.18] *Beneking, H.:* Praxis des elektronischen Rauschens, Bibliographisches Institut, Mannheim, 1971.

[13.19] *Bennet, W. R.:* Electrical Noise, McGraw-Hill, New York, 1960.

[13.20] *Bensoussan, A.; Lions, J. L.* (Hrsg.): New Trends in System Analysis, Springer, New York, 1977.

[13.21] *Bergmann, K.:* Lehrbuch der Fernmeldetechnik, Schiele & Schön, Berlin, 1978.

[13.22] *Bergtold, F.:* Antennen-Handbuch, Pflaum, München, 1977.

[13.23] *Bevensee, R. M.:* Handbook of Conical Antennas and Scatterers, Gordon, London, 1973.

[13.24] *Bittel, H.; Storm, L.:* Rauschen, Springer, Berlin, 1971.

[13.25] *Bitterlich, W.:* Einführung in die Elektronik, Springer, Berlin, 1967.

[13.26] *Blachmann, N. M.:* Noise and Its Effekct on Communication, McGraw-Hill, New York, 1966.

[13.27] *Blake, L. J.:* Antennas, Wiley, New York, 1966.

[13.28] *Blaquiere, A.:* Nonlinear System Analysis, Academic Pr., New York, 1966.

[13.29] *Blauert, J.:* Räumliches Hören, Hirzel, Stuttgart, 1974.

[13.30] *Blinchikoff, H. J.; Zverev, A. I.:* Filtering in the Time and Frequency Domains, Wiley, New York, 1976.

[13.31] *Böhmer, E.:* Elemente der angewandten Elektronik, Vieweg, Braunschweig, 1978.

[13.32] *Bohn, E. V.:* Transform Analysis of Linear Systems, Addison-Wesley, Reading, 1963.

[13.33] *Bohn, H.; Ungurait, D. F.:* Mass Media: An Introduction to Modern Communication, Longman, New York, 1979.

[13.34] *Bracewell, R. M.:* The Fourier-Transform and Its Applications, McGraw-Hill, New York, 1965.

[13.35] *Briggs, G. A.:* Aerial Handbook, Herman, Boston, 1968.

[13.36] *Brown, R. G.:* Lines, Waves and Antennas, Wiley, New York, 1973.

[13.37] *Bruch, W.:* Kleine Geschichte des deutschen Fernsehens, Haude u. Spener, Berlin, 1967.

[13.38] *Brückmann, H.:* Antennen und Ausbreitung, Springer, Berlin, 1956.

[13.39] *Butzer, P. L.; Nessel, R. J.:* Fourier Analysis and Approximation, 2 Bde., Academic Pr., New York, 1971.

[13.40] *Campbell, C. A.; Foster, R. L.:* Fourier Integrals for Practical Applications, Van Nostrand, New York, 1961.

[13.41] *Carlson, A. B.:* Communications Systems, McGraw-Hill, New York, 1974.

[13.42] *Carpenter, E.; McLuhan, M.:* Explorations in Communication: An Anthology, Beacon, Boston, 1960.

[13.43] *Casti, J. L.:* Dynamical Systems and Their Applications: Linear Theory, Academic Pr., New York, 1977.

[13.44] *Cattermole, K. W.:* Principles of Pulse Code Modulation, Iliffe, London, 1969.

[13.45] *Cauer, W.:* Synthesis of Linear Communication Networks, McGraw-Hill, New York, 1958.

[13.46] *Ceccio, J. F.:* An Introduction to Modern Communication, Longman, New York, 1978.

[13.47] *Chan, S.-P.:* Analysis of Linear Networks and Systems, Addison-Wesley, Reading, 1972.

[13.48] *Charkewitsch, A. A.:* Signale und Störungen, Oldenbourg, München, 1968.

[13.49] *Chen, C. T.:* Introduction to Linear System Theory, Holt, Rinehardt & Winston, New York, 1970.

[13.50] *Chernov, L.:* Wave Propagation in a Random Medium, McGraw-Hill, New York, 1960.

[13.51] *Cherry, C.:* On Human Communication: A Review, a Survey and a Criticism. MIT Pr., Cambridge, 1966.

[13.52] *Christian, E.:* Magnettontechnik, Franzis, München, 1969.

[13.53] *Christiansen, W. N.; Högbom, J. A.:* Radiotelescopes, Cambridge Pr., Cambridge, 1969.

[13.54] *Chu, G. C.:* Institutional Explorations in Communication Technology, University Pr. of Hawaii, Honolulu, 1978.

[13.55] *Coldicott, P. R.:* Principles of System Analysis, Beekman, Brooklyn Heights, 1971.

[13.56] *Collin, R. E.; Zucker, F. J.:* Antenna Theory, McGraw-Hill, New York, 1969.

[13.57] *Couger, J. D.; Knapp, R. W.* (Hrsg.): System Analysis Techniques, Wiley, New York, 1974.

[13.58] *Cuenod, M.; Durling, A.:* Discrete-Time Approach for System Analysis, Academic Pr., New York, 1968.

[13.59] *Damiamayan, D.:* Analysis of Aperture Antennas in Inhomogeneous Media, Management Information Service, Saint Clair Shores, 1969.

[13.60] *Daniels, A.; Yeates, D.* (Hrsg.): Systems Analysis, Science Research, Chicago, 1971.

[13.61] *Davenport, W. B.; Root, W. L.:* An Introduction to the Theory of Random Signals and Noise, McGraw-Hill, New York, 1958.

[13.62] *Davenport, W. B.:* Probability and Random Process, McGraw-Hill, New York, 1970.

[13.63] Die Erforschung des Weltraums mit Satelliten und Raumsonden, Bd. 3, VDI, Düsseldorf, 1968.

[13.64] *Dillenburger, W.:* Einführung in die Fernsehtechnik.
Bd. 1: Grundlagen, Bildaufnahme, -wiedergabe, Übertragung, Farbfernsehsysteme, 1974;
Bd. 2: Studiogeräte und Empfänger für Schwarzweiß- und Farbfernsehen, Schaltungstechnik, Transistortechnik, 1968,
Schiele & Schön, Berlin.

[13.65] *Director, S. W.; Rohrer, R. A.:* Introductions to System Theory, McGraw-Hill, New York, 1972.

[13.66] *Dombrowski, I. A.:* Antennen, VEB Technik, Berlin, 1957.

[13.67] *Dubost, G.; Zisler, S.:* Breitband-Antennen, Oldenbourg, München, 1977.

[13.68] Effective Communication for Engineers, McGraw-Hill, New York, 1975.

[13.69] *Egan, W. F.:* Frequency Synthesis by Phase-Lock, Wiley, New York, 1981.

[13.70] *Elsner, R.:* Nachrichtentheorie,
Bd. 1: Grundlagen, 1974;
Bd. 2: Der Übertragungskanal, 1977,
Teubner, Stuttgart.

[13.71] *Enemark, D. C.:* Feasibility Study and Design of an Antenna Pointing System with an in-Loop, Time Shared Digital Computer, Management Information Service, Saint Clair Shores, 1970.

[13.72] *Estreich, D. B.:* Noise in Semiconductors, Wiley, New York, 1979.

[13.73] *Fahry, Palme:* Handbuch der Videotechnik,
Bd. 1: Grundlagen und Anwendung, 1978;
Bd. 2: Geräte und Zubehör, 1978,
Oldenbourg, München.

[13.74] *Fasol, K. H.:* Die Frequenzkennlinie, Springer, Berlin, 1968.

[13.75] *Faurre, P.; Depeyrot, M.:* Elements of System Theory, Elsevier, New York, 1976.

[13.76] *Feher, K.:* Digital Communications: Microwave Applications, Prentice-Hall, Englewood Cliffs, 1981.

[13.77] *Fetzer, V.:* Integraltransformationen, Hüthig, Heidelberg, 1977.

[13.78] *Fetzer, V.:* Ortskurven und Kreisdiagramme, Hüthig, Heidelberg, 1973.

[13.79] *Fishlock, D.:* A Guide to Earth Satellites, Elsevier, New York, 1971.

[13.80] *Fitzgerald, J. M.; Fitzgerald, A. F.:* The Fundamentals of Systems Analysis, Wiley, New York, 1973.

[13.81] *Fleischer, D.:* Praxis der Videoband-Aufzeichnung, Siemens, München, 1974.

[13.82] *Fränz, K.; Lassen, H.:* Antennen und Ausbreitung, Springer, Berlin, 1956.

[13.83] *Frederick, D. K.; Carlson, A. B.:* Linear Systems in Communication and Control, Wiley, New York, 1971.

[13.84] *Frank, P. M.:* Introduction to System Sensitivity Theory, Academic Pr., New York, 1978.

[13.85] *Fricke, H.,* u.a.: Elektrische Nachrichtentechnik,
Tl. 1: Grundlagen, 1971;
Tl. 2: Hochfrequenztechnik, 1967,
Teubner, Stuttgart.

[13.86] *Fritzsche, G.:* Theoretische Grundlagen der Nachrichtentechnik, 2 Bde., Dokumentation, München, 1973.

[13.87] *Gardner, F. M.:* Phaselock Techniques, Wiley, New York, 1980.

[13.88] *Gerlach, A. A.:* Theory and Applications of Statistical Wave-Period Processing, Gordon, London, 1970.

[13.89] *Geschwinde, H.:* Einführung in die PLL-Technik, Vieweg, Braunschweig, 1980.
[13.90] *Geschwinde, H.:* Kreis- und Leitungsdiagramme, Franzis, München, 1974.
[13.91] *Gold, B.; Rader, C. M.:* Digital Processing of Signals, McGraw-Hill, New York, 1969.
[13.92] *Grantham, D. J.:* Antennas, Transmission Lines, and Microwaves, GSE, Los Angeles, 1977.
[13.93] *Gray, L.; Graham, R.:* Radio Transmitters, McGraw-Hill, New York, 1961.
[13.94] *Gregg, D. W.:* Analog and Digital Communication, Wiley, New York, 1977.
[13.95] *Greif, R.:* Bodenantennen für Flugsysteme, Oldenbourg, München, 1974.
[13.96] *Gruber, B.:* Einführung in die Niederfrequenz-Elektronik, Oldenbourg, München, 1970.
[13.97] *Gupta, M. S.:* Electrical Noise: Fundamentals and Sources, Wiley, New York, 1978.
[13.98] *Gupta, S. C.:* Transform and State Variable Methods in Linear Systems, Krieger, New York, 1966.
[13.99] *Halliwell, B. J.:* Advanced Communications Systems, Transatlantic, Lewittown, 1974.
[13.100] *Hamsher, D. H.:* Communication System Engineering Handbook, McGraw-Hill, New York, 1967.
[13.101] *Hancock, J. C.:* An Introduction to the Principles of Communication Theory, McGraw-Hill, New York, 1961.
[13.102] Handbuch der Tonstudiotechnik, Dokumentation, München, 1978.
[13.103] *Harman, W. A.:* Principles of the Statistical Theory of Communication, McGraw-Hill, New York, 1963.
[13.104] *Harper, N. L.:* Human Communication, Mss Information, Edison, 1974.
[13.105] *Heilmann, A.:* Antennen, 3 Bde., Bibliographisches Institut, Mannheim, 1970.
[13.106] *Henne, W.:* Rauschkenngrößen der Antennen, HF- und NF-Verstärker, Oldenbourg, München, 1972.
[13.107] *Herrmann, U. F.:* Handbuch der Elektroakustik, Philips, Hamburg, 1978.
[13.108] *Herter, E.; Röcker, W.:* Nachrichtentechnik: Übertragung und Verarbeitung, Hanser, München, 1981.
[13.109] *Herzog, W.:* Oszillatoren mit Schwingkristallen, Springer, Berlin, 1958.
[13.110] *Hess, W. N.:* Introduction to Space Science, Gordon & Breach, New York, 1965.
[13.111] *Hildebrandt, H.-J.:* Trägerfrequenztechnik, Oldenbourg, München, 1975.
[13.112] *Hoeg, W.; Steinke, G.:* Stereofonie-Grundlagen, VEB Technik, Berlin, 1975.
[13.113] *Howard, R. A.:* Dynamic Probabilistic Systems, 2 Bde., Wiley, New York, 1971.
[13.114] *Hsu, H. P.:* Fourier Analysis, Simon and Schuster, New York, 1970.
[13.115] *Huang, T. S.* (Hrsg.): Two-Dimensional Digital Signal Processing,
Bd. 1: Linear Filters, 1981;
Bd. 2: Transforms and Median Filters, 1981,
Springer, Berlin.
[13.116] *Hütte:* Bd. IVB: Elektrotechnik, Fernmeldetechnik, Ernst & Sohn, Berlin, 1962.
[13.117] *Jasik, H.:* Antenna Engineering Handbook, McGraw-Hill, New York, 1961.
[13.118] *Johnson, D. E.,* u.a.: A Handbook of Active Filters, Prentice-Hall, Englewood Cliffs, 1980.
[13.119] *Johnson, F. S.:* Satellite Environment Handbook, Stanford U.Pr., Stanford, 1965.
[13.120] *Johnson, J. R.; Johnson, D. E.:* Linear Systems Analysis, Wiley, New York, 1977.
[13.121] *Jordan, E. C.:* Electromagnetic Waves and Radiating Systems, Prentice-Hall, Englewood Cliffs, 1968.
[13.122] *Jury, E. I.:* Inners and Stability of Dynamic Systems, Wiley, New York, 1974.
[13.123] *Jury, E. I.:* Theory and Application of the Z-Transform, Krieger, New York, 1964.
[13.124] *Kaden, H.:* Impulse und Schaltvorgänge in der Nachrichtentechnik, Oldenbourg, München, 1957.
[13.125] *Kaden, H.:* Wirbelströme und Schirmung in der Nachrichtentechnik, Springer, Berlin, 1959.
[13.126] *Kalman, R. E.:* Topics in Mathematical System Theory, McGraw-Hill, New York, 1969.
[13.127] *Kammerer, E.:* Technische Elektroakustik, Siemens, München, 1975.
[13.128] *Karnopp, D. C.; Rosenberg, R. C.:* System Dynamics, Wiley, New York, 1975.
[13.129] *Kayton, M.; Fried, W.:* Avionics Navigation Systems, Wiley, New York, 1969.
[13.130] *Kennedy, G.:* Electronic Communication Systems, McGraw-Hill, New York, 1977.
[13.131] *Kiely, D. G.:* Dielectric Aerials, Methuen, London, 1953.
[13.132] *Kindler, H.:* Nachrichtentechnik, Berliner Union, Stuttgart, 1979.
[13.133] *King, R. W.,* u.a.: Arrays of Cylindrical Dipoles, Cambridge U.Pr., New York, 1968.
[13.134] *King, R. W.:* Tables of Antenna Characteristics, Plenum, New York, 1971.
[13.135] *King, R. W.:* Theory of Linear Antennas, Harward, Cambridge, 1956.
[13.136] *Klein, W.:* Finite Systemtheorie, Teubner, Stuttgart, 1976.
[13.137] *Klir, G. J.:* Trends in General Systems Theory, Wiley, New York, 1972.
[13.138] *Kraus, J. D.:* Antennas, McGraw-Hill, New York, 1950.
[13.139] *Kreider, D. L.:* Introduction to Linear Analysis, Addison-Wesley, Reading, 1966.
[13.140] *Kroschel, K.:* Statistische Nachrichtentheorie,
Bd. 1: Signalerkennung und Parameterschätzung, 1973;
Bd. 2: Signalschätzung, 1974,
Springer, Berlin.
[13.141] *Kuo, F. F.; Kaiser, J. F.:* System Analysis by Digital Computer, Krieger, New York, 1966.
[13.142] *Küpfmüller, K.:* Die Systemtheorie der elektrischen Nachrichtenübertragung, Hirzel, Stuttgart, 1968.
[13.143] *Kuz'Min, A. D.; Salomonovich, A. E.:* Radioastronomical Methods of Antenna Measurements, Academic Pr., New York, 1966.
[13.144] *Lago, G.:* Transients in Electrical Circuits, Wiley, New York, 1980.
[13.145] *Lago, G. V.; Benningfield, L. M.:* Circuit and System Theory, Wiley, New York, 1979.
[13.146] *Lam, H. Y. F.:* Analog and Digital Filters, Prentice-Hall, Englewood Cliffs, 1979.
[13.147] *Landstorfer, F.; Graf, H.:* Rauschprobleme der Nachrichtentechnik, Oldenbourg, München, 1981.
[13.148] *Lang, H.:* Farbmetrik und Farbfernsehen, Oldenbourg, München, 1978.
[13.149] *Lange, F. H.:* Signale und Systeme, Bd. 3: Regellose Vorgänge, VEB Technik, Berlin, 1973.

[13.150] *Langer, E.:* Spulenlose Hochfrequenzfilter, Siemens, München, 1969.
[13.151] *Lapatine, S.:* Electronics in Communication, Wiley, New York, 1978.
[13.152] *Laport, E. A.:* Radio Antenna Engineering, McGraw-Hill, New York, 1952.
[13.153] *Leucht, K.:* Die elektronischen Grundlagen der Radio- und Fernsehtechnik, Franzis, München, 1977.
[13.154] *Lewis, J. B.:* Analysis of Linear Dynamic Systems, Int'l Schol. Bk. Serv., Forest Grove, 1977.
[13.155] *Lewis, L. J.:* Linear Systems Analysis, McGraw-Hill, New York, 1969.
[13.156] *Liebscher, S.:* Nachrichtenelektronik, VEB Technik, Berlin, 1976.
[13.157] *Limann, O.:* Funktechnik ohne Ballast, Franzis, München, 1977.
[13.158] *Lindsey, W. C.; Simon, M. K.:* Phase Locked Loops and Their Applications, Wiley, New York, 1978.
[13.159] *Lindsey, W. C.; Simon, M. K.:* Telecommunication Systems Engineering, Prentice-Hall, Englewood Cliffs, 1973.
[13.160] *Liu, C. L.; Liu, J. W.:* Linear Systems Analysis, McGraw-Hill, New York, 1975.
[13.161] *Love, A. W.:* Electromagnetic Horn Antennas, IEEE, New York, 1976.
[13.162] *Love, A. W.:* Reflector Antennas, Wiley, New York, 1978.
[13.163] *Lücker, R.:* Grundlagen digitaler Filter, Springer, Berlin, 1980.
[13.164] *Ma, M. T.:* Theory and Application of Antenna Arrays, Wiley, New York, 1974.
[13.165] *Magnus, K.:* Schwingungen, Teubner, Stuttgart, 1961.
[13.166] *Mar, J. W.; Liebowitz, H.:* Structures Technology for large Radio and Radar Telescope Systems, MIT Pr., Cambridge, 1969.
[13.167] *Marko, H.:* Methoden der Systemtheorie, Springer, Berlin, 1977.
[13.168] *Martens, H.; Allen, D.:* Introduction to Systems Theory, Merrill, Columbus, 1969.
[13.169] *Matthaei, G. L.,* u.a.: Microwave Filters, Impedance Matching Networks, and Coupling Structures, McGraw-Hill, New York, 1975.
[13.170] *Mäusl, R.:* Modulationsverfahren in der Nachrichtentechnik mit Sinusträger, Hüthig, Heidelberg, 1976.
[13.171] *Megla, G.:* Vom Wesen der Nachricht, Hirzel, Stuttgart, 1961.
[13.172] *Meyer-Brötz, G.; Schürmann, J.:* Methoden der automatischen Zeichenerkennung, Oldenbourg, München, 1970.
[13.173] *Middleton, D.:* An Introduction to Statistical Communication Theory, McGraw-Hill, New York, 1960.
[13.174] *Morgenstern, B.:* Farbfernsehtechnik, Teubner, Stuttgart, 1977.
[13.175] *Moschytz, G. S.; Horn, P.:* Active Filter Design Handbook, Wiley, New York, 1981.
[13.176] *Motchenbacher, C. D.; Fitchen, F. C.:* Low-Noise Electronic Design, Wiley, New York, 1973.
[13.177] *Moullin, E. B.:* Radio Aerials, Clarendon, Oxford, 1949.
[13.178] *Müller, R.:* Rauschen, Springer, Berlin, 1979.
[13.179] *Mumford, W. W.; Scheibe, E. H.:* None Performance Factors in Communication Systems, Artech Hse., Dedham, 1968.
[13.180] *Naunin, D.:* Einführung in die Netzwerktheorie, Vieweg, Braunschweig, 1976.
[13.181] *Neuburger, E.:* Einführung in die Theorie des linearen Optimalfilters, Oldenbourg, München, 1972.
[13.182] Neue Entwicklungen auf dem Gebiet der Trägerfrequenztechnik, AEG-Telefunken, Berlin, 1974.
[13.183] *O'Neill, W. D.:* Systems Analysis, Prentice-Hall, Englewood Cliffs, 1977.
[13.184] *Oppenheim, A. V.; Shafer, R. W.:* Digital Signal Processing, Prentice-Hall, Englewood Cliffs, 1975.
[13.185] *Ott, H. W.:* Noise Reduction Techniques in Electronic Systems, Wiley New York, 1976.
[13.186] *Overheldt, W.:* Videorecorder, Vulkan, Essen, 1975.
[13.187] *Padulo, L.; Arbib, M. A.:* System Theory, Hemisphere, Washington, 1974.
[13.188] *Panter, P. F.:* Communication Systems Design, McGraw-Hill, New York, 1972.
[13.189] *Panter, P. F.:* Modulation, Noise and Spectral Analysis, McGraw-Hill, New York, 1965.
[13.190] *Papoulis, A.:* Probability, Random Variables and Stochastic Processes, McGraw-Hill, New York, 1965.
[13.191] *Papoulis, A.:* The Fourier Integral and its Applications, McGraw-Hill, New York, 1962.
[13.192] *Pappenfus, E. W.,* u.a.: Single Sideband Principles and Circuits, McGraw-Hill, New York, 1964.
[13.193] *Peled, A.; Liu, B.:* Digital Signal Processing, Wiley New York, 1976.
[13.194] *Peterson, E. L.:* Statistical Analysis and Optimization of Systems, Krieger, New York, 1961.
[13.195] *Pfeiffer, H.:* Elektronisches Rauschen, Tl. 2: Spezielle rauscharme Verstärker, Teubner, Leipzig, 1968.
[13.196] *Pierce, J. R.; Posner, E. C.:* Introduction to Communication Science and Systems, Plenum, New York, 1980.
[13.197] *Pietsch, H.-J.:* Kurzwellen-Amateurfunktechnik, Franzis, München, 1978.
[13.198] *Pohl, E.:* Nachrichtentechnik kurz und bündig, Vogel, Würzburg, 1973.
[13.99] *Pooch, H.* (Hrsg.): Fachwörterbuch des Nachrichtenwesens, Schiele & Schön, Berlin, 1976.
[13.200] *Prestin, U.:* Standardschaltungen der Rundfunk- und Fernsehtechnik, Franzis, München, 1973.
[13.201] *Pribich, K.; Haslinger, H.:* Bauelemente Nachrichtentechnik, Kohl + Noltemeyer, Dossenheim, 1974.
[13.202] *Prokott, E.:* Modulation und Demodulation, AEG-Telefunken, Berlin, 1978.
[13.203] *Rabiner, L.; Gold, B.:* Theory and Application of Digital Signal Processing, Prentice-Hall, Englewood Cliffs, 1975.
[13.204] *Rabiner, L. R.; Rader, C. M.:* Digital Signal Processing, McGraw-Hill, New York, 1972.
[13.205] *Raschkowitsch, A.:* Netzwerke und Leitungen in der Nachrichtentechnik, Oldenbourg, München, 1965.
[13.206] *Roddy, D.; Coolen, J.:* Electronic Communications, Prentice-Hall, Englewood Cliffs, 1981.
[13.207] *Rosenbrock, H. H.; Storey, C.:* Mathematics of Dynamical Systems, Halsted Pr., New York, 1970.
[13.208] *Rothammel, K.:* Antennenbuch, Franckh, Stuttgart, 1978.
[13.209] *Rothe, G.; Spindler, E.:* Antennenpraxis, VEB Technik, Berlin, 1971.
[13.210] *Rowe, H. E.:* Signals and Noise in Communication Systems, Van Nostrand Reinhold, New York, 1969.
[13.211] *Rubin, M.; Haller, C. E.:* Communication Switching Systems, Krieger, New York, 1975.
[13.212] *Rubio, J. E.:* Theory of Linear Systems, Academic Pr., New York, 1971.

[13.213] *Rumsey, V. H.:* Frequency Independent Antennas, Academic Pr., New York, 1966.

[13.214] *Rusch, W. V. T.; Potter, P. D.:* Analysis of Reflector Antennas, Academic Pr., New York, 1970.

[13.215] *Schaller, G.; Nüchel, W.:* Nachrichtenverarbeitung, Bd. 1: 1972; Bd. 2: 1979; Bd. 3: 1979, Teubner, Stuttgart.

[13.216] *Schelkundt, S. A.:* Acvanced Antenna Theory, Wiley, New York, 1952.

[13.217] *Schelkunoff, S. A.; Friis, H.:* Antennas, Theory and Practice, Wiley, New York, 1952.

[13.218] *Schlitt, H.:* Systemtheorie für regellose Vorgänge, Springer, Berlin, 1960.

[13.219] *Schröder, H.; Rommel, G.:* Elektrische Nachrichtentechnik,
Bd. 1a: Eigenschaften und Darstellung von Signalen, 1978;
Bd. 1b: Änderungen determinierter Signale auf linearen Übertragungswegen, 1980,
Pflaum, München.

[13.220] *Schultheiß, K.:* Der Kurzwellenamateur, Franckh, Stuttgart, 1977.

[13.221] *Schüßler, H. W.:* Netzwerke, Signale und Systeme, Bd. 1: Systemtheorie linearer elektrischer Netzwerke, Springer, Berlin, 1981.

[13.222] *Schwartz, M.; Shaw, L.:* Signal Processing. Discrete Spectral Analysis, Detection, and Estimation, McGraw-Hill, New York, 1975.

[13.223] *Schwartz, M.,* u.a.: Communication Systems and Techniques, McGraw-Hill, New York, 1966.

[13.224] *Schwarz, H.:* Einführung in die moderne Systemtheorie, Vieweg, Braunschweig, 1968.

[13.225] *Schwarz, R.; Friedland, B.:* Linear Systems, McGraw-Hill, New York, 1965.

[13.226] *Schymura, H.:* Rauschen in der Nachrichtentechnik, Hüthig und Pflaum, München, 1978.

[13.227] *Shanmugam, K. S.:* Digital and Analog Communication Systems, Wiley, New York, 1980.

[13.228] *Shannon, C. E.; Weaver, W.:* The Mathematical Theory of Communication, University of Illinois Pr., Champaign, 1949.

[13.229] *Shifrin, A. S.:* Statistical Antenna Theory, Golem, Boulder, 1971.

[13.230] *Siljak, D. D.:* Large-Scale Dynamic Systems Stability and Structure, Elsevier, New York, 1978.

[13.231] *Silver, G. A.; Silver, J. B.:* Introduction to Systems Analysis, Prentice-Hall, Englewood Cliffs, 1978.

[13.232] *Slot, G.:* Die Wiedergabequalität elektroakustischer Anlagen, Philips, Hamburg, 1971.

[13.233] *Slurzberg, M.; Osterheld, W.:* Essentials of Communication Electronics, McGraw-Hill, New York, 1973.

[13.234] *Smith, M. G.:* Laplace Transform Theory, Van Nostrand Reinhold, New York, 1966.

[13.235] *Spindler, E.:* Antennen, VEB Technik, Berlin, 1979.

[13.236] *Stadler, E.:* Modulationsverfahren – kurz und bündig, Vogel, Würzburg, 1976.

[13.237] *Stark, H.; Tuteur, F. B.:* Modern Electrical Communication, Prentice-Hall, Englewood Cliffs, 1979.

[13.238] *Stavroulakis, P.:* Interference Analysis of Communication Systems, Wiley, New York, 1981.

[13.239] *Steele, R.:* Delta Modulation Systems, Wiley, New York, 1975.

[13.240] *Stein, S.; Jones, J.:* Modern Communication Principles, McGraw-Hill, New York, 1967.

[13.241] *Steinbuch, K.:* Taschenbuch der Nachrichtenverarbeitung, Springer, Berlin, 1962.

[13.242] *Steinbuch, K.; Rupprecht, W.:* Nachrichtentechnik, Springer, Berlin, 1973.

[13.243] *Stiffler, J. J.:* Theory of Synchronous Communications, Prentice-Hall, Englewood Cliffs, 1971.

[13.244] *Stirner, E.:* Antennen, Bd. 1: Grundlagen, Hüthig, Heidelberg, 1977.

[13.245] *Stoll, D.:* Einführung in die Nachrichtentechnik, AEG-Telefunken, Berlin, 1978.

[13.246] *Storch, R. A.:* Einführung in die Fernsprechtechnik, Siemens, München, 1964.

[13.247] *Stutzman, W. L.; Thiele, G. A.:* Antenna Theory and Design, Wiley, New York, 1981.

[13.248] *Tatarski, V. I.:* Wave Propagation in a Turbulent Medium, McGraw-Hill, New York, 1961.

[13.249] *Taub, H.; Schilling, D. L.:* Principles of Communication Systems, McGraw-Hill, New York, 1971.

[13.250] *Teichmann, H.:* Angewandte Elektronik,
Bd. 1: Elektronische Leitung, Elektronoptik, 1975;
Bd. 2: Elektronische Bauelemente, Vierpoltheorie, 1977,
Steinkopff, Darmstadt.

[13.251] *Theile, R.:* Fernsehtechnik, Bd. 1: Grundlagen, Springer, Berlin, 1973.

[13.252] *Thourel, L.:* The Antenna, Wiley, New York, 1960.

[13.253] *Tietze, U.; Schenk, Ch.:* Halbleiter-Schaltungstechnik, Springer, Berlin, 1977.

[13.254] *Titchmarsh, E. C.:* Introduction to the Theory of Fourier Integrals, Oxford U.Pr., Oxford, 1962.

[13.255] *Tröndle, K.; Weiß, R.:* Einführung in die Puls-Code-Modulation, Hanser, München, 1974.

[13.256] *Tucker, D. G.:* Modulators and Frequency Changers, MacDonald, London, 1953.

[13.257] *Uhrig, R. E.:* Random Noise Techniques in Nuclear Reactor Systems, Wiley, New York, 1970.

[13.258] *Unbehauen, R.:* Systemtheorie, Oldenbourg, München, 1971.

[13.259] *Unger, H.-G.:* Theorie der Leitungen, Vieweg, Braunschweig, 1967.

[13.260] *Vahldiek, H.:* Elektronische Signalverarbeitung, Oldenbourg, München, 1977.

[13.261] *Van der Ziel, A.:* Noise, Prentice-Hall, Englewood Cliffs, 1954.

[13.262] *Van der Ziel, A.:* Noise in Measurements, Wiley, New York, 1976.

[13.263] *Van der Ziel, A.:* Noise: Sources, Characterization, Measurement, Prentice-Hall, Englewood Cliffs, 1970.

[13.264] *Vidyasagar, M.:* Non Linear Systems Analysis, Prentice-Hall, New York, 1978.

[13.265] *Walter, C. H.:* Travelling Wave Antennas, McGraw-Hill, New York, 1965.

[13.266] *Weeks, W.:* Antenna Engineering, McGraw-Hill, New York, 1968.

[13.267] *Whalen, A. D.:* Detection of Signals in Noise, Academic Pr., New York, 1971.

[13.268] *Whitehouse, G. E.:* Systems Analysis and Design Using Network Techniques, Prentice-Hall, New York, 1973.

[13.269] *Williams, H. P.:* Antenna Theory and Design, Pitman, London, 1950.

[13.270] *Willsky, A. S.:* Digital Signal Processing and Control and Estimation Theory: Points of Tangency, Areas of Intersection, and Parallel Directions, MIT Pr., Cambridge, 1979.

[13.271] Wolf, D. (Hrsg.): Noise in Physical Systems: Proceedings of the Fifth International Conference on Noise, Springer, New York, 1978.
[13.272] Wolff, E. A.: Antenna Analysis, Wiley, New York, 1966.
[13.273] Woschni, E.-G.: Frequenzmodulation, Theorie und Technik, VEB Technik, Berlin, 1960.
[13.274] Wozencraft, J. M.; Jacobs, I. M.: Principles of Communication Engineering, Wiley, New York, 1965.
[13.275] Wyrowski, G.; Kürzl, A.: Grundlagen der Nachrichtentechnik, 3 Bde., Kohl + Noltemeyer, Dossenheim, 1978.
[13.276] Youssef, L.: Systems Analysis and Design, Reston Publ., Reston, 1975.
[13.277] Zadeh, L. A.; Desoer, C. A.: Linear System Theory, McGraw-Hill, New York, 1963.
[13.278] Zakharyev, L. N.: Radiation from Apertures in Convex Bodies: Flush-Mounted Antennas, Golem, Boulder, 1970.
[13.279] Zastrow, P.: Fernsehempfangstechnik, Frankfurter Fachverlag, Frankfurt, 1978.
[13.280] Zastrow, P.: Phonotechnik, Frankfurter Fachverlag, Frankfurt, 1979.
[13.281] Zemanian, A. H.: Realizability Theory for Continuous Linear Systems, Academic Pr., New York, 1972.
[13.282] Zverev, A. I.: Handbook of Filter Synthesis, Wiley, New York, 1967.
[13.283] Zwaraber, H.: Praktischer Aufbau und Prüfung von Antennenanlagen, Hüthig, Heidelberg, 1976.
[13.284] Zwicker, E.; Feldtkeller, R.: Das Ohr als Nachrichtenempfänger, Hirzel, Stuttgart, 1967.

14 Nachrichtenübertragung

[14.1] Ahmed, N.; Rao, K. R.: Orthogonal Transform for Digital Signal Processing, Springer, Berlin, 1975.
[14.2] Althans, W.: Grundlagen der Fernmeldetechnik, R. v. Decker's, Heidelberg, 1974.
[14.3] Analoge und digitale Übertragungstechnik, AEG-Telefunken, Berlin, 1977.
[14.4] Aschoff, V.: Einführung in die Nachrichtenübertragungstechnik, Springer, Berlin, 1968.
[14.5] Bacher, W., u.a.: Datenübertragung, Siemens, München, 1978.
[14.6] Barker, L. L.: Communication Vibrations, Prentice-Hall, Englewood Cliffs, 1971.
[14.7] Bärner, K.: Flugsicherungstechnik, Bd. 1: 1957; Bd. 2: 1959, Reich, München.
[14.8] Becher, P. W.; Jensen, F.: Design of Systems and Circuits, McGraw-Hill, New York, 1977.
[14.9] Bendat, J. S.: Principles and Applications of Random Noise Theory, Wiley, New York, 1958.
[14.10] Bennett, W. R.: Introduction to Signal Transmission, McGraw-Hill, New York, 1970.
[14.11] Bennett, W. R.; Davey, J. R.: Data Transmission, McGraw-Hill, New York, 1965.
[14.12] Bidlingmeier, M., u.a.: Einheiten – Grundbegriffe – Meßverfahren der Nachrichten-Übertragungstechnik, Siemens, Berlin, 1973.
[14.13] Bocker, P.: Datenübertragung, Bd. 1: Grundlagen, 1978; Bd. 2: Einrichtungen und Systeme, 1979, Springer, Berlin.
[14.14] Bosse, G.: Synthese elektrischer Siebschaltungen mit vorgeschriebenen Eigenschaften, Hirzel, Stuttgart, 1963.
[14.15] Brodhage, H.; Hormuth, W.: Planung und Berechnung von Richtfunkverbindungen, Siemens, München, 1968.
[14.16] Brühl, G., u.a.: Nachrichtenübertragungstechnik, Bd. 1, Berliner Union, Stuttgart, 1979.
[14.17] Büttgen, P.: Datenfernübertragung, Müller, Köln, 1975.
[14.18] Carl, H.: Richtfunkverbindungen, Berliner Union, Stuttgart, 1975.
[14.19] Carlson, B.: Communication Systems: An Introduction to Signals and Noise in Electrical Communication, McGraw-Hill, New York, 1968.
[14.20] Cooper, G. R.; McGillem, C. D.: Methods of Signal and System Analysis, Holt, Rinehart & Winston, New York, 1967.
[14.21] Cooper, G. R.; McGillem, C. D.: Probabilistic Methods of Signal and System Analysis, Holt, Rinehart & Winston, New York, 1971.
[14.22] Cunningham, J. E.: Cable Television, Prentice-Hall, Englewood Cliffs, 1981.
[14.23] Davenport, W. B.; Root, W. L.: An Introduction to the Theory of Random Signals and Noise, McGraw-Hill, New York, 1968.
[14.24] Davis, D.; Simmons, A.: The New Television: A Public Private Art, MIT Pr., Cambridge, 1976.
[14.25] Denes, J.: Theoretische und praktische Probleme der Datenübertragung, VEB Technik, Berlin, 1974.
[14.26] Dette, K. (Hrsg.): Zweiweg-Kabelfernsehen, Saur, München, 1979.
[14.27] Dixon, R. C.: Spread Spectrum Techniques, IEEE, New York, 1976.
[14.28] Doluchanow, M. P.: Die Ausbreitung von Funkwellen, VEB Technik, Berlin, 1956.
[14.29] Donnevert, J.: Richtfunkübertragungstechnik, Oldenbourg, München, 1974.
[14.30] Dworsky, L. N.: Modern Transmission Line Theory and Applications, Wiley, New York, 1980.
[14.31] Ehrenstrasser, G.: Stochastische Signale und ihre Anwendung, Hüthig, Heidelberg, 1974.
[14.32] Eisenberg, A. M.; Smith, R. R.: Nonverbal Communication, Bobbs, Indianapolis, 1971.
[14.33] Elsner, R.: Nachrichtentheorie, Bd. 1: Grundlagen, 1974; Bd. 2: Der Übertragungskanal, 1977, Teubner, Stuttgart.
[14.34] Enderlein, W.: Projektierung von Anwender-Datennetzen, Oldenbourg, München, 1979.
[14.35] Fano, R. M.: Informationsübertragung, Oldenbourg, München, 1966.
[14.36] Fant, G.: Speech Communication, Bd. 1: Speech Wave Processing and Transmission, 1976; Bd. 2: Speech Production and Synthesis by Rules, 1976; Bd. 3: Speech Perception and Automatic Recognition, 1976;

Bd. 4: Speech and Hearing Defects and Aids, Language Acquision, 1976, Wiley, New York.
[14.37] Farb-Fernseh-Technik, 2 Bde., AEG-Telefunken, Berlin, 1966.
[14.38] *Feldtkeller, R.; Bosse, G.:* Einführung in die Technik der Nachrichtenübertragung, Wittwer, Stuttgart, 1976.
[14.39] *Fischer, F.:* Einführung in die statistische Übertragungstheorie, Bibliographisches Institut, Mannheim, 1969.
[14.40] *Fishman, G. S.:* Concepts and Methods in Discrete Event Digital Simulation, Wiley, New York, 1973.
[14.41] *Flock, W. L.:* Electromagnetics and the Environment: Remote Sensing and Telecommunication, Prentice-Hall, Englewood Cliffs, 1979.
[14.42] *Folts, H. C.:* McGraw-Hill Compilation of Data Communications Standards, McGraw-Hill, New York, 1978.
[14.43] *Frank, H.; Frisch, I. T.:* Communication, Transmission and Transportation Networks, Addison-Wesley, Reading, 1971.
[14.44] *Franks, L. E.:* Signal Theory, Prentice-Hall, Englewood Cliffs, 1969.
[14.45] *Freeman, H.:* Discrete-Time Systems, Wiley, New York, 1965.
[14.46] *Freeman, R.:* Telecommunication Transmission, Wiley, New York, 1975.
[14.47] *Freyer, U.:* Nachrichten-Übertragungstechnik, Hanser, München, 1981.
[14.48] *Fricke, H.,* u.a.: Grundlagen der elektrischen Nachrichtenübertragung, Teubner, Stuttgart, 1979.
[14.49] *Frommer, E.:* Grundlagen der Funktechnik, R. v. Decker's, Heidelberg, 1974.
[14.50] *Gabel, R.; Roberts, R. A.:* Signals and Linear Systems, Wiley, New York, 1973.
[14.51] *Glaser, W.:* Mehrkanalübertragung von Signalen, Akademische Verlagsgesellschaft, Leipzig, 1977.
[14.52] *Gold, B.; Rader, C. M.:* Digital Processing of Signals, McGraw-Hill, New York, 1969.
[14.53] *Gabel, R. A.; Roberts, R. A.:* Signals and Linear Systems, Wiley, New York, 1981.
[14.54] *Grob, B.:* Basic Television, McGraw-Hill, New York, 1975.
[14.55] *Guillemin, E. A.:* Theory of Linear Physical Systems, Wiley, New York, 1963.
[14.56] *Gundlach, F. W.:* Hochfrequenztechnik und Weltraumfahrt, Hirzel, Stuttgart, 1951.
[14.57] *Halliwell, B. J.:* Advanced Communications Systems, Transatlantic, Lewittown, 1974.
[14.58] *Hansen, G. L.:* Introduction to Solid-State Television Systems: Color and Black and White, Prentice-Hall, Englewood Cliffs, 1969.
[14.59] *Harmuth, H. F.:* Transmission of Information by Orthogonal Functions, Springer, Berlin, 1972.
[14.60] *Hartl, P.:* Fernwirktechnik der Raumfahrt, Springer, Berlin, 1980.
[14.61] *Haupt, D.; Petersen, H.* (Hrsg.): Rechnernetze und Datenfernverarbeitung, Springer, Berlin, 1976.
[14.62] *Helström, C. W.:* Introduction to Signal and System Analysis, Holden-Day, San Francisco, 1978.
[14.63] *Helström, C. W.:* Statistical Theory of Signal Detection, Pergamon, Elmsford, 1968.
[14.64] *Herter, E.; Rupp, H.:* Nachrichtenübertragung über Satelliten, Springer, Berlin, 1979.
[14.65] *Hildebrandt, H.:* Trägerfrequenztechnik, Oldenbourg, München, 1974.

[14.66] *Hofer, H.:* Datenfernverarbeitung, Springer, Berlin, 1978.
[14.67] *Hoffmann, M. J. A.:* Datenfernverarbeitung, de Gruyter, Berlin, 1973.
[14.68] *Hoffmann, W. O.:* Proceeding of the Symposium on Statistical Methods in Radio Wave Propagation, Pergamon, Elmsford, 1960.
[14.69] *Hölzler, E.; Thierbach, D.* (Hrsg.): Nachrichtenübertragung, Springer, Berlin, 1966.
[14.70] *Huang, T. S.:* Picture Processing and Digital Filtering, Springer, Berlin, 1979.
[14.71] *Huang, T. S.* (Hrsg.): Two-Dimensional Digital Signal Processing,
Bd. 1: Linear Filters, 1981;
Bd. 2: Transforms and Median Filters, 1981,
Springer, Berlin.
[14.72] *Hütte IV B:* Fernmeldetechnik, Ernst & Sohn, Berlin, 1962.
[14.73] *Hybels, S.; Weaver, R. L.:* Speech-Communication, Van Nostrand, New York, 1974.
[14.74] *Javid, M.; Brenner, E.:* Analysis, Transmission, and Filtering of Signals, Krieger, New York, 1978.
[14.75] *Jemeljanow, G. A.; Schwarzmann, W. O.:* Übertragung diskreter Signale, VEB Technik, Berlin, 1978.
[14.76] *Kaden, H.:* Theoretische Grundlagen der Datenübertragung, Oldenbourg, München, 1968.
[14.77] *Kramar, E.:* Funksysteme für die Ortung und Navigation und ihre Anwendung in der Verkehrssicherung, Berliner Union, Stuttgart, 1973.
[14.78] *Krassner, G. N.; Michaelis, J. V.:* Introduction to Space Communication Systems, McGraw-Hill, New York, 1964.
[14.79] *Kraus, G.:* Einführung in die Datenübertragung, Oldenbourg, München, 1978.
[14.80] *Kraus, J. S.:* Radio Astronomy, McGraw-Hill, New York, 1966.
[14.81] *Kreß, D.:* Theoretische Grundlagen der Signal- und Informationsübertragung, Vieweg, Braunschweig, 1977.
[14.82] *Kroschel, K.:* Statistische Nachrichtentheorie,
Tl. 1: Signalerkennung und Parameterschätzung, 1973;
Tl. 2: Signalschätzung, 1974,
Springer, Berlin.
[14.83] *Krug, E.:* Radioastronomie, Franckh, Stuttgart, 1962.
[14.84] *Kunt, M.; De Coulon, F.* (Hrsg.): Signal Processing, Elsevier, New York, 1980.
[14.85] *Kuo, F. F.; Kaiser, J. F.:* System Analysis by Digital Computer, Wiley, New York, 1966.
[14.86] *Küpfmüller, K.:* Die Systemtheorie der elektrischen Nachrichten-Übertragung, Hirzel, Stuttgart, 1974.
[14.87] *Kuzmin, A. D.; Salomonovich, A.:* Radioastronomical Methods of Antenna Measurements, Academic Pr., New York, 1966.
[14.88] *Lago, G. V.; Benningfield, L. M.:* Circuit and System Theory, Wiley, New York, 1979.
[14.89] *Lange, F. H.:* Signale und Systeme, 2 Bde., VEB Technik, Berlin, 1971.
[14.90] *Lathi, B. P.:* Signals, Systems and Communication, Wiley, New York, 1965.
[14.91] *Lea, W. A.:* Trends in Speech Recognition, Prentice-Hall, Englewood Cliffs, 1980.
[14.92] *Lee, Y. W.:* Statistical Theory of Communication, Wiley, New York, 1960.
[14.93] *Limann, O.:* Fernsehtechnik ohne Ballast, Franzis, München, 1979.

[14.94] *Lindsey, W. C.:* Synchronization Systems in Communication and Control, Prentice-Hall, Englewood Cliffs, 1972.

[14.95] *Lindsey, W. C.; Simon, M. H.:* Telecommunications Systems Engineering, Prentice-Hall, Englewood Cliffs, 1973.

[14.96] *Lovell, B.; Cleeg, J. A.:* Radio Astronomy, Chapman, London, 1952.

[14.97] *Lücking, W. H.:* Energiekabeltechnik, Vieweg, Braunschweig, 1980.

[14.98] *Lucky, R. W.,* u.a.: Principles of Data Communication, McGraw-Hill, New York, 1968.

[14.99] *Lüke, H. D.:* Signalübertragung, Springer, Berlin, 1979.

[14.100] *Martini, H.:* Theorie der Übertragung auf elektrischen Leitungen, Hüthig, Heidelberg, 1974.

[14.101] *Mäusl, R.:* Modulationsverfahren in der Nachrichtentechnik mit Sinusträger, Hüthig, Heidelberg, 1976.

[14.102] *McGillem, C. D.; Cooper, G. R.:* Continuous and Discrete Signal and System Analysis, Holt, Rinehart & Winston, New York, 1974.

[14.103] *Möhring, F.:* PAL-Farbfernsehtechnik, Winter'sche Verlagshandlung, Prien, 1967.

[14.104] *Morgenstern, B.:* Farbfernsehtechnik, Teubner, Stuttgart, 1977.

[14.105] *Oberg, H. J.:* Berechnung nichtlinearer Schaltungen für die Nachrichtenübertragung, Teubner, Stuttgart, 1973.

[14.106] *Oettl, K.:* Daten-Übertragung und -Fernverarbeitung, de Gruyter, Berlin, 1974.

[14.107] *Oppenheim, A.:* Applications of Digital Signal Processing, Prentice-Hall, Englewood Cliffs, 1978.

[14.108] *Oppenheim, A.; Schafer, R. W.:* Digital Signal Processing, Prentice-Hall, Englewood Cliffs, 1975.

[14.109] *Papoulis, A.:* Signal Analysis, McGraw-Hill, New York, 1977.

[14.110] *Pawsey, J. L.; Bracewell, R. N.:* Radio Astronomy, Clarendon, Oxford, 1955.

[14.111] *Pearce, J.:* Telecommunications Switching, Plenum, New York, 1981.

[14.112] *Peled, A.; Liu, B.:* Digital Signal Processing, Wiley, New York, 1976.

[14.113] *Peschl, H.:* Hf-Leitung als Übertragungsglied und Bauteil, Hüthig und Pflaum, München, 1979.

[14.114] *Pippart, W.:* Grundlagen der Funktechnik, R. v. Decker's, Heidelberg, 1974.

[14.115] *Pooch, H.,* u.a.: Richtfunktechnik, Schiele & Schön, Berlin, 1974.

[14.116] *Prokott, E.:* Modulation und Demodulation, Elitera, Berlin, 1975.

[14.117] *Rabiner, L. R.; Gold, B.:* Theory and Applications of Digital Signal Processing, Prentice-Hall, Englewood Cliffs, 1975.

[14.118] *Rahmig, G.:* Niederfrequenz-Übertragungstechnik, Berliner Union, Stuttgart, 1975.

[14.119] *Ramo, S.; Whinnery, J. R.:* Felder und Wellen in der modernen Funktechnik, VEB Technik, Berlin, 1960.

[14.120] *Sakrison, D. J.:* Communication Theory, Wiley, New York, 1968.

[14.121] *Schafer, R. W.; Markel, J. D.:* Speech Analysis, Wiley, New York, 1979.

[14.122] *Schiweck, F.; Cassens, H.:* Telegraphentechnik II: Digitale Übertragungstechnik, R. v. Decker's, Heidelberg, 1968.

[14.123] *Schmid, H.:* Theorie und Technik der Nachrichtenkabel, Hüthig, Heidelberg, 1976.

[14.124] *Schmidt, K. O.; Brosze, O.:* Fernsprech-Übertragung, Schiele & Schön, Berlin, 1967.

[14.125] *Schröder, H.:* Grundlagen der drahtgebundenen Übertragungstechnik, VEB Technik, Berlin, 1962.

[14.126] *Schröter, F.,* u.a.: Tl. 1: Fernsehtechnik, Springer, Berlin, 1956.

[14.127] *Schumny, H.:* Signalübertragung, Vieweg, Braunschweig, 1978.

[14.128] *Schüßler, H. W.:* Digitale Systeme zur Signalverarbeitung, Springer, Berlin, 1973.

[14.129] *Schwartz, M.:* Information Transmission, Modulation, and Noise, McGraw-Hill, New York, 1970.

[14.130] *Schwartz, M.; Shaw, L.:* Signal Processing, McGraw-Hill, New York, 1975.

[14.131] *Schwarz, R. J.; Friedland, B.:* Linear Systems, McGraw-Hill, New York, 1965.

[14.132] *Shannon, C. E.; Weaver, W.:* The Mathematical Theory of Communication, University of Illinois Pr., Champaign, 1949.

[14.133] *Sherman, K.:* Data Communications: A User's Guide, Prentice-Hall, Englewood Cliffs, 1981.

[14.134] *Sinnema, W.:* Electronic Transmission Technology, Prentice-Hall, Englewood Cliffs, 1979.

[14.135] Sloan Commission on Cable Communications. On the Cable: The Television of Abundance, McGraw-Hill, New York, 1971.

[14.136] *Spataru, A.:* Theorie der Informationsübertragung, Vieweg, Braunschweig, 1973.

[14.137] *Steiglitz, K.:* An Introduction to Discrete Systems, Wiley, New York, 1974.

[14.138] *Stein, S.; Jones, J.:* Modern Communication Principles, McGraw-Hill, New York, 1967.

[14.139] *Stiffler, J. J.:* Theory of Synchronous Communications, Prentice-Hall, New York, 1971.

[14.140] *Taub, H.; Schilling, D. L.:* Principles of Communication Systems, McGraw-Hill, New York, 1971.

[14.141] *Thomas, J. B.:* Statistical Communication Theory, Wiley, New York, 1969.

[14.142] *Tietz, W.* (Hrsg.): Dateldienste. Bd. 1: Grundlagen und Zusammenhänge der Datenverarbeitung, R. v. Decker's, Heidelberg.

[14.143] *Timmermann, C. Ch.:* Wellenausbreitung in Glasfasern und Hohlleitern, Vieweg, Braunschweig, 1981.

[14.144] *Trees, H. L. van:* Detection, Estimation and Modulation Theory. Bd. 1: 1968; Bd. 2: 1971; Bd. 3: 1971, Wiley, New York.

[14.145] *Trees, H. L. van:* Satellite Communications, Wiley, New York, 1980.

[14.146] *Tschauner, J.:* Einführung in die Theorie der Abtastsysteme, Oldenbourg, München, 1960.

[14.147] *Uhlig, L.:* Leitfaden der Navigation – Funknavigation, VEB Technik, Berlin, 1972.

[14.148] *Unbehauen, R.:* Systemtheorie, Oldenbourg, München, 1971.

[14.149] *Unger, H.-G.:* Elektromagnetische Wellen auf Leitungen, Hüthig, Heidelberg, 1979.

[14.150] *Unger, H.-G.:* Theorie der Leitungen, Vieweg, Braunschweig, 1967.

[14.151] *Vahldiek, H.:* Elektronische Signalverarbeitung, Oldenbourg, München, 1977.

[14.152] *Vahldiek, H.:* Übertragungsfunktionen, Oldenbourg, München, 1973.

[14.153] *Vielhauer, P.:* Theorie der Übertragung auf elektrische Leitungen, VEB Technik, Berlin, 1972.
[14.154] *Viterbi, A.:* Principles of Coherent Communication, McGraw-Hill, New York, 1966.
[14.155] *Viterbi, A.; Omura, J.:* Principles of Digital Communication and Coding, McGraw-Hill, New York, 1979.
[14.156] *Wezel, R. von:* Video-Handbuch, Franzis, München, 1979.
[14.157] *Whalen, A. D.:* Detection of Signals in Noise, Academic Pr., New York, 1971.
[14.158] *Wiesner, L.:* Fernschreib- und Datenübertragung über Kurzwelle, Siemens, München, 1976.
[14.159] *Wolf, H.:* Nachrichtenübertragung, Springer, Berlin, 1974.
[14.160] *Woschni, E. G.:* Informationstechnik, Hüthig, Heidelberg, 1974.
[14.161] *Wunsch, G.:* Moderne Systemtheorie, Akademische Verlagsges., Leipzig, 1962.
[14.162] *Wunsch, G.:* Systemanalyse,
Bd. 1: Lineare Systeme, 1969;
Bd. 2: Statistische Systemanalyse, 1971;
Bd. 3: Digitale Systeme, 1971,
Hüthig, Heidelberg.
[14.163] *Zadeh, L. A.; Polah, E.:* System Theory, McGraw-Hill, New York, 1969.
[14.164] *Ziemer, R. E.; Tranter, W.:* Principles of Communications, Houghton Mifflin, Burlington, 1976.
[14.165] *Zierl, R.:* Funktechnik kurz und bündig, Vogel, Würzburg, 1974.

15 Netzwerktheorie

[15.1] *Adby, P. R.:* Applied Circuit Theory, Wiley, New York, 1980.
[15.2] *Aidala, J. B.; Katz, L.:* Transients in Electric Circuits, Prentice-Hall, Englewood Cliffs, 1980.
[15.3] *Anderson, B.; Vongpanitlerd, S.:* Network Analysis and Synthesis, Prentice-Hall, Englewood Cliffs, 1973.
[15.4] *Angelo, E. J.:* Electronic Circuits, McGraw-Hill, New York, 1958.
[15.5] *Angerbauer, L.:* Principles of DC and AC Circuits, Duxbury, Delmont, 1977.
[15.6] *Antoniou, A.:* Digital Filters, McGraw-Hill, New York, 1979.
[15.7] *Aseltine, J. A.:* Transform Method in Linear System Analysis, McGraw-Hill, New York, 1958.
[15.8] *Balabanian, N.:* Fundamentals of Circuit Theory, Allyn & Bacon, Boston, 1961.
[15.9] *Balabanian, N.:* Network Synthesis, Prentice-Hall, Englewood Cliffs, 1958.
[15.10] *Balabanian, N.; Bickart, T.:* Electrical Network Theory, Wiley, New York, 1969.
[15.11] *Bell, D. A.:* Fundamentals of Electric Circuits, Reston Publ., Reston, 1978.
[15.12] *Belove, C.; Drossman, M.:* Systems and Circuits for Electrical Engineering Technology, McGraw-Hill, New York, 1976.
[15.13] *Berlin, H. M.:* The Design of Active Filters with Experiments, E & L Instruments, Derby, 1977.
[15.14] *Bierman, G. J.:* Factorization Methods for Discrete Sequential Estimation, Academic Pr., New York, 1977.
[15.15] *Blackwell, W. A.:* Mathematical Modelling of Physical Networks, Macmillan, New York, 1968.
[15.16] *Blinchikoff, H. J.; Zverev, A. I.:* Filtering in the Time and Frequency Domains, Wiley, New York, 1976.
[15.17] *Bode, H. W.:* Network Analysis and Feedback Amplifier Design, Krieger, New York, 1975.
[15.18] *Boesch, F. T.:* Large-Scale Networks, Theory and Design, Wiley, New York, 1976.
[15.19] *Bogner, R. E.; Constantinides* (Hrsg.): Introduction to Digital Filtering, Wiley, New York, 1975.
[15.20] *Boite, R.:* Network Theory, Gordon & Breach, New York, 1972.
[15.21] *Bosse, G.:* Einführung in die Synthese elektrischer Siebschaltungen mit vorgeschriebenen Eigenschaften, Hirzel, Stuttgart, 1963.
[15.22] *Bowron, P.; Stephenson, F. W.:* Active Filters for Communication, McGraw-Hill, New York, 1979.
[15.23] *Brenner, E.; Javid, M.:* Analysis of Electric Circuits, McGraw-Hill, New York, 1959.
[15.24] *Brookes, A. M. P.:* Basic Electric Circuits, Pergamon, Elmsford, 1975.
[15.25] *Budak, A.:* Passive and Active Network Analysis and Synthesis, Houghton, Mifflin, Boston, 1974.
[15.26] *Budak, A.:* Circuit Theory Fundamentals and Applications, Prentice-Hall, Englewood Cliffs, 1978.
[15.27] *Calahan, D. A.:* Computer Aided Network Design, McGraw-Hill, New York, 1972.
[15.28] *Calahan, D. A.:* Rechnergestützter Schaltungsentwurf, Oldenbourg, München, 1973.
[15.29] *Chan, S.-P.:* Introductory Topological Analysis of Electrical Networks, Holt, New York, 1969.
[15.30] *Chen, W. H.:* Linear Network Design and Synthesis, McGraw-Hill, New York, 1964.
[15.31] *Chen, W. H.:* The Analysis of Linear Systems, McGraw-Hill, New York, 1963.
[15.32] *Chen, W. K.:* Theory and Design of Broadband Matching Networks, Pergamon, Elmsford, 1976.
[15.33] *Cheng, D. K.:* Analysis of Linear Systems, Addison-Wesley, Reading, 1959.
[15.34] *Childers, D. G.; Durling, A. E.:* Digital Filtering and Signal Processing, West Publishing, St.-Paul, 1975.
[15.35] *Chirlian, P. M.:* Basic Network Theory, McGraw-Hill, New York, 1968.
[15.36] *Christian, E.; Eisenmann, E.:* Filter Design Tables and Graphs, Wiley, New York, 1966.
[15.37] *Clement, P. R.; Johnson, W. C.:* Electrical Engineering Science, McGraw-Hill, New York, 1960.
[15.38] *Close, C. M.:* The Analysis of Linear Circuits, Harcourt, New York, 1966.
[15.39] *Cox, C. W.; Reuter, W. L.:* Circuits, Signals and Networks, Macmillan, New York, 1969.
[15.40] *Craig, J. W.:* Design of Lossy Filters, MIT Pr., Cambridge, 1970.

[15.41] *Daniels, R. W.:* Approximation Methods for Electronic Filter Design, McGraw-Hill, New York, 1974.

[15.42] *Daryanani, G.:* Principles of Active Network Synthesis and Design, Wiley, New York, 1976.

[15.43] *Davis, T.; Palmer, R.:* Computer-Aided Analysis of Electrical Networks, Merrill, St. Saugus, 1973.

[15.44] *DeRusso, P. M.,* u.a.: State Variables for Engineers, Wiley, New York, 1965.

[15.45] *Desoer, C. A.; Kuh, E. S.:* Basic Circuit Theory, McGraw-Hill, New York, 1969.

[15.46] *Director, S. W.:* Circuit Theory, A Computational Approach, Wiley, New York, 1975.

[15.47] *Dixon, A. C.:* Network, Analysis, Merrill, St. Saugus, 1973.

[15.48] *Dolezal, V.:* Nonlinear Networks, Elsevier, New York, 1977.

[15.49] *Edminster, J. A.:* Elektrische Netzwerke, McGraw-Hill, Hamburg, 1976.

[15.50] *Entenmann, W.:* CCD-Filter, Oldenbourg, München, 1980.

[15.51] *Feldtkeller, R.:* Einführung in die Siebschaltungstheorie der elektrischen Nachrichtentechnik, Hirzel, Stuttgart, 1967.

[15.52] *Feldtkeller, R.:* Einführung in die Theorie der Hochfrequenz-Bandfilter, Hirzel, Stuttgart, 1969.

[15.53] *Feldtkeller, R.:* Einführung in die Vierpoltheorie der elektrischen Nachrichtentechnik, Hirzel, Stuttgart, 1962.

[15.54] *Fitzgerald, A. E.,* u.a.: Basic Electrical Engineering, McGraw-Hill, New York, 1975.

[15.55] *Freemann, H.:* Discrete-Time Systems, Wiley, New York, 1965.

[15.56] *Freitag, H.:* Einführung in die Vierpoltheorie, Teubner, Stuttgart, 1975.

[15.57] *Friedland, B.;* u.a.: Principles of Linear Networks, McGraw-Hill, New York, 1961.

[15.58] *Fritzsche, G.:*
Netzwerke 1: Grundlagen und Entwurf passiver Analogzweipole, 1980;
Netzwerke 2: Entwurf passiver Analogvierpole, 1980;
Netzwerke 3: Entwurf aktiver Analogsysteme, 1980;
Vieweg, Braunschweig.

[15.59] *Gabel, R. A.; Roberts, R. A.:* Signals and Linear Systems, Wiley, New York, 1973.

[15.60] *Gatland, H. B.:* Electronic Engineering Applications of Two-Port Networks, Pergamon, Elmsford, 1976.

[15.61] *Geher, K.:* Theory of Network Tolerances, Krieger, New York, 1972.

[15.62] *Genesio, R.,* u.a.: Digital Filters, Elsevier, New York, 1974.

[15.63] *German, E. H., Jr.:* Digital Filter Analysis and Synthesis, Pergamon, Elmsford, 1979.

[15.64] *Ghausi, M. S.:* Principles and Design of Linear Active Circuits, McGraw-Hill, New York, 1965.

[15.65] *Ghausi, M. S.; Kelly, J. J.:* Introduction to Distributed-Parameter Networks, Krieger, New York, 1968.

[15.66] *Gold, B.; Rader, C. M.:* Digital Processing of Signals, McGraw-Hill, New York, 1963.

[15.67] *Goldman, S.:* Transformation Calculus and Electrical Transients, Prentice-Hall, New York, 1943.

[15.68] *Guillemin, E. A.:* Introductory Circuit Theory, Wiley, New York, 1953.

[15.69] *Guillemin, E. A.:* Theory of Linear Physical Systems, Wiley, New York, 1963.

[15.70] *Gupta, S. C.,* u.a.: Circuit Analysis with Computer Application to Problem Solving, Int'l Schol. Bk. Serv., Forest Grove, 1972.

[15.71] *Hamming, R. W.:* Digital Filters, Prentice-Hall, Englewood Cliffs, 1977.

[15.72] *Hansell, G. W.:* Filter Design and Evaluation, Van Nostrand Reinhold, New York, 1969.

[15.73] *Haydt, H.; Kemmerly, J. E.:* Engineering Circuit Analysis, McGraw-Hill, New York, 1971.

[15.74] *Haykin, S. S.:* Active Network Theory, Addison-Wesley, Reading, 1970.

[15.75] *Heinlein, W. E.; Holmes, W. H.:* Active Filters for Integrated Circuits, Oldenbourg, München, 1974.

[15.76] *Herrero, J. L.; Willoner, G.:* Synthesis of Filters, Prentice-Hall, Englewood Cliffs, 1966.

[15.77] *Hilburn, J. L.; Johnson, D. E.:* Manual of Active Filter Design, McGraw-Hill, New York, 1973.

[15.78] *Hock, A.:* Transformations- und Resonanzschaltungen in der Hochfrequenztechnik, Oldenbourg, München, 1978.

[15.79] *Huang, T. S.:* Picture Processing and Digital Filtering, Springer, Berlin, 1979.

[15.80] *Huelsman, L. P.:* Active Filters, McGraw-Hill, New York, 1970.

[15.81] *Huelsman, L. P.:* Active RC Filters, Academic Pr., New York, 1977.

[15.82] *Huelsman, L. P.:* Basic Circuit Theory with Digital Computations, Prentice-Hall, Englewood Cliffs, 1972.

[15.83] *Huelsman, L. P.:* Matrices and Linear Vector Spaces, Krieger, New York, 1977.

[15.84] *Huelsman, L. P.:* Theory and Design of Active RC-Circuits, McGraw-Hill, New York, 1968.

[15.85] *Humpherys, D. S.:* The Analysis, Design and Synthesis of Electrical Filters, Prentice-Hall, Englewood Cliffs, 1970.

[15.86] *Hung, T. S.; Parker, R. R.:* Network Theory, Addison-Wesley, Reading, 1971.

[15.87] *Javid, M.; Brenner, E.:* Analysis Transmission and Filtering of Signals, Krieger, New York, 1978.

[15.88] *Jensen, R. W.; Watkins, B. O.:* Network Analysis: Theory and Computer Methods, Prentice-Hall, Englewood Cliffs, 1974.

[15.89] *Johnson, D. E.:* Introduction to Filter Theory, Prentice-Hall, Englewood Cliffs, 1976.

[15.90] *Johnson, D. E.; Hilburn, J. L.:* Rapid Practical Designs of Active Filter, Wiley, New York, 1975.

[15.91] *Johnson, D. E.,* u.a.: Basic Electrical Circuit Analysis, Prentice-Hall, Englewood Cliffs, 1978.

[15.92] *Jury, I.:* Theory and Application of the Z-Transform Method, Wiley, New York, 1964.

[15.93] *Kailath, T.:* Linear Systems, Prentice-Hall, Englewood Cliffs, 1980.

[15.94] *Karni, S.:* Intermediate Network Analysis, Allyn & Bacon, Boston, 1971.

[15.95] *Kerr, R. B.:* Electrical Network Science, Prentice-Hall, Englewood Cliffs, 1977.

[15.96] *Kim, W. H.; Meadows, H. E.:* Modern Network Analysis, Wiley, New York, 1971.

[15.97] *Klein, W.:* Vierpoltheorie, Bibliographisches Institut, Mannheim, 1972.

[15.98] *Kremer, H.:* Numerische Berechnung linearer Netzwerke und Systeme, Springer, Berlin, 1978.

[15.99] *Kretz, W.:* Formelsammlung zur Vierpoltheorie, Oldenbourg, München, 1967.

[15.100] *Kuo, B. C.:* Linear Networks and Systems, McGraw-Hill, New York, 1967.
[15.101] *Kuo, F. F.:* Network Analysis and Synthesis, Wiley, New York, 1966.
[15.102] *Kuo, F. F.; Kaiser, J. F.:* System Analysis by Digital Computer, Wiley, New York, 1966.
[15.103] *Kuo, F. F.; Magnuson, W. G.:* Computer Oriented Circuit Design, Prentice-Hall, Englewood Cliffs, 1968.
[15.104] *Lacroix, A.:* Digitale Filter, Oldenbourg, München, 1980.
[15.105] *Lacroix, A.:* Zeitdiskrete Filter, Hüthig und Pflaum, München, 1978.
[15.106] *Lago, G. V.; Benningfield, L. M.:* Circuit and System Theory, Wiley, New York, 1979.
[15.107] *Laurent, T.:* Frequency Filter Methods, Wiley, New York, 1963.
[15.108] *Ledig, G.:* Netzwerke der Nachrichtentechnik, Hüthig, Heidelberg, 1974.
[15.109] *Lefschetz, S.:* Application of Algebraic Topology, Graphs and Networks, Springer, Berlin, 1975.
[15.110] *Leon, B. J.; Wintz, P. A.:* Basic Linear Networks for Electrical and Electronics Engineers, Holt, New York, 1970.
[15.111] *Leonhard, W.:* Wechselströme und Netzwerke, Vieweg, Braunschweig, 1972.
[15.112] *Lewis, L. J.,* u.a.: Linear Systems Analysis, McGraw-Hill, New York, 1969.
[15.113] *Liu, B.:* Digital Filters and the Fast Fourier Transform, Academic Pr., New York, 1975.
[15.114] *Liu, C. L.; Liu, J. W.:* Linear Systems Analysis, McGraw-Hill, New York, 1975.
[15.115] *Lücker, R.:* Grundlagen digitaler Filter, Springer, Berlin, 1980.
[15.116] *Lunze, K.:* Theorie der Wechselstromschaltungen, Hüthig, Heidelberg, 1975.
[15.117] *Lynch, W. A.; Truxal, J. G.:* Introductory System Analysis, McGraw-Hill, New York, 1961.
[15.118] *Manning, L. A.:* Electrical Circuits, McGraw-Hill, New York, 1965.
[15.119] *Marko, H.:* Theorie linearer Zweipole, Vierpole und Mehrtore, Hirzel, Stuttgart, 1971.
[15.120] *Mason, S. J.; Zimmermann, H. J.:* Electronic Circuits, Signals and Systems, Wiley, New York, 1960.
[15.121] *Mayeda, W.:* Graph Theory, Wiley, New York, 1972.
[15.122] *Meadows, R. C.:* Electrical Network Analysis, Penguin, New York, 1972.
[15.123] *Merriam, C. W. III:* Analysis of Lumped Electrical Systems, Wiley, New York, 1969.
[15.124] *Mildenberger, D.:* Analyse elektronischer Schaltkreise, 2 Bde., Hüthig und Pflaum, München, 1975/76.
[15.125] *Mitra, S. K.* (Hrsg.): Active Inductorless Filters, Wiley, New York, 1972.
[15.126] *Mitra, S. K.:* Analysis and Synthesis of Linear Active Networks, Wiley, New York, 1969.
[15.127] *Morrison, N.:* Introduction to Sequential Smoothing and Prediction, McGraw-Hill, New York, 1969.
[15.128] *Moschytz, G. S.:* Linear Integrated Networks, Van Nostrand, New York, 1975.
[15.129] *Murdoch, J. B.:* Network Theory, McGraw-Hill, New York, 1970.
[15.130] *Ng, K. C.:* Electrical Network Theory, Pitman, London, 1977.
[15.131] *Naunin, D.:* Einführung in die Netzwerktheorie, Vieweg, Braunschweig, 1976.
[15.132] *Newcomb, R. W.:* Active Integrated Circuit Synthesis, Prentice-Hall, Englewood Cliffs, 1968.
[15.133] *Oppenheim, A. V.; Schafer, R. W.:* Digital Signal Processing, Prentice-Hall, Englewood Cliffs, 1975.
[15.134] *Papoulis, A.:* Signal Analysis, McGraw-Hill, New York, 1977.
[15.135] *Paul, M.:* Schaltungsanalyse mit s-Parametern, Hüthig, Heidelberg, 1977.
[15.136] *Pauli, W.:* Vierpoltheorie und ihre Anwendung auf elektronische Schaltungen, Vieweg, Braunschweig, 1975.
[15.137] *Pearson, S. I.; Maler, G. J.:* Introductory Circuit Analysis, Krieger, New York, 1974.
[15.138] *Peikari, B.:* Fundamentals of Network Analysis and Synthesis, Prentice-Hall, Englewood Cliffs, 1974.
[15.139] *Peled, A.; Liu, B.:* Digital Signal Processing, Wiley, New York, 1976.
[15.140] *Penfield, P.,* u.a.: Tellegen's Theorem and Electrical Networks, MIT Pr., Cambridge, 1970.
[15.141] *Perkins, W. R.; Cruz, J. B.:* Engineering of Dynamic Systems, Wiley, New York, 1969.
[15.142] *Potter, J. L.; Fich, S.:* Theory of Networks and Lines, Prentice-Hall, Englewood Cliffs, 1963.
[15.143] *Pregla, R.; Schlosser, W. O.:* Passive Netzwerke, Analyse und Synthese, Teubner, Stuttgart, 1972.
[15.144] *Rabiner, L. R.; Gold, B.:* Theory and Applications of Digital Signal Processing, Prentice-Hall, Englewood Cliffs, 1975.
[15.145] *Rabiner, L. R.; Rader, C. M.:* Digital Signal Processing, Wiley, New York, 1972.
[15.146] *Reza, F. M.; Seely, S.:* Modern Network Analysis, McGraw-Hill, New York, 1959.
[15.147] *Rhodes, J. D.:* Theory of Electrical Filters, Wiley, New York, 1976.
[15.148] *Ridsdale, R. E.:* Electric Circuits for Engineering Technology, McGraw-Hill, New York, 1976.
[15.149] *Rohrer, R. A.:* Introduction of the State Variable Approach to Network Theory, McGraw-Hill, New York, 1970.
[15.150] *Romanowitz, H. A.:* Electric Circuits, Wiley, New York, 1971.
[15.151] *Rühl, H.:* Matrizen und Determinanten in elektronischen Schaltungen, Hüthig, Heidelberg, 1977.
[15.152] *Rühl, H.:* Vierpoltheorie, 2 Bde., Hüthig, Heidelberg, 1979/80.
[15.153] *Rühl, H.:* Zweipole und Vierpole in elektronischen Schaltungen, Hüthig, Heidelberg, 1975.
[15.154] *Rühl, H.; Nguyen, H. H.:* Praktischer Entwurf von Wellenparameterfiltern, Hüthig, Heidelberg, 1977.
[15.155] *Rupprecht, W.:* Netzwerksynthese, Springer, Berlin, 1972.
[15.156] *Ruston, H.; Bordogna, J.:* Electric Networks: Functions, Filters, Analysis, McGraw-Hill, New York, 1966.
[15.157] *Ryder, J. D.:* Networks, Lines and Fields, Prentice-Hall, Englewood Cliffs, 1955.
[15.158] *Ryder, J. D.:* Introduction to Circuit Analysis, Prentice-Hall, Englewood Cliffs, 1973.
[15.159] *Saal, R.:* Handbuch zum Filterentwurf, AEG-Telefunken, Frankfurt, 1979.
[15.160] *Saeks, R.:* Generalized Networks, Irvington, New York, 1972.
[15.161] *Salch, A. A.:* Theory of Resistive Mixers, MIT Pr., Cambridge, 1971.

[15.162] *Schlitt, H.:* Systemtheorie für regellose Vorgänge, Springer, Berlin, 1960.
[15.163] *Schüßler, H. W.:* Digitale Systeme zur Signalverarbeitung, Springer, Berlin, 1973.
[15.164] *Schüßler, H. W.:* Netzwerke, Systeme und Signale, Bd. 1: Systemtheorie linearer elektrischer Netzwerke, Springer, Berlin, 1981.
[15.165] *Schwarz, R. J.; Friedland, B.:* Linear Systems, McGraw-Hill, New York, 1965.
[15.166] *Scott, R. E.:* Linear Circuits, Addison-Wesley, Reading, 1960.
[15.167] *Scott, R. E.:* Elements of Linear Circuits, Addison-Wesley, Reading, 1966.
[15.168] *Seshu, S.; Balabanian, N.:* Linear Network Analysis, Wiley, New York, 1965.
[15.169] Signal Processing Committee, Wiley, New York, 1976.
[15.170] *Steiglitz, K.:* An Introduction to Discrete Systems, Wiley, New York, 1974.
[15.171] *Skilling, H. H.:* Electrical Engineering Circuits, Wiley, New York, 1965.
[15.172] *Skilling, H. H.:* Electric Networks, Wiley, New York, 1974.
[15.173] *Skwirzynski, J. K.:* Design Theory and Data for Electrical Filters, Van Nostrand, New York, 1965.
[15.174] *Slepian, P.:* Mathematical Foundations of Network Analysis, Springer, Berlin, 1968.
[15.175] *Spence, R.:* Linear Active Networks, Wiley, New York, 1970.
[15.176] *Spence, R.:* Resistive Circuit Theory, McGraw-Hill, New York, 1974.
[15.177] *Stanley, W. D.:* Digital Signal Processing, Prentice-Hall, Englewood Cliffs, 1975.
[15.178] *Staudhammer, J.:* Circuit Analysis by Digital Computer, Prentice-Hall, Englewood Cliffs, 1975.
[15.179] *Steiglitz, K.:* An Introduction to Discrete Systems, Wiley, New York, 1974.
[15.180] *Strum, R. O.; Ward, J. R.:* Electric Circuits and Networks, Quantum, New York, 1973.
[15.181] *Su, K. L.:* Active Network Synthesis, McGraw-Hill, New York, 1965.
[15.182] *Su, K. L.:* Time-Domain Synthesis of Linear Networks, Prentice-Hall, Englewood Cliffs, 1971.
[15.183] *Swamy, M. N. S.; Thulasiraman, K.:* Graphs, Networks, and Algorithms, Wiley, New York, 1981.
[15.184] *Szentirmai, G.:* Computer-Aided Filter Design, Wiley, New York, 1973.
[15.185] *Temes, G.; Lapatra, J.:* Introduction to Circuit Synthesis, McGraw-Hill, New York, 1977.
[15.186] *Temes, G. C.; Mitra, S. K.:* Modern Filter Theory and Design, Wiley, New York, 1973.
[15.187] *Trick, T. N.:* Introduction to Circuit Analysis, Wiley, New York, 1978.
[15.188] *Tuttle, D. F.:* Circuits, McGraw-Hill, New York, 1977.
[15.189] *Tuttle, D. F.:* Electrical Networks, McGraw-Hill, New York, 1965.
[15.190] *Tuttle, D. F.:* Network Synthesis, Bd. 1, Wiley, New York, 1958.
[15.191] *Unbehauen, R.:* Elektrische Netzwerke, Springer, Berlin, 1981.
[15.192] *Unbehauen, R.:* Synthese elektrischer Netzwerke, Oldenbourg, München, 1972.
[15.193] *Unbehauen, R.:* Systemtheorie, Oldenbourg, München, 1971.
[15.194] *Unbehauen, R.; Hohneker, W.:* Elektrische Netzwerke, Springer, Berlin, 1981.
[15.195] *Unbehauen, R.; Mayer, A.:* Netzwerksynthese in Beispielen, 2 Bde., Oldenbourg, München, 1977.
[15.196] *Vahldiek, H.:* Aktive RC-Filter, Oldenbourg, München, 1976.
[15.197] *Van Valkenburg, M. E.:* Circuit Theory: Foundations and Classical Contributions, Academic Pr., New York, 1974.
[15.198] *Van Valkenburg, M. E.:* Introduction to Modern Network Synthesis, Wiley, New York, 1960.
[15.199] *Van Valkenburg, M. E.:* Network Analysis, Prentice-Hall, Englewood Cliffs, 1974.
[15.200] *Vich, R.:* Z-Transformation, Verlag Technik, Berlin, 1963.
[15.201] *Vielhauer, P.:* Passive lineare Netzwerke, Hüthig, Heidelberg, 1974.
[15.202] *Ward, J. R.; Strum, R. D.:* State Variable Analysis, Prentice-Hall, Englewood Cliffs, 1970.
[15.203] *Weinberg, L.:* Network Analysis and Synthesis, Krieger, New York, 1975.
[15.204] *Wendt, S.:* Entwurf komplexer Schaltwerke, Springer, Berlin, 1974.
[15.205] *Williams, A. B.:* Active Filter Design, Artech Hse., Dedham, 1975.
[15.206] *Willson:* Nonlinear Networks, Wiley, New York, 1975.
[15.207] *Wing, O.:* Circuit Theory with Computer Methods, Holt, New York, 1972.
[15.208] *Winkler, G.:* Stochastische Systeme, Akademische Verlagsges., Wiesbaden, 1977.
[15.209] *Wohlers, R. W.:* Lumped and Distributed Passive Networks, Academic Pr., New York, 1968.
[15.210] *Wolf, H.:* Lineare Systeme und Netzwerke, Springer, Berlin, 1978.
[15.211] *Wunsch, G.:* Elemente der Netzwerksynthese, VEB Technik, Berlin, 1971.
[15.212] *Wunsch, G.:* Systemtheorie der Informationstechnik, Akademische Verlagsges., Leipzig, 1971.
[15.213] *Wunsch, G.:* Theorie und Anwendung linearer Netzwerke, Bd. 1: 1961; Bd. 2: 1964, Akademische Verlagsges., Leipzig.
[15.214] *Zepler, E. E.; Nichols, K. G.:* Transients in Electronic Engineering, Chapman & Hall, London, 1971.
[15.215] *Zverev, A. I.:* Handbook of Filter Synthesis, Wiley, New York, 1967.

16 Optoelektronik

[16.1] *Abeles, F.* (Hrsg.): Optical Properties of Solids, North-Holland, New York, 1972.

[16.2] *Albers, W. A., Jr.:* Physics of Opto-Electronic Materials, Plenum, New York, 1971.

[16.3] *Allan, W. B.:* Fibre Optics, Plenum, New York, 1973.

[16.4] *Ambroziak, A.:* Semiconductor Photoelectric Devices, Gordon & Breach, New York, 1970.

[16.5] *Arnaud, J. A.:* Beam and Fibre Optics, Academic Pr., New York, 1976.

[16.6] *Auth, J.,* u.a.: Photoelektrische Erscheinungen, Vieweg, Braunschweig, 1977.

[16.7] *Backus, C. E.* (Hrsg.): Solar Cells, IEEE, New York, 1976.

[16.8] *Bailey, R. L.:* Solar-Electrics, Wiley, New York, 1980.

[16.9] *Barnoski, M. K.:* Fundamentals of Optical Fibre Communications, Academic Pr., New York, 1976.

[16.10] *Basov, N. G.:* Electrical and Optical Properties of Type III-V Semiconductors, Plenum, New York, 1978.

[16.11] *Basov, N. G.:* Optical Properties of Semiconductors, Plenum, New York, 1975.

[16.12] *Baum, V. A.:* Semiconductor Solar Energy Converters, Plenum, New York, 1969.

[16.13] *BCC Staff:* Fiber Optics, BCC, Stamford, 1978.

[16.14] *Becker, R. S.:* Theory and Interpretation of Fluorescence and Phosphorescence, Wiley, New York, 1969.

[16.15] *Bendow, B.; Mtra, S. S.* (Hrsg.): Fiber Optics – Advances in Research and Development, Plenum, New York, 1979.

[16.16] *Ben-Shaul, A.:* Lasers and Chemical Change, Springer, Berlin, 1981.

[16.17] *Bergh, A. A.; Dean, P. J.:* Lumineszenzdioden, Hüthig, Heidelberg, 1976.

[16.18] *Bergtold, F.:* Bauelemente und Grundschaltungen der Optoelektronik, VDE, Düsseldorf, 1973.

[16.19] *Bleicher, M.:* Halbleiter-Optoelektronik, Hüthig, Heidelberg, 1976.

[16.20] *Bube, R. H.:* Photoconductivity of Solids, Wiley, New York, 1960.

[16.21] *Bylander, E. G.:* Electronic Displays, McGraw-Hill, New York, 1980.

[16.22] *Cardona, M.; Ley, L.* (Hrsg.): Photoemission in Solids,
Bd. 1: General Principles, 1978;
Bd. 2: Case Studies, 1979,
Springer, Berlin.

[16.23] *Carter, H.; Donker, M.:* Photoelektronische Bauelemente, Philips, Hamburg, 1964.

[16.24] *Casasent, D.* (Hrsg.): Optical Data Processing, Springer, Berlin, 1978.

[16.25] *Casey, H. C.; Panish, M. B.:* Heterostructure Lasers, Academic Pr., New York, 1978.

[16.26] *Castleman, K. R.:* Digital Image Processing, Prentice-Hall, Englewood Cliffs, 1980.

[16.27] *Celio, T.:* Die photoelektrischen Abtastmethoden in der Technik der Bildwiedergabe, Birkhäuser, Basel, 1975.

[16.28] *Chandrasekhar, S.:* Liquid Crystals, Cambridge U.Pr., Cambridge, 1980.

[16.29] *Dahl, P.:* Introduction to Electron and Ion Optics, Academic Pr., New York, 1973.

[16.30] Electronic Displays, McGraw-Hill, New York, 1976.

[16.31] *Elion, G.; Elion, H.:* Fiber Optics in Communications Systems, Dekker, New York, 1978.

[16.32] Fibre Optics Handbook and Market Guide, Information Gatekeepers, Brookline, 1978.

[16.33] Fotoelektronische Bauelemente, Valvo, Hamburg, 1967.

[16.34] Fotovervielfacher, Valvo, Hamburg, 1969.

[16.35] *Françon, M.:* Holographie, Springer, Berlin, 1972.

[16.36] *Fynn, G. W.; Powell, W. J.:* The Cutting and Polishing of Electro-Optic Materials, Halsted Pr., New York, 1979.

[16.37] *Cagliardi, R. M.; Karp, S.:* Optical Communications, Wiley, New York, 1976.

[16.38] *Gloge, D.:* Optical Fiber Technology, Wiley, New York, 1976.

[16.39] *Goerke, P.; Mischel, P.:* Optoelektronische Bauelemente für die Automatisierung, Hüthig, Heidelberg, 1976.

[16.40] *Gooch, C. H.:* Injection Electroluminescent Devices, Wiley, New York, 1973.

[16.41] *Grau, G. K.:* Quantenelektronik, Optik und Laser, Vieweg, Braunschweig, 1978.

[16.42] *Greenaway, D. L.; Harbeke, G.:* Optical Properties and Band Structures of Semiconductors, Pergamon, Elmsford, 1968.

[16.43] *Grivet, P.:* Electron Optics, Pergamon, Elmsford, 1972.

[16.44] *Hagel, H.-H.* (Hrsg.): Digitale Bildverarbeitung. Digital Image Processing, Springer, Berlin, 1977.

[16.45] *Happey, F.:* Recent Advances in Fibre Science, Academic Pr., New York, 1977.

[16.46] *Hatzinger, G.:* Optoelektronische Bauelemente und Schaltungen, Siemens, München, 1977.

[16.47] *Heavens, O. S.:* Optical Properties of Thin Solid Films, Dover, New York, 1965.

[16.48] *Helfrich, W.,* u.a. (Hrsg.): Liquid Crystals of One- and Two-Dimensional Order, Springer, Berlin, 1980.

[16.49] *Henisch, H. K.:* Electroluminescence, Macmillan, London, 1962.

[16.50] *Henning, W.:* Fotoelektronik, Franzis, München, 1975.

[16.51] *Herman, G. T.* (Hrsg.): Image Reconstruction from Projections, Springer, Berlin, 1979.

[16.52] *Herman, M. A.* (Hrsg.): Semiconductor Optoelectronics, Wiley, New York, 1980.

[16.53] *Howes, M. J.; Morgan, D. V.:* Optical Fibre Communications, Wiley, New York, 1980.

[16.54] *Huang, T. S.* (Hrsg.): Picture Processing and Digital Filtering, Springer, Berlin, 1979.

[16.55] *Huelsman, L. P.:* Theory and Design of Active RC Circuits, McGraw-Hill, New York, 1968.

[16.56] *Hughes, A. L.; Du Bridge, L. A.:* Photoelectric Phenomena, McGraw-Hill, New York, 1932.

[16.57] *Ivey, H. F.:* Electroluminescence and Related Effects, Academic Pr., New York, 1963.

[16.58] *Kallmann, H.; Spruch, G.:* Luminescence of Organic and Inorganic Materials, Wiley, New York, 1962.

[16.59] *Kaminow, I. P.:* An Introduction to Electrooptic Devices, Academic Pr., New York, 1974.

[16.60] *Kaminow, I. P.; Siegman, A. E.:* Laser Devices and Applications, Wiley, New York, 1973.

[16.61] *Kao, C. K.:* Optical Fiber Technology, Bd. 2, Wiley, New York, 1981.

[16.62] *Kapany, N. S.:* Fibre Optics, Academic Pr., New York, 1978.

[16.63] *Kapany, N. S.; Burke, J. J.:* Optical Waveguides, Academic Pr., New York, 1972.

[16.64] *Keyes, R. J.* (Hrsg.): Optical and Infrared Detectors, Springer, Berlin, 1980.
[16.65] *Kiemle, H.; Röss, D.:* Einführung in die Technik der Holographie, Akademische Verlagsges., Frankfurt, 1969.
[16.66] *Kingslake* (Hrsg.): Applied Optics and Optical Engineering,
Bd. 1: Light: Its Generation and Modifications, 1965;
Bd. 2: The Detection of Light and Infrared Radiation, 1965;
Bd. 3: Optical Components, 1965;
Bd. 4: Optical Instruments, Part I, 1967;
Bd. 5: Optical Instruments, Part II, 1969,
Academic Pr., New York.
[16.67] *Kingston, R. H.:* Detection of Optical and Infrared Radiation, Springer, Berlin, 1978.
[16.68] *Kleen, W.; Müller, R.:* Laser, Springer, Berlin, 1969.
[16.69] *Klemperer, O. E.; Barnett, M. E.:* Electron Optics, Cambridge U.Pr., New York, 1970.
[16.70] *Koechner, W.:* Solid-State Laser Engineering, Springer, Berlin, 1976.
[16.71] *Kovalevsky, V. A.:* Image Pattern Recognition, Springer, Berlin, 1980.
[16.72] *Kressel, H.* (Hrsg.): Semiconductor Devices for Optical Communication, Springer, Berlin, 1980.
[16.73] *Kressel, H.; Buttler, J. K.:* Semiconductor Lasers and LED's, Academic Pr., New York, 1977.
[16.74] *Kruse, P. W.*, u.a.: Elements of Infrared Technology, Wiley, New York, 1962.
[16.75] *Kruse, P. W.*, u.a.: Infrarottechnik, Berliner Union, Stuttgart, 1971.
[16.76] *Larach, S.*, u.a.: Photoelectronic Material and Devices, Van Nostrand, New York, 1965.
[16.77] *Leverenz, H. W.:* An Introduction to Luminescence of Solids, Dover, New York, 1968.
[16.78] *Marcuse, D.* (Hrsg.): Integrated Optics, IEEE Pr., New York, 1973.
[16.79] *Marcuse, D.:* Light Transmission Optics, Van Nostrand Reinhold, New York, 1972.
[16.80] *Marcuse, D.:* Theory of Dielectric Optical Waveguides, Academic Pr., New York, 1974.
[16.81] *Meier, G.*, u.a.: Applications of Liquid Crystals, Springer, Berlin, 1975.
[16.82] *Meier, H.:* Organic Semiconductors – Dark and Photoconductivity of Organic Solids, Verlag Chemie, Weinheim, 1974.
[16.83] *Menzel, E.*, u.a.: Fourier-Optik und Holographie, Springer, Berlin, 1973.
[16.84] *Mort, J.; Pai, D. M.:* Photoconductivity and Related Phenomena, Elsevier, New York, 1976.
[16.85] *Moss, T. S.:* Optical Properties of Semiconductors, Academic Pr., New York, 1959.
[16.86] Optoelectronics, Applications Manual, McGraw-Hill, New York, 1977.
[16.87] Optoelektronische Bauelemente, Valvo, Hamburg, 1976.
[16.88] Opto-Kochbuch, Das -, Texas Instruments, Freising, 1975.
[16.89] *Pankove, J. I.* (Hrsg.): Display Devices, Springer, Berlin, 1980.
[16.90] *Pankove, J. I.* (Hrsg.): Electroluminescence, Springer, Berlin, 1977.
[16.91] *Pankove, J. I.:* Optical Processes in Semiconductors, Prentice-Hall, Englewood Cliffs, 1971.
[16.92] *Paul, H.:* Lasertheorie, 2 Bde., Vieweg, Braunschweig, 1969.

[16.93] *Personick, S. D.:* Optical Fiber Transmission Systems, Plenum, New York, 1980.
[16.94] *Pöppl, S. J.; Platzer, H.* (Hrsg.): Erzeugung und Analyse von Bildern und Strukturen, Springer, Berlin, 1980.
[16.95] *Pratt, W. K.:* Digital Image Processing, Wiley, New York, 1978.
[16.96] *Pressley, R. J.* (Hrsg.): Handbook of Lasers, Chemical Rubber Company, Boca Raton, 1971.
[16.97] *Ratheiser, L.:* Optoelektronik, Franzis, München, 1980.
[16.98] *Rhodes, C. K.* (Hrsg.): Excimer Lasers, Springer, Berlin, 1979.
[16.99] *Rose, A.:* Concepts in Photoconductivity and Allied Problems, Wiley, New York, 1963.
[16.100] *Rosenberger, D.:* Technische Anwendungen des Lasers, Springer, Berlin, 1975.
[16.101] *Rosenfeld, A.* (Hrsg.): Digital Picture Analysis, Springer, Berlin, 1976.
[16.102] *Rosenfield, A.; Kak, A. C.:* Digital Picture Processing, Academic Pr., New York, 1976.
[16.103] *Röss, D.:* Laser, Lichtverstärker und -oszillatoren, Akademische Verlagsges., Wiesbaden, 1966.
[16.104] *Ross, M.; Goodman, J. W.* (Hrsg.): Laser Applications, Bd. 4, Academic Pr., New York, 1981.
[16.105] *Ryvkin, S. M.:* Photoelectric Effects in Semiconductors, Plenum, New York, 1964.
[16.106] *Sandbank, C. P.:* Optical Fibre Communication Systems, Wiley, New York, 1980.
[16.107] *Schäfer, F. P.* (Hrsg.): Dye Lasers, Springer, Berlin, 1977.
[16.108] *Schmidt, W.; Feustel, O.:* Optoelektronik, Vogel, Würzburg, 1975.
[16.109] *Schwankner, R.:* Laseranwendungen, Hanser, München, 1978.
[16.110] *Septier, A.:* Advances in Electronics and Electron Physics, Supplement 13A, Applied Charged Particle Optics, Part A, Academic Pr., New York, 1980/81.
[16.111] *Septier, A.:* Focusing of Charged Particles, Academic Pr., New York, 1967.
[16.112] *Seraphin, B. O.* (Hrsg.): Solar Energy Conversion, Springer, Berlin, 1979.
[16.113] *Shannon, R. R.; Wyant, J. C.:* Applied Optics and Optical Engineering, Bd. 8, Academic Pr., 1980.
[16.114] *Sharma, A. B. R.*, u.a.: Optical Fiber Systems and Their Components, Springer, Berlin, 1981.
[16.115] *Sherr, S.:* Electronic Displays, Wiley, New York, 1979.
[16.116] *Siegman, A. E.:* Introduction to Lasers and Masers, McGraw-Hill, New York, 1971.
[16.117] *Skolbel'Tyne, D. V.:* Quantum Electronics in Lasers and Masers, Plenum, New York, 1968.
[16.118] *Slater, P. N.:* Remote Sensing: Optics and Optical Sciences, Addison-Wesley, Reading, 1980.
[16.119] *Sohda, M. S.; Gnatak, A. K.:* Inhomogeneous Optical Waveguides, Plenum, New York, 1977.
[16.120] *Sprokel, G. J.:* The Physics and Chemistry of Liquid Crystal Devices, Plenum, New York, 1980.
[16.121] *Stepanov, B. I.; Gribkovskii, V. P.:* Theory of Luminescence, Iliffe, London, 1968.
[16.122] *Stroke, G. W.:* An Introduction to Coherent Optics and Holography, Academic Pr., New York, 1966.
[16.123] *Tamir, T.* (Hrsg.): Integrated Optics, Springer, Berlin, 1979.
[16.124] *Tauc, J.:* Photo- and Thermoelectric Effects in Semiconductors, Pergamon, Elmsford, 1962.
[16.125] *Thompson, G. H. B.:* Physics of the Semiconductor Laser Devices, Wiley, New York, 1980.

[16.126] *Thornton, P. R.:* Physics of Electroluminescent Devices, Halsted Pr., New York, 1967.
[16.127] *Tippett, J.* (Hrsg.): Optical and Electro-Optical Information Processing, MIT Pr., Cambridge, 1965.
[16.128] *Tradowsky, K.:* Laser, Vogel, Würzburg, 1975.
[16.129] *Triendl, E.* (Hrsg.): Bildverarbeitung und Mustererkennung, Springer, Berlin, 1978.
[16.130] *Unger, H. G.:* Optische Nachrichtentechnik, AEG-Telefunken, Berlin, 1976.
[16.131] *Unger, H. G.:* Planar Optical Waveguides and Fibres, Oxford U.Pr., Oxford, 1978.
[16.132] *Unger, H. G.:* Quantenelektronik, Vieweg, Braunschweig, 1968.
[16.133] *Weik, M. H.:* Fiber Optics and Lightwave Communications Standard Dictionary, Van Nostrand, New York, 1980.
[16.134] *Willardson, R. K.; Beer, A. C.:* Semiconductors and Semimetals, Bd. 14: Lasers, Junctions and Structure, Academic Pr., New York, 1979.
[16.135] *Williams, E. W.:* Solar Cells, IEEE, New York, 1978.
[16.136] *Williams, E. W.; Hall, R.:* Luminescence and the Light Emitting Diode, Pergamon, Elmsford, 1978.
[16.137] *Winchell, A. N.:* The Optical Properties of Organic Compounds, Academic Pr., New York, 1954.
[16.138] *Winstel, G.; Weyrich, C.:* Optoelektronik, Bd. 1: Lumineszenz- und Laserdioden, Springer, Berlin, 1981.
[16.139] *Young, M.:* Optics and Lasers, Springer, Berlin, 1977.
[16.140] *Yu, F. T.:* Optics and Information Theory, Wiley, New York, 1977.
[16.141] *Zhdanov, S. I.:* Liquid Crystal Chemistry and Physics, Pergamon, Elmsford, 1981.

17 Prozeßrechentechnik

[17.1] *Anke, K.,* u.a.: Prozeßrechner. Wirkungsweise und Einsatz, Oldenbourg, München, 1970.
[17.2] *Blatt, E.; Fleissner, H.:* Prozeßdatenverarbeitung, VDI, Düsseldorf, 1976.
[17.3] *Böhme, G.; Born, W.:* Programmierung von Prozeßrechnern, VEB Technik, Berlin, 1969.
[17.4] *Diehl, W.:* Prozeßrechnertechnik, kurz und bündig, Vogel, Würzburg, 1975.
[17.5] *Dittmar, E.:* Mikrocomputer-Einsatz in der Automatisierung, Vogel, Würzburg, 1979.
[17.6] *Färber, G.:* Prozeßrechentechnik, Springer, Berlin, 1979.
[17.7] *Fleck, K.:* Beispiele aus der Praxis der Anwendung der Mikroprozessortechnik für Messen, Steuern, Regeln, VDE, Berlin, 1979.
[17.8] *Grupe, U.:* Programmiersprachen für die numerische Werkzeugmaschinensteuerung, de Gruyter, Berlin, 1975.
[17.9] *Hauptmann, K.; Opitz, W.:* Technik der datenverarbeitenden Prozeßrechner, Energieelektronik-Verlag, Frankfurt, 1975.
[17.10] *Heep, W.:* Elektronische Steuerungstechnik, Hüthig, Heidelberg, 1974.
[17.11] *Herrmann, H.:* Zuverlässigkeitsverfahren für die Prozeßmeßtechnik, Oldenbourg, München, 1972.
[17.12] *Hotes, H.:* Digitalrechner in technischen Prozessen, de Gruyter, Berlin, 1967.
[17.13] *Isermann, R.:* Prozeßidentifikation, Parameterschätzung dynamischer Prozesse mit diskreten Signalen, Springer, Berlin, 1974.
[17.14] *Kappatsch, A.,* u.a.: PEARL. Systematische Darstellung für den Anwender, Oldenbourg, München, 1979.
[17.15] *Kaspers, R.:* Systemanalyse, Systemplanung, Systemrealisierung bei Prozeßrechnerprojekten, Hüthig, Heidelberg, 1976.
[17.16] *Krebs, H.:* Rechner in industriellen Prozessen, VEB Technik, Berlin, 1969.
[17.17] *Krönig, D.* (Hrsg.): Praxis von Sprachen, Programmiersystemen und Programmgeneratoren, insbesondere in der Prozeßdatenverarbeitung, in technisch-wissenschaftlichen Anwendungen und beim Einsatz von Kleincomputern, Hanser, München, 1976.
[17.18] *Kuo, B. C.:* Discrete Data Control Systems, Prentice-Hall, Englewood Cliffs, 1970.
[17.19] *Kussl, V.:* Technik der Prozeßdatenverarbeitung, Hanser, München, 1973.
[17.20] *Latzel, W.:* Regelung mit dem Prozeßrechner (DDC), Bibliographisches Institut, Mannheim, 1977.
[17.21] *Lauber, R.:* Prozeßautomatisierung I: Aufbau und Programmierung von Prozeßrechensystemen, Springer, Berlin, 1976.
[17.22] *Ledig, G.:* Prozeßrechnertechnik, Hüthig, Heidelberg, 1974.
[17.23] *Martin, W.:* Mikrocomputer in der Prozeßdatenverarbeitung, Hanser, München, 1977.
[17.24] *Mielentz, P.:* Der Prozeßrechner mit seinen Koppelelementen, VDI, Düsseldorf, 1974.
[17.25] *Mitthof, F.:* Numerisch gesteuerte Fertigung. Einsatz von numerisch gesteuerten Werkzeugmaschinen und direkte Fertigungssteuerung über DVA — das neue Konzept der Fertigung im Mittelbetrieb, Krauskopf, Mainz, 1969.
[17.26] *Rembold, U.:* Prozeß- und Mikrorechnersysteme, Oldenbourg, München, 1979.
[17.27] *Schäfer, P.; Wiczorke, M.:* Lexikon der Prozeßrechnertechnik, Siemens, München, 1979.
[17.28] *Schmeiser, K.; Valentin, H. W.:* Aus der Praxis der elektronischen Prozeßsteuerung, Oldenbourg, München, 1974.
[17.29] *Schmidt, G.* (Hrsg.): Fachtagung Prozeßrechner 1977, Springer, Berlin, 1977.
[17.30] *Schöne, A.:* Prozeß-Rechensysteme der Verfahrensindustrie, Hanser, München, 1970.
[17.31] *Syrbe, M.:* Messen, Steuern, Regeln mit Prozeßrechnern, Akademische Verlagsges., Frankfurt, 1972.
[17.32] *Werum, W.; Windauer, H.:* PEARL, Vieweg, Braunschweig, 1978.
[17.33] *Wilson, F. W.* (Hrsg.): Numerical Control in Manufactoring, McGraw-Hill, New York, 1963.

18 Steuer- und Regelungstechnik

[18.1] *Ackermann, J.:* Abtastregelung, Springer, Berlin, 1972.
[18.2] *Anke, K.,* u.a.: Prozeßrechner, Oldenbourg, München, 1971.
[18.3] *Berkovitz, L. D.:* Optimal Control Theory. Springer, Berlin, 1974.
[18.4] *Best, R.:* Theorie und Anwendung der Phase-locked Loops, AT-Fachverlag, Stuttgart, 1976.
[18.5] *Blaschke, S. S.; McGill, J.:* The Control of Industrial Processes by Digital Techniques: The Organization, Design & Construction of Digital Control Systems. Elsevier, New York, 1976.
[18.6] *Boltjanskij, W. G.:* Mathematische Methoden der optimalen Steuerung, Hanser, München, 1972.
[18.7] *Boltjanskij, W. G.:* Optimale Steuerung diskreter Systeme, Akad. Verlagsges., Leipzig, 1976.
[18.8] *Brockhaus, R.:* Flugregelung (2 Bde.), Oldenbourg, München, 1977/79.
[18.9] *Bühler, H.:* Einführung in die Theorie geregelter Gleichstromantriebe, Birkhäuser, Basel, 1962.
[18.10] *Bühler, H.:* Einführung in die Theorie geregelter Drehstromantriebe (2 Bde.), Birkhäuser, Basel, 1977.
[18.11] *Buxbaum, A.; Schierau, K.:* Berechnung von Regelkreisen der Antriebstechnik, Elitera, Berlin, 1980.
[18.12] *Davies, W. D. T.:* Systemerkennung für adaptive Regelungen, Oldenbourg, München, 1973.
[18.13] *Doetsch, G.:* Anleitung zum praktischen Gebrauch der Laplace-Transformation und der Z-Transformation, Oldenbourg, München, 1967.
[18.14] *Eveleigh, V. W.:* Introduction to Control System Design, McGraw-Hill, New York, 1972.
[18.15] *Fasol, K. H.:* Die Frequenzkennlinien, Springer, Wien, 1968.
[18.16] *Fleming, W. H.; Rishel, R. W.:* Deterministic & Stochastic Optimal Control. Springer, Berlin, 1975.
[18.17] *Föllinger, O.:* Laplace- und Fourier-Transformation, Hüthig, Heidelberg, 1980.
[18.18] *Föllinger, O.:* Lineare Abtastsysteme, Oldenbourg, München, 1974.
[18.19] *Föllinger, O.:* Nichtlineare Regelungen. Bd. 1: 1978, Bd. 2: 1978, Bd. 3: 1970, Oldenbourg, München.
[18.20] *Föllinger, O.:* Regelungstechnik, Hüthig, Heidelberg, 1980.
[18.21] *Freemann, H.:* Discrete Time Systems, Wiley, New York, 1965.
[18.22] *Gardner, F.:* Phaselock Techniques, Wiley, New York, 1966.
[18.23] *Geschwinde, H.:* Einführung in die PLL-Technik, Vieweg, Braunschweig, 1978.
[18.24] *Gilles, E. D.; Systeme mit verteilten Parametern, Oldenbourg, München, 1973.
[18.25] *Hofmann, W.:* Zuverlässigkeit von Meß-, Steuer-, Regel- und Sicherheitssystemen, Thiemig, München, 1968.
[18.26] *Hunter, R. P.:* Automated Process Control Systems: Concepts & Hardware, Prentice-Hall, Englewood Cliffs, 1978.
[18.27] *Isermann, R.:* Digitale Regelsysteme, Springer, Berlin, 1977.
[18.28] *Isermann, R.:* Prozeßidentifikation, Springer, Berlin, 1974.
[18.29] *Kaspers, W.; Küfner, H.-J.:* Messen, Steuern, Regeln für Maschinenbauer. Vieweg, Braunschweig, 1977.

[18.30] *Kaufmann, H.:* Dynamische Vorgänge in linearen Systemen der Nachrichten- u. Regelungstechnik, Oldenbourg, München, 1959.
[18.31] *Kuo, B. C.:* Analysis and Synthesis of Sampled Data Control Systems, Prentice-Hall, Englewood Cliffs, 1963.
[18.32] *Kuo, B. C.:* Automatic Control Systems. Prentice-Hall, Englewood Cliffs, 1975.
[18.33] *Landgraf, Chr.; Schneider, G.:* Elemente der Regelungstechnik, Springer, Berlin, 1970.
[18.34] *Langhoff, J.; Raatz, E.:* Geregelte Gleichstromantriebe, Elitera, Berlin, 1976.
[18.35] *Latzel, W.:* Regelung mit dem Prozeßrechner (DDC), Bibl. Inst., Mannheim, 1977.
[18.36] *Leonhard, W.:* Einführung in die Regelungstechnik, Vieweg, Braunschweig, 1981.
[18.37] *Leonhard, W.:* Regelung in der elektrischen Antriebstechnik, Teubner, Stuttgart, 1974.
[18.38] *Leonhard, W.:* Regelung in der elektrischen Energieversorgung, Teubner, Stuttgart, 1980.
[18.39] *Leonhard, W.:* Statistische Analyse linearer Regelsysteme, Teubner, Stuttgart, 1973.
[18.40] *Leonhard, W.* (Hrsg.): Control in Power Electronics and Electrical Drives, Vol. 1, 2 and Survey Papers, IFAC Symposium, Düsseldorf, 1974.
[18.41] *Leonhard, W.* (Hrsg.): Control in Power Electronics and Electrical Drives, Pergamon Pr., Iliffe, 1977.
[18.42] *Ogata, K.:* State Space Analysis of Control System, Prentice-Hall, Englewood Cliffs, 1967.
[18.43] *Oppelt, W.:* Kleines Handbuch technischer Regelvorgänge, Verlag Chemie, Weinheim, 1972.
[18.44] *Pestel, E.; Kollmann, E.:* Grundlagen der Regelungstechnik, Vieweg, Wiesbaden, 1979.
[18.45] *Pfaff, G.:* Regelung elektrischer Antriebe, Band 1, Oldenbourg, München, 1971.
[18.46] *Pontrjagin, L.,* u. a.: Mathematische Theorie optimaler Prozesse, Oldenbourg, München, 1964.
[18.47] *Popov, V. M.:* Hyperstability of Control System, Springer, Berlin, 1973.
[18.48] *Rosenbrock, H. H.:* Computer-Aided Control System Design, Academic Pr., New York, 1975.
[18.49] *Sante, D. P.:* Automatic Control System Technology. Prentice-Hall, Englewood Cliffs, 1980.
[18.50] *Sautter, R.:* Numerisch gesteuerte Werkzeugmaschinen, Vogel, Würzburg, 1981.
[18.51] *Schmidt, G.:* Grundlagen der Regelungstechnik, Springer, Berlin, 1981.
[18.52] *Schöne, A.:* Prozeßrechensysteme (3 Bde.), Hanser, München, 1974/76.
[18.53] *Schultz, D.; Melsa, J.:* State Functions & Linear Control Systems, McGraw-Hill, New York, 1967.
[18.54] *Schwarz, H.:* Frequenzgang- und Wurzelortskurvenverfahren, Bibl. Inst., Mannheim, 1976.
[18.55] *Schwarz, H.:* Mehrfachregelungen (2 Bde.), Springer, Berlin, 1967/71.
[18.56] *Skrokov, M.:* Mini- and Microcomputer Control in Industrial Processes, Handbook of Systems and Application Strategies, Van Nostrand, New York, 1980.
[18.57] *Solodownikow, W. W.,* u. a.: Berechnung von Regelsystemen auf Digitalrechnern, Oldenbourg, München, 1979.
[18.58] *Stute, G.* (Hrsg.): Regelung an Werkzeugmaschinen, Hanser, München, 1981.

[18.59] *Tou, J. T.:* Modern Control Theory, McGraw-Hill, New York, 1964.
[18.60] *Truxal, J. G.:* Entwurf automatischer Regelsysteme, Oldenbourg, München, 1980.
[18.61] *Tschauner, J.:* Einführung in die Theorie der Abtastsysteme, Oldenbourg, München, 1960.
[18.62] *Unbehauen, R.:* Systemtheorie, Oldenbourg, München, 1980.
[18.63] *Yousefzadeh, B.:* Basic Control Engineering, Pitman, London, 1979.
[18.64] *Zadeh, L. A.; Desoer, C. A.:* Linear System Theory, McGraw-Hill, New York, 1963.
[18.65] *Zypkin, J. S.:* Grundlagen der Theorie automatischer Systeme, VEB Technik, Berlin, 1981.

19 Vermittlungstechnik

[19.1] *Bergmann, K.:* Lehrbuch der Fernmeldetechnik, Schiele und Schön, Berlin, 1978.
[19.2] *Besier, H.,* u. a.: Digitale Vermittlungstechnik, Oldenbourg, München, 1981.
[19.3] *Bocker, P.:* Datenübertragung. Bd. 1: Grundlagen, 1977, Bd. 2: Einrichtung und Systeme, 1978, Springer, Berlin.
[19.4] *Davies, D. W.,* u. a.: Computer Networks and their Protocols. Wiley, New York, 1979.
[19.5] *Führer, R.:* Landesfernwahl. Bd. 1: Grundprobleme, 1966, Bd. 2: Gerätetechnik, 1968, Oldenbourg, München.
[19.6] *Gerke, P. R.:* Rechnergesteuerte Vermittlungssysteme. Springer, Berlin, 1972.
[19.7] *Hills, M. T.:* Telecommunications Switching Principles. Allen & Unwin, London, 1979.
[19.8] *Hills, M. T.; Kano, S.:* Programming Electronic Switching Systems. Peregrinus, Stevenage, 1976.
[19.9] *Inose, H.:* An Introduction to Digital Integrated Communications Systems. Peregrinus, Stevenage, 1979.
[19.10] *Oden, H.:* Nachrichtenvermittlung. Oldenbourg, München, 1975.
[19.11] *Pearce, J. G.:* Telecommunications Switching. Plenum, New York, 1981.
[19.12] *Schwertfeger, H.-J.:* Vermittlungssysteme für Nachrichtennetze. VEB Technik, Berlin, 1977.
[19.13] *Seelmann-Eggebert, G.:* Fernwahlsysteme in der Welt. Oldenbourg, München, 1964.
[19.14] *Takamura, S.,* u. a.: Software Design for Electronic Switching Systems. Peregrinus, Stevenage, 1979.
[19.15] *Welch, S.:* Signalling in Telecommunications Networks. Peregrinus, Stevenage, 1979.

Englisch-deutsches Begriffslexikon

Das „englisch-deutsche" Wörterbuch enthält bis auf wenige Ausnahmen alle im lexikographischen Teil in deutscher Sprache beschriebenen Begriffe.

Die Beschreibung der einzelnen Begriffe ist im lexikographischen Teil unter dem Stichwort zu suchen. Beispielsweise findet man „polykristalline Struktur" unter „Struktur, polykristalline".

3M-data casette   3M-Kassette
24 h-satellite   Synchronsatellit
60-channel CF system   V60
90° phase displacement circuit   Hummel-Schaltung
α-particles   Alphateilchen
α-rays   Alphastrahlen
abbreviated dialling   Kurzwahl
abcd-parameter   Kettenparameter
aberration   Aberration
absolute address   absolute Adresse
  a. error   absoluter Fehler
  a. maximum ratings   Grenzdaten
  a. stability   absolute Stabilität
  a. threshold   Hörschwelle
  a. value of admittance   Scheinleitwert
  a. value of impedance   Schweinwiderstand
  a. value resonance   Betragsresonanz
absorber   Absorber
absorption   Absorption
  a. coefficient   Absorptionskoeffizient
  a. dynamometer   Absorptionsdynamometer
  a. edge   Absorptionskante
  a. factor   Absorptionsgrad
  a. fading   Absorptionsschwund → Schwund
  a. power meter   Absorptionsleistungsmesser
abstract automata   abstrakter Automat
a.c.   Wechselstrom
  a.c. amplifier   Wechselspannungsverstärker
  a.c. bridge   Wechselstrombrücke
  a.c. circuit   Wechselstromkreis
  a.c. convertor   Wechselstromumrichter
  a.c. fan out   Wechselstrom-Fan-Out
  a.c. galvanometer   Wechselstromgalvanometer
  a.c. generator   Wechselstromgenerator, Wechselstromquelle
  a.c. measuring amplifier   Wechselspannungsmeßverstärker
  a.c. measuring bridge   Wechselstrommeßbrücken
  a.c.-meter   Wechselstromzähler
  a.c. motor   Wechselstrommotor
  a.c. plate current   Anodenwechselstrom
  a.c. plate voltage   Anodenwechselspannung
  a.c. power controller   Wechselstromsteller
  a.c. relay   Wechselstromrelais
  a.c. restistance   Wechselstromwiderstand
  a.c. resolver   Wechselstromdrehmelder
  a.c. switch   Wechselstromschalter
  a.c. system   Wechselstromnetz
  a.c. transformer   Wechselstromtransformator
  a.c. voltage   Wechselspannung
  a.c. voltage source   Wechselspannungsquelle
  a.c.-voltmeter   Wechselspannungsmesser

accelerating electronic lens   Beschleunigungslinse
acceleration of gravity   Erdbeschleunigung
acceptable quality level   Annahmegrenze
acceptance number   Annahmezahl
  a. probality   Annahmewahrscheinlichkeit
accepted reliability level   ARL
acceptor   Akzeptor
  a. atom   Akzeptoratom
  a. impurity   Akzeptorverunreinigung
  a. ion   Akzeptorion
  a. level   Akzeptorniveau
access   Zugriff
  a. switching network   Anschaltenetz
  a. system   Zugriffssystem
  a. time   Zugriffszeit
accessability   Erreichbarkeit
accessory   Zubehör
accumulator   Akkumulator, Batterie
accuracy   Genauigkeit
  a. class   Genauigkeitsklasse
acknowledgement   Quittierung
  a. signal   Quittierungszeichen → Kennzeichen
acoustic feedback   akustische Rückkopplung
  a. impedance   Schallimpedanzen
  a. memory   Schallspeicher
  a. power   Schalleistung
  a. short-circuit   akustischer Kurzschluß
  a. storage   Schallspeicher
acoustoelectric amplifier   akustoelektrischer Verstärker
activation energy   Aktivierungsenergie
active antenna   aktive Antenne
  a. component   aktives Bauelement
  a. current   Wirkstrom
  a. device   aktives Bauelement
  a. effective resistance   elektrische Resistanz → Wirkwiderstand
  a. filter   aktive Filter
  a. high data   positive Logik → negative Logik
  a. low data   negative Logik
  a. network   aktives Netzwerk
  a. power   Wirkleistung
  a. radiator   Primärstrahler
  a. region   aktiver Bereich
  a. return loss   Echodämpfung
  a. two-port   aktiver Vierpol
  a. two-terminal network   aktiver Zweipol
  a. voltage   Wirkspannung
actual value   Istwert
actuating variable   Stellgröße
actuator   Aktor, Stellglied
adapter   Übergangsstecker

adaption Adaption
adaptive control   adaptive Regelung
  a. control   adaptive Steuerung
  a. system   adaptives System
Adcock antenna   Adcock-Antenne
add time   Additionszeit
adder   Addierer, Addierwerk
addition time   Additionszeit
additive mixing   additive Mischung
address   Adresse
  a. buffer   Adressenregister
  a. bus   Adreßbus
  a. field   Adreßfeld
  a. modification   Adreßmodifikation
  a. register   Adressenregister
addressable storage   Adreßraum
ADF   (automatic direction finder) Funkpeilung
adiabatic   isentrop
adjacent-channel selectivity   Trennschärfe
adjust   justieren
adjustable threshold metal-oxide semiconductor   ATMOS
adjustment   Abgleich, Justage
admittance   komplexer Scheinleitwert, Admittanz → Impedanz
advanced standard-buried collector technology   ASBC-Technik → SBC-Technik
aerial   Antenne
  a. input impedance   Antenneneingangswiderstand → Antennenwiderstand
AF   (audio frequency) Niederfrequenz → NF
AGC   (automatic gain control) Schwundregelung
aging   Alterung
  a. rate   Alterungszahl
Aiken code   Aiken-Code
airborne-magnetometer   Förstersonde
air core coil   Luftspule
  a. gap   Luftspalt
  a. gap induction   Luftspaltinduktion
  a. mass zero   AM0
  a. spaced capacitor   Luftkondensator
A_L value A_L-Wert
alarm signal   Alarmsignal
alcaline photoelectrical cell   Alkalizelle
alert   Alarmsignal
algebraic structure theory of automata   Automatentheorie
algorithm   Algorithmus
algorithmic language   ALGOL
aliasing   Alias-Effekt
alkali metal   Alkalimetall
allocator   Zuordner
alloy-diffused transistor   legierter Transistor
alloying   Legierungsverfahren → Dotierungsverfahren
all-pass filter   Allpaß
  a. network   Allpaßnetzwerk
alphabet   Alphabet
alphabetic character   Alphazeichen
  a. code   alphabetischer Code
alphanumeric   alphanumerisch
alphanumerical code   alphanumerischer Code
alternating current   Wechselstrom
  a. current amplifier   Wechselspannungsverstärker
  a. current bridge   Wechselstrombrücke
  a. current controller   Wechselstromsteller
  a. current convertor   Wechselstromumrichter
  a. current fan out   Wechselstrom-Fan-Out
  a. current galvanometer   Wechselstromgalvanometer
  a. current generator   Wechselstromgenerator, Wechselstromquelle
  a. current measuring amplifier   Wechselspannungsmeßverstärker
  a. current measuring bridge   Wechselstrommeßbrücke
  a. current meter   Wechselstromzähler
  a. current motor   Wechselstrommotor
  a. current relay   Wechselstromrelais
  a. current resistance   Wechselstromwiderstand
  a. current resolver   Wechselstromdrehmelder
  a. current switch   Wechselstromschalter
  a. current system   Wechselstromnetz
  a. current transformer   Wechselstromtransformator
  a. current voltage   Wechselspannung
  a. current voltage source   Wechselspannungsquelle
  a. current voltmeter   Wechselspannungsmesser
  a. stabilizer   Wechselspannungsstabilisator
  a. voltage compensator   Wechselspannungskompensator
  a. voltage generator   Wechselspannungsgenerator
aluminium   Aluminium
ambient temperatur   Umgebungstemperatur
American National Standard Institute   ANSI → Normungsorganisationen in den USA
American Standard Code for Information Interchange   ASCII
ammeter   Amperemeter, Strommesser
amorphous semiconductor   amorpher Halbleiter
amount of feedback   Rückkopplungsgrad
  a. of information   Nachrichtenmenge
ampere   Ampere
  a.-hour   Amperestunde
  a.-second   Amperesekunde
  a.-turn   Amperewindung
amplification drift   Verstärkungsdrift
  a. factor   Verstärkungsfaktor
amplifier   Verstärker
  a. bridge   Verstärkerbrücke
  a. noise   Verstärkerrauschen
amplifying stage   Verstärkerstufe
  a. tube   Verstärkerröhre
amplitude   Amplitude
  a. conditions   Amplitudenbedingungen
  a. distortion   Amplitudenverzerrung
  a. modulation   Amplitudenmodulation
  a. separator   Amplitudensieb
  a. shift keying   Amplitudentastung
  a. spectrum   Amplitudenspektrum → Spektrum von Zeitfunktionen
  a. swing   Amplitudenhub
analogue   analog
  a. channel   analoger Kanal
  a. circuit   Analogschaltkreis
  a. comparator   analoger Vergleicher
  a. computer   Analogrechner
  a. data transmission   analoge Meßwertübertragung
  a. filter   Analogfilter
  a. indication   Analoganzeige
  a. matched filter   Optimalfilter
  a. measuring instruments   analoge Meßinstrumente
  a. measuring method   analoge Meßverfahren
  a. multiplexer   Analogmultiplexer
  a. multiplier   analoger Multiplizierer, Analogmultiplizierer
  a. signal   stetiges Signal → Analogsignal

a. storage   Analogspeicher
a. switch   analoger Schalter
a. system   Analogsystem
a. technique   Analogtechnik
a.-to-digital converter   Analog-Digital-Wandler
analogy   Analogie
analysis   Analyse
   a. of tolerance   Toleranzanalyse
analyzer   Analysator
Anderson bridge   Anderson-Brücke
AND-function   UND-Funktion
AND-gate   UND-Gatter → Konjunktion
anemometer   Anemometer
angle diversity   Winkeldiversity → Diversity
   a. of current flow   Stromflußwinkel
   a. modulation   Winkelmodulation
   a.-position encoder   Winkelcodierer
angstrom   Angström
angular decoupling   Winkeldämpfung
   a. distance to first zero   Nullwertsbreite
   a. frequency   Kreisfrequenz
   a. frequency deviation   Kreisfrequenzhub
   a. momentum   Drehimpuls
   a. momentum quantum number   Bahndrehimpulsquantenzahl
   a.-position pick-up   Winkelwertgeber
   a. velocity pick-up   Winkelgeschwindigkeitsaufnehmer
anion   Anion
anisotropy   Anisotropie
anode   Anode
   a.-B-modulation   Anoden-B-Modulation
   a. choke   Anodendrossel
   a. fall   Anodenfall
   a. modulation   Anodenmodulation
anormalous skin effect   anomaler Skin-Effekt
answering   Melden
antenna   Antenne
   a. amplifier   Antennenverstärker
   a. effect   Antenneneffekt
   a. impedance   Antennenwiderstand
   a. gain   Antennengewinn
   a. input impedance   Antenneneingangswiderstand → Antennenwiderstand
anti-aliasing   Anti-Aliasing
anticathode   Antikatode
anticoincidence circuit   Antikoinzidenzschaltung
anti-comet-tail-plumbicon   ACT-Plumbicon
antiferroelectric solids   Antiferroelektrika
antiferromagnetism   Antiferromagnetismus
antilog amplifier   Antilog-Verstärker
antilogarithm amplifier   Antilog-Verstärker
antimetrical two-port   antimetrischer Vierpol
antinode   Schwingungsbauch
anti-parallel-connection   Antiparallelschaltung, Gegenparallelschaltung
antiparticle   Antiteilchen
antiresonance   Antiresonanz
antisaturation diode   Antisättigungsdiode
aperiodic   aperiodisch
aperture   Apertur
   a. antenna   Flächenstrahler
   a. distortion   Aperturfehler
apparent capacitance meter   Scheinkapazitätsmesser
   a. permeability   wirksame Permeabilität

application of complex quantities   komplexe Rechnung
a programming language   APL
approximation   Approximation
   a. of attenuation   Approximation des Dämpfungsverlaufs
   a. of phase   Approximation des Phasenverlaufs
apriori information   a priori-Information
AQL   (acceptable quality level) Annahmegrenze
arc back   Rückzündung
area code   Ortsnetzkennzahl → Kennzahl
   a. utilization factor   Flächennutzungsfaktor
arithmetic instruction   arithmetischer Befehl
   a. logic unit   Rechenwerk → ALU
   a. mean   arithmetisches Mittel
   a. unit   Rechenwerk
arithmetical element   Rechenelement
ARL   (accepted reliability level) ARL
armature   Anker
Aron measuring circuit   Aronschaltung
array factor   Gruppencharakteristik
   a. collinear dipoles   Dipollinie
   a. of parallel dipoles   Dipolzeile
arrival process   Ankunftsprozeß, Anrufprozeß
artificial intelligence   künstliche Intelligenz
A_R-value A_R-Wert
ASCII   (American Standard Code for Information Interchange) ASCII
assembler   Assembler
   a. language   Assemblersprache
assembly   Baugruppe, Montage
associative memory   Assoziativspeicher
astable multivibrator   astabiler Multivibrator
astigmatism   Astigmatismus
asymmetrical three phase system   unsymmetrisches Dreiphasensystem
asymmetry factor   Asymmetriefaktor
asymptotic stability   asymptotische Stabilität
asynchronous   asynchron
   a. counter   Asynchronzähler
   a. machine   Asynchronmaschine
   a. system   ungetaktetes System
   a. timing pulse generator   Taktkette
ATE   (automatic test equipment) Prüfautomat → Prüfen
ATMOS   (adjustable threshold metal-oxide semiconductor) ATMOS
atmosphere   Atmosphäre
atmospheric humidity   Luftfeuchtigkeit
   a. noise   atmosphärische Störungen
   a. pressure   Luftdruck
   a. whistler   Whistler
atom   Atom
atomic clock   Atomuhr
   a. diameter   Atomdurchmesser
   a. distance   Atomabstand
   a. frequency   Atomfrequenz
   a. lattice   Atomgitter
   a. mass   Atommasse
   a. mass number   Massenzahl
   a. model   Atommodell
   a. nucleus   Atomkern
   a. number   Ordnungszahl
   a. radius   Atomradius
   a. shell   Atomschale
   a. spectrum   Atomspektrum
   a. structure   Atomaufbau

attenuation Längsdämpfung
  a. box Eichleitung
  a. constant Dämpfungsmaß
  a. equalizer Dämpfungsentzerrer
  a. frequency distortion Dämpfungsverzerrung
  a. ratio Dämpfungsfaktor
attenuator Abschwächer, Dämpfungsglied
attribute Attributmerkmal
  a. check Attributprüfung
audible signal Tonsignal
audio amplifier NF-Verstärker, Tonfrequenzverstärker
  a. correlator Niederfrequenzkorrelator
  a. frequency NF, Tonfrequenz
  a. frequency converter NF-Impedanzwandler
  a. frequency electronics NF-Elektronik
  a. frequency power amplifier NF-Endverstärker
  a. frequency preamplifier NF-Vorverstärker
  a. level indication NF-Pegelanzeige
  a. millivoltmeter NF-Millivoltmeter
  a. oscillator Tonfrequenzgenerator
  a. response Sprachausgabe
  a. wattmeter NF-Wattmeter
audiovision Audiovision
Auger effect Auger-Effekt
  a. electrons Auger-Elektronen
aural carrier Tonträger
auroral scatter Polarlichtstreuung → Streuausbreitung
autocorrelation function Autokorrelationsfunktion
automatic balancing bridge selbstabgleichende Brücke
  a. control Regelungstechnik, automatische Steuerung
  a. controller of zero current Nullstromregler
  a. data processing ADV-Anlage
  a. direction finder Radiokompaß → Funkpeilung
  a. frequency control automatische Frequenzregelung, automatische Frequenznachstimmung → AFC, → Abstimmautomatik
  a. gain control AGC, Schwundregelung
  a. gain control amplifier Regelverstärker
  a. level control ALC
  a. machine Automat
  a. sequencing Programmsteuerung
  a. test equipment Prüfautomat, automatische Prüfeinrichtung → ATE-Verfahren
automatization Automatisierungstechnik
auto transformer Spartransformator
auxiliary amplifier Hilfsverstärker
  a. circuit Hilfsstromkreis
  a. controlled variable Hilfsregelgröße
  a. bridge Hilfsbrücke
  a. storage Hilfsspeicher
  a. supply Hilfsstromquelle
  a. voltage source Hilfsspannungsquelle
  a. voltage supply Hilfsspannungsquelle
available power verfügbare Empfangsleistung → Empfangsleistung einer Antenne
avalanche induced migration Wanderung von Ladungsträgern aufgrund des Lawineneffektes → AIM
average access time mittlere Zugriffszeit → Zugriffszeit
  a. conditional information content bedingte Informationsentropie
  a. meter Mittelwertmesser
  a. rectifier Mittelwertgleichrichter
  a. total value Halbschwingungsmittelwert
Avogadro's constant Avogadro-Konstante
Ayrton shunt Stromteiler nach Ayrton

β-**cutoff** Beta-Grenzfrequenz
β-**gain** Betaverstärkung
backfire antenna Backfire-Antenne
background processing Hintergrundverarbeitung
  b. program Hintergrundprogramm
back scattering Rückstreuung → Streuausbreitung
backward diode Rückwärtsdiode
  b. signal Rückwärtszeichen → Kennzeichen
balanced antenna symmetrische Antenne
  b. mixer Brückenmischer
  b. T-section H-Schaltung, Viereckschaltung → struktursymmetrischer Vierpol
balancing Abgleich
  b. apparatus Nullinstrument
  b. element Abgleichelement
  b. resistor Abgleichwiderstand
ball-bonding Nagelkopfschweißen → Thermokompressionsschweißen
ballistic measuring instruments ballistische Meßgeräte
  b. moving-coil galvanometer ballistisches Drehspulgalvanometer
balloon antenna Ballonantenne
Balmer series Balmer-Serie
band bending Bandverbiegung
  b. elemination filter Bandfilter
bandpass with minimum number of coils spulensparender Bandpaß
bandwidth Bandbreite
bar controller Stabregler
Barkhausen effect magnetic fluctuation noise Barkhausen-Effekt
Bartlett's bisection theorem Bartlettsches Theorem → Theorem von Bartlett
barretter Barretter
barrier injected transit time diode BARITT-Dioden
BARITT-diode BARITT-Dioden
base Basis
  b. bias Basisvorspannung
  b. charge Basisladung
  b. current Basisstrom
  b.-diffusion-isolation technology BDI-Technik
  b. elektrode Basiselektrode
  b.-emitter diode Basis-Emitter-Diode
  b. excess current Basisüberschußstrom
  b. potential divider Basisspannungsteiler
  b. time constant Basiszeitkonstante
  b. units of the International System of Units SI-Basiseinheiten
  b. voltage Basisspannung
baseline overshoot Nachschwinger
BASIC (beginners all purpose symbolic instructions code) BASIC
basic units Grundeinheiten
bathing-tub diagram Badewannenkurve
batch processing Stapelverarbeitung
battery Batterie
  b. charger Ladegleichrichter
batwing antenna Schmetterlingsantenne
baud Baud
Bay's estimation method Bayes-Schätzung
BBD (bucket brigade device) BBD
BCD-code (binary coded decimal code) BCD-Code → Dezimalcode
BCH code (Bose-Chaudhuri-Hocquenghem code) BCH-Code
BDI-technology (base-diffusion-isolation technology) BDI-Technik
beacon Funkfeuer
beam elektrische Zuführung → Beam-Lead-Technik

b. lead   Steg → Beam-Lead-Technik
b. accessible MOS   BEAMOS
BEAMOS   (beam accessible MOS) BEAMOS
beat frequency oscillator   BFO
beginners all purpose symbolic instructions code   BASIC
bel   Bel
benchmark program   Benchmark-Programm
b. test   Benchmark-Test
Benedicks effect   Benedicks-Effekt
Bessel filter   Besselfilter
B. polynominals   Bessel-Polynome
beta particles   Betateilchen
b. rays   Betastrahlen
betatron   Betatron
BFO   (beat frequency oscillator) BFO
bias current   Bias-Strom
b. voltage   Vorspannung
bidirectional   didirektional
b. diode thyristor   Zweirichtungsthyristordiode
b. transistor   Zweirichtungstransistor
BIFET technology   (bipolar FET technology) BIFET-Technik
bifilar winding   Bifilartechnik
BIGFET   (bipolar insulated gate FET) BIGFET
bilateral   bidirektional
bimetallic instrument   Bimetallinstrument
b. measuring system   Bimetall-Meßwerk → Bimetallinstrument, → thermische Meßinstrumente
b. thermometer   Bimetallthermometer
binary   binär
b. arithmetic   Arithmetik im Dualsystem
b. code   Binärcode
b. coded decimal code   BCD-Code → Dezimalcode
b. counter   Dualzähler
b. digit   Binärzeichen, Binärziffer
b. element   Binärzeichen
b. information   Binärinformation
b. notation   Binärdarstellung → Dualsystem
b. number system   Dualsystem
b. sequence   Binärfolge
b. signal   Binärsignal
b. system   Binärsystem
binding energy   Bindungsenergie
binominal distribution   Binominal-Verteilung
biological cybernetics   Biokybernetik
bionics   Bionik
bipolar circuit   Bipolarschaltung
b. field-effect transistor technology   BIFET-Technik
b. insulated gate field-effect transistor   BIGFET
b. microprocessor   bipolarer Mikroprozessor
b. power supply   bipolares Netzgerät
b. semiconductor   bipolarer Halbleiter
b. semiconductor memory   Bipolarspeicher
b. transistor   Bipolartransistor
biquinary code   Biquinär-Code
bistable relay   bistabiles Relais
bit   Bit
b. density   Speicherdichte
b. error   Bitfehler
b. error rate   Bitfehlerrate
b. slices   Bit-Slices
b. transfer rate   Bitübertragungsgeschwindigkeit

black body radiator   schwarzer Strahler
b. box   Black Box
b. level restoration   Schwarzwertsteuerung
blanking   Austastung
b. signal   Austastsignal → FBAS-Signal
Bloch wall   Blochwand
block   Block
b. check character   BCC
b. code   Block-Code
b. diagram   Blockschaltbild
b. error rate   Blockfehlerrate
b. synchronization   Blocksynchronisation
blocking   Blockierung
b. capacitor   Blockkondensator
b. circuit   Sperrschaltung
b. state   Sperrzustand
b. state region   Sperrbereich
Bode-diagram   Bode-Diagramm → Frequenzkennlinie
Bohr's magneton   Bohrsches Magneton
bolometer   Bolometer
Boltzmann factor   Boltzmann-Faktor
B. law   Boltzmannsches Verteilungsgesetz
B. relation   Boltzmann-Beziehung
Boltzmann's constant   Boltzmann-Konstante
BOMOS   (buried oxide metal-oxide semiconductor technology) BOMOS-Technik
bonding   Kontaktieren, Kontaktierungsmethoden
Boolean algebra   Boolesche Algebra
B. expression   Aussage
B. variable   Aussagevariable
booster   Booster
Bose-Einstein distribution   Bose-Einstein-Verteilung
B.-Einstein statistics   Bose-Einstein-Statistik
Bott-Duffin procedure   Bott-Duffin-Prozeß
bounce   Prellen
b.-free switch   prellfreier Schalter
b. time   Prellzeit
Bourdon tube gauge   Bourdonfedermanometer
box process   Box-Verfahren → Diffusionsverfahren
braking by plugging   Gegenstrombremsung
branch   Zweig
b. instruction   Sprungbefehl
brazing   Hartlöten
break contact   Ruhekontakt
breakdown   elektrischer Durchbruch
b. voltage   Durchbruchspannung
breakover voltage   Kippspannung
breakpoint   Breakpoint
Brewster angle   Brewster-Winkel
bridge amplifier   Brückenverstärker
b. balance   Brückenabgleich
b. connection   Brückenschaltung
b. measurement   Brückenmeßverfahren
b. modulator   Brückenmodulator
b. rectifier   Brückengleichrichter
bridged-T section   überbrückte T-Schaltung
brightness   Helligkeit
Brillouin zone   Brillouin-Zone
broadband antenna   Breitbandantenne
broadside radiator   Querstrahler
Brune procedure   Brune-Prozeß

bubble Magnetblase
bucket brigade device   BBD
buffer amplifier   Trennverstärker
  b. capacitor   Blockkondensator, Pufferkondensator
  b. memory   Pufferspeicher
  b. register   Pufferregister
buffering   Pufferbetrieb
building-up transient   Einschwingvorgang → Übergangsvorgang
bulb resistor   Widerstandskopf
bulk resistance   Bahnwiderstand
burden (for measuring transformers)   Bürde
  b. effective resistance   Bürdenwiderstand
buried diffused layer   vergrabene Schicht
  b. oxide metal-oxide semiconductor technology   BOMOS-Technik
busy hour   Hauptverkehrsstunde
burn in   Burn-in
burst   Burst
bus   Bus, Busleitung
  b. driver   Bustreiber
  b. system   Bussystem
butterfly circuit   Schmetterlingskreis
Butterworth polynominals   Butterworth-Polynome
bypass   Bypass
  b. capacitor   Bypasskondensator
  b. filter   Durchschaltfilter
byte   Byte

cable core   Kabelseele
  c. jacket   Kabelmantel
  c. make-up   Kabelausführung
  c. plug connector   Kabelstecker
  c. sheathing   Kabelhülle
  c. television   Kabelfernsehen
CAD   (computer aided design) CAD
CAD   (controlled avalanche diode) CAD
cadmium sulfide   Cadmiumsulfid
cache memory   Cache-Speicher
calculating machine   Rechenmaschine
calculator   Taschenrechner
calibrate   Kalibrieren
calibrating   Eichen
calibration accuracy   Eichgenauigkeit
calibrator   Kalibrator
call   Nachrichtenverbindung, Ruf
  c. attempt   Anruf → Anforderung
calorie   Kalorie
CAM   (content addressable memory) Assoziativspeicher
  c. plate   Kurvenscheibe → Winkelwertgeber
candela   Candela
canonic   kanonisch
  c. two-port   kanonischer Vierpol
capacitance   Kapazität
  c. bridge   Kapazitätsmeßbrücke
  c. measurement   Kapazitätsmessung
  c. meter   Kapazitätsmesser
  c. standard   Kapazitätsnormal
capacitive pick-up   kapazitiver Meßfühler
  c. reactance   kapazitiver Widerstand
  c. voltage divider for measuring   kapazitive Meßwandler
capacitor coupling   Kondensatorkopplung
  c. quenching   Kondensatorlöschung

carbon microphone   Kohlekörnermikrophon
carcinotron   Rückwärtswellenröhre
cardioid   Kardioide
  c. diagram   Kardioidcharakteristik → Kardioide
  c. pattern   Kardioidmuster → Kardioide
card punch   Lochkartenstanzer
  c. reader   Lochkartenleser
carried traffic   Verkehrswert
carrier   Träger
  c. art   Trägerfrequenztechnik
  c. frequency   Trägerfrequenz
  c. frequency bridge   Trägerfrequenzbrücke
  c. line link   TF-Grundleitung
  c. pulse   Trägerimpuls
  c. sense multiple access   CSMA
  c. telegraphy   Wechselstromtelegraphie
  c. wave   Trägerschwingung
carry   Übertrag
  c. look ahead   Carry-Look-Ahead
cascade amplifier   Kaskadenverstärker
  c. connection   Kaskadenschaltung
  c. control   Kaskadenregelung
cascode circuit   Kaskodeschaltung
  c.-difference-amplifier   Kaskode-Differenzverstärker
  c. field-effect transistor current source   Kaskode-Feldeffekt-transistorstromquelle
case temperature   Gehäusetemperatur
cathode base circuit   Katodenbasisschaltung
  c. current   Katodenstrom
  c. follower   Anodenbasisschaltung
  c. ray   Katodenstrahl
  c. ray oscilloscope   Elektronenstrahloszilloskop
  c. ray tube   Braunsche Röhre, Katodenstrahlröhre
  c. ray tuning indicator   magisches Auge
cathodoluminescence   Kathodolumineszenz
cation   Kation
CATV   (cable television) Kabelfernsehen
Cauer filter   Cauer-Filter
cavity resonator   Topfkreis
CCCL   (complementary constant current logic) CCCL
CCD   (charge-coupled devices) Ladungstransferelemente
CCITT code   CCITT-Code
CCTL   (collector coupled transistor logic) CCTL → DCTL
CDI   (collector diffusion insulation) Kollektordiffusionsisolation
CCITT high level language   CHILL
CCSL   (compatible current sinking logic) CCSL
Celsius   Celsius → Celsius-Temperatur
centigrade   100-Grad-Skala → Celsius-Temperatur
central control unit   Zentralsteuerwerk
  c. processing unit   CPU → Zentraleinheit
centralization   Zentralisierung
centre frequency   Mittelfrequenz
ceramic capacitor   Keramikkondensator
  c. dual-in-line package   CERDIP
  c. package   Keramikgehäuse
ceramics and metal   Cermet
CERDIP   Keramikgehäuse
cermet   Cermet
  c. resistor   Cermetwiderstand
chain-parameter   Kettenkoeffizient → Kettenparameter
  c.-parameter matrix   Kettenmatrix → Vierpolmatrizen
  c.-parameter matrix form   Kettenform
  c.-parameter relations   Kettengleichungen → Vierpolgleichungen

change   Änderung
  c. over contract   Umschaltkontakt
  c. over switch   Wechselschalter
channel   Kanal
  c. capacity   Kanalkapazität
  c. current   Kanalstrom
  c. electron multiplier   Kanalelektronenvervielfacher
  c. encoding   Kanalcodierung
  c. selector   Kanalwähler
  c. translating equipment   Kanalumsetzer
  c. width   Kanalbreite
character   Zeichen
  c. generator   Zeichengenerator
  c. recognition   Zeichenerkennung
  c. set   Zeichenvorrat
characteristic   Merkmal
  c. curve   Anodenkennlinie
  c. equation   charakteristische Gleichung → Eigenwert
  c. function   charakteristische Funktion
  c. impedance   Wellenwiderstand einer Leitung, Wellenwiderstand eines Vierpols
  c. of attenuation   Dämpfungscharakteristik
  c. sound impedance   Schallwellenwiderstand
characteristics   Kennlinie
charge carrier   Ladungsträger
  c. carrier diffusion   Ladungsträgerdiffusion
  c. carrier injection   Ladungsträgerinjektion
  c. carrier mobility   Ladungsträgerbeweglichkeit
  c.-coupled devices   CCD Ladungstransferelemente
  c.-coupled image sensor   Festkörperbildsensor
  c. density   Ladungsdichte → Dichte
  c. of electricity   Elektrizitätsmenge
  c. storage   Ladungsspeicherung
  c. transport   Ladungsträgertransport
charger   Ladegleichrichter
charging   elektrostatische Aufladung, Gebührenerfassung
  c. of a capacitor   Kondensatoraufladung
check   Prüfen
  c. digit   Prüfbit
Chebyshev approximation   Tschebyscheff-Approximation
  C. filter   Tschebyscheff-Filter
  C. polynominals   Tschebyscheff-Polynome
chemical bond   chemische Bindung
  c. vapor deposition   CVD-Verfahren
chemiluminescence   Chemolumineszenz
chip   Chip
  c. area   Chipfläche
  c. capacitor   Chipkondensator
  c. resistor   Chipwiderstand
  c. select   Chip Select
chopper   Chopper
  c. amplifier   Chopperverstärker
  c. measuring amplifier   Zerhackermeßverstärker
chrome-dioxide-tape CrO_2-Band (Chrom-(II)-oxid-Band)
chrominance signal   Chrominanzsignal, Farbartsignal → FBAS-Signal
circle diagramm   Kreisdiagramm
circuit   Stromkreis
  c. analyzer   Schaltkreisanalysator
  c. design   Schaltungsentwurf
  c. diagram   Stromlaufplan
  c. element   Schaltelement
  c. switching   Durchschaltevermittlung

  c. switching network   Durchschaltenetz
  c. technology   Schaltungstechnik
circular array   Kreisgruppenantenne
  c. waveguide   Rundhohlleiter
circulating memory   Umlaufspeicher
  c. storage   Umlaufspeicher
circulator   Zirkulator
clamping circuit   Klemmschaltung
  c. diode   Abfangdiode, Kappdiode, Klemmdiode
Clapp oscillator   Clapp-Oszillator
clapper type relay   Klappankerrelais
class-A-amplifier   Klasse-A-Verstärker
  c.-A operation   A-Betriebsart
  c.-AB-amplifier   Klasse-AB-Verstärker
  c. AB operation   AB-Betriebsart
  c.-AB push-pull operation   Gegentakt-AB-Betrieb
  c. AB stage   AB-Stufe
  c.-B-amplifier   Klasse-B-Verstärker
  c. B operation   B-Betrieb
  c.-B push-pull operation   Gegentakt-B-Betrieb
  c.-C-amplifier   Klasse-C-Verstärker
  c. C operation   C-Betrieb
  c.-D-amplifier   Klasse-D-Verstärker
  c. of data signalling rate   Geschwindigkeitsklasse
  c.-S-amplifier   Klasse-S-Verstärker
classification of signals   Signalklassifizierung
clearing   Freischalten
click   Harttastung
clock   Takt
  c. amplifier   Taktverstärker
  c. controlled   taktsynchron
  c. frequency   Taktfrequenz
  c. generator   Taktgeber, Taktimpulsgenerator
  c. pulse   Taktimpuls
  c. pulse generator   Taktgeber
  c. pulses   Schrittakte
  c. pulse system   Taktsystem
  c. rate   Taktfrequenz
  c. signal   Taktsignal
  c.-skeered flipflop   Skeer-Flipflop
clocked system   getaktetes System
closed-circuit current   Ruhestrom
  c.-circuit working   Ruhestrombetrieb
  c. loop   Closed-Loop
  c.-loop control   Regelung
  c.-loop control circuit   Regelkreis
  c. numbering   verdeckte Numerierung → Numerierung
  c. shop   Closed-Shop-Betrieb
  c. system   abgeschlossenes System
  c. tube process   Ampullendiffusion → Diffusionsverfahren
CML   (current mode logic) CML → Stromschaltertechnik
clusting   Cluster-Bildung
CMOS memory   (complementary MOS memory) CMOS-Speicher
coaxial cable   Koaxialleitung
  c. relay   Koaxialrelais
  c. switch   Koaxialschalter
COBOL   (common business oriented language) COBOL
code   Code, Kennzahl
  c. converter   Codewandler
  c. for teletypewriters   Fernschreibalphabet
  c. word   Codewort
Codec   (coder decoder) Codec

coder　Zuordner
　c. network　Codiermatrix
coding theory　Codierungstheorie
coefficient of acceptor distribution　Akzeptorverteilungskoeffizient
　c. of self-induction　magnetische Feldkonstante
　c. of variance　Varianzkoeffizient
　c.-setting-potentiometer　Koeffizientenpotentiometer
coercimeter　Koerzimeter
coercitive force　Koerzitivfeldstärke
coherence　Kohärenz
coil　Spule
　c.-loaded circuit　Pupin-Leitung
　c. Q　Spulengüte → Gütefaktor (→ Verlustfaktor)
　c. resistance　Wicklungswiderstand
coincidence　Koinzidenz
　c. memory　Koinzidenzspeicher
cold-cathode tube　Kaltkatodenröhre
　c. junction　Vergleichsstelle
collector　Kollektor, Kollektorzone
　c.-base-diode　Kollektor-Basis-Diode
　c. capacitance　Kollektorkapazität
　c. coupled transistor logic　CCTL → DCTL
　c. current　Kollektorstrom
　c. diffusion insulation　Kollektordiffusionsisolation
　c. diode　Kollektordiode
　c. feedback capacitance　Kollektorkapazität
　c. modulation　Kollektormodulation
　c. resistor　Kollektorwiderstand
　c. voltage　Kollektorspannung
Collins filter　Collins-Filter
collision detection　Kollisionserkennungseinrichtung → CSMA
colour coding　Farbcode
　c. difference signal　Farbdifferenzsignal
　c. picture tube　Farbbildröhre
　c. pyrometer　Farbpyrometer
　c. television　Farbfernsehen
Colpitts oscillator　Colpitts-Oszillator
combantenna　Kammantenne → Dipolzeile
comb-filter　Comb-Filter → Kammfilter
combination of transfer elements　Verknüpfung von Übertragungsgliedern
combinational circuit　Schaltnetz
Comité Consultatif International Télégraphique et Téléphonique　CCITT
commercial satellite　Nutzsatellit
common base circuit　Basisschaltung
　c. business oriented language　COBOL
　c. collector circuit　Kollektorschaltung
　c. drain connection　Drainschaltung
　c. emitter connection　Emitterschaltung
　c. gate　Gateschaltung
　c. mode　Gleichtakt
　c. mode driving　Gleichtaktaussteuerung
　c. mode input resistance　Gleichtakteingangswiderstand
　c.-mode rejection ratio　Gleichtaktunterdrückung
　c.-mode voltage　Gleichtaktspannung
　c.-mode voltage gain　Gleichtaktverstärkung
　c. signalling channel　Leistungsbündel → Zeichenkanal
　c. source connection　Sourceschaltung
communication　Fernmeldetechnik, Kommunikation, Nachrichtentechnik, Übermittlung
　c. computer　Kommunikationsrechner

　c. network　Nachrichtennetz
　c. system　Kommunikationssystem, Nachrichtensystem
　c. technique　Nachrichtenübertragungstechnik
communications　Nachrichtenübertragung
　c. cable　Fernmeldekabel
　c. satellite　Nachrichtensatellit
　c. satellite corporation　Comsat
　c. switching　Nachrichtenvermittlung, Vermittlung, Vermittlungstechnik
　c. technique　Nachrichtenübertragungstechnik
commutate　Kommutieren → Kommutierung
commutating capacitance　Kommutierungskondensator
　c. inductance　Kommutierungsinduktivität
　c. number　Kommutierungszahl
　c. period　Kommutierungszeit
commutation　Kommutierung
commutator　Kommutator
　c. rectifier　Kontaktgleichrichter
comparator　Komparator
comparison　Vergleich
　c. bridge　Vergleichsbrücke
　c. method　Vergleichsmethode → Kompensationsmethode
compatibility　Kompatibilität
compatible current-sinking logic　CCSL
compensated semiconductor　Kompensationshalbleiter
compensating lead　Ausgleichsleistung
　c. self-recording instrument　Kompensationsschreiber
compensation　Kompensation
　c. method　Kompensationsmethode
　c. theorem　Kompensationstheorem
compensator　Kompensator
compiler　Compiler
　c.-level language　Compilersprachen
complement　Komplement
complementary　komplementär
　c. BCD-code　komplementärer BCD-Code
　c. constant current logic　CCCL
　c. Darlington pair circuit　Komplementär-Darlington-Schaltung
　c. metal-oxide semiconductor　Komplementär-MOS → CMOS
　c. technology　Komplementärtechnik
　c. transistor amplifier　Komplementärverstärker
　c. transistor logic　CTL
　c. transistors　Komplementärtransistoren
complete failure　Vollausfall
complex frequency　komplexe Frequenz
　c. function　Bildfunktion
　c. permeability　komplexe Permeabilität
　c. pole　komplexer Pol
　c. power　Scheinleistung
　c. variable domain　Bildbereich → Bildfunktion
　c. zero　komplexe Nullstelle → komplexer Pol
component density　Packungsdichte
composite colour picture signal　FBAS-Signal
　c. picture signal　Signalgemisch
　c. resistor　Massewiderstand
　c. signal　Signalgemisch
compound semiconductor　Verbindungshalbleiter
compression　Kompression
computer　Computer, Datenverarbeitungsanlage, Rechner
　c. aided design　CAD
　c. architecture　Architektur eines Computers
　c. communication　Rechnerkommunikation

c. generation   Computergenerationen
c.-output microfilm   COM → Mikrofilm
c. network   Verbundsystem
c. science   Informatik
c. system   EDV-System
computerized numerical control   CNC-Steuerung → numerische Steuerung
concentration   Konzentration
concentrator   Konzentrator → Kommunikationsrechner
condensance   Kondensanz
condensor microphone   Kondensatormikrophone
condition for passivity   Passivitätsbedingung
conditional branch instruction   bedingter Sprungbefehl → Sprungbefehl
    c. information content   Verbundinformationsentropie
    c. jump instruction   bedingter Sprungbefehl → Sprungbefehl
conductance   Konduktanz, Wirkleitwert
conductor   Stromleiter
confidence coefficient   Aussagewahrscheinlichkeit
    c. level   Vertrauensbereich
configuration   Konfiguration
congestion   Blockierung
conjunction   Konjunktion
connection   Verbindung
    c. of two-ports   Vierpolzusammenschaltungen
console   Konsole
    c. typewriter   Blattschreiber
constant current measuring bridge   Konstantstrommeßbrücke
    c. current operation   Konstantstrombetrieb
    c. current power supply   Konstantstromquelle
    c. light barrier   Gleichlichtschranke
    c. of a scale   Skalenkonstante
    c. ratio code   gleichgewichteter Code
    c. voltage source   Konstantspannungsquelle
    c. voltage operation   Konstantspannungsbetrieb
construction of semiconductors   Halbleiterfertigung
consumer electronics   Konsumelektronik
contact area   Kontaktstelle
    c. elemente   Kontaktelement
    c. potential   Diffusionsspannung, Kontaktpotential
    c. pressure   Kontaktkraft
    c. resistance   Kontaktwiderstand
    c. thermometer   Kontaktthermometer
    c. transition resistance   Übergangswiderstand
contactor   Schütz
content addressable memory   Assoziativspeicher
contention mode   Konkurrenzverfahren
continued fractions arrangement   Kettenbruchschaltung
continuity equation   Kontinuitätsgleichung → Schallfeld
continuous contour control   Bahnsteuerung
    c. controller   kontinuierlicher Regler
    c. progressive code   einschrittiger Code
    c. radiation   Bremsstrahlung
    c. signal   Dauerkennzeichen → Kennzeichen
    c. spectrum   kontinuierliches Spektrum → Spektrum, von Zeitfunktionen
    c. system   kontinuierliches System
    c. wave   CW-Betrieb → Halbleiterlaser, Dauerstrichverfahren → Radar
    c.-wave laser   Dauerstrich-Laserdiode
contour error   Nachformfehler
control   Vorwärtssteuerung → Steuerung
    c. accuracy   Regelgüte → Gütekriterium

c. area   Regelfläche → Gütekriterium
c. characteristic   Steuerkennlinie
c. criterion   Gütekriterium
c. current   Steuerstrom
c. grid   Steuergitter
c. information   Steuerinformation
c. oscillator   Steueroszillator
c. packet   Steuerpaket
c. panel   Konsole
c. signal   Steuersignal
c. system   Regelungssystem, Steuersystem
c. unit   Steuereinheit, Steuereinrichtung, Steuerwerte → Steuersystem (Punkt 1)
c. unit display station   Station zur Steuerung der Datenverarbeitungsanlage → Datensichtstation
c. voltage   Steuerspannung
c. wire   Steuerleitung
controllability   Steuerbarkeit
controllable system   steuerbares System
controlled avalanche diode   CAD
c. convertor   steuerbarer Gleichrichter
c. sources   gesteuerte Quellen
c. variable   Regelgröße
controller   Regler
convection   Konvektion
conversion   Konvertierung, Umwandlung
c. program   Übersetzungsprogramm → Assembler; → Compiler; → Interpreter
c. rate   Umsetzgeschwindigkeit → Umwandlungsgeschwindigkeit
conversational device   Dialoggerät
c. mode   Dialogbetrieb
converter   Konverter, Wandler
convertor   Stromrichter, Umrichter
c. connection   Stromrichterschaltung
c. fed motor   Stromrichtermotor
c. technique   Stromrichtertechnik
c. valve   Stromrichterventil
convolution   Faltung
cooling vane   Kühlfahne
Cooper pairs   Cooper-Paare
coordinateograph   Koordinatengraph
coordinate system   Koordinatensysteme
copper-oxyde rectifier   Kupferoxydul-Gleichrichter
coprocessor   Coprozessor
core losses   Eisenverluste → Ummagnetisierungsverluste
c. memory   Magnetkernspeicher
corner reflector antenna   Winkelreflektorantenne
correlation   Korrelation
c. analysis   Korrelationsanalyse
correlator   Korrelator
correspondence   Korrespondenz
corrosion   Korrosion
Cotton-Mouton effect   Cotton-Mouton-Effekt
coulomb   Coulomb
Coulomb force   Coulombkraft
Coulomb's law   Coulombsches Gesetz
coulometer   Coulombmeter
counter   Zähler
c. circuit   Zählschaltung
counting code   Zählcode
c. relay   Zählrelais
c. track   Zählspur

country code   Landeskennzahl → Kennzahl
coupled coils   gekoppelte Spulen
   c. parallel-resonant circuit   gekoppelter Parallelschwingkreis
   c. resonant circuits   Schwingkreiskopplung
   c. attenuation   Koppeldämpfung
   c. capacitor   Koppelkapazität, Koppelkondensator, Kopplungskondensator
   c. coefficient   Kopplungsfaktor → Übertrager
   c. diode   Koppeldiode
   c. element   Koppelelement
   c. network   Koppelnetzwerk
   c. of controller   Verknüpfung von Reglern
coupling capacitor   Koppelkapazität
covalent bond   kovalente Bindung
cradle relay   Kammrelais
creeping galvanometer   Kriechgalvanometer
Cremer-Leonhard-Michailow criterion   Cremer-Leonhard-Michailow-Kriterium
crest factor   Scheitelfaktor
   c. voltmeter   Scheitelwertmesser
critical flicker frequency   Flimmergrenze
criterion for tolerance   Toleranzkriterium
cross assembler   Cross-Assembler
   c. bar switch   Koordinatenschalter
   c.-coil instrument   Kreuzspulinstrument
   c.-coil mechanism   Kreuzspulmeßwerk
   c. connection   Kreuzschaltung
   c.-coupling   Kreuzkopplung
   c. modulation   Kreuzmodulation
   c. talk attenuation   Übersprechdämpfung
crosscorrelation function   Kreuzkorrelationsfunktion
crosspoint   Koppelpunkt → Koppelelement
   c. switch   Schaltmatrix
crosstalk   Nebensprechen
   c. attenuation   Nebensprechdämpfung
crowbar   Überspannungs-Crowbar-Schutz
CRT   (cathode ray tube) Braunsche Röhre
CSMA   (carrier sense multiple access) CSMA
crystal   Kristall
   c.-classes   Kristallklassen
   c. controlled generator   quarzgesteuerter Generator
   c. detector   Kristalldetektor
   c. filter   Quarzfilter
   c. generator   Quarzgenerator
   c. growth   Kristallzüchtung
   c. lattice   Kristallgitter
   c. loudspeaker   Kristallautsprecher
   c. microphone   Kristallmikrophon
   c. resonator   Schwingquarz, Quarzresonator → Quarz
   c. stabilization   Quarzstabilisierung
   c. structure   Kristallstruktur
crystalline semiconductor   kristalliner Halbleiter
CTL   (complementary transistor logic) CTL
cumulative failure frequency   Ausfallsatz
Curie law   Curie-Gesetz
   C. point   Curie-Punkt → Curie-Temperatur
   C. temperature   Curie-Temperatur
   C.-Weiß law   Curie-Weiß-Gesetz
current attenuation   Stromdämpfung, Stromdämpfungsmaß
c.-controlled source   (CCS) CCS → gesteuerte Quellen
c.-controlled voltage sourve (CVS)   CVS, stromgesteuerte Spannungsquelle → gesteuerte Quelle
   c. controller   Stromregler
   c. density   Stromdichte
   c. density due to the concentration gradient   Diffusionsstromdichte
   c. distribution   Strombelag
   c. divider   Stromteiler
   c. drive   Stromsteuerung
   c. due to the concentration gradient   Diffusionsstrom
   c.-frequency converter   Strom-Frequenz-Wandler
   c. gain   Gleichstromverstärkung, Stromverstärkung
   c. generator   Stromquelle
   c. hogging   Current Hogging
   c. impulse   Stromimpuls
   c. limiter   Strombegrenzer
   c. limiting transistor   Strombegrenzungstransistor
   c. measurement   Strommessung
   c. mirror   Stromspiegelschaltung
   c. mode logic   CML → Stromschaltertechnik
   c. negative feedback   Stromgegenkopplung
   c. noise   Stromrauschen
   c. path   Strompfad
   c. ratio   Stromverhältnis, Stromübersetzungsverhältnis → Übertragungsfaktor
   c. reflection   Stromspiegelung
   c. resonance   Stromresonanz → Parallelschwingkreis
   c.-sensing resistor   Stromfühler
   c. sharing reactor   Stromteilerdrossel
CSL   (current switch logic) CSL → Stromschaltertechnik
   c. source   Stromquelle
   c. source voltage source conversion   Stromquellen-Spannungsquellen-Umwandlung
   c. switch logic   CSL → Stromschaltertechnik
   c.-to-voltage converter   Strom-Spannungs-Wandler
   c. transformer   Stromtransformator → Stromwandler
   c. transmission coefficient   Stromübertragungsfaktor → Übertragungsfaktor
   c.-voltage characteristic   Strom-Spannungs-Kennlinie
cursor   Cursor
curve follower   Kurvenschreiber
   c. of reverse voltage transfer ratio   Spannungsrückwirkungskennlinie
   c. of short-circuit forward current transfer   Stromsteuerkennlinie
   c. tracer   Kennlinienschreiber
custom design   Custom-Design
curtain   Vorhangantenne → Dipolwand
cutoff   Cutoff
   c. collector current   Reststrom
   c. frequency   Knickfrequenz → Eckfrequenz
   c. wavelength   Grenzwellenlänge
cutout   Unterbrechung
CVD   (chemical vapor deposition) chemisches Aufdampfverfahren → CVD Verfahren
CVS   (current-controlled voltage source) stromgesteuerte Spannungsquelle → CVS
CW   (continuous wave) Dauerstrich → Radar
cybernetics   Kybernetik
cycle   Schwingungsdauer, Zyklus → Periodendauer
   c. accuracy   Ganggenauigkeit
   c. period   Periode
   c. precision   Ganggenauigkeit
   c. stealing   Cycle Stealing
   c. time   Zykluszeit
cycles per second   Hertz

cyclic code zyklischer Code
   c. memory   Umlaufspeicher
   c. redundancy check   Prüfzeichen → zyklischer Code
   c. shift register   Ringschieberregister
   c. storage   Umlaufspeicher
cyclical redundancy check   Fehlersicherungsteil → Nachrichtenblock
cycloconvertor   Direktumrichter, Steuerumrichter → Direktumrichter
cyclotron   Zyklotron
cylinder   Zylinder
cylindrical wave   Zylinderwelle
Czochralski process   Tiegelziehverfahren

damper   Booster-Diode
damping   Dämpfung
   d. decrement   Abklingkonstante
dark current   Dunkelstrom
   d. resistance   Dunkelwiderstand
   d.-trace tube   Dunkelschriftröhre
Darlington amplifier   Darlington-Transistor
   D. circuit   Darlington-Schaltung
   D. differential amplifier   Darlington-Differenzverstärker
   D. pair   Darlington-Paar
   D. phototransistor   Darlington-Phototransistor
d/a-conversion   Digital-Analog-Umsetzung
data   Daten
   d. bus   Datenbus
   d. cell storage   Magnetstreifenspeicher
   d. channel   Datenkanal
   d. circuit terminal equipment   Datenübertragungseinrichtung
   d. collection   Datenerfassung
   d. collection system   Datenerfassungssystem
   d. division   Datenteil → COBOL
   d. encryption   Datenverschlüsselung
   d. file   Datei
   d. flowchart   Datenflußplan
   d. flow control   Datenflußsteuerung
   d. integrity   Datensicherung
   d. medium   Datenträger
   d. memory   Datenspeicher
   d. network   Datennetz
   d. packet   Datenpaket
   d. processing   Datenverarbeitung
   d. processing system   Datenverarbeitungssystem
   d. processing terminal equipment   Datenendeinrichtung
   d. protection   Datenschutz
   d. rate   Datenübertragungsgeschwindigkeit, Übertragungsgeschwindigkeit
   d. signal   Datensignal
   d. storage   Datenspeicher
   D.-Telecommunications   Datel-Dienste
   d. terminal equipment   Datenendeinrichtung
   d. transfer   Datenübertragung
   d. transfer rate   Transfergeschwindigkeit
   d. transmission   Datenfernübertragung
   d. word   Datenwort
datagram   Datagramm
date   Datum
dB   dB → Dezibel
d. c.   (direct current) Gleichstrom
d.c. amplification factor   B-Wert

d.c. chopper   Gleichstromsteller
d.c. converter   Gleichstromwandler
d.c. convertor   Gleichstromumrichter − Umrichter
d.c. coupling   galvanische Kopplung
d.c. link   Gleichstromzwischenkreis
d.c. machine   Gleichstrommaschine
d.c. measuring bridge   Gleichstrommeßbrücke
d.c. motor   Gleichstrommotor
d.c. relay   Gleichstromrelais
d.c. resolver   Gleichstromdrehmelder
d.c. switch   Gleichstromschalter
DCE   (data circuit terminal equipment) Datenübertragungseinrichtung
d-characteristics   D-Verhalten
D-controller   D-Regler → elektronischer Regler
DDC   (direct digital control) direkte Steuerung → Vielfachregelung
dead time   Totzeit
   d. time element   Totzeitglied → Totzeit
   d. zone   Unempfindlichkeitszone → tote Zone
DEAP   (diffused eutectic aluminium process) DEAP
deathnium centers   Reaktionshaftstellen → Haftstelle
de Broglie wave   De Broglie Welle, Materiewelle
debugging   Debugging
Debye length   Debye-Länge
decade capacitance box   Dekadenkondensator
   d. counter   Zähltetrade
   d. resistor   Dekadenwiderstand
decay   Abklingvorgang
   d. time   Abklingzeit
decelerating grid   Bremsgitter
decibel   Dezibel
decimal code   Dezimalcode
   d. counter   Dezimalzähler
   d. digit   Denärziffer
   d. system   Dezimalsystem
decision content   Entscheidungsgehalt
decoder   Decodierer
decode switch   Codierschalter
decoding law   Decodierungssatz
decoupling   Entkopplung
dedicated circuit   Standleitung
defect   Fehlstelle
Defense Electronics Supply Center   (DESC) DESC → Normungsorganisationen in den USA
deflecting electrode   Ablenkelektrode
   d. system   Ablenkeinheit
deflection   Ablenkung
   d. coil   Ablenkspule
   d. method   Ausschlagmethode
   d. of electron beam   Elektronenstrahlablenkung
   d. sensitivity   Ablenkempfindlichkeit
deflector plate   Ablenkplatte
degeneracy   Entartung
   d. temperature   Entartungstemperatur
degenerated system   entartetes System → Entartung
degradation failure   Driftausfall
degree   Altgrad
   d. of coupling   Kopplungsgrad
   d. of modulation   Modulationsgrad
   d. of the filter   Filtergrad
de Haas-van Alphen effect   De Haas-van Alphen-Effekt
delay circuit   Verzögerungsschaltung

d. element   Verzögerungsglied
d. flipflop   D-Flipflop
d. line   Verzögerungsleitung
d. of signal   Signalverzögerung
d. time   Verzögerungszeit, Verzugszeit, Zündverzugszeit → Durchschaltzeit
d. time of signal   Signalverzögerungszeit
Delon rectifier circuit   Delon-Schaltung
delta circuit (connection)   Dreieckschaltung
　d.-matched dipole   Y-Dipole → Dipolantenne
　d. modulation   Deltamodulation
　d.-star transformation   Dreieck-Stern-Umwandlung → Stern-Dreieck-Umwandlung
　d. voltage   Dreieckspannung
Dember effect   Dember-Effekt
demodulation   Demodulation
demodulator   Demodulator
　d. circuit   Demodulatorschaltung
De-Morgan's theorem   De Morgansche Regel
demultiplexer   Demultiplexer
denominational number system   Stellenwertsystem
density   Dichte
　d. of total electromagnetic energy   elektrische Energiedichte
depletion layer   Sperrschicht
　d. mode FET   Verarmungs-Isolierschichtfeldeffekttransistor
　d.-mode metal-oxide semiconductor field-effect transistor   Verarmungs-MOS-Feldeffekttransistor
　d. width   Sperrschichtbreite
deposition   Aufdampfverfahren
depth earth electrode   Tiefenerder
derating   Unterlastung
derivative action   Vorhalt
　d. time   Vorhaltezeit → Vorhalt
derived units of the International System of Units   abgeleitete SI-Einheiten
DESC   (Defense Electronics Supply Center) DESC → Normungsorganisationen in den USA
desired signal   Nutzsignal
　d. value   Vollwert
　d. value potentiometer   Sollwertpotentiometer
detectable error   erkennbarer Fehler
detector   Detektor
　d. of nuclear radiation   Kernstrahlungsdetektor
deterministic signal   determiniertes Signal
detuning   Verstimmung
deviation   Regelabweichung
　d. of current in measuring transformers   Stromfehler
　d. ratio   Hubverhältnis
D-flipflop   D-Flipflop
diagram   Kennlinie
dialling   Wählen
　d. code   Zielinformation
diamagnetism   Diamagnetismus
Diamond code   Diamond-Code
diamond lattice   Diamantgitter
diaphragm   Membran
　d. source   Membranstrahler
dibit   Dibit
die   Die
dielectric   Dielektrium
　d. isolation   dielektrische Isolation
　d. relaxation   dielektrische Nachwirkung
　d. rod radiator   Stielstrahler

　d. strength   Spannungsfestigkeit
dielectrical polarisation   dielektrische Polarisation
difference amplifier   Differenzverstärker
　d. measuring amplifier   Differenzmeßverstärker
　d. stage   Differenzstufe
　d. voltmeter   Differenzvoltmeter
differential analyzer   Differentialanalysator
　d. bridge   Differentialbrückenschaltung, Differentialmeßbrücke
　d. discriminator   Differenzdiskriminator
　d. gain   differentielle Verstärkung
　d. measuring amplifier   Differentialmeßverstärker
　d.-mode-voltage   Differenzspannung
　d.-mode-voltage gain   Differenzverstärkung
　d. permeability   differentielle Permeabilität
　d. photoresistor   Differentialphotowiderstand
　d. term   Differentialglied
differentiating network   differenzierendes Netzwerk
differentiator   Differenzierglied → Übertragungsglied
diffraction fading   Beugungsschwund → Schwund
diffused eutectic aluminium process   DEAP
　d.-junction transistor   diffundierter Transistor
diffusion   Diffusion
　d. coefficient   Diffusionskoeffizient
　d. length   Diffusionslänge
　d. potential   Diffusionspotential, Diffusionsspannung
　d. process   Diffusionsverfahren → Dotierungsverfahren
　d. time   Diffusionszeit
　d. transistor   Diffusionstransistor
　d. velocity   Diffusionsgeschwindigkeit
digit   Ziffer
　d. computer   Stellenmaschine
　d. receiver   Wahlsatz (Register) → Satz
digital   digital
　d. circuit   Digitalschaltung
　d. computer   Digitalrechner
　d. control   digitale Regelung, digitale Steuerung
　d. data transmission   digitale Meßwertübertragung
　d. differential analyzer method   Digital-Differential-Analysator-Methode
　d. display   Digitalanzeige
　d. filter   Digitalfilter
　d. frequency meter   Frequenzzähler
　d. input   Digitaleingang
　d. measuring instruments   digitale Meßgeräte
　d. measuring methods   digitale Meßverfahren
　d. measuring technique   Digitalmeßtechnik
　d. meters   digitale Meßinstrumente
　d. multimeter   Digitalmultimeter
　d. multiplier   digitaler Multiplizierer
　d. network   Digitalnetz
　d. oscilloscope   Digitaloszilloskop
　d. read out measuring instruments   digitale Meßinstrumente
　d. signal   Digitalsignal
　d. simulation   digitale Simulation
　d. storage   Digitalspeicher
　d. system   Digitalsystem
　d. technique   Digitaltechnik
　d.-to-analogue converter   (DAC) Digital-Analog-Wandler
　d.-to-digital converter   (DDC) Digital-Digital-Wandler
　d. transfer   Digitalübertragung
　d. voltmeter   Digitalvoltmeter
　d. watch   Digitaluhr

DIL-switch   (dual-in-line) DIL-Schalter
dimension   Dimension
dimensional equation   Größengleichungen
dimmer   Dimmer
dimming switch   Dämmerungsschalter
diode   Diode
    d. a.c. switch   Diac → Zweirichtungsthyristordiode
    d. logic   Diodenlogik
    d. matrix   Diodenmatrix
    d. mixer   Diodenmischer
    d. rectifier   Diodengleichrichter
    d. transistor logic   DTL
    d. transistor logic with Zener diode   DTZL
    d. tuning   Diodenabstimmung
    d. vacuum tube   Hochvakuumdiode
DIP   (dual-in-line package) DIL-Gehäuse
    d. switch   DIP-Schalter
dip meter   Dipmeter
    d. soldering   Tauchlöten
dipol antenna   Dipolantenne
    d. moment of atoms   atomares Dipolmoment
Dirac equation   Dirac-Gleichung
direct access   direkter Zugriff
    d. addressing mode   direkte Adressierung
    d. call line   HfD
    d. coupled logic   DCL → DCTL
    d. coupled transistor logic   DCTL
    d. coupling   direkte Kopplung
    d. current   Gleichstrom
    d. current amplifier   Gleichspannungsverstärker
    d. current braking   Gleichstrombremsung
    d. current chopper   Gleichstromsteller
    d. current converter   Gleichstromumrichter, Gleichstromwandler
    d. current level   Gleichspannungspegel
    d. current link   Gleichstromzwischenkreis
    d. current machine   Gleichstrommaschine
    d. current measuring amplifier   Gleichspannungsmeßverstärker
    d. current measuring bridge   Gleichstrommeßbrücke
    d. current motor   Gleichstrommotor
    d. current relay   Gleichstromrelais
    d. current resolver   Gleichstromdrehmelder
    d. current switch   Gleichstromschalter
    d. current voltage   Gleichspannung
    d. current voltage gain   Gleichspannungsverstärkung
    d. current voltage offset   Gleichspannungsoffset
    d. current voltage transducer   Gleichspannungswandler
    d. current voltmeter   Gleichspannungsmesser
    d. digital control   DDC → Vielfachregelung
    d. inward dialling   Durchwahl
    d. memory access   DMA → Direktspeicherzugriff
    d. plug connector   direkter Steckverbinder
    d. route   Direktweg
direction of current   Stromrichtung
directional antenna   Richtantenne
    d. constant   Winkelrichtgröße
    d. effect   Richtwirkung
    d. radiation   Richtstrahlung
directive radiator   Richtantenne
directivity   Richtfaktor, Richtwirkung
director   Direktor

directory   Directory
discharge of a capacitor   Kondensatorentladung
discrete   diskret
    d. signal   diskretes Signal
    d. system   diskretes System
    d.-time filter   zeitdiskretes Filter
discrimination   Auflösungsvermögen
discriminator   Diskriminator
disjunction   Disjunktion
disk capacitor   Scheibenkondensator
    d. memory   Magnetplattenspeicher
    d. operating system   DOS
    d. seal tube   Scheibentriode
disk operating system   DOS
    d. storage with interchangeable disk packs   Wechselplattenspeicher
diskette   flexible Disk
    d. drive   Diskettenlaufwerk
dislocation   Fehlstelle
disorder   Fehlstelle
dispenser cathode   Vorratskatode
dispersion   Dispersion
displacement   Displacement → Offset
    d. current   Verschiebungsstrom
display   Display
dissection of two-ports   Vierpolzerlegung
dissipation factor   Verlustfaktor
dissociation   Dissoziation
    d. energy   Dissoziationsarbeit
distance-measuring equipment system   DME-System
distortion   Verzerrung
    d. (factor)   Klirrfaktor, Oberschwingungsgehalt
    d. measuring bridge   Klirrfaktormeßbrücke
    d. meter   Klirrfaktormesser
distortionless line   verzerrungsfreie Leitung
distortive power   Verzerrungsleistung → Oberschwingungsblindleistung
distributed capacitance   Wicklungskapazität
distribution   Verteilung
disturb suppression   Störunterdrückung
disturbance elimination   Entstörung
    d. response   Störverhalten → Führungsverhalten
    d. transfer function   Störübertragungsfunktion
    d. variable   Störgröße
    d. variable feed forward   Störgrößenaufschaltung
disturbing noise   Störgeräusch
    d. voltage   Störspannung
diversity   Diversity
divider   Dividierer, Frequenzteiler
DMOS   (double diffused MOS) DMOS
Dolby stretcher   Dolby
domain   Domäne
donor   Donator
doped polysilicon diffusion   DOPOS
    d. semiconductor   dotierter Halbleiter
doping   Dotieren
    d. atom   Fremdatom
    d. technique   Dotierungsverfahren
DOPOS   (doped polysilicon diffusion) DOPOS
Doppler effect   Doppler-Effekt
    D. radar   Doppler-Radar → Radar

dot matrix   Punktmatrix
   d. matrix printer   Matrixdrucker
double amplitude modulation   Doppelamplitudenmodulation
   d.-balanced modulator   Doppelgegentaktmodulator
   d. coil mechanism   Doppelspulmeßwerk
   d. control   Zweifachregelung
   d. density   Double Density
   d. diffused MOS   DMOS
   d. integration method   Doppelintegrationsverfahren
   d. integrator   Zweifachintegrator
   d. refraction   Doppelbrechung
   d.-sideband transmission   Zweiseitenbandübertragung
   d. star connection   Doppelsternschaltung → Saugdrosselschaltung
   d. star connection with interphase transformer   Saugdrosselschaltung
   d.-terminated network   Vierpol im Betrieb
   d. tone television transmission   Zweitonfernsehübertragung
   d.-tuned band-pass filter   Zweikreisbandfilter
   d.-way connection   Zweiwegschaltung
   d.-way rectifying   Zweiweggleichrichtung, Doppelweggleichrichtung → Zweiweggleichrichtung
doubling temperature   Verdoppelungstemperatur
down counter   Rückwärtszähler
drain   Drain, Senke
   d. current   Drainstrom
   d.-gate breakdown voltage   Drain-Gate-Durchbruchspannung
   d.-source-breakdown voltage   Drain-Source-Durchbruchspannung
   d.-source voltage   Drain-Sourcespannung
drift   Drift
   d. characteristic   Alterungszahl
   d. compensation   Driftkompensation
   d. current   Driftstrom
   d. field   Driftfeld
   d. transistor   Drifttransistor
   d. voltage   Driftspannung
drifting-velocity   Driftgeschwindigkeit
drop current   Abfallstrom
   d. power   Abfallerregung
droplet model   Tröpfchenmodell
driver   Treiberstufe
driving-point impedance (admittance) function   Zweipolfunktion
   d. power   Steuerleistung
   d. transistor   Treibertransistor
drum memory   Magnettrommelspeicher
dry rectifier   Trockengleichrichter
DTE   (data terminal equipment) Datenendeinrichtung
DTL   (diode transistor logic) DTL
D-transfer element   differenzierendes Übertragungsglied → Übertragungsglied
DTZL   (diode transistor logic with Zener diode) DTZL
dual amplitude modulation   Doppelamplitudenmodulation
   d. beam oscilloscope   Zweistrahloszilloskop
   d. channel oscilloscope   Zweikanaloszilloskop
   d. code   Dualcode
   d. current   dualer Strom → duale Spannung
   d. impedance   dualer Widerstand
   d. in-line package   DIP → DIL-Gehäuse
   d. in-line switch   DIL-Schalter
   d. number   Dualzahl
   d. op amps   Zweifachoperationsverstärker
   d. operational amplifier   Zweifachoperationsverstärker
   d. slope method   Dual-Slope-Verfahren (Zweirampenverfahren)
   d. two-port   dualer Vierpol
   d. two-terminal network   dualer Zweipol
   d. voltage   duale Spannung
duality   Dualität
duant electrometer   Duantenelektrometer
duct   Duct
duplex operation   Duplexbetrieb
duty cycle   Tastgrad
dwell   Verweilzeit
dye laser   Farbstofflaser → Laser
dynamic disturbance effects   dynamische Störeffekte
   d. error   dynamischer Fehler
   d. microphone   dynamisches Mikrophon, Tauchspulenmikrophon
   d. mutual conductance   Arbeitssteilheit
   d. system   dynamisches System
dynamical calibration   dynamische Kalibrierung
dynamometer   Dynamometer
dynatron   Dynatroncharakteristik
   d. oscillator   Dynatronschaltung
dynistor diode   Dynistordiode
dynode   Dynode, Prallanode

Early effect   Early-Effekt
early failure   Frühausfall
EAROM   (electrically alterable read-only memory) EAROM
earth   Erden
   e. electrode   Erder
   e. fault   Erdschluß
   e. resistance meter   Erdungsmesser
earthing   Erdung
extended binary code decimal interchange code   (EBCDIC) EBCDI-Code
EBCDIC   (extended binary code decimal interchange code) EBCDI-Code
Ebers-Moll model   Ebers-Moll-Modell
echo   Geisterbild
   e. attenuation measuring set   Echometer
ECL   (emitter coupled logic) ECL
ECMA data cassette   ECMA-Kassette
economy circuit   Sparschaltung
ECTL   (emitter coupled transistor logic) ECTL → ECL
eddy-current loss   Wirbelstromverlust
edge   Flanke
   e. control   Flankensteuerung
   e. triggered flipflop   taktflankengesteuertes Flipflop
   e. triggering   Flankensteuerung
Edison-cell   Nickelakkumulator
editor   Editor
EEL   (emitter emitter logic) EEL → ECL
EEPROM   (electrically erasable programmable read-only memory) EEPROM → EAROM
effect of temperature   Temperaturgang
effective aperture   Absorptionsfläche
   e. area   Absorptionsfläche
   e. attenuation constant   komplexes Betriebs-Dämpfungsmaß → Betriebsübertragungsfaktor

e. attenuation ratio   Betriebs-Dämpfungsfaktor → Betriebsübertragungsfaktor
e. area   Absorptionsfläche
e. crystal potential   Kristallpotential
e. length   wirksame Antennenlänge
e. mass   effektive Masse
e. permeability   effektive Permeabilität
e. phase angle   Betriebs-Dämpfungswinkel → Betriebsübertragungsfaktor
e. power meter   Wirkleistungsmesser → Leistungsmesser
e. radiated power   (ERP) ERP → Strahlungsleistung
e. sound pressure   Schalldruck
e. transmission factor   Betriebsübertragungsfaktor
EFL   (emitter follower logic) EFL
EHF   (extremely-high frequency) EHF → Millimeterwelle
eigenfunction   Eigenfunktion
eigenvalue   Eigenwert
electret   Elektret
electric bulb display   Glühlampenanzeige
e. characteristics   Kenndaten
e. charge   elektrische Ladung
e. current   elektrischer Strom, Stromstärke
e. field   elektrisches Feld
e. field strength   elektrische Feldstärke
e. flux   elektrische Durchflutung, elektrischer Fluß
e. flux density   elektrische Flußdichte
e. force   elektrische Kraft
e. measurement technique   elektrische Meßtechnik
e. polarization   elektrische Polarisation
e. potential   Coulombsches Potential
e. susceptibility   elektrische Suszeptibilität
e. voltage   elektrische Spannung
e. resistance   elektrischer Widerstand
electrical oscillation   elektrische Schwingung
electrically alterable read-only memory   (EAROM) EAROM
e. erasable programmable read-only memory   (EEPROM) EEPROM → EAROM
e. operated switch   elektromagnetischer Schalter
e. symmetric two-port network   widerstandssymmetrischer Vierpol
electroacoustic transducer   elektroakustischer Wandler
electroacoustical effect   elektroakustischer Effekt
electrocardiograph   Elektrokardiograph
electrocardiogram   Elektrokardiogramm
electrochemical potential   elektrochemisches Potential
electrode   Elektrode
electrodichroism   Elektropleochroismus
electrodynamic transducer   elektrodynamischer Wandler
electrodynamical measuring system   elektrodynamisches Meßwerk
e. pick-up   elektrodynamischer Meßfühler
electrodynamics   Elektrodynamik
electroencephalograph   Elektroenzephalograph
electroluminescence   Elektrolumineszenz
electroluminescent cell   Elektrolumineszenzzelle
e. display   Elektrolumineszenzanzeige
e. panel   Lumineszenzplatte
electrolyte   Elektrolyt
electrolytic capacitor   Elektrolytkondensator
e. conducting material   Ionenleiter
e. dissociation   elektrolytische Dissoziation
electromagnet   Elektromagnet

electromagnetic compatibility   (EMC) elektromagnetische Verträglichkeit (EMC)
e. field   elektromagnetisches Feld
e. force   elektromagnetische Kraft
e. induction   elektromagnetische Induktion
e. memory   elektromagnetischer Speicher
e. pulse   EMP
e. radiation   elektromagnetische Strahlung
e. read-only memory   elektromagnetischer Festwertspeicher
e. spectrum   elektromagnetisches Spektrum
e. transducer   elektromagnetischer Wandler
e. wave   elektromagnetische Welle
electromagnetism   Elektromagnetismus
electromechanical convertor   elektromechanischer Wandler
electrometer   Elektrometer
e. bridge   Elektrometerbrücke
e. measuring bridge   Elektrometermeßbrücke
electromigration   Elektromigration
electromotive force   elektromotorische Kraft → EMK
e. series   elektrochemische Spannungsreihe
e. voltage   Quellenspannung
electromotor   Elektromotor
electron accelerator   Elektronenbeschleuniger
e. affinity   Elektronenaffinität
e. beam   Elektronenstrahl
e. beam lithography   Elektronenstrahllithographie
e. beam source   Elektronenstrahlerzeuger
e. cloud   Elektronenwolke
e. conduction   Elektronenleitung
e. density   Elektronendichte
e. emission   Elektronenemission
e. gas   Elektronengas
e. gas model   Elektronengasmodell
e.-hole pair   Elektron-Defektelektron-Paar
e. lens   Elektronenlinse
e. mass   Elektronenmasse
e. microscope   Elektronenmikroskop
e. mobility   Elektronenbeweglichkeit → Ladungsträgerbeweglichkeit
e. multiplier   Elektronenvervielfacher
e. optical image devices   elektronenoptische Abbildungsgeräte
e. optics   Elektronenoptik
e. pair creation   Elektronenpaarbildung
e. radius   Elektronenradius
e. shell   Elektronenhülle
e. spin   Elektronenspin
e. tube   Elektronenröhre
e. transition   Elektronenübergang
e. volt   Elektronvolt
electronic amplifier   elektronischer Verstärker
e. control   kontaktlose Steuerung
e. counter   elektronischer Zähler
E. Industries Association   EIA → Normungsorganisationen in den USA
e. measuring instruments   elektronische Meßinstrumente
e. polarisation   Elektronenpolarisation
e. power circuit   Potenzierer
e. relay   elektronisches Relais
e. switch   elektronischer Schalter
e. voltmeter   elektronische Spannungsmesser

electronical controller   elektronischer Regler
   e. multiplier   elektronischer Multiplizierer
   e. standard voltage source   elektronische Normalspannungsquelle
electronics   Elektronik
electrooptical effect   elektrooptischer Effekt
electrophoresis   Elektrophorese
electrostatic field   elektrostatisches Feld
   e. induction   Influenz
   e. measuring instruments   elektrostatische Meßinstrumente
   e. measuring system   elektrostatisches Meßwerk
   e. microphone   Kondensatormikrophon
   e. potential   elektrostatisches Potential
   e. shield   elektrische Abschirmung
   e. transducer   elektrostatischer Wandler
electrostriction   Elektrostriktion
elementary charge unit   Elementarladung
   e. event   Elementarereignis
   e. magnet   Elementarmagnet
   e. particles   Elementarteilchen
elliptical rotating field   elliptisches Drehfeld
EMC   (electromagnetic compatibility) elektromagnetische Verträglichkeit (EMC)
e.m.f.   (electromotive force) EMK, Urspannung
emission   Emission
emitter   Emitter
   e. conductance   Emitterleitwert
   e. coupled logic   (ECL) ECL
   e. coupled multivibrator   emittergekoppelter Multivibrator
   e. coupled transistor logic   (ECTL) ECTL → ECL
   e. current   Emitterstrom
   e. diode   Emitter-Basis-Diode
   e. dip effect   Emitter-Dip-Effekt
   e. emitter logic   (EEL) EEL → ECL
   e. follower logic   (EFL) EFL
   e.-resistance   Emitterwiderstand
   e. series resistance   Emitterbahnwiderstand
   e. voltage   Emitterspannung
emulation   Emulation
emulator   Emulator → Emulation
enable signal   Enable-Signal (Freigabe-Signal)
encapsulation   Vergießen, Verkappen
encoder   Codierer
end scale value   Skalenendwert
   e.-fire antenna   Längsstrahler
endicon   Endikon
energy   Energie
   e. band   Energieband
   e. band density   Energiebanddichte
   e. conversion   Energieumwandlung
   e. convertor   Energiewandler
   e. gap   Energielücke
   e. level   Energieniveau
   e. of signal   Signalenergie
   e. quantum   Energiequant
   e. signal   Energiesignal
   e. storage   Energiespeicher
enhancement-mode FET   Anreicherungs-Isolierschicht-Feldeffekttransistor
   e. type   Anreicherungstyp
   e. zone   Anreicherungsschicht
entropy   Entropie
   e. of information   Informationsentropie

envelope   Einhüllende, Hüllkurve
environmental condition   Umgebungsbedingung
   e. stress   umgebungsbedingte Beanspruchung → Beanspruchung
   e. test   Umweltbedingungstest
epi-base transistor   Epitaxial-Basistransistor
EPIC   (etched and polycristalline carried integrated circuit) EPIC-Verfahren
   e. layer   Epitaxie
   e. growth   Aufwachsverfahren
epitaxial diffused-junction transistor   Epitaxie-Planartransistor
   e. silicon film on insulator technique   ESFI-Technik
   e. transistor   epitaxialer Transistor
E-plane pattern   E-Diagramm → Richtdiagramm
EPROM   (erasable programmable read-only memory) EPROM
equalization   Entzerrung
equation of diffusion   Diffusionsgleichung
equipotential line   Äquipotentiallinie
   e. surface   Äquipotentialfläche
equivalence   Äquivalenz
   e. circuit   Äquivalenzschaltung
   e. relation   Äquivalenzrelation
equivalent capacitance   Ersatzkapazität
   e. circuit   Ersatzschaltung
   e. noise resistance   (äquivalenter) Rauschwiderstand
   e. resistance   Ersatzwiderstand, Verlustwiderstand → Verlustfaktor
   e. time constant   Ersatzzeitkonstante
   e. two-port   äquivalenter Vierpol
   e. two-terminal network   äquivalenter Zweipol
equivocation   Äquivokation
erasable memory   löschbarer Speicher
   e. programmable read-only memory   (EPROM) EPROM
ergodic theorem   Ergodentheorem
ERP   (effective radiated power) Strahlungsleistung
error   Fehler, Regelabweichung
   e. band   Zufallsstreubereich
   e. correcting code   fehlerkorrigierender Code
   e. correction   Fehlerkorrektur
   e. detecting code   fehlererkennender Code
   e. detector   Fehlerdetektor
   e. function   Fehlerfunktion
   e. limit   Fehlergrenze
   e. propagation   Fehlerfortpflanzungsgesetz
   e. rate   Fehlerhäufigkeit
   e. ratio   Regelfaktor
   e. source   Fehlerquelle
ESFI   (epitaxial silicon film on insulator) ESFI-Technik
etched and polycristalline carried integrated circuit   (EPIC) EPIC-Verfahren
etching   Ätzen
   e. technique   Ätztechnik
eurocard   Europakarte
event-by-event simulation   zeittreue Simulation → Simulation
excess-three code   Exzeß-3-Code (Stibitz-Code)
exchange   Vermittlungsstelle
exciter   Primärstrahler
excitation   Anregung, Erregung
   e. energy   Anregungsenergie
exciton   Exziton
exclusion   Inhibition
exclusive OR   exklusives ODER → Antivalenzschaltung
exhaustion region   Erschöpfungsgebiet

expansion   Expansion
   e. gate   Expansionsstufe
   e. instrument   Hitzdrahtinstrument
   e. movement   Hitzdrahtmeßwerk
   e. thermometer mercury   Ausdehnungsthermometer
expected value   Erwartungswert
exponential distribution function   Exponential-Verteilungsfunktion
   e. line   Exponentialleitung
exorciser   Exorciser
extended binary coded decimal interchange code   (EBCDIC) EBCDI-Code
   e. code   erweiterter Code
extension number   Nebenstellennummer → Rufnummer
extern balancing   externer Abgleich
external memory   Externspeicher, Hintergrundspeicher
   e. noise   äußeres Rauschen
   e. storage   Hilfsspeicher (Externspeicher)
   e. thermal resistance   äußerer Wärmewiderstand
   e. traffic   Externverkehr
extinction fading   Extinktionsschwund → Schwund
   e. voltage   Löschspannung
extremely high frequency   (EHF) EHF → Millimeterwelle
extrinsic conduction   Störstellenleitung
   e. photoelectric effect   äußerer Photoeffekt

Fabry-Perot interferometer   Fabry-Pérot-Interferometer
face shear vibrator   Flächenscherungsschwinger → Quarz
facsimile transmission   Faksimiletelegraphie
fading   Fading, Schwund
failure   Ausfall, Fehler
   f. rate   Ausfallhäufigkeit
   f.-search-time   Fehlersuchzeit
fail-safe technique   Fail-Safe-Technik
fall time   Abfallzeit
fan-in   Eingangslastfaktor
Fano coding   Codierung nach Fano
farad   Farad
Faraday cage   Faradayscher Käfig
Faraday's effect   Faraday-Effekt
   F. law of induction   Induktionsgesetz
far field   Fernfeld
fatigue   Ermüdung
FDMA   (frequency division multiple access) FDMA → Vielfachzugriff
feedback   Feedback, Rückführung
   f. circuit   Rückkopplungsvierpol
   f. condition   Rückkopplungsbedingung
   f. equation   Rückkopplungsgleichung
   f. factor   Rückkopplungsfaktor
   f. network   Rückkopplungsnetzwerk
FEFET   (ferroelectric field-effect transistor) FEFET
Feldtkeller equation   Feldtkeller-Beziehung
Fermi degeneracy   Fermi-Entartung
   F.-Dirac function   Fermi-Dirac-Funktion
   F.-Dirac gas   Fermi-Dirac-Gas
   F.-Dirac statistics   Fermi-Dirac-Statistik
   F. energy   Fermi-Energie
   F. level   Fermi-Niveau
   F. niveau   Fermi-Niveau
   F. potential   Fermi-Potential
   F. temperature   Fermi-Temperatur

Ferraris-motor   Ferraris-Motor
ferrite core   Ferritkern
   f. cup core   Ferritschalenkern
ferrites   Ferrite
ferroelectric hysteresis   ferroelektrische Hysterese
   f. field-effect transistor   (FEFET) FEFET
ferroelectricity   Ferroelektrizität
ferroelectrics   Ferroelektrika
ferromagnetic hysteresis   ferromagnetische Hysterese
   f. memory   ferromagnetischer Speicher
   f. resonance   ferromagnetische Resonanz
ferromagnetism   Ferromagnetismus
ferrometer   Epstein-Apparat
fetch   Fetch
FET   (field-effect transistor) Feldeffekttransistor
FET differential amplifier   FET-Differenzverstärker
FET input   FET-Eingang
Fick's laws   Ficksche Gesetze
field   Feld, Feldgröße
   f. current   Feldstrom → Erregerstrom
   f. current reversal   Feldstromumkehr
   f. effect transistor   Feldeffekttransistor
   f. emission   Feldemission
   f. energy   Feldenergie
   f. of characteristics   Kennlinienfeld
   f. plate   Feldplatte
   f. programmable logic array   (FPLA) FPLA
   f. strength   Feldstärke
   f. strength measurement   Feldstärkemessung
   f. time constant   Feldkreiszeitkonstante
   f. voltage   Erregerspannung
   f. weakening   Feldschwächung
FIFO   (first-in, first-out) FIFO
figure-eight pattern   Achtercharakteristik
filament electrometer   Fadenelektrometer
   f. transistor   Fadentransistor
fill factor   Füllfaktor
FILO   (first-in, last-out memory) FILO
film resistor   Schichtwiderstand
   f. technology   Schichttechnik
filter   Siebschaltung, Siebkette → Siebglied → Filter
   f. capacitor   Ladekondensator, Siebkondensator
   f. section   Siebglieder
   f. synthesis   Filtersynthese
   f. with coils   Spulenfilter
filtering   Siebung
final stage   Endstufe
fine structure   Feinstruktur
finite alphabet   endliches Alphabet
   f. impulse response   (FIR) FIR
FIR   (finite impulse response) FIR
Fire code   Fire-Code
firing angle   Zündwinkel → Steuerwinkel
firmware   Firmware
first breakdown   erster Durchbruch → elektrischer Durchbruch
   f. harmonic   Grundschwingung
   f.-in, first-out   (FIFO) FIFO
   f.-in, last-out memory   (FILO) FILO
   f.-order factor   Verzögerung 1. Ordnung → Verzögerungsglied; → Übertragungsglied
fishbone antenna   Fischbeinantenne → Dipolzeile
fixed capacitor   Festkondensator
   f. command control   Festwertregelung

f. point   Festkomma
f. resistor   Festwiderstand
FLAD   (fluorescence activated display) FLAD
flag   Flag, Marke
flash-over   Überschlag
f.-coil measuring instrument   Flachspulinstrument
f. pack   Flat-Pack (Flachgehäuse)
f. relay   Flachrelais
f. rest   Stoßprüfung
flexible disk   flexible Disk
flicker noise   Funkelrauschen
flip chip   Flip-Chip-Technik
flipflop   Flipflop
floating gate   Floating-Gate-Struktur (isoliert eingebettete Elektrode) EPROM, schwebendes Gate
f. gate avalance-injection MOST   FAMOS-Transistor
f. point number   Gleitkommazahl
float zone process   tiegelfreies Schmelzverfahren
floppy disk   flexible Disk (Floppy Disk)
f.-drive   Diskettenlaufwerk
f. operating system   (FOS) FOS → DOS
flow   Durchfluß
f. chart   Flußdiagramm
f. field   Strömungsfeld
f. soldering   Schwallbadlöten
fluid laser   Flüssigkeitslaser
f. semiconductor   flüssiger Halbleiter
fluorescence   Fluoreszenz
f. activated display   (FLAD) FLAD
f. analysis   Fluoreszenzmethode
f. radiation   Fluoreszenzstrahlung
fluorescent screen   Fluoreszenzschirm
flush mounted antenna   Flushantenne
flux meter   Fluxmeter, Kriechgalvanometer
flyback converter   Sperrwandler
f. transformer   Horizontal-Ausgangstransformator
FM   (frequency modulation) Frequenzmodulation
focussing fading   Fokussierungsschwund → Schwund
folded dipole aerial   Faltdipol → Dipolantenne
fold-over   Geisterbild
follow-up control   Folgeregelung, Nachlaufregelung
force   Kraft
forced commutation   Zwangskommutierung
forecast of high-frequency   Funkwetter
format   Format
f. of numbers   Zahlenformat
formfactor   Formfaktor
Formula Translator   (FORTRAN) FORTRAN
FORTRAN   (Formula Translator) FORTRAN
forward blocking voltage   Vorwärtsblockierspannung
f. characteristic   Vorwärts-Durchlaßkennlinie
f. converter   Durchflußwandler → Sperrwandler
f. current   Durchlaßstrom, Vorwärtsstrom
f. cutoff region   Vorwärtssperrbereich
f. d.c. resistance   Durchlaßwiderstand
f. loss   Durchlaßverlust
f. recovery time   Durchlaßverzögerungszeit
f. signal   Vorwärtszeichen → Kennzeichen
f. transconductance   Gatesteilheit
f. voltage   Durchlaßspannung, Vorwärtsspannung
f. voltage-current characteristic   Vorwärtskennlinie
Foster reactance theorem   Theorem von Foster

four-phases technique   Vierphasentechnik
four-quadrant multiplier   Vierquadrantenmultiplizierer
f.-quadrant operation   Vierquadrantenbetrieb
f.-terminal network   Vierpol
f.-terminal network containing reactances   Reaktanzvierpol
f.-wire amplifier   Vierdrahtverstärker
f.-wire line   Vierdrahtleitung
Fourier transform   Fourier-Transformation
four-point probe measurement   Vierspitzenmethode
FPLA   (field programmable logic array) FPLA
frame   Frame, Pulsrahmen, Rahmen → Paging-Technik
f. check sequence   Fehlersicherungsteil → Nachrichtenblock
Franck-Condon principle   Franck-Condon-Prinzip
free air temperature   Free-Air-Temperatur
f. information entropy   freie Informationsentropie
f. space impedance   Feldwellenwiderstand
f.-wheeling diode   Freilaufdiode
f.-wheeling path   Freilaufzweig
f.-wheeling rectifier   Nullanode, Nullventil → Nullanode
f.-wheeling thyristor   steuerbarer Freilaufthyristor → Freilaufzweig
Frenkel defect   Frenkel-Fehlstelle
frequency   Frequenz, Schwingfrequenz
f. band   Frequenzband
f. band-separation circuit   Frequenzweiche → Weichen-Filter
f. characteristic   Frequenzkennlinie
f. compensation   Frequenzkompensation
f. convertor   Frequenzumrichter → Umrichter, Frequenzwandler
f. decade   Frequenzdekade
f.-dependent-negative resistor   (FDNR) FDNR
f. deviation   Frequenzhub
f. diversity   Frequenzdiversity → Diversity
f. divider   Frequenzteiler
f. division multiple access   Frequenzvielfachzugriff → Vielfachzugriff
f. division multiplex   Frequenzmultiplexverfahren
f. domain analysis   Frequenzbereichsdarstellung → Zeitbereichsdarstellung
f. doubler   Frequenzverdoppler
f. generating set   Frequenzgenerator
f. measurement   Frequenzmessung
f. measuring bridge   Frequenzmeßbrücke
f. meter   Frequenzmesser
f. modulation   (FM) Frequenzmodulation
f. modulator   Frequenzmodulator
f. range   Frequenzbereich
f. ratio measurement   Frequenzverhältnismessung
f. response   Amplitudengang, Frequenzgang
f. spectrum   Frequenzspektrum
f. standard   Frequenznormal
f. synthesis   Frequenzsynthese → Frequenzsynthesizer
f.-to-voltage converter   Frequenz-Spannungs-Wandler
f. thyristor   F-Thyristor → Frequenzthyristor
f. time-domain-transformation   Frequenz-Zeit-Transformation
f. transformation   Frequenztransformation
front end computer   Satellitenrechner
f.-end processor   Frontrechner
full-duplex operation   Duplexbetrieb
f. removal   Vollabbau → Polabspaltung
f. scale   Skalenendwert
f.-wave connection   Vollwellenschaltung → Zweiwegschaltung
f.-wave dipole aerial   Frequenzwellendipol → Dipolantenne

f.-wave rectifier Vollweggleichrichter → Zweiweggleichrichtung
function generator Funktionsgenerator
    f. of frequency Frequenzfunktion
    f. of time Zeitfunktion
    f. sharing Funktionsteilung
    f. test Funktionsprüfung
functional Funktional
    f. stress funktionsbedingte Beanspruchung → Beanspruchung
fundamental cell Elementarzelle
    f. crystal Grundschwingungsquarz
    f. oscillation Grundschwingung
    f. power Grundschwingungsleistung
    f. reactive power Grundschwingungsblindleistung → Blindleistung
    f. wave Grundwelle
fuse Sicherung
fusible link programmable read-only memory Fusible-Link-PROM
    f. read-only memory (FROM) FROM → Fusible-Link-PROM

gain Verstärkung, Gewinn → Verstärkungsmaß
    g. bandwidth product Verstärkungs-Bandbreitenprodukte
galvanic cell galvanisches Element
galvanometer Galvanometer
gap Blocklücke (bei Magnetband speichern)
gas analyzing measurement technique Gasanalysenmeßtechnik
    g. discharge Gasentladung
    g. discharge display Gasentladungsanzeige
    g. discharge relay Glimmrelais → Glimmschaltröhre, Glimmrelaisröhre → Glimmschaltröhre
    g. discharge tube Gasentladungsröhre
    g. etching Gasätzung
    g. laser Gaslaser → Laser
    g. thermometer Gasthermometer
gate Gatter, Steueranschluß, Torschaltung, Verknüpfungsglied
    g. characteristic Zündkennlinie
    g. control Gatesteuerung
    g. controlled delay time Zündverzugszeit → Zündzeit
    g.-controlled rise time Durchschaltzeit
    g. controlled turn-off time Löschzeit
    g. controlled turn-on time Zündzeit
    g. injection MOS (GIMOS) GIMOS-Technik
    g. noise Gaterauschen
    g. propagation delay time Gatterlaufzeit
    g. protection Gateschutz
    g. trigger current Zündstrom
    g. trigger voltage Zündspannung
    g. turn-off thyristor GTO
    g. voltage Gatespannung
gauss Gauß
Gaussian distribution Gauß-Verteilung
    G. error integral Gaußsches Fehlerintegral
    G. filter Gauß-Filter
    G. methode of square of the error Gaußsche Fehlerquadratmethode
    G. square of the error Gaußsches Fehlerquadrat
g$_e$-factor Landé-Faktor
Geiger-Mueller tube Geiger-Müller-Zählrohr
general instruction Makrobefehl
generalized impedance converter (GIC) GIC → Konverter
generation Generation
    g. current Generationsstrom
    g. of oscillations Schwingungserzeugung
    g. rate Generationsrate
geometric mean geometrisches Mittel
getter Getter
ghost Geisterbild
    g. (double) image Geisterbild
giga Giga
GIMOS (gate injection MOS) GIMOS-Technik
Giorgi system Giorgi-System
glass capacitor Glaskondensator
    g. electrode Glaselektrode
    g. fibre Glasfaser
    g. semiconductor Glashalbleiter
glitch Glitch
Glixon code Glixon-Code
glow discharge Glimmladung
    g. discharge tube Glimmschaltröhre
    g. discharge voltage regulator Stabilisatorröhre
    g.-lamp Glimmlampe
    g. light Glimmlicht
    g. tube Glimmröhre → Gasentladungsröhre
Golay cell Golay-Zelle
gold bonded diode Golddrahtdiode
    g. doping Golddotierung
grade of service Verkehrsgüte
gradient Gradient
grading Mischung (im vermittlungstechnischen Sinne)
Graetz connection Graetz-Schaltung
grain boundary Korngrenze
graph Graph
graphic display graphisches Display → Display
graphical symbol Schaltzeichen
graphite Graphit
graticule Zeitraster
grating Gitter
Gray code Gray-Code
Gremmelmaier process Gremmelmaier-Verfahren
grid Gitter
    g. bias Gittervorspannung
    g. bias modulation Gitterspannungsmodulation
    g. capacitance Gitterkapazität
    g. control Gittersteuerung
    g. current Gitterstrom
    g. leak Gitterableitwiderstand
    g. leak detector Audion
    g. leakage current Gitterfehlstrom
    g. modulation Gitterspannungsmodulation
    g. plate capacitance Gitter-Anoden-Kapazität
    g. voltage Gitterspannung
ground Erden
    g.-fault neutralizer Erdschlußlöschspule → Petersenspule
    g. losses Erdverluste
    g. reflection Reflexion (an der Erdoberfläche)
    g. state Grundzustand
grounded grid amplifier Gitterbasisschaltung
grounding Erdung
group Gruppe → Primärgruppe
    g. code Gruppen-Code
    g. delay Gruppenlaufzeit
    g. velocity Gruppengeschwindigkeit
groups Gruppen
guard-ring capacitor Schutzringkondensator

Gunn effect Gunn-Effekt
  G. oscillator Gunn-Oszillator
gyrator Gyrator
gyromagnetic effect gyromagnetischer Effekt
  g. ratio gyromagnetisches Verhältnis

hair hygrometer Haarhygrometer
half-duplex operation Halbduplexbetrieb
  h.-power angle Halbwertswinkel
  h.-power beam width Halbwertsbreite
  h.-section Halbglied
  h.-wave dipol Halbwellendipol → Dipolantenne
  h.-wave folded dipole Halbwellenfaltdipol → Dipolantenne
  h.-wave rectifier Halbwellengleichrichter → Einweggleichrichterschaltung
  h.-wave section Lambda/2-Leitung
  h.-wave transformer Halbwellentransformator
  h.-wavelength transformer Lambda/2-Transformator
Hall constant Hall-Konstante
H. effect Hall-Effekt
  H. effect pick-up Hall-Effekt-Meßfühler
  H. effect position sensor Hall-Effekt-Positionssensor
  H. generator Hall-Generator
Hamming codes Hamming-Codes
  H. distance Hamming-Abstand → Abstand der Codewörter
handling Handling
handshake error Handshake-Fehler
  h. method Handshake-Methode
hardware Hardware
hardwired logic Hardwired-Logic (festverdrahtete Logik)
harmonic Harmonische, Oberschwingung, Oberwelle
  h. reactive power Oberschwingungsblindleistung
  h. wave harmonische Welle
harmonical analysis harmonische Analyse
Hartley oscillator Hartley-Oszillator
Hay bridge Hay-Brücke
H-connection H-Schaltung
HDDR (high density digital magnetic recording) HDDR
HDLC (high level data link control) HDLC (→ a. Protokoll)
header Nachrichtenkopf → Nachrichtenblock
heat Wärme
  h. content Wärmeinhalt
  h. sink Kühlblech, Kühlkörper
Heaviside-Campbell inductance bridge Heaviside-Campbell-Induktivitätsbrücke
  H. mutual-inductance bridge Heaviside-Gegeninduktivitätsbrücke
helical antenna Wendelantenne
  h. filter Helix-Filter
  h. resonator Wendelresonator
helix waveguide Wendelwellenleiter
Helmholtz resonator Helmholtz-Resonator
henry Henry
hermetic sealing hermetische Abdichtung
Hertzian dipole Hertzscher Dipol
  H. waves Hertzsche Wellen
heterodiode Heterodiode
heterodyne frequency meter Überlagerungsfrequenzmesser
  h. wave meter Überlagerungsfrequenzmesser
heterodyning Überlagerung
heteroepitaxy Heteroepitaxie
heterojunction Heteroübergang

hexadecimal digit Sedezimalziffer
hierarchical network hierarchisches Netz
  h. system hierarchisches System
hierarchy of memories Speicherhierarchie
HIFI (high fidelity) Hi-Fi
high density digital magnetic recording (HDDR) HDDR
  h. fidelity Hi-Fi
  h. frequency HF, Hochfrequenz → Kurzwellen; → Funkfrequenzen
  h. frequency transistor Hochfrequenztransistor
  h. impedance status logisch neutraler Zustand
  h. level H-Pegel
  h. level data link control (HDLC) HDLC (→ a. Protokoll)
  h. level logic High-Level-Logic, störsichere Logik
  h.-megohm resistor Hochohmwiderstand
  h. performance metal-oxide semiconductor (HMOS) HMOS
  h. performance metal-oxide semiconductor technology (HMOS-technology) HMOS-Technik
  h. speed memory Schnellspeicher
  h. speed printer Schnelldrucker
  h. speed transistor-transistor logic (HSTTL) HSTTL
  h. tension instruments Hochspannungsmeßinstrumente
  h. threshold logic (HTL) HTL
  h. usage route Querweg
  h.-voltage Hochspannung
  h. voltage d. c. transmission HGÜ
  h.-voltage direct current transmission Hochspannungsgleichstromübertragung
  h.-voltage rectifier Hochspannungsgleichrichter
highway Zeitmultiplexleitung
Hilbert transformation Hilbert-Transformation
h-matrix h-Matrix
HMOS (high performance metal-oxide semiconductor) HMOS
H.-noise margin H-Störabstand
holding current Haltestrom
hole Defektelektron
  h. concentration Defektelektronenkonzentration
  h. conduction Defektelektronenleitung
  h. current Defektelektronenstrom
hologram Hologramm
holographic memory Hologrammspeicher
holography Holographie
home computer Home-Computer (Heim-Computer)
homoepitaxy Homöoepitaxie
hop Funkfeld
homogeneous field homogenes Feld
homojunction Homoübergang
honeycomb coil Honigwabenspule → Kreuzwickelspule
hook transistor Hookkollektortransistor
horizontal check sum Quersummenprüfung
  h. drive Horizontalsteuerung
  h. oscillator Zeilenoszillator
  h. output transformer Horizontal-Ausgangstransformator
  h. pattern Horizontaldiagramm → Richtdiagramm
  h. sweep transformer Horizontal-Ausgangstransformator
  h. synchronization Horizontalsynchronisation, Zeilensynchronisation
horn antenna Hornstrahler
  h.-type loudspeaker Hornlautsprecher
hot carrier diode Schottky-Diode
  h. wire instrument Hitzdrahtinstrument
  h. wire movement Hitzdrahtmeßwerk
Hoyer bridge Hoyer-Brücke

h-parameter h-Parameter
H-pattern H-Diagramm → Richtdiagramm
HSTTL (high speed transistor transistor logic) HSTTL
HTL (high threshold logic) HTL
hue control Phasensteuerung
Huffman coding Codierung nach Huffman
humidity sensor Feuchtesensor
hunting Absuchen
Hurwitz criterion Hurwitz-Kriterium
    H. polynominal Hurwitz-Polynom
Huygen's principle Huygens-Fresnelsches Prinzip
hybrid amplifier Gabelverstärker
    h. termination unit Gabelschaltung
    h. circuit Hybridschaltung, Hybridtechnik
    h. computer Hybridrechner
    h. system hybrides System
hygrometer Hygrometer
hypersonic Hyperschall
hypsogram Pegeldiagramm
hypsometer Pegelmesser
hysteresis Hysterese
    h. loop Hystereseschleife
hysteretic loss Hystereseverluste

IC (integrated circuit) integrierte Schaltung
iconoscope Ikonoskop
I-controller Integralregler, I-Regler → elektronischer Regler
ID-card ID-Karte
ideal filter idealer Filter
    i. transformer idealer Übertrager → Übertrager
idempotent Idempotenz
identification Identifikation
    i. card ID-Karte
    i. friend or foe (IFF) → Radar
identifying Identifizieren
IEC (International Electronical Commission) IEC → Normungsorganisationen in den USA
I-element I-Glied → Übertragungsglied
IF (intermediate frequency) Zwischenfrequenz
IF-amplifier ZF-Verstärker
IF-filter ZF-Filter
IFF (identification friend or foe) IFF → Radar
IGFET (insulated gate field-effect transistor) IGFET
ignition coil Zündspule
    i. expansion time Zündausbreitungszeit
    i. mechanism Zündmechanismus
IIL (integrated injection logic) IIL
IIR (infinite impulse response) IIR
image frequency Spiegelfrequenz
    i. orthicon Superorthikon
    i. transfer constant Übertragungsmaß
    i. parameter filter Wellenparameterfilter
    i. parameter theory Wellenparametertheorie
    i. parameters Wellenparameter
imaginary component Imaginärteil → komplexe Rechnung
immittance Immittanz
IMOS (ionimplanted metal-oxide semiconductors) IMOS-Technik
impact avalanche transit time diode Impatt-Diode → Lawinenlaufzeitdiode
    i. printer Impact-Drucker

impedance komplexer Scheinwiderstand, komplexer Widerstand → Impedanz
    i. converter NF-Impedanzwandler
    i. measuring bridge Impedanzmeßbrücke
    i. measuring method Scheinwiderstandsmessung
    i. transformation Impedanztransformation
imperfection Störstelle
IMPL (initial microprogram loading) initialisierendes Mikroprogrammladen → Mikroprogrammspeicher
implementation Implementierung
impressed current eingeprägter Strom, Urstrom
    i. voltage eingeprägte Spannung
impulse Impuls
    i. counter Impulszähler
    i. function Stoßfunktion → Testsignal
    i. gate Impulsgatter
    i. magnetization Impulsmagnetisierung
    i. response Gewichtsfunktion
    i. voltage Stoßspannung
impurity Störstelle, Verunreinigung
    i. concentration profile Dotierungsprofil
    i. density Störstellendichte
    i. exhaustion Störstellenerschöpfung
    i. profile Störstellenprofil
    i. semiconductor Störstellenhalbleiter
impulse response Stoßantwort → Testsignal
inaccuracy of measurement Meßunsicherheit
inclusion Implikation
incoming group Zubringerteilgruppe
    i. inspection Eingangsprüfung
    i. line Zubringerleitung
    i. trunk Zubringerleitung
increment Inkrement
incremental angle-position encoder Winkelschrittgeber
    i. processing of measured data inkrementale Meßwertverarbeitung
    i.-step converter Stufenkompensationsumsetzer
    i. (differential) resistance differentieller Widerstand
    i. permeability Überlagerungspermeabilität
in-dialling number Durchwahlnummer → Rufnummer
index Index
    i. register Indexregister
indicating instrument Anzeigeinstrument
indication Anzeige
    i. amplifier Anzeigeverstärker
    i. error Anzeigefehler
indicator tube Anzeigeröhre, Indikatorröhre
indirect addressing mode indirekte Adressierung
    i. control indirekte Steuerung
    i. plug connector indirekter Steckverbinder
induced gas discharge unselbständige Gasentladung
    i. voltage induzierte Spannung → Induktionsgesetz
inductance Induktivität
    i. measurement Induktivitätsmessung
    i. measuring bridge Induktionsmeßbrücke
induction heating induktive Erwärmung
    i. instruments Induktionsinstrumente
    i. machine Induktionsmaschine → Asynchronmaschine
    i. measuring system Induktionsmeßwerk → Induktionsinstrumente
    i. motor Induktionsmotor → Asynchronmaschine
inductive pick-up induktiver Meßfühler
    i. reactance Induktanz, induktiver Widerstand

industrial electronics industrielle Elektronik
infinite alphabet unendliches Alphabet
   i. **impulse response** (IIR) IIR
infinitesimal dipole Hertzscher Dipol
influence of noise Störeinflüsse
   i. **upon an instrument** Einfluß
information Nachricht, Nachrichtenmenge
   i. **channel** Nachrichtenkanal
   i. **content** Informationsgehalt
   i. **dimension** Nachrichteneinheit
   i. **electronics** Informationselektronik
   i. **element** Nachrichtenelement
   i. **processing** Nachrichtenverarbeitung
   i. **quantity** Informationsmenge
   i. **rate** Informationsfluß
   i. **sink** Nachrichtensenke
   i. **source** Nachrichtenquelle
   i. **storage** Informationsspeicherung
   i. **technique** Informationstechnik
   i. **theory** Informationstheorie
   i. **transfer** Informationsübertragung
infrared Ultrarot
   i. **luminescence** IR-Lumineszenzstrahlung
infrasound Infraschall
inherent weakness failure Ausfall durch anhaftende Mängel
initial condition Anfangsbedingung
   i. **microprogram loading** initialisierendes Mikroprogrammladen → Mikroprogrammspeicher
   i. **permeability** Anfangspermeabilität
   i. **state** Anfangszustand
injection Injektion
   i. **efficiency** Injektionswirkungsgrad
   i. **logic** Injektionslogik
injector Injektor
ink jet printer Ink-Jet-Printer
   i. **point** Inken
   i. **recorder** Tintenschreiber
   i.-**vapour recorder** Flüssigkeitsstrahl-Oszillograph
input Eingang, Eingangstor → Vierpol, Input
   i. **admittance** Eingangsadmittanz, Eingangsleitwert
   i. **alphabet** Eingangsalphabet
   i. **amplifier** Eingangsverstärker
   i. **bias current** Eingangsruhestrom
   i. **buffer register** Eingabe-Pufferregister
   i. **capacitance** Eingangskapazität
   i. **characteristic** Eingangskennlinie
   i. **characteristic impedance** Eingangswellenwiderstand → Wellenwiderstand Z_{w1} am Eingangstor eines Vierpols
   i. **current** Eingangsstrom
   i. **device** Eingabegerät
   i. **drift** Eingangsdrift
   i. **impedance** Eingangswiderstand → Eingangsimpedanz
   i. **level** Eingangspegel
   i. **line terminating impedance** Eingangsabschlußwiderstand
   i. **load** Eingangsbelastung
   i. **offset voltage** Eingangs-Offset-Spannung
   i.-**output** Ein-Ausgabe → E/A
   i.-**output-control-system** (IOCS) Eingabe-Ausgabe-Steuerungs-System → Steuersystem
   i.-**output port** Ein-Ausgabe-Port
   i.-**output system** Ein-Ausgabe-System
   i. **power** Eingangsleistung
   i. **signal** Eingangssignal
   i. **stage** Eingangsstufe
   i. **station** Eingabestation
   i. **unit** Eingabeeinheit
   i. **voltage** Eingangsspannung
   i. **voltage drift** Eingangsspannungsdrift
inquiry Abfrage
insertion loss Einfügungsdämpfung
instable state instabiler Zustand
instantaneous power Augenblicksleistung
   i. **value** Augenblickswert
instrument Instrument
insulated diffusion Isolationsdiffusion
   i. **gate field-effect transistor** (IGFET) IGFET
insulation by oxidized porous silicon process (IPOS) IPOS-Verfahren
   i. **testing apparatus** Isolationsmesser
insulator Isolator
integral action I-Verhalten
   i.-**charge control model** Gummel-Poon-Modell
   i. **term** Integralglied → Übertragungsglied
   i. **transform** Integraltransformation
integralaction controller integraler Regler
integrated antenna aktive Antenne
   i. **capacitor** integrierter Kodensator
   i. **circuit** (IC) IC, monolitische integrierte Schaltung → integrierte Schaltung
   i. **diode** integrierte Diode
   i. **junction capacitor** integrierter Sperrschichtkondensator
   i. **injection logic** (I^2L) IIL
   i. **resistance** integrierter Widerstand
   i. **services digital network** (ISDN) ISDN
integrating device with time lag IT-Glied
   i. **network** integrierendes Netzwerk
integration time Integrierzeit
integrator Integrierglied → Übertragungsglied
intelligent terminal intelligentes Terminal
Intelsat (International Telecommunications Satellite Consortium) Intelsat
intensity Intensität
interbase circuit Zwischenbasisschaltung
interception noise Stromverteilungsrauschen
interconnection Netzkupplung
interdigital-filter Interdigitalfilter
interface Schnittstelle
interference suppressor Störsperre → Squelch-Baustein
interfering frequency Störfrequenz
interferometer Interferometer
interlock Verriegelung
interlock circuit Verriegelungsschaltung
intermediate frequency Zwischenfrequenz
   i. **frequency amplifier** Zwischenfrequenzverstärker → ZF-Verstärker
   i. **frequency filter** Zwischenfrequenzfilter → ZF-Filter
   i. **synchronization** Nachsynchronisation
intermeshing Vermaschung
intermittent d.c. flow Lückbetrieb
intermodulation Intermodulation
   i. **distortion** Intermodulationsfaktor, Intermodulationsverzerrung
   i. **noise** Intermodulationsgeräusch
   i. **product** Intermodulationsprodukt
internal clock generation selbsttaktend
   i. **drift-field** inneres Driftfeld

i. storage   Internspeicher
i. thermal resistance   innerer Wärmewiderstand
i. traffic   Internverkehr
International Electrotechnical Commission   (IEC) IEC → Normungsorganisation in den USA
I. Standardization Organisation   (ISO) ISO
I. System of Units   SI-Einheiten
I. Telecommunications Satellite Consortium   Intelsat
interpreter   Interpreter
interrupt   Programmunterbrechung, Unterbrechung
i. request   Unterbrechungsanforderung → Maske
i. service routine   startendes Programm → Programmunterbrechung
interstage network   Stufenkopplungsnetzwerk
intrinsic conductivity   Eigenleitfähigkeit, Eigenleitung
i. conductivity range   Eigenleitungsbereich
i. conductor   Eigenleiter → Eigenhalbleiter
i. impedance   Feldwellenwiderstand
i. photoelectric effect   innerer Photoeffekt
i. region   I-Zone
i. semiconductor   Eigenhalbleiter
inverse operation   Inversbetrieb
i. standing-wave ratio   Anpassungsfaktor
i. transform   Rücktransformation
inversion   Inversion, Spiegelung
i. capacity   Inversionskapazität
i. channel   Inversionskanal
i. charge   Inversionsladung
i. layer   Inversionsgebiet, Zuversichtsschicht
inverter   Inverter
inverting input   invertierender Eingang
invertor operation   Wechselrichterbetrieb
I/O   (input-output)   E/A (Ein-Ausgabe)
IOCS   (input-output control system) IOCS → Steuersystem
ion   Ion
i. conduction   Ionenleitung
i. implantation   Ionenimplantation → Dotierungsverfahren
i. mobility   Ionenbeweglichkeit
ionic bond   Ionenbindung
i. polarisation   Ionenpolarisation
ionimplanted metal-oxide semiconductor technology   (IMOS technology) IMOS-Technik
ionization   Ionisierung
ionogram   Ionogramm
ionophone   Ionophon-Lautsprecher
ionosphere   Ionosphäre
ionospheric layer   Ionosphärenschicht
i. reflection   Reflexion (an der Ionosphäre)
IPOS   (insulation by oxidized porous silicon) IPOS-Verfahren
iron-core coil   Eisenkernspule
i. needle instrument   Eisennadelinstrument
i. soldering   Kolbenlöten
irregular terrain attenuation   Hindernisdämpfung
irrotational field   wirbelfreies Feld
ISDN   (integrated services digital network) ISDN
ISO   (International Standardization Organisation) ISO
isobaric   isobar
isoplanar technology   Isoplanartechnik
isothermic   Isotherm
isotropic pattern   Kugelcharakteristik
i. radiator   Kugelstrahler

iterative impedance   Kettenwiderstand
I-transfer element   integrales Übertragungsglied → Übertragungsglied

JEDEC   (Joint Electron Device Engineering Council) JEDEC → Normungsorganisation in den USA
JFET   (junction field-effect transistor) Sperrschichtfeldeffekttransistor
jitter   Jitter
JK-flipflop   JK-Flipflop
Johnson counter   Johnson-Zähler
Joint Electron Device Engineering Council   (JEDEC) JEDEC → Normungsorganisationen in den USA
Josephson effect   Josephson-Effekt
J. junction circuit   Josephson-Elemente → kryogener Speicher
joule   Joule
Joule-Thomson effect   Joule-Effekt
Joule's heat   Joulesche Wärme
J. law   Joulesches Gesetz
jump instruction   Sprungbefehl
junction   Hohlleiterübergänge, Sperrschicht, Störstellenübergang
j. capacitance   Sperrschichtkapazität
j. device   Sperrschichtbauelement
j. diode   Flächendiode
j. field-effect transistor   (JFET) JFET → Sperrschichtfeldeffekttransistor
j. isolation   Sperrschichtisolation
j. temperature   Sperrschichttemperatur
j. transistor   Flächentransistor
junctor   Verbindungssatz (Internsatz) → Satz

Karnaugh map   Karnaugh-Veitch-Diagramm
kell factor   Kellfaktor
kelvin   Kelvin
Kelvin bridge   Thomson-Meßbrücke
K.-Varley-divider   Kelvin-Varley-Teiler
Kerr effect   Kerr-Effekt
key   Taster
keyboard   Tastatur
k. display   Datensichtstation
kilo   Kilo
kilogram   Kilogramm
kinetic gas theory   kinetische Gastheorie
Kirchhoff's laws   Kirchhoffsche Gesetze
K. loop law   Maschenregel
K. node law   1. Kirchhoffsches Gesetz
K. second law   2. Kirchhoffsches Gesetz
klystron   Klystron
kovar   Kovar
kryogenic memory   kryogener Speicher

ladder network   Abzweigschaltung
Lambert's law   Lambertsches Gesetz
Landé factor   Landé-Faktor
Laplace transform   Laplace-Transformation
lapping   Läppen
LARAM   (line addressable random access memory) LARAM
large scale integrated circuit   hochintegrierte Schaltung
l. scale integration   (LSI) LSI → Großintegration
l.-signal amplifier   Großsignalverstärker

Larmor frequency Larmorfrequenz → Larmorfrequenzen
laser (light amplification by stimulated emission of radiation) Laser
  l. amplifier Laserverstärker
  l. anemometer Laseranemometer
  l. beam trimming Lasertrimmen
  l. calorimeter Laserkalorimeter
  l. oscillator Laseroszillator
  l. printer Laser-Drucker
latch Latch
latching current Einraststrom, Latching-Current
  l. relay Stromstoßrelais
latch up effect Latch-Up-Effekt
lateral transistor Lateraltransistor
lattice Gitter
  l. constant Gitterkonstante
  l. defect Fehlordnung, Gitterfehler
  l. dislocation Gitterstörstelle
  l. distance Gitterabstand
  l. electron Gitterelektron
  l. section X-Schaltung
  l. vibration Gitterschwingung
law of conservation of energy Energiesatz
  l. of conservation of momentum Impulserhaltung
  l. of magnetic flux Durchflutungsgesetz
layer thickness Schichtdicke
  l. thickness measuring method Schichtdickenmessung
layout Strukturentwurf
LC-filter Reaktanzfilter → LC-Filter
lead angle Voreilwinkel
  l. inductance Zuleitungsinduktivität
  l. resistance Zuleitungswiderstand
leakage Ableitung
  l. coefficient Streufaktor (auch Streugrad) → Übertrager
  l. flux Streufluß → gekoppelte Spulen
  l. inductance Streuinduktivität → gekoppelte Spulen
  l. power Verlustleistung
least significant bit (LSB) LSB (niedrigstwertiges Bit)
  l. significant digit (LSD) LSD (niedrigstwertiges Zeichen)
LED (light emitting diode) Lumineszenzdiode
length element Schrittdauer
  l.-to-diameter ratio Schlankheitsgrad
level Pegel
  l. controller Pegelregler
  l. converter Digital-Digital-Wandler, Pegelumsetzer
  l. detector Pegeldetektor → Vergleicher
  l. diagram Pegeldiagramm
  l. difference Pegeldifferenz
  l. indicator Pegelmesser
  l. regulator Pegelregler
  l. shift Pegelverschiebung
lexicographic code lexikographischer Code
LF (low frequency) Langwelle → LW
life Gebrauchslebensdauer → Lebensdauer
  l. time Lebensdauer
  l. zero lebender Nullpunkt
lifetime of the minority charge carriers Minoritätsladungsträgerlaufzeit
light activated silicon controlled rectifier Photothyristor
  l. amplification by stimulated emission of radiation (LASER) Laser
  l. current/dark current ratio Hell-Dunkelstromverhältnis
  l.-current engineering Schwachstromtechnik

l. emitting diode (LED) Lumineszenzdiode
lighthouse tube Scheibentriode
limiter Amplitudenbegrenzer
limiting measuring bridge Toleranzmeßbrücke
  l. of temperature Temperaturgrenze
  l. quality Rückweisegrenze
limit indicator Grenzwertmelder
limited saturation device (LSD) LSD
line Anschluß
  l. addressable random access memory (LARAM) LARAM
  l. circuit Teilnehmerschaltung → Satz
  l. commutated convertor netzgeführter Umrichter → Umrichter
  l. commutated invertor netzgeführter Wechselrichter → Wechselrichterbetrieb
  l. frequency oscillator Zeilenfrequenzoszillator
  l. identification Anschlußkennung
  l. jump method Zeilensprungverfahren
  l. of flux Feldlinie
  l. printer Zeilendrucker
  l. reactor Netzdrossel
  l. signal Leitungszeichen → Kennzeichen
  l. sweep oscillator Zeilenfrequenzoszillator
  l. switching Durchschaltvermittlung
  l. synchronization Zeilensynchronisation
  l. transformer Netzanschlußtransformator
  l. thyristor N-Thyristor → Netzthyristor
linear amplifier linearer Verstärker
  l.-beam tube Triftröhre
  l. controller linearer Regler
  l. distortion lineare Verzerrung
  l. integrated circuit integrierte Analogschaltung
  l. interpolation lineare Interpolation
  l. magnetron Magnetfeldröhre
  l. network lineares Netzwerk, linearer Vierpol
  l. path control Streckensteuerung
  l. pulse amplifier linearer Pulsverstärker
  l. system lineares System
  l. time-invariant system lineares-zeitinvariantes System
  l. transfer element lineares Übertragungsglied → Übertragungsglied
  l. two-terminal network linearer Zweipol
link Zwischenleitung
  l. convertor Zwischenkreisumrichter
linkage editor Binder
liquid-analysis measurement Flüssigkeitsanalysenmeßtechnik
  l. crystal Flüssigkristall
  l. crystal display Flüssigkristallanzeige
  l.-inglass extension thermometer Flüssigkeitsausdehnungsthermometer
  l. laser Flüssigkeitslaser → Laser
Ljapunow stability Ljapunow-Stabilität
LLL (low level logic) LLL
load Abschlußwiderstand, Last
  l. commutated convertor lastgeführter Umrichter → Umrichter
  l. commutated invertor lastgeführter Wechselrichter → Schwingkreisumrichter
  l. factor Lastfaktor
  l. frequency control Netzregelung
  l. line Widerstandsgerade
  l. resistor Arbeitswiderstand
  l. sharing Lastteilung

l. spacing   Spulenfeldlänge
loader   Lader
local area network   lokales Netz
   l. exchange   Ortsvermittlungsstelle, Teilnehmervermittlungsstelle
   l. network   Ortsnetz
   l. office   Teilnehmervermittlungsstelle
   l. oxidation   Oxidwallisolation
   l. oxidation of silicon on sapphire technology   (LOSOS technology) LOSOS-Technik
   l. stability   lokale Stabilität
locally-added carrier   Zusatzträger
location   Speicherzelle
locus   Ortskurve
logarithmic amplifier   Logarithmierer
   l. decrement   logarithmisches Dekrement → Dämpfung; → Abklingkonstante
   l. potential   logarithmisches Potential
logatom   Logatom → Silbenverständlichkeit
logger   Meßwertdrucker
logic analyzer   Logikanalysator
   l. circuit   Logikschaltung
   l. diagram   Signalflußplan
   l. element   logische Grundschaltung
   l. families   Logikfamilien, Schaltungsfamilien
   l. level   Logikpegel
   l. system   Logiksystem
   l. tester   Logiktester
logical addition   logische Addition
   l. analyzer   logischer Analysator
   l. element   Logikelement
   l. IOCS   (logical input-output control system) logisches Steuersystem → Steuersystem
   l. operation   Verknüpfung
   l. swing   logischer Hub
long-distance network   Fernnetz
longitudinal parity   Längsparität
   l. redundancy check   Längsprüfung, Longitudinalprüfung → Längsparität
   l. wave   Longitudinalwelle → longitudinale Welle
longtime drift   Langzeitdrift
long waves   Langwelle → LW
   l. wire antenna   Langdrahtantenne
loop   Schleife
   l. analysis   Schleifenanalyse
   l. current   Schleifenstrom
   l. gain   Schleifenverstärkung
   l.-oscillograph   Schleifenschwingeroszillograph
   l. resistance   Schleifenwiderstand
Lorentz force   Lorentzkraft
Loschmidt's number   Loschmidtsche Zahl
loss angle   Verlustwinkel → Verlustfaktor
   l. factor measuring   Verlustfaktormessung
   l. factor measuring bridge   Verlustfaktormeßbrücke
   l. factor meter   Verlustfaktormesser
   l. measurement   Dämpfungsmessung
   l. resistance   Verlustwiderstand → Antennenwiderstand
   l. system   Verlustsystem
   l. time   Verlustzeit
lossless two-port   verlustfreier Vierpol
lot   Los
   l. size   Losgröße

low frequency   Langwelle, LW
   l. level   L-Pegel
   l. level logic   (LLL) LLL
   l.-power diode-transistor logic   (LPDTL) LPDTL
   l.-power Schottky transistor-transistor logic   (LSTTL) Low-Power-Schottky-TTL
   l.-power type relay   Schwachstromrelais
   l. speed logic with high noise immunity   LSL
   l. voltage level noise immunity   L-Störabstand → H-Störabstand
LPDTL   (low-power diode-transistor logic) LPDTL
LPTTL   (low-power Schottky transistor-transistor logic) Low-Power-Schottky-TTL
LQ   (limiting quality) Rückweisegrenze
LSB   (least significant bit) LSB (niedrigstwertiges Bit)
LSD   (least significant digit) LSD (niedrigstwertiges Zeichen)
LSD   (limited saturation device) LSD
LSI   (large scale integration) Großintegration
LSTTL   (low-power Schottky transistor-transistor logic) Low-Power Schottky-TTL
lubricated magnetic disk   Winchesterplatte
Luenberg observer   Luenberg-Beobachter
lumen   Lumen
luminance signal   Bildinhaltssignal → FBAS-Signal; Luminanzsignal
luminescence   Lumineszenz
luminous-sensitive pick-up   strahlungsempfindlicher Meßfühler
lux   Lux
Luxemburg effect   Luxemburg-Effekt
LW   (long waves) LW
Lyman series   Lyman-Serie

MC   (microcomputer) Mikrocomputer
machine   Maschine
   m. code   Maschinencode
   m. instruction   Maschinenbefehl
   m. language   Maschinensprache
   m. program   Maschinenprogramm
macro-instruction   Makrobefehl
magic eye   magisches Auge
magnetic amplifier   Magnetverstärker → Transduktor
   m. anisotropy   magnetische Anisotropie
   m. bottle   magnetische Flasche
   m. bubble   Magnetblase
   m. bubble memory   Magnetblasenspeicher
   m. card   Magnetkarte
   m. character reader   Magnetschriftleser
   m. clutch   Magnetkupplung
   m. core   Kern, Magnetkern
   m. core measuring system   Kernmagnetmeßwerk
   m. core memory   Magnetkernspeicher
   m. dipole   magnetischer Dipol
   m. disk   Magnetplatte
   m. disk pack   Magnetplattenstapel
   m. disk storage   Magnetplattenspeicher
   m. drum storage   Magnettrommelspeicher
   m. field   magnetisches Feld
   m. field probe   Magnetfühler
   m. field strength   magnetische Feldstärke
   m. film storage   Magnetschichtspeicher
   m. flux   magnetischer Fluß
   m. flux density   magnetische Flußdichte

magnetic force

m. force magnetische Kraft
m. ink character recognition (MICR) MICR
m ink front Magnetschrift
m. polarization magnetische Polarisation
m. pole Magnetpol
m. potential magnetostatisches Potential
m. potential difference magnetische Spannung
m. quantum number magnetische Quantenzahl
m. recording MAZ
m. recording film Magnetfilmtechnik
m. resistance magnetischer Widerstand
m. rod antenna Ferritantenne
m. shield magnetische Abschirmung
m. storage Magnetspeicher
m. susceptibility magnetische Suzeptibilität
m. tape Magnetband
m. tape cassette Magnetbandkassette
m. tape storage Magnetbandspeicher
m. voltmeter magnetischer Spannungsmesser
magnetism Magnetismus
magnetization Magnetisierung
m. heat Magnetisierungswärme
magnetodiode Magnetdiode
magnetohydrodynamics Magnetohydrodynamik
magnetometer Magnetometer
magnetomotive force magnetomotorische Kraft
magnetomotoric memory magnetomotorischer Speicher
magneton Magneton
magnetooptics Magnetooptik
magnetooptic storage magnetooptischer Speicher
magnetostatic field magnetostatisches Feld
magnetostatics Magnetostatik
magnetostriction Magnetostriktion
magnetostrictive hysteresis magnetostriktive Hysterese
m. memory magnetostriktiver Speicher
m. transducer magnetostriktiver Wandler
magnetron Magnetron
magnistor Magnistor
magnitude comparator Größenvergleicher → Komparator
main control loop Hauptregelkreis
m. frame Hauptgerät → Einschub
m. frame memory Hauptspeicher
m. memory Arbeitsspeicher
m. storage Arbeitsspeicher
mains Netz
m. control Netzregelung
m. hum Netzbrumm
m. transformer Netztransformator → Transformator
majority charge carrier Majoritätsladungsträger
management information system Management-Informationssystem
man-made noise Industriestörungen
manometer Manometer
mantissa Mantisse
Marconi-Franklin antenna Marconi-Franklin-Antenne
mark Marke
m. sheet Markierungsbeleg
m. sheet reader Markierungsleser
marker Markierer
marking pen Markierstift
Markow process Markow-Prozeß
MASER (microwave amplification by stimulated emission of radiation) Maser

MASFET (metal alumina silicon field-effect transistor) MASFET
mask Diffusionsmaske, Maske
mass Masse
m. defect Massendefekt
m. density Massendichte → Dichte
m. separator Massenseparator
m. storage Massenspeicher
master control Führungssteuerung
m. mask Muttermaske
m.-slave flipflop Master-Slave-Flipflop
m.-slice concept Master-Slice-Konzept
matching Anpassung, Antennenanpassung
m. attenuation Anpassungsdämpfung
m. section Anpassungsglied
m. transformer Anpassungsübertrager
matrix array Matrixantenne
m. circuit Matrixschaltkreis
m. decoder Matrixdecodierer
m. memory Matrixspeicher
m. of the transformation Transformationsmatrix
m. of two-port Vierpolmatrizen
MAVAR (mixer amplification by variable reactance) Reaktanzverstärker
maximally flat filter maxmal flache Filter → Potenzfilter
maximum forward blocking voltage Nullkippspannung
m. overshoot Überschwingweite
m. principle Maximumprinzip
m. value limiter Maximalwertbegrenzer
maxterm Maxterm
maxwell Maxwell
Maxwell-Boltzmann distribution Maxwell-Boltzmann-Verteilung
M.-Boltzmann statistics Maxwell-Boltzmann-Statistik
M. bridge Maxwell-Brücke
M. direct-current commutator bridge Maxwellsche Kommutatorbrücke → Maxwell-Brücke
M. mutual inductance bridge Maxwellsche Gegeninduktivitätsbrücke
M.-Wien bridge Maxwell-Wien-Brücke
Maxwellian velocity distribution Maxwellsche Geschwindigkeitsverteilung
Maxwell's equations Maxwellsche Gleichungen
m-derived section versteilertes Siebglied → Wellenparameterfilter, m-Glied
mean arithmetisches Mittel
m. conducting state power loss mittlere Durchlaßverlustleistung
m. data rate mittlere Übertragungsgeschwindigkeit
m. time between failures (MTBF) mittlerer Ausfallabstand
m. time to failure (MTTF) Quotient aus beobachteter Betriebszeit eines Bauelements zur Gesamtzeit seiner Ausfälle im Betriebszeitraum → mittlerer Ausfallabstand
m. time to first failure (MTTFF) mittlere Zeit bis zum ersten Ausfall eines Bauelementes → mittlerer Ausfallabstand
m. thermodynamic velocity mittlere thermische Geschwindigkeit
m. value Mittelwert
measured value Meßwert
measurement accuracy Meßgenauigkeit
m. data Meßdaten
m. method Meßverfahren
m. of voltage Spannungsmessung
m. result Meßergebnis
m. system technisches Meßsystem
m. technique Meßtechnik

measuring amplifier   Meßverstärker
   m. automat   Meßautomat
   m. bridge   Meßbrücke
   m. capacitance   Meßkondensator
   m. chain   Meßkette
   m. circuit   Meßschaltung
   m. current source   Meßstromquelle
   m. electrode   Meßelektrode
   m. equipment   Meßeinrichtung, Meßplatz
   m. error   Meßfehler
   m. generator   Meßgenerator
   m. junction   Meßstelle
   m. line   Meßleitung
   m. method of nonelectrical quantities   Messung nichtelektrischer Größen
   m. position   Meßstelle
   m. potentiometer   Meßpotentiometer
   m. principle   Meßprinzip
   m. range   Meßbereich
   m. rectifier   Meßgleichrichter
   m. resistor   Meßwiderstand
   m. system   Meßwerk
   m. transformer   Meßwandler
   m. transmitter   Meßsender
   m. watch tower   Meßwarte
mechanical filter   mechanisches Filter
   m. measuring rectifier   mechanischer Meßgleichrichter
   m. oscillation   mechanische Schwingung
medical electronics   medizinische Elektronik
medium frequency   (MF) MF
   m. frequency convertor   Mittelfrequenzumrichter
   m. scale integration   (MSI) MSI
   m. value   Medianwert
   m. wave   Mittelwelle
Meißner oscillator   Meißner-Oszillator
melting fuses   Schmelzsicherungen
membrane   Membran
memory   Gedächtnis
   m. access   Speicherzugriff
   m. capacity   Speicherkapazität
   m. element   Speicherelement
   m. flipflop   Speicher-Flipflop
   m. instruction   Speicherbefehl
   m. location   Sepcherzelle
   m. mapped   Memory-Mapped
   m. of measured values   Meßwertspeicher
   m. organization   Speicherorganisation
menue mode   Menue-Technik
mercury arc rectifier   Quecksilberdampfgleichrichter
   m. electricity meter   Stiazähler
   m. memory   Quecksilberspeicher
   m. relay   Quecksilberrelais
   m. storage   Quecksilberspeicher
   m. vapour arc   Quecksilberdampfbogen
   m. vapour rectifier   Quecksilberdampfgleichrichter
   m. wetted relay   Quecksilberfilmrelais
   m. wetted switch   Quecksilberschalter
merged transistor logic   (MTL) MTL, IIL
mesa transistor   Mesatransistor
mesh   Masche
   m. analysis   Maschenanalyse
meshed network   Maschennetz
message   Nachrichtenblock

   m. switching   Sendungsvermittlung
metal alumina silicon field-effect transistor   (MASFET) MASFET
   m. gate FET   Metallgatefeldeffekttransistor
   m. insulator semiconductor   (MIS) MIS
   m. insulator semiconductor field-effect transistor   (MISFET) MISFET
   m. lattice   Metallgitter
   m.-nitride-oxide semiconductor   (MNOS) MNOS
   m.-nitride-oxide seminconductor field-effect transistor   (MNOS-FET) MNOSFET
   m.-nitride semiconductor field-effect transistor   (MNSFET) MNSFET → MNS-Transistor
   m.-oxide semiconductor FET   MOS-Transistor
   m.-oxide semiconductor field-effect transistor   (MOSFET) MOSFET
   m.-oxide semiconductor tetrode   MIS-Tetrode
   m.-oxide semiconductor transistor   (MOST) MOST → MOS-Transistor
   m. rectifier   Trockengleichrichter
   m. resistance strain gauge   Metalldehnmeßstreifen
   m. semiconductor contact   Metall-Halbleiter-Kontakt
   m. semiconductor field-effect transistor   (MSFET) MSFET
   m. tape   Metallschichtband
   m. thick-oxide semiconductor   (MTOS) MTOS
metallic bond   Metallbindung
   m. work function   Metallaustrittsarbeit
metallized paper capacitor   Metallpapierkondensator
metals   Metalle
metamagnetism   Metamagnetismus
meter   Meter
metering zone   Gebührenzone → Gebührenerfassung
metric system   metrisches System
MF   (medium frequency) Mittelfrequenz → MF
mica   Glimmer
   m. capacitor   Glimmerkondensator
MICR   (magnetic ink character recognition) MICR
microcomputer   Mikrocomputer
microcontroller   Microcontroller
microelectronics   Mikroelektronik
microfiche   Mikrofiche
microfilm   Mikrofilm
microinstruction   Mikrobefehl
microoperation   Mikrooperation
microphone   Mikrophon
microprocessing unit   (MPU) MPU
microprocessor   Mikroprozessor
microprogram   Mikroprogramm
   m. memory   Mikroprogrammspeicher
micro-strip-line   Mikrostreifenleiter → Streifenleiter
microsynchronization   Mikrosynchronbetrieb
microswitch   Mikroschalter
   m. relay   Mikroschalterrelais
microwave   Mikrowelle
   m. amplification by stimulated emission of radiation   (MASER) Maser
   m. link   Richtfunkverbindung
   m. measuring methods   Mikrowellenmeßverfahren
   m. oscillator   Mikrowellenoszillator
   m. oven   Mikrowellenherd
   m. repeater   Relaisstelle
   m. sensor   Mikrowellensensor
   m. spectrometer   Mikrowellenspektrometer
midpoint connection   Mittelpunktschaltung

military standard MIL-Standard
Miller capacitance Miller-Kapazität
   M. compensation Miller-Kompensation
   M. effect Miller-Effekt
   M. indices Millersche Indizes
   M. integrator Miller-Integrator
MIL-standard MIL Standard
minicomputer Minicomputer
minimization Minimierung
   m. techniques Minimierungsverfahren
minimum-phase network Mindestphasenvierpol
   m.-phase network allpaßfreier Vierpol → Mindestphasenvierpol
   m. value limiter Minimalwertbegrenzer
minority charge carrier Minoritätsladungsträger
minterm Minterm
mirror galvanometer Spiegelgalvanometer
MIS (management information system) Management-Informationssystem
MIS (metal-insulator semiconductor) MIS
MISFET (metal insulator semiconductor field-effect transistor) MISFET
mistuned resonant circuit verstimmter Schwingkreis
misuse failure Ausfall bei unzulässiger Beanspruchung
mixed crystal Mischkristall
   m. light lamp Mischstrahler
   m. light radiant Mischstrahler
   m. light radiation Mischstrahlung
mixer Mischer
   m. stage Mischstufe
mixing amplifier Mischverstärker
   m. oscillator Mischoszillator
mixture frequency Mischfrequénz
mnemonic mnemonisch
MNOS (metal-nitride-oxide semiconductor) MNOS
mobile radio communication öffentlich beweglicher Landfunkdienst
model Modell
   m. of protocol layers Architekturmodell
modem Modem
modification Modifikation
modular design Modultechnik
   m. system Modularsystem
modulation Modulation
   m. amplifier Modulationsverstärker
   m. depth Modulationsgrad
   m. distortion Modulationsverzerrung
   m. envelope Modulationshüllkurve
   m. factor Modulationsfaktor
   m. frequency Modulationsfrequenz
   m. index Modulationsindex
   m. noise Modulationsrauschen
   m. rate Schrittgeschwindigkeit
   m. wave Modulationsschwingung
modulator Modulator
   m. amplifier Modulator-Gleichspannungsverstärker → Chopperverstärker
   m. circuit Modulatorschaltung
module Modul
modulo Modulo-n
   m.-n counter Modulo-n-Zähler
moisture meter Feuchtmesser
mol Mol

molecular ray Molekularstrahl
   m. resonance Molekularresonanz
   m. spectrum Molekülspektrum
molecule Molekül
moment of a dipol Dipolmoment
momentum Moment
monitor Monitor
monochromatic monochromatisch
   m. radiation monochromatische Strahlung
monochromator Monochromator
monoflop monostabiler Multivibrator
monoscope Monoskop
monolithic filter monolithisches Filter
   m. layer-built capacitor Vielschichtkondensator
monophonic transmission monophone Übertragung
monostable multivibrator monostabiler Multivibrator
Monte Carlo simulation Monte-Carlo-Simulation (Ruf- und Löschzahlenmethode) → Simulation
Morgan connection Morganschaltung
Morse code Morse-Code
MOS circuit MOS-Schaltung
MOSFET (metal-oxide semiconductor field-effect transistor) MOSFET
MOSFET-Chopper MOSFET-Zerhacker
MOST (metal-oxide semiconductor transistor) MOS-Transistor
most significant bit MSB (höchstwertiges Bit)
motor Motor
   m. meter Magnetmotorzähler
   m.-starting capacitor Motorbetriebskondensator
m-out-of-n code m-aus-n-Code
moving-coil galvanometer Drehspulgalvanometer
   m.-coil mechanism Drehspulmeßwerk
   m.-coil ratiometer Drehspulquotientenmesser
   m.-iron instrument Dreheiseninstrument
   m.-magnet galvanometer Drehmagnetgalvanometer
   m.-magnet mechanism Drehmagnetmeßwerk
   m.-magnet ratio meter Drehmagnetquotientenmesser
   m.-magnet vibration galvanometer Drehmagnet-Vibrationsgalvanometer → Drehmagnetgalvanometer
MPU (microprocessing unit) MPU
MSI (medium scale integration) MSI
MSFET (metal semiconductor field-effect transistor) MSFET
MTBF (mean time between failures) mittlerer Ausfallabstand, mittlerer Fehlerabstand
MTL (merged transistor logic) MTL, IIL
MTOS (metal thick-oxide semiconductor) MTOS
MTTF (meantime to failure) mittlerer Ausfallabstand
MTTFF (meantime to first failure) mittlere Zeit bis zum ersten Ausfall eines Bauelements → mittlerer Ausfallabstand
multi-address calling Rundsenden
multiband antenna Mehrbandantenne
   m. filter Mehrbandfilter
multicathode tube Vielkatodenröhre
multicavity magnetron Vielschlitzmagnetron
multiframe Mehrfachrahmen
multilayer Mehrlagenverdrahtung
multipath effect Geisterbild
   m. fading Mehrwegschwund → Schwund
multi-phase system Mehrphasensystem
multiple access Vielfachzugriff
   m. address instruction Mehradreßbefehl
   m. address machine Mehradreßmaschine
   m. commutating Mehrfachkommutierung

m. control   Mehrfachregelung
m. frequency keying   Mehrfrequenzverfahren
m. line   Mehrfachleitung
m. modulation   Mehrfachmodulation
m. subtracter   Mehrfachsubstrahierer
m.-tuned aerial   Alexanderson-Antenne
m. unit steerable array   MUSA-Antenne
multiplex circuit   Multiplexschaltung
m. operation   Multiplexbetrieb
m. system   Multiplexsystem
m. technique   Multiplexverfahren
multiplexer   Multiplexer
multiplication factor   Multiplikationsfaktor
multiplicative mixing   multiplikative Mischung
multiplicator noise   Multiplikatorrauschen
multiplier   Multiplizierer
m. chain   Vervielfacherschaltung
m. circuit   Multiplizierschaltung
m. element   Multiplizierglied
multipoint controller   Mehrpunktregler
multiport   Mehrtor
m. modem   Mehrkanalmodem
multiprocessing   Multiprocessing
multiprocessor system   Multiprozessorsystem
multiprogramming   Multiprogramming
multipurpose computer   Mehrzweckrechner
m. instrument   Vielfachinstrument → Vielbereichsmeßinstrumente
multirange instruments   Multimeter
multisection RC-network   RC-Kette
multitube   Verbundröhre
multi-user mode   Teilnehmerbetrieb
multivalid code   mehrwertiger Code
m. logic   mehrwertige Logik
multivibrator   Multivibrator (Kippstufe)
multiwire triatic (triangle) aerial (antenna)   Dreieckantenne
multiword instruction   Mehrwortbefehl
mutual coupling   Strahlungskopplung
m. impedance   Kernwiderstand → Kopplungswiderstand
m. inductance   Gegeninduktivität
m. (transfer) admittance   Kernleitwert
m. (transfer) impedance   Kernwiderstand

nail-head bonding   Nagelkopfschweißen
NAND   NAND-Verknüpfung
nano program   Nanoprogramm
narrow-band filter   Schmalbandfilter
n.-band noise   Schmalbandrauschen
National Electrical Manufacturers Association   (NEMA) NEMA → Normungsorganisationen in den USA
natural frequency   Eigenfrequenz → Eigenschwingung
n. oscillation   Eigenschwingung
n. resonance   Eigenresonanz
n-channel field-effect transistor   (NFET) NFET, N-Kanal-Feldeffekttransistor
n-channel metal-oxide semiconductor   (NMOS) NMOS
n-channel metal-oxide semiconductor field-effect transistor   NMOS-FET
n-channel metal-oxide semiconductor memory   NMOS-Speicher
n-conductor   N-Leiter
near field   Nahfeld
needle electrometer   Nadelelektrometer

Neél temperature   Neél-Temperatur
negative differential resistance   negativ differentieller Widerstand
n. feedback   Gegenkopplung, negative Rückführung
n. feedback amplifier   gegengekoppelter Verstärker
n. feedback network   Gegenkopplungsnetzwerk
n. gyrator   Negativgyrator
n. impedance converter   (NIC) NIC → Konverter
n. resistance   negativer Widerstand
n. temperature coefficient resistor   (NTC resistor) NTC-Widerstand → Heißleiter
n. voltage feedback   Spannungsgegenkopplung
NEMA   (National Electrical Manufacturers Association) NEMA → Normungsorganisationen in den USA
neon lamp   Glimmlampe
neper   Neper
Nernst-Einstein relation   Nernstsche Gleichung
nesting   Verschachteln → Stapel
network   Netz, Netzwerk
n. analysis   Netzwerkanalyse
n. analyzer   Netzwerkanalysator
n. conversion   Netzwerkumwandlung
n. determinant   Vierpoldeterminante
n. function   Netzwerkfunktion
n. management   Netzführung
n. synthesis   Netzwerksynthese
n. theory   Netzwerktheorie
neutral conductor   Mittelpunktsleiter, Sternpunktsleiter → Nulleiter
neutralization   Neutralisation
neutralizing capacitor   Entkopplungskondensator
neutron   Neutron
n. source   Neutronenquelle
newton   Newton
newvicon   Sperrschicht-Vidikon
NFET   (n-channel field-effect transistor) NFET
n-gate thyristor   anodenseitig steuerbarer Thyristor
Nichols-diagram   Nichols-Diagramm
nickel-cadmium battery   Nickel-Cadmium-Batterie
Nixie tube   Nixie-Röhre
NMOS-memory   NMOS-Speicher
NOC   (normally-open contact) Arbeitskontakt → Schließer
node   Knoten
n. analysis   Knotenanalyse
noise   Rauschstörung, Störsignal
n. current   Rauschstrom
n. current source   Rauschstromquelle
n. factor measurement   Rauschfaktormessung → Rauschzahlmessung
n. figure   Rauschmaß, Rauschzahl
n. filter   Entstörfilter
n. immunity   Störsicherheit
n. limiter   Störbegrenzer
n. margin   Störabstand, Störschwelle
n. of a channel   Kanalrauschen
n. peak   Störimpuls
n. power density   (spektrale) Rauschleistungsdichte
n. power ratio   Störleistungsverhältnis
n. signal   Rauschsignal
n. (signal) generator   Rauschgenerator
n. source   Rauschgenerator, Rauschquelle
n. suppression   Störspannungsunterdrückung
n. temperature   Rauschtemperatur
n. two-port   Rauschvierpol
n. voltage   Rauschspannung, Störspannung

n. voltage source   Rauschspannungsquelle
nominal value   Nennwert
nomogram   Nomogramm
non-destructive readout memory   (NDRM) NDRM
   n.-fused earthed conductor   Schutzleiter
nonimpact printer   Non-Impact-Drucker
nonlinear distortion   nichtlineare Verzerrung
   n. resistance   nichtlinearer Widerstand
   n. system   nichtlineares System
   n. transfer element   nichtlineares Übertragungsglied → Übertragungsglied
non-linearity   Nichtlinearität
nonmascable interrupt   nichtmaskierbare Unterbrechung
nonpreemtive priorities   nichtunterbrechende Prioritäten → Priorität
nonreactive amplifier   rückwirkungsfreier Verstärker
nonsaturated logic circuit   ungesättigte Logik
nonvolatile memory   nichtflüchtiger Speicher
   n. storage   nichtflüchtiger Speicher
norator   Norator
NOR function   NOR-Funktion
   N. gate   NOR-Gatter
normal distribution   Normalverteilung
   n. magnetization curve   Kommutierungskurve
   n. position   Nennlage
normalized fan-in   Einheitslast
normalizing   Normierung
normaly-closed contact   Ruhekontakt → Öffner
   n.-open contact   Arbeitskontakt → Schließer
Norton's theorem   Nortonsches Theorem → Theorem von Norton
Norton transformation   Norton-Transformation
NOT function   NICHT-Funktion
notch-filter   Notch-Filter; Sperrfilter → Doppel-T-Filter
npin transistor   NPIN-Transistor
npip transistor   NPIP-Transistor
npn transistor   NPN-Transistor
NPR   (noise power ratio) Störleistungsverhältnis
n-type semiconductor   N-Halbleiter
nuclear magnetic resonance   Kernresonanz
   n. magneton   Kernmagneton
   n. mass   Kernmasse
   n. spin   Kernspin
nucleons   Nukleonen
nullator   Nullator
null indicator   Nullinstrument
nullor   Nullor
numbering   Numerierung
   n. area   Numerierungsbereich → Numerierung
numeric   Numerik
   n. printer   Zifferndrucker
numerical   numerisch
   n. aperture   numerische Apertur
   n. control   NC-Technik, numerische Steuerungstechnik → numerische Steuerung
   n. display   Ziffernanzeige
   n. value   Zahlenwert
numerically machine-tool control   numerische Werkzeugmaschinensteuerung
Nyquist criterion   Ortskurvenkriterium → Nyquist-Kriterium
   N.-measuring modulator   Nyquist-Meßmodulator
   N. noise   Nyquist-Rauschen
   N. slope   Nyquistflanke

offered traffic   Angebot, Verkehrsangebot
object code   Objektcode → Objektprogramm
   o. program   Objektprogramm
objective   Objektiv
OCR   (optical character reader) Klarschriftleser
octal system   Oktalsystem
octave   Oktave
   o. filter   Oktavfilter → Oktavbandpaß
oersted   Oersted
off-line processing   Off-Line-Betrieb
   o.-state characteristic   Sperrkennlinie
offset   Offset
   o. current   Offsetstrom
   o. current drift   Offsetstromdrift
   o. diode   Offsetdiode
   o. voltage   Offsetspannung
   o. voltage drift   Offsetspannungsdrift
ohm   Ohm
Ohm's law   Ohmsches Gesetz
ohmic contact   ohmscher Kontakt
   o. loss   ohmsche Verluste
   o. resistance   ohmscher Widerstand
ohmmeter   Ohmmeter
oil cooling   Ölkühlung
omnidirectional aerial   Rundstrahlantenne
   o. antenna   Rundstrahlantenne
   o. characteristic   Kugelcharakteristik
   o. microphone   Kugelmikrophon
   o. radiator   Rundstrahlantenne
one-element   Einselement
   o.-out-of-ten code   Eins-aus-Zehn-Code
on-line processing   On-Line-Betrieb
   o.-off control   Zweipunktregelung
   o.-off controller   Zweipunktregler
   o. port   Eintor → Zweipol
   o.-quadrant operation   Einquadrantenbetrieb → Vierquadrantenbetrieb
   o.-shot   monostabiler Multivibrator
   o.-third octave filter   Terzbandpaß
opacimeter   Trübungsmesser
op-code   Operationsteil
open-circuit input impedance   Leerlaufeingangsimpedanz → Eingangsimpedance
   o.-circuit operation   Arbeitsstrombetrieb
   o. collector output   Open-Collector-Ausgang
   o. loop control   Open-Loop-Betrieb → Steuerung, Open-Loop-Control → Steuerung, Steuerkette → Steuerung, Steuerung
   o.-loop gain   Open-Loop-Gain
   o. tube process   Durchström-Verfahren → Diffusionsverfahren
operand   Operand
operating characteristic   Annahmekennlinie, Arbeitskennlinie
   o. coil   Relaisspule
   o. point   Arbeitspunkt
   o. point-adjustment   Arbeitspunkteinstellung
   o. range   Arbeitsbereich
   o. temperature   Nenntemperatur
operation   Operation
   o. code   Operationsteil
operational amplifier   Operationsverstärker
operative memory   Operativspeicher
operator   Operator
optical character display   Klarschriftanzeige

o. character reader   Klarschriftleser
o. characters   Klarschrift
o. communication engineering   optische Nachrichtentechnik
o. disk   optische Platte
o. dispersion   optische Dispersion
o. effects   optische Effekte
o. pumping   optisches Pumpen
o. pumping circuit   Pumpkreis
optimal code   Optimalcode
   o. coding   optimale Codierung
   o. control   optimale Steuerung
optocoupler   Optokoppler
optoelectronic amplifier   optoelektronischer Verstärker
   o. converter   optoelektronischer Wandler
optoelctronics   Optoelektronik
optoisolator   Optokoppler
orbit   Orbit → Elektronenbahn, → Umlaufbahn
organic semiconductor   organischer Halbleiter
orientational polarisation   Gitterpolarisation
   o. polarisation   Orientierungspolarisation
original equipment manufacturer   (OEM) OEM
originating exchange   Ursprungsvermittlungsstelle
orthicon   Orthikon
orthogonal system   Orthogonal-System
oscillating circuit   Umschwingzweig
oscillation conditions   Schwingungsbedingungen
oscillator   Oszillator
   o. crystal   Steuerquarz
   o. frequency   Oszillatorfrequenz
oscillogram   Oszillogramm
oscillograph   Oszillograph
oscilloscope   Oszilloskop
   o. storage tube   Sichtspeicherröhre
   o. tube   Oszilloskopröhre
outdiffusion   Ausdiffusion
outgoing line   Abnehmerleitung
   o. trunk   Abnehmerleitung
output pulse width   Verweilzeit
overcurrent protection   Überstromschutz
overdriving   Übersteuerung
overflow   Überlauf
   o. operation   Überlaufbetrieb
overhead line   Freileitung
overlap   Überlappung
   o. time   Überlappungseit → Überlappung
overlay   Overlay
   o. transistor   Overlay-Transistor
overload   Überlast
   o. protection   Überlastschutz → Überstromschutz
over match   Spannungsanpassung
overshoot   Überschwingen
   o. factor   Übersteuerungsfaktor
overstress   Überlastung
overtone   Obertöne
   o. crystal   Oberschwingungsquarz
overvoltage   Überspannung
   o. arrester   Überspannungsableiter
   o. factor   Überspannungsfaktor
   o. limiter   Überspannungsbegrenzer
ovonic   Ovonic
   o. memory   Ovonic-Speicher

oxide isolated monolithic technology   (OXIM technology) OXIM → Oxidwallisolation
   o. isolation   Oxidation von Halbleiteroberflächen; OXIS → Oxidwallisolation
   o. masking   Oxidmaskierung

π-section   PI-Schaltung (π-Schaltung)
pack   Packen
package types   Gehäuseformen
packet assembly/disassembly   (PAD) PAD
   p. concept   Paket-Konzept
   p. switching   Paketvermittlung
packing density   Speicherdichte
pad   Pad
paging   Paging-Technik
paint on process   Film-Verfahren → Diffusionsverfahren
pair annihilation   Paarvernichtung
   p. binding   Paarbindung
   p. production   Paarbildung
PAL   (programmable array logic) PAL
PAL-system   PAL-System
panel meter   Schalttafelinstrument
paper capacitor   Papierkondensator, Wickelkondensator
   p. tape   Lochstreifen
   p. tape punch   Lochstreifenstanzer
parabolic antenna   Parabolantenne
   p. multiplier   Parabelmultiplizierer
parallaxe   Parallaxe
parallel connection   Parallelschaltung
   p.-in/parallel-out register   (PIPO register) PIPO-Register
   p.-in/serial-out register   (PISO register) PISO-Register
   p. inverter   Parallelwechselrichter
   p. memory   Parallelspeicher
   p. printer   Paralleldrucker
   p. processing   Paralleldatenverarbeitung
   p.-resonant circuit   Parallelresonanzkreis → Parallelschwingkreis
   p.-resonant circuit inverter.   Parallelschwingkreiswechselrichter → Schwingkreiswechselrichter
   p.-serial converter   Parallel-Serien-Wandler, Parallel-Serien-Wandlung
   p.-serial transfer   Parallel-Serien-Übertragung
   p. transfer   Parallelübertragung
   p. working   Parallelbetrieb
paramagnetic resonance   paramagnetische Resonanz
paramagnetism   Paramagnetismus
parameter identification   Parameteridentifikation → Identifikation
parasitary effect   Parasitäreffekt
parasitic antenna   Sekundärstrahler
   p. capacitance   Parasitärkapazität
   p. element   Parasitärelement
   p. oscillation   Parasitäreffekt
parity   Parität
   p. check   Paritätskontrolle, Blocksicherung → Paritätsprüfung
   p. bit   Prüfbit
   p. of total of the digits of a number   Quersummenparität
Parseval relation   Theorem von Parseval
partial failure   Änderungsausfall
   p. fraction arrangement   Partialbruchschaltung
   p. radiation pyrometer   Teilstrahlungspyrometer → Strahlungspyrometer
   p. removal   Teilabbau → Polabspaltung

particle Korpuskel
partyline system Partyline-System
partyline equipment Vorfeldeinrichtung
PASCAL PASCAL
pascal Pascal
   p. second Pascalsekunde
pass band Durchlaßbereich → Filter
   p. band attenuation Durchlaßdämpfung → Filter
passivation Oberflächenpassivierung, Passivierung
passive filter passives Filter
   p. four-terminal network passiver Vierpol → aktiver Vierpol
   p. gate passives Gatter
   p. radiator Sekundärstrahler
   p. two-terminal network passiver Zweipol
path finding Wegesuche
   p. selection Wegesuche
pattern generator Patterngenerator
Pauli principle Pauli-Prinzip
PBX (private branch exchange) Nebenstellenanlage
PCB (printed circuit board) gedruckte Schaltung
p-channel field-effect transistor P-Kanal-Feldeffekttransistor
p-channel isolated gate field-effect transistor (PIGFET) PIGFET
p-channel metal-oxide semiconductor (PMOS) PMOS
PCI (programmable communication interface) PCI
PCM (pulse code modulation) Pulscodemodulation
   P. channel PCM-Kanal
   P.-frame PCM-Rahmen
   P.-instrumentation recorder PCM-Bandspeicher
   P. technique PCM-Technik
   P.-telemetering PCM-Telemetrie
   P. transmission PCM-Übertragung
P-controller Proportionalregler, P-Regler → elektronischer Regler
PD-controller PD-Regler → elektronischer Regler
peak current Spitzenstrom
   p. frequency Höckerfrequenz
   p. point current Höckerstrom
   p. point voltage Höckerspannung
   p. power Spitzenleistung
   p. reverse voltage Spitzensperrspannung
   p.-type diode rectifier Spitzenwertgleichrichter
   p. value Scheitelwert
   p. value limiter Maximalwertbegrenzer
   p. voltage Scheitelspannung, Spitzenspannung
   p. voltmeter Spitzenspannungsmesser
PEARL (process and experiment automation real time language) PEARL
P-element P-Glied, Proportionalglied → Übertragungsglied
Peltier effect Peltier-Effekt
pencil galvanometer Stiftgalvanometer
penetration depth Eindringtiefe
pentode Pentode
perforated tape reader Lochstreifenleser
peripheral interface adapter (PIA) PIA
   p. units Peripheriegeräte
permanent magnet permanenter Magnet
permittivity of a vacuum elektrische Feldkonstante
periodic system of elements Periodensystem
permalloy Permalloy
permanence Permanenz
permanent storage Permanentspeicher
permeability Permeabilität

perminvar Perminvar
permittivity Permittivität
personal computer Personal-Computer (sprich: 'pəːsnl)
Petersen-coil Petersen-Spule
perturbation function Störfunktion
p-gate thyristor katodenseitig steuerbarer Thyristor
phantom circuit Phantomkreis
phase angle Phasenwinkel
   p. angle control Phasenanschnittsteuerung
   p. angle factor Übertragungswinkel → Übertragungsmaß
   p. angel measurement Phasenmessung
   p.-change coefficient Phasenbelag → Fortpflanzungskonstante
   p. commutation Phasenlöschung
   p. comparator Phasenvergleicher
   p. compensation Phasenkompensation
   p. condition Phasenbedingung
   p. constant Winkelmaß, Phasenkoeffizient, Phasenkonstante, Phasenmaß → Übertragungsmaß
   p. control Anschnittsteuerung, Phasensteuerung → Phasenanschnittsteuerung
   p. converter Phasenumformer
   p. current Phasenstrom
   p. delay Phasenlaufzeit
   p. detector Phasendiskriminator
   p. deviation Phasenhub
   p. difference Phasendifferenz
   p. discriminator Phasendiskriminator
   p. displacement Phasendrehung
   p. error Phasenfehler
   p. inverter circuit Phasenumkehrschaltung
   p. inverter stage Phasenumkehrschaltung, Katodynschaltung
   p. inverting amplifier Phasenumkehrverstärker
   p. keying circuit Phasenumtaster
   p.-lag compensation Phase-Lag-Kompensation
   p.-lead compensation Phase-Lead-Kompensation
   p.-locked loop Phase-Locked-Loop
   p. lock technique Phase-Lock-Technik
   p. margin Phase Margin, Phasenvorrat, Phasenreserve → Phasenrand
   p. modulation Phasenmodulation
   p. plot Phasendiagramm → Phasenspektrum; → Frequenzspektrum
   p. position Phasenlage
   p. resonance Phasenresonanz
   p. response Phasengang
   p. selective measuring rectifier phasenabhängiger Meßgleichrichter
   p.-sequence commutation Phasenfolgelöschung
   p. shift Phasenverschiebungswinkel
   p. shift keying Phasenumtastung → PSK-Modulator
   p. shift oscillator Phasenkettenoszillator
   p. shift technique Phasenschiebermethode
   p. shifter Phasenkette, Phasenschieber, Phasenshifter
   p. shifting circuit Phasenschiebeschaltung
   p. spectrum Phasenspektrum → Spektrum von Zeitfunktionen
   p. swing Phasenhub
   p.-to-voltage converter Phasendetektor
   p. transformer Drehtransformator
   p. velocity Phasengeschwindigkeit
   p. voltage Phasenspannung
phasemeter Phasenmesser
Philbert transformer Philbert-Transformator

phon   Phon
phone   Fernsprechen
phonon   Phonon
phosphorescence   Phosphoreszenz
photoarray   Photoarray
photocell   Photozelle
photochopper   Photozerhacker
photocurrent   Photostrom
photo-Darlington transistor   Photodarlingtontransistor
photodetector   Photodetektor
photodiode   Photodiode
photoelectric counter   lichtelektrischer Zähler
    p. effect   Photoeffekt
photoelectrical emitted electrons   Photoelektronen
photoelement   Photoelement
photoemission   Photoemission
photolithography   Photolithographie
photomask   Photomaske
photometric brightness   photometrische Helligkeit → Helligkeit
    p. fundamental law   photometrisches Grundgesetz
    p. limit distance   photometrische Grenzentfernung
photometry   Photometrie
photomultiplier tube   Photovervielfacherröhre
photon   Photon
    p. gas   Photonengas
photoresist   Photolack
photoresistor   Photowiderstand
photosemiconductor   Photohalbleiter
phototransistor   Phototransistor
phototropie   Phototropie
photothyristor   Photothyristor
phototube   Hochvakuumphotozelle
photovoltaic effect   Sperrschichtphotoeffekt
photovoltage   Photospannung
physical IOCS   (physical input-output control system) physikalisches Steuersystem → Steuersystem
PIA   (peripheral interface adapter) PIA
pick-up   Meßfühler
    p. time   Ansprechzeit
picoammeter   Picoamperemeter
PI-controller   PI-Regler
PID-controller   PID-Regler → elektronischer Regler
Pierce oscillator   Pierce-Oszillator
piezo diode   Piezodiode
piezoelectric ceramic   Piezokeramik
    p. effect   piezoelektrischer Effekt
    p. filter   piezoelektrischer Filter
    p. loudspeaker   Kristallautsprecher
    p. microphone   Kristallmikrophone
    p. transducer   piezoelektrischer Wandler
    p. transistor   Piezotransistor
piezoelectrical pick-up   piezoelektrischer Meßfühler
piezoelectricity   Piezoelektrizität
piezomagnetic pick-up   piezomagnetischer Meßfühler
pill box aerial   Segmentantenne → Parabolantenne
pilot frequency   Pilotfrequenz
    p. technique   Pilottechnik
    p.-tone frequency   Piltottonfrequenz
    p.-tone method   Pilottonverfahren
pin   Anschlußstift → Pin
    p. compatibility   Steckerkompatibilität (Anschlußkompatibilität) → Kompatibilität pin-kompatibel

p. diode   PIN-Diode
p. diode rectifier   PIN-Gleichrichter
p. diode switch   PIN-Diodenschalter
p. photodiode   PIN-Photodiode
pinchoff   Abschnürung, Kanalabschnürung
    p. voltage   Abschnürspannung
pinch resistor   Pinch-Widerstand
pinhole   Pinhole
piston diaphragm   Kolbenmembran
PL/1   (programming language one) PL/1
PPI   (programmable logic array) PPI
planar array   Dipolwand
    p. junction transistor   Planartransistor
    p. process   Planarprozeß
Planck's constant   Plancksches Wirkungsquantum
    P. radiation law   Plancksches Strahlungsgesetz
plane position indicator   (PPI) PPI → Impulsradar
    p. wave   ebene Welle
plant   Regelstrecke
plasma   Plasma
    p. frequency   Plasmafrequenz
plastic film capacitor   Kunststoffolienkondensator
plastics   Kunststoff
plate capacitor   Plattenkondensator
    p. current   Anodenstrom
    p. dissipation   Anodenverlustleistung
    p. resistance   innerer Widerstand → Barkhausen-Beziehung
    p. voltage   Anodenspannung
    p. voltage-plate current   Anodenkennlinie
plated wire memory   Drahtspeicher
playback   Playback-Verfahren
pleochroic   pleochroisch
pliers ammeter   Zangenamperemeter
    p. instruments   Zangeninstrumente
    p. power meter   Zangenleistungsmesser
PLL   (phase-locked loop) Phase-Locked-Loop
    P. demodulator   PLL-Demodulator
PL/M   (programming language microprocessor) PL/M
plotter   Plotter, Zeichengerät
plug connector   Steckverbinder
    p. in   Einschub
plumbicon   Plumbicon
plunger coil controller   Tauchspulenregler
PMOS   (p-channel metal-oxide semiconductor) PMOS
pnin transistor   PNIN-Transistor
pnip transistor   PNIP-Transistor
pn junction   PN-Übergang
pnpn structure   PNPN-Struktur
pnp transistor   PNP-Transistor
pocket dosimeter   Taschendosimeter
point charge   Punktladung
    p.-contact diode   Spitzendiode
    p.-contact transistor   Spitzentransistor
    p. recorder   Punktdrucker
    p.-to-point circuit   Standleitung
    p.-to-point connection   Punkt-zu-Punkt-Verbindung
    p.-to-point position control   Punktsteuerung
pointer   Zeiger
    p. instruments   Zeigerinstrumente
    p. meters   Zeigerinstrumente
    p.-type frequency meter   Zeigerfrequenzmesser
Poisson distribution   Poisson-Verteilung
    P. process   Poisson-Prozeß

Poisson's equation Poisson-Gleichung → Potentialgleichungen
polar coordinates Polarkoordinaten → Koordinatensysteme
polarity correlator Polaritätskorrelator
polarization Polarisation (elektromagnetischer Wellen)
   p. diversity Polarisationsdiversity → Diversity
   p. fading Polarisationsschwund → Schwund
   p. filter Polarisationsfilter
polarized light polarisiertes Licht
polarizer Polarisationsfilter
pole detector Polaritätsdetektor
   p. Q Polgüte
   p.-zero configuration PN-Plan
polishing Politursätzen
polling Polling, Sendeaufruf
polycrystalline structure Polykristalline Struktur
polyphase machine Drehfeldmaschine
pond Pond
pool Registerspeicher
port Tor
position control Lagerregelung → Positionsregelung
   p. transducer Wegaufnehmer, Weg-Spannungswandler
positional control Positionsregelung
positive feedback Mitkopplung
   p. temperature coefficient resistor PTC-Widerstand → Kaltleiter
post-dialling delay Rufverzug → indirekte Steuerung
potential Potential
   p. analogy Potentialanalogie
   p. barrier Potentialbarriere
   p. difference Potentialdifferenz
   p. equations Potentialgleichungen
   p. field Potentialfeld
   p. surface Potentialfläche → Äquipotentialfläche
   p. transformer Spannungswandler
   p. wall Potentialmulde
potentiometer circuit Poggendorf-Kompensator
powder core Massekern
power capacitor Starkstromkondensator
   p. current Starkstrom
   p. engineering Energietechnik, Starkstromtechnik
   p. factor Verschiebungsfaktor → Leistungsfaktor
   p.-factor correction capacitor Phasenschieberkondensator → Phasenschieber
   p. flow Lastfluß
   p. flow computer Lastflußrechner
   p. flux density Strahlungsdichte
   p. frequency bridge Schering-Meßbrücke
   p. line Starkstromleitung
   p. pack Netzteil
   p. rating Nennleistung
   p. rectifier Netzgleichrichter
   p. source Leistungsquelle
   p. supply rejection Netzunterdrückung
   p. system Netz
   p. transformer Netzanschlußtransformator
   p. type relay Starkstromrelais
Poynting's vector Poyting-Vektor → Ausbreitungsfaktor
ppb ppb
PPI (plane position indicator) PPI → Impulsradar
PPI (programmable peripheral interface) PPI
ppm ppm
preamplifier Vorverstärker

precision audio amplifier Präsizisions-NF-Verstärker
   p. power supply unit Präzisionsnetzgerät
   p. rectifier Präzisionsgleichrichter
   p. resistor Präzisionswiderstand
   p. resistor decade Präzisionswiderstandsdekade
precistor Präzisionswiderstand
precondition input Vorbereitungseingang
pre-emphasis Preemphasis
preemtive priorities unterbrechende Prioritäten → Priorität
preference state Vorzugslage
prefix Verkehrsausscheidungszahl
prefixes for SI-units SI-Vorsätze
premagnetization Vormagnetisierung
premodulation system Vormodulationssystem
preoszillation current Anschwingstrom eines Oszillators
presaturation Vormagnetisierung
prescaler Prescaler
preset Setzen
presettable counter Vorwahlzähler
pressure connection Quetschverbindung
   p. measuring transducer Druckmeßumformer
   p. transducer Druckmeßumformer
   p. transmitter Durchflußmeßumformer
presupposition Prämisse
prevarication Störinformationsentropie (auch Irrelevanz)
primary a. c. Primärwechselstrom
   p. alternating current Primärwechselstrom
   p. detector Meßgeber
   p. electron Primärelektron
   p. element Meßgeber
   p. galvanic cell Primärelement
   p. memory Primärspeicher
   p. radiator Primärstrahler
principal quantum number Hauptquantenzahl
principle of duality Dualitätsprinzip
   p. of superposition Überlagerungsgesetz → Superpositionsprinzip
printed circuit gedruckte Schaltung
   p. circuit board gedruckte Schaltung
printer Drucker
printing recorder Meßwertdrucker
priority Priorität
   p. encoder Prioritätscodierer
private branch exchange Nebenstellenanlage
   p. network privates Netz → Netz
probability Wahrscheinlichkeit
   p. density Dichtefunktion, Aufenthaltswahrscheinlichkeit
   p. distribution Verteilungsfunktion
probe Tastkopf
procedure Prozedur
process Prozeß
   p. and experiment automation real time langue (PEARL) PEARL
   p. average fraction defective mittlerer Fehleranteil
   p. computer Prozeßrechner
   p. control Prozeßdatenverarbeitung, Prozeßsteuerung, Qualitätssteuerung
   p. control computer Prozeßrechner
   p. control peripheral devices Prozeßperipherie
   p. model Prozeßmodell → Prozeßdatenverarbeitung
processor Prozessor
product demodulator Phasendemodulator

production control   Fertigungssteuerung
  p. supervision   Fertigungsüberwachung
pro-emphasis   Höhenanhebung
program   Programm
  p. control   Programmsteuerung
  p. counter   Progarmmzähler
  p. flow chart   Programmablaufplan
  p. level counter   Programmstufenzähler → Programmzähler
  p. library   Programmbibliothek
  p. memory   Programmspeicher
programmable array logic   (PAL) PAL
  p. communication interface   (PCI) PCI
  p. logic array   (PLA) PLA
  p. peripheral interface   (PPI) PPI
  p. read-only memory   (PROM) PROM
programming   Programmieren
  p. language   Programmiersprache
  p. language one   PL/l
  p. language microprocessor   PL/M
PROM   (programmable read-only memory) PROM
propagation constant   Fortpflanzungskonstante
  p. delay time   Stufenverzögerungszeit
proportional deviation   P-Abweichung
protecting diode   Schutzdiode
protection earthing   Schutzerdung
protective earthing   Schutzerdung
  p. gas capacitor   Schutzgaskondensator
  p. resistance   Schutzwiderstand
protocol   Protokoll
  p. layers   Protokollebenen → Protokoll
proton   Proton
proximity effect   Nahwirkung
  p. switch   Annäherungsschalter
pseudoinstruction   Pseudobefehl
pseudorandom number   Pseudozufallszahl
pseudotetrade   Pseudotetrade
PSK   (phase shift keying) Phasenumtastung → PSK-Modulator
  P.-modulator   PSK-Modulator
psn diode   PSN-Diode
psophometer   Psophometer
psophometric voltage   Geräuschspannung → Störspannung
PTC   (positive temperature coefficient resistor) Kaltleiter
PTM   (pulse-time modulation) Pulszeitmodulation
P-transfer element   proportionales Übertragungsglied → Übertragungsglied
p-type conduction   Defektelektronenleitung
  p. doping   P-Dotierung
public network   öffentliches Netz → Netz
pull-down resistor   Pull-Down-Widerstand
  p.-in current   Ansprechstrom
  p.-in data   Ansprechwert
  p.-in voltage   Ansprechspannung
  p.-in power   Ansprecherregung
  p.-up resistor   Pull-Up-Widerstand
pulse   Puls
  p. amplifier   Impulsverstärker
  p. amplitude modulation   Pulsamplitudenmodulation → PAM
  p. answer   Impulsantwort
  p. capacitor   Impulskondensator
  p. carrier   Trägerpuls
  p. code modulation   Pulscodemodulation
  p.-delay-time-jitter   Pulsverzögerungszeitjitter → Jitter

  p. duration   Impulsdauer, Pulsdauer
  p.-duration-jitter   Pulsdauer-Jitter → Jitter
  p. duration modulator   Pulslängenmodulator
  p. duty cycle   Tastverhältnis
  p.-forming network   impulsformendes Netzwerk
  p. frame   Pulsrahmen
  p. frequency modulation   Pulsfrequenzmodulation
  p.-function   Impulsfunktion → Testsignal
  p. generator   Impulsgenerator, Pulsgenerator
  p. modulation   Pulsmodulation
  p. modulator   Pulsmodulator
  p. motor   Schrittmotor
  p. operation   Impulsbetrieb
  p. phase modulation   Pulsphasenmodulation
  p. position modulation   Pulslagenmodulation
  p. rate meter   Pulsfrequenzmesser
  p. recurrence frequency   Impulsfrequenz
  p. regeneration   Impulsgenerierung
  p. repetition   Pulsfolge
  p. repetition frequency   Impulsfrequenz, Pulsfrequenz
  p. repetition rate   Impulsrate
  p. shaper   Impulsformer
  p. signal   Impulskennzeichen → Kennzeichen
  p.-time modulation   Pulswinkelmodulation, Pulszeitmodulation
  p. technique   Impulstechnik
  p. transformer   Zündübertrager
  p. transmitter   Impulssender
  p. width   Impulsdauer
  p. width modulated inverter   Pulswechselrichter
  p. width modulation   Pulsbreitenmodulation
pumping energy   Pumpenergie
  p. frequency   Pumpfrequenz
punch card reader   Lochkartenleser
  p.-through   Durchgriff → Barkhausen-Beziehung
  p.-through effect   Durchgreifeffekt
  p.-through voltage   Durchgreifspannung
punched card   Lochkarte
  p. tape   Lochstreifen
  p. tape reader   Lochstreifenleser
pupinize   Pupinisieren
pure chance traffic   Zufallsverkehr
push button dialling   Tastwahl
  p.-pull amplifier   Gegentaktverstärker
  p.-pull complementary collector circuit   Gegentaktkomplementärkollektorschaltung
  p.-pull input   Gegentakteingang
  p.-pull oscillator   Gegentaktoszillator
  p.-pull output   Gegentaktausgang
  p.-pull rectifier   Gegentaktgleichrichter
pyramid   Pyramidenschaltung
pyroelectrical radiation detector   pyroelektrischer Strahlungsempfänger
pyroelectricity   Pyroelektrizität
pyrolisis   Pyrolyse
pyrometer   Pyrometer

QAM   (quadrature amplitude modulation) Quadratmodulation
Q band   Q-Band
Q-meter   Gütefaktormesser
Q multiplier   Q-Multiplier

QPSK-modulator (quaternary phase-shift keying-modulator)
QPSK-Modulator
quad Vierer
   q in-line package QUIL-Gehäuse
   q. loop Quad-Antenne
   q. operational amplifier Vierfachoperationsverstärker → Zweifachoperationsverstärker
quadrant electrometer Quadrantenelektrometer
quadrature amplitude modulation Quadraturmodulation
quadrophony Quadrophonie
quality Qualität
   q. assurance Gütesicherung, Qualitätssicherung
   q. characteristic Qualitätsmerkmal
   q. check Qualitätsprüfung
   q. checking Güteprüfung
   q. control Qualitätskontrolle
   q. factor meter Gütefaktormesser
   q. surveillance Qualitätsüberwachung
quantity Größe
   q. to be measured Meßgröße
   q. value Größenwert
quarter-square multiplier Vierquadrantenmultiplizierer
   q.-wave section Lambda/4-Leitung
   q.-wave transformer Viertelwellentransformator
   q.-wavelength transformer Lambda/4-Transformator
quarternary phase-shift keying-modulator QPSK-Modulator
quantization Quantisierung
   q. cycle Quantisierungszyklus
   q. error Quantisierungsfehler
   q. noise Quantisierungsrauschen
   q. step Quantisierungsstufe
quantity of heat Wärmemenge
quantum Quant
   q. efficiency Quantenausbeute
   q. electrometer Quantenelektrometer
   q. electronics Quantenelektronik
   q. energy Quantenenergie
   q. mechanics Quantenmechanik
   q. number Quantenzahl
   q. theory Quantentheorie
   q. transition Quantenübergang
quasifree charge carriers quasifreie Ladungsträger
quarter-square multiplier Vierquadrantenmultiplizierer
quartz Quarz
   q. clock Quarzuhr
   q. controlled measuring generator quarzgesteuerter Meßgenerator
   q. resonator Schwingquarz, Quarzresonator → Quarz
   q. thermometer Quarzthermometer
   q. vibrator Quarzvibrator → Schwingquarz
quasi-Fermi level Quasi-Fermi-Niveau
quasiparticle Quasiteilchen
quasistationary field quasistationäres Feld
quenching circuit Löschschaltung
queue Warteschlange
queuing Warten
   q. model Verkehrsmodell
   q. system Wartesystem
quiescent potential Ruhepotential

RADAR (radio detection and ranging) Radar
radian frequency deviation Kreisfrequenzhub
   r. measure Bogenmaß
radiated intensity Strahlstärke
   r. power Strahlungsleistung
radiation Abstrahlung
   r. detector Strahlungsdetektor
   r. efficiency Antennenwirkungsgrad
   r. lobe Strahlungskeule
   r. measuring instrument Strahlungsmeßinstrument
   r. pattern Richtcharakteristik, Richtdiagramm
   r. pyrometer Strahlungspyrometer
   r. resistance Strahlungswiderstand → Antennenwiderstand
   r. thermocouple Strahlungsthermoelement
   r. thermoelement Strahlungsthermoelement
radio detection and ranging (RADAR) Radar
   r. direction finding Funkpeilung
   R.-Electronics-Television-Manufacturers-Association RETMA-Reihen → Normreihen
   r. frequency amplifier HF-Verstärker
   r. frequency resistance bridge HF-Widerstandsmeßbrücke
   r. frequency spectroscopy Hochfrequenzspektroskopie
   r. frequency voltmeter HF-Spannungsmesser
   r. location Funkortung
   r. navigation Funknavigation
   r. relay communication Richtfunkübertragung
   r. wave propagation Wellenausbreitung
ramp function Rampenfunktion → Testsignal
   r.-off Dachschräge
   r. response Rampenantwort → Testsignal
random access wahlfreier Zugriff
   r. error zufälliger Fehler
   r. failure Zufallsausfall
   r. number generator Zufallszahlengenerator
   r. number series Zufallsfolge
   r. sample Zufallsstichprobe
   r. signal Zufallssignal
   r. traffic Zufallsverkehr
range Wellenbereich
   r. of audibility Hörbereich
rapid phase change Phasensprung
rate of current rise Stromsteilheit
   r. of voltage rise Spannungssteilheit
rated current Nennstrom
   r. load Nennlast
   r. voltage Nennspannung
ratio detector Verhältnisdiskriminator
   r. measuring system Quotientenmeßwerk
   r. meter Quotientenmesser
   r. resistors Verhältniswiderstände
RC-amplifier RC-Verstärker
RC-circuit RC-Schaltung
RC coupling RC-Kopplung → Koppel-RC-Glied
RC differentiating network RC-Differenzierglied
RC-filter RC-Filter
RC-high-pass RC-Hochpaß
RC integrating network RC-Integrierglied
RC low-pass RC-Tiefpaß
RC measuring generator RC-Meßgenerator
RC network RC-Zweipol
RC-section RC-Glied
RC-sine wave oscillator RC-Sinusoszillator

RCTL (resistor capacitor transistor logic) RCTL
reactance imaginärer Widerstand
   r. **amplifier** Reaktanzverstärker
   r. **function** Reaktanzfunktion
   r. **tube circuit** Reaktanzröhrenschaltung
reaction Rückwirkung
   r. **on system** Netzrückwirkung
   r. **time** Reaktionszeit
reactive two-terminal network Reaktanzzweipol → LC-Zweipol
reactor Drosselspule
read-only memory (ROM) ROM
   r. **memory control** Festwertsteuerung
real component Realteil → komplexe Rechnung
   r. **time** Echtzeitdarstellung
   r. **pole** reeller Pol
   r. **zero** reele Nullstelle → reeller Pol
received power Empfangsleistung einer Antenne
receiver Empfänger
receiving tube Empfängerröhre
reciprocal two-port network kopplungssymmetrischer Vierpol, kernsymmetrischer Vierpol, reziproker Vierpol → übertragungssymmetrischer Vierpol
reciprocity Reziprozität
   r. **theorem** Reziprozitätstheorem
recombination Rekombination
   r. **centers** Rekombinationszentrum
   r. **radiation** Rekombinationsstrahlung
   r. **rate** Rekombinationsrate
record Satz
recording Registrierung
   r. **instrument** Registrierinstrument
recovered charge Sperrverzugsladung
recovery Wiederherstellung
   r. **time** Erholzeit
rectangular failure Rechteckfehler
   r. **pulse** Rechteckimpuls, Rechteckpulse
   r. **repetition rate** Rechteckfolge
   r. **wave generator** Rechteckgenerator, Rechteckwellengenerator
   r. **waveform generator** Rechteckwellenmeßgenerator
rectified current Richtstrom
   r. **voltage** Richtspannung
rectifier connection Gleichrichterschaltung
   r. **diode** Gleichrichterdiode
   r. **instrument** Gleichrichtermeßgerät
rectifying Gleichrichtung
recurrent code rekurrenter Code
   r. **network** Kettenleiter
red-blue-green-method Rot-Blau-Grün-Methode
redundancy Redundanz
   r. **of code** Coderedundanz
reed contact Reed-Kontakt
   r. **relay** Reed-Relais
   r. **switch** Reed-Schalter
reemission Reemission
reference diode Referenzdiode
   r. **element** Referenzelement
   r. **frequency** Eichfrequenz
   r. **oscillator** Referenzoszillator
   r. **transfer function** Führungsübertragungsfunktion
   r. **variable** Führungsgröße

   r. **voltage** Referenzspannung
   r. **voltage source** Referenzspannungsquelle
reflected wave reflektierte Welle
reflecting-type galvanometer Spiegelgalvanometer
reflection Reflexion elektromagnetischer Wellen
   r. **coefficient** Reflexionsfaktor, Reflexionsgrad
   r. **coefficient measuring bridge** Reflexionsfaktormeßbrücke
reflector Reflektor, Umlenkspiegel
   r. **antenna** Reflektorantenne
reflex light barrier Reflexionslichtschranke
   r. **klystron** Reflexklystron
reflow-soldering Reflowlöten
refractive index distribution Brechzahlprofil
refractory metal-oxide semiconductor (RMOS) RMOS
refresh cycle Refresh-Vorgang
regeneration Regenerierung
regenerative detector Audion
   r. **repeater** Regenerativverstärker
   r. **storage** regenerativer Speicher
register Register
   r. **signal** Registerzeichen → Kennzeichen
   r. **storage** Registerspeicher
regulation characteristic Stabilisierungsfaktor
rejectable quality level Rückweisegrenze
rejector circuit Sperrkreis → Parallelschwingkreis
rejection number Rückweisezahl
rejector circuit Sperrkreis → Parallelschwingkreis
relative harmonic content Oberschwingungsgehalt
   r. **redundancy** relative Redundanz
relaxation Relaxation
   r. **oscillation** Kippschwingung
   r. **oscillator** Relaxationsoszillator
   r. **time** Relaxationszeit → Relaxation
relay Relais
   r. **amplifier** Relaisverstärker
   r. **controller** Relaisregler
   r. **correlator** Relaiskorrelator
   r. **storage** Relaisspeicher
relaying technique Vermittlungstechnik
release delay Abfallverzögerung
   r. **time** Abfallzeit
reliability Zuverlässigkeit
reluctance Reluktanz
remaining error rate Restfehlerrate
remanence Remanenz
remanent polarization Remanenzpolarisation
   r. **relay** Haftrelais
remote batch processing Remote-Batch-Processing
   r. **control** Fernbedienung
   r. **indication** Fernanzeige
   r. **job processing** Jobfernverarbeitung
   r. **supervisory** Fernüberwachung
removal of poles Abbau von Polen, Abspaltung von Polen, Polabspaltung
repeated call attempt Anrufwiederholung
repeater Zwischenverstärker
   r. **spacing** Verstärkerfeldlänge
replacement function Erneuerungsfunktion
   r. **process** Erneuerungsprozeß
reprogrammable read-only-memory (REPROM) REPROM → EPROM
request Abfrage, Abrufen, Anforderung

reset time Nachstellzeit
residence time Verweilzeit
residual (bulk) resistance Restwiderstand
   r. current Anlaufstrom
   r. induction remanente Induktion
   r. noise Restrauschen
resistance elektrischer Widerstand, Wirkwiderstand
   r. bulb Widerstandskopf
   r.-capacitance coupling Widerstandskondensatorkopplung → RC-Kopplung
   r. coupled amplifier RC-Verstärker
   r. coupling RC-Kopplung → Koppel-RC-Glied
   r. decade Widerstandsdekade
   r. measurement Widerstandsmessung
   r. measuring bridge Widerstandsmeßbrücke
   r. measuring methods Widerstandsmeßverfahren
   r. meter Widerstandsmesser
   r. of an film of foreign material Fremdschichtwiderstand
   r. per square Flächenwiderstand
   r. per unit length Widerstandsbelag → Leitungskonstanten
   r. thermometer Widerstandsthermometer
resistive pick-up ohmscher Meßfühler
resistivity spezifischer Widerstand
resistor capacitor transistor logic (RCTL) RCTL
   r. meter Widerstandsmesser
   r.-transistor logic (RTL) RTL
   r. network Widerstandsnetzwerk
   r. pair gepaarter Widerstand
resistron Resistron
resolution Auflösung, Auflösungsvermögen
resolver Resolver → Drehmelder
resonance frequency Resonanzfrequenz
   r. frequency meter Dipmeter
   r. matching Resonanzanpassung
   r. method Resonanzverfahren
   r. relay Resonanzrelais
resonant circuit Schwingkreis
   r. circuit converter Schwingkreisumrichter
   r. circuit inverter Schwingkreiswechselrichter
   r. impedance Resonanzwiderstand
   r. length Resonanzlänge
   r. ring filter Resonant-Ring-Filter
resonating curve Resonanzkurve
response Antwortfunktion → Antwort
   r. time Antwortzeit, Beruhigungszeit, Reaktionszeit
   r. to a variation of the reference input Führungsverhalten
restart Wiederanlauf
reticle Reticle
return loss Echodämpfung, Fehlerdämpfung
reverberation time Nachhallzeit
reversal of armature Ankerumschaltung
reverse bias Sperrspannung
   r. blocking triode thyristor rückwärts sperrende Thyristortriode
   r. conducting diode thyristor rückwärts leitende Thyristordiode
   r. current Rückwärtsstrom
   r. counter Rückwärtszähler
   r. d. c. resistance Sperrwiderstand
   r. diode Blindleistungsdiode
   r. pn junction Rückwärtssperrbereich
   r. recovery time Sperrverzögerungszeit
   r. resistance Sperrwiderstand
   r. transfer admittance Rückwärtssteilheit
   r. transfer capacitance Rückwirkungskapazität
   r. transfer impedance Rückwirkungswiderstand
   r. transfer inductance Rückwirkungsinduktivität
   r. voltage-current characteristic Rückwärtskennlinie
   r. voltage transfer Spannungsrückwirkung
reversed two-port umgekehrter Vierpol
reversible reversibel
   r. permeability reversible Permeabilität
reversing drive Umkehrantrieb
revolution counter Umdrehungszähler
   r. transducer Drehzahlaufnehmer
RF-amplifier HF-Verstärker
RF-modulator HF-Modulator
RF-voltmeter HF-Spannungsmesser
rheostat Schiebewiderstand
rhombic antenna Rhombusantenne → Langdrahtantenne
Richardson effect Richardson-Effekt
Richardson's emission-law Richardsonsches Emissionsgesetz
ridged waveguide Steghohlleiter
right-hand rule Dreifingerregel
ring current Kreisstrom
   r. current reactor Kreisstromdrossel
   r. balance Ringwaage
   r. modulator Ringmodulator
   r. resonator Ringresonator
   r. shift register Ringschieberegister
   r.-type network Ringnetz
ringing frequency Überschwingfrequenz
ripple Netzbrumm, Restwelligkeit, Welligkeit
rise path Neukurve
   r. time Anregelzeit, Anstiegszeit
RJE (remote job entry) Jobfernverarbeitung
RLC network RLC-Schaltung
RLCM network RLCM-Zweipol
RL network RL-Schaltung, RL-Zweipol
RMOS (refractory metal-oxide semiconductor) RMOS
rms (root-mean-square) Effektivwert
rms-converter RMS-Wandler
robot Roboter
rod Stäbchen
roll in/roll out Roll-In/Roll-Out
   r. type capacitor Wickelkondensator
ROM (read-only memory) ROM
root locus Wurzelort → Wurzelortskurve
   r.-mean-square (rms) Effektivwert
   r.-mean-square measuring Effektivwertmessung
   r.-mean-square rectifier Effektivwertgleichrichter
Rosen's theorem Theorem von Rosen
rotary dialling Nummernschalterwahl
   r. selector switch Drehschalter
rotatable resistor Drehwiderstand
rotating field Drehfeld
rotor Rotor → Läufer
round coil measuring system Rundspulmeßwerk
   r. relay Rundrelais
routine Routine
routing Verkehrslenkung
RQL (rejectable quality level) Rückweisegrenze
RS-flipflop RS-Flipflop
RTL (resistor-transistor logic) RTL
Rydbergian frequency Rydberg-Frequenz

SABRE (successive approximation by residual expansion) SABRE
sacrificial protection potential Schutzpotential
safety class system Schutzklasse
SAGMOS (self aligning gate metal-oxide semiconductor) SAGMOS
SAM (serial address memory) SAM
SAMNOS (self aligning gate metal-nitride-oxide silicon) SAMNOS
SAMOS (stacked gate avalanche-injection-type metal-oxide semiconductor) SAMOS
sample Stichprobe
   s.-and-hold circuit Sample-and-Hold-Schaltung (Abtast-Halte-Schaltung)
   s.-and-hold unit Abtast-Halte-Glied
   s. distribution Stichprobenverteilung
   s. strew Exemplarstreuung
sampled data control getastete Regelung → Abtastregelung
   s. data controller Abtastregler, Tastregler
   s. data filter Abtastfilter
   s. data period Abtastperiode
sampling frequency Abfragefrequenz
   s. interval Abtastintervall
   s. inspection Stichprobenprüfung
   s. method Sampling-Verfahren
   s. oscilloscope Abtastoszilloskop, Sampling-Oszilloskop
   s. periode Tastperiode
   s. rate Abtastfrequenz
   s. spectrum Abtastspektrum
   s. technique Abtasttechnik
   s. theorem Abtasttheorem
   s. time Abtastdauer
   s. voltmeter Sampling-Spannungsmesser
sandwich structure Sandwichstruktur
satellite Satellit
   s. communication service Satellitenfunk
saturated logic circuit gesättigte Logik
saturation Sättigung
   s. choke Sättigungsdrossel
   s. current Sättigungsstrom
   s. region Sättigungsbereich
   s. voltage Sättigungsspannung
sawtooth converter Sägezahnumsetzer
   s. generator Sägezahngenerator
   s. voltage Sägezahnspannung
   s. voltage method Sägezahnmethode
   s. wave Kippschwingung
S band S-Band
scalar Skalar
   s. field Skalarfeld
   s. potential skalares Potential
scale Skala
   s. constant Skalenkonstante
   s. division Skalenteil
   s. factor Skalenfaktor → Skalenwert
   s. interval Skalenteil
   s. length Skalenlänge
   s. length converter Skalenstreckenumsetzer
scanner Scanner
scanning Abtasten, Abtastung
   s. method Abtastvorgang
scatter diagram Streudiagramm
   s. propagation Streuausbreitung
scattering Streustrahlung
   s. matrix Scattering-Matrix, Streumatrix → Betriebsmatrizen

s. parameters Scattering-Parameter, S-Paramter → Betriebsmatrizen; Streuparameter
Schering bridge Schering-Meßbrücke
Schmitt trigger Schmitt-Trigger
Schottky barrier Schottky-Übergang
S. barrier diode Schottky-Diode
S. barrier field-effect transistor SBFET → MESFET
S.-clamped transistor-transistor logic Schottky-TTL-Logik → Schottky-TTL-Schaltung
S. defect Schottky-Fehlstelle
S. effect Schottky-Effekt
S. equation Schottky-Gleichung
S. photodiode Schottky-Photodiode
S. transistor Schottky-Transistor
S. TTL Schottky-TTL → Schottky-TTL-Schaltung
scintillation Szintillation
   s. camera Szintillationskamera
   s. detector Szintillationsdetektor
   s. fading Szintillationsschwund → Schwund
scissors-bonding Stichverfahren
SCR (silicon controlled rectifier) Thyristor
scrambling Scrambling
scratch pad memory Scratch-Pad-Speicher
SDL (specification and description language) SDL
search time Suchzeit
   s. tone method Suchtonverfahren
SEC (secondary emission conductivity) Speicherröhre
SECAM decoder SECAM-Decoder
S. method SECAM-Verfahren
S.-TV system SECAM-System
second Sekunde
   s. breakdown zweiter Durchbruch → elektrischer Durchbruch
   s.-order factor Verzögerung 2. Ordnung → Verzögerungsglied; → Übertragungsglied
   s.-source product Second-Source-Produkt
secondary a.c. Sekundärwechselstrom
   s. alternating current Sekundärwechselstrom
   s. electron Sekundärelektron
   e. emission Sekundäremission
   s. emission conductivity SEC-Röhre → Speicherröhre
   s. failure Folgeausfall
   s. lobe Nebenmaximum
   s. memory Sekundärspeicher → Primärspeicher
   s. surveillance radar (SSR) Sekundärradar → Radar
sector Sektor
   s. control Abschnittsteuerung, Sektorsteuerung
seed crystal Kristallkeime
selectance Selektion
selection matrix Selektionsmatrix
   s. stage Wählstufe
selective amplifier Selektivverstärker
   s. amplitude measuring selektive Amplitudenmessung
   s. fading Selektivschwund → Schwund
   s. voltmeter Selektivspannungsmesser
selectivity Selektivität → Selektion
selector Wähler
   s. channel Selektorkanal
selectors Selektoren
selenium rectifier Selengleichrichter
self-aligning gate selbstjustierendes Gate
   s. aligning gate metal-nitride-oxide-silicon transistor SAMNOS
   s. aligning gate metal-oxide semiconductor SAGMOS

s.-blocking oscillator   Sperrschwinger
s. commutated convertor   selbstgeführter Umrichter → Umrichter; → selbstgeführter Wechselrichter
s. commutated invertor   selbstgeführter Wechselrichter
s.-excitation   Selbsterregung
s. healing   selbstheilend
s. powered-neutron-detector   Neutronenflußaufnehmer
s.-quenched detector   Pendelrückkopplungsaudion
s. resonance   Eigenresonanz
semiconductor   Halbleiter
  s. detector   Halbleiterdetektor
  s. device   Halbleiterbauelement
  s. diode   Halbleiterdiode
  s. gas sensor   Halbleitergassensor
  s. laser   Halbleiterlaser → Laser
  s. material   Halbleiterwerkstoffe
  s. measuring rectifier   Halbleitermeßgleichrichter
  s. memory   Halbleiterspeicher
  s. noise   Halbleiterrauschen
  s. pressure sensor   Halbleiterdrucksensor
  s. rectifier diode   Halbleitergleichrichterdiode
  s. region   Halbleiterzone
  s. resistance strain gauge   Halbleiterdehnmeßstreifen
  s. technique   Halbleitertechnik
  s. technology   Halbleitertechnologie
semielectronics   Semielektronik
semi-permanent storage   Semipermanentspeicher
sendytron   Senditron
sensing element   Meßgeber
sensitivity   Empfindlichkeit
  s. analysis   Empfindlichkeitsanalyse
sensitization   Sensibilisierung
sensor   Meßfühler, Meßgeber, Sensor
  s. relay   Überwachungsrelais
  s. switch   Berührungsschalter
  s. technique   Sensortechnik
sequence   Schaltfolge, Sequenz
  s. control   Folgesteuerung, Ablaufsteuerung; Zu- und Gegenschaltung → Folgesteuerung
sequential access   sequentieller Zugriff
  s. logic   sequentielle Logik
  s. memory   Sequenzspeicher → sequentieller Speicher
serial   seriell
  s. access   serieller Zugriff → sequentieller Zugriff
  s. address memory   (SAM) SAM
  s. carry   Serienübertrag
  s.-in/parallel-out register   (SIPO register) SIPO-Register
  s.-in/serial-out   (SISO register) SISO-Register
  s.-parallel conversion   Serien-Parallel-Wandlung
  s. printer   Seriendrucker
  s. processing   Serienbetrieb
  s. scanning   Serienabtastung
  s. storage   sequentieller Speicher
series connection   Serienschaltung → Reihenschaltung
  s.-parallel connection   Reihenparallelform
  s. resistance   Längswiderstand
  s. resonance   Serienresonanz → Reihenschwingkreis
  s. resonant circuit   Serienresonanzkreis → Reihenschwingkreis
  s. resonant circuit inverter   Reihenschwingkreiswechselrichter → Schwingkreiswechselrichter
  s.-wound motor   Hauptschlußmotor → Reihenschlußmotor
service categories   Dienste

s. discipline   Abfertigungsdisziplin
servo amplifier   Servoverstärker
  s. drive   Stellantrieb
  s. motor   Servomotor, Stellmotor
  s. system   Servosystem
set   Setzen
  s.-point   Sollwert
  s.-point correction   Sollwertkorrektur
  s.-point generator   Sollwertgeber
setting rules   Einstellregeln
  s. time   Einstellzeit
seven segment display   Siebensegmentanzeige
shadow mask   Lochmaske
  s. mask tube   Lochmaskenröhre
shared-line equipment   Vorfeldeinrichtung
shearing action   Scherung
shell   Schale
  s. model   Schalenmodell
SHF   (super high frequency) extrem hohe Frequenz → Zentimeterwelle
shield factor   Abschirmfaktor
shift counter   Schiebezähler
  s. instruction   Schiebebefehl
  s. register   Schieberegister
Shockley diode   Shockley-Diode
short-circuit current   Kurzschlußstrom
  s.-circuit forward transfer admittance   Transmittanz
  s.-circuit impedance   Kurzschlußimpedanz, Kurzschlußwiderstand
  s.-circuit input admittance   Kurzschlußeingangsadmittanz, Kurzschlußeingangsleitwert
  s.-circuit input impedance   Kurzschlußeingangsimpedanz → Eingangsimpedanz
  s.-circuit output admittance   Kurzschlußausgangsadmittanz, Kurzschlußausgangsleitwert
  s. circuit reverse transfer admittance   Remittanz
  s.-range field   Nahfeld
  s.-range order   Nahordnung
  s. wave fine tuning   KW-Lupe
  s. waves   Kurzwelle
shot effect   Schroteffekt
  s. noise   Schrotrauschen
shunt   Nebenschluß, Nebenwiderstand
  s. conductance per unit length   Ableitungsbelag
  s. regulator   Parallelstabilisierungsschaltung
  s. resistor   Querwiderstand
  s.-wound generator   Nebenschlußgenerator
  s.-wound machine   Nebenschlußmaschine
sideband   Seitenband
  s. frequency   Seitenbandfrequenz
  s. theory   Seitenbandtheorie
side frequency   Seitenfrequenz
  s. lobe   Nebenzipfel
  s. lobe level   Antennenrückdämpfung, Nebenzipfeldämpfung
siemens   Siemens
signal   Informationssignal
  s. amplifier   Signalverstärker → linearer Verstärker
  s. conversion   Signalumsetzung
  s. diode   Signaldiode
  s. distance   Abstand der Codewörter
  s. inversion   Signalumkehr
  s. mark generator   Kennzeichengenerator

s. parameter   Signalparameter
s. power   Signalleistung → Nutzleistung
s. processor   Signalprozessor
s. representation   Signaldarstellung
s. set   Signalvorrat
s. to noise ratio   Störabstand
s.-strength meter   S-Meter
s. transfer point   Zeichengabe-Transferstelle → Zeichenkanal
s. velocity   Signalgeschwindigkeit
signalling   Signalisierung
s. channel   Zeichenkanal
s. error rate   Schrittfehlerwahrscheinlichkeit
s. transmitter   Signalgeber
significance   Wertigkeit
s. of errors   Gewicht von Fehlern
silane   Silan
silica   Silicium-(II)-oxid
silicon   Silicium, Silikone
s. controlled rectifier   (SCR) SCR → Thyristor
s. diode   Siliciumdiode
s. dioxide   Silicium-(II)-oxid
s. gate technology   Silicium-Steuerelektrodentechnologie
s. nitride   Siliciumnitrid
s. on diamond technology   (SOD technology) SOD-Technik
s. on insulator technology   (SOI technology) SOI-Technik → SOS-Technik
s. on saphir technology   (SOS technology) SOS-Technik
simplex operation   Simplexbetrieb
simulation   Simulation
simulator   Simulator
simultaneous peripheral operations on line   (SPOOL) SPOOL
s. processing   Simultanarbeit
sinc-function   si-Funktion
sine wave generator   Sinusgenerator
s. wave-rectangular wave generator   Sinus-Rechteckgenerator
singing-point method   Pfeifpunktverfahren
single-address instruction   Einadreßbefehl
s.-address machine   Einadreßmaschine
s. channel technique   Einkanaltechnik
s. chip microcomputer   Ein-Chip-Mikrocomputer
s. control   Einfachregelung
s. crystal   Einkristall
s. in-line package   Single-in-Line-Gehäuse
s. input mixing   additive Mischung
s.-phase bridge   Einphasenbrückenschaltung, Wechselstrombrückenschaltung
s.-phase induction machine   Wechselstromasynchronmaschine → Einphaseninduktionsmaschine
s.-phase induction motor   Einphaseninduktionsmaschine
s.-phase midpoint connection   Einphasenmittelpunktschaltung → Mittelpunktschaltung
s.-phase synchronous machine   Wechselstromsynchronmaschine
s.-phase transformer   Einphasentransformator → Transformator
s. quenching   Einzellöschung
s. sideband   SSB → Eisenseitenbandverfahren
s.-sideband filter   SSB-Filter
s.-sideband method   Einseitenbandverfahren
s.-sideband modulator   SSB-Modulator
s.-sideband transmission   Einseitenbandübertragung
s. slope converter   Sägezahnumsetzer

s.-way rectifier   Einweggleichrichter → Einweggleichrichterschaltung
s.-way rectifying   Einweggleichrichtung
s. word instruction   Einwort-Befehl
sintering   Sintern
sinusoidal oscillation   Sinusschwingung
s. wave   Sinuswelle
SIP   (single-in-line package) Single-in-Line-Gehäuse
SIPO   (serial-in/parallel-out) SIPO → SIPO-Register
SISO   (serial-in/serial-out) SISO → SISO-Register
Si-vidicon   Si-Vidikon
skew flipflop   Skew-Flipflop
skiatron   Dunkelschriftröhre
skin effect   Skin-Effekt
sleeve antenna   Koaxialdipol → Dipolantenne
slew rate   Anstiegsgeschwindigkeit
slide switch   Schiebeschalter
slip   Schlupf
s. measuring   Schlupfmessung
slope   Flanke, Steilheit
s. detector   Flankendiskriminator
s. time   Flankenzeit → Flanke
slot coupling   Schlitzkopplung
s. line   Slotline
s. radiator   Schlitzantenne
SLT   (solid logic technology) SLT
small business systems   mittlere Datentechnik
s. computer   Kleinrechner
s. scale integration   SSI
s. signal amplification   Kleinsignalverstärkung
s. signal amplification factor   Kleinsignalstromverstärkungsfaktor
s. signal amplifier   Kleinsignalverstärker
s. signal driving   Kleinsignalsteuerung
s. signal equivalent circuit   Kleinsignalmodell
s. signal response   Kleinsignalverhalten
s-meter   S-Meter
Smith chart   Smith-Diagramm
smoothing capacitor   Glättungskondensator
s. reactor   Glättungsdrossel
snap-acting switch   Mikroschalter
s.-in wiring   Snap-in-Verdrahtung
SOD technology   (silicon on diamond technology) SOD-Technik
soft soldering   Weichlöten
SOI technology   SOI-Technik → SOS-Technik
solder   Lot
soldered joint   Lötstelle
soldering   Löten
s. flux   Flußmittel
s. temperature   Löttemperatur
solderless connection   lötfreie Verbindung
solenoidal field   quellenfreies Feld
solenoid valve   Magnetventil
solid   Festkörper
s. laser   Festkörperlaser → Laser
s. logic technology   (SLT) SLT
s. state electronics   Halbleiterelektronik
s. state image sensor   Festkörperbildsensor
s. state imager   Festkörperbildsensor
s. state laser   Festkörperlaser → Laser
s. state memory   Festkörperspeicher → Halbleiterspeicher

s. state physics Festkörperphysik
s. state relay Halbleiterrelais
s. state switch kontaktloser Schalter
solidus Soliduskurve
SONAR (sound navigation and ranging) SONAR → Ultraschallortung
sonic depth finder Echolot
sort check Sortierprüfung
sorting Sortieren
SOS (silicon on saphir) SOS-Technik
sound carrier Tonträger
  s. converter Schallwandler
  s. field Schallfeld
  s. intensity Schallintensität
  s. level Schallpegel
  s. level meter Schallpegelmesser
  s. particle velocity Schallschnelle
  s. pressure Schalldruck
  s. projector Schallsender
  s. radiation impedance Schallkennimpedanz
  s. receiver Schallempfänger
  s. source Schallsender
  s. transmitter Schallsender
  s. velocity Schallgeschwindigkeit
source Source
  s. encoding Quellencodierung
  s. impedance Quellenwiderstand
  s. program Quellenprogramm
space-diversity Antennendiversity → Diversity
  s. factor Füllfaktor, Gruppenfaktor
spacistor Spacistor
SPC (stored program control) speicherprogrammierte Steuerung
special amplifier tube Spezialverstärkerröhre
  s. characters Sonderzeichen
specific resistance spezifischer Widerstand
  s. thermal resistance spezifischer Wärmewiderstand
specification and description language (SDL) SDL
spectral characteristic spektrale Photoempfindlichkeit
  s. frequency Spektralfrequenz
spectrograph Spektrograph
spectrometer Spektrometer
spectrophotometer Spektralphotometer
spectroscope Spektroskop
spectrum analysis Spektralanalyse
  s. analyzer Spektrumanalysator
speech band Sprachfrequenzband
  s. recognition Spracherkennung
  s. synthesizer Sprachsynthesizer
  s. transmission Sprachübertragung
speed controller Drehzahlregler
  s.-power product t_DP-Produkt
  s.-up capacitor Speed-Up-Kondensator, Überhöhungskondensator
sphere cap diaphragm Kalottenmembran
spherical aberration sphärische Aberration
  s. wave Kugelwelle
spin Spin, Spinmoment
  s. quantum number Spinquantenzahl
spiral delay line Wendelleitung
SPN-detector (self powered-neutron-detector) Neutronenflußaufnehmer
spontaneous emission spontane Emission

s. gas discharge selbständige Gasentladung
s. magnetization spontane Magnetisierung
SPOOL (simultaneous peripheral operations on line) SPOOL
spreading-resistance temperature sensor Spreading-Widerstand-Temperatursensor
spring pressure gauge Federmanometer
  s. thermometer Federthermometer
spurious oscillation Parasitäreffekt
  s. resonances Störresonanzen
sputtering Katodenzerstäuben
SQ-decoder (stereo quadrophonic decoder) SQ-Decodierer
square interpolation quadratische Interpolation
  s.-loop Rechteckschleife
  s. wave failure Rechteckfehler
square wave generator Rechteckgenerator, Rechteckwellengenerator
  s. wave measuring generator Rechteckwellenmeßgenerator
  s. wave modulation Rechteckmodulation
squaring circuit Rechteckformer
  s. element Quadrierglied
squeezable waveguide Quetschmeßleitung
squelch Rauschsperre
squirrel-cage rotor Kurzschlußläufer
SRV (surface recombination velocity) Oberflächenrekombination
SSB (single sideband) SSB → Einseitenbandverfahren
  S.-filter SSB-Filter
  S.-modulator SSB-Modulator
SSI (small scale integration) SSI
SSR (secondary surveillance radar) Rundsicht-Sekundärradar → Radar
stability criterions Stabilitätskriterien
  s. test Stabilitätsprüfung
stabilizing of bias point Arbeitspunktstabilisierung
stabilization voltage Stabilisatorspannung
stabilized current regulator Stromstabilisator
stabilizer Stabilisator, Stabilisatorröhre
stack Stapel
  s. pointer Stapelanzeiger → Stapel
stacked gate avalanche-injection-type metal-oxide semiconductor (SAMOS) SAMOS
  s. gate injection MOS (SIMOS) SIMOS
stage gain Stufenverstärkung
staggering Verstimmung
staircase signal Treppensignal
  s. voltage Treppenspannung
standard antenna Normalantenne
  s. attenuator Eichteiler
  s.-buried collector technology SBC-Technik
  s. cell Normalelement
  s. deviation Standardabweichung
  s. failure rate Standardausfallrate → Ausfallrate
  s. field curve Eichkurve
  s. form Normalform
  s. frequency Eichfrequenz, Normalfrequenz
  s. frequency generator Normalgenerator
  s. lamp Normalglühlampe
  s. measure Eichnormal
  s. resistance Eichwiderstand, Normalwiderstand
  s. tuning tone Kammerton
standardized plug connection Normsteckverbindung
standardizing Eichung
  s. generator Eichgenerator

standards Normale
stand-by current Ruhestrom
  s.-by operation Ruhebetrieb → Stand-By-Betrieb
  s.-by set Notstromaggregat
  s.-by system Stand-By-System
standing wave stehende Welle
  s. wave factor Stehwellenfaktor
  s. wave ratio Welligkeitsfaktor
star-connection Sternschaltung
  s.-delta-conversion Stern-Dreieck-Umwandlung
  s. network Sternnetz
  s. quad Sternvierer
start-stop-method Start-Stop-Verfahren
  s.-stop-operation Start-Stop-Betrieb
starting current Anlaufstrom
state diagram Graph
  s. estimation Zustandsschätzung → Identifikation
  s. of aggregation Aggregatzustand
  s. of signal Signalzustand
  s. space Zustandsraum → Zustandsgröße
  s. trajectory Zustandstrajektorie → Zustandsgröße
  s. variable Zustandsgröße
  s.-variable-filter State-Variable-Filter
static error statischer Fehler
  s. field statische Feld
  s. flipflop statisches Flipflop
  s. power convertor Stromrichter
station Endstelle
stationary stationär
  s. current stationärer Strom
  s. field stationäres Feld
statistical quality control statistische Qualitätskontrolle
statistics Statistik
stator Stator
  s. lamination Statorpaket
steady plate current Anodenruhestrom
  s. plate voltage Anodenruhespannung
Stefan-Boltzmann law Stefan-Boltzmannsches Gesetz
step-and-repeat-camera Step-and-Repeat-Kamera
  s.-by-step control direkte Steuerung
  s. function Sprungfunktion, Treppenfunktion
  s. rate Schrittweite
  s. response Übergangsfunktion → Sprungantwort
stepper motor Schrittschaltmotor → Schrittmotor
stepping switch Stufenschalter
steradian Steradiant
Sterba-curtain array Sterba-Antenne → Dipollinie
stereo decoder Stereodecoder
  s. preamplifier Stereovorverstärker
  s. television Stereofernsehen
stereophonic quadro sound Stereoquadrophonie
  s. sound Stereophonie
  s. transmission stereophone Übertragung
Stibitz-code Exzeß-3-Code
stilb Stilb
stimulated emission stimulierte Emission
Stimulation Anregung
stitch bonding Stichkontaktierung, Stichverfahren
stochastic stochastisch
  s. simulation stochastische Simulation
stop band attenuation Sperrdämpfung → Filter
  s. frequency Sperrfrequenz → Filter

storage amplifier Speicherverstärker
  s. charge Speicherladung
  s. circuit Speicherglied, Speicherschaltung
  s. effect Speichereffekt
  s. oscilloscope Speicheroszilloskop
  s. temperature range Lagerungstemperatur
  s. time Speicherzeit
  s. time constant Speicherkonstante
  s. tube Speicherröhre
store-and-forward switching Speichervermittlung
stored program control speicherprogrammierte Steuerung
strain gauge Dehnmeßstreifen
  s. gauge amplifier Dehnmeßstreifen-Verstärker
stratosphere Stratosphäre → Atmosphäre
stray capacitance Streukapazität
streamline Stromlinie
stress length Beanspruchungsdauer
string String
strip-line Streifenleiter
  s.-line antenna Streifenleiterantenne
  s.-line filter Striplinefilter
strobe Strobe, Stroboskop
  s. input Strobe-Eingang
  s. signal Strobe-Signal
stroboscope Stroboskop
structurally dual network strukturdualer Vierpol
  s. dual two-terminal network strukturdualer Zweipol
  s. symmetrical network struktursymmetrischer Vierpol
structure diagram Strukturbild
  s. memory Strukturspeicher
subharmonic Subharmonische
submarine telephone cable Seekabel
subroutine Unterprogramm
subscriber Teilnehmer
  s. circuit Teilnehmerschaltung → Satz
  s. indentification Teilnehmerkennung → Anschlußkennung
  s. line Anschlußleitung → Teilnehmerleitung
  s. number Rufnummer
substitution method Substitutionsmethode
subtracter Subtrahierer
substrate Substrat
successive approximation by residual expansion (SABRE) SABRE
  s. sequential circuit Schrittschaltwerk
sudden failure Sprungausfall
sum current transformer Summenstromwandler
summation element Summierglied
summing amplifier Summierverstärker
  s. integrator Summenintegrator
  s. point Summationspunkt
superconductivity Supraleitung
superconductor Supraleiter
superframe Überrahmen
supergroup Sekundärgruppe
superhet Überlagerungsempfänger
super high frequency (SHF) SHF (extrem hohe Frequenz) → Zentimeterwellen; → Funkfrequenzen
  s. high integration Superintegration
  s. iconoscope Superikonoskop
  s. turnstile Super-Turnstile-Antenne → Drehkreuzantenne
superorthicon Superorthicon
superposition Überlagerung
  s. principle Superpositionsprinzip

supervisor   Organisationsprogramm
supplementary-added carrier   Zusatzträger
   s. SI-Units   ergänzende SI-Einheiten
supply voltage   Versorgungsspannung
suppression capacitor   Funkenstörkondensator
   s. of cross modulation   Unterdrückung der Kreuzmodulationsprodukte
   s. of spurious signals   Unterdrückung von Störsignalen
suppressor circuit   TSE-Beschaltung
surface charge density   Flächenladungsdichte
   s.-charge transistor   (SCT) SCT → Oberflächenladungstransistor
   s. earth   Oberflächenerder
   s. potential   Oberflächenpotential
   s. recombination   Oberflächenrekombination
   s. recombination velocity   Oberflächenrekombinationsgeschwindigkeit → Oberflächenrekombination
   s. voltage gradient   Schrittspannung
   s. wave   Bodenwelle, Oberflächenwelle
   s. wave acoustic amplifier   Oberflächenwellenverstärker
   s. wave antenna   Oberflächenwellenantenne
   s. wave filter   Oberflächenwellenfilter
   s. wave transmission line   Oberflächenwellenleitung
surge absorbing capacitor   Löschkondensator
   s. oscilloscope   Stoßspannungsoszilloskop
   s. voltmeter   Stoßspannungsvoltmeter
susceptance   Suszeptanz
sweep-frequency measuring technique   Wobbelmeßtechnik
   s. generator   Wobbelgenerator, Zeitablenkgenerator
   s.-level measuring set   Wobbelmeßplatz
   s. range   Wobbelhub → Wobbelfrequenz
   s. rate   Wobbelgeschwindigkeit → Wobbelfrequenz
sweeping   Wobbeln
   s. frequency   Wobbelfrequenz
switch   Schalter, elektrischer Schalter, Wähler
   s. amplifier   Schaltverstärker
   s. characteristics   Schaltereigenschaften
switchboard instrument   Schalttafelinstrument
switched-capacitor filter   Schalterfilter
switching algebra   Schaltalgebra
   s. capacity   Schaltkapazität
   s. characteristics   Schaltverhalten; Schaltbetrieb → Merkmal
   s. controller   Schaltregler → Relaisregler; Temperaturregler
   s. cycle   Schaltzyklus
   s. diode   Schaltdiode
   s. element   Koppelelement, Schaltglied, Schaltungselement, Verknüpfungsglied
   s. function   Schaltfunktion
   s. galvanometer   Schaltgalvanometer
   s. matrix   Koppelvielfach → Koppelelement
   s. network   Koppeleinrichtung
   s. office   Vermittlungsstelle
   s. power supply   Schaltnetzteil
   s. process   Schaltvorgang
   s. reactor coil   Einschaltdrossel
   s. row   Koppelreihe → Koppelelement
   s. surge   Schaltüberspannung
   s. system   Vermittlungssystem, Wählsystem
   s. time   Schaltzeit
   s. transistor   Schalttransistor
   s.-variable   Schaltvariable
   s. voltage   Schaltspannung
SWR   (standing wave ratio) Welligkeitsfaktor
syllable articulation   Silbenverständlichkeit

symbol   Formelzeichen, Symbol
symbolic logic   symbolische Logik
symmetrical drive   symmetrische Ansteuerung
   s. three-phase system   symmetrisches Dreiphasensystem
symmetry   Symmetrie
synchro   Synchro → Drehmelder
synchronization   Synchronisierung
synchronizing signal   Synchronsignal
synchronoscope   Synchronoskop
synchronous computer   Synchronrechner
   s. counter   Synchronzähler
   s. detector   Synchrondemodulator
   s. machine   Synchronmaschine
   s. operation   Synchronbetrieb
sync signal   Synchronsignal → FBAS-Signal
syntax   Syntax
synthesis   Synthese → Netzwerksynthese
   s. of two-terminal network   Zweipolsynthese
system   System
   s. mode   Netzknoten
   s. of crystallization   Kristallsystem
   s. reactance   Netzreaktanz
   s. theory   Systemtheorie
systematic code   systematischer Code
   s. error   systematischer Fehler
   s. failure   systematischer Ausfall
systems analysis   Systemanalyse
   s. test   Systemtest

tachometer generator   Tachometergenerator
tank circuit   Tankkreis
tape mark   Bandmarke → Marke
   t. perforator   Lochstreifenstanzer
   t. reader   Lochstreifenleser
   t. storage   Magnetbandspeicher
taper   Taper
task   Prozeß
tautolgy   Tautologie
TC   (temperature coefficient) Temperaturkoeffizient
TDM   (time division multiplex) Zeitmultiplex
TDMA   (time division multiplex access) TDMA
technical cybernetics   technische Kybernetik → Kybernetik
   t. standards   technische Normen
technique for long-range transmission   Fernübertragungstechnik
tecnetron   Tecnetron
telecontrol engineering   Fernwirktechnik
(tele)communication   Fernmeldetechnik
telegraphic alphabet   Telegraphenalphabet
telemetering   Fernmeßtechnik, Fernmessung
telephone channel   Fernsprechkanal
   t. engineering   Fernsprechtechnik
   t. network   Fernsprechnetz
   (t.) repeater   Zwischenverstärker
teleprinter   Fernschreiber
teleprocessing   Datenfernverarbeitung
teletex   Teletex
teletype   Fernschreiben, Teletype
teletypewriter   Fernschreiber
television channel   Fernsehkanal
   t. picture tube   Fernsehbildröhre
   t. standard   Fernsehnorm
   t. system converter   Normwandler

telex   Telex
   t. network   Telexnetz
Tellegen's theorem   Theorem von Tellegen
temperature coefficient   Temperaturkoeffizient
   t. controller   Temperaturregler
   t. converter   Temperaturwandler
   t. correction   Temperaturkorrektur
   t. cycling   Temperaturwelligkeit
   t. detector   Temperaturfühler
   t. difference measurement   Temperaturdifferenzmessung
   t. indicator controller   Temperaturwächter
   t. measuring   Temperaturmessung
   t. on-off controller   Temperaturzweipunktregler → Temperaturregler
   t. scale   Temperaturskala
   t. sensor   Temperatursensor
   t. stabilization   Temperaturstabilisierung
tempory memory   Pufferspeicher
tensor   Tensor
   t. field   Tensorfeld
TEOS process   (tetraethylene-oxisilane process) TEOS-Verfahren
teraohmmeter   Tera-Ohmmeter
term   Term
terminal   Datenendgerät, Datenstation, Dialoggerät, Pol, Terminal
   t. (base) capacity   Fußpunktkapazität
   t. voltage   Klemmenspannung
termination   Abschlußwiderstand
terminating exchange   Zielvermittlungsstelle
termi-point connection   Termi-Point-Verdrahtung
ternary code   Ternärcode
   t. logic   dreiwertige Logik
   t. number system   ternäres Zahlensystem
tertiary group   Tertiärgruppe
   t. memory   Tertiärspeicher → Primärspeicher
tetrad   Tetrade
tetraethylene-oxisilane process   TEOS-Verfahren
tetrode   Tetrode
   t. thyristor   Thyristortetrode
   t. transistor   Transistortetrode
test   Prüfen
   t. circuit   Prüfschaltung
   t. figure   Meßschaltung → Merkmal
   t. line signal   Prüfzeilensignal
   t. object   Testgerät
   t. program   Testprogramm
   t. routine   Testprogramm
   t. signal   Testsignal
testing potential   Prüfspannung
text   Text
T-flipflop   T-Flipflop
theorem of coding   Codierungstheorem
   t. of substitution   Ersetzbarkeitstheorem
theory of relativity   Relativitätstheorie
   t. of replacement   Erneuerungstheorie
   t. of two-terminal network   Zweipoltheorie
thermal agitation   Widerstandsrauschen
   t. breakdown   thermischer Durchbruch, thermischer Selbstmord
   t. conduction   Wärmeleitung
   t. conductivity   Wärmeleitfähigkeit
   t. converter   Thermoumformer
   t. converter measuring system   Thermoumformermeßwerk
   t. cross   Thermoumformer

   t. cutoff   thermisches Abschalten, Thermoauslöser
   t. image camera   Wärmebildkamera
   t. printer   Thermodrucker
   t. radiation   Wärmestrahlung
   t. removal   Wärmeabfuhr
   t. resistance   Wärmewiderstand
   t. runaway   thermische Instabilität
   t. shock   Thermoschock
   t. shock resistance   Thermoschockfestigkeit → Thermoschock
   t. stability   thermische Stabilität
   t. voltage   Temperaturspannung
thermic emission   Glühemission
   t. ionization   thermische Ionisation
   t. measuring instruments   thermische Meßinstrumente
   t. time relay   thermisches Zeitrelais
thermionic noise   thermisches Rauschen
thermistor   Heißleiter
thermoammeter   Thermoumformerinstrument
thermocompression bonding   Thermokompressionsschweißen
thermodynamic equilibrium   thermisches Gleichgewicht
thermoelectrical pick-up   thermoelektrischer Meßfühler
thermoconverter   Thermoumformer
   t. measuring system   Thermoumformermeßwerk
thermocouple   Thermoelement
   t. instrument   Thermoumformerinstrument
   t. measuring system   Thermoumformermeßwerk
   t. meter   Thermoumformerinstrument
thermoelectric potential   Thermospannung
   t. relay   Thermorelais
thermoelectricy   Thermoelektrizität
thermoelectromotive force   Thermospannung
thermoluminescence   Thermolumineszenz
thermometer   Thermometer
thermophone   Thermophon
Thévenin's theorem   Théveninsches Theorem → Theorem von Thévenin
thick-film capacitor   Dickschichtkondensator
   t.-film hybrid circuit   Dickschicht-Hybridschaltung
   t.-film resistor   Dickschichtwiderstand
   t.-film technology   Dickschichttechnik → Schichttechnik
thickness shear mode   Dickenschermode
thin film capacitor   Dünnschichtkondensator
   t.-film field-effect transistor   TEFET → Dünnschichtfeldeffekttransistor
   t. film memory   Dünnschichtspeicher
   t. film resistor   Dünnschichtwiderstand
   t. film technology   Dünnschichttechnik → Schichttechnik
   t. film transistor   Dünnschichtfeldeffekttransistor
third   Terz
Thomson bridge   Thomson-Meßbrücke
Thomson's rule   Thomsonsche Schwingungsgleichung
thread electrometer   Fadenelektrometer
three-dimensional storage   Drei-D-Speicher
   t.-phase a. c. controller   Drehstromsteller
   t.-phase bridge   Drehstrombrückenschaltung
   t.-phase current   Drehstrom
   t.-phase current integrator   Drehstromzähler
   t.-phase diffusion   Dreifachdiffusion
   t.-phase generator   Drehstromgenerator, Dreiphasengenerator
   t.-phase line   Drehstromleitung
   t.-phase machine   Drehstrommaschine → Drehfeldmaschine
   t.-phase network   Drehstromnetz → Dreiphasennetz

t.-phase rectifier   Drehstromgleichrichter, Dreiphasengleichrichter
t.-phase rotating field   Dreiphasendrehfeld
t.-phase switch   Drehstromschalter
t.-phase-transformer   Dreiphasentransformator, Drehstromtransformator → Transformator
t.-pole network   Dreipol
t.-σ-limit   Drei-σ-Grenze
t. section filter   Dreikreisbandfilter
t.-state output   Tri-State-Ausgang
t.-step controller   Dreipunktregler
t.-wire system   Dreileitersystem
threshold   Schwellwert
  t. element   Schwellwertelement
  t. gate   Schwellwertgatter
  t. logic   Schwellwertlogik
  t. of audibility   Hörschwelle
  t. of pain   Schmerzgrenze
  t. switch   Schwellwertschalter
  t. voltage   Schwellwertspannung → Schwellenspannung; Schleusenspannung
  t. voltage detector   Schwellwertspannungsdetektor
throughput   Durchsatz
  t. class   Durchsatzklasse
  t. power meter   Durchgangsleistungsmesser
  t. time   Durchlaufzeit
thumbwheel switch   Dekadenschalter
thyristor   Thyristor
  t. amplifier   Thyristorverstärker
  t. ignition   Thyristorzündung
  t. regulator   Thyristorregler
  t. switch   Thyristorschalter
time-base generator   Zeitablenkgenerator
  t. delay   Zeitverzögerung
  t. delay fuse   Feinsicherung mit Zeitverzögerung → Schmelzsicherungen
  t. delay relay   Zeitrelais
  t. delay switch   Zeitschalter
  t. discriminator   Zeitdiskriminator
  t. diversity operation   Zeitdiversity
  t. division multiple access   Zeitvielfachzugriff → Vielfachzugriff
  t. division multiplex   (TDM) TDM → Zeitmultiplex
  t. division multiplex access   (TDMA) TDMA
  t. division multiplex method   Zeitmultiplexverfahren
  t. division multiplex operation   Zeitmultiplexbetrieb
  t. domain analysis   Zeitbereichsdarstellung
  t. domain reflectometry   Impulsreflektometrie
  t.-invariant system   zeitinvariantes System
  t. law of communication   Zeitgesetz der Nachrichtentechnik
  t. measurement   Zeitmessung
  t. of persistence   Nachleuchtdauer
  t.-pulse metering   Zeitimpulszählung → Gebührenerfassung
  t. recorder   Zeitschreiber
  t. response   Zeitverhalten
  t. selection   Zeitselektion
  t. sharing   Time-Sharing
  t.-sharing system   Teilnehmersystem
  t. slot   Zeitkanal
  t. stage   Zeitstufe
  t.-standard   Zeitnormal
  t. swing   Zeithub

timer   Zeitgeber, Zeitglied
timing-axis generator   Zeitablenkgenerator
  t. diagram   Impulsplan → Signaldarstellung
  t. pulse   Taktimpuls
Tirrill regulator   Tirrill-Regler
toggle flipflop   T-Flipflop
  t. generator   Kippgenerator
  t. switch   Kippschalter
tolerance limit   Toleranzgrenze
  t. measuring bridge   Toleranzmeßbrücke
  t. scheme   Toleranzschema → Dämpfungscharakteristik
tolerances   Toleranzen
toll network   Fernnetz
TO-meter   (teraohm meter) Tera-Ohmmeter
tone   Ton
TO-package   (transistor outline package) TO-Gehäuse
top load   Dachkapazität
topological structure   topologische Struktur
topology   Netzstruktur, Topologie
  t. of network   Netzwerktopologie
toroidal coil   Ringspule
  t. iron-core coil   Ringkernspule
toroid core   Ringkern
torque   Drehmoment
total inspection   Vollprüfung
  t. reflection   Totalreflexion
  t. turn-on time   Zündzeit → Durchschaltzeit
totem pole circuit   Totem-Pole-Schaltung
touch potential   Fehlerspannung
track   Spur
tracking current   Kriechstrom
traffic   Verkehr
  t. load   Verkehrsbelastung
  t. model   Verkehrsmodell
  t. sink   Verkehrssenke
  t. source   Verkehrsquelle
  t. theory   Nachrichtenverkehrstheorie
trailing edge   Vorderflanke
trajectory   Trajektorie
transadmittance   Transadmittanz → Transferfunktionen
transceiver   Transceiver (Sender-Empfänger)
transconductance   Vorwärtssteilheit
  t. of a characteristics curve   Kennliniensteilheit
transducer   Aufnehmer, Wandler
transductor   Transduktor
  t. amplifier   magnetischer Verstärker, Transduktorverstärker → Transduktor
  t. regulator   Transduktorregler
transfer admittance   Übertragungsleitwert → Kernleitwert
  t. characteristics   Transfercharakteristik, Transferkennlinie
  t. constant   Übertragungsmaß
  t. element   Übertragungsglied
transfer functions   Transferfunktionen, Übertragungsfunktionen
  t. impedance   Übertragungswiderstand; Kopplungswiderstand → Kernwiderstand
  t. ratio   Kurzschlußübertragungsfaktor
  t. resistor   Transistor
transformation ratio   Übersetzungsverhältnis
transformer   Transformator, Übertrager, Umspanner
  t. bridge   Übertragerbrücke
  t. coupling   Transformatorkopplung

transient Einschwingverhalten, Übergangsvorgang
   t. recorder   Transienten-Recorder
   t. response   Übergangsverhalten
   t. time   Einschwingzeit
transimpedance   Transimpedanz → Transferfunktionen
transinformation content   Transinformationsgehalt → Synentropie
transistor   Transistor
   t. amplifier   Transistorverstärker
   t. ignition   Transistorzündung
   t. oscillator   Transistoroszillator
   t. parameters   Transistorkenngrößen
   t. switch   Transistorschalter
   t.-transistor logic   (TTL) TTL
   t. voltmeter   Transistorvoltmeter
transit exchange   Durchgangsvermittlungsstelle
   t. time   Laufzeit, Umschlagzeit
transition frequency   Transitfrequenz, Übergangsfrequenz
   t. probability   Übergangswahrscheinlichkeit
translate   Übersetzen
transmission channel   Übertragungskanal
   t. characteristic   Durchlaßcharakteristik
   t. coefficient   Übertragungsfaktor
   t. loss   Übertragungsverlust
   t. method   Übertragungsverfahren
   t. of information   Informationsübertragung
   t. range   Übertragungsbereich
   t. system   Übertragungssystem
   t. technique   Übertragungstechnik
   t. time   Übertragungszeit
   t. without distortion   verzerrungsfreie Übertragung
transmit-receive-tube   TR-Röhre
transmittal of information   Nachrichtenübertragung
transmittance   Transmissionsgrad
transmitter   Meßumformer, Sender, Transmitter
   t. power   Sendeleistung
   t. tube   Senderöhre
   t. valve   Senderöhre
transparency   Transparenz
transponder   Transponder
transposition   Transponierung
transversal filter   Transversalfilter
transverse electric wave   TE-Welle, transversalelektrische Welle
   t. electromagnetic wave   TEM-Welle
   t. magnetic wave   TM-Welle, transversal-magnetische Welle
   t. wave   transversale Welle
trap   Trap
trapezium convertor   Trapezumrichter
traps   Zeithaftstellen → Haftstelle
travelling field motor   Wanderfeldmotor → Linearmotor
   t. wave   Wanderwelle
   t. wave cathode-ray tube   Wanderfeldkatodenstrahlröhre
   t. wave multiple beam klystron   Wanderfeldklystron
   t. wave tube   Wanderfeldröhre
treble correction   Höhenanhebung
triac   Zweirichtungsthyristortriode
trial-and-error method   Trial-and-Error-Methode
triangle generator   Dreieckgenerator
   t. pulse   Dreieckimpuls
   t. sine wave generator   Dreiecksinusgenerator
   t. square wave generator   Dreieckrechteckgenerator
   t. wave voltage   Dreieckspannung
triangular dipole   Spreizdipol → Dipolantenne
tribit   Tribit

trigger circuit   Triggerschaltung, Zündschaltung
   t. diode   Triggerdiode
triggering   Triggern
   t. level   Triggerpegel
trimmer   Trimmer
   t. resistor   Trimmerwiderstand
trinitron tube   Trinitronröhre
triode a.c. semiconductor switch   Zweirichtungsthyristortriode
   t. vacuum tube   Hochvakuumtriode
triple operational amplifier   Dreifachoperationsverstärker → Zweifachoperationsverstärker
tri-state output   Tri-State-Ausgang
   t.-state technique   Tri-State-Technik
Troeger connection   Tröger-Schaltung
troposphere   Troposphäre
true resistance   reeller Widerstand
trunk   Fernleitung, Verbindungsleitung
   t. circuit   Leitungssatz → Satz
   t. code   Ortsnetzkennzahl → Kennzahl
   t. exchange   Fernvermittlungsstelle
T-section   T-Schaltung
t-test   t-Test
TTL   (transistor-transistor logic) TTL
tube amplifier   Röhrenverstärker
   t. characteristics   Röhrenkennlinien
   t. generator   Röhrengenerator
   t. measuring rectifier   Röhrenmeßgleichrichter
   t. noise   Röhrenrauschen
   t. voltmeter   Röhrenvoltmeter
tubular capacitor   Rohrkondensator
tuned-plate tuned-grid oscillator   Huth-Kühn-Oszillator
tuner   Kanalwähler, Tuner
tuning   Abgleich, Abstimmen
   t. diode   Abstimmdiode
   t. diode modulator   Kapazitätsdiodenmodulator
   t. indicator   Abstimmanzeige
tunnel diode   Tunneldiode
   t. diode oscillator   Tunneldiodenoszillator
   t. effect   Tunneleffekt
turbidimeter   Trübungsmesser
Turing machine   Turing-Maschine
turn-off-thyristor   Abschaltthyristor
   t.-off time   Freiwerdezeit
   t.-on delay time   Einschaltverzögerungszeit
   t. on level   Einschaltpegel
   t.-on loss   Einschaltverlust
   t.-on time   Einschaltzeit
turnstile   Drehkreuzantenne
twilight switch   Dämmerungsschalter
twin-T-filter   Doppel-T-Filter
   t.-T-network   Doppel-T-Glied
   t. wire   Doppelleiter
two address instruction   Zwei-Adreßbefehl
   t. cavity klystron   Zweikammerklystron
   t. cavity magnetron   Zweischlitzmagnetron
   t. dimensional field   ebenes Feld, zweidimensionales Feld
   t.-frequency method   Zweifrequenzverfahren
   t.-frequency recording   Zweifrequenzaufzeichnung → Zweifrequenzverfahren
   t.-frequency signalling   Zweifrequenztonwahl → Zweifrequenzverfahren
   t.-out-of-five code   Zwei-aus-Fünf-Code
   t.-phase clock   Zweiphasentakt

t.-phase rotating field   Zweiphasendrehfeld
t.-port   Zweitor
t.-port equations   Vierpolgleichungen
t.-port parameters   Vierpolkoeffizienten, Vierpolparameter → Vierpolgleichungen
t.-port theory   Vierpoltheorie
t.-quadrant multiplier   Zweiquadrantenmultiplizierer
t.-quadrant operation   Zweiquadrantenbetrieb → Vierquadrantenbetrieb
t.-terminal network   Zweipol
t.-way convertor   Umkehrstromrichter
t.-wire amplifier   Zweidrahtverstärker
t.-wire line   Doppelleitung, Zweidrahtleitung

U-antenna   U-Antenne
UART   (universal asynchronous receiver transmitter) UART
UHF   (ultra-high frequency) Dezimeterwelle
ULA   (uncommitted logic array) ULA
ULSI   (ultra large scale integration) Ultrahöchstintegration
ultor   Ultor-Hochspannungsanode
ultra high frequency   (UHF) UHF → Dezimeterwellen; → Funkfrequenzen
u. large scale integration   (ULSI) Ultrahöchstintegration
ultralinear circuit   Ultralinearschaltung
ultrasonic   Ultraschall
   u. bonding   Ultraschallschweißen
   u. cleaning   Ultraschallbad
   u. ranging   Ultraschallortung
ultraviolet   Ultraviolett → elektromagnetisches Spektrum
   u.-detector   UV-Detektor
unbalanced antenna   unsymmetrische Antenne
Unbehauen procedure   Unbehauen-Prozeß
uncommitted logic array   (ULA) ULA
unconditional branch instruction   unbedingter Sprungbefehl
   u. jump instruction   unbedingter Sprungbefehl → Sprungbefehl
uncorrelated   unkorreliert
under match   Strompanpassung
unipolar circuit   Unipolarschaltung
   u. code   unipolarer Code
   u. digital-to-analog converter   unipolarer Digital-Analog-Wandler
unit   Einheit
   u. distance code   einschrittiger Code
   u. impulse   Einheitsimpuls → Testsignal
   u. load   Einheitslast
   u. step function   Einheitssprung → Testsignal
universal amplifier   Allverstärker
   u. shunt   Stromteiler nach Ayrton
   u. synchronous asynchronous receiver transmitter   (USART) USART → UART
   u.-wound coil   Kreuzwickelspule
unsymmetrical drive   unsymmetrische Ansteuerung
up counter   Vorwärtszähler
up-down counter   Vor-Rückwärtszähler
upward compatible   aufwärtskompatibel → Kompatibilität
USART   (universal synchronous asynchronous receiver transmitter) USART
user class of service   Anschlußklasse → Benutzerklasse
   u. group   Teilnehmerbetriebsklasse
   u. program   Anwenderprogramm
using life   Gebrauchsdauer → Lebensdauer
uv-detector   (ultraviolet detector) UV-Detektor

vacuum capacitor   Vakuumkondensator
   v. relay   Vakuumrelais
   v. tube   Hochvakuumröhre
V-aerial (antenna)   V-antenne → Langdrahtantenne
V_a-J_a curve   Anodenkennlinie
VATE isolation   (vertical anisotropic etch insulation) V-ATE-Isolation
valence   Valenz, Wertigkeit
   v. band   Valenzband
   v. electron   Valenzelektron
valley point   Talpunkt
   v. point current   Talstrom
   v. point voltage   Talspannung
value added network   Datexnetz
   v. of quality   Qualitätswert
   v. of scale   Skalenwert
valve hiss   Röhrenrauschen
   v. noise   Röhrenrauschen
van-Atta-array   Van-Atta-Antenne
van der Waal's bonding   Van der Waals-Bindung
varactor   Varaktor
variable   Variable
   v. capacitor   variabler Kondensator
   v.-frequency oscillator   (VFO) VFO
   v.-ratio transformer   Stelltransformator
   v. resistor   Drehwiderstand, veränderbarer Widerstand
   v. speed constant frequency system   (VSCF system) VSCF-System
   v. threshold logic   (VTL) VTL
variance   Varianz
varicap modulator   Kapazitätsdiodenmodulator
variometer   Variometer
varistor   Varistor
VCO   (voltage controlled oscillator) spannungsgesteuerter Oszillator → VCO
VCS   (voltage controlled current source) spannungsgesteuerte Stromquelle → VCS
VDE regulation   VDE-Vorschrift
VDR   (voltage dependent resistance) spannungsabhängiger Widerstand
vector   Vektor
   v. diagram   Zeigerdiagramm
   v. field   Vektorfeld
   v. meter   Vektormesser
velocity   Geschwindigkeit
   v. microphone   Schnellewandler
   v. of wave propagation   Ausbreitungsgeschwindigkeit
vertical anisotropic etch insulation   V-ATE-Isolation
   v. antenna   Vertikalantenne
   v. deflection   V-Ablenkung
   v. deflection final amplifier   Vertikalendstufe
   v. deflection oscillator   Vertikalablenkoszillator
   v. dipole   Vertikaldipol → Dipolantenne
   v. flyback   Vertikalrücklauf
   v. isolation with polysilicon   (VIP) VIP → V-ATE-Isolation
   v. metal-oxide semiconductor   (VMOS) VMOS
   v. oscillator   Vertikalablenkoszillator, Vertikalsteueroszillator
   v. pattern   Vertikaldiagramm → Richtdiagramm
   v. scanning   V-Abtastung
   v. synchronization   Vertikalsynchronisation
   v. sync pulse   Vertikalsynchronimpuls
very fast memory   Schnellspeicher
   v. high frequency   (VHF) VHF → Meterwellen; → Funkfrequenzen

v. large scale integration (VLSI) VLSI → Größtintegration
v. low frequency (VLF) VLF → Längstwellen; → Funkfrequenzen; Myriameterwellen
v. very large scale integration (V^2 LSI) V^2 LSI → Ultrahöchstintegration
vestigial sideband Restseitenband
   v. sideband modulation Restseitenbandmodulation
   v. sideband transmission Restseitenbandübertragung
VF oscilloscope VF-Oszilloskop
VHF (very high frequency) Hochfrequenz → Meterwellen
vibrating capacitor Schwingkondensator
   v.-read measuring system Vibrationsmeßwerk
   v.-reed frequency meter Zungenfrequenzmesser
vibration galvanometer Vibrationsgalvanometer
   v. measuring amplifier Schwingungsmeßverstärker
   v. meter Schwingungsmeßgerät
   v. transducer Schwingungsaufnehmer
vibrometer Schwingungsmeßgerät
video amplifier Videoverstärker
   v. band Videoband
   v. disc recording Videospeicherplatte
   v. frequency Videofrequenz
   v.-frequency oscilloscope VF-Oszilloskope
   v. tape recorder Videorecorder
vidicon Vidikon
Villard-connection Villard-Schaltung
VIP technology VIP-Technik → V-ATE-Isolation
virgin curve jungfräuliche Kurve
virtual storage virtueller Speicher
V-isolation with polysilicon technology (VIP technology) VIP-Technik → V-ATE-Isolation
VLF (very low frequency) VLF → Myriameterwellen → Längstwelle
VLSI (very large scale integration) Größtintegration
VMOS (vertical metal-oxide semiconductor) VMOS
vocoder Vocoder
voice coder Vocoder
   v. frequency VF → Funkfrequenzen
   v. output Sprachausgabe
   v. recognition Spracherkennung
   v. response Sprachausgabe
   v. synthesizer Sprachsynthesizer
   v. transmission Sprachübertragung
volatile memory flüchtiger Speicher
volt Volt
voltage (positive, negative) (positive, negative) Spannung
v. at the end of discharge Entladeschlußspannung
v. amplifier Spannungsverstärker
v. attenuation Spannungsdämpfung, Spannungsdämpfungsmaß
v. comparison encoder Stufenkompensationsumsetzer
v. controlled current source (VCS) VCS
v.-controlled oscillator (VCO) VCO → spannungsgesteuerter Oszillator
v.-controlled source spannungsgesteuerte Stromquelle → gesteuerte Quellen
v. controlled voltage source (VVS) VVS
v. dependent resistance spannungsabhängiger Widerstand
v. divider Spannungsteiler
v. doubler Spannungsverdopplerschaltung
v. drop Spannungsabfall
v. feed Spannungssteuerung
v. feedback Spannungsrückkopplung
v. follower Spannungsfolger

v. gain Spannungsverstärkung
v. generator Spannungsquelle
v. indicator Spannungsprüfer
v. level difference Spannungshub
v. multiplier Spannungsvervielfachung
v. path Spannungspfad
v. ratio Spannungsverhältnis, Spannungsübersetzungsverhältnis → Übertragungsfaktor
v. regulator Spannungsregler, Spannungsstabilisator
v. regulator diode Spannungsreglerdiode
v. resonance Spannungsresonanz → Reihenschwingkreis
v. source Spannungsquelle
v. source driving Spannungssteuerung
v. stabilization Spannungsstabilisierung
v. stabilizer Spannungsstabilisator
v. standard Spannungsnormal
v. standing wave ratio (VSWR) VSWR → Stehwellenverhältnis
v.-to-current converter Spannungs-Strom-Wandler
v.-to-frequency converter Spannungs-Frequenz-Wandler
v. transformer Spannungswandler
v. transmission coefficient Spannungsübertragungsfaktor → Übertragungsfaktor
voltmeter Spannungsmesser
volume-unit meter VU-Meter
VSWR (voltage standing wave ratio) Stehwellenverhältnis
VTR (video tape recorder) Videorecorder
VU meter (volume-unit meter) VU-Meter
VVS (voltage controlled voltage source) spannungsgesteuerte Spannungsquelle → VVS

wafer scale integration (WSI) WSI → Ultrahöchstintegration
Wagner earth Wagnerscher Hilfszweig, Hilfsbrücke
W. ground Wagnerscher Hilfszweig
waiting Warten
   w. system Wartesystem
   w. time Wartezeit
walking code Walking-Code
Walsh function Walsh-Funktion
warble Wobbeln
   w. frequency Wobbelfrequenz
warm-up influence Anwärmeeinfluß
   w.-up period Anheizzeit
   w.-up time Aufwärmzeit
watt Watt
watthour meter Wechselstromzähler
wattmeter Wattmeter → Leistungsmesser
wave Welle
   w. analysis Frequenzanalyse
   w. band Wellenbereich
   w. carrier modulation Schwingungsmodulation
   w. digital filter Wellendigitalfilter → Digitalfilter
   w. equation Wellengleichung
   w. form generator Wellenformgenerator → Funktionsgenerator
   w. function Wellenfunktion
   w. interference Interferenz
   w. number Wellenzahl
   w. optics Wellenoptik
   w.-particle duality Welle-Teilchen-Dualismus
   w. propagation Ausbreitungsvorgang
waveguide Hohlkabel, Hohlleiter, Wellenleiter
   w. modes Hohlleitermoden
wavelength Wellenlänge

wearout

wearout   Ermüdung
   w. failure   Ermüdungsausfall, Verschleißausfall
weber   Weber
wedge-bonding   Keilschweißen → Thermokompressionsschweißen
Wehnelt cylinder   Wehnelt-Zylinder
weight   Wertigkeit
   w. of code words   Gewicht von Codeworten
weighted noise voltage   Geräuschspannung → Störspannung
welded connection   Schweißverbindung
Weiß domains   Weißsche Bezirke
Weston cell   Weston-Element
   W. standard cell   Weston-Element
Wheatstone measuring bridge   Wheatstone-Meßbrücke
white noise   weißes Rauschen
wide-angle phase shifter   Weitwinkel-Phasenschieber
Wien bridge   Wien-Brücke
   W.-Robinson bridge   Wien-Robinson-Brücke
   W.-Robinson oscillator   Wien-Robinson-Oszillator
Wien's displacement law   Wiensches Verschiebungsgesetz
winchester disk   Winchesterplatte
window-comparator   Fensterdetektor
wiping relay   Wischrelais
wire wrap   Drahtwickeltechnik
wired OR   verdrahtetes ODER
wirewound resistor   Drehwiderstand
wiring   Verdrahtung
   w. diagram   Stromlaufplan, Verdrahtungsplan → Schaltplan
   w. scheme   Schaltplan
wobble measuring set   Wobbelmeßplatz
wobbler   Wobbelgenerator
wobbling   Wobbeln
   w. frequency   Wobbelfrequenz
wobbulator   Wobbelgenerator
word   Wort
   w. generator   Wortgenerator
   w. machine   Wortmaschine
   w. processing   Textverarbeitung
   w. processing system   Textautomat
   w. size   Wortlänge
work   Arbeit
working   Arbeitsstrombetrieb
   w. storage   Arbeitsspeicher
worst case conditions   Worst-Case-Bedingungen
writing amplifier   Schreibverstärker
WSI   (wafer scale integration) WSI → Ultrahöchstintegration
Wullenweber antenna   Wullenweber-Antenne

X-amplifier   X-Verstärker
X-ray lithography   Röntgenstrahllithographie
X-rays   Röntgenstrahlen
x-ray image converter   Röntgenbildwandler
XY-display   XY-Anzeige
XY-recorder   Koordinatenschreiber

Yagi-Array   Yagi-Antenne
Y-amplifier   Y-Verstärker
YIG filter   YIG-Filter
   Y. oscillator   YIG-Oszillator
yoke   Joch

Zener breakdown   Zenerdurchbruch
   Z. diode   Z-Diode
   Z. effect   Zener-Effekt
zero adjuster   Nullpunkteinsteller
   z. blancing   Nullabgleich
   z. balancing motor   Nullmotor
   z. current amplifier   Nullstromverstärker
   z. correction   Nullpunktkorrektur
   z. drift   Nullpunktdrift
   z. flag   Nullanzeige → Marke
   z. insertion loss   Restdämpfung
   z. instrument   Nullinstrument
   z. level   Nullpegel
   z. mark   Nullpunkt
   z. mark resistance   Nullpunktwiderstand
   z. method   Nullverfahren → Brückenmeßverfahren; → Nullmethode; → Kompensationsmethode
   z. phase angle   Nullphase, Nullphasenwinkel
   z. resistivity   Nullwiderstand
   z. shift   Nullpunktverschiebung
   z. suppression   Nullpunktunterdrückung
   z. temperature   Nullpunkttemperatur
   z. voltage   Nullspannung
   z.-voltage-switch   Nullspannungsschalter
zepp-antenna   Zeppelin-Antenne → Dipolantenne
zig-zag connection   Zickzack-Verbindung
   z. filter   Zickzack-Filter
   z. resonator   Zickzack-Resonator
zone refining   Zonenreinigungsverfahren
zoning   Verzonung
z-transformation   Z-Transformation

Englischsprachige Abkürzungen

A

A	absolute; accumulator; ammeter; ampere; amplitude; anode; atto; Angström	AC	access cycle; accumulator; adaptive control; add carry; address carry; adjacent channel; aircraft; alternating current; analog computer; antenna current; anti-clutter; automatic computer	ACP	advanced computational processor
AA	absolute altitude; air-to-air; arithmetic average			ACPDP	alternating current plasmadisplay panel
AAA	active acquisition aid			ACPI	automatic cable pair identification
AAAS	American Association for the Advancement of Science	ACA	adjacent channel attenuation; automatic circuit analyzer	ACQ	acquisition
AACS	airborne astrographic camera system	ACAC	automated direct analog computer	ACR	accumulator register; advanced capabilities radar; antenna coupling regulator; approach control radar
AACSCEDR	associate and advisory committee to the special committee on electronic data retrieval	ACAP	automatic circuit analysis program		
		ACC	acceleration; accumulator; accumulator-shift circuit; automatic carrier control; automatic chroma control; automatic contrast control	ACS	accumulator switch; adaptive control system; advanced communications system; advice called subscriber; alternating current synchronous; analog computer system; assembly control system; attitude control system; automated communications set; automatic coding system; automatic control system; auxiliary core storage
AADS	area air defense system				
AAE	automatic answering equipment				
AAL	absolute assembly language	ACCA	asynchronous communications control attachment		
AAM	air-to-air missile; amplitude and angle modulation; anti-aircraft missile	ACCAP	autocoder to COBOL conversion and program		
AAMM	anti-anti-missile missile	ACCEL	automated circuit card etching layout	ACSP	alternating current spark plug
AAPL	an additional programming language			ACSS	analog computer subsystem
AAS	advanced aerial system; advanced antenna system; automated accounting system; azimuth alignment system	ACCESS	aircraft communication control and electronic signaling system; automatic computer-controlled electronic scanning system	ACST	access time
				ACT	active; air cooled triode; automatic capacitance testing; automatic code translation; automatic code translator
		ACCW	alternating current continuous wave		
AB	adapter booster; air base; airborne	ACD	automatic control distribution; arial control display		
abamp	absolute ampere			ACTO	automatic computing transfer oscillator
ABAR	advanced battery aquisition radar; alternate battery aquisition radar	ACE	accelerated cathode excitation; acceptance checkout equipment; altimeter control equipment; attitude control electronics; automatic circuit exchange; automatic computer evaluation; automatic computing engine	ACTR	actuator
				ACTRAN	autocoder-to-COBOL translating service
ABB	automatic back bias				
ABC	approach by concept; automatic background control; automatic bandwidth control; automatic bass compensation; automatic beam control; automatic bias control; automatic binary computer; automatic brightness control			ACTS	acoustic control and telemetry system; automatic computer telex services
				ACU	acknowledgement signal unit address control unit; automatic and control unit; automatic calling unit
		ACF	alternate communications facility; area computing facilities; autocorrelation function		
				ACV	alarm check value; alternating current, volt
ABCB	air blast circuit breaker	ACFF	alternating current flip-flop		
abcoulomb	absolute coulomb	ACFG	automatic continuous function generation	ACW	alternating continuous wave
ABD	alloy bulk diffusion			AD	adapter; advanced design; alloy-diffused; amplifier detector; analog-to-digital; automatic detection; average deviation
ABDL	automatic binary data link	ACG	adjacent charging group		
abfarad	absolute farad	ACIA	asynchronous communications interface adapter		
abhenry	absolute henry				
ABL	atlas basis language	ACID	automatic classification and interpretation of data	ADA	analog-digital-analog; automatic data aquisition
ABM	automated batch mixing				
abn	airborne	ACL	application control language; atlas commercial language	ADAC	analog-digital-analog converter; automatic data aquisition and computer complex; automatic direct analog computer
ABO	astable blocking oscillator				
abohm	absolute ohm	ACM	active countermeasures; amplitude comparison monopulse		
ABP	active bandpass				
ABPLM	asynchronous bipolar pulse length modulation	ACME	attitude control and maneuvering electronics	ADAM	advanced data management; automatic distance and angle measurement
		ACNMR	alternating current normal-mode rejection		
ABS	automatic beam-current stabilizing				
abstat unit	absolute electrostatic unit	ACO	adaptive control with optimization	ADAPS	automatic display and platting system
ABS VM	absolute voltmeter	ACOM	automatic coding machine		
abvolt	absolute volt	ACOPP	abbreviated cobol preprocessor	ADAPT	adoption of automatically programmed tools
ABV	absolute value	acous	acoustics	ADAR	advanced design array radar

ADAS	automatic data aquisition system
ADAT	automatic data accumulator and transfer
ADC	airborne digital computer; air data computer; analog-to-digital converter; antenna dish control; automatic data collection; automatic data computing; automatic digital computer
ADCCP	advanced data communications control procedure
ADD	adder; addition; address
ADDAR	automatic digital acquisition and recording
ADDAS	automatic digital data assembly system
ADDDS	automatic direct distance dialing system
ADDR	adder; address
ADE	automatic design engineering; automatic drafting equipment
ADES	automatic digital encoding system
ADF	airborne direction finder; automatic direction finder
ADH	A-digit hunter
ADI	alterate digit inversion
ADIOS	automatic digital input-/output system
ADIS	automatic data interchange system
ADIT	analog-to-digital integration translator
ADJ	adjust; adjustment
adj.	adjacent; adjustable
ADL	artifical delay line; automatic data link
ADM	activity data method
ADMA	automatic drafting machine
ADMIRAL	automatic and dynamic monitor with immediate relocation, allocation and loading
ADMIRE	automatic diagnostic maintenance information retrieval
ADMS	automatic digital message switching
ADO	avalanche diode oscillator
ADONIS	automatic digital on line instrumentation system
ADP	airport development program; automatic data processing
ADPCM	adaptive differential PCM
ADPE	auxiliary data processing equipment
ADPT	adapter
ADQ	almost differential quasi-ternay code
ADR	adder; address; analog-to-digital recorder
ADRAC	automatic digital recording and control
ADRS	analog-to-digital data recording system
ADRT	analog data recorder transcriber
ADS	address; accurately defined system; activated data sheet; address data strobe; address display system; adsorption; automated data system
ADSAS	air-derived separation assurance system
ADT	automatic data translator
ADU	automatic dialing unit
ADV	advance
ADX	automatic data exchange add index
AE	absolute error; application engineer; arithmetic element; attenuation equalizer
AED	ALGOL extended for design; automated engineering design
AEFC	alkine electrolyte fuel cell
AEI	average efficiency index
AEL	average effectiveness level
aemu	absolute electromagnetic unit
AEN	articulation reference equivalent
AEP	automatic electronic production
aer	aerial; aerodynamics
AES	activ electromagnetic system; Auger electron spectroscopy; artificial earth satellite
AESU	absolute electrostatic unit
AET	actual exposure time
AEVMOST	angle-evaporated vertical channel power MOSFET
AEW radar	airborne early-warning radar
AF	alternating flow; analog feedback; attenuation factor; automatic following; audio frequency
AFA	dry-type forced-air-cooled
AFC	automatic frequency control
AFE	antiferroelectric
AFFS	audio-frequency frequency shift
AFG	analog function generator
AFL	antisymmetric filter
AFM	amplitude-frequency modulation; antifriction metal
AFMR	antiferromagnetic resonance
AF/PC	automatic frequency/phase controlled (loop)
AFR	acceptance failure rate
AFRC	automatic frequency ratio control
AFS	audio frequency shift; automatic frequency stabilisation
AFSK	audio frequency-shift keying
AFT	acceptance functional test; analog facilities terminal; audio frequency transformer; automatic fine tuning
AG	air gap; air-to-ground
AGACS	automatic ground-to-air communications systems
AGC	automatic gauge control; automatic gain control
AGFS	automatic gain and frequency response
AGS	abort guidance system; advanced guidance system; automatic gain stabilization
AH	ampere-hour
AHM	ampere-hour meter
AHO	anharmonic oscillator
AHR	acceptable hazard rate
AHT	average holding time
AHV	accelerator high voltage
AI	amplifier input; automatic input
AID	algebraic interpretive dialog; automatic internal diagnosis; avalance injection diode
AIDE	automated integrated design engineering
AIDS	automated integrated debugging system
AILS	advanced integrated landing system
AIM	air-isolated monolithic; avalance induced migration (technology)
AIP	American Institute of Physics; amplifier input; automatic information processing
AIROF	anodic iridium oxide film
AIRS	automatic information retrieval system
AIS	alarm inhibit signal; automatic intercept switch
AIST	automatic informational station
AJ	alloy junction; anti-jamming
AK	amplitude keyed; atkinson; automatic clock
Al	alarm relais; aluminium; amber lamp; assembly language
ALBO	automatic line build-out
ALC	adaptive logic circuit; automatic landing system; automatic level control; automatic load control; automatic locking circuit
ALCOM	algebraic compiler
ALD	analog line driver
ALDP	automatic language data processing
ALF	accuracy limit factor
ALERT	automated linguistic extraction and retrieval technique; automatic logic design generator
ALFRTRAN	ALGOL to FORTRAN translator
ALGOL	algorithmic language
ALI	automated logic implementation
ALIN	alignment
ALIS	advanced life information system
ALMS	analytic language manipulation system
ALM	absorption limiting frequency
ALNI	alloyed nickel; aluminium-nickel
ALNICO	aluminium-nickel-cobalt
ALP	assembly language program
ALPS	advanced linear programming system; associated logic parallel system
ALR	alarm reset; alerting message
Al-Si	aluminium-silicon
ALT	alteration; alternate; altitude; amber light
ALTRAN	algebraic translator
ALTF	alternate field
ALU	arithmetic and logic unit
AM	ammeter; amperemeter; ampere-minute; amplifier; amplitude; amplitude modulation; ante meridiem; arithmetic mean; assembly and maintenance; associative memory; auxiliary memory
AMB	amber; ambient
AMBIT	algebraic manipulation by identity translation
AMC	automatic message counting; automatic mixture control

AMDES automatic masking-data generation for electron-beam exposure system
AMDSB amplitude modulation double side band
AMFM amplitude modulation − frequency modulation
AMI actual measured loss; alternate mark inversion (code); amplitude modulated link; amplitude modulation with limiter; automatic modulation limiting
AMNIP adaptive man-machine non-arithmetical information processing
AMO air-mass-zero; alternant molecular orbit
AMP active medium propagation; ampere; amplifier; amplitude; associative memory processor
AMPHR ampere-hour
AMPL amplifier
AMPS amperes
AMS advanced memory systems
AMSSB amplitude modulation single side band
AMT amount; available machine time; avalanche memory triode
AMTI airborne moving-target indicator
AMU antenna matching unit; atomic mass unit
AMV astable multivabrator
AMVF amplitude-modulated voice frequency
AMU atomic mass unit
AMX automatic message exchange
AN alphanumeric; anode; antenna; atomic number
ANA automatic network analyser; automatic number analysis
ANACOM analog computer
ANAL analysis; analytic; analog
ANATRAN analog translator
ANDS alphanumeric displays
ANF anchored filament; audio notch filter
ANG angular
ANI automatic number identification
ANL automatic noise limiter
ANMT announcement
ANOVA analysis of variance
ANRS automatic noise reduction system
ANS American National Standard; answer; automatic navigation system
ANSI American National Standards Institute
ANT antenna
AO access opening; amplifier output; atomic orbital
AOC automatic output control; automatic overload circuit; automatic overload control
AOI AND-OR-invert
AOL application-oriented language
AOPSA advanced optical power spectrum analyzer
AOQ average outgoing quality

AOQL average outgoing quality limit
AOS add-or-substract; advanced operating system
AOSP automatic operating and scheduling program
AP access panel; action potential; active pull-up; after peak; after perpendicular; analytic plotter; apertur; applications processor; applications program; arithmetic progression; automic power; automatic programming
APADS automatic programmer and data system
APAR automatic programming and recording
APATS automatic programming and test system
APC adaptive processing control; analog-to-pressure converter; angular position counter; automatic phase control
APCHE automatic programming checkout equipment
APD analog-to-pulse duration; angular position digitizer; amplitude probability distribution; avalance photodiode
APE atomic photoelectric effect
APEC all purpose electronic computer
APFC automatic phase and frequency control
APIC automatic power input control
APL a programming language; associative programming language; automatic phase lock; average picture level
APLM asynchronous pulse-length modulation
APM aluminium powder material; analog panel meter
APP apparatus; appendix; applied; approved; approximate; associative parallel processor; auxiliary power plant
APPECS adaptive pattern perceiving electronic computer system
APPL application
APPR approximately
APRS automatic position reference system
APS alphanumeric photocomposer system; assembly programming system; automatic patching system; automatically patching system; auxiliary power supply; auxiliary program storage
APSI amperes per square inch
APT analog program tape; automatic parts testing; automatic picture taking; automatic picture transmission; automatic position telemetering; automatically programmed tools; automation planning and technology
APU accessory power unit; audio playback unit; auxiliary power unit
APW augmented plane wave
AQ any quantity
AR antireflection

AQL acceptable quality level; average quality of the lot
AQQ average output quality
AQQL average outgoing quality level
AQT acceptable quality test
AR acid resisting; actual range; address register; amateur radio; amplifier; antireflection; area; area-function; argon; arithmetic register; assembly and repair; auxiliary register; auxiliary routine
ARC arcus; automatic range control; automatic reception control; automatic relay calculator; automatic remote control; average response computer
ARCOM arctic communication satellite
arc/w arc welding
ARFC average rectified foward current
ARG argument
ARGUS automatic routine generating and updating system
ARITH arithmetical
ARL acceptable reliability level
ARMMS automated reliability and maintainability measurement system
ARO applied research objective
AROM alterable read only memory
ARQ automatic error correction; automatic request for repetition
ARR antenna rotation rate; anti-repeat relay
ARRE average relative representation error
ARS advanced record system
ART advanced research and technology; antenna-receiver-transmitter; artificial; automatic range tracking
ARTRAC advanced range testing, reporting and control; advanced real-time range control
ARTS advanced radar traffic system; advanced radar traffic-control system
ARTU automatic range tracking unit
ARU acoustic resistance unit; audio response unit; automatic range unit
AS add-substract; ammeter switch; ampere-second; arsenic; assembler; asymmetric; asymtotisch; auxiliary storage
ASA American Standards Association; anti-static agents
ASAC automatic selection of any channel
ASAP analog system assembly pack; as soon as possible
ASB apostilb; asbestos; asymmetric sideband
ASBC advanced standard buried collector
ASC adaptive signal correction; advanced scientific computer; ampere per square centimeter; analog signal converter; associative structure computer; automatic selectivity control; automatic sensitivity control; automatic system control; auxiliary switch normally closed
ASCC automatic sequence-controller calculator

ASCII	American standard code for information interchange	ATC	aerial tuning capacitor; air traffic control; antenna tuning capacitor; automatic threshold control; automatic time control; automatic tuning control	AW	apperent watt; atomic weight; A-wire
ASCO	automatic sustainer cut-off			AWACS	airborne warning and control system
ASCS	automatic stabilization and control system			AWG	American wire gauge
		ATE	automatic test equipment	A.WT.	atomic weight
ASD	automatic synchronized discriminator	ATF	actuating transfer function; automatic target finder	AWU	atomic weight unit
				AX	axis
ASDSRS	automatic spectrum display and signal recognition system	ATG	air-to-ground	AXFMR	automatic transformer
		ATI	antenna tuning inductance	AXS	auxiliary store
ASE	anisotropic stress effect; amplified spontaneous emission; automatic support equipment	ATL	analog threshold logic; automatic test line	AZ	azimuth
				AZAR	adjustable zero, ajustable range
		ATLAS	abbreviated test language for all systems	AZM	azimuth
ASER	amplification by stimulated emission of radiation			AZS	automatic zero set
		ATM	air turbine motor; amere turns per motor; atmosphere		
ASF	ampere per square foot; automatic signal filtration				
		ATMOS	adjustable threshold MOS; atmospheric	**B**	
ASI	ampere per square inch				
ASIST	advanced scientific instruments symbolic translator	ATMPR	atmospheric pressure		
		ATO	antimony tin oxide		
ASK	amplitude-shift keying	ATOLL	acceptance, test or lauch language	B1T	basic one ton
ASL	above sea level			B	bandwidth; bar; barn; base; battery; beam; bel; bias; bit; booster; boron; break contact; brightness; British thermal unit; byte
ASLT	advanced solid logic technology	ATP	assembly test program; automated test plan		
ASM	adaptive system; assembly; asynchronous state machine				
		ATPG	automated test pattern generation		
ASN	average sample number	ATR	all transistor; antenna transmit/receive; assembly test recording		
ASO	auxiliary switch normally open			BA	barium; basic assembler; battery; binary addition; bridging amplifier; buffer amplifier; bus available
ASOP	automatic scheduling and operating program	ATS	acquisition and tracking system; ampere turns; applications technology satellite; astronomical time switch; automatic testing system		
ASP	association storage processor; attached support processor; automatic schedule processor; automatic service panel; automatic servo plotter; automatic switching panel; automatic synthesis program			BAA	buffer address array
				BAC	binary asymmetric channel
				BACE	basic automatic checkout equipment
		ATT	attenuated; attenuator; avalanche transit time (diode)	BADC	binary asymetric dependent channel
				BAE	beacon antenna equipment
		ATTN	attention; attenuation	BAIC	binary asymetric independent channel
		ATTO	avalanche transit time oscillator		
ASPDE	automatic shaft position data encoder	ATTR	average time to repair	BAL	balance; basic assembly language
		ATU	antenna tuning unit	BALS	balancing set
ASPER	assembly system peripheral processors	AT/WB	ampere turn per weber	BALUN	balanced-to-unbalanced
		AU	Angström unit; arbitrary unit; arithmetic unit; assembler unit; astronomical unit; audion; aurum; automatic; gold	BAM	basic access method; broadcasting amplitude modulation
ASR	accumulator shift right; automatic send and receive; automatic speech recognition; automatic step regulator; automatic strength regulation; available supply rate				
				BAP	band amplitude product; basic assembler program
		aud	audio	BAR	barometer; barrier gate; base address register; battery acquisition radar; buffer address register
ASS	analogue switching subsystem assembler; assembly	AUIS	analog input-/output unit		
		aut	automatic		
ASSB	asynchronous single sideband	ATTUN	automatic tuning	BARITT	barrier injection transit time
AST	Atlantic standard time	AUNT	automatic universal translator	BASIC	basic algebraic symbolic interpretive compiler; basic automatic stored instruction computer; beginners all-purpose symbolic instruction code
ASU	altitude sensing unit	AUT	advanced user terminals		
AST	anti-sidetone	AUTODIN	automatic digital network		
ASTRAL	analog schematic translator to algebraic language	AUTONET	automatic network display		
		AUTOVON	automatic voice network		
ASV	angle stop value; automatic self-verification	AUTRAN	automatic mility transistor	BASYS	basic system
		AUX	auxiliary; auxiliary store	BAT	battery
ASW	auxiliary switch	AV	angular velocity; atomic volume; audivisual; average	BATCHG	battery charging
ASWCR	airborne surveillance warning and control radar			BATT	battery
		AVC	automatic voltage control; automatic volume control	BAUD	Baudot
ASWG	American steel and wire gage			BAX	beacon airborne X-band
AT	action time; air temperature; ambient temperature; ampere turn; antenna; astronomical time; atmosphere; atom; attenuator; automatic ticketing; automatic transmitter	AVD	anode voltage drop	BAY	bayonett
		AVE	automatic volume expander	BB	back-to-back; baseband; best best; broadband
		AVG	average		
		AVNL	automatic video noise limiting	BBC	British Broadcasting Corporations; broadband conducted
		AVO	ampere, volt, ohm		
ATA	absolute atmosphere	AVR	ajustable voltage rectifier; automatic voltage regulator; automatic volume recognition; automatic volume regulation	BBD	bucked brigade device
ATBE	absolute time base error			BBL	basic business language; buried-bit-line
				BBO	booster burn-out

BBR	broadband radiated	BEEC	binary error erasure channel	BIP	binary image processor
b.bs.	bus-bars	BEF	band-elimination filter	BIPAD	binary pattern detector
BC	back-connected; balanced current; bare copper; base connection; battery charger; bayonet cap; bayonet catch; between centers; binary code; binary counter; breaking capacity; broadcast; buffer cell; bus compatible	BEIR	biological effects of ionizing radiation	BIRDIE	battery integration and radar display equipment
		BEJ	base-emitter junction	BIRS	basic indexing and retrieval system; basic information retrieval system
		bemf	back-electromotive force		
		BEP	bit error probability	BISAM	basic indexed sequential access method
		BEPA	binding energy per atom		
BCB	broadcast band	BEPP	binding energy per particle	BIT	binary digit; built-in test
BCC	binary convolution code; block check character; body-centered cubic (crystal)	BER	bit error rate	BITE	built-in test equipment
		BERT	basic energy reduction technology	BITN	bilateral iterative networt
		BES	balanced electrolyte solution	BITS	binary information transfer system
BCCD	bulk CCD; buried CCD	BEST	business electronic system technique; business equipment software technique	BIVAR	bivariant function generator
BCD	binary coded decimal; binary counted decimal			BIX	binary information exchange
				BJT	bipolar junction transistor
BCDIC	binary coded decimal information code; binary coded decimal interchange code	BET	balanced-emitter technology	BK	break-in keying
		beV	billion electron volts (10^{-9} eV in USA)	bkgd	background
				BKSP	backspace
BCE	beam collimation error; Boolean-controlled elements	BEX	broadband exchange	BL	barrel; base line; blanking; blue light; bottom layer
		BF	backface; back-feed; base fuse; beat frequency; boldface; bottom face; branching filter; breaker failure		
BCH	bits per circuit per hour; Bose-Chaudhuri-Hocquenghem			BLA	blocking acknowledgement signal
BCI	broadbast interference			BLADE	basic level automation of data through electronics
BCL	basic counter line; broadcast listener	BFCO	band filter cutoff		
BCMOS	bipolar CMOS	BFD	beat-frequency detection; Boolean function designator	BLC	balance
BCN	beacon			BLD	beam-lead device
BCO	binal coded octal; bridge cuttoff	BFE	beam forming electrode	BLEU	blind landing experimental unit
BCP	basic control program	BFID	Boolean function identifier	BLG	blooming gate
BCS	Bardeen-Cooper-Schriefer-(theorie); bridge control system	BFL	back focal length; buffered FET logic	BLIP	background-limited infrared photoconductor; block diagram interpreter program
BCST	broadcast	BFO	beat-frequency oscillator		
BCSTN	broadcasting station	BFPDDA	binary floating point digital differential analyzer	BLK	black; blank
BCT	bushing current transformer			BLL	below lower limit
BCU	binary counting unit	BFR	buffer	BLLE	balanced line logical element
BCW	buffing control word	BG	back gear; background; bearing; Birmingham gauge	BLM	basic language machine
BD	band; barrels per day; base detonating; base diameter; baud; binary decoder; binary divide; binary-to-decimal; board; bus driver			BLNK	blank
		BGAM	basic graphic access method	BLO	blocking signal
		BGS	beacon ground S-band	BLT	basic language translator
		BH	binary-to-hexadecimal; brake horse-power; Brinell hardness; busy hour; flux density vs. magnetizing force	BLU	basic logic unit; bipolar line unit
BDC	binary-decimal counter			BL&T	blind loaded and traced
BDCT	broadcast			BM	bearing magnetic; bench mark; binary multiply; bistable multivibrator; brightness merit; buffer module; buffer/multiplexer; byte machine
BDD	binary-to-decimal decoder	BHA	base helix angle		
BDF	base detonating fuse; bus differential	BHD	bulkhead		
		BHP	brake horse-power		
BDG	bridge; bridging (amplifier)	BHS	binding head steel		
BDHI	bearing, distance, heading indicator	BHWR	boiling heavy water moderated and cooled reactor	BM ANT	boom antenna
BDI	base-diffusion isolation; bearing deviation indicator; buffered direct injection			BMC	bubble memory controller; bulk-molding compound compound
		BI	base injection; battery inverter; blanking input; biot; bismuth		
BDIA	base diameter			BMEP	break mean effective pressure
BDL	battery data link	BIAR	base interrupt address register	BMW	beam width
BDT	base deck to binary tape	BIDEC	binary-to-decimal	BN	beacon; binary number
BDU	basic display unit	BIGFET	bipolar insulated gate FET	BNC	baby "N" connector; bayonet nut connector; bulk negative conductance
BDV	breakdown voltage	BIL	basic (impulse) insulation level; block input length; blue indicating lamp; buried injector logic		
BE	back end; band elimination; band elimination filter; Baumé; beryllium; binding energy; Bose-Einstein (statistics); breaker end			BNDC	bulk negative differential conductivity
		BILE	balanced inductor logical element		
		BILI	one billion (10^9 in USA)	BNF	best noise figure
		BILLI	billionth (10^{-9} in USA)	BNR	burner
BEAMOS	beam accessible MOS; beam addressed MOS	bi-m	bimonthly	BNS	binary number system
		BIMAG	bistable magnetic core	BNU	basic notch unit
BEC	binary erasure channel; burst-error channel; business electronics computer	BIMOS	bipolar MOS	BO	beat oscillator; binary-to-octal; blackout; blocking oscillator
		bin	binary		
		BINAC	binary automatic computer	BOM	basic operating memory
BECO	booster engine cut-off	BIONICS	biological electronics	BOMOS	buried-oxide MOS
BED	bridge-element delay	BIOS	biological satellite	BONUS	boiling water reactor nuclear superheat project

BOP	binary output program	BSMV	bistable multivibrator	**C**		
BORAM	block-organized RAM; block-oriented RAM	BSR	backspace register; blip-scan radar; blip-scan ratio			
BORAX	boiling reactor experiment	BSS	bit storage and sense; British standard specification	C	candella; candle; capacitance; capacitor; capacity; carbon; cathode; cell; centi; centigrade; centimeter; centre; character; chromiance; coefficient; code; collector; computer; control; cubic; current; cycle	
BORSCHT	battery power feed, overvoltage protection, ringing, supervision, coding, hybrid, and testing	BST	booster (amplifier); British summer time; burst			
BOS	background operating system; basic operating system	BSTR	booster			
		BSV	Boolean simple variable			
BOT	beginning-of-tape mark	BT	beginning-of-tape mark; Bellini-Tosi (system); bias temperature; busy tone; tape-armoured buried cable	c to c	centre-to-centre	
BP	bandpass; batch processing; between perpendicular; boiling point; bubble pulse; by-pass			CA	cable; candle; capacitor; cathode; cellular automation; circuitry adapter; clear aperture; coaxial; computers and automation; contact ammeter	
BPA	break-point address-register	BTC	block terminating character			
BPAM	basic partitioned access method	BTAM	basic tape access method			
bpd	barrels per day	BTD	binary-to-decimal; bomb testing device	CAC	clear all channels; control and coordination	
BPF	band-pass filter					
bph	barrels per hour	BTDL	basic transient diode logic	CAD	compensated avalanche diode; computer access device; computer-aided design; computer-aided detection	
BPI	bit per inch; byte per inch	BTE	battery terminal equipment; Boltzmann transport equation			
BPIT	basic parameter input tape					
BPKT	basic program knowledge test	BTF	binary transversal filter			
BPM	batch processing monitor; binary rate multiplier; bi-phase modulation	BTHU	British thermal unit	CADAM	computer graphics augmented design and manufacturing system	
		BTI	bridged tap isolator			
BPR	bar-pattern response; bubble position register	BTL	balanced transformer (circuit)	CADAR	computer aided design, analysis and reliability	
		BTMA	basic telecommunication			
BPS	basic programming system; bits per second; bytes per second	BTO	blocking tube oscillator	CADC	central air data computer	
		btry	battery	CADDAC	central analog data distributing and computing (system)	
BPSK	binary phase-shift-keying	BTSS	basic time-sharing system			
bpt	boiling point	Btu	British thermal unit	CADDET	computer aided device design in two dimensions	
BPU	basic processing unit	Btu p.lb °F	Btu per pound per degree Fahrenheit			
BPWR	burnable poison water reactor			CADE	computer aided design	
BQL	basic query language			CADEP	computer aided design experimental translator	
BR	band reject; bend radius; boiling range; branch; bromine; bulk resistance	Btu p.sq.ft.hr.°F	Btu per square foot per hour per degree Fahrenheit			
				CADET	computer aided design experimental translator	
		Btu/sq.ft./min.	Btu per square foot per minute			
BRF	band-rejection filter			CADF	commutated antenna direction finder	
brl	barrel	Btu/sq.ft./°MTD/HR	Btu per square foot per degree temperature difference per hour			
BRM	barometer; binary rate multiplier			CADI	computer access device input	
BRS	binary ring sequence			CADIC	computer aided design of integrated circuits	
BRST	burst	bty	battery			
BRT	binary run tape brightness	BU	base unit; binding unit; bushel	CADL	communications and data link	
BS	backspace; band setting; band-stop; binary scale; binary substraction; British size; British standard; broadcast station; Bureau of Standards	BUIC	back-up interceptor control	CADPO	communications and data processing operation	
		BUPS	beacon ultra portable S-band			
		BUPX	beacon ultra-portable X-band	CADS	central air data subsystem	
		BV	balanced voltage; Baudot-Verdan (telegraph); breakdown voltage	CADSS	combined analog-to-digital systems simulator	
				CAGC	coded automatic gain control	
BSAM	basic sequential access method; binary sequential access method	BVD	beacon video digitizer	CAI	computer aided instruction; computer analog input; computer assisted instruction	
		BVFET	buried-gate vertical JFET			
BSB	both sidebands	BW	backward wave; bandwidth; beam width; black and white (television)			
BSC	backspace contact; Bardeen-Schrieffer-Cooper (theory); binary symmetric channel; binary synchronous communications			CAIS	computer aided instruction	
		BWG	Birmingham wire gauge; British wire gauge	CAL	calculated average life; calibrated; calorie; computer animation language; computer assisted learning; conversational algebraic language	
B.Sc.	bachelor of science	BWM	backward-wave magnetron			
BSCA	binary synchronous communications adapter	BWO	backward-wave oscillator			
		BWPA	backward-wave parametric amplifier; backward-wave power amplifier	CALM	collected algorithms for learning machines; computer-assisted library mechanization	
BSCN	bit scan					
BSDC	binary symmetric dependent channel	BWR	bandwidth ratio; boiling-water reactor	CAM	central address memory; clear and add magnitude; computer address matrix; computer aided manufacturing; content addressable memory; cybernetic anthropomorphous machine	
BSDL	boresight datum line	BYP	by-pass			
BSG	bootstrap gyro; British standard gauge					
BSIL	basic switching impulse insulation level					
				CAMAC	computer automated measurement and control	
BSIT	bipolar mode SIT					

CAMAR	common-aperture multifunction array radar	
CAMP	compiler for automatic machine programming; computer assisted mathematics program; controls and monitoring processor	
CAMSAT	camera satellite	
CAND	candelabra	
CANS	computer assisted network scheduling system	
CAO	collective analysis only	
CAOS	completely automatic operational system	
CAP	capacitor; card assembly program; component acceptance procedure; computer assisted production; CORDIC arithmetic processor; cryotron associative processor	
CAPE	communication automatic processing equipment	
CAPERTSIM	computer-assisted evaluation review technique simulation	
capf	capacity factor	
CAPP	computer aided partitioning program	
CAPPI	constant altitude plan-position indicator	
CAPRI	compact all-purpose range instrument	
CAPS	computer assisted problem solving capacitors	
capy	capacity	
CAPST	capacitor start	
CAPT	conversational parts programming language	
CAR	channel address register; computer assisted research	
CARD	channel allocation and routing data; compact automatic retrieval device; computer assisted route development	
CARR	carriage	
CARS	computer aided routing system; computerized automotive reporting service	
CART	central automatic reliability tester; complete automatic reliability testing; computerized automatic rating technique	
cart	cartridge	
CAS	calculated air speed; calibrated air speed; collision avoidance system; column address select; compare accumulator with storage	
CASD	computer aided system design	
CASE	common access switching equipment; computer automated support equipment	
CASMOS	computer analysis and simulation of MOS circuits	
CAST	computerized automatic system tester	
CAT	carburetor air temperature; centralized automatic testing; compile and test; component acceptance test; computer aided translation; computer analysis of transistors; computer assisted testing; computer of average transients; controlled attenuator timer; controlled avalanche transistor; current-adjusting type	
CATH	cathode	
CATH FOL	cathode follower	
CATS	centralized automatic test system	
CATT	controlled avalanche transit time triode; cooled-anode transmitting tube	
CATV	cable antenna television; cable television; community antenna television system	
CAU	command arithmetic unit	
CAV	constant angular velocity cavity	
CAW	channel address word; common antenna working	
CB	central battery; circuit breaker; citizens band; common base; common battery; contact breaker; continuous breakdown; control buffer; control button; cubic; current bit	
CBA	C-band transponder antenna; central battery apperatus	
CBATDS	carrier-based airborne tactical data system	
CBAL	counterbalance	
CBCC	common bias, common control	
CBE	central battery exchange	
CBFS	caesium beam frequency standard	
CBI	computer based instruction	
CBIC	complementary bipolar integrated circuit	
cbl	counterbalance	
CBM	continental ballistic missile	
CBS	central battery signaling; central battery supply; central battery system	
CBSC	common bias, single control	
CBW	constant bandwidth	
CBX	C-band transponder	
CC	calculator; card column; carrier current; center-to-center; central computer; central control; ceramic capacitor; channel command; charge coupled; close-coupled; closing coil; code converter; coincident current; color code; command control; common carrier; common collector; communications centre; communications control; condition code; conductive channel; connecting circuit; constant current; continuous current; control centre; control code; control computer; control connector; cross correlation; cross coupling; cubic centimeter	
CCA	component checkout area	
CCATS	communications command and telemetry system	
CCB	contraband control base; convetible circuit breaker; cyclic check bit	
CCC	carrier current communication; common control circuit	
CCCL	complementary constant current logic	
CCCS	current controlled current source	
CCD	charge coupled device; computer control division; computer controlled display; core current driver	
CCE	communication control equipment	
CCF	central control facility; cross correlation function	
CCFM	cryogenic continuous film memory	
CCFT	controlled current feedback transformer	
CCG	constant current generator	
CCI	charge-coupled imager; computer communications interface; convert clock input; current-controlled inductor	
CCIA	concole computer interface adapter	
CCIS	common and control information system; common channel inter-office signaling	
CCITT	Comité Consultatif International Télégraphique et Téléphonique bzw. Consultative Commitee, International Telegraph and Telephone	
CCKW	counterclockwise	
CCL	contact clock; control language	
cclkw	counterclockwise	
CCM	communications controller multichannel; constant current modulation; counter-countermeasures	
CCMD	continuous current monitoring device	
CCMP	conversion complete	
CCNL	current-controlled negative inductance	
CCNR	current controlled negative resistance	
CCO	constant current operation; crystal controlled oscillator; current controlled oscillator	
CCP	command control panel; critical compression pressure; cross-connection point	
ccpm	cubic centimeter per minute	
CCR	coaxial cavity resonator; command control receiver; communications change request; control circuit resistance; critical compression ratio	
CCROS	card capacitor read only storage	
CCS	collector coupled structures; command control system; computer control station; continuous colour sequence; custom computer system	
CCSK	cyclic shift keying	
CCSL	compatible current sinking logic	
CCRS	copper cable steal reinforced	
CCT	circuit; communications control team; connecting circuit; constant current transformer; crystal controlled transmitter	
CCTV	close circuit television	
CCU	chart comparison unit; communication control unit; computer control unit	
CCV	code converter	
CCVS	current controlled voltage source	
CCW	channel command word; counterclockwise	

CD	cable duct; cadmium; candela; capacitive discharge; capacitor diode; cathode of diodes; center distance; circuit description; clock driver; continuous duty; crystal driver; current density; current discharge	CF	candle-foot; carrier frequency; cathode follower; center frequency; centrifugal force; completion flag; conversion factor; count forward; crystal filter; cubic foot; current feedback; current force	CID	charge injection device; component identification; compositional interdiffusion (technique)
				CIE	coherent infrared energy
				CIF	central instrumentation facility; central integration facility
		CFA	colour filter array; crossed field amplifier	CIL	clear indicating lamp; current injection logic
CDA	command and data aquisition				
CDB	current data bit	CFAR	constant false alarm rate	CIM	computer input microfilm; computer input multiplexer; crystal impedance meter; cubic inches per minute
CDBN	column digit binary network	CFCS	cross field closing switch		
CDC	call directing code; code directing character; configuration data control; course and distance calculator	CFF	critical flicker frequency; critical fusion frequency		
		cfn	cubic feet per hour	CIN	carrier input; communication identification navigation
		CFI	crystal frequency indicator		
cdd	coded	CFL	context-free language	CINS	cryogenic inertial navigating system
CDF	combined distribution frame; cumulative distribution of frequency	CFM	cathode follower mixer; cubic feet per minute	CIO	central input/output
				CIOCS	communications input/output control system
CDG	capacitor diode gate	CFO	carrier frequency oscillator		
CDH	cable distribution head	CFR	carbon-film resistor; catastrophic failure rate; cumulative failur rate	CIOU	custom input/output unit
CD	current discharge			CIP	common input processor; current injection probe
CDI	capacitor discharge ignition; collector diffusion isolation	CFS	carrier frequency shift; centre frequency stabilisation; cubic foot per second		
CDL	common display logic; computer description language; computer design language; core diode logic; current discharge line			CIR	characteristic impedance ratio; circuit; controlled intact reenty
		CFT	charge-flow transistor	cir.ant.	circular antenna
		CG	capacitance of grid; cathode grid; center of gravity; centigram; coincidence gate; control grid	CIRC	circulator; circumference
				CIRCAL	circuit analysis
CDM	core division multiplexing			CIRCUS	circuit simulator
CDMA	code division multiple access	CGA	contrast gate amplifier	CIS	communication information system; computer oriented information system; conductor insulator semiconductor
CDP	central data processing; central data processor; [centralized data processing] checkout data processor; communication data processor	CGB	convert gray to binary (code)		
		CGF	grid-filament capacitance		
		CGK	cathode-grid capacitance		
		CGP	capacitance grid-plate	CIT	call-in-time
CDPC	central data processing computer; commercial data processing center	CGS	centimeter-gram-second; circuit group congestion signal	CIU	computer interface unit
				CJ	cold junction
CDR	central data recording; current directional relay	CGSE	centimeter-gram-second-electrostatic	CK	circuit check; crystal kit
				CKD	completely knocked down
CDS	computer duplex system				
CDSS1	customer digital switching system no. 1	CGSM	centimeter-gram-second magnetic	ck pt	check point
		CGT	current gate tube	CKT	circuit
CDT	control data terminal; countdown time	CH	candle hour; chain home; channel; check; choke	CKTSIM	circuit simulation
				CKW	clockwise
CDU	central display unit; coupling data unit; coupling display unit	CHAD	code to handle angular data	C^3L	complementary constant current logic
		chal	challenge		
CDW	computer data word	charac	character; characteristic	CL	centilitre; centre line; chlorine; closed loop; computational linguistics; computer language; confidence limit; control language; conversion loss; counter logic; cylinder
CDX	control differential transmitter	CHDB	compatible high-density bipolar		
CE	cellular automation cerium; circular error; civil engineering; combustion engine; common emitter; communications electronics; commutator end; counducted emission	CHE	channel end; channel hot-electron		
		CHG	change; charge		
		CHIC	complex hybrid integrated circuit		
		CHICO	coordination of hybrid and integrated circuit operations	CLA	center line average; center line average height; clear and add; communication line adapters; communication link analyzer
CEA	circular error average; constant extinction angle	CHIL	current hogging injection logic		
		CHK	check		
CEC	constant electric contact	CHKPT	checkpoint	class.	classification
CEI	computer extended instruction	CHIP	chip hermeticity in plastic	CLAT	communication line adapter for teletype
CEL	crowding effect laser	CHL	current hogging logic		
CEMF	counter EMF	CHN	chain	CLCS	closed loop control system; current logic, current switching
cent	centigrade	CHNL	channel		
CEP	circular error probability; computer entry punch	CHR	candle-hour; chrominance; condenser heat rejection	CLF	capacitive loss factor
				CLFM	coherent linear frequency modulated
CER	ceramics	CHU	centigrade heat unit		
CERDIP	ceramic dual-in-line package	CI	card input; carrier-to-interference; characteristic impedance; circuit interrupter; crystal impedance; curie; current interruption	clg.	cancelling
CERMET	ceramic metal element; ceramic-to-metal			CLIC	communication linear integrated circuit
				CLIM	cellular logic-in-memory
CERPACK	ceramic package	CIA	computer interface adapter	CLIP	cellular logic image processor
CET	corrected effective temperature; cumulative elapsed time	CIC	change indicator control; command interface control	CLK	clock

CLKW	clockwise	CNL	cancellation; circuit net loss	COMET	computer operated management evaluation technique
CLM	column	CNR	carrier-to-noise ratio; clutter-to-noise ratio	COMJAM	communications jamming
CLO	cellular logic operation			COMM	communication; commutator
CLR	combined line and recording trunk; combustible limit relay; common line receiver; computer language recorder; computer language research; contact load resistor; current limiting resistor	CNS	control network system	COMMEL	communications electronics
		CNSL	console	COMMEN	compiler oriented for multi-programming and multiprocessing environments
		CNT	count; counter		
		CNTR	center		
		CO	cathode ray oscilloscope; change-over; checkout; classifier overflow; close open operation; communication; combined operations; crystal oscillator; cutt-off	COMNET	communications network
				COMP	comparator; compensator; compiler; component; composition; computer
CLS	clear and substract; close; common language system				
CLT	code language telegram; computer language translator			COMPAC	computer program for automatic control
CLU	central logic unit; circuit line-up	COAC	clutter-operated anti-clutter	COMPARE	console for optical measurement and precise analysis of radiation from electronics
CM	centimeter; central memory; circular mil; command module; common mode; communication multiplexer; comparator; computer module; control mark; core memory; corrective maintenance; countermeasure; cross modulation; cubic centimeter	COAX	coaxial; coaxial cable		
		COBOL	common business oriented language		
		COC	coded optical character	COMPASS	compiler-assembler; computer assisted
		COD	cash on delivery; coding		
		CODAN	carrier-operated device, antinoise; coded analysis	COMPEL	compute parallel
				COMPROG	computer program
		CODAP	control data assembly program	COMSAT	communications satellite
		CODAR	correlation display analyzing and recording	COMSL	communication system simulation language
CMA	contact-making ammeter				
CMC	code for magnetic characters; communications mode control; contact making clock	CODEC	coder-decoder		
		CODEL	computer developments limited automatic coding system	COMSS	compare string with string
				COMSW	compare string with word
CMCTL	current mode complementary transistor logic	CODES	commutating detection system; computer design and evaluation system	COMTRAN	commercial translator
				CON	concentration; connection; console; constant; continued; control
CMD	core memory driver				
CMDAC	current mode digital-to-analog converter	CODIC	computer directed communications	CONC	concentration
		COED	computer operated electronic display	COND	condenser; condition; conductivity; conductor
CMF	coherent memory filter				
CMG	control moment gyroscope	COEF	coefficient	CONELRAD	control of electromagnetic radiation
CMIL	circular mil	COF	computer operations facility; confusion signal		
CML	common machine language; current mode logic			CONN	connecting
		COFEC	cause of failure, effect and correction	CONS	carrier operated noise suppression
cmn	communication			CONST	constant; construction
CMOS	complementary MOS	COFIL	core file	CONSTR	construction
CMP	central monitoring position; compare	COG	centre of gravity	CONSUL	control subroutine language
		COGENT	compiler and generalized translator	CONT	contact; contents; continued; continuous; control
CMPL	complement				
CMPLX	complex	COGO	coordinate geometry	contd.	continued
cmps	centimeter per second	COGS	continuous orbital guidance sensor; continuous orbital guidance system	cont hp	continental horsepower
CMPT	component; computer			CONTR	control
CMR	common mode rejection; continuous maximum rating	coh	coherent	conts.	contents
		COHO	coherent oscillator	CONV	convergence; conversion; converter
CMRR	common mode rejection ratio	COL	collector; column; computer oriented language	COOL	checkout oriented language; control oriented language
CMS	computer based message system; current-mode switching				
		COLIDAR	coherent light detection and ranging	COP	central operator's panel; coefficient of performance
CMT	corrected mean temperature				
CM-to-CM	common mode-to-common mode	COLINGO	compile on line and go		
		coll	collector	COPI	computer oriented programmed instruction
CM-to-DM	common mode-to-differential mode	COLT	communication line terminator; computerized on-line testing; computer oriented language translator; control language translator		
				COR	carrier operated relay
CMV	common-mode voltage; contact making voltmeter			CORA	coherent radar array
				CORAD	correlation radar
CN	carrier-to-noise; commutated network; compass north; compensator; coordination number	COM	commercial; common; communications; commutator; complement; computer output on microfilm	CORAL	computer on line real time applications language
				CORDIC	coordinate rotation digital computer
CNA	copper nickel alloy; cosmic noise absorption	COMAC	continuous multiple-access collator; continuous multiple-access comparator		
				CORDS	coherent on receive Doppler system
CNC	computerized numerical control			CORE	computer oriented reporting efficiency
CNCT	connect	COMAT	computer assisted training		
CND	condition	comb.	combine	CORNET	control switching arrangement network
CNI	called number identification; communication	COMCM	communications countermeasures and deception		
				corr.	corrected
CNJ	copper-nickel-jacket	comd	command		

CORREGATE correctable gate
corresp. corresponding
CORTS convert range telemetry system
COS calculator on substrate; communication operation station; compatible operating system; complementary symmetry; cosinus; cosmic
COSAR compression scanning array radar
COSI-CON crimp-on, snap-in-contacts
COSMON component open-short monitor
COSMOS complementary symmetric MOS
COTAR correlation tracking and ranging; cosine-trajectory angle and range
coul coulomb
COV cut-out valve; covered
COZI communications zone indicator
CP calorific power; candel power; card punch; central processor; change point; check point; chemical pure; circuit package; circularly polarized; circular pitch; clock phase; clock pulse; coefficient of performance; command pulse; communication processor; computer; constant potential; constant pressure; control panel; control processor; control program; cosmogenic; counterpoise
CPA closest point of approach; color phase alternation; critical path analysis
CPC card programmed calculator; ceramic printed circuit; clock-pulse control; coated powder cathode; computer program component; Current Papers on Computer and Control; cycle program control; cycle program counter; cyclic permutation code
CPD call per day; card per day; coil predriver; contact potential difference; cumulative propability distribution
cpd. compound
CPE central processing element; central programmer and evaluator; charged particle equilibrum; circular probable error; Current Papers in Electrical and Electronics Engineering
CPF complete power failure
CPG current pulse generator
cph candle power hour; cards per hour; closed-packed hexagonal
CPI characters per inch; clock pulse interval; computer prescribed instruction; control position indicator
CPILS correlation protected integrated landing system
CPL charge pumping logic; combined programming language; compiler; computer program library; couple
CPLG coupling
CPM cards per minute; cathode pulse method; characters per minute; critical path method; cycles per minute
CPP card punching printer

CPPS critical path planning and scheduling
CPS cards per second; central processing system; characters per second; circuit package schematic; clock pulse; conversional programming system; critical path scheduling; cycles per second
CPSE counterpoise
CPSK coherent phase shift keying
CPT capacitive pressure transducer; control power transformer; critical path technique
CPU central processing unit; collective protection unit; computer peripheral unit
CPY copy
C^3 RAM continuously charged coupled RAM
CR card reader; carriage return; cathode ray; citizen radio; code receiver; command register; contact resistance; controlled rectifier; control relay; crystal rectifier; current rate; current relay
CR carriage return; chain radar
CRA carry ripple adder; cosmic ray altimeter
CRAFT changing radio automatic frequency transmission
CRAM card RAM; computerized reliability analysis method; conditional relaxation analysis method
CRBE conversional remote batch entry
CRC carriage return character; carriage return contact; character recognition circuit; cyclic redundancy check
CRD capacitor-resistor-diode (network)
CRE corrosion-resistant
CRES corrosion-resistant
CRF capital recovery factor; control relay foward
CRIG capacitor rate integrating gyroscope
CRIS current research information system
crit critical
CRJE conversational remote job entry
CRLB cosmic ray logic box
CRM control and reproducibility monitor; counter-radar measures; count rate meter
CRN charge-routing network
CRO cathode ray oscilloscope
CROM capacitive ROM; control ROM
CRP controlled reliability program
CRR conversion result register
CRS chain radar system; citizens radio service
CRT cathode ray tube
CRTS controllable radar target simulator
CRTU combined receiving and transmitting unit
CRV constant reflector voltage
CRYOSAR cryogenic switching by avalanche and recombination
crys crystal; crystallography
cryst. crystalline

C^2S collector coupled structures
CS centistoke; channel status; chip-select; coding specification; conducted susceptibility; continuous scan; control signal; control switch; control system; commercial standard; communications; communication system; cross section; current strength; cycles per second; cycle shift; single-cotton single-silk covered
CSAR communications satellite advanced research
CSB carrier and sidebands
CSC common signaling channel; communication simulator console; care store control; course and speed computer
CSD communication system development; constant speed drive; controlled-slip differentials
CSDL current switching diode logic
CSE control and switching equipment; control systems engineering; core storage element
CSEF current-switch emitter-follower
CSF carrier suppression filter
csg casing
CSIC computer system interface circuits
CSK countersink
CSL code selection language; computer sensitive language; control and simulation language; controlled saturation logic; console; current sink logic; current switch logic
CSM continuous sheet memory
CSMA carrier-sense multiple-access
CSP communications satellite program; control and switching point
CSPG code sequential pulse generator
CSR clamped speed regulator; constant stress reate; controlled silicon rectifier; control shift register
CSS communications subsystem; cryogenic storage system
CSSB compatible single sideband
CST central standard time
CT centre tap; chronometer time; conductivity transmitter; control transformer; current transformer
CTI charge transfer inefficiency
CSU central switching unit clear and substract; constant speed unit
CSV corona starting voltage
CSW channel status word; continuous seismic wave; control power switch
CT center tap; central time; circuit; circuit theory; command transmitter; commercial translator; computer technology; computer tomography; correct time; count; counter/timer; current; current transformer
CTA control area; controlled airspace
CTC contact
CTD charge transfer device
CTDS code translation data system

C/TDS	count/time data system	
CTE	cable termination equipment; coefficient to thermal expansion; computer telex exchange	
CTF	common test facility; core test facility	
CTFM	continuous transmission frequency modulated	
ctg	coating	
CTL	complementary transistor logic; constructive total loss; core transistor logic	
CTP	central transfer point; charge transforming parameter	
CTR	certified test record; controlled thermonuclear reaction; control zone; counter; current transfer ratio	
CTRL	control	
CTS	carrier test switch; communications technology satellite; communications terminal synchronous; component test system; conversational terminal system; conversational time sharing	
CTSS	compatible time sharing system	
CTU	centigrade thermal unit; central terminal unit; central timing unit	
CTV	colour television	
CTW	console typewriter	
ctwt	counterweight	
CU	computing unit; control unit; copper; crosstalk unit; crystal unit; cubic	
CUB	central unit buffer	
cu.cm.	cubic centimeter	
cu.dm.	cubic decimeter	
CUE	computer updating equipment; cooperating users exchange	
cu.ft.	cubic foot	
cu.in.	cubic inch	
CUJT	complementary UJT	
CULP	computer usage list processor	
cum.	cumulative	
cu.mm.	cubic millimeter	
cu.mn.	cubic micron	
CUP	communications users program	
CUSC	channel unit signal controller	
CUR	currency; current	
cu.rt.	cubic root	
CURTS	common user radio transmission system	
CUT	circuit under test	
cu.yd.	cubic yard	
CV	calorific value; capacitance-voltage; constant voltage; constant volume; converter; coulomb-volt	
CVB	convert to binary	
CV–CC	constant voltage – constant current	
CVD	chemical vapor deposit; convert to decimal; current-voltage diagram	
CVI	communication, navigation and identification	
CVR	constant voltage reference; continuous video recorder; controlled visual rules; current-voltage regulator	
CVSD	continuously variable slope delta modulator	
CVT	constant voltage transformer	
CVU	constant voltage unit	
CW	carrier wave; channel word; clockwise; code word; composite wave; continuous wave	
CWAR	continuous wave aquisition radar	
CW/FM	continuous wave frequency modulated	
CWIF	continuous wave intermediate frequency	
CWO	carrier wave oscillator; continuous wave oscillator	
CWS	caution and warning system; centre wireless station	
CWT	carrier-wave telegraphic; carrier-wave transmission	
CWV	continuous wave video	
CX	control transmitter; convex	
CXR	carrier	
cy	capacity; copy; cubic yard; cycle	
CYBORG	cybernetic organism	
cyc	cycle	
cyl.	cylinder	
CZ	Czochralski (crystal growth)	
CZT	chirp Z-transform	

D

D	data; Debye; delay; density; deuterium; diameter; dielectric (flux); differential coefficient; digit; digital; diode; display; dissipation (factor); distance; distortion (factor); drain; duty cycle
D/A	digital-to-analog
DA	data acquisition; decimal add; decimal-to-analog; design automation; detector amplifier; dicrete address; differential analyzer; diffused base alloy; digital-to-analog; distribution amplifier; double amplitude; double armoured; dummy antenna
DAA	data access arrangement
DABS	discretely addressed beacon system
DAC	data acquisition and control system; data analysis and control; design augmented by computer; digital-to-analog converter; direct access computing; display analysis console
DACC	direct access communications channel
DACI	direct adjacent channel interference
DACON	digital-to-analog converter
DACOR	data correction
DACQ	data acquisition
DACS	data acquisition control system
DACOR	data correction
DADC	direct access data channel
DADEE	dynamic analog differential equation equalizer
DAF	delay amplification factor
DAFC	digital automatic frequency control
DAFT	digital analog function table
DAGC	delayed automatic gain control
DAFM	discard-at-failure maintenance
DAIR	direct attitude and identity readout; driver air, information and routing
DAIS	defense automatic integrated switching system
DAISY	data acquisition and interpretation system; double-precision automatic interpretive system
DALS	digital approach and landing system
DAM	data addressed memory; data association message; digital-to-analog multiplier; direct access memory; direct access method
DAMP	downrange antimissile measurement project
DAMPS	data acquisition multiprogramming system
DAP	deformation of aligned phases; digital assembly program; double amplitude peak value
DAPR	digital automatic pattern recognition
DAPS	direct access programming system
DAR	defense acquisition radar; differential absorption ratio
DARE	document automated reduction equipment; document abstract retrieval equipment; Doppler automatic reduction equipment
DARES	data analysis and reduction system
DARLI	digital angular readout by laser interferometry
DARS	digital adaptibe recording system; digital attitude and rate system
DART	daily automatic rescheduling technique; data analysis recording tape; data reduction translator; development advanced rate techniques; diode automatic reliability tester; director and response tester; dual axis rate transducer; dynamic acoustic response trigger
DAS	data acquisition system; digital-analog simulator; digital attenuator system; direct access store
DASS	demand assignment signaling and switching
DAT	dynamic address translator
DATAC	data analog computer
DATACOL	data collection system
DATACOM	data communications
DATAGEN	data file generator
DATAN	data analysis
DATAR	digital automatic ranging and tracking; digital autotransducer and recorder
DATATELEX	data processing telecommunications exchange
DATEL	data telecommunication
DATEX	data exchange
DATICO	digital automatic tape intelligence checkout
DATRIX	direct access to reference information

DATS	digital avionics transmission system	DCAS	data collection and analysis system	DCTL	direct coupled transistor logic
DAU	data acquisition unit	DCB	data control block	DCU	data command unit; data control unit; decade counting unit; decimal counting unit; digital control unit; display and control unit
DAV	data valid	DCC	data communication channel; device control character; double cotton covered; direct current clamp; direct computer control		
DAVC	delayed automatic volume control				
DAVI	dynamic antiresonant vibration isolator				
				DCUTL	direct coupled unipolar transistor logic
DAVC	delayed automatic volume control	DCCC	double current cable code		
DAWID	device for automatic word identification and discrimination	DCCL	digital charge coupled logic	DCV	direct current voltage
		DCCU	data communication control unit; data correlation control unit	DCWV	direct current working volts
DAZD	double anode Zenerdiode			DD	data definition; data demand; decimal devide; digital data; digital display; direct drive; disconnecting device; dot-and-dash; double diffused; double diode; double drift; duplex drive
DB	dead band; decimal-to-binary; diffused base; display buffer; double bayonet base; double-biased; double bottom; double break; dry bulb	DCD	diode-capacitor-diode; double channel duplex		
		DCDM	digitally controlled delta modulation		
		DCDS	double-cotton double-silk covered	DDA	digital differential analyzer; digital display alarm; dynamic differential analyzer
dB	decibel	DCDT	direct current displacement transducer		
dBµV	dB above 1 µV				
dBa	decibel adjusted	DCE	data circuit terminating equipment	DDAS	digital data acquisition system
DBAO	digital block AND-OR gate	DCF	disk control field	DDC	digital data converter; digital display converter; digital-to-digital converter; direct data channel; direct digital control; director digital control; dual dielectric charge storage cell
DBB	detector back bias; detector balanced bias	DCFEM	dynamic crossed-field electron multiplication		
dBc	decibel relative to the carrier	DCFF	direct current flip-flop		
DBC	decimal-to-binary conversion; decomposed block code	DCG	diode capacitor gate; Doppler-controlled gain		
DBCO	digital block clock oscillator	DCI	differential current integrator	DDCE	digital data conversion equipment
DBD	double base diode	DCCS	digital command communications channel	DDCMP	digital data communications message protocol
DBF	demodulator band filter				
DBFF	digital block flip-flop	DCCT	direct current current transformer	DDCS	digital data calibration system
DBIA	digital block inverting amplifier	DCCU	data communications control unit	DDD	digital display detection; direct distance dialing
dBk	dB referred to 1 kW	DCD	dynamic computer display		
DBM	data buffer mode; double balanced mixer	DCDS	digital control design system; double-cotton double-silk covered	DDE	director design engineering; double diffused epitaxial process
dBm	dB above (or below) 1 mW	DCFL	direct coupled FET logic	DDG	digital data group; digital display generator
dB/m²	dB above 1 mW/m²	DCIB	data communication input buffer		
dBm/m²/MHz	dB above 1 mW/m² MHz	DCKP	direct current key pulsing	DDH	digital data handling
DBNA	digital block noninverting amplifier	DCL	direct coupled logic	DDI	depth deviation indicator; direct digital interface
DBOS	disk based operating system	dcm	direct current noise margin		
dBpW	dB referred to 1 pW	DCM	digital circuit module	DDL	digital system design language; dispersive delay line
DBR	distributed Bragg reflector	DCMA	direct current milliamps		
dBRAP	dB above reference acoustical power defined as 10^{-16} W	DCNA	data communication network architecture	DDM	data demand module; derived delta modulation; difference in depth of modulation; digital display make-up; double-diffused mesa; dynamic depletion mode
dBRN	dB above reference noise	DCOS	data communication output selector		
dBRNC	dB above reference noise, C-message weighted				
		DCP	data communication processor; data control processor; design criteria plan; differential computing potentiometer; digital computer processor; digital computer programming; display control panel	DDOCE	digital data output conversion equipment
DBSP	double based solid propellant				
DBST	digital block Schmitt trigger			DDP	differential dynamic programming; digital data processor
DBT	depleted base transistor				
DBUT	data base update time			DDPU	digital data processing unit
dBV	dB referred to 1 V	DCPS	digitally controlled power source	DDR	digital data receiver; dual discrimination ratio
dBW	dB referred to 1 W	DCPSP	direct current power supply panel		
dBx	dB above the reference coupling	DCPV	direct current peak voltage	DDRR	directional discontinuity ring radiator
DC	data channel; data check; data classifier; data collection; data communications; data conversion; data counter; decimal classification; design change; device control; digital comparator; digital computer; diode cathode; direct control; direct coupling; direct current; direct cycle; disk controller; display console; double contact	DCR	data conversion receiver; data coordinator and retriever; direct current resistance; digital conversion receiver		
				DDRS	digital data recording system
				DDS	data display system; deployable defense system; digital display scope; digital dynamics simulator; Doppler detection system
		DCS	data collection system; data communication system; data control service; defense communication system; design control specifications; digital command system; digital communication system; distributed computer system; double channel simplex; double-cotton single-silk		
				DDT	digital data transmission; digital debugging tape; Doppler data translator; dynamic debugging technique
				DDTE	digital data terminal equipment
DCA	decade counting assembly; digital command assembly; drift correction angle; Doppler count accumulator			DDTL	diode diode transistor logic
				DDTS	digital data transmission system
		DCT	data conversion transmitter; digital curve tracer	DDU	digital distributing unit; dual diversity unit

DE   decision element; deemphasis; deflection error; design engineering; digital element; display electronics; double-ended
DEAL   decision evaluation and logic
DEC   declination; decimal; decrease; direct energy conversion
DECAL   desk calculator
DECB   data event control block
DECFA   distributed emission crossed-field amplifier
DECOM   telemetry decommutator
DECOR   digital electronic continuous ranging
DEDUCOM deductive communicator
DEE   digital evaluation equipment; digital events evaluator
DEEPDET double exposure end-point detection technique
DEER   directional explosive echo ranging
def   definition
DEFT   dynamic error free transmission
DEL   delay; delete
DELRAC DECCA long range area coverage
DELTIC delay-line time compression
DEM   demodulator
DEMATRON distributed emission magnetron amplifier
DEMOD   demodulator; depletion etch method
DEMUX   demultiplexer
DEPSK   differential encoded phase shift keying
DES   data encryption standard; digital expansion system
DET   detector; device error tabulation
DEU   data encryption and decryption unit; data exchange unit
DEXT   distant-end crosstalk
DF   decimal fraction; deflection factor; degree of freedom; describing function; difference frequency; disk file; dissipation factor; distortion factor; distribution frame; double-feeder
D–F   direct flow
DFA   digital fault analysis
DFB   distributed feedback semiconductor; distribution fuse board
DFC   double frequency change
DFE   decision feedback equalizer
DFET   drift FET
DFF   delay flip-flop
DFG   digital function generator; diode function generator; discrete frequency generator
DFGA   distributed floating gate amplifier
DFM   distortion factor meter
DFO   decade frequency oscillator
DFR   decreasing failure rate
DFRL   differential relay
DFS   dynamic flight simulator
DFSK   double frequency shift keying
DFT   discrete Fourier transform
DG   differential gain; differential generator; diode gate; directional grid; directional gyro; double-groove
DGDP   double-groove double-petticoat
DGZ   desired ground zero
DH   decimal to hexadecimal; directly heated; double heterostructure
DHD   double heat sink diode
DHE   data handling equipment
DI   data input; demand indicator; deviation generator; dielectric isolation; digital input; direct injection; double injection
dia.   diameter
DIAC   diode a.c. semiconductor switch
diam.   diameter
DIAN   digital-analog
DIAP   digitally implemented analogue processing
DIAS   dynamic inventory analysis system
DIBL   drain induced barrier lowering
DIC   data insertion converter; digital integrated circuit; dual-in-line case
DICE   digital integrated circuit element
DI/CMOS dielectrically isolated CMOS
DICON   digital communication through orbiting needles
DID   digital information display; direct inward dialing
DIDACS digital data communications system
DIDAD   digital data display
DIDAP   digital data processor
DI/DO   data input/data output
DIF   direction finder
DIFF/FWR differentiator and full wave rectifier
DIFFTR differential time relay
DIGCOM digital computer
DIGACE digital guidance and control computer
DIGICOM digital communications system
DIIC   dielectrically isolated integrated circuit
DIL   data-in-line; Doppler inertial LORAN; dual-in-line
dim.   dimension
DIMATE depot-installed maintenance automatic test equipment
DIMUS   digital multibeam steering
DINA   direct noise amplification
DIOB   digital input/output buffer
DIP   display information processor; dual-in-line package
DIPS   development information processing system
dir   direct; director
DIRCOL direction cosine linkage
dis   discontinuity
DISAC   digital simulator and computer
DISC   digital channel selection
DISCOM digital selective communications
DISM   delayed impact space missile
DIST   distance
DITRAN diagnostic FORTRAN
DIV   divergence; divider; division
DIVA   digital input voice answer-back
DIVOT   digital-to-voice translator
DJSU   digital junction switching unit
DKDP   deuterated potassium dihydrogen phosphate
DL   data link; dead load; delay, delay line; diode logic
DLC   data-link control; direct lift control; duplex line control
DLCC   data-link control chip
DLCO   decade LC oscillator
DLE   data link escape
DLH   data lower half byte
DLK   data link
DLL   delay locked loop
DLN   digital ladder network
DLP   data listing programs
DLT   data line terminal; data line translator; data link terminal; data loop transceiver; decision logic table; depletion layer transistor
DLTS   deep level transient spectroscopy
dm   decimeter
DM   decimal multiply; delta modulation; demand meter; digital multimeter; diffused mesa; double-make
DMA   direct memory access; direct memory address
DMC   digital microcircuit; direct multiplex control
DMD   digital message device
DME   distance measuring equipment; dynamic mission equivalent
DMED   digital message entrance device
D-MESFET depletion-mode metal semiconductor FET
DMM   digital multimeter
DMN   differential mode noise
DMOS   double diffused MOS
DMR   dynamic modular replacement
DMS   data management system; data multiplex system
DMT   digital message terminal
DMTI   Doppler moving target indicator
DMU   data measurement unit; digital message unit
DMUX   demultiplexer
DMW   decimeter wave
DN   decanewton; deci-neper; decimal number; delta amplitude
DNC   direct numerical control
DNL   dynamic noise limiter
D-O   decimal-to-octal
DO   dashpot relay; data output; digital output; diode outline
DOC   data optimizing computer; decimal-to-octal conversion
DOF   degree of freedom
DOFIC   domain originated functional integrated circuit
DOI   descent orbit insertion
DO/IT   digital output/input translator
DOL   display oriented language; dynamic octal load
DOM   digital Ohmmeter
DOPOS   doped polysilicon diffusion source
DOPS   digital optical protection system

DORAN	Doppler range and navigation
DORIS	direct order recording and invoicing system
DOS	digital operation system; disk operating system
DOT	domain tip propagation
DOTAC	Doppler tactical air navigation system
DOUT	data-out line
DOVAP	Doppler velocity and position
DOUSER	Doppler unbeamed search radar
DP	data processing; deflection plate; deep penetration; dew point; dial pulsing; diametral pinch; differential phase; dipole; disk pack; distribution point; double pole; dynamic programming
DPB	data processing branch
DPC	direct program control; couple paper covered
DPCM	delta PCM; differential PCM
DPD	digital phase difference
DPDT	double-pole double-throw (switch)
DPE	data processing equipment
DPFM	discrete time pulse frequency modulation
DPG	digital pattern generator
DPI	digital pseudorandom inspection
DPLL	digital PLL
DPM	data processing machine; digital panel meter
DPN	diamond pyramid hardness number
DPO	delayed pulse oscillator
DPR	double pure rubber lapped
DPS	data processing standards; data processing systems; descent power system; disk programming system; double-pole snap (switch)
DPSK	differential PSK
DPSS	data processing system simulator; double-pole snap switch
DPST	double-pole single-throw (switch)
DPSW	double-pole switch
DPT	design and partitioning for restability
DPK	dynamic pulse unit
DQC	data quality control
DR	damping ratio; data receiver; data recorder; data reduction; data register
DRA	dead reckoning analyser; Doppler radar; digital record analyzer
DRADS	degradation of radar defense system
DRC	damage risk criterion
DRD	data recording device
DRDTO	detection radar data take-off
DRE	dead reckoning equipment
DRI	data reduction interpreter
DRIFT	diversity receiving instrumentation for telemetry
DRM	decimal rate multiplier; digital ratiometer
DRN	data reference number
DRO	destructive readout (memory); digital readout
DROD	delayed readout detector
DROS	disk resident operating system
DRR	digital radar relay
DRS	data recording system; data reduction system; data relay satellite; digital radar simulator
DRSS	data relay satellite system
DRT	decade ratio transformer; distant remote transceiver
DRTL	diode resistor transistor logic
D&S	display and storage
DS	data scanning; data set; decimal substract; deep screw; define symbol; descent stage; disconnectin switch; disk storage; double-silk; drum storage
DSA	diffusion self-aligned; digital signal analyzer; direct storage access; dyamic signal analyzer; dynamic storage area
DSA MOST	diffusion self aligned MOS transistor
DSAR	data sampling automatic receiver
DSB	digital storage buffer; distribution switchboard; double sideband
DSBAMRC	double sideband amplitude modulation reduced carrier
DSBSC	double-sideband suppressed carrier
D.sc.	Doctor of Science
DSC	data synchronizer channel; digital signal converter; double-silk covered
DSCC	deep space communications complex; double-silk cotton covered
DSCT	double secondary current transformer
DSD	digital system design; dual speed drive
DSE	data storage equipment
DSEA	data storage electronics assembly
DSF	data scanning and formating
DSI	digital speech interpolation
DSIF	deep-space instrumentation facility
DSK	delay shift keying
DSL	data set label; data simulation language; deep scattering layer
DSM	delta-sigma modulator; digital simulation model; dynamic scattering mode
DSN	deep space network
DSP	digital signal processing; double silver plated; drain-source protected
DSR	data scanning and routing; digit storage relay; digital stepping recorder; discriminating selector repeater; distributed state response
DSRC	double-sideband reduced carrier
DSS	digital switching subsystem; direct station selection; dynamic steady state
DSSB	data selection and storage buffer; double-single-sideband
DSSC	double-sideband suppressed carrier (modulation); double-silk single cotton
DS-SS	direct sequence spread spectrum
DST	data segment table
DSTC	double sideband transmitted carrier
DSU	data storage unit; data synchronizer unit; device switching unit; digital service unit; disk storage unit
DSW	data status word
DT	data terminal; data translator; data transmission; decay time; dialing tone; differential time; digital technique; digroup terminal; disk tape; double-throw
DTA	differential thermoanalysis
DTARS	digital transmission and routing system
DTAS	data transmission and switching
DTB	decimal-to-binary
DTDS	digital television display system
DTE	data-terminal equipment; digital transmission equipment; digital tune enable
DTFA	digital transfer function analyzer
DTG	display transmission generator
DTI	digital test indicator
DTIP	digital tune in progress
DTL	diode transistor logic; double transistor logic
DTμL	diode transistor micrologic
DTLZ	diode transistor logic with Zener diodes
DTM	delay timer multiplier
DTMF	dual-tone multifrequency (receiver)
DTMS	digital test monitoring system
DTPL	domain tip propagation logic
DTR	data telemetry register; definite time relay; demand totalyzing relay
DTS	data transmission system; diagnostic and test; digital telemetering system; double-throw switch
DTU	data transfer unit; digital tape unit; digital telemetry unit; digital transmission unit; digital tuning unit
DTVM	differential thermocouple voltmeter
DTVC	digital transmission and verification converter
DUAL	dynamic universal assembly language
DUF	diffusion under field; diffusion under (epitaxial) film
DUH	data upper half byte
DUNS	data universal numbering system
dup	duplication
DUT	device under test
DUV	data under voice
DV	differential voltage; direct voltage; double vibration
DVD	detail velocity display
DVFO	digital variable frequency oscillator
DVM	digital voltmeter
DVOM	digital volt-ohmmeter
DVOR	Doppler VHF omnidirectional radio range
DVS	dynamic vertical sensor
DVST	direct view storage tube
DVX	digital voice exchange
DW	data word; drop wire
DWL	dominant wavelength

DX	differential crosstalk; long distance; duplex	EBS	energy band structure		dynamics; electron diffraction; electronic device; electronic differential analyzer; electronic digital analyzer; engine drive; enhancement/depletion; error detection; evaluation and development; expanded display; external device	
DXC	data exchange control	EBW	electron beam welding; exploding bridge wire			
DY	dynode; dyprosium	EC	electric current; electrical conductivity; electronic calculator; electronic conductivity; enamel covered; engineering change; engineering construction; error correcting; execution cycle			
DYCMOS	dynamic CMOS					
DYNA	dynamics analyzer-programmer					
DYSAC	dynamic storage analog computer			EDA	effective doubleword address; electronic differential analyzer; electronic digital analyzer	
		ECAP	electronic circuit analysis program			
		ECARS	electronic coordinator graph and readout system	EDAC	error detection and correction	
				EDAX	energy dispersion analyzer X-ray	
E		ECB	electrically controlled birefringence; event control block	EDB	educational data bank	
				EDC	electronic desk calculator; electronic digital computer; enamelled double-cotton covered; energy discharge capacitor; error detection and correction; voltage, direct current	
E	echo; electric field strength; electrical force; electromotive force; electron charge; electronics; emitter; energy; voltage	ECC	error checking and correction; error correction code; emitter coupled circuits			
		ECCM	electronic counter-counter-measures			
EA	effective address; equalizing line amplifier	ECCSL	emitter coupled current steered logic			
				EDCV	enamel double-cotton varnish	
EACC	error adaptive control computer	ECD	energy conversion device electrochromeric display	EDCW	external devise control word	
EAF	electron arc furnance			EDD	electronic data display	
EAL	electromagnetic amplifying lens; expected average life	ECDC	electrochemical diffused collector (transistor)	EDDF	error detection and decision feedback	
EALM	electronically addressed light modulator	ECDT	electrochemical diffused transistor	EDE	emergency decelerating (relay); emitter dip effect	
		ECE	engineering capacity exchange			
EAM	electric accounting machine; electronic accounting machinery; electronic automatic machine	ECG	electrocardiogram; electrochemical grinding	EDG	exploratory development goals	
				EDGE	electronic data gathering equipment; experimental display generation	
EANDRO	electrically alterable nondestructive read-out	ECHO	electronic computing hospital oriented	EDHE	experimental data handling equipment	
EAR	electronic audio recognition	ECL	eddy current loss; emitter coupled logic	EDI	echo Doppler indicator; electron diffraction instrument; error detection instrument	
EAROM	electrically alterable ROM					
EAS	electron accelerator system; electronic automatic switch	ECM	electrochemical machining; electronic counter measures			
				EDIT	error deletion by iterative transmission	
EASE	electrical automatic support equipment; electronic analog and simulation equipment	ECME	electronic counter measures equipment			
		ECMP	electronic counter measures program	EDITAR	electronic digital tracking and ranging	
EASL	engeneering analysis and simulation language			EDM	electric dipole moment; electric discharge machine; electronic design and manufacture; electronic drafting machine	
		ECMR	effective common mode rejection			
EASY	early acquisition system; engine analyzer system	ECN	engineering change notice			
		ECO	electron coupled oscillator; engineering change order			
EAT	environmental acceptance test; expected approach time			E/D MOSFET	enhancement/depletion MOSFET	
		ECP	electromagnetic compatibility program; electronic circuit protector; engineering change proposal			
EAW	equivalent average word			EDO	effective diameter of objective; engineering duties only; error demodulator output	
EAX	electronic automatic exchange					
EB	electron beam; emitter-base	ECPR	electrically calibrated pyroelectric filter			
EBAM	electron-beam-accessed memories			EDOS	extended disk operating system	
EBB	extra best best	ECR	electronic control relay; engineering change request; error control receiver; excess carrier ratio; executive communication region; extended coverage range	EDP	electronic data processing; electrophoretic display; etch-pit-density	
EBCOIC	extended binary coded decimal interchange					
				EDPE	electronic data processing equipment	
EBES	electron beam exposure system					
EBI	equivalent background input	ECS	electronic control switch; electronic systems counter-measures; end cell switch; environmental control system; European communication satellite; extended core storage; executive control system	EDPM	electronic data processing machine	
EBIC	electron beam induced current			EDPS	electronic data processing system	
EBICON	electron bombardmend induced conductivity			EDR	electrothermal reaction; equivalent direct radiation	
EBL	electron beam lithography			EDRS	engineering data retrieval system	
EBM	electron beam melting; electron beam multiplier			EDS	electronic data system; electronic data switching system; emergency detection system; enamel double-silk; environmental data service	
		ECSC	enamelled single-cotton covered			
EBMD	electron beam mode discharger	ECT	eddy current testing			
EBMF	electron beam microfabricator	ECTA	electronics component test area			
EBP	etch-back process	ECTL	emitter coupled transistor logic	EDSAC	electronic delay storage automatic computer; electronic discrete variable automatic computer	
EBPA	electron beam parametric amplifier	ECU	electronic conversion unit; environmental control unit			
EBR	electron beam remelting; epoxy bridge rectifier; experimental breeder reactor					
		ECV	enamel single-cotton varnish	EDSR	electronic digital slide rule	
		ED	electrical differential; electrochemical diffused (collector); electro-	EDSV	enamel double-silk varnish	
EB-ROM	extended bit ROM			EDT	electronic data transmission	

EDU	electronic display unit; exponential decay unit	
EE	echo equalizer; Electrical Engineer; electrical engineering; electrical equipment; Electronics Engineer; error expected; external environment	
E^2CL	s. EECL	
E^2FAMOS	s. EEFAMOS	
E^2IC	s. EEIC	
E^2L	s. EEL	
EECL	emitter emitter coupled logic	
EED	electroexplosive device	
EEFAMOS	electrically erasable floating gate avalance injection MOS	
EEG	electroencephalogram	
EEIC	elevated electrode IC	
EEL	emitter-to-emitter coupled logic	
EEM	electronic equipment monitoring; emission electron microscope	
EEPD	energy production and delivery	
EE-PROM	electrically erasable PROM	
EER	explosive echo ranging	
EEROM	electrically erasable ROM	
EETF	electronic environmental test facility	
EF	elevation finder; emitter follower; entire function extra fine (thread)	
EFAS	electronic flash approach system	
EFC	electronic frequency control	
EFCS	emitter follower current switch	
EFE	external field emission	
EFET	enhancement mode FET	
EFG	edge defined film fed growth	
EFI	electronic fuel injection	
EFL	effective focal length; emitter follower logic; emitter function logic; equivalent focal length	
EFPH	equivalent full power hour	
EFR	electronic failure report	
EFS	electronic frequency selection	
EFT	earliest finish time; electronic funds transfer	
EFTS	electronic funds transfer system	
e.g.	exempli gratia (for example)	
EG	environmene generator; grid voltage; single-enamel; single-glass	
EGD	electrogasdynamics	
EGPS	electric ground power system	
EGRS	electronic and geodetic ranging satellite	
EH	electric heater	
EHD	electrohydrodynamic	
EHF	extremely high frequency (30–300 GHz)	
EHP	effective horsepower; electric horsepower; electron-hole pair	
EHT	extremely high tension	
EHV	extra high voltage	
EI	electromagnetic interference; electronic installation; end injection	
EIC	electromagnetic interference control; electron induced conduction; engineer in charge; equipment identification code	
EID	exposure intensity distribution	
E-IGFET	enhancement insulated gate FET; equivalent insulated gate FET	
EIK	extended interaction klystron	
EIL	electron injection laser	
EIM	excitability inducing material	
EI/NI	electron irradiation and neutron irradiation	
EIN	education information network	
EIRP	equivalent isotropically radiated power	
EIS	electrolyte insulator semiconductor; electromagnetic intelligence system	
EIT	engineer in training	
EJC	electrical joint compound	
E-JFET	enhancement mode junction FET	
EKG	electrocardiogram	
EKW	electrical kilowatt	
EL	electrical; electroluminescence; energy loss; etched lead	
ELA	electron linear accelerator	
ELAC	electroacoustic	
ELCA	earth landing control area	
ELCO	electrolytic capacitor	
ELD	encapsulated light diffusion; extra long distance	
elec	electrical; electricity; electro	
ELECOM	electronic computer	
ELECT	electrolyte	
electrochem	electrochemistry	
ELEP	electronic converter electric power	
ELF	electroluminescent ferroelectric; electronic location finder; extensible language facility; extremely low frequency	
el.f.	electromotive force	
ELFC	electroluminescent ferroelectric cell	
ELG	electrolytic grinding	
ELINT	electromagnetic intelligence; electronic intelligence	
ELIP	electrostatic latent image photography	
el.lt.	electric light	
ELM	electrical length measurement	
ELPC	electroluminescent photoconductive	
ELPE	electroluminescent photoelectric	
ELPH	elliptical head	
ELPR	electroluminescent-photoresponsive	
ELR	exchange line relay	
ELRAC	electronic reconnaissance accessory	
ELSB	edge lighted status board	
ELSI	extra large scale integration	
ELSIE	electronic signaling and indicating equipment	
ELT	electrometer; emergency locator transmitter	
ELV	electrically operated valve	
ELVIS	electroluminescent vertical indication system	
EM	electromagnet; electromagnetic; electromechanical; electron microscope; electronic countermeasure malfunction; emergency maintenance; epitaxial mesa; exact match	
EMA	electronic measuring apparatus; extended mercury autocoder	
EMATS	emergency mission automatic transmission service	
EMC	electromagnetic compatibility; electronic material change; engineering military circuits; excess minority carriers	
EMCON	emission control	
EMCP	electromagnetic compatibility program	
EMCTP	electromagnetic compatibility test plan	
EMD	electric motor driven; entry monitor display	
EME	earth-moon-earth; engineer, electrical and mechanical; electromagnetic energy	
emerg.	emergency	
E-MESFET	enhancement mode MESFET	
EMETF	electromagnetic environmental test facility	
EMF	electromotive force; electronic manufacturing facility	
EMG	electromyography	
EMI	electrical measuring instrument; electromagnetic impulse; electromagnetic interference	
EMICE	electromagnetic interference control engineer	
EMINT	electromagnetic intelligence	
emiss	emission	
EML	equipment modification list; expected measured loss	
EMM	electromagnetic measurement; electron mirror microscope	
EMMA	electron microscopy and microanalysis; electronic mask making apparatus	
EMO	electromechanical optical	
EMOS	Earth's mean orbital speed	
EMP	electromagnetic power; electromagnetic pulse; electron microprobe	
EMR	electromagnetic radiation; electromechanical research	
EMS	electromagnetic susceptibility; electronic mail system; electronic micro system; emission spectrograph	
EMSS	experimental manned space station	
EMT	electrical metal tubing	
EMTECH	electromagnetic technology	
EMTF	estimated mean time to failure	
EMTTF	equivalent mean time to failure	
EMU	electromagnetic unit; extravehicular mobility unit	
EMW	electromagnetic wave	
enam	enamelled	
ENDOR	electron nuclear double resonance	
ENI	equivalent noise input	
ENIAC	electronic numerical integrator and calculator	
ENIC	voltage negative impedance converter	

ENR	equivalent noise ratio; equivalent noise resistance; excess noise ratio	
ENRZ	enhanced non-return-to-zero	
ENSI	equivalent noise-sideband input	
ENT	effective noise temperature; entry; equivalent noise temperature	
ENTC	engine negative torque control	
EO	earth orbit; engineering order	
EOA	end of address	
EOAU	electrooptical alignment unit	
EOB	end of block	
EOC	end of conversion	
EOD	end of data	
EODARS	electrooptical direction and ranging system	
EODD	electrooptic digital deflector	
EOE	errors and omissions expected	
EOF	earth orbital flight; end of file	
EOG	electrooculography	
EOJ	end of job	
EOL	end of life; end of list; expression oriented language	
EOLM	electrooptical light modulator	
EOLT	end of logic tape	
EON	end of number	
EOP	end of program; end output	
EOR	end of record; end of reel; explosive ordnance reconnaissance	
EOS	earth observation satellite; electro-optical system; end of string	
EOSS	earth orbital space station	
EOT	end of tape; end of test; end of transmission	
EOTS	electronic optical tracking system	
EOV	electrically operated valve; end of volume	
EP	electric power; electrically polarized (relay); electronic processing; electroplate; end of program; expitaxial-planar; etched plate	
EPA	electron probe analyzer	
EPAM	elementary perceiver and memorizer	
EPC	easy processing channel; electronic program control; engineering change proposals	
EPCI	enhanced programmable peripheral interface	
EPCO	emergency power cut-off	
EPCU	electrical power control unit	
EPD	earth potential difference; electric power distribution	
EPDS	electrical power distribution system	
epi	epitaxial	
EPI	elevation position indicator	
EPIC	epitaxial integrated circuit	
EPID	electrophoretic image display	
EPIRB	emergency position indicating radio beacon	
EPM	external polarization modulation	
EPMAU	expected present multi attribute utility	
EPNdB	effective perceived noise level dB	
EPNL	effective perseived noise level	
EPNS	electroplated nickel silber	
EPPI	electronic plan position indicator	
EPR	electron parametric resonance; equivalent parallel resistance	
EPROM	electrically programmable ROM; erasable programmable ROM	
EPS	electric power storage; electrical power supply	
EPT	electrostatic printing tube; environmental proof test	
EPTE	existed prior to entry	
EPU	electrical power unit	
EPUT	events per unit time	
EP	equal; equalizer; equation; equivalent	
EQL	expected quality level	
EQP; EQPMT	equipment	
equ	equate	
ER	echo ranging; effectivness report; electrical resistance; electro-refined; electronic reconnaissance; error relay; external resistance	
ERA	electronic reading automation	
ERC	equatorial ring current	
ERD	exponentially retrograded diode	
ERDR	earth rate directional reference	
erf	error function	
erfc	error function, complementary	
ERFPI	extended range floating point interpretive system	
ERG	electron radiography; electroretinography	
ERGS	electronic route-guidance system	
ERIC	energy rate input controller	
ERL	echo return loss; equipment revision level	
ERNIE	electronic random numbering and indicating equipment	
EROM	erasable ROM	
EROS	eliminate range zero system	
ERP	earth reference pulse; effective radiated power; emitted radio power	
ERPLD	extended range phased locked demodulator	
ERR	error	
ERS	external regulation system	
ERSER	expanded reactance series resonator	
ERSR	equipment reliability status report	
ERW	electronic resistance welding	
ERX	electronic remote switching	
ES	echo sounding; electromagnetic storage; electromagnetic switching; electronic switch; electrostatis; experimental station	
ESAIRA	electronically scanned airborne intercept radar	
ESAR	electronically scanned array radar; electronically steerable array radar	
ESB	electrical simulation of brain	
ESC	electrostatic compatibility; escape character	
ESCA	electron spectroscopy for chemical analysis	
ESCAPE	expansion symbolic compiling assembly program for engineering	
ESD	echo sounding device; electrostatic storage deflection; electrostatic storage reflection; energy storage device	
ESE	electrical support equipment	
ESFI	epitaxial silicon film on insulators	
ESFK	electrostatically focused klystron	
ESG	electrically suspended gyroscope; electronic sweep generator; English standard gauge; expanded sweep generator	
ESH	equivalent standard hours	
ESI	engineering and scientific interpreter	
ESL	equivalent series inductance	
ESM	elastomeric shield material	
ESP	efficiency speed power (rectifier); extrasensory perception	
ESPAR	electronically steerable phased array radar	
ESR	effective series resistance; effective shunt resistance; electron spin resonance; equivalent series resistance	
ESRS	electronic scanning radar system	
ESS	electron spin spectra; electronic speech synthesis; electronic switching system; emplaced scientific station	
ESSA	electronic scanning and stabilizing antenna	
ESSFL	electron steady state Fermi level	
EST	earliest start time; electrostatic storage tube; estimate	
ESU	electrostatic units	
ESV	electrostatic voltmeter; enamel single-silk varnish	
ESW	error status word	
ET	edge triggered; electrical time; end of tape; energy transfer; evaluation test	
ETB	end of transmission block	
ETC	electronic temperature control; electronic tuning control	
ETCG	elapsed time code generator	
ETD	estimated time of departure	
ETE	external test equipment	
ETF	environmental test facility	
ETI	elapsed time indicator	
ETL	emitter follower transistor logic; ending tape label; etching by transmitted light	
ETM	electronic test and maintenance	
ETN	equipment table nomenclature	
ETOS	extended tape operating system	
ETP	electrical tough pitch; experimental test procedure	
ETR	engineering test reactor; estimated time of return; extended temperature range	
ETS	electronic telegraph system; electronic timing set	
ETSQ	electrical time, superquick	
ETVM	electrostatic transistorized voltmeter	
ETX	end of text	

EUV	extreme UV	FAQ	fair average quality	FCS	failure consumption sheet; feedback control system; flight control system; fire control system; frame check sequence
eV	electron volt	FAR	failure analysis report; forward acquisition radar		
EV	error voltage; exposure value				
EVA	electronic velocity analyzer	FARADA	failure rate data		
evap	evaporation	FAET	fast reactor test facility	FCT	field controlled thyristor; filament center tap; frequency clock trigger
EVM	electronic voltmeter	FAS	filtered air supply; free alongside		
EVOM	electronic volt-ohmmeter	FASB	fetch-and-set bit	FCW	fast cyclotron wave; format control word
EVR	electronic video recording	FAST	facility for automatic sorting and testing; fast automatic shuttle transfer; field data applications, systems and techniques; formal autoindexing of scientific texts; formula and statement translator; fully automatic sorting and testing		
EW	early warning; electrically welded			F/D	focal (length) to diameter ratio
EWR	early warning radar			F&D	facilities and design
EX	example; executed; experimental			FD	field time waveform distortion; file description; flange local distance; frame difference; frequency distribution; frequency diversity; frequency divider; frequency doubler; full duplex
EXCH	exchange				
EXDAMS	extended debugging and monitoring system				
EXMETNET	experimental meteorological sounding rocket research network	FASTAR	frequency angle scanning, tracking and ranging		
		FASTI	fast access to systems technical information	FDAS	frequency distribution analysis sheet
EX-OR	exclusive OR			FDB	field dynamic braking
EXP	exponential; exposure	FAT	fast automatic transfer; final assembly test; formula assembler translator	FDBK	feedback
EXSTA	experimental station			FDD	frequency difference detector
EXT	extend; extra; extreme			FDDL	frequency division data link
EXTRA	exponentially tapered reactive antenna	FATE	fusing and arming test experiments	FDE	field decelerator
		FATH	fathom (6 ft = 1,8289 m)	FDG	fractional Doppler gate
EZ	electrical zero	FATR	fixed autotransformer	FDI	field discharge
		FAX	facsimile	FDL	ferrit diode limiter
		FB	feedback (line); fuse block	FDM	frequency division modulation; frequency division multiplex; frequency diversity multiplex
		FBC	fully buffed channel		
F		FBF	feedback filter		
		FBM	fleet ballistic missile	FDMA	frequency division multiple access
F	Fahrenheit; Farad; feedback; filament; filter; force; frequency; function; fuse	FBOE	frequency band of emission	FDNR	frequency dependent negative resistance
		FBP	final boiling point		
		FBR	fast breeder reactor; feedback resistance	FDOS	floppy disk operating system
FA	forced-air-cooled (transformer); frame antenna; frequency adjustment; frequency agility; fully automatic			FDPM	frequency domain Prony method
		fbr.	fibre	FDPSK	frequency differential PSK
		FBT	flyback transformer	FDR	flight data recorder; frequency diversity radar; frequency domain reflectometry
		FC	ferrite core; file code; file conversion; fire control; footcandle; fuel cell; function code; frequency changer; frequency conversion; cutoff frequency		
FAAR	forward area alerting radar				
FAC	field accelerator; forward air controller			FDS	Fermi-Dirac-Sommerfeld (velocity distribution); fluid distribution system
FACE	field alterable control element				
FACR	Fourier analysis cyclic reduction	FCA	frequency control analysis	FDT	full duplex teletype
FACS	facsimile; fine attitude control system; floating decimal abstract coding system	FCAT	floating Si-gate channel corner avalanche transition	FDTK	floating drift tube klystron
				FDU	frequencer divider unit
		FCC	faced-centred cubic crystal; flight control center; flight control computer; frequency-to-current converter	FDX	full duplex
FACT	flexible automatic circuit tester; flight acceptance composite test; fully automatic compiler-translator			FE	ferroelectric; field engineer; format effector
				FEA	failure effect analysis
FAD	floating add	FCD	failure correction decoding; frequency compression demodulator	FEAT	frequency of every allowable term
FAE	final approach equipment			FEB	functional electronic block
FAGC	fast automatic gain control	FCDR	failure cause data report	FEC	forward error correction
FAHQMT	fully automatic high quality machine translation	FCDT	four coil differential transformer	FECES	forward error control electronics system
		FCE	flight control electronics		
FAI	frequency azimuth intensity	FCF	frequency compression feedback	FED	field effect diode
FAID	flame ionization analyzer and detector	FCFS	first come, first served	FEM	field emission microscope; field effect modified transistor
		FCFT	fixed cost, fixed time		
FAL	frequency allocation list	FCI	flux changes per inch; functional configuration identification	FEMF	foreign EMF
FALTRAN	FORTRAN-to-ALGOL translator			FEMITRON	field emission microwave device
		FCIN	fast carry iterative network		
FAM	fast access memory; fast auxiliary memory; frequency amplitude modulation	FCL	feedback control loop	FEOV	force end of volume
		FCMV	fuel consuming motor vehicle	FERPIC	ferroelectric ceramic picture device
		FCNL	flux controlled negative inductance		
FAME	ferro-acoustic memory	FCO	functional checkout	FES	far end suppressor
FAMOS	floating gate avalanche injection MOS	FCP	facility control program; file control processor	FET	field effect transistor
				FETH	field effect thyristor
FAP	floating point arithmetic package; FORTRAN assembly program	FCR	final configuration review; fire control radar; fuse current rating	FEVAC	ferroelectric variable capacitor
				FEXT	far and cross talk

FF	fixed focus; flip-flop; form feed; full field	FLAMR	forward looking advanced multi-lobe radar	FOPT	fiber optic photo transfer
FFAG	fixed field alternating gradient	FLBE	filter for band elimination	FORC	formula coder
FFC	fault and facilities control; flip-flop complementary	FLBH	filter, band high	FORESDAT	formerly restricted data
		FLBP	filter bandpass	form.	format; formula
FFEC	field-free emission current	FLCR	fixed length cavity resonance	FORMAC	formula manipulation compiler
FFF	feed foward filter	FLD	field	FORTRAN	formula translation
FFL	field failure; front focal length	FLDEC	floating point decimal	FOS	floppy operating system
FFRR	full frequency range recording	FLDL	field length	FOSDIC	film optical sensing device for input to computers
FFSA	field functional system assembly and checkout	FLEA	flux logic element array	FOT	frequency of optimum operation
FFT	fast Fourier transform	flex.	flexible	FOV	field of view
FFTF	fast flux test facility	FLF	fixed length field; follow-the-leader feedback (circuit theory)	FP	faceplate; feedback positive; fixed point; flat pack; floating point; forward perpendicular; freezing point; full period
FG	field gain; filament ground; final grid; function generator	FLG	flag		
FGD	fine grain data	FLHP	filter, highpass		
FGP	foreground program	FLIP	floating point interpretive program; floating instrument platform	FPA	focal plane array
FGR	floating gate reset			FPC	facility power control; frequency plane correlator
FHB	flat head brass	FLIR	foward looking infrared (system)		
FHD	ferrohydrodynamic; first harmonic distortion; fixed head disks	FLL	frequency locked loop	FPCR	fluid poisson control reactor
		FL/MTR	flow meter	FPD	flame photometric detector
FHMA	frequency hopping multiple access	FLN	fluorescence line narrowing	FPG	firing pulse generator
FHP	friction horsepower	FLOP	floating octal point	FPIS	forward propagation by ionospheric scatter
FHS	flat head steel; forward heat shield	FLP	faulty location panel; floating point		
FHT	fully heat treated	FLR	forward looking radar	FPL	final protective line; frequency phase lock
FI	fan in; field intensity; fixed interval; flow indicator; free in	FLT	fault location technology; filter; floating	FPLA	field PLA
		FLTR	filter	FPLS	field programmable logic sequencer
FIAD	flame ionization analyzer and detector	fluor.	fluorescence	FPM	feet per minute; frequency position modulation; functional planning matrices
		FM	fast meory; feedback mechanism; fermium; file maintenance; film microelectronics; frequency modulation; frequency multiplex		
FIC	film integrated circuit; frequency interference control			FPN	ficed pattern noise
FID	flame ionization detector			FPO	fixed path of operation
FIDAC	film input to digital automatic computer	FMA	failure mode analysis; fundamental mode asynchronous	FPP	facility power panel; floating point processor
FIDO	functions input; diagnostic output	FMCW	frequency modulated continuous wave	FPS	feet per second; field power supply; fixed point system; focus projection and scanning; foot-pound-second; frames per second
FIFO	first in, first out				
FIG	figure; floated integration gyro	FMD	frequency of minimum delay		
FIL	filament; filter	FME	frequency measuring equipment	FPT	female pipe thread; full power trial
FIL-HB	fillister head brass	FMEA	failure mode and effect analysis	FPTS	forward propagation tropospheric scatter
FIL-HS	fillister head steel	FMEVA	floting point mean and variance		
FIM	field intensity meter; field ion microscope	FMFB	frequency modulation with feedback	FQPR	frequency programmer
				FR	failure rate; fast release (relay); field resistance; field reversing; flash ranging; frequency meter; frequency response; full rate
FIMATE	factory installed maintenance automatic test	FMO	frequency multiplier oscillator		
		FMPM	frequency modulation/phase modulation		
FINAC	fast interline nonactivate automatic control				
		FMQ	frequency modulated quartz (circuit)	FRC	failure recurrence control; functional residue capacity
FINQ	final queue				
FIOP	FORTRAN input output package	FMR	frequency modulated radar	FRD	functional referenced device
FIR	far infrared; finite impulse response; flight information region; fuel indicator reading	FMTS	field maintenance test station	FRED	figure reading electronic device
		FMX	frequency modulated transmitter	FRENA	frequency and amplitude
		FNH	flashless nonhygroscopic	FREQ	frequency
FIRMS	forcasting information retrieval of management system	FNP	fusion point	FREQ CONV	frequency converter
		FNS	functional signal	FREQM	frequency meter
FIRQ	fast interrupt request	FO	fan out; fast operating (relay); filter output; oil immersed forced oil cooled (transformer)	FREQMULT	frequency multiplier
FIRST	financial information reporting system			FRES CANNAR	frequency scanning radar
				frl.	fractional
FIRTI	far infrared target indicator	FOCAL	formula calculator	FRM	frequency meter
FIS	field information system	FOCOHANA	Fourier coefficient harmonic analyzer	FROM	factory programmable ROM; fusable ROM
FIST	fault isolation by semiautomatic techniques				
		FOI	first order interpolator	FRP	fiberglass reinforced plastic
FITGO	floating input to ground output	FOIL	file oriented interpretive language	FRR	fast recovery rectifier
FJ	fused junction	fol.	following	FRS	failure reporting system; fragility response system
FL	field loss; flight level; focal length; footlambert	FOM	figure of merit		
		footl.	foot-lambert	FRT	flow recording transmitter
FLA	full load ampere	FOP	first order predictor		

FS	feedback, stabilized; female soldered; file separator; floating sign; foot-second; frequency shift; full scale	
fs	facsimile; factor of safety; functional schematic	
FSA	fine structure analysis; formatter/sense amplifier; frequency selective amplifier; full scale accuracy	
FSAF	frequency shift audio frequency	
FSBW	frame-space-bandwidth product	
FSCW	fast space charge wave	
FSD	flying spot digitizer; full scale deflection	
FSK	frequency shift keying	
FSL	formal semantic language; frequency selective limiter	
FSM	field strength meter; folded sideband modulation; frequency shift modulation	
FSMWI	free space microwave interferometer	
FSO	full scale output	
FSR	feedback shift register; field strength ratio	
FST	frequency shift transmission	
FSTV	fast scan television	
FSVM	frequency selective voltmeter	
FT	flush threshold; foot; Fréedericksz transition; frequency and time; frequency tracker; full time; functional test	
FTB	frequency time base	
FTC	fast time constant; fast time control; frequency time control	
FTD	field terminated diode	
FTE	factory test equipment; functional test equipment	
FTF	flare tube fitting	
FTFET	four terminal FET	
FTG	function timing generator	
FTI	frequency time indicator; frequency time intensity	
FTL	faster than light	
FTM	frequency time modulation	
FTP	functional test procedure	
FTR	fixed target rejection filter; functional test report; functional test requirement	
FTS	frequency and timing subsystem	
FTU	flight test unit; functional test unit	
FU	functional unit; fuse	
FUDR	failure and usage data report	
FUIF	fire unit integration facility	
FUN	function	
FUNCTLINE	functional line diagram	
fV	femtovolt	
FV	frequency-to-voltage; front view; full voltage	
FVC	frequency-to-voltage converter	
FVD	front vertex back focal distance	
FW	face width; filament wound; firmware; forward wave; full wave; full weight	
FWA	fixed word address; foward wave amplifier	
FWAC	full wave alternating current	

fwd.	forward	
FWDC	full wave direct current	
FWHM	full width at half maximum	
FWL	fixed word length	
FWR	full wave rectifier	
FWS	filter wedge spectrometer; fixed wireless station	
FWWMR	fire-, water-, weather-, mildew-resistant	
FX	fast cross talk	
fxd	fixed	
FZ	float zone (method); fuze	

G

G	gate; Gauss; generator; giga; Gilbert; gravitational constant; grid; transconductance in valves	
g	acceleration due to gravity; gram; gramme; ground state	
GA	gain of antenna; glide angle; graphic ammeter; ground-to-air; guidance amplifier	
GaAs	gallium arsenide	
GaAsP	gallium arsenide phosphide	
GACT	Greenwich apparent civil time	
GAD	germanium alloy diffused	
GAG	ground-to-air-to-ground	
GAI	gate alarm indicator	
galv.	galvanic; galvanized; galvanometer	
GAM	graphic access method	
GAMA	graphics assisted management applications	
GAMBIT	gate modulated bipolar transistor	
GAMLOGS	gamma ray logs	
GAMMA	generalized automatic method of matrix assembly	
GAN	generalized activity network; generating and analyzing networks	
GAP	general assembly program	
GAPT	graphical automatically programmed tools	
GAR	growth analysis and review; guided aircraft rocket	
GARD	gamma atomic radiation detector	
GARF	ground approach radio fuse	
GARP	global atmospheric research program	
GASP	general activity simulation program; graphic applications subroutine package	
GASS	generalized assembly system	
GAT	generalized algebraic translator; Greenwich apparent time; ground-to-air transmitter	
GATAC	general accessment tridimensional analog computer	
GATB	general aptitude test battery	
GATE	generalized algebraic translator extended	
GAINIP	graphic approach to numerical information processing	
GATR	ground-to-air transmitting receiving	

GATT	ground-to-air transmitter terminal	
GATO	gate assisted turnoff thyristor	
gb	Gilbert	
GB	gain bandwidth; gold bonded; grid bias; grounded base	
GBI	ground back-up instrument	
GBP	gain bandwidth product	
Gb/s	gigabit per second	
GB/s	gigabyte per second	
GBSAS	ground based scanning antenna system	
GBT	graded base transistor	
GBW	gain bandwidth	
gc	gigacycles	
GC	gaschromatographic; Geiger counter; great circle; ground control; grounded collector; guidance computer	
GCA	controlled approach plant; group capacity analysis; ground controlled approach	
GCAP	general circuit analysis program	
GCB	great circle bearing	
GCC	ground control center; guidance checkout computer	
GCD	gain control driver; gate controlled diode; greatest common divisor	
GCFA	gridded crossed field amplifier	
GCFR	gas cooled fast reactor	
GCI	ground controlled interception	
GCL	ground controlled landing	
GCLPF	ground capacitor LPF	
GCMS	gas chromatography and mass spectroscopy	
GCN	Greenwich civil noon; gauge code number	
GCP	gain control pulse	
GCR	general component reference; ground control radar; group coded recording	
GCS	gate controlled switch	
Gc/s	gigahertz	
GCT	general classification test; Greenwich civil time	
GCU	gyroscope coupling unit	
GCW	general continuous wave	
GD	gate driver; ground detector; grown diffused	
GDD	gas discharge display	
GDE	ground data equipment	
GDF	group distributing frame	
GDG	generation data group; group display generator	
GOL	glas development laser system	
GDMS	generalized data management system	
GDO	grid dip oscillator	
GDP	generalized data processor	
GDR	group delay response	
GDS	graphic data system	
GE	gas ejection; Gaussian elemination; germanium; grounded emitter	
GECOM	generalized computer	
GECOS	general comprehensive operating supervisor	

GEE	general evaluation equipment	GLINT	global intelligence	GPT	gas power transfer
GEF	ground equipment failure	GLOCOM	global communications system	GPX	generalized programming extend
GEISHA	geodetic inertial survey and horizontral alignment	GLOPAC	gyroscopic lower power attitude control	GR	gas ratio; general reconnaissance; general reserve; germanium rectifier; grid resistor
GEK	geomagnetic electrokinetograph	GM	gaseous mixture; geometric mean; Greenwich meridian; grid modulation; guided missile; metacentric height		
GEM	general epitaxial monolith; ground effect machine			GRACE	graphic arts composing equipment
GEMS	general electrical and mechanical systems			GRAD	general recursive algebra and differentiation; graduate resume accumulation and distribution
		G-M	Geiger-Müller (counter)		
GEN	generator	GMAT	Greenwich mean astronomical time	GRADB	generalized remote access data base
GENTEX	general telegraph exchange	GMCM	guided missile countermeasures		
GEOS	geodetic earth orbiting satellite	GMD	geometric mean distance	GRAMPA	general analytic model for process analysis
GERT	graphical evaluation and review technique	GMFCS	guided missile fire control system		
		GMM	galvanomagnetic method	GRAPE	gamma ray attenuation porosity evaluator
GES	ground electronics system	GMR	ground mapping radar		
GET	germanium transistor; ground elapsed time	GMT	Greenwich mean time	GRARR	Goddard range and range rate
		GMV	guaranteed minimum value	GRASER	gamma-ray amplification by stimulated emission of radiation
GETOL	ground effect take-off and landing	GN	Gaussian noise; generator		
GETS	generalized electronic trouble shooting	GND	ground	GRASP	generalized retrieval and storage program; graphic service program
		GNE	guidance and navigation electronics		
GeV	giga electron volt	GNP	gross national product	grd.	ground
GF	gauge factor; generator field	GO	general output; geometrical optic	GRE	ground radar equipment
GFC	gas filled counter	GOCI	general operator computer interaction	GRED	generalized random extract device
GFCS	gun fire control system			GRID	graphic interactive display
GFMP	gated frequency position modulation	GOCR	gated-off controlled rectifier	GRIN	graphical input
		GOE	ground operating equipment	GRINS	general retrieval inquiry negotiation structure
GFRP	glass fibre reinforced plastic	GOL	general operating language		
GFV	guided flight vehicle	GOP	general operational plot	GRIT	graduated reduction in tensions
GFW	glass filament wound; ground fault warning	GOR	gained output ratio; gas oil ratio; general operational requirement	GRM	generalized Reed-Muller (codes)
				GRP	Gaussian random process; glass reinforced plastic
G-G	ground-to-ground	GORID	ground optical recorder for intercept determination		
GHOST	global horizontal sounding technique			GRR	guidance reference release
		GOS	global observational system	GRS	generalized retrieval system
GHz	gigahertz (10^9 Hz)	GOSS	ground operational support system	GRWT	gross weight
GI	general input; geodesic isotensoid; grid interval; ground interception	GP	general purpose; generalized programming; glide path (transmitter); grid pulse; ground protective (relay)	GS	galvanized steel; general search; glide slope; ground speed; group separator; gyroscope
GIANT	geological information and name tabulating system				
		GPA	gate pulse amplifier; general purpose amplifier; general purpose analysis; graphical PERT analog	Gs	Gauss
GIC	generalized immittance converter; generalized impedance converter			GSC	gas solid chromatography
				GSCU	ground support cooling unit
GIFS	generalized interrelated flow simulation	GPATS	general purpose automatic test system	GSDB	geophysics and space data bulletin
				GSE	ground support equipment
GIFT	general internal FORTRAN translator	GPC	general precision connector; general purpose computer	GSI	giant scale integration; grand scale integration; ground speed indicator
GIGO	garbage in, garbage out	GPCP	generalized process control programming		
GIM	generalized information management (language)			GSL	generalized simulation language; generation strategy language
		GPDC	general purpose digital computer	GSP	general simulation program; geodetic satellite program; graphic subroutine package; guidance signal processor
GIMIC	guard ring isolated molitic IC	GPDS	general purpose display system		
GIOC	generalized input/output controller	GPG	gate pulse generator		
GIPS	ground information processing system	GPGL	general purpose graphic language		
		gph	gallons per hour	GSPR	guidance signal processor repeater
GIPSY	generalized information processing system	GPI	ground position indicator	GSR	galvanic skin resistance; galvanic skin response
		GPL	general purpose language; generalized programming language		
GIRL	graph information retrieval language			GSS	geostationary satellite; global surveillance system
GIS	generalized information system	GPLP	general purpose linear programming		
GIT	graph isomorphism tester	gpm	gallons per minute	GSTP	ground system test procedure
GJ	grown junction	GPM	general purpose macrogenerator	GSU	general service unit
GJE	Gauss-Jordan elimination	GPMS	general purpose microprogram simulator	GSV	ground-to-surface vessel radar
GL	gate leads; grid leak; ground level; gun laying radar			GSWR	galvanized steel wire rope
		GPR	general purpose radar; general purpose register	GT	game theory; glass tube; greater than; ground transmit
GLC	gas liquid chromatography; ground level concentration				
		gps	gallons per second	GTC	gain time constant; gain time control
GLEAN	graphic layout and engineering aid method	GPS	general problem solver		
		GPSS	general purpose system simulator	GTCR	gate turn-off controlled rectifier
GLEEP	graphite low energy experimental pile	GPSU	ground power supply unit		

GTD	geometrical theory of diffraction; graphic tablet display; ground delay time	HASP	high-altitude sampling program; high-altitude sounding project	HECTOR	heated experimental carbon thermal oscillator reactor	
GTE	ground transport equipment	HASSS	high accuracy spacecraft separation system	HED	horizontal electrical dipole	
GTG	gas turbine generator	HASVR	high altitude space velocity radar	HEED	high energy electron diffraction	
GTL	gas transport laser	HAT	handover transmitter; high altitude testing	HEF	high energy fuel	
GTO	gate turn-off (switch)			HELIOS	heteropowered earthlaunched interorbital spacecraft	
GTOW	cross take-off weight	HATRAC	handover transfer and receiver accept change	HELP	highly extendable language processor	
GTP	general test plan; Golay transform processor	HAW	high level radioactive waste	HELPR	handbook of electronic parts reliability	
GTS	general technical services; global telecommunications system	HAZ	heat affected zone	HEM	hybrid electromagnetic (wave)	
		HB	high band; homing beacon	HEOS	highly excentric orbiting satellite	
GUIDE	guidance for users of integrated data equipment	H-B	hexadecimal-to-binary	HEP	high energy physics	
		HBC	high breaking capacity; hydrogen bubble chamber	HERA	high explosive rocket assisted	
GULP	general utility library program			HERALD	harbor echo ranging and listening device	
GUSTO	guidance using stable tuning oscillations	HBW	hot bridge wire			
		H/C	hand carry	HET	high energetic fuel	
GW	general warning; gigawatt	HC	heat coil (fuse); heavy current; heuristic concepts; high carbon; high capacity (projectile); high conductivity; holding coil; hybrid computer	HETP	height equivalent to a theoretical plate	
GIXMTR	guidance transmitter					
gyro.	gyro compass			HETS	high environmental test system; heigh equivalent to a theoretical stage	
GZ	ground zero					
GZMP	gradient zone melting	HCD	hot-carrier diode			
		HCE	hollow-cathode effect	HEU	hydroelectric unit	
		HCF	highest common factor	HEX	hexagonal	
		HCG	horizontal location of center of gravity	HF	height finder; high frequency	
H				HFA	high frequency amplifier; high frequency antenna	
		HCL	high, common, low (relay)			
h	hecto	HCP	hemispherical candle power; hexagonal closed packed; horizontal candle power	HFC	high frequency current	
H	hard(ness); hardware; heat; height; henry; high; horizontal; hour			HFDF	high-frequency direction finder; high frequency distribution frame	
		HCSS	hospital computer sharing system			
ha	high altitude	HD	half duplex; harmonic distortion; head diameter; heavy duty; high density	HFI	high frequency input	
HA	half adder; hour angle			HFO	high frequency oscillator	
HAD	half-amplitude (pulse) duration; high accuracy data (system); horizontal array of dipoles			HFRDF	high frequency radio direction finding	
		H-D	hexadecimal to decimal			
		HDA	heavy duty amplifier; high density acid	HFRDF	high frequency repeater distribution frame	
HADES	hypersonic air data entry system					
HADS	hypersonic air data sensor	HDB	high-density bipolar (code)	HFM	high frequency mode	
HADTS	high accuracy data transmission system	HDC	high duty cycle	HF/SSB	high frequency/single sideband	
		HDDR	high density digital magnetic recording	HFX	high frequency transceiver	
HAF	high abrasion furnace; high altitude fluorescence			HGA	high gain antenna	
		HDDR	high density digital recording	HGR	head gear receiver	
HAIRS	high altitude test and evaluation of infrared sources	HDDS	high-density data system	HHF	hyper high frequency	
		HDEP	high density electronic packaging	HHS	hex head steel	
HAL	highly automated logic	HDF	high-freqeuncy direction-finder; horicontal distributing frame	HI	high intensity	
HALSIM	hardware logic simulator			HIAC	high accuracy	
HAM	hardware associative memory; high activity mode	HDI	horizon direction indicator	HIC	hybrid integrated circuit	
		HDLC	high-level data link control	HICAPCOM	high capacity communication system	
HANE	high altitude nuclear effects	HDMR	high density moderated reactor			
HAP	high-altitude platform	HDOC	handy dandy orbital computer	HIDAN	high density air navigation	
HAPDAR	hard point demonstration array radar	HDP	horizontal data processing	HIDF	horizontal intermediate distribution frame	
		HDPE	high density polyethylene			
HAR	harmonic	HDRSS	high data rate storage system	HIFAM	high fidelity amplitude modulation	
HARAC	high altitude resonance absorption calculation	HDST	high density shock tube	HIFI	high fidelity	
		HDT	heat deflection temperature	HIFIT	high frequency input transistor	
HARCO	hyperbolic area covering navigation system	HDW	hardware; hydrodynamics welding	Hi-K	high dielectric constant	
		HDY	half duplex; heavy duty	HI/LO	high-low	
HARD	hardware	HE	handling duplex; heat exchange; heavy enamelled; high efficiency; high energy; high explosive; hydroelectric	HINIL	high noise imunity logic	
HARE	high altitude recombination energy			HIP	height position indicator	
HARM	harmonic			HIPAC	heavy ion plasma accelerator	
HARP	high altitude relay point; high altitude research project			HIPAR	high power acquisition radar	
		HEAP	high explosive armor piercing	HI-PASS	high pass	
HARS	heading and attitude reference system	HEAT	heating; high-explosive antitank	HIPS	hyperintense proximal scanning	
HAS	heading and attitude sensor	HEC	Hollerith electronic computer	HIQ	high quality	

HIRAC	high random access	HRT	high rate telemetry	HYSCAN	hybrid scanning
HIRAN	high precision short range navigation	HRZN	horizon	HYTRAN	hybrid translator
		HS	hermetically sealed; high shock resistant; high speed; hypersonic		
hi-rel	high reliability				
HIS	hardware interrupt system	HSB	heat shield boost; horizontal sounding balloon		
HISS	high intensity sound simulator				
HIT	hypersonic interference technology	HSBR	high speed bombing radar	**I**	
HiVo	high voltage	HS/C	house spacecraft		
HJFET	heterojunction JFET	HSCA	horizontal sweep circuit analyzer	I	current; illumination (power); indicator; inertia; infra-; input; instruction; integral; intensity; interference; interphone; inverter; iodine; luminous intensity; sound intensity
HL	half life; heavy loading; high level	HSD	horizontal situation display		
HLL	high level language; high level logic	HSDL	high speed data link		
HLRM	high level radio modulator	HSE	high speed encoder		
HLSI	hybrid large scale integration	HSG	housing		
HLTL	high level transistor logic	HSM	high speed memory	IA	immediate access; index array; indirect addressing; infra-audible; instrumentation amplifier; international Ångström
HLTTL	high level TTL	HSR	Harbor surveillance radar; high speed reader		
hm	hectometer				
HM	heater middle; hysteresis motor	HST	harmonic and spurious totalizer; Hawaiian standard time	IAC	integration assembly chekcout; international algebraic compiler
HMD	hot metal detector; hydraulic mean depth				
		H-sync	horizontal synchronization		
HMOS	high performance MOS	HT	handling time; high temperature; high tension; high torque; horizontal tabulator	IACS	inertial attitude control system; integrated armament control system; intermediate altitude; international annealed copper-standard
HMP	high melting point				
HMT	hand microtelephone				
HN	horn	HTDC	high tension direct current		
HNC	hand numerical control	HTL	high threshold logic		
HNDR	heteronuclear double resonance	HTMOS	high threshold MOS	IAD	initiation area discriminator; integrated automatic documentation; international astrophysical decade
HNIL	high noise immunity logic	HTO	horizontal take-off		
HO	horizontal output; human operator; hunting oscillator	HTPV	high temperature power and voltage		
		HTRB	high temperature reverse bias	IADE	integral absolute delay error
HOALM	holographic optically addressed light modulators	HTS	high tensile steel	IADIC	integration analog-to-digital converter
		HTTL	high speed TTL		
HOC	heterodyne optical correlation	HTU	height of transfer unit	IADPC	Inter-Agency Data Processing Committee
HOR	horizontal	HT	high tension		
HORAD	horizontal radar display	HT	high torque	IAE	integral absolute error
Host	harmonically optimized stabilization technique	HT	horizontal tabulator	IAEA	International Atomic Energy Agency
		HTV	high altitude test vehicle; hypersonic test vehicle		
HOT	handover transmitter; horizontal output transformer			IAEO	International Atomic Energy Organization
		HUD	head-up display		
HP	high pass (filter); high performance; high power; high pressure; horizontal polarization; horsepower	HUGO	highly usable geophysical observation	IAF	information and forwarding
				IAGC	instantaneous automatic gain control
		HU-PCM	hybrid unidigit PCM		
HPA	high power amplifier	HV	high vacuum; high velocity; high voltage; hypervelocity	IAI	international acquisition and interpretation
HPAG	high performance air-to-ground				
HPCM	high speed pulse code modulation	HVC	hardened voice channel	IAIE	integral absolute ideal error
HPF	high pass filter; high power field; highest possible frequency; highest probable frequency; horizontal position finder	HVD	half value depth	IAL	international algorithmic language; investment analysis language
		HVDC	high voltage direct current		
		HVDF	high frequency and very high frequency direction finder	IALE	integral absolute linear error
				IALU	incrementing ALU
		HVHF	high very high frequency	IAM	impulse amplitude modulation; initial address message; interactive algebraic manipulation
HPMV	high pressure mercury vapor	HVL	half value layer		
HPN	high-pass notch	HVM	high voltage module		
HQ	high quality	HVP	high voltage potential	IAO	international automation operation
HQS	high quality sound	HVPS	high voltage power supply	IAP	initial approach
HR	hand radar; hand reset; heat resistance; height range; high reflector; high resistance; high resistor; hour; inventory and inspection report	HVR	high voltage relay	IAQ	International Association for Quality
		HVT	half value thickness; high voltage threshold		
				IARU	International Amateur Radio Union
		HVTR	home video tape recorder		
		HW	half wave; hot wire	IAS	immediate access storage; indicated airspeerd; Institute of Aerospace Sciences; instrument approach system; integrated analytical system
HRAC	hypersonic research aircraft	HWD	hight, width, depth		
HRC	high rupturing capacity; hypothetical reference circuit	HWR	half wave rectifier; heavy water reactor		
HRD	Hertzsprung-Russel diagram				
HRF	height range finder	HX	heat exchanger	IAT	individual acceptance test
HRI	height range indicator; horizon reference indicator	HYB	hybrid	IATCS	international air traffic communications system
		HYDAC	hybrid digital-to-analog computer		
HRIR	high resolution infrared radiometer; high resolution infrared receiver	HYPERDOP	hyperbolic Doppler		

IAVC	instantaneous automatic video control; instantaneous automatic volume control	ICMP	interchannel master pulse	IDEAS	integrated design and engineering automated system
		ICN	idle channel noise; instrumentation and calibration network	IDEEA	information and data exchange experimental activities
IB	identification beacon; information bulletin; interface bus; international broadcasting	ICNI	integrated communications, navigation, and identification	IDENT	identification
		ICON	integrated control	IDEP	interservice data exchange program
IBA	independent Broadcasting Authority (UK); ion-backscattering analysis	IC OPAMP	integrated circuit operational amplifier	IDES	information and data exchange system
		ICP	integral circuit package; international candle power; international computer program	IDEX	Initial Defence Communication Satellite Programme Experiment; initial defence experiment
IBAC	instantaneous broadcast audience counting				
IBCFA	injected beam cross-field amplifier	ICR	input and compare register; interrupt control register; ironcore reactor	IDF	indicating direction finder; integrated data file; intermediate distribution frame; international distress frequency
IBG	interblock gap				
IBIS	intense bunched ion source				
IBN	identification beacon	ICRP	International Commission on Radiological Protection		
IBP	initial boiling point			IDFR	identified friendly
IBR	integrated bridge rectifier; integral boiling reactor	ICRU	International Commission on Radiological Units	IDFT	inverse discrete Fourier transform
				IDI	improved data interchange
IBRL	initial bomb release line	ICS	inland computer service; integrated communication system; interphone control station	IDIOT	instrumentation digital on-line transcriber
IBT	instrumented bend test				
IBW	impulse bandwidth			IDL	international date line
IC	impulse conductor; inductive coupling; initial condition; inlet contact; input circuit; inspected-condemmed; instruction code; instruction counter; instruction cycle; integrated circuit; intercommunication; interface control; interior communications; internal combustion; internal connection; international control; ion chamber	ICSE	Intermediate Current Stability Experiment (UK)	IDM	integrating delta modulation
				IDN	integrated digital network
		ICST	Institute for Computer Sciences and Technology (USA)	IDNF	irredundant disjunctive normal formula
		ICSU	International Council of Scientific Unions	IDOC	inner diameter of couter conductor
				IDP	industrial data processing; input data processor; integrated data processing; intermodulation distortion percentage
		ICT	igniter circuit tester; incoming trunk; inspection control test; insulating core transformer; international circuit technology		
I&C	installation and checkout			IDPC	integrated data processing center
ICA	ignition control additive			IDPG	impact data pulse generator
ICAD	integrated control and display	ICU	instruction control unit	IDQA	individual documental quality assurance
ICAO	International Civil Aviation Organization	ICV	internal correction voltage		
		ICVS	current controlled voltage source	IDR	industrial data reduction; infinite duration impulse
ICAR	integrated command accounting and reporting	ICW	interrupted continuous wave; interrupted continuous wave telegraphy		
				IDRV	ionic drive
ICARUS	intercontinental aerospacecraft range unlimited system			IDS	input data strobe; integrated data store; integrated data storage
		ICWT	interrupted continuous wave telegraphy		
ICAS	intermittent commercial and amateur service			IDSM	inertial damped servomotor
		ID	identification; indicating device; inductance; industrial diamond; inner diameter; input division; inside diameter; interconnection diagram; interferometer and Doppler; intermediate description; intermodulation distortion; internal diameter	IDSP	Initial Defence Communication Satellite Programme
ICB	integrated circuits breadboard				
ICBR	input channel buffer register			IDT	interdigital transducer; isodensi-tracer
ICCS	intersite control and communications system				
				IDTS	instrumentation data transmission system
ICD	interface control dimension; ion-controlled diode				
				IDU	indicator drive unit; industrial development unit
ICDCP	interface control drawing change proposal	I/D	instruction/data		
		IDA	integro differential analyzer; interactive debugging aid; ionosperic dispersion analysis; iterative differential analyzer	IDVID	immersed deflection vidicon device
ICE	in-circuit emulator; input checking equipment; integrated cooling for electronics; intermediate cable equalizers			i.e.	id est (that is)
				IE	indicator equipment; industrial engineer; infrared emission; initial equipment; internal environment
		IDAS	industrial data acquisition system; information displays automatic drafting system; iterative differential analyzer slave		
ICER	infrared cell, electronically refrigerated			IEC	infused emitter coupling; integrated electronic (or equipment) component; integrated environmental control; intermittend electrical contact; International Electronical Commission
ICES	integrated civil engineering system	IDAST	interpolated data and speech transmission		
ICF	intercommunication flip-flop				
ICFE	intra-collisional field effect	IDBPF	interdigital band pass filter		
ICG	interactive computer graphics	IDC	image dissector camera; instaneous derivation control; insulation displacement connector		
ICI	International Commission on Illumination			IED	individual effective dose; initial effective data
		IDCC	International Data Coordinating Center		
ICIS	current-controlled current source			IEE	induced electron emission
ICL	incoming line; instrument controlled landing	IDCN	interchangeability document change notice	IEEE	Institute of Electrical and Electronics Engineers
ICM	improved capability missile; inverted coaxial magnetron			IEG	information exchange group
		IDCSS	intermediate defence communications satellite system	IEL	information exchange list

IEM	ion exchange membrane
IERE	Institution of Electronic and Radio Engineers
IES	integral error squared; intrinsic electric strength
IET	initial engine test
IETF	initial engine test facility; initial engine test firing
IEU	instruction execution unit
IF	image frequency; infrared; instrument flight; intermediate frequency
I/F	interface
IFA	intermediate frequency amplifier
IFAC	International Federation of Automatic Control
IFATCA	International Federation of Air Traffic Control Associations
IFB	interrupted feedback line; invitation for bid
IFC	in flight calibrator; infantaneous frequency correlation; integrated fire control
IFCN	interfacility communication network
IFCS	in-flight checkout system
IFD	instantaneous frequency discriminator
IFDC	integrated facilities design criteria
IFE	internal field emission
IFF	identification friend or foe; ionized flow field
IFFT	inverse fast Fourier transform
IFIS	infrared flights inspection system; integrated flight instrumentation system
IFL	induction field locator
IFN	information
IFR	increasing failure rate; infrared; instantaneous frequency (indicating) receivers; instrument flight rules; intermediate frequency range; internal function register
IFS	independent front suspension; integrated flight system; intermediate frequency strip; interreleated flow simulation
IFT	intermediate frequency transformer; international frequency table
IFTM	in-flight test and maintenance
IFTS	in-flight test system
IG	impulse generator
IGCS	integrated guidance and control system
IGFET	insulated gate FET
IGJ	international geophysical year
IGMOSFET	insulated-gate metal oxide semiconductor FET
IGO	impulse-governed oscillator
IGOR	intercept ground optical recorder
IGORITT	intercept ground optical recorder tracking telescope
IGS	improved gray scale; integrated graphics system
IGFET	insolated gate FET
IGI	inner grid injection
IGN	ignition
IGV	inlet guide vane
IH	indirect heating
IHF	independent high frequency
IHP	indicated horsepower; inner Helmholtz plane; indicated horsepower
IHSBR	improved high-speed bombing radar
IIF	infinite duration impulse response
IIL	integrated injection logic
IIR	infinite impulse response
IIS	Integrated Instrument System
IJJU	international jitter-jammer unit (radar)
IJP	internal job processing
Il	illinium
IL	indicating lamp; individual line; instrumental landing; insulator; intensity level; intermediate language
I^2L	integrated injection logic
I^3L	isoplanar integrated injection logic
ILA	instrument landing approach
ILAS	interrelated logic accumulating scanner
ILC	instruction length code
ILCC	integrated launch control and checkout
ILD	injection laser diode
ILE	integral linear error
ILF	inductive loss factor; infralow frequency
ILLUM	illumination
ILM	information logic machine
ILP	intermediate language processor
ILPF	ideal low-pass filter
ILS	ideal liquidus structures; instrument landing system
ILSW	interrupt level status word
ILW	intermediate-level wastes
IM	ideal modulation; impuls modulation; installation and maintenance; interceptor missile; intermediate missile; intermodulation
IMA	ion-microspectroscope analysis
IMC	instrument meteorological conditions; integrated maintenance concept; integrated microelectronic circuitry
IMD	intermodulation distortion
IMEP	indicated mean effective pressure
IMF	image matched filter; internal magnetic focus tube
IMIR	interceptor missile interrogation radar
IMIS	Integrated Management and Information System
IMITAC	image input to automatic computers
IMOS	ion implanted MOS
I^2-MOS	ionimplanted MOS
IMP	impedance; impulse; integrated manufacturing planning; integrated microwave products; interface message processor; interplanetary monitoring platform; intrinsic multiprocessing
IMPACT	inventory management program and control technique
IMPATT	impact-avalanche-transit-time
IMPCM	improved capability missile
IMP GEN	impulse generator
IMPL	initial microprogram loading
IMPS	integrated master programming and scheduling; interplanetary measurement probes
IMPTS	improved programmer test station
IMRA	infrared monochromatic radiation
IMRAN	international marine radio aids to navigation
IMS	information management system; interplanetary measurement satellit; inventory management and simulator
IMT	impulse modulated telemetry
IMU	inertial measuring unit
in	inch
IN	input; insulator; interference-to-noise ratio
INA	international normal atmosphere
INAS	inertial navigation and attack systems
INCERFA	uncertainty phase
INCH	integrated chopper
INCO	information and control
INCR	interrupt control register
IND	inductance; induction
INDN	indication
INDR	indicator
INDREG	inductance regulator
INDTR	indicator-transmitter
inf	infinity; infra
INFO	information; information network and file organization
INFOL	information oriented language
INFRAL	information retrieval automatic language
ING	inertial navigation gyro; intense neutron generator
INIC	inverse negative impedance converter
INL	internal noise level
INLC	initial launch capability
InP	indium phosphide
INP	inert nitrogen protection
INPC	impulse noise performance curve
INR	interference-to-noise ratio
INREQ	information on request
INS	inertial navigation sensor; insulation; interstation noise suppression; ion neutralization spectroscopy
INSATRAC	interception by satellite tracking
INST	instantaneous; instrument
INSTAR	inertialess scanning, tracking and ranging
INSTARS	information storage and retrieval systems
INT	initial; integration; interphone; interrupt

INTCO	international code of signals		diction model; internal polarization modulation; interruption per minute	IRS	information retrieval system
INT CON	internal connection			IRSP	infrared spectrometer
INTELSAT	International Telecommunications Satellite Consortium			IRT	infrared tracker; interrogator-responder-transponder
		IPOT	inductive potentiometer		
INTIPS	integrated information processing system	IPP	imaging photopolarimeter	IRU	inertial reference unit
		IPS	inches per second; instrument power supply; interceptor pilot simulator; interruptions per second	IS	impact switch; incomplete sequence (relay); information science; information separator; information system; infrared spectroscopy; instruction sheet; instrument; integrated satellite; interference suppressor; interval signal
INTMT	intermittent				
INTOP	international operations simulation				
INTPHTR	interphase transformer	IPT	internal pipe thread; interphase transformer		
INTRAN	input translator				
INTREX	information transfer experiments	IPTS	international practical temperature scale		
INV	inverse; inverter			ISA	international standard atmosphere
INVAL	invalid	IQ	instrument quality		
IO	image orthicon; input/output; interpretive operation; iterative operation	IQI	image quality indicator	ISAM	indexed sequential access method; integrated switching and multiplexing
		IQSI	International Year(s) of the Quiet Sun		
		IR	index register; indicator reading; information request; information retrieval; infrared; infrared radiation; inside radius; insoluble residue; instantaneous relay; instruction register; instrument reading; insulation resistance; intermediate infrared; internal resistance; interrogator-responder; interrupt register; irradiance	ISAP	information sort and predict
IOB	input/output buffer			ISAR	information storage and retrieval
IOC	initial operational capability; input/output control; input/output converter			ISB	independent-sideband (transmission)
				ISC	interstellar communications
IOCS	input/output control system			ISCAN	inertialess steerable communication antenna
IODC	input/output delay counter				
IODD	ideal one-dimensional device			ISD	induction system deposit
IOE	intake opposite exhaust			IS&D	integrate sample and dump
IOL	instantaneous overload	I&R	intelligence and reconnaissance	ISDN	integrated services digital network
IOM	input/output multiplexer	IRAN	inspection and repair as necessary	ISDS	integrated ship design system
IOMP	I/O message processor	IRAR	impulse response area ratio	ISE	integral square error
IOP	input/output processor	IRASER	infrared amplification by stimulated emission of radiation	I&SE	installation and service engineering
IOPL	intermittent operating life			ISEP	international standard equipment practice
IOPS	input/output programming system	IRBO	infrared homing bomb		
IOR	input/output register	IRC	infrared countermeasure	ISEPS	International Sun-Earth Physics Satellites Programme
IORT	input/output of a record and transfer	IRCM	infrared countermeasures		
		IRCS	intercomplex radio communications system	ISFET	ion-sensitive FET
IOS	input/output selector; input/output skip			ISI	intersymbol interference
		IRDP	information retrieval data bank	ISIE	integral square ideal error
IOSP	input/output under signal and proceed	IRDS	integrated reliability data system	ISIM	inhibit simultaneity
		IRED	infrared-emitting diode	ISIR	international satellite for ionospheric research
IOST	input/output under signal and transfer	IRF	impedance reduction factor; interrogation recurrence frequency		
				ISIS	Integrated Strike and Interceptor System
IOT	initial orbit time; input/output transfer; input/output test	IRG	inertial rate gyro; interrange instrumentation group		
				ISK	insert storage key
IOTA	information overload testing apparatus; instant oxide thickness analyzer	IRGAR	infrared gas radiation	ISL	information search language; information system language; injection-coupled synchronous logic; instructional systems language; integrated Schottky logic; interactive simulation language
		IRHD	international rubber hardness degrees		
IP	information processing; induced polarization; initial phase; initial point; instruction pulse; instrument panel; intermediate pressure; isoelectric point; item processing	IRI	integrated range instrumentation		
		IRIA	infrared information and analysis		
		IRIG	inertial rate integrating gyroscope		
		IRIS	infrared interferometer spectrometer; instand response information reconnaissance intelligence system	ISLE	integral square linear error
I/P	identification of position			ISLS	interrogation-path sidelobe suppression
IPA	image power amplifier; integrated photodetection assemblies; intermediate power amplifier				
		IRL	information retrieval language	ISM	industrial scientific and medical; industrial, scientific, medicus (apparatus); information system for management
IPC	industrial process control; information processing code; integrated process control; interprocessor channel	IRLS	interrogation, recording of location subsystem		
		IRM	infrared measurement; intermediate range monitor		
				ISMI	impoved space-manned interceptor
IPD	insertion phase delay	IRMA	information revision and manuscript assembly	ISMMP	international standard methods for measuring performances
IPDP	intervals of pulsations of diminishing period				
		IROAN	inspect and repair only as needed	ISO	individual system operation; intermediate station operation; isometric; isotropic
IPE	information processing equipment	IROD	instantaneous readout detector		
IPFM	integral pulse frequency modulation	IROS	increased reliability of system	isol	isolated
IPL	information processing language; initial program loader	IRQ	interrupt request	ISONE	international standard of nuclear electronics
		IRRAD	infrared ranging and detection equipment		
IPM	impulses per minute; incidental phase modulation; interference prediction			ISPEC	insulation specification

ISR	information storage and retrieval; interrupt service routine; interrupt status register; intersecting storage ring	IVD	inductive voltage divider	**K**	
		IVDS	independent variable depth SONAR		
		IVMU	inertial velocity measurement unit	k	Boltzmann-constant; coupling coefficient; dielectric constant; kilo; knot; thermal conductivity
ISS	ideal solidus structures; information storage system; input subsystem; integrated switch stick; ion silicon system	IVR	instrumented visual range; integrated voltage regulator		
		IVSI	inertial lead vertical speed indicator	K	cathode; Kelvin; key; klystron
		IVV	instantaneous vertical velocity	kA	kiloampere
		IW	index word; inside width; isotopic weight	kAh	kiloampere hour
ISSS	installation service supply support			KB	keyboard; kilobytes
IST	incompatible simultaneous transfer; incredibly small transistor; information science and technology; integrated switching and transmission; integrated systems test; integrated system transformer	IWCS	integrated wideband communications system	kbs	kilobit per second
				kc	kilocurie; kilocycle
		IWE	instantaneous word encoder	kcal	kilocalorie
		IWG	iron wire gauge	kCPS	kilocycles per second (kHz)
		IWLS	iterative weighted least squares	kCS	kilocycles per second (kHz)
		IWTS	integrated wire termination system	kCu	kilocurie
ISTAR	image storage translation and reproduction	IX	index; ion exchange	KDP	known datum point
				KDR	keyboard data recorder
ISTIM	interchange of scientific and technical information in machine language			KE	kinetic energy
				KEAS	knot equivalent air speed
ISU	interface switching unit	**J**		keV	kiloelectronvolt
IT	information theory; input translator; instrument transformer; insulating transformer; interfering transmitter; interval timer; irradiation time; item transfer; interrogator transponder			kg	kilogram
		J	jack; Joule; junction; yellow	kg/m³	kilogram per cubic meter
		JACTRU	joint air traffic control radar unit	kgm	kilogram-meter
				kgps	kilogram per second
		JATO	jet assisted take-off	KGS	known good system
		JB	junction box	kHz	kilohertz (10^3 hertz)
ITAE	integral of time multiplied absolute error; integrated time and absolute error	JC	jack connection	KIM	keyboard input matrix
		JC	junction	KIPO	keyboard input printout
		JCL	job control language	KIS	keyboard input simulation
ITB	initial temperature difference; intermediate block (check)	JCLOT	joint closed loop operations test	kJ	kilojoule
		J/dep	joule per degree	KK	1 000 000
ITBE	interchannel time base error	JDS	job data sheet	KL	key length
ITC	integral tube components; intertropical convergence; ionic thermoconductivity	JECNS	joint electronic communications nomenclature system	KLA	klystron amplifier
				KLO	klystron oscillator
		JEDEC	Joint Electron Device Engineering Council	km	kilometer
ITDD	integrated tunnel diode device			kM	kilomega (veraltet)
ITEWS	integrated tactical electronic warfare system	JF	junction frequency	kmc	kilomegacycle (veraltet: heute gigahertz (GHz))
		JFET	junction FET		
ITF	integrated test facility; interactive terminal facility	JI	Josephson interferometer; junction isolation	KMER	Kodak metal etch resist
				kMHz	kilomegahertz
ITFS	instructional television fixed services	JIFTS	joint in-flight transmission system	KO	kick-off
		JIP	joint input processing	kohm	kiloohm
ITL	ignition transmission line; integrated-transfer-launch; inverse time limit	JJ	Josephson junction	KP	key punch
		JK	jack	kpc	kiloparsec
		J/°K	joule per degree Kelvin	KPE	key-point error
ITM	inch trim moment	J/kg	joule per kilogram	KPR	Kodak photoresist
ITO	indium-tin-oxide	JMED	jungle message encoder-decoder	KSPM	klystron power supply modulator
ITP	integrated test program	JMOS	joint MOS	KSR	keyboard send receive (set)
ITPS	integrated teleprocessing system	JND	just noticeable difference	KTFR	Kodak thin film resist
ITR	incore thermionic reactor; inverse time relay	JP	jet propellant; jute protected; jute protected cable	KTS	key telephone system
				kV	kilovolt
ITS	inertial timing switch; instrumentation and telemetry system; insulation test specification; international temperature scale	JPW	job processing word	KV	Karnaugh-Veitch (diagramm)
		JRS	junction relay set	kVA	kilovoltampere
		JS	jam strobe	kVAC	kilovolt alternating current
		JSIA	joint service induction area	kVAh	kilovolt-ampere-hour
ITV	industrial television; instructional television	JT	joint; junction transistor	kVAhm	kilovolt-ampere-hour meter
		JTC	joint transform correlator	kVCP	kilovolt constant potential
ITVB	international television broadcasting	JTE	junction tandem exchange	kVdc	kilovolt direct current
IU	instrumentation unit; interference unit	JUG	junction gate	kVP	kilovolt peak
		JUGFET	junction gate FET	kW	kilowatt
IV	current-voltage; initial velocity; intermediate voltage; interval; inverter			kWhm	kilowatt hour meter
I²V	intensifier squared vidicon				
IVALA	integrated visual approach and landing aid				
IVAM	interorbital vehicle assembly mode				

kWHR	kilowatt hour	LASS	laser activated semiconductor switch; light activated silicon switch	LDDS	low density data system
KWIC	keyword-in-context-indexing			LDE	linear differential equation; long-delay echo
KWIC	keyword in context				
KWIT	keyword in title	LASSO	laser search and secure observer	LDGE	lunar excursion module dummy guidance equipment
KWOC	keyword out of context	LASV	low-altitude supersonic vehicle		
KWOT	keyword out of title	LAT	lateral; latitude; local apparent time	LDI	lossless digital integrator
KY	keying device			LDM	linear delta modulation
		LATAR	laser augmented target acquisition and recognition	LDMOST	lateral double-diffused MOST
				LDO	light Diesel oil
		LATREC	laser-acoustic time reversal, expansion and compression	LDP	language data processing
				LDPE	low density polyethylene
		LATS	long-acting thyroid stimulator	LDR	light-dependent resistor; low data rate
L		LAVA	linear amplifier for various applications		
				LDS	large disk storage
		LAW	local air warning	LDT	level detector; linear differential transformer; logic design translator; long distance transmission
L	lambert; large; latitude; launch; left; length; lengthwise; line; litre; long; low; low-level; lumen; luminance; inductance; plain lead covered cable	LAYDET	layer detection		
		lb	pound		
		lbf	pound force	LDX	long distance xerography
		LBP	length between perpendiculars	LE	leading edge; light equipment; low explosive
la	lambert	LBT	low bit test		
LA	lag angle; lead angle; level amplifier; lightning arrester; light wire armo(u)red; link address; low angle	LBU	launcher booster unit	LEAP	lift-off elevation and azimuth programmer
		LC	inductance-capacitance; lead covered; level control; line carrying; line circuit; line connector; line construction tools; line of communication; line of contact; link circuit; load carrier; load cell load center; load compensating (relay); location counter; logic cell; loss of contract; lower case; luminosity class		
				LEAR	logistics evaluation and review technique
LAAR	liquid air accumulator rocket				
LAB	low-amplitude bombing			LECC	linear error correcting code
LAC	load accumulator			LED	light emitting diode
LACE	liquid air cycle engine; local automatic circuit exchange			LEED	laser-energized explosive device; low-energy electron diffraction
LACR	low altitude coverage radar			LEF	light emitting film
LAD	location aid device; logical aptitude device; low accuracy data			LEL	lower explosion limit
		LCAO	linear combination of atomic orbitals	LEM	lunar excursion module
LAE	left arithmetic element			LEO	low earth orbit
LAG	load and go assembler	LCC	landing craft, control; launch control center; leadless-chip carrier; liquid crystal cell	LEP	lowest effective power
LAGS	laser activated geodetic satellite			LES	launch escape system
LAH	logical analyzer of hypothesis			LET	life environmental testing; linear energy transfer
LAL	lower acceptance level	LCD	liquid crystal display; lowest common denominator		
LAM	loop adder and modifier			LF	line feed; long wave; low frequency
LAN	landing aid	LCDTL	load-compensated diode transitor logic; low current diode transistor logic	LFC	laminar flow control; low frequency correction; low frequency current
LANAC	laminar navigation and anti-collision system				
				LFCR	low frequency out off ratio
lang	language	LCE	launch complex equipment	LFD	least fatal dose
LANNET	large artificial nerve net; large artificial neuron network	LCF	local cycle fatigue	LFDF	low frequency direction finder
		LCL	linkage control language; lower control limit	LFM	linear frequency modulator
LAP	linear arithmetic processor; list assembly program			LFO	low-frequency oscillator
		LCLU	landing control and logic unit	LFR	line frequency rejection
LAPDOG	low-altitude pursuit dive on ground	LCLV	liquid crystal light valve	LFRD	lot fraction reliability deviation
		LCM	large capacity memory; large core memory; least common multiple; lowest or least common multiple	LFS	loop feedback signal
LAR	local acquisition radar; low angle reentry			LFSR	linear feedback shift register
				LG	landing gear; landing ground; leg; length; line generator; loop gain
LARAM	line adressable RAM				
LARDS	low accuracy radar data transmission system	LCN	load classification number		
		LCP	language conversion program; left handed circular polarization	LGA	light-gun amplifier
LARGOS	laser activated reflecting geodetical satellite			LGG	light-gun pulse generator
		LCR	inductance-capacitance-resistance; level crossing rate	LGL	logical left shift
LARIAT	laser radar intelligence acquisition technology			LH	latent heat; left hand; low noise high output; liquid hydrogen
		LCS	large core store; lateral channel stop		
LARV	low-altitude research vehicle			L/H	low-to-high
LAS	large astronomical satellite; low-altitude satellite	LCVD	least voltage coincidence detector	LHCP	left-hand circular polarization
		LD	lamp driver; lethal dosis; line drawing; line-time waveform distortion; load; logic driver; long distance; loss and damage	LHD	left-hand drive
LASA	large aperture seismic array			LHM	left-hand circularly polarized mode
LASCR	light-activated silicon-controlled rectifier; light-activated silicon-controlled switch			l-hr	lumen-hour
				LHR	lower hybrid resonance
		LDA	line driving amplifier	LHTR	lighthouse transmitter-receiver
LASER	light amplification by stimulated emission of radiation	LDC	laser discharge capacitor; latitude data computer; line drop compensator; logic driver; lower dead centre	LI	intensity level; level indicator; location identifier

LIC	last-instruction-cycle; linear integrated circuit; line integrated circuit
LID	leadless inverted device; locked-in device
LIDAR	light detection and ranging; light radar
LIFMOP	linearly frequenc-modulated pulse
LIFO	last in, first out
LIM	limit
LIMAC	large integrated monolithic array computer
LIMFAC	limiting factor
lin	linear
LINAC	linear accelerator
LINS	LORAN inertial system
LIPL	linear information processing language
LIR	line integral refractometer; load-indicating resistor
LIS	loop input signal; low-inductance stripline
LISA	library systems analysis
LISP	list processor
LIT	liquid injection technique
LITE	legal information through electronics
LIVE	lunar impact vehicle
L-I-W	loss-in-weight
LJP	local job processing
LK	link
LKG	leakage
LKY	Lefschetz-Kalman-Yakubovich (lemma)
LL	light line; limited liability; liquid limit; live load; low level; lower-limit
LLF	link line frame
LLFM	landline frequency modulation
LLG	line-to-line-to-ground
LLL	long-path laser; low-level logic
LLLTV	low light-level television
LLM	lunar landing mission; lunar landing module
LLPN	lumped, linear, parametric network
LLR	load limiting resistor
LLRES	load-limiting resistor
LLRM	low-level radio modulator
LLRV	lunar landing research vehicle
LLS	lunar logistic system
LLV	lunar logistics vehicle
LM	latch magnet; line mark; lumen; lunar (excursion) module
L/M	lines per minute
LMF	linear matched filter
L/MF	low and medium frequency
LMFBR	liquid-metal fast breeder reactor
LMFR	liquid-metal-fuelled reactor
lm/ft^2	lumen/square foot
lm/m^2	lumen per square meter
LMO	lens-modulated oscillator; linear master oscillator
LMP	light metal products; liquid metal plasma valve
LMR	liquid metal reactor
lms	lumen-second
LMS	least mean square; level measuring set
lm/sq.ft.	lumen per square foot
LMSS	lunar mapping and survey system
LMT	length, mass, time; local mean time
LMTD	logarithmic mean temperature difference
lm/W	lumen per watt
ln	natural logarithm
LN	line
LNCHR	launcher
LNG	length; liquid natural gas
LNR	low-noise receiver
LNT	liquid-nitrogen temperature
LNTWA	low noise traveling-wave amplifier
LNTWTA	low-noise travelling-wave tube amplifier
LO	lift-off; local oscillator; lock-on; lock-out; logical operation; lunar orbiter
LOA	length over all
LOAC	low accuracy
LOAMP	logarithmic amplifier
LOAS	lift-off acquisition system
LOB	line of balance; line of bearing
LOBAR	long-baseline radar
LOC	large optical cavity; line of communication; local; localizer
LOCA	loss-of-coolant accident
loc cit	loco citato
LOCI	logarithmic computing instrument
LOCMOS	locally oxidized CMOS
LOCOS	local oxidation of silicon
LOCS	logic and control simulator
LOD	length of day
LOERO	large orbiting earth resources observatory
LOF	local oscillator frequency; lowest operating frequency
LOFAR	low frequency analysis and recording
LOFT	loss of fluid test
LOFTI	low-frequency trans-ionospheric satellite
LOG	logarithm; logic
LOGALGOL	logical algorithmic language
LOG AMP	logarithmic amplifier
LOGAN	logical language
LOGEL	logic generating language
LOG FTC	logarithmic fast time constant
LOG IF AMP	logarithmic intermediate-frequency amplifier
LOGIT	logical inference tester
LOGLAN	logical language
LOGR	logistical ratio
LOGRAM	logical program
LOGTAB	logic tables
LOH	light observation helicopter
LOI	loss on ignition; luna orbit injection
LOL	length of lead; limited operating life
LOLA	lunar orbit and landing approach
long	longitudinal
lono	low noise
LOP	line of position
LOPAD	logarithmic outline processing for analog data
LOPAIR	long path infrared
LOPAR	low power acquisition radar
LO-PASS	low pass
LOPPLAR	laser Doppler radar
LOPT	line output transformer
LO-QG	locked oscillator-quadrature grid
LOR	low-frequency omni-range; lunar orbit rendezvous
LORAC	long-range accuracy
LORAN	long range navigation
LOREC	long-range earth current
LORSAG	long range submarine communications
LORV	low observable re-entry vehicle
LOS	line of sight; loss of signal
LOSS	landing observer signal system
LOTIS	logic, timing, sequencing (language)
LOTS	logistic over the shore vehicle
LOX	liquid oxygen
LOZ	liquid ozone
LP	lighting panel; linear programming; line printer; loop; low pass; low-pass filter; low point; low pressure; Schottky-low power
LPA	log-periodic antenna
LPC	laboratory precision connector; linear power control; linear power controller; linear predivitive coder; linear predictive coding; longitudinal parity check; loop-control (relay)
LPCVD	low-pressure chemical vapor deposition
LPDTL	low-power DTL
LPDTμL	low-power diode-transistor micrologic
LPE	liquid-phase epitaxy
LPF	low-pass filter
LPG	liquefied petroleum gas; liquid petroleum gas
LPM	laser precision microfabrication; lines per minute
LPL	linear programming language; list processing language
LPM	lines per minute
LPO	low power output
LPPC	load-point photocell
LPR	liquid propellant rocket
LPT	low power test
LPTF	low power test facility
LPTTL	low power transistor-transistor logic
LPTV	large payload test vehicle
lpW	lumen per watt
LQ	limiting quality
LR	left/right; level recorder; line relay; liquid rocket; load ratio; long range; load resistor (relay); low resistance; low resistor
L/R	locus of radius
LRASV	long-range air-to-surface vessel radar

LRC	level-recording controller; load ratio control; longitudinal redundancy check	LTFRD	lot tolerance fraction reliability deviation		
LRCO	limited radiocommunication outlet; limited remote communication outlet	LTHA	long-term heat ageing	**M**	
		LTI	linear time-invariant	μ	micron
		LTM	load ton miles	μA	microampere
LRD	long range data	LTP	lower trip point	μF	microfarad
L-R DSB	left minus right double sideband	LTPD	lot tolerance percent defective	μH	microhenry
LRG	long range	LTS	laser-triggered switch; lateral test simulator; launch telemetry station; long-term stability	$\mu\mu$	micromicro(n)
LRI	long-range radar input			μohm	microohm
LRIR	low resolution infrared radiometer			μV	microvolt
LRN	long range navigation	LTTL	low power TTL	μW	microwatt
LRP	long range path	lu	lumen	mmμ	millimicron
LRR	long range radar	LU	line unit; load unit	m	meter
LRRP	lowest required radiated power	LUCOM	lunar communication (system)	m	milli ... (10^{-3})
LRS	long range search; long right shift	LUF	lowest usable frequency	M	Mach number; magnetic; magnetic moment; magnetic vector; magnetron; main channel; maintenance; manual; marker; (nuclear) mass; maxwell; mechanical; medium mega ... (10^6); memory; metallic; micro ... ; microphone; middle; million; minute; mired; mobile; mode; model; molecular weight; moment; moment of force; monitor; mutual (inductance)
LRSS	long range survey system	lu h	lumen hour		
LRT	load ratio transformer	LUHF	lowest usable high frequency		
LRTF	long range technical forecast	lum	luminous		
LRY	latching relay	LUT	launch umbilical tower		
LS	laboratory system; laser system; language specification; least significant; left sign; level switch; light source; limit switch; limit stop switch; lobe switching; local storage; long shot; loudspeaker; low speed	LV	low voltage ($\leqslant$ 250 V)		
		LVA	logarithmic video amplifier; low voltage avalanche		
		LVCD	least voltage coincidence detector		
		LVD	low voltage drop		
		LVDT	linear variable differential transformer	ma	myria
				mA	milliampere
				MA	magnetic amplifier; main alarm; mast aerial; mechanical advantage; mechanoacoustic; mega ampere; memory address; memory available; micro-alloy; modify address
LSA	limited space charge accumulation (diode); low-cost solar array	LVHF	low very high frequency		
		LVHV	low volume high velocity		
LSB	least significant bit; lower sideband	LVI	low viscosity index		
LSBR	large seed-blanket reactor	LVL	level		
LSC	least significant character; linear sequential circuit	LVOR	low-power very high frequency omnidirectional range	MAAC	milliampere alternating current
				MAARC	magnetic annular arc
LSCL	limit switch closed	LVMOST	lateral V-groove depletion MOST	MAC	machine-aided cognition; maximum admissible concentration; maximum allowable concentratio; mean aerodynamic chord; men and computer; multi-application computer; multiple-access computer
LSD	least significant digit; light sensing device; limited space charge drift; linkage system diagnostics; low speed data; lysergic acid diethylamide	LVP	low voltage protection		
		LVPS	low voltage power supply		
		LVR	longitudinal video recorder; low voltage relay		
		LVT	linear velocity transducer	MACS	medium altitude communications satellite
LSECS	life support and environmental system	LVTR	low power very high frequency transmitter-receiver		
				MACSS	medium altitude communication satellite system
LSF	loss factor	l/W	lumen/Watt		
LSHI	large-scale hybrid integration	LW	light weight; lime wash; longe wave; low frequency	MAD	magnetic airborne detector; magnetic anormaly detection; maintenance, assembly, and disassembly; memory access director; multi-aperture device; multiple access device; multiply and add
LSI	large scale integration				
LSL	low-speed logic	LWB	long wheel base		
LSLI	large scale linear integration	LWBR	light-water breeder reactor		
LSN	linear sequential network; line stabilization network	LWC	liquid water content		
		LW/D	laser welder/driller		
LSP	low speed printer	LWGCR	light water moderated, gas cooled reactor	MADAR	malfunction analysis detection and recording
LSR	load shifting resistor				
LSSD	level sensitive scan design	LWGR	light water cooled, graphite moderated reactor	MADC	milliampere direct current
LSSM	local scientific survey module			MADDAM	macromodule and digital differential analyzer machine
LST	landing ship for tanks; late start time; local standard time; local summer time	LWL	load water line LWR		
		LWR	light water reactor; lower	MADE	microalloy diffused electrode; multichannel analog-to-digital data decoder
		LWRU	light-weight radar unit		
LSTTL	low power Schottky TTL	LWS	light warning set	MADIS	millivolt analog-to-digital instrumentation system
LT	laboratory test; language translation; less than; level transmitter; level trigger; limit; line telecommunications; local time; logical theory; logic theory; low temperature; low tension	LWSR	light-weight search radar		
		LWT	local winter time	MADREC	malfunction and detection recording
		lx	lux		
		lxs	lux second	MADS	multiple access digital system
		LYR	layer	MADT	microalloy diffused transistor
		LZT	local zone time	MAE	men absolute error
LTA	lighter than air			MAF	major academic field; minimum audible field
LTB	low tension battery				
LTBO	linear time base oscillator				
LTC	long time constant			MAG	magnet; magnetism; magnetron

MAG	maximum available gain	MATE	multiple access time-division experiment; multisystem automatic test equipment	mCi	millicurie
MAGAMP	magnetic amplifier			MCID	multipurpose concealed intrusion detector
MAGLOC	magnetic logic computer	MATLAN	matrix language	MCL	minority carrier lifetime
MAGMOD	magnetic modulator	MATRS	miniature airborne telemetry receiving station	MCM	magnetic card memory; magnetic core memory; merged charge memory; microwave circuit module; milli circular mil; Monte Carlo method; moving coil motor
MAGN	magnetic				
MAIDS	multipurpose automatic inspection and diagnostic system	MATS	multiple access time sharing		
		MATV	master antenna television		
MAINT	maintenance	MAU	maintenance analysis unit		
MAIR	molecular airborne intercept radar	MAUDE	morse automatic decoder	MCMS	multichannel memory system
MAJAC	maintenance anti-jam console	mA/V	milliampere per volt	MCOM	mathematics of computation
MAL	macro assembly language	MAVAR	microwave amplification by variable reactance; modulating amplifier using variable resistance	MCP	master control program; memory centered processor; microchannel plate; multichannel communications program
MALE	multiaperture logic element				
MAM	multiple access to memory				
MAMIE	magnetic amplification of microwave integrated emissions	MAW	marine aircraft wing	MCPDP	meander channels plasma display panel
		max	maximum		
m amp	milliampere	Max	Maxwell	MCPS	megacycles per second
MAN	manual; microwave aerospace navigation	MB	main battery; memory buffer	MCQ	memory call queue
		MBB	make-before-break	MCR	magnetic character reader; magnetic character recognition; master control routine; maximum continuous rating
MANAV	manoeuvring and navigation system	MBC	miniature bayonet cap		
		MBD	magnetic-bubble device		
MANDRO	mechanically alterable non-destructive read-out	MBE	molecular beam epitaxy		
		MBF	modulator band filter	MCRWV	microwave
MANIAC	mechanical and numerical integrator and calculator	MBK	multiple-beam klystron	MCS	master control system; megacycles per second; microwave carrier supply; mobile calibration station; modular computer system; modulation controlled synchronization; multi-channel communications-system; multi-channel switch; multiprogrammed computer system; multi-purpose communications and signaling
		mbl	mobile		
MANIP	manual input	MBL	miniature button light		
MAN OP	manually operated	MBO	monostable blocking oscillator		
MAOS	metal aluminia oxide semiconductor	Mbps	megabit per second		
		MBR	memory buffer register		
MAP	macro assembly program; manifold absolute pressure; message acceptable pulse; model and program; multiple address processing system	Mbls	megabit per second		
		MB/s	megabyte pro second		
		MBS	magnetron beam switching; mutual broadcasting system	MC/S; MCPS	megacycles per second
MAR	malfunction array radar; memory address register; microanalytical reagent; miscelaneous apparatus rack; multifunction array radar			MCT	magnetically coupled transformer; magnetic card and tape unit
		MBT	metal-base transistor		
		MBTWK	multiple-beam traveling-wave klystron	MCTR	message center
				mCu	millicurie
MARC	multi-axial radial circuit	MBV	minimum breakdown voltage	MCU	microprogram control unit
MARCOM	microwave airborne communications relay	MBWO	microwave backward-wave oscillator	MCV	manual volume control
				MCW	modulated carrier wave; modulated continuous wave
MARGEN	management report generator	mc	megacycle		
MARS	machine retrieval system; memory-address register storage; military amateur radio system; millimieter-wave amplification by resonance saturation	MC	machine code; magnetic card; magnetic core; manual control; master control; metercandle; maximum count output; megacycles per second; metric carat; micro computer; microminiature circuit; morse code; moulded component; moving coil; multichip; multiple contact; mutual coupling	MD	magnetic disk; magnetic drum; manual data; maximum demand; mean deviation; message per day; modulation-demodulation; modulator; monitor displays
				MDA	multidimensional analysis; multi-docking adapter
MART	maintenance analysis review technique; mean active repair time			MDAC	multiplying DAC; multiplying digital-to-analog converter
MARTI	maneuverable reentry technology investigation				
		MCA	multichannel analyzer	MDC	maintenance data collection; multiple device controller; multi-stage depressed collectors
MARV	maneuverable anti-radar vehicle	MCBF	mean cycles between failures		
mAs	milliampere second	MCC	memory control circuit; minature center cap; modulation with constant coefficient; multi-component circuit		
MAS	metal-alumina semiconductor; multiaspect signaling			MDCU	mobile dynamic checkout unit
				MDDR	minimum-distance decoding rule
MASC	multilayer aluminium oxide silicon dioxide combination			MDE	magnetic decision element; modular design of electronics
		MCCD	meander channel CCD; multiplexed CCD		
MASER	microwave amplification by stimulated emission of radiation				
		MCCU	multiple communication control	MDF	main distribution frame; medium frequency direction finder; mild detonating fuse
MASFET	metal alumina silicon FET	MCF	mean carrier frequency; monolithic crystal filter		
MASK	maneuvering and sea-keeping; masking				
		MCG	man-computer graphics; microwave command guidance	MDI	magnetic direction indicator; manual data input; multiple display indicator
MASS	monitor and assembly system; multiple access sequential selection				
MASW	master switch	MCGS	microwave command guidance system		
MAT	mechanical assembly technique; microalloy transistor; mobile aerial target			MDIE	mother-daughter ionosphere experiment
				MDL	miniature display light

MDM	maximum design meter; metal-dielectric-metal (filter)	
MDP	microprocessor debugging procedures	
MDR	magnetic field-dependent resistor; magnetoresistor; memory data register	
MDS	magnetic disk store; magnetic drum store; maintenance data system; malfunction detection system; memory disk system; microprocessor development system; minimum detectable signal; minimum discernible signal; modern data system	
MDT	mean down time	
MDTL	modified DTL	
MDTS	megabit digital-to-troposcatter subsystem; modular data transmission system	
MDU	message decoder unit	
ME	mechanical efficiency; mechanical engineer; measuring element; microelectronic; military engineer; mining engineer; molecular electronics	
MEACON	masking beacon	
MEAR	maintenance engineering analysis report	
meas	measuring	
MEBES	manufacturing electron-beam exposure system	
MEC	minimum energy curve	
MECA	maintainable electronic component assembly; multi-valued electronic circuit analysis	
MECL	multi-emitter coupled (transistor) logic; Motorola emitter coupled logic	
MED	microelectronic device	
MEDUSA	multiple-element directional universally steerable antenna	
MEECN	minimum essential emergency communications network	
MEETAT	maximum improvement in electronics effectiveness through advanced techniques	
MEG	megohm; miniature eletronic gyro	
MEGA	megaampere	
megger	megaohmmeter	
MEGV	megavolt	
MEGW	megawatt	
MEGWH	megawatt-hour	
MEKTS	modular electronic key telephone system	
MEL	many-element laser	
MELEM	microelement	
MEM	Mars excursion module; memory	
MEMB	membran	
MEN	multiple earthed neutral; multiple event networks	
MEP	mean effective pressure; mean probable error	
MFPA	monolithic FPA	
MEPDP	meander electrodes plasma display panel	
MER	minimum energy requirement	
MERA	molecular electronics for radar applications	
MESFET	metal-Schottky FET; metal-semiconductor FET	
MESG	maximum experimental safe gap	
MET	meteorological broadcasts; modified expansion tube	
METSAT	meteorological satellite	
MeV	megaelectron volts	
MEW	microwave early warning	
MF	machine-finished; magnetic field; medium frequency; microfarad; microfiche; microfilm; millifarad; multifrequency	
MF^2	multi-function multi-frequency	
MFAR	multi-function array radar	
MFB	motional feedback; mixed functional block	
MFC	manual frequency control; microfunctional circuit; multi-frequency code; multifunction converter; multiple folding characteristics	
MFD	magnetofluid dynamics; magnetic frequency detector	
MFDF	medium-frequency direction finder	
MFG	manufacturing; multi-purpose function generator	
MFKP	multi-frequency key pulsing	
MFN	multiple-function network	
MFP	magnetic field potential; mean free path; minimum flight path	
MFS	manued flying system; multi-frequency system	
MFSK	multiple-frequency shift keying	
MFTD	maximally flat time delay	
Mftl	milli-foot-lambert	
MG	machine glazed; marginal relay; master gauge; metal-glass combination; motor generator; multigage	
MGC	manual gain control	
MGCR	maritime gas-cooled reactor	
MGD	magnetogasdynamics	
MGF	memory gate first	
MGL	matrix generator language	
MGT	mean Greenwich time	
mH	millihenry	
MH	magnetic head; medium hard; millihenry	
MHD	magnetohydrodynamics	
MHDF	medium- and high-frequency direction finder	
MHF	medium high frequency	
MHFA	heat and flame-resistant, armoured	
MHL	medium heavy loaded	
mho	reciprocal ohm (Siemens)	
mhp	milli-horsepower	
MHTL	Motorola high threshold logic	
MHVDF	medium-, high- and very high-frequency direction finder	
mHz	millihertz	
MHz	megahertz	
mi	mile	
MI	metal interface; Miller integrator; mutual inductance	
MIA	metal interface amplifier	
MIC	microelectronic integrated circuits; micrometer; microphone; microwave; microwave integrated circuit; minimum ignition current; monolithic integrated circuit; multi-layer integrated circuit	
MICAM	microammeter	
MICR	magnetic ink character recognition	
micro	microphone	
MICS	microwave integrated circuits	
MID	multiplier-inverted divider	
MIDAR	microwave detection and ranging	
MIDAS	measurement information data and system; Michigan digital automatic computer; missile defense alarm system; modulator isolation diagnostic analysis system	
midpt	midpoint	
MIFE	minimum independent failure element	
MIFR	master international frequency	
MIIS	metal insulation insulation semiconductor	
MIL	military; military standard; millinch	
$(MI)^2L$	multiinput-multioutput integrated injection logic	
MIL STD	military standard	
MIM	metal-insulator-metal; modified index method	
MIMO	man in, machine out; miniature image orthicon	
MIMS	metal-insulator-metal semiconductor	
MIN	minimum; minute	
MINICOM	minimum communications	
MIN-LED	metal insulating n-type LED	
MINPRT	miniature processing time	
MINS	miniature inertial navigation system	
MINT	material identification and new item control technique	
MIP	manual input processing; manual input program; matrix inversion program; microwave interference protection; minimum impulse pulse	
MIPS	million instructions per second; metal insulator piezoelectric semiconductor	
MIR	memory information register; memory input register; multiple internal reflection	
MIRROS	modulation inducing reactive retrodirective optical system	
MIS	management information system; metal insulator semiconductor; metal-thin film insulator-semi-conductor	
MISFET	metal insulator semiconductor FET	
MIST	modular intermittent sort and test device	
MIT	Massachusetts Institute of Technology	
MITATT	mixed tunneling and avalanche transit-time	
MIX	mixer	
MK	manual clock	

MKS	metre-kilogram-second system	
MKSA	meter-kilogram-second-ampere system	
m/kwhr	mils per kilowatt-hour	
ml	milliliter	
ML	machine language; maximum likelihood; methods of limits; mission life	
mla	millilambert	
MLC	motor landing craft; multiplex logic circuit	
MLCP	multiline communications processor	
MLD	medium lethal dose; minimum lethal dose; minimum line of detection; multi-loop digital controller	
MLE	maximum likelihood estimate	
MLL	mode-locked laser	
MLP	machine language program	
MLPCB	multi-layer printed circuit board	
MLR	main line of resistance	
MLS	machine literature searching; microwave landing system; multilanguage system	
MLSR	maximal length shift register	
MLSS	mixed liquor suspended solids	
MLT	mean length of turn; median lethal time; micro-layer transistor; monolithic technology; multiplication	
MLU	memory loading unit	
mm	millimeter	
MM	magnetic moment; main memory; maintenance manual; megamega (tera); memory multiplexer; middle marker; mission module; monovibrator	
MMA	maximum mean accuracy; multiple module access	
mmc	megamegacycle	
MMF	magnetomotive force	
mmho	millimho (= millisiemens)	
MMM	multi-mode-matrix display	
MMOD	micromodule	
MMR	main memory register	
MMS	mass memory store	
MMV	monostable multivibrator	
MN	magnetic north	
MNA	modified nodal admittance	
MNF	minimum normal form	
MNO	metal-nitride-oxide	
MNOS	metal-nitride-oxide semiconductor; metal-nitride-oxide silicon	
MNS	metal-thermal-nitride-silicon	
MNS-FET	metal-nitride semiconductor FET	
MO	master oscillator; memory operation; molecular orbital; motor	
MOA	matrix output amplifier	
MOBIDAC	mobile data acquisition system	
MOC	magnetic optic converter; master operational controller	
mod	modular	
MOD	microwave oscillating diode; model; modification; modul modulation; modulator	
MODA	motion detector and alarm	
MODEM	modulator-demodulator	
MODS	major operation data system; manned orbital development system	
MOERO	medium orbiting earth resources observatory	
MOF	maximum observed frequency; maximum operating frequency	
MOGA	microwave and optical generation and amplification	
Mohm	megaohm	
MOIV	mechanically operated inlet valve	
MOL	machine-oriented language; manned orbiting laboratory	
MOLAB	mobile lunar laboratory	
MOM	magnetooptic method	
MONOS	metal-oxide nitride-oxide semiconductor	
MOP	multiple on-line programming	
MOPA	master oscillator-power amplifier	
MOPAFD	master oscillator power amplifier frequency doubler	
MOPAR	master oscillator power amplifier radar	
MOR	medium frequency omnirange; memory operand; memory output register; meteorological optical range	
MORL	manned orbital research laboratory	
MOS	management operating system; metal-oxide semiconductor	
MOSAIC	macro operation symbolic assembler and information compiler	
MOSAIC	metal-oxide semiconductor advanced integrated circuit	
MOSAR	modulation scan array radar	
MOS-C	MOS capacitor	
MOSFET	metal-oxide semiconductor FET	
MOSFET-IC	MOSFET integrated circuit	
MOS-IC	MOS-integrated circuit	
MOSL	manned orbital space laboratory	
MOSLSI	MOS large scale integration	
MOSM	metal-oxide semimetal	
MOSROM	MOS read only memory	
MOSS	manned orbital space station	
MOST	metal-oxide semiconductor transistor; metal-oxide-silicon transistor; metal-oxide surface transistor	
MOSTL	MOS transmission line	
MOT	motor	
MOTARDES	moving target detection system	
MOTU	mobile optical tracking unit	
MOV	metal-oxide varistor	
MOXET	metal oxide enhancement transistor	
MP	main phase; matched pair; mathematical programming; megapond; melting point; metallized paper; minimum phase; mounting panel; multiplier phototube; multipole; multiprocessor; multiprogramming	
MPA	maximum permissible amount; modulated pulse amplifier; motion picture amplifier; multiple-period average	
MPAA	mechanization of printed-circuit amplifier assembly	
MPB	momentary push-button; momentary push-button switch	
Mpc	megaparsec	
MPC	maximum permissible concentration; multiprocess controller; multiprogram control	
MPCC	multiprotocol communications circuit	
MPCD	minimum perceptable color difference; minimum perceptable difference	
MPD	magnetoplasmadynamics; maximum permissible dose; maximum phase deviation	
MPDW	multipair distribution wire	
MPE	mathematical and physical science and engineering; maximum permissible exposure	
mpg	miles per gallon	
MPG	microwave pulse generator; miniature precision gyrocompass	
mph	miles per hour	
MPI	mean point of impact	
MPL	maximum permissible level; mnemonic programming language; multiplier	
MPM	magnetic phase modulator	
MPO	maximum power output	
MPPH	motion picture phonograph (unit)	
MPPM	multi-carrier pulse position modulation	
MPR	medium power radar; minimum performance recommendation	
mps	megaperiod per second	
MPS	mean piston speed; meter pulse sender; microcomputer system; minimum performance standard; multiprogramming system	
MPT	micropotentiometer	
MPTE	multi-purpose test equipment	
MPU	microprocessor unit; mimiature power unit	
MPUL	most positive up level	
MPW	modified plane wave	
MPX	multiplex; multiplexer	
MPXR	multiplexer	
MQ	multiplier quotient	
mR	milliroentgen	
MR	magnetic relay; magnetoresistor; master relay; matching range; memory realy; memory register; multiplier register; moisture resistant	
MRA	minimum reception altitude	
MRAD	mass random access disc	
MRBM	medium range ballistic missile	
MRC	magnetic rectifier control; maximum reverse current	
MRDF	maritime radio direction finding	
MRE	mean radial error; multiple-response enable	
MRF	multipath reduction factor	
MRFL	master radio frequency list	
MRG	medium range	

MRI	medium-range interceptor; miscellaneous radar input	MSR	magnetic shift register; mass storage resident; mean square root; missile sight radar	MTWP	multiplier traveling-wave phototube
MRIR	medium resolution infrared radiometer			MU	memory unit
		MSS	management science systems; manual safety switch; mass storage system; mean solar second; metastable states; multispectral scanner	MUCH-FET	multi-channel FET
MRM	magnetic ring modulator			MUF	maximum usable frequency
mR/min	milliroentgens per minute			MUG	maximum usable gain
MRN	minimum reject number			MULT	multiple; multiplier
MRR	mains restoration relay	MS/S	megasamples per second	MULTIV	multivibrator
MRRE	maximum relative representation error	MSSN	mean-square signal-to-noise	MULTR	multimeter
		MST	mean solar time; measurement; monolithic systems technology	MUPF	modified ultrapherical polynomial filter
MRS	manned reconnaissance satellite				
MRSD	maximum rated standard deviation	MSW	microswitch	MUPO	maximum undistorted power output
MRQ	memory return queue	MT	machine translation; magnetic tape; maximum torque; mean time; measurement; measuring transformer; mechanical transport; multiple transfer		
MRT	mean repair time			MUSA	multiple-unit steerable antenna
MRTL	milliwatt RTL			MUX	multiplexer
MRTR	maximum readout transfer ratio			MUXARC	multiplexing automatic error correction
MRU	machine records unit; material recovery unit; message retransmission unit; microwave relay unit; mobile radio unit				
		MTA	modified tape-armo(u)red cable; multiterminal adapter	mV	millivolt
				mV/ac	millivolt alternating current
		MTB	maintenance of true bearing	MV	mean value; measured value; medium voltage; megavolt; mercurry vapor; multivibrator
		MTBF	mean time between failures		
MRV	multiple reentry vehicle	MTBM	mean time between maintenance		
MRWC	multiple read-write compute	MTBR	mean time between repair; mean time between replacement	MVA	megavoltampere
ms	millisecond (= 10^{-3} s)			MV/ac	megavolt alternating current
mS	millisiemens	MTBS	mean time between stops	MVAR	megavar; megavolt-ampere reactive
MS	machine selection; machinery steel; macromodular system; magnetic south; magnetic storage; magnetostriction; main storage; main switch; mass spectrometry; material specification; maximum stress; mean square; medium soft; memory system; metric size; mild steel; military standard (sheet); morse tape; most severe	MTC	magnetic tape control; maintenance time constraint; master tape control; memory test computer		
				mvarh	megavar hour
				mVA, mva	millivolt-ampere
		MTCF	mean time to catastrophic failure	MVB	multivibrator
		MTCU	magnetic tape control unit	MVC	manual volume control
		MTD	mean temperature difference; minimal toxic dose	mV/cm	millivolts per centimeter
				mV/dc	millivolt direct current
		MTE	maximum tracking error	MVDF	medium- and very high-frequency direction finder
		MTF	mean time to failures; mechanical time fuse; modulation transfer function		
M&S	maintenance and supply			mV/m	millivolts per meter
MSB	most significant bit	MTFF	mean time to first failure	MVPS	medium-voltage power supply
msc	mean spherical candles	MTG	mounting; multiple trigger generator	MVS	minimum visible signal; multiple virtual storage
MSC	mile of standard cable; monolithic crystal filter; most significant character				
		MTI	moving-target indicator	MVT	multiprogramming with variable tasks
MSCE	main storage control element	MTL	merged transistor logic		
MSCLE	maximum space charge limited emission	MTM	method time measurement	MVTR	moisture vapour transmission rate
		MTNS	metal-thick-nitride-silicon; metal-thick-oxide-nitride-silicon	mW	milliwatt
MSCP	mean spherical candle power			mW/cm^2	milliwatt per square centimeter
MSD	mean solar day; mean square difference; most significant digit	MTOS	metal-thick-oxide semiconductor; metal-thick-oxide-silicon; metal-thin-oxide-silicon	MW	medium wave; megawatt; microwave; modulated wave
MSE	mask superposition error; mean square error; minimum-size effect				
		MTP	mechanical thermal pulse	MWd	megawatt day
MSEC	millisecond	MTR	magnetic tape recorder; materials testing reactor; mean time to restore; missile tracking radar; moving target reactor; multiple-track radar range	MWd/t	megawatt days per ton
MSF	manned space flight; matched spatial filter; medium standard frequency			MWE	megawatt electric
				MWh	megawatt-hour
				MW(H)	megawatt, heat
				mWL	milliwatt logic
MSFET	metal-semiconductor FET			MWL	master warning light
MSG	maximum stable gain; message; miscellaneous simulation generator; multiplicand select gate	MTS	magnetic tape system; missile tracking system	MWMSE	minimum-weighted mean-square-error (filter)
		MTT	magnetic tape terminal; magnetic tape transport	MWP	maximum working pressure
MSHI	medium scale hybrid integration			MWR	mean width ratio
MSI	manned satellite inspector; medium scale integration	MTTD	mean time to diagnosis	MWS	microwave station
		MTTE	multi-threshold threshold element	MW th	megawatt (thermal)
MSL	maximum service life; mean sea level; microwave landing system	MTTF	mean time to failure	MWV	maximum working voltage
		MTTFF	mean time to first failure	Mx	maxwell
MSMP	multiple source Moiré patterns	MTTR	maximum time to repair; maximum time to replace; mean time to repair; mean time to replace; mean time to restore	MX	matrix; multiple address; multiplex
MSMV	monostable multivibrator				
MSOS	mass storage operating system			MZ	minus zero
MSP	mode select panel				
MSPG	magnetic shock pulse generator	MTU	magnetic tape unit; multiplexer and terminal unit		

N

n	nano (= 10^{-9}); refractive index; neutron					

N neper; neutral; neutron number; Newton; nitrogen; number of revolutions; number of turns; power
nA nanoampere
NA neutral axis; numerical aperture; start normal after start
NAA neutron activation analysis
NABS nuclear-armed bombardment satellite
NACOM National Communications
NAD noise amplitude distribution
NAIR narrow absorption infrared
NAK negative acknowledge
NAMIS nitride-barrier avalanche-injection metal-insulator-semiconductor
NAND NOT AND
NAPUS nuclear auxiliary power unit system
NAR net assimilation rate; numerical analysis research
NARAD naval air research and development
NAREC naval research electronic computer
NAS national airspace system
NASA National Aeronautics and Space Administration
NASARR North American Search And Ranging Radar
NASCOM NASA communications (satellite tracking network)
NAT normal allowed time
NATCS National Air Traffic Control Service
NATE neutral atmosphere temperature experiment
NAV navigation
NAVAR navigation (air) radar
NAVCM navigation countermeasure(s)
NAVCOMMSTA Naval Communications Station
nav.L. navigational light
NAVSAT navigational satellite
NB narrow band; no bias
NBC narrow-band conducted; National Broadcasting Company; National Bureau of Standards; noise balancing circuit; noise balancing control
NBCD natural BCD
NBCV narrow-band coherent video
NBDL narrow band data line
NBFM narrow-band frequency modulation
NBR narrow-band radiated
NBS National Bureau of Standards; new British standard
NBSFS NBS frequency standard
NBVM narrow-band voice modulation
NC network controller; no coil; no connection; noise criterion; non-linear capacitance; normally closed; nuclear capability; numerical control; numeric controlled
NCC normally closed contact
NCF naval communications facility
NCFSK non-coherent frequency shift keying
NCMT numerically controlled machine tool
NCO numerically controlled oscillator
NCP network control program
NCPM non-critical phase matching
NCS national communications system; network control station
NCV no commercial value
ND no detect; non-delay; non-directional; non-director
NDB nautical directional beacon; non-directional beacon; non-directional radio beacon
NDE nonlinear differential equation
NDF nonrecursive digital filter
NDL network definition language
NDM negative differential mobility
NDP normal diametral pitch
NDR network data reduction
NDRO nondestructive readout
NDS neutron doped silicon; nuclear detection satellite; non-destructive test
NE noise equivalent; not equal to; north-east
NEA negative electron affinity
NEB noise equivalent bandwidth
NEDSA non-erasing deterministic stack automation
NEF noise equivalent flux
NEG negative
NEI noise equivalent input; noise equivalent intensity
NEL neon light
NEMAG negative effective mass amplifiers and generators
NEMP nuclear electromagnetic pulse
NEP noise equivalent power
NEPD noise equivalent power density
NERVA nuclear engine for rocket vehicle
NES near-end suppressor; noise equivalent signal
NESTOR neutron source thermal reactor
NET network; noise equivalent temperature; noise evaluation test
NETS network electrical technique system
NETSET network synthesis and evaluation technique
NEUT neutral
NEXT near-end crosstalk
nF nanofarad
NF noise factor; noise figure; noise frequency
NFB negative feedback
NFE nearly free electron
NFM narrow-band frequency modulation
NFQ night frequency
NFR no further requirement
NFS narrow-band frequency shift
NG nitroglycerine
NGM neutron gamma Monte Carlo
NGSP national geodetic satellite program
NGT noise generator tube
nH nanohenry
nhp nominal horsepower
NHR non-harmonic rejection
NI noise index; numerical index
NIC negative immitance converter; negative impedance converter;
NID network-in-dialing
NIDA numerically integrating differential analyzer
NIF noise improvement factor
NII negative immitance inverter; negative impedance inverter
NIM nuclear instruments module
NIMO numerical indicator multiple oscilloscope
NIPO negative input/positive output
NIR near infrared
NIS not in stock
NIT numerical indicator tube
NJP network job processing
NL new line; noise limiter
NLC nonlinear capacitor
NLE nonlinear element
NLI nonlinear interpolating
NLG noise landing gear
NLM noise level monitor
NLO nonlinear optics
NLPS N-large energy gap, P-small energy gap
NLR noise load ratio; nonlinear resistor; nonlinear resistance
NLS nonlinear smoothing
NLT negative line transmission
NM nautical mile; noise margin; noise meter; nuclear magnetron
NMI nautical miles; nonmaskable interrupt
NML nuclear magnetic logging
NMM network measurement machine
NMOS n-channel MOS; n-type MOS
NMR normal-mode rejection; nuclear magnetic resonance
NN nearest neighbour
NNE north-north-east
NNR new nonofficial remedies
NNSS navy navigation satellite system
NNW north-north-west
NOC normally open contact
NOD night observation device
NOHP not otherwise herein provided
NONCOHO noncoherent oscillator
NOS not otherwise specified
NOSS nimbus operational satellite system
NOTAM notice to airmen
NP nonprint(ing)
NPA normal pressure angle; numerical production analysis
NPN negative-positive-negative (transistor)
NPO negative-positive-zero
NPR noise-power ratio
NPT network planning technique; normal pressure and temperature
NQR nuclear quadrupole resonance

NR	noise reduction; nonreactive (relay); nonrecoverables; nuclear reactor	**O**		O/D	on demand
NRA	naval radio activity; nuclear reaction analysis			ODA	operational data analysis
				ODB	output-to-display buffer
		O	oscillator; output; overall readability; oxygen; urgent	ODM	orbital determination module
NRE	negative resistance elements			ODN	own Doppler nullifier
NRF	nuclear resonance fluorescence	OA	omnirange antenna; operational analysis; operating assembly; output axis	ODOP	orbital Doppler
NRMS	nominal root mean square			ODP	operational development program; original document processing; output-to-display parity-error
NRP	normal rated power		
NRT	net registered tonnage	OAME	orbital altitude and maneuvering electronics	
NRZ	nonreturn to zero			ODR	omnidirectional range
NRZC	nonreturn to zero with change	OAMS	orbit attitude and manoeuvre system	ODT	octal debugging technique; outside diameter tube
NRZI	nonreturn to zero inverted		
NRZL	nonreturn to zero level	OAO	Orbiting Astronomical Observatory	ODU	output display unit
NRZM	nonreturn to zero with mark	OAPM	optimal amplitude and phase modulation	Oe	Oersted
ns	nanosecond (= 10^{-6} s); not specified			OE	open end
		OAR	operand address register; optical automatic ranging	OEI	overall efficiency index
NS	national standard; new style; noise sensitivity; not specified; nuclear ship			OEM	original equipment manufacturer; original equipment market
		OAS	operational announcing system	
		OASF	orbital astronomy support facility	OER	operational equipment requirement; oxygen enhancement ratio
		OASIS	operational automatic scheduling information system	
NSAG	n-channel self-aligned-gate			OERC	optimum earth reentry corridor
NSI	nonstandard item	OAT	operating ambient temperature; outside air temperature	OF	oscillator frequency
NSP	network services protocol; non-series/parallel			O/F	orbital flight
		OAV	output available	OFA	oil-immersed forced-air-cooled (transformer)
NSR	noise-to-signal ratio	O-B	octal-to-binary	
NSS	national space station	OB	output buffer	
NSSS	nuclear steam supply system	OBD	omnibearing distance	OFC	one-flow cascade cycle; operational flight control; orthonormal function coding
NSTF	neutron sensor testing facility	OBF	output-buffer-full	
NT	no transmission; not tested; numbering transmitter	OBI	omnibearing indicator	
		OBK	open breaker keying	OFG	optical frequency generator
NTC	negative temperature coefficient	OBN	out-of-band noise	OFHC	oxygen-free high-conductivity copper
NTI	noise transmission impairment	OBP	on-board processor	
NTL	nonthreshold logic; non-uniform transmission line	OBS	observation; omnibearing selector	OFR	on-frequency repeater; operational failure report; over frequency relay
		OBWAS	on-board aircraft weighing system	
NTP	normal temperature and pressure	OC	open circuit; open-closed; open collector; open circuit; operating characteristic; operating coil; operational computer; operation code; operations control; overcurrent	OG	ogee; output gate
NTR	noise temperature ratio; nuclear test reactor			OGI	outer grid injection
				OGO	orbiting geophysical ovservatory
NTS	negative torque signal; not to scale			OGU	outgoing unit
NTU	network terminating unit; number of transfer units			OH	ohmic heating; oil hardened; on hand; operational hardware; oval head screw; overhead
NTVA	non-deterministic time-variant automation	OCBR	output channel buffer register	
		OCC	open-circuit characteristic; operational control center	O-H	octal-to-hexadecimal
NU	number unobtainable			OHC	overhead camshaft
NUDETS	nuclear detection system	OCI	optical-coupled isolator	OHD	over-the-horizon detection
NULACE	nuclear liquid-air cycle engine	OCK	operation control key	OHM	ohmmeter
Num	numeric	OCL	open-circuit (primary) inductance; operational check list; operational control level; operators control language	ohm-cm	ohm-centimeter
NUMAR	nuclear magnetic resonance			OHP	outer Helmholtz plane; oxygen at high pressure
NUPAD	nuclear-powered active detection		
NUS	nominal ultimate strength			OHS	open hearth steel
NUSUM	numerical summary message	OCO	open-close-open	OHV	overhead valve
NUTL	non-uniform transmission line	OCP	operating control procedure; operational checkout procedure; output control pulse	OI	oil-immersed; oil-insulated; operating instructions
nV	nanovolt		
NV	neutralization value; no volatile			OIC	optical integrated circuit
NVA	no-voltage amplification	OCR	optical character reader; optical character reading; optical character recognition; organic cooled reactor; overcurrent relay	OIFC	oil-insulated fan-cooled
NVM	non volatile matter			OIL	orange indicating lamp
NVR	no voltage release			OISC	oil-insulated self-cooled
NVSM	nonvolatile semiconductor memory			OIWC	oil-insulated water-cooled
		OCS	open circuit; optical character scanner	OJT	on-the-job training
nW	nanowatt		
NW	north-west	OCT	octal; output clock trigger	OL	on-line; open loop; oscillating limiter; overhead line; overlap; overload
NWDS	number of words	OCTL	open-circuited transmission line	
NWE	narrow-width effect	OCU	office channel unit; operational control unit	
NWG	National Wire Gauge (USA)			OLC	on-line computer; outgoing line circuit
NWP	numerical weather prediction	OCVD	open-circuit-voltage-decay	
NYR	not yet required	OCW	orange-cyan-wideband	OLCA	on-line circuit analysis
NZE	north-zenith-east system	OD	omnidirection; optical density; original design; output data; outside diameter	OLD	on-line debug; open loop damping
				OLM	on-line monitor

OLP	oxygen-lance-powder	
OLPARS	on-line pattern analysis and recognition system	
OLPS	on-line programming system	
OLRT	on-line real time	
OLS	optical landing system	
OLSC	on-line scientific computer	
OLSS	on-line software system	
OM	operational maintenance; organic matter; outer marker; overturning moment	
OMB	outer marker beacon	
OMEC	optimized microminiature electronic circuit	
OMF	object module file	
OMI	optical measurement instrument	
OMNITENNA	omnirange antenna	
OMPR	optical mark page reader	
OMR	optical mark reader; optical mark recognition; organic moderated reactor	
OMS	operational monitoring system	
OMT	orthogonal mode transducer	
OMU	optical measuring unit	
ON	octane number; oil-immersed natural cooled	
ONAL	off-net access line	
OOK	on-off keying	
OOL	operator oriented language	
OOO	out of order	
OOPS	off-line operating simulator	
OP	observation post; operating procedure; operation; operational priority; operation code; operator; output; out of print; overproof	
OPA	optoelectronic pulse amplifier	
OPADEC	optical particle decoy	
OPAL	optical platform alignment linkage	
OPAMP	operational amplifier	
OPC	open printed circuit; operational control	
OPCOM	operations communications	
OPCTR	operation counter	
OPDAC	optical data converter	
OPDAR	optical detection and ranging	
OPE	operations project engineer	
OPERA	operational analysis	
OPLE	omega position location experiment	
OPM	operations per minute	
OPN	open; operation	
OPND	operand	
opnl	operational	
OPO	optical parametric oscillator	
OPOS	oxygen-dopped polysilicon	
opp	opposite	
OPP	octal print punch; oriented polypropylene	
OPR	operator; optical page reading	
OPREG	operation register	
OPS	on-line process synthesizer; operational paging system; optical power spectrum	
OPT	optical; optics; output transformer	
OPTA	optimal performance theoretical attainable	
OPTUL	optical pulse transmitter using laser	
OPV	ohms per volt	
OPW	operating weight; orthogonalized plane wave	
OQL	observed quality level; outgoing quality level	
OR	omnidirectional (radio) range; operational readiness; operations requirements; operations research; operator; out of range; output register; outside radius; overall resistance; overhaul and repair; overload relay	
ORA	output register address	
ORACLE	optional reception of announcements by coded line electronics	
ORAN	orbital analysis	
ORB	omnidirectional radio beacon	
ORBIS	orbiting radio beacon ionospheric satellite	
ORBIT	on-line, real-time branch information transmission	
ORC	Operations Research Center	
ORDIR	omnirange digital radar	
ORI	octane requirement increase	
orig.	origin	
ORLY	overload relay	
ORR	omnidirectional radar range; omnidirectional radio range; orbital rendezvous radar	
ORRAS	optical research radiometrical system	
ORT	operational readiness test; overhand radar technology	
ORTAI	orbit-to-air intercept	
ORV	orbital rescue vehicle	
ORZ	omnirange zero	
OS	odd symmetric; off-scale; old style; one-shot multivibrator; one side; operating system; operational sequence; ordnance surveying; oscilloscope	
OSB	orbital solar observation	
OSC	oscillation; oscillator; oscillograph; oscilloscope; own ship's course	
OSD	operational systems development	
OSE	operational support equipment	
OSO	orbiting solar observatory	
OSR	optical scanning recognition; output shift register	
OSS	optical surveillance system; orbital space station	
OST	on site test; operational system test	
OSV	orbital support vehicle	
OT	oiltight; on truck; overall test; overtime	
OTA	operational transductance amplifier	
OTE	operational test equipment	
OTF	optimum traffic condition	
OTH	over the horizon	
OTHR	over-the-horizon radar	
OTM̃	odd transversal magnetic	
OTP	operational test procedure	
OTR	optical tracking; overload time relay	
OTRAC	oscillogram trace reader	
OTI	optimum time invariant	
OTL	output transformerless	
OTLP	zero transmission level point	
OTS	optical technology satellite	
OTTO	optical-to-optical (converter)	
OTU	operational test unit	
OTV	operational television	
OUF	optimum usual frequency	
OUT	output	
OUTRAN	output translator	
OUTREG	output register	
OV	orbiting vehicle; overvoltage	
OVAC	zero volt alternating current	
OVDC	zero volt direct current	
OVF	overvoltage factor	
OVFLO	overflow	
OVL	overlap	
OVLD	overload	
OVLY	overlay	
OW	open wire; order wire	
OWF	optimum working frequency	
OWS	ocean weather station; orbital workshop	
OXIS	oxide isolation	
OXY	oxygen	
oz	ounce	
OZ	ozone	

P

p	pico (= 10^{-12})
P	peg; pentode; period; permeance; phone; phosphorous; plate; plug; polar; polarization; pole; positive; power; pressure; primary; prismatic joint; probe; program; proton; pulse; punch
pA	picoampere
PA	performance analysis; phase angle; polar-to-analog; power amplifier; precision angle; pressure angle; probability of acceptance; product analysis; program address; program analysis; public address pulse amplifier
PAAR	precision approach airfield radar
PABX	private automatic branch exchange
PAC	pacific; personal analog computer
PACE	phased array control electronics; precision analog computing equipment; program analysis control and evaluation
PACM	pulse amplitude code modulation
PACOR	passive correlation and ranging station
PACT	pay actual computer time; production analysis control technique; program for automatic coding; programmed automatic circuit tester
PAD	post alloy diffusion; power amplifier driver
PADAR	passive detection and ranging

PADRE	portable automatic data recording equipment
PADS	passive-active data simulation; precision antenna display system
PADT	post-alloy diffused transistor
PAEM	program analysis and evaluation model
PAF	printed and fired
PAGE	PERT automated graphical extension
PAGEOS	passive geodetic earth orbiting satellite
PAI	precise angle indicator; production acceptance inspection; programmer appraisal instrument
PAIR	performance and integration retrofit
PAL	pedagogic algorithmic language; permanent artifical lighting; phase alternation line; process assembly languages; psychoacoustic laboratory
PALD	phase alternation line delay
PALS	precision approach and landing system
PAM	pole amplitude modulation; primary access method; pulse amplitude modulation
PAMA	polyalkylmethacrylate; pulse address multiple access
PAM/FM	pulse amplitude modulation/frequency modulation
PAM/PDM	pulse amplitude modulation/pulse duration modulation
PAMS	pad abort measuring system
PAMUX	parallel addressable multiplexer
PAN	international distress signal
PANAR	panoramic radar
PANE	performance analysis of electrical networks
PAPA	programmer and probability analyzer
PAPC	propulsion auxiliary control panel
par	parallel
PAR	parameter; performance analysis and review; perimeter array radar; precision approach radar; pulse acquisition radar
PARABOL	parabolic (antenna)
PARADE	passive-active ranging and determination
PARAMP	parametric amplifier
PARASYN	parametric synthesis
PARC	progressive aircraft reconditioning cycle
PARDOP	passive ranging Doppler
PARM	program analysis for resource management
PAROS	passive ranging on submarines
PARR	procurement authorization and receiving report
parsec	parallax second
PARSEV	paraglider research vehicle
PARSYN	parametric synthesis part partial
PARTNER	proof of analog results through numerically equivalent routine
pas	passive
PAS	primary alert system; program address storager; public address system
PASCAL	Philips automatic sequence calculator
PASE	power assisted storage equipment
PASS	program aid software system; program alternative simulation
PAT	parametric artificial talker; patent; pattern; pattern analysis test; performance acceptance test; personalized array translator; production acceptance test; program altitude test; proportional to absolute temperature
PATA	pneumatic all-terrain amphibian
PATH	performance analysis and test histories
PATI	passive airborne time-difference intercept
PATRIC	pattern recognition, interpretation, and correlation
PATS	precision altimeter techniques
PATT	project for the analysis of technology transfer
PATTERN	planning assistance through technical evaluation of relevance numbers
PAU	pilotless aircraft unit
PAV	phase anlge voltmeter; position and velocity
PAW	powered all the way
PAWOS	portable automatic weather observable station
PAWS	programmed automatic welding system
PAX	private automatic exchange
PB	parity bit; peripheral buffer; phonetically balanced; playback plot board; plug board; push button
PBDG	push-button data generator
PBIT	parity bit
PBL	planetary boundary layer
PBM	pulse burst modulation
PBP	push-button panel
PBPS	post boost propulsion system
PBS	push-button switch
PBT	parity bit test
PBV	post boost vehicle
PBX	private branch exchange
pC	picocoulomb; picocurie
PC	parameter checkout; parity check; permeance coefficient; phase control; photocell; photoconductive; photoconductor; pitch circle; pitch control; print of curve; polar-to-cartesian; positive column; power circuit; power contactor; printed circuit; program counter; process controler pseudocode; pulsating current; pulse code; pulse comparator; pulse controller; pulse counter; punched card; pyrocarbon; single paper, single cotton
PCA	pole cap absorption
PCAC	partially conserved axial current
PCAM	punched card accounting machine
PCB	polychlorinated biphenylene; power circuit breaker; printed-circuit board
PCBC	partially conserved baryon current
PCC	partial crystal control; point of compound curve; program controlled computer
PCCD	peristaltic charge coupled device; photographic camera control system
PCD	plasma-coupled devices
PCDC	punched card data processing
PCDS	power conversion and distribution system
PCE	pool control error; process control element; punched card equipment
PCEM	process chain evaluation model
PCG	planning and control guide
PCI	panel call indicator; pattern correspondence index; peripheral command indicator; photon coupled isolator; pilot controller integration; product configuration identification; programmable communication interface
PCM	peripheral computer manufacturer; pitch control motor; primary code modulation; pulse code modulation; pulse count modulation; punched card machine
PCME	pulse code modulation event
PCM/DHS	pulse code modulation/data handling system
PCM/FM	pulse code modulation/frequence modulation
PCM/FSK/AM	pulse code modulation/frequency shift keying/amplitude modulation
PCMI	photochromic microimage
PCM/PN	pulse code modulation/pseudo/noise
PCM/PM	pulse code modulation/phase modulation
PCM/PS	pulse code modulation/phase-shift
PCMD	pulse code modulation digital
PCME	pulse code modulation event
PCMTS	pulse code modulation telemetry system
PCN	programmed numerical control
PCOS	primary communications oriented
PCP	parallel circular plate; photon-coupled pair; primary control program; process control processor; processor control program; program change proposal; punched card punch; project control plan
PCR	photoconductive relay; procedure change request; program change request; program control register; program counter; pulse compression radar; punched card reader
PCS	pointing control system; polymer clad silica; power conversion sytem; print contrast scale; process control system; punched card system
PCSC	power conditioning, switching and control

PCSP	program communications support program	PE	parity error; peripheral equipment; permanent echo; permanent error; phase encoded; phase encoding; photoelectric; polyethylene potential energy; power equipment; probable error; processing element; professional engineer	pF	picofarad
p.ct.	per cent			PF	power factor; probability of failure; protection (fallout) factor; pulse feedback; pulse frequency
PCT	photon coupled transistor; planning and control techniques; potential current transformer			PFA	pulverized fuel ash; pure fluid amplifier
PCTFE	polychloride-trifluorethylene			PFAM	programmed frequency/amplitude modulator
PCTM	pulse count modulation	PEARL	process and experiment automation real time language		
PCU	power control unit; power conversion unit; progress control unit			PFB	pre-formed beams
		PEC	packaged electronic circuit; photoelectric cell	PFC	power factor capacitor
PCV	pollution control valve; pressure control valve			PFD	primary flash distillate
		PECS	portable environmental control system	PFE	primary feedback element
PCW	pulsed continuous wave			PFG	primary frequency generator
PD	passive detection; period; periodic duty; peripheral device; pitch diameter; plasma-deposited; polar distance; positive displacement; potential difference; power distribution; power divider; preliminary design; pressure difference; priority directive; propability density; propellant dispersion; proton-donar; pulse Doppler; pulse driver; pulse duration	PED	personnel equipment data; phosphorus enhanced diffusion	PFLL	phase and frequency locked loop
		PEDRO	pneumatic energy detector with optics	PFM	power factor meter; pulse-frequency modulation
		PEEP	pilot's electronic eye-level presentation	PFN	pulse forming network
		PEF	physical electronics facility; pulse eliminating filter	PFR	parts failure rate; polarized field frequency relay; power fail recovery system; prototype fast reactor; pulse frequency
		PEI	preliminary engineering inspection		
		PEIC	periodic error integrating controller	PFRS	portable field recording system
		PEM	photoelectromagnetic; processor element memory; production engineering measure	PFT	prime factor transform
				PFV	peak forward voltage
PDA	peak distribution analyzer; post-deflection accelerator; probability discret automata; proposed development approach; pulse distribution amplifier			PG	power gain; pressure gauge; pulse generator
		PEN	pentode		
		PENA	primary emission neuron activation	PGC	polynomial generator checker; programmed gain control
		PENCIL	pictorial encoding language		
PDC	power distribution control; premission documentation change; single paper double cotton	PENT	penetration; pentode	PGM	program
		PEOS	propulsion and electrical operating system	PGNCS	primary guidance and navigation control system
PDE	partial differential equation			PGNS	primary guidance and navigation system
PDF	point detonating fuse; probability density function; probability distribution function	PEP	peak envelope power; planar epitaxial passivated; program evaluation procedure; pulse effective power		
				PGP	pulsed glide path
				PGR	precision graphic recorder; psycho-galvanic response
PDI	pictorial deviation indicator	PEPP	planetary entry parachute program		
PDIO	photodiode	PEPR	precision encoding and pattern recognition	PGS	power generation system; power generator section
PDL	procedure definition language; programmable digital logic				
		PER	premilinary engineering report	PGU	power generator unit; pressure gas umbilical
PDM	pulse delta modulation; pulse duration modulation	PERCY	photoelectric recognition cybernetics		
				p.h.	per hour
PDM/FM	pulse duration modulation/frequency modulation	PERGO	project evaluation and review with graphic output	pH	hydrogen-ion concentration; picohenry
				PH	phase; power house
PDME	precision distance measuring equipment	period	periodical	PHA	pulse height analyzer
		PERM	permanent; permeability	PHD	phase shift driver
PDO	program directive-operations	perp	perpendicular	PHENO	precise hybrid elements for non-linear operation
PDP	plasma display panel; polysilicon-dielectric-polysilicon; program definition phase; programmed data processor	PERT	performance evaluation review technique; program estimation revaluation technique; program evaluation and review technique; program evaluation research task		
				PHI	position and homing indicator
				PHM	phase meter; phase modulation
PDPS	parts data processing system			PHOENIX	plasma heating obtained by energetic neutral injection experiment
PDQ	programmed data quantizer	PERTCO	program evaluation review technique with cost		
PDR	periscope depth range; power directional relay; precision depth recorder; predetection recording; preliminary design review; priority data reduction; processed data recorder; program discrepancy report; program drum recording			PHP	pound per horsepower
		PERU	production equipment records unit	PHR	pound-force per hour
				PHS	pan head steel
		PES	photoelectric scanner	PHT	phototube
		PET	patterned epitaxial technology; performance evaluation test; peripheral equipment tester; polyethylene; position event time; production environmental testing; production experimental test	PHV	phase velocity
				PHWR	pressurized heavy water moderated and cooled reactor
PDS	power density spectra; power distribution system; program data source; propellant dispersion system				
				PI	paper-insulated; parallel input; penetration index; performance index; pilotless interceptor; point initiating; point insulating; point of intersection; power input; priority interrupt; productivity index; pro-
PDT	post alloy diffused transistor	PETE	pneumatic end to end		
PDU	pilot display unit; pressure distribution unit	PEV	peak envelope voltage		
		PEXRAD	programmed electronic X-ray automatic diffractometer		
PDV	premodulation processor deep				

		gram indicator; program interrupt; programmed instruction; proportional integral	PL	peak loss; phase line; photoluminescence; plate; plug; power line; production language; profit and loss; program library; programming language; proportional limit; pulse length	PMMC	permanent-magnet movable coil
PIA		peripheral interface adapter; preinstallation acceptance			PMNT	permanent
					PMOS	p-channel MOS
PIB		polar ionosphere beacon			PMP	planar metallization with polymer; premodulation processor; preventive maintenance plan
PIC		particle in cell; periodic inspection control; photographic interpretation center; plastic insulated cable; polyethylene insulated conductor; positive-impedance converter; program interrupt control; pulse ionisation chamber				
			PL/1	programming language number one	PMPE	punch memory parity error
			PLA	programmable logic array; programmed logic array; proton linear accelerator	PMS	processor, memories and switches; processor memory switch
			PLAAR	packaged liquid air-augmented	PMT	photomultiplier tube; precious metal tip
			PLACE	programming language for automatic checkout equipment	PMTS	predetermined motion time standards
PID		proportional integral and differential; proportional integral derivation	PLAD	plasma diode	PMW	pulse modulated wave
			PLAN	problem language analyzer	PN	perceived noise; performance number; phon; positive-negative; proportional navigation; pseudonoise
PIE		plug-in electronics; pulse interference elimination; pulse interference emitting	PLANIT	programming language for interactive teaching		
			PLANS	program logistics and network scheduling system		
PIF		payload integration facility			PNdb	perceived noise in decibels
PIGA		pendulous integrating gyroscope accelerometer	PLAT	pilot landing aid television	PNDC	parallel network digital computer
			PLATO	programmed logic for automated learning operation; programmed logic teaching operation	PNL	panel; perceived-noise level
PII		positive immittance inverter			PNM	pulse-number modulation
PILC		paper-insulated lead-covered cable			PNMF	pseudo-noise-matched filter
PILL		programmed instruction language learning	PLC	power-line carrier	PNMT	positive-negative metal transistor
			PLD	phase locked demodulator; pulse length discriminator	PNP	positive-negative-positive
PILOT		permutation indexed literature of technology			PNPN	positive-negative-positive-negative
			PLDTS	propellant loading data transmission system	PN-TDMA	pseudonoise time division multiple access
PILOT		piloted low-speed test				
PIM		precision indicator of the meridian	PLE	prudent limit of endurance	PO	parallel output; polarity; pole; power oscillator; power output pressure oscillation; print-out; program objectives; pulse oscillator
PIM		pulse interval modulation	PLF	parachute landing fall		
PIN		position indicator; positive-intrinsic-negative	PLIP	preamplifier-limited infrared photoconductor		
PINO		positive input/negative output	PLL	phase-locked loop	POA	probability of acceptance
PINS		portable inertial navigation	PLM	planetary rotation machine; pulse length modulation	POB	push-out base
PIOC		program input/output cassette			POCP	program objectives change proposal
PIOCS		physical input-output unit	PLO	phase locked oscillator	POD	point of origin device
PIOU		parallel input-output unit	PLOD	planetary orbit determination	PODS	post-operative destruct system
PIP		peripheral interchange program; predicted impact point; programmable integrated process; pulsed integrating pendulum	PLOP	pressure line of position	POGO	programmer oriented graphics
			PLP	passive low pass; pattern learning parser; photolithographic process	POI	program of instruction
			PLRS	position location reporting system	POINTER	particle orientation interferometer
PIPA		pulse integrating pendulum accelerometer	PLT	program library tape		
			PLTT	Private Line Teletypwriter Service	POISE	panel on in-flight scientific experiments
PIPER		pulsed intense plasma for exploratory research	PLUS	program library update system		
			p.m.	per minute	POL	petroleum, oil, and lubricants; polarization; problem-oriented language; procedure-oriented language; process-oriented language
PIPS		pattern information processing system; pulsed integrating pendulums	p/m	pounds per minute		
			PM	permanent magnet; phase modulation; photomultiplier; post meridiem (after noon); preventive maintenance; procedures manual; pulse modulation; purpose-made		
PIR		parallel-injection readout			POLYTRAN	polytranslation analysis and programming
PIRN		preliminary interface revision notice				
PIRT		precision infrared triangulation			POP	power on/off protection; printing out paper; program operating plan
PISH		program instrumentation summary handbook	PMBX	private manual branch exchange		
			PMC	plaster moulded cornice; program marginal checking; pseudo machine code		
PI/SO		parallel input with serial output			POPS	pantograph optical projection system
PISW		process interrupt status word				
PIT		peripheral input tape; processing index terms; program instruction tape	PMCS	pulse modulated communication system	POR	power-on reset; problem-oriented routine
			PME	photomagnetoelectric; photo-magnetoelectric effect; protective multiple carthing	POS	point-of-sale; position; pressure operated switch; primary operating system; probability of survival
PIU		plug-in unit				
PIV		peak inverse voltage				
PK		peak	PMEE	prime mission electronic equipment	POSS	photooptical surveillance system
pkg		package	PMEV	panel mounting electronic voltmeter	POSTER	post-strike emergency reporting
PKP		preknock pulse	PMF	programmable matched filter	POT	potential; potentiometer
pk-pk		peak-to-peak	PMI	preventive maintenance inspection	POV	peak operating voltage
pkV		peak kilovolt	PMM	pulse-mode multiplex	pow	power
			PMMA	polymethylmethacrylate	POWS	pyrotechnic outside warning system

PP	panel point; peak power; peak-to-peak; peripheral processor; preprocessor; pressure proof; print/punch; pseudo program; pulse pair; push-pull
P/P	point to point
PPA	photo peak analysis; push-pull amplifier
PPC	planar positive-column; pulsed power circuit
PPE	premodulation processor equipment; problem program efficiency
PPG	program pulse generator; propulsion and power generator
pph	pounds per hour; pulses per hour
PPI	plan-position indicator; programmable peripheral interface
ppm	parts per million
PPM	parallel processing machine; periodic permanent magnet; planned preventive maintenance; pulse-phase modulation; pulse-position modulation; pulses per minute
PPMS	program performance measurement system
PPP	peak pulse power; phased project planning; push-pull power
PPPA	push-pull power amplifier
PPPI	precision plan position indicator
PPPS	pulse pairs per second
PPR	photoplastic recording
PPRF	pulse pair repetition frequency
pps	pounds per second; pulses per second
PPS	parallel processing system; phosphorous propellant system; primary propulsion system; pulse per second
PPSN	present position
PPT	punched paper tape
PPU	peripheral processing unit; peripheral processor unit
PQC	production quality control
PQGS	propellant quantity gauging systems
PR	pattern recognition; photographic reconnaissance; plyrating-prismary radar; proceedings; program register; program requirements; pseudorandum; pulse rate; pulse ratio
PRA	precision axis; production reader assembly; program reader assembly
PRADOR	pulse repetition frequency ranging Doppler radar
PRBS	pseudorandom binary sequence
PRC	periodic reverse current; point of reverse curve
PRD	prime radar digitizer; program requirements data; program requirements document
PRDV	peak reading digital voltmeter
PRE	preliminary amplifier
PREAMP	preamplifier
PREC	precision
PREF	prefix
PRESS	pressure
PRESSAR	presentation equipment for show scan radar
PRF	pulse rate frequency; pulse recurrence frequency; pulse repetition frequency
PRFL	pressure-fed liquid
PRI	pulse repetition interval
PRIDE	programmed reliability in design
PRIME	precision integrator for meteorological echoes; precision recovery including manoeuverable entry; programmed instruction for education
PRIN-CIR	printed circuit
print	printed
PRISE	program for integrated shipboard electronics
PRISM	programmed integrated system maintenance; program reliability information system for management
PRK	phase reversal keying
PRM	power range monitor; pulse rate modulation
PRN	previous result negative; pseudorandom noise; pulse ranging navigation
PROB	problem
Proc	proceedings
PROCOMP	process computer; program compiler
PRODAC	programmed digital automatic control
PROFAC	propulsive fluid accumulator
PROG	program
PROGDEV	program device
PROM	Pockels-readout-optical modulator; programmable read only memory
PRONTO	program for numerical tool operation
PROP	performance review for operating programs
prot	protected
prov	provide
PRP	print-out; pseudorandom pulse; pulse repetition period
PRR	pulse repetition rate
PRS	pattern recognition system
PRT	pattern recognition technique; portable remote terminal; pulse recurrence time; pulse repetition time
PRTR	plutonium recycle test reactor
PRU	programs research unit
PRV	peak reserve voltage; pressure-reducing valve
PRW	per cent rated wattage
ps	picosecond
PS	parallel-to-serial; parity switch; phase shift; phase shifter; potentiometer synchron; power source; power supply; pressure switch; proof stress; proton synchrotron; pull switch
PSA	polysilicon self-aligned; power servo amplifier
PSAR	programmable synchronous/asynchronous receiver
PSAT	programmable synchronous/asynchronous transmitter
PSB	program specification block
PSC	permanent split capacitor; phase sensitive converter; power conversion system
PSD	phase-sensitive demodulator; phase-sensitive detector; polysilicon diode; power spectral density; position sensitive light detector
psec	picosecond
PSF	pound-force per square foot; power separation filter; process signal former
PSG	phosphosilicate glass; pulse signal generator; pulsed strain gauge
PSI	plan-speed indicator; pound force per square inch; preprogrammed self-instruction
PSK	phase shift keying
PSL	phase sequence logic
PSM	pulse slope modulation
PSN	position
PSNR	power signal-to-noise ratio
PSO	pilot systems operator
PSP	peak sideband power; planet scan platform; power system planning
PSRR	power supply rejection ratio
PSS	propulsion support system
PST	pacific standard time; polished surface technique
PSU	microprocessor program storage unit; power supply unit
PSVM	phase sensitive voltmeter
PSW	potentiometer slide wire; program status word
PSWR	power standing wave ratio
PT	paper tape; period tapering; pipe thread; point; potential transformer; pulse time; pulse train; pulse transformer; punched tape
PTA	phototransistor amplifier; planar turbulence amplifier; pulse torquing assembly
PTAT	proportional to absolute temperature
PTC	positive temperature coefficient; programmed transmission control; pulse time code
PTCR	pad terminal connection room; positive temperature coefficient of resistance
PTCS	propellant tanking computer system
PTDTL	pumped tunnel diode transistor logic
PTF	programmable transversal filter; program temporary fix
PTFE	polytetrafluoroethylene
ptg	printing
PTJ	pulse-train jitter
PTM	phase time modulation; photomultiplier; proof test model; pulse time modulation; pulse time multiplex; punch-through modulation
PTML	pnpn transistor magnetic logic
PTO	permeability tuned oscillator. power take-off
PTP	paper tape punch; print-to-point; preferred target point

PTPS	parallel tuned parallel stabilized	PWR SUP	power supply	QPPM	quantized pulse position modulation
PTR	paper tape reader; polar-to-rectangular; pool test reactor; position track radar	PWS	plasma waveguide switch	QPSK	quadrature phase-shift keying
		PWT	propulsion wind tunnel	QR	quality and reliability; quick response
		PX	phantom coil		
PTS	permanent threshold shift; pneumatic test set; power transient suppressor; program test system; propellant transfer system; pure time sharing	PXA	pulsed xenon arc	QRA	quality and reliability assurance
		PXSTR	phototransistor	QRBM	quasi-random band model
		pz	peak-to-zero	QRC	quick reaction capability
		PZ	plus zero	QRI	qualitative requirements information; quick-reaction interceptor
		PZT	lead zirconate titanate (semiconductor); piezo-electric transducer		
PTT	program test tape; push to talk			QS	quick sweep
PTU	parallel transmission unit			QSAM	queued sequential access method
PTV	predetermined time value; punch-through varactor			QSRS	quasi stellar radio source
				QT	qualification test; quasi-transverse
PU	peripherical unit; pick-up; pluggable unit; power unit; processing unit; propulsion unit	**Q**		QTAM	queued telecommunications access method
		Q	quantity of electicity		
PUCK	propellant utilization checkout kit	QA	query analyzer	QTOL	quiet take-off and landing
PUCS	propellant utilization control system	QAAS	quality assurance acceptance standard	QTP	qualification test procedure
				QUAL	quality
PUJT	programmable unijunction transistor	QADS	quality assurance data system	QUAM	quadrature amplitude modulation
		QAGC	quiet automatic gain control	QUASER	quantum amplification by stimulated emission of radiation
PULL B SW	pull-button switch	QAM	quadrature amplitude modulation		
PUNC	program unit counter	QAVC	quiet automatic volume control	QUEST	quality electrical systems test
PUP	peripheral unit processor	QB	quick break	QUIP	query interactive processor
PUR	precision voltage reference	QC	quality control; quartz crystal	QVT	quality verification testing
PUT	programmable unijunction transistor	QCB	queue control block	QWA	quarter-wave antenna
		QCE	quality control engineering		
PV	peak-to-valley; photovoltaic; positive volume	QCNC	charge-controlled negative capacitance		
PVA	polyvinyl alcohol				
PVAC	present value of annual charges	QCPLL	quadrature channel phase-locked-loop	**R**	
PVB	potentiometric voltmeter bridge				
PVC	polycinyl chloride; position and velocity computer; potential volume change	QCR	quality control reliability	R	radical; radio; Rankine; Réaumur; receiver; reception; rectifier; red primary; redundancy; register; regulator; relative signal strength; reluctance; render; resistence; resistor; revolute joint; right; roentgen; routine; Rydberg constant
		QCS	quality control standard		
		QCW	quadrature continuous wave; quadrature phase subcarrier		
PVOR	precision VHF omnidirectional range	QD	quick disconnect		
		QE	quantum efficiency		
PVR	precision voltage reference	QEBR	quasi equilibrium Boltzmann relations		
P&VR	pure and vulcanized rubber insulation			RA	radar altimeter; random access; receiver auxiliary (relay); rectifier; remote access; right angle right ascension
		QEC	quick engine change		
PVS	performance verification system	QF	quality factor; quick firing		
PVT	polyvinyl toluene; pressure-volume-temperature	QFM	quantized frequency modulation		
		QG	quadrature grid	RAA	radar aircraft altitude calculator
PVX	phosphorous-doped vapor-deposited oxide	QGV	quantized gate video	RAC	random access controller; rectified alternating current
		QHC	quarter half circle		
pW	picowatt	QI	quiet ionosphere	RACC	radiation and contamination control
PW	pilot wire; printed wiring; program ward; pulse width	QIP	quad in-line package		
		QISAM	queued indexed sequential access method	RACE	random access computer equipment; random access control equipment; rapid automatic checkout equipment; regional automatic circuit exchange
PWB	printed wiring board				
PWC	pulse width coded	QIT	quality information and test		
PWD	power distributor; pulse-width discriminator	QL	query language		
		QLAP	quick look analysis program	RACEP	random access and correlation for extented performance
PWE	pulse-width encoder	QLDS	quick look data station		
PWF	present worth factor	QM	quadrature modulation	RACMD	radio countermeasures and deception
PWI	pilot warning indicator; proximity warning indicator	QMR	qualitative material requirement		
		QNT	quantizer	RACOM	random communication
PWL	piecewise linear; power level	QOD	quick-opening device	RACON	radar beacon
PWM	pulse-width modulation; pulse-width multiplier	QP	quality product; quartered partition	RACS	remote access computing system
				RACT	remote access computer technique
PWM-AF	pulse width modulated audio frequency	QPD	quadrature phase detector	RAD	radian; radiation absorbed dose; radiation detector; radiation dosage; radio; random access data; random access disc; rapid access data; rapid access disc; relative air density
		QPL	qualified products list		
PWM-FM	pulse width modulation frequency modulation	QPP	quantized pulse position; quiescent push pull		
PWR	pressurized water reactor; power; power amplifier				
PWR AMPL	power amplifier				

RADA	random access discrete address	
RADAC	radar analog digital data and control	
RADAL	radio detection and location	
RADANT	radome antenna	
RADAR	radio detection and ranging; random access dump and reload	
RADAS	random access discrete address system	
RADAT	radar data transmission; radio direction and track	
RADATA	radar data transmission and assembly	
RADCM	radar countermeasures	
RADCON	radar data converter	
RADEM	random access delta modulation	
RADFAC	radiating facility	
RADIAC	radioactivity detection, identification, and computation	
RADINT	radar intelligence	
RADIQUAD	radio quadrangle	
RADIR	random access document indexing and retrieval	
RADIST	radar distance; radar distance indicator	
RADNOTE	radio note	
RADOME	radar dome	
RADOP	radar Doppler; radar operator	
RADOPWEAP	radar optical weapons	
RADOT	real-time automatic digital optical tracker	
RADPLANBD	radio planning board	
RADPROPCAST	radio propagation forecast	
RADREL	radio relay	
RADRON	radar squadron	
RADSIM	random access discrete address system simulator	
RADTT	radio teletype	
RADUX	a long-distance CW IF navigation system	
RADVS	radar altimeter and Doppler velocity sensor	
RAE	radio astronomoy explorer satellite; range azimuth elevation	
RAEN	radio amateur emergency network	
RAES	remote access editing system	
RAFISBENQO	radio-signal reporting code for rating transmitting conditions	
RAFT	radially adjustable facility tube	
RAI	random access and inquiry	
RAID	random access image device; remote access interactive debugger	
RAIDS	rapid availability of information and data for safety	
RAILS	remote area instrument landing sensor	
RAIR	random access information retrieval	
RALU	register and arithmetic and logic unit	
RALW	radioactive liquid waste	
RAM	radar absorbing material; radio attenuation measurement; random access memory; relaxing avalanche mode	
RAMAC	random-access-memory accounting machine; random access method of accounting and control	
RAMARK	radar marker	
RAMD	random access memory device	
RAMP	radar masking parameter	
RAMPART	radar advanced measurements program for analysis of reentry techniques	
RAMPS	resource allocation and multiproject scheduling	
RANCOM	random communication	
RANDAM	random access non-destructive advanced memory	
RANDO	radiotherapy analog dosimetry	
RANSAD	random access noise-like signal address	
RAP	redundancy adjustment of probability; rocket-assisted projectile	
RAPCON	radar approach control center	
RAPD	reachthrough avalanche photodiode	
RAPID	reactor and plant integrated dynamics	
RAPLOT	radar plotting	
RAPPI	random access plan position indicator	
RAPS	retrieval analysis and presentation system; risk appraisal of program; rotary phase shifter	
RAPT	reusable aerospace passenger transport	
RAR	rapid access recording	
RARA	random access to random access	
RARAD	radar advisory	
RAREP	radar weather report	
RAS	radio astronomy satellite; rectified air speed; reliability, availability, serviceability; row address select	
RASER	radio frequency amplification by stimulated emission of radiation	
RASS	register, address, skip and special chip	
RASSR	reliable advanced solid-state radar	
RASTA	radiation special test apparatus	
RASTAC	random access storage and control	
RASTAD	random access storage and display	
RAT	reliability assurance test	
RATAC	radar target acquisition	
RATAN	radar and television aid to navigation	
RATCC	radar air-traffic control center	
RATE	remote automatic telemetry equipment	
RATEL	radiotelephone	
RATER	response analysis tester	
RATG	radiotelegraph	
RATIO	radiotelescope in orbit; ratiometer	
RATO	rocket-assisted take-off	
RATOG	rocket-assisted take-off gear	
RATRAN	radar triangle navigation	
RATSCAT	radar target scatter	
RATT	radioteletype	
RAVE	radar acquisition visualtracking equipment	
RAVIR	radar video recording	
RAWIN	radar wind sounding	
RAX	rural automatic exchange	
RB	radar beacon; read backward; read buffer; return-to-bias	
RBA	radar beacon antenna; recovery beacon antenna	
RBDE	radar bright display equipment	
RBDT	reverse blocking diode thyristor	
RBE	relative biological effectiveness; relative biological efficiency	
RBI	ripple blanking input	
RBO	ripple blanking output	
RBR	radar boresight range	
RBS	radar beacon station; radar bomb scoring; random barrage system; recoverable booster system	
RBT	resistance bulb thermometer	
RBU	remote buffer unit	
RBWO	resonant backward wave oscillator	
RC	radar control; range control; ray-control electrode; read and compute; reinforced concrete; remote control; research center; resistance capacitance; resistance-coupled; resistor/capacitor (circuit); reverse current; rubber covered	
R/C	radio command; radio control; range clearance	
RCAG	remote-controlled air-ground communication site	
RCAT	radio-code aptitude test	
RCBC	rapid cycling bubble chamber	
RCC	radio common channel; recovery control center; remote communications central; ring closed circuit; rod cluster control	
RCDC	radar course directing central	
RCCTL	resistor capacitor coupled transistor logic	
RCEI	range communications electronics instructions	
RCI	radar coverage indicator	
RCM	radar countermeasures; radio countermeasures	
RCO	reactor core; remote control office; remote control oscillator	
RCR	reverse current relay	
RCS	radar cross section; radio command system; reaction control subsystem; reaction control system; reentry control system; remote control system; reversing colour sequence	
RCT	reference clock trigger; resolve control transformers; reverse-conducting thyristior	
RCTL	resistor-capacitor-transistor logic	
RCTSR	radio code test speed on response	
RCU	relay control unit	
RCVR	receiver	
RCW	register containing word	
RCWP	rubber-covered, weather-proof	
RCWV	rated continuous working voltage	

RD	radar display; radiation detection; ratio detector; read; recognition differential; rectifier diode; register drive; relay driver; research and development; restricted data; roof diameter	
R&D	research and development	
RDA	reliability design analysis	
RDAA	range Doppler angle/angle	
RDB	radar decoy balloon	
RDC	remote data collection	
RDE	radial defect examination	
RDF	radar direction finder; radio direction finder; radio direction finding; recursive digital filter	
RDG	resolver differential generator	
RDL	resistance diode logic	
RDM	recording demand meter	
RDMU	range drift measuring unit	
RDOS	real-time disc operating system	
RDP	radar data processing; remote data processing	
RDR	radar; reliabilita diagnostic report	
RDRINT	radar intermittent	
RDRXMTR	radar transmitter	
RDT	remote data transmitter; research, development, and test	
RDTL	resistor-diode-transistor logic	
RDT&F	research, development, test and evaluation	
RDX	resolver differential transmitter	
RE	radiated emission; radiation effects; radio exposure; rare earths; rate effect; read error; reentry	
R&E	research and engineering	
READ	real-time electronic access and display; remote electronic alphanumeric display	
REB	radar evaluation branch	
REC	receiver; rectifier	
RECG	radioelectrocardiograph	
RECSTA	receiving station	
REDAP	reentrant data processing	
REEG	radioelectronencephalograph	
REEP	regression estimation of event probabilities	
REF	range error function	
REG	register	
REGAL	range and evaluation guidance for approach and landing	
REINS	requirements electronic input system	
REL	rapidly extensible language	
REL	rate of energy loss; relay	
REM	rapid eye movement; reliability engineering model; roentgen equivalent man	
REMAD	remote magnetic anomaly detection	
REMC	resin encapsulated mica capacitor	
REMG	radioelectromyograph	
REN	remote enable	
REO	regenerated electrical putput	
REP	range error probable; rendezvous evaluation pad; roentgen equivalent physical	

REPPAC	repetitive pulses plasma accelerator	
REPROM	reprogrammable ROM	
REQ	request	
RER	radar effects reactor; radiation effects reactor	
RERL	residual equivalent return loss	
RES	resistance; resistor; restore	
RESCAN	reflecting satellite communications antenna	
RESER	reentry system evaluation radar	
RESFLD	residual field	
RESOLUT	resolution	
RESS	radar echo simulation subsystem	
REST	reentry environment and systems technology; restricted radar electronic scan technique	
RET	return	
RETAIN	remote technical assistance and information network	
RETSPL	reference equivalent threshold sound pressure level	
REV	reentry vehicle; reverse; review; revolution	
REV CUR	reverse current	
REV/MIN	revolutions per minute	
REVOCON	remote volume control	
REVOP	random evolutionary operation	
REVS	rotor entry vehicle system	
REW	rewind	
REX	Reed electronic exchange	
RF	radio frequency; range finder; rating factor; reactive factor; reactive-factor meter; resistance factor	
RFA	radio frequency amplifier	
RFC	radio facility charts; radio frequency choke; radio frequency coil	
RFCP	radio-frequency compatibility program	
RFD	ready for data; reentry flight demonstration	
RFEI	request for engineering information	
RFFD	radio frequency fault detection	
RFG	radar field gradient; ramp function generator	
RFI	radio frequency interchange; radio frequency interference	
RFL	rotating field logic	
RFM	reactive factor meter	
RFNA	radio frequency noise analyzer	
RFO	radio frequency oscillator	
RFR	reject failure rate	
RFS	radio-frequency shift; rendering, floating, and set	
RF SAT	radio frequency saturation	
RFT	radio frequency transformer; recursive function theory	
RFW	reversible full-wave	
RFWAC	reversible full-wave alternating current	
RFWDC	reversible full-wave direct current	
RG	radar guidance; radio guidance; range; rate gyroscope; recording; register; residue generator; resticulated grating	

RGA	rate gyro assembly; remote gain amplifier	
RGB	red, green, blue	
RGL	report generator language	
RGP	rate gyro package	
RGP	radar glider positioning	
RGS	radio guidance system; rate gyro system; rocket guidance system	
RGT	resonant gate transistor	
RGZ	recommended ground zero	
RH	radiological health; receiver hopping mode; relative humidity; right hand	
R/h	roentgens per hour	
RHAW	radar homing and warning	
RHCP	right hand circular polarization	
RHD	radar horizon distance	
RHE	radiation hazard effects	
RHEED	reflected high energy electron diffraction	
RHEO	rheostat	
RHI	radar height indicator	
RHM	right-hand polarized mode	
RHOGI	radar homing guidance	
RHP	reduced hard pressure	
RHR	rejectable hazard rate	
RHWAC	reversible half wave alternating current	
RI	radar input; radar intercept; radio interference; reflective insulation; resistance inductance	
RIC	radar input control	
RIE	reactive ion etching	
RIF	radar identification set; radio-influence field	
RIFI	radio interference field intensity	
RIFT	reactor-in-flight test	
RIL	radio interference level	
RIM	radar input mapper	
RIN	regular inertial navigator	
RINAL	radar inertial altimeter	
RINT	radar intermittent	
RIOT	real time input output transducer	
RIPPLE	radioisotope powered prolonged life equipment	
RIPS	radio isotope power system; range instrumentation planning study	
RIR	ribbon-to ribbon; read-only memory instruction register	
RIS	range instrumentation ship; revolution indicating system	
RISAFMONE	radio-signal reporting code for rating transmitting conditions	
RISE	research in supersonic	
RIST	radar installed system tester	
RIT	radio information test; receiving and inspection test; rocking interferometer tracking	
RITA	reusable interplanetary transport approach vehicle	
RJE	remote job entry	
RKG	radioelectrocardiograph	
RKO	range keeper operator	
rkVA	reactive kilovoltampere	
RL	radiation laboratory; reactive loss; reference line; relay logic; research	

	laboratory; resistance inductance; resistor logic; return loss	RPE	radial probable error	RSRS	radio and space research station
RLC	radio launch control system; resistor inductor capacitor	RPFC	recurrent peak forward current	RSS	range safety switch; root sum square
		RPG	report program generator	RST	reset; reset-set trigger
RLD	relocation dictionary	RPH	revolutions per hour	RSW	retarded surface wave
RLE	rate of loss of energy	RPI	radar precipitation integrator	RT	radar tracking radiotelegraphy; radiotelephony; rated time; real time; receiver transmitter; remote terminal; recovery time; reduction table; registered transmitter; research and technology; reset trigger; resistance thermometer; resistor transistor; resolver transformer or receiver; resolving transmitter; ringing tone; room temperature
RLTS	radio linked telemetry system	RPL	radar processing language; running program language		
RLU	relay logic unit	RPM	random phase modulator; rate per minute; regulated power module; reliability performance measure; resupply provisions module; revolutions per minute		
RM	radio monitoring; range marker; rectangular module; remote				
RMC	rod memory computer				
RMI	radio magnetic indicator	RPN	reverse Polish notation		
RML	radar microwave link; read major line	RPPA	repetitively pulsed plasma accelarator		
RMM	read mostly memory	RPPI	remote plan position indicator	RTA	reliability test assembly
RMOS	refractory metal oxide semiconductor	RPR	reverse phase relay; reverse power relay	RTAS	rapid telephone access system
				rtb	return to bias
RMS	root mean square	RPRS	random pulse radar system	RTB	radial time base; read tape binary; resistance temperature bridge; return to base
RMU	remote maneuvering unit; remote measuring unit	RPS	remote processing service; revolutions per second; regulated power supply		
RN	radio noise; random number; reference noise			RTC	radio transmission control; reader tape contact; real-time command; real-time computer
		RPT	report		
RNF	radio noise figure; receiver noise figure	RPU	radio phone unit; radio propagation unit		
				RTCC	real-time computer complex
RNG	radio range	RPV	remotely piloted vehicle	RTCF	real-time computer facility
RNIT	radio noise interference test	R/Q	resolver/quantizer	RTCS	real-time computer system
RNV	radio noise voltage	RQA	recursive queue analyzer	RTCU	real-time control unit
RO	radar operator; range operations; read only; readout; receive only	R&QA	reliability and quality assurance	RTD	read tape decimal; real-time display
		RQC	radar quality control		
ROB	radar order of battle	RQL	reference quality level	RTD	resistance temperature detector
ROC	receiver operating characteristics; required operation capability; reusable orbital carrier	RQS	rate quoting system	RTDC	real-time data channel
		RR	radio relay; recorder; register to register operation; rendezvous radar; repetition rate; return rate	RTE	real-time executive
				RTF	radiotelephone, radiotelephone
ROCP	radar out of commission for parts			RTG	radioisotope thermoelectric generator
ROCR	remote optical character recognition	R/R	readout and relay; record/retransit		
ROI	range operations instructions	RRDTL	resistor-resistor diode-transistor logic	RTI	referred to input
ROJ	range on jamming			RT/IOC	real-time input/output control
ROLF	remotely operated longwall face	RRF	resonant ring filter	RTIRS	real-time information retrieval system
ROLS	recoverable orbital launch system	RRI	range-rate indicator		
ROM	read-only memory; readout memory; rotating piston machine; rough order of magnitude	RRTTL	resistor-resistor transistor-transistor logic	RTK	range tracker
				RTL	real-time language; resistor transistor logic
		RRNS	redundant residue number system		
ROMBUS	reusable orbital module booster and utility shuttle	RRRV	rate of rise of restriking voltage	RTLOC	root locus
		RRS	radio research station; required response spectrum; restraint release system	RTM	rapid tuning magnetron; real-time monitor; receiver-transmitter modulator; recording tachometer; registered trade-mark
RON	research octane number				
ROPIMA	rotary piston machine				
ROPP	receive-only page printer	RRU	radiobiological research unit		
ROR	range-only radar	Rs	root mean square average	RTMOS	real-time multiprogramming operating system
ROS	read-only storage	RS	radar simulator; radiated susceptibility; range safety; record separator; remote station; render and set; reset; resistor; resonator; reverse signal; rotary switch		
ROSA	recording optical spectrum analyzer			RTO	referred to output
ROSE	remotely operated special equipment; retrieval by on-line search			RTOS	real-time operating system
				RTP	real-time peripheral; requirement and test procedure
ROSIE	reconnaissance by orbiting ship identification eqiupment	R&S	research and statistics	RTPH	round trips per hour
		RSAC	radiological safety analysis computer	RTQC	real time quality control
ROT	radar on target; reusable orbital transport; rotor	RSCIE	remote station communication interface equipment	RTR	repeater test rack
				RTS	radar tracking station; reactive terminal service; real-time system
ROTR	receive-only tape perforator	RSDP	remote site data processing		
ROVD	relay operated voltage divider	RSJ	rolled steel joist	RTSS	real-time scientific system
RP	recovery phase; reference point; relative pressure; reliability program; repeater; reply paid	RSLS	reply-path side-lobe suppression	RTT	radioteletype; radioteletype-writer; real-time telemetry
		RSM	resource management system		
		RSN	radiation surveillance network	RTTDS	real-time telemetry data system
RPC	row parity check	RSP	record select program	RTTV	real-time television
RPD	radar planning device; resistance pressure detector; retarding potential difference	RSR	reverse switching rectifier	RTTY	radio teletypewriter

RTU	remote terminal unit	SAINT	satellite interceptor		breakdown; straight binary; sustained breakdown; synchronization bit
RU	roentgen unit	SAKI	solatron automatic keyboard instructor		
RUL	refractoriness under load			SBA	standard beam approach
RUM	remote underwater manipulator	SAL	symbolic assembly language; systems assembly language	SBB	silicon borne bond
RUSH	remote use of shared hardware			SBC	small bayonet cap; standard burried collector
RV	rated voltage; reduced voltage	SALE	simple algebraic language for engineers		
RVA	reactive volt-ampere meter; reliability variation analysis	SALS	solid state acoustoelectric light scanner	SBCT	Schottky-barrier collector transistor
				SBD	Schottky-barrier diode
RVI	reverse interrupt	SALT	symbolic algebraic language translator	SBDT	Schottky-barrier diode transistor; surface-barrier diffused transistor
RVLR	road vehicles lighting regulations				
RVM	reactive voltmeter	SAM	scanning Auger-microprobe; selective automonitoring; semiconductor advanced memory; semantic analyzing machine; semiautomatic mathematics; sequential access method; serial access memory; simulation of analog methods; sort and merge; surface-to-air missile; symbolic and algebraic manipulation; synchronous amplitude modulation; system activity monitor; systems analysis module	SBE	simple Boolean expression
RVR	runway visual range			SBF	short backfire antenna
RW	resistance welding			SBFET	Schottky-barrier gate FET
R-W	read-write (head)			SBFM	silver-band frequency modulation
RWM	read-write memory; rectangular wave modulation			SBK	single beam klystron
				SBM	system balance measure
RWP	rain water pipe			SBN	strong base number
RWW	read-while-write			SBO	sidebands only
RX	receiver; register-to-indexed storage operation; resolver transmitter			SBOS	silicon borne oxygen system
				SBP	special boiling point
RY	relay	SAMOS	satellite and missile observation system; stacked gate avalanche injection – type MOS	SBR	styrene-butadiene rubber
RZ	return to zero			SBS	satellite business system; silicon bidirectional switch; silicon bilateral switch
RZM	return to zero mark				
		SAMS	satellite automonitor system		
		SAMSON	system analysis of manned space operations	SBT	surface-barrier transistor
				SBUE	switch back-up entry
S		SAMUX	serial addressable multiplexer	SBW	space-bandwidth product
		SAN	strong acid number	SBX	S-band transponder
s	second	sandw	sandwiched	SC	saturable core; scanner; search control; semiconductor; shaped charge; shift control; short circuit; shunt capacitor; silk covered; silvered copper (wire); sine cosine; single contact; singl-current; solar coil; solar constant; speach communication; steel-cored; super calandered; superimposed current; supervisor call; suppressed carrier; switched capacitor; switching cell; synchroncyclotron; symbolic code
S	side signal; Siemens; signed; spherical joint; solid; storage; sulphur; switch; symbol	SANOVA	simultaneous analysis of variance		
		SAP	share assembly program; systems assurance program		
SA	sense amplifier; sequential access; single-armoured; slow acting relay; spectrum analyzer; stress anneal; successive approximation; symbolic assembler	SAR	save address register; storage address register; successive approximation register; sythetic aperture radar		
		SARAH	search and rescue and homing		
SA-BO	sense amplifier-blocking oscillator	SARPS	standards and recommended practices		
SABU	semi automatic back-up				
SAC	semiautomatic coding; synchronous astro compass	SARS	single-axis reference system		
		SAS	small astronomy satellite; surface active substances	SCA	sequence chart analyzer; sequence control area; system control adapter
SAD	special adapter device				
SADA	seismic array data analyzer	SASTU	signal amplitude sampler and totalizing	SCADA	supervisory control and data
SADC	sequential analog-to-digital computer			SCADAR	scatter detection and ranging
SADIC	solid state analog-to-digital computer	SAT	satellite; saturation; solar atmospheric tide; stabilization assurance test; stepped atomic time; surface alloy transistor; system acceptance test	SCADS	scanning celestial attitude determination system; simulation of combined analog digital systems
SADIE	scanning analog-to-digital input equipment				
				SCALE	space checkout and launch equipment
SADR	six-hundred-megacycle air-defense radar	SATAN	satellite automatic tracking antenna; sensor for airborne terrain analysis	SCALO	scanning local oscillator
				SCAM	subcarrier amplitude modulation
SADT	surface alloy diffused base transistor	SATANAS	semiautomatic analog setting	SCAMP	signal conditioning amplifier
		SATCO	signal automatic air-traffic control	SCAMPS	small computer analytical and mathematical programming system
SAE	self aligned emitter; shaft angle encoder	SATF	shortest access time first		
		SATIN	SAGE air traffic integration	scan	scanning
SAES	sputter Auger electron spectroscopy	SATIRE	semiautomatic technical information retrieval	SCAN	self-correcting automatic navigation; switched circuit automatic network
SAG	self-aligned gate; standard address generator	SATO	self-aligned thick oxide	SCAND	single crystal automatic neutron diffractometer
		SATRAC	satellite automatic terminal rendezvous and coupling		
SAGA	system for automatic generation and analysis			SCANS	scheduling and control by automated network system
		SAVE	system analysis of vulnerability and effectiveness		
SAGE	semiautomatic ground environment			SCAP	silent compact auxiliary power
SAHF	semi automatic height finder	SAVS	status and verification system	SCAR	satellite capture and retrieval
SAHYB	simulation of analog and hybrid computers	SAW	surface acoustic waves	SCAT	share compiler assembler and translator; space communication and
SAIMS	selected acquisitions information management system	SB	secondary battery; serial binary; sideband; sleeve bearing; stabilized		

	tracking; speed command of attitude and thrust; supersonic commerical air transport; surface controlled avalanche transistor	SCR	selective chopper radiometer; semiconductor-controlled rectifier; series control relay; short circuit ratio; silicon-controlled rectifier; space-charge recombination		ing effectiveness; starter electrode; storage element; system equalizer; systems engineer
SCATER	security control of air traffic and electromagnetic radiation			SEA	systems effectiveness analyzer
SCATS	simulation checkout and training system			SEALS	stored energy actuated lift system
		SCS	short circuit stable; signal communication system; silicon-controlled switch; simulation control subsystem; space cabin simulator; space communication system; standard coordinate system	SEC	secondary; secondary electron conduction; secondary emission conductivity; simple electronic computer
SCB	shallow cathode barrier				
SCC	simulation control center; single-conductor cable; single-cotton covered; small center contact				
				SECAM	sequential color and memory
				SECAP	system experience correlation and analysis program
SCCD	surface charge coupled device	SCT	scanning telescope; surface-charge transistor		
SCCS	straight-cut control system; for numerical control			SECAR	secondary radar
		SCTL	Schottky coupled transistor logic	SEC-DED	single error correction − double error detection
SCD	semiconductor device; source control drawings; space control document; stored charge diode	SCTP	straight channel tape print		
		SCTY	security	SECL	symmetrical emitter coupled logic
		SCU	S-band Cassegrain ultra; signal conditioning unit; subscriber channel unit	SEM	scanning electron microscope
SCDSB	suppressed carrier double sideband			SECO	sequential coding; sequential control
SCE	saturated calomel electrode; short-channel effect; single-cotton covering enamel insulated wire; single-cotton enamelled; solder circuit etch				
		SCUBA	self-contained underwater breathing apparatus	SECOR	sequential correlation range
				SECPS	secondary propulsion system
		SCV	subsclutter visibility	SECS	sequential events control system
		SCW	silk covered wire; slow-cyclotron wave	SECT	skin electric tracing
SCEA	signal conditioning electronic assembly			SED	spectral energy distribution; suppressed electrical discharge
		SD	selenium diode; signal-to-distortion; signal digit; spectral distribution; standard deviation; sweep driver		
SCEI	serial carry enable input			SEDIT	sophisticated string editor
SCEPTRON	spectral comparative pattern recognizer			SEDS	space electronics detection system
		S+D	speech plus duplex	SEEK	systems evaluation and exchange of knowledge
SCERT	systems and computers evaluation and review technique	SDA	shaft drive axis; shut down amplifier; source data acquisition; source data automation		
				SEF	shielding effectiveness factor; shock excited filter; simple environment factor
SCF	satellite control facility; self consistent field; sequence compatibility firing	SDAD	satellite digital and analog display		
		SDAP	systems development analysis program		
				SEFAR	sonic and fire for azimuth and range
SCFM	subcarrier frequency modulation	SDAS	scientific data automation system	SEG	systems engineering group
SCFS	subcarrier frequency shift	SDB	standard device byte	SEI	systems engineering and integration
SCHO	standard controlled heterodyne oscillator	SDC	stabilization data computer	SEIP	systems engineering implementation plan
		SDF	spectral density function; supergroup distribution frame		
SCI	soft cast iron			SEIT	satellite educational and informational television
SCIC	semiconductor integrated circuit	SDFL	Schottky diode FET logic		
SCIM	speech communication index meter	SDHE	spacecraft data-handling equipment	SEL	select
SCIP	scanning for information parameter; self-contained instrument package	SDI	selective dissemination of information; source data information	SELCAL	selective calling
				SELECT	selectivity
SCL	scale; space charge limited	SDL	system descriptive language	SELRECT	selenium rectifier
SCLD	space charge limited diode	SDLC	synchronous data-link control	SEM	scanning electron microscope
SCM	service command module; signal conditioning module; small capacity memory; small core memory	SDM	standardization design memoranda; statistical delta modulation	semicon	semiconductor
				SEMLAM	semiconductor laser amplifier
		SDMA	space division multiple access	SEMLAT	semiconductor laser array technique
		SDO	scan data out		
SCN	satellite control network; sensitive command network	SDP	selective data processing; signal data processor; single dry plate; site data processor	SEMIRAD	secondary electron-mixed radiation dosimeter
				SEMM	scanning electron mirror microscope
SCNA	sudden cosmic noise absorption				
SCO	subcarrier oscillator	SDR	single-drift-region; system design review	SEMS	severe environmental memory system
SCODA	scan coherent Doppler attachment				
SCOMO	satellite collection of meteorological observations	SDS	safety data sheet; scientific data systems; simulation data subsystems; system data synthesizer	SEN	steam emulsion number
				SENL	standard equipment nomenclature list
SCOOP	scientific computation of optimal programs				
		SDT	step down transformer	SENTOS	sentinel operating system
SCOPE	schedule-cost-performance; sequential customer order processing electronically	SDTK	supported drift tube klystron	SEP	separation; space electronic package; standard electronic package; star epitaxial planar
		SDTL	Schottky clamped DTL; Schottky-diode-transistor logic		
SCOR	self-calibration omnirange				
SCP	semiconductor products; symbolic conversion program; system communication pamphlet; system control panel	SDU	subcarrier delay unit	SEPMAG	separate sound and picture; magnetic sound record
		SDW	standing detonation wave		
		SE	secondary electron; secondary electron multiplier; secondary emission; self-extinguishing; shield-	SEPOL	settlement problem-oriented language

SEPS	service module electrical power system; severe environment power system	
SEPT	silicon epitaxial planar transistor	
SEQ	sequence	
SER	serial	
SERB	study of enhanced radiation belt	
SEREP	system environment recording and edit program	
SERME	sign error root modulus error	
SERPS	service propulsion system	
SERT	space electric rocket test	
SERVO	servomechanism	
SES	small Edison screw	
SESE	secure echo sounding equipment	
SESOME	service, sort and merge	
SET	self-extending translator	
SET	service evaluation telemetry; solar energy thermionic	
SETA	simplified electronic tracking	
SETAB	sets tabular material	
SETAR	serial event time and recorder	
SETC	solid electrolyte tantalum capacitor	
SETS	solar energy thermionic conversion system	
SEU	small end up	
SEURE	systems evaluation code under radiation environment	
SEVAS	secure voice access system	
SEW	sonar early warning	
SF	safety; safty factor; sampled filter; selective filter; shift forward; side frequency; signal frequency; single frequency; standard frequency	
S/F	store and forward	
SFAR	system failure analysis report	
SFB	semiconductor functional block	
SFC	specific fuel consumption	
SFD	sudden frequency deviation; system function description	
SFERT	spinning satellite for electric rocket test	
SFET	surface FET	
SFL	substrate fed logic	
SFM	split-field motor; swept frequency modulation	
SFS	step function solution	
SFT	simulated flight test	
SFTS	standard frequency and time signal	
SFX	sound effects	
SG	sawtooth generator; scanning gate; screen grid; signal generator; single groove; specific gravity; standing group; switched gain; synchronous generator	
SGA	self-gating AND	
SGCS	silicon gate controlled switch	
SGD	silicon grown diffused	
SGE	slow glass etch	
SGHWR	steam generating heavy water reactor	
SGL	signal	
SGLS	space-to-ground link subsystem	
SGM	spark gap modulation	
SGOS	silicon gate oxide semiconductor	
SGR	sodium cooled, graphite moderated reactor	
SGS	single green silk; symbol generator and storage	
SGSP	single-groove single-petticoat insulator	
SGT	silicon gate transistor	
SGV	screen grid voltage	
SH	sample and hold; shield; shunt; single-heterostructure; subharmonic	
SHA	sideral hour angle	
SHD	second harmonic distortion	
SHE	standard hydrogen electrode; substrate hot-electron	
SHEP	solar high energy particles	
SHF	super high frequency	
SHI	sheet iron	
SHIRAN	S-band high-accuracy ranging and navigation; S-band high-presicion short-range navigation	
SHM	simple harmonic motion	
SHO	super high output	
SHODOP	short range Doppler	
SHORAN	short-range aid to navigation; short-range navigation	
SHP	shaft horsepower	
SHPO	subharmonic parametric oscillator	
SHR	semi-homogeneous fuel reactor; shift register	
SHS	sheet steel	
SHTC	short time constant	
SHW	short wave	
SI	screen grid input; self induction; semi-insulating; sense indicator; shift in; signal-to-interference (ratio); signal-to-intermodulation (ratio); specific impulse; système international; systems integration	
SIA	subminiature integrated antenna; system integration	
SIAM	signal information and monitoring	
SIC	Science Information Council	
SIC	semiconductor; semiconductor integrated ciruict; silicon integrated circuit; specific inductive capacity	
SICO	switched in for checkout	
SICS	semiconductor integrated circuits	
SID	silicon imaging device; sudden ionosperic disturbance; synthax improving device	
SIDASE	significant data selection	
SIDEB	sideband	
SIDS	speech identification system; stellar inertial Doppler system	
SIDT	silicon integrated device technology	
SIF	selective identification feature; sound intermediate frequency	
SIFCS	sideband intermediate frequency communications system	
SIFT	share internal FORTRAN translator	
SIG	signal	
sig com	signal communication	
SIGFET	silicon gate FET	
SIGGEN	signal generator	
SIGINT	signal intelligence	
SIL	single-in-line; speech interference level; surge impedance loading
SILS	silver solder
SIM	scientific instrument module; simulation; simulator; single-rotation machine
SIMANNE	simulation of analogical network
SIMCHE	simulation and checkout equipment
SIMCOM	simulator compiler
SIMCON	scientific inventory management control; simplified control
SIMD	single instruction multiple data
SIMDS	single instruction multiple data stream
SIMICORE	simultaneous multiple image correlation
SIMILE	simulator of immediate memory in learning experiments
SIMOS	stacked gate injection MOS
SIMM	symbolic integrated maintenance
simp	specific impulse
SIMPAC	simplified programming for aquisition and control
SIMR	simulator
SIMS	single-item, multisource; symbolic integrated maintenance
SIN	symbolic integrator
SINAD	signal-to-noise ratio and distortion
SINS	ships inertial navigation system
SIOP	selectror input/output processor; single integrated operations
SIOUX	sequentil iterative operation unit x
SIOV	Siemens metal (zinc-)oxide varistor
SIP	short irregular pulse; simulated input processor; single in-line package; solar instrument probe; SONAR instrumentation probe; symbolic input program
SI/PO	serial-in/parallel-out
SIPROS	simultaneous processing operating system
SIR	selective information retrieval; semantic information retrieval; simultaneous impact rate; statistical information retrieval; symbolic input routine
SIRS	satellite infrared spectrometer
SIRU	strapdown inertial reference unit
SIS	satellite interceptor system; semiconductor-insulator-semiconductor; simulation interface subsystem; shorter interval scheduling; sound in sync
SISP	sudden increase of solar particles
SISS	single item, single source; submarine integrated Sonar system
SIT	silicon intensifier target; sofware integration test; spontaneous ignition temperature; static induction transistor; stepped impedance transformer
SITE	spacecraft instrumentation test equipment
SK	seek command
SKM	sine-cosine multiplier
SL	saturated logic; separate lead (cable); single lead; sound locator

SLAM	single layer metallization; stored logic adaptable metal oxide semiconductor transistor	SMD	semiconductor magnetic field detector; systems measuring device	SOCOM	solar communications
				SOCR	sustained operations control
		SMF	solar magnetic field; system measurement facility	SOCS	spacecraft orientation-control
SLAMS	simplified language for abstract mathematical structures			SOD	small object detector; small oriented diode
		SMH	simple harmonic motion		
SLANT	simulator landing attachment for night landing training	SML	symbolic machine language	SODA	source oriented data acquisition
		SMLM	simple-minded learning machine	SODAR	sound detection and ranging
SLAR	side looking airborne radar; side looking aerial radar	SMM	standard method of measurment	SODAS	structure oriented description simulation
		SMMP	standard methods of measuring performance		
SLATE	small lightweight altitude transmission eqiupment; stimulated learning by automated typewriter environment			SOE	silicon overlay epitaxial; stripline opposed emitter
		SMO	stabilized master oscillator		
		SMODOS	self-modulating derivate optical spectrometer	SOERO	small orbiting earth resource observatory
SLB	side-lobe blanking				
SLC	side-lobe cancellation; single-lead covered; simulated linguistic computer; specific line capacitance; straight line capacitance	SMOG	special monitor output generator	SOFAR	sound fixing and ranging; sound fusing and ranging
		SMOS	submicrometer MOS		
		SMPS	simplified message processing simulation	SOFCS	self-organizing flight control system
				SOFNET	solar observing and forecasting network
SLCB	single-line color bar	SNR	signal-to-noise ratio		
SLCC	Saturn launch control computer	SMRD	spin motor rate detector	SOI	specific operating instruction; standard operation instruction
sld	sealed; solder	SMS	semiconductor-metal-semiconductor; synchronous-altitude meteorological satellite		
SLD	simulated launch demonstration; solid			SOL	simulation oriented language, solar; solenoid; solid; systems oriented language
SLDA	solid logic design automation				
SLEW	static load error washout	SMT	service module technician; square mesh tracking	SOLAR	serialized on-line automatic recording
SLF	straight line frequency				
SLG	single line-to-ground	SMTI	selective moving target indicator	solion	solution ion
SLI	sea level indicator	SMU	self-maneuvering unit	SOLIS	symbionics on-line information system
SLIC	subscriber line interface circuits	SMX	submultiplex (unit)		
SLIP	symmetric list processor	SN	semiconductor network; signal to noise; sine of the amplitude; sound negative; subnetwork; synchronizer	SOLO	selective optical lock-on
SLIS	shared laboratory information system			SOLOMON	simultaneous operation linked ordinal modular network
		S/N	stress number		
SLM	spatial light modulation; statistical learning model	SNA	systems network architecture	SOLRAD	solar radiation
		SNAP	simplified numerical automatic programmer; space nuclear auxiliary power; system for nuclear auxiliray power	SOLV	solenoid valve
SLMP	self-loading memory print			SOM	start of message
SLO	swept local oscillator			SONAR	sound navigation and ranging
SLOMAR	space logistics maintenance and rescue			SONCM	sonar countermeasures and deception
		SNC	stored-program numeric control		
		SND	sound	SONCR	sonar control room
SLP	segmented level programming; source language processor	SNDR	signal(-power)-to-noise(-power) density ratio	SONIC	system-wide on-line network for informational control
SLR	side-looking radar; single lens reflex camera			SONOAN	sonic noise analyzer
		SNE	single nylon enamelled		
		SNF	system noise figure	SOP	simulation operations plan; standard operating procedure; strategec orbit point; sum of products
SLRAP	standard low frequency range approach	SNG	synthetic natural gas		
		SNGL	single		
SLRE	self-loading random-access edit	SNIF	signal-to-noise improvement factor	SOPM	standard orbital parameter message
SLS	side lobe suppression; side looking sonar	SNL	standard nomenclature list	SOR	slow operating relay; start of record
		SNPM	standard and nuclear propulsion module	SORTI	satellite orbital track and intercept
SLT	searchlight; simulated launch test; solid logic technology; solid logic technique; standard light source			SORTIE	supercircular orbital reentry test integrated environment
		SNR	signal-to-noise ratio		
		SNR-CN	signal-to-noise ratio due to channel noise	SOS	share operating system; silicon-on-sapphire; silicon-on-spinel; symbolic operating system
SLTE	self-loading tape edit				
SLTR	service life test report	SNS	simulated network simulations		
SLU	subscriber's line unit	SO	shift-out; slow operate; socket; substitution oscillator	SOSI	shift in, shift out
SLWL	straight-line wavelength			SOSUS	sound surveillance system
SM	semi-mat; service module; sequence and monitor; set mode; shared memory; simulator; stack mark; subminiature; superimpose	SOALM	scanned optically addressed light modulators	SOT	scanning oscillator technique; syntax-oriented translator
				SOTUS	sequentially operated teletypewriter universal selector
		SOAP	self-optimizing automatic pilot		
		SOAR	safe operating area	SOV	sound on vision
SMALGOL	small computer algorithmic language	SOAV	solenoid operated air valve	SP	self-powered; self-propelled; serial-to-parallel; shift pulse; signal processor; silver plated; single phase; single pole; soil pipe; sound positive; sound-powered telephone; space; specific; subliminal perception; symbol programmer; system processor
		SOBLIN	self-organizing binary logical network		
SMART	satellite maintenance and repair techniques; systems management analysis, research and test				
		SOC	self-organizing control; separated orbit cyclotron; set overrides clear; simulation operations center; specific optimal controller		
SMBL	semi-mobile				
SMC	shunt mounted chip				
SMCC	simulation monitor and control console				
		SOCO	switched out for checkout		

SP4T	single pole quadrupole throw (switch)	SPEED	self-programmed electronic equation delineator; signal processing in evacuated electronic device; subsistance preparation by electronic energy diffusion	SPUR	space power unit reactor
SP3T	single pole triple throw (switch)			SPURM	special purpose unilateral repetitive modulation
SPA	S-band power amplifier; servo power assembly; spectrum analyzer			SPURT	spinning unguided rocket trajectory
SPAC	spatial computer	SPERT	schedule performance evaluation and review technique; special power excursion reactor test	SQ	squint quoin; superquick
SPACE	self-programming automatic circut evaluator; sequential position and covariance estimation; sidereal polar axis celestial equipment			SQA	squaring amplifier
				SQC	statistical quality control
		SPES	stored program element system	SQIN	sequential quadrature inband
		SPET	solid propellant electrical thruster	SQ-PCM	slope-quantized pulse code modulation
SPACON	space control	SPFP	single point failure potential		
SPAD	satellite position predictor and display; satellite protection for area defence	SPFW	single-phase full-wave	SQR	sequence relay; service request; square root
		SPG	single point ground; sort program generator; synchronization pulse generator; sync pulse generator		
				SQUID	superconducting quantum interference device
SPADATS	space detection and tracking system				
		SPHW	single-phase half-wave	SQW	square wave
SPADE	signal channel per carrier PCM multiple access demand assignment equipment	SPI	special position identification pulse; specific productivity index	SR	saturable reactor; scientific report; secondary radar; selective ringing; selenium rectifier; send-receive; series relay; shift register; short range; shunt reactor; silicon rectifier; slip ring; slow release (relay); slow running; solid rocket; sound ranging; sound rating; specific resistance; speed recorder; speed regulator; split ring; standard resistor; starting relay; steradian; storage and retrieval; surveillance radar
		SPIDER	sonic pulse-echo instrument designed for extreme resolution		
SPDTNO	single-pole, double-throw, normally open				
		SPIE	scavenging-precipitation-ion exchange; self-programmed individualized education; simulated problem input evaluation		
SPAM	ship position and attitude measurement				
SPAN	solar particle alert network; statistical processing and analysis; stored program alphanumerics				
		SPL	software programming languages; sound pressure level; speed phase lock		
SPANRAD	superimposed panoramic radar display				
		SPM	scratch pad memory; self-propelled mount; sequential processing machine; serial-parallel multiplier; source program maintenance; symbol processing machine		
SPAQUA	sealed package quality assurance			SRBP	synthetic-resin-bonded paper
SPAR	sea-going platform for acoustic research; superprecision approach radar; symbolic program assembly routine			SRC	single reflex camera; sound ranging control; standard requirements code
		SPMS	solar particle monitoring system	SRCC	shift, rotate, check, control
SPARS	space precision attitude reference system	SPN	series-parallel network	SRCH	search
		SPO	short-period oscillation	SRD	secret restricted data; standard reference data; step recovery diode; swing rate discriminator
SPASM	system performance and activity software monitor	SPOC	single-point orbit calculator; splicing of cross-correlation funktion		
SPAT	silicon precision alloy transistor			SRDS	standard reference data system
SPC	silver-plated copper; single-paper covered; single-paper covered wire; stored program control; stored programmed command	SPOOL	spontaneous peripheral operations on-line	SRE	search radar element; series relay; sodium reactor experiment; surveillance radar equipment
		SPOT	satellite politioning and tracking		
		SPP	solar photometry probe; sound-powered phone; speed power product	SRF	self-resonant frequency; spectral redistribution function; strength of radio frequency
SPCN	silver-plated copperweld conductor				
SPCR	silicon planar controlled rectifier				
SPD	single path Doppler	SPPM	serial-parallel pipeline multiplier	SRH	Shockley-Read-Hall
SPDS	safe-practice data sheet	SPR	short-pulse radar; silicon power rectifier; sudden pressure relay	SRLY	series relay
SPDT	single-pole double-throw (switch)			SRME	submerged repeater monitoring equipment
SPDTDB	single-pole, double-throw, double-break	SPRA	space probe radar altimeter		
		SPRC	self-propelled robot craft	SRNH	service request not honoured
SPDTNCDB	single-pole, double-throw, normally closed, double-break	SPRT	sequential probability ratio test	SRO	singly resonant oscillator
		SPS	sample(s) per second; secondary propulsion system; serial-parallel-serial; service propulsion system; solar probe spacecraft; supplementary power supply; symbolic programming system	SROB	short range omnidirectional beacon
SPDTNODB	single-pole, double-throw, normally open, double-break			SRPM	single reversal permanent magnet
				SRQ	service request
SPE	silicon planar epitaxial; systems performance effectiveness			SRR	shift register recognizer; short range radar; sound recorder reproducer
SPEARS	satellite photo-electronic analog rectification system				
		SPST	single-pole single-throw (switch)	SRS	send-receive switch; simulated Raman scattering; simulated remote sites; subscriber response system
SPEC	specifications; speech predictive encoding system; stored program educational computer	SPSTNC	single-pole single-throw, normally closed		
		SPSTNO	single-pole, single-throw, normally open	SRSK	short-range station keeping
SPECS	specifications			SRSS	simulated remote sites subsystem
SPED	supersonic planetary entry decelerator	SPSW	single-pole switch	SRT	supporting research and technology; systems readiness test
		SPT	silicon planar thyristor; silicon planar transistor; symbolic program tape; symbolic program translator		
SPEDAC	solid-state parallel expandable differential analyzer computer			SRV AMPL	servo amplifier
				SS	samples per second; selective signaling; selector switch; sequence switch; signal strength; single shot;
SPEDE	state system for processing educational data electronically	SPTC	specified period of time contact		
		SPU	standard propulsion unit		

	single sideband (modulation); single-signal; single-silk; small signal; solid state; solar system; space simulator; spin stabilized; statistical standards; step size; storage-to-storage operation; subsystem; summing selector supersonic
SSA	synchro signal amplifier
SSAR	spin-stabilized aircraft rocket
SSB	single sideband
SSBAM	single sideband amplitude modulation
SSBD	single-sideboard
SSBFM	single sideband frequency modulation
SSBM	single sideband (amplitude) modulation
SSBO	single swing blocking oscillator
SSBSC	single sideband with suppressed carrier
SSBSC-AM	single sideband with suppressed carrier, amplitude-modulated
SSBSCOM	single sideband, suppressed carrier optical modulator
SSBWC	single sideband with carrier
SSC	second search character; single silk covered; solid state circuit
SSCW	single-silk covered wire
SSD	sequence switch driver; silicon single diffused; solid-state detector
SSE	safe shutdown earthquake; single-silk enamel covered; single-silk enamelled; solid-state electrolyte
SSEC	selective sequence electronic calculator; static source error correction
SSEP	system safety engineering plan
SSESM	spent stage experimental support module
SSF	supersonic frequency
SSFL	steady state Fermi level
SSFM	single sideband frequency modulation
SSG	small signal gain; standard signal generator; surface discharge spark gap
SSGS	standard space guidance system
SSIG	single signal
SSL	solid-state lamp; super speed logic
SSM	single sideband modulation; solid state materials; spred spectrum modulation
SSMA	spread spectrum multiple access
SSMD	silicon stud-mounted diode
SSMS	solid state mass spectrometer
SSMTG	solid-state and molecular theory group
SSO	steady state oscillation
SSP	scientific subroutine package; signal processing peripheral; steady state pulse; solid stade preamplifier
SSPM	single sideband phase modulation
SSPS	satellite solar power station
SSQ	sum of the squares

SSR	secondary surveillance radar; single signal receiver; solid state relay; standby supply relay; synchronous stable relaying
SSRC	single-sideband reduced
SSRD	secondary surveillance radar digitzer
SSRS	start-stop-restart system
SSRT	subsystem readiness test
SSS	scientific subroutine system; simulation study series; single signal superhet; single-signal superheterodyne receiver; small scientific satellite; solid-state systems
SSSC	single sideband suppressed carrier; surface subsurface surveillance
SST	simulated structural test; solid state transmitter; step-by-step test; subsystem test; supersonic telegraphy; supersonic transport
SSTC	single-sideband transmitted carrier
SSTO	second stage tail-off
SSTP	subsystem test procedure
SSTV	slow scan television
SSW	safety switch; synchro switch
SSW	synchro switch
SSWAM	single-sided wideband analog modulation
ST	sawtooth; Schmitt-trigger; scientific and technical; short ton; single throw; sound telegraphy; start; start timing; store; studio-to-transmitter; surface tension
STA	shuttle training aircraft; station; steel-tape-armo(u)red
STAA	signal training, all arms
STAB	stabilization
STAB AMP	stabilizing amplifier
STADAN	space tracking and data acquisition network
STAE	second-time-around echo
STAF	scientific and technological applications forecast
STALO	stabilized local oscillator
STAMO	stabilized master oscillator
STAMOS	sortie turn-around maintenance operations simulation
STAMP	systems tape addition and maintenance program
STAR	self-testing and repairing
STARE	steerable telemetry antenna receiving equipment
STARFIRE	system to accumulate and retrieve financial information with random extraction
STARS	satellite telemetry automatic reduction system
START	selections to activate random testing; systematic tabular analysis of requirements technique
STATPAC	statistics package
STB	subsystems test bed
STBY	stand-by
STC	satellite test center; sensitivity time control; short time constant; stacked-capacitor cell; standard transmission code; system test complex

STD	salinity temperature depth; semiconductor on thermoplastic on dielectric; silicon triple diffused; spectral theory of diffraction; standard; subscriber trunk dialing; superconductive tunneling device
STDBY	stand-by
STDP	single-throw, double-pole; single-throw double-pole switch
STE	single-threshold element
STEC	solar-to-thermal energy conversion
STEM	scanning transmission electron microscope; shaped tube electrolytic machining; stay time extension module
STEP	scientific and technical exploitation program; simple transition electronic processing; standard terminal program
STEPS	solar thermionic electric power system
STET	spezialized technique for efficient typesetting
STI	scientific technical information
STINFO	scientific and technical information
STINGS	stellar inertial guidance system
STL	Schottky transistor logic; studio transmitter link; synchronous transistor logic
STM	service test model; structural test model; system master tape
STMIS	system test manufacturing information system
STMU	special test and maintenance unit
STO	system test objectives
STOL	short takeoff and landing
STORET	storage and retrieval
STORM	statistically oriented matrix programming
STP	selective tape print; standard temperature and pressure; system test plan
STPS	series-tuned parallel stabilized
STR	store; strobe; synchronous transmitter receiver
STRAD	signal transmission, reception and distribution; switching; transmitting; receiving and distributing (system)
STRADAP	storm radar data processor
STRESS	structural engineering system solver
STRL	Schottky transistor-resistor logic
STROBES	shared time repair of big electronic systems
STRUDL	structural design language
STS	satellite tracking station; structural transition section
STT	short-time test
STTL	Schottky transistor-transistor logic
STU	systems test unit
STV	standard test vehicle; surveillance television
STX	start of text
SU	sensation unit (heute: (deci)bel); service unit; storage unit

SUAS	system for upper atmospheric sounding
SUB	substitute
SUDT	silicon unilateral diffused transistor
SUMMIT	supervisor of multiprogramming multiprocessing, interactive time sharing
SUMT	sequential unconstrained minimization technique
SUP	supply; suppress
SUP	suppress
SUPER	superheterodyne
SUPO	superpower
SUPROX	successive approximation
SUR	surface
SURANO	surfrace radar and navigation operation
SURCAL	surveillance calibration
SURGE	sorting, updating, report generating
SURIC	surface ship integrated control system
SUS	silicon unidirectional switch; silicon unilateral switch; single underwater sound
SUSIE	stock updating sales invoicing electronically
SUT	system under test
SV	safety valve; saponification value; single-silk varnish; stop valve
SVC	supervisor call
SVR	supply-voltage rejection
SVS	supervisory signal
SVTP	sound, velocity, temperature, pressure
SW	shock wave; short wave; single weight; specific weight; standing wave; steel wire; switch; switchband wound (relay)
SWALM	switch alarm
SWAT	sidewinder IC acquisition track
SWB	short wheelbase
SWBD	switchboard
SWCS	space warning and control system
SWF	short wave fade-out; sudden wave fade-out
SWFR	slow write, fast read
SWG	standard wire gauge
SWGR	switchgear
SWI	short-wave interference; standing wave indicator; switch
SWIFT	sequential weight increasing factor technique
SWIFR	slow writing-fast reading
SWINGR	sweep integrator
SWITT	surface wave independent tap transducer
SWL	short wavelength limit; short-wave listener
SWOP	structural weight optimization program
SWP	safe working pressure
SWR	standard wave ratio; standing-wave ratio
SWS	single white silk; stripline with stud
SWSR	standing wave signal ratio
SWT	supersonic wind tunnel
SWTL	surface-wave transmission line
SWVR	standing wave voltage ratio
SWW	severe weather warning
SYCOM	synchronous communications
SYCR	synchronize
SYDAS	system data acquisition system
SYN	synchronize
SYNC	synchronization; synchronize; synchronous
SYNCOM	synchronous-orbiting communications satellite
SYNSEM	syntax and semantics
SYSGEN	systems generation
SYSIN	system input
SYSPOP	system programmed operator
SYSTRAN	systems analysis translator
SZ	size
SZR	sodium cooled
SZVR	silicon zener voltage regulator

T

T	abs. temperature; tank; telephone; temperature; tera (10^{12}); Tesla; time; ton; torque; track; transformer; transmission; transmitter; trimmer; triode; tritium
TA	target; trank amplifier; turbulence amplifier
TAAR	target area analysis radar
TAAS	three-axis attitude sensor
TAB	tabular language; tape-automated bonding; technical abstract bulletin
TABS	terminal access to batch service
TABSIM	tabulator simulator
TABSOL	tabular systems oriented language
TABSTONE	target and background signal-to-noise evaluation
TAC	transistorized automatic control; translator-assembler-compiler; trapped air cushion
TACAN	tactical air navigation
TACCAR	time-averaged clutter coherent airborne radar
TACDEN	tactical data entry device
TACL	time and cycle log
TACMAR	tactical multifunction array radar
TACODA	target coordinate data
TACOL	thinned aperture computed lens
TACPOL	tactical procedure oriented language
TACR	time and cycle record
TACS	tactical air control system
TACT	transistor and component tester
TAD	telemetry analog-to-digital; top assembly drawing
TADIC	telemetry analog-to-digital information converter
TADS	teletypewriter automatic dispatch system
TADSS	tactical automatic digital switching system
TAF	trans-axle fluid
TAFUBAR	things are fouled up beyond all recognition
TAG	transient analysis generator
TAHA	tapered aperture horn antenna
TAI	time to autoignition
TALAR	tactical landing approach radar
TAM	telephone answering machine; teleprocessing access method
TAMIS	telemetric automated microbial identification system
TAN	total acid number
TAP	tape automated bonding; terminal applications package; time-sharing assembly program
TAPAC	tape automatic positioning and control
TAPE	tape automatic preparation equipment
TAPP	two-axis pneumatic pickup
TAPS	tactical area positioning system; turboalternator power system
TAR	terrain avoidance radar; thrust-augment rocket; trajected analysis room
TARAN	tactical attack radar and navigator
TARE	telemetry automatic reduction equipment
TARFU	things are really fouled up
TARGET	thermal advanced reactor gas-coupled exploiting thorium
TARGIT	three axis rout byro inertial tracker
TARMAC	terminal area radar moving aircraft
TARS	terrain and radar simulator; three-axis reference system
TART	twin accelerator ring transfer
TAS	telegraphy with automatic switching
TASC	terminal area sequence and control
TASCON	television automatic sequence control
TASI	time assignment speech interpolation
TAT	tuned-aperiodic-tuned
TATAN	radar and television aid to navigation
TATC	terminal air-traffic control; trans-atlantic telephone cable
TAVET	temperature, acceleration, vibration environmental tester
TB	technical bulletin; terminal block; terminal board; time-bandwidth; time base; transmitter blocker (cell); transmitter buffer; triple braid (ed)
TBAX	tube axial
TBD	target-bearing designator
TBE	time base error
TBI	target-bearing indicator
TBO	time between overhauls
TBP	twisted bonded pair
TBW	time bandwidth
TBWP	triple-braid weatherproof

TC	tactical computer; tantalum capacitor; technical commitee; technical control; temperature coefficient; temperature compensation; terminal computer; test conductor; test console; thermocouple; thermocurrent; thrust chamber; time constant; time controlled; time closing; tracking camera; transistorized carrier; transmission control; tuned circuit		device; time delay; time difference; time division; transducer; transmitter distriburor; trapped domain; tunnel diode	TELD	transferred-electron logic device
				TELECOM	telecommunications
				TELEDAC	telemetric data converter
				TELERAN	television and radar navigation
		TDA	target docking adapter; tracking and data acquisition; tunnel diode amplifier	TELESAT	telecommunications satellite
				TELEX	teleprinter exchange
		TDC	time delay closing; ton digital command; top dead centre; transistor digital circuit	TELESIM	teletypewriter simulator
				TELUS	telemetric universal sensor
				TEM	transmission electron microscope; transverse electromagnetic; transverse electromagnetic mode
TCA	temperature control amplifier	TDCM	transistor driver core memory		
TCAI	tutorial computer-assisted instruction	TDD	target detection device; technical data digest	TEMP	electrical resistance temperature
				TEO	transferred electron oscillator
TCAM	telecommunications access method	TDDL	time division data link	TEOM	transformer environment overcurrent monitor
TCB	task control block; technical coordinator bulletin	TDDR	technical data department report		
		TDFL	tunnel diode FET logic	TEPG	thermionic electrical power generator
TCBV	temperature coefficient of breakdown voltage	TDG	test data generator		
		TDI	time-delay-and-integration	TEP(P)	tetraethyl pyrophosphate
TCC	technical computing center; temperature coefficient of capaitance; test control center; test controller console; tracking and control center; transfer channel control; triple-cotton covered	TDL	telemetry data link; tunnel diode logic	TER	transmission equivalent resistance; triple ejection rack
				TEREC	tactical electromagnetic reconnaissance
		TDM	telemetric data monitor; time division multiplex		
				TERP	terrain elevation retrieval program
		TDMA	time division multiple access	TERS	tactical electronic reconnaissance system
TCD	telemetry and command data; temperature control device for crystal units; thermal conductivity detector; thyratron core driver; transistor controlled delay	TDMS	telegraphic distortion measuring set; time-shared data management system		
				TESB	twin sideband
		TDN	target Doppler nullifier	TESS	tactical electromagnetic systems study
		TDO	time delay opening; transistor dip oscillator		
				TET	total elapsed time
TCE	telemetry checkout equipment; trichloroethylene	TDOS	tape-disk operating system	TET	traveling wave tube
		TDP	technical development plan	TETRA	terminal tracking telescope
TCED	thrust control exploratory development	TDPM	time-domain Prony method	TETROON	tethered meteorological balloon
		TDPSK	time differential phase shift keying	TEVROC	tailored exhaust velocity rocket
TCG	time-controlled gain; tune controlled gain	TDR	target discrimination radar; technical data relay; time delay relay; time-domain reflectometry; torque differential receiver	TEWC	totally enclosed, water-cooled
				TEXTIR	text indexing and retrieval
TCI	telemetry components information; terrain clearance indicator			TF	test fixture; thin film; threshold function; time frequency; transfer function; transformer; transveral filter
TCL	time and cycle log; transistor coupled logic	TDS	tactical display system; target designation system; technical data system; test data sheet; time division switch; tracking and data system; translation and docking simulator		
TCM	telemetry code modulation; terminal-to-computer multiplexer; tone code modulation			TFAD	thin-film active device
				TFD	total frequency deviation
TCMF	touch calling multifrequency			TFE	tetrafluoroethylene; thermal field emission
TCO	temperature coefficient of offset	TDT	target designation transmitter; tunnel diode transducer		
TCP	test checkout procedure; thrust chamber pressure; traffic control post			TFF	toggle flip-flop
		TDTL	tunnel diode transistor logic	TF-FET	thin-film FET
		TDX	thermal demand transmitter; time division exchange; torque differential transmitter	TFHC	thick film hybrid circuit
TCR	coefficient of resistivity; television cathode ray; temperature coefficient of sensitivity; temperature coefficient of resistivity; tempeartur coefficient of resistor; thermal coefficient of resistance			TFIC	thin-film integrated circuit
		TE	test equipment; thermal element; thermoelectric; totally enclosed; transverse electric (field)	TFL	transformerless
				TFM	time-quantized frequency modulation
				TFO	tuning fork oscillator
		TEA	tetraethylammonium; transferred electron amplifier; tunnel emission amplifier	TFR	terrain-following radar
TCS	terminal count sequence; terminal countdown sequencer; thermal conditioning service; traffic control station; transportation and communication service			TFSK	time frequency shift keying
		TEAM	technique for evaluation and analysis of maintainability	TFT	thin film FET; thin film technology; thin film transistor; threshold failure temperatures; time-to-frequency transformation
		TEAMS	test evaluation and monitoring		
		TEAWC	totally enclosed air-water-cooled		
TCSC	trainer control and simulation computer	TEC	tactical electromagnetic coordinator; thermonic energy conversion; thermoelectric cooler	TG	transfer gate; tuned grid
				TGA	thermogravimetric analysis
TCT	translator and code treatment frame	TED	transferred-electron devices; translation error detector	TGC	time controlled gain; transmit gain control
TCU	tape control unit; test control unit				
TCVR	transceiver	TEG	thermoelectric generator	TGS	translator generator system
TCXO	temperature compensated crystal oscillator; temperature-controlled crystal oszillator	TEIC	tissue equivalent ionization chamber	TGSE	telemetry ground support equipment
TD	tabular data; temperature differential; terminal distributor; testing	TEL	tetraethyl lead	TGTP	tuned-grid tuned-plate circuit

TGZMP	temperature gradient zone melting process
THC	thermal converter; thrust hand controller; third harmonic distortion; total harmonic distortion
THERM	thermal; thermometer; thermostat
THERMISTOR	thermal resistor
THERP	technique for human error rate prediction
THI	temperature humidity index
THIR	temperature humidity infrared radiometer
THOMIS	total hospital operating and medical information system
THOPS	tape handling operational system
THOR	tape handling option routines
THS	thermostat switch
THTR	thorium high temperature reactor
THY	thyratron
THz	terahertz
TI	tape inverter; technology innovation; thallium; time interval; transfer impedance; tunning inductance
TIARA	target illumination and recovery aid
TIAS	target identification and acquisition system
TIBOE	transmitting information by optical electronics
TIC	tape intersystem connection; target intercept computer; temperature indicating controller; transfer in channel
TICE	time integral cost effectiveness
TICTAC	time compression tactical communications
TIDAR	time delay array radar
TIDDAC	time in deadband digital attitude control
TIDES	time division electronics switching system
TIDG	taper-isolated dynamic-gain
TIE	technical integration and evaluation
TIES	transmission and information exchange system
TIF	telephone influence factor; telephone interference factor
TIG	tungsten inert gas
TIM	time interval meter; time meter
TIMM	thermionic integrated micromodule
TIO	time interval optimization; transistorized image orthicon camera
TIP	technical information processing; technical information project
TIPI	tactical information processing and interpretation; teach information processing language
TIPP	time-phasing program
TIPS	technical information processing system
TIPTOP	tape input, tape output
TIR	technical information report; total indicator reading
TIROS	television and infrared observation satellite
TIRP	total internal reflection prism
TIS	target information sheet; technical information service; temperature indicating switch; total information system
TIU	tape identification unit
TJC	trajectory chart
TJD	trajectory diagram
TJF	test jack field
TJS	transverse junction stripe
TL	talk listen; tape library; target language; test link; tie line; transistor logic; transmission level; transmission line; transmission loss
TLC	thin layer chromatography
TLD	thermoluminescent dosimeter
TLE	tracking light electronics
TLI	telephone line interface
TLK	test link
TLM	telemeter; telemetry
TLP	threshold learning process; total language processor
TLS	terminal landing system
TLT	transportable link terminal
TLTR	translator
TLU	table look-up; threshold logic unit
TLV	threshold limit value
TLX	telex
TLZ	transfer on less than zero
TM	tape mark; technical manual; telemetry; temperature meter; time modulation; tone modulation; transmission matrix; transverse magnetic; tunning meter; Turing machine
TMCC	time-multiplexed communication channel
TMDT	total mean downtime
TMG	thermal meteoroid garment
TMGE	thermo-magneto-galvanic effect
TMI	tuning meter indicator
TML	tetramethyl lead
TMMD	tactical moving map display
TMN	technical and managment note
TMR	triple modular redundancy
TMS	time-shared monitor system; transmission measuring set; Turing machine system
TMU	time measurement unit
TMX	telemeter transmitter
TN	technical note; thermonuclear; tuning
TNA	transient network analyzer; transistor noise analyzer
TN-LCD	twisted nematic LCD
TNM	twisted nematic mode
TO	take-off; time open; time over; transistor outline; turn over
T&O	test and operation
TOB	take-off boost
TOD	technical objective directive; time of delivery
TODS	test-oriented disc system
TOF	time of filing
tohm	terohmmeter
TOJ	track on jamming
TOL	test oriented language
TOLIP	trajectory optimization and linearized pitch
TOM	teleprinter-on-multiplex; transistor oscillator multiplier
TOMCAT	telemetry on-line monitoring compression and transmission
TOPP	terminal operated production language
TOPR	thermoplastic optical phase recorder
TOR	teleprinter-on-radio; thermal overload relay; time of receipt
TOS	tape-operating system; terminal-oriented system; TIROS operational system
TOT	time of tape; time of transmission
TOWA	terrain and obstacle warning and avoidance
TP	technical publication; teleprinter; teleprocessing; test point; test procedure; time pulse; trigger pulse; triple-play tape; tuned plate; turning point
TPA	tape pulse amplifier
TPC	triple-paper-covered cable
TPCOMP	tape compare
TPCU	test power control unit
TPDT	triple-pole, double-throw
TPDUP	tape duplicate
TPE	transmission parity error
TPF	terminal phase finalization; two-photon fluorescence
TPFW	three-phase; full wave
TPG	timing pulse generator
TPHC	time-to-pulse height converter
TPHW	three-phase, half-wave
tpi	turns per inch
TPI	tape phase inverter; target position indicator; terminal phase initiate; test parts list
TPL	total peak loss
TPLAB	tape label information
TPM	tape preventive maintenance
TPMA	thermodynamics properties of metals and alloys
TPP	test point pace
TPR	teleprinter; T-pulse response; transmitter power rating
TPRA	tape to random access
TPRV	transient peak reverse voltage
TPS	task parameter synthesizer; thermal protection system; thyristor power supply; tracking antenna pedestal system
TPSI	torque pressure in pounds per square inch
TPST	triple-pole, single-throw
TPTC	temperature pressure test chamber
TPTG	tuned plate, tuned grid; tuned-plate, tuned-grid oscillator
TPTP	tape to tape
TPU	tape preparation unit
TPV	thermophotovoltaic
TR	tape recorder; thermal resistance; time-delay relay; torque receiver or

	repeater; transformation ratio; transformer; transient response; transmit-receive; transmitter; transmitter receiver; tunnel rectifier
TRAACS	transit research and attitude control satellite
TRAC	text reckoning and compiling; transient radiation analysis by computer
TRACE	tape-controlled recording automatic checkout equipment; teleprocessing recording for analysis by the customer; time-shared routines for analysis classification and evaluation; tolls recording and computing equipment; transportable automate control environment
TRACON	terminal radar approach control facility; terminal radar control
TRADEX	target resolution and discrimination experiment
TRADIC	transistor digital computer
TRAIN	telerail automated information network
TRAM	target recognition and attack multisensor
TRAMP	time-shared relational associative memory program
TRAMPS	temperature regulator and missile power supply
TRANDIR	translation director
TRANS	transfer; transformer; transmission; transmitter
TRANSAC	transistorized automatic computer
TRANSEC	transmission security
TRAP	terminal radiation airborne program; tracker analysis program
TRAWL	tape read and write library
TRC	tape record coordinator; temperature recording controller; time ratio control; transmitter circuit
TRCCC	tracking radar central control console
TRDTO	tracking radar data take-off
TREAT	transient radiation effects automated tabulation
TREE	transient radiation effects on electronics
TRF	thermal radiation at microwave frequencies; tuned radio frequency
TRI	triode
TRIAC	triode alternating current (switch)
TRIAL	technique for retrieving information of abstracts of literature
TRIB	transfer rate of information bits
TRICE	transistorized real-time incremental computer
TRL	transistor-resistor logic
TRM	thermal remanent magnetization; time ratio modulation
TRN	technical research note
TROS	tape resident operating system
TRP	TV remote pickup
TRR	target ranging radar
TRS	test response spectrum; time reference system

TRSB	time reference scanning beam
TRTL	transistor-resistor-transistor logic
TRU	transportable radio unit
TRUMP	target radiation measurement program
TRV	transient recovery voltage
TRVM	transistorized voltmeter
TS	temperature switch; tensile strength; test set; test solution; threaded studs; time sharing; time switch; tool steel
TSA	time series analysis; two-step antenna
TSB	twin sideband
TSC	technical subcommittee; transmitter starte code; transmitting switch control
TSCLT	transportable satellite communications link terminal
TSDD	temperature-salinity-density-depth
TSDM	time-shared data management system
TSDOS	time-shared disk operating system
TSEQ	time sequence
TSF	thin solid films
TSF	through supergroup filter
TSG	time signal generator; triggered spark gap
TSI	threshold signal-to-interference ratio; time slot input
TSIC	time slot interchange circuit
TSK	time-shift-keying
TSL	tri-state logic
TSM	time shared monitor system; times sharing multiplex
TSN	task sequence number
TSO	time sharing option; time slot zero
TSOS	time sharing operating system
TSPS	time sharing programming system
TSS	time-sharing system
TSTS	tracking system test stand
TSU	technical service unit; time standard unit; transfer switch unit
TSW	test switch; transfer switch
TT	temporarily transferred; terminal timing; test time; thermally tuned; thermostat switch; timing and telemetry; tracking telescope
TTA	turbine-alternator assembly
TTBWR	twisted tape boiling water reactor
TT&C	telemetry tracking and control
TTD	temporary text delay
TTE	time-to-event
TTF	test-to-failure; thoriated tungsten filament
TTG	technical translation group; time-to-go
TTI	teletype test instruction; time temperature indicator
TTL	transistor-transistor logic
TTμL	transistor-transistor-micrologic
TTM	two-tone modulation
TTO	transmitter turn-off
TTP	tabular tape processor; tape to print

TTR	target tracking radar
TTS	teletypesetting; temporary threshold shift; three-state transceiver; transistor-transistor logic Schottky barrier; transmission test set
TTTL	transistor-transistor-transistor logic
TU	take-up; thermal unit; traffic unit; transmission unit
TUM	tuning unit member
TUNNET	tunnel transit-time
TURPS	terrestrial unattended reactor power system
TUT	transistor under test
TV	television; test vehicle; test voltage; thermal vacuum; tube votlmeter
TVA	thrust vector alignment
TVC	thrust vector control
TVCS	thrust vector control system
TVG	time varied gain; triggered vacuum gap
TVI	television interference
TVIST	television information storage tube
TVM	tachometer voltmeter; transistor voltmeter
TVOC	television operations center
TVOR	terminal very high frequency omnirange
TVP	time variable parameter
TW	thermal wire; travelling wave
TWA	travelling wave amplifier
TWCRT	traveling wave cathode ray tube
TWK	traveling wave klystron
TWM	traveling wave magnetron; traveling wave MASER
TWMBK	traveling wave multiple-beam klystron
TWMR	tungsten water-moderated reactor
TWOM	traveling wave optical MASER
TWPA	traveling wave parametric amplifier
TWR	tower; traveling wave resonator
TWS	track while scan
TWT	travelling wave tube
TWTA	traveling wave tube amplifier
TWX	teletypewriter exchange; teletypewriter exchange service
TX	television receiver; torque synchro transmitter; torque transmitter; transmit; transmitter
TXE	telephone exchange electronics
TYDAC	typical digital automatic computer

U

U	uranium
UAL	upper acceptance limit
UAR	upper atmosphere research
UART	universal asynchronous receiver/transmitter
UAT	uniform asymptotic theory
UAX	unit automatic exchange
UBC	universal buffer controller
UBI	unibus interface

UC	unit call	UNICOMP	universal compiler	**V**	
UCAL	universal cable adapter	UNICON	unidensity coherent light recording		
UCCRS	underwater coded command release system	UNIFET	unipolar field effect transistor	V	potential difference; vacuum; valve; vanadium; vertical; video; visual telegraphy; volt; voltage; voltmeter; volume
UCCS	universal camera control system	UNIPOL	universal procedures oriented language		
UCG	ultrasound cardiogram				
UCL	upper confidence limit; upper control limit	UNITRAC	universal trajector compiler	VA	value analysis; variometer; vertical amplifier; video amplifier; volt-ampere
		UNIVAC	universal automatic computer		
UCP	unit construction principle	UNPS	universal power supply		
UCW	unit control word	UOC	ultimate operating capability	VAB	Van Allen belt; voice answer back
UD	underground distribution; universal dipole; up-down	UP	utility path	VAC	vacuum; vector analog computer; video amplifier chain; volt alternating current
		UPC	universal product code		
UDAR	universal digital adaptive recognizer	UPF	ultrapherical polynomial filter		
UDB	up data buffer	UPL	universal programming language; user programming language	VADE	versatile auto data exchange
UDC	unidirectional current; universal decimal classification			VAEP	variable, attributes, error propagation
		UPO	undistorted power output		
UDEC	unitized digital electronic calculator	UPOS	utility program operating system	VAM	vector airborne magnetometer; virtual access method; voltammeter
UDF	UHF direction finding station	UPR	ultrasonic paramagnetic resonance		
UDL	uniform data link; up data link	UPS	uninterruptible power supply; uniterruptible power system	VAMP	vector arithmetic multiprocessor; visual-acoustic-magnetic pressure
UDOP	ultra high frequency Doppler				
UDT	unidirectional transducer	UR	ultra-red	VANT	vibration and noise tester
UDTI	universal digital transducer indicator	URC	uniform resistance-capacitance	VAPOX	vapor deposite oxide
		URIPS	undersea radioisotope power supply	var	volt-ampere reactive
UER	unsatisfactory equipment report	URIR	unified radioactive isodromic regulator	VAR	variable; varistor; visual aural range
UF	ultrasonic frequency				
UFO	unidentified flying object	URS	unate ringe sum; universal regulating system	VARACTOR	variable reactor; voltage variable capacitor
UFR	underfrequency relay				
UH	unit heater	US	underwater-to-surface; unit separator	VARAD	varying radiation
UHF	ultrahigh frequency			VARHM	var-hour meter
UHMW	ultrahigh molecular weight	USART	universal synchronous/asynchronous receiver/transmitter	varicap	variable capacitor
UHR	ultrahigh resistance			VARISTOR	variable resistor
UHT	ultrahigh temperature	USASII	United States of America Standard Code for Information Interchange (7-bit-Code)	VARITRAN	variable-voltage transformer
UHTREX	ultrahigh temperature reactor experiment			VARR	variable range reflector; visual aural radio range
UHV	ultrahigh vacuum	USB	unified S-band; upper sideband	VARS	vertical azimuth reference system
UHV	ultrahigh voltage	USD	ultimate strength design	VASCAR	visual average speed computer and recorder
UIT	Union Internationale des Télécommunications	USE	unit support equipment		
		USEC	united system of electronic computers	VASI	visual approach slope indicator
UJT	unijunction transistor			VASIS	visual approach slope indicator system
UJTO	unijunction transistor oscillator	USL	underwater sound laboratory; upper square law limit		
UL	ultralinear			VAST	versatile automatic specification tester; versatile avionics ship test
ULA	uncommitted logic array	USRT	universal synchronous receiver/transmitter		
ULB	universal logic block			VAT	virtual address translator
ULC	universal logic circuit	USS	United States standard	VATE	versatile automatic test equipment
ULF	ultralow frequency	USW	ultrashort wave	V-ATE	vertical anisotropic etch
ULM	universal logic module	UT	universal time; universal tube	VATLS	visual airborne target locator system
ULO	unmanned launch operation	UTD	uniform theory of diffraction	VB	valve box; valence bond; vibration; vibrator
ULPR	ultra low pressure rocket	UTM	universal transverse mercator		
ULSV	unmanned launch space vehicle	UTR	up-time ratio	VBD	voice band data
ULT	uniform low frequency technique	UTS	ultimate tensile strength; unified transfer system; universal test station; universal time sharing	VBO	voltage, breakover
UMA	universal measuring amplifier			VC	variable capacitor; varnished cambric insulated wire; varnished cambric tape; vector control; video correlation; voice coil of speaker; voltage changer; voltage comparator; volt/coulomb
UMASS	unlimited machine access from scattered sites				
		UTTC	universal tape-to-tape converter		
UMOST	U-groove power MOSFET	UUT	unit under test		
UMP	uniformly most powerful	UV	ultraviolet, under voltage		
UMW	ultramicrowaves	UVASER	ultraviolet amplification by stimulated emission of radiation		
UNBAL	unbalanced			VCA	voice connecting arrangements; voice-controlled carrier; voltage-controlled amplifier
UNC	undercurrent; unified coarse thread	UVD	undervoltage device		
UNCL	unified numerical controlled language	UVL	ultraviolett light		
		UW	ultrasonic wave	VCC	voice control center; voltage controlled clock
UNCOL	universal computer-oriented language				
				VCCO	voltage controlled crystal oscillator
UNF	unified fine thread			VCD	variable capacitance diode
UNICOM	universal integrated communications			VCF	variable crystal filter; voltage-controlled frequency

VCG	vertical line through centre of gravity		channel; voltage-to-frequency converter	VLED	visible light-emitting diode	
VCI	volatile corrosion inhibitor	VFCT	voice frequency carrier telegraphy	VLF	variable field length; vertical launch facility; very low frequency	
VCL	vertical center line	VFD	voltage fault detector	VLFS	variable low frequency standard	
VCM	vibrating coil magnetometer	VFET	V-groove FET	VLI	very low impedance	
VCMV	voltage controlled multivibrator	VFLA	volume folding and limiting amplifier	VLP	video long play	
VCNC	voltage controlled negative capacitance	VFO	variable frequency oscillator	VLR	very low range	
VCNR	voltage controlled negative resistance	VFR	visual flight rules	VLS	vapor-liquid-solid	
		VFU	vertical format unit	VLSI	very large scale integration	
VCO	vocoder; voice coder; voltage-controlled oscillator	VFX	variable-frequency crystal oscillator	VLVS	voltage-logic, voltage-switching	
		VG	voltage gain	VLW-PCM	variable length words — pulse code modulation	
VCR	video cartridge recorder; voltage-controlled resistor	VGA	variable gain amplifier			
		VGC	viscosity-gravity constant	VM	velocity modulation; virtual machine; virtual memory; voltmeter	
VCS	vacuum actuated control switch; visually coupled system	VGPI	visual glide path indicator	V/m	volts per meter	
		VH	very hard	VMC	visual meteorological conditions	
VCSR	voltage controlled shift register	VHAA	very high altitude abort	VMD	vertical magnetic dipole	
VCT	voltage clock trigger; voltage controlled transfer	VHF	very high frequency	VMDF	vertical main distribution	
		VHFDH	very high frequency direction finding	V/mil	volts per mil	
VCU	variable correction unit; video combiner unit			VMM	virtual machine monitor	
		VHM	virtual hardware monitor	VMOS	vertical MOS; V-groove MOS	
VCVS	voltage controlled voltage source	VHO	very high output	VMS	variable magnetic shunt; voice mail system	
VCXO	voltage-controlled crystal oscillator	VHP	very high performance			
VD	vapour density; voice data; voltage detector; voltage drop	VHRR	very high resolution radiometer	VMTSS	virtual machine time sharing system	
		VI	viscosity index; volume indicator	VNL	via net loss	
VDA	vision distribution amplifier	VIA	versatile interface adapter	VO	vacuum-tube oscillator; valve oscillator; vertical output	
VDAS	vibration data acquisition system	VIC	variable instruction computer			
vdc	volt direct current	VIDAC	visual information display and control	VOC	voice-operated coder	
VDC	voltage-to-digital converter			VOCODER	voice coder	
VDD	voice digital display	VIDAMP	video amplifier	VOCOM	voice communications	
VDET	voltage detector	VIDAT	visual data acquisition	VOD	velocity of detonation	
VDF	very-high-frequency direction finder; video frequency	VIDF	video frequency	VODACOM	voice data communications	
		VIE	visual-indicator equipment	VODAT	voice-operated device for automatic transmission	
VDFG	variable diode function generator	VIF	voice interface frame			
VDI	visual Doppler indicator	VIL	vertical injection logic	VOGA	voltmeter calibrator	
VDMOST	vertical DMOST	VINS	velocity inertia navigation system	VOGAD	voice-operated gain-adjusting device	
VDP	vertical data processing	VINT	video integration	VOIS	visual observation instrumentation subsystem	
VDR	voltage dependent resistor	VIP	variable information processing; verifying interpreting punch; V-groove isolation with polysilicon backfill; V-shaped isolation regions filled with polycrystalline silicon; visual information projection; voltage impulse protection			
VDRA	voice and data recording auxiliary			VOL	volume label	
VDS	variable depth SONAR			VOLTAN	voltage amperage normalizer	
VDT	video display terminal; visual display terminal			VOM	volt-ohmmeter; volt-ohm-milliammeter	
VDU	video display unit			VOR	very high frequency omnidirectional range	
VE	value engineering; vernier engine					
VEB	variable elevation beam	VIPER	video processing and electronic reduction	VORTAC	VOR co-located with TACAN	
vec	vector			VOS	voice operated switch	
VECI	vehicular equipment complement index	VIPP	variable information processing	VOX	voice operated control; voice operated relay; voice operated transmission; voice operated transmitter	
		VIPS	voice interruption priority system			
VECO	vernier engine cutoff	VIR	vertical interval retrace			
VECOS	vehicle checkout set	VIRNS	velocity inertia radar navigation system	VP	vapour pressure; verifying punch; vertical polarization; vulnerable point	
VECP	value engineering change proposal					
VELF	velocity filter	VIRS	vertical interval reference signal			
VERA	versatile experimental reactor assembly; vision electronic recording apparatus	VIS	voltage inverter switch	VPB	virtually pivoted beam laser	
		VISSR	visible infrared spin-scan radiometer	VPC	voltage-to-pulse converter	
		VITAL	variably initialized translator for algorithmic languages	VPE	vapor phase epitaxial; vulcanized polyethylene	
VERDAN	versatile differential analyzer					
VEST	vertical earth scanning test	VITS	vertical interval test signal	VPI	vacuum pressure impregnation	
VEV	voice-excited vocoder	VL	video logic	Vpm	volts per meter; volts per mile	
VEWS	very early warning system	VLA	very large antenna; very large array; very low altitude	VPM	volts per meter	
VF	variable frequency; vector field; video frequency; voice frequency; voltage-to-frequency			Vpp	volt peak-peak	
		VLCC	very large crude carrier	VPRF	variable pulse repetition frequency	
		VLCR	variable length cavity resonance	VPS	vibrations per second	
VFC	video frequency carrier; voice frequency carrier; voice frequency	VLCS	voltage-logic, current-switching	VR	variable resistance; voltage regulation; voltage regulator; voltage relay	
		VLE	voice line expansion			

VRB	VHF recovery beacon	VTVM	vacuum tube voltmeter	WG	water gauge; waveguide; wire gauge	
VTC	vertical redundancy check; visual record computer	VU	vehicle unit; voice unit; volume; volume unit	WGBC	waveguide operating below cutoff	
VRD	variable ratio devider	VUTS	verification unit test set	WGN	white Gaussian noise	
VRMS	voltage root mean square	VVC	voltage-variable capacitance; voltage-variable capacitor	WGS	waveguide glide slope	
VRPF	voltage regulated plate-filament			Wh	watt-hour	
VRPS	voltage regulated power supply	VVR	variable voltage rectifier	WH	H-plane half-power width	
VRR	visual radio range	VW	working voltage	WHC	watt-hour meter with contact device	
VRSA	voice-reporting signal assembly	VWL	variable word length	WHDM	watt-hour demand meter	
VRU	voice response unit	VWP	variable width pulse	WHL	watt-hour meter with loss compensator	
VS	vacuum switch; variable speed; variable sweep; vector scan; very soft; virtual storage; visual signalling equipment; voltmeter switch; volumetric solution	VWSS	vertical wire sky screen			
		VXO	variable crystal oscillator	Whm	watt-hour meter	
				WHT	watt-hour demand meter, thermal type	
				WHTRB	moisture stress	
VSAM	virtual storage access method	**W**		WI	wrought iron	
VSB	vestigial sideband			WIDE	wiring integration design	
VSC	vibration safety cutoff; voltage saturated capacitor	W	watt; wattmeter; waveguide; wire; wireless	WIF	water immersion facility	
				WIL	white indicating lamp	
VSCF	variable speed constant frequency	WA	wave analyzer; wide angle; wire armo(u)red	WIND	weather information network and display	
VSD	vertical situation display					
VSFS	voice store and forward messaging system	WAAC	working amperes alternating current	WL	water line; wavelength	
		WACS	workshop attitude control system	W/L	width-to-length (ratio)	
VSI	vertical speed indicator; vertical side band	WADS	wide area data service	WKB	Wentzel-Kramers-Brillouin	
		WAF	wiring around frame	WM	wattmeter	
VSM	vestigial sideband modulation; vibrating-sample magnetometer	WAGR	wind-scale advanced gas-cooled reactor	WOM	write optional memory	
				WOSAC	worldwide synchronizing of atomic clocks	
VSMF	visual search microfilm file	WAM	worth analysis model			
VSN	volume serial number	WAMOSCOPE wave-modulated oscilloscope		WP	weather permitting; weather proof (insulation); working pressure	
VSO	very stable oscillator; voltage-sensitive oscillator	WAP	work assignment procedure			
		WARLA	wide aperture radio location array	Wpc	watts per candle	
VSR	variable-length shift register; very short range	WASP	workshop analysis and scheduling program	WpM	words per minute	
				WPM	words per minute	
VSS	variable stability system; voice storage system	WAT	weight, altitude and temperature	Wps	words per second	
		WATS	wide area telephone service	WPS	words per second	
VST	visible speech translator	Wb	weber	WPWM	wide pulse width modulator	
VSTOL	vertical and short take-off and landing	WB	wheel base; wide band	WR	warehouse receipt	
		WBCO	waveguide below cutoff	WRV	water retention value	
VSTR	volt second transfer ratio	WBCT	wide band current transformer	Ws	watt second	
VSW	very short wave	WBCV	wide-band coherent video	WSHT	wave superheater hypersonic tunnel	
VSWR	voltage standing wave ratio	WBD	wide-band data; wire bound	WSP	water supply point	
VSX	voice switch	WBDL	wide-band data link	WSPACS	weapon system programming and control system	
VT	vacuum tube; variable time; velocity/time; vertical tabulation; vertical tail; video tape; video terminal; voice tube	WBFM	wide-band frequency modulation			
		WBGT	wet bulb globe thermometer	W/sr	watts per steradian	
		WBIF	wide-band intermediate frequency	WSR	weather search radar	
VTA	vacuum tube amplifier	Wb/m²	webers per square meter	WT	wireless telegraphy	
VTAM	virtual telecommunications access method	WBNL	wide band noise limiting	WT	world trade	
		WBP	weather- and boilproof	WTM	wind tunnel model	
VTB	voltage time to break-down	WBRS	wide-band remote switch (unit)	wtrpr	water-proof	
VTCS	vehicular traffic control system	WC	wire cable; without charge	WTS	world terminal synchronous	
VTD	vacuum tube detector; vertical tape display	WCF	white cathode follower	WUIS	work unit information system	
		WCS	writable control storage	WV	wave; working voltage	
VTF	vertical test fixture	WCT	water-cooled tube	WVAC	working volt, alternating current	
VTL	variable threshold logic	WD	watt demand meter; waveform distortion; Williams domain	WVDC	working volt, direct current	
VTM	vacuum tube modulator; voltage tunable magnetron			WVL	wavelength	
		WDB	wide band	WW	wireway; wire-wound	
VTO	vacuum tube oscillator; voltage-tuned oscillator	WDT	weight data transmitter			
		WE	E-plane half-power width; write enable			
VTOC	volume table of contents					
V-to-F	voltage-to-frequency	WF	wind finding radar; four-conductor cable			
VTM	vacuum tube modulator; voltage tunable magnetron					
		WFCMV	wheeled fuel-consuming motor vehicle			
VTR	video tape recording					
VTS	vertical test stand					

X

X	reactance; xenon; X-ray tube
XA	auxiliary amplifier
XACT	X automatic code translation
XAMP	horizontal amplifier
XBT	expendable bath-thermograph
XCONN	cross connection
XCVR	transceiver
XDCR	transducer
XDP	X-ray density probe
XE	experimental engine
XEG	X-ray emission gauge
XFD	crossed field discharge
XFER	transfer; transfer gate
XFMR	transformer
XHAIR	cross hair
XHMO	extended Hückel molecular orbit
XHV	extreme high vacuum
XLR	experimental liquid rocket
XMAS	extended mission Apollo simulation
XMFR	transformer
XMIT	transmitter
XMSN	transmission
XMTD	transmitted
XMTG	transmitting
XMTL	transmittal
XMTR	transmitter
XO	crystal oscillator
XOR	exclusive OR
XPDR	transponder
XPL	explosive
XPT	cross-point
XQT	execute
X-ray	roentgen ray
XRCD	X-ray crystal density
xref	cross reference
XRM	external ROM mode; X-ray micro-analyzer
XRPM	X-ray projection microscope
XSECT	cross section
XSONAD	experimental sonic azimuth detector
XSPV	experimental solid propellant vehicle
XSTR	transistor
XSTX	transparent start of text
XS3	3-excess-code
XT	cross talk
XTAL	crystal
XTASI	exchange of technical Apollo simulation information
XTEL	cross tell
XTLO	crystal oscillator
XTM	voltage tunable magnetron
XTS	cross-tell simulator
XU	X-unit
XUV	extreme ultraviolet
X-wave	extraordinary wave

Y

Y	yard = 0,9144 m; yellow; yttrium
YAG	yttrium aluminum garnet
YAIG	yttrium aluminum iron garnet
YAMP	vertical amplifier
YIG	yttrium iron garnet
YIL	yellow indicating light
YL	yellow glow lamp
YP	yield point
YRGB	yellow-red-green-blue
YS	yield strength
YSF	yield safety factor
YSLF	yield strength load factor

Z

Z	atomic number; impedance; load impedance; zero; zone
ZA	zero adjusted; zero and add
ZB	zero-based; zero beat
ZCD	zone-controlled deposition
ZCR	zone of correct reading
ZD	Zener diode; zero defect
ZDP	zero delivery pressure
ZDT	zero-ductility transition
ZE	zeros extended
ZEA	zero energy assembly
ZEBRA	zero energy breeder reactor assembly
ZEEP	zero energy experimental file
ZENITH	zero energy nitrogen heated thermal reactor
ZES	zero energy system
ZETA	zero energy thermonuclear apparatus
ZETR	zero energy thermal reactor
ZEUS	zero energy uranium system
ZF	zero frequency
ZFC	zero failure criteria
ZFS	zero-field splitting
ZG	zero gravity
ZGE	zero gravity effect
ZGS	zero gradient synchroton
ZIF	zero insertion force
ZIP	zinc impurity photodetector
zkW	zero kilowatt
ZM	impedance meter; zero marker beacon
ZMA	zink meta-arsenite
ZN	zone
ZNR	zinc oxide non-linear resistance
ZODIAC	zone defense integrated active capability
ZOE	zero energy
ZOI	zero-order interpolator
ZOP	zero-order predictor
ZPPR	zero power plutonium reactor
ZPR	zero power reactor
ZPRF	zero power reactor facility
ZPT	zero power test
ZS	zero and substract
ZSF	zero skip frequency
ZST	zone standard time
ZT	zone time
ZVS	zero voltage switching